U0918435

电力工程
电气设计手册

电气一次部分

编写领导小组　组　长　陈戊生
副组长　张惠勤
姚成开
卓乐友
主　　编　弋东方
副 主 编　钟大文

中国电力出版社

内 容 提 要

本手册系统地介绍了火力发电厂、变电所电气专业的设计内容和设计方法，全书共分两册，第一册包括电气一次专业和厂用一次专业的内容，第二册包括电气二次专业、厂用二次专业、系统二次专业以及小型机组的电气部分设计内容。

本书为第一册，主要内容有：电气主接线；厂（所）用电接线、短路电流计算、主变压器选择、高压电器选择、导体设计、补偿装置、高压配电装置、发电机引出线装置、电工建构筑物总布置、交流事故保安电源和不停电电源系统、过电压保护及绝缘配合、接地装置、电缆选择与敷设、照明、空气压缩装置等。书中不仅给出了设计常用的技术方案、计算公式、数据资料、图表曲线，还列举了工程实例和算例，可供查用、参考。

本手册是电力工程设计人员必备的专业技术工具书。也可供从事电力工业管理、制造、供销、施工、安装、运行、检修等专业人员及大专院校有关专业的师生参考。

图书在版编目（CIP）数据

电力工程电气设计手册　第一册；电气一次部分/水利电力部西北电力设计院编，—北京：中国电力出版社，1989.12（2025.1 重印）

ISBN 978-7-80125-236-4

Ⅰ. 电…　Ⅱ. 水…　Ⅲ. ①电力工程-电气设备-设计-手册②一次系统-电气设备-设计-手册　Ⅳ. TM64-62

中国版本图书馆 CIP 数据核字（96）第 06170 号

中国电力出版社出版、发行
（北京市东城区北京站西街 19 号　100005　http://www.cepp.sgcc.com.cn）
三河万龙印装有限公司印刷
各地新华书店经售
*
1989 年 12 月第一版　2025 年 1 月北京第三十五次印刷
787 毫米×1092 毫米　16 开本　70 印张　2239 千字　2 插页
印数 150361—152360 册　定价 198.00 元

前 言

近年来许多20万kW及以上大型机组的相继投产，330kV及以上超高压输变电工程的陆续建成和各地区电力网的不断扩大，标志着我国的电力工业已经进入一个发展的新时期。为顺应这一新形势的要求，我们在总结原《电力工程设计手册》使用经验的基础上，以最近国内大型火力发电厂和变电所的设计经验、技术进步及发展动向为重点，遵循我国新近修订的有关规程规范规定，重新编撰了这套《电力工程电气设计手册》。

在编撰过程中，我们努力采辑精华、体现三性（先进性、实用性和与规程规范的一致性），力求做到：

(1) 既要满足量大面广的使用需要，又要反映我国80年代的技术水平。本着实事求是、积极郑重的态度，尽量收入业经鉴定的科技成果，选入一些符合我国国情并拟在设计中推广的国外引进新技术、新设备，使手册具有一定的先进性。

(2) 突出重点、照顾一般。机组容量以20～60万kW为主，中小型也要包括；电压以220～500kV为主，中低压也要涉及。手册中所提供的资料、数据、公式、方案等要准确可靠、使用方便，能够起到提高设计质量和加速设计进度的作用，成为设计人员的良知益友，使手册具有一定的实用性。

(3) 认真贯彻执行国家现行的方针政策，符合法规、规范、规程以及专业技术规定的规定，是规程规范的具体体现，并能够起到补充、解释和示范的作用。手册没有规程规范的约束力，但应与现行的技术政策保持良好的一致性。

我们期望这样一本专业技术工具书，能够为设计行业的读者提供一定的专业基本技术知识和实用数据资料，能够对较熟练的设计人员起到备忘、参考的作用；对新参加工作的设计人员起到指导、提示、引据和咨询的作用。

这套手册按专业分为两册。第一册包括电气一次专业和厂用一次专业的设计内容；第二册包括电气二次专业、厂用二次专业、系统二次专业以及小型机组的电气部分设计内容。至于电气设备和电工材料的生产动态、技术数据、外形尺寸等内容，不包括在本手册之中，而准备另行编撰能及时更新的《电力工程电气设备手册》，亦分为两册，以便与本手册配套使用。

鉴于国家标准关于电气技术文字符号的制定正在完善中，本手册仍暂采用汉语拼音字头做为电气技术文字符号。

本手册由水利电力部电力规划设计院组织、李勃同志主持了审稿，在编撰和出版过程中尚得到了各兄弟设计单位及有关专家们的积极支持和热心帮助，在此表示感谢。

由于我们的专业水平有限，难免会出现各种错误，再加上电力技术迅速进步、电气设备不断更新，使手册很难与时代同步。因此，恳切期望读者在使用中将发现的问题和错误，及时提供给我们，以便再版时修正，谢谢！

编　者

1987年12月

目　录

第一章

引　　论

编者　弋东方　　校者　周桢涛　　审者　林文琏

第1-1节　概　　述

一、设计在工程建设中的作用

设计工作是工程建设的关键环节。做好设计工作，对工程建设的工期、质量、投资费用和建成投产后的运行安全可靠性和生产的综合经济效益，起着决定性的作用。设计是工程建设的灵魂。

设计文件是安排工程建设项目和组织施工安装的主要依据。设计也是工程建设的"龙头"。

设计是一门涉及科学、技术、经济和方针政策等各方面的综合性的应用技术科学。设计又是先进技术转化为生产力的纽带。

设计工作的基本任务是，在工程建设中贯彻国家的基本建设方针和技术经济政策，做出切合实际、安全适用、技术先进、综合经济效益好的设计，有效地为电力建设服务。

二、设计工作应遵循的主要原则

(1) 要遵守国家的法律、法规，贯彻执行国家经济建设的方针、政策和基本建设程序，特别应贯彻执行提高综合经济效益和促进技术进步的方针。

(2) 要运用系统工程的方法从全局出发，正确处理中央与地方、工业与农业、沿海与内地、城市与乡村、远期与近期、平时与战时、技改与新建、生产与生活、安全与经济等方面的关系。

(3) 要根据国家规范、标准与有关规定，结合工程的不同性质、不同要求，从我国实际情况出发，采用中等适用的先进技术，合理地确定设计标准。对生产工艺、主要设备和主体工程要做到可靠、适用、先进；对非生产性的建设，应坚持适用、经济、在可能条件下注意美观的原则。

(4) 要实行资源的综合利用，要节约能源、水源，要保护环境，要注意专业化和协作，要节约用地，要合理使用劳动力，要立足于自力更生。

三、设计的基本程序

设计要执行国家规定的基本建设程序。火电厂设计的一般程序是：初步可行性研究—项目建议书编制—可行性研究—设计任务书编制—初步设计—施工图设计。研究报告和设计文件都要按规定的内容完成报批和批准手续。这是我国建国以来基本建设经验的总结。按程序办事，就能使工程的规划设计由主要原则到具体方案，由宏观到微观，逐步充实、循序渐进，从而得出最优方案，保证质量，避免决策失误。

在工程进入施工阶段后，设计工作还要配合施工、参加工程管理、试运行和验收，最后进行总结，从而完成设计工作的全过程。

采用国产定型设备的新建大、中型火电厂，设计基本程序一般可按表1-1所列步骤进行。

表1-1　设计基本程序及任务

设计阶段	设计基本程序	任务
设计前期工作阶段	初步可行性研究	对建厂条件进行地区调查，进行比较论证，推荐可能建厂的厂址、规模和建厂顺序，为编制和审批项目建议书提供依据 扩建、改建项目可取消本程序
	⇓ 协助编制项目建议书	提出建厂的必要性和负荷、建厂性质和规模、建厂厂址和条件、建厂年份和顺序、投资控制和筹措等

续表

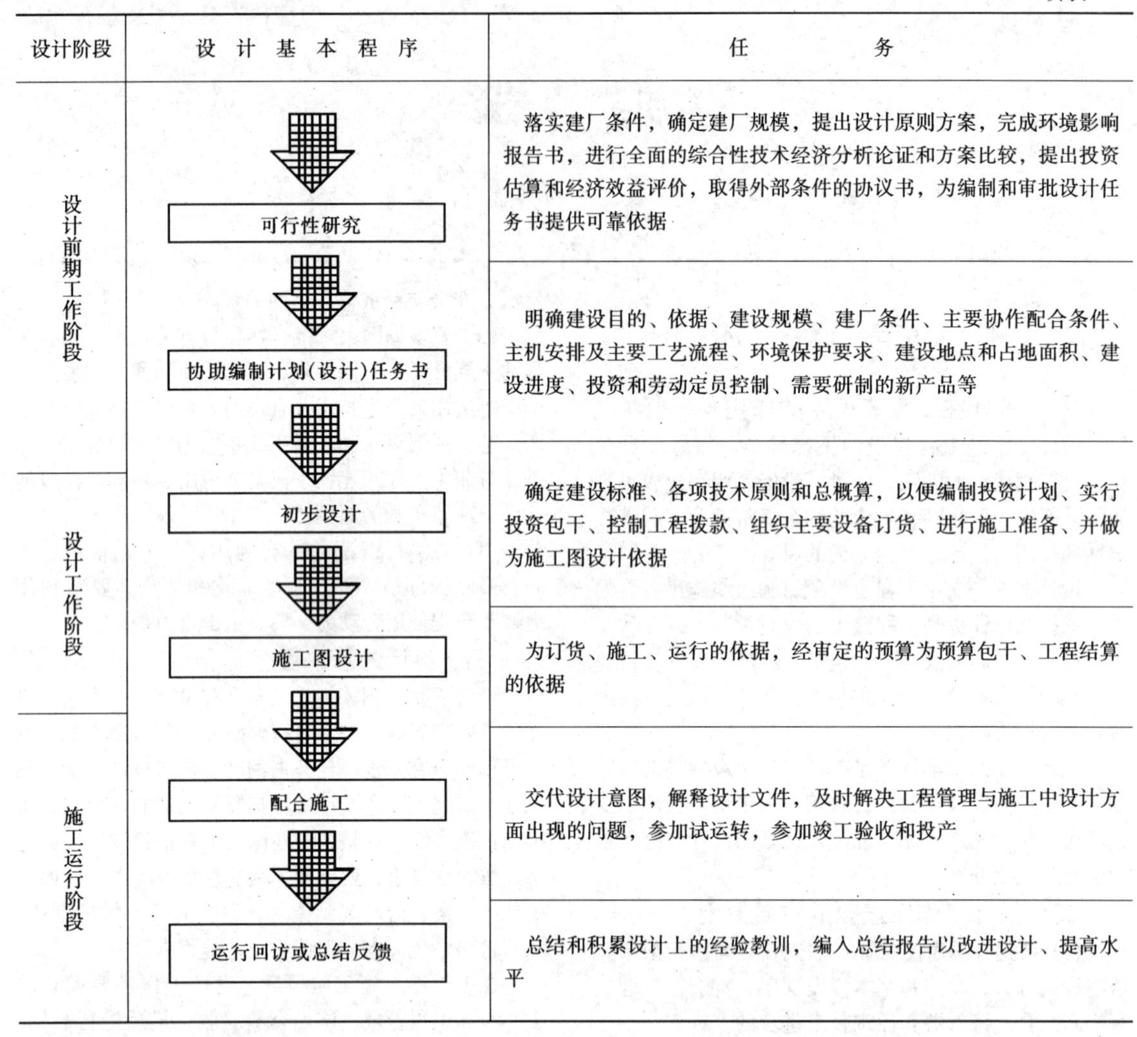

设计阶段	设计基本程序	任务
设计前期工作阶段	可行性研究	落实建厂条件，确定建厂规模，提出设计原则方案，完成环境影响报告书，进行全面的综合性技术经济分析论证和方案比较，提出投资估算和经济效益评价，取得外部条件的协议书，为编制和审批设计任务书提供可靠依据
	协助编制计划(设计)任务书	明确建设目的、依据、建设规模、建厂条件、主要协作配合条件、主机安排及主要工艺流程、环境保护要求、建设地点和占地面积、建设进度、投资和劳动定员控制、需要研制的新产品等
设计工作阶段	初步设计	确定建设标准、各项技术原则和总概算，以便编制投资计划、实行投资包干、控制工程拨款、组织主要设备订货、进行施工准备、并做为施工图设计依据
	施工图设计	为订货、施工、运行的依据，经审定的预算为预算包干、工程结算的依据
施工运行阶段	配合施工	交代设计意图，解释设计文件，及时解决工程管理与施工中设计方面出现的问题，参加试运转，参加竣工验收和投产
	运行回访或总结反馈	总结和积累设计上的经验教训，编入总结报告以改进设计、提高水平

四、设计人员的职责

一个专业的设计任务主要由设计人、校核人和主要设计人完成。设计成品最后由专业组长、主任（专业）工程师和设计总工程师审核、审定。这里仅介绍设计人员的职责。

（一）主要设计人

主要设计人的任务是组织本专业的工程设计工作，并通过本专业内的接口技术要求与协调，对本专业的技术业务全面负责。具体职责如下：

(1) 组织收集鉴定本专业的原始资料，检查协议和主要数据，落实开展工作的条件。在工程负责人的统一安排下，组织本专业的调查收资工作，编制调查收资提纲并贯彻执行，虚心听取生产、施工方面意见。

(2) 落实设计内容、深度和人员安排，拟定本专业的技术组织措施和工程设计综合进度，安排并协调联系配合及互提资料的计划。

(3) 负责本专业设计文件的编制工作，组织方案研究和技术经济比较，提出技术先进、经济合理的推荐意见。

(4) 负责专业间的联系配合，相互间的协调统一。负责设计文件符合审定原则，原始资料正确，内容深度适当，专业内各卷册内容协调一致。校审签署本工程及本专业的全部文件、图纸，核对专业间相互提供的资料及进行图纸会签。

(5) 参加对外业务工作时，负责本专业的各项准备工作，参加必要的会议和对外联系工作。

(6) 本人或协助工地代表向生产、施工单位进行技术交底、归口处理施工、安装、运行中的专业技术问题。

(7) 做好工程各阶段的技术文件资料的立卷归档工作。

（二）全校核人

校核人对所分配校审的卷册或项目的质量全面负责，具体如下：

(1) 校对设计文件是否符合国家技术政策及标准规范；是否贯彻执行已审定的设计原则方案；核对原始资料及数据，设备材料的规格及数量，图纸的尺寸、坐标，计算方法、项目、条件和运算结果等是否正确无误；审核设计意图是否交代清楚。

(2) 核对系统与布置是否一致，总图与分图是否符合一致，与有关专业是否衔接协调，有无矛盾。

(3) 核对套用的标准设计、典型设计、活用的其他工程图纸，是否符合本工程的设计条件。

(4) 将发现的问题认真地填写在校审记录单上，并督促原设计人及时更正。

（三）设计人

设计人对所分配的生产任务的质量和进度负责，具体如下：

(1) 设计中认真贯彻上级审批意见，执行有关标准规范和各项管理制度。

(2) 认真吸取国内外施工、运行先进经验，主动与有关专业联系配合，合理制定系统、布置和结构方案，正确采用计算方法、计算公式、计算数据，正确选择设备材料，按本工程条件正确套用标准设计、典型设计或活用其他工程图纸。

(3) 认真做好调查研究、收集资料等外部业务工作、做好现场记录及有关资料整理工作，满足调查收资的有关规定。

(4) 根据主设人的委托，会签外专业与本人承担的卷册或项目的有关文件和图纸。

(5) 计算和制图完成后，认真进行自校，确保设计质量。

(6) 设计结束后，及时协助主设人做好本卷册或项目的立卷归档工作。

第1-2节　电气设计的内容和深度

在发、变电工程设计的各个阶段中，电气专业自始至终都是主体专业，特别是在变电所的设计工作中，电气专业更是起着主导作用。但在发电工程的设计前期工作阶段，设计成品往往由整个工程组统一提出，电气专业的设计内容仅是其中的一部分。

本节按大、中型新建火力发电厂编写，小型电厂和变电所可供参考。

一、初步可行性研究阶段的电气设计内容

初步可行性研究阶段的任务是进行地区性的规划选厂。在此阶段，设计单位提出的设计成品主要是一份“初步可行性研究报告”，由各个专业共同执笔，设计总工程师统稿。

初步可行性研究报告的内容一般包括：概述、电力系统、燃料供应、建厂条件与规模、工程设想、环境保护、厂址方案、技术经济比较、结论及存在的主要问题、附图与附件等九个方面。其中电气专业的工作量很少，主要是配合系统专业就出线条件、总体布置设想等提供意见，有时亦可不参加这一阶段的工作。

二、可行性研究阶段的电气设计内容

在工程项目的建设得到批准后，工程设计进入“可行性研究阶段”，进行工程定点选厂。在此阶段，除完成可行性研究报告的编写工作之外，还需进行必要的论证计算，提出主要的设计图纸和取得必需的外部协议。

可行性研究报告由工程组各专业共同编写，其内容一般包括：概述、电力系统、燃料供应、厂址条件、工程设想、环境保护、能源节约、电厂组织与定员、工程项目实施的条件（包括承包方式与工程管理）和轮廓关键进度、经济效益分析、结论等十一个方面。电气专业主要参与工程设想一节的编写工作，说明电厂主接线方案的比较和选择，各级电压出线回路数和方向，主要设备选择和布置等。在经济效益分析一节中，电气专业应提供厂用电率等主要经济指标。

在提出的工程设计图纸中，电气专业应提出“电气主接线图”，并配合其他专业完成“厂区总平面布置图”、“主厂房平面布置图”和“主厂房断面布置图”等。

在定点选厂中，当厂址和机场、军事设施和通讯电台等有矛盾时，或高压输电线路在厂址附近需要跨越铁路和航道等，应取得这些单位主管部门的同意文件。

三、初步设计阶段的电气设计内容

在电厂厂址确定之后，便可根据上级下达的设计任务书，正式进行工程的初步设计，并按设计任务书给出的条件，分专业提出符合设计深度要求的设计文件。

初步设计所确定的设计原则和建设标准，将宏观地勾画出工程概貌，控制工程投资，体现技术经济政策的贯彻落实。所以初步设计是工程建设中非常重要的设计阶段，各种设计方案应经过充分的论证和选择。

(一) 对初步设计文件的总要求

1. 设计文件内容

初步设计文件应包括：总体、系统、总布置和交通运输、机务、电气、土建、水工、环境保护、运行组织、概算、主要设备材料清册等。

2. 设计深度的要求

初步设计深度应满足以下要求：进行设计方案的比较选择和确定；主要设备材料订货；土地征用；基建投资的控制；施工图设计的编制；施工组织设计的编制；施工准备和生产准备等。

3. 对设计文件的基本要求

(1) 没有批准的计划任务书和批准的工程选厂报告以及完整的设计基础资料，不能提供初步设计文件。

(2) 设计文件表达设计意图充分，采用的建设标准适当，技术先进可靠，指标先进合理，专业间相互协调、分期建设与发展处理得当。重大设计原则应经多方案比较选择，提出推荐方案供审批选择。

(3) 积极稳妥地采用成熟的新技术，力争比以往同类型工程在水平上有所提高。设计文件中应阐明其技术优越性、经济合理性和采用可能性。

(4) 设计概算应准确地反映设计内容及深度，满足控制投资、计划安排及拨款的要求。

(5) 设计文件内容完整、正确，文字简练，图面清晰，签署齐全。

(二) 电气设计的内容与深度

1. 说明书

初步设计阶段电气设计的说明书内容见表 1-2。

表 1-2　初步设计阶段电气设计说明书内容

章号	章名	内容细则
一	概述	1. 设计依据和基础资料 2. 对扩建工程应有已建成部分的概述和存在问题的说明
二	系统概述	1. 简述现有系统负荷水平，装机容量，主要电源和电网情况及存在问题 2. 电厂各级电压的逐年负荷增长和系统逐年电力平衡表 3. 电厂在系统中的作用和建设规模，本期及远期与系统连接方式的论证和对出线的要求
三	电气主接线	1. 主接线方案比较与确定，各级电压母线接线方式（本期及远期），分期建设与过渡方案 2. 各级电压负荷，功率交换及出线回路数 3. 主变压器选择：规范、容量、阻抗、分接头、台数等 4. 各级电压中性点接地方式，6～35kV 单相接地电容电流补偿设备的选择 5. 补偿装置的设置
四	短路电流计算及设备选择	1. 短路电流计算结果及有关计算的依据、接线、运行方式及系统容量等的说明 2. 主要设备的选择及对扩建工程原有设备的校验
五	厂用电接线及布置	1. 厂用电接线方案比较，负荷计算及变压器选择，中性点接地方式选择 2. 高低压厂用电工作、起动（备用）、保安电源连接方式、设备容量、分接头及阻抗选择 3. 厂用电压水平验算：在正常各种运行方式时厂用电母线电压水平，电动机单独自起动、事故情况下成组和高低压串接等自起动时厂用高低压母线电压水平 4. 厂用配电装置及设备选型
六	直流电系统	1. 直流系统的接线方式及负荷计算 2. 蓄电池、充电设备选择及布置 3. 发电机励磁系统及备用励磁方式和容量选择

续表

章号	章　名	内容细则
七	二次线、继电保护及自动装置	1. 主控制楼（网络控制楼）、机电炉集中控制室布置，元件的控制地点 2. 强电、弱电控制方式选择，信号、测量、联锁、同期方式 3. 元件保护和自动装置原则及选型 4. 系统继电保护、自动装置及远动设施
八	电气设备布置及电缆设施	1. 电气出线走廊及电气建构筑物布置的方案比较说明，厂区环境对电气设备的影响 2. 高压配电装置型式选择及间隔配置 3. 主变、高压厂变、消弧线圈等的布置 4. 发电机出线小室及引出线布置 5. 厂区、主厂房电缆隧道、沟道路径及型式选择
九	过电压保护与接地	1. 电气设备防止过电压的保护措施 2. 电厂主、辅建构筑物的防雷保护装置 3. 土壤电阻率及接地装置要求
十	照明和检修网络	1. 工作、安全、事故照明供电电压，照明和电焊网络供电方式 2. 主控制室（网络控制室）、机炉电集中控制室照明布置及选型
十一	通　信	1. 系统通信对本厂的要求 2. 厂内（或厂区外）的通信型式及电源选择 3. 全厂通信设施布置
十二	辅助车间	1. 电气检修间布置及起吊设施 2. 电气试验室规模、地点，主要试验设备配置原则 3. 配电装置用压缩空气系统主要设备规范、数量及布置
十三	其　他	采用新技术情况、套用典型设计和优秀设计图纸情况

2. 图纸

(1) 地区电力系统地理接线图；

(2) 地区电力系统单线接线图；

(3) 电厂接入系统方案比较图；

(4) 电气主接线及方案比较图（包括远景接线图）；

(5) 短路电流计算接线及等效阻抗图；

(6) 高低压厂用电接线图；

(7) 厂区电气建（构）筑物平面布置图；

(8) 各级电压（及厂用电）配电装置平断面图；

(9) 主控制楼（或网络控制楼）各层平面布置图；

(10) 机电炉集中控制室布置图；

(11) 发电机出线小室布置图（一般可在主厂房布置图上表示，不单独出图。当第一次新设计或厂房布置有变化、励磁方式不同、发电机母线型式有变化时，需单独出图）；

(12) 发电机变压器组继电保护配置图（一般可不出图，当机组第一次新设计或有特殊情况时，需出图）；

(13) 设备材料清册（整个工程汇总，列入初步设计文件的单独卷册中）。

四、施工图设计阶段的电气设计内容

初步设计经过审查批准，便可根据审查结论和主要设备落实情况，开展施工图设计。在这一设计阶段中，应准确无误地表达设计意图，按期提出符合质量和深度要求的设计图纸和说明书，以满足设备订货所需，并保证施工的顺利进行。

（一）对施工图设计文件的总要求

1. 设计依据和原始资料

(1) 初步设计的审批文件；

(2) 设计总工程师编制的技术组织措施、各专业间施工图综合进度表、主要设计人编制的电气专业技术组织措施；

(3) 有关典型设计；

(4) 新产品试制的协议书；

(5) 在产品目录中查不到的必要的设备技术资料；

(6) 协作设计单位的设计分工协议和必要的设计资料。

2. 对设计文件的基本要求

(1) 符合初步设计审批文件，符合有关标准规范，符合工程技术组织措施及卷册任务书要求。

(2) 采用的原始资料、数据及计算公式要正确、合理、落实，计算项目完整，演算步骤齐全，结果正确。

(3) 卷册的设计方案、工艺流程、设备选型、设施布置、结构型式、材料选用等，要符合运行安全、经济，操作检修维护施工方便，造价低、原材料节约的要求。新技术的采用要落实。

(4) 在克服工程“常见病”、“多发病”方面，应比同类型工程有所改进。凡符合卷册具体条件的典型、通用设计应予以套（活）用。

(5) 卷册的设计内容与深度要完整、无漏项，并符合施工图成品内容深度的要求。各专业及专业内部的成品之间要配合协调一致，满足施工要求。

(6) 制、描图工艺水平符合标准。

（二）电气设计的内容

施工图设计阶段电气专业的设计内容包括图纸、说明书、计算书（仅存工程档，不出设计单位）和设备材料清册。火力发电厂施工图卷册组织示例见表1－3。变电所施工图卷册组织示例见表1－4。具体工程可根据实际情况增减。

表1－3　火力发电厂电气部分施工图卷册组织示例

卷号	册号	卷册名称
一		总的部分
	1	电气总图、说明书及卷册目录
	2	设备及主要材料清册
二		配电装置
	1	500kV屋外配电装置
	2	220kV屋外配电装置
	3	空气压缩装置
三		屋外变压器、母线桥及组合导线安装
	1	屋外主变压器、高压厂用变压器、起动/备用变压器安装
	2	500/220kV联络变压器安装
	3	组合导线安装
	4	变压器220kV侧电缆安装
	5	消弧线圈安装
四		发电机变压器封闭母线（电缆母线）安装
	1	发电机小室布置及封闭母线安装
	2	高压厂用变压器、起动/备用变压器低压侧封闭母线安装
	3	高压厂用变压器、起动/备用变压器低压侧电缆母线安装
五		厂用电
	1	主厂房6kV厂用电接线
	2	主厂房380/220V中央盘及专用盘接线
	3	主厂房厂用配电装置布置及厂用变压器安装
	4	运煤系统电气接线及布置
	5	翻车机室电气接线及布置
	6	灰浆（渣）泵房电气接线及布置
五	7	油隔离泵房电气接线及布置
	8	中继灰泵房电气接线及布置
	9	气力除灰电气接线及布置
	10	灰水回收泵房电气接线及布置
	11	燃油泵房电气接线及布置
	12	化学水处理电气接线及布置
	13	中央水泵房电气接线及布置
	14	水源地电气接线及布置
	15	岸边循环水泵房电气接线及布置
	16	事故保安电源电气接线及布置
	17	阴极保护电气接线及布置
	18	中央修配厂电气接线及布置
	19	起动锅炉房电气接线及布置
	20	其他辅助厂房电气接线及布置
	21	废水泵房电气接线及布置
	22	防冻保护电气接线及布置
	23	煤解冻库电气接线及布置
六		元件继电保护
	1	元件继电保护
七		电气控制楼二次线
	1	主控制楼总的部分
	2	网络控制楼总的部分
	3	单元控制室总的部分
	4	发电机双绕组变压器二次线
	5	发电机三绕组变压器二次线（发电机部分）
	6	发电机三绕组变压器二次线（变压器部分）
	7	500kV线路二次线
	8	500kV母线二次线

续表

卷号	册号	卷册名称
七	9	220kV 线路二次线
	10	220kV 母线二次线
	11	联络变压器二次线
	12	低压厂用电源二次线
	13	就地操作低压厂用电源二次线
	14	高压起动/备用变压器二次线
	15	高压厂用工作变压器二次线
	16	主控制楼直流系统
	17	网络控制楼直流系统
	18	单元控制室直流系统
	19	保安电源二次线（集中控制）
	20	不停电电源二次线（集中控制）
八		厂用电动机二次线
	1	汽机电动机二次线
	2	锅炉电动机二次线
	3	运煤电动机二次线
	4	运煤电动机集中程序控制
	5	翻车机及调车设施电动机二次线
	6	翻车机及调车设施电动机集中程序控制
	7	运煤系统传感元件安装图
	8	除灰电动机二次线
	9	油隔离泵房电动机二次线
	10	中继灰泵房二次线
	11	气力除灰电动机二次线
	12	灰水回收泵房二次线
	13	中央水泵房电动机二次线
	14	深井泵房二次线
	15	升压水泵房二次线
	16	岸边循环水泵房电动机二次线
	17	化学水电动机二次线
	18	燃油泵房电动机二次线
	19	电气除尘器二次线
	20	保安电源二次线（就地控制）
	21	不停电电源二次线（就地控制）
	22	水工电动机二次线
	23	起动锅炉房电动机二次线
	24	废水处理电动机二次线
	25	空气压缩机电动机二次线
	26	其他电动机二次线
	27	煤解冻库二次线
九		二次接线安装
	1	高压配电装置二次接线安装
	2	发电机二次接线安装
	3	变压器二次接线安装
	4	厂用配电装置及厂用变压器二次接线安装
	5	端子箱订货和制作
十		单元控制室控制屏台背面接线
	1	单元控制室控制屏台背面接线
十一		蓄电池安装
	1	主控制楼（网络控制楼）蓄电池安装
	2	单元控制室蓄电池安装
十二		全厂过电压保护及接地
	1	全厂过电压保护及接地
十三		全厂行车滑线
	1	主厂房行车滑线
	2	辅助厂房行车滑线及其它起重设备滑线
十四		全厂电缆敷设
	1	全厂电缆敷设总的部分
	2	主厂房电缆敷设
	3	主控制楼（网络控制楼）电缆敷设
	4	屋外配电装置电缆敷设
	5	运煤系统电缆敷设
	6	翻车机室及调车设施电缆敷设
	7	厂区及辅助建筑电缆敷设
	8	电缆清册
	9	全厂电缆防火阻燃措施
十五		全厂照明
	1	全厂照明总的部分
	2	主厂房照明
	3	主控制楼（网络控制楼）及各级电压配电装置照明
	4	运煤系统照明
	5	其他辅助建筑照明
	6	厂区道路照明
十六		厂内通信
	1	厂内通信
	2	运煤系统通信
	3	厂内通信直流电源及安装
	4	水源地通信

表 1－4　变电所电气部分施工图卷册组织示例

卷号	册号	卷册名称
一		总的部分
	1	电气总图、说明书及卷册目录
一	2	设备及主要材料清册

续表

卷号	册号	卷册名称	卷号	册号	卷册名称
二		二次接线	五		所用电
	1	全所设备		1	所用电订货及设备安装
	2	直流系统及交流不停电电源	六		蓄电池安装
	3	主变压器二次线		1	蓄电池安装
	4	500kV线路及母线设备二次线	七		过电压保护及接地
	5	500kV并联电抗器二次线		1	过电压保护及接地
	6	220kV线路及母线设备二次线	八		全所照明
	7	所用变压器及电动机		1	生产建筑物照明
	8	主变压器及所用变压器安装接线图		2	所区及屋外配电装置照明
	9	500kV二次线安装接线图		3	辅助生产建筑物照明
	10	220kV二次线安装接线图			
三		系统继电保护	九		全所电缆及清册
	1	500kV线路保护		1	屋外配电装置及所区电缆敷设
	2	500kV母线保护		2	主控制楼电缆敷设
	3	220kV线路保护		3	电缆清册
	4	220kV母线保护			
四		配电装置	十		检修间
	1	500kV配电装置		1	检修间及行车滑线
	2	220kV配电装置	十一		全所通信
	3	主变压器配电装置		1	所用通信
	4	并联电抗器配电装置		2	通信电源
	5	无功补偿装置			

（三）电气设计的深度

1. 说明书

(1) 电气专业施工图总说明书中应列有本工程电气部分施工图卷册总目录；

(2) 说明审批意见的执行情况和处理意见，简要叙述施工图设计原则；

(3) 简要说明设计中采用的新技术、新工艺、新设备、新接线，阐述其技术上的优越性、使用条件、性能特点、操作运行方式、设备落实情况及有关注意事项等；

(4) 详细说明施工图与初步设计不同的部分，对改进方案作必要论证；

(5) 提醒施工中应特别注意的问题和设计中考虑采用的有关措施；

(6) 说明书的内容应与图纸和计算书相符。

2. 图纸

施工图图纸深度要求见表1-5。

表1-5　施工图图纸深度要求

序号	图纸类型	计算项目	图纸深度要求
1	电气主接线图，厂用电接线图及其他系统接线图	1. 短路电流计算① 2. 电气设备选择① 3. 厂用负荷统计及厂用变压器容量选择 4. 动力电缆选择 5. 接线方式的技术经济比较，电压偏移计算、调压方式选择、自起动校验	1. 图中各种电气设备、材料均应注明型式、主要规范，主要元件应注明名称编号，并尽量与运行单位的习惯一致 2. 一般用单线图表示，为说明相别或三相设备不一致时可用三线图表示 3. 应区别本期工程和原有接线部分 4. 按远景规划在右上角标出远景接线图 5. 电气主接线图的范围应包括各级电压出线及高压厂用变压器 6. 厂用各级电压的工作电源与备用电源的连接，开关柜型号、方案编号、间隔编号、柜内设备型式规范

续表

序号	图纸类型	计算项目	图纸深度要求
2	电气总平面图，主变安装图，高压配电装置平断面图，发电机引出线布置图，厂用配电装置布置图，主厂房和辅助车间电气布置图，蓄电池室布置图，主控制楼布置图	1. 母线、绝缘子选择计算 2. 软导线及组合导线力学计算 3. 必要的电气支架的结构计算	1. 应表示所有电气设备及其附属设施的轮廓外形、相序、定位尺寸、总尺寸，必要的安全净距校验尺寸，设备搬运尺寸，门、窗、楼梯的位置 2. 电气构筑物中的土建结构应按比例表示 3. 注明与附近建筑物、道路的相对尺寸 4. 屋内配电装置应注明柱子编号和各层标高 5. 软导线与组合导线应附安装曲线 6. 屋内配电装置应有配置接线图，屋外配电装置断面图应有解释性电路图，配电装置应注明间隔名称 7. 当为扩建工程时，应注明原有部分和扩建部分 8. 注明附近建筑物的名称、楼内各房间的用途
3	设备安装及制作图		1. 图纸比例及所取断面、详图应能清晰表达安装意图 2. 非标准零件必要时另制详图 3. 安装材料表应正确齐全
4	二次线原理图、展开图	1. 元件保护整定及设备选择 2. 负载计算及电缆截面选择 3. 继电器动作匹配计算及选择	1. 标明设备符号、回路编号、回路说明、设备安装地点及其数量和有关规范 2. 同一设备在两张图内表示时，应在一张图内表示设备的所有线圈及接点，并注明不在本图中的接点用途，在另一图中表示接点来源 3. 对有方向性的设备应标注极性 4. 展开图中的接点应表示不带电状态时的位置
5	盘面布置图		1. 盘上设备尺寸齐全，设备符号与展开图一致 2. 模拟母线注明电压等级 3. 设备表中列明设备型式、规范、数量，并按不同安装单位分别开列
6	端子排及安装接线图		1. 端子排齐全，预留公用备用端子 2. 标明电缆编号、去向，注明芯数、截面 3. 注明设备端子编号和互感器的极性 4. 安装接线中应有设备材料表
7	电缆敷设及清册		1. 布线图尽可能按比例表示设备的位置和外形轮廓 2. 画出构筑物的柱、墙、楼梯、门窗，电缆构筑物注明净空尺寸，建筑物标明标高 3. 对电缆夹层要画出支架位置、注明间距，电缆构筑交叉处应表示过渡支架，埋管注明管径、根数、型式 4. 路径图应标明电缆起点、终点、电缆构筑物进出口的编号。电缆排列剖面图是否需要出图，可根据具体情况确定 5. 主厂房电缆敷设卷册中可套用一张土建地下管沟布置图，电缆埋管应附在土建图内 6. 电缆清册应有每一根电缆的编号、型号、规范、长度和路径
8	防雷接地	1. 避雷针保护范围计算 2. 接地电阻计算 3. 进行接触电压及跨步电压计算	1. 标明避雷针高度、座标、保护范围、被保护物外形 2. 对接地有特殊要求的构筑物（如微波楼）应画出室内接地网布置，凡需利用钢筋接地者应与结构专业落实，并予说明 3. 画出接地井的位置
9	照明	1. 主控制室（网络控制室）单元控制室照度计算 2. 电压水平校验及导线截面选择 3. 进行主厂房照度计算	1. 系统图标明设备规范、用途代号、负荷、电压降、截面等 2. 布置图标明各路配线及配管的规格，建筑物的梁柱、门窗、楼梯、留孔、设备外形、管道位置、屏台和开关柜位置等 3. 注明灯具的数量、瓦数、标高、型式。特殊灯具应出安装图 4. 布线一般用单线表示，亦可用多线表示
10	厂内通信		1. 系统图应表示设备的电源连接 2. 布置图标明通信设备（包括分线盒）的安装地点，布置尺寸 3. 电话配置的地点与数量，隔音室的制作图

①与初步设计有变化时进行。

第1-3节 电气设计的专业配合

为了使各有关专业之间在设计内容上互相衔接、协调统一，避免差错、漏缺和碰撞，设计过程中需要进行必要的联系配合、研究磋商，一些相互有关连的设计图纸尚要进行会签，以保证设计质量。

专业间的设计配合，主要依靠大量的、经常的联系进行，手续应尽量简化，以使相互间交换的资料项目压缩到最少。

本节所述内容以火力发电厂为例，工程设计时，应根据本单位机构组成和专业分工的情况做适当变更和增减。

一、初步设计阶段专业间交换资料

初步设计阶段电气专业与其他专业间交换资料的内容参见表1-6。

二、施工图设计阶段专业间交换资料

施工图设计阶段电气专业与其他专业间交换资料的内容参见表1-7。

表1-6　　火力发电厂初步设计阶段专业间交换资料示例

专业	提供资料内容
热机	电动机资料及联锁要求（可分两次、第一次为初步资料）
输煤	电动机资料及联锁要求（可分两次、第一次为初步资料）
	输煤集中控制要求及工艺流程
除灰	电动机资料及联锁要求
化学水	电动机资料及联锁要求
热控	集中控制室资料
	电源要求资料
土建	主控制楼、天桥位置
	主控制楼（网络控制楼）平、断面
	主厂房平断面建筑（结构）图
	屋外配电装置架构结构方案
总交	总平面布置草图（包括地下沟、管道）
暖通	电动机资料及控制要求
水工	电动机资料及联锁要求
系统	电气主接线的原则接线及主要设备参数、型式
	系统阻抗
	补偿装置的要求
	系统继电保护的要求
	系统通信的要求
	系统远动的要求
线路	线路的出线方向和相序

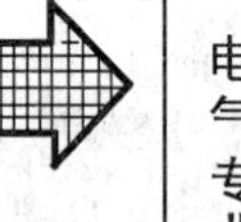

提供资料内容	专业
各种电气建构筑物总体布置资料	总交
全厂电缆沟、屋外母线桥、封闭母线布置	
屋内外配电装置平面布置	
主控制楼（网络控制楼）平面布置	
主变压器、厂用变压器布置	
事故排油资料	
屋内外配电装置平断面布置	土建
主控制楼（网络控制楼）平断面布置	
主厂房电气设施平断面布置	
事故排油资料	
输煤配电装置资料	
化学水处理电气设施资料	
对生产办公楼设计的要求	
出线小室布置图	
集中控制室资料	
主厂房电气设施平断面布置	热机
出线小室布置	
集中控制室资料	
运行组织设计资料	
输煤配电装置资料	输煤
输煤控制室资料	
采暖通风要求	暖通
概算资料	技经
集中控制室资料	热控

表 1－7　火力发电厂施工图设计阶段专业交换资料示例

专业	提供资料内容
热机	主厂房布置图
	主厂房各车间布置图
	电除尘布置平断面图
	辅助车间工艺布置图
	电动机台数、用途、容量、电压及联锁要求
	局部照明及电焊电源要求
	主厂房地下管沟布置图
	保安电源用柴油发电机组布置图
	A 排柱外侧热力管道及其他管道布置图
	直流用电负荷资料
	移动用电设备电源引入方式要求
输煤	输煤系统平面布置
	输煤设备分部布置
	电动机用途、台数、容量、电压及运行方式联锁要求
	通信要求
	电源设置要求
	室内、外照明要求
	移动设备电源引入方式要求
除灰	灰渣泵房布置图
	电动机清单及联锁要求
化学水	化学水处理设备布置图
	电动机清单及联锁要求
热控	热工试验室资料
	交直流电源要求、负荷清单
	集中控制室平面布置及对电气屏、台、控制、仪表等的要求
土建	主厂房框架外形尺寸 主厂房建筑图 主厂房各层结构平断面布置图 主控制室、网络控制室、配电装置室建筑图 屋外配电装置结构布置图

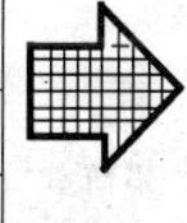

电气专业

提供资料内容	专业
电气设备布置（包括 A 排柱外）平断面图	热机
发电机出线平断面图	
厂用配电装置平断面布置	
主厂房及辅助车间电气设备布置	
主厂房及辅助车间电缆构筑物布置	
配电盘、动力箱、起动器、备用励磁机布置	
主变压器、厂用变压器在主厂房内检修时的搬运通道及其他要求	
输煤变压器、配电盘、动力箱布置	输煤
输煤集中控制的要求	
照明箱及灯位布置、电缆设施	
动力盘、照明箱布置，电缆设施	除灰
变压器油量及油处理要求	化学水
动力盘、照明箱布置，电缆设施	
集中控制室内电气屏、台的数量及位置	热控
发电机联系信号回路展开图	
有关电动机二次回路展开图	
电工构筑物布置图	土建
各级电压配电装置平断面图	
主厂房内厂用配电装置平断面图	
发电机出线布置图	
封闭母线、共箱母线、母线桥布置图	
事故保安电源用配电盘及其他电气设备在主厂房内的布置	
主厂房内及厂区各种型式电缆构筑物的布置位置、尺寸、标高	
A 排柱外电气设备和构筑物布置尺寸	
变压器事故贮油设施资料	
主控制楼外形、位置、天桥布置要求、建筑要求	

续表

专业	提供资料内容
土建	输煤装置建筑结构图
	燃油装置建筑图
	化学水处理布置建筑图
	除灰装置建筑结构图
	辅助建筑物建筑平断面图
	附属建筑平断面图
	开窗、电梯等电动机资料清单
	全厂电缆沟返回资料
	控制室建筑资料
	吊车梁资料
	汽轮发电机基础图
	A排柱外地下设施结构布置图
	主厂房地下沟道及基础布置图
	行车梁结构布置图
总交	厂区总平面图规划图
	总平面布置资料图
暖通	电动机清单
水工	电动机清单及联锁要求
	各泵房照明、通信要求
	A排柱外水工构筑物布置
系统	与初步设计有变更的电气主接线资料
	短路电流计算阻抗图
	远动通信的载波设备及其连接资料
	第一台机组起动时系统电压偏移
	系统保护、远动、通信设备的布置
	交直流用电负荷资料
勘测	土壤电阻率、气象资料
线路	出线终端塔位置及相序

电气专业

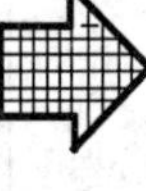

提供资料内容	专业
在主厂房框架、楼板上的主要荷载（如导线拉力，封闭母线等），在钢筋混凝土结构上大的留孔	土建
主变压器、高压厂用变压器在主厂房检修时的搬运通道	
所有电气设备荷重、拉力资料，基础、支架预埋铁件、预留孔洞、安装尺寸资料	
主厂房、辅助车间、安装有电气装置的房间内的电缆构筑物的预埋件和留孔要求	
主控制楼内设备布置、留孔、预埋件、荷重资料、照明器安装配合资料	
避雷针的位置、高度、型式、引下线的预埋件、接地井的制作资料	
架构的拉力资料、拉环位置、爬梯位置、架构的型式、尺寸资料	
照明设备的留孔、预埋件、电杆在厂区的布置	
通信室的布置、建筑要求、留孔、预埋件	
电工构筑物布置	总交
屋外配电装置设备基础、架构位置、电缆构筑物的尺寸、标高、布置及预埋件	
避雷针土建任务书	
主控制楼（网络控制楼）、屋内配电装置、主厂房内和辅助车间的厂用配电装置以及其它电气设施建筑物的平面图、电缆构筑物布置图	
暖通任务书：包括主厂房内、主控制室、蓄电池室、通信室、电除尘、屋内配电装置、变压器室等的通风、采暖要求	暖通
A排柱外电气设备及构筑物的布置图及变压器搬运资料	水工
变压器消防的特殊要求	
蓄电池室主控制楼的上、下水要求	
水工建筑物的电气设备布置，电缆沟道位置，设备安装用基础、留孔、预埋件资料	
各回出线的门型架构位置、允许拉力、偏角	线路
预算资料	技经

附录 1－1　常用法定计量单位及其有关换算

量的名称	量的符号	单位名称	单位符号	法定计量单位与法定计量单位的换算	法定计量单位与废除计量单位的换算
时间	t	天（日） [小] 时 分 秒	d h min s	1d = 24h = 86400s 1h = 60min = 3600s 1min = 60s 1s = 1000ms	
长度	l，(L)	米 厘米 毫米	m cm mm	1m = 100cm = 1000mm 1cm = 10mm	1m = 10^{10}Å（埃）
面积	A，(S)	平方米	m^2	$1m^2 = 10000cm^2$	$1m^2 = 10^{-2}$a（公亩） $1m^2 = 10^{-4}$ha（公顷）
体积 容积	V	立方米 升	m^3 L，(l)	$1m^3$ = 1000L = 1000l	
速度	u，v，w，c	米每秒 节	m/s kn	1kn = 0.51444m/s	
转速， 旋转频率	n	每秒 转每分	s^{-1} r/min	1r/min =（$1/60s^{-1}$）	
质量	m	千克，(公斤) 吨	kg t	$1kg = 10^3g$ $1t = 10^3kg$	1kg = 2［市］斤
力 重力	F W，(P，G)	牛［顿］	N	$1N = 10^{-3}kN$	$1N = 10^5$dyn（达因） 1N = 0.102kgf（公斤力）
压力，应力， 压强	P	帕［斯卡］	Pa	$1Pa = 1N/m^2$	$1Pa = 1.02\times10^{-5}kgf/cm^2$ 1Pa = 0.0075mmHg（毫米汞柱） $1Pa = 10^{-5}$bar（巴） $1Pa = 1.02\times10^{-6}$at（工程大气压）
有功功率 无功功率 视在功率	P Q S	瓦 乏 伏安	W var VA	$1W = 10^{-3}kW = 10^{-6}MW$ $1var = 10^{-3}kvar$ $1VA = 10^{-3}kVA$	1W = 1/735.5 马力
能［量］ 功 热［量］	W，(A) E，(W) Q	焦［耳］ 千瓦小时 电子伏［特］	J kW·h eV	$1kW\cdot h = 3.6\times10^6J$ 1J = 1W·S = 1N·m $1eV\approx1.6021892\times10^{-19}J$	1J = 0.102kgf·m（千克力米） 1J = 0.2388458cal（卡路里） $1J = 10^7$erg（尔格）
电压	U	伏［特］	V	$1V = 10^{-3}kV = 10^3mV$	
电流	I	安［培］	A	$1A = 10^{-3}kA = 10^3mA$	
电荷［量］	Q	库［仑］	C		
电容	C	法［拉］	F	$1F = 10^6\mu F$	
电感	L、M	亨［利］	H	$1H = 10^6\mu H$	
电阻	R	欧［姆］	Ω	$1\Omega = 10^{-3}k\Omega$	
频率	f，(v)	赫［兹］	Hz		
声压级	Lp	分贝	dB		
摄氏温度	t，θ	摄氏度	℃	t = T − 273.15	
热力学温度	T，θ	开［尔文］	K	T = t + 273.15	

附录1-2　常用电气设计图形符号（一次线部分）[1]

第一节　系　统　专　业

图 形 符 号	名称及说明
规划（设计）的　运行的	
	发电厂的一般号
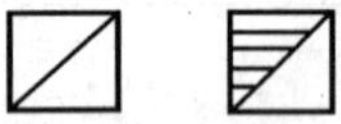	水电厂
	火电厂（包括燃煤、燃油、燃气电厂）
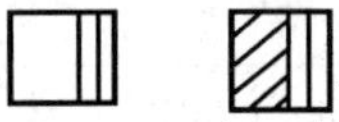	热电厂
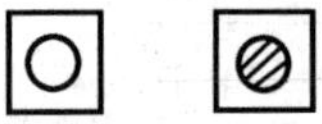	核电厂
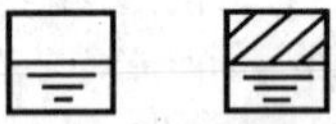	地热电厂
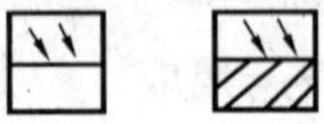	太阳能电厂
	风力电厂
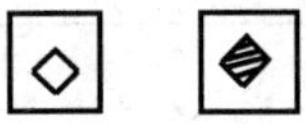	等离子体电厂
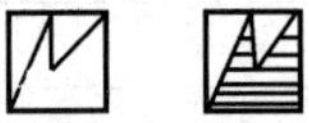	潮汐电厂
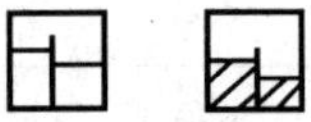	抽水蓄能电厂

续表

图 形 符 号	名称及说明
规划（设计）的　运行的	
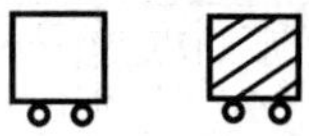	移动发电厂
	变电所一般符号
	500kV 变电所
	330kV 变电所
	220kV 变电所
	110kV 变电所
	35kV 变电所
	换流站 例：直流变交流
	串补站
	开闭站
	超高压 并联电抗器
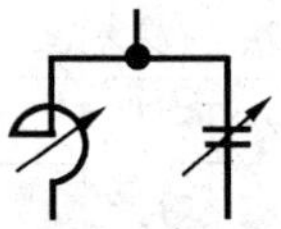	静止无功补偿装置

[1] 引自《电力勘测设计制图统一规定》（电气一次线部分）SDGJ51—84（试行），水利电力部电力规划设计院颁发。鉴于国家标准关于电气技术文字符号的制订正在完善之中，本手册仍暂采用汉语拼音字头做为电气技术文字符号，与本附录中的文字符号有差异。

第二节 电 气 专 业

图 形 符 号	名称及说明
一、基 本 符 号	
1. 电 流 的 种 类	
2M——220/110V	直流 当可能引起混乱时用本符号 注：电压标注在右边，系统类型标注在左边 例：两根导线及中间线 220V
～50Hz 3N～50Hz 400/230V 3N～50/TN-S	交流 频率及电压标注在右边，系统类型标注在左边 例：交流 50Hz 交流三相带中性线 50Hz 400V（相电压 230V） 交流三相 50Hz 中点直接接地系统，中性线及保护线共用
	脉动电流或整流电流
N	中性线
M	中间线
+	正极
-	负极
2. 可 变 调 节	
	线性调节 ——由外因引起的
	非线性调节 ——由外因引起的
	线性调节 ——由内因引起的
	非线性调节 ——由内因引起的

续表

图 形 符 号	名称及说明
I=0	微调 注：允许调整的条件应注于符号旁 例：仅在电流等于零时允许微调
5	级进调节 如需说明级进调节的级数可注数字 例：5级调节
	均匀调节 例：均匀调节的微调
3. 力或运动的方向	
或	直线运动或力的方向 1）单向 2）双向
或	回转运动 顺时针，逆时针 双向旋转 无中间定位，两个方向均有限制的双向旋转
	往复运动
4. 效 应	
	热效应
	电磁效应
	延时

续表

图 形 符 号	名称及说明
5. 信 号 波 形	
	矩形正脉冲
	矩形负脉冲
	交流脉冲
	正阶跃函数
	负阶跃函数
	锯齿波
6. 机 械 控 制	
	机械的、气动的或液压连接
	标明力或运动方向的机械连接
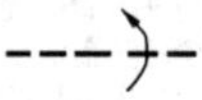	标明旋转方向的机械连接
=	机械的、气动的或液压连接
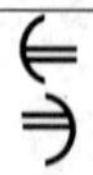	延时动作 注：从圆弧向圆心移动的延时动作
	自动复位
	定位
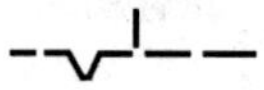	脱离定位
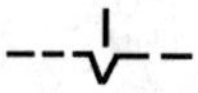	进入定位

续表

图 形 符 号	名称及说明
	两器件间的机械联锁
	锁扣装置 脱扣位置
	锁扣装置 扣住位置
7. 操作器件和操作方法	
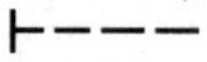	手动控制的一般符号
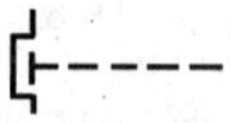	限制接近的手动控制
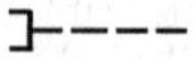	拉拔操作
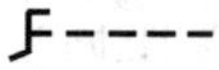	旋转操作
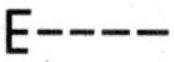	推动操作
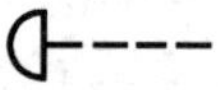	紧急开关
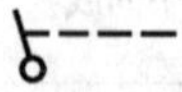	杠杆操作
	可拆卸的手柄操作
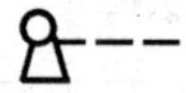	钥匙操作
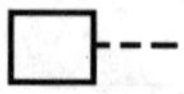	贮存机械能操作 注：贮存能的方式可填入方框内
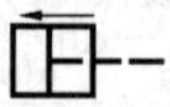	双向作用的气动或液压控制操作
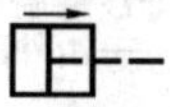	单向作用的气动或液压控制操作
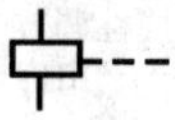	电磁线圈操作
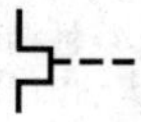	热执行器操作 如：热继电器，热过流保护

续表

图形符号	名称及说明
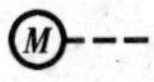 M	电动机操作
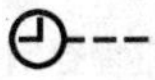	电钟操作
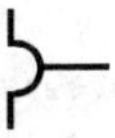	过电流保护操作
8. 非电量控制	
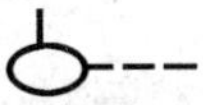	液位控制
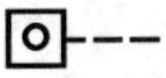	计数器控制
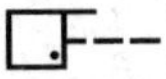	气流控制
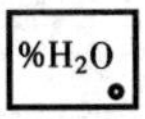 %H_2O	相对湿度控制
9. 接　地	
	接地
	无噪声接地
	保护接地 注：本符号可代替接地，并表示具有保护作用。例如在故障情况下防止触电的接地
	接机壳或接底板
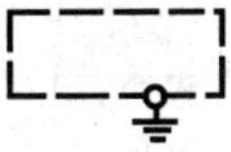	屏蔽体接地
10. 其　他	
	故障

续表

图形符号	名称及说明
	闪络或击穿
	滑动触点
	测点指示 例：本符号用以指示测点
	永久磁铁
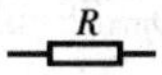 R	等值网络的阻抗电阻
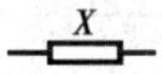 X	电抗
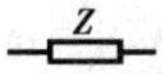 Z	阻抗
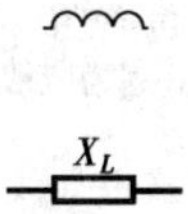 X_L	感抗
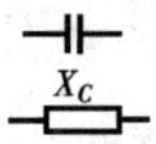 X_C	容抗
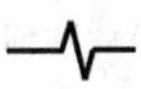	短路电流计算网络中的等值阻抗

二、导线、母线、电缆及其连接

图形符号	名称及说明
1. 导　线	
	导线、导线组、电线、电缆、电路、线路、母线的一般符号 注：当用单线表示一组导线时，若需示出导线根数可用加小短斜线或画一条短斜线加数字表示

续表

图 形 符 号	名称及说明
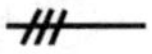 或 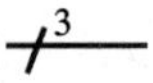 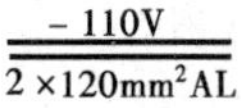 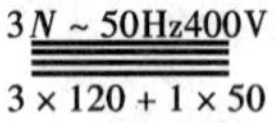 3 $\sim$ 110V $2\times120mm^2AL$ $3N\sim50Hz400V$ $3\times120+1\times50$	例：三根导线 如需进一步标明参数，可按下列方法表示：在横线上面标注电流种类、配电系统、频率和电压等 在横线下面标注电路的导线数乘以每根导线的截面积，若导线的截面不同时，应用加号将其分开，导线材料用其化学元素符号表示 例：直流电路，110V 两根铝导线，截面 $120mm^2$ 三相交流电路 50Hz、6kV，相线三根 $120mm^2$，中性线 $50mm^2$
	软导线
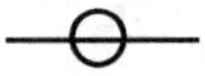	屏蔽导线
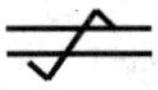	对绞导线
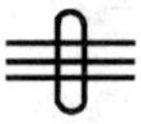	电缆中的导线芯（示例为三股）
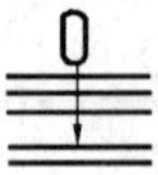	多根导线中箭头所示两导线属于同一根电缆
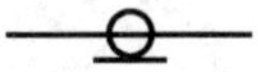	同轴电缆
	屏蔽同轴电缆
	母线
	封闭母线
2. 电 气 线 路	
	地下电缆线路（直埋）
	水下电缆线路

续表

图 形 符 号	名称及说明
	架空线路
	直埋穿钢管线路
	事故照明线路
 6 6—指 6 路管道线路	管道线路（电缆排管线路）
	挂在钢索上的线路
	中性线
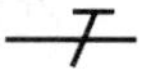	保护线
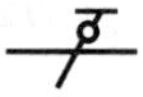	保护和中性共用线
	例：具有保护线和中性线的三相配线
3. 端子和导线的连接	
	端子
	接线端子
	保护装置箱的内部连接端子
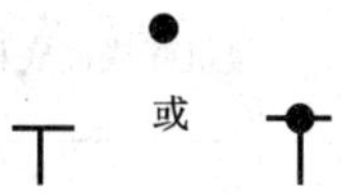 或	导线连接
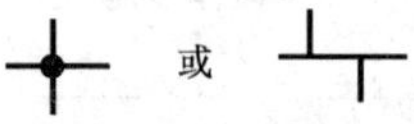 或	双向连接的导线
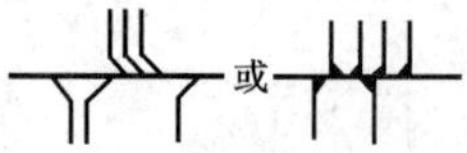 或	导线的分支或合并

续表

图形符号	名称及说明
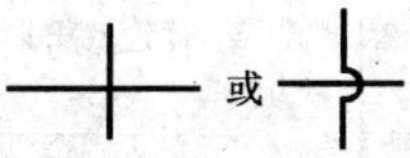 或	导线跨越
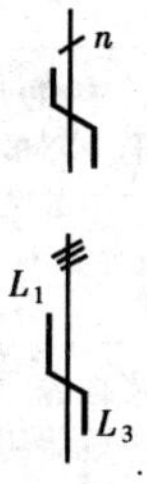 n L_1 L_3	导线的交换 例：示出极性的调换 示出相序的变更
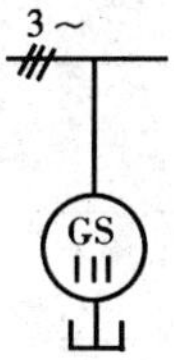 3～ GS III	多相系统的中性点 例：每相两端引出，其中一端连接成中性点的三相同步发电机
4. 电缆附件	
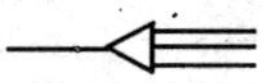	电缆终端头（三芯电缆）
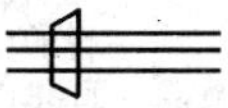	三根单芯电缆的电缆终端头
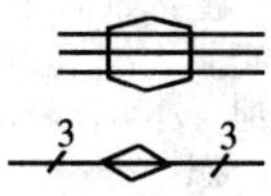 3 3	电缆中间接线盒三线表示 单线表示
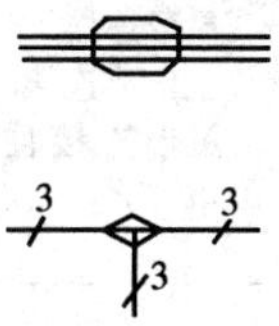 3 3 3	电缆分线盒 三线表示 单线表示
	母线伸缩接头
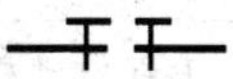	母线连接片
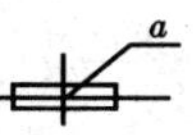 a a—交叉点编号	电缆与其他设施交叉 例：电缆穿管保护

续表

图形符号	名称及说明
	导线引上
	导线引下
	导线由上引来
	导线由下引来 导线引上并引下 导线由上引来并引下 导线由下引来并引上
5. 连接器件	
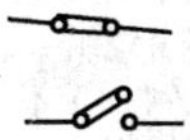	连接片 接通 断开
	切换片
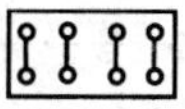	试验接线柱（试验盒）
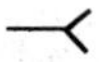	插座或插座一个极
	插头或插头一个极
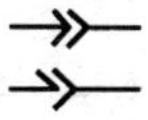	插头和插座 正常位置 试验位置
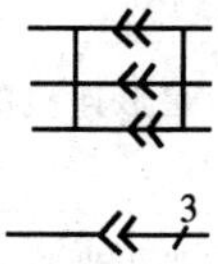 3	多级插头插座 多线表示 单线表示
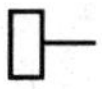	插接件的固定部分
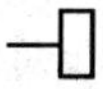	插接件的可动部分

续表

图 形 符 号	名称及说明
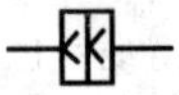	插接件组
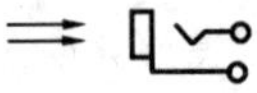	电话型两极插头和塞孔

三、旋 转 电 机

1. 绕　组

图 形 符 号	名称及说明
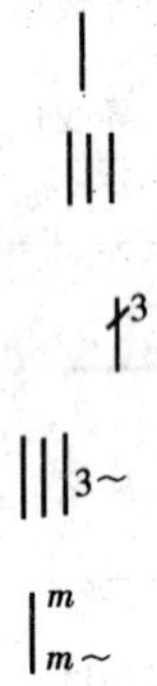 或 3 3~ m m~	一个绕组 独立绕组的个数应用短划的数目或在符号上加数字表示 例：三个独立绕组 上述符号也可用于表示外部进行接线的多个绕组 例：互不连接的三相绕组 m 个互不连接的 m 相绕组
	两相四端绕组
	两相绕组
	V 形的三相绕组
	带中性点引出线的四相绕组
	角形连接的三相绕组
	开口三角形连接的三相绕组
	星形连接的三相绕组
	带中性点引出线的星形连接的三相绕组
	曲折形或双星形互相连接的三相绕组
	双三角连接的六相绕组

续表

图 形 符 号	名称及说明
	多边形连接的六相绕组
	星形连接的六相绕组
	带中性点引出线的叉形连接的六相绕组
	T 形连接的三相绕组
	换向绕组或补偿绕组串励绕组
	并励或它励绕组
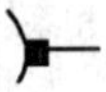	电刷

2. 旋转电机一般符号

图 形 符 号	名称及说明
 *	旋转电机一般符号 *用下列字母代替 G——发电机 GS——同步发电机 MG——能以发电机或电动机方式运行的电机 MS——同步电动机 CS——同步调相机 注：如需表示电压类别，绕组连接方式时，亦可同时示出 例： 交流 ~ 直流— 星形连接 Y 三角形连接△ 星形连接且中性点引出
	定子为双绕组
 M 2	双速电动机
 M	直线电动机一般符号
 M	步进电动机一般符号
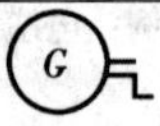 G	手摇发电机

续表

图形符号	名称及说明
3. 直流电机例图	
	串励直流电动机
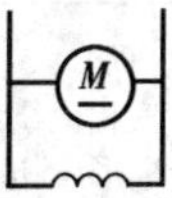	并励直流电动机
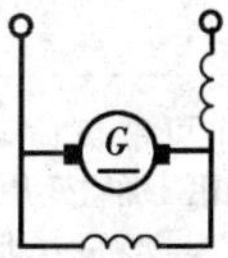	复励直流发电机
	有公共励磁绕组的直流变直流旋转变流机
4. 交流换向电机例图	
	单相交流串励电动机
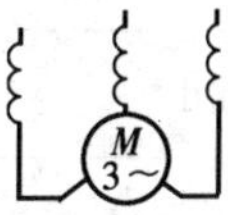	三相交流串励电动机
	三相交流并励电动机
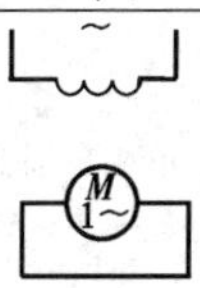	单相推斥电动机
5. 同步电机例图	
	三相永磁同步发电机

续表

图形符号	名称及说明
	单相同步电动机
	带中性点引出线星形连接的三相同步发电机
	每相两端都引出的三相同步发电机
6. 异步电动机例图	
	三相鼠笼式异步电动机
	有裂相绕组引出线的单相鼠笼式异步电动机
	三相线绕式转子异步电动机
	转子上有启动装置的三相星形连接异步电动机
	交流三相直线式异步电动机
四、变压器和电抗器	
1. 一般符号	
型式Ⅰ　型式Ⅱ	
	 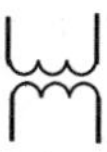 双绕组变压器
	  三绕组变压器

续表

图形符号 型式Ⅰ	图形符号 型式Ⅱ	名称及说明
	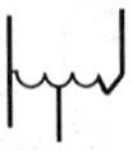	自耦变压器
		电抗器、扼流圈
2. 独立绕组的变压器例图		
		单相变压器 绕组间有屏蔽
		单相变压器 但一个绕组上有中心点抽头
		可变耦合的变压器
	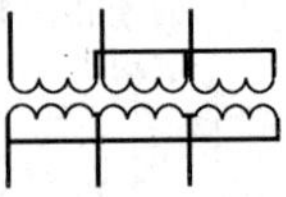	单相变压器组成的三相变压器组 星形－三角形接线
		双绕组三相变压器 星形－三角形
		可带负荷调压的三相变压器 星形－三角形

续表

图形符号 型式Ⅰ	图形符号 型式Ⅱ	名称及说明
	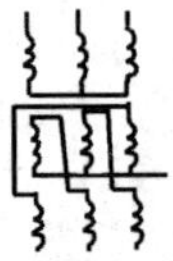	三相变压器 星形－曲折形
	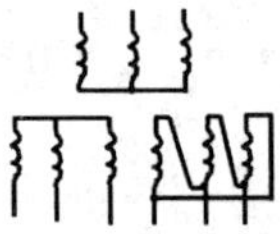	三相三绕组变压器 星形－星形－三角形
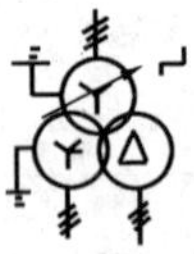	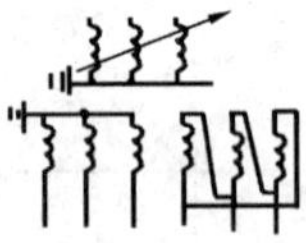	可带负荷调压的三相三绕组变压器 星形－星形－三角形 星形中性点引出
	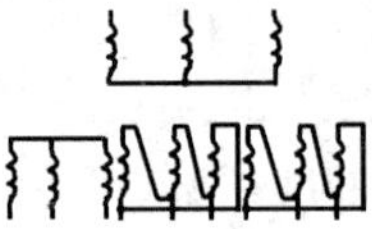	三相四绕组变压器
	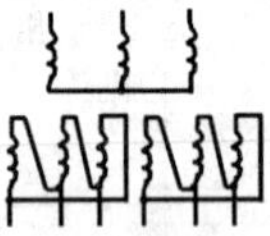	有分裂绕组的三相变压器 星形－三角形/三角形
3. 自耦变压器例图		
	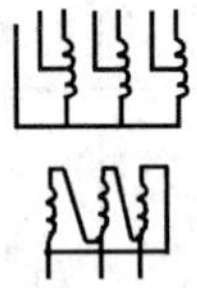	具有第二绕组的自耦变压器 星形（中性点引出）－三角形
	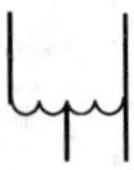	单相自耦变压器
	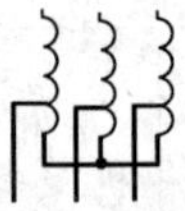	三相自耦变压器

续表

图形符号 型式Ⅰ	图形符号 型式Ⅱ	名称及说明
		可连续调压的单相自耦变压器
4. 感应调压器例图		
		三相感应调压器
5. 消弧线圈		
		消弧线圈
6. 电流互感器		
型式Ⅰ	型式Ⅱ	电流互感器二次侧的小撇，可以省略
		单次级绕组电流互感器
		两个铁芯和两个次级绕组的电流互感器 注：1. 型式Ⅱ中铁芯符号可以不划出 2. 在一次回路绘出接线端子符号时，表示端子间所有绕组属于同一只电流互感器
		一个铁芯、二个次级绕组的电流互感器
		次级绕组有一个抽头的电流互感器
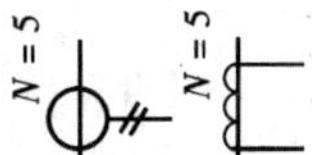 N=5	N=5	初级绕组为 N 匝的电流互感器

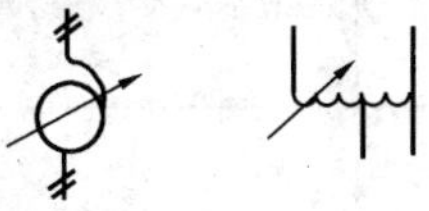

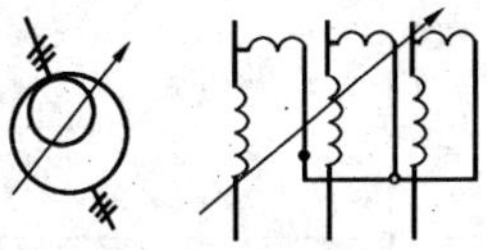

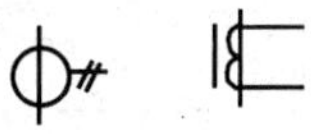

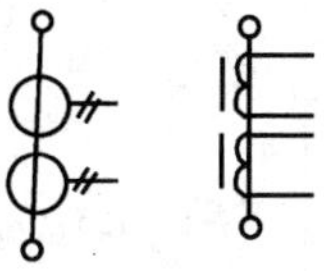

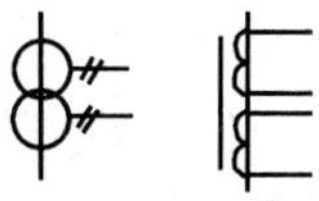

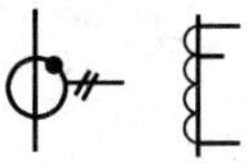

续表

图形符号 型式Ⅰ	图形符号 型式Ⅱ	名称及说明
3		三个一次回路、一个次级绕组的电流互感器 注：一般用于零序电流互感器或脉冲变压器
7. 电压互感器 （一般电压互感器可使用变压器的有关符号）		
		单相三绕组电容式电压互感器
K Y Δ		三个单相三绕组电容式电压互感器组
		单相四绕组电容式电压互感器
Y Y Y Δ		三个单相四绕组电容式电压互感器组
8. 饱和电抗器和磁放大器		
		饱和电抗器铁芯 注：符号表示要利用铁芯的饱和特性，同时表示绕组之间磁耦合
		有两个绕组同一个铁芯的饱和电抗器
		饱和电抗器（框图符号）
		磁放大器（框图符号）
− ~		单相并联饱和电抗器

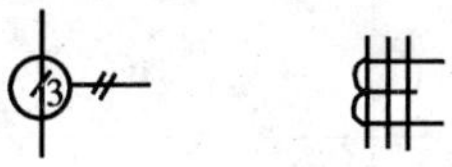

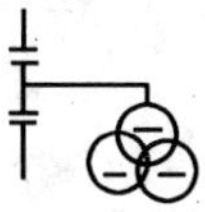

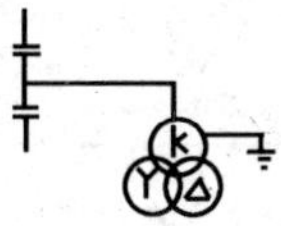

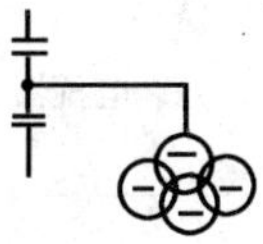

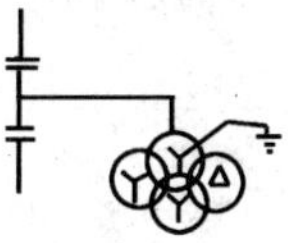

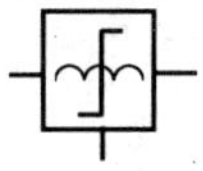

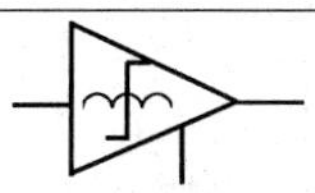

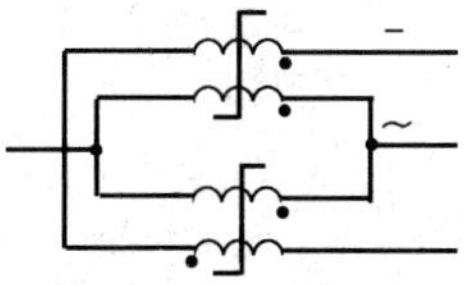

续表

图 形 符 号	名称及说明
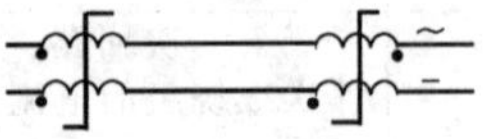	单相串联饱和电抗器
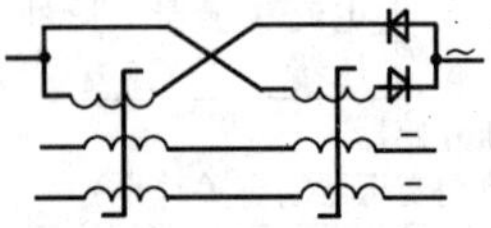	具有两个控制电路的自励饱和电抗器
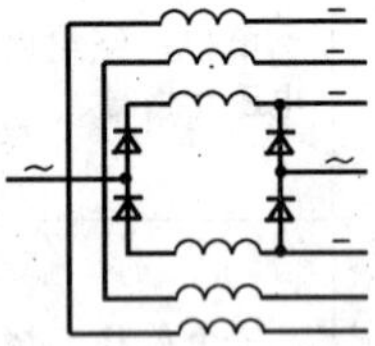	具有两个控制电路的直流输出饱和电抗器
9. 其 它	
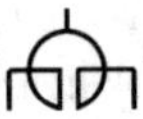	分裂电抗器
	频敏变阻器
	阻波器 借用 IEC617－10－16－03
五、开 关 装 置	
 或 	单极开关的一般符号
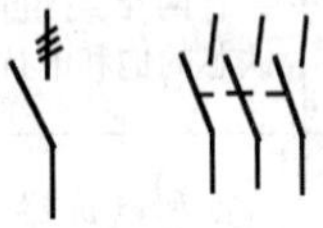	多极开关的一般符号
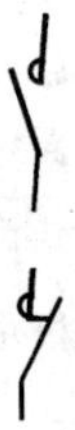	接触器 动合（常开） 动断（常闭）

续表

图 形 符 号	名称及说明
	自动脱扣接触器（自动空气开关）
 或 	断路器
	隔离开关
	具有中间位置的双向隔离开关
	带有接地刀片的隔离开关 ——单侧接地
	带有接地刀片的隔离开关 ——双侧接地
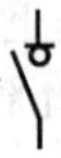	负荷开关
	自动脱扣负荷开关
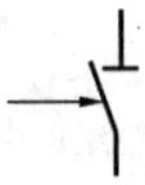	快分式隔离开关
六、操 作 开 关	
1. 单 极 开 关	
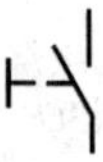	手动开关的一般符号

续表

图 形 符 号	名称及说明
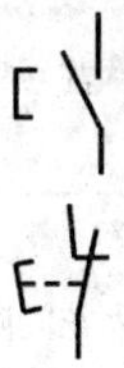	按钮开关（无定位） 动合 动断
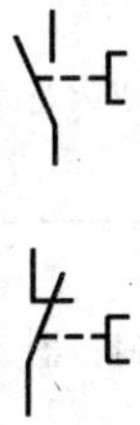	拉拔开关（无定位） 动合 动断
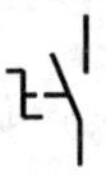	旋钮开关，旋转开关（定位） 例：组合开关
2. 位置开关，行程开关	
	位置开关，行程开关 动合 动断
	机械连接的双向位置开关或行程开关
3. 热　敏　开　关	
	热敏开关 动合 动断 θ可直接注明动作温度
	热敏自动开关，动断 注意：与热继电器符号相区别 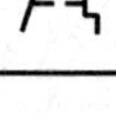

续表

图 形 符 号	名称及说明
	荧光灯起辉器 （具有热元件的气体放电管）
4. 变速灵敏开关和水银开关	
	惯性开关（突然减速而动作）
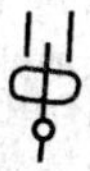	三端水银开关
	四端水银开关
5. 多极和多位开关	
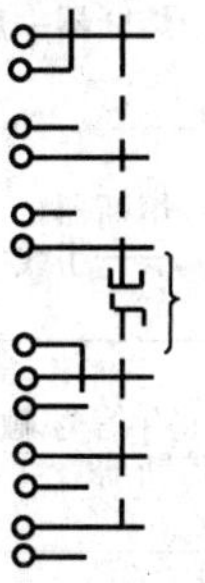	一组触点由推动按钮（自动复位）操作，另一组触点由旋转按钮操作的操作开关 注：大括号表示这是一个操作手柄的两个操作方式
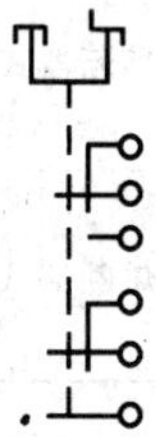	同一组触点的操作开关用旋转（带定位）也可用推动（带弹性返回）两种操作方式

续表

图形符号	名称及说明
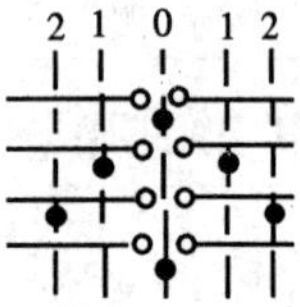 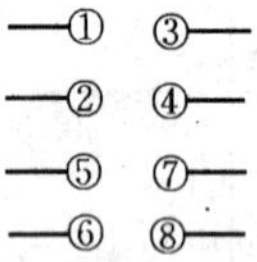 2 1 0 1 2 或 —① ③— —② ④— —⑤ ⑦— —⑥ ⑧—	控制开关和切换开关 注：1. 本图形符号表示有五个位置、四个回路的切换开关。以“○”代表操作手柄在中间位置，两侧的数字表示操作位置代号，此数字处也可写手柄转动位置的角度数 2. 虚线表示手柄操作时触点的开闭位置线 3. 黑点“•”表示手柄（或手轮）转至此位置时触点接通，无黑点表示触点不通，复杂的开关可另用触点闭合图表表示 4. 触点符号内允许加注触点号 5. 一个开关的各触点允许不画在一起
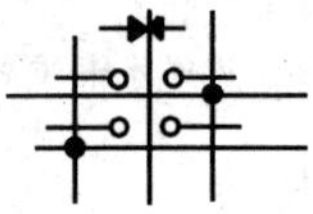	自动复归的控制开关

七、熔断器避雷器

图形符号	名称及说明
	熔断器一般符号
	熔断器 ——粗线为电源侧
	有信号触点的三端熔断器
	有独立信号电路的熔断器
	熔断器式开关
	熔断器式隔离开关
	熔断器式负荷开关

续表

图形符号	名称及说明
	跌开式熔断器
	火花间隙
	双火花间隙
	避雷器
	保护用充气放电管
	保护用对称充气放电管

八、接地及防雷

图形符号	名称及说明
	接地的一般符号
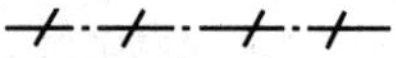	接地网
	接地极
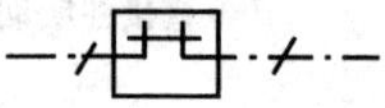	接地检查井
	避雷针
	避雷线

续表

图形符号	名称及说明
	避雷针（线）的保护范围
Mg	保护阳极 注：阳极的类型可在符号旁边标注 例：镁保护阳极

第三节 照明专业

图形符号	名称及说明
一、照明线路	
$a\frac{b}{c}$	电杆的一般符号 a——编号 b——杆型 c——杆高
$a\frac{b}{c}Ad$ $a\frac{b}{c}Ad$ $a\frac{b}{c}Ad$	带照明灯的电杆 1. 一般画法 2. 需要示出灯具的投照方向时 3. 需要时允许加画灯具本身图形 a——编号 b——杆型 c——杆高 A——连接相序 d——容量
	带拉线电杆
	带撑杆电杆
	带高桩拉线的电杆
$ab\frac{c}{de}\alpha A$ θ T 或 C	投光灯塔架 T——投光灯塔 C——装在建筑物顶上的投光灯架 a——编号 b——投光灯型号 c——容量 d——投光灯安装高度 e——塔架高度 θ——偏角 α——俯角 A——连接相序 注：投照方向偏角的基准线可以是座标轴线或其它基准线

续表

图形符号	名称及说明
$ab\frac{c}{d}\alpha A$ θ $ab\frac{c}{d}\alpha A$ θ	装有投光灯的架空线电杆 1. 一般画法 2. 需要时允许加画投光灯图形 a——编号 b——投光灯型号 c——容量 d——投光灯安装高度 θ——偏角 α——俯角 A——连接相序 注：投照方向偏角的基准线可以是座标轴线或其它基准线
二、插座和照明用开关	
	插座一般符号
	单相插座 明装 暗装 密闭 防爆
	带接地插孔的单相插座 明装 暗装 密闭 防爆
	带接地插孔的三相插座 明装 暗装 密闭 防爆
	插座箱

续表

图形符号	名称及说明
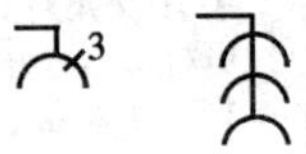	多个插座（示出三个）
	具有护板的插座
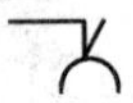	具有单极开关的插座
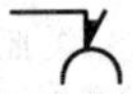	具有联锁开关的插座
	具有隔离变压器的插座
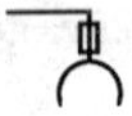	带熔断器的插座
	开关的一般符号
	单极开关 明装 暗装 密闭 防爆
	双极开关 明装 暗装 密闭 防爆
	三极开关 明装 暗装 密闭 防爆

续表

图形符号	名称及说明
	单极拉线开关
	单极双控拉线开关
	单极限时开关
	双控开关
	具有指示灯的开关
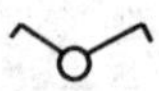	多位开关（如用于不同照度）
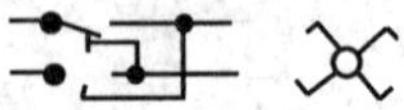	中间开关
	调光器开关
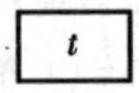	限时装置
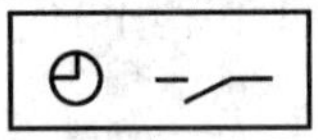	定时开关
	钥匙开关
三、照　明　灯	
	照明灯一般符号 注：如需表明灯的种类可旁注符号如下： Ne——氖 Xe——氙 Na——钠蒸汽 Hg——汞 I——碘 *IN*——白炽 *EL*——电致发光 *ARC*——弧光 *FL*——荧光 *IR*——红外线 *UV*——紫外线

续表

图 形 符 号	名称及说明
	深照型灯
	广照型灯（配照型灯）
	防水防尘灯
	矿山灯
	安全灯
	天棚灯
	花灯
	弯灯
	壁灯
	球形灯
	局部照明灯
	隔爆灯
	斜照型灯
	方形灯

续表

图 形 符 号	名称及说明
	扁形灯
	出入口指示灯
	高建筑物标志灯
	灯座
	投光灯一般符号
$a \times b \times c \times d$	例：示出投光方向的投光灯 a——灯泡瓦数； b——倾斜角度； c——安装高度； d——灯具型号
	聚光灯
	泛光灯
5	荧光灯一般符号 例：三管荧光灯 五管荧光灯
	防爆荧光灯
	照明引出线表示法 天花板上 墙上
	气体放电灯的辅助设备 注：仅用于辅助设备与光源不在一起时

附录1－3 常用电气设计图形符号（二次线部分）[1]

第一节 蓄电池和整流设备

图 形 符 号	名称及说明
	蓄电池或原电池 注：长线代表正极。为了强调，短线可画粗些。如不会引起混乱，也可表示蓄电池组，但其型式、电压、数量应标明
	蓄电池组或原电池组
n	带抽头的蓄电池组 n＝抽头数
	直流变换器
	整流器
	逆变器
	整流器/逆变器
	单相桥式全波整流器
或	

续表

图 形 符 号	名称及说明
	三相桥式全波整流器

第二节 半导体器件

图 形 符 号	名称及说明	
或	半导体整流二极管	
θ	利用温度效应的二极管	
	变容二极管	
	隧道二极管	
	单向击穿二极管	
	双向击穿二极管	
	反向二极管	
	双向二极管（非线性电阻）	
	阶跃恢复二极管	
	体效应二极管	
	二极晶闸管	反向阻断型

[1] 引自《电力勘测设计制图统一规定》（电气二次线部分）SDGJ52—84（试行），水利电力部电力规划设计院颁发。

续表

图 形 符 号	名称及说明	
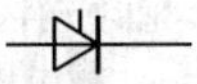	二极晶闸管	反向导通型
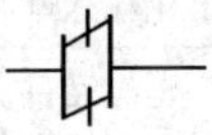		双向型
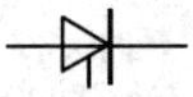	三极晶闸管一般符号 注：当没有必要规定控制极的类型时，这个符号用于表示反向阻断三极晶闸管	
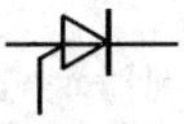	三极晶闸管	反向阻断，N型控制极
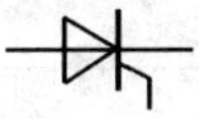		反向阻断，P型控制极
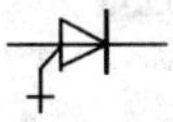		可关断型，N型控制极
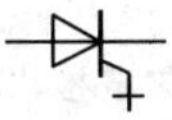		可关断型，P型控制极
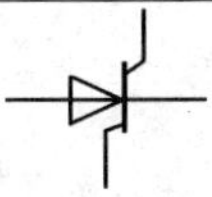	反向阻断四极晶闸管	
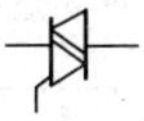	双向三极晶闸管	
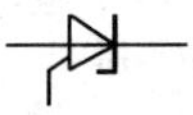	反向导通三极晶闸管	N型控制极
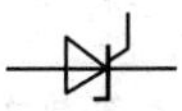		P型控制极
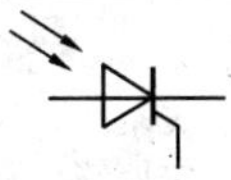	光控晶闸管	
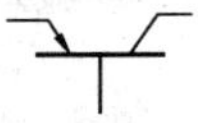	PNP型半导体管	
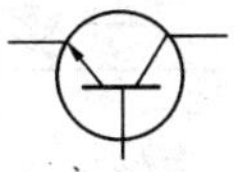	NPN型半导体管，集电极接管壳	
	NPN型雪崩半导体管	

续表

图 形 符 号	名称及说明
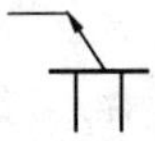	具有P型双基极单结型半导体管
	具有N型双基极单结型半导体管
	有横向偏压基极的NPN型半导体管
	场效应半导体管，N型沟道结型
	场效应半导体管，P型沟道结型
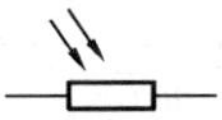	光敏电阻
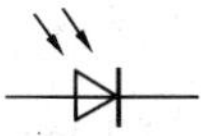	光电二极管
	光电池
	光电半导体管（PNP型）
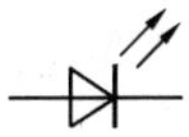	发光二极管
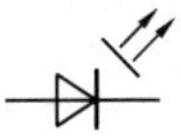	半导体激光器
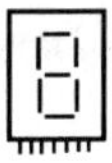	发光数码管
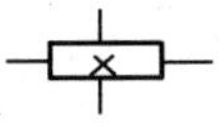	四欧姆的霍尔发生器

第三节 逻辑元件和模拟单元

图形符号	名称及说明
一、逻 辑 元 件	
	静态输入
	动态输入
	逻辑非（输入端）
	逻辑非（输出端）
	延迟输出
&	“与”单元
≥1	“或”单元
1	非门
	“否”单元
&	与带自保持
S R	触发元件（双稳单元）： *R*—*S* 触发器
J K	*J*—*K* 触发器
1	单稳元件
	延时元件一般符号

续表

图形符号	名称及说明
0 t	延时元件。当从 0→1 态，输出比输入无延时；当从 1→0 态，输出比输入延时 t
t 0	延时元件。当从 0→1 态，输出比输入延时 t；当从 1→0 态，输出比输入无延时
t_1 t_2	延时元件。当从 0→1 态，输出比输入延时 t_1；当从 1→0 态，输出比输入延时 t_2
t	延时元件。$t_1=t_2$ 时只写 t
	过量检出的电平检测器
	欠量检出的电平检测器
	返回系数为 1 的电平检测器
	电平检测器——零指示器
二、模 拟 单 元	
f▷m	运算放大器通用符号。 *f*—定性符号；*m*—放大系数 定性符号如下： Σ——求和； ∫——积分； $\frac{d}{dt}$——微分； log——对数
Σ▷10 a 1 b 3 c 5 d 6 – u	示例： 求和放大器。 $u=-10(a+3b+5c+6d)$

续表

图形符号	名称及说明
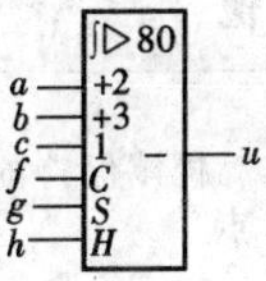 ∫▷80; a +2; b +3; c 1; f C; g S; h H; u	示例：积分器。如果 $f=1$，$g=0, h=0$，则 $u=-80[c_{(t=0)}+\int_0^t(2a+3b)dt]$
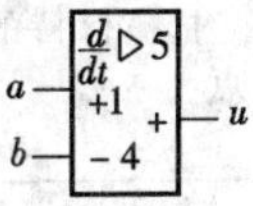 $\frac{d}{dt}$▷5; a +1; b −4; +; u	示例：微分器。$u=5\frac{d}{dt}\times(a-4b)$
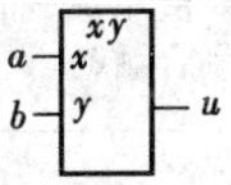 xy; a x; b y; u	函数器 示例：乘法器。$u=ab$
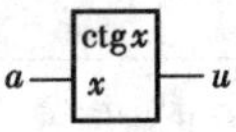 ctgx; a x; u	示例：余切函数器 $u=\mathrm{ctg}\alpha$

第四节 触 点

图形符号	名称及说明
一、两位置或三位置触点	
	动合（常开）触点
或	动合（常开）触点
	动断（常闭）触点
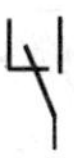	先断后合的转换触点
	中间断开的双向触点
	先合后断的转换触点
或 	先合后断的转换触点
	双动合触点
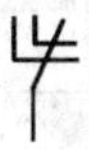	双动断触点
二、过 渡 触 点	
	在吸合过程中，暂时闭合的过渡动合触点
	在释放过程中，暂时闭合的过渡动合触点
	在吸合和释放过程中，暂时闭合的过渡动合触点
三、提前或滞后动作的触点	
	多触点组中比其它触点提前吸合的动合触点
	多触点组中比其它触点滞后吸合的动合触点
	多触点组中比其它触点滞后释放的动断触点
	多触点组中比其它触点提前释放的动断触点

续表

图形符号	名称及说明
四、延时动作或返回的触点	
	吸合时延时闭合的动合触点
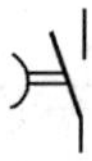	释放时延时断开的动合触点
	释放时延时闭合的动断触点
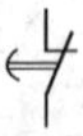	断开时延时断开的动断触点
	吸合时延时闭合和释放时延时断开的动合触点
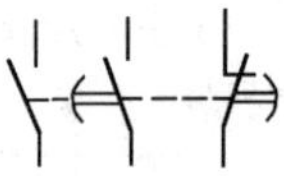	由一个不延时动合触点、一个吸合时延时闭合的动合触点和一个释放时延时闭合的动断触点组成的触点组
五、有弹性返回和无弹性返回的触点	
	有弹性返回的动合触点
	无弹性返回的动合触点
	有弹性返回的动断触点
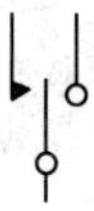	左边弹性返回、右边无弹性返回、有中间断开位置的双向触点

续表

图形符号	名称及说明
六、其　他	
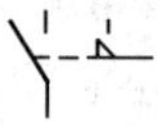	机械保持的动合触点
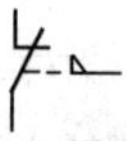	机械保持的动断触点
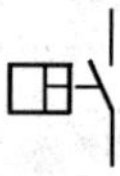	非电量继电器触点 液压或气压控制型动合触点
	液位控制型动合触点
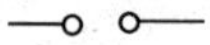	电磁锁

第五节　控制箱屏及起动控制设备

图形符号	名称及说明
一、起　动　器	
	起动器一般符号
	起动器——调节器
	接触器式可逆直接起动器
	带自动释放的起动器
	星—三角起动器
	自耦变压器式起动器
	具有晶闸整流器的起动器
	防爆式起动器

续表

图形符号	名称及说明
二、控　制　屏　台	
	控制屏、控制台、控制箱、控制柜一般符号
	动力或动力-照明配电箱
	照明配电箱
	事故照明配电箱
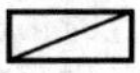	电源自动切换箱
	多种电源箱（电焊箱或杂用电源箱）
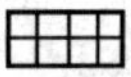	控制站
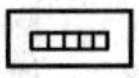	端子箱（盒）
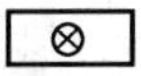	信号箱（板）
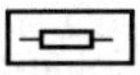	电阻箱
三、按　钮	
	按钮的一般符号 注：若图面位置有限，又不会引起混淆，小圆允许涂黑
	带指示灯的按钮
	按钮盒。 一般或保护性按钮盒： 一个按钮； 二个按钮； 密闭型按钮； 防爆型按钮

续表

图形符号	名称及说明
	限制接近的按钮
	行程开关
	电锁
四、其　它	
	电磁分离器
	电磁阀
 M	电动阀
	电风扇
	直流电焊机
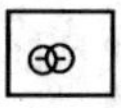	交流电焊机

第六节　继电器、接触器线圈

图形符号	名称及说明
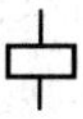 或	操作器件的一般符号 注：具有几个绕组的操作器件，可以由适当数量的斜线或重复本符号来表示
	例：两个绕组的操作器件
	组合表示法
	分散表示法

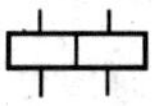

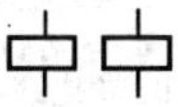

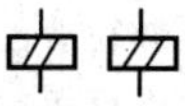

续表

图形符号	名称及说明
	当绕组数量大于2时，亦可用数字表示绕组数
	缓慢释放（缓放）继电器的线圈
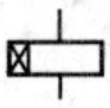	缓慢吸合（缓吸）继电器的线圈
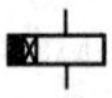	缓吸和缓放继电器线圈
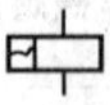	快速继电器（快吸和快放的线圈）
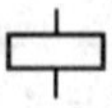	对交流不敏感的继电器线圈
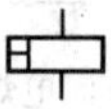	交流继电器的线圈
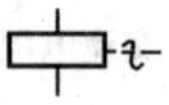	机械谐振继电器的线圈
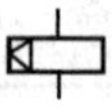	机械保持继电器的线圈
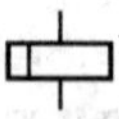	极化继电器线圈 注：圆点用以表示通过极化继电器绕组的电流方向和动触点的运动方向之间的关系。 当标有圆点的绕组端子为正时，动触点朝着标有圆点的位置运动
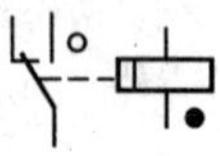	例：绕组中仅一个方向的电流能起动，并能自复的极化继电器
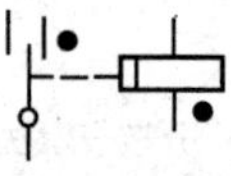	在绕组中通任一方向的电流均能起动、具有中间位置并能自复的极化继电器
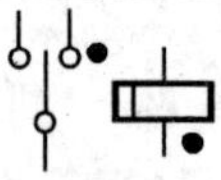	双位置的极化继电器

续表

图形符号	名称及说明
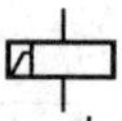 或 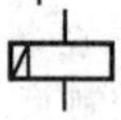	剩磁继电器的线圈
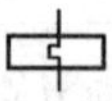	热元件

第七节 继电器、继电保护及自动装置

图形符号	名称及说明
 *	继电器、继电保护装置的一般符号。 * 号应填写下列内容： ·动作的特征量； ·能量流动方向； ·整定范围； ·返回系数； ·延时符号。 测量元件数量可包括在本符号内。 此符号作为整组装置符号或作为单个继电器的符号。 特征量的选取应满足有关规定、限定符号见本图例基本符号一章。 下面给出常用特征量符号： $I>$——过电流； $I<$——欠电流； I_1——正序电流； I_2——负序电流； I_0 或 $I_{\doteq}$——零序电流（对地故障电流）； $I_{\leftarrow}$——逆电流； I_d——差动电流； I_{d0} 或 $I_{d\doteq}$——零序差动电流； I_d/I——比率差动电流； I_N——中性线电流； I_{N-N}——两个多相系统中性线之间的电流； I_{B-L}——平行线路相间不平衡电流； $U>$——过电压； $U<$——欠电压； U_L——中性线电压； U_0 或 $U_{\doteq}$——零序电压（对地故障时残压）

续表

图形符号	名称及说明
*	$P>$——过功率; $P<$——欠功率; $P\leftarrow$——逆功率; $Z<$——低阻抗; Z_0 或 $Z_{\doteq}$——零序阻抗; U/F——过激磁; m——相数; N——匝数; S——发电机定子; R——发电机转子; SY_n——失步; $\Phi<$——失磁; $B\cdot F\cdot R$——断路器失灵; ⊢⁄⊣——可调时限特性; ⊢⁄⊣——反时限特性
$I>$	过电流继电器
$3I>$	定时限过电流继电器三个电流元件
$I\leftarrow$	逆电流继电器
$I>5x$	过电流继电器; 一路大于5倍定值时动作;一路为反时限特性
$I_2>$	零序电流保护
$I_0>$ →	零序方向电流保护
I_{N-N}	电流平衡保护 用于双星形接线的中性线回路
I_{B-B}	电流平衡保护 用于平行线相间平衡电流保护
$I^{>5A}_{<3A}$	电流继电器: 大于5A小于3A时动作
$I_0>$	负序反时限过电流保护
$I_1+I_2>$	复合电流速断保护

续表

图形符号	名称及说明
I_d	差动保护
I_{d0}	零序差动保护
I_d/I	比率差动保护
$I>$ $m=3$	对称过负荷保护
$I>$ $m\neq3$	不对称过负荷保护
$3I>$ B.F.R	断路器失灵保护
$n\approx0$ $I>0$	堵转电流检测保护
$U/F>$	过激磁保护
$I_0>$ $m<3$	非全相运行保护
$U>$	过电压保护
$U<$	欠电压保护
U_0	接地保护
$P>$	过功率保护
$P<$	欠功率保护
$P\leftarrow$	逆功率保护
P	功率方向保护
$Z<$	阻抗保护

续表

图形符号	名称及说明
$Z_0<$	接地阻抗保护
$U<$ $m<3$	断线检测保护
$H_2O<$	发电机断水保护
$N<$	发电机匝间短路保护
S	发电机定子接地保护
R *	发电机转子接地保护。 ＊处：一点接地保护标注1；二点接地保护标注2；兼容者注1～2
$U=0$	电压回路断线保护
$I=0$	电流回路断线保护
$SY_n<$	发电机失步保护
$\Phi<$	发电机失磁保护
	气体继电器
$I>$ $U<$	按工作原理可组成不同的保护装置。 例：欠电压起动的过流保护
0→1 *	自动重合闸装置。 ＊填注设备型号
* PLH-16	自动装置的一般符号。 注：当需表示某种复杂的成套保护及自动装置时，应在＊处写出装置的具体型号
A	示波器振子

第八节 电阻电容

图形符号	名称及说明
	电阻器一般符号
	可变电阻器
$\overline{U}$	压敏电阻器
	1/8W 电阻器
	1/4W 电阻器
	1/2W 电阻器
I	1W 电阻器
	熔断电阻器
	滑线式变阻器
	有滑动接点和断开位置的电阻器
	两个固定抽头的电阻器 注：可增加或减少抽头
	两个固定抽头的可变电阻器
	分流器（分路器）
	碳堆电阻器
	加热元件

续表

推荐型式	其他型式	名称及说明
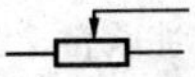		滑动接触电位器
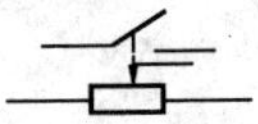		带开关的滑动接点电位器
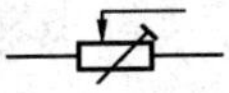		微调电位器
推荐型式	其他型式	
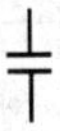		电容器的一般符号
	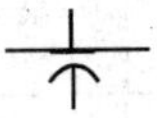	穿心电容器
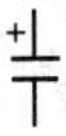		极性电容器
		可变电容器
	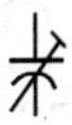	微调电容器
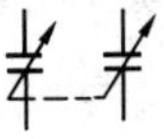		双联同调可变电容器

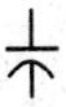

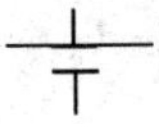

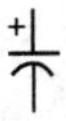

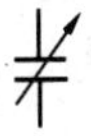

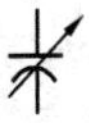

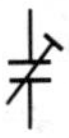

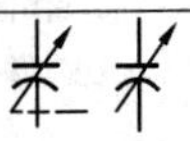

续表

推荐型式	其他型式	名称及说明
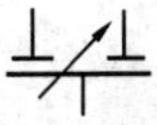		差动可变电容器：$C_1+C_2=$常数
	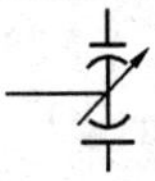	分裂定片可变电容器：$C_1=C_2$
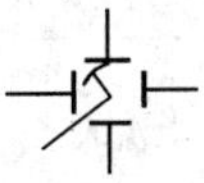		电容移相器
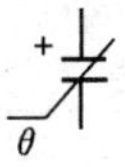		热敏极性电容器
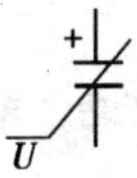		压敏极性电容器
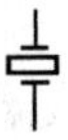		有两个电极的压电晶体
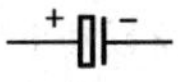		电解电容器

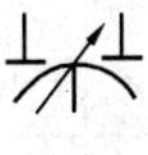

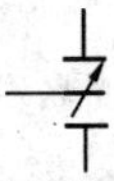

第九节 测量仪表和信号器件

图形符号	名称及说明
一、仪表的一般符号	
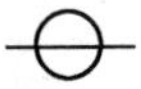	测量仪表电流线圈的一般符号
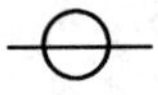	测量仪表电压线圈的一般符号

续表

图形符号	名称及说明
(*)（圆形）	指示仪表一般符号
[*]（方形）	记录仪表一般符号
（分格方形，下格 *）	积算仪表一般符号。 * 号处填： (1) 物理量名称符号； (2) 物理量单位符号； (3) 图形符号

二、指示、记录仪表例图

图形符号	名称及说明
(A)	电流表
(V)	电压表
(A_2)	负序电流表
(A / $I\sin\varphi$)	无功电流表
(W)	有功功率表
→ (W / P_{max})	最大需量表（用于由积算表推动）
(var)	无功功率表
(μA)	微安表
(mA)	毫安表
(mV)	毫伏表
(Ω)	欧姆表

续表

图形符号	名称及说明
(MΩ)	兆欧表
(Hz)	频率表
($\cos\varphi$)	功率因数表
(φ)	相位表
(λ)	波长表
(n)	转速表
(θ)	温度计，高温计
(V / u_d)	差动电压表
 （圆内弧形指针）	整步表
 （圆内向上箭头）	检流计
 （圆内波形）	示波器
(ΣA)	电流和仪表
(ΣW)	有功功率和仪表
(Σvar)	无功功率和仪表
[W]	记录式功率表
[var]	记录式无功功率表
[W | var]	组合式记录有功无功功率表

续表

图形符号	名称及说明
A	记录式电流表
V	记录式电压表
三、积算仪表例图	
Wh	电度表
Wh	电度表（单方向积算）
varh	无功电度表
Wh	电度表（测量来自母线的能量）
Wh	电度表（测量输入母线的能量）
Wh	带发送器电度表
四、信 号 器 件	
	信号灯。如果要求表明颜色，照下列规定在符号附近标记： RD——红色； YE——黄色； GN——绿色； BU——蓝色； WH——白色
	信号灯（闪光型）
	位置指示器
	电喇叭
~	电铃； 直流型； 交流型
	蜂鸣器

第十节 远动专业

图 形 符 号	名称及说明
一、常 用 元 件	
	电阻器
	滑动电位器
	电容器
+ -	电解电容器
	电感线圈
	带抽头的电感线圈
	有铁芯的电感线圈
	变压器
- +	蓄电池
	二极管
	单向击穿二极管
	双向击穿二极管
	桥式整流器

续表

图形符号	名称及说明
	PNP三极管
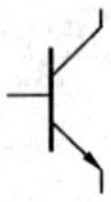	NPN三极管
	三极晶闸管
N型  P型 	场效应管（沟道结型）： N型； P型
	压电晶体
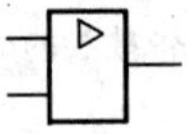	运算放大器一般符号
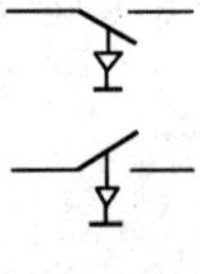	自复按钮： 常开； 常闭
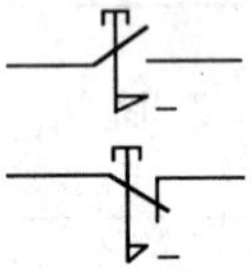	自锁按钮： 常开触点； 常闭触点
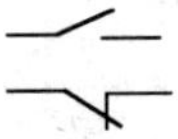	继电器触点： 常开触点； 常闭触点
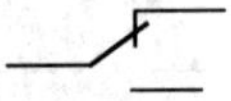	继电器转换触点
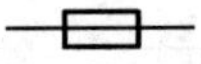	熔断器
	信号灯

续表

图形符号	名称及说明
	蜂鸣器
	直流电铃
	交流电铃
	指示表

二、主要逻辑电路

图形符号	名称及说明
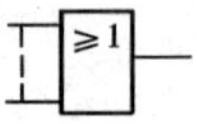 ≥1	“或”单元通用符号。 当一个或一个以上的输入为“1”时，输出才为“1”
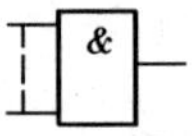 &	“与”单元通用符号。 只有所有的输入为“1”时，输出才为“1”
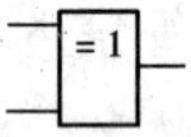 =1	“异或”单元通用符号。 只要两个输入之一为“1”时，输出才为“1”
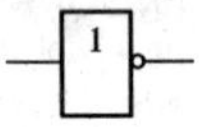 1	非门通用符号。 只有当输入为“1”时，输出才为“0”
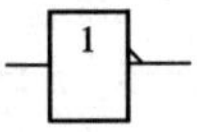 1	反相器通用符号。 只有当输入为高电平时，输出才为低电平
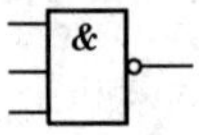 &	与非门
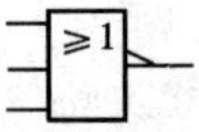 ≥1	或非门
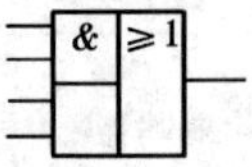 & ≥1	与或非门

续表

图形符号	名称及说明
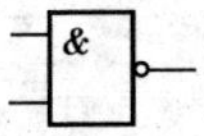	与非门（oc）
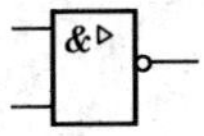	与非缓冲器 与非驱动器
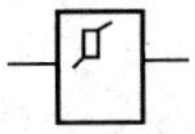	双向门槛检测器（斯密特触发器）通用符号
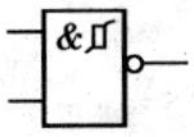	带斯密特触发器的与非门
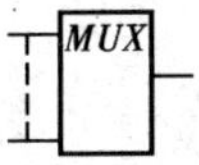	多路选择器，通用符号
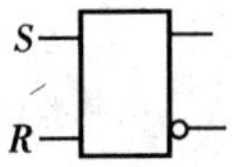	S双稳单元
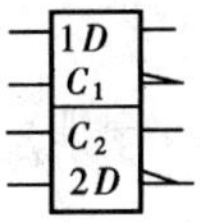	D暂存器，两个一套
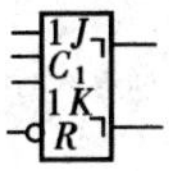	脉冲触发的JK双稳单元
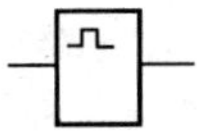	重复触发的单稳单元

三、远动通道部件

图形符号	名称及说明
	音频振荡器

续表

图形符号	名称及说明
	放大器
	限幅器
	调幅器
	解调器
	固定衰耗器
	可变衰耗器
	带通滤波器
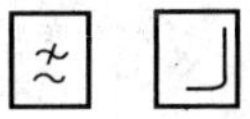	低通滤波器
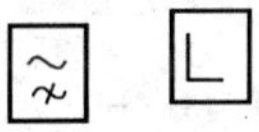	高通滤波器
四、远　动　对　象	
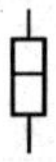	遥信开关
	遥控遥信开关
	遥信隔离开关
	定点遥测
	选点遥测

续表

图 形 符 号	名称及说明
(~)	调频机
	注：为了区分遥测对象和仪表指示值的类型，在图形符号内，＊处可填写如下文字代号： P_{Σ}——总有功功率； Q_{Σ}——总无功功率； P_f——发电机有功功率； Q_f——发电机无功功率； U_f——发电机定子电压； I_f——发电机定子电流； U_L——发电机励磁电压； I_L——发电机励磁电流； P_x——线路有功功率； Q_x——线路无功功率； I_x——线路电流； P_b——变压器有功功率； Q_b——变压器无功功率； I_b——变压器电流； U_m——母线电压； W_h——有功电度； δ——功角； U_z——直流电压； I_z——直流电流； Q_T——调相机无功功率； P_g——给定功率； P_z——指令功率表； P_s——实发功率表； H_s——水电站上游水位； H_x——水电站下游水位； f_q——电网工频

续表

图 形 符 号	名称及说明
五、远动自动化装置	
[ ]	一般符号。 方框内填写装置型号
[WYZ-Ⅱ]	例：远动装置
[YC-61]	遥测装置
[YDP-1]	遥测变送器屏
[TJT-4]	音频通道
[ZDY-2]	远动载波机
[DJS-130]	控制机
[GNQ-1kW]	逆变电源
[HGT-1]	自动调频装置

第二章

电 气 主 接 线

编者 应震华 校者 严维华 审者 李昌龄

电气主接线是发电厂、变电所电气设计的首要部分，也是构成电力系统的重要环节。主接线的确定对电力系统整体及发电厂、变电所本身运行的可靠性、灵活性和经济性密切相关，并且对电气设备选择、配电装置布置、继电保护和控制方式的拟定有较大影响。因此，必须正确处理好各方面的关系，全面分析有关影响因素，通过技术经济比较，合理确定主接线方案。

第2-1节 主接线的设计原则

一、主接线的设计依据

在选择电气主接线时，应以下列各点作为设计依据：

1. 发电厂、变电所在电力系统中的地位和作用

(1) 电力系统中的发电厂有大型主力电厂、中小型地区电厂及企业自备电厂三种类型。大型主力火电厂靠近煤矿或沿海、沿江，并接入330~500kV超高压系统；地区电厂靠近城镇，一般接入110~220kV系统，也有接入330kV系统；企业自备电厂则以对本企业供电供热为主，并与地区110~220kV系统相连。中小型电厂常有发电机电压馈线向附近供电。

(2) 电力系统中的变电所有系统枢纽变电所、地区重要变电所和一般变电所三种类型。一般系统枢纽变电所汇集多个大电源，进行系统功率交换和以中压供电，电压为330~500kV；地区重要变电所，电压为220~330kV；一般变电所多为终端和分支变电所，电压为110kV，但也有220kV。

2. 发电厂、变电所的分期和最终建设规模

(1) 发电厂的机组容量，应根据电力系统规划容量、负荷增长速度和电网结构等因素进行选择，最大机组的容量以占系统总容量的8~10%为宜。一个厂房内的机组，其台数以不超过6台、容量等级以不超过两种为宜。

(2) 变电所根据5~10年电力系统发展规划进行设计。一般装设两台（组）主变压器；当技术经济比较合理时，330~500kV枢纽变电所也可装设3~4台（组）主变压器；终端或分支变电所如只有一个电源时，可只装设一台主变压器。

3. 负荷大小和重要性

(1) 对于一级负荷必须有两个独立电源供电，且当任何一个电源失去后，能保证对全部一级负荷不间断供电。

(2) 对于二级负荷一般要有两个独立电源供电，且当任何一个电源失去后，能保证全部或大部分二级负荷的供电。

(3) 对于三级负荷一般只需一个电源供电。

4. 系统备用容量大小

(1) 系统中需要有一定的发电机装机备用容量。运行备用容量不宜少于8~10%，以适应负荷突增、机组检修和故障停运三种情况。

(2) 装有2台（组）及以上主变压器的变电所，其中一台（组）事故断开，其余主变压器的容量应保证该所70%的全部负荷，在计及过负荷能力后的允许时间内，应保证用户的一级和二级负荷。

系统备用容量的大小将会影响运行方式的变化。例如：检修母线或断路器时，是否允许线路、变压器或发电机停运；故障时允许切除的线路、变压器和机组的数量等。设计主接线时，应充分考虑这个因素。

5. 系统专业对电气主接线提供的具体资料

(1) 出线的电压等级、回路数、出线方向、每回路输送容量和导线截面等。

(2) 主变压器的台数、容量和型式；变压器各侧的额定电压、阻抗、调压范围及各种运行方式下通过变压器的功率潮流。各级电压母线的电压波动值和谐波含量值。

(3) 调相机、静止补偿装置、并联电抗器、串联电容补偿装置等型式、数量、容量和运行方式的要求。

(4) 系统的短路容量或归算的电抗值。注明最大、最小运行方式的正、负、零序电抗值，为了进行

非周期分量短路电流计算，尚需系统的时间常数或电阻 R、电抗 X 值。

(5) 变压器中性点接地方式及接地点的选择。

(6) 系统内过电压数值及限制内过电压措施。

(7) 为保证大系统的稳定性，提出对大机组超高压电气主接线可靠性的特殊要求。

(8) 初期及最终发电厂、变电所与系统的连接方式（包括系统单线接线和地理接线）及推荐的初期和最终主接线方案。

二、主接线设计的基本要求

主接线应满足可靠性、灵活性和经济性三项基本要求。

（一）可靠性

供电可靠性是电力生产和分配的首要要求，主接线首先应满足这个要求。

1. 研究主接线可靠性应注意的问题

(1) 应重视国内外长期运行的实践经验及其可靠性的定性分析。主接线可靠性的衡量标准是运行实践，至于可靠性的定量分析由于基础数据及计算方法尚不完善，计算结果不够准确，因而目前仅作为参考。

(2) 主接线的可靠性要包括一次部分和相应组成的二次部分在运行中可靠性的综合。

(3) 主接线的可靠性在很大程度上取决于设备的可靠程度，采用可靠性高的电气设备可以简化接线。

(4) 要考虑所设计发电厂、变电所在电力系统中的地位和作用。

2. 主接线可靠性的具体要求

(1) 断路器检修时，不宜影响对系统的供电。

(2) 断路器或母线故障以及母线检修时，尽量减少停运的回路数和停运时间，并要保证对一级负荷及全部或大部分二级负荷的供电。

(3) 尽量避免发电厂、变电所全部停运的可能性。

(4) 大机组超高压电气主接线应满足可靠性的特殊要求。

（二）灵活性

主接线应满足在调度、检修及扩建时的灵活性。

(1) 调度时，应可以灵活地投入和切除发电机、变压器和线路，调配电源和负荷，满足系统在事故运行方式、检修运行方式以及特殊运行方式下的系统调度要求。

(2) 检修时，可以方便地停运断路器、母线及其继电保护设备，进行安全检修而不致影响电力网的运行和对用户的供电。

(3) 扩建时，可以容易地从初期接线过渡到最终接线。在不影响连续供电或停电时间最短的情况下，投入新装机组、变压器或线路而不互相干扰，并且对一次和二次部分的改建工作量最少。

（三）经济性

主接线在满足可靠性、灵活性要求的前提下做到经济合理。

1. 投资省

(1) 主接线应力求简单，以节省断路器、隔离开关、电流和电压互感器、避雷器等一次设备。

(2) 要能使继电保护和二次回路不过于复杂，以节省二次设备和控制电缆。

(3) 要能限制短路电流，以便于选择价廉的电气设备或轻型电器。

(4) 如能满足系统安全运行及继电保护要求，110kV 及以下终端或分支变电所可采用简易电器。

2. 占地面积小

主接线设计要为配电装置布置创造条件，尽量使占地面积减少。

3. 电能损失少

经济合理地选择主变压器的种类（双绕组、三绕组或自耦变压器）、容量、数量，要避免因两次变压而增加电能损失。

此外，在系统规划设计中，要避免建立复杂的操作枢纽，为简化主接线，发电厂、变电所接入系统的电压等级一般不超过两种。

三、大机组超高压主接线可靠性的特殊要求

本手册中，大机组一般指 200MW 及以上机组；大型电厂一般指 1000MW 及以上电厂；超高压一般指 330kV 及以上电压。

大型电厂和超高压变电所在系统中的地位重要，供电容量大、范围广，发生事故可能使系统稳定破坏，甚至瓦解，造成巨大损失。为此，对大机组超高压主接线提出了可靠性的特殊要求：

（一）对于单机（或扩大单元）容量为 300MW 及以上的发电厂

(1) 任何断路器检修，不影响对系统的连续供电。

(2) 任何一进出线断路器故障或拒动以及母线故障，不应切除一台以上机组和相应的线路。

(3) 任何一台断路器检修和另一台断路器故障

或拒动相重合、以及当母线分段或母线联络断路器故障或拒动时，不应切除两台以上机组和相应的线路。

(4) 对于单机容量为 300MW 的电厂，经过论证，在保证系统稳定和发电厂不致全停的条件下，允许切除两台以上机组。

（二）对于 500kV 变电所（330kV 变电所可参照此要求）

(1) 任何断路器检修，不影响对系统的连续供电。

(2) 除母联及分段断路器外，任何一台断路器检修期间，又发生另一台断路器故障或拒动，以及母线故障，不宜切除三回以上回路。

第 2－2 节 6～220kV 高压配电装置的基本接线及适用范围

6～220kV 高压配电装置的接线分为：

(1) 有汇流母线的接线。单母线、单母线分段、双母线、双母线分段、增设旁路母线或旁路隔离开关等。

(2) 无汇流母线的接线。变压器－线路单元接线、桥形接线、角形接线等。

6～220kV 高压配电装置的接线方式，决定于电压等级及出线回路数。按电压等级的高低和出线回路数的多少，有一个大致的适用范围。

一、单母线接线（图 2－1）

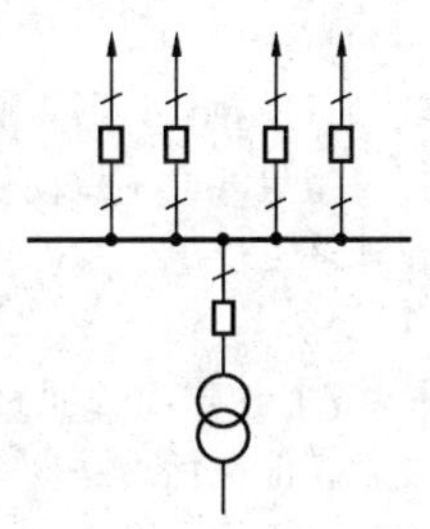

图 2－1 单母线接线

(1) 优点：接线简单清晰、设备少、操作方便、便于扩建和采用成套配电装置。

(2) 缺点：不够灵活可靠，任一元件（母线及母线隔离开关等）故障或检修，均需使整个配电装置停电。单母线可用隔离开关分段，但当一段母线故障时，全部回路仍需短时停电，在用隔离开关将故障的母线段分开后才能恢复非故障段的供电。

(3) 适用范围：一般只适用于一台发电机或一台主变压器的以下三种情况：

1) 6～10kV 配电装置的出线回路数不超过 5 回。

2) 35～63kV 配电装置的出线回路数不超过 3 回。

3) 110～220kV 配电装置的出线回路数不超过两回。

二、单母线分段接线（图 2－2）

(1) 优点：

1) 用断路器把母线分段后，对重要用户可以从不同段引出两个回路，有两个电源供电。

2) 当一段母线发生故障，分段断路器自动将故障段切除，保证正常段母线不间断供电和不致使重要用户停电。

(2) 缺点：

1) 当一段母线或母线隔离开关故障或检修时，该段母线的回路都要在检修期间内停电。

2) 当出线为双回路时，常使架空线路出现交叉跨越。

3) 扩建时需向两个方向均衡扩建。

(3) 适用范围：

1) 6～10kV 配电装置出线回路数为 6 回及以上时。

2) 35～63kV 配电装置出线回路数为 4～8 回时。

3) 110～220kV 配电装置出线回路数为 3～4 回时。

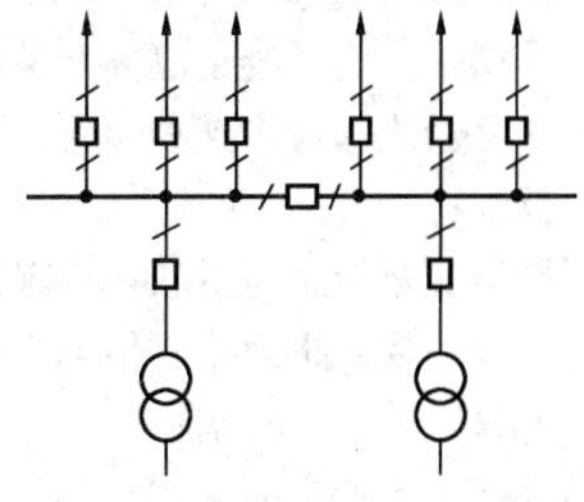

图 2－2 单母线分段接线

三、双母线接线（图 2－3）

双母线的两组母线同时工作，并通过母线联络断路器并联运行，电源与负荷平均分配在两组母线上。由于母线继电保护的要求，一般某一回路固定与某一组母线连接，以固定连接的方式运行。

（1）优点：

1）供电可靠。通过两组母线隔离开关的倒换操作，可以轮流检修一组母线而不致使供电中断；一组母线故障后，能迅速恢复供电；检修任一回路的母线隔离开关，只停该回路。

2）调度灵活。各个电源和各回路负荷可以任意分配到某一组母线上，能灵活地适应系统中各种运行方式调度和潮流变化的需要。

3）扩建方便。向双母线的左右任何一个方向扩建，均不影响两组母线的电源和负荷均匀分配，不会引起原有回路的停电。当有双回架空线路时，可以顺序布置，以致连接不同的母线段时，不会如单母线分段那样导致出线交叉跨越。

4）便于试验。当个别回路需要单独进行试验时，可将该回路分开，单独接至一组母线上。

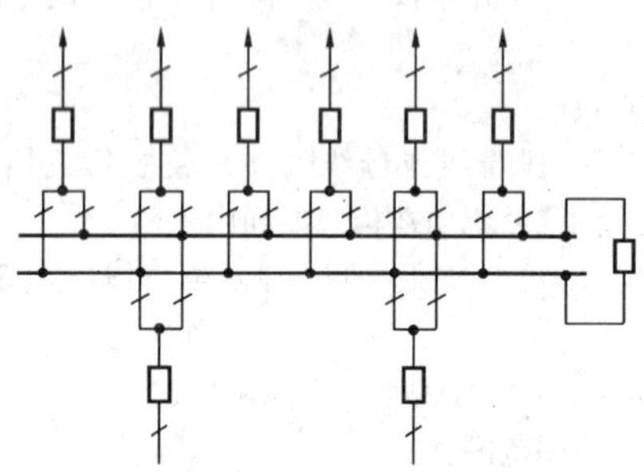

图 2-3　双母线接线

（2）缺点：

1）增加一组母线和使每回路就需要增加一组母线隔离开关。

2）当母线故障或检修时，隔离开关作为倒换操作电器，容易误操作。为了避免隔离开关误操作，需在隔离开关和断路器之间装设连锁装置。

（3）适用范围：

当出线回路数或母线上电源较多、输送和穿越功率较大、母线故障后要求迅速恢复供电、母线或母线设备检修时不允许影响对用户的供电、系统运行调度对接线的灵活性有一定要求时采用，各级电压采用的具体条件如下：

1）6～10kV 配电装置，当短路电流较大、出线需要带电抗器时。

2）35～63kV 配电装置，当出线回路数超过 8 回时；或连接的电源较多、负荷较大时。

3）110～220kV 配电装置出线回路数为 5 回及以上时；或当 110～220kV 配电装置，在系统中居重要地位，出线回路数为 4 回及以上时。

四、双母线分段接线（图 2-15）

当220kV 进出线回路数甚多时，双母线需要分段，分段原则是：

（1）当进出线回路数为 10～14 回时，在一组母线上用断路器分段。

（2）当进出线回路数为 15 回及以上时，两组母线均用断路器分段。

（3）在双母线分段接线中，均装设两台母联兼旁路断路器。

（4）为了限制 220kV 母线短路电流或系统解列运行的要求，可根据需要将母线分段。

五、增设旁路母线或旁路隔离开关的接线

为了保证采用单母线分段或双母线的配电装置，在进出线断路器检修时（包括其保护装置的检修和调试），不中断对用户的供电，可增设旁路母线或旁路隔离开关。

（一）旁路母线的三种接线方式

1. 有专用旁路断路器（图 2-4）

进出线断路器检修时，由专用旁路断路器代替，通过旁路母线供电，对双母线的运行没有影响。

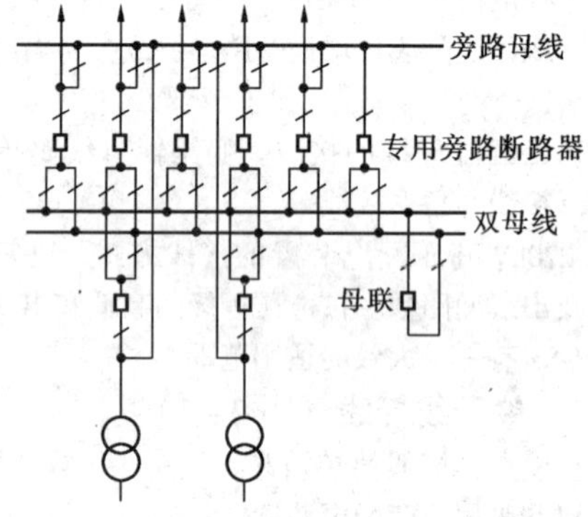

图 2-4　有专用旁路断路器的旁路母线接线

2. 母联断路器兼作旁路断路器

不设专用旁路断路器，而以母联断路器兼作旁路断路器用。

（1）优点：节约专用旁路断路器和配电装置间隔。

（2）缺点：当进出线断路器检修时，就要用母联断路器代替旁路断路器，双母线变成单母线，破坏了双母线固定连接的运行方式，增加了进出线回路母线隔离开关的倒闸操作。

图 2-5 示母联断路器兼作旁路断路器的常用接线

方案。

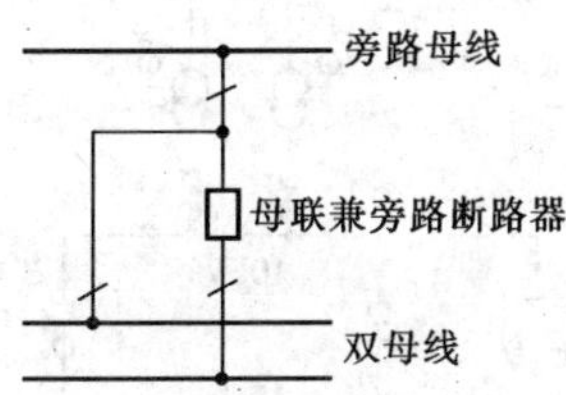

图2-5　母联兼旁路断路器的常用接线

此外，有些工程曾采用如图2-6的接线方式。

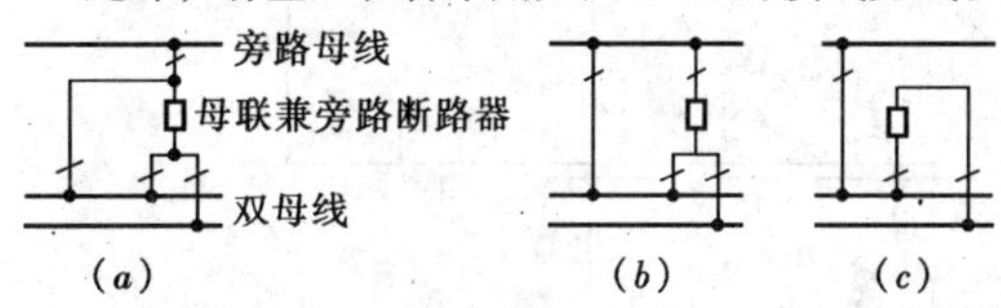

图2-6　母联兼旁路断路器的其它接线
(a) 两组母线均能带旁路；(b) 旁路母线经常带电；(c) 设旁路跨条

3. 分段断路器兼作旁路断路器

对于单母线分段接线，可采用如图2-7所示的以分段断路器兼作旁路断路器的常用接线方案。两段母线均可带旁路，正常时旁路母线不带电。

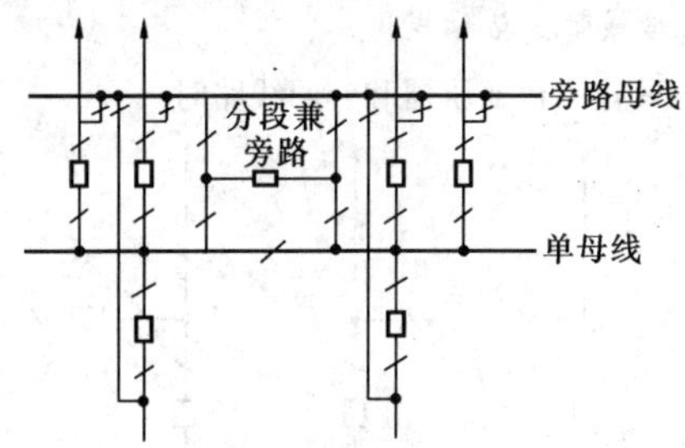

图2-7　分段兼旁路断路器的常用接线

此外，有些工程曾采用如图2-8的接线方式。

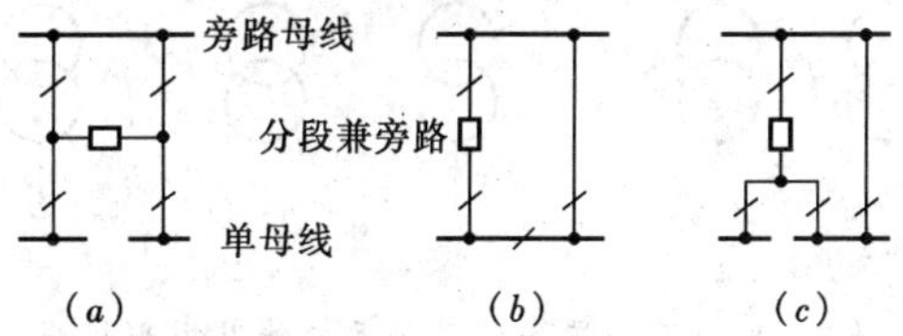

图2-8　分段兼旁路断路器的其它接线
(a)不装母线分段隔离开关，作旁路运行时，两段母线分列；(b)、(c)正常运行时，旁路母线均带电

(二) 旁路母线或旁路隔离开关的设置原则

1.110~220kV配电装置

110~220kV线路输送功率较多、送电距离较远、停电影响较大，并且110及220kV少油断路器平均每台每年检修时间约需5天及7天，停电时间较长。因此，一般需设置旁路母线或旁路隔离开关。

(1) 设置旁路母线时，首先采用以母联或分段断路器兼作旁路断路器。但在下列情况下，则装设专用旁路断路器：

1) 当110kV出线为7回及以上，220kV出线为5回及以上时，一般装设专用旁路断路器。

2) 对于在系统中居重要地位的配电装置，110kV出线为6回及以上，220kV出线为4回及以上时，也可装设专用旁路断路器。

变电所主变压器的110~220kV侧断路器，宜接入旁路母线。发电厂主变压器的110~220kV侧断路器，可随发电机停机检修，一般不接入旁路母线。

(2) 具备下列条件时，可不设置旁路母线：

1) 采用可靠性高、检修周期长的SF_6断路器或采用可以迅速替换的手车式断路器时。

2) 系统条件允许线路停电检修时（如双回路或负荷点可由系统的其它电源供电；线路利用小时不高、允许安排断路器检修而不影响供电的）。

3) 接线条件允许断路器停电进行检修时（如每回路接有两台断路器的多角形接线等）。

(3) 在下列情况下，可以采用简易的旁路隔离开关代替旁路母线：

1) 当110kV配电装置为屋内型时，为节约配电楼的建筑面积，降低土建造价，可不设旁路母线而用简易的旁路隔离开关代替旁路母线。出线断路器检修时，把一组母线作为旁路母线，以母联断路器作为旁路断路器，再通过该回路的旁路隔离开关供电。

2) 110~220kV屋外配电装置的最终出线回路数较少，不需设专用旁路断路器时，也可采用简易的旁路隔离开关代替旁路母线。

图2-9为双母线带旁路隔离开关接线。

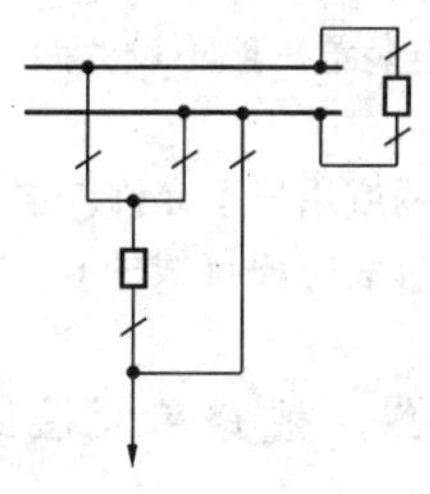

图2-9　双母线带旁路隔离开关接线

图2-10为220/110kV变电所采用双母线带旁路母线接线。

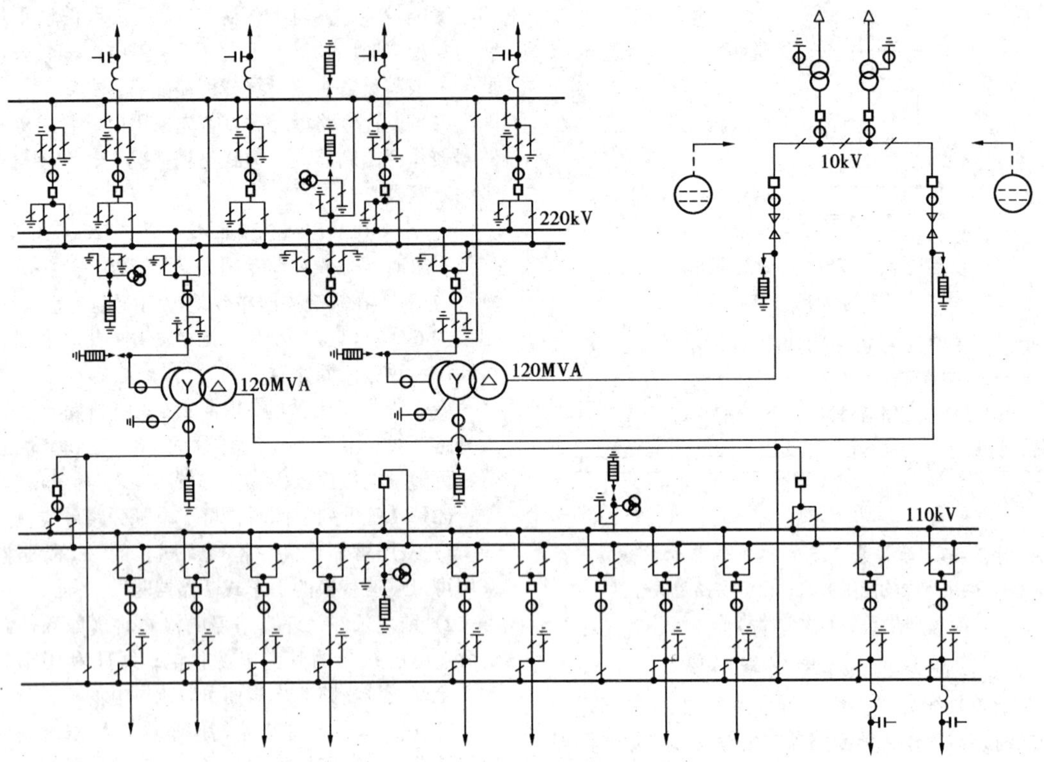

图 2-10　220/110kV 变电所接线（双母线带旁路母线）

2.35～63kV 配电装置

35～63kV 配电装置一般不设旁路母线。因为 35～63kV 出线多为双回路，有可能停电检修断路器，并且断路器检修时间短，约为 2～3 天。

如线路断路器不允许停电检修，当采用单母线分段接线时，可设置不带专用旁路断路器的旁路母线；当采用双母线接线时，一般不设旁路母线，有条件时可设置旁路隔离开关；当采用可以迅速替换的手车式断路器时，可以不设旁路设施。

3.6～10kV 配电装置

6～10kV 配电装置一般不设旁路母线，也不设旁路隔离开关。

当地区电力网或用户不允许停电检修断路器时，采用单母线或单母线分段接线的 6～10kV 配电装置，可设置旁路母线。

六、变压器-线路单元接线［图 2-11 (*a*)］

(1) 优点：接线最简单、设备最少，不需高压配电装置。

(2) 缺点：线路故障或检修时，变压器停运；变压器故障或检修时，线路停运。

(3) 适用范围：

1) 只有一台变压器和一回线路时。

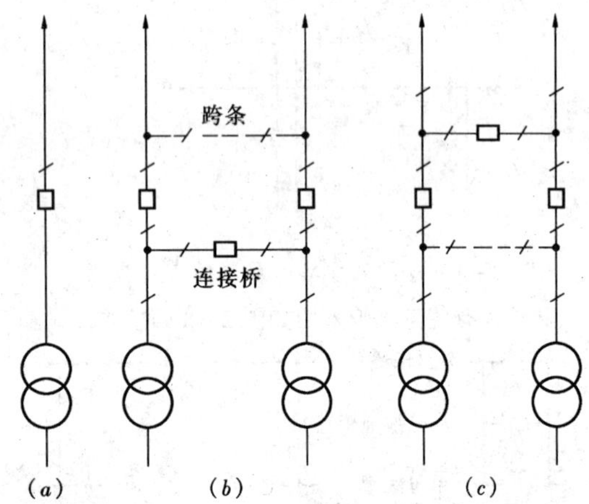

图 2-11　变压器-线路单元接线及桥形接线
(*a*) 变压器-线路单元接线；(*b*) 内桥形接线；(*c*) 外桥形接线

2) 当发电厂内不设高压配电装置，直接将电能送至系统枢纽变电所时。

七、桥形接线［图 2-11 (*b*)、(*c*)］

两回变压器-线路单元接线相连，接成桥形接线。分为内桥与外桥形两种接线，是长期开环运行的四角形接线。

（一）内桥形接线

(1) 优点：高压断路器数量少，四个回路只需三台断路器。

(2) 缺点：

1) 变压器的切除和投入较复杂，需动作两台断路器，影响一回线路的暂时停运。

2) 桥连断路器检修时，两个回路需解列运行。

3) 出线断路器检修时，线路需较长时期停运。为避免此缺点，可加装正常断开运行的跨条，为了轮流停电检修任何一组隔离开关，在跨条上须加装两组隔离开关。桥连断路器检修时，也可利用此跨条。

(3) 适用范围：适用于较小容量的发电厂、变电所，并且变压器不经常切换或线路较长、故障率较高情况。

（二）外桥形接线

(1) 优点：同内桥形接线。

(2) 缺点：

1) 线路的切除和投入较复杂，需动作两台断路器，并有一台变压器暂时停运。

2) 桥连断路器检修时，两个回路需解列运行。

3) 变压器侧断路器检修时，变压器需较长时期停运。为避免此缺点，可加装正常断开运行的跨条。桥连断路器检修时，也可利用此跨条。

(3) 适用范围：适用于较小容量的发电厂变电所，并且变压器的切换较频繁或线路较短，故障率较少的情况。此外，线路有穿越功率时，也宜采用外桥形接线。

八、3~5 角形接线（图 2-12）

多角形接线的各断路器互相连接而成闭合的环形，是单环形接线。

为减少因断路器检修而开环运行的时间，保证角形接线运行可靠性，以采用 3~5 角形为宜，并且变压器与出线回路宜对角对称布置。

此外，当进出线回路数较多时，我国个别水电厂采用了双联四角形接线（图 2-13），形成多环形，从而保证了供电可靠性，但断路器数量增多，有的回路连着三个断路器，布置和继电保护较复杂，没有推广采用。

(1) 优点：

1) 投资省，平均每回路只需装设一台断路器。

2) 没有汇流母线，在接线的任一段上发生故障，只需切除这一段及与其相连接的元件，对系统运行的影响较小。

3) 接线成闭合环形，在闭环运行时，可靠性灵活性较高。

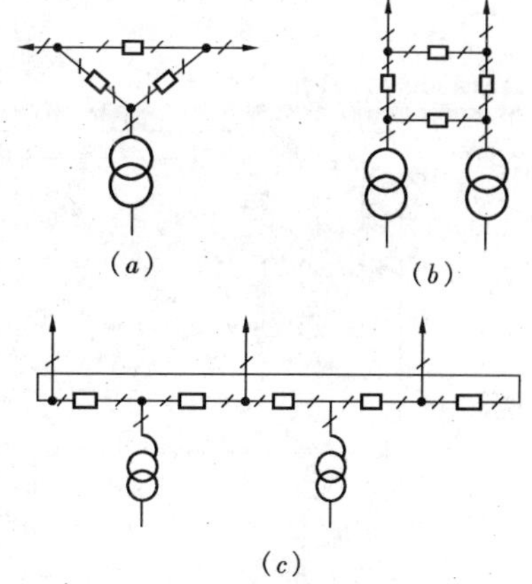

图 2-12　3~5 角形接线
(a) 三角形接线；(b) 四角形接线；
(c) 五角形接线

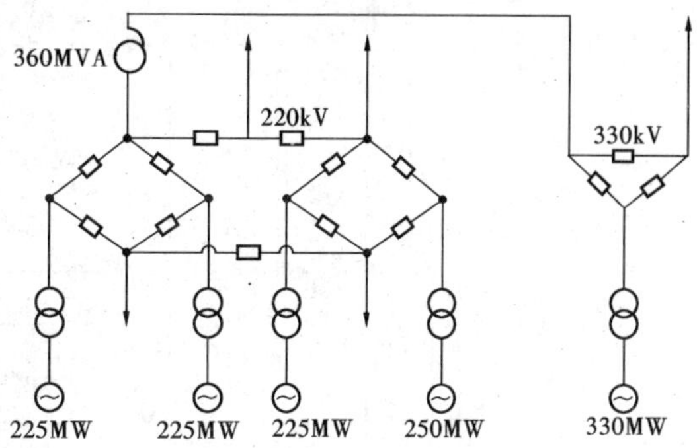

图 2-13　LJX 水电厂
双联四角形接线

4) 每回路由两台断路器供电，任一台断路器检修，不需中断供电，也不需旁路设施。隔离开关只作为检修时隔离之用，以减少误操作可能性。

5) 占地面积小。多角形接线占地面积约是普通中型双母线带旁路母线接线的 40%，对地形狭窄地区和地下洞内布置较合适。

(2) 缺点：

1) 任一台断路器检修，都成开环运行，从而降低了接线的可靠性。因此，断路器数量不能多，即进出线回路数要受到限制。

2) 每一进出线回路都连接着两台断路器，每一台断路器又连着两个回路，从而使继电保护和控制回路较单、双母线接线复杂。

3) 对调峰电站，为提高运行可靠性，避免经常开环运行，一般开、停机需由发电机出口断路器承担，由此需增设发电机出口断路器，并增加了变压器

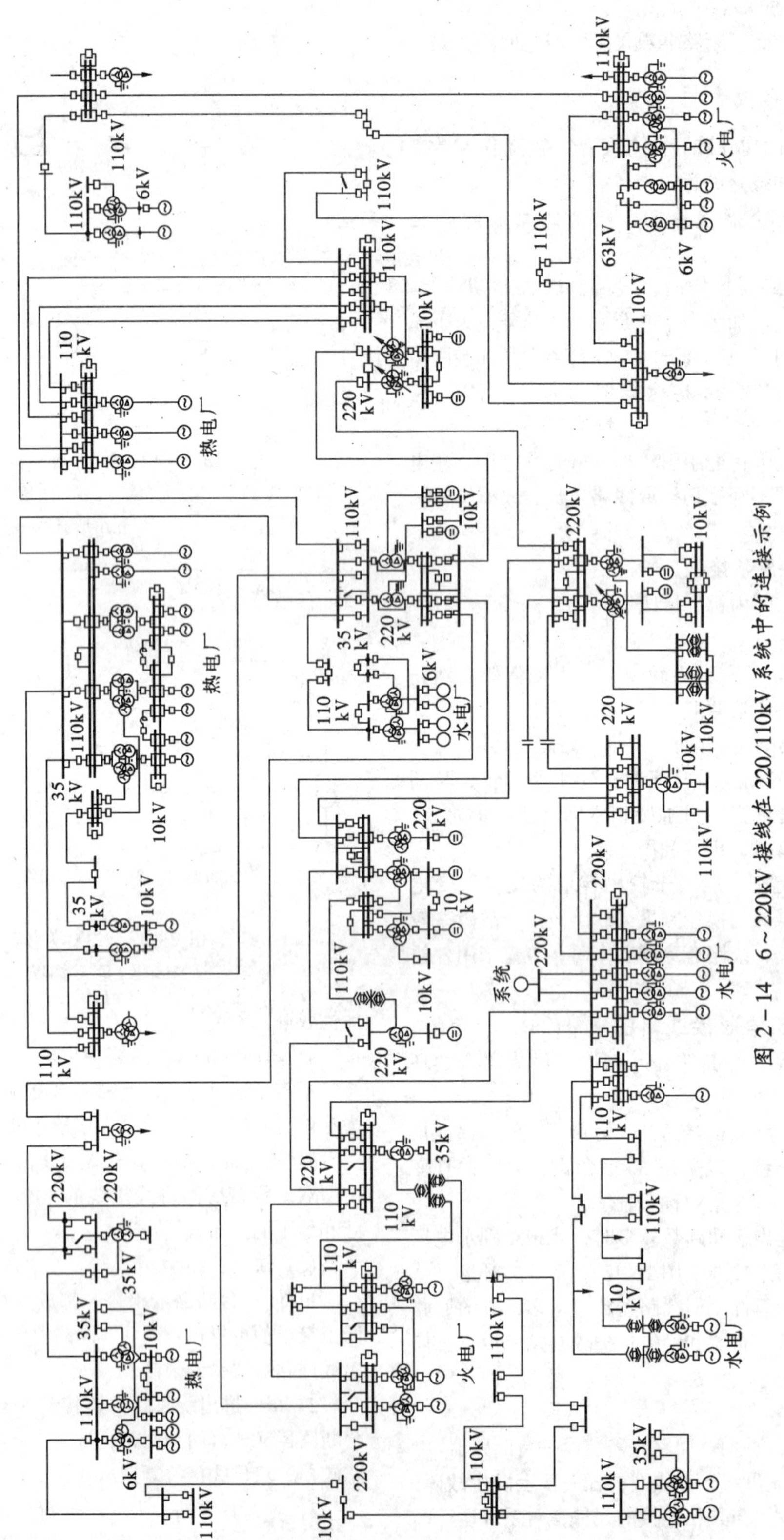

图 2-14 6～220kV 接线在 220/110kV 系统中的连接示例

空载损耗。

（3）适用范围：适用于最终进出线为 3～5 回的 110kV 及以上配电装置。不宜用于有再扩建可能的发电厂、变电所中。

九、其它接线

在特殊情况下，个别大型电厂和枢纽变电所未接入 500kV 系统而接入 220kV 系统，致使其 220kV 配电装置在系统中的地位特别重要而采用了超高压配电装置应用的一台半断路器接线。

一台半断路器接线虽然可靠性高，但造价也高。为解决继电保护校验问题，保护必须双重化；并且在 8 个回路以上时，一次设备的投资超过双母线四分段带旁路母线接线的投资，建设标准提高太多。所以，一般不宜在 220kV 配电装置中采用一台半断路器接线。

十、6～220kV 配电装置接线在 220/110kV 系统中的连接示例

图 2－14 为各类发电厂变电所 6～220kV 配电装置接线在 220/110kV 系统中的连接示例。

第 2－3 节　330～500kV 超高压配电装置的基本接线及适用范围

我国 330～500kV 超高压配电装置采用的接线有：双母线三分段（或四分段）带旁路母线（或带旁路隔离开关）接线，一台半断路器接线，变压器－母线接线和 3～5 角形接线。

一、双母线三分段（或四分段）带旁路母线（或带旁路隔离开关）接线

330～500kV 超高压配电装置接线的可靠性要求高，为限制故障范围，当进出线为 6 回及以上时，一般采用双母线三分段（或四分段）带旁路母线（或带旁路隔离开关）的接线。

1．故障停电范围

当一段母线故障或连接在母线上的进出线断路器故障时，停电范围不超过整个母线的三分之一（三分段时）或四分之一（四分段时）；当一段母线故障合并分段或母联断路器拒动时，停电范围不超过整个母线的三分之二或二分之一。

表 2－1 为双母线四分段带旁路母线接线（8 个回路）的故障停电范围。

采用双母线三或四分段接线时，要注意解决分段后母线保护的复杂性问题。

2．分段原则

500kV 双母线带旁路母线接线按下列原则分段（330kV 等级也可参照此原则）：

（1）为保证供电可靠性，每段母线接 2～3 个回路。

（2）当最终进出线回路数为 6～7 回时，宜采用双母线三分段带旁路母线接线，并装设两台母联兼旁路断路器；当回路数为 8 回及以上时，宜采用双母线四分段带旁路母线接线，除装设两台母联兼旁路断路器

表 2－1　双母线四分段带旁路母线接线（8 回进出线）故障停电范围

运行情况	故障类别	停电回路数	停电百分比（%）	接线图
无设备检修	出线断路器（或母线）故障	2	25	旁母
	母联或分段断路器故障	4	50	
有一台断路器检修	出线断路器（或母线）故障	1～3	12.5～37.5	旁母
	母联或分段断路器故障	3～5	37.5～62.5	
有一段母线检修	出线断路器（或母线）故障	2～4	25～50	旁母 检修
	母联或分段断路器故障	4～6	50～75	

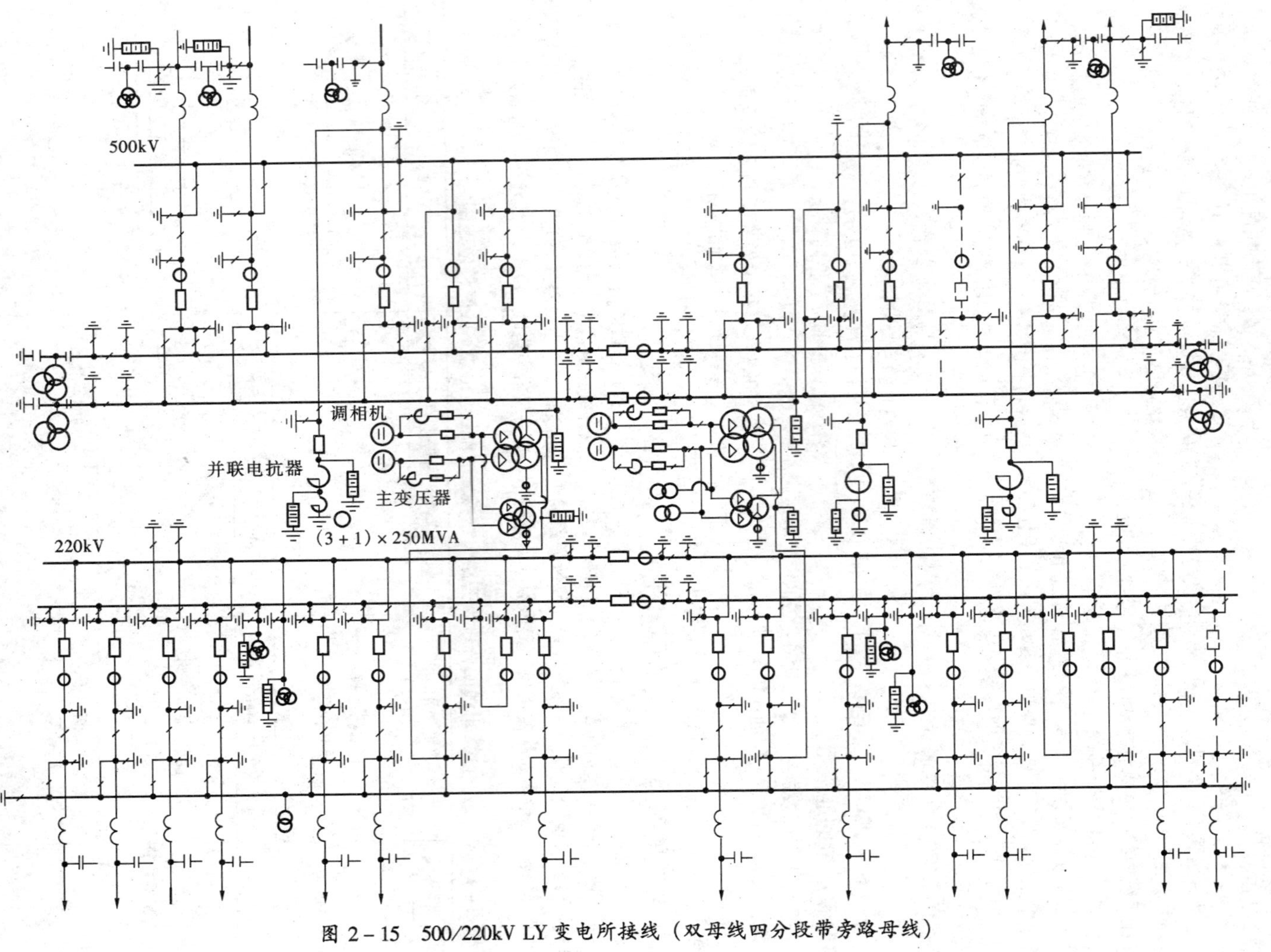

图 2-15 500/220kV LY 变电所接线（双母线四分段带旁路母线）

外，还应预留装设一台旁路断路器的位置。

(3) 电源与负荷宜均匀分配在各段母线上。

3. 过渡接线

最终采用双母线分段带旁路母线接线时，可采用以下的过渡接线：

(1) 当进出线回路数为2回时，采用单母线带旁路母线作过渡接线（变压器回路不设断路器），并设专用旁路断路器一台，以免出线断路器检修时，影响对系统的供电。

(2) 当进出线为3回时，采用双母线带旁路母线作过渡接线，设母联兼旁路断路器一台。

(3) 当进出线为4~5回时，采用双母线带旁路母线作过渡接线，设母联和专用旁路断路器各一台。以免断路器检修破坏双母线固定连接的运行方式，减少断路器检修时的倒闸操作。还能将母联断路器与旁路断路器串联运行，提高供电可靠性。

4. 采用简易的旁路隔离开关代替旁路母线

当出线回路数较少时，330kV配电装置有采用简易的带旁路隔离开关代替带旁路母线的接线。

5. 发展方向

日本采用双母线四分段接线是不带旁路母线的。我国目前由于SF_6断路器质量尚未达到20年以上检修一次的水平，而且供电较紧张，故需专设旁路母线或旁路隔离开关。但随着发展，今后也可能取消，以减少旁路母线及其占地面积，并且避免了复杂的带旁路操作。

6. 接线示例

图2-15~2-19为双母线四分段带旁路母线、双母线四分段、双母线三分段带旁路隔离开关、双母线带旁路隔离开关的几种典型接线。

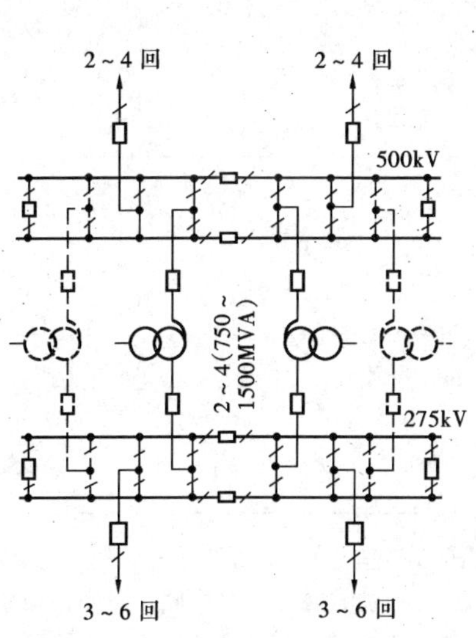

图2-16 日本500kV变电所典型接线（双母线四分段）

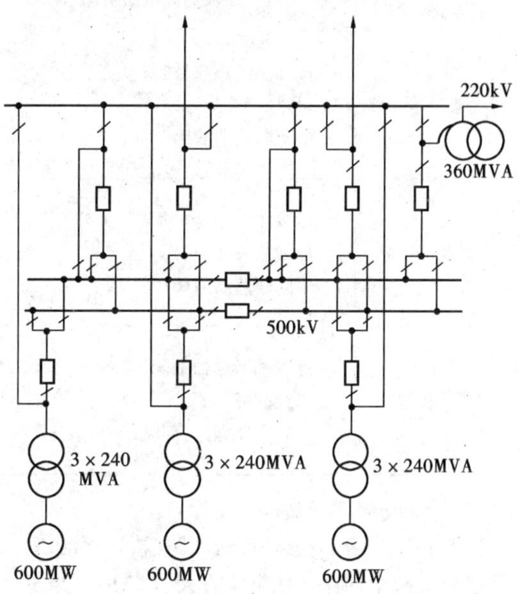

图2-17 3×600MW YBS电厂接线（双母线四分段带旁路母线）

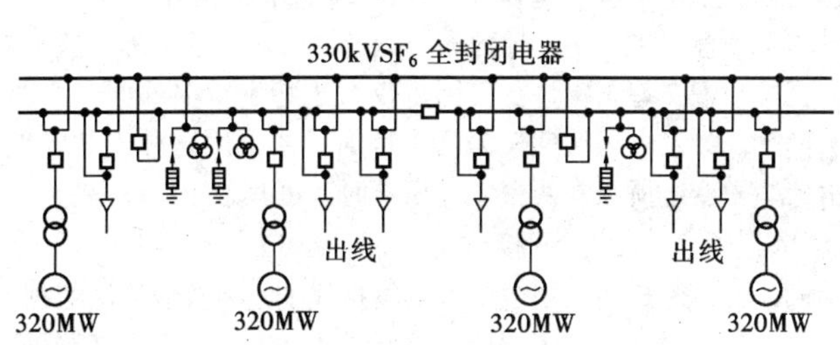

图2-18 4×320MW LYX水电厂接线（双母线三分段带旁路隔离开关）

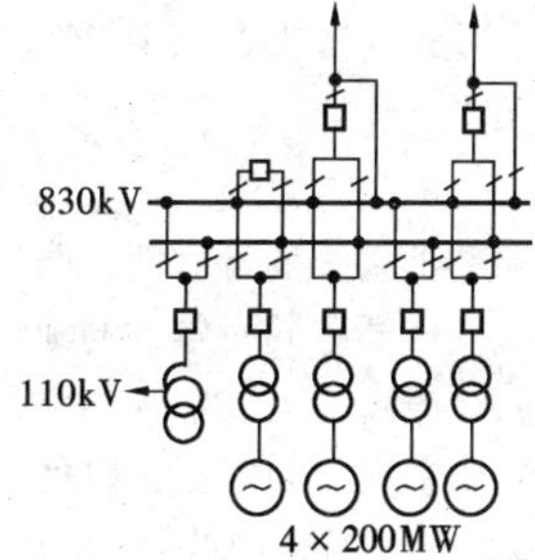

图2-19 4×200MW QL电厂接线（双母线带旁路隔离开关）

二、一台半断路器接线（图 2-20）

一台半断路器接线是一种没有多回路集结点，一个回路由两台断路器供电的双重连接的多环形接线，是现代国内外大型电厂和变电所超高压配电装置广泛应用的一种接线。

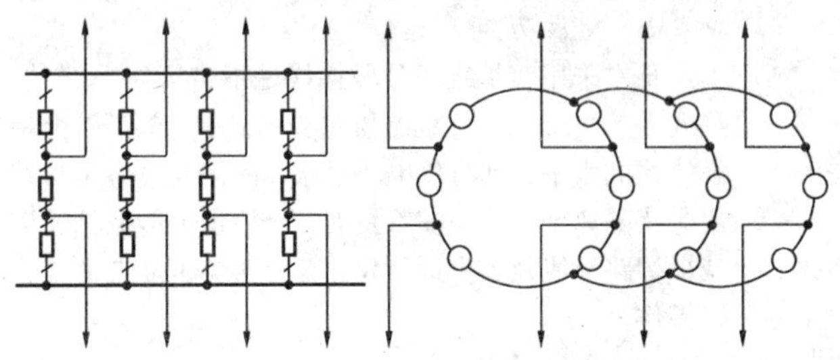

图 2-20　一台半断路器接线（8 回进出线）

1. 一台半断路器接线的特点

(1) 有高度可靠性。每一回路由两台断路器供电，发生母线故障时，只跳开与此母线相连的所有断路器，任何回路不停电。在事故与检修相重合情况下的停电回路不会多于两回（见表 2-2）。

(2) 运行调度灵活。正常时两组母线和全部断路器都投入工作，从而形成多环形供电，运行调度灵活。

(3) 操作检修方便。隔离开关仅作检修时用，避免了将隔离开关作操作用时的倒闸操作。检修断路器时，不需带旁路的倒闸操作。检修母线时，回路不需要切换。

表 2-2　**一台半断路器接线（8 回进出线）故障停电范围**

运行情况	故障类别	停电回路数	停电百分比（%）
无设备检修	母线侧断路器故障	1	12.5
	母线故障	0	0
	中间断路器故障	2	25
有一台断路器检修	母线侧断路器故障	1～2	12.5～25
	母线故障	0～1	0～12.5
	中间断路器故障	2	25
一组母线检修	母线侧断路器故障	2	25
	母线故障	0	0
	中间断路器故障	2	25

选用一台半断路器接线时，要注意：

(1) 由于一个回路连接着两台断路器，一台中间断路器连接着两个回路，使继电保护及二次回路复杂。要注意解决保护接于和电流问题；重合闸问题；失灵保护问题；二次线安装单位划分问题等。

(2) 接线至少应有三个串（每串为三台断路器，接两个回路），才能形成多环形，当只有两个串时，属于单环形，类同角形接线。

2. 成串配置原则

为提高一台半断路器接线的可靠性，防止同名回路（双回路出线或主变压器）同时停电的缺点，可按下述原则成串配置：

(1) 同名回路应布置在不同串上，以免当一串的中间断路器故障（或一串中母线侧断路器检修）、同时串中另一侧回路故障时，使该串中两个同名回路同时断开。

(2) 如有一串配两条线路时，应将电源线路和负荷线路配成一串。

(3) 对特别重要的同名回路，可考虑分别交替接入不同侧母线即“交替布置”。这种布置可避免当一串中的中间断路器检修时，合并同名回路串的母线侧断路器故障，而将配置在同侧母线的同名回路同时断开。由于这种同名回路同时停电的几率甚小，而且一个串常需占据两个间隔，增加了架构和引线的复杂性，扩大了占地面积。因此，日本、美国等一般不考虑交替布置，在我国也仅限于特别重要的同名回路，如发电厂初期仅为两个串时，才采用这种交替布置；变电所只有两台主变压器时，也宜采用。

3. 过渡接线

最终为一台半断路器接线的过渡接线，应根据设备质量、间隔配置位置和扩建情况，可采用断路器数量少的接线。按进出线回路数，控制断路器数量如下：

1) 2 回进出线，考虑 2 台断路器；

2）3 回进出线，考虑 3~5 台断路器；

3）4 回进出线，考虑 4~6 台断路器；

4）5 回进出线，考虑 5~8 台断路器。

图 2-21 为 500kV FHS 变电所初期和最终采用的一台半断路器接线。

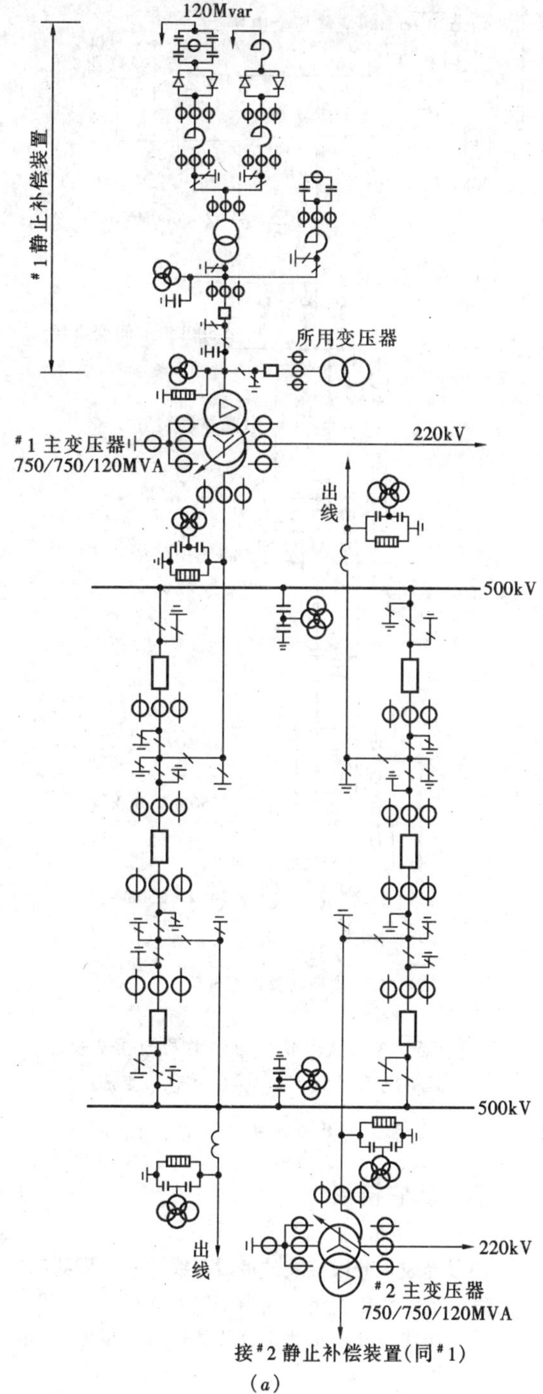

(a)

图 2-21　500kVFHS 变电所接线（一台半断路器）

（a）初期接线

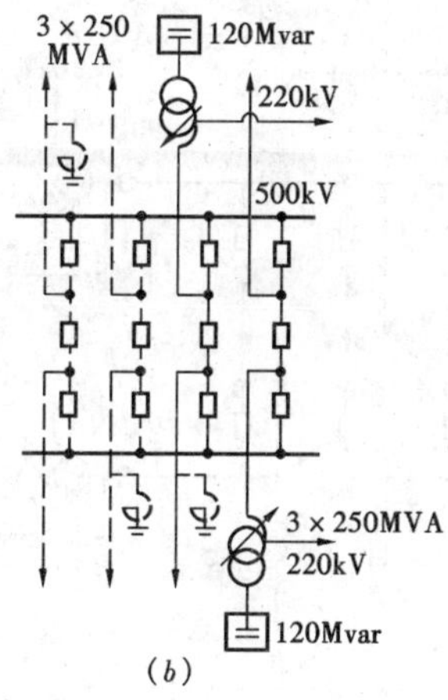

(b)

图 2-21　500kV FHS 变电所接线(一台半断路器)

（b）最终接线

图 2-28 为 6×300MW YM 电厂采用的一台半断路器接线。

三、变压器-母线接线

（1）接线特点：

1）出线采用双断路器，以保证高度可靠性。但当线路较多时，出线也可采用一台半断路器。

2）选用质量可靠的主变压器，直接将主变压器经隔离开关连接到母线上，以节省断路器。

3）变压器故障时，连接于母线上的断路器跳开，但不影响其它回路供电。变压器用隔离开关断开后，母线即可恢复供电。

（2）适用范围：

1）长距离大容量输电线路、系统稳定性问题较突出、要求线路有高度可靠性时。

2）主变压器的质量可靠、故障率甚低时。

3）当进出线为 5~7 回时，采用图 2-22（a）~（c）接线；当为 8 回时，采用图 2-22（d）接线。

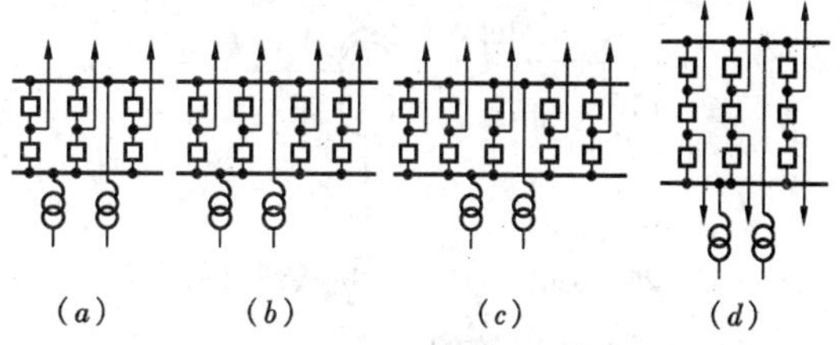

(a)　(b)　(c)　(d)

图 2-22　5~8 个回路时的变压器-母线接线

图 2-23 为 330kV LX 变电所采用变压器-母线接线。

图 2-25 为加拿大哥伦比亚水电局 500kV 长距离输电系统的中间变电所采用变压器-母线接线。

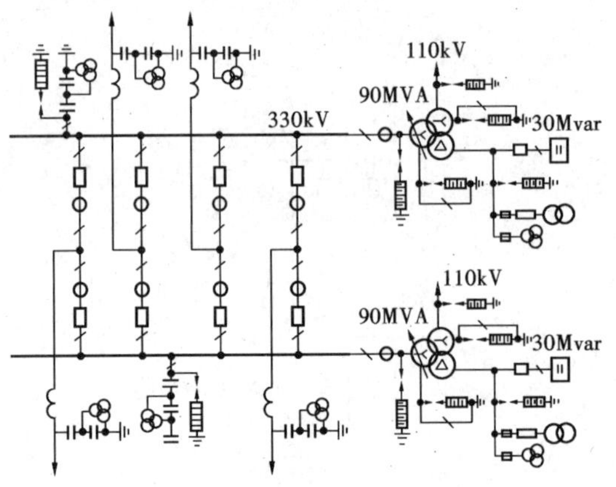

图 2-23 330kV LX 变电所接线
（变压器-母线）

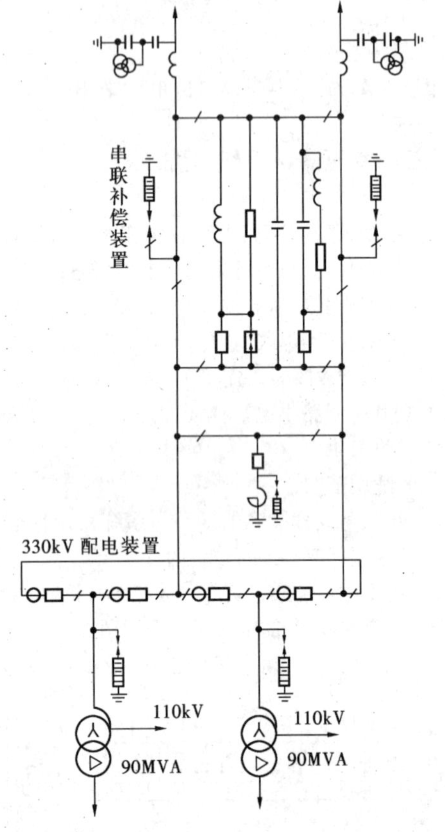

图 2-24 330kV QA 变电所接线（四角形）

四、3~5 角形接线

当最终进出线回路数较少（3~5 回）时，我国 330kV 系统中的发电厂、变电所采用 3~5 角形接线，该接线的特点详见本章第 2-2 节。

对于最终规模不够明确的发电厂、变电所不宜采用本接线。

图 2-24 为 330kV QA 变电所采用的四角形接线。

图 2-25 为加拿大哥伦比亚水电局 500kV 长距离输电系统中的降压变电所采用的 4~6 角形接线。

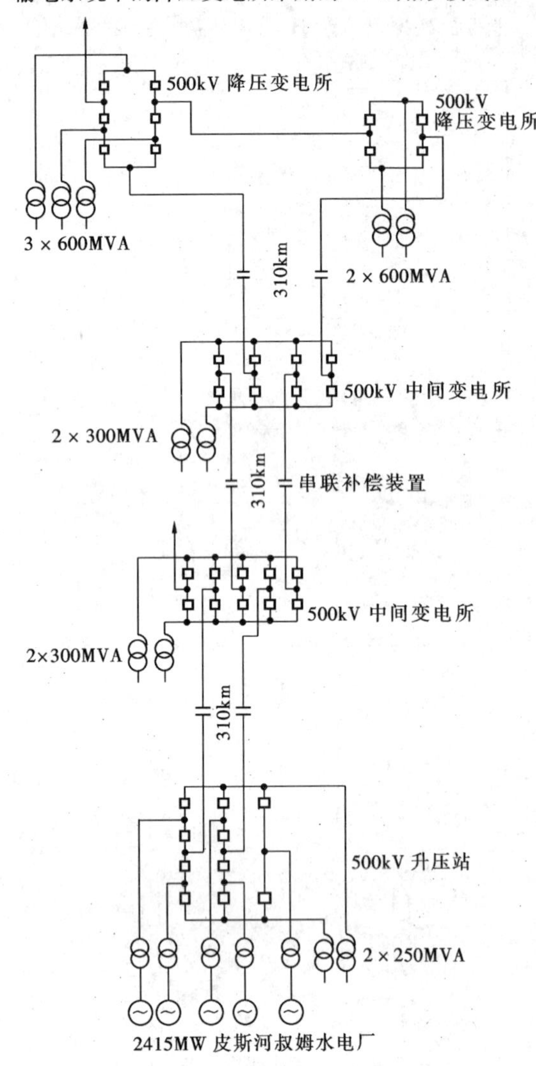

图 2-25 加拿大哥伦比亚水电局 500kV 长距离输电系统接线（4~6 角形、变压器-母线及 $1\frac{1}{3}$ 台断路器）

五、其它接线

（一）环形母线多分段接线

环形母线多分段接线的每段母线连接一回线路和一回发电机-变压器组，相当于以发电机-变压器-线路单元接线与环形母线多分段相连接，见图2-26。

（1）优点：

1）本接线与双母线四分段接线相比（8 个回路时），两者的可靠性相近，而设备投资和占地面积方面则本接线较节约，且继电保护和二次回路简单。

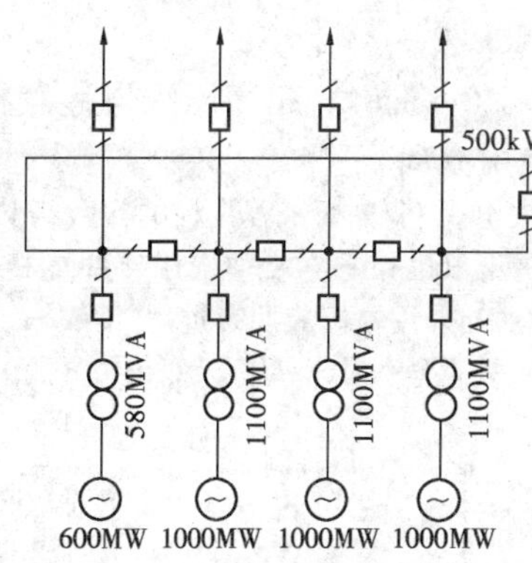

图 2-26　日本东京电力公司沿海大型电厂常用接线(数字为袖浦电厂机组容量)

2) 由于占地面积较小，可作单层屋内式布置，因而适用于沿海盐雾地区。本接线是日本东京电力公司沿海大型电厂 500kV 配电装置的常用接线。

(2) 缺点：本接线的出线断路器不便设置旁路设施，必须配合线路进行检修，因而只能采用质量高度可靠，检修周期超过 20 年的 SF_6 断路器。

(3) 适用范围：适用于发电机-变压器-线路单元接线的大机组和需要防止严重污秽而采用屋内配电装置的发电厂。

(二) $1\frac{1}{3}$ 台断路器接线

$1\frac{1}{3}$ 台断路器接线的一个串中有 4 台断路器接 3 个进出线回路。与一台半 $\left(1\frac{1}{2}\right)$ 断路器接线相比，投资节省，但可靠性有所降低，布置比较复杂。

在一个串的 3 个回路中，电源与负荷的容量应相配，以提高供电可靠性。

图 2-25 为加拿大皮斯河叔姆水电厂 500kV 升压站

表 2-3　一台半断路器接线与双母线四分段带旁路母线接线的技术经济比较要点

项　目	一台半断路器接线	双母线四分段带旁路母线接线
可靠性	在检修和故障相重合的情况下，停运的回路不超过两回	1. 一段母线故障，停运 2~3 个回路； 2. 一段母线故障，合并分段或母联断路器拒动的双重故障时，停运两段母线，即 4~6 个回路。但这种双重故障的几率极少，上百年甚至更长时期才发生一次
灵活性	1. 为多环形供电，调度灵活。但停运一个回路需操作两台断路器，母线故障时，接线内潮流变化大； 2. 隔离开关只作为检修电器，不作为操作电器，处理事故时，用断路器操作，消除事故迅速。检修断路器时，不需要带旁路操作	1. 为调整系统潮流，限制短路电流以及防止事故扩大等方面的原因，有可能要求母线分列运行时，本接线比较灵活； 2. 隔离开关要作为操作电器，当改变运行方式和处理事故时，需进行倒闸操作。检修断路器时，要进行带旁路操作
经济性	设备投资：8 个回路时，两种接线相等； 7 回及以下时，双母线四分段带旁路母线接线较贵； 9 回及以上时，一台半断路器接线较贵	
	占地面积：1. 当一台半断路器接线为常规三列式顺序布置时，因一个间隔可以双侧出线，占地面积比双母线四分段带旁路母线接线可节约用地约 40%，当为交替布置或平环式或单列布置时，两种接线占地面积相近； 2. 当一台半断路器接线的常规布置，应用于发电厂时，为避免纵向布置的大机组出线偏角不致过大，常需改变配电装置布置形式，扩大占地面积 30%~50%。双母线四分段带旁路母线接线，则能适应纵向布置大机组出线位置而不需扩大占地面积	
继电保护及二次回路复杂性	1. 由于每个回路连接着两台断路器，一台中间断路器连接着两个回路，保护接于两组电流互感器的和电流，因而其电流互感器的二次回路，保护装置的跳合闸出口回路等较复杂； 2. 应用于发电厂时，发电机—变压器组与线路共用的中间断路器，只能在单元控制室控制，并在网络控制室设相应的断路器信号，比较复杂	1. 分段的母线保护较复杂，需有故障母线选择元件，而当将回路从一段母线切换到另一段母线时，电流互感器二次回路需要切换。母线隔离开关的闭锁回路及母联兼旁路断路器的保护，二次回路较复杂； 2. 应用于发电厂时，发电机—变压器组利用一台断路器，只需在单元控制室控制，与线路控制无关，比较简单

采用的$1\frac{1}{3}$台断路器接线。在一个串中，接两回发电机－变压器单元和一回500kV出线，电源与出线负荷容量相配。这种接线除加拿大外，很少采用。

六、两种主要接线的技术经济比较要点

一台半断路器接线与双母线四分段带旁路母线接线是我国超高压配电装置中两种常用的主要接线，表2－3为二者技术经济比较要点。

七、330～500kV超高压配电装置接线在工程中选用概况

根据发电厂、变电所工程设计的实践经验，3～12回路时，330～500kV配电装置选用接线的概况如图2－27所示。当采用检修周期超过20年的SF_6断路器及电网联系较为紧密时，双母线及双母线分段接线可考

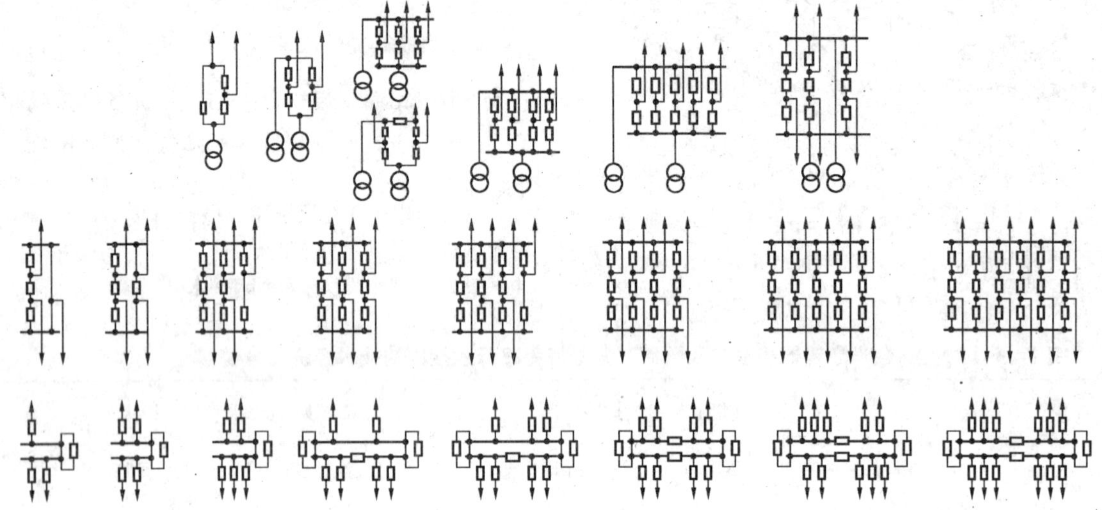

图2－27 3～12回路时，330～500kV配电装置接线选用概况

表2－4 330～500kV各种接线的配电装置平均每回路占地面积近似比较

电压等级	接线和布置方式		平均每回路占地面积（m^2）	厂、所名称
330kV配电装置	五角形立环式布置（软母线）		1730	HC电厂
	1. 双母线三分段带旁路隔离开关布置（SF_6全封闭电器）；		120	LYX水电厂
	2. 双母线带旁路隔离开关布置（软母线）；		2130	QL电厂
	3. 双母线带旁路母线布置（软母线）		4330	XGM变电所
	一台半断路器三列式顺序布置（软母线）		2530	ZT变电所
	变压器－母线布置（软母线）		2330	LX变电所
500kV配电装置	一台半断路器接线	1. 三列式顺序布置(软母线配SF_6组合电器)；	2200	日本关西电力公司变电所
		2. 三列式顺序布置（硬母线）；	3930	YM电厂
		3. 三列式顺序布置（软母线）；	5530	FHS变电所
		4. 平环式布置（软母线）	9330	FS变电所
	双母线四分段接线	1.SF_6全封闭电器；	450	日本东京电力公司变电所
		2.SF_6组合电器（软母线）；	4330	日本东京电力公司变电所
		3. 带旁路隔离开关布置（软母线）；	6400	ZS电厂
		4. 带旁路母线布置（软母线）	10000	LY变电所
	变压器－母线布置（软母线）		4260	加拿大威廉斯顿变电所
	1. 环形母线多分段布置（软母线）；		5730	ZS电厂
	2. 环形母线多分段布置（软母线、单层屋内型）		2400	日本东京电力公司沿海电厂

虑不设旁路设施，否则需装设旁路母线或旁路隔离开关。

不同类型的主接线相应有不同的配电装置布置型式，特别是在占地面积方面有较大差异。因此，在选择主接线类型时，要考虑这个因素。表 2-4 将 330~500kV 各种接线的配电装置每回路平均占地面积作了近似比较。

第 2-4 节　大型电厂的电气主接线

大型电厂一般指总容量为 1000MW 及以上、单机容量为 200MW 及以上。其接线的特点是：

(1) 采用简单可靠的单元接线方式。有发电机-变压器单元接线、扩大单元接线和发电机-变压器-线路单元接线等，直接接入高压或超高压配电装置。

(2) 大型电厂的所有发电机-变压器单元有部分接入超高压配电装置、部分接入 220kV 配电装置；也有全部接入超高压配电装置的。

(3) 接入 220kV 配电装置的单机容量最大一般不超过 300MW。

一、发电机-变压器单元接线

200MW 及以上大机组一般都采用与双绕组变压器组成单元接线而不与三绕组变压器组成单元接线，当发电厂具有两种升高的电压等级时，则装设联络变压器。其原因为：

(1) 采用三绕组变压器时，发电机出口要求装设断路器，但由于甚大的额定电流和短路电流，使得出口断路器制造很困难，造价也甚高。

(2) 大机组要求避免在出口发生短路，除采用安全可靠的分相封闭母线外，主回路力求简单，尽量不装断路器和隔离开关。而采用双绕组变压器时，就可不装出口断路器和隔离开关。

(3) 三绕组变压器的中压侧（110kV 及以上），往往只能制造死抽头，这对高、中压侧调压及负荷分配不利。不如采用双绕组变压器加联络变压器灵活方便，并可利用联络变压器的第三绕组作厂用起动或备用电源以节约投资。

(4) 布置在主厂房前的主变压器、厂用高压变压器和备用变压器的数量较多，若主变压器为三绕组时，增加中压侧引线的架构，并且主变压器可能为单相，将造成布置的复杂与困难。

图 2-28 示 6×300MW YM 电厂接线。六个发电机-变压器单元分别接入 220 和 500kV 配电装置，并设有联络变压器，其第三绕组作厂用起动或备用电源。

图 2-18 示 4×320MW LYX 水电厂接线。四个发电机-变压器单元全部接入 330kV 配电装置。

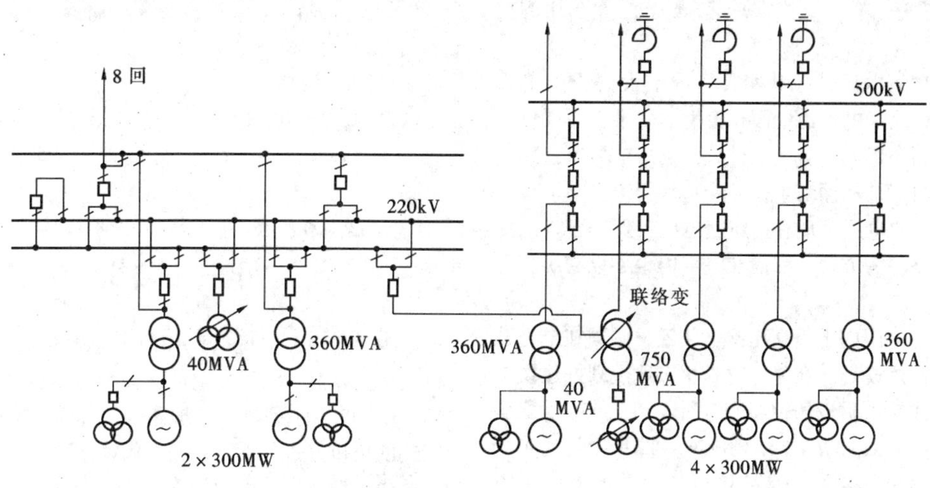

图 2-28　6×300MW YM 电厂接线

二、发电机-变压器扩大单元接线

当发电机的容量与升高电压等级所能传输容量相比，发电机容量较小而不配合时，可采用两台发电机接一台主变压器的扩大单元接线，以减少主变压器、高压断路器和高压配电装置间隔。当采用扩大单元接线时，发电机出口应装设断路器和隔离开关。

200~300MW 机组接至 500kV 配电装置时，相对机组容量较小，因而可采用两台 200~300MW 机组与一台主变压器接成扩大单元。图 2-29 示 JZ 电厂 2×200MW 机组与一台主变压器接成扩大单元接线。

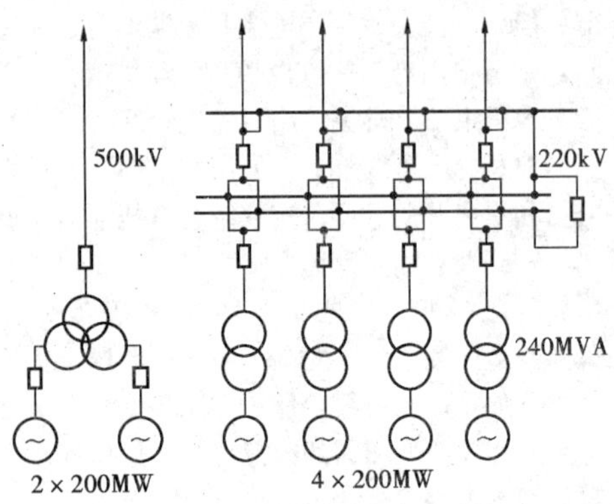

图 2-29　JZ 电厂 2×200MW 机组扩大单元接线

三、发电机-变压器-线路单元接线

大型电厂采用发电机-变压器-线路单元接线，厂内不设高压配电装置，机电能直接输送到附近枢纽变电所。国外采用本接线的电厂以西德、法国和日本较多，而我国、美国、苏联、加拿大等则较少采用。在下列情况宜采用本接线：

(1) 某些地区矿源丰富，同地区有几个大型电厂，工业发达和集中，则汇总起来建设一个公用的枢纽变电所较为经济。

(2) 有的电厂地位狭窄，厂内不设高压配电装置，不仅解决了电厂占地面积庞大的困难，而且也为电厂总平面布置创造有利条件，汽机房前可布置冷却塔或紧靠河流，从而缩短循环冷却水管道。

(3) 有的电厂距现有枢纽变电所较近，直接从那里引出线路较为方便，因而在电厂内也不设高压配电装置。

在大型电厂内不设高压配电装置，必须在电力系统设计中作好规划。在建厂时，相应地规划好建设汇总变电所或接入附近的枢纽变电所。图 2-30 示我国 DG 电厂（2×320MW+2×300MW）采用发电机-变压器-线路单元接线，直接接至 7km 外的枢纽变电所。

四、一厂两站接线

个别大型电厂建设互不联系的同一电压或两种电压的两个配电装置，使在同一场地上有多台机组的一座大容量区域发电厂，在电气上分成为两座发电厂。这对系统来说，相当于两座独立的发电厂，它们之间的电气距离等于由发电厂的两个升压站到并列运行的枢纽变电所的线路长度之和，这样可限制发电厂内高压配电装置过大的短路电流。

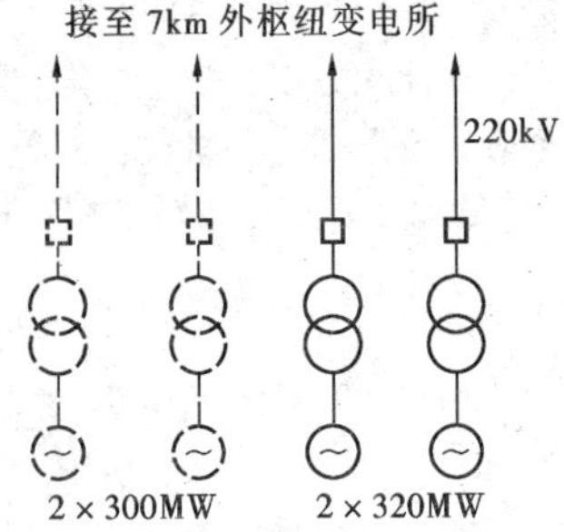

图 2-30　（2×320MW+2×300MW）DG 电厂接线

我国目前大型电厂采用一厂两站接线的甚少，图 2-31 为 DH 电厂采用一厂两站的接线。

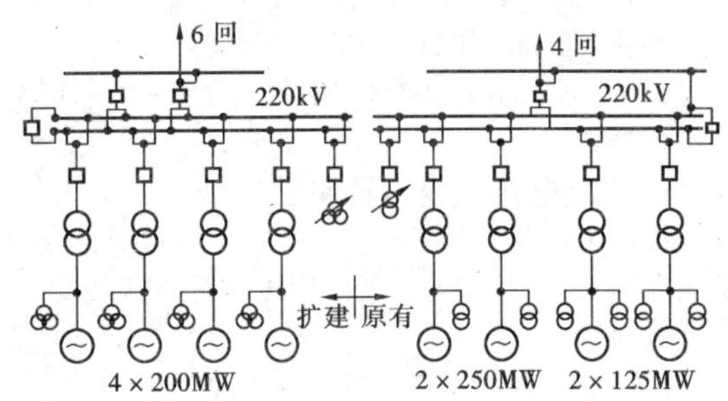

图 2-31　DH 电厂接线（一厂两站）

第 2-5 节　中小型电厂的电气主接线

本手册中，中型电厂一般指总容量为 200MW 及以上至 1000MW 以下的电厂，安装的单机容量一般为 50~125MW。小型电厂一般指总容量在 200MW 以下，安装的单机容量一般不超过 30MW。

中小型电厂一般建设在工业企业或城镇附近，除少数为凝汽式电厂外，多数为热电厂，常设有 6~10kV 发电机电压配电装置向附近供电。

一、发电机的连接方式

(1) 容量为 12~60MW 发电机，当有发电机电压直配线时，应根据地区网络的需要，采用 6.3kV 或 10.5kV。发电机与变压器单元连接且有厂用分支引出时，一般采用 6.3kV。

(2) 100MW 发电机电压为 10.5kV，一般与变压器单元连接，但也可接至发电机电压母线。125MW 发电机组则与变压器单元连接。

连接于 6kV 配电装置的发电机总容量不能超过 120MW，连接于 10kV 配电装置的发电机总容量不能超过 240MW，以免母线分段过多和短路电流太大。

二、主变压器的连接方式

(1) 为了保证发电机电压出线供电可靠性，接在发电机电压母线上的主变压器一般不少于两台。

(2) 当发电厂有两种升高电压，且机组容量为 125MW 及以下时，一般采用两台三绕组变压器与两种升高电压母线连接，但每个绕组的通过功率应达到该变压器容量的 15%以上。

(3) 若两种升高电压母线均系中性点直接接地系统，且送电方向主要由变压器低、中压向高压侧输送时，选用自耦变压器连接较为经济。

(4) 当两种升高电压母线交换功率较大时，可采用降压型自耦变压器连接。

图 2-32 示 JS 热电厂接线。安装 25~100MW 机组，有 10kV 发电机电压配电装置及 35kV 和 110kV 两种升高电压配电装置。主变压器分别选用双绕组、三绕组和自耦变压器三种类型。因建厂条件优越，留有再扩建 2×125~300MW 机组的地位。

三、发电机电压配电装置的接线

发电机电压配电装置采用单母线分段或双母线分段接线，采用的原则是：

(1) 每段母线上发电机容量为 12MW 时，一般采用单母线分段接线。

(2) 每段母线上发电机总容量或负荷为 24MW 及以上时，一般采用双母线分段接线。

图 2-33~2-37 为 4×60MW、3×60MW (3×30MW)、4×12MW、(1×6+2×12) MW、(2×6+1×12) MW 机组的发电机电压配电装置接线。

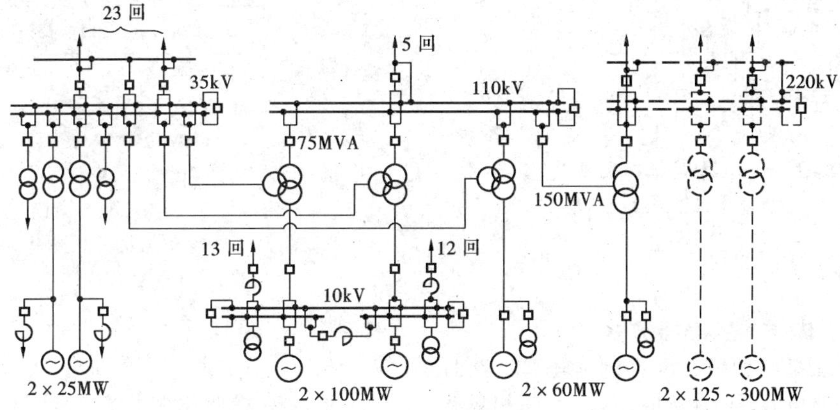

图 2-32　JS 热电厂接线

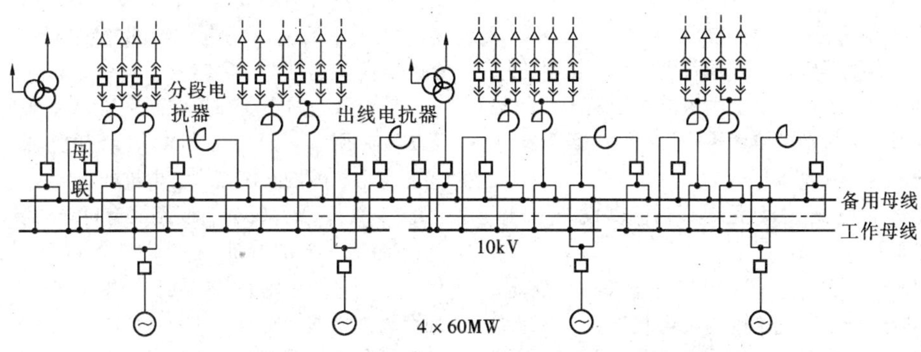

图 2-33　4×60MW 机组发电机电压配电装置接线

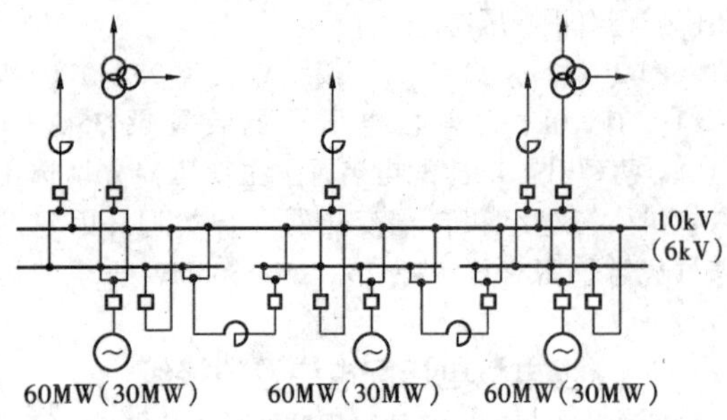

图 2-34 3×60MW(3×30MW)机组发电机电压配电装置接线

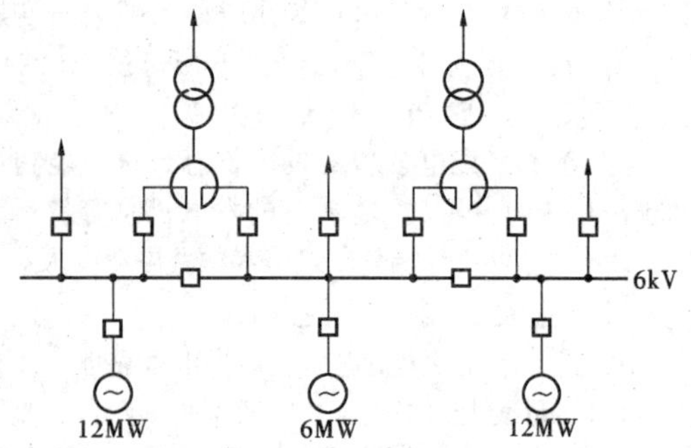

图 2-36 (1×6+2×12)MW 机组发电机电压配电装置接线

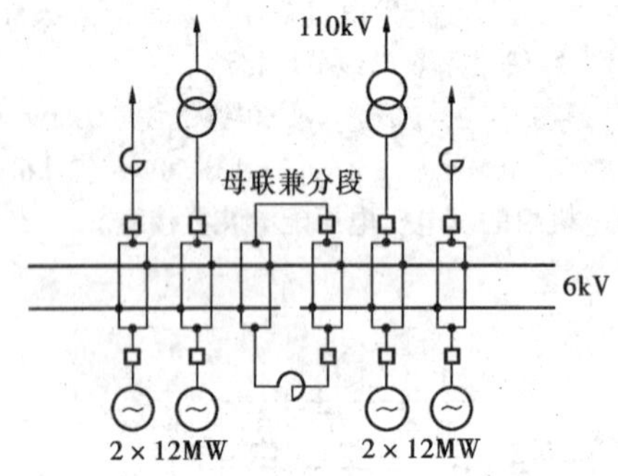

图 2-35 4×12MW 机组发电机电压配电装置接线

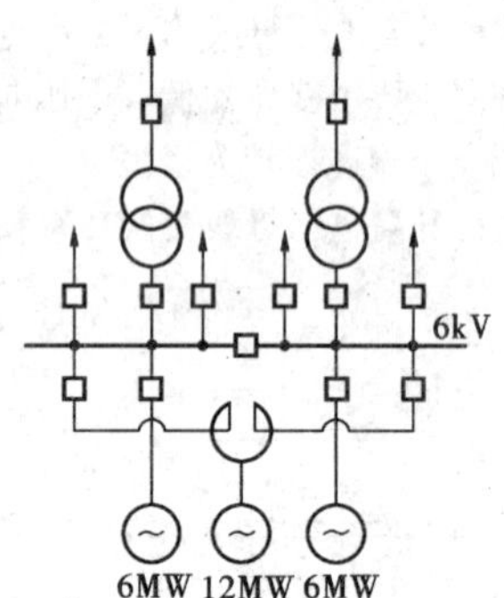

图 2-37 (2×6+1×12)MW 机组发电机电压配电装置接线

四、限流电抗器的连接方式

发电机电压母线的短路电流超过轻型价廉的 SN10 型少油断路器的开断能力时，就应该采用限流电抗器以限制短路电流。一般应限制短路电流不超过 16~31.5kA，以便采用轻型少油断路器并且使选用的厂用电缆截面不致过大。限流电抗器的连接方式有以下三种：

1. 装设母线分段电抗器

母线分段电抗器限制并列运行发电机所供给的短路电流，其额定电流按母线上因事故切断最大一台发电机时可能通过电抗器的电流进行选择，一般为发电机额定电流的 50%~80%。

2. 在发电机或主变压器回路装设电抗器或分裂电抗器

《火力发电厂设计技术规程》SDJ 1—79 规定："每段发电机电压母线上连接的发电机容量为 12MW 时，应尽量避免在直配线上安装电抗器。为了限制短路电流，可在主变压器回路或母线分段回路中安装电抗器，也可在主变压器回路或发电机回路中安装分裂电抗器。"分裂电抗器每个分支的电流不超过总电流的 70%。

3. 在直配线上装设电抗器

每段发电机电压母线上连接的发电机容量为 24MW 及以上时，为限制短路电流，一般除在分段回路中安装电抗器外，并在直配线上安装电抗器。直配线上安装电抗器的效果好，但投资大，运行费用高，施工安装工程量大，电抗器的额定电流多为 300~600A，阻抗通常取 3%~6%。

直配线电抗器可布置在断路器的内侧或外侧，如图 2-38 所示，两种各有优缺点。电抗器是很可靠的，发生故障的几率甚少。电抗器布置在断路器外侧[图 2-38 (*a*)、(*b*)]，断路器有可能切除电抗器故障而损坏。电抗器布置在断路器内侧 [图 2-38 (*c*)]，当母线和断路器之间发生单相接地时，寻找接地点需大量的倒闸操作，而且出线电流互感器至母线的电气距离一般较长，增加了母线系统故障机会；还有人认为在断路器断开后，用隔离开关拉合空载电抗器不安全。

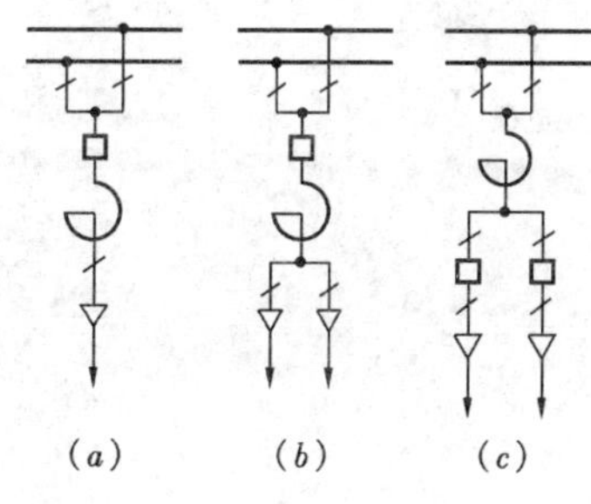

图 2-38　直配线电抗器布置位置

五、无发电机电压配电装置的中型电厂接线

由于近代工业企业和城市居民点的用电量增大，需将发电机电压直接升至 110kV 供电。因此，有些中型电厂无发电机电压配电装置。如图 2-39 所示的 4×60MWBJ热电厂接线。

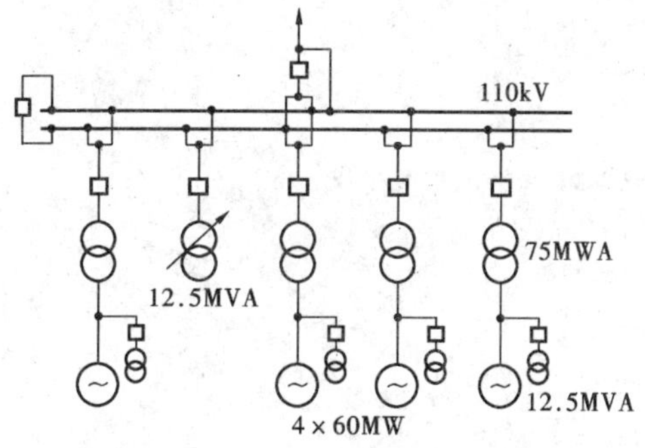

图 2-39　4×60MWBJ 热电厂接线

第 2-6 节　变电所的电气主接线

变电所分为系统枢纽变电所、地区重要变电所和一般变电所三大类。

一、系统枢纽变电所接线

1. 特点

系统枢纽变电所汇集多个大电源和大容量联络线，在系统中处于枢纽地位，高压侧交换系统间巨大功率潮流，并向中压侧输送大量电能。全所停电后，将使系统稳定破坏，电网瓦解，造成大面积停电。

2. 电压等级

为 330 及 500kV 超高压。

3. 主变压器台（组）数及型式

(1) 一般装设两台（组）主变压器，根据负荷增长需要分期投运，经过技术经济比较认为合理时，也可装设 3～4 台（组）主变压器。

(2) 具有三种电压的变压器，如通过主变压器各侧绕组的功率达到该变压器额定容量 15% 以上，或低压侧虽无负荷，但需装设无功设备时，主变压器一般选用三绕组变压器。

(3) 与两种 110kV 及以上中性点直接接地系统连接的主变压器，一般应优先选用自耦变压器。当自耦变压器第三绕组有无功补偿设备时，应根据无功功率潮流，校核公共绕组容量，以免在某种运行方式下限制自耦变压器输出功率。

4. 补偿装置

常设有调相机、静止补偿装置、高压并联电抗器以及串联补偿装置等。

在长距离输电系统中，尚有带开关站性质的系统中间变电所，主要是把长距离输电线分段，以降低工频和操作过电压，缩小线路故障范围，提高系统稳定度。在系统中间变电所内或在线路中间装设串联补偿装置，可提高长距离线路的输电容量。建在双回路重负荷长距离输电线上的系统中间变电所常采用出线为双断路器的变压器-母线接线，以保证长距离输电线路供电可靠性。

5. 接线示例

图 2-40 为 500kV FS 枢纽变电所系统地理位置示意及接线。

图 2-41 为 330kV NJ 枢纽变电所系统地理位置示意及接线。

图 2-15 为 500kV LY 枢纽变电所接线。

图 2-16 为日本 500kV 枢纽变电所接线。

图 2-25 为加拿大 500kV 长距离输电系统的中间变电所接线。

二、地区重要变电所接线

1. 特点

地区重要变电所位于地区网络的枢纽点上，高压侧以交换或接受功率为主，供电给地区的中压侧和附近的低压侧负荷。全所停电后，将引起地区电网瓦解，影响整个地区供电。

2. 电压等级

为 220kV 及 330kV。

3. 主变压器台数及型式

(1) 一般装设两台主变压器。

(2) 主变压器型式选择同系统枢纽变电所。

4. 补偿装置

常装设调相机或静止补偿装置。

此外，大型联合企业的总变电所，地位也较重

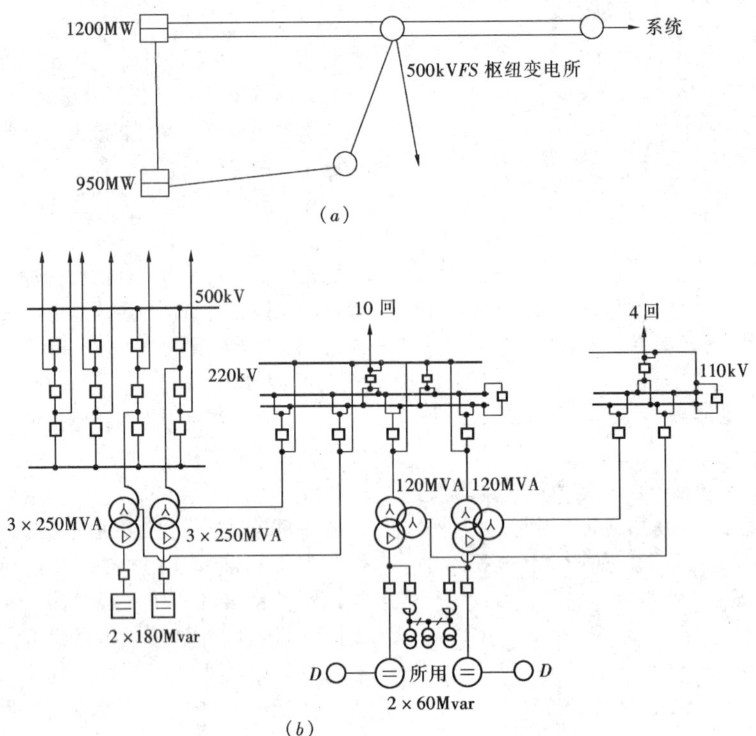

图 2-40 500kV FS 枢纽变电所系统地理位置示意及接线

(a) 系统地理位置示意；(b) 主接线

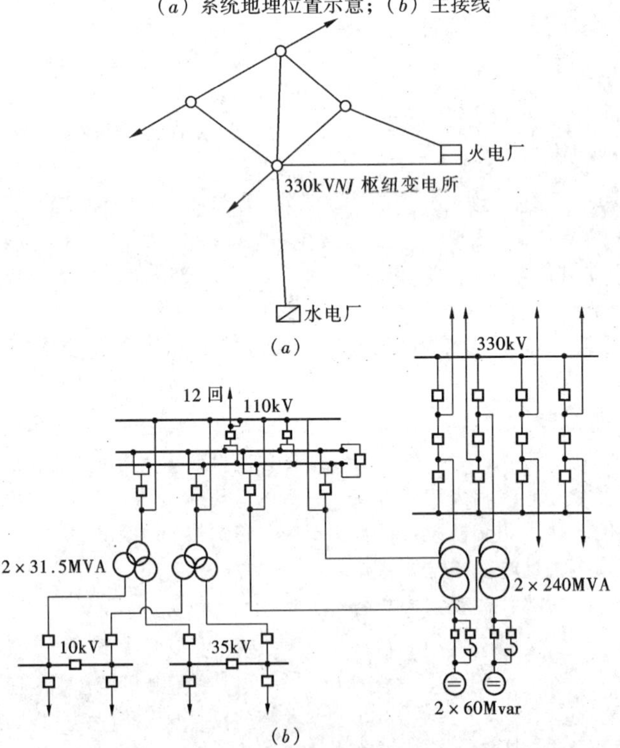

图 2-41 330kV NJ 枢纽变电所系统地理位置示意及接线

(a) 系统地理位置示意；(b) 主接线

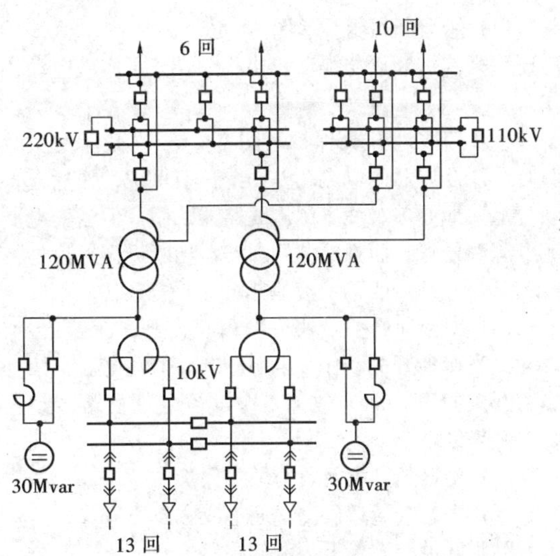

图2－42　220/110/10kV HHHT地区重要变电所接线

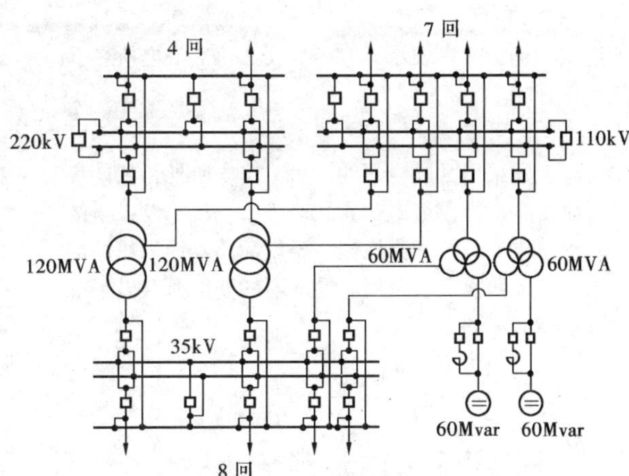

图2－43　220/110/35kV YC地区重要变电所接线

要，它要保证大型联合企业中各个分厂的供电。

图2－42～图2－43为YC地区重要变电所接线。

图2－44为大型联合企业BS钢铁厂总变电所及自备电厂接线。

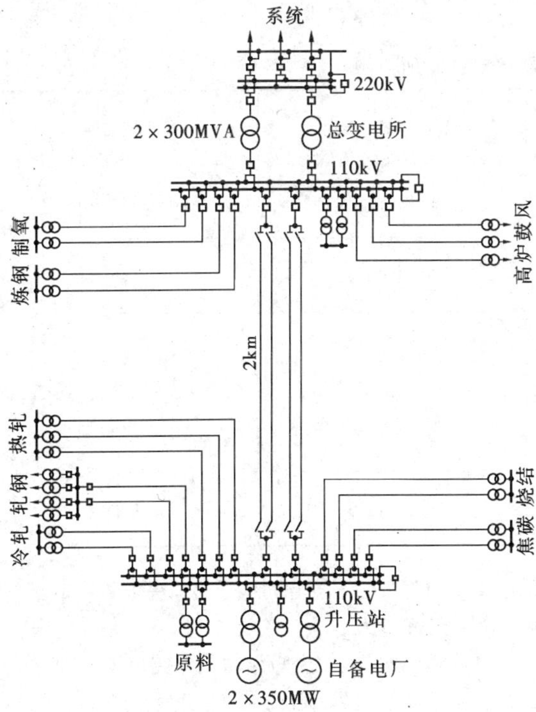

图2－44　220/110kV BS钢铁厂总变电所及自备电厂接线

三、一般变电所接线

1. 特点

一般变电所多为终端或分支变电所，降压供电给附近用户或一个企业。全所停电后，只影响附近用户或一个企业供电。

2. 电压等级

多为110kV，也有220kV。

3. 主变压器台数及型式

(1) 一般为两台主变压器，当只有一个电源时，也可只装一台主变压器。

(2) 主变压器一般为双绕组或三绕组变压器。

4. 补偿装置

一般不装设调相机或静止补偿装置。有些企业变电所内装有以提高功率因数为目的的并联电容器补偿装置。

5. 接线示例

图2－45示110/35/10kV YL变电所接线。

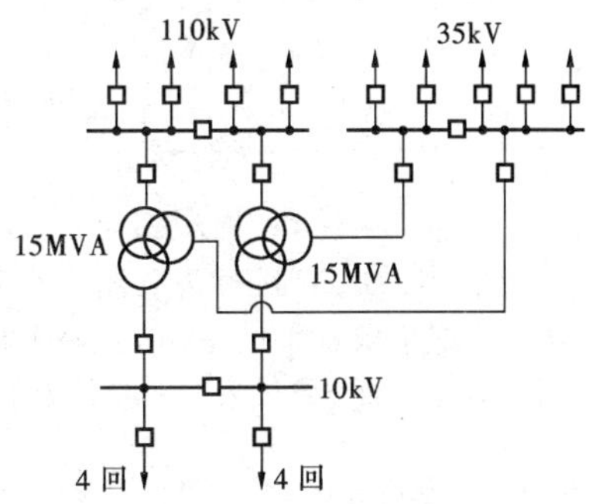

图2－45　110/35/10kV YL变电所接线

图 2-47 示 110/6~10kV 企业变电所采用分裂变压器接线。

图 2-14 示 6~220kV 接线在 220/110kV 系统中的连接示例。图中表示了 110kV 及 220kV 变电所在系统中的连接。

6. 采用简易电器的接线

除上述采用常规电器的 110kV 变电所外，如能满足系统安全运行及继电保护的要求，110kV 及以下的终端或分支变电所的高压侧可不设断路器而采用简易电器，以节约投资。采用简易电器的变电所有以下几种接线方式（图 2-46）：

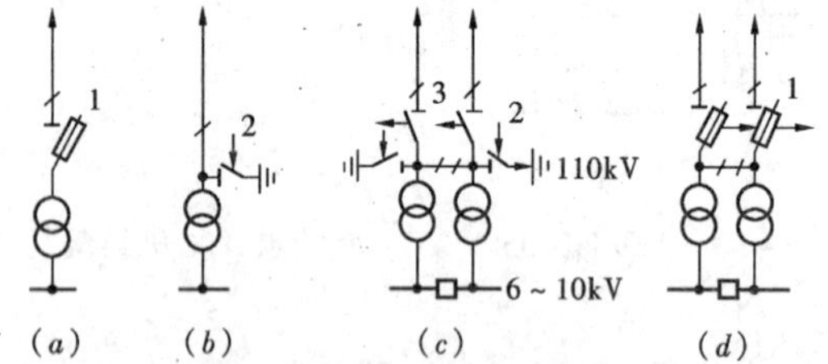

图 2-46 采用简易电器变电所的几种接线
(a) 采用熔断器保护的单台变压器；(b) 采用接地开关保护的单台变压器；(c) 采用接地开关和快分隔离开关保护的两台变压器；(d) 采用熔断器保护的两台变压器
1—熔断器；2—接地开关；3—快分隔离开关

(1) 用熔断器保护［图 2-46 (a)、(d)］。采用高压跌开式熔断器与操动机构相配合，可实现电动操作。

(2) 用接地开关保护［图 2-46 (b)］。发生故障时，在变压器的电流、差动或瓦斯保护动作后，自动合上接地开关，使电源侧断路器跳闸。但当变电所离电源侧较近，而且电源侧断路器切断近区故障的特性较差时，则一般不用接地开关。

(3) 用接地开关及快分隔离开关保护［图 2-46 (c)］。当接地开关动作，电源侧断路器跳闸后，快分隔离开关打开，断开故障点，以便电源线路自动重合，恢复供电。

(4) 用接地开关及负荷开关保护。

(5) 用有线通道、高频通道或微波通道等，传送远方跳闸脉冲装置断开电源侧断路器。

(6) 利用电源端的灵敏保护伸延到线路末端来动作于电源端断路器。

我国采用简易电器的变电所，数量还不多。苏联生产的 35~110kV 成套简易变电所，参数见表 2-5。美国简易变电所尽量采用熔断器保护，当变压器每台容量大于 10MVA 时，就不再用熔断器保护，而采用接地开关或利用各种通道传送远方跳闸脉冲动作于电源端的断路器。

表 2-5 苏联 35~110kV 成套简易电器变电所参数

采用简易电器型式	电压 (kV)	变压器容量 (MVA)	变压器台数
熔断器	35/6~10	0.63~4.0	一台
	110/6~10	2.5~10.0	一台
接地开关和快分隔离开关	35/6~10	1~16.0	一台或两台
	110/6~10	2.5~16.0	一台或两台
	110/35/6~10	6.3~16.0	一台或两台

四、变电所 6~10kV 侧短路电流的限制

限制变电所 6~10kV 侧短路电流不超过 16~31.5kA，以便采用价廉轻型的 SN10 型少油断路器，并且使选用的电缆截面不致过大，一般采用下列措施之一。

1. 变压器分列运行

在变电所中，母线分段电抗器的限流作用小，故采用简便的两台变压器分列运行的办法来限制短路电流，其主要优点为：

(1) 6~10kV 侧发生短路时，短路电流只通过一台变压器，其值较两台变压器并联时大为减少，从而在许多情况下允许 6~10kV 侧装设轻型断路器。

(2) 使无故障母线段能维持较高的剩余电压。

但变压器分列运行也有如下缺点：

1）变压器负荷不平衡，使能量损耗较并列运行时稍大。

2）一台变压器故障时，该分段母线在分段断路器接通前要停电，但此缺点可由分段断路器装设自动投入装置来解决。

2. 在变压器回路装设电抗器或分裂电抗器

当变压器容量增大，分列运行还不能满足限制短路电流要求时，可以在变压器回路装设分裂电抗器或电抗器。

图 2－42 示变压器回路装设分裂电抗器接线。6～10kV 侧有四段母线，提高了供电可靠性，消除了 6～10kV 母线故障全部停运的可能性，但对双回路用户出线不允许在用户配电所因并列运行而使分裂电抗器两分支短路。

3. 采用分裂变压器（图 2－47）

把变压器低压绕组分裂成相等容量的两个绕组，可大大增加各个分裂绕组和分裂绕组间的电抗。对于常用的 110kV 分裂变压器其分裂绕组的电抗为 $2\times10.5\%=21\%$（110kV 普通双绕组变压器的标准电抗为 10.5%），而分裂绕组间的电抗为 $4\times10.5\%=42\%$。从而使低压侧短路电流比普通双绕组变压器减少了一半。

低压侧为分裂绕组的变压器多用于企业变电所，常用的有 20～63MVA。

4. 在出线上装设电抗器

当 6～10kV 侧短路电流很大，采用其它限流措施不能满足要求时，就要采用在出线上装设电抗器的接线。但是这种接线投资贵，需建设两层配电装置楼，故在变电所中一般不采用出线装设电抗器的接线。

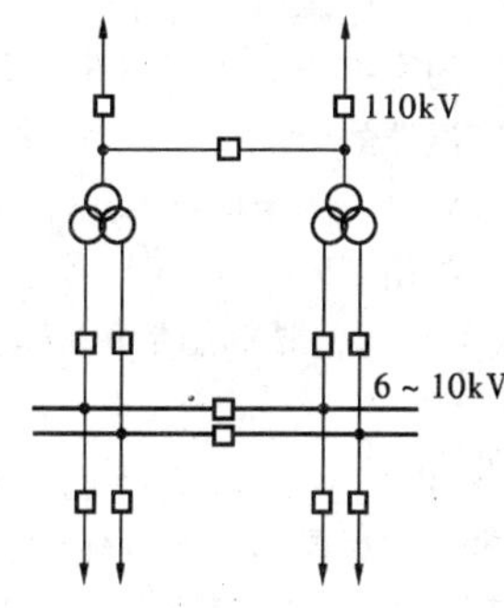

图 2－47　110/6～10kV 企业变电所采用分裂变压器接线

第 2－7 节　主变压器和发电机中心点接地方式

一、电力网中性点接地方式

选择电力网中性点接地方式是一个综合性问题。它与电压等级、单相接地短路电流、过电压水平、保护配置等有关，直接影响电网的绝缘水平、系统供电的可靠性和连续性、主变压器和发电机的运行安全以及对通信线路的干扰等。电力网中性点的接地方式有以下几种：

（一）中性点非直接接地

1. 中性点不接地

中性点不接地方式最简单，单相接地时允许带故障运行两小时，供电连续性好，接地电流仅为线路及设备的电容电流。但由于过电压水平高，要求有较高的绝缘水平，不宜用于 110kV 及以上电网。在 6～63kV 电网中，则采用中性点不接地方式，但电容电流不能超过允许值，否则接地电弧不易自熄，易产生较高弧光间歇接地过电压，波及整个电网。

2. 中性点经消弧线圈接地

当接地电容电流超过允许值时，可采用消弧线圈补偿电容电流，保证接地电弧瞬间熄灭，以消除弧光间歇接地过电压。

3. 中性点经高电阻接地

当接地电容电流超过允许值时，也可采用中性点经高电阻接地方式。此接地方式和经消弧线圈接地方式相比，改变了接地电流相位，加速泄放回路中的残余电荷，促使接地电弧自熄，从而降低弧光间隙接地过电压，同时可提供足够的电流和零序电压，使接地保护可靠动作，一般用于大型发电机中性点。

（二）中性点直接接地

直接接地方式的单相短路电流很大，线路或设备须立即切除，增加了断路器负担，降低供电连续性。但由于过电压较低，绝缘水平可下降，减少了设备造价，特别是在高压和超高压电网，经济效益显著。故适用于 110kV 及以上电网中。此外，在雷电活动较强的山岳丘陵地区，结构简单的 110kV 电网，如采用直接接地方式不能满足安全供电要求和对联网影响不大时，可采用中性点经消弧线圈接地方式。

二、主变压器中性点接地方式

电力网中性点的接地方式，决定了主变压器中性点的接地方式。

1. 主变压器的 110～500kV 侧采用中性点直接接地方式

(1) 凡是自耦变压器，其中性点须要直接接地或经小阻抗接地。

(2) 凡中、低压有电源的升压站和降压变电所至少应有一台变压器直接接地。

(3) 终端变电所的变压器中性点一般不接地。

(4) 变压器中性点接地点的数量应使电网所有短路点的综合零序电抗与综合正序电抗之比 X_0/X_1 小于 3，以使单相接地时健全相上工频过电压不超过阀型避雷器的灭弧电压；X_0/X_1 尚应大于 1～1.5，以使单相接地短路电流不超过三相短路电流。

(5) 所有普通变压器的中性点都应经隔离开关接地，以便于运行调度灵活选择接地点。当变压器中性点可能断开运行时，若该变压器中性点绝缘不是按线电压设计，应在中性点装设避雷器保护。

(6) 选择接地点时应保证任何故障形式都不应使电网解列成为中性点不接地的系统。双母线接线接有两台及以上主变压器时，可考虑两台主变压器中性点接地。

2. 主变压器 6～63kV 侧采用中性点不接地或经消弧线圈接地方式

6～63kV 电网采用中性点不接地方式，但当单相接地故障电流大于 30A（6～10kV 电网），或 10A（20～63kV 电网）时，中性点应经消弧线圈接地。采用消弧线圈接地时，应注意以下几点：

(1) 6～63kV 电网中需要安装的消弧线圈应由系统统筹规划，分散布置。应避免整个电网只装一台消弧线圈，也应避免在一个变电所中装设多台消弧线圈。在任何运行方式下，电网不得失去消弧线圈的补偿。

(2) 在变电所中，消弧线圈一般装在变压器中性点上，6～10kV 消弧线圈也可装在调相机的中性点上。

(3) 当两台变压器合用一台消弧线圈时，应分别经隔离开关与变压器中性点相连。平时运行只合其中一组隔离开关，以避免在单相接地时发生虚幻接地现象。

(4) 如变压器无中性点或中性点未引出，应装设专用接地变压器。其容量应与消弧线圈的容量相配合，选择接地变压器容量时，可考虑变压器的短时过负荷能力。

三、发电机中性点接地方式

发电机中性点采用非直接接地方式。

发电机定子绕组发生单相接地故障时，接地点流过的电流是发电机本身及其引出回路所连接元件（主母线、厂用分支线、主变压器低压绕组等）的对地电容电流。当超过允许值时，将烧伤定子铁芯，进而损坏定子绕组绝缘，引起匝间或相间短路，故需要在发电机中性点采取经消弧线圈或高电阻接地的措施，以保护发电机免遭损坏。表 2－6 示发电机接地电流允许值。

表 2－6　发电机接地电流允许值

发电机额定电压（kV）	发电机额定容量（MW）	接地电流允许值（A）
6.3	≤50	4
10.5	50～100	3
13.8～15.75	125～200	2*
18～20	300	1

* 对于氢冷发电机接地电流允许值为 2.5A。

1. 采用发电机中性点不接地方式

(1) 单相接地电流应不超过允许值。

(2) 发电机中性点应装设电压为额定相电压的避雷器，防止三相进波在中性点反射引起过电压；在出线端应装设电容器和避雷器，以削弱当有发电机电压架空直配线时，进入发电机的冲击波陡度和幅值。

(3) 适用于 125MW 及以下的中小机组。

2. 采用发电机中性点经消弧线圈接地方式

(1) 对具有直配线的发电机，宜采用过补偿方式；对单元接线的发电机，宜采用欠补偿方式。

(2) 经补偿后的单相接地电流一般小于 1A，因此，可不跳闸停机，仅作用于信号。

(3) 消弧线圈可接在直配线发电机的中性点上，也可接在厂用变压器的中性点上。当发电机为单元连接时，则应接在发电机的中性点上。

(4) 适用于单相接地电流大于允许值的中小机组或 200MW 及以上大机组要求能带单相接地故障运行时。

3. 采用发电机中性点经高电阻接地方式

(1) 发电机中性点经高电阻接地后，可达到：①限制过电压不超过 2.6 倍额定相电压；②限制接地故障电流不超过 10～15A；③为定子接地保护提供电源，便于检测。

(2) 为减小电阻值，一般经配电变压器接入中性点，电阻接在配电变压器的二次侧。部分引进机组也有不接配电变压器而直接接入数百欧姆的高电阻。

(3) 发生单相接地时，总的故障电流不宜小于 3A，以保证接地保护不带时限立即跳闸停机。

(4) 适用于 200MW 及以上的大机组。

第 2-8 节　主接线中的设备配置

一、隔离开关的配置

(1) 中小型发电机出口一般应装设隔离开关；容量为 200MW 及以上大机组与双绕组变压器为单元连接时，其出口不装设隔离开关，但应有可拆连接点。

(2) 在出线上装设电抗器的 6～10kV 配电装置中，当向不同用户供电的两回线共用一台断路器和一组电抗器时，每回线上应各装设一组出线隔离开关。

(3) 接在发电机、变压器引出线或中性点上的避雷器可不装设隔离开关。

(4) 接在母线上的避雷器和电压互感器宜合用一组隔离开关。但对于 330～500kV 避雷器和线路电压互感器均不应装设隔离开关。因 330～500kV 避雷器除保护大气过电压外尚要限制操作过电压，而线路电压互感器接着线路主保护，都不能退出运行，它们的检修可与相应回路检修同时进行。

(5) 一台半断路器接线中，视发变电工程的具体情况，进出线可装设隔离开关也可不装设隔离开关。

(6) 多角形接线中的进出线应装设隔离开关，以便在进出线检修时，保证闭环运行。

(7) 桥形接线中的跨条宜用两组隔离开关串联，以便于进行不停电检修。

(8) 断路器的两侧均应配置隔离开关，以便在断路器检修时隔离电源。

(9) 中性点直接接地的普通型变压器均应通过隔离开关接地；自耦变压器的中性点则不必装设隔离开关。

二、接地刀闸或接地器的配置

(1) 为保证电器和母线的检修安全，35kV 及以上每段母线根据长度宜装设 1～2 组接地刀闸或接地器，两组接地刀闸间的距离应尽量保持适中。母线的接地刀闸宜装设在母线电压互感器的隔离开关上和母联隔离开关上，也可装于其它回路母线隔离开关的基座上。必要时可设置独立式母线接地器。

(2) 63kV 及以上配电装置的断路器两侧隔离开关和线路隔离开关的线路侧宜配置接地刀闸。双母线接线两组母线隔离开关的断路器侧可共用一组接地刀闸。

(3) 旁路母线一般装设一组接地刀闸，设在旁路回路隔离开关的旁路母线侧。

(4) 63kV 及以上主变压器进线隔离开关的主变压器侧宜装设一组接地刀闸。

三、电压互感器的配置

(1) 电压互感器的数量和配置与主接线方式有关，并应满足测量、保护、同期和自动装置的要求。电压互感器的配置应能保证在运行方式改变时，保护装置不得失压，同期点的两侧都能提取到电压。

(2) 6～220kV 电压等级的每组主母线的三相上应装设电压互感器。

旁路母线上是否需要装设电压互感器，应视各回出线外侧装设电压互感器的情况和需要确定。

(3) 当需要监视和检测线路侧有无电压时，出线侧的一相上应装设电压互感器。

(4) 当需要在 330kV 及以下主变压器回路中提取电压时，可尽量利用变压器电容式套管上的电压抽取装置。

(5) 发电机出口一般装设两组电压互感器，供测量、保护和自动电压调整装置需要。当发电机配有双套自动电压调整装置，且采用零序电压式匝间保护时，可再增设一组电压互感器。

(6) 500kV 电压互感器按下述原则配置（330kV 等级也可参照采用）：

1) 对双母线接线，宜在每回出线和每组母线的三相上装设电压互感器。

2) 对一台半断路器接线，应在每回出线的三相上装设电压互感器；在主变压器进线和每组母线上，应根据继电保护装置，自动装置和测量仪表的要求，在一相或三相上装设电压互感器。线路与母线的电压互感器二次回路间不切换。

(7) 兼作为并联电容器组泄能和兼作为限制切断空载长线过电压的电磁式电压互感器，其与电容器组之间和与线路之间不应有开断点。

四、电流互感器的配置

(1) 凡装有断路器的回路均应装设电流互感器，其数量应满足测量仪表、保护和自动装置要求。

(2) 在未设断路器的下列地点也应装设电流互感器：发电机和变压器的中性点、发电机和变压器的出口、桥形接线的跨条上等。

(3) 对直接接地系统，一般按三相配置。对非直接接地系统，依具体要求按两相或三相配置。

(4) 一台半断路器接线中,线路—线路串可装设四组电流互感器,在能满足保护和测量要求的条件下也可装设三组电流互感器。线路—变压器串,当变压器的套管电流互感器可以利用时,可装设三组电流互感器。

五、避雷器的配置

(1) 配电装置的每组母线上，应装设避雷器，但进出线都装设避雷器时除外。

(2) 旁路母线上是否需要装设避雷器，应视在旁路母线投入运行时，避雷器到被保护设备的电气距离是否满足要求而定。

(3) 330kV 及以上变压器和并联电抗器处必须装置避雷器，并应尽可能靠近设备本体。

(4) 220kV 及以下变压器到避雷器的电气距离超过允许值时，应在变压器附近增设一组避雷器。

(5) 三绕组变压器低压侧的一相上宜设置一台避雷器。

(6) 自耦变压器必须在其两个自耦合的绕组出线上装设避雷器，并应接在变压器与断路器之间。

(7) 下列情况的变压器中性点应装设避雷器：

1) 直接接地系统中，变压器中性点为分级绝缘且装有隔离开关时。

2) 直接接地系统中，变压器中性点为全绝缘，但变电所为单进线且为单台变压器运行时。

3) 不接地和经消弧线圈接地系统中，多雷区的单进线变压器中性点上。

(8) 单元连接的发电机出线宜装一组避雷器。

(9) 容量为 25MW 及以上的直配线发电机，应在每台电机出线处装一组避雷器。25MW 以下的直配线发电机应尽量将母线上的避雷器靠近电机装设或装在电机出线上。

(10) 在不接地的直配线发电机中性点上应装设一台避雷器。

(11) 连接在变压器低压侧的调相机出线处宜装设一组避雷器。

(12) 发电厂变电所 35kV 及以上电缆进线段，在电缆与架空线的连接处应装设避雷器。

(13) 直配线发电机和变电所 10kV 及以下进线段避雷器的配置应遵照《电力设备过电压保护设计技术规程》执行。

(14) 110 ~ 220kV 线路侧一般不装设避雷器，330 ~ 500kV 的线路侧如操作过电压超过操作波保护水平，应设置避雷器。当不超过的，是否需装设避雷器，应根据出线侧的设备、本地区雷电活动并通过模拟试验或计算确定。

(15) SF_6 全封闭电器的架空线路侧必须装设避雷器。

六、阻波器和耦合电容器的配置

阻波器和耦合电容器应根据系统通信对载波电话的规划要求配置。设计中需要与系统通信专业密切配合。

七、各种类型主接线的设备配置示例

1. 图 2 - 10　220/110kV 变电所接线（双母线带旁路母线)。

2. 图 2 - 15　500/220kV LY 变电所接线（双母线四分段带旁路母线)。

3. 图 2 - 21　500kV FHS 变电所接线（一台半断路器接线)。

4. 图 2 - 23　330kV LX 变电所接线（变压器 - 母线接线)。

5. 图 2 - 24　330kV QA 变电所接线（四角形接线)。

6. 图 2 - 48　(4 × 300MW + 2 × 600MW) ZX 电厂接线。

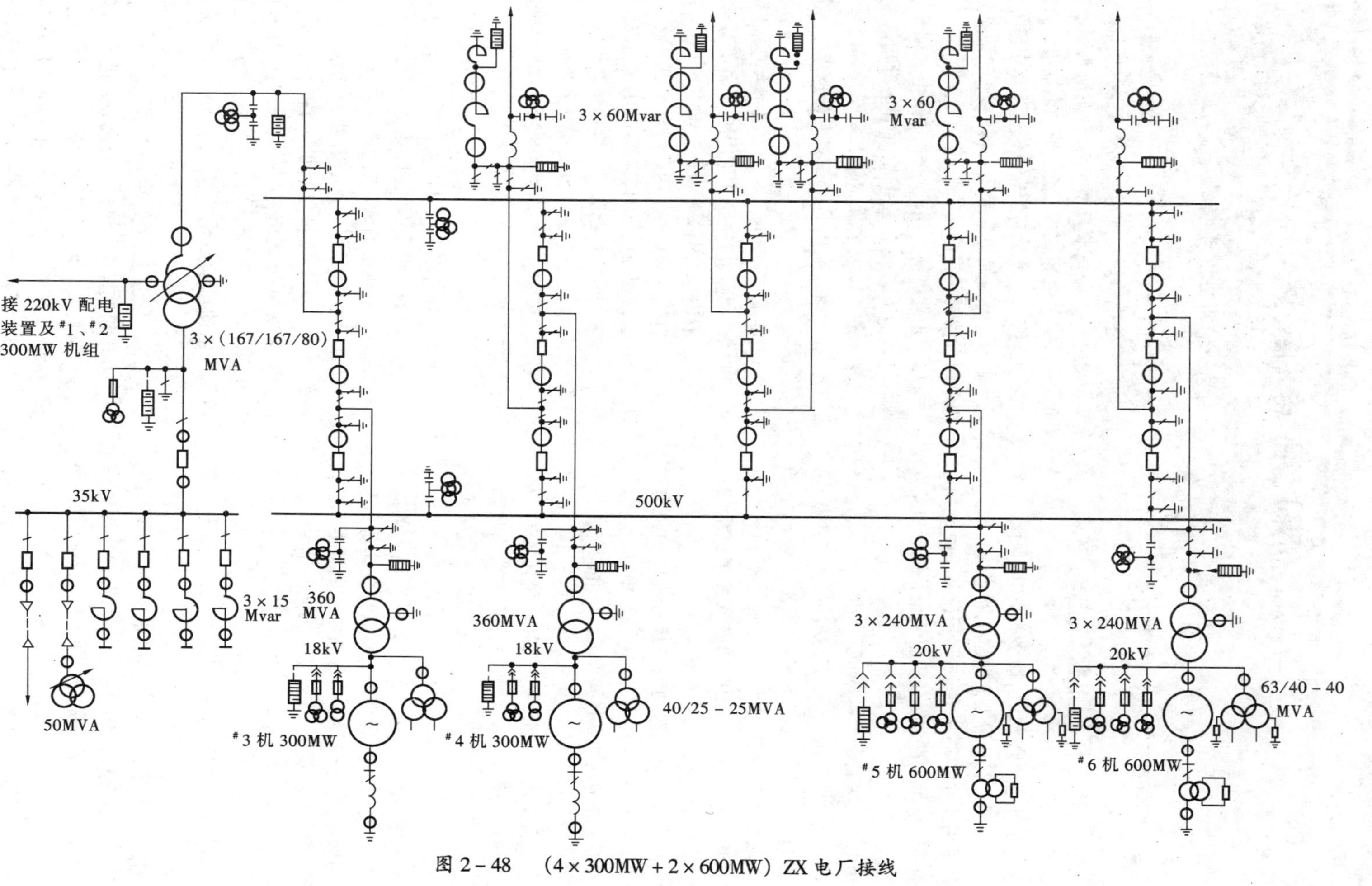

图 2-48　(4×300MW+2×600MW) ZX 电厂接线

第 三 章

厂（所）用电接线

编者 谢 熹　　校者 施月芳　　审者 李昌龄

第3-1节　厂用电接线总的要求

厂用电设计应按照运行、检修和施工的要求，考虑全厂发展规划，妥善解决分期建设引起的问题，积极慎重地采用经过鉴定的新技术和新设备，使设计达到经济合理、技术先进，保证机组安全、经济和满发地运行。

厂用电接线应满足下列要求：

(1) 各机组的厂用电系统应是独立的。特别是200MW及以上机组，应做到这一点。一台机组的故障停运或其辅机的电气故障，不应影响到另一台机组的正常运行。并能在短时间内恢复本机组的运行。

(2) 充分考虑机组起动和停运过程中的供电要求。一般均应配备可靠的起动（备用）电源。在机组起动、停运和事故时的切换操作要少，并能与工作电源短时并列。

(3) 充分考虑电厂分期建设和连续施工过程中厂用电系统的运行方式。特别要注意对公用负荷供电的影响。要便于过渡，尽少改变接线和更换设备。

(4) 200MW及以上机组应设置足够容量的交流事故保安电源。当全厂停电时，可以快速起动和自动投入，向保安负荷供电。还要设置电能质量指标合格的交流不间断供电装置，保证不允许间断供电的热工负荷的用电。详见本手册第十四章。

第3-2节　厂　用　负　荷

厂用负荷包括机组本体负荷和全厂公用负荷。按运行方式可分为经常连续、经常短时、经常断续、不经常连续、不经常短时和不经常断续等六种类型。

一、按重要性分类

(1) Ⅰ类负荷，指短时（手动切换恢复供电所需的时间）停电将影响人身或设备安全，使机组运转停顿或发电量大幅度下降的负荷，如给水泵、凝结水泵、送、吸风机等。对Ⅰ类负荷的电动机，必须保证自起动；接有Ⅰ类负荷的高、低压厂用母线，应设置备用电源。当备用电源采用明备用方式时，应装设备用电源自动投入装置。

(2) Ⅱ类负荷，指允许短时停电，但较长时间停电有可能损坏设备或影响机组正常运转的负荷，如输煤设备、工业水泵、疏水泵等。对接有Ⅱ类负荷的厂用母线，应由两个独立电源供电，一般采用手动切换。

(3) Ⅲ类负荷，指长时间停电不会直接影响生产者，如试验室和中央修配厂的用电设备等。对于Ⅲ类负荷，一般由一个电源供电。

(4) 事故保安负荷，指在停机过程中及停机后一段时间内仍应保证供电的负荷，否则将引起主要设备损坏、重要的自动控制失灵或推迟恢复供电。根据对电源的不同要求，事故保安负荷分为两种：

1) 直流保安负荷：由蓄电池组供电，如发电机的直流润滑油泵等。

2) 交流保安负荷：平时由交流厂用电供电，失去厂用工作和备用电源时，交流保安电源（一般采用快速自起动的柴油发电机组）应自动投入，如200MW及以上机组的盘车电动机。

(5) 不间断供电负荷，在机组起动、运行到停机过程中，甚至停机以后的一段时间内，需要连续供电并具有恒频恒压特性的负荷，如实时控制用电子计算机。不间断供电装置一般采用由蓄电池组供电的电动发电机组或配备静态开关的静态逆变装置。

二、厂用负荷的供电类别

在进行工程设计时，应与机务、化水、热控、水工等专业联系，确定厂用负荷的分类、辅机电动机的控制地点及连锁要求。表3-1为主要厂用负荷的特性表，其中仅包括主要厂用负荷的分类，其控制地点及连锁要求系指一般情况。

表3－1 主要厂用负荷特性表

序号	名 称	负荷类别	是否易于过负荷	控制地点	有无连锁要求	运行方式[①]	备 注
			一、锅 炉 部 分				
1	吸风机	Ⅰ	易	锅炉控制屏	有	经常连续	
2	送风机	Ⅰ	不易	锅炉控制屏	有	经常连续	
3	排粉机	Ⅰ或Ⅱ	易	锅炉控制屏	有	经常连续	用于送粉时为Ⅰ类
4	磨煤机	Ⅰ或Ⅱ	易	锅炉控制屏	有	经常连续	无煤粉仓时为Ⅰ类
5	给煤机	Ⅰ或Ⅱ	易	锅炉控制屏	有	经常连续	无煤粉仓时为Ⅰ类
6	给粉机	Ⅰ	易	锅炉控制屏	有	经常连续	
7	烟气再循环风机	Ⅱ	不易	锅炉控制屏	无	经常连续	
8	回转式空气预热器	Ⅰ	易	锅炉控制屏	有	经常连续	
9	回转式空气预热器盘车	保安	不易	锅炉控制屏	有	不经常连续	
10	辅机交流润滑油泵	Ⅰ、Ⅱ或保安	不易	集中或同相应辅机[③]	有	经常连续	控制地点
11	一次风机	Ⅰ	易	锅炉控制屏	有	经常连续	用作热风送粉
12	二次风机	Ⅱ	不易	锅炉控制屏	无	经常连续	链条炉用
13	三次风机	Ⅱ	不易	锅炉控制屏	有	经常连续	
14	炉排电动机	Ⅱ	易	锅炉控制屏	有	经常连续	
15	抛煤机	Ⅱ	易	锅炉控制屏	有	经常连续	
16	螺旋输粉机	Ⅱ	易	就地	无	经常连续	
17	锅炉直流电动发电机组	Ⅰ	不易	就地	有	经常连续	
18	疏水泵	Ⅱ	不易	就地	有	经常短时	
19	加药泵	Ⅱ	不易	就地	无	经常连续	
20	仪用空压机	Ⅰ	不易			经常短时或连续	
21	空压机	Ⅱ或Ⅲ	不易	就地	无	经常短时或连续	用于控制气源时为Ⅱ类
22	吹灰电动机	Ⅲ	易	锅炉控制屏	无	不经常断续	
23	起动锅炉送风机	Ⅱ	不易		有	不经常连续	
24	起动锅炉吸风机	Ⅱ	不易		有	不经常连续	
25	酸洗泵	Ⅲ	不易	就地	无	不经常连续	
26	点火电焊机	Ⅱ	不易	就地	无	不经常短时	
27	轻油供油泵	Ⅱ	不易	锅炉控制屏	无	不经常短时	轻油点火时用
28	卸油泵	Ⅱ	不易	就地	无	经常连续或不经常短时	
29	炉水循环泵	Ⅰ	不易	锅炉控制屏	有	经常连续	
			二、汽 机 部 分				
30	射水泵	Ⅰ	不易	汽机控制屏	有	经常连续	
31	射水回收泵	Ⅱ	不易	汽机控制屏	有	经常短时	
32	胶球清洗泵	Ⅲ	不易	就地	无	不经常短时	
33	凝结水泵	Ⅰ	不易	汽机控制屏	有	经常连续	
34	凝结水升压泵	Ⅰ	不易	汽机控制屏	有	经常连续	
35	循环水泵	Ⅰ	不易	汽机控制屏	有	经常连续	
36	给水泵	Ⅰ	不易	给水除氧控制屏	有	经常连续	
37	备用给水泵	Ⅰ	不易	给水除氧控制屏	有	不经常连续	
38	给水泵油泵	Ⅰ	不易	给水除氧控制屏	有	经常连续	给水泵不带主油泵时

续表

序号	名　　称	负荷类别	是否易于过负荷	控制地点	有无连锁要求	运行方式[①]	备　　注
39	给水泵备用油泵	Ⅱ	不易	给水除氧控制屏	有	不经常短时	给水泵带有主油泵时
40	汽动给水泵凝结水泵	Ⅰ	不易	给水除氧控制屏	有	经常连续	
41	汽动给水泵盘车电动机	保安	不易	就地	有	不经常连续	
42	汽动给水泵直流润滑油泵	保安	不易	给水除氧控制屏	有	不经常短时	
43	电动给水泵直流润滑油泵	保安	不易	给水除氧控制屏	有	不经常短时	
44	除氧器中继水泵	Ⅰ	不易	给水除氧控制屏	有	经常连续	
45	高压调速油泵	Ⅱ	不易	汽机控制屏	无	不经常短时	
46	交流润滑油泵	Ⅱ或保安	不易	汽机控制屏	有	不经常短时或连续	②
47	汽机直流润滑油泵	保安	不易	汽机控制屏	有	不经常短时	
48	盘车电动机	Ⅱ或保安	不易	就地	有	不经常短时或连续	②
49	顶轴油泵	Ⅱ或保安	不易	就地	有	不经常短时或连续	②
50	油箱排烟风机	Ⅲ	不易	就地	无	经常断续	
51	备用励磁机	Ⅰ	不易	主(单元)控制室	无	不经常连续	
52	硅整流通风机	Ⅰ	不易	就地	有	经常连续	
53	氢冷水泵	Ⅰ	不易	氢冷操作屏	有	经常连续	
54	交流氢密封油泵	Ⅱ或保安	不易	氢冷操作屏	有	经常连续或不经常短时	②
55	发电机直流氢密封油泵	保安	不易	氢冷操作屏	有	不经常短时	
56	氢冷用排氢风机	Ⅱ	不易	氢冷操作屏	无	经常连续	
57	氢冷用真空泵	Ⅱ	不易	氢冷操作屏	无	经常连续	
58	水冷用冷却水泵	Ⅰ	不易	水冷操作屏	有	经常连续	
59	空冷升压泵	Ⅰ	不易		有	经常连续	
60	热网水泵	Ⅱ	不易	热网操作屏	有	经常连续	
61	热网凝结水泵	Ⅱ	不易	热网操作屏	无	经常连续	
62	热网补给水泵	Ⅱ	不易	热网操作屏	无	经常连续	
63	生产回水中继泵	Ⅱ	不易	热网操作屏	有	经常连续	
64	高压加热器疏水泵	Ⅱ	不易	集中	有	经常连续	
65	低压加热器疏水泵	Ⅱ	不易	就地	无	经常连续	
66	生产预热器疏水泵	Ⅱ	不易	就地	无	经常连续	
67	净水加热器疏水泵	Ⅱ	不易	就地	无	经常连续	
68	生水泵	Ⅱ	不易	就地	无	经常连续	
69	工业水泵	Ⅱ	不易	汽机控制屏或就地	有	经常连续	
70	低位水箱水泵	Ⅱ	不易	就地	有	经常短时	
71	蒸发器给水泵	Ⅱ	不易	就地	有	经常连续	
72	蒸发器凝结水泵	Ⅱ	不易	就地	无	经常连续	
73	蒸发器排污泵	Ⅲ	不易	就地	无	经常短时	
74	采暖回水泵	Ⅲ	不易	就地	无	经常连续或短时	
	三、电气及公用部分						
75	充电装置	Ⅱ	不易	主(单元)控制室或就地	无	不经常连续	
76	浮充电装置	Ⅱ或保安	不易	主(单元)控制室或就地	无	经常连续	②
77	空压机	Ⅱ	不易	就地	有	经常短时	
78	变压器冷却风机	Ⅱ	不易	就地	有	经常连续	
79	变压器强油水冷电源	Ⅰ	不易	变压器控制箱	有	经常连续	
80	机炉自动控制电源	Ⅰ或保安	不易			经常连续	②
81	自动化电动阀门	Ⅰ或保安	不易			经常短时	②

续表

序号	名称	负荷类别	是否易于过负荷	控制地点	有无连锁要求	运行方式①	备注
82	仪用空压机	Ⅰ	不易			经常短时	
83	火焰检测器冷却风机	Ⅰ或保安	不易			经常连续	②
84	火焰检测器冷却风机直流油泵	保安	不易			不经常短时	
85	交流励磁机备用励磁电源	Ⅰ	不易	发电机控制屏	有	不经常连续	
86	硅整流装置通风机	Ⅰ	不易	硅整流装置控制屏		经常连续	
87	通讯电源	Ⅰ	不易			经常连续	
88	调度通讯	不间断	不易			经常连续	
89	远动通讯	不间断	不易			经常连续	
90	柴油发电机组辅机	保安	不易	柴油机房	有	不经常连续	②
91	主厂房事故照明	保安	不易	主(单元)控制室	有	经常连续	②
92	实时控制用电子计算机	不间断	不易			经常连续	
93	电动执行机构	不间断	易			经常断续	
94	热工测量和信号	不间断	不易			经常连续	
95	自动控制和调节装置	不间断	不易			经常断续	
96	热工保护	不间断	不易			不经常短时	
97	航空标志灯	保安	不易			经常连续	②
98	电梯	保安				经常短时	②
	四、输煤部分						
99	输煤皮带	Ⅱ	易	就地或集中	有	经常连续	
100	碎煤机	Ⅱ	易	就地或集中	有	经常连续	
101	筛煤机	Ⅱ	不易	就地或集中	有	经常连续	
102	磁铁分离器	Ⅱ	不易	就地或集中	有	经常连续	
103	叶轮给煤机	Ⅱ	不易	就地或集中	有	经常连续	
104	斗链运煤机	Ⅱ	易	就地或集中	有	经常连续	
105	移动式给煤机	Ⅱ	易	就地	有	经常连续	
106	煤场抓煤机	Ⅱ	不易	就地	无	经常断续	
107	移动式皮带机	Ⅱ	易	就地	无	经常连续	
108	卸煤小车	Ⅱ	不易	就地	无	经常断续	
	五、出灰部分						
109	冲灰水泵	Ⅱ	不易	就地或除灰操作屏	有	经常连续	
110	灰浆泵	Ⅱ	易	就地集中	有	经常连续	
111	碎渣机	Ⅱ	易	就地集中	有	经常连续	
112	轴封水泵	Ⅱ	不易	就地集中	有	经常连续	
113	除尘水泵	Ⅰ	不易	就地集中	有	经常连续	
114	马丁除灰机	Ⅱ	易	就地	无	经常连续	
115	除灰皮带机	Ⅱ	易	就地	无	经常连续	
116	电气除尘器	Ⅱ	不易	就地	无	经常连续	
	六、厂外水工部分						
117	中央循环水泵	Ⅰ	不易	中央泵房集控	有	经常连续	
118	真空泵	Ⅱ	不易	就地		经常短时	
119	滤网及冲洗水泵	Ⅲ	不易	就地		经常连续	
120	消防水泵	Ⅰ	不易	就地及主(单元)控制室	有	不经常短时	

续表

序号	名称	负荷类别	是否易于过负荷	控制地点	有无连锁要求	运行方式①	备注
121	补给水深井泵	Ⅱ	不易	就地或遥控	无	经常连续	
122	江岸补给水泵	Ⅱ	不易	就地	无	经常连续	
123	生活水泵	Ⅱ或Ⅲ	不易	就地	有	经常短时	与工业水泵合用时为Ⅱ类
124	冷却塔通风机	Ⅱ	不易	汽机或冷却塔控制屏	无	经常连续	
	七、化学水处理部分						
125	清水泵	Ⅰ或Ⅱ	不易	化水集控台或就地	无	经常连续	④
126	中间水泵	Ⅰ或Ⅱ	不易	化水集控台或就地	无	经常连续	④
127	除盐水泵	Ⅰ或Ⅱ	不易	化水集控台或就地	无	经常连续	④
128	自用水泵	Ⅱ	不易	化水集控台	无	经常短时	
129	废水泵	Ⅱ	不易	集控或就地	无	经常短时	
130	罗茨风机	Ⅱ	不易	化水集控台或就地	无	经常短时	
131	除二氧化碳风机	Ⅰ、Ⅱ	不易	化水集控台或就地	无	经常连续	
132	混床酸计量泵	Ⅱ	不易	化水集控台或就地	无	经常短时	
133	阳床酸计量泵	Ⅱ	不易	化水集控台或就地	无	经常短时	
134	混床碱计量泵	Ⅱ	不易	化水集控台或就地	无	经常短时	
135	阴床碱计量泵	Ⅱ	不易	化水集控台或就地	无	经常短时	
136	磷酸盐溶液泵	Ⅱ	不易	集控或就地	无	经常短时	
137	盐溶液泵	Ⅱ	不易	化水集控台或就地	无	经常短时	
138	混床自用泵	Ⅱ	不易	化水集控台或就地	无	经常短时	
139	覆盖自用水泵	Ⅱ	不易	化水集控台或就地	无	经常短时	
140	反洗泵	Ⅱ	不易	化水集控台或就地	无	经常短时	
141	铺料泵	Ⅱ	不易	就地	无	经常短时	
142	活性炭反洗泵	Ⅱ	不易	就地	无	经常短时	
143	碱液稀释泵	Ⅱ	不易	就地	无	经常短时	
144	覆盖护膜泵	Ⅱ	不易	就地	无	经常短时	
145	水池搅拌器	Ⅱ	易	就地	无	经常短时	
146	酸磁力泵	Ⅱ	不易	就地	无	经常短时	
147	碱磁力泵	Ⅱ	不易	就地	无	经常短时	
148	次氯酸钠注入泵	Ⅱ	不易	就地	无	经常短时	
149	盐酸注入泵	Ⅱ	不易	就地	无	经常短时	
150	循环水加氯升压泵	Ⅲ	不易	就地	无	不经常短时	
151	循环水加稳定剂升压泵	Ⅱ	不易	就地	无	经常连续	
152	空气压缩机	Ⅱ	不易	就地	无	经常短时	
	八、废水处理部分						
153	废水处理输送泵	Ⅱ	不易	集控或就地	无	经常连续	
154	pH调整池机械搅拌器	Ⅱ	不易	集控或就地	无	经常连续	
155	凝聚澄清池刮泥机	Ⅱ	易	集控或就地	无	经常连续	
156	焚烧液输送泵	Ⅱ	不易	集控或就地	无	经常连续	
157	凝聚澄清池排泥泵	Ⅱ	易	集控或就地	无	经常连续	
158	浓缩池排泥泵	Ⅱ	易	集控或就地	无	经常连续	
159	浓缩池刮泥泵	Ⅱ	不易	集控或就地	无	经常连续	
160	泥渣泵房坑泵	Ⅱ	不易	集控或就地	无	经常短时	

续表

序号	名　称	负荷类别	是否易于过负荷	控制地点	有无连锁要求	运行方式①	备　注
161	泥渣脱水机	Ⅱ	不易	集控或就地	无	经常连续	
162	冲洗水泵	Ⅱ	不易	集控或就地	无	经常短时	
163	污水泵	Ⅱ	不易	集控或就地	无	经常短时	
164	浓碱计量泵	Ⅱ	不易	集控或就地	无	经常短时	
165	稀碱计量泵	Ⅱ	不易	集控或就地	无	经常短时	
166	硫酸计量泵	Ⅱ	不易	集控或就地	无	经常短时	
167	回水排放水泵	Ⅱ	不易	集控或就地	无	经常短时	
168	次氯酸钠溶液输送泵	Ⅱ	不易	集控或就地	无	经常短时	
169	次氯酸钠计量泵	Ⅱ	不易	集控或就地	无	经常短时	
170	凝聚剂输送泵	Ⅱ	不易	集控或就地	无	经常短时	
171	凝聚剂计量泵	Ⅱ	不易	集控或就地	无	经常短时	
172	凝聚助剂计量泵	Ⅱ	不易	集控或就地	无	经常短时	
173	排水贮槽搅拌风机	Ⅱ	不易	集控或就地	无	经常短时	
174	杂用搅拌风机	Ⅱ	不易	集控或就地	无	经常短时	
175	混合槽搅拌机	Ⅱ	易	集控或就地	无	经常短时	
176	最终中和槽搅拌机	Ⅱ	易	集控或就地	无	经常短时	
177	凝聚剂溶解池搅拌机	Ⅱ	易	集控或就地	无	经常短时	
178	次氯酸钠贮箱搅拌机	Ⅱ	不易	集控或就地	无	经常短时	
179	凝聚助剂箱搅拌机	Ⅱ	不易	集控或就地	无	经常短时	
180	汽水集中取样冷却水泵	Ⅱ	不易	集控或就地	有	经常连续	
	九、辅助车间及其它						
181	油处理设备	Ⅲ	不易	就地	无	经常连续	
182	重油泵房设备	Ⅰ或Ⅱ	不易	就地	无	经常连续或不经常短时	燃油电厂为Ⅰ类
183	中央修配厂设备	Ⅲ	不易	就地	无	经常连续	
184	电气试验室	Ⅲ	不易	就地	无	不经常短时	
185	制氢室设备	Ⅱ	不易	就地	无	经常连续	
186	通风机	Ⅲ	不易	就地	无	经常连续	
187	事故通风机	Ⅱ	不易	就地	无	不经常连续	
188	电焊机	Ⅲ	不易	就地	无	不经常断续	
189	起重机械	Ⅲ	不易	就地	无	不经常断续	
190	排水泵	Ⅱ或Ⅲ	不易	就地	有或无	不经常短时	用于中央循环水泵房或灰浆泵房时为Ⅱ类

① “经常”与“不经常”系指电动机的使用机会；“连续”、“短时”与“断续”系指每次使用时间的长短。

经常——与正常生产密切相关，一般指每天都要使用的电动机；

不经常——正常不用，仅在检修、事故或机炉起停期间使用的电动机；

连续——每次使用连续带负荷运转2h以上；

短时——每次使用连续带负荷运转2h以内，10min以上；

断续——每次使用从带负荷到空载或停止，反复周期地工作。每个工作周期不超过10min。

② 当用于200MW及以上机组时，才作为允许短时停电的交流保安负荷。

③ 200MW及以上机组，当辅机润滑系统未设置高位油箱等保安设施时，其润滑油泵应作为保安负荷。一台辅机配有两台油泵时，其中一台列入保安负荷。

④ 热电厂和300MW及以上机组为Ⅰ类负荷。

第3-3节 厂用电压等级

火力发电厂采用3kV、6kV和10kV作为高压厂用电压。在满足技术要求的前提下，优先采用较低的电压，以获得较高的经济效益。200MW及以上机组，主厂房内的低压厂用电系统应采用动力与照明分开供电的方式，动力网络的电压宜采用380V，当技术经济合理时，也可采用660V；照明网络的电压可采用220V。

一、按发电机容量、电压决定高压厂用电压

（1）容量60MW及以下、发电机电压10.5kV时，可采用3kV。

（2）容量100~300MW，宜采用6kV。

（3）容量300MW以上，当技术经济合理时，可采用两种高压厂用电压。如东方电站成套设备公司生产的600MW机组和PW工程安装引进国外技术、国内制造的600MW火力发电机组，其高压厂用电压均采用3kV和10kV两级。

二、按厂用电压划分电动机容量范围

厂用电动机的电压一般按容量选择：

（1）当厂用电压为3kV时，100kW以上的电动机一般采用3kV，100kW以下者一般采用380V。

（2）当厂用电压为6kV时，200kW以上的电动机采用6kV，200kW以下者采用380V。

对于100kW（厂用高压3kV时）和200kW（厂用高压6kV时）容量上下的厂用电动机，可按工程具体情况和技术经济比较，确定采用的电压。

（3）东方公司和PW工程600MW机组采用3kV和10kV两级高压厂用电压时，200~1800kW的电动机采用3kV，大于1800kW的电动机采用10kV，小于200kW的电动机采用380V。

第3-4节 中性点接地方式

一、确定中性点接地方式的原则

1．一般原则

（1）单相接地故障对连续供电的影响最小，厂用设备能够继续运行较长时间。

（2）单相接地故障时，健全相的过电压倍数较低，不致破坏厂用电系统绝缘水平，发展为相间短路。对于低压厂用电系统，并能减少因熔断器一相熔断造成的电动机两相运行的几率。

（3）发生单相接地故障时，能将故障电流对电动机、电缆等的危害限制到最低限度，同时又利于实现灵敏而有选择性的接地保护。

（4）尽量减少厂用设备相互间的影响。如照明、检修网络单相短路时对动力回路的影响和电动机起动时电压波动对照明的影响等。

（5）接地设备易于订货，接地保护简单，投资少。

2．电容电流计算

在确定厂用电系统中性点接地方式时，应首先计算容量最大的一台厂用变压器（高压厂用电系统一般为带有公用负荷的起动/备用变压器）所连接供电网络的单相接地电容电流，并据以确定接地方式、选择设备和整定继电保护。

（1）高压厂用电系统的电容以电缆的电容为主。具有金属保护层的三芯电缆的电容值见表3-2。

表3-2 具有金属保护层的三芯电缆每相对地电容值（μF/km）

电缆截面（mm^2）	U_e（kV）			
	1	3	6	10
10	0.35~0.355	—	0.2	—
16	0.39~0.40	0.3	0.23	—
25	0.50~0.56	0.35	0.28	0.23
35	0.53~0.63	0.42	0.31	0.27
50	0.63~0.82	0.46	0.36	0.29
70	0.72~0.91	0.55	0.40	0.31
95	0.77~1.04	0.56	0.42	0.35
120	0.81~1.16	0.64	0.46	0.37
150	0.86~1.11	0.66	0.51	0.44
185	0.86~1.21	0.74	0.53	0.45
240	1.18	0.81	0.58	0.46

将求得的电缆总电容值乘以1.25即为全系统总的电容近似值（即包括厂用变压器绕组、电动机以及配电装置等的电容）。单相接地电容电流可由下式求出

$$I_C = \sqrt{3}U_e\omega C \times 10^{-3} \tag{3-1}$$

其中 $\omega = 2\pi f_e$

式中 I_C——单相接地电容电流（A）；

U_e——厂用电系统额定线电压（kV）；

ω——角频率；

f_e——额定频率（Hz）；

C——厂用电系统每相对地电容（μF）。

（2）6~10kV电缆和架空线路的单相接地电

容电流I_C也可通过下式求出近似值：

6kV 电缆线路

$$I_C=\frac{95+2.84S}{2200+6S}U_e\quad(A)\qquad(3-2)$$

10kV 电缆线路

$$I_C=\frac{95+1.44S}{2200+0.23S}U_e\qquad(3-3)$$

式中　S——电缆截面（mm^2）；

U_e——厂用电系统额定线电压（kV）。

6kV 架空线路

$$I_C=0.015(A/km)\qquad(3-4)$$

10kV 架空线路

$$I_C=0.025(A/km)\qquad(3-5)$$

为简便计，6～10kV 电缆线路的单相接地电容电流还可采用表 3－3 的数值。

表 3－3　6～10kV 电缆线路的电容电流（A/km）

S (mm^2)	U_e（kV）	
	6	10
10	0.33	0.46
16	0.37	0.52
25	0.46	0.62
35	0.52	0.69
50	0.59	0.77
70	0.71	0.9
95	0.82（0.98）	1.0
120	0.89（1.15）	1.1
150	1.1（1.33）	1.3
185	1.2（1.5）	1.4
240	1.3（1.7）	—

注　括号内为实测值。

（3）380V 厂用电系统的接地电容电流一般不超过 1A，其数值的大小与电缆的选型有关。当采用全塑型电缆时，其接地电容电流已接近于零，如某厂 1000kVA 变压器采用全塑电缆供电的网络，接地电容电流仅 50mA。

采用具有金属保护层的 1kV 电缆，其每相对地电容值（μF/km）如表 3－2 所示。根据部分工程低压厂用电系统电缆长度汇总计算，并取平均值。一台低压厂用变压器所属配电网络的单相对地电容和单相接地电容电流如表 3－4 所示，供参考。

表 3－4　50～300MW 机组低压厂用网络的单相对地电容和单相接地电容电流

单机容量（MW）	变压器容量（kVA）	单相对地电容（μF）	单相接地电容电流（A）
50	800	1.0	0.21
100	1000	1.5	0.31
125	1000	2.7	0.56
200	1000	3.7	0.77
300	1000	6.5～8.2	1.35～1.78

二、高压厂用电系统的中性点接地方式

（一）中性点不接地方式

1．主要特点

（1）发生单相接地故障时，流过故障点的电流为电容性电流。

（2）当厂用电（具有电气连系的）系统的单相接地电容电流小于 10A 时，允许继续运行 2h，为处理故障赢得了时间。

（3）当厂用电系统单相接地电容电流大于 10A 时，接地电弧不能自动消除，将产生较高的电弧接地过电压（可达额定相电压的 3.5～5 倍），并易发展为多相短路。故接地保护应动作于跳闸，中断对厂用设备的供电。

（4）实现有选择性的接地保护比较困难，需要采用灵敏的零序方向保护❶。过去沿用反应零序电压的母线绝缘监察装置，在发生单相接地故障时，需对馈线逐条拉闸才能判断出故障回路。

（5）无需中性点接地装置。

2．适用范围

曾广泛应用于火力发电机组的高压厂用电系统，今后仍可在接地电容电流小于 10A 的高压厂用电系统中采用。

（二）中性点经高电阻接地方式

1．主要特点

（1）选择适当的电阻值，可以抑制单相接地故障时健全相的过电压倍数不超过额定相电压的 2.6 倍，避免故障扩大。

（2）单相接地故障时，故障点流过一固定值的电阻性电流，保证馈线的零序保护动作。

❶　溧阳机械电器厂生产 ZD－40 零序方向继电器，经 10kV 及以下不接地系统试用，有较高的准确性及灵敏度。华北电力设计院已采用 ZD－40 做出定型保护屏，与 GC_2（F）开关柜配合使用。

(3) 接地总电流小于 15A 时动作于信号，大于 15A 时改为中电阻接地方式，保护动作于跳闸。

(4) 常采用二次侧接电阻器的配电变压器接地方式，无需设置大电阻器就可达到预期的要求。

(5) 当厂用变压器二次侧为△接线时，必须设置 Y－△接线的专用接地变压器。

2. 适用范围

用于高压厂用电系统接地电容电流小于 10A、但为了降低间歇性电弧接地的过电压水平和便于寻找接地故障点的情况。

3. 接地设备选择

(1) 厂用变压器二次侧为 Y 接线时，其原理接线如图 3－1 所示。

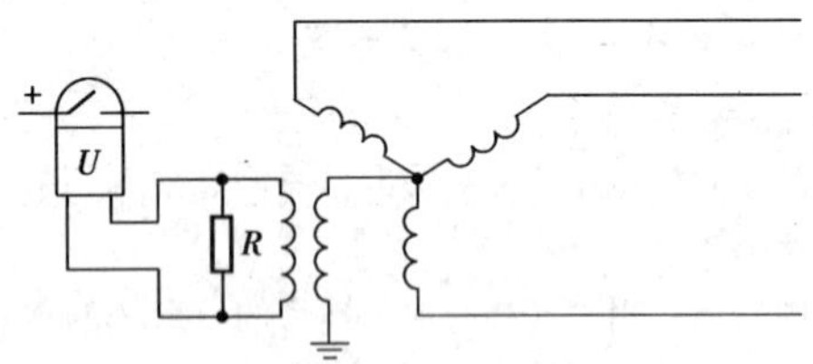

图 3－1 厂用变压器二次侧为 Y 接线，中性点经高电阻接地的原理接线

1) 二次侧电阻[1]：

$$R_S = \frac{1}{9\pi f_e C n^2} \times 10^6 \qquad (3-6)$$

$$P_R = 9.42 f_e C U_e^2 \times 10^{-3} \qquad (3-7)$$

式中 R_S——接地电阻（最大允许值）(Ω)；

P_R——接地电阻容量（最小允许值）(kW)；

U_e——接地变压器一次侧线电压（kV）；

n——接地变压器一次侧与二次侧电压比；

C——厂用电系统单相对地电容（μF）；

f_e——额定频率（Hz）。

2) 计算接地故障电流 I_F 并调整接地电阻：

$$I_F = \sqrt{\left(\frac{U_e \times 10^3}{\sqrt{3} R_S n^2}\right)^2 + (\sqrt{3} U_e \times 2\pi f_e C \times 10^{-3})^2} \text{(A)} \qquad (3-8)$$

如 $I_F > 15$A，则不能采用高电阻接地方式。如 $I_F < 10$A，则需调整接地电阻值，使接地故障电流达到 10A。降低后的接地电阻 R'_S 应为

$$R'_S = \frac{I_F}{\sqrt{100 - I_C^2}} \times R_S \quad (\Omega)$$

或

$$R'_S = \frac{U_e}{\sqrt{3} n^2 \sqrt{100 - I_C^2}} \times 10^3 \quad (\Omega) \qquad (3-9)$$

式中 I_R——单相接地电流的电阻分量（A）；

I_C——单相接地电流的电容分量（A）。

调整后接地电阻容量 P'_R 应为

$$P'_R = \frac{U_e^2}{3 R'_s n^2} \times 10^3 \quad (\text{kW}) \qquad (3-10)$$

式中符号含义同式（3－9）。

3) 接地变压器：

接地变压器一次侧电压不小于高压厂用电系统额定相电压，二次侧电压决定于变压器的供货和接地继电器的技术规范，一般为 100～120V。

由于中性点经高电阻接地系统允许带单相接地故障运行，因此，接地变压器的容量应大于接地电阻的容量。当接地变压器一次侧电压采用线电压时，变压器容量应为电阻容量的$\sqrt{3}$倍。

(2) 厂用变压器二次侧为△接线时，其原理接线如图 3－2 所示。厂用电系统的中性点通过 Y－△接线的三台单相变压器（或壳式三相变压器）接地。接地变压器一次侧中性点直接接地，二次侧在△开口接以适当容量的电阻。接地变压器一般连接在母线的进线开关侧。

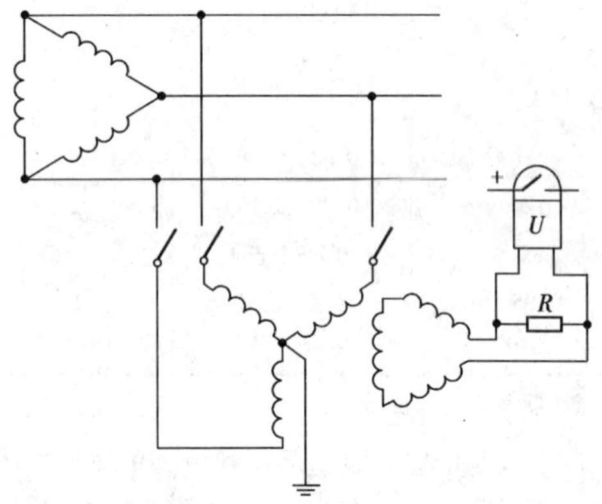

图 3－2 厂用变压器二次侧为△接线，中性点经高电阻接地的原理接线

1) 二次侧电阻[2]：

$$R_S = \frac{1}{\pi f_e C n^2} \times 10^6 \qquad (3-11)$$

$$P_R = 3\pi f_e C U_e \times 10^{-3} \qquad (3-12)$$

---

[1] 按二次侧电阻的额定功率为厂用电系统三相对地电容无功容量的 1.5 倍考虑。

[2] 同式（3－6）、（3－7）的情况。

式中符号同式（3-6）、（3-7）。

2）计算接地故障电流，调整二次侧电阻，同式（3-8~3-10）。

3）接地变压器：当采用三台单相变压器时，每台单相变压器的容量应不小于57.7%电阻容量。

（三）中性点经消弧线圈接地方式

1. 主要特点

（1）单相接地故障时，中性点的位移电压产生感性电流流过接地点，补偿电容电流，将接地点的综合电流限制在10A以下，达到自动熄弧、继续供电的目的。

（2）为了提高接地保护的灵敏度和选择性，通常在消弧线圈二次侧并联电阻。电阻值可按下式计算：

$$R_e = \frac{U_e \times 10^3}{\sqrt{3} I_R n^2} \qquad (3-13)$$

式中　R_e——消弧线圈二次值并联电阻值（Ω）；

U_e——厂用电系统额定线电压（kV）；

I_R——要求接地点限制的电流值（A）；

n——消弧线圈变比。

当机组的负荷变化时，要改变消弧线圈的分接头以适应厂用电系统电容电流的变化，但消弧线圈变比的变化又改变了接地点的电流值。为了保持接地故障电流不变，必须相应地调节二次侧的电阻，所以二次侧电阻应有与消弧线圈分接头相匹配的调节分接头。

（3）消弧线圈的电感电流可根据工程的具体情况决定。一般可按机组最大、最小运行方式（不计停机后的运行方式）下，厂用电系统的接地电容电流平均值考虑。

（4）这一接地方式运行比较复杂，要增加接地设备投资，而且接地保护也比较复杂。

2. 适用范围

大机组高压厂用电系统接地电容电流大于10A时。消弧线圈的选择参见第六章“高压电器选择”。

三、低压厂用电系统的中性点接地方式

（一）中性点经高电阻接地方式

1. 主要特点

（1）单相接地故障时，可以避免开关立即跳闸和电动机停运；也防止了由于熔断器一相熔断造成的电动机两相运转。提高了低压厂用电系统的运行可靠性。

（2）单相接地故障时，单相接地电流值在小范围内变化，可以采用简单的接地保护装置实现有选择性的动作。

（3）必须另设照明、检修网络，需要增加照明和其它单相负荷的供电变压器。但也消除了动力网络和照明、检修网络相互间的影响。

（4）不需要为了满足短路保护的灵敏度而放大馈线电缆的截面。

（5）对采用交流操作的回路，需要设置控制变压器。

2. 适用范围

火力发电厂的低压厂用电系统一般均可采用。

3. 接地电阻选择

（1）接地电阻值的大小以满足所选用的接地指示装置动作为原则，但应不超过电动机带单相接地运行的允许电流值（一般按10A考虑）。为此，当采用发光二极管的高阻接地指示灯时，选用接地电阻44Ω，额定电流8.9A。

（2）一般情况下，取最大电容性电流1A，最大电阻性电流5.23A（变压器出口金属性接地），总电流最大值为5.32A。

（3）求出单相接地故障发生在距离变压器最远处的接地电流最小值。按长300m（由5%电压降决定）、$3 \times 4\text{mm}^2$截面的铝芯电缆电阻为2.33Ω，并计及保护接地电阻10Ω，则接地电流最小值为$\frac{220\ (\text{V})}{44+2.33+10\ (\Omega)} = 3.91\text{A}$。

（4）由于接地电流值保持在3.91~5.32A范围内，满足接地指示灯发亮的要求（接地电流1A时，指示灯亮；接地电流1.5A时，指示灯全亮）。

4. 接线示例

采用中性点非直接接地方式的一种接线如图3-3所示。在变压器380V侧中性点连接44Ω电阻，并可在变压器的进线屏上控制，改变接地方式。中性点还经常接入一只DJ-131/60C型电压继电器，用来显示网络的单相接地故障。信号发送到运行人员值班处，运行人员获悉信号后，首先到中央配电装置室投入接地电阻（当原来是不接地方式运行时），屏上高阻接地指示灯发亮的回路，即为发生接地的馈线。如故障发生在去车间盘的干线上时，运行人员应到车间盘检查。当某一支路的高阻接地指示灯发亮时，即表明该支路发生接地。若所有支路都未发现接地故障，即说明接地发生在车间盘母线上。此外，为了防止变压器高、低压绕组间击穿或380V网络中产生感应过电压，在380V侧中性点上，与接地电阻并列装设JBO-500型击穿保安器一只。

（二）中性点直接接地方式

1. 主要特点

（1）单相接地故障时：

1）中性点不发生位移，防止了相电压出现不对称和超过250V。

2）保护装置应立即动作于跳闸，电动机停止运转。

3）对于采用熔断器保护的电动机，由于熔断器一相熔断，电动机会因两相运转而烧毁（国内调查表明，低压电动机因两相运转损坏的约占总损坏数的70%）。

4）为了获得足够的灵敏度，又要躲开电动机的起动电流，往往不能利用自动开关的过流瞬动脱扣器，必须加装零序电流互感器组成的单相短路保护。

5）对于熔断器保护的电动机，为了满足馈线电缆末端单相接地短路电流大于熔件额定电流的4倍，常需加大电缆截面或改用四芯电缆，甚至要采用自动开关作保护电器。

（2）动力和照明、检修网络可以共用：

1）低压厂用网络比较简单。

2）照明、检修回路的故障往往危及动力回路的正常运行，降低了厂用电系统的可靠性。

3）100kW以上的低压电动机起动时，会使灯光变暗，高压荧光灯可能由于电压降低而熄灭（重燃需历时6~10min），影响工作。

4）为了提高承受三相不平衡负载的能力，低压厂用变压器宜采用△/Y_0接线。

（3）用于辅助厂房采用交流操作的场合，可以省去在每一回路上安装控制变压器的费用。

2. 适用范围

火力发电厂低压厂用电系统，特别是原有低压厂用电系统采用中性点直接接地的扩建厂和主厂房外供给Ⅱ、Ⅲ类负荷的辅助车间。

第3-5节 厂用母线分段

一、按锅炉容量决定厂用母线分段

火力发电机组的高、低压厂用电系统均采用单母线，其分段情况如表3-5所示。

高、低压厂用母线的各种接线方式如图3-4、3-5所示。

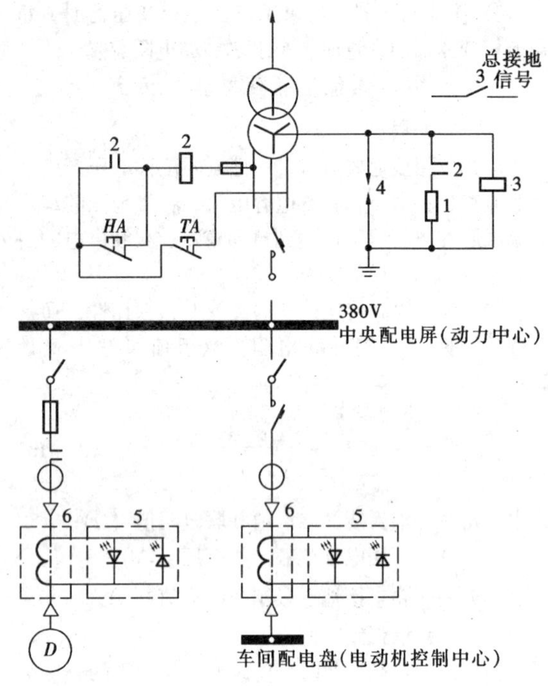

图3-3 低压厂用电系统中性点非直接接地方式的接线示例

1—接地电阻；2—接触器；3—电压继电器；4—击穿保安器；5—高阻接地指示灯；6—高阻接地电流变压器

我国常用的汽轮机、锅炉容量对照见表3-6。

二、按厂用断路器参数决定厂用母线分段

当厂用断路器参数和电动机起动时的电压降不能满足要求时，可参考表3-7，决定厂用母线的接线方式。

三、公用母线段的设置

大容量机组的公用负荷较多，容量也较大，当采用集中供电方式合理时，应将全厂公用负荷与机组本体负荷区分开，由公用母线段供电。其主要特点如下：

（1）加强了机组的单元性。

（2）利于全厂公用负荷的集中管理。

（3）配合机组检修、停运以及检修本机组所属厂用配电装置均较为方便。

表 3-5　　按锅炉容量决定的厂用母线段数

锅炉容量 (t/h)	高压厂用电母线		低压厂用电母线		独立供电的主厂房照明母线	
	段数	说　明	段数	说　明	段数	说　明
65	两炉合用一段母线	或将一段母线用隔离开关分为两个半段	两炉合用一段母线	适用于无锅炉的Ⅰ类负荷的情况，并以刀开关将该母线分为两个半段		
120~220	每炉一段		每炉一段	适用于接有机炉Ⅰ类负荷的情况，并以刀开关将该母线分为两个半段		
400~670	每炉两段	两段母线可由一台变压器供电，两套辅机电动机分别连接在两段母线上	每炉两段	同高压母线。Ⅰ类负荷较少时，也可用一段母线，并以刀开关分为两个半段	两台机组设一段	每段母线由一台照明变压器供电，两台照明变压器互为备用
≥1000	每一级高压厂用母线应为两段		每炉两段	每段母线由一台变压器供电	每台机组一段	

表 3-6　　汽轮机、锅炉容量对照表

汽轮机输出功率 (MW)	6	12	25	50	100	125	200	300	600
锅炉容量 (t/h)	35	65	130	220	410	400	670	~1000	~2000
参　数	3.8MPa 450℃	3.8MPa 450℃	3.8MPa 450℃	9.8MPa 540℃	9.8MPa 540℃	13.7MPa 555/555℃	13.7MPa 540/540℃	16.7~17.4MPa 540/540℃	17.4~18.2MPa 540/540℃

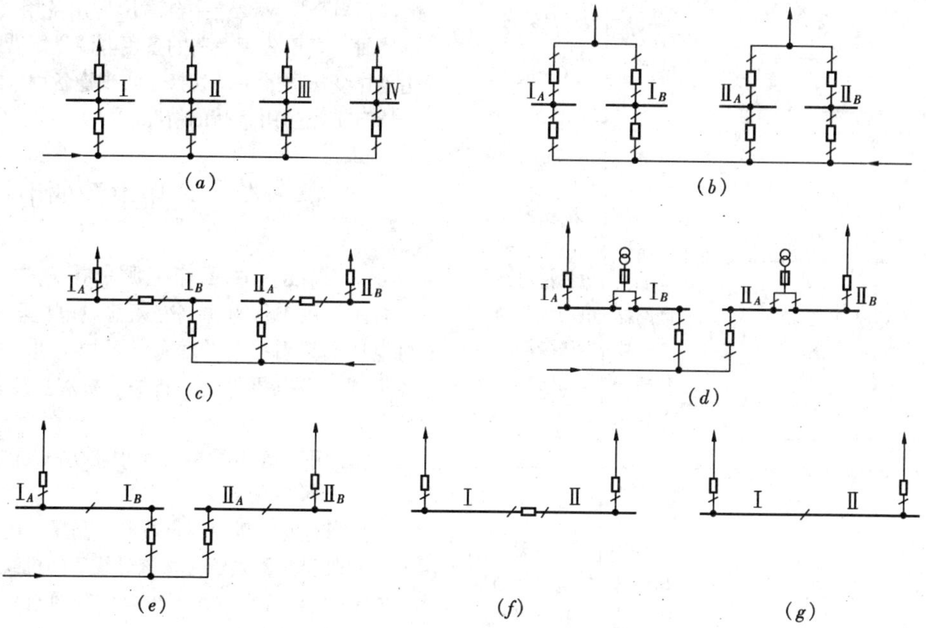

图 3-4　高压厂用母线的接线方式

(a)按炉分段，有专用备用电源；(b)一炉两段，由同一台变压器供电，每段有备用电源；(c)用断路器分成两个半段，有备用电源；(d) 同 (e)，但用二组隔离开关分段；(e) 同 (d)，但用一组隔离开关分段；(f) 两段经断路器连接，互为备用；(g) 同 (f)，但经隔离开关连接

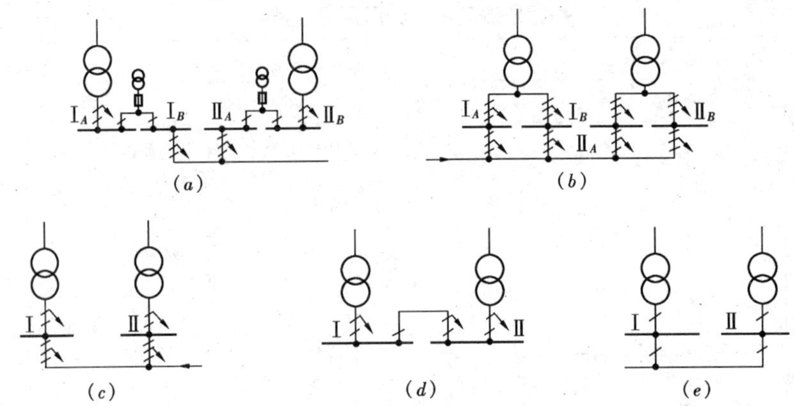

图 3－5　低压厂用母线的接线方式

(*a*) 按炉分段，并用刀开关把母线分成两个半段；(*b*) 一台低压厂用变压器设两段母线；(*c*) 一台低压厂用变压器设一段母线；(*d*) 同 (*c*)，但互为备用；(*e*) 同 (*c*)，但备用电源手动投入

表 3－7　断路器参数不满足要求时厂用母线的接线方式

序号	接　线　图	特点	适 用 场 合
1	F	变压器低压侧通过两回路向两段母线供电	断路器额定电流不够，但断流容量足够时
2	F	一台变压器－一只断路器－一段母线	断路器额定电流、断流容量以及电动机起动电压降均不满足时
3	F	低压侧为分裂绕组，向两段母线供电	断路器额定电流、断流容量以及电动机起动电压降均不满足时

(4) 当 1 号机组、2 号机组分期建设时，公用负荷的供电不存在过渡问题（当不设公用母线段时，需提前安装由 2 号机组厂用母线供电的公用负荷开关柜，由 1 号机组的高压厂用工作母线或由备用电源临时供电）。

(5) 可能要加大高压厂用备用变压器的容量，而这一变压器又需经常处于低负荷情况下运行。

(6) 当全厂仅设置一台高压厂用备用（兼公用）变压器时，高压公用负荷的备用电源只能借助于高压厂用工作变压器的手动切换，实现逆备用。因此不适用于接有Ⅰ类公用负荷的情况。

第 3－6 节　厂用电源的引接

一、高压厂用工作电源引接方式

高压厂用工作电源（变压器或电抗器）应由发电机电压回路引接，并尽量满足炉、机、电的对应性要求（即发电机供给各自炉、机和主变压器的厂用负荷）。

高压厂用工作电源的各种引接方式如图 3－6 所示。

(1) 当有发电机电压母线时，高压厂用工作电源由各母线段引接，供给接在该母线段的机组的厂用负荷。12MW 机组接在馈线不带电抗器的 6kV 主母线上时，采用轻型断路器（如 SN10－10 系列）即能满足母线短路容量的要求，而且 200kW 及以上容量的电动机很少，因此，高压厂用电动机和低压厂用变压器均可接在主母线上，不另设高压厂用母线段。

(2) 当发电机与主变压器成单元连接时，高压

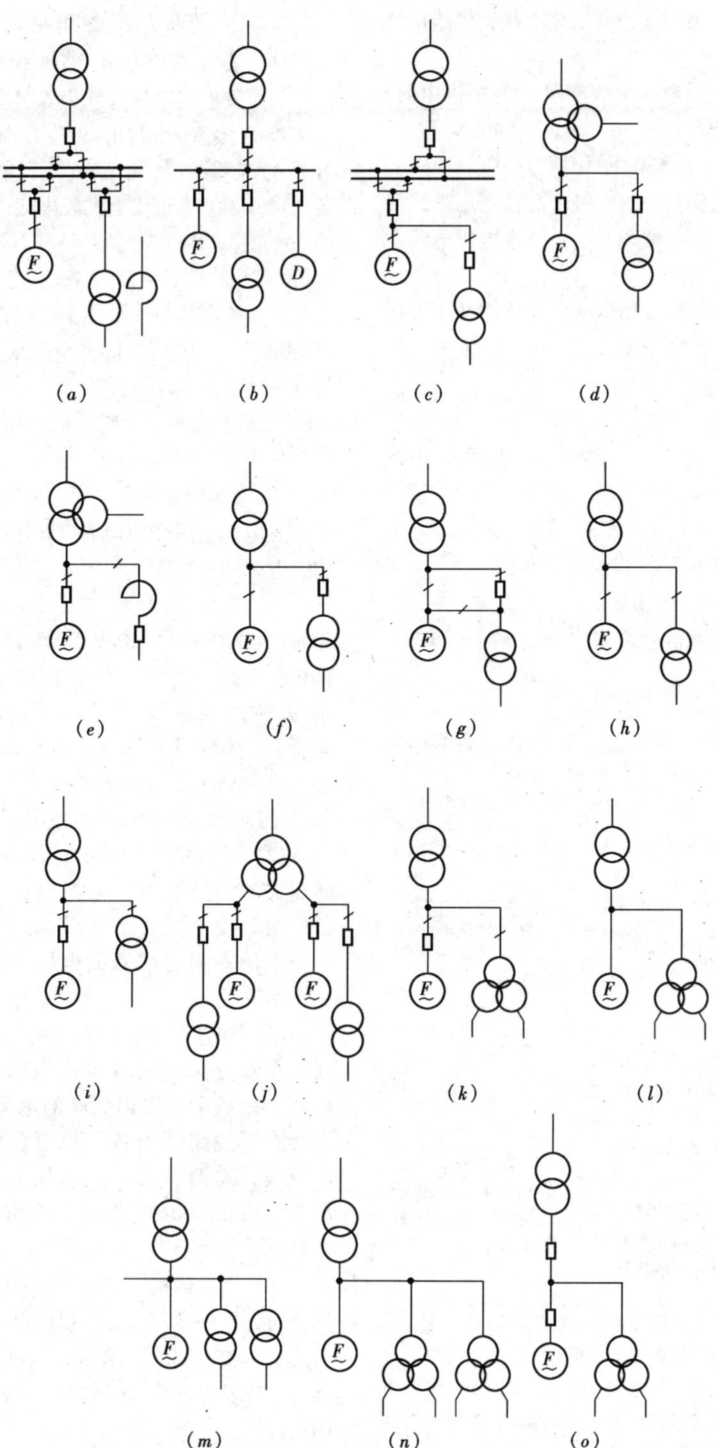

图3-6 高压厂用工作电源各种引接方式

(a) 从发电机电压母线引出；(b) 高压厂用电动机和低压厂用变压器均接在主母线上；(c) 从发电机出口引出；(d) 从单元机组的主变压器低压侧引出；(e) 同 (d)，但断路器装于电抗器之后；(f) 同 (d)，但发电机无出口断路器；(g) 同 (f)，但断路器仅供切换厂用变压器用；(h) 厂用分支只设隔离开关；(i) 同 (d)，但厂用分支只设隔离开关；(j) 从扩大单元的主变压器低压侧引出；(k) 同 (i)，但为分裂绕组厂用变压器；(l) 厂用分支无开关设备；(m)、(n) 同 (l)，分别为两台厂用变压器；(o) 由发电机出口和主变压器低压侧断路器之间引出厂用工作电源一般由主变压器低压侧引接，供给该机组的厂用负荷。

（3）当兼有发电机电压母线和单元连接机组时，根据上述原则引接各自的高压厂用工作电源。

二、低压厂用工作电源引接方式

（1）低压厂用工作变压器一般由高压厂用母线段上引接。当无高压厂用母线段时，可从发电机电压主母线或发电机出口引接。

（2）按炉分段的低压厂用母线，其工作变压器应由对应的高压厂用母线段供电。

三、备用电源[1]引接方式

火力发电厂一般均设置备用电源。备用电源的引接应保证其独立性，避免与厂用工作电源由同一电源处引接，引接点电源数量应有两个以上，并有足够的供电容量。

备用电源容量的选择参见本手册第七章。

（一）备用电源的数量

高、低压备用电源的数量如表 3－8 所示。

表 3－8　高、低压备用电源的数量

电厂类别	高压厂用备用电源	低压厂用备用电源
一般电厂	与第 6 个工作电源同时设置第 2 个备用电源	与第 8 台低压厂用工作变压器同时设置第 2 个备用电源
单元控制的 100～125MW 机组	与第 5 个工作电源同时设置第 2 个备用电源	与第 8 台低压厂用工作变压器同时设置第 2 个备用电源
200MW 机组	3 台机组及以下设 1 个，超过 3 台时，每 2 台机组设 1 个起动（备用）电源[①]	两台机组设 1 台备用变压器
300MW 机组		每台机组设 1 台备用变压器，或采用两台变压器互为备用的方式
600MW 机组	当高压厂用起动（备用）变压器检修时，不应影响机组起停	

① 如电厂最终容量明确为 4 台同容量机组时，应在第 3 台机组安装的同时，设置第 2 个起动（备用）电源。如初期装设 3 台同容量机组，而预期安装机组的容量和台数又不明确时，可在第 4 台机组安装的同时，设置第 2 个起动（备用）电源。

（二）高压厂用备用电源的引接方式

1. 当有发电机电压母线时

（1）发电机电压母线为 6.3kV 时，一般用电抗器从主母线引接一个备用电源。当电厂有与电力系统连接的 35kV 母线时，根据装机容量及其在系统中的作用（如 6.3kV 主母线上的发电机总容量超过系统容量的 20％时），为了在全厂停电时迅速取得备用电源，也可由 35kV 母线引接。

（2）发电机电压母线为 10.5kV，并具有两个电源（包括本厂电源）的 35kV 母线时，可由 10.5 或 35kV 母线引接，决定于技术经济比较。如无 35kV 母线或 35kV 母线上仅有一个电源时，则应由 10.5kV 主母线引接一个备用电源。

2. 发电机与主变压器成单元连接时

发电机与主变压器成单元连接时，高压起动（备用）电源的引接方式如图 3－7 所示。

（1）厂内有两级（或三级）升高电压母线（如 500kV 与 220kV 或 220kV 与 110kV 两级电压，220kV、110kV 与 35kV 三级电压），备用电源应由与系统有联系的最低电压级母线引出。若厂内 35kV 母线与系统无联系，但通过两台变压器与高一级电压的系统连接，或 35kV 母线上接有两个本厂电源时，高压厂用备用变压器仍可由 35kV 母线引接。

（2）由联络变压器的低压绕组引接。但要注意断路器的短路容量、电源电压及联络变压器阻抗对厂用母线电压（正常及起动时）的影响。关于高压厂用备用变压器的电压调整计算参见本手册第七章。

（3）当电厂仅有 1 级（或有 2 级）升高电压母线，而附近又有较低电压级的电网，且在全厂停电时能由该电网取得足够的电源[2]时，可从该电网引接专用线路作为备用电源。必要时可设置备用母线段，向两台及以上备用变压器供电。一般情况下，对于 300MW 机组，应由 110kV 及以上电网供电。

（4）当发电机—变压器—线路组与区域变电所相连接时，厂用备用电源可以由该变电所较低电压级的母线上引接专用线路取得；也可由地区网络上引接。条件是在发电厂全厂停电时，能从电力系统取得足够的电源[2]。

3. 大容量机组安装出口断路器时

[1] 对于 200MW 及以上机组称为起动（备用）电源。由于这一类大容量机组通常采用发电机－双绕组变压器的单元连接方式，发电机出口不装断路器，为了供给机组的起动（停机）负荷用电，需设起动电源，一般并兼作事故备用电源。

[2] 指电网电源的容量、数量和可靠性均符合要求。在电厂全厂停电时，能满足炉、机起动的要求。并要考虑到在负荷潮流变化引起电压降低的条件下，能起动大容量厂用电动机。

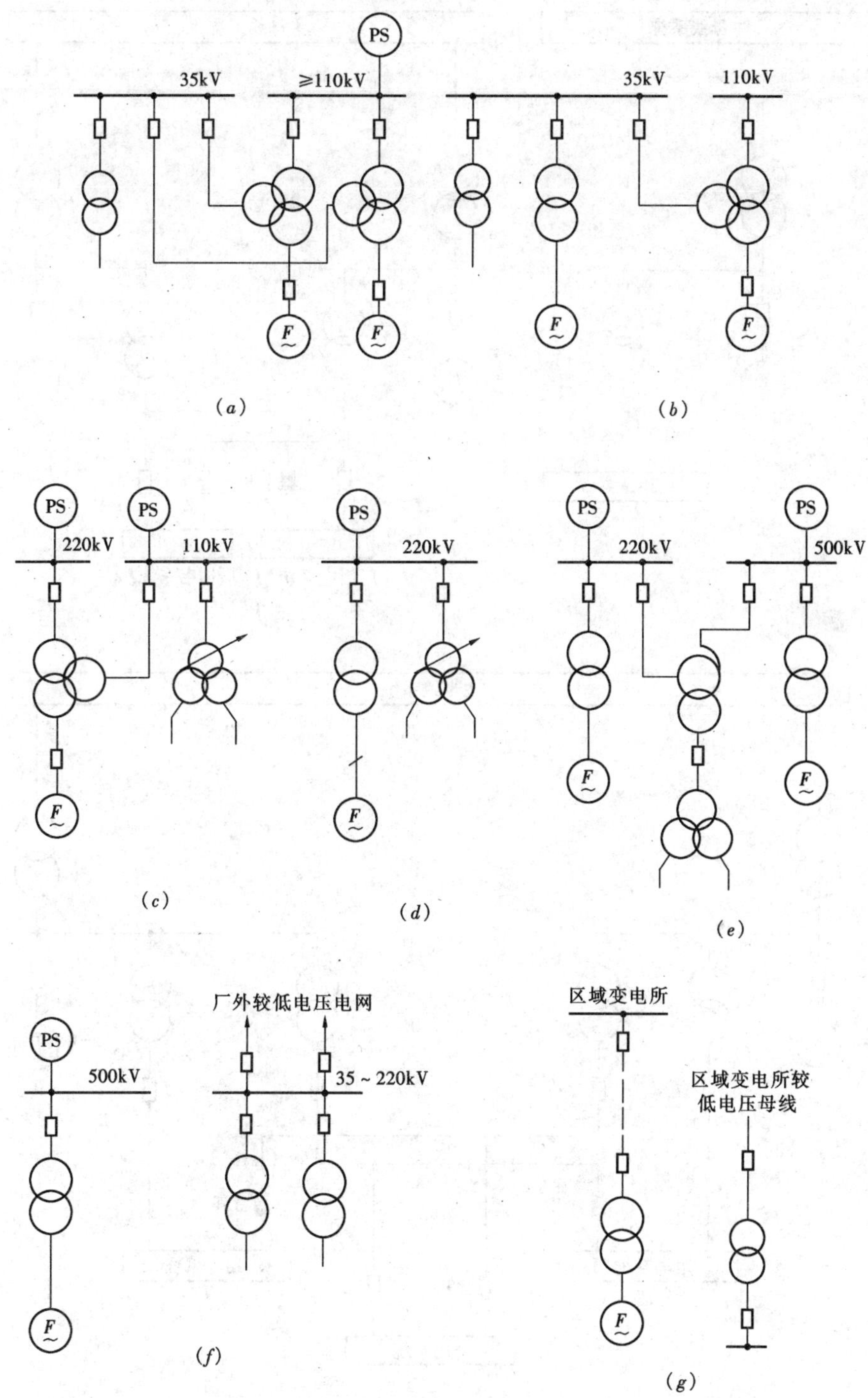

图3-7 单元连接机组高压厂用起动（备用）电源引接方式

(a)、(b)从35kV母线引接；(c)从110kV母线引接；(d)从220kV母线引接；(e)从连络变压器第三绕组引接；(f)从厂外引接，并设有备用母线段；(g)从区域变电所较低电压母线引接

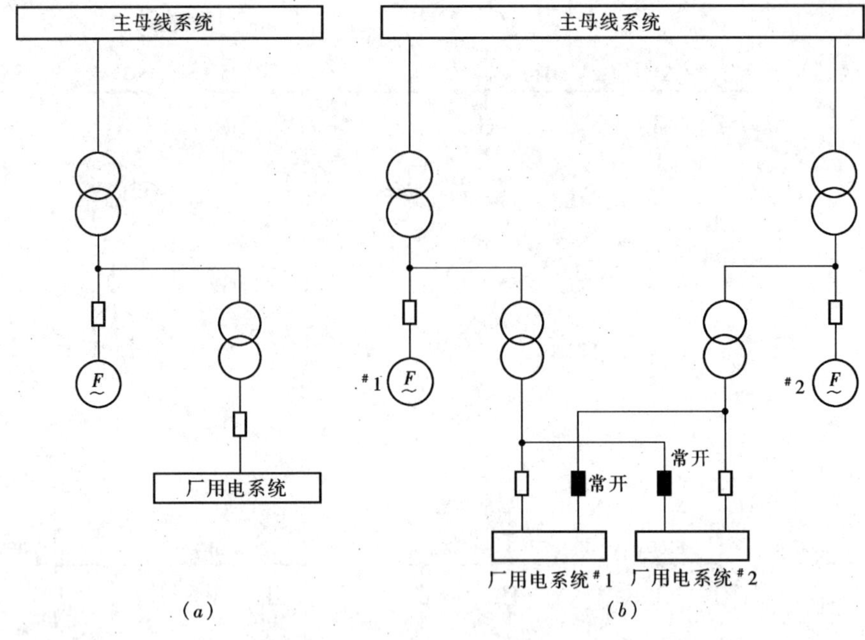

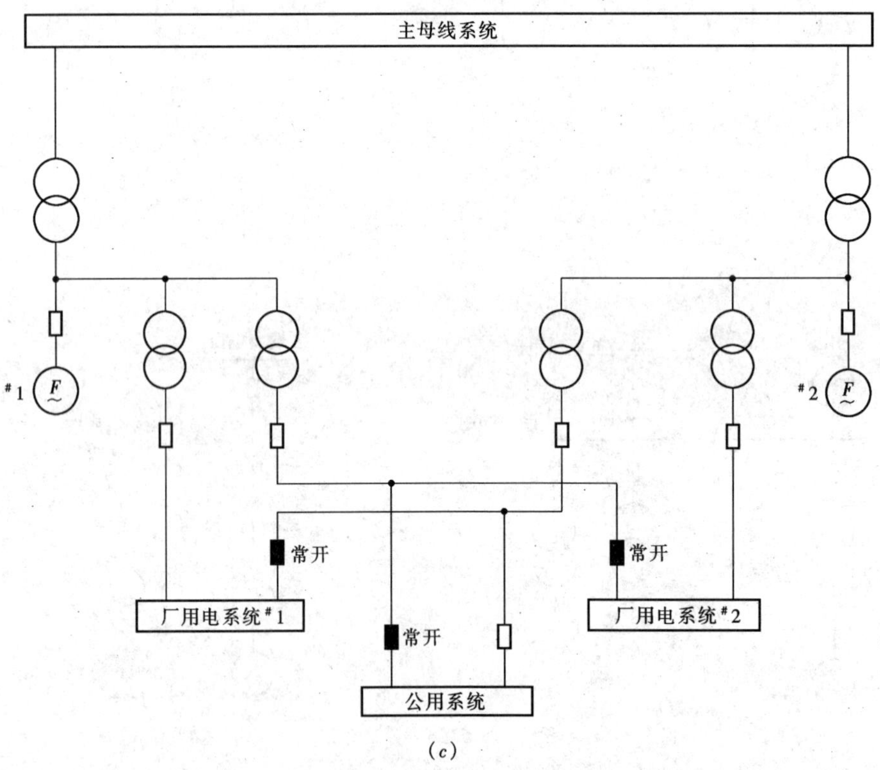

图 3-8 大容量机组安装出口断路器后，厂用起动（备用）电源的引接方式

(a) 由本机组的主变压器通过厂用工作变压器取得，但无备用电源；(b) 由另一台机组的厂用工作变压器作为本机组的厂用工作变压器的备用电源；(c) 两台厂用变压器中的一台作为另一台机组的起动（备用）电源，并兼作公用负荷的电源

随着变压器制造质量的提高和发电机出口断路器制造技术的进步，大容量机组起动（备用）电源的设置原则正在发生变化，见图3-8所示。

(1) 当发电机断路器的价格和起动变压器及其高、低压侧开关设备的价格相当（或前者低于后者）时，可以不设专用的起动备用变压器，而由主变压器通过厂用工作变压器供给起动电源，如图3-8（*a*）所示，缺点是无备用电源。

(2) 不设专用的起动（备用）变压器，代之以在两台发电机出口安装断路器，同时适当加大厂用工作变压器的容量，并互为备用，如图3-8（*b*）所示。

(3) 一台机组设置两台厂用变压器，其中一台作为另一台机组的起动（备用）电源，并兼作公用负荷的电源，如图3-8（*c*）所示。

(4) 当不设置专用的起动（备用）变压器时，也可安装一台全厂备用变压器，用作所有机组厂用电源的备用。

4. 全厂设有两个高压厂用备用电源时

两个高压厂用备用电源应分别由相对独立的两个电源上引接，如：

(1) 分别接到同一电压等级、但电源不同的母线段上（包括由母联断路器固定连接的母线段）；

(2) 分别由不同电压级的母线上引接；

(3) 分别由母线和联络变压器第三绕组上引接，如图3-9所示。

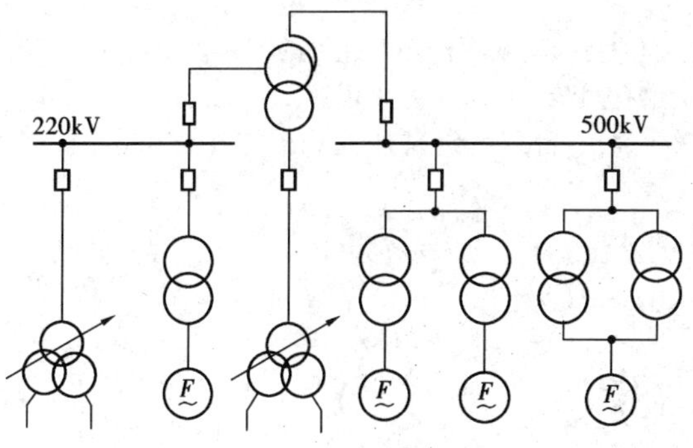

图3-9 由母线和联络变压器第三绕组上引接起动（备用）电源的接线方式

（三）低压厂用备用变压器引接方式

(1) 低压厂用备用变压器应避免与需要由它充当备用电源的低压厂用工作变压器接在同一段高压母线段上，否则当该高压母线段故障或停电时，低压备用变压器也将失去电源。

当主厂房内低压厂用工作变压器的台数少于高压厂用母线段数时，低压厂用备用变压器应由未接有低压厂用工作变压器的高压厂用母线段上引接。

(2) 对于200MW及以上机组，为了强调低压厂用备用电源供电的可靠性和独立性，低压厂用备用变压器宜由经常带电运行的高压厂用起动（备用）变压器引接。

当高压厂用备用电源为电抗器时，低压厂用备用变压器可以由经常带电运行的备用电抗器引接。

(3) 发电机电压母线上的馈线不带电抗器时，低压厂用备用变压器可由该母线引接，但也应满足上述(1)的要求。

四、备用电源与厂用母线段连接方式

(1) 全厂只有一个高压（或低压）备用电源时，为了节省电缆和缩小因电缆试验、检修时而失去备用的范围，推荐采用部分放射和部分串联的方式，如图3-10所示。每一分支上的母线段数一般为2～4段。在备用电源总出口处装设隔离开关（或刀开关），以便该电源故障或检修时，各母线段可以相互备用。

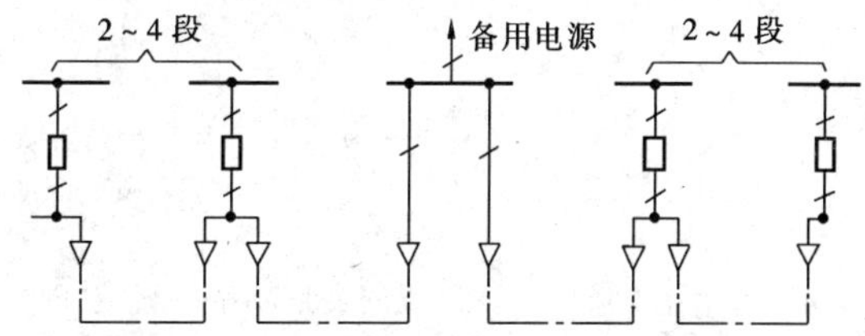

图3-10 一个备用电源与各厂用母线段的连接方式

(2) 单机容量125MW及以下的火电厂，当全厂设有两个高压（或低压）备用电源，而且其容量及短路水平相近时，与各厂用母线段的连接方式如图3-11所示。正常情况下，两个备用电源分别匹配一个独立的厂用系统，互不连接。当一个备用电源检修时，可由另一个备用电源作为全厂备用。对高压备用电源，尚应考虑在一个备用电源带了一段母线后，通过切换操作，其它母线段有可能由另一备用电源供电。

当中、小容量机组的电厂扩建大容量机组时，高压备用电源的容量及短路水平相差较大，两个高压备用电源一般不考虑互为备用。

(3) 单机容量200MW及以上的火电厂，两个

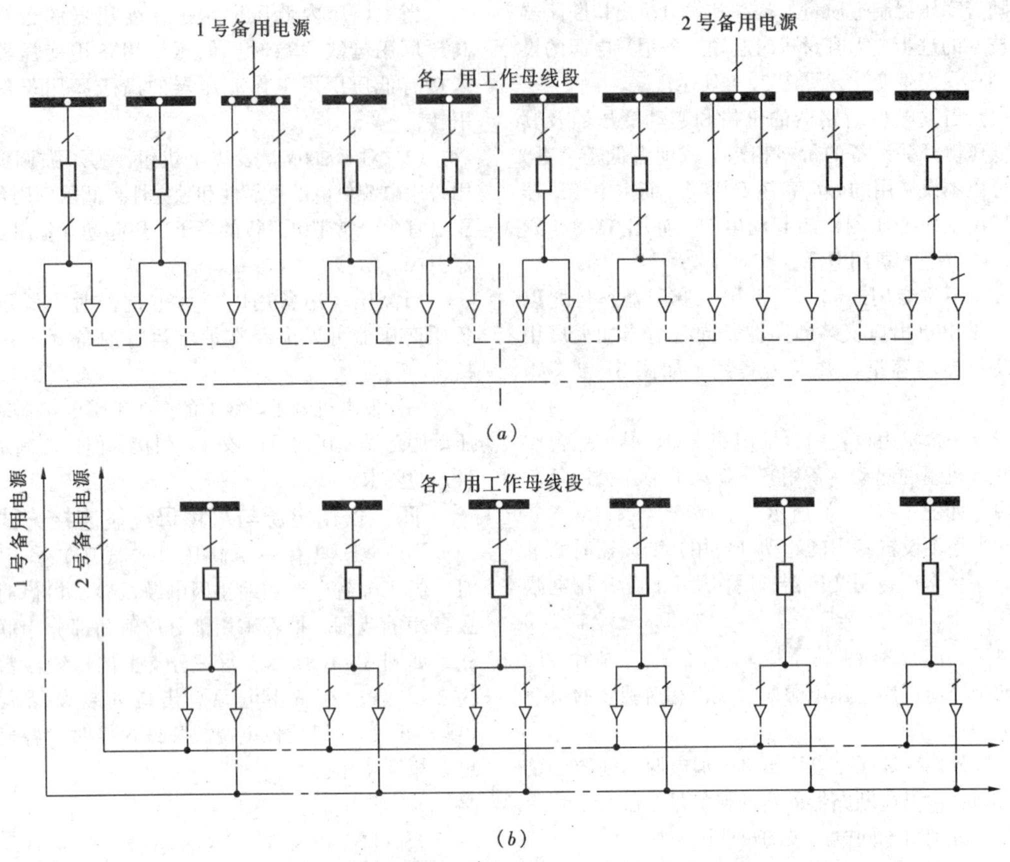

图 3-11　两个备用电源与各厂用母线段的连接方式
(a) 环形连接；(b) 双母线连接

起动（备用）电源之间联络线的交换功率一般按一台机组的起动（停机）负荷考虑。4台300MW机组采用两台起动（备用）变压器的连接方式如图3-12所示。两台起动变压器相互连接的方式投资较贵，布置上也有困难，一般不宜采用。

(4)一台双绕组备用变压器二次侧引出两个分

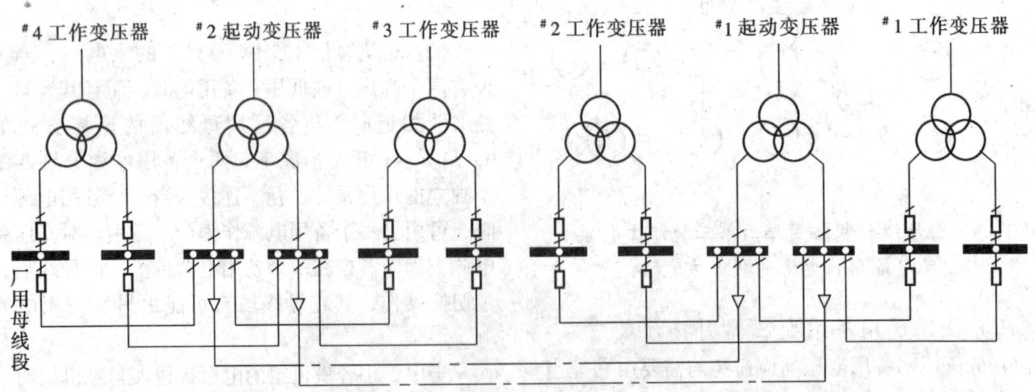

图 3-12　4×300MW机组采用两台起动（备用）变压器的连接方式
(图中带“*”的隔离开关正常运行时打开)

支，每个分支各作为一台或数台机组备用电源的连接方式如图3-13所示。一台分裂绕组备用变压器二次侧的一个分支，作为各机组甲段高压厂用母线的备用电源，而另一分支作为相应机组乙段高压厂用母线备用电源的连接方式见图3-14。

(5) 全厂安装两台低压备用变压器时，两台变压器分别作为几台工作变压器的备用电源，并在其间设联络电缆，如图3-15所示。

(6) 200MW及以上大容量机组的低压厂用电系统，采用两台变压器互为备用的方式时（见图3-16），每台变压器对应一段母线，两母线段设联络开关。联络开关不设自动投入装置，避免当一母线段发生永久性故障时投入，继电保护误动作或联络开关拒动，造成事故范围扩大。

远离主厂房的Ⅱ类负荷，也宜采用由邻近的两台变压器互为备用的连接方式。

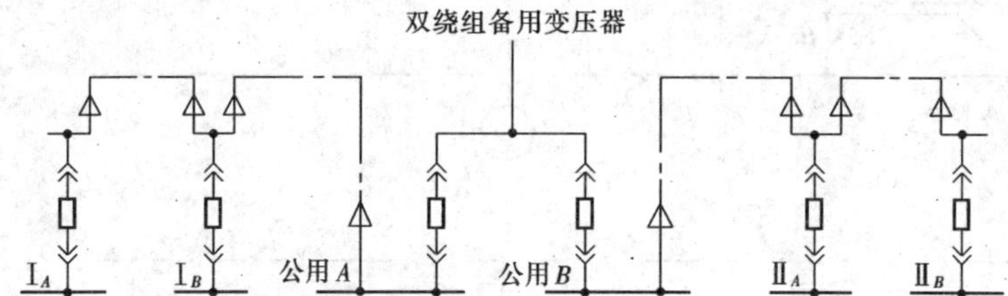

图3-13 双绕组备用变压器二次侧引出两个分支，每一分支作为一台机组的备用电源

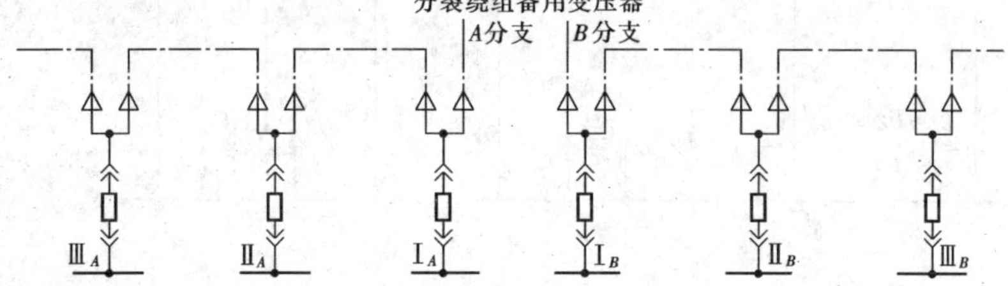

图3-14 分裂绕组备用变压器二次侧的两个分裂绕组，分别作为数台机组甲段和乙段高压厂用母线的备用电源

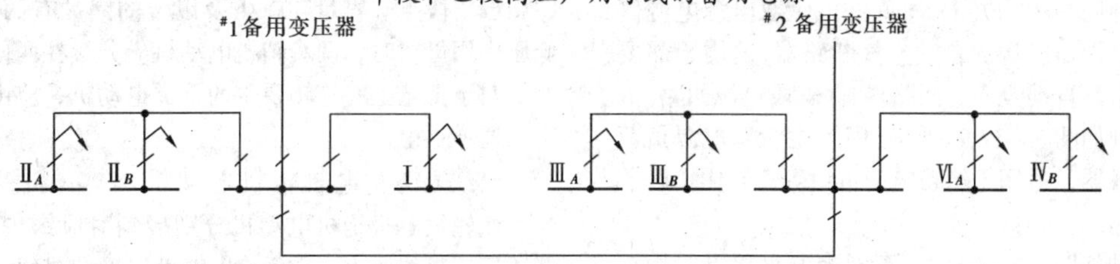

图3-15 两台低压备用变压器分别作为几台工作变压器的备用电源，其间并设联络线

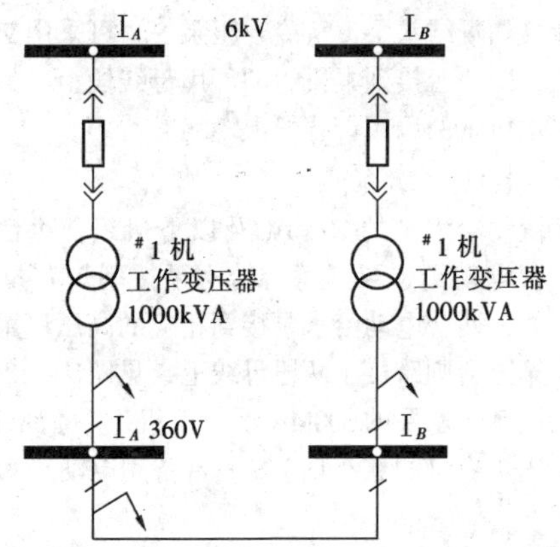

图3-16 一台机组设置两台低压厂用变压器，两台低压厂用变压器互为备用的连接方式

五、车间配电盘电源引接方式

车间配电盘供电方案共有以下7种（见图3-17）。

第一种如图3-17(*a*)，车间配电盘由不同变压器双电源供电，为防止两台变压器误并列，采用双投刀开关切换双电源。

第二种如图3-17(*b*)，车间配电盘双电源由同一台变压器供电，为了提高供电可靠性和缩小故障范围，正常宜由刀开关分段运行。

第三种如图3-17(*c*)，母线为单电源供电，用空气开关作回路保护，国外引进工程所谓的PC-MCC低压供电系统，常采用此种接线。为限制母线短路电流，进线回路装设了限流电抗；为提高供电可靠性

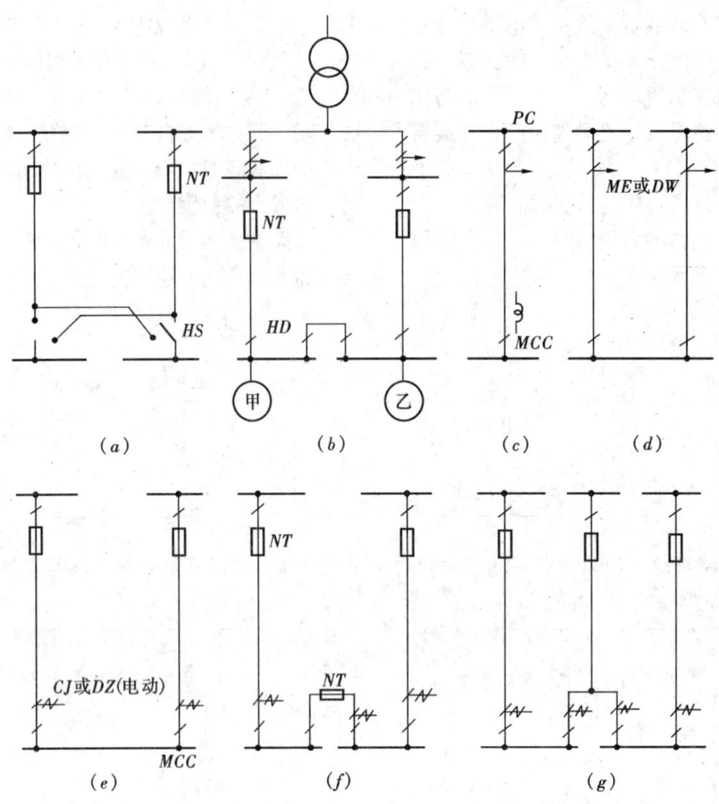

图 3-17　车间配电盘的供电方式

选用抽屉式低压屏，并将双套辅机接于不同母线段上。

第四种如图 3-17(d)，车间配电盘双电源电源侧选用带电动操作机构的自动空气断路器，适用于需要装设备用电源自动投入的回路，如保安段电源回路。

第五种如图 3-17（e），车间配电盘双电源负荷侧装设接触器，适用于给粉电动机组等需要用接触器自投的回路。

第六种如图 3-17（f），车间配电盘双电源用熔断器、接触器分段并自投方案，适用于小容量机组给粉电动机回路。

第七种如图 3-17（g），车间配电盘设有专用备用电源由接触器自投的方案，此方案供电可靠性比第六种高，当一段母线故障备用自投失败时，不致影响另一段母线供电。

第 3-7 节　厂用负荷的供电方式

一、主厂房内厂用负荷的连接原则

1. 锅炉辅机电动机

锅炉辅机电动机分别连接到所属锅炉的高、低压厂用母线段上。容量 400t/h 及以上的锅炉有两段高、低压厂用母线时，两套辅机电动机应分接在两段母线上。对于工艺上有连锁要求的Ⅰ类电动机，应由同一电源通道供电。

2. 汽轮发电机辅机电动机

汽轮发电机辅机电动机分别接到对应锅炉的高、低压厂用母线段上。对于 60MW 及以下的机组，当每台机组仅有一段高、低压厂用母线时，互为备用的Ⅰ类负荷（如凝结水泵、氢冷升压泵等）可采用交叉供电方式，即一台接到本机组的厂用母线段上，另一台接到其他机组的厂用母线段上❶。

3. 电动给水泵

无汽动给水泵的 200MW 及以下机组，每台机组设置三台电动给水泵（每台给水泵按锅炉容量 50% 选择）时，两台电动给水泵接到相应的高压厂用母线段上，第三台则跨接于两段母线上，见图 3-18。

有汽动给水泵的 300MW 及以上机组（每台给水泵容量为锅炉容量的 50%时），一台备用电动给水泵可

❶ 当机组逐台投产时，Ⅰ类电动机供电的可靠性较差。在随后投产的机组施工时还需改动接线。当一台机组检修或故障时，另一台机组运行的可靠性受到影响，同时也增加了厂用变压器的容量。

接在工作母线段上，不应由起动（备用）变压器供电的母线段供电。

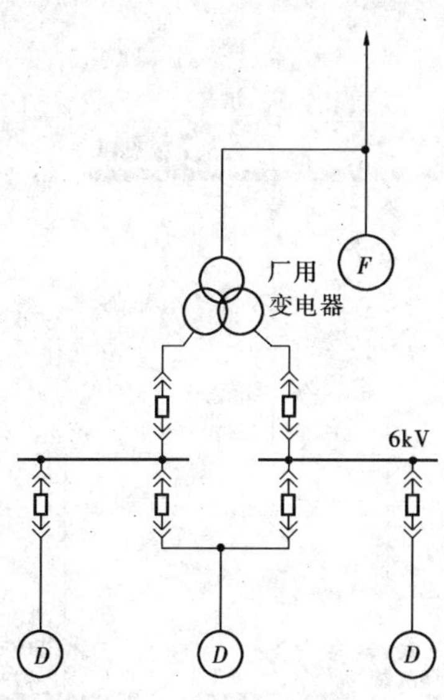

图3－18 3台（50%）电动给水泵电动机连接方式

4. 公用负荷

当无公用母线段时，全厂公用性负荷应根据负荷平衡和对供电可靠性的要求，分别接到各台锅炉的母线段上，并适当集中。

当有公用母线段时，相同用途的Ⅰ、Ⅱ类公用电动机不应全部接在同一公用母线段上，以免该段母线检修或故障时，影响几台机组的运行，甚至造成全厂停电。如全厂只设一段公用母线，相同的Ⅰ、Ⅱ类公用负荷在公用母线段上应只接一部分，其余的则分散接到各机组的厂用母线段上。

对200MW及以上机组，高压公用负荷（Ⅱ、Ⅲ类）可由起动（备用）变压器供电。起动（备用）变压器故障或检修时，通过手动切换，由有富余容量的高压厂用工作变压器供电。装设第二台起动（备用）变压器后，即可用作公用负荷的备用电源。

二、主厂房内低压负荷的供电方式

1. 中央配电屏—车间配电盘—动力箱的组合方式

这一组合方式是过去火电厂习惯采用的供电方式。根据目前国产低压开关设备的技术参数，低压厂用电动机按容量和重要性所采用的组合方式参见第七章。

随着低压开关设备的更新，这一组合方式的容量划分范围也要相应变化。

2. 动力中心－电动机控制中心的组合方式

这一组合方式是随着大容量机组的安装，厂用负荷、厂房面积的增大以及低压电气设备参数的大型化而出现的，其主要特点及按厂用电动机容量和重要性划分的组合方式参见第七章。

3. 直吹式制粉系统给煤电动机供电方式

直吹式制粉系统的给煤电动机宜由中央配电屏直接供电。并应创造条件，使给煤机和对应的磨煤机及其附属设备接于同一条电源通道上。

4. 给粉电动机供电方式

每炉应设置两个独立的配电箱。配电箱采用单母线接线。每个配电箱上连接的给粉电动机应遵循如下的原则：即当一半数量的给粉电动机失去电源时，锅炉仍能继续运行。每个配电箱应有一个工作电源和一个备用电源，分别由中央配电屏不同母线段上引接。正常运行时，两个配电箱应由中央配电屏的不同母线段供电。当配电箱失去工作电源而备用电源有电时，应立即自动切换到备用电源。如工作电源和备用电源同时失电，则应经延时断开工作电源和备用电源（延时要大于中央配电屏母线备用电源自动投入的时间，一般为0.5～1s），以免在锅炉熄火后，恢复供电时再送入煤粉引起锅炉爆炸。

5. 热工配电箱供电方式

每台机炉供给两回380/220V电源，分别从中央配电屏的不同母线段上引接。当设有交流保安母线段时，其中一回应由交流保安母线段上引接。

当低压厂用电系统中性点为非直接接地方式时，两回电源线上应装设隔离变压器，二次侧中性点直接接地。

三、主厂房附近厂用负荷供电方式

(1) 主厂房附近的高压厂用电动机和低压厂用变压器一般由主厂房内的母线段供电。低压负荷如输煤、出灰、化学水处理、油泵房和电除尘等，当容量不大、且离主厂房较近时，可由主厂房内中央配电屏或车间配电盘直接供电。

(2) 对于大机组，若高压厂用电动机和低压厂用变压器数量较多（如输煤皮带的电动机为高压），在经济上合理时，可以采用集中供电方式，即在负荷中心设置两段公用母线段，其电源可由第一台机组的两段厂用母线上引接，也可由起动（备用）变压器供电。

(3) 一台锅炉配备两台电除尘器时，电除尘器的供电方式如下。

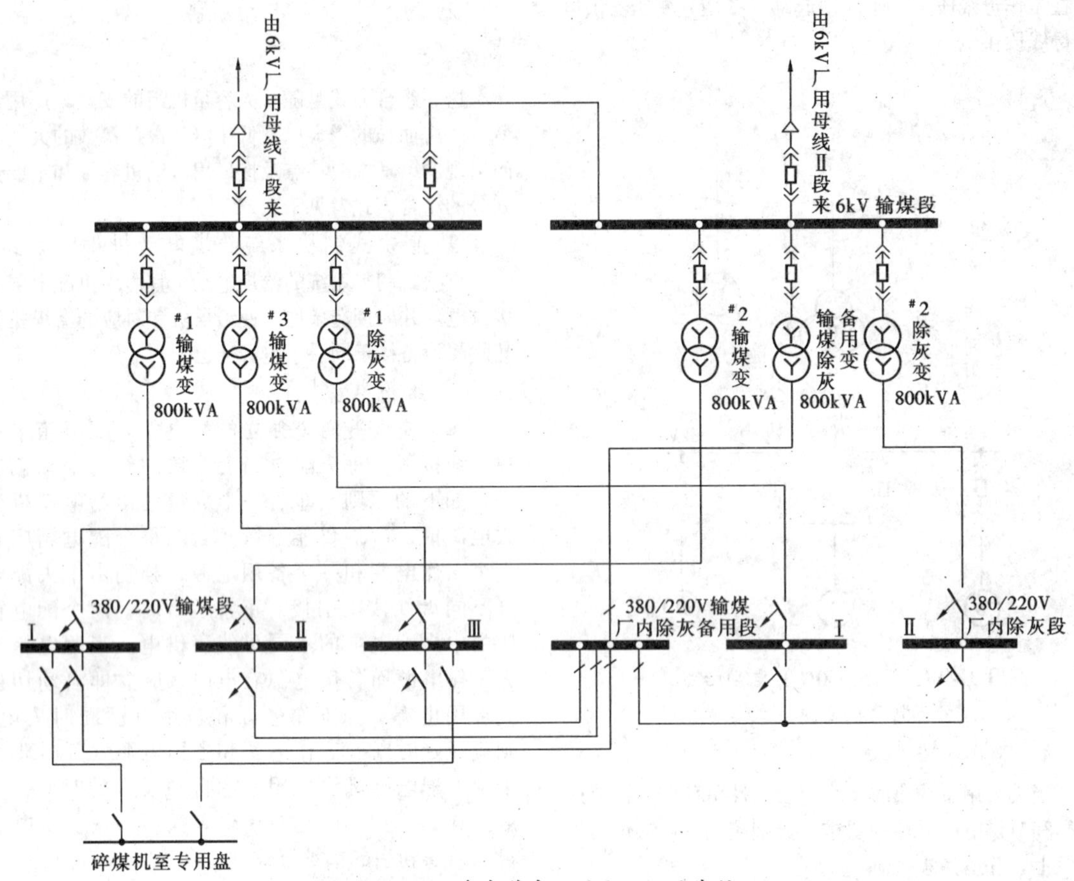

图 3-19 在负荷中心设立 6kV 母线段

1) 一台电除尘器设一台供电变压器，两台变压器分别接到本机组的两段 6kV 厂用母线上。每台变压器通过一段 380V 母线向相应的电除尘器的变压器—整流器组、振打、排灰和加热等负荷供电。两台变压器互为备用，或由主厂房的低压备用变压器作为备用，前者多优先采用。

2) 一台锅炉设一台供电变压器，其 380V 侧接一段母线（也可用刀开关分为两个半段），向两台电除尘器的变压器—整流器组、振打、排灰和加热等负荷供电。供电变压器 6kV 侧接到本机组的一段 6kV 母线上。备用电源引自主厂房低压备用变压器。

3) 当备用电源引自低压备用变压器时，设有备用电源自投装置；当电除尘变压器的接线与主厂房低压厂用变压器的接线不同时，应另设除尘备用变压器。

四、远离主厂房厂用负荷供电方式

(1) 在负荷中心设置高压母线段，由主厂房内不同高压厂用母线段引接 2 回或 2 回以上线路作为工作电源和备用电源（备用电源也可由外部电源引接）。高压电动机和低压变压器均连接在高压母线段上。

图 3-19 为 2×300MW 机组输煤和除灰负荷的供电方式。两段 6kV 母线互为备用，低压变压器接在 6kV 母线段上，低压负荷分别由五段低压工作母线供电，并设有一段低压备用母线。

(2) 在负荷中心设置变电所。由主厂房内不同高压母线段经升压变压器引接 2 回线路，或由发电厂内 110kV 以下配电装置的不同母线段引接 2 回线路作为工作电源和备用电源。

(3) 在负荷中心设置两段 380/220V 母线段，互为备用。电源分别由主厂房两段 6kV 母线引来，经降压变压器供给。图 3-20 为某厂厂外水泵房的供电方式，水泵房负荷分别接在两段母线上。

设置车间变电所供电的最小距离如表 3-9 所示。

(4) 远离主厂房分散布置的 380V 深井水泵电动机群，一般采用变压器电动机组支接在 6~10kV 专用架空线路上的方式供电。每个取水点的电动机经 6~10/0.38kV 变压器与架空线路连接，保护设备采用户外跌开式熔断器。电源由主厂房内不同的高压母线段供给，或经升压变压器供给；也可由附近变电所的 6~10kV 母线段供给。图 3-22 为电源由主厂房内 6kV

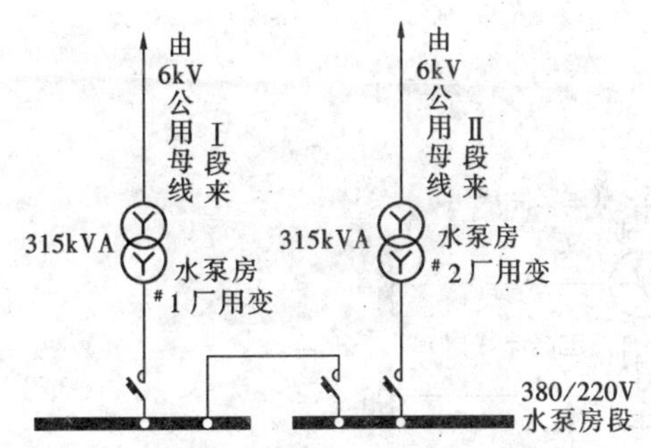

图3－20　在负荷中心设立车间变电所

表3－9　设置车间变电所供电的最小距离

变压器容量（kVA）	160	200	250	315	>315
最小距离（m）	335	275	220	175	任何距离都应设置

母线段上引出的实例。

五、中央循环水泵房供电方式

根据技术经济比较，常用的供电方式有：

（1）各电动机直接由主厂房内各厂用母线段供电（即单独供电方式）。

（2）当全厂设一座循环水泵房时，在水泵房内设置两段专用母线，循环水泵电动机分别接到两段母线上，由主厂房内不同厂用母线段引接两回工作电源和一回备用电源供电干线，如图3－21所示。两回工作电源分别按各段母线上所接电动机容量选择，备用电源的容量按其中较大工作电源的容量选择。备用电源也可由外部电网引接（即组合供电方式）。

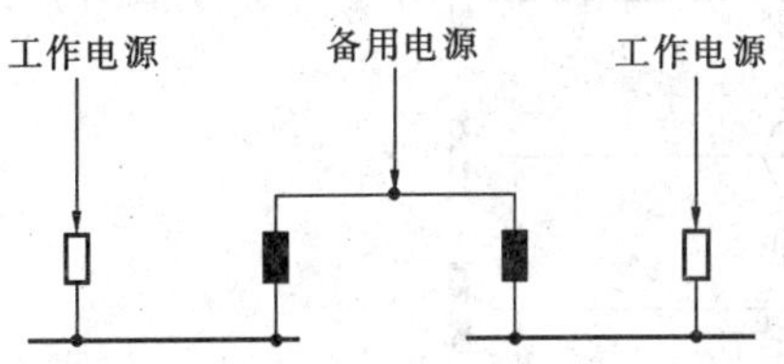

图3－21　中央水泵房组合供电方式

（3）当水泵房为2座及以上、且各泵房供水量相差不大时，可在每座泵房设置一段专用母线，分别由主厂房内不同厂用母线段引接工作电源和备用电源。备用电源也可由外部电网引接。

（4）当水泵房远离主厂房、且负荷较大时，可就地设置变电所。由主厂房内不同高压厂用母线段经升压变压器或由厂内110kV以下配电装置的不同母线段引接两回或两回以上线路作为工作电源和备用电源。

第3－8节　低压检修供电网络

火电厂一般装设固定的低压检修供电网络，并在各检修现场及主要场所设置检修电源箱或供电点（如盘中预留回路或设铁壳开关、电源插座），供电焊机、电动工具和试验用。

一、接线原则

检修供电网络一般采用三相四线制的单电源分组支接的供电接线。对于低压厂用电系统采用高电阻接地方式的场合，需单独设置检修变压器和380/220V检修母线段。其接线原则如下：

（1）在主厂房内，对100MW及以上机组，一般以一台机组为一供电单元；对100MW以下机组，一般以两台机组为一供电单元。同一单元的各检修配电箱采用支接供电，由对应的中央配电屏引接。当380V厂用电系统为三相三线制时，可在检修配电箱内装设一台380/220V单相变压器，供给220V检修用电；也可从三相四线制的照明备用变压器引接。

（2）主厂房外的检修配电箱一般由附近的配电盘引接。个别辅助厂房的检修电源可以和照明电源合用。

二、检修电源

（1）检修电源的容量一般按电焊机负荷选择。当缺少资料时，单相交流电焊变压器的初级电流可按40～50A计。

（2）大容量机组检修网络干线的容量取决于电焊机的工作台数，下列数据可供参考❶。

1）锅炉房一般按锅炉容量设置若干台电焊机，如400～410t/h锅炉为13～15台；670t/h锅炉为20～23台；1000t/h锅炉为23～25台。其中2/3电焊机按AX_4－300型考虑；1/3按BX_3－300型和BX_3－500型考虑。

2）汽机房一般设置5～6台电焊机。其中2/3电焊机按AX_4－300型考虑；1/3按BX_3－300型考虑。

（3）电焊机的引线长度一般按50m考虑。检修电源箱内的回路数一般不少于4回，箱内宜装设有明显断开点的刀开关（如HH_3系列）、安全插座及易于更换的熔断器（如RL_1系列）。

❶ 据对FX、QSH、ZHY、YM、XD和WT等电厂大修负荷的调查。

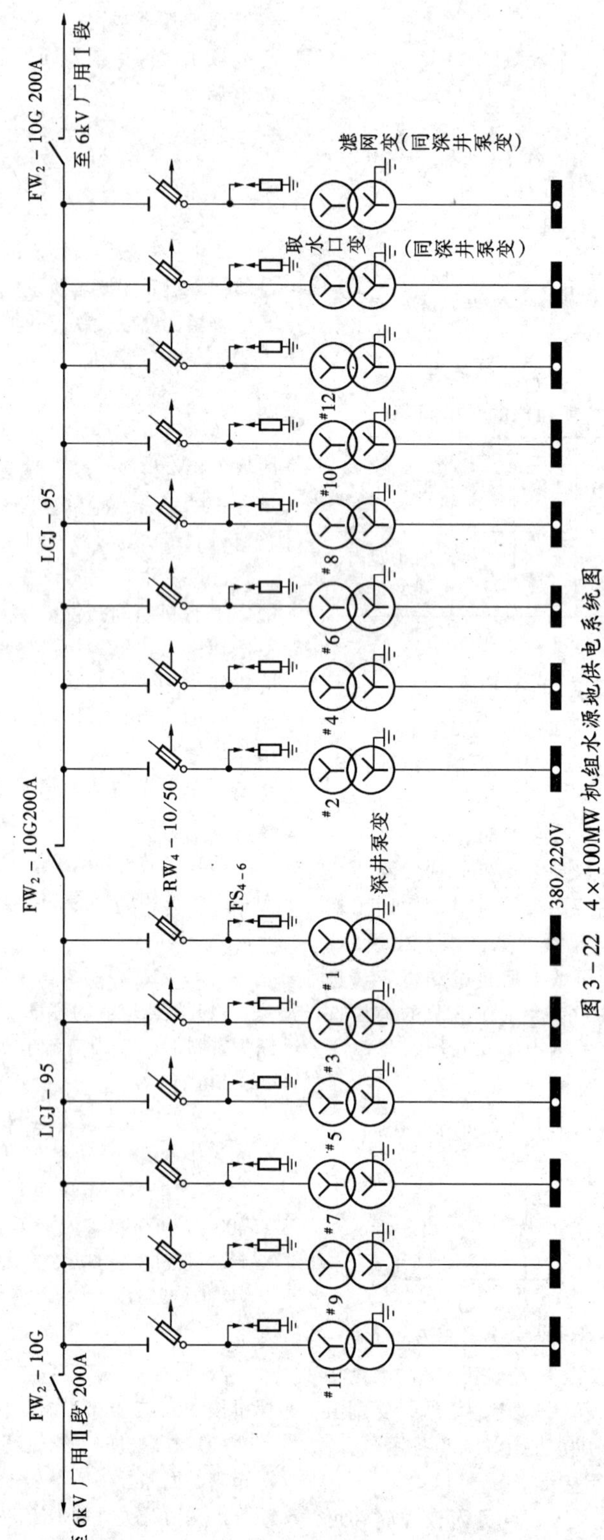

图3-22 4×100MW机组水源地供电系统图

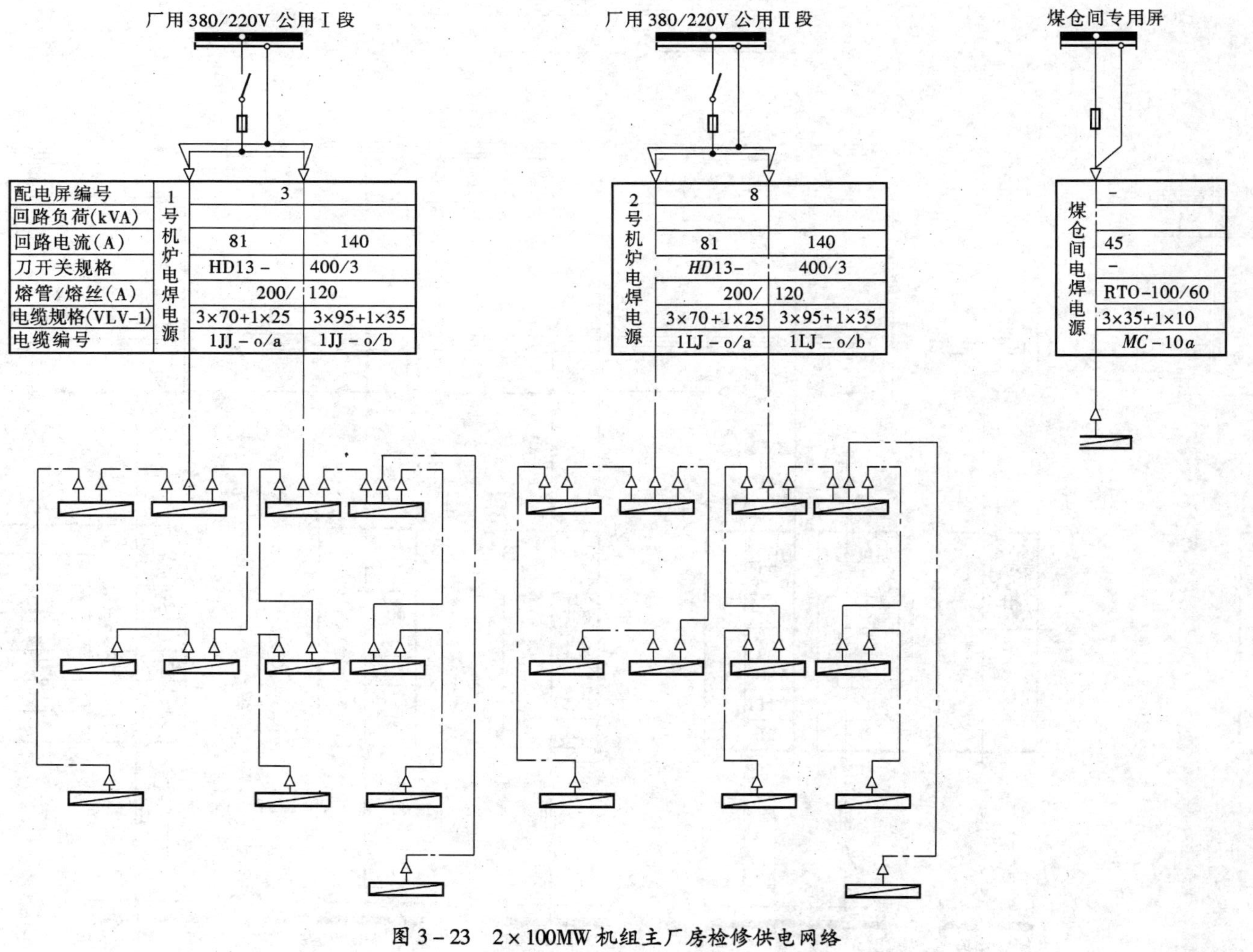

图 3－23　2×100MW 机组主厂房检修供电网络

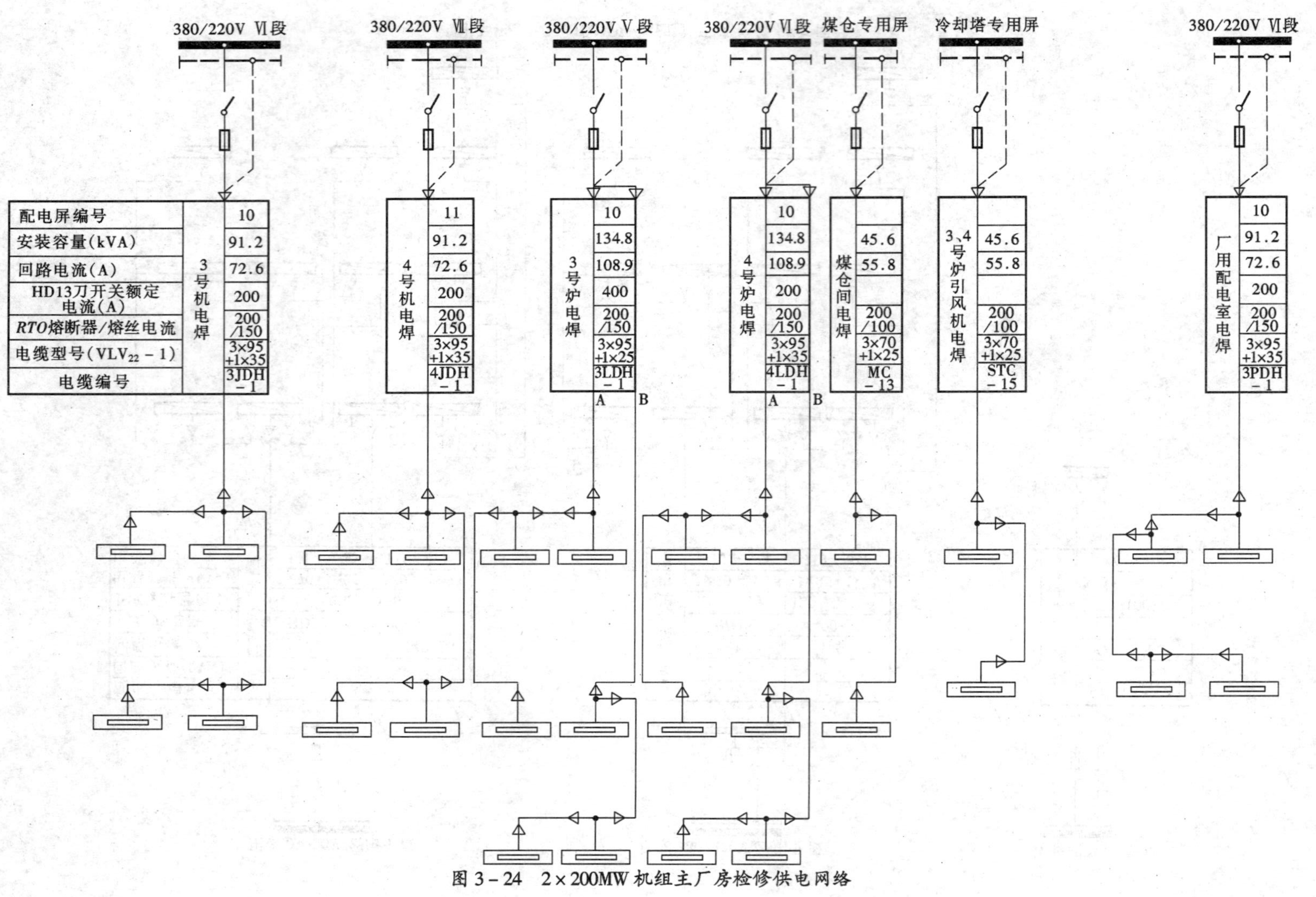

配电屏编号	10	11	10	10			10
安装容量(kVA)	91.2	91.2	134.8	134.8	45.6	45.6	91.2
回路电流(A)	72.6	72.6	108.9	108.9	55.8	55.8	72.6
HD13刀开关额定电流(A)	200	200	400	200			200
*RTO*熔断器/熔丝电流	200/150	200/150	200/150	200/150	200/100	200/100	200/150
电缆型号($VLV_{22}-1$)	3×95+1×35	3×95+1×35	3×95+1×25	3×95+1×35	3×70+1×25	3×70+1×25	3×95+1×35
电缆编号	3JDH-1	4JDH-1	3LDH-1	4LDH-1	MC-13	STC-15	3PDH-1
	3号机电焊	4号机电焊	3号炉电焊	4号炉电焊	煤仓间电焊	3、4号炉引风机电焊	厂用配电室电焊

图 3-24 2×200MW 机组主厂房检修供电网络

(4) 电焊回路干线的计算工作电流和导体选择见第七章；检修配电箱装设地点和数量见第十一章。

三、检修网络实例

2×100MW 机组及 2×200MW 机组主厂房检修供电网络实例见图 3-23、图 3-24。

第3-9节　厂用电接线示例

一、100MW 及以下机组

(1) 图 3-25 为安装 12~50MW 机组发电厂的厂用电接线。部分发电机接 10kV 主母线，另一台发电机与变压器成单元连接。高压厂用电压采用 3kV，按炉分段。由于低压厂用负荷较少，全厂只需设置三台低压厂用工作变压器和一台输煤变压器。全厂照明负荷由专用照明变压器供电，投资增加不多，但提高了厂用电运行可靠性。

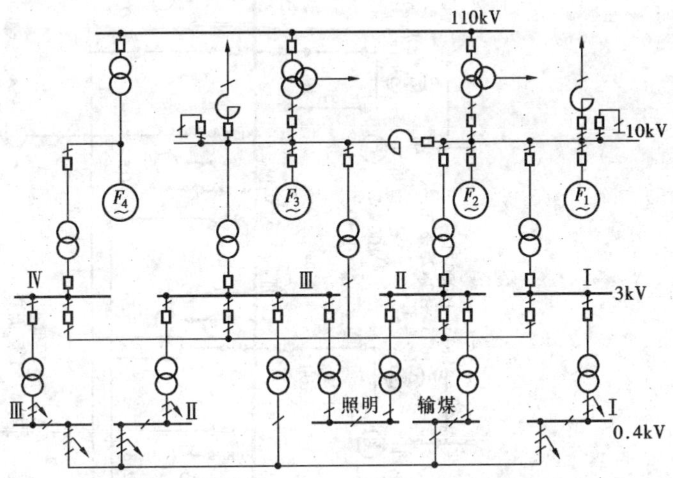

图 3-25　12~50MW 机组接主母线的发电厂，高压厂用母线为 3kV 并按炉分段

(2) 图 3-26 为安装 25~50MW 机组发电厂的厂用电接线。前两台发电机接 6kV 主母线，后一台发电机电压为 10.5kV，与变压器成单元连接。单元制机组的高压厂用电源仍引自 6kV 主母线，节省部分投资，有利于热力系统为母管制的，机炉不对应检修的运行方式。

(3) 图 3-27 为安装 4×100MW 机组发电厂的厂用电接线。厂用工作电源由主变压器低压侧引接，备用电源从 110kV 母线引接。高、低压厂用母线均为每台机组两段。全厂设公用母线两段（并以刀开关分为两个半段），由两台低压公用变压器分别供电；设低压厂用备用变压器一台，作为四台工作变压器及两台公用变压器的备用。全厂另设输煤变压器两台（互为备用）和起动锅炉变压器一台。水源地采用双回路供电，分别从#1、#2 机 6kV 厂用母线上引出。

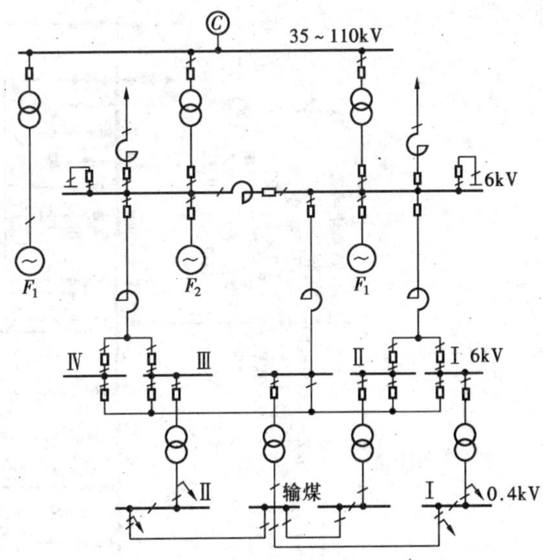

图 3-26　25~50MW 机组接主母线的发电厂，高压厂用电均由 6kV 主母线供电

二、200~300MW 机组

(1) 200MW 机组火电厂主厂房通用设计的厂用电接线如图 3-28 所示。厂用电采用 6kV 和 380V 两种电压，前者为中性点不接地系统，后者为中性点经高电阻接地系统。每台机组设 A、B 两段 6kV 母线，由一台分裂绕组高压厂用工作变压器供电，该变压器由发电机出口引接。两台机组设一台起动（备用）变压器，供给机组起动和停机负荷，并兼作厂用工作变压器的事故备用。按采用 5500kW 给水泵和全厂公用负荷集中由#1 机组供电的方案，#1 高压厂用工作变压器和起动（备用）变压器选用 31.5/20-20MVA，以后机组的高压厂用工作变压器均选用 31.5/16-16MVA。每台机组也设 A 和 B 两段 380V 厂用母线，由一台低压厂用变压器供电。两台机组装设一台低压备用变压器，作为低压工作变压器、低压公用变压器和电除尘变压器的备用。照明和检修网络采用惯常的中

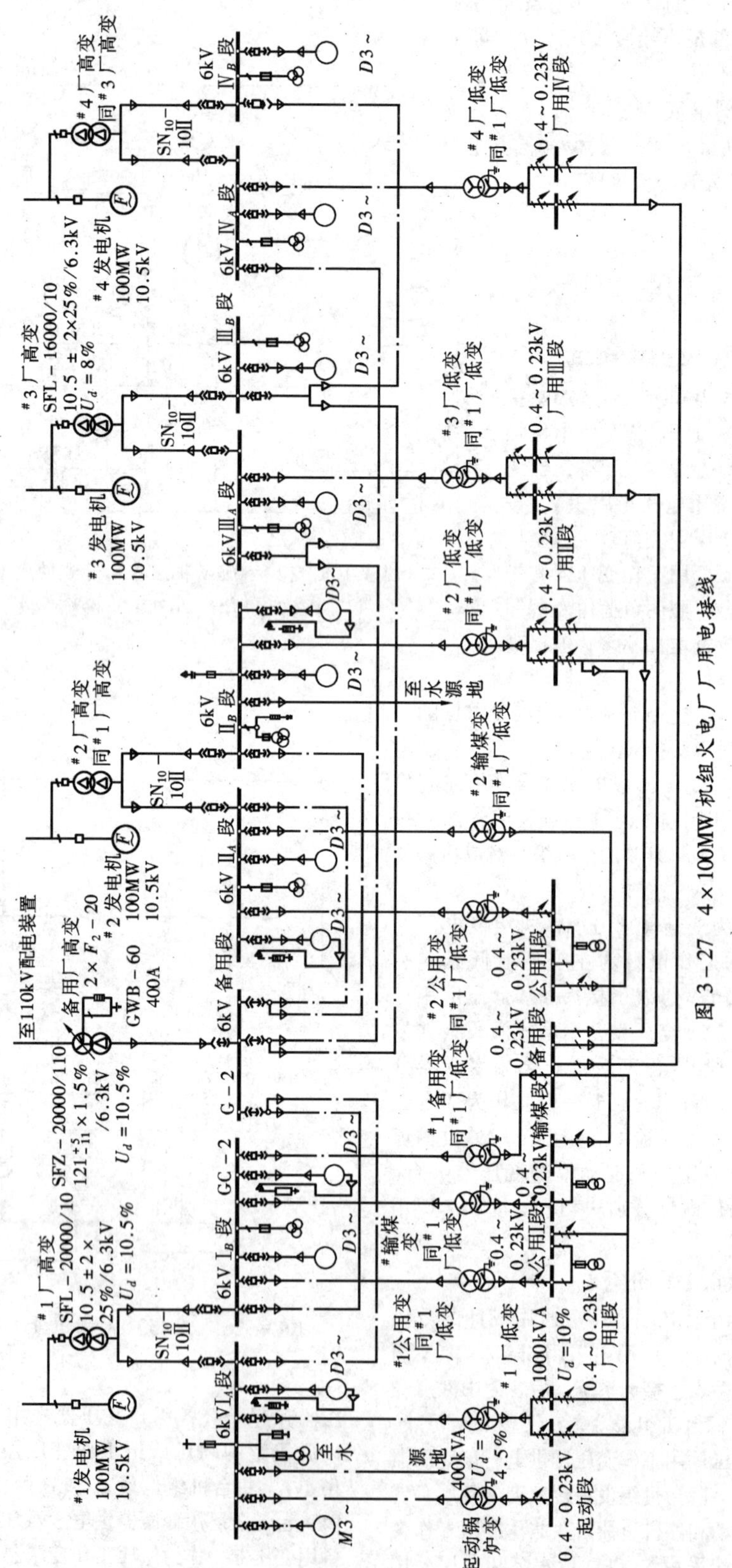

图 3-27 4×100MW 机组火电厂厂用电接线

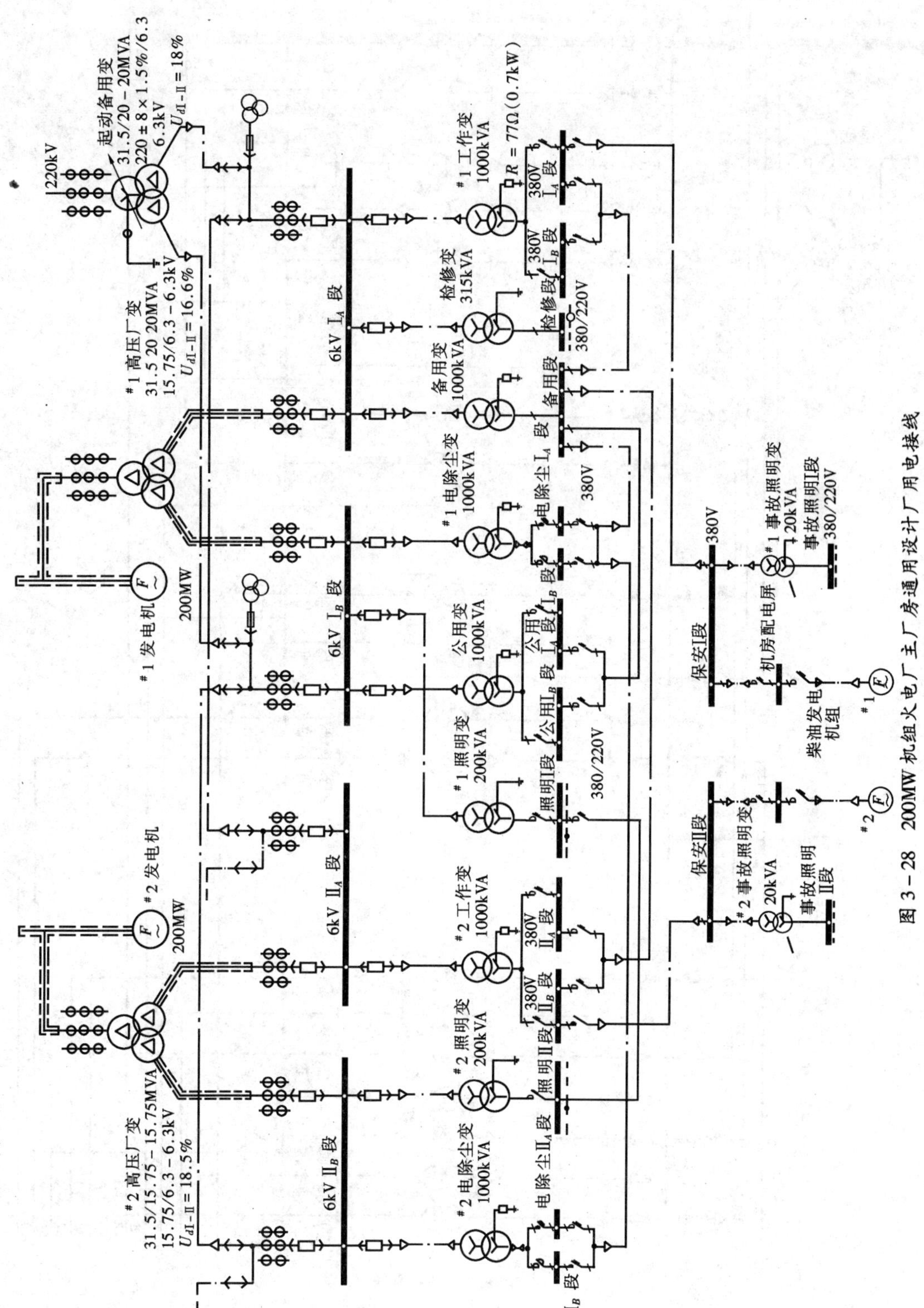

图3-28　200MW机组火电厂主厂房通用设计厂用电接线

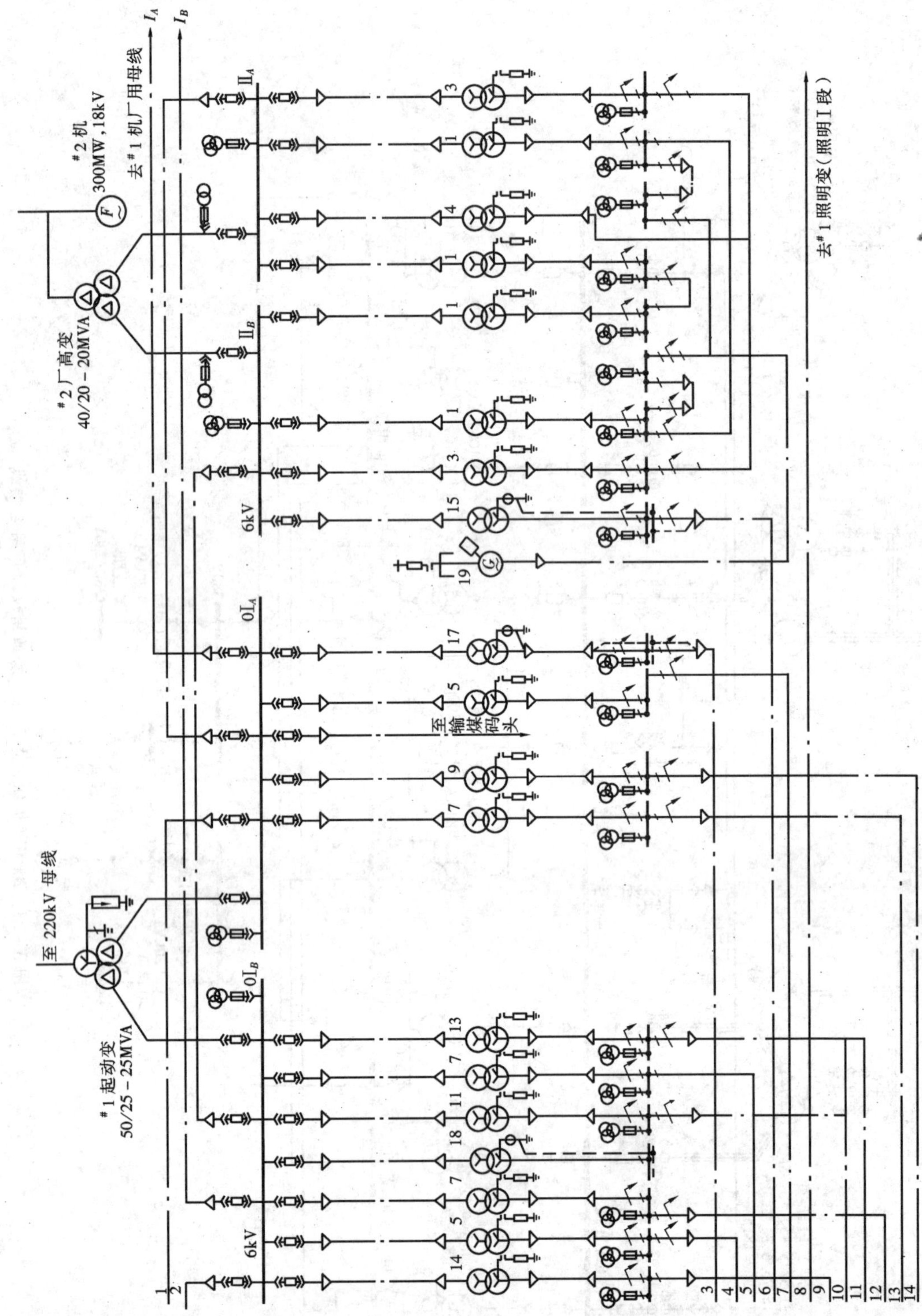

#2机
300MW，18kV
去#1机厂用母线
#2厂高变
40/20－20MVA
至220kV母线
#1起动变
50/25－25MVA
至输煤码头
去#1照明变（照明Ⅰ段）
6kV
6kV

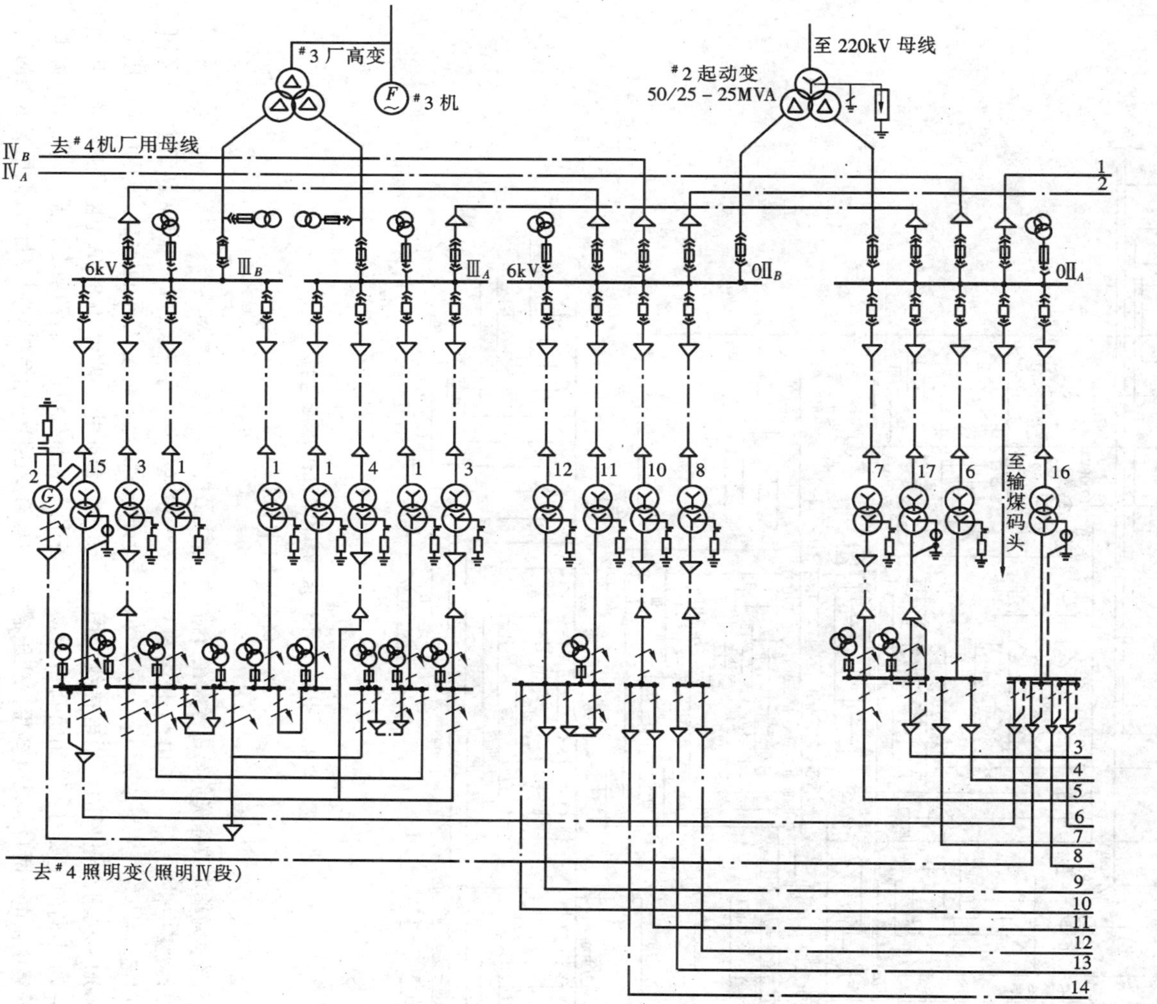

图3－29 4×300MW机组火电厂厂用电接线（仅示#2、#3机组部分）

1—低压厂用变压器，1000kVA；2—柴油发电机组，500kW；3—除尘变压器，1000kVA；4—除尘备用变压器，1000kVA；5—公用变压器，1000kVA；6—公用备用变压器，1000kVA；7—输煤变压器，1000kVA；8—输煤备用变压器，1000kVA；9—化水变压器，1000kVA；10—化水净化站备用变压器，1000kVA；11—灰浆泵房变压器，1000kVA；12—灰浆泵房起动锅炉房备用变压器，1000kVA；13—净化站变压器，1000kVA；14—起动锅炉房变压器，1000kVA；15—照明变压器，315kVA；16—照明备用变压器，315kVA；17—检修变压器，315kVA；18—修配变压器，800kVA

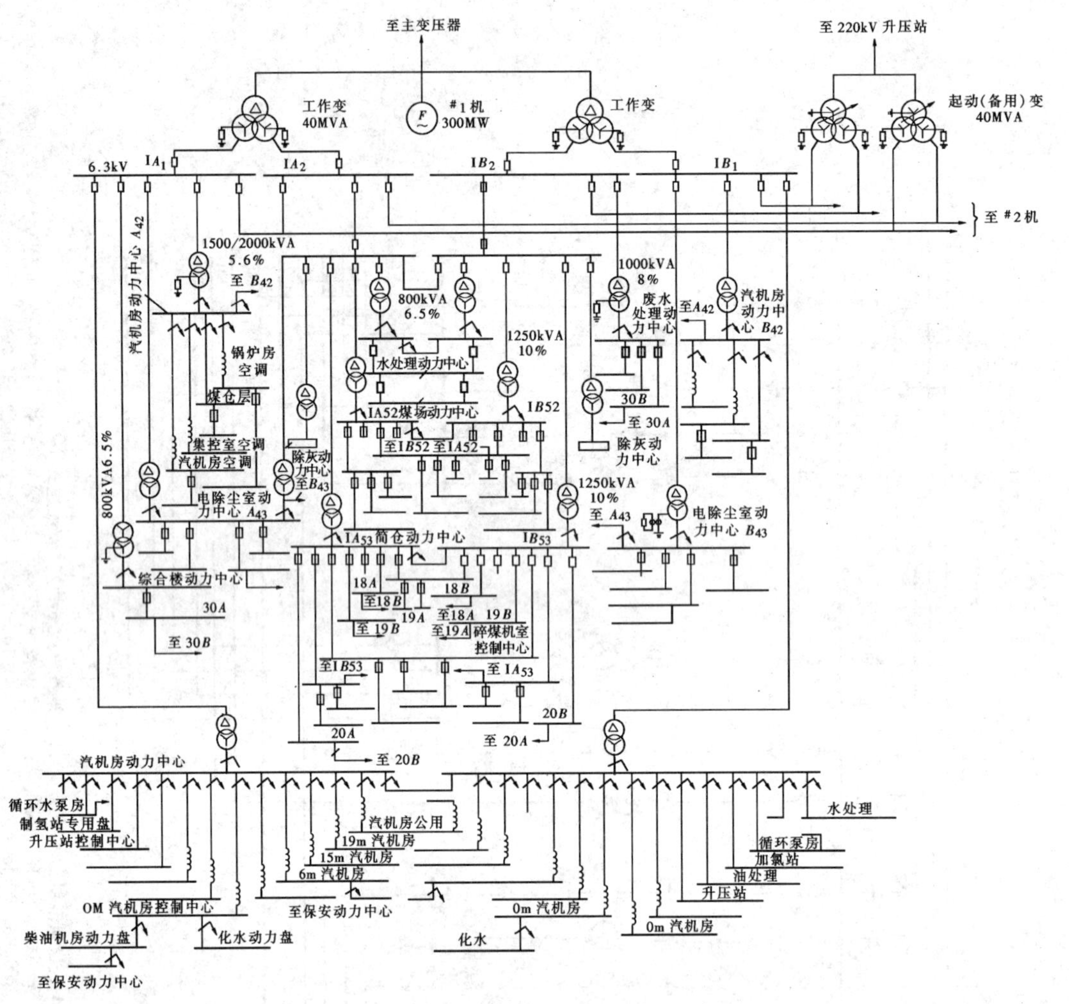

图 3－30 引进国外技术 300MW 机组厂用电接线（仅表示#1 机组）

性点直接接地系统。对输煤或除灰负荷，考虑在负荷中心设置 6kV 母线集中供电，其电源由#1 机组 6kV 厂用工作母线引接。

（2）4×300MW 机组火电厂的厂用电接线见图 3－29。与图 3－28 不同的主要有：公用负荷由起动（备用）变压器集中供电，两台起动（备用）变压器均由 220kV 母线引接，在起动备用母线段之间用断路器联络，但不允许并列运行。每台机组设四台 1000kVA 低压厂用变压器（两两成对互为备用）、三台 1000kVA 电除尘变压器（其中一台备用）。每台机组设一台照明变压器，全厂设一台照明备用变压器。全厂设两台互为备用的检修变压器。两台起动变压器之间的连络电缆较长，连络电缆两端均装设断路器，增大了投资。

在 1987 年 4 月完成的 2×300MW 机组主厂房通用设计中，每台机组设三台 1250kVA 低压厂用变压器（其中一台备用）、两台 1000kVA 电除尘变压器（互为备用）；每台机组设一台照明变压器，其备用电源来自检修变压器（两台机共用一台）；低压变压器的数量较少。

（3）安装引进国外技术的 2×300MW 机组火电厂的一台机组的厂用电接线如图 3－30 所示。每台机组设置两台 40MVA 分裂绕组高压厂用工作变压器，接在发电机出口。两台机组共用两台与工作变压器同容量的带负荷调压高压厂用起动（备用）变压器，由 220kV 母线供电。当起动#1 机组使用 1A 段母线连接

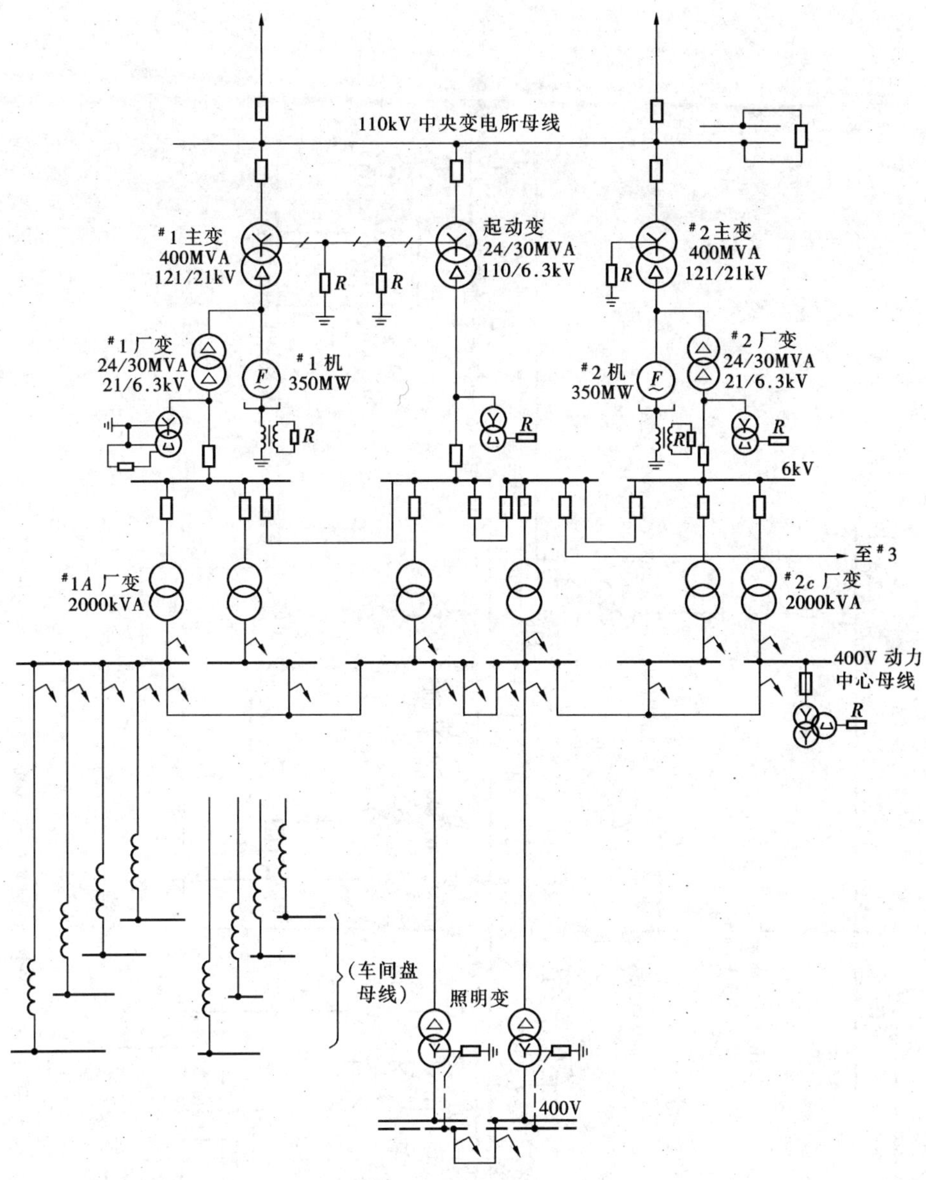

图 3-31 国外设计 2×350MW 机组自备电厂厂用电接线

的辅机电动机时，起动#2机组必须使用2*B*段母线连接的辅机电动机，否则将引起一台起动（备用）变压器过负荷。6kV厂用电系统中性点经中电阻接地，200kW以上电动机、空气质量控制系统以及低压厂用变压器均由6kV母线供电。380V厂用电系统分为主厂房动力中心（高电阻接地）、辅助厂房动力中心（接地变压器接地）、综合楼动力中心和废水处理中心（中性点直接接地）。各动力中心向75~200kW电动机、150~650kW静止负载以及控制中心供电。75kW以下电动机和照明变压器则由控制中心供电。

(4) 图3-31为国外设计的2×350MW机组自备电厂的厂用电接线。每台机组设一台双绕组高压厂用工作变压器，向一段6kV厂用母线供电。两台机组共用一台起动（公用）变压器，由110kV母线供电，起动（公用）母线共设两段。每台机组设两台低压厂用工作变压器和一台低压备用变压器，低压厂用母线均为单母线不分段。6kV厂用电系统中性点采用二次侧接电阻器的配电变压器接地方式，400V厂用电系统也采用高电阻接地方式。全厂另设照明、检修用变压

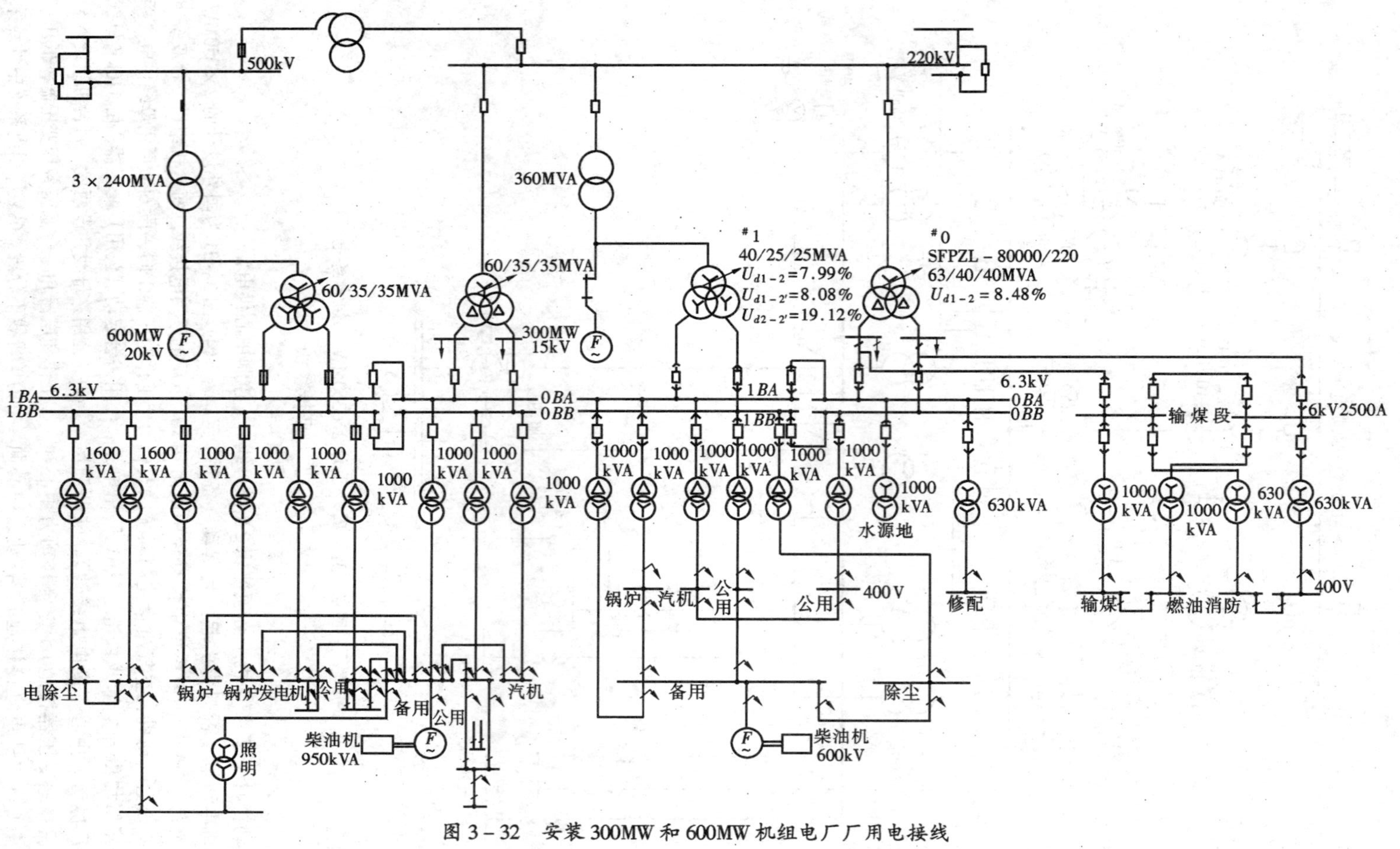

图 3-32 安装 300MW 和 600MW 机组电厂厂用电接线

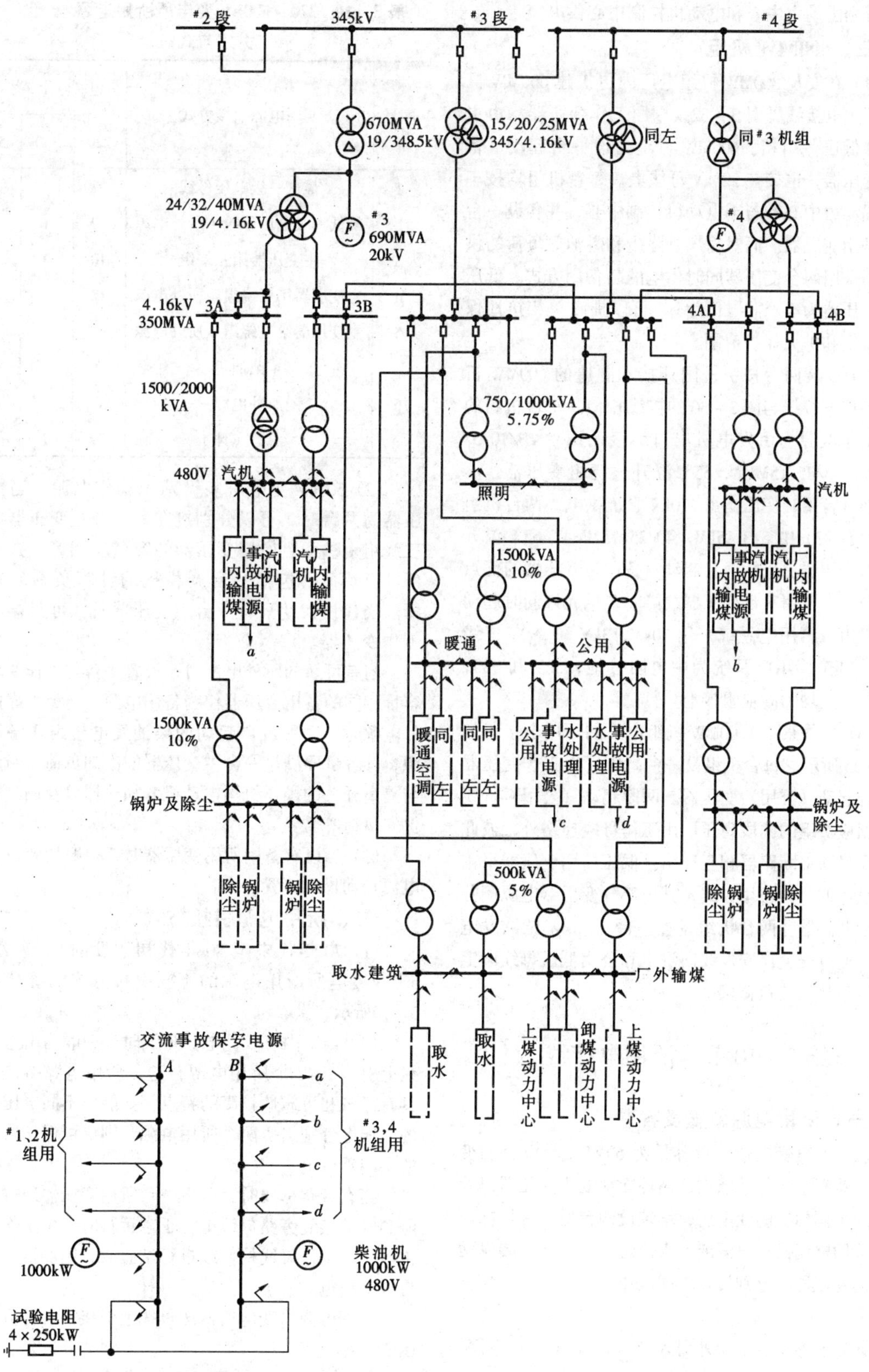

图3-33　国外某2×600MW机组电厂厂用电接线

器，分别由动力中心和电动机控制中心供电。

三、600MW 机组

(1) 在安装300MW机组电厂内再扩建600MW机组的厂用电接线见图3－32。厂用工作变压器均由主变压器低压侧引接。600MW机组另设一台起动（备用）变压器，也接在220kV母线上。每台机组均按车间设置动力中心和若干电动机控制中心，并各设一台低压备用变压器。而对输煤、除尘和燃油等负荷的供电，则采用两台变压器同时供电的暗备用方式。低压厂用变压器为$\triangle/Y_0-11$接线，可以提高单相接地保护灵敏度和扩大保护范围。

(2) 安装两台按引进国外技术制造的600MW机组的厂用电接线与图3－30的接线相似。每台机组的厂用工作电源为由发电机出口引接的两台20/10.5/3.15kV，40/25/15MVA，55℃温升三绕组变压器。厂用起动（备用）变压器由220kV系统供电，两台机组设有两台220/10.5/3.15kV，40/25/15MVA，65℃温升三绕组变压器。采用两台起动（备用）变压器的优点是，当一台厂用工作变压器故障时，仍允许同时起动两台机组。厂用电系统采用10kV、3kV和380V三级电压。10kV厂用电系统为中电阻接地，3kV和380V厂用电系统均为高电阻接地。

(3) 国外某2×600MW机组电厂的厂用电接线如图3－33所示。每台机组设一台高压厂用工作变压器和一台起动（公用）变压器。两段起动（公用）母线除与相应机组的两段高压厂用工作母线连络外，彼此间尚通过联络断路器相互连络。低压厂用变压器采用成对设置的互为备用方式，其中部分变压器电源侧共用一台断路器。两台机组设置一台1000kW柴油发电机组，通过交流保安母线向汽机和公用低压母线段上的交流事故保安负荷供电。

第3－10节 所用电接线

一、所用电源数量及容量

(1) 枢纽变电所、总容量为60MVA及以上的变电所、装有水冷却或强迫油循环冷却的主变压器以及装有同步调相机的变电所，均装设两台所用变压器。

采用整流操作电源或无人值班的变电所，装设两台所用变压器，分别接在不同电压等级的电源或独立电源上。

如果能够从变电所外引入可靠的380V备用电源，上述变电所可以只装设一台所用变压器。

表3－10 220～500kV变电所所用电源引接方式统计

序号	所用电源引接方式	变电所电压等级(kV)		
		220	330	500
1	最低一级电压母线	32	2	
2	最低一级电压母线＋所外电源	19	1	
3	主变压器第三绕组	10	4	
4	主变压器第三绕组＋所外电源	12		3
5	主变压器第三绕组＋所外电源＋柴油机			2
6	所外电源	6		2
	总　计	79	7	7

(2) 500kV变电所装设两个工作电源。当主变压器为两台时，可以分别接在每一台主变压器的第三绕组上。两台所用变压器的容量应相等，并按全所计算负荷（包括一台调相机的计算负荷）来选择。当建设初期只有一台主变压器时，可只接一台工作变压器。

当有可靠的所外电源时，设置一台与工作变压器容量相同的备用变压器作为备用电源；当无可靠的所外电源时，设一台自起动的柴油发电机组作备用电源，其容量要满足一台主变压器的冷却负荷、断路器与隔离开关的操作机构电动机和加热器以及调相机的保安负荷等需要。

(3) 当设有备用所用变压器时，一般均装设备用电源自动投入装置。

二、所用电源引接方式

(1) 70年代末至80年代初建设的93座220～500kV变电所所用电源的不同引接方式的统计如表3－10所示，供参考。

(2) 当所内有较低电压母线时，一般均由这类母线上引接1～2个所用电源，这一所用电源引接方式具有经济和可靠性较高的特点。如能由不同电压等级的母线上分别引接两个所用电源，则更可保证所用电的不间断供电。

当有旁路母线时，可将一台所用变压器通过旁路隔离开关接到旁路母线上。正常运行时，由工作母线供电。在工作母线检修或进行试验时，则倒换到旁路母线上供电。

所用电源由变电所低压母线上引接的各种方式见图3－34。

(3) 由主变压器第三绕组引接，所用变压器高

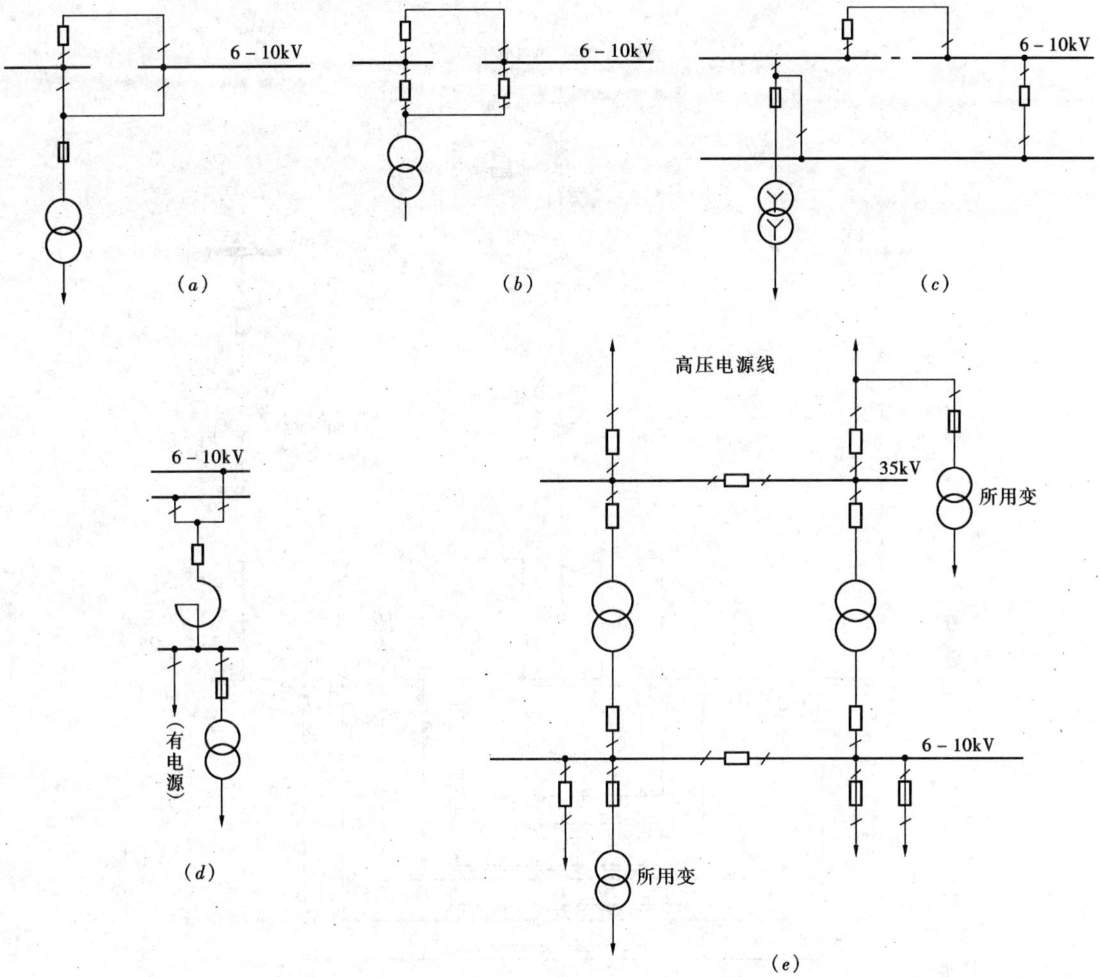

图 3－34　所用电源由变电所较低电压母线上引接

（a）、（b）一台所用变压器接到两段低压母线上；（c）一台所用变压器接到一段低压母线上，并通过旁路隔离开关可以接到旁路母线上；（d）一台所用变压器通过电抗器接到低压母线上；（e）一台所用变压器接到低压母线上，另一台接在连络线路的断路器外侧

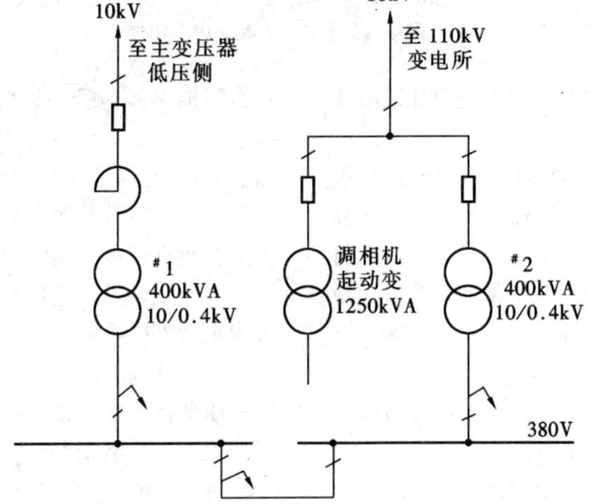

图 3－35　两台所用变压器的一台引接在主变压器低压侧，另一台及调相机起动变压器引接在所外电源上

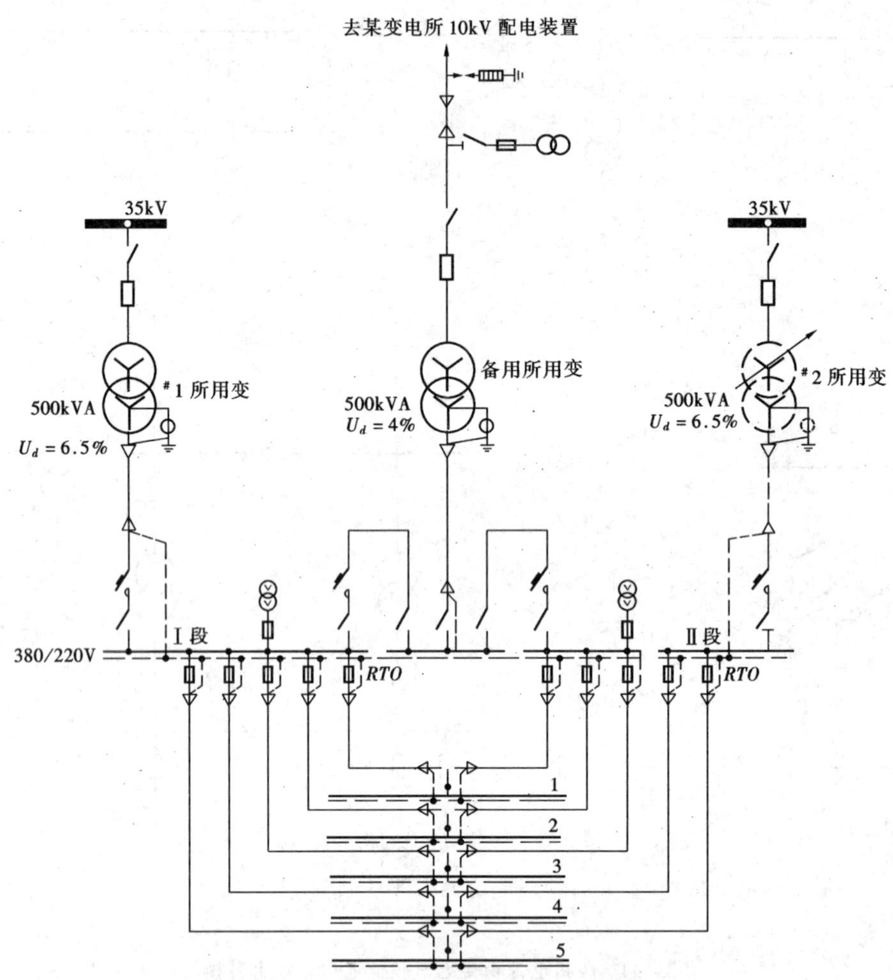

图3-36　330kV、2×240MVA变电所所用电接线

1—空压机室专用屏；2—水泵房专用屏；3—控制楼专用屏；4—通讯楼专用屏；5—锅炉房专用屏

压侧要选用大断流容量的开关设备，否则要加装限流电抗器（图3-35）。

(4) 由于低压网络故障机会较多，从所外电源引接所用电源可靠性较低。有些工程保留了施工时架设的临时线路，多用于只有一台主变压器或一段低压母线时的过渡阶段。500kV变电所多由附近的发电厂或变电所引接专用线作为所用电源。

三、所用变压器低压侧接线

所用电系统采用380/220V中性点直接接地的三相四线制，动力与照明合用一个电源。

(1) 所用变压器低压侧多采用单母线接线方式。当有两台所用变压器时，采用单母线分段接线方式，平时分列运行，以限制故障范围，提高供电可靠性。

(2) 500kV变电所设置不间断供电装置，向通讯设备、交流事故照明及监控计算机等负荷供电，其余负荷都允许停电一定时间，故可不装设失压起动的备用电源自投装置，避免备用电源投合在故障母线上扩大为全所停电事故。

(3) 具备条件时，调相机专用负荷优先采用由所用变压器低压侧直接支接供电的方式。

四、所用电接线实例

(1) 330kV、2×240MVA变电所所用电接线见图3-36。由主变压器低压侧35kV母线引接两台

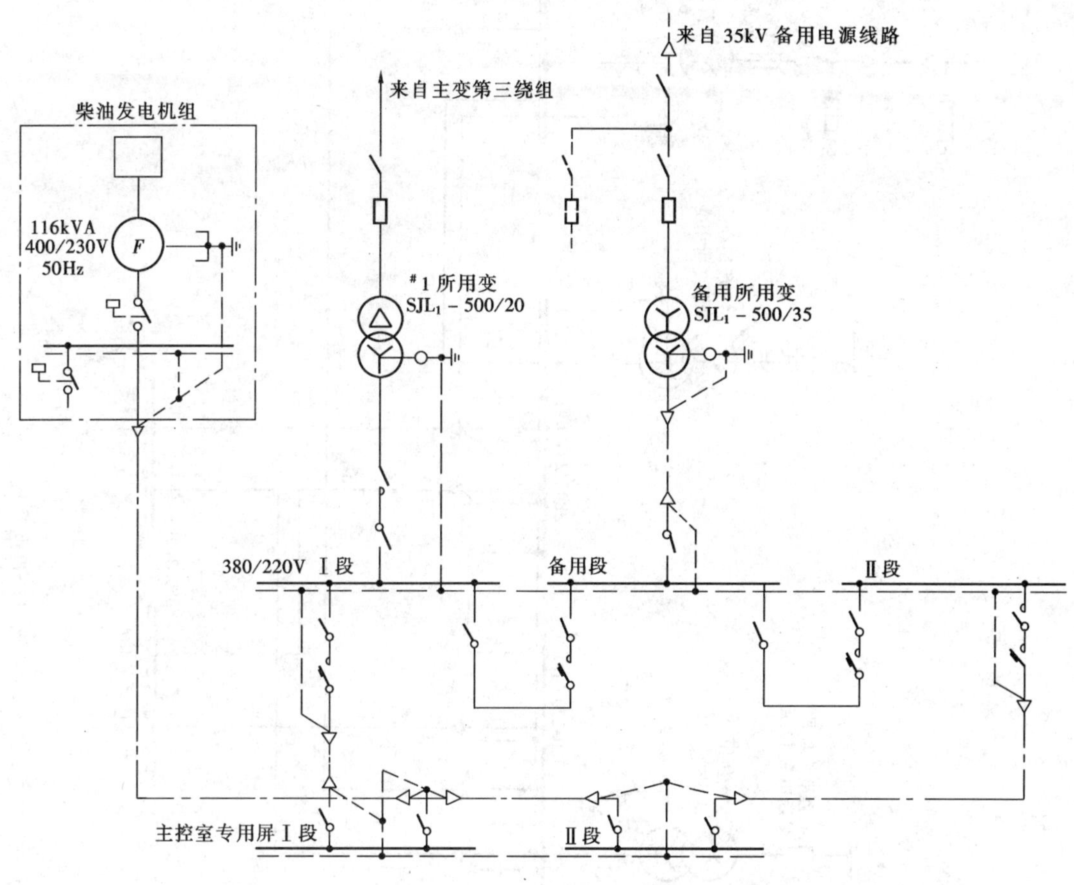

图3-37　500kV、1×750MVA变电所所用电接线

500kVA所用变压器（初期设一台主变压器时，安装一台所用变压器）。保留一台施工用变压器作为所用备用变压器，电源由附近某变电所10kV母线引来。不考虑工作变压器和备用变压器并列运行。在各主要车间设置专用屏，通过双投刀开关由Ⅰ（或Ⅱ）段所用母线上引接电源。

（2）500kV、1×750MVA变电所所用电接线见图3-37。所用工作变压器高压侧接在主变压器第三绕组上（电压20kV），所用备用电源则由35kV线路T接。在一期工程时，两台所用变压器互为备用；在安装第二台主变压器的同时后，也安装第二台所用工作变压器，并接至第二段所用母线。所用备用变压器则恢复其作为专用备用电源的功能。

（3）500kV、2×500MVA变电所的所用工作电源引自主变压器低压侧，备用电源引自所外35kV线路。当一期工程安装一台主变压器时，考虑到在#1所用变压器及其进线上设备检修的同时，备用所用变压器又发生故障的严重情况，设置一台200kW柴油发电机作为事故保安电源［图3-38（*a*）］。在安装第二台主变压器和增设#2所用变压器后，柴油发电机即行拆除［图3-38（*b*）］。

（4）在220kV分部已先投运的变电所内扩建500kV、750MVA主变压器时，需对原有的所用电接线做相应的修改和补充。

变电所220kV部分已安装两台500kVA、10/0.4kV所用变压器，分别接在220kV #1主变压器10kV侧和所外10kV线路上。扩建500kV、750MVA主变压器一台时，增设第三台所用变压器（750kVA），接在500kV主变压器35kV侧无功补偿装置分段断路器的后面，通过50kA额定遮断电流的SF_6断路器和两组隔离开关分别接到35kV两段母线上。380V所用母线分成两段运行，正常由#1和#3所用变压器供电，#2所用变压器作备用。全所三台所用变压器的电源分别由500kV、220kV和10kV三个不同电压等级的系

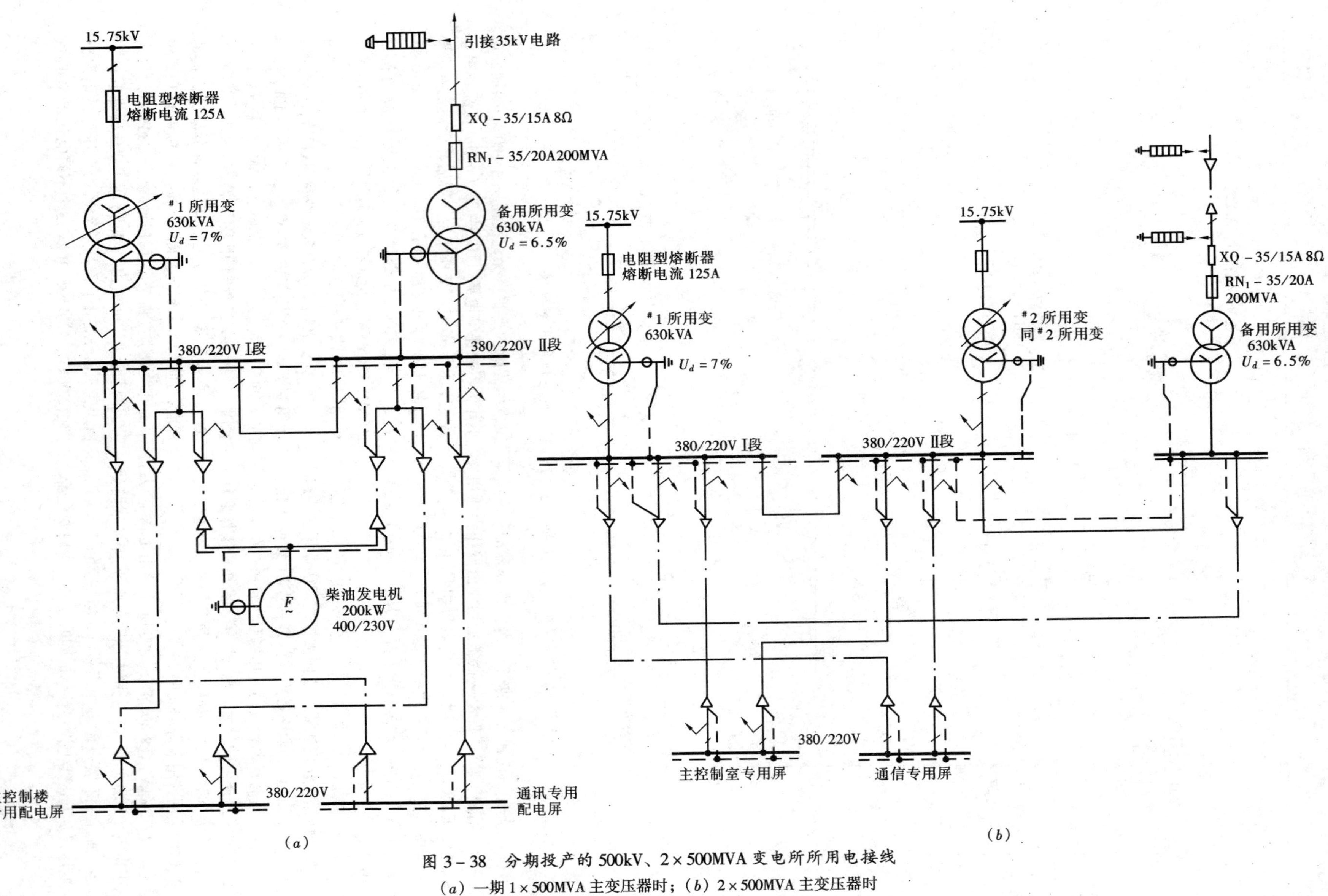

图 3－38　分期投产的 500kV、2×500MVA 变电所所用电接线

(a) 一期 1×500MVA 主变压器时；(b) 2×500MVA 主变压器时

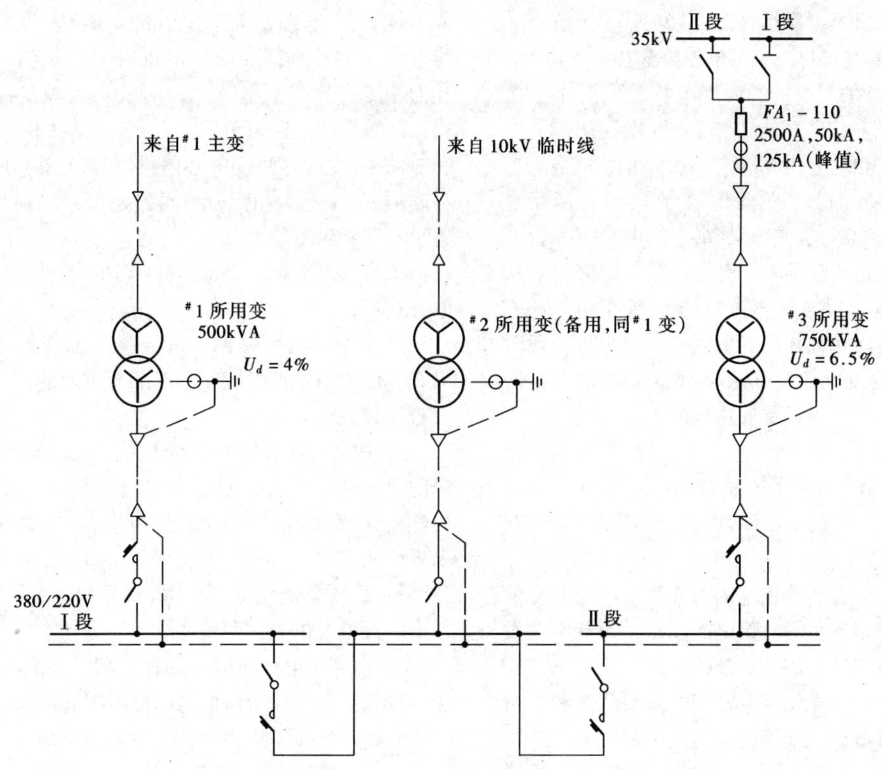

图3-39　扩建后的500kV变电所所用电接线之一

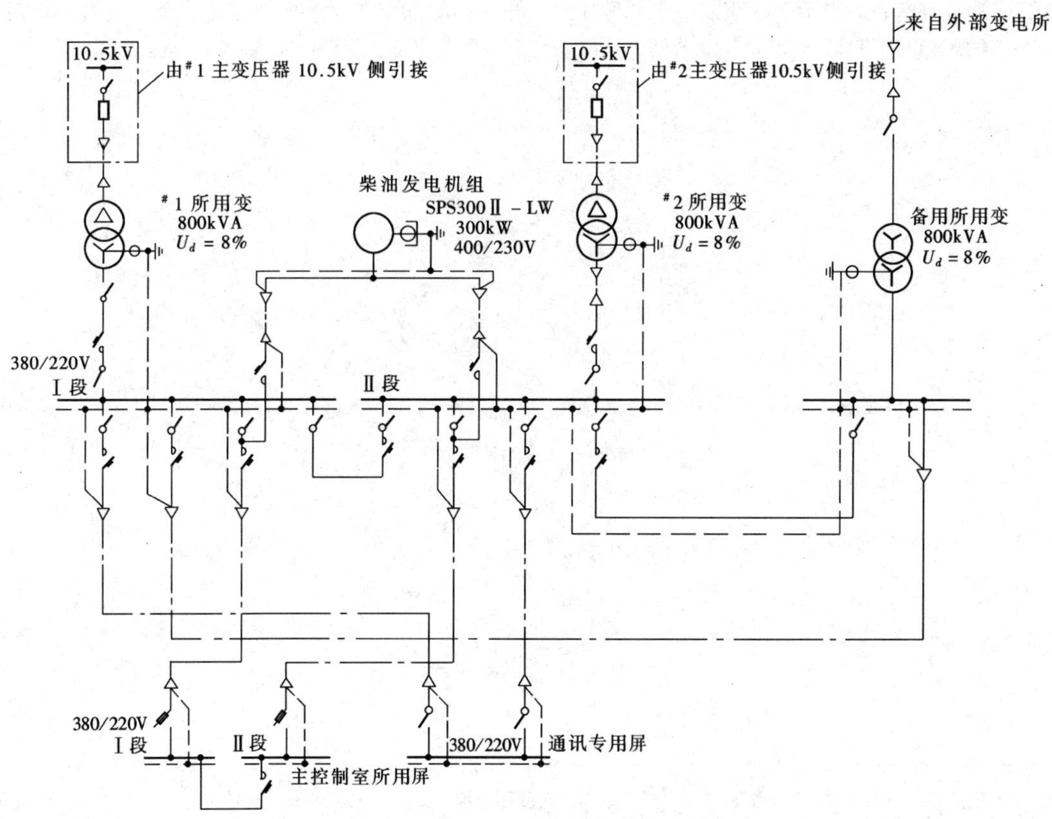

图3-40　扩建后的500kV变电所所用电接线之二

统取得，提高了供电可靠性（图3－39）。

（5）另一座在220kV基础上扩建500kV、2×750MVA主变压器的变电所的所用电接线见图3－40。原有220kV部分安装的两台180kVA所用变压器，电源系从附近的110kV变电所10kV母线用两回路电缆引来。扩建500kV部分后，除将两台180kVA所用变压器更换为两台800kVA变压器外，并将其中一台改由#1主变压器10kV侧供电。增加第三台同容量的所用变压器，接在#2主变压器10kV侧。保留由外部变电所供电的一台所用变压器为备用电源。另外，设置一台300kW柴油发电机组作为事故保安电源，与两段所用母线连接，不另设保安母线段。

附录3－1 高层建筑物的供电方式

为了保证高层建筑物供电的可靠性，一般应设两个供电电源，并根据负荷对供电的要求，设置柴油发电机组作为事故保安电源。其接线方式如下：

（1）负荷重要、安装容量较大的高层建筑物，由两个高压电源供电，就地修建降压变电所❶。

附图3－1为某23层宾馆的供电系统图。两段10kV母线正常分列运行，当一个电源或一回电缆故障时，另一电源或电缆可承担全部负荷。若两个电源停电或两回电缆故障，800kW柴油发电机自起动（≤40s），向特别重要的负荷供电。低压供电系统按动力和照明分开供电考虑，两者均为单母线分段方式。馈线采用放射树干式，引到各楼层的配电箱。附图3－2为某电力调度中心的供电接线图，接线原则与附图3－1基本相同，不同的是根据负荷要求，设置了不间断供电装置。

（2）负荷重要、安装容量较小时，可采用下列供电方式：

1）两回电源线接两台降压变压器，低压侧为单母线，设或不设自投装置，或部分重要的配电箱之间设自投装置；

2）两回电源线接一台降压变压器，两回高压电源间设自动或手动切换装置，低压侧为单母线，并以刀开关分为两个半段，变压器和柴油发电机分别与一个半段相连接；

3）由两个低压电源供电，动力与照明分开，分别由一段母线供电，两段母线间设自动空气开关；

4）由高压电源引进一回路，经一台降压变压器和一段低压母线向负荷供电，另由附近的低压网络引进一回路与低压母线相连，作为备用电源。

（3）当高层建筑物（20层以下）仅能从电网取得一个电源时，应设置柴油发电机组作为备用电源，以保证电梯、水泵等重要负荷的用电。

---

❶ 当变电所位于地下室时，变压器一般用干式，高压侧进线用电缆，低压开关柜可采用抽屉式，低压配电线从柜顶部引出，采用电缆桥架明敷。

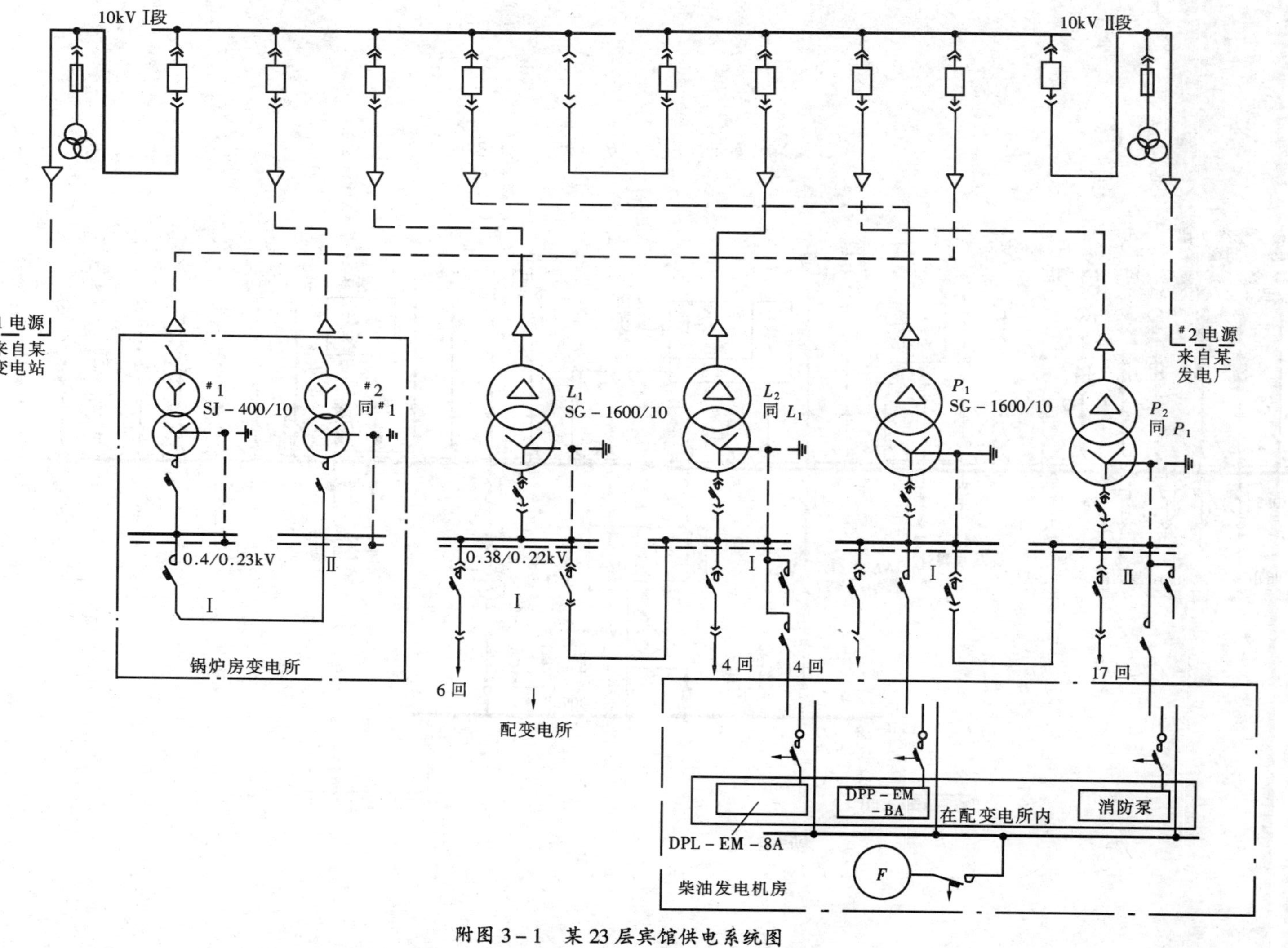

附图3-1 某23层宾馆供电系统图

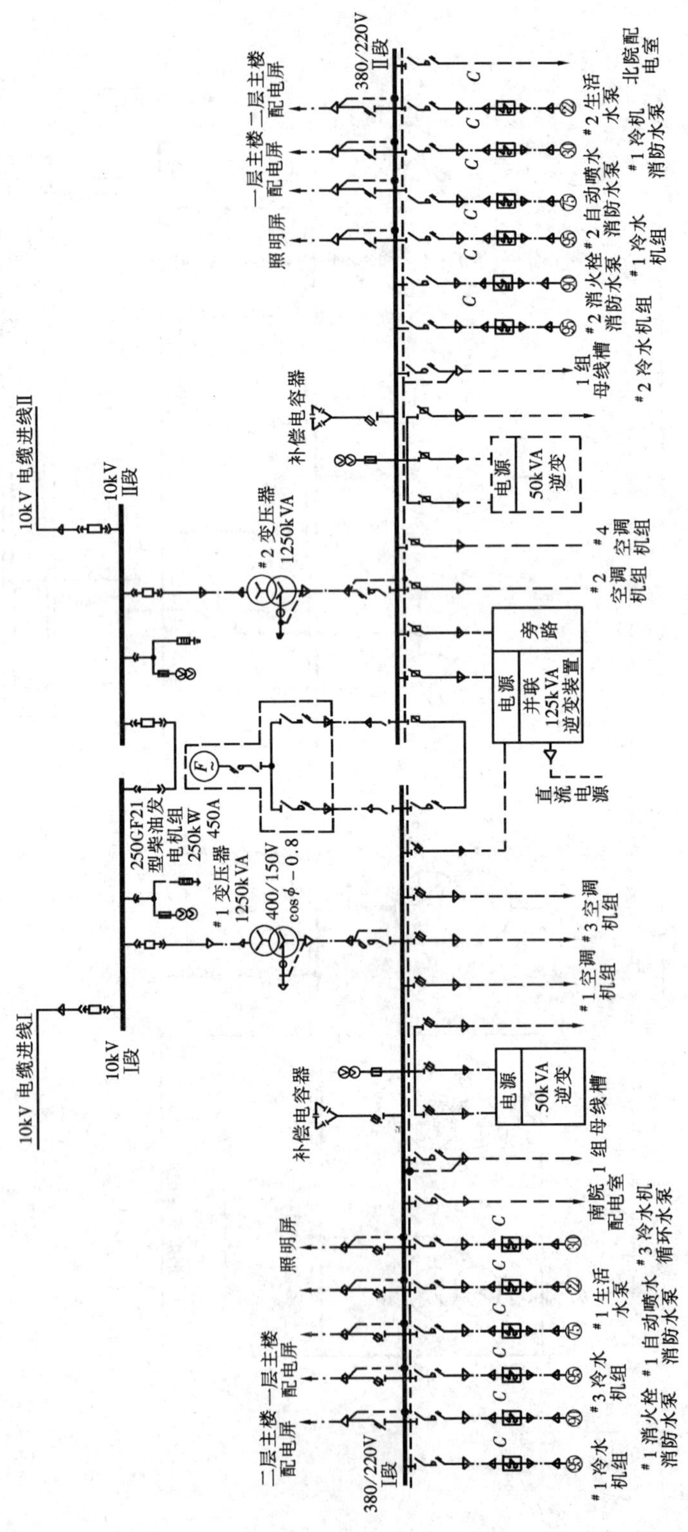

附图 3-2　某电力调度中心供电接线图

第四章

短路电流计算

编者　弋东方　　校者　刘重祺　　审者　袁季修

本章所述短路电流计算的目的是：

(1)电气主接线比选。

(2)选择导体和电器。

(3)确定中性点接地方式。

(4)计算软导线的短路摇摆。

(5)确定分裂导线间隔棒的间距。

(6)验算接地装置的接触电压和跨步电压。

(7)选择继电保护装置和进行整定计算。

本章所述之运算曲线法适用于工程实用计算。有条件时，可利用电子计算机进行短路电流的数值计算。

第4－1节　电力系统短路电流计算条件

一、基本假定

短路电流实用计算中，采用以下假设条件和原则：

(1)正常工作时，三相系统对称运行。

(2)所有电源的电动势相位角相同。

(3)系统中的同步和异步电机均为理想电机，不考虑电机磁饱和、磁滞、涡流及导体集肤效应等影响；转子结构完全对称；定子三相绕组空间位置相差120°电气角度。

(4)电力系统中各元件的磁路不饱和，即带铁芯的电气设备电抗值不随电流大小发生变化。

(5)电力系统中所有电源都在额定负荷下运行，其中50%负荷接在高压母线上，50%负荷接在系统侧。

(6)同步电机都具有自动调整励磁装置(包括强行励磁)。

(7)短路发生在短路电流为最大值的瞬间。

(8)不考虑短路点的电弧阻抗和变压器的励磁电流。

(9)除计算短路电流的衰减时间常数和低压网络的短路电流外，元件的电阻都略去不计。

(10)元件的计算参数均取其额定值，不考虑参数的误差和调整范围。

(11)输电线路的电容略去不计。

(12)用概率统计法制定短路电流运算曲线。

二、一般规定

(1)验算导体和电器动稳定、热稳定以及电器开断电流所用的短路电流，应按本工程的设计规划容量计算，并考虑电力系统的远景发展规划(一般为本期工程建成后5～10年)。

确定短路电流时，应按可能发生最大短路电流的正常接线方式，而不应按仅在切换过程中可能并列运行的接线方式。

(2)选择导体和电器用的短路电流，在电气连接的网络中，应考虑具有反馈作用的异步电动机的影响和电容补偿装置放电电流的影响。

(3)选择导体和电器时，对不带电抗器回路的计算短路点，应选择在正常接线方式时短路电流为最大的地点。

对带电抗器的6～10kV出线与厂用分支线回路，除其母线与母线隔离开关之间隔板前的引线和套管的计算短路点应选择在电抗器前外，其余导体和电器的计算短路点一般选择在电抗器后。

(4)导体和电器的动稳定、热稳定以及电器的开断电流，一般按三相短路验算。若发电机出口的两相短路，或中性点直接接地系统及自耦变压器等回路中的单相、两相接地短路较三相短路严重时，则应按严重情况计算。

三、限流措施

电力系统可以采取的限流措施：

(1)提高电力系统的电压等级。

(2)直流输电。

(3)在电力系统的主网加强联系后，将次级电网解环运行。

(4)在允许的范围内，增大系统的零序阻抗，例如采用不带第三绕组或第三绕组为Y接线的全星形自耦变压器、减少变压器的接地点等。

发电厂和变电所中可以采取的限流措施：

(1) 发电厂中，在发电机电压母线分段回路中安装电抗器。

(2) 变压器分裂运行。

(3) 变电所中，在变压器回路中装设分裂电抗器或电抗器。

(4) 采用低压侧为分裂绕组的变压器。

(5) 出线上装设电抗器。

第4-2节 电路元件参数的计算

一、基准值计算

高压短路电流计算一般只计及各元件（即发电机、变压器、电抗器、线路等）的电抗，采用标么值计算。为了计算方便，通常取基准容量 S_j = 100MVA 或 S_j = 1000MVA，基准电压 U_j 一般取用各级的平均电压，即

$$U_j = U_P = 1.05U_e \tag{4-1}$$

式中 U_P——平均电压；

U_e——额定电压。

当基准容量 S_j（MVA）与基准电压 U_j（kV）选定后，基准电流 I_j（kA）与基准电抗 X_j（Ω）便已决定：

基准电流 $$I_j = \frac{S_j}{\sqrt{3}U_l} \tag{4-2}$$

基准电抗 $$X_j = \frac{U_j}{\sqrt{3}I_j} = \frac{U_j^2}{S_j} \tag{4-3}$$

常用基准值如表4-1所示。

表4-1 常用基准值（S_j = 100MVA）

基准电压 U_j（kV）	3.15	6.3	10.5	15.75	18	37	63	115	162	230	345	525
基准电流 I_j（kA）	18.33	9.16	5.50	3.67	3.21	1.56	0.916	0.502	0.356	0.251	0.167	0.11
基准电抗 X_j（Ω）	0.0992	0.397	1.10	2.48	3.24	13.7	39.7	132	262	529	1190	2756

二、各元件参数标么值的计算

电路元件的标么值为有名值与基准值之比，计算公式如下：

$$U_* = \frac{U}{U_j} \tag{4-4}$$

$$S_* = \frac{S}{S_j} \tag{4-5}$$

$$I_* = \frac{I}{I_j} = I\frac{\sqrt{3}U_j}{S_j} \tag{4-6}$$

$$X_* = \frac{X}{X_j} = X\frac{S_j}{U_j^2} \tag{4-7}$$

采用标么值后，相电压和线电压的标么值是相同的，单相功率和三相功率的标么值也是相同的，某些物理量还可以用标么值相等的另一些物理量来代替，如 $I_* = S_*$。

电抗标么值和有名值的变换公式如表4-2所示。

表4-2中各元件的标么值可由附表4-1～附表4-26中查得。

从某一基值容量 S_{1j} 的标么值化到另一基值容量 S_{2j} 的标么值：

$$X_{*2} = X_{*1}\frac{S_{2j}}{S_{1j}} \tag{4-8}$$

从某一基值电压 U_{1j} 的标么值化到另一基值电压 U_{2j} 的标么值：

$$X_{*2} = X_{*1}\frac{U_{1j}^2}{U_{2j}^2} \tag{4-9}$$

从已知系统短路容量 S''_d，求该系统的组合电抗标么值：

$$X_* = \frac{S_j}{S''_d} \tag{4-10}$$

各类元件的电抗平均值如表4-3所示。

三、变压器及电抗器的等值电抗计算

三绕组变压器、自耦变压器、分裂变压器及分裂电抗器的等值电抗计算公式如表4-4所示。

三绕组变压器的容量组合有100/100/100，100/100/50及100/50/100三种方案，自耦变压器也有后两种组合方案。通常，制造单位提供的三绕组变压器的电抗已经归算到以额定容量为基准的数值。但对于自耦变压器有时却未归算，在使用时应予注意。如果制造单位提供的是未经归算的数值，则其高低、中低绕组的电抗应乘以自耦变压器额定容量对低压绕组容量

表4-2　**电抗标么值和有名值的变换公式**

序号	元件名称	标么值	有名值(Ω)	备注
1	发电机 调相机 电动机	$X''_{d*}=\frac{X''_d\%}{100}\times\frac{S_j}{P_e/\cos\varphi}$	$X''_d=\frac{X''_d\%}{100}\times\frac{U_j^2}{P_e/\cos\varphi}$	$X''_d\%$为电机次暂态电抗百分值。P_e系指电机额定容量，单位为MW
2	变压器	$X_{*d}=\frac{U_d\%}{100}\times\frac{S_j}{S_e}$	$X_d=\frac{U_d\%}{100}\times\frac{U_e^2}{S_e}$	$U_d\%$为变压器短路电压的百分值。 S_e系指最大容量绕组的额定容量，单位为MVA
3	电抗器	$X_{*k}=\frac{X_k\%}{100}\times\frac{U_e}{\sqrt{3}I_e}\times\frac{S_j}{U_j^2}$	$X_k=\frac{X_k\%}{100}\times\frac{U_e}{\sqrt{3}I_e}$	$X_k\%$为电抗器的百分电抗值，分裂电抗器的自感电抗计算方法与此相同。I_e单位为kA
4	线路	$X_*=X\frac{S_j}{U_j^2}$	$X=0.145\lg\frac{D}{0.789r}$ $D=\sqrt[3]{d_{ab}d_{ac}d_{cb}}$	r——导线半径(cm)； D——导线相间的几何均距(cm)； d——相间距离

注　U_j和U_e实际为设备本身电压，单位为kV。

表4-3　**各类元件的电抗平均值**

序号	元件名称		电抗平均值			备注
			X''_j或X_1(%)	X_2(%)	X_0(%)	
1	无阻尼绕组的水轮发电机		29.0	45.0	11.0	国产机
2	有阻尼绕组的水轮发电机		21.0	21.5	9.5	
3	容量为50MW及以下的汽轮发电机		14.5	17.5	7.5	
4	100MW及125MW的汽轮发电机		17.5	21.0	8.0	
5	200MW的汽轮发电机		14.5	17.5	8.5	
6	300MW的汽轮发电机		17.2	19.8	8.4	
7	同步调相机		16.0	16.5	8.5	
8	同步电动机		15.0	16.0	8.0	
9	异步电动机		20.0			
10	6~10kV三芯电缆		$X_1=X_2=0.08\Omega/km$		$X_0=0.35X_1$	
11	20kV三芯电缆		$X_1=X_2=0.11\Omega/km$		$X_0=0.35X_1$	
12	35kV三芯电缆		$X_1=X_2=0.12\Omega/km$		$X_0=3.5X_1$	
13	110kV和220kV单芯电缆		$X_1=X_2=0.18\Omega/km$		$X_0=(0.8\sim1.0)X_1$	
14	无避雷线的架空输电线路	单回路	单导线 $X_1=X_2=0.4\Omega/km$, 双分裂导线 $X_1=X_2=0.31\Omega/km$, 四分裂导线 $X_1=X_2=0.29\Omega/km$		$X_0=3.5X_1$	
15		双回路			$X_0=5.5X_1$	系每回路值
16	有钢质避雷线的架空输电线路	单回路			$X_0=3X_1$	
17		双回路			$X_0=4.7X_1$	系每回路值
18	有良导体避雷线的架空输电线路	单回路			$X_0=2X_1$	
19		双回路			$X_0=3X_1$	系每回路值

注　X_1——正序电抗；X_2——负序电抗；X_0——零序电抗。

表 4-4　三绕组变压器、自耦变压器、分裂绕组变压器及分裂电抗器的等值电抗计算公式

<table>
<tr><th colspan="2">名称</th><th>接线图</th><th>等值电抗</th><th>等值电抗计算公式</th><th>符号说明</th></tr>
<tr><td rowspan="2">双绕组变压器</td><td rowspan="2">低压侧有两个分裂绕组</td><td rowspan="2">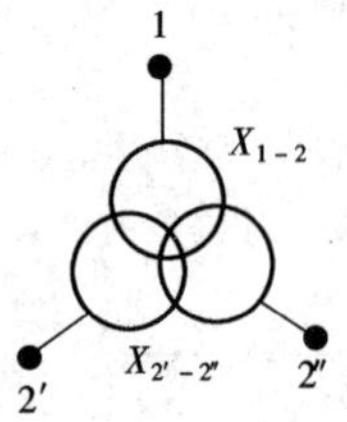
</td><td>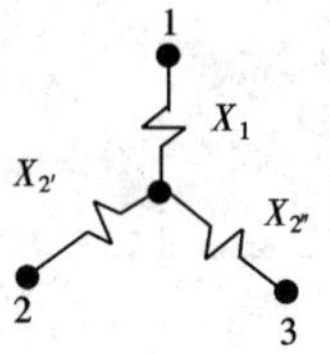
</td><td>低压绕组分裂
$X_1 = X_{1-2} - \frac{1}{4}X_{2'-2''}$
$X_{2'} = X_{2''} = \frac{1}{2}X_{2'-2''}$</td><td rowspan="2">$X_{1-2}$—高压绕组与总的低压绕组间的穿越电抗；
$X_{2'-2''}$—分裂绕组间的分裂电抗</td></tr>
<tr><td>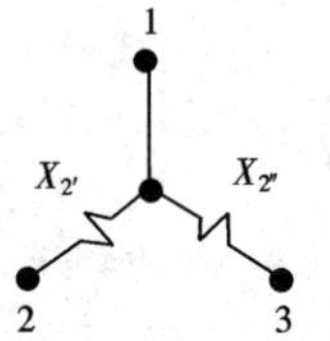
</td><td>普通单相变压器低压两个绕组分别引出使用
$X_1 = 0$
$X_{2'} = X_{2''} = 2X_{1-2}$</td></tr>
<tr><td>三绕组变压器</td><td rowspan="2">不分裂绕组</td><td>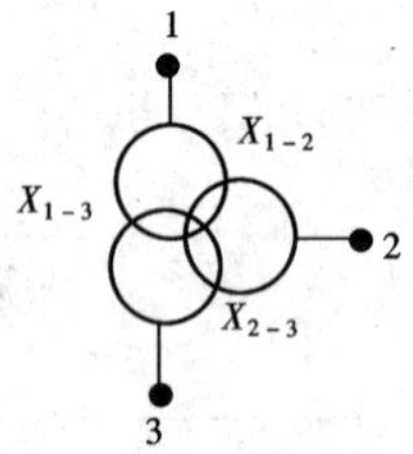
</td><td rowspan="2">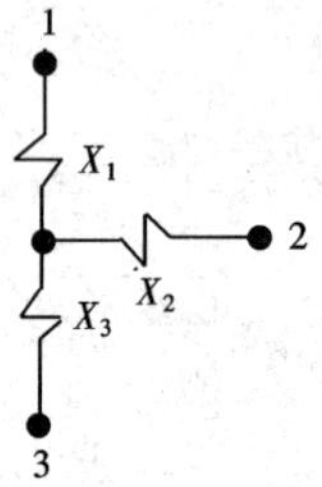
</td><td rowspan="2">$X_1 = \frac{1}{2}(X_{1-2} + X_{1-3} - X_{2-3})$
$X_2 = \frac{1}{2}(X_{1-2} + X_{2-3} - X_{1-3})$
$X_3 = \frac{1}{2}(X_{1-3} + X_{2-3} - X_{1-2})$</td><td rowspan="2"></td></tr>
<tr><td>自耦变压器</td><td>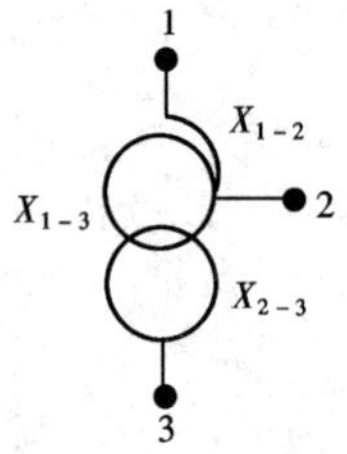
</td></tr>
<tr><td>三绕组变压器</td><td rowspan="2">低压侧有两个分裂绕组</td><td>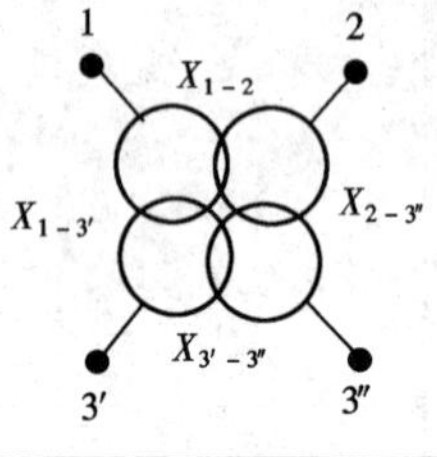
</td><td rowspan="2">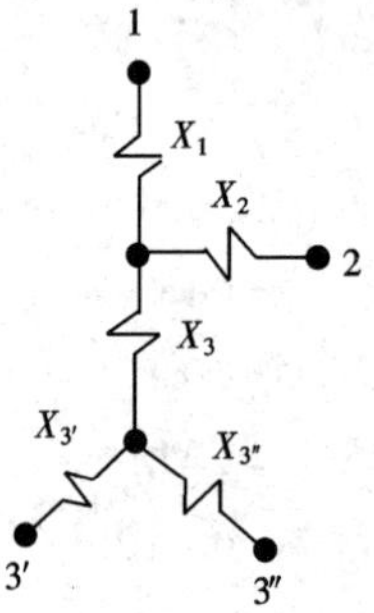
</td><td rowspan="2">$X_1 = \frac{1}{2}(X_{1-2} + X_{1-3'} - X_{2-3'})$
$X_2 = \frac{1}{2}(X_{1-2} + X_{2-3''} - X_{1-3''})$
$X_3 = \frac{1}{2}(X_{1-3'} + X_{2-3'} - X_{1-2} - X_{3'-3''})$
$X_{3'} = X_{3''} = \frac{1}{2}X_{3'-3''}$</td><td rowspan="2">$X_{1\text{-}2}$—高中压绕组间的穿越电抗；
$X_{3'-3''}$—分裂绕组间的分裂电抗；
$X_{1-3'} = X_{1-3''}$—高压绕组与分裂绕组间的穿越电抗；
$X_{2-3'} = X_{2-3''}$—中压绕组与分裂绕组间的穿越电抗</td></tr>
<tr><td>自耦变压器</td><td>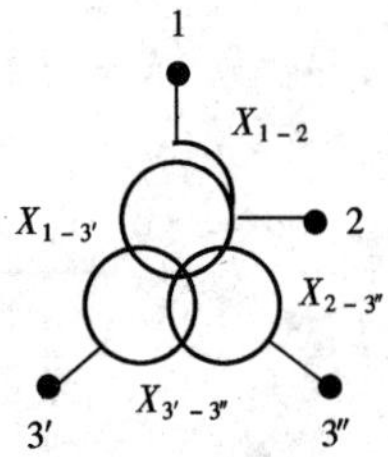
</td></tr>
<tr><td>分裂电抗器</td><td>仅由一臂向另一臂供给电流</td><td>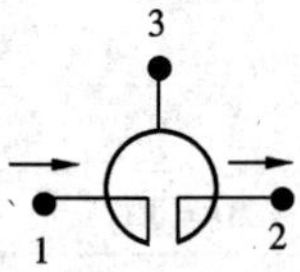
</td><td>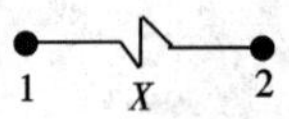
</td><td>$X = 2X_k(1 + f_0)$</td><td>X_k—其中一个分支的电抗</td></tr>
</table>

续表

名称		接线图	等值电抗	等值电抗计算公式	符号说明
分裂电抗器	由中间向两臂或由两臂向中间供给电流			$X_1=X_2=X_k\ (1-f_0)$ （两臂电流相等）	f_0—互感系数＝0.4～0.6； X_3—互感电抗
	由中间和一臂同时向另一臂供给电流			$X_1=X_2=X_k\ (1+f_0)$ $X_3=-X_kf_0$	

的比值。

普通电抗器的电抗由每相的自感决定，等值电路用自身的电抗表示。由于电抗器的绕组间的互感很小，可看作 $X_0=X_1=X_2$。分裂电抗器是在绕组中部有一个抽头，将绕组分成匝数相等的两部分。由于电磁交链，将使分裂电抗器在不同的工作状态下呈现不同的电抗值，计算时应根据运行方式和短路点的位置，选择计算公式。

第4－3节　网　络　变　换

一、网络变换基本公式

网络变换基本方法的公式如表4－5所示。

二、常用网络电抗变换公式

常用网络电抗变换的简明公式如表4－6所示。

三、网络的简化

（一）对称网络的简化

在网络简化中，对短路点具有局部对称或全部对称的网络，同电位的点可以短接，其间的电抗可以略去。

例如，在图4－1中，如果 F_1 与 F_2、B_1 与 B_2 相同，那么计算 d_1 与 d_2 点短路电流时，A 点和 B 点具有相同的电位。因此完全可以将 F_1 与 F_2、B_1 与 B_2 并联，将电抗器 K 的电抗 X_K 视为零，将 A、B 两点直接短接。

（二）并联电源支路的合并

如图4－2的并联电源支路可按下式进行合并：

$$\left.\begin{aligned}E_z&=\frac{E_1Y_1+E_2Y_2+E_3Y_3+\cdots+E_nY_n}{Y_1+Y_2+Y_3+\cdots+Y_n}\\X_z&=\frac{1}{Y_1+Y_2+Y_3+\cdots+Y_n}\end{aligned}\right\}\quad(4-11)$$

如果只有两个电源支路，则

$$\left.\begin{aligned}E_z&=\frac{E_1X_2+E_2X_1}{X_1+X_2}\\X_z&=\frac{X_1X_2}{X_1+X_2}\end{aligned}\right\}\quad(4-12)$$

式中　E_z——合成电势；

X_z——合成电抗；

Y_1、Y_2、$\cdots Y_n$——各并联分支回路的电纳，分别为各并联分支回路电抗 X_1、$X_2\cdots X_n$ 的倒数。

（三）合成电抗的分解

若需从总的合成电抗 X_z 中分出某一电抗 X_1，则其余各电抗的合成电抗 X_{z-1}（见图4－3）按下式计算：

$$X_{z-1}=\frac{X_1X_z}{X_1-X_z}\quad(4-13)$$

（四）分布系数

求得短路点到各电源间的总组合电抗以后，为了求出短路点到各电源的转移电抗及网络内电流分布，可利用分布系数 c。将短路处的总电流当作单位电流，则可求得每支路中电流对单位电流的比值，这些比值称为分布系数，用符号 c_1、$c_2\cdots c_n$ 代表。

任一电源 n 和短路点 K 间的转移电抗 X_{nd}，可由该电源的分布系数 c_n 和网络的总组合电抗 X_Σ 来决定：

表 4-5 网络变换基本方法的公式

序号	变换名称	变换符号	变换前的网络	变换后的网络	变换后网络元件的阻抗	变换前网络中的电流分布
1	串 联	+	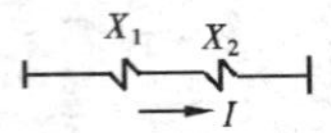	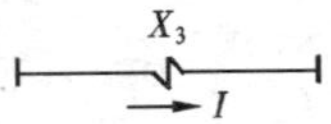	$X_{\Sigma}=X_1+X_2+\cdots\cdots+X_n$	$I_1=I_2=\cdots\cdots=I_n=I$
2	并 联	∥	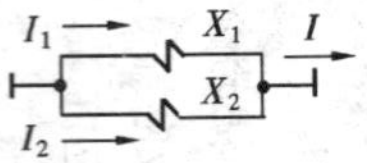	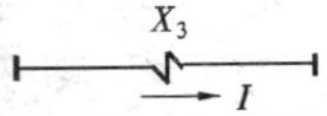	$X_{\Sigma}=\dfrac{1}{\dfrac{1}{X_1}+\dfrac{1}{X_2}+\cdots\cdots+\dfrac{1}{X_n}}$ 当只有两支时 $X_{\Sigma}=\dfrac{X_1X_2}{X_1+X_2}$	$I_n=I\dfrac{X_{\Sigma}}{X_n}=IC_n$
3	三角形变成等值星形	△/Y	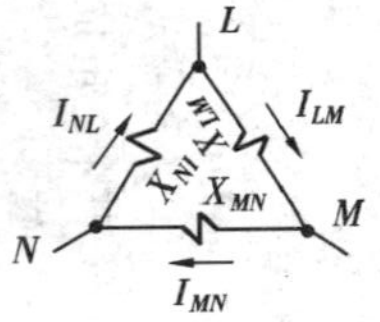	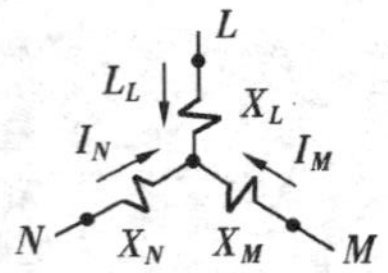	$X_L=\dfrac{X_{LM}X_{NL}}{X_{LM}+X_{MN}+X_{NL}}$ $X_M=\dfrac{X_{LM}X_{MN}}{X_{LM}+X_{MN}+X_{NL}}$ $X_N=\dfrac{X_{MN}X_{NL}}{X_{LM}+X_{MN}+X_{NL}}$	$I_{LM}=\dfrac{I_LX_L-I_MX_M}{X_{LM}}$ $I_{MN}=\dfrac{I_MX_M-I_NX_N}{X_{MN}}$ $I_{NL}=\dfrac{I_NX_N-I_LX_L}{X_{NL}}$
4	星形变成等值三角形	Y/△	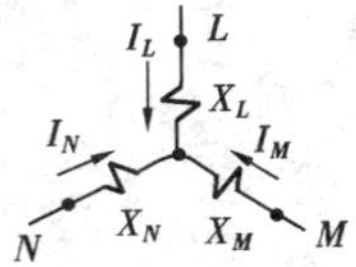	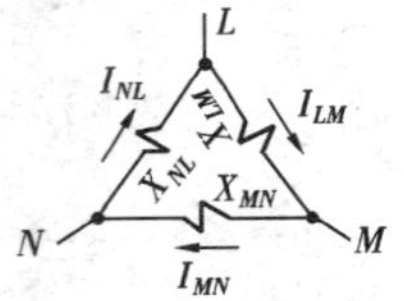	$X_{LM}=X_L+X_M+\dfrac{X_LX_M}{X_N}$ $X_{MN}=X_M+X_N+\dfrac{X_MX_N}{X_L}$ $X_{NL}=X_N+X_L+\dfrac{X_NX_L}{X_M}$	$I_L=I_{LM}-I_{NL}$ $I_M=I_{MN}-I_{LM}$ $I_N=I_{NL}-I_{MN}$
5	四角形变成有对角线的四边形	+/⊕	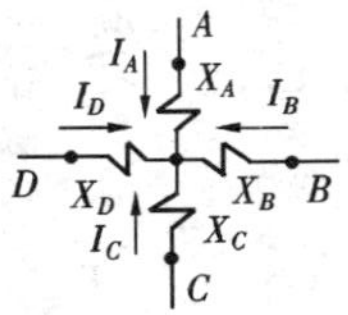	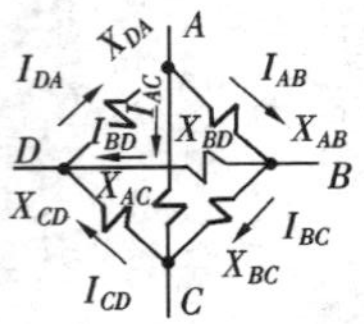	$X_{AB}=X_AX_B\Sigma Y$ $X_{BC}=X_BX_C\Sigma Y$ $X_{AC}=X_AX_C\Sigma Y$ …………………… 式中 $\Sigma Y=\dfrac{1}{X_A}+\dfrac{1}{X_B}+\dfrac{1}{X_C}+\dfrac{1}{X_D}$	$I_A=I_{AC}+I_{AB}-I_{DA}$ $I_B=I_{BD}+I_{BC}-I_{AB}$ ……………………

续表

序号	变换名称	变换前的网络	变换后的网络	变换后网络元件的阻抗	变换前网络中的电流分布
6	有对角线的四边形变换为四角形，满足下列条件时：$y_{AB}y_{CD}=y_{AC}y_{BD}-y_{AD}y_{BC}$		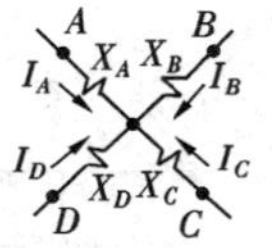	$X_A=\dfrac{1}{\dfrac{1}{X_{AB}}+\dfrac{1}{X_{AC}}+\dfrac{1}{X_{DA}}+\dfrac{X_{BD}}{X_{AB}X_{DA}}}$ $X_B=\dfrac{1}{\dfrac{1}{X_{AB}}+\dfrac{1}{X_{BC}}+\dfrac{1}{X_{BD}}+\dfrac{X_{AC}}{X_{AB}X_{BC}}}$ $X_C=\dfrac{1}{1+\dfrac{X_{AB}}{X_{BC}}+\dfrac{X_{AB}}{X_{BD}}+\dfrac{X_{AC}}{X_{BC}}}$ $X_D=\dfrac{1}{1+\dfrac{X_{AB}}{X_{AC}}+\dfrac{X_{AB}}{X_{AD}}+\dfrac{X_{BD}}{X_{AD}}}$	$I_{AB}=\dfrac{I_AX_A-I_BX_B}{X_{AB}}$ $I_{CB}=\dfrac{I_CX_C-I_BX_B}{X_{BC}}$ …………
7	有对角线的四边形变换为等值网络，满足下列条件时：$y_{AB}y_{CD}=y_{AC}y_{BD}$	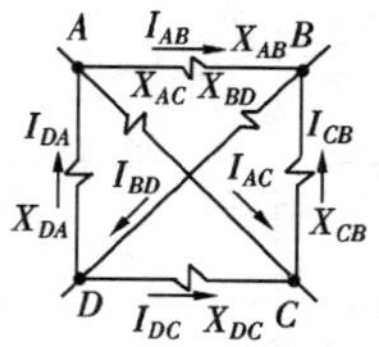	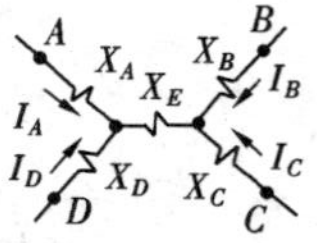	计算 X_A、X_B、X_C、X_D 的公式同上 $X_E=\left(\dfrac{X_{AC}X_{BD}}{X_{AD}X_{BC}}-1\right)\times\dfrac{X_{AB}}{\left(1+\dfrac{X_{AB}}{X_{BC}}+\dfrac{X_{AB}}{X_{BD}}+\dfrac{X_{AC}}{X_{BC}}\right)\left(1+\dfrac{X_{AB}}{X_{AC}}+\dfrac{X_{AB}}{X_{AD}}+\dfrac{X_{BD}}{X_{AD}}\right)}$	$I_{AB}=\dfrac{I_A(X_A+X_E)-I_BX_B+I_DX_E}{X_{AB}}$ $I_{DG}=\dfrac{I_D(X_D+X_E)+I_AX_E-I_CX_G}{X_{DC}}$ $I_{CB}=\dfrac{I_CX_C-I_BX_B}{X_{BC}}$；$I_{DA}=\dfrac{I_DX_D-I_AX_A}{X_{DA}}$ $I_{AC}=\dfrac{I_A(X_A+X_E)-I_CX_C+I_DX_E}{X_{AC}}$ $I_{BD}=\dfrac{I_BX_B-I_AX_E-I_D(X_D+X_E)}{X_{BD}}$
8	一般条件下，由有对角线的四边形变换为等值网络		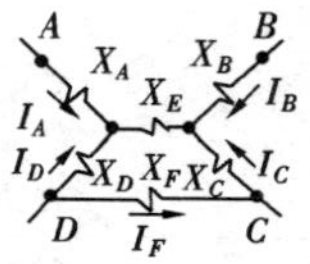	计算 X_A、X_B、X_C、X_D 及 X_E 的公式同上 $X_F=\dfrac{1}{\dfrac{1}{X_{CD}}-\dfrac{X_{AB}}{X_{AC}X_{BD}}}$	计算 I_{AB}、I_{CB}、I_{DA}、I_{AC} 及 I_{BD} 的公式同上 $I_{DC}=\dfrac{I_FX_F}{X_{DC}}$

表 4-6

常用网络阻抗变换的简明公式

序号	变换前的网络	变换后的网络	变换后网络元件的阻抗	适用结线图实例
1	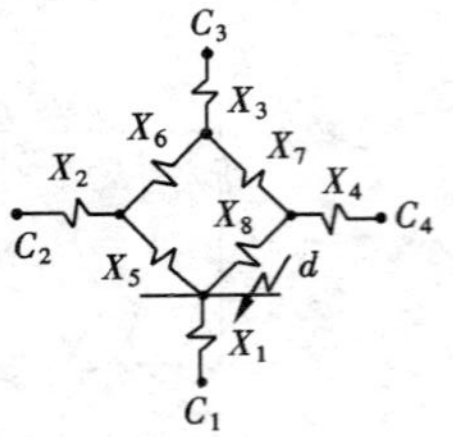	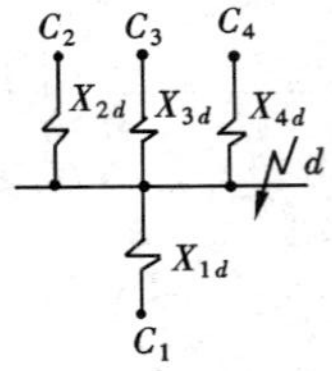	$X_{1d}=X_1$ $X_{2d}=\dfrac{Y_1}{X_6+\dfrac{X_2X_5}{Y_1\Sigma Y}+\dfrac{X_4X_5}{Y_2\Sigma Y}}$ $X_{3d}=\dfrac{X_3X_5}{\dfrac{X_2X_5}{Y_1\Sigma Y}+\dfrac{X_4X_5}{Y_2\Sigma Y}}$ $X_{4d}=\dfrac{Y_2}{X_7+\dfrac{X_2X_8}{Y_1\Sigma Y}+\dfrac{X_4X_8}{Y_2\Sigma Y}}$ 式中： $Y_1=X_2X_6+X_5X_6+X_2X_5$ $Y_2=X_4X_7+X_7X_8+X_4X_8$ $\Sigma Y=\dfrac{1}{X_3}+\dfrac{X_2+X_5}{Y_1}+\dfrac{X_4+X_8}{Y_2}$	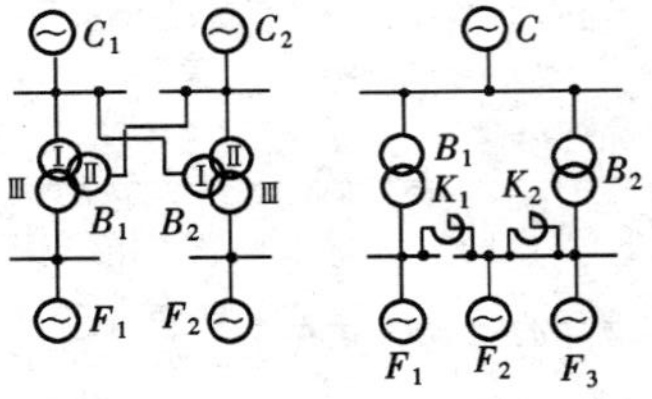 注：1. 三卷变压器的 $U_{d\mathrm{III}}\%=0$ 2. 对以上接线图任一母线短路均可采用
2	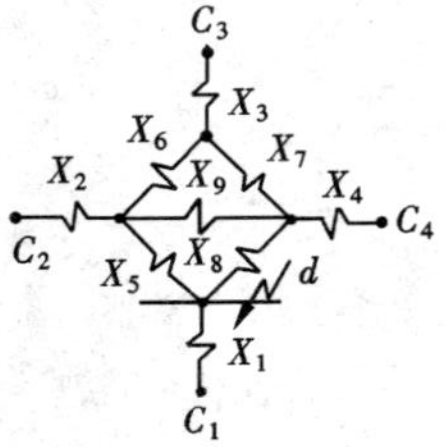	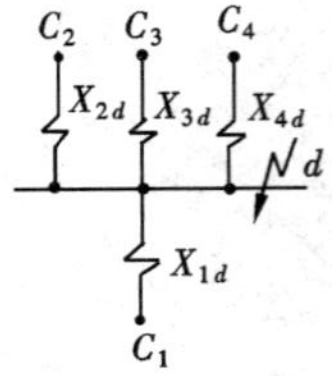	$X_{1d}=X_1$ $X_{2d}=\dfrac{Y_1}{\dfrac{X_5X_9}{Y_3}+\dfrac{X_2X_5}{Y_1\Sigma Y}+\dfrac{X_4X_5}{Y_2\Sigma Y}}$ $X_{3d}=\dfrac{X_3Y_3+X_6X_7}{Y_3\left(\dfrac{X_2}{Y_1\Sigma Y}+\dfrac{X_4}{Y_2\Sigma Y}\right)}$ $X_{4d}=\dfrac{Y_2}{\dfrac{X_7X_9}{Y_3}+\dfrac{X_2X_8}{Y_1\Sigma Y}+\dfrac{X_4X_8}{Y_2\Sigma Y}}$ 式中： $Y_1=\dfrac{X_2X_6X_9}{Y_3}+\dfrac{X_5X_5X_9}{Y_3}+X_2X_5$ $Y_2=\dfrac{X_4X_7X_9}{Y_3}+\dfrac{X_7X_8X_9}{Y_3}+X_4X_8$ $Y_3=X_6+X_7+X_9$ $\Sigma Y=\dfrac{Y_3}{X_3Y_3+X_6X_7}+\dfrac{X_2+X_5}{Y_1}+\dfrac{X_4+X_8}{Y_2}$	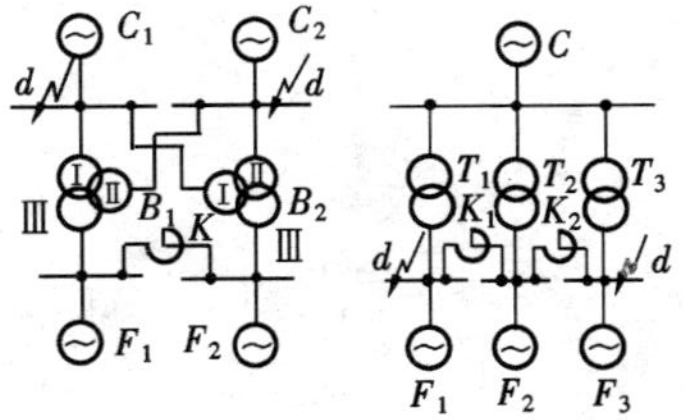 注：三卷变压器的 $U_{d\mathrm{III}}\%=0$

续表

序号	变换前的网络	变换后的网络	变换后网络元件的阻抗	适用结线图实例
3	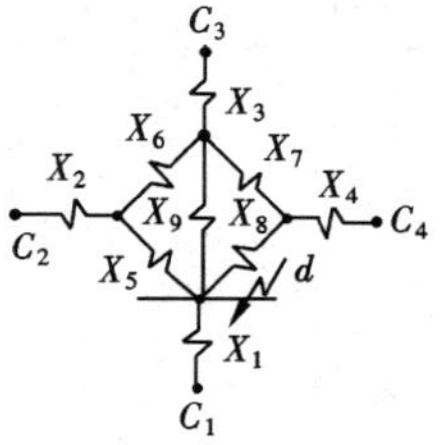	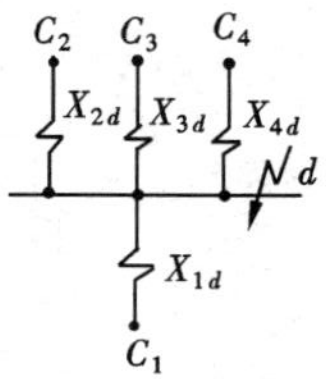	$X_{1d}=X_1$ $X_{2d}=\dfrac{Y_1}{X_6+\dfrac{X_5}{X_9\Sigma Y}+\dfrac{X_2X_5}{Y_1\Sigma Y}+\dfrac{X_4X_5}{Y_2\Sigma Y}}$ $X_{3d}=\dfrac{X_3X_5}{\dfrac{X_5}{X_9\Sigma Y}+\dfrac{X_2X_5}{Y_1\Sigma Y}+\dfrac{X_4X_5}{Y_2\Sigma Y}}$ $X_{4d}=\dfrac{Y_2}{X_7+\dfrac{X_8}{X_9\Sigma Y}+\dfrac{X_2X_8}{Y_1\Sigma Y}+\dfrac{X_4X_8}{Y_2\Sigma Y}}$ 式中： $Y_1=X_2X_6+X_6X_5+X_2X_5$ $Y_2=X_4X_7+X_7X_8+X_4X_8$ $\Sigma Y=\dfrac{1}{X_3}+\dfrac{1}{X_9}+\dfrac{X_2+X_5}{Y_1}+\dfrac{X_4+X_8}{Y_2}$	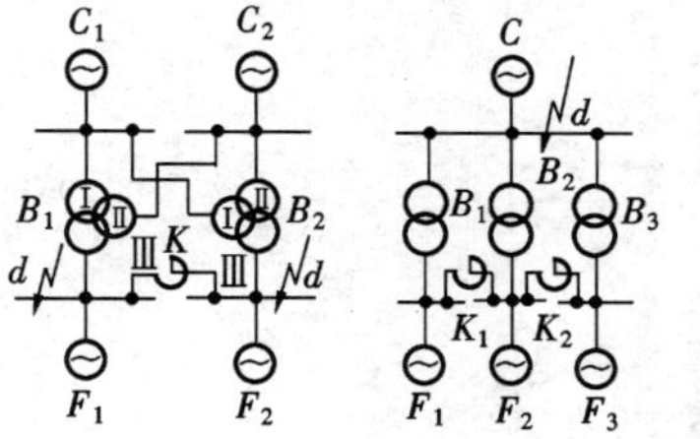 注：三卷变压器的 $U_{d\text{Ⅲ}}\%=0$
4	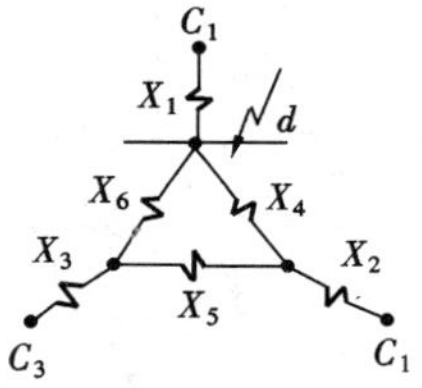	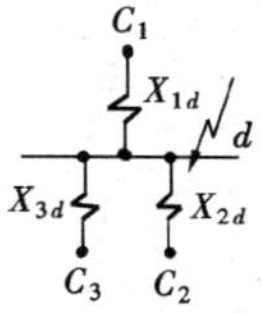	$X_{1d}=X_1$ $X_{2d}=X_2+\dfrac{X_4(X_5+X_6)}{Y_1}+\dfrac{X_4X_6(X_4X_5+Y_1X_2)}{(Y_1X_3+X_5X_6)Y_1}$ $X_{3d}=X_3+\dfrac{X_6(X_4+X_5)}{Y_1}+\dfrac{X_4X_6(X_6X_5+Y_1X_2)}{(Y_1X_2+X_4X_5)Y_1}$ 式中： $Y_1=X_4+X_5+X_6$	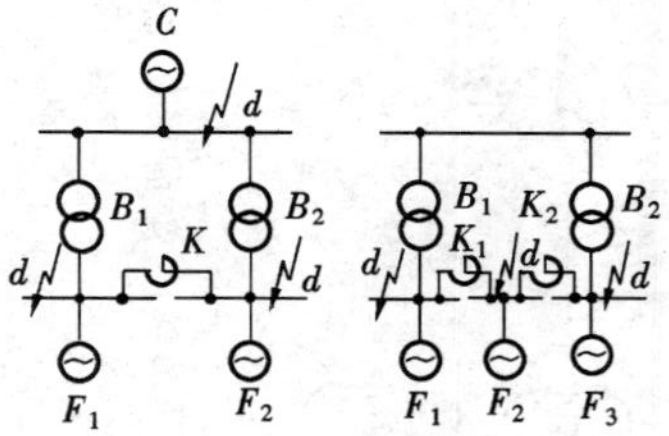

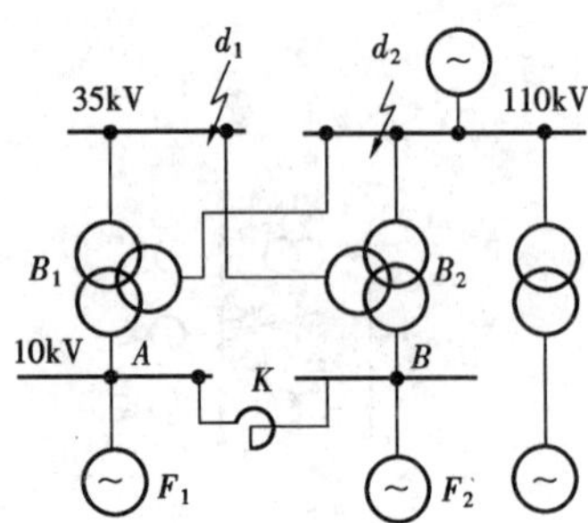

图 4-1 对称网络示例

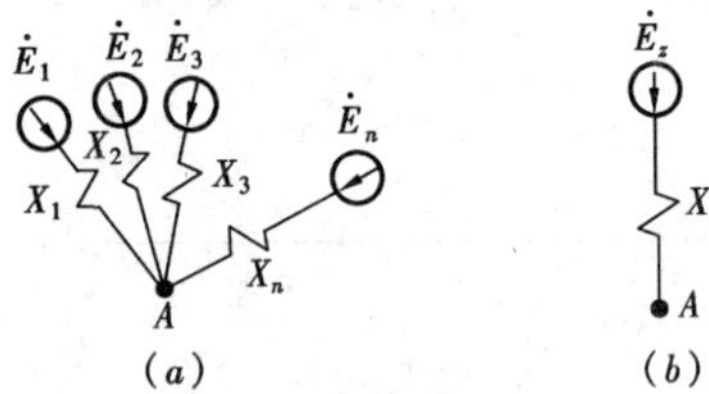

图 4-2 并联电源支路合并示图

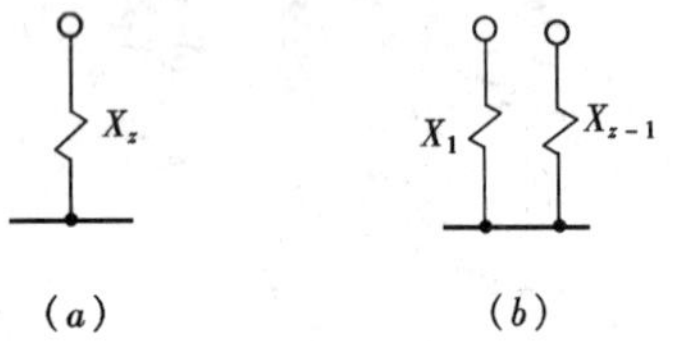

图 4-3 合成阻抗分解示图

$$X_{nd}=\frac{X_{\Sigma}}{c_n} \tag{4-14}$$

任一电源供给的短路电流 I_z，也可由该电源的分布系数 c_n 和短路点的总短路电流 I_d 来决定：

$$I_z=c_nI_d \tag{4-15}$$

现以图 4-4 为例，说明如下：

$$X_4=\frac{X_1X_2}{X_1+X_2}$$

$$X_{\Sigma}=X_3+X_4=X_3+\frac{X_1X_2}{X_1+X_2}$$

$$c_1=\frac{X_4}{X_1}=\frac{X_2}{X_1+X_2}$$

$$c_2=\frac{X_4}{X_2}=\frac{X_1}{X_1+X_2}$$

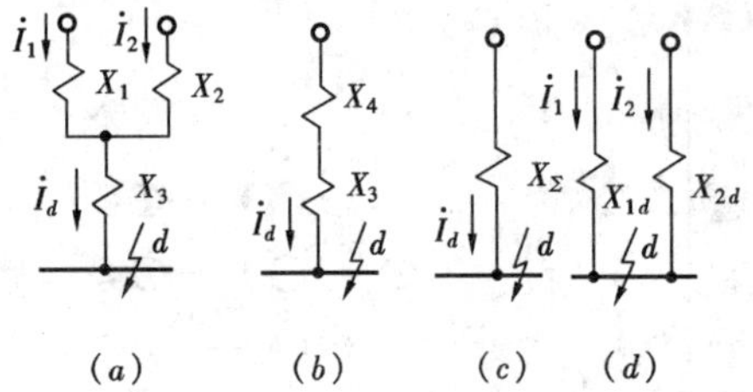

(a) (b) (c) (d)

图 4-4 求分布系数示图

则
$$X_{1d}=\frac{X_{\Sigma}}{c_1}\qquad I_1=c_1I_d$$

$$X_{2d}=\frac{X_{\Sigma}}{c_2}\qquad I_2=c_2I_d$$

对于一个点，其所有支路的电流分布系数之和为1，这就很容易判别分布系数是否计算正确。

如在此例中：

$$c_1+c_2=\frac{X_2}{X_1+X_2}+\frac{X_1}{X_1+X_2}=\frac{X_1+X_2}{X_1+X_2}=1$$

（五）多支路星形网络化简（ΣY 法）

若各电源点的电势是相等的，即电源点间的转移电抗中将不会有短路电流流过，根据这样的概念，在网络变化中应用由多支路星形变为具有对角线的多角形公式推导出 ΣY 法。即：

$$X_{nd}=X_n\Sigma Y \tag{4-16}$$

在实用计算中，利用式（4-16）及倒数法（即合成电抗为各并联电抗倒数和之倒数）则会使计算极为简便。

以图 4-5 为例，令

$$\left.\begin{aligned}\Sigma Y&=\frac{1}{X_1}+\frac{1}{X_2}+\cdots\cdots+\frac{1}{X_n}+\frac{1}{X}\\ W&=X\Sigma Y\end{aligned}\right\} \tag{4-17}$$

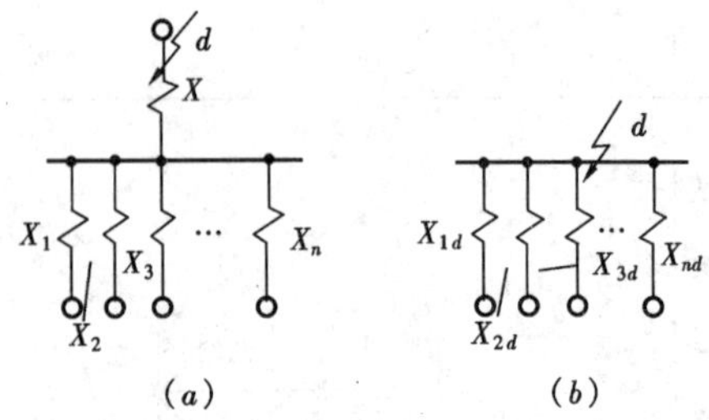

图 4-5 ΣY 法示图

则 $X_{1d}=X_1W\quad X_{2d}=X_2W\quad X_{nd}=X_nW$

（六）等值电源的归并

1. 按个别变化计算

当网络中有几个电源时，可将条件相类似的发电机，按下述情况连接成一组，分别求出至短路点的转移电抗：

（1）同型式，且至短路点的电气距离大致相等的发电机。

（2）至短路点的电气距离较远，即 $X_{js}>1$ 的同一类型或不同类型的发电机。

（3）直接连接于短路点上的同类型发电机。

2．按同一变化计算

当仅计算任意时间 t 的短路电流周期分量 I_{zt}，各电源的发电机型式、参数相同且距短路点的电气距离大致相等时，可将各电源合并为一个总的计算电抗

$$X_{js}=X_{*\Sigma}\frac{S_{e\Sigma}}{S_j} \tag{4-18}$$

则

$$I_{zt}=I_{*zt}I_{e\Sigma} \tag{4-19}$$

式中　$X_{*\Sigma}$——各电源合并后的计算电抗标么值；

I_{*zt}——各电源合并后的 t 秒短路电流周期分量标么值；

$S_{e\Sigma}$——各电源合并后总的额定容量（MVA）；

$I_{e\Sigma}$——各电源合并后总的额定电流（kA）。

第 4－4 节　三相短路电流周期分量计算

一、无限大电源供给的短路电流

当供电电源为无穷大或计算电抗（以供电电源为基准）$X_{js}\geqslant 3$ 时，不考虑短路电流周期分量的衰减，此时：

$$\left.\begin{aligned}
X_{js}&=X_{*\Sigma}\frac{S_e}{S_j}\\
I_{*z}&=I''_{*}=I_{*\infty}=\frac{1}{X_{*\Sigma}}\\
I_z&=\frac{I_e}{X_{js}}=\frac{U_P}{\sqrt{3}X_{\Sigma}}=\frac{I_j}{X_{*\Sigma}}=I''_{*}I_j\\
S''&=\frac{S_e}{X_{js}}=\frac{S_j}{X_{*\Sigma}}=I''S_j
\end{aligned}\right\} \tag{4-20}$$

式中　$X_{*\Sigma}$——电源对短路点的等值电抗标么值；

X_{js}——额定容量 S_e 下的计算电抗；

S_e——电源的额定容量（MVA）；

I_{*z}——短路电流周期分量的标么值；

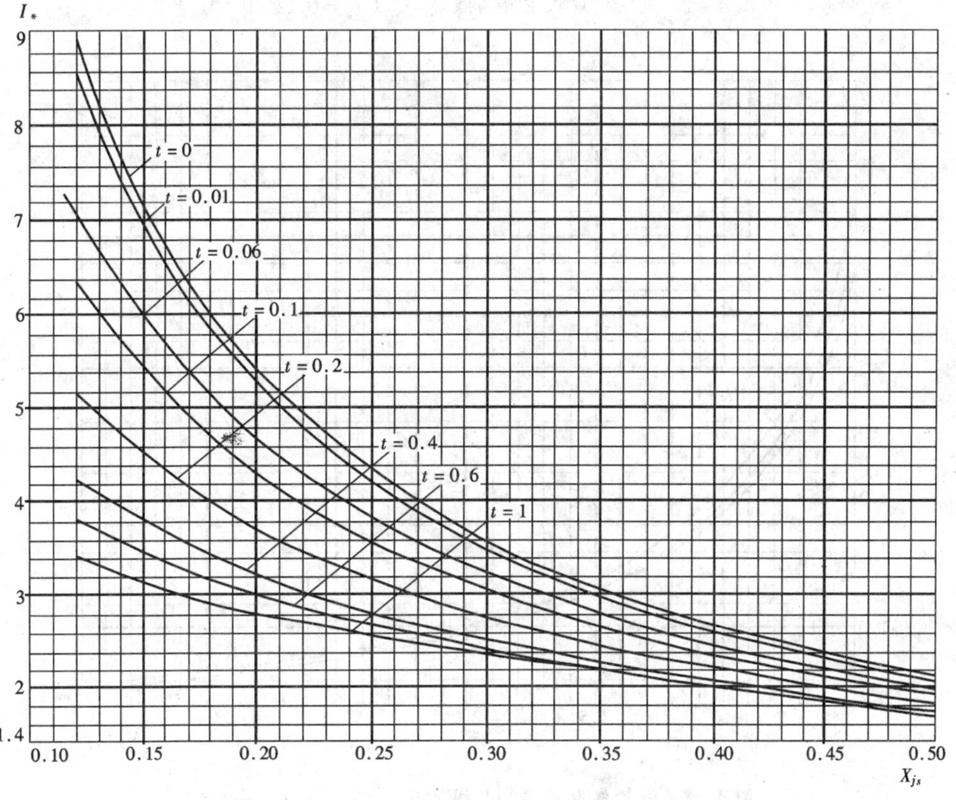

图 4－6　汽轮发电机运算曲线［一］（$X_{js}=0.12\sim0.50$）

I_z——短路电流周期分量的有效值（kA）；

I''_*——0秒短路电流周期分量的标么值；

$I_{*\infty}$——时间为∞短路电流周期分量的标么值；

X_Σ——电源对短路点的等值电抗有名值（Ω）；

I_e——电源的额定电流（kA）；

U_P——电网的平均电压（kV）；

S''——短路容量（MVA）。

上式是忽略了电阻，如果回路总电阻 $R_\Sigma > \frac{1}{3} X_\Sigma$ 时，电阻对短路电流有较大的作用。此时，必须用阻抗的标么值 $Z_{*\Sigma} = \sqrt{X^2_{*\Sigma} + R^2_{*\Sigma}}$ 来代替式（4-20）中的 $X_{*\Sigma}$。

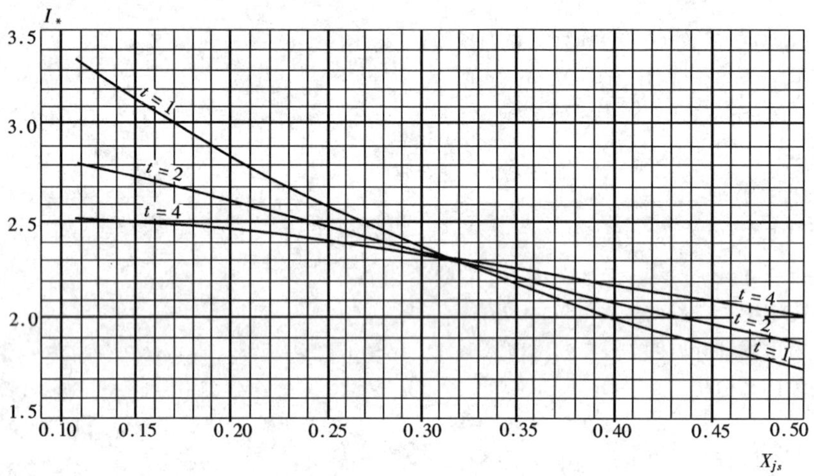

图4-7 汽轮发电机运算曲线［二］（$X_{js}=0.12\sim0.50$）

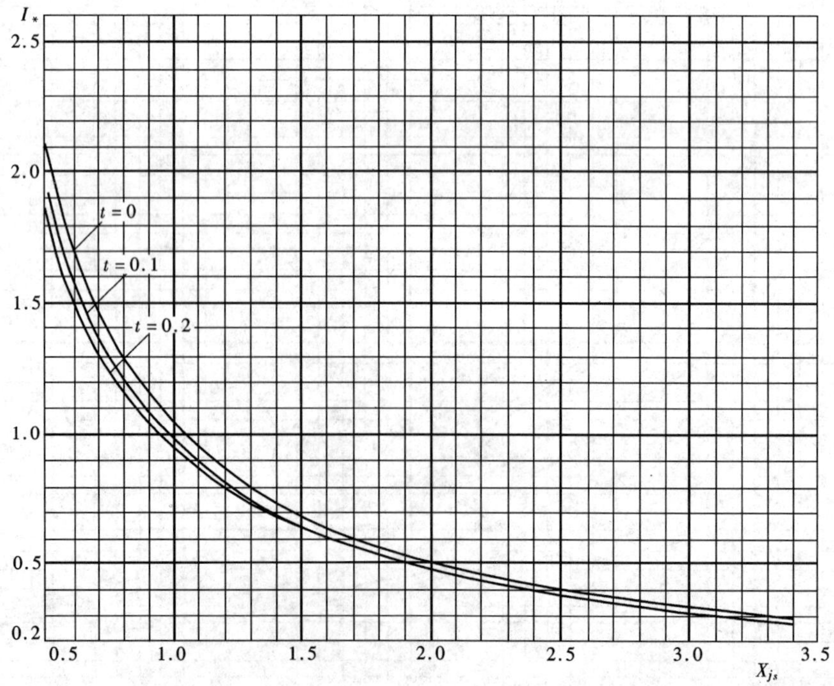

图4-8 汽轮发电机运算曲线［三］（$X_{js}=0.50\sim3.45$）

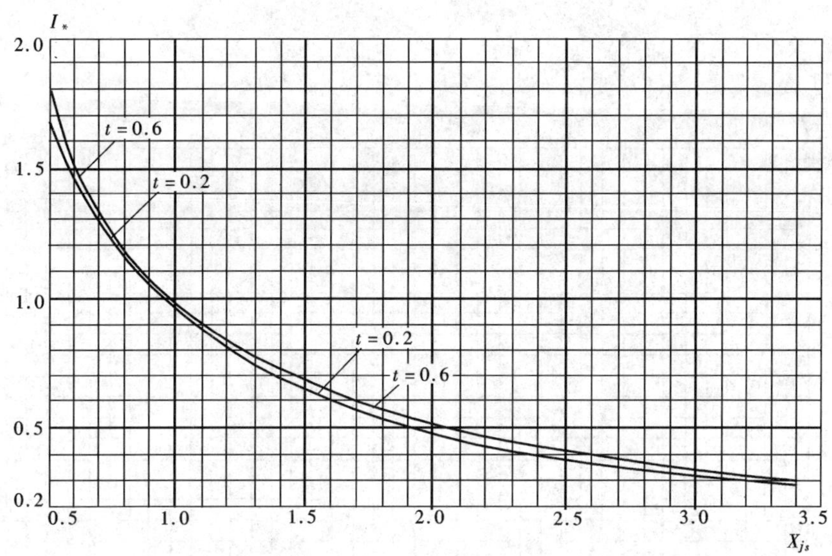

图 4-9　汽轮发电机运算曲线［四］（$X_{js}=0.50\sim3.45$）

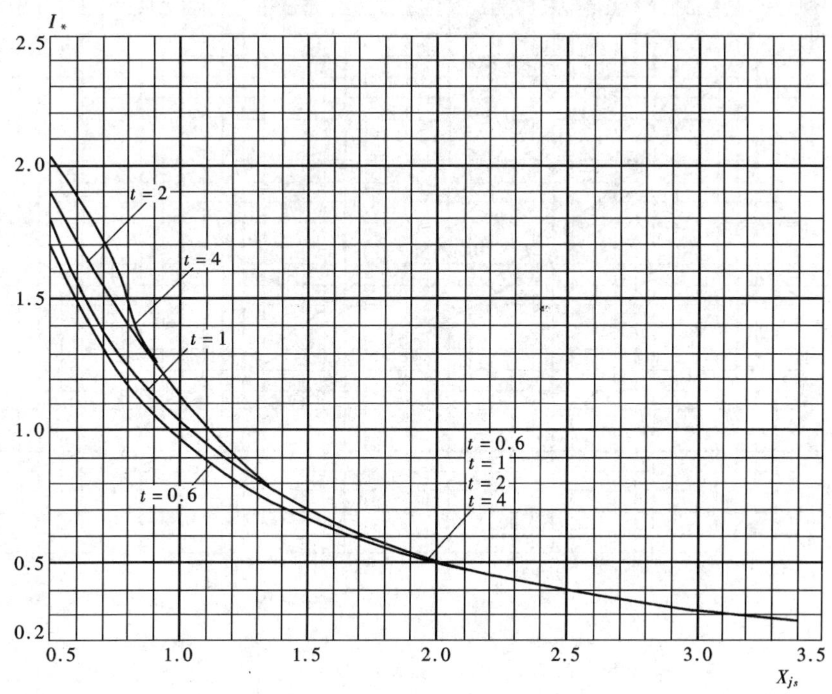

图 4-10　汽轮发电机运算曲线［五］（$X_{js}=0.50\sim3.45$）

二、有限电源供给的短路电流

先将电源对短路点的等值电抗 $X_{*\Sigma}$，归算到以电源容量为基准的计算电抗 X_{js}，然后按 X_{js} 值查相应的发电机运算曲线（图 4-6～图 4-14），或查相应的发电机运算曲线数字表（表 4-7～表 4-10），即可得到短路电流周期分量的标么值 I_*。

这些曲线和数字，是我国近年来的研究成果。它是采集国内 200MW 及以下各种常用机组参数，分析电力系统负荷分布状况，采用概率统计的方法在计算机上得到的结果。这将比用过去的曲线计算出的数值约大 5%～10%。

有名值按下式计算：

$$\left.\begin{aligned} I'' &= I''_* I_e \\ I_{zt} &= I_{*zt} I_e \end{aligned}\right\} \qquad (4-21)$$

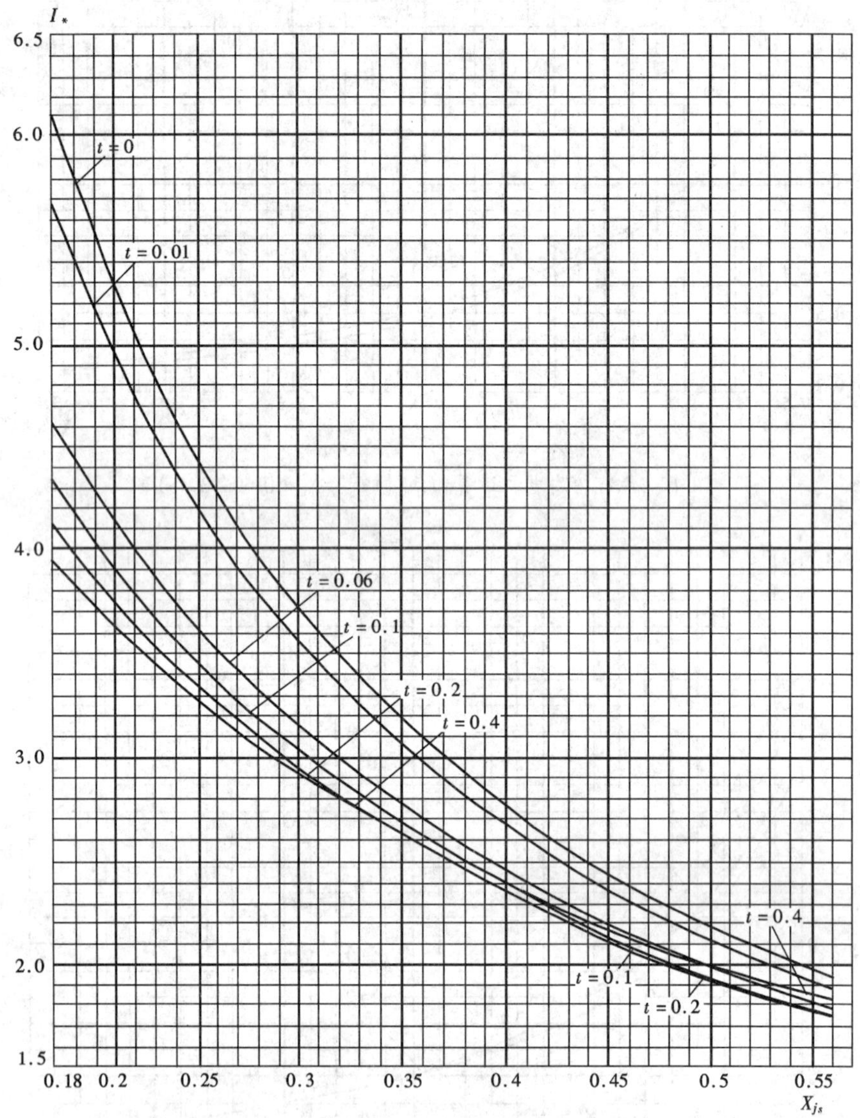

图 4-11 水轮发电机运算曲线［一］（$X_{js}=0.18\sim0.56$）

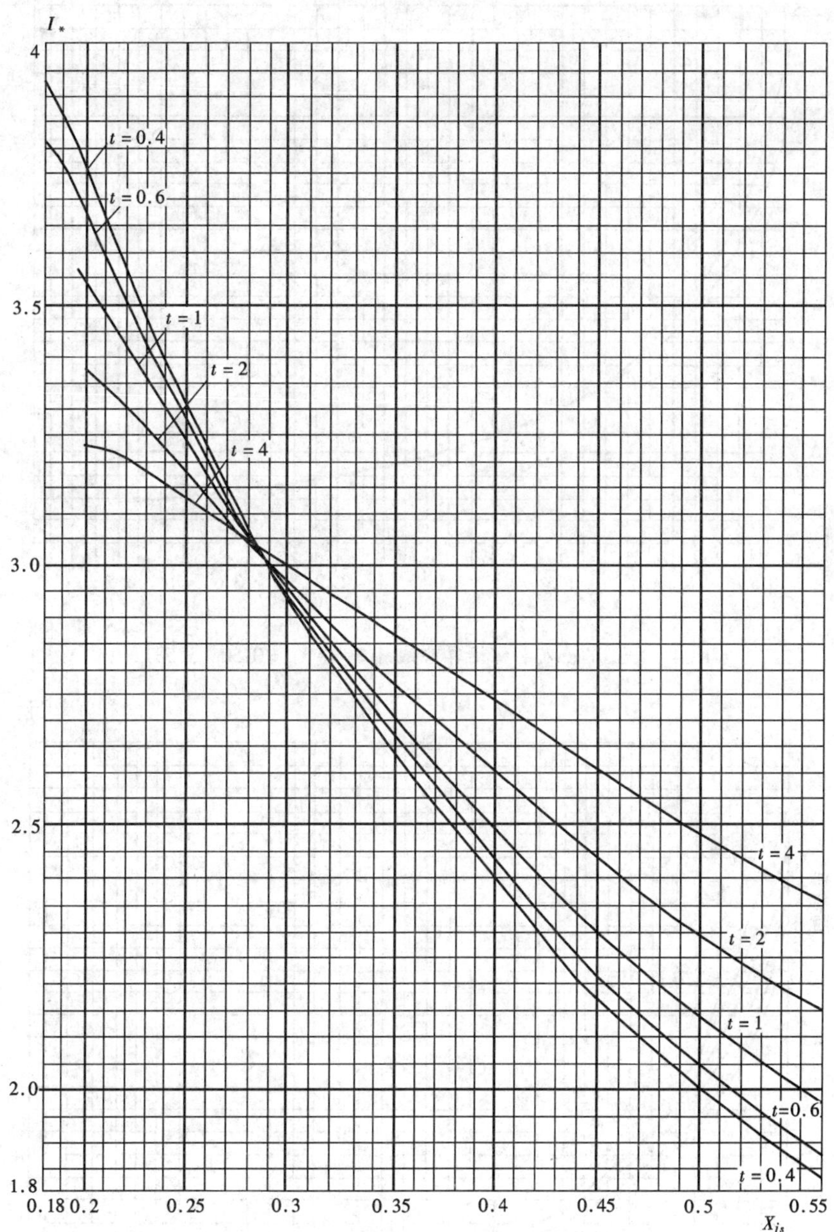

图4-12　水轮发电机运算曲线［二］（$X_{js}=0.18\sim0.56$）

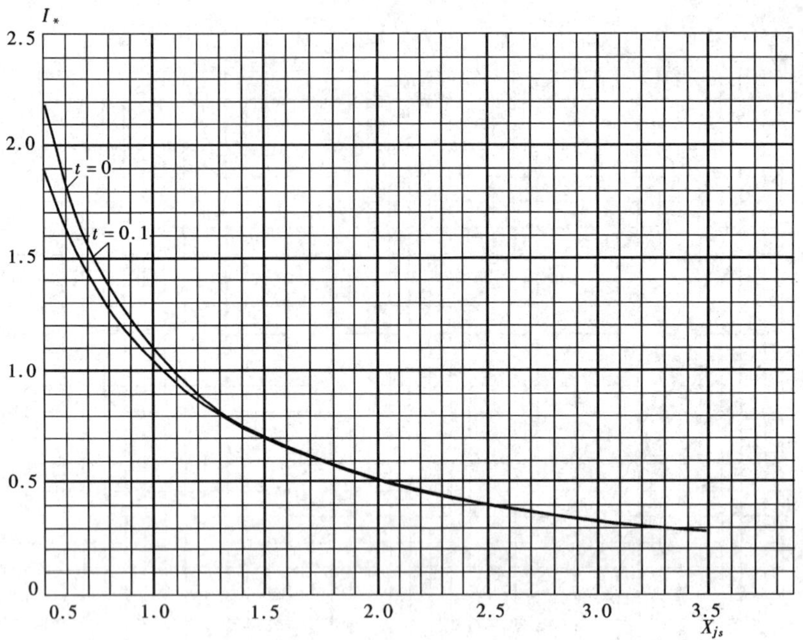

图 4-13 水轮发电机运算曲线［三］（$X_{js}=0.50\sim3.50$）

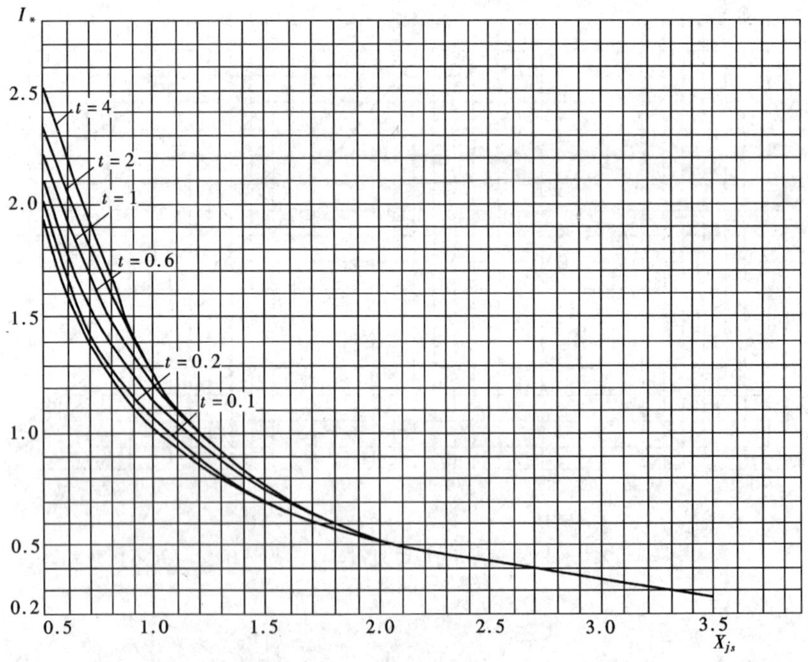

图 4-14 水轮发电机运算曲线［四］（$X_{js}=0.50\sim3.50$）

若发电机的型式和容量不相等，电源归并按同一计算法时，查容量占多数的那种类型的发电机运算曲线。当水轮发电机和汽轮发电机的容量相当时，可分别按两种类型查用曲线，然后取其算术平均值。

在电网中，如果接有同步调相机和同步电动机时，应将其视作附加电源，短路电流的计算方法与发电机相同。

三、有限电源供给短路电流的修正

当电源的发电机参数与制订运算曲线时的标准参数有较大差别，使得计算结果误差超过 5% 时，为提高计算精度，可对周期分量进行修正计算。

（一）时间常数所引起的修正

当 $t \leqslant 0.06$s 时，周期分量处于次暂态过程，可用下面换算过的时间 t'' 代替实际短路时间 t 来查曲线，以求得 t 秒实际短路电流。

$$t'' = \frac{T''_d(B)}{T''_d} t \tag{4-22}$$

$$\left.\begin{aligned} T''_d(B) &= \frac{X''_d(B)}{X'_d(B)} T''_{d0}(B) \\ T''_d &= \frac{X''_d}{X'_d} T''_{d0} \end{aligned}\right\} \tag{4-23}$$

式中　T''_{d0}，$T''_{d0}(B)$ ——发电机的开路次暂态时间常数；

T''_d，$T''_d(B)$ ——发电机的短路次暂态时间常数；

表 4－7　**汽轮发电机运算曲线数字表**（$X_{js} = 0.12 \sim 0.95$）

X_{js} \ t (s)	0	0.01	0.06	0.1	0.2	0.4	0.5	0.6	1	2	4
0.12	8.963	8.603	7.186	6.400	5.220	4.252	4.006	3.821	3.344	2.795	2.512
0.14	7.718	7.467	6.441	5.839	4.878	4.040	3.829	3.673	3.280	2.808	2.526
0.16	6.763	6.545	5.660	5.146	4.336	3.649	3.481	3.359	3.060	2.706	2.490
0.18	6.020	5.844	5.122	4.697	4.016	3.429	3.288	3.186	2.944	2.659	2.476
0.20	5.432	5.280	4.661	4.297	3.715	3.217	3.099	3.016	2.825	2.607	2.462
0.22	4.938	4.813	4.296	3.988	3.487	3.052	2.951	2.882	2.729	2.561	2.444
0.24	4.526	4.421	3.984	3.721	3.286	2.904	2.816	2.758	2.638	2.515	2.425
0.26	4.178	4.088	3.714	3.486	3.106	2.769	2.693	2.644	2.551	2.467	2.404
0.28	3.872	3.705	3.472	3.274	2.939	2.641	2.575	2.534	2.464	2.415	2.378
0.30	3.603	3.536	3.255	3.081	2.785	2.520	2.463	2.429	2.379	2.360	2.347
0.32	3.368	3.310	3.063	2.909	2.646	2.410	2.360	2.332	2.299	2.306	2.316
0.34	3.159	3.108	2.891	2.754	2.519	2.308	2.264	2.241	2.222	2.252	2.283
0.36	2.975	2.930	2.736	2.614	2.403	2.213	2.175	2.156	2.149	2.109	2.250
0.38	2.811	2.770	2.597	2.487	2.297	2.126	2.093	2.077	2.081	2.148	2.217
0.40	2.664	2.628	2.471	2.372	2.199	2.045	2.017	2.004	2.017	2.099	2.184
0.42	2.531	2.499	2.357	2.267	2.110	1.970	1.946	1.936	1.956	2.052	2.151
0.44	2.411	2.382	2.253	2.170	2.027	1.900	1.879	1.872	1.899	2.006	2.119
0.46	2.302	2.275	2.157	2.082	1.950	1.835	1.817	1.812	1.845	1.963	2.088
0.48	2.203	2.178	2.069	2.000	1.879	1.774	1.759	1.756	1.794	1.921	2.057
0.50	2.111	2.088	1.988	1.924	1.813	1.717	1.704	1.703	1.746	1.880	2.027
0.55	1.913	1.894	1.810	1.757	1.665	1.589	1.581	1.583	1.635	1.785	1.953
0.60	1.748	1.732	1.662	1.617	1.539	1.478	1.474	1.479	1.538	1.699	1.884
0.65	1.610	1.596	1.535	1.497	1.431	1.382	1.381	1.388	1.452	1.621	1.819
0.70	1.492	1.479	1.426	1.393	1.336	1.297	1.298	1.307	1.375	1.549	1.734
0.75	1.390	1.379	1.332	1.302	1.253	1.221	1.225	1.235	1.305	1.484	1.596
0.80	1.301	1.291	1.249	1.223	1.179	1.154	1.159	1.171	1.243	1.424	1.474
0.85	1.222	1.214	1.176	1.152	1.114	1.094	1.100	1.112	1.186	1.358	1.370
0.90	1.153	1.145	1.110	1.089	1.055	1.039	1.047	1.060	1.134	1.279	1.279
0.95	1.091	1.084	1.052	1.032	1.002	0.990	0.998	1.012	1.087	1.200	1.200

表 4-8 汽轮发电机运算曲线数字表（$X_{js}=1.00\sim3.45$）

X_{js} \ t（s）	0	0.01	0.06	0.1	0.2	0.4	0.5	0.6	1	2	4
1.00	1.035	1.028	0.999	0.981	0.954	0.945	0.954	0.968	1.043	1.129	1.129
1.05	0.985	0.979	0.952	0.935	0.910	0.904	0.914	0.928	1.003	1.067	1.067
1.10	0.940	0.934	0.908	0.893	0.870	0.866	0.876	0.891	0.966	1.011	1.011
1.15	0.898	0.892	0.869	0.854	0.833	0.832	0.842	0.857	0.932	0.961	0.961
1.20	0.860	0.855	0.832	0.819	0.800	0.800	0.811	0.825	0.898	0.915	0.915
1.25	0.825	0.820	0.799	0.786	0.769	0.770	0.781	0.796	0.864	0.874	0.874
1.30	0.793	0.788	0.768	0.756	0.740	0.743	0.754	0.769	0.831	0.836	0.836
1.35	0.763	0.758	0.739	0.728	0.713	0.717	0.728	0.743	0.800	0.802	0.802
1.40	0.735	0.731	0.713	0.703	0.688	0.693	0.705	0.720	0.769	0.770	0.770
1.45	0.710	0.705	0.688	0.678	0.665	0.671	0.682	0.697	0.740	0.740	0.740
1.50	0.686	0.682	0.665	0.656	0.644	0.650	0.662	0.676	0.713	0.713	0.713
1.55	0.663	0.659	0.644	0.635	0.623	0.630	0.642	0.657	0.687	0.687	0.687
1.60	0.642	0.639	0.623	0.615	0.604	0.612	0.624	0.638	0.664	0.664	0.664
1.65	0.622	0.619	0.605	0.596	0.586	0.594	0.606	0.621	0.642	0.642	0.642
1.70	0.604	0.601	0.587	0.579	0.570	0.578	0.590	0.604	0.621	0.621	0.621
1.75	0.586	0.583	0.570	0.562	0.554	0.562	0.574	0.589	0.602	0.602	0.602
1.80	0.570	0.567	0.554	0.547	0.539	0.548	0.559	0.573	0.584	0.584	0.584
1.85	0.554	0.551	0.539	0.532	0.524	0.534	0.545	0.559	0.566	0.566	0.566
1.90	0.540	0.537	0.525	0.518	0.511	0.521	0.532	0.544	0.550	0.550	0.550
1.95	0.526	0.523	0.511	0.505	0.498	0.508	0.520	0.530	0.535	0.535	0.535
2.00	0.512	0.510	0.498	0.492	0.486	0.496	0.508	0.517	0.521	0.521	0.521
2.05	0.500	0.497	0.486	0.480	0.474	0.485	0.496	0.504	0.507	0.507	0.507
2.10	0.488	0.485	0.475	0.469	0.463	0.474	0.485	0.492	0.494	0.494	0.494
2.15	0.476	0.474	0.464	0.458	0.453	0.463	0.474	0.481	0.482	0.482	0.482
2.20	0.465	0.463	0.453	0.448	0.443	0.453	0.464	0.470	0.470	0.470	0.470
2.25	0.455	0.453	0.443	0.438	0.433	0.444	0.454	0.459	0.459	0.459	0.459
2.30	0.445	0.443	0.433	0.428	0.424	0.435	0.444	0.448	0.448	0.448	0.448
2.35	0.435	0.433	0.424	0.419	0.415	0.426	0.435	0.438	0.438	0.438	0.438
2.40	0.426	0.424	0.415	0.411	0.407	0.418	0.426	0.428	0.428	0.428	0.428
2.45	0.417	0.415	0.407	0.402	0.399	0.410	0.417	0.419	0.419	0.419	0.419
2.50	0.409	0.407	0.399	0.394	0.391	0.402	0.409	0.410	0.410	0.410	0.410
2.55	0.400	0.399	0.391	0.387	0.383	0.394	0.401	0.402	0.402	0.402	0.402
2.60	0.392	0.391	0.383	0.379	0.376	0.387	0.393	0.393	0.393	0.393	0.393
2.65	0.385	0.384	0.376	0.372	0.369	0.380	0.385	0.386	0.386	0.386	0.386
2.70	0.377	0.377	0.369	0.365	0.362	0.373	0.378	0.378	0.378	0.378	0.378
2.75	0.370	0.370	0.362	0.359	0.356	0.367	0.371	0.371	0.371	0.371	0.371
2.80	0.363	0.363	0.356	0.352	0.350	0.361	0.364	0.364	0.364	0.364	0.364
2.85	0.357	0.356	0.350	0.346	0.344	0.354	0.357	0.357	0.357	0.357	0.357
2.90	0.350	0.350	0.344	0.340	0.338	0.348	0.351	0.351	0.351	0.351	0.351
2.95	0.344	0.344	0.338	0.335	0.333	0.343	0.344	0.344	0.344	0.344	0.344
3.00	0.338	0.338	0.332	0.329	0.327	0.337	0.338	0.338	0.338	0.338	0.338
3.05	0.332	0.332	0.327	0.324	0.322	0.331	0.332	0.332	0.332	0.332	0.332
3.10	0.327	0.326	0.322	0.319	0.317	0.326	0.327	0.327	0.327	0.327	0.327
3.15	0.321	0.321	0.317	0.314	0.312	0.321	0.321	0.321	0.321	0.321	0.321
3.20	0.316	0.316	0.312	0.309	0.307	0.316	0.316	0.316	0.316	0.316	0.316
3.25	0.311	0.311	0.307	0.304	0.303	0.311	0.311	0.311	0.311	0.311	0.311
3.30	0.306	0.306	0.302	0.300	0.298	0.306	0.306	0.306	0.306	0.306	0.306
3.35	0.301	0.301	0.298	0.295	0.294	0.301	0.301	0.301	0.301	0.301	0.301
3.40	0.297	0.297	0.293	0.291	0.290	0.297	0.297	0.297	0.297	0.297	0.297
3.45	0.292	0.292	0.289	0.287	0.286	0.292	0.292	0.292	0.292	0.292	0.292

表4-9　水轮发电机运算曲线数字表（$X_{js}=0.18\sim0.95$）

X_{js} \ t (s)	0	0.01	0.06	0.1	0.2	0.4	0.5	0.6	1	2	4
0.18	6.127	5.695	4.623	4.331	4.100	3.933	3.867	3.807	3.605	3.300	3.081
0.20	5.526	5.184	4.297	4.045	3.856	3.754	3.716	3.681	3.563	3.378	3.234
0.22	5.055	4.767	4.026	3.806	3.633	3.556	3.531	3.508	3.430	3.302	3.191
0.24	4.647	4.402	3.764	3.575	3.433	3.378	3.363	3.348	3.300	3.220	3.151
0.26	4.290	4.083	3.538	3.375	3.253	3.216	3.208	3.200	3.174	3.133	3.098
0.28	3.993	3.816	3.343	3.200	3.096	3.073	3.070	3.067	3.060	3.049	3.043
0.30	3.727	3.574	3.163	3.039	2.950	2.938	2.941	2.943	2.952	2.970	2.993
0.32	3.494	3.360	3.001	2.892	2.817	2.815	2.822	2.828	2.851	2.895	2.943
0.34	3.285	3.168	2.851	2.755	2.692	2.699	2.709	2.719	2.754	2.820	2.891
0.36	3.095	2.991	2.712	2.627	2.574	2.589	2.602	2.614	2.660	2.745	2.837
0.38	2.922	2.831	2.583	2.508	2.464	2.484	2.500	2.515	2.569	2.671	2.782
0.40	2.767	2.685	2.464	2.398	2.361	2.388	2.405	2.422	2.484	2.600	2.728
0.42	2.627	2.554	2.356	2.297	2.267	2.297	2.317	2.336	2.404	2.532	2.675
0.44	2.500	2.434	2.256	2.204	2.179	2.214	2.235	2.255	2.329	2.467	2.624
0.46	2.385	2.325	2.164	2.117	2.098	2.136	2.158	2.180	2.258	2.406	2.575
0.48	2.280	2.225	2.079	2.038	2.023	2.064	2.087	2.110	2.192	2.348	2.527
0.50	2.183	2.134	2.001	1.964	1.953	1.996	2.021	2.044	2.130	2.293	2.482
0.52	2.095	2.050	1.928	1.895	1.887	1.933	1.958	1.983	2.071	2.241	2.438
0.54	2.013	1.972	1.861	1.831	1.826	1.874	1.900	1.925	2.015	2.191	2.396
0.56	1.938	1.899	1.798	1.771	1.769	1.818	1.845	1.870	1.963	2.143	2.355
0.60	1.802	1.770	1.683	1.662	1.665	1.717	1.744	1.770	1.866	2.054	2.263
0.65	1.658	1.630	1.559	1.543	1.550	1.605	1.633	1.660	1.759	1.950	2.137
0.70	1.534	1.511	1.452	1.440	1.451	1.507	1.535	1.562	1.663	1.846	1.964
0.75	1.428	1.408	1.358	1.349	1.363	1.420	1.449	1.476	1.578	1.741	1.794
0.80	1.336	1.318	1.276	1.270	1.286	1.343	1.372	1.400	1.498	1.620	1.642
0.85	1.254	1.239	1.203	1.199	1.217	1.274	1.303	1.331	1.423	1.507	1.513
0.90	1.182	1.169	1.138	1.135	1.155	1.212	1.241	1.268	1.352	1.403	1.403
0.95	1.118	1.106	1.080	1.078	1.099	1.156	1.185	1.210	1.282	1.308	1.308

表 4－10 水轮发电机运算曲线数字表（$X_{js}=1.00\sim3.45$）

X_{js} \ t（s）	0	0.01	0.06	0.1	0.2	0.4	0.5	0.6	1	2	4
1.00	1.061	1.050	1.027	1.027	1.048	1.105	1.132	1.156	1.211	1.225	1.225
1.05	1.009	0.999	0.979	0.980	1.002	1.058	1.084	1.105	1.146	1.152	1.152
1.10	0.962	0.953	0.936	0.937	0.959	1.015	1.038	1.057	1.085	1.087	1.087
1.15	0.919	0.911	0.896	0.898	0.920	0.974	0.995	1.011	1.029	1.029	1.029
1.20	0.880	0.872	0.859	0.862	0.885	0.936	0.955	0.966	0.977	0.977	0.977
1.25	0.843	0.837	0.825	0.829	0.852	0.900	0.916	0.923	0.930	0.930	0.930
1.30	0.810	0.804	0.794	0.798	0.821	0.866	0.878	0.884	0.888	0.888	0.888
1.35	0.780	0.774	0.765	0.769	0.792	0.834	0.843	0.847	0.849	0.849	0.849
1.40	0.751	0.746	0.738	0.743	0.766	0.803	0.810	0.812	0.813	0.813	0.813
1.45	0.725	0.720	0.713	0.718	0.740	0.774	0.778	0.780	0.780	0.780	0.780
1.50	0.700	0.696	0.690	0.695	0.717	0.746	0.749	0.750	0.750	0.750	0.750
1.55	0.677	0.673	0.668	0.673	0.694	0.719	0.722	0.722	0.722	0.722	0.722
1.60	0.655	0.652	0.647	0.652	0.673	0.694	0.696	0.696	0.696	0.696	0.696
1.65	0.635	0.632	0.628	0.633	0.653	0.671	0.672	0.672	0.672	0.672	0.672
1.70	0.616	0.613	0.610	0.615	0.634	0.649	0.649	0.649	0.649	0.649	0.649
1.75	0.598	0.595	0.592	0.598	0.616	0.628	0.628	0.628	0.628	0.628	0.628
1.80	0.581	0.578	0.576	0.582	0.599	0.608	0.608	0.608	0.608	0.608	0.608
1.85	0.565	0.563	0.561	0.566	0.582	0.590	0.590	0.590	0.590	0.590	0.590
1.90	0.550	0.548	0.546	0.552	0.566	0.572	0.572	0.572	0.572	0.572	0.572
1.95	0.536	0.533	0.532	0.538	0.551	0.556	0.556	0.556	0.556	0.556	0.556
2.00	0.522	0.520	0.519	0.524	0.537	0.540	0.540	0.540	0.540	0.540	0.540
2.05	0.509	0.507	0.507	0.512	0.523	0.525	0.525	0.525	0.525	0.525	0.525
2.10	0.497	0.495	0.495	0.500	0.510	0.512	0.512	0.512	0.512	0.512	0.512
2.15	0.485	0.483	0.483	0.488	0.497	0.498	0.498	0.498	0.498	0.498	0.498
2.20	0.474	0.472	0.472	0.477	0.485	0.486	0.486	0.486	0.486	0.486	0.486
2.25	0.463	0.462	0.462	0.466	0.473	0.474	0.474	0.474	0.474	0.474	0.474
2.30	0.453	0.452	0.452	0.456	0.462	0.462	0.462	0.462	0.462	0.462	0.462
2.35	0.443	0.442	0.442	0.446	0.452	0.452	0.452	0.452	0.452	0.452	0.452
2.40	0.434	0.433	0.433	0.436	0.441	0.441	0.441	0.441	0.441	0.441	0.441
2.45	0.425	0.424	0.424	0.427	0.431	0.431	0.431	0.431	0.431	0.431	0.431
2.50	0.416	0.415	0.415	0.419	0.422	0.422	0.422	0.422	0.422	0.422	0.422
2.55	0.408	0.407	0.407	0.410	0.413	0.413	0.413	0.413	0.413	0.413	0.413
2.60	0.400	0.399	0.399	0.402	0.404	0.404	0.404	0.404	0.404	0.404	0.404
2.65	0.392	0.391	0.392	0.394	0.396	0.396	0.396	0.396	0.396	0.396	0.396
2.70	0.385	0.384	0.384	0.387	0.388	0.388	0.388	0.388	0.388	0.388	0.388
2.75	0.378	0.377	0.377	0.379	0.380	0.380	0.380	0.380	0.380	0.380	0.380
2.80	0.371	0.370	0.370	0.372	0.373	0.373	0.373	0.373	0.373	0.373	0.373
2.85	0.364	0.363	0.364	0.365	0.366	0.366	0.366	0.366	0.366	0.366	0.366
2.90	0.358	0.357	0.357	0.359	0.359	0.359	0.359	0.359	0.359	0.359	0.359
2.95	0.351	0.351	0.351	0.352	0.353	0.353	0.353	0.353	0.353	0.353	0.353
3.00	0.345	0.345	0.345	0.346	0.346	0.346	0.346	0.346	0.346	0.346	0.346
3.05	0.339	0.339	0.339	0.340	0.340	0.340	0.340	0.340	0.340	0.340	0.340
3.10	0.334	0.333	0.333	0.334	0.334	0.334	0.334	0.334	0.334	0.334	0.334
3.15	0.328	0.328	0.328	0.329	0.329	0.329	0.329	0.329	0.329	0.329	0.329
3.20	0.323	0.322	0.322	0.323	0.323	0.323	0.323	0.323	0.323	0.323	0.323
3.25	0.317	0.317	0.317	0.318	0.318	0.318	0.318	0.318	0.318	0.318	0.318
3.30	0.312	0.312	0.312	0.313	0.313	0.313	0.313	0.313	0.313	0.313	0.313
3.35	0.307	0.307	0.307	0.308	0.308	0.308	0.308	0.308	0.308	0.308	0.308
3.40	0.303	0.302	0.302	0.303	0.303	0.303	0.303	0.303	0.303	0.303	0.303
3.45	0.298	0.298	0.298	0.298	0.298	0.298	0.298	0.298	0.298	0.298	0.298

X''_d，X''_d（B）——发电机的次暂态电抗；

X'_d，X'_d（B）——发电机的暂态电抗。

式中带有标号（B）者是标准参数；不带标号（B）者是发电机的实际参数。

当 $t>0.06$s 时，周期分量处于暂态过程，可用下面换算过的时间 t' 代替实际短路时间 t 来查曲线，以求得 t 秒的实际短路电流。

$$t'=\frac{T'_d(B)}{T'_d}t \tag{4-24}$$

$$\left.\begin{aligned}T'_d(B)&=\frac{X'_d(B)}{X_d(B)}T'_{do}(B)\\T'_d&=\frac{X'_d}{X_d}T'_{do}\end{aligned}\right\} \tag{4-25}$$

式中　T'_{do}，T'_{do}（B）——发电机的开路暂态时间常数；

T'_d，T'_d（B）——发电机的短路暂态时间常数；

X'_d，X'_d（B）——发电机时暂态电抗；

X_d，X_d（B）——发电机的同步电抗。

同步发电机的“标准参数”见表 4－11。

（二）励磁电压顶值所引起的修正

制定运算曲线时，强励顶值倍数取 1.8 倍。一般情况下不必进行修正。当实际机组励磁方式特殊，其励磁电压顶值倍数大于 2.0 倍时，短路电流增加的部分可用下式计算：

$$\Delta I_{*zt}=(U_{l\max}-1.8)\Delta K_l I_{*zt} \tag{4-26}$$

表 4－11　同步发电机的标准参数

机　型	X_d（B）	X'_d（B）	X''_d（B）	T'_{do}（B）	T''_{do}（B）	T'_d（B）	T''_d（B）
汽轮发电机	1.9040	0.2150	0.1385	9.0283	0.1819	1.0195	0.1172
水轮发电机	0.9851	0.3025	0.2055	5.9000	0.0673	1.8117	0.0457

式中　ΔI_{*zt}——强励倍数大于 1.8 时，引起短路电流增量的标么值；

$U_{l\max}$——实际机组的强励顶值倍数；

I_{*zt}——根据计算电抗查运算曲线所得的 t 秒周期分量标么值；

ΔK_l——励磁顶值校正系数，可由表 4－12 查取。

（三）励磁回路时间常数的修正问题

制订运算曲线时，励磁回路时间常数，汽轮发电机取 0.25s，水轮发电机取 0.02s。由于当实际的励磁回路时间常数在 0.02～0.56s 的范围内时，其对短路电流的影响不超过 5%。因此，一般计算时可不进行修正。

表 4－12　发电机励磁顶值校正系数 ΔK_l

机　型	t (s)	计算电抗 X_{js}	ΔK_l	备　注
汽轮发电机	0.6	≤0.15	0.1	X_{js} 小者用较大的 ΔK_l 值
	1	≤0.5	0.2	
	2	≤0.55	0.3～0.4	
	4	≤0.55	0.4～0.5	
水轮发电机	0.6	≤1	0.12～0.18	X_{js} 小者用较大的 ΔK_l 值
	1	≤0.8	0.25	
	2	≤0.8	0.35	
	4	≤0.6	0.5	

注　计算电抗不在表中计算范围以内（汽轮发电机 $X_{js}>0.55$，水轮发电机 $X_{js}>1$）可不校正。

第 4－5 节　三相短路电流非周期分量计算

一、单支路的短路电流非周期分量

一个支路的短路电流非周期分量可按下式计算：

起始值：

$$i_{fz0}=-\sqrt{2}I'' \tag{4-27}$$

t 秒值：

$$\left.\begin{aligned}i_{fzt}&=i_{fz0}e^{-\frac{\omega t}{T_a}}=-\sqrt{2}I''_e{}^{-\frac{\omega t}{T_a}}\\\omega&=2\pi f=314.16\\T_a&=\frac{X_\Sigma}{R_\Sigma}\end{aligned}\right\} \tag{4-28}$$

式中　i_{fz0}、i_{fzt}——分别为 0 秒和 t 秒短路电流非周期分量（kA）；

ω——角频率；

T_a——衰减时间常数。

二、多支路的短路电流非周期分量

复杂网络中各独立支路的 T_a 值相差较大时，不宜采用极限频率法❶，可以采用多支路迭加法计算短路电流的非周期分量。

衰减时间常数 T_a 相近的分支可以归并化简。复杂网络常常能够近似地化简为具有 3～4 个独立分支的等效网络，多数情况下甚至可以化简为二支等效网络，一支是系统支路，通常 $T_a \leqslant 15$；另一支路是发电机支路，通常 $15 < T_a < 80$。

两个及以上支路的短路电流非周期分量为各个支路的非周期分量的代数和。可按下式计算：

起始值：

$$i_{fz0} = -\sqrt{2}\ (I''_1 + I''_2 + \cdots\cdots + I''_n) \quad (4-29)$$

t 秒值：

$$i_{fzt} = -\sqrt{2}\left(I''_1 e^{-\frac{\omega t}{T_{a1}}} + I''_2 e^{-\frac{\omega t}{T_{a2}}} + \cdots + I''_n e^{-\frac{\omega t}{T_{a3}}}\right) \quad (4-30)$$

式中 I''_1，I''_2，I''_n——各支路短路电流周期分量起始值；

T_{a1}，T_{a2}，T_{an}——各支路衰减时间常数。

三、等效衰减时间常数 T_a

在进行各个支路衰减时间常数计算时，在各个支路不同的 T_a 值相近的情况下，可利用极限频率法进行归并。这时，其电抗应取归并到短路点的等值电抗（归并时，假定各元件的电阻为零）；其电阻应取归并到短路点的等值电阻（归并时，假定各元件的电抗为零）。

在做粗略计算时，T_a 可直接选用表4－13中推荐的数值。在做精确计算时，可根据式（4－30）求出的 i_{fzt} 代入式（4－28），反算 T_a 值。

表 4－13 不同短路点等效时间常数的推荐值

短路点	T_a	短路点	T_a
汽轮发电机端	80	高压侧母线（主变在 10～100MVA 之间）	35
水轮发电机端	60	远离发电厂的短路点	15
高压侧母线（主变在 100MVA 以上）	40	发电机出线电抗器之后	40

表 4－14 电力系统各元件的 $\frac{X}{R}$ 值

名称	变化范围	推荐值
有阻尼绕组的水轮发电机	35～95	60
75MW 及以上的汽轮发电机	65～120	90
75MW 以下的汽轮发电机	40～95	70
变压器 100～360MVA	17～36	25
变压器 10～90MVA	10～20	15
电抗器 1000A 及以下	15～52	25
电抗器大于 1000A	40～65	40
架空线路	0.2～14	6
三芯电缆	0.1～1.1	0.8
同步调相机	34～56	40
同步电动机	9～34	20

在求算短路点的等效衰减时间常数时，如果缺乏电力系统各元件本身的 R 或 X/R 数据，可选用表 4－14 所列推荐值。

第 4－6 节 冲击电流和全电流的计算

一、冲击电流

三相短路发生后的半个周期（$t = 0.01$s），短路电流的瞬时值达到最大，称为冲击电流 i_{ch}。其值按下式计算：

$$i_{ch} = i_{z0.01} + i_{fz0} e^{-\frac{0.01\omega}{T_a}} \quad (4-31)$$

当不计周期分量的衰减时，

$$\left.\begin{aligned} i_{ch} &= \sqrt{2} K_{ch} I'' \\ K_{ch} &= 1 + e^{-\frac{0.01\omega}{T_a}} \end{aligned}\right\} \quad (4-32)$$

式中 K_{ch}——冲击系数，可按表 4－15 选用。

二、全电流

短路电流全电流最大有效值 I_{ch}，出现在三相短路后的第一个周期内，其值为：

$$I_{ch} = \sqrt{I^2_{z0.01} + i^2_{fz0.01}} \quad (4-33)$$

当不计周期分量的衰减时，

❶ 极限频率法是过去工程计算中曾用过的方法。复杂网络的 T_a 计算比较复杂，当用一个支路来代替多支路时，需要求算等效时间常数 T_a。极限频率法在计算短路点的 X_Σ 时，假定系统的所有电阻为零（相当于假设 $f = \infty$ 来简化网络）；计算 R_Σ 时，假定系统的所有电抗为零（相当于假设 $f = 0$ 来简化网络）。由此分别求得系统到短路点的总组合电抗 X_Σ 和总组合电阻 R_Σ，即可算得等效的 T_a 值。当网络中各独立支路的 $\frac{X}{R}$ 相差较大时，这种方法计算误差可达 50%。

表 4-15　不同短路点的冲击系数

短路点	K_{ch} 推荐值	$\sqrt{2}K_{ch}$
发电机端	1.90	2.69
发电厂高压侧母线及发电机电压电抗器后	1.85	2.62
远离发电厂的地点	1.80	2.55

注　表中推荐的数值已考虑了周期分量的衰减。

$$I_{ch}=I''\sqrt{1+2\ (K_{ch}-1)^2} \qquad (4-34)$$

第 4-7 节　不对称短路电流计算

一、对称分量法的基本关系

不对称短路计算一般采用对称分量法。三相网络内任一组不对称量（电流、电压等）都可以分解为三组对称分量。由于三相对称网络中对称分量的独立性，即正序电势只产生正序电流和正序电压降，负序和零序亦然。因此，可利用重迭原理，分别计算，然后从对称分量中求出实际的短路电流或电压值。

对称分量的基本关系如表 4-16 所示。

表 4-16　对称分量的基本关系

	电流 I 的对称分量		电压 U 的对称分量	算子“a”的性质
相量	$\dot I_a=\dot I_{a1}+\dot I_{a2}+\dot I_{a0}$ $\dot I_b=a^2\dot I_{a1}+a\dot I_{a2}+\dot I_{a0}$ $\dot I_c=a\dot I_{a1}+a^2\dot I_{a2}+\dot I_{a0}$	电压降	$\Delta\dot U_1=\dot I_1jX_1$ $\Delta\dot U_2=\dot I_2jX_2$ $\Delta\dot U_0=\dot I_0jX_0$	$a=e^{j120°}=-\frac{1}{2}+j\frac{\sqrt3}{2}$ $a^2=e^{j240°}=e^{-j120°}=-\frac{1}{2}-j\frac{\sqrt3}{2}$ $a^3=e^{j360°}=1$
序量	$\dot I_{a0}=\frac{1}{3}\ (\dot I_a+\dot I_b+\dot I_c)$ $\dot I_{a1}=\frac{1}{3}\ (\dot I_a+a\dot I_b+a^2\dot I_c)$ $\dot I_{a2}=\frac{1}{3}\ (\dot I_a+a^2\dot I_b+a\dot I_c)$	短路处电压分量	$\dot U_{K1}=\dot E-I_{K1}jX_{1\Sigma}$ $\dot U_{K2}=-\dot I_{K2}jX_{2\Sigma}$ $\dot U_{K0}=-\dot I_{K0}jX_{0\Sigma}$	$a^2+a+1=0$ $a^2-a=\sqrt3e^{-j90°}=-j\sqrt3$ $a-a^2=\sqrt3e^{j90°}=j\sqrt3$ $1-a=\sqrt3e^{-j30°}=\sqrt3\left(\frac{\sqrt3}{2}-j\frac{1}{2}\right)$ $1-a^2=\sqrt3e^{j30°}=\sqrt3\left(\frac{\sqrt3}{2}+j\frac{1}{2}\right)$

注　1. 表中对称分量用电流 I 表示处，电压 U 的关系与此相同。
2. 1、2、0 表示正、负、零序。
3. 乘以算子“a”即使向量转 120°（反时针方向）。

二、序网的构成

将不对称分量分解为正序（顺序）、负序（逆序）和零序三组对称分量，彼此间的差别在于相序不同。其对应的网络称为序网。

1. 正序网络

它与前面所述三相短路时的网络和电抗值相同。

2. 负序网络

它所构成的元件与正序网络完全相同，只需用负序阻抗 X_2 代替正序阻抗 X_1 即可。

（1）对于不旋转的静止电力机械元件（变压器、电抗器、架空线路、电缆线路等），

$$X_2=X_1 \qquad (4-35)$$

（2）对于旋转电机的负序阻抗一般由制造厂提供。若无此数据，可参考表 4-3 和附表 4-1～附表 4-4，也可按下式估算：

对于汽轮发电机及有阻尼线圈的水轮发电机，

表 4－17　　双绕组变压器的零序电抗

序号	接线图	等值电抗		
		等值网络	三个单相、三相四柱或壳式	三相三柱式
1	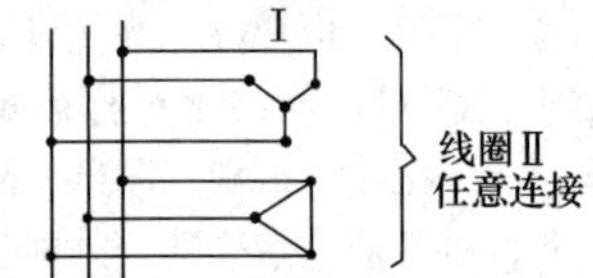 Ⅰ；线圈Ⅱ任意连接	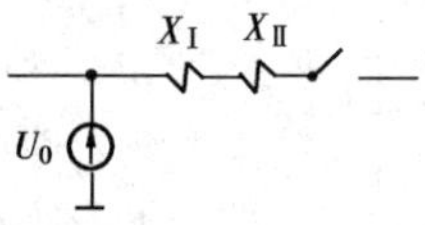 $X_{\text{Ⅰ}}$ $X_{\text{Ⅱ}}$ U_0	$X_0=\infty$	$X_0=\infty$
2	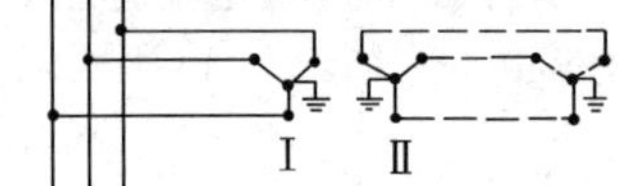 Ⅰ　Ⅱ	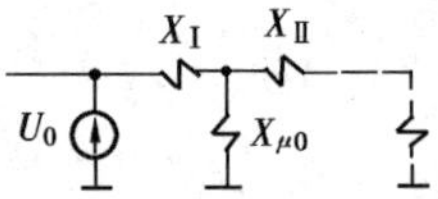 $X_{\text{Ⅰ}}$ $X_{\text{Ⅱ}}$ U_0 $X_{\mu0}$	$X_0=X_1+\cdots$	$X_0=X_{\text{Ⅰ}}+\cdots$
3	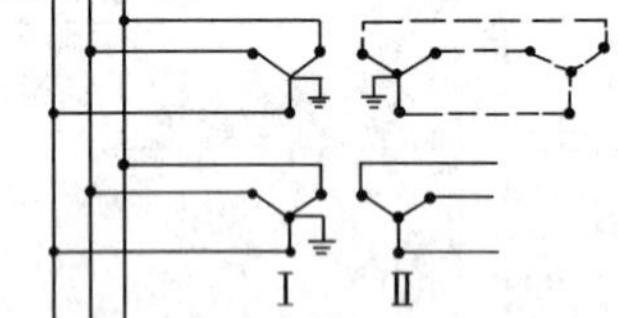 Ⅰ　Ⅱ	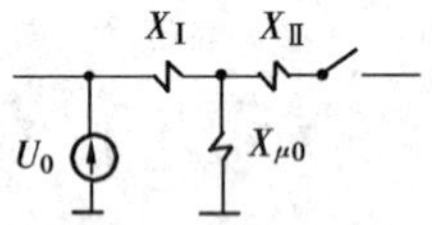 $X_{\text{Ⅰ}}$ $X_{\text{Ⅱ}}$ U_0 $X_{\mu0}$	$X_0=\infty$	$X_0=X_{\text{Ⅰ}}+X_{\mu0}$
4	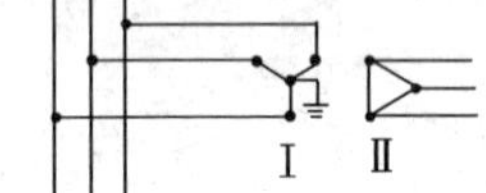 Ⅰ　Ⅱ	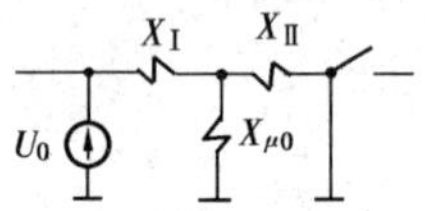 $X_{\text{Ⅰ}}$ $X_{\text{Ⅱ}}$ U_0 $X_{\mu0}$	$X_0=X_1$	$X_0=X_{\text{Ⅰ}}+\dfrac{X_{\text{Ⅱ}}X_{\mu0}}{X_{\text{Ⅱ}}+X_{\mu0}}$
5	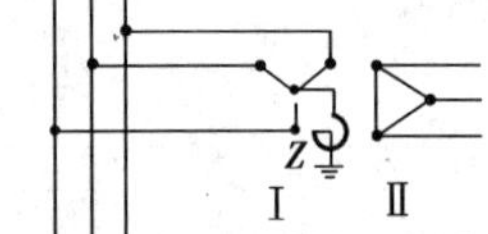 Z　Ⅰ　Ⅱ	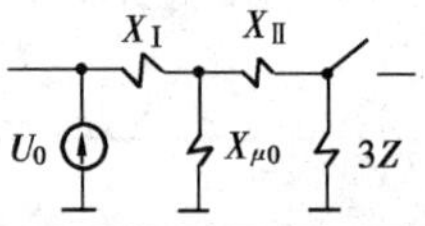 $X_{\text{Ⅰ}}$ $X_{\text{Ⅱ}}$ U_0 $X_{\mu0}$ $3Z$	$X_0=X_1+3Z$	$X_0=X_{\text{Ⅰ}}+\dfrac{(X_{\text{Ⅱ}}+3Z)\,X_{\mu0}}{X_{\text{Ⅱ}}+3Z+X_{\mu0}}$
6	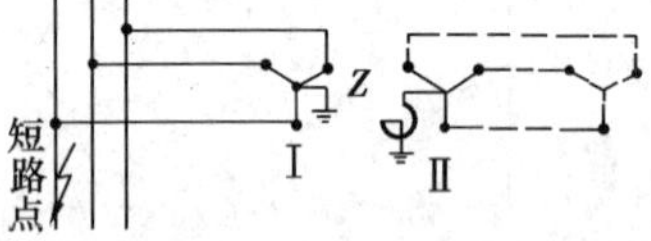 短路点　Z　Ⅰ　Ⅱ	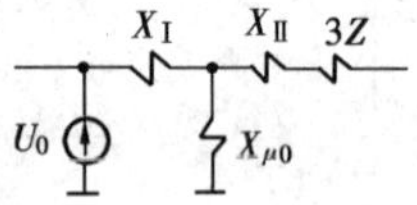 $X_{\text{Ⅰ}}$ $X_{\text{Ⅱ}}$ $3Z$ U_0 $X_{\mu0}$	$X_0=X_1+3Z$	$X_0=X_{\text{Ⅰ}}+\dfrac{(X_{\text{Ⅱ}}+3Z+\cdots)\,X_{\mu0}}{X_{\mu0}+X_{\text{Ⅱ}}+3Z+\cdots}$

注　1. $X_{\mu0}$为变压器的零序励磁电抗。三相三柱式 $X_{*\mu0}=0.3\sim1.0$，通常在 0.5 左右（以额定容量为基准）；三个单相、三相四柱式或壳式变压器 $X_{\mu0}\approx\infty$。

2. $X_{\text{Ⅰ}}$、$X_{\text{Ⅱ}}$为变压器各线圈的正序电抗，二者大致相等，约为正序电抗 X_1 的一半。

$$X_2=\frac{X''_d+X''_q}{2}\approx(1\sim1.22)\ X''_d \qquad (4-36)$$

对于无阻尼线圈的水轮发电机，

$$X_2=\sqrt{X'_dX_q}\approx1.45X'_d \qquad (4-37)$$

式中　X''_d——纵轴次暂态电抗；

X''_q——横轴次暂态电抗；

X'_d——纵轴暂态电抗；

X_q——横轴同步电抗。

3. 零序网络

它由元件的零序阻抗所构成，零序电压施于短路点，各支路均并联于该点。在作零序网络时，首先须查明有无零序电流的闭合回路存在，这种回路至少在短路点联接的回路中有一个接地中性点时才能形成。设备的零序阻抗由制造厂提供，如无此数据可查表 4－3 和附表 4－1～附表 4－4。若发电机或变压器的中性点是经过阻抗接地的，则必须将该阻抗增加 3 倍后再列入零序网络。

如果在回路中有变压器，那么零序电流只有在一定条件下才能由变压器一侧感应至另一侧。变压器的零序阻抗 X_0 与构造及接线有关，详如表 4－17 和表 4－18 所示。

电抗器的零序阻抗 $X_0=X_1$。

表 4－18　三绕组变压器的零序电抗

序号	接线图	等值网络	等值电抗
1	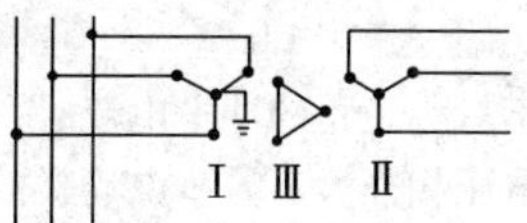 I Ⅲ Ⅱ	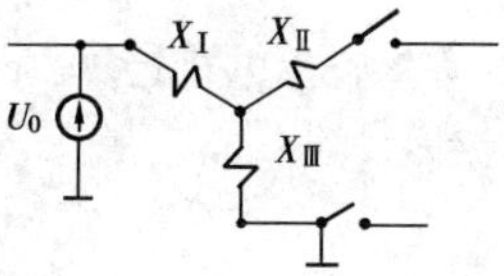 U_0 $X_Ⅰ$ $X_Ⅱ$ $X_Ⅲ$	$X_0 = X_Ⅰ + X_Ⅲ$
2	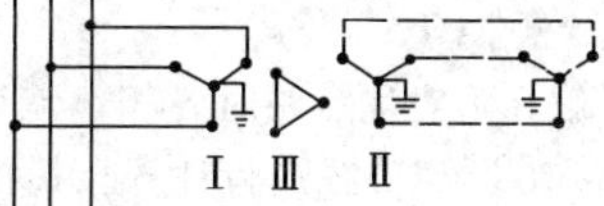 I Ⅲ Ⅱ	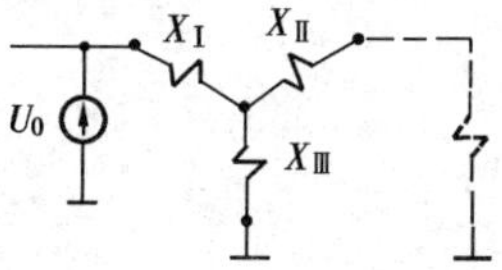 U_0 $X_Ⅰ$ $X_Ⅱ$ $X_Ⅲ$	$X_0 = X_Ⅰ + \frac{X_Ⅲ(X_Ⅱ + \cdots)}{X_Ⅲ + X_Ⅱ + \cdots}$
3	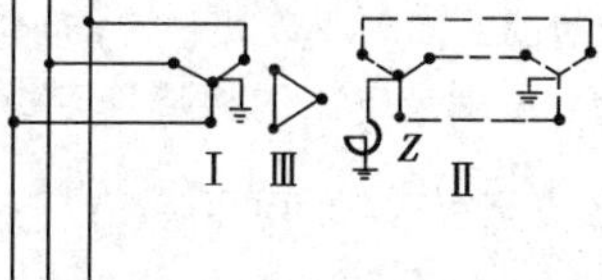 I Ⅲ Z Ⅱ	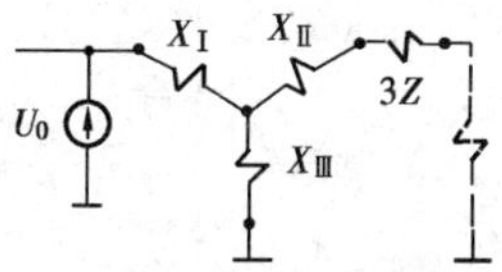 U_0 $X_Ⅰ$ $X_Ⅱ$ 3Z $X_Ⅲ$	$X_0 = X_Ⅰ + \frac{X_Ⅲ(X_Ⅱ + 3Z + \cdots)}{X_Ⅲ + X_Ⅱ + 3Z + \cdots}$
4	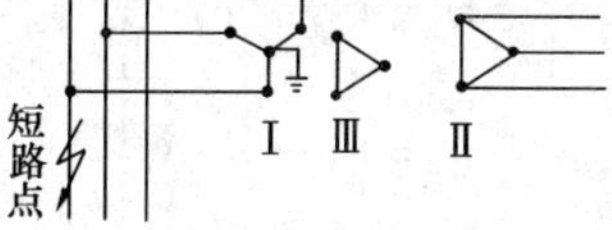 短路点 I Ⅲ Ⅱ	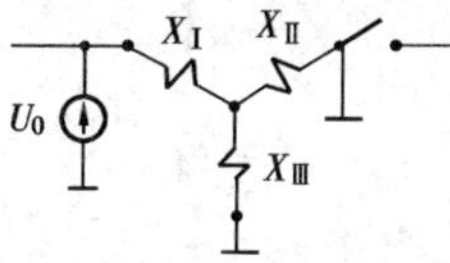 U_0 $X_Ⅰ$ $X_Ⅱ$ $X_Ⅲ$	$X_0 = X_Ⅰ + \frac{X_Ⅱ X_Ⅲ}{X_Ⅱ + X_Ⅲ}$

注　1. $X_Ⅰ$、$X_Ⅱ$、$X_Ⅲ$为三绕组变压器等值星形各支路的正序电抗，计算公式见表 4－4。

2. 直接接地 $Y_0/Y_0/Y_0$ 和 $Y_0/Y_0/\triangle$ 接线的自耦变压器与 $Y_0/Y_0/\triangle$ 接线的三绕组变压器的等值回路是一样的。

3. 当自耦变压器无第三绕组时，其等值回路与三个单相或三相四柱式 Y_0/Y_0 接线的双绕组变压器是一样的。

4. 当自耦变压器的第三绕组为 Y 接线，且中性点不接地时（即 $Y_0/Y_0/Y$ 接线的全星形变压器），等值网络中的 $X_Ⅲ$ 不接地，等值电抗 $X_Ⅲ = \infty$。

架空线及高压电缆的零序阻抗见表 4－3 和附表 4－12～附表 4－18。

三、合成阻抗

计算不对称短路，首先应求出正序短路电流。正序短路电流的合成阻抗标么值可由下式计算：

$$\left.\begin{aligned} &X_* = X_{1\Sigma} + X_\Delta^{(n)} \\ &\text{三相短路：} X_\Delta^{(3)} = 0 \\ &\text{二相短路：} X_\Delta^{(2)} = X_{2\Sigma} \\ &\text{单相短路：} X_\Delta^{(1)} = X_{2\Sigma} + X_{0\Sigma} \\ &\text{二相接地短路：} X_\Delta^{(1.1)} = \frac{X_{2\Sigma}X_{0\Sigma}}{X_{2\Sigma} + X_{0\Sigma}} \end{aligned}\right\} \quad (4-38)$$

式中　$X_{1\Sigma}$——正序网络的合成阻抗标么值，即三相短路时合成阻抗的标么值；

$X_{2\Sigma}$——负序网络的合成阻抗标么值；

$X_{0\Sigma}$——零序网络的合成阻抗标么值；

$X^{(n)}$——附加阻抗，与短路类型有关，上角符号表示短路的类型。

计算电抗的算式为：

$$\left.\begin{aligned} X_{js}^{(n)} &= \left(1 + \frac{X_\Delta^{(n)}}{X_{1\Sigma}}\right) X_{js}^{(3)} \\ &= X_* \frac{S_e}{S_j} \end{aligned}\right\} \quad (4-39)$$

四、正序电流 $I_{d1}^{(n)}$

各种短路型式的正序短路电流 $I_{d1}^{(n)}$ 的计算方法与三相短路电流相同，可以采用同一计算法，亦可采用个别计算法。按个别计算法计算时，各电源分配系数按正序网络求得；按同一计算法计算时，其误差 δ，将随着短路的不对称度越来越小，即 $\delta^{(1)} < \delta^{(2)} < \delta^{(1.1)} < \delta^{(3)}$。

当计算电抗 $X_{js}^{(n)} \geqslant 3$ 时，可按系统为无穷大计算，比照式（4－20），其标么值为：

$$I_{*d1}^{(n)} = \frac{1}{X_{1\Sigma} + X_{\Delta}^{(n)}} \quad (4-40)$$

在有限电源系统中，按 $X_{js}^{(n)}$ 直接查发电机运算曲线，即得不对称短路的正序电流标么值 $I_{*d1(t)}^{(n)}$。

正序电流的有名值为：

$$I_{d1(t)}^{(n)} = I_{*d1(t)}^{(n)} I_e \quad (4-41)$$

五、合成电流

短路点的短路合成电流按下式计算：

$$\left.\begin{aligned} & I_d^{(n)} = mI_{d1}^{(n)} \\ & \text{三相短路：} m = 1 \\ & \text{二相短路：} m = \sqrt{3} \\ & \text{单相短路：} m = 3 \\ & \text{二相接地短路：} m = \sqrt{3}\sqrt{1 - \frac{X_{2\Sigma}X_{0\Sigma}}{(X_{2\Sigma}+X_{0\Sigma})^2}} \end{aligned}\right\} \quad (4-42)$$

式中　m——I_d 与正序电流之比值。

在非直接接地电网中，两相接地短路电流的计算方法与两相短路的情况相同。

主要计算公式归纳如表 4－19。在估算时，常取 $X_2 \approx X_1$。此时，表 4－19 所列计算公式可进一步简化。$t=0$ 时和短路点很远时的两相短路电流可简化为：

$$I^{(2)} = \frac{\sqrt{3}}{2} I^{(3)}$$

在计算非周期分量时，非周期分量的衰减时间常数，理论上是不同的，但一般取 $T_a^{(1)} \approx T_a^{(2)} \approx T_a^{(1.1)} \approx T_a^{(3)}$。

在计算不对称短路的冲击电流时，由于不对称短路处的正序电压相当大，异步电动机的反馈电流可以忽略不计。

六、各相电流及电压

为了解在不对称短路时各相电流和电压的变化，可按表 4－20 所列公式进行计算。其相量图见图 4－15 和图 4－16。

在计算时，尚需注意以下三个问题：

（1）某点剩余电压的相量等于短路点电压向量 $\dot{U}_d$ 加上该点至短路点的电压降相量：

$$\left.\begin{aligned} \dot{U}_1 &= \dot{U}_{d1} + j\dot{I}_1 X_1 \\ \dot{U}_2 &= \dot{U}_{d2} + j\dot{I}_2 X_2 \\ \dot{U}_0 &= \dot{U}_{d0} + j\dot{I}_0 X_0 \end{aligned}\right\} \quad (4-43)$$

$\dot{U}_{d1}$、$\dot{U}_{d2}$、$\dot{U}_{d0}$ 计算公式见表 4－16。

（2）对 Y/△接线的变压器，常用的是 Y/△－11。此时，△侧的正序电流和正序电压比 Y 侧超前 30°，而负序电流和负序电压滞后 30°。零序电流不通，零序电压为零。电流、电压表示式如下：

表 4－19　　序网组合表

短路种类	符号	序网组合	$I_{d1} = \frac{E}{X_{1\Sigma} + X_{\Delta}^{(n)}}$ 中的 $X_{\Delta}^{(n)}$	$I_d = mI_{d1}$ 中的 m
三相短路	(3)	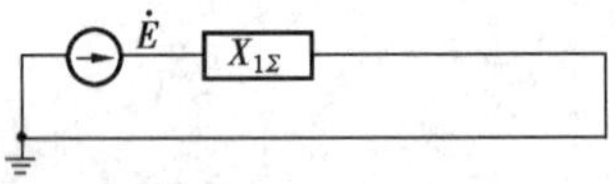 $\dot{E}$ — $X_{1\Sigma}$	0	1
二相短路	(2)	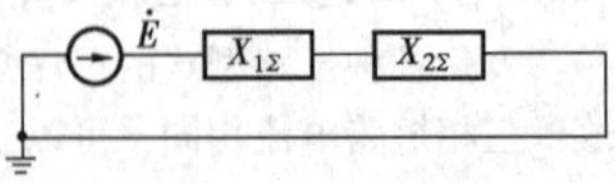 $\dot{E}$ — $X_{1\Sigma}$ — $X_{2\Sigma}$	$X_{2\Sigma}$	$\sqrt{3}$
单相短路	(1)	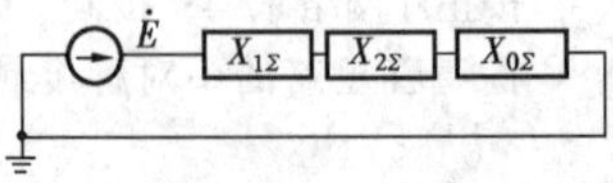 $\dot{E}$ — $X_{1\Sigma}$ — $X_{2\Sigma}$ — $X_{0\Sigma}$	$X_{2\Sigma} + X_{0\Sigma}$	3
二相接地短路	(1，1)	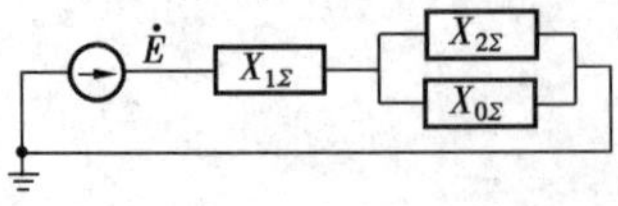 $\dot{E}$ — $X_{1\Sigma}$ — ($X_{2\Sigma}$ ∥ $X_{0\Sigma}$)	$\frac{X_{2\Sigma}X_{0\Sigma}}{X_{2\Sigma}+X_{0\Sigma}}$	$\sqrt{3}\sqrt{1 - \frac{X_{2\Sigma}X_{0\Sigma}}{(X_{2\Sigma}+X_{0\Sigma})^2}}$

表 4－20　　不对称短路各相电流、电压计算公式汇总表

序号	短路处的待求量		短路种类		
			二相短路	单相短路	二相接地短路
			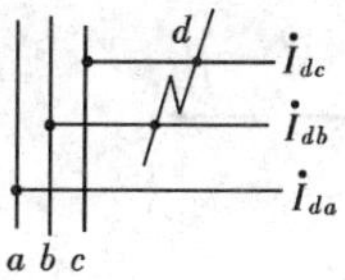 $a\ b\ c$，d，$\dot{I}_{dc}$，$\dot{I}_{db}$，$\dot{I}_{da}$	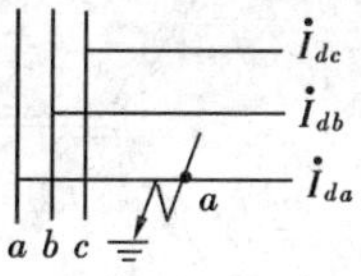 $a\ b\ c$，a，$\dot{I}_{dc}$，$\dot{I}_{db}$，$\dot{I}_{da}$	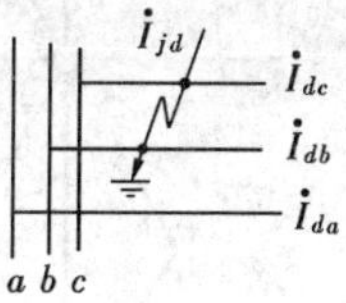 $a\ b\ c$，$\dot{I}_{jd}$，$\dot{I}_{dc}$，$\dot{I}_{db}$，$\dot{I}_{da}$
1	a 相正序电流	$\dot{I}_{a1}=$	$\dfrac{\dot{E}_{a\Sigma}}{j(X_{1\Sigma}+X_{2\Sigma})}$	$\dfrac{\dot{E}_{a\Sigma}}{j(X_{1\Sigma}+X_{2\Sigma}+X_{0\Sigma})}$	$\dfrac{\dot{E}_{a\Sigma}}{j\left(X_{1\Sigma}+\dfrac{X_{2\Sigma}X_{0\Sigma}}{X_{2\Sigma}+X_{0\Sigma}}\right)}$
2	a 相负序电流	$\dot{I}_{a2}=$	$-\dot{I}_{a2}$	$\dot{I}_{a2}$	$-\dot{I}_{a1}\dfrac{X_{0\Sigma}}{X_{2\Sigma}+X_{0\Sigma}}$
3	零序电流	$\dot{I}_0=$	0	$\dot{I}_{a2}$	$-\dot{I}_{a1}\dfrac{X_{2\Sigma}}{X_{2\Sigma}+X_{0\Sigma}}$
4	a 相电流	$I_a=$	0	$3\dot{I}_{a2}$	0
5	b 相电流	$I_b=$	$-j\sqrt{3}I_{a2}$	0	$\left(a^2-\dfrac{X_{2\Sigma}+aX_{0\Sigma}}{X_{2\Sigma}+X_{0\Sigma}}\right)\dot{I}_{a2}$
6	c 相电流	$\dot{I}_c$	$\sqrt{3}\dot{I}_{a2}$	0	$\left(a-\dfrac{X_{3\Sigma}+a^2X_{0\Sigma}}{X_{2\Sigma}+X_{0\Sigma}}\right)\dot{I}_{a2}$
7	a 相正序电压	$\dot{U}_{a1}=$	$jX_{2\Sigma}\dot{I}_{a2}$	$j(X_{2\Sigma}+X_{0\Sigma})\dot{I}_{a2}$	$j\left(\dfrac{X_{2\Sigma}X_{0\Sigma}}{X_{2\Sigma}+X_{0\Sigma}}\right)\dot{I}_{a2}$
8	a 相负序电压	$\dot{U}_{a2}=$	$jX_{2\Sigma}\dot{I}_{a2}$	$-jX_{2\Sigma}\dot{I}_{a2}$	$j\left(\dfrac{X_{2\Sigma}X_{0\Sigma}}{X_{2\Sigma}+X_{0\Sigma}}\right)\dot{I}_{a2}$
9	零序电压	$\dot{U}_0=$	0	$-jX_{0\Sigma}\dot{I}_{a2}$	$j\left(\dfrac{X_{2\Sigma}X_{0\Sigma}}{X_{2\Sigma}+X_{0\Sigma}}\right)\dot{I}_{a2}$
10	a 相电压	$\dot{U}_a=$	$2jX_{2\Sigma}\dot{I}_{a2}$	0	$3j\left(\dfrac{X_{2\Sigma}X_{0\Sigma}}{X_{2\Sigma}+X_{0\Sigma}}\right)\dot{I}_{a2}$
11	b 相电压	$\dot{U}_b=$	$-jX_{2\Sigma}\dot{I}_{a2}$	$j[(a^2-a)X_{2\Sigma}+(a^2-1)X_{0\Sigma}]\dot{I}_{a2}$	0
12	c 相电压	$\dot{U}_c=$	$-jX_{2\Sigma}\dot{I}_{a2}$	$j[(a-a^2)X_{2\Sigma}+(a-1)X_{0\Sigma}]\dot{I}_{a2}$	0
13	电流相量图		见图 4－15（a）	见图 4－15（b）	见图 4－15（c）
14	电压相量图		见图 4－15（d）	见图 4－15（e）	见图 4－15（f）

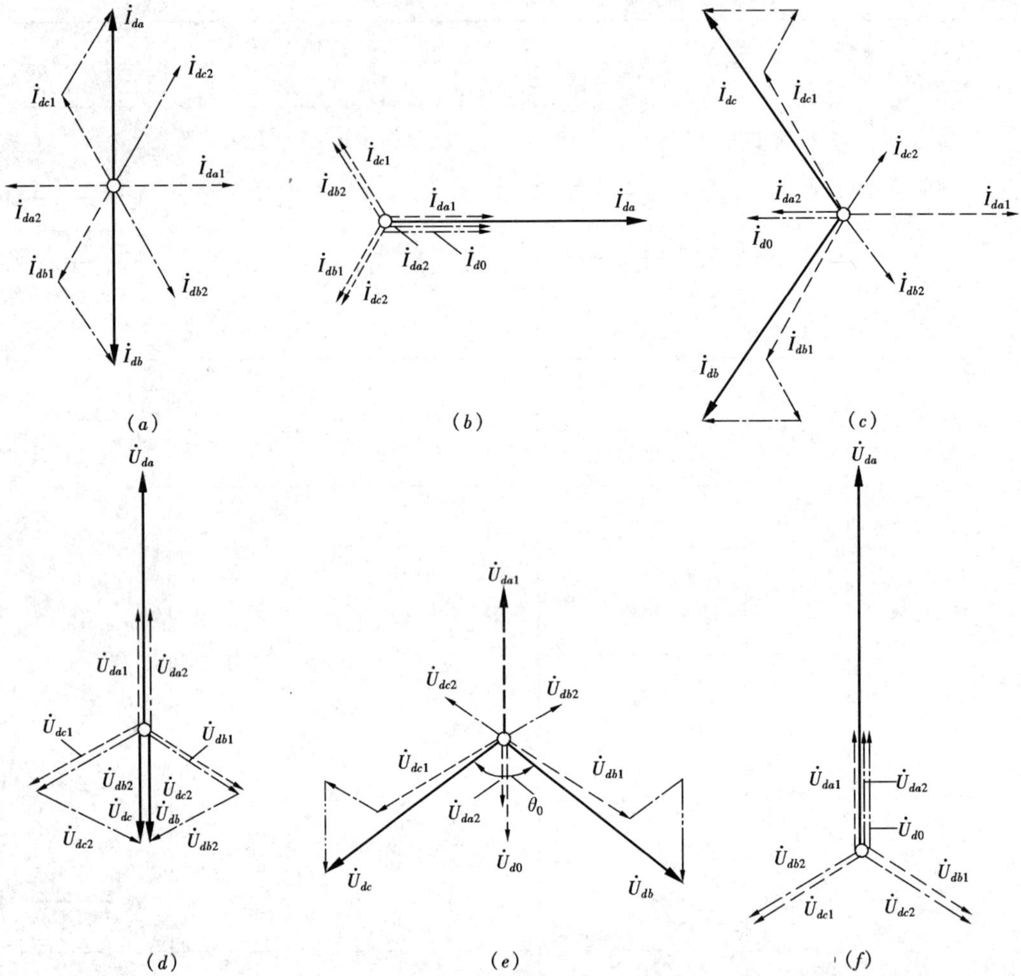

图 4－15 不对称短路在短路处的电压电流相量图

（a）二相短路电流相量图；（b）单相短路电流相量图；（c）二相接地短路电流相量图；（d）二相短路电压相量图；（e）单相短路电压相量图；（f）二相接地短路电压相量图

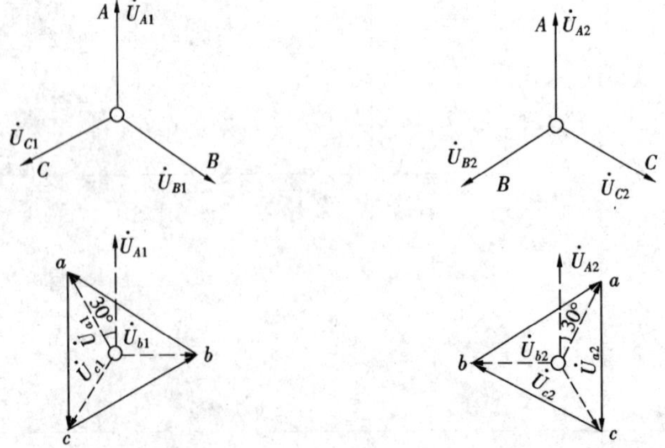

图 4－16 在 Y/△－11 式变压器连接中，正序和负序电压相角的移动

$$\left.\begin{aligned}\dot{I}_{\triangle 1} &= K\dot{I}_{Y1}\angle 30^\circ \\ &= K\dot{I}_{Y1}\ (0.866+j0.5) \\ \dot{I}_{\triangle 2} &= K\dot{I}_{Y2}\angle -30^\circ \\ &= K\dot{I}_{Y2}\ (0.866-j0.5) \\ \dot{U}_{\triangle 1} &= \frac{1}{K}\dot{U}_{Y1}\angle 30^\circ \\ &= \frac{1}{K}\dot{U}_{Y1}\ (0.866+j0.5) \\ \dot{U}_{\triangle 2} &= \frac{1}{K}\dot{U}_{Y1}\angle -30^\circ \\ &= \frac{1}{K}\dot{U}_{Y1}\ (0.866-j0.5)\end{aligned}\right\} \qquad (4-44)$$

式中　K——变压器变比。当用标么值表示时，$K=1$。

相量图如图 4－16 所示。

(3) 在 Y/Y 和△/△接线组合中，一般常用的是 Y/Y－12、△/△－12，此时两侧电流、电压的相位一致。在 Y_9/Y_0-12 的接线组合中，必须在两侧计入零序分量。

第 4－8 节　短路电流热效应计算

一、基本公式

短路电流在导体和电器中引起的热效应 Q_t 按式 (4－45) 计算：

$$\left.\begin{aligned}Q_t &= \int_0^t i_{dt}^2 \\ &= \int_0^t (\sqrt{2}I_{zt}\cos\omega t \\ &\quad + i_{fz0}e^{-\frac{\omega t}{T_a}})^2 dt \\ &\approx Q_z + Q_f\end{aligned}\right\} \qquad (4-45)$$

式中　Q_z——短路电流周期分量引起的热效应($kA^2 \cdot s$)；

Q_f——短路电流非周期分量引起的热效应 ($kA^2 \cdot s$)；

i_{dt}——短路电流瞬时值 (kA)；

I_{zt}——短路电流周期分量有效值 (kA)；

i_{fz0}——短路电流非周期分量 0 秒值 (kA)；

t——短路持续时间。

二、短路电流周期分量热效应 Q_z

短路电流周期分量引起的热效应 Q_z 按式(4－46)计算：

$$Q_z = \frac{I''^2 + 10I_{zt/2}^2 + I_{zt}^2}{12}t \qquad (4-46)$$

式中　$I_{zt/2}$——短路电流在 $t/2$ 秒时的周期分量有效值 (kA)。

当为多支路向短路点供给短路电流时，不能采用先算出每个支路的热效应 Q_{zt} 然后再相加的迭加法则。而应先求电流和，再求总的热效应。在利用式(4－46)时，I''、$I_{zt/2}$ 和 I_{zt} 分别为各个支路短路电流之和，即：

$$Q_z = \frac{(\Sigma I'')^2 + 10\ (\Sigma I_{zt/2})^2 +\ (\Sigma I_{zt})^2}{12}t \qquad (4-47)$$

三、短路电流非周期分量热效应 Q_f

短路电流非周期分量引起的热效应 Q_f 按式(4－48)计算：

$$\left.\begin{aligned}Q_f &= \frac{T_a}{\omega}(1 - e^{-\frac{2\omega t}{T_a}})I''^2 \\ &= TI''^2\end{aligned}\right\} \qquad (4-48)$$

式中　T——等效时间 (s)。为简化工程计算，可按表 4－21 查得。

表 4－21　非周期分量等效时间 (s)

短 路 点	T	
	$t \leqslant 0.1$	$t > 0.1$
发电机出口及母线	0.15	0.2
发电厂升高电压母线及出线 发电机电压电抗器后	0.08	0.1
变电所各级电压母线及出线	0.05	

当为多支路向短路点供给短路电流时，仍不能用迭加法则。在用式 (4－48) 计算时，I'' 应取各支路短路电流之和，T_a 取多支路的等效衰减时间常数。

第 4－9 节　6kV 厂用电系统短路电流计算

6kV 厂用电系统的短路电流计算应计及电动机的反馈电流，即它由厂用电源和电动机两部分供给，并按相角相同取算术和进行计算。对于厂用电源供给的短路电流，其周期分量在整个短路过程中可认为不衰减，其非周期分量可按厂用电源的衰减时间常数计算。对于异步电动机的反馈电流，其周期分量和非周期分量可按相同的等效衰减时间常数计算。

一、三相短路电流周期分量的起始值

$$\left.\begin{aligned}I'' &= I''_B + I''_D\\ I''_B &= \frac{I_j}{X_x + X_B}\\ I''_D &= K_{d,D} I_{e,D} \times 10^{-3}\\ &= K_{d,D}\frac{P_{e,D}}{\sqrt{3}U_{e,D}\eta_D\cos\varphi_D}\times 10^{-3}\end{aligned}\right\}\qquad(4-49)$$

式中　I''——短路电流周期分量的起始有效值（kA）；

I''_B——厂用电源短路电流周期分量的起始有效值（kA）；

I''_D——电动机反馈电流周期分量的起始有效值（kA）；

I_j——基准电流（kA）；

X_x——系统电抗标么值，$X_x = \frac{S_j}{S_x}$；

S_x——厂用电源引接点的短路容量（MVA）；

S_j——基准容量（MVA）；

X_B——厂用变压器或电抗器的电抗标么值；

$K_{d,D}$——电动机平均的反馈电流倍数，一般10万kW及以下机组的厂用电动机取5，12.5万kW及以上机组的厂用电动机取5.5~6.0；

$I_{e,D}$——计及反馈的电动机额定电流之和（A）；

$P_{e,D}$——计及反馈的电动机额定功率之和（kW）；

$U_{e,D}$——电动机的额定电压（kV）；

$\eta_D\cos\varphi_D$——电动机平均的效率和功率因数乘积，一般取0.8。

二、短路冲击电流

$$\begin{aligned}i_{ch} &= i_{ch,B} + i_{ch,D}\\ &= \sqrt{2}\left(K_{ch,B}I''_B + 1.1K_{ch,D}I''_D\right)\end{aligned}\qquad(4-50)$$

式中　i_{ch}——短路冲击电流（kA）；

$i_{ch,B}$——厂用电源的短路冲击电流（kA）；

$i_{ch,D}$——电动机的反馈冲击电流（kA）；

$K_{ch,B}$——厂用电源短路电流的冲击系数，可取表4-22所列数值；

$K_{ch,D}$——电动机反馈电流的冲击系数，一般100000kW及以下机组的厂用电动机取1.4~1.6，125000kW及以上机组的厂用电动机取1.7。

表4-22　厂用电源非周期分量的衰减时间常数和冲击系数值

时间常数、冲击系数	电抗器	双绕组变压器		分裂绕组变压器
		$U_d\% \leqslant 10.5$	$U_d\% > 10.5$	
T_B（s）	0.045	0.045	0.06	0.06
$K_{ch,B}$	1.80	1.80	1.85	1.85

三、t秒三相短路电流

$$\left.\begin{aligned}I_{zt} &= I_{zt,B} + I_{zt,D}\\ &= I''_B + K_{tD}I''_D\\ I_{fzt} &= I_{fzt,B} + I_{fzt,D}\\ &= \sqrt{2}\left(K_{tB}I''_B + K_{tD}I''_D\right)\end{aligned}\right\}\qquad(4-51)$$

式中　I_{zt}——t秒短路电流的周期分量有效值（kA）；

I_{fzt}——t秒短路电流的非周期分量值（kA）；

$I_{zt,B}$——t秒厂用电源短路电流的周期分量有效值（kA）；

$I_{fzt,B}$——t秒厂用电源短路电流的非周期分量值（kA）；

$I_{zt,D}$——t秒电动机反馈电流的周期分量有效值（kA）；

$I_{fzt,D}$——t秒电动机反馈电流的非周期分量值（kA）；

K_{tD}——电动机反馈电流的衰减系数，$K_{tD} = e^{-t/TD}$，一般取表4-23的数值；

K_{tB}——厂用电源非周期分量的衰减系数，$K_{tB} = e^{-t/TB}$，一般取表4-23的数值；

t——短路电流计算时间(s)。它包括主保护动作时间和断路器固有分闸时间。用于校验断路器开断电流时，中速断路器（如 SN10-10 系列）取 0.11s，慢速断路器（如 SN1-10 和 SN2-10 系列）取 0.15s；

T_D——电动机反馈电流的衰减时间常数(s)，125000kW 及以上机组的厂用电动机一般取 0.062s；

T_B——厂用电源非周期分量的衰减时间常数（s），一般取表 4-22 的数值。

对于 10 万 kW 及以下机组的厂用电动机，可不计算 $I_{zt,D}$ 和 $I_{fzt,D}$ 两项。

表 4-23　厂用电源非周期分量和电动机反馈电流的衰减系数

T (s)		K_{tD} 或 K_{tB}，当 t 为下列值时 (s) 0.11	0.15
T_B	0.045	0.09	0.04
	0.06	0.16	0.08
T_D	0.062	0.17	0.09

四、三相短路电流热效应

$$Q_t = \int_0^t i^2 dt$$

$$= I''^2_B(t + T_B) + 4I''_B I''_D\left[\frac{T_D}{2}(1 - e^{-\frac{t}{T_D}}) + \frac{T_B T_D}{T_B + T_D}\right] + 1.5I''^2_D T_D \qquad (4-52)$$

$$i = i_B + i_D$$

$$= \sqrt{2}I''_B(-\cos\omega t + e^{-\frac{t}{T_B}}) + \sqrt{2}I''_D e^{-\frac{t}{T_D}} \times (-\cos\omega t + 1)$$

式中　Q_t——短路电流热效应（$kA^2·s$），简化计算式见表 4-24；

i——短路电流瞬时值（kA）；

i_B——厂用电源短路电流瞬时值（kA）；

i_D——电动机反馈电流瞬时值（kA）；

t——短路电流热效应计算时间（s）。用于校验电缆热稳定最小截面时，包括主保护动作时间在内，中速断路器可取 0.15s，慢速断路器可取 0.2s。

对于 10 万 kW 及以下机组，可不计电动机反馈电流热效应的作用，短路电流热效应的计算式为：

$$Q_t = \int_0^t i_B^2 dt = I''^2_B(t + T_B) \qquad (4-53)$$

表 4-24　Q_t 简化计算式

t (s)	T_B (s)	T_D (s)	Q_t ($kA^2·s$)
0.15	0.045	0.062	$0.195I''^2_B + 0.22I''_B I''_D + 0.09I''^2_D$
	0.06		$0.21I''^2_B + 0.23I''_B I''_D + 0.09I''^2_D$
0.2	0.045	0.062	$0.245I''^2_B + 0.22I''_B I''_D + 0.09I''^2_D$
	0.06		$0.26I''^2_B + 0.24I''_B I''_D + 0.09I''^2_D$

五、异步电动机反馈电流逐台计算法

在具有电动机参数的条件下，必要时也可根据其参数逐台计算反馈电流，一般按相角相同的算术和求总的反馈电流。

（一）n 台电动机三相反馈电流周期分量的起始值

$$I''_D = \sum_{i=1}^{n} K_{di} I_{e,di} \times 10^{-3} \qquad (4-54)$$

式中　I''_D——电动机反馈电流周期分量的起始有效值之和（kA）；

K_{di}——第 i 台电动机的反馈电流倍数，一般取其起动电流倍数值；

$I_{e,di}$——第 i 台电动机的额定电流（A）。

（二）n 台电动机的反馈冲击电流

$$i_{ch,D} = 1.1\sqrt{2}\sum_{i=1}^{n} K_{ch,di} K_{di} I_{e,di} \times 10^{-3} \qquad (4-55)$$

式中　$i_{ch,D}$——电动机的反馈冲击电流之和（kA）；

$K_{ch,di}$——第 i 台电动机反馈电流的冲击系数，可查图 4-17 相应的曲线。

（三）n 台电动机的 t 秒三相反馈电流

$$I_{zt,D} = \sum_{i=1}^{n} K_{t,di} K_{di} I_{e,di} \times 10^{-3}$$

$$I_{fzt,D} = \sqrt{2}\sum_{i=1}^{n} K_{t,di} K_{di} I_{e,di} \times 10^{-3} \qquad (4-56)$$

$$K_{t,di} = e^{-\frac{t}{T_{di}}}$$

式中　$I_{zt,D}$——t 秒电动机反馈电流的周期分量有效值之和（kA）；

$I_{fzt·D}$——t 秒电动机反馈电流的非周期分量

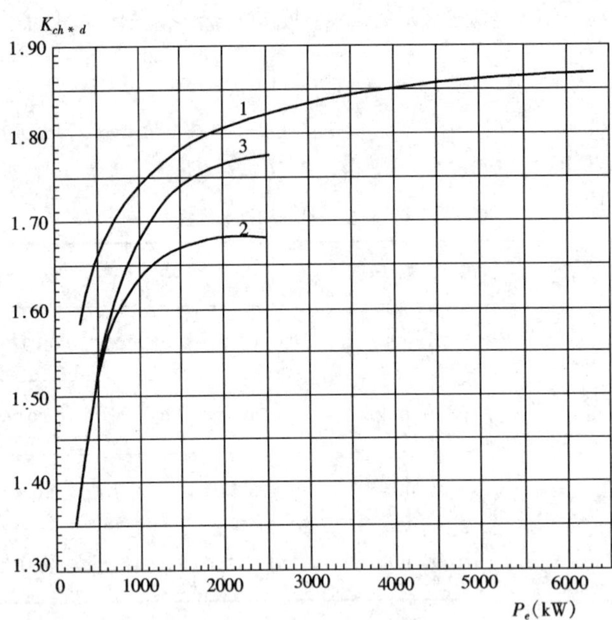

图 4-17　6kV 异步电动机容量 P_e 与冲击系数 $K_{ch,d}$ 的关系曲线

1—二极电动机；2—四极及以上电动机；3—平均值

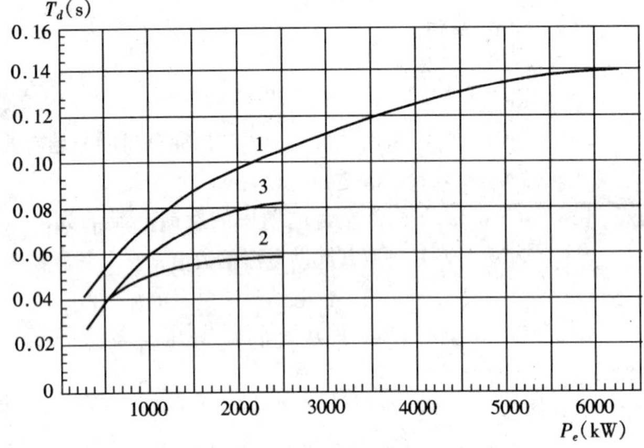

图 4-18　6kV 异步电动机容量 P_e 与时间常数 T_d 的关系曲线

1—二极电动机；2—四极及以上电动机；3—平均值

值之和（kA）；

$K_{t,di}$——第 i 台电动机反馈电流的衰减系数；

T_{di}——第 i 台电动机反馈电流的衰减时间常数（s），可查图 4-18 相应的曲线。

（四）用于计算短路电流热效应的 n 台电动机等效时间常数

$$\left.\begin{aligned} T_D &= \frac{0.01}{\ln\dfrac{2}{K_{ch,D}}} \\ K_{ch,D} &= \frac{\sum\limits_{i=1}^{n} P_i K_{ch,di}}{\sum\limits_{i=1}^{n} P_i} \end{aligned}\right\} \qquad (4-57)$$

式中　T_D——n 台电动机等效的反馈电流衰减时间常数（s）；

$K_{ch,D}$——n 台电动机等效的反馈电流冲击系数；

P_i——第 i 台电动机的额定功率（kW）。

第 4-10 节　380V 厂用电系统短路电流计算

一、一般原则

(1) 网络变换归算时，应计及电阻。

(2) 短路时，低压厂用变压器高压侧的电压可以认为不变（即 $U_* = 1$），低压侧的短路电流不衰减。

(3) 380V 中央配电屏的短路电流应考虑异步电动机的反馈电流。因此，它由低压厂用变压器和异步电动机两部分供给，并按相角相同取算术和计算。计及反馈的异步电动机总功率（kW），一般取低压厂用变压器容量（kVA）的 60%。

在中央配电屏以下短路时，可不计及异步电动机的反馈电流。

(4) 低压元件，如不太长的母线和电缆、电流互感器的一次绕组、自动空气开关的过电流线圈及自动空气开关和隔离开关触头的接触电阻等，对低压短路电流都有影响。为了简化计算，可以不考虑占回路总阻抗 10% 以下的元件。这样做，会使短路电流值偏于安全。因此，在一般情况下只需计及电缆长度超过 10m 的导体以及 300/5A 以下的电流互感器一次绕组的电阻。

(5) 计算时，用有名制更为方便，即电压用 V、电阻用 mΩ、电流用 kA 表示。

二、低压元件阻抗

（一）系统阻抗

在计算低压电力网短路时，有时需要计入系统阻抗，如果此时系统阻抗不知，只有原绕组方面的短路容量或高压断路器的额定断流容量 S_{ed}（MVA），则系统阻抗可近似地按下式计算：

$$X_{*x}=\frac{S_j}{S_{ed}} \tag{4-58}$$

或以 mΩ 表示：

$$X_x=\frac{U_p^2}{S_{ed}}\times10^3\ (\mathrm{m\Omega}) \tag{4-59}$$

式中　U_p——平均线电压（kV）；
S_j——基准容量（MVA）。

（二）变压器阻抗

变压器的每相电阻和电抗以 mΩ 表示时，可由下式计算：

$$\left.\begin{aligned}R_b&=\frac{P_dU_e^2}{S_e^2}\times10^3\\X_D&=\frac{10\times U_x\%U_e^2}{S_e}\times10^3\\U_x\%&=\sqrt{(U_d\%)^2-(U_b\%)^2}\\U_b\%&=\frac{P_d}{10S_e}\end{aligned}\right\} \tag{4-60}$$

式中　P_d——变压器额定负载的短路损耗（W）；
S_e——变压器的额定容量（kVA）；
$U_d\%$——变压器短路电压百分值（或称阻抗电压百分值）；
$U_x\%$——变压器电抗电压百分值；
$U_b\%$——变压器电阻电压百分值；
U_e——低压绕组的额定线电压（kV）。

三相低压厂用油浸变压器的阻抗值如附表 4－8 所示。

（三）铝母线阻抗

矩形铝母线的电阻和电抗按下式计算：

$$\left.\begin{aligned}R_m&=\frac{35.4L_m}{S_m}\\X_m&=0.145L_m\lg\frac{D_j}{g_{jx}}\end{aligned}\right\} \tag{4-61}$$

式中　R_m、X_m——铝母线的电阻（温度为 70℃时）、电抗（mΩ）；
L_m——母线长度（m）；
S_m——母线截面（mm^2）；
g_{jx}——母线相线的几何均距（mm），如矩形母线的宽与厚分别以 a 和 b 表示，则 $g_{jx}=0.2236(a+b)$；
D_j——母线相间的几何均距（mm），$D_j=\sqrt[3]{D_{ab}D_{bc}D_{ac}}$，当各相在同一平面，且间距相等时，$D_j=1.26D$，其中 D 为相间中心距（mm）。

当计算单相短路电流时，一般不按零线有接地扁钢并联的情况计算，母线相—零回路电阻可按式（4－61）的电阻公式计算，并将相线与零线的电阻相加即可。其相—零回路电抗可按下式计算：

$$X_{x-0}=0.145L_m\lg\frac{D_{j0}^2}{g_{ix}g_{j0}} \tag{4-62}$$

式中　g_{j0}——母线零线的几何均距（mm）；
D_{j0}——母线相—零回路几何均距（mm），$D_{j0}=\sqrt[3]{D_{a0}D_{b0}D_{c0}}$。其中，$D_{a0}$、$D_{b0}$、$D_{c0}$ 分别为 a、b、c 三相母线与零线的距离（mm）。

（四）电缆的阻抗

低压电缆的阻抗值见附表 4－14～附表 4－18。

在短路计算中，常常会遇到从变压器到短路点间由两种不同截面的电缆组成。此时，应将两种电缆归算到同一截面。电缆的计算长度 l_{js}，可近似地按下式计算：

$$l_{js}=l_1+l_2\frac{q_1\rho_2}{q_2\rho_1} \tag{4-63}$$

式中 l_1、l_2——不同截面的电缆长度（m）；
q_1、q_2——电缆截面（mm^2）；
ρ_1、ρ_2——电缆的电阻率（Ω·m）。当电缆芯线材料不同时，如铜与铝之比一般取 $\rho_{cu}/\rho_{Ai}\approx0.6$。

（五）架空配电线路的阻抗

屋外架空裸铝导线的单位长度阻抗值见附表 4－21。

（六）钢导线的阻抗

钢质导体线路或接地网中接地扁钢的阻抗与流过该导体的电流有关，一般可按下式采用试凑法求得近似值：

$$\left.\begin{aligned}R_g&=0.077l^{-0.55}I^{-045}L\\X_g&=X_n+X_w\\X_n&=0.6R_g\end{aligned}\right\} \tag{4-64}$$

式中　R_g——钢质导体电阻（Ω）；
l——钢导体截面周长（cm）；
I——钢导体中流过的电流(A)。由于此电流数值与所求的阻抗有关，故一般可按试凑法确定。在计算单相接地短路电流时，此电流值应采用线路始端熔断器熔体额定电流的4倍，或线路始端自动空气开关瞬时或短时动作过流脱扣器整定电流的1.5倍。在计算接地扁钢阻抗时，还应计及其他接零导体的分流作用；

L——钢导体线路长度（m）；

X_g——钢导体电抗（Ω）；

X_n——钢导体内电抗（Ω）；

X_w——钢导体外电抗（Ω）。对钢导体架空线路可查附表4－23。对一般厂内敷设的接零钢导体的外电抗可取0.6Ω/km。

（七）低压电器阻抗

电流互感器一次绕组及自动空气开关过流线圈的阻抗见附表4－24和附表4－25。自动空气开关及刀开关的触头接触电阻见附表4－26。

三、网络变换

低压电网一般均为放射式，其等值网络是由电抗X和电阻R组成的串联回路，其等效阻抗：

$$\left.\begin{aligned}X_\Sigma &= \Sigma X\\ R_\Sigma &= \Sigma R\end{aligned}\right\} \qquad (4-65)$$

当低压电网中有两台降压变压器或其他两元件并联运行时，就必须计算两并联支路的等效阻抗。如图4－19中两支路的电阻为R_1和R_2，电抗为X_1和X_2，其等效阻抗R_Σ和X_Σ可用下式计算：

$$\left.\begin{aligned}R_\Sigma &= \frac{R_1\ (R_2^2+X_2^2)\ +R_2\ (R_1^2+X_1^2)}{(R_1+R_2)^2+\ (X_1+X_2)^2}\\ X_\Sigma &= \frac{X_1\ (R_2^2+X_2^2)\ +X_2\ (R_1^2+X_1^2)}{(R_1+R_2)^2+\ (X_1+X_2)^2}\end{aligned}\right\} \qquad (4-66)$$

若支路电阻和电抗之间有下列关系：

$$\frac{R_1}{X_1}=\frac{R_2}{X_2}$$

则等效阻抗可按下式计算：

$$\left.\begin{aligned}R_\Sigma &= \frac{R_1R_2}{R_1+R_2}\\ X_\Sigma &= \frac{X_1X_2}{X_1+X_2}\end{aligned}\right\} \qquad (4-67)$$

四、短路电流计算

（一）三相短路电流周期分量的计算

$$\left.\begin{aligned}I^{(3)''} &= I_B^{(3)''}+I_D^{(3)''}\\ I_B^{(3)''} &= \frac{U}{\sqrt{3}Z_\Sigma}=\frac{U}{\sqrt{3}\sqrt{R_\Sigma^2+X_\Sigma^2}}\\ I_D^{(3)''} &= 3.7\times10^{-3}I_{e,B}\end{aligned}\right\} \qquad (4-68)$$

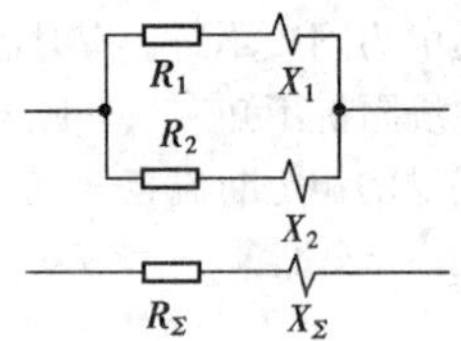

图4－19 并联阻抗的变换

式中 $I^{(3)''}$——三相短路电流周期分量的起始有效值（kA）；

$I_B^{(3)''}$——变压器短路电流周期分量的起始有效值（kA）；

$I_D^{(3)''}$——电动机反馈电流周期分量的起始有效值（kA）；

U——变压器低压侧线电压（V），取400V；

R_Σ、X_Σ——每相回路的总电阻和总电抗（mΩ）；

$I_{e,B}$——变压器低压侧的额定电流（A）。

中央配电屏以下发生短路时，可取$I_B^{(3)''}=0$。

低压电网一般以三相短路电流为最大，并与中性点是否接地无关。如在一相或两相上有电流互感器，而使短路电流不对称时，仍可按上式计算，但式中的R_Σ和X_Σ，采用没有电流互感器那一相的总阻抗。

（二）两相短路电流周期分量的计算

由于低压网络距发电机的电气距离很远，降压变压器容量与发电机的电源容量相比甚小，因此在实用计算中，可假定$Z_z=Z_1$，而按下式计算：

$$I^{(2)''}=\frac{\sqrt{3}U}{2Z_{1\Sigma}}=0.87I^{(3)''} \qquad (4-69)$$

式中 $Z_{1\Sigma}$——每相正序合成阻抗。

（三）单相短路电流周期分量的计算

单相短路电流可直接按相－零回路所形成的阻抗进行计算：

$$I^{(1)''}=\frac{U_x}{\sqrt{(\Sigma R)^2+\ (\Sigma X)^2}} \qquad (4-70)$$

式中 U_x——网络的相电压（V）；

ΣR——相－零回路电阻之和（mΩ）；

ΣX——相－零回路电抗之和（mΩ）。

相－零回路中的电阻和电抗，应考虑变压器的计算阻抗、回路导体的阻抗、设备的接触电阻、零回路中的阻抗（一般为电缆中性线阻抗、电缆包皮阻抗和接地扁钢阻抗的并联阻抗）。

（四）短路冲击电流

$$\begin{aligned} i_{ch} &= i_{ch,B} + i_{ch,D} \\ &= \sqrt{2} K_{ch,B} I''_B + 5.8 \times 10^{-3} I_{e,B} \end{aligned} \tag{4-71}$$

式中　i_{ch}——380V 中央配电屏的短路冲击电流（kA）；

$i_{ch,B}$——变压器的短路冲击电流（kA）；

$i_{ch,D}$——电动机的反馈冲击电流（kA）；

$K_{ch,B}$——变压器短路电流的冲击系数，可根据回路中 X_Σ/R_Σ 的比值从图 4－20 查得。

在中央配电屏以外发生短路时，可取 $i_{ch,D}=0$。

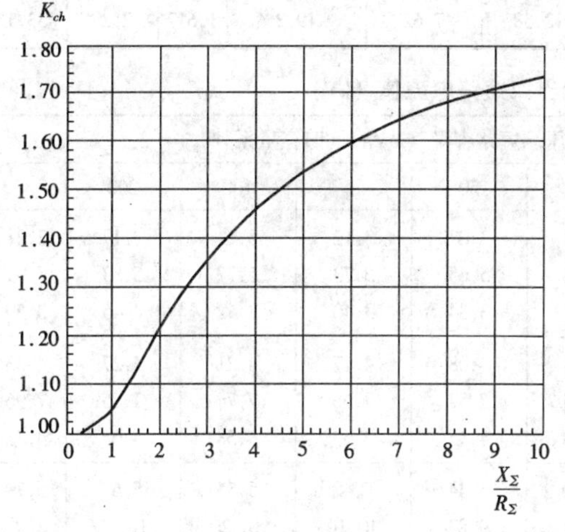

图 4－20　$K_{ch}=f\left(\frac{X_\Sigma}{R_\Sigma}\right)$ 曲线

（五）第一周期内短路电流全电流有效值

$$\left.\begin{aligned} I_{z(0.01)} &= I''_B + 2.6 \times 10^{-3} I_{e,B} \\ I_{fz(0.01)} &= \sqrt{2}(K_{ch,B}-1) I''_B + 2.1 \times 10^{-3} I_{e,B} \\ I_{ch} &= \sqrt{I^2_{z(0.01)} + I^2_{fz(0.01)}} \end{aligned}\right\} \tag{4-72}$$

式中　$I_{z(0.01)}$——0.01s 的短路电流周期分量有效值（kA）；

$I_{fz(0.01)}$——0.01s 的短路电流非周期分量值（kA）；

I_{ch}——第一周期内短路电流全电流有效值（kA）。

在中央配电屏以下发生短路时，可取 $I_{e,B}=0$。

五、380V 短路电流计算结果

3～15/0.4kV 各种变压器低压侧出口的短路电流周期分量、短路冲击电流峰值和短路全电流最大有效值见表 4－25 和表 4－26。厂用低压变压器新系列阻抗短路电流计算结果见第七章。

根据一些典型接线方式，计算绘制的各种变压器供电回路的单相、两相及三相短路电流计算曲线见附图 4－1～附图 4－33。

单相短路电流与电缆截面、长度的关系见表 4－27。使用这些表时需注意：

（1）低压厂用变压器必须是 Δ/Y_0 接线；

（2）表中的单相短路电流是以铝芯塑料绝缘电缆计算的，零回路接地扁铁规格为 2 根 40×4mm²；

（3）当电缆长度超过 60m 时，可按“60m/实际长度”的比例递减。

表 4－25　6～15/0.4kV 厂用变压器低压侧出口短路电流值

变压器容量系列	变压器额定容量（kVA）	阻抗电压 U_d%	时间常数 T_a（s）	短路电流周期分量有效值 I''_z（kA）			短路全电流最大有效值 I_{ch}（kA）	短路冲击电流峰值 i_{ch}（kA）		
				三相短路电流	两相短路电流	单相短路电流		K_{ch}	$\sqrt{2}K_{ch}$	i_{ch}
旧系列	180	5.5	0.00726	4.72	4.09	2.01	5.0	1.253	1.77	8.4
	320	5.5	0.00865	8.40	7.27	3.09	9.2	1.315	1.86	15.6
	560	5.5	0.00990	14.70	12.70	4.80	16.6	1.365	1.93	28.4
		8.0	0.01482	10.10	8.75	4.07	12.5	1.510	2.13	21.5
	750	5.5	0.01060	19.70	17.10	5.38	22.5	1.389	1.96	38.6
		8.0	0.01570	13.50	11.7	4.97	16.9	1.528	2.16	29.2
		10.0	0.01975	10.80	9.4	4.68	14.2	1.602	2.27	24.5
	1000	5.5	0.01130	26.20	22.7	6.60	30.3	1.411	2.00	52.3
		8.0	0.01670	18.10	15.6	6.15	22.9	1.550	2.19	39.6

续表

变压器容量系列	变压器额定容量（kVA）	阻抗电压 U_d%	时间常数 T_a（s）	短路电流周期分量有效值 I''_z（kA）			短路全电流最大有效值 I_{ch}（kA）	短路冲击电流峰值 i_{ch}（kA）		
				三相短路电流	两相短路电流	单相短路电流		K_{ch}	$\sqrt{2}K_{ch}$	i_{ch}
新系列	100	4.0	0.00467	3.61	3.14	1.01	4.0	1.118	1.58	5.7
	160	4.0	0.00527	5.77	5.02	1.38	6.5	1.150	1.63	9.4
	200	4.0	0.00571	7.20	6.26	1.65	8.2	1.174	1.66	11.9
	250	4.0	0.00620	9.00	7.83	2.06	10.3	1.199	1.69	15.2
	315	5.5	0.00915	8.27	7.19	2.48	9.2	1.336	1.89	15.6
	500	7.0	0.01318	10.35	9.0	3.93	12.4	1.468	2.07	21.4
	630	7.0	0.01410	12.97	11.30	5.16	15.8	1.493	2.11	27.4
	800	8.0	0.01640	14.41	12.55	6.56	18.2	1.544	2.18	31.4
	1000	10.0	0.02068	14.43	12.58	7.62	19.2	1.617	2.29	33.1

表 4-26　3~10/0.4kV 配电变压器低压侧出口短路电流值（kV）

变压器容量（kVA）	短路电流名称	变压器高压侧短路容量（MVA）（旧容量系列）							
		10	20	30	50	75	100	200	∞
100（4.5%）*	I''_z	2.62	2.88	3.00	3.07	3.12	3.14	3.17	3.21
	i_{ch}	4.82	5.30	5.52	5.65	5.73	5.77	5.83	5.91
	I_{ch}	2.85	3.13	3.27	3.34	3.40	3.42	3.45	3.50
135（4.5%）	I''_z	3.33	3.75	3.94	4.08	4.17	4.21	4.27	4.33
	i_{ch}	6.13	6.90	7.25	7.52	7.66	7.74	7.85	7.96
	I_{ch}	3.62	4.08	4.28	4.45	4.53	4.58	4.65	4.71
180（4.5%）	I''_z	4.13	4.81	5.10	5.34	5.48	5.55	5.67	5.79
	i_{ch}	7.60	8.85	9.38	9.83	10.10	10.20	10.40	10.65
	I_{ch}	4.50	5.23	5.55	5.81	5.96	6.04	6.17	6.31
240（4.5%）	I''_z	5.02	6.08	6.52	6.94	7.17	7.29	7.48	7.68
	i_{ch}	9.25	11.20	12.00	12.80	13.20	13.40	13.80	14.15
	I_{ch}	5.46	6.62	7.10	7.55	7.80	7.93	8.14	8.38
320（4.5%）	I''_z	5.98	7.55	8.27	8.97	9.35	9.57	9.89	10.25
	i_{ch}	11.00	13.90	15.20	16.50	17.20	17.60	18.20	18.85
	I_{ch}	6.50	8.22	9.00	9.75	10.20	10.40	10.80	11.18
420（4.5%）	I''_z	6.98	9.20	10.30	11.40	12.00	12.30	12.90	13.45
	i_{ch}	12.90	16.90	19.00	21.00	22.10	22.60	23.80	24.75
	I_{ch}	7.60	10.00	11.20	12.40	13.10	13.40	14.00	14.65
560（4.5%）	I''_z	8.00	11.10	12.70	14.40	15.40	16.00	16.90	17.95
	i_{ch}	14.70	20.40	23.40	26.50	28.30	29.40	31.10	33.00
	I_{ch}	8.70	12.10	13.80	15.70	16.80	17.40	18.40	19.55
750（4.5%）	I''_z	9.03	13.10	15.50	18.00	19.70	20.60	22.20	23.95
	i_{ch}	16.60	24.10	28.10	33.10	36.20	37.90	40.80	44.10
	I_{ch}	9.83	14.30	16.90	19.60	21.40	22.40	24.20	26.10
1000（4.5%）	I''_z	9.96	15.20	18.40	22.20	24.70	26.20	28.90	32.00
	i_{ch}	18.30	28.00	33.80	40.80	45.50	48.20	53.20	58.90
	I_{ch}	10.90	16.50	20.00	24.20	26.90	28.50	31.40	34.90

续表

变压器容量（kVA）	短路电流名称	变压器高压侧短路容量（MVA）（新容量系列）							
		10	20	30	50	75	100	200	∞
100（4%）	I''_z	2.89	3.20	3.33	3.43	3.49	3.52	3.56	3.61
	i_{ch}	5.32	5.88	6.13	6.31	6.42	6.47	6.55	6.65
	I_{ch}	3.15	3.48	3.62	3.73	3.80	3.83	3.87	3.94
125（4%）	I''_z	3.43	3.90	4.08	4.24	4.33	4.37	4.44	4.51
	i_{ch}	6.31	7.17	7.51	7.80	7.96	8.05	8.16	8.30
	I_{ch}	3.73	4.24	4.45	4.62	4.72	4.76	4.83	4.91
160（4%）	I''_z	4.12	4.81	5.09	5.33	5.48	5.55	5.67	5.77
	i_{ch}	7.57	8.85	9.37	9.80	10.10	10.20	10.40	10.62
	I_{ch}	4.48	5.23	5.55	5.80	5.97	6.04	6.17	6.29
200（4%）	I''_z	4.82	5.78	6.19	6.56	6.77	6.87	7.03	7.23
	i_{ch}	8.86	10.60	11.40	12.10	12.50	12.60	12.90	13.30
	I_{ch}	5.25	6.30	6.74	7.15	7.36	7.47	7.65	7.88
250（4%）	I''_z	5.56	6.87	7.46	8.02	8.32	8.48	8.74	9.01
	i_{ch}	10.20	12.60	13.70	14.70	15.30	15.60	16.10	16.60
	I_{ch}	6.05	7.47	8.13	8.73	9.05	9.23	9.51	9.82
315（4%）	I''_z	6.36	8.15	9.00	9.82	10.30	10.50	10.90	11.40
	i_{ch}	11.70	15.00	16.60	18.10	19.00	19.30	20.00	20.96
	I_{ch}	6.92	8.87	9.80	10.70	11.20	11.40	11.90	12.42
400（4%）	I''_z	7.22	9.62	10.80	12.00	12.70	13.10	13.70	14.45
	i_{ch}	13.30	17.70	19.90	22.10	23.40	24.10	25.20	26.60
	I_{ch}	7.85	10.50	11.80	13.10	13.80	14.30	14.90	15.75
500（4%）	I''_z	8.02	11.10	12.70	14.40	15.50	16.00	17.00	18.10
	i_{ch}	14.80	20.40	23.40	26.50	28.50	29.40	31.30	33.30
	I_{ch}	8.73	12.10	13.80	15.70	16.90	17.40	18.50	19.73
630（4%）	I''_z	8.82	12.70	14.90	17.30	18.70	19.60	21.00	22.70
	i_{ch}	16.20	23.40	27.40	31.80	34.40	36.00	38.60	41.80
	I_{ch}	9.60	13.80	16.20	18.80	20.40	21.40	22.90	24.80
800（4.5%）	I''_z	9.22	13.60	16.10	18.90	20.70	21.80	23.50	25.60
	i_{ch}	17.00	25.00	29.60	34.80	38.00	40.10	43.20	47.10
	I_{ch}	10.00	14.80	17.50	20.60	22.60	23.70	25.60	27.90
1000（4.5%）	I''_z	9.99	15.20	18.45	22.22	24.80	26.30	28.90	32.10
	i_{ch}	18.39	27.95	33.95	40.96	45.60	48.45	50.32	59.05
	I_{ch}	10.89	16.57	20.12	24.22	27.03	28.65	31.50	35.00

注　I''_z——短路电流周期分量有效值；

i_{ch}——短路冲击电流峰值；

I_{ch}——短路全电流最大有效值。

*　括号内数值为阻抗电压值。

表 4-27　单相短路电流（kA）与电缆截面、长度的关系

变压器 (kVA)	截面 (mm²)	电缆长度 (m)						
		0	10	20	30	40	50	60
500 (4%)	6	14.13		1.38		0.71		0.48
	10	14.13		1.94		1.02		0.69
	16	14.13		2.50		1.34		0.91
	25	14.13		2.94		1.61		1.11
	35	14.13		3.24		1.80		1.24
	50	14.13		3.49		1.96		1.36
	70	14.13		3.67		2.08		1.46
	95	14.13		3.79		2.17		1.52
	120	14.13		3.88		2.23		1.56
	150	14.13		3.92		2.26		1.59
	185	14.13		3.96		2.29		1.61
630 (4.5%)	6	15.77		1.39		0.71		0.48
	10	15.77		1.97		1.03		0.70
	16	15.77		2.55		1.35		0.92
	25	15.77		3.02		1.63		1.12
	35	15.77		3.33		1.83		1.26
	50	15.77		3.59		2.00		1.38
	70	15.77		3.79		2.12		1.47
	95	15.77		3.92		2.21		1.54
	120	15.77		4.00		2.27		1.58
	150	15.77		4.05		2.30		1.61
	185	15.77		4.10		2.33		1.63
800 (4.5%)	6	19.53		1.41		0.72		0.48
	10	19.53		2.01		1.04		0.70
	16	19.53		2.61		1.37		0.93
	25	19.53		3.11		1.66		1.13
	35	19.53		3.45		1.86		1.27
	50	19.53		3.74		2.04		1.40
	70	19.53		3.96		2.17		1.50
	95	19.53		4.10		2.27		1.56
	120	19.53		4.20		2.33		1.61
	150	19.53		4.25		2.36		1.64

续表

变压器 (kVA)	截面 (mm^2)	电缆长度 (m)						
		0	10	20	30	40	50	60
800 (4.5%)	185	19.53		4.30		2.40		1.66
800 (6%)	6	15.5		1.41		0.72		0.48
	10	15.5		2.00		1.04		0.70
	16	15.5		2.58		1.36		0.93
	25	15.5		3.06		1.65		1.12
	35	15.5		3.37		1.84		1.26
	50	15.5		3.64		2.01		1.39
	70	15.5		3.83		2.14		1.48
	95	15.5		3.96		2.22		1.54
	120	15.5		4.04		2.28		1.59
	150	15.5		4.09		2.32		1.61
	185	15.5		4.13		2.35		1.64
1000 (4.5%)	6	23.67		1.42		0.72		0.48
	10	23.67		2.03		1.04		0.70
	16	23.67		2.66		1.38		0.93
	25	23.67		3.18		1.68		1.14
	35	23.67		3.55		1.89		1.29
	50	23.67		3.86		2.07		1.42
	70	23.67		4.09		2.21		1.52
	95	23.67		4.24		2.31		1.58
	120	23.67		4.35		2.37		1.63
	150	23.67		4.41		2.41		1.66
	185	23.67		4.47		2.45		1.68
1000 (6%)	6	18.90		1.41		0.72		0.48
	10	18.90		2.02		1.04		0.70
	16	18.90		2.63		1.38		0.93
	25	18.90		3.13		1.67		1.13
	35	18.90		3.47		1.87		1.28
	50	18.90		3.76		2.05		1.41
	70	18.90		3.97		2.18		1.50
	95	18.90		4.12		2.27		1.57
	120	18.90		4.21		2.33		1.61

续表

变压器 (kVA)	截面 (mm^2)	电缆长度 (m)						
		0	10	20	30	40	50	60
1000 (6%)	150	18.90		4.27		2.37		1.64
	185	18.90		4.31		2.40		1.66
1250 (6%)	6	22.21		1.42		0.72		0.48
	10	22.21		2.04		1.05		0.70
	16	22.21		2.67		1.39		0.94
	25	22.21		3.19		1.68		1.14
	35	22.21		3.55		1.89		1.29
	50	22.21		3.86		2.07		1.42
	70	22.21		4.08		2.21		1.52
	95	22.21		4.24		2.31		1.58
	120	22.21		4.34		2.37		1.63
	150	22.21		4.40		2.41		1.66
	185	22.21		4.45		2.44		1.68
1600 (8%)	6	22.03		1.43		0.72		0.48
	10	22.03		2.05		1.05		0.70
	16	22.03		2.68		1.39		0.94
	25	22.03		3.20		1.69		1.14
	35	22.03		3.56		1.89		1.29
	50	22.03		3.87		2.08		1.42
	70	22.03		4.10		2.22		1.52
	95	22.03		4.25		2.31		1.59
	120	22.03		4.35		2.38		1.63
	150	22.03		4.41		2.41		1.66
	185	22.03		4.46		2.45		1.68
2000 (10%)	6	24.37	2.79	1.43	0.96	0.72	0.58	0.48
	10	24.37	3.94	2.06	1.39	1.05	0.84	0.71
	16	24.37	5.05	2.70	1.84	1.39	1.12	0.94
	25	24.37	5.92	3.24	2.23	1.69	1.37	1.15
	35	24.37	6.49	3.61	2.50	1.91	1.54	1.30
	50	24.37	6.95	3.93	2.73	2.10	1.70	1.43
	70	24.37	7.28	4.16	2.91	2.23	1.81	1.53
	95	24.37	7.50	4.32	3.03	2.33	1.90	1.60

续表

变压器（kVA）	截面（mm²）	电缆长度（m）						
		0	10	20	30	40	50	60
2000（10%）	120	24.37	7.65	4.43	3.11	2.40	1.95	1.64
	150	24.37	7.73	4.49	3.16	2.44	1.98	1.67
	185	24.37	7.80	4.55	3.20	2.47	2.01	1.70

注　括号内数值为阻抗电压值。

第 4－11 节　大容量并联电容器装置的短路电流计算

一、一般原则

大容量并联电容器装置对其附近的短路影响较大。短路点渐远，影响将迅速减弱。下列情况可不考虑并联电容器装置对短路的影响：

(1) 短路点在出线电抗器后；

(2) 短路点在主变压器的高压侧；

(3) 不对称短路；

(4) 计算 t 秒周期分量有效值，当 $M<0.7\times\left(M=\frac{X_s}{X_l}\right)$ 或者：

对于采用 5～6% 串联电抗器的电容器装置，$\frac{Q_c}{S_d}<5\%$ 时；

对于采用 12～13% 串联电抗器的电容器装置，$\frac{Q_c}{S_d}<10\%$ 时。

式中　Q_c——并联电容器装置的总容量（Mvar）；

S_d——并联电容器装置安装地点的短路容量（MVA）；

M——系统电抗与电容器组串联电抗的比值；

X_s——归算到短路总的系统电抗；

X_l——电容器装置的串联电抗。

采用阻尼措施（例如在串联电抗器两端通过火花间隙并入一个不大的电阻），使得电容器组的衰减时间常数 $T_c<0.025$s 时，能够有效地抑制并联电容器组对短路电流的影响。

二、t 秒短路电流的计算

短路点的 t 秒短路电流周期分量按式（4－73）计算，其中 K_{tc} 为 T_c 和 m 的函数。

$$\left.\begin{aligned}I_{zt}&=K_{tC}I_{zts}\\T_C&=\frac{L}{R}\\m&=\frac{X_l}{X_c}=\omega^2CL\end{aligned}\right\}\qquad(4-73)$$

式中　I_{zts}——系统供给的三相短路电流 t 秒周期分量有效值（kA）；

K_{tC}——考虑电容器助增作用的校正系数，由图 4－21 和图 4－22 查得；

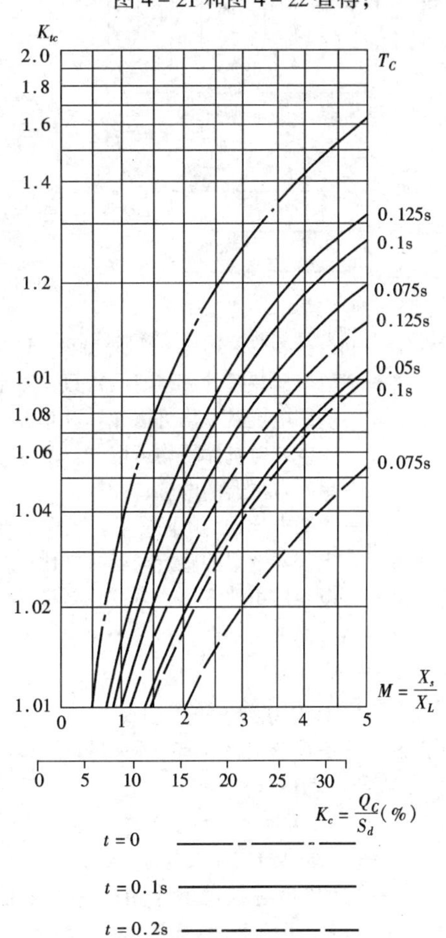

图 4－21　电容器装置助增校正系数曲线（$m=6\%$）

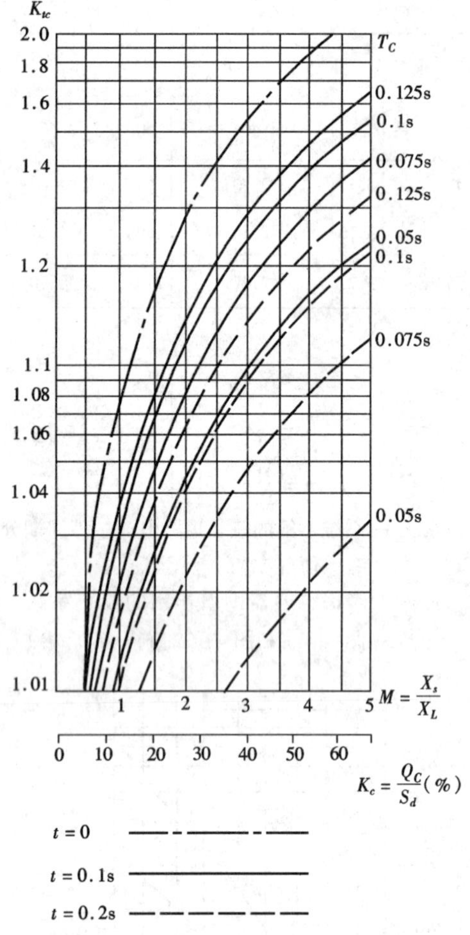

图 4-22 电容器装置助增校正系数曲线（$m=12\%$）

T_C——电容器装置的衰减时间常数，对于铁芯电抗器平均可取 $T_C=0.075$s；对于空芯电抗器平均可取 $T_C=0.1$s；

L——串联电抗器的电感；

R——串联电抗器的电阻；

m——电容器装置的感抗与容抗之比；

X_C——电容器组的容抗；

C——电容器组的电容；

ω——角频率。

三、冲击电流计算

短路点的冲击短路电流按式（4-74）计算，其中 $K_{ch,c}$为 T_c 和 m 的函数。

$$i_{ch}=K_{ch,c}i_{ch,g} \qquad (4-74)$$

式中 $i_{ch,s}$——系统供给的冲击电流（kA）；

$K_{ch,c}$——考虑电容器助增作用的冲击校正系数，由图 4-23 和图 4-24 查得。

第 4-12 节 算　　例

【例 1】 计算某火力发电厂的短路电流。

一、原始数据

短路电流计算结线图如图 4-25 所示。求 $d_1\sim d_9$ 点的三相短路电流及 d_1、d_2 点不对称短路电流。

取 $S_j=1000$MVA，网络中各元件的电抗标么值如下：

（一）正序电抗

正序电抗值见表 4-28，正序阻抗图见图 4-26。

（二）负序电抗

负序电抗值见表 4-29，负序阻抗图见图 4-27。

（三）零序电抗

零序电抗值见表 4-30，零序阻抗图见图 4-28。

二、网络变换

（一）正序网络的变换

1. 短路点 d_1

将图 4-26 化为图 4-29（a）。图 4-29（a）中，

$$X_{101}=\frac{X_5+X_9}{2}=\frac{0.473+0.389}{2}=0.431$$

$$X_{102}=\left(\frac{X_{29}+X_{25}}{2}\right)\Big\|\left(\frac{X_{36}+X_{35}}{2}\right)$$

$$=\{[(0.315+0.194)\div 2]\times[(0.473+0.444)\div 2]\}\div\{[(0.315+0.194)\div 2]+[(0.473+0.444)\div 2]\}$$

$$=0.164$$

式中 ‖——并联符号。

用 Y/△法（由 X_1、X_{101}、X_3、$X_4\rightarrow X_{103}$、X_{104}），

$$X_{103}=X_1+(X_3+X_4)+\frac{X_1(X_3+X_4)}{X_{101}}=0.288+0.22+\frac{0.288\times 0.22}{0.431}=0.655$$

$$X_{104}=X_{101}+(X_3+X_4)+\frac{X_{101}(X_3+X_4)}{X_1}=0.431+0.22+\frac{0.431\times 0.22}{0.288}=0.98$$

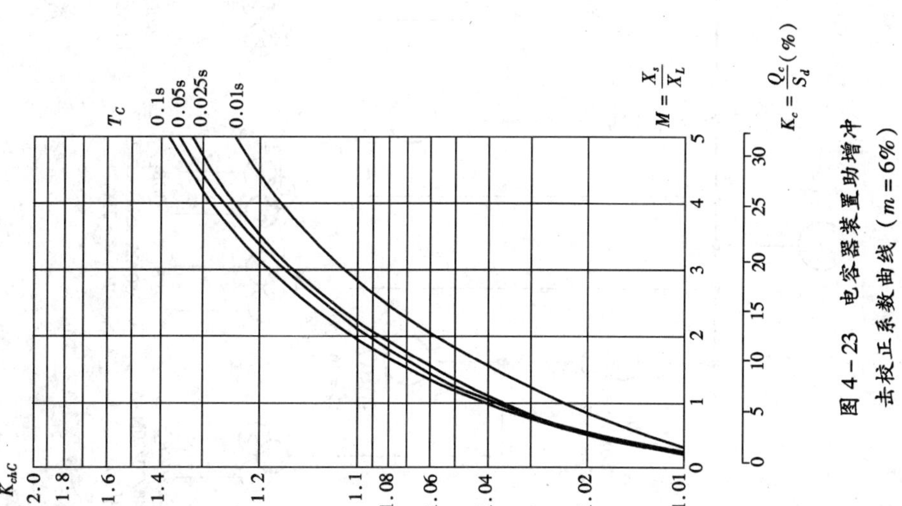

图 4－23 电容器装置助增冲击校正系数曲线（$m=6\%$）

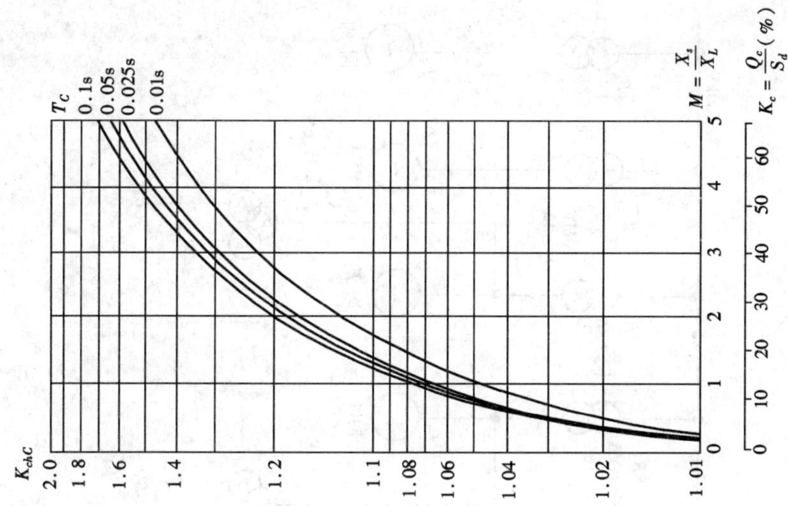

图 4－24 电容器装置助增冲击校正系数曲线（$m=13\%$）

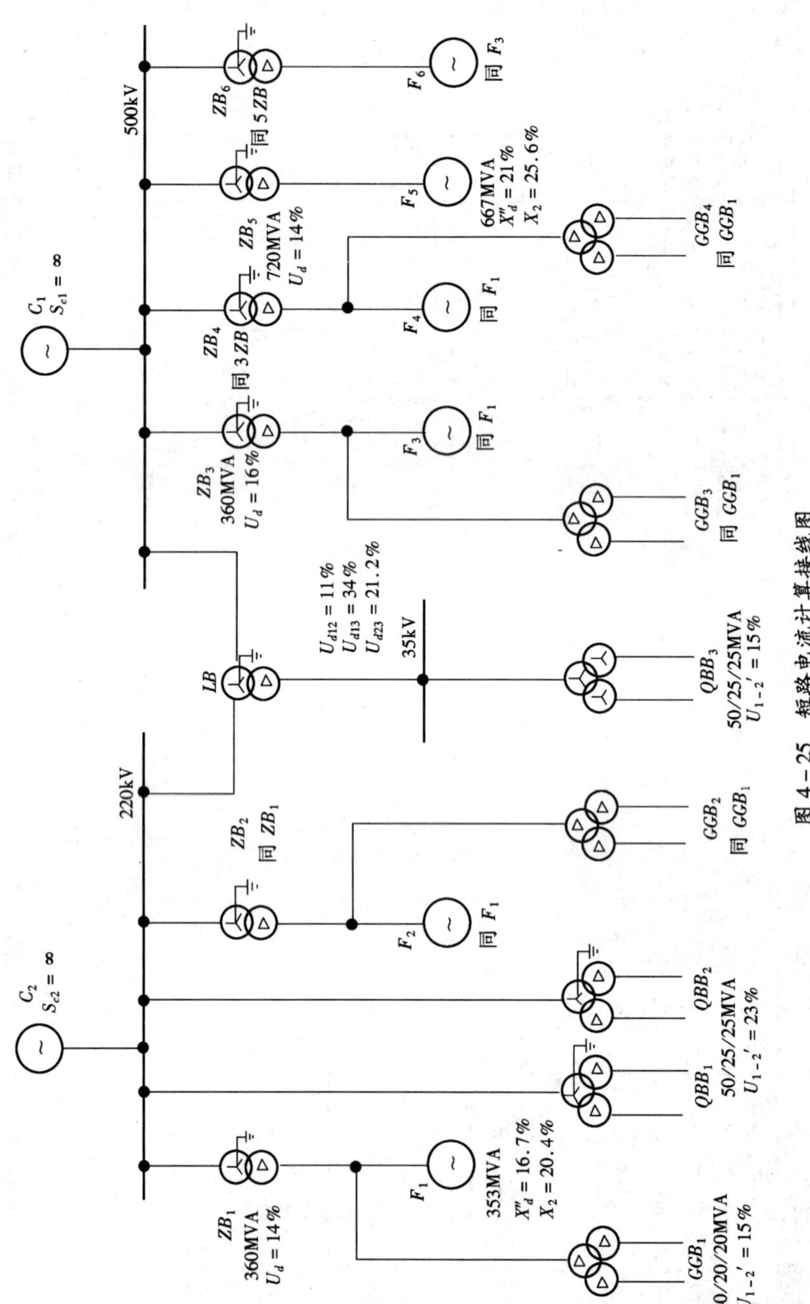

图 4-25 短路电流计算接线图

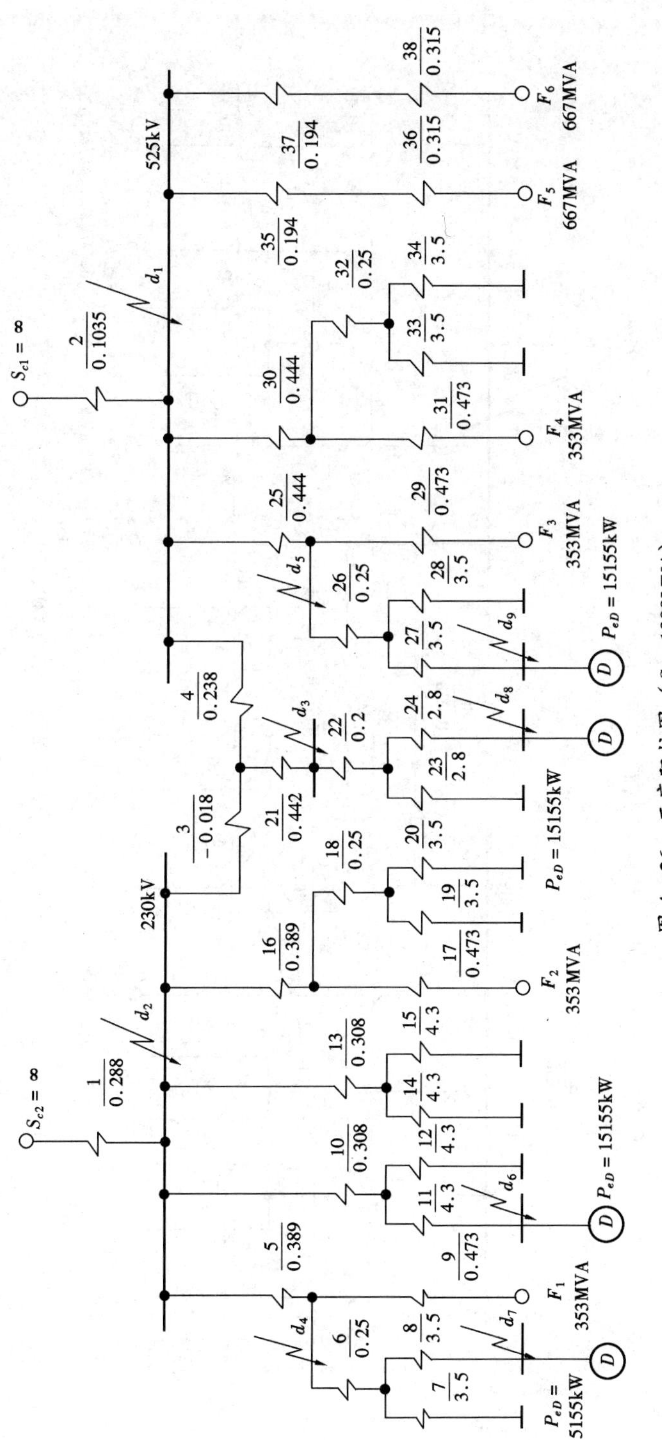

图 4－26　正序阻抗图（S_j = 1000MVA）

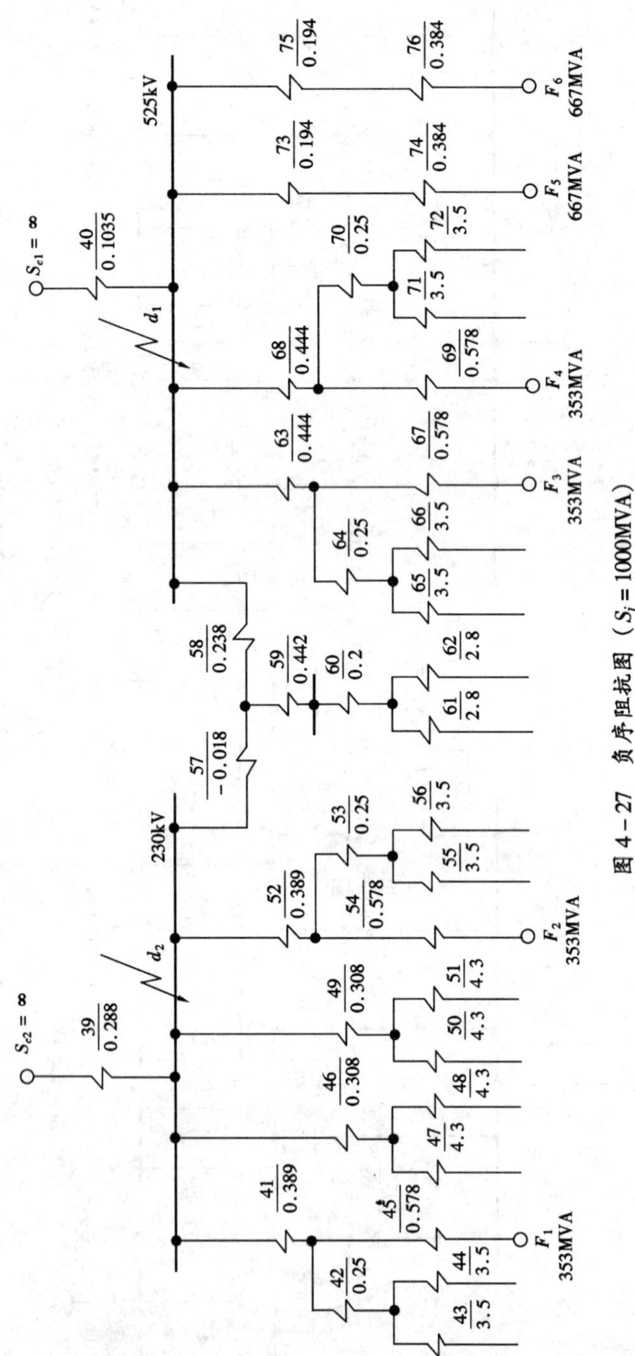

图 4-27　负序阻抗图（$S_j=1000$MVA）

表4-28 **正序电抗值**

名 称	符 号	电抗编号	阻抗电压和电抗值	计 算 式	标么值
系 统	C_2 C_1	1 2	0.288 0.1035	— —	0.288 0.1035
主变压器	$1ZB$、$2ZB$ $3ZB$、$4ZB$ $5ZB$、$6ZB$	5、16 25、30 35、37	$U_d=14\%$ $U_d=16\%$ $U_d=14\%$	$14\%\times1000/360$ $16\%\times1000/360$ $14\%\times1000/720$	0.389 0.444 0.194
联 络 变压器	LB	3 4 21	$U_{d12}=11\%$ $U_{d13}=34\%$ $U_{d23}=21.2\%$	$1/2\times(11+21.2-34)\times1000/500$ $1/2\times(11+34-21.2)\times1000/500$ $1/2\times(34+21.2-11)\times1000/500$	-0.018 0.238 0.442
厂用高压 工作变	$1GGB\sim$ $4GGB$	6、18 26、32	$X_{1-2}'=15\%$① $K_f=3.5$ $X_{1-2}=X_{1-2}'/(1+K_f/4)$ $=0.08$	$\left(1-\frac{3.5}{4}\right)X_{1-2}\times1000/40$	0.25
		7、8、19、20 27、28、33、34		$\frac{1}{2}K_fX_{1-2}\times1000/40$	3.5
厂用起动 备用变	$1QBB$ $2QBB$	10、13	$X_{1-2}'=23\%$① $K_f=3.5$ $X_{1-2}=0.123$	$(1-3.5/4)\ X_{1-2}\times1000/50$	0.308
		11、12 14、15		$\frac{1}{2}K_fX_{1-2}\times1000/50$	4.3
	$3QBB$	22	$X_{1-2}'=15\%$① $K_f=3.5$ $X_{1-2}=0.08$	$(1-3.5/4)\ X_{1-2}\times1000/50$	0.2
		23、24		$\frac{1}{2}K_fX_{1-2}\times1000/50$	2.8
发 电 机	$1F\sim4F$	9、17 29、31	$X''_d=16.7\%$	$16.7\%\times1000/353$	0.473
	$5F$、$6F$	36、38	$X''_d=21\%$	$21\%\times1000/667$	0.315

① X_{1-2}'——半穿越电抗，高压绕组与一个低压绕组间的穿越电抗；
X_{1-2}——穿越电抗，高压绕组与总的低压绕组间的穿越电抗，$X_{1-2}=X_{1-2}'/(1+K_f/4)$；
K_f——分裂系数，分裂绕组间的分裂电抗与穿越电抗的比值。

表4-29 **负序电抗值**

名 称	符 号	电抗编号	阻抗电压和电抗值	计 算 式	标么值
系 统	C_2 C_1	39 40	0.288 0.1035	— —	0.288 0.1035
主变压器	$1ZB$、$2ZB$ $3ZB$、$4ZB$ $5ZB$、$6ZB$	41、52 63、68 73、75	$U_d=14\%$ $U_d=16\%$ $U_d=14\%$	$14\%\times1000/360$ $16\%\times1000/360$ $14\%\times1000/720$	0.389 0.444 0.194
联络变压器	LB	57 58 59	$U_{d12}=11\%$ $U_{d13}=34\%$ $U_{d23}=21.2\%$	$1/2\times(11+21.2-34)\times1000/500$ $1/2\times(11+34-21.2)\times1000/500$ $1/2\times(34+21.2-11)\times1000/500$	-0.018 0.238 0.442
厂用高压 工作变	$1GGB\sim$ $4GGB$	42、53、64、70	$X_{1-2}'=15\%$① $K_f=3.5$ $X_{1-2}=0.08$	$\left(1-\frac{3.5}{4}\right)X_{1-2}\times1000/40$	0.25
		43、44、55、56、 65、66、71、72		$\frac{1}{2}K_fX_{1-2}\times1000/40$	3.5

续表

名称	符号	电抗编号	阻抗电压和电抗值	计算式	标么值
厂用起动备用变	1*QBB* 2*QBB*	46、49	$X_{1-2}'=23\%$① $K_f=3.5$ $X_{1-2}=0.123$	$\left(1-\frac{3.5}{4}\right)X_{1-2}\times1000/50$	0.808
		47、48、50、51		$\frac{1}{2}K_fX_{1-2}\times1000/50$	4.3
	3*QBB*	60	$X_{1-2}'=15\%$① $K_f=3.5$ $X_{1-2}=0.08$	$\left(1-\frac{3.5}{4}\right)X_{1-2}\times1000/50$	0.2
		61、62		$\frac{1}{2}K_fX_{1-2}\times1000/50$	2.8
发电机	1*F*～4*F* 5*F*、6*F*	45、54、67、69 74、76	$X_2=20.4\%$ $X_2=25.6\%$	$20.4\%\times1000/353$ $25.6\%\times1000/667$	0.578 0.384

① 同表4－28。

表4－30　　零序电抗值

名称	符号	电抗编号	阻抗电压和电抗值	标么值
系统	C_2 C_1	77 78	0.346 0.175	0.346 0.175
主变压器	1*ZB*、2*ZB*	79、86	0.14	0.389
	3*ZB*、4*ZB*	90、91	0.16	0.444
	5*ZB*、6*ZB*	92、93	0.14	0.194
联络变压器	*LB*	87	$U_{d12}=11\%$ $U_{d13}=34\%$ $U_{d23}=21.2\%$	－0.018
		88		0.238
		89		0.442
厂用起动备用变	1*QBB* 2*QBB*	80、83	$X_{1-2}'=23\%$① $K_f=3.5$ $X_{1-2}=0.123$	0.308
		81、82、84、85		4.3

① 同表4－28。

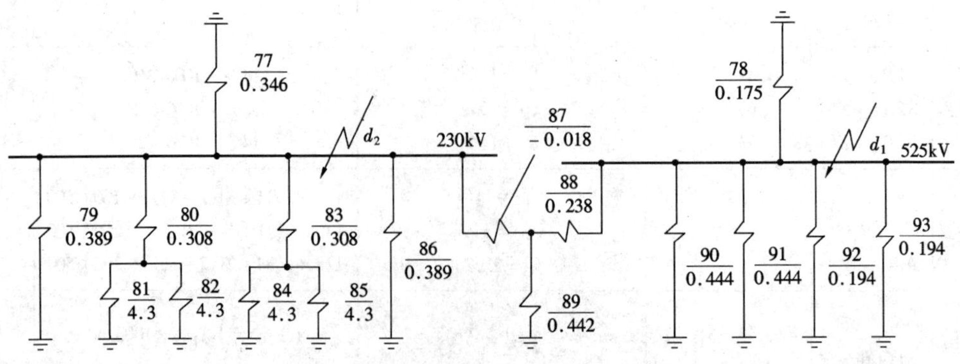

图4－28　零序阻抗图（$S_j=1000$MVA）

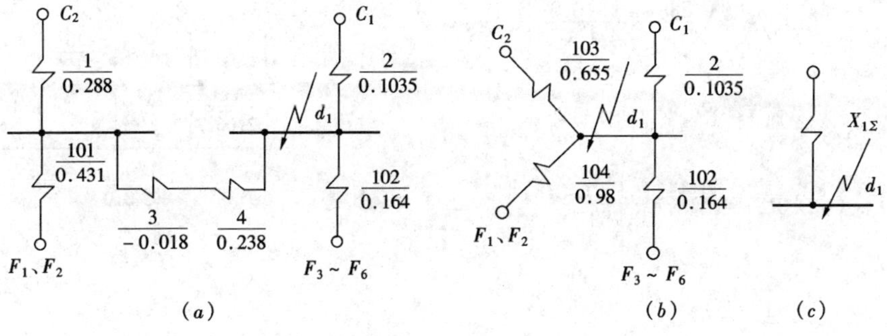

图4-29　d_1点短路网络变换示例

得图4-29（b）。将各支路电抗并联，得综合正序电抗图4-29（c），

$$X_{1\Sigma}=\frac{1}{\frac{1}{X_{104}}+\frac{1}{X_{103}}+\frac{1}{X_2}+\frac{1}{X_{102}}}$$

$$=\frac{1}{\frac{1}{0.98}+\frac{1}{0.655}+\frac{1}{0.1035}+\frac{1}{0.164}}$$

$$=0.055$$

2. 短路点 d_2

用Y/△法（由 X_2、X_{102}、X_3、$X_4 \rightarrow X_{105}$、X_{106}）将图4-29（a）化为图4-30（a），

$$X_{105}=X_2+(X_3+X_4)+\frac{X_2(X_3+X_4)}{X_{102}}$$

$$=0.1035+0.22+\frac{0.1035\times0.22}{0.164}$$

$$=0.462$$

$$X_{106}=X_{102}+(X_3+X_4)+\frac{X_{102}(X_3+X_4)}{X_2}$$

$$=0.164+0.22+\frac{0.164\times0.22}{0.1035}$$

$$=0.732$$

综合正序阻抗［见图4-30（b）］：

$$X_{1\Sigma}=\frac{1}{\frac{1}{X_{105}}+\frac{1}{X_{106}}+\frac{1}{X_1}+\frac{1}{X_{101}}}$$

$$=\frac{1}{\frac{1}{0.462}+\frac{1}{0.732}+\frac{1}{0.288}+\frac{1}{0.431}}$$

$$=0.107$$

3. 短路点 d_3

用Y/△法（由 X_1、X_{101}、$X_3 \rightarrow X_{107}$、X_{108}）和（由 X_2、X_{102}、$X_4 \rightarrow X_{109}$、X_{110}）将图4-26化为图4-31（a），再用分布系数法，进一步化为图4-31（b）、图4-31（c）和图4-31（d）。各图中，

$$X_{107}=X_1+X_3+\frac{X_1X_3}{X_{101}}$$

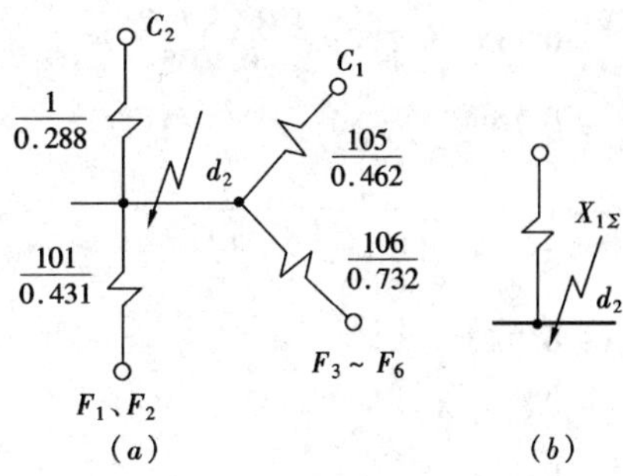

图4-30　d_2点短路网络变换示例

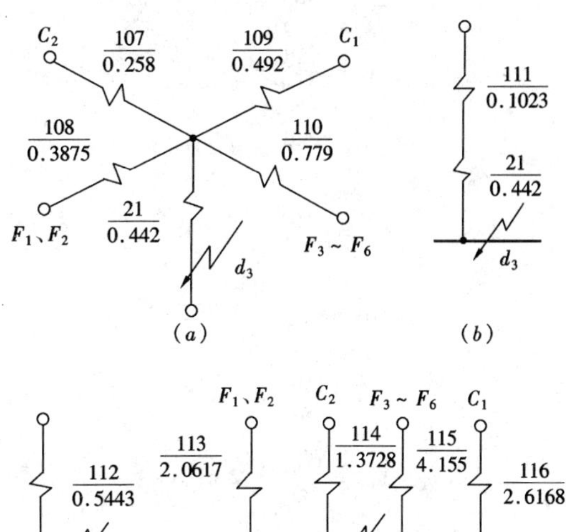

图4-31　d_3点短路网络变换示例

$$=0.288+(-0.018)+\frac{0.288\times(-0.018)}{0.431}$$

$$=0.258$$

$$X_{108}=X_{101}+X_3+\frac{X_{101}X_3}{X_1}$$

$$=0.431+(-0.018)+\frac{0.431\times(-0.018)}{0.288}$$

$$=0.3875$$

$$X_{109}=X_2+X_4+\frac{X_2X_4}{X_{102}}$$

$$=0.1035+0.238+\frac{0.1035\times0.238}{0.164}$$

$$=0.492$$

$$X_{110}=X_{102}+X_4+\frac{X_{102}X_4}{X_2}$$

$$=0.164+0.238+\frac{0.164\times0.238}{0.1035}$$

$$=0.779$$

$$X_{111}=\frac{1}{\frac{1}{X_{107}}+\frac{1}{X_{108}}+\frac{1}{X_{109}}+\frac{1}{X_{110}}}$$

$$=0.1023$$

$$X_{112}=X_{111}+X_{21}$$

$$=0.5443$$

$$c_1=\frac{X_{111}}{X_{108}}=0.264$$

$$c_2=\frac{X_{111}}{X_{107}}=0.3965$$

$$c_3=\frac{X_{111}}{X_{110}}=0.131$$

$$c_4=\frac{X_{111}}{X_{109}}=0.208$$

$$X_{113}=\frac{X_{112}}{c_1}=2.0617$$

$$X_{114}=\frac{X_{112}}{c_2}=1.3328$$

$$X_{115}=\frac{X_{112}}{c_3}=4.155$$

$$X_{116}=\frac{X_{112}}{c_4}=2.6168$$

4. 短路点 d_8

接着短路点 d_3 之图 4－31（d），再用分布系数法得图 4－32（a）及图 4－32（b）。图中：

$$X_{117}=X_{22}+X_{24}=0.2+2.8$$

$$=3.0$$

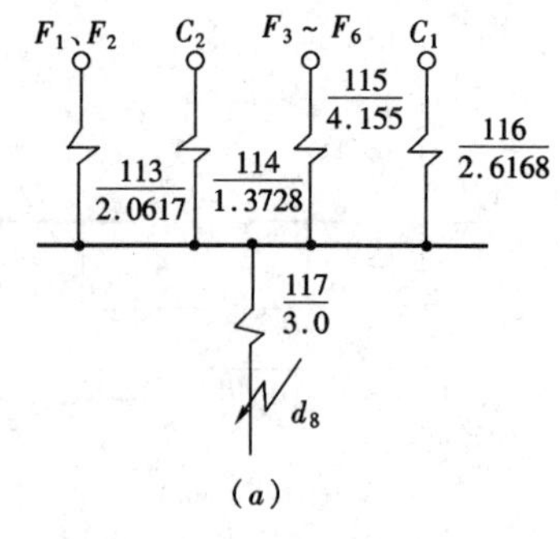

（a）

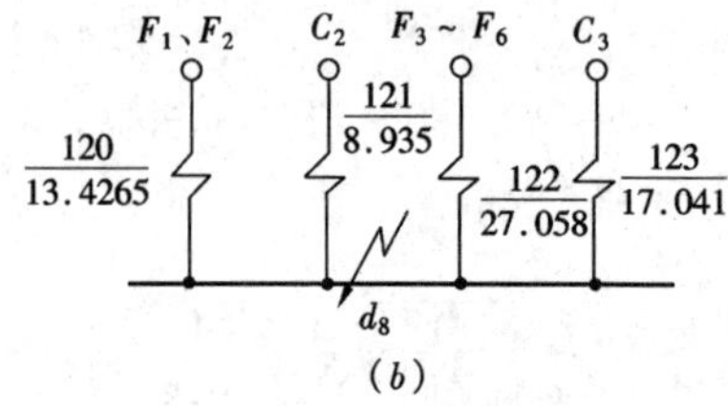

（b）

图 4－32 d_8 点短路网络变换示例

$$X_{118}=\frac{1}{\frac{1}{X_{113}}+\frac{1}{X_{114}}+\frac{1}{X_{115}}+\frac{1}{X_{116}}}$$

$$=0.5446$$

$$X_{119}=X_{118}+X_{117}$$

$$=3.5446$$

$$c_1=\frac{X_{118}}{X_{113}}=0.264$$

$$c_2=\frac{X_{113}}{X_{114}}=0.3967$$

$$c_3=\frac{X_{118}}{X_{115}}=0.131$$

$$c_4=\frac{X_{118}}{X_{116}}=0.208$$

$$X_{120}=\frac{X_{119}}{c_1}=13.4265$$

$$X_{121}=\frac{X_{119}}{c_2}=8.935$$

$$X_{122}=\frac{X_{119}}{c_3}=27.058$$

$$X_{123}=\frac{X_{119}}{c_4}=17.041$$

5. 短路点 d_4

参考短路点 d_2 之图 4－30（a），得到图 4－33（a）之接线形式，然后用分布系数法化简，得图 4－33（b）。

$X_{124} = X_{16} + X_{17} = 0.389 + 0.473$

$= 0.862$;

$$X_{125} = \frac{1}{\frac{1}{X_1} + \frac{1}{X_{124}} + \frac{1}{X_{105}} + \frac{1}{X_{106}}}$$

$= 0.1225$

$X_{126} = X_{125} + X_5 = 0.1225 + 0.389$

$= 0.5115$

$$c_1 = \frac{X_{125}}{X_1} = 0.425$$

$$c_2 = \frac{X_{125}}{X_{124}} = 0.142$$

$$c_3 = \frac{X_{125}}{X_{105}} = 0.265$$

$$c_4 = \frac{X_{125}}{X_{106}} = 0.167$$

$$X_{127} = \frac{X_{126}}{c_1} = 1.2035$$

$$X_{128} = \frac{X_{126}}{c_2} = 3.602$$

$$X_{129} = \frac{X_{126}}{c_3} = 1.93$$

$$X_{130} = \frac{X_{126}}{c_4} = 3.063$$

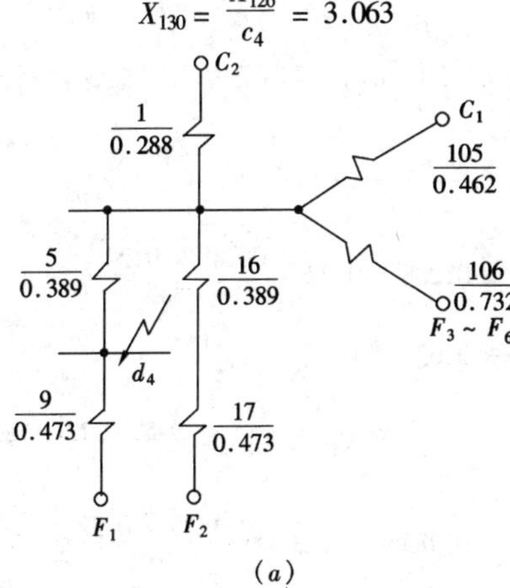

(a)

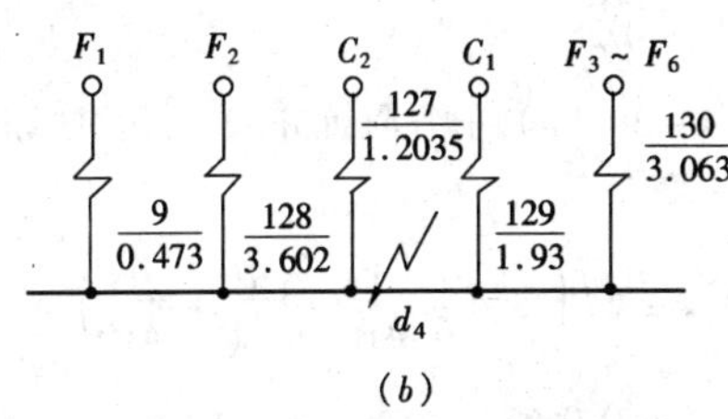

(b)

图 4-33 d_4 点短路网络变换示例

6. 短路点 d_7

接着短路点 d_4 之图 4-33（b），再用分布系数法可得图 4-34（a）和图 4-34（b）。

$X_{131} = X_6 + X_8 = 0.25 + 3.5$

$= 3.75$

$$X_{132} = \frac{1}{\frac{1}{X_9} + \frac{1}{X_{128}} + \frac{1}{X_{127}} + \frac{1}{X_{129}} + \frac{1}{X_{130}}}$$

$= 0.2458$

$X_{133} = X_{132} + X_{131} = 0.2458 + 3.75$

$= 3.996$

$$c_1 = \frac{X_{132}}{X_9} = 0.5197$$

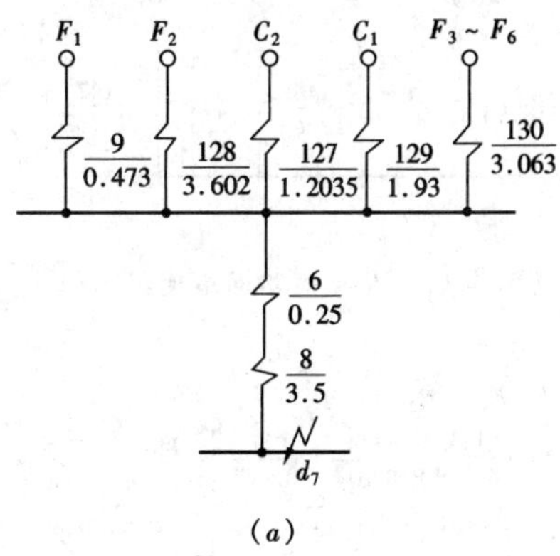

(a)

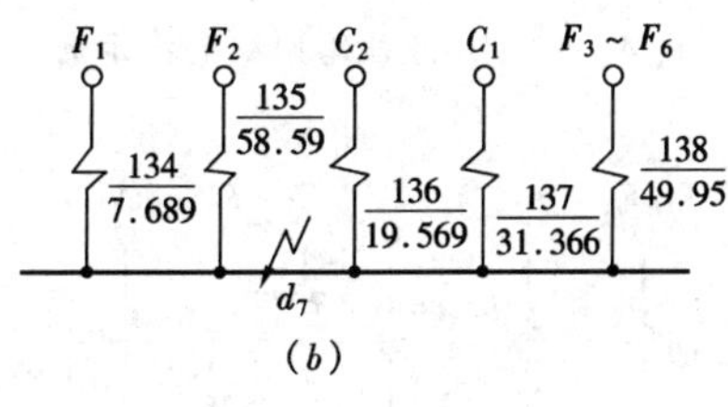

(b)

图 4-34 d_7 点短路网络变换示例

$$c_2 = \frac{X_{132}}{X_{128}} = 0.0682$$

$$c_3 = \frac{X_{132}}{X_{127}} = 0.2042$$

$$c_4 = \frac{X_{132}}{X_{129}} = 0.1274$$

$$c_5 = \frac{X_{132}}{X_{130}} = 0.08$$

$$X_{134}=\frac{X_{133}}{c_1}=7.689$$

$$X_{135}=\frac{X_{133}}{c_2}=58.59$$

$$X_{136}=\frac{X_{133}}{c_3}=19.569$$

$$X_{137}=\frac{X_{133}}{c_4}=31.366$$

$$X_{138}=\frac{X_{133}}{c_5}=49.95$$

7. 短路点 d_6、d_5、d_9

短路点 d_6、d_5、d_9 与短路点 d_2、d_4、d_7 的位置和接线形式相类似，均可用分布系数法计算，网络变换过程从略。变换结果如图 4-35、图 4-36 和图 4-37 所示。

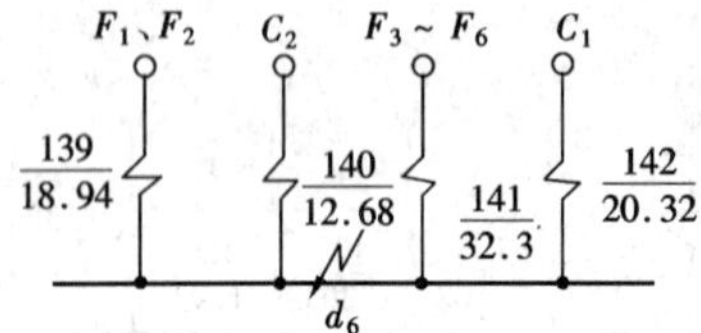

图 4-35 d_6 点短路网络变换示例

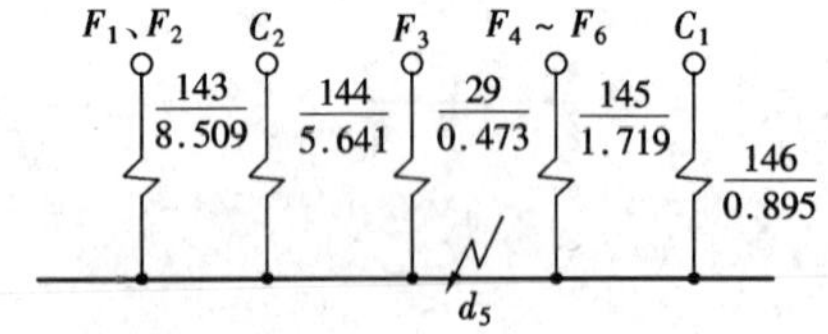

图 4-36 d_5 点短路网络变换示例

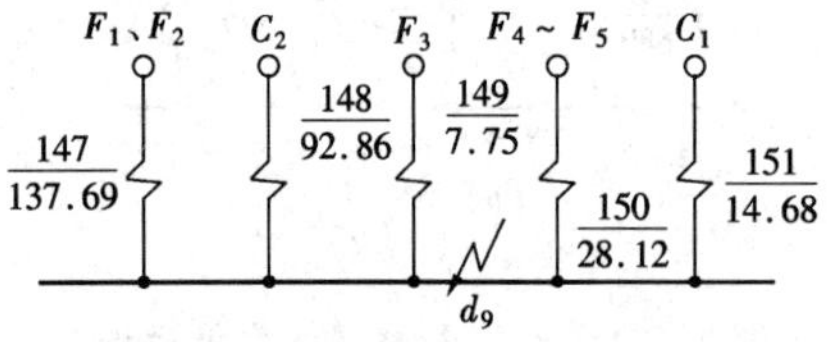

图 4-37 d_9 点短路网络变换示例

(二) 负序网络的变换

1. 短路点 d_1

将图 4-27 化为图 4-38 (a)。图中，

$$X_{152}=\frac{(X_{41}+X_{45})}{2}=\frac{0.389+0.578}{2}$$

$$=0.4835$$

$$X_{153}=\frac{(X_{63}+X_{67})}{2}\bigg\|\frac{(X_{73}+X_{74})}{2}$$

$$=\frac{[(0.444+0.578)\div 2][(0.194+0.384)\div 2]}{[(0.444+0.578)\div 2]+[(0.194+0.384)\div 2]}$$

$$=0.18$$

用 Y/△ 法（由 X_{39}、X_{152}、X_{57}、$X_{58}\rightarrow X_{154}$、$X_{155}$），可简化为图 4-38 ($b$)。

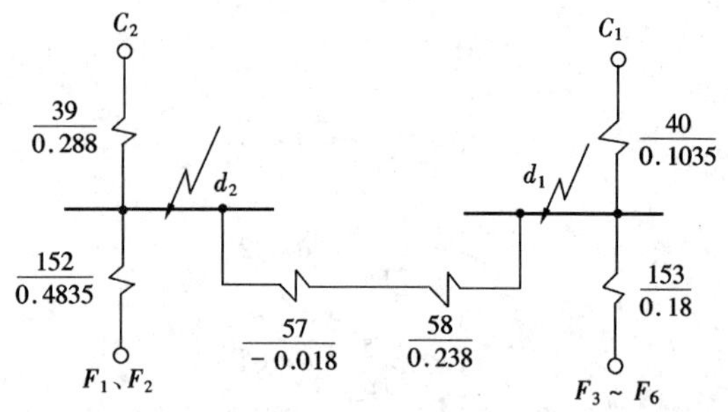

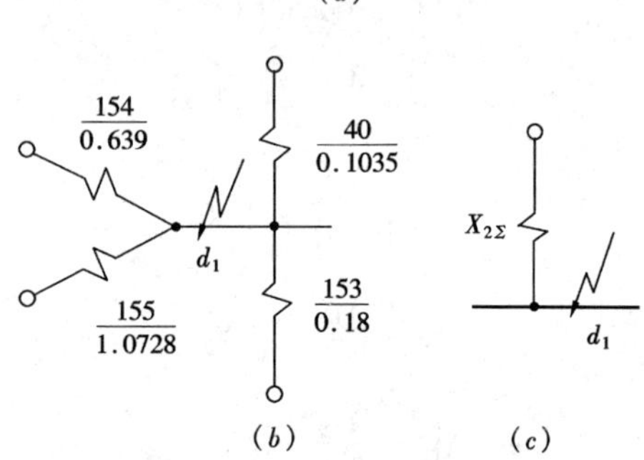

图 4-38 d_1 点短路负序网络变换示例

$$X_{154}=X_{39}+(X_{57}+X_{58})+\frac{X_{39}(X_{57}+X_{58})}{X_{152}}$$

$$=0.288+0.22+\frac{0.288\times 0.22}{0.4835}$$

$$=0.639$$

$$X_{155}=X_{152}+(X_{57}+X_{58})+\frac{X_{152}(X_{57}+X_{58})}{X_{39}}$$

$$=0.4835+0.22+\frac{0.4835\times 0.22}{0.288}$$

$$=1.0728$$

将图 4-38 (b) 中各阻抗并联，得负序综合阻抗见图 4-38 (c)。

$$X_{2\Sigma}=1\Big/\left(\frac{1}{X_{154}}+\frac{1}{X_{155}}+\frac{1}{X_{40}}+\frac{1}{X_{153}}\right)$$

$$=0.0565$$

2. 短路点 d_2

对图 4－38（a）之接线用 Y/△法（X_{40}、X_{153}、X_{57}、$X_{58} \to X_{156}$、X_{157}），得图 4－39（a），再将各支路阻抗并联，求出综合阻抗，见图 4－39（b）。各图中：

$$X_{156} = X_{40} + (X_{57} + X_{58}) + \frac{X_{40}(X_{57} + X_{58})}{X_{153}}$$

$$= 0.1035 + 0.22 + \frac{0.1035 \times 0.22}{0.18}$$

$$= 0.45$$

$$X_{157} = X_{153} + (X_{57} + X_{58}) + \frac{X_{153}(X_{57} + X_{58})}{X_{40}}$$

$$= 0.18 + 0.22 + \frac{0.18 \times 0.22}{0.1035}$$

$$= 0.7826$$

$$X_{2\Sigma} = 1\bigg/\left(\frac{1}{X_{156}} + \frac{1}{X_{157}} + \frac{1}{X_{39}} + \frac{1}{X_{152}}\right)$$

$$= 0.1106$$

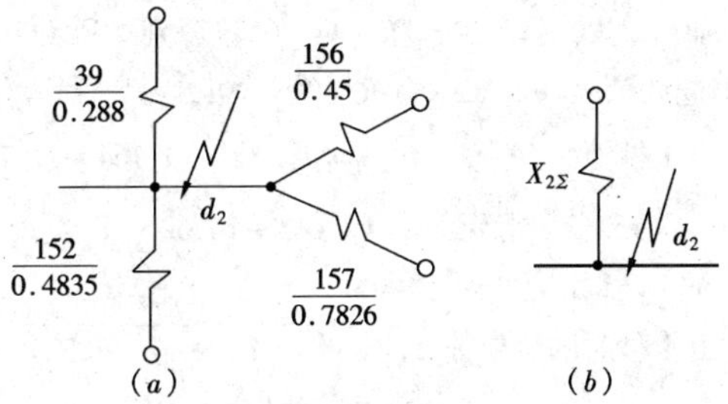

图 4－39　d_2 点短路负序网络变换示例

（三）零序网络变换

1. 短路点 d_1

将图 4－28 化简为图 4－40（a），图中：

$$X_{158} = X_{90} \parallel X_{91} \parallel X_{92} \parallel X_{93}$$

$$= 0.068$$

$$X_{159} = (X_{81} + X_{82}) \div 2 + X_{80}$$

$$= 2.458$$

$$X_{160} = X_{79}/2 \parallel X_{159}/2$$

$$= \left(\frac{0.389}{2} \times \frac{2.458}{2}\right)\bigg/\left(\frac{0.389}{2} + \frac{2.458}{2}\right)$$

$$= 0.168$$

对图 4－40（a）做进一步简化，得图 4－40（b）和图 4－40（c）。其中：

$$X_{161} = X_{160} \parallel X_{77}$$

$$= 0.113$$

$$X_{162} = X_{161} + X_{87}$$

$$= 0.095$$

$$X_{163} = X_{162} \parallel X_{89}$$

$$= 0.078$$

$$X_{164} = X_{163} + X_{88}$$

$$= 0.316$$

$$X_{0\Sigma} = 1\bigg/\left(\frac{1}{X_{164}} + \frac{1}{X_{78}} + \frac{1}{X_{158}}\right)$$

$$= 0.0424$$

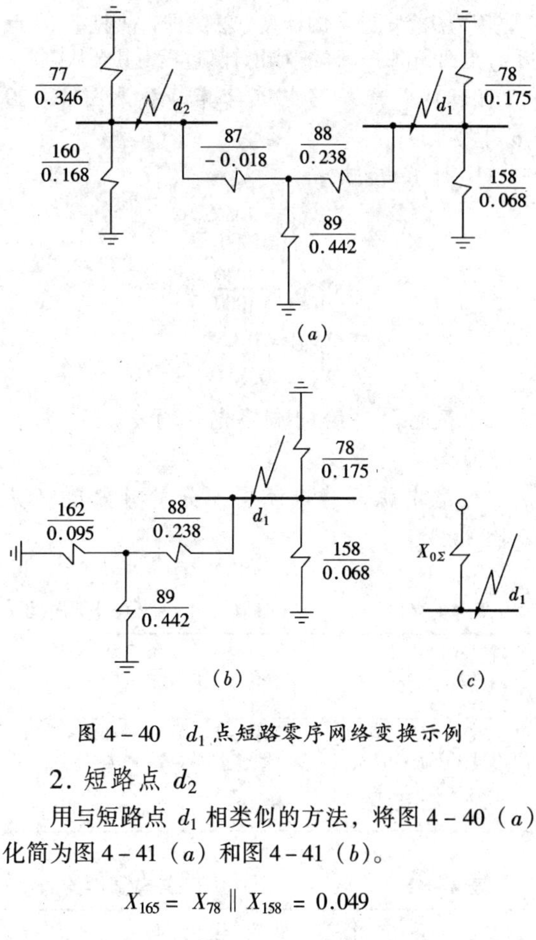

图 4－40　d_1 点短路零序网络变换示例

2. 短路点 d_2

用与短路点 d_1 相类似的方法，将图 4－40（a）化简为图 4－41（a）和图 4－41（b）。

$$X_{165} = X_{78} \parallel X_{158} = 0.049$$

$$X_{166} = X_{165} + X_{88} = 0.287$$

$$X_{167} = X_{166} \parallel X_{89} = 0.174$$

$$X_{168} = X_{167} + X_{87} = 0.155$$

$$X_{0\Sigma} = 1\bigg/\left(\frac{1}{X_{77}} + \frac{1}{X_{160}} + \frac{1}{X_{168}}\right)$$

$$= 0.0654$$

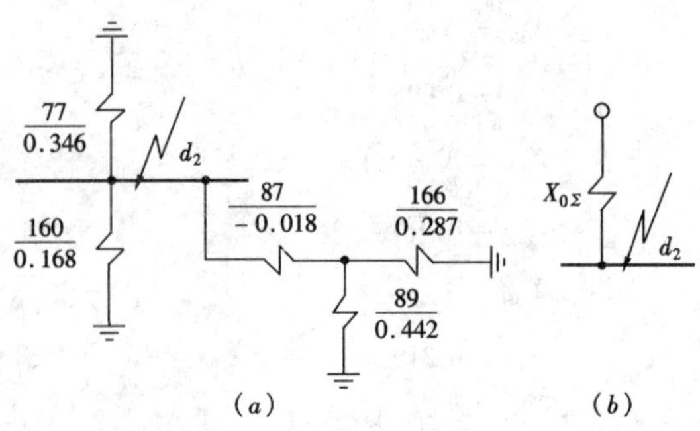

图 4-41 d_2 点短路零序网络变换示例

三、三相短路电流计算

因为9个短路点的计算方法类同，故只举 d_1 点和 d_2 点两个例子，详细列出计算过程，其余从略。

（一）d_1 点短路电流计算［参见图 4-29（b）］。

1. 计算电抗

$$X_{js104} = 0.98 \times \frac{706}{1000} = 0.694$$

$$X_{js102} = 0.164 \times \frac{2040}{1000} = 0.335$$

$$X_{js103} = 0.655$$

$$X_{js2} = 0.1035$$

2. 各电源供给的短路电流标么值（见表 4-31）

3. 各电源短路电流周期分量有效值（见表 4-32）

4. 短路容量和短路电流最大值

(1) 短路容量

$$S_d = \sqrt{3} I_t U_j \quad 或 \quad S_d = S_j I_*$$

求得：$S'' = 18778.5\text{MVA}$ $S_{0.1} = 18013.76$

$S_{0.2} = 17299.03\text{MVA}$ $S_4 = 17098.07$

(2) 冲击电流

$$i_{ch} = 2.62 \times 20.651 = 54.1\text{kA}$$

(3) 全电流

据表 4-15 和式（4-34），求得短路电流全电流最大有效值为：

$$I_{ch} = I'' \sqrt{1 + 2(1.85 - 1)^2}$$

$$= 32.29\text{kA}$$

5. 短路电流非周期分量

查表 4-13，由系统 c_1、c_2 供给的短路电流，取 $T_a = 15$；由本厂发电机 $1F \sim 6F$ 供给的短路电流，取 $T_a = 40$。据式（4-29）和（4-30），分别求得：

起始值 $i_{fz0} = -\sqrt{2} \times 20.651 = -29.2\text{kA}$

0.1 秒值 $i_{fz0.1} = -\sqrt{2}\left[(1.164 + 7.178) \times e^{-\frac{314 \times 0.1}{40}} + (1.683 + 10.626) e^{-\frac{314 \times 0.1}{15}}\right]$

$= -7.52\text{kA}$

0.1 秒时的全电流 $I_{0.1} = \sqrt{19.81^2 + (-7.52)^2}$

$= 21.19\text{kA}$

非周期分量所占百分数为 7.52/21.19 = 35.5%。

表 4-31 各电源供给的短路电流标么值

电源	计算式	I''_*	$I_{*0.1}$	$I_{*0.2}$	I_{*4}
发电机 $1F$、$2F$	查图 4-8、图 4-9 和图 4-10	1.5	1.4	1.34	1.75
发电机 $3F \sim 6F$	查图 4-6、图 4-7	3.2	2.86	2.53	2.29
系统 C_2	1/0.655	1.53	1.53	1.53	1.53
系统 C_1	1/0.1035	9.66	9.66	9.66	9.66

表 4-32 各电源供给的短路电流周期分量有效值

电源	额定电流（kA）		短路电流（kA）				
	计算式	电流值	计算式	I''	$I_{0.1}$	$I_{0.2}$	I_4
发电机 $1F$、$2F$	$706/\sqrt{3} \times 525$	0.776	0.776×标么值	1.164	1.086	1.040	1.358
发电机 $3F \sim 6F$	$2040/\sqrt{3} \times 525$	2.243	2.243×标么值	7.178	6.415	5.675	5.136
系统 C_2	$1000/\sqrt{3} \times 525$	1.1	1.1×标么值	1.683	1.683	1.683	1.683
系统 C_1	$1000/\sqrt{3} \times 525$	1.1	1.1×标么值	10.626	10.626	10.626	10.626
合计				20.651	19.81	19.024	18.803

（二）d_2点短路电流计算［参见图4-30（a）］。

1. 计算电抗

$$X_{js101}=0.431\times\frac{706}{1000}=0.304$$

$$X_{js106}=0.732\times\frac{2040}{1000}=1.493$$

$$X_{js1}=0.288$$

$$X_{js105}=0.462$$

2. 各电源供给的短路电流标么值（见表4-33）

3. 各电源短路电流周期分量有效值（见表4-34）

表4-33 各电源供给的短路电流标么值

电 源	计 算 式	I''_*	$I_{*0.1}$	$I_{*0.2}$	I_{*4}
发电机1F、2F	查图4-6和图4-7	3.52	3.05	2.74	2.34
发电机3F~6F	查图4-8、图4-9和图4-10	0.69	0.66	0.65	0.72
系 统 C_2	1/0.288	3.47	3.47	3.47	3.47
系 统 C_1	1/0.462	2.165	2.165	2.165	2.165

表4-34 各电源供给的短路电流周期分量有效值

电 源	额定电流（kA）		短路电流（kA）				
	计 算 式	电流值	计算式	I''	$I_{0.1}$	$I_{0.2}$	I_4
发电机1F、2F	$706/\sqrt{3}\times230$	1.77	1.77×标么值	6.23	5.40	4.85	4.14
发电机3F~6F	$2040/\sqrt{3}\times230$	5.12	5.12×标么值	3.53	3.38	3.33	3.69
系统 C_2	$1000/\sqrt{3}\times230$	2.51	2.51×标么值	8.71	8.71	8.71	8.71
系统 C_1	$1000/\sqrt{3}\times230$	2.51	2.51×标么值	5.43	5.43	5.43	5.43
合 计				23.90	22.92	22.32	21.97

4. 短路容量和短路电流最大值

（1）短路容量

$$S_d=\sqrt{3}I_tU_j \quad 或 \quad S_d=S_jI_*$$

求得：
$$S''=9521.08\text{MVA}$$
$$S_{0.1}=9130.68\text{MVA}$$
$$S_{0.2}=8891.66\text{MVA}\quad S_4=8752.23\text{MVA}$$

（2）冲击电流

$$i_{ch}=2.62\times23.90=62.62\text{kA}$$

（3）全电流

据表4-15和式（4-34），求得短路电流最大有效值为：

$$I_{ch}=I''\sqrt{1+2(1.85-1)^2}=37.37\text{kA}$$

5. 短路电流非周期分量

起始值 $i_{fz0}=-\sqrt{2}\times23.9=-33.8\text{kA}$

0.1秒值 $i_{fz0.1}=-\sqrt{2}\,[\,(6.23+3.53)\times e^{-\frac{314\times0.1}{40}}+(8.71+5.43)\,e^{-\frac{314\times0.1}{15}}\,]=-8.76\text{kA}$

0.1秒时的全电流 $I_{0.1}=\sqrt{22.92^2+(-8.76)^2}=24.54\text{kA}$

非周期分量所占百分数为8.76/24.54=35.7%。

（三）d_1~d_9点三相短路电流计算结果

d_1~d_9点三相短路电流计算结果见表4-35。

四、不对称短路电流计算

（一）d_1点短路

由前节网络变换已求得：

正序综合阻抗 $X_{1\Sigma}=0.055$

负序综合阻抗 $X_{2\Sigma}=0.0565$

零序综合阻抗 $X_{0\Sigma}=0.0424$

1. 单相短路电流

正序电流的标么值 $I''^{(1)}_{*1}=\frac{1}{X_{1\Sigma}+X_{2\Sigma}+X_{0\Sigma}}=\frac{1}{0.055+0.0565+0.0424}=6.498$

正序电流的有名值 $I''^{(1)}_1=I''^{(1)}_{*1}I_j=6.498\times1.1=7.147\text{kA}$

单相短路电流 $I''^{(1)}=mI''^{(1)}_1=3\times7.147=21.44\text{kA}$

2. 两相短路电流

正序电流的标么值 $I''^{(2)}_{*1}=\frac{1}{X_{1\Sigma}+X_{2\Sigma}}=\frac{1}{0.055+0.0565}=8.97$

正序电流的有名值 $I''^{(2)}_1=1.1\times8.97=9.867\text{kA}$

两相短路电流 $I''^{(2)}=\sqrt{3}\times9.867=17.09\text{kA}$

3. 两相接地短路

正序电流的标么值

$$I''^{(1,1)}_{*1}=\frac{1}{X_{1\Sigma}+\frac{X_{2\Sigma}X_{0\Sigma}}{X_{2\Sigma}+X_{0\Sigma}}}=\frac{1}{0.055+\frac{0.0565\times0.0424}{0.0565+0.0424}}$$

表 4－35 三相短路电流计算结果

短路点编号	短路点平均电压 U_j (kV)	基准电流 I_j (kA)	分支线名称	分支电抗 X_*	分支额定电流 I_e (kA)	短路电流标么值			短路电流值						
						I''_*	$I_{*0.1}$	$I_{*0.2}$	I'' $I_eI''_*$ (kA)	$I_{0.1}$ $I_eI_{*0.1}$ (kA)	$I_{0.2}$ $I_eI_{*0.2}$ (kA)	I_{ch} $1.56I''$ (kA)	i_{ch} $2.62I''$ (kA)	S'' $\sqrt{3}I''U_j$ (MVA)	$i_{f0.1}$ (kA)
d_1	525	1.1	#1，#2发电机1F，2F	0.98	0.776	1.5	1.4	1.34	1.164	1.086	1.04	1.82	3.05	1058.5	0.75
			#3～#6发电机3F～6F	0.164	2.243	3.2	2.86	2.53	7.178	6.415	5.675	11.2	18.8	6527.2	4.63
			220kV系统 C_2	0.665	1.1	1.53	1.53	1.53	1.683	1.683	1.683	2.63	4.4	1530.4	0.29
			500kV系统 C_1	0.1035	1.1	9.66	9.66	9.66	10.626	10.626	10.626	16.58	27.85	9662.4	1.85
			小计						20.651	19.81	19.024	32.29	54.1	18778.5	7.52
d_2	230	2.51	#1，#2发电机1F，2F	0.431	1.77	3.52	3.05	2.74	6.23	5.40	4.85	9.72	16.32	2481.9	4.02
			#3～#6发电机3F～6F	0.732	5.12	0.69	0.66	0.65	3.53	3.38	3.33	5.50	9.25	1406.3	2.28
			220kV系统 C_2	0.288	2.51	3.47	3.47	3.47	8.71	8.71	8.71	13.59	22.82	3469.8	1.52
			500kV系统 C_1	0.462	2.51	2.165	2.165	2.165	5.43	5.43	5.43	8.47	14.23	2163.2	0.94
			小计						23.90	22.92	22.32	37.38	62.62	9521.2	8.76
d_3	37	15.6	#1、#2发电机1F，2F	2.0617	11.02	0.71	0.67	0.65	7.82	7.38	7.163	12.20	20.49	501.15	1.36
			#3～#6发电机3F～6F	4.155	31.83	0.241	0.241	0.241	7.67	7.67	7.67	11.97	20.10	491.54	1.33
			220kV系统 C_2	1.3728	15.6	0.728	0.728	0.728	11.36	11.36	11.36	17.72	29.76	728.02	1.98
			500kV系统 C_1	2.6168	15.6	0.382	0.382	0.382	5.96	5.96	5.96	9.30	15.62	381.95	1.04
			小计						32.81	32.37	32.153	51.19	85.97	2102.66	5.71
d_4	18.9	30.55	#1发电机 1F	0.473	10.78	6.5	5.08	4.25	70.07	54.76	45.82	109.3	183.58	2293.8	45.20
			#2发电机 2F	3.602	10.78	0.82	0.77	0.75	8.84	8.30	8.09	13.79	23.16	289.4	1.54
			#3～#6发电机3F～6F	3.063	62.32	0.196	0.196	0.196	12.21	12.21	12.21	19.05	31.99	399.7	2.12
			220kV系统 C_2	1.2035	30.55	0.83	0.83	0.83	25.36	25.36	25.36	39.56	66.44	830.18	4.41
			500kV系统 C_1	1.93	30.55	0.52	0.52	0.52	15.89	15.89	15.89	24.79	41.63	520.17	2.76
			小计						132.37	116.52	107.37	206.49	346.8	4333.25	56.03

续表

短路点编号	短路点平均电压 U_j (kV)	基准电流 I_j (kA)	分支线名称	分支电抗 X_*	分支额定电流 I_e (kA)	短路电流标么值			短路电流值						
						I''_*	$I_{*0.1}$	$I_{*0.2}$	I'' $I_eI''_*$ (kA)	$I_{0.1}$ $I_eI_{*0.1}$ (kA)	$I_{0.2}$ $I_eI_{*0.2}$ (kA)	I_{ch} $1.56I''$ (kA)	i_{ch} $2.62I''$ (kA)	S'' $\sqrt{3}I''U_j$ (MVA)	$i_{f\Sigma0.1}$ (kA)
d_5	18.9	30.55	#1、#2 发电机　1F，2F	8.509	21.57	0.167	0.167	0.167	3.60	3.60	3.60	5.62	9.43	117.85	0.63
			#3 发电机　3F	0.473	10.78	6.5	5.08	4.25	70.07	54.76	45.82	109.3	183.58	2293.8	45.20
			#4～#6 发电机　4F～6F	1.719	51.53	0.35	0.33	0.33	18.04	17.00	17.00	28.14	47.26	590.55	3.14
			220kV 系统　C_2	5.641	30.55	0.177	0.177	0.177	5.40	5.40	5.40	8.42	14.15	176.77	0.94
			500kV 系统　C_1	0.895	30.55	1.117	1.117	1.117	34.12	34.12	34.12	53.23	89.39	1116.94	5.94
			小　计						131.23	114.88	105.94	204.71	343.81	4295.91	55.85
d_6	6.3	91.6	#1 起动变　1QBB	4.72	91.6	0.212	0.212	0.212	19.42	19.42	19.42	29.32	49.52	211.90	3.38
			电动机反馈						10.94	2.19	0.44	18.60	28.94	119.38	3.10
			小　计						30.36	21.61	19.86	47.92	78.46	331.28	6.48
d_7	6.3	91.6	#1 厂高变　1GGB	4.00	91.6	0.25	0.25	0.25	22.9	22.9	22.9	34.58	58.40	249.88	3.98
			电动机反馈						10.94	2.19	0.44	18.60	28.94	119.38	3.10
			小　计						33.84	25.09	23.34	53.18	87.34	369.26	7.08
d_8	6.3	91.6	#3 起动变　3QBB	3.546	91.6	0.282	0.282	0.282	25.83	25.83	25.83	39.00	65.87	281.85	4.49
			电动机反馈						10.94	2.19	0.44	18.60	28.94	119.38	3.10
			小　计						36.77	28.02	26.27	57.6	94.81	401.23	7.59
d_9	6.3	91.6	#3 厂高变　3GGB	3.988	91.6	0.25	0.25	0.25	22.9	22.9	22.9	34.58	58.40	249.88	3.98
			电动机反馈						10.94	2.19	0.44	18.60	28.94	119.38	3.10
			小　计						33.84	25.09	23.34	53.18	87.34	369.26	7.08

$= 12.62$

正序电流的有名值 $I''^{(1,1)}_1 = 1.1 \times 12.62$

$= 13.88\text{kA}$

两相接地短路电流

$$I''^{(1,1)} = \sqrt{3} \times \sqrt{1 - \frac{X_{2\Sigma}X_{0\Sigma}}{(X_{2\Sigma} + X_{0\Sigma})^2}} \times I''^{(1,1)}_1$$

$$= \sqrt{3} \times \sqrt{1 - \frac{0.0565 \times 0.0424}{(0.0565 + 0.0424)^2}} \times 13.88$$

$= 20.89\text{kA}$

（二）d_2 点短路

由前节网络变换已求得：

正序综合阻抗 $X_{1\Sigma} = 0.107$

负序综合阻抗 $X_{2\Sigma} = 0.1106$

零序综合阻抗 $X_{0\Sigma} = 0.0654$

1. 单相短路电流

正序电流标么值

$$I''^{(1)}_{*1} = \frac{1}{0.107 + 0.1106 + 0.0654}$$

$= 3.53$

正序电流有名值 $I''^{(1)}_1 = 2.51 \times 3.53 = 8.86\text{kA}$

单相短路电流 $I''^{(1)} = 3 \times 8.86 = 26.58\text{kA}$

2. 两相短路电流

正序电流标么值 $I''^{(2)}_{*1} = \frac{1}{0.107 + 0.1106} = 4.6$

正序电流有名值 $I''^{(2)}_1 = 2.51 \times 4.6 = 11.55\text{kA}$

两相短路电流 $I''^{(2)} = \sqrt{3} \times 11.55 = 20\text{kA}$

3. 两相接地短路电流

正序电流标么值

$$I''^{(1,1)}_{*1} = \frac{1}{0.107 + \frac{0.1106 \times 0.0654}{0.1106 + 0.0654}}$$

$= 6.75\text{kA}$

正序电流有名值 $I''^{(1,1)}_1 = 2.51 \times 6.75$

$= 16.95\text{kA}$

两相接地短路电流

$$I''^{(1,1)} = \sqrt{3} \times \sqrt{1 - \frac{0.1106 \times 0.0654}{(0.1106 + 0.0654)^2}} \times 16.95 = 25.7\text{kA}$$

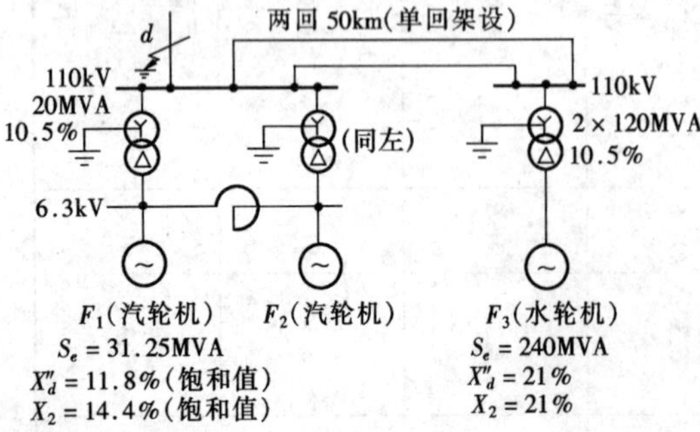

图 4-42 算例 2 接线图

【例 2】 计算如图 4-42 所示发电厂 110kV 母线单相短路电流、各相电压及 6kV 母线剩余电压。

一、取 $S_j = 100\text{MVA}$，简化网络如图 4-43，求出各序阻抗

$$X_{1\Sigma} = 0.142$$

$$X_{2\Sigma} = 0.146$$

$$X_{0\Sigma} = 0.142$$

二、求 110kV 母线单相短路电流（用同一变化法）

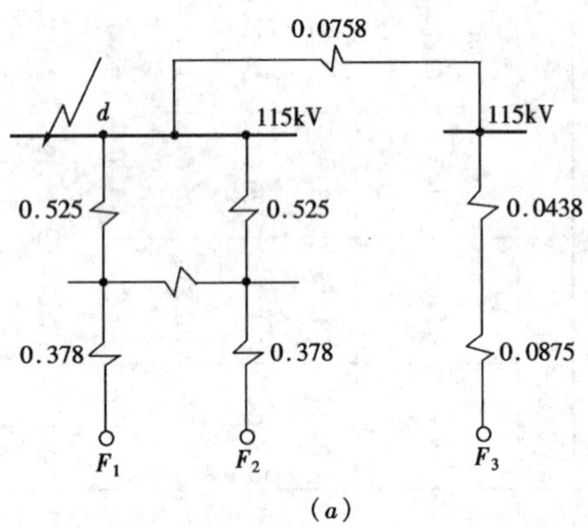

(a)

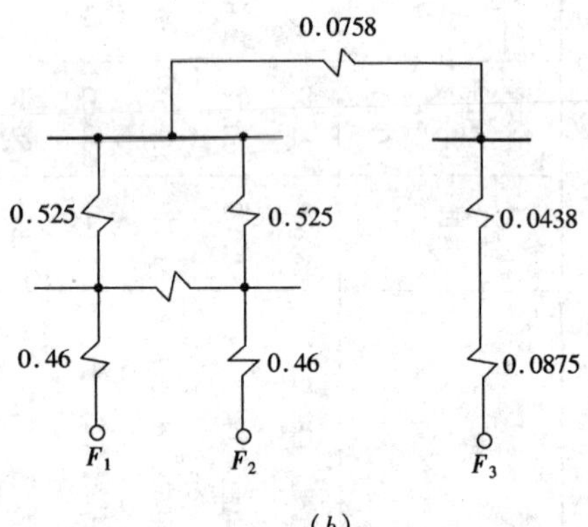

(b)

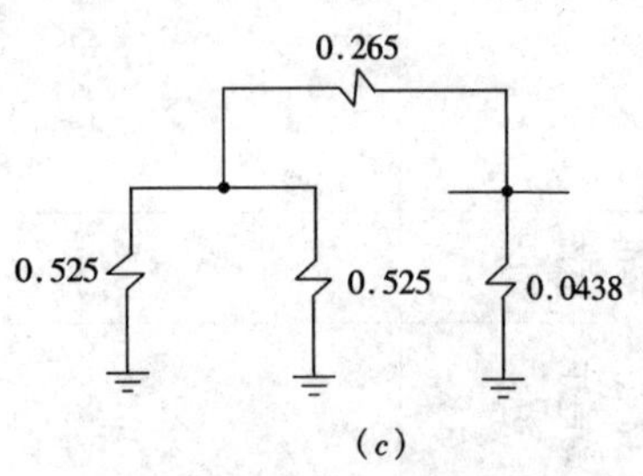

(c)

图 4-43 算例 2 序网阻抗图

(a) 正序；(b) 负序；(c) 零序

$$X_{js}^{(1)}=\left(1+\frac{X_{\Delta}}{X_{1\Sigma}}\right)\times X_{js}^{(3)}$$
$$=\left(1+\frac{X_{2\Sigma}+X_{0\Sigma}}{X_{1\Sigma}}\right)\times X_{1\Sigma}\times\frac{S_e}{S_j}$$
$$=\left(1+\frac{0.146+0.142}{0.142}\right)\times 0.142\times\frac{302.5}{100}$$
$$=1.34$$

查运算曲线（见图 4－8）得：

$$I''_{*1}=0.77$$
$$I_e=\frac{S_e}{\sqrt{3}U_j}=\frac{302.5}{\sqrt{3}\times 115}=1.52\text{kA}$$
$$I_{a1}=0.77\times 1.52=1.17\text{kA}$$
$$I_a=3I_{a1}=3\times 1.17=3.51\text{kA}$$

三、求 $t=0$s 时短路点各相电压

$$I_{a1*}=0.77\times\frac{302.5}{100}=2.33$$

（归算到 $S_j=100$MVA 为基准）

由表 4－20 可得：

$$\dot{U}_A=0$$
$$\dot{U}_B=j[(a^2-a)X_{2\Sigma}+(a^2-1)X_{0\Sigma}]I_{a1*}$$
$$=j\left[-j\sqrt{3}\times 0.146-\sqrt{3}\left(\frac{\sqrt{3}}{2}+j\frac{1}{2}\right)\times 0.142\right]\times 2.33$$
$$=0.874-j\,0.496=0.992\angle-29.6$$
$$\dot{U}_c=j[(a-a^2)X_{2\Sigma}+(a-1)X_{0\Sigma}]I_{a1*}$$
$$=j\left[j\sqrt{3}\times 0.146-\sqrt{3}\left(\frac{\sqrt{3}}{2}-j\frac{1}{2}\right)\times 0.142\right]\times 2.33$$
$$=-0.874-j\,0.496=0.992\angle-150.4$$

四、求 $t=0$s 时 6.3kV 母线剩余电压

115kV 母线短路点的电压对称分量由表 4－20 可得：

$$\dot{U}_{A1}=j(X_{2\Sigma}+X_{0\Sigma})\dot{I}_{a1}$$
$$=(0.146+0.142)j\,2.33=j\,0.67$$
$$\dot{U}_{A2}=-jX_{2\Sigma}\dot{I}_{a1}=-j\,0.146\times 2.33=-j\,0.34$$
$$\dot{U}_{A0}=-jX_{0\Sigma}\dot{I}_{a1}=-j\,0.142\times 2.33=-j\,0.33$$

经过 20MVA 变压器 Y－△接线后，正序转 +30°，负序转 −30°。由式（4－43）及式（4－44）可得 6.3kV 母线上电压对称分量为：

$$\dot{U}_{a1}=(\dot{U}_{A1}+jI_{a1,b}X_{1,b})\angle+30$$
$$\dot{U}_{a2}=(\dot{U}_{A2}+jI_{a2,b}X_{2,b})\angle-30$$
$$U_{a0}=0\text{（因零序电流不通）}$$

变压器的阻抗：

$$X_{1,b}=X_{2,b}=0.525$$

流经变压器的短路电流：

$$\dot{I}_{a1,b}=I_{a1}\times\frac{X_{1\Sigma}}{X_{1(\Sigma F_1,F_2)}}\times\frac{1}{2}$$
$$=2.33\times\frac{0.142}{0.451}\times\frac{1}{2}=0.366$$

式中　$X_{1\Sigma(F_1,F_2)}$——F_1、F_2 发电机对短路点 d 的合成正序阻抗。

$$I_{a2,b}=I_{a2}\times\frac{X_{2\Sigma}}{X_{2\Sigma(F_1,F_2)}}\times\frac{1}{2}$$
$$=2.33\times\frac{0.146}{0.492}\times\frac{1}{2}=0.345$$

式中　$X_{2\Sigma(F_1,F_2)}$——F_1、F_2 发电机对短路点 d 的合成负序阻抗。

$$\dot{U}_{a1}=(j0.67+0.366\times j0.525)(0.866+j0.5)$$
$$=-0.431+j0.746=0.862\angle 120°$$
$$\dot{U}_{a2}=(-j0.34+0.345\times j0.525)(0.866-j0.5)$$
$$=-0.081-j0.138=0.16\angle-120°$$
$$\dot{U}_{a0}=0$$

则 6.3kV 母线各相剩余电压为：

$$\dot{U}_a=\dot{U}_{a1}+\dot{U}_{a2}+\dot{U}_{a0}$$
$$=(-0.431+j0.746)+(-0.08-j0.138)+0$$
$$=-0.512+j0.608=0.797\angle 130°$$
$$\dot{U}_b=a^2U_{a1}+aU_{a2}+U_{a0}$$
$$=\left(-\frac{1}{2}-j\frac{\sqrt{3}}{2}\right)(-0.431+j0.746)+\left(-\frac{1}{2}+j\frac{\sqrt{3}}{2}\right)(-0.081-j0.138)+0=1.022$$
$$\dot{U}_c=a\dot{U}_{a1}+a^2\dot{U}_{a2}+\dot{U}_{a0}$$
$$=\left(-\frac{1}{2}+j\frac{\sqrt{3}}{2}\right)(-0.431+j0.746)+\left(-\frac{1}{2}-j\frac{\sqrt{3}}{2}\right)(-0.081-j0.138)+0$$
$$=0.797\angle-130°$$

附录4-1 设备、材料的

附表4-1

水轮发电机

序号	发电机型号	额定容量(MW)	功率因数 $\cos\varphi_n$	额定电压(kV)	E''_*	以电机额定容量为基准值的参数				
						X_d	X'_d	X''_d	X_q	X''_q
1	SF225-48/1260	225	0.875	15.75	1.11	0.9695	0.3120	0.2004	0.6605	0.2037
2	SF170-110/1760	170	0.875	13.8	1.11	0.7510	0.3055	0.1970	0.5400	0.1975
3	SF150-60/1280	150	0.85	15.75	1.13	1.0362	0.3142	0.2178	0.6842	0.2280
4	SF110-68/1280	110	0.85	15.75	1.16	1.1013	0.3653	0.2636	0.7453	0.2760
5	SF100-40/854	100	0.90	13.8	1.12	0.8150	0.3330	0.2260	0.5750	0.2310
6	SF75-40/854	75	0.85	13.8	1.12	0.8790	0.3030	0.2020	0.6020	0.2060
7	SF65-28/640	65	0.90	10.5	1.11	1.0270	0.2980	0.2120	0.6450	0.2260
8	SF50-60/990	50	0.80	10.5	1.14	0.9327	0.3147	0.2083	0.6397	0.2143
9	SF45-56/900	45	0.85	10.5	1.11	0.7790	0.2690	0.1834	0.5360	0.1898
10	SF40-12/425	40	0.85	13.8	1.10	1.2535	0.2585	0.1770	0.7695	0.1910
11	SF36-56/900	36	0.85	10.5	1.14	0.9400	0.3333	0.2312	0.6313	0.2393
12	SF36-40/725	36	0.875	10.5	1.13	1.0310	0.3220	0.2320	0.6707	0.2425
13	SF35-12/384	35	0.875	10.5	1.10	1.0884	0.2664	0.1776	0.6694	0.1840
14	SF34-16/410	34	0.85	6.3	1.11	1.0683	0.2893	0.1792	0.7073	0.1822
15	SF18-10/300	18	0.85	6.3	1.12	1.0243	0.2993	0.2030	0.6273	0.3090
16	SF17-28/550	17	0.80	6.3	1.11	0.9637	0.2427	0.1753	0.5927	0.1883
17	SF12.5-12/286	12.5	0.80	6.3	1.13	1.0500	0.3010	0.2040	0.6239	0.3279
	十七台平均	7.17	0.853		1.12	0.9829	0.3016	0.2053	0.6423	0.2257
	回归的标准参数		0.85			0.9851	0.3025	0.2055	0.6423	0.2257

注 1. 本表仅列制订运算曲线时所选用的水轮发电机参数。

2. T_a 和 $\frac{x_2}{R}$ 括号内数据为计算值。制订运算曲线时输入电子计算机的数据均采用无括号的参数。

电抗标幺值与阻抗值

电 气 参 数

标幺值（$S_j=S_n$）		电抗标幺值（$S_j=100$MVA）			定子绕组电阻（75℃）		计算时间常数（s）				X_2/R
X_z	X_0	X''_{*d}	X_{*q}	X_{*0}	$R\%$（$S_j=S_n$）	R_*（$S_j=100$MVA）	T'_{d0}	T''_{d0}	T''_{q0}	T_a	
0.2020	0.0960	0.0780	0.0786	0.0374	0.210	0.000817	8.94	0.0936	0.215	0.306	96.20
0.1973	0.1030	0.1014	0.1016	0.0530	0.372	0.001916	5.95	0.0767	0.170	0.168	52.80
0.2228	0.1016	0.1234	0.1262	0.0576	0.299	0.001694	7.27	0.0773	0.200	0.266 (0.238)	71.00 (74.50)
0.2700	0.1230	0.2037	0.2087	0.0951	0.330	0.002550	6.58	0.0700	0.170	0.260	81.60
0.2280	0.1030	0.2034	0.2052	0.0927	0.223	0.002005	7.59	0.0735	0.137	0.325	102.00
0.2040	0.0928	0.2289	0.2312	0.1052	0.292	0.003310	6.45	0.0700	0.175	0.223	70.00
0.2190	0.0920	0.2936	0.3033	0.1274	0.248	0.003435	6.10	0.0866	0.194	0.279	87.60
0.2113	0.0751	0.3333	0.3381	0.1202	0.498	0.007968	5.73	0.0904	0.198	0.135	42.40
0.1865	0.0847	0.3460	0.3519	0.1598	0.363	0.006849	4.76	0.0608	0.143	0.163	51.20
0.1840	0.0705	0.3986	0.4144	0.1588	0.304	0.006847	6.35	0.0831	0.272	0.192	60.30
0.2352	0.0952	0.5459	0.5554	0.2248	0.473	0.011169	3.93	0.0579	0.117	0.161 (0.158)	50.60 (49.73)
0.2370	0.0875	0.5645	0.5766	0.2131	0.416	0.010111	4.44	0.0560	0.122	0.255 (0.182)	80.00 (57.03)
0.1810	0.0911	0.4440	0.4525	0.2276	0.286	0.007150	6.00	0.0611	0.164	0.200	62.80
0.1907	0.0609	0.4480	0.4768	0.1523	0.294	0.007342	6.90	0.0659	0.175	0.196 (0.207)	61.50 (64.94)
0.2560	0.06353	0.9575	1.2075	0.2997	0.348	0.016415	5.42	0.0589	0.090	0.234	73.50
0.1818	0.06825	0.8249	0.8555	0.3212	0.496	0.023341	4.21	0.0417	0.104	0.117	36.80
0.2660	0.06455	1.3056	1.7024	0.4131	0.488	0.031232	4.37	0.0300	0.042	0.173	54.30
0.2160	0.0866				0.349		5.94	0.0679	0.158	0.213	66.14
							5.90	0.0673	0.1581	0.2124	

附表 4－2

汽轮发电机电气参数

序号	发电机型号	额定容量(MW)	功率因数 $\cos\varphi_n$	额定电压(kV)	E''_*	以电机额定容量为基准值的参数标么值($S_j=S_n$)							电抗标么值($S_j=100$MVA)			定子绕组电阻(75℃)		计算时间常数(s)				X_2/R
						X_d	X'_d	X''_d	X_q	X''_q	X_2	X_0	X''_{*d}	X_{*2}	X_{*0}	$R\%$ ($S_j=S_n$)	R_* ($S_j=100$MVA)	T'_{d0}	T''_{d0}	T''_{q0}	T_a	
1	QFQS－200－2	200	0.85	15.75	1.08	1.9323	0.2403	0.1413	1.9323	0.1413	0.1723	0.1067	0.060	0.073	0.045	0.222	0.00094	6.56	0.171	1.509	0.265 (0.248)	83.30 (77.87)
2	QFNS－200－2	200	0.85	15.75	1.08	1.9406	0.2456	0.1456	1.9406	0.1456	0.1778	0.0777	0.062	0.075	0.033	0.223	0.00095	7.68	0.205	1.769	0.263 (0.255)	82.60 (80.00)
3	QFNS－200－2	200	0.85	15.75	1.08	1.9497	0.2423	0.1444	1.9497	0.1444	0.1762	0.0785	0.061	0.075	0.033	0.222	0.00094	6.45	0.168	1.499	0.264 (0.254)	81.60 (79.79)
4	QFS－125－2	125	0.85	13.8	1.11	1.8670	0.2570	0.1800	1.8670	0.1800	0.2200	0.0690	0.122	0.150	0.047	0.302	0.00205	6.90	0.170	1.359	0.252 (0.233)	79.10 (73.17)
5、6	TQN－100－2	100	0.85	10.5	1.11	1.8060	0.2860	0.1833	1.8060	0.1833	0.2230	0.0920	0.156	0.190	0.078	0.147	0.00125	6.20	0.192	1.329	0.483	151.70
7、8	QFQ－50－2	50	0.80	6.3	1.08	1.8600	0.1850	0.1160	1.8600	0.1160	0.1420	0.0754	0.186	0.227	0.121	0.175	0.00281	11.22	0.225	2.470	0.256	80.78
9、10	TQQ－50－2	50	0.80	10.5	1.09	1.8323	0.1947	0.1347	1.8323	0.1347	0.1644	0.0556	0.216	0.263	0.089	0.157	0.00251	11.32	0.217	2.239	0.266 (0.331)	83.52 (104.00)
11、12	QFQ－50－2	50	0.80	10.5	1.08	1.8600	0.2000	0.1240	1.8600	0.1240	0.1525	0.0810	0.198	0.244	0.130	0.174	0.00278	11.24	0.243	2.486	0.265 (0.278)	83.21 (87.30)
13	QF_2－25－2	25	0.80	6.3	1.08	1.9422	0.1962	0.1222	1.9442	0.1222	0.1492	0.0632	0.392	0.478	0.202	0.234	0.00748	11.58	0.298	2.560	0.203	63.74
14	TQ_2－25－2	25	0.80	10.5	1.09	2.1150	0.2150	0.1300	2.1150	0.1300	0.1600	0.0596	0.417	0.513	0.191	0.189	0.00604	10.00	0.210	2.270	0.216 (0.270)	67.82 (84.78)
15	TQG－25－2	25	0.80	6.3	1.08	2.1650	0.2040	0.1260	2.1650	0.1260	0.1540	0.0836	0.403	0.493	0.268	0.198	0.00634	11.49	0.221	2.569	0.204 (0.248)	64.05 (77.90)
16	QF_2－12－2	12	0.80	6.3	1.08	1.9010	0.2000	0.1221	1.9010	0.1221	0.1490	0.0433	0.814	0.993	0.289	0.375	0.02500	9.00	0.194	2.019	0.126	39.60
17	QF_2－12－2	12	0.80	10.5	1.08	2.1270	0.2320	0.1426	2.1270	0.1426	0.1735	0.0684	0.951	1.157	0.456	0.381	0.02540	9.00	0.200	2.019	0.144	45.20
18	TQC－5674/2	12	0.80	6.3	1.08	2.2143	0.1895	0.1193	2.2143	0.1193	0.1455	0.0618	0.795	0.970	0.412	0.365	0.02440	9.15	0.155	2.000	0.127	39.88
	十八台平均	74.22	0.82		1.09	1.9374	0.2196	0.1383	1.9374	0.1383								9.32	0.208	2.035	0.256	
	回归的标准参数		0.825			1.9040	0.2150	0.1385	1.9057	0.1385								9.03	0.182	2.013	0.256	
19	QFS－300	300	0.85	18		2.2639	0.2689	0.1670	2.2639	0.1670	0.2040	0.0892	0.047	0.058	0.025	0.232	0.00066				0.246	87.93

注 1. 本表前 18 台为制订运算曲线时所选用的汽轮发电机参数。

2. T_a 和 X_2/R 括号内数据为计算值。制订运算曲线时输入电子计算机的数据均采用无括号的参数。

附表4－3　国外汽轮发电机电气参数

序号	发电机型号	额定容量(MW)	功率因数 $\cos\varphi_n$	以电机额定容量为基准值的参数标么值 ($S_j = S_n$)					备注
				X_d	X'_d	X''_d	T'_d	T''_d	
1	CEM－300	300	0.85	2.150	0.300	0.230	0.950	0.020	法国
2	CEM－620	620	0.85	2.650	0.340	0.270	1.050	0.030	法国
3	CEM－620	620	0.85	2.130	0.295	0.230	1.050	0.030	法国
4	SGTH－320	320	0.85	1.900	0.240	0.180	0.700	0.027	意大利
5	TAK－LCH	412	0.85	2.684	0.400	0.296	1.107	0.035	日本
6	TBB－165－2	150	0.85	1.713	0.304	0.213	0.960	0.120	苏联
7	TBB－200－2	200	0.85	1.840	0.273	0.191	0.940	0.117	苏联
8	TBB－320－2	300	0.85	1.700	0.260	0.173	0.890	0.110	苏联
9	TBB－320－2	330	0.90	1.700	0.260	0.173	0.890	0.110	苏联

附表4－4　同期调相机电抗标么值（$S_j = 100$MVA）

型号	容量(kVA)	电压(kV)	X''_{*d}	X_{*2}	X_{*0}
TT－5－6	5000	6.6	2.4	—	1.400
TT－7.5－6	7500	6.6	1.95	2.07	1.070
TT－7.5－11	7500	11.0	2.0	2.133	1.065
TT－15－8	15000	6.6	0.856	0.854	0.533
TT－15－8	15000	11.0	1.065	1.065	0.867
TT－30－6	30000	11.0	0.533	—	0.35
TT－60－6	60000	11.0	0.276	0.283	
D_3－25－2（QF_2－25－2改）	25000	10.5	0.364	0.445	0.245
QFS－50－2改	62500	10.5	0.208	0.256	0.107
$TQSS_2$－50－2改	62500	10.5	0.216	0.265	0.0895

附表4－5　高压厂用变压器的电抗、电阻标么值（$S_j = 100$MVA）

型号	额定容量(kVA)	X		R		X/R
		U_d%	X_*	U_r%	R_*	
SJL－7500/10	7500	8	1.067	0.733	0.0977	10.92
SJL－7500/10	7500	10	1.333	0.787	0.1049	12.71
SFL_1－8000/10	8000	10	1.250	0.875	0.1093	11.44
$SSPL_1$－8000/10	8000	10	1.250	0.875	0.1093	11.44
SFL_1－10000/10	10000	12	1.200	0.920	0.0920	13.04
$SFZL_1$－10000/10	10000	5.5	0.550	0.626	0.0626	8.79
SFL－10000/10	10000	7.5	0.750	0.780	0.0780	9.62
$SSPL_1$－10000/10	10000	10	1.000	0.863	0.0863	11.588
SFL－10000/10	10000	13.6	1.360	0.788	0.0788	17.26
SFL_1－12500/10	12500	7.5	0.600	0.754	0.0603	9.95
$SSPL_1$－12500/10	12500	10	0.800	0.840	0.0672	11.91
$SFZL_1$－12500/10	12500	7.5	0.600	0.688	0.0550	10.91
SFL－12500/10	12500	10	0.800	0.760	0.0608	13.16
SFL－12500/10	12500	10.5	0.840	0.821	0.0657	12.79
SFL－15000/10	15000	8	0.533	0.653	0.0435	12.25
SFL_1－16000/10	16000	10.5	0.656	0.900	0.0562	11.67
SFL－16000/10	16000	10.5	0.656	0.743	0.0464	14.14
SSPL－16000/10	16000	10.5	0.656	0.740	0.0463	14.17
SFL_1－20000/10	20000	10.5	0.525	0.793	0.0397	13.22
$SFZL_1$－25000/10	25000	13	0.520	0.588	0.0235	22.13
SFFL－25000/20	25000	10	0.400	0.565	0.0226	17.70
SSPL－25000/10	25000	14.5	0.580	0.732	0.0293	19.80

附表 4-6　　双分裂绕组变压器的电抗、电阻标幺值（$S_j = 100MVA$）

型　　号	额定容量 (kVA)	额定电压 (kV)		X		R		X/R
		高压侧	低压侧	$U_d\%$	X_*	$U_r\%$	R_*	
SFFL-15000/10	15000/2×7500	10.5±5%	6.3	8	0.533	0.653	0.0435	12.25
SFFZL-15000/110	15000/2×7500	110±3×2.5%	6.6	9	0.600	0.700	0.0467	12.85
SFFL-25000/20	25000/2×12500	18±2×2.5%	6.3	10	0.400	0.565	0.0226	17.70
SJL-12500/110	12500/2×6250	110±5%	3.3	9	0.720	0.800	0.0640	11.25
$SFPL_2$-31500/220	31500/2×15750	220±2×2.5%	6.3	14.2	0.451	0.886	0.0281	16.05
SFPFZL-31500/220	31500/2×20000	220±7×1.43%	6.3	18	0.571			
SFPFL-31500/15.75	31500/2×15750	15.75±2×2.5%	6.3	18	0.571			
SFPFZL-31500/220	31500/2×15750	220±7×1.43%	6.3	23	0.730			

附表 4-7　　双绕组变压器的电抗、电阻标幺值（$S_j = 100MVA$）

型　　号	额定电压 (kV)		X		R		X/R
	高压侧	低压侧	$U_d\%$	X_*	$U_r\%$	R_*	
SFL_1-10000	38.5	10.5，6.3	7.5	0.750	0.683	0.0683	10.98
$SFZL_1$-10000	38.5	10.5，6.3	7.5	0.750	0.713	0.0713	10.52
$SSPL_1$-10000	38.5	6.3	7.5	0.750	0.700	0.0700	10.71
SFL_1-16000	38.5	10.5，6.3	8.0	0.500	0.650	0.0406	12.31
$SFZL_1$-16000	38.5	10.5，6.3	8.0	0.500	0.637	0.0398	12.56
SFL_1-20000	38.5	10.5，6.3	8.0	0.400	0.575	0.0288	13.91
SFL_1-31500	38.5	10.5，6.3	8.0	0.254	0.563	0.0179	14.21
$SSPZL_1$-60000	38.5	10.5	8.0	1.333	0.483	0.0081	16.56
SFL_1-10000	121	10.5，6.3	10.5	1.050	0.720	0.0720	14.58
$SFZL_1$-10000	121	10.5，6.3	10.5	1.050	0.725	0.0725	14.48
SFL_1-16000	121	10.5，6.3	10.5	0.656	0.688	0.0430	15.26
$SFZL_1$-16000	121	10.5，6.3	10.5	0.656	0.688	0.0430	15.26
SFL_1-20000	121	10.5，6.3	10.5	0.525	0.675	0.0338	15.56
$SFZL_1$-20000	121	10.5，6.3	10.5	0.525	0.635	0.0318	16.54
SSPL-20000	121	6.3	10.5	0.525	0.675	0.0338	15.56
SFL_1-31500	121	10.5，6.3	10.5	0.333	0.603	0.0191	17.41
SFL_1-40000	121	10.5，6.3	10.5	0.263	0.508	0.0127	20.67
$SFPL_1$-50000	121	10.5，6.3	10.5	0.210	0.500	0.0100	21.00
$SFZL_1$-50000	121	6.3	10.5	0.210	0.496	0.0099	21.17
$SPPZL_1$-50000	121	6.3	10.5	0.210	0.496	0.0099	21.17
$SFPL_1$-63000	121	10.5，6.3	10.5	0.167	0.481	0.0076	21.83
SSPL-63000	121	10.5	10.5	0.167	0.476	0.0076	22.06
$SFPL_1$-90000	121	10.5	10.5	0.117	0.489	0.0054	21.47
SSPL-90000	121	13.8	10.4	0.115	0.501	0.0056	20.76
$SFPL_1$-120000	121	10.5	10.5	0.088	0.417	0.0035	25.18
SSPL-120000	121	13.8	10.4	0.087	0.490	0.0041	21.22
SSPL-150000	121	13.8	12.68	0.085	0.431	0.0029	29.42
SSPL-63000	242	10.5	14.45	0.229	0.641	0.0102	22.54
SSPL-70000	242	13.8	12.05	0.172	0.732	0.0105	16.46
SSPL-90000	242	10.5，13.8	13.7	0.152	0.523	0.0580	26.20
SFPL-120000	242	10.3	14.2	0.118	0.843	0.0070	16.84
SFP-120000	242	10.5	12.0	0.100	0.508	0.0042	23.62
SSPL-120000	242	10.5	14.2	0.118	0.843	0.0070	16.84

续表

型号	额定电压（kV）		X		R		X/R
	高压侧	低压侧	$U_d\%$	X_*	$U_r\%$	R_*	
SSPL-120000	242	10.5	12.0	0.100	0.508	0.0042	23.62
SSPL-120000	242	13.8	13.5	0.113	0.573	0.0048	23.56
SFPL-150000	242	10.5	12.7	0.085	0.648	0.0043	19.60
SFPL-150000	242	10.5	13.0	0.087	0.585	0.0039	22.22
SSPL-150000	242	10.5，13.8	13.0	0.087	0.597	0.0040	21.78
SSPL-180000	242	13.8	12.55	0.070	0.502	0.0028	25.00
SSPL-180000	242	15.75	12.2	0.068	0.496	0.0028	24.60
SSPL-260000	242	15.75	14.0	0.054	0.562	0.0022	24.91
SSP-260000	242	15.75	14.35	0.055	0.398	0.0015	36.06
SSPL-360000	242	18	14.0	0.039	0.440	0.0012	31.82
SSP-360000	242	18	14.6	0.041	0.530	0.0015	27.55
SSP-360000	363	18	15.6	0.043	0.546	0.0015	28.57

附表4-8　　低压厂用变压器阻抗值

额定容量（kVA）	一次侧额定电压（kV）	二次侧额定电压（kV）	阻抗电压 U_d（%）	阻抗值（mΩ）					
				电阻			电抗		
				正序、负序 $R_1=R_2$	零序 R_0	计算电阻 R	正序、负序 $X_1=X_2$	零序 X_0	计算电抗 X
100	6.3	0.4	4	36.00	312	128.00	52.95	425	176.97
160	6.3	0.4	4	20.65	240	93.77	34.25	318	128.83
200	6.3	0.4	4	15.60	204	78.40	28.00	268	108.00
250	6.3	0.4	4	11.78	162	61.85	22.80	216	87.20
315	6.3	0.4	5.5	9.19	122	46.79	26.40	174	75.60
500	6.3	0.4	7	5.25	58	22.83	21.74	110	51.16
630	6.3	0.4	7	3.91	40	15.94	17.35	84	39.57
800	6.3	0.4	8	3.05	36	14.03	15.72	60	30.48
1000	6.3	0.4	10	2.43	34	12.95	15.80	46	25.87
1250	6.3	0.4	10	1.865	30	11.24	12.65	38	21.10
1600	6.3	0.4	13	1.355	24	8.90	12.93	32	19.29

注　零序阻抗值系根据SJL型各种容量低压变压器实测资料推算所得。

附表 4-9 **三绕组变压器及自耦**

型号	容量比	额定电压(kV)			X_{1-2}		X_{1-3}	
		高压侧	中压侧	低压侧	$U_{X1-2}\%$	X_{*1-2}	$U_{X1-3}\%$	X_{*1-3}
$SFSL_1-10000$	100/100/100	121	38.5	10.5,6.3	17.0	1.700	10.5	1.050
$SFSZL_1-10000$	100/100/100	121	38.5	10.5,6.3	17.5	1.750	10.5	1.050
$SFSL_1-15000$	100/100/100	121	38.5	10.5,6.3	17.0	1.133	10.5	0.700
$SFSL_1-20000$	100/15/100	121	38.5	10.5,6.3	18.0	0.900	10.5	0.525
$SFSL_1-20000$	100/100/100	121	38.5	10.5,6.3	18.0	0.900	10.5	0.525
$SFSZL_1-20000$	100/100/100	121	38.5	10.5,6.3	17.5	0.875	10.5	0.525
$SFSZL_1-25000$	100/100/100	121	38.5	10.5,6.3	18.0	0.720	10.5	0.420
$SFSL_1-31500$	100/100/100	121	38.5	10.5,6.3	18.0	0.571	10.5	0.333
$SSPSL_1-31500$	100/100/100	121	38.5	13.8	18.0	0.571	10.5	0.333
$SFPSL_1-40000$	100/100/100	121	38.5	10.5,6.3	17.5	0.438	10.5	0.263
$SFSL_1-50000$	100/100/100	121	38.5	10.5,6.3	17.5	0.350	10.5	0.210
$SSPSL_1-50000$	100/100/100	121	38.5	13.8	18.0	0.360	10.5	0.210
$SSPSL_1-63000$	100/100/100	121	38.5	10.5,6.3	18.5	0.294	10.5	0.167
$SFPSL_1-75000$	100/100/100	121	38.5	10.5	18.0	0.240	10.5	0.140
SFPSL-80000	100/100/100	242	121	10.5	23.9	0.299	14.4	0.179
SSPS-90000	100/100/100	242	121	10.5	25.5	0.283	14.9	0.166
$SFPSL_1O-120000$	100/100/50	242	121	10.5	12.8	0.106	5.3	0.044
$SSPSL_1O-120000$	100/100/50	242	121	10.5	12.8	0.106	5.3	0.044
SFPSOL-120000	100/100/50	242	121	10.5	13.3	0.111	12.0	0.100
SSPSOL-120000	100/100/50	242	121	10.5	13.3	0.111	12.0	0.100
SFPS-150000	100/100/100	242	121	10.5	25.4	0.169	14.5	0.0967
SFPSLO-150000	100/100/50	242	121	10.5	14.0	0.0933	6.0	0.0400
$SSPSL_1-150000$	100/100/100	242	121	13.8	24.1	0.1010	13.7	0.0913
$SSPSL_1-150000$	100/100/100	242	121	10.5	24.4	0.1630	14.1	0.0940
SFPSOL-180000	100/100/50	242	121	10.5	13.9	0.0772	12.5	0.0696
SSPSL-180000	100/100/100	242	121	13.8	24.7	0.1370	14.2	0.0789
SFPSLO-240000	100/50/50	242	121	10.5	14.8	0.0615	6.4	0.0266
SFPSLO-240000	100/100/50	242	121	10.5	14.6	0.0607	6.2	0.0258
SFPSLO-260000	100/100/50	242	121	10.5	13.0	0.0500	5.5	0.0213
SSPSOL-300000	100/100/50	242	121	13.8	13.7	0.0458	11.9	0.0397
SSPSO-360000	100/100/50	242	121	15.75	13.1	0.0364	12.0	0.0332

变压器电抗、电阻标么值（$S_j = 100MVA$）

X_{2-3}		R_{1-2}		R_{1-3}		R_{2-3}		$\left(\frac{X}{R}\right)_{1-2}$	$\left(\frac{X}{R}\right)_{1-3}$	$\left(\frac{X}{R}\right)_{2-3}$	备注
$U_{x2-3}\%$	U_{*2-3}	$U_{R1-2}\%$	R_{*1-2}	$U_{R1-3}\%$	R_{*1-3}	$U_{R2-3}\%$	R_{*2-3}				
6.0	0.600	0.910	0.0910	0.890	0.0890	0.693	0.0693	18.68	11.80	8.66	
6.5	0.650	0.848	0.0848	0.839	0.0839	0.657	0.0657	20.64	12.51	9.89	
6.0	0.400	0.800	0.0533	0.800	0.0533	0.633	0.0422	21.25	13.13	9.48	
6.5	0.325	0.754	0.0377	0.655	0.0328	0.473	0.0237	23.87	16.03	13.74	
6.5	0.325	0.770	0.0385	0.770	0.0385	0.595	0.0298	23.38	13.64	10.92	
6.5	0.325	0.720	0.0360	0.725	0.0363	0.599	0.0300	24.31	14.48	10.85	
6.5	0.260	0.776	0.0310	0.728	0.0291	0.576	0.0230	23.20	14.42	11.28	
6.5	0.206	0.727	0.0231	0.673	0.0214	0.577	0.0183	24.76	15.60	11.27	
6.5	0.206	0.730	0.0232	0.679	0.0216	0.584	0.0185	24.66	15.46	11.13	
6.5	0.163	0.695	0.0174	0.621	0.0155	0.514	0.0128	25.36	16.91	12.65	
6.5	0.130	0.700	0.0140	0.600	0.0120	0.510	0.0102	25.00	17.50	12.75	
6.5	0.130	0.700	0.0140	0.637	0.0127	0.506	0.0101	25.71	16.48	12.85	
6.5	0.103	0.746	0.0118	0.603	0.0096	0.524	0.0083	24.80	17.41	12.40	
6.5	0.087	0.773	0.0103	0.680	0.0091	0.600	0.0080	23.29	15.44	10.83	
7.97	0.0996	0.689	0.0085	0.653	0.0082	0.459	0.0057	34.69	21.98	17.36	
9.10	0.1010	0.674	0.0075	0.572	0.0064	0.437	0.0049	37.83	26.05	20.82	
8.15	0.0679	0.388	0.0032	0.920	0.0077	0.860	0.0072	32.86	5.76	9.48	
8.15	0.0679	0.388	0.0032	0.920	0.0077	0.860	0.0072	32.86	5.76	9.48	
17.5	0.1458	0.3583	0.00299	0.7627	0.00636	0.9343	0.00779	37.12	15.73	18.73	
17.5	0.1458	0.3583	0.00299	0.7627	0.00636	0.9343	0.00779	37.12	15.73	18.73	
9.4	0.0627	0.6300	0.00420	0.5890	0.00390	0.4050	0.00270	40.32	24.62	23.21	
9.0	0.0600	0.3713	0.00248	1.3547	0.00903	0.8907	0.00594	37.71	4.43	10.10	
8.3	0.0553	0.6570	0.00438	0.5400	0.00360	0.3950	0.00263	26.68	25.37	21.01	
8.3	0.0553	0.6520	0.00435	0.5590	0.00373	0.4130	0.00275	37.42	25.22	20.10	
19.0	0.1056	0.3370	0.00187	0.6820	0.00379	0.8067	0.00448	41.25	18.36	23.55	
8.5	0.0472	0.7060	0.00392	0.5720	0.00318	0.4160	0.00231	34.99	24.83	20.43	
10.18	0.0424	1.7983	0.00749	0.7167	0.00299	0.9290	0.00387	8.20	8.92	10.96	
9.84	0.0410	0.3917	0.00163	0.7150	0.00298	0.9183	0.00383	37.20	8.67	10.72	
8.35	0.0321	0.3838	0.00148	0.7046	0.00271	0.8769	0.00337	33.87	7.85	9.32	
18.64	0.0621	0.3167	0.00106	0.6667	0.00222	0.8267	0.00276	43.35	17.85	22.55	
19.20	0.0533	0.3028	0.00084	0.5667	0.00157	0.7333	0.00209	43.26	21.10	26.18	

附表4-10 普通电抗器的电抗、电阻标么值（$S_j=100MVA$）

型号	额定电压 (kV)	额定电流 (A)	电抗百分值 $X_k\%$	电阻百分值 $R_k\%$	电抗标么值 X_*	电阻标么值 R_*
NKL-6-150-3	6	150	3	0.185	1.746	0.1076
NKL-6-150-4	6	150	4	0.262	2.328	0.1525
NKL-6-150-5	6	150	5	0.298	2.909	0.1734
NKL-6-150-6	6	150	6	0.346	3.491	0.2013
NKL-6-150-8	6	150	8	0.429	4.655	0.2496
NKL-6-150-10	6	150	10	0.481	5.819	0.2799
NKL-6-200-3	6	200	3	0.189	1.309	0.0825
NKL-6-200-4	6	200	4	0.251	1.746	0.1095
NKL-6-200-5	6	200	5	0.296	2.182	0.1292
NKL-6-200-6	6	200	6	0.339	2.618	0.1479
NKL-6-200-8	6	200	8	0.416	3.491	0.1815
NKL-6-200-10	6	200	10	0.482	4.364	0.2103
NKL-6-300-3	6	300	3	0.144	0.873	0.0419
NKL-6-300-4	6	300	4	0.225	1.164	0.0655
NKL-6-300-5	6	300	5	0.248	1.455	0.0722
NKL-6-300-6	6	300	6	0.280	1.746	0.0815
NKL-6-300-8	6	300	8	0.348	2.328	0.1012
NKL-6-300-10	6	300	10	0.398	2.909	0.1158
NKL-6-400-3	6	400	3	0.157	0.655	0.0343
NKL-6-400-4	6	400	4	0.209	0.873	0.0456
NKL-6-400-5	6	400	5	0.222	1.091	0.0484
NKL-6-400-6	6	400	6	0.240	1.309	0.0524
NKL-6-400-8	6	400	8	0.292	1.746	0.0637
NKL-6-400-10	6	400	10	0.344	2.182	0.0751
NKL-6-500-3	6	500	3	0.143	0.524	0.0250
NKL-6-500-4	6	500	4	0.165	0.698	0.0288
NKL-6-500-5	6	500	5	0.190	0.873	0.0332
NKL-6-500-6	6	500	6	0.225	1.047	0.0393
NKL-6-500-8	6	500	8	0.329	1.396	0.0574
NKL-6-500-10	6	500	10	0.362	1.746	0.0632
NKL-6-600-4	6	600	4	0.135	0.582	0.0196
NKL-6-600-5	6	600	5	0.204	0.727	0.0297
NKL-6-600-6	6	600	6	0.233	0.873	0.0339
NKL-6-600-8	6	600	8	0.278	1.164	0.0404
NKL-6-600-10	6	600	10	0.237	1.455	0.0476
NKL-6-750-5	6	750	5	0.162	0.582	0.0189
NKL-6-750-6	6	750	6	0.198	0.698	0.0230
NKL-6-750-8	6	750	8	0.232	0.931	0.0270
NKL-6-750-10	6	750	10	0.261	1.164	0.0304
NKL-6-1000-5	6	1000	5	0.150	0.436	0.0131
NKL-6-1000-6	6	1000	6	0.156	0.524	0.0136
NKL-6-1000-8	6	1000	8	0.186	0.698	0.0162
NKL-6-1000-10	6	1000	10	0.214	0.873	0.0187
NKL-6-1500-6	6	1500	6	0.155	0.349	0.0090
NKL-6-1500-8	6	1500	8	0.188	0.465	0.0109
NKL-6-1500-10	6	1500	10	0.223	0.582	0.0130
NKL-6-2000-6	6	2000	6	0.138	0.262	0.0060

续表

型　号	额定电压 (kV)	额定电流 (A)	电抗百分值 $X_k\%$	电阻百分值 $R_k\%$	电抗标幺值 X_*	电阻标幺值 R_*
NKL－6－2000－8	6	2000	8	0.157	0.349	0.0069
NKL－6－2000－10	6	2000	10	0.181	0.436	0.0079
NKL－6－3000－10	6	3000	10	0.178	0.291	0.0052
NKL－10－150－3	10	150	3	0.179	1.047	0.0625
NKL－10－150－4	10	150	4	0.215	1.397	0.0751
NKL－10－150－5	10	150	5	0.259	1.746	0.0904
NKL－10－150－6	10	150	6	0.289	2.095	0.1009
NKL－10－150－8	10	150	8	0.344	2.793	0.1201
NKL－10－200－3	10	200	3	0.182	0.786	0.0477
NKL－10－200－4	10	200	4	0.211	1.047	0.0552
NKL－10－200－5	10	200	5	0.252	1.309	0.0660
NKL－10－200－6	10	200	6	0.289	1.571	0.0757
NKL－10－200－8	10	200	8	0.346	2.095	0.0906
NKL－10－200－10	10	200	10	0.424	2.618	0.1110
NKL－10－300－3	10	300	3	0.116	0.524	0.0202
NKL－10－300－4	10	300	4	0.147	0.698	0.0257
NKL－10－300－5	10	300	5	0.212	0.873	0.0370
NKL－10－300－6	10	300	6	0.235	1.047	0.0410
NKL－10－300－8	10	300	8	0.289	1.397	0.0504
NKL－10－300－10	10	300	10	0.346	1.746	0.0604
NKL－10－400－3	10	400	3	0.133	0.393	0.0174
NKL－10－400－4	10	400	4	0.157	0.524	0.0206
NKL－10－400－5	10	400	5	0.181	0.655	0.0237
NKL－10－400－6	10	400	6	0.207	0.786	0.0271
NKL－10－400－8	10	400	8	0.250	1.047	0.0327
NKL－10－400－10	10	400	10	0.294	1.309	0.0385
NKL－10－500－3	10	500	3	0.114	0.314	0.0119
NKL－10－500－4	10	500	4	0.139	0.419	0.0146
NKL－10－500－5	10	500	5	0.195	0.524	0.0204
NKL－10－500－6	10	500	6	0.218	0.628	0.0228
NKL－10－500－8	10	500	8	0.263	0.838	0.0275
NKL－10－600－4	10	600	4	0.119	0.349	0.0104
NKL－10－600－5	10	600	5	0.169	0.436	0.0148
NKL－10－600－6	10	600	6	0.196	0.524	0.0171
NKL－10－600－8	10	600	8	0.236	0.698	0.0206

续表

型　　号	额定电压 (kV)	额定电流 (A)	电抗百分值 $X_k\%$	电阻百分值 $R_k\%$	电抗标么值 X_*	电阻标么值 R_*
NKL-10-600-10	10	600	10	0.282	0.873	0.0246
NKL-10-750-5	10	750	5	0.143	0.349	0.0100
NKL-10-750-6	10	750	6	0.156	0.419	0.0109
NKL-10-750-8	10	750	8	0.187	0.559	0.0131
NKL-10-750-10	10	750	10	0.228	0.698	0.0159
NKL-10-1000-5	10	1000	5	0.123	0.262	0.0064
NKL-10-1000-6	10	1000	6	0.131	0.314	0.0069
NKL-10-1000-8	10	1000	8	0.173	0.419	0.0090
NKL-10-1000-10	10	1000	10	0.195	0.524	0.0102
NKL-10-1500-6	10	1500	6	0.132	0.209	0.0046
NKL-10-1500-8	10	1500	8	0.164	0.279	0.0057
NKL-10-1500-10	10	1500	10	0.184	0.349	0.0064
NKL-10-2000-8	10	2000	8	0.134	0.209	0.0035
NKL-10-2000-10	10	2000	10	0.155	0.262	0.0041
NKL-10-3000-12	10	3000	12	0.184	0.210	0.0032

注　10kV 电抗器用于 6kV 时，电抗值增加 $(10/6)^2 = 2.78$ 倍。

附表 4-11　　分裂电抗器的每臂电抗、电阻标么值（$S_j = 100$MVA）

型　　号	额定电压 U_n (kV)	额定电流 I_n (A)	电抗百分值 $X_k\%$	电阻百分值 $R_k\%$	电抗标么值 X_*	电阻标么值 R_*
FKL-6-2×400-4	6	400	4	0.222	0.873	0.0484
FKL-6-2×600-6	6	600	6	0.204	0.873	0.0297
FKL-6-2×750-6	6	750	6	0.198	0.699	0.0230
FKL-6-2×1000-6	6	1000	6	0.164	0.524	0.0143
FKL-6-2×1000-8	6	1000	8	0.199	0.699	0.0174
FKL-6-2×1000-10	6	1000	10	0.221	0.873	0.0193
FKL-6-2×1000-12	6	1000	12	0.253	1.047	0.0219
FKL-6-2×1500-8	6	1500	8	0.170	0.466	0.0099
FKL-6-2×1500-10	6	1500	10	0.194	0.582	0.0113
FKL-6-2×2000-6	6	2000	6	0.109	0.262	0.0048
FKL-6-2×2000-8	6	2000	8	0.139	0.349	0.0061
FKL-6-2×2000-10	6	2000	10	0.155	0.436	0.0068
FKL-10-2×750-6	10	750	6	0.134	0.419	0.0094
FKL-10-2×750-8	10	750	8	0.144	0.559	0.0101
FKL-10-2×1000-10	10	1000	10	0.187	0.524	0.0098
FKL-10-2×1500-8	10	1500	8	0.144	0.279	0.0050

附表 4－12 **每公里架空线路的电抗、电阻标么值（$S_j = 100MVA$）**

导线型号	6kV				10kV				35kV				110kV			
	x (Ω)	x_*	r (Ω)	r_*	x (Ω)	x_*	r (Ω)	r_*	x (Ω)	x_*	r (Ω)	r_*	x (Ω)	x_*	r (Ω)	r_*
LJ－16	0.404	1.028	1.96	4.938	0.404	0.367	1.96	1.778								
LJ－25	0.390	0.983	1.27	3.200	0.390	0.354	1.27	1.152								
LGJ、LJ－35	0.380	0.957	0.91	2.293	0.380	0.345	0.91	0.825	0.424	0.0310	0.91	0.0665				
LGJ、LJ－50	0.368	0.927	0.63	1.587	0.368	0.334	0.63	0.571	0.412	0.0301	0.63	0.0460	0.442	0.00334	0.63	0.00476
LGJ、LJ－70	0.358	0.902	0.45	1.134	0.358	0.325	0.45	0.408	0.402	0.0294	0.45	0.0329	0.432	0.00327	0.45	0.00340
LGJ、LJ－95	0.342	0.862	0.33	0.831	0.342	0.310	0.33	0.299	0.386	0.0282	0.33	0.0241	0.416	0.00315	0.33	0.00250
LGJ、LJ－120	0.335	0.844	0.27	0.680	0.335	0.304	0.27	0.245	0.379	0.0277	0.27	0.0197	0.409	0.00309	0.27	0.00204
LGJ－150									0.373	0.0272	0.21	0.0153	0.403	0.00305	0.21	0.00159
LGJ－185									0.365	0.0267	0.17	0.0124	0.395	0.00299	0.17	0.00129
LGJ－240									0.358	0.0262	0.13	0.0096	0.388	0.00293	0.13	0.00100
LGJQ－300													0.382	0.00289	0.11	0.00081
LGJQ－400													0.373	0.00282	0.08	0.00061

导线型号	220kV								330kV				500kV			
	单导线				双分裂				双分裂				三分裂			
	x (Ω)	x_*	r (Ω)	r_*	x (Ω)	x_*	r (Ω)	r_*	x (Ω)	x_*	r (Ω)	r_*	x (Ω)	x_*	r (Ω)	r_*
LGJ－185	0.440	0.000832	0.170	0.000321	0.315	0.000595	0.085	0.000161								
LGJ－240	0.342	0.000817	0.132	0.000250	0.310	0.000586	0.066	0.000125								
LGJQ－300	0.427	0.000807	0.107	0.000202	0.308	0.000582	0.054	0.000102	0.321	0.000270	0.054	0.000045	0.302	0.000110	0.0360	0.000131
LGJQ－400	0.417	0.000788	0.080	0.000151	0.303	0.000573	0.040	0.000076	0.316	0.000266	0.040	0.000034	0.299	0.000108	0.0266	0.000097
LGJQ－500	0.411	0.000777	0.065	0.000123	0.300	0.000567	0.033	0.000061	0.313	0.000263	0.033	0.000027	0.297	0.000108	0.0216	0.000078
LGJQ－600	0.405	0.000766	0.055	0.000104	0.297	0.000561	0.028	0.000052	0.310	0.000260	0.028	0.000023	0.295	0.000107	0.0183	0.000066
LGJQ－700	0.398	0.000752	0.044	0.000083	0.294	0.000556	0.022	0.000042	0.307	0.000258	0.022	0.000018	0.292	0.000106	0.0146	0.000053

注 输电线路参数按下表所列条件计算：

电压（kV）	6	10	35	110	220	330	500
线间距离（m）	1.25	1.25	2.50	4.00	6.50	8.00	11.00
线分裂距离（cm）					40	40	40
导线排列方式					··	··	∴

附表 4-13 三芯电力电缆每公里的电抗、电阻标么值（$S_j = 100MVA$）

芯线截面 (mm²)	6kV						10kV						13.8kV					
	x (Ω)	x_*	r(铝芯) (Ω)	r_* (铝芯)	r(铜芯) (Ω)	r_* (铜芯)	x (Ω)	x_*	r(铝芯) (Ω)	r_* (铝芯)	r(铜芯) (Ω)	r_* (铜芯)	x (Ω)	x_*	r(铝芯) (Ω)	r_* (铝芯)	r(铜芯) (Ω)	r_* (铜芯)
25	0.085	0.214	1.280	3.225	0.740	1.864	0.094	0.0853	1.280	1.161	0.740	0.671	0.135	0.071	1.280	0.672	0.740	0.389
35	0.079	0.199	0.920	2.318	0.540	1.361	0.088	0.0798	0.920	0.834	0.540	0.490	0.129	0.068	0.920	0.483	0.540	0.284
50	0.076	0.191	0.640	1.612	0.390	0.983	0.082	0.0744	0.640	0.580	0.390	0.354	0.119	0.062	0.640	0.336	0.390	0.205
70	0.072	0.181	0.460	1.159	0.280	0.705	0.079	0.0717	0.460	0.417	0.280	0.254	0.116	0.061	0.460	0.242	0.280	0.147
95	0.069	0.174	0.340	0.857	0.200	0.504	0.076	0.0689	0.340	0.308	0.200	0.181	0.110	0.058	0.340	0.179	0.200	0.105
120	0.069	0.174	0.270	0.680	0.158	0.398	0.076	0.0689	0.270	0.245	0.158	0.143	0.107	0.056	0.270	0.142	0.158	0.083
150	0.066	0.166	0.210	0.529	0.123	0.310	0.072	0.0653	0.210	0.190	0.123	0.112	0.104	0.055	0.210	0.110	0.123	0.065
185	0.066	0.166	0.170	0.428	0.103	0.260	0.069	0.0626	0.170	0.154	0.103	0.093	0.100	0.053	0.170	0.089	0.103	0.054

芯线截面 (mm²)	15.75kV						18kV						35kV					
	x (Ω)	x_*	r(铝芯) (Ω)	r_* (铝芯)	r(铜芯) (Ω)	r_* (铜芯)	x (Ω)	x_*	r(铝芯) (Ω)	r_* (铝芯)	r(铜芯) (Ω)	r_* (铜芯)	x (Ω)	x_*	r(铝芯) (Ω)	r_* (铝芯)	r(铜芯) (Ω)	r_* (铜芯)
25	0.135	0.0544	1.280	0.516	0.740	0.298	0.135	0.0417	1.280	0.395	0.740	0.228						
35	0.129	0.0520	0.920	0.371	0.540	0.218	0.129	0.0398	0.920	0.284	0.540	0.167						
50	0.119	0.0480	0.640	0.258	0.390	0.157	0.119	0.0367	0.640	0.198	0.390	0.120						
70	0.116	0.0468	0.460	0.185	0.280	0.113	0.116	0.0358	0.460	0.142	0.280	0.086	0.132	0.00964	0.460	0.0336	0.280	0.0205
95	0.110	0.0443	0.340	0.137	0.200	0.081	0.110	0.0340	0.340	0.105	0.200	0.062	0.126	0.00920	0.340	0.0248	0.200	0.0146
120	0.107	0.0431	0.270	0.109	0.158	0.064	0.107	0.0330	0.270	0.083	0.158	0.049	0.119	0.00869	0.270	0.0197	0.158	0.0115
150	0.104	0.0419	0.210	0.085	0.123	0.050	0.104	0.0321	0.210	0.065	0.123	0.038	0.116	0.00847	0.210	0.0153	0.123	0.0090
185	0.100	0.0403	0.170	0.069	0.103	0.042	0.100	0.0309	0.170	0.052	0.103	0.032	0.113	0.00825	0.170	0.0124	0.103	0.0075

注 1. 110kV 高压电缆的平均电抗：$x = 0.18\Omega/km$，$x_* = 0.00136$。

2. 表中所列为正序电抗 x_2，负序电抗 $x_2 = x_1$，零序电抗 $x_0 = 3.5x_1$。

附表 4-14　　**低压三芯铝芯各种绝缘电力电缆三相短路时的阻抗（mΩ/m）**

芯线截面 (mm^2)		3×2.5	3×4	3×6	3×10	3×16	3×25	3×35	3×50	3×70	3×95	3×120	3×150	3×185	2(3×70)	2(3×95)	2(3×120)	2(3×150)
油纸	电阻	15.500	9.690	6.460	3.880	2.420	1.580	1.130	0.792	0.566	0.417	0.330	0.264	0.214	0.283	0.209	0.165	0.132
绝缘	电抗	0.098	0.092	0.087	0.082	0.078	0.069	0.067	0.066	0.065	0.064	0.065	0.065	0.064	0.0325	0.032	0.0325	0.0325
塑料	电阻	14.800	9.220	6.150	3.690	2.300	1.510	1.080	0.754	0.530	0.397	0.314	0.251	0.204	0.270	0.199	0.157	0.126
绝缘	电抗	0.100	0.093	0.094	0.088	0.083	0.078	0.075	0.075	0.073	0.072	0.071	0.072	0.072	0.0365	0.036	0.0355	0.036
橡皮	电阻	14.800	9.220	6.150	3.690	2.300	1.510	1.080	0.754	0.538	0.397	0.314	0.251	0.204	0.270	0.199	0.157	0.126
绝缘	电抗	0.107	0.099	0.094	0.092	0.084	0.087	0.084	0.080	0.078	0.077	0.075	0.075	0.075	0.039	0.038	0.0375	0.0375

注　1. 电缆的电阻，对油纸绝缘取芯线温度为80℃，对塑料绝缘或橡皮绝缘取芯线温度为65℃。

2. 两根电缆并联的阻抗采用同截面单根电缆阻抗的一半。

3. 表中阻抗值为计算三相短路电流用电缆的正序阻抗。

附表 4-15　　**低压四芯铝芯各种绝缘电力电缆三相短路时的阻抗（mΩ/m）**

芯线截面 (mm^2)		3×4 +1×2.5	3×6 +1×4	3×10 +1×6	3×16 +1×6	3×25 +1×10	3×35 +1×10	3×50 +1×16	3×70 +1×25	3×95 +1×35	3×120 +1×35	3×150 +1×50	3×185 +1×50	2(3×70 +1×25)	2(3×95 +1×35)	2(3×120 +1×35)	2(3×150 +1×50)
油纸	电阻	9.690	6.460	3.880	2.420	1.580	1.130	0.792	0.566	0.417	0.330	0.264	0.214	0.283	0.209	0.165	0.132
绝缘	电抗	0.100	0.094	0.088	0.083	0.076	0.075	0.073	0.072	0.072	0.072	0.070	0.068	0.036	0.036	0.036	0.035
塑料	电阻	9.220	6.150	3.690	2.300	1.510	1.080	0.754	0.538	0.397	0.314	0.251	0.204	0.270	0.199	0.157	0.126
绝缘	电抗	0.099	0.099	0.093	0.087	0.082	0.083	0.082	0.081	0.081	0.078	0.077	0.077	0.0405	0.0405	0.039	0.0385
橡皮	电阻	9.220	6.150	3.690	2.300	1.510	1.080	0.754	0.538	0.397	0.314	0.251	0.204	0.270	0.199	0.157	0.126
绝缘	电抗	0.105	0.100	0.097	0.091	0.090	0.086	0.082	0.079	0.083	0.079	0.079	0.078	0.0395	0.0415	0.0395	0.0395

注　同附表4-14注。

附表 4－16 **低压三芯铝芯各种绝缘电力电缆单相接地短路时的阻抗(mΩ/m)**

芯线截面 (mm^2)		3×2.5	3×4	3×6	3×10	3×16	3×25	3×35	3×50	3×70	3×95	3×120	3×150	3×185
油纸绝缘	相线电阻	15.500	9.690	6.460	3.880	2.420	1.580	1.130	0.792	0.566	0.417	0.330	0.264	0.214
	相线电抗	0.118	0.108	0.103	0.095	0.089	0.081	0.078	0.076	0.073	0.070	0.071	0.069	0.069
	铅包皮电阻	8.140	7.570	6.710	5.970	5.200	4.800	3.890	3.420	2.760	2.200	1.940	1.660	1.400
塑料绝缘	电阻	14.800	9.220	6.150	3.690	2.300	1.510	1.080	0.754	0.538	0.397	0.314	0.251	0.204
	电抗	0.152	0.143	0.141	0.133	0.127	0.120	0.115	0.115	0.112	0.110	0.100	0.109	0.109
橡皮绝缘	电阻	14.800	9.220	6.150	3.690	2.300	1.510	1.080	0.754	0.538	0.397	0.314	0.251	0.204
	电抗	0.150	0.140	0.134	0.132	0.121	0.123	0.120	0.115	0.113	0.115	0.112	0.112	0.111

注 1. 上表电缆阻抗供按相－零回路计算单相接地短路电流用,零回路另有接地扁钢。

2. 同附表 4－14 注。

附表 4－17 **低压四芯铝芯各种绝缘电力电缆单相接地短路时的阻抗(mΩ/m)**

芯线截面 (mm^2)			3×4 +1×2.5	3×6 +1×4	3×10 +1×6	3×16 +1×6	3×25 +1×10	3×35 +1×10	3×50 +1×16	3×70 +1×25	3×95 +1×35	3×120 +1×35	3×150 +1×50	3×185 +1×50
油纸绝缘	相线	电阻	9.690	6.460	3.880	2.420	1.580	1.130	0.792	0.566	0.417	0.330	0.264	0.214
		电抗	0.115	0.114	0.106	0.101	0.097	0.092	0.089	0.082	0.080	0.078	0.082	0.082
	零线	电阻	15.500	9.690	6.460	6.460	3.880	3.880	2.420	1.580	1.130	1.130	0.792	0.792
		电抗	0.111	0.118	0.118	0.132	0.128	0.138	0.130	0.108	0.110	0.112	0.119	0.127
	铅包皮电阻		6.400	5.540	4.980	4.000	3.140	2.940	2.410	1.950	1.720	1.470	1.260	1.060
塑料绝缘	相线	电阻	9.220	6.150	3.690	2.300	1.510	1.080	0.754	0.538	0.397	0.314	0.251	0.204
		电抗	0.131	0.130	0.123	0.117	0.112	0.112	0.111	0.110	0.108	0.105	0.104	0.104
	零线	电阻	14.800	9.220	6.150	6.150	3.690	3.690	2.300	1.510	1.080	1.080	0.754	0.754
		电抗	0.179	0.177	0.171	0.178	0.180	0.180	0.177	0.168	0.164	0.168	0.159	0.167

续表

芯线截面（mm²）			3×4＋1×2.5	3×6＋1×4	3×10＋1×6	3×16＋1×6	3×25＋1×10	3×35＋1×10	3×50＋1×16	3×70＋1×25	3×95＋1×35	3×120＋1×35	3×150＋1×50	3×185＋1×50
橡皮绝缘	相线	电阻	9.220	6.150	3.690	2.300	1.510	1.080	0.754	0.538	0.397	0.314	0.251	0.204
		电抗	0.134	0.128	0.124	0.118	0.117	0.113	0.110	0.105	0.109	0.106	0.106	0.105
	零线	电阻	14.800	9.220	6.150	6.150	3.690	3.690	2.300	1.510	1.080	1.080	0.754	0.754
		电抗	0.189	0.178	0.178	0.188	0.184	0.191	0.183	0.173	0.177	0.182	0.176	0.183

注　同附表4－16注。

附表4－18　**低压四芯铝芯电缆单相接地短路时的阻抗(零回路无接地扁钢与金属护层)(mΩ/m)**

芯线截面（mm²）			3×4＋1×2.5	3×6＋1×4	3×10＋1×6	3×16＋1×6	3×25＋1×10	3×35＋1×10	3×50＋1×16	3×70＋1×25	3×95＋1×35	3×120＋1×35	3×150＋1×50	3×185＋1×50
油纸绝缘	相线	电阻	9.690	6.460	3.880	2.420	1.580	1.130	0.792	0.566	0.417	0.330	0.264	0.214
		电抗	0.110	0.111	0.105	0.101	0.098	0.094	0.092	0.079	0.078	0.075	0.086	0.086
	零线	电阻	15.500	9.690	6.460	6.460	3.880	3.880	2.420	1.580	1.130	1.130	0.792	0.792
		电抗	0.123	0.124	0.121	0.132	0.126	0.132	0.126	0.113	0.113	0.117	0.113	0.119
塑料绝缘	相线	电阻	9.220	6.150	3.690	2.300	1.510	1.080	0.754	0.538	0.397	0.314	0.251	0.204
		电抗	0.114	0.115	0.108	0.104	0.101	0.100	0.101	0.099	0.097	0.095	0.093	0.094
	零线	电阻	14.800	9.220	6.150	6.150	3.690	3.690	2.300	1.510	1.080	1.080	0.754	0.754
		电抗	0.129	0.127	0.125	0.134	0.137	0.138	0.135	0.127	0.125	0.130	0.120	0.128

注　同附表4－16注。

附表 4-19 母线每 1km 的平均电抗（$S_j = 100$MVA）

类别	平均电压 (kV)	正序电抗	
		Ω/km	x_*
单片，槽形	3.15	0.16	1.61
	6.3	0.16	0.403
	10.5	0.16	0.145
多片	3.15	0.22	2.22
	6.3	0.22	0.555
	10.5	0.22	0.2

附表 4-20 屋外架空铝导线相－零回路的单位长度阻抗值

导线截面 (根数×mm²)	电阻 (mΩ/m)	电抗 (mΩ/m)	阻抗 (mΩ/m)
4×16	4.70	0.743	4.76
3×25+1×16	3.68	0.730	3.76
3×35+1×16	3.44	0.719	3.52
3×50+1×16	3.11	0.707	3.19
3×50+1×25	2.09	0.694	2.71
3×70+1×25	1.87	0.684	1.99
3×70+1×35	1.63	0.673	1.77
3×95+1×25	1.73	0.674	1.86
3×95+1×35	1.49	0.662	1.63
3×95+1×50	1.16	0.651	1.33
3×120+1×35	1.41	0.656	1.56
3×120+1×50	1.08	0.643	1.26
3×150+1×50	0.84	0.634	1.10
3×150+1×70	0.66	0.631	0.913

注 1. 导线间的距离，当平行敷设时采用 400mm，当三角形敷设时为 600mm。

2. 回路的电阻按导体温度 70℃计算。

3. 电抗中不计及内电抗。

附表 4-21 屋外架空裸铝导线的单位长度阻抗值

导线截面 (mm²)	导线直径 (m)	电阻 (mΩ/m)	导线间不同几何均距的电抗（mΩ/m）					
			600（mm）	800（mm）	1000（mm）	1250（mm）	1500（mm）	1800（mm）
16	5.1	1.96	0.358	0.377	0.391	0.405		
25	6.3	1.27	0.345	0.363	0.377	0.391	0.402	0.421
35	7.5	0.91	0.336	0.352	0.366	0.380	0.391	0.410
50	9.0	0.63	0.325	0.341	0.355	0.369	0.380	0.398
70	10.6	0.45	0.315	0.331	0.345	0.359	0.370	0.388
95	12.4	0.33	0.303	0.319	0.334	0.347	0.358	0.377
120	14.0	0.27	0.297	0.313	0.327	0.341	0.352	0.371
150	15.8	0.21	0.288	0.305	0.319	0.333	0.344	0.363
185	17.4	0.17	0.279	0.298	0.311	0.328	0.339	0.355

注 表中电阻值按环境温度为 25℃考虑。

附表4-22　屋内安装在绝缘子上的架空铝芯橡皮绝缘线相-零回路的单位长度阻抗值

导线截面（芯数×mm²）	电　阻（mΩ/m）	电　抗（mΩ/m）	阻　抗（mΩ/m）
4×1.5	47.80	0.787	47.81
3×2.5+1×1.5	38.20	0.771	38.21
3×4+1×2.5	23.25	0.741	23.26
3×6+1×4	14.90	0.713	14.92
3×10+1×6	9.53	0.684	9.56
3×16+1×6	8.19	0.660	8.22
3×25+1×10	5.03	0.629	5.07
3×35+1×10	4.62	0.619	4.66
3×50+1×16	2.96	0.584	3.02
3×70+1×25	1.96	0.559	2.25
3×95+1×35	1.42	0.540	1.52
3×120+1×35	1.35	0.532	1.45
3×150+1×50	0.84	0.510	0.98

注　导线平行敷设，间距150mm，其它与附表4-20注同。

附表4-23　钢导线架空线路的直流电阻与外电抗

导线截面（mm²）	计算直径（mm）	直流电阻（mΩ/m）	导线间不同几何均距的外电抗（mΩ/m）						
			400（mm）	600（mm）	800（mm）	1000（mm）	1250（mm）	1500（mm）	2000（mm）
10	4.0	10.95	0.332	0.359	0.375	0.389	0.403	0.414	
16	5.0	7.04	0.318	0.345	0.361	0.375	0.389	0.400	
25	6.0	4.88	0.307	0.334	0.350	0.364	0.378	0.389	
35	7.8	3.80	0.290	0.317	0.333	0.347	0.361	0.372	0.391
50	9.2	2.86	0.281	0.308	0.324	0.338	0.352	0.363	0.382
70	11.5	1.80		0.295	0.311	0.325	0.339	0.350	0.369
95	12.6	1.50			0.303	0.317	0.331	0.342	0.361

注　表中电阻值按环境温度25℃计。

附表4-24　电流互感器一次绕组（二次绕组开路时）的阻抗（mΩ）

型　号	变流比	5/5	7.5/5	10/5	15/5	20/5	30/5	40/5	50/5	75/5	100/5	150/5	200/5	300/5	400/5	600/5	750/5
LQG-0.5	电阻	600	266	150	66.7	37.5	16.6	9.40	6.00	2.66	1.50	0.667	0.575	0.166	0.125	0.040	0.040
	电抗	4300	2130	1200	532	300	133	75	48	21.30	12.00	5.32	3.00	1.33	1.03	0.30	0.30
049-Y	电阻	480	213	120	53.2	30.0	13.3	7.5	4.8	2.13	1.20	0.532	0.300	0.133	0.075	0.030	0.030
	电抗	3200	1420	800	355	200	88.8	50.0	32.0	14.2	8.00	3.550	2.000	0.888	0.730	0.220	0.200

附表 4-25 自动空气开关过电流线圈的阻抗（mΩ）

线圈的额定电流（A）	50	70	100	140	200	400	600
电阻（65℃时）	5.50	2.35	1.30	0.74	0.36	0.15	0.12
电　抗	2.70	1.30	0.86	0.55	0.28	0.10	0.094

附表 4-26 自动空气开关及刀开关的触头接触电阻（mΩ）

额定电流（A）	50	70	100	140	200	400	600	1000
自动空气开关	1.30	1.00	0.75	0.65	0.60	0.40	0.25	—
刀 开 关	—	—	0.50	—	0.40	0.20	0.15	0.08

附录 4-2 380V 系统短路电流计算曲线

一、三相（二相）短路电流计算曲线见附图 4-1~附图 4-6 和附图 4-25~附图 4-33。使用时需注意下列各款：

(1) 315~1250kVA 容量的低压厂用变压器，其电缆配电回路的三相（二相）短路电流，可按电缆截面和长度在附图中查取，$I_d^{(2)}=\frac{\sqrt{3}}{2}I_d^{(3)}$。

(2) 由附图中查取的三相（二相）短路电流，适用于校验低压导体和电器的动、热稳定或开断电流。

(3) 附图是以油浸纸绝缘三芯电缆进行计算的，但对其他型式电缆均可适用。

(4) 附图中 L_{js} 为由中央配电屏直接供电的电缆长度。若负荷由车间配电盘供电，当干线和支线的电缆截面及导体材料不同时，应按式（4-63）归算至同一截面和材料的长度，然后按此长度查取短路电流。

二、单相短路电流计算曲线见附图 4-7~附图 4-24，使用时需注意下列各款：

(1) 315~1250kVA 容量的低压厂用变压器，其电缆配电回路的单相短路电流，可按电缆截面、长度、绝缘材料和接地扁铁规格，在附图中查取。

(2) 由附图中查得的单相短路电流适用于校验继电保护的灵敏度。

(3) 附图 4-7~附图 4-12，适用于铝芯三芯铅包油纸绝缘电缆（零回路接地扁铁等值规格为 1 根 $40\times4mm^2$）。

附图 4-13~附图 4-18，适用于铝芯三芯塑料绝缘电缆（零回路接地扁铁等值规格为 2 根 $40\times4mm^2$）；

附图 4-19~附图 4-24，适用于铝芯四芯铅包油纸绝缘电缆（零回路接地扁铁等值规格为 1 根 $40\times4mm^2$）。

(4) 当采用三芯塑料电缆，且零回路接地扁铁等值规格为 1 根 $40\times4mm^2$ 时，可先按附图 4-7~附图 4-12 查出单相接地短路电流值，然后乘以修正系数 K。各种电缆截面的 K 值见附表 4-27。

附表 4-27 三芯塑料电缆（1 根 $40\times4mm^2$ 接地扁铁）单相短路电流修正系数 K

截面（mm^2）	电缆计算长度（m）		
	20	60	100
2.5~10	0.99~1.0	0.99~1.0	0.99~1.0
16	0.99	0.98	0.97
25~50	0.97~0.98	0.93~0.95	0.9~0.92
70~95	0.94~0.95	0.86~0.88	0.79~0.82
120	0.91~0.95	0.8~0.84	0.73~0.79
150	0.89~0.93	0.76~0.82	0.68~0.75
185	0.86~0.94	0.72~0.79	0.63~0.74

注 对小容量变压器供电回路取下限值，对大容量变压器供电回路取上限值。

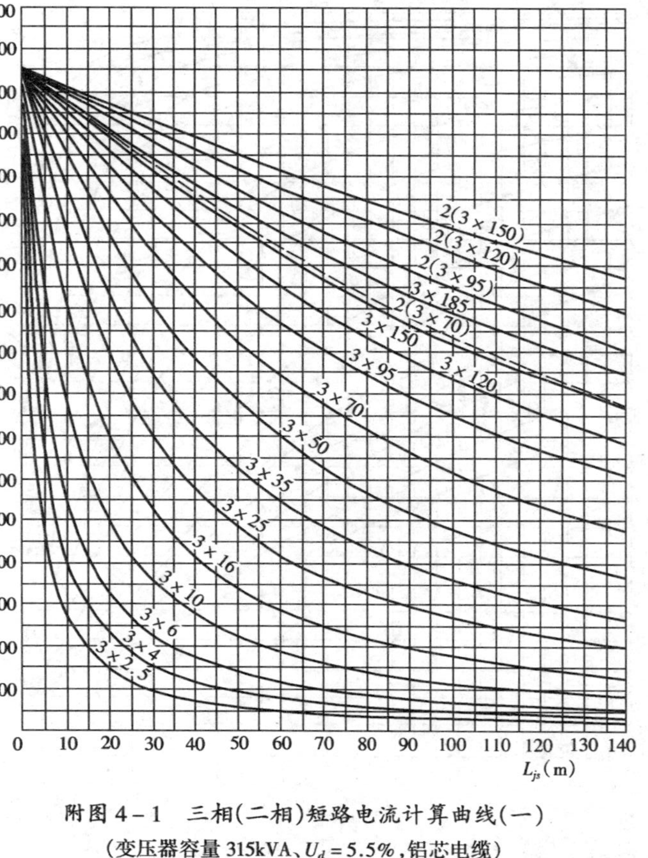

附图4－1　三相(二相)短路电流计算曲线(一)

(变压器容量315kVA、U_d＝5.5%，铝芯电缆)

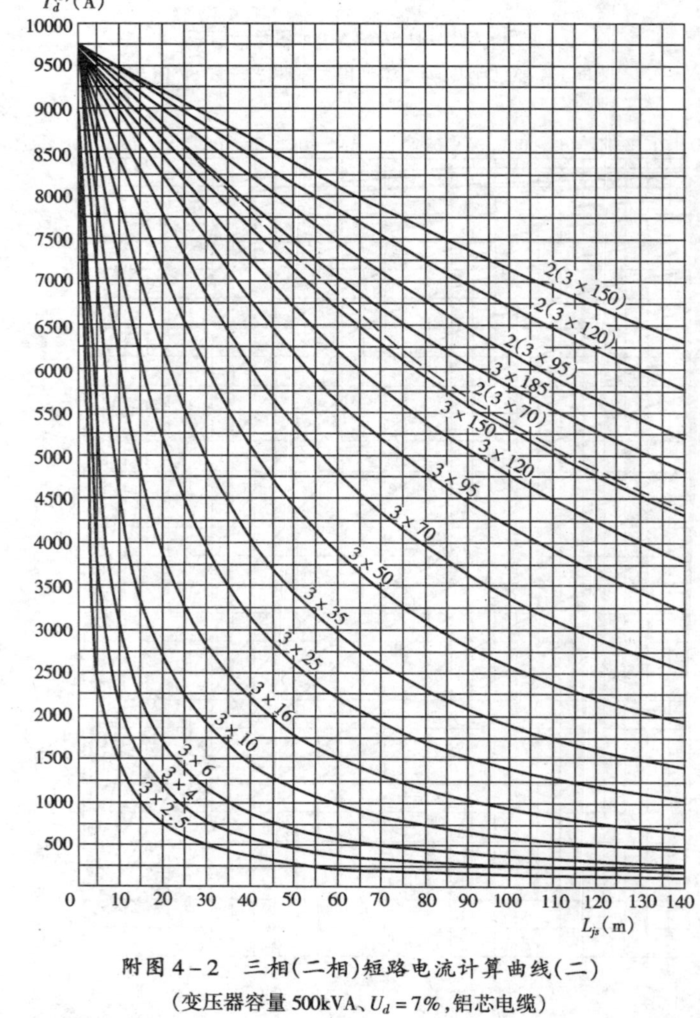

附图4－2　三相(二相)短路电流计算曲线(二)

(变压器容量500kVA、U_d＝7%，铝芯电缆)

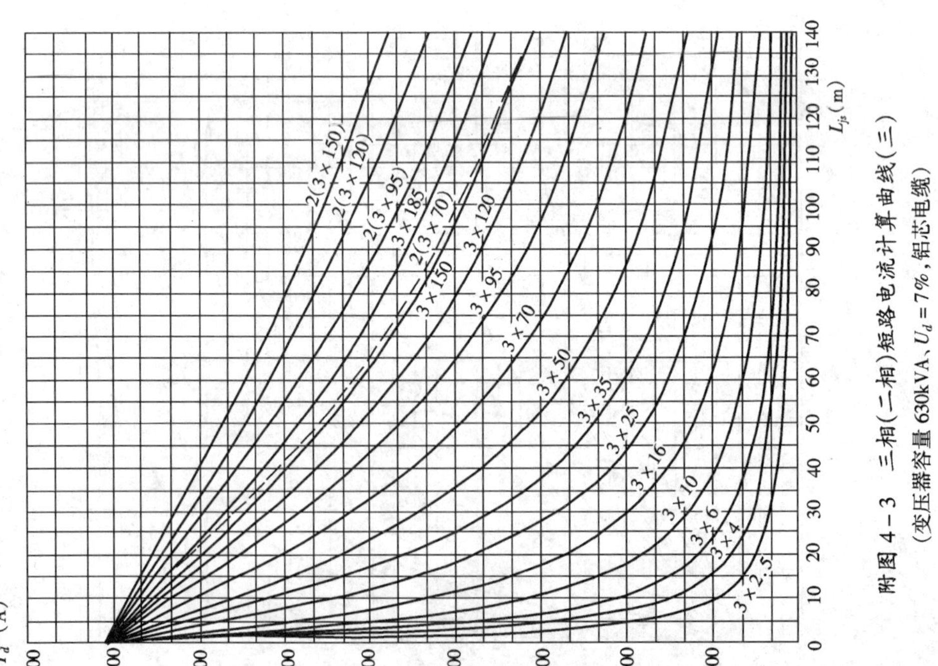

附图 4-3 三相(二相)短路电流计算曲线(三)

(变压器容量 630kVA、U_d=7%，铝芯电缆)

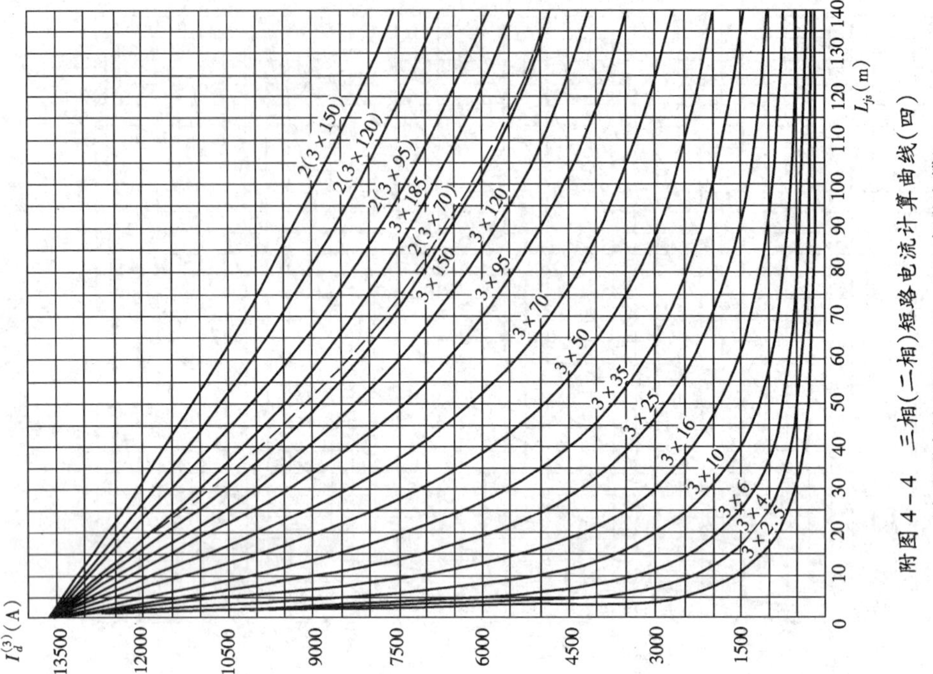

附图 4-4 三相(二相)短路电流计算曲线(四)

(变压器容量 800kVA、U_d=8%，铝芯电缆)

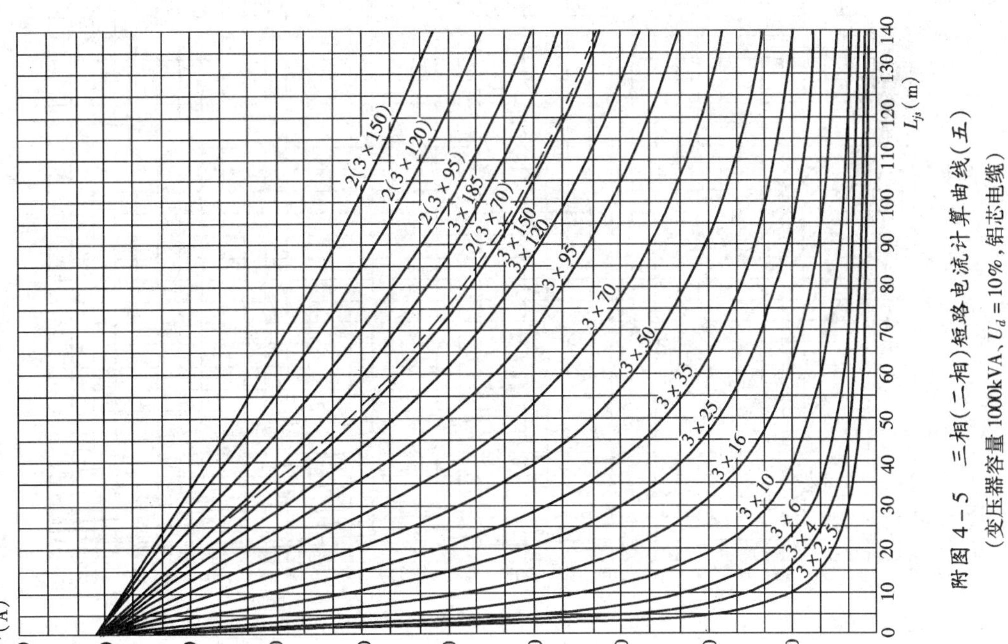

附图 4－5　三相(二相)短路电流计算曲线(五)

(变压器容量 1000kVA, $U_d = 10\%$, 铝芯电缆)

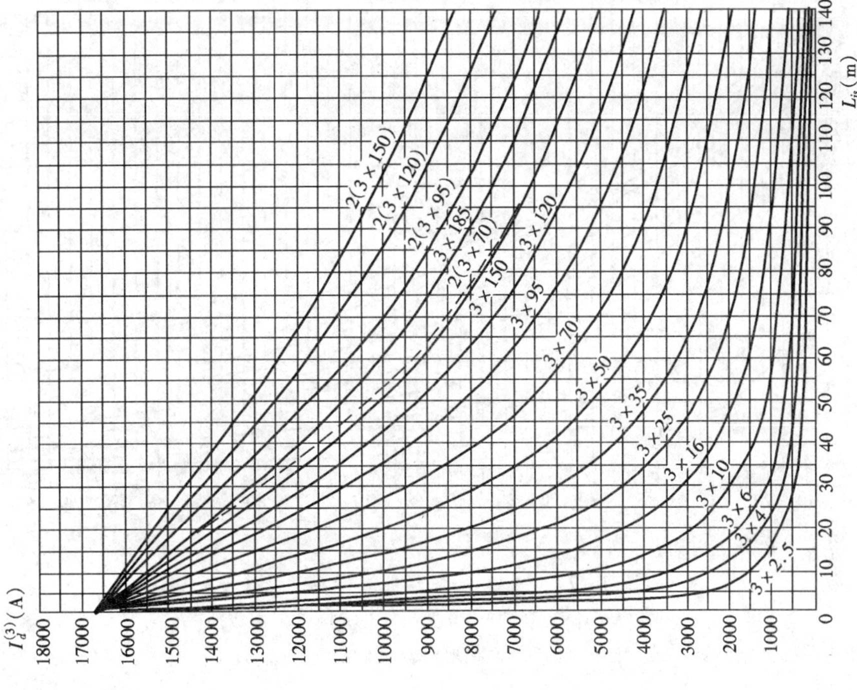

附图 4－6　三相(二相)短路电流计算曲线(六)

(变压器容量 1250kVA, $U_d = 10\%$, 铝芯电缆)

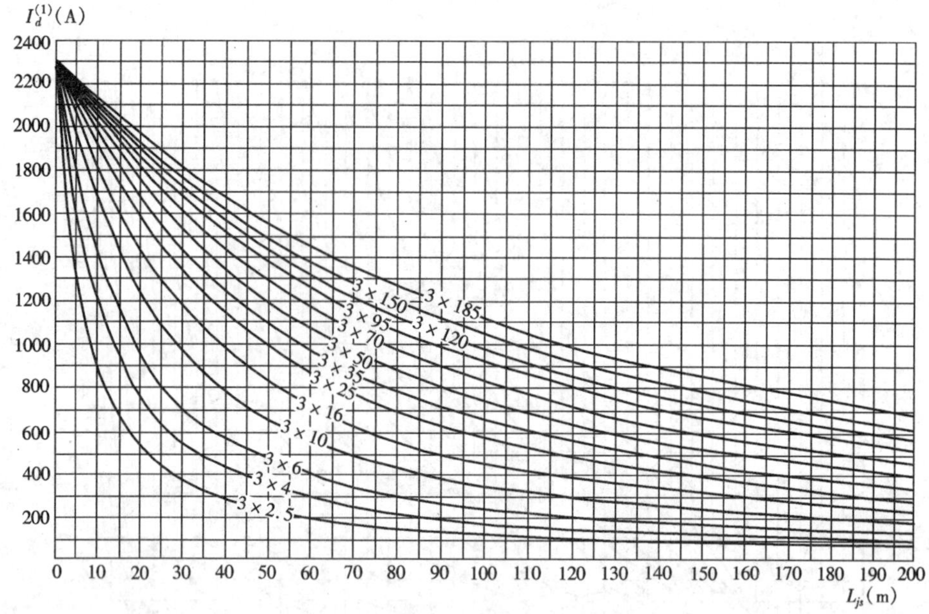

附图 4－7 单相接地短路电流计算曲线（一）

（变压器容量 315kVA、$U_d=5.5\%$，铝芯三芯铅包油纸电缆，零回路接地扁铁为 1 根 $40\times4mm^2$）

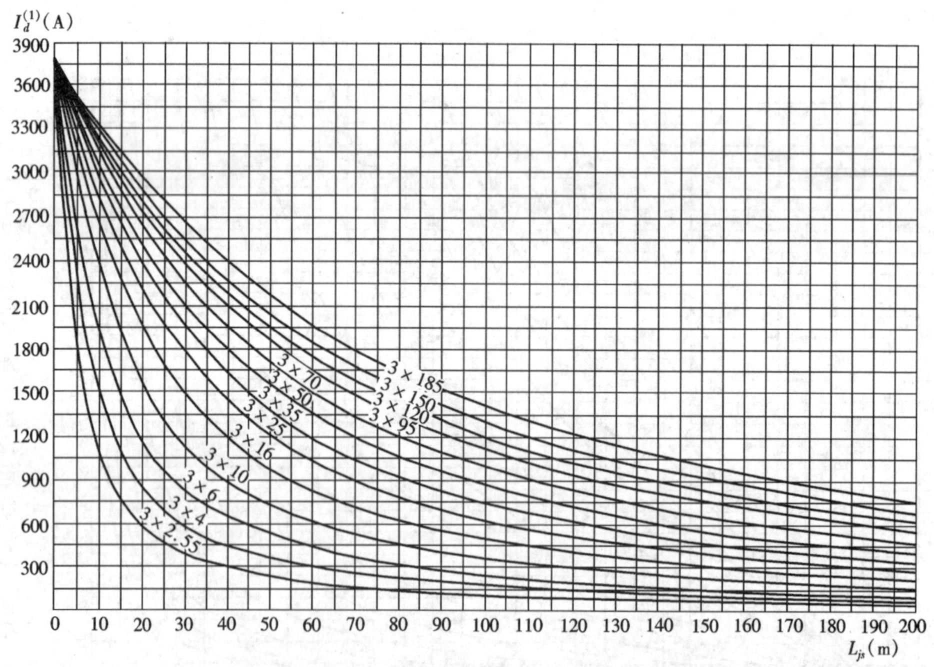

附图 4－8 单相接地短路电流计算曲线（二）

（变压器容量 500kVA、$U_d=7\%$，铝芯三芯铅包油纸电缆，零回路接地扁铁为 1 根 $40\times4mm^2$）

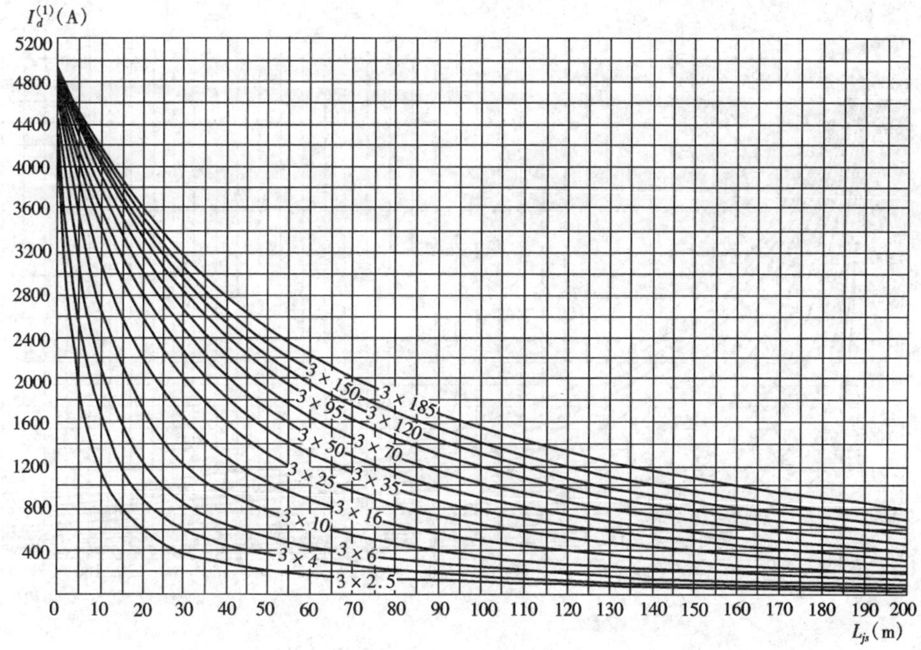

附图4－9　单相接地短路电流计算曲线（三）
（变压器容量630kVA、$U_d=7\%$，铝芯三芯铅包油纸电缆，零回路接地扁铁为1根$40\times4mm^2$）

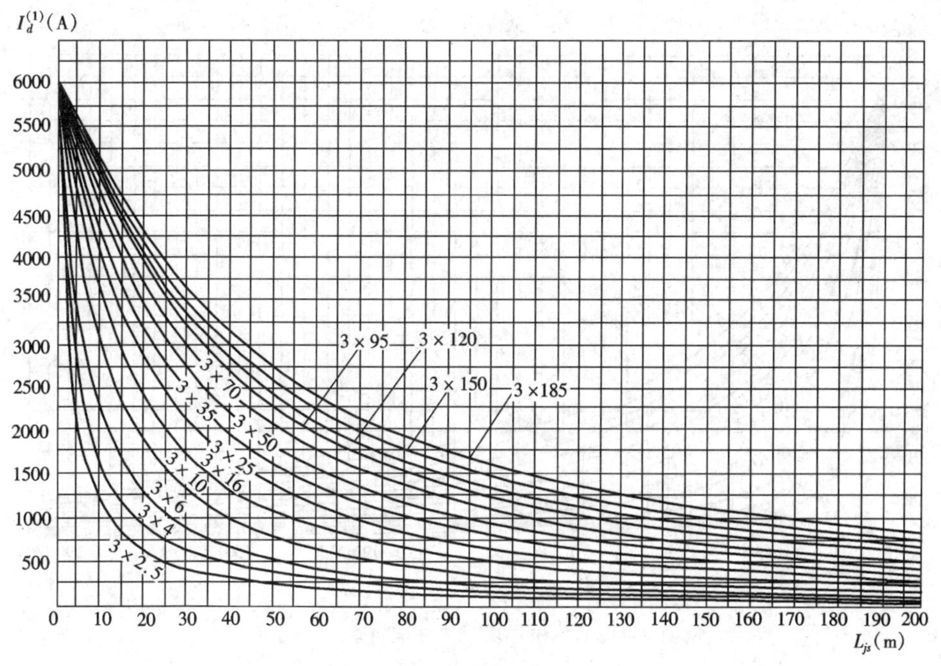

附图4－10　单相接地短路电流计算曲线（四）
（变压器容量800kVA、$U_d=8\%$，铝芯三芯铅包油纸电缆，零回路接地扁铁为1根$40\times4mm^2$）

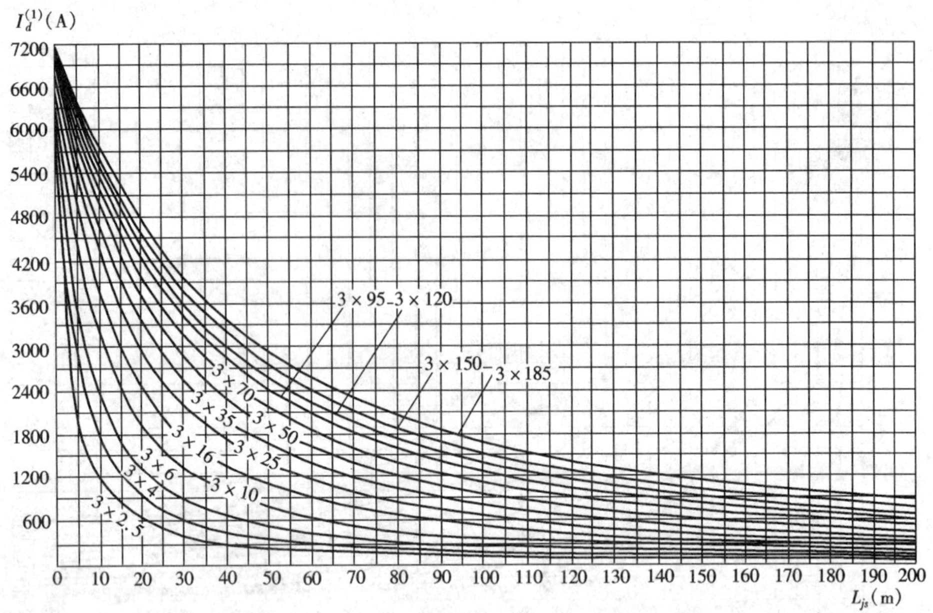

附图 4-11　单相接地短路电流计算曲线（五）

（变压器容量 1000kVA、$U_d=10\%$，铝芯三芯铅包油纸电缆，零回路接地扁铁为 1 根 $40\times4mm^2$）

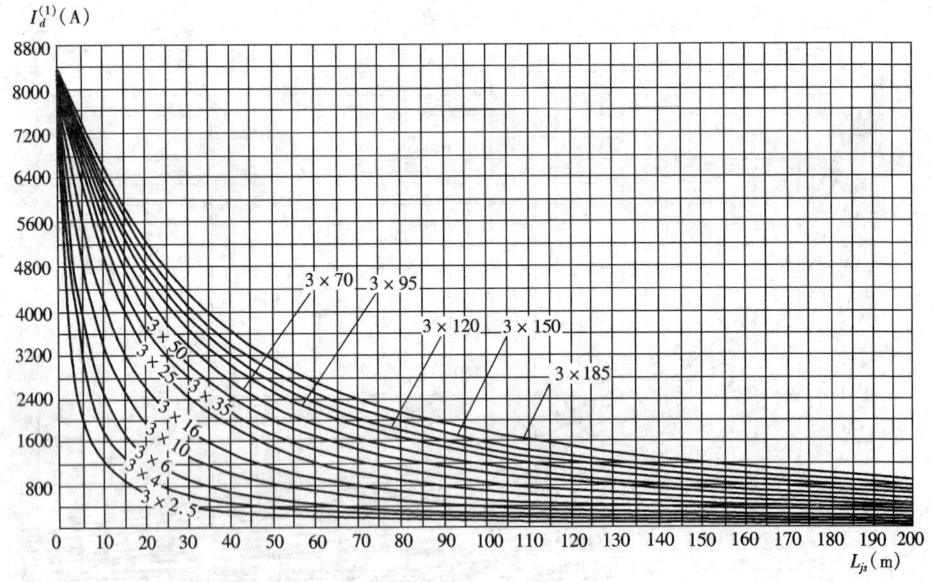

附图 4-12　单相接地短路电流计算曲线（六）

（变压器容量 1250kVA、$U_d=10\%$，铝芯三芯铅包油纸电缆，零回路接地扁铁为 1 根 $40\times4mm^2$）

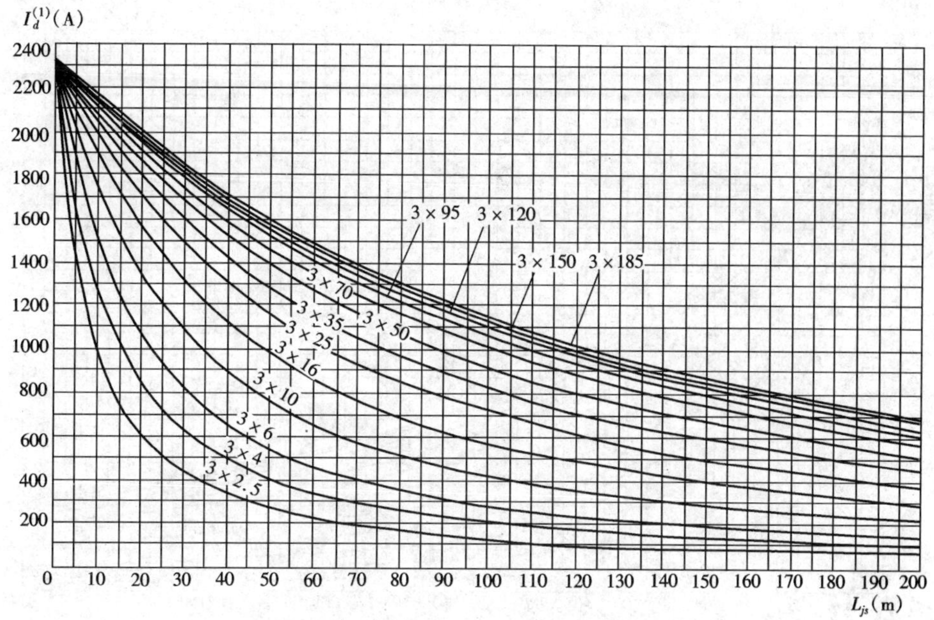

附图 4 - 13　单相接地短路电流计算曲线（七）

（变压器容量 315kVA、$U_d = 5.5\%$，铝芯三芯塑料电缆，零回路接地扁铁为 2 根 $40 \times 4\text{mm}^2$）

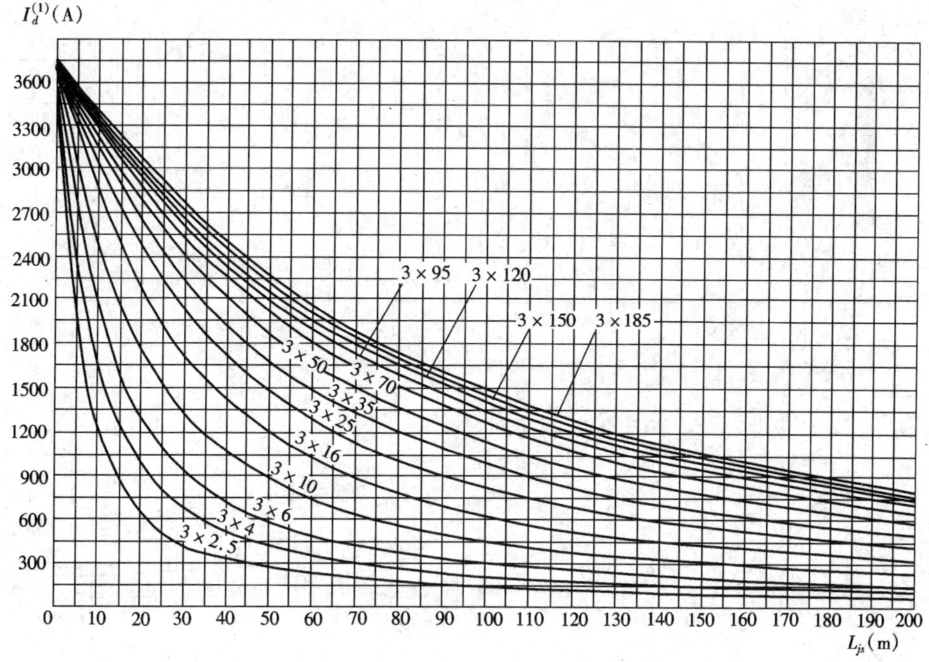

附图 4 - 14　单相接地短路电流计算曲线（八）

（变压器容量 500kVA、$U_d = 7\%$，铝芯三芯塑料电缆，零回路接地扁铁为 2 根 $40 \times 4\text{mm}^2$）

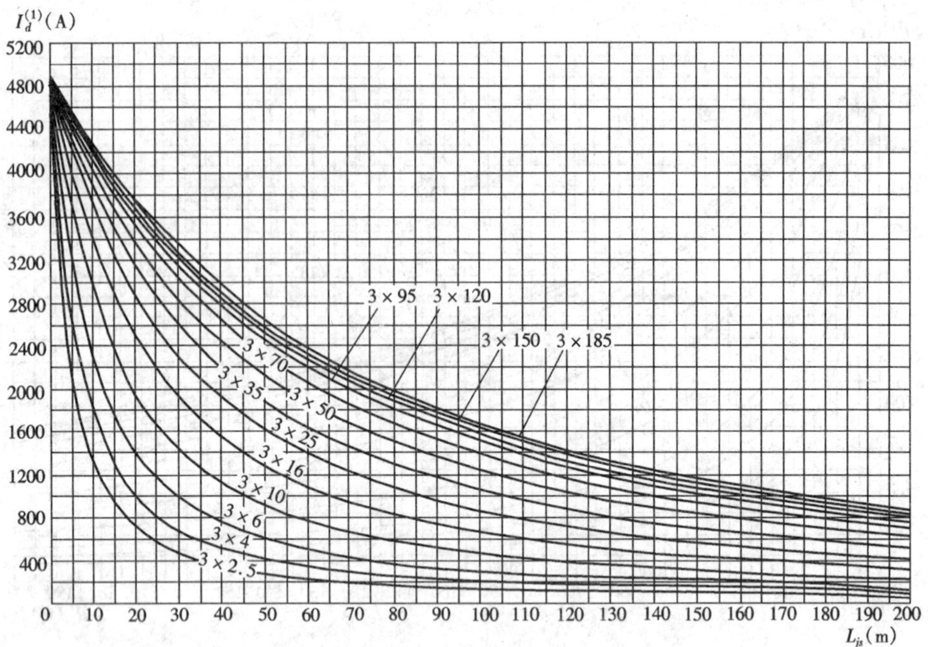

附图 4-15 单相接地短路电流计算曲线（九）

（变压器容量 630kVA、$U_d=7\%$，铝芯三芯塑料电缆，零回路接地扁铁为 2 根 $40\times4mm^2$）

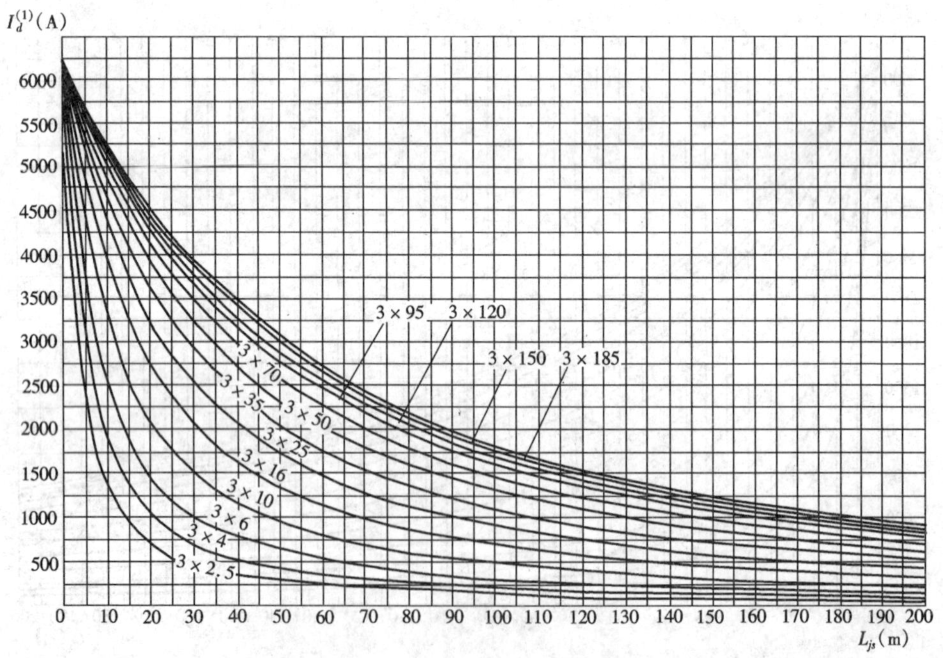

附图 4-16 单相接地短路电流计算曲线（十）

（变压器容量 800kVA、$U_d=8\%$，铝芯三芯塑料电缆，零回路接地扁铁为 2 根 $40\times4mm^2$）

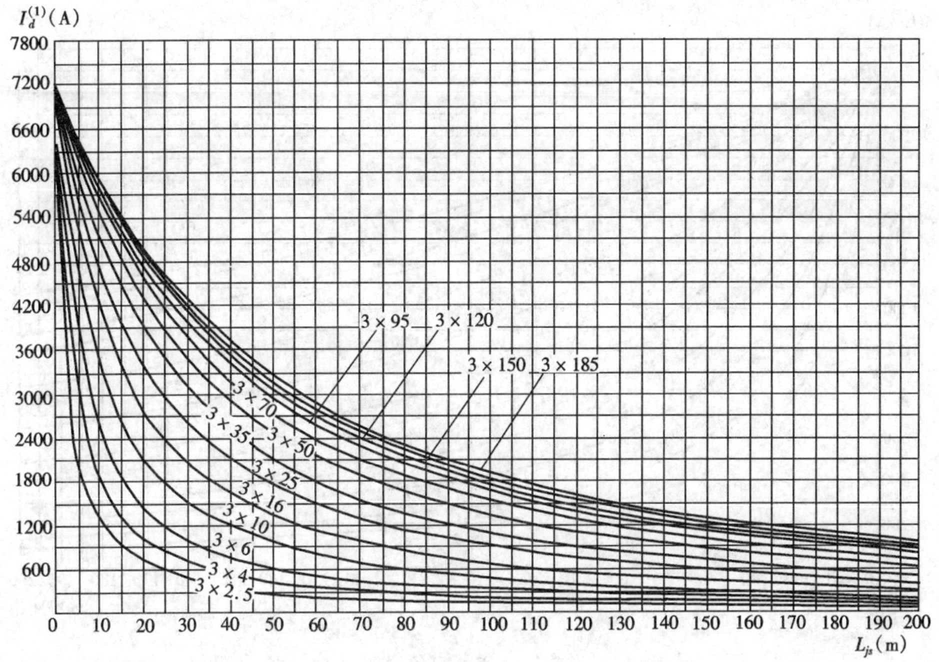

附图 4－17　单相接地短路电流计算曲线（十一）
（变压器容量 1000kVA、$U_d = 10\%$，铝芯三芯塑料电缆，零回路接地扁铁为 2 根 40×4mm²）

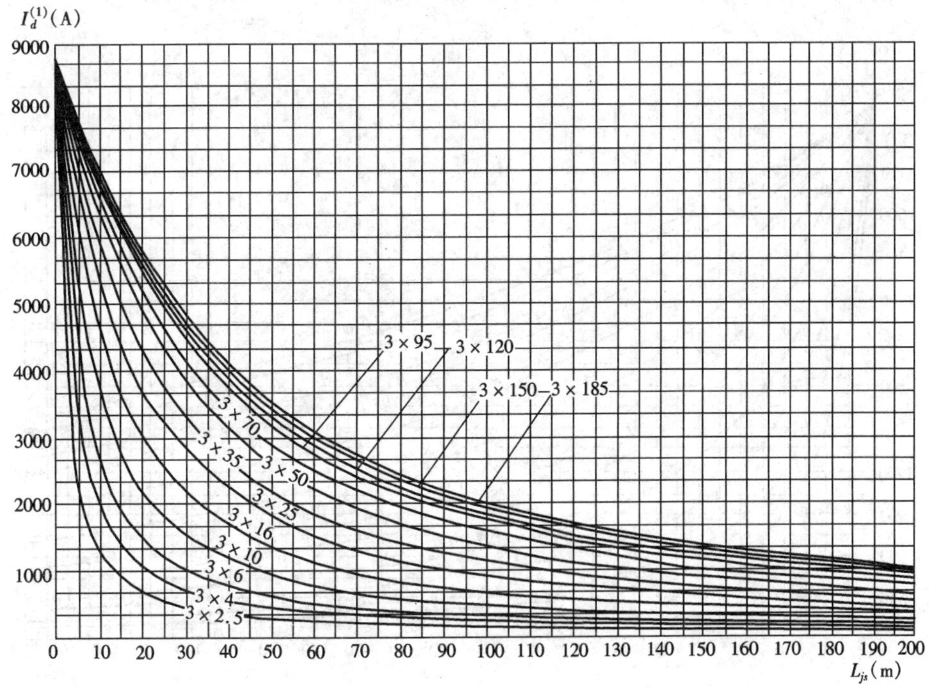

附图 4－18　单相接地短路电流计算曲线（十二）
（变压器容量 1250kVA、$U_d = 10\%$，铝芯三芯塑料电缆，零回路接地扁铁为 2 根 40×4mm²）

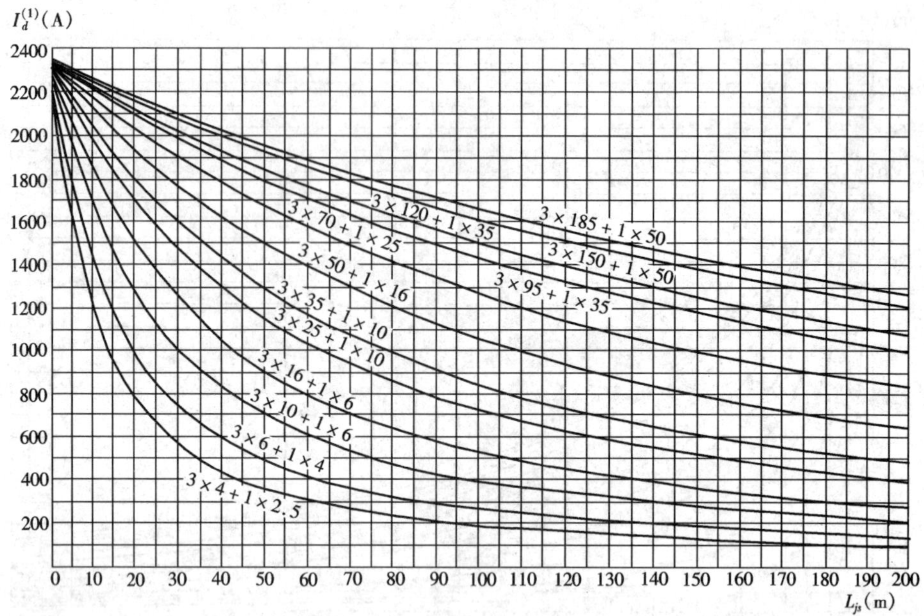

附图 4-19 单相接地短路电流计算曲线（十三）

（变压器容量 315kVA、$U_d=5.5\%$，铝芯四芯铅包油纸电缆，零回路接地扁铁为 1 根 $40\times4mm^2$）

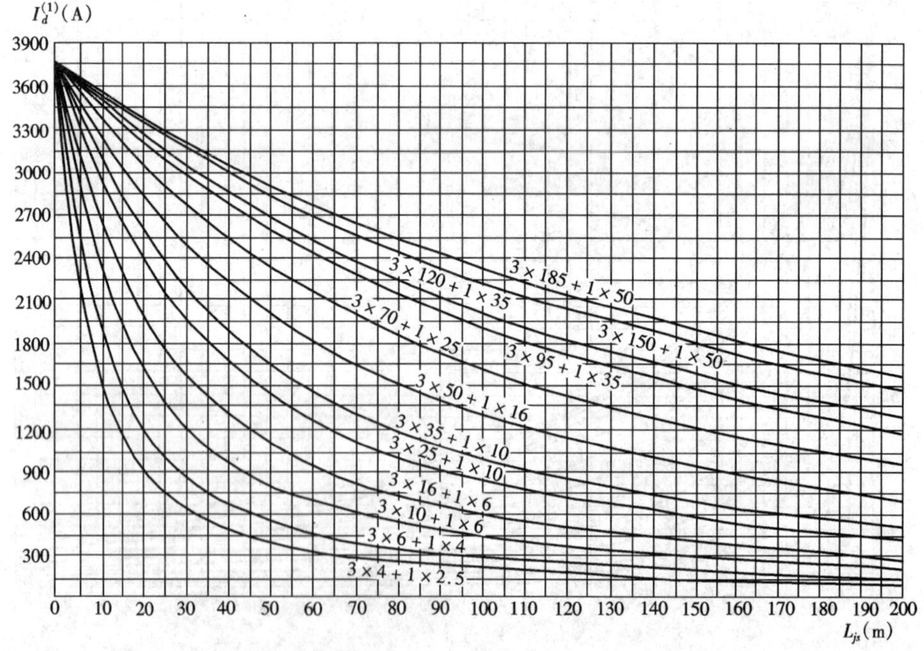

附图 4-20 单相接地短路电流计算曲线（十四）

（变压器容量 500kVA、$U_d=7\%$，铝芯四芯铅包油纸电缆，零回路接地扁铁为 1 根 $40\times4mm^2$）

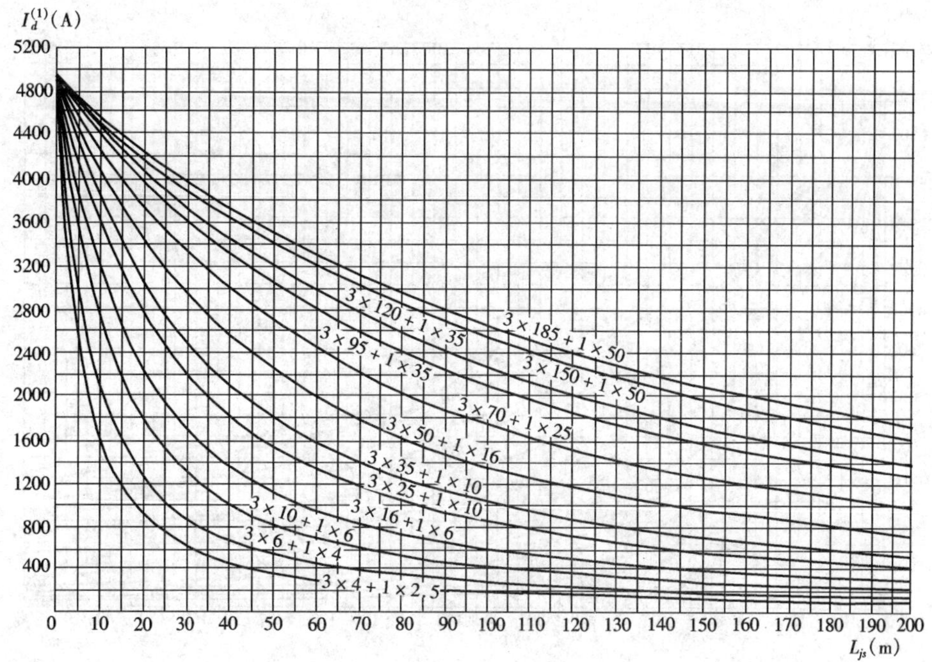

附图 4－21　单相接地短路电流计算曲线（十五）
（变压器容量 630kVA、$U_d=7\%$，铝芯四芯铅包油纸电缆，
零回路接地扁铁为 1 根 $40\times4mm^2$）

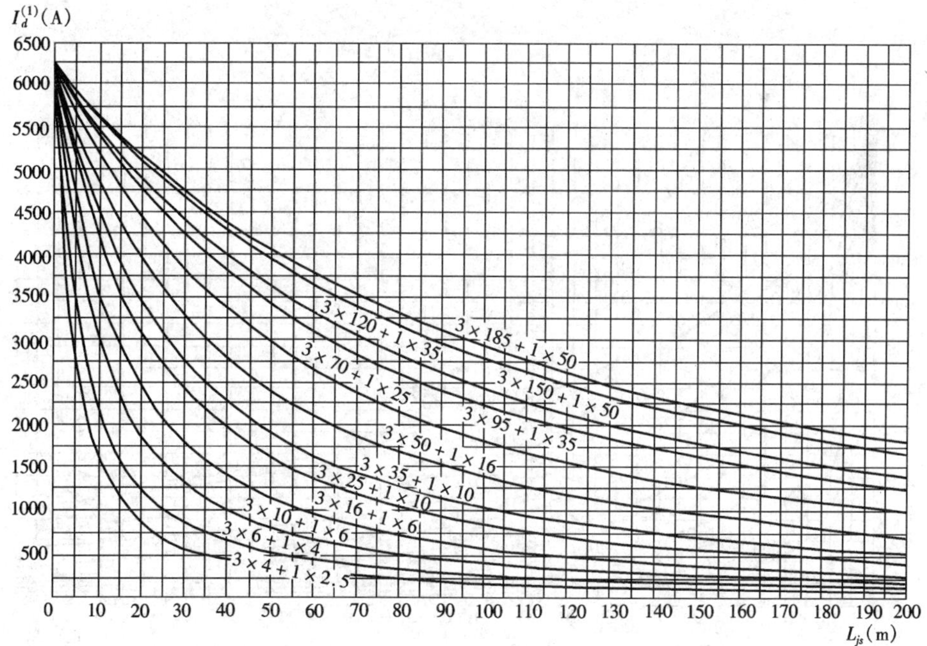

附图 4－22　单相接地短路电流计算曲线（十六）
（变压器容量 800kVA、$U_d=8\%$，铝芯四芯铅包油纸电缆，
零回路接地扁铁为 1 根 $40\times4mm^2$）

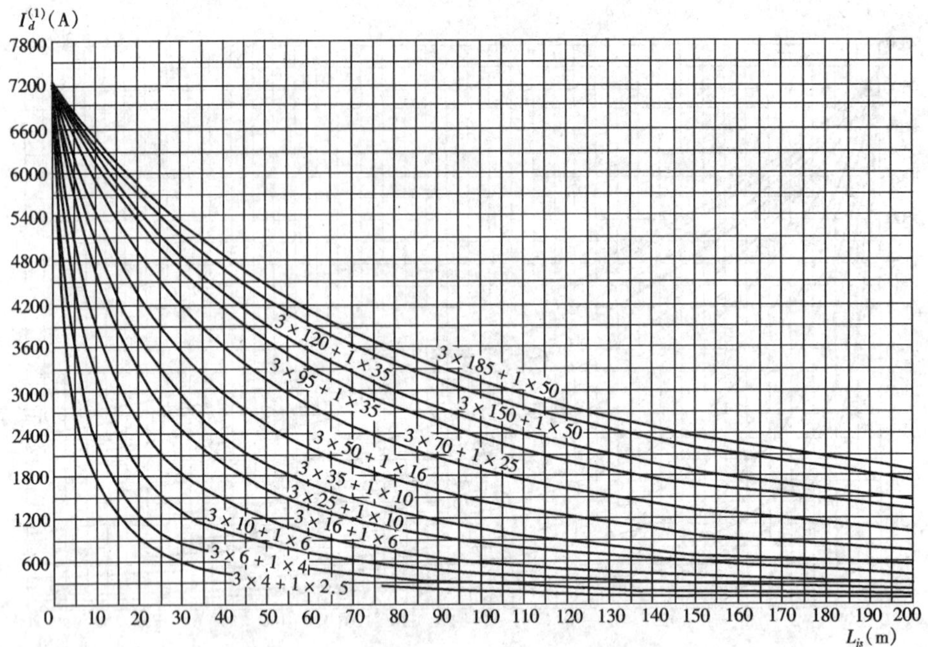

附图 4－23　单相接地短路电流计算曲线（十七）

（变压器容量 1000kVA、$U_d=10\%$，铝芯四芯铅包油纸电缆，零回路接地扁铁为 1 根 $40\times4mm^2$）

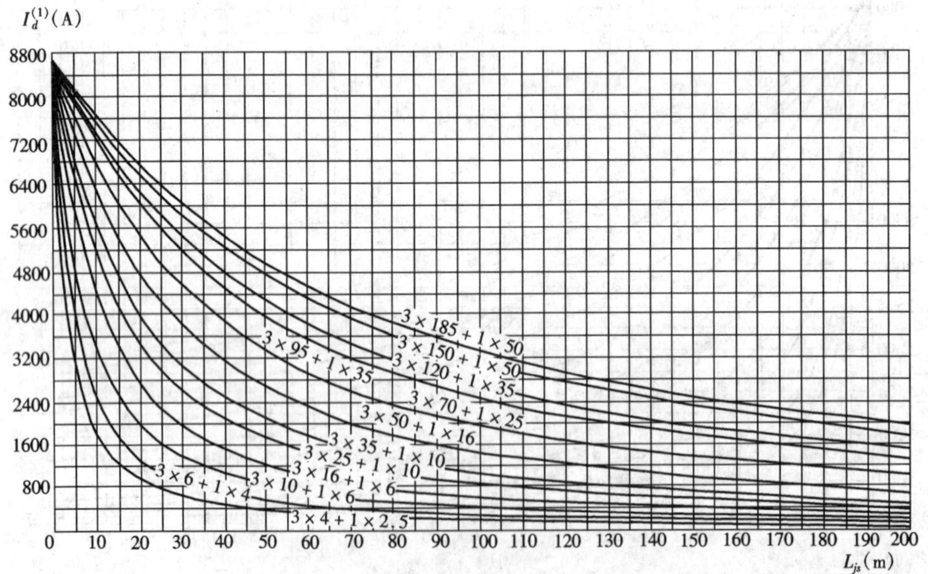

附图 4－24　单相接地短路电流计算曲线（十八）

（变压器容量 1250kVA、$U_d=10\%$，铝芯四芯铅包油纸电缆，零回路接地扁铁为 1 根 $40\times4mm^2$）

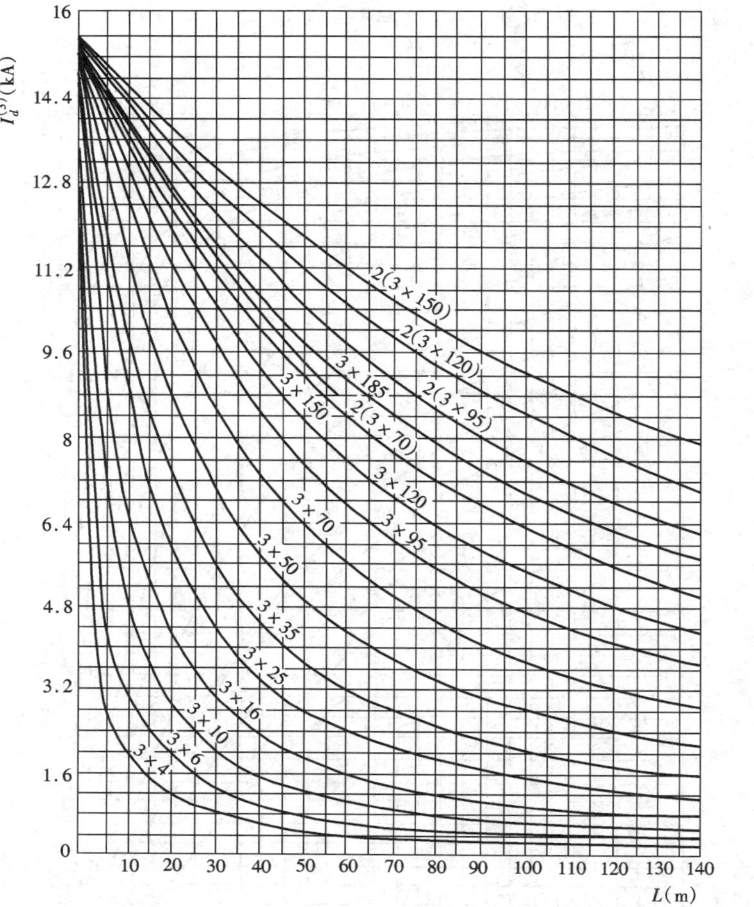

附图 4－25 变压器容量 500kVA(U_d = 4%)时，三相短路电流和各种截面铝芯电缆长度关系曲线

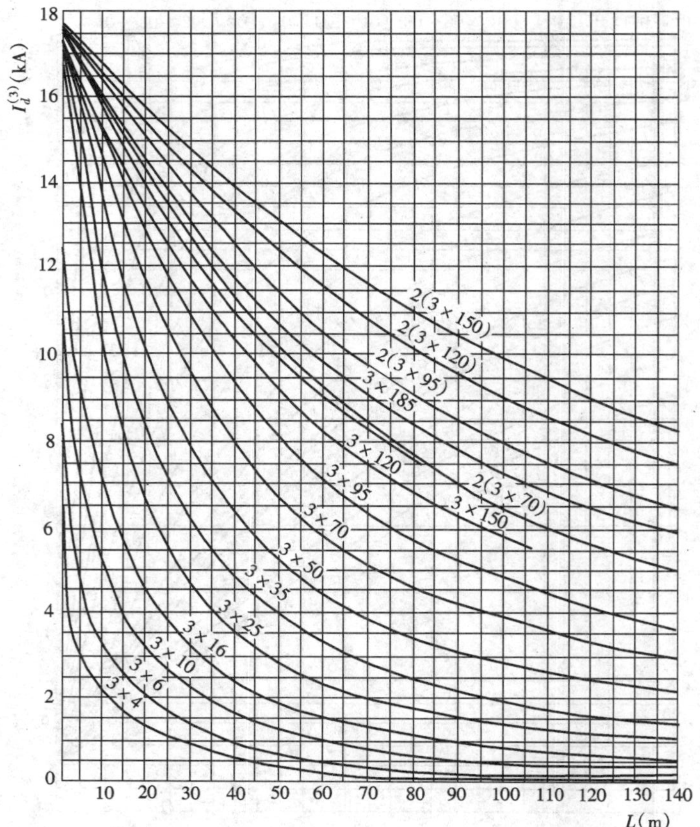

附图 4－26 变压器容量 630kVA(U_d = 4.5%)时，三相短路电流和各种截面铝芯电缆长度关系曲线

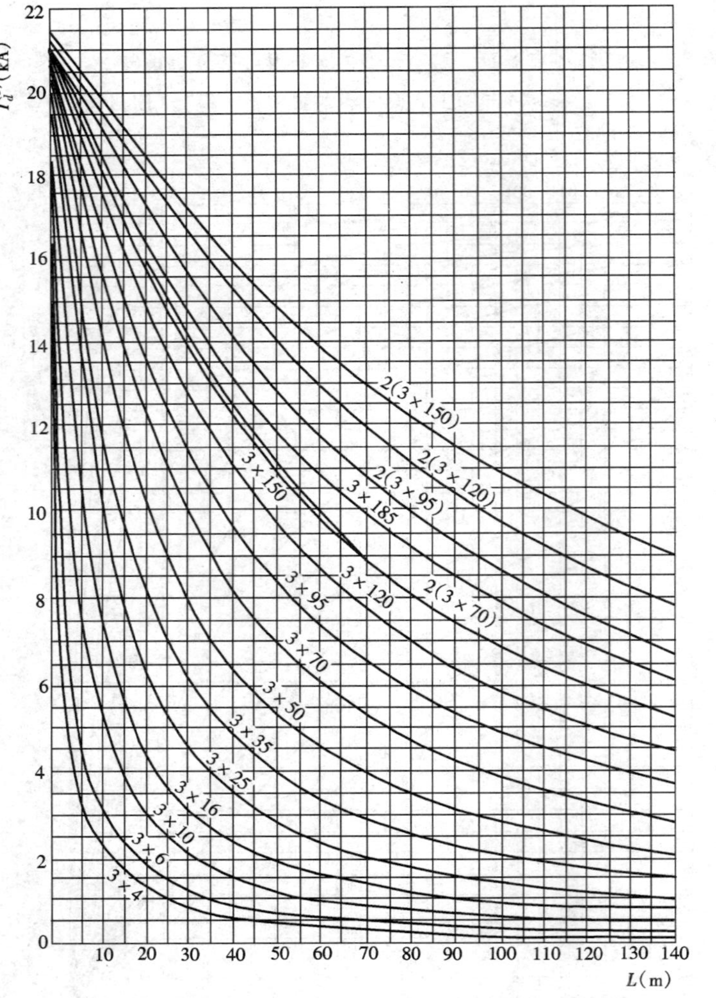

附图 4-27 变压器容量 800kVA($U_d=4.5\%$)时，三相短路电流和各种截面铝芯电缆长度关系曲线

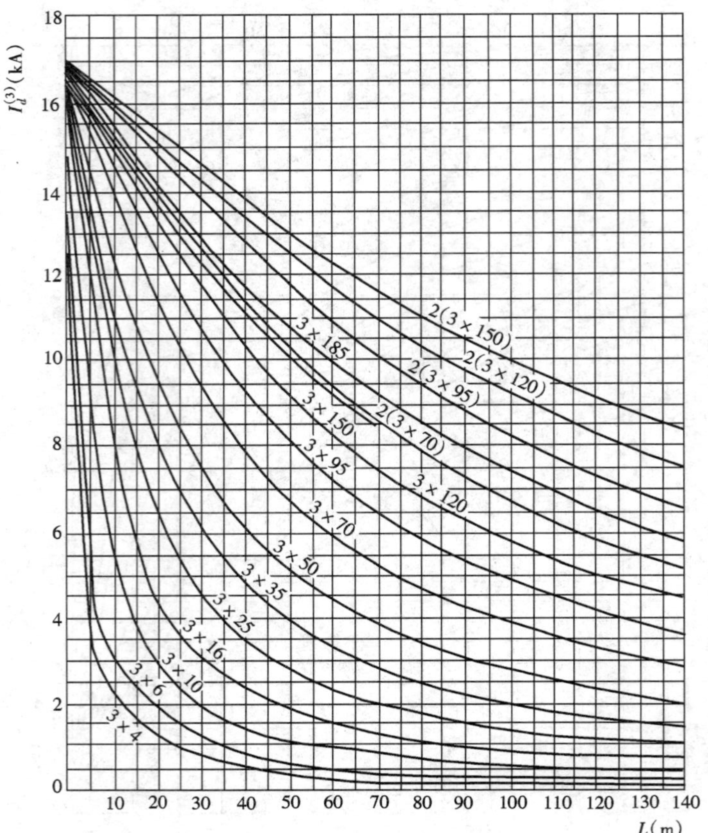

附图 4-28 变压器容量 800kVA($U_d=6\%$)时，三相短路电流和各种截面铝芯电缆长度关系曲线

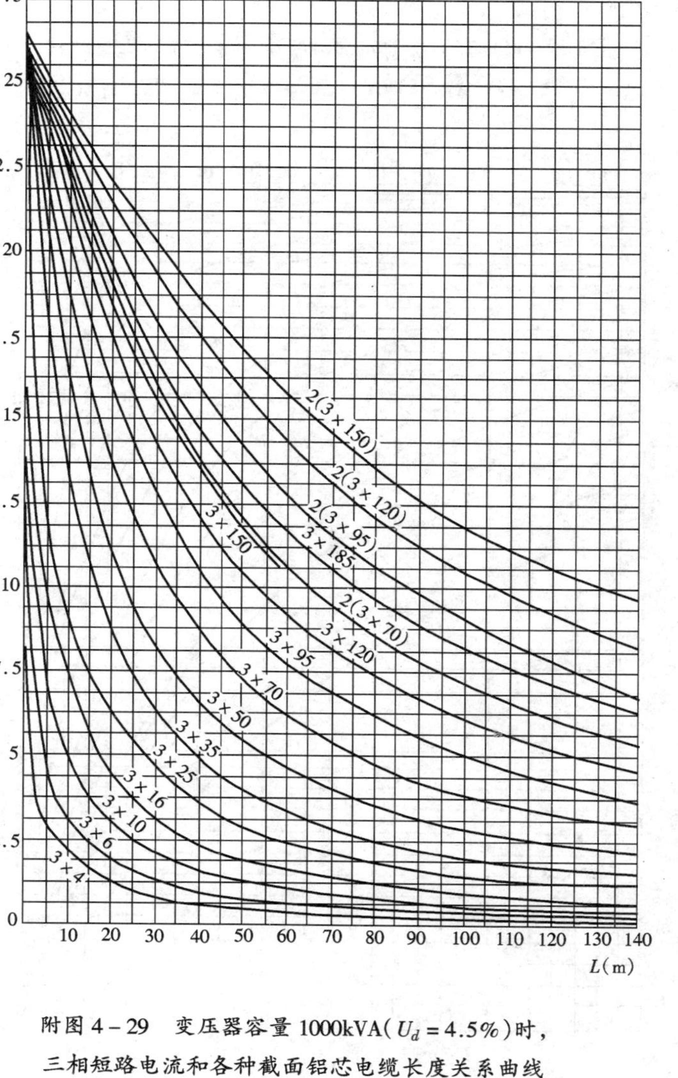

附图 4－29　变压器容量 1000kVA($U_d=4.5\%$)时，
三相短路电流和各种截面铝芯电缆长度关系曲线

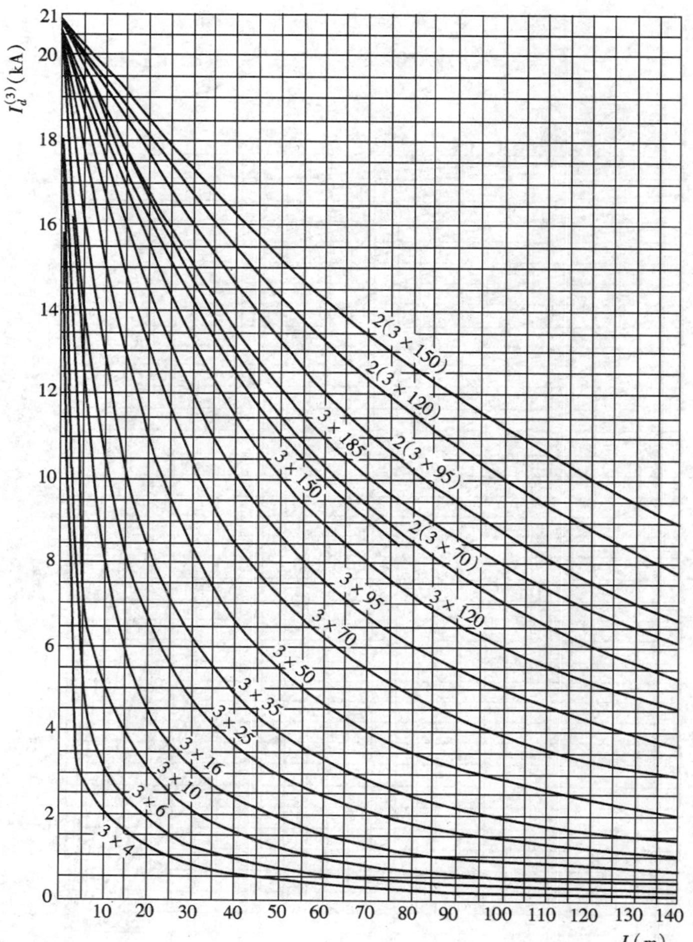

附图 4－30　变压器容量 1000kVA($U_d=6\%$)时，
三相短路电流和各种截面铝芯电缆长度关系曲线

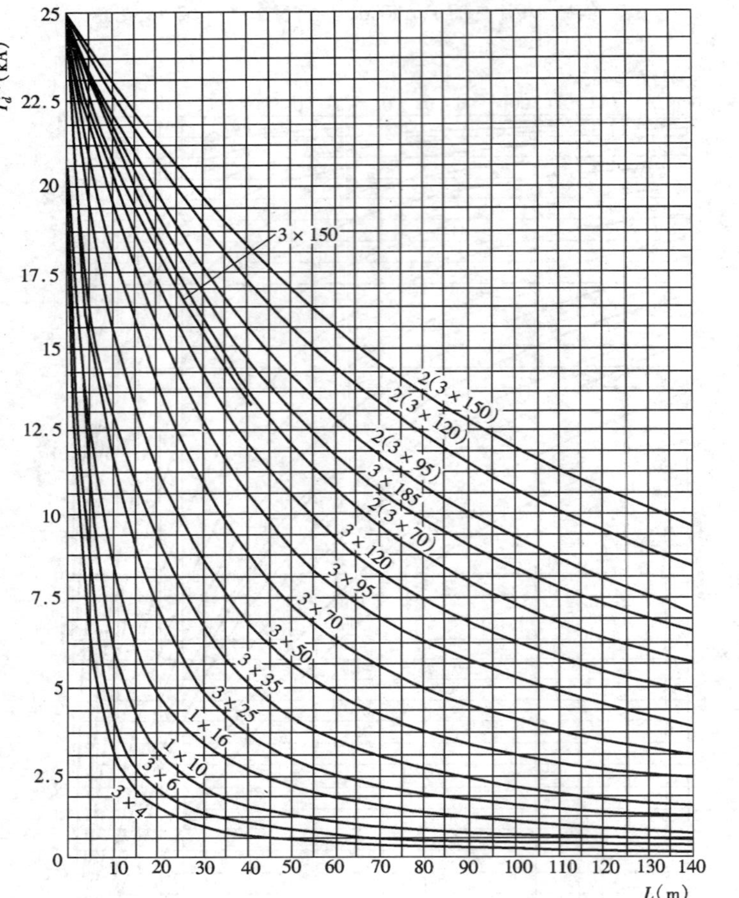

附图 4－31 变压器容量 1250kVA($U_d=6\%$)时，三相短路电流和各种截面铝芯电缆长度关系曲线

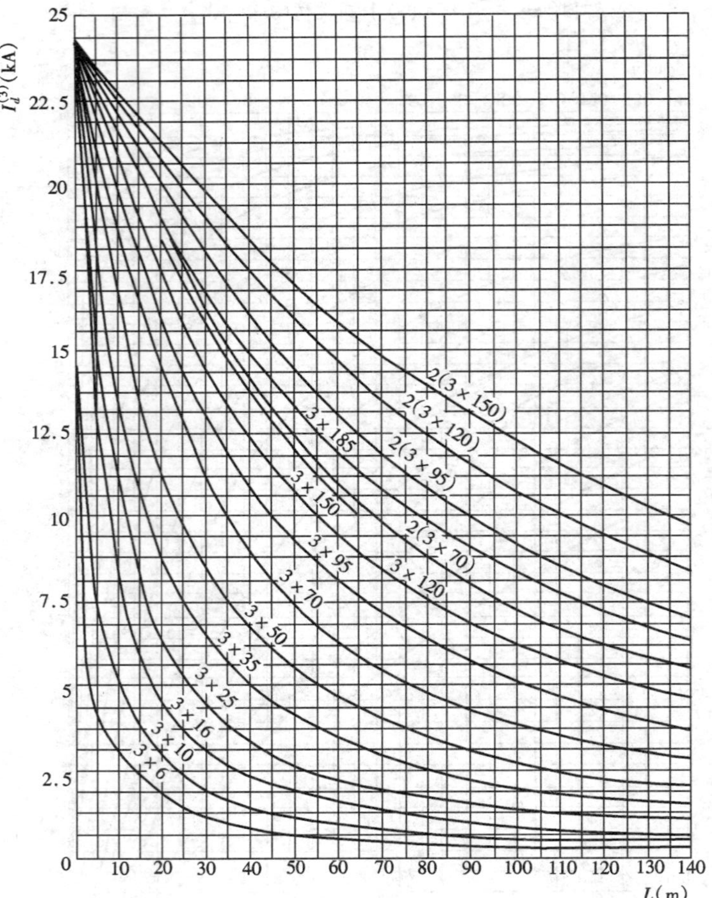

附图 4－32 变压器容量 1600kVA($U_d=8\%$)时，三相短路电流和各种截面铝芯电缆长度关系曲线

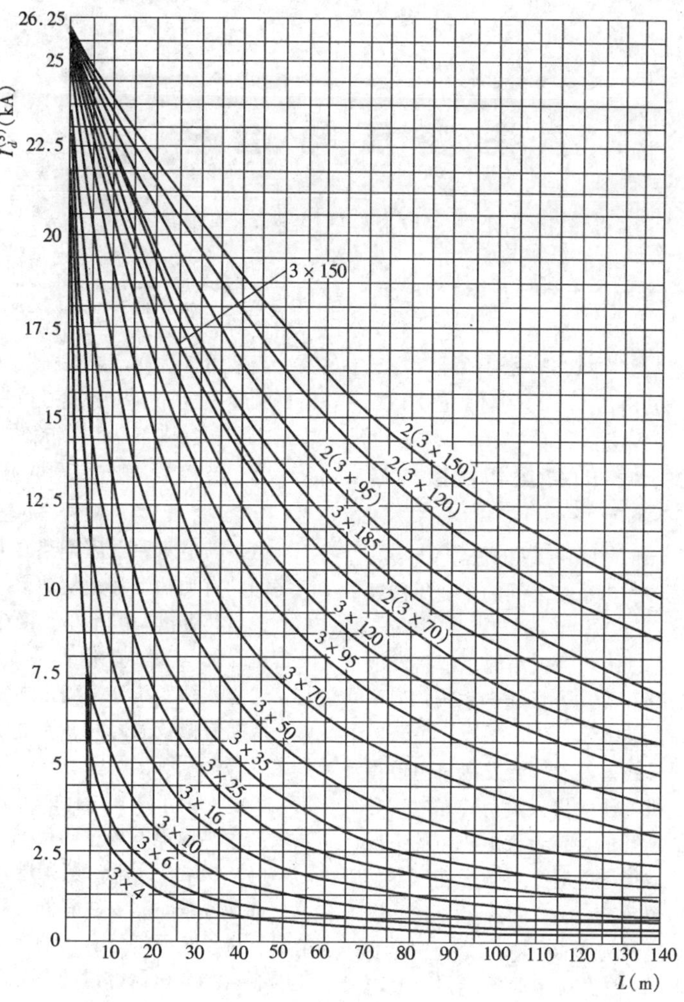

附图4－33　变压器容量2000kVA（$U_d=10\%$）时，三相短路电流和各种截面铝芯电缆长度关系曲线

第五章

主变压器选择

编者 姚成开　　校者 弋东方　　审者 问志发

第5-1节　主变压器容量和台数的确定

一、发电厂主变压器的容量和台数的确定

1. 具有发电机电压母线接线的主变压器

连接在发电机电压母线与系统之间的主变压器容量，应按下列条件计算：

(1) 当发电机电压母线上负荷最小时，能将发电机电压母线上的剩余有功和无功容量送入系统，但不考虑稀有的最小负荷情况。

(2) 当发电机电压母线上最大一台发电机组停用时，能由系统供给发电机电压的最大负荷。在电厂分期建设过程中，在事故断开最大一台发电机组的情况下，通过变压器向系统取得电能时，可考虑变压器的允许过负荷和限制非重要负荷。

(3) 根据系统经济运行的要求（如充分利用丰水季节的水能），而限制本厂输出功率时，能供给发电机电压的最大负荷。

(4) 按上述条件计算时，应考虑负荷曲线的变化和逐年负荷的发展。特别应注意发电厂初期运行，当发电机电压母线负荷不大时，能将发电机电压母线上的剩余容量送入系统。

(5) 发电机电压母线与系统连接的变压器一般为两台。对主要向发电机电压供电的地方电厂，而系统电源仅作为备用，则允许只装设一台主变压器作为发电厂与系统间的联络。对小型发电厂，接在发电机电压母线上的主变压器宜设置一台。对装设两台变压器的发电厂，当其中一台主变压器退出运行时，另一台变压器应能承担70%的容量。

2. 单元接线的主变压器

发电机与主变压器为单元连接时，主变压器的容量可按下列条件中的较大者选择：

(1) 按发电机的额定容量扣除本机组的厂用负荷后，留有10%的裕度。

(2) 按发电机的最大连续输出容量扣除本机组的厂用负荷。

当采用扩大单元接线时，应采用分裂绕组变压器，其容量应等于按上述（1）或（2）算出的两台机容量之和。

3. 连接两种升高电压母线的联络变压器

(1) 满足两种电压网络在各种不同运行方式下，网络间的有功功率和无功功率的变换。

(2) 其容量一般不小于接在两种电压母线上最大一台机组的容量，以保证最大一台机组故障或检修时，通过联络变压器来满足本侧负荷的要求；同时也可在线路检修或故障时，通过联络变压器将其剩余容量送入另一系统。

(3) 为了布置和引接线的方便，联络变压器一般装设一台，最多不超过两台。

(4) 联络变压器一般采用自耦变压器。在按上述原则选择容量时，要注意低压侧接有大量无功设备的情况，必须全面考虑有功功率和无功功率的交换，以免限制自耦变压器容量的充分利用。

二、变电所主变压器的容量和台数的确定

1. 主变压器容量的确定

(1) 主变压器容量一般按变电所建成后5~10年的规划负荷选择，并适当考虑到远期10~20年的负荷发展。对于城郊变电所，主变压器容量应与城市规划相结合。

(2) 根据变电所所带负荷的性质和电网结构来确定主变压器的容量。对于有重要负荷的变电所，应考虑当一台主变压器停运时，其余变压器容量在计及过负荷能力后的允许时间内，应保证用户的一级和二级负荷；对一般性变电所，当一台主变压器停运时，其余变压器容量应能保证全部负荷的70%~80%。

(3) 同级电压的单台降压变压器容量的级别不宜太多，应从全网出发，推行系列化、标准化。

2. 主变压器台数的确定

(1) 对大城市郊区的一次变电所，在中、低压侧已构成环网的情况下，变电所以装设两台主变压器

为宜。

(2) 对地区性孤立的一次变电所或大型工业专用变电所，在设计时应考虑装设三台主变压器的可能性。

(3) 对于规划只装设两台主变压器的变电所，其变压器基础宜按大于变压器容量的1~2级设计，以便负荷发展时，更换变压器的容量。

三、油浸变压器的过负荷能力

考虑事故情况下的变压器容量时，可利用变压器的短时过负荷能力。

1. 正常运行允许的过负荷

高峰负荷时，变压器正常允许的过负荷可参见表5-1。

2. 事故时允许的过负荷

事故时，变压器允许的过负荷见表5-2。

3. 冷却系统故障时，变压器允许的过负荷

油浸风冷变压器，当冷却系统发生事故切除全部风扇时，允许带额定负荷运行的时间不超过表5-3所列规定。

强迫油循环风冷及强迫油循环水冷的变压器，当事故切除冷却系统时（对强油风冷指停止风扇及油泵，对强油水冷指停止水及油泵），在额定负荷下允许的运行时间：

表5-1　变压器正常允许过负荷时间（h，min）

过负荷倍数	过负荷前上层油温（℃）						
	17	22	28	33	39	44	50
	允许连续运行						
1.05	5.50	5.25	4.50	4.00	3.00	1.30	
1.10	3.50	3.25	2.50	2.10	1.25	0.10	
1.15	2.50	2.25	1.50	1.20	0.35		
1.20	2.05	1.40	1.15	0.45			
1.25	1.35	1.15	0.50	0.25			
1.30	1.10	0.50	0.30				
1.35	0.55	0.35	0.15				
1.40	0.40	0.25					
1.45	0.25	0.10					
1.50	0.15						

表5-2　变压器事故允许过负荷

过负荷倍数		1.3	1.6	1.75	2.0	2.4	3.0
允许时间（min）	户　内	60	15	8	4	2	50（s）
	户　外	120	45	20	10	3	1.5（s）

表5-3　风扇切除时，变压器允许过负荷

环境温度（℃）	-15	-10	0	+10	+20	+30
额定负荷下允许的最长时间（h）	60	40	16	10	6	4

容量为 125MVA 及以下者为 20min；

容量为 125MVA 以上者为 10min。

按上述规定，油面温度尚未达到 75℃时，允许继续运行，直到油面温度上升到 75℃为止。

第 5－2 节　主变压器型式的选择

一、相数的选择

1. 发电厂、变电所主变压器相数的选择

主变压器采用三相或是单相，主要考虑变压器的制造条件、可靠性要求及运输条件等因素。特别是大型变压器，尤其需要考查其运输可能性，保证运输尺寸不超过隧洞、涵洞、桥洞的允许通过限额，运输重量不超过桥梁、车辆、船舶等运输工具的允许承载能力。有关变压器运输方面的技术资料，参见附录 5－1。

选择主变压器的相数，需考虑如下原则：

(1) 当不受运输条件限制时，在 330kV 及以下的发电厂和变电所，均应选用三相变压器。

(2) 当发电厂与系统连接的电压为 500kV 时，宜经技术经济比较后，确定选用三相变压器、两台半容量三相变压器或单相变压器组。对于单机容量为 300MW、并直接升压到 500kV 的，宜选用三相变压器。

(3) 对于 500kV 变电所，除需考虑运输条件外，尚应根据所供负荷和系统情况，分析一台（或一组）变压器故障或停电检修时对系统的影响。尤其在建所初期，若主变压器为一组时，当一台单相变压器故障，会使整组变压器退出，造成全所停电；如用总容量相同的多台三相变压器，则不会造成全所停电。为此，要经过技术经济论证，来确定选用单相变压器还是三相变压器。

2. 备用相设置原则

(1) 在发电厂选用单相变压器组时，可根据系统和设备情况，确定是否需要装设备用相。为节约投资，当发电厂之间距离较近，运输条件较方便，而且采用的变压器型式相同时，则可考虑两个发电厂或几个发电厂合用一台备用相。

(2) 对 500kV 变电所的单相变压器组，应考虑一台变压器故障或停电检修时，对供电及系统工频过电压的影响，经技术经济论证后确定是否装设备用相。对于容量、阻抗、电压等技术参数相同的两台或多台主变压器，首先应考虑共用一台备用相。备用相是否需要采用隔离开关和切换母线与工作相相连接，可根据备用相在替代工作相的投入过程中，是否允许较长时间停电和变电所的布置条件等工程具体情况确定之。

二、绕组数量和连接方式的选择

1. 发电厂、变电所主变压器绕组的数量

(1) 最大机组容量为 125MW 及以下的发电厂，当有两种升高电压向用户供电或与系统连接时，宜采用三绕组变压器，每个绕组的通过容量应达到该变压器额定容量的 15% 及以上。两种升高电压的三绕组变压器一般不超过两台。因为三绕组变压器比同容量双绕组变压器价格高 40%～50%，运行检修比较困难，台数过多时会造成中压侧短路容量过大，且屋外配电装置布置复杂，故对其使用要给予限制。

(2) 对于 200MW 及以上的机组，其升压变压器一般不采用三绕组变压器。因为在发电机回路及厂用分支回路均采用分相封闭母线，供电可靠性很高，而大电流的隔离开关发热问题比较突出，特别是设置在封闭母线中的隔离开关问题更多；同时发电机回路断路器的价格极为昂贵，故在封闭母线回路里一般不设置断路器和隔离开关，以提高供电的可靠性和经济性。此外，三绕组变压器的中压侧，由于制造上的原因一般不希望出现分接头，往往只制造死接头，从而对高、中压侧调压及负荷分配不利。这样采用三绕组变压器就不如用双绕组变压器加联络变压器灵活方便。

(3) 联络变压器一般应选用三绕组变压器，其低压绕组可接高压厂用起动/备用变压器或无功补偿装置。

(4) 在具有三种电压的变电所中，如通过主变压器各侧绕组的功率均达到该变压器容量的 15% 以上，或低压侧虽无负荷，但在变电所内需装设无功补偿设备时，主变压器宜采用三绕组变压器。

对深入引进至负荷中心、具有直接从高压降为低压供电条件的变电所，为简化电压等级或减少重复降压容量，可采用双绕组变压器。

2. 绕组连接方式

变压器绕组的连接方式必须和系统电压相位一致，否则不能并列运行。电力系统采用的绕组连接方式只有 Y 和△，高、中、低三侧绕组如何组合要根据具体工程来确定。

我国 110kV 及以上电压，变压器绕组都采用 Y_0 连接；35kV 亦采用 Y 连接，其中性点多通过消弧线圈接地。35kV 以下电压，变压器绕组都采用△连接。

由于 35kV 采用 Y 连接方式，与 220、110kV 系统的线电压相角移为 0°（相位 12 点），这样当电压比为

220/110/35kV，高、中压为自耦连接时，变压器的第三绕组连接方式就不能用三角形连接，否则就不能与现有 35kV 系统并网。因而就出现所谓三个或两个绕组全星形接线的变压器，全国投运这类变压器约 40～50 台。

三、分裂绕组变压器和自耦变压器的选用

1. 分裂绕组变压器的一般使用条件

分裂绕组变压器一般使用在扩大单元接线中，而扩大单元接线多用于下列情况：

(1) 当发电厂占地面积特别窄小，必须压缩配电装置间隔时，有时采用两台发电机接一台变压器的扩大单元接线。这种接线简单，减少主变压器及高压断路器台数，节约投资。由于两台发电机接于不同分裂绕组上，所以发电机回路和厂用分支短路容量小（与没有分裂绕组相比），故可选用轻型设备、投资省。

(2) 单机容量只占系统容量的 1%～2%（或更小），而发电厂与系统的连接电压又较高，如 50MW 机组升压到 220kV、100MW 机组升压到 330kV、200MW 机组升压到 500kV，由于单机容量偏小，采用单元制接线在经济上不合算，这时也可考虑采用扩大单元制接线。

2. 自耦变压器的一般选用

自耦变压器与同容量的普通变压器相比具有很多优点。如消耗材料少，造价低；有功和无功损耗少，效率高；由于高中压线圈的自耦联系，阻抗小，对改善系统稳定性有一定作用；还可扩大变压器极限制造容量，便利运输和安装。

自耦变压器一般用于如下几种情况：

(1) 单机容量在 125MW 及以下，且两级升高电压均为直接接地系统，其送电方向主要由低压送向高、中压侧，或从低压和中压送向高压侧，而无高压和低压同时向中压侧送电要求者（为达此目的，可按中压侧负荷要求，适当增加接到中压侧机组容量），此时自耦变压器可作发电机升压之用。

(2) 当单机容量在 200MW 及以上时，用来作高压和中压系统之间联络用的变压器。

(3) 在 220kV 及以上的变电所中，宜优先选用自耦变压器。

四、选用自耦变压器时应注意的问题

自耦变压器虽有上述许多优点，但也存在一些缺点，应用时要予以注意。

1. 效益问题

在普通变压器中全部容量是靠磁场从一次侧传输到二次侧的，而在自耦变压器中，有一部分能量则是不经过变换而直接传输的，如图 5-1 所示。

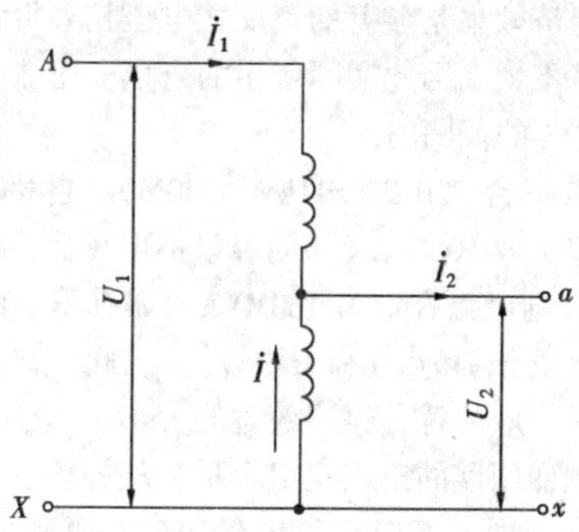

图 5-1　自耦变压器的原理接线

当不考虑自耦变压器的损耗和励磁电流时，可认为一次侧的通过容量和二次侧的通过容量相等，几者有效值的关系即：

$$U_1I_1 = U_2I_2 = U_2(I_1 + I) = U_2I_1 + U_2I \tag{5-1}$$

式中　U_1——一次侧电压；
U_2——二次侧电压；
I_1——一次侧电流（串联绕组中电流）；
I_2——二次侧电流；
I——公共绕组中电流。

从式（5-1）看出，自耦变压器的二次侧容量系由两部分组成，一部分是通过自耦变压器的串联绕组电路直接传输过来，即公式的前一项 U_2I_1，另一部分是通过公共绕组的电磁感应传输过来，即公式中的后一项 U_2I。

U_1I_1 或 U_2I_2 称为自耦变压器的通过容量，即所谓自耦变压器的额定容量。该容量标注在变压器的铭牌上。

U_2I 为自耦变压器公共绕组的容量，一般称为电磁容量，或叫做计算容量。自耦变压器的尺寸和材料消耗量仅决定于电磁容量。假定 K_{12} 为自耦变压器原边副边的变压比，则由式（5-1）写出自耦变压器的电磁容量和通过容量的关系：

$$U_2I = U_2I_2\left(1 - \frac{1}{K_{12}}\right) = U_2I_2K_b \tag{5-2}$$

式中
$$K_b = 1 - \frac{1}{K_{12}}$$

K_b 称之为自耦变压器的效益系数。K_b 永远小于1。K_{12}越小，K_b 也就越小；K_{12}增大，K_b 也增大。由此可见，当两个电网的电压等级接近时，采用自耦变压器的经济效果是显著的，反之电压相差很大，其经济效果就不大。因此实际应用的自耦变压器，其变压比都在3:1的范围内。

例如一台330/220/11kV、240MVA自耦变压器，其电磁容量80MVA；又如同容量但电压比为330/110/11kV时，则电磁容量为160MVA。如有第三绕组，则其最大容量分别为80和160MVA。因此，在选用自耦变压器时，应注意其经济效益的大小。

自耦变压器的第三绕组容量，从补偿三次谐波电流的角度考虑，不应小于电磁容量的35%，而变压器设计时，因绕组机械强度的要求，往往要大于上述值，但最大值一般不超过其电磁容量。

2. 运行方式及过负荷保护

由于自耦变压器公共绕组的容量最大只能等于电磁容量，因此在某些运行方式下自耦变压器的传输容量不能充分利用，而在另外一些运行方式下又会出现过负荷。现分述如下：

(1) 用作升压变压器时：由于送电方向主要是从低压送向高压和中压，故要求高低、中低之间阻抗小。自耦变压器采用升压型结构，低压绕组布置在公共绕组和串联绕组之间。这种结构的缺点是高中绕组间的阻抗大，所以当低压绕组停用，高中之间交换功率时，因漏磁增加，从而引起大量附加损耗，自耦变压器效率降低，其最大传输容量可能要限制到额定容量的70%~80%。为此升压型自耦变压器除了在高压、低压及公共绕组装设过负荷保护外，还应增设特殊的过负荷保护，以便在低压侧无电流时投入。

(2) 用作联络变压器时：如图5-2所示联络变压器的高中压侧功率交换很大，而且方向不定，其第三绕组一般接有备用/起动变压器，有的还接有低压并联电抗器。由于正常运行为高、中压侧的功率交换，要求高、中压绕组间的阻抗小，所以结构型式采用降压型。

这种自耦变压器承担系统联络任务，有各种不同的运行方式。

中压侧与低压侧的传输容量达到电磁容量时，高压侧便不能向中压送电。因此，低压侧所接负荷不宜太大。在低压侧负荷较大或经常出现都向中压侧送电的运行方式时，不宜采用自耦型，否则需另外增大公共绕组的容量（如由120/120/60kVA改为120/150/60kVA）。

图5-2中表示HD电厂在初期220kV母线上安装数台200~300MW机组，除供给220kV负荷外，还有部分电力通过联络变压器向500kV电网送电。而500kV初期输送功率较小，线路充电功率很大，故在第三绕组上安装数台低压电抗器，以吸收多余的无功。对这种联络变压器，在选择第三绕组容量时，为保险起见，以中压侧（230kV）同时向高压侧和低压侧送电作为校验条件，这种运行方式传输容量的大小往往受到公共绕组容量（即电磁容量）的限制。为了解决这个矛盾，如果投资增加不多，有时需适当增大公共绕组的容量，以满足系统的要求。联络用的自耦变压器一般在高压、低压和公共绕组均装设过负荷保护。公共绕组过负荷保护利用接地端 B 相的一只电流互感器如图5-3所示。

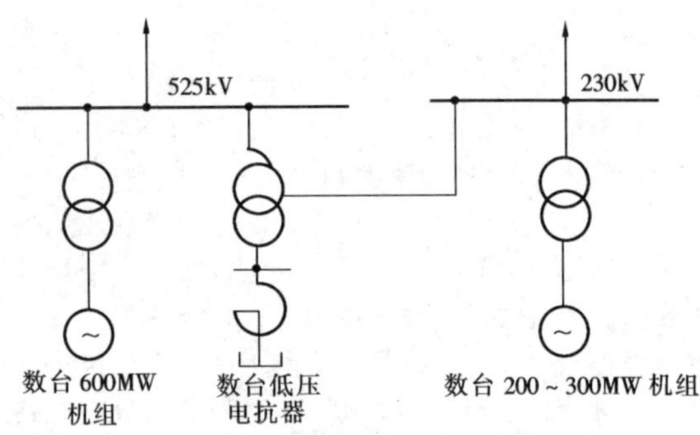

图5-2　HD500kV系统发电厂接线示意

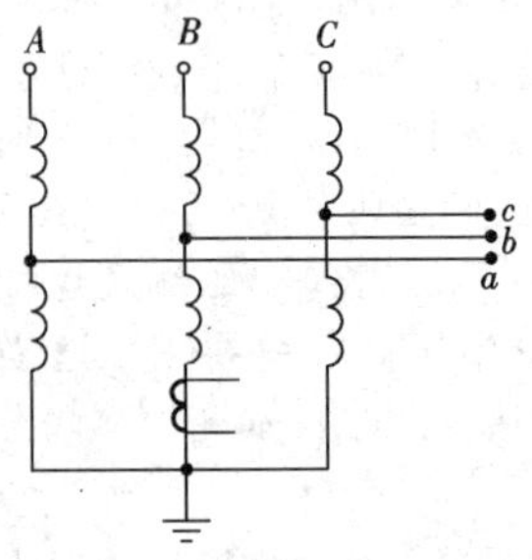

图5-3　公共绕组过负荷电流互感器配置

(3) 用作降压变压器时：在220kV及以上的枢纽变电所中，主变压器一般均选用自耦变压器，其送电方向主要是高压向中压，第三绕组一般接所用变压器、调相机或投、切并联电容器组。这种降压型自耦变压器结构和联络型的一样。当这种自耦变压器第三绕组接有调相机和并联电容器组时，要注意第三绕组容量是否满足系统运行要求。如图5-4所示。

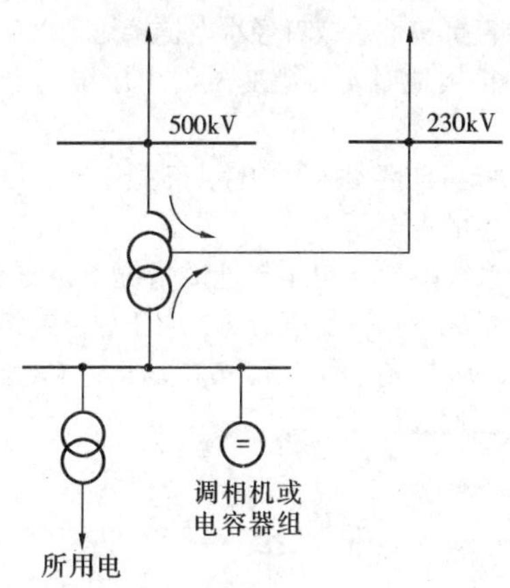

图5-4　某变电所接线图

这种变电所接线是最常用的，运行方式是高、低压侧同时向中压侧送电，输送容量往往也要受到公共绕组（电磁容量）的限制，有时也可适当加大公共绕组容量来满足负荷的要求。一般在高压、低压及公共绕组均装设过负荷保护。

3. 调压及分接头选择

自耦变压器一般采用中性点带负荷调压，对高、中、低压都有牵连，特别是当高低绕组间的阻抗偏大时，会给运行带来一些麻烦，选用时应予以注意。

自耦变压器中性点的有载调压，从图5-5可以得出高低压侧相关调压的概念，即调节高压侧匝数或电势时，低压侧的匝数或电势亦同时发生变化。

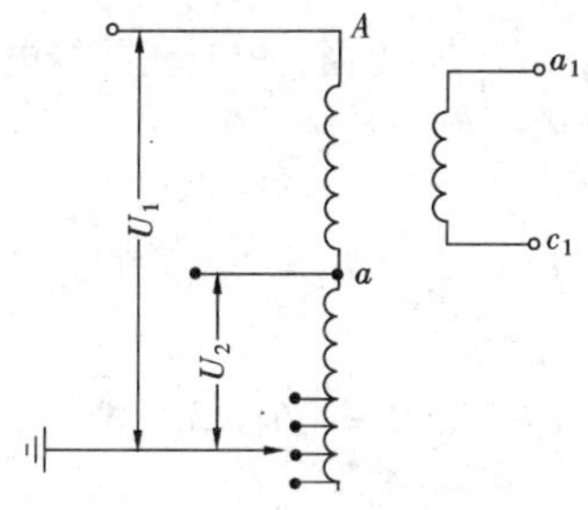

图5-5　中性点调压示意图

普通变压器，当一次电压波动时，为了得到稳定的二次电压，一次绕组匝数作相应调整以维持每匝电势不变，亦即维持铁芯磁通密度不变。如高压侧电压升高，则应增加高压绕组匝数；而中性点调压的自耦变压器，则要减少匝数，以维持二次电压不变。这就导致每匝电势增加，亦即导致铁芯更加饱和。在低压绕组接有无功设备和所用或厂用起动/备用变压器时，必须仔细核算在调压前后各侧的电压关系。

【例1】　一台电压比为345/230±6×1.67%/11kV的自耦变压器，当高压侧电压升高到355kV时，要求中压侧仍维持230kV。试确定分接头位置、调压后低压侧电压和铁芯磁通密度变化量。

解　设W_1、W_2、W_3分别为高、中、低绕组匝数，ΔW为需调整的匝数。

则　$W_1:W_2:W_3=U_1:U_2:U_3=345:230:11$

即可假定　$W_1=345$匝　$W_2=230$匝　$W_3=11$匝

调整前后的中压侧电压应维持不变，其调整后的匝数比和电压比为

$$\frac{W_1-\Delta W}{W_2-\Delta W}=\frac{355}{230}=1.54$$

$$0.54\Delta W=1.54W_2-W_1=355-345=10$$

$$\therefore\quad \Delta W=18.52(\text{匝})$$

每档抽头调整电压为1.67%，则相应变化的匝数为

$$230\times1.67\%=3.84\text{匝}$$

调整ΔW匝数，需调的抽头档数为18.52/3.84=4.82≈5。

分接头的位置应放到-5×1.67%位置上，这样实际调整减少的匝数$\Delta W=3.84\times5=19.2$匝。再重新核算调整后中压侧的实际电压为

$$U_2=355\times\frac{W_2-\Delta W}{W_1-\Delta W}=355\times\frac{210.8}{325.8}$$

$$\approx229.7\text{kV}$$

每匝电势为$\frac{355}{W_1-\Delta W}=\frac{355}{325.8}\approx1.09$ kV/匝

未调分接头时，每匝电势为$\frac{345}{345}=1$kV/匝

铁芯磁通密度的变化量为$\frac{\Delta B}{B}=\frac{\Delta E_0}{E_0}=\frac{1.09-1}{1}=$9%，即比调分接头前铁芯磁通密度增加9%。

第三绕组电压$U_3=11\times1.09=11.99$kV。

4. 阻抗问题

当低压绕组接有调相机（或电容器组）、并联电抗器，并向高压侧送出或吸收无功时，要注意自耦变压器高、低绕组间阻抗很大这一特点。有时因阻抗

大，使调相机无功发不出去，或在吸收大量无功时，低压侧母线电压偏低，从而使无功设备不能充分发挥作用。解决途径是减少阻抗或改变变压器的变比。前者将使低压侧短路电流增大，造成设备选择较困难；后者则比较容易实现。

如某变电所有一台容量比为240/240/40MVA的自耦变压器，第三绕组接有30Mvar调相机，原要求高低阻抗为36%（240MVA时），变比为330±2×1%/242/11kV，后因变压器结构设计的要求，其高、低绕组间阻抗达到94.5%（240MVA时）。由于电容电流通过变压器阻抗后电压升高，从而使变压器端的电压高于调相机的最高工作电压，所以调相机不能向330kV送出无功功率。其等值电路如图5-6。

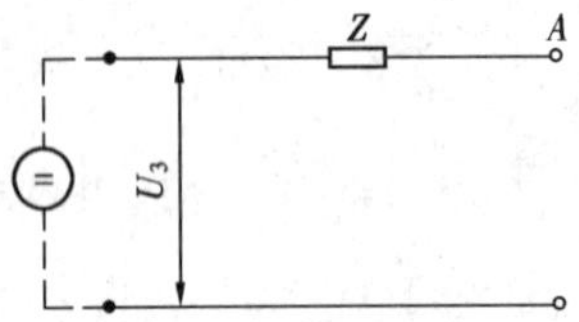

图5-6 等值电路图

图5-6中，变压器低压侧空载电压 U_3 为11kV；Z 为高低绕组间阻抗百分数，换算到调相机容量30Mvar时为 $94.5\% \times \frac{30}{240} = 11.8\%$。

这就意味着调相机容量发足时，通过阻抗后电压升高11.8%，即 A 点的电位为 $11 + 11 \times 11.8\% \approx 12.3$（kV），而调相机的最大工作电压只有11.5kV，故无功送不出去。若将变比改为330±2×1%/242/10.5kV，这样 A 点电位为 $10.5 + 10.5 \times 11.8\% \approx 11.74$kV，虽略高于调相机最大工作电压，但可送出25Mvar无功容量。

此外，发电厂中的自耦型联络变压器第三绕组一般接有备用/起动变压器，往往因高、低或中、低间阻抗偏大而无法保证自起动，所以要对自起动容量进行验算。解决办法：一是要求制造厂改变绕组间的排列顺序以降低阻抗；二是将参加自起动的负荷根据其重要性进行分类，按不同时限来参加自起动。

由于自耦变压器高、中压绕组间的自耦联系，其阻抗比普通变压器小，同时它的中性点要直接接地或经小电抗接地，所以使单相和三相短路电流急剧增加。有时单相短路电流会超过三相短路电流，造成选择高压电气设备的困难和对通讯线路的危险干扰。当采用自耦变压器时，应计算三相和单相短路电流，以便提出限制短路电流的措施。此外，在计算短路电流时，要注意厂家给的短路阻抗百分数是以那个容量作基准，以免弄错。

5. 中性点接地问题

在电力系统采用自耦变压器后，自耦变压器的中性点必须直接接地，或者经小电抗接地，以免高压网络发生单相接地时，自耦变压器中压绕组出现过电压。

现分析当自耦变压器中性点不接地时，以下几种情况所产生的过电压。

(1) 系统中性点也不接地的情况：如图5-7所示，正常情况下自耦变压器高、中压侧额定相电压分别为 U_{A1}、U_{B1}、U_{C1} 和 U_{A2}、U_{B2}、U_{C2}，K_{12} 为高、中压额定变压比。

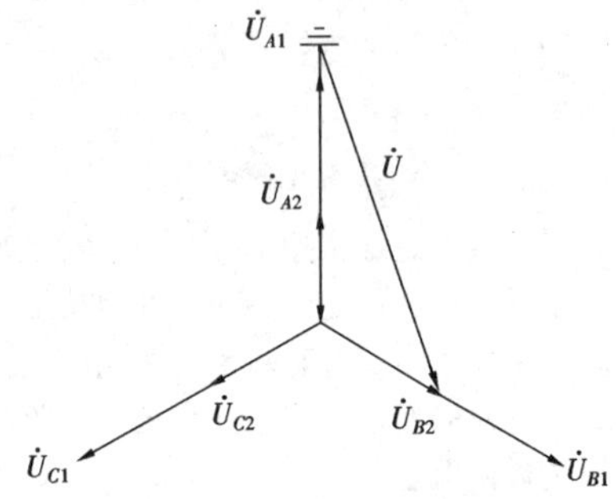

图5-7 高压 A 相接地、自耦变高、中压相量图

当高压网络 A 相发生单相接地时，从图5-7可见，中性点发生位移，中压侧两个非故障相对地电压升高到 U

$$U = \sqrt{U_{A1}^2 + U_{B2}^2 - 2U_{A1}U_{B2}\cos 120°} \quad (5-3)$$

若假定 U_1、U_2 为高、中压侧的线电压，则式(5-3)变成

$$U = \frac{1}{\sqrt{3}}\sqrt{U_1^2 + U_2^2 + U_1 U_2} \quad (5-4)$$

如 $U_1 = 220$kV，$U_2 = 110$kV 代入式(5-4)，则

$$U = \frac{1}{\sqrt{3}}\sqrt{220^2 + 110^2 + 110 \times 220} = 168\text{kV}$$

而正常时，其值为 $\frac{110}{\sqrt{3}} = 65.3$kV；采用普通变压器时，其对地电压为110kV。由此可见自耦变压器变比愈大，则中压侧绕组过电压倍数愈高。

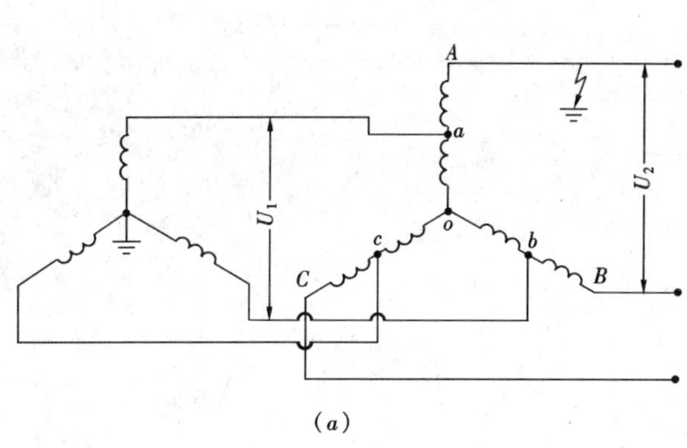

(a)

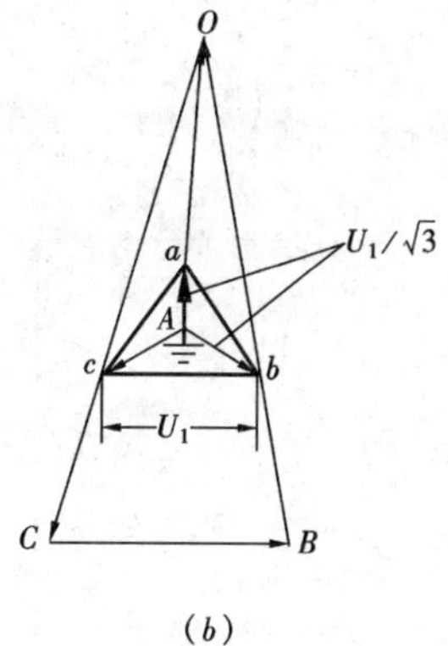

(b)

图 5-8　系统单相接地自耦变的过电压和相量图（中压侧充电）
（a）接线图；（b）相量图

（2）系统中性点接地的情况：这是线路接地所引起的自耦变压器过电压最严重的情况。

图 5-8 中这种运行方式相当于从中压侧给自耦变压器空载充电。从图中可以看出系统的相电压施加于自耦变压器的串联绕组上，结果使自耦变压器 A 相芯柱过饱和，其过饱和倍数就是公共绕组 $a-O$ 与串联绕组 $A-a$ 的匝数比，即$\frac{U_1}{U_2-U_1}$，从而在绕组中产生很高的过电压。从图 5-8（b）中可见，线端 a、b、c 间的电压不变，均等于 U_1。线端 A 电位等于地电位，并位于线电压三角形的中心，而端点 a、b、c 对地电位仍为相电压 $U_1/\sqrt{3}$。自耦变压器中性点 O 对地电位则升高到：

$$U_{OA}=\frac{U_1}{\sqrt{3}}\times\frac{U_2}{U_2-U_1} \tag{5-5}$$

自耦变压器 b、c 端对中性点 O 的电压为：

$$U_{bo}=U_{co}=\sqrt{U_{AO}^2+\frac{U_1^2}{3}-\frac{2U_1U_{AO}\cos120°}{\sqrt{3}}}$$

$$=\sqrt{U_{AO}^2+\frac{U_1^2}{3}+\frac{U_1U_{AO}}{\sqrt{3}}} \tag{5-6}$$

线端 B、C 对中性点 O 的电位为：

$$U_{BO}=U_{CO}=\frac{U_2}{U_1}\sqrt{U_{AO}^2+\frac{U_1^2}{3}+\frac{U_1U_{AO}}{\sqrt{3}}} \tag{5-7}$$

线端 B、C 对地电位近似等于：

$$U_{BA}=U_{CA}\approx U_{Bb}+U_{bA}=U_{BO}\frac{U_2-U_1}{U_2}+\frac{U_1}{\sqrt{3}}$$

$$=\frac{U_2-U_1}{U_1}\sqrt{U_{AO}^2+\frac{U_1^2}{3}+\frac{U_1U_{AO}}{\sqrt{3}}}+\frac{U_1}{\sqrt{3}} \tag{5-8}$$

公式中可以有量纲，也可用标么值，且公式形式不变。

例如，$U_2=330\text{kV}$（标么值为 1），$U_1=220\text{kV}$（标么值为 0.667）。A 相接地时 A 相芯柱饱和倍数为 $\frac{U_1}{U_2-U_1}=\frac{0.667}{1-0.667}=2$，可以求得：

自耦变中性点 O 对地电压为：

$$U_{OA}=\frac{0.667}{\sqrt{3}}\times\frac{1}{1-0.667}\approx1.156$$

即为高压线电压的 1.156 倍。

线端 B、C 对中性点 O 的电位为：

$$U_{BO}=U_{CO}$$

$$=\frac{1}{0.667}\sqrt{1.156^2+\frac{0.667^2}{3}+\frac{0.667\times1.156}{\sqrt{3}}}$$

$$\approx2.08$$

即为额定线电压的 2.08 倍。这时 B、C 相芯柱饱和倍数为$\sqrt{3}\times2.08=3.6$，即为额定值的 3.6 倍。

线端 B、C 的对地电位为：

$$U_{BA}=U_{CA}$$

$$\approx\frac{1-0.667}{0.667}\sqrt{1.156^2+\frac{0.667^2}{3}+\frac{0.667\times1.156}{\sqrt{3}}}+\frac{0.667}{\sqrt{3}}\approx1.08$$

即为高压线电压的 1.08 倍，或为额定相电压的 1.87 倍。中压侧线端各点都不承受过电压。如果这种运行

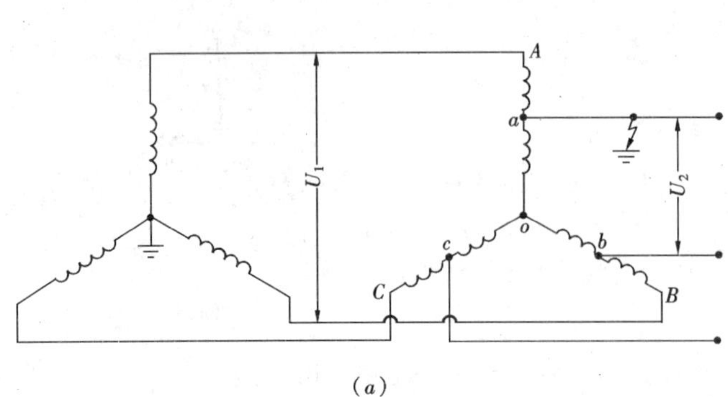

(a)

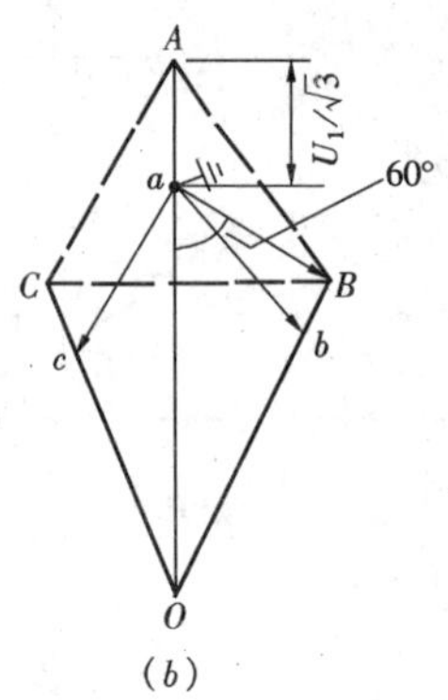

(b)

图5-9　系统单相接地自耦变压器的过电压和相量图（高压侧充电）
(a) 接线图；(b) 相量图

方式发生在中压侧接地则既不导致过电压，亦不导致铁芯过饱和。

但如果由高压侧向自耦变压器空载充电，当中压侧发生单相接地时（如图5-9所示），又会出现与上述相似的过电压。

从图5-9可见，系统的相电压施加到串联绕组 $A-a$ 上，因此 A 相芯柱过饱和，其倍数为 $\frac{U_1}{U_1-U_2}$。中性点对地电位如图5-9（b）所示。

$$U_{Oa}=\frac{U_1}{\sqrt{3}}\times\frac{U_2}{U_1-U_2} \qquad (5-9)$$

B、C 端对中性点 O 的电位为：

$$U_{BO}=U_{CO}=\sqrt{U_{Oa}^2+\frac{U_1^2}{3}-\frac{2U_{Oa}U_1}{\sqrt{3}}\cos 60^\circ}$$

$$=\sqrt{U_{Oa}^2+\frac{U_1^2}{3}-\frac{U_{Oa}U_1}{\sqrt{3}}} \qquad (5-10)$$

此时中压侧线端 b、c 对地电位受到高压侧线电压 U_{AB} 和 U_{AC} 的限制，其值在高、中压侧电压差很小的情况下，接近于线电压。

例如，$U_1=330\text{kV}$（标么值为1），$U_2=220\text{kV}$（标么值为0.667），接地相芯柱饱和倍数为 $\frac{1}{1-0.667}=3$，即为未饱和前额定值的3倍。同时可求得：

中性点对地电位为

$$U_{Oa}=\frac{1}{\sqrt{3}}\times\frac{0.667}{1-0.667}\approx 1.156$$

即为高压线电压的1.156倍。

线端 B、C 对中性点的电位为

$$U_{BO}=U_{CO}=\sqrt{1.156^2+\frac{1}{3}-\frac{1.156}{\sqrt{3}}}\approx 1$$

此时 B 和 C 芯柱饱和倍数为 $1\times\sqrt{3}=1.732$，即为额定值的1.732倍。

另外，自耦变压器的中性点接地而系统的中点绝缘，当中压或高压发生单相接地时，不难知道自耦变压器一相呈短接闭合回路，其电压降落到零。自耦变压器成为开口三角形连接，加到自耦变压器每一相上的是线电压。这与Y/Y连接的普通变压器相似，即健全相的电压由相电压升高到线电压（即为 $\sqrt{3}$ 倍），铁芯饱和也增大到同样的倍数。

综上所述，自耦变压器必须用于中性点直接接地系统，而自耦变压器的中性点也必须直接接地或经小电抗接地。

6. 继电保护问题

由于自耦变压器高压侧与中压侧有电的联系，有共同的接地中性点，并直接接地。为此自耦变压器零序保护的装设与普通变压器不同。自耦变压器高、中压两侧的零序电流保护，应接于各侧套管电流互感器组成的零序电流过滤器上，并根据选择性的要求装设方向元件。

另外，在某些情况下，自耦变压器低压侧发生接地故障、纵联差动保护灵敏度不能满足要求时，要根据具体情况装设零序电流差动保护。

7. 过电压问题

自耦变压器中的冲击过电压比普通变压器要严重得多。其原因是高、中压侧绕组有电的联系，高压侧出现的过电压波能直接传到中压侧；另一个原因是从高压侧线路上进入的冲击波加在自耦变压器的串联绕组上，而串联绕组的匝数通常比公共绕组的匝数少得多，因此在公共绕组中感应出来的过电压大大超过侵入波的幅值。

由图 5-10（*a*）可见，起始阶段过电压波作用于串联绕组上的。图 5-10（*b*）亦可见公共绕组将感应出电压，由于公共绕组的两端可认为是接地的，所以最高的感应电压将出现在绕组的中部。过电压保护规程规定，在自耦变压器的两个自耦合绕组出线上装设避雷器。当采用氧化锌避雷器时，高压与中压侧的避雷器额定电压尚应有必要的配合，选择方法详见第十五章。

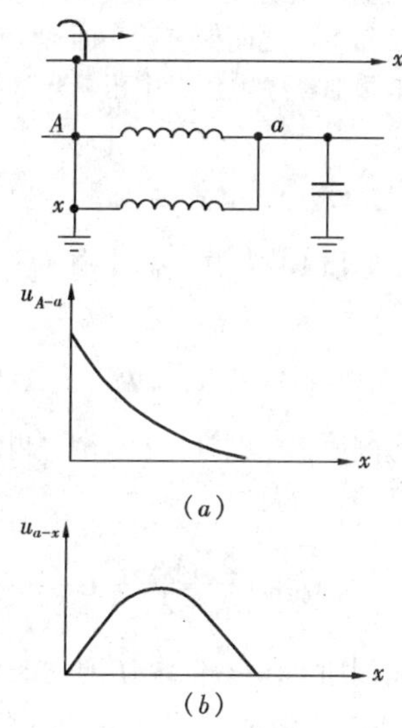

图 5-10　在中性点接地的自耦变压器中冲击电压的起始分布

（*a*）在串联绕组内；（*b*）在公共绕组内

五、全星形接线变压器使用中的问题

1. 三次谐波电流问题

（1）三次谐波电流的产生：由于铁芯磁化曲线为一组非线性曲线，当外施电压为正弦波时，磁通实际上也将是正弦波，而励磁电流的无功分量却因磁化曲线的非线性则呈非正弦波。反之，如果励磁电流是正弦波的，也因非线性关系而使相电压和磁通呈非正弦波（为平顶波）。只要是非正弦波就可用傅里叶级数分解出基波、三次谐波等一系列谐波分量。三次谐波电流和绕组接线组别有关，而三次谐波磁通和铁芯构造有关。

1）当变压器铁芯为三相三柱时：

接线组别为 Y/Y 时，虽电源电压是正弦形的，但因相绕组并不直接接电源，相绕组上的端电压不一定是正弦形，而激磁电流为正弦形（因为三次谐波电流无通路）。这样三次谐波磁通只能经过铁芯、空气和外壳等部件而构成回路。由于回路磁阻很大，三次谐波磁通受到很大削弱，所以，即使三次谐波磁势不小，但产生的三次谐波磁通以及三次谐波电势却不大，可保持相电势基本上是正弦形的。必须指出，就是这个较小的三次谐波磁通，会使铁轭夹件和油箱等铁磁物体产生附加的铁损耗，降低变压器的效率并引起局部过热。这种铁芯结构和绕组的连接方式的变压器容量不能做得太大，一般多用于 1800kVA 以下。

如果在上述情况下，附加上一个△绕组（称△接线第三绕组），则情况就不同了，此时很小三次谐波磁通就要在△绕组内产生一个三次谐波电流，它所产生的三次谐波磁通就要抵销原来铁芯中的三次谐波磁通，从而使铁芯中的合成磁通基本呈正弦波。对磁路来说，它的作用与原边有三次谐波励磁电流的情况是一样的，磁通和相电压都接近于正弦形，附加损耗问题也不存在。所以，在大容量的变压器中，当需要在原、副边都接成星形时，在铁芯柱上需加一个△绕组，其目的就是为三次谐波电流提供通路，从而保证主磁通和相电势接近于正弦波，附加损耗和局部过热的情况也大为改善。

接线组别为 Y/Y_0、Y_0/Y_0、Y_0 自耦的变压器，由于有中性线，三次谐波电流可以流通，这样激磁电流中就含有三次谐波电流成分，从而使相电势和磁通保持正弦波。这与上述在铁芯柱上加一个△绕组的情况一样。因此，如无其他要求，具有这几种绕组接线组别的变压器，就可不再附加△绕组。

2）当铁芯为三相五柱式或三个单相变压器组合式时：

接线组别为 Y/Y 时，同三相三柱式情况不同的是这种变压器三次谐波磁通有通道，三次谐波磁通没有被削弱，结果在相绕组里感应三次谐波电势。如图 5-11 所示。

基波和三次谐波磁通在相绕组里感应出电势 e_1、e_3，它们分别落后 Φ_1、Φ_3 90°。把 e_1、e_3 加起来就是相绕组电势 e，可以看出是尖顶波。由于 e_3 在三相绕组里都是同相位，不出现在线电势里，从原、副绕组来看，线电势均为正弦波形。相电势则不同，如果变压器设计时，铁芯磁通密度取得过高，则饱和程度严重，这种尖峰电压有可能比正常相电压超过较大数值，对相绕组绝缘产生很大威胁。特别是在大容量高电压的变压器里，威胁更大。所以大容量超高压变压

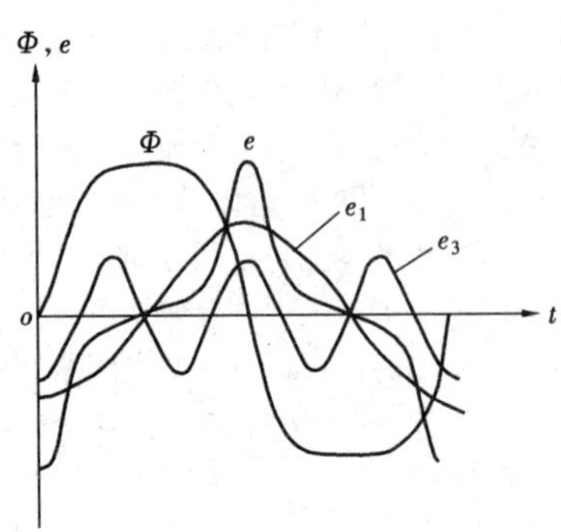

图 5-11 平顶波磁通产生电势的波形

器，一般不采用全星形接线组别，如要采用，则需增加一个△绕组。

对于接线组别为 Y/Y_0、Y_0/Y_0、Y_0 接法的自耦变压器则和1）中分析的一样，如无其它要求，也可不要附加△绕组。

(2) 三次谐波电流的危害：从系统运行角度要求，电压波形尽量接近于正弦波，因此变压器的激磁电流中必须含有三次谐波电流。当流有三次谐波电流的输电线路与通讯线并列、且距离很长时，三次谐波电流对通讯线路有严重的干扰作用。设计时要考虑通讯线路尽量远离输电线路，更不要平行架设。采用了具有△绕组的自耦变压器，亦可起到分流线路三次谐波电流的作用。

目前我国所用的全星形变压器全为自耦型，电压比多为 220/110/35、330/220/35、330/110/35kV。采用全星形接线组别，可便于 35kV 侧与电网并列运行。由于 330、220、110kV 均系中性点直接接地系统，系统的零序阻抗较小，所以自耦变压器的△绕组对线路三次谐波的分流作用已不是很显著，从而更有可能采用全星形变压器。

2. 零序阻抗问题

采用三相三柱式全星形自耦变压器时，高、中压侧中性点又必须直接接地，单相短路零序电流很大，其零序磁通路径和三次谐波一样，只有通过铁芯、空气和外壳而构成回路。零序磁通在外壳中将感应产生涡流，这些涡流与三相绕组零序电流反向，外壳表现为一个附加△绕组的作用。由于零序磁阻大，从而使零序电抗比正序电抗小。

对于三柱式自耦 $Y_0/Y_0-12-12$ 的变压器要得到准确的零序电抗值，只有依靠试验，因为制造厂一般不提供该数据。这给设计运行带来不便。作为三绕组自耦变压器的零序等值电路见图 5-12。

图 5-12 中 X_{n0}为包含有外壳△绕组作用的零序激磁电抗（如有低压△绕组则也包含在内）。为了获得高压零序电抗 X_{G0}、中压零序电抗 X_{Z0}和低压零序电抗 X_{n0}，也是通过变压器的开路和短路试验来确定，下面简单介绍确定方法。

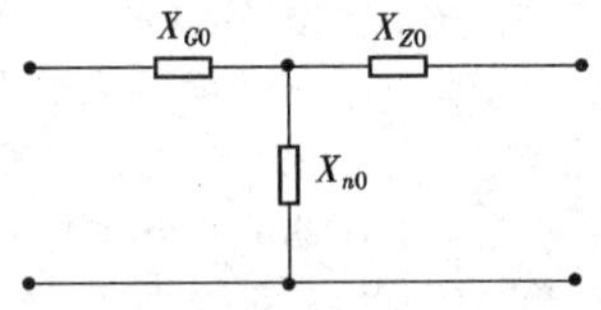

图 5-12 三绕组自耦变压器零序等值电路

一般低压星形绕组是属非直接接地电网系统，所以只要在高压和中压之间做试验，即

(1) 高压侧加零序电压、中压侧开路（低压侧开路），得：

$$X_{G0}+X_{n0}=A \tag{5-11}$$

(2) 中压侧加零序电压，高压侧开路（低压侧开路），得：

$$X_{Z0}+X_{n0}=B \tag{5-12}$$

(3) 高压侧加零序电压、中压侧三相对中性点短路（低压侧开路），得：

$$X_{G0}+\frac{X_{Z0}X_{n0}}{X_{Z0}+X_{n0}}=C \tag{5-13}$$

(4) 中压侧加零序电压、高压侧三相对中性点短路（低压侧同上），得：

$$X_{Z0}+\frac{X_{G0}X_{n0}}{X_{G0}+X_{n0}}=D \tag{5-14}$$

根据上述四个实测数 A、B、C、D 可推出

$$X_{n0}=\sqrt{B\ (A-C)} \tag{5-15}$$

$$X_{G0}=A-X_{n0} \tag{5-16}$$

$$X_{Z0}=B-X_{n0} \tag{5-17}$$

最后以 $D=X_{Z0}+\frac{X_{G0}X_{n0}}{X_{G0}+X_{n0}}$计算值与实测 D 值校核其正确性。

顺便指出，对于有△接线第三绕组的 Y_0 自耦变压器，其零序电抗可直接按制造厂提供的零序短路电抗的 80% 来计算。不必再做试验。

3. 操作过电压问题

实测和模拟试验表明，接有全星形变压器的操作过电压，要比有△接线第三绕组的低。原因是无△绕

组时，操作变压器相当于单相跳合闸操作，三相之间彼此影响较小；当有△绕组后，由于绕组内有电流通过，就会使一相的高压绕组与另二相的高压绕组产生耦合作用，所以操作过电压就高。

4. 继电保护问题

由于全星形变压器各侧电流间无相位差，纵差保护各侧电流互感器可以接成星形或三角形。电流互感器星形接线简单、二次负载轻，单相接地故障时保护灵敏度高，所以只要在变压器外部故障时不误动作，电流互感器宜按星形接线（一般只要整定值大于额定电流 I_e，即可用星形接线）。而当采用晶体管差动继电器时，由于整定值为 $(0.3\sim0.5I_e)$，其电流互感器宜接成三角形。

当采用全星形自耦变压器时，由于高、中压侧之间的零序电抗很小，而接地支路的零序电抗又比较大，往往会出现高、中压侧线路对侧的零序后备保护与主变压器高、中压侧零序保护不能配合。设计中必须考虑各种运行方式，采取措施，以免中压侧线路或高压侧线路发生单相接地时，造成高压侧对侧线路或中压侧对侧线路越级跳闸。

第 5－3 节　主变压器阻抗和电压调整方式的选择

一、主变压器阻抗的选择

1. 阻抗选择原则

变压器的阻抗实质就是绕组间的漏抗。阻抗的大小主要决定于变压器的结构和采用的材料。当变压器的电压比和结构、型式、材料确定之后，其阻抗大小一般和变压器容量关系不大。

从电力系统稳定和供电电压质量考虑，希望主变压器的阻抗越小越好；但阻抗偏小又会使系统短路电流增加，高、低压电器设备选择遇到困难；另外阻抗的大小还要考虑变压器并联运行的要求。主变压器阻抗的选择要考虑如下原则：

(1) 各侧阻抗值的选择必须从电力系统稳定、潮流方向、无功分配、继电保护、短路电流、系统内的调压手段和并联运行等方面进行综合考虑；并应以对工程起决定性作用的因素来确定。

(2) 对双绕组普通变压器，一般按标准规定值选择。

(3) 对三绕组的普通型和自耦型变压器，其最大阻抗是放在高、中压侧还是高、低压侧，必须按上述第 (1) 条原则来确定。目前国内生产的变压器有“升压型”和“降压型”两种结构：“升压型”的绕组排列顺序为自铁芯向外依次为中、低、高，所以高、中压侧阻抗最大；“降压型”的绕组排列顺序为自铁芯向外依次为低、中、高，所以高、低压侧阻抗最大。

2. 分裂变压器阻抗计算

在电力系统中采用的分裂变压器，多为一个高压绕组、两个低压绕组，即两级电压、三个绕组（图 5－13）。

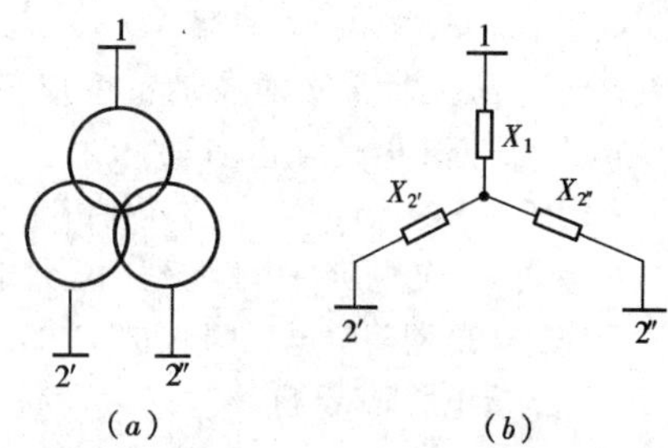

图 5－13　分裂变压器等值接线图

制造部门通常给出分裂变压器的穿越电抗 X_{1-2}、半穿越电抗 $X_{1-2'}$ 和分裂系数 K_f 的数值。而在短路电流计算中，我们需要知道高压绕组的电抗 X_1 和两个分裂绕组的电抗 $X_{2'}$ 和 $X_{2''}$，以便进行网络变换。

设两个分裂绕组的电抗 $X_{2'}$ 与 $X_{2''}$ 相等。它们之间的电抗称为分裂电抗 $X_{2'-2''}$，且有 $X_{2'-2''}=X_{2'}+X_{2''}=2X_{2'}$。

穿越电抗 X_{1-2} 是高压绕组与总的低压绕组（两分裂绕组并联）间的穿越电抗，即 $X_{1-2}=X_1+X_{2'}\parallel X_{2''}=X_1+\frac{1}{2}X_{2'}$。

半穿越电抗 $X_{1-2'}$ 是高压绕组与一个低压绕组间的穿越电抗，即为 $X_{1-2'}=X_1+X_{2'}$。

分裂系数 K_f 是分裂绕组间的分裂电抗 $X_{2'-2''}$ 与穿越电抗 X_{1-2} 的比值，即 $K_f=\frac{X_{2'-2''}}{X_{1-2}}$，或 $X_{2'-2''}=K_fX_{1-2}$。

根据以上定义，可以直接写出：

$$X_{1-2}=X_1+\frac{1}{2}\left(\frac{1}{2}X_{2'-2''}\right)$$
$$=X_1+\frac{1}{4}K_fX_{1-2}$$

或

$$X_1=X_{1-2}\left(1-\frac{1}{4}K_f\right)$$

$$X_{2'} = X_{2''} = \frac{1}{2} K_f X_{1-2}$$

具体的数值计算，可见第四章短路电流计算中的算例1。

二、主变压器电压调整方式的选择

1. 电压质量

220kV及以上电网的电压质量应符合以下标准：

(1) 枢纽变电所二次侧母线的运行电压控制水平应根据枢纽变电所的位置及电网的电压降而定，可为电网额定电压的1～1.1倍。在日最大、最小负荷情况下，其运行电压控制水平的波动范围应不超过10%；事故后不应低于电网额定电压的95%。

(2) 电网任一点的运行电压，在任何情况下严禁超过电网最高电压。变电所一次侧母线的运行电压正常情况下不应低于电网额定电压的95%～100%（处于电网受电端的变电所取低值）。

2. 调压方式

变压器的电压调整是用分接开关切换变压器的分接头，从而改变变压器变比来实现的。切换方式有两种：不带电切换，称为无激励调压，调整范围通常在±5%以内；另一种是带负载切换，称为有载调压，调整范围可达30%。

设置有载调压的原则如下：

(1) 对于220kV及以上的降压变压器，仅在电网电压可能有较大变化的情况下，采用有载调压方式，一般不宜采用。当电力系统运行确有需要时，在降压变电所亦可装设单独的调压变压器或串联变压器。

(2) 对于110kV及以下的变压器，宜考虑至少有一级电压的变压器采用有载调压方式。

(3) 接于出力变化大的发电厂的主变压器，或接于时而为送端、时而为受端母线上的发电厂联络变压器，一般采用有载调压方式。

3. 调压绕组的位置选择

自耦变压器有载调压方式，有公共绕组中性点侧调压、串联绕组末端调压及中压侧线端调压等三种。应根据变压器的电压、容量、运行方式要求等进行选择。

(1) 中性点侧调压方式：中性点侧调压方式的优点是调压绕组及调压装置的工作电压低，绝缘水平要求较低。三相变压器可使用三相分接开关，分接抽头电流较小，因而造价低、可靠性高。但这种调压方式在调压时，第三绕组电压会出现电压偏移现象，当升高中压侧电压时，同时将降低低压侧的电压。另外，调压过程中，主绕组的感应电势亦随之变化，从而可能出现过激磁现象，如果第三绕组连接有电抗器、电容器或调相机等调相设备，会更加剧电压升高的数值，使运行特性变坏。在发电厂中，如用于联络变压器，低压绕组不接任何电源，将可减轻调压问题所造成的困难。

因此，中性点侧调压方式适用于容量较小、电压较高、变比较大的自耦变压器。

(2) 中压侧线端调压方式：将有载分接开关直接接于中压侧出线端部的中压侧线端调压方式，其最大优点是在高压侧电压保持不变、中压侧电压变化时，可以按电压升高与降低相应地增加或减少匝数，保持每匝电势不变，从而保证自耦变压器铁芯磁通密度为一恒定数值，消除了过激磁现象，使第三绕组电压不致发生波动。如果高压侧电压变化时，变压器的激磁状态虽然也会发生变化，影响到低压侧的电压数值，但这种变化远较中性点调压方式为小，并不会大于电压变动范围。

这种调压方式在调压过程中，会引起变压器的电抗参数变化和效益系数的改变。在制造方面，当高压侧受到电压冲击时，对具有电气直接联系的中压侧调压绕组和切换装置，需要加强保护，其绝缘水平亦要求较高，造价也随之提高。

因此，中压侧线端调压适用于中压侧电压变化较大的情况。如果自耦变压器主要是将高压侧电能向中压侧传输时，由于低压侧负荷较小，高压侧电压变化时所受影响不大，亦可考虑采用这种调压方式。

(3) 串联绕组末端调压方式：在高压侧进行直接调压的串联绕组末端调压方式，也是一种保证铁芯磁通密度恒定的线端调压方式。它可以在中压侧电压不变、高压侧电压变化时，改变匝数、保证低压电压稳定。但是，随着可调电压的提高，对调压绕组和分接开关的绝缘水平要求更高，切换电流也大，结构更为复杂，在制造技术上会遇到更大的困难。对调压绕组的空间位置、连接方式以及和其他绕组的相互位置，都要进行最佳选择，以保证调压过程中的最少电抗偏离。

因此，串联绕组末端调压适用于大容量自耦变压器、而且高压侧电压变化较大的情况。

目前我国采用的有载分接开关有：贵州长征电器厂生产的ZY1型和从德意志联邦共和国引进的MR型等。

第5－4节　主变压器的冷却方式

主变压器一般采用的冷却方式有：自然风冷却；强迫油循环风冷却；强迫油循环水冷却；强迫、导向油循环冷却。

小容量变压器一般采用自然风冷却。大容量变压器一般采用强迫油循环风冷却变压器。在发电厂水源充足的情况下，为了压缩占地面积，大容量变压器也有采用强迫油循环水冷却。

强迫油循环水冷却方式散热效率高，节约材料，减少变压器本体尺寸。其缺点是这样冷却方式要有一套水冷却系统和有关附件，冷却器的密封性能要求高，维护工作量较大。

近来随着变压器制造技术的发展，在大容量变压器中，采用了强迫油循环导向冷却方式。它是用潜油泵将冷油压入线圈之间、线饼之间和铁芯的油道中，故此冷却效率更高。

当变压器采用强迫油循环冷却方式时，对冷却系统的供电应可靠，一般采用分别连接在不同母线上的两回路独立电源供电，并能实现自投。对各个冷却器的工作、辅助或备用等运行状态，亦能根据变压器的负荷、温度等情况，自动进行调整。当冷却器因故障全停时，须经一定延时，跳开各侧断路器，使变压器退出运行。

附录5－1　变压器的运输

一、铁路运输

1. 运输外限尺寸

变压器运输的外限尺寸必须满足铁路运输的装载限制，我国规定的全国铁路标准运输外限如附图5－1所示。

附图5－1中的折线1表示正常运输限界，超过此限界之零部件必须拆卸；折线2表示三级超限运输限界（此时运费要增加70%），超过此限界为超级超限，需经铁道部特殊许可；曲线3表示建筑限界。

附图5－2表示变压器制造厂提供的变压器运输尺寸图，$R=1950$ 表示大型变压器的运输限界。

2. 超限运输的技术措施

当运输尺寸稍大于运输限界时，要征得铁路运输部门的同意并采取减速行车和临时处理障碍物以后，可以实现运输。

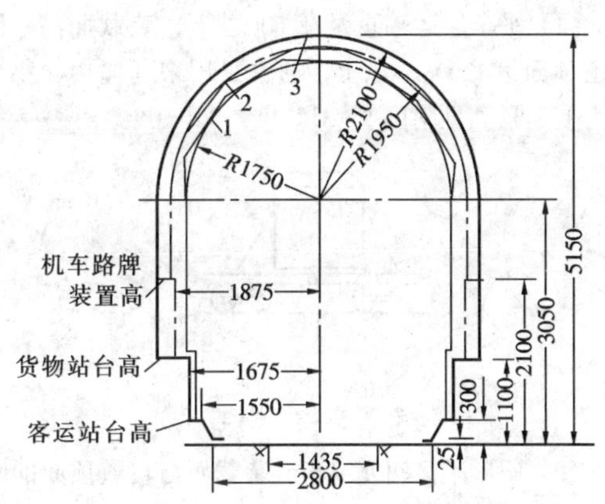

附图5－1　全国铁路标准运输外限图

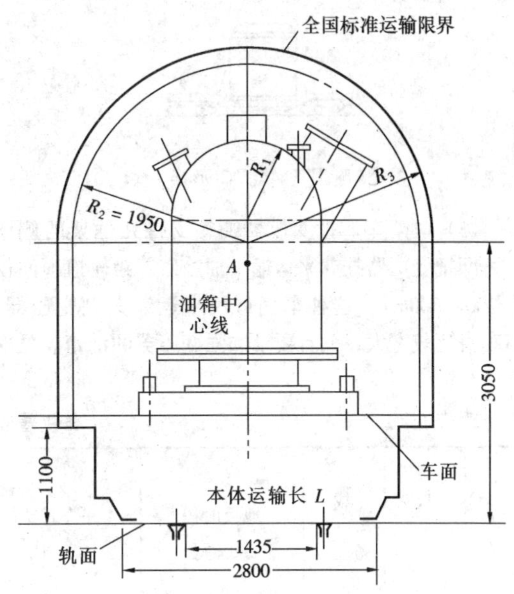

附图5－2　变压器运输尺寸图

A—重心，其高度为线圈高度中心线至台车平面

据铁道部有关规定：

（1）运输尺寸在 R1950～R2000 限界之内，在建筑物内车速须小于25km/h。

（2）运输尺寸在 R2000～R2030 限界之内，在建筑物内车速须小于15km/h。

（3）运输尺寸超过 R2030 限界须由铁路局根据实际情况决定运输。

为了使运输尺寸符合运输限界，可降低变压器的运输高度和宽度。例如对大型变压器采取分节油箱的结构设计。运输时卸除上节油箱和箱盖，换上特制的梯形临时运输顶盖。也可降低运输车的装载面。如采用凹形车、框架车和分节平车。

3. 各种运输车的技术特点

(1) 平车。运输重量在60t以下，装载面高，距轨道顶面达1200mm以上，通常只用来运输中、小型电力变压器。见附图5－3。

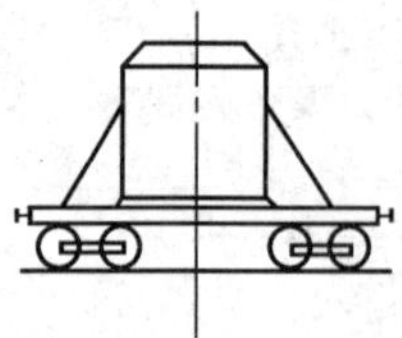

附图5－3　平车

(2) 凹形车又叫元宝车。装载面与轨道顶面的距离在500～800mm之间，运输重量达200t，应用最广泛的一种。见附图5－4。

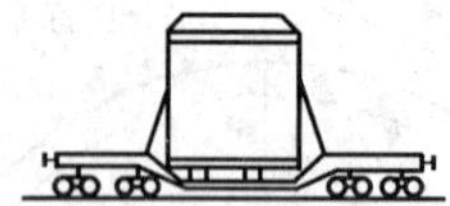

附图5－4　凹形车

(3) 框架车。把变压器油箱支持在框架的侧梁上，即把变压器挂起来运输，油箱底部距轨道顶面仅为200～300mm。这种车辆可用来运输大型变压器，但车身比较宽大，而且要求加强变压器的油箱。见附图5－5。

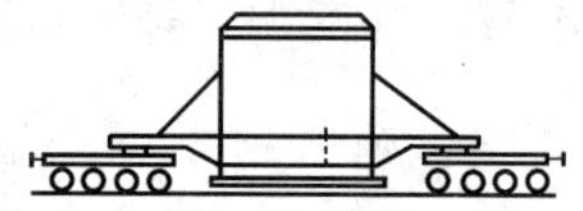

附图5－5　框架车

(4) 分节平车。从结构上它是分开的两个平车，变压器放在两车之间，抬起来运输。为承受运输中产生的动荷重，油箱壁和油箱底部需要特别加强，油箱壁上焊接专用的起重板，通过它把油箱固定到平车的悬臂上。运输重量可达300t以上，油箱底部距轨道顶面只有200～300mm，适宜于运输特大变压器。见附图5－6。

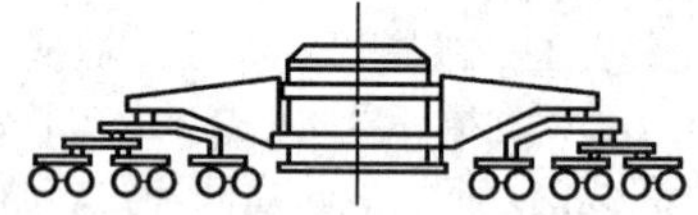

附图5－6　分节平车

4. 平车和凹形车的技术数据

准轨普通平车的技术数据见附表5－1，凹形车的尺寸见附表5－2，凹形车的装载量和装载支持面长度见附表5－3。

附表5－1　　准轨普通平车技术数据

型号	自重 (t)	载重 (t)	地板面积（长×宽）(mm)	平车最大宽×高 (mm)	地板面至轨面距离 (mm)	集中载重 (t) 地板面长（m） 1 6	2 7	3 8	4 9	5 10	特点
N_1	13.5	30	28.5m² （10370×2750）	3060×1935	1165	9 20	10 25	12 30	14	17	有活动墙板，侧板高450mm，端板高300mm
N_4	20.0	40	35.9m² （12420×2770）	3122×1880	1175	40	20	30	35	37	
N_5	20.0	50	28.6m² （10370×2750）	2960×2070	1250	10 28	12 35	15 43	18 50	23	有活动墙板，侧板高470mm，端板高305mm
N_6	18.0	60	39m² （12920×2900）	3192×2011	1170	25 53	30 55	40 57	45 60	50	平板式
N_8	13.5	40	31.1m² （12200×2550）	2740×2070	1150						

续表

型号	自重	载重	地板面积（长×宽）	平车最大宽×高	地板面至轨面距离	集中载重 地板面长（m） 1 6	2 7	3 8	4 9	5 10	特点
	（t）		（mm）		（mm）	（t）					
N_{10}	17.5	50	34.6m² （12380×2590）	3000×1980	1150 1300	20 35	25 38	29 41	31 45	33 50	
N_{12}	20.5	60	38.75m² （12500×3100）	3166×1840	1180	25 53	30 55	40 57	45 60	50	
N_{10}	18.3	65	39m²	3192×2026	1210						
N_{60}	18.0	60	39m² （12920×2900）	3192×1921	1170	25 40	27.5 45	30 50	33 55	35 60	有活动墙板，侧板高 470mm，端板高 305mm

附表 5－2　凹形车尺寸

序号	载重量（t）	轴数（个）	自重（t）	凹部长（mm）	凹部高（mm）	凹部宽（mm）
1	90	6		9000～10000	860～870	3000
2	110	8	60	10000	1100	3000
3	150	12	100	9000	1100	2400
4	180	16	152	9000	1260	2400
5	230	20	190	9000	1800	2400

附表 5－3　凹形车的装载量和装载支持面的长度

序号	装载支持面长度（m）	最大载重量（t） 90	110	150	180	230
1	1.0	60	87	120	150	196
2	1.5	65				
3	2.0		90	123	153	199
4	3.0	70	94	126	156	203
5	4.0		97	130	160	207
6	4.5	75				
7	5.0		100	133	163	211
8	6.0	80	105	136	167	216
9	7.0		110	141	171	220
10	7.5	85				
11	8.0			145	176	224
12	9.0	90		150	180	230

附表 5-4　　平板拖车和牵引车的技术数据

型　号	技术参数					生产厂	选用牵引车型号	与牵引车连接后有关数据				
	载重	自重	货台尺寸	外形尺寸	离地间隙			最大行驶速度	爬坡能力	最小弯曲半径	总外形尺寸	列车总重
			长×宽×高	长×宽×高							长×宽×高	
	(t)		(mm)					(km/h)	(%)	(m)	(mm)	(t)
SSG820	20	—	5200×2940×$\frac{1159}{1190}$	10443×2940×1684	$\frac{310}{310}$	上海水工机械厂	10t 以上载重汽车	<30		9.0		
HY873	25	7	6000×2900×1060	10990×2900×1880		汉阳车辆制造厂	XD980	37.6	35	12.5	18400×2900×2600	49.4
SSG840	40	9	6000×3200×978	9920×3200×1543	$\frac{327}{222}$	上海水工机械厂	TATRA 141	<15	12	9.2		
HY882	50	15	6000×3200×1100	12030×3200×1750		汉阳车辆制造厂	TRTRA 141	15	10	11.7	19700×3200×2600	84.4
SSG880	80		7000×3500×1298	11995×3550×2052	$\frac{310}{250}$	上海水工机械厂	TRTRA 141	<15		10.7		
QG150	150	35	12660×3560	14800×3700×1400	340	上海市汽车运输公司	SH991	30		10.4		
QG300	300	70	19600×3700	21340×3700×1400	280	上海市汽车运输公司	SH991	30		14.0		

二、公路运输

1. 一般要求

用拖车从公路上运输电力变压器时，要求公路的宽度除满足拖车通行外，还不致于妨碍其它车辆通过。公路上至少要有若干处会车点，以解决超车和错车的问题。公路横断面的坡度不宜过大，纵向的坡度应小于变压器的允许最大倾角 15°。路面要足够平正。转弯处公路的宽度要满足拖车的最小转弯半径（有时还要考虑包括牵引车在内的总转弯半径）。选择运输路径时，要查明桥梁的情况和需要跨越的河沟，铁路和隧道，立交桥的高度限制，以及公路下面的涵洞、管道等埋设物，构成运输的障碍情况，并与有关部门联系解决。

2. 运输车的技术数据

运输车包括拖车和牵引车。它们之间有两种连接方式：一种是牵引车和拖车各自独立，用挂钩把两者连接起来；另一种是牵引车和拖车成为一个整体，拖车前部没有车轮，而是直接搭跨到牵引车的后部，连接处是活动的旋转盘，以便在行进中调节方向。运输变压器大多使用平板拖车和胶轮牵引车。有关牵引车和平板拖车的技术数据如附表 5-4，对运输车的一般要求如下：

(1) 拖车有合适的装载面积和装载高度。装载面的高度最好不大于 1.3m；

(2) 额定装载时，平路上的行车速度约 5～10km/h，爬坡能力约 10%，增加一台同容量的牵引车以后，爬坡能力可达 15%；

(3) 牵引车可以从拖车的前端或后端进行牵引；

(4) 拖车和牵引车的转弯半径最好不超过 12m，转弯时占公路的宽度不大于 5.5m。

第六章

高压电器选择

编者 弋东方　　校者 范敦溥　　审者 张仲波

第6-1节　电器选择的一般要求

一、一般原则

(1) 应满足正常运行、检修、短路和过电压情况下的要求，并考虑远景发展；

(2) 应按当地环境条件校核；

(3) 应力求技术先进和经济合理；

(4) 与整个工程的建设标准应协调一致；

(5) 同类设备应尽量减少品种；

(6) 选用的新产品均应具有可靠的试验数据，并经正式鉴定合格。在特殊情况下，选用未经正式鉴定的新产品时，应经上级批准。

二、技术条件

选择的高压电器，应能在长期工作条件下和发生过电压、过电流的情况下保持正常运行。各种高压电器的一般技术条件如表6-1所示。

(一) 长期工作条件

1. 电压

选用的电器允许最高工作电压 U_{max} 不得低于该回路的最高运行电压 U_g，即

$$U_{max} \geqslant U_g \tag{6-1}$$

三相交流3kV及以上设备的最高电压见表6-2。

2. 电流

选用的电器额定电流 I_e 不得低于所在回路在各种可能运行方式下的持续工作电流 I_g，即

$$I_e \geqslant I_g \tag{6-2}$$

不同回路的持续工作电流可按表6-3中所列原则计算。

由于变压器短时过载能力很大，双回路出线的工作电流变化幅度也较大，故其计算工作电流应根据实际需要确定。

高压电器没有明确的过载能力，所以在选择其额定电流时，应满足各种可能运行方式下回路持续工作电流的要求。

3. 机械荷载

所选电器端子的允许荷载，应大于电器引线在正常运行和短路时的最大作用力。各种电器的允许荷载见相应各节。

电器机械荷载的安全系数，由制造部门在产品制

表6-1　选择电器的一般技术条件

序号	电器名称	额定电压(kV)	额定电流(A)	额定容量(kVA)	机械荷载(N)	额定开断电流(kA)	短路稳定性		绝缘水平
							热稳定	动稳定	
1	高压断路器	√	√		√	√	√	√	√
2	隔离开关	√	√		√		√	√	√
3	敞开式组合电器	√	√		√		√	√	√
4	负荷开关	√	√		√		√	√	√
5	熔断器	√	√		√	√			√
6	电压互感器	√			√				√
7	电流互感器	√	√		√		√	√	√
8	限流电抗器	√	√		√		√	√	√
9	消弧线圈	√	√	√	√				√
10	避雷器	√			√				√
11	封闭电器	√	√		√	√	√	√	√
12	穿墙套管	√	√		√		√	√	√
13	绝缘子	√			√			√①	√

① 悬式绝缘子不校验动稳定。

表6-2 **额定电压与设备最高电压（kV）**

受电设备或系统额定电压	供电设备额定电压	设备最高电压
3	3.15	3.5
6	6.3	6.9
10	10.5	11.5
与发电机配套的受电设备的额定电压，可采用供电设备额定电压	13.8（发电机）	与发电机配套的受电设备最高电压由供需双方研究确定。但发电机断路器、隔离开关等的额定电压可在各专业标准中具体规定
	15.75（发电机）	
	18（发电机）	
	20（发电机）	
35		40.5
63		69
110		126
220		252
330		363
500		550

表6-3 **回路持续工作电流**

回路名称		计算工作电流	说明
出线	带电抗器出线	电抗器额定电流	
	单回路	线路最大负荷电流	包括线路损耗与事故时转移过来的负荷
	双回路	（1.2～2）倍一回线的正常最大负荷电流	包括线路损耗与事故时转移过来的负荷
	环形与一台半断路器接线回路	两个相邻回路正常负荷电流	考虑断路器事故或检修时，一个回路加另一最大回路负荷电流的可能
	桥型接线	最大元件负荷电流	桥回路尚需考虑系统穿越功率
变压器回路		1.05倍变压器额定电流	1. 根据在0.95额定电压以上时其容量不变； 2. 带负荷调压变压器应按变压器的最大工作电流
		（1.3～2.0）倍变压器额定电流	若要求承担另一台变压器事故或检修时转移的负荷，则按第五章内容确定
母线联络回路		1个最大电源元件的计算电流	
母线分段回路		分段电抗器额定电流	1. 考虑电源元件事故跳闸后仍能保证该段母线负荷； 2. 分段电抗器一般发电厂为最大一台发电机额定电流的50%～80%，变电所应满足用户的一级负荷和大部分二级负荷
旁路回路		需旁路的回路最大额定电流	
发电机回路		1.05倍发电机额定电流	当发电机冷却气体温度低于额定值时，允许提高电流为每低1℃加0.5%，必要时可按此计算
电动机回路		电动机的额定电流	

造中统一考虑。套管和绝缘子的安全系数不应小于表 6-4 所列数值。

表 6-4　套管和绝缘子的安全系数

类　别	荷载长期作用时	荷载短时作用时
套管、支持绝缘子及其金具	2.5	1.67
悬式绝缘子及其金具①	4	2.5

① 悬式绝缘子的安全系数对应于一小时机电试验荷载，而不是破坏荷载。若是后者，安全系数则分别应为 5.3 和 3.3。

（二）短路稳定条件

1. 校验的一般原则

1）电器在选定后应按最大可能通过的短路电流进行动、热稳定校验。校验的短路电流一般取三相短路时的短路电流，若发电机出口的两相短路，或中性点直接接地系统及自耦变压器等回路中的单相、两相接地短路较三相短路严重时，则应按严重情况校验。

2）用熔断器保护的电器可不验算热稳定。当熔断器有限流作用时，可不验算动稳定。用熔断器保护的电压互感器回路，可不验算动、热稳定。

2. 短路的热稳定条件

$$I_t^2 t > Q_{dt} \qquad (6-3)$$

式中　Q_{dt}——在计算时间 t_{js} 秒内，短路电流的热效应（$kA^2 \cdot s$）；

I_t——t 秒内设备允许通过的热稳定电流有效值（kA）；

t——设备允许通过的热稳定电流时间（s）。

校验短路热稳定所用的计算时间 t_{js} 按下式计算：

$$t_{js} = t_b + t_d \qquad (6-4)$$

式中　t_b——继电保护装置后备保护动作时间（s）；

t_d——断路器的全分闸时间（s）。

采用无延时保护时，t_{js} 可取表 6-5 中的数据。该数据为继电保护装置的起动机构和执行机构的动作时间，断路器的固有分闸时间以及断路器触头电弧持续时间的总和。当继电保护装置有延时整定时，则应按表中数据加上相应的整定时间。

3. 短路的动稳定条件

$$\left.\begin{aligned} i_{ch} &\leqslant i_{df} \\ I_{ch} &\leqslant I_{df} \end{aligned}\right\} \qquad (6-5)$$

式中　i_{ch}——短路冲击电流峰值（kA）；

I_{ch}——短路全电流有效值（kA）；

i_{df}——电器允许的极限通过电流峰值（kA）；

I_{df}——电器允许的极限通过电流有效值（kA）。

表 6-5　校验热效应的计算时间（s）

断路器开断速度	断路器的全分闸时间 t_d	计算时间 t_{js}
高速断路器	<0.08	0.1
中速断路器	0.08~0.12	0.15
低速断路器	>0.12	0.2

（三）绝缘水平

在工作电压和过电压的作用下，电器的内、外绝缘应保证必要的可靠性。

电器的绝缘水平，应按电网中出现的各种过电压和保护设备相应的保护水平来确定。当所选电器的绝缘水平低于国家规定的标准数值时，应通过绝缘配合计算，选用适当的过电压保护设备。绝缘配合的计算方法见第十五章。

三、环境条件

电工产品的使用环境条件见附录 6-1。

（一）温度

选择电器用的环境温度按表 6-6 选取。

表 6-6　选择电器的环境温度

安装场所	最　高	最低
屋　外	年最高温度	年最低温度
电抗器室	该处通风设计最高排风温度	
屋内其他处	该处通风设计温度，当无资料时，可取最热月平均最高温度加 5℃	

注　1. 年最高（或最低）温度为一年中所测得的最高（或最低）温度的多年平均值。
2. 最热月平均最高温度为最热月每日最高温度的月平均值，取多年平均值。

按《交流高压电器在长期工作时的发热》（GB 763—74）的规定，普通高压电器在环境最高温度为 +40℃时，允许按额定电流长期工作。当电器安装点的环境温度高于 +40℃（但不高于 +60℃）时，每增高 1℃，建议额定电流减少 1.8%；当低于 +40℃时，每降低 1℃，建议额定电流增加 0.5%，但总的增加值不得超过额定电流的 20%。

普通高压电器一般可在环境最低温度为 -30℃时

正常运行。在高寒地区，应选择能适应环境最低温度为－40℃的高寒电器。

在年最高温度超过40℃，而长期处于低湿度的干热地区，应选用型号后带“TA”字样的干热带型产品。

（二）日照

屋外高压电器在日照影响下将产生附加温升。但高压电器的发热试验是在避免阳光直射的条件下进行的。如果制造部门未能提出产品在日照下额定载流量下降的数据，在设计中可暂按电器额定电流的80%选择设备。

在进行试验或计算时，日照强度取0.1W/cm^2，风速取0.5m/s。

（三）风速

一般高压电器可在风速不大于35m/s的环境下使用。

选择电器时所用的最大风速，可取离地10m高、30年一遇的10min平均最大风速。最大设计风速超过35m/s的地区，可在屋外配电装置的布置中采取措施。阵风对屋外电器及电瓷产品的影响，应由制造部门在产品设计中考虑，可不做为选择电器的条件。

考虑到500kV电器体积比较大、而且重要，宜采用离地10m高，50年一遇10min平均最大风速。

对于台风经常侵袭或最大风速超过35m/s的地区，除向制造部门提出特殊订货外，在设计布置时应采取有效防护措施，如降低安装高度、加强基础固定等。

（四）冰雪

在积雪和覆冰严重的地区，应采取措施防止冰串引起瓷件绝缘对地闪络。

隔离开关的破冰厚度一般为10mm。在重冰区（如云贵高原，山东河南部分地区，湘中、粤北重冰地带以及东北部分地区），所选隔离开关的破冰厚度，应大于安装场所的最大覆冰厚度。

（五）湿度

选择电器的湿度，应采用当地相对湿度最高月份的平均相对湿度（相对湿度—在一定温度下，空气中实际水汽压强值与饱和水汽压强值之比；最高月份的平均相对湿度—该月中日最大相对湿度值的月平均值）。对湿度较高的场所（如岸边水泵房等），应采用该处实际相对湿度。当无资料时，可取比当地湿度最高月份平均值高5%的相对湿度

一般高压电器可使用在＋20℃，相对湿度为90%的环境中（电流互感器为85%）。在长江以南和沿海地区，当相对湿度超过一般产品使用标准时，应选用湿热带型高压电器。这类产品的型号后面一般都标有“TH”字样。

湿热带型高压电器的使用环境条件见表6－7。

表6－7 湿热带型高压电器的使用环境条件

环境因素		额定值
空气温度	最高（℃）	40
	最低（℃）	0
空气最大相对湿度（%）		95（25℃时）
黑色物体表面最高温度（℃）		80
太阳辐射最大强度（J/cm^2·min）		5.86
凝露		有
含盐空气		有
霉菌		有
最大降雨强度（mm/10min）		50
海拔高度（m）		≤1000

注 1. 本表引自一机部部标准《湿热带型高压电器》（JB 832—66）。
2. 湿热带型高压电器分为屋内与屋外两种型式，屋外使用的产品应考虑太阳辐射、雨、露的因素。在沿海地区，仅屋外存在盐雾，才作为特殊污秽考虑。

（六）污秽

在距海岸1～2km或盐场附近的盐雾场所，在火电厂、炼油厂、冶炼厂、石油化工厂和水泥厂等附近含有由工厂排出的二氧化硫、硫化氢、氨、氯等成分烟气、粉尘等场所，在潮湿的气候下将形成腐蚀性或导电的物质。污秽地区内各种污物对电气设备的危害，取决于污秽物质的导电性、吸水性、附着力、数量、比重及距物源的距离和气象条件。在工程设计中，应根据污秽情况选用下列措施：

（1）增大电瓷外绝缘的有效泄漏比距或选用有利于防污的电瓷造型，如采用半导体、大小伞、大倾角、钟罩式等特制绝缘子。

（2）采用屋内配电装置。2级及以上污秽区的63～110kV配电装置采用屋内型。当技术经济合理时，污秽区220kV配电装置也可采用屋内型。

发电厂、变电所污秽分级标准见表6－8。

（七）海拔

电器的一般使用条件为海拔高度不超过1000m。海拔超过1000m的地区称为高原地区。

表6-8　发电厂、变电所污秽分级标准

污秽等级	污秽条件		泄漏比距（cm/kV）	
	污湿特征	盐密（mg/cm²）	中性点直接接地	中性点非直接接地
1	大气无明显污染地区或大气轻度污染地区；在污闪季节中干燥少雾（含毛毛雨）或雨量较多时	0~0.03（强电解质） 0~0.06（弱电解质）	1.7	2.0
2	大气中等污染地区；沿海地带及盐场附近；在污闪季节中多雾（含毛毛雨）且雨量较少	0.03~0.25	2.5	3.0
3	大气严重污染地区；严重盐雾地区	>0.25	3.5	4.0

注　1. 盐密指由普通悬式绝缘子（X-4.5）所组成的悬垂串上测得值。
2. 化工厂及冶金厂附近的发变电所。可根据污源所排放的导电气体和导电金属粉尘的严重程度分别列为2级或3级污秽。
3. 有冷水塔的发电厂。其污秽等级可根据电厂烟囱的除尘效率及冷水塔是否装设除水器等条件。确定列为2级或3级污秽。
4. 泄漏比距计算取系统额定线电压。
5. 本表引自水利电力部部颁标准（1985年）。另外，国家标准《高压电力设备外绝缘污秽等级》（GB 5582—85）为电力设备制造部门对产品进行设计和定型试验的依据，而不是电力系统设计、施工和运行维护部门应用的工程建设规范。

表6-9　高原电器使用环境条件

序号	环境因素		单位	在各海拔高度的额定值		
				1000m	2500m	4000m
1	空气压力	平均	Pa（mmHg）	90000（675）	74800（561）	61500（461）
		最低		84000（630）	68000（510）	56000（420）
2	空气温度	最高	℃	40	32.5	25
		日平均		30	22.5	15
		年平均		20	12.5	5
		最低		取下列数值之一：+5、-10、-25、-40		
		最大日变化		30		
3	空气相对湿度	最湿月平均最大	%	90（25℃）	90（12.5℃）	90（5℃）
		最干月平均最小		20（15℃）	15（12.5℃）	15（5℃）
4	最大降雨强度		mm/10min	30		
5	太阳辐射最大强度		W/m²（cal/cm²·min）	970（1.4）	1110（1.6）	1180（1.7）
6	1m深土壤最高温度		℃	25	20.5	16
7	最大风速		m/s	35		

注　1. 本表引自一机部部标准《电工产品高原使用环境条件》（JB 2678—80）。
2. 海拔超过4000m时，应与制造部门协商。

高原环境条件的特点主要是：气压低、气温低、日温差大、绝对湿度低、日照强。对电器的绝缘、温升、灭弧、老化等的影响是多方面的。

在高原地区，由于气温降低足够补偿海拔对温升的影响，因而在实际使用中其额定电流值可与一般地区相同。

对安装在海拔高度超过1000m地区的电器外绝缘一般应予加强，可选用高原型产品或选用外绝缘提高一级的产品。在海拔3000m以下地区，220kV及以下配电装置也可选用性能优良的避雷器来保护一般电器的外绝缘。

由于现有110kV及以下大多数电器的外绝缘有一定裕度，故可使用在海拔2000m以下的地区。

高原电器使用的环境条件见表6-9。

（八）地震

地震对电器的影响主要是地震波的频率和地震振动的加速度。一般电器的固有振动频率与地震振动频率很接近，应设法防止共振的发生，并加大电器的阻尼比。地震振动的加速度与地震烈度和地基有关，通常用重力加速度 g 的倍数表示。

选择电器时，应根据当地的地震烈度选用能够满足地震要求的产品。电器的辅助设备应具有与主设备相同的抗震能力。一般电器产品可以耐受地震烈度为8度的地震力。在安装时，应考虑支架对地震力的放大使用。根据有关规程的规定，地震基本烈度为7度及以下地区的电器可不采取防震措施。在7度以上地区，电器应能承受的地震力，可按表6-10所列加速度值和电器的质量进行计算。

表6-10　计算电器承受的地震力时用的加速度值

地震烈度（度）	8	9
地面水平加速度	$0.2g$	$0.4g$
地面垂直加速度	$0.1g$	$0.2g$

在电器选定之后，电气工程设计尚需采取的抗震措施详见第十章高压配电装置。

四、环境保护

选用电器，尚应注意电器对周围环境的影响。根据周围环境的控制标准，要对制造部门提出必要的技术要求。

（一）电磁干扰

频率大于10kHz的无线电干扰主要来自电器的电流、电压突变和电晕放电。它会损害或破坏电磁信号的正常接受及电器、电子设备的正常运行。因此，电器及金具在最高工作相电压下，晴天的夜晚不应出现可见电晕。110kV及以上电器户外晴天无线电干扰电压不应大于2500μV。

根据运行经验和现场实测结果，对于110kV以下的电器一般可不校验无线电干扰电压。

（二）噪音

为了减少噪音对工作场所和附近居民区的影响，所选高压电器在运行中或操作时产生的噪音，在距电器2m处不应大于下列水平：

连续性噪音水平：85dB。

非连续性噪音水平：屋内90dB；

屋外110dB。

第6-2节　高压断路器

一、参数选择

断路器及其操动机构应按表6-11所列技术条件选择，并按表中使用环境条件校验。

表6-11中的一般项目按6-1节有关要求进行选择，并补充说明如下：

表6-11　断路器参数选择

项目		参数
技术条件	正常工作条件	电压、电流、频率、机械荷载
	短路稳定性	动稳定电流、热稳定电流和持续时间
	承受过电压能力	对地和断口间的绝缘水平、泄漏比距
	操作性能	开断电流、短路关合电流、操作循环、操作次数、操作相数、分合闸时间及同期性、对过电压的限制、某些特需的开断电流、操动机构
环境条件	环境	环境温度、日温差①、最大风速①、相对湿度②、污秽①、海拔高度、地震烈度
	环境保护	噪音、电磁干扰

① 当在屋内使用时，可不校验。

② 当在屋外使用时，可不校验。

(1) 频率的要求主要针对进出口产品。

(2) 断路器的额定关合电流，不应小于短路冲击电流值。

(3) 关于分合闸时间，对于110kV以上的电网，当电力系统稳定要求快速切除故障时，分闸时间不宜大于0.04s。用于电气制动回路的断路器，其合闸时间不宜大于0.04～0.06s。

(4) 当断路器的两端为互不联系的电源时，设计中应按以下要求校验：

1) 断路器断口间的绝缘水平应满足另一侧出现工频反相电压的要求；

2) 在反相下操作时的开断电流不超过断路器的额定反相开断性能；

3) 断路器同极断口间的泄漏比距为对地的1.5倍。

当缺乏上述技术参数时，应要求制造部门进行补充试验。

(5) 变压器中性点绝缘等级低于相电压的系统中，断路器的分合闸操作不同期时间宜小于10ms。

(6) 不应选用手动操动机构。

二、型式选择

断路器型式的选择，除应满足各项技术条件和环境条件外，还应考虑便于施工调试和运行维护，并经技术经济比较后确定。一般可按表6－12所列原则选型。

三、关于开断能力的几个问题

(一) 校验开断能力的量

在校核断路器的断流能力时，应用开断电流代替断流容量。一般取断路器实际开断时间（继电保护动作时间与断路器固有分闸时间之和）的短路电流作为校验条件。

(二) 首相开断系数

三相断路器在开断短路故障时，由于动作的不同期性，首相开断的断口触头间所承受的工频恢复电压将要增高。增高的数值用首相开断系数来表征。在对三相断路器进行单相试验时，应将其工频恢复电压乘以此系数，以反映实际的开断情况。

首相开断系数是指三相系统当两相短路时，在断路器安装处的完好相对另二相间的工频电压与短路去掉后在同一处获得的相对中性点电压之比。分析系统中经常发生的各种短路形式，第一开断相的断口间工频恢复电压，中性点不接地系统者多为1.5倍相电压；中性点接地系统者多为1.3倍相电压。因此，在中性点直接接地或经小阻抗接地的系统中，选择断路器时，应取首相开断系数为1.3的额定开断电流；在

表6－12　断路器的选型

安装使用场所		可选择的主要型式	需注意的技术特点
发电机回路	中小型机组	少油断路器	额定电流、短路电流和非周期分量均较大，无重合闸要求，注意国产少油断路器达到的实际水平
	大型机组	专用断路器	额定电流大，短路电流大，非周期分量可能超过周期分量、要求开断电流大，热稳定、动稳定要求高
配电装置	35kV及以下	少油断路器 真空断路器 多油断路器	用量大，注意经济实用性，多用于屋内或成套高压开关柜内，采用多油或老型号少油断路器需注意产品质量和重合闸影响。电缆线路开断应无重燃
	35kV～220kV	少油断路器 六氟化硫断路器 空气断路器	开断220kV空载长线时，过电压水平不应超过允许值，开断无重燃，有时断路器的两侧为互不联系的电源
	330kV及以上	六氟化硫断路器 空气断路器 少油断路器	当采用单相重合闸或综合重合闸时，断路器应能分项操作，考虑适应多种开断的要求，断路器要能在一定程度上限制操作过电压，开断无重燃，分合闸时间要短，技术条件要求较轻的场合可用少油型
并联电容器组		真空断路器 六氟化硫断路器 SN10型少油断路器	操作较频繁，注意校验操作过电压倍数，开断无重燃
串联电容器组		与配电装置同型	断口额定电压与补偿装置容量有关
高压电动机		少油断路器 真空断路器	注意校验操作过电压倍数或采取其他限压措施

110kV及以下的中性点非直接接地的系统中，则应取首相开断系数为1.5的额定开断电流。

（三）重合闸

装有自动重合闸装置的断路器，应考虑重合闸对额定开断电流的影响。

我国近期生产的新系列产品，均已按断路器标准通过额定操作循环的开断电流。对于按自动重合闸操作循环“分—θ—合分—t—合分”（θ为无电流间隔时间，110kV及以上θ为0.3s，110kV以下为0.3～0.5s；t为180s）完成试验的断路器，不必再因为重合闸而降低其断流能力。

如要求断路器需要具备二次快速重合的能力，则应按下述操作循环与制造部门协商：

分—θ—合 分—t_1—合 分—t_3—合 分—t_1 合 分

其中t_1为15s，t_2为自定值，例如60s以上。

早期生产的仿苏多油断路器，多数在重合情况下，断流容量降低，需打一定的折扣，乘一个系数。当无厂家资料时，可取表6-13数据。

表6-13 多油断路器重合闸的开断电流降低系数

操作循环	操作次数	当短路电流为以下值时开断电流降低系数			
		10kA以下	11～20kA	21～40kA	40kA以上
合分—t—合分	2	0.8	0.75	0.7	0.65

（四）注意产品质量的实际水平

某些型式的断路器因制造质量等问题，实际开断电流和重合闸开断电流达不到额定值。

SN_4-10（G）和SN_4-20（G）型断路器，铭牌标定的开断电流分别为105kA和87kA。但因1975年经试验，产品全部不合格，1979年水电部提出均暂按58kA限额选用。超过限额时可试用以下措施：

（1）规定适当的运行方式；

（2）厂用分支回路加装限流电抗器；

（3）分级跳闸。先使系统分裂，切除部分短路电流，然后再跳本断路器；

（4）选择性跳闸，即由其他回路跳闸，随即灭磁停机；

（5）将断路器改做负荷开关用，停用保护跳闸。

DW_8-35型断路器质量过去存在问题较多，应选用改进后的产品，注意技术性能改善后的水平，或采用其他断路器代替。

因此，在选择时应注意断路器当时达到的实际水平，以有关部门提供或核准的数据为准。

（五）非周期分量问题

短路点发生在下列地点，可直接用短路电流的周期分量与断路器的开断电流相比较，来选择断路器，不必考虑非周期分量的影响：远离发电厂的变电所二次电压主母线；配电网中变电所主母线；低速开断的12000kW以下发电机出口和非周期分量衰减时间$T_f<0.1s$之处。

在采用高速开断断路器的地点和靠近电源处的短路点（如12000kW及以上发电机回路、发电机电压配电装置、高压厂用配电装置、发电厂及枢纽变电所的高压配电装置等），计算的非周期分量往往大于周期分量幅值的20%，超过了各型断路器进行型式试验的条件，可能会影响断路器的开断性能。在此种情况下，应计算出本工程非周期分量所占实际比值，向制造部门咨询具体技术数据或要求做补充试验。在未获得产品保证参数时，亦可考虑采用延迟分闸等其他技术措施。当短路电流幅值（周期分量和非周期分量的代数和）小于额定开断电流幅值时，可不必采取措施而直接选用。

非周期分量的计算方法见第四章短路电流计算。图6-1表示，在开断时间t和回路时间常数T_a时，i_{fzt}为非周期分量短路电流所占的比重，I_{dt}为计及非周期分量后周期分量增加的倍数。

（六）开断单相故障的能力

断路器开断单相故障比开断三相故障时要容易。国外有的标准规定，在某一个范围内，对单相接地故障，断路器的开断能力允许提高15%。由于我国尚缺乏具体的试验数据，在设计中可暂按开断单相短路时，断路器的额定开断能力不变来考虑。

（七）特殊情况下的开断能力

1. 失步开断

110kV及以上系统联络断路器应能满足失步（反相）开断条件。当线路较短时，反相开断电流可能超过国家制造标准，此时可参考表6-14向制造部门要求进行补充试验。

2. 并联开断

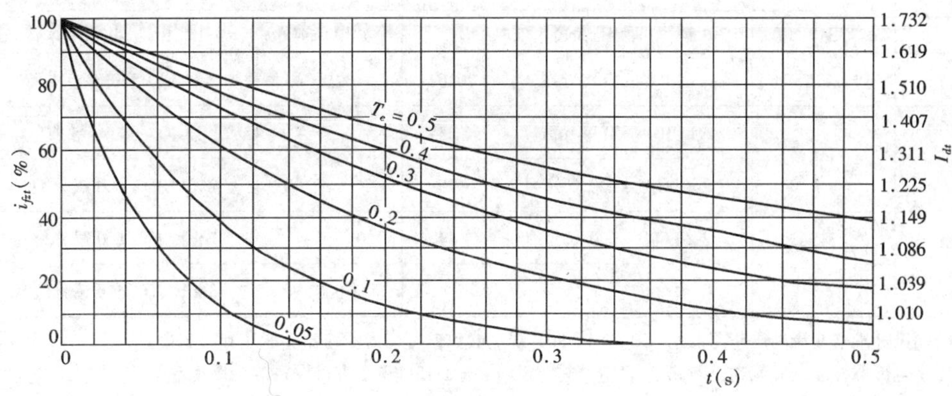

图 6－1　非周期分量的衰减曲线

表 6－14　　**失步开断试验条件**

试 验 项 目		GB 1984—80 规定条件	某些情况需做的补充试验条件
工频恢复电压 (kV)	直接接地系统	$2U/\sqrt{3}$	$2U/\sqrt{3}$或 $2.5U/\sqrt{3}$
	非直接接地系统	$2.5U/\sqrt{3}$	$3U/\sqrt{3}$
开 断 电 流		额定开断电流的 25%	额定开断电流的 40%

注　U——最高工作线电压。

在一台半断路器、多角形、桥形和双断路器等的接线中，有两台断路器同时切断一个故障的可能。在采用 35kV 及以上少油断路器和吹气式六氟化硫断路器时，应校验断路器的并联开断性能或要求制造部门进行补充试验。试验时，两个断路器的电流分配应为 1:9、3:7和 5:5 三种状况，两个断路器的分闸时差应小于 3ms。并联开断时断路器的额定开断电流不应降低。

在未取得必要数据之前，可以通过继电保护有意加大两台并联断路器之间的开断时差（例如超过 10ms，避开燃弧时间）来解决。

3. 近区故障开断、发展性故障开断和异相接地故障开断

近区故障开断是指距离断路器数百米到数公里处发生短路故障时的开断，空气断路器开断近区故障的性能较差。发展性故障开断是指断路器在切断故障灭弧过程中，接着又发生故障的一种开断形式，油断路器开断发展性故障较困难。异相接地故障是指一个中性点非直接接地系统中的两个相上，处于断路器的内侧和外侧各产生一个单相接地时的开断，当断路器三相开断不同期时，会使开断条件较为严重。中性点不接地，小电流接地及二线一地制系统应选用通过异相接地开断试验合格的断路器。

出现前两种故障形式开断的机率较小。当引进设备或需要考虑这些开断时，应向制造部门咨询所选断路器的开断性能。

四、关于降低操作过电压的几个问题

（一）开断 110kV 及以上空载线路

110kV 及以上的断路器应能切断如表 6－15 所示的空载长线电流而不会发生重击穿。

国产 220kV 断路器现场试验达到的水平见表 6－16，供选型时参考。

（二）开断并联电容器组

不宜选择灭弧性能较差的断路器开断并联电容器组。断路器在开断表 6－17 所列数据时，不应发生重击穿。

（三）切合小电感电流

切合小电感电流包括切合空载变压器、并联电抗器以及切合空载或起动过程中的感应电动机等。空气断路器、六氟化硫断路器、真空断路器等灭弧性能较

表 6－15 **断路器应能切断的空载长线电流**

额定电压（kV）	GB 1984—80 规定的数据			SD 132—85 规定的数据		
	空载电流（A）	相当的输电线路长度（km）		空载电流（A）	相当的输电线路长度（km）	
110	31.5	LGJQ－240 单导线	167	32	LGJQ－240 单导线	170
220	125	LQJQ－600 单导线	334	165	LGJQ－600 单导线	440
		2×LGJQ－600 双分裂	250		2×LGJQ－600 双分裂	330
330	315	2×LGJQ－600 双分裂	440	350	2×LGJQ－600 双分裂	487
500	—	—	—	500	3×LGJQ－600 三分裂	426

注 1. 国家标准《交流高压断路器》（GB 1984—80）规定的数据可视为断路器应能达到的水平。
2. 水电部部标准《交流高压断路器技术条件》（SD 132—85）可视为进口设备的最低技术条件或国内优选设备签订技术协议可遵循的依据。

表 6－16 **220kV 断路器切断空载长线试验情况表**

断路器型号	制 造 厂	试验的线路长度（km）	试验年份
SW$_2$－220	沈阳高压开关厂	369	1980
SW$_4$－220G	华通开关厂	215	1976
SW$_6$－220（小改）	北京开关厂	369	1976
SW$_6$－220（大改）	西安高压开关厂	258	1976
SW$_7$－220（小改）	平顶山开关厂	300	1976
KW$_3$－220	沈阳高压开关厂	393	1976
KW$_5$－220	沈阳高压开关厂	393	1976
LW－220	平顶山开关厂	369	1981
ZF－220	平顶山开关厂	369	1982
SW$_6$－220Ⅰ	西安高压开关厂	378	1986
LW－220	西安高压开关厂（中国—南斯拉夫）	378	1986

表 6－17 **开断电容器组的参考容量**

额 定 电 压 （kV）	额定开断电容电流（A）	开断电容器组的参考容量（kvar）
10	870	1000～10000
35	750	5000～30000
63	560	10000～40000

注 本表引自水电部部标准《交流高压断路器技术条件》（SD 132—85）。

强的断路器，在强制灭弧过程中将由于截流而产生较高的过电压。当需要选用此类断路器时，应注意辅以其他限制过电压的装置。

（四）并联电阻

为限制过电压而需要在断路器的断口间装设并联电阻时，其装设原则见表 6－18。若选用定型产品，而工程对并联电阻阻值又有特殊要求时，应与制造厂协商。

五、机械荷载

断路器接线端子允许的水平机械荷载列于表 6－19。

在与制造部门签订技术协议或引进国外产品时，可按表 6－20 所列数据提出要求。

表6-18　断路器的并联电阻

类别	作用	常用阻值	适用范围
分闸电阻	降低恢复电压的起始陡度和幅值，增大开断能力	<1kΩ①	各种电压等级的断路器，发电机专用断路器
	开断空载长线时，释放线路残余电荷	几千欧	220kV及以上线路断路器
	限制开断小电感电流时产生的操作过电压	开断并联电抗几百~几千欧；开断空载变压器几千~几万欧	220kV及以上断路器
	断口均压	>10kΩ①	多断口高压断路器
合闸电阻	限制合闸和重合闸过电压	200~1000Ω②	330kV及以上断路器

① 一般由制造部门考虑。

② 最佳合闸电阻阻值视工程具体条件确定，一般取1.5~2倍波阻抗。

表6-19　断路器接线端子允许的水平机械荷载

额定电压（kV）	10及以下	35~63	110	220~330
接线端子水平机械拉力（N）	250	500	750	1000

注　1. 本表引自国家标准《交流高压断路器》（GB 1984—80）。

2.500kV及超过本表所列数值时，应与制造厂商定。

表6-20　断路器接线端子应能承受的静态拉力

额定电压（kV）	额定电流（A）	纵向水平拉力（N）	横向水平拉力（N）	垂直力（N）
10	—	500	250	300
35~63	≤1250 >1600	750 750	400 500	500 750
110	≤2000 ≥2500	1000 1250	750 750	750 1000
220~330	1250~3150	1500	1000	1250
500	—	2000	700	500

注　1. 本表引自水电部标准《交流高压断路器技术条件》（SD 132—85）。

2. 静态安全系数为3.2~3.5。

第6-3节　高压隔离开关

一、参数选择

隔离开关及其操作机构应按表6-21所列技术条件选择，并按表中使用环境条件校验。

表6-21中的一般项目，按第6-1节有关要求进行选择，并补充说明如下：

(1) 频率的要求主要针对进出口产品。

(2) 当安装的63kV及以下隔离开关的相间距离小于产品规定的相间距离时，其实际动稳定电流值应与厂家联系确定。

(3) 单柱垂直开启式隔离开关在分闸状态下，动静触头间的最小电气距离不应小于配电装置的最小安全净距B值。

二、型式选择

隔离开关的型式，应根据配电装置的布置特点和使用要求等因素，进行综合技术经济比较后确定。

隔离开关的型式特点见表6-22。大电流封闭母线配用封闭型隔离开关。

表 6－21 **隔离开关参数选择**

项目		参数
技术条件	正常工作条件	电压、电流、频率、机械荷载
	短路稳定性	动稳定电流、热稳定电流和持续时间
	承受过电压能力	对地和断口间的绝缘水平、泄漏比距
	操作性能	分合小电流、旁路电流和母线环流，单柱式隔离开关的接触区，操作机构
环境条件	环境	环境温度、最大风速①、覆冰厚度①、相对湿度②、污秽①、海拔高度、地震烈度
	环境保护	电磁干扰

① 当在屋内使用时，可不校验。

② 当在屋外使用时，可不校验。

表 6－22 **隔离开关的型式特点**

型式		简图	特点	适用范围
屋内	GN_1、GN_5	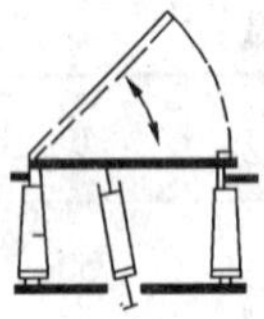	单极，600A 以下，用钩棒操作	发电厂、变电所较少使用
	GN_2		三极，价格高于 GN_6	屋内配电装置，成套高压开关柜
	GN_6 GN_{19}		三极，可前后联接，可平装、立装、斜装，价格较便宜	
	GN_8		在 GN_6 基础上，用绝缘套管代替支柱绝缘子	
	GN_{10}		单极，大电流 3000～13000A，可手动、电动操作	大电流回路发电机回路
	GN_{11}		三极，15kV，200～600A，用手动操作	
	GN_{18} GN_{22}		三极，10kV，大电流 2000～3000A，机械锁紧	
	GN_{14}	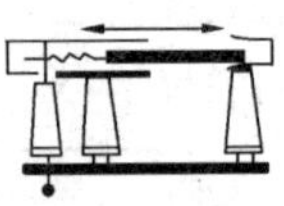	单极插入式结构，带封闭罩，20kV，大电流 10000～13000A，电动操作	
	GW_1、GW_9		单极，10kV，绝缘钩棒操作或手动操作	发电厂变电所目前已较少采用
	GW_2	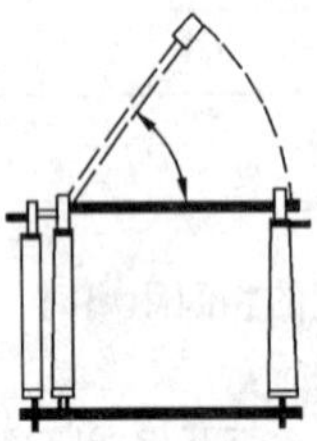	三相操作，仿苏产品，110kV 及以下，闸刀旋转破冰	
	GW_4	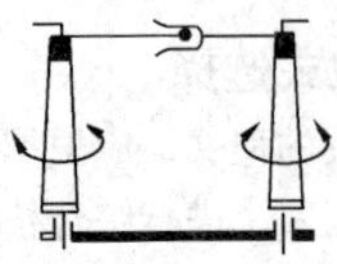	220kV 及以下，系列较全，双柱式，可高型布置，重量较轻，可手动，电动操作	220kV 及以下各型配电装置常用

续表

型式	简图	特点	适用范围
GW_5		35~110kV，V型，水平转动，可正装、斜装	常用于高型、硬母线布置及屋内配电装置
GW_6	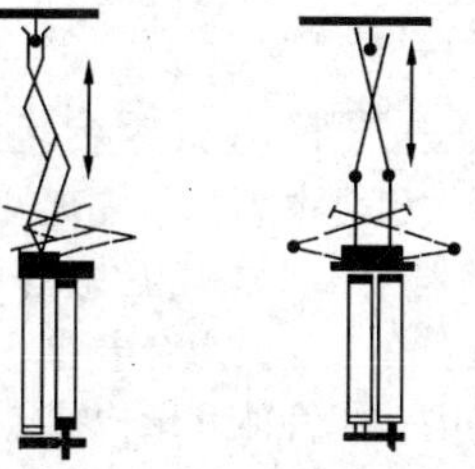 GW_6-220 偏折　GW_6-33 对称折	220~500kV，单柱，钳夹，可分相布置，220kV为偏折，330kV为对称折	多用于硬母线布置或做为母线隔离开关
GW_7	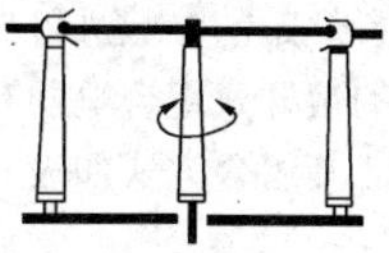	220~500kV，三柱式，中间水平转动，单相或三相操作，可分相布置	多用于330kV及以上屋外中型配电装置
GW_8	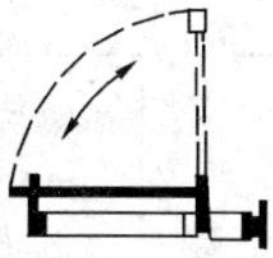	35~110kV，单极	专用于变压器中性点

三、操作机构选择

屋内式8000A以下隔离开关一般采用手动操作机构；8000A及以上，宜采用电动机构。

屋外式220kV及以下隔离开关和接地刀闸一般采用手动操作机构；220kV高位布置的隔离开关和330kV及以上的隔离开关宜采用电动机构或液压机构，当有压缩空气系统时，也可采用气动机构。

四、机械荷载

屋外隔离开关接线端的机械荷载不应大于表6-23所列数值。机械荷载应考虑母线（或引下线）的自重、张力、风力和冰雪等施加于接线端的最大水平静拉力。当引下线采用软导线时，接线端机械荷载中不需再计入短路电流产生的电动力。但对采用硬导体分裂导线或扩径空心导线的设备间连线，则应考虑短路电动力。

五、关于开断小电流

选用的隔离开关应具有一定的切合电感、电容性小电流的能力，并应能可靠切断断路器的旁路电流及母线环流。

表6-23　屋外隔离开关接线端允许的水平机械荷载（N）

额定电压（kV）	双柱、三柱式	单柱式
10及以下	250	
35~63	500	
110	750	1000
220	1000	1500
330	1500	2000

隔离开关开断小电流的能力，与被开断电路的参数情况、操作时的风速风向、开关结构型式、安装方式、相间距离、操作速度等都有很大关系。隔离开关开断小电流的参考值见表6-24。

500kV隔离开关切合电容电流的能力应不小于1A。

用隔离开关切合空载母线或短线，将产生较高过

表 6-24　隔离开关开断小电流参考值

额定电压（kV）	电感电流（A）	电容电流（A）
6、10	4	2
20、35	3	2
63、110	3	1
220、330	2	0.5

注　本表引自《电机工程手册》机械工业出版社，1982 年 3 月。

电压，并引起避雷器多次动作。设计时应注意避免这种操作或采取相应的保护措施。

隔离开关一般可以开断其额定电流下的环流。但在开断过程中，断口间的恢复电压不得大于 450V。

在正常情况下用隔离开关可进行的操作，应符合《电力工业技术管理法规》（1980 年）的规定。

六、关于接触区

单柱伸缩式隔离开关静触头的额定接触区要考虑不同方向的风荷载引起的导线水平、垂直和沿导线轴向方向的位移。一般不应超过表 6-25 所列数值。

七、关于接地刀

为保证电器和母线的检修安全，每段母线上宜装设 1~2 组接地闸刀或接地器；63kV 及以上断路器两侧的隔离开关和线路隔离开关的线路侧，宜配置接地闸刀。应尽量选用一侧或两侧带接地闸刀的隔离开关。安装单柱隔离开关时，一般在主母线侧需配以单独的接地器。

对于 35kV 及以上隔离开关的接地闸刀，应根据其安装处的短路电流进行动、热稳定校验。接地闸刀允许通过的热稳定电流，不一定与主闸刀的额定热稳定电流相同。校验时应向制造部门查询接地闸刀的允许数值。

八、关于敞开式组合电器

敞开式组合电器是以隔离开关（G）为主体，将电流互感器（L）、电压互感器（J）和电缆头（D）等元件组合在一起的组合电器。组合后各元件仍保持原有产品的技术性能和结构特点。它可以减少占地面积和空间尺寸，但检修稍有不便，多用于地位狭窄的地区。

敞开式组合电器中各组合元件的技术、环境选择条件应按各自规定的参数进行选择和校验。

已定型的敞开式组合电器有 110、220 和 330kV 三种电压等级。其组合方式如表 6-26。

表 6-25　隔离开关的额定接触区

额定电压（kV）	水平位移（m）		垂直位移（m）		沿导线的轴向位移（m）	
	软母线	硬母线	软母线	硬母线	软母线	硬母线
63	0.30	0.10	0.20	0.10	0.20	0.10
110	0.35	0.10	0.20	0.10	0.25	0.10
220	0.50	0.15	0.25	0.15	0.30	0.20
330	0.50	0.15	0.30	0.15	0.35	0.20
500	0.75	0.40	0.50	0.30	0.50	0.30

注　330kV 及以下的数据引自国家标准《交流高压隔离开关》（GB 1985—80）；500kV 的数据引自《500kV 变电所设计暂行技术规定》（电气部分）（SDGJ 69—85）。

表 6-26　敞开式组合电器的组合方式

型号	额定电压（kV）	组合方式
ZH_1-110	110	G-D、D-G-L、L-G-D-G-D
ZH_1-220	220	G-L、G-J、D-G-J、D-G-L、D-G、G-G-L、G-D-G-L、L-G-D-G-L、G-D-G、G-G
ZH_1-330	330	D-G-L、D-G、G-L

第6－4节 高压负荷开关和高压熔断器

一、高压负荷开关

（一）参数选择

高压负荷开关及其操作机构应按表6－27所列技术条件选择，并按表中使用环境条件校验。

表6－27中的一般项目，按第6－1节有关要求进行选择。配手动操作机构的负荷开关，仅限于10kV及以下，其关合电流不大于8kA（峰值）。

（二）开断和关合性能

高压负荷开关主要用以切断和关合负荷电流，与高压熔断器联合使用可代替断路器作短路保护，带有热脱扣器的负荷开关还具有过载保护性能。

35kV及以下通用型负荷开关具有以下开断和关合能力：

（1）开断有功负荷电流和闭环电流，其值等于负荷开关的额定电流；

（2）开断不大于10A的电缆电容电流或限定长度的架空线充电电流；

（3）开断1250kVA配电变压器的空载电流；

（4）关合额定的“短路关合电流”。

当开断电流超过上述限额或开断其电容电流为额定电流80%以上的电容器组时，应与制造部门协商，选用专用的负荷开关。

（三）机械荷载

屋外负荷开关的接线端子允许承受的水平静拉力如表6－28所示。

二、高压熔断器

（一）参数选择

高压熔断器应按表6－29所列技术条件选择，并按表中使用环境条件校验。

表6－29中的一般项目，按第6－1节有关要求进行选择，并补充说明如下：

表6－27 高压负荷开关参数选择

项目		参数
技术条件	正常工作条件	电压、电流、机械荷载
	短路稳定性	动稳定电流、额定关合电流、热稳定电流和持续时间
	承受过电压能力	对地和断口间的绝缘水平、泄漏比距
	操作性能	开断和关合性能、操作机构
环境条件		环境温度、最大风速①、覆冰厚度①、相对湿度②、污秽①、海拔高度、地震烈度

① 当在屋内使用时，可不校验。

② 当在屋外使用时，可不校验。

表6－28 负荷开关允许的水平静拉力

额定电压（kV）	10及以下	35～63	110	220
水平拉力（N）	250	500	750	1000

注 本表引自国家标准《交流高压负荷开关》（GB 3804—83）。

表6－29 高压熔断器参数选择

项目		参数
技术条件	正常工作条件	电压、电流
	保护特性	断流容量、最大开断电流、熔断特性、最小熔断电流
环境条件		环境温度、最大风速①、污秽①、海拔高度、地震烈度

① 当在屋内使用时，可不校验。

(1) 限流式高压熔断器一般不宜使用在电网工作电压低于熔断器额定电压的电网中，以避免熔断器熔断截流时产生的过电压超过电网允许的2.5倍工作相电压。

当经过验算，电器的绝缘强度允许使用高一级电压的熔断器时，则应按电压比折算，降低其额定的断流容量。

(2) 高压熔断器熔管的额定电流应大于或等于熔体的额定电流。

(3) 跌落式熔断器在灭弧时，会喷出大量游离气体，并发出很大响声，故一般只在屋外使用。

(二) 熔体选择

(1) 熔体的额定电流应按高压熔断器的保护熔断特性选择，应满足保护的可靠性、选择性和灵敏度的要求。非自爆式熔断器都具有反时限的电流－时间特性。熔体额定电流选择得过大，将延长熔断时间，降低灵敏度；选得过小，则不能保证保护的可靠性和选择性。

选择熔体时，应保证前后两级熔断器之间、熔断器与电源侧继电保护之间、以及熔断器与负荷侧继电保护之间动作的选择性。在此前提下，当在本段保护范围内发生短路时，应能在最短的时间内切断故障。当电网装有其它接地保护时，回路中最大接地电流与负荷电流之和不应超过最小熔断电流。

(2) 保护35kV及以下电力变压器的高压熔断器熔体，在下列正常工作情况下不应误熔断：

1) 当熔体内通过电力变压器回路最大工作电流时。

2) 当熔体内通过电力变压器的励磁涌流时（一般按熔体通过该电流时的熔断时间不小于0.5s校验）。

3) 当熔体内通过保护范围以外的短路电流及电动机自起动等引起的冲击电流时。

保护35kV及以下电力变压器的高压熔断器，其熔体的额定电流可按下式选择：

$$I_{nR} = KI_{bgm} \qquad (6-6)$$

式中　K——系数，当不考虑电动机自起动时，可取1.1～1.3；当考虑电动机自起动时，可取1.5～2.0；

I_{bgm}——电力变压器回路最大工作电流（A）。

表6－30列出变压器容量为100～1000kVA、6～35kV电力变压器高压侧熔断器熔管和熔体额定电流选择表，可供选择时参考。

(3) 保护电力电容器的高压熔断器熔体，在下列正常工作情况下不应误熔断：

1) 由于电网电压升高、波形畸变等原因引起电力电容器回路的电流增大时。

2) 电力电容器运行过程中的涌流。

保护电力电容器的高压熔断器熔体的额定电流可按下式选择：

$$I_{nR} = KI_{nc} \qquad (6-7)$$

式中　K——系数，对于跌落式高压熔断器，取1.2

表6－30　**6～35kV降压变压器高压熔断器额定电流选择表**

项目	额定电压（kV）	变压器额定容量（kVA）														
		100	125	160	(180)	200	250	315	(320)	400	500	(560)	630	(750)	800	1000
变压器一次侧额定电流（A）	35	1.65	2.07	2.65	2.97	3.31	4.13	5.21	5.28	6.61	8.27	9.25	10.40	12.40	13.20	16.50
	10	5.78	7.23	9.25	10.40	11.60	14.40	18.20	18.50	23.10	28.90	32.40	36.40	43.40	46.20	57.80
	6	9.65	12.10	15.40	17.30	19.30	24.20	30.20	30.90	38.50	48.20	54.00	60.80	72.40	77.10	96.40
RN1型熔断器	35	7.5/3	7.5/3	10/5	10/5	10/5	10/7.5	20/10	20/10	20/10	20/15	20/15	30/20	30/20	30/20	30/30
	10	20/15	20/15	20/15	20/20	20/20	50/30	50/30	50/30	50/40	50/50	50/50	100/75	100/75	100/75	100/100
	6	20/20	20/20	75/30	75/30	75/30	75/40	75/50	75/50	75/75	75/75	100/100	100/100	200/150	200/150	200/150
RW5型熔断器	35	50/3	50/3	50/5	50/5	50/5	50/7.5	50/10	50/10	50/10	50/15	50/15	50/20	50/20	50/20	50/30
RW4型熔断器	10	50/15	50/15	50/20	50/20	50/20	50/30	50/40	50/40	50/40	50/50	50/50	100/75	100/75		
	6	50/20	50/20	50/30	50/30	50/40	50/40	50/50	50/50	100/75	100/75	100/100	100/100	200/150		

注　表内分子为熔管额定电流值（A），分母为熔体额定电流值。

表6－31　电力电容器熔体选择表

电容器型号	电压(kV)	相数	熔体额定电流(A)	熔体的直径(mm)
YY3.15－10－1	3.15	1	3	一根0.15
YY6.3－10－1	6.3	1	2	一根0.10
YY10.5－10－1	10.5	1	2	一根0.10
YY3.15－12－1	3.15	1	3	一根0.15
YY6.3－12－1	6.3	1	2	一根0.10
YY10.5－12－1	10.5	1	2	一根0.10
YY3.15－14－1	3.15	1	5	二根0.15
YY6.3－14－1	6.3	1	2	一根0.10
YY10.5－14－1	10.5	1	2	一根0.10
YY3.15－25－1	3.15	1	7.5	二根0.20
YY6.3－25－1	6.3	1	5	二根0.15
YY10.5－25－1	10.5	1	3	一根0.15
YY6.3－50－1	6.3	1	15	三根0.25
YY10.5－50－1	10.5	1	10	二根0.20

～1.3；对于限流式高压熔断器，当为一台电力电容器时，系数取1.5～2.0，当为一组电力电容器时，系数取1.3～1.8；

I_{nc}——电力电容器回路的额定电流（A）。

表6－31列出电力电容器熔体选择表供参考。

（4）保护电压互感器的熔断器，只需按额定电压和断流容量选择，不必校验额定电流。

（5）除保护防雷用电容器的熔断器外，当高压熔断器的断流容量不能满足被保护回路短路容量要求时，可在熔断器回路中装设限流电阻等措施限制短路电流。

（6）对没有限流作用的跌落式熔断器，应考虑短路电流的非周期分量，用全电流进行断流容量的校验。同时，尚需用系统最小运行方式下的短路电流校验三相断流容量的下限值，以保证熔断器有足够的熔断电流。

第6－5节　互　感　器

选择电流、电压互感器应满足继电保护、自动装置和测量仪表的要求。

一、电流互感器

（一）参数选择

电流互感器应按表6－32所列技术条件选择，并按表中使用环境条件校验。

表6－32中的一般项目按第6－1节有关要求进行选择，并补充说明如下：

表6－32　电流互感器的参数选择

项目		参数
技术条件	正常工作条件	一次回路电压，一次回路电流、二次回路电流、二次侧负荷、准确度等级、暂态特性、二次级数量、机械荷载
	短路稳定性	动稳定倍数、热稳定倍数
	承受过电压能力	绝缘水平、泄漏比距
环境条件		环境温度、最大风速①、相对湿度②、污秽①、海拔高度、地震烈度

① 当在屋内使用时，可不校验。

② 当在屋外使用时，可不校验。

(1) 电流互感器的二次额定电流有 5A 和 1A 两种，一般弱电系统用 1A，强电系统用 5A，当配电装置距离控制室较远时亦可考虑用 1A。

(2) 电流互感器额定的二次负荷标准值，按 GB 1208—75的规定，为下列数值之一：5、10、15、20、25、30、40、50、60、80、100VA。当额定电流为 5A 时，相对应的额定负荷阻抗值为 0.2、0.4、0.6、0.8、1.0、1.2、1.6、2.0、2.4、3.2、4.0Ω。当一个二次绕组的容量不能满足要求时，可将两个二次绕组串联使用。

(3) 二次级的数量决定于测量仪表、保护装置和自动装置的要求。一般情况下，测量仪表与保护装置宜分别接于不同的二次绕组，否则应采取措施，避免互相影响。

(二) 型式选择

35kV 以下屋内配电装置的电流互感器，根据安装使用条件及产品情况，采用瓷绝缘结构或树脂浇注绝缘结构。一般常用型式为：

低压配电屏和配电设备中

LQ 线圈式，LM 母线式；

6～20kV 屋内配电装置和高压开关柜中

LD 单匝贯穿式，LF 复匝贯穿式；

发电机回路和 2000A 以上回路

LMC、LMZ 型，LAJ、LBJ 型，LRD、LRZD 型。

35kV 及以上配电装置一般采用油浸瓷箱式绝缘结构的独立式电流互感器，常用 L（C）系列。树脂浇注绝缘的 LZ 系列只适用于 35kV 屋内配电装置。在有条件时，如回路中有变压器套管、穿墙套管，应优先采用套管电流互感器，以节约投资、减少占地。

选用母线式电流互感器时，应注意校核窗口允许穿过的母线尺寸。

(三) 一次额定电流选择

(1) 当电流互感器用于测量时，其一次额定电流应尽量选择得比回路中正常工作电流大 1/3 左右，以保证测量仪表的最佳工作，并在过负荷时使仪表有适当的指示。

(2) 电力变压器中性点电流互感器的一次额定电流应按大于变压器允许的不平衡电流选择，一般情况下，可按变压器额定电流的 1/3 进行选择。

(3) 为保证自耦变压器零序差动保护装置各臂正常工作电流平衡，供该保护用的高、中压侧和中性点电流互感器，变比应尽量一致，一般按电流较大的中压侧额定电流来选择。

(4) 在自耦变压器公共绕组上作过负荷保护和测量用的电流互感器，应按公共绕组的允许负荷电流选择。此电流通常发生在低压侧开断，而高－中压侧传输自耦变压器的额定容量时。此时，公共绕组上的电流为中压侧和高压侧额定电流之差。

(5) 中性点非直接接地系统中的零序电流互感器，在发生单相接地故障时，通过的零序电流较中性点直接接地系统的小得多。为保证保护装置可靠动作，应按二次电流及保护灵敏度来校验零序电流互感器的变比，当标准产品的变比不能满足要求时，应向制造厂特殊订货。同时需注意，电缆式零序电流互感器的窗口应能通过一次回路的所有电缆；母线式零序电流互感器的母线截面应按一次回路的电流选择，其窗口尚应考虑有一根继电保护用的二次电缆要从窗口穿过。

(6) 发电机横联差动保护用的电流互感器一次电流，应按下列情况选择：

1) 安装于各绕组出口处时，一般按定子绕组每个支路的电流选择。

2) 安装于中性点连接线上时，可按发电机允许的最大不平衡电流选择。根据运行经验，此电流一般取发电机额定电流的 20～30%。

(四) 短路稳定校验

动稳定校验是对产品本身带有一次回路导体的电流互感器进行校验，对于母线从窗口穿过且无固定板的电流互感器（如 LMZ 型）可不校验动稳定。热稳定校验则是验算电流互感器承受短路电流发热的能力。

1. 内部动稳定校验

电流互感器的内部动稳定性通常以额定动稳定电流或动稳定倍数 K_d 表示。K_d 等于极限通过电流峰值与一次绕组额定电流 I_{1e} 峰值之比。校验按下式计算：

$$K_d \geqslant \frac{i_{ch}}{\sqrt{2}I_{1e}} \times 10^3 \qquad (6-8)$$

式中 K_d——动稳定倍数，由制造部门提供；

i_{ch}——短路冲击电流的瞬时值（kA）；

I_{1e}——电流互感器的一次绕组额定电流（A）。

2. 外部动稳定校验

外部动稳定校验主要是校验电流互感器出线端受到的短路作用力不超过允许值。其校验公式与支持绝缘子相同，即：

$$F_{\max} = 1.76 i_{ch}^2 \frac{l_M}{a} \times 10^{-1} \qquad (6-9)$$

$$l_M = \frac{l_1 + l_2}{2} \qquad (6-10)$$

上两式中 a——回路相间距离（cm）；

l_M——计算长度（cm）；

l_1——电流互感器出线端部至最近一个母线支柱绝缘子的距离（cm）；

l_2——电流互感器两端瓷帽的距离（cm）。当电流互感器为非母线式瓷绝缘时，$l_2=0$。

有的产品样本未标明出线端部允许作用力，而只给出动稳定倍数 K_d。K_d 一般是在相间距离为 40cm，计算长度为 50cm 的条件下取得的。此时，可按下式进行校验：

$$K_d \times \sqrt{\frac{50a}{40l_M}} \geqslant \frac{i_{ch}}{\sqrt{2}I_1} \times 10^3 \qquad (6-11)$$

3. 热稳定校验

制造部门在产品型录中一般给出 $t=1$s 或 5s 的额定短时热稳定电流或热稳定电流倍数 K_r，校验按下式进行：

$$K_r \geqslant \frac{\sqrt{Q_d/t}}{I_1} \times 10^3 \qquad (6-12)$$

式中 Q_d——短路电流引起的热效应（$kA^2 \cdot s$）；

t——制造部门提供的热稳定计算采用的时间，$t=1$s 或 5s。

4. 提高短路稳定度的措施

当动热稳定不够时，例如有时由于回路中的工作电流较小，互感器按工作电流选择后不能满足系统短路时的动、热稳定要求，则可选择额定电流较大的电流互感器，增大变流比。若此时 5A 元件的电流表读数太小时，可选用 1～2.5A 元件的电流表。

（五）关于准确度和暂态特性

电流互感器的准确度是在额定二次负荷下的准确级次。一般其误差限值如表 6-33 所示。

用于电度计量的电流互感器，准确度不应低于 0.5 级，500kV 宜用 0.2 级；用于电流电压测量的，准确度不应低于 1 级，非重要回路可使用 3 级。

用于继电保护的电流互感器，应用“D”（或“B”）级，同时应校验额定 10% 倍数，以保证过电流时的误差不超过规定值。

当系统继电保护要求装设快速保护时，330kV 及以上应选用暂态特性好的电流互感器（如带有小气隙铁芯的 TPY 级）。

二、电压互感器

（一）参数选择

电压互感器应按表 6-34 所列技术条件选择，并按

表 6-33 电流互感器的准确级次和误差限值

准确级次	一次电流为额定电流的百分数（%）	误差限值		二次负荷变化范围
		比值差（±%）	相角差（±分）	
0.2	10 20 100～120	0.5 0.35 0.2	20 15 10	（0.25～1）S_e
0.5	10 20 100～120	1 0.75 0.5	60 45 30	（0.25～1）S_e
1	10 20 100～120	2 1.5 1	120 90 60	（0.25～1）S_e
3 10	50～120 50～120	3.0 10	不规定 不规定	（0.5～1）S_e
B	100 100n	3 -10	不规定	S_e

注 1. 本表引自 GB 1208—75。

2. 二次负荷的下限值：$I_{2e}=5$A 时，为 3.75VA；$I_{2e}=1$A 时，为 2.5VA。

3. S_e 为额定二次负荷，n 为额定 10% 倍数。

4. 误差限值均以额定负荷为基准。

表 6-34 **电压互感器参数选择**

项目		参数
技术条件	正常工作条件	一次回路电压、二次电压、二次负荷、准确度等级、机械荷载
	承受过电压能力	绝缘水平，泄漏比距
环境条件		环境温度、最大风速①、相对湿度②、污秽①、海拔高度、地震烈度

① 当在屋内使用时可不校验。

② 当在屋外使用时可不校验。

表中环境条件校验。

（二）型式选择

(1) 6~20kV 配电装置一般采用油浸绝缘结构；在高压开关柜中或在布置地位狭窄的地方，可采用树脂浇注绝缘结构。当需要零序电压时，一般采用三相五柱电压互感器。

(2) 35~110kV 配电装置一般采用油浸绝缘结构电磁式电压互感器。

(3) 220kV 及以上配电装置，当容量和准确度等级满足要求时，一般采用电容式电压互感器。

(4) 接在 110kV 及以上线路侧的电压互感器，当线路上装有载波通讯时，应尽量与耦合电容器结合，统一选用电容式电压互感器。

(5) 兼作为泄能用的电压互感器，应选用电磁式电压互感器。

（三）接线方式选择

在满足二次电压和负荷要求的条件下，电压互感器应尽量采用简单接线。

电压互感器的各种接线方式及其适用范围见表 6-35。

表 6-35 **电压互感器的接线及使用范围**

序号	接线图	采用的电压互感器	使用范围	备注
1	A B C a b c	二个单相电压互感器接成 V-V 形	用于表计和继电器的线圈接入 $a-b$ 和 $c-b$ 两相间电压	
2	A B C a b c	三个单相电压互感器接成星形-星形。高压侧中性点不接地	用于表计和继电器的线圈接入相间电压和相电压。此种接线不能用来供电给绝缘检查电压表	
3	A B C a b c	三个单相电压互感器接成星形-星形。高压侧中性点接地	用于供电给要求相间电压的表计和继电器以及供电给绝缘检查电压表。如果高压侧系统为中性点直接接地，则可接入要求相电压的测量表计；如果高压侧系统中性点与地绝缘或经阻抗接地，则不允许接入要求相电压的测量表计	

续表

序号	接线图	采用的电压互感器	使用范围	备注
4	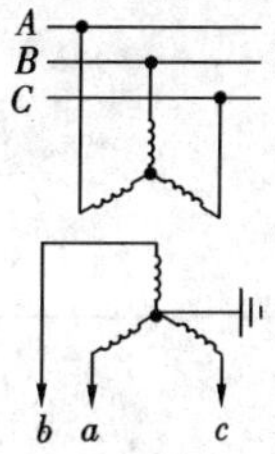	一个三相三柱式电压互感器	用于表计和继电器的线圈接入相间电压和相电压。此种接线不能用来供电给绝缘检查电压表	不允许将电压互感器高压侧中性点接地
5	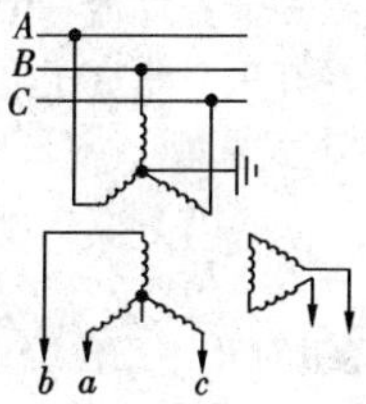	一个三相五柱式电压互感器	主二次绕组连接成星形以供电给测量表计、继电器以及绝缘检查电压表。对于要求相电压的测量表计，只有在系统中性点直接接地时才能接入。附加的二次绕组接成开口三角形，构成零序电压滤过器供电给保护继电器和接地信号（绝缘检查）继电器	应优先采用三相五柱式电压互感器，只有在要求容量较大的情况下或110千伏以上无三相式电压互感器时，才采用三个单相三绕组电压互感器
6	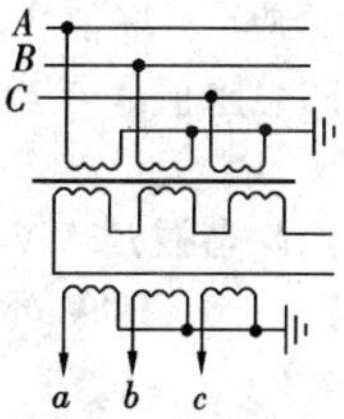	三个单相三线圈电压互感器		

当发电机采用附加直流的定子绕组100%接地保护装置，且利用电压互感器向定子绕组注入直流时，因为该装置一般系接在电压互感器的一次侧中性点与大地之间，故所有接于发电机电压的电压互感器一次侧中性点都不得直接接地。如要求接地时，必须经过电容器接地，以隔断直流。

当发电机采用零序电压式匝间保护时，供该保护装置专用的电压互感器一次侧中性点应与发电机中性点直接连接，不得直接接地。

（四）电压选择

电压互感器的额定电压按表6－36选择。

（五）准确度及二次负荷

表6－36　电压互感器的额定电压选择

型式	一次电压（V）		二次电压（V）	第三绕组电压（V）	
单相	接于一次线电压上（如V/V接法）	U_x	100	—	
	接于一次相电压上	$U_x/\sqrt{3}$	$100/\sqrt{3}$	中性点非直接接地系统	100/3、$100/\sqrt{3}$
				中性点直接接地系统	100
三相	U_x		100	100/3	

注　U_x——系统额定电压。

电压互感器的准确度是在额定二次负荷下的准确级次。一般其误差限值如表6－37所示。

用于电度计量，准确度不应低于0.5级；用于电压测量，不应低于1级；用于继电保护不应低于3级。

由于超高压线路要求双套主保护，并考虑到后备保护、自动装置和测量仪表的要求，电压互感器一般应具有三个二次绕组，即两个主二次绕组、一个辅助二

表 6-37 电压互感器二次绕组的准确级次和误差限值

准确级次	误差限值		一次电压变化范围	二次负荷变化范围
	比值差（±%）	相角差（±分）		
0.5 1 3	0.5 1.0 3.0	20 40 不规定	（0.85～1.15）U_{1e}	（0.25～1.0）S_{2e}

注 U_{1e}——一次额定电压；
S_{2e}——二次额定负荷。

次绕组。其中一个主二次绕组的准确度应不低于 0.5 级。

超高压电容式电压互感器尚应有良好的暂态特性，即在电压互感器带有 25%～100%的额定负荷情况下，一次接线端子在额定电压下发生短路时，主二次侧电压应在 20ms 内降到短路前峰值的 10%以下。

电容式电压互感器的开口三角绕组的不平衡电压较高，常常影响零序保护装置的灵敏度。当灵敏度不能满足要求时，可要求制造部门装设高次谐波滤过器。

（六）铁磁谐振特性和防谐措施

电容式电压互感器具有带铁芯的非线性电感和电容器。在一次电压或二次电流剧变时，将产生暂态过程和非工频铁磁谐振。因此要求制造厂家应采取抑制措施（例如装设谐振式阻尼器），保证铁磁谐振特性满足下列要求：在 1.2 倍额定电压且负载为零时，电压互感器二次侧短路后又突然消失短路，其二次电压峰值应在额定频率 10 个周波时间内恢复到与正常值相差不大于 10%的数值；而在 1.5 倍额定电压，且在相同的短路条件下，其二次电压回路铁磁谐振持续时间不应超过 2s。

电磁式电压互感器安装在中性点非直接接地系统中，且当系统运行状态发生突变时，有可能发生并联谐振。为防止此类型铁磁谐振发生，可在电压互感器上装设消谐器，亦可在开口三角端子上接入电阻或白炽灯泡。电阻 R 可按下式选取：

$$R \leqslant \frac{X}{K_{13}} \tag{6-13}$$

式中 K_{13}——一次绕组对开口三角绕组的变比；
X——电压互感器感抗。当电网内有多台互感器时，应取并联值。

R 值为抑制谐振的总阻值。若分置于 n 台互感器时，每个电阻值应取 nR。

若采用白炽灯泡消除谐振，35kV 电网的互感器可接入 220V、500W 灯泡；6～10kV 可接 220V、200W 灯泡。

第 6-6 节 限流电抗器

一、参数选择

限流电抗器应按表 6-38 所列技术条件选择，并按表中环境条件校验。

表 6-38 中的一般项目，按第 6-1 节有关要求进行选择，并补充说明如下：

（1）普通电抗器 $X_k\% > 3\%$时，制造厂已考虑连接于无穷大电源、额定电压下，电抗器端头发生短

表 6-38 限流电抗器参数选择

项目		参数
技术条件	正常工作条件	电压、电流、频率、电抗百分值
	短路稳定性	动稳定电流、热稳定电流和持续时间
	安装条件	安装方式、进出线端子角度
环境条件		环境温度、相对湿度、海拔高度、地震烈度

路时的动稳定度。但由于短路电流计算是以平均电压（一般比额定电压高5%）为准，因此在一般情况下仍应进行动稳定校验。

(2) 分裂电抗器动稳定保证值有两个，其一为单臂流过短路电流时之值，其二为两臂同时流过反向短路电流时之值。后者比前者小很多。在校验动稳定时应分别对这两种情况，选定对应的短路方式进行。

(3) 安装方式是指电抗器的布置方式。普通电抗器一般有水平布置、垂直布置和品字布置三种。进出线端子角度一般有90°、120°、180°三种，分裂电抗器推荐使用120°。

二、额定电流选择

（一）普通电抗器的额定电流选择

(1) 电抗器几乎没有过负荷能力，所以主变压器或出线回路的电抗器，应按回路最大工作电流选择，而不能用正常持续工作电流选择。

(2) 对于发电厂母线分段回路的电抗器，应根据母线上事故切断最大一台发电机时，可能通过电抗器的电流选择。一般取该台发电机额定电流的50%~80%。

(3) 变电所母线分段回路的电抗器应满足用户的一级负荷和大部分二级负荷的要求。

（二）分裂电抗器的额定电流选择

(1) 当用于发电厂的发电机或主变压器回路时，一般按发电机或主变压器额定电流的70%选择。

(2) 当用于变电所主变压器回路时，应按负荷电流大的一臂中通过的最大负荷电流选择。当无负荷资料时，一般按主变压器额定电流的70%选择。

三、电抗百分值选择

（一）普通电抗器的电抗百分值选择

普通电抗器的电抗百分值应按下列条件选择和校验：

(1) 将短路电流限制到要求值。此时所必须的电抗器的电抗百分值（$X_k\%$）按下式计算：

$$X_k\% \geqslant \left(\frac{I_j}{I''} - X_{*j}\right)\frac{I_{ek}}{U_{ek}}\frac{U_j}{I_j} \times 100\% \qquad (6-14)$$

或

$$X_k\% \geqslant \left(\frac{S_j}{S''} - X_{*j}\right)\frac{U_jI_{ek}}{I_jU_{ek}} \times 100\% \qquad (6-15)$$

式中　U_j——基准电压（kV）；

I_j——基准电流（A）；

X_{*j}——以 U_j、I_j 为基准，从网络计算至所选用电抗器前的电抗标么值；

S_j——基准容量（MVA）；

U_{ek}——电抗器的额定电压（kV）；

I_{ek}——电抗器的额定电流（A）；

I''、S''——被电抗限制后所要求的短路次暂态电流（kA）及零秒短路容量（MVA）。

当系统电抗等于零时，电抗器的额定电流和电抗百分值与短路电流的关系曲线见图6-2。

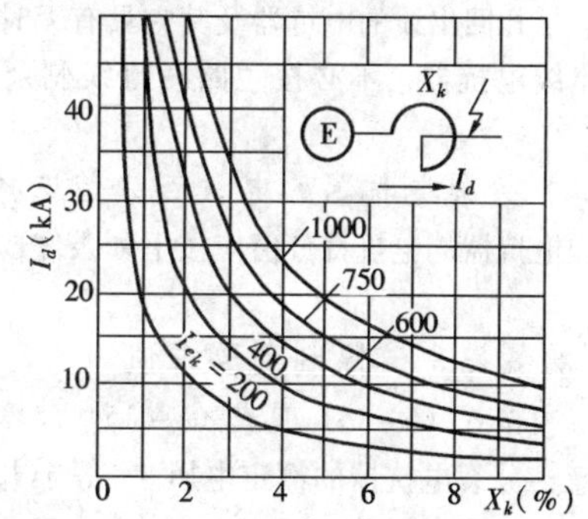

图6-2　电抗器的额定电流 I_{ek} 和电抗百分值 $X_k\%$ 与短路电流 I_d 的关系曲线（$X_s=0$）

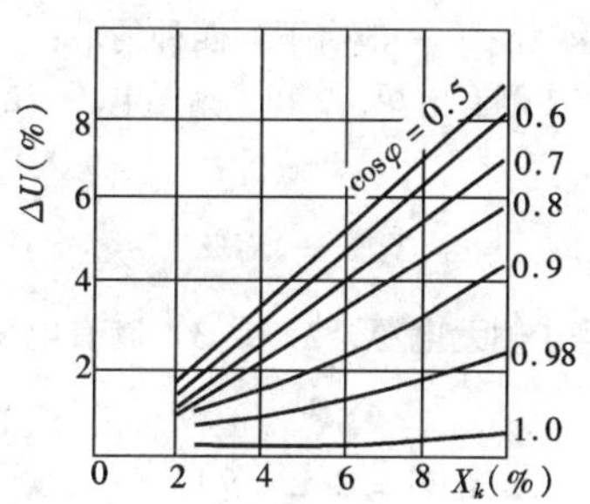

图6-3　电抗器的电压损失曲线

(2) 正常工作时电抗器上的电压损失（$\Delta U\%$）不宜大于额定电压的5%，可由图6-3曲线查得或按下式计算：

$$\Delta U\% = X_k\%\frac{I_g}{I_{ek}}\sin\varphi \qquad (6-16)$$

式中　I_g——正常通过的工作电流（A）；

φ——负荷功率因数角（一般取 $\cos\varphi=0.8$，则 $\sin\varphi=0.6$）。

对出线电抗器尚应计及出线上的电压损失。

(3) 校验短路时母线上的剩余电压。

当出线电抗器的继电保护装置带有时限时，应按在电抗器后发生短路计算，并按下式校验：

$$U_y\% \leqslant X_k\%\frac{I_n}{I''} \qquad (6-17)$$

式中 $U_y\%$——母线必须保持的剩余电压，一般为60%～70%。若电抗器接在6kV发电机主母线上，则母线剩余电压应尽量取上限值。

若剩余电压不能满足要求，则可在线路继电保护及线路电压降允许范围内增加出线电抗器的电抗百分值或采用快速继电保护切除短路故障。对于母线分段电抗器、带几回出线的电抗器及其它具有无时限继电保护的出线电抗器，不必按短路时母线剩余电压校验。

（二）分裂电抗器的电抗百分值选择

分裂电抗器的电抗百分值应按下列条件选择和校验。

1. 将短路电流限制到要求值

$X_k\%$可按式（6－14）或式（6－15）计算。计算时需注意，分裂电抗器的额定电压 U_{ek}等于电网的基准电压。

在作短路电流计算时，应根据分裂电抗器与电源连接方式和所选择的短路点，确定等值电抗 $X_k\%$和一臂的自感电抗 $X_L\%$的关系。分裂电抗器的等值电路如图6－4所示，一般有下列四种情形：

（1）当1侧有电源，2和3侧无电源，2或3侧短路时：

$$X_k\% = X_L\% \tag{6-18}$$

（2）当1侧无电源，2（或3）侧有电源，3（或2）侧短路时：

$$X_k\% = 2(1+f_0)X_L\% \tag{6-19}$$

式中 f_0——分裂电抗器的互感系数（或称耦合系数）。当无制造部门资料时，一般取 $f_0=0.5$。

（3）当2和3侧有电源、1侧短路或1、2、3侧均有电源，而1侧短路时：

$$X_k\% = \frac{(1-f_0)}{2}X_L\% \tag{6-20}$$

（4）当1、2、3侧均有电源、2或3侧短路时，可先确定 $X_L\%$值，然后再按其他条件校验。

2. 校验电压波动

（1）正常工作时，分裂电抗器两臂母线电压波动不应大于母线额定电压 U_e 的5%，按下式计算：

$$\frac{U_1}{U_{ek}}\times 100\% = \frac{U}{U_{ek}}\times 100\% - X_L\%\left(\frac{I_1\sin\varphi_1}{I_{ek}} - f_0\frac{I_2\sin\varphi_2}{I_{ek}}\right) \tag{6-21}$$

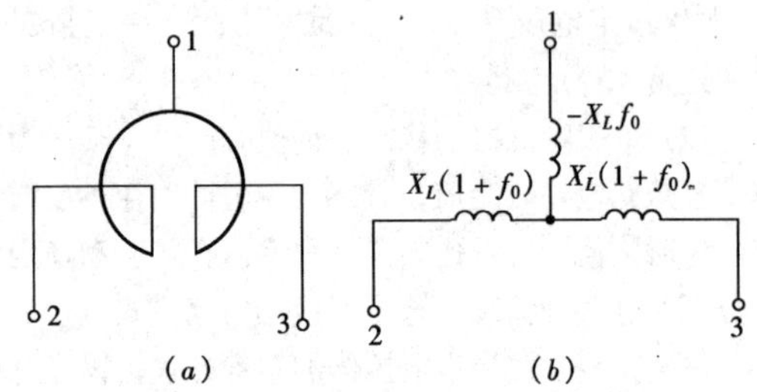

图6－4 分裂电抗器的等值电路
（a）接线图；（b）等值电路图

$$\frac{U_2}{U_{ek}}\times 100\% = \frac{U}{U_{ek}}\times 100\% - X_L\%\left(\frac{I_2\sin\varphi_2}{I_{ek}} - f_0\frac{I_1\sin\varphi_1}{I_{ek}}\right) \tag{6-22}$$

式中 I_1、I_2——两臂中的负荷电流，当无负荷波动资料时，可取 $I_1=0.7I_{ek}$，$I_2=0.3I_{ek}$或$I_1=0.3I_{ek}$，$I_2=0.7I_{ek}$；

U_1、U_2——两臂端的电压；

U——电源侧的电压；

U_{ek}、I_{ek}——电抗器的额定电压和额定电流。

为了使二段母线上电压差别减小，应该使二者的负荷分配尽量均衡。

（2）当一臂的母线的馈线发生短路时，另一臂的母线电压升高校验。其升高值可按下式计算：

$$\frac{U_1}{U_e}\times 100\% = X_L\%(1+f_0)\left(\frac{I''}{I_{ek}} - \frac{I_1\sin\varphi_1}{I_{ek}}\right) \tag{6-23}$$

$$\frac{U_2}{U_e}\times 100\% = X_L\%(1+f_0)\left(\frac{I''}{I_{ek}} - \frac{I_2\sin\varphi_2}{I_{ek}}\right) \tag{6-24}$$

由上式可见，在发生短路瞬间，正常工作臂母线电压可能比额定电压高很多。如当 $X_L\%=10\%$、$f_0=0.5$、$\cos\varphi=0.8$、$\frac{I''}{I_{ek}}=9$，母线电压可升高达$1.35U_e$。它会使电动机的无功电流增大，继电保护装置误动作。使用分裂电抗器时，感应电动机的继电保护整定应避开此电流增值。

母线电压突然升高时，感应电动机无功电流增大为：

$$I_1\sin\varphi_1 = I_{1e}\sin\varphi_{1n}\left[1 - 3.09\frac{U_1}{U_e} + 2.92\left(\frac{U_1}{U_e}\right)^2\right] \quad (6-25)$$

式中　$I_{1e}\sin\varphi_{1n}$——在额定电压下感应电动机的无功电流。

第6-7节　高压电瓷

一、参数选择

绝缘子和穿墙套管应按表6-39所列技术条件选择，并按表中环境条件校验。

表6-39中的一般项目按第6-1节有关要求进行选择，并补充说明如下：

(1) 发电厂与变电所的3~20kV屋外支柱绝缘子和穿墙套管，当有冰雪时，宜采用高一级电压的产品。对3~6kV者，也可采用提高两级电压的产品。

(2) 母线型穿墙套管不按持续电流来选择，只需保证套管的型式与母线的尺寸相配合。

(3) 当周围环境温度高于+40℃但不超过+60℃时，穿墙套管的持续允许电流I_{xu}应按下式修正：

$$I_{xu} = I_e \times \sqrt{\frac{85-\theta}{45}} \quad (6-26)$$

式中　θ——周围实际环境温度（℃）；

I_e——持续允许额定电流（A）。

二、型式选择

(1) 屋外支柱绝缘子一般采用棒式支柱绝缘子。屋外支柱绝缘子需倒装时，宜用悬挂式支柱绝缘子。

(2) 屋内支柱绝缘子一般采用联合胶装的多棱式支柱绝缘子。

(3) 穿墙套管一般采用铝导体穿墙套管，对铝有明显腐蚀的地区如沿海地区可以例外。

(4) 在污秽地区，应尽量选用防污盘形悬式绝缘子。

三、动稳定校验

按短路动稳定校验支柱绝缘子和穿墙套管，要求：

$$P \leqslant 0.6P_{xu} \quad (6-27)$$

式中　P_{xu}——支柱绝缘子或穿墙套管的抗弯破坏负荷（N）；

P——在短路时作用于支柱绝缘子或穿墙套管的力（N），按表6-40所列公式计算，其中绝缘子上受力的折算系数K_f见表6-41。

在实际计算时，也可根据实际布置尺寸反算出允许的短路冲击电流峰值，按式（6-5）与工程计算的短路电流进行比较。

在校验35kV及以上水平安装的支柱绝缘子的机械强度时，应计及绝缘子自重、母线重量和短路电动力的联合作用。由于自重和母线重量产生的弯矩，将使绝缘子允许的机械强度减小。降低数值如表6-42所示。

支柱绝缘子在力的作用下，还将产生扭矩。在校验机械强度时，还应校验抗扭机械强度。

四、悬式绝缘子片数选择

悬式绝缘子的片数按下列条件选择：

（一）按额定电压和泄漏比距选择

绝缘子串的有效泄漏比距不应小于表6-8所列数值。片数n按下式计算：

表6-39　绝缘子和穿墙套管的参数选择

项　目		绝缘子的参数	穿墙套管的参数
技术条件	正常工作条件	电压、正常机械荷载	电压、电流
	短路稳定性	支柱绝缘子的动稳定	动稳定、热稳定电流及持续时间
	承受过电压能力	绝缘水平、泄漏比距	绝缘水平
环境条件		环境温度、最大风速①、相对湿度②、污秽①、海拔高度、地震烈度	

① 当在屋内使用时，可不校验。

② 当在屋外使用时，可不校验。

表 6-40　　绝缘子和穿墙套管上所受的力

母线布置方式		计算跨中的力 F (N)	绝缘子上受力 P (N)		备　注
			垂直布置	水平布置	
三相同平面	矩形母线	$1.76\times10^{-1}\times\frac{i_{ch}^{2}l_{p}}{a}$	$P=F$	$P=K_{f}F$	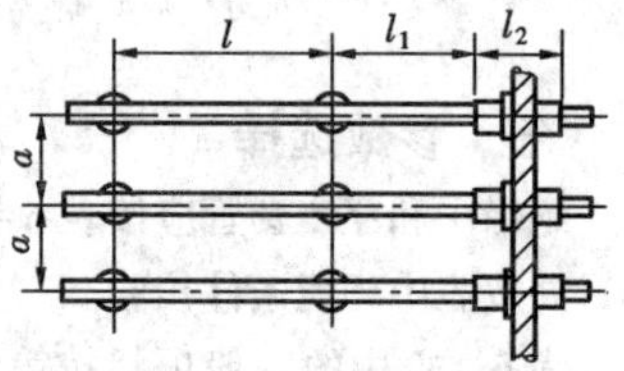 l_p——当绝缘子两侧不等跨时取平均值，对套管取 $l_p=\frac{l_1+l_2}{2}$ K_f——见表 6-41
直角三角形	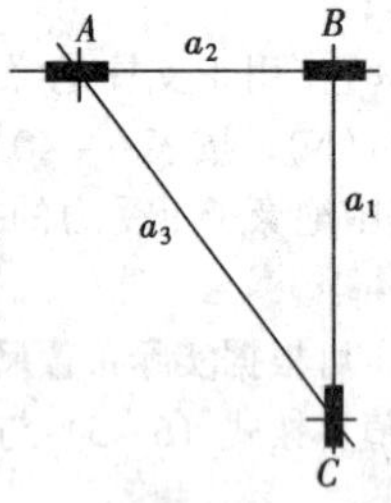 A、B、C 布置（a_1、a_2、a_3）	$1.53\times10^{-1}\times\frac{a_{3}l_{p}}{a_{1}a_{2}}i_{ch}^{2}$	$P=F$	$P=K_{f}F$	

表 6-41　　绝缘子上受力的折算系数 K_f

母线排列方式	绝缘子电压 (kV)			电动力着力点 $K_f=\frac{H'}{H}$
	6~10	20	35	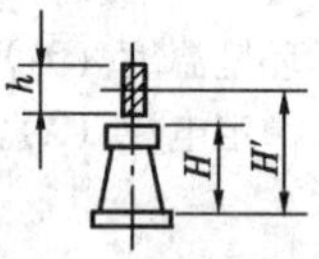
立　放	1.40	1.26	1.18	$H'=H+18+\frac{h}{2}$
四片平放（中间加宽为 50mm）				$H'=H+12+\frac{h}{2}$
三至四片平放	1.24	1.15	1.1	
二片以下平放	1.0	1.0	1.0	
槽形 [150 及以上	1.6	1.45	1.3	

表 6-42　　绝缘子水平安装时机械强度降低数值

电压 (kV)	35	63	110	154	220	330
降低数值 (%)	1~2	3	6	13.7	15	30

注　35kV 以下的产品，降低数值 < 1%，可不必考虑。

$$n \geqslant \frac{\lambda U_e}{l_0} \qquad (6-28)$$

式中 λ——泄漏比距，见表6-8，(cm/kV)；

U_e——额定电压（kV）；

l_0——每片绝缘子的泄漏距离。

（二）按内过电压选择

220kV及以下电压，根据内过电压倍数和绝缘子串的工频湿闪电压按下式选择：

$$U_s \geqslant \frac{KU_{xg}}{K_\Sigma} \qquad (6-29)$$

式中 U_s——绝缘子的湿闪电压（kV）；

K——内过电压计算倍数；

U_{xg}——系统最高运行相电压（kV）；

K_Σ——考虑各种因素的综合系数，一般 $K_\Sigma=0.9$。

330kV及以上电压，根据避雷器操作过电压保护水平和绝缘子串正极性操作冲击50%放电电压按下式选择：

$$U_{c,50} \geqslant \frac{U_{bp}}{1-3\sigma_c} = K_c U_{bp} \qquad (6-30)$$

式中 $U_{c,50}$——绝缘子串正极性操作冲击50%放电电压（kV）；

U_{bp}——避雷器操作过电压保护水平（kV）；

σ_c——绝缘子串在操作过电压下放电电压的标准偏差，一般 $\sigma_c=5\%$；

K_c——绝缘子串操作过电压配合系数，一般 $K_c=1.18$。

由式（6-29）和式（6-30）计算出 U_s 或 $U_{c,50}$，然后查图6-5、6-6和6-7，即可得所需片数。

（三）按大气过电压选择

大气过电压要求的绝缘子串正极性雷电冲击电压波50%放电电压 $U_{l,50}$，应符合式（6-31）要求，且不得低于变电所电气设备中隔离开关和支柱绝缘子的相应值。

$$U_{l,50} \geqslant K_l U_{ch} \qquad (6-31)$$

式中 K_l——绝缘子串大气过电压配合系数，$K_l=1.45$；

U_{ch}——避雷器在雷电流下的残压（kV）。220kV及以下采用5kA雷电流下的残压；330kV及以上采用10kA雷电流下的残压。

绝缘子串的片数根据 $U_{l,50}$ 由图6-5查出，330kV及以上可从图6-6中查出。

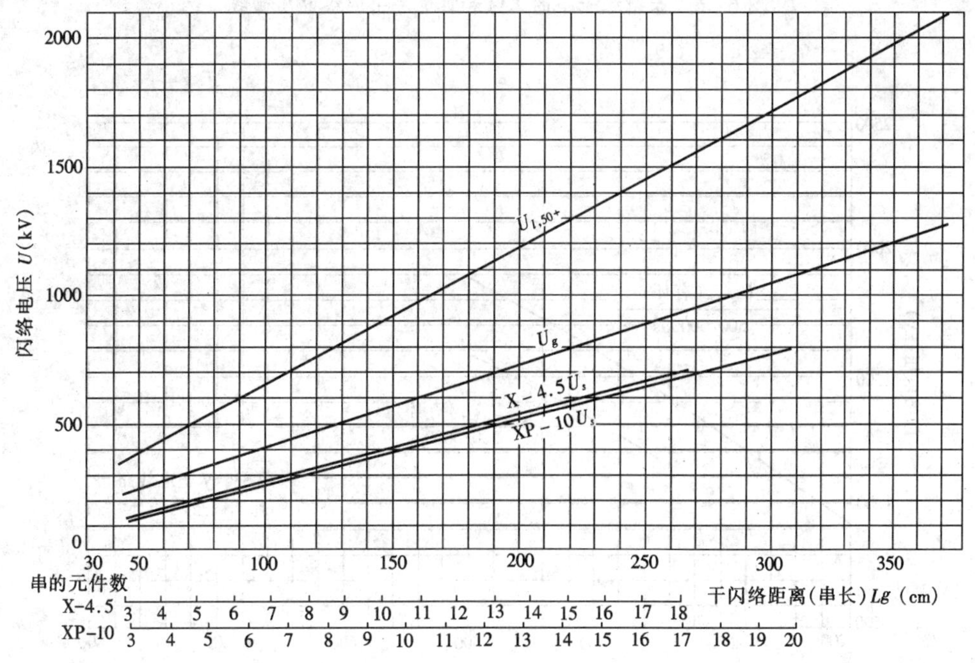

图6-5 标准盘形悬式绝缘子串的工频和雷电冲击闪络电压曲线

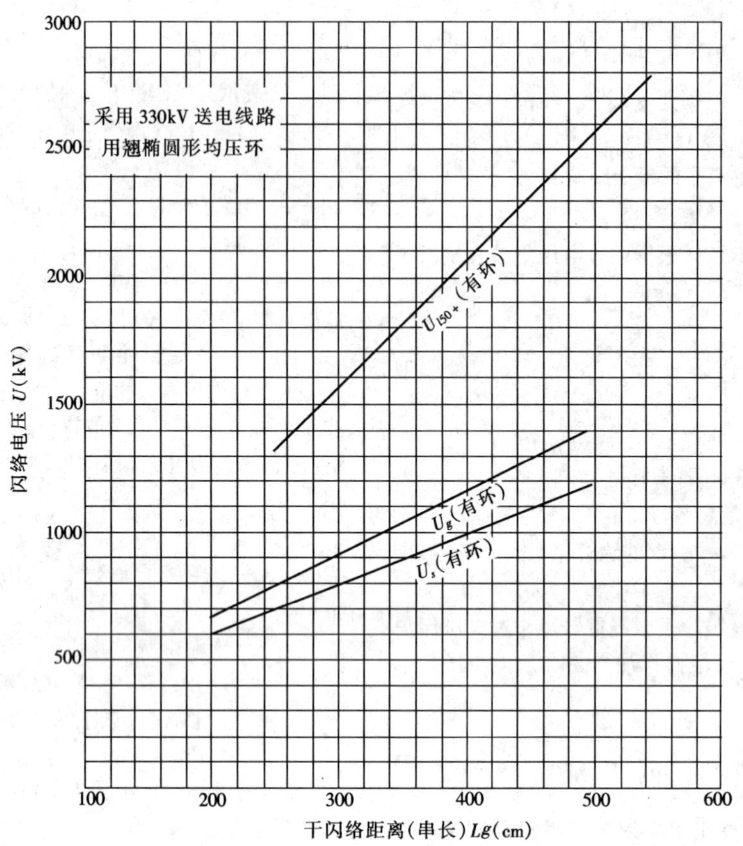

图 6-6 长绝缘子串的工频和雷电冲击闪络电压曲线

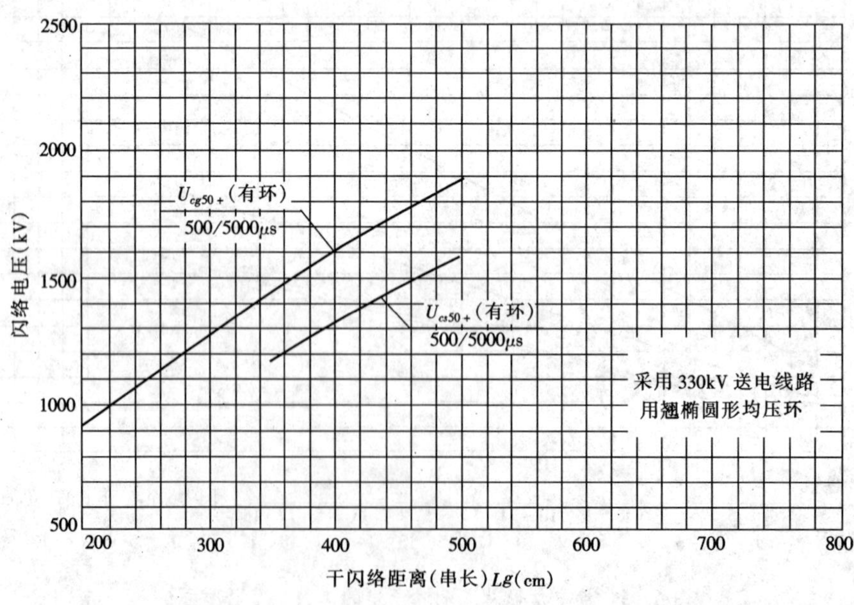

图 6-7 标准盘形悬式绝缘子串的操作冲击闪络电压曲线

表 6－43　X－4.5 型或 XP－6 型绝缘子耐张串片数

电压（kV）	35	63	110	220	330	500
绝缘子片数	4	6	8	14	20	32

注　330kV 和 500kV 可用 XP－10 型绝缘子。

选择悬式绝缘子除以上条件外，尚应考虑绝缘子的老化，每串绝缘子要预留的零值绝缘子为：

35～220kV　耐张串 2 片，悬垂串 1 片；

330kV 及以上　耐张串 2～3 片，悬垂串 1～2 片。

选择 V 型悬挂的绝缘子串片数时，应注意邻近效应对放电电压的影响，取得试验数据。

在海拔高度为 1000m 及以下的一级污秽地区，当采用 X－4.5 型或 XP－6 型悬式绝缘子时，耐张绝缘子串的绝缘子片数不宜小于表 6－43 所列数值。

在空气清洁无明显污秽的地区，悬垂绝缘子串的绝缘子片数可比耐张绝缘子串的同型绝缘子少一片。污秽地区的悬垂绝缘子串的绝缘子片数应与耐张绝缘子串相同。

在海拔高度为 1000～3500m 地区，当需要增加绝缘子数量来加强绝缘，耐张绝缘子串的片数可按第十章高海拔地区配电装置的有关内容进行修正。

330kV 及以上电压的绝缘子串应装设均压和屏蔽装置，以改善绝缘子串的电压分布和防止连接金具发生电晕。悬垂串以翘椭圆铝均压环两侧加轮型屏蔽环效果较好，V 型串绝缘子以加重垂带鞍型均压环较好，而耐张绝缘子串，各种均压环的均压效果差别不大。

第 6－8 节　六氟化硫全封闭组合电器

一、选型时应注意的问题

（1）全封闭组合电器价格昂贵，选用时应注意进行技术经济比较。一般电压越高，增加的投资百分比较少。

（2）应与所采用的主接线和布置形式结合起来统筹考虑，求得总体的经济合理性。

（3）对下期工程扩建，需预先慎重考虑，采取措施。对于单母线，可在母线扩建端加装隔离开关或设置单独的 SF_6 小室，以缩短作业时间。

（4）应考虑母线的热伸缩和基础的不均匀下沉，设置必要的伸缩接头。

（5）在环境温度低于－20℃的地区，应附加电热加温装置，防止 SF_6 气体低温液化。

二、参数选择

六氟化硫全封闭组合电器应按表 6－44 所列技术条件选择，并按表中环境条件校验。

表 6－44 中的一般项目按 6－1 节有关要求进行选

表 6－44　六氟化硫全封闭组合电器的参数选择

项　　目		参　　数
技术条件	正常工作条件	电压、相数、电流、频率、机械荷载、绝缘气体和灭弧室气体压力、漏气量、组成元件的各项技术参数、接线方式
	短路稳定性	动稳定电流、热稳定电流和持续时间
	承受过电压能力	绝缘水平、泄漏比距
	操作性能	开断电流、短路关合电流、操作循环、操作次数、操作相数、分合闸时间、操动机构
环　境　条　件		环境温度、日温差①、最大风速①、相对湿度②、污秽①、海拔高度、地震烈度

①　当在屋内使用时，可不校验。

②　当在屋外使用时，可不校验。

择，并补充说明如下：

(1) 封闭电器内各元件应分成若干气隔。气隔的具体划分一般在订货时提出。同一回路气体系统的压力，当采用单压式断路器时不宜大于两种；而在采用双压式断路器时不宜大于三种。

(2) 封闭电器应设置防止外壳破坏的保护措施，如防爆膜、快速接地开关保护等。

三、元件的技术要求

(一) 断路器

断路器的灭弧室一般多为单压式，即绝缘与灭弧同用 $30\sim50\times10^4$Pa 一种。断口布置有两种形式：水平布置时，可以在断路器的两侧检修断口，能够减小配电装置的高度，宜在屋外或对增大配电装置宽度影响不大的场所使用；垂直布置时，检修时需将灭弧室吊出，要求一定的高度，但宽度可以缩小，特别适用于地下开关站。

断路器的操动机构一般采用液压或弹簧机构，也可采用压缩空气机构。

(二) 封闭式隔离开关

封闭式隔离开关有直动式和转动式两种，这与敞开式的差别较大。隔离开关元件布置在直线段时，一般选用转动式（动触杆与操动机构成 90°布置，通过蜗轮传动）；布置在直角转角段时，一般选用直动式（动触杆与操动机构布置在一条线上，直接传动）。

为监视断口工作状态，外壳需设置观察窗。为保证运行安全，还可增设接地的金属屏，当触头分离之后，将它插入到断口之间。

(三) 负荷开关

负荷开关具有切合负荷电流的能力，可用于操作频繁的回路，减少断路器的操作次数。也可用于终端变电所或城市环网供电系统中，代替断路器。

负荷开关应和断路器有同样的电气参数，以保证切合空线或空载变压器时产生的过电压不超过允许值。负荷开关元件在操作时应三相联动，其三相合闸不同期性不应大于 10ms，分闸不同期性不应大于 5ms。

(四) 接地开关和快速接地开关

为保证检修安全，在断路器的两侧和母线等处，皆应装有手动或电动的接地开关。

快速接地开关的作用相当于接地短路器，可就地和远方控制。一般下列情况需要装设快速接地开关：

(1) 停电回路的最先接地点。用来防止可能出现的带电误合接地造成封闭电器的损坏。

(2) 利用快速接地开关来短路封闭电器内部的电弧，防止事故扩大。一般为分相操作，投入时间不小于接地飞弧后 1s。

(五) 电流互感器

电流互感器有穿心式和开口式两种结构形式。穿心式结构以 SF_6 为主绝缘，可用在断路器两侧，拆装较困难；开口式结构以电缆为主绝缘，尺寸小、重量轻、拆装方便，但只能装于电缆侧。两种结构可根据具体情况选用。由于电流互感器原边只有一匝，故在小电流时，其准确级不高。

(六) 电压互感器

220kV 以下一般采用电磁式，500kV 以上一般采用电容式。220~500kV 的对两者均有采用。电磁式电压互感器容量大、特性稳定，并可做为现场工频耐压试验电源，一般该容量可满足一个隔位的耐压试验容量。

(七) 避雷器

避雷器大多以 SF_6 气体作绝缘和灭弧介质、作成单独的气隔。根据保护需要可装在母线上或出线端。

避雷器应有防爆装置、监视压力的压力表和补气用的阀门。

(八) 母线

母线有分相式和共体式。分相式的母线结构简单、相间电动力小、可避免相间短路；三相共体式的外壳损耗小、外壳加工量小、占地少。目前，110kV 用共体式，500kV 及以上用分相式，其间两种型式均有。

为了消除温度应力和分期安装的需要，在适当位置应装设伸缩节。母线分段一般是一个隔位宽度作成一个单元段。

(九) 引线套管与电缆终端

与架空线连接，一般用充以 SF_6 气体的六氟化硫套管；与变压器连接，一般用六氟化硫油套管；与电缆出线连接，一般用外部充以 SF_6 气体、内腔与电缆油道相通的六氟化硫电缆头。

第 6-9 节 中性点设备

一、消弧线圈

(一) 安装位置选择

消弧线圈的装设条件根据中性点接地方式确定。主变压器和发电机中性点装设消弧线圈的条件见第二章电气主接线中“中性点接地方式”有关内容。厂用变压器中性点装设消弧线圈的条件见第三章厂用电接线中有关内容。

在选择消弧线圈的安装位置时，需注意以下几点：

(1) 在任何运行方式下，大部分电网不得失去消弧线圈的补偿。不应将多台消弧线圈集中安装在一处，并应尽量避免在电网中仅安装一台消弧线圈。

(2) 在发电厂中，发电机电压的消弧线圈可装在发电机中性点上，也可装在厂用变压器中性点上；当发电机与变压器为单元连接时，消弧线圈应装在发电机中性点上。

发电机为双Y绕组、且中性点分别引出时，仅在其中一个Y绕组的中性点上连接消弧线圈，而不能将消弧线圈同时连接在两个Y绕组的中性点上，否则会将两个中性点之间的电流互感器短路。对于双轴机组，同样，仅在其中一台机组的中性点连接消弧线圈已足够，因为双轴机组的线端已有电气联系。

(3) 在变电所中，消弧线圈一般装在变压器的中性点上，6~10kV消弧线圈也可装在调相机的中性点上。

(4) 安装在Y_0/△接线双绕组变压器或Y_0/Y_0/△接线三绕组变压器中性点上的消弧线圈的容量，不应超过变压器三相总容量的50%，并且不得大于三绕组变压器任一绕组的容量。

(5) 安装在Y_0/Y接线的内铁芯或变压器中性点上的消弧线圈容量，不应超过变压器三相总容量的20%。

消弧线圈不应装在三相磁路互相独立、零序阻抗甚大的Y_0/Y接线变压器的中性点上（例如单相变压器组）。

(6) 如变压器无中性点或中性点未引出，应装设专用接地变压器。其容量应与消弧线圈的容量相配合，并采用相同的定额时间（例如2个小时），而不是连续时间。接地变压器的特性要求是：零序阻抗低、空载阻抗高、损失小。采用曲折形接法的变压器，能满足这些要求。

（二）参数及型式选择

消弧线圈应按表6-45所列技术条件选择，并按表中使用环境条件校验。

消弧线圈一般选用油浸式。装设在屋内相对湿度小于80%场所的消弧线圈，也可选用干式。

（三）容量及分接头选择

消弧线圈的补偿容量，一般按下式计算：

$$Q = KI_c \frac{U_e}{\sqrt{3}} \qquad (6-32)$$

表6-45 消弧线圈的参数选择

项目	参数
技术条件	电压、频率、容量、补偿度、电流分接头、中性点位移电压
环境条件	环境温度、日温差①、相对湿度②、污秽①、海拔高度、地震烈度

① 当在屋内使用时，可不校验。

② 当在屋外使用时，可不校验。

式中 Q——补偿容量（kVA）；

K——系数，过补偿取1.35，欠补偿按脱谐度确定；

U_e——电网或发电机回路的额定线电压（kV）；

I_C——电网或发电机回路的电容电流（A）。

消弧线圈应避免在谐振点运行。一般需将分接头调谐到接近谐振点的位置，以提高补偿成功率。为便于运行调谐，选用的容量宜接近于计算值。

装在电网变压器中性点的消弧线圈以及具有直配线的发电机中性点的消弧线圈应采用过补偿方式，防止运行方式改变时，电容电流减少，使消弧线圈处于谐振点运行。在正常情况下，脱谐度一般不大于10%$\left(\text{脱谐度 } v = \frac{I_C - I_L}{I_C}\text{，其中 } I_L \text{ 为消弧线圈电感电流}\right)$。

对于采用单元连接的发电机中性点的消弧线圈，为了限制电容耦合传递过电压以及频率变动等对发电机中性点位移电压的影响，一般采用欠补偿方式。考虑到限制传递过电压等因素，在正常情况下，脱谐度不宜超过±30%。

消弧线圈的分接头数量应满足调节脱谐度的要求，接于变压器的一般不小于5个，接于发电机的最好不低于9个。

（四）电容电流计算

电网的电容电流，应包括有电气连接的所有架空线路、电缆线路、发电机、变压器以及母线和电器的电容电流，并应考虑电网5~10年的发展。

(1) 架空线路的电容电流可按下式估算：

$$I_C = (2.7 \sim 3.3) U_e L \times 10^{-3} \qquad (6-33)$$

式中 L——线路的长度（km）；

I_C——架空线路的电容电流（A）；

2.7——系数，适用于无架空地线的线路；

3.3——系数，适用于有架空地线的线路。

同杆双回线路的电容电流为单回路的1.3~1.6

表 6-46 变电所增加的接地电容电流值

额定电压（kV）	6	10	15	35	63	110
附加值（%）	18	16	15	13	12	10

倍。

(2) 电缆线路的电容电流可按下式估算：

$$I_C = 0.1U_e L \qquad (6-34)$$

不同电缆截面的电缆电容电流值见第三章厂用电接线有关内容。

(3) 对于变电所增加的接地电容电流见表 6-46。

(4) 发电机电压回路的电容电流应包括发电机、变压器和连接导体的电容电流。当回路装有直配线或电容器时，尚应计及这部分电容电流。对敞开式母线一般取（0.5～1）$\times 10^{-3}$A/m。变压器低压线圈的三相对地电容电流，一般可按 0.1～0.2A 估算。离相封闭母线单相对地电容分别按式（6-35）和式（6-36）计算。

$$C_0 = \frac{2\pi\varepsilon}{\ln\frac{D}{d}} \approx \frac{1}{18\ln\frac{D}{d}} \times 10^{-9} \qquad (6-35)$$

$$\varepsilon \approx \varepsilon_0 = \frac{10^{-9}}{36\pi} = 8.842 \times 10^{-6} \qquad (6-36)$$

上两式中 C_0——单相对地电容（F/m）；

ε——空气的介质常数（F/m）；

D——离相封闭母线的外壳内径（m）；

d——离相封闭母线导线的外径（m）。

(5) 汽轮发电机定子线圈单相接地电容电流，应向制造部门取得数据。当缺乏有关资料时，可参考下述估算方法计算。

1）中小型机组按下式估算：

$$C_{0i} = \frac{2.5KS_{ef}\,\omega}{\sqrt{3}(1 + 0.08U_{ef})} \times 10^{-9} \qquad (6-37)$$

$$I_C = \sqrt{3}\omega C_{0f} U_{ef} \times 10^3 \qquad (6-38)$$

上两式中 I_C——发电机定子线圈的电容电流（A）；

C_{of}——发电机定子线圈的电容（F）；

K——与绝缘材料有关的系数。当发电机温度为 15～20℃时，$K = 0.0187$；

S_{ef}——发电机视在功率（MVA）；

ω——角速度，$\omega = 2\pi f$；

f——频率（Hz）；

U_{ef}——发电机额定线电压（kV）。

I_C 的近似值如表 6-47 所示。

2）200MW 及以上大型汽轮发电机组的单相接地电容电流可参照表 6-48 取用，或向制造部门咨询。

表 6-47 中小型发电机定子线圈单相接地电容电流

发电机视在功率 S_{ef}（kVA）	额定电压 U_e（kV）	定子线圈对地电容 C_{ef}（μF/相）	单相接地电电流 I_C（A）
4375	6.3	0.05	0.17
7500	6.3	0.05	0.17
15000	6.3	0.1	0.34
15000	10.5	0.08	0.46
31250	6.3	0.2	0.69
31250	10.5	0.16	0.92
58900	10.5	0.25	1.43

表6-48　200MW及以上大型汽轮发电机组的单相接地电容电流

汽轮发电机型式	U_e（kV）	C_{of}（μF/相）	I_C（A）
哈尔滨电机厂600MW机组	20	$(0.225\sim0.281)\times10^{-6}$	2.46~3.06
哈尔滨电机厂TQSS-250-2型机组	15.75	$(0.232\sim0.29)\times10^{-6}$	1.99~2.49
东方电机厂200MW机组	15.75	$(0.237\sim0.296)\times10^{-6}$	2.03~2.54
上海电机厂QFS-300-2型机组	18	0.2×10^{-6}	1.96
陡河电站进口日本250MW机组	15	0.55×10^{-6}	4.49
石横电站进口美国300MW机组	20	0.182×10^{-6}	1.98
平圩电站进口美国600MW机组	20	0.196×10^{-6}	2.133

（五）中性点位移校验

长时间中性点位移电压不应超过下列数值：

中性点经消弧线圈接地的电网 $15\%\times\dfrac{U_e}{\sqrt{3}}$；

中性点经消弧线圈接地的发电机 $10\%\times\dfrac{U_e}{\sqrt{3}}$。

中性点位移电压一般按下式计算：

$$U_0=\frac{U_{bd}}{\sqrt{d^2+v^2}} \tag{6-39}$$

式中　U_{bd}——消弧线圈投入前，电网或发电机回路中性点的不对称电压值，一般取0.8%相电压；

d——阻尼率，一般对63~110kV架空线路取3%，35kV及以下架空线路取5%，电缆线路取2~4%；

v——脱谐度。

二、避雷器和保护间隙

（一）旋转电机中性点的避雷器选择

保护旋转电机中性点绝缘的阀型避雷器，其额定电压不应低于电机最高运行相电压，其型式宜按表6-49选定，一般宜采用磁吹阀型避雷器。采用氧化锌避雷器时，参数见第十五章附录15-4。

（二）中性点非直接接地系统中，保护变压器中性点的阀型避雷器选择

在中性点非直接接地系统中，选择变压器中性点阀型避雷器应满足下列条件：

（1）灭弧电压 U_{mi}：

$$U_{mi}>U_{xg} \tag{6-40}$$

式中　U_{xg}——系统最高相电压。

（2）工频放电电压下限 U_{gfx}：

$$U_{gfx}>U_{ng} \tag{6-41}$$

式中　U_{ng}——内过电压水平，35~63kV取 $2.67U_{xg}$；110~154kV取 $2.33U_{xg}$。

（3）工频放电电压上限 U_{gfs}：

$$U_{gfs}<1.15U_{gs} \tag{6-42}$$

式中　U_{gs}——变压器内绝缘一分钟工频试验电压。

（4）5kA时的残压 U_{bc5}：

$$U_{bc5}<\frac{1}{K}U_{cs} \tag{6-43}$$

式中　U_{bc5}——避雷器在5kA时的残压；

U_{cs}——变压器内绝缘冲击试验电压；

K——配合系数。考虑到流过中性点避雷器的电流较小和避雷器距变压器较近等因素，对普通阀型避雷器取 $K=1.1$；对磁吹阀型避雷器取 $K=1.23$。

保护变压器中性点绝缘的阀型避雷器型式，可按

表6-49　保护旋转电机中性点绝缘的避雷器型式

电机额定电压（kV）	3	6	10
避雷器型式	FCD-2 FZ-2	FCD-4 FZ-4 （FS-4）	FCD-6 FZ-6 FS-6

表 6-50 中性点非直接接地系统中保护变压器中性点绝缘的阀型避雷器

变压器额定电压（kV）	35	63	110
避雷器型式	FZ-15+FZ-10 FZ-30 FZ-35	FZ-40 FZ-60	FZ-110J 4×FZ-15

注 避雷器尚应与消弧线圈的绝缘水平相配合。

表 6-51 中性点直接接地系统中保护变压器中性点绝缘的避雷器

变压器额定电压（kV）	110		220	330		500
中性点绝缘等级	110kV 级	35kV 级	110kV 级	<154kV 级	154kV 级	<220kV 级
避雷器型式	FZ-110J FZ-60	暂用 FZ-40 推荐用氧化锌避雷器	FCZ-110 FZ-110J	推荐用氧化锌避雷器	FCZ-154J FZ-154J	推荐用氧化锌避雷器

注 如使用同期性能不良的断路器（三相分合闸非同期时间超过 10ms），对中性点为分级绝缘的 220kV 变压器，避雷器旁宜增设棒型保护间隙与其并联，间隙可采用 250~350mm。

表 6-50 选择。

（三）中性点直接接地系统中，保护变压器中性点的阀型避雷器选择

在中性点直接接地系统中，选择变压器中性点阀型避雷器应满足下列条件：

(1) 灭弧电压 U_{mi}：

$$U_{mi} > K_m U_{xg} \tag{6-44}$$

式中 K_m——系数。一般取 $K_m=1$，当其他条件不能满足时，可取 $K_m=0.6$。

(2) 工频放电电压下限 U_{gfx}：

$$U_{gfx} > 1.68U_{xg} \tag{6-45}$$

(3) 工频放电电压上限 U_{gfs} 和残压 U_{bc5} 的选择见式（6-42）和式（6-43）。

阀型避雷器的型式可按表 6-51 选择。

（四）变压器中性点氧化锌避雷器的选择

1. 变压器中性点采用氧化锌避雷器的优点

氧化锌避雷器没有间隙，使用在变压器中性点有其特殊优越性：

(1) 在正常运行时，变压器中性点电压位移很小，氧化锌避雷器的荷电率极低，大大延长了使用寿命。

(2) 不必担心灭弧问题。只要氧化锌避雷器的交流暂态过电压耐受能力能够满足要求，其额定电压的选择不太严格。

(3) 通过氧化锌避雷器的雷电流较小，一般在 1~1.5kA以下、残压低、能量小，可以不必校验通流容量。

因此，在变压器中性点，特别是分级绝缘的变压器中性点选择阀型避雷器有困难时，推荐选用氧化锌避雷器。

2. 选择原则

变压器中性点用国产氧化锌避雷器，技术参数见第十五章附录 15-4。该避雷器不需要持续运行电压的技术特性要求。其他参数在工程中可暂按下述原则选择：

(1) 变压器中性点绝缘的冲击试验电压与氧化锌避雷器 1kA 雷电冲击残压之间应至少有 20% 的裕度。

(2) 变压器中性点绝缘的工频试验电压乘以冲击系数后与氧化锌避雷器的操作冲击电流下的残压之间应有 15% 的裕度。

(3) 氧化锌避雷器的额定电压不应低于系统最高相电压 U_{xg}，如有困难时，至少不应低于 $0.6U_{xg}$。

三、接地变压器和电阻

（一）装设接地变压器及电阻的目的

在容量为 20 万 kW 及以上的发电机中性点，有经消弧线圈接地的方式，也有经单相配电接地变压器（二次侧接电阻）的接地方式，如图 6-8 所示。其目

的是在电容回路中加入适当的电阻，以限制发电机单相接地故障时，健全相的瞬时过电压不超过2.6倍额定相电压，并尽可能时限制接地故障电流不超过10~15A。当采用了这种接地方式后，还将为构成发电机定子接地保护提供电源，便于检测。

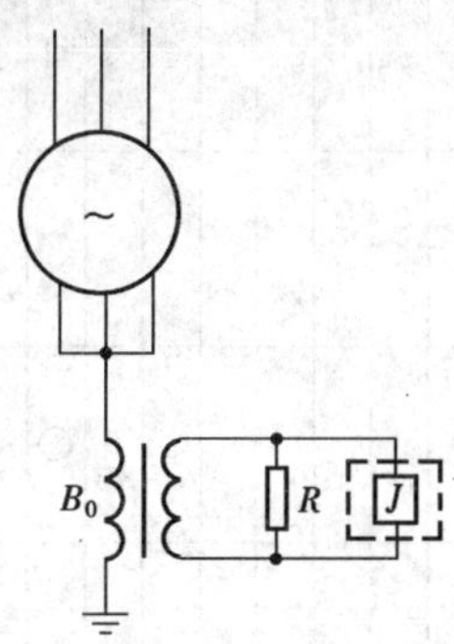

图6-8 发电机中性点经接地变压器（二次侧接电阻）接地的原理接线图

将电阻 R 通过配电接地变压器接入中性点，将会使中性点接地电阻的一次值 R 增加 N^2 倍，从而可以减少实际装设的 R 值。即

$$R' = N^2 R \quad (6-46)$$

式中 N——单相配电接地变压器的变比。

（二）电阻的选择

选取电阻的原则是取其一次值 R' 等于或小于发电机三相对地总容抗，使得单相接地故障有功电流等于或大于电容电流。由此：

$$R \leqslant \frac{1}{N^2 \times 3\omega(C_{0f} + C_t)} \times 10^6 \quad (6-47)$$

式中 C_{0f}——发电机本身每相的对地电容（μF）；

C_t——除发电机外，发电机回路中其他设备每相对地电容，包括封闭母线电容、主变压器电容、厂用变压器电容以及为防止过电压而附加的电容器容量（μF）。

由于电阻 R 的接入，将使单相接地故障总电流增加 $\sqrt{2}$ 倍或更大，并由原来的容性电流合成为阻容性电流。

电阻的容量按流过电阻的工作电流和时间确定，在该时间内应保持足够的热稳定。工作电流按下式计算：

$$I_r = \frac{U_2}{\sqrt{3}R} \quad (6-48)$$

式中 U_2——接地变压器的二次电压（V）。

（三）接地变压器的选择

接地变压器的一次电压取发电机的额定电压 U_e。这样可在发生单相接地，中性点有 $1.6U_{xg}$ 的过渡电压时，不致使变压器饱和。

接地变压器的二次电压可取220V或100V。当接地保护需要100V电压，而变压器二次电压因供货原因而选用220V时，可在电阻中增加分压抽头，如图6-9所示。

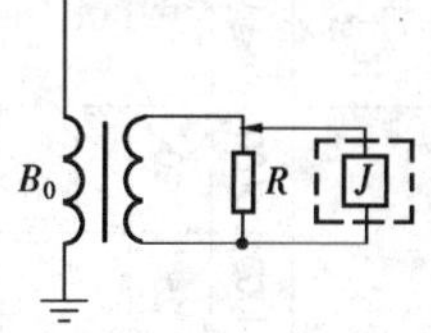

图6-9 电阻需要中间抽头时的接线图

接地变压器的容量 S 不应小于电阻的消耗功率：

$$S \geqslant \frac{U_2^2}{3R} \quad (6-49)$$

接地变压器的型式以选用干式单相配电变压器为宜。在确定其容量时，可以按接地保护动作于跳闸的时间，利用变压器的过负荷能力。当无厂家资料时，可取表6-52所列数据。

表6-52 干式变压器事故过负荷能力

过负荷量/额定容量	1.2	1.3	1.4	1.5	1.6
过负荷持续时间（min）	60	45	32	18	5

附录6－1 电工产品使用环境条件

环境因素		环境条件													
		一般	湿热	干热	高原				化工腐蚀	船舶	汽车、拖拉机	煤矿防爆	工厂防爆	冶金
海拔高度（m）		≤1000	≤1000	≤1000	2000	3000	4000	5000	≤1000	0				
空气温度	年最高（℃）	40	40	45	35	30	25	20	40	45	75	35	40	(60)
	年最低（℃）	取下列数值之一：+5，－10，－25，－40	0	－5	取下列数值之一：+5、－10，－25、－40	同左	同左	同左	－40	－25	－40			(－25，－40)
	年平均（℃）	(20)	25	30	15	10	5	0						
	月平均最高（℃）	(35)	35	43	30	25	20	15						
	日平均（℃）	(30)	35	40	25	20	15	10						
	最大日温差（℃）	(30)		30	30	30	30	30						
空气相对湿度（%）		90（25℃）	95（25℃）	10（40℃）	90（15℃）	90（10℃）	90（5℃）	90（0℃）	90（25℃）	≤95	90（25℃）	90～97（25℃）	90（25℃）	90（25℃）
气压	最低（Pa）	84000	84000	84000	72000	64000	56000	48000	84000					
	平均（Pa）	90000	90000	90000	79500	70000	61500	54000	94000					
冷却水最高温度（℃）		(30)	33	35										
一米深地下最高温度（℃）		(25)	32	32	22	19	16	13						
太阳辐射最大强度（W/m^2）		(970)	970	1110	1110	1110	1250	1250	970					
最大降雨强度（mm/10min）		(30)	50		30	30	30	30	50					
最大风速（m/s）		(30)	35	40	△	△	△	△						
露、雪、霜、冰		△	△	△	△	△	△	△	△	△	△		△	
霉菌			○							○	○	○	△	
盐雾		△	△	△						○	△			
灰尘与砂尘		△		○（户外） △（户内）	△	△	△	△	△		○	○	△	○
雷电		△	○							△				

续表

环境因素		环境条件												
		一般	湿热	干热	高原				化工腐蚀	船舶	汽车、拖拉机	煤矿防爆	工厂防爆	冶金
有害动物		△	○	○						○				
腐蚀性气体	氯(mg/m^3)								3				△	
	氯化氢(mg/m^3)								15				△	
	二氧化硫及三氧化硫(mg/m^3)								40				△	
	氮的氧化物(mg/m^3)								10				△	
	氟化物(mg/m^3)								15				△	
	硫化氢(mg/m^3)								>4.50				△	
	氨(mg/m^3)								40				△	
酸雾、碱雾									○				△	
腐蚀粉尘									△				△	
爆炸性混合物										△		○	○	
油雾										△				
倾斜度										45°				
摇摆度										22.5°				
冲击										△	○	○		△
振动										○	○			○
水浪										△				
噪声										○	△			
电磁干扰		△								○	△			
其他要求												工作面窄小，设备经常移动		
标准代号			JB830－75	JB830－75	以上参数只供参考用，不代表分级标准				JB/Z99－67	JB848－66，JB850－66	JB2261－77			

注　括号中的数值是参考值，符号“○”表示设计时须考虑；符号“△”表示提出具体情况和要求时考虑之。

第七章

厂（所）用电气设备选择

编者　钟大文　徐家和　　校者　黄维循　　审者　谢景命

第7-1节　厂（所）用变压器及电抗器选择

一、负荷计算

（一）计算原则

(1) 连续运行的设备应予计算；

(2) 机组正常运行时不经常而连续运行的设备（如备用励磁机、备用电动给水泵等）也应计算；

(3) 不经常短时及不经常而断续运行的设备不予计算，但由电抗器供电的应全部计算；

(4) 由同一电源供电的互为备用设备只计算运行的部分；

(5) 由不同电源供电的互为备用设备，应全部计算；但台数较多时，允许扣除其中一部分；

(6) 对于分裂变压器，其高低压绕组负荷应分别计算。当两个低压绕组接有互为备用设备时，对高压绕组只计算其运行部分，对低压绕组则一般均予计算；

(7) 对于分裂电抗器，应分别计算每一臂中通过的负荷，其计算原则与普通电抗器相同。

厂用设备的运行方式见第三章表3-1。

（二）计算方法

负荷计算一般采用换算系数法，如按换算系数法求得的计算负荷接近变压器绕组额定容量，在必要时可用轴功率法校验。

1. 换算系数法

换算系数法的算式为：

$$S = \Sigma(KP) \tag{7-1}$$

式中　S——计算负荷（kVA）；

K——换算系数[1]，见表7-1；

P——电动机的计算功率（kW）。

电动机的计算功率按其负荷特点确定，如：

表7-1　　换算系数表

机组容量（kW）	≤125000	≥200000
给水泵及循环水泵	1	1
凝　结　水　泵	0.8	1
其它高压电动机	0.8	0.85
其它低压电动机	0.8①	0.7
电除尘硅整流设备	0.45～0.75	0.45～0.75
电除尘电加热设备	1	1

① 当为链条炉时取0.85。

(1) 连续运行的电动机：

$$P = P_{ed} \tag{7-2}$$

式中　P_{ed}——电动机的额定功率（kW）。

(2) 经常短时及经常断续运行的电动机：

$$P = 0.5P_{ed} \tag{7-3}$$

(3) 中央修配厂：

$$P = 0.14P_{\Sigma} + 0.4P_{\Sigma 5} \tag{7-4}$$

式中　P_{Σ}——全部电动机额定功率总和（kW）；

$P_{\Sigma 5}$——其中最大5台电动机的额定功率之和（kW）。

(4) 煤场机械：

1) 中小型机械：

$$P = 0.35P_{\Sigma} + 0.6P_{\Sigma 3} \tag{7-5}$$

式中　$P_{\Sigma 3}$——其中最大3台电动机的额定功率之和（kW）。

2) 翻车机：

$$P = 0.22P_{\Sigma} + 0.5P_{\Sigma 5} \tag{7-6}$$

3) 轮斗机：

$$P = 0.13P_{\Sigma} + 0.3P_{\Sigma 5} \tag{7-7}$$

---

[1] 换算系数 $K = \dfrac{K_t K_f}{\eta\cos\varphi}$，式中 K_t、K_f 为回路的同时率和负荷率，η、$\cos\varphi$ 为回路效率和功率因数。

（5）照明负荷为：

$$P = K_X P_A \qquad (7-8)$$

式中　K_X——需要系数，一般取0.8～1；

P_A——安装容量（kW）。

2. 轴功率法

轴功率法的算式为：

$$S_g = K_t \Sigma\left(\frac{P_{max}}{\eta\cos\varphi}\right) + \Sigma S_d \qquad (7-9)$$

式中　K_t——同时率，新建电厂取0.9，扩建电厂取0.95；

P_{max}——最大运行轴功率（kW）；

η——对应于轴功率的电动机效率；

$\cos\varphi$——对应于轴功率的电动机功率因数；

ΣS_d——低压厂用计算负荷之和（kVA）。

二、容量选择

（一）选择原则

（1）高压厂用工作变压器容量应按高压电动机计算负荷的110%与低压厂用电计算负荷之和选择。

低压厂用工作变压器的容量留有10%左右裕度。

（2）厂用电抗器的容量选择，除应符合《导体和电器选择设计技术规定》DLGJ14—86的要求外，宜留适当裕度，当经济上合理时，可较计算负荷增大一级。

（3）高压厂用备用变压器（或电抗器）或起动/备用变压器应与最大一台（组）高压厂用工作变压器（或电抗器）的容量相同；当起动/备用变压器带有公用负荷时，其容量还应满足最大一台高压厂用工作变压器的要求，并考虑该起动/备用变压器检修的条件[1]；

高压厂用备用变压器（或电抗器）或起动/备用变压器自投负荷最大的一段厂用母线时，如不满足所带的Ⅰ类电动机自起动的要求，宜采用分批自起动的方式，而不宜增大备用变压器（电抗器）或起动/备用变压器的容量。

（4）低压厂用备用变压器的容量应与最大一台低压厂用工作变压器容量相同。

（5）装于屋外或屋外进风小间内的变压器，其容量一般不考虑温度修正，但南方地区宜将小间进出风温差控制在10℃以内。

主厂房进风小间内的变压器容量，北部和中部地区一般亦无需按温度修正，但中南地区宜将进出风温差控制在10℃，南方地区负荷较满时应考虑温度修正。

（二）计算公式

1. 高压厂用工作变压器

（1）双绕组变压器：$S_B \geqslant 1.1S_g + S_d$　(7－10)

（2）分裂绕组变压器：

分裂绕组
$$\left.\begin{aligned} S_{2B} &\geqslant S_{2Bj} \\ S_{2Bj} &= 1.1S_g + S_d \end{aligned}\right\} \qquad (7-11)$$

高压绕组
$$S_B \geqslant \Sigma S_{2Bj} - S_s \qquad (7-12)$$

上三式中　S_B——厂用变压器高压绕组额定容量（kVA）；

S_{2B}——厂用变压器分裂绕组额定容量（kVA）；

S_{2Bj}——厂用变压器分裂绕组计算负荷（kVA）；

S_g——高压电动机计算负荷之和，见式（7－1）；

S_d——低压厂用计算负荷之和，见式（7－1）；

ΣS_{2Bj}——分裂绕组两分支计算负荷之和（kVA）；

S_s——分裂绕组两分支重复计算负荷（kVA）。

2. 高压起动/备用变压器

分裂绕组
$$\left.\begin{aligned} S_{2B} &\geqslant S_{2Bj} \\ S_{2Bj} &= S_{g01} + S_{g1} \end{aligned}\right\} \qquad (7-13)$$

高压绕组
$$S_B \geqslant \Sigma S_{2Bj} - S_s \qquad (7-14)$$

上两式中　S_{g01}——起动/备用变压器本段负荷（kVA）；

S_{g1}——最大一台工作变压器分支计算负荷（kVA）。

3. 低压厂用工作变压器

125MW及以下机组　$K_t S \geqslant S_d$　(7－15)

200MW及以上机组　$K_t S \geqslant S_d$　(7－16)

式中　S——低压厂用工作变压器容量（kVA）；

K_t——变压器温度修正系数，一般取1，但在南方地区由主厂进风时，安装在小间内的变压器应按表7－2中的修正系数修正容量。

4. 厂用电抗器

[1] 带有公用负荷的起动/备用变压器检修时，其所带公用负荷应能切换到工作变压器或另一台起动/备用变压器上，该工作变压器或另一台起动/备用变压器的容量应计及此公用负荷。

表 7-2 **按合理的使用寿命确定变压器温度修正系数 K_t**

地区	屋外年平均温度（℃）	屋外变压器	屋外进风小间内变压器		主厂房内年平均温度（℃）	主厂房进风小间内变压器		
			进出风温差			进出风温差		
			15℃	10℃		15℃	10℃	5℃
茂名	23	1.03	0.95	0.98	27.7	0.92	0.94	0.97
广州	21.8	1.04	0.96	0.99	26.9	0.92	0.95	0.98
南宁	21.7	1.03	0.96	0.98	26.6	0.92	0.95	0.97
福州	19.6	1.05	0.97	1	25.1	0.93	0.96	0.98
长沙	17.2	1.06	0.99	1.01	23.8	0.94	0.97	0.99
武汉	16.3	1.07	0.99	1.02	23.3	0.95	0.97	1
成都	16.3	1.08	1		23	0.95	0.98	1.01
上海	15.7	1.08	1		22.7	0.96	0.98	1.01
南京	15.7	1.09	1.01		22.7	0.95	0.98	1
贵阳	15.4	1.08	1		22.3	0.96	0.98	1.01
昆明	15.1	1.09	1.01		21.8	0.96	0.99	1.02
郑州	14.2	1.08	1		22.2	0.95	0.98	1.01
济南	14.1	1.08	1		22.2	0.95	0.98	1.01
开封	14	1.09	1.01		22.1	0.96	0.98	1.01
西安	13.3	1.09	1.02		21.3	0.96	0.98	1.01
北京	11.6	1.1	1.02		21.1	0.97	0.99	1.02
大连	10.2	1.11	1.03		20.1	0.98	1	
兰州	9.2	1.12	1.04		19.9	0.98	1	
沈阳	7.6	1.12	1.04		19.5	0.98	1	
包头	6.3	1.13	1.05		18.8	0.98	1.01	
乌鲁木齐	5.2	1.13	1.05		19.2	0.98	1.01	
长春	4.8	1.13	1.06		18.6	0.99	1.01	
哈尔滨	3.6	1.14	1.06		18.4	0.99	1.01	

电抗器的容量应满足最大运行负荷的需要，并留有适当的裕度。经济上合理时可放大一级，当周围最高空气温度超过允许值时，其容量应相应降低，算式如下：

$$I = I_e\sqrt{\frac{100 - \theta_{zd,k}}{100 - \theta_{ek}}} \quad (7-17)$$

式中　I——电抗器允许的工作电流（A）；

I_e——电抗器的额定电流（A）；

100——电抗器绕组最高允许温度（℃）；

θ_{ek}——电抗器允许的最高空气温度（℃）；

$\theta_{zd,k}$——周围最高空气温度（即小室排风温度，℃）。

5. 所用变压器

所用变压器负荷计算采用换算系数法，不经常短时及不经常断续运行的负荷均可不列入计算负荷。当有备用所用变压器时，其容量应与工作变压器相同。

所用变压器容量按下式计算：

$$S \geqslant K_1\Sigma P_1 + \Sigma P_2 \quad (7-18)$$

式中　S——所用变压器容量（kVA）；

ΣP_1——所用动力负荷之和（kW）；

K_1——所用动力负荷换算系数，一般取 $K_1 = 0.85$；

ΣP_2——电热及照明负荷之和（kW）。

（三）计算实例

6kV厂用变压器负荷计算及容量选择实例见表7-3。

380V厂用变压器负荷计算及容量选择实例见表7-4～表7-6。

220kV变电所设有两台互为备用的所用变压器负荷计算及容量选择实例见表7-7。

三、电压调整

（一）一般要求

（1）在正常电压偏移和厂（所）用负荷波动的情况下，厂（所）用电各级母线的电压偏移应不超过额定电压的±5%；当仅接有电动机时，则可不超过+10%和-5%。

（2）电源电压的波动范围应根据各电厂的具体情况确定，发电机出口电压的波动范围，一般可按5%考虑，当出口引接的高压厂用工作变压器阻抗电压（对分裂变压器系以低压绕组额定容量为基准的半穿越阻抗电压）不大于10.5%时，可采用普通变压器，但应符合下列要求：

1）为适应近、远期电源电压的正常波动，分接开关的调压范围应取10%（从正分接到负分接）；

2）分接开关的级电压应尽量采用2.5%；

3）额定分接位置宜在调压范围的中间。

对有进相运行要求的大容量发电机，其厂用电压的变化及厂用变压器阻抗选择应通过技术经济比较后确定；

（3）当高压厂用备用变压器的阻抗电压大于10.5%时，或引接地点的电压波动（备用变压器引接地点的电压波动，应计及全厂停电时负荷潮流变化引起电压下降）超过±5%时，宜采用有载调压变压器，其分接开关的参数宜按下列要求确定：

1）调压范围尽量采用20%（从正分接到负分接）；

2）调压装置级电压不宜过大，对220kV级变压器一般采用1.46%，发电机电压级的变压器最大不超过2.5%；

3）额定分接位置宜在调压范围的中间。

（二）分接位置及调压开关选择

1. 选择原则

（1）按电源电压最高、负荷最小、母线电压不超过允许值，选择最高分接位置；

（2）按电源电压最低、负荷最大、母线电压不低于允许值，选择最低分接位置；

（3）根据最高、最低分接头位置及制造厂产品选定调压开关。

2. 计算公式

$$n = \left(\frac{U_{g*}U_{2e*}}{U_{m*} + S_* Z_{\varphi*}} - 1\right) \times \frac{100}{\delta_g\%} \quad (7-19)$$

式中　n——分接头位置，取正、负整数；

U_{g*}——电源电压标么值，$U_{g*} = \frac{U_G}{U_{1e}}$；

U_G——电源电压（kV）；

U_{1e}——变压器高压侧额定电压（kV）；

U_{2e*}——变压器低压侧额定电压标么值，$U_{2e*} = \frac{U_{\text{II}e}}{U_j}$；

$U_{\text{II}e}$——变压器低压侧额定电压（kV）；

U_j——基准电压，分别取0.38kV、3kV、6kV、10kV；

U_{m*}——厂用母线允许最高或最低电压标么值，一般最高取1.05，最低取0.95；

表 7-3　　6kV 厂用工作变压器负荷计算及容量选择实例（2×300MW 机组）

序号	设备名称	额定容量（kW）	安装数量（台）	工作数量（台）	#1厂用高压变压器					#2厂用高压变压器				
					Ⅰ$_A$段		Ⅰ$_B$段		重复容量（kW）	Ⅱ$_A$段		Ⅱ$_B$段		重复容量（kW）
					安装数量（台）	工作容量（kW）	安装数量（台）	工作容量（kW）		安装数量（台）	工作容量（kW）	安装数量（台）	工作容量（kW）	
1	电动给水泵	5500	2	2	1	5500				1	5500			
2	循环水泵	1250	6	6	1	1250	2	2500		1	1250	2	2500	
3	凝结水泵	315	4	2	1	315	1	315	315	1	315	1	315	315
	ΣP_1（序号 1～3 之和）					7065		2815	315		7065		2815	315
4	吸风机	2240	4	4	1	2240	1	2240		1	2240	1	2240	
5	送风机	1000	4	4	1	1000	1	1000		1	1000	1	1000	
6	一次风机	300	4	4	1	300	1	300		1	300	1	300	
7	排粉机	680	8	8	2	1360	2	1360		2	1360	2	1360	
8	磨煤机	1000	8	8	2	2000	2	2000		2	2000	2	2000	
9	凝结水升压泵	630	4	2	1	630	1	630	630	1	630	1	630	630
10	主汽机调速油泵	350	2		1					1				
11	碎煤机	320	2	1			1	320				1	320	
12	喷射水泵	260	2	1	1	260						1	260	
13	#1 皮带机	300	2	1	1	300						1	300	
14	#4 皮带机	300	2	1	1	300						1	300	
	ΣP_2（序号 4～14 之和）					8390		7850	630		7530		8710	630
	$S_g = \Sigma P_1 + 0.85\Sigma P_2$（kVA）					14196.5		9487.5	850.5		13465.5		10218.5	850.5
15	机炉变压器（kVA）	1600	4	4	1	1600	1	1600	1600	1	1600	1	1600	1600
16	电除尘变压器（kVA）	1250	4	4	1	1250	1	1250	1250	1	1250	1	1250	1250
17	化水变压器（kVA）	1000	2	2			1	1000				1	1000	
18	公用变压器（kVA）	1000	3	2	1	1000	1	1000		1	1000			
19	输煤变压器（kVA）	1000	3	2	1	1000	1	1000				1	1000	
20	灰浆泵变压器（kVA）	1000	1	1			1	1000						
21	负压风机房变（kVA）	1000	1	1								1	1000	
22	污水变压器（kVA）	315	2	2			1	315				1	315	
23	修配变压器（kVA）	800	1	1			1	800						
24	水源地电源（kVA）	1000	2	1			1	1000				1	1000	
25	照明变压器（kVA）	315	2	2			1	315				1	315	
	ΣS_e（序号 15～25 之和）（kVA）					4850		9280	2850				7480	2850
	$S_d = 0.85\Sigma S_e$（kVA）					4122.5		7888	2422.5		3272.5		6358	2422.5
	分裂绕组负荷（$1.1S_g + S_d$）（kVA）					19738.6		18324	3358		18084.5		17598	3358
	高压绕组负荷（kVA）				19738.6 + 18324 − 3358 = 34704.6					18084.5 + 17598 − 3358 = 32324.5				
	选择分裂变压器容量（kVA）				40000/2×20000					40000/2×20000				

注　机炉变压器及电除尘变压器均瓦为备用。

表7-4　380V机炉动力中心负荷计算及变压器容量选择实例（1×300MW机组）

序号	设备名称	额定容量（kW）	安装台数（台）	运行数量（台）	#1厂用低压变压器		#2厂用低压变压器		重复容量（kW）
					安装数量（台）	工作容量（kW）	安装数量（台）	工作容量（kW）	
1	小汽轮机调速油泵	75	4	2	2	150	2	150	150
2	汽动给水泵的前置泵	115	2	2	1	115	1	115	
3	射水泵	135	2	1	1	135	1	135	135
4	除盐补充水泵	55	1	1			1	55	
5	低加疏水泵	125	2	1	1	125	1	125	125
6	工频感应调压器	30	1	1	1	30			
7	汽机热工配电箱	60	2	1	1	60	1	60	60
8	厂用高压变压器冷却电源	14	2	1	1	14	1	14	14
9	主变压器冷却电源	40	2	1	1	40	1	40	40
10	单元控制室空调机	50	2	1	1	50	1	50	50
11	程控室空调机负荷中心（MCC）	93	2	1	1	93	1	93	93
12	220V蓄电池主充装置	33	1	1	1	33			
13	单元控制室控制中心（MCC）	55	2	1	1	55	1	55	55
14	汽机房控制中心（MCC）	150	2	1	1	150	1	150	150
15	给煤机控制中心（MCC）	100	2	1	1	100	1	100	100
16	磨煤机控制中心（MCC）	114	2	1	1	114	1	114	114
17	给粉电动机控制中心（MCC）	24	4	2	2	48	2	48	48
18	吸风机控制中心（MCC）	20	2	1	1	20	1	20	20
19	空气预热器控制中心（MCC）	50	2	1	1	50	1	50	50
20	吹灰系统控制中心（MCC）	56	2	1	1	56	1	56	56
21	锅炉控制中心（MCC）	120	2	1	1	120	1	120	120
22	保安段经常负荷	220	1	1	1	220			
23	暖风机疏水泵	55	2	1	1	55	1	55	55
24	通风专用屏	50	1	1			1	50	
25	锅炉热工配电箱	60	2	1	1	60	1	60	60
	ΣP（kW）				1893		1715		1495
	$0.7\Sigma P$（kVA）				1325		1200		1046
	S_d（kVA）				1325 + 1200 - 1046 = 1479.1				
	选择变压器容量（kVA）				1600		1600		

注　#1、#2厂用低压变压器互为备用。

表 7－5　　输煤系统负荷计算及变压器容量选择实例

序号	设备名称	额定容量（kW）	安装台数（台）	运行数量（台）	#1输煤变压器		#2输煤变压器		重复负荷（kW）
					安装数量（台）	运行负荷（kW）	安装数量（台）	运行负荷（kW）	
1	翻车机	52.25	2	1	1	52.25	1	52.25	52.25
2	重车调车机	44×2	2	1	1	88	1	88	88
3	空车调车机	45	2	1	1	45	1	45	45
4	皮带给煤机	40	2	1	1	40	1	40	40
5	#0皮带	160	2	1	1	160	1	160	160
6	#2皮带	160	2	1	1	160	1	160	160
7	#3皮带	160	2	1	1	160	1	160	160
8	#6皮带甲	200＋110	1	1	1	310			
9	堆取料机	340×0.6	1	1			1	204	
10	碎煤机室专用屏	30	2	1	1	30	1	30	30
11	#1转运站专用屏	30	1	1	1	30			
12	翻车机专用屏	24	2	1	1	24	1	24	24
13	#2转运站专用屏	30	1	1			1	30	
14	地下煤斗专用屏	40	2	1	1	40	1	40	40
15	输煤综合楼专用屏	80	2	1	1	80	1	80	80
	ΣP（kW）				1219.25		1113.3		879.25
	$0.7\Sigma P$（kVA）				853.5		779.3		615.5
	S_d（kVA）				$853.5+779.3-615.5=1017.3$				
	选择变压器容量（kVA）				1250		1250		

注　#1、#2输煤变压器互为备用。

表 7-6　　机炉电动机控制中心负荷计算实例

序号	名称	额定容量（kW）	连接台数	工作台数		工作容量（kW）	工作电流（A）		起动电流（A）	自起动电流（A）	备注
				连续	定期		连续	定期			
	锅炉电动机控制中心										
1	给煤机	2.8	2	2		5.6	12.2				
2	磨煤机油泵	2.8	3	2		5.6	12.2		76		
3	磷酸盐泵	1	1	1		1	2.5				
4	通风机	1	1	1		1	2.5				
5	锅炉闸门配电箱	12	1		1	6	6	20			
	合　计					19.2	35.4	20			
	计算电流 = 35.4 + 0.5 × 20 = 45.4A 熔断器最小电流 = 45.4 − 12.2 + 76/2.5 = 63.6A										
	汽机电动机控制中心										
1	润滑油泵	14	1		1	—		27.6	166	166	仅在开停时运行
2	氢冷轴封油泵	7	2	1		7	14			70	
3	氢冷真空泵	2.8	2	1		2.8	6			30	
4	油箱排气泵	1.7	1	1		1.7	3.6				
5	汽机闸门配电箱	10	1		1	5	4	16			
	合　计					16.5	27.6	43.6		266	
	计算电流 = 27.6 + 0.5 × 43.6 = 49.4A 考虑其中一台起动时熔断器最小电流 = 49.4 − 27.6 + 166/2.5 = 88.2A 考虑集中起动时熔断器最小电流 = 266/2.5 = 106A										

注　"定期"工作包括经常短时、经常断续、不经常短时、不经常断续四种工作方式，但不包括不经常连续运行方式。

表 7-7　　220kV 变电所所用变压器负荷计算及容量选择实例

序号	名称	额定容量（kW）	安装台数	第一段母线				第二段母线				备注
				台数		容量（kW）		台数		容量（kW）		
				安装	运行	安装	运行	安装	运行	安装	运行	
	1. 变压器修理间和油处理室车间动力配电盘											
1	75t 固定电动卷扬机	18	1	1	1	18	—				—	断续、不经常
2	5t 电动单梁桥式起重机吊钩	7.5	1	1	1	7.5	—				—	断续、不经常
3	5t 电动单梁桥式起重机大车	2.2	1	1	1	2.2	—				—	
4	5t 电动单梁桥式起重机小车	1.7	1	1	1	1.7	—				—	
5	砂　轮	0.75	1	1	1	0.75	—				—	短时、不经常
6	钻　床	2.8	1	1	1	2.8	—				—	短时、不经常
7	真 空 泵	4.5	1	1	1	4.5	—				—	连续、不经常
8	干燥室电源	20	1	1	1	20	20				—	连续、不经常
9	变压器干燥电源	40	1	1	1	40	—				—	连续、不经常①
10	变压器干燥附加电源	15	1	1	1	15	—				—	连续、不经常①
11	移动压榨式滤油机电动机	4.5	1	1	1	4.5	4.5				—	连续、不经常
12	移动离心式滤油机电动机	4.5	1	1	1	4.5	4.5				—	连续、不经常
13	滤纸烘箱	1.43	3	3	3	4.29	4.29				—	连续、不经常
14	净化室排风机电动机	1	1	1	1	1	1				—	连续、不经常
15	污水泵电动机	28	1	1	1	28	—				—	短时、不经常
16	污水泵电动机	14	1	1	1	14	—				—	短时、不经常
	小　计　(P_1)						34.29				—	

续表

序号	名称	额定容量（kW）	安装台数	第一段母线				第二段母线				备注
				台数		容量（kW）		台数		容量（kW）		
				安装	运行	安装	运行	安装	运行	安装	运行	
2. 调相机室动力配电盘												
17	循环水泵电动机	14	3	1	1	14	14	2	1	28	14	连续、经常
18	调相机用润滑油泵电动机	1.0	4	2	1	2.0	1.0	2	1	2.0	1.0	连续、经常
19	50/10t 桥式起重机大钩	18	1	1	1	18	—				—	断续、不经常
20	50/10t 桥式起重机小钩	13.2	1	1	1	13.2	—				—	断续、不经常
21	50/10t 桥式起重机大车	13.2	2	2	2	26.4	—				—	断续、不经常
22	50/10t 桥式起重机小车	6.5	1	1	1	6.5	—				—	断续、不经常
	小 计 （P_2）						15				15	
3. 其 他 动 力												
23	主变压器风扇	0.15	6×22	3×22	3×22	9.9	9.9	3×22	3×22	9.9	9.9	连续、经常
24	充 电 机	20	1	1	1	20	20				—	连续、不经常
25	浮充电机	14	1				—	1	1	14	14	连续、经常
26	蓄电池室进风	1.7	1				—	1	1	1.7	1.7	连续、不经常
27	蓄电池室排风	1.4	1				—	1	1	1.4	1.4	连续、不经常
28	锅炉房水泵	1.7	2	1	1	1.7	1.7	1	1	1.7	1.7	连续、经常
29	空 压 机	22	2	1	1	22	11	1	1	22	11	短时、经常
30	电 焊	21 kVA	2	1	1		—	1	1		—	断续、不经常
31	220kV 屋外配电装置交流电源	20	1	1	1	20					—	短时、不经常
32	63kV 屋外配电装置交流电源	20	1				—	1	1	20	—	短时、不经常
33	载波通讯室交流电源	7.2	1				—	1	1	7.2	7.2	连续、经常
	小 计 （P_3）						42.6				46.9	
4. 电 热												
34	220kV 油断路器油箱电热电源	13.36	6	3	3	40.08	40.08	3	3	40.08	40.08	连续
35	220kV 油断路器操动机构电热电源	0.3	6	3	3	0.9	0.9	3	3	0.9	0.9	连续
36	63kV 油断路器操动机构电热电源	0.3	14	7	7	2.1	2.1	7	7	2.1	2.1	连续
37	户外用开关端子箱电热电源	0.12	13	6	6	0.72	0.72	7	7	0.84	0.84	连续
	小 计 （P_4）						43.8				43.92	
5. 照 明												
38	220kV 屋外配电装置照明	12.8	1	1	1	12.8	12.8				—	
39	60kV 屋外配电装置照明	5	1	1	1	5	5				—	
40	主控制楼照明	14.07	1				—	1	1	14.07	14.07	
41	调相机室照明	8.5	1				—	1	1	8.5	8.5	
42	附属建筑物照明	6.93	1	1		6.93	6.93				—	
43	道路照明	2.4	1	1		2.4	2.4				—	
44	事故照明	5	1				—	1	1	5	5	
	小 计 （P_5）						27.13				27.57	
S（kVA）$=0.85\ (P_1+P_2+P_3)\ +P_4+P_5$								149				124.1
选择变压器容量（kVA）								320				320

① 仅在大修干燥绕组时才用，故不计算。

S_*——厂用负荷标幺值（以低压绕组额定容量 S_{2B} 为基准）；

Z_{p*}——负荷压降阻抗标幺值，

$$Z_{\varphi *} = R_{B*}\cos\varphi + X_{B*}\sin\varphi; \qquad (7-20)$$

R_{B*}——变压器电阻标幺值，$R_B = 1.1 \times \dfrac{P_{t12}}{S_{2B}}$；

P_{t12}——变压器额定铜耗（kW），对分裂变压器取单侧低压绕组通过额定电流时的铜耗；

$\cos\varphi$——负荷功率因数，一般取 0.8（相应 $\sin\varphi = 0.6$）；

X_{B*}——变压器电抗标幺值；

$$X_{B*} = 1.1 \times \frac{U_{d\,\mathrm{I\,II}}\%}{100} \times \frac{S_{2B}}{S_B} \qquad (7-21)$$

$U_{d\,\mathrm{I\,II}}\%$——变压器阻抗电压百分数，对分裂变压器取以高压绕组额定容量为基准的半穿越电抗；X'_{1-2}；

$\delta_u\%$——级电压（%）。

（三）母线电压偏移计算

1. 计算条件

(1) 按电源电压最高、分接位置最高、负荷最小，计算厂用母线最高电压，应满足 $U_{mg*} \leqslant 1.05$。

(2) 按电源电压最低、分接位置最低、负荷最大，计算厂用母线电压，应满足 $U_{md*} \geqslant 0.95$。

2. 计算公式

$$U_{n*} = U_{0*} - S_* Z_{\varphi *} \qquad (7-22)$$

$$U_{0*} = \frac{U_{g*}U_{2e*}}{1 + n \times \dfrac{\delta_u\%}{100}} \qquad (7-23)$$

上二式中　U_{0*}——母线空载电压标幺值；

其它符号同式（7-19）。

（四）计算实例

根据原始数据，选择起动/备用变压器调压开关，并计算 6kV 母线电压偏移。

1. 原始数据

母线基准电压　$U_t = 6\text{kV}$

分裂变压器高压绕组额定容量 $S_B = 50000\text{kVA}$

分裂变压器低压绕组额定容量 $S_2 = 25000\text{kVA}$

分裂变压器单侧铜耗　$P_{T12} = 165\text{kW}$

分裂变压器以 S_B 为基准半穿越电抗 $X_{1-2} = 19\%$

电源电压最低值　$U_{Gd} = 32\text{kV}$

电源电压最高值　$U_{Gg} = 40.5\text{kV}$

分裂变压器高压侧额定电压　$U_{1e} = 37\text{kV}$

分裂变压器低压侧额定电压　$U_{\mathrm{II}\,e} = 6.3\text{kV}$

分裂变压器分支计算负荷

最大　$S_{max} = 21525\text{kVA}$

最小　$S_{min} = 0$

负荷功率因数　$\cos\varphi = 0.8$

$\sin\varphi = 0.6$

2. 数据计算

变压器低压绕组额定电压标幺值

$$U_{2e*} = \frac{U_{\mathrm{II}\,e}}{U_j} = \frac{6.3}{6} = 1.05$$

电源电压标幺值

最低值　$U_{gd*} = \dfrac{U_{Gd}}{U_{\mathrm{I}\,e}} = \dfrac{32}{37} = 0.865$

最高值　$U_{gg*} = \dfrac{U_{Gg}}{U_{\mathrm{I}\,e}} = \dfrac{40.5}{37} = 1.095$

变压器电抗标幺值

$$X_{B*} = 1.1 \times \frac{X_{1-2}}{100} \times \frac{S_{2B}}{S_B} = 1.1 \times \frac{19 \times 25000}{100 \times 50000} = 0.104$$

变压器电阻标幺值

$$R_{B*} = 1.1 \times \frac{P_{T12}}{S_{2B}} = 1.1 \times \frac{165}{25000} = 0.0072$$

变压器负荷压降阻抗标幺值

$$Z_{\varphi *} = R_{B*}\cos\varphi + X_{B*}\sin\varphi = 0.0072 \times 0.8 + 0.104 \times 0.6 = 0.0681$$

厂用负荷标幺值

最大值　$S_{max*} = \dfrac{21525}{25000} = 0.861$

最小值　$S_{min*} = \dfrac{0}{25000} = 0$

3. 选择分接位置及调压开关

(1) 选最高分接位置：

按电源电压最高、负荷最小、母线电压为最高允许值，选最高分接位置：

取　$U_{gg*} = 1.095$　$S_* = 0$　$U_{m*} = 1.05$

$\delta_u\% = 1.46\%$

$$n = \left(\frac{U_{gg*}U_{2*}}{U_m + SZ} - 1\right) \times \frac{100}{\delta_u\%} = \left(\frac{1.095 \times 1.05}{1.05 + 0} - 1\right) \times \frac{100}{1.46} = 6.51$$

n 取整数 7

(2) 选择最低分接位置：

按电源电压最低、负荷最大、母线电压为最低允许值，选最低分接位置：

取 $U_{gd*}=0.865$　　$S_*=0.861$　　$U_{m*}=0.95$

$\delta_u\%=1.46\%$

$$n=\left(\frac{U_{gd*}U_{2e*}}{U_{m*}+S_*Z_{\varphi*}}-1\right)\times\frac{100}{\delta_u\%}$$

$$=\left(\frac{0.865\times1.05}{0.95+0.861\times0.0681}-1\right)\times\frac{100}{1.46}$$

$$=-6.81$$

取负整数 −7

(3) 选用变压器调压开关：

选用调压范围为20%的调压开关，其正、负分接头为：

$$37\pm7\times1.46\%/6.3-6.3\text{kV}$$

(4) 确定额定运行电压分接位置：

按电源电压为37kV、负荷最大、母线为额定电压时的正常分接位置

取 $U_{g*}=1$　　$S_*=0.861$　　$U_{m*}=1$

$$n=\left(\frac{U_{g*}U_{2e*}}{U_{m*}+S_*Z_{\varphi*}}-1\right)\times\frac{100}{\delta_u\%}$$

$$=\left(\frac{1\times1.05}{1+0.861\times0.0681}-1\right)\times\frac{100}{1.46}=-0.55$$

取 $n=-1$

4. 计算母线电压偏移

(1) 计算母线电压最高值：

按电源电压最高、分接位置最高、负荷最小计算：

取 $U_{gg*}=1.095$　　$n=+7$　　$S_*=0$

$$U_m=\frac{U_{gg*}U_{2e*}}{1+n\frac{\delta\%}{100}}-S_*Z_{\varphi*}=\frac{1.095\times1.05}{1+7\times\frac{1.46}{100}}-0$$

$$=1.04$$

(2) 计算母线电压最低值：

按电源电压最低、分接位置最低、负荷最大计算：

取 $U_{gd*}=0.865$　　$n=-7$　　$S_*=0.861$

$$U_{m*}=\frac{U_{gd*}U_{2e*}}{1+n\frac{\delta_u\%}{100}}-S_*Z_{\varphi*}=\frac{0.865\times1.05}{1-7\times\frac{1.46}{100}}$$

$$-0.861\times0.0681=0.953$$

实际电压偏移为 +4% ~ −4.7%

(3) 计算母线正常运行电压：

按电源电压为37kV、负荷最大、分接头为 −1

$$U_{m*}=\frac{1\times1.05}{1-1\times\frac{1.46}{100}}-0.861\times0.0681\approx1$$

四、电动机起动及自起动电压校验

(一) 校验条件

1. 正常单台起动母线电压校验

(1) 电动机正常单台起动时，厂用母线电压最低允许值一般取额定电压的80%，电动机端电压的最低允许值一般取额定电压的70%。

(2) 当电动机功率（kW）为电源容量（kVA）的20%以上时，一般应验算正常起动时的厂用母线电压水平。对2000kW及以下的6kV电动机、200kW及以下的380V电动机，一般不需校验。

2. 成组自起动母线电压校验

(1) 为了保证Ⅰ类电动机的自起动，应对成组自起动时的厂用母线电压进行校验，自起动时厂用母线电压应不低于表7−8值。

表7−8　自起动要求的最低母线电压

名　称	类　型	自起动电压（%）
高压厂用母线	高温高压电厂 中压电厂	65 ~ 70 60 ~ 65
低压厂用母线	低压母线单独自起动 低压母线与高压母线串联自起动	60 55

注　对于高压厂用母线，失压或空载自起动电压取上限值；带负荷自起动电压取下限值。

(2) 厂用工作电源一般仅考虑失压自起动，而厂用备用/起动电源一般需考虑失压、空载及带负载自起动等三种方式：

空载自起动——备用电源空载状态时，自动投入失去电源的工作段所形成的自起动；

失压自起动——运行中突然出现事故低电压，当事故消除电压恢复时形成的自起动；

带负荷自起动——备用电源已带一部分负荷，又自动投入失去电源的工作段时形成的自起动。

(3) 对于低压厂用变压器一般尚需按高、低压厂用母线串接自起动验算。

(二) 计算公式

1. 起动或自起动母线电压计算

单台电动机起动或成组电动机自起动母线电压均

用下式计算，式中各标么值的基准电压取 0.38kV、6kV、10kV，基准容量取低压绕组的额定容量 S_{2B}。

$$U_{m*} = \frac{U_{0*}}{1 + S_* X_*} \tag{7-24}$$

式中　U_{m*}——电动机起动或自起动时厂用母线电压（标么值）；

U_{0*}——厂用母线上的空载电压标么值，一般对电抗器取 1，对无激磁调压变取 1.05，对有载调压变取 1.1；

X_*——变压器或电抗器的电抗（标么值），对变压器可按式（7－21）计算；

S_*——合成负荷（标么值）可按下式计算❶

$S_* = S_{1*} + S_{0*}$；

S_{1*}——电动机起动或自起动前厂用电源已带的负荷（标么值），失压自起动或空载自起动时，$S_{1*}=0$；

S_{Q*}——起动或自起动电动机的容量（标么值）；

$$S_{Q*} = \frac{K_Q P_D}{\eta_D \cos\varphi_D S_{2B}} \tag{7-25}$$

K_Q——起动或自起动电流倍数，对备用电源，其自起动倍数当为快速切换时取 2.5，当为慢速切换时取 5❷；

P_D——起动或自起动电动机功率（kW）；

$\eta_D \cos\varphi_D$——电动机的额定效率和功率因数的乘积，对自起动一般可取 0.8。

2. 高、低压串联自起动母线电压计算

自起动时高压厂用母线电压 U_{gm*}（标么值）按下式计算：

$$U_{gm*} = \frac{U_{0*}}{1 + S_{g*} X_{g*}} \tag{7-26}$$

式中　S_{g*}——高压厂用母线的合成负荷（标么值）；

X_{g*}——高压厂用变压器或电抗器的电抗（标么值），对变压器可按式（7－21）计算；

自起动时低压厂用母线电压 U_{dm*}（标么值）按下式计算：

$$U_{dm*} = \frac{U_{gm}}{1 + S_d X_{dB}} \tag{7-27}$$

式中　S_{d*}——低压厂用母线的合成负荷（标么值）；

X_{dB*}——低压厂用变压器的电抗（标么值），

$$X_{dB} = 1.1 \times \frac{U_d\%}{100}。$$

（三）计算实例

【例 1】　计算一台 5500kW 电动给水泵起动时母线电压 U_{m*}（标么值）。

1. 原始数据

母线基准电压　$U_j = 6\text{kV}$

分裂变压器高压绕组额定容量 $S_B = 31500\text{kVA}$

分裂变压器低压绕组额定容量 $S_{2B} = 16000\text{kVA}$

以高压绕组额定容量为基准半穿越电抗

$X_{1-2} = 13.5\%$

母线的空载电压（标么值）　$U_{0*} = 1.05$

给水泵起动前厂用母线已带负荷 $S_D = 8500\text{kVA}$

给水泵电动机参数：额定容量　$P_D = 5500\text{kW}$

起动电流倍数 $K_Q = 6$

额定效率　$\eta_D = 0.963$

额定功率因数 $\cos\varphi = 0.9$

2. 数据计算

（1）厂用负荷标么值

$$S_{1*} = \frac{S_D}{S_{2B}} = \frac{8500}{16000} = 0.53$$

（2）给水泵电动机起动容量标么值

$$S_{Q*} = \frac{K_Q P_D}{\eta_D \cos\varphi S_{2B}} = \frac{6 \times 5500}{0.963 \times 0.9 \times 16000} = 2.38$$

（3）合成负荷标么值

$$S_* = S_{1*} + S_{0*} = 0.53 + 2.38 = 2.91$$

（4）变压器电抗标么值

---

❶ 有必要详细计算时，S 可取有功功率和无功功率复数和的模数，其算式如下：

$$S_* = \sqrt{(P_{1*} + P_{Q*})^2 + (Q_{1*} + Q_{Q*})^2}$$

式中　P_{1*}——起动或自起动前厂用电源已带负荷的有功分量（标么值），$P_{1*} = S_{1*}\cos\varphi_1$；

$\cos\varphi_1$——已带负荷的功率因数取 $\cos\varphi = 0.8$；

Q_{1*}——已带负荷的无功分量（标么值）；$Q_{1*} = S_{1*}\sin\varphi_1$，$\sin\varphi_1 = 0.6$；

P_{Q*}——起动或自起动的有功分量（标么值），$P_{Q*} = S_{Q*}\cos\varphi_Q$；

$\cos\varphi_Q$——起动或自起动负荷的功率因数，起动或备用电源慢速切换取 0.3；备用电源快速切换取 0.6；

Q_{Q*}——自起动容量的无功分量（标么值），$Q_{Q*} = S_{Q*}\sin\varphi_Q$。

❷ 慢速切换指其备用电源自动切换过程的总时间大于 0.8s，快速切换指切换过程总时间小于 0.8s。

$$X_* = 1.1 \times \frac{X_{1-2}'}{100} \times \frac{S_{2B}}{S_B} = \frac{1.1 \times 1.35 \times 16000}{100 \times 31500}$$
$$= 0.0754$$

3. 给水泵起动时母线电压标么值

$$U_{m*} = \frac{U_0}{1+SX} = \frac{1.05}{1+2.91 \times 0.0754} = 0.861$$

【例 2】 计算高压备用变压器自投高、低压母线串接起动时，6kV 和 380V 母线电压标么值 U_{dm*}。

1. 原始数据

母线基准电压 $U_f = 0.38$kV、6kV

备用变压器高压绕组额定容量 $S_{GB} = 50000$kVA

备用变压器低压绕组额定容量 $S_{2B} = 25000$kVA

备用变压器高压绕组为基准半穿起电抗

$$X_{1-2}' = 19\%$$

高压母线空载电压标么值（有载调压）

$$U_{0*} = 1.1$$

厂用低压变压器额定容量 $S_{DB} = 1000$kVA

厂用低压变压器阻抗电压 $U_d = 10\%$

高压备用变压器已带负荷 $P_1 = 6200$kW

高压母线上自起动电动机容量 $P_{g0} = 13363$kW

低压母线上自起动电动机容量 $P_{DO} = 500$kW

高、低压电动机额定效率与功率因数乘积

$$\eta_D \cos\varphi_b = 0.8$$

高、低压电动机起动电流倍数 $K_O = 5$

2. 数据计算

(1) 高压备用变压器起动前已带负荷标么值：

$$S_{g1*} = \frac{P_1}{\eta_D \cos\varphi_b S_{2B}} = \frac{6200}{0.8 \times 25000} = 0.31$$

(2) 高压电动机自起动容量标么值：

$$S_{gQ*} = \frac{K_Q P_{gQ}}{\eta_D \cos\varphi_b S_{2B}} = \frac{5 \times 13363}{0.8 \times 25000} = 3.34$$

(3) 高压母线合成负荷标么值：

$$S_{g*} = S_{g1*} + S_{gQ*} = 0.31 + 3.34 = 3.65$$

(4) 厂用高压变电抗标么值：

$$X_{g*} = 1.1 \times \frac{X_{1-2}'}{100} \times \frac{S_{2B}}{S_{GB}} = 1.1 \times \frac{19 \times 25000}{100 \times 50000}$$
$$= 0.104$$

(5) 低压电动机自起动容量标么值：

$$S_{d*} = \frac{K_Q P_{DQ}}{\eta_b \cos\varphi_b \cdot S_{DB}} = \frac{5 \times 500}{0.8 \times 1000} = 3.125$$

(6) 厂用低压变压器电抗标么值：

$$X_{dB*} = 1.1 \times \frac{U_d\%}{100} = \frac{1.1 \times 10}{100} = 0.11$$

3. 串接起动时高、低压母线电压

(1) 高压母线电压标么值

$$U_{gm*} = \frac{U_{0*}}{1 + S_{g*} X_{g*}} = \frac{1.1}{1 + 3.65 \times 0.104}$$
$$= 0.8$$

(2) 串接起动低压母线电压标么值

$$U_{dm*} = \frac{U_{gm*}}{1 + S_{d*} X_{dB*}} = \frac{0.8}{1 + 3.125 \times 0.11}$$
$$= 0.595$$

五、阻抗选择

厂用变压器及电抗器阻抗的选择，应使供电系统在满足技术要求的前提下，使其投资和运行费用最省，其选择条件如下：

1. 按断路器型式选择

应按轻型断路器参数决定阻抗下限值。国产 6～10kV 少油断路器技术数据见表 7－9。根据短路开断电流选择的断路器，当裕度不足 10% 时，对主保护动作时间与断路器固有分闸时间之和为 0.15s 以内的，还应校验断路器非对称开断能力。不同厂变容

表 7－9 6～10kV 少油断路器技术数据

型　号	额定电流（A）	极限通过电流峰值（kA）	对称开断电流（kA）		
			周期分量	非周期分量/周期分量（%）	折合全电流
SN10－Ⅰ	630 1000	40	16	20	16.63
SN10－Ⅱ	1000	79	31.5	20	32.74
SN10－Ⅲ	1250 2000 3000	130	43	20	44.9

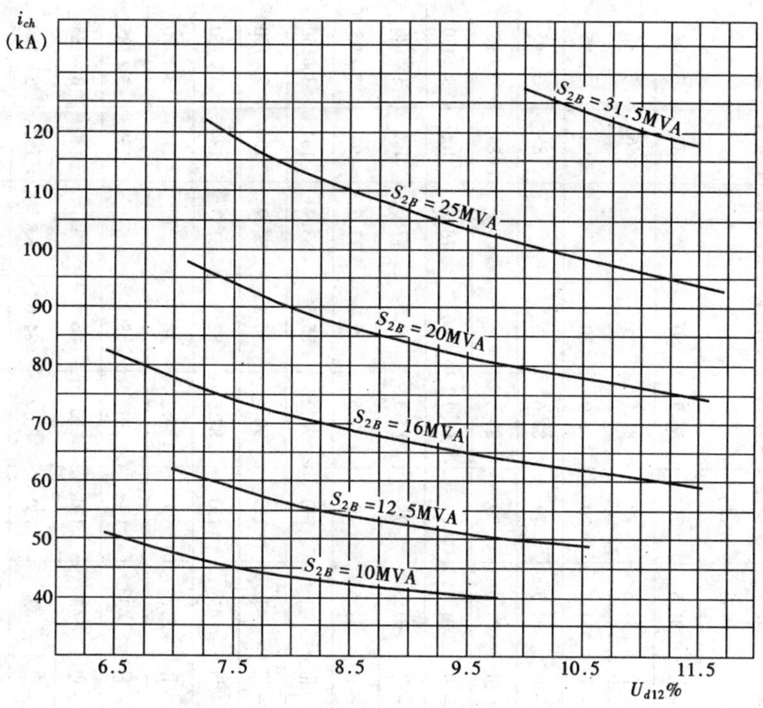

图7-1　厂用变压器参数与短路冲击电流关系曲线（适用于125MW及以上机组厂用分裂变压器）

量阻抗与冲击电流的关系见图7-1～7-3。

2. 按正常起动电压要求选择

正常最大一台电动机起动时母线电压一般不低于80%，以此决定阻抗上限值，计算见式（7-24）。

3. 满足成组自起动电压要求

成组自起动母线电压要求见表7-8，当不能达到要求时，则应改为分批自起动。

4. 满足正常母线电压波动要求

正常母线电压波动一般不超过±5%，当高压厂用备用变压器阻抗超过10.5%（指低压绕组容量为基准）时，则一般采用有载调压。

5. 能选用较小的电缆热稳定截面

在满足前述四项要求的前提下，有条件时阻抗宜在上、下限值内向上靠，以选用较小的电缆截面。

常用厂变压器参数与允许采用的设备、电缆热稳定截面及最大一台电动机起动时的母线电压见表7-10～7-12(表中原始数据及公式见厂用电设计技术规定，

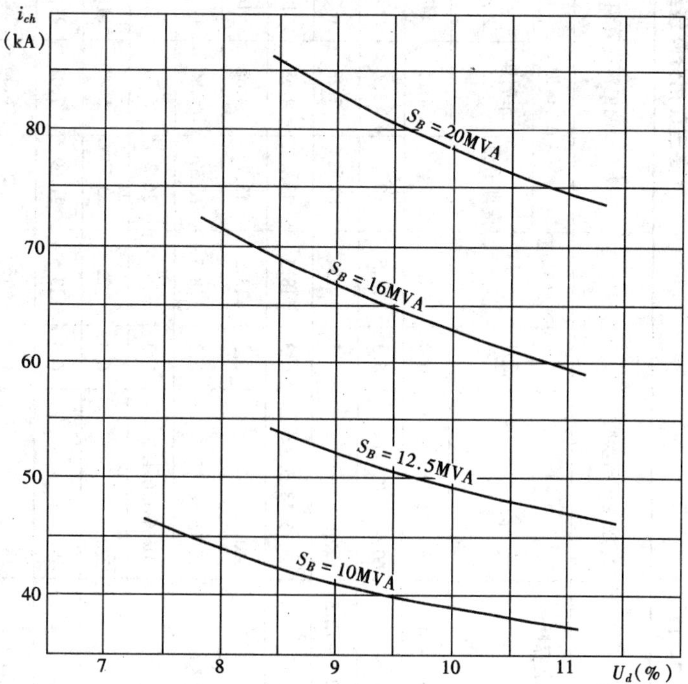

图7-2　厂用变压器参数与短路冲击电流关系曲线（适用于125MW及以上机组厂用双绕组变压器）

表 7－10　　**高压厂用分裂绕组变压器**（125MW 及以上机组）

厂用变压器参数				短路电流计算值(kA)				断路器参数			最大电动机正常起动时电压（%）			电缆热稳定截面 ZLQ_{20}(mm^2)	
额定容量 (MVA)	高　压	低压	半穿越电抗 X_{1-3}'	0.11s 时			冲击电流 (kA)	型号	对称开断电流 (kA)	冲击电流保证值 (kA)	3200kW	5500kW	6300kW	计算值	选用值
				周期分量	非周期分量	全电流									
20/10－10	13.8、15.75	6.3	13	14	4.51	14.7	51	SN10－Ⅱ	31.5	79	86.9	80.5		85	3×95
	60、66、110、121	6.3	18.5	10.4	3.7	11.04	41.6	SN10－Ⅱ	31.5	79	81.1			66	3×10
25/12.5－12.5	15.75	6.3	15	15.92	5.28	16.77	59.5	SN10－Ⅱ	31.5	79	86.9	80.9	79	98	3×95
	15.75、18、60、66	6.3	18.5	13.2	4.68	14	52.6	SN10－Ⅱ	31.5	79	83.6			85	3×95
	110、121	6.3	18.5	13.2	4.68	14	52.6	SN10－Ⅱ	31.5	79	83.6			85	3×95
31.5/16－16	15.75、18	6.3	18.5	16.57	5.86	17.57	66.9	SN10－Ⅱ	31.5	79	85.7	80	78.2	106	3×120
	60、66、110、121	6.3	19	16.2	5.78	17.2	65.9	SN10－Ⅱ	31.5	79	85.3	79.5	77.6	106	3×120
	220、242	6.3	23	13.79	5.23	14.74	59.6	SN10－Ⅱ	31.5	79	82.5	75.7	73.6	93	3×95
	18	6.3	13.5	21.69	7.02	22.79	80.5	SN10－Ⅲ	43	130	90.2	85.5	83.9	131	3×150
40/20－20	18	6.3	15	25	8.36	26.36	94.3	SN10－Ⅲ	43	130	90.4	86.2	84.9	154	3×150
	110、121	6.3	18.5	21	7.43	22.27	83.5	SN10－Ⅲ	43	130	87.6	82.8	81.3	134	3×150
	220、242	6.3	23	17.4	6.64	18.6	74.5	SN10－Ⅱ	31.5	79	84.2	78.8	77	117	3×120
50/25－25	18	6.3	15	32	10.6	33.7	119.7	SN10－Ⅲ	43	130	91	88.2	87	196	3×185
	60、66	6.3	17	28.65	9.86	30.29	111	SN10－Ⅲ	43	130	90	86.4	85	180	3×185
	110、121	6.3	19	26.05	9.26	27.64	104	SN10－Ⅲ	43	130	88.7	84.6	83.3	157	3×150
	220、242	6.3	23	22.15	8.37	23.67	93.7	SN10－Ⅲ	43	130	85.9	81.3	79.8	149	3×150
63/31.5－31.5	20、110、121	6.3	20	31.43	11.36	33.49	127.5	SN10－Ⅲ	43	130	89	85.7	84.6	203	3×240
	220、242	6.3	20	31.43	11.36	33.49	127.5	SN10－Ⅲ	43	130	89	85.7	84.6	203	3×240
	220、242	6.3	23	27.9	10.55	29.82	118.2	SN10－Ⅲ	43	130	87	83.4	82.2	186	3×185

表7-11　高压厂用双绕组变压器（125MW及以上机组）

厂用变压器参数				短路电流计算值（kA）				断路器参数			最大电动机正常起动时电压（%）			电缆热稳定截面 ZLQ_{20}（mm^2）	
额定容量（MVA）	高　压	低压	阻抗电压（%）	0.11s时			冲击电流	型号	对称开断电流（kA）	冲击电流保证值（kA）	3200kW	5500kW		计算值	选用值
				周期分量	非周期分量	全电流									
10	10.5、13.8、35、38.5	6.3	7.5	12.42	3.05	12.8	46	SN10－Ⅱ	31.5	79	84.7			74	3×70
	60、66	6.3	9	10.65	2.8	11	41.5	SN10－Ⅱ	31.5	79	81.6			66	3×10
	110、121	6.3	10.5	9.4	2.66	9.8	38.2	SN10－Ⅰ	16	40	78.7			60	3×10
12.5	10.5、13.8、15.75	6.3	9	13.57	3.5	14	52.5	SN10－Ⅱ	31.5	79	84			84	3×95
	35、38.5、60、66	6.3	9	13.57	3.5	14	52.5	SN10－Ⅱ	31.5	79	84			84	3×95
	110、121	6.3	10.5	11.89	3.3	12.3	48.3	SN10－Ⅱ	31.5	79	81.4			76	3×10
16	10.5、13.8、15.75	6.3	8	19	4.76	19.6	71.4	SN10－Ⅱ	31.5	79	88	82.9		115	3×120
	35、38.5	6.3	8	19	4.76	19.6	71.4	SN10－Ⅱ	31.5	79	88	82.9		115	3×120
	60、66	6.3	9	17.2	4.5	17.8	66.8	SN10－Ⅱ	31.5	79	86.3	80.7		106	3×120
	110、121	6.3	10.5	15.1	4.26	15.7	61.4	SN10－Ⅱ	31.5	79	83.8	77.7		96	3×95
20	13.8、15.75、60、66	6.3	10.5	18.8	5.3	19.5	76.7	SN10－Ⅱ	31.5	79	85.7	80.5		120	3×120
	110、121	6.3	10.5	18.8	5.3	19.5	76.7	SN10－Ⅱ	31.5	79	85.7	80.5		120	3×120

表 7－12 高压厂用双绕组变压器（100MW 及以下机组）

厂用变压器参数				短路电流计算值(kA)				断路器参数			最大电动机正常起动时电压（%）			电缆热稳定截面 ZLQ_{20}(mm^2)	
额定容量（MVA）	高　压	低压	阻抗电压（%）	0.11s 时 周期分量	非周期分量	全电流	冲击电流	型号	对称开断电流（kA）	冲击电流保证值（kA）	3200kW			计算值	选用值
6.3	10.5、35、38.5	6.3	7.5	7.9	1.8	8.1	27.3	SN10－Ⅰ	16	40				43	3×50
	60、66	6.3	8	7.4	1.7	7.6	6.2	SN10－Ⅰ	16	40				40	3×50
	110、121	6.3	10.5	5.9	1.5	6.1	22.3	SN10－Ⅰ	16	40				35	3×35
8.0	10.5、35、38.5	6.3	7.5	9.8	2.2	10	34.3	SN10－Ⅰ	16	40				53	3×50
	60、66	6.3	9	8.4	2.0	8.6	30.7	SN10－Ⅰ	16	40				46	3×50
	110、121	6.3	10.5	7.4	1.9	7.6	28.1	SN10－Ⅰ	16	40				42	3×50
10	10.5、13.8、35、38.5	6.3	7.5	12.1	2.7	12.4	42.5	SN10－Ⅱ	31.5	79	84.7			66	3×70
	60、66	6.3	9	10.4	2.5	10.7	38.7	SN10－Ⅰ	16	40	81.6			57	3×70
	110、121	6.3	10.5	9.1	2.4	9.4	34.8	SN10－Ⅰ	16	40	78.7			51	3×50
12.5	10.5、13.8、15.75	6.3	9	12.9	3.1	13.3	47.4	SN10－Ⅱ	31.5	79	84			72	3×70
	35、38.5、60、66	6.3	9	12.9	3.1	13.3	47.4	SN10－Ⅱ	31.5	79	84			72	3×70
	110、121	6.3	10.5	11.3	2.9	11.7	43.4	SN10－Ⅱ	31.5	79	81.4			64	3×70
16	10.5、13.8、15.75	6.3	8	17.9	4.2	18.4	64.1	SN10－Ⅱ	31.5	79	88			99	3×95
	35、38.5	6.3	8	17.9	4.2	18.4	64.1	SN10－Ⅱ	31.5	79	88			99	3×95
	60、66	6.3	9	16.2	4	16.7	60	SN10－Ⅱ	31.5	79	86.3			90	3×95
	110、121	6.3	10.5	14.3	2.9	14.6	55	SN10－Ⅱ	31.5	79	83.8			82	3×95
20	13.8、15.75、60、66	6.3	10.5	17.5	4.6	18.1	68	SN10－Ⅱ	31.5	79	85.7			101	3×12
	110、121	6.3	10.5	17.5	4.6	18.1	68	SN10－Ⅱ	31.5	79	85.7			101	3×120

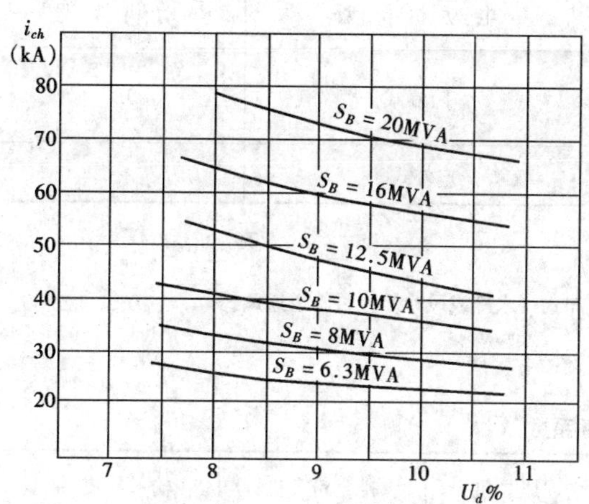

图7-3　厂用变压器参数与短路冲击电流关系曲线（适用于100MW及以下机组厂用双绕组变压器）

其中反馈电动机容量按 $P_D=0.9S_B$）。

低压厂变压器阻抗决定于低压电器动热稳定及断流能力，详见本章第7-3节。

第7-2节　厂用电动机选择

一、型式选择

（1）厂用电动机一般采用交流电动机，只有下列情况下才可用直流电动机：

1）当厂用交流电源消失时仍要求工作的设备；

2）要求在很大范围内调节转速，又无合适的交流电机时。

（2）厂用交流电动机一般采用鼠笼式，但下列情况除外：

1）对反复、重载起动或需要小范围内调速的机械（如吊车、抓斗机等），一般配用绕线式电动机；

2）经技术经济比较有显著优越性时，Ⅱ、Ⅲ类厂用设备也可采用同步电动机。

（3）对200MW及以上机组的大容量辅机，为了提高运行的经济性，可采用双速电动机。

（4）厂用电动机的防护型式应与周围环境条件相适应，在潮湿多灰尘车间（如锅炉房、煤场等）外壳防护等级至少要达到IP54级要求，其它一般场所，可以采用不低于IP23级，对于有爆炸危险的场所应采用防爆型电机，一般按表7-13选择。

表7-13　按周围环境选择电动机的型式

序　号	场所特点	场　所　名　称	电　动　机　类　型	电　动　机　型　号[①]
1	干　燥 清　洁	主控制室、配电装置室、试验室、压缩空气机室、汽机房运转层、燃油（气）锅炉房底层、金工车间	防滴式	J_2、J_3
2	潮　湿	汽机房底层、水处理室、水泵房[②]	防滴式 防护式 封闭循环冷却式	J_2、J_3 JS_2、JK、JSQ JKZ
3	特　别 潮　湿	灰浆泵房，地下排水泵房、地下输煤皮带、立式水泵房底层	封闭扇冷式 管道进风式[③]	Y JS_2、JK、JSQ
4	多灰尘	锅炉房运转层及制粉间、引风机室、铸工车间	封闭扇冷式 管道进风式[③]	Y JS_2、JK、JSQ
5	多灰尘 特别热	锅炉出灰间	封闭扇冷式 管道进风式[③]	Y JS_2、JK、JSQ
6	有火灾 危　险	输煤皮带、碎煤机室、木工车间、油处理室、油泵房[④]	封闭扇冷式 管道进出风式[③]	Y JS_2、JK JSQ

续表

序 号	场所特点	场 所 名 称	电 动 机 类 型	电 动 机 型 号[①]
7	有爆炸危 险	蓄电池室、制氢室、油泵房[④]	防爆式	JB
8	屋 外	屋外设备	户外式[⑤]	

① 表中电动机型号仅为举例，并非全部常用型号。

② 中央水泵房的循环水泵电动机应加装排气管。

③ 对于表中3、4、5、6、8项的环境，应尽量采用封闭二次冷却式（水冷或风冷）代替管道通风式。

④ 油泵房的防火防爆等级按有关规范确定。

⑤ 当无户外式电动机而以户内式代替时，应加设通风防护罩。

表7－14 各种机械的储备系数 K

机 械 名 称	凝 结 水 泵	引 风 机	送 风 机	排 粉 机	输 煤 皮 带
储备系数	1.2	1.26	1.15	1.3	1.2

表7－15 电动机温度修正系数 K_t

冷却空气温度（℃）	25	30	35	40	45	50
修正系数	1.1	1.08	1.05	1	0.95	0.875

（5）当用于海拔2000m以上地区时，应选用有防电晕措施的高压电动机。

当用于热带及湿热带地区时，应选用相应标准的电动机。

二、电压选择

厂用电动机的电压一般按容量划分，其原则如下：

（1）当厂用高压为6kV时，200kW以上的电动机宜采用6kV；200kW及以下宜采用380V。

（2）当厂用高压为3kV时，100kW以上电动机一般采用3kV，100kW及以下一般采用380V。

（3）当厂用高压为10kV和3kV两级电压时，1800kW以上用10kV，200～1800kW采用3kV，200kW以下采用380V。

直流电动机一般采用220V。

三、容量选择

电动机的容量按机械所需轴功率选择，可按下式计算：

$$P_e \geqslant KK_tK_hP_z \quad (7-28)$$

式中 P_e——电动机额定容量（kW）；

P_z——机械需要轴功率（kW）；

K——机械的储备系数，见表7－14；

K_t——温度修正系数，见表7－15；

K_h——海拔修正系数。当电动机用于海拔1000m以上地区，如使用地点环境温度随海拔增高而递减、并满足下式时，则电动机容量不作修正；若不满足下式要求，则每超过1℃电动机降容1%，或与制造厂协商处理。

$$\frac{h-1000}{100}\Delta\theta-(40-\theta)<0 \quad (7-29)$$

式中 h——使用地点海拔高度（m）；

$\Delta\theta$——海拔每升高100m电动机温升的递增值，其值为电动机额定温升的1%（℃）；

θ——使用地点的环境最高温度（℃）。当无通风资料时，一般按最热月平均最高温度加5℃。

四、容量校验

（一）校验条件

机械转动惯量大或重载起动的（如引风机、排粉机、中速磨煤机）电动机，当使用条件与制造厂配套不符时，应按起动条件校验其容量❶。

❶ 根据调查分析，只需校验电动机起动时的定子温升，无需校验转子温升及自起动时的定子温升。

对鼠笼式电动机，一般按冷态起动2次或热态起动1次进行校验，此时定子导体温度不应超过：A级绝缘为200℃，B级绝缘为220℃。如超过此温度，则应采取下列措施：

(1) 加大电动机容量；

(2) 选用起动特性好的电动机；

(3) 与制造厂协商改进电动机转矩特性曲线。

（二）起动时间计算

计算电动机起动温升，应先计算出起动时间，对剩余力矩变化不大的水泵、风机等，可用实用计算法比较简单，对剩余力矩变化较大的给水泵、风扇磨等，则应用图解法计算。

1. 实用法计算起动时间

对于一般的风机和水泵，在起动过程中，电动机的剩余力矩变化不大（在机械阻力矩上升时，电动机的转矩也在上升），起动时间 t（s）可按下式近似计算：

$$t = \frac{T_a}{1.04U_*^2 M_{p.d*} - M_{p,z}} \qquad (7-30)$$

$$T_a = \frac{GD^2 n_0^2}{365P_{e.d*} \times 10^3} \qquad (7-31)$$

$$GD^2 = GD_d^2 + GD_j^2\left(\frac{n_j}{n_d}\right)^2 \qquad (7-32)$$

式中 T_a——机组的机械时间常数（s）；

U_*——起动过程的起始电压（标么值）；

$M_{p.d*}$——电动机的平均转矩（标么值），对一般电动机 $M_{p\cdot d*} = M_{Q*} + 0.2 \times (M_{\max*} - M_{Q*})$；

对JK型电动机 $M_{p,d*} = 0.95M_{Q*}$；

M_{Q*}——电动机的起动力矩（标么值）；

$M_{\max*}$——电动机的最大转矩（标么值）；

$M_{p.z*}$——起动过程中机械的平均阻力矩（标么值），

对离心式风机 $M_{p.z*} = 0.23$；

对一般水泵 $M_{p.z*} = 0.21$；

对给水泵 $M_{p.z*} = 0.35$；

GD^2——机组的飞轮力矩（kg·m²）；

n_0——电动机的同步转速（rpm）；

$P_{e,d}$——电动机的额定容量（kW）；

GD_d^2——电动机的飞轮力矩（kg·m²）；

GD_j^2——机械的飞轮力矩（kg·m²）；

n_j——机械的额定转速（rpm）；

n_d——电动机的额定转速（rpm）。

2. 图解法计算起动时间

当电动机起动过程中的剩余力矩变化较大时，起动时间需用图解法计算，可按以下步骤进行。

(1) 电动机的转矩特性曲线：

1) 有制造厂提供的电动机转矩曲线，或有相似型号电动机试验所得的转矩曲线，应以此为准进行计算。

2) 无上述资料时，一般电动机的转矩特性曲线可按下式计算：

$$\frac{M_{d(s)*}}{M_{\max*}} = \frac{2(1+s_K)(1-b\sqrt{s_K})}{\frac{s_K}{s} + \frac{s}{s_K} + 2s_k} + b\sqrt{s} \qquad (7-33)$$

$$b = \frac{M_{Q*} - M'_{Q*}}{M_{\max*}} \qquad (7-34)$$

$$M'_{Q*} = \frac{2(1+s_K)M_{\max*}}{s_k + \frac{1}{s_K} + 2s_K} \qquad (7-35)$$

$$s_k = s_e\frac{M_{\max*} + \sqrt{M_{\max*}^2 - B}}{B} \qquad (7-36)$$

其中 $B = 1 - 2s_e(M_{\max} - 1)$

式中 $M_{d(s)*}$——电动机对应于不同转差率的转矩（标么值）；

s_k——电动机的临界转差率；

s——电动机的转差率（由1～0）；

s_e——电动机的额定转差率。

3) 大容量二极电动机转矩特性的计算，尚需计及转子导条形状的影响，此时需按制造厂提供的详细资料进行计算。

(2) 辅机机械阻力矩特性曲线：

1) 一般风机和水泵的阻力矩特性曲线系由两段组成。后一段（$s = 0.7$以后）为一上升的抛物线，对应于不同转差率的阻力矩方程式为：

$$M_{z(s)*} = k(1-s)^2 \qquad (7-37)$$

式中 k——起动完毕时的负荷系数，对一般风机取0.55，对离心式水泵取0.5。

曲线的前一段为一下降的抛物线，起始点可取$M_{z*} = 0.21$，最低点对应 $s = 0.7$ 取 $M_{z*} = 0.1$。将以上两段曲线圆滑相连，即得整个阻力矩曲线。

2) 给水泵的阻力矩曲线较特殊，需按试验得出的特性曲线作图（在 $s = 0.3$ 处，$M_{z*} = 0.4 \sim 0.45$；在 $s = 0.01$ 处，$M_{z*} = 0.85 \sim 0.9$）。

3) 磨煤机及碎煤机的阻力矩曲线接近恒定，但在起动时有所增大，可取：

$$M_{z(s)*}=1.2\times\frac{P_z}{P_{e,d}} \qquad (7-38)$$

式中 P_z——电动机正常运行的轴功率（kW）。

(3) 用作图法求剩余力矩及起动时间：

1) 取 $1.04U^2M_{d(s)*}$ 作为电动机起动过程的转矩特性曲线。

2) 取 $M_{z(s)*}$ 为起动过程的阻力矩曲线。

3) 将横座标分为若干小段 Δs_1、Δs_2……Δs_n，在每一段的中间得出一个剩余力矩 M_{y1*}、$M_{y2*}\cdots M_{yn*}$（$M_{y*}=1.04U^2M_{d*}-M_{z*}$）。

4) 起动时间 t 按下式计算（见图 7-4）：

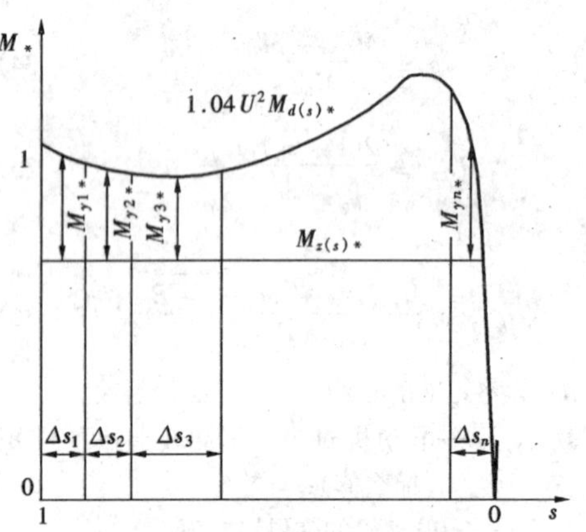

图 7-4 求剩余力矩的图解法

$$t=T_a\left(\frac{\Delta s_1}{M_{y1*}}+\frac{\Delta s_2}{M_{y2*}}+\cdots+\frac{\Delta s_n}{M_{yn*}}\right) \qquad (7-39)$$

式中 T_a——机组的机械时间常数（s）；

Δs_n——第 n 段的转差率小段长度（绝对值）；

M_{yn*}——对应于 Δs_n 的平均剩余力矩（标么值）。

（三）定子绕组起动温度计算

电动机在起动时，定子绕组的温升可近似地按绝热过程计算，起动 1 次的温升 τ_d（℃）为：

$$\tau_d=0.85(U_*K_QJ_d)^2t\frac{1000\rho K_R}{c\gamma} \qquad (7-40)$$

式中 J_d——电动机定子绕组的额定电流

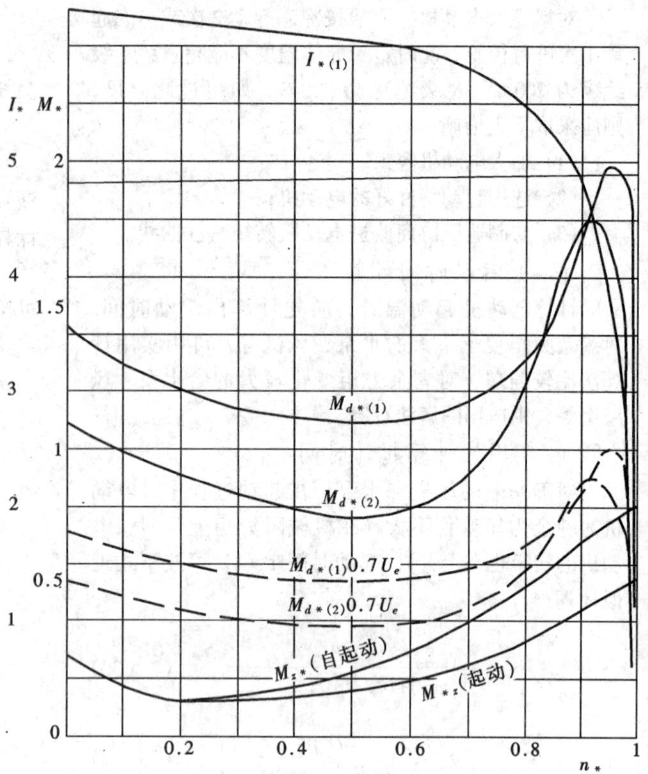

图 7-5 引、送风机及其电动机特性曲线

下标（1）—YLB-173/4；下标（2）—JSQ1512-8

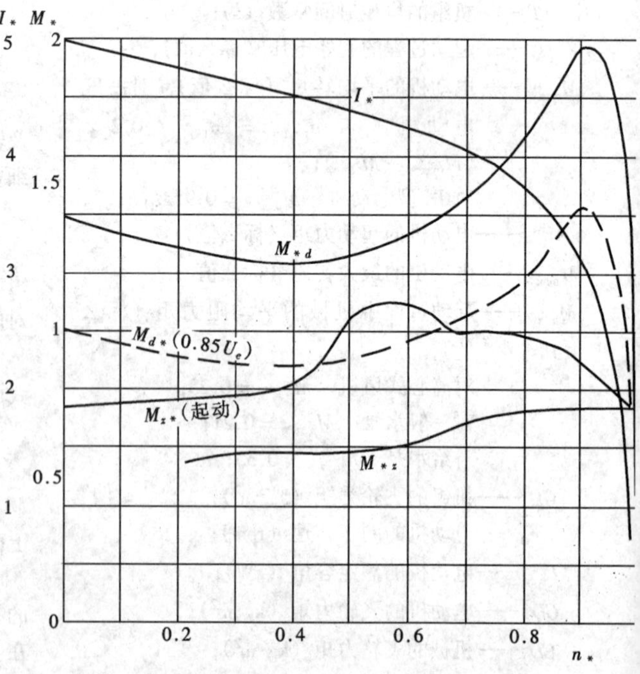

图 7-6 磨煤机及其电动机特性曲线（JSQ）

密度（A/mm²）；

U_*——起动过程的起始电压（标么值）；

ρ——导线电阻率（Ω·mm²/m）❶；

K_R——交流电阻与直流电阻的比值；

c——定子绕组的导体比热容（W·s/kg·℃）❶；

γ——定子绕组的导体密度（g/cm³）❶；

K_Q——电动机起动电流倍数。

对于铜线绕组，当温度为75℃时，$\rho=\frac{1}{45}$，$c=390$，$\gamma=8.9$，$K_R=1.05$，上式可简化为：

$$\tau_d=0.85(U_*K_QJ_d)^2t\times\frac{1}{150} \tag{7-41}$$

电动机在冷状态下起动2次时，定子绕组的温度 $\theta_d=40+2\tau_d$。

电动机在热状态下起动1次时，定子绕组的温度 $\theta_d=\theta_{e,d}+\tau_d$，其中定子绕组额定温度 $\theta_{e,d}$，对于 A 级绝缘取100℃，对于 B 级绝缘取120℃。

（四）常用辅机特性曲线

1. 辅机电动机转矩特性曲线

常用辅机电动机大多为双鼠笼式或深槽式，其特性曲线见图7-5～7-8，但高速电动机（JKZ，见图7-7）在80%～90%额定转速处，出现一个最低转矩，对起动较为不利，按平均力矩法和式（7-33）计算均有较大误差，应按厂家提供的电机设计资料中有关双曲线函数法计算。

2. 辅机机械阻力矩特性曲线

（1）风机型机械（图7-5）：引、送风机及排粉机等，其起始阻力矩大多数大于0.15，有的达0.28，试验曲线与理论曲线不完全相同，主要在70%转速以上往往较高。

（2）给水泵（图7-7）：阻力矩特性与逆止门开启时间有关，在逆止门顶开后其阻力矩急剧上升。由于在起动中已带上"再循环"负荷，使中段阻力矩较一般水泵为高，其阻力矩特性无理论计算式，只能利用试验数据或厂家资料。

❶ 法定计量单位的换算见第一章附录1-1。

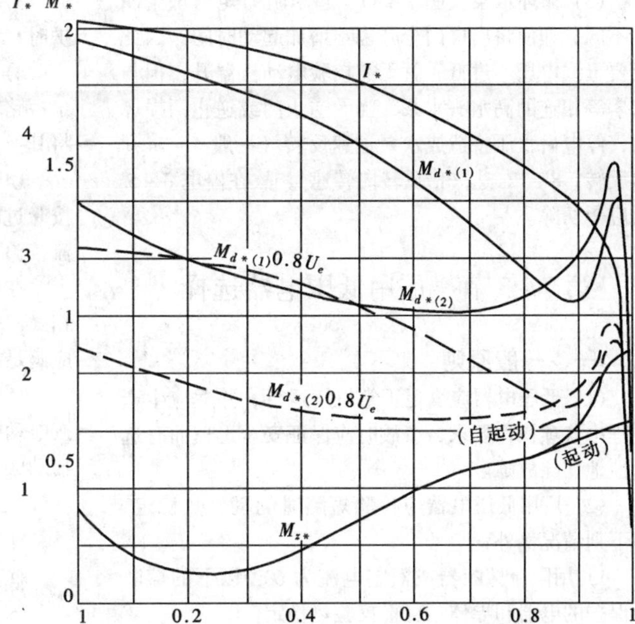

图7-7 给水泵及其电动机特性曲线

下标（1）—上海厂 JKZ-2000；下标（2）—东方厂 JKZ-4000

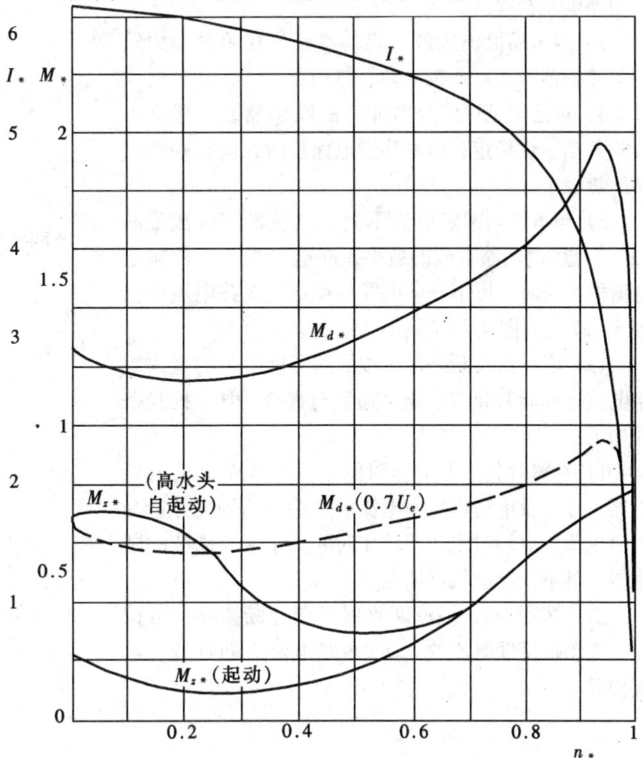

图7-8 循环水泵及其电动机特性曲线

（YL173/39-12）

(3) 循环水泵（图7-8）：起动阻力矩与理论曲线不同，即使将出口门全开也不增加起动时间，因此只要母线电压不过低，就无需校验电动机温升，但与水塔等相连的高水头水泵，当无逆止门或逆止门损坏后，停电后水压将造成水泵迅速反转（一般4~7s开始反转，8~12s达一倍反转向转速），故在停电3~5s后应予切除。

第7-3节 厂用低压电器选择

一、一般原则

(1) 低压电器应满足正常持续运行、并适应生产过程中各项操作要求，事故时应保证安全迅速而有选择性地切除故障。

(2) 厂用低压电器应校验短路时的动、热稳定，但下列情况例外：

1) 用限流熔断器或额定电流为60A以下的熔断器保护的电器和导体，可不校验热稳定。

2) 用有限流作用的断路器或熔断器保护的电器，可不校验热稳定，其动稳定可按限流后实际通过的最大短路电流校验。

3) 当采用保护式磁力起动器或放在单独动力箱内的接触器时，可不校验动、热稳定。

4) 对已满足短路分断能力的断路器，一般不再校验其动、热稳定；但另装继电保护时，应校验断路器的热稳定。

5) 当熔件的额定电流不大于电缆额定载流量的3倍，且供电回路末端的最小短路电流大于熔件额定电流的4倍时，可不校验电缆热稳定（短路电流可查表4-27及附图4-1~附图4-33）。

(3) 熔断器及断路器应按回路可能发生的最大短路电流来校验其允许的额定短路分断能力❶，校验条件如下：

1) 对瞬时脱扣器动作时间不大于4个周波的断路器，按计及电动机反馈电流的短路电流周期分量有效值校验；对瞬时脱扣器动作时间大于4个周波的断路器，可不计电动机反馈电流。

2) 对熔断器、限流断路器及塑壳断路器，可按计及电动机反馈电流的0.01s短路电流周期分量有效值校验。

3) 当选用断路器延时过流脱扣器或另装继电保护时，应按断路器相应延时分断能力校验。

4) 当短路点的功率因数低于断路器和熔断器额定短路功率因数时，其额定分断能力应留适当裕度或将其换算成全电流进行校验。

(4) 断路器瞬时或延时过流脱扣器的整定电流应按躲过电动机起动电流的条件选择，并按最小短路电流校验灵敏系数。

在中性点直接接地系统中，断路器脱扣器应用三相式，分励和失压脱扣器的参数及辅助触头的数量，应满足控制和保护要求。

(5) 交流接触器和磁力起动器的等级和型号，应按电动机容量和工作方式选择，其吸持线圈的参数及辅助触头的数量应满足控制和联锁要求。

二、选择及校验条件

1. 不同低压电器的选择及校验条件

低压电器选择及校验条件见表7-16。

2. 熔断器熔件及断路器脱扣器选择

(1) 熔断器熔件及断路器脱扣器选择公式见表7-18。

(2) 断路器脱扣器整定电流灵敏度按下式校验：

$$\frac{I_d^{(2)}}{I_z} \geqslant K_m^{(2)} \tag{7-42}$$

$$\frac{I_d^{(1)}}{I_z} \geqslant K_m^{(1)} \tag{7-43}$$

上两式中 $K_m^{(2)}$、$K_m^{(1)}$——分别为两相短路和单相短路时的灵敏度，一般取1.5；

I_z——脱扣器整定电流（A）；

$I_d^{(2)}$、$I_d^{(1)}$——电动机端部或车间母线上的两相和单相短路电流（A），可查附图4-1~附图4-33及表4-27。

3. 热继电器选择

(1) 按额定电流选择型号，应使电动机额定电流在热继电器可调范围内。

(2) 采用带温度补偿易于调整整定电流的热继电器。

❶ 断路器的额定短路分断能力分P-1类和P-2类，P-1为极限短路分断能力，试验条件为“分—180秒—合分”；P-2为额定运行分断能力，试验条件为“分—180s—合分—180s—合分”，当选用瞬时脱扣器时，可按P-1类分断能力或断路器额定分断能力校验。

表 7-16　　低压电器选择及校验条件

设备名称	按回路工作电压	按回路工作电流	按短路分断能力	按短路动热稳定	按回路起动电流	备注
刀开关及组合开关	$U_e \geq U_g$	$I_e \geq I_g$①		$\geq i_{ch}$②		i_{ch}为短路电流峰值
熔断器及限流、塑壳断路器	$U_e \geq U_g$	$I_e \geq I_g$	$\geq I_{z(0.01)}$ 或$\geq I_{ch}$③		见表 7-18	$I_{z(0.01)}$为计及反馈电流的 0.01 秒短路电流周期分量有效值
动作时间不大于 4 个周波断路器	$U_e \geq U_g$	$I_e \geq I_g$	$\geq I_{z(t)}$		见表 7-18	$I_{z(t)}$为计及反馈电流的 t 秒短路电流周期分量有效值
动作时间大于 4 个周波断路器	$U_e \geq U_g$	$I_e \geq I_g$	$\geq I''_B$		见表 7-18	I''_B为不计及反馈电流的周期分量有效值
接触器及起动器	$U_e \geq U_g$	$I_e \geq I_g$		④		

① 回路计算工作电流（I_g）的计算见附录 7-1，装于屏或抽屉内的设备应计及温升的影响，其额定电流应予修正，装于抽屉内的设备一般可按 0.7~0.9 进行修正。

② 刀开关及组合开关与有限流功能的熔断器及断路器组合时，可按限流后的 i_{ch}校验，详见本节四。

③ 限流及塑壳断路器制造厂仅提供额定分断能力的周期分量有效值，当回路功率因数较低需要校验 0.01s 的最大全电流有效值 I_{ch}时，应根据其短路功率因数按表 7-17 换算成全电流最大有效值。

④ 接触器及起动器一般不能满足短路动稳定要求，但当其与 NT 等有限流功能的熔断器组合时，能够得到 a 型或 c 型保护（详见表 7-19）。

表 7-17　　低压电器分断能力的周期分量有效值与最大全电流的关系

回路数据					最大全电流有效值 / 周期分量有效值	峰值电流 / 周期分量有效值
$\cos\varphi$	$\sin\varphi$	$\mathrm{tg}\varphi$	T_a（s）	K_{ch}		
0.15	0.988	6.59	0.0209	1.62	1.32	2.29
0.2	0.975	4.87	0.0155	1.524	1.24	2.16
0.25	0.968	3.87	0.0123	1.443	1.17	2.04
0.3	0.955	3.18	0.0101	1.367	1.12	1.94
0.35	0.935	2.68	0.0085	1.308	1.09	1.85
0.4	0.917	2.3	0.0073	1.254	1.06	1.78
0.5	0.866	1.732	0.0055	1.164	1.026	1.65
0.6	0.8	1.33	0.00425	1.095	1.001	1.55
0.7	0.714	1.02	0.00325	1.040		1.475
0.8	0.6	0.75	0.0024	1.015		1.442
0.9	0.435	0.483	0.00154	1.0015		1.42

表 7-18　　熔断器熔件及断路器脱扣器选择整定公式

回路名称	单台电动机回路	馈电干线（其中最大一台起动）	馈电干线（集中起动）
熔断器	$I_e \geq \frac{I_Q}{a}$	$I_e \geq \frac{I_{Q1}}{a} + \Sigma_2^n I_{gi}$	$I_e \geq \frac{\Sigma I_Q}{a}$
断路器	$I_Z \geq KI_Q$	$I_Z \geq 1.35（I_{Q1} + \Sigma_2^n I_{gi}）$	$I_Z \geq 1.35 I_Q$

注　表中符号意义如下：

I_e——熔件额定电流（A）；

I_Z——脱扣器整定电流（A）；

I_Q——电动机起动电流（A）；

I_{Q1}——最大一台电动机起动电流（A）；

$\Sigma_2^n I_{gi}$——除最大一台电动机外，所有其它电动机计算工作电流之和（A）；

ΣI_Q——由馈电干线供电的所有要求自起动的电动机起动电流之和（A）；

a——熔件选择系数：对 RTO 熔断器，容易起动的取 2.5（对Ⅰ类电动机熔件应放大一级）起动困难和频繁的取 1.6；300A 以上熔件取 3。对 NT 熔断器，200A 以下取 3.5；200A 及以上取 3.5，起动困难或起动频繁的电动机相应加大一级；

K——可靠系数，动作时间不大于 0.02s，取 1.7~2；动作时间大于 0.02s，取 1.35。

(3) 根据热继电器的特性曲线校验，当回路过负荷20%时，应可靠动作，电动机起动时应不动作。

(4) 3kW以上电动机一般选用带断相保护的热继电器。

三、低压电器的组合原则

(1) 在供电回路中，宜装有隔离电器和保护电器。对于电动机回路还应装设操作电器。

隔离电器用于检修时隔离电源，可用隔离开关或插头；保护电器用于切断短路电流，可用熔断器或断路器等；操作电器用于正常接通和开断回路，可用接触器、磁力起动器、组合电器或断路器。

(2) 各级保护设备之间，在短路时应选择性地动作，为此应满足以下要求：

1) 干线上的熔断器应较支线上熔断器大一定级差，对于NT熔断器，前后级熔断器额定电流比为1:1.6，对RT0熔断器需放大2～4级。

2) 支线上采用熔断器或断路器时，干线上的断路器应采用带延时的保护。

熔断器之间、熔断器与断路器之间保护配合的具体要求详见附录7－2。

(3) 当回路采用有限流作用的NT等熔断器时，按表7－19选配的交流接触器可以得到a型或c型保护❶，允许将该接触器放在动力中心屏内。

(4) 起吊设备的电源回路中，宜增设就地安装的铁壳开关。

(5) 额定电流小于6A的不重要、且不易过负荷电动机，可采用刀开关或组合开关作为操作电器。

(6) 用熔断器和接触器组成的电动机回路，应装设带断相保护的热继电器或用带接点的熔断器作为断相保护。

四、动力中心与电动机控制中心设备组合方案（简称动力－控制中心）

选用新型低压电器（DW15、ME等）的动力－控制中心与选用老设备（DW10等）的中央－车间屏供电系统相比，具有厂变允许容量大、阻抗小、动力中心仅接馈线和55kW以上电动机、控制中心保护操作设备集中等特点，其优点为：

(1) 厂用变压器容量大——可减少厂变台数、母线段数和高、低压电源开关数量，有利于布置和电源引接。

(2) 厂变阻抗小——可降低造价、减少损耗、提高电压质量，有利于电动机的起动、自起动和接触器可靠吸合，提高了保护灵敏度，扩大了断路器一次脱扣保护范围。

(3) 电动机接控制中心——取消了就地动力箱，节省了电缆，避免了按中央屏短路要求放大设备和电缆的规格。

近年来研制和引进的新型低压电器具有开断容量大，动热稳定性高，保护性能完善、限流效果显著特点，现已批量投产，完全可以适应动力－控制中心采用低阻抗厂用变压器短路水平的要求。

1. 动力－控制中心设备参数配合

低压厂用变压器参数取决于低压电器允许的短路电流分断能力及动热稳定性。根据目前国产低压电器的参数（见附录7－3），推荐的厂用变压器容量、阻抗及相应的动力－控制中心短路电流计算结果见表7－20。

不同厂用变压器容量及阻抗其动力－控制中心允许选用低压电器的最小规格见表7－21。

2. 动力－控制中心采用固定柜的组合方案（见表7－22）

(1) 电动机容量划分：

为使按回路额定电流选择的设备和电缆与动力中心的短路水平相适应，动力中心主要接馈线及55kW以上电动机，控制中心接55kW以下电动机，55kW电动机可根据其重要性及与设备相对位置接于动力中心或控制中心。

(2) 回路设备选型及组合：

1) 电动机回路：为了降低回路短路电流水平及造价，使动力中心的电动机回路能选用装有刀开关和接触器的固定柜，宜选用有限流功能的熔断器或断路

表7－19　NT熔断器与CJ20接触器配合

接触器型号	$CJ_{20}-9$	$CJ_{20}-16$	$CJ_{20}-25$	$CJ_{20}-40$	$CJ_{20}-63$	$CJ_{20}-100$	$CJ_{20}-160$	$CJ_{20}-250$	$CJ_{20}-400$	$CJ_{20}-630$
熔断器型号	NT－20/160	NT－32/160	NT－50/160	NT－80/160	NT－160/160	NT－250/250	NT－300/400	NT－400/400	NT－500/630	NT－630/630

❶ a型保护——允许接触器本身损坏，可能需要更换某些零件或更换整台产品。
c型保护——允许触头熔焊并可以更换。

表7-20 动力-控制中心短路电流计算结果

变压器参数			变压器			第一周期电动机反馈短路电流(kA)		动力中心第一周期短路电流总计[②](kA)			控制中心第一周期短路电流总计[③](kA)		
额定容量(kVA)	额定电流(A)	阻抗电压(%)	冲击系数	短路电流[①](kA)									
S_{eB}	I_{eB}	U_d	$K_{ch,B}$	I''_B	$i_{ch,B}$	I_{zD}(0.01)	$i_{ch,D}$	$I_z(0.01)$	I_{ch}	i_{ch}	$I_z(0.01)$	I_{ch}	i_{ch}
500	722	4	1.28	16	28.95	1.877	4.1	17.88	19.5	33.05	14.9	15.3	24.79
630	909	4.5	1.34	17.83	33.34	2.36	5.72	20.19	22.74	39.06	15.76	16.27	26.32
800	1155	4.5	1.346	22.12	41.38	3	6.7	23.12	26.65	48.8	19.22	19.68	31.39
1000	1445	4.5	1.342	26.95	51.15	3.757	8.38	30.707	34.65	59.53	20.9	21.39	34
		6	1.434	21.05	42.69	3.757	8.38	24.807	29.49	51.07	18.8	19.42	31.5
1250	1804	6	1.43	25.63	51.84	4.69	10.46	30.32	35.98	62.3	21.72	22.3	35.77
		8	1.521	20.1	43.24	4.69	10.46	24.79	30.98	53.7	18.42	19.24	31.95
1600	2312	8	1.505	24.91	53.03	6.011	13.4	30.92	38.33	66.43	21.47	22.19	35.97
		10	1.56	20.56	45.37	6.011	13.4	26.57	33.95	58.77	18.8	19.8	31.82
2000	2890	10	1.55	25.07	54.96	7.5	16.76	32.57	41.4	71.72	21.72	22.52	36.59
		12	1.6	21.5	48.65	7.5	16.76	29	37.84	65.41	19.5	20.53	34.02

注 表中符号意义：K_{chB}、I_B''、i_{chB}分别为变压器短路电流冲击系数、周期分量有效值，冲击电流峰值；$I_{zD}(0.01)$、i_{chD}分别为0.01s电动机反馈短路电流的周期分量有效值、冲击电流峰值；I_{ch}为第一周期全电流最大有效值。

① 变压器短路电流计及母线及进线开关阻抗。

② 动力中心短路电流计及分支开关及刀开关阻抗。

③ 控制中心短路电流计及25m长2根3×185电缆的阻抗。

表 7－21　　动力－控制中心按短路电流允许选用低压电器最小规格(A)

变压器		动力中心设备													控制中心设备			
容量	阻抗电压	HD13	熔断器	刀熔开关	非限流型框架式断路器					限流断路器及塑壳断路器					熔断器	塑壳开关		
S_{eB} (kVA)	U_d (%)	刀开关			DW15**	ME	AH	DW10	AE	DWX15	DZX10	DZ20	H	TG		DZX10	DZ20	H
500	4*	400	NT RT 全系列	HR□ HH11 全系列	200	630	600	1000	1000	200	100	100y	150	100B	NT RT 全系列	100	100y	100
630	4.5*	400			200	63	600	1000	1000	200	100	100J	150	100B		100	100y	100
800	4.5*	600			200	630	600**	2500	1000	200	100	100J	150	100B		100	100J	100
1000	4.5*	1000			200	630	600**	2500	1000	200	200	100J	600	100B		100	100J	100
	6*	1000			200	630	600	2500	1000	200	100	100J	250	100B		100	100J	100
1250	6*	1500			200	630	600**	2500	1000	200	200	100J	600	100B		100	100J	100
	8	1000			200	630	600	2500	1000	200	100	100J	250	100B		100	100J	100
1600	8*	1500			200	630	600**	2500	1000	200	200	100J	600	100B		100	100J	100
	10	1000			200	630	600	2500	1000	200	200	100J	600	100B		100	100J	100
2000	10*	1500			200	630	600**	2500	1000	200	200	100G	1200	100B		100	100J	100
	12	1500			200	630	600	2500	1000	200	200	100J	600	100B		100	100J	100

注　有*符号为厂用电设计技术规定推荐阻抗；有**符号当用其短延时脱扣器时，应选用 1000A。

表 7-22　　380V 动力-控制中心设备组合表（固定柜）

动力中心配置方案			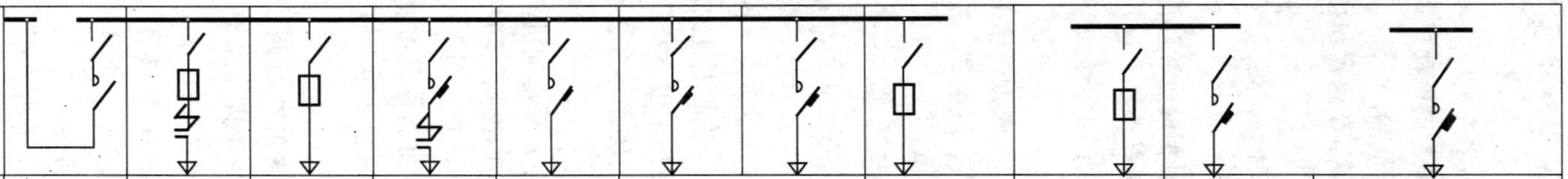										
屏内设备	HD13 刀开关或 HR 刀熔开关额定电流（A）		1000～3000	200～400	200～400	200～400	200～400	400～600/1000～1500		400～600	400～600	1000～1500	1000～1500
	短路保护设备		DW15 ME、AH	NT RT	NT RT	DZX10 DZ20G	DZX10 DZ20G	DWX15/DW15		NT RT10	NT RT10	DW15～1000 ME630	DW15～1000 ME630
	操作设备			CJ20、B		QC							
	过负荷或断相保护			JR20、T		JR20、T							
				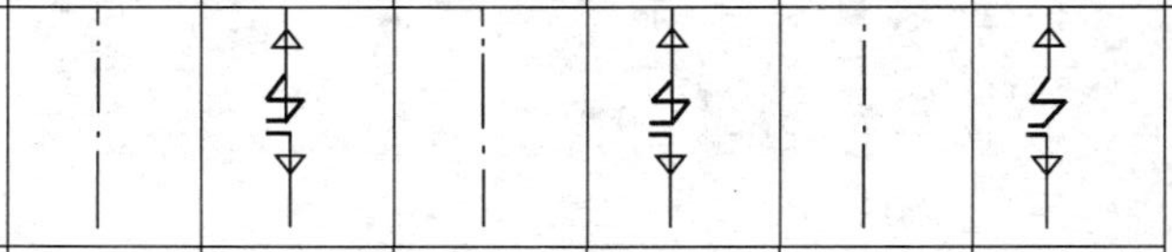						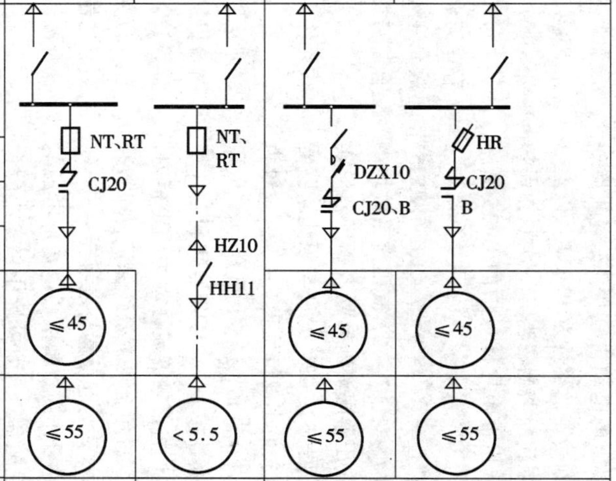			
就地设备	操作设备型号	集控			CJ20、B		CJ20、B		CJ20	NT、RT CJ20	NT、RT HZ10 HH11	DZX10 CJ20、B	HR CJ20 B
		就地			QC		QC						
	过负荷或断相保护				JR20、T		JR20、T						
使用范围	电动机额定容量范围（kW）	Ⅰ类电动机		55~75	55~75	55~100	55~100	100～200	100～200	≤45		≤45	≤45
		Ⅱ、Ⅲ类电动机		75~100	75~100	75~200	75~200	100～200	100～200	≤55	<5.5	≤55	≤55
	控制方式			集中	就地	集中	就地	集中	就地	就地或集中	就地不易过负荷	较远的Ⅱ、Ⅲ类可接 75kW	
配电设备名称			动力中心							电动机控制中心			

器。容量为 100kW 以下的电动机宜用 NT 熔断器或 DZ20G、DZX10 限流断路器；容量为 100kW 及以上电动机可选用 DWX15 限流断路器；当其一次脱扣保护灵敏度不够时，可选用带半导体保护的 DW15 断路器[❶]。

NT、RT10 限流特性见图 7－9、7－10；DWX15、DZX10 限流特性见图 7－11、7－12，其限流系数均小于 0.6[❷]，不同厂用变压器限流断路器及熔断器的实际分断短路电流峰值见表 7－23，允许与限流断路器及熔断器组合的刀开关最小规格见表 7－24，一般为 HD13 可与相同规格的 DWX15、DZX10 组合。

接触器与 NT 熔断器按表 7－19 组合可得到 a 型或 c 型保护，此时允许将接触器装在动力固定柜内，接触器与 DZ20G、DZX10 组合可否得到保护，尚需通过试验，暂可用保护式磁力起动器与之组合。

2）馈线回路：主要作为控制中心电源应考虑与分支回路保护选择性配合，一般可选用误差小配合级差不大的 NT 等熔断器，较重要有自投要求的回路，可选用带延时（0.2s）的 DW15、ME 等断路器。

熔断器与断路器保护选择性配合要求见附录 7－2。

DW15－600 短延时分断能力低，需选用 DW15－1000，每屏只能装 1 回。

ME 短延时分断能力不降低，可选用 ME630 规格，与 DW15－1000 比，其价格相当，但体积小，每屏可装 2 回。

3）电源回路：2000kVA 及以下厂用变压器可选用带延时的 DW、ME、AH 等断路器与刀开关组合[❸]。

4）控制中心分支回路：控制中心短路电流计算考虑 25m 电缆阻抗且只计接于 MCC 上的电动机反馈电流，故其短路电流较小，选用 NT、RT、DZ20、DZX10、H－TO 均可满足要求，无需设置限流电抗，但选用非限流型断路器、熔断器与接触器组合时，应将不同回路进行分隔。

3. 动力－控制中心采用抽屉柜的组合方案（见表 7－25）

（1）电动机容量划分：

抽屉柜方案与固定柜方案短路水平相同，但考虑到抽屉虽比较安全可靠、维修方便，但价格较高，故宜以 75kW 为界，无论Ⅰ类或Ⅱ、Ⅲ类电动机，凡大于或等于 75kW 的，均接于动力中心；凡小于或等于 55kW 的，均接于控制中心。

（2）回路设备选型及组合：

1）电动机回路：采用抽屉柜的电动机回路既不存在刀开关动稳定问题，也不存在相邻回路影响，故允许选用非限流型的熔断器及断路器与接触器组合装于抽屉内。

动力中心内仅装有熔断器的回路，仍采用固定式元件。

2）电源及馈线：采用抽屉柜的电源和馈电干线一般选用插入式断路器，按选择性要求选用短延时过流保护，抽屉内应留出装设保护、表计等设备位置。

3）控制中心分支回路：一般选用熔断器或塑壳断路器作保护设备，以接触器、继电器、控制变压器及按钮等构成操作联锁回路单元。

4. 动力－控制中心屏柜选型

动力中心一般布置在单独的配电间，工作环境较好，不受外界影响，故密封要求不高，既可用抽屉式，也可用固定式。鉴于目前国产抽屉价格偏高且质量欠佳，为控制工程造价，目前不宜大量选用，一般工程仍可选用固定柜，但为了可靠和检修调试安全，不同回路的断路器、接触器等宜设置隔板，母线亦宜绝缘。

控制中心接有 55kW 及以下重要电动机，不但有保护设备，而且有操作设备，故比过去车间屏重要。控制中心一般布置在工艺设备附近，周围环境及检修条件均较差，故应选用密封好检修又方便的抽屉柜（如 BFC 等）或单元分隔的组合柜，如 ZH（F）等。

五、中央－车间屏设备组合方案

DW10、DZ10 等老产品的性能差、保护不完善，将逐步为 DW15、DZ20 等新产品所取代。但由于其价格低、订货方便且有使用经验等，故目前仍广为采用。对中小型机组，为了降低造价，仍可采用以老设备为主的中央－车间屏供电方案。

中央－车间屏厂用变压器仍采用老的阻抗系列，其短路电流见表 7－26，允许选用设备见表 7－27，电动机容量划分及设备组合方案见表 7－28。

---

❶ DWX15 只有保护不可调的电磁脱扣，厂家按脱扣器额定电流的 12 倍整定（指周期分量有效值）：DW15 的半导体脱扣器可在脱扣器额定电流的 8～20 倍范围内调节。

❷ 限流系数＝实际分断短路电流峰值/预期短路电流峰值。

❸ 西安光明开关厂等已试制成 2000A、3000A 刀开关，与 2000～3200A 断路器组合可满足 1250～2000kVA 厂用变压器电源回路的要求。

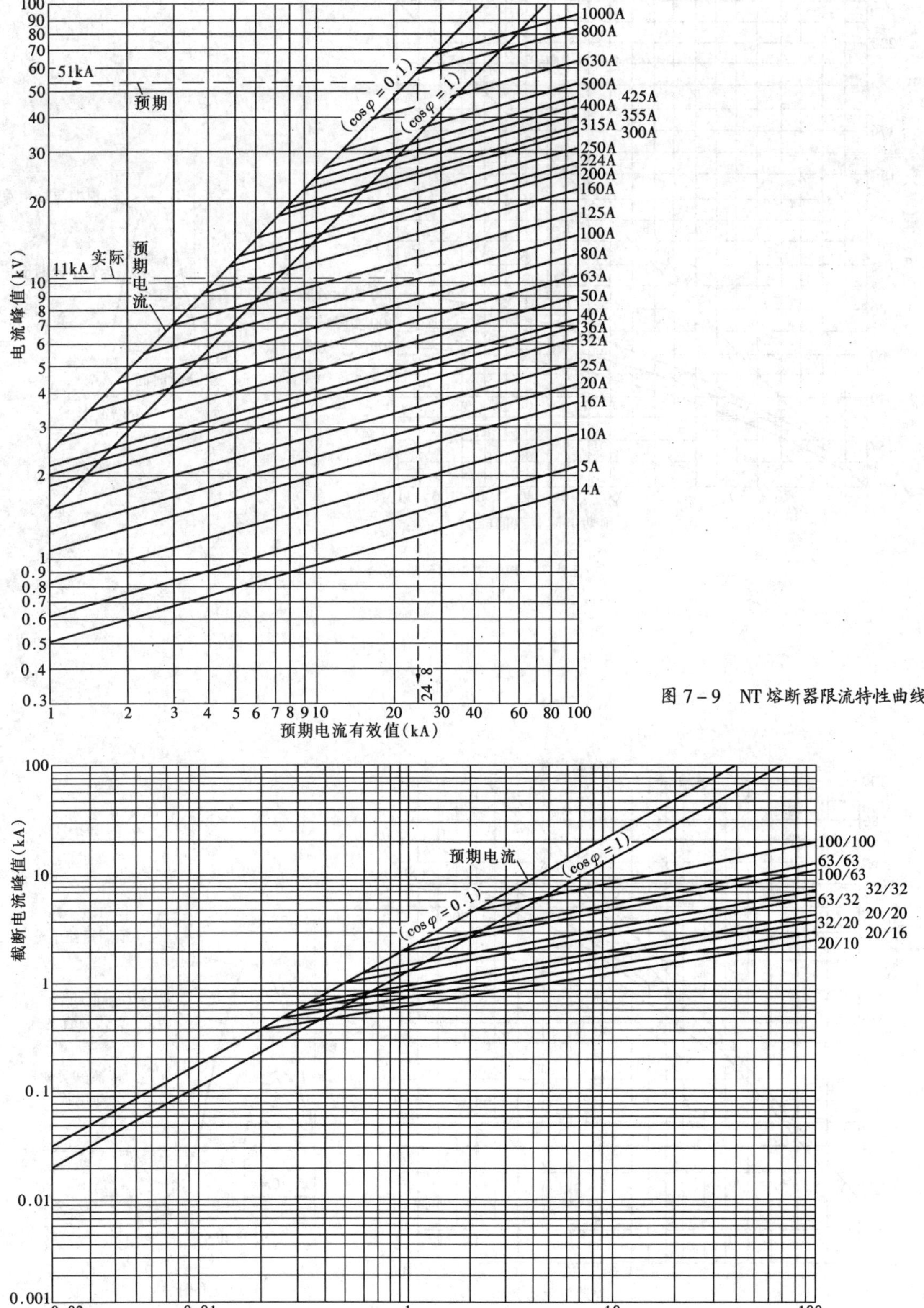

图7-9　NT熔断器限流特性曲线

图7-10　RT10熔断器限流特性曲线

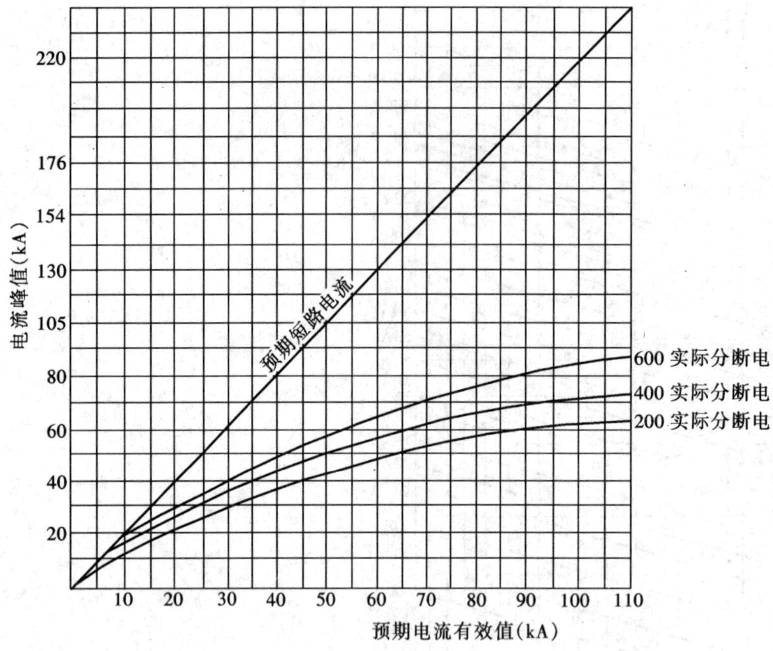

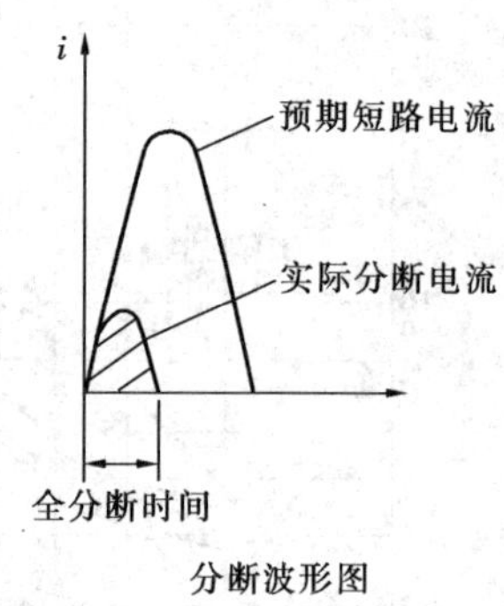

图 7-11 DWX15 限流特性

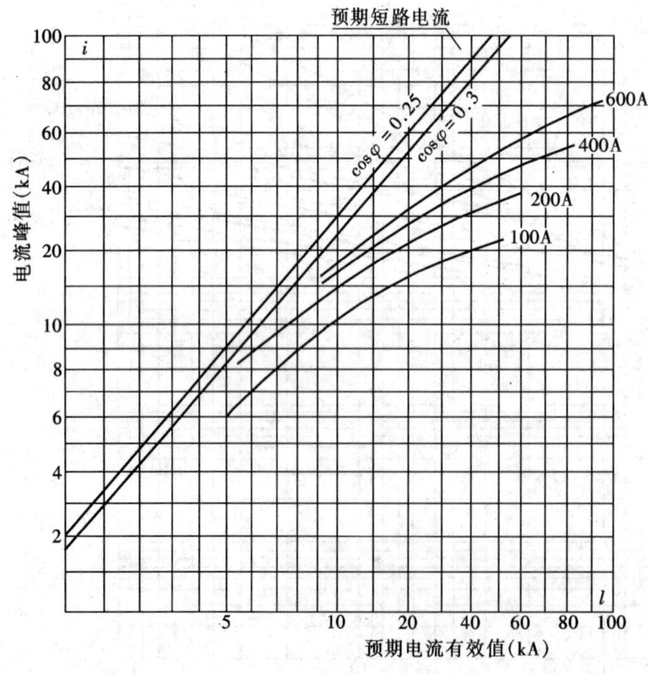

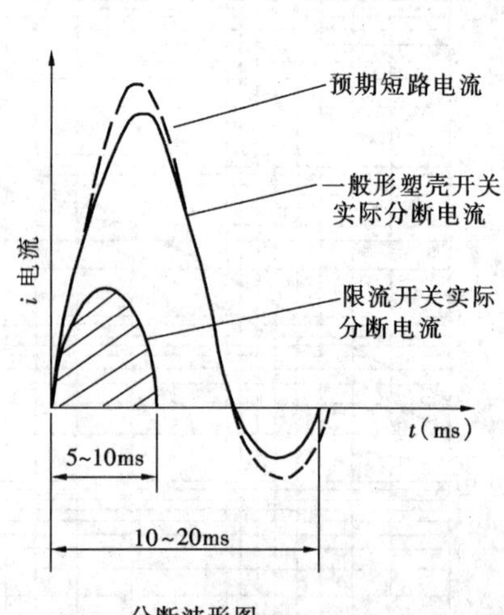

图 7-12 DZX10 限流特性

表 7-23 **不同厂用变压器限流断路器及熔断器实际分断短路电流峰值(kA)**

厂用变压器		预期短路电流(kA)		DZX10 规格(A)				DWX15 规格(A)			NT 熔断器熔件规格(A)											
容 量	阻抗电压																					
S_B(kVA)	U_d(%)	I_z(0.01)	i_{ch}	100	200	400	600	200	400	600	100	125	160	200	250	300	355	400	425	500	630
500	4	17.88	33.05	16	20	26	30	20	26	28	9.6	12	14	17	19.5	22.5	26	28	30	34	40
630	4.5	20.19	39.06	17	22	28	33	22	28	30	10	13.5	15	17.5	20	23	26.5	29	31	35	42
800	4.5	23.12	48.8	18	22	30	36	25	30	34	10	13	15	18	21	24	28	30	32	35	43
1000	4.5	30.7	59.53	19	28	35	40	30	38	41	12	14	17	19	24	27	30	33	36	39	46
	6	24.8	51.07	18	25	30	35	27	33	37	11	13	16	18	21	24	28	30	32	36	44
1250	6	30.3	62.3	19	28	35	40	30	38	41	12	14	17	19	24	27	30	33	36	39	46
	8	24.8	53.7	18	25	30	35	27	33	37	11	13	16	18	21	24	28	30	32	36	44
1600	8	30.9	66.46	19	28	35	40	30	38	41	12	14	17	19	24	27	30	33	36	39	46
	10	26.6	58.77	18	26	32	37	28	34	38	11	13	16	18	22	25	29	31	33	37	45
2000	10	32.5	71.72	19.5	30	37	41	32	39	43	12	14	17	19	23	27	30	34	36	40	48
	12	29	65.41	19	28	34	40	30	37	40	11	13	16	18	22	25	29	32	34	38	46

表 7－24　与限流断路器及熔断器组合允许选用 HD13 最小规格(A)

厂用变压器		DZX10 规格（A）				DWX15 规格（A）			NT 熔断器熔件规格（A）										
容　量	阻抗电压																		
S_B（kVA）	$U_d\%$	100	200	400	600	200	400	600	100	125	160	200	250	300	355	400	425	500	630
500	4	100	200	400	600	200	400	600	100	100	100	100	200	200	200	200	400	400	400
630	4.5	100	200	400	600	200	400	600	100	100	100	100	200	200	200	200	400	400	600
800	4.5	100	200	400	600	200	400	600	100	100	100	100	200	200	200	200	400	400	600
1000	4.5	100	200	400	600	200	400	600	100	100	100	100	200	200	200	400	400	400	600
	6	100	200	400	600	200	400	600	100	100	100	100	200	200	200	200	400	400	600
1250	6	100	200	400	600	200	400	600	100	100	100	100	200	200	200	400	400	400	600
	8	100	200	400	600	200	400	600	100	100	100	100	200	200	200	200	400	400	600
1600	8	100	200	400	600	200	400	600	100	100	100	100	200	200	200	400	400	400	600
	10	100	200	400	600	200	400	600	100	100	100	100	200	200	200	400	400	400	600
2000	10	100	200	400	600	200	400	600	100	100	100	100	200	200	200	400	400	400	600
	12	100	200	400	600	200	400	600	100	100	100	100	200	200	200	400	400	400	600

表 7-25　　380V 动力-控制中心设备组合表(抽屉柜)

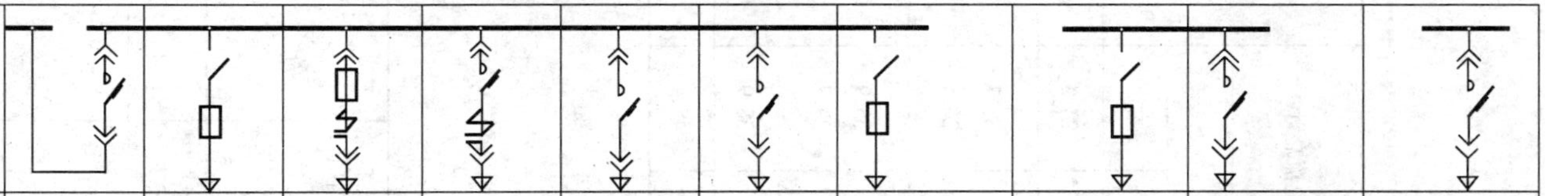

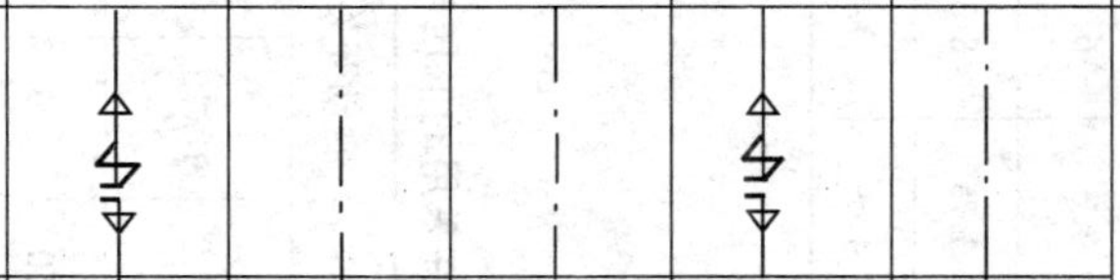

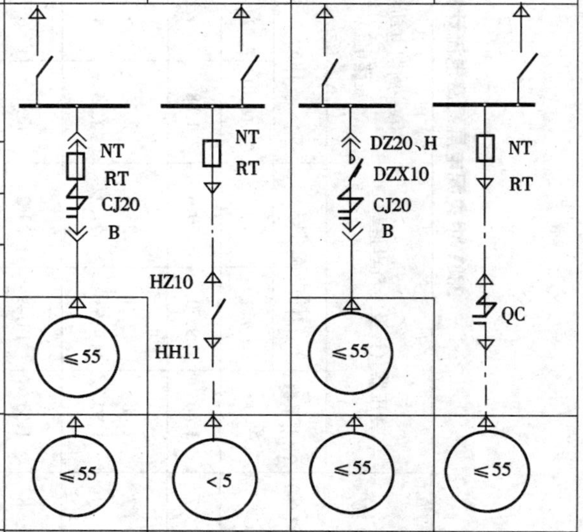

动力中心配置方案												
隔离设备			插入式	HD13 HR	抽屉	抽屉	抽屉	插入式	HD13 HR	HD13 HR	插入式	插入式
抽屉内设备	短路保护设备		DW15C ME、AH	NT、RT	NT、RT	DZ20 DZX10 H、TG	DZ20 DZX10 H、TG	DWX15C DW15C ME、AH	NT、RT0 RT10、RT11	NT、RT0 RT10、RT11	DW15C ME、AH	DW15C ME、AH
	操作设备		(短延时)		CJ20、B	CJ20、B					(短延时)	(短延时)
	过负荷或断相保护				JR20、T	JR20、T						
									NT RT CJ20 B	NT RT HZ10 HH11	DZ20、H DZX10 CJ20 B	NT RT QC
就地设备	操作设备型号	有联锁		CJ20、B			CJ20、B					
		无联锁		QC			QC					
	过负荷或断相保护			JR20、T			JR20、T					
使用条件	电动机额定容量范围(kW)	Ⅰ类电动机		75	75	75~200	75~200	100~200	≤55		≤55	
		Ⅱ、Ⅲ类电动机		75~100	75~100	75~200	75~200	125~200	≤55	<5	≤55	≤55
	控制方式			就地	集中	集中	就地	集中	就地或集中	就地且不易过负荷	就地或集中	就地
配电设备名称			动力中心						电动机控制中心			

表 7-26　380V 中央配电屏短路电流计算结果

S_{eB} (kVA)	I_{eB} (A)	U_d (%)	变压器（计及 4.5m 母线）			第一周期电动机短路电流		第一周期短路电流总计			备注
			冲击系数 $K_{ch.R}$	短路电流（kA）		(kA)		(kA)			
				I''_B	$i_{ch,B}$	I_{zD}（0.01）	$i_{ch,D}$	I_z（0.01）	I_{ch}	i_{ch}	
500	722	7	1.46	9.70	20.0	1.88	4.19	11.6	14.0	24.2	
630	909	7	1.48	12.16	25.4	2.36	5.27	14.5	17.7	30.7	
		9	1.57	9.53	21.2	2.36	5.27	11.9	15.3	26.5	
800	1155	8	1.53	13.49	29.2	3.0	6.70	16.5	20.7	35.9	
		10	1.63	9.98	23.0	3.0	6.70	13.0	17.2	29.7	
1000	1443	10	1.60	13.46	30.5	3.75	8.37	17.2	22.5	38.9	
1250	1804	10	1.62	16.56	37.9	4.69	10.46	21.3	28.1	48.4	

表 7-27　380V 中央配电屏上允许采用的低压电器最小规范

变压器		刀开关	熔断器（A）			自动开关（A）				交流接触器 CJ10 (A)	备注
S_{eB} (kVA)	U_d (%)	HD13 (A)	RM10	RM7	RT0	DZ10	DW10	DW5	DW15		
500	7	200	100	100	50	250	200	400	200	100	
630	7	400		100	50	600	400	400	200	100	
	9	200	100	100	50	250	200	400	200	100	
800	8	400		100	50	600	400	400	200	100	
	10	400		100	50	600	400	400	200	100	
1000	10	400		100	50	600	400	400	200	100	
1250	10	600		100	50	600	1000	600	400		

表 7－28 380V 中央－车间屏设备组合表

			1	2	3	4	5	6	7	8	9	10	11
中央屏配置方案			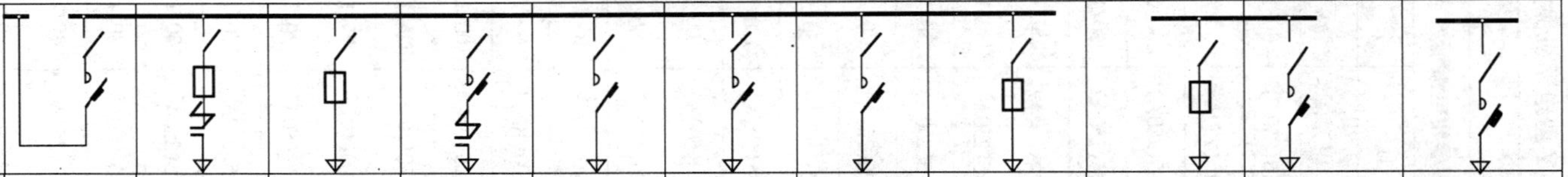										
屏内设备	HD13 刀开关额定电流（A）		1000～1500	100～400	100～400	200、400	200、400	200～600	200～600	200～600	200～600	400、600	400、600
	短路保护设备		DW10	RT NT	RT NT	DZ10 DZX10	DZ10 DZX10	DW10	DW10	RT NT	RT NT	DW10	DW10
	操作设备			CJ10		QC							
	过负荷或断相保护			JR0、JR15、JR16		JR0、JR15 JR16、							
			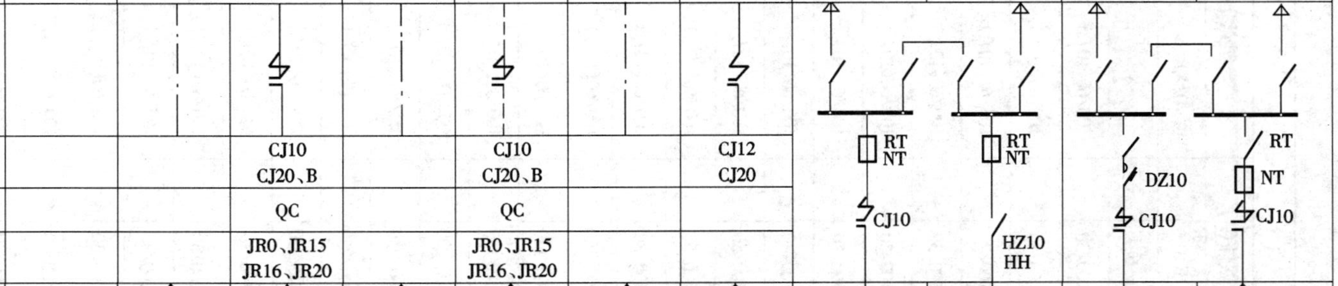							RT NT CJ10	RT NT HZ10 HH	DZ10 CJ10	RT NT CJ10
就地设备	操作设备型号	集控			CJ10 CJ20、B		CJ10 CJ20、B		CJ12 CJ20				
		就地			QC		QC						
	过负荷或断相保证				JR0、JR15 JR16、JR20		JR0、JR15 JR16、JR20						
使用范围	电动机额定容量范围（kW）	Ⅰ类电动机		≥5.5 ≤55	≥5.5 ≤55	≥40 ≤55	≥40 ≤55	≥75 ≤245	≥75 ≤200	<5.5		<5.5	<5.5
		Ⅱ、Ⅲ类电动机		>22 ≤75	>22 ≤75	>40 ≤75	>40 ≤75	≥75 ≤245	≥75 <200	≤40	<5.5	≥40 ≤75	≥22 ≤40
	控制方式			集中	就地或集中	集中	就地或集中	集中	就地或集中	就地或集中	就地不易过负荷	较远的Ⅱ、Ⅲ类电动机	
	操作地点相对位置			离中央屏近	离电动机近	离中央屏近	离电动机近	离中央屏近	离电动机近	车间专用屏负荷			

表 7-29（a） **Y 型电动机保护及操作**

电动机				保护设备						
型号	额定容量（kW）	额定电流（A）	起动电流（A）	底座/熔件(A)			塑壳开关规格/脱扣器额定电流(整定电流倍数)			
				NT	RT0		DZX10	DZ20	H	TG
1	2	3	4	5	6	7	8	9	10	11
Y801-2	0.75	1.8	12.6	160/6	100/30		100/60($10I_e$)	100/15(500A)	150/15(250A)	30/15($10I_e$)
Y802-2	1.1	2.5	17.5	160/10	100/30		100/60($10I_e$)	100/15(500A)	150/15(250A)	30/15($10I_e$)
Y90S-2	1.5	3.4	23.8	160/10	100/30		100/60($10I_e$)	100/15(500A)	150/15(250A)	30/15($10I_e$)
Y90L-2	2.2	4.7	32.9	160/16	100/30		100/60($10I_e$)	100/15(500A)	150/15(250A)	30/15($10I_e$)
Y100L-2	3	6.4	44.8	160/20	100/30		100/60($10I_e$)	100/15(500A)	150/15(250A)	30/15($10I_e$)
Y112M-2	4	8.2	57.4	160/25	100/30		100/60($10I_e$)	100/15(500A)	150/15(250A)	30/15($10I_e$)
Y132S_1-2	5.5	11.1	77.7	160/30	100/40		100/60($10I_e$)	100/15(500A)	150/15(250A)	30/15($10I_e$)
Y132S_2-2	7.5	15.0	105	160/50	100/50		100/60($10I_e$)	100/20(500A)	150/20(250A)	30/20($10I_e$)
Y160M_1-2	11	21.8	152.6	160/63	100/60		100/60($10I_e$)	100/32(500A)	150/25(500A)	30/30($10I_e$)
Y160M_2-2	15	29.4	205.8	160/80	100/80		100/60($10I_e$)	100/40(500A)	150/35(500A)	100/40($10I_e$)
Y160L-2	18.5	35.5	248.5	160/100	100/100		100/60($10I_e$)	100/40(500A)	150/40(500A)	100/50($10I_e$)
Y180M-2	22	42.2	295.4	160/125	200/120		100/60($10I_e$)	100/50($12I_e$)	150/50(500A)	100/60($10I_e$)
Y200L_1-2	30	56.9	398.3	160/160	200/150		100/80($10I_e$)	100/80($12I_e$)	250/90($10I_e$)	100/75($10I_e$)
Y200L_2-2	37	69.8	488.6	160/160	200/200		100/100($10I_e$)	100/80($12I_e$)	250/100($10I_e$)	100/100($10I_e$)
Y225M-2	45	83.9	587.3	250/250	400/250		200/120($10I_e$)	100/100($12I_e$)	250/125($10I_e$)	100/100($10I_e$)
Y250M-2	55	102.7	718.9	300/300	400/250		200/170($9I_e$)	200/180($8I_e$)	250/150($10I_e$)	225/125($10I_e$)
Y280S-2	75	140.1	980	400/400	400/350		200/200($10I_e$)	200/200($10I_e$)	250/200($10I_e$)	225/175($10I_e$)
Y801-4	0.55	1.5	9.75	160/6	100/30		100/60($10I_e$)	100/16(500A)	150/15(250A)	30/15($10I_e$)
Y802-4	0.75	2.0	13	160/6	100/30		100/60($10I_e$)	100/16(500A)	150/15(250A)	30/15($10I_e$)
Y90S-4	1.1	2.7	17.55	160/10	100/30		100/60($10I_e$)	100/16(500A)	150/15(250A)	30/15($10I_e$)
Y90L-4	1.5	3.7	24.05	160/10	100/30		100/60($10I_e$)	100/16(500A)	150/15(250A)	30/15($10I_e$)
Y100L_1-4	2.2	5.0	35	160/16	100/30		100/60($10I_e$)	100/16(500A)	150/15(250A)	30/15($10I_e$)
Y100L_2-4	3	6.8	47.6	160/20	100/30		100/60($10I_e$)	100/16(500A)	150/15(250A)	30/15($10I_e$)
Y112M-4	4	8.8	61.6	160/25	100/30		100/60($10I_e$)	100/16(500A)	150/15(250A)	35/15($10I_e$)
Y132S-4	5.5	11.6	81.2	160/35	100/32		100/60($10I_e$)	100/16(500A)	150/15(250A)	30/15($10I_e$)
Y132M-4	7.5	15.4	107.8	160/50	100/50		100/60($10I_e$)	100/20(500A)	150/20(250A)	30/20($10I_e$)
Y160M-4	11	22.6	158.2	160/63	100/80		100/60($10I_e$)	100/32(500A)	150/25(500A)	30/30($10I_e$)
Y160L-4	15	30.3	12.1	160/100	100/100		100/60($10I_e$)	100/40(500A)	150/35(500A)	100/40($10I_e$)
Y180M-4	18.5	35.9	251.3	160/100	100/100		100/60($10I_e$)	100/40(500A)	150/50(500A)	100/50($10I_e$)

设备选择表之一(塑壳开关或熔断器保护)

操作设备								VLV(VLV22)-1kV			
起动器规格		接触器规格			热继电器规格/额定电流			40℃		35℃	
QC10	QC12	CJ20	CJ10	B	JR20	JR16	T	截面(mm^2)	$\Delta U=5\%$ 允许长度(m)	截面(mm^2)	$\Delta U=5\%$ 允许长度(m)
12	13	14	15	16	17	18	19	20	21	22	23
2/6	1/6	9	5	B9	6.3/8R	20/#6	T16	4	1037	4	1037
2/6	1/6	9	5	B9	6.3/10R	20/#7	T16	4	707	4	707
2/6	1/6	9	5	B9	6.3/11R	20/#8	T16	4	518	4	518
2/6	2/6	9	10	B9	6.3/13R	20/#9	T16	4	353	4	353
2/6	2/6	9	10	B9	16/2S	20/#9	T16	4	259	4	259
2/6	3/6	16	10	B12	16/3S	20/#10	T16	4	194	4	194
3/6	3/6	16	20	B15	16/4S	20/#11	T16	4	141	4	141
3/6	3/6	16	20	B25	32/2T	20/#11	T16	4	104	4	104
4/6	4/6	25	40	B30	32/3T	60/#13	T25	6	105	6	105
4/6	4/6	40	40	B37	32/5T	60/#14	T25	10	128	10	128
4/6	5/6	40	40	B45	63/3U	60/#15	T45	16	176	16	176
5/6	5/6	63	60	B65	63/3U	60/#15	T85	16	148	16	148
6/6	6/6	100	100	B65	63/4U	150/#17	T85	25	167	25	167
6/6	6/6	100	100	B85	160/2W	150/#18	T85	50	232	35	187
6/6	6/6	100	100	B105	160/3W	150/#18	T105	50	191	50	191
7/6	7/6	160	150	B170	160/4W	150/#19	T170	70	240	70	240
7/6	7/6	160	150	B170	160/8W	150/#19	T170	120	285	95	232
2/6	1/6	9	5	B9	6.3/8R	20/#5	T16	4	1414	4	1414
2/6	1/6	9	5	B9	6.3/9R	20/#6	T16	4	1037	4	1037
2/6	1/6	9	5	B9	6.3/10R	20/#7	T16	4	707	4	707
2/6	1/6	9	5	B9	6.3/12R	20/#8	T16	4	518	4	518
2/6	2/6	9	10	B9	6.3/13R	20/#9	T16	4	353	4	353
2/6	2/6	9	10	B9	16/2S	20/#9	T16	4	259	4	259
2/6	3/6	16	10	B12	16/3S	20/#10	T16	4	194	4	194
3/6	3/6	16	20	B15	16/4S	20/#11	T16	4	141	4	141
3/6	3/6	25	20	B25	32/2T	20/#11	T16	4	104	4	104
4/6	4/6	40	40	B30	32/3T	60/#13	T25	6	105	6	105
4/6	4/6	40	40	B37	63/2U	60/#14	T25	10	128	10	125
4/6	5/6	40	40	B45	63/3U	60/#15	T45	16	176	16	176

电动机				保护设备						
型号	额定容量(kW)	额定电流(A)	起动电流(A)	底座/熔件(A)			塑壳开关规格/脱扣器额定电流(整定电流倍数)			
				NT	RT0		DZX10	DZ20	H	TG
1	2	3	4	5	6	7	8	9	10	11
Y180L－4	22	42.5	297.5	160/125	200/120		100/60($10I_e$)	100/50($12I_e$)	150/50(250A)	100/60($10I_e$)
Y200L－4	30	56.8	397.6	160/160	200/150		100/60($10I_e$)	100/63($12I_e$)	250/70($10I_e$)	100/75($10I_e$)
Y225S－4	37	69.8	488.6	160/160	200/200		100/100($10I_e$)	100/80($12I_e$)	250/100($10I_e$)	100/100($10I_e$)
Y225M－4	45	84.2	589.4	250/250	400/250		200/120($10I_e$)	100/100($12I_e$)	250/125($10I_e$)	225/125($10I_e$)
Y250M－4	55	102.5	717.5	400/300	400/250		200/200($7I_e$)	200/180($8I_e$)	250/125($10I_e$)	225/125($10I_e$)
Y280S－4	75	139.7	977.9	400/400	400/350		200/200($10I_e$)	200/200($10I_e$)	250/200($10I_e$)	225/175($10I_e$)
Y90S－6	0.75	2.3	13.8	160/6	100/30		100/60($10I_e$)	100/16(500A)	150/15(250A)	30/15($10I_e$)
Y90L－6	1.1	3.2	19.2	160/10	100/30		100/60($10I_e$)	100/16(500A)	150/15(250A)	30/15($10I_e$)
Y100L－6	1.5	4.0	24	160/10	100/30		100/60($10I_e$)	100/16(500A)	150/15(250A)	30/15($10I_e$)
Y112M－6	2.2	5.6	33.6	160/16	100/30		100/60($10I_e$)	100/16(500A)	150/15(250A)	30/15($10I_e$)
Y132S－6	3	7.2	46.8	160/20	100/30		100/60($10I_e$)	100/16(500A)	150/15(250A)	30/15($10I_e$)
Y132M_1－6	4	9.4	61.6	160/25	100/30		100/60($10I_e$)	100/16(500A)	150/15(250A)	30/15($10I_e$)
Y132M_2－6	5.5	12.6	81.9	160/35	100/30		100/60($10I_e$)	100/16(500A)	150/15(250A)	30/15($10I_e$)
Y160M－6	7.5	17.0	110.5	160/50	100/50		100/60($10I_e$)	100/20(500A)	150/20(250A)	30/15($10I_e$)
Y160L－6	11	24.6	159.9	160/63	100/80		100/60($10I_e$)	100/32(500A)	150/30(500A)	30/15($10I_e$)
Y180L－6	15	31.5	204.75	160/80	100/80		100/60($10I_e$)	100/40(500A)	150/40(500A)	100/40($10I_e$)
Y200L_1－6	18.5	37.7	245.05	160/100	100/100		100/60($10I_e$)	100/50($12I_e$)	150/50(500A)	100/50($10I_e$)
Y200L_2－6	22	44.6	289.9	160/125	200/120		100/60($10I_e$)	100/50($12I_e$)	150/50(600A)	100/60($10I_e$)
Y225M－6	30	59.5	386.75	160/160	200/150		100/80($10I_e$)	100/63($12I_e$)	250/90($10I_e$)	100/75($10I_e$)
Y250M－6	37	72	468	160/160	200/200		100/100($10I_e$)	100/80($12I_e$)	250/100($10I_e$)	100/100($10I_e$)

续表

操作设备								VLV(VLV22)－1kV			
起动器规格		接触器规格			热继电器规格/额定电流			40℃		35℃	
QC10	QC12	CJ20	CJ10	B	JR20	JR16	T	截面 (mm²)	ΔU=5% 允许长度(m)	截面 (mm²)	ΔU=5% 允许长度(m)
12	13	14	15	16	17	18	19	20	21	22	23
5/6	5/6	63	60	B65	63/4U	60/#15	T85	16	148	16	148
6/6	6/6	100	100	B65	63/5U	150/#17	T85	25	167	25	167
6/6	6/6	100	100	B85	160/3W	150/#17	T85	50	232	35	187
6/6	6/6	100	100	B105	160/4W	150/#18	T105	50	191	50	191
7/6	7/6	150	150	B170	160/5W	150/#18	T170	70	240	70	240
7/6	7/6	160	150	B170	160/7W	150/#19	T170	120	285	95	232
2/6	1/6	9	5		6.3/10R	20/#7	T16	4	1037	4	1037
2/6	1/6	9	5		6.3/11R	20/#7	T16	4	707	4	707
2/6	1/6	9	5		6.3/12R	20/#8	T16	4	518	4	518
2/6	2/6	9	10		6.3/13R	20/#9	T16	4	353	4	353
2/6	2/6	9	10	B9	16/25	20/#10	T16	4	259	4	259
3/6	3/6	16	20	B12	16/3S	20/#10	T16	4	194	4	194
3/6	3/6	16	20	B15	16/4S	20/#11	T16	4	141	4	141
3/6	3/6	25	20	B25	32/2T	20/#12	T16	4	104	4	104
4/6	4/6	40	40	B30	32/4T	60/#14	T25	10	175	6	105
4/6	4/6	40	40	B37	63/2U	60/#14	T25	10	128	10	128
5/6	5/6	40	60	B45	63/3U	60/#15	T45	16	176	16	176
5/6	5/6	63	60	B65	63/4U	60/#15	T85	25	228	16	148
6/6	6/6	100	100	B65	63/6U	150/#17	T85	35	231	25	167
6/6	6/6	100	100	B85	160/3W	150/#18	T85	50	232	35	187

电动机				保护设备						
型号	额定容量（kW）	额定电流（A）	起动电流（A）	底座/熔件(A)			塑壳开关规格/脱扣器额定电流(整定电流倍数)			
				NT	RT0		DZX10	DZ20	H	TG
1	2	3	4	5	6	7	8	9	10	11
Y280S-6	45	85.4	555.1	250/250	250/250		200/140($8I_e$)	100/100($12I_e$)	250/125($10I_e$)	225/125($10I_e$)
Y280M-6	55	104.4	678.6	400/300	400/250		200/170($8I_e$)	200/180($8I_e$)	250/150($10I_e$)	225/125($10I_e$)
Y315S-6	75	142.4	996.8	400/400	400/350		200/200($10I_e$)	200/200($10I_e$)	250/200($10I_e$)	225/175($10I_e$)
Y132S-8	2.2	5.8	31.9	160/16	100/30		100/60($10I_e$)	100/16(500A)	150/15(250A)	30/15($10I_e$)
Y132M-8	3	7.7	42.35	160/20	100/30		100/60($10I_e$)	100/16(500A)	150/15(250A)	30/15($10I_e$)
$Y160M_1-8$	4	9.9	59.4	160/25	100/30		100/60($10I_e$)	100/16(500A)	150/15(250A)	30/15($10I_e$)
$Y160M_2-8$	5.5	13.3	79.8	160/32	100/30		100/60($10I_e$)	100/16(500A)	150/20(250A)	30/20($10I_e$)
Y160L-8	7.5	17.7	97.35	160/50	100/40		100/60($10I_e$)	100/20(500A)	150/25(500A)	30/30($10I_e$)
Y180L-8	11	25.1	150.6	160/63	100/60		100/60($10I_e$)	100/32(500A)	150/30(500A)	30/30($10I_e$)
Y220L-8	15	34.1	204.6	160/80	100/80		100/60($10I_e$)	100/40(500A)	150/40(500A)	100/40($10I_e$)
Y225S-8	18.5	41.3	247.8	160/100	100/100		100/60($10I_e$)	100/50($12I_e$)	150/50(500A)	100/50($10I_e$)
Y225M-8	22	47.6	285.6	160/125	200/200		100/60($10I_e$)	100/63($12I_e$)	150/70(600A)	100/60($10I_e$)
Y250M-8	30	63	378	160/160	200/200		100/80($10I_e$)	100/80($12I_e$)	250/90($10I_e$)	100/75($10I_e$)
Y280S-8	37	78.2	469.2	169/160	200/200		100/100($10I_e$)	100/100($12I_e$)	250/90($10I_e$)	100/100($10I_e$)
Y280M-8	45	93.2	559.2	250/250	250/250		200/120($10I_e$)	100/100($12I_e$)	250/125($10I_e$)	225/125($10I_e$)
Y315S-8	55	112.1	728.65	300/300	250/250		200/170($9I_e$)	200/180($8I_e$)	250/150($10I_e$)	225/150($10I_e$)
$Y315M_1-8$	75	152.9	992	400/400	400/350		200/200($10I_e$)	200/200($10I_e$)	250/200($10I_e$)	225/200($10I_e$)

续表

操作设备								VLV(VLV22)－1kV			
起动器规格		接触器规格			热继电器规格/额定电流			40℃		35℃	
QC10	QC12	CJ20	CJ10	B	JR20	JR16	T	截面（mm^2）	$\Delta U=5\%$允许长度(m)	截面（mm^2）	$\Delta U=5\%$允许长度(m)
12	13	14	15	16	17	18	19	20	21	22	23
6/6	6/6	100	100	B105	160/4W	150/#18	T105	50	191	50	191
7/6	7/6	150	150	B170	160/5W	150/#19	T170	70	240	70	240
7/6	7/6	160	150	B170	160/8W	150/#19	T170	120	285	95	232
2/6	2/6	9	10	B9	6.3/13R	20/#9	T16	4	353	4	253
2/6	2/6	9	10	B12	16/2S	20/#10	T16	4	259	4	259
3/6	3/6	16	20	B12	16/3S	20/#10	T16	4	194	4	194
3/6	3/6	16	20	B15	16/4S	20/#11	T16	4	141	4	141
3/6	3/6	25	20	B22	32/2T	20/#12	T16	4	104	4	104
4/6	4/6	40	40	B30	32/4T	60/#14	T25	10	175	10	175
4/6	4/6	40	40	B37	63/2U	60/#15	T25	16	217	16	217
5/6	5/6	40	60	B65	63/3U	60/#15	T85	16	176	16	176
5/6	5/6	63	60	B65	63/4U	60/#16	T85	25	228	16	148
6/6	6/6	100	100	B85	160/3U	150/#17	T85	35	231	25	167
6/6	6/6	100	100	B105	160/3W	150/#18	T105	50	232	50	232
7/6	6/6	100	150	B105	160/4W	150/#18	T105	70	294	50	191
7/6	7/6	150	150	B170	160/5W	150/#19	T170	95	316	70	240
7/6	7/6	160	150	B170	250/3X	150/#19	T170	150	344	120	285

表 7－29（*b*）　**Y 型电动机保护及操作设备选择表之二（DW 开关）**

电动机				保护操作设备			VLV（VLV22）－1kV			
				规格/脱扣器额定电流（瞬动正定电流）（A）电磁脱扣器			40℃		35℃	
型号	额定容量（kW）	额定电流（A）	起动电流（A）	DWX15（DW15）	ME	AH	截面（mm^2）	$\Delta U=5\%$ 允许长度（m）	截面（mm^2）	$\Delta U=5\%$ 允许长度（m）
1	2	3	4	5			6	7	8	9
Y280S－2	75	140.1	980	200/200（$10I_e$）	630/1.5～3kA	600/250（$8I_e$）	120	285	95	232
Y280M－2	90	167	1169	200/200（$12I_e$）	630/1.5～3kA	600/250（$10I_e$）	150	286	120	237
Y315S－2	110	206.4	1444.8	400/300（$10I_e$）	630/2～4kA	600/250（$12I_e$）	240	388	185	277
Y315M1－2	132	247.6	1733.2	400/300（$12I_e$）	630/2～4kA	600/400（$10I_e$）	2×95	241	2×95	241
Y315M2－2	160	298.5	2090	400/400（$12I_e$）	630/4～8kA	600/400（$12I_e$）	2×120	246	2×120	246
Y280S－4	75	139.7	977.9	200/200（$10I_e$）	630/1.5～3kA	600/250（$8I_e$）	120	284	95	232
Y280M－4	90	164.3	1150.1	200/200（$12I_e$）	630/1.5～3kA	600/250（$10I_e$）	150	286	120	237
Y315S－4	110	201.9	1413.3	400/300（$10I_e$）	630/2～4kA	600/250（$12I_e$）	185	277	185	277
Y315M1－4	132	242.3	1696.1	400/300（$12I_e$）	630/2～4kA	600/400（$8I_e$）	2×120	298	2×120	298
Y315M2－4	160	293.7	2056	400/400（$12I_e$）	630/4～8kA	600/400（$12I_e$）	2×120	246	2×120	246
Y315S－6	75	142.4	996.8	200/200（$10I_e$）	630/1.5～3kA	600/250（$8I_e$）	120	285	95	232
Y315M1－6	90	170.8	1196	200/200（$12I_e$）	630/1.5～3kA	600/250（$10I_e$）	150	286	150	286
Y315M2－6	110	207.7	1454	400/300（$10I_e$）	630/2～4kA	600/250（$12I_e$）	2×70	221	185	277
Y315M3－6	132	249.2	1744.4	400/300（$12I_e$）	630/2～4kA	600/400（$10I_e$）	2×95	264	2×95	264
Y315M1－8	75	152.9	992	200/200（$10I_e$）	630/1.5～3kA	600/250（$8I_e$）	150	343	120	4.27
Y315M2－8	90	180.3	1172	200/200（$12I_e$）	630/2～4kA	600/250（$10I_e$）	185	338	150	286
Y315M3－8	110	220.3	1432	400/300（$10I_e$）	630/2～4kA	600/250（$12I_e$）	2×120	358	185	277

六、380V低压电动机保护及操作设备选择表

1.Y系列鼠笼电动机保护操作设备选择[见表7-29(*a*)、(*b*)]

(1) 按本表选取的各类保护操作设备，尚应满足表7-21短路校验的要求，并参照表7-22、7-25的方案组合。

(2) 对DWX15及DW15等断路器，当电动机为集中操作时，采用电动操作机构；当电动机为就地操作时或需要较频繁操作时，采用手动合闸机构并配以接触器。

(3) DZX、DZ20、H等亦可配电动操作机构，但因其机电寿命稍短，且DZX、H等无电动机型，故一般另配接触器作操作设备。

(4) 断路器瞬时脱扣器均按2倍电动机起动电流整定，并以其脱扣器额定电流（I_e）的倍数表示，DWX15瞬时脱扣器为不可调，DW15半导体脱扣器可在8～20I_e范围内调节。DW15、DWX15、DZ20的可选用电动机型，(瞬时脱扣器的整定电流为12I_e)。其过载保护均能满足电动机保护要求（整定范围为0.64～1I_e)，无需另装热继电器。为了保证脱扣器可靠动作，也可要求制造厂按10I_e整定。此时，过载保护仍必须选用电动机型。

(5) 对熔断器保护的Ⅰ类电动机、起动频繁或起动困难的电动机，为了提高运行的可靠性，可按本表选取的规格加大1～2级。

(6) 容量为3kW以上的电动机，应选用带断相保护的热继电器或有熔断接点的熔断器。

(7) 电流互感器按下表选配。

低压电动机电流互感器变比

电动机容量(kW)	40～55	60～75	80～115	125～155	180～215
互感器变比	150/5	200/5	300/5	400/5	600/5

2.YR绕线电动机保护操作设备选择（见表7-30)

(1) 绕线电动机主要用于起动频繁的空压机等，其起动电流按额定电流2.5倍计，可用熔断器或DZX、DZ20保护。熔断器选择系数取1.6。绕线电动机起动柜一般由制造厂配套供货。表中GTT6121为天津控制设备厂产品，XQP为沈阳市电器控制设备厂产品、其接线和技术数据分别见表7-31、7-32及图7-13～7-16。

(2) 表中转子电缆截面按转子电刷不短接（即

表7-30　**YR（IP44）型电动机保护及起动设备选择**

电动机					保护设备				操作设备		VLV（VLV22）-1kV 截面mm²			
规格	额定容量(kW)	定子电流(A)	转子电压(V)	转子电流(A)	底座/熔体		塑壳开关规格/脱扣器额定电流(整定电流倍数)		控制柜型号		40℃		35℃	
					NT	RT0	DZX10	DZ20	GTT 6121	XQP	定子	转子	定子	转子
1	2	3	4	5	6	7	8	9	10	11	12	13	14	15
同步转速750r/min														
	15	34.6	169	56	160/63	100/50	100/60(10I_e)	100/16(10I_e)	23D3	14～40	3×16	3×25	3×10	3×25
	18.5	42	211	54	160/63	100/60	100/60(10I_e)	100/16(10I_e)	23D3	14～40	3×16	3×25	3×16	3×25
	22	48.2	210	65.5	160/80	100/80	100/60(10I_e)	100/16(10I_e)	23D3	14～40	3×25	3×35	3×25	3×35
	30	66.2	270	67	160/100	100/100	100/60(10I_e)	100/20(10I_e)	23D3	14～40	3×35	3×50	3×35	3×35
	37	78.3	281	81.5	160/125	200/150	100/60(10I_e)	100/32(10I_e)	23D3	14～40	3×35	3×50	3×50	3×50
	45	93	359	76	160/160	200/150	200/100(5I_e)	100/32(10I_e)	33D3	45～60	3×70	3×50	3×50	3×50

续表

电动机					保护设备				操作设备		VLV(VLV22)-1kV 截面 mm²			
规格	额定容量(kW)	定子电流(A)	转子电压(V)	转子电流(A)	底座/熔体		塑壳开关规格/脱扣器额定电流(整定电流倍数)		控制柜型号		40℃		35℃	
					NT	RT0	DZX10	DZ20	GTT 6121	XQP	定子	转子	定子	转子
1	2	3	4	5	6	7	8	9	10	11	12	13	14	15
同步转速 1000r min														
	15	31.8	198	48	160/50	100/60	100/60($10I_e$)	100/16($10I_e$)	23D3	14~40	3×10	3×25	3×10	3×25
	18.5	38.3	187	62.5	160/63	100/60	100/60($10I_e$)	100/16($10I_e$)	23D3	14~40	3×16	3×35	3×16	3×25
	22	45	224	61	160/80	100/80	100/60($10I_e$)	100/16($10I_e$)	23D3	14~40	3×25	3×35	3×16	3×25
	30	60	282	66	160/100	100/100	100/60($10I_e$)	100/16($10I_e$)	23D3	14~40	3×35	3×35	3×25	3×35
	37	74	331	69	160/125	200/120	100/60($10I_e$)	100/20($10I_e$)	23D3	14~40	3×50	3×50	3×35	3×35
	45	88	362	76	250/160	200/150	200/100($5I_e$)	100/32($10I_e$)	33D3	45~60	3×50	3×50	3×50	3×35
	55	107	423	80	400/200	200/200	200/100($5I_e$)	100/40($10I_e$)	33D3	45~60	3×70	3×50	3×70	3×50
同步转速 1500r/min														
	15	30	278	34	160/50	100/50	100/60($10I_e$)	100/16($10I_e$)	23D3	14~40	3×10	3×16	3×10	3×10
	18.5	36.8	247	47.5	160/63	100/60	100/60($10I_e$)	100/16($10I_e$)	23D3	14~40	3×16	3×25	3×16	3×16
	22	43.2	293	47	160/80	100/80	100/60($10I_e$)	100/16($10I_e$)	23D3	14~40	3×25	3×25	3×16	3×16
	30	57.6	360	51.5	160/100	100/100	100/60($10I_e$)	100/16($10I_e$)	23D3	14~40	3×35	3×25	3×25	3×25
	37	71.5	289	79	160/125	100/120	100/60($10I_e$)	100/20($10I_e$)	23D3	14~40	3×50	3×50	3×35	3×50
	45	86	340	81	160/160	200/150	200/100($5I_e$)	100/32($10I_e$)	33D3	45~60	3×50	3×50	3×50	3×50
	55	104	485	70	250/200	200/200	200/100($5I_e$)	100/32($10I_e$)	33D3	45~60	3×70	3×50	3×70	3×35
	75	140	354	128.5	250/250	400/250	200/100($5I_e$)	100/40($10I_e$)	43D3	65~116	3×120	3×95	3×95	3×95

表 7-31　GTT6121 系列控制柜设备

型　　号	GTT6121-23D□	GTT6121-33D□	GTT6121-43D□	GTT6121-53D□	数　量
原理图上符号	控制电动机容量（kW）				
	20-28	40-55	75-130	155-260	
ZD	DZ10-100/330	DZ10-250/330	DZ10-250/330	DZ10-600/330	1
1*C*,2*C*	CJ1-75/3	CJ1-150/3	CJ1-300/3	CJ1-600/3	2
1*DH*,2*DH*	75/5	150/5	300/5	600/5	2
A	1T9-A 75/5	1T9-A150/5	1T9-A 300/5	1T9-A 600/5	1
BQ	BP2-70 规格与电机配合，五级的用二台				1 或 2
RJ	JR0-40 热元件电流与电机配合				1
G	HD10-40/2				1

续表

型　　号	GTT6121-23D□	GTT6121-33D□	GTT6121-43D□	GTT6121-53D□	数　量
原理图上符号	控制电动机容量（kW）				
	20-28	40-55	75-130	155-260	
R	RL1-15/15　RL1-60/20				2
TA	LA2红色				1
QA	LA2绿色				1
SJ	JS7-2A　0.4~60s				1
ZJ	JZ7-44　CJ10-10				1
HXD, *LXD*	ZSD-38				2

注　1. 控制柜型号后面的□为控制回路电压的代号，当电压采用200V时代号为2；采用380V时代号为3。
　　2. 控制柜外形尺寸：23D□，33D□，43D□型——1600（高）×600（宽）×460（深）。
　　　53D□型——1900（高）×800（宽）×600（深）。

表7-32　　XQP系列频敏起动控制箱技术数据

型　号	控制电动机		动力回路数×接触器容量（A）	控制回路电压（V）	频敏变阻器		电流互感器变比	热继电器整定电流（A）
	功　率（kW）	定子电流（A）			型　号	功　率（kW）		
XQP-14~40	14~17	29~35	1×100（定子）+1×100（转子）	380	BP	14~17		29~35
	20~22	40~45				20~22		40~45
	28~30	55~60				28~30		55~60
	40	80~85				40		80~85
XQP-45~60	45	99	1×150（定子）+1×150（转子）			45	200/5	2.4
	55~60	108~121				55~60		2.7~3.0
XQP-65~115	65~75	140~150	1×250（定子）+1×250（转子）			65~75		3.5
	80	158~169				80	300/5	2.6~2.8
	95~100	182~197				95~100		3.0~3.3
	110~115	211~238				110~115	400/5	2.6~3.0

续表

型号	控制电动机		动力回路数×接触器容量（A）	控制回路电压（V）	频敏变阻器		电流互感器变比	热继电器整定电流（A）
	功率（kW）	定子电流（A）			型号	功率（kW）		
XQP－130～185	130～135	246～247	1×400（定子） 1×400（转子）	380	BP	130～135	400/5	3.1～3.3
	155	288～304				155	600/5	2.4～2.5
	180～185	326～350				180～185		2.7～2.9
XQP－210～300	210～225	399～405	1×60（定子）+ 1×600（转子）			210～225		3.3～3.4
	240	436				240	800/5	2.7
	245～260	466				245～26		2.9
	280	510				280		3.2
	300	535				300		3.3

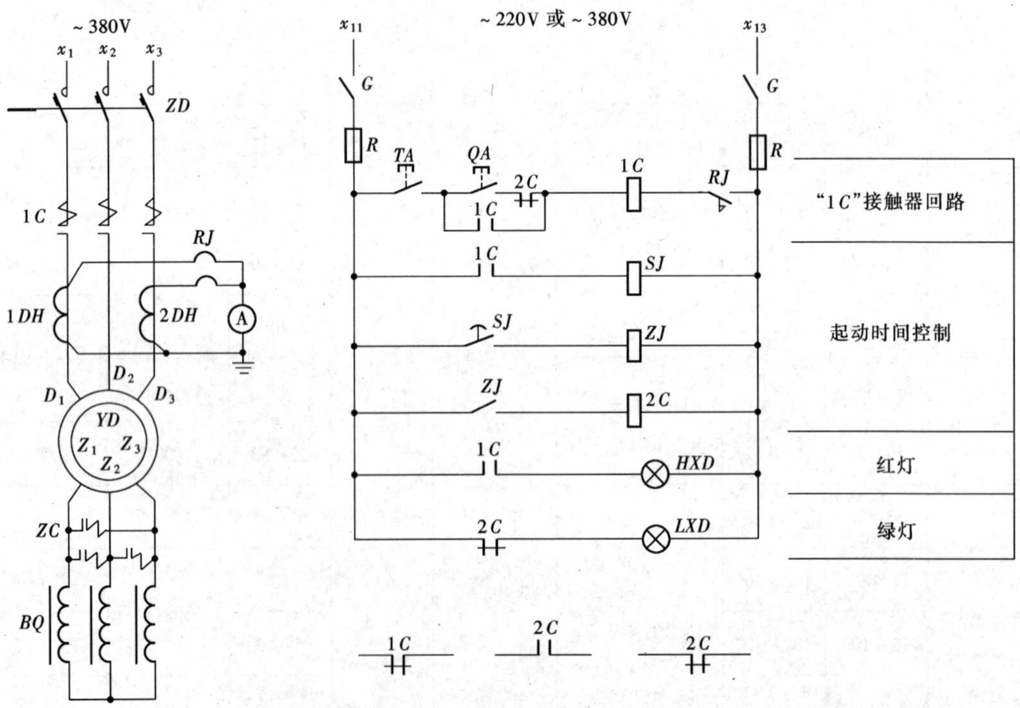

图7－13 GTT6121型控制柜原理图

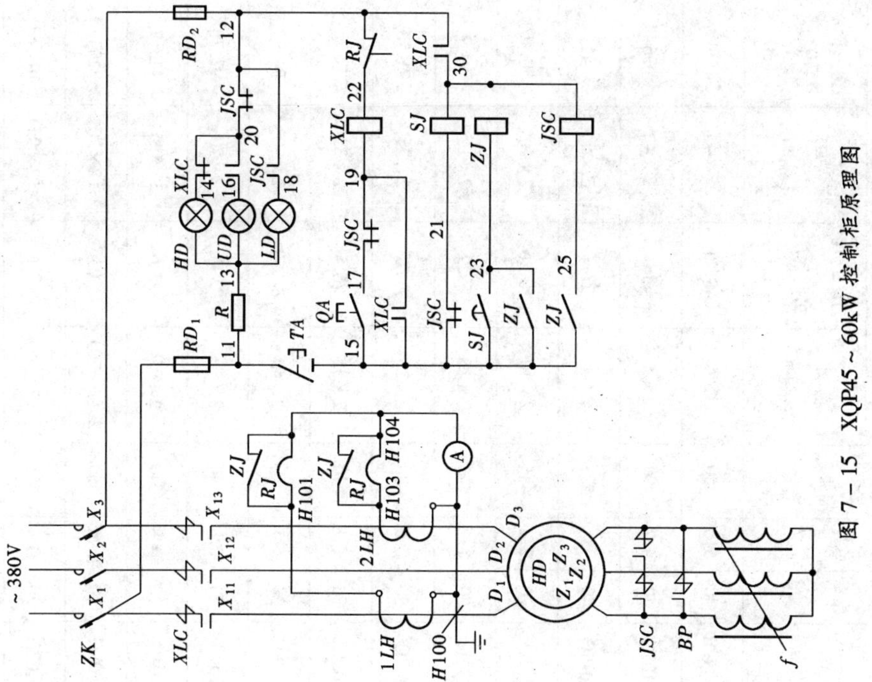

图 7-15 XQP45～60kW 控制柜原理图

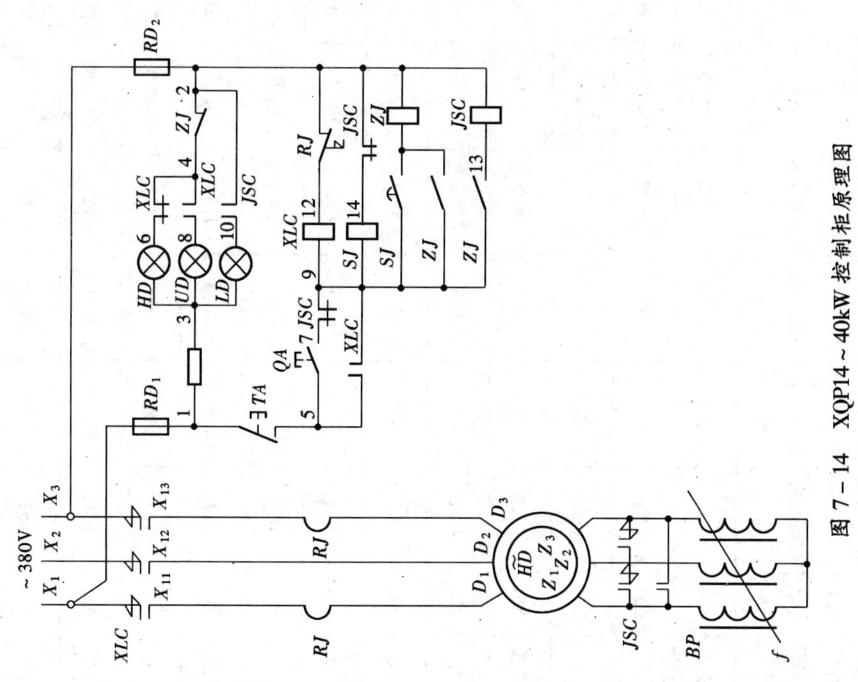

图 7-14 XQP14～40kW 控制柜原理图

表 7－33 Z_2 直流电动机保护及起动设备选择

Z_2 直流电动机参数						保护设备		选用起动电阻元件规范及数量					VLV22－1kV 电缆			
容量	电压	电流（A）				底座/熔体		型号	规范	数量	总计	发热时间常数	35℃		40℃	
（kW）	（V）	750r/min	1000r/min	1500r/min	3000r/min	RT0	RM10			（个）	（Ω）	（s）	截面（mm^2）	$\Delta U=5\%$ 允许长度（m）	截面（mm^2）	$\Delta U=5\%$ 允许长度（m）
2.2	220	13	12.73	12.34	12.2	50/20	60/20	ZT2－140	29A 0.14Ω	40	5.6	450	2×4	48.45	2×4	48.45
3	220	17.2	17.2	17	16.52	50/30	60/25	ZT2－105	33A 0.105Ω	40	4.2	490	2×4	36	2×4	36
4	220	23	22.3	22.3	21.65	50/30	60/35	ZT2－75	39A 0.075Ω	40	3	535	2×4	27.4	2×6	41
5.5	220	31.25	30.3	30.3	30.3	100/40	60/45	ZT1－110	46A 0.11Ω	20	2.2	445	2×10	50.46	2×10	50.46
7.5	220	42.1	41.3	40.8	40.3	100/50	60/45	ZT1－110	46A 0.11Ω	20	2.2	445	2×16	59.9	2×16	59.9
10	220	55.3	54.8	53.8	53.5	100/60	100/60	ZT1－80	54A 0.08Ω	20	1.6	490	2×25	71.28	2×25	71.28
13	220	72.1	70.7	68.7	68.7	100/80	100/80	ZT1－55	64A 0.055Ω	20	1.1	510	2×35	76.5	2×35	76.5
17	220	93.2	92	90	88.9	100/100	100/100	ZT1－55	64A 0.055Ω	20	1.1	51	2×50	84.59	2×50	84.59
22	220	119	118.2	115.4	113.7	200/120	200/125	ZT1－40	76A 0.04Ω	20	0.8	540	2×70	92.76	2×70	92.76
30	220	160	158.5	156.9	155	200/200	200/200	ZT1－40	76A 0.04Ω	20	0.8	540	2×95	93.6	2×120	118.2
40	220	214	212	210	208	400/250	350/225	ZT1－28	91A 0.028Ω	20	0.56	560	2（2×70）	103	2（2×70）	103
55	220	289	289	285.5	284	400/300	350/300	ZT1－20	107A 0.02Ω	20	0.4	575	2（2×95）	103.67	2（2×95）	103.67
75	220	387	387	385	385	400/400		ZT1－14	128A 0.014Ω	20	0.28	555	2（2×150）	122.2	2（2×150）	122.2

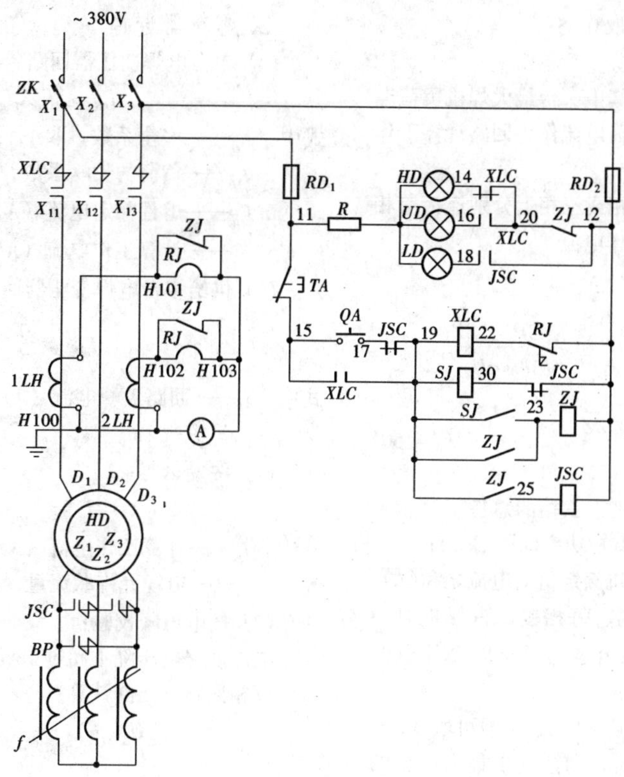

图7-16　XQP65~300kW控制柜原理图

按转子额定电流）选择。当转子电刷短接时，轻载起动（起动力矩小于50%）转子电缆按转子额定电流35%选择；重载起动按转子额定电流50%选择。

3.Z_2直流电动机保护及起动设备选择（见表7-33）

起动电阻R_g按以下选取：

5.5kW及以下：$R_g=\frac{U}{2\sim2.5I_e}$　(7-44)

7.5kW及以上：$R_g=\frac{U}{2\sim2.5I_e}$　(7-45)

式中　U——额定电压（V）；

I_e——额定电流（A）。

起动电阻允许过载倍数按下式计算：

$$P_l=\sqrt{T/t}\tag{7-46}$$

式中　T——发热时间常数（见表7-33）；

t——起动所需时间（s）。

第7-4节　电焊、起重回路电路及导体选择

一、电焊回路

1. 计算工作电流

（1）单相单台电焊设备回路计算电流：

$$I_g=\frac{S_e}{U_e}\sqrt{ZZ}\times10^3=I_e\sqrt{ZZ}=I_{100}\tag{7-47}$$

或

$$I_g=\frac{P_e}{U_e\cos\varphi}\sqrt{ZZ}\times10^3\tag{7-48}$$

式中　S_e、P_e——额定容量（kVA）、额定有功功率（kW）；

U_e——额定电压（V）；

I_e、I_{100}——分别为$ZZ=65\%$（额定暂载率）及100%时电焊机初级电流（A）；

ZZ——暂载率，为焊接时间与工作周期之比，国产电焊机的额定暂载率ZZ_e通常等于65%。

（2）多台焊机接于单相回路时的计算工作电流：

$$I_g=K_x\Sigma\frac{S_e\sqrt{ZZ}}{U_e}\times10^3=K_x\Sigma I_e\sqrt{ZZ}=K_xI_f\tag{7-49}$$

式中　K_x——需要系数，二台焊机时取0.65，三台

及以上焊机时取0.35；

I_f——尖峰电流（A）。

若按公式所得电流小于其中一台最大焊机负荷电流时，则以最大一台焊机负荷电流作为回路计算工作电流。

(3) 三相供电回路的二相或三相上分别连接单相电焊设备馈电干线的计算工作电流：

1) 三相负荷平衡时：

$$I_g = \frac{K_x \Sigma S_e \sqrt{ZZ}}{\sqrt{3} U_e} \times 10^3 = \frac{K_x \Sigma P_e \sqrt{ZZ}}{\sqrt{3} \cos\varphi U_e} \times 10^3 = \frac{K_x \Sigma I_e \sqrt{ZZ}}{\sqrt{3}} \quad (7-50)$$

式中 ΣS_e、ΣP_e——分别为接于三相的总额定容量及总额定有功功率(kVA,kW)；

ΣI_e——各电焊机额定负荷电流之和(A)；

K_x——需要系数，每相接二台焊机时为0.65，每相接三台及以上焊机时为0.35；

$\cos\varphi$——电焊机功率因数，一般可取0.5。

2) 当三相负荷不平衡时，则按其中最大一相的电流作计算电流，各相电流分别为：

$$I_A = K_{XA} \sqrt{I_A^2 + I_{CA}^2 + I_{AB} I_{CA}} = K_{XA} I_{fA} \quad (7-51)$$

$$I_B = K_{XB} \sqrt{I_{AB}^2 + I_{BC}^2 + I_{AB} I_{BC}} = K_{XB} I_{fB} \quad (7-52)$$

$$I_C = K_{XC} \sqrt{I_{CA}^2 + I_{BC}^2 + I_{CA} I_{BC}} = K_{XC} I_{fC} \quad (7-53)$$

式中 I_{AB}、I_{BC}、I_{CA}——分别为跨接于 AB、BC、CA 相间的电焊机负荷电流之和(A)；

K_{XA}、K_{XB}、K_{XC}——分别为各相电流的需要系数，当一相接一台电焊机时 $K_X = 1$，接二台电焊机时 $K_X = 0.65$，接三台电焊机时 $K_X = 0.35$；

I_{fA}、I_{fB}、I_{fC}——分别为各相负荷的尖峰电流(A)。

(4) 对直流电焊变流机组，其持续工作电流等于交流电动机额定电流。

(5) 高温高压的主蒸汽管道热处理用电，一般由二台BA-500型焊机并联供给，一次侧电流为2×67=134A，当大于焊机负荷时，应以此作为计算负荷。

2. 熔断器选择

(1) 单台电焊变压器回路：

$$I_{eR} \geqslant K_A K_f I_g \quad (7-54)$$

式中 K_A——安全系数，取1.1；

K_f——负荷的尖峰系数，取1.1；

I_{eR}——熔件额定电流（A）；

I_g——计算工作电流（A）。

(2) 供给多台电焊变压器回路：

$$I_{eR} \geqslant \frac{I_f}{2} \quad (7-55)$$

式中 I_f——回路尖峰电流（A），见式（7-49）。

3. 电缆选择

(1) 按发热要求：

$$I_g \leqslant I_{Xu} \quad (7-56)$$

式中 I_g——计算工作电流（A）；

I_{Xu}——电缆允许载流量（A）。

(2) 按电压降校验：

电焊回路电压降不超过10%。

单相回路电压降计算：

$$\Delta U\% = \frac{2XI_gL}{U_e}(R\cos\varphi + X\sin\varphi) \times 100\% \quad (7-57)$$

三相回路电压降计算：

$$\Delta U\% = \frac{\sqrt{3} I_g L}{U_e} - (R\cos\varphi + X\sin\varphi) \times 100\% \quad (7-58)$$

上二式中 L——线路长度（m）；

R——线路单位长度电阻（Ω/m）；

X——线路单位长度电抗（Ω/m）；

$\cos\varphi$——电焊机功率因数。

二、起重回路

1. 计算工作电流及尖峰电流

对1~3台吊车组可用综合系数法。单台电动葫芦及梁式吊车，可直接用主钩电动机功率及电流作为计算值。

(1) 计算电流的确定：

$$I_g = \frac{K_2 P_\Sigma \times 10^3}{\sqrt{3} U \cos\varphi} \quad (7-59)$$

式中 I_g——回路计算电流（A）；

K_z——综合系数，见表7-34；

P_Σ——对应于额定暂载率的电动机总功率（kW，双钩吊车副钩功率不计算）；

U_e——回路额定电压（V）；

$\cos\varphi$——起重机功率因数，绕线式电动机取0.65，鼠笼式电动机取0.5。

表7-34　综合系数 K_z 值

吊车额定暂载率	吊车台数	综合系数 K_z
25%	1	0.4
	2	0.3
	3	0.25
40%	1	0.5
	2	0.38
	3	0.32

（2）尖峰电流计算：

$$I_{jf} = I_g + (K - K_z) I_{e1} \quad (7-60)$$

式中　I_g——计算电流（A），见式（7-59）；

K——最大一台电机起动电流倍数，对绕线式电动机取2~2.5；

I_{e1}——最大一台电动机额定电流（A）。

2. 保护设备选择

（1）熔断器选择：

$$I_e \geqslant \frac{I_{jf}}{1.6} \quad (7-61)$$

式中　I_e——熔断器熔体额定电流（A）；

I_{jf}——尖峰电流（A）。

（2）自动空气开关瞬时脱扣器选择：

$$I_Z \geqslant 1.35 I_{jf} \quad (7-62)$$

式中　I_Z——瞬时脱扣器整定电流（A）；

I_{jf}——尖峰电流（A）。

3. 导线及滑线选择

导线及滑线应根据机械强度、允许载流量及电压降选择。

有爆炸、火灾危险及严重腐蚀性厂房不应用裸滑线，而应采用移动橡套电缆（YC、YWC型）。

（1）按机械强度选择：

导线及电缆铝芯截面不宜小于4mm²，铜芯不宜小于2.5mm²。

角钢滑线一般选用∠40×4~∠75×8，当用电压降校核超过允许电压降时，可另加辅助线[1]。

（2）按允许载流量选择：

$$I_{Xu} \geqslant I_g \quad (7-63)$$

式中　I_{Xu}——导体允许载流量，电缆的见第四章附表4-14~附表4-16，滑线的见表7-35；

I_g——回路计算电流（A），见式（7-59）。

（3）按允许压降选择：

起重回路总的电压降不应超过15%（其中滑线可占6%~8%；电缆可占5%~7%；滑线至起重设备内部可占2%~3%）。

表7-35　用作滑线的型钢技术数据

滑线型式	主要尺寸 (mm)	截面 (mm²)	1m的重量 (kg)	+25℃时长期允许负荷电流（A）		电阻 (Ω/km)
				交流50Hz	直流	
圆钢	φ6	28	0.222	30	43	5.1
	φ8	50	0.395	47	76	2.88
	φ10	78	0.617	57	103	1.85
扁钢	30×8	40	1.88	152	280	0.60
	50×8	400	3.14	247	450	0.36
角钢	25×25×4	186	1.46	147	222	0.78
	30×30×4	227	1.78	184	306	0.64
	40×40×4	308	2.42	247	410	0.47
	45×45×4	429	3.37	296	510	0.38
	50×50×5	480	3.77	328	566	0.30
	60×60×6	601	5.42	396	740	0.21
	65×65×8	987	7.75	450	922	0.147
	75×75×8	1150	9.03	518	1085	0.126
	75×75×10	1410	11.1	542	1180	0.103

[1] 辅助线一般用铝排或绝缘线、电缆等，其截面及连接位置由计算确定。

续表

滑线型式	主要尺寸（mm）	截面（mm^2）	1m的重量（kg）	+25℃时长期允许负荷电流（A）		电阻（Ω/km）
				交流50Hz	直流	
铁路狭轨类型	7	885	6.93	390	—	0.226
	8	1076	8.42	410	—	0.186
	11	1431	11.2	515	—	0.146
	15	1880	14.72	595	—	0.106
	18	2307	18.06	710	—	0.087
	24	3270	24.04	750	—	0.061

注　1. 发电厂中滑线一般用角钢作成，截面小于50×50×5者由于其强度不够而不采用，截面大于75×75×10者则由于重量过大，使固定结构复杂，亦不采用。

2. 表中所列长期允许负荷电流系指周围空气温度为+25℃、最高发热温度达+70℃而言。

表7-36　圆钢、扁钢、铁轨及角钢的有效电阻和内感抗（Ω/km）

电流密度（A/mm^2）	圆钢（mm）				扁钢（mm）			
	φ8		φ10		30×8		50×8	
	R_j	X_n	R_j	X_n	R_j	X_n	R_j	X_n
0.15	13.2	7.45	9.9	5.6	3.9	2.2	2.5	1.4
0.20	12.7	7.15	9.6	5.4	3.7	2.1	2.4	1.35
0.25	12.25	6.9	9.2	5.2	3.6	2.04	2.2	1.25
0.30	11.75	6.65	8.8	5.0	3.4	1.9	2.1	1.2
0.35	11.35	6.4	8.5	4.8	3.2	1.8	2.0	1.1
0.40	11.1	6.25	8.25	4.65	3.1	1.75	1.9	1.1
0.50	10.4	5.9	7.8	4.4	—	—	—	—
0.60	10.0	5.65	7.5	4.25	—	—	—	—
0.80	9.5	5.4	7.15	4.05	—	—	—	—
1.0	9.2	5.2	7.0	3.95	—	—	—	—
1.2	9.0	5.1	—	—	—	—	—	—

电流密度（A/mm^2）	铁轨类型											
	7		8		11		15		18		24	
	R_j	X_n	R_j	X_n	R_j	X_n	R_j	X_n	R_j	X_n	R_j	X_n
0.07	—	—	—	—	—	—	—	—	—	—	0.40	0.30
0.09	—	—	—	—	—	—	—	—	0.475	0.355	0.425	0.32
0.12	—	—	—	—	—	—	0.53	0.395	0.50	0.375	0.45	0.335
0.15	—	—	—	—	0.645	0.485	0.555	0.415	0.52	0.39	0.45	0.335
0.18	—	—	0.82	0.615	0.665	0.50	0.57	0.425	0.52	0.39	0.435	0.325
0.20	0.855	0.64	0.835	0.625	0.675	0.505	0.57	0.425	0.515	0.385	0.425	0.32
0.22	0.865	0.65	0.85	0.635	0.675	0.505	0.56	0.42	0.51	0.38	0.42	0.315
0.25	0.88	0.66	0.85	0.635	0.665	0.50	0.545	0.41	0.495	0.37	0.41	0.305
0.30	0.89	0.668	0.825	0.62	0.645	0.485	0.53	0.395	0.48	0.36	0.395	0.295
0.35	0.87	0.652	0.80	0.60	0.63	0.47	0.515	0.385	0.465	0.35	0.375	0.28
0.4	0.85	0.632	0.78	0.585	0.615	0.46	0.50	0.375	0.45	0.335	0.36	0.27
0.5	0.81	0.61	0.745	0.56	0.585	0.44	0.475	0.355	0.42	0.315	0.335	0.25
0.6	0.78	0.585	0.715	0.535	0.56	0.42	0.45	0.335	0.40	0.30	—	—
0.7	0.755	0.565	0.685	0.515	0.535	0.40	0.425	0.32	—	—	—	—
0.8	0.735	0.55	0.655	0.49	—	—	—	—	—	—	—	—
0.9	0.715	0.535	—	—	—	—	—	—	—	—	—	—

续表

电流密度 (A/mm²)	角钢																	
	25×25×4		30×30×4		40×40×4		45×45×5		50×50×5		60×60×6		65×65×8		75×75×8		75×75×10	
	R_j	X_n	R_j	X_n	R_j	X_n	R_j	X_n	R_j	X_n	R_j	X_n	R_j	X_n	R_j	X_n	R_j	X_n
0.08	—	—	—	—	—	—	—	—	—	—	—	—	—	—	—	—	0.96	0.54
0.1	—	—	—	—	—	—	—	—	—	—	1.3	0.72	1.13	0.63	0.98	0.55	0.93	0.52
0.15	—	—	—	—	—	—	1.73	0.96	1.57	0.87	1.23	0.66	1.05	0.58	0.91	0.51	0.85	0.48
0.2	—	—	2.67	1.57	2.0	1.13	1.65	0.92	1.5	0.83	1.17	0.65	0.98	0.55	0.84	0.47	0.78	0.44
0.25	3.35	1.90	2.6	1.47	1.92	1.08	1.58	0.88	1.43	0.79	1.12	0.62	0.92	0.52	0.79	0.45	0.72	0.41
0.3	3.28	1.86	2.5	1.41	1.85	1.05	1.52	0.84	1.36	0.75	1.06	0.59	0.87	0.49	0.74	0.42	0.68	0.38
0.4	3.15	1.78	2.35	1.33	1.74	0.97	1.41	0.78	1.26	0.70	0.97	0.55	0.78	0.44	0.67	0.38	0.6	0.34
0.5	3.0	1.70	2.2	1.24	1.64	0.91	1.32	0.73	1.17	0.65	0.90	0.51	0.72	0.41	0.62	0.35	0.56	0.32
0.6	2.88	1.63	2.08	1.18	1.55	0.86	1.24	0.69	1.11	0.62	0.85	0.48	0.67	0.38	0.58	0.33	0.53	0.3
0.8	2.65	1.50	1.90	1.07	1.43	0.79	1.13	0.63	1.00	0.57	0.76	0.43	0.60	0.34	0.53	0.30	0.48	0.27
1.0	2.48	1.40	1.77	1.0	1.32	0.73	1.05	0.58	0.92	0.52	0.70	0.40	0.56	0.32	0.49	0.28	0.45	0.25
1.2	2.35	1.33	1.66	0.92	1.24	0.69	0.98	0.55	0.86	0.49	0.65	0.37	—	—	—	—	—	—
1.4	2.25	1.27	1.58	0.88	1.19	0.66	0.94	0.53	0.84	0.47	—	—	—	—	—	—	—	—
1.6	2.15	1.22	1.53	0.85	1.15	0.64	—	—	—	—	—	—	—	—	—	—	—	—
1.8	2.08	1.18	1.50	0.83	—	—	—	—	—	—	—	—	—	—	—	—	—	—
2.0	2.0	1.13																

表 7－37　圆钢、扁钢、铁轨及角钢作成的滑线在三相交流时的电压损失（V/km）

电流（A）	圆钢 (mm)				扁钢 (mm)			
	ϕ8		ϕ10		30×8		50×8	
	功率因数							
	0.5	0.65	0.5	0.65	0.5	0.65	0.5	0.65
10	216	226	169	185	50	54	39	42
20	379	415	314	343	127	139	73	80
30	513	560	421	464	204	224	120	131
40	617	720	534	584	252	287	178	195
50	735	860	642	704	309	359	218	240
60	905	1020	733	803	373	408	253	277
70	—	—	845	920	406	445	294	322
80	—	—	—	—	440	480	329	358
90	—	—	—	—	—	—	354	386
100	—	—	—	—	—	—	379	405
120	—	—	—	—	—	—	431	473
140	—	—	—	—	—	—	480	525
160	—	—	—	—	—	—	524	572

电流（A）	铁轨类型											
	7		8		11		15		18		24	
	功率因数											
	0.5	0.65	0.5	0.65	0.5	0.65	0.5	0.65	0.5	0.65	0.5	0.65
300	520	552	497	525	—	—	—	—	—	—	—	—
350	592	630	566	600	465	494	398	422	—	—	—	—
400	660	760	630	665	520	552	448	476	417	442	358	380
500	788	838	755	800	625	665	540	574	508	540	446	474
600	915	970	873	925	725	770	625	664	590	625	522	555
700	1040	1100	985	1045	825	875	712	756	670	712	592	627
800	1130	1200	1070	1130	910	965	786	835	742	786	652	692
900	—	—	1150	1220	990	1050	860	910	810	860	720	765
1000	—	—	—	—	1060	1130	925	980	870	925	780	830
1200	—	—	—	—	—	—	1055	1120	955	1055	884	938
1400	—	—	—	—	—	—	—	—	1110	1175	982	1040
1600	—	—	—	—	—	—	—	—	—	—	1075	1140

续表

电流（A）	角钢																	
	25×25×3		30×30×4		40×40×4		45×45×5		50×50×5		60×60×6		65×65×8		75×75×8		75×75×10	
	功率因数																	
	0.5	0.65	0.5	0.65	0.5	0.65	0.5	0.65	0.5	0.65	0.5	0.65	0.5	0.65	0.5	0.65	0.5	0.65
100	474	515	—	—	—	—	—	—	—	—	—	—	—	—	—	—	—	—
125	550	600	460	500	—	—	—	—	—	—	—	—	—	—	—	—	—	—
150	625	690	520	570	420	458	—	—	—	—	—	—	—	—	—	—	—	—
175	700	760	575	630	470	512	418	456	390	425	—	—	—	—	—	—	—	—
200	770	835	630	690	520	566	460	502	425	465	—	—	—	—	—	—	—	—
250	900	975	735	809	616	670	540	592	495	540	428	468	394	430	—	—	—	—
300	1020	1100	835	905	686	748	608	665	556	608	482	525	442	482	400	436	390	424
350	—	—	930	1005	752	820	672	732	610	665	538	585	490	535	442	480	430	470
400	—	—	1020	1100	824	900	740	802	670	730	588	642	534	585	478	520	464	506
500	—	—	—	—	980	1070	858	935	770	890	682	745	618	675	550	600	525	572
600	—	—	—	—	—	—	968	1060	885	960	760	828	695	760	620	675	600	655
750	—	—	—	—	—	—	—	—	1025	1120	870	950	800	875	722	786	710	755
900	—	—	—	—	—	—	—	—	—	—	990	1080	895	980	818	894	805	880
1100	—	—	—	—	—	—	—	—	—	—	—	—	—	—	942	1030	900	980

$$\Delta U\% = \frac{\sqrt{3}\times 10^2}{U_e} I_{jf}\, L\,(R_j\cos\varphi + X_n\sin\varphi) \qquad (7-64)$$

式中　$\triangle U\%$——导线或滑线的电压降（%）；

U_e——额定线电压（V）；

L_{jf}——按式（7－60）计算的尖峰电流（A）；

L——导线或滑线的长度（km），单台吊车按最远端计算；两台吊车按滑线长度的80%计算；

R_j、X_n——分别为交流电阻及电抗（Ω/km），电缆见附表4－14～附表4－16，滑线见表7－36；

$\cos\varphi$——功率因数，绕线式电动机取0.65，鼠笼式电动机取0.5；

$\sin\varphi$——绕线式电动机为0.76，鼠笼式电动机为0.87。

滑线的单位长度电压损失亦可直接查表7－37（V/km）。

附录7－1　计算工作电流的计算

一、电动机回路计算工作电流

按下式进行计算：

$$I = \frac{P_{e,d}}{\sqrt{3}\,U_e\cos\varphi_e\eta_e}\text{(A)} \qquad (附7-1)$$

式中　$P_{e,d}$——电动机的额定容量（kW）；

U_e——电动机的额定电压（kV）；

$\cos\varphi_e$——电动机的额定功率因数；

η_e——电动机的效率。

当缺乏技术资料时，对380V交流三相电动机可用下式近似计算：

$$I_g = 2P_{e,d}(3\text{kV 以上}) \qquad (附7-2)$$

$$I_g = 2.5P_{e,d}(3\text{kV 以下}) \qquad (附7-3)$$

式中　$P_{e,d}$——电动机的额定容量（kW）。

二、馈电干线的计算工作电流

按下式进行计算：

$$I_g = \Sigma I_{gl} + K_0\Sigma I_{gh}\text{❶} \qquad (附7-4)$$

式中　ΣI_{gl}——由该馈线供给的所有连续工作回路的计算工作电流的总和（A）；

ΣI_{gh}——由该馈线供给的所有短时及断续工作回路的计算工作电流的总和（A）；

K_0——短时及断续工作的回路的同时率，通常采用0.5。

三、中央修配厂供电干线的计算工作电流

$$I_g = \frac{P}{\sqrt{3}\,U_e\cos\varphi_e}\times 10^3 \qquad (附7-5)$$

式中　$\cos\varphi_e$——功率因数，一般可取0.5；

❶ 如短时及断续性负荷中，有一台电动机容量超过短时及断续性负荷总容量的50%以上时，式中第二项 $K_0\Sigma I_{gh}$ 改为短时及断续性负荷中最大一台电动机的额定电流。

P——中央修配厂负荷，见式（7－4）；

U_e——额定电压（V）。

四、煤场抓煤机干线计算工作电流

$$I_g = \frac{P}{\sqrt{3}U_e\cos\varphi} \times 10^3 \qquad (附 7-6)$$

式中　U_e——额定电压（V）；

$\cos\varphi$——功率因数；

P——抓煤机负荷（kW），见式（7－5）（7－7）。

附录 7－2　熔断器及断路器保护的配合

短路时各级保护设备之间应选择性动作，其配合要求如下：

1. 熔断器与熔断器配合

一般按上、下级熔件正负误差叠加，并计及 10% 配合裕度计算配合级差。

RM10 熔断器：干线较支线大 2 级。

RT0 熔断器：制造厂按 50% 误差计算列出配合表（见附表 7－1），级差为 2～5，与短路电流大小有关，配合有困难时，个别回路可按 30% 误差计算级差。

NT 熔断器：为上海电器陶瓷厂引进西德 AEG

附表 7－1　RT0 熔断器配合级差

熔断器电流(A)	熔件额定电流(A)	短路电流(周期分量有效值)(kA) 1	2	4	6	10～50
100	30					
	40					
	50					
	60					
	80					
	100					
200	120					
	150					
	200					
400	250					
	300					
	350					
	400					
600	450					
	500					
	550					
	600					

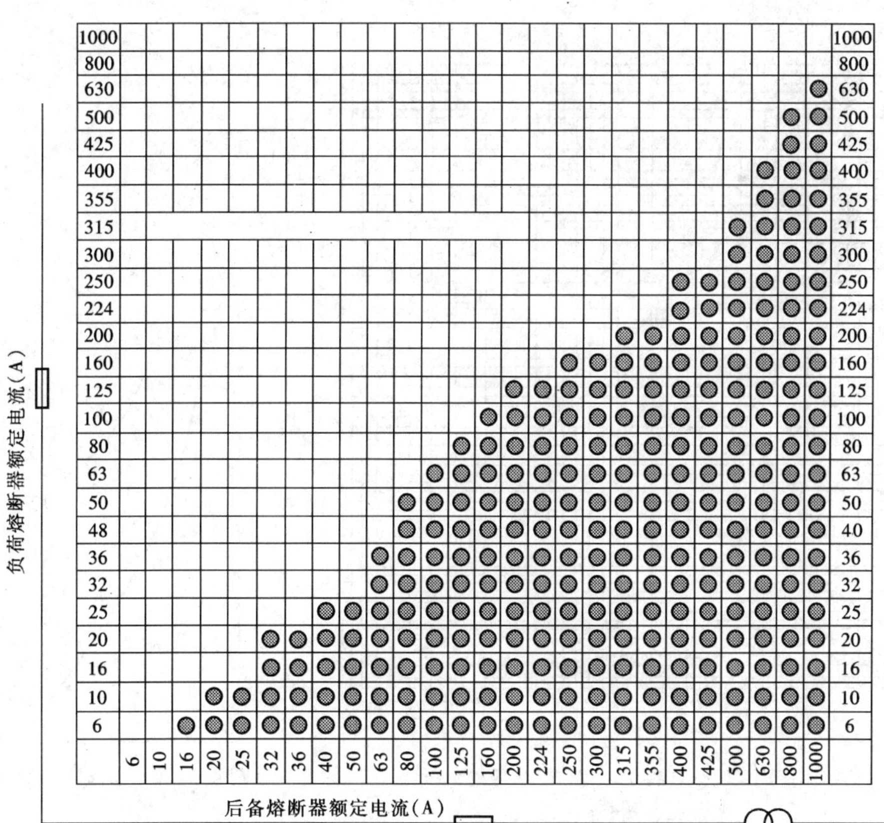

附图 7－1　NT 熔断器各额定电流等级间配合

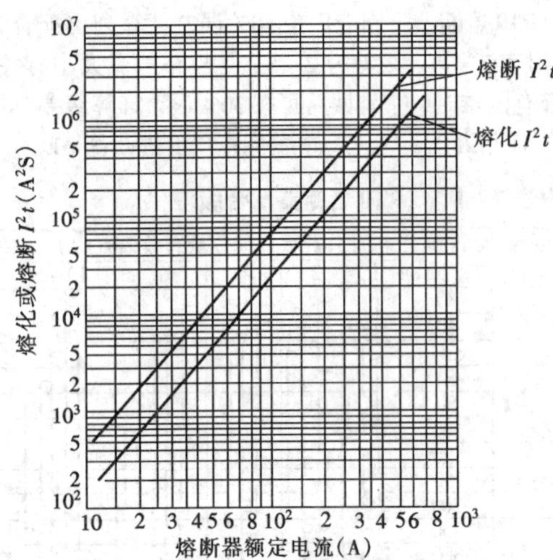

附图 7-2　NT 熔断器 100kA 时的 I^2t 值

产品，其熔断曲线电流方向误差≤±10%，保证前后级配合的额定电流比为 1:1.6。在过载或短路电流较小的情况下，可按附图 7-1 配合选择熔件。在特大短路电流下，由于超快速熔化，上下级熔断器的 $I-t$ 特性曲线可能重叠，此时为了保证选择性动作，应满足上一级熔断器熔化 I^2t 值大于下一级熔断器熔断 I^2t 值，短路电流为 100kA 时 NT 熔断器熔化、熔断 I^2t 见附图 7-2。

2. 断路器与断路器配合

断路器过流脱扣器配合级差可取 0.1～0.2s，即负荷断路器为瞬动，馈电干线取短延时 0.1～0.2s（见附图 7-3），总电源延时 0.3～0.4s。厂用变压器低压侧无分支时，低压电源断路器可不装保护，则利用高压侧保护跳低压侧断路器，或仅装延时动作欠电压保护。

3. 断路器与熔断器配合

断路器与熔断器配合时，应将其保护曲线与熔断曲线进行比较，以保证可能出现的各种短路电流下能选择性动作。

当干线用断路器、分支用熔断器时，断路器选用带短延时的过流脱扣器。要求熔断曲线在断路器保护曲线的下方并有 0.1s 的时差（见附图 7-4）。

当干线用熔断器、分支用断路器时，熔断曲线与断路器保护曲线在电流较大处有交叉（见附图 7-5），

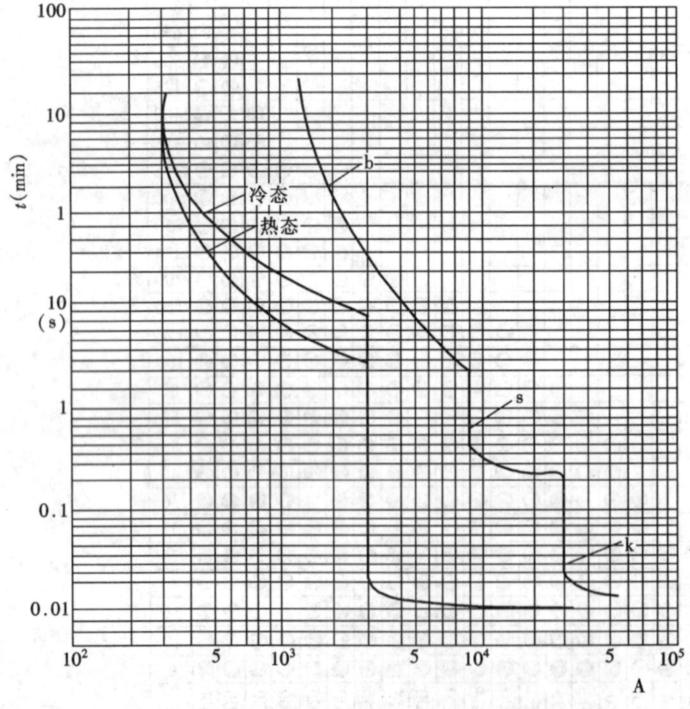

附图 7-3　ME1600 和 DWX15-400 断路器选择性保护配合曲线

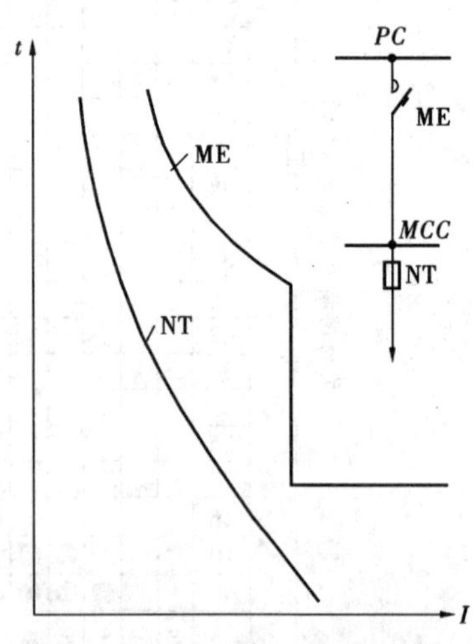

附图 7-4　断路器-熔断器配合

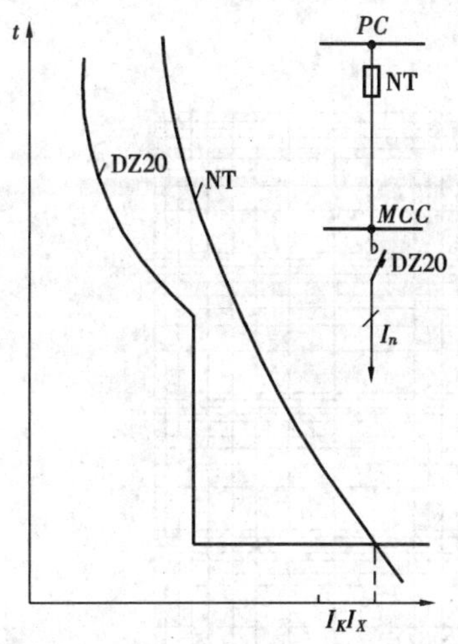

附图 7-5　熔断器-断路器配合

附图 7-6　NT+DZ10 组合式保护

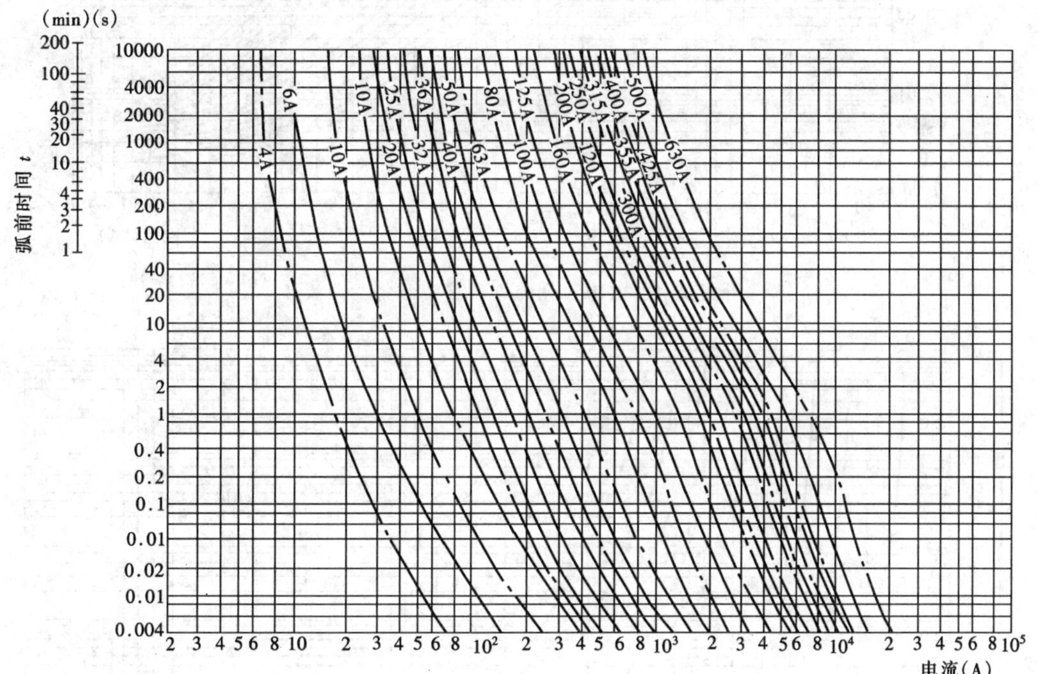

附图 7-7　NT 系列熔断器安-秒特性曲线

要求交叉点电流 I_X 大于断路器可能通过的最大短路电流 I_k，在该短路电流下的熔断时间较断路器动作时间大 70ms 以上。

熔断器及断路器保护曲线均应计及误差，断路器还应考虑可返回电流与熔断曲线的配合。

4.NT 熔断器与 DZ10、DW10 断路器组合式保护

在 PC-MCC 系统中，为了选用价格低、订货方便，但分断能力不够的 DZ10、DW10 断路器，可用有限流功能的 NT 熔断器与 DZ10 组合对回路进行保护（为了可靠，熔断器宜选大些）。但要求熔断曲线与断路器保护曲线交叉点电流不超过断路器额定分断能力（附图 7-6）。此时交叉点以内的较小短路电流由断路器分断，交叉点以外较大短路电流由熔断器分断。

对一些不重要的回路，亦可合用一组熔断器。此时超过分支断路器分断能力的特大短路电流，由熔断器越级熔断。

5. 熔断器及断路器保护特性曲线

熔断器安-秒特性曲线见附图 7-7～附图 7-10；断路器过流脱扣器保护特性曲线见附图 7-11～附图 7-15。

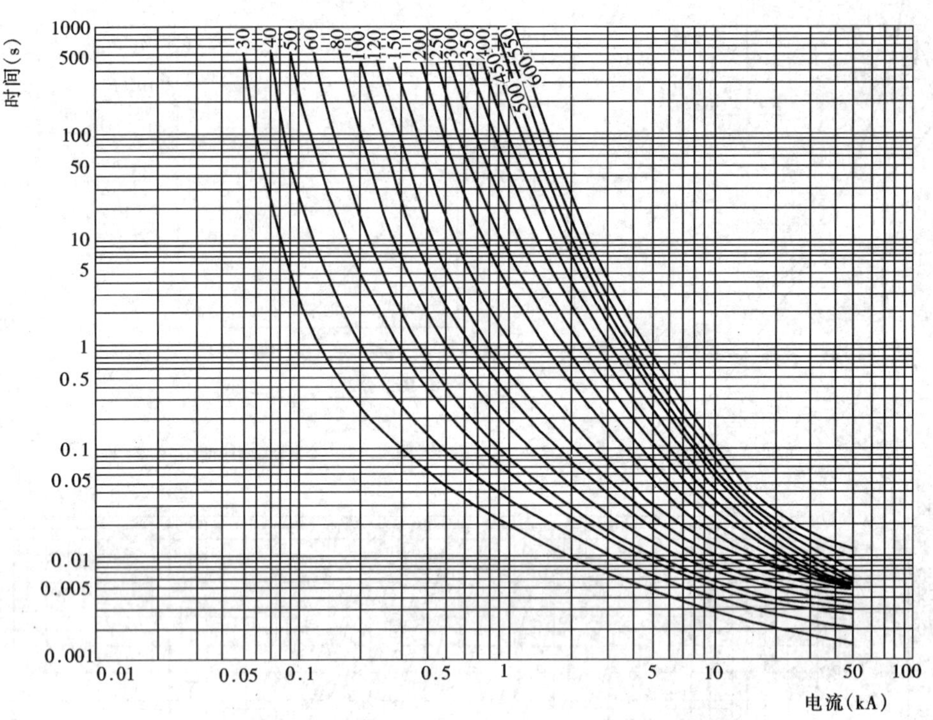

附图 7-8 RT0 系列熔断器安-秒特性曲线

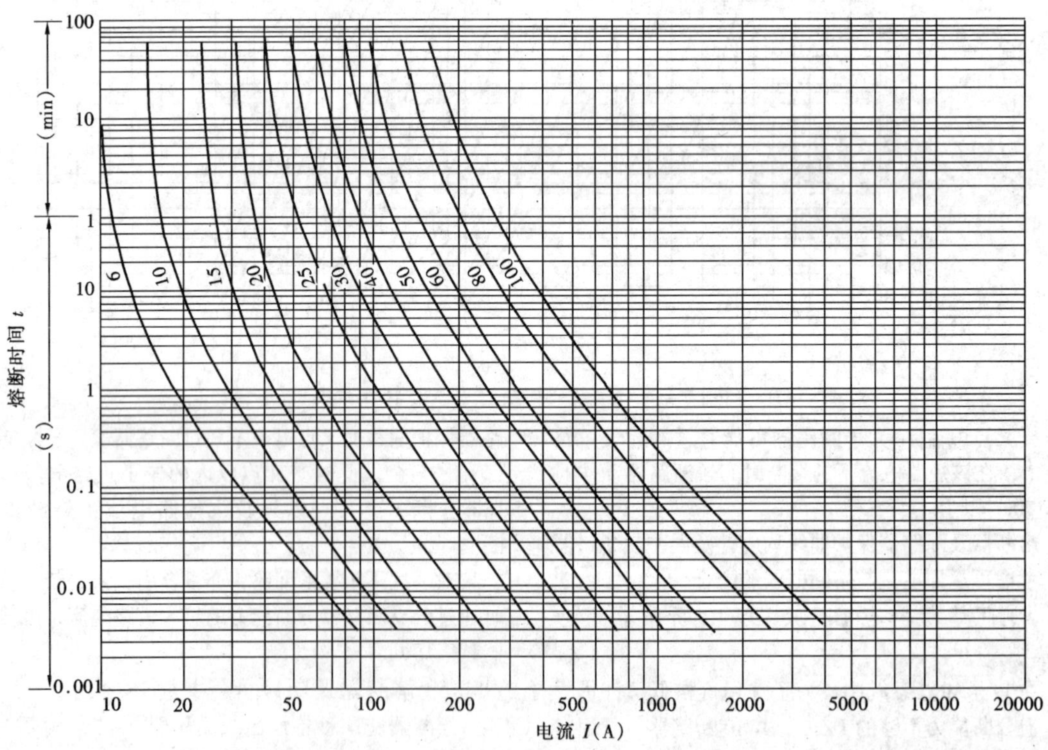

附图 7-9 RT12 系列熔断器安-秒特性曲线

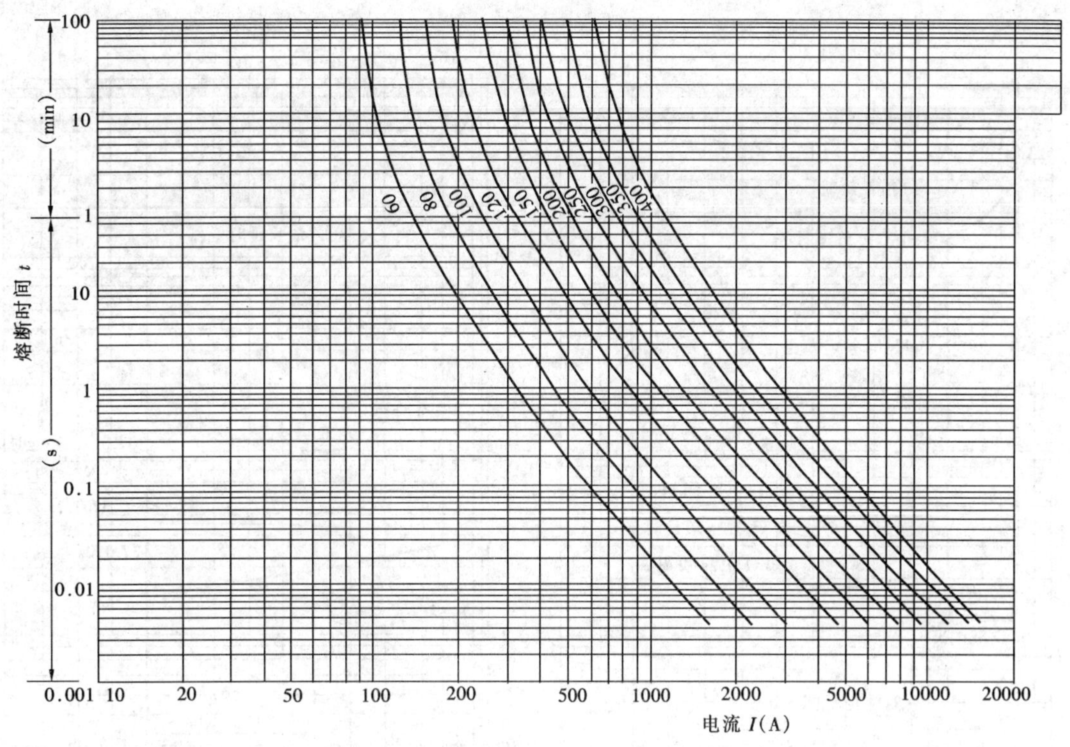

附图 7－10　RT15 系列熔断器安－秒特性曲线

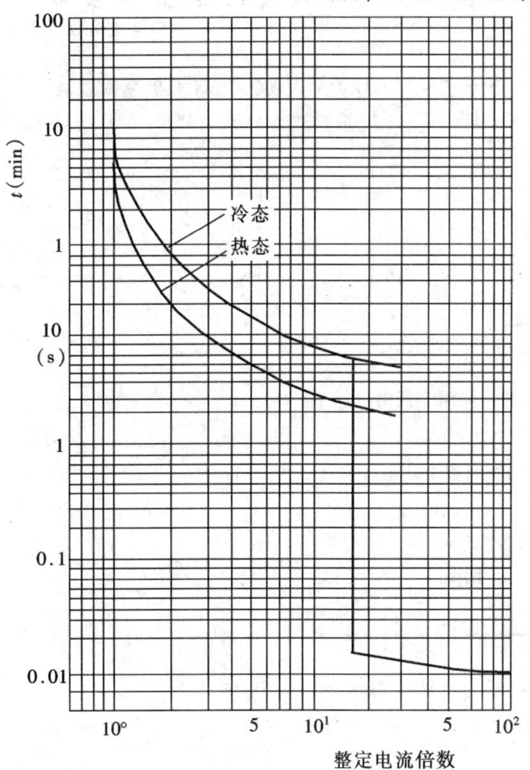

附图 7－11　DWX15－200～600 断路器保护特性曲线

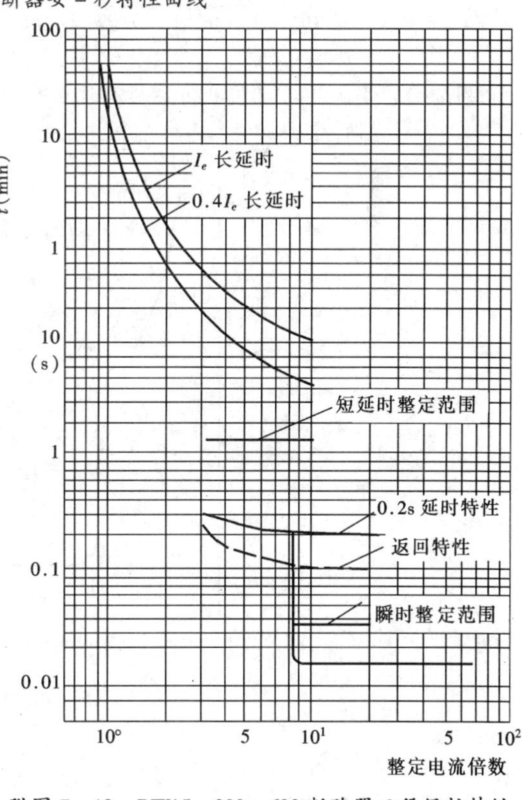

附图 7－12　DW15－200～600 断路器三段保护特性曲线（半导体式脱扣器）

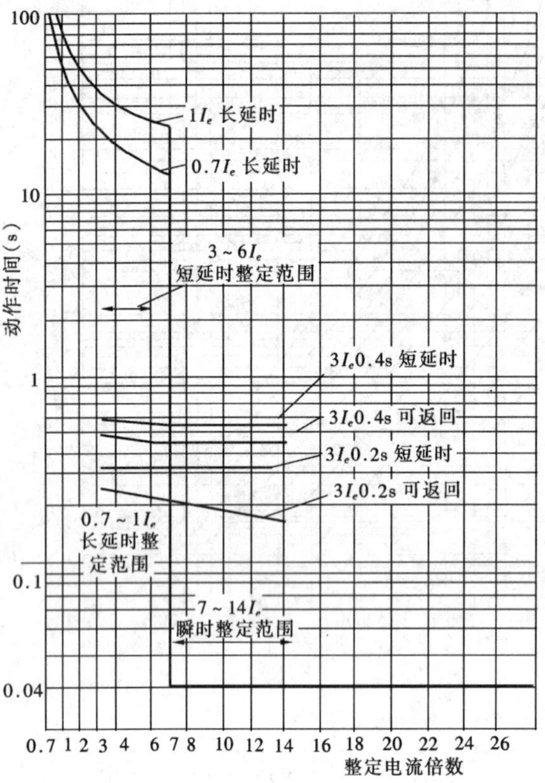

附图 7－13 DW15－2500、4000A 半导体过电流脱扣器保护特性曲线

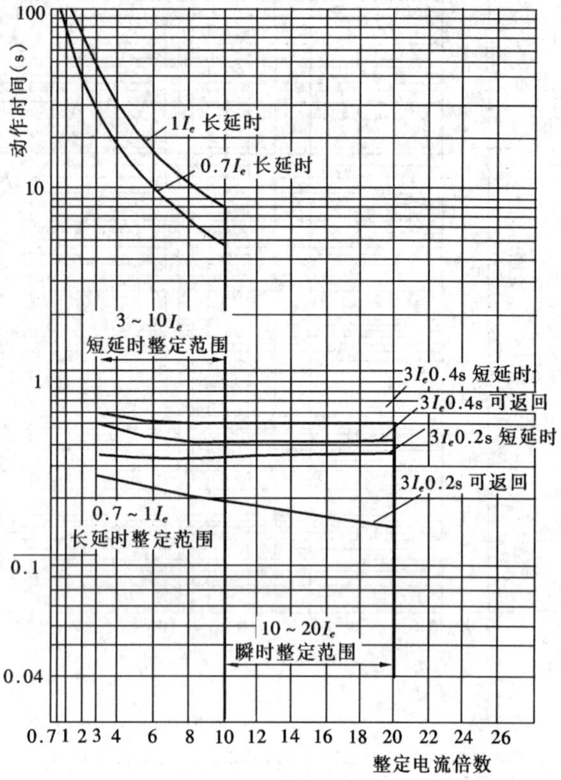

附图 7－14 DW15－1000、1500A 半导体过流脱扣器保护特性曲线

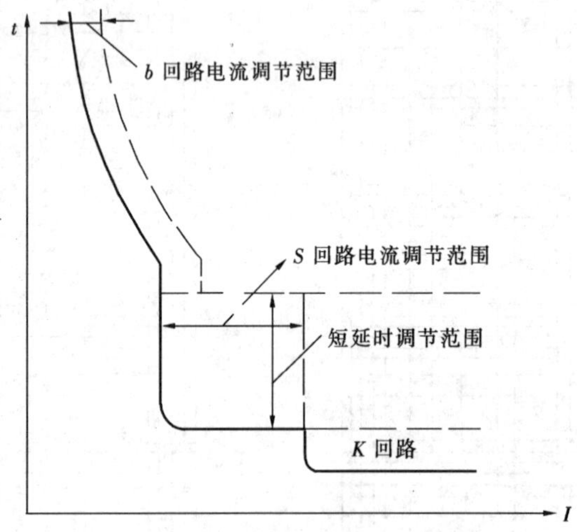

附图 7－15 ME 断路器三段保护特性曲线

附录 7－3　低压电器短路分断能力及动热稳定性

附表 7－2　　低压框架断路器分断能力

序　号	断路器型号	额定电流 (脱扣器电流) (A)	额定分断能力周期分量有效值 (kA/cosφ) 瞬　时	额定分断能力周期分量有效值 (kA/cosφ) 短延时	生　产　厂
1	DW15－ 200～600	200 400 600	50 (20) /0.3 50 (25) /0.3 50 (30) /0.3	4.4/0.3 8.8/0.3 13.2/0.3	遵义长征电器九厂 上海精益电器厂 湘谭电器厂
2	DW15－ 1000～4000	1000 1500 2500 4000	40/0.25 (P－2) 40/0.25 (P－2) 60/0.2 (P－1) 80/0.2 (P－1)	30/0.25 30/0.25 40/0.25 60/0.2	锦州新生开关厂 天津第三开关厂 湖北开关厂
3	ME630～1605 ME2000～2505 ME3200～3205 ME4000～4005	630～1900 2000～2900 3200～3900 4000～5000	50/0.25 (P－2) 80/0.2 (P－2) 80/0.2 (P－2) 80/0.2 (P－2)	50/0.25 80/0.2 80/0.2 80/0.2	上海人民电器厂 长征电器九厂 (引进西德 AEG)
4	AH－6B AH－6B AH－10B AH－16B AH－20C AH－20CH AH－30C AH－30CH AH－40C	600 (100、160) 600 (250～600) 1000 1600 2000 2000 3200 3200 4000	22 42 50 65 65 70 65 85 120	 22 30 30 30 30 42 42 60	北京开关厂 (引进日本寺崎)
5	DW10	200 (400、600) 1000 (1500) 2500 (4000)	10 (15) 20 (20) 30 (40)	10 (15) 20 (20) 30 (40)	统一设计老产品
6	DW12				大连开关厂 (法国引进)
7	AE	1000～3200	50～85		广州南洋电器厂 (日本引进)

注　DW15－200～600 瞬时分断能力括号外指 P－1，括号内指 P－2。其中 P－1 指 $O—CO$，P－2 指 $O—CO—CO$。

附表 7－3　　限流及塑壳断路器分断能力

序号	型　号	额定电流 (脱扣器电流) (A)	额定遮断能力 (kA/cosφ) 周期分量	额定遮断能力 (kA/cosφ) 全电流	一次极限 通断能力 (kA/cosφ)	限流 系数	生　产　厂	备注
1	DWX15	200 400 600	50/0.25 (P－1) 50/0.25 (P－1) 70/0.25 (P－1)	58.5 58.5 81.9	100 100 100	＜0.6 ＜0.6 ＜0.6	人民电器、长征九厂 天水长城低压电器厂 常州低压开关厂	
2	DZX10	100 200 400 600	30/0.3 (P－2) 40/0.3 (P－2) 50/0.25 (P－1) 60/0.25 (P－1)	33.6 44.8 58.5 70.2	50/0.25 60/0.25 80/0.25 80/0.25	＜0.6 ＜0.6 ＜0.6 ＜0.6	天津低压开关厂 (100A) 沈阳电器开关厂 (100A) 北京电器元件厂 (200A) 武汉开关厂(400、600A) 温州开关厂(100、200A)	

续表

序号	型　号	额定电流（脱扣器电流）（A）	额定遮断能力（kA/cosφ）		一次极限通断能力（kA/cosφ）	限流系数	生　产　厂	备注
			周期分量	全电流				
3	DZ20	100Y	18/0.3（P-1）	20.16			长征电器一厂	
		100J	35/0.25（P-1）	40.95			天津低压开关厂	
		100G	75/0.2（P-1）	93		⩽0.6	湖南开关厂	
		200Y	25/0.25（P-1）	29.25			北京电器元件厂	
		200J	35/0.25（P-1）	40.95			沈阳电器开关厂	
		200G	70/0.2（P-1）	86.8		⩽0.6	武汉开关厂	
		400Y						
		400J	42/0.25（P-1）	49.14				
		400G	80/0.2（P-1）	99.2		⩽0.6		
		630Y	30/0.25（P-1）	35.1				
		630J	65/0.25（P-1）	76.5				
4	HFB-150	（15～90）	22/0.25（P-1）	25.74	P-2为10/0.5		上海开关厂	
		（100～150）	25/0.25（P-1）	29.25	P-2为18/0.3		（引进美国西屋）	
	HKB-250	（70～250）	28/0.25（P-1）	32.76	P-2为30/0.25			
	HLA-600	（250～600）	35/0.25（P-1）	40.95	P-2为35/0.25			
	HNB-1200	（700～1200）	50/0.2（P-1）	58.5	P-2为65/0.2			
5	TO-100BA	15～100	22（P-1）		P-2为18		嘉兴电气控制设备厂（引进日本寺崎）	
	TO-225BA	125～225	30（P-1）		P-2为25			
	TO-400BA	125～400	36（P-1）		P-2为30			
	TO-600BA	300～600	45（P-1）		P-2为30			
	TG-30	15～30	45（P-1）		P-2为30			
	TG-100B	15～100	45（P-1）		P-2为30			
	TG-225	125～225	50（P-1）		P-2为40			
	TG-400B	250～400	50（P-1）		P-2为42			
	TG-600B	450～600	65（P-1）		P-2为65			
	TL-100C	15～100	180（P-1）		P-2为180			
	TL-225B	125～225	180（P-1）		P-2为180			
6	DZ10	100	12（峰值）				统一设计老产品	
		250	30（峰值）					
		600	40（峰值）					

注　P-1指 $O—CO$，P-2指 $O—CO—CO$。

附表7-4　　刀开关及接触器动稳定及熔断器分断能力

序号	型号及规格	动稳定电流峰值（kA）	0.1s极限保安电流（kA）	热稳定值（$kA^2 \cdot s$）	额定分断能力周期分量（kA/cosφ）	生　产　厂
1	刀开关					统一设计老产品
	HD13-100	20		36		
	HD13-200	30	50	100		
	HD13-400	40	60	400		
	HD13-600	50	70	625		
	HD13-1000	60		900		
	HD13-1500	80		1600		

续表

序号	型号及规格	动稳定电流峰值(kA)	0.1s极限保安电流(kA)	热稳定值($kA^2\cdot s$)	额定分断能力周期分量(kA/cosφ)	生产厂
2	熔断器					
	RM10－100～600				10	统一设计老产品
	RT10－50～100				50/0.35～0.4	
	NT00－4～160	(西德AEG)			120/0.1	上海电器陶瓷厂
	NT0－6～160	(西德AEG)			120/0.1	
	NT1－80～250	(西德AEG)			120/0.1	上海电器陶瓷厂
	NT2－125～300	(西德AEG)			120/0.1	上海电器陶瓷厂
	NT3－315～630	(西德AEG)			120/0.1	上海电器陶瓷厂
	NT4－800～1000	(西德AEG)			100	上海电器陶瓷厂
	RT12－20～100				80/0.1～0.2	宁波开关厂
	RT15－100～400				50/0.25	闽清电瓷厂
	RL6－25～200				50/0.1～0.2	上海金山电器厂
	RL7－25～100				25/0.1～0.2	闽清电瓷厂 长沙熔断器厂 定海电瓷厂
	gF16～125	可带熔断信号			50/0.15～0.25	锦州市大华电工元件厂
	aM16～125				50/0.15～0.25	
3	刀熔开关					
	HR3－100～1000	(配RTO)			50/0.3	统一设计
	HR5－100～630	(配NT有熔断接点)			50/0.25	上海电器成套厂
	HH11－100～400K	(配RT15)			50/0.25	厦门电控厂
	HR－20～63	(配RT12)			50/0.2	宁波开关厂
4	组合开关					
	HZ10－60		17			
	HZ10－100		21			
5	接触器					
	CJ10－60	50倍额定电流	16			
	CJ10－100		24			
	CJ10－150		28			
	CJ20－63		12			永佳低压电器厂 天津第二开关厂 天水长城低压电器厂 沈阳低压开关厂等 上海人民电器厂
	CJ20－160		20			
	CJ20－250		22			
	CJ20－630		32			
	B9－B460					
	CJZ－160					锦州电控设备厂
	CJZ－250					
	CJZ－315					
	CJZ－400	(节能型)				
	CJZ－630					
	CJZ－1000					

第八章

导 体 设 计

编者 焦悦琴 曾昭祐 校者 范敦溥 梁传寿 审者 张仲波

第8-1节 硬导体

一、导体选型

(一)导体材料的基本特性

导体通常由铜、铝、铝合金及钢材料制成,各种导体材料的基本特性如表8-1所示。

载流导体一般使用铝或铝合金材料。纯铝的成型导体一般为矩形、槽形和管形。由于纯铝的管形导体强度稍低,110kV及以上配电装置敞露布置时不宜采用。

铝合金导体有铝锰合金和铝镁合金两种,形状均为管形。铝锰合金导体载流量大,但强度较差,采用一定的补强措施后可广泛使用;铝镁合金导体机械强度大,但载流量小,主要缺点是焊接困难,因此使用受到限制。

表8-1 导体材料的基本特性

基本特性	材料名称				
	铜	铝	铝锰合金	铝镁合金	钢
20℃时的电阻率(Ω·m)	0.0179	0.0290	0.0379	0.0458	0.1390
20℃时的电阻温度系数(1/℃)	0.00385	0.00403	0.0042	0.0042	0.00455
密度(g/cm^3)	8.89	2.71	2.73	2.68	7.85
熔点(℃)	1083	653			1536
比热(J/g·℃)	0.3843	0.9295			0.4522
导热系数(J/cm·s·℃)	3.8644	2.1771			0.8038
温度线膨胀系数(1/℃)	16.42×10^{-6}	24×10^{-6}	23.2×10^{-6}	23.8×10^{-6}	12×10^{-6}
抗拉强度(N/mm^2)	210~250	>120	160	300	>280
伸长率(%)	>3	>3	10	24	>25
最大允许应力(N/mm^2)	140	70	90	170	160
弹性模数(N/mm^2)	100000	70000	71000	70000	200000
允许最高加热温度(℃)	300	200	200		600

铜导体一般在下列情况下才使用:

(1)位于化工厂(其排出大量腐蚀性气体对铝质材料有影响者)附近的屋外配电装置;

(2)发电机出线端子处位置特别狭窄以及铝排截面太大穿过套管有困难时;

(3)持续工作电流在4000A以上的矩形导体,由于安装有要求且采用其它型式的导体有困难时。

(二)导体型式及适用范围

导体除满足工作电流、机械强度和电晕要求外,导体形状还应满足下列要求:

(1)电流分布均匀(即集肤效应系数尽可能低);

(2)机械强度高;

(3)散热良好(与导体放置方式和形状有关);

(4)有利于提高电晕起始电压;

(5)安装、检修简单,连接方便。

我国目前常用的硬导体型式有矩形、槽形和管形等。

1. 矩形导体

单片矩形导体具有集肤效应系数小、散热条件好、安装简单、连接方便等优点，一般适用于工作电流 $I \leqslant 2000A$ 的回路中。

多片矩形导体集肤效应系数比单片导体的大，所以附加损耗增大。因此载流量不是随导体片数增加而成倍增加的，尤其是每相超过三片以上时，导体的集肤效应系数显著增大。在工程实用中多片矩形导体适用于工作电流 $I \leqslant 4000A$ 的回路。当工作电流为4000A以上时，导体则应选用有利于交流电流分布的槽形或圆管形的成型导体。

2. 槽形导体

槽形导体的电流分布比较均匀，与同截面的矩形导体相比，其优点是散热条件好、机械强度高、安装也比较方便。尤其是在垂直方向开有通风孔的双槽形导体比不开孔的方管形导体的载流能力约大9%~10%；比同截面的矩形导体载流能力约大35%。因此在回路持续工作电流为4000A~8000A时，一般可选用双槽形导体，大于上述电流值时，由于会引起钢构件严重发热，故不推荐使用。

3. 管形导体

管形导体是空芯导体，集肤效应系数小，且有利于提高电晕的起始电压。户外配电装置使用管形导体，具有占地面积小、架构简明、布置清晰等优点。但导体与设备端子连接较复杂，用于户外时易产生微风振动。

二、导体截面的选择和校验

（一）一般要求

裸导体应根据具体情况，按下列技术条件分别进行选择或校验：

(1) 工作电流；

(2) 经济电流密度；

(3) 电晕；

(4) 动稳定或机械强度；

(5) 热稳定。

裸导体尚应按下列使用环境条件校验：

(1) 环境温度；

(2) 日照；

(3) 风速；

(4) 海拔高度。

高压和超高压配电装置中选用的管形导体，由于跨距和短路容量的增大，其导体截面除应满足载流量和机械强度要求外，其形状应有利于提高电晕起始电压和避免微风振动。

（二）按回路持续工作电流选择

$$I_{xu} \geqslant I_g \qquad (8-1)$$

式中　I_g——导体回路持续工作电流(A)，按表6-3确定；

I_{xu}——相应于导体在某一运行温度、环境条件及安装方式下长期允许的载流量(A)，其值见表8-2~表8-5。表中载流量系按

表8-2　**矩形铝导体长期允许载流量（A）**

导体尺寸 $h \times b$ (mm×mm)	单条		双条		三条		四条	
	平放	竖放	平放	竖放	平放	竖放	平放	竖放
40×4	480	503						
40×5	542	562						
50×4	586	613						
50×5	661	692						
63×6.3	910	952	1409	1547	1866	2111		
63×8	1038	1085	1623	1777	2113	2379		
63×10	1168	1221	1825	1994	2381	665		
80×6.3	1128	1178	1724	1892	2211	2505	2558	3411
80×8	1174	1330	1946	2131	2491	2809	2863	3817
80×10	1427	1490	2175	2373	2774	3114	3167	4222
100×6.3	1371	1430	2054	2253	2633	2985	3032	4043
100×8	1542	1609	2298	2516	2933	3311	3359	4479
100×10	1728	1803	2558	2796	3181	3578	3622	4829
125×6.3	1674	1744	2446	2680	2079	3490	3525	4700
125×8	1876	1955	2725	2982	3375	3813	3847	5129
125×10	2089	2177	3005	3282	3725	4194	4225	5633

注　1. 表中导体尺寸中 h 为宽度，b 为厚度。

2. 表中当导体为四条时，平放、竖放第2、3片间距离皆为50mm。

3. 同截面铜导体载流量为表中铝导体载流量的1.27倍。

表 8-3 **槽形铝导体长期允许载流量及计算用数据**

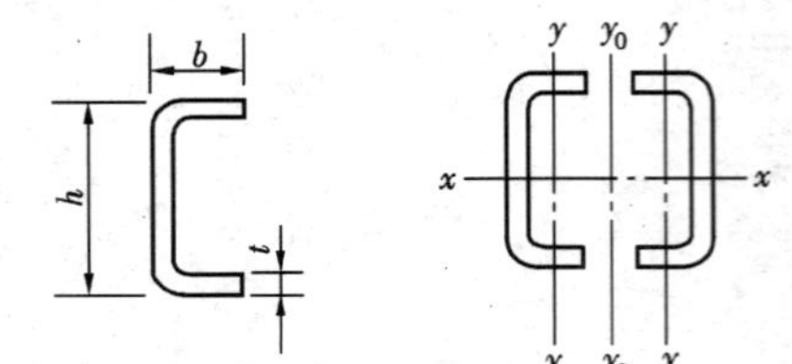

截面尺寸				双槽导体截面 S (mm^2)	集肤效应系数 k_f	导体载流量 (A)							双槽焊成整体时				共振最大允许距离 (cm)	
h (mm)	b (mm)	t (mm)	r (mm)				截面系数 W_y (cm^3)	惯性矩 I_y (cm^4)	惯性半径 r_y (cm)	截面系数 W_x (cm^3)	惯性矩 I_x (cm^4)	惯性半径 r_x (cm)	截面系数 W_{y0} (cm^3)	惯性矩 I_{y0} (cm^4)	惯性半径 r_{y0} (cm)	静力矩 S_{y0} (cm^3)	双槽实连时绝缘子间距	双槽不实连时绝缘子间距
75	35	4	6	1040	1.012	2280	2.52	6.2	1.09	10.1	41.6	2.83	23.7	89	2.93	14.1		
75	35	5.5	6	1390	1.025	2620	3.17	7.6	1.05	14.1	53.1	2.76	30.1	113	2.85	18.4	178	114
100	45	4.5	8	1550	1.02	2740	4.51	14.5	1.33	22.2	111	3.78	48.6	243	3.96	28.8	205	125
100	45	6	8	2020	1.038	3590	5.9	18.5	1.37	27	135	3.7	58	290	3.85	36	203	123
125	55	6.5	10	2740	1.05	4620	9.5	37	1.65	50	290	4.7	100	620	4.8	63	228	139
150	65	7	10	3570	1.075	5650	14.7	68	1.97	74	560	5.65	167	1260	6.0	98	252	150
175	80	8	12	4880	1.103	6600	25	144	2.4	122	1070	6.65	250	2300	6.9	156	263	147
200	90	10	14	6870	1.175	7550	40	254	2.75	193	1930	7.65	422	4220	7.9	252	285	157
200	90	12	16	8080	1.237	8800	46.5	294	2.7	225	2250	7.6	490	4900	7.9	290	283	157
225	105	12.5	16	9760	1.285	10150	66.5	490	3.2	307	3400	8.5	645	7240	8.7	390	299	163
250	115	12.5	16	10900	1.313	11200	81	660	3.52	360	4500	9.2	824	10300	9.84	495	321	200

注 1. 载流量系按最高允许温度 +70℃、基准环境温度 +25℃、无风、无日照条件计算的。

2. 上表截面尺寸中，h 为槽形铝导体高度，b 为宽度，t 为壁厚，r 为弯曲半径。

表 8－4 圆管形铝导体长期允许载流量及计算用数据

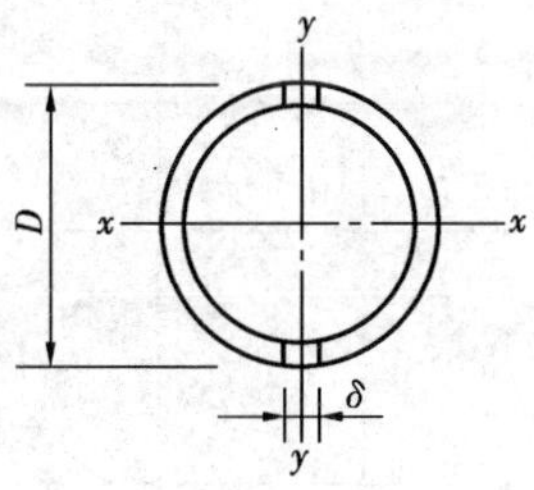

截面尺寸（mm）				导体截面 S （mm^2）	惯性矩（cm^4）		断面系数（cm^3）		集肤效应系数	允许电流 I（A）		导体共振绝缘子最大允许跨距（cm）
D	d①	t②	δ		J_x	J_y	W_x	W_y	k_j	涂漆	不涂漆	
140	120	10	15	3800	739.4	866.4	105.6	123.8	1.02	5720	4890	223
140	110	15	15	5450	989.0	1165.2	141.2	166.4	1.11	6500	5520	219
210	190	10	15	5950	2869.8	3169.4	273	302	1.02	8630	7380	279
210	180	15	15	8700	3991.2	4419.2	380	421	1.11	9940	8380	276
280	260	10	25	7900	6787.6	7697.4	485	550	1.02	11230	9450	322
280	250	15	35	11730	9618.6	10936.1	678	781	1.12	13120	11000	320
350	330	10	25	10200	14005.6	15447.4	800	883	1.02	14150	11800	363
350	320	15	25	15000	19990.6	22096.1	1142	1261	1.12	16300	13600	369
420	400	10	40	12070	23619.4	26969.3	1125	1283	2.025	16600	13800	397
420	390	15	40	17900	34327.3	39234.0	1633	1866	1.120	19250	16000	394
490	470	10	40	14100	37591.4	42189.3	1534	1716	1.025	19300	15950	430
490	460	15	40	21100	56017.8	62784.0	2285	2563	1.120	22500	18550	427

①d 为内径。

②t 为壁厚。

表 8－5 铝锰合金管形导体长期允许载流量及计算用数据

导体尺寸 D_1/D_2（mm）	导体截面（mm^2）	导体最高允许温度为下值时的载流量（A）		截面系数 W（cm^3）	惯性半径 r_i（cm）	惯性矩 J（cm^4）
		+70℃	+80℃			
ϕ30/25	216	572	565	1.37	0.976	2.06
ϕ40/35	294	770	712	2.60	1.33	5.20
ϕ50/45	273	970	850	4.22	1.68	10.6
ϕ60/54	539	1240	1072	7.29	2.02	21.9
ϕ70/64	631	1413	1211	10.2	2.37	35.5
ϕ80/72	954	1900	1545	17.3	2.69	69.2
ϕ100/90	1491	2350	2054	33.8	3.36	169
ϕ110/100	1649	2569	2217	41.4	3.72	228
ϕ120/110	1806	2782	2377	49.9	4.07	299
ϕ130/116	2705	3511	2976	79.0	4.36	513
ϕ150/136	343		3140			

注 1. 最高允许温度＋70℃的载流量，系按基准环境温度＋25℃、无风、无日照、辐射散热与吸热系数为 0.5、不涂漆条件计算的。

2. 最高允许温度＋80℃的载流量，系按基准环境温度＋25℃、日照 0.1W/cm^2、风速 0.5m/s、海拔 1000m、辐射散热系数与吸热系数为 0.5，不涂漆条件计算的。

3. 导体尺寸中，D_1 为外径、D_2 为内径。

表 8-6 裸导体载流量在不同海拔高度及环境温度下的综合校正系数

导体最高允许温度（℃）	适用范围	海拔高度（m）	实际环境温度（℃）						
			+20	+25	+30	+35	+40	+45	+50
+70	屋内矩形、槽形、管形导体和不计日照的屋外软导线		1.05	1.00	0.94	0.88	0.81	0.74	0.67
+80	计及日照时屋外软导线	1000及以下	1.05	1.00	0.95	0.89	0.83	0.76	0.69
		2000	1.01	0.96	0.91	0.85	0.79		
		3000	0.97	0.92	0.87	0.81	0.75		
		4000	0.93	0.89	0.84	0.77	0.71		
	计及日照时屋外管形导体	1000及以下	1.05	1.00	0.94	0.87	0.80	0.72	0.63
		2000	1.00	0.94	0.88	0.81	0.74		
		3000	0.95	0.90	0.84	0.76	0.69		
		4000	0.91	0.86	0.80	0.72	0.65		

导体允许工作温度+70℃、环境温度+25℃、导体表面涂漆、无日照、海拔高度1000m及以下条件计算的。其它情况需将表中所列载流量值乘以相应的校正系数，见表8-6。

(三) 按经济电流密度选择

除配电装置的汇流母线以外，对于全年负荷利用小时数较大，母线较长（长度超过20m），传输容量较大的回路（如发电机至主变压器和发电机至主配电装置的回路），均应按经济电流密度选择导体截面，并按下式计算：

$$S_j = \frac{I_g}{j} \tag{8-2}$$

式中 S_j——经济截面（mm^2）；

I_g——回路的持续工作电流（A）；

j——经济电流密度（A/mm^2）。

现行的经济电流密度见图8-1。

当无合适规格的导体时，导体截面可小于经济电流密度的计算截面。

火力发电厂的最大负荷利用小时数 T 平均可取5000h；水力发电厂平均可取3200h；变电所应根据负荷性质确定。其它行业 T 的取值可参照表8-7。

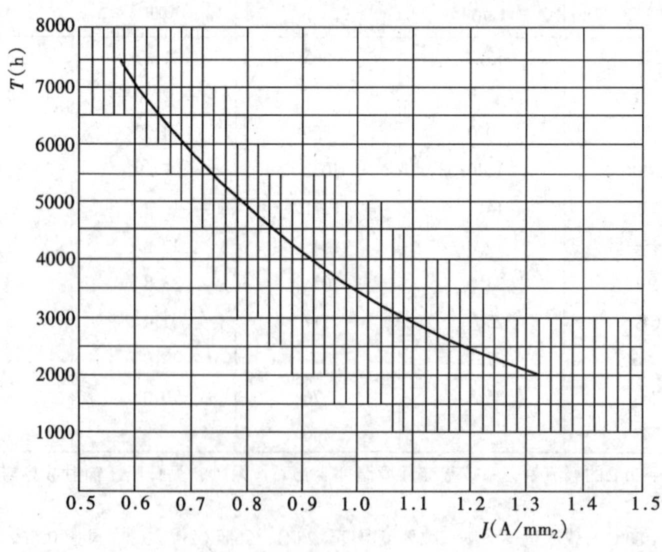

图 8-1 铝矩形、槽形及组合导线经济电流密度

表8-7 不同负荷的年利用时间 T (h)

负荷性质	T值 (h)	负荷性质	T (h)	负荷性质	T (h)	负荷性质	T (h)
煤炭工业	6000	食品工业	4500	铁合金工业	7700	上下水道	5500
黑色金属工业	6500	交通运输	3000	有色金属冶炼	7500	农村工业	3500
有色金属采选业	5800	城市生活用电	2500	机械制造工业	5000	原子能工业	7800
电铝工业	8200	农业排灌	2800	建筑材料工业	6500	其它工业	4000
化学工业	7300	农村照明	1500	纺织工业	6000		
造纸工业	6500	石油工业	7000	电气化铁道	6000		

(四) 导体截面的校验

1. 按电晕条件校验

对110kV及以上电压的母线应按电晕电压校验，见第8-3节。

2. 按短路热稳定校验

$$S \geqslant \frac{\sqrt{Q_d}}{C} \tag{8-3}$$

式中 S——导体的载流截面 (mm^2);

Q_d——短路电流的热效应 ($A^2 \cdot s$);

C——与导体材料及发热温度有关的系数，其值见表8-8。

表8-8 短路前导体温度为+70℃时的热稳定系数 C 值

导 体 材 料	短路时导体最高允许温度 (℃)	C
铜	300	171
铝及铝锰合金	200	87
钢（不和电器直接连接时）	400	67
钢（和电器直接连接时）	300	60

若导体短路前的温度不是+70℃时，C 值可按下式计算或由表8-9查得。

$$C = \sqrt{K\ln\frac{\tau + t_2}{\tau + t_1} \times 10^{-4}} \tag{8-4}$$

式中 K——常数，铜为 522×10^6，铝为 222×10^6 [$W \cdot S/(\Omega \cdot cm^4)$];

τ——常数，铜为235℃，铝为245℃;

t_1——导体短路前的发热温度 (℃);

t_2——短路时导体最高允许温度 (℃)，铝及铝锰合金可取200℃，铜导体取300℃。

3. 按短路动稳定校验

(1) 一般要求：

导体短路时产生的机械应力一般均按三相短路验算。若在发电机出口的两相短路或中性点直接接地系统中自耦变压器回路中的单相或两相接地短路较三相短路严重时，则应按严重情况验算，其验算结果应满足：

$$\sigma_{xu} > \sigma \tag{8-5}$$

$$\sigma = \sigma_{x-x} + \sigma_x \tag{8-6}$$

式中 σ——短路时导体产生的总机械应力 (N/cm^2);

σ_{x-x}——短路时导体相间产生的最大机械应力 (N/cm^2);

σ_x——短路时同相导体片间相互作用的机械应力 (N/cm^2);

σ_{xu}——导体材料的允许应力，其值见表8-10。

(2) 导体短路电动力计算：

当三相导体位于同一平面时，短路电动力计算式为：

$$F = 1.02 \times 10^{-2}\frac{2l}{a}(\sqrt{2}I'')^2[N_1 + N_2 e^{-\frac{2t}{T_f}} + N_3 e^{-\frac{t}{T_f}}\cos\omega t + N_4\cos 2\omega t]$$

表8-9 不同工作温度下 C 值

工作温度 (℃)	50	55	60	65	70	75	80	85	90	95	100	105
硬铝及铝锰合金	95	93	91	89	87	85	83	81	79	77	75	73
硬 铜	181	179	176	174	171	169	166	164	161	159	157	155

表 8－10 **硬导体最大允许应力**（N/cm^2）

导体材料	铝	铜	LF－21 型铝锰合金管
最大允许应力	6860	13720	8820

注 1. 对于槽形导体，可能达不到表中数值，选择导体时应向制造部门咨询。
2. 表中所列数值为计及安全系数后的最大允许应力，安全系数一般取 1.7（对应于材料破坏应力）或 1.4（对应于材料屈服点应力）。

表 8－11 **与短路类型有关的系数**

短路类型	固定分力 N_1	非周期分力 N_2	周期分力（50Hz）N_3	周期分力（100Hz）N_4	当 $T_f=0.05$ $t=0.01$ 时 N_5
两相短路	0.375	0.75	－1.5	0.375	2.47
三相短路、边相导线	0.375	0.808	－1.616	0.433	2.67
三相短路、中相导线	0	0.866	－1.732	0.866	2.86

$$=6.037\times10^{-2}\frac{l}{a}i_{ch}^2N_5 \tag{8-7}$$

式中 F——短路电动力（N）；
i_{ch}——短路冲击电流（kA）；
N_1、N_2、N_3、N_4、N_5——与短路类型有关的系数，见表 8－11。

因为 $I''^{(2)}<I''^{(3)}$，一般情况下，$I''^{(2)}=\frac{\sqrt{3}}{2}\times I''^{(3)}$，故两相短路电动力小于三相短路电动力，因此动稳定一般均应按三相短路计算，三相短路电动力计算式为：

$$F=17.248\frac{l}{a}i_{ch}^2\beta\times10^{-2} \tag{8-8}$$

（3）导体短路时的机械应力计算：

1）单片矩形导体的机械应力：

矩形导体机械应力计算用数据见表 8－12 及表 8－13。各种形式导体的机械应力计算均应计及动负荷作用下的振动系数 β。

对于三相导体水平布置在同一平面的矩形导体，相间应力 σ_{x-x} 按下式计算：

$$\sigma_{x-x}=17.248\times10^{-3}\frac{l^2}{aW}i_{ch}^2\beta \tag{8-9}$$

式中 l——绝缘子间跨距（cm）；
a——相间距离（cm）；
W——导体的截面系数（cm^3），见表 8－12 及表 8－13；
β——振动系数，见本节共振校验部分。

绝缘子的最大允许跨距 l_{max} 为：

$$l_{max}=\frac{7.614}{i_{ch}}\sqrt{a\cdot w\cdot\sigma_{xu}} \tag{8-10}$$

简化式
$$l_{max}=K'\frac{\sqrt{a}}{i_{ch}} \tag{8-11}$$

式中 K'——随导体材料与截面而定的系数，三相导体水平排列时可由表 8－12 查得。

对于三相矩形导体按直角三角形布置时，见图 8－2所示，短路时导体相间最大的机械应力为：

$$\sigma_{x-x}=9.8K_z\frac{l^2}{a_1W}i_{ch}^2\times10^{-3}\beta \tag{8-12}$$

$$W=0.167bh^2 \tag{8-13}$$

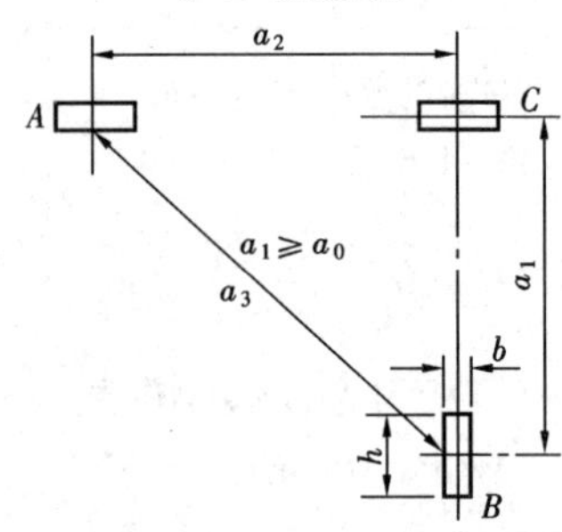

图 8－2 三相矩形导体直角三角形布置

上两式中 W——导体截面系数（cm^3）；
a_1——相间距离（cm）；

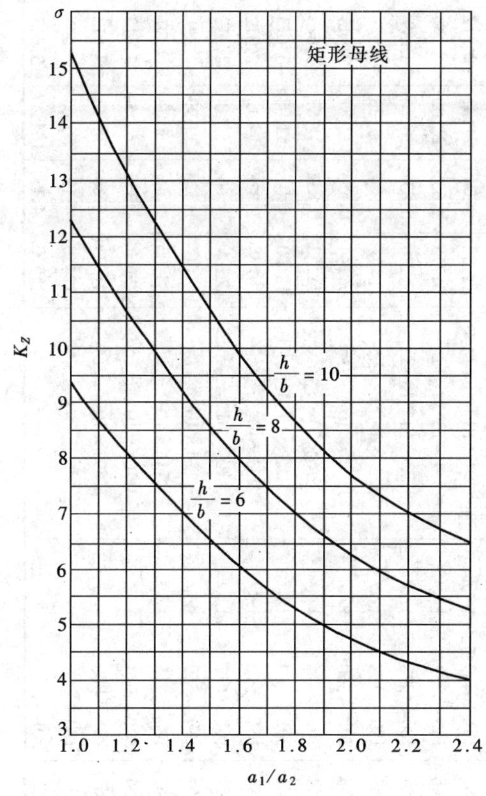

图8－3　三相导体成直角形布置时 K_z 值曲线

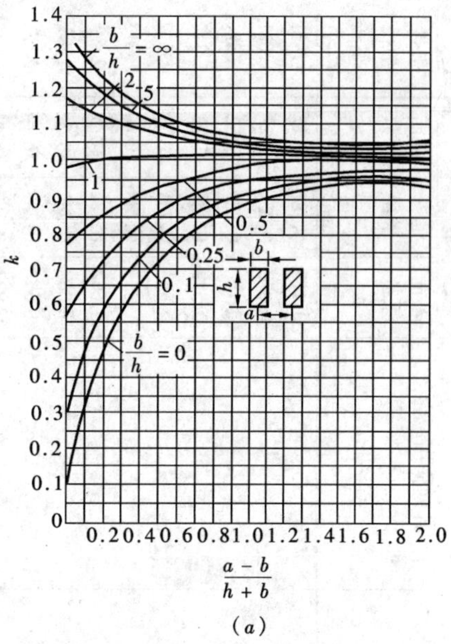

（*a*）

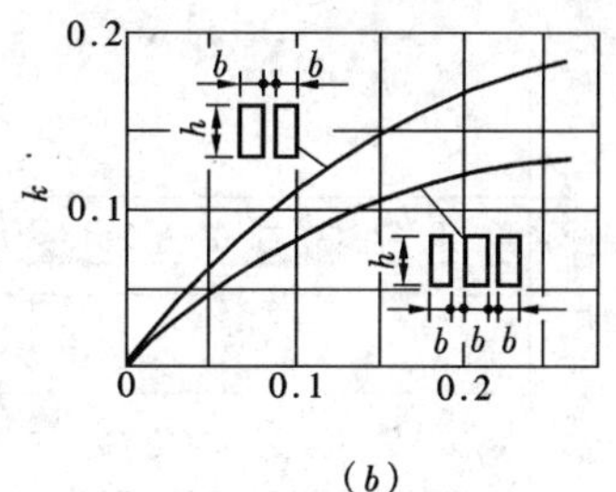

（*b*）

图8－4　矩形导体形状系数曲线
（*a*）形状系数 k 曲线；（*b*）形状系数 k_x 曲线

K_2—系数，由图8－3查得。

2）多片矩形导体的机械应力：

$$\sigma = \sigma_{x-x} + \sigma_x \tag{8-14}$$

$$\sigma_x = \frac{F_x^2 l_e^2}{hb^2} \tag{8-15}$$

上两式中　σ_{x-x}——相间作用应力（N/cm²），计算公式同单片导体；

σ_x——同相导体片间相互作用力的应力（N/cm²）；

F_x——导体片间电动力（N/cm²），F_x 按式（8－16）、（8－17）计算。

每相两片时：

$$F_x = 2.55k_{12}\frac{i_{ch}^2}{b}\times 10^{-2} \tag{8-16}$$

每相三片时：

$$F_x = 0.8(k_{12}+k_{13})\frac{i_{ch}^2}{b}\times 10^{-2} \tag{8-17}$$

式中　k_{12}、k_{13}——分别为第1与第2片导体、第1与第3片导体的形状系数，可由图8－4（*a*）曲线查得。

对于片间距离等于导体厚度，每相由2～3片矩形导体组成时，式（8－16）和式（8－17）可简化为：

$$F_x = 9.8k_x\frac{i_{ch}^2}{b}\times 10^{-2}$$

式中　k_x——形状系数，由图8－4（*b*）曲线查得。

3）导体片间的临界跨距为：

$$l_{ej} = 1.77\lambda b\sqrt[4]{\frac{h}{F_x}} \tag{8-18}$$

式中　λ——系数，每相两片时，铝为57、铜为65；每相三片时，铝为68、铜为77；

l_{ej}——片间临界跨距（cm）。

每相导体片间间隔垫的距离 l_c 必须小于片间临界跨距 l_{ej}。

4）槽形导体短路时的机械应力：

表 8-12 矩形铝导体机械计算用数据

导体尺寸 $h\times b$ (mm×mm)	导体截面 S (mm^2)	集肤效应系数 k_f	机械强度要求最大跨距 (cm) 竖放	机械强度要求最大跨距 (cm) 平放	机械共振允许最大跨距 (cm) 竖放	机械共振允许最大跨距 (cm) 片间	机械共振允许最大跨距 (cm) 平放	片间临界跨距 l_{ei} (cm)	片间作用应力 σ_x (N/cm^2)	竖放 截面系数 w_y (cm^3)	竖放 惯性半径 r_{iy} (cm)	平放 截面系数 w_x (cm^3)	平放 惯性半径 r_{ix} (cm)
63×6.3	397	1.02	$406\sqrt{a/i_{ch}}$	$1285\sqrt{a/i_{ch}}$	45		143			0.417	0.182	4.17	1.821
63×8	504	1.03	$516\sqrt{a/i_{ch}}$	$1448\sqrt{a/i_{ch}}$	51		143			0.672	0.231	5.29	1.821
63×10	630	1.04	$645\sqrt{a/i_{ch}}$	$1620\sqrt{a/i_{ch}}$	57		143			1.05	0.289	6.62	1.821
80×6.3	504	1.03	$458\sqrt{a/i_{ch}}$	$1632\sqrt{a/i_{ch}}$	45		161			0.529	0.182	6.72	2.312
80×8	640	1.04	$581\sqrt{a/i_{ch}}$	$1838\sqrt{a/i_{ch}}$	51		161			0.853	0.231	8.53	2.312
80×10	800	1.05	$727\sqrt{a/i_{ch}}$	$2056\sqrt{a/i_{ch}}$	57		161			1.333	0.289	10.67	2.312
100×6.3	630	1.04	$512\sqrt{a/i_{ch}}$	$2040\sqrt{a/i_{ch}}$	45		180			0.662	0.182	10.5	2.89
100×8	800	1.05	$650\sqrt{a/i_{ch}}$	$2303\sqrt{a/i_{ch}}$	51		180			1.067	0.231	13.38	2.89
100×10	1000	1.08	$813\sqrt{a/i_{ch}}$	$2570\sqrt{a/i_{ch}}$	57		180			1.667	0.289	16.67	2.89
125×6.3	788	1.05	$573\sqrt{a/i_{ch}}$	$2550\sqrt{a/i_{ch}}$	45		201			0.827	0.182	16.41	3.613
125×8	1000	1.08	$727\sqrt{a/i_{ch}}$	$2873\sqrt{a/i_{ch}}$	51		201			1.333	0.231	20.83	3.613
125×10	1250	1.12	$908\sqrt{a/i_{ch}}$	$3212\sqrt{a/i_{ch}}$	57		201			2.083	0.289	26.04	3.613
2 (80×6.3)	1008	1.18	$16.25\sqrt{a\cdot\sigma_{x-x}/i_{ch}}$	$27.86\sqrt{a\cdot\sigma_{x-x}/i_{ch}}$	86	48	161	307.6 $1/\sqrt{i_{ch}}$	$23.9\times10^{-4}i_{ch}^2\cdot L_c^2$	4.572	0.655	13.44	2.312
2 (80×8)	1280	1.27	$20.64\sqrt{a\cdot\sigma_{x-x}/i_{ch}}$	$31.4\sqrt{a\cdot\sigma_{x-x}/i_{ch}}$	97	54.5	161	399 $1/\sqrt{i_{ch}}$	$12.7\times10^{-4}i_{ch}^2\cdot L_c^2$	7.373	0.832	17.07	2.312
2 (80×10)	1600	1.30	$25.8\sqrt{a\cdot\sigma_{x-x}/i_{ch}}$	$35.1\sqrt{a\cdot\sigma_{x-x}/i_{ch}}$	108	61	161	489.5 $1/\sqrt{i_{ch}}$	$7.94\times10^{-4}i_{ch}^2\cdot L_c^2$	11.52	1.04	21.33	2.312
2 (100×6.3)	1260	1.26	$18.17\sqrt{a\cdot\sigma_{x-x}/i_{ch}}$	$34.83\sqrt{a\cdot\sigma_{x-x}/i_{ch}}$	86	48	180	332 $1/\sqrt{i_{ch}}$	$15.3\times10^{-4}i_{ch}^2\cdot L_c^2$	5.715	0.655	21.00	2.89
2 (100×8)	1600	1.30	$23.07\sqrt{a\cdot\sigma_{x-x}/i_{ch}}$	$39.24\sqrt{a\cdot\sigma_{x-x}/i_{ch}}$	97	54	180	438 $1/\sqrt{i_{ch}}$	$8.92\times10^{-4}i_{ch}^2\cdot L_c^2$	9.216	0.832	26.66	2.89
2 (100×10)	2000	1.42	$28.84\sqrt{a\cdot\sigma_{x-x}/i_{ch}}$	$43.88\sqrt{a\cdot\sigma_{x-x}/i_{ch}}$	108	61	180	558 $1/\sqrt{i_{ch}}$	$5.3\times10^{-4}i_{ch}^2\cdot L_c^2$	14.4	1.04	33.33	2.89
2 (125×6.3)	1575	1.28	$20.31\sqrt{a\cdot\sigma_{x-x}/i_{ch}}$	$43.53\sqrt{a\cdot\sigma_{x-x}/i_{ch}}$	86	48	201	360 $1/\sqrt{i_{ch}}$	$11.37\times10^{-4}i_{ch}^2L_c^2$	7.144	0.655	32.81	3.613
2 (125×8)	2000	1.40	$25.68\sqrt{a\cdot\sigma_{x-x}/i_{ch}}$	$49\sqrt{a\cdot\sigma_{x-x}/i_{ch}}$	97	54	201	474 $1/\sqrt{i_{ch}}$	$6.6\times10^{-4}i_{ch}^2L_c^2$	11.52	0.832	41.67	3.613
2 (125×10)	2500	1.45	$32.24\sqrt{a\cdot\sigma_{x-x}/i_{ch}}$	$54.85\sqrt{a\cdot\sigma_{x-x}/i_{ch}}$	108	61	201	609 $1/\sqrt{i_{ch}}$	$3.53\times10^{-4}i_{ch}^2L_c^2$	18.00	1.04	52.08	3.613
3 (80×8)	1920	1.44	$31.24\sqrt{a\cdot\sigma_{x-x}/i_{ch}}$	$38.45\sqrt{a\cdot\sigma_{x-x}/i_{ch}}$	122	54	161	512 $1/\sqrt{i_{ch}}$	$9.8\times10^{-4}i_{ch}^2L_c^2$	16.9	1.328	25.6	2.312
3 (80×10)	2400	1.60	$39.05\sqrt{a\cdot\sigma_{x-x}/i_{ch}}$	$43\sqrt{a\cdot\sigma_{x-x}/i_{ch}}$	136	61	161	657 $1/\sqrt{i_{ch}}$	$5.88\times10^{-4}i_{ch}^2L_c^2$	26.4	1.66	32.0	2.312
3 (100×8)	2400	1.50	$34.92\sqrt{a\cdot\sigma_{x-x}/i_{ch}}$	$48\sqrt{a\cdot\sigma_{x-x}/i_{ch}}$	122	54	180	550 $1/\sqrt{i_{ch}}$	$7.154\times10^{-4}i_{ch}^2L_c^2$	21.12	1.328	39.99	2.89
3 (100×10)	3000	1.70	$43.66\sqrt{a\cdot\sigma_{x-x}/i_{ch}}$	$53.74\sqrt{a\cdot\sigma_{x-x}/i_{ch}}$	136	61	180	715 $1/\sqrt{i_{ch}}$	$4.116\times10^{-4}i_{ch}^2L_c^2$	33.00	1.66	50.0	2.89
3 (125×8)	3000	1.60	$39.05\sqrt{a\cdot\sigma_{x-x}/i_{ch}}$	$60\sqrt{a\cdot\sigma_{x-x}/i_{ch}}$	122	54	201	614 $1/\sqrt{i_{ch}}$	$4.708\times10^{-4}i_{ch}^2L_c^2$	26.4	1.328	62.5	3.613
3 (125×10)	3750	1.80	$48.81\sqrt{a\cdot\sigma_{x-x}/i_{ch}}$	$67.2\sqrt{a\cdot\sigma_{x-x}/i_{ch}}$	136	61	201	980 $1/\sqrt{i_{ch}}$	$2.893\times10^{-4}i_{ch}^2L_c^2$	41.25	1.66	78.13	3.613
4 (100×10)	4000	2.00	$84.63\sqrt{a\cdot\sigma_{x-x}/i_{ch}}$	$62\sqrt{a\cdot\sigma_{x-x}/i_{ch}}$	215	61	180			124.0	4.13	66.66	2.89
4 (125×10)	5000	2.20	$94.62\sqrt{a\cdot\sigma_{x-x}/i_{ch}}$	$77.6\sqrt{a\cdot\sigma_{x-x}/i_{ch}}$	215	61	201			155.0	4.13	104.17	3.613

注 σ_{x-x}的允许相间应力，按式（8-6）计算。

表 8－13　　不同形状和布置的母线的截面系数及惯性半径

母线布置草图及其截面形状	截面系数 W	惯性半径 r_i
	$0.167bh^2$	$0.289h$
	$0.167hb^2$	$0.289b$
	$0.333bh^2$	$0.289h$
	$1.44hb^2$	$1.04b$
	$0.5bh^2$	$0.289h$
	$3.3hb^2$	$1.66b$
	$0.667bh^2$	$0.289h$
	$12.4hb^2$	$4.13b$
	$\sim 0.1d^3$	$0.25d$
	$\sim 0.1\dfrac{D^4-d^4}{D}$	$\dfrac{\sqrt{D^2+d^2}}{4}$

注　b、h、d 及 D 单位为 cm。

①槽形导体短路时相间应力 σ_{x-x} 计算公式与单片矩形导体相同，见式（8－9），其中，W 为槽形导体的断面系数（cm^3）。

当导体按 [ ] [ ] [ ] 布置时，$W=2W_x$；

当导体按 [ ] [ ] [ ] 布置时，$W=2W_y$；

当导体按 [ ] [ ] [ ] 布置，并在两槽间加垫片实连时，$W=W_{y0}$。

各种尺寸的槽形导体机械应力计算用数据见表 8－3。

②槽形导体短路时片间应力 σ_x 按下式计算：

$$\sigma_x = \frac{F_x l_c^2}{12W_y} \tag{8-19}$$

$$F_x = 5\times 10^{-2}\frac{l_c}{h}i_{ch}^2 \tag{8-20}$$

式中　l_c——导体垫片中心线间距离（cm），对于垫片用螺栓固定时取 l'_c，焊接固定时取 l_c，$l_c=l'_c-b_c$，见图 8－5 所示；

F_x——短路时导体片间相互作用力（N/cm）；

h——槽形导体高度（cm）。

允许片间应力最大值为：

$$\sigma_x = \sigma_{xu} - \sigma_{x-x} \tag{8-21}$$

允许垫片间临界距离为：

$$l_{ej} = \sqrt{\frac{12W_y(\sigma_{xu}-\sigma_{x-x})}{F_x}} \tag{8-22}$$

③短路时导体垫板所承受的剪应力 τ 的计算：

为了加大槽形导体截面系数，将两个槽组成一个整体时，一般是每隔一段距离 l'_c 焊一平板，如图 8－5 所示，此焊接平板同时也起着垫片的作用。短路时要求焊接平板所承受的剪力 τ 必须小于焊缝的允许剪力 τ_{xu}，即 $\tau \leqslant \tau_{xu}$，对于铝 $\tau_{xu}=3920$（N/cm^2），对于铜 $\tau_{xu}=7840$（N/cm^2）。

τ 一般由三个分力组成，即：

弯曲力矩应力 σ_{Jm}：

$$\sigma_{Jm} = \frac{0.36F_{x-x}S_{y0}l'_c}{I_{y0}l_m d_c} \tag{8-23}$$

纵向力的切线应力 σ_{m1}：

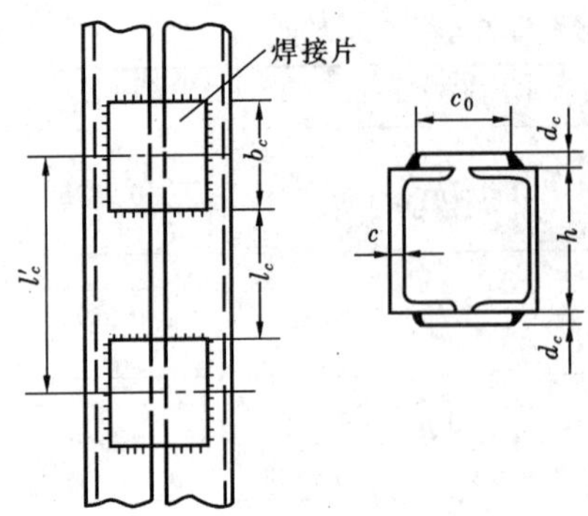

图 8－5　槽形导体焊接片

$$\sigma_{m1} = \frac{1.07F_{x-x}S_{y0}l'_cC_c}{I_{y0}l_md_c} \tag{8-24}$$

导体片间相互作用的应力 σ_{m2}：

$$\sigma_{m2} = 0.71\frac{F_xl'_c}{l_md_c} \tag{8-25}$$

平板焊缝承受的总应力为：

$$\tau = \sqrt{(\sigma_{m1}+\sigma_{m2})^2+\sigma_{Jm}^2}$$

或

$$\tau = 0.36\frac{l'_c}{(b_c-1)d_c}F_{x-x}\frac{S_{y0}}{I_{y0}} \times\sqrt{1+\left(3\frac{C_c}{b_c-1}+2\frac{f_x}{F_{x-x}\times\frac{S_{y0}}{I_{y0}}}\right)^2} \tag{8-26}$$

式中　F_{x-x}——短路时一个跨距内相间作用力（N）；

f_x——短路时片间所承受的力（N/cm）；

S_{y0}——导体截面静力矩（cm^3）；

I_{y0}——导体截面惯性矩（cm^4）；

b_c——焊接板长（cm），一般 b_c 取（0.5～0.75）h；

C_c——焊接板宽（cm），一般 C_c 取 5～8cm；

d_c——焊接板厚（cm），一般取 $d_c=0.05h$；

l_m——焊缝的计算长度（cm），一般取 $l_m=b_c-1$。

4. 按机械共振条件校验

为了避免母线危险的共振，并使作用于母线上的电动作用力减小，应使母线的自振频率避开产生共振的频率范围。

对于单条母线和母线组中的各单条母线其共振频率范围为 35～135Hz；对于多条母线组及有引下线的单条母线其共振频率范围为 35～155Hz；槽形和管形母线其共振频率范围为 30～160Hz。在以上频率范围内，振动系数 β 大于 1。

在上述情况下，母线自振频率可直接按下列公式计算。

对于三相母线布置在同一平面，母线的自振频率为：

$$f_m = 112\times\frac{r_i}{l^2}\cdot\varepsilon \tag{8-27}$$

式中　f_m——母线的自振频率（Hz）；

l——跨距长度（cm）；

r_i——母线的惯性半径（cm），其值见表8－3、表 8－5、表 8－12。或按表 8－13 中的公式计算；

ε——材料系数，铜为 1.14×10^4；铝为 1.55×10^4；钢为 1.64×10^4。

对于三相母线不在同一平面布置者，母线的自振频率在 x 轴和 y 轴均需按式（8－27）校验，式中 r_i 分别以 r_x 和 r_y 代入。

当母线自振频率无法限制在共振频率范围以外时，母线受力必须乘以振动系数 β。

在单频振动系统中，假设母线具有集中质量，系统固有频率 f_0 等于母线的固有频率 f_m。当绝缘子的固有频率大大超过导体的固有频率时，可将绝缘子看成绝对刚体，共振计算可按只有导体振动的单频振动系统计算。当绝缘子的刚度和固有频率未知时，也可近似按单频振动系统计算。此时 $\beta=0.35N_m$，N_m 可由图 8－6 查得：

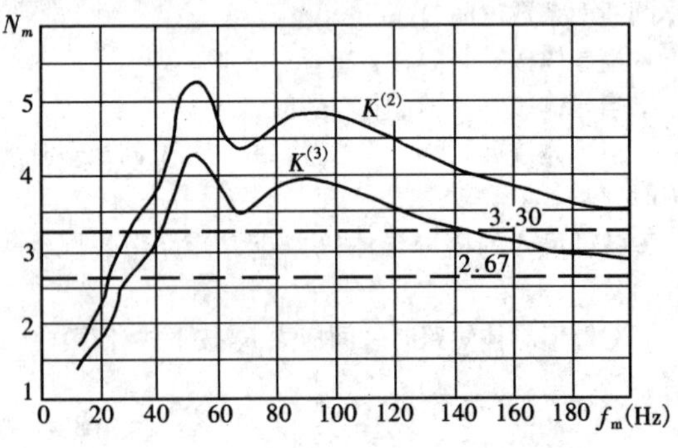

图 8－6　单频振动系统 N_m 与 f_m 的关系

$K^{(3)}$—三相短路的边相；$K^{(2)}$—两相短路

（1）单频振动系统固有频率计算：

$$f_0 = \frac{1}{2\pi}\sqrt{\frac{W_m}{m_m}} \tag{8-28}$$

$$W_m = \frac{384EJ}{L^3} \tag{8-29}$$

$$m_m = \frac{384}{a^4} m_1 l \tag{8-30}$$

$$m_1 = \frac{S \cdot \gamma}{g} \tag{8-31}$$

式中　W_m——导体固支时的刚度（kg/cm）；

l——支持绝缘子间跨距（cm）；

m_m——导体振动的等效质量（kg·s²/cm）；

a——与母线支承方式有关的系数，见表 8－14；

m_1——单位长度导体振动的等效质量(kg·s²/cm²)；

S、γ——分别为导体截面（cm²）和比重（kg/cm³）；

g——重力加速度为 981（cm/s²）；

E——导体材料的弹性模数（N/cm²），计算 f_0 时可将（N/cm²）化为（kg/cm²）；

J——垂直于弯曲方向的惯性矩（cm⁴）。

将 W_m、m_m 值代入式（8－28）得：

$$f_0 = \frac{a^2}{2\pi l^2}\sqrt{\frac{EJ}{m_1}} \tag{8-32}$$

$$f_m = \frac{a^2}{2\pi l^2}\sqrt{\frac{EJ}{m_1}} \text{ 或 } f_m = \frac{N_f}{l^2}\sqrt{\frac{EJ}{m_1}} \tag{8-33}$$

按表 8－14 中的 a 值，计算的导体不同固定方式下的一阶和二阶频率系数 N_f 值也列于表中。

表 8－14　　导体不同固定方式下的 a 值及 N_f 值

跨数及支承方式	一阶		二阶	
	a 值	N_f 值	a 值	N_f 值
单跨、两端简支	3.142	1.57	6.283	6.28
单跨、一端固定、一端简支 两等跨、简支	3.927	2.45	7.069	7.95
单跨、两端固定 多等跨简支	4.73	3.56	7.854	9.82
单跨、一端固定、一端活动	1.875	0.56	4.73	3.51

（2）双频振动系统固有频率计算：

双频振动系统，即母线－绝缘子均参加振动，母线、绝缘子为两个自由度的振动系统，具有两个自由振动频率 f_1 和 f_2。此时 $\beta = 0.35N_m$，N_m 可由图 8－7 查得。双频振动系统的固有频率按下式计算：

$$f_1 = \frac{1}{2\pi}\sqrt{\frac{h - \sqrt{h^2 - 4k}}{2k}} \tag{8-34}$$

$$f_2 = \frac{1}{2\pi}\sqrt{\frac{h + \sqrt{h^2 - 4k}}{2k}} \tag{8-35}$$

$$h = \frac{m_m}{W_m} + \frac{m_{ju}}{W_{ju}} + \frac{m_m}{W_{ju}} \tag{8-36}$$

$$k = \frac{m_m m_{ju}}{W_m W_{ju}} \tag{8-37}$$

$$m_{ju} = \frac{W_{ju}}{4\pi^2 f_{ju}^2} \tag{8-38}$$

式中　m_{ju}——绝缘子的等效质量（kg·s²/cm）；

W_{ju}——绝缘子刚度（kg/cm）；

f_{ju}——绝缘子的固有频率。

m_{ju}、W_{ju} 和 f_{ju} 数据应由制造厂提供，缺乏数据时可参照表 8－15 数据。

表 8－15　　支柱绝缘子的机械特性

绝缘等级	m_{ju}	W_{ju}	f_{ju}
标准级	2.47×10^{-3}	1250	113
加强级	3.77×10^{-3}	2500	130

按照计算所得的 f_1 和 f_2，可从图 8－7 查得 N。

三、管形导体设计的特殊问题

高压配电装置中的管形导体，由于跨度大、且多为 2～4 跨的连续梁。其一阶自振频率很低，一般为 2.5Hz 以下，显示出低频特性。因此相间电动力内的工频和 2 倍工频分量都很小，致使整个相间电动力比静态法计算值低很多。所以在设计中需引入一个小于 1 的振动系数 β。β 实测值见表 8－16。为了安全，工

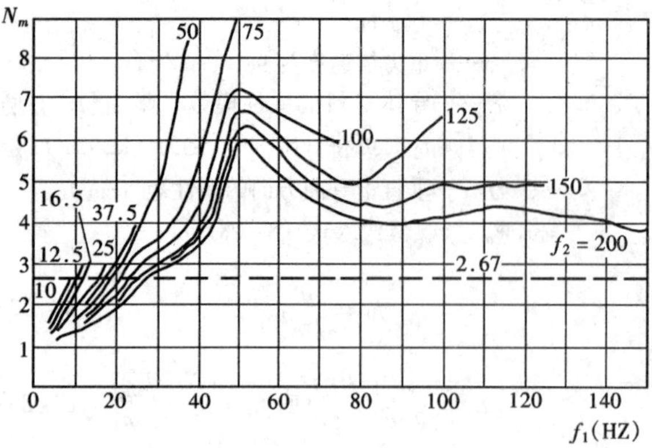

图 8－7 双频振动系统 N_m 与 f_1、f_2 的关系

表 8－16 管形母线振动系数 β 实测值

母线一阶自振频率	<2	3	4	5
β 值	0.47	0.49	0.52	0.55

程计算一般取 $\beta=0.58$。

（一）管形导体的机械计算

1. 导体的荷载组合条件

户外管形导体的荷载组合条件见表 8－17。

根据荷载组合条件及各种状态所取用的安全系数（见表 8－18）进行导体的机械强度校验，要求在任何状态时 $\sigma<\sigma_{xu}$。

表 8－17 荷 载 组 合 条 件

荷 载		风 速	自 重	引下线重	覆冰重	短路电动力	地 震 力
状态	正常时	覆冰时的风速	✓	✓	✓		
		最大风速	✓	✓			
	短路时	50%最大风速，且不小于 15m/s	✓	✓		✓	
	地震时	25%最大风速	✓	✓			相应震级的地震力

表 8－18 导体的安全系数

校验条件	安全系数	
	对应于破坏应力	对应于屈服点应力
正常时	2.0	1.6
短路及地震时	1.7	1.4

2. 各种荷载组合条件下母线产生的弯矩和应力计算

管形母线的机械应力与母线梁的支撑方式及连续的跨数等因素有关。一般 110～500kV 配电装置中使用的铝管母线，其支承方式多数为简支。但有时为了节约材料和减小挠度也可以采用长托架结构，此时虽是连续梁，但由于托架（托架长度一般≥4m）的存在，跨与跨之间已不能传递弯矩，对此结构可作为两端固定的单跨梁计算。对于多跨无托架结构的母线，可根据具体工程母线梁的连续跨数，按照多跨连续梁的内力系数（见表 8－19），求出母线的弯矩和挠度。

（1）正常时母线所受的最大弯矩 M_{max} 和应力 σ_{max} 按下式计算：

$$M_{max}=\sqrt{(M_{Cz}+M_{Cj})^2+M_{sf}^2} \qquad (8-39)$$

$$\sigma_{max}=100\frac{M_{max}}{W} \qquad (8-40)$$

式中 M_{Cz}——母线自重产生的垂直弯矩（Nm）；

M_{Cj}——母线上集中荷载产生的最大弯矩（Nm）；

M_{sf}——最大风速产生的水平弯矩（Nm）；

W——管母线的断面系数（cm^3）。

（2）短路时母线所受的最大弯矩 M_d 和应力 σ_d 为：

$$M_d=\sqrt{(M_{sd}+M'_{sf})^2+(M_{Cz}+M_{Cj})^2} \qquad (8-41)$$

$$\sigma_d=100\frac{M_d}{W} \qquad (8-42)$$

式中 M_{sd}——短路电动力产生的母线弯矩（N·m）；

M'_{sf}——内过电压风速下产生的水平弯矩（N·m）。

（3）地震时母线所受的最大弯矩 M_{dz} 和应力 σ_{dz} 为：

$$M_{dz}=\sqrt{(M''_{sf}+M_{dx})^2+(M_{Cz}+M_{Cf})^2} \qquad (8-43)$$

表 8－19　　1～5 跨等跨连续梁内力系数

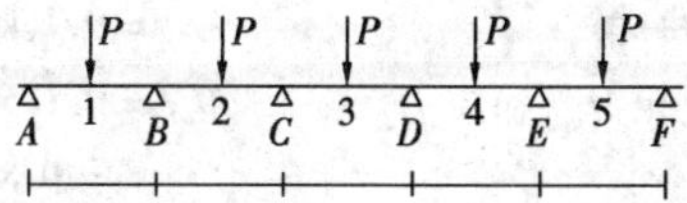

跨数	荷载	支座弯矩 跨中			M_B	M_C	M_D	M_F	跨中挠度 y_1	y_2	y_3	y_4	y_5
1	均布/集中	0.125/0.250											
2	均布/集中	0.703/0.156			－0.125/－0.188				0.521/0.911	0.521/0.911			
3	均布/集中	0.08/0.175	0.025/0.1		－0.100/－0.150	－0.100/－0.150			0.677/1.146	0.052/0.208	0.677/1.146		
4	均布/集中	0.077/0.169	0.036/0.116		－0.107/－0.161	－0.071/－0.107	－0.107/－0.161		0.632/1.079	0.186/0.409	0.186/0.409	0.632/1.079	
5	均布/集中	0.078/0.171	0.033/0.112	0.046/0.132	－0.105/－0.158	－0.079/－0.118	－0.079/－0.118	－0.105/－0.158	0.644/1.097	0.151/0.356	0.315/0.603	0.151/0.356	0.644/1.097

注　1. 均布荷载弯矩＝表中系数 $\times 9.8ql^2$，（N·cm）。

2. 均布荷载挠度＝表中系数 $\times \frac{ql^4}{100EJ}$，（cm）。

3. 集中荷载弯矩＝表中系数 $\times 9.8ql$，（N·cm）。

4. 集中荷载挠度＝表中系数 $\times \frac{ql^3}{100EJ}$，（cm）。

5. q 为均布荷载（包括自重、风荷载、冰荷载、短路电动力、地震力）。

6. P 为集中荷载（包括引下线、单柱式隔离开关静触头）。

7. 计算挠度时需将 E 单位由（N/cm²）化为（kg/cm²）。

$$\sigma_d = 100\frac{M_{dx}}{W} \qquad (8-44)$$

式中　M''_{sf}——地震时计算风速所产生的水平弯矩（N·m）；

M_{dx}——地震力所产生的水平弯矩（N·m）。

（4）母线挠度计算：

在运行中挠度主要影响铝管母线在伸缩金具中的工作状态，挠度太大，正常热胀冷缩时铝管在滑动金具中会被顶住，引起滑动金具工作失常。根据工程中的运行经验，无冰无风时铝管母线自重产生的跨中挠度允许值（当有滑动支持金具时）为：

$$y_{xu} \leqslant (0.5 \sim 1.0)D \qquad (8-45)$$

式中　y_{xu}——母线跨中挠度允许值；

D——母线外径（cm），如为异形管母线，则 D 取母线高度。

大容量或重要配电装置，跨中挠度允许值以采用 $y_{xu} \leqslant 0.5D$ 为宜。

3. 管形母线计算示例

（1）计算条件：

1）气象条件：最大风速 $v_{max}=25$m/s，内过电压风速 $v_n=15$m/s，最高气温＋40℃、最低气温－30℃。

2）三相短路电流峰值：$i_{ch}=53.4$kA。

3）结构尺寸：跨距 $l=12$m，支持金具长 0.5m，计算跨距 $l_{js}=12\text{m}-0.5\text{m}=11.5$m。相间距离 $a=3$m。GW_6-220 型隔离开关静触头加金具重 15kg，装于母线跨距中央。考虑合适的伸缩量，母线结构采用每两跨设一个伸缩接头。因此，可按两跨梁进行计算。

4）地震力：按 9 度地震烈度校验。

5）导体型号及技术特性：导体选用 LF－21Y 型 ϕ100/90 铝锰合金管，导体材料的温度线膨胀系数 $a_x=23.2\times10^{-6}$（1/℃），弹性模数 $E=71\times10^5$（N/cm²）$=7.1\times10^5$（kg/cm²），惯性矩 $J=169$（cm⁴），导体密度（比重）$\gamma=2.73$（g/cm³），导体截面 $S=1491$（mm²），自重 $q_1=4.08$（kg/m），导体截面系数 $W=33.8$（cm³）。

（2）最大弯矩和弯曲应力的计算：

采用计算系数法进行机械计算。在表 8－19 中列出

1～5跨连续梁的内力系数，对所需进行计算的母线只需按连续跨数和支撑方式求出，将最大支座处及跨中的内力系数代入统一的公式即可进行计算。

1）正常状态时母线所受的最大弯矩 M_{max}和应力σ_{max}的计算。

正常状态时母线所受的最大弯矩由母线自重产生的垂直弯矩、集中荷载（即引下线）产生的垂直弯矩及最大风速产生的水平弯矩组成。其计算公式如下：

①母线自重产生的垂直弯矩 M_{cz}为：

从表8－19查得均布荷载最大弯矩系数为0.125。则弯矩为：

$$M_{cz}=0.125q_1l_{js}^2\times9.8=0.125\times4.08\times11.5^2\times9.8=660.98(\text{Nm})$$

②集中荷载产生的垂直弯矩 M_{cj}为：

从表8－20查得集中荷载最大弯矩系数为0.188。则弯矩为：

$$M_{cf}=0.188Pl_{js}\times9.8=0.188\times15\times11.5\times9.8=317.8(\text{Nm})$$

③最大风速产生的水平弯矩 M_{sf}。取风速不均匀系数 $a_v=1$，取空气动力系数 $K_v=1.2$，最大风速为 $v_{max}=25\text{m/s}$，则风压为：

$$f_v=a_cK_vD_1\frac{v_{max}}{16}=1\times1.2\times0.1\times\frac{25^2}{16}=4.69(\text{kg/m})$$

$$M_{sf}=0.125f_vl_{js}^2\times9.8=0.125\times4.69\times11.5^2\times9.8=759.8(\text{Nm})$$

正常状态时母线所承受的最大弯矩及应力为：

$$M_{max}=\sqrt{(M_{cz}+M_{cj})^2+M_{sf}^2}=\sqrt{(660.98+317.8)^2+759.8^2}=1239.075(\text{Nm})$$

$$\sigma_{max}=100\frac{M_{max}}{W}=100\frac{1239.075}{33.8}=3669(\text{N/cm}^2)$$

此值小于材料的允许应力 8820N/cm²，故满足要求。

2）短路状态时母线所受的最大弯矩 M_d 和应力 σ_d 的计算。

短路状态时母线所受的最大弯矩由导体自重、集中荷载、短路电动力及对应于内过电压情况下的风速所产生的最大弯矩组成。

①短路电动力产生的水平弯矩 M_{sd}及短路电动力 f_d 为：

$$f_d=1.76\frac{i_{ch}^2}{a}\beta=1.76\times\frac{53.4^2}{300}\times0.58=9.7(\text{kg/m})$$

$$M_{sd}=0.125\times f_dl_{js}^2\times9.8=0.125\times9.7\times11.5^2\times9.8=1571.5(\text{Nm})$$

②在内过电压情况下的风速产生的水平弯矩 M'_{sf} 及风压f'_v：

$$f'_v=d_vk_vD_1\frac{v^2}{16}=1\times1.2\times0.1\times\frac{15^2}{16}=1.69(\text{kg/m})$$

$$M'_{sf}=0.125f'_vl_{js}^2\times9.8=0.125\times1.69\times11.5^2\times9.8=273.8(\text{Nm})$$

短路状态时母线所承受的最大弯矩及应力为：

$$M_d=\sqrt{(M_{sd}+M'_{sf})^2+(M_{cz}+M_{cj})^2}=\sqrt{(1571.5+273.8)^2+(660.98+317.8)^2}=2089(\text{Nm})$$

$$\sigma_d=100\frac{M_d}{W}=100\times\frac{2089}{33.8}=6180.5(\text{N/cm}^2)$$

此值小于材料短路时允许应力 8820N/cm²，故满足要求。

3）地震时母线所受的最大弯矩 M_{dz}和应力σ_{dz}为：

地震时母线所受的最大弯矩由导体自重、集中荷重、地震力及地震时的计算风速所产生的最大弯矩组成。

①地震力产生的水平弯矩 M_{dx}为：

$$M_{dx}=0.125\times0.5\times4.08\times11.5^2\times9.8=330.49(\text{Nm})$$

②地震时计算风速所产生的弯矩 M''_{sf}及风压：

$$f''_v=a_v\cdot k_vD_1\frac{v_d^2}{16}=1\times1.2\times0.1\times\frac{6.25^2}{16}=0.293(\text{kg/m})$$

$$M''_{sf}=0.125f''_vl_{js}^2\times9.8=0.125\times0.293\times11.5^2\times9.8=47.5(\text{Nm})$$

地震时母线所承受的最大弯矩及应力为：

$$M_{dz}=\sqrt{(M''_{sf}+M_{dx})^2+(M_{cz}+M_{cf})^2}=\sqrt{(47.5+330.49)^2+(660.98+317.8)^2}=1049.23(\text{Nm})$$

$$\sigma_{dz}=100\frac{M_{dz}}{W}=100\frac{1049.23}{33.8}=3150.85(\text{N/cm}^2)$$

此值小于材料地震时允许应力8820N/cm²，故满足要求。

4）挠度的校验：

①母线自重产生的挠度，由单跨梁力学计算公式得知，在 $x=0.4215l_{js}$ 处有最大挠度。

从表 8-19 查得均布荷重挠度计算系数为 0.521。按表注 2 公式，可求得：

$$y_1=0.521\frac{q_1L_{js}^4}{100EJ}=0.521\times\frac{4.08\times11.5^4\times10^6}{100\times7.1\times10^5\times169}$$
$$=3.1(\text{cm})$$

②集中荷载产生的挠度，由单跨梁力学计算公式得知，在 $x=0.4472l_{js}$ 处有最大挠度。

从表 8-19 查得集中荷重挠度计算系数为 0.911。则：

$$y_2=0.911\frac{Pl_{js}^3}{100EJ}=0.911\times\frac{15\times11.5^3\times10^6}{100\times7.1\times10^5\times169}$$
$$=1.73(\text{cm})$$

③合成挠度，由以上计算可知，跨中产生的挠度 y_1 与 y_2 的位置不同，但相差不远，故仍按两者位置相同的严重情况考虑。即：

$$y=y_1+y_2=3.1+1.73=4.83(\text{cm})$$

此值小于 $0.5D_1=5\text{cm}$，故满足要求。

（二）管形导体的微风振动

1. 微风振动的产生

母线受横向稳定的均匀风作用时，在其母线的背风面将会产生上下两侧交替按一定频率变化的卡曼旋涡，造成流体对圆柱两侧的压力发生交替的变化，形成对圆柱体周期性的干扰力。当干扰力的周期与圆柱体结构的自振频率的周期相近或一致时，就产生共振，引起横向振动。

2. 管母线的自振频率

管母线的自振频率及振型是由管母线振动系统的固有特性决定的。对于多跨弹性支撑的母线梁，应计及隔离开关静触头的质量用电子计算机求解梁的运动微分方程，图 8-8 中曲线为 1～4 跨的计算结果。隔离开关静触头分别置于跨中或距支座为 $\frac{1}{4}$ 的跨距内，图中横坐标 $u=\frac{M}{m}$ 为质量比（M 为梁的总质量，m 为一个静触头的质量），纵坐标 $r=k_g\cdot L_s$，k_g 为系数。

$$M=\rho L_s$$

$$k_g=\sqrt[4]{\frac{\rho W^2}{EJ}}$$

式中　ρ——单位长度母线梁的质量（kg/cm）；

L_s——伸缩节之间梁的长度（cm）。

铝管母线的自振频率计算公式为：

$$f_g=\frac{r^2}{2\pi L_x^2}\sqrt{\frac{EJ}{\rho}}\tag{8-46}$$

工程计算中，根据设计的母线梁跨数及所选定的 u 值，从相应的曲线查得各阶的 r 值，代入式(8-46)即可求得各阶固有的自振频率 f_g。

当不考虑集中荷载时，铝管母线第 i 阶的自振频率 f'_g 的计算如下：

$$f'_g=\frac{\pi b_i}{2L^2}\sqrt{\frac{EJ}{P}}$$

式中　L——跨距（m）；

b_i——频率系数，见表 8-20。

计算时先按式（8-46）求出一阶的自振频率，再乘以表 8-20 中相应的系数，即得各阶的自振频率。

3. 微风振动频率计算

管形母线在外界微风作用下发生共振的频率等于管母线结构的各阶固有自振频率，微风振动的频率与风速成正比，与柱体迎风面的高度成反比。即：

$$f=\frac{v_{js}A}{h}\tag{8-47}$$

式中　v_{js}——管形母线产生微风共振的计算风速（m/s）；

A——频率系数，圆管母线可取 0.214；

h——母线迎风面的高度（m），对圆管为外径 D_1；

f——母线 n 阶固有频率。

当计算风速小于 6m/s 时，可采用下述措施消除微风振动。

4. 消减微风振动的措施

（1）破坏卡漫旋涡风的形成，即选择不易产生微风振动的异形管或加筋板的双管形铝合金母线。使所选择的母线形状既能避免微风振动，又利于提高电晕的起始电压，减少导体表面电场强度的集中，降低无线电干扰水平。为了便于设计时选用，表8-21列出某变电所管形母线选择结果，供参考。

从表中可以看出既能避免微风振动又能提高电晕起始电压的是异形管，但造价太高，制造工艺和金具安装都比较复杂，故目前使用上受到限制。

（2）在管内加装阻尼线。此法比较简单、经济。阻尼线的选用可按铝管母线单位重量的 10%～15%考虑，阻尼线的材料可用现场废旧多股钢芯铝绞线。此

r
15
10
5
0
1
2
3
4
5
6
7
8
$u\frac{M}{m}$
r_1
r_2
r_3
r_4
l
$\frac{l}{4}$
m

(b)

r
15
10
5
0
1
2
3
4
5
6
7
8
$u\frac{M}{m}$
r_1
r_2
r_3
r_4
l
$\frac{l}{2}$
m

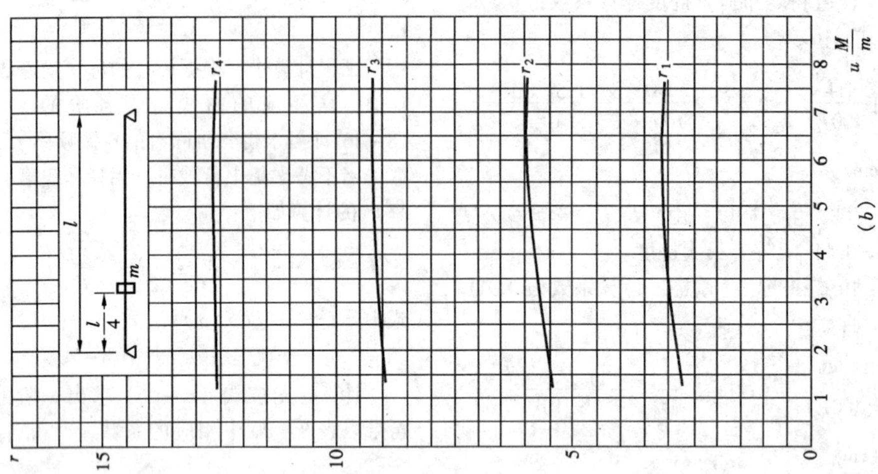

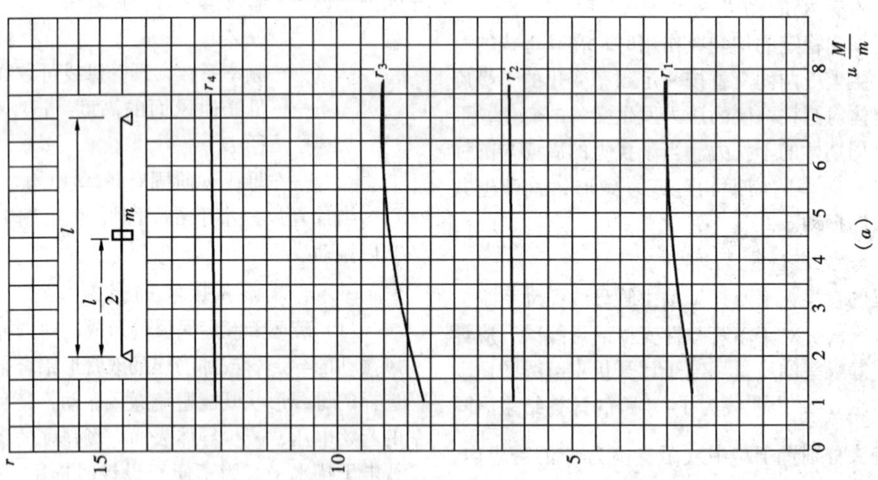

(a)

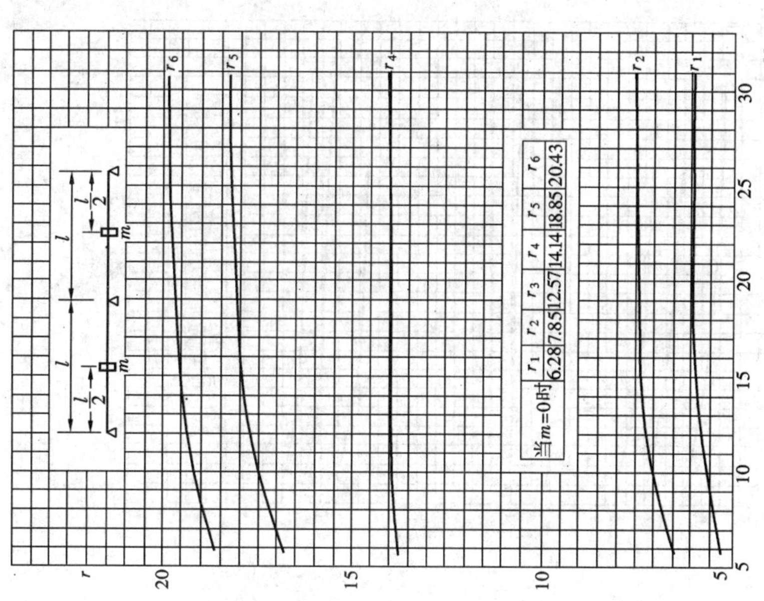

当m=0时	r_1	r_2	r_3	r_4	r_5	r_6
	6.28	7.85	12.57	14.14	18.85	20.43

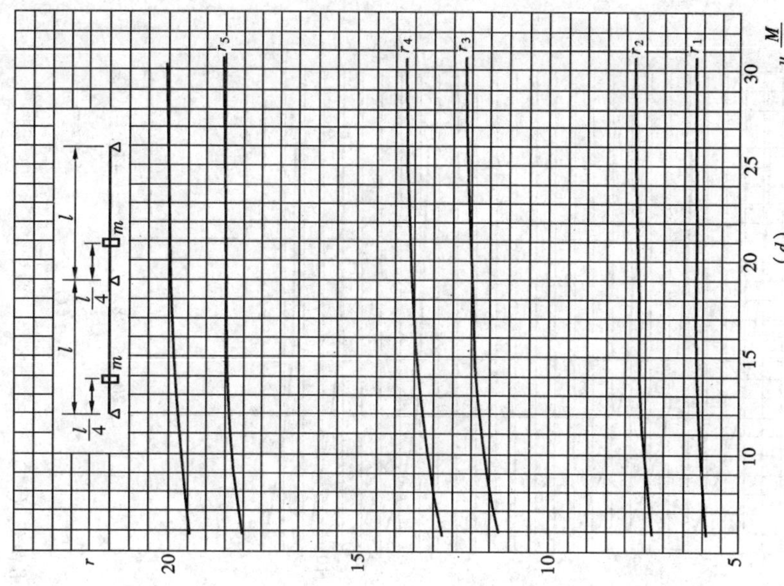

图 8－8　管母线自振频率计算用曲线（一）

（*a*）单跨，静触头居中；（*b*）单跨，静触头在一侧；（*c*）两跨，静触头居中；（*d*）两跨，静触头在一侧

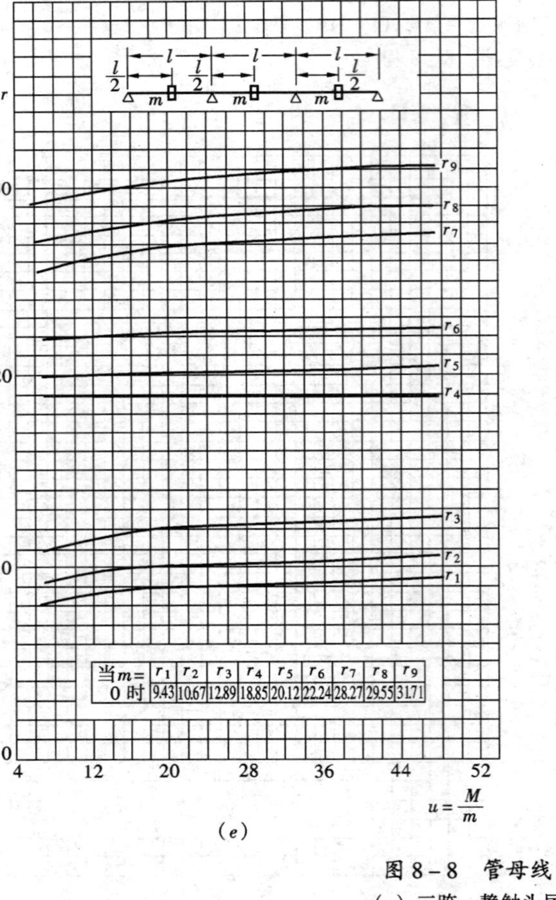

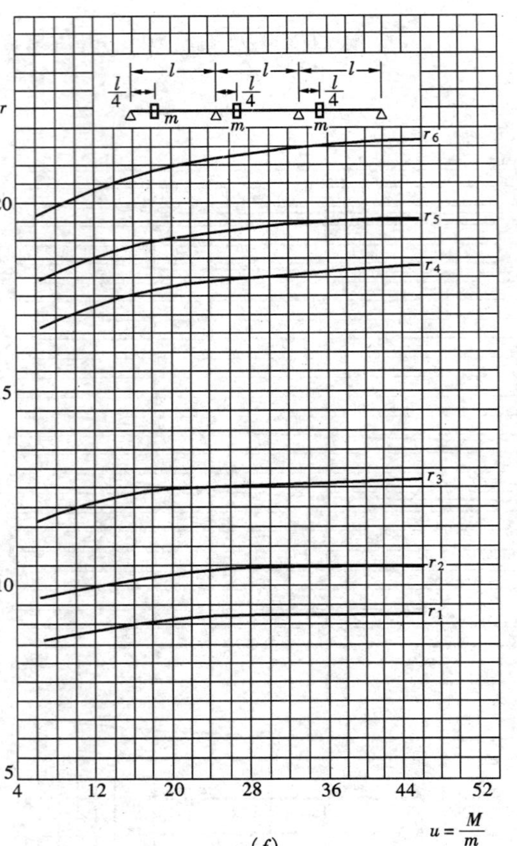

图 8-8　管母线自振频率计算用曲线（二）

（e）三跨，静触头居中；（f）三跨，静触头在一侧

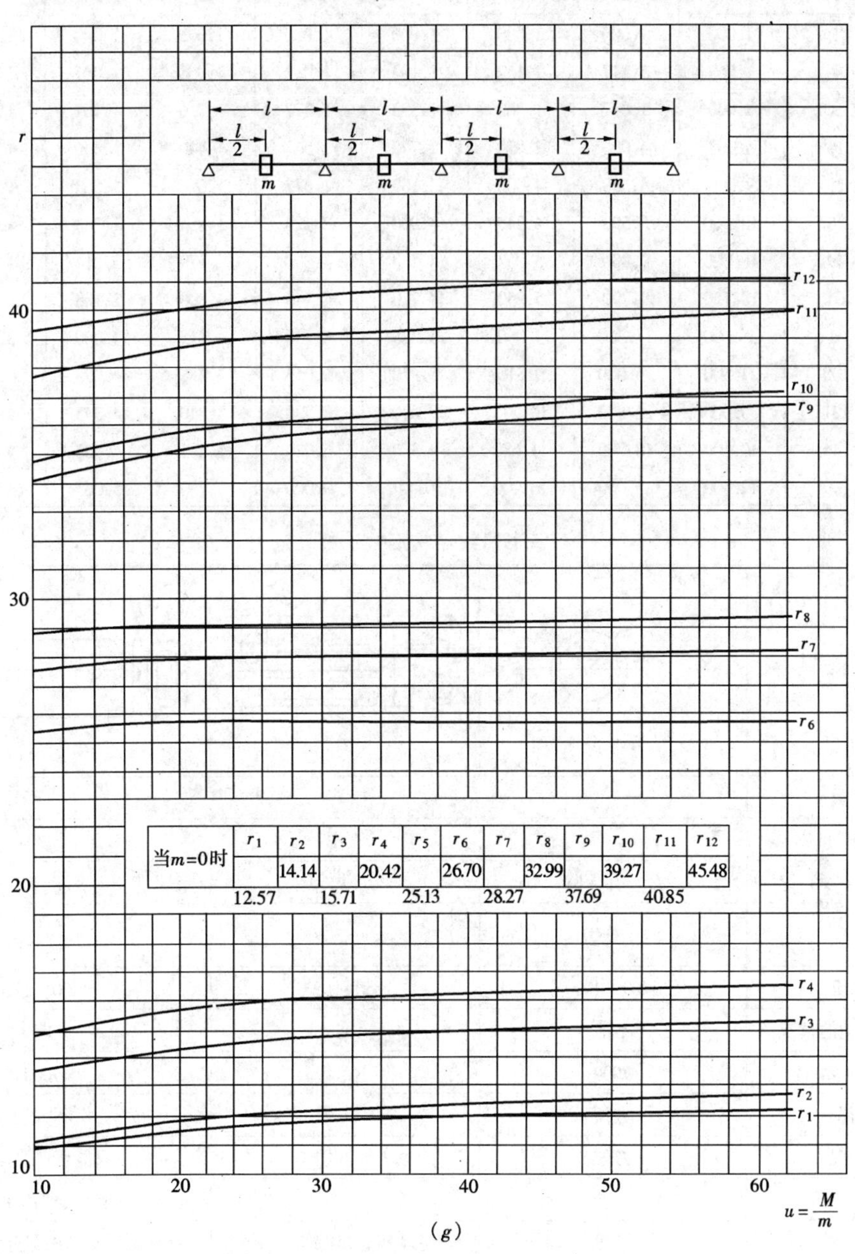

图 8－8　管母线自振频率计算用曲线（三）

（g）四跨，静触头居中

表 8-20 多跨简支铝管母线各阶自振频率系数

阶 数	跨 数									
	1	2	3	4	5	6	7	8	9	10
f_1	1	1.000	1.000	1.000	1.000	1.000	1.000	1.000	1.000	1.000
f_2	4	1.563	1.277	1.167	1.103	1.082	1.061	1.041	1.041	1.041
f_3	9	4.000	1.877	1.563	1.393	1.277	1.210	1.167	1.124	1.103
f_4	16	5.063	4.000	2.014	1.743	1.563	1.440	1.346	1.277	1.235
f_5	25	9.000	4.538	4.000	2.103	1.877	1.690	1.563	1.464	1.393
f_6	36	10.560	5.590	4.345	4.000	2.128	1.954	1.788	1.662	1.563
f_7	49	16.000	9.000	5.063	4.240	4.000	2.179	2.014	1.877	1.743
f_8	64	18.150	9.790	5.850	4.770	4.145	4.000	2.188	2.060	1.934
f_9	81	25.000	11.310	9.000	5.385	4.538	4.115	4.000	2.216	2.103
f_{10}	100	27.500	16.000	9.510	5.970	5.063	4.438	4.095	4.000	2.222
f_{11}	121	36.000	16.800	10.580	9.000	5.590	4.840	4.345	4.080	4.000
f_{12}	144	40.100	18.700	11.680	9.360	6.020	5.285	4.668	4.270	4.055
f_{13}	169	49.000	25.000	16.000	10.140	9.000	5.730	5.063	4.538	4.230

表 8-21 管形母线结构形式选择

管 形	d = 9cm, D = 10cm	12cm H, 5, 4	D, d, 1, 28, H = 12cm, D = 8cm, d = 7.1cm
项 目	参 数		
单位长度重量（kg/m）	4.1	2.7	3
惯性矩（cm^4）	$J_X = J_Y = 168$	$J_X = 160$	$J_X = 161$
挠 度	$<\frac{1}{2}D$	$<\frac{1}{2}H$	$<\frac{1}{2}H$
长期工作电流（A）	1400 ~ 1930	1350 ~ 1600	1400 ~ 1710
避免微风振动的情况	不能	能	能
造 价（元/t）	7000	16500	7000
施工情况	方便	较方便	不方便
制造情况	方便	较方便	只能生产半成品
运行维护	方便	方便	有积灰、鸟害的可能
备 注	一般	能提高电晕起始电压	不利提高电晕起始电压

法缺点是增加了母线的挠度。

(3) 加装动力消振器，消振器是由一个集中质量和弹簧组成，它固定在铝管母线上，当合理调整消振器的参数时，则能达到良好的消振效果。如对一阶振动幅值可以减少到未加消振器时的最大振幅 1% 左右，对二阶振幅可减少到原来最大振幅的 1% ~ 5% 以下。当消振器自身固有频率调整到差不多等于被消除振动系统的某一固有频率时，对该阶的消振作用最明显。

从消振器的质量上看，质量大的比质量小的消振效果要好。

动力消振器分单环和双环两种，其消振效果两种基本相同，但单环动力消振器和铝管母线只有一个连接点，安装方式不稳定，容易左右扭转。短路时可能对剪刀式隔离开关的动触头有一个水平斥力，使动触头滑脱。此外，当出现安装误差时，可使动触头偏向圆环的一边，此时电流只能从一个方向流向动触头，这样动触头截面要按刀闸的全电流来选择。

双环型动力消振器的特点在于与单柱式隔离开关静触头的悬吊方式结合起来，这样既能起消振作用，又解决了静触头与管母线的连接问题。从结构上讲，双环消振器有两个悬挂点，在大风和短路电动力作用下比单环消振器的摇晃程度小，且单柱式隔离开关的静触头与铝管母线连接处的导电性能好。另外由于双环消振器是套在铝管母线上，与单环消振器相比可降低母线构架高度。所以，在工程设计时推荐采用双环型动力消振器，见图 8－9。

动力消振器圆环所采用的导线截面可按隔离开关的额定电流选择。圆环的最小直径必须大于导线直径的 25 倍。

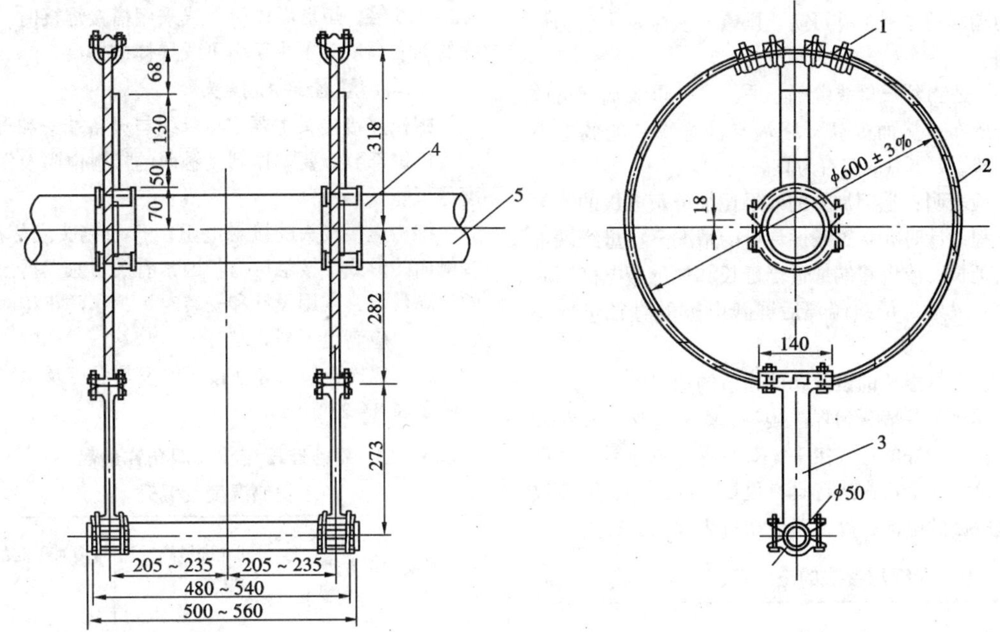

图 8－9 220kVϕ120 管母线双环阻尼动力消振器结构图

1—500A，T 形线夹；2—圆环 ϕ600，LGJ－150；3—静触头，重 9kg；
4—导流线夹 ϕ120，500A；5—铝管母线 LF21－Y，ϕ120/110

消振器设置的位置，由于圆环消振器与单柱式隔离开关静触头的悬挂方式相结合，因此，消振器在管母线上的设置地点应由单柱式隔离开关的布置位置而定。在 220kV 及以上配电装置中，一般 B 相只能装在跨中，A、C 相则只能装在 1/4 跨距的地方。

(4) 采用长托架的支持方式，可以减少母线的自由跨矩，提高母线的自振频率，使母线在垂直方向形成一高频系统。以避免微风振动和减少跨中挠度。

5. 消减微风振动措施的具体选用

在选用消减微风振动的具体措施时，需根据铝管母线的通流容量、电压等级、配电装置的具体布置方式和规模大小等因素确定，要求达到消振效果好，经济省材的目的。

一般在母线通过电流较小、采用轻型铝锰合金管时，可选用长托架的支持方式，它能同时减小母线的挠度；而在母线通过电流较大、要求采用较大尺寸的铝锰合金管，且又采用了单柱式隔离开关时，常选用双环消振器，并有利于隔离开关静触头与铝管母线的连接。

（三）管形导体的端部效应

1. 端部效应的产生

管母线在伸出支柱绝缘子顶部不长时，其电场强度很不均匀，从而导致端部工频电晕电压起始值降低，特别在雷电作用下，终端绝缘子顶部附近将产生强烈的游离，使终端绝缘子易于放电。因此母线端部将成为整条母线绝缘水平最薄弱的环节，如不采取任何措施，则放电将集中在端部。

2. 消除端部效应的方法

(1) 端部加装屏蔽电极。加装屏蔽电极，可以提高母线终端的起始电晕电压。管母线屏蔽电极可用圆球，其最小半径按下式确定：

$$r_{\min} = \frac{U_{xg}}{E_{\max}} \quad (8-48)$$

式中 U_{xg}——最高运行相电压（kV）；

$E_{\max}$——球面最大允许电场强度，取20kV/cm。

考虑雨雾等气候条件的影响，圆球半径还可适当取大些。对异形管，可采用椭圆球，其最小弯曲半径应不小于式（8-48）所确定的值。

屏蔽电极可采用铝合金圆球，焊在管母线端部，可作为端部的密封，并可防止雨雪、灰尘及小动物进入管内。

（2）适当延长母线端部。适当延长母线端部可改善电场分布，从而提高了终端支柱绝缘子的放电电压。一般以延长1m左右为宜。

实验表明：端部加长的效果比加屏蔽电极的效果好。工程设计时在布置条件许可的情况下，母线端部可适当延长，或者将端部适当延长和加屏蔽电极同时考虑。一般延长母线端部后屏蔽电极的直径可取小些。

四、导体接头的设计和伸缩节的选择

导体接头一般分为焊接接头、螺栓连接接头和伸缩接头。一个好的母线接头，对节省有色金属、降低母线造价，安全可靠运行具有很重要的意义。无镀层接头接触面的电流密度，不应超过表8-22数值。

表8-22 无镀层接头的电流密度（A/mm^2）

工作电流（A）	J_{Cu}（铜—铜）接头	J_{Al}（铝—铝）接头
<200	0.31	$0.78J_{Cu}$
200~2000	0.31~1.05（1~200）×10^{-4}	
>2000	0.12	

（一）焊接接头

焊接接头主要用于矩形、槽形和管形母线段之间的实连部分，具体要求为：

（1）母线焊接时所用的填充材料，其物理性能与化学成分应与原母线段材料一致。

（2）焊接接头的直流电阻值不得超过同长度母线段的电阻值。

（3）为了避免焊接时由于发热而造成的强度降低，应在焊接部位采取补强措施，如加补强板或管、增加补强焊点等。管形母线宜采用氩弧焊，并可视具体情况决定是否采用衬管或其它补强措施。

（4）对口焊接的导体，当厚度大于7mm时，在焊接部位宜有35°~40°的坡口、1.5~2mm的钝边。

（5）焊接时焊缝的部位应满足：

1）离支持绝缘子、母线金具边沿不得小于50mm。

2）同一片母线宜减小对接焊缝，两焊缝间的距离应不小于200mm。

3）同相母线直线段上不同片上的对接焊缝应错开50mm。

（6）搭接焊接的焊缝断面一般为导体横断面的1.2~1.5倍，矩形导体引下线采用搭接焊接时，其焊缝的加强高度应不小于引下线导体的厚度。

（二）螺栓连接接头

螺栓连接接头主要用在母线与设备端子和母线段的可拆御部分。要求作到接触面的接触电阻及发热温度尽可能低。

螺栓连接接头的接触电阻由于与接头发热温度、接触面的形式、接触压力等因素有关，难以得出确切的计算数值，实用设计和安装时，为了防止接触面过热，一般应满足下列要求：

（1）螺栓连接时导体接头的发热温度及允许温度应满足表8-23的要求：

表8-23 螺栓连接接头长期允许最高发热温度及温升

接头处理方法	长期允许最高发热温度（℃）	环境40℃时的温升（℃）
铝—铝	80	40
铜—铜		
铝镀锡—铝镀锡	90	50
铜镀锡—铜镀锡		
铜镀银—铜镀银	105	65
铜镀银银层厚度大于50μm或镶银片	120	80

（2）导体与导体、导体与电气设备接线端的螺栓连接，应根据不同材料按表8-24规定进行。

（3）螺栓连接时导体接头的处理：

1）为了降低接头的接触电阻，接头组装前必须对接触面进行适当的处理，处理的方法我国最常用的是涂中性凡士林。

2）清除接触表面的氧化膜，清除氧化膜的方法包括锉、轻便的机械加工或用强力的钢丝刷在中性油脂下进行刷，加工好的接头表面面积不应小于原母线

表 8－24　　常用导体的螺栓连接接头

类别	图　例	序号	导体尺寸(mm)	连接尺寸(mm)							螺孔直径(mm)	扳手最小的力矩×9.8(Ncm)
				a_1	b_1	c_1	e	a_2	b_2	c_2		
直线连接	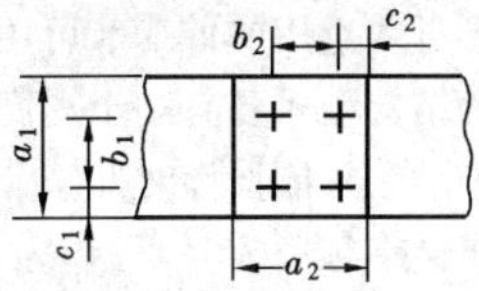	1	125 与 125	125	63	31		125	63	31	19	1000～1300
		2	100 与 100	100	50	25		100	50	25	17	700～800
		3	80 与 80	80	40	20		80	40	20	17	700～800
	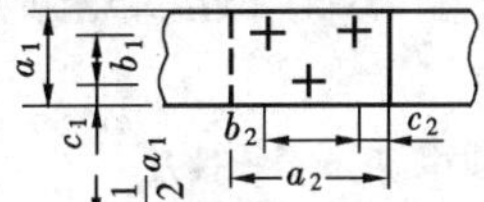	4	63 与 63	63	27	18		95	63	16	13(钢 17)	300～400
		5	50 与 50	50	22	14		75	50	12.5	13(钢 17)	300～400
	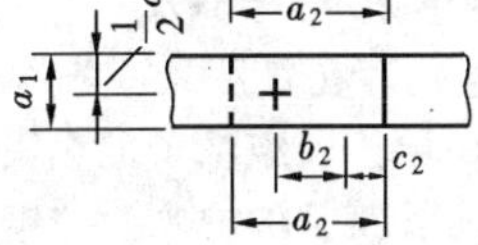	6	40 与 40	40				80	40	20	13(钢 17)	300～400
		7	25 与 25	25				50	25	12.5	11(钢 13)	167～223
垂直连接	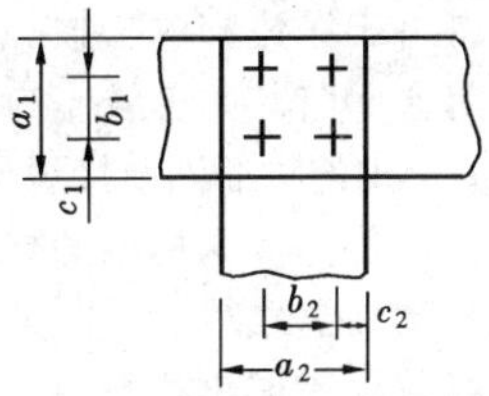	8	125 与 125	125	63	31		125	63	31	19	1000～1300
		9	125 与 100	125	63	31		100	50	25	17	700～800
		10	125 与 80	125	63	31		80	40	20	17	700～800
		11	100 与 100	100	50	25		100	50	25	17	700～800
		12	100 与 80	100	50	25		80	40	20	17	700～800
		13	80 与 80	80	40	20		80	40	20	17	700～800
	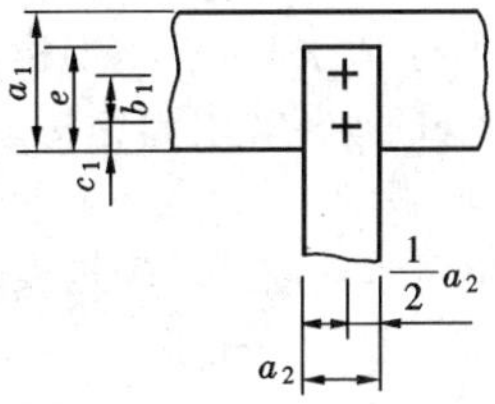	14	125 与 63、50、40	125	63	31	125	63、50、40			13(钢 17)	300～400
		15	100 与 63、50、40	100	50	25	100	63、50、40			13(钢 17)	300～400
		16	80 与 63、50、40	80	40	20	80	63、50、40			13(钢 17)	300～400
		17	63 与 50、40、25	63	31	16	63	50、40、25			11	167～223
		18	50 与 40、25	50	25	12.5	50	40、25			11	167～223
		19	125 与 25	125	30	15	60	25			11	167～223
		20	100 与 25	100	25	12.5	50	25			11	167～223
		21	80 与 25	80	25	12.5	50	25			11	167～223
	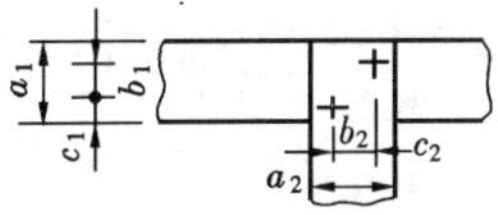	22	63 与 63	63	27	18		63	27	18	13(钢 17)	300～400
		23	50 与 50	50	22	14		50	22	14	13	300～400
	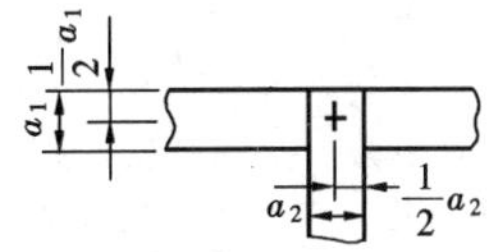	24	40 与 40、25	40				40、25				300～400
		25	25 与 25	25				25				167～223

段等长度截面的 97%。

3）为了提高母线的允许运行温度，母线接头需经过镀银或镀锡处理。常用的导体材料中，以银的性能为最好，它的电阻率和硬度都小，低温下不易氧化，高温下银的化合物又很容易还原成金属银，银的氧化物电阻率也低，但由于银的价格太贵，所以只能用于镀层。

锡的优点是硬度小，氧化膜的机械强度也很低，尤其是在大电流导体需要工作温度较高的情况下，在铜、铝接头上镀银和镀锡都具有现实的意义。其连接原则如下。

铜—铜：在干燥的屋内可直接连接；屋外、高温且潮湿的屋内或对导体有腐蚀性气体的屋内，接触面必须涂锡。

铝—铝：在任何情况下可直接连接，有条件时宜镀锡。

钢—钢：在任何情况下接触面必须镀锡或镀锌。

铜—铝：在干燥屋内可直接连接，屋外或特别潮湿的屋内，应使用铜铝过渡接头。

钢—铝：在任何情况下钢的接触面必须镀锡。

离相封闭母线接触面应镀银。

4）为了防止接头的电镀腐蚀作用，对于暴露在高湿度气体中的导体接头必须使用保护润滑剂，对于在沿海露天以及电化腐蚀严重的其它腐蚀性较强的大气中，除了涂润滑剂以外，还应涂抗氧化漆。

（三）伸缩接头

伸缩接头主要用于补偿导体在运行中由于温度变化，支持基础的不均匀下沉及地震力作用所引起的母线内应力增加。为了消除这一现象，需在母线段上适当位置装设具有伸缩能力的补偿装置（即伸缩接头），一般在硬母线与发电机端子、主变压器端子以及主厂房 A 排墙的穿墙套管处必须装设伸缩接头。对于其它电器，由于端子不能承受大的应力，是否装设伸缩接头，决定于电器端子前母线有无卡死的固定点以及电器端子允许承受的拉力。当无卡死的固定点时，由于母线可以自由活动，则可不装设。在地震基本烈度超过 7 度的地区，屋外配电装置的电气设备之间宜用绞线或伸缩接头连接。

硬母线长度超过 30m 时应设置一个伸缩接头，母线更长时，应每隔 30m 左右装设一个。

配电装置中的硬母线，根据导体材料伸缩量的计算结果，伸缩节安装跨数推荐采用的数值见表8－25。

表 8－25　不同电压母线伸缩节安装跨数

电压（kV）	35	110	220	330	500
伸缩节安装跨数	7～8	5	3	2	1

在布置上每一伸缩段母线中间应予以固定，以便向两边膨胀。伸缩节与母线两端的连接可采用焊接或螺栓连接。

伸缩节的选择应满足有足够的伸缩量，即：

$$\Delta l = \alpha_x \Delta t l \tag{8-49}$$

式中　Δl——导体材料在一定温度范围内的伸缩量（m）；

α_x——导体材料的线膨胀系数（1/℃）；

Δt——运行母线的温度变化范围（℃）；

l——母线长度（m）。

一般一个伸缩节的伸缩量可控制在 ±5cm 为宜。

伸缩节应尽量采用薄铜片或薄铝片，其材料软连接部分的截面应不小于所连接母线截面的 1.25 倍。

高压配电装置中管形母线选用的伸缩节可用伸缩金具代替，该伸缩金具的结构型式要有利于提高电晕的起始电压和减少微风振动，具体设计时伸缩节和伸缩金具的选择可根据金具样本选用。

五、敞露式大电流母线附近的热效应及改善措施

（一）钢构发热现象及允许温度

大电流母线的周围空间存在着强大的交变磁场，位于其中的钢铁构件，如导体和绝缘子的金具、支持母线结构的钢梁、金属管路、防护遮拦的钢柱以及混凝土中的钢筋等，将由于涡流和磁滞损耗而发热。对于由钢构组成的闭合回路，如母线支持结构和防护遮栏的钢框、混凝土中的钢筋网及接地网等，其中还可能感应产生环流而发热。钢构中的损耗和发热随着母线工作电流增加而急剧增大。一般当母线工作电流大于 1500A 时就要考虑钢构发热，不应使每相导体支持钢构及导体支持夹板的零件构成闭合磁路。对于工作电流大于 4000^A 时，则钢构损耗可能接近或超过导体本身的损耗，引起钢构过热，危及人身安全和电器的正常工作，影响装置的安全经济运行。因此，对大电流母线附近的钢构发热应采取措施。宜将钢构最热点温度控制在表 8－26 规定值以下。

表 8－26　钢构允许温度

钢 构 位 置	允许温度（℃）
人可触及的钢构	70
人不可触及的钢构	100
钢筋混凝土中的钢构	80

（二）改善钢构发热的措施

1．一般措施

（1）合理的加大钢构与母线的距离。根据环境温度为 40℃，空气中钢构最高允许温度为 70℃，钢筋混凝土内的钢筋允许温度为 80℃这些要求，一般母线中心至横越钢构中心的距离（mm）为母线电流（A）

的 0.7 倍及以上，混凝土内钢筋的距离与母线电流数相当时，就可以不采取其它措施。

(2) 合理的选择钢构与母线间的相对位置，使钢构与导体垂直，以便不产生感应电势和环流。与母线平行的较长的钢构，应避免沿钢构长度方向有一条以上的接地线，以免产生环流。两边与母线平行的矩形框架，应改变其宽度和位置，使其环流为最小。大面积钢筋混凝土中的钢筋结构，应将钢筋结构分割成不连续的小尺寸或在纵横钢筋交叉点采用包扎绝缘的方法，以减小环流。

(3) 断开闭合回路，钢构回路宜用绝缘板或绝缘垫断开。设计中必须避免大电流母线附近的钢构件形成包围一相或二相的闭合回路，必要时用黄铜焊缝或绝缘板隔断磁路。

(4) 采用非磁性材料代替钢构件。一般有：

1) 塑料、石棉水泥板、酚醛布板、玻璃钢等非金属材料在交变磁场中不会产生损耗，可以用作护网或遮栏。但这些材料的机械、耐热和老化性能较差，价格较高，对散热和运行巡视有一定的影响，故只能局部采用。

2) 采用非磁性的金属材料，如黄铜、铝和铝合金等，这些材料同样存在着价格较贵的缺点，故只能在局部采用。

2. 电磁屏蔽

电磁屏蔽是用高导电率材料制成的环、栅或板放置在钢构附近适当部位，利用导体中感应电流的去磁作用削弱附近的磁场。

(1) 屏蔽板（栅）。

屏蔽板（栅）用铝或钢制成，放置在母线与钢构之间，两端短接，若屏蔽板沿纵向足够长，则板中电流基本上是纵向的，电流密度与纵向电势成比例。由于三相母线磁场分布是不均匀的，故为节省材料、便于安装和散热，可用屏蔽栅代替屏蔽板。

如钢构闭合回路中的环流超过允许的数值，而回路又不易断开，则采用屏蔽栅可以得到良好的效果。屏蔽栅母线条的截面积一般可按母线电流的 25%～30% 选择，并按允许电流、发热温度或经济电流密度校验。当长度大于 20～30m 时，屏蔽栅应装设膨胀补偿器（即伸缩节）。

(2) 加装屏蔽环。

屏蔽环又称短路环（或去磁环），一般由低电阻材料制成，它的作用可以减少钢构上的发热损耗。实践证明，套在钢杆上损耗发热最严重部位上的屏蔽环（一般是正对母线），它的屏蔽效果可使损耗减少到无环时的 $\frac{1}{2}\sim\frac{1}{4}$，温升可降到无环时的 $\frac{2}{3}\sim\frac{1}{3}$。屏蔽环中电流的大小决定于钢构表面的磁场强度，钢构中电流取值一般为 $I_C=(10\sim15)\%\,I_M$，所以屏蔽环的截面可按 I_C 和经济电流密度来选择。即：

$$S_C = I_C/I_j \tag{8-50}$$

式中　S_C——屏蔽环截面（mm^2）；

I_C——钢构中电流（A）；

I_j——经济电流密度（A/mm^2），根据图 8－1 可查得。

如果短路环截面太大，给安装带来困难时，可以用两个小截面的并装，而不应只将短路环截面减小。试验证明如果把环的截面减小一半，钢构中电流 I_C 减少不多，而环中的损耗接近增大 4 倍。这将使经济性能降低并使短路环过热。

(3) 采用封闭母线。

为了防止导体附近的钢构发热，大电流导体应采用全连型离相封闭母线。离相封闭母线由于外壳的屏蔽作用，可降低母线周围的钢构发热，壳外磁场约减到敞露时的 10% 以下，钢构损耗发热极其微小。但必须指出，在全连型封闭母线端部的短路板、母线转弯或分支处，由于外壳环流的分布和方向改变等原因，母线磁场没有得到很好屏蔽，因此这些部位还需采取防止钢构发热的其它措施。

3. 其它措施

母线金具损耗的处理，过去母线金具设计主要从强度和结构上考虑，而对损耗很少注意。由于金具经常处在强磁场中，虽然不使钢件构成包围母线的闭合磁路，但损耗仍旧很大，有时可达到母线损耗的一半左右。一般情况下由于金具中产生的热量通过母线和绝缘子传递，本体温度不致很高，但由于金具数量多，其总的损耗也是很可观的数值，为了减少金具中的损耗，建议金具材料采用非磁性的。

（三）钢构的热损耗计算

钢构的热损耗计算见附录 8－3。

第 8－2 节　分相封闭母线、共箱母线和电缆母线

分相封闭母线、共箱母线和电缆母线主要用于大型发电机组。

一、分相封闭母线

（一）特点和使用范围

1. 简述

在200MW及以上发电机引出线回路中采用分相封闭母线的目的是：

(1) 减少接地故障，避免相间短路。大容量发电机出口的短路电流很大，给断路器的制造带来极大困难，发电机也承受不了出口短路的冲击。封闭母线因有外壳保护，可基本消除外界潮气、灰尘以及外物引起的接地故障，提高发电机运行的连续性。母线采用分相封闭，也基本杜绝相间短路的发生。

(2) 消除钢构发热。敞露的大电流母线使得周围钢构和钢筋在电磁感应下产生涡流和环流，发热温度高、损耗大、降低构筑物强度。封闭母线采用外壳屏蔽可从根本上解决钢构感应发热问题。

(3) 减少相间短路电动力。当发生短路很大的短路电流流过母线时，由于外壳的屏蔽作用，使相间导体所受的短路电动力大为降低。

(4) 母线封闭后，便有可能采用微正压运行方式，防止绝缘子结露，提高运行安全可靠性，并为母线采用通风冷却方式创造了条件。

(5) 封闭母线由工厂成套生产，质量较有保证，运行维护工作量小、施工安装简便，而且不需设置网栏，简化了结构，也简化了对土建结构的要求。

分相封闭母线主要由母线导体、支持绝缘子和防护屏蔽外壳三部分组成。导体和外壳均采用铝管结构。见图8-10。

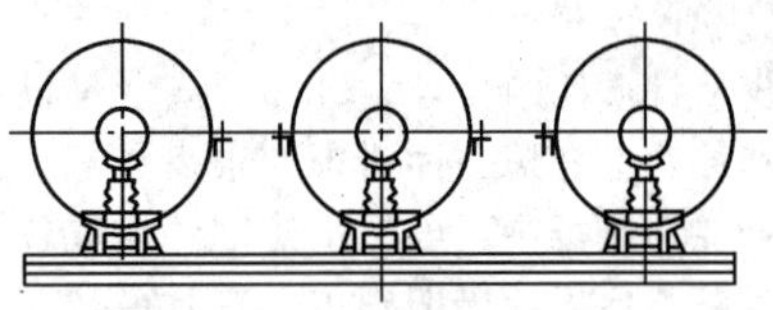

图8-10 分相封闭母线结构示意图

2. 按外壳连接方式分类

分相封闭母线按外壳电气连接方式的不同，可分为：分段绝缘式、全连式和带限流电抗器的全连式共三种。其中第三种在我国尚未采用。

(1) 分段绝缘式封闭母线的特点是：沿母线长度方向的外壳各段之间彼此绝缘，相与相之间和外壳对地之间也彼此绝缘，且规定每段外壳只在一点接地，以避免产生环流（见图8-11）。分段绝缘式分相封闭母线的主要优点是：可使现场焊接工作量减到最小，能实现快速安装。但主要缺点是因外壳只有涡流屏蔽而无环流屏蔽，壳外磁场强度降低有限，以致周围钢构发热比敞露母线只减小15%~20%；母线导体短路电动力虽可降低60%~70%，但外壳上的短路电动力却要增加为没有外壳时导体电动力的1.5~2.5倍。因此目前国内已不采用。

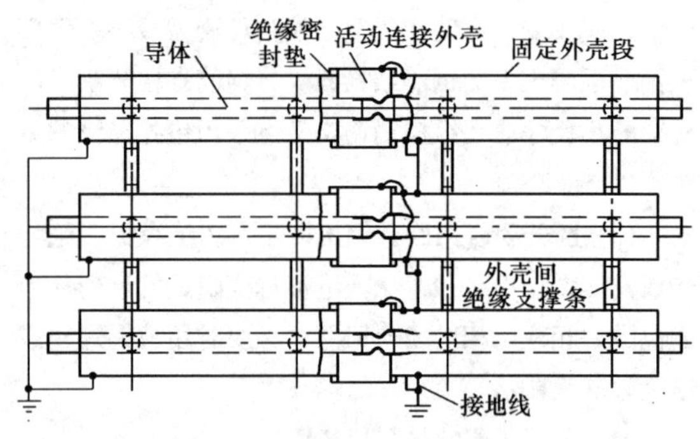

图8-11 分段绝缘式封闭母线

(2) 全连式封闭母线的特点是沿母线长度方向上的外壳，在同一相内（包括各分支回路）从头到尾全部连通。在封闭母线的各个终端通过短路板，将各相的外壳连接成完整的电气通路（见图8-12）。

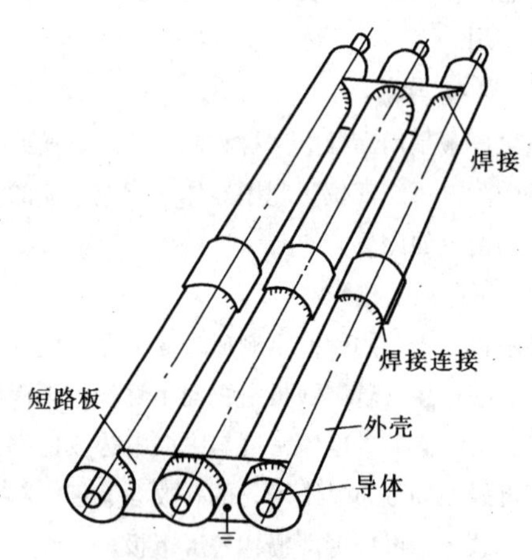

图8-12 全连式分相封闭母线

有的工程从方便安装等原因出发，在以上全连式基础上再将由发电机至变压器之间的封闭母线分为2~3段，在每段两端装设短路板，称为分段全连式。

3. 使用范围

分相封闭母线在大型发电厂中的使用范围为：从发电机出线端子开始，到主变压器低压侧引出端子的

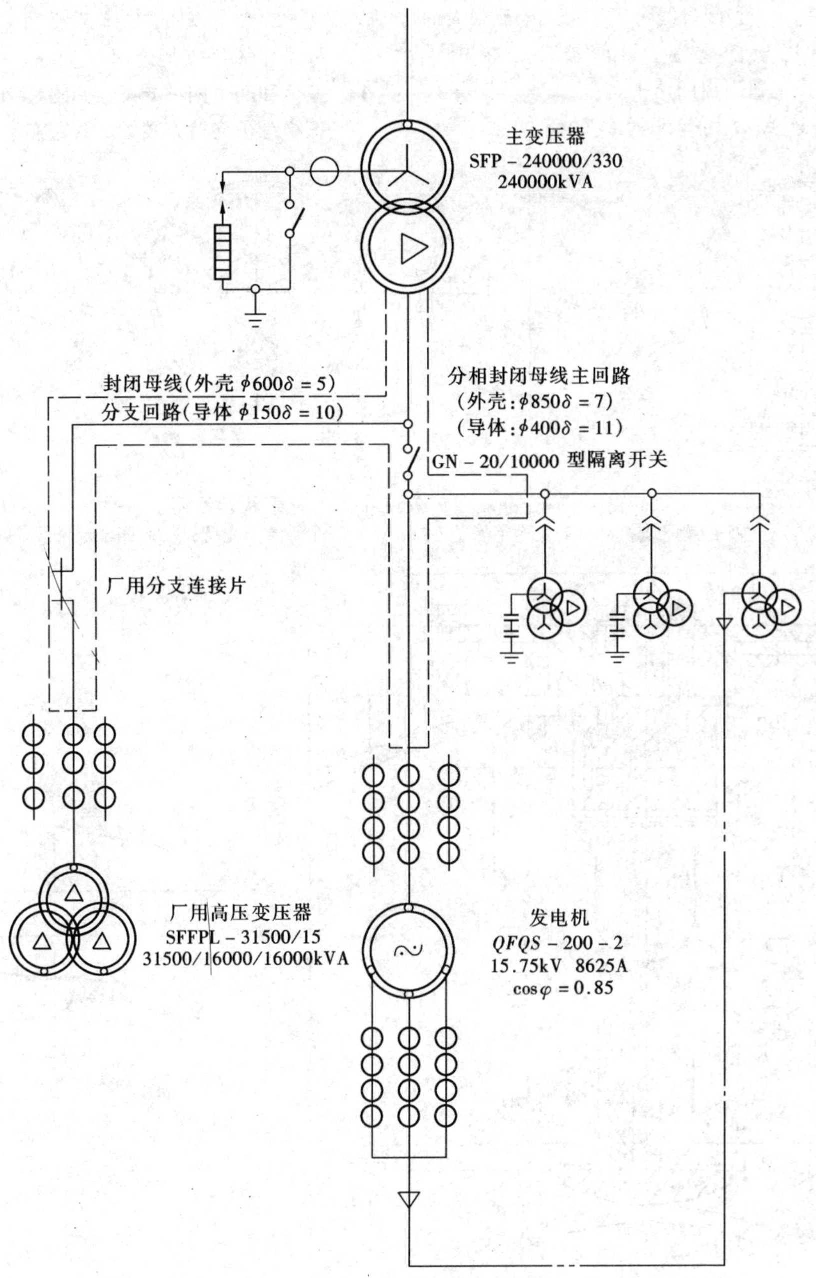

图 8－13　分相封闭母线的使用范围（QL 工程）

主回路母线，自主回路母线引出至厂用高压变压器和电压互感器、避雷器等设备柜的各分支线，如图 8－13电气主接线中虚线框内所示。

4. 全连式分相封闭母线的优越性

全连式分相封闭母线，以母线导体为一次侧，母线外壳为二次侧，恰似一台变比为 1∶1 的空气芯变压器。当导体通电时，外壳上产生一个方向相反而其数值几乎与母线导体上流过的电流相等的感应电流，使得壳外剩余磁场大为降低（只有敞露母线的百分之几），因而与分段绝缘的连接方式相比，优越性有：

(1) 周围钢结构或混凝土钢筋中几乎不存在热损耗或温升。

(2) 大大削弱母线相间短路电动力，从而可采用较轻型的支持结构。

(3) 外壳基本处于等电位。接地方式大为简化。

由于全连式分相封闭母线可用于母线电流很大的情况，且具有以上优越性，目前被广泛采用于200MW及以上发电机引出回路中。

（二）全连式分相封闭母线的结构

1. 母线导体的支撑装置

母线导体用支持绝缘子支撑。一般有单个、两个、三个和四个四种方案，如图8-14所示。

三绝缘子支持方案较之其它方案具有结构简单、

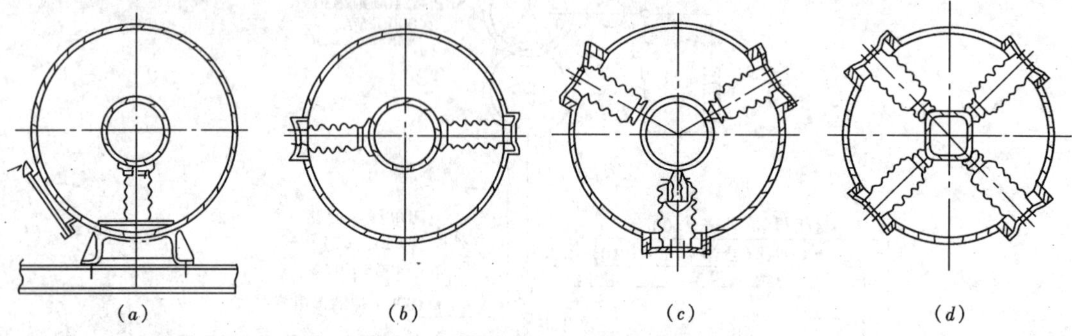

图8-14 分相封闭母线导体支持结构示意图

(a) 单个绝缘子支持；(b) 两个绝缘子支持；(c) 三个绝缘子支持；(d) 四个绝缘子支持

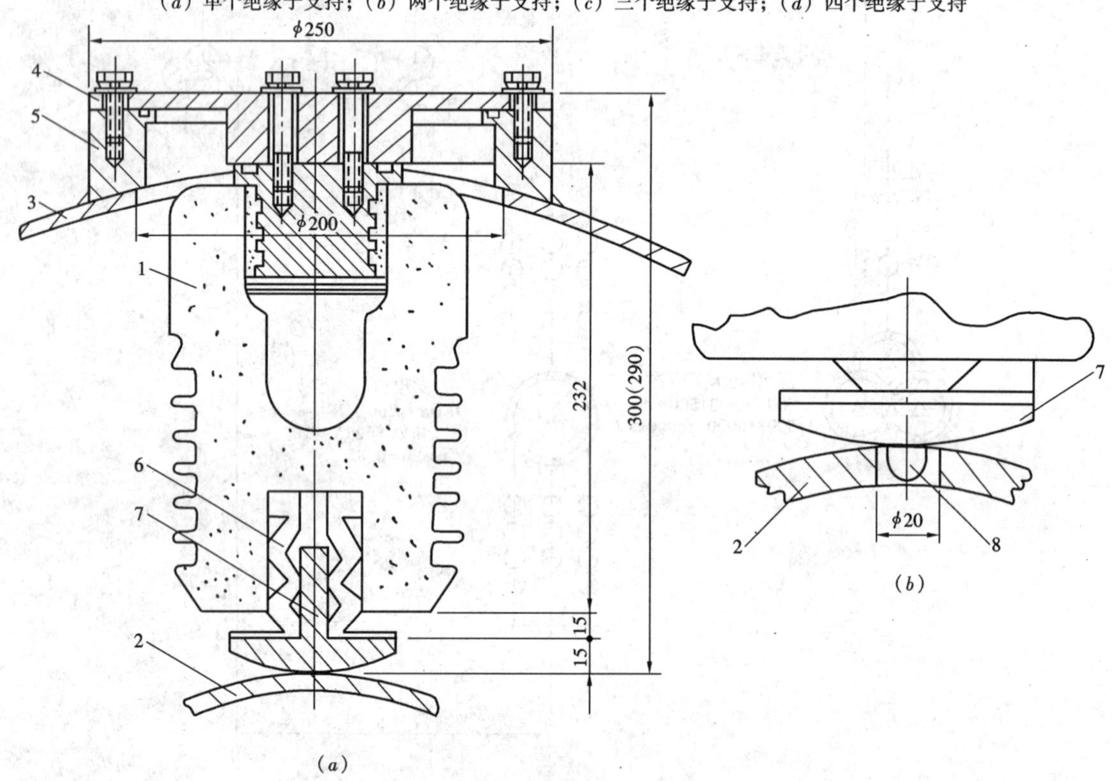

图8-15 母线导体的支撑装置图

(a) 活动支持方式；(b) 固定支持方式

1—支持绝缘子；2—母线导体；3—母线外壳；4—绝缘子支撑板；5—绝缘子底座；6—橡胶弹力块；7—蘑菇头金具

受力好、安装检修方便，且可采用轻型绝缘子等优点。国内设计的封闭母线几乎都采用三绝缘子支持。

三绝缘子方案在空间以彼此相差120°的位置安装，将绝缘子的主要受弯力作用变为主要受压力作用。支撑装置由支柱式绝缘子、橡胶弹力块和蘑菇形铸铝合金金具三部分组成，可分别对母线导体实施活动支持和固定支持。当用作活动支持时，母线导体不需做任何加工，只夹在三个绝缘子的金具之间；当用于对母线导体作固定支持时，需在导体上钻孔并改用顶部设有球状突起的蘑菇形金具，将该突起部分伸入钻孔内，实现对母线导体的固定支持，见图8-15。

三绝缘子支持方案中的绝缘子底座法兰与安装检

修孔的可拆盖板合二为一，绝缘子可以直接插入或抽出。便于安装、检修和更换，这是该方案的又一优点。为减少故障几率，可适当提高绝缘子的耐压等级。

2. 外壳的支撑装置

外壳的支撑装置要求能够承受住封闭母线的静荷载、短路时的动荷载，能够适应外壳在温度变化时的相对位移，以及便于安装时的调整。国内多采用“抱箍加支座”式支撑装置。该装置是用槽铝弯成两个半园环，套在外壳上。两环之间分别于两处用螺栓上紧，并在其中一个套环上装设两个既能支也能吊的支座（见图 8-16），再将三相共六个支座焊接在统一的钢梁（一般为槽钢见图 8-16 中之 5）上。此种结构安装时可以进行调整。待封闭母线完全安装就位后将抱箍点焊在外壳上；钢梁焊装在支架（或吊架）上。

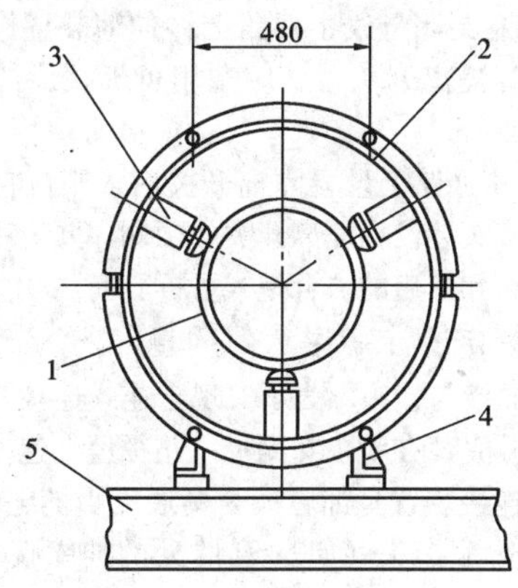

图 8-16　外壳支撑装置图

1—母线导体；2—外壳及支持抱箍；3—绝缘子；4—支座；5—三相支持槽钢

为使外壳在温度变化时能够沿轴向发生相对移动，还需在适当地点的外壳支持（或悬吊）结构中，设置一定数量的滑动式支座（见图 8-17）。为防护地震的破坏，国内进口的 DG 电厂封闭母线中，在与其支撑或悬吊的基础结构连接部分还隔以装有弹性橡胶垫的减震器，以减少外部震动对封闭母线的影响。

3. 伸缩装置

伸缩装置的作用主要是补偿由于温度变化、震动和基础不同沉降而引起的危险应力。伸缩装置串接在封闭母线的回路中，其接头有可拆卸和不可拆卸的两种。每一套伸缩装置都包括母线软导体部分和母线外壳部分。

伸缩装置中软导线的载流量应等于或大于母线导体的载流量。接头装上后，其带电部分与外壳间的间隙应满足相对地安全净距要求；接头取下后导体之间或导体与设备端子间的间隙，应保证足够的相对地安全净距要求。

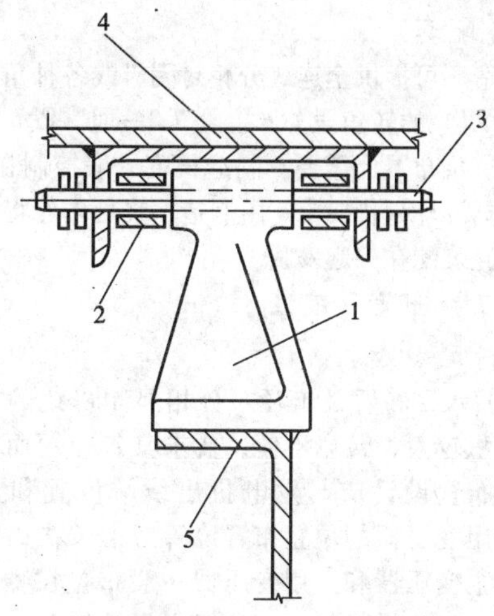

图 8-17　外壳支撑装置支座详图

1—支座；2—套筒（滑动型无此套筒）；3—轴；4—母线外壳；5—三相支持槽钢

当将伸缩装置用于可拆接头时，其母线导体部分一般采用韧性和柔软性较好的铜编织线。其连接板与导体接触面双方（导体一方可为铜铝过渡接头）均为铜上镀银，用非导磁性螺栓连接。当将伸缩装置用于不可拆接头时，其导体部分一般由多片铝薄板组成，并将其焊接在两侧母线导体上。

伸缩装置的外壳部分有三种结构形式。

(1) 铝波纹管结构。此种结构散热好、能导电，任何方向具有 ±25mm 的伸缩性，不存在老化和更换问题，安装在主回路和分支回路的中间部位。铝波纹管一般都直接焊接在两侧母线外壳上，和不可拆的具有伸缩性的导体部分配合使用。若需做成可拆的外壳伸缩装置，而与可拆的具有伸缩性的导体部分配合使用时，可以改用橡胶波纹管，并通过金属压环和螺栓与母线外壳相连。

(2) 橡胶波纹管结构。此种结构不能导电、散热性能较差且又存在老化和更换问题。故一般仅用于主回路和具有可拆卸性能的分支回路末端部位。

(3) 铝质合抱式可拆套筒。此种结构接头可以开启、伸缩。为便于开启和密封，套筒采用螺栓连接，衬以密封垫，并于套筒两端装设可以实现伸缩的橡胶密封圈。

外壳为铝波纹管，导体为铝薄板组成软导线的伸缩装置，一般均由厂家在工厂内事先将整套装置组装在所在处的封闭母线组装段上。

为了随时掌握可拆接头连接处的运行温度，一般应在该连接处装设测温装置，并在相应的外壳上开设密封观察窗。

4．配套

制造厂可提供全连式分相封闭母线各种角度（如90°、45°等）的转角段、*T*接段（“三通”段）和直线段，以满足布置上需要。制造长度一般控制在6m以内。根据设计订货要求，由制造厂在厂内先将母线导体和外壳装配在一起发货。

（三）布置和安装

1．布置设计

(1) 水平布置及走径。分相封闭母线的价格较贵、体积较大，转弯不便，要求其走径短而直。因此，其布置设计应与发电机出线端位置和主变压器、厂用变压器的位置布置统筹考虑。在火力发电厂中，主变压器和厂用变压器一般布置在主厂房*A*列墙外，封闭母线的平面位置应尽量与发电机出线的位置对齐。此时，分相封闭母线的走径一般为：从发电机引出端子开始，紧贴运转层下的平台（有的工程尚需通过同标高的专设引桥）穿过*A*列墙，经门形支架（或*A*列墙外侧上的专设墙托），过变压器隔火墙和支架，引至主变压器和厂用变压器。

(2) 分支回路的设备布置。回路中的其它设备应布置在主母线的附近，以使封闭母线的分支引接比较方便。厂用变压器只有一台时，一般布置在*A*列墙与主变压器之间封闭母线的下方，其*B*相高压套管与封闭母线主回路的*B*相中心线重合。如果位置狭小，也可将厂用变压器布置在主回路的左侧或右侧。

电压互感器柜、避雷器（电容器）柜、中性点接地柜一般就近布置在运转层平台之下的楼板上，也可布置在更下一层，或者布置在发电机出线小室内。柜中各设备之间、各相之间均应分别封闭。电压互感器、发电机中性点接地变压器（消弧线圈）应选用干式绝缘。

(3) 竖向布置及固定方式。封闭母线的标高主要取决于汽机房内下列设备和管道的安装：发电机出线套管的高度，热机系统的油、气管路标高，电缆桥架标高等。一般布置在6m层以上、汽机运转层以下，尽量避免水平方向和垂直方向上的转弯。

封闭母线在户内部分，一般可采用钢支架与钢吊架共用的固定支撑方式；而在户外，通过*A*列墙上的托架（或墙外支架）、变压器隔火墙和支架固定。当无隔火墙时，则可根据具体情况采用各种型钢（如槽钢和角钢）组成的大型组合支架来解决封闭母线的固定问题（见图8-17）。

(4) 伸缩装置的选用。

1) 主回路、各分支回路末端与各设备相连处，选用可拆接头的伸缩装置。如主变压器、厂用变压器的引出端，电压互感器和避雷器柜的连接处。

2) 当封闭母线由发电机机座过渡到厂房的其它构筑物，选用不可拆接头的伸缩装置。

3) 封闭母线的直线段部分，每超过20m选用一个不可拆接头的伸缩装置。

4) 封闭母线穿过*A*列墙时，应选用母线导体部分为可拆接头，外壳部分为铝波纹管的伸缩装置，以考虑不同沉降和穿墙密封装置的检修（密封装置的检修可通过设于接头顶端外壳上的检修孔进行）。

5) 当在封闭母线主回路上将伸缩装置作为可拆连接片代替隔离开关时，应选用可拆接头的伸缩装置。

6) 当主回路上设置隔离开关时，则应将伸缩装置的可拆接头装设在隔离开关的两侧，并选用既能导电又可密封和开启的“合抱式可拆套筒”。

2．安装设计需注意的问题

(1) 连接与接头。为了实现全连式连接，无论母线导体和外壳，在整个封闭母线路径上（包括装于其上的各种连接装置）都应成为畅通无阻的电气通路。外壳上的伸缩接头（如*A*列墙处的伸缩接头等等）宜采用能导电的铝波纹管。

为充分利用导体有色金属，导体可拆接头处的最高运行允许温度为105℃。因此，要求母线导体间及导体与设备间的可拆接头双方接触面均需为铜上镀银，其接触面电流密度不大于0.1A/mm^2。

(2) 相间距离。封闭母线的相间距离随工作电流大小和制造厂家不同，有850、900、950、1000、1050、1200、1250、1300、1400、1550、1800、1950mm等多种。在设备订货时，应尽量要求发电机、主变压器、厂用变压器等的出线端子相间距离与封闭母线的相间距离相等，以简化连接方式。当无法一致时，可在发电机出线端装设相距变换箱，或在厂用分支处改变引线的相间距离。

(3) 电流互感器的安装位置。为了减少封闭母线的断口以增强密封性能，应尽量将电流互感器装设在发电机、主变压器和厂用变压器等设备的出线套管之中，而不要设置在封闭母线回路上。特别是为大差动保护而在厂用变压器高压侧设置的电流互感器，当要求制造厂装设在高压侧套管内时，还可避免保护死区的出现。

(4) 与设备间的连接。为了防止环流进入发电机或变压器本体，在设备的端子连接处，设备壳体与封闭母线外壳之间，必须采用一套绝缘的连接装置。

为了在停电检修或做试验时能方便地将封闭母线导体上的电容电流释放，可要求制造厂在封闭母线外壳的适当位置（如供发电机做短路试验用装置处）装设专用检修接地刀。

(5) 排氢装置。对于氢冷却的发电机，为了防止氢气从发电机出线套管处泄漏到母线内，宜在与发电机连接处加设密封绝缘隔板。对于氢压强较大的发电机尚需在隔板上端，发电机出线套管电流互感器的下部与封闭母线连接处，再装设一个通风罩环。环的四周开满通风孔（其有效的通风面积一般应由电机厂提供）。环的上端与发电机套管处的绝缘通风罩相通，以形成经常性的空气自然对流而将泄出的氢气及时排除。

对于强制风冷的封闭母线装置，美国 GE 公司推荐一种氢检测装置。该装置通过铜管与发电机出线侧三个相的出线罩箱和中性点侧的出线罩箱相连。当检测出一定量的氢和空气的混合物时，该装置即自动开启有关的挡板，让来自风机系统的冷空气将氢气排除并发出警报信号。

(6) 外壳的接地。封闭母线的导体与外壳之间，以及外壳与地之间存在电容，带电时便产生一定的电位差。带电导体发生单相接地时，更会使外壳对地电压升高。为使保护及时动作、保障人身安全，封闭母线外壳应接地。

外壳接地的方式有一点接地和多点接地两种。

一点接地可以避免外壳与地之间形成感应电流。但一点接地要求每一外壳支座都加装绝缘部件，结构较为复杂。

多点接地除在各个短路板处接地外，在封闭母线各个支持点或悬挂点与其支吊钢构间都不要求加装对地绝缘部件。运行实践表明，多点接地时由壳外磁场产生的接地地中电流很小。因此，一般情况下全连式封闭母线都可采用结构简单、安装方便的多点接地方式。

3. 制造设计需注意的问题

(1) 密封问题。为保证壳内绝缘子安全可靠运行，减少绝缘故障，应要求制造厂提高焊接质量、加强密封，同时还需注意：

1) 主回路上和分支回路上的电流互感器不应装设在封闭母线之中，而应装设在发电机两侧出线套管上和厂用高压变压器高压出线套管之内。

2) 尽量避免或减少在封闭母线外壳径向开设可以开启的孔口。所有孔口都应设置密封性能良好的密封装置。

3) 在封闭母线各回路的末端装设专门的密封绝缘装置（或者能够起到密封绝缘作用的其它装置）。特别是对于氢冷却发电机要在封闭母线的发电机端装设隔氢装置。

4) 在 *A* 列墙处装设密封绝缘装置，以杜绝户内外冷热空气对流，避免绝缘子结露。

5) 在外壳适当位置处（一般在 *A* 列墙内侧和外侧）装设具有吸湿功能的装置，如防潮硅胶呼吸器。

6) 装设满足密封要求的泄水器。自冷式封闭母线在负荷或温度变化时产生的呼吸现象，会使壳内存有水份。因此，需在封闭母线各个最低位置处装设既能及时泄水，又能防止外部空气进入壳内的具有“密封”性能的泄水器。

(2) 支撑装置。制造厂应提供将三个单相封闭母线组装成为一个整体的支持横梁和经供需双方协议规定的全套支撑装置。这些装置可包括户内部分的单相、三相支架和吊架，户外部分各种类型的钢构支架。

包括将上述三相封闭母线组装在一起的支持横梁在内的整个支持结构，应能满足既能支持也能悬吊的安装要求。

(3) 表面处理。封闭母线外壳外表面，和母线导体外表面应进行涂漆处理，以利于整个封闭母线的散热。当在外壳外表面涂黑漆时，黑度约增加到 0.9，以易于散热，但对太阳辐射热的吸收却又大为增加。若将户外部分外表面磨光而不涂漆，虽减小了对太阳辐射热的吸收，但又大大降低辐射散热的能力。因此，较适宜的表面处理是：母线导体外表面和外壳内表面涂无光泽黑漆；外壳外表面涂无光泽浅灰色或浅蓝色漆。

（四）封闭母线发展中的几个问题

1. 强制风冷的冷却方式

国内目前 300MW 及以下发电机的封闭母线一般均采用自然冷却方式。当机组容量大到一定程度后，就需要考虑采用强制风冷的冷却方式。

采用强制风冷，母线导体载流量可增加 0.5～1 倍。母线导体和外壳、外径等大为减小，从而节省大量有色金属和方便施工安装。但由于增加了风机、冷却器，增加了运行费和维护工作量。具体工程应根据母线长度、回路工作电流大小等条件，进行综合技术经济论证。国外的情况是：加拿大认为额定电流为8000A以上可考虑强制风冷方式；日本自冷方式一般不超过16000A，长度不超过20～25m，电流超过12000A、长度超过25m后是否需要风冷，可针对具体情况进行论证；西德到25000A才考虑；美国是从600MW机开始考虑，但也有750MW机仍采用自冷方式的情况。

当采用强制风机时，冷空气进入封闭母线的方式一般有两种：一是“*B*相进，*A*、*C*相出”（参见图8－18）；一是“*A*、*C*相进，*B*相出”。都是闭式循环。还可考虑采用一种“单相双风”的冷却方式，冷却介质先进入每相母线导体（圆管形母线导体端部是开启的），到达终端后经导体与外壳之间的环形通道而返回，热空气经热交换器冷却后，重新进入母线导体，相间不设联箱。

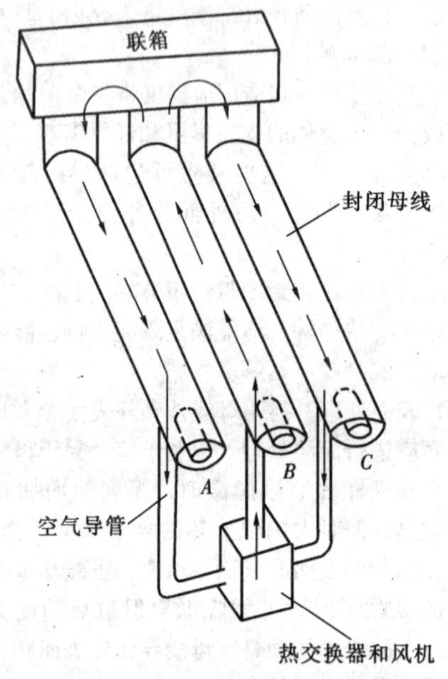

图8－18　强制风冷气流示意图

图8-19为法国的一种强制风冷式分相封闭母线总体布置图。

2. 快速拆装可拆连接装置

为了取代主回路上的隔离开关，国外采用一种“快速拆装”可拆连接装置。它没有一般可拆装置由于连接螺栓太多带来的拆装困难、费工费时、易损伤软连接部分等缺点。

美国GE公司的快速拆装连接装置，使用一种“具有弹跳性能的”钟罩形垫圈（见图8－20）。该装置只允许使用较少量螺栓，且可在不需要取下螺栓的情况下，便可将连接片拆除（“拔出”）或插上。

3. 微正压装置

为杜绝外部污秽、潮湿的空气进入封闭母线内部，避免绝缘子结露闪络，可向壳内空气加压，即在封闭母线的适当位置处（一般在A列墙的内侧），装设保持微正压的装置，专门向壳内提供一定量的干燥而清洁的空气。

微正压装置一般由两部分组成：一是不加热的再生式空气干燥器；另一部分是包括传感器（或压力开关）在内的自动加压系统（有时还包括离心式空气滤清器）。它可使系统中的压缩空气露点下降到－45℃以下，由它来实现封闭母线中空气的恒压。

微正压装置中所需压缩空气一般可取自发电厂空压站或断路器的压缩空气系统，并经过过滤使之无尘、无油后使用。

4. 外壳上装设限流电抗器

全连式封闭母线的外壳上感生的环流，与母线导体上流过的工作电流方向相反，数值基本相等，全年的电能损耗很大。国外在较大容量的封闭母线上有装设限流电抗器以削弱外壳环流的实例。连接方法是：外壳的一端短路另一端于每相外壳上各串联一只速饱和电抗器并相互连成星形接地（图8－21）。

饱和电抗器在正常时工作在饱和点以下，并将外壳环流限制到某一整定值（例如额定电流的1/3）。当发生短路时，电流突增电抗器进入饱和区工作状态，限流作用大为减小从而仍可大大削弱短路时的电动力。

如果限制外壳环流串联限流电抗器造成附近钢构严重发热时，可将“外壳上串联电抗器”只用于附近无钢构的户外部分，特别是当封闭母线户外部分的长度较大时。

二、共箱母线

（一）特点和使用范围

共箱母线主要用于单机容量为200～300MW的发电厂的厂用回路。

共箱母线是将每相多片标准型铝母线装设在支柱式绝缘子上，外用金属（一般是铝）薄板制成罩箱来保护多相导体的一种电力传输装置。

共箱母线有支持式和悬吊式两种安装方式。悬吊式的厂用共箱母线断面图如图8－22所示（图中尺寸仅供参考）。

共箱母线在发电厂中主要用于厂用高压变压器低压侧到厂用高压配电装置之间的连接线。这是因为厂

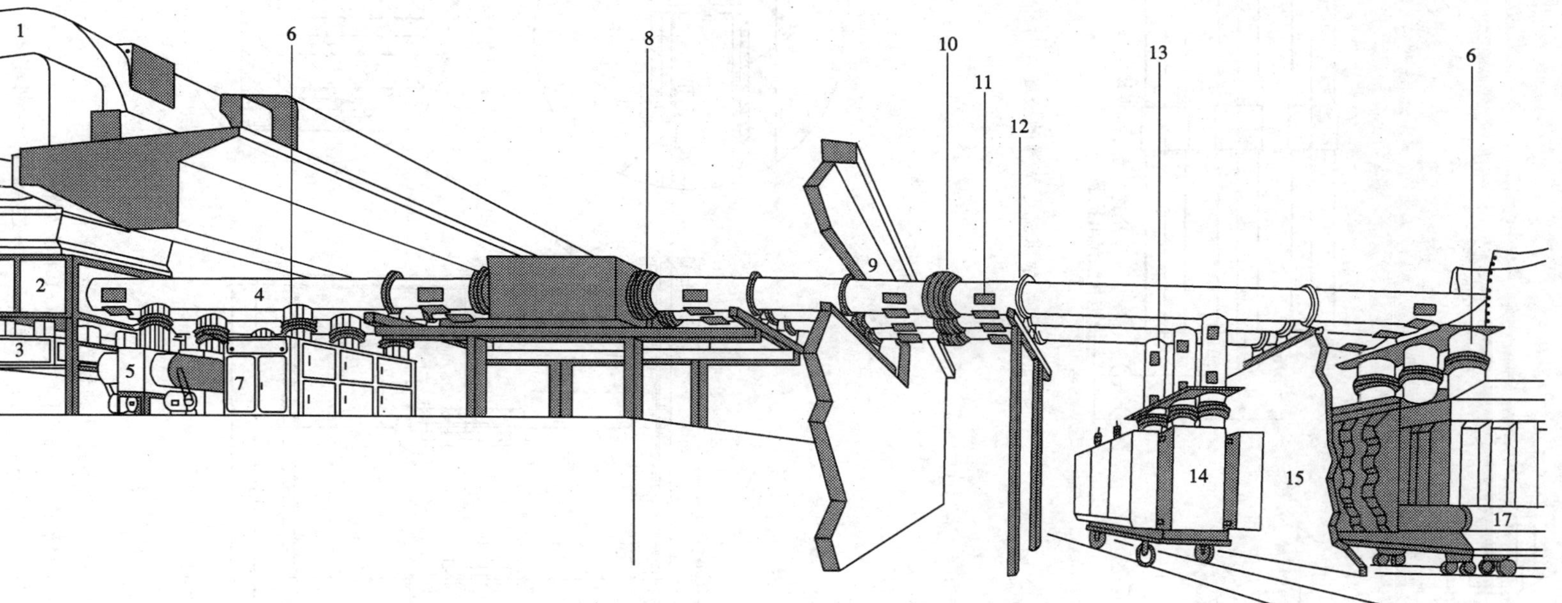

图 8－19　强制风冷式分相封闭母线总布置示意图

1—发电机；2—发电机出线箱；3—发电机出线套管处的强制风冷装置；4—分相封闭母线主回路；5—分相封闭母线上的强制风冷装置；6—电压互感器柜分支回路；7—电压互感器柜；8—与断路器、负荷开关或隔离开关相连的伸缩装置；9—穿墙段；10—外壳伸缩接头；11—支持绝缘子观察（检修）窗；12—封闭母线支撑装置；13—厂用变压器分支回路；14—厂用变压器；15—防火隔墙；16—主变压器连接装置；17—主变压器

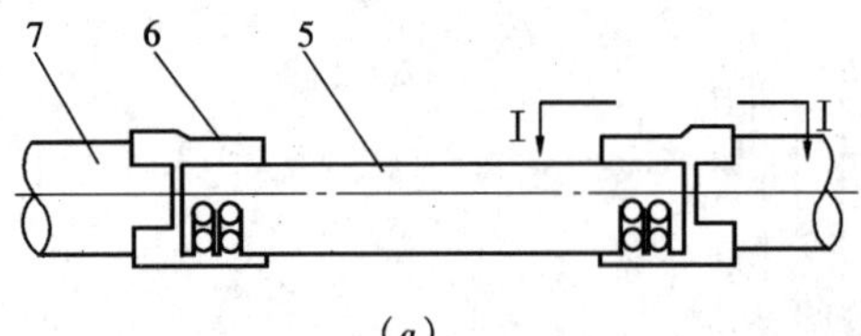

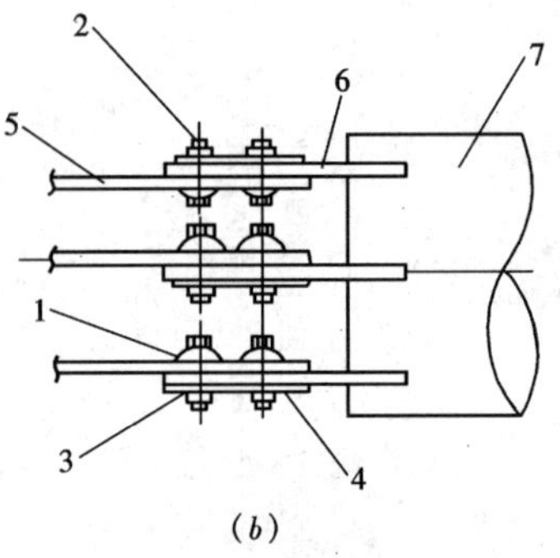

图 8-20 快速拆装连接装置示意图

(a) 正面图；(b) Ⅰ-Ⅰ断面

1—钟罩形弹跳垫圈；2—螺栓；3—螺帽；4—垫板；5—可拆连接板；6—母线导体过渡板；7—母线导体

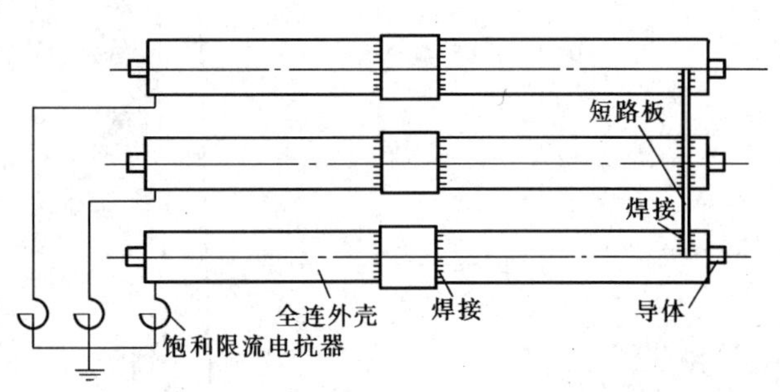

图 8-21 带限流电抗器的全连式封闭母线示意图

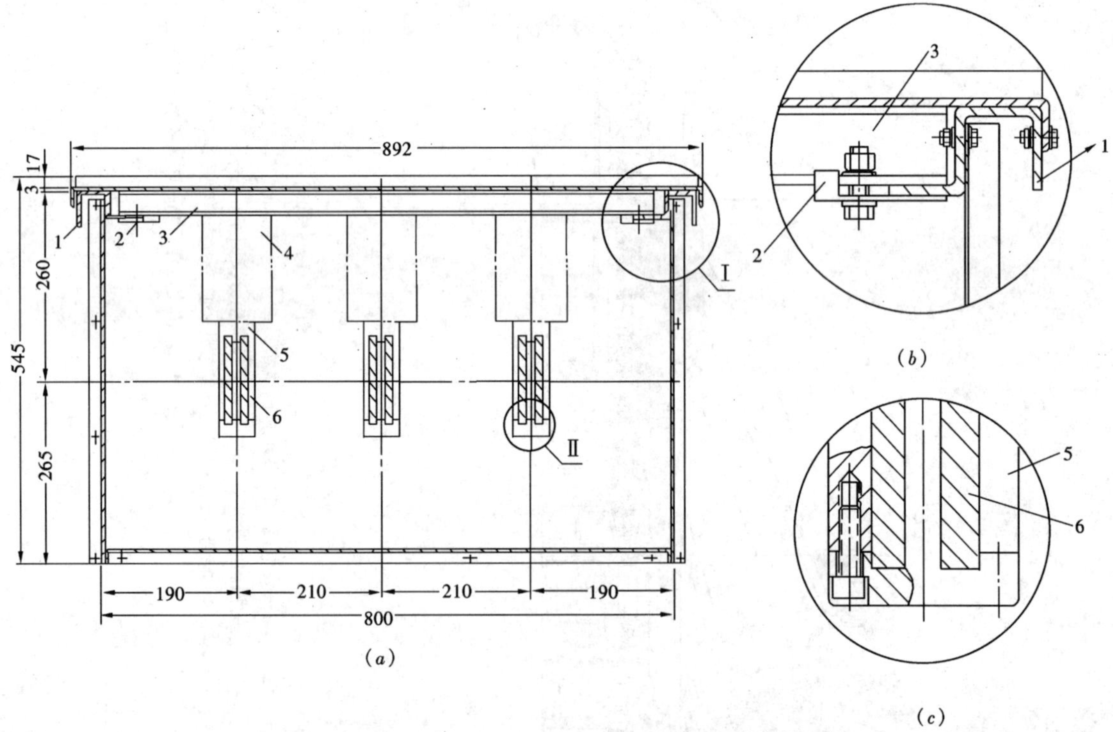

图 8-22 厂用共箱母线装置（悬吊式）断面图

(a) 装置总图；(b) Ⅰ放大图；(c) Ⅱ放大图

1—支架钢梁；2—卡板；3—绝缘子吊装梁；4—绝缘子；5—支持金具；6—母线导体

用高压变压器高压侧分支上一般不设断路器，需要防止由于外界因素造成低压侧引出线上的短路故障；同时又要求能够经济可靠地输送较大的厂用电功率。

共箱母线也可用于交流主励磁机出线端子至整流器柜的交流母线和励磁开关柜至发电机转子滑环的直流母线。电压约为400V，电流可达到2000A。交流和直流用励磁母线的母线导体每相一般采用两片铝母线，罩箱由厚度为2mm的钢板做成，户内安装。罩箱顶盖和底板都开有通风百页窗。母线用上下两块胶木板夹紧固定在罩箱两侧角钢上，如图8－23所示(图中尺寸仅供参考)。

母线穿过机座预留孔时需包绝缘，其余部分裸露。根据具体情况，共箱母线也可直接由励磁机出线端子处引出。

（二）布置和安装

厂用高压电源用共箱母线的布置从厂用高压变压器低压侧出线端子开始，通过装设于低压出线套管底部三相升高座上的矩形法兰到厂用高压配电装置电源进线柜顶矩形法兰，固定在开关柜上。法兰间（包括共箱母线路径上的法兰间）需装设橡胶密封圈。

根据实际工程的具体需要，厂用电源共箱母线的安装可采用支撑式或悬吊式；或两者兼用（一般进入户内后为悬吊式）。支撑式和悬吊式的安装方式分别参阅图8－24和图8－25。

当采用支撑安装时，横梁上母线下的支持槽钢安装位置一般应与母线内绝缘子支持槽钢的安装位置对应，悬吊式安装则通过吊杆及其连接件固定在顶部预设的钢构上。

检修孔一般安装在罩箱底部，孔口的大小、形状和数量以能对每一绝缘子进行检修、安装为原则。

为便于对可拆接头处进行温度监视，应在对应位置处设置测温装置和密封式观察窗。

厂用共箱母线在配电装置穿墙处，一般尚应装设户外型铝导体穿墙套管及密封隔板。在与设备相连处及在土建结构出现不同沉降的地方（如在进入厂用配电装置的隔墙处，对于励磁共箱母线则在从机座过渡到厂房其它结构处），母线导体间用铜编织线伸缩节连接，罩箱用橡胶伸缩套连接。

励磁母线因全部在户内安装，可采用悬吊式与沿墙敷设相结合。当交流励磁母线和直流励磁母线都采用共箱母线时，还可视情况采用上下重叠布置的安装方式。

共箱母线设计包括：路径选择；与变压器出线端子间连接方式和与开关柜间连接方式的落实；向土建专业提出户外部分支撑或悬吊装置的结构要求、荷重计算和布置资料；户内部分支吊架结构设计，并向土建提出预埋件（包括荷重）；向制造厂提出订货时的各种计算资料（详见“（三）选择计算实例”）；与有关单位一起和厂家签订订货技术协议、促成经济合同签署直至施工安装完成等。

在实际工程中，共箱母线户外部分支、吊架结构较简单者可由电气专业自己设计，也可视情况委托土建专业完成设计。

（三）选择计算示例

1. 原始条件

(1) 厂用高压变压器型号和参数：SFFPL－31500/15型、31500/16000/16000kVA、15.75 ± 2 × 2.5%/6.3/6.3kV；

(2) 短路时通过共箱母线上的冲击电流 i_{ch} = 55.8kA；

(3) 母线安装时为竖放，环境温度按40℃考虑。

2. 按持续工作电流选择母线

$$I_g = 1.05 \times \frac{16000}{\sqrt{3} \times 6.3} = 1541.4(\text{A})$$

因母线安装在密封罩箱内散热条件较差，铝母线载流量按70%考虑。取共箱母线的持续工作电流为：

$$I = 1541.4/0.7 = 2202(\text{A})$$

在40℃环境温度及母线竖放条件下选LMY－2（100×10）型母线。

3. 按短路动稳定校验

(1) 满足机械强度要求时母线的最大允许跨距：

根据本手册表8－13矩形铝导体机械计算用数据表得知：当选用LMY－2（100×10）型母线、竖放安装时，为满足母线机械强度要求，最大的允许跨距不应超过：

$$l_m = 28.75\sqrt{a\sigma_{x-x}}/i_{Ch}$$

片间衬垫的临界跨距为：

$$l_{lj} = 558/\sqrt{i_{Ch}}$$

在满足不超过 l_{lj} 条件下的片间机械力为：

$$\sigma_x = 5.29 \times 10^{-4} \times i_{Ch}^2 l_1^2$$

将 i_{Ch} = 55.8kA 代入得：

$$l_{lj} = 558 \times 1/\sqrt{55.8} = 74.7\text{cm}$$

取小于 l_{lj} 的片间衬垫间距 l_1 = 50cm 并代入算式：

$$\sigma_x = 5.29 \times 10^{-4} \times 55.8^2 \times 50^2 = 4118\text{N/cm}^2$$

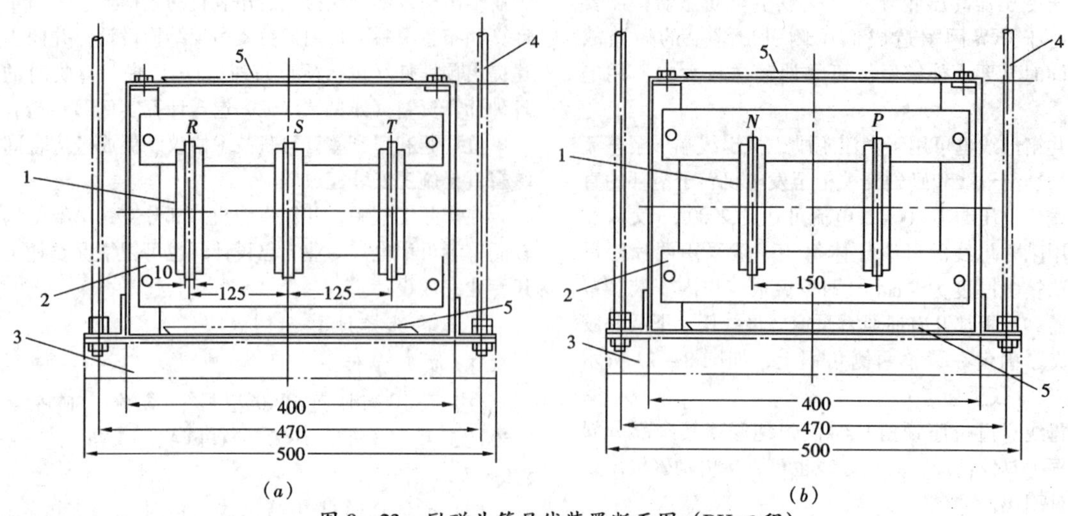

图 8-23 励磁共箱母线装置断面图（DH 工程）

（a）交流励磁母线；（b）直流励磁母线

1—母线；2—绝缘支持板；3—吊架；4—悬吊螺杆；5—通风百页窗

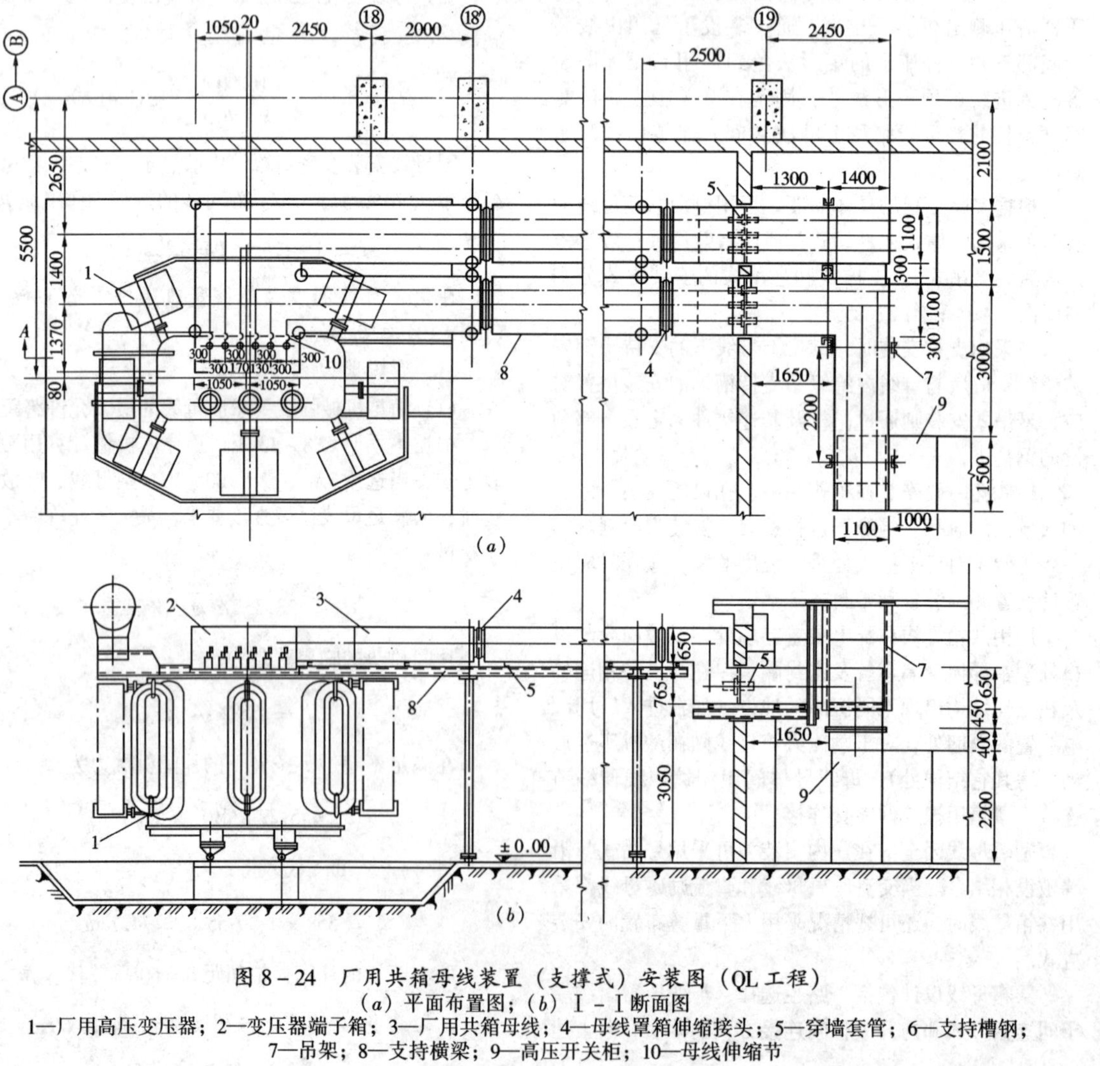

图 8-24 厂用共箱母线装置（支撑式）安装图（QL 工程）

（a）平面布置图；（b）Ⅰ-Ⅰ断面图

1—厂用高压变压器；2—变压器端子箱；3—厂用共箱母线；4—母线罩箱伸缩接头；5—穿墙套管；6—支持槽钢；7—吊架；8—支持横梁；9—高压开关柜；10—母线伸缩节

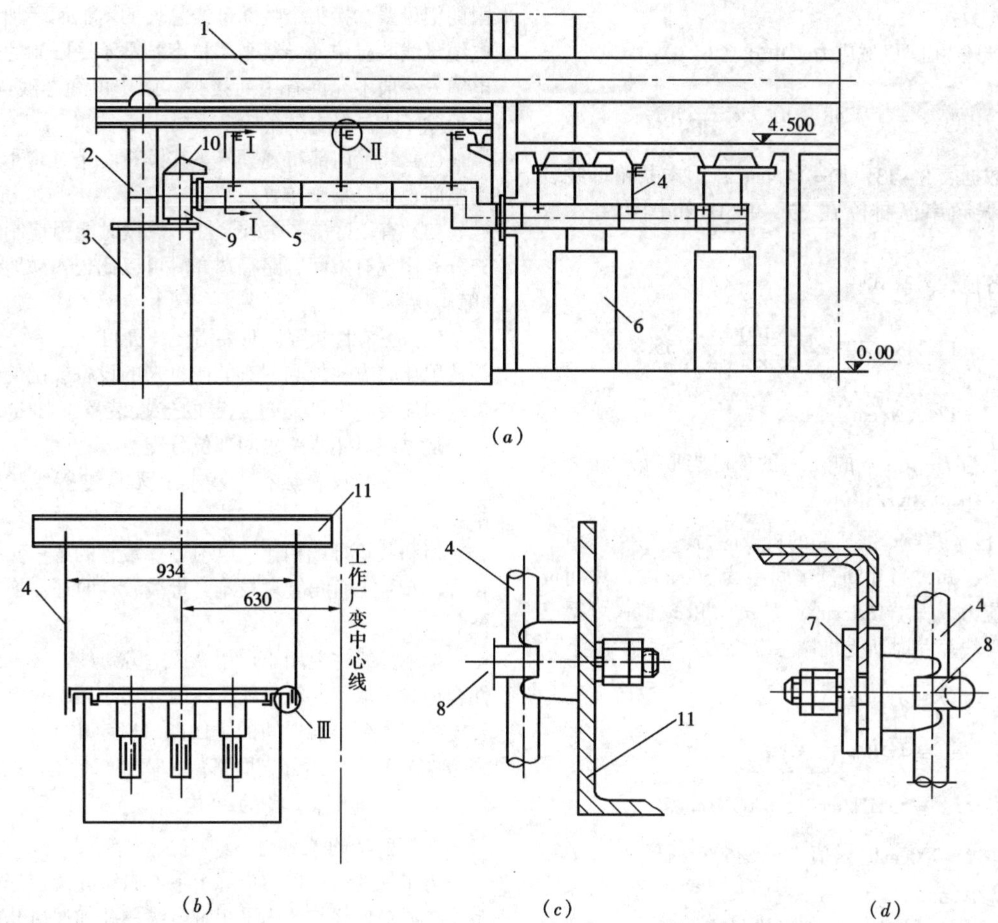

图 8-25　厂用共箱母线装置（悬吊式）安装图（单机 20 万 kW）

（a）断面布置图；（b）Ⅰ-Ⅰ断面；（c）Ⅱ详图；（d）Ⅲ详图

1—封闭母线主回路；2—封闭母线厂用分支回路；3—厂用变压器；4—悬吊螺杆；5—厂用共箱母线；6—高压开关柜；7—吊装夹板；8—U 型螺栓；9—变压器端子箱；10—端子箱盖；11—吊杆固定横梁

短路时多片矩形母线受到的机械应力为：

$$\sigma = \sigma_x + \sigma_{x-x}$$

当将 σ 限制在铝母线的允许应力 $\sigma_{xu} = 6860\text{N/cm}^2$ 时，σ_{x-x} 只能等于或小于：

$$\sigma_{x-x} = \sigma - \sigma_x = 6860 - 4118 = 2742(\text{N/cm}^2)$$

设母线相间距离为 $a = 30\text{cm}$，即可求得满足母线机械强度条件下母线的最大允许跨距：

$$l_m = 28.75\sqrt{30 \times 2742/55.8} = 147.7(\text{cm})$$

（2）满足避免发生机械共振和满足机械强度要求下的跨距 l：

根据已选的 LMY-2（100×10）母线，在母线竖放安装条件下，由数据表可查得当要求该母线装置避免发生机械共振时所能允许的最大跨距 $l_g = 108\text{cm}$，片间衬垫跨距 $l_d = 61\text{cm}$。故取 l_m 和 l_g 中较小而接近 l_g 的跨距 l，即可视为既满足避免机械共振又满足机械强度要求的跨距。现试取 $l = 90 \sim 100\text{cm}$。

（3）校验母线装置的自振频率：

由于三相母线布置在同一平面，自振频率用式（8-26）：

$$f_m = 112 \times \frac{r_i}{l^2}\varepsilon$$

将 $l = 100\text{cm}$ 及 r_i、ε 各值代入算式：

$$f_m = 112 \times \frac{1.04}{100^2} \times 1.55 \times 10^4 = 180.5(\text{Hz})$$

短路时为了避免母线在电动力作用下产生机械共振，对于每相多片矩形母线，母线的自振频率应排除在 35～155Hz 范围之外。计算结果表明：所选母线可以避免发生机械共振。同样，若取 $l = 90\text{cm}$ 时，也能满足要求。

（4）校验已选共箱母线装置在短路时所能承受

的机械应力：

1）母线相间机械应力。由式（8－9）：

$$\sigma_{x-x} = 17.248 \times 10^{-3} \times \frac{l^2}{aW} i_{Ch}^2 \beta$$

查数据表 8－13，$W=14.4\text{cm}^2$；因本共箱母线装置的自振频率已排除在 35～155Hz 范围以外，取 $\beta=1$。

将各值代入算式：

$$\sigma_{x-x} = 17.248 \times 10^{-3} \times \frac{100^2}{30 \times 14.4} \times 55.8^2 \times 1$$

$$= 1243(\text{N/cm}^2)$$

以上为 $l=100\text{cm}$ 的 σ_{x-x} 的值。当取 $l=90\text{cm}$ 时 σ_{x-x} 值应比 1243N/cm^2 小。

2）已选共箱母线所受的机械应力。

由前已知，当片间衬垫间距为 50cm 时，片间母线机械应力 $\sigma_x=4118\text{N/cm}^2$。据 σ_{x-x} 和 σ_x 值，可得已选共箱母线短路时所受机械总应力为：

$$\sigma = \sigma_x + \sigma_{x-x}$$

$$= 4118 + 1243$$

$$= 5361\text{N/cm}^2 < 6860\text{N/cm}^2。$$

当取 $l=900\text{cm}$ 时 σ 值小于 6860N/cm^2。

4．小结

已选出的共箱母线装置既满足正常情况下持续工作电流要求，也符合短路时各项动稳定计算校验要求。归纳已选共箱母线各项计算结果如下：

（1）母线选：LMY－2（100×10）；

（2）每相 2 片铝母线间衬垫中心距离：$l_1=500\text{mm}$；

（3）母线相间距离：$a=300\text{mm}$；

（4）母线支持绝缘子间跨距：$l=900\sim1000\text{mm}$。

可将以上四个技术参数和其它技术参数一起，编入订货时的有关技术协议之中。

三、电缆母线

（一）特点和使用范围

电缆母线的每相由一至数根单芯电缆组成，每根电缆之间保持一定间距，彼此间相互平行、直线式地全部装在罩箱内。整套装置均由工厂成套供货，现场架空安装。

电缆母线装置布置示意图见图 8－26。

电缆母线装置的作用与共箱母线相同；但它比共箱母线具有以下优点：

（1）安全可靠。共箱母线中导体使用的是长度有限的铝母线，接头个数随母线总长的增加而增加；而电缆母线装置中的导线采用长度基本不受限制的铜芯电缆，一般不允许有中间接头。由于电缆芯线绝缘，也根除了人员触电的危险。

（2）装置内部布置紧凑。其横断面相对较小，占用空间也小，易于布置。

（3）有较好的“柔软”性。敷设时能因地制宜地充分利用现有空间，路径选择时可以比较容易地越过“障碍物”。

（4）适应性较强。只要需要，便可通过一定的连接装置比较方便地和现有的或将来的设备或别的电缆母线相连接。也可通过一定的连接装置（如 T 形接头）从电缆母线线路中间部位分支。

（5）一经投入运行，基本上无需进行维护、检修。

但和共箱母线相比，电缆母线装置的第一次投资较大，布置上直角转弯较难，母线较长时还需换相换位。

电缆母线主要用于厂用高压电源母线，技术经济性合理时可取代共箱母线，在国外还应用于发电厂中发电机至主变压器之间的主回路（额定电流由 7000A 到 18000A）和厂用分支回路，代替分相封闭母线。

（二）电缆母线的结构

1．电缆的支撑

为了保证每根单芯电缆上下左右事先规定好的间距，在电缆母线装置内采用带电缆槽孔和通风孔的支撑块板，将每根电缆固定在一定的位置上。该支撑块板是用强化玻璃聚酯做成的模制件（见图 8－27）。这种材料表面光滑、吸水性小；牵引电缆时遇到的阻力小；机械强度好，固定电缆安全可靠；外形和尺寸不受温度变化影响。

为了便于现场安装，最下面的支撑块板应由工厂事先装配在罩箱上。现场安装时敷设一层电缆装一块支撑板。板间需用非导磁性不锈钢螺栓栓连。支撑板每两根电缆孔之间还应开设附加孔，便于通风冷却。

2．罩箱

罩箱用来保护和固定电缆。

罩箱由盖板、底板和槽形侧板组成。侧板主要用于承重，要求强度高，可用#1 或#2 锻铝（LD_1 型或 LD_2 型铝）制成；盖板和底板可用#2 防锈铝（LF_2）制作。

3．穿墙密封装置

当电缆母线由户外进入户内时，一般采用特制的穿墙密封装置。该装置一般由穿墙架板（铝合金板）、隔板、压板（环氧玻璃板）、密封垫、密封圈（氯丁

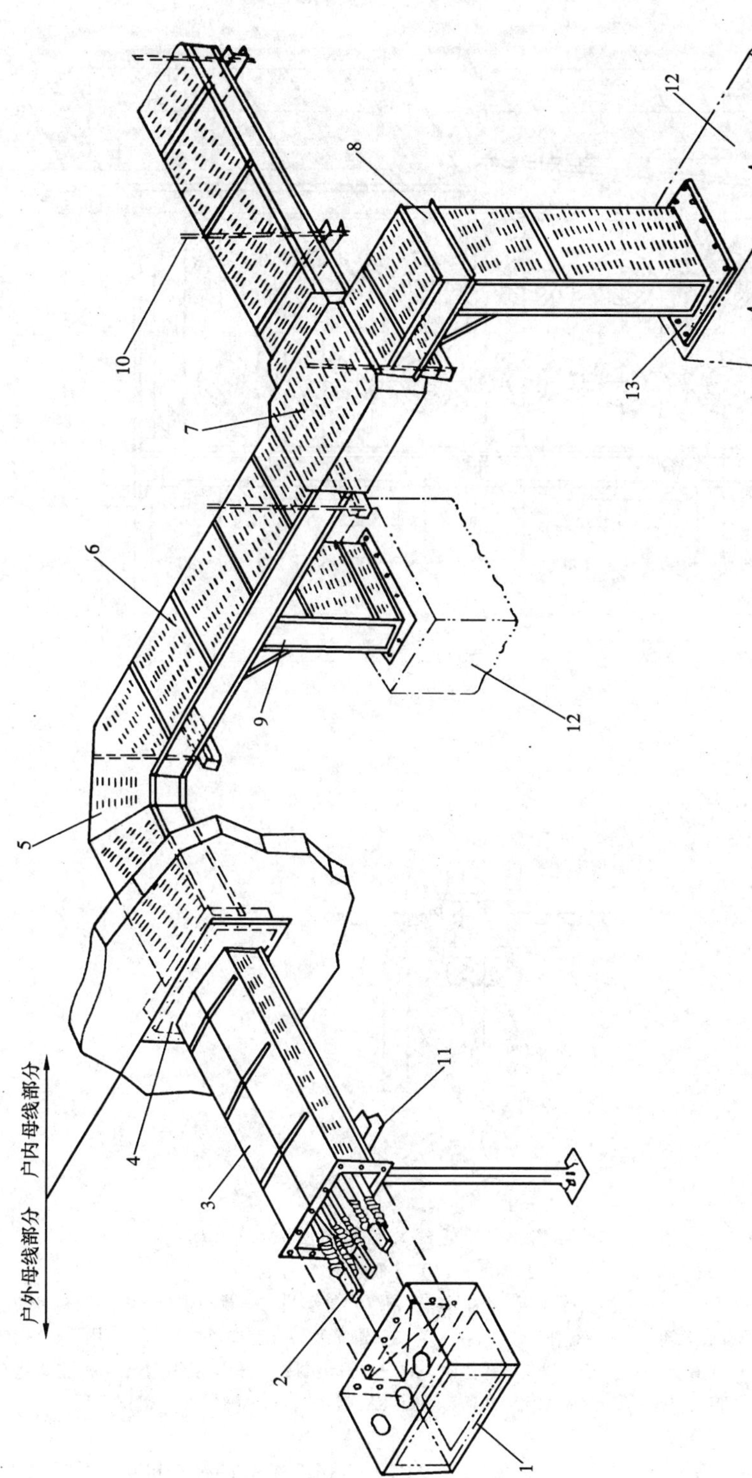

图 8－26　电缆母线装置布置示意图

1—变压器的端子箱；2—电缆终端装置；3—户外部分（盖顶为整块板侧壁和底板百页窗）；4—穿墙密封装置；5—水平转角段；6—户内部分（顶盖底板百页窗）；7—水平 T 接段；8—垂直 90°转弯；9—垂直 T 接段；10—吊架；11—支架；12—开关柜；13—终端法兰

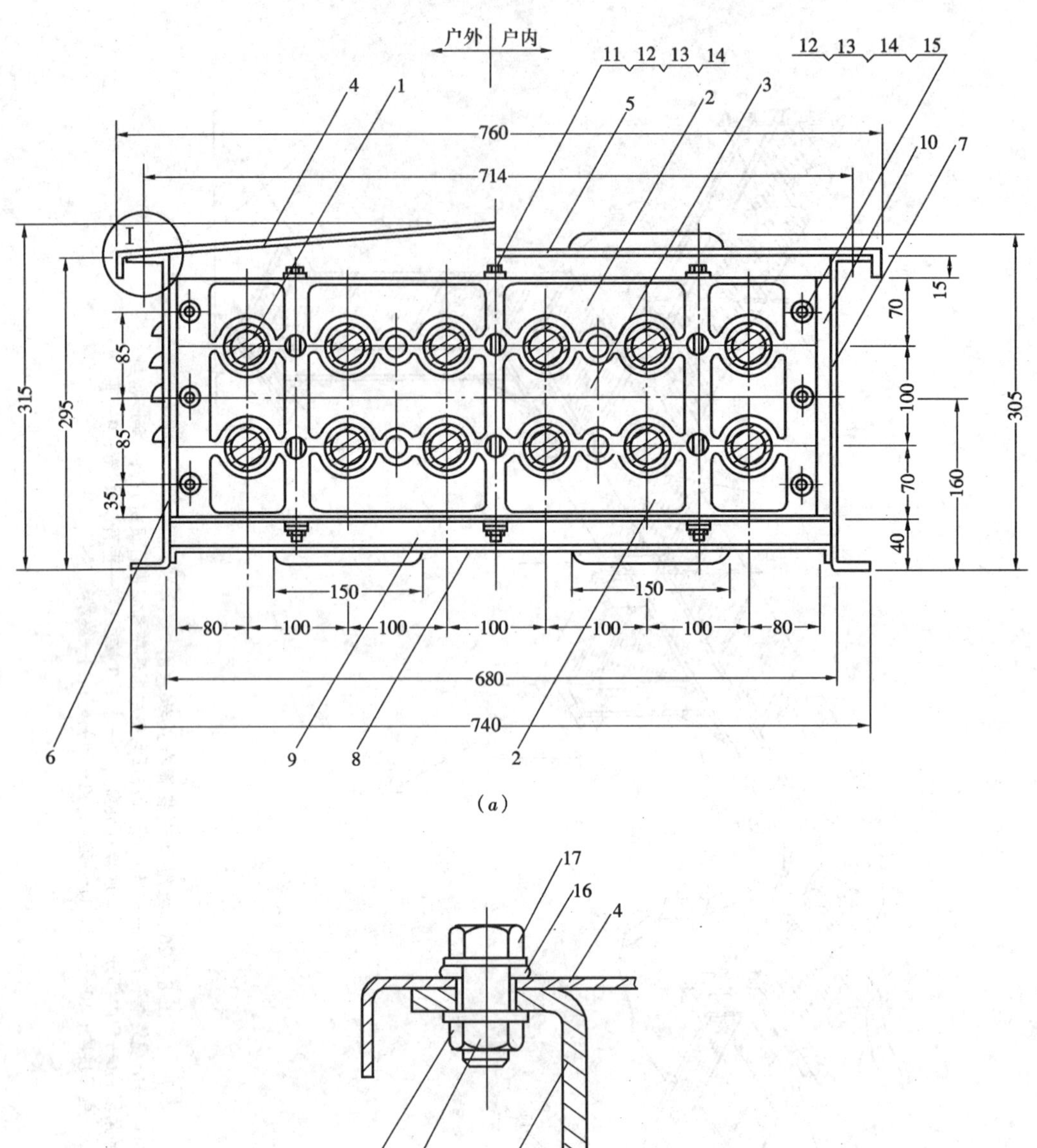

图 8-27 电缆母线装置断面图

(a) 断面图；(b) Ⅰ放大图

1—电缆；2—上下支撑块板；3—中间支撑块板；4—罩箱盖板（户外型）；5—罩箱盖板（户内型有通风窗）；6—罩箱侧板（户外型有通风窗）；7—罩箱侧板（户内型）；8—罩箱底板（有通风窗）；9—角梁；10—角板；11—不锈钢螺栓；12—不锈钢螺母；13—黄铜镀锌垫圈；14—弹簧垫圈；15—不锈钢螺栓；16—密封垫圈；（氯丁橡胶）；17—螺栓（A_3 镀锌）；18—垫圈（A_3 镀锌）；19—螺母（A_3 镀锌）

橡胶）等部分组成，如图 8-28 所示。

4. 各种连接段

电缆母线装置的直线部分通常由直线段组成，另外还有水平方向和垂直方向的各种转角段（一般有90°、60°、45°和30°四种）和以下其它各种特殊段。

（1）伸缩段。伸缩段是一种长约 1m 的直线段，内装挠性连接导线，外壳为可伸缩的折叠式罩箱。伸缩段主要用在与设备（如变压器）相连处和可

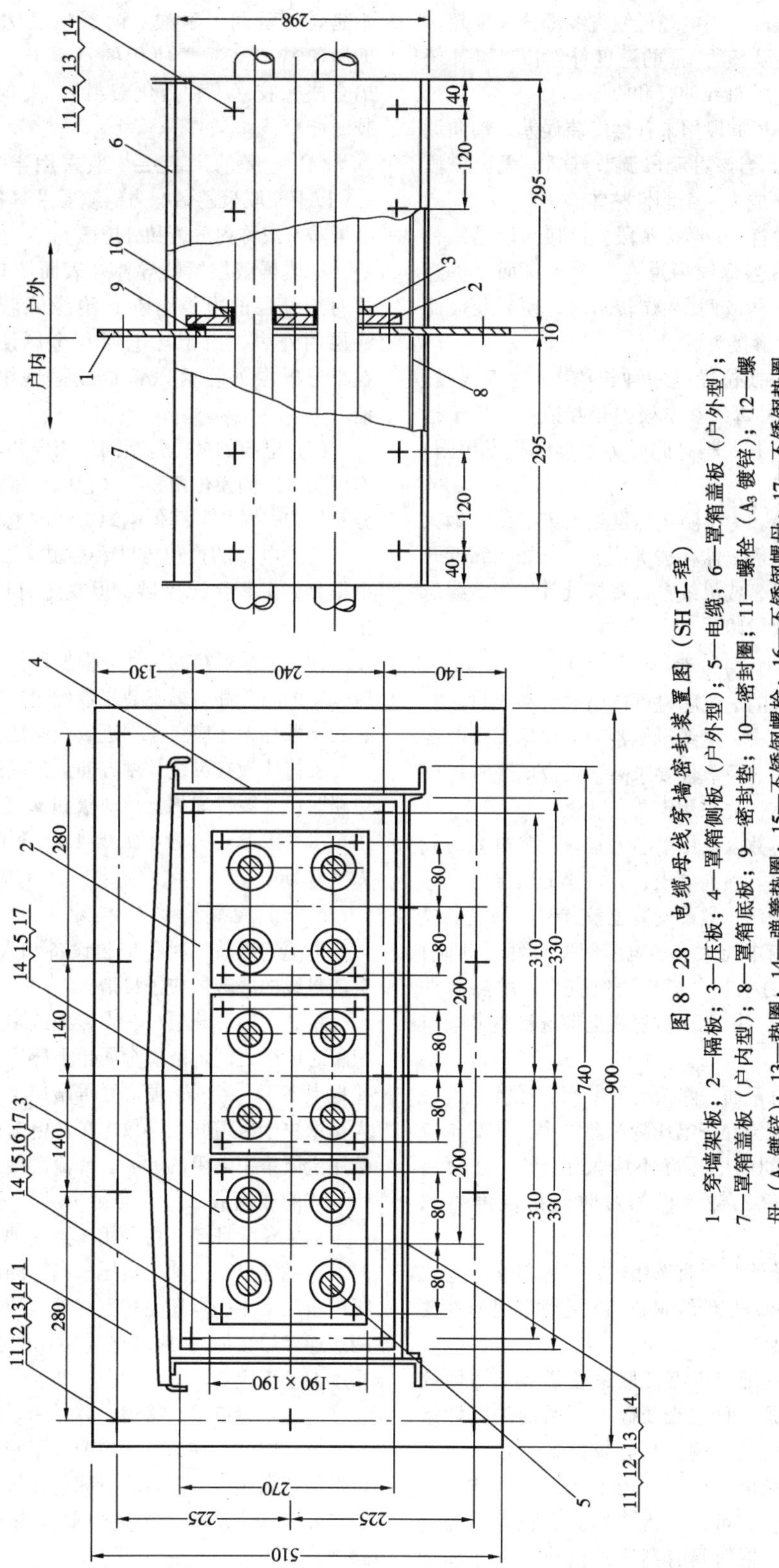

图 8-28　电缆母线穿墙密封装置图（SH 工程）

1—穿墙架板；2—隔板；3—压板；4—罩箱侧板（户外型）；5—电缆；6—罩箱盖板（户外型）；7—罩箱盖板（户内型）；8—罩箱底板（户内型）；9—密封垫；10—密封圈；11—螺栓（A_3 镀锌）；12—螺母（A_3 镀锌）；13—垫圈；14—弹簧垫圈；15—不锈钢螺栓；16—不锈钢螺母；17—不锈钢垫圈

能产生不同沉降的其它结构之间。

(2) 温度补偿段。当电缆母线直线部分长度超过15～20m处，应装设长约1m的温度补偿段，以补偿由于温度变化引起的母线伸长和收缩。

(3) 可调段。可调段用来补偿安装误差。轴向调节范围约±25mm，当该可调段调节好后，无论该段的母线和罩箱都又成为一个刚性整体。

(4) 水平（垂直）T形接头段。该接头段是一种双直角转角段。每当母线通道在一个水平面（垂直面）的两个方向上构成两个90°转角时，便需装设此种水平（垂直）T形接头段。

(5) 换位段。换位段是一种长约1m的直线段。二边相（A、C相）母线在本段内相互换位。用于柜面朝向相同的两列开关柜（此时柜中母线相序相同）之间作母线桥连接。

(6) 防火屏障。为了防止当发生火灾事故时烟火由这一侧串向另一侧，需在关键位置（例如在靠近开关柜的电缆终端处，或母线穿过楼板处等）于电缆母线罩箱内设置防火屏障。

（三）电缆母线的选择

(1) 电缆母线的电缆芯材可选用铜材和铝材。在大容量火力发电厂中，电缆母线常用于厂用高压电源母线，输送功率大、可靠性要求高，敷设电缆时需要强力牵引，因而宜优先采用铜芯。

(2) 电缆的芯数以选用单芯为宜。三芯电缆的载流量小、绝缘层厚。在高电压、大电流的情况下，选用单芯电缆较为经济，敷设安装也较方便。每相电缆的根数可根据负荷电流大小、电缆间距（邻近效应）确定。较小截面的单芯电缆集肤效应小，散热条件好、施工转弯方便。因此通常每相电缆选择由多根单芯电缆组成。

(3) 电缆的总截面，除按允许电流、经济电流密度选择外，尚需校验允许电压降和热稳定。从变压器端子到受电设备间的电压降不应大于5%。在短路时，电缆的交联聚乙烯绝缘的短时允许温度可取250℃。

(4) 电缆的绝缘材料宜选用塑料绝缘材料。它比油浸纸绝缘材料和橡皮绝缘材料的紧密性和可塑性要好，火灾危险性少。

电缆的塑料绝缘材料有交联聚乙烯和乙烯丙烯橡胶两种。前者是一种很难压碎、压紧的热固性绝缘材料。它不受气候影响、具有较强的抗化学腐蚀性能。后者是一种以乙烯丙烯为主体再用其它矿物质来充填的热固性、可塑性无机物。它在运行温度下物理强度变高，同时具有高度的抗热辐射性和抗臭氧性。

(5) 电力电缆的护套材料应具有机械强度高、不延燃、耐油、耐酸、耐碱以及方便加工，成本低廉等特点。通常使用的材料有：氯磺酰化聚乙烯合成橡胶（一种硫化塑料）、聚氯乙烯和氯丁橡胶。

(6) 电缆的屏蔽层一般采用半导电材料做成。3kV以上交联聚乙烯电力电缆要求具备导体屏蔽和绝缘屏蔽（或称内屏蔽和外屏蔽）。

导体屏蔽层紧贴导体外表面使其电场均匀，改善对绝缘层的电场分布；绝缘屏蔽层则紧贴在绝缘层的外表，由半导电层和金属层组合而成，即在半导电层外复盖以铜带或铜编织带，以便于接地。

(7) 电缆的换位包括同一相内并联电缆的换位和不同相电缆的换位两种型式，以保证各条电缆内电流分布均匀、对称并降低电缆母线的电抗值。

有关电缆的换位方法和方式，一般均由制造厂根据具体工程情况提供，但在签订协议时要予以提出。

(8) 电缆罩箱的尺寸应根据每根电缆上下左右所应保持的间距和电缆安装层数确定。电缆间的距离应有利于散热，还应考虑邻近效应问题。

支撑块板在母线长度方向上的间距选择，应考虑短路时由导线传递到支撑块板和罩箱上的机械力的作用，水平敷设时一般不大于1m；垂直敷设时一般不大于0.5m。

（四）电缆母线的接地

电缆绝缘破坏时将威胁设备和人身安全。因此，电缆母线的屏蔽层应予接地。

单芯电缆屏蔽层可一点接地或多点接地。由于多根单芯电缆之间屏蔽层金属带上感应电压的存在，当接地点多于一点时，便会在屏蔽层上产生环流。环流大小取决于电缆间互感量、单芯电缆中工作电流和屏蔽层金属带中电阻的大小。环流会使绝缘层加热并影响导线的载流量。

为了免除环流，可采用一点接地。但当电缆较长时，电缆外皮上的感应电压较高。因此，单芯电缆绝缘屏蔽层采用一点还是多点接地（或将电缆间多点或两点连接后接地），应视电缆路径的长短和缆芯荷载裕度大小而定。

电缆罩箱应多点接地，并做为承担主要接地电流的导体。因此，在订货时应要求罩箱段间采用高压强型螺栓可靠连接，或者将段间连接板与两侧罩箱间作焊接处理，使从头到尾整个罩箱构成可靠的电气通路。

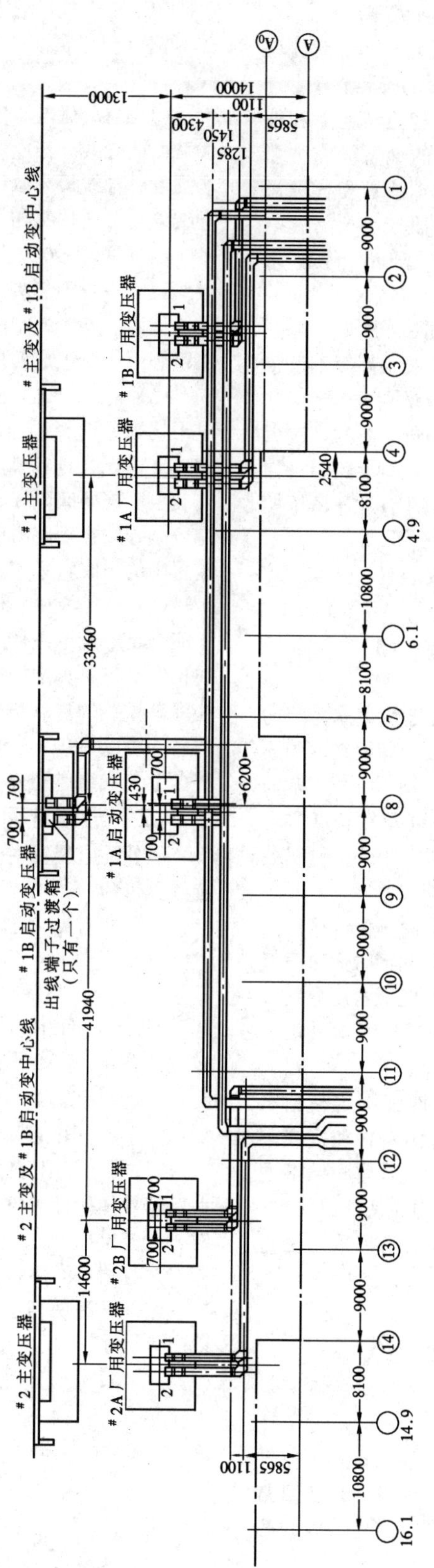

图 8－29 电缆母线路径布置图（SH 工程）

（五）电缆母线装置的布置与安装

（1）电缆母线装置的路径应尽量短。布置时允许采用多回路并行和上下多层重叠布置的安装方式。

选择电缆母线路径时，要尽量避免与地上和地下设施交叉和相互影响。*A* 列墙外的地下设施主要有：进出循环水管、电缆沟、事故排油管和各种污水管等；炉后（引至厂用高压公用段）主要有：电缆隧道、灰渣水沟、化学水管、暖气管沟和其它水管等。

电缆母线路径布置的参考图见图 8－29。

（2）户外一般采用水平支持式安装，高度不低于 2.5m，跨距根据需要确定，可采用数米到数十米。

母线装置固定在横梁上，横梁由支架支撑。较大的跨距需注意母线的挠度不宜太大。在特大跨距（如 36～37m）或某些特殊情况下也可采用钢索悬吊桥架的方式，钢索固定在两端的塔架上。

户外也可沿墙水平安装或垂直安装。

户内一般均采用悬吊安装方式。

（3）母线装置固定在支持横梁上的方法有两种：

1）固定连接。为使母线装置能与其支撑物间构成牢固的结合，需采用一套包括压板和螺栓在内的连接件。

2）滑动连接。考虑到电缆母线装置在长度方向上的热胀冷缩，除装设“温度补偿段”之外，母线装置应能在支撑装置上沿轴线方向滑动。

（4）导体间的连接应可靠。要求铜—铜连接件的两侧接触面镀银；铝—铝连接件的两侧接触面涂防氧化复合膏。铜—铜和铝—铝接触面的电流密度分别不超过 $0.1A/mm^2$ 和 $0.07A/mm^2$。连接螺栓要求采用自动锁紧的、装有弹簧的高压强型螺栓。

（5）罩箱与设备外壳连接时，应能固定整套电缆母线的终端；还应将设备上的出线套管和接线端子等纳入连接装置的保护范围之中。罩箱和设备通过法兰相连接。在必要的情况下，为免使外界污物、尘埃或风雨进入连接装置，在接口处尚需采用密封装置。

第 8－3 节　软　导　线

一、一般要求

（1）配电装置中软导线的选择，应根据环境条件（环境温度、日照、风速、污秽、海拔高度）和回路负荷电流、电晕、无线电干扰等条件，确定导线的截面和导线的结构型式。

（2）在空气中含盐量较大的沿海地区或周围气体对铝有明显腐蚀的场所，应尽量选用防腐型铝绞线。

（3）当负荷电流较大时，应根据负荷电流选择较大截面的导线。当电压较高时，为保持导线表面的电场强度，导线最小截面必须满足电晕的要求，可增加导线外径或增加每相导线的根数。

（4）对于 220kV 及以下的配电装置，电晕对选择导线截面一般不起决定作用，故可根据负荷电流选择导线截面。导线的结构型式可采用单根钢芯铝绞线或由钢芯铝绞线组成的复导线。

（5）对于 330kV 及以上的配电装置，电晕和无线电干扰则是选择导线截面及导线结构型式的控制条件。扩径导线具有单位重量轻、电流分布均匀、结构安装上不需要间隔棒、金具连接方便等优点，而且没有分裂导线在短路时引起的附加张力。故 330kV 配电装置中的导线宜采用空心扩径导线。

（6）对于 500kV 配电装置，单根空心扩径导线已不能满足电晕等条件的要求，而分裂导线虽然具有导线拉力大、金具结构复杂、安装麻烦等缺点，但因它能提高导线的自然功率和有效地降低导线表面的电场强度，所以 500kV 配电装置宜采用由空心扩径导线或铝合金绞线组成的分裂导线。

二、导线截面的选择和校验

屋外配电装置中的软导线可按下列条件分别进行选择和校验：

1. 按回路持续工作电流选择

$$I_{xu} \geqslant I_g$$

式中　I_g——导体回路持续工作电流（A），按表 6－3要求确定；

I_{xu}——相应于导体在某一运行温度、环境条件下长期允许工作电流，其值见附表8－3和附表 8－4。

若导体所处环境条件与表中载流量计算条件不同时，载流量应乘以相应的修正系数，见表 8－6。分裂导线见式（8－55）。

组合导线选择如表 8－27 所示。

2. 按经济电流密度选择

$$s_j = I_g/j$$

式中　s_j——按经济电流密度计算的导体截面（mm^2）；

j——经济电流密度（A/mm^2），见图 8－30，组合导线经济电流密度由图 8－1 查得。

3. 按短路热稳定校验

短路热稳定要求的导线最小截面计算方法同式

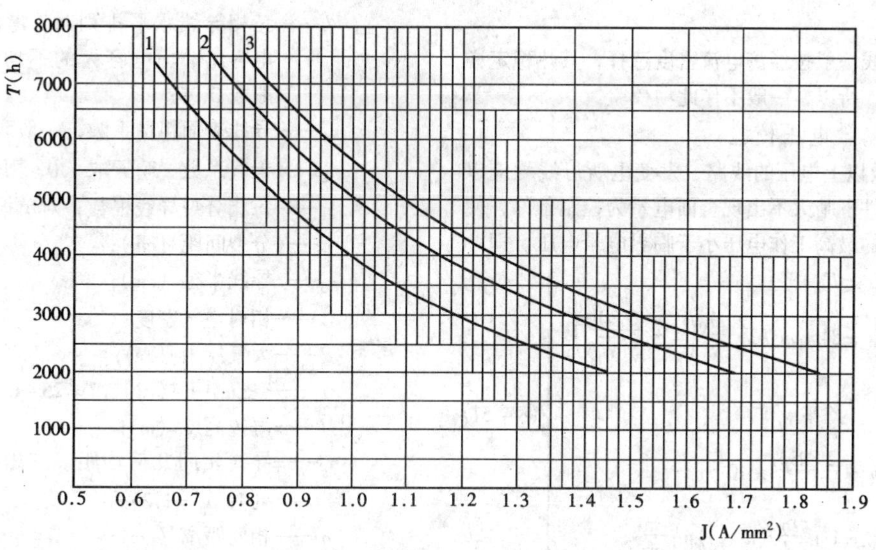

图8-30 软导线经济电流密度

1—10kV及以下LJ导线经济电流密度；2—10kV及以下LGJ导线经济电流密度；3—35~220kV LGJ、LGJQ导线经济电流密度

表8-27 组 合 导 线 选 择

发电机规格			计算经济截面 (mm^2)	选用组合导线	
容量 (kW)	电压 (kV)	电流 (A)		规格	铝部总截面 (mm^2)
6000	6.3	687	858	2×LGJ-400/20	812
12000	6.3	1374	1717	2×LGJ-400/20+4×LJ-185 2×LGJ-300/15+6×LJ-185	1544 1689
	10.5	825	1031	2×LGJ-500/35	994
25000	6.3	2870	3587	2×LGJ-300/15+16×LJ-185 2×LGJ-500/35+14×LJ-185 2×LGJ-630/45+12×LJ-185	3518 3553 3440
	10.5	1720	2150	2×LGJ-300/15+8×LJ-185 2×LGJ-500/35+6×LJ-185	2055 2093
50000	6.3	5740	7175	2×LGJ-630/45+24×LJ-240	6976
	10.5	3440	4300	2×LGJ-500/35+16×LJ-185 2×LGJ-630/45+16×LJ-185	3918 4171
100000	10.5	6480	8100	2×LGJ-800/55+24×LJ-240	7357
125000	13.8	6150	7687	2×LGJ-630/45+24×LJ-240 2×LGJ-800/55+24×LJ-240	6976 7357

注 1. 表中经济电流密度 $j=0.8$ (A/mm^2)；

2. 10~12.5万kW机组按经济电流密度选择的组合导线截面较大，故要求主变压器尽量靠近主厂房布置，改用母线桥出线方式。

(8-3)。

组合导线一般按经济电流密度选择，其热稳定亦能满足要求，所以，一般不作此项校验。

4. 按电晕电压校验

110kV及以上电压的线路、发变电所母线均应以当地气象条件下晴天不出现全面电晕为控制条件，使导线安装处的最高工作电压小于临界电晕电压。即：

$$\left.\begin{aligned} &U_g \leqslant U_0 \\ &U_0 = 84 m_1 m_2 k \delta^{\frac{2}{3}} \frac{n r_0}{k_0}\left(1+\frac{0.301}{\sqrt{r_0 \delta}}\right) \\ &\quad \times \lg \frac{a_{jj}}{r_d} \\ &\delta = \frac{2.895 p}{273+t} \times 10^{-3} \\ &k_0 = 1+\frac{r_0}{d} 2(n-1) \sin \frac{\pi}{n} \end{aligned}\right\} \quad (8-51)$$

式中 U_g——回路工作电压（kV）；

U_0——电晕临界电压（kV，线电压有效值）；

k——三相导线水平排列时，考虑中间导线电容比平均电容大的不均匀系数，一般取0.96；

m_1——导线表面粗糙系数，一般取0.9；

m_2——天气系数、晴天取1.0，雨天取0.85；

n——每相分裂导线根数，对单根导线 $n=1$；

d——分裂间距（cm）；

r_0——导线半径（cm）；

δ——相对空气密度；

P——大气压力（Pa）；

t——空气温度（℃），$t=25-0.005H$；

H——海拔高度（m）；

a_{jj}——导线相间几何均距，三相导线水平排列时 $a_{jj}=1.26a$；

a——相间距离（cm）；

k_0——次导线电场强度附加影响系数，见表8-28；

表8-28　分裂导线不同排列方式时的 k_0、r_d 值

排列方式	双分裂水平排列	三分裂正三角形排列	三分裂水平排列	四分裂正四角形排列
k_0	$1+\frac{2r_0}{d}$	$1+\frac{3.46r_0}{d}$	$1+\frac{3r_0}{d}$	$1+\frac{4.24r_0}{d}$
r_d	$\sqrt{r_0 d}$	$\sqrt[3]{r_0 d^2}$	$\sqrt[3]{r_0 d^2}$	$\sqrt[4]{r_0\sqrt{2}d^2}$

表8-29　可不进行电晕校验的最小导体型号及外径

电压（kV）	110	220	330
软导线型号	LGJ-70	LGJ-300	LGKK-500/50 2×LGJQ-300
管形导线外径（mm）	$\phi 20$	$\phi 30$	$\phi 40$

r_d——分裂导线的等效半径（cm），$r_d=\sqrt[n]{r_0 n\left(\frac{a}{2\sin\frac{\pi}{n}}\right)^{n-1}}$，单根导线 $r_d=r_0$，分裂导线 r_d 值见表8-28。

海拔高度不超过1000m，在常用相间距离情况下，如导体型号或外径不小于表8-29所列数值时，可不进行电晕校验。

5. 按电晕对无线电干扰校验

变电所无线电干扰，主要是由电晕和火花放电产生的，干扰对象主要是收音机和收讯台，对电力载波也有影响。但因载波通讯设计时就已考虑到电晕干扰引起的高频杂音，自身有效讯号较强，不会成为变电站无线电干扰的控制条件。

按无线电干扰水平校验导线，当三相水平排列、干扰频率为1MHz时，变电所围墙外20m处（非出线方向）无线电干扰值应不大于50dB。各种电气设备的综合干扰水平，距围墙20m处不应大于导线的干扰水平，干扰电压不应大于2500μV。

对于分裂导线，无线电干扰的计算公式采用与标准线路相比较的对比法。标准线路导线最大表面场强为12.2kV/cm，对于500kV配电装置三相导线均采用水平布置，其中相导线的电晕无线电干扰计算公式为：

$$N = (3.7E - 12.2) \pm 3 + 40\lg\frac{d}{2.53} + 40\lg\frac{h}{D_1} \tag{8-52}$$

$$E = \frac{18cU_mk}{nr_0\sqrt{3}} \tag{8-53}$$

$$C = 1.07C_{pj} = 1.07 \times \frac{0.024}{\lg\frac{1.26D}{r_d}} \tag{8-54}$$

式中 N——分贝数（dB）；

E——导线最大表面场强（kV/cm）；

C——导线电容，取中相值（μF/km）；

U_m——最高线电压（kV）；

12.2——标准线路导线最大表面场强（kV/cm）；

±3——标准偏差；

$40\lg\frac{d}{2.53}$——次导线直径不同时干扰值的修正量；

d——次导线直径（cm）；

$40\lg\frac{h}{D_1}$——导线下测点的距离对干扰值的修正量；

h——导线最低点对地高度（cm）；

D_1——测点至导线斜距（cm），

$D_1 = \sqrt{x^2 + h^2}$；

x——计算点至边相导线水平距离（cm）；

k——中相导线场强比平均场强大的系数；

C_{pj}——导线电容的平均值（μF/km）。

三、分裂导线的选择

（一）分裂导线的特点

在超高压配电装置中，如果单根软导线或扩径导线满足不了大的负荷电流及电晕、无线电干扰要求，则采用分裂导线比较经济。而且比采用硬管母线的抗震能力强。分裂导线材料可选用普通的钢芯铝绞线、耐热铝合金绞线及其它型号的软导线。

分裂导线的分裂形式可根据负荷电流的大小和电压高低分为水平双分裂、水平三分裂、正三角形分裂、四分裂等。水平三分裂导线比正三角形排列的载流量约低6.5%，而导线表面最大电场强度约高4.5%，只是金具连接较简单。因此国外有些500kV配电装置只在载流量相对较小、T接引下线较多的进出线回路中采用三分裂水平排列的方式，对于载流量较大的主母线采用三分裂正三角形排列的方式。

不同排列方式的分裂导线，由于存在邻近热效应，故分裂导线载流量应考虑其导线排列方式、分裂根数、分裂间距等因素的影响，导线实际载流量应按n根单导线的载流量和乘以相应的邻近效应系数B。

$$I = nI_{xu}\frac{1}{\sqrt{B}} \tag{8-55}$$

其中
$$B = \left\{1 - \left[1 + \left(1 + \frac{1}{4}Z^2\right)^{-\frac{1}{4}} + \frac{10}{20 + Z^2}\right] \times \frac{Z^2 d_0}{(16 + Z^2)d}\right\}^{-\frac{1}{2}} \tag{8-56}$$

及
$$Z = 4\pi\lambda\frac{s}{(\rho + 1)} \tag{8-57}$$

上三式中 B——邻近效应系数；

s——次导线计算截面（mm^2）；

d_0——次导线外径（cm）；

ρ——绞合率，一般取0.8；

n——每相导线分裂根数；

I_{xu}——单根导线长期允许工作电流（A）；

λ——次导线1cm^{2}的电导，铝$\lambda = 3.7 \times 10^{-4}$；

d——分裂导线的分裂间距（cm）。

分裂导线短路张力具有其特殊性。当分裂导线受到大的短路电流作用时，同相次导线间由于电磁吸引力作用，使导线产生大的张力和偏移。在严重情况下，其张力值可达到故障前初始张力（即静态张力）的几倍甚至十几倍。所以，设计分裂导线时，需考虑该附加张力的影响。这一附加强力带有冲击性质，作用时间不超过1s，还会受到金具的阻尼作用，况且，架构还允许有一定的挠度，这些都会大大减轻附加张力对架构的作用。在最后向土建专业提供荷载资料时，应该考虑这些因素。

（二）分裂间距和次导线的最小直径

分裂导线的分裂间距主要根据电晕校验结果确定。500kV配电装置的双分裂导线及正三角形排列的三分裂导线，分裂间距一般取 $d=40$cm，水平三分裂导线分裂间距取 $d=20$cm。

次导线最小直径应根据电晕、无线电干扰条件确定。根据计算。三分裂正三角形排列和双分裂水平排列，在分裂间距均为 40cm 的条件下，500kV 配电装置次导线最小直径分别为 2.95cm 和 4.4cm。考虑到我国导线生产规格及一定的安全裕度，三分裂和双分裂的次导线最小直径宜分别取 3.02cm 和 5.1cm。

(三) 次档距长度的确定

次档距长度指间隔棒安装的距离。它与下列四因素有关。

1. 短路张力

双分裂导线在发生短路时与单导线受力情况不同。单导线只有相间的斥力；分裂导线不但有相间的斥力，而且有同相次导线间的电磁吸引力，使次导线受到拉伸，产生弹性拉力。这种力即为分裂导线的第一最大张力。

第一最大张力是在分裂导线发生短路的瞬间产生的。它对导线、绝缘子及构架受力影响很大。分裂导线在一个次档距内的第一最大张力主要与次档距长度、短路电流大小、分裂间距及短路前导线的初始张力有关。其次是相间的斥力，这种力称为分裂导线的第二最大张力。由于这两个力的最大值产生的时间不一样，因此它们对母线系统和构架受力不必叠加。工程设计时，应以第一最大张力作为估算导线短路张力的依据。

2. 短路电流大小

由于导线在短路时引起的动态张力与短路电流的平方成正比，所以在确定次档距长度和校验动态张力时，应考虑电力系统的发展，按最大可能出现的短路电流值确定次档距长度。

3. 短路时次导线允许的接触状态

短路时，一般在发变电工程中对于由扩径导线组成的分裂导线不允许次导线发生短路撞击。对于由其它导线组成的分裂导线，原则上允许短路撞击，以减少间隔棒数量。但在母线引下线的连接金具处还应设置间隔棒，以防止金具对相邻导线的撞击损伤。对于电气设备连接线，由于其连接线一般较短，为使第一最大张力限制在支持绝缘子或电气设备端子的允许拉力范围内，设备连接线宜采取间隔棒密布的方式，使短路时次导线处于非接触区。

4. 对构架受力的限制

图 8-31 示出了双分裂导线在短路时第一最大张力 T 和次档距长度的关系曲线。

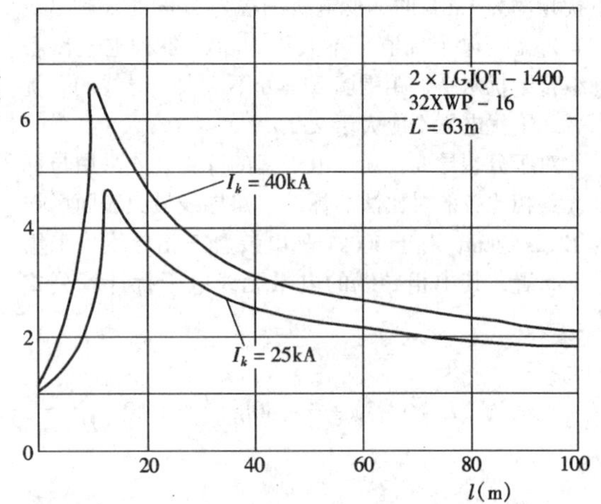

图 8-31 第一张力和次档距长度关系曲线

曲线尖峰对应于次导线临界接触状态，尖峰左边为不接触区，尖峰右边为接触区。由此可知，在一定的分裂间距下可有两条途径降低最大张力，其一是缩短次档距长度，使导线处于非接触区，其二是增大次档距长度，使导线处于接触区。工程设计时需根据所选用的导线型号、跨距及短路电流等验算最大张力和次档距长度的关系曲线，合理的限制构架受力，然后决定次档距长度。如 ZHX 工程为使每相导线在短路时对构架的拉力不大于 8t，次导线按非接触的原则，确定当短路电流为 40kA 时，导线的次档距长度为 6m，引下线为 4m，设备间的连接线采用 0.8m。

(四) 分裂导线短路时动态张力计算示例

1. 计算条件

(1) 假定分裂导线短路时在电磁力作用下两间隔棒之间的线段形状如图 8-32 所示。x 轴位于两次导线的中心线。

(2) 计算用导线参数及原始数据见表 8-30。

2. 计算步骤及方法

(1) 非接触状态：假定间隔棒安装距离 $l_0=10$m，在两间隔棒之间次导线被电磁吸力相吸后成抛物线形状，如图 8-32 (a) 所示。

首先，设在电磁吸力作用下两次导线最接近点的距离 b 值，然后利用力学计算公式及电磁学计算公式分别进行电动力和导线张力计算，如果二者计算结果 $F_m=F'_m$，表示假设的 b 值正确。反之则需重新假设一个 b 值再进行计算，直到两种计算公式计算出的电磁力相等为止。其计算方法如下：

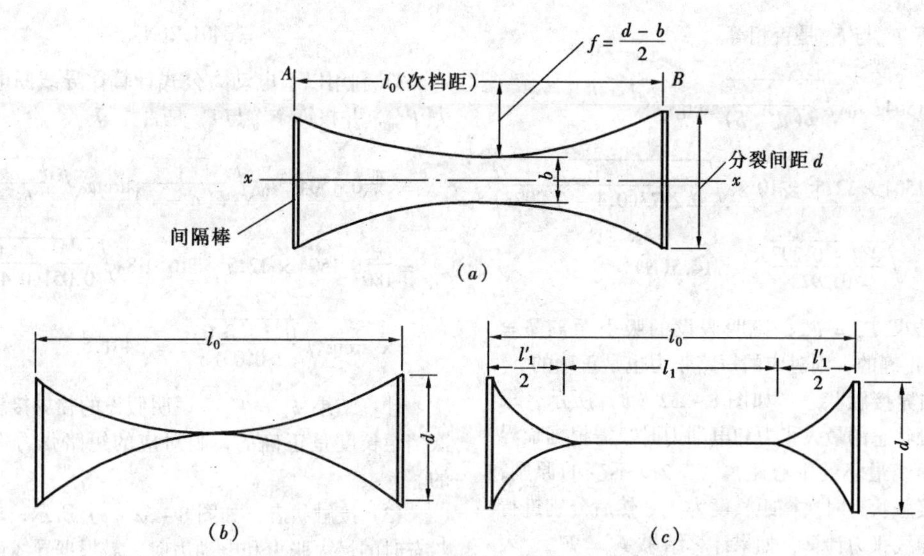

图 8－32　分裂导线在第一张力作用下的形变状态
（a）不接触状态；（b）临界接触状态；（c）接触状态

表 8－30　　分裂导线（2×LGJQT－1400）计算用参数

原始数据			导线参数		
母线跨距	$l=63$	(m)	导线半径	$r_a=25.5$	(mm)
次导线初始张力	$\frac{T_0}{2}=11210$	(N)	导线截面	$S=1533.9$	(mm²)
次导线分裂间距	$d=40$	(cm)	温度线膨胀系数	$\alpha_x=20.4\times10^{-6}$	(1/℃)
三相短路电流	$I_k=25$	(kA)	弹性模量	$E=57300$	(N/mm²)
次导线中短路电流	$I=12.5$	(kA)	单位重量	$q_1=4.962$	(kg/m)

1）设短路时两次导线最接近点的距离 $b=0.2973$ (m)。

2）利用力学公式计算所需电磁力（F_m）。

导线在正常状态长度为直线长度 l_{AB}，短路后在电磁吸力作用下伸长变为弧线长度 $l_{\widehat{AB}}$，导线变形后的长度可根据以下公式进行计算。

$$l_{\widehat{AB}}=l_0+\frac{8}{3}\frac{f^2}{l_0}$$

根据图 8－32（a）可知

$$f=\frac{(d-b)}{2}=\frac{(0.4-0.2973)}{2}=0.05135(\text{m})$$

则：$$l_{\widehat{AB}}=10+\frac{8}{3}\times\frac{0.05135^2}{10}=10.000703(\text{m})$$

该次档距内导线在电磁吸力作用下的伸长率 ε 为：

$$\varepsilon=\frac{l_{\widehat{AB}}-l_{AB}}{l_{AB}}=\frac{10.000703-10}{10}=0.000070315$$

导线伸长变形后产生的附加张力 F_E 为：

$$F_E=ES\varepsilon=57300\times1533.9\times0.000070315=6180.159(\text{N})$$

短路后每根次导线的实际张力 T 为：

$$T=\frac{T_0}{2}+F_E=11210+6180.159=17390.159(\text{N})$$

为了产生上述张力次导线间必须存在以下电动力 F_m

$$F_m=\frac{8fT}{l_0}=\frac{8\times0.05135\times17390.159}{10}=714.4(\text{N})$$

3）利用以下电动力公式计算次导线间电磁吸力

F_m，并核算 F'_m与 F_m 是否相等。

$$F'_m = \frac{\pi}{180}0.1504I^2 l_0\sqrt{\frac{1}{b(d-b)}}\text{arctg}\sqrt{\frac{d-b}{b}}$$

$$= \frac{\pi}{180}0.1504 \times 12.5^2 \times 10 \times \sqrt{\frac{1}{0.2973(0.4-0.2973)}}$$

$$\times \text{arctg}\sqrt{\frac{0.4-0.2973}{0.2973}} = 714.5(\text{N})$$

计算结果 $F_m = F'_m$，说明假设的吸引距离 $b = 0.2973\text{m}$ 是正确的，则对应的短路张力也是正确的。

(2) 临界接触状态：如图 8－32（b）所示，求解临界接触状态的最大张力和电动力时，需根据临界接触时次导线最小的中心距离 $b = 2r_d$ 不变的原则，假设临界接触状态时次档距长度为 l_0，然后分别进行电动力和导线张力计算，如果计算结果 $F_m = F'_m$，表示假设的次档距长度正确。反之则需重新假设一个次档距长度再进行计算，直到 $F_m = F'_m$为止。代入表 8－30中导线参数计算如下：

1）临界接触状态时 $b = 0.051\text{m}$，假设的次档距长度 $l_0 = 16.018\text{m}$。

2）利用力学公式计算所需的电磁力 F_m

短路后导线弧线长度 $l_{\widehat{AB}}$为：

$$l_{\widehat{AB}} = l_0 + \frac{8}{3}\frac{f^2}{l_0}$$

$$f = \frac{d-2rd}{2} = \frac{0.4-0.051}{2} = 0.1745(\text{m})$$

$$l_{\widehat{AB}} = 16.018 + \frac{8}{3} \times \frac{0.1745^2}{16.018} = 16.023069(\text{m})$$

该次档距内导线在电磁力作用下的伸长率 ε 为：

$$\varepsilon = \frac{l_{\widehat{AB}} - l_{AB}}{l_{AB}} = \frac{16.023069 - 16.018}{16.018}$$

$$= 0.000316477$$

导线伸长变形后产生的附加张力 F_E 为：

$$F_E = ES\varepsilon = 57300 \times 1533.9 \times 0.000316477$$

$$= 27815.953(\text{N})$$

短路后每根导线的张力 T 为：

$$T = \frac{T_0}{2} + F_E = 11210 + 27815.953$$

$$= 39025.953(\text{N})$$

产生上述张力次导线间存在的电动力 F_m 为：

$$F_m = \frac{8fT}{l_0} = \frac{8 \times 0.1745 \times 39025.953}{16.018}$$

$$= 3401.2(\text{N})$$

3）利用以下电动力公式计算次导线间电磁吸引力 F'_m，并核算 F'_m与 F_m 是否相等。

$$F'_m = \frac{\pi}{180}0.1504I^2 l_0\sqrt{\frac{1}{b(d-b)}}\text{arctg}\sqrt{\frac{d-b}{b}}$$

$$= \frac{\pi}{180}0.1504 \times 12.5^2 \times 16.018\sqrt{\frac{1}{0.051(0.4-0.051)}}$$

$$\times \text{arctg}\sqrt{\frac{0.4-0.051}{0.051}} = 3401.5$$

计算结果 $F_m = F'_m$，说明假设的临界接触状态时次档距长度是正确的，则对应的短路张力也是正确的。

(3) 接触状态：如图 8－32（c）所示，求解接触状态时的最大张力和电动力时，需根据导线最小的中心距离 $b = 2r_d$ 不变的原则，假设导线接触部分的长度 l_1，即不接触部分导线长度为 $l'_1 = l_0 - l_1$，然后分别进行电动力和导线张力计算，如果计算结果 $F_m = F'_m$，表示假设的导线接触部分长度是正确的，反之则需重新假设一个接触长度进行计算，直到 $F_m = F'_m$为止。代入表 8－30 中导线参数计算如下：

1）当导线次档距长度 $l_0 = 25\text{m}$ 时，假设导线接触部分长度 $l_1 = 10.688\text{m}$，则导线不接触部分的长度 $l'_1 = 25 - 10.688 = 14.312\text{m}$。$2r_d = 0.051\text{m}$。

2）利用力学公式计算所需电磁力 F_m：

$$f = \frac{d-2r_d}{2} = \frac{0.4-0.051}{2} = 0.1745(\text{m})$$

导线在电磁吸力作用下的绝对伸长 $\Delta l'_1$为：

$$\Delta l'_1 = \frac{8}{3}\frac{f^2}{l'_1} = \frac{8 \times 0.1745^2}{3 \times 14.312} = 0.0056736(\text{m})$$

该次档距内导线的相对伸长 Δl 为：

$$\Delta l = \frac{\Delta l'_1}{l_0} = \frac{0.0056736}{25} = 0.000226944$$

短路时导线产生的附加张力 F_E 为：

$$F_E = E \cdot S \cdot \Delta l = 57300 \times 1533.9 \times 0.000226944$$

$$= 19946.694(\text{N})$$

短路后每根次导线的张力 T 为：

$$T = \frac{T_0}{2} + F_E = 11210 + 19946.694$$

$$= 31156.694(\text{N})$$

产生上述张力所需的电磁吸力 F_m 为：

$$F_m = \frac{8fT}{l'_1} = \frac{8 \times 0.1745 \times 31156.694}{14.312} = 3039(\text{N})$$

表 8 – 31　　$2 \times$ LGJQT – 1400 分裂导线动态张力计算结果

次档距长度 l_0（m）	导线最小中心距离 b（m）	接触部分长度 l_1（m）	不接触部分长度 l'_1（m）	次导线初始张力 $\frac{T_0}{2}$（N）	短路后每根导线张力 T（N）	备　注
2	0.39487			11210	11595.5	非接触区
4	0.3808			11210	12560	
6	0.3593			11210	13906	
8	0.3315			11210	15506	
10	0.2973			11210	17390	
12	0.2559			11210	19659.4	
15	0.1697			11210	25022.3	
16.018	0.051			11210	39026	临界接触区
25	0.051	10.688	14.312	11210	31156.9	接 触 区
30	0.051	16.295	13.705	11210	28566.5	
40	0.051	27.155	12.845	11210	25100.5	

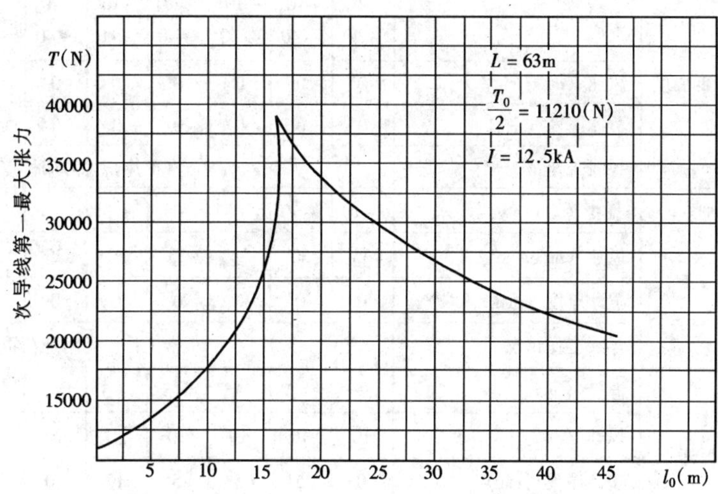

图 8 – 33　次档距长度和次导线第一最大张力关系曲线

3）利用电动力公式计算电磁吸力 F'_m

$$F'_m = 0.1504 I^2 \cdot l'_1 \sqrt{\frac{1}{b(d-b)}} \operatorname{arctg} \sqrt{\frac{d-b}{b}}$$

$$= 0.1504 \times 12.5^2 \times 14.312 \sqrt{\frac{1}{0.051(0.4-0.051)}}$$

$$\times \operatorname{arctg} \sqrt{\frac{0.4-0.051}{0.051}} = 3039.4(\mathrm{N})$$

计算结果 $F_m = F$，表示假设的导线接触长度正确。

3. 计算结果

本例 $2 \times$ LGJQT – 1400 双分裂导线短路张力计算结果列入表 8 – 31 所对应的次档距长度和次导线第一最大张力关系曲线如图 8 – 33。

第8-4节 导线实用力学计算❶

导线力学计算的目的主要是向土建专业提供架构设计资料，向施工单位提供导线弛度和拉力数据，并对导线、绝缘子、金具的强度校验提供依据。

一、原始资料及计算条件

1. 基本假定

(1) 屋外配电装置导线的弧垂与跨度之比一般为$\frac{1}{15}\sim\frac{1}{30}$，计算时可忽略导线的刚性，而认为是一抛物线。在这种情况下，当等高悬挂或高差角$\gamma<15°$时，导线荷载可假定沿水平轴线均布；当高差角$\gamma>15°$时，导线荷载可假定沿支点连线均布，将其投影到水平轴线上，按相同水平跨距的等高悬挂计算。

(2) 考虑绝缘子串及引下线的影响，将绝缘子串当作柔线的一部分，其区别只是单位重量的不同。引下线和组合导线的横联装置按集中荷重考虑。

(3) 不考虑状态改变所引起的绝缘子偏角及集中荷载位置的水平位移。架构挠度在一般情况下亦不考虑。

2. 气象条件

设计时计算所采用的气象条件，应根据当地气象资料确定，在缺乏资料时可参考表8-32。

3. 导线安装检修条件

(1) 安装检修时的荷重，见表8-33。

(2) 安装检修方法按以下原则考虑：

1) 附加集中荷重及单相作业荷重应考虑其架构设计的最不利位置，否则，应对安装方法提出限制。

2) 当带电检修或更换绝缘子串及耐张线夹时，绝缘子串要上人，但以靠近档距中间的引下线处上人为最重。不计绝缘绳梯重量，连人带工具330kV及以下按150kgf考虑，500kV按350kgf考虑。

表8-32 导线设计时的气象条件

计算条件编号	工作状态	气象条件及附加荷重	气象区								
			1	2	3	4	5	6	7	8	9
1	最高、最低温度	温度（℃）	-5，+40	-10，+40	-10，+40	-20，+40	-10，+40	-20，+40	-40，+40	-20，+40	-20，+40
		风速（m/s）	0	0	0	0	0	0	0	0	0
		覆冰厚度（mm）	0	0	0	0	0	0	0	0	0
		导线工作情况	正常工作，无附加荷重								
6	最大风速	温度（℃）	+10	+10	-5	-5	+10	-5	-5	-5	-5
		风速（m/s）	35	30	25	25	30	25	30	30	30
		覆冰厚度（mm）	0	0	0	0	0	0	0	0	0
		导线工作情况	正常工作，无附加荷重								
7	有冰有风	温度（℃）	—	-5	-5	-5	-5	-5	-5	-5	-5
		风速（m/s）	10	10	10	10	10	10	10	15	15
		覆冰厚度（mm）	0	5	5	5	10	10	10	15	20
		导线工作情况	正常工作，无附加荷重								
6′	安装检修	温度（℃）	0	0	-5	-10	-5	-10	-15	-10	-10
		风速（m/s）	10	10	10	10	10	10	10	10	10
		覆冰厚度（mm）	0	0	0	0	0	0	0	0	0
		导线工作情况	见表8-33								

❶ 考虑到计算中常用的原始数据，本节计算公式中力（荷重）的单位采用kgf和N并用但计算结果均以N为单位。1kgf=9.8N。

表 8-33 导线安装检修荷重（kgf）

荷重名称	计算荷重		
	安装紧线时 (导线上无人)	停电检修或安装引下线时 (三相导线同时上人)	带电检修引下线时 (单相导线上人)
横梁上增加的集中荷重	按单相考虑（见图 8-34） $200 + Q_{1i} + T\sin\alpha$ 或 $200 + Q_{1i} + T\cos\beta$	$200 + W_\gamma \dfrac{(L-b_i)}{L}$	$200 + \dfrac{W_\gamma (L-b_i)}{L}$
导线上增加的集中荷重		330kV 及以下取 100 500kV 每相取 200	330kV 及以下取 150 500kV 取 350

注 表中计算式中：

Q_{1i}——绝缘子串自重（kgf）；

$T=(1.1\sim1.2)H$，1.1~1.2 为滑轮摩擦系数，H 为导线张力；

W_γ——导线上增加的集中荷重（kgf）；

L——跨距（m）；

b_i——集中荷重至横梁支点距离（m）。

3）检修时对导线跨中有引下线的 110kV 及以上电压的架构，应考虑导线上人，并分别验算单相作业和三相作业的受力状态。当导线中部无引下线时，因为没有上导线作业项目，故不考虑导线上人到档距中央检修荷重，但仍应考虑三相同时上人到达绝缘子串根部，其每相为 100kgf 的荷重。

4）为协助导线上人检修，同时考虑架构横梁的中间作用 200kgf 的集中荷重。本项系考虑用绝缘绳梯带电作业，当用绝缘立杆或检修专用车带电作业时，此项等于零。

5）导线挂线时，应对施工方法提出要求，并限制其过牵引值。过牵引张力大小与荷重、弧垂有关，但主要取决于施工时的滑轮位置。试验证明，采用上滑轮挂线方案，可减少过牵引张力。所以只要施工方法恰当，一般过牵引力不会成为架构结构的控制条件。

6）安装紧线时，不考虑导线上人，但应考虑安装引起的附加垂直荷载和横梁上人 200kgf 的集中荷载。常用紧线方法见图 8-34。

4. 计算条件

(1) 根据表 8-32 所列荷载组合情况及设计所取最高和最低气温、最大风速、有冰有风及安装检修等条件进行计算。要求在任何情况下最大弧垂 f_{max} 不大于允许弧垂 f_{xu}。f_{xu} 值见表 8-34。

(2) 导线的最大弧垂除了发生在最高温度和最大荷载两种状态时，还有可能出现在最大风速时，但此时弧垂的垂直投影小于前两种状态，故可不考虑最大风速的作用。

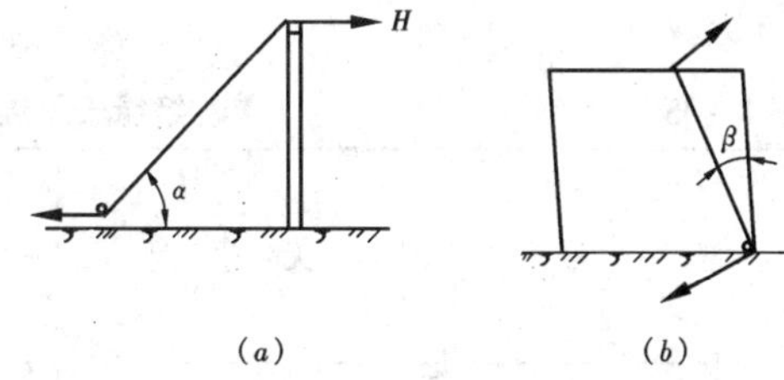

图 8-34 安装紧线图

(a) 导线安装正面紧线方式；(b) 导线安装侧面转向紧线方式

表 8-34 允许弧重 f_{xu} 值（m）

电压（kV）		6~10 组合导线	35	110	220	330	500
弧垂	母线		1.0	0.9~1.1	2.0	3.0	3.5
弧垂	进出线	~2.0	0.7	0.9~1.1	2.0	3.0	3.5

(3) 导线的最大应力可能发生在导线上人时，最大荷载时（即有冰有风时），最大风速时及最低温度时等四种情况。

二、导线、绝缘子串的机械特性及荷重计算

（一）导线各种状态下的单位荷重

1. 导线所受的风压力

$$P_f = a_f k_a A_f \frac{v_f^2}{16} \qquad (8-58)$$

式中 P_f——导线上所受的风压力（kgf）；

a_f——风速不均匀系数，取 $a_f=1$；

k_d——空气动力系数，取 $k_d=1.2$；

A_f——导线受风方向的投影面积（m^2），计算分裂导线时不考虑屏蔽影响，组合导线需乘以0.8的屏蔽系数；

v_f——风速（m/s）。

2. 导线的单位荷重

（1）导线自重 q_1（kgf/m）；

（2）导线冰重 q_2（kgf/m）：

$$q_2 = 0.00283b(d+b) \quad (8-59)$$

（3）导线自重及冰重 q_3（kgf/m）：

$$q_3 = q_1 + q_2 \quad (8-60)$$

（4）导线所受风压 q_4（kgf/m）：

$$q_4 = 0.075U_f^2 d \times 10^{-3} \quad (8-61)$$

（5）导线覆冰时所受风压 q_5（kgf/m）：

$$q_5 = 0.075U_f^2(d+2b) \times 10^{-3} \quad (8-62)$$

（6）导线无冰时自重与风压的合成荷重 q_6（kgf/m）：

$$q_6 = \sqrt{q_1^2 + q_4^2} \quad (8-63)$$

（7）导线覆冰时自重、冰重与风压的合成荷重 q_7（kgf/m）：

$$q_7 = \sqrt{q_3^2 + q_5^2} \quad (8-64)$$

（8）导线各状态时的比载 g_i（kgf/m·mm²）：

$$g_i = \frac{q_i}{s} \quad (8-65)$$

以上各式中 s——导线截面（mm²）；

d——导线直径（mm）；

b——覆冰厚度（mm）。

各种导线的机械特性及单位荷重见附表8-5～附表8-6。

（二）绝缘子串上的机械荷重

1. 绝缘子串上受的风压力（kgf）

$$P_j = a_{fj}k_{dj}A_{fj}\frac{v_f^2}{16} \quad (8-66)$$

式中 a_{fj}——风速不均匀系数，取 $a_{fj}=1$；

K_{dj}——空气动力系数，取 $K_{dj}=0.6$；

A_{fj}——绝缘子受风方向的投影面积（m^2），各种不同型号和状态下单片绝缘子及连接金具的受风面积见表8-35，双串绝缘子受风面积为单串绝缘子的1.6倍。

表8-35 单片绝缘子及连接金具受风面积（m^2）

型 号	无 冰 时	覆 冰 时		
		$b=5$mm	$b=10$mm	$b=15$mm
X-4.5、XP-7、XP-10、XP-16	0.0190	0.0222	0.0256	0.029
XW-4.5	0.0200	0.03	0.034	0.038
单串绝缘子连接金具	0.0142			

2. 单串绝缘子的机械荷重

（1）绝缘子串自重 Q_{1i}（kgf）：

$$Q_{1ii} = nq_i + q_0 \quad (8-67)$$

（2）绝缘子串冰重 Q_{2i}（kgf）：

$$Q_{2i} = nq'_i + q'_0 \quad (8-68)$$

（3）绝缘子串自重及冰重 Q_{3i}（kgf）：

$$Q_{3i} = Q_{1i} + Q_{2i} \quad (8-69)$$

（4）绝缘子串所受风压 Q_{4i}（kgf）：

$$Q_{4i} = a_{fj}K_{dj}K_{fj}(nA_i + A_0)\frac{v_f^2}{16}$$

$$= 0.0375K_{fj}(nA_i + A_0)v_f^2 \quad (8-70)$$

（5）绝缘子串覆冰时所受风压 Q_{5i}（kgf）：

$$Q_{5i} = 0.0375K_{fj}(nA_i + A_0)v_f^2 \quad (8-71)$$

（6）绝缘子串无冰时自重与风压的合成荷重 Q_{6i}（kgf）：

$$Q_{6i} = \sqrt{Q_{1i}^2 + Q_{4i}^2}$$

（7）绝缘子串覆冰时，自重、冰重及风压的合成荷重 Q_{7i}（kgf）：

$$Q_{7i} = \sqrt{Q_{3i}^2 + Q_{5i}^2} \quad (8-72)$$

表 8 - 36　单片绝缘子及连接金具的冰重（kgf）

型　号	$b=5mm$	$b=10mm$	$b=15mm$
X - 4.5、XP - 7、XP - 10、XP - 16	0.56	1.19	1.7
XW - 4.5	0.80	1.8	2.6
35 ~ 220kV 单串耐张绝缘子连接金具	0.36	0.84	1.2

以上各式中　q_i——每片绝缘子自重（kgf）；

q'_i——每片绝缘子覆冰重（kgf），各种不同型号单片绝缘子及连接金具的冰重见表 8 - 36；

q_0——金具自重（kgf）；

q'_0——金具覆冰重（kgf）；

A_i——无冰时单片绝缘子受风面积（m^2）；

A'_i——单片绝缘子覆冰后的受风面积（m^2）；

A_0——金具受风面积（m^2）；

n——每串绝缘子片数；

K_{fj}——绝缘子串风压增加系数，考虑耐张串受风后产生一定偏角，同时在安装时每片绝缘子间不是很水平的，以及绝缘子面积的偏差而引起的风压增加，取 $K_{fj}=1.1$。

3. 绝缘子串的组合及荷重

计算绝缘子串机械荷重时，应考虑单串绝缘子的双根导线或双串绝缘子串的单、双根导线所使用的联板在各状态下的荷重。各种绝缘子串的组合及荷重见附表 8 - 7 ~ 附表 8 - 9。

三、计算方法及步骤

1. 列出原始资料

由表查出或计算出各状态时的导线、绝缘子串荷重，并按下式计算作用于导线上的集中荷重。

$$P_n = P_i l_i + q_g \qquad (8-73)$$

式中　P_n——集中荷重（kgf）；

P_i——引下线单位荷重（kgf/m）；

l_i——引下线长度（m）；

q_g——线夹重（kgf）。

2. 求支点（座）反力

导线在垂直荷重作用下的简支梁 A、B 两支点的反力（见图 8 - 35 及图 8 - 36）可根据所有力对悬挂点 A、B 力矩平衡条件得出。

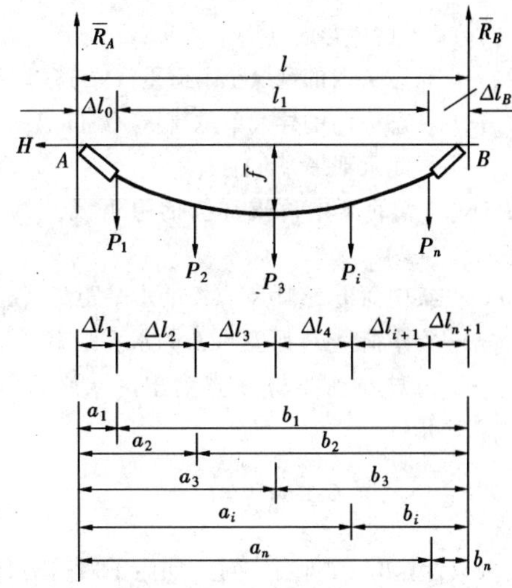

图 8 - 35　等高悬挂导线支点反力示意图

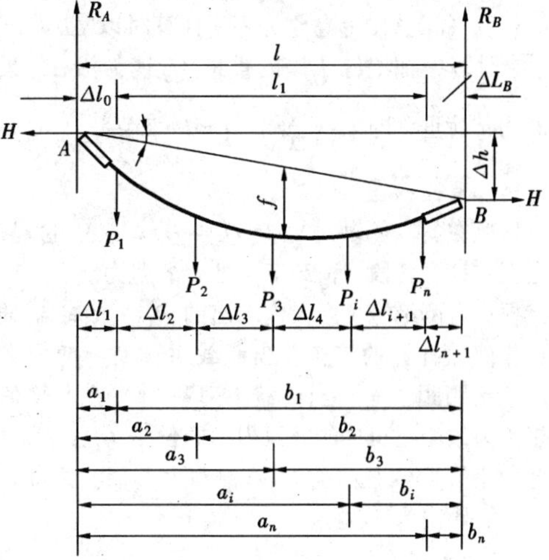

图 8 - 36　不等高悬挂导线支点反力示意图

$$R_A = \overline{R}_A + H\text{tg}\gamma \qquad (8-74)$$

$$R_B = \overline{R}_B - H\text{tg}\gamma \qquad (8-75)$$

$$\overline{R}_A = Q_{ni} + \frac{q_n l_1}{2\cos\gamma} + \Sigma \frac{P_i b_i}{l} \qquad (8-76)$$

$$\overline{R}_B = Q_{ni} + \frac{q_n l_1}{2\cos\gamma} + \Sigma \frac{P_i a_i}{l} \quad (8-77)$$

当等高悬挂时，$\gamma=0$，则 $R_A=\overline{R}_A$，$R_B=\overline{R}_B$，式 8-74～式 8-77 便简化成：

$$R_A = \overline{R}_A = Q_{ni} + \frac{q_n l_1}{2} + \Sigma \frac{P_i b_i}{l} \quad (8-78)$$

$$R_B = \overline{R}_B = Q_{ni} + \frac{q_n l_1}{2} + \Sigma \frac{P_i a_i}{l} \quad (8-79)$$

式（8-74）～（8-79）中

Q_{ni}——状态 n 时的绝缘子串荷重（kgf）；

q_n——状态 n 时的导线单位荷重（kgf/m）；

H——导线水平张力（kgf）；

P_i——i 点的集中荷重（包括引下线及线夹）（kgf）；

a_i——集中荷重 P_i 距支点 A 的水平距离（m）；

b_i——集中荷重 P_i 距支点 B 的水平距离（m）；

γ——悬挂点连线与 A 点引出的水平线间夹角。

$$\gamma = \mathrm{tg}^{-1}\frac{\Delta h}{l}$$

一般只计算出 R_A 即可求解，如为了对剪力计算进行校验，也可将 R_B求出。

在图 8-35 和图 8-36 中，l 为跨距，Δl_0 为绝缘子串长度（m），不等高化为等高计算时以 $\Delta l_0\cos\gamma$ 代替。在计算中把绝缘子串的重量 Q_{ni}视为沿 Δl_0 长度内的均布荷重，即 $q_{ni}=\dfrac{Q_{ni}}{\Delta l_0}$，$l_1=l-2\Delta l_0$。

3. 求各段剪力

依照左右二侧剪力之差 $Q_x-Q_y=q_n\Delta l$ 的规律，自左至右计算各段（荷载变化处）的剪力。

根据右侧绝缘子区段内求出的 $Q_{(2+1)\gamma}=R_B$ 的关系可作剪力计算的校核。当荷载对称时，剪力零值点应位于跨距正中；当荷载不对称时，剪力零值点位于剪力改变正负号的区段内，即位于 Q_z（+）（左侧剪力正值）与 Q_y（-）（右侧剪力负值）之间，至 Q_z（+）距离为 l_{z0}处。

$$l_{z0} = \frac{Q_z(+)}{q_n} \quad (8-80)$$

最大弧垂发生在剪力 $Q=0$ 处。

4. 求各点力矩

对于受均布及集中荷载的简支梁有：

$$\Delta M = \frac{\Delta}{2}(Q_z + Q_y) \quad (8-81)$$

求得剪力零值点的位置后，其最大力矩可由下式求得：

$$M_{\max} = \Sigma\Delta M(+) = \Sigma\Delta M(-)$$

式中 $\Sigma\Delta M$（+）、$\Sigma\Delta M$（-）——左侧和右侧各段力矩增量的总和。

对于简支梁，各段力矩增量的总和为零（即 $\Sigma\Delta M=0$）；或者说剪力零值点位置之左或右的力矩总和相等［即 $\Sigma\Delta M$（+）$=\Sigma\Delta M$（-）］，利用这个原则作中间校核。

导线各小段弧垂：

$$\Delta f = \frac{\Delta M}{H} \quad (8-82)$$

导线最大弧垂：

$$f_{\max} = \frac{M_{\max}}{H} \quad (8-83)$$

5. 求荷载因数

各段的荷载因数

$$\Delta D = \frac{\Delta M^2}{\Delta l} + \frac{1}{12}(q\Delta l)^2\Delta l \quad (8-84)$$

总荷载因数

$$D = \Sigma\Delta D \quad (8-85)$$

对于剪力符号相反的区段内，求得零值点位置后，应分为两个区段求 D。

6. 求解导线状态方程式

利用导线状态方程式计算导线在各状态时的水平应力、水平张力和导线的弧垂。

导线的状态方程式为：

$$\sigma_n - \frac{\xi D_n\cos^2\gamma}{\sigma^2}$$

$$= \sigma_n - \frac{\xi D_n\cos^2\gamma}{\sigma_n^2} - a_x E(\theta_m - \theta_n)\cos\gamma \quad (8-86)$$

对悬挂点等高的导线，$\cos\gamma=1$。则有：

$$\sigma_m - \frac{\xi D_m}{\sigma_m^2} = \sigma_n - \frac{\xi D_n}{\sigma_n^2} - \alpha_x E(\theta_m - \theta_n) \quad (8-87)$$

式中 σ_m——在条件 m 时的导线应力（N/mm^2）；

σ_n——在条件 n 时的导线应力（N/mm^2）；

D_m——在条件 m 时的导线荷载因数（N^2·m）；

D_n——在条件 n 时的导线荷载因数（N^2·m）；

θ_m——在条件 m 时的导线温度（℃）；

θ_n——在条件 n 时的导线温度（℃）；

α_x——导线的温度线膨胀系数（1/℃）；

E——导线材料的弹性模量（N/mm²）；

ξ——导线的特性系数（N/m·mm⁶）；

对于不等高悬挂：　$\xi=\dfrac{E\cos\gamma}{2S^2 l_1}$

对于等高悬挂：　$\xi=\dfrac{E}{2S^2 l_1}$

S——导线截面（mm²）。

求解时，假定最大弧垂 f_{max} 发生在某状态（最高温度或最大荷载），由式（8－83）及式（8－88）求出此状态时的水平拉力 H 和应力 σ，作为已知条件。然后由状态方程式求解另一状态时的 H、σ 及弧垂 f。

$$\sigma=\frac{H}{S} \qquad (8-88)$$

若解得其它状态（最大风速状态除外）的弧垂均小于 f_{max}，则假定正确。否则需重新假定另一状态的 f_{max}，并进行相同的计算，直至假定正确为止。

状态方程式中令

$$C_m=\xi D_m\cos^2\gamma$$

$$C_n=\xi D_n\cos^2\gamma$$

$$A=\sigma_n-\frac{C_n}{\sigma_n^2}-\alpha_x E(\theta_m-\theta_n)\cos\gamma$$

则状态方程式可简化为：

$$\sigma_m^2(\sigma_m-A)=C_m \qquad (8-89)$$

实用计算时，式（8－89）可用计算器试凑求解。试凑的 σ_m 初值取$\sqrt{\dfrac{C_m}{-A}}$（A 小于零）计算 σ_m^2（σ_m-A）－ C_m 值，如该值小于零，则逐渐增加 σ_m 值，直至接近零或等于零为止。

例如，$A=-93.546$，$C_m=34.83$，σ_m 初值则为 $\sqrt{\dfrac{34.83}{93.546}}\approx 0.6$，代入式（8－84）：

$$0.6^2(0.6+93.546)-34.83=-0.93<0$$

再凑，得：

$$\sigma_n=0.6+0.01=0.61$$

$$0.61^2(0.61+93.546)-34.83=0.205>0$$

用内插法则求得 $\sigma_m=0.608$。

四、计算实例

（一）支柱等高

1. 原始资料

导线布置与计算用数据见图 8－37、表 8－37、表 8－38。

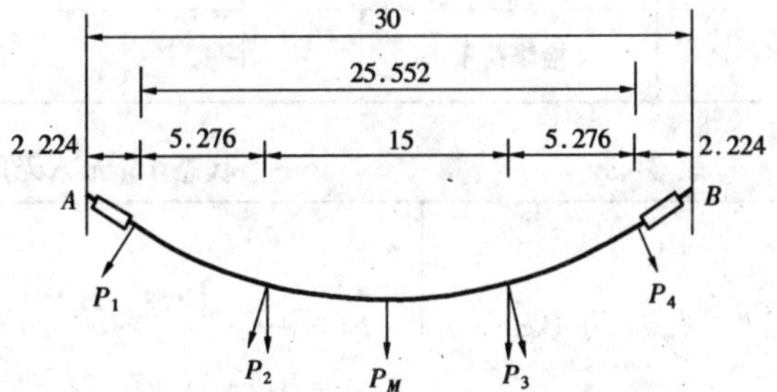

图 8－37　导线布置和集中荷重位置（支柱等高）

2. 力矩 M 及荷载因数 D 的计算见表 8－39～表 8－45。

3. 状态方程求解

假定正常状态最大弧垂发生在最大荷载时，即 $f_m=2$（m），$H=\dfrac{M}{f}=\dfrac{6213.89}{2}=3106.945$（N），$\sigma=\dfrac{H}{S}=\dfrac{3106.945}{333.31}=9.321\,5$（N/mm²），

表 8－37　气象条件、导线与绝缘子串荷重

气象条件	导线特性	导线荷重（kgf/m）	绝缘子串荷重（kgf）（片数#14；型号　X－4.5；长度　$l=2.244$m）
最高气温　+40℃	导线型号 LGJ－300/25	$q_1=1.058$	$Q_{1i}=71.39$
最低气温　－40℃	外径 $d=23.76$（mm）	$q_4=1.6038$	$Q_{4i}=10.402$
覆冰厚度　10mm	截面 $s=333.31$（mm²）	$q'_4=0.178$	$Q'_{4i}=1.156$
最大风速　30m/s	温度线膨胀系数 $\alpha_x=20.5\times10^{-6}$（1/℃）	$q_5=0.328$	$Q_{5i}=1.537$
安装检修时风速　10m/s	弹性模数 $E=65000$（N/mm²）	$q_6=1.9213$	$Q_{6i}=72.144$
覆冰时风速　10m/s	$\xi=\dfrac{E}{2S^2L_1}=0.01147$（N/m·mm⁶）	$q'_6=1.0729$	$Q'_{6i}=71.399$
	$\alpha_x\cdot E=1.3325$（N/mm²·℃）	$q_7=2.04$	$Q_{7i}=88.903$

得到表 8－45 的计算结果（计算过程中已将表 8－34　～表 8－44 中力的单位换算为 N）。

表 8－38　　集 中 荷 重 表

编　号	引下线型　号	引下线长　度（m）	不同气象条件下引下线单位荷重（kgf/m）				线夹重（kgf）	不同气象条件下集中荷重（kgf）			
			状态 1	状态 6	状态 6′	状态 7		状态 1	状态 6	状态 6′	状态 7
P_1	LGJ－300/25	5	1.058	1.9213	1.0729	2.04	2.49	7.78	12.0965	7.8545	12.69
P_2	LGJ－300/25	×8	1.058	1.9213	1.0729	2.04	2×1.6	20.128	33.9408	20.3664	35.84
P_3	LGJ－300/25	2×8	1.058	1.9213	1.0729	2.04	2×1.6	20.128	33.9408	20.3664	35.84
P	LGJ－300/25	5	1.058	1.9213	1.0729	2.04	2.49	7.78	12.0965	7.8545	12.69
P_m	检修荷重										

表 8－39　　状态 1（无冰无风）时的 M、D 计算

项目						
支点反力（kgf）	$\overline{R_A}=71.8+\frac{1.058\times 25.552}{2}+\frac{7.78\times 27.776+20.128\times 22.5+20.128\times 7.5+7.78\times 2.224}{30}$ $=71.8+13.517+27.908=113.225$					
荷载图　ΔL（m）	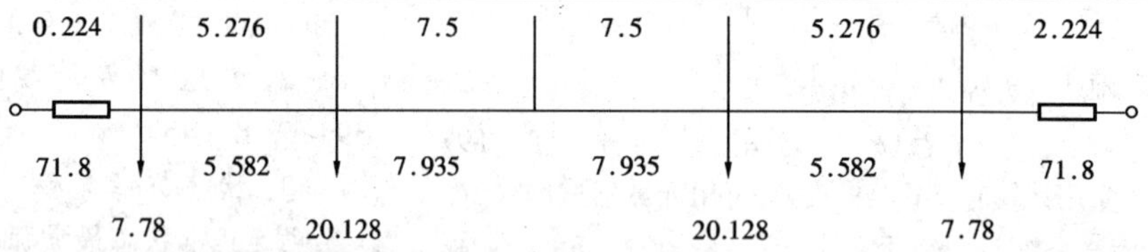 0.224	5.276	7.5	7.5	5.276	2.224
荷载图　$q\Delta L$（kgf）	71.8	5.582	7.935	7.935	5.582	71.8
荷载图　P（kgf）	7.78	20.128		20.128	7.78	
剪力图　Q_Z(kgf)	113.225	33.645	7.935	0	－28.063	－41.425
剪力图　Q_Y(kgf)	41.425	28.063	0	－7.935	－33.645	－113.225
$\Delta M=\frac{\Delta L}{2}(Q+Q_y)$(kgf·m)	171.97	162.786	29.756	－29.756	－162.786	－171.971
$M=\Sigma\Delta M$(kgf·m)	$M=364.512$　　校验 $\Sigma\Delta M=0$					
荷载因数　$\frac{\Delta M^2}{\Delta L}$(kgf²·m)	13297.518	5022.608	118.056	118.056	5022.608	13297.642
荷载因数　$\frac{1}{12}(q\Delta L)^2\cdot\Delta L$(kgf²·m)	955.438	13.6995	39.3526	39.3526	13.6995	955.438
荷载因数　$\Delta D=\frac{\Delta M^2}{\Delta L}+\frac{(q\Delta L)^2}{12}\times\Delta L$(kgf²·m)	14252.956	5036.307	157.4086	157.4086	5036.307	14253.08
荷载因数　$D=\Sigma\Delta D$(kgf²·m)	38893.467					

表 8－40　　状态 6（最大风速）时的 M、D 计算

支点反力(kgf)		$\overline{R}_A = 72.55 + \frac{1.9213 \times 25.552}{2} + \frac{12.0965 \times 27.776 + 33.9408 \times 22.5 + 33.9408 \times 7.5 + 12.0965 \times 22.224}{30} = 143.134$					
荷载图	ΔL(m)	2.224	5.276	7.5	7.5	5.276	2.224
	$q\Delta L$(kgf)	72.55	10.137	14.41	14.41	10.137	72.55
	P(kgf)	12.0965	33.9408		33.9408	12.0965	
剪力图	Q_Z(kgf)	143.134	58.4875	14.41	0	－48.3505	－70.584
	Q_Y(kgf)	70.584	48.3505	0	－14.41	－58.4875	－143.134
$\Delta M = \frac{\Delta l}{2}(Q_Z + Q_Y)$(kgf·m)		237.654	281.838	54.0375	－54.0375	－281.838	－237.654
$M = \Sigma\Delta M$(kgf·m)		$M = 573.529$　校验 $\Sigma\Delta M = 0$					
荷载因数	$\frac{\Delta M^2}{\Delta L}$(kgf²·m)	25395.424	15055.47	389.34	389.34	15055.47	25395.424
	$\frac{1}{12}(q\Delta L)^2\Delta L$(kgf²·m)	975.502	45.18	129.78	129.78	45.18	975.502
	$\Delta D = \frac{\Delta M^2}{\Delta L} + \frac{(q\Delta L)^2\Delta L}{12}$(kgf²·m)	26370.926	15100.65	519.12	519.12	15100.65	26370.926
	$D = \Sigma\Delta D$(kgf²·m)	83981.392					

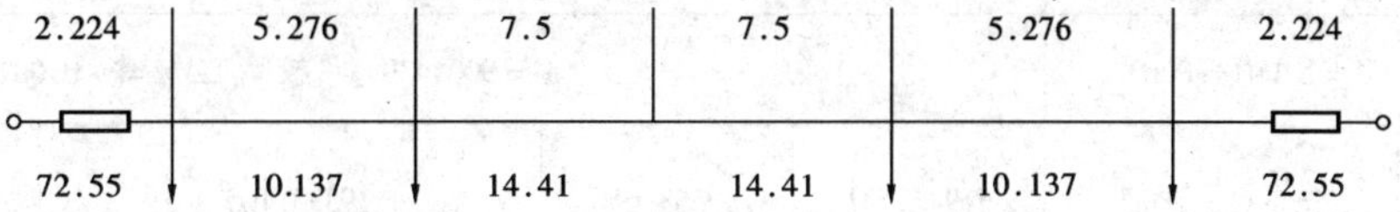

表 8－41　　状态 6（导线上人检修 100kg）时 M、D 计算

支点反力(kgf)		$\overline{R}_A = 71.809 + \frac{1.0729 \times 25.552}{2} + \frac{7.8545 \times 27.776 + 120.3664 \times 22.5 + 20.3664 \times 7.5 + 7.8545 \times 2.224}{30} = 188.737$				
荷载图	ΔL(m)	2.224	5.276	15	5.276	2.224
	$q\Delta L$(kgf)	71.809	5.6606	16.0935	5.6606	71.809
	P(kgf)	7.8545	120.3664	20.3664	7.8545	
剪力图	Q_Z(kgf)	188.737	109.074	－16.9535	－53.4134	－66.9285
	Q_Y(kgf)	116.928	103.4129	－33.047	－59.074	－138.7375
$\Delta M = \frac{\Delta M}{2}(Q_Z + Q_Y)$(kgf·m)		399.899	560.54	－375.004	－296.742	－228.7

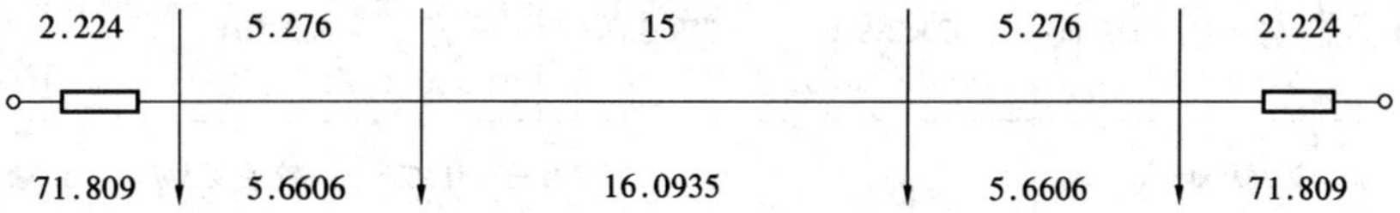

续表

<table>
<tr><td colspan="2">支点反力(kgf)</td><td colspan="5">$\overline{R}_A=71.809+\frac{1.0729\times 25.552}{2}+\frac{7.8545\times 27.776+120.3664\times 22.5+20.3664\times 7.5+7.8545\times 2.224}{30}=188.737$</td></tr>
<tr><td colspan="2">$M=\Sigma\Delta M$(kgf·m)</td><td colspan="5">$M=900.439$　　校验 $\Sigma\Delta M=-0.007$</td></tr>
<tr><td rowspan="4">荷载因数</td><td>$\frac{\Delta M^2}{\Delta L}$(kgf²·m)</td><td>51947.541</td><td>59553.656</td><td>9335.105</td><td>16689.881</td><td>23517.846</td></tr>
<tr><td>$\frac{1}{12}(q\Delta L)^2\Delta L$(kgf²·m)</td><td>955.677</td><td>14.088</td><td>323.7509</td><td>14.088</td><td>955.677</td></tr>
<tr><td>$\Delta D=\frac{\Delta M^2}{\Delta L}+\frac{(q\Delta L)^2\Delta L}{12}$(kgf²·m)</td><td>52903.218</td><td>59567.774</td><td>9698.9509</td><td>16703.969</td><td>24473.524</td></tr>
<tr><td>$D=\Sigma\Delta D$(kgf²·m)</td><td colspan="5">163347.44</td></tr>
</table>

表 8-42　状态 6′（导线上人检修 150kg）时 M、D 计算

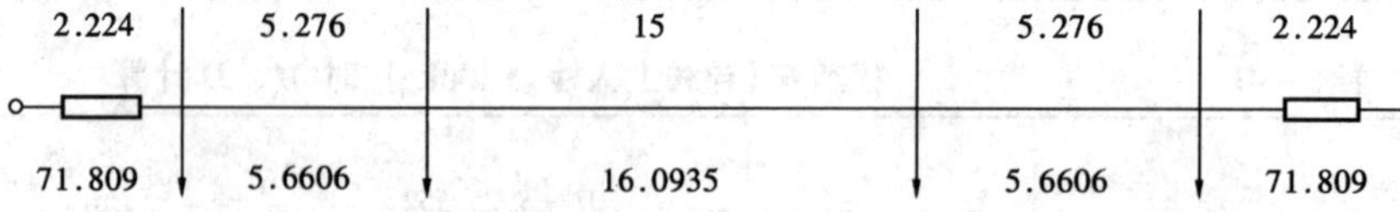

<table>
<tr><td colspan="2">支点反力(kgf)</td><td colspan="5">$\overline{R}_A=71.809+\frac{1.0729\times 25.572}{2}+\frac{7.8545\times 27.776+170.3664\times 22.5+20.3664\times 7.5+7.8545\times 2.224}{30}=225.807$</td></tr>
<tr><td rowspan="3">荷载图</td><td>ΔL(m)</td><td>2.224</td><td>5.276</td><td>15</td><td>5.276</td><td>2.224</td></tr>
<tr><td>$q\Delta L$(kgf)</td><td>71.809</td><td>5.6606</td><td>16.0935</td><td>5.6606</td><td>71.809</td></tr>
<tr><td>P(kgf)</td><td colspan="5">7.8545　　170.3664　　20.3664　　7.8545</td></tr>
<tr><td rowspan="2">剪力图</td><td>Q_Z(kgf)</td><td>226.237</td><td>146.5735</td><td>-29.4535</td><td>-65.9134</td><td>-79.4285</td></tr>
<tr><td>Q_Y(kgf)</td><td>154.428</td><td>140.9129</td><td>-45.547</td><td>-71.574</td><td>-151.237</td></tr>
<tr><td colspan="2">$\Delta M=\frac{\Delta l}{2}(Q_Z+Q_Y)$(kgf·m)</td><td>423.299</td><td>758.389</td><td>-562.504</td><td>-362.692</td><td>-256.5</td></tr>
<tr><td colspan="2">$M=\Sigma\Delta M$(kgf·m)</td><td colspan="5">$M=1181.688$　　校验 $\Sigma\Delta M=-0.008$</td></tr>
<tr><td rowspan="4">荷载因数</td><td>$\frac{\Delta M^2}{\Delta L}$(kgf²·m)</td><td>80567.648</td><td>109013.28</td><td>21094.031</td><td>24932.774</td><td>29582.983</td></tr>
<tr><td>$\frac{1}{12}(q\Delta L)^2\Delta L$(kgf²·m)</td><td>955.677</td><td>14.088</td><td>323.7509</td><td>14.088</td><td>955.677</td></tr>
<tr><td>$\Delta D=\frac{\Delta M^2}{\Delta L}+\frac{(q\Delta L)^2\Delta L}{12}$(kgf²·m)</td><td>81523.325</td><td>109027.37</td><td>21417.782</td><td>4946.862</td><td>30538.66</td></tr>
<tr><td>$D=\Sigma\Delta D$(kgf²·m)</td><td colspan="5">267454</td></tr>
</table>

表 8-43　　**状态 6′（导线安装）时的 M、D 计算**

项目						
支点反力	$\overline{R}_A = 71.809 + \dfrac{1.0729 \times 25.552}{2} + \dfrac{7.8545 \times 27.776 + 20.3664 \times 22.5 + 20.3664 \times 7.5 + 7.8545 \times 2.224}{30} = 113.737$					
荷载图 ΔL(m)	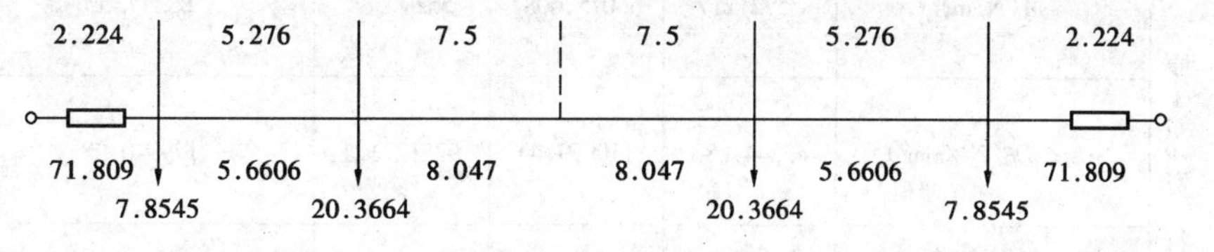 2.224	5.276	7.5	7.5	5.276	2.224
荷载图 $q\Delta L$(kgf)	71.809	5.6606	8.047	8.047	5.6606	71.809
荷载图 P(kgf)	7.8545	20.3664		20.3664	7.8545	
剪力图 Q_Z(kgf)	113.737	34.0738	8.047	0	-28.4131	-41.928
剪力图 Q_Y(kgf)	41.923	28.4134	0	-8.047	-34.0738	-113.737
$\Delta M = \dfrac{\Delta L}{2}(Q_Z + Q_Y)$(kgf·m)	173.099	164.84	30.176	-30.176	-164.16	-174.148
$M = \Sigma\Delta M$(kgf·m)	$M = 368.115$　校验 $\Sigma\Delta M = 0$					
荷载因数 $\dfrac{\Delta M^2}{\Delta L}$(kgf²·m)	13472.765	5150.184	121.41	121.41	5150.184	13472.765
荷载因数 $\dfrac{1}{12}(q\Delta L)^2\Delta L$(kgf²·m)	955.677	14.088	40.47	40.47	14.088	955.677
荷载因数 $\Delta D = \dfrac{\Delta M^2}{\Delta L} + \dfrac{(q\Delta L)^2\Delta L}{12}$(kgf²·m)	14428.443	5164.272	161.88	161.88	5164.272	14428.443
$D = \Sigma\Delta D$(kgf²·m)	395509.189					

表 8-44　　**状态 7（有冰有风）时的 M、D 计算**

项目						
支点反力(kgf)	$\overline{R}_A = 88.564 + \dfrac{2.04 \times 25.552}{2} + \dfrac{12.69 \times 27.776 + 35.84 \times 22.5 + 35.84 \times 7.5 + 12.69 \times 2.224}{30} = 163.152$					
荷载图 ΔL(m)	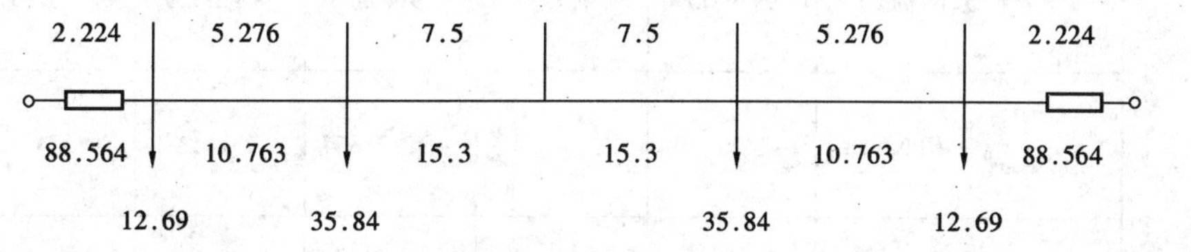 2.224	5.276	7.5	7.5	5.276	2.224
荷载图 $q\Delta L$(kgf)	88.564	10.763	15.3	15.3	10.763	88.564
荷载图 P(kgf)	12.69	35.84		35.84	12.69	
剪力图 Q_Z(kgf)	163.157	61.903	15.3	0	-51.14	-74.593
剪力图 Q_Y(kgf)	74.593	51.14	0	-15.3	-61.903	-163.157
$\Delta M = \dfrac{\Delta L}{Z}(Q_Z + Q_Y)$(kgf·m)	264.378	298.207	57.375	-57.375	-298.307	-264.378
$M = \Sigma\Delta M$(kgf·m)	$M = 619.96$　校验 $\Sigma\Delta M = 0$					
荷载因数 $\dfrac{\Delta M^2}{\Delta L}$(kgf²·m)	31427.935	16855.131	438.919	438.919	16855.131	31427.935
荷载因数 $\dfrac{1}{12}(q\Delta L)^2\Delta L$(kgf²·m)	1453.677	50.932	146.306	146.306	50.932	1453.677
荷载因数 $\Delta D = \dfrac{\Delta M^2}{\Delta L} + \dfrac{(q\Delta L)^2\Delta L}{12}$(kgf²·m)	32881.612	16906.063	585.225	585.225	16906.063	32881.612
$D = \Sigma\Delta D$(kgf²·m)	100745.8					

表 8－45　**各种状态时的应力**

状态条件		最高温度	最大荷载	最大风速	停电检修（三相各以 100kgf）		带电检修（单相以 150kgf）	
原始资料	M（N·m）	3572.217	6075.608	5620.584	8824.302		11580.542	
	$C_m=D\xi$（N^3/mm^6）	42844.083	110979.44	92512.121	179940.08		294621.66	
	$\alpha_n E$（N/mm^2·℃）	1.3325	1.3325	1.3325	1.3325		1.3325	
状态方程求解	C_n（N^3/mm^6）	110979.44		42844.083	42844.083		42844.083	
	σ_n（N/mm^2）	9.114		5.468	5.468		5.468	
	θ_n（℃）	－5		70	70		70	
	θ_m（℃）	70	－5	－5	－15	30	－15	30
	$\Delta\theta=\theta_m-\theta_n$（℃）	75		－75	－85	－40	－85	－40
	$B=\alpha_x E\Delta\theta$（N/mm^2）	99.9375		－99.9375	－113.26	－53.3	－113.26	－53.3
	$A=\sigma_n-\dfrac{C_n}{\sigma_n^3}-B$（$N/mm^2$）	－1426.879		－1327.554	－1314.231	－1374.191	－1314.231	－1374.191
	σ_m（N/mm^2）	5.468	9.114	8.329	11.65	11.394	14.895	14.57
	$H=s\sigma_m$（N）	1822.539	3037.787	2776.139	3883.061	3797.734	4964.652	4856.327
	$f=\dfrac{M}{H}$（m）	1.961	2	2.0246	2.272	2.324	2.333	2.385

注　1. 本表计算过程中已将表 8－34～表 8－44 中力的单位换算为 N。

2. 假定正常状态最大弧垂发生在最大荷载时，$f_m=2$m，$H=\dfrac{6075.608}{2}=3037.804$（N），$\sigma=\dfrac{H}{S}=\dfrac{3037.804}{333.31}=9.114$

3. σ_m 是 σ_m^2（σ_m-A）$=C_m$ 的根。

σ_m、拉力 H 和弧垂 f 值

施工安装								
3607.527								
43522.485								
1.3325								
42844.083								
5.468								
70								
30	20	10	5	0	-5	-15	-20	-30
-40	-50	-60	-65	-70	-75	-85	-90	-100
-53.3	-66.625	-79.95	-86.61	-93.275	-99.9375	-113.26	-119.925	-133.25
-1374.191	-1360.866	-1347.541	-1340.88	-1334.216	-1327.554	-1314.231	-1307.566	-1294.24
5.618	5.645	5.617	5.688	5.7	5.71	5.745	5.76	5.784
1872.536	1881.535	1889.868	1895.867	1899.867	1903.2	1919.866	1919.866	1927.865
1.926	1.917	1.91	1.903	1.899	1.896	1.834	1.879	1.871

(N/mm^2)。

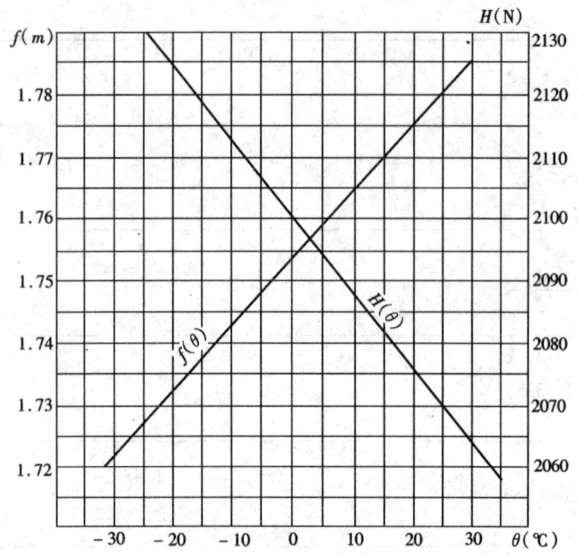

图 8-38 安装曲线（支柱等高）

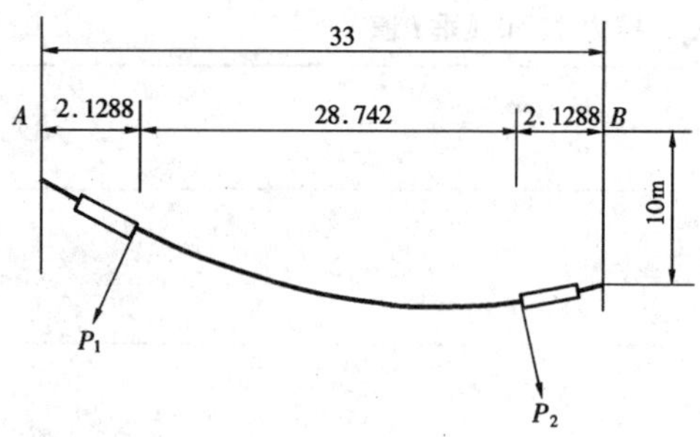

图 8-39 支柱不等高时导线布置和集中荷重位置

表 8-46　气象条件、导线与绝缘子串的荷重

气象条件	导线特性	导线单位荷重（kgf/m）	绝缘子串荷重（kgf）（片数#14；型号 X-4.5；长度 $l=2.224$　$\cos r=2.148$m）
最高气温　+40℃	导线型号　LGJ-400/50	$\frac{q_1}{\cos r}=1.5785$	$Q_{1i}=71.8$
最低气温　-40℃	$d=27.63$mm	$\frac{q'_4}{\cos r}=1.9484$	$Q_{4i}=10.415$
覆冰厚度　10mm	$S=451.55\text{mm}^2$	$\frac{q'_4}{\cos r}=0.2165$	$Q'_{4i}=1.157$
最大风速　30m/s	$\alpha_x=19.3\times10^{-6}$　1/℃	$\frac{q_5}{\cos r}=0.3732$	$Q_{5i}=1.539$
安装检修时风速　10m/s	$E=69000\text{N/mm}^2$	$\frac{q_6}{\cos r}=2.5073$	$Q_{6i}=72.55$
覆冰时风速　10m/s	$\xi=\frac{E\cos r}{Zs_{L_1}^2}=0.00574\text{N/m}\cdot\text{mm}^6$	$\frac{q'_6}{\cos r}=1.5933$	$Q'_{6i}=71.809$
	$\alpha_x\cdot E=1.3317$　$\text{N/mm}^2\cdot$℃	$\frac{q_7}{\cos r}=2.7162$	$Q_{7i}=88.564$

表 8-47　集 中 荷 重 表

编号	引下线型号	引下线长度（m）	不同气象条件下引下线单位荷重（kgf/m）				线夹重（kgf）	不同气象条件下集中荷重（kgf）			
			状态 1	状态 6	状态 6′	状态 7′		状态 1	状态 6	状态 6′	状态 7′
P_1	LGJ-400/50	4.7	1.511	2.4	1.525	2.6	3.87	10.972	15.15	11.038	16.09
P_2	LGJ-400/50	3.8	1.511	2.4	1.525	2.6	3.87	9.612	12.99	9.665	13.75
P_m										100 150	

表 8－48　　**状态 1（无冰无风）时的 *M*、*D* 计算**

支点反力(kgf)		$\overline{R}_A = 71.8 + \frac{1.5785 \times 28.742}{2} + \frac{10.972 \times 30.871 + 9.612 \times 2.1288}{33} = 105.369$			
荷载图	ΔL(m)	2.1288	14.315	14.427	2.1288
	$q\Delta L$(kgf)	71.8	22.597	22.773	71.8
	P(kgf)		10.972		9.812
剪力图	Q_Z(kgf)	105.369	22.597	0	－32.385
	Q_Y(kgf)	33.569	0	－22.773	－104.185
$\Delta M = \frac{\Delta L}{2}(Q_Z + Q_Y)$(kgf·m)		147.886	161.738	－164.273	－145.365
$M = \Sigma\Delta M$(kgf·m)		$M = 309.624$　校验 $\Sigma\Delta M = -0.014$			
荷载因数	$\frac{\Delta M^2}{\Delta L}$(kgf²·m)	10273.465	1827.397	1870.494	9926.241
	$\frac{1}{12}(q\Delta L)^2\Delta L$(kgf²·m)	914.539	609.132	623.498	914.539
	$\Delta D = \frac{\Delta M^2}{\Delta L} + \frac{(q\Delta L)^2\Delta L}{12}$ (kgf²·m)	11188.004	2436.529	2493.992	10840.781
	$D = \Sigma\Delta$(kgf²·m)	26959.306			

表 8－49　　**状态 6（最大风速）时的 *M*、*D* 计算**

支点反力(kgf)		$\overline{R}_A = 72.55 + \frac{2.5073 \times 28.742}{2} + \frac{15.15 \times 30.8712 + 12.99 \times 2.1288}{33} = 123.593$			
荷载图	ΔL(m)	2.1288	14.315	14.427	2.1288
	$q\Delta L$(kgf)	72.55	35.893	36.174	72.55
	P(kgf)		15.15		12.99
剪力图	Q_Z(kgf)	123.593	35.893	0	－49.164
	Q_Y(kgf)	51.043	0	－36.174	－121.714

续表

支点反力(kgf)	$\overline{R}_A = 72.55 + \frac{2.5073 \times 28.742}{2} + \frac{15.15 \times 30.8712 + 12.99 \times 2.1288}{33} = 123.593$			
$\Delta M = \frac{\Delta L}{2}(Q_Z + Q_Y)$(kgf·m)	185.882	256.904	-260.948	-181.883
$M = \Sigma\Delta M$(kgf·m)	$M = 442.786$ 校验 $\Sigma\Delta M = +0.045$			
荷载因数 $\frac{\Delta M^2}{\Delta L}$($kgf^2$·m)	16230.796	4610.525	4719.759	15539.863
荷载因数 $\frac{1}{12}(q\Delta L)^2\Delta L$($kgf^2$·m)	933.745	1536.843	1573.258	933.745
荷载因数 $\Delta D = \frac{\Delta M^2}{\Delta L} + \frac{(q\Delta L)^2\Delta L}{12}$($kgf^2$·m)	17164.541	6147.368	6293.0173	16473.608
荷载因数 $D = \Sigma\Delta D$	46078.534			

表 8-50　状态 6′（导线上人检修 100kg）时的 *M*、*D* 计算

支点反力(kgf)	$\overline{R}_A = 71.809 + \frac{1.5933 \times 28.742}{2} + \frac{111.038 \times 30.8712 + 9.665 \times 2.1288}{33} = 199.205$			
荷载图 ΔL(m)	2.1288	10.267	18.475	2.1288
荷载图 $q\Delta L$(kgf)	71.809	16.358	29.436	71.809
荷载图 P(kgf)	111.038		9.665	
剪力图 Q_Z(kgf)	199.205	16.358	0	-39.101
剪力图 Q_Y(kgf)	127.396	0	-29.436	-110.91
$\Delta M = \frac{\Delta L}{2}(Q_Z + Q_Y)$(kgf·m)	347.634	83.974	-271.915	-159.672
$M = \Sigma\Delta M$(kgf·m)	$M = 431.608$ 校验 $\Sigma\Delta M = 0.021$			
荷载因数 $\frac{\Delta M^2}{\Delta L}$($kgf^2$·m)	56768.823	686.825	4002.046	11976.256
荷载因数 $\frac{1}{12}(q\Delta L)^2\Delta L$($kgf^2$·m)	914.769	228.941	1334.015	914.769
荷载因数 $\Delta D = \frac{\Delta M^2}{\Delta L} + \frac{(q\Delta L)^2\Delta L}{12}$($kgf^2$·m)	57683.592	915.766	5336.061	12091.025
荷载因数 $D = \Sigma\Delta D$	76826.444			

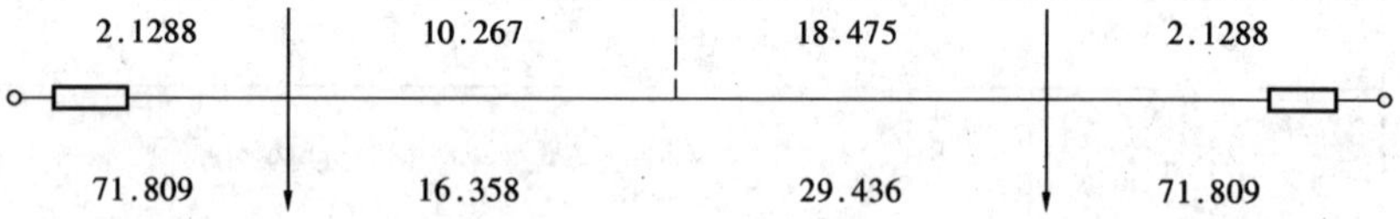

表 8－51　　状态 6′（导线上人检修 150kg）时的 *M*、*D* 计算

支点反力(kgf)		$\overline{R}_A=71.809+\dfrac{1.5933\times28.742}{2}+\dfrac{161.038\times30.8712+9.665\times2.1288}{33}=245.979$			
荷载图	ΔL(m)	2.1288	8.242	20.5	2.1288
	$q\Delta L$(kgf)	71.809	13.132	32.663	71.809
	P(kgf)	161.038		9.665	
剪力图	Q_Z(kgf)	245.979	13.132	0	－42.328
	Q_Y(kgf)	174.17	0	－32.663	－114.137
$\Delta M=\dfrac{\Delta L}{2}(Q_Z+Q_Y)$(kgf·m)		447.207	54.117	－334.796	－166.541
$M=\Sigma\Delta M$(kgf·m)		$M=501.324$　校验 $\Sigma\Delta M=0.013$			
荷载因数	$\dfrac{\Delta M^2}{\Delta L}$(kgf²·m)	93946.872	355.332	5467.717	13028.946
	$\dfrac{1}{12}(q\Delta L)^2\Delta L$(kgf²·m)	914.769	118.444	1822.572	914.769
	$\Delta D=\dfrac{\Delta M^2}{\Delta L}+\dfrac{(q\Delta L)^2\Delta L}{12}$(kgf²·m)	94861.641	473.776	7290.289	13943.715
	$D=\Sigma\Delta D$(kgf²·m)	116569.42			

表 8－52　　状态 6′（导线安装）时的 *M*、*D* 计算

支点反力(kgf)		$\overline{R}_A=71.809+\dfrac{1.5933\times28.742}{2}+\dfrac{11.038\times30.8712+9.665\times2.1288}{33}=105.656$			
荷载图	ΔL(m)	2.1288	14.315	14.427	2.1288
	$q\Delta L$(kgf)	71.809	22.809	22.987	71.809
	P(kgf)	11.038		9.665	

续表

支点反力(kgf)		$\overline{R_A}=71.809+\frac{1.5933\times28.742}{2}+\frac{11.038\times30.8712+9.655\times2.1288}{33}=105.656$			
剪力图	Q_Z(kgf)	105.656	22.809	0	-32.652
	Q_Y(kgf)	33.847	0	-22.987	-104.461
$\Delta M=\frac{\Delta L}{2}(Q_Z+Q_Y)$(kgf·m)		148.487	163.255	-165.821	-145.943
$M=\Sigma\Delta M$(kgf·m)		$M=311.742$ 校验 $\Sigma\Delta M=0.022$			
荷载因数	$\frac{\Delta M^2}{\Delta L}$(kgf²·m)	10357.191	1861.834	1905.86	10005.336
	$\frac{1}{12}(q\Delta L)^2\Delta L$(kgf²·m)	914.769	620.615	635.289	914.769
	$\Delta D=\frac{\Delta M^2}{\Delta L}+\frac{(q\Delta L)^2\Delta L}{12}$(kgf²·m)	11271.959	2482.452	2541.149	10920.105
	$D=\Sigma\Delta D$(kgf²·m)	27215.665			

表 8-53　　状态 7（有冰有风）时的 *M*、*D* 计算

支点反力(kgf)		$\overline{R_A}=88.564+\frac{2.7162\times28.742}{2}+\frac{16.09\times30.8712+13.752\times2.1288}{33}=143.539$			
荷载图	ΔL(m)	2.1288	14.315	14.427	2.1288
	$q\Delta L$(kgf)	88.564	38.883	39.188	88.564
	P(kgf)		16.09		13.75
剪力图	Q_Z(kgf)	143.537	38.883	0	-52.938
	Q_Y(kgf)	54.973	0	-39.188	-141.502
$\Delta M=\frac{\Delta L}{2}(Q_Z+Q_Y)$(kgf·m)		211.294	278.305	-282.69	-206.962
$M=\Sigma\Delta M$(kgf·m)		$M=489.599$ 校验 $\Sigma\Delta M=0.053$			
荷载因数	$\frac{\Delta M^2}{\Delta L}$(kgf²·m)	20971.99	5410.668	5539.037	20120.839
	$\frac{1}{12}(q\Delta L)^2\Delta L$(kgf²·m)	1391.451	1803.556	1846.346	1391.451
	$\Delta D=\frac{\Delta M^2}{\Delta L}+\frac{(q\Delta L)^2\Delta L}{12}$(kgf²·m)	22363.442	7214.224	7385.383	21512.291
	$D=\Sigma\Delta D$(kgf²·m)	58475.34			

（二）支柱不等高

1. 原始资料

导线布置及计算用数据见图 8-39、表 8-46、表8-47。

2. 力矩 M 及荷载因数

D 的计算见表 8-48～表 8-54。

3. 状态方程求解

假定正常状态最大弧垂发生在最大荷载时，即 $f_m = 2\text{m}$，$H=\dfrac{M}{f}=\dfrac{4910.16}{2}=2455.08$（N），$\sigma=\dfrac{H}{S}=\dfrac{2455.08}{451.55}=5.437$（N/mm²）得到表 8-54 的计算结果（计算过程中已将表 8-46～表 8-53 中力的单位换算为 N）。

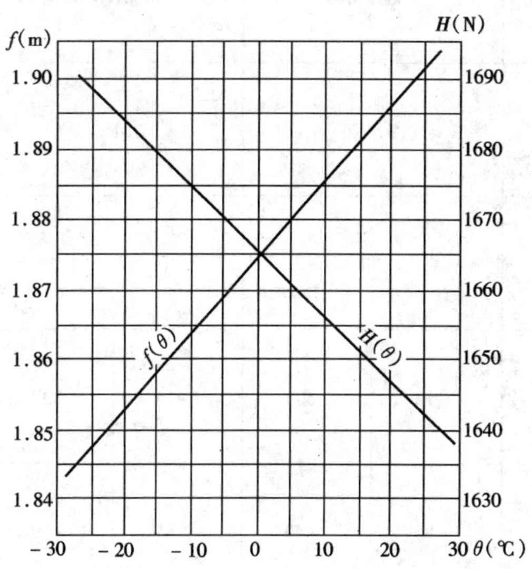

图 8-40　支柱不等高时安装曲线

（三）组合导线

1. 基本方法及原始资料

(1) 基本方法：

将所有荷载除以 2，化为单根承重导线计算，安装曲线按计算结果作出，构架土建资料按计算结果的 2 倍提供。

(2) 原始资料：

导线布置及计算用数据见图 8-41、表 8-55、表 8-56。

2. 力矩 M 及荷载因数 D 的计算，见表 8-57～表 8-62。

3. 状态方程求解

假定正常状态最大弧垂发生在最高温度时，即：$f_{max}=2$（m），$H=\dfrac{M}{f}=\dfrac{8954.03}{2}=4477.015$（N），$\sigma=\dfrac{H}{S}=\dfrac{4477.015}{312.21}=14.34$（N/mm²）得到表 8-62 的计算结果（计算过程中已将表 8-55～表 8-61 中力的单位换算为 N）。

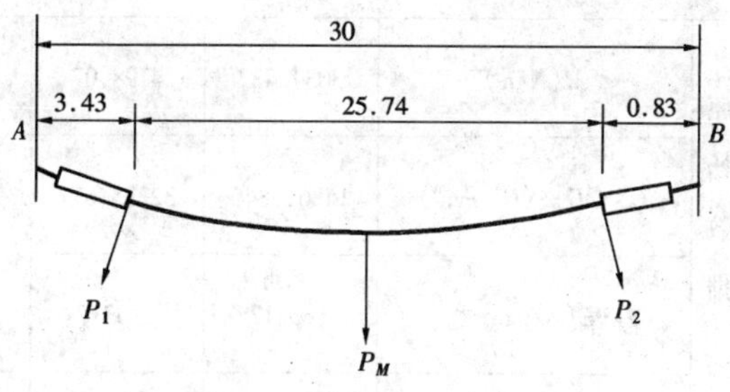

图 8-41　组合导线布置示意图

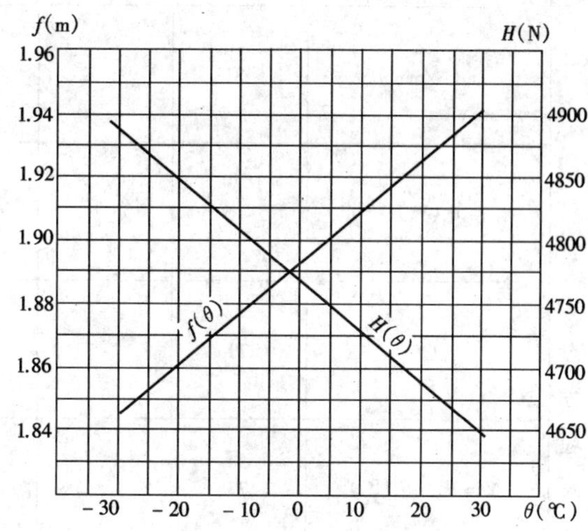

图 8-42　组合导线安装曲线

五、架构土建资料

配电装置架构土建资料包括如下三方面内容。

（一）架构负荷图

以简图表示出架构高度、宽度、导线悬挂点高度（双层架构为各层导线悬挂点离地高度）、悬挂点间距离、导线偏角及架构受力情况（双侧受力还是单侧受力）。并注明架构在平面布置中的位置。

（二）架构预埋件

架构预埋件指挂环、爬梯等，具体设置地点依配电装置布置要求提供。

（三）架构荷载

架构受力情况填入表 8-63。

(1) 表中 R_A、R_B 是指架构左右两档导线作用于该架构的反加、组合导线、双分裂导线 H、R_A、R_B 应按计算结果的 2 倍提供。

(2) 侧向风压仅求取最大风速时的数值，其它

表 8-54 **各种状态时的应力 σ_m、**

状态条件		最高温度	最大荷载	最大风速	停电检修（三相各上人 100kg）		带电检修（单相上人 150kg）	
原始数据	M(N·m)	3034.432	4798.07	4339.303	4229.758		4912.975	
	$C_m = D \cdot \xi$(N³/mm⁶)	14861.846	32235.677	25401.695	42352.083		64261.177	
	$\alpha_X \cdot E$(N/mm²·℃)	1.3317	1.3317	1.3317	1.3317		1.3317	
状态方程求解	C_n(N³/mm⁶)	32235.677		14861.846	14861.846		14861.846	
	σ_n(N/mm²)	5.313		3.462	3.462		3.462	
	θ_n(℃)	−5		70	70		70	
	θ_m(℃)	70	−5	−5	−15	30	−15	30
	$\Delta\theta = \theta_m - \theta_n$(℃)	75		−75	−85	−40	−85	−40
	$B = \alpha_X \cdot E \cdot \Delta\theta$(N/mm²)	99.878		−99.878	−113.195	−53.3	−113.195	−53.3
	$A = \sigma_n - \frac{C_n}{\sigma_n^2} - B$(N/mm²)	−1236.542		−1136.651	−1123.334	−1183.229	−1123.334	−1183.229
	σ_m(N/mm²)	3.462	5.313	4.718	6.135	5.97	7.539	7.345
$H = S \cdot \sigma_m$(N)		1563.718	2399.05	2130.413	2770.259	2695.754	3404.236	3316.635
$f = \frac{M}{H}$(m)		1.94	2	2.04	1.527	1.57	1.443	1.481

拉力 ***H*** 和弧垂 ***f*** 值

施　工　安　装								
3055.071								
15003.169								
1.3317								
14861.846								
3.462								
70								
30	20	10	5	0	－5	－15	－20	－30
－40	－50	－60	－65	－70	－75	－85	－90	－100
－53.3	－66.6	－79.9	－86.56	－93.22	－99.878	－113.195	－119.853	－133.17
－1183.229	－1169.929	－1156.629	－1149.969	－1143.309	－1136.651	－1123.334	－1116.676	－1103.359
3.556	3.576	3.596	3.607	3.617	3.628	3.649	3.66	3.684
1605.712	1614.743	1623.774	1628.74	1633.256	1638.223	1647.706	1652.673	1663.51
1.903	1.892	1.881	1.876	1.87	1.865	1.854	1.848	1.836

表 8-55 **导线及绝缘子串荷重**

气 象 条 件	选用组合导线型号 2×LGJ-300/15+16×LJ-185		绝缘子串型号 2串(2×X-4.5)		
			长度(m)	Δl_A	Δl_B
				3.43	0.83
	每根组合导线特性及荷重(kgf/m)		折合到每根承重导线上的荷重(kgf)		
最高温度 +40℃	$d=23.01(\text{mm})$	$q_1=6.73$	Q_{1i}	29.475	18.515
最低温度 -40℃	$S=312.21(\text{mm}^2)$	$q_4=8.8$	Q_{4i}	5.428	2.465
最大风速 30m/s	$\alpha_x=21.4\times10^{-6}(1/℃)$	$q'_4=0.978$	Q'_{4i}	0.599	0.274
覆冰厚度 10mm	$E=61000(\text{N/mm}^2)$	$q_5=2.058$	Q_{5i}	0.913	0.329
覆冰时风速 10m/s	$\xi=\dfrac{E}{2s^2L_1}=0.01216(\text{N/m}\cdot\text{mm}^6)$	$q_6=11.08$	Q_{6i}	29.97	18.678
安装检修时风速 10m/s	$\alpha_xE=1.3054(\text{N/mm}^2\cdot℃)$	$q'_6=6.8$	Q'_{6i}	29.481	18.517
		$q_7=14.04$	Q_{7i}	35.972	22.72

表 8-56 **集 中 荷 重**

编号	引 下 线 型 号	引下线长度(m)	不同气象条件下引下线的单位荷重(kgf/m)				线夹重(kgf)	不同气象条件下的集中荷重(kgf)			
			状态1	状态6	状态6′	状态7		状态1	状态6	状态6′	状态7
1	2×LGJ-300/15+16×LJ-185	4	6.73	11.08	6.8	14.04	6.25	33.17	50.57	33.45	62.41
2	2×LGJ-300/15+16×LJ-185	3	6.73	11.08	6.8	14.04	6.25	26.44	39.49	26.65	48.37
p_M								8.3	8.3	8.3	8.3
p										150	

注 p_M 为横联装置；p 为检修荷重(含人及工具重)。

表 8-57 **状态 1(无冰无风)时的 *M*、*D* 计算**

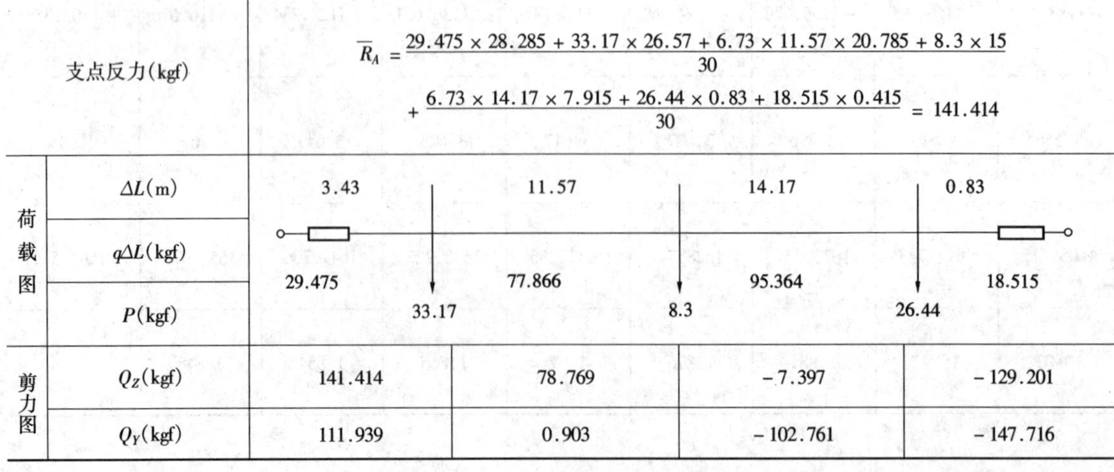

支点反力(kgf)	$\overline{R}_A=\dfrac{29.475\times28.285+33.17\times26.57+6.73\times11.57\times20.785+8.3\times15}{30}+\dfrac{6.73\times14.17\times7.915+26.44\times0.83+18.515\times0.415}{30}=141.414$			
荷载图 ΔL(m)	3.43	11.57	14.17	0.83
荷载图 $q\Delta L$(kgf)	29.475	77.866	95.364	18.515
荷载图 P(kgf)	33.17	8.3	26.44	
剪力图 Q_Z(kgf)	141.414	78.769	-7.397	-129.201
剪力图 Q_Y(kgf)	111.939	0.903	-102.761	-147.716

续表

支点反力(kgf)		$\overline{R_A}=\dfrac{29.475\times28.285+33.17\times26.57+6.73\times11.57\times20.785+8.3\times15}{30}+\dfrac{6.73\times14.17\times7.915+26.44\times0.83+18.515\times0.415}{30}=141.414$			
$\Delta M=\dfrac{\Delta L}{2}(Q_Z+Q_Y)$(kgf·m)		434.5	460.903	−780.469	−114.921
$M=\Sigma\Delta M$(kgf·m)		$M=895.403$　校验 $\Sigma\Delta M=0.013$			
荷载因数	$\dfrac{\Delta M^2}{\Delta L}$(kgf²·m)	55040.989	18360.513	42987.476	15911.728
	$\dfrac{1}{12}(q\Delta L)\Delta L$(kgf²·m)	248.325	5845.852	10738.844	23.711
	$\Delta D=\dfrac{\Delta M^2}{\Delta L}+\dfrac{(q\Delta L)^2\Delta L}{12}$(kgf²·m)	55289.314	24206.365	53726.319	15935.438
	$D=\Sigma\Delta D$(kgf²·m)	149157.44			

表 8－58　状态 6（最大风速）时的 *M*、*D* 计算

支点反力(kgf)		$\overline{R_A}=\dfrac{29.97\times28.285+50.57\times26.57+11.08\times11.57\times20.785+8.3\times15}{30}+\dfrac{11.08\times14.17\times7.915+39.49\times0.83+18.678\times0.415}{30}=208.787$			
荷载图	ΔL(m)	3.43	11.57	14.17	0.83
	$q\Delta L$(kgf)	29.97	128.196	157	18.678
	P(kgf)	50.57　8.3　39.49			
剪力图	Q_Z(kgf)	208.787	128.247	−8.249	−204.739
	Q_Y(kgf)	178.817	0.051	−165.249	−223.417
$\Delta M=\dfrac{\Delta L}{2}(Q_Z+Q_Y)$(kgf·m)		664.741	742.204	−1229.233	−177.685
$M=\Sigma\Delta M$(kgf·m)		$M=1406.945$　校验 $\Sigma\Delta M=0.027$			
荷载因数	$\dfrac{\Delta M^2}{\Delta L}$(kgf²·m)	128828.11	47611.64	106634.76	38038.394
	$\dfrac{1}{12}(q\Delta L)^2\Delta L$(kgf²·m)	256.736	15845.322	29106.361	24.13
	$\Delta D=\dfrac{\Delta M^2}{\Delta L}+\dfrac{(q\Delta L)^2\Delta L}{12}$(kgf²·m)	129084.846	63456.962	135741.12	38062.524
	$D=\Sigma\Delta D$(kgf²·m)	366345.45			

表 8-59　　状态 6′（导线上人检修）时的 *M*、*D* 计算

支点反力(kgf)		$R_A=\frac{29.481\times28.285+33.45\times26.57+6.8\times11.57\times20.785+158.3\times15}{30}+\frac{6.8\times14.17\times7.915+26.65\times0.83+18.517\times0.415}{30}=217.496$			
荷载图	ΔL(m)	3.43	11.57	14.17	0.83
	$q\Delta L$(kgf)	29.481	78.676	96.356	18.517
	P(kgf)	33.45	158.3	26.65	
剪力图	Q_Z(kgf)	217.496	154.565	-82.411	-205.417
	Q_Y(kgf)	188.015	75.889	-178.767	-223.934
$\Delta M=\frac{\Delta L}{2}(Q_Z+Q_Y)$(kgf·m)		695.451	1333.176	-1850.446	-178.181
$M=\Sigma\Delta M$(kgf·m)		$M=2028.627$　　校验 $\Sigma\Delta M=0$			
荷载因数	$\frac{\Delta M^2}{\Delta L}$(kgf²·m)	141006.59	153617.92	241647.91	38051.023
	$\frac{1}{12}(q\Delta L)^2\Delta L$(kgf²·m)	248.426	5968.108	10963.422	23.716
	$\Delta D=\frac{\Delta M^2}{\Delta L}+\frac{(q\Delta L)^2\Delta L}{12}$(kgf²·m)	14155.02	159586.02	252611.33	38274.739
	$D=\Sigma\Delta D$(kgf²·m)	591727.11			

表 8-60　　状态 6′（导线施工安装）时的 *M*、*D* 计算

支点反力(kgf)		$R_A=\frac{29.481\times28.285+33.45\times26.57+6.8\times11.57\times20.785+8.3\times15+6.8\times14.17\times7.915}{30}+\frac{26.65\times0.83+18.517\times0.415}{30}=142.496$			
荷载图	ΔL(m)	3.43	11.57	14.17	0.83
	$q\Delta L$(kgf)	29.481	78.676	96.356	18.517
	P(kgf)	33.45	8.3	26.65	
剪力图	Q_Z(kgf)	142.496	79.565	-7.411	-130.417
	Q_Y(kgf)	113.015	0.889	-103.767	-148.934

续表

支点反力(kgf)		$R_A=\frac{29.481\times28.285+33.45\times26.57+6.8\times11.57\times20.785+8.3\times15}{30}+\frac{6.8\times14.17\times7.915+26.65\times0.83+18.517\times0.415}{30}=142.496$			
$\Delta M=\frac{\Delta L}{2}(Q_Z+Q_Y)$(kgf·m)		438.201	465.426	－787.696	－115.931
$M=\Sigma\Delta M$(kgf·m)		$M=903.627$　校验 $\Sigma\Delta M=0$			
荷载因数	$\frac{\Delta M^2}{\Delta L}$(kgf²·m)	55982.634	18722.707	43787.24	16192.674
	$\frac{1}{12}(q\Delta L)^2\Delta L$(kgf²·m)	248.426	5968.108	10963.422	23.716
	$\Delta D=\frac{\Delta M^2}{\Delta L}+\frac{(q\Delta L)^2\Delta L}{12}$(kgf²·m)	56231.06	24690.815	54750.662	16216.39
	$D=\Sigma\Delta D$(kgf²·m)	151888.93			

表 8－61　　状态 7（有冰有风）时的 M、D 计算

支点反力(kgf)		$R_A=\frac{35.972\times8.285+62.41\times26.57+14.04\times11.57\times20.785+8.3\times15}{30}+\frac{14.04\times14.17\times7.915+48.37\times0.83+22.72\times0.415}{30}=260.027$				
荷载图	ΔL(m)	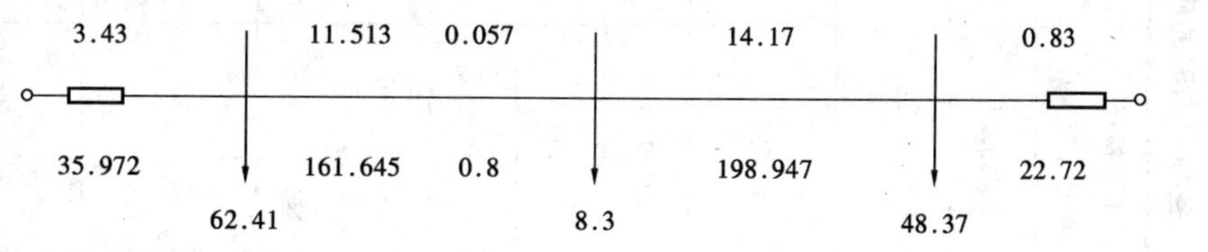 3.43	11.513	0.057	14.17	0.83
	$q\Delta L$(kgf)	35.972	161.645	0.8	198.947	22.72
	P(kgf)	62.41		8.3		48.37
剪力图	Q_Z(kgf)	260.027	161.645	0	－9.1	－256.417
	Q_Y(kgf)	224.055	0	－0.8	－208.047	－279.137
$\Delta M=\frac{\Delta L}{2}(Q_Z+Q_Y)$(kgf·m)		830.2	930.509	－0.023	－1538.486	－22.255
$M=\Sigma\Delta M$(kgf·m)		$M=1760.709$　校验 $\Sigma\Delta M=-0.055$				
荷载因数	$\frac{\Delta M^2}{\Delta L}$(kgf²·m)	200942.59	75206.099	0.00912	167038.86	59514.709
	$\frac{1}{12}(q\Delta L)^2\Delta L$(kgf²·m)	369.864	25068.7	0.00304	46737.276	35.704
	$\Delta D=\frac{\Delta M^2}{\Delta L}+\frac{(q\Delta L)^2\Delta L}{12}$(kgf²·m)	201312.45	100274.8	0.012	213776.14	59550.412
	$D=\Sigma\Delta D$(kgf²·m)	574913.82				

(In the load diagram, the concentrated loads P = 62.41, 8.3 and 48.37 act at the boundaries between segments.)

表 8-62 各种状态时的应力 σ、拉力 H 和弧垂 f 值

状态条件		最高温度	最大荷载	最大风速	带电检修（单相以 150kg）		施工安装								
原始资料	M(N·m)	8954.03	17607.09	14069.45	20286.27		9036.27								
	$C_m = D\cdot\xi$ (N^3/mm^6)	181317.28	698870.99	445333.19	719540.17		184637.7								
	$\alpha_x \cdot E$ ($N/mm^2\cdot$℃)	1.3054	1.3054	1.3054	1.3054		1.3054								
状态方程求解	C_n(N^3/mm^6)		181317.28	181317.28	181317.28		181317.28								
	σ_n(N/mm^2)		14.34	14.34	14.34		14.34								
	θ_n(℃)		70	70	70		70								
	θ_m(℃)	70	-5	-5	-15	30	30	20	10	5	0	-5	-15	-20	-30
	$\Delta\theta = \theta_m - \theta_n$(℃)		-75	-75	-85	-40	-40	-50	-60	-65	-70	-75	-85	-90	-100
	$B = \alpha_x E \Delta\theta$ (N/mm^2)		-97.905	-97.905	-110.959	-52.216	-52.216	-65.27	-78.324	-84.851	-91.378	-97.905	-110.959	-117.486	-130.54
	$A = \sigma_n - \frac{C_n}{\sigma_n^2} - B$ (N/mm^2)		-769.496	-769.496	-756.442	-815.185	-815.185	-802.131	-789.077	-782.55	-776.023	-769.496	-756.442	-749.915	-737.061
	σ_m(N/mm^2)	14.34	29.574	23.695	30.24	29.2	14.913	15.03	15.153	15.217	15.277	15.337	15.466	15.535	15.663
$H = S\cdot\sigma_m$(N)		4477.015	9233.3	7397.8	9440.47	9112.28	4655.9	4692.5	4730.9	4750.9	4769.6	4788.4	4828.6	4850.18	4890.15
$f = \frac{M}{H}$(m)		2	1.907	1.902	2.149	2.226	1.941	1.926	1.91	1.902	1.894	1.887	1.871	1.863	1.848

表 8-63　　**架构受力情况**

<table>
<tr><th colspan="3" rowspan="3">状　　态</th><th colspan="4">荷　　载</th></tr>
<tr><th>水平拉力</th><th>侧向风压</th><th colspan="2">垂 直 荷 重</th></tr>
<tr><th>H</th><th>P_f</th><th>R_A</th><th>R_B</th></tr>
<tr><td rowspan="3">正常状态</td><td colspan="2">有冰有风</td><td>✓</td><td></td><td>✓</td><td>✓</td></tr>
<tr><td colspan="2">最大风速</td><td>✓</td><td>✓</td><td>✓</td><td>✓</td></tr>
<tr><td colspan="2">最低温度</td><td>✓</td><td></td><td>✓</td><td>✓</td></tr>
<tr><td colspan="3">安装状态</td><td>✓</td><td></td><td>✓</td><td>✓</td></tr>
<tr><td rowspan="4">检修状态</td><td rowspan="2">三相上人</td><td>330kV 及以下每相取 100kgf</td><td rowspan="2">✓</td><td rowspan="2"></td><td rowspan="2">✓</td><td rowspan="2">✓</td></tr>
<tr><td>500kV 每相取 200kgf</td></tr>
<tr><td rowspan="2">单相上人</td><td>330kV 及以下取 150kgf</td><td rowspan="2">✓</td><td rowspan="2"></td><td rowspan="2">✓</td><td rowspan="2">✓</td></tr>
<tr><td>500kV 取 350kgf</td></tr>
</table>

状态可忽略不计，按下式计算：

$$P_f \approx 2Q_{4i} + \frac{1}{2}q_4\left(l_{1z} + l_{1y} + \frac{1}{2}\Sigma l_i\right) \tag{8-90}$$

式中　P_f——最大风速时的侧向风压（kgf）；

l_{1z}——左面一档导线长（m）；

l_{1y}——右面一档导线长（m）；

Σl_i——左右两档所有引下线长（m）。

（3）在架构上如挂有悬垂绝缘子串或高频阻波器设备时，对架构所增加的垂直荷重和侧向风压值还应另加。

（4）安装检修时横梁上所增加的集中荷重见表 8-33。

（5）屋外配电装置中，架构应根据最严重的实际受力情况分别按终端架构和中间架构设计。对于因扩建需要或因接线变化而将来可能成为终端架构的中间架构，应按终端架构设计。中间架构可按一侧架线、另一侧未架线的情况进行计算。若满足此条件有困难时，可考虑在安装时采取临时打拉线的措施，临时拉线与地面夹角取 60°，临时拉线所平衡掉的张力可考虑为架构安装水平张力的 30%～50%。

附录 8-1　软导线的技术性能和荷重资料

附表 8-1　　**铝绞线的弹性系数和线膨胀系数**

单 线 根 数	最终弹性系数（实际值）		线膨胀系数
	N/mm²	kgf/mm²	1/℃
7	59000	6000	23.0×10^{-6}
19	56000	5700	23.0×10^{-6}
37	56000	5700	23.0×10^{-6}
61	54000	5500	23.0×10^{-6}

附表 8-2 钢芯铝绞线的弹性系数和线膨胀系数

单线根数		铝钢截面比	最终弹性系数（实际值）		线膨胀系数（计算值）
铝	钢		N/mm²	kgf/mm²	1℃
6	1	6.00	79000	8100	19.1×10^{-6}
7	7	5.06	76000	7700	18.5×10^{-6}
12	7	1.71	105000	10700	15.3×10^{-6}
18	1	18.00	66000	6700	21.2×10^{-6}
24	7	7.71	73000	7400	19.6×10^{-6}
26	7	6.13	76000	7700	18.9×10^{-6}
30	7	4.29	80000	8200	17.8×10^{-6}
30	19	4.37	78000	8000	18.0×10^{-6}
42	7	19.44	61000	6200	21.4×10^{-6}
45	7	14.46	63000	6400	20.9×10^{-6}
48	7	11.34	65000	6600	20.5×10^{-6}
54	7	7.71	69000	7000	19.3×10^{-6}
54	19	7.90	67000	6800	19.4×10^{-6}

注 1. 弹性系数值的精确度为±3000N/mm²（±300kgf/mm²）。

2. 弹性系数适用于受力在15%～50%计算拉断力的钢芯铝绞线。

附表 8-3 LJ铝绞线规格及长期允许载流量

标称截面 (mm²)	单线根数及直径		计算截面 (mm²)	外 径 (mm)	直流电阻不大于 (Ω/km)	计算拉断力 (N)	计算重量 (kg/km)	交货长度不小于 (m)	长期允许载流量(A)	
	根数	直径(mm)							+70℃	+80℃
16	7	1.70	15.89	5.10	1.802	2840	43.5	4000	112	117
25	7	2.15	25.41	6.45	1.127	4355	69.6	3000	151	157
35	7	2.50	34.36	7.50	0.8332	5760	94.1	2000	183	190
50	7	3.00	49.48	9.00	0.5786	7930	135.5	1500	231	239
70	7	3.60	71.25	10.80	0.4018	10950	195.1	1250	291	301
95	7	4.16	95.14	12.48	0.3009	14450	260.5	1000	351	360
120	19	2.85	121.21	14.25	0.2373	19420	333.5	1500	410	420
150	19	3.15	148.07	15.75	0.1943	23310	407.4	1250	466	476
185	19	3.50	182.80	17.50	0.1574	28440	503.0	1000	534	543
210	19	3.75	209.85	18.75	0.1371	32260	577.4	1000	584	593
240	19	4.00	238.76	20.00	0.1205	36260	656.9	1000	634	643
300	37	3.20	297.57	22.40	0.09689	46850	820.4	1000	731	738
400	37	3.70	397.83	25.90	0.07247	61150	1097	1000	879	883
500	37	4.16	502.90	29.12	0.05733	76370	1387	1000	1023	1023
630	61	3.63	631.30	32.67	0.04577	91940	1744	800	1185	1180
800	61	4.10	805.36	36.90	0.03588	115900	2225	800	1388	1377

附表8－4 **LGJ钢芯铝绞线规格及长期允许载流量**

标称截面 铝/钢 (mm^2)	单线根数及直径 铝 根数	铝 直径 (mm)	钢 根数	钢 直径 (mm)	计算截面 (mm^2) 铝	钢	总计	外径 (mm)	直流电阻不大于 (Ω/km)	计算拉断力 (N)	计算重量 (kg/km)	交货长度不小于 (m)	长期允许载流量 (A) +70℃	+80℃
10/2	6	1.50	1	1.50	10.60	1.77	12.37	4.50	2.706	4120	42.9	3000	88	93
16/3	6	1.85	1	1.85	16.13	2.69	18.82	5.55	1.779	6130	65.4	3000	115	121
25/4	6	2.32	1	2.32	25.36	4.23	29.59	6.96	1.131	9290	102.6	3000	154	160
35/6	6	2.72	1	2.72	34.86	5.81	40.67	8.16	0.8230	12630	141.0	3000	189	195
50/8	6	3.20	1	3.20	48.25	8.04	56.29	9.60	0.5946	16870	195.1	2000	234	240
50/30	12	2.32	7	2.32	50.73	29.59	80.32	11.60	0.5692	12620	372.0	3000	250	257
70/10	6	3.80	1	3.80	68.05	11.34	79.39	11.40	0.4217	23390	275.2	2000	289	297
70/40	12	2.72	7	2.72	69.73	40.67	110.40	13.60	0.4141	58300	511.3	2000	307	314
95/15	26	2.15	7	1.67	94.39	15.33	109.72	13.61	0.3058	35000	380.8	2000	357	365
95/20	7	4.16	7	1.85	95.14	18.82	113.96	13.87	0.3019	37200	408.9	2000	361	370
95/55	12	3.20	7	3.20	96.51	56.30	152.81	16.00	0.2992	78110	707.7	2000	378	385
120/7	18	2.90	1	2.90	118.89	6.61	125.50	14.50	0.2422	27570	379.0	2000	408	417
120/20	26	2.38	7	1.85	115.67	18.82	134.49	15.07	0.2496	41000	466.8	2000	407	415
120/25	7	4.72	7	2.10	122.48	24.25	146.73	15.74	0.2345	47880	526.6	2000	425	433
120/70	12	3.60	7	3.60	122.15	71.25	193.40	18.00	0.2364	98370	895.6	2000	440	447
150/8	18	3.20	1	3.20	144.76	8.04	152.80	16.00	0.1989	32860	461.4	2000	463	472
150/20	24	2.78	7	1.85	145.68	18.82	164.50	16.67	0.1980	46630	549.4	2000	469	478
150/25	26	2.70	7	2.10	148.86	24.25	173.11	17.10	0.1939	54110	601.0	2000	478	487
150/35	30	2.50	7	2.50	147.26	34.36	181.62	17.50	0.1962	65020	676.2	2000	478	487
185/10	18	3.60	1	3.60	183.22	10.18	193.40	18.00	0.1572	40880	584.0	2000	539	548
185/25	24	3.15	7	2.10	187.04	24.25	211.29	18.90	0.1542	59420	706.1	2000	552	560
185/30	26	2.98	7	2.32	181.34	29.59	210.93	18.88	0.1592	64320	732.6	2000	543	551
185/45	30	2.80	7	2.80	184.73	43.10	227.83	19.60	0.1564	80190	848.2	2000	553	562
210/10	18	3.80	1	3.80	204.14	11.34	215.48	19.00	0.1411	45140	650.7	2000	577	586
210/25	24	3.33	7	2.22	209.02	27.10	236.12	19.98	0.1380	65990	789.1	2000	587	601
210/35	26	3.22	7	2.50	211.73	34.36	246.09	20.38	0.1363	74250	853.9	2000	599	607
210/50	30	2.98	7	2.98	209.24	48.82	258.06	20.86	0.1381	90830	960.8	2000	604	607
240/30	24	3.60	7	2.40	244.29	31.67	275.96	21.60	0.1181	75620	922.2	2000	655	662
240/40	26	3.42	7	2.66	238.85	38.90	277.75	21.66	0.1209	83370	964.3	2000	648	655

续表

标称截面铝/钢(mm²)	单线根数及直径				计算截面(mm²)			外径(mm)	直流电阻不大于(Ω/km)	计算拉断力(N)	计算重量(kg/km)	交货长度不小于(m)	长期允许载流量(A)	
	铝		钢											
	根数	直径(mm)	根数	直径(mm)	铝	钢	总计						+70℃	+80℃
240/55	30	3.20	7	3.20	241.27	56.30	297.57	22.40	0.1198	102100	1108	2000	657	664
300/15	42	3.00	7	1.67	296.88	15.33	312.21	23.01	0.09724	68060	939.8	2000	735	742
300/20	45	2.93	7	1.95	303.42	20.91	324.33	23.43	0.09520	75680	1002	2000	747	753
300/25	48	2.85	7	2.22	306.21	27.10	333.31	23.76	0.09433	83410	1058	2000	754	760
300/40	24	3.99	7	2.66	300.09	38.90	338.99	23.94	0.09614	92220	1133	2000	746	754
300/50	26	3.83	7	2.98	299.54	48.82	348.36	24.26	0.09636	103400	1210	2000	747	756
300/70	30	3.60	7	3.60	305.36	71.25	376.61	25.20	0.09463	128000	1402	2000	766	770
400/20	42	3.51	7	1.95	406.40	20.91	427.31	26.91	0.07104	88850	1286	1500	898	901
400/25	45	3.33	7	2.22	391.91	27.10	419.01	26.64	0.07370	95940	1295	1500	879	882
400/35	48	3.22	7	2.50	390.88	34.36	425.24	26.82	0.07389	103900	1349	1500	879	882
400/50	54	3.07	7	3.07	399.73	51.82	451.55	27.63	0.07232	123400	1511	1500	898	899
400/65	26	4.42	7	3.44	398.94	65.06	464.00	28.00	0.07236	135200	1611	1500	900	902
400/95	30	4.16	19	2.50	407.75	93.27	501.02	29.14	0.07087	171300	1860	1500	920	921
500/35	45	3.75	7	2.50	497.01	34.36	531.37	30.00	0.05812	119500	1642	1500	1025	1024
500/45	48	3.60	7	2.80	488.58	43.10	531.68	30.00	0.05912	128100	1688	1500	1016	1016
500/65	54	3.44	7	3.44	501.88	65.06	566.94	30.96	0.05760	154000	1897	1500	1039	1038
630/45	45	4.20	7	2.80	623.45	43.10	666.55	33.60	0.04633	148700	2060	1200	1187	1182
630/55	48	4.12	7	3.20	639.92	56.30	696.22	34.32	0.04514	164400	2209	1200	1211	1204
630/80	54	3.87	19	2.32	635.19	80.32	715.51	34.82	0.04551	192900	2388	1200	1211	1204
800/55	45	4.80	7	3.20	814.30	56.30	870.60	38.40	0.03547	191500	2690	1000	1413	1399
800/70	48	4.63	7	3.60	808.15	71.25	879.40	38.58	0.03574	207000	2791	1000	1410	1396
800/100	54	4.33	19	2.60	795.17	100.88	896.05	38.98	0.03635	241100	2991	1000	1402	1388

注 1. LGJF 型的计算重量，应在附表 8－4 规定值中增加防腐涂料的重量，其增值为：钢芯涂防腐涂料者增加 2%，内部铝钢各层间涂防腐涂料者增加 5%。

2. 本表载流量系按基准环境温度 25℃、风速 0.5m/s、辐射系数及吸热系数为 0.5，海拔高度为 1000m 的条件计算的，最高允许温度 +70℃未考虑日照影响，最高允许温度 +80℃，考虑 0.1W/cm² 日照的影响。

附表 8－5　**扩径导线及耐热铝合金导线技术参数**

导体名称		扩径钢芯铝绞线					铝钢扩径空芯导线			特轻型铝合金线及耐热铝合金线		
导体型号及规格		LGJK－300	LGJK－630	LGJK－800	LGJK－1000	LGJK－1250	LGKK－600	LGKK－900	LGKK－1400	*LGJQT－1400	NAHLGJQ－400	NAHLGJQ－1400
计算截面(mm^2)	铝截面	301	630	800	1000	1250	587	906.4	1387.8	1399.6	398.86	1438.81
	钢截面	72	150	150	150	150	49.5	84.83	106	134.3	49.48	116.99
	总截面	373	780	950	1150	1400	636	991.23	1493.8	1533.9	448.34	1555.8
外径(mm)		27.4	48	49	51	52	51	49	57	51	27.4	51.36
拉断力(N)		143000	206000	215000	225000	235000	152000	209000	295000	336000	110766	338590
弹性系数(N/mm^2)		86500	71000	67000	63800	60800	73000	59900	59200	57300	68600	71256
线膨胀系数(1/℃)		18.1×10^{-6}	18.1×10^{-6}	18.1×10^{-6}	19.3×10^{-6}	19.9×10^{-6}	19.9×10^{-6}	20.4×10^{-6}	20.8×10^{-6}	20.4×10^{-6}	24.1×10^{-6}	23×10^{-6}
20℃直流电阻(Ω/km)		0.100	0.04666	0.03656	0.02948	0.02317	0.0506	0.03317	0.02163	0.02138	0.0302	0.0304
单位重量(kg/km)		1420	2985	3467	3997	4712	2690	3620	5129	4962	1491	4928
导体载流量(A)	70℃	500	760	870	980	1082	786	1036	1316			
	80℃	630	1000	1150	1300	1430	1027	1270	1621		**1246	**2822

注　表中载流量系指环境温度 +40℃、风速 0.1m/s、日照 $0.1W/cm^2$、海拔高度 1000m 及以下计算值。

*　表示特轻型铝合金线。

**　表示环境温度为 +40℃，导体工作温度为 +150℃时的载流量值。

附表 8-6 **LJ 铝绞线特**

	导线型号		LJ-50	LJ-70	LJ-95	LJ-120	LJ-150
技术特性	计算直径(mm)		9.00	10.80	12.48	14.25	15.75
	计算截面(mm^2)		49.48	71.25	95.14	121.21	148.07
	温度线膨胀系数 α_x(1/℃)		23.0×10^{-6}	23.0×10^{-6}	23.0×10^{-6}	23.0×10^{-6}	23.0×10^{-6}
	弹性模量 E(N/mm^2)		59000	59000	59000	56000	56000
	$\alpha_x E$($N/mm^2\cdot$℃)		1.357	1.357	1.357	1.288	1.288
	计算拉断力(N)		7930	10950	14450	19420	23310
	允许拉力(安全系数 $k=4$)(N)		1982	2737	3612	4855	5827
各种状态时单位荷重(kgf/m)	无冰无风时自重 q_1		0.1355	0.1951	0.2605	0.3335	0.4074
	覆冰时冰重 q_2	$b=5$	0.1981	0.2236	0.2473	0.2724	0.2936
		$b=10$	0.5377	0.5886	0.6362	0.6863	0.7287
		$b=15$	1.0188	1.095	1.1665	1.2417	1.3053
	无风覆冰时总重 q_3	$b=5$	0.3336	0.418	0.5078	0.6059	0.701
		$b=10$	0.673	0.7837	0.8967	1.02	1.136
		$b=15$	1.1543	1.903	1.427	1.575	1.713
	无冰时风荷重 q_4	$v=10$	0.0675	0.081	0.0936	0.1068	0.1181
		$v=25$	0.4218	0.5062	0.585	0.6679	0.7382
		$v=30$	0.6075	0.729	0.8424	0.9619	1.063
		$v=35$	0.8269	0.9922	1.1466	1.3092	1.447
	覆冰时风荷重 q_5	$v=10$ $b=5$	0.1425	0.156	0.1686	0.1818	0.193
		$v=10$ $b=10$	0.2242	0.231	0.2436	0.2568	0.2681
		$v=15$ $b=15$	0.658	0.6885	0.7168	0.7467	0.772
	无冰有风时总重 q_6	$v=10$	0.1966	0.2112	0.2768	0.3502	0.424
		$v=25$	0.443	0.5425	0.6404	0.7465	0.843
		$v=30$	0.6224	0.7546	0.8817	1.018	1.1384
		$v=35$	0.8379	1.0112	1.1758	1.351	1.503
	有冰有风时总重 q_7	$v=10$ $b=5$	0.3627	0.446	0.535	0.6325	0.727
		$v=10$ $b=10$	0.709	0.817	0.929	1.0518	1.167
		$v=15$ $b=15$	1.3287	1.4625	1.597	1.743	1.8789

性 及 单 位 荷 重

LJ – 185	LJ – 210	LJ – 240	LJ – 300	LJ – 400	LJ – 500	LJ – 630	LJ – 800
17.50	18.75	20.00	22.40	25.90	29.12	32.67	36.90
182.80	209.85	238.76	297.57	397.83	502.90	631.30	805.36
23.0×10^{-6}	23.0×10^{-6}	23.0×10^{-6}	23.0×10^{-6}	23.0×10^{-6}	23.0×10^{-6}	23.0×10^{-6}	23.0×10^{-6}
56000	56000	56000	56000	56000	56000	54000	54000
1.288	1.288	1.288	1.288	1.288	1.288	1.242	1.242
28440	3.260	36.60	46850	61150	76370	91940	115900
7110	8065	9065	11712	15287	19092	22985	28975
0.503	0.5774	0.6569	0.8204	1.097	1.387	1.744	2.225
0.3184 0.778 1.3796	0.336 0.8136 1.3796	0.3537 0.849 1.4857	0.3877 0.9169 1.5876	0.4372 1.016 1.7362	0.4812 1.1071 1.873	0.533 1.1071 2.0236	0.5929 1.3273 2.203
0.8214 1.281 1.8826	0.9134 1.391 1.957	1.0106 1.5059 2.1426	1.2081 1.7373 2.408	1.5342 2.113 2.8332	1.8682 2.494 3.26	2.277 2.851 3.7676	2.8179 3.5523 4.428
0.1312 0.8203 1.181 1.6078	0.1406 0.8789 1.2656 1.7226	0.15 0.9375 1.35 1.8375	0.168 1.05 1.512 2.058	0.1942 1.214 1.7482 2.3795	0.2184 1.365 1.9656 2.6754	0.245 1.531 2.2052 3.0015	0.2767 1.7297 2.4907 3.3902
0.206 0.2812 0.8015	0.2156 0.2906 0.8226	0.225 0.3 0.8437	0.243 0.318 0.884	0.269 0.344 0.943	0.2934 0.3684 0.9976	0.32 0.395 1.057	0.3517 0.4267 1.1289
0.512 0.9622 1.2836 1.6846	0.5942 1.0515 1.391 1.8168	0.6738 1.1447 1.503 1.951	0.8374 1.3325 1.72 2.215	1.114 1.636 2.064 2.62	1.404 1.946 2.405 3.013	1.761 2.32 2.811 3.471	2.242 2.818 3.339 4.055
0.8468 1.3115 2.046	0.9385 1.421 2.123	1.035 1.535 2.3027	1.2322 1.766 2.565	1.5576 2.14 2.986	1.8911 2.521 3.409	2.299 2.878 3.913	2.84 3.578 4.569

附表 8－7 LGJ 钢芯铝绞线特

	导 线 型 号		LGJ－50/8	LGJ－50/30	LGJ－70/10	LGJ－70/40	LGJ－95/15
技术特性	计算直径(mm)		9.60	11.60	11.40	13.60	13.61
	计算截面(mm^2)		56.29	80.32	79.39	110.40	109.72
	温度线膨胀系数 α_x(1/℃)		19.1×10^{-6}	15.3×10^{-6}	19.1×10^{-6}	15.3×10^{-6}	18.9×10^{-6}
	弹性模量 E(N/mm^2)		79000	105000	79000	105000	76000
	$\alpha_x E$($N/mm^2\cdot$℃)		1.5089	1.6065	1.5089	1.6065	1.4364
	计算拉断力(N)		16870	42620	23390	58300	35000
	允许拉力(安全系数 $k=4$)(N)		4213	10655	5847	14575	8750
各种状态时单位荷重(kgf/m)	无冰无风时自重 q_1		0.1951	0.372	0.2752	0.5113	0.3808
	覆冰时冰重 q_2	$b=5$	0.2066	0.2349	0.232	0.2632	0.2633
		$b=10$	0.5547	0.611	0.605	0.668	0.668
		$b=15$	1.044	1.129	1.1207	1.214	1.214
	无风覆冰时总重 q_3	$b=5$	0.4016	0.6069	0.5072	0.7745	0.6441
		$b=10$	0.7497	0.983	0.8802	1.1793	1.0488
		$b=15$	1.239	1.501	1.3959	1.7253	1.5948
	无冰时风荷重 q_4	$v=10$	0.072	0.087	0.0855	0.102	0.102
		$v=25$	0.45	0.544	0.534	0.6375	0.6375
		$v=30$	0.648	0.783	0.770	0.918	0.918
		$v=35$	0.882	1.066	1.047	1.250	1.250
	覆冰时风荷重 q_5	$v=10$ $b=5$	0.147	0.162	0.1605	0.177	0.177
		$v=10$ $b=10$	0.222	0.237	0.236	0.252	0.25
		$v=15$ $b=15$	0.668	0.702	0.699	0.7357	0.7357
	无冰有风时总重 q_6	$v=10$	0.2079	0.38	0.288	0.5214	0.3942
		$v=25$	0.4905	0.659	0.7808	0.8172	0.7426
		$v=30$	0.6767	0.8668	0.8177	1.0507	0.9938
		$v=35$	0.9033	1.129	1.082	1.3508	1.3067
	有冰有风时总重 q_7	$v=10$ $b=5$	0.4277	0.6281	0.532	0.7945	0.668
		$v=10$ $b=10$	0.7819	1.0112	0.9113	1.2817	1.0786
		$v=15$ $b=15$	1.4076	1.657	1.5611	1.8756	1.7563

性　及　单　位　荷　重

LGJ－95/2	LGJ－95/55	LGJ－120/7	LGJ－120/20	LGJ－120/25	LGJ－120/70	LGJ－150/8	LGJ－150/20
13.87	16.00	14.50	15.07	15.74	18.00	16.00	16.67
113.96	152.81	125.50	134.49	146.73	193.40	152.80	164.50
18.5×10^{-6}	15.3×10^{-6}	21.2×10^{-6}	18.9×10^{-6}	18.5×10^{-6}	15.3×10^{-6}	21.2×10^{-6}	19.6×10^{-6}
76000	105000	66000	76000	76000	105000	66000	73000
1.406	1.6065	1.3992	1.4364	1.406	1.6065	1.3992	1.4308
37200	78110	27570	41000	47880	98370	32860	46630
9300	19527	6892	10250	11970	24592	8215	11657
0.4089	0.7077	0.379	0.4668	0.5266	0.8956	0.4614	0.5494
0.267 0.675 1.225	0.297 0.736 1.316	0.276 0.693 1.252	0.284 0.709 1.276	0.2935 0.728 1.305	0.325 0.792 1.4	0.297 0.675 1.316	0.3066 0.755 1.344
0.6759 1.0839 1.6339	1.0047 1.4437 2.0237	0.655 1.072 1.631	0.7508 1.1758 1.7428	0.8201 1.2546 1.8316	1.2206 1.6876 2.2956	0.7584 1.1364 1.7774	0.856 1.3044 1.8934
0.104 0.65 0.936 1.274	0.120 0.750 1.080 1.470	0.1087 0.6797 0.979 1.332	0.113 0.706 1.017 1.3845	0.118 0.738 1.062 1.446	0.135 0.844 1.215 1.654	0.120 0.750 1.080 1.470	0.125 0.781 1.125 1.531
0.179 0.254 0.740	0.195 0.270 0.776	0.184 0.2587 0.751	0.188 0.63 0.7605	0.193 0.268 0.772	0.210 0.285 0.810	0.195 0.270 0.776	0.20 0.275 0.787
0.4219 0.7679 1.0214 1.338	0.7178 1.0312 1.2912 1.631	0.3943 0.7782 1.050 1.3848	0.4803 0.8464 1.119 1.461	0.5396 0.9066 1.1854 1.5389	0.9057 1.2306 1.5094 1.881	0.4767 0.8805 1.1744 1.5407	0.5634 0.9549 1.252 1.6266
0.6992 1.1133 1.7937	1.0234 1.4687 2.1674	0.6804 1.1028 1.7956	0.774 1.2048 1.9015	0.8425 1.2829 1.9876	1.2385 1.7115 2.4343	0.7831 1.168 1.9394	0.8791 1.3331 2.0504

导线型号			LGJ－150/25	LGJ－150/35	LGJ－185/10	LGJ－185/20	LGJ－185/30
技术特性	计算直径(mm)		17.10	17.50	18.00	18.90	18.88
	计算截面(mm^2)		173.11	181.62	193.40	211.29	210.93
	温度线膨胀系数 α_x(1/℃)		18.9×10^{-6}	17.8×10^{-6}	21.2×10^{-6}	19.6×10^{-6}	18.9×10^{-6}
	弹性模量 E(N/mm^2)		76000	80000	66000	73000	76000
	$\alpha_x E$($N/mm^2\cdot$℃)		1.4364	1.424	1.3992	1.4308	1.4364
	计算拉断力(N)		54110	65020	40880	59420	64320
	允许拉力(安全系数 $k=4$)(N)		13527	16255	10220	14855	16080
各种状态时单位荷重(kgf/m)	无冰无风时自重 q_1		0.601	0.6762	0.584	0.7061	0.7326
	覆冰时冰重 q_2	$b=5$	0.3127	0.3183	0.325	0.338	0.3379
		$b=10$	0.767	0.778	0.7924	0.8179	0.817
		$b=15$	1.3626	1.379	1.4	1.439	1.438
	无风覆冰时总重 q_3	$b=5$	0.9137	0.9945	0.909	1.0441	1.0705
		$b=10$	1.368	1.4542	1.3764	1.524	1.5496
		$b=15$	1.9636	2.0552	1.984	2.1451	2.1706
	无冰时风荷重 q_4	$v=10$	0.128	0.131	0.135	0.1417	0.1416
		$v=25$	0.801	0.820	0.844	0.886	0.885
		$v=30$	1.154	1.181	1.215	1.275	1.274
		$v=35$	1.571	1.608	1.654	1.736	1.735
	覆冰时风荷重 q_5	$v=10$ $b=5$	0.203	0.206	0.210	0.217	0.2166
		$v=10$ $b=10$	0.278	0.281	0.285	0.292	0.2916
		$v=15$ $b=15$	0.795	0.802	0.810	0.825	0.825
	无冰有风时总重 q_6	$v=10$	0.614	0.688	0.599	0.720	0.746
		$v=25$	1.001	1.062	1.026	1.132	1.148
		$v=30$	1.301	1.360	1.348	1.457	1.469
		$v=35$	1.682	1.744	1.754	1.873	1.883
	有冰有风时总重 q_7	$v=10$ $b=5$	0.936	1.0156	0.9329	1.0664	1.0922
		$v=10$ $b=10$	1.396	1.4811	1.4056	1.5517	1.5768
		$v=15$ $b=15$	2.1184	2.2061	2.143	2.2983	2.3221

续表

LGJ-185/45	LGJ-210/10	LGJ-210/25	LGJ-210/35	LGJ-210/50	LGJ-240/30	LGJ-240/40	LGJ-240/55
19.60	19.00	19.98	20.38	20.86	21.60	21.66	22.40
227.83	215.48	236.12	246.09	258.06	275.96	277.75	297.57
17.8×10^{-6}	21.2×10^{-6}	19.6×10^{-6}	18.9×10^{-6}	17.8×10^{-6}	19.6×10^{-6}	18.9×10^{-6}	17.8×10^{-6}
80000	66000	73000	76000	80000	73000	76000	80000
1.424	1.3992	1.4308	1.4364	1.424	1.4308	1.4364	1.424
80190	45140	65990	74250	90830	75620	83370	102100
0047	11285	16497	18562	22707	18905	20842	25525
0.8482	0.6507	0.7891	0.8539	0.9608	0.9222	0.9643	1.108
0.348 0.8377 1.469	0.3396 0.8207 1.443	0.3535 0.848 1.485	0.359 0.8597 1.502	0.366 0.873 1.522	0.3764 0.894 1.553	0.377 0.896 1.556	0.3877 0.917 1.5816
1.1962 1.6859 2.3172	0.9903 1.4714 2.0937	1.1426 1.6371 2.2741	1.2129 1.7136 2.3559	1.3268 1.8338 2.4828	1.2986 1.8162 2.4752	1.3413 1.8603 2.5203	1.4957 2.025 2.6956
0.147 0.919 1.323 1.800	0.1425 0.89 1.2825 1.746	0.1498 0.936 1.348 1.8356	0.1528 0.955 1.376 1.8724	0.1564 0.978 1.408 1.9165	0.162 1.0125 1.458 1.9845	0.1624 1.0153 1.462 1.990	0.168 1.05 1.512 2.058
0.222 0.297 0.837	0.2175 0.2925 0.8269	0.225 0.2998 0.8434	0.2278 0.303 0.850	0.231 0.3064 0.858	0.237 0.312 0.871	0.237 0.3124 0.812	0.243 0.318 0.884
0.860 1.250 1.571 1.989	0.666 1.102 1.438 1.863	0.803 1.224 1.567 1.998	0.868 1.281 1.619 2.058	0.973 1.270 1.704 2.143	0.936 1.369 1.725 2.188	0.9779 1.1100 1.751 2.211	1.120 1.526 1.874 2.357
1.2266 1.7119 2.4637	1.0139 1.5002 2.2511	1.1645 1.6643 2.4255	1.2341 1.7402 2.5045	1.3467 1.8592 2.6269	1.32 1.8428 2.624	1.3621 1.8863 2.6479	1.5153 2.0498 2.8368

导线型号			LGJ－300/15	LGJ－300/20	LGJ－300/25	LGJ－300/40
技术特性	计算直径(mm)		23.01	23.43	23.76	23.94
	计算截面(mm^2)		312.21	324.33	333.31	338.99
	温度线膨胀系数 α_x(1/℃)		21.4×10^{-6}	20.9×10^{-6}	20.5×10^{-6}	19.6×10^{-6}
	弹性模量 E(N/mm^2)		61000	63000	65000	73000
	$\alpha_x E$($N/mm^2\cdot$℃)		1.3054	1.3167	1.3325	1.4308
	计算拉断力(N)		68060	75680	83410	92220
	允许拉力(安全系数 $k=4$)(N)		17015	18920	20852	23055
各种状态时单位荷重(kgf/m)	无冰无风时自重 q_1		0.9398	1.002	1.058	1.133
	覆冰时冰重 q_2	$b=5$ $b=10$ $b=15$	0.3963 0.9342 1.6135	0.4022 0.9461 1.6313	0.407 0.9554 1.645	0.4095 0.9605 1.653
	无风覆冰时总重 q_3	$b=5$ $b=10$ $b=15$	1.3361 1.874 2.5533	1.4042 1.9481 2.6333	1.465 2.0134 2.703	1.5425 2.0935 2.786
	无冰时风荷重 q_4	$v=10$ $v=25$ $v=30$ $v=35$	0.1726 1.0786 1.5532 2.114	0.1757 1.0983 1.5815 2.1526	0.1782 1.1137 1.6038 2.1829	0.1795 1.122 1.616 2.1995
	覆冰时风荷重 q_5	$v=10$ $b=5$ $v=10$ $b=10$ $v=15$ $b=15$	0.2476 0.3226 0.8945	0.2507 0.3257 0.9016	0.2532 0.3282 0.9072	0.2545 0.3295 0.9102
	无冰有风时总重 q_6	$v=10$ $v=25$ $v=30$ $v=35$	0.9555 1.4306 1.8154 2.313	1.0173 1.4867 1.8722 2.3744	1.0729 1.5361 1.9213 2.4258	1.1471 1.5945 1.9736 2.4742
	有冰有风时总重 q_7	$v=10$ $b=5$ $v=10$ $b=10$ $v=15$ $b=15$	1.3588 1.9015 2.7054	1.4064 1.9751 2.7833	1.4867 2.04 2.8512	1.5633 2.119 2.9309

续表

LGJ – 300/50	LGJ – 300/70	LGJ – 400/20	LGJ – 400/25	LGJ – 400/35	LGJ – 400/50
24.26	25.20	26.91	26.64	26.82	27.63
348.36	376.61	427.31	419.01	425.24	451.55
18.9×10^{-6}	17.8×10^{-6}	21.4×10^{-6}	20.9×10^{-6}	20.5×10^{-6}	19.3×10^{-6}
76000	80000	61000	63000	65000	69000
1.4364	1.424	1.3054	1.3167	1.3325	1.3317
103400	128000	88850	95940	103900	123400
25850	3000	22212	23985	25975	30850
1.210	1.402	1.286	1.295	1.349	1.511
0.414 0.9696 1.6666	0.4273 0.9962 1.7065	0.4515 1.0445 1.7791	0.4477 1.0369 1.7676	0.4502 1.042 1.7752	0.4617 1.065 1.8096
1.624 2.1796 2.8766	1.8293 2.3982 3.1085	1.7375 2.3305 3.0651	1.7427 2.3319 3.0626	1.7992 2.391 3.1242	1.9727 2.576 3.3206
0.1819 1.1372 1.6375 2.229	0.189 1.1812 1.701 2.315	0.2018 1.2614 1.8164 2.4723	0.1998 1.2487 1.7982 2.4475	0.2011 1.2572 1.810 2.464	0.2072 1.295 1.865 2.5385
0.257 0.3319 0.9156	0.264 0.339 0.9315	0.2768 0.352 0.9603	0.2748 0.3498 0.9558	0.2761 0.3511 0.9588	0.2822 0.3572 0.9725
1.2236 1.6605 2.036 2.5362	1.4147 1.8332 2.2043 2.7064	1.3017 1.8013 2.2255 2.7868	1.3103 1.7989 2.216 2.769	1.364 1.844 2.2574 2.8091	1.5251 1.990 2.400 2.954
1.644 2.20 3.0188	1.8482 2.422 3.255	1.7594 2.3569 3.212	1.7642 2.358 3.208	1.8203 2.4166 3.268	1.9928 2.6 3.46

	导 线 型 号		LGJ－400/65	LGJ－400/95	LGJ－500/35	LGJ－500/45
技术特性	计算直径(mm)		28.00	29.14	30.00	30.00
	计算截面(mm^2)		464.00	501.02	531.37	531.68
	温度线膨胀系数 α_x(1/℃)		18.9×10^{-6}	18.0×10^{-6}	20.9×10^{-6}	20.5×10^{-6}
	弹性模量 E(N/mm^2)		76000	78000	63000	65000
	$\alpha_x E$($N/mm^2\cdot$℃)		1.4364	1.404	1.3167	1.3325
	计算拉断力(N)		135200	171300	119500	128100
	允许拉力(安全系数 $k=4$)(N)		33800	42825	29875	32025
各种状态时单位荷重(kgf/m)	无冰无风时自重 q_1		1.611	1.860	1.642	1.688
	覆冰时冰重 q_2	$b=5$ $b=10$ $b=15$	0.467 1.0754 1.825	0.4831 1.1077 1.8737	0.4952 1.132 1.910	0.4952 1.132 1.910
	无风覆冰时总重 q_3	$b=5$ $b=10$ $b=15$	2.078 2.6864 3.436	2.3431 2.9677 3.7337	2.1372 2.774 3.552	2.1832 2.820 3.598
	无冰时风荷重 q_4	$v=10$ $v=25$ $v=30$ $v=35$	0.210 1.3125 1.89 2.5725	0.2185 1.366 1.967 2.6772	0.225 1.4062 2.025 2.7562	0.225 1.4062 2.025 2.7562
	覆冰时风荷重 q_5	$v=10$ $b=5$ $v=10$ $b=10$ $v=15$ $b=15$	0.285 0.360 0.9787	0.2935 0.3685 0.998	0.30 0.375 1.0125	0.30 0.375 1.0125
	无冰有风时总重 q_6	$v=10$ $v=25$ $v=30$ $v=35$	1.6246 2.078 2.483 3.0353	1.8728 2.3077 2.7071 3.2599	1.6573 2.1618 2.661 3.208	1.7029 2.197 2.6363 3.232
	有冰有风时总重 q_7	$v=10$ $b=5$ $v=10$ $b=10$ $v=15$ $b=15$	2.097 2.7104 3.573	2.3614 2.9905 3.8648	2.158 2.799 3.6935	2.2037 2.845 3.7377

续表

LGJ - 500/65	LGJ - 630/45	LGJ - 630/55	LGJ - 630/80	LGJ - 800/55	LGJ - 800/70	LGJ - 800/100
30.96	33.60	34.32	34.82	38.40	38.58	38.98
566.94	666.55	696.22	715.51	870.60	879.40	896.05
19.3×10^{-6}	0.9×10^{-6}	20.5×10^{-6}	19.4×10^{-6}	20.9×10^{-6}	20.5×10^{-6}	19.4×10^{-6}
69000	63000	65000	67000	63000	65000	67000
1.3317	1.3167	1.3325	1.2998	1.3167	1.3325	1.2998
154000	148700	164400	192900	191500	207000	241100
38500	37175	41100	48225	47875	51750	60275
1.897	2.060	2.209	2.388	2.690	2.791	2.991
0.5088 1.1592 1.951	0.5462 1.2339 2.063	0.5564 1.2542 2.0936	0.5634 1.240 2.1148	0.614 1.3697 2.267	0.6166 1.3748 2.2745	0.6223 1.3861 2.2914
2.4058 3.0562 3.848	2.6062 3.2939 4.123	2.7654 3.4632 4.3026	2.9514 3.628 4.5028	3.304 4.0597 4.957	3.4076 4.1658 5.0655	3.6133 4.377 5.2824
0.2332 1.4512 2.0898 2.8444	0.252 1.575 2.068 3.087	0.2574 1.6087 2.3166 3.153	0.2611 1.632 2.350 3.199	0.288 1.80 2.592 3.528	0.2893 1.8084 2.6041 3.5445	0.2923 1.827 2.631 3.5813
0.3072 0.3822 1.0287	0.327 0.402 1.0732	0.3324 0.4074 1.0854	0.3361 0.4111 1.0938	0.363 0.438 1.154	0.3643 0.4394 1.1573	0.3673 0.4423 1.164
1.9113 2.388 2.8224 3.419	2.075 2.593 2.9189 3.7112	2.224 2.7327 3.201 3.8498	2.402 2.892 3.3504 3.992	2.7054 3.2367 3.7356 4.4365	2.806 3.3256 3.8172 4.5114	3.005 3.505 3.9835 4.666
2.425 3.08 3.983	2.6266 3.3183 4.2604	2.7853 3.487 4.437	2.9705 3.6512 4.6337	3.324 4.083 5.089	3.427 4.189 5.196	3.632 4.3993 5.409

附表 8-8 绝缘子串组合情况

组合示意图	单串									双串										
组合方式	连接元件编号、名称及型号																			
	1			2			3			3′			4			5			6	
	绝缘子串			球头挂环			挂板			U型挂环			碗头挂板			联板			联板	
	型号	长度(mm)	重量(kg)	型号	长度(mm)	重量(kg)	型号	长度(mm)	重量(kg)	型号	长度(mm)	重量(kg)	型号	长度(mm)	重量(kg)	型号	长度(mm)	重量(kg)	型号	长度(mm)	重量(kg)
单串	X-4.5 (XW-4.5)	146 (180)	5.0 (7.0)	QP-7	50	0.27	Z-7	60	0.56				W_s-7	70	0.97						
单串	XP-7	146	4.0	QP-7	50	0.27	Z-10	70	0.87				W_s-7	70	0.97						
单串	XP-10	155	5.2	QP-10	50	0.32	Z-12	80	1.16				W_s-10	85	1.2						
单串	XP-16	155	6.0	QP-16	60	0.5	Z-16	90	2.38				W_s-16	95	2.64						
双串	X-4.5	146	5.0	QP-7	50	0.27	Z-7	60	0.56	U-7	60	0.44	W_s-7	70	0.97	L_s-1225	65	5.54	L-1040	70	4.43
双串	XP-7	146	4.0	QP-7	50	0.27	Z-10	70	0.87	U-10	70	0.54	W_s-7	70	0.97	L_s-1225	65	5.54	L-1040	70	4.43
双串	XP-10	155	5.2	QP-10	50	0.32	Z-12	80	1.16	U-12	80	0.95	W_s-10	85	1.2	L_s-1225	65	5.54	L-1240	100	4.66
双串	XP-16	155	6.0	QP-16	60	0.5	Z-16	90	2.38	U-16	90	1.47	W_s-16	90	2.64	L_s-1225	65	5.54	L-1640	100	5.8

附表 8－9 单根导线用绝缘子串覆冰冰重及风荷重

绝缘子型号		X－4.5 XP－7 XP－10 XP－16						XW－4.5				2×14(X－4.5)
绝缘子片数		4	8	14	20	32	±1	4	8	14	±1	2×14
覆冰时冰重 Q_2 (kgf)	$b=5$	2.600	4.840	8.200	11.560	18.280	0.560	3.560	6.760	11.560	0.800	17.122
	$b=10$	5.600	10.360	17.500	24.640	38.920	1.190	8.040	15.240	26.040	1.800	36.862
	$b=15$	8.000	14.800	25.000	35.200	55.600	1.700	11.600	22.000	37.600	2.600	52.163
无冰时风荷重 Q_4 (kgf)	$v=10$	0.372	0.686	1.157	1.626	2.567	0.0713	0.488	0.918	1.562	0.0925	2.580
	$v=25$	2.328	4.287	7.233	10.163	16.041	0.445	3.051	5.736	9.782	0.609	16.126
	$v=30$	3.353	6.178	10.415	14.635	23.100	0.641	4.394	8.259	14.058	0.878	23.220
	$v=35$	4.563	8.409	14.176	19.919	31.440	0.873	5.981	11.242	19.134	1.194	31.606
覆冰时风荷重 Q_5 (kgf)	$v=10$ $b=5$	0.425	0.792	1.342	1.890	2.989	0.083	0.555	1.050	1.793	0.113	2.870
	$v=10$ $b=10$	0.482	0.905	1.539	2.171	3.438	0.096	0.620	1.182	2.025	0.128	3.190
	$v=15$ $b=15$	1.210	2.295	3.905	5.515	8.745	0.245	1.544	2.957	5.076	0.321	7.864

注 1. 绝缘子 XP－7、XP－10、XP－16 的外形尺寸与 X－4.5 相近，故覆冰时的冰重及风荷重均认为与 X－4.5 相同。

2. 双串绝缘子 2×14（X－4.5）的冰荷重均包括两个联板的冰重及风荷重。

附表 8-10 **单根导线用绝缘子串的长度及荷重**

绝缘子型号			X-1.5				XP-7				XP-10				
绝缘子串片数			4	8	14	±1	4	8	14	±1	8	14	20	32	±1
绝缘子串长度(mm)			764	1348	2224	146	774	1358	2234	146	1455	2385	3315	5175	155
各种状态时的荷重(kgf)	无冰无风时自重 Q_1		21.8	41.8	71.8	5.0	18.11	34.11	58.11	4.0	44.28	75.48	106.68	169.08	5.2
	有冰无风时总重 Q_4	$b=5$	24.4	46.64	80	5.56	20.71	38.95	66.31	4.56	49.12	83.68	118.24	187.36	5.76
		$b=10$	27.4	51.86	89	6.19	23.71	44.47	75.61	5.19	54.64	92.98	131.32	208	6.39
		$b=15$	29.8	56.6	96.8	6.7	26.11	48.91	83.11	5.7	59.08	100.48	141.88	224.68	6.9
	无冰有风时总重 Q_6	$v=10$	21.803	41.806	71.809	5.001	18.114	34.118	58.124	4.001	44.287	75.49	106.699	169.111	5.201
		$v=25$	21.924	42.019	72.162	5.0237	18.258	34.378	58.558	4.03	44.486	75.824	107.162	169.838	5.223
		$v=30$	22.056	42.253	72.55	5.0493	18.417	34.664	59.034	4.061	44.708	76.19	107.672	170.636	5.247
		$v=35$	22.27	42.635	73.183	5.0913	18.675	35.129	59.81	4.1135	45.069	76.791	108.513	171.957	5.287
	有冰有风时总重 Q_7	$v=10$ $b=5$	24.4	46.647	80.011	5.561	20.714	38.96	66.32	4.56	49.127	83.693	118.259	187.391	5.761
		$v=10$ $b=10$	27.404	51.868	88.564	6.116	23.715	44.48	75.626	5.191	55.064	94.034	133.004	210.944	6.495
		$v=15$ $b=15$	29.824	56.646	96.872	6.705	26.138	48.963	83.2	5.706	59.124	100.553	141.983	224.843	6.905

绝缘子型号			XP-16					XW-4.5				2×14(X-1.5)
绝缘子串片数			8	14	20	32	±1	4	8	14	±1	2×14
绝缘子串长度(mm)			1485	2415	3345	5205	155	900	1620	2700	180	2419
各种状态时的荷重(kgf)	无冰无风时自重 Q_1		53.52	89.52	125.52	197.52	6.0	29.8	57.8	99.8	7.0	152.91
	有冰无风时总重 Q_3	$b=5$	58.36	97.72	137.08	215.8	6.56	33.36	64.56	111.36	7.8	170.032
		$b=10$	63.88	107.02	150.16	236.44	7.19	37.84	73.04	125.84	8.8	189.772
		$b=15$	68.32	114.52	160.72	253.12	7.7	41.4	79.8	137.4	9.6	205.073
	无冰有风时总重 Q_6	$v=10$	53.524	89.53	125.536	197.548	6.001	29.8	57.8	99.807	7.001	152.93
		$v=25$	53.69	89.809	125.928	198.166	6.0198	29.899	57.974	100.09	7.0188	153.758
		$v=30$	53.87	90.11	126.37	198.83	6.04	30.004	58.161	100.397	7.0393	154.663
		$v=35$	54.175	90.63	127.086	199.998	6.076	30.178	58.466	100.898	7.072	156.142
	有冰有风时总重 Q_7	$v=10$ $b=5$	58.365	97.83	137.093	215.829	6.561	33.365	64.568	111.374	7.801	170.056
		$v=10$ $b=10$	63.886	107.03	150.179	236.471	7.191	37.845	73.05	125.856	8.801	189.8
		$v=15$ $b=15$	68.36	114.59	160.82	253.28	7.705	41.4	79.854	137.535	9.6135	205.224

注 1. 绝缘子串组合情况见附表 8-7，荷重中不包括线夹重量。

2. 双串绝缘子在各状态下的荷重，已计入联板的风荷重及覆冰荷重。

附表 8－11

组合导线单位荷重

导线组合型式			2 根 LGJ 导线		2 根 LGJ－300/15 承重导线			2 根 LGJ－400/20 承重导线	2 根 LGJ－500/35 承重导线			2 根 LGJ－630/45 承重导线		2 根 LGJ－630/45 承重导线		2 根 LGJ－800/55 承重导线
			每根导线截面（mm^2）		LJ－185 导线根数									LJ－240 导线根数		
			400/20	500/35	6	8	16	4	6	14	16	12	16	22	24	24
各种状态时单位荷重（kgf/m）	无冰无风时自重 q_1		3.712	4.494	6.8976	8.1536	13.458	6.834	8.302	12.926	15.332	13.656	16.668	23.5718	24.886	27.1456
	覆冰时冰重 q_2	$b=5$	0.903	0.991	2.703	3.34	5.887	2.176	2.901	5.448	6.085	4.913	6.186	8.875	9.582	9.718
		$b=10$	2.089	2.264	6.538	8.094	14.320	5.202	6.934	13.159	14.716	11.807	14.92	21.146	22.844	23.115
		$b=15$	3.558	3.821	11.505	14.264	25.301	9.076	12.098	23.135	25.895	20.682	26.2	36.813	39.784	40.192
	无风覆冰时总重 q_3	$b=5$	4.615	5.485	9.601	11.494	19.345	9.01	11.203	18.374	21.416	18.569	22.854	32.447	34.468	36.864
		$b=10$	5.801	6.758	13.436	16.248	27.778	12.036	15.236	26.086	30.048	25.463	31.588	44.718	47.729	50.261
		$b=15$	7.27	8.315	18.402	22.418	38.759	15.910	20.40	36.061	41.227	34.338	42.868	60.384	64.67	67.337
	无冰时风荷重 q_4	$v=10$	0.323	0.36	0.906	1.116	1.956	0.743	0.99	1.83	2.04	1.663	2.083	3.043	3.283	3.341
		$v=25$	2.0183	2.25	5.663	6.976	12.226	4.643	6.187	11.438	12.75	10.395	13.02	19.02	20.52	20.88
		$v=30$	2.906	3.24	8.155	10.045	17.605	6.686	8.91	16.47	18.36	14.969	18.749	27.389	29.549	30.067
		$v=35$	3.956	4.41	11.100	13.672	23.963	9.101	12.128	22.418	25	20.374	25.519	37.279	40.219	40.925
	覆冰时风荷重 q_5	$v=10\quad b=5$	0.443	0.48	1.386	1.716	3.036	1.103	1.47	2.79	3.12	2.503	3.163	4.483	4.843	4.901
		$v=10\quad b=10$	0.563	0.6	1.866	2.316	4.116	1.463	1.95	3.75	4.2	3.343	4.243	5.923	6.403	6.461
		$v=15\quad b=15$	1.537	1.62	5.279	6.561	11.691	4.102	5.468	10.598	11.88	9.412	11.977	16.567	17.172	18.047
	无冰有风时总重 q_6	$v=10$	3.726	4.508	6.957	8.23	13.599	6.874	8.361	13.055	15.467	13.757	16.798	23.767	25.101	27.35
		$v=25$	4.225	5.028	8.925	10.73	18.182	8.262	10.354	17.26	19.941	17.162	21.150	30.288	32.255	34.247
		$v=30$	4.714	5.54	10.681	12.938	22.16	9.561	12.178	20.937	23.92	20.262	25.087	36.136	38.632	40.508
		$v=35$	5.425	6.296	13.068	15.919	27.483	11.381	14.697	25.877	29.327	24.528	30.48	44.106	47.296	49.109
	有冰有风时总重 q_7	$v=10\quad b=5$	4.636	5.506	9.7	11.621	19.582	9.077	11.298	18.584	21.642	18.737	23.072	32.755	34.807	37.188
		$v=10\quad b=10$	5.828	6.785	13.564	16.412	28.08	12.124	15.36	26.354	30.34	25.682	31.872	45.108	48.157	50.675
		$v=15\quad b=15$	7.431	8.471	19.144	23.358	40.484	16.43	21.12	37.586	42.904	35.605	44.51	62.616	66.911	69.714

附表 8-12 **组合导线用绝缘子串组合情况**

示意图

编号	名称	2串2×（X-4.5） Ⅰ	Ⅱ	Ⅲ	Ⅳ	2串2×（XP-7） Ⅰ	Ⅱ	Ⅲ	Ⅳ	2串2×（XP-10） Ⅰ	Ⅱ	Ⅲ	Ⅳ
A	U型挂环	U-12	U-12	U-12	U-12	U-16	U-16	U-16	U-16	U-20	U-20	U-20	U-20
B	延伸杆	延伸杆		延伸杆		延伸杆		延伸杆		延伸杆		延伸杆	
C	U型挂环、挂板	U-12	Z-12	U-12	Z-12	U-16	Z-16	U-16	Z-16	U-20	Z-16	U-20	Z-16
D	联板	L-1240	L-1240	L-1240	L-1240	L-1640	L-1640	L-1640	L-1640	L-2040	L-2040	L-2040	L-2040
E	挂板	Z-7	Z-7	Z-7	Z-7	Z-10	Z-10	Z-10	Z-10	Z-16	Z-16	Z-16	Z-16
F	球头挂环	Qp-7	Qp-7	Qp-7	Qp-7	Qp-7	Qp-7	Qp-7	Qp-7	Qp-10	Qp-10	Qp-10	Qp-10
G	绝缘子串	X-4.5	X-4.5	X-4.5	X-4.5	XP-7	XP-7	XP-7	XP-7	XP-10	XP-10	XP-10	XP-10
H	碗头挂板	Ws-7	Ws-7	Ws-7	Ws-7	Ws-7	Ws-7	Ws-7	Ws-7	Ws-10	Ws-10	Ws-10	Ws-10
I	联板	Ls-1225	Ls-1225	Ls-1225	Ls-1225	Ls-1225	Ls-1225	Ls-1225	Ls-1225	Ls-1225	Ls-1225	Ls-1225	Ls-1225
J	花篮螺丝、挂板	花篮螺丝	Z-7	Z-7	花篮螺丝	花篮螺丝	Z-10	Z-10	花篮螺丝	花篮螺丝	Z-16	Z-16	花篮螺丝

注 Ⅰ——表示有延伸杆，有花篮螺丝，2根承重导线（延伸杆长为2000mm）；Ⅱ——表示无延伸杆，无花篮螺丝，2根承重导线；
Ⅲ——表示有延伸杆，无花篮螺丝，2根承重导线（延伸杆长为2600mm）；Ⅳ——无延伸杆，有花篮螺丝，2根承重导线。

附表 8－13　　组合导线用绝缘子串长度及荷重

绝缘子串类型			2串（2×X－4.5）				2串（2×XP－7）				2串（2×XP－10）			
			Ⅰ	Ⅱ	Ⅲ	Ⅳ	Ⅰ	Ⅱ	Ⅲ	Ⅳ	Ⅰ	Ⅱ	Ⅲ	Ⅳ
绝缘子串长度			3427	827	3427	1427	3487	897	3497	1487	3560	980	3590	1550
各种状态下绝缘子串的荷重（kgf）	Q_1		58.95	37.03	47.08	51.38	57.75	37.15	46.5	50.88	69.69	51.38	61.46	62.09
	Q_2	$b=5$	5.902	3.885	5.131	4.885	5.973	3.956	5.202	4.956	6.01	3.993	5.239	4.993
		$b=10$	12.971	8.406	11.357	10.562	12.972	8.407	11.358	10.563	13.201	8.636	11.587	10.792
		$b=15$	18.528	12.008	16.224	15.088	18.744	12.224	16.44	15.304	18.857	12.337	16.553	15.417
	Q_3	$b=5$	64.852	40.915	52.211	56.265	63.723	41.106	51.702	55.836	75.7	55.373	66.699	67.083
		$b=10$	71.921	45.436	58.437	61.942	70.722	45.557	57.857	61.443	82.891	60.016	73.047	72.882
		$b=15$	77.478	49.038	63.304	66.468	76.494	49.374	62.94	66.184	88.547	63.717	78.013	77.507
	Q_4	$v=10$	1.198	0.548	0.989	0.838	1.244	0.594	1.035	0.884	1.3	0.65	1.091	0.94
		$v=25$	7.54	3.42	6.243	5.234	7.833	3.713	6.532	5.523	8.183	4.063	6.882	5.873
		$v=30$	10.856	4.93	8.989	7.54	11.272	5.346	9.405	7.956	11.777	5.851	9.91	8.467
		$v=35$	14.78	6.712	12.236	12.451	15.343	7.277	12.803	13.018	16.031	7.964	13.49	13.705
	Q_5	$v=10$　$b=5$	1.535	0.601	1.265	0.991	1.581	0.647	1.311	1.037	1.637	0.703	1.367	1.093
		$v=10$　$b=10$	1.826	0.657	1.528	1.112	1.872	0.703	1.574	1.158	1.928	0.759	1.631	1.215
		$v=15$　$b=15$	4.405	1.604	3.708	2.634	4.509	1.708	3.812	2.738	4.635	1.834	3.938	2.864
	Q_6	$v=10$	58.962	37.034	47.09	51.387	57.763	37.155	46.512	50.888	69.702	51.384	61.47	62.097
		$v=25$	59.43	37.188	47.492	51.646	58.279	37.335	46.956	51.179	70.109	51.54	61.844	62.367
		$v=30$	59.941	37.357	47.93	51.93	58.84	37.533	47.442	51.498	70.678	51.712	62.254	62.665
		$v=35$	60.775	37.633	48.644	52.867	59.753	37.856	48.23	52.519	71.51	51.994	62.923	63.584
	Q_7	$v=10$　$b=5$	64.87	40.919	52.226	56.274	63.743	41.111	51.715	55.846	75.718	55.377	66.713	67.094
		$v=10$　$b=10$	71.944	45.44	58.457	61.952	70.747	45.562	57.878	61.454	82.913	60.021	73.065	72.892
		$v=15$　$b=15$	77.603	49.064	63.413	67.624	76.627	49.404	63.055	66.24	88.668	63.743	78.112	77.56

附表 8－14　　**组合导线用横联装置和吊持装置荷重**

名　称	简　图	重量 (kg)	作用于每根承重导线上的荷重 (kgf)			适用范围
横联装置	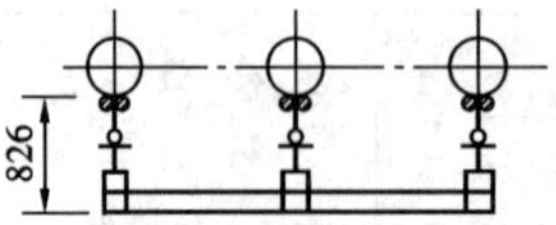	50.1	Q_1		8.350	用于多根导线与圆环单联 如:YH(2+12) YH(2+20)
			Q_6	$v=10$	8.351	
				$v=25$	8.385	
				$v=30$	8.423	
				$v=35$	8.486	
			Q_7	$v=10$ $b=5$	9.200	
				$v=10$ $b=10$	12.109	
				$v=15$ $b=15$	15.02	
	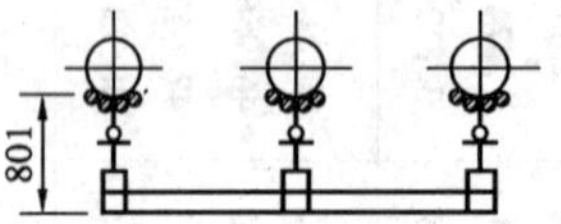	50	Q_1		8.334	用于多根导线与圆环双联 如:YH(2+8) YH(2+16) YH(2+24)
			Q_6	$v=10$	8.335	
				$v=25$	8.370	
				$v=30$	8.408	
				$v=35$	8.470	
			Q_7	$v=10$ $b=5$	9.184	
				$v=10$ $b=10$	12.093	
				$v=15$ $b=15$	15.004	
	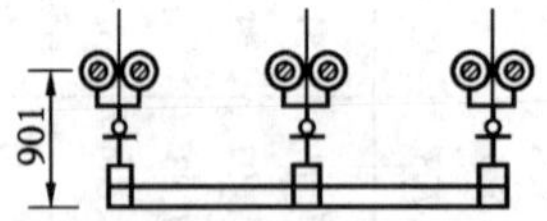	83.1	Q_1		13.850	用于二根导线
			Q_6	$v=10$	13.851	
				$v=25$	13.873	
				$v=30$	13.924	
				$v=35$	13.937	
			Q_7	$v=10$ $b=5$	14.771	
				$v=10$ $b=10$	17.775	
				$v=15$ $b=15$	20.685	
吊持装置	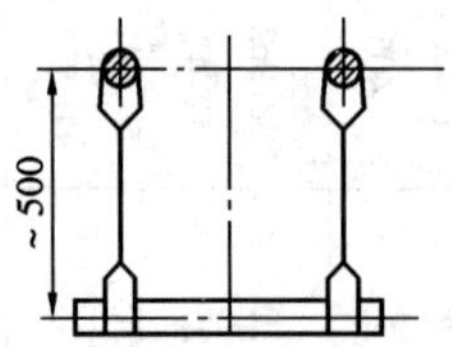	6.9				用于承重导线为 LGJ－185～240
	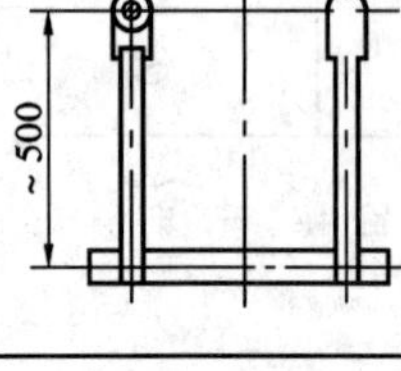	12.5				用于承重导线为 LGJQ－300～500

附表 8－15

大截面导线参数及分裂导线荷重

导　线　型　号			LGKK－600				LGKK－900								
导线技术参数	计算截面(mm^2)		636				991.23								
	计算直径(mm)		51				49								
	温度线膨胀系数(1/℃)×10^{-6}		19.9×10^{-6}				20.4×10^{-6}								
	弹性模数(N/mm^2)		73000				59900								
	计算重量(kg/m)		2.69				3.62								
	允许拉断力($k=4$)(N)		38000				52250								
分裂导线参数	导线型号及分裂根数		2×LGKK－600				2×LGKK－900						3×LGKK－900		
	次档距长度(m)		0.8	2	4	6	0	0.8	2	4	6	20	2	4	1
	间隔棒重量(kg)		2.47				0	2.47					2.2		
	附加重量(kg/m)		3.0875	1.235	0.618	0.412	0	3.0875	1.235	0.618	0.412	0.124	1.1	0.55	2.2
各种状态时单位荷重(kgf/m)	无冰无风时导线自重 q_1		8.4675	6.615	5.998	5.792	7.24	10.3275	8.475	7.858	7.652	7.364	11.96	11.41	13.06
	覆冰时冰重 q_2	$b=5$	1.583				1.526						2.289		
		$b=10$	3.448				3.278						5.002		
		$b=15$	5.595				5.426						8.139		
	无风覆冰时总重 q_3	$b=5$	10.0505	8.198	7.581	7.375	8.766	11.8535	10.001	9.384	9.178	8.89	14.249	13.699	15.349
		$b=10$	11.9155	10.063	9.446	9.24	10.518	13.6055	11.753	11.136	10.93	10.642	16.962	16.412	18.062
		$b=15$	14.0625	12.21	11.593	11.387	12.666	15.7535	13.901	13.284	13.078	12.79	20.099	19.549	21.199
	无冰时风荷重 q_4	$v=10$	0.701				0.674						1.011		
		$v=15$	1.578				1.516						2.274		
		$v=18$	2.272				2.183						3.274		
		$v=20$	2.384				2.291						3.436		
		$v=30$	4.733				4.548						6.822		

续表

各种状态时单位荷重(kgf/m)	覆冰时风荷重 q_5	$v=10$ $b=5$	0.915				0.885						1.3275		
		$v=10$ $b=10$	1.065				1.035						1.553		
		$v=15$ $b=15$	2.734				2.666						3.999		
	无冰有风时总重 q_6	$v=10$	8.4965	6.652	6.039	5.834	7.271	10.3495	8.502	7.887	7.682	7.395	12.003	11.455	13.099
		$v=15$	8.6133	6.801	6.202	6.003	7.397	10.4382	8.609	8.003	7.801	7.518	12.174	11.634	13.256
		$v=18$	8.767	6.994	6.414	6.222	7.562	10.556	8.752	8.156	7.957	7.681	12.4	11.87	13.464
		$v=20$	8.7967	7.031	6.454	6.263	7.594	10.5786	8.779	8.185	7.988	7.712	12.444	11.916	13.504
		$v=30$	9.7005	8.134	7.641	7.48	8.55	11.2846	9.618	9.079	8.902	8.655	13.769	13.294	14.734
	有冰有风时总重 q_7	$v=10$ $b=5$	8.986	8.25	7.636	7.432	8.811	10.778	10.04	9.426	9.221	8.934	14.311	13.763	15.406
		$v=10$ $b=10$	10.856	10.119	9.506	9.301	10.569	12.537	11.798	11.184	10.979	10.692	17.033	16.485	18.129
		$v=15$ $b=15$	13.236	12.512	11.911	11.711	12.944	14.883	14.154	13.549	13.347	13.065	20.493	19.954	21.573
导线型号			LGKK-1400				LGJQT-1400								
导线技术参数	计算截面(mm^2)		1493.8				1533.9								
	计算直径(mm)		57				51								
	温度线膨胀系数(1/℃)$\times 10^{-6}$		20.8×10^{-6}				20.4×10^{-6}								
	弹性模数(N/mm^2)		59200				54700								
	计算重量(kg/m)		5.129				4.962								
	允许拉断力($K=4$)(N)		73750				84000								
分裂导线参数	导线型号及分裂根数		2×LGKK-1400				2×LGJQT-1400						3×LGJQT-1400		
	次档距长度(m)		0.8	2	4	6	0	0.8	2	4	6	20	2	4	1
	间隔棒重量(kg)		2.47				0	2.47					2.2		
	附加重量(kg/m)		3.0875	1.235	0.618	0.412	0	3.0875	1.235	0.618	0.412	0.124	1.1	0.55	2.2

续表

各种状态时单位荷重（kgf/m）	无冰无风时导线自重 q_1		13.3455	11.493	10.876	10.67	9.924	13.0115	11.159	10.542	10.336	10.048	15.986	15.436	17.086
	覆冰时冰重 q_2	$b=5$	1.752				1.583						2.734		
		$b=10$	3.787				3.448						5.172		
		$b=15$	6.104				5.595						8.398		
	无风覆冰时总重 q_3	$b=5$	15.0975	13.245	12.628	12.422	11.507	14.5945	12.742	12.125	11.919	11.631	18.36	17.81	19.46
		$b=10$	17.1325	15.28	14.663	14.457	13.372	16.4595	14.607	13.99	13.784	13.496	21.158	20.608	22.258
		$b=15$	19.4495	17.597	16.98	16.774	15.519	18.6065	16.754	16.137	15.931	15.643	24.379	23.829	25.479
	无冰时风荷重 q_4	$v=10$	0.784				0.701						1.052		
		$v=15$	1.763				1.578						2.367		
		$v=18$	2.539				2.272						3.408		
		$v=20$	2.665				2.84						3.576		
		$v=30$	5.29				4.733						7.1		
	覆冰时风荷重 q_5	$v=10$　$b=5$	1.005				0.915						1.373		
		$v=10$　$b=10$	1.155				1.065						1.598		
		$v=15$　$b=15$	2.936				2.734						4.101		
	无冰有风时总重 q_6	$v=10$	13.3685	11.52	10.904	10.699	9.949	13.0304	11.181	10.565	10.36	10.083	16.021	15.472	17.118
		$v=15$	13.4614	11.627	11.018	10.815	10.049	13.1068	11.27	10.659	10.456	10.171	16.16	15.616	17.249
		$v=18$	13.585	11.77	11.168	10.968	10.181	13.2084	11.389	10.784	10.583	10.302	16.345	15.808	17.423
		$v=20$	13.609	11.798	11.198	10.998	10.206	13.228	11.159	10.808	10.607	10.327	16.381	15.845	17.456
		$v=30$	14.356	12.652	12.094	11.909	10.995	13.846	12.121	11.556	11.368	11.107	17.492	16.991	18.502
	有冰有风时总重 q_7	$v=10$　$b=5$	14.022	13.283	12.094	12.463	11.543	13.514	12.775	12.159	11.954	11.667	18.411	17.863	19.508
		$v=10$　$b=10$	16.063	15.324	14.708	14.503	13.414	15.385	14.646	14.03	13.825	13.538	21.218	20.67	22.315
		$v=15$　$b=15$	18.572	17.84	17.232	17.029	15.758	17.707	16.976	16.367	16.164	15.88	24.722	24.179	25.807

续表

导线型号			NAHLGJQ－1440								
导线技术参数	计算截面(mm^2)		1440								
	计算直径(mm)		51.36								
	温度线膨胀系数(1/℃)×10^{-6}		23×10^{-6}								
	弹性模数(N/mm^2)		71853								
	计算重量(kg/m)		4.942								
	允许拉断力(N)		338590								
分裂导线参数	导线型号及分裂根数		2×NAHLGJQ－1440						3×NAHLGJQ－1440		
	次档距长度(m)		0	0.8	2	4	6	20	2	4	1
	间隔棒重量(kg)		2.47						2.2		
	附加重量(kg/m)		0	3.0875	1.235	0.618	0.412	0.124	1.1	0.55	2.2
各种状态时单位荷重(kgf/m)	无冰无风时导线自重 q_1		9.884	12.9715	11.119	10.502	10.296	10.008	15.926	15.376	17.026
	覆冰时冰重 q_2	$b=5$	1.5935						2.39		
		$b=10$	3.4698						5.205		
		$b=15$	5.63						8.443		
	无风覆冰时总重 q_3	$b=5$	11.4775	14.565	12.7125	12.0955	11.8895	11.6015	18.316	17.766	19.416
		$b=10$	13.3538	16.4413	14.5888	13.9718	13.7658	13.4778	21.131	20.581	22.231
		$b=15$	15.244	18.3315	16.479	15.862	15.656	15.368	24.369	23.819	25.469
	无冰时风荷重 q_4	$v=10$	0.7062						1.0593		
		$v=15$	1.589						2.3834		
		$v=18$	2.288						3.432		
		$v=20$	2.401						3.6016		
		$v=30$	4.7668						7.1503		
	覆冰时风荷重 q_5	$v=10\quad b=5$	0.9204						1.3806		
		$v=10\quad b=10$	1.0704						1.6056		
		$v=15\quad b=15$	2.7459						4.11885		
	无冰有风时总重 q_6	$v=10$	9.9092	12.991	11.1414	10.5257	10.3202	10.0329	15.961	15.412	17.0589
		$v=15$	10.011	13.069	11.232	10.6215	10.418	10.1334	16.103	16.5596	17.192
		$v=18$	10.145	13.172	11.352	10.748	10.547	10.2662	16.2916	15.754	17.3685
		$v=20$	10.171	13.192	11.375	10.773	10.572	10.292	16.328	15.792	17.4028
		$v=30$	10.973	13.819	12.098	11.533	11.346	11.0852	17.4575	16.957	18.4665
	有冰有风时总重 q_7	$v=10\quad b=5$	11.514	14.594	12.7458	12.1305	11.925	11.6379	18.368	17.819	19.465
		$v=10\quad b=10$	13.3966	16.476	14.628	14.0127	13.8073	13.5202	21.1919	20.643	22.289
		$v=15\quad b=15$	15.4893	18.536	16.7062	16.979	15.895	15.6114	24.715	24.1725	25.7999

附表 8－16　　**XWP－16 单串固定（双分裂导线）耐张绝缘子串组装**

示意图										
连接元件编号		1	2	3	4	5	6	7	8	合计
元件型号		U－16	U－16	QP－16	XWP－16	Ws－16	BL_1－16	Z－16	FJP－500B_2	
长度(mm)		90	90	60	155×32＝4960	95	155	90	(820)	5540＋164＝5704
重量(kgf)		1.47	1.47	0.5	8×32＝256	2.64	10	2.38×2＝4.76	5.18×2＝10.36	287.2
受风面积(m^2)	无冰时	0.012	0.012	0.004	0.027×32＝0.864	0.007	0.0057	0.012×1.6＝0.0192	0.135×2＝0.27	1.1939
	覆冰时 b＝5mm	0.013	0.013	0.005	0.0297×32＝0.95	0.008	0.00627	0.013×1.6＝0.021	0.163×2＝0.326	1.3423
	覆冰时 b＝10mm	0.015	0.015	0.0057	0.0342×32＝1.094	0.00904	0.0071	0.0147×1.6＝0.0235	0.184×2＝0.368	1.5373
	覆冰时 b＝15mm	0.017	0.017	0.00624	0.0387×32＝1.238	0.0102	0.00802	0.0166×1.6＝0.0266	0.208×2＝0.416	1.739
覆冰重(kgf)	b＝5mm	0.034	0.034	0.024	0.6×32＝19.2	0.082	1.246	0.034×2＝0.068	2.052×2＝4.104	24.792
	b＝10mm	0.0722	0.0722	0.051	1.35×32＝43.2	0.174	2.648	0.0722×2＝0.145	4.36×2＝8.72	55.082
	b＝15mm	0.103	0.103	0.0728	1.944×32＝62.21	0.248	3.78	0.103×2＝0.206	6.22×2＝12.44	79.163

附表 8－17　**XWP－16 单串可调（双分裂导线）耐张绝缘子串组装**

示意图

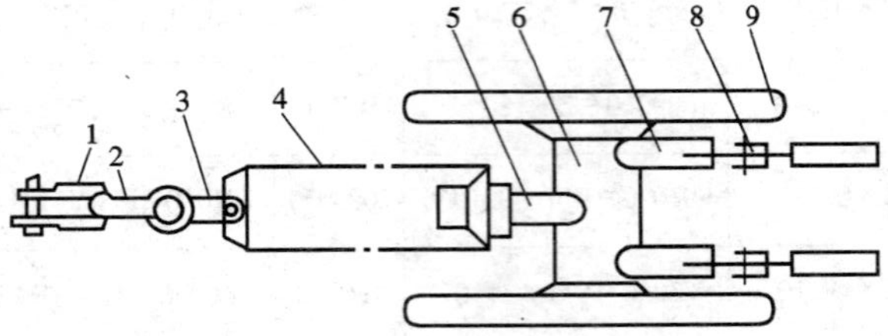

连接元件编号			1	2	3	4	5	6	7	8	9	合计
元件型号			U－16	U－16	QP－16	X WP－16	Ws－16	BL_1－16	Z－16	DT－16	FJP－500B_1	
长度(mm)			90	90	60	155×32＝4960	95	155	90	180	(1000)	5720＋164＝5884
重量(kgf)			1.47	1.47	0.5	8×32＝256	2.64	10	2.38×2＝4.76	3.96×2＝7.92	5.74×2＝11.48	296.24
受风面积(m^2)	无冰时		0.012	0.012	0.004	0.027×32＝0.864	0.007	0.0057	0.012×1.6＝0.0192	0.008×1.6＝0.013	0.153×2＝0.306	1.2429
	覆冰时	b＝5mm	0.013	0.013	0.005	0.0297×32＝0.95	0.008	0.00627	0.013×1.6＝0.021	0.0125×1.6＝0.02	0.185×2＝0.37	1.4063
		b＝10mm	0.015	0.015	0.0057	0.0342×32＝1.094	0.00904	0.0071	0.0147×1.6＝0.0235	0.014×1.6＝0.0226	0.21×2＝0.42	1.6119
		b＝15mm	0.017	0.017	0.00624	0.0387×32＝1.238	0.0102	0.00802	0.0166×1.6＝0.0266	0.0158×1.6＝0.253	0.237×2＝0.474	1.8224
覆冰重(kgf)	b＝5mm		0.034	0.034	0.024	0.6×32＝19.2	0.082	1.246	0.034×2＝0.068	0.067×2＝0.134	2.332×2＝4.664	25.486
	b＝10mm		0.0722	0.0722	0.051	1.35×32＝43.2	0.174	2.648	0.0722×2＝0.145	0.142×2＝0.284	4.955×2＝9.91	56.163
	b＝15mm		0.103	0.103	0.0728	1.944×32＝62.21	0.248	3.78	0.103×2＝0.206	0.203×2＝0.406	7.069×2＝14.132	31.267

附表 8－18 500kV 双串（固定、双分裂导线）耐张绝缘子串组装

示意图												
连接元件编号		1	2	3	4	5	6	7	8	9	10	合计
元件型号		U－30	U－30	L－3040	Ws－16	QP－16	XWP－16	Ws－16	BN_1－30	Z－16	FJP－500B_4	
长度(mm)		130	130	110	95	60	155×32 ＝4960	95	190	90	(900)	5860＋164 ＝6024
重量(kgf)		3.7	3.7	10	2.64×2 ＝5.28	0.5×2 ＝1.0	2×32×8 ＝512	2.64×2 ＝5.28	21.5	2.38×2 ＝4.76	5.46×2 ＝10.92	578.14
受风面积(m^2)	无冰时	0.0074	0.0074	0.00467	0.007×1.6 ＝0.0112	0.004×1.6 ＝0.0064	0.027×32×1.6 ＝1.3824	0.007×1.6 ＝0.0112	0.0064	0.012×1.6 ＝0.0192	0.153×2 ＝0.306	1.7626
受风面积(m^2) 覆冰时	b＝5mm	0.0098	0.0098	0.007	0.008×1.6 ＝0.0128	0.005×1.6 ＝0.008	0.0297×32×1.6 ＝1.52	0.008×1.6 ＝0.0128	0.0099	0.013×1.6 ＝0.0208	0.185×2 ＝0.37	1.981
	b＝10mm	0.01294	0.01294	0.00924	0.00912×1.6 ＝0.0146	0.00625×1.6 ＝0.01	0.0342×32×1.6 ＝1.7504	0.00912×1.6 ＝0.0146	0.01485	0.0156×1.6 ＝0.02496	0.222×2 ＝0.444	2.3085
	b＝15mm	0.01607	0.01607	0.01109	0.01012×1.6 ＝0.0162	0.0725×1.6 ＝0.116	0.0387×32×1.6 ＝1.981	0.01012×1.6 ＝0.0162	0.01835	0.0166×1.6 ＝0.02656	0.254×2 ＝0.508	2.72664
冰重(kgf)	b＝5mm	0.23	0.23	0.207	0.082×2 ＝0.164	0.024×2 ＝0.048	0.6×32×2 ＝38.4	0.082×2 ＝0.164	0.605	0.034×2 ＝0.068	2.334×2 ＝4.668	44.784
	b＝10mm	0.5382	0.5382	0.4844	0.1919×2 ＝0.3838	0.05616×2 ＝0.1123	1.35×32×2 ＝86.4	0.1919×2 ＝0.3838	1.4157	0.07956×2 ＝0.159	5.462×2 ＝10.924	101.3394
	b＝15mm	0.7696	0.7696	0.693	0.274×2 ＝0.548	0.0803×2 ＝0.1606	1.944×32×2 ＝124.42	0.274×2 ＝0.548	2.0245	0.1138×2 ＝0.2276	7.81×2 ＝15.62	145.7809

附表 8-19　**500kV 双串（可调、双分裂导线）耐张绝缘子串组装**

连接元件编号			1	2	3	4	5	6	7	8	9	10	11	合计
示意图														
元件型号			U-30	U-30	L-3040	Ws-16	QP-16	XWP-16	Ws-16	BN_1-30	Z-16	DT-16	$FJP-500B_2$	
长度(mm)			130	130	110	95	60	155×32 =4960	95	190	90	180	(1100)	6040+164 =6204
重量(kgf)			3.7	3.7	10	2.64×2 =5.28	0.5×2 =1.0	2×32×8 =512	2.64×2 =5.28	21.5	2.38×2 =4.76	3.96×2 =7.92	6.08×2 =12.16	587.3
受风面积(m^2)	无冰时		0.0074	0.0074	0.00467	0.007×1.6 =0.0112	0.004×1.6 =0.0064	0.027×32×1.6 =1.3824	0.007×1.6 =0.0112	0.0064	0.012×1.6 =0.0192	0.008×1.6 =0.013	0.153×2 =0.306	1.7756
	覆冰时	b=5mm	0.0098	0.0098	0.007	0.008×1.6 =0.0128	0.005×1.6 =0.008	0.0297×32×1.6 =1.52	0.008×1.6 =0.0128	0.0099	0.013×1.6 =0.0208	0.0125×1.6 =0.02	0.185×2 =0.37	2.001
		b=10mm	0.01294	0.01294	0.00924	0.0912×1.6 =0.0146	0.00625×1.6 =0.01	0.0342×32×1.6 =1.7504	0.00912×1.6 =0.0146	0.01485	0.0156×1.6 =0.02496	0.014×1.6 =0.0226	0.222×2 =0.444	2.3311
		b=15mm	0.01607	0.01607	0.01109	0.01012×1.6 =0.0162	0.0725×1.6 =0.116	0.0387×32×1.6 =1.981	0.01012×1.6 =0.0162	0.01835	0.0166×1.6 =0.02656	0.0158×1.6 =0.0253	0.254×2 =0.508	2.75194
冰重(kgf)	b=5mm		0.23	0.23	0.207	0.082×2 =0.164	0.024×2 =0.048	0.6×32×2 =38.4	0.082×2 =0.164	0.605	0.034×2 =0.068	0.067×2 =0.134	2.334×2 =4.668	44.918
	b=10mm		0.5382	0.5382	0.4844	0.1919×2 =0.3838	0.05616×2 =0.1123	1.35×32×2 =86.4	0.1919×2 =0.3838	1.4157	0.07956×2 =0.159	0.142×2 =0.284	5.462×2 =10.924	101.6234
	b=15mm		0.7696	0.7696	0.693	0.274×2 =0.548	0.0803×2 =0.1606	1.944×32×2 =124.42	0.274×2 =0.548	2.0245	0.1138×2 =0.2276	0.203×2 =0.406	7.81×2 =15.62	146.1869

附录 8－2 导体载流量计算

一、敞露式硬导体的载流量

（一）辐射散热

单根导体单位长度外表面的辐射散热 W_{R_1} 可按下式计算：

$$W_{R_1} = 5.7\varepsilon(T_M^4 - T_0^4) \times 10^{-12} \quad (附 8-1)$$

导体三相布置在同一平面时，其计算式为：

中相
$$W_{R_1} = 5.7\varepsilon[(T_M^4 - T_0^4) \times 10^{-12}] \times (1-\varphi_{12}) \quad (附 8-2)$$

边相
$$W_{R_1} = 5.7\varepsilon[(T_M^4 - T_0^4) \times 10^{-12}] \times \left(1-\frac{\varphi_{12}}{2}\right) \quad (附 8-3)$$

式中 W_{R_1}——面积为 1cm² 的导体外表面辐射散热系数（W/cm²）；

ε——辐射表面的黑度系数，见附表 8－20；

5.7——辐射散热常数；

T_M——导体长期允许工作温度，以绝对温度表示（K）；

附表 8－20　　导体材料的黑度系数 ε

导体材料及表面状况	黑度系数 ε	导体材料及表面状况	黑度系数 ε
绝对黑体	1.00	磨光的铝	0.04
氧化了的钢	0.8	有光泽的黑漆	0.82
氧化了的铜	0.6～0.7	无光泽的黑漆	0.91
氧化了的铝	0.2～0.3	各种颜色的油漆、涂料	0.92～0.96

$$T_M = 273 + t_m$$

t_m——导体工作时发热温度℃；

T_0——环境温度，以绝对温度表示（K）；

$$T_0 = 273 + t_0;$$

t_0——环境温度℃；

φ_{12}——平均辐射角系数，计算见式附 8－4。

辐射角系数 φ_{12} 按下式计算：

圆管导体

$$\varphi_{12} = \frac{D\mathrm{tg}\alpha + \left(\frac{\pi}{2} - \alpha\right)D - S}{\pi D/2} \quad (附 8-4)$$

$$\mathrm{tg}\alpha = \sqrt{\left(\frac{S}{D}\right)^2 - 1}$$

$$\alpha = \frac{\pi}{180}\mathrm{tg}^{-1}\sqrt{\left(\frac{S}{D}\right)^2 - 1}$$

方管、双槽导体　$\alpha = \sqrt{1 + \left(\frac{S'}{H}\right)^2} - \frac{S'}{H}$

式中符号见附图 8－1。

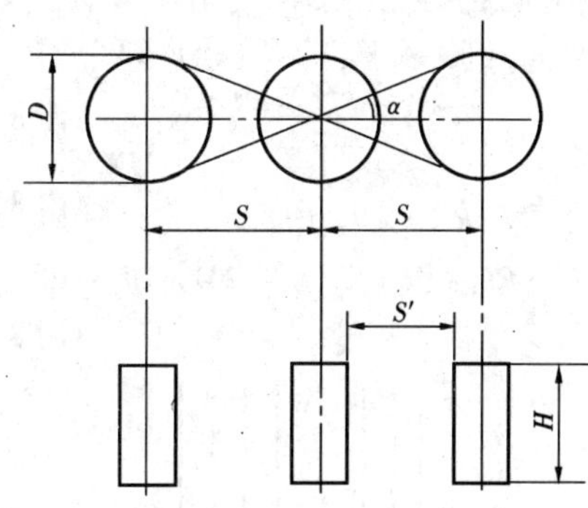

附图 8－1　辐射角系数符号示例

当矩形导体片间距离等于导体厚度时及双槽形导体其导体内表面辐射散热量 W_{R_2} 按下式计算：

$$W_{R_2} = 5.13(T_M^4 - T_0^4) \times 10^{-12} \quad (附 8-5)$$

式中　W_{R_2}——长度为 1cm 的导体内表面辐射散热系数（W/cm²）。

（二）对流散热

一般情况下，敞露式导体的对流散热可按大空间湍流状态考虑，导体单位长度的自然对流散热量 W_{c_1}、W_{c_2} 按下式计算：

$$W_{c_1} = 4.3\Delta t^{1.25}P^{0.5}H^{-0.25} \times 10^{-4} \quad (附 8-6)$$

$$W_{c_2} = \frac{W_{c_1}}{2}（导体竖放时） \quad (附 8-7)$$

$$W_{c_2} = \frac{W_{c_1}}{4}（导体平放时） \quad (附 8-8)$$

$$\Delta t = t_m - t_0$$

当导体片间距离如附图 8－2 布置时，其对流散热

W'_{c_2} 可按下式计算：

$$W'_{c_2} = 3.3\Delta t^{1.25} P^{0.5} H^{-0.25} \times 10^{-4}$$

（附 8 – 9）

式中　W_{c_1}——面积为 1cm² 的导体外表面对流散热系数（W/cm²）；

W_{c_2}——面积为 1cm² 的导体内表面对流散热系数（W/cm²）；

P——大气压力 Pa；

Δt——导体温升（℃）；

H——导体的等价高度，圆管导体 H 等于导体外径 D（cm）；

W'_{c_2}——导体片间距离如附图 8 – 2 所布置时，单位长度内表面散热系数（W/cm²）。

（三）单位长度导体总的散热量及允许载流量

$$W = A(W_{R_1} + W_{c_1}) + BW_{R_2} + CW_{c_2}$$

（附 8 – 10）

导体片间距离如附图 8 – 2 布置时 W 为：

$$W = A(W_{R_1} + W_{c_1}) + BW_{R_2} + CW_{c_2} + CW'_c \quad (附 8-11)$$

$$I = \sqrt{\frac{W}{R}} \quad (附 8-12)$$

$$R = k_s k_f \rho_{20}[1 + \alpha_n(t_m - 20)]/Hb \times 10^4$$

（附 8 – 13）

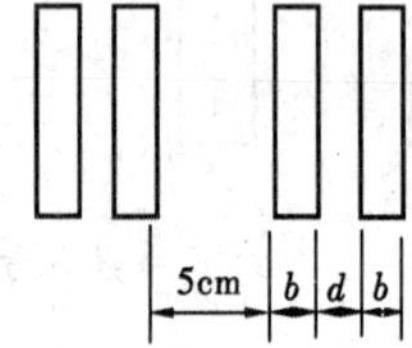

附图 8 – 2

式中　W——长度为 1cm 的导体总的散热量（W）；

R——在 t_m 温度时，导体的交流电阻（Ω/cm）；

k_s——导体相间邻近效应系数，一般计算取作 1；

k_f——在 t_m 温度时，导体的集肤效应系数，见表 8 – 3、表 8 – 4、表 8 – 13；

α_m——导体材料的电阻温度系数（1/℃）；

H、b——分别为导体高度和宽度（cm）；

ρ_{20}——导体材料在 20℃时的电阻率（Ω·mm²/m）；

A——长度为 1cm 的导体外表面散热面积（cm²）；

B——长度为 1cm 的导体片间缝隙的外表面积（cm²）；

C——长度为 1cm 的导体内表面散热面积（cm²）；

C'——导体片间距离等于 5cm 时，长度为 1cm 的导体内表面对流散热面积（cm²）。

A、B、C、C'、H 值见附表 8 – 21。

二、软导体载流量计算

有风，考虑日照影响时导体长期允许载流量按下式计算：

（一）辐射散热

$$Q_f = \pi D\varepsilon\sigma(T_M^4 - T_0^4) \quad (附 8-14)$$

$$T_M = t_m + 273$$

$$T_0 = t_0 + 273$$

式中　Q_f——单位长度导体的辐射散热量（W/m）；

D——导体直径（m）；

π——圆周率，$\pi = 3.14$；

ε——导体辐射表面的黑度系数，见附表 8 – 20；

σ——斯蒂芬 – 包尔兹曼常数，$\sigma = 5.67 \times 10^{-8}$（W/m²）；

T_M——导体长期允许工作温度，以绝对温度表示（K）；

T_0——环境温度、以绝对温度表示（K）；

t_m——导体工作时的发热温度（℃）；

t_0——环境温度（℃）。

（二）对流散热

$$Q_d = \pi\lambda_f\Delta t[A + B(\sin\varphi)^n] \cdot C\left(\frac{V_D}{\nu_f}\right)^P$$

（附 8 – 15）

其中　$\lambda_f = 2.42 \times 10^{-2} + 7 \times 10^{-5}\left(t_0 + \frac{1}{2}\Delta t\right)$

$$\nu_f = 1.32 \times 10^{-5} + 9.6 \times 10^{-8}\left(t_0 + \frac{1}{2}\Delta t\right)$$

$$\Delta t = t_m - t_0$$

式中　Q_d——单位长度导体的对流散热量（W/m）；

φ——风袭角；

n、A、B——常数，当 $0 < \psi < 24°$时，$A = 0.42$，$B = 0.68$，$n = 1.08$；

当 $24° \leqslant \psi \leqslant 90°$时，$A = 0.42$，$B = 0.58$，$n = 0.9$；

λ_f——导体表面空气膜的热传导率（W/m·℃）；

附表 8-21　　A、B、C、C′、H 值

导体形式及布置	A、B、C、C′值	H 值	备注
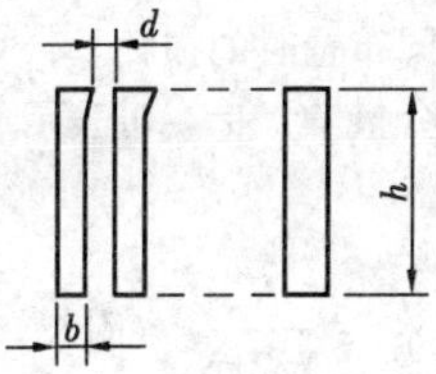	$A=2(h+nb)$ $B=(n-1)\times 2h(1-\varphi)$ $C=(n-1)\times 2h$	$H=h$	$\varphi=\sqrt{1+\left(\frac{d}{h}\right)^2}-\frac{d}{h}$ n 为本相导体叠加的片数
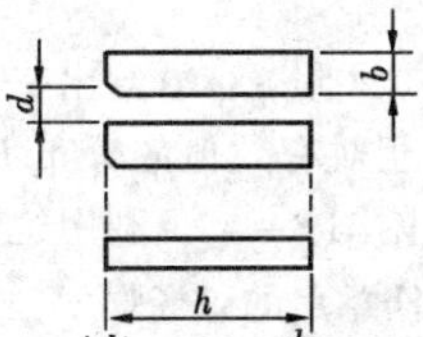 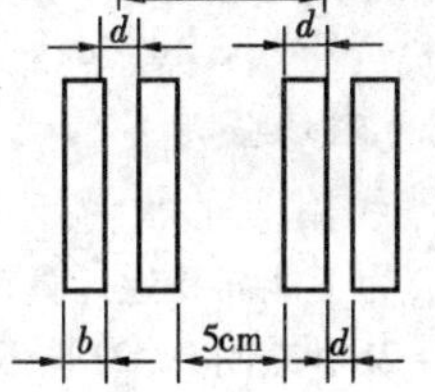	$A=2(h+nb)$ $B=2d(n-1)$ $C=2h(n-1)$	$H=2h$	$\varphi=\sqrt{1+\left(\frac{d}{h}\right)^2}-\frac{d}{h}$ n 为本相导体叠加的片数
	$A=2(h+nb)$ $B=B_1+B_2$ $B_1=4h(1-\varphi)$ $B_2=2h(1-\varphi_1)$ $C=4h$ $C'=2h$	$H=h$	$\varphi=\sqrt{1+\left(\frac{d}{h}\right)^2}-\frac{d}{h}$ $\varphi_1=\sqrt{1+\left(\frac{5}{h}\right)^2}-\frac{5}{h}$ n 为本相导体叠加的片数

附表 8-22　　垂直风吹的热传递方程系数

热传递表面	表面粗糙度 $d/2D$	雷诺数范围 (Re)	C	P
单根光滑圆柱体	无	100~5000 5000~50000	0.55 0.13	0.485 0.65
单根或迎风，绞线或细密导线	≤0.1	100~3000 3000~50000	0.57 0.094	0.485 0.71
单根或迎风，绞线	>0.1	100~3000 3000~50000	0.57 0.051	0.485 0.79
背风，绞线或细密导线	≤0.1	100~300 3000~50000	0.57 0.042	0.5 0.825

ν_f——导体表面空气膜的动态粘度(m^2/s)；

v——风速 (m/s)；

C、P——常数；

$\frac{V\cdot D}{\nu_f}=\mathrm{Re}$——雷诺数，见附表 8-22。

计算时设 $\varphi=90°$，$A=0.42$，$B=0.58$，$n=0.9$，则取 $C=0.57$、$P=0.485$，式附 8-15 变为：

$$Q_d=0.57\pi\lambda_f\Delta t\left(\frac{V\cdot D}{\nu_f}\right)^{0.485} \quad (附 8-16)$$

（三）日照时导体吸收的热量及导体允许载流量

日照时导体吸收的热量为：

$$Q_s=a_sDq_s \quad (附 8-17)$$

$$I=\sqrt{\frac{Q_f+Q_d-Q_s}{R}} \quad (附 8-18)$$

$$R=(1+k)R_\theta$$

$$R_\theta=R_{20}[1+\alpha_{30}(t_m-20)] \quad (附 8-19)$$

式中　Q_s——日照时导体吸收的热量 (W/m)；

α_s——导体表面的吸热系数，一般取值与辐射系数相等；

q_s——日照强度，取 $q_s=1000\text{W/m}^2$；

R_θ——tm 时导体的直流电阻（Ω/m）；

k——集肤效应系数，当导体截面为 400mm² 及以下时，取 $k=0.0025$，当导体截面大于 400mm² 时，取 $k=0.01$；

R——导体在 tm 时的交流电阻（Ω/m）；

I——不同温度时导体长期允许的载流量(A)；

D——导体外径（m）。

附表 8－3 及附表 8－4 铝绞线及钢芯铝绞线长期允许载流量计算条件为：

基准环境温度 25℃，风速 0.5m/s，辐射系数及吸热系数为 0.5，海拔高度为 1000m，导体最高允许温度＋70℃未考虑日照影响，最高允许温度＋80℃系考虑 0.1W/cm² 日照强度的影响。

附录 8－3 钢构发热计算

一、空气中钢构损耗发热计算

（一）母线周围无钢时的磁场强度

无钢时，三相母线的合成磁场强度只是位置和时间的函数，可以准确的用计算公式求得，计算母线周围无钢时的磁场强度，可以作为有钢时比较的基准，还可以用来初步估算缺乏实验数据时有钢磁场强度的极限值，以及比较钢构在不同布置时的损耗。

无钢时磁场强度的坐标分量 H_{ox} 和 H_{oy} 可表示成以 $\frac{1}{2\pi S}$ 为基准的相对值。即：

$$h_{ox}=\frac{H_{ox}}{I/2\pi S}\quad h_{oy}=\frac{H_{oy}}{I/2\pi S}\qquad（附 8-20）$$

式中 S——母线相间距离（cm）；

I——母线电流（A）。

为了供设计使用，可根据式附 8－20 给出三相并排母线附近空间的磁场强度相对有效值的分布 h_{ox} 和 h_{oy} 的网络图（见附图 8－3、附图 8－4），利用这些网络图可求得大电流母线附近任意点的磁场强度，避免繁琐的计算。

（二）有钢时钢构表面磁场强度

1. 三相并排布置时母线附近的横越钢条

（1）钢条表面磁场强度。为了能简易地计算钢条表面的磁场强度，根据式附 8－21 和式附 8－22 按工程

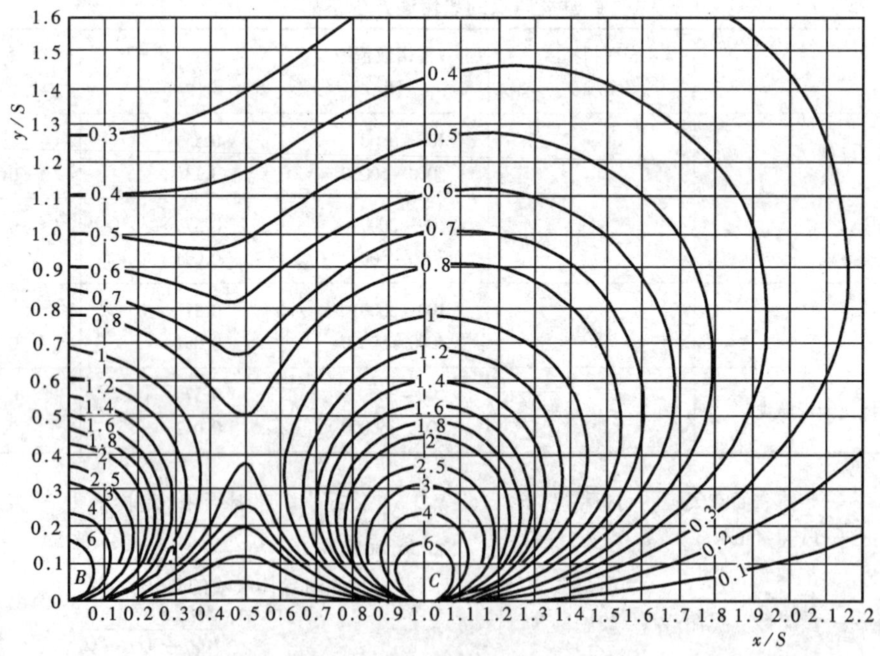

附图 8－3 $h_{ox}\sim x/S, y/S$ 网络图

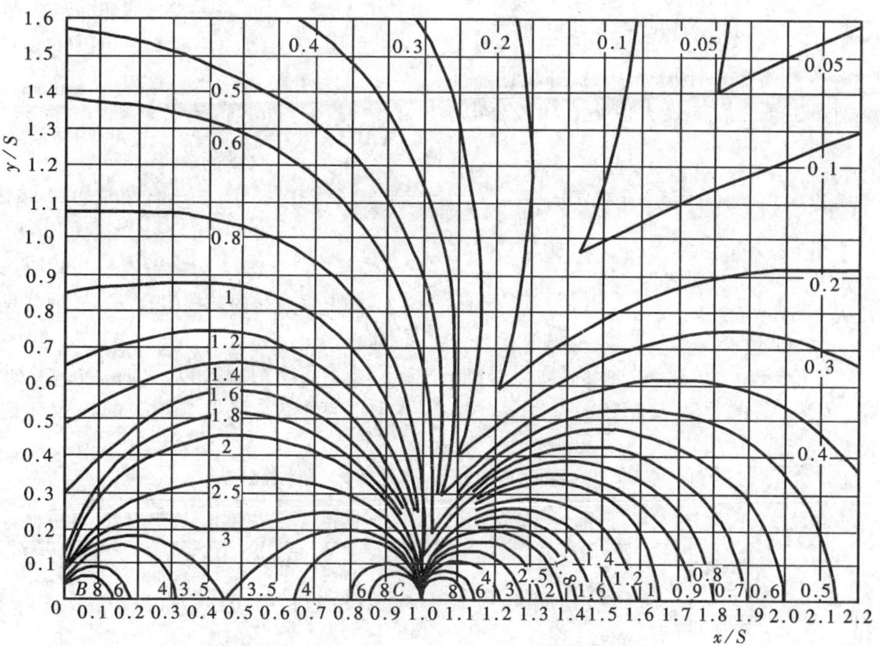

附图8－4　h_{oy} ~ x/S, y/S 网络图

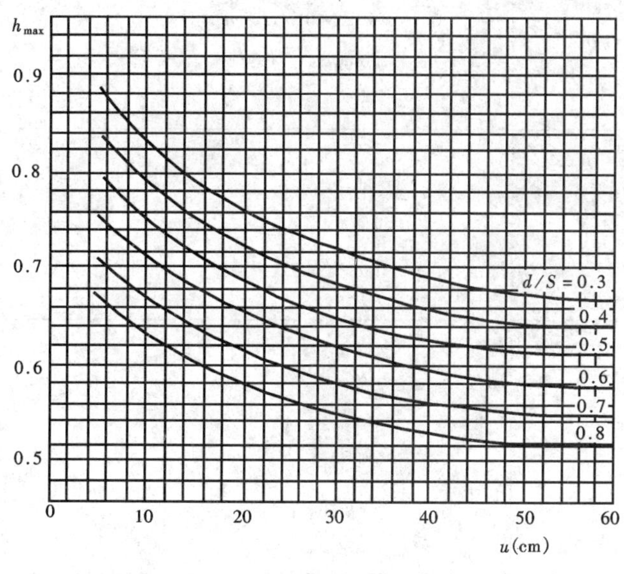

附图8－5　h_{max} ~ (u、d/S) 曲线

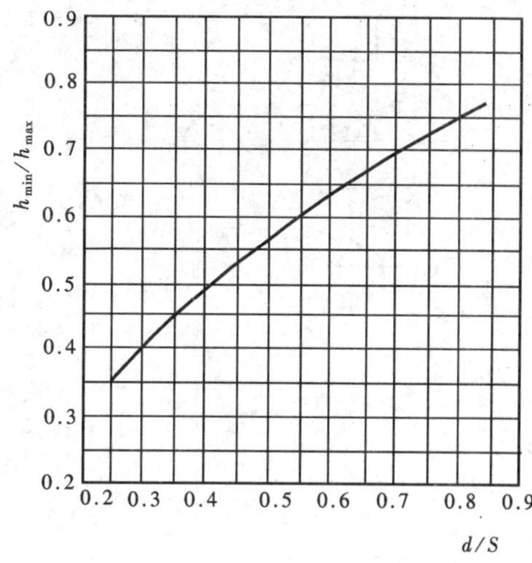

附图8－6　$\frac{h_{min}}{h_{max}}$ ~ $\frac{d}{S}$ 曲线

实用范围绘出 $h_{max} \sim (u、d/S)$ 和 $\frac{h_{min}}{h_{max}} \sim d/S$ 的关系曲线（见附图 8-5 和附图 8-6），利用这些曲线可简便地计算横越钢条磁场强度的最大值 H_{max} 和最小值 H_{min}。

$$h_{max} = H_{max} \Big/ \frac{I_m}{2\pi d} = (1.073 - 0.44d/S) \times (0.7 + 0.3e^{-\frac{u}{20}}) \quad (附 8-21)$$

$$\left(\frac{H_{min}}{H_{max}}\right)^{1.58} = \left(\frac{h_{min}}{h_{max}}\right)^{1.58} \approx 0.8d/S \quad (附 8-22)$$

式中 d——母线轴线到钢条截面形心轴的距离（cm）；

S——母线相间距离（cm）；

$I_m/2\pi d$——为单根母线下 d 处的无钢磁场强度（A/cm）；

$\left(1.073 - 0.44\frac{d}{S}\right)$——无钢时的互消系数；

$(0.7 + 0.3e^{-\frac{u}{20}})$——有钢时的畸变系数，$u$ 为钢条横截面周长（cm）。u 按附表 8-23 中公式计算。

如果钢条是由几根组合的，u 取各钢条截面周长总和。

当钢条有两根及以上并排时，上面求得的 H_{max} 需乘以系数 K_p，K_p 值与钢条的根数和钢条间的距离 a 有关。根据对小截面钢条（$u = 20$cm 以下）的试验，在 $d/S = 0.4 \sim 0.7$ 的范围内，K_p 可由附图 8-7 按钢条的根数和 a/d 值求得，H_{min} 值不需修正。

当钢条上装有外胶装支柱绝缘子用以支持母线时，由于绝缘子底座的影响，钢条表面磁场强度峰值降低，因此全钢条的平均磁场强度可取上述的 H_{min} 值。

当母线在横越钢条附近有直角转弯时，如附图 8-13，在计算钢条轴线上的磁场强度时，则应分别按有限长母线求出各段母线在钢条轴线上的无钢磁场强度峰值，然后叠加。即：

$$H_{omax} = \frac{1}{S}(H_{oa} + H_{ob} + H_{oc}) \quad (附 8-23)$$

附表 8-23　各种型钢截面的周长 u 及几何均距计算公式

型钢截面	u 的计算公式	几何均距 g (cm)
角钢（尺寸 a、b、c）	$u = 1.95(a + b)$	当 $\frac{b}{a} = 0.5 \sim 1.0, c \ll a$ $g = 0.207a + 0.186b$ 当 $a = b$　$g \approx 0.393a$
槽钢（尺寸 a、b、c）	$u \approx 2(a + 2b) - 5c$	当 $\frac{b}{a} = 0.2 \sim 0.7, c \ll a$ $g \approx 0.232a + 0.293b$
工字钢（尺寸 a、b、c）	$u \approx 2(a + 2b - 4c)$	当 $\frac{b}{a} = 0.25 \sim 0.7$ $c \ll a$ $g = 0.238a + 0.22b$
圆钢（尺寸 d）	$u = \pi D$	$g = 0.7788r$
扁钢（尺寸 a、b）	$u = 2(a + b)$	$g \approx 0.223b(a + b)$

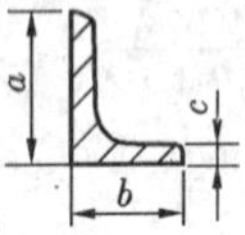

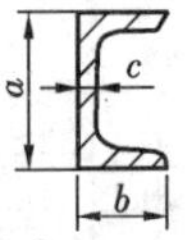

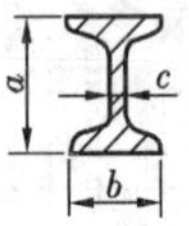

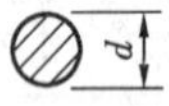

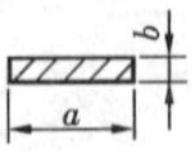

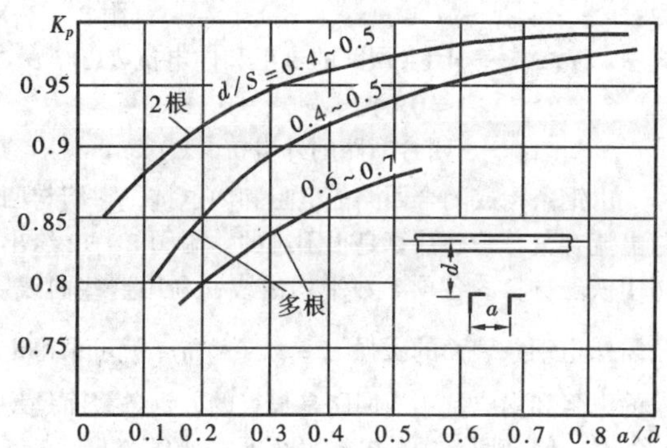

附图 8－7 K_p ～ a/d 曲线

$$H_{oa}=H_{oc}=\frac{I_m}{2\pi d}\times\frac{1}{4}\times\left\{\left[-1.707+\frac{2}{\left(\frac{S}{d}\right)^2+1}\times\left(\frac{1}{\sqrt{2+\left(\frac{S}{d}\right)^2}}+1\right)-\frac{1}{\left(\frac{2S}{d}\right)^2+1}\times\left(\frac{1}{\sqrt{2+\left(\frac{2S}{d}\right)^2}}+1\right)\right]^2+3\left[1.707-\frac{1}{\left(\frac{2S}{d}\right)^2+1}\left(\frac{1}{\sqrt{2+\left(\frac{2S}{d}\right)^2}}+1\right)\right]^2\right\}^{\frac{1}{2}} \quad (附8-24)$$

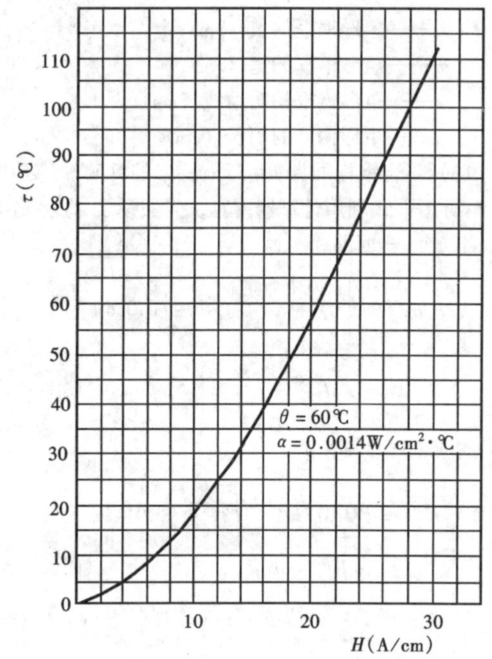

附图 8－8 τ ～ H 曲线

$$H_{ob}=\frac{I_M}{2\pi d}\times\frac{1}{2}\left[1.707-\frac{1}{\left(\frac{S}{d}\right)^2+1}\times\left(\frac{1}{\sqrt{2+\left(\frac{S}{d}\right)^2}}+1\right)\right] \quad (附8-25)$$

(2) 钢条温升。在一般工程条件下，由已知的 H_{max} 值，按式（附 8－26）计算即可得到钢条最热点的温升 τ_{max}。

$$\tau_{max}=0.00072\frac{H^{1.58}}{\alpha_a} \quad (附8-26)$$

对于闭合回路：

$$\tau_{max}=\frac{0.00072}{\alpha_a}\left(\frac{I_g}{u}\right)^{1.58} \quad (附8-27)$$

式中 H——钢条表面的磁场强度（A/cm）；

α_a——钢条表面的散热系数（W/cm²·℃），一般取 $\alpha_a=0.0014$（W/cm²·℃）；

I_g——每根钢条中流过的电流（环流）（A）；

u——钢条横截面的周长（cm）。

为了便于设计，附图 8－8 示出 τ－H 的关系曲线，

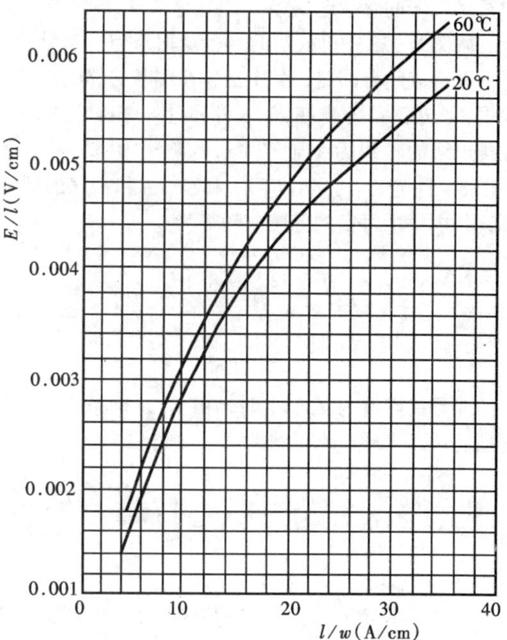

附图 8－9 P ～ H 曲线

由已知的 H_{max}值，从该图可直接查到 τ_{max}值。当 α_a 不是0.0014（W/cm²·℃）和温度不是60℃时，可用系数 $\frac{0.0014}{\alpha_a}[1+0.0025(\theta_m-60°)]$ 来修正。

(3) 功率损耗。附图 8－9 示出适用于一般钢材的磁场强度与单位表面积的有功功率损耗的实用曲线，当计算钢条功率损耗时，只需根据已求得的 H_{max}、H_{min}值，即可由该图查得钢条单位表面积的最大和最小有功功率损耗 P_{max}和 P_{min}，然后取钢条长度为3s（小于3s取实际长度），按下式计算钢条的有功功率损耗。

$$P=\frac{3}{2}Su(P_{max}+P_{min}) \quad (附8-28)$$

式中 S——母线的相间距离（cm）。

2. 三相并排母线附近的闭合钢构回路

(1) 闭合回路中的感应电动势：为避免烦琐的计算又能方便地求得三相母线附近任何位置上与母线平行的直线导体中每米的感应电动势。附图 8－10、8－11 绘出了垂直于三相并排母线的 $x-y$ 平面上任一点感应电动势 E_a/l（实部）和 E_b/l（虚部）与其相对坐标 $x/S,y/S$ 的网络图。但应注意：这两个网络图只包括 $x-y$ 平面的第一象限。当 y 为负时，可当作正值查用；当 x 为负时，只须对 E_a/l 取负值。图中感应电动势的单位为 V/m·A。利用这些网络图，就可根据与母线平行的直线导体的相对坐标，由网络图查得每米每安的感应电动势。

附图 8－13 中母线桥的 A、B 钢条与三相母线平行，并构成闭合回路，其中 A、B 钢条的感应电动势根据A、B 钢条各自在 $x-y$ 平面上的相对坐标（取并排母线的轴线为 x 轴）$x/S,y/S$。由附图 8－10 和附图8－11 查得 $E_{Aa}/L,E_{Ab}/L$和E_{Ba}/L和E_{Bb}/L,则 A、B 钢条中每米每安的感应电动势为：

$$\dot{E}_A/L=E_{Aa}/L+jE_{Ab}/L$$

$$\dot{E}_B/L=E_{Ba}/L+jE_{Bb}/L$$

当母线电流为 $I_M(A)$ 时，由 A,B 钢条构成的闭合回路中每米感应电动势为

$$\dot{E}_{AB}/l=(\dot{E}_A/l-\dot{E}_R/l)I_M=\left[\left(\frac{\dot{E}_{Aa}}{l}-\frac{\dot{E}_{Ba}}{l}\right)+j\left(\frac{\dot{E}_{Ab}}{l}-\frac{\dot{E}_{Bb}}{l}\right)\right]I_M \quad (附8-29)$$

式中 l——与母线平行的闭合回路的长度（m）。

(2) 闭合回路的阻抗计算。闭合回路的阻抗可写为：$z=r+jx=r+j(x_N+x_W)$ （附8－30）

式中 r,x_N——闭合回路的电阻和内电抗（Ω），$x_N=0.6\gamma$；

x_W——闭合回路的外电抗（Ω）。

由钢条构成闭合回路的电阻和内电抗，它们与回路电流有关，精确计算是很困难的。附图 8－12 给出实用铁磁材料的各项参数平均曲线，利用这些曲线，只需知道钢条表面的磁强 $H=\frac{1}{u}$(A/m)，就可求得钢条的电阻和内电抗。当回路是长直的，钢条截面是均一的时，闭合回路的外电抗可按下式计算

$$x_W=\frac{\omega\mu_0}{\pi}l\ln\frac{d}{g} \quad (附8-31)$$

式中 d——两根平行长直钢条间的距离（cm）；

g——钢条横截面的几何均距，对扁钢、角钢、槽钢和工字钢按 $g\approx 0.1u$(cm) 计算；

l——两平行钢条的长度（cm）。

当回路是矩形闭合钢框时

$$x_W=\frac{\omega\mu_0}{\pi}l\ln\left[a\ln\frac{2a}{a+b}+b\ln\frac{2a}{b+c}+(a+b)\ln\frac{b}{g}-2(a+b-c)\right] \quad (附8-32)$$

式中 a——矩形钢框的长（cm）；

b——矩形钢框的宽（cm）；

c——矩形钢框的对角线（cm）；

l——矩形钢框的周长（cm）。

(3) 闭合钢构回路感应环流 I_g 的计算。感应环流 I_g 可用下式利用计算器凑算，先假设 I_g 值。

长直闭合回路

$$\dot{E}_{AB}/l=\left|0.144u^{-0.58}I_g^{0.58}+j0.088u^{-0.58}\times I_g^{0.58}+j\frac{x_W}{l}I_g\right| \quad (附8-33)$$

矩形闭合回路

$$\dot{E}_{AB}=|0.072lu^{-0.58}I_g^{0.58}+j0.044lu^{-0.58}\times I_g^{0.58}+jx_WI_g| \quad (附8-34)$$

例如：用 fx－80 或 fx－140 计算器进行试凑计算时，将上式化为

$$\frac{\dot{E}_{AB}}{l}=|aI_g^{0.58}+jbI_g^{0.58}+jcI_g|$$

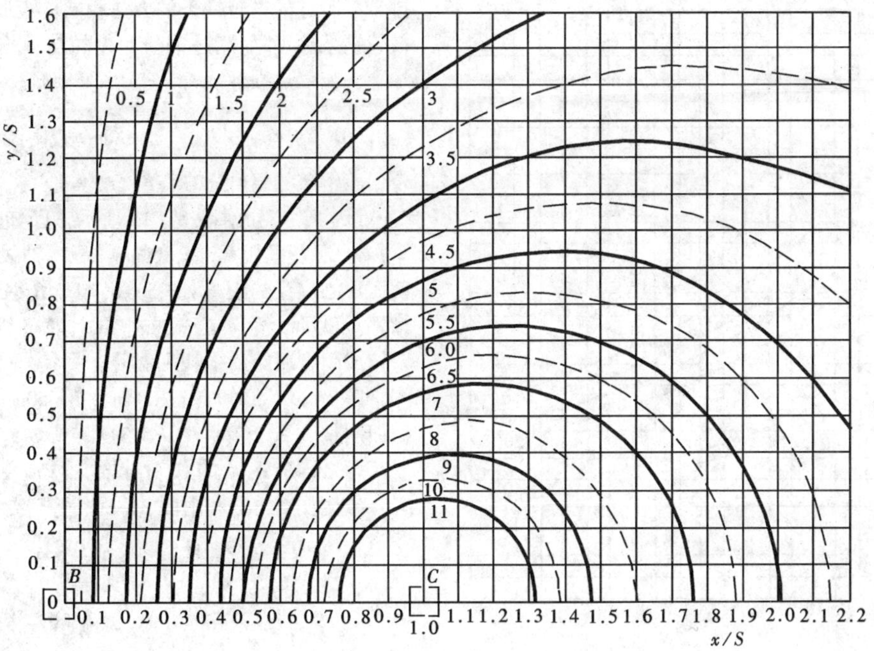

附图 8-10 三相并排母线 E_a/l（$\times 10^{-5}$V/m·A）网络图

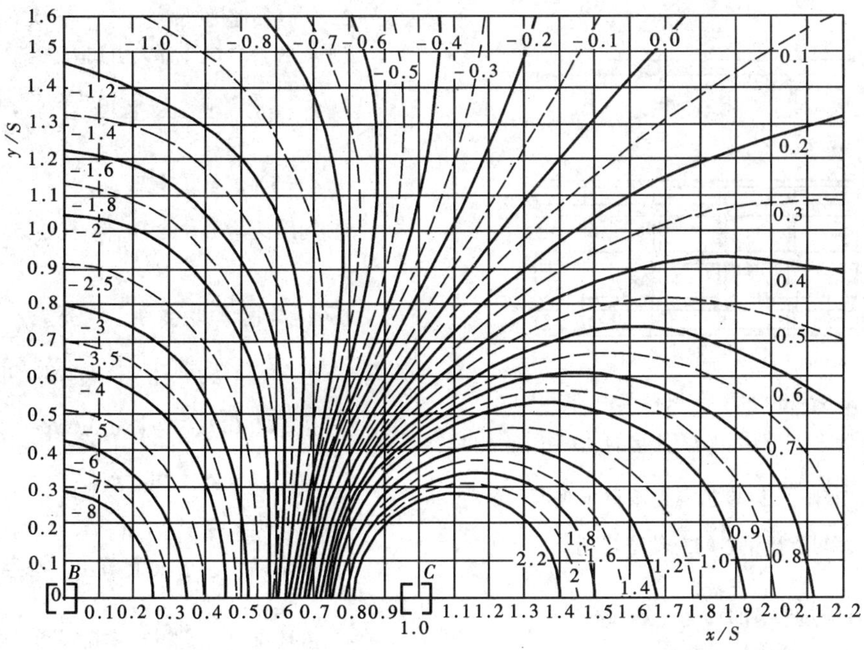

附图 8-11 三相并排母线 E_b/l（$\times 10^{-5}$V/m·A）网络图

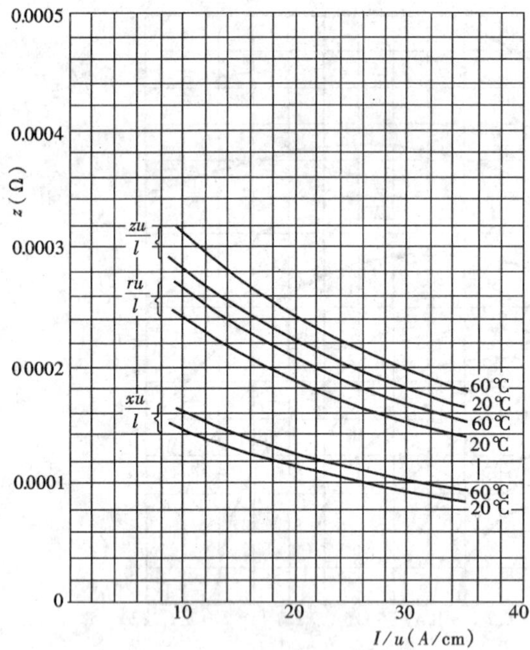

附图 8-12 $\frac{zu}{l}$、$\frac{ru}{l}$、$\frac{xu}{l}$ ~ $\frac{1}{u}$ 曲线

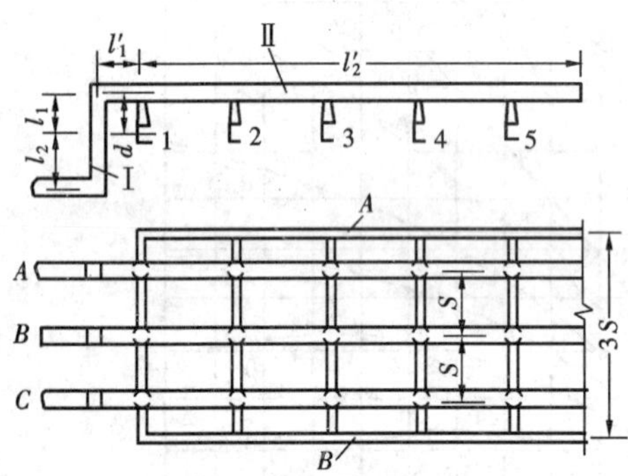

附图 8-13 钢构组成的母线桥

(4) 计算闭合回路中由 I_g 引起的功率损耗。由 $H=\frac{I_g}{u}$A/cm, 查附图 8-9 求得钢条单位表面积的有功功率损耗，就可算出钢条的总功率损耗：

$$P = lup \qquad (附 8-35)$$

式中 l——I_g 流过钢条的长度（cm）；

u——钢条截面周长（cm）；

p——钢条单位表面积的有功功率损耗（W/cm²）。

(5) 构成闭合回路的横越钢条。长直闭合回路的横越钢条只需计算涡流发热损耗，方法与计算三相并排母线附近的横越钢条的方法相同。矩形闭合回路的横越钢条除了 I_g 流过钢条产生的功率损耗外，还需加上涡流发热损耗。

(6) 温升。由 $H=\frac{I_g}{u}$A/cm, 查附图 8-8 求得闭合回路钢条的温升 τ℃。

【例 1】 如附图 8-13 所示，已知母线电流 $I_m=7000$A，相间距离 $s=100$cm，母线轴线到横越钢构截面形心轴线的距离 $d=50$cm，A、B 钢条均为 10 号槽钢。设母线桥长 $L_A=50$m，试计算母线桥 A、B 钢条构成闭合回路的损耗和温升。

解 (1) 已知 $s=100$cm、$d=50$cm，10 号槽钢截面周长 $u=2(10+2\times5.3)-5\times0.5=38.7$cm。

则 A、B 钢条的相对坐标 $x/s=\pm1.5$、$y/s=0.5$，查附图 8-10 和附图 8-11 得：

$$\frac{E_{Aa}}{L}=-\frac{E_{Ba}}{L}=7\times10^{-5}\text{V/m}\cdot\text{A}$$

$$\frac{E_{Ab}}{L}=\frac{E_{Bb}}{L}=1.04\times10^{-5}\text{V/m}\cdot\text{A}$$

由式附 8-29 得：

$$\frac{\dot{E}_{AB}}{L}=[(7+7)+j(1.04-1.04)]\times10^{-5}\times7000=0.98\angle0°(\text{V/m})$$

(2) 闭合回路的外电抗：

按平行长直导体计算，由式附 8-31 得：

$$\frac{x_W}{L}=\frac{2\pi\times50\times4\pi\times10^{-7}}{\pi}\ln\frac{300}{0.1\times38.7}=5.467\times10^{-4}(\Omega/\text{m})$$

(3) 利用式附 8-33 用计算器试凑法计算环流 I_g：

$$0.98=|0.144\times38.7^{-0.58}I_g^{0.58}+j0.088\times38.7^{-0.58}I_g^{0.58}+j5.467\times10^{-4}I_g|$$
$$=|0.0173I_g^{0.58}+j0.01056I_g^{0.58}+j5.467\times10^{-4}I_g|$$

计算时，先不计 x_W 算出 I_g，作为 I_g 的第一次参考值，以后试算 2~3 次即可算出 I_g。经试算得 $I_g=552$A。

(4) 由环流 I_g 引起的功率损耗和温升：

由 $H=\frac{I_g}{u}=\frac{552}{38.7}=14.26$(A/cm)，查附图 8-9 得 $p=0.047$W/cm²，A、B 钢条构成的闭合回路的总功率损耗为：

$$P=lup=2(5000+300)\times38.7\times0.047\times10^{-3}$$

$= 19.28(kW)$

(5) 闭合回路中横越钢条的功率损耗和温升：因为是长直梯形闭合回路，只需计算横越钢条中的涡流损耗。

设：横越钢条的间距为2m，共有横越钢条26根。根据附图8－3和附图8－4及附图8－9可查得每根钢条损耗为371.5W，温升32℃。

(6) 闭合回路总功率损耗：

$$\Sigma P = 19.28 + 0.7663 + 0.3715 \times 26 = 29.71(kW)$$

【例2】 附图8－14示三相长直母线附近装设钢保护遮拦，纵向钢框 M 是用以固定网框 N，它们都是用60×60×5（mm）的角钢制成。已知 $I_W = 7000A$，$S = 100cm$，$d = 50cm$，保护遮拦长50m，每个网框宽0.8m，高2m。试计算：1.M 与 N 钢框接触好时，保护遮拦的损耗和温升；2.M 与 N 钢框绝缘，M 钢框形成的闭合回路被断开，各 N 钢框有间隙时，保护遮拦的损耗和温升。

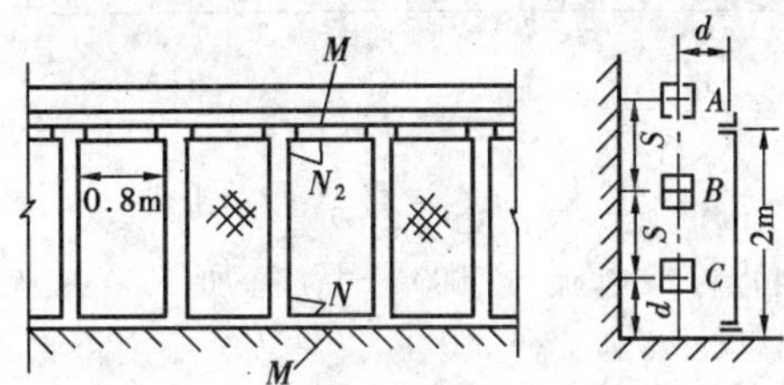

附图8－14 并排母线附近的保护遮拦

解 1.M 与 N 钢框接触良好时，保护遮拦的损耗和温升。

这时整个保护遮拦可简化为长直梯形回路计算。

(1) 由附图8－10和附图8－11查得并算出 M 钢框中的感应电动势 $E_{MM}/l = 0.835V/m$。

(2) 外电抗按平行长直组合钢条计算，由于 M 与 N 钢框靠得很近，邻近效应的影响使组合钢条的周长只增加1.5倍。故 $u = 1.95\times(2\times6)\times1.5 = 35.1$（cm），$g = 0.1u = 3.51$（cm），则

$$x_W = \frac{2\pi \times 50 \times 4\pi \times 10^{-7}}{\pi}\ln\frac{200}{3.51}$$

$$= 5.078 \times 10^{-4}(\Omega/m)$$

(3) 闭合回路的环流 I_g 用式附8－33进行试凑计算。

$$0.835 = |0.144 \times 35.1^{-0.58} I_g^{0.58} + j0.088$$

$$\times 35.1^{-0.58} I_g^{0.58} + j5.078 \times 10^{-4} I_g|$$

$$= |0.0183 I_g^{0.58} + j0.0112 I_g^{0.58}$$

$$+ j5.078 \times 10^{-4} I_g|$$

试算结果 $I_g = 412A$。

(4) I_g 引起的功率损耗和温升：由 $H = \frac{I_g}{u} = \frac{412}{35.1} = 11.74(A/cm)$，由附图8－9查得 M 钢框的单位表面积的功率损耗 $p = 0.035W/cm^2$，M 钢框的损耗为

$$P_1 = lup = 2 \times (5000 + 200) \times 35.1 \times 0.035$$

$$\times 10^{-3} = 12.78(kW)$$

由附图8－8查得 M 钢框的温升 $\tau = 24℃$。

(5) 保护遮拦网框 N 的损耗和温升：N 网框的纵框环流损耗按长直梯形回路计算。这里只需计算横越钢框的损耗。考虑到网框间的横越钢框靠得很近，按组合钢条计算，即钢框的截面周边长度 u 增加一倍，$u = 1.95\times(2\times6)\times2 = 46.8(cm)$，因而磁强 H 减小，由前面介绍的方法求得 $H_{max} = 13.8A/cm$，$H_{min} = 7.86A/cm$；$P_{max} = 0.044W/cm^2$，$P_{min} = 0.018W/cm^2$，按61块网框计算，横越钢框的总损耗为

$$P_2 = \frac{1}{2}(0.044 + 0.018) \times 200 \times 46.8$$

$$\times 61 \times 10^{-3} = 17.7(kW)$$

钢框最热点的温升 $\tau_{max} = 31℃$。

(6) 保护遮拦的总功率损耗：

$$P = P_1 + P_2 = 12.78 + 17.7 = 30.48(kW)$$

2.M 与 N 钢框相互绝缘和 M 钢框形成的闭合回路被断开时的损耗和温升。

这时只需计算网框 N 的损耗和温升。

(1) N 矩形钢框的感应电动势由上可得 $E_N = 0.835\times0.8 = 0.668$（V）。

(2) N 矩形钢框的阻抗，钢框中垂直于母线的两根钢框只计算内阻抗，设有外电抗，平行于母线的两根钢框除计算内阻抗外，还需计算外电抗，即

$$x_W = \frac{2\pi \times 50 \times 4\pi \times 10^{-7}}{\pi} \times 0.8\ln\frac{200}{2.34}$$

$$= 4.47 \times 10^{-4}(\Omega)$$

(3) N 钢框中的环流 I_g，取钢框的周长 $l = (2+0.8)\times2 = 5.6$（m），由式附8－34

$$0.668 = |0.072 \times 5.6 \times 23.4^{-0.58} I_g^{0.58} + j0.044$$

$$\times 5.6 \times 23.4^{-0.58} I_g^{0.58} + j4.47$$

$$\times 10^{-4} I_g| = |0.065 I_g^{0.58}$$

$$+ j0.0396 I_g^{0.58} + j4.47 \times 10^{-4} I_g|$$

计算结果 $I_g = 41A$。

(4) N 钢框中 I_g 引起的功率损耗和总损耗，由 $H = \frac{I_g}{u} = \frac{41}{23.4} = 1.75\text{A/cm}$，可见环流功率损耗很少，按 61 块网框计算只有 1.586kW。钢框中横越钢框的涡流功率损耗前面已求得，保护遮拦的总功率损耗为

$$P = 17.7 + 1.586 = 19.28(\text{kW})$$

可见采取措施后可使功率损耗减少约 40%。横越钢框的温升略高 2℃。

二、混凝土中钢筋损耗的发热计算

常用的混凝土配筋尺寸是：直径 $2R = 0.6 \sim 2.0\text{cm}$。钢筋间距 $b = 10 \sim 20\text{cm}$。

（一）混凝土单面散热

附图 8－15 示混凝土中单层钢筋网络，其中纵筋与母线平行，横筋与母线垂直。它们由矩形网格组成复杂闭合网络。

1．纵筋的损耗和温升

设纵横钢筋接触良好，中间的横筋没有电流通过，纵筋环流经过两端若干横筋形成闭合回路。因此，纵筋按长直闭合回路计算。下面介绍并排母线下 $4S$ 范围内（约 27 根）的纵筋网络环流引起的损耗和温升。

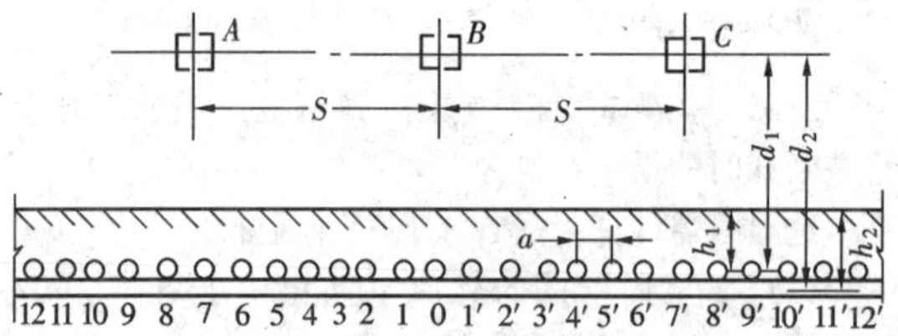

附图 8－15 混凝土中的钢筋网路

(1) 由附图 8－10、8－11 查得第 k 根钢筋的感应电动势 E_k/l，算出 $u/l = \frac{1}{n}\sum_{k=1}^{n} E_k/l$（$n$ 为钢筋根数，l 为纵筋长度），$\Delta E_g/l = |E_k/l - u/l|$。

(2) 先不计外电抗，由 $\Delta E_k/l$ 并设钢筋温度为 60℃查附图 8－16 查得 I'_{kg}/u 算出 I'_{kg}（u 是钢筋截面的周长）。

(3) 计及外电抗。对已算出的 I'_{kg} 进行修正，即 $I_k = K_g I'_{kg}$。K_g 按以下原则确定。

1) 对于 $\phi16$ 钢筋和 7000A 母线电流，$K_g = 0.78$；

2) 钢筋直径每增（减）4mm，K_g 减（加）0.045；

3) 母线电流 < 7000A 时，每减 1000A，K_g 加 0.022；

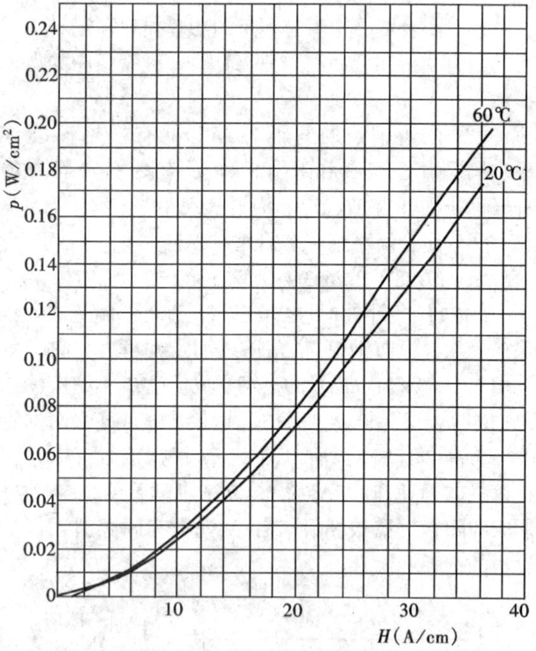

附图 8－16 $E/l \sim I/\omega$ 曲线

4) 母线电流 > 7000A 时，每加 1000A，K_g 减 0.016。

当钢筋分布范围按 $4S$ 计算时，每根钢筋的外电抗 $x_W = 1.2 \times 10^{-3}\Omega/\text{m}$，分布范围按 $3S$ 时 $x_W = 0.96 \times 10^{-3}$（$\Omega$/m）。

(4) 由 $H_k = \frac{I_k}{u}$ 查图 15.5.4 求得 $p_k(\text{W/cm}^2)$，按下式计算功率损耗

$$p_k = uLp_k \tag{附 8－36}$$

总功率损耗

$$P = \sum_{k=1}^{n} p_k \tag{附 8－37}$$

(5) 纵筋的温升，最热的纵筋位于 C 相偏外的地方，计算该根钢筋的温升只需计及附近 $1.5S$ 范围内（即 9～11 根）钢筋的发热，更远的钢筋影响很小，可不予考虑。该第 k 根钢筋最热，温升为 $\tau_{1\max}$，有

$$\tau_{1\max} = \frac{1}{2\pi\lambda_t}w\left\{p_k \ln\frac{2h_1}{R} + \frac{p_{k-1} + p_{k+1}}{2} \times \ln\left[1 + \left(\frac{2h_1}{a}\right)^2\right] + \frac{p_{k-2} + p_{k+2}}{2} \times \ln\left[1 + \frac{1}{4}\left(\frac{2h_1}{a}\right)^2\right] + \frac{p_{k-3} + p_{k+3}}{2}\right.$$

$$\times \ln\left[1+\frac{1}{9}\left(\frac{2h_1}{a}\right)^2\right]+\frac{p_{k-4}+p_{k+4}}{2}$$

$$\times \ln\left[1+\frac{1}{16}\left(\frac{2h_1}{a}\right)^2\right]+\frac{p_{k-5}+p_{k+5}}{2}$$

$$\times \ln\left[1+\frac{1}{25}\left(\frac{2h_1}{a}\right)^2\right]\Bigg\}\quad (℃) \qquad (附8-38)$$

式中　p_k——损耗最大的纵筋单位表面积有功损耗（W/cm^2）；

h_1——计及混凝土表面向大气散热后，钢筋的埋设深度。它等于 $h_{N1}+\frac{\lambda_t}{\alpha_F}$(cm)（$h_{N1}$ 为纵钢筋的实际埋深）。

在一般工程条件下，混凝土的导热率 $\lambda_t=0.012$ W/cm·℃，混凝土表面的散热系数 $\alpha_F=0.0009W/cm^2·℃$，则 $h_1=h_{N1}+13cm$。

2. 横筋的损耗和温升

横筋的发热是由涡流损耗产生的，沿横筋轴向损耗和温升是不均匀的，需要计及轴向的热传导。

（1）按空气中横越钢条发热的计算方法，先计算横筋的磁强 H_{max}和 H_{min}，由于并排的钢筋较多，需乘以修正系数 K_p，K_p 由附图 8－1 的曲线查得。再由附图 8－9 求得 p_{max}和 p_{min}。故总损耗是

$$P = m\frac{3uS}{2}(p_{max}+p_{min}) \qquad (附8-39)$$

式中　m——横筋的根数；

S——母线相间距离（cm）。

（2）横筋最热点温升仍处于 C 相偏外的地方，设温升为 τ_{2max}，有

$$\tau_{2max} = up_{max}R\frac{3000+2uRr}{3000+3uRr} \qquad (附8-40)$$

$$R = \frac{1}{2\pi\lambda_t}\ln\left[\frac{a}{\pi r}\text{sh}\left(2\pi\frac{h_2}{a}\right)\right] \qquad (附8-41)$$

以上式中　R——沿 1cm 长钢筋的混凝土的散热热阻（℃/W）；

p_{max}——横筋最热点的有功损耗（W/cm^2）；

h_2——同 h_1，$h_2=h_{N2}+B$（h_{N2} 为横钢筋的实际埋深）；

r——横筋的半径（cm）。

（3）考虑纵横钢筋间温升的相互影响，这时最热点的温升是

$$\tau_{max} = \tau_{1max}+K\tau_{2max} \qquad (附8-42)$$

式中　K——影响系数，当横筋 $\frac{2r}{a}\approx\frac{1}{5}$ 时，取 0.3；$\frac{2r}{a}\approx\frac{1}{10}$ 时，取 0.2，$\frac{2r}{a}\approx\frac{1}{20}$ 时，取 0.1。

【例 3】 如附图 8－15，已知 $I_M=7000A$，$S=100cm$，$d_1=60cm$，$d_2=61.5cm$，$a=15cm$，纵筋直径 $2r_1=1.2cm$，埋深 1.6cm，纵筋长度 $l=50m$，横筋直径 $2r_2=1.6cm$，埋深 3.2cm，试计算钢筋的功率损耗和温升。

解　（1）纵筋的功率损耗和温升，按上述方法计算结果列于附表 8－24。

由表可知，发热分别集中在 A 和 C 相附近的钢筋中。纵筋总功率损耗为 9.95kW。

8 号纵筋有功损耗最大，按式（附 8－38）计算 $\tau_{1mxa}=19.5℃$。

附表 8－24　　纵筋功率损失计算结果

钢筋号	0	1 1′	2 2′	3 3′	4 4′	5 5′	6 6′	7 7′	8 8′	9 9′	10 10′	11 11′	12 12′	13 13′
$\frac{\Delta E}{l}\times10^{-3}$ (V/m)	3.45	3.4	3.34	3.4	3.72	4.14	4.54	4.83	5.0	4.88	4.63	4.4	4.13	3.87
I'_g(A) (不计 x_W)	45.2	42.6	43.4	42.6	49	59.6	68.6	77	82.6	77.7	69.8	65.6	58.4	53.2
I_g(A)(计 x_W)	35.3	33.2	33.8	33.2	38.2	46.5	53.5	60	64.4	60.6	54	51.2	45.6	41.5
up(W/cm)	0.09	0.079	0.083	0.079	0.102	0.14	0.177	0.196	0.24	0.215	0.181	0.162	0.13	0.113
$P=upl$(W)	450	396	415	396	509	716.3	886	980	1187.6	1074.5	905	810.6	659.8	565.5

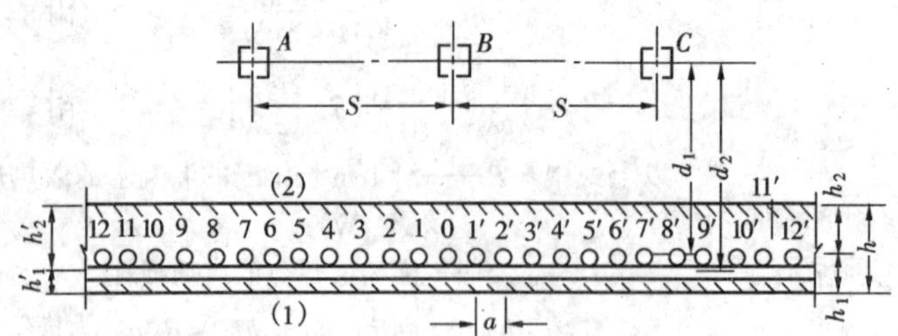

附图 8-17 混凝土楼板中的钢筋钢

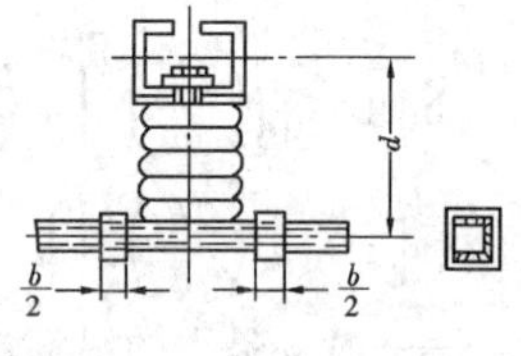

附图 8-18 屏蔽环

(2) 横筋的功率损耗和温升，按前述方法求得 $p_{\max}=0.033\text{W/cm}^2$，$p_{\min}=0.022\text{W/cm}^2$，横筋总数共 $\frac{5000}{15}+1\approx 334$（根），则总功率损耗为

$$P=334\frac{3\times5\times100}{2}(0.033+0.022)\times10^{-3}$$

$$=13.85(\text{kW})$$

按式（附 8-41）求得 $R=103.37\text{cm}\cdot{}^\circ\text{C/W}$，按式（附 8-40）求得位于 8 号纵筋附近横筋的温升 $\tau_{2\max}=15.5$℃。

(3) 全部纵横钢筋的功率损耗和最热点温升，总功率损耗

$$\Sigma P=9.95+13.85=23.8(\text{kW})$$

由 $\frac{2r_2}{a}=\frac{1.6}{15}\approx\frac{1}{10}$，取 $K=0.2$，故按式（附 8-42）

$$\tau_{\max}=19.5+0.2\times15.5=22.6(^\circ\text{C})$$

（二）混凝土双面散热

附图 8-17 示三相并排母线下混凝土楼板，其中有一层钢筋，钢筋的损耗发热量，从地板的两面散出。纵横钢筋中的功率损耗计算与单面散热的计算相同，但钢筋的温升按下式计算。

1. 最热纵筋的温升

同单面散热一样，只计算最热钢筋附近 9～11 根钢筋的发热量，设第 k 根钢筋最热，温升为 $\tau_{1\max}$，有

$$\tau_{1\max}=\frac{1}{2\pi\lambda_t}u\left\{p_k\ln\frac{2h}{\pi R}\sin\left(\frac{\pi h_1}{h}\right)\right.$$
$$+(p_{k-1}+p_{k+1})$$
$$\times\ln\left[0.77\sqrt{1+\left(\frac{2h_1}{a}\right)^2}\right]$$
$$+(p_{k-2}+p_{k+2})$$
$$\times\ln\left[0.815\times\sqrt{1+\frac{1}{4}\left(\frac{2h_1}{a}\right)^2}\right]$$
$$+(p_{k-3}+p_{k+3})$$
$$\times\ln\left[0.86\sqrt{1+\frac{1}{9}\left(\frac{2h_1}{a}\right)^2}\right]$$
$$+(p_{k-4}+p_{k+4})$$
$$\left.\times\ln\left[0.9\sqrt{1+\frac{1}{16}\left(\frac{2h_1}{a}\right)^2}\right]\right\}\quad(\text{附 }8-43)$$

式中 $h_1=h_{N1}+13$[h_{N1} 为钢筋至楼板面（1）的埋深]

$h_2=h_{N2}+13$[h_{N2} 为钢筋至楼板面(2) 的埋深]

$h=h_1+h_2$

2. 横筋最热点的温升

用式（附 8-40）计算

$$\tau_{2\max}=up_{\max}R\frac{3000+2urR}{3000+3urR}$$

其中

$$R=\frac{1}{2\pi\lambda_t}\left[\frac{h_2}{h}\ln\left(\frac{a}{\pi r}\text{sh}\frac{2\pi h_1}{a}+\frac{h_1}{h}\right)\right.$$
$$\left.\times\ln\left(\frac{a}{\pi r}\text{sh}\frac{2\pi h_2}{a}-2\pi\frac{h_1h_2}{ha}\right)\right]$$

（附 8-44）

3. 钢筋最热点的温升

用式（附 8-42）计算钢筋最热点的温升。

【例 4】 如附图 8-17 已知混凝土地板厚为 10cm，纵横钢筋对楼板面（1）的埋深分别是 3cm 和 1.6cm，其它已知条件与［例 3］相同，试计算钢筋的功率损耗和温升。

解 钢筋的功率损耗值同［例 3］

纵筋最高温升在 8 号钢筋，按式（附 8-43）计算，由图 $h_1=3+13=16(\text{cm})$，$h_2=7+13=20(\text{cm})$，$h=h_1+h_2=36(\text{cm})$，可算得温升 $\tau_{1\max}=15.3$℃。

横筋最热点也位于 8 号纵筋附近，按式（附 8-40）和式（附 8-44）计算，由 $h'_1=1.6+13=14.6(\text{cm})$，$h'_2=8.4+13=21.4(\text{cm})$，$h=h'_1+h'_2=36(\text{cm})$，算得 $R=63.05\text{cm}\cdot{}^\circ\text{C/W}$，$\tau_{2\max}=11.39$℃。

钢筋最热点的温升 $\tau_{max}=15.3+0.2\times 11.39=17.58$（℃）

三、屏蔽环与屏蔽栅的计算

（一）屏蔽环（短路环）

在横越钢条最热点处，装设屏蔽环可减少功率损耗，降低钢条温升。附图8－18示内胶装支柱绝缘子两旁各装设一个屏蔽环，环的截面按下述方法计算。

（1）按母线电流的10%，取电流密度0.9A/mm²，为简便把两环当作一环计算，初选屏蔽环的截面。

（2）根据屏蔽环安装的位置，由附图8－3查得该处钢条轴线上的 h_{0x} 值，按下式计算 H_{0x} 和屏蔽环的电流 I_{ph}。

$$H_{0x}=h_{0x}\frac{I_M}{2\pi S}\qquad（附8－45）$$

$$I_{ph}=H_{0x}(b+\pi r)\qquad（附8－46）$$

式中　b——屏蔽环的宽度（cm）；

r——屏蔽环外周长 w 的等效半径（cm），$r=\frac{u}{2\pi}$。

（3）按屏蔽环长期工作温度不高于60℃，并考虑它的散热面积减少后，屏蔽环长期允许电流应大于 I_{ph}。可由下式校验

$$I=I_x\sqrt{\frac{60-40}{70-25}\times\frac{2}{3}}\geqslant I_{ph}\qquad（附8－47）$$

式中　I_x——所选截面在最高允许温度70℃，环境温度25℃时的长期允许电流。

（4）装屏蔽环后，环内磁强为无环时的 $\frac{1}{6}\sim\frac{1}{8}$，全钢条的平均损耗约为无环时的 $\frac{1}{2}\sim\frac{1}{4}$（双环约1/4）。钢条温升近似地按钢条磁强谷值 H_{min} 计算。

【例5】　在附图8－13中，钢条1位于各相母线下最热点的温升很高 $\tau_{max}=67.5$℃，为降低温升，在内胶装支柱绝缘子的两旁各装一个铝屏蔽环，试选择环的尺寸。

解　已知等效母线的电流 $I'_M=10965$A，钢条最热点的无钢磁强 $H_{0max}=30.54$A/cm。

初选屏蔽环截面 $s=\frac{10965\times 0.1}{0.9}=1218\text{mm}^2$，选80×6mm的铝环两个。屏蔽环套在10号槽钢上，其外周长 $w=37$cm，则环内电流

$$I_{ph}=30.54\left(8\times 2+\frac{37}{2}\right)=1054(\text{A})$$

80×6的铝屏蔽环在25℃时的允许电流为1150A，经温度修正后允许电流

$$I=1150\sqrt{\frac{60-40}{70-25}\times\frac{2}{3}}=626>\frac{1054}{2}=527(\text{A})$$

所选屏蔽环满足要求。此时钢条1的损耗约降低到 $P_1=192$W，屏蔽环本身的损耗约23W，为不装屏蔽环时的损耗的1/3。钢条的温升降低到26.5℃，为不装环时的2/5。效果较好。

（二）屏蔽栅

附图8－19示在三相母线下面装设有三个纵向导体组成的长屏蔽栅，屏蔽栅用矩形铝导体做成，尺寸的选择和屏蔽效果的计算方法如下：

（1）假定三个截面相同，先按附图8－10、附图8－11查得母线电流在屏蔽栅中引起的感应电动势 $\frac{\dot{E}_{Ma}}{L}$、$\frac{\dot{E}_{Mb}}{L}$、$\frac{\dot{E}_{Mc}}{L}$（V/m）。

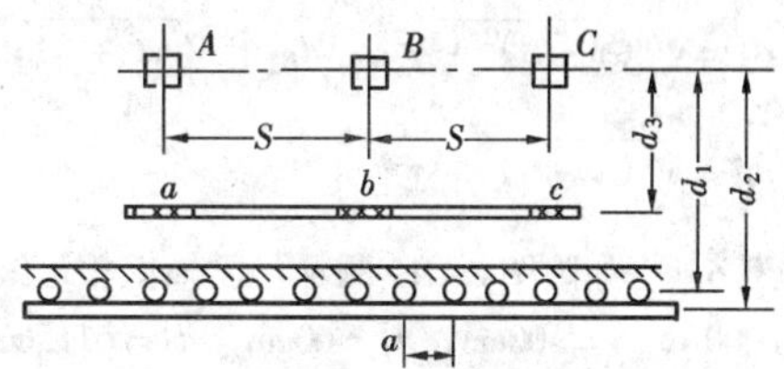

附图8－19　屏蔽栅

（2）按母线电流的30%和电流密度0.9A/mm²，初选屏蔽栅导体的截面，则导体截面的几何均距 $g=0.2236(a+b)$，a 为导体的厚度（cm），b 为宽度（cm），然后按下式计算屏蔽栅的电流

$$\left.\begin{aligned}\dot{I}_a&=j\frac{2\pi}{\omega\mu_0}\times\left[\frac{(\dot{E}_{Mc}/l-\dot{E}_{Mb}/l)\ln S/2g}{(2\ln S/g)^2-(\ln S/2g)^2}\right.\\&\qquad\left.-\frac{2(E_{Ma}/l-E_{Mb}/l)\ln S/g}{(2\ln S/g)^2-(\ln S/2g)^2}\right]\\\dot{I}_c&=j\frac{2\pi}{\omega\mu_0}\times\left[\frac{(\dot{E}_{Ma}l/-\dot{E}_{Mb}/l)\ln S/2g}{(2\ln S/g)^2-(\ln S/g)^2}\right.\\&\qquad\left.-\frac{(\dot{E}_{Mc}/l+\dot{E}_{Mb}/l)\ln S/g}{(2\ln S/g)^2-(\ln S/g)^2}\right]\\\dot{I}_b&=-(\dot{I}_a+\dot{I}_c)\end{aligned}\right\}\qquad（附8－48）$$

（3）根据 I_a,I_b,I_c 取电流密度0.9A/mm²，校验所选屏蔽栅的截面。由于 I_a,I_c 大于 I_b，A、C 相下屏蔽栅导体截面大于 B 相下的导体截面，其几何均距增大，使电抗减少和屏蔽栅电流增大，但影响

较小，一般可不必修正。

(4) 屏蔽效果的计算：先按附图 8－3 和式（附 8－20）计算有栅和无栅时横越钢条最热点轴线上的 H_{0max}。按附图 8－10、附图 8－11 或式（附 8－49）计算有栅和无栅时最热点纵向钢条的感应电动势。如屏蔽栅的位置适当，可使钢条的磁强或感应电动势削弱到最小，则屏蔽效果最好。

$$\frac{\dot{E}_k}{L} = -\frac{\omega\mu_0}{2\pi}I_m\left(\frac{\sqrt{3}}{2}\ln\frac{d_A}{d_C} + j\frac{1}{2}\ln\frac{d_Ad_C}{d_B^2}\right)$$

$$= I_m\left(5.44\ln\frac{d_C}{d_A} + j3.14\ln\frac{d_B^2}{d_Ad_C}\right)\times 10^{-5}$$

（附 8－49）

对于三相母线水平并排布置时，以 B 相母线轴为原点，并使 x 轴沿 AC 取向时，则：

$$d_A = \sqrt{(x+s)^2 + y^2};\quad d_B = \sqrt{x^2 + y^2};$$

$$d_C = \sqrt{(x-s)^2 + y^2}$$

【例 6】　如附图 8－19 所示，已知三相母线电流 $I_m = 10000$A，$S = 100$cm，$d_1 = 60$cm，$d_2 = 61.5$cm，$d_2 = 50$cm，试选择屏蔽栅导体和计算屏蔽栅的屏蔽效果。

解　由式（附 8－49）或附图 8－10、附图 8－11 求得 $\frac{\dot{E}_{Ma}}{L} = 0.77 + j0.06$V/m、$\frac{\dot{E}_{Mb}}{L} = -j0.51$V/m、$\frac{\dot{E}_{Mc}}{L} = -0.77 + j0.06$V/m；按母线电流的 30%，电流密度 0.9A/mm²，初选屏蔽栅矩形铝导体截面为 125 × 10mm²，几何均距 $g = 0.2236(12.5 + 1) = 3.02$cm；按式附 8－48 算得 $\dot{I}_a = 3063\angle -72.4°$ A、$\dot{I}_b = 1848\times\angle 180°$ A、$\dot{I}_c = 3063\angle 72.4°$ A。根据所求得的电流，选择 A、C 相下屏蔽栅的矩形铝导体截面为两片 125 × 10mm²，B 相下屏蔽栅为一片 125 × 10mm²，与初选截面相符。

屏蔽效果的计算，由附图 8－3 和式（附 8－20）计算横越钢筋无栅时最热点的磁场强度 H_{0max} 为 22.3A/cm，有栅时最热点的磁场减小到 13A/cm。由附图 8－10、附图 8－11 或式（附 8－49）求得无栅时最热点纵向钢筋中的感应电动势为 0.68V/m，有栅时感应电动势减小到 0.15V/m。即有栅时最热点的磁场强度和感应电动势分别减小了 42% 和 78%，可见屏蔽效果较好。

附录 8－4　微机计算导线拉力的程序

利用电子计算机进行软导线力学计算，具有快速、准确的特点。本附录介绍的程序，适用于单根导线、分裂导线和组合导线等软导线在等高或不等高跨距的力学计算，引下线数量包括跳线在内，最多为 6 个，电压等级为 35～500kV，气象条件为典型气象区，计算状态包括：最高温度、最大荷载、最大风速、最低温度、三人上人检修和单人上人检修等 6 种状况。

一、程序简介及功能

本程序依照第五章的计算方法编制。适用于等高或不等高的构架，单导线、分裂或组合导线，完全替代手工计算，其准确度大大提高。

主要功能如下：

1) 自动判断所计算导线最大弧垂发生的状态。

2) 自动找出受力情况最严重的上人检修的引下线位置。

3) 根据输入的电压等级，自动决定上人检修的附加荷重。电压等级在 500kV 以上，附加荷重为 200kg 和 350kg；500kV 以下，附加荷重为 100kg 和 150kg。

4) 程序运行中，生成运算分析报告文件，记录了运算过程每一步的计算信息。需要时，可打印出来用于检查。

5) 输出施工安装曲线数据，包括了 ＋40℃～－30℃之间各种环境温度下导线的精确长度，供施工安装时参考。

二、程序语言及机型

程序按 IBM PC FORTRAN 2.00 版本编制而成，适用于 IBM 系列个人微型机和兼容机。如 IBM－PC、XT 和 AT，以及 GW0520、GW286 等。

因 IBM PC FORTRAN 与标准 FORTRAN77 子集部份基本一致，故对本程序稍加修改，即可适用于其它微机或小型机。

程序运行于 IBM－PC 系列微机 CCDOS 2.00 以上版本的汉字操作系统，以实现汉字的输出、输入。

三、程序文件

执行文件：CPC、EXE

　　　　计算运行程序

输入文件：〈不超过 6 个字符的文件名〉

用户建立的原始数据输入文件。如：
TEST1

输出文件：INSTALL
施工安装曲线数据文件，供以后计算机绘制施工安装曲线用。

输出文件：RUNOUT
运算过程分析报告文件，供分析检查运算过程用。

四、程序流程框图

本程序流程框图见附图 8－21。

五、原始数据输入

导线荷载数据分布图见附图 8－20。

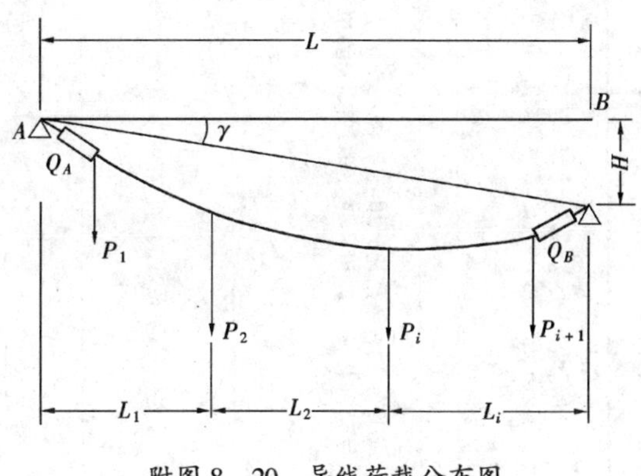

附图 8－20　导线荷载分布图

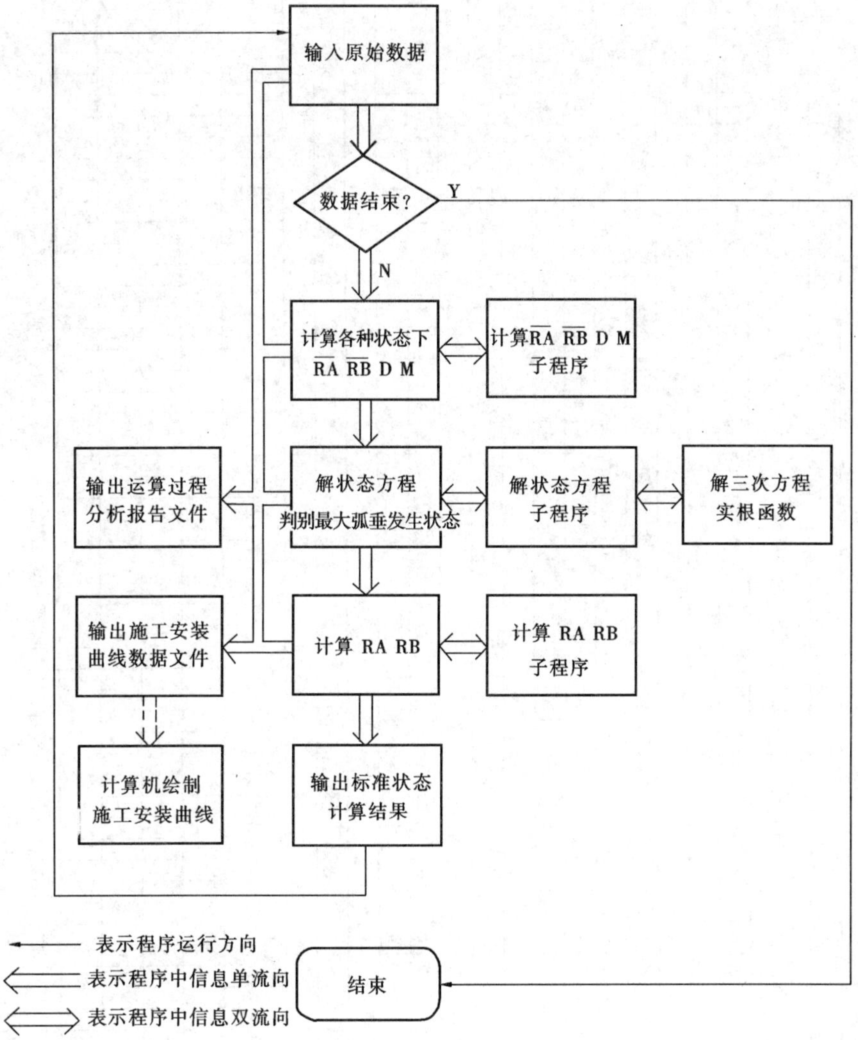

输入原始数据

数据结束？

Y

N

计算各种状态下 $\overline{RA}$ $\overline{RB}$ D M

计算$\overline{RA}$ $\overline{RB}$ D M 子程序

输出运算过程分析报告文件

解状态方程 判别最大弧垂发生状态

解状态方程子程序

解三次方程实根函数

输出施工安装曲线数据文件

计算 RA RB

计算 RA RB 子程序

计算机绘制施工安装曲线

输出标准状态计算结果

结束

← 表示程序运行方向

⇐ 表示程序中信息单流向

⇔ 表示程序中信息双流向

附图 8－21　程序流框图

附表 8-25　配电装置导线拉力计算输入数据表格　　　　页数：

标题	工程项目名称																												年					月			日
	1	2	3	4	5	6	7	8	9	011	2	3	4	5	6	7	8	9	021	2	3	4	5	6	7	8	9	031	2	3	4	5	6	7	8	9	041
																												#					#			#	

附注：本栏数据在一次运行中只需输入一次。每一中文字占两格，亦可不填

第一组	构架档距名称																												编号			电压		
	1	2	3	4	5	6	7	8	9	011	2	3	4	5	6	7	8	9	021	2	3	4	5	6	7	8	9	031	2	3	4	5	6	7
																												#			#			

附注：构架名称中无需出现电压等级，其填法与工程项目名称相同，亦可不填。电压等级的单位为 kV

第二组	导线截面								导线膨胀系数								弹性模量					允许弧垂					构架跨距					构架高差				
	S（mm^2）								$\alpha\times10^{-6}$（1/℃）								E（kgf/mm^2）					f（m）					L（m）					H（m）				
	1	2	3	4	5	6	7	8	9	011	2	3	4	5	6	7	8	9	021	2	3	4	5	6	7	8	9	031	2	3	4	5	6	7	8	9
								#		.			E	−	6	#					#		.			#		.			#					

附注：膨胀系数表中已考虑 $\times10^{-6}$

第三组	绝缘子串长度（m）											各引下线之间距离（m）																														
	L_A						L_B					L_1							L_2						L_3						L_4							L_5				
	1	2	3	4	5	6	7	8	9	011	2	3	4	5	6	7	8	9	021	2	3	4	5	6	7	8	9	031	2	3	4	5	6	7	8	9	041	2	3	4	5	6
		.				#		.			#			.				#		.				#			.			#			.				#		.			

附注：L_1 和最后一引下线的 L_i 为引下线到构架的距离。若无引下线，则 L 项不填

第四组	导线荷重							绝缘子串荷重（kgf）														各跳线、引下线荷重（kgf/m）																																										
	q（kgf/m）							Q_A							Q_B							P_1							P_2								P_3							P_4							P_5							P_6						
	1	2	3	4	5	6	7	8	9	011	2	3	4	5	6	7	8	9	021	2	3	4	5	6	7	8	9	031	2	3	4	5	6	7	8	9	041	2	3	4	5	6	7	8	9	051	2	3	4	5	6	7	8	9	061	2	3	4	5	6	7	8	9	0
1			.				#			.				#			.				#				.			#				.				#			.				#			.				#			.				#				.			
7			.				#			.				#			.				#				.			#				.				#			.				#			.				#			.				#				.			
6			.				#			.				#			.				#				.			#				.				#			.				#			.				#			.				#				.			
6′			.				#			.				#			.				#				.			#				.				#			.				#			.				#			.				#				.			

注　1. 所有栏中数据的小数点已在表中定好，其后全零时可不填。

2. 表格中“#”表示空格输入。

3. L、P 的个数应根据实际跳线、引下线个数，按编号顺序填写。

4. P_1 规定为绝缘子 A 端之跳线荷重，若无则应留空。

表格填写实例见附表 8-25。

首先根据导线荷载数据分布图将原始数据填入输入数据表格，然后按表格所规定的格式，利用计算机中的其它文本编辑软件，在磁盘上建立输入数据文件。

输入数据文件名应符合 IBM DOS 操作系统命名规则，且不宜超过 6 个字符。在程序运行时，由用户键盘输入告诉程序。

所有数据应按表格中所给出的区域列数严格填入，表格中小数点可以利用，亦可不用。在建立输入数据文件时应按所填表格输入。

输入数据表格分标题及四组数据输入，其填写方法如下：

1. 标题数据

填入工程名称及计算时间。工程名称以中文为好，最多不超过 15 个中文字符，可以留空。

该项数据只需在一次运行中填入一次即可。

2. 第一组数据

构架名称：不超过 15 个字的中文名称。注意不要填入电压等级信息。

构架编号：在布置图纸上所标注的构架档距间导线编号。

电压等级：导线的电压等级。该值在输出结果中打印在构架名称前面。

3. 第二组数据

各项按表填入。

导线膨涨系数在表格中，已预先填入了 10-6。

构架高差填入时，应注意程序按导线左端为 A 端，右端为 B 端，且 A 端高于 B 端接受数据。若无高差，填入零值或留空。

4. 第三组数据

绝缘子串长度：分别填入 A、B 两端点绝缘子串的长度。

各引下线之间距离：第一个引下线和最后一个引下线的距离（L_1、L_i），分别为该引下线距端点构架的距离。其它为个引下线之间距离。

绝缘子串端点跳线的距离，程序中已考虑按绝缘子串长度处理，故两端跳线距构架距离无须送入。如构架导线上仅有跳线，无引下线，则 L_1 ~ L_5 均不填。

输入数据表格中，引下线最多考虑了 6 个（包括两端跳线）。其间距离应按实际跳线和引下线个数按编号顺序填入，其后留空不填。若仅有一个引下线，则需填入 L_1 和 L_2，其值为该引下线距两端构架的距离。

5. 第四组数据

按表中所标注编号填入四个标准状态的荷重参数。

各跳线、引下线荷重的填入，其中 P_1 规定为绝缘子串 A 端跳线的荷重，若无应留空。最后一个 P_{i+1} 为绝缘子串 B 端跳线的荷重，若无则不填入。其余引下线的荷重，参照第三组数据，按实际数量顺序填入。

六、计算源程序清单

```
C***************配电装置导线拉力计算程序( CPC.FOR )***************
C***************最新修改日期:1989/01/16*************************
      PROGRAM CPC
      IMPLICIT REAL(L,M),INTEGER*2(T)
      INTEGER*2 VOLT,NUMBER,YEAR,MONTH,DAY
      CHARACTER*30 PROJECT,PRAME,STATE*8,FNAME*6,WORD*2
      DIMENSION D(8),M(8),LM(8),RA(8),RB(8),STATE(6),TM(6),HM(8),FM(8),
     +          HFLC(3,15)
      COMMON L(7),Q(4,9),S,A,E,FH,LA,H,N,AR
      DATA TM/70,-5,-5,-40,-15,30/
      DATA STATE/'最高温度','最大荷载','最大风速','施工安装',
     +            上人检修','最低温度'/
C#####输入原始数据程序块#####
      OPEN (6,FILE='PRN')
      OPEN (5,FILE='RUNOUT',STATUS='NEW')
      OPEN (4,FILE='INSTALL',STATUS='NEW')
      WRITE(*,15)
15    FORMAT (1X,'请输入原始数据文件名:\)
      READ (*,'(A)') FNAME
      OPEN (2,FILE=FNAME,STATUS='OLD')
      READ (2,1) PROJECT,YEAR,MONTH,DAY
1     FORMAT (A30,1X,I4,2(1X,I2))
      WRITE (4,14) PROJECT,YEAR,MONTH,DAY
14    FORMAT (1X,A30,1X,I4,2(1X,I2))
      WRITE (5,6) PROJECT,YEAR,MONTH,DAY
```

```
6     FORMAT (1X,18X,'导线拉力计算程序'/1X,15X,'运算分析报告'/
     + 1X,2X/1X,4X,'工程名称:',A30,7X,I4,'年',1X,I2,'月',1X,I2,'日'/
     + 1X,2X/1X,2X)
25    READ (2,26,END=500) FRAME,NUMBER,VOLT
26    FORMAT (A30,1X,I2,1X,I3)
      WRITE (4,17) FRAME,MUMBER,VOLT
17    FORMAT (1X,A30,1X,I2,1X,I3)
      WRITE (5,5)
5     FORMAT (1X,70(1H-))
      WRITE(5,122)
      WRITE (5,28) VOLT',FRAME,MUMBER
28    FORMAT (1X,4X,'构架名称:',I3,2HKV,A30,2X,'构架编号:#',I2/1X,2X
     + /1X,2X)
      READ (2,2,END=500) S,A,E,FH,LA,H
2     FORMAT (F7.2,1X,E8.4,1X,F5.0,1X,F4.2,2(1X,F5.2))
      N=7
      READ (2,3,END=500) (L(I),I=1,7)
      FORMAT (F5.3,1X,F5.3,5(1X,F6.3))
      IF (L(3).EQ.0.00) L(3)=LA
      DO 20 I=1,7
      IF (L(I).EQ.0.00.AND.N.EQ.7) N=I-1
0     CONTINUE
      DO 22 I=1,4
      READ (2,4,END=500) (Q(I,J),J=1,9)
      FORMAT (F6.3,8(1X,F7.3))
22    CONTINUE
      WRITE (6,7) PROJECT,YEAR,MONTH,DAY,FRAME,NUMBER,VOLT
7     FORMAT (1X,2X/1X,2X/1X,24X,'原始输入数据'1X,2X/1X,2X
     + /1X,2X,8HPROJECT=,A30,2X,5HTIME=,I4,2(1H,I2)/1X,2X
     + /1X,4X,6HFRAME=,A30,2X,7HNUMBER=,I2,1X,5HVOLT=,I3/1X,2X)
      WRITE (6,8) S,A,E,FH,LA,H
8     FORMAT (1X,4X,1HS,8X,1Ha,8X,1HE,8X,1Hf,8X,1HL,8X,1HH
     + /1X,F7.2,1X,E10.4,2X,F6.0,4X,F4.2,4X,F5.2,3X,F6.2/1X,2X)
        WRITE (6,9) (I,I=1,5)
9     FORMAT (1X,3X,2HLA,6X,2HLB,5(6X,1HL,I1))
      WRITE(6,10) (L(I),I=1,N)
10    FORMAT (1X,1X,2(F5.3,3X),5(F6.3,2X))
      WRITE (6,122)
      WRITE (6,11) (I,I=1.6)
11    FORMAT (1X,3X,1Hq,7X,2HQA,6X,2HQB,6X,6(1HP,I1,6X))
      DO 13 I=1.4
      WRITE (6.12) (Q(I,J),J=1,N+2)
12    FORMAT (1X,F6.3,1X,8(1X,F7.3))
13    CONTINUE
      WRITE (6,5)
      WRITE (6,230)
      LS=L(2)
      DO 24 I=2,N
      L(I)=L(I+1)
24    CONTINUE
      L(N)=LS
C#####数组清零程序块#####
      DO 27 I=1,8
      D(I)=0
      M(I)=0
      LM(I)=0
      RA(I)=0
      RB(I)=0
      HM(I)=0
      FM(I)=0
27    CONTINUE
      DO 29 I=1,15
      DO 29 J=1,3
      HFLC(J,I)=0
29    CONTINUE
```

```
C# # # # #计算支座反力初值、剪力、弯矩、荷载因数程序块# # # # #
      AR = ATAN(H/LA)
      L(1) = L(1) * COS(AR)
      L(N) = L(N) * COS(AR)
      L(2) = L(2) - L(1)
      L(N-1) = L(N-1) - L(N)
      WRITE (5,34) (I,I = 1,N)
34    FORMAT (1X,7(6X,1HL,I1))
      WRITE (5,36) (L(I),I = 1,N)
36    FORMAT (1X,2X,7(2X,F6.3))
      WRITE (5,122)
      DO 55 I = 1,4
      Q(I,1) = Q(I,1)/COS(AR)
55    CONTINUE
      WRITE(5,50)
50    FORMAT (1X,14X,'计算最大弯矩 M、荷载因数 D'/1X.2
      DO 56 I = 1,4
      WRITE (5,30) STATE(I)
30    FORMAT(1X,A8,'状态:')
      WRITE (5,32)
32    FORMAT(1X,17X,2HQL,12X,2HQR,12X,'△M')
60    CALL CRQMD(I,D(I),M(I),LM(I),RA(I),RB(I))
      WRITE (5,16) D(I),M(I),LM(I),RA(I),RB(I)
16    FORMAT (1X,2HD = ,F11.3,2X,2HM = ,F8.3,2X,3HLO = ,F6.3,2X,
   +        3HRA = ,F8.3,2X,3HRB = ,F8.3)
      WRITE(5,5)
56    CONTINUE
      LR = 0
      DO 62 I = 1,N
      LR = LR + L(I)
      IF (LR.GT.LA/2) GOTO 64
62    CONTINUE
64    LL = LR - L(I)
      IF (ABS(LA/2 - LR).GT.ABS(LA/2 - LL)) THEN
      IP = I + 2
      ELSE
      IP = I + 3
      ENDIF
      I4 = 4
      IF (VOLT.GE.500) THEN
      IADDB = 200
      IADDN = 3
      EISE
      IADDB = 100
      IADDN = 1
      ENDIF
      WRITE (5,30) STATE(5)
      DO 66 I = 0,1
      IADDP = IADDB + IADDN * I * 50
      Q(4,IP) = Q(4,IP) + IADDP - IADDB * I
      IPT = IP - 3
      WRITE(5,68) IPT,IADDP
68    FORMAT (1X,2X,4HADDP,I1,2H = (,I3,4HKg):)
      WRITE(5,32)
      CALL CRQMD (I4,D(I+5),M(I+5),LM(I+5),RA(I+5),RB(I+5))
      WRITE (5,16) D(I+5),M(I+5),LM(I+5),RA(I+5),RB(I+5)
      WRITE (5,65)
60    FORMAT (1X,70(1H.))
66    CONTINUE
      WRITE (5,5)
      DO 70 I = 6,5, -1
      DO 70 K = 0,1
      RA(2 * I - 5 + K) = RA(I)
      RB(2 * I - 5 + K) = RB(I)
70    CONTINUE
```

```
C#####求解状态方程程序块#####
      WRITE (5.88)
88    FORMAT (1X,18X,'求解状态方程'/1X,18X,12(1H=)/1X,2X)
      FM(1) = FH
      HM(1) = M(1)/FM(1)
      FN1 = HM(1)/S
      CM1 = D(1) * E * COS(AR) * * 3/(2 * S * * 2 * (LA - L(1) - L(N)))
      WRITE (5.84) STATE(1)
      WRITE (5.81) CM1.FN1,HM(1),FM(1)
81    FORMAT (1X,14X,3HCm = ,F8.3/1X,13X,'σm = ',F9.7/1X,15X,2HH = ,F8.3,6X,
     +       2Hf = ,F5.3)
    WRITE (5,5)
    BO 80 I = 2,3
    WRITE (5,84) STATE(I)
84    FORMAT (1X,A8,'状态:')
      CALL STAFS (CM1,FN1,D(I),M(I),TM(1),TM(I),HM(I),FM(I))
      WRITE (5,86) HM(I),FM(I)
86    FORMAT (1X,15X,2HH = ,F8.3,6X,2Hf = ,F5.3)
      WRITE (5,5)
      IF (FM(I).LT.FH.OR.I.GT.2) GOTO 80
      HM(1) = 0
      FM(1) = 0
      FM(2) = FH
      HM(2) = M(2)/FM(2)
      FN2 = HM(2)/S
      CM2 = D(2) * E * COS(AR) * * 3/(2 * S * * 2 * (LA - L(1) - L(N)))
      WRITE (5,81) CM2,FN2,HM(2),FM(2)
      WRITE (5,5)
      WRITE (5,84) STATE(1)
      CALL STAFS (CM2,FN2,D(1),M(1),TM(2),TM(1),HM(1),FM(1))
      WRITE (5,86) HM(1),FM(1)
      IF (FM(1).GT.FH) THEN
      WRITE (5,82)
      FORMAT (1X,4X,'程序中断!!!')
      STOP
      ENDIF
      FN1 = HM(1)/S
      WRITE (5,5)
80    CONTINUE
C#####低温状态时#####
      WRITE (5,84) STATE(6)
      CALL STAFS (CM1,FN1,D(1),M(1),TM(1),TM(4),HM(4),FM(4))
      WRITE (5,86) HM(4),FM(4)
      WRITE (5,5)
C#####上人检修时#####
      WRITE (5,30) STATE(5)
      K = 5
      DO 90 I = 5,6
      IADDP = IADDB + IADDN * (I - 5) * 50
      DO 90 J = 5,6
      WRITE (5,92) IADDP,TM(J)
92    FORMAT (1X,1H(,I3,3HKg),1X,I3,'℃:')
      CALL STAFS(CM1,FN1,D(I),M(I),TM(1),TM(J),HM(K),FM(K))
      WRITE (5,86) HM(K),FM(K)
      WRITE (5,65)
      K = K + 1
90    CONTINUE
      WRITE (5,5)
C#####施工安装时#####
      TMC = 40
      WRITE (5,30) STATE(4)
      DO 95 I = 1,15
      WRITE (5,97) TMC
97    FORMAT (1X,2X,I3,'℃:')
      CALL STAFS(CM1,FN1,D(4),M(4),TM(1),TMC,HFLC(1,I),HFLC(2,I))
      HFLC(3,I) = (((COS(AR)) * * 2 * D(4))/(2 * (HFLC(1,I)) * * 2) + LA - L(1) - L(N))
     +           /COS(AR)
      WRITE (5,96) (HFLC(J,I),J = 1,3)
96    FORMAT (1X,15X,2HH = ,F8.3,6X,2Hf = ,F5.3,4X,7HLength = ,F6.3)
      WRITE (4,98) TMC,(HFLC(J,I),J = 1,3)
```

```
98      FORMAT (1X,I3,4X,F8.3,4X,F5.3,4X,F6.3)
        TMC = TMC - 5
        WRITE (5,65)
95      CONTINUE
        WRITE (5,5)
C# # # # #计算支座反力终值程序块# # # # #
        WRITE (5,104)
104     FORMAT (1X,18X,'支座反力 RA,RB'/1X,18X,14(1H=)/1X,2X)
        RA(4) = RA(1)
        RB(4) = RB(1)
        DO 100 I = 1,3
        CALL CRS (RA(I),RA(I),RB(I),RB(I),HM(I))
        WRITE (5,106) STATE(I),RA(I),RB(I)
106     FORMAT (1X,A8,'状态:',8X,3HRA = ,F8.3,4X,3HRB = ,F8.3))
        WRITE (5,65)
100     CONTINUE
        CALL CRS (RA(4),RA(4),RB(4),RB(4),HM(4))
        WRITE (5,106) STATE(6),RA(4),RB(4)
        WRITE (5,65)
        WRITE (5,120) STATE(5)
120     FORMAT (1X,A8,'状态:',)
        J = 2
        DO 102 K = 5,6
        IADDP = IADDB + IADDN * (K - 5) * 50
        WRITE (5,105) IADDP
105     FORMAT (1X,1H(,I3,3HKg))
        J = J + 2
        DO 102 I = J + 1,J + 2
        CALL CRS (RA(I),RA(I),RB(I),RB(I),HM(I))
        RITE (5,108) TM(I - J + 4),RA(I),RB(I)
108     ORMAT (1X,7X,I3,'℃:',8X,3HRA = ,F8.3,4X,3HRB = ,F8.3)
        WRITE (5,122)
122     FORMAT (1X,2X)
102     CONTIMUE
        WRITE(5,122)
        WRITE(5,5)
        DO 130 I = 1,3
        WRITE(5,122)
130     CONTINUE
C# # # # #输出报告打印程序块# # # # #
        WRITE (6,200) PROJECT,YEAR,MONTH;DAY
200     FORMAT (1X,14X,'配电装置导线拉力计算输出结果'/1X,2X
      + /1X,2X/1X,4X,'工程名称:',A30,7X,I4,'年',I2,'月',I2,'日'/1X,2X)
        WRITE (6,202) VOLT,FRAME,NUMBER
202     FORMAT (1X,4X,'构架名称:',I3,2HKV,A30,2X,'构架编号:#',I2/1X,2X,
      + /1X,2X)
        WRITE(6,204)
204     FORMAT (1X,14X,'环境温度 2X,水平拉力,2X,导线弧垂,3X,
      + 4,支座反力 Kg)/1X,14X,(C)2X,(Kg)2X,Km
      + 4X,'RA',6X,'RB'/1X,2X)
        DO 210 I = 1,3
        WRITE (6,212) STATE(I),TM(I),HM(I),FM(I),RA(I),RB(I)
212     FORMAT (1X,4X,A8,4X,I3,3X,4(2X,F8.3)/1X,2X)
210     CONTINUE
        WRITE (6,212) STATE(6),TM(4),HM(4),FM(4),RA(4),RB(4)
        WORD = '三'
        DO 220 I = 5,7,2
        IADDP = IADDB + IADDN * (1 - 5) * 25
        WRITE (6,216) WORD,TM(5),HM(I),FM(I),RA(I),RB(I),STATE(5
216     FORMAT (1X,5X,A2,'相',5X,I3,3X,4(2X,F8.3)/1X,4X,A8)
        WRITE (6,218) IADDP,TM(6),HM(I + 1),FM(I + 1),RA(I + 1),RB(I + 1
218     FORMAT (1X,5X,1H(,I3,2HKg,1H),4X,I3,3X,4(2X,F8.3)/1X,2X)
        WORD = '单'
220     CONTINUE
        DO 224 I = 1,4
        WRITE (6,122)
224     CONTINUE
C# # # # #打印施工安装曲线数据程序块# # # # #
        WRITE(6,240)
```

```
240     FORMAT (1X,24X,'施工安装曲线数据'/1X,2X/1X,2X
       + /1X,14X,'环境温度',4X,'水平拉力',4X,'导线弧垂',4X,'导线长度
       + /1X,14X,'(℃)',4X,'(Kg)',4X,'(m)',4X,'(m
       + /1X,2X)
        TMC = 40
        DO 242 I = 1,15
        WRITE (6,246) TMC,(HFLC(J,I),J = 1,3)
246     FORMAT (1X,16X,I3,3X,3(4X,F8.3))
        TMC = TMC - 5
242     CONTINUE
        WRITE (6,122)
        WRITE (6,5)
        WRITE (6,230)
230     FORMAT·(1H1,2X)
        GOTO 25
500     CLOSE (2,STATUS = 'KEEP')
        CLOSE (5,STATUS = 'KEEP')
        CLOSE (4,STATUS = 'KEEP')
        END
C$ $ $ $ $计算支座反力初值、剪力、弯矩、荷载因数子程序$ $ $ $ $
        SUBROUTINE CRQMD(I,D,MAX,LM,RA,RB)
        IMPLICIT REAL (L,M)
        CCMMON L(7),Q(4,9),S,A,E;FH,LA,H,N,AR
        RA = (LA - L(1)/2) * Q(I,2) + L(N) * Q(I,3)/2 + (LA - L(1) + L(N)) * (LA - L(1) - L(N)) *
       +        Q(I,1)/2
        LS = LA
        DO 5 K = 1,N - 1
        LS = LS - L(K)
        RA = RA + LS = Q(I,K + 3)
5       CONTINUE
        RA = RA/LA
        DO 6 K = 4,N + 2
        RB = RB + Q(I,K)
6       CONTINUE
        RB = RB + (LA - L(1) - L(N)) = Q(I,1) + Q(I,2) + Q(I,3) - RA
        QL = RA
        QR = QL - Q(I,2)
        M = (QL + QR) * L(1)/2
        D = M * * 2/L(1) + Q(I,2) * * 2 * L(1)/12
        MX = M
        LS = L(1)
        K = 1
        WRITE (5,15) K,QL,QR,M
        DO 8 K = 2,N
        QL = QR - Q(I,K + 2)
        IF (QL.LT、0.00.AND.MAX.EQ.0.00) THEN
        MAX = MX
        LM = LS
        ENDIF
        IF (K.EQ.N) GOTO 8
        IF (QL - L(K) * Q(I,1).LT.O.AND.MAX.EQ.0) GOTO 11
        QR = QL - L(K) * Q(I,1)
        M = (QL + QR) * L(K)/2
        D = D + M * * 2/L(K) + Q(I,1) * * 2 * L(K) * * 3/12
        LS = LS + L(K)
        WRITE (5,15) K,QL,QR,M
        MX = MX + M
        GOTO 8
11       ML = QL * * 2/2/Q(I,1)
         MAX = MX + ML
         LO = QL/Q(I,1)
         LM = LS + LO
         DL = ML * * 2/LO + Q(I,1) * * 2 * LO * * 3/12
         QR = - (L(K) - LO) * Q(I,1)
         MR = QR * (L(K) - LO)/2
         DR = MR * * 2/(L(K) - LO) + Q(I,1) * * 2 * (L(K) - LO) * * 3/12
         X = 0
         WRITE (5;15) K,QL,X,ML
         WRITE: (5,15) K,X,QR,MR
         D = D + DL + DR
8       CONTINUE
```

```
      QR = QL - Q(I,3)
      M = (QL + QR) * L(N)/2
      D = D + M * * 2/L(N) + Q(I,3) * * 2 * L(N)/12
      WRITE (5,15) N,QL,QR,M
15    FORMAT (1X,2HK = ,I1,1H:,8X,3(F10.4,4X))
      END
C$ $ $ $ $求解状态方程子程序$ $ $ $ $
      SUBROUTINE STAFS (CN,FN,D,M,TN,TM,HM,FM)
      IMPLICIT REAL (L,M)
      INTEGER * 2 TM,TN
      COMMON L(7),Q(4,9),S,A,E,FH,LA,H,N,AR
C     WRITE (5,3) CN,FN,D,M,TN,TM,HM,FM,AR,N
C     FORMAT (1X,2(F6.2,2X),F10.3,2X,F8.3,2X,2(I3,2X),3(F5.2,2X),I1)
      CM = (D * E * (COS(AR)) * * 3)/(2 * S * * 2 * (LA - L(1) - L(N)))
      B = FN - CN/FN * * 2 - A * E * (TM - TN) * COS(AR)
      WRITE (5,5) CM,B
5     FORMAT (1X,14X,3HCm = ,F8.3,6X,2HA = ,F9.3)
      CM = - 1 * CM
      B = - 1 * B
      HM = S * THREE(B,CM)
      FM = M/HM
      END
C%%%%%解三次方程 X * * 3 + A2X * * 2 + AO = 0 实根函数%%%%%
      REAL * 4 FUNCTION THREE (A2,AO)
      DATA E,X1/1.0E - 6,10.0/
2     X2 = X1 - (X1 * * 3 + A2 * X1 * * 2 + AO)/(3 * X1 * * 2 + 2 * A2 * X1
      IF ((ABS(X2 - X1)).LT.E) GOTO 4
      X1 = X2
      GOTO 2
4     THREE = X2
      WRITE (5,5) THREE
5     FORMAT (1X,13X,'σm',F9.7)
      END
C$ $ $ $ $计算支座反力终值子程序$ $ $ $ $
      SUBROUTINE CRS (RA1,RA2,RB1,RB2,HM)
      IMPLICIT REAL (L)
      COMMON L(7),Q(4,9),S,A,E,FH,LA,H,N,AR
      RA2 = RA1 + HM * TAN(AR)
      RB2 = RB1 - HM * TAN(AR)
      END
```

七、计算实例

按前例支柱不等高跨距，应用计算机计算。

1. 原始数据输入表格，见附表 8-26，表内所填数据见附表 8-26。荷载布置见图 8-39。

附表 8-26　　原始输入数据

PROJECT = 计算实例						TIME = 1989，1，20		
FRAME = 支柱不等高构架						NUMBER = 2VOLT = 110		
S	a	E	f	L	H			
451.55	.1930E - 04	6900.	2.00	33.00	10.00			
LA	LB	L_1	L_2	L_3	L_4	L_5		
2.244	2.244	33.000						
q	QA	QB	P_1	P_2	P_3	P_4	P_5	P_6
1.511	71.390	71.390	9.612	10.97				
2.600	88.903	88.903	13.750	16.090				
2.400	72.144	72.144	12.990	15.150				
1.525	71.399	71.399	9.665	11.038				

2. 运算结果。

配电装置导线拉力计算输出结果

工程名称：计算实例　　　　1989 年 1 月 20 日

构架名称：110kV 支柱不等高构架　　　　构架编号：#2

	环境温度［℃］	水平拉力［kg］	导线弧垂［m］	支座反力 RA	［kg］ RB
最高温度	70	159.046	1.949	151.947	56.738
最大荷载	-5	245.531	2.000	216.201	69.430
最大风速	-5	217.283	2.040	187.111	57.303
最低温度	-40	169.984	1.824	155.261	53.424
三　相	-15	282.593	1.533	196.166	113.076
上人检修（100kg）	30	274.976	1.575	193.857	115.384
单　相 上人检修	-15	348.005	1.447	219.241	140.000
（150kg）	30	338.644	1.487	216.405	142.837

施 工 安 装 曲 线 数 据

环境温度［℃］	水平拉力（kg）	导线弧垂（m）	导线长度（m）
40	162.577	1.920	30.487
35	163.056	1.914	30.484
30	163.538	1.909	30.481
25	164.025	1.903	30.478
20	164.517	1.897	30.475
15	165.013	1.892	30.472
10	165.513	1.886	30.470
5	166.018	1.880	30.467
0	166.528	1.874	30.464
-5	167.042	1.869	30.461
-10	167.561	1.863	30.458
-15	168.085	1.857	30.455
-20	168.614	1.851	30.452
-25	169.148	1.845	30.449
-30	169.687	1.839	30.446

3. 运算分析报告。

导线拉力计算程序

运 算 分 析 报 告

工程名称：计算实例　　　　1989 年 1 月 20 日

构架名称：110kV 支柱不等高构架　　　　构架编号：#2

L_1	L_2	L_3	L
2.148	28.705	2.148	

计算最大弯矩 *M*、荷载因数 *D*

最高温度状态：

	QL	*QR*	Δ*M*	
K = 1：	103.7509	32.3609	146.1543	
K = 2：	22.7489	.0000	163.8885	
K = 2：	.0000	-22.5719	-161.3481	
K = 3：	-33.5439	-104.9339	-148.6948	
D = 26979.780	*M* = 310.043	*LO* = 16.556	*RA* = 103.751	*RB* = 104.934

最大荷载状态：

	QL	*QR*	Δ*M*	
K = 1：	141.7973	52.8943	209.0562	
K = 2：	39.1443	.0000	282.0052	
K = 2：	.0000	-38.8398	-277.6342	
K = 3：	-54.9298	-143.8328	-213.4275	
D = 58938.510	*M* = 491.061	*LO* = 16.556	*RA* = 141.797	*RB* = 143.833

最大风速状态：

	QL	*QR*	Δ*M*	
K = 1：	121.2672	49.1232	182.9621	
K = 2：	36.1332	.0000	260.3126	
K = 2：	.0000	-35.8521	-256.2777	
K = 3：	-51.0021	-123.1461	-186.9971	
D = 46129.040	*M* = 443.275	*LO* = 16.556	*RA* = 121.267	*RB* = 123.146

施工安装状态：

	QL	*QR*	Δ*M*	
K = 1：	104.0237	32.6247	146.7305	
K = 2：	22.9597	.0000	165.4075	
K = 2：	.0000	-22.7810	-162.8426	
K = 3：	-33.8190	-105.2180	-149.2953	
D = 27233.620	*M* = 312.138	*LO* = 16.556	*RA* = 104.024	*RB* = 105.218

上人检修状态：

$ADDP_2$ = （100kg）：

	QL	*QR*	Δ*M*	
K = 1：	110.5314	39.1324	160.7063	
K = 2：	29.4674	.0000	272.4634	
K = 2：	.0000	-16.2732	-83.0941	
K = 3：	-127.3112	-198.7102	-350.0758	
D = 77170.730	*M* = 433.170	*LO* = 20.640	*RA* = 110.531	*RB* = 198.710

$ADDP_2$ = （150kg）：

	QL	*QR*	Δ*M*	
K = 1：	113.7853	42.3863	167.6942	
K = 2：	32.7213	.0000	335.9580	
K = 2：	.0000	-13.0193	-53.1865	
K = 3：	-174.0573	-245.4563	-450.4660	
D = 117197.800	*M* = 503.652	*LO* = 22.682	*RA* = 113.785	*RB* = 245.456

续表

求解状态方程			
最高温度状态:			
	$Cm = 13.940$		
	$\sigma m = .3433095$		
	$H = 155.021$	$f = 2.000$	
最大荷载状态:			
	$Cm = 30.452$	$A = -108.372$	
	$\sigma m = .5288044$		
	$H = 238.782$	$f = 2.057$	
	$Cm = 30.452$		
	$\sigma m = .5437509$		
	$H = 245.531$	$f = 2.000$	
最高温度状态:			
	$Cm = 13.940$	$A = -112.011$	
	$\sigma m = .3522234$		
	$H = 159.046$	$f = 1.949$	
最大风速状态:			
	$Cm = 23.834$	$A = -102.452$	
	$\sigma m = .4811933$		
	$H = 217.283$	$f = 2.040$	
最低温度状态:			
	$Cm = 13.940$	$A = -97.991$	
	$\sigma m = .3764461$		
	$H = 169.984$	$f = 1.824$	
上人检修状态:			
(100kg) -15℃:			
	$Cm = 39.872$	$A = -101.178$	
	$\sigma m = .6258285$		
	$H = 282.593$	$f = 1.533$	
(100kg) 30℃:			
	$Cm = 39.872$	$A = -106.913$	
	$\sigma m = .6089597$		
	$H = 274.976$	$f = 1.575$	
(150kg) -15℃:			
	$Cm = 60.554$	$A = -101.178$	
	$\sigma m = .7706906$		
	$H = 348.005$	$f = 1.447$	
(150kg) 30℃:			
	$Cm = 60.554$	$A = -106.913$	
	$\sigma m = .7499588$		
	$H = 338.644$	$f = 1.487$	
施工安装状态:			
40℃:			
	$Cm = 14.071$	$A = -108.187$	
	$\sigma m = .3600423$		
	$H = 162.577$	$f = 1.920$	$L = 30.487$
35℃:			
	$Cm = 14.071$	$A = -107.550$	
	$\sigma m = .3611020$		
	$H = 163.056$	$f = 1.914$	$L = 30.484$

续表

30℃：			
	$Cm = 14.071$	$A = -106.913$	
	$\sigma m = .3621712$		
	$H = 163.538$	$f = 1.909$	$L = 30.481$
25℃：			
	$Cm = 14.071$	$A = -106.276$	
	$\sigma m = .3632499$		
	$H = 164.025$	$f = 1.903$	$L = 30.478$
20℃：			
	$Cm = 14.071$	$A = -105.638$	
	$\sigma m = .3643382$		
	$H = 164.517$	$f = 1.897$	$L = 30.475$
15℃：			
	$Cm = 14.071$	$A = -105.001$	
	$\sigma m = .3654363$		
	$H = 165.013$	$f = 1.892$	$L = 30.472$
10℃：			
	$Cm = 14.071$	$A = -104.364$	
	$\sigma m = .3665445$		
	$H = 165.513$	$f = 1.886$	$L = 30.470$
5℃：			
	$Cm = 14.071$	$A = -103.727$	
	$\sigma m = .3676628$		
	$H = 166.018$	$f = 1.880$	$L = 30.467$
0℃：			
	$Cm = 14.071$	$A = -103.089$	
	$\sigma m = .3687913$		
	$H = 166.528$	$f = 1.874$	$L = 30.464$
－5℃：			
	$Cm = 14.071$	$A = -102.452$	
	$\sigma m = .3699303$		
	$H = 167.042$	$f = 1.869$	$L = 30.461$
－10℃：			
	$Cm = 14.071$	$A = -101.815$	
	$\sigma m = .3710799$		
	$H = 167.561$	$f = 1.863$	$L = 30.458$
－15℃：			
	$Cm = 14.071$	$A = -101.178$	
	$\sigma m = .3722402$		
	$H = 168.085$	$f = 1.857$	$L = 30.455$
－20℃：			
	$Cm = 14.071$	$A = -100.540$	
	$\sigma m = .3734115$		
	$H = 168.614$	$f = 1.851$	$L = 30.452$
－25℃：			
	$Cm = 14.071$	$A = -99.903$	
	$\sigma m = .3745939$		
	$H = 169.148$	$f = 1.845$	$L = 30.449$
－30℃：			
	$Cm = 14.071$	$A = -99.266$	
	$\sigma m = .3757876$		
	$H = 169.687$	$f = 1.839$	$L = 30.446$

续表

支座反力 RA，RB		
最高温度状态：	RA = 151.947	RB = 56.738
最大荷载状态：	RA = 216.201	RB = 69.430
最大风速状态：	RA = 187.111	RB = 57.303
最低温度状态：	RA = 155.261	RB = 53.424
上人检修状态：		
（100kg）		
－15℃：	RA = 196.166	RB = 113.076
30℃：	RA = 193.857	RB = 115.384
（150kg）		
－15℃：	RA = 219.241	RB = 140.000
30℃：	RA = 216.405	RB = 142.837

第九章

补 偿 装 置

编者 张炬 弋东方 校者 严维华 浦文宗 审者 王善钧

第9-1节 概 述

一、补偿装置的分类与功能

补偿装置可分为两大类：串联补偿装置和并联补偿装置。其详细分类与功能如表9-1所示。

二、补偿装置与电力系统的连接

补偿装置都是设置于发电厂、变电所、配电所、换流站或开关站中，大部分连接在这些厂站的母线上，也有的补偿装置是并联或串联在线路上。

表9-1 补偿装置的分类与功能

<table>
<tr><th colspan="5">类 型</th><th>功 能</th></tr>
<tr><td rowspan="12">补偿装置</td><td rowspan="2">串联补偿装置</td><td colspan="3">110kV及以下电网中的串联电容补偿装置</td><td>减少线路电压降，降低受端电压波动，提高供电电压；在闭合电网中，改善潮流分布，减少有功损耗</td></tr>
<tr><td colspan="3">220kV及以上电网中的串联电容补偿装置</td><td>增强系统稳定性，提高输电能力</td></tr>
<tr><td rowspan="10">并联补偿装置</td><td colspan="3">（同期）调相机</td><td>向电网提供可无级连续调节的容性和感性无功，维持电网电压；并可以强励补偿容性无功，提高电网的稳定性</td></tr>
<tr><td rowspan="4">并联电容补偿装置</td><td rowspan="2">并联电容器装置</td><td>断路器投切的并联电容器装置</td><td rowspan="2">向电网提供可阶梯调节的容性无功，以补偿多余的感性无功，减少电网有功损耗和提高电网电压</td></tr>
<tr><td>可控硅投切的并联电容器装置</td></tr>
<tr><td rowspan="2">交流滤波装置</td><td>断路器投切的交流滤波装置</td><td rowspan="2">在向电网提供可阶梯调节的容性无功的同时，给电网的谐波电流提供一个阻抗近似为零的通路，以降低母线谐波电压正弦波形畸变率，进一步提高电压质量</td></tr>
<tr><td>可控硅投切的交流滤波装置</td></tr>
<tr><td rowspan="3">静补装置</td><td colspan="2">相控电抗器型</td><td rowspan="3">向电网提供可快速无级连续调节的容性和感性无功，降低电压波动和波形畸变率，全面提高电压质量；并兼有减少有功损耗、提高系统稳定性、降低工频过电压的功能</td></tr>
<tr><td colspan="2">自饱和感性无功器型</td></tr>
<tr><td colspan="2">直流励磁饱和电抗器型</td></tr>
<tr><td colspan="3">并联电抗补偿装置</td><td>向电网提供可阶梯调节的感性无功，补偿电网的剩余容性无功，保证电压稳定在允许范围内</td></tr>
<tr><td colspan="3">超高压并联电抗器</td><td>并联于330kV及以上超高压线路上，补偿输电线路的充电功率，以降低系统的工频过电压水平，并兼有减少潜供电流、便于系统并网、提高送电可靠性等功能</td></tr>
</table>

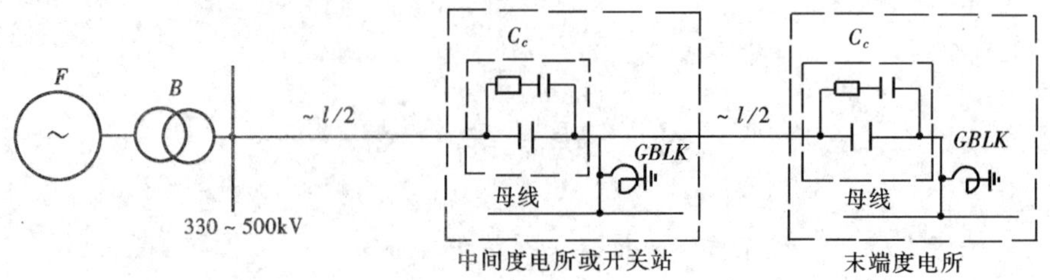

图 9-1 串补装置、超高压并联电抗器与系统的连接

l—线路长度；C_c—串补装置；$GBLK$—超高压并联电抗器

1. 串联电容补偿装置（简称串补装置）

(1) 在110kV及以下的电网中，当线路没有分支线时，串补装置均装设在线路末端的变电所；当线路上有多个负荷分支线时，将串补装置设在线路总压降为一半的附近变电所中。

(2) 在220kV及以上电网中，一般将串补装置与线路中间的开关站或变电所合建在一起；当无中间开关站或变电所时，才将串补装置设置在末端变电所中。

2. 超高压并联电抗器

超高压并联电抗器一般并接于需要控制工频过电压幅值的线路中间或末端，常设置于线路中间开关站（或变电所）或末端变电所中。

有时在一个变电所（或开关站）中，串补装置和超高压并联电抗器同时设置。

图9-1表示串补装置和超高压并联电抗器同时安装在一个变电所（或开关站）中时与系统的连接。

3. 并联电抗补偿装置

并联电抗补偿装置一般连接在大型发电厂或Ⅰ级变电所的63kV以下电压母线上。在发电厂中，它常接在联络变压器的低压侧；在变电所中，它常接在主变压器的低压侧。

4. 调相机、并联电容补偿装置和静补装置

这三种装置都是直接连接或者通过变压器并接于需要补偿无功的变（配）电所、换流站的母线上。它们与系统的连接如图9-2所示。另外，在发电厂中有时亦将发电机改做调相机。在变电所中，亦可将并联电容补偿装置连接在110kV电压母线上。

三、设置补偿装置应考虑的主要因素

设置补偿装置时，应由系统专业根据电网电压、系统稳定性、有功分配、无功平衡、调相调压，以及限制谐波电压、潜供电流、暂时过电压等因素，提出补偿装置的设置地点、种类、型式、容量和电压等级。电气专业要从安装地点的自然环境条件，装置的接线方式、布置型式、控制保护方式，设备的技术条件，以及避免或限制补偿装置引起的操作过电压和谐振过电压等角度出发，予以配合。

1. 串补装置

(1) 电网的电压等级。串补装置的对地绝缘应由电网的额定电压确定。

(2) 电网的稳定要求。

(3) 线路的额定输送容量。

(4) 补偿度与强行补偿要求。

(5) 装设地点的要求。

(6) 避免产生谐振过电压。

2. 超高压并联电抗器和并联电抗补偿装置

(1) 电网的电压等级。

(2) 线路长度和限制工频过电压的要求。

(3) 电网的无功平衡。

(4) 电网联网时的并网要求。

(5) 线路自动重合闸方式和加速潜供电弧自熄的要求。

(6) 补偿度的要求。

(7) 装设地点的要求。

(8) 并联电抗器的投入方式与运行方式。

(9) 避免产生谐振过电压。

3. 调相机、并联电容补偿装置和静补装置

(1) 电网的电压等级和接地方式。

(2) 电网的无功平衡。

(3) 电网对提高功率因数、减少线路损失和提高供电电压的要求。

(4) 电网的无功冲击负荷数量和对限制谐波电压幅值、保证电压质量的要求。

(5) 对三种装置的选型。

(6) 装设地点及对分散、集中设置的要求。

(7) 避免产生谐振过电压。

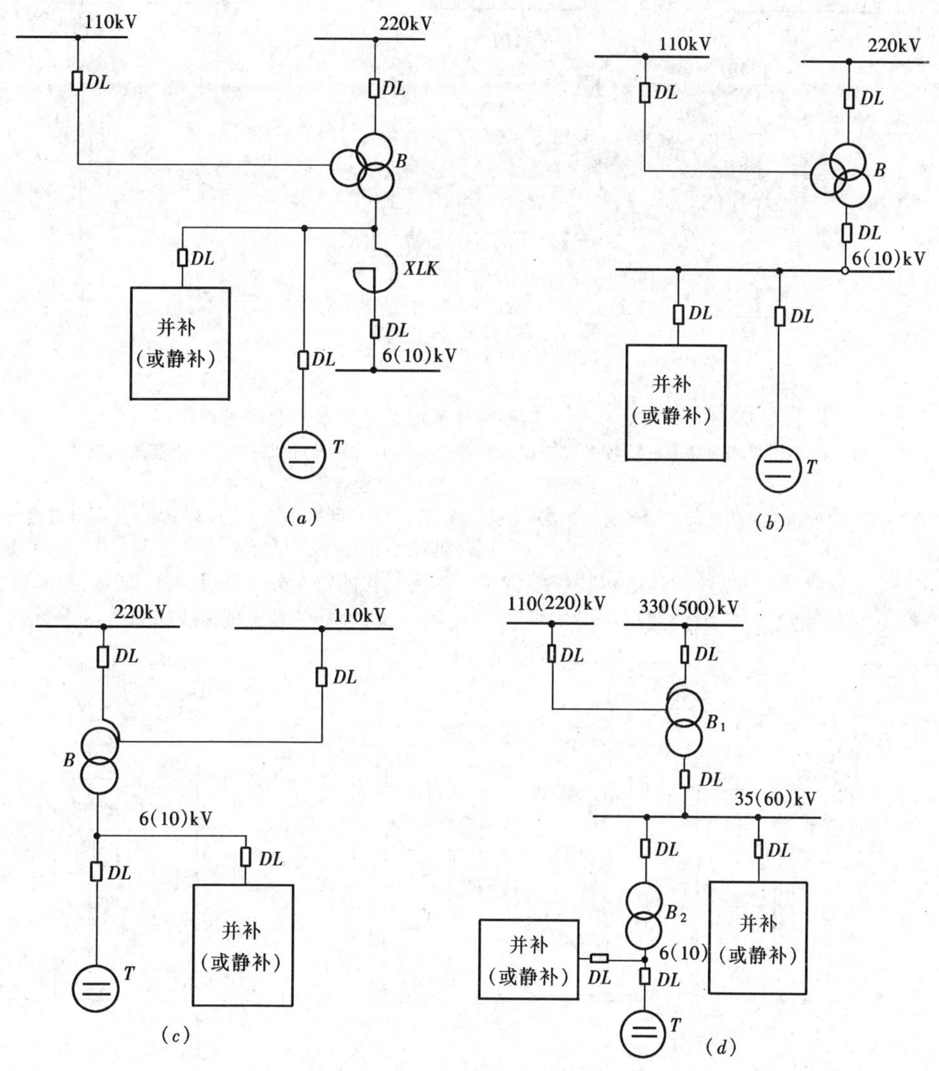

图9-2　调相机、并联电容补偿装置、静补装置与系统的连接方式示意图
(a) 接在主变压器与限流电抗器之间；(b) 直接与6 (10) kV母线连接；
(c) 与变压器组成单元式接线；(d) 分别接于不同电压等级的母线上
T—调相机

第9-2节　补偿无功功率的装置型式及其容量的选择

在并联补偿装置中，除了超高压并联电抗器之外，主要用来对电网的容性或感性无功功率进行调节。补偿的装置有调相机、并联电容补偿装置、静补装置和高压并联电抗补偿装置等四种。其中高压并联电抗补偿装置仅提供感性无功功率，可和并联电容补偿装置组合使用。这四种装置在容量的选择上，具有一定的共性，而在型式上都各有特点，在选型时必须进行技术经济比较。本节主要介绍这四种装置的选型及其容量的确定方法。

一、四种装置的原理接线

(1) 调相机从原理上来说，可以认为是在过励磁（进相）或欠励磁（滞相）状态下运行的空载同步电动机，通过对其励磁电流的控制，以达到补偿电网无功的目的。调相机装置的主、辅机由制造厂配套供货，电气专业的设计范围为调相机的起动方式及起动用电气设备的布置，调相机的控制、保护方式等。

(2) 并联电容补偿装置和并联电抗补偿装置原

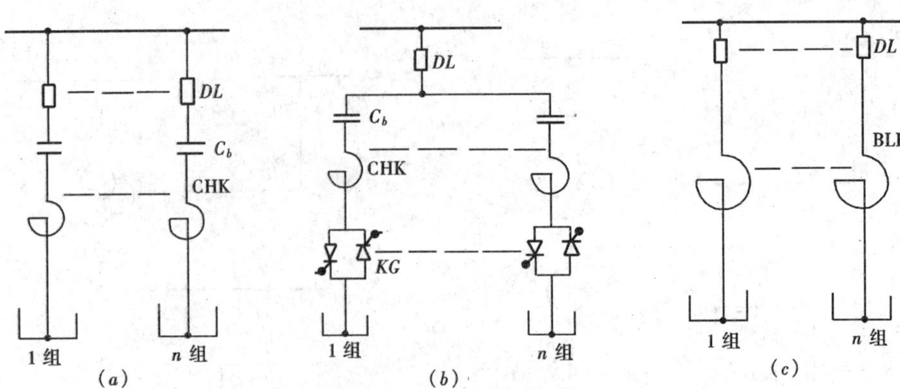

图9-3 并联电容补偿装置和并联电抗补偿装置原理接线图

(a) 断路器投切并联电容器装置或交流滤波装置；(b) 可控硅投切并联电容器装置或交流滤波装置；(c) 并联电抗补偿装置

C_b—并联电容器装置或交流滤波装置；CHK—串联电抗器；KG—可控硅开关；BLK—线性并联电抗器

理接线如图9-3所示。

图9-4中(a)或(b)两种并联电容补偿装置可分别与并联电抗装置图(c)组合使用，提供可阶梯调节的容性或感性无功功率。图(a)或图(b)两种装置的每个分组均可设计成单通交流滤波器。

(3) 静补装置原理接线如图9-4所示。

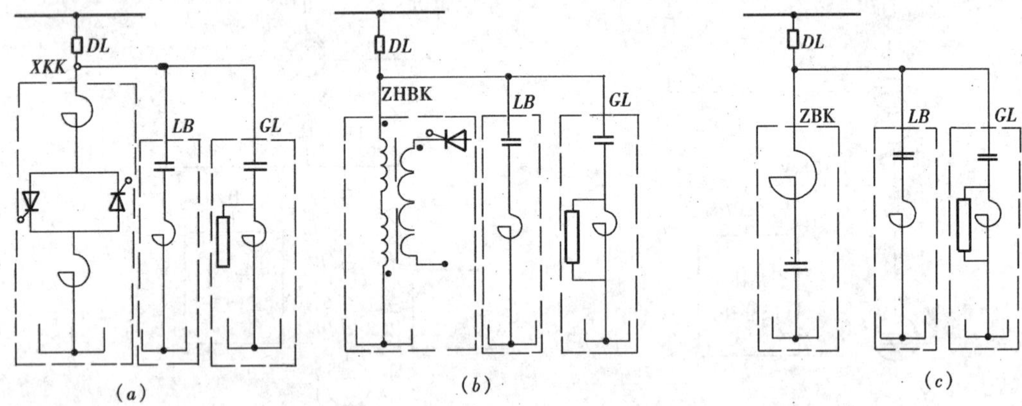

图9-4 静补装置原理接线图

(a) 相控电抗器型静补装置；(b) 直流励磁饱和电抗器型静补装置；(c) 自饱和电抗器型静补装置

XKK—相控电抗器；LB—单通交流滤波器（简称单通滤波器，一般设置3、5、7、11次）；GL—高通交流滤波器（简称高通滤波器，即滤13次及以上谐波电流的滤波器）；ZHBK—直流励磁饱和电抗器；ZBK—自饱和电抗器

静补装置往往是由一个可无级调节电感量的电抗器和交流滤波器联合组成。

在图9-3和图9-4中，每组或整个装置前是否需要装设断路器DL，应根据母线短路容量、断路器性能和确定的无功调节方式等因素确定。

二、四种装置的选型

(一) 四种装置的主要技术性能

四种装置的主要技术性能比较如表9-2所示。

(二) 按基本判据等条件选择三种装置的型式

无功负荷的三要素（即无功负荷变化的频率、幅值和速率）和安装点母线谐波电压正弦波形畸变率（亦可简称电压畸变率），是选用调相机、并联电容补偿装置及静补装置的基本判据。

(1) 无功变化的频率为每小时数次，变化的幅值较小，变化的速率大于1s（即由最小幅值变化到最大幅值需1s以上时间），同时需要提高系统稳定性、防止电压崩溃及装设大容量集中补偿，并且具有水冷却条件时，可选用调相机。

(2) 无功变化频率为每天数次，或变化的幅值较大（甚至无功符号改变）时，可选用并联电容补偿装置或静补装置。

表9－2　调相机、并联电容补偿装置、并联电抗补偿装置及静补装置主要技术性能比较

主要技术性能	调相机	断路器投切的并联电容、电抗补偿装置	可控硅投切的并联电容补偿装置	静补装置		
				相控电抗器型	自饱和感性无功器型	直流励磁饱和电抗器型
无功调节范围（以额定容性无功“1”为基准单位）	1～－0.5	并联电容补偿装置：1～0； 并联电抗补偿装置：0～－1； 并联电容、电抗补偿装置共同组成一个装置时，容性和感性无功的比例可任意组合和调节	1～0	容性和感性无功的比例可任意组合和调节	容性和感性无功的比例可任意组合和调节	容性和感性无功的比例可任意组合和调节
装置本体的反应时间（s）	0.1～2	手动投切时无此指标。自动投切时为自动装置动作时间与断路器的全分闸时间之和，即为0.05～0.1s；但是一般均为按组顺序投切	0.01～0.02 一般均为按组顺序投切	0.01～0.04	0.005～0.01	0.06～0.1
调节性能	无级	阶梯	阶梯	无级	无级	无级
是否有短时过载能力	有。1min内为1.25倍	无	无	无	感性无功设备有，容性无功设备无	感性无功设备有，容性无功设备无
装置本身产生的谐波电流畸变率（I_n/I_1）	无（额定状态下运行）	无	无	容性无功设备无，感性无功设备为0～30%；整体装置可设计得无	容性无功设备无，感性无功设备约为5%；整体装置可设计得无	容性无功设备无，感性无功设备约为25%；整体装置可设计得无
能否成为交流滤波装置以减少母线电压畸变	不能	能	能	能	能	能
能否有效地限制工频过电压	不能	不能	不能	能	能	能
能否产生线性或非线性谐振	不能	能，但可消除	能，但可消除	可能，但可消除	可能，但可消除	可能，但可消除
能否适应三相不平衡运行	不能	可以	可以	能	不能	能（单相产品）
装置有功损耗百分率	0.5%～3%	<0.3%	<0.3%	0.1%～1%	0.1%～1%	0.1%～1%

续表

主要技术性能	调 相 机	断路器投切的并联电容、电抗补偿装置	可控硅投切的并联电容补偿装置	静 补 装 置		
				相控电抗器型	自饱和感性无功器型	直流励磁饱和电抗器型
对系统短路电流的影响①	增加	并联电容补偿装置增加了短路电流，并联电抗补偿装置不增加	增加	容性无功设备增加了短路电流	容性无功设备增加了短路电流	容性无功设备增加了短路电流
端电压下降时，无功功率减少的程度	电压下降 5%～10%时，无功输出不变；电压下降10%以上时，无功输出与电压成正比例下降；可以强励	无功输出与电压平方成正比	无功输出与电压平方成正比	容性无功输出与电压平方成正比。感性无功输出与可控硅开放角 α 成非线性关系；α 等于 0°时，无功输出为零；α 等于 180°时，无功输出为额定值	容性无功输出与电压平方成正比，感性无功输出与电压近似成线性关系	容性无功输出与电压平方成正比，感性无功输出与电压近似成线性关系
除电气专业外的附属设备的多少	多，有油、水系统	无	少，有可控硅冷却系统	少，有可控硅冷却系统	无	无
装置的特殊问题	噪音大（> 100dB）。有失步及自励磁危险	电容器无噪音，电抗器噪音较小②。并联电容补偿装置存在合闸涌流及操作过电压问题	小噪音③。存在合闸涌流问题	电容器无噪音，电抗器噪音较小②。电容器组操作的机会较少	电容器无噪音，电抗器噪音较小②。电容器组操作的机会较少	电容器无噪音，电抗器噪音较小②。电容器组操作机会较少
基建安装	一般需要厂房及起吊设备，安装复杂，不易扩建。即使户外安装，对其基础的要求也很严格	可在户外或简易厂房内安装；安装简单，易扩建	可在户外或简易厂房内安装；安装简单，易扩建	可在户外或简易厂房内安装；安装简单，易扩建	可在户外或简易厂房内安装；安装简单，易扩建	可在户外或简易厂房内安装；安装简单，易扩建
运行、维护、检修的难易度	复杂	最简单	较简单	较简单	简单	较简单

① 调相机和并联电容补偿装置的短路电流计算见第四章。

② 并联中压线性电抗器的噪音水平：铁芯型约 70～80dB，空芯型 < 70dB。并联非线性电抗器噪音水平约 80～100dB。

③ 可控硅开关的噪音水平 < 70dB。

(3) 无功变化的频率为每小时数十次，或变化的幅值较大（甚至无功符号改变），或变化的速率等于或小于 1s 时，即所谓需补偿的无功负荷成为“无功冲击负荷”时，必须选用静补装置。

对于“无功冲击负荷”的补偿，国外以“闪变[1]”的标准来衡量补偿后母线电压质量的好坏。静补装置可有效地降低闪变强度[2]，全面提高供电质量。

(4) 只要确定装设三种装置的母线处的谐波电压正弦波形畸变率大于等于表9－3 规定的允许极限时，就不应选用调相机，而应选用并联电容补偿装置或静补装置；并应将该两种装置中的容性无功部分设计成交流滤波装置。

设置交流滤波装置后，经过计算，不应使母线的谐波电压正弦波形畸变率超过表 9－3 规定的极限值的 75%。这主要是考虑到母线上的其它用户还有可能再向该母线注入谐波电流。

用户与电网连接点原有的总电压正弦波形畸变率已超过表 9－3 规定的极限值的 75%，或用户向电网注入的谐波电流超过表 9－4 规定的允许值时，或作为用户的换流设备（或交流调压装置）总容量超过表 9－5 的规定值时，应由电力部门经过核算，确定该用户是否应就地装设交流滤波装置。

表 9－3　电网电压正弦波形畸变率极限值（相电压）

用户供电电压 (kV)	总电压正弦波形畸变率极限值 (%)	各奇、偶次谐波电压正弦波形畸变率极限值（%）	
		奇　次	偶　次
0.38	5.0	4	2.00
6 或 10	4.0	3	1.75
35 或 63	3.0	2	1.00
110	1.5①	1	0.50

① 如 110kV 电网电压正弦波形畸变率已接近或超过 1.5%，但经过测量和计算，下一级电网的电压正弦波形畸变率未超过表 9－3 规定的极限值时，110kV 电网电压正弦波形畸变率可限制在 2% 以内。

表 9－4　用户注入电网的谐波电流允许值

用户供电电压 (kV)	谐波次数及谐波电流允许值（有效值，A）																	
	2	3	4	5	6	7	8	9	10	11	12	13	14	15	16	17	18	19
0.38	53	38	27	61	13	43	9.5	8.4	7.6	21	6.3	18	5.4	5.1	7.1	6.7	4.2	3.0
6 或 10	14	10	7.2	12	4.8	8.2	3.6	3.2	4.3	7.9	2.4	6.7	2.1	2.9	2.7	2.5	1.6	1.5
35 或 63	5.4	3.6	2.7	4.3	2.1	3.1	1.6	1.2	1.1	2.9	1.1	2.5	1.5	0.7	0.7	1.3	0.6	0.6
110 及以上	4.9	3.9	3.0	4.0	2.0	2.8	1.2	1.1	1.0	2.7	1.0	3.0	1.4	1.3	1.2	1.2	1.1	1.0

注　1. 根据本表规定的谐波电流允许值换算成允许接入电网的换流设备或交流调整装置的容量见附表 9－1 和附表 9－2。

2. 本表所列之值是以附表 9－3 所列的电网三相短路容量为基准进行计算的。

表 9－5　单台三相换流设备和交流调压装置接入电网的允许容量

用户供电电压 (kV)	三相换流器 (kVA)			三相交流调压器 (kVA)	
	3 脉冲	6 脉冲	12 脉冲	6 个可控硅管	3 个可控硅管 3 个二极管
0.38	8	12	—	14	10
6 或 10	85	130	250	150	100

注　1. 因三相三脉冲换流器向低压电网注入直流电流，所以必须经过适当的隔离变压器才允许接入 0.38kV 电网。

2. 本表所列之值是以附表 9－3 所列的电网三相短路容量为基准进行计算的。

[1] 国外对闪变的度量是将波动的电压施加到白炽灯、日光灯、电视机等光电变换器上，利用人眼观察光线变化来衡量闪变的强弱。

[2] 闪变强度 ΔV_f 的定义：当在短时间（如几秒钟）内，认为闪变电压 V_f 具有不变的均方根值时，V_f 与工频供电的额定电压（有效值）的百分比 ΔV_f（%）称为闪变强度。

谐波电压、电流正弦波形畸变率的定义及计算方法见附录9－1。

电网中部分电气设备提供的谐波电压、谐波电流数值见附录9－2。

三、四种装置的容量选择

（一）确定调相机、并联电容补偿装置安装的“最大容性无功量”的原则

(1) 对于直接供电的末端变（配）电所，安装的最大容性无功量应等于装置所在母线上的负荷按提高功率因数所需补偿的最大容性无功量与主变压器所需补偿的最大容性无功量之和。

1）负荷所需补偿的最大容性无功量计算式为：

$$\begin{aligned}Q_{cf,m} &= P_{fm}(|\mathrm{tg}\varphi_1|-|\mathrm{tg}\varphi_2|)\\ &= P_{fm}\left(\sqrt{\frac{1}{\cos^2\varphi_1}-1}-\sqrt{\frac{1}{\cos^2\varphi_2}-1}\right)\\ &= P_{fm}Q_{cfo}\end{aligned} \quad (9-1)$$

式中 $Q_{cf,m}$——负荷所需补偿的最大容性无功量（kvar）；

P_{fm}——母线上的最大有功负荷（kW）；

φ_1——补偿前的最大功率因数角（°）；

φ_2——补偿后的最小功率因数角（°）；$\cos\varphi_2$值不应小于表9－6规定的允许值，并应尽量满足表9－7所列数值；

Q_{cfo}——由$\cos\varphi_1$补偿到$\cos\varphi_2$时，每kW有功负荷所需补偿的容性无功量（kvar/kW），其值见表9－8。

2）主变压器所需补偿的最大容性无功量计算式为：

$$Q_{CB,m} = \left(\frac{U_d(\%)I_m^2}{100I_e^2}+\frac{I_0(\%)}{100}\right)S_e \quad (9-2)$$

式中 $Q_{CB,m}$——主变压器需要补偿的最大容性无功量（kvar）；

$U_d(\%)$——需要进行补偿的变压器一侧的阻抗

表9－6 用户允许的最低功率因数

用户性质	高压供电的工业用户和高压供电装有带负荷调整装置的电力用户	100kVA（kW）及以上电力用户和大、中型电力排灌站	趸售和农业用电
允许的功率因数（$\cos\varphi_2$）	0.90以上	0.85以上	0.80

表9－7 各类型负荷经济功率因数（概略值）

发电成本（元/kW·h） \ 负荷类型 / 供电距离	I					Ⅱ	Ⅲ
	3km	4km	5km	6km	7km		
0.005	0.6	0.7	0.77	0.8	0.82	0.83	0.92
0.010	0.67	0.76	0.82	0.85	0.86	0.87	0.94
0.015	0.72	0.81	0.86	0.88	0.89	0.9	0.95
0.020	0.77	0.84	0.88	0.9	0.91	0.92	0.96
0.025	0.8	0.87	0.91	0.92	0.93	0.94	0.97
0.03	0.83	0.9	0.92	0.93	0.94	0.95	0.98
0.04	0.86	0.93	0.93	0.94	0.95	0.96	0.98

注 负荷类型分类见图9－5。

表 9-8　为得到所需 $\cos\varphi_2$ 每 kW 有功负荷所需补偿的容性无功量 Q_{cfo}（kvar/kW）

补偿前		补偿后 $\cos\varphi_2$												
$\lvert tg\varphi_1\rvert$	$\cos\varphi_1$	0.70	0.75	0.80	0.82	0.84	0.86	0.88	0.90	0.92	0.94	0.96	0.98	1.00
3.18	0.30	2.16	2.30	2.42	2.48	2.53	2.59	2.65	2.70	2.76	2.82	2.89	2.98	3.18
2.68	0.35	1.66	1.80	1.93	1.98	2.03	2.08	2.14	2.19	2.25	2.31	2.38	2.47	2.68
2.29	0.40	1.27	1.41	1.54	1.60	1.65	1.70	1.76	1.81	1.87	1.93	2.00	2.09	2.29
1.99	0.45	0.97	1.11	1.24	1.29	1.34	1.40	1.45	1.50	1.56	1.62	1.69	1.78	1.99
1.73	0.50	0.71	0.85	0.98	1.04	1.09	1.14	1.20	1.25	1.31	1.37	1.44	1.53	1.73
1.64	0.52	0.62	0.76	0.89	0.95	1.00	1.05	1.11	1.16	1.22	1.28	1.35	1.44	1.64
1.56	0.54	0.54	0.68	0.81	0.86	0.92	0.97	1.02	1.08	1.14	1.20	1.27	1.36	1.56
1.48	0.56	0.46	0.60	0.73	0.78	0.84	0.89	0.94	1.00	1.05	1.12	1.19	1.28	1.48
1.41	0.58	0.39	0.52	0.66	0.71	0.76	0.81	0.87	0.92	0.98	1.04	1.11	1.20	1.41
1.33	0.60	0.31	0.45	0.58	0.64	0.69	0.74	0.80	0.85	0.91	0.97	1.04	1.13	1.33
1.27	0.62	0.25	0.39	0.52	0.57	0.62	0.67	0.73	0.78	0.84	0.90	0.97	1.06	1.27
1.20	0.64	0.18	0.32	0.45	0.51	0.56	0.61	0.67	0.72	0.78	0.84	0.91	1.00	1.20
1.14	0.66	0.12	0.26	0.39	0.45	0.49	0.55	0.60	0.66	0.71	0.78	0.85	0.94	1.14
1.08	0.68	0.06	0.20	0.33	0.38	0.43	0.49	0.54	0.6	0.65	0.72	0.79	0.88	1.08
1.02	0.70		0.14	0.27	0.33	0.38	0.43	0.49	0.54	0.60	0.66	0.73	0.82	1.02
0.97	0.72		0.08	0.22	0.27	0.32	0.37	0.43	0.48	0.54	0.60	0.67	0.76	0.97
0.91	0.74		0.03	0.16	0.21	0.26	0.32	0.37	0.43	0.48	0.55	0.62	0.71	0.91
0.86	0.76			0.11	0.16	0.21	0.26	0.32	0.37	0.43	0.50	0.56	0.65	0.86
0.80	0.78			0.05	0.11	0.16	0.21	0.27	0.32	0.38	0.44	0.51	0.60	0.80
0.75	0.80				0.05	0.10	0.16	0.21	0.27	0.33	0.39	0.46	0.55	0.75
0.7	0.82					0.05	0.10	0.16	0.23	0.27	0.33	0.40	0.49	0.70
0.65	0.84						0.05	0.11	0.16	0.22	0.28	0.35	0.44	0.65
0.59	0.86							0.06	0.11	0.17	0.23	0.30	0.39	0.59
0.54	0.88								0.06	0.11	0.17	0.25	0.33	0.54
0.48	0.90									0.06	0.12	0.19	0.28	0.48
0.43	0.92										0.06	0.13	0.22	0.43
0.36	0.94											0.07	0.16	0.36

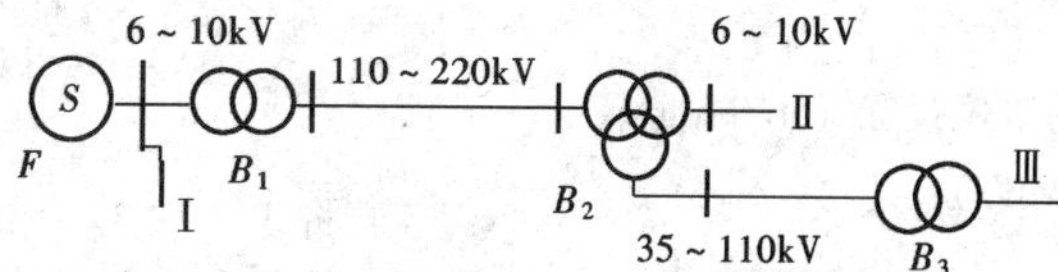

图 9-5　各类型负荷供电连接图

Ⅰ—第Ⅰ类型，由发电机电压直接供电的负荷；Ⅱ—第Ⅱ类型，由发电机电压升压后，经过一次降压供电的负荷；Ⅲ—第Ⅲ类型，由发电机电压升压后，经过二次或三次降压供电的负荷

电压百分值（%）；

I_m——母线装设补偿装置后，通过变压器需要补偿一侧的最大负荷电流值（A）；

I_e——变压器需要补偿一侧的额定电流值（A）；

I_0（%）——变压器空载电流百分值（%）；

S_e——变压器需要补偿一侧的额定容量（kVA）。

（2）对于枢纽变电所和地区变电所，安装的最

表 9-9 **220kV 输电线路经济功率因数**

送电距离（km）	发电机功率因数	线路始端功率因数
100	0.85	0.92
200	0.90	0.96
250	0.95	0.99
350	0.98	1.00

注 对于其它电压等级输电线路的经济功率因数，尚缺资料，未予列出。

大容性无功量，应等于经系统调相调压计算及技术经济比较后所确定的需要补偿的最大容性无功量；而这个需补偿的最大容性无功量，视不同的要求，可按以下几种方法取得。

1）按经济功率因数法确定线路需补偿的最大容性无功量的计算公式同式（9-1），但式中的 P_{fm}应改为由某输电线首端看，输送的最大有功负荷，$\cos\varphi_2$ 的值应满足表 9-9 所规定的值。

2）按经济无功负荷法确定需补偿的最大容性无功量的计算过程如下：

$$\left.\begin{aligned} Q_j &= \frac{mU^2}{2R} \\ m &= \frac{b_2(\alpha_1+\alpha_2)}{8760b_1}+\varepsilon \end{aligned}\right\} \quad (9-3)$$

式中 Q_j——送电线路的经济无功负荷（Mvar）；
U——负荷端的额定电压（kV）；
R——线路的等值电阻（Ω）；
m——常数；
b_2——并联补偿装置的单位投资（元/Mvar）；
b_1——线损电价（元/MWh）；
α_1——年折旧率；
α_2——投资的年抵偿率；
ε——并联补偿装置的电损率（MW/Mvar）。

按式（9-3）求出某负荷点的经济无功负荷后，应与该点的实际无功负荷进行比较，才能确定补偿量，当实际无功负荷小于经济无功负荷时，则无需补偿；当实际无功负荷大于经济无功负荷时，则应将超过的部分全部补偿掉，此即为该点所需补偿的最大容性无功量。

3）以提高变电所母线运行电压为目的时，需补偿的最大容性无功量的计算式为：

$$Q_{cum} \approx \frac{\Delta U_m U_m}{X_l} \quad (9-4)$$

式中 Q_{cum}——变电所母线电压提高 ΔU_m 时所需补偿的最大容性无功量（Mvar）；
ΔU_m——经补偿后，变电所母线线电压预计升高的最大值（kV）；
U_m——补偿前变电所母线运行线电压最高值（kV）；
X_l——向该变电所输送功率的某线路感抗值（Ω）。

当变电所装设的最大容性无功量确定后，可用下式验算变电所母线电压升高的百分值：

$$\Delta U(\%) \approx \frac{Q_{cm}}{S_d} \times 100\% \quad (9-5)$$

式中 $\Delta U(\%)$——变电所母线电压升高百分值（%）；
Q_{cm}——最终确定的变电所安装的最大容性无功量（kvar）；
S_d——母线处零秒时的三相短路容量（kVA）。

若将式（9-5）中的 Q_{Cm} 换成Q_{Lm}（假说，最终确定安装的最大感性无功量）时，式中的 $\Delta U_m(\%)$ 即变为变电所母线电压下降的百分值。

经补偿后的变电所母线电压变化范围应满足表 9-10 的规定，并且电压最高值不应超过第六章表 6-2 所规定的最大值。

4）以降低线路有功损耗为目的时，可根据需要降低的有功损耗百分值计算出对于该线路所需补偿的最大容性无功量。计算过程如下：

$$\cos\varphi_2 = \sqrt{\frac{\cos^2\varphi_1}{1-\frac{\Delta P_r(\%)}{100}}} \quad (9-6)$$

表 9－10　**用户受电端电压波动允许的范围**（以母线额定电压为基准）

电　压　等　级	35kV 及以上供电和对电压质量有特殊要求的用户	10kV 及以下高压供电和低压电力用户	低压照明用户
电压允许偏差百分值（%）	±5	±7	+5 －10

式中　$\cos\varphi_2$——补偿后线路首端应达到的功率因数值；

$\cos\varphi_1$——补偿前线路首端已知的功率因数值；

$\Delta P_r(\%)$——已确定的补偿后线路应达到的有功损耗降低百分值（%）。

应用式（9－1）即可计算出该线路需补偿的最大容性无功量，但式中的 $\cos\varphi_2$ 值应为由式（9－6）求得的值，P_{fm}应为由该输电线首端看，输送的最大有功负荷。

5）在工程中往往采用统计法，估算出某安装点所需补偿的最大容性无功量。具体过程如下：

①统计出电网中无功电源总容量，包括发电机发出的无功电力（参见表 9－11），电网中已装的并联容性无功补偿装置的容量，110kV 及以上电压级线路的充电功率（参见表 9－12），从网外可能输入的容性无功量等。

②统计出电网中无功负荷总量，包括用户无功负荷，线路和变压器的无功损耗，电网中已装设的超高压并联电抗器容量，厂（所）用电无功负荷，可能向网外输出的容性无功量等。

根据无功就地平衡、各点相对集中补偿，满足运行电压等原则，将上述统计出的无功负荷总量与无功电源总容量的差值，分配至各安装点，一般采用欠补偿的办法，即可得出该点需补偿的最大容性无功量。

（3）若缺乏资料时，对于 35～110kV 变电所，可按主变压器额定容量的 10%～30% 作为所需补偿的最大容性无功量。地区无功缺额较少或距离电源点较近的变电所，取较低值；地区无功缺额较多或距离电源点较远的变电所，取较高值。

表 9－11　**汽轮发电机的额定有功和无功容量表**

额定有功容量（MW）	额定无功容量（Mvar）	$\cos\varphi$	扣除厂用电后可送出的无功量（Mvar）	升压后高压可送出的无功量（Mvar）
3	2.25	0.8	2	1.8
6	4.5	0.8	4	3.5
12	9	0.8	8	6.7
25	18.8	0.8	17	14
50	37.5	0.8	33	27
100	62	0.85	54	40
125	77.5	0.85	67	48
200	124	0.85	110	75
300	186	0.85	160	110
600	372	0.85	320	240

表 9－12　**各级电压的送电线路充电功率近似值**

电　压　等　级（kV）	110	220		330	500	750
		单导线	双分裂导线	双分裂导线	三分裂导线	四分裂导线
单位长度的充电功率（$Mvar/10^2km$）	3.4	14	19	41	105	240

(二) 确定调相机和并联电抗补偿装置安装的“最大感性无功量”的原则

(1) 对于调相机，若电网的无功变化范围能在调相机输出的无功范围（标么值为1～-0.5）内得到满足，则不需另外安装并联电抗补偿装置。

(2) 利用并联电容器组（或交流滤波器）的投切，可以满足电网无功变化的要求时，则不需另外安装并联电抗补偿装置。

(3) 在无任何并联补偿装置的条件下（或当已设置的并联电容补偿装置，处于完全切除的状态时）母线运行电压超过第六章表6-2规定的最大值，或某点的功率因数角 φ 由负值变为正值，需单独（或另行）安装并联电抗补偿装置，其安装的最大感性无功量可由式（9-7）、式（9-8）两式之一确定。

$$Q_{Lm}=\frac{S_d\Delta U(\%)}{100} \tag{9-7}$$

式中 Q_{Lm}——需降低运行电压的母线处应安装的最大感性无功量（kVA）；

S_d——母线处零秒时的三相短路容量（kVA）；

$\Delta U(\%)$——为使母线最高运行电压下降至第六章表6-2规定的最大值以下时，预计母线电压应下降的百分值（%）。

$$Q_{Lm}=P_{\min}\mathrm{tg}\varphi_1 \tag{9-8}$$

式中 Q_{Lm}——按补偿负荷功率因数要求应安装的最大感性无功量（kVA）；

$P_{\min}$——计算点上的最小有功负荷（kW）；

φ_1——计算点上出现 $P_{\min}$ 时的超前功率因数角（°）。

(三) 确定静补装置安装的最大容性无功量（Q_{Cm}）和感性无功量（Q_{Lm}）的原则

(1) 安装的最大容性无功量（Q_{Cm}）等于按本节(一) 阐述的原则确定的需安装的最大容性无功量。

(2) 静补装置安装的最大感性无功量（Q_{Lm}），按下述两种情况进行考虑。

1) 在一般情况下，安装的最大感性无功量（Q_{Lm}）应等于电网无功变化量的最大幅值（但在多长的时间范围内选取这个最大幅值，目前尚无规定，工程中可按每月平均日无功负荷曲线最大值与最小值之差值选取）。

2) 如果电网无功变化量中的一部分，可以用具有阶梯调节能力的并联电容补偿装置补偿时，则静补装置安装的容量 Q_{Lm} 可按调节能力适当减少。

3) 如果电网只需单独安装感性无功容量时，一般不采用静补装置的感性无功设备，因为它为一谐波源，且价格比线性并联电抗器贵。

四、设置并联电容补偿装置后发生谐振现象的判据及消谐措施

(1) 凡并接电容器组的母线上无其它负载，并且认定谐波源为谐波电压源时，应按下式校验是否有发生基波及谐波串联谐振的可能性：

$$\left.\begin{aligned} n&=\sqrt{\frac{S_d}{Q_c+AS_d}}\\ A&=\frac{X_L}{X_C}\end{aligned}\right\} \tag{9-9}$$

式中 n——发生串联谐振的谐波次数。若 n 接近于1或系统中已存在的某一谐波次数，就认为有发生串联谐振的可能性；

S_d——Q_c 装设点母线的零秒时的三相短路容量（kVA）；

Q_c——电容器组的计算容量（kvar）；

A——电容器组或交流滤波器的调谐度；

X_L——每相电容器组回路中所串联的感抗值。无串联电抗器时，$X_L\approx0$。工程中总是使每一个电容器组中三相的 X_L 相等。若电容器组的 X_L 不相等时，只需校验各电容器组是否会单独产生串联谐振的情况（Ω）；

X_C——每相电容器组的额定容抗值（Ω）。

计算时，电容器组的计算容量 Q_c 应取每个分组、或分组集合、或总的电容器额定容量分别进行校验。在认定有发生串联谐振的可能性时，则应改变电容器组总的容量，或改变分组容量的配置，或改变补偿装置的接线，并避免相应的某种运行方式，以便使电网远离谐振点。

(2) 当认定谐波源为谐波电流源时，应按表9-13中所列的判断式校验在可能出现的各种运行工况下，能否发生谐波放大现象。若可发生，则应改变判断式中 X_C 及 X_L 的数值，避免发生放大现象。

通过电容器组或交流滤波器的 n 次谐波电流及母线 n 次谐波压降按下二式计算。

$$I_{cn}=I_n\frac{nX_s}{nX_s+\left(nX_L+\dfrac{X_c}{n}\right)} \tag{9-10}$$

表 9－13　**谐波放大现象的判据**

类型	等值电路图（归算为单相电路）	发生条件的判断式	放大量
谐波电流源侧放大	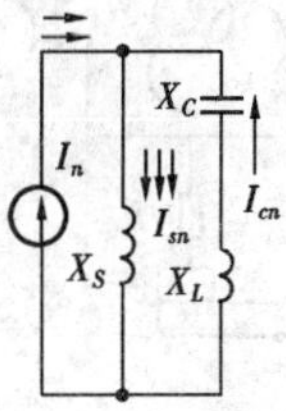	$\begin{cases} nX_L - \dfrac{X_C}{n} < 0 \\ \left\lvert \dfrac{nX_L - \dfrac{X_C}{n}}{nX_S + nX_L - \dfrac{X_C}{n}} \right\rvert > 1 \end{cases}$	放大了母线电压正弦波形畸变率，不允许出现
电容器组侧放大	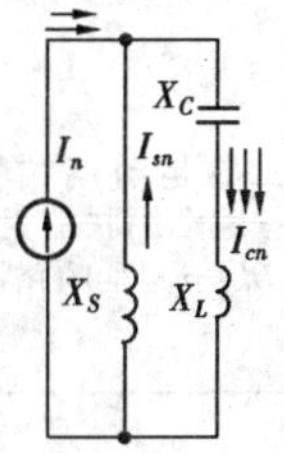	$\begin{cases} nX_L - \dfrac{X_C}{n} < 0 \\ \left\lvert \dfrac{nX_S}{nX_S + nX_L - \dfrac{X_C}{n}} \right\rvert > 1 \end{cases}$	放大了母线电压正弦波形畸变率，使电容器组过负荷（也可能过电压），不允许出现
并联谐振	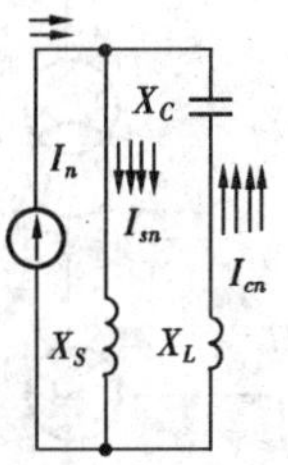	$\begin{cases} nX_L - \dfrac{X_C}{n} < 0 \\ nX_S \approx -\left(nX_L - \dfrac{X_C}{n} \right) \end{cases}$	使电容器组的过负荷（或过电压）及母线电压正弦波形畸变率，在理论上接近于无穷大，应绝对避免出现

注　表中判断式及各图的符号说明如下：

n——谐波次数；

I_n——谐波电流源的 n 次谐波电流有效值（A）；

X_S——谐波源为电流源时的电源侧的系统基波电抗值（Ω）；

X_L——电容器组或交流滤波器四路中所串联的基波电抗值（Ω）；

X_C——电容器组或交流滤波器的额定容抗值（Ω）；

I_{sn}——流入系统的 n 次谐波电流有效值（A）；

I_{cn}——流入电容器组或交流滤波器回路的 n 次谐波电流有效值（A）。

$$U_{Mn} = I_{cn}\left(nX_L - \frac{X_C}{n} \right) \qquad (9-11)$$

式中　U_{Mn}——母线 n 次谐波压降有效值（V）。

（3）当电容器与电动机直接连接作单台补偿时，为了防止电动机自激产生过电压，应使电容器的电流小于电动机的空载电流（约 90%）。

第 9－3 节　调　相　机

一、起动方式选择

调相机的起动基本有三种方式：工频异步起动、电动机拖动起动和低频起动。每种方式随着采用的原动机不同或接线方式不同，又有若干种方法在工程中应用。

（一）起动方式的接线

各类起动方式的接线见图 9－6～图 9－15。

（二）起动方式的比较

各类调相机起动方式的技术经济比较如表 9－14 所示。

专用调相机，由于凸板、低速，一般采用工频异步或低频起动；用发电机改装的调相机，由于隐极、高速、起动电流大，必须采用电动机拖动起动。

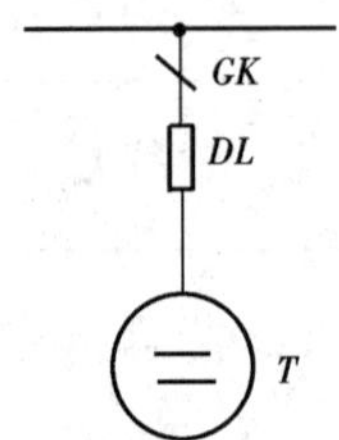

图 9－6 全电压起动的接线

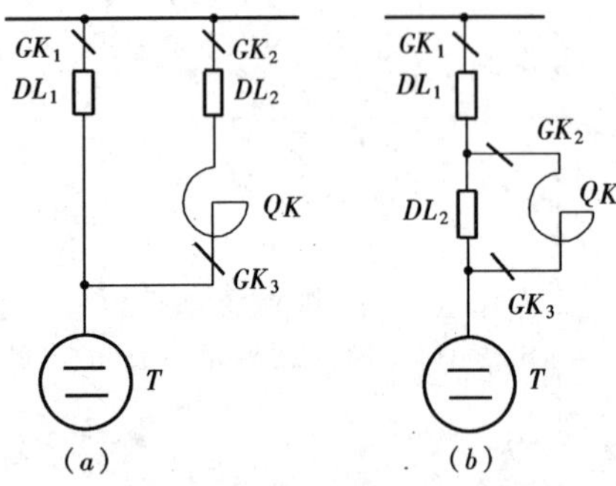

图 9－7 采用一组电抗器起动一台调相机的接线
(a) 断路器并联接线；(b) 断路器串联接线
DL_1—主断路器；DL_2—起动断路器；GK_1—主回路隔离开关；GK_2、GK_3—起动回路隔离开关

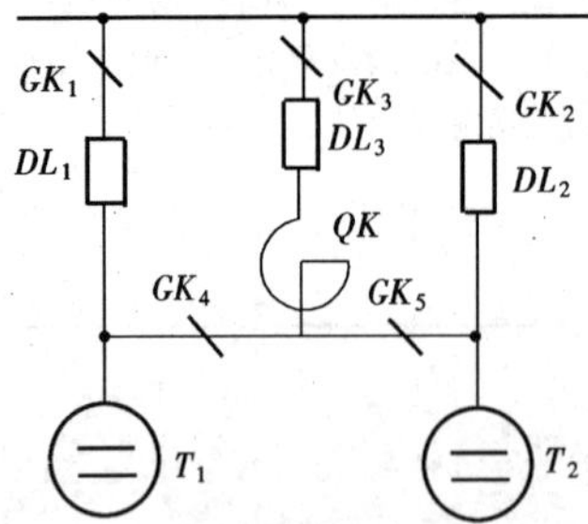

图 9－8 两台调相机共用一组起动电抗器的接线
DL_1、DL_2—#1、#2 调相机的主断路器；DL_3—起动断路器；GK_1、GK_2—两机主回路隔离开关；GK_3、GK_4、GK_5—起动回路隔离开关；T_1、T_2—#1、#2 调相机；QK—起动电抗器

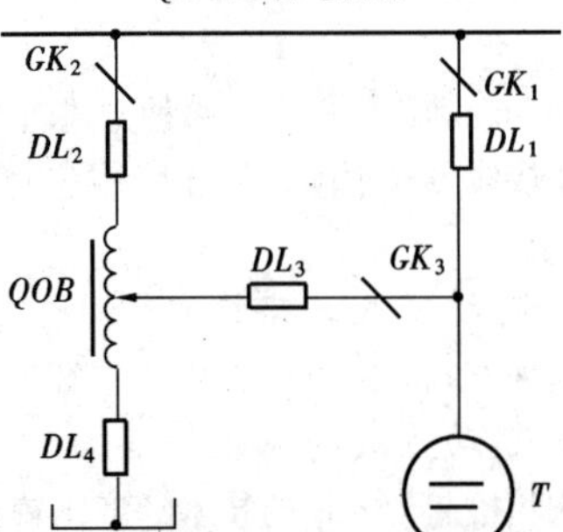

图 9－9 采用自耦变压器起动调相机的接线
DL_1—主断路器；DL_2、DL_3、DL_4—起动断路器；GK_1—主回路隔离开关；GK_2、GK_3—起动回路隔离开关；QOB—起动用自耦变压器

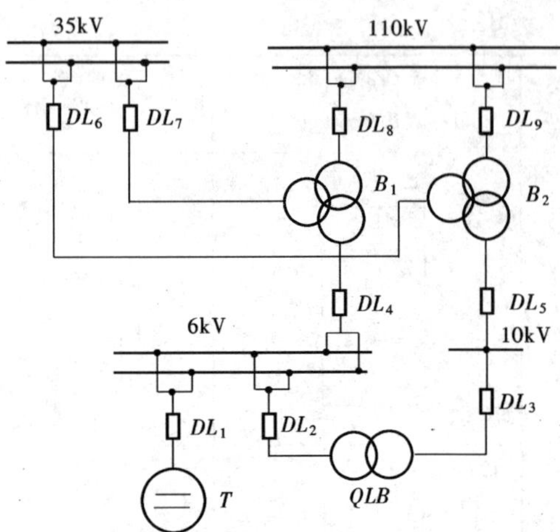

图 9－10 利用联络变压器起动调相机的接线
DL_1—主断路器；QLB—起动用联络变压器；
DL_2、DL_3、DL_4、DL_5—起动断路器

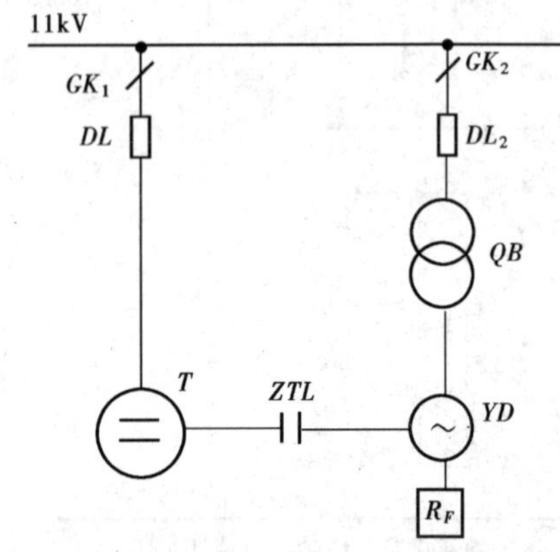

图 9－11 专用感应电动机起动调相机的接线
DL_1—主断路器；DL_2—起动断路器；GK_1—主回路隔离开关；GK_2—起动回路隔离开关；QB—起动变压器；YD—拖动用感应电动机；R_F—电动机转子附加电阻；ZTL—自动脱离联轴器

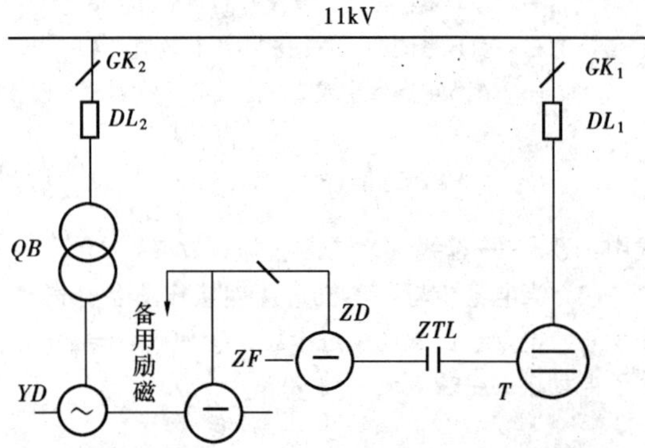

图 9－12 专用直流电动机起动调相机的接线
DL_1—主断路器；GK_1—主回路隔离开关；DL_2—起动断路器；GK_2—起动回路隔离开关；ZF—直流发电机；ZD—拖动用直流电动机；ZTL—自动脱离联轴器

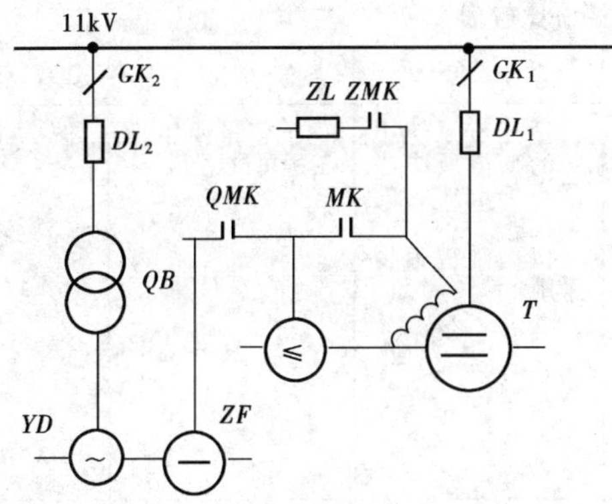

图 9-13 同轴直流励磁机起动调相机的接线

DL_1—主断路器；GK_1—主回路隔离开关；DL_2—起动断路器；GK_2—起动回路隔离开关；≤—调相机直流励磁机；MK—主灭磁开关；QMK—起动回路灭磁开关；ZMK—整流装置灭磁开关

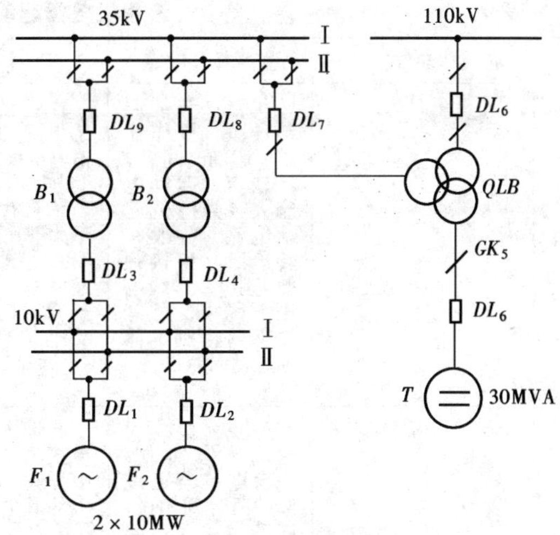

图 9-15 调相机低频起动接线

F_1、F_2—起动用发电机；QLB—起动用联络变压器；DL_5—主断路器；GK_5—主回路隔离开关

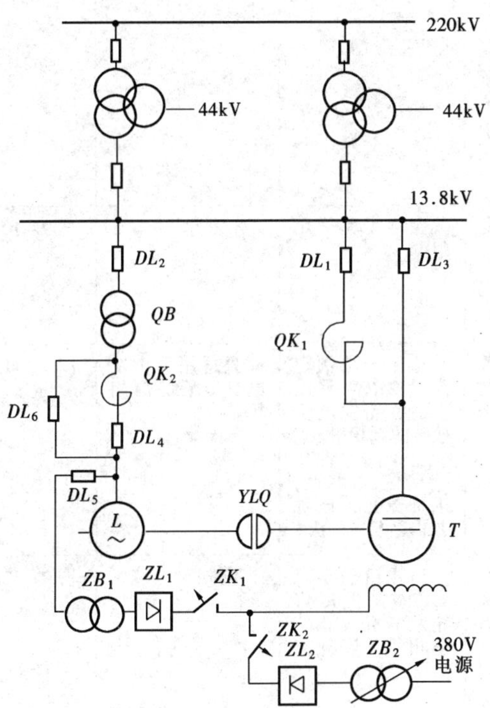

图 9-14 同轴励磁机拖动、液力联轴器传动起动调相机的接线

L—调相机同轴交流励磁机；YLQ—液力联轴器；ZL_1—主励磁整流器；ZL_2—空载励磁整流器；QK_1、QK_2—起动电抗器；DL_3—主断路器；DL_1、DL_2、DL_4、DL_5、DL_6—起动回路断路器

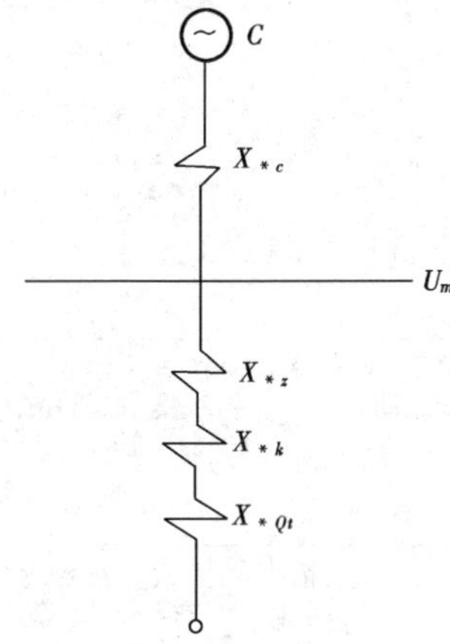

图 9-16 调相机用电抗器起动时的等值电路

C—系统；X_{*c}—系统电抗标么值；U_m—母线电压；X_{*z}—母线至电抗器间的电抗标么值；X_{*k}—电抗器电抗标么值；$X_{*Q,t}$—调相机起动电抗标么值

目前工程中常用的起动方式为电抗器降压起动方式。

（三）调相机的基本参数

调相机的基本参数及数据可由制造厂提供。部分型号的国产调相机的基本参数及数据如表 9-15 所示。

表 9-15 中的调相机起动电抗 $X_{*Q,t}$ 是按式（9-12）计算得出的。

$$X_{*Q,t} = \frac{W_j}{W_{e,t}}\left(\frac{U_{e,t}}{U_j}\right)^2 \Big/ I_{*Q,t} \qquad (9-12)$$

表 9－14　　调相机各类起动方式技术经济比较表

起动方式			主要优、缺点	基本要求	应用程度	推荐意见	图号
工频异步起动	全电压起动		优点：节约起动设备，操作简单，起动时间短。 缺点：起动电流大（为降低起动电流，一般在转子回路串接频敏电阻），母线电压下降多，可能损害调相机本体和起动回路设备	1. 起动时母线电压下降的最大标么值应不大于0.1（若变电所有两台主变，当一台停运时，可不大于0.15）； 2. 起动冲击电流最大标么值应不大于调相机全电压起动电流倍数 $I_{*Q,t}$（见表9－15）	适用于系统边缘的变电所中容量小于15MVA的调相机。 国内工程很少采用	小容量调相机工程可试用	图9－6
工频异步起动	降压起动	电抗器降压起动	优点：接线简单，操作简便，一台电抗器可以起动两台调相机，起动设备少。起动噪音小	起动电抗器的选择在本节的“二”中详述；起动回路中的其它设备选择见第六章	起动的调相机的最大额定容量可达60MVA。 国内工程普遍采用	为最佳起动方式，应推广采用	图9－7、8
工频异步起动	降压起动	自耦变压器降压起动	缺点：订货困难，操作复杂，耗费设备	除自耦变容量应大于等于调相机额定容量外，尚需满足下式：$U_{bg}=U_{*q,t}U_{e,t}$ 式中，U_{bg} 为自耦变压器公共线圈额定电压（kV）；$U_{*q,t}$ 为调相机最低起动电压倍数（见表9－15）；$U_{e,t}$ 为调相机额定电压，kV（见表9－15）	国内工程应用极少	不推荐	图9－9
工频异步起动	降压起动	联络变压器降压起动	缺点：接线复杂，操作复杂，耗费设备	在考虑了联络变压器的阻抗之后，按全电压起动方式的基本要求选择设备	国内工程应用很少	不推荐	图9－10
电动机拖动起动	专用感应电动机拖动		缺点：接线复杂，操作复杂，耗费设备	起动用全套设备可由制造厂供货。设计时可参照附录9－3所列的计算公式及步骤进行校验	适用于由额定容量25MW及以上的汽轮发电机改装的调相机。 由于国产调相机已定型生产，供货充足，该种方式逐渐被淘汰	只适用于由发电机改装的调相机。 不推荐	图9－11
电动机拖动起动	专用直流电动机拖动		缺点：接线很复杂，操作复杂，耗费设备	直流电动机的额定容量 P_c 不小于调相机的空载额定损耗 P_0；直流电动机的额定转速 n_e 等于调相机的额定转速 $n_{e,t}$	适用由额定容量75MW氢冷汽轮发电机改装的调相机。该种方式已淘汰	不推荐	图9－12
电动机拖动起动	同轴直流励磁机拖动		缺点：接线很复杂，操作复杂，耗费设备	励磁机的额定容量大于调相机的总机械损耗与铁损之和	适用由60MW及以上额定容量汽轮发电机改装的调相机。由于励磁系统改为可控硅励磁，该拖动方式自行淘汰	不推荐	图9－13

续表

<table>
<tr><th colspan="2">起动方式</th><th>主要优、缺点</th><th>基本要求</th><th>应用程度</th><th>推荐意见</th><th>图号</th></tr>
<tr><td>电动机拖动起动</td><td>同轴交流励磁机拖动、液力联轴器传动</td><td>缺点：接线操作特别复杂，耗费设备最多</td><td>励磁机的额定容量大于调相机的总机械损耗与铁损之和</td><td>适用于电抗器降压起动及直流电动机容量不能满足要求时，例如额定容量250MVA及以上的调相机。
国内目前还无此类工程</td><td>特大调相机工程可以试用</td><td>图9-14</td></tr>
<tr><td rowspan="2">低频起动</td><td>同步起动</td><td rowspan="2">缺点：接线复杂，操作复杂，耗费设备较多，起动条件苛刻，起动时间长</td><td rowspan="2">发电机额定容量最少应为调相机额定容量的$\frac{1}{3}\sim\frac{1}{5}$</td><td rowspan="2">由于发电机、联络线及变压器一般为其它目的而设，所以该种方式只能作为一种临时措施。
国内工程很少采用</td><td rowspan="2">不推荐</td><td rowspan="2">图9-15</td></tr>
<tr><td>异步起动</td></tr>
</table>

表9-15　　国产调相机基本参数及数据表

序号	项　目	TT-15-8	TT-15-8	TT-30-11	TTQ-60-11
1	额定容量 $W_{e,t}$（MVA）	15	15	30	60
2	额定电压 $U_{e,t}$（kV）	6.6	11	11	11
3	额定电流 $I_{e,t}$（A）	1312	788	1575	3150
4	全电压起动电流倍数 $I_{*Q,t}$	7.50~7.52	6.00~6.04	7.5	4.2~4.5
5	全电压起动力矩倍数 M_{*Q}	1.38~1.2	1~1.03	1.7	0.55~0.60
6	转动惯量 J（t·m²）	24.8	24.8	40	58
7	最低起动电压倍数 $U_{*q,t}$	0.303~0.3	0.35	0.35	0.32~0.58
8	全电压起动所需时间 t（s）	1.32	1.83	<4.3	34.8（低压起动所需时间）
9	额定转速 $n_{e,t}$（r/min）	750	750	1000	1000
10	起动电抗 $X_{*Q,t}$	0.976~0.973	1.219~1.211	0.825	0.436~0.406
11	最低起动电流倍数 $I_{*q,t}$	2.25	2.1	2.0	1.35（计算值）
12	牵入转矩倍数 M_{*e}	1.53	1.26	1.56	0.5

注　表中数据如不准时，应以制造厂提供的资料为准。

式中　$I_{*Q,t}$——调相机全电压起动电流倍数，为起动电流与调相机额定电流的比值。其数值由制造厂提供，或查表9-15；

W_j——基准容量，采用100MVA；

U_j——基准电压（kV）；

$W_{e,t}$——调相机额定容量（MVA）；

$U_{e,t}$——调相机额定电压（kV）。

二、电抗器降压起动方式用电抗器参数的确定

调相机起动用电抗器一般由设计单位选择；但也可以由制造厂与调相机配套供货，设计单位进行校验。

起动电抗器一般采用水泥电抗器。

调相机用电抗器起动时的等值电路如图9-16所示。

图9-16中的主负荷母线（以下简称母线）系指承担最大负荷的母线；若主变压器为三绕组变压器时一般为中压侧母线。图中各阻抗标么值均按基准容量

W_f 等于100MVA而求得；计算方法见第四章有关内容。

电抗器的额定电压及动、热稳定选择见第六章限流电抗器有关内容。

1. 电抗器电抗值的确定

电抗器电抗值应满足下列条件（参见图9－16）：

$$\frac{X_{*Q,t}-u_{*q,t}(X_{*x}+X_{*z}+X_{*Q,t})}{U_{*q,t}}>X_{*k}$$

$$>\begin{cases}\dfrac{0.9X_{*c}-0.1(X_{*z}+X_{*Q,t})}{0.1} & \text{（一般情况）}\\ \dfrac{0.85X_{*c}-0.15(X_{*z}+X_{*Q,t})}{0.15} & \\ \text{（两台主变压器有一台停运时）} & \end{cases}\quad(9-13)$$

式中 X_{*c}——系统电抗标么值；

$X_{*Q,t}$——调相机起动电抗标么值，其值按式（9－12）计算或查表9－15；

$U_{*q,t}$——调相机最低起动电压倍数，为最低起动电压与额定电压的比值，其值由制造厂提供或查表9－15；

X_{*z}——母线至电抗器间的电抗标么值；

X_{*k}——电抗器可选取的电抗标么值。其标么值可按第四章有关公式换算成百分值。

电抗器的电抗值选定之后，可用式（9－14）计算出机端起动电压倍数（参见图9－16）。

$$U_{*Q,t}=\frac{X_{*Q,t}}{X_{*c}+X_{*z}+X_{*k}+X_{*Q\cdot t}}\quad(9-14)$$

式中 $U_{*Q,t}$——机端起动电压倍数；

X_{*k}——已选定的电抗器电抗标么值。

2. 电抗器额定电流的确定

按电抗器温升不超过100℃决定额定电流 I_{ek}。

（1）调相机连续起动不超过两次时，铝线电抗器的额定电流由下式确定。

$$\left.\begin{aligned}I_{e\cdot k}&=\frac{I_{Q\cdot t}\sqrt{t_{qt}}}{44.4}\\ I_{Q\cdot t}&=I_{*Q\cdot t}I_{et}\end{aligned}\right\}\quad(9-15)$$

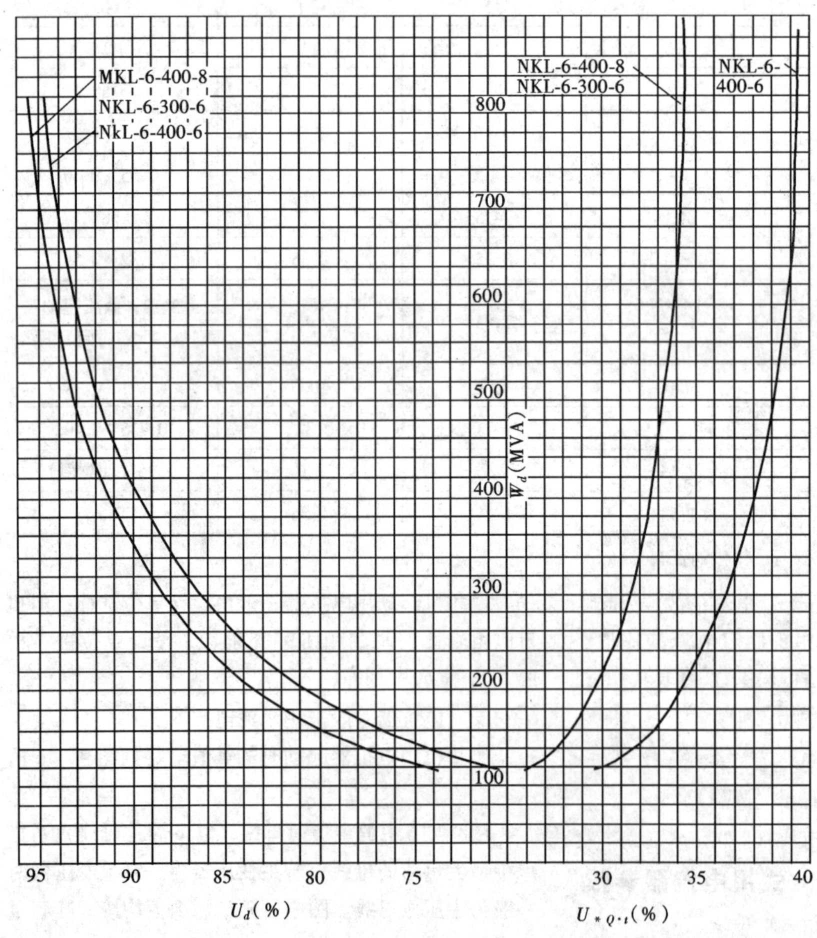

图9－17 TT－15－8型6.6kV调相机起动电抗器选择用的特性曲线（当 W_d 为最小值时 $U_{*Q,t}$ 不应小于0.31；当采用 $I_e=300$A的电抗器时 $U_{*Q,t}$ 不应大于0.35；本曲线也适用于电抗值相同的其它电抗器）

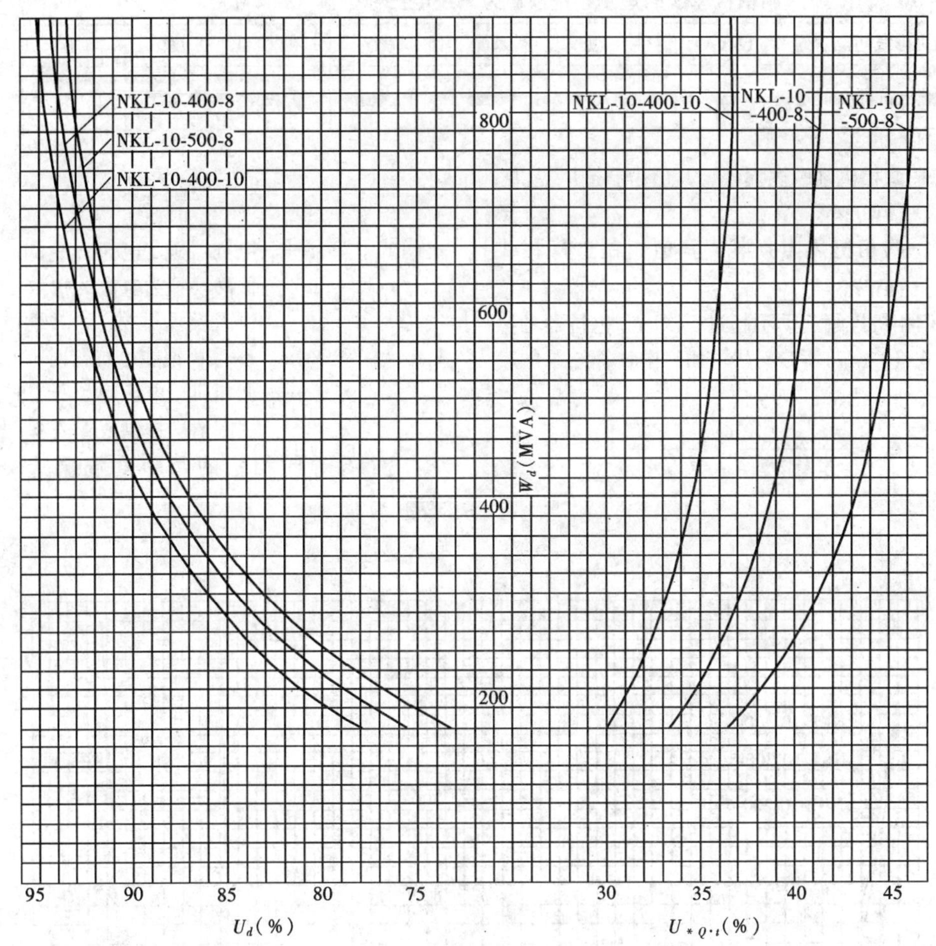

图 9-18 TT-15-8 型 11kV 调相机起动电抗器选择用的特性曲线
（当 W_d 为最低值时 $U_{*Q,t}$ 不应小于 0.35；当采用 $I_e=200$A 的电抗器时 $U_{*Q,t}$ 不应大于 0.45；本曲线也适用于电抗值相同的其它电抗器）

式中 $I_{e,k}$——铝线电抗器额定电流（A）；
$I_{Q,t}$——调相机全电压起动电流（A）；
$I_{*Q,t}$——调相机全电压起动电流倍数，其值由制造厂提供或查表 9-15；
$I_{e,t}$——调相机额定电流，其值由制造厂提供或查表 9-15（A）；
$t_{q,t}$——每次起动全过程所需时间，其值按式（9-16）计算求得（s）。

起动全过程所需时间按下式进行计算。

$$\left.\begin{aligned} t_{q,t} &= \frac{26.2Jn_{et}}{U^2_{*Q,t}\overline{M}-M_z} \\ \overline{M} &= 4774.6(M_{*Q}+M_{*c})W_{et}/10^3/n_{et} \\ M_z &= 9549(P_{zh}+P_F)/n_{et} \end{aligned}\right\} \tag{9-16}$$

式中 $t_{q,t}$——起动全过程所需时间（s）；
J——调相机转动惯量，其值由制造厂提供或查表 9-15（t·m²）；
n_{et}——调相机额定转速，其值由制造厂提供或查表 9-15（r/min）；
$U_{*Q,t}$——按式（9-17）计算得出的机端起动电压倍数；
$\overline{M}$——调相机平均电磁力矩（N·m）；
M_{*Q}——调相机全电压起动力矩倍数，其值由制造厂提供或查表 9-15；
M_{*c}——调相机牵入转矩倍数，其值由制造厂提供或查表 9-15；
$W_{e,t}$——已选定的调相机额定容量（MVA）；
M_z——调相机平均阻力矩（N·m）；

表 9-16 调相机母线的短路容量换算为系统电抗标么值（$W_f = 100MVA$）

调相机母线短路容量 W_d（MVA）	200	400	600	800	1000	1200	1400
系统电抗标么值 $X_{*C} = \frac{W_j}{W_d}$	0.5	0.25	0.167	0.125	0.100	0.0833	0.0714

P_{zh}——调相机轴摩擦损耗，其值由制造厂提供（kW）；

P_F——调相机风阻损耗，其值由制造厂提供（kW）。

（2）调相机连续起动不超过三次时，电抗器的额定电流取式（9-17）和式（9-18）中计算结果的较大者。

$$I_{ek} = \frac{KI_{*Q,t}I_{et}n_{et}}{1900}\sqrt{\frac{J}{M_{*Q}W_{e,t}}} \tag{9-17}$$

$$I_{ek} = \frac{KI_{*Q,t}I_{et}\sqrt{t}}{80} \tag{9-18}$$

上两式中 I_{ek}——电抗器额定电流（A）；

K——截面换算为电流的常数（也可视为铜铝换算系数）。铝线电抗器时，$K=2$；铜线电抗器时，$K=1$；

t——调相机全电压起动所需时间，其值由制造厂提供或查表 9-15（s）。

3. 几种调相机的起动电抗器选择特性曲线举例

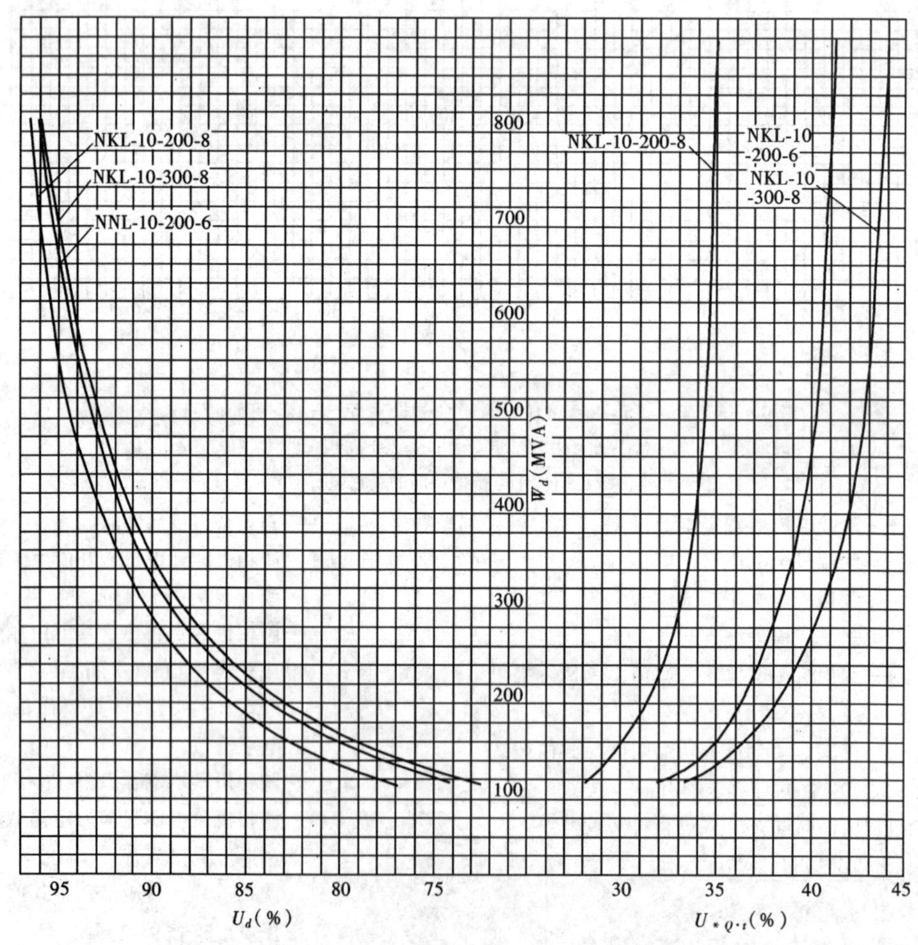

图 9-19 TT-30-11 型 11kV 调相机起动电抗器选择用的特性曲线

（当 W_d 为最小值时 $U_{*Q,t}$ 不应小于 0.35；当采用 400A 额定电流的电抗器时 $U_{*Q,t}$ 不应大于 0.45；本曲线也适用于电抗值相同的其他电抗器）

几种调相机的起动电抗器选择特性曲线如图 9 - 17、9 - 18、9 - 19 所示。图中 W_d 含义见表 9 - 16。图中所采用的起动电抗器的额定电流值计算如下：

(1) 对 TT - 15 - 8 型 6.6kV 调相机，按式 (9 - 20) 计算时：

$$I_{ek} = \frac{2 \times 7.52 \times 1312 \times 750}{1900} \times \sqrt{\frac{24.8}{1.20 \times 15000}} = 289(\text{A})$$

按式 (9 - 21) 计算时：

$$I_{ek} = \frac{2 \times 7.52 \times 1312 \times \sqrt{1.32}}{80} = 283.4(\text{A})$$

故对 TT - 15 - 8 型 6.6kV 调相机应采用 $I_{e \cdot k} = 300\text{A}$ 的铝线电抗器。

(2) 用同样的计算方法，可确定 TT - 15 - 8 型 11kV 调相机起动用铝线电抗器的额定电流 $I_{ek} = 200\text{A}$，TT - 30 - 11 型 11kV 调相机起动用铝线电抗器的额定电流 $I_{ek} = 400\text{A}$。

三、布置

(一) 一般要求

(1) 在变电所中装设调相机，应考虑冷却用水、起吊和运输问题。变电所中为调相机的运输一般不敷设铁路专用线。

(2) 调相机屋内布置时，检修场地宜设在机房端头，并兼作变压器检修间。调相机屋外布置时，可就地临时搭盖防雨棚进行检修。

(3) 有压缩空气装置的变电所，应将压缩空气引进调相机房，以便清扫调相机的转子和定子。

(4) 变电所应考虑设置存放调相机检修工具的工具室及检修人员的临时休息室。

(5) 调相机配电装置应尽量靠近调相机房。

(6) 调相机本体及其附属设备布置、油水系统的设计，由热机、水工等专业进行，电气专业应予以密切配合。

(二) 调相机布置方式

1. 调相机的布置形式

调相机的布置，按安装环境不同分为户内布置和户外布置；按运转层标高的不同分为高位（运转层标高约 + 4m）布置和低位（运转层标高 ± 0m）布置；按调相机轴线的方向不同分为纵向（户内布置时，调相机轴线与厂房轴线一致；户外布置时，两台及以上调相机为同一轴线）布置和横向（户内布置时，调相机轴线与厂房轴线垂直；户外布置时，两台及以上调相机轴线相互平行）布置。

2. 调相机布置示例

(1) 15MVA、11kV 调相机低位纵向户内布置如图 9 - 20 所示，高位横向户内布置如图 9 - 21 所示。目前，15MVA 小容量调相机一般趋向采用低位布置。

(2) 30MVA、11kV 调相机高位纵向户内布置如图 9 - 22 所示。国内 30MVA 调相机工程大多采用高位纵向布置。

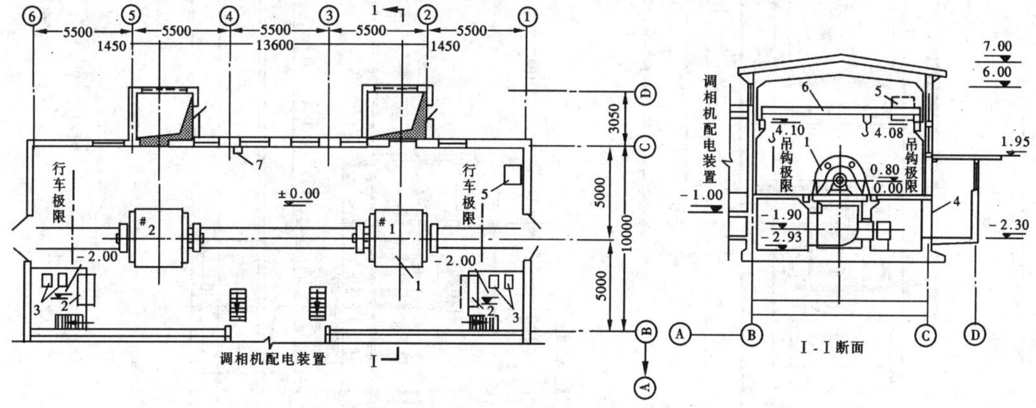

图 9 - 20　XF 工程 TT - 15 - 8 型（15MVA，11kV）调相机低位纵向户内布置

1—调相机；2—下油箱（2.3m^3）；3—交流电动齿轮油泵（CN - 4.5）；4—泡沫塑料式空气过滤器；5—上油箱（15m^3）；6—手动单梁桥式起重机（3t，跨距 9m）；7—洗手池

(3) 60MVA、11kV 调相机低位纵向户外布置如图 9 - 23 所示，高位户外布置如图 9 - 24 所示。目前，国内 60MVA 调相机工程基本采用户外布置。

3. 调相机各类布置的比较

(1) 户内布置的特点：

1) 运行、维护、检修的条件好。

2) 需大厂房和起吊设备；高位布置还需要大型起吊设备。

3) 投资较大。

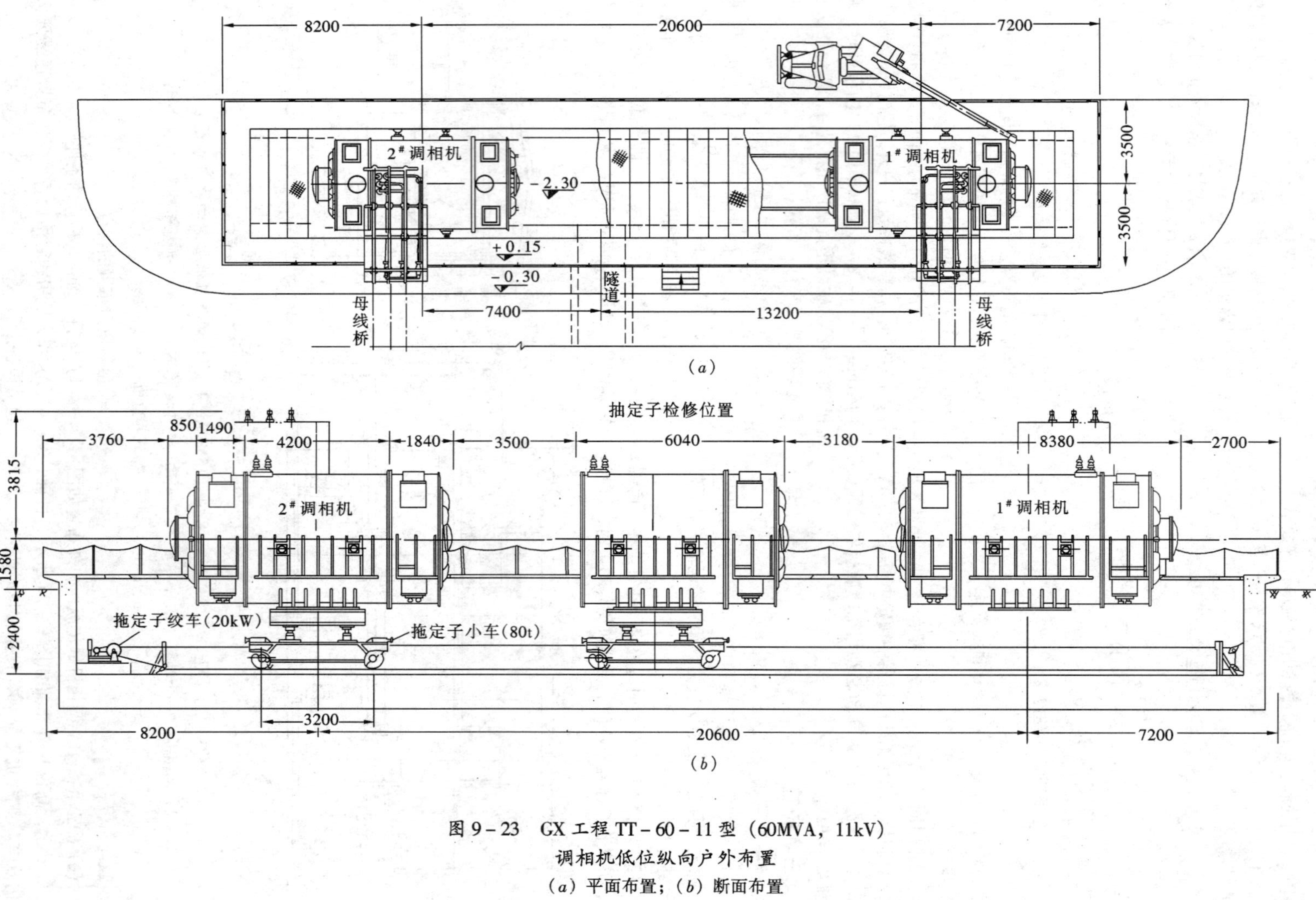

图 9-23 GX 工程 TT-60-11 型（60MVA，11kV）调相机低位纵向户外布置

（a）平面布置；（b）断面布置

(2) 户外布置的特点：

1) 必须选用户外产品。

2) 因省去厂房与固定的起吊设备，所以综合投资比户内布置低，建设工期短。

3) 运行、维护和检修条件差。

(3) 低位布置的特点：

1) 采用箱式基座，可较容易地解决基座低频(约 13.3Hz) 共振问题。

2) 调相机就位容易。

3) 厂房高度降低，可采用轻型简易起吊设备。

4) 在地下水位高的地方不能采用。由于目前 30MVA 及以下调相机的空冷器安装在机座下，电气出线由机腹引出，当地下水位较高时，低位布置有困难。必须采用空冷器与调相机同标高安装、电气出线由机背引出的调相机产品。

5) 运行巡视较方便。

(4) 高位布置的特点：

1) 为解决基座低频共振问题而采取的措施较复杂。

2) 调相机就位不易。

3) 提高了厂房高度，需要大型起吊设备。

4) 不受地下水位与调相机产品型式的限制。

(5) 可根据机组台数、行车跨度、场地条件

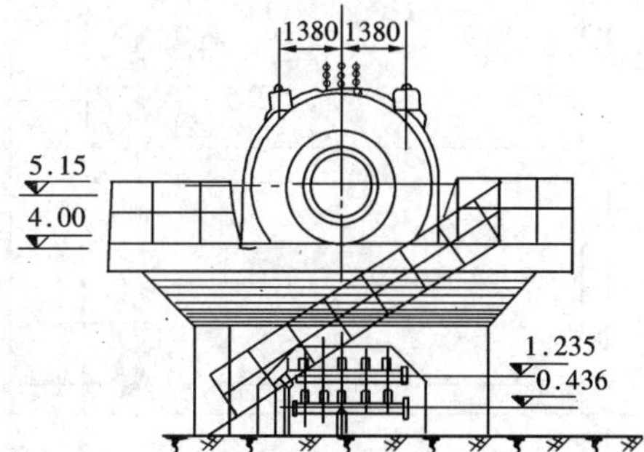

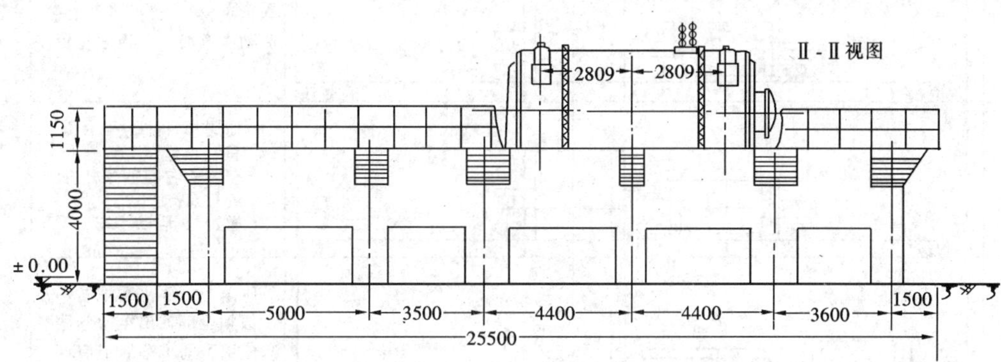

I - I

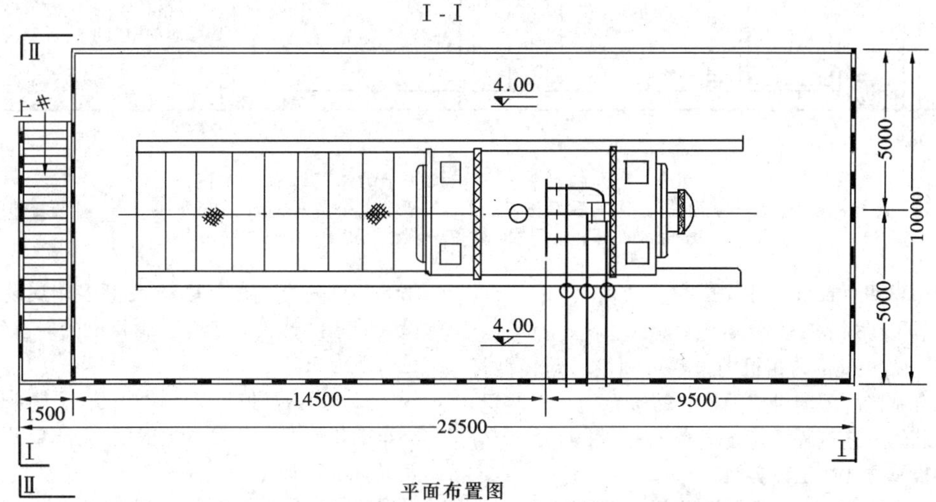

平面布置图

图 9－24　LL 工程 TTQ－60－11 型（60MVA，11kV）调相机高位户外布置

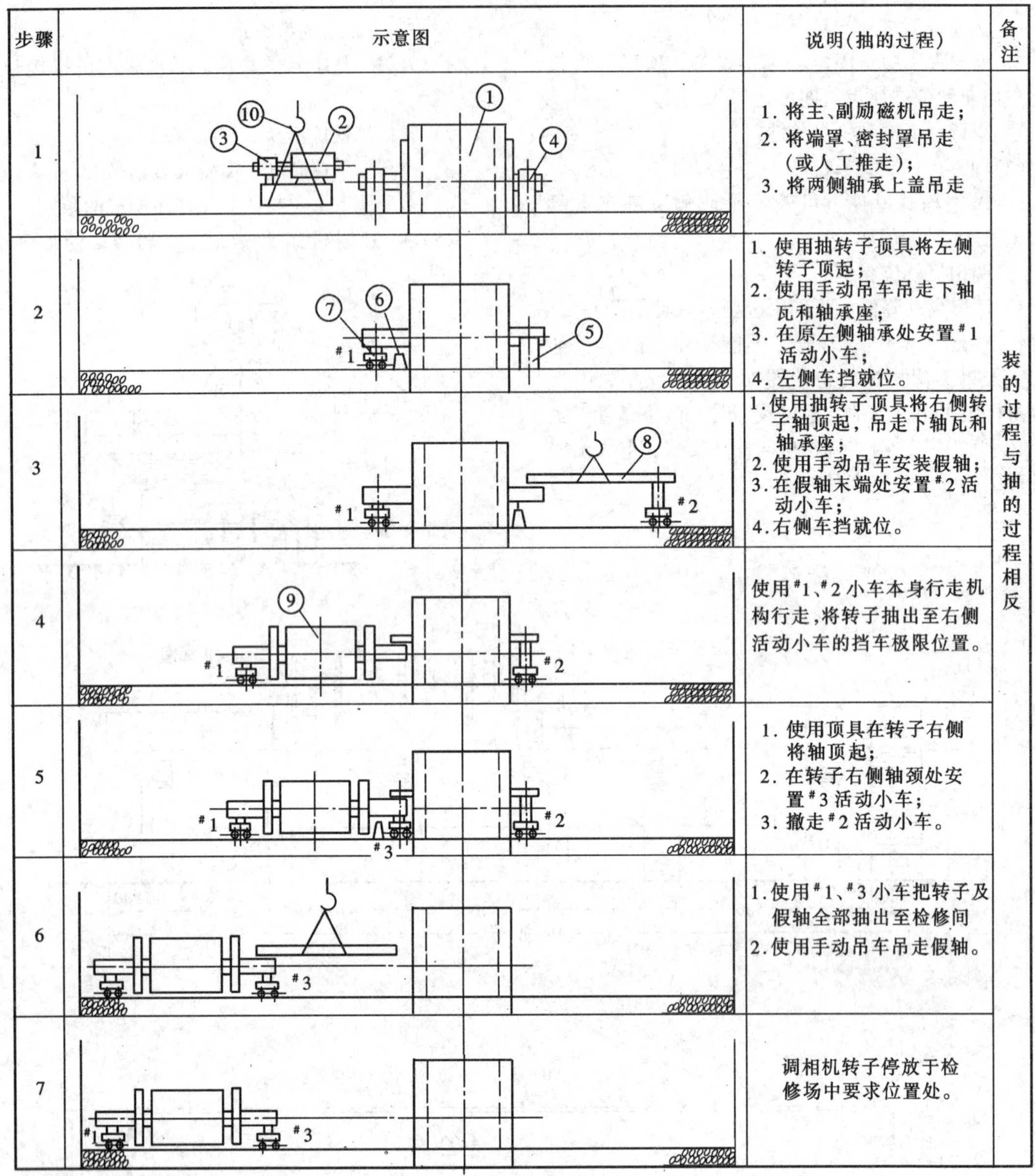

步骤	示意图	说明(抽的过程)	备注
1		1. 将主、副励磁机吊走； 2. 将端罩、密封罩吊走（或人工推走）； 3. 将两侧轴承上盖吊走	
2		1. 使用抽转子顶具将左侧转子顶起； 2. 使用手动吊车吊走下轴瓦和轴承座； 3. 在原左侧轴承处安置#1活动小车； 4. 左侧车挡就位。	装的过程与抽的过程相反
3		1. 使用抽转子顶具将右侧转子轴顶起，吊走下轴瓦和轴承座； 2. 使用手动吊车安装假轴； 3. 在假轴末端处安置#2活动小车； 4. 右侧车挡就位。	
4		使用#1、#2小车本身行走机构行走，将转子抽出至右侧活动小车的挡车极限位置。	
5		1. 使用顶具在转子右侧将轴顶起； 2. 在转子右侧轴颈处安置#3活动小车； 3. 撤走#2活动小车。	
6		1. 使用#1、#3小车把转子及假轴全部抽出至检修间 2. 使用手动吊车吊走假轴。	
7		调相机转子停放于检修场中要求位置处。	

图 9－25 抽（装）调相机转子的工艺过程示意图

①—调相机定子；②—主励磁机；③—副励磁机；④—轴承上盖；⑤—下轴瓦和轴承座；⑥—抽装转子顶具；⑦—活动小车；⑧—假轴；⑨—调相机转子；⑩—手动吊车

等，采用纵向布置或横向布置。

（三）调相机检修方式

(1) 低位布置调相机的检修可利用手动轻型行车，配合制造厂配套供应的抽装转子专用小车装置。转子抽装的工艺过程示意于图 9－25。图 9－20 为应用该种检修方式的工程实例。

低位户内布置调相机的轻型行车起吊吨位，按起吊调相机端盖、轴承座、励磁机及附属设备之中重量最大的一件选择。15MVA 调相机的轻型行车起吊吨位一般为 3t。

(2) 户内高位布置的调相机，不能采用专用活动小车抽装转子，一般均设置大型行车或龙门吊。但因其设备价格昂贵，利用率低，厂房费用高，应尽量考虑起吊设备的综合利用，例如可将调相机房的检修

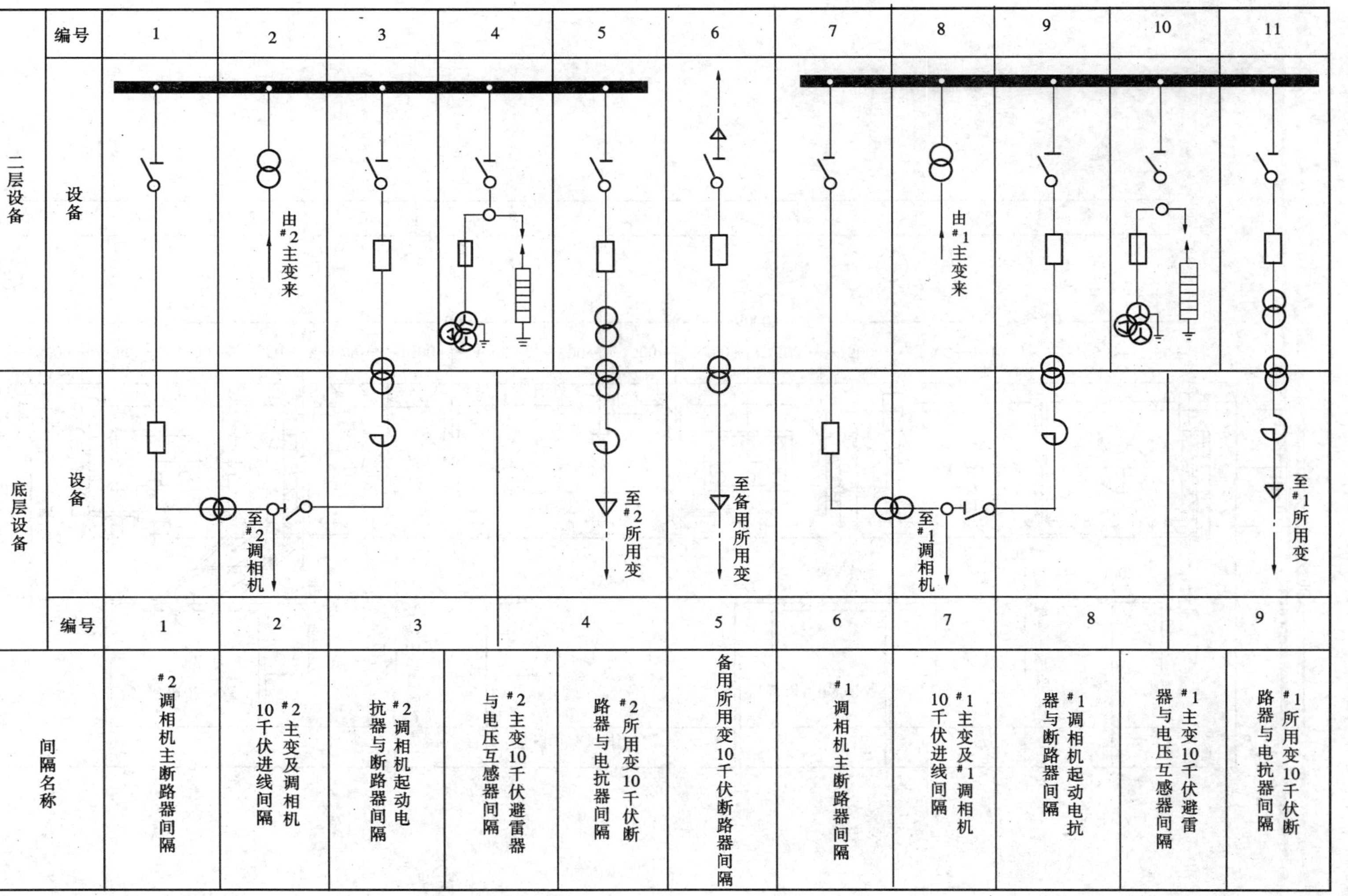

(*a*)

图9-27 GZ工程TT-30-11型调相机配电装置（一）

（*a*）配置接线

调相机纵向中心线
#1调相机出线小室
#2调相机小室
#1 调相机中心线
#2 调相机中心线
6500
4300
1050
1150
3300
间隔编号
1
2
3
4
5
6
7
8
9
6000
1500
1300
1700
A B C

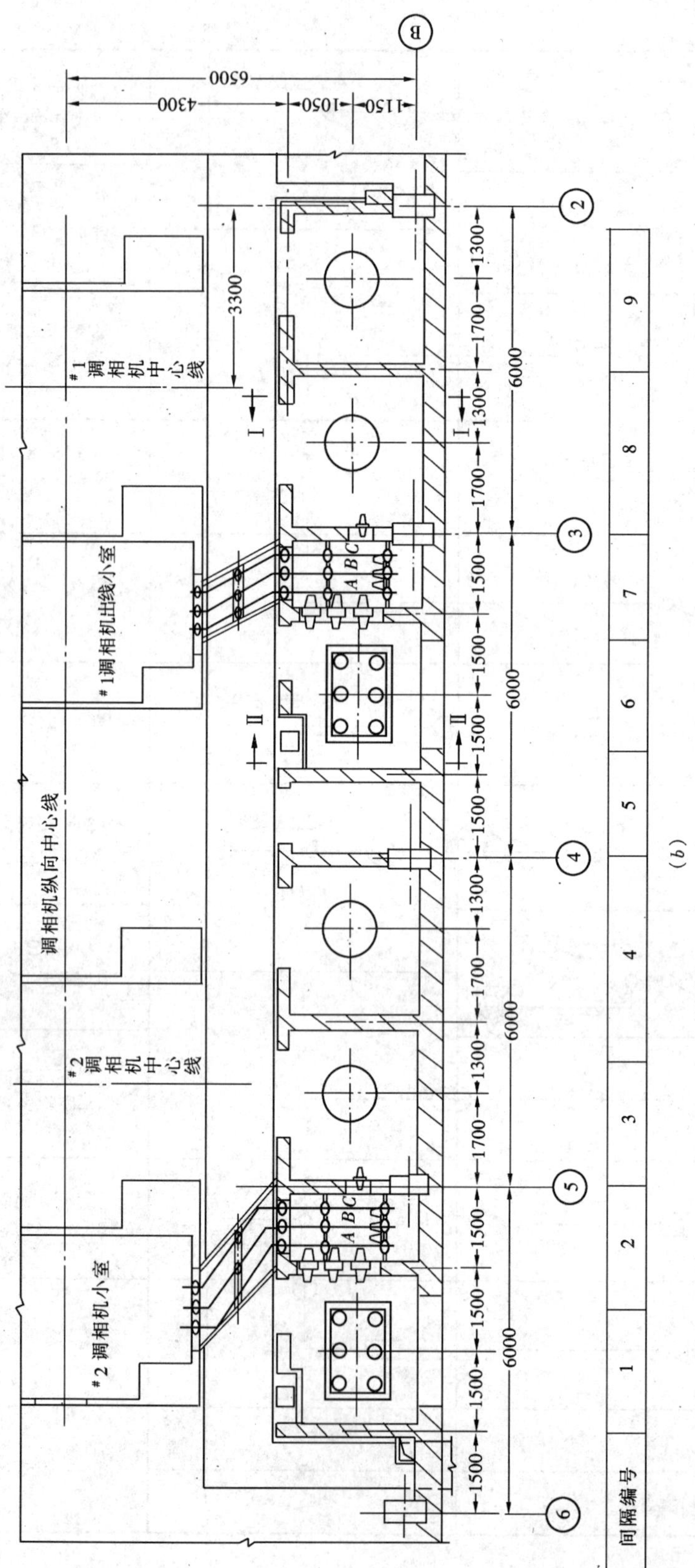

(b)

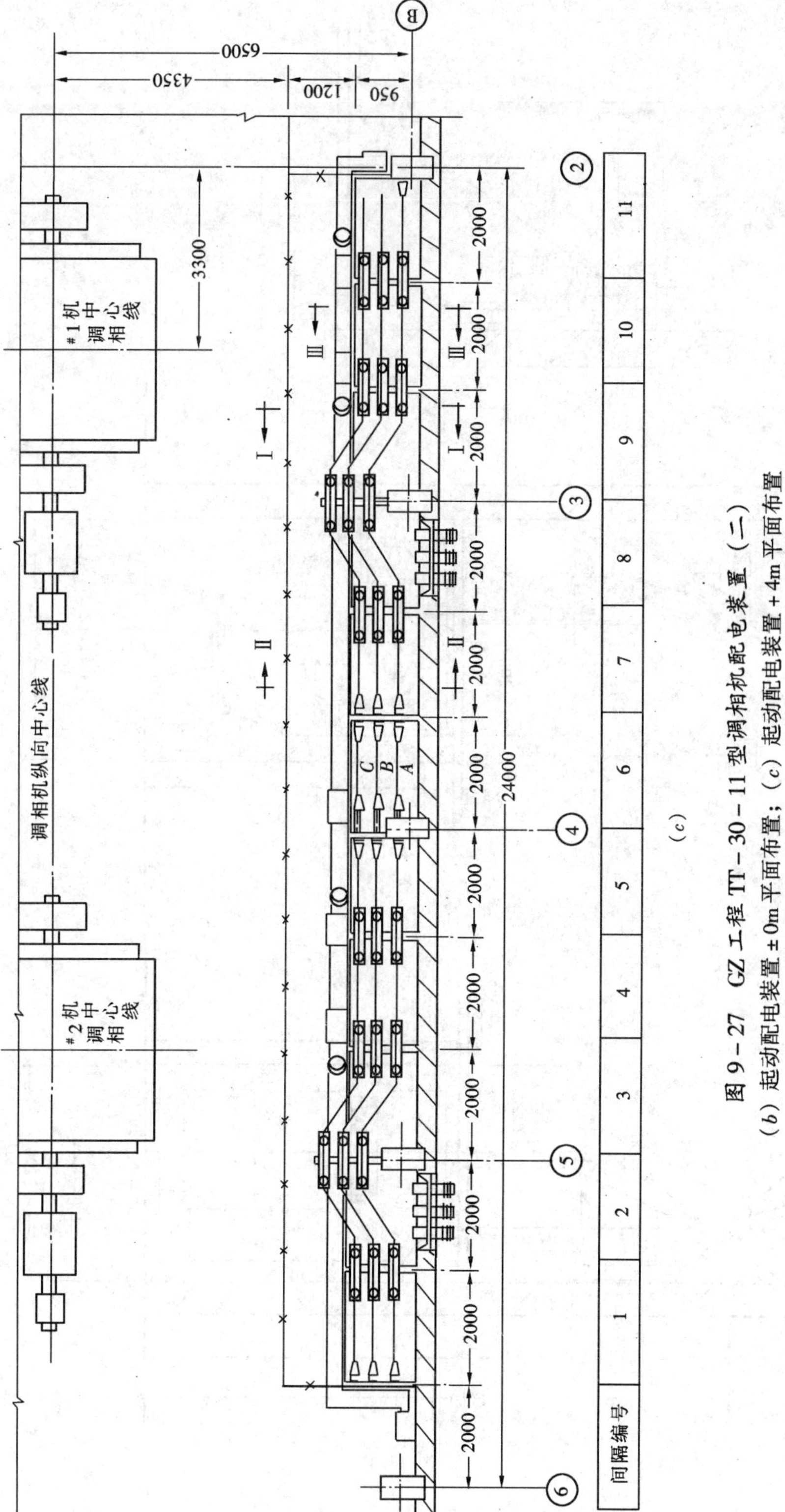

(c)

图 9-27 GZ 工程 TT-30-11 型调相机配电装置（二）

(b) 起动配电装置±0m 平面布置；(c) 起动配电装置+4m 平面布置

Ⅲ-Ⅲ
+4.00
400
1850
1050
780
1180
400
700
1400
Ⅱ-Ⅱ
400
900
1900
1200
+4.00
+0.00
3450
1130
1440
2570
Ⅰ-Ⅰ
+4.00
±0.00
1200
910
1380
2290
546
1065
1100
4000
6711

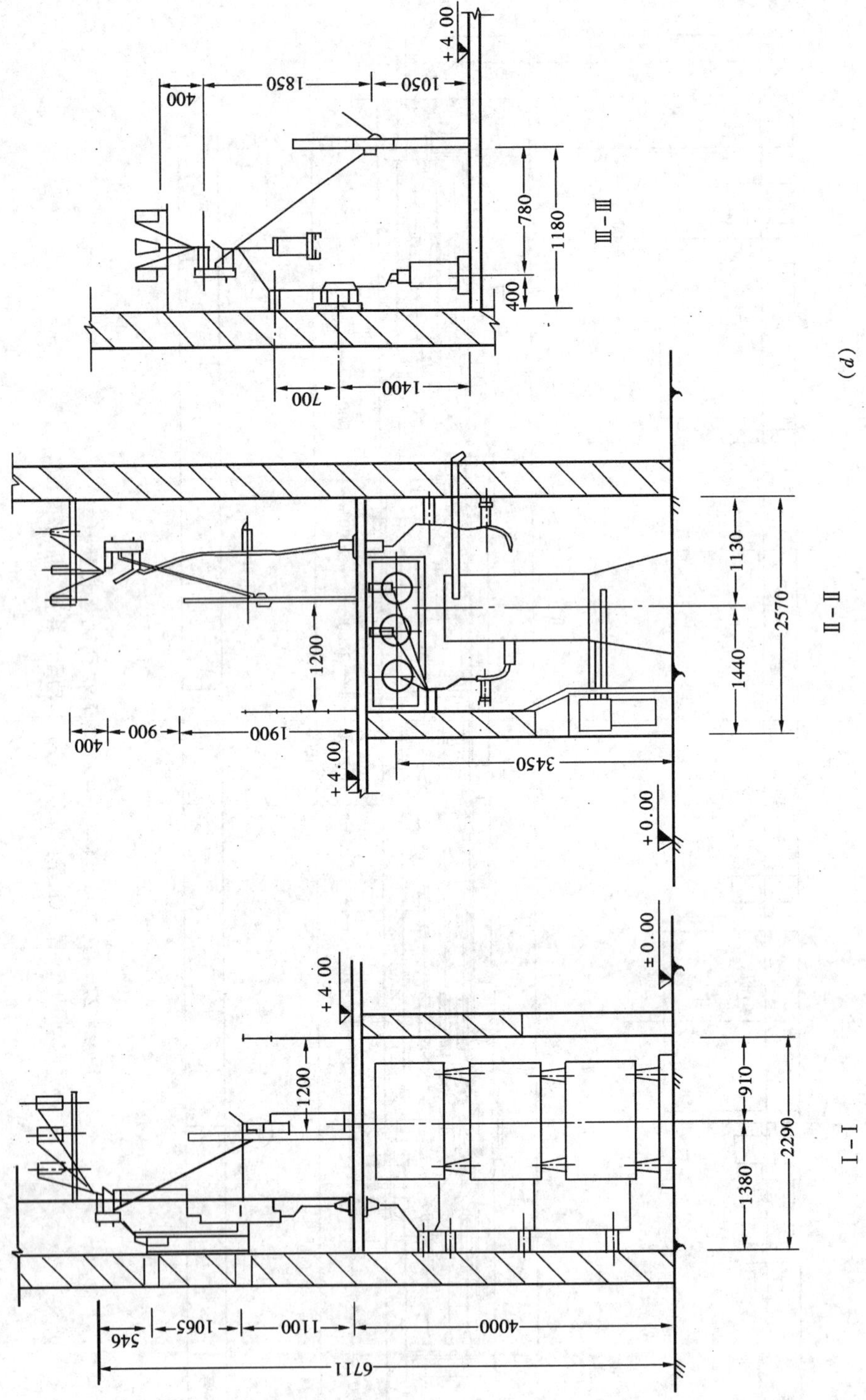

(d)

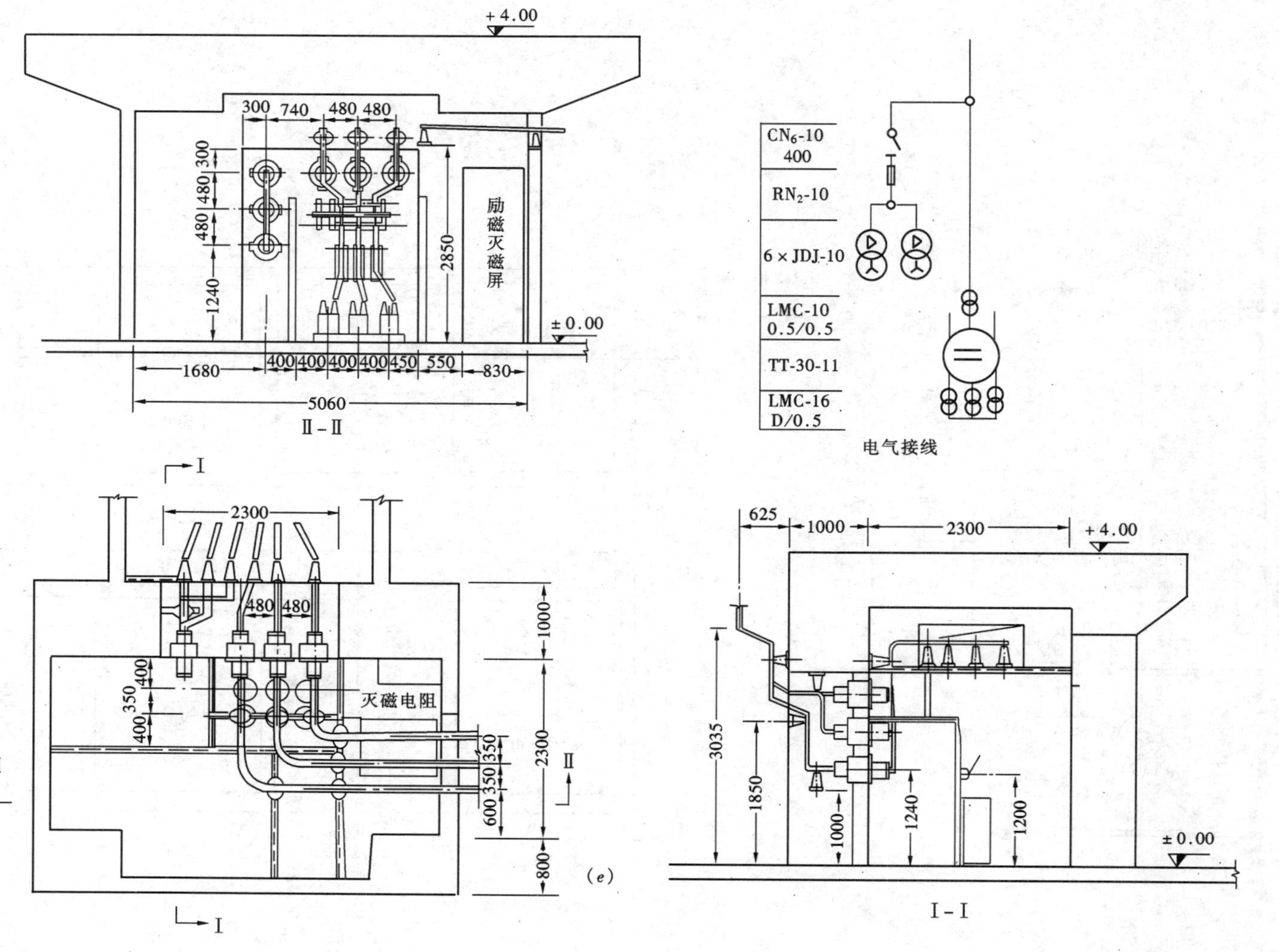

图 9－27　GZ 工程 TT－30－11 型调相机配电装置（三）

（d）起动配电装置断面；（e）调相机出线小室布置

110kV
220kN
主变
120000kVA
11kV
GG-1A-54
GN-10
SN4-10G
GG-1A
-01
NKL-10
-750-8
GG-1A-11
NKL-10
-150-4
GG-1A-67
0.38kV
TTP-60-11
11kV
60000kVA
1000 转/分

(b)

至调相机
至主变压器
起动电抗器室
调相机互感器室
励磁变压器室
贮藏室
竖井
电缆沟
通道
起动断路器室
主断路器室
站用断路器电抗器室
站用变压器室

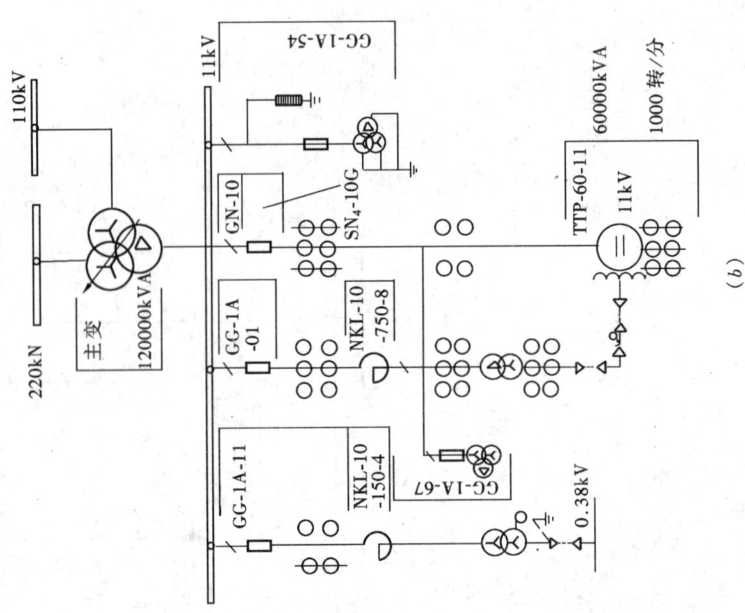

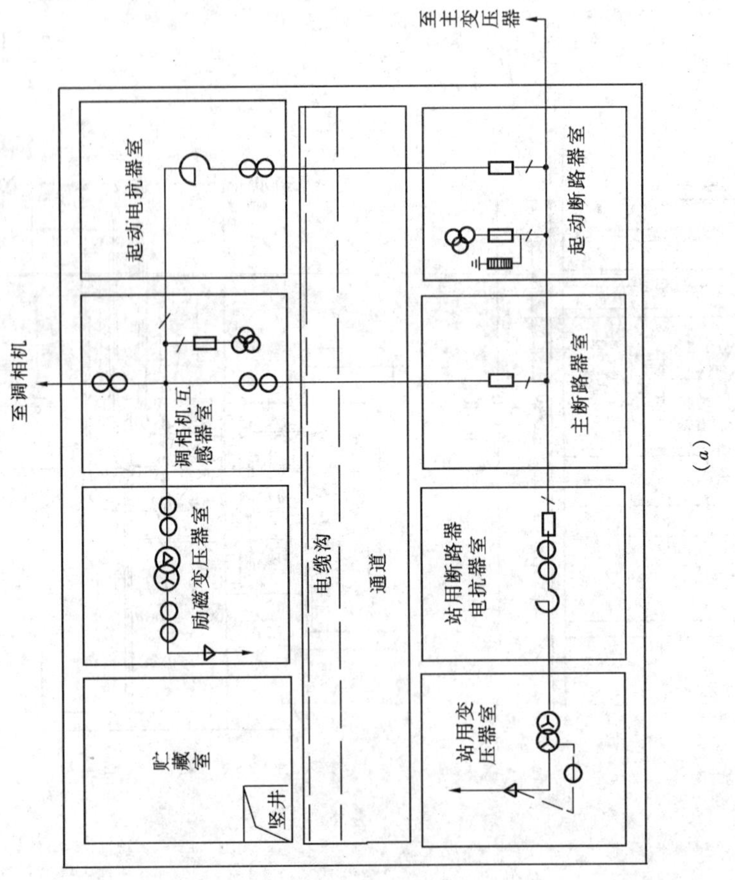

(a)

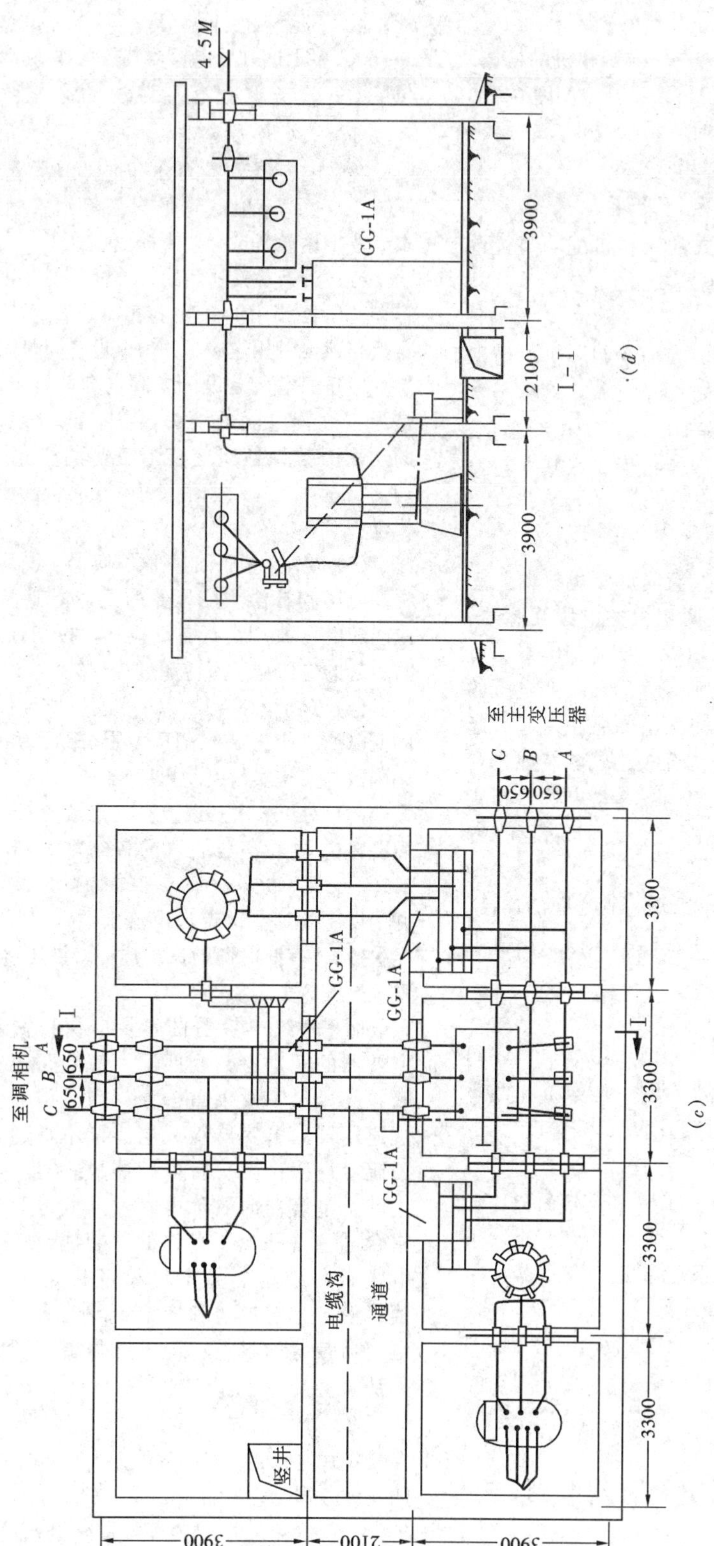

图 9－28　GX 工程 TT－60－11 型调相机起动配电装置布置

(a) 电气平面配置示意；(b) 电气接线；(c) 平面布置；(d) I－I 断面

场地兼作变电所主变压器检修间（一般变压器钟罩重量小于调相机转子重量）。

(3) 对于采用低位布置的户外式调相机的检修，制造厂已按抽定子（或抽转子）来设计，如图 9-23 所示。当采用户外高位布置时，一般应设运转层平台，抽装定子的绞车动力可借用汽车吊。

(四) 调相机配电装置的设计

采用电抗器降压起动方式的调相机配电装置包括调相机出线小室和起动配电装置。

1. 调相机出线小室

调相机出线小室的设计范围为从调相机出线端子起，至起动配电装置。机腹出线时，除出线小室外，尚包括母线桥；机背出线时，一般无出线小室，仅有母线桥。调相机出线小室的布置要点基本与发电机出线小室相同。

2. 起动配电装置

在起动配电装置中一般布置有起动电抗器、起动回路断路器，主断路器及调相机的电压互感器、避雷器等电气设备。另外调相机的低压配电屏、可控硅整流励磁方式的调相机励磁变压器、变电所的所用变压器等也常与起动配电装置布置在一起。起动配电装置的布置型式可采用开关柜式、装配式和混合式三种类型，均布置在户内。起动电抗器布置时要考虑散热通风和安装检修、起吊搬运的方便。

由起动配电装置到变压器低压套管之间的连接，可采用组合导线、户外母线桥，15MVA 以下小机组也可采用电缆。

3. 调相机配电装置举例

(1) 图 9-26 为 TT-15-8 型（15MVA，11kV）调相机户内低位布置的调相机（见图 9-20）出线小室及起动配电装置布置图。该起动配电装置以 GG-1A 型开关柜为主。

(2) 图 9-27 为 TT-30-11 型（30MVA，11kV）调相机户内高位布置的调相机（见图 9-22）出线小室及起动配电装置。该起动配电装置因断路器遮断容量不够，而采用了装配式。

(3) 图 9-28 为 TT-60-11 型（60MVA，11kV）调相机户外低位布置的调相机（见图 9-23）起动配电装置。该起动配电装置为混合式。

第 9-4 节 并联电容补偿装置

一、并联电容器装置

下述设计原则适用于额定电压 10（6）kV 及以上，单组额定容量 2000kvar 及以上的并联电容器装置；对于额定电压 10（6）kV 及以下，单组额定容量 2000kvar 以下的并联电容器装置可作参考。

(一) 并联电容器装置的分组

1. 分组原则

并联电容器装置的分组主要由系统专业根据电压波动、负荷变化、谐波含量等因素确定，电气一次专业根据设备选择要求提出意见。

(1) 对于单独补偿的某台设备，例如电动机、小容量变压器等用的并联电容器装置，不必分组，可直接与该设备相连接，并与该设备同时投切。

(2) 配电所装设的并联电容器装置的主要目的是为了改善电网的功率因数。此时，为保证一定的功率因数，各组应能随负荷的变化实行自动投切。负荷变化不大时，可按主变压器台数分组，手动投切。

(3) 终端变电所的并联电容器装置，主要是为了提高电压和补偿主变压器的无功损耗。此时，各组应能随电压波动实行自动投切。投切任一组电容器时引起的电压波动不应超过 2.5%。

(4) 对于 110~220kV、主变压器带有载调压装置的变电所，应按有载调压范围分组，并按电压或功率因数的要求实行自动投切。

(5) 对于 3 次及以上高次谐波含量较高的电网，需要在并联电容器装置的各组电容器中分别串接 2.5%~3%、5%~6%或 12%~13%的串联电抗器，并根据需要抑制的谐波电流次数（或限制的谐波电压次数），有针对性的进行选控。投切过程中，不应发生谐波放大现象。

(6) 每组电容器的容量应保证做到：与串联电抗器的额定参数相匹配；使断路器能够正常开断，并尽量不发生重击穿；当避雷器动作后，通过避雷器的电容器组放电能量不得超过其允许的通流容量值；当一台电容器故障时，本组电容器中健全电容器向故障电容器的放电能量不得超过单台电容器外壳所允许的爆裂能量值；使通过放电线圈的放电能量不得超过其允许的放电容量值；使各组容量之和应等于或略大于预想的并联电容器装置的容量，即电网需要补偿的最大容性无功量等。

2. 分组方式

并联电容器装置的分组方式有如图 9-29 所表示的几种方式。

(1) 图 9-29(*a*)为等容量分组方式。分组断路器不仅要满足频繁切合并联电容器组的要求，而且还要满足开断短路的要求。这种分组方式是应用较多

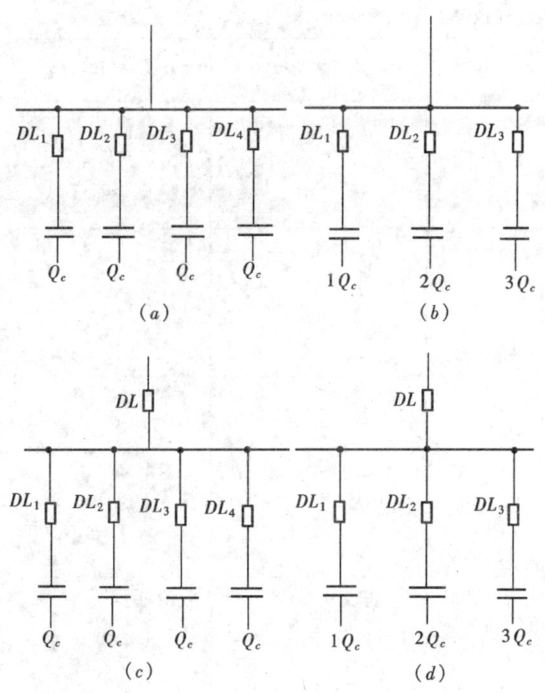

图9-29　并联电容器装置的分组方式

(a) 等容量分组；(b) 等差级数容量分组；(c) 带总断路器的等容量分组；(d) 带总断路器的等差级数容量分组

DL_1 ~ DL_4—分组断路器；DL—总断路器

的一种。

(2) 图9-29 (b) 为等差容量分组方式。分组断路器的要求与图9-29 (a) 中的断路器相同。由于其分组容量之间成等差级数关系，从而使并联电容器装置可按不同投切方式得到多种容量组合，即可用比图9-29 (a) 所示方式少的分组数目，达到更多种容量组合运行的要求，从而节约了回路设备数。但是它在改变容量组合的操作过程中，会引起无功功率较大的变化，并可能使分组容量较小的分组断路器频繁操作，断路器的检修间隔时间缩短，从而使电容器组退出运行的可能性增加。因而应用范围有限。

(3) 图9-29 (c) 与图9-29 (a)、图9-29 (d) 与图9-29 (b) 所示的组合方式相同，只是分组断路器 DL_1 ~ DL_4 只作为投切并联电容器组的操作电器，而由并联电容器装置的总断路器 DL 作为短路保护电器。这样，总断路器就可以不必满足频繁操作的要求。但是，当某一并联电容器组因短路故障而切除时，将造成整个并联电容器装置退出运行。故该分组方式适用于采用操作性能较好、遮断容量偏小的断路器（例如真空断路器）的并联电容器装置，以及容量较小的并联电容器装置。

3. 常用的分组容量

并联电容器装置常用的额定分组容量一般选用的档次为：10kV 选 2000、3000、6000kvar；35、63kV 选 10000、15000、20000kvar。

国内现已开发出单台容量为 3334kvar、$11/\sqrt{3}$ kV 的并联电容器产品，且内部已附有内熔丝、内放电线圈；这将会对分组方式有较大的影响。

（二）并联电容器装置的接线

这里讲的并联电容器装置的接线是指电容器每组的接线。

1. 并联电容器组基本接线类型

并联电容器组的基本接线分为星形（Y）和三角形（△）两种。经常采用的还有由星形（Y）派生出的双星形（双Y，每个“Y”称为一个“臂”。两个臂的电容器规格及数量应相同，在安装时，应使两个臂的实际容量尽量相等）接线，在某种场合下，也有采用由三角形（△）派生出的双三角形（双△，每个“△”称为一个“臂”。两个臂的电容器规格及数量应相同，在安装时，应使两个臂的实际容量尽量相等）接线。并联电容器组的接线类型如图9-30所示。单相供电电网的并联电容器组接线为三相的特殊形式，仅为一相，无Y与△之分。

并联电容器组各种接线类型的技术比较见表9-17。

2. 并联电容器组每相内部接线方式

当单台并联电容器的额定电压不能满足电网正常工作电压要求（或者其它设计上考虑的要求）时，需由两台或多台并联电容器串接后（串联台数一般称串联段数）达到电网正常工作电压的要求；为达到要求的补偿容量，又需要用若干台并联电容并联才能组成并联电容器组。并联电容器组每相内部的接线方式如图9-31所示。

图9-31 (a) 为先并后串接线方式。该接线方式的优点在于，当一台故障电容器由于熔断器 RD 熔断退出运行后，对该相的容量变化和与故障电容器并联的电容器上承受的工作电压的变化影响较小；同时，熔断器 RD 的选择只需考虑与单台电容器相配合。故工程中普遍采用，并为规程所肯定。

图9-31 (b) 为先串后并接线方式。该接线方式的缺点为，当一台故障电容器由于熔断器 DL 熔断退出运行后，导致故障电容器所在的电容器串整个退出运行，对该相的容量变化和剩余串电容器上承受的工作电压的变化的影响较大；同时，该接线方式的熔断器DL的断口绝缘水平应等于电网的绝缘水平，致

表 9-17 **并联电容器组接线类型的技术比较**

序号	比较项目	△接线	双△接线	Y接线	双Y接线
1	由于三相容抗的实际不平衡，是否会影响各相电容器组承受的工作电压	不影响	不影响	会影响	会影响
2	按满足电容器允许耐受的工频过电压倍数的要求，确定的电容器组最少并联台数M_{min}的数量	比Y接线少	比Y接线少	比△接线多	比△接线多
3	是否可补偿不平衡负荷	可以	可以	不可以	不可以
4	是否可构成3*n*次谐波通路，以有利于消除电网中3*n*次谐波和减轻对通信干扰	可以	可以	Y_0接线将对通信造成干扰	对电网通讯不会造成干扰
5	单台电容器全击穿时，故障电容器通过短路电流的大小	短路电流大，熔断器难选，电容器允许爆裂能量要大	短路电流大，熔断器难选，电容器允许爆裂能量要大	电流小	电流小
6	对串联电抗器的动热稳定要求	串联电抗器不论接在△前还是△中，都可能承受系统短路电流，对串联电抗器的要求高		串联电抗器接在中性点处，承受的最大电流仅为电容器组的合闸涌流，所以要求低	
7	对避雷器通流容量要求	电容器两端间的分闸操作过电压倍数较高，因此对避雷通流容量要求高		比△接线要求低	
8	电容器内部故障的继电保护方式	可供选用的继电保护方式较少	利用故障相两臂间的容抗差引起的差电流，容易组成横差保护	继电保护方式较多	继电保护方式更多、更简单，而且可靠性、灵敏度都高
9	布置	布置困难、不清晰、占地多	比△接线更困难、更复杂	容易布置、且较清晰	布置稍比Y接线复杂
10	适用范围	1. 装设于线路上的杆式并联电容器组； 2. 6kV及以下的并联电容器组； 3. 对称3*n*次谐波交流滤波器； 4. 补偿不平衡负荷的并联电容器组	缺点最多，无推广价值，对于10kV母线短路容量小于100MVA的3000kavr以下的并联电容器组，才允许采用双△接线	1. 6kV及以上的并联电容器组； 2. 大部分交流滤波器（3*n*次除外）	1. 10kV及以上的大容量并联电容器组； 2. 大部分大容量交流滤波器（3*n*次除外）

使熔断器选择不易。故工程中已不采用该种接线方式。

3. 中性点接地方式

Y（双Y）接线的并联电容器组有中性点接地和不接地两种。中性点接地时，Y接线称为Y_0接线。双Y接线中性点一般通过电压互感器接地。

（1）Y_0接线除表9-17所阐述的Y接线的优缺点外，还有一条优点，即当电网发生单相接地故障时，继电保护装置不会发生误动作。

（2）Y_0接线与Y接线相比有如下区别：

1）对并联电容器的电极与外壳间绝缘水平要求较低，只需按电网相电压考虑。因目前国内主要生产极壳间绝缘水平按电网线电压考虑的并联（交流滤波）电容器产品，所以无必要采用Y_0接线。

2）Y_0接线可大幅度地增大母线对地电容值，使得配电装置的行波保护水平相应提高。

3）电容器组两端间的分闸操作过电压倍数较低，易于满足避雷器通流容量的要求，有利于电容器组的运行。

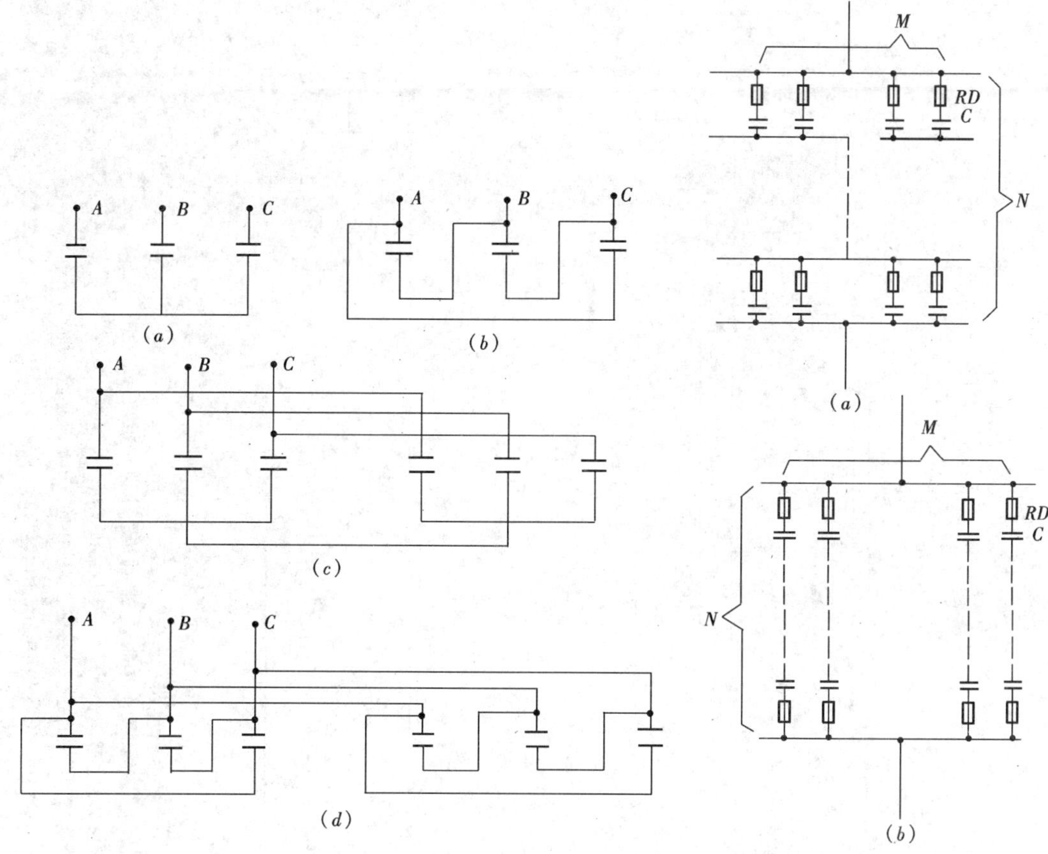

图 9－30　并联电容器组接线类型

（a）星形（Y）；（b）三角形（△）；（c）双星形（双 Y）；（d）双三角形（双△）

图 9－31　并联电容器组每相接线方式

（a）先并后串（有均压线）接线方式；（b）先串后并（无均压线）接线方式
RD—单台保护熔断器；C—单台电容器；
M—电容器组中电容器并联台数；
N—电容器组中电容器串联段数

4）在中性点接地系统中，Y_0 接线由于不产生中性点位移，所以当某相电容器组发生故障时，两健全相电容器承受的工作电压不受影响。但由于故障相故障电容器通过系统短路电流，致使电容器和单台保护熔断器的要求要严格一些；当系统发生单相接地时，继电保护动作，切除电容器组，增加了运行的复杂性。

5）在中性点不接地系统中，当某相电容器组发生故障时，中性点接地点发生电压位移，致使地电位抬高，对设备及运行均不利。

（3）中性点非直接接地系统中，目前常用并联电容器装置的接线为 Y 接线或双 Y 接线。高压和超高压中性点直接接地系统中或直流输电系统交流侧的并联电容器装置，一般采用 Y_0 接线。

4．并联电容器组接线示例

应用于中性点非直接接地系统中，包括附属设备的并联电容器组的典型接线如图 9－32 所示。图中串联电抗器串接地点应根据电容器装置的接线方式、电抗器的动热稳定电流、绝缘水平及母线短路容量等由技术经济比较确定；如电容器的外壳直接接地时，保护单台电容器的熔断器应接于电源侧；如有可能时，电容器组的电源侧及中性点侧宜装设接地刀闸。

变电所中只装一组电容器时，一般涌流不大。当母线短路容量不大于 80 倍电容器组额定容量时，涌流倍数不超过 10。10 倍以内的涌流一般不会对回路设备造成损害，因此，一般可以不为限制涌流倍数而设置串联电抗器。当两组及以上的电容器组并列运行，通过计算（合闸涌流倍数计算方法见附录 9－4）确认涌流倍数超过回路设备允许值时（一般均超过），应在每组回路中设置为限制涌流倍数的串联电抗器。

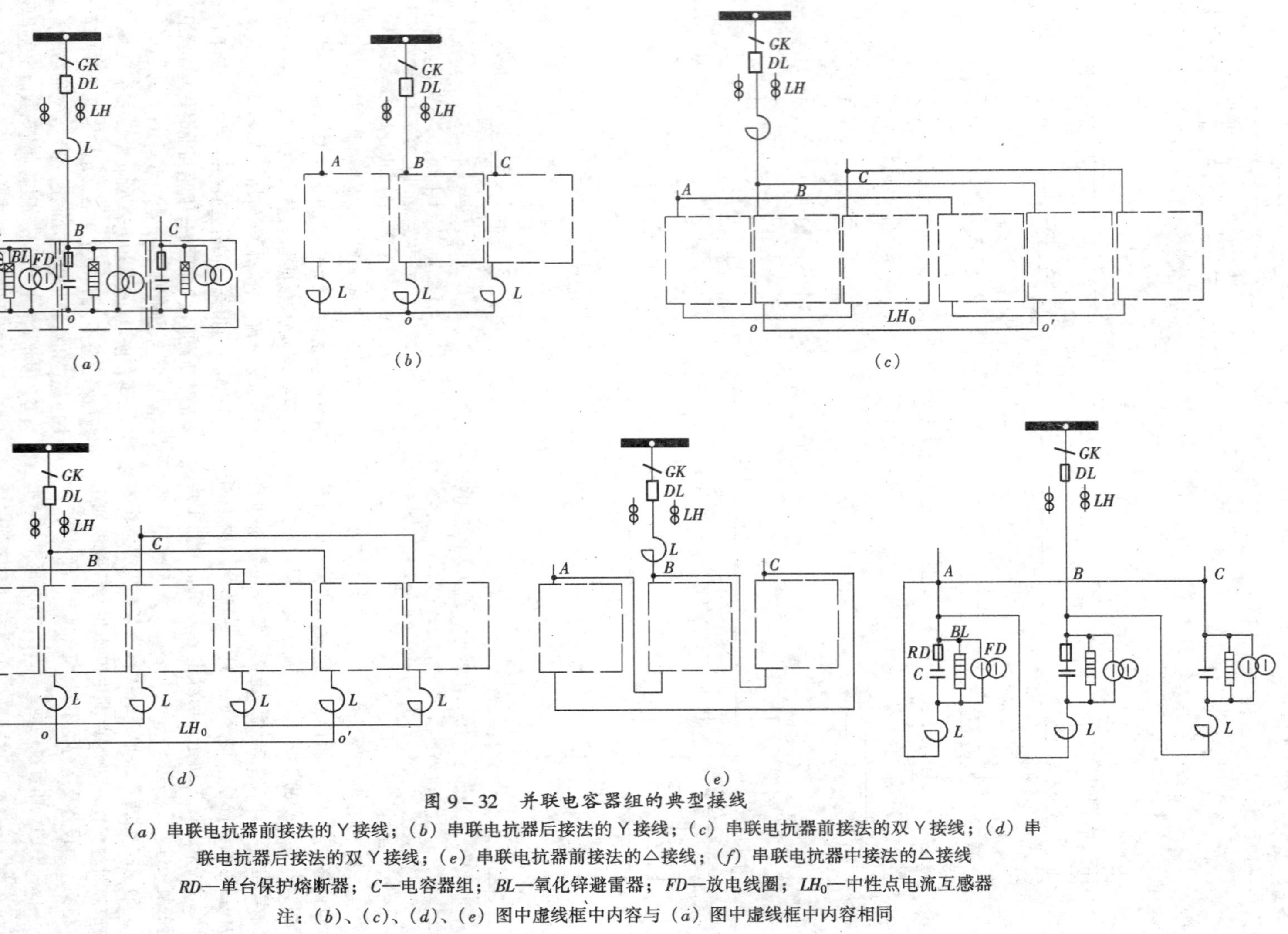

图 9-32 并联电容器组的典型接线

（a）串联电抗器前接法的 Y 接线；（b）串联电抗器后接法的 Y 接线；（c）串联电抗器前接法的双 Y 接线；（d）串联电抗器后接法的双 Y 接线；（e）串联电抗器前接法的△接线；（f）串联电抗器中接法的△接线

RD—单台保护熔断器；C—电容器组；BL—氧化锌避雷器；FD—放电线圈；LH_0—中性点电流互感器

注：（b）、（c）、（d）、（e）图中虚线框中内容与（a）图中虚线框中内容相同

为限制合闸涌流倍数，国内某些工程采用了“电感、电阻型限流器”代替图 9-32 中的串联电抗器，其电抗值为电容器组额定容抗值的 0.1%~2%，电阻取 1~3Ω；原理接线如图 9-33 所示。

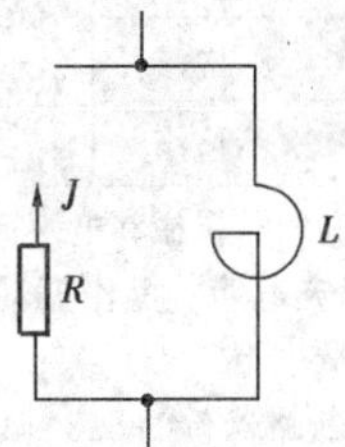

图 9-33　电感、电阻型限流器原理接线图
L—小电感空芯电抗器；J—火花间隙；R—阻尼电阻

（三）设备选择

1. 断路器

(1) 操作电容器组的断路器应符合下述一般要求：

1) 当操作电容器组的断路器的遮断容量不能满足系统短路容量时，并联电容器装置应采用图 9-29 (c) 或 (d) 的分组方式，需设置一台专门用于短路保护用的总断路器。该断路器除需按断路器选择的一般技术条件进行选型外，还应具有切除其所连接的全部电容器组的额定电流的能力，而对其能否发生重击穿及是否具有频繁操作电容器的能力不作严格要求。

2) 图 9-29 (a) 或 (b) 中的断路器，除应按断路器选择的一般技术条件选型外，尚应符合操作电容器的以下特殊要求：

①合闸时触头不应有明显弹跳、熔焊；

②分闸时不应重击穿，或重击穿概率很低；

③应有承受合闸涌流的能力；

④经常投切的断路器应具有频繁操作的能力；

⑤断路器（包括隔离开关）的额定电流，不应小于装置长期允许电流的 1.35 倍。

(2) 国内目前采用的断路器型式见表 9-18。

(3) 可控硅投切的并联电容补偿装置，实际上与用断路器自动投切的并联电容补偿装置的作用相同，只不过是将断路器换成可控硅开关，可控硅开关投切的并联电容补偿装置的额定电压，目前不超过 10kV。有关可控硅开关的选择参见第 9-5 节中介绍的国内某工程中国外该类产品的技术参数。

2. 并联电容器

(1) 电容器的额定电压和串联段数的选择应按下述方法及过程进行：

1) 确定电容器额定电压时，应考虑的因素有：

①电容器装置接入电网后引起的电网电压升高；

②高次谐波引起的电网电压升高；

③电容器的容差（并联电容器国标规定为 $^{+10}_{-5}\%$）引起各电容器间承受电压不相等；

④装设串联电抗器后引起的电容器组过电压；

⑤系统电压调整和波动引起的系统工频过电压；

⑥轻负荷引起的工作电压升高。

表 9-19 列出并联电容器允许的工频稳态过电压值及其相应的耐受时间。

2) 确定电容器额定电压时，在其计算公式中具体考虑了上述①、③、④三项因素的影响。单台电容器的额定电压及串联段数必须满足下式（适用于 Y、△、双 Y 接线）：

$$\left.\begin{aligned} NU_{Ce} &\geqslant K\frac{U_m}{1-A} \\ K &= 1+\frac{0.05}{3+0.05}=1.016 \end{aligned}\right\} \quad (9-19)$$

式中　N——电容器组中电容器串联段数。根据 U_x 及拟采用的电容器额定电压，先假定一个 N 值进行计算。工程中，一般在 10kV 及以下取 1，35、63kV 取 2 或 4；

U_{Ce}——拟采用的电容器的额定电压。应尽量首先在并联电容器国标中规定的额定电压优先值系列（见表 9-20）中选取，但是安全裕度不宜过高，以免容量亏损过多（kV）；

K——考虑电容器容差引起的电压升高系数。式中 0.05 是考虑到安装后的电容器组相间可能存在的最大容差比值。对于 $N=1$ 的△接线，$K=1$。对于 $N>1$ 的△接线及 $N\geqslant1$ 的 Y、双 Y 接线，采用本公式计算值 $K=1.016$。在电容器组安装时，应尽量作到电容器组相间容差小于 0.05，各串联段的容差应尽量接近零；

U_m——系统最高运行电压（kV）；

A——装置的调谐度（见串联电抗器选择）。

根据式（9-19），计算出常用接线电容器组的并联电容器应具有的最小额定电压值列于表 9-21。

(2) 电容器的额定容量和并联台数的选择应按下述方法及过程进行：

1) 单台电容器的额定容量由下式确定（适用 Y、

表 9－18　　国内目前并联电容补偿装置采用的几种断路器型式

<table>
<tr><th>额定电压
(kV)</th><th>投切方式</th><th>可选型号</th><th colspan="2">备　　注</th></tr>
<tr><td rowspan="5">10</td><td rowspan="3">不频繁手动投切</td><td>SN_{10}－10</td><td>可开断 10000kvar 电容器组 200 次不检修</td><td rowspan="3">可作总断路器，也可作分组断路器。需要设置氧化锌避雷器进行操作过电压保护</td></tr>
<tr><td>SN_{10}－10Ⅰ</td><td>可开断 10000kvar 电容器组 100 次不检修</td></tr>
<tr><td>SN_{10}－10Ⅱ</td><td>可开断 10000kvar 电容器组 100 次不检修</td></tr>
<tr><td rowspan="2">频繁手动或自动投切</td><td>ZN－10</td><td colspan="2">优点：绝缘强度高；燃弧时间短；机械和电寿命长；维护简便；运行费用低；可频繁操作；无火灾危险；操作振动小；噪声小；重量轻；外形尺寸小；操作机构能量小等。
缺点：造价高，国内为少油断路器价的 3.8～4 倍，国外为少油断路器价的 1.1～1.5 倍；必须经 30 次以上“运行老炼”操作处理后，才能投入运行，而且仍需设氧化锌避雷器进行操作过电压保护；合闸过程中必然产生触头弹跳，但产生的过电压一般不高；目前产品的遮断容量最大为 300MVA，绝大部分场合下不能满足 10kV 母线的短路容量要求，只能作图 9－29（c）或（d）中的分组断路器。
趋势：价格降低，会逐渐取代少油断路器</td></tr>
<tr><td>GORL－11（户外产品）</td><td colspan="2">该断路器为随 PEO－CK 型 10000kvar 并联电容器成套进口的日本多油断路器。该断路器额定开断电流 25kA，不重击穿，可连续操作 500 次不换油，目前正由沈阳开关厂制造</td></tr>
<tr><td rowspan="3">35</td><td>不频繁手动投切</td><td>DW_2－35R</td><td colspan="2">大部分为自己改装的，有的是沈阳开关厂等改装，目前由苏州开关厂定型生产。可防止重击穿，降低合闸涌流倍数。可切合 20000kvar 电容器组，但不适宜频繁操作，适于作并联电容器装置总断路器</td></tr>
<tr><td rowspan="2">频繁手动或自动投切</td><td>VBM－34.5（户外产品）</td><td colspan="2">为美国 Joslyn 公司生产的真空断路器。经国内试用，无重击穿、适于频繁操作。国内沈阳开关厂的 35kV 真空断路器即将定型生产</td></tr>
<tr><td>SF_6 断路器（目前为户内产品）</td><td colspan="2">SF_6 断路器，可满足短路保护及操作电容器的要求，可限制操作电容器组过电压。SF_6 断路器的价格高于真空断路器，更高于油断路器。它和真空断路器已成为 35kV 及以上并联电容补偿装置断路器的理想型式</td></tr>
<tr><td rowspan="3">63</td><td rowspan="2">不频繁手动投切</td><td>G－100（即 DW_1－60G）</td><td colspan="2">曾作过切合 9720kvar 电容器组试验，虽发生重击穿，但过电压倍数值不超过 2。不能频繁操作，适于作并联电容器装置总断路器</td></tr>
<tr><td>SW_2－60T</td><td colspan="2">曾作过 18000kvar 电容器组试验，虽发生重击穿，但过电压倍数值约为 2。适于作并联电容器装置总断路器</td></tr>
<tr><td>频繁手动和自动投切</td><td>GP－7－41 型 SF_6 断路器</td><td colspan="2">该断路器为由日本引进，额定开断电流 31.5kA，切 2 万 kvar 电容器组无重击穿。完全满足操作电容器组要求。平顶山开关厂正在引进法国 FA 系列技术进行试制。SF_6 断路器将成为 63kV 并联电容补偿装置的唯一断路器</td></tr>
</table>

表 9－19　　并联电容器允许的工频稳态过电压值及其相应的耐受时间

工频稳态过电压允许值	最大耐受时间	说　　明
$1.1U_{Ce}$	长　期	指长期过电压的最高值应不超过 1.1
$1.15U_{Ce}$	每 24h 中 30min	考虑系统电压的调整与波动
$1.20U_{Ce}$	5min	考虑轻负荷时过电压
$1.30U_{Ce}$	1min	

注　1. 高次谐波引起的过电压，不应使电容器通过的稳态过电流大于 $1.3I_{Ce}$；对于电容具有最大正偏差的电容器，这个过电流允许达到 $1.43I_{Ce}$。

2. 表中 $1.20U_{Ce}$、$1.3U_{Ce}$及对应的运行时间，在电容器的寿命期间总共应不超过 200 次。

表9-20　并联电容器额定电压优先值系列

优　先　值　(kV)						
0.23,	0.4,	0.525,	1.05,	3.15,	6.6/$\sqrt{3}$,	6.3,
10.5,	11/$\sqrt{3}$,	11,	19			

表9-21　常用接线电容器组中的电容器最小额定电压值

电网额定电压 U_e (kV)	最高运行电压 U_m (kV)	接线类型	调谐度 A (%)	串联段数 N	单台电容器应具有的最小额定电压值 (kV)	可供选用的已定型生产电容器的额定电压值 (kV)
6	供电设备额定电压：6.3；供电设备额定相电压：6.3/$\sqrt{3}$	△	0	1	6.3	6.3
			2.5~3		6.46~6.50	
			5~6		6.63~6.70	
			12~13		7.16~7.24	
		Y	0		6.4/$\sqrt{3}$	
			2.5~3		(6.56~6.60)/$\sqrt{3}$	
			5~6		(6.74~6.81)/$\sqrt{3}$	
10	供电设备额定电压：10.5；供电设备额定相电压：10.5/$\sqrt{3}$	△	0		10.5	10.5，11
			12~13		11.93~12.07	
		Y，双Y	0		10.67/$\sqrt{3}$	11/$\sqrt{3}$
			2.5~3		(10.94~11)/$\sqrt{3}$	11/$\sqrt{3}$
			5~6		(11.23~11.35)/$\sqrt{3}$	
35	变压器二次侧送供电标称电压：38.5；相应的相电压：38.5/$\sqrt{3}$	△	12~13	2	22.23~22.48	
				4	11.12~11.24	
		Y，双Y	0	2	11.29	
				4	5.65	
			2.5~3	2	11.58~11.64	
				4	5.79~5.82	
			5~6	2	11.89~12.01	
				4	5.94~6.05	6.3
63	变压器二次侧送供电标称电压：69；相应的相电压：69/$\sqrt{3}$	△	1~13	4	19.92~20.14	
		Y，双Y	0	2	20.23	
				4	10.12	
			2.5~3	2	20.16~20.86	
				4	10.38~10.43	10.5，11
			5~6	2	21.30~21.53	
				4	10.65~10.76	11

注　1. 额定电压值中分母为$\sqrt{3}$的双套管电容器的极壳间绝缘水平应等于相应电网额定电压级的绝缘水平。额定电压值中无$\sqrt{3}$的电容器的极壳间绝缘水平分两种情况：6、10kV时，为相应电网的额定电压级的绝缘水平；35、63kV时，根据表中所列的额定电压值分类，分别就近取6、10、20kV级的绝缘水平。

2. 现国产并联电容器定型产品的额定电压值，只能满足表中部分要求。

双Y、△接线)。

$$Q_{Ce} \geqslant \frac{NQ_BU_{Ce}^2(1-A)}{3MU_m^2} \tag{9-20}$$

式中　Q_{Ce}——单台电容器的额定容量,见表9-22(kvar);

Q_B——整个装置分配至该组的电网所需补偿的容性无功量(kvar);

U_{Ce}——由式(9-22)计算后最终确定的单台电容器额定电压(kV);

N——由式(9-22)计算后最终确定的电容器串联段数;

M——根据经验先假定给出的电容器并联台数(对双Y接线,M应为两臂并联台数之和,但在用后面的式(9-27)校验时,M值应取一臂的并联台数)。

2)单台电容器的额定电容值(量)由下式计算:

$$C_{Ce} = \frac{Q_{Ce}}{\omega U_{Ce}^2} \times 10^3 \tag{9-21}$$

式中　C_{Ce}——单台电容器额定电容值(μF);

Q_{Ce}——由式(9-23)计算后最终确定的单台电容器额定容量(kvar);

ω——工频角频率,$\omega = 314$rad/s;

3)由式(9-20)初步选定了M值后,须按下述步骤校验M值:

①最小并联台数按下式计算:

$$\left.\begin{aligned}
M_{min} &= \frac{K_u(3N-2)}{3N(K_u-1)}\text{(适用于Y接线及采用不平衡电压保护的双Y接线)}\\
M_{min} &= \frac{K_u(6N-8)}{3N(K_u-1)}\text{(适用于采用桥式差电流保护的Y接线)}\\
M_{min} &= \frac{K_u(6N-5)}{6N(K_u-1)}\text{(适用于采用不平衡电流保护的双Y接线)}\\
M_{min} &= \frac{K_u(N-1)}{N(K_u-1)}\text{(适用于△接线,}N \geqslant 2\text{)}
\end{aligned}\right\} \tag{9-22}$$

式中　M_{min}——每相(或双Y接线的每相每臂)电容器组最少应并联的台数;

K_u——并联电容器允许长期运行的工频过电压倍数,取1.1。

②最大并联台数按下式计算:

$$M_m = \frac{259W_{min}}{Q_{Ce}} + 1 \tag{9-23}$$

式中　M_m——每相(或双Y接线的每相每臂)电容器组允许的最大并联台数;

W_{min}——厂家提供的电容器外壳能承受的外壳爆裂能量(kJ);

③最终确定的M值必须满足:

$$M_m \geqslant M \geqslant M_{min} \tag{9-24}$$

表9-22　并联电容器单台容量优先值系列

并联电容器额定电压 U_{Ce} (V)	优　先　值　(kvar)
>660	10, 12, 16, 25, 30, 50, 100, 150, 167, 200, 300, 334
≤660	5, 7, 10, 14, 20, 25, 30, 50

式中　M——最终确定的每相(或双Y接线的每相每臂)电容器组的并联台数;

M_m——由式(9-23)计算得出的值;

M_{min}——由式(9-22)计算得出的值。

④若初选的M值不能满足式(9-24)时,可采用改选不同额定容量的单台电容器,或调整本电容器组应装容量等措施来解决,最终应使M值满足式(9-24)。

⑤当选用单台大容量或特大容量电容器时,在征得制造厂同意后,可不进行M值的校验。

(3)电容器的额定电流必须满足下式(适用于Y、双Y、△接线):

$$\left.\begin{aligned}
I_{Ce} &\geqslant \sqrt{I_{1m}^2 + \sum_{n=2}^{n} I_{nm}^2} / K_iM\\
I_{Ce} &= \frac{Q_{Ce}}{U_{Ce}}\\
I_{1m} &= \frac{MU_{nm}Q_{Ce}}{(1-A)U_{Ce}^2}\\
I_{nm} &= \frac{n\omega \frac{M}{N} C_{Ce}U_{xnm}}{1-n^2A} \times 10^{-6}
\end{aligned}\right\} \tag{9-25}$$

式中　I_{Ce}——单台电容器额定电流（A）；

I_{1m}——通过电容器组工频（基波）最大电流值（A）；

M——最终确定的电容器组并联台数；

U_{xm}——装置安装处母线可能出现的最高运行电压，Y、双 Y 接线时，为相电压，△接线时为线电压（kV）；

n——谐波次数；

U_{xnm}——母线上 n 次谐波最大电压值。Y 及双 Y 接线时为相电压，△接线时为线电压，（V）；

I_{nm}——通过电容器组的 n 次谐波最大电流值（A）。若发生谐波放大现象时，不能按此式计算 I_{nm}；

N——最终确定的电容器组串联段数；

C_{Ce}——按式（9-24）计算得出的单台电容器额定电容值（μF）；

K_i——单台并联电容器允许的长期过电流倍数，$K_i = 1.3$。

（4）一组并联电容器装置的额定电流按下式确定（适用于 Y、双 Y、△接线）：

$$\left.\begin{aligned} I_{\Sigma Ce} &= \frac{U_m}{(1-A)X_{\Sigma Ce}} \times 10^3 \\ X_{\Sigma Ce} &= \frac{N}{3M}X_{Ce}(\text{适用于 △ 接线}) \\ X_{\Sigma Ce} &= \frac{N}{M}X_{Ce}(\text{适用于 Y、双 Y 接线}) \\ X_{Ce} &= \frac{1}{\omega C_{Ce}} \times 10^6 \end{aligned}\right\} \tag{9-26}$$

式中　$I_{\Sigma Ce}$——一组并联电容器装置的额定电流，即额定相电流（A）；

U_m——与式（9-19）中含义相同，但只取相电压（kV）；

$X_{\Sigma Ce}$——电容器组一相总额定容抗，当△接线时，应变换为 Y 接线的容抗值（Ω）；

X_{Ce}——单台电容器额定容抗值（Ω）。

3. 串联电抗器

（1）串联电抗器的作用是多功能的，主要有：

1）降低电容器组的涌流倍数和涌流频率，使得易于选择回路设备及保护电容器。为避免发生“谐波牵引现象”，应要求串联电抗器的伏安特性尽量线性化。

2）与电容器组容抗全调谐后，组成某次谐波的交流滤波器，可降低母线上该次谐波电压值；若处于过调谐状态下，即为一种并联电容器装置，并部分地降低该次谐波电压值，提高供电质量。

3）与电容器组容抗在某次谐波全调谐或过调谐状态下，可以限制高于该次数的谐波电流流入该电容器组，抑制高次谐波，保护电容器。

4）减少系统向并联电容器装置、或电容器组向系统提供的短路电流值。

5）减少健全电容器组向故障电容器组的放电电流值，保护了电容器。

6）减少电容器组断路器分闸电弧重击穿时的涌流倍数及频率，以利断口灭弧，降低操作过电压幅值。

7）削弱由于操作并联电容器装置引起的电网过电压（即转移过电压）幅值，有利于电网的过电压保护。

（2）串联电抗器每相额定感抗值按下式确定。

$$X_{Le} = \omega L_e = AX_{\Sigma Ce} \tag{9-27}$$

式中　X_{Le}——串联电抗器每相额定感抗值（Ω）；

L_e——串联电抗器每相额定电感值（H）；

ω——工频角频率，$\omega = 314\text{rad/s}$；

$X_{\Sigma Ce}$——与式（9-29）中符号的含义相同（但是当为串联电抗器中接法的△接线时，不必将△接线变换为 Y 接线），（Ω）；

A——装置的调谐度。为串联电抗器的感抗值与 $X_{\Sigma Ce}$ 的比值。若专为限制合闸涌流而设置时，宜取 $A = 5\% \sim 6\%$；若同时尚需抑制高次谐波电压时，可根据不同的谐波次数，按表 9-23 选取不同的 A 值。

表 9-23　按需要抑制的高次谐波电压应选取的 A 值

需抑制的高次谐波电压次数	3 次	5 次	7 次
A	12%~13%	5%~6%	2.5%~3%

表 9–24 串联电抗器匝间绝缘耐受值

幅 值（kV，有效值）	$2U_{xg}$
频 率（Hz）	nf
作用时间（ms）	5

注 U_{xg}——安装点电网额定电压。
n——需要抑制的高次谐波次数。

（3）串联电抗器一相的额定电流 I_{Le} 应满足下式：

$$I_{Le} = I_{\Sigma Ce} \tag{9-28}$$

（4）串联电抗器的单相、三相额定容量按下式计算：

$$\left.\begin{aligned} Q_{Le} &= I_{Le}^2 X_{Le} \times 10^{-3} \\ Q_{Lse} &= 3Q_{Le} \end{aligned}\right\} \tag{9-29}$$

式中 Q_{Le}——串联电抗器单相额定容量（kVA）；
Q_{Lse}——串联电抗器三相额定容量（kVA）。

（5）串联电抗器允许的长期过电流倍数为 $1.35I_{Le}$。

（6）铁芯串联电抗器的伏安特性在 $1.35I_{Le}$ 下，应为线性，在 $1.35I_{Le}$ 与 $\left(\frac{1}{\sqrt{A}}+1\right)I_{Le}$ 之间尽量保持线性。

（7）串联电抗器的匝间绝缘应符合表 9–24 规定的数值。

（8）对于“前接法”和“中接法”的串联电抗器将承受系统短路电流，所以其动、热稳定值与所选用的断路器有关参数相适应。而“后接法”的串联电抗器位置接近中性点，不承受系统短路电流，仅考虑合闸涌流，其动、热稳定值一般取其额定电流的 10 倍（对于空芯电抗器）或 20 倍（对于铁芯电抗器）。为此，并联电容器装置一般均采用“后接法”。

（9）串联电抗器可根据不同的布置方式制造成单相或三相共体式产品；如有条件以选用空芯式为宜。

在满足上述各项要求的前提下，宜尽量降低串联电抗器的直流电阻值，提高其品质因数 $q\left(q=\frac{nX_{Le}}{R_{Le}}\right)$。

4．熔断器

具有内熔丝的单台特大容量并联电容器，可不另设熔断器保护。

（1）保护单台电容器的熔断器，宜优先选用喷逐式熔断器。其额定电压不得低于电容器的额定电压，最高工作电压应为额定电压的 1.1 倍。熔断器熔体的额定电流可按下式选取。

$$I_{Re} = (1.5 \sim 2.0)I_{Ce} \tag{9-30}$$

式中 I_{Re}——熔断器熔体的额定电流（A）。

喷逐式熔断器遮断容量较小，若不能满足短路条件时（例如 $N=1$ 的△接线），可考虑采用万能式熔断器（遮断容量为 50～100MVA）。

（2）在可靠性要求不高的场合（如农村变电所），可以考虑用限流熔断器代替断路器保护并联电容器组，或保护多台（串）的电容器组成的并联电容器集合体。

限流式熔断器不宜使用在低于其额定电压的电网中，其熔体的额定电流应等于被保护的并联电容器组或集合体的额定电流的 1.5～2.0 倍。

5．放电装置

（1）放电装置宜选用专用的放电线圈。在无专用产品时，亦可用单相电压互感器代替，但其技术特性应满足放电装置的要求。

（2）放电线圈的对地绝缘应按电网的额定电压级选择。一次绕组两端的绝缘应按所并接的电容器组或集合体的额定电压选择，并能长期承受该值的 1.1 倍。

（3）放电线圈的一次绕组的放电容量（不是该装置的额定容量，它仅表征其承受电容器放电的能力）应等于或大于所并接的电容器组或集合体的额定容量。

（4）放电线圈一般还兼起测量和继电保护的功能，例如图 9–34 中的放电线圈可组成一个压差保护电路。其额定容量及二次绕组的参数选择应根据二次负载的要求，参照同电压等级电压互感器二次绕组的参数提出。

（5）放电线圈的有功损耗不宜超过其额定容量的 1%。

（6）放电线圈的放电时间必须满足下述要求：

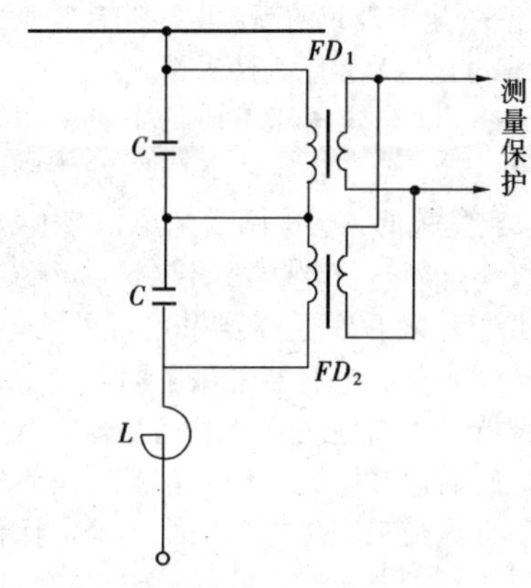

图 9-34　用两组放电线圈组成压差保护的单相原理图

L—串联电抗器；C—电容器组的一个串联段；FD_1、FD_2—两组性能完全一致的放电线圈

对于手动投切的并联电容器组，应能使电容器上剩余电压在 5min 内降到 50V（峰值）；对于自动投切的并联电容器组，应在 5s 以内降到 0.1 倍电容器组额定电压（峰值）。

放电线圈的实际放电时间可按下式进行校验：

手动投切：

$$t = R_f C_f \ln \frac{\sqrt{2} U_{Ce}}{50} \left(R_f \geqslant 2\sqrt{\frac{L_f}{C_f}} \right)$$

$$t = \frac{2L_f}{R_f} \ln \frac{\sqrt{2} U_{Ce}}{50} \left(R_f < 2\sqrt{\frac{L_f}{C_f}} \right)$$

自动投切：

$$t = R_f C_f \ln 10\sqrt{2} \left(R_f \geqslant 2\sqrt{\frac{L_f}{C_f}} \right)$$

$$t = 2\frac{L_f}{R_f} \ln 10\sqrt{2} \left(R_f < 2\sqrt{\frac{L_f}{C_f}} \right)$$

$$C_f = \frac{M'}{N'} C_{Ce} \tag{9-31}$$

式中　t——放电线圈的放电时间（s）；

R_f——放电回路的电阻。带二次负载放电时，应取放电线圈的一、二次绕组直流电阻与二次负载电阻之和；不带二次负载放电时，应取其一次绕组的直流电阻（Ω）；

C_f——放电线圈所并接的电容器组或集合体的额定电容值（F）；

L_f——放电回路的电感。带二次负载放电时，应取放电线圈的总漏感与二次负载电感之和；不带二次负载放电时，应取放电线圈的一次绕组漏感与励磁电感之和（H）；

U_{Ce}——由式（9-19）所确定的单台电容器额定电压（V）；

M'——放电线圈所并接的电容器组或集合体的电容器并联台数；

N'——放电线圈所并接的电容器组或集合体的电容器串联段数；

C_{Ce}——由式（9-21）计算得出的单台电容器额定电容值（F）。

（7）额定容量 100kvar 及以上的电容器应选用有内放电电阻的电容器，为了安全放电及继电保护的需要，装置仍需设置放电线圈。

（8）目前正在开发的特大容量单台并联电容器，其内已附有放电线圈。如果该内附放电线圈在电容器内部已组成可满足继电保护要求的回路，可不必另设置外部放电线圈。

6．氧化锌（金属氧化物）避雷器

（1）并联电容器装置中氧化锌避雷器应按下列原则进行选择。

并联电容器装置行波保护应按配电装置行波保护原则设计。氧化锌避雷器主要用来保护操作过电压。

并联电容器极间绝缘较弱，需要采用不重击穿的断路器，作为电容器组操作过电压第一线保护。考虑到断路器实际存在着重击穿的概率，尚需设置氧化锌避雷器作为第二线保护，保护接线见图 9-32。

选择保护电容器组的氧化锌避雷器的基本方法，应按第十五章中有关内容进行，但还应遵循以下原则：

1）持续运行电压应取电容器的额定电压（有效值）选择。

2）额定电压应按最大操作冲击残压折算，并按出现在电容器组两端的暂态过电压和工频耐压伏秒特性校验。

3）最大操作冲击残压应与电容器组的极间耐压相配合。

4）通流容量应能满足电容器组放电能量的要求。

5）避雷器本身的绝缘水平应按装置安装处的电网额定电压等级确定。

6）安装时，避雷器两接线端子应对地绝缘，其绝缘水平应与电网额定电压的级别一致。

（2）电气参数选择按下列步骤进行。

1）持续运行电压不能按电网最高运行相电压来

选择，而应按被保护的电容器组的额定电压选择，这是因为后者一般较前者为高，而避雷器又是并接在电容器组的两端，因此：

$$U_{by} \geqslant U_{\Sigma Ce} \quad (9-32)$$

$$U_{\Sigma ce} = NU_{Ce} \quad (9-33)$$

式中 U_{by}——避雷器持续运行电压（有效值，kV）；

$U_{\Sigma Ce}$——电容器组的额定电压（有效值，kV）；

U_{Ce}——单台电容器的额定电压（有效值，kV）；

N——电容器组中电容器的串联段数。

2）最大操作冲击残压不应大于国标规定的并联电容器极间介质试验电压，并尽可能多地留有保护裕度。

电容器极间介质试验电压为：交流 $2.15U_{ce}$，直流 $4.3U_{ce}$，时间 10s。

因此，可列出下式：

$$U_{bc} \leqslant \frac{1.25}{1.15} \times 2.15\sqrt{2}U_{\Sigma ce} \quad (9-34)$$

式中 U_{bc}——避雷器在 30/60μs、3kA 下的最大操作冲击残压（峰值，kV）；

1.25——冲击系数。变压器的冲击系数为 1.35（油纸绝缘，工频耐压 1min），电容器的冲击系数取 1.2（油纸或复合介质绝缘，工频试验电压 10s）；

1.15——绝缘配合系数；

2.15——并联电容器极间介质工频试验电压（10s）倍数；

$U_{\Sigma ce}$——电容器组的额定电压（有效值，kV）。

3）额定电压应满足下列两种情况：

对运行来讲，额定电压不应低于避雷器安装地点的工频过电压。由于保护并联电容器的避雷器并接于电容器组的极间，当电网发生单相接地故障时，电容器组极间也即避雷器的两端，不会承受工频过电压，又由于一般并联电容器采用了外熔丝保护，以及某种产品的单台电容器采用了内熔丝保护，在采取了避雷器保护措施之后，某相电容器组是不会发生极间短路的，这样健全相电容器组极间即避雷器两端亦不会承受工频过电压。故在确定保护电容器的避雷器的额定电压时，可不考虑工频过电压的因素。

对制造而言，额定电压是表征避雷器寿命的一个参数，它是由阀片荷电率所决定的，因此

$$U_{be} = \frac{U_{by}}{0.7 \sim 0.8} \quad (9-35)$$

式中 U_{be}——避雷器额定电压（有效值，kV）；

U_{by}——由式（9－32）、（9－33）计算确定的避雷器持续运行电压（有效值，kV）；

0.7～0.8——氧化锌避雷器阀片的荷电率。为安全计，工程中一般选取 0.75。

（3）推荐的避雷器参数

常用接线的并联电容器装置用氧化锌避雷器参数，按上述条件，计算推荐如下：

1）Y、双Y接线，$A=6\%$ 的并联电容器装置用氧化锌避雷器的参数如表 9－25 所示。

表 9－25　Y、双Y接线，$A=6\%$ 并联电容器装置用氧化锌避雷器参数

电网额定电压有效值 U_e（kV）	电容器组额定电压有效值 $U_{\Sigma ce}$（kV）	氧化锌避雷器参数			
		标称系统电压有效值 U_{bxe}（kV）	额定电压有效值 U_{be}（kV）	持续运行电压有效值 U_{by}（kV）	最大操作冲击残压峰值，30/60μs，2kA U_{bc}（kV）
6	$6.9/\sqrt{3}$	6	5.7	4.4	13.2
10	$11.5/\sqrt{3}$	10	9.6	7.3	82
35	24.0	35	34.4	26.5	79.3
63	43.5	63	62	47.9	144

注 1. 电容器组额定电压 $U_{\Sigma ce}$ 是按表 9－21 所列数据上限，取一个较高数值。

2. 计算时采用的 $\frac{U'_{be}}{U'_{bc}} = \frac{444}{875} = \frac{1}{1.97}$。

表9－26　△接线、$A=13\%$并联电容器装置氧化锌避雷器参数

电网额定电压有效值 U_e（kV）	电容器组额定电压有效值 $U_{\Sigma ce}$（kV）	氧化锌避雷器参数			
		标称系统电压有效值 U_{bxe}（kV）	额定电压有效值 U_{be}（kV）	持续运行电压有效值 U_{by}（kV）	最大操作冲击残压峰值，30/60μs，2kA U_{bc}（kV）
6	7.5	6	10.7	8.3	25
10	12.5	10	17.8	13.8	41
35	45	35	64	49.5	149
63	81	63	115	89.1	268

注　1. 电容器组额定电压 $U_{\Sigma ce}$是按表9－21所列数据上限，取一个较高数值。

2. 计算时采用的$\frac{U'_{be}}{U'_{bc}}=\frac{444}{875}=\frac{1}{1.97}$是根据西瓷厂提出的500kV氧化锌避雷器有关参数中查出的。

表9－27　按避雷器2ms、20次方波通流容量所确定的三相电容器组允许的最大额定容量

避雷器的方波通流容量2ms，20次（A）	三相电容器组允许的最大额定容量（kvar）							
	6kV		10kV		35kV		60kV	
	Y接线 $A=6\%$	△接线 $A=13\%$	Y接线 $A=6\%$	△接线 $A=13\%$	Y接线 $A=6\%$	△接线 $A=13\%$	Y接线 $A=6\%$	△接线 $A=13\%$
400	1410	1213	2349	2021	8669	15992	15992	13096
800	2819	2425	4697	4042	17338	144551	30784	26192
1000	3524	3032	5873	5052	21673	18189	38480	32740
1500	5286	4547	8810	7579	27284	27284	57720	49110

2）△接线，$A=13\%$的并联电容器装置用氧化锌避雷器的参数如表9－26所示。

（4）避雷器通流容量可按以下两种方法进行校验：

1）按方波通流容量校验时，可用式（9－36）。

$$I_{f2ms} \geqslant \begin{cases} 1.07CU_{\Sigma ce}(\text{Y 接线}) \\ 2.33CU_{\Sigma ce}(\triangle\text{ 接线}) \end{cases} \quad (9-36)$$

式中　I_{f2ms}——避雷器的2ms、18次方波通流容量，A；

C——避雷器所并接的电容器组的电容值，μF；

$U_{\Sigma ce}$——同式（9－35）中相同符号的含义。

由式（9－36）推导出由避雷器的2ms、20次方波通流容量所决定的三相电容器组允许的最大额定容量的公式为：

$$Q_{m\Sigma ce} \leqslant \begin{cases} 884.6U_{\Sigma ce}I_{f2ms}10^{-3}(\text{Y 接线}) \\ 404.2U_{\Sigma ce}I_{f2ms}10^{-3}(\triangle\text{ 接线}) \end{cases} \quad (9-37)$$

式中　$Q_{m\Sigma ce}$——按避雷器方波通流容量所决定的三相电容器组允许的最大额定容量，kvar；

$U_{\Sigma ce}$——同式（9－33）中相同符号的含义；

I_{f2ms}——同式（9－36）中相同符号的含义。

根据表9－21推荐的电容器组最小额定电压值，按式（9－40）计算出在避雷器不同的2ms、20次方波通流容量下三相电容器组允许的最大额定容量如表9－27所示。

2）按避雷器吸收能力校验时，可用式（9－38）。

$$W_{by} \geqslant \begin{cases} 6.02C\dfrac{U_{\Sigma ce}^2}{U_{be}}10^{-3}(\text{Y 接线}) \\ 13.19C\dfrac{U_{\Sigma ce}^2}{U_{be}}10^{-3}(\triangle\text{ 接线}) \end{cases} \quad (9-38)$$

式中　W_{by}——避雷器允许的耐受能量，kJ/kV；

C——同式（9－36）中相同符号的含义；

$U_{\Sigma ce}$——同式（9－33）中相同符号的含义；

U_{be}——同式（9－35）中相同符号的含义。

7．导体选择

（1）电容器之间、电容器—单台保护熔断器—汇流线之间的连线一般采用软铜绞线，在绝大多数情

况下，由机械强度决定导线截面汇流线、并联电容器装置主回路一般采用矩形铝排。其它附属设备间的连线由具体布置灵活决定导体型式，导体截面主要由机械强度决定。

(2) 导体截面按发热选择时，应遵循下述原则：

1) 电容器—单台保护熔断器—汇流线之间连线的长期允许电流必须满足：

$$I_{yd} \geqslant 1.43 I_{ce} \tag{9-39}$$

式中 I_{yd}——连接线的长期允许的载流量（A）；

I_{ce}——由式（9-25）确定的单台电容器额定电流（A）。

2) 汇流线、主回路的铝排线的长期允许电流必须满足：

$$I_{y} \geqslant 1.35 I_{\Sigma ce} \tag{9-40}$$

式中 I_y——铝排线的长期允许的载流量（A）；

$I_{\Sigma ce}$——由式（9-26）确定的并联电容器装置额定电流（A）。

8. 中性点电流互感器及接地用隔离开关

(1) 考虑到双Y接线两个中性点位移的电压差，在选择其中性点电流互感器时，匝间绝缘应加强，或在一次侧并联低压氧化锌避雷器保护，或在满足保护整定值的前提下，增大电流互感器的变比。

(2) 电容器装置应根据工程具体情况，宜装设接地用隔离开关，最好用四极隔离开关，将电容器组的电源侧和Y接线的中性点同时接地，为保证检修工作开始前可靠接地，应考虑装设防止误操作的机械联锁。

二、交流滤波装置

交流滤波装置实质是兼补偿容性无功和滤去电网谐波两种功能的并联电容器装置。装置中电容器可选用并联电容器和交流滤波电容器。由于并联电容器的额定电压在制造设计时未充分考虑谐波电压的影响，所以，装置中宜采用交流滤波电容器。

交流滤波装置，一般根据需要由数组单通滤波器和一组高通滤波器组成。单通滤波器的典型接线同图9-32。高通滤波器的单相原理接线如图9-35所示，它与单通滤波器的本质区别就是与串联电抗器 L 并联一个并联电阻 R_B，其它附属设备的配置方式及接线分类完全同图9-32。

（一）交流滤波装置的分组

交流滤波装置的分组实际上是决定设置几组（次）单通滤波器及是否需设置高通滤波器。

1. 分组原则

(1) 首先应根据电网需要滤去的谐波次数，决定滤波器的次数。一般情况下，每次谐波用一组滤波器，一般设置3、5、7、11次单通滤波器，及专门滤去13次（13次称为截止频率次数）及以上谐波的一组高通滤波器。

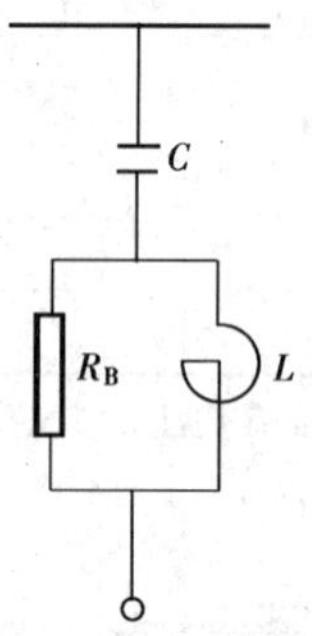

图9-35 高通滤波器单相原理接线

C—电容器组；L—串联电抗器；R_B—并联电阻

(2) 当单独安装交流滤波装置时，其投切方式应由电网电压波动或负荷变化的规律决定采用手动投切方式或自动投切方式；由投切方式决定装置的分组原则与并联电容器装置的相同。

(3) 每次（组）滤波器的容量，除应遵循并联电容器装置分组容量应遵循的原则外，尚应满足通过大量谐波电流的要求。

(4) 滤波器的串联电抗器应尽量全调谐，如做不到，则不能欠调谐。

2. 分组方式

交流滤波装置的分组方式除按如图9-29所示的几种方式外，还可能存在由于为满足谐波电流要求而采用任意容量的分组方式。

（二）交流滤波装置的接线

交流滤波器装置的基本接线类型、每相内部接线方式、中性点接地方式及推荐意见均同并联电容器装置。

（三）设备选择

1. 断路器

交流滤波装置用断路器的选择要点与并联电容器装置用断路器相同。但需注意，由于回路中谐波电流的实际含量，会使回路电流稍大于单台电容器允许的长期过电流，必须大于 $1.35\Sigma I_{\Sigma ce}$（$\Sigma I_{\Sigma ce}$ 为装置中所有滤波器额定电流之和）。

2. 电容器

(1) 单台电容器的额定电压选择基本与并联电容器装置相同，但特别要考虑高次谐波引起的电容器端电压的升高。额定电压及串联段数必须满足以下条件（适用于Y、△、双Y接线）：

$$\left.\begin{aligned}
&NU_{ce} \geqslant \sqrt{\left(\frac{KU_m}{1-A}\right)^2 + 2\left(\frac{I_m X_{\Sigma ce}}{n}\right)^2} \\
&\text{(适用于并联电容器组成的滤波器)} \\
&NU_{ce} \geqslant \frac{KU_m}{1-A} + \sqrt{2} I_n X_{\Sigma ce}/n \\
&\text{(适用于交流滤波电容器组成的滤波器)} \\
&K = 1 + \frac{0.05}{3+0.05} = 1.016 \\
&X_{\Sigma ce} = \frac{N}{M} X_{ce} \\
&X_{ce} = \frac{10^6}{\omega C_{ce}}
\end{aligned}\right\} \quad (9-41)$$

式中　U_{cs}——拟采用的并联电容器或交流滤电容器的额定电压。安全裕度不宜过高，以免容量亏损过多（kV）；

A——滤波器的调谐度。3 次取 11.12%；5 次取 4%；7 次取 2.04%；11 次取 0.83%；高通取 0.59%；

n——电网提供的谐波电流次数；

I_n——对于 Y、双 Y 接线，由系统专业提出或由实测得到的，或由附录 9-1、2 估算出的电网供给的 n 次谐波最大相电流值；对于△接线，应为电网供给的 n 次谐波最大线电流值（kA）；

$X_{\Sigma ce}$——电容器组一相总额定容抗值（Ω）；

X_{ce}——单台电容器额定容抗值（Ω）；

M——根据每组（次）滤波器应安装的容量及拟选用的单台电容器额定容量先假定给出的电容器并联台数（对双 Y 接线，M 应为两臂并联台数之和）。

（2）电容器的额定容量和并联台数的选择应按下述方法进行：

1）单台电容器的额定容量先由式（9-20）初定。

2）单台电容器的额定电容值（量）由式（9-21）计算得出。

3）电容器并联台数 M 的校验步骤按式（9-22）、式（9-23）、式（9-24）的计算方法进行。

（3）电容器的额定电流必须按式（9-42）进行校验（适用于 Y、双 Y、△接线）。

$$\left.\begin{aligned}
&I_{ce} \geqslant \sqrt{I_{1m}^2 + 2I_n^2 + \sum_{n'=2}^{n'} I_{n'm}^2} \Big/ K_i M \\
&I_{ce} = \frac{Q_{ce}}{U_{ce}} \\
&I_{1m} = \frac{MU_m Q_{ce}}{(1-A)U_{ce}^2} \\
&I_{n'm} = \frac{n'\omega \frac{\omega}{N} C_{ce} U_{xn'm}}{1-n'^2 A} \times 10^{-6}
\end{aligned}\right\} \quad (9-42)$$

式中　I_{ce}——单台电容器额定电流（A）；

I_n——与式（9-41）中含义相同，但单位应改为 A；

n'——与滤波器次数不同的电网中谐波电流次数，$n' \neq n$；

$U_{xn'm}$——滤波器安装处母线上的 n' 次谐波最大电压值。Y、双 Y 接线时为相电压，△接线时为线电压，可由附录 9-1、2 估算，（V）；

$I_{n'm}$——通过电容器组的 n' 次谐波最大电流值（A）；若发生谐波放大现象时，不能按此式计算 $I_{n'm}$（当装置中设有 n' 次滤波器时，$I_{n'm}=0$）；

K_i——单台电容器允许的长期过电流倍数，并联电容器取 1.3，交流滤波电容器应与制造厂协商。

若单台电容器的额定电流不能满足式（9-42）的要求时，可采用增加 M 数来解决，这就需要通过式（9-41）、式（9-20）、式（9-21）、式（9-22）、式（9-23）、式（9-24）再次计算，以最终确定 M 值。

3. 串联电抗器

（1）串联电抗器的每相额定感抗值按式（9-43）确定。

$$X_{Le} = \omega L_e = AX_{\Sigma Ce} = \frac{1}{n^2} X_{\Sigma Ce} \quad (9-43)$$

式中　X_{Le}——串联电抗器的每相额定感抗值（Ω）；

ω——工频角频率，$\omega = 314$（rad/s）；

L_e——串联电抗器每相额定电感值（H）；

n——滤波器次数。当 $n=13$ 时，即为高通滤波器的截止频率次数。

为保证串联电抗器不使滤波器欠调谐，应使其电感值（感抗值）呈正误差；误差值选取时应考虑到串联电抗器品质因数的选取，见式（9-44）。

(2) 串联电抗器的额定电流及额定容量仍按式(9-31)、式(9-29)确定。

(3) 串联电抗器允许的长期过电流倍数为1.35。

(4) 应保持在允许的长期过电流倍数范围内的线性度，即使在其范围之外到$\left(1+\frac{1}{\sqrt{A}}\right)$倍之间亦应接近线性，为此应尽量选用空芯电抗器，而且为单相产品。

(5) 串联电抗器的绝缘水平及动、热稳定值的选择，同并联电容器装置中的串联电抗器。

(6) 单通滤波器的串联电抗器的品质因数应按式(9-47)选取。高通滤波器的串联电抗器的品质因数$\left(q=\frac{nX_{Le}}{R_{Le}}\right)$宜尽量提高。

$$q=\frac{nX_{Le}}{R_{Le}+R_f}=\frac{1}{\delta}=\frac{1}{\delta_\omega+\delta_L+\delta_C+\delta_{tc}} \tag{9-44}$$

式中 q——单通滤波器品质因数。当计算的最终结果不需要R_f，即$R_f=0$时，q即为串联电抗器的品质因数，亦为该单通滤波器的品质因数，q值一般为30~60；

n——滤波器次数；

X_{Le}——由式(9-43)确定的串联电抗器额定感抗值(Ω)；

R_{Le}——串联电抗器的直流电阻值(Ω)；

R_f——滤波器回路中需串联的附加电阻。在设计时应尽量不串联附加电阻(Ω)；

δ——滤波器参数总的变化率；

δ_ω——系统实际频率变化率的2倍；

δ_L——安装初调时串联电抗器额定电抗值误差；

δ_C——安装初调时电容器组额定电容值误差；

δ_{tc}——由于温度变化引起的电容器额定电容值变化率，由制造厂提供。

式(9-44)中各δ值目前均无确切资料。国内某工程曾采用过的数值($\delta_\omega=2.3\%$，$\delta_L=0.8\%$，$\delta_C=1\%$，$\delta_{tc}=1.2\%$)可供参考。如考虑到我国目前系统频率变化率较大以及产品误差较大的现实，δ的范围一般在5%~8%之间。

如果由式(9-44)计算后，需在滤波器回路中串联附加电阻时，该附加电阻的额定容量应按下式计算：

$$\left.\begin{array}{l} P_f\geqslant 1.82I_{\Sigma ce}^2R_f \\ \text{(适用于由并联电容器组成的滤波器)} \\ P_f\geqslant 1.08K_i^2I_{\Sigma ce}^2R_f \\ \text{(适用于由交流滤波电容器组成的滤波器)} \end{array}\right\} \tag{9-45}$$

式中 P_f——附加电阻额定容量(W)；

$I_{\Sigma ce}$——按式(9-29)确定的滤波器额定电流(A)；

R_f——由式(9-47)计算出的附加电阻电阻值(Ω)。

4. 高通滤波器并联电阻的选择

(1) 额定电阻值按式(9-49)选择。

$$R_b=\sqrt{X_{Le}X_{\Sigma ce}}=13X_{Le}=\frac{X_{\Sigma ce}}{13} \tag{9-46}$$

式中 13——高通滤波器截止频率次数；

R_b——并联电阻的额定电阻值(Ω)；

X_{Le}——由式(9-46)得出的串联电抗器额定感抗值(Ω)；

$X_{\Sigma ce}$——由式(9-44)得出的电容器组一相总额定容抗值(Ω)。

(2) 额定电压(即电阻对地及相间耐压)应等于滤波器安装点的电网额定电压。

(3) 额定容量按式(9-47)确定。

$$\left.\begin{array}{l} P_e\geqslant R_b\sum\limits_{n=1}^{\infty}I_{Rnm}^2 \\ I_{Rnm}=I_{nm}\dfrac{n\sqrt{13^2+n^2}}{13^2+n^2} \\ I_{1m}=I_{\Sigma ce} \end{array}\right\} \tag{9-47}$$

式中 13——高通滤波器截止频率次数；

P_e——并联电阻的额定容量(W)；

R_b——由式(9-46)计算出的并联电阻额定电阻值(Ω)；

I_{Rnm}——通过并联电阻的n次谐波最大电流值。当$n=1$时为工频(基波)最大电流值(A)；

I_{1m}——通过高通滤波器的工频(基波)最大电流值(A)；

n——通过高通滤波器的谐波电流次数；

$I_{\Sigma ce}$——按式(9-26)计算出的高通滤波器额定电流(A)；

I_{nm}——通过高通滤波器的n次谐波最大电流值。除去流向各次单通滤波器的谐波电流外，剩余次数的谐波电流按全部通过高通滤波器考虑，或可按附录9-1.2估算。

5. 其它设备

回路中的其它设备，如熔断器、放电装置、氧化锌避雷器、中性点电流互感器、以及接地隔离开关等的选择，基本与并联电容器装置相同，并需注意以下几点：

(1) 在用式（9－33）确定熔断器的熔体电流以及其它设备的额定电流时，应考虑谐波电流的含量，将式中 I_{ce}前的系数取得稍大些。

(2) 由于滤波器在电网中往往不采用频繁投切方式，故对放电装置的放电时间要求，可仅按手动投切方式考虑。

三、布置

（一）一般要求

(1) 应符合配电装置设计的基本原则及要求。

(2) 在装置安装时，应满足安装地点的自然环境条件（海拔、污秽、风速、地震烈度、温度、湿度、日照等），和克服一些不利的自然因素，如鸟害、鼠害等。除电容器外的各种设备如何满足自然环境条件的要求见有关各章节内容。

(3) 应满足电容器标准中规定的对产品使用环境条件的限制。并联电容器有关规定内容如下：

1) 产品温度类别如表9－28所示。

2) 安装运行地区的海拔不超过1000m。对于海拔高于1000m的地区，由制造厂另外提供高原型电容器。

3) 安装场所应无有害气体及蒸汽；应无导电性或爆炸性尘埃。

4) 安装场所应无剧烈的机械振动（当需将电容器安装在不符合本条规定的环境中使用时，用户应与制造厂协商）。

(4) 半露天布置的装置的电容器及其它电器应选用户外型设备。

(5) 湿热带地区应选用适用于湿热带地区的产品。

（二）布置方式

并联电容补偿装置的布置一般包括断路器—隔离开关、电容器组及其附属设备的布置。

由于目前装置的额定电压不超过63kV，所以断路器间隔一般为户内布置，而且在大多数情况下，它是作为变电所相同电压等级的屋内配电装置中的一个间隔来进行设计。35kV及以上的断路器间隔也可以采用户外布置。户内布置可采用开关柜式（一般为10kV及以下，最高为35kV），也可采用装配式。户外布置采用装配式。断路器间隔宜靠近电容器组。

根据电容器产品的型式，电容器组的布置可分户内式和户外式两种；按电容器的排列层次，可分为单层布置和多层布置。

1. 屋内布置

(1) 适用于户内型不允许太阳照射的产品。

(2) 优点：可防止污秽、鸟害，对鼠害也容易防护。

缺点：增加土建及强制通风散热设施的投资，运行费用相应增加。运行检修稍感不便。

表9－28　　并联电容器的温度类别

代　号	环境温度（℃）		
	最　高	24h平均最高	年平均最高
A	40	30	20
B	45	35	25
C	50	40	30
D	55	45	35

注　1. 产品的最低环境温度有＋5、－5、－25、－40、－50℃五种，优先选用的标准温度类别是：－40/*A*，－25/*A*，－5/*A*和－5/*C*。

2. 电容器运行时的冷却空气温度应不超过相应温度类别的最高环境空气温度加5℃。冷却空气温度系指在稳定状态条件下，在电容器组的最热区域中两单元之间中间的空气温度；如果所涉及者仅为一单元，则指在距离电容器外壳0.1m，距底三分之二高处的温度。

至主变压器
LMY-100×8
35kV
ZN-35
630/8
DW2-35R
35kV 1500A
3×JDJJ2-35
$\frac{35}{\sqrt{3}}/\frac{0.1}{\sqrt{3}}/\frac{0.1}{3}$kV
至所用变压器
YA-35
30000kVA
预留并联电抗器
第1组
35kV
16200kVar
35kV,24.75A
13%
第2组
35kV
16200kVar
35kV,
247.5A
6%
第3组
35kV
16200kVar
35kV,
247.5A
13%
第4组
35kV
16200kVar
35kV,247.5A
见详图
电源侧
JDJ2-35(G)
10/0.1kV
第1、3组
BP1-10/50
40A
BFF12-300-1W
BFF12-300-1W
BR1-10/50
40A
第2,4组
BR1-10/50
43A
BFF11-300-1W
BFF11-300-1W
BR1-10/50
43A
CKD-35
35kV 247.5A
中性点侧
电容器组(一相)结线详图

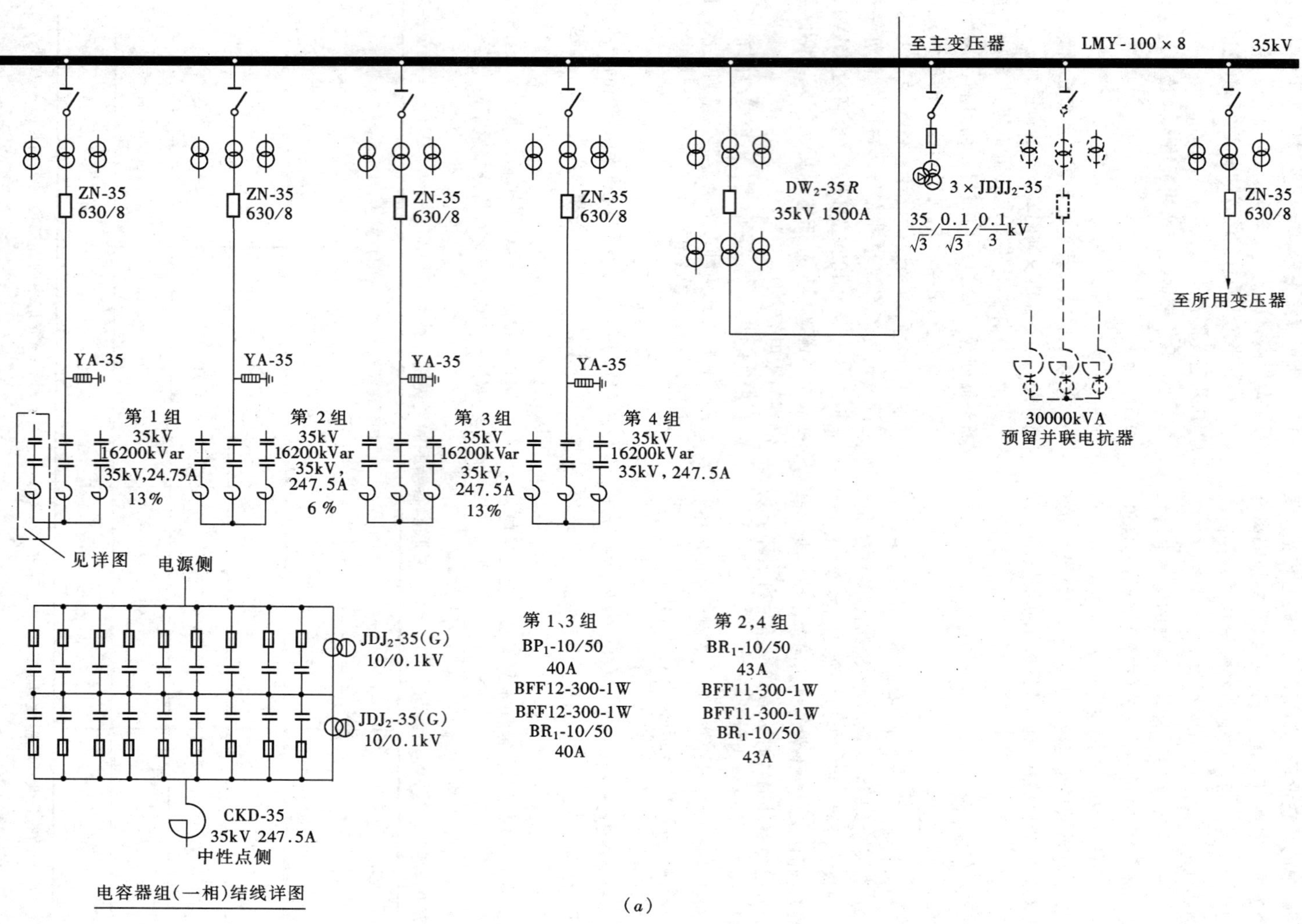

(a)

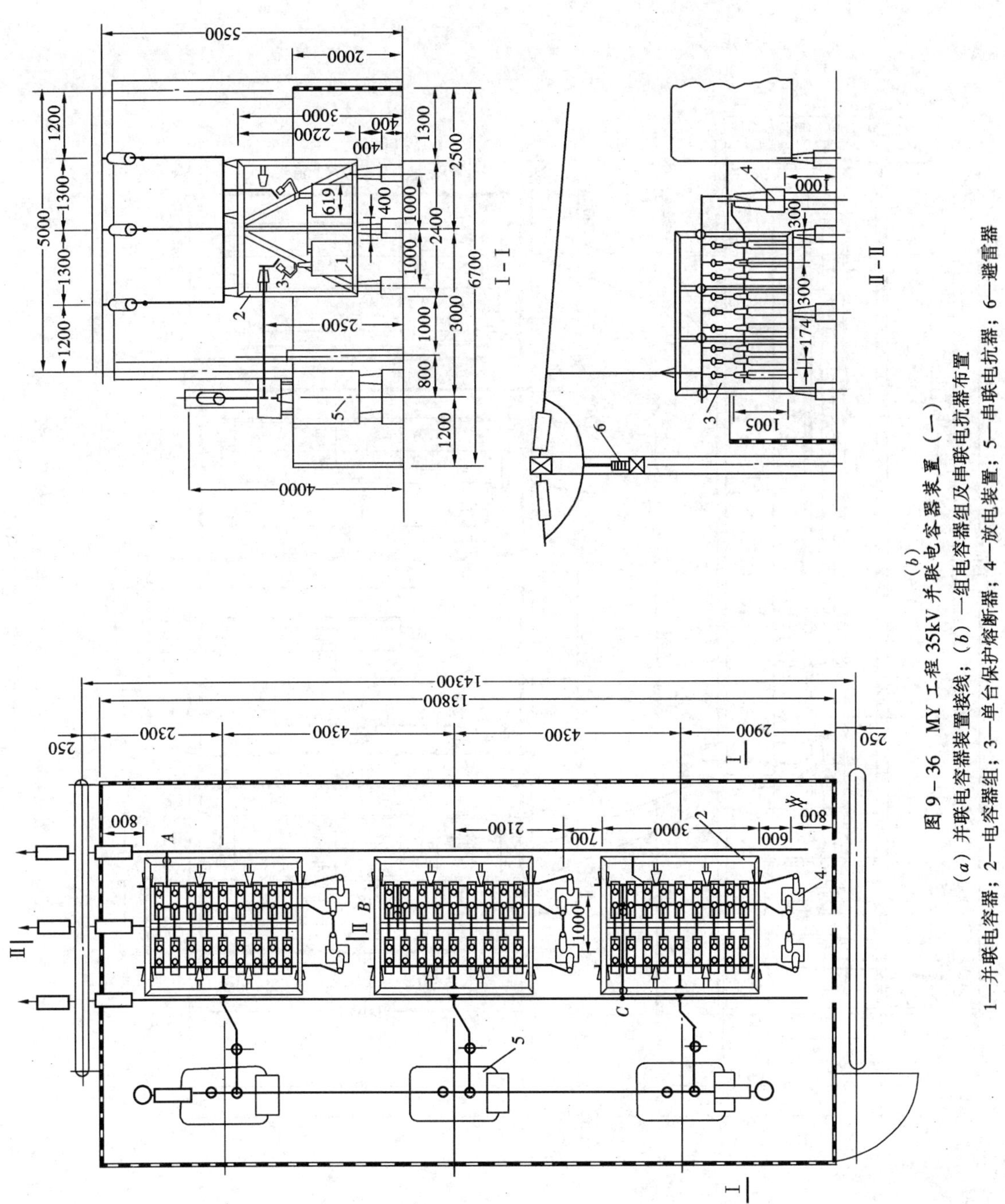

(b)

图 9-36　MY 工程 35kV 并联电容器装置（一）

（a）并联电容器装置接线；（b）一组电容器组及串联电抗器布置

1—并联电容器；2—电容器组；3—单台保护熔断器；4—放电装置；5—串联电抗器；6—避雷器

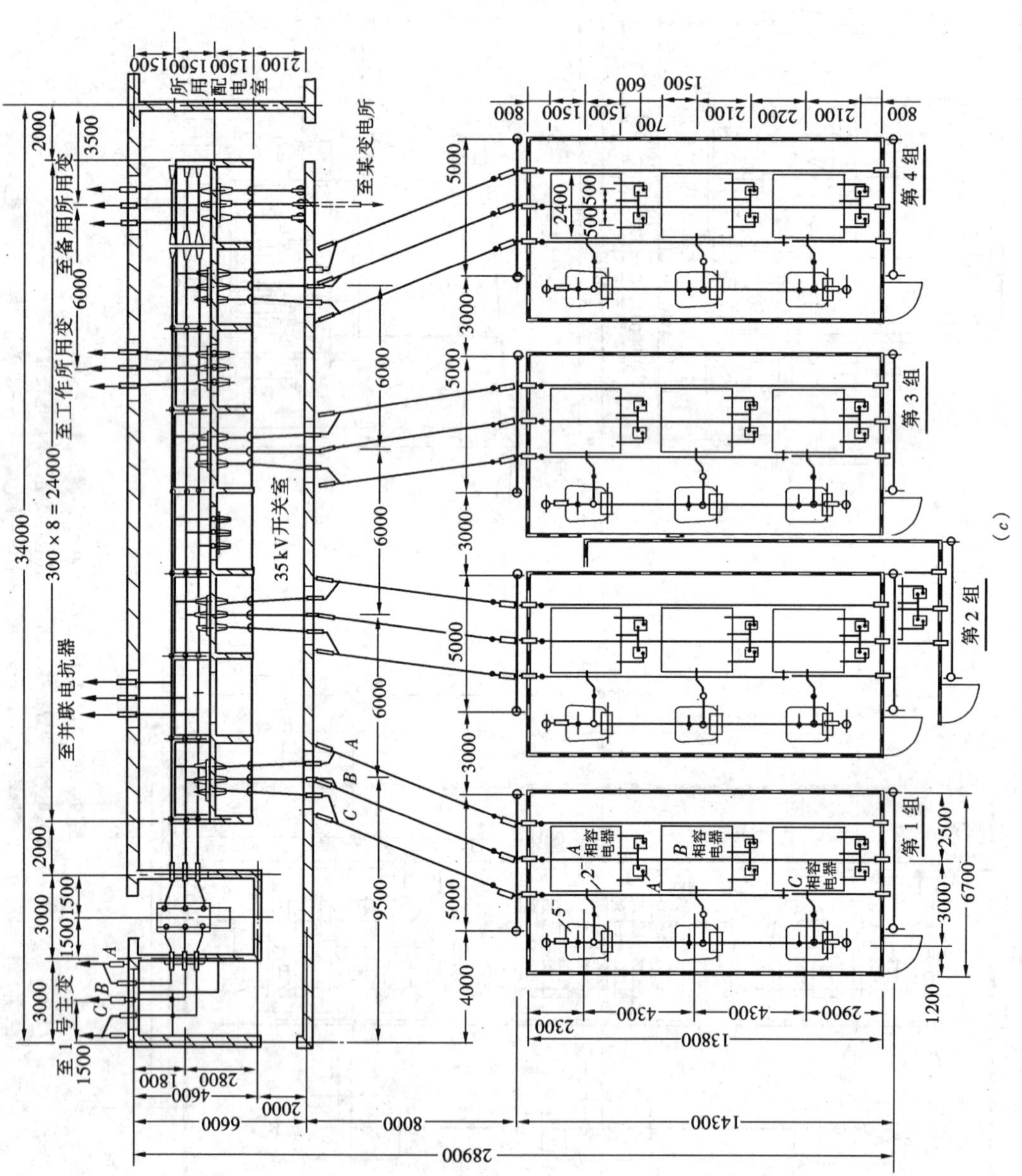

图9-36 MY工程35kV并联电容器装置（二）

（c）并联电容器装置总平面布置

(3) 目前，10kV及以下的装置大部分采用户内布置。

2. 户外布置

(1) 对户外型电容器产品，可采用户外式布置。

(2) 优点：由于无厂房，采光、通风散热方便，从而节省了投资及运行费用。运行、检修直观、方便。

缺点：较难采取防鸟害及鼠害措施。在污秽地区，必须按该地的污秽等级采用防污产品，因而增加了设备投资。

(3) 在户外电容器产品不断完善的条件下，10kV及以上的大、中型的并联电容补偿装置的发展趋势为户外布置。

(4) 不推荐在户外装置上加盖石棉遮阳棚的布置（即半露天布置）方式。因为户外型电容器产品原已考虑了日照因素。不设遮阳棚可使电容器经常受到雨水冲洗，既不易污闪，又利于通风；加设石棉顶棚反而可能由于顶棚破损，损坏设备。

(5) 35kV并联电容器装置户外布置实例如图9-36所示。

在图9-36（a）中，避雷器 $YA-35$ 的接法，保护效果不理想。按图9-32（a）的接法较好。

3. 单层布置

(1) 单台电容器重量在50kg及以上，且安装场所的面积允许时，宜采用单层布置。

(2) 优点：安装、检修、更换电容器方便；散热条件好。

缺点：占地面积大。

(3) 当 $N=1$ 时，单套管可横放的电容器应布置在分相的相应电网额定电压级的绝缘平台或架构上，实现Y或△接线；双套管立放电容器可直接安装在接地的金属架构上或直接固定在水泥坪台上，如图9-37所示。

当 $N>1$ 时，电容器均应布置在绝缘水平等于电网额定电压的绝缘架构或绝缘平台之上，如图9-38所示。

4. 多层布置

(1) 单台电容器重量在50kg以下，且安装场所面积紧张时，宜采用多层布置。

(2) 优点：节约占地面积。

缺点：安装、检修、更换电容器不方便；散热条件差；电容器渗漏油时，易造成下层电容器油污染。

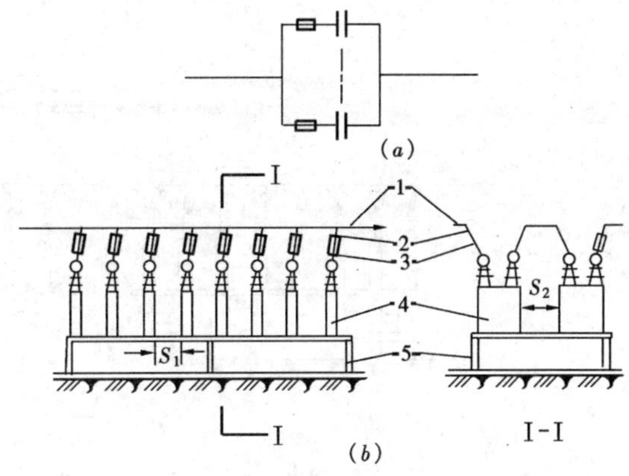

图9-37　串联段 $N=1$ 时，一相电容器组单层布置示意图

（a）接线图；（b）布置图

1—汇流线；2—单台电容器连接线；3—单台保护熔断器；4—双套管电容器；5—水泥坪台或接地金属架构；S_1—电容器台间距；S_2—电容器排间距

(3) 当 $N=1$ 时，对于10kV及以下的电容器组，可采用三相共用一架构的三层分相布置。单套管可横放的电容器可直接放在架构上，架构对地必须按电网额定电压绝缘，以实现Y接线；若电容器对架构按电网额定电压级绝缘布置，可以实现△接线。双套管电容器可直接放在接地的金属架构上。

当 $N>1$ 时，电容器均应布置在绝缘水平等于电网额定电压的绝缘架构或绝缘平台之上，如图9-39所示。

（三）设备布置

1. 电容器

(1) 若单台电容器为单套管式，且规定能横放时，应采用横放布置。目前国产单台电容器多为双套管式，而且规定只能立放，所以应按立放设计。

并联电容器额定容量在100kvar及以下的标准安装尺寸如图9-40所示。

安装时，应将每排电容器的吊攀用分段扁铁固定连接起来，以增加每台电容器的稳固性。

(2) 电容器组的安装尺寸不应小于表9-29所列的数值。

2. 串联电抗器

(1) 根据产品的型式和布置需要，串联电抗器可分为户内布置和户外布置两种。户内布置时，应考虑通风散热及起吊设施。

(2) 根据制造厂的要求，单相空芯串联电抗器在布置型式上可采取水平排列或垂直排列（B相必须

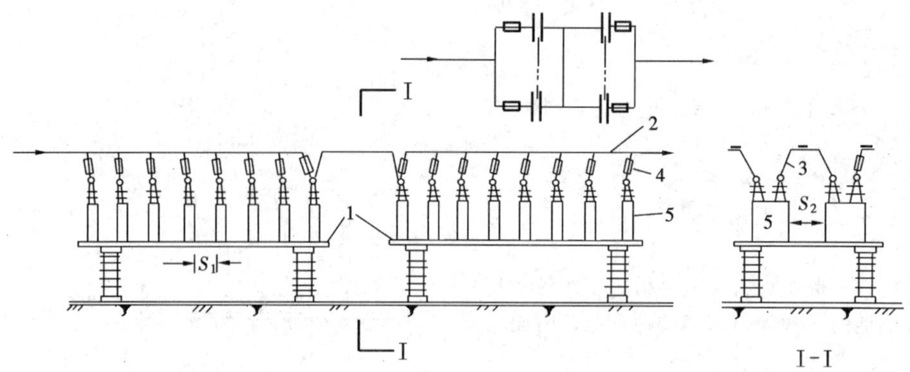

图 9-38 串联段 $N=2$ 时，一相电容器组单层布置示意图

1—绝缘水平等于电网额定电压的绝缘平台(为了运行方便,一段设一个平台)或绝缘架构;2—汇流线;3—单台电容器连接线;4—单台保护熔断器;5—双套管电容器;S_1—电容器台间距;S_2—电容器排间距

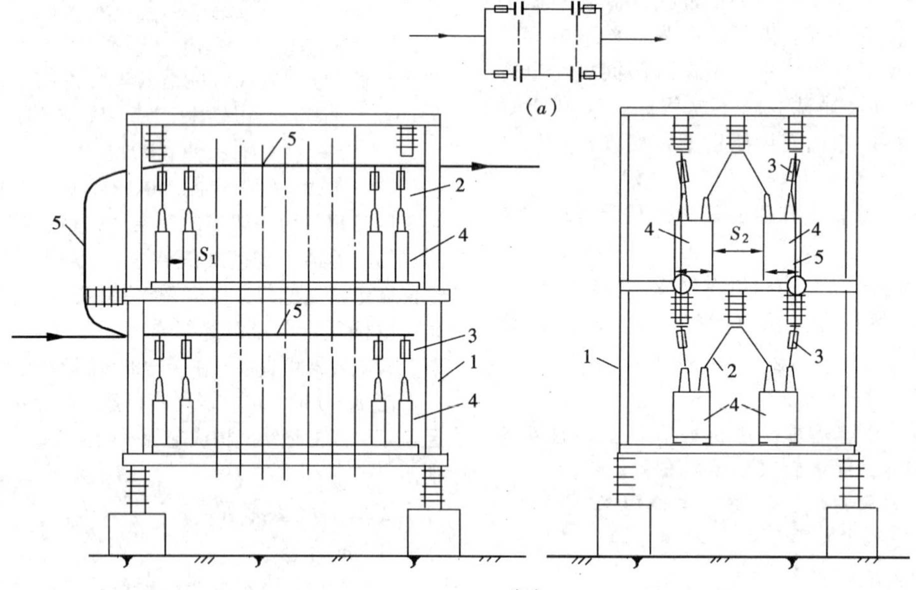

图 9-39 串联段 $N=2$ 时，一相电容器组两层布置示意图

(a) 接线图；(b) 布置图

1—绝缘架构；2—单台电容器连接线；3—单台保护熔断器；4—双套管电容器；5—汇流线；S_1—电容器台间距；S_2—电容器排间距

表 9-29　　电容器组的安装尺寸最小允许值

项　目	电容器之间净距		电容器底部距地面净距		装置顶部至屋顶净距
	台间距 S_1	排间距 S_2	户内布置	户外布置	
最小允许尺寸 (mm)	100	200	200	300	1000

注 1. 表中 S_1 及 S_2 的示例见图 9-37、9-38、9-39。

2. S_1 应按制造厂规定取值，无制造厂提供的数据时，根据国标规定，可按本表列出的数据取值。

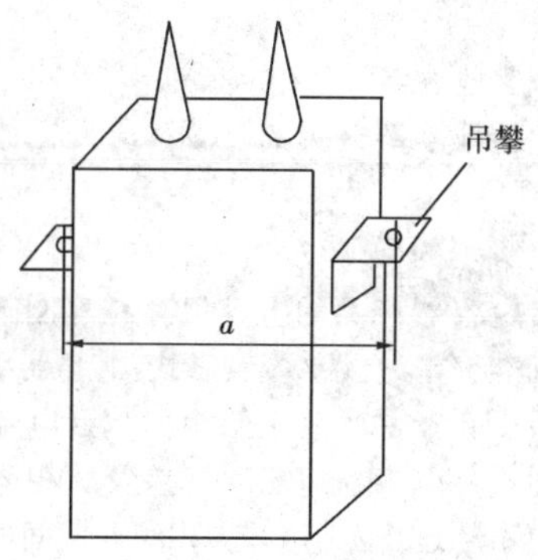

图 9-40　并联电容器安装尺寸
（小于 100kvar 时，Ⅰ类 $a = 350$mm，
Ⅱ类 $a = 420$mm）

安装在中间）。当产品的对地绝缘水平低于电网额定电压时，应将其装在绝缘水平与电网额定电压相一致的绝缘平台或支柱绝缘子上。

（3）空芯串联电抗器之间及其与周围钢构件之间净距要等于或大于制造厂要求的数值。钢构件不应构成闭合回路。

3．附属设备的布置

（1）单台保护熔断器应布置在通道侧，其信号指示器应安装在便于被监视的地方，并应避免熔丝熔断时引起邻近设备的损坏。

单台保护熔断器一般安装在汇流线之上，如图 9-39 所示。

（2）放电线圈、避雷器等附属设备，可布置在电容器架构上，也可以独立设置。

（四）安装设计

1．对建筑物及总体布置要求

（1）装置宜布置在变电所年主导风向的下风侧。

（2）装置应设置维护通道[1]，其宽度（净距）不宜小于 1200mm。维护通道与电容器间应设置网状遮栏。装置为户内布置时，如能满足运行巡视要求时，维护通道可设在室外。

电容器架构与墙或架构之间设置检修走道[2]时，其宽度不宜小于 1000mm。

为防止鸟、鼠等侵害，装置应安装金属防护网或采取其它防护措施，电容器室的进、排风口应有防止雨雪和小动物进入的措施。

（3）装置的朝向应综合考虑减少太阳辐射热和利用夏季主导风的散热作用。例如在户外布置时，应尽量使电容器箱壳立面的小面为南北向，大面为东西向；电容器室的朝向尽量能以吸热最小，散热最快来决定，并且屋顶应采取隔热措施。

（4）电容器装置附近必须设置消防设施，并应设有总的消防通道。装置与其它建筑物或主要电气设备之间无防火墙时，其防火间距不应小于 10m。由于条件限制，电容器室与其它生产建筑物连接布置时，其间应设防火隔墙。

电容器室及半露天布置的遮阳棚为丙类生产建筑物，其耐火等级应按二级考虑。遮阳棚应固定牢固。

（5）装置为半露天布置时，应按屋外配电装置的带电距离要求确定安装尺寸。

（6）电容器室不宜设置采光玻璃窗，门应向外开启。相邻两电容器室之间的门应能向两个方向开启。

（7）装置户外布置时，地面宜采用水泥沙浆抹面，也可铺碎石。电容器室宜采用水泥沙浆抹面并压光，也可铺沙。

（8）电容器室应考虑通风散热。

1）电容器室应首先考虑自然通风，当其不满足排热要求时，可采用自然进风、机械排风的通风方式。

装置的散热源种类及其散热功率按下列各式分项计算。

①电容器散发的热功率按式（9-48）计算。

$$P_C = \sum_{j=1}^{j} Q_{cej} \mathrm{tg}\delta_j \tag{9-48}$$

式中　P_C——室内全部电容器散发的热功率（kW）；
Q_{cej}——单台电容器的额定容量（kvar）；
$\mathrm{tg}\delta_j$——单台电容器的额定损失角的正切值，由制造厂给出。额定电压为 1kV 及以下的并联电容器，$\mathrm{tg}\delta$ 一般取 0.004；额定电压为 1kV 以上的并联电容器，$\mathrm{tg}\delta$ 一般取 0.003；
j——室内安装运行的电容器总台数。

②串联电抗器散发的热功率按下式计算：

$$\left.\begin{array}{l} P_L = 1.82 K_L Q_{Lse} = 5.47 R_L I_{Le}^2 \times 10^{-3} \\ \text{（适用于由并联电容器组成的并联电容补偿装置）} \\ P_L = 1.08 K_i^2 K_L Q_{Lse} = 3.25 K_i^2 R_L I_{Le}^2 \times 10^{-3} \\ \text{（适用于由交流滤波电容器组成的滤波器）} \end{array}\right\} \tag{9-49}$$

[1] 维护通道——正常运行时巡视、停电后进行检修及更换设备的通道。
[2] 检修走道——停电后打开网门后方能进行检修和更换设备的走道。

式中　P_L——串联电抗器散发的热功率（kW）；

K_L——串联电抗器的额定损耗倍数，约为1%～2%，或由制造厂给出；

Q_{Lse}——串联电抗器三相额定容量（kVA）；

R_L——串联电抗器每相直流电阻（Ω）；

I_{Le}——串联电抗器额定电流（A）；

K_i——与式（9-42）中含义相同。

③附加电阻 R_f 的散热功率等于其额定容量，见式（9-45）。

④并联电阻 R_b 的散热功率等于其额定容量，见式（9-48）。

⑤装置的连接线的散热功率按装置的1.35倍额定电流进行估算。

2）为了使运行人员便于监视电容器的运行温度，安装设计上应考虑给运行单位在电容器上贴测温腊片或采用其它监视电容器运行温度措施提供方便。

2. 架构设计

（1）若电容器可横放时，则架构应按横放设计。横放布置可降低架构高度，且引线方便。因横放的单套管电容器外壳是一个极板的引出线，所以不论电容器组为何种接线方式，串联台数的多少，其架构的对地绝缘必须按电网的额定电压进行设计，可靠地固定在支持绝缘子之上。

（2）若电容器立放时，则架构必须按立放设计。因立放电容器，一般为双套管式，所以当 $N=1$ 时，构架一般不需对地绝缘，且应有良好接地；当 $N>1$ 时，架构一般需按电网的额定电压进行绝缘，并可靠地固定在支持绝缘子之上。

（3）应考虑便于维护和更换电容器。分层布置不宜超过三层；每层不应超过两排。四周及层间不应设置隔板，以利通风散热。

（4）10kV及以下的电容器组，可采用三相共用一架构的三层分相布置。35、63kV电容器组的架构应分相设置。

（5）架构应采用非燃烧材料。工程中一般采用钢架构，但应采取镀锌等防锈措施。

（6）在架构上安装的硬导体，应妥善绝缘，牢固固定。架构和导体间的绝缘水平等级应等于电网的额定电压。

3. 导线连接

电容器套管、单台保护熔断器和汇流线之间应使用软导体连接。不得利用电容器套管支承汇流线。汇流线及主回路一般采用硬导体。

单套管电容器组的接壳导线，应由接壳端子的连接线引出。

4. 接地端子

未装接地隔离开关的装置，应设有挂接地线的端子。

5. 容差的调整

单台电容器产品的电容值存在着制造误差，即容差（标准容差为$^{+10}_{-5}$%）。在组装电容器组时，必须根据制造厂在产品铭牌上给出的单台电容器实际电容值，尽量使电容器组相间容差及一相电容器组各段间容差不超过5%，以减少相间和段间的电压分配不均衡。

第9-5节　静补装置

一、简述

静补装置是并联电容补偿装置（在多数场合下为交流滤波装置）和容量可无级连续可调的感性无功设备联合组成的一种装置。因为它可以进相、滞相运行，在某些场合下可以代替调相机。

静补装置的原理接线如图9-4所示。根据工程的具体情况，可任意选择3、5、7、11次单通滤波器或并联电容器装置组数。高通滤波器在需要时只设一组。单通滤波器和并联电容器装置的接线见图9-32，高通滤波器的接线见图9-35。并联电容器装置、单通滤波器及高通滤波器的设备选择见第9-4节中有关内容。以下仅介绍装置中的感性无功设备。

二、直流励磁饱和电抗器

（1）直流励磁饱和电抗器的工作原理如图9-41所示。它是通过控制直流励磁电流的大小来控制电抗器的饱和程度、从而改变感性无功功率的。它还是一种高次谐波源。三相共体的直流励磁饱和电抗器适用于三相平衡的无功补偿系统；单相产品接成△接线后，可适用于三相不平衡的无功补偿系统。

（2）国产10kV、三相额定容量5000kVA、三相共体直流励磁饱和电抗器（77年产品）和首次在国内运行的比利时ACEC公司的10kV、三相额定容量31500kVA同类产品（75年生产）的部分技术性能列于表9-30。

三、相控电抗器

（1）相控电抗器的电气原理如图9-42所示。它是通过可控硅开关瞬时导通和截止，来控制感性无功功率有效值的变化，如图9-42（a）中的 I_L 值。它也是一种高次谐波源。

施加正弦电压时，单相相控电抗器仅产生奇次谐

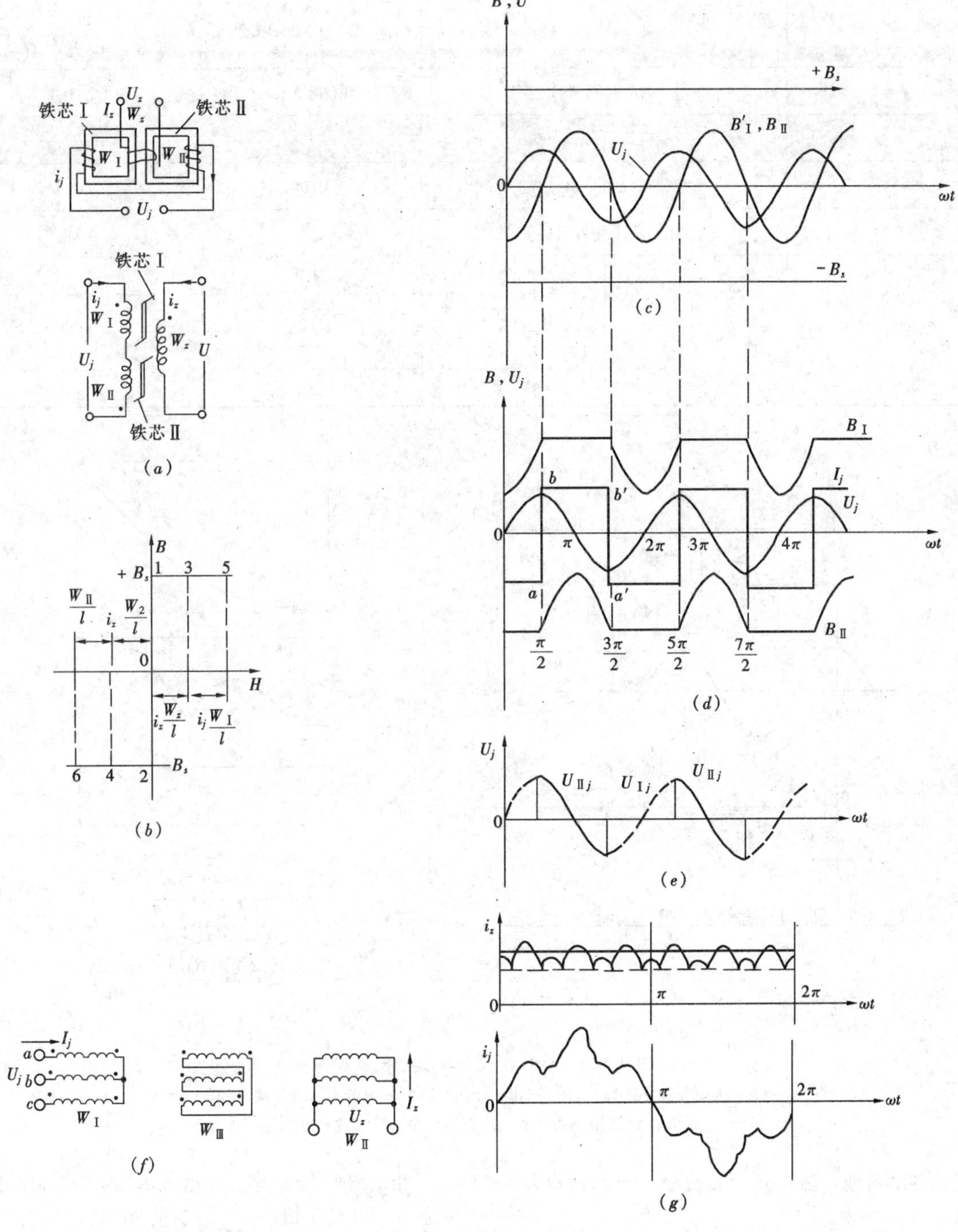

图9-41 直流励磁饱和电抗器结构示意及电气原理图

(a) 单相结构及原理接线；(b) 单相铁芯理想磁化特性 ($B=B_s+\mu_o H$，$\mu_o=0$)；(c) 当直流电流 $i_z=0$，交流电流 $i_j\neq 0$时，单相结构理想的交流电压 u_j 及磁场强度 B 波形；(d) 当 $i_z\neq 0$，$i_j\neq 0$时，单相结构理想的 u_j、B 及 i_j 波形；(e) 当 $i_z\neq 0$；$i_j\neq 0$时，单相结构 W'_I和 W_I 两绕组上理想的 u_j 波形；(f) 三相三绕组示意图；(g) 三相三绕组的实际 i_z 及单相i_j 波形

表 9-30　　国产和比利时产直流励磁饱和电抗器部分技术性能比较

序　号	项　　目		国产 10kV，5000kVA 产品	比利时产 10kV，31500kVA 产品
1	调节时间（s）		0.06~0.09	0.06~0.1
2	空载电流百分值（%）		1	0.6
3	空载损耗百分值（%）		0.24	0.14
4	相间不平衡度（%）		2.5	2.7
5	谐波电流百分值 $\frac{I_n}{I_1}$（%）	5　次	23.2	24
		7　次	2.3	4.5
		11　次	0.9	1.2
		13　次	4.1	4.9

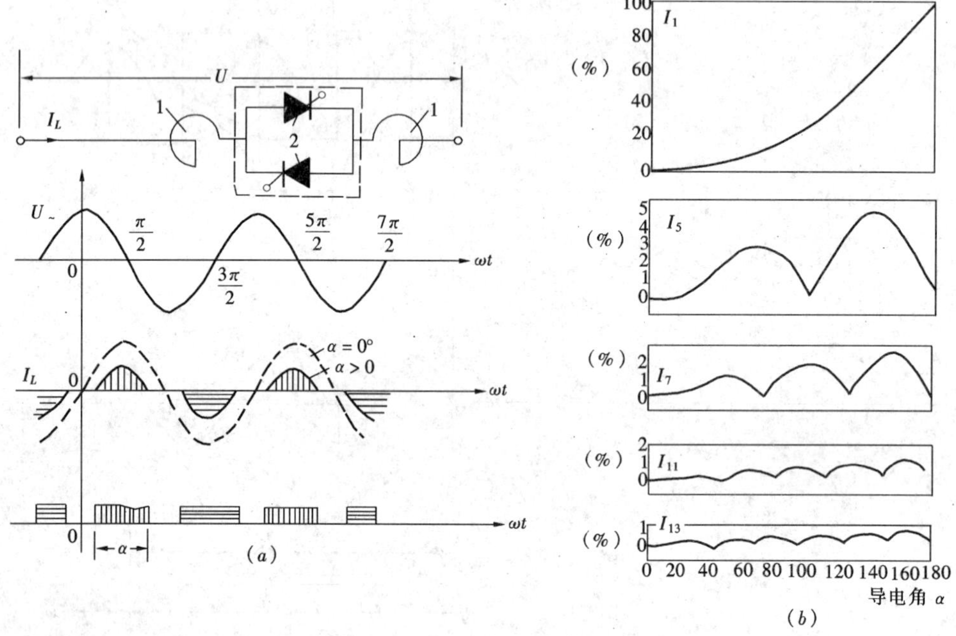

图 9-42　单相相控电抗器电气原理图

（a）接线及控制原理；（b）三相△接线时相电流中谐波电流含量百分比

1—空芯线性电抗器（两台的技术参数完全一样）；2—可控硅开关

波。各次谐波电流的最大百分比（以基波电流为100%）分别为：

3 次　13.8%；

5 次　5%；

7 次　2.5%；

9 次　1.6%；

11 次 1%；

13 次 0.7%。

由单相产品可组成 Y 接法或△接法的三相产品。△接法可补偿三相不平衡无功负荷，而且可以消除本身的三倍于基波频率的谐波电流对电网的影响。Y 接法只适用于三相平衡无功负荷的补偿。

(2) 在FHS 工程中运行的为瑞典的由相控电抗器（TCR）、可控硅投切的并联电容器装置（TSC）及 5 次滤波器（FC）组成的静补装置。电气接线见图 9-43。TCR 和 TSC 的额定电压均为 8kV，FC

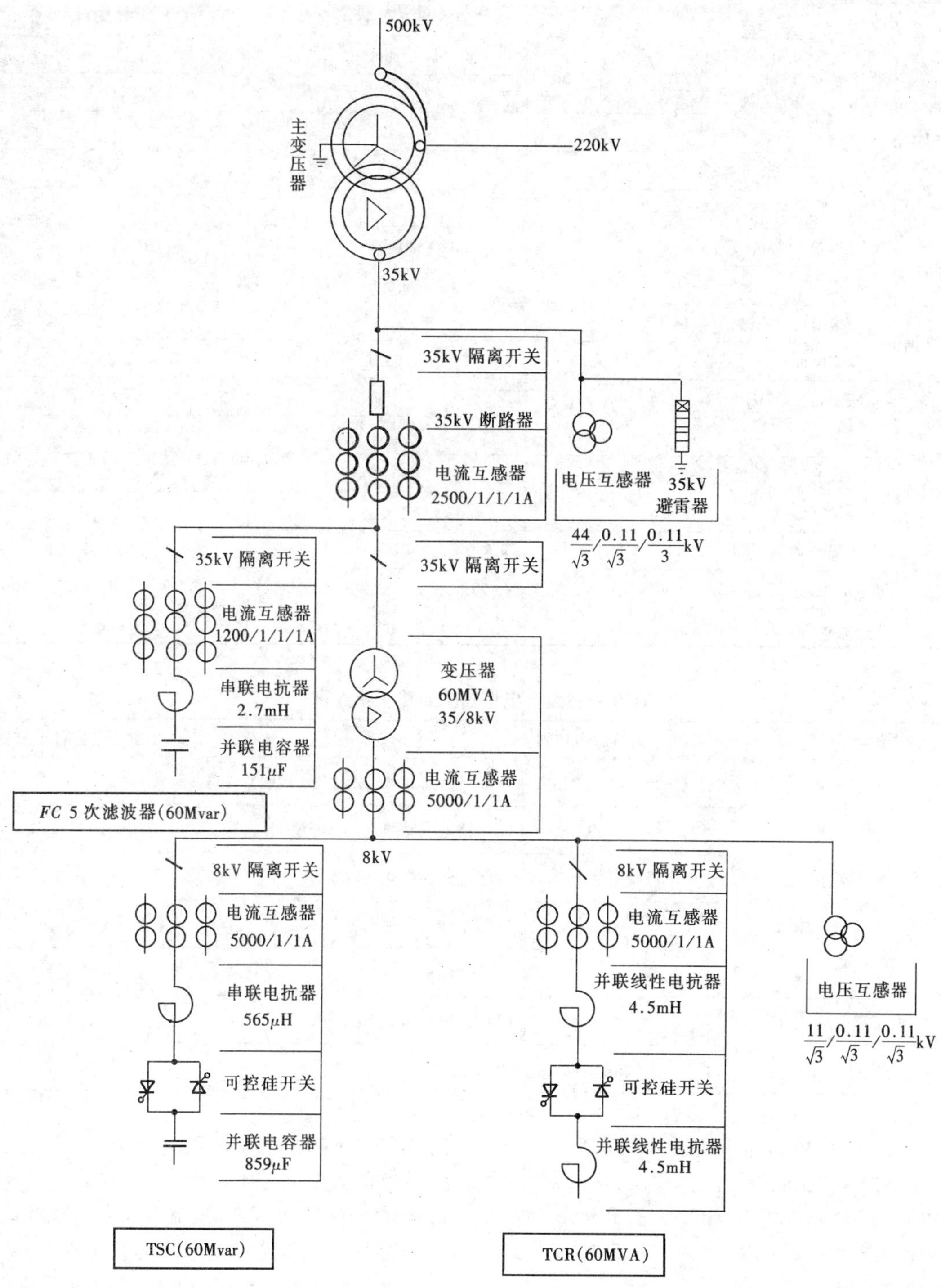

图 9-43　FHS 工程相控电抗器型静补装置接线图
（FC 为 Y 接法，TSC 和 TCR 为△接法）

表 9－31 **TCR、TSC 可控硅开关（阀）主要技术数据**

项目		TCR 可控硅开关（阀）	TSC 可控硅开关（阀）
一般数据	阀型	YQXD8.0/2500－3－L	YQXD8.0/2500－3－C
	组件数	18	24
	每个组件可控硅数	4	4
	串联可控硅数	12	16
	三相可控硅数	72	96
	多余可控硅数	6	6
	可控硅型号	YST－35－21	YST－35－21
电气数据	额定功率（Mvar）	60	60
	额定电压（有效值）（kV）	8	8
	额定电流（有效值）（A）	2500	2500
	额定频率（Hz）	50	50
冷却介质	种类	处理过的水	处理过的水
	输入的最高温度（℃）	＋40	＋40
	流量（kg/s）	6	7
	压降（MPa）	0.1	0.1
阀体允许最高环温与最大相对湿度		＋45℃，60%（或＋30℃，70%）	＋45℃，60%（或＋30℃，70%）
全导通时的总损耗（kW）		150	150

表 9－32 **TCR 空芯线性电抗器主要技术参数表**

项目	TCR 空芯线性电抗器	项目	TCR 空芯线性电抗器
型式	户外、单相、空芯	短路电流 1s 热稳定值（有效值）（kA）	5
标准	IEC 289	短路电流动稳定值（峰值）（kA）	13
电气联接	每相串两个	额定三相损耗（kW）	336
三相总容量（MVA）	60	基本冲击水平（BIL）（峰值）（kV）	75
额定电压（kV）	8	安装型式	每相两层
每相额定电感（mH）	9	额定电流时线圈温升（℃）	95
额定电流（A）	2675		

的额定电压为 35kV，它们的额定容量均为 60MVA（Mvar）。该静补装置的连续调节范围是 0～＋120Mvar 或 60Mvar～60MVA。TCR 和 TSC 的可控硅开关（阀）的主要技术参数见表 9－31。TCR 的空芯线性电抗器的主要技术参数见表 9－32。

四、自饱和感性无功器

它通过自饱和感性无功器上的电压，变化来改变电抗器的饱和程度，从而使得感性无功功率发生变化的（工作原理见图 9－44）。图中 U_{Le}、U_{Loe}、K_e、Q_{Loe}、Q_{Le}分别为自饱和感性无功器的额定电压、额定空载电压、额定频率、额定空载容量和额定容量。

自饱和电抗器为 Y 接三相共体型，只适用于三相平衡的无功补偿。产品本身的谐波电流总含量约为 5%，且具有一定的过负荷能力。

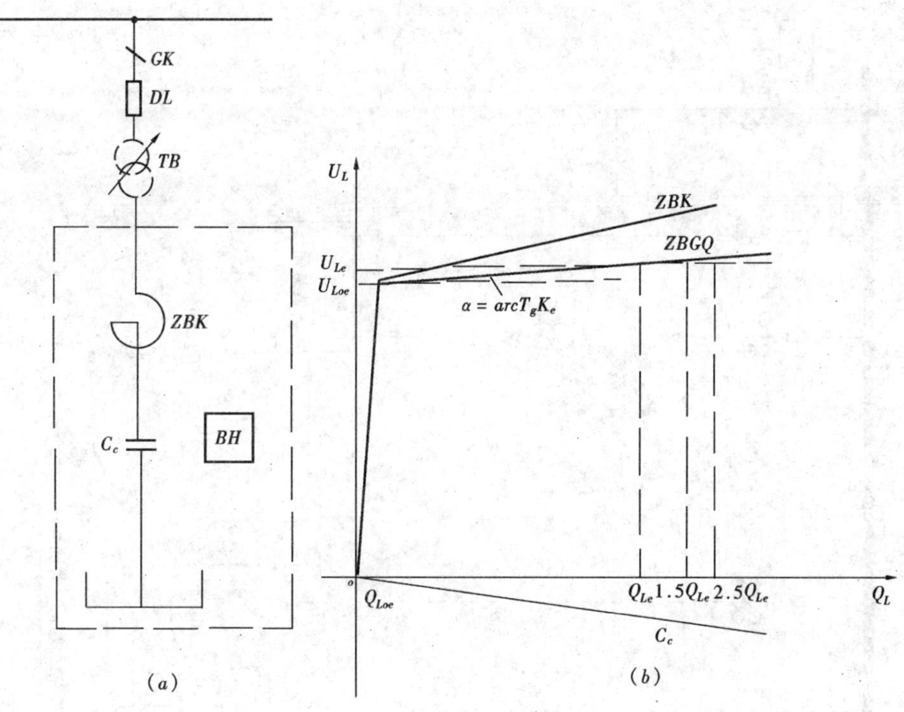

图9-44 自饱和电抗器工作原理

(a) 三相共体Y接线原理图；(b) 伏安（容量）特性曲线

TB—有载调压变压器（当 ZBK 带有载调压分接开关时，可省掉 TB）；ZBK—自饱和电抗器；C_c—串联电容器组（斜率校正电容器组）；BH—低次谐波保护装置

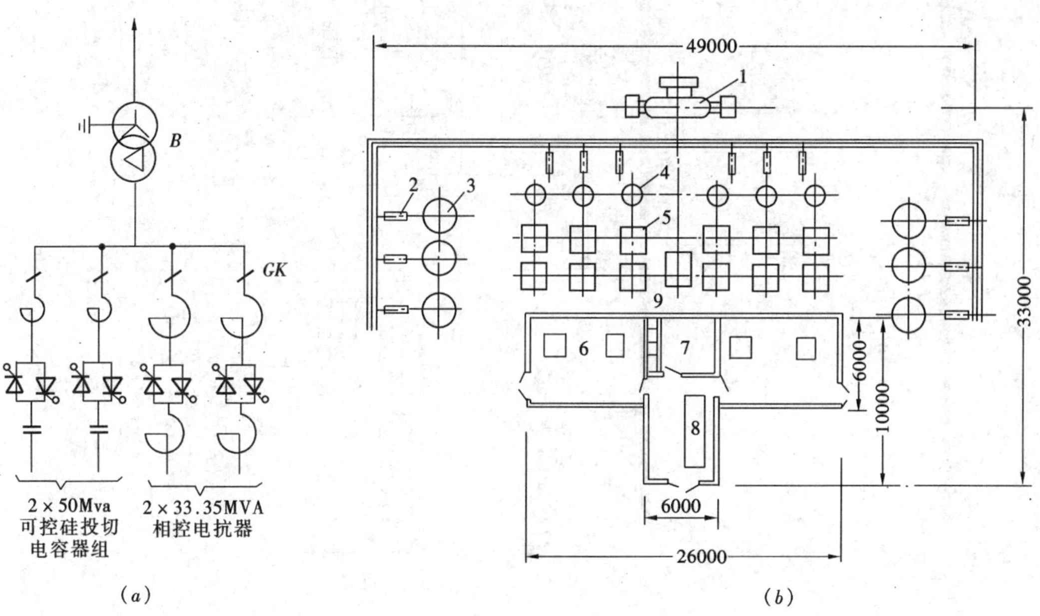

图9-45 相控电抗器型静补装置布置示例

(a) 接线；(b) 平面布置

1—升压变压器；2—隔离开关；3—空芯线性并联电抗器；4—空芯线性串联电抗器；5—电容器组；6—可控硅开关；7—控制屏；8—冷却装置；9—室外热交换器

接原10kV母线
SN_{10}-10
600A
3×JDZ
-10
整流变压器
100kVA
10/0.52~0.75kV
Δ/Y_0-11
调节器及
硅整流器
8×1667kVA
10kV、
290A
自冷
户外式
直流励磁饱和电抗器
10kV
LMY-40×5
ZN_2-10
600A
200MVA
GN_8-10 Ⅰ(Ⅱ)
400A
LGJ-10
LAJ-10
3XJDZJ-10
要求中性点全绝缘
1×JDZ-10
3670kVA
(三框)
6.06kV
单台
20.4kVA
1.01kV
内熔丝
31Ω
R = 2.385Ω
l = 0.604mH
1C
高通滤波器
FCD_1-10
3855kVA(三框)
7.07kV
38.9Ω
1.01kV
内熔丝
单台
20.4kVA
L = 5.03H
R = 0.59Ω
FCD_1-10
5次滤波器

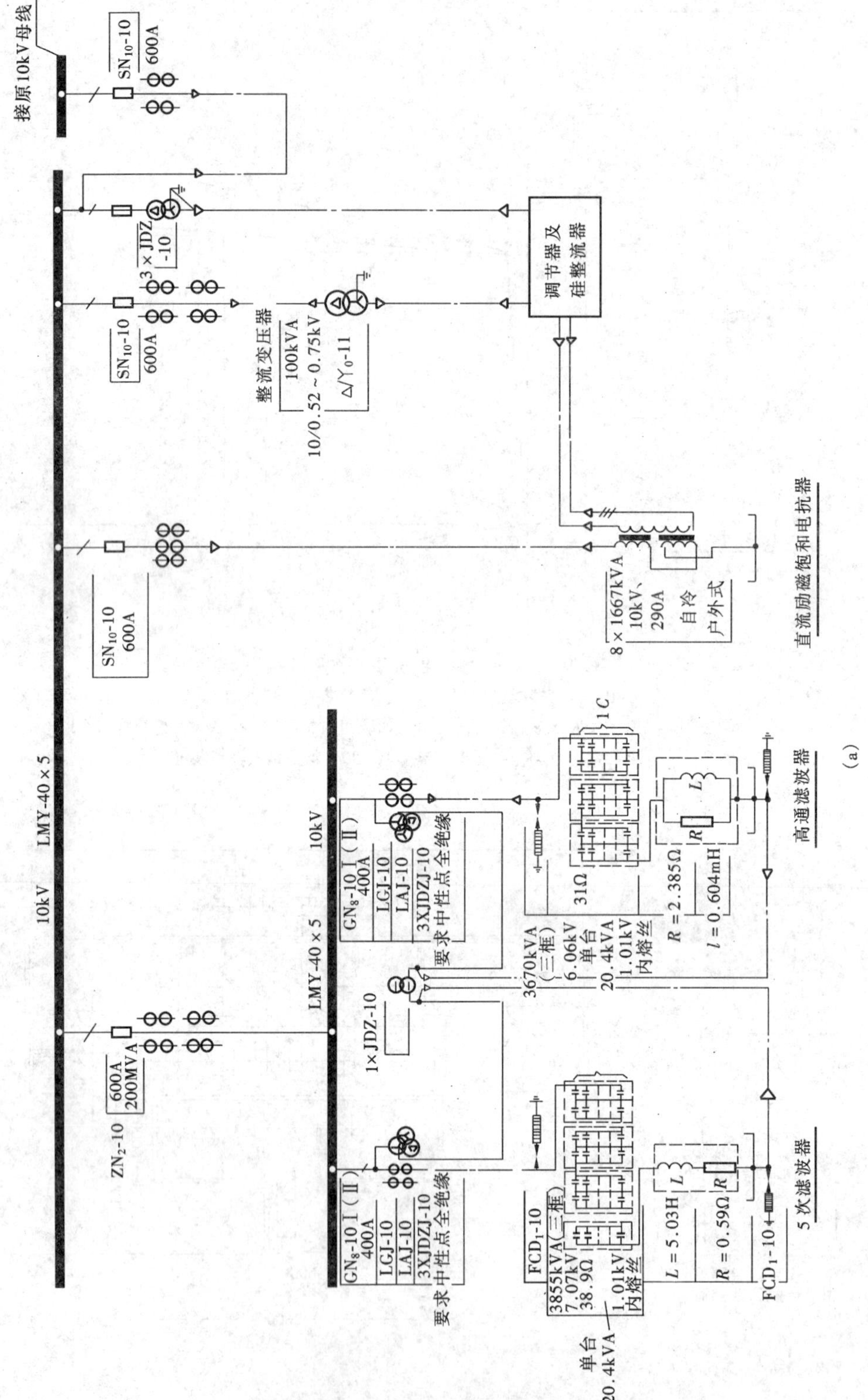

(a)

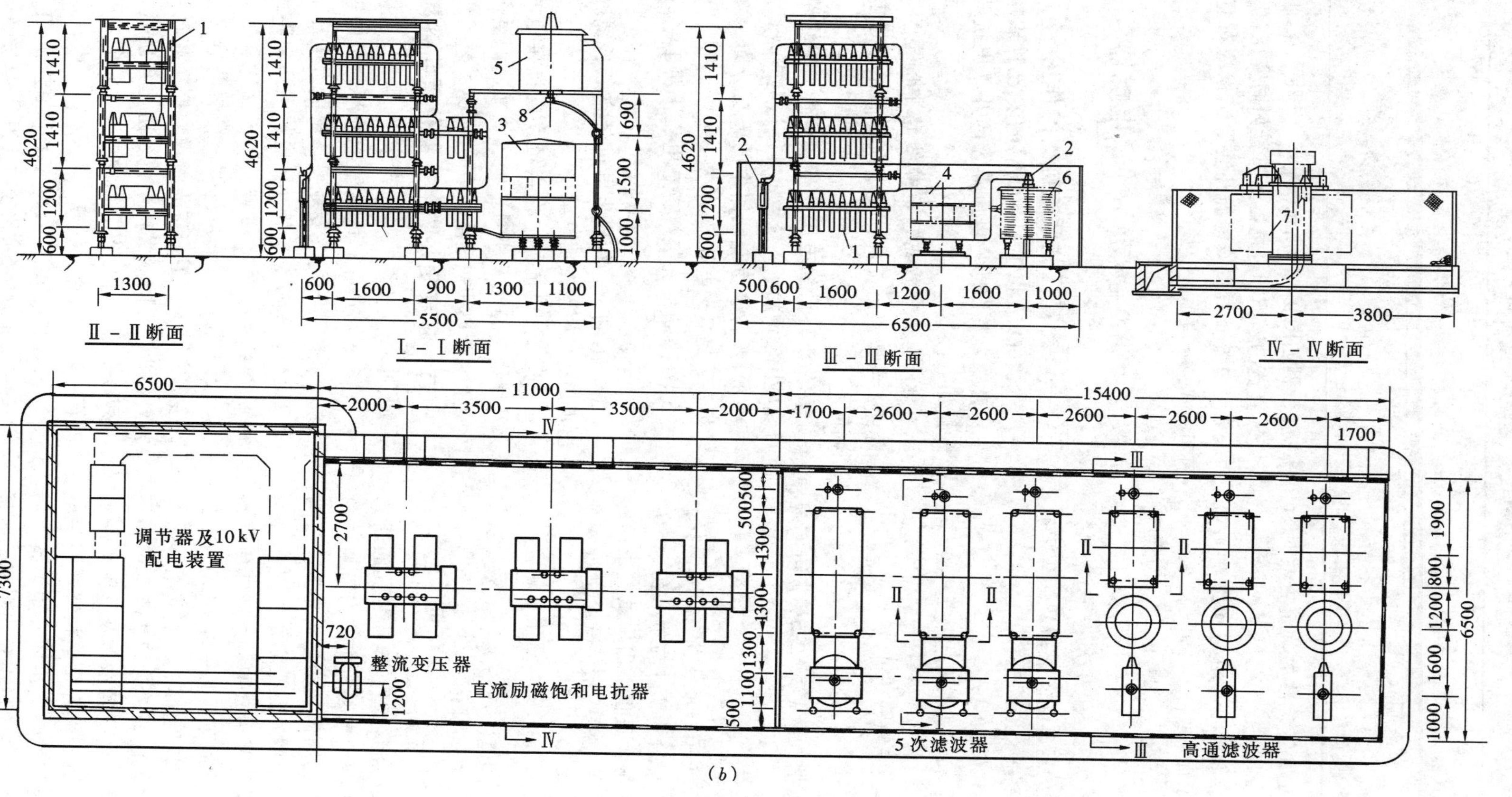

图 9-46　*SG* 工程直流励磁饱和电抗器型静补装置

(*a*) 接线；(*b*) 布置

1—电力电容器 CY_1-20-1；2—磁吹避雷器 FCD_1-10；3—串联电抗器（$L=5.03mH$）；4—串联电抗器（$L=0.604mH$）；
5—串联电阻（$R=0.59\Omega$，$P_e=22.45kW$）；6—并联电阻（$R=2.385\Omega$，$P_e=1.16kW$）；
7—直流励磁饱和电抗器（$S_e=3\times1667kVA$，$U_e=10kV$）；8—风扇

表 9-33　　自饱和感性无功器试验用典型负载时间

负荷值	$\leqslant Q_{Loe}$	$0.5Q_{Le}$	Q_{Le}	$1.5Q_{Le}$	Q_{Le}	$0.5Q_{Le}$
运行时间（h）	4	4	4	4	4	4

自饱和电抗器主要电气参数的确定方法见附录 9-5。

现将，一台 10kV、3000kVA 自饱和感性无功器的主要技术参数列示如下：

1）额定空载电压 U_{Loe}：11kV，允许误差 -1%；

2）额定空载容量 Q_{Loe}：$\leqslant 0.1Q_{Le}$；

3）额定伏安特性的斜率 k_e：有载切换 2.5%，5%，7.5%，允许误差 $\leqslant +10\%$；

4）额定容量 Q_{Le}：3000kVA；

5）额定电压 U_{Le}：按下式求得

$$U_{Le} = U_{Loe} \times \left(1 + K\frac{Q_{Le} - Q_{Loe}}{Q_{Le}}\right)$$

6）额定工作电压抽头：$\pm 2 \times 2.5\%$，可实现无载调节；

7）额定谐波含量：$\leqslant 5\%$；

8）额定过载能力：在 $1.5Q_{Le}$ 情况下不小于 4h。此时 K_e 值应基本保持不变。力争可在 $2.5Q_{Le}$ 下短时运行，K_e 应保持为正值。出厂试验采用的典型负载曲线值如表 9-33 所示，试验进行两个循环；

9）额定损耗：1.5%；

10）三相绕组直流电阻不平衡率：<2%；

11）型式：三相共体户外型。

五、静补装置的布置

静补装置的布置为混合型。静补装置的断路器一般布置在变电所的配电装置内，当需要单独布置时，10kV 及以下的断路器为屋内布置，且为开关柜式，35kV 及以上的断路器可采用户内或屋外布置，为开关柜式和装配式两种。并联电容器装置或滤波器装置部分的布置见第 9-4 节。根据具体工程可采用户内式或户外式。

相控电抗器的可控硅开关为户内布置，房屋需要空调和电磁屏蔽；电抗器本体及其附件一般均为户外落地布置。对于大容量单相空芯线性电抗器，布置时应满足制造厂提出的三相设备之间及设备与周围钢构件之间的最小允许距离，而且其周围的钢构件不应构成闭合回路。静补装置的布置示例如图 9-45 所示。

直流励磁饱和电抗器的布置如同变压器一样，一般为户外布置。该型静补装置工程的布置示例如图 9-46 所示。

第 9-6 节　并联电抗器

一、超高压并联电抗器的作用

在 330kV 及以上超高压配电装置的某些线路侧，常需要装设同一电压等级的并联电抗器，其作用如下：

（1）削弱空载或轻负载线路中的电容效应，降低工频暂态过电压，并进而限制操作过电压的幅值。

（2）改善沿线电压分布，提高负载线路中的母线电压，增加了系统稳定性及送电能力。

（3）改善轻负载线路中的无功分布，降低有功损耗，提高送电效率。

（4）降低系统工频稳态电压，便于系统同期并列。

（5）有利于消除同步电机带空载长线时可能出现的自励磁谐振现象。

（6）采用电抗器中性点经小电抗接地的办法来补偿线路相间及相对地电容，加速潜供电弧自灭，有利于单相快速重合闸的实现。

二、超高压并联电抗器位置与容量的选择原则

（1）超高压并联电抗器位置与容量的选择由系统专业进行。电气专业要从限制过电压的角度予以配合，并考虑安装并联电抗器后对本专业设计的影响。

（2）超高压并联电抗器的位置与容量选择与很多因素有关。但应首先考虑限制工频过电压的需要，并结合限制潜供电流、防止自励磁、同期并列以及无功补偿等方面的要求，进行技术经济综合论证。

（3）工频过电压可以有各种限制措施(详见第 15 章)。在经过技术经济比较需要为此装设并联电抗器时，其位置与容量可按附录9-6所列方法进行计算

和比较。通常单电源系统，并联电抗器设置在线路的末端；双电源系统，仅在一端设置并联电抗器，对另一端工频过电压的降低影响很小。并联电抗器设置在线路中段可以照顾线路两端的电压升高。当线路中段没有中间变电所或开关站而无合适的落点时，并联电抗器可设置在系统容量较大的一侧或分装在线路的两端。

(4) 在选择并联电抗器的位置和容量时，尚应兼顾以下要求：

1) 系统同期并列点的合理选择。工频稳态过电压虽然幅值不高，但在并车过程中的持续时间较长(几十分钟到一、二个小时)。并联电抗器的装设可以降低工频稳态过电压，减化倒闸操作的程序，有利于并车、并减少并车时间。

并列点一般选择在电源侧较为方便。如果能实现在系统各点均能并车，则更为灵活。

2) 检验系统发生自励磁的条件。在线路终端甩负荷、计划性合闸和并车时，将形成长时间发电机带空载长线的运行方式。发电机带有容性阻抗，在某些条件下有可能导致发电机自励磁。在超高压输电线路上常采用接入并联电抗器的方法改变发电机端的出口阻抗，破坏自励磁产生的条件。

3) 满足大小运行方式时无功平衡的要求，同时将降低有功损耗做为一个参考指标。仅为此目的而装设的并联电抗器，可以选用较低的电压等级，安装在发电厂和变电所的中压或低压侧。电网中，并联电抗器的位置、容量和电压等级的选择，将影响系统的运行和经济指标。此项工作一般由系统专业在调相调压和无功平衡的电气计算中进行。

4) 降低潜供电流，提高单相快速重合闸的成功率。为了提高线路输送容量和系统稳定度，在超高压远距离输电线路上往往需要采用单相快速重合闸。为提高其动作成功率，必须对潜供电流予以限制。在并联电抗器的中性点装设小阻抗，是降低接地点恢复电压、减少潜供电流，从而加速潜供电弧自灭的有效措施。因此，在选择并联电抗器时，应结合此问题综合考虑。

(5) 经过优选，最后确定的并联电抗器容量，可以用补偿度 K_l 表示：

$$K_l = \frac{Q_L}{Q_c} \tag{9-50}$$

式中　Q_L——并联电抗器容量（MVA）；

Q_c——线路的充电功率（Mvar）。

一般取补偿度 $K_l = 40\% \sim 80\%$。$80\% \sim 100\%$补偿度是一相开断或两相开断的谐振区，应尽量避免采用。表 9－34 为国内外一些超高压输电线路所取的补偿度。

表 9－34　国内外一些超高压输电线路的补偿度

国　别	中国 LTG 线	中国 PW 线	瑞　典	加拿大	美　国
电压（kV）	330	500	400	735	750
补偿度 K_l（%）	38	60	75	66	70

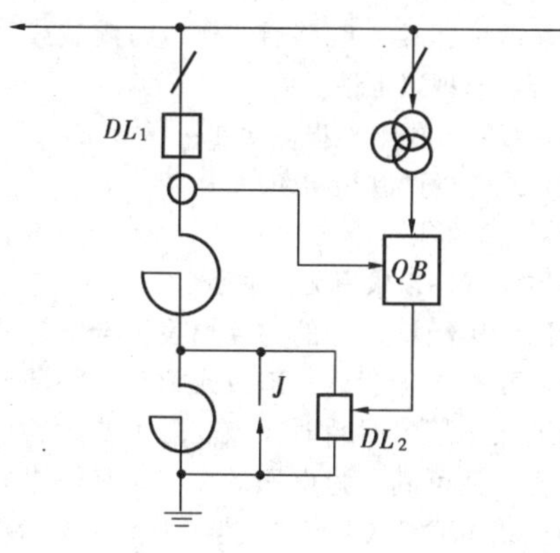

图 9－47　并联电抗器强补装置示意图
DL_1—主回路断路器；DL_2—强补断路器；
QB—强补控制装置

(6) 为了提高并联电抗器的补偿效果，可以采取以下措施：

1) 给并联电抗器加装强补装置。如图 9－47 所示，在工频过电压出现时，通过强补控制装置 QB 将断路器 DL_2 短时合闸，短接一部分绕组，种用并联电抗器的过负荷能力，短时增大并联电抗器的补偿容量。这要求电抗器附有强补绕组。

2) 给并联电抗器加装三角形绕组。它将使零序阻抗大大减少，降低接地系数，从而进一步降低工频过电压的幅值，或者在工频过电压保持原有水平的情况下，减少并联电抗器的安装容量。三角形绕组还可为发电厂或变电所提供备用厂（所）用电源。

3)考虑采用自饱和或可控饱和电抗器的可能

性。控制并联电抗器铁芯的饱和程度，改变伏安特性，不仅可以突然增大补偿度，还可以较快地泄漏线路上的残余电荷，降低重合闸过电压。饱和的控制可以采取附加直流励磁的方式。采用此方式时，需注意研究产生谐振的条件和消谐措施。

三、装设超高压并联电抗器引起的问题与对策

（一）对操作过电压的影响与对策

超高压并联电抗器的等值串联电阻很小。线路电容中的残余电荷通过电抗器泄放是一个接近工频的衰减振荡过程。它使得断路器的恢复电压具有拍频性质，上升速度极慢，从而可以避免触头间的重燃现象，降低了切空线过电压，也减轻了断路器合闸电阻的通流负担。

但一方面，由于泄流过程缓慢，线路上较高的残压将使合闸和重合闸过电压幅值增高。当需要进一步降低这种过电压时，可在电抗器回路中串联电阻，如图9－48所示。

图中断路器 DL，正常运行时闭合。线路开断时，DL 同时分闸，并在0.5～1s后重合。DL 可选用35kV各型断路器，R 可取100Ω左右。

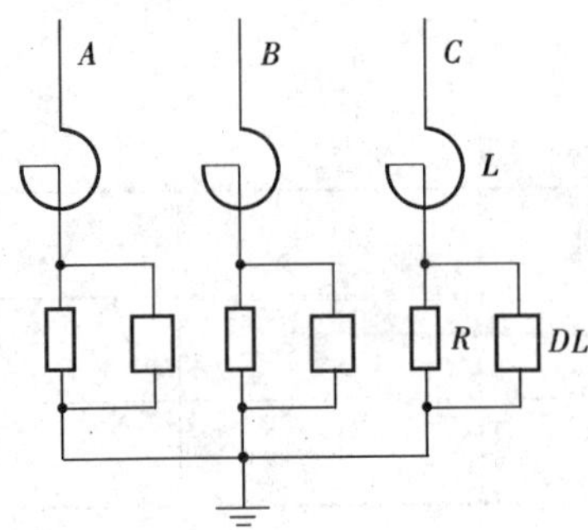

图9－48 用串联电阻限制合闸过电压

（二）对谐振过电压的影响与对策

1．工频传递谐振

在线路末端接有并联电抗器的电网中，在一相断开或两相断开的非全相运行状态下，断开相因相间电容传递会感生一定的电压，当参数配合适当时，传递回路将形成谐振回路。产生谐振的条件与装设的并联电抗器容量有关，详见第15章内过电压保护部分。

为了防止工频传递谐振发生，应使并联电抗器的零序阻抗大于其正序阻抗。为此，在电抗器中性点接入小电抗，是目前经常采用的措施。

2．分频谐振

线路上同时接有串联电容 C 和并联电抗器 L，当线路末端故障跳闸，即形成 $L-C$ 串联回路，并可能激发 $\frac{1}{3}$ 次分频谐振。产生分频谐振的必要条件是：

$$\frac{1}{\sqrt{LC}} < \frac{1}{3}\omega \text{ 或 } \sqrt{\frac{X_{Ll}}{X_c}} > 3 \qquad (9-51)$$

式中 X_{Ll}——电抗器线性部分电抗；

X_{Cl}——线路容抗。

电抗器的伏安特性越饱和，越易激发分频谐振。所以其饱和部分斜率不应小于未饱和部分斜率的1/3。

在电抗器中性点接入电阻，可以阻尼谐振的产生。当电阻大于或等于30%线性电抗 X_L 时，就能消除分频谐振。

3．高频谐振

带有并联电抗器 L 的空载线路，系统阻抗在二倍工频呈容性时，操作过渡过程中有可能激发暂态高次（主要是二次）谐振。产生 n 次谐振的必要条件是：

$$\frac{1}{\sqrt{LC}} < n\omega \qquad (9-52)$$

二次谐振过电压幅值一般不高。合理选择电抗器伏安特性的饱和点高低和斜率大小，有助于消除自激条件。饱和点宜取1.3以上，斜率宜取1/3以上。

当二次谐振发生后，可以采取一些临时措施、如投入发电机或切除线路等，改变线路参数，限制持续时间。

（三）对无功平衡和经济运行的影响及对策

并联电抗器接入线路后，在线路满载或重载情况下，将会出现以下情况：

(1) 线路上的电能损耗增加；

(2) 线路少送有功功率；

(3) 受端需增加无功补偿装置，例如调相机或并联电容器装置，以求得无功平衡。

所以，从经济运行的角度出发，希望轻载或空载时将并联电抗器投入；满载或重载时将部分并联电抗器退出，故障时瞬时投入。既可节约部分无功补偿设备，又可满足过电压的要求。其解决方案之一是用火花间隙投入并联电抗器。图9－49为用火花间隙投入并联电抗器的原理接线图。

图中 DL_1 为主断路器，DL_2 为使主间隙熄弧用断路器，并避免电抗器非全相运行。DL_2 应有一定的关

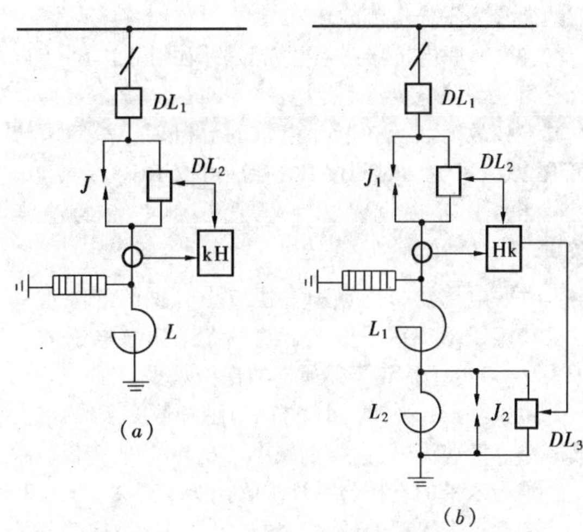

图9-49　用火花间隙投入并联电抗器的原理接线图
（a）不带强补间隙；（b）带强补间隙

合能力，断口承受 $1.5U_{xg}$ 电压，不承担开断短路的任务。间隙 J 按工频过电压整定，击穿电压的分散性不应太大。

苏联在500kV系统中，用带有外隔离刀闸的BB-500型断路器，可兼有 DL_1 和 DL_2 的作用。

四、超高压并联电抗器的型式和伏安特性选择

（一）型式选择

超高压并联电抗器可以采用三相或单相电抗器。

谐振条件并不是选用三相或单相电抗器的因素。三相或单相电抗器都有可能产生谐振过电压。在中性点加装了小电抗之后，都可抑制谐振过电压的发生和发展。只是，小电抗的阻抗值有可能选择得不同，从而使中性点的绝缘水平有不同的要求。

三相电抗器比三个单相电抗器的价格便宜（瑞典ASEA报价，便宜20%~26%）。选用三相电抗器，尚应结合制造条件、运输条件、安装条件等综合考虑之。

如果选用三相电抗器，应选用三相五柱结构，而不宜采用三相三柱结构。因为三相三柱式有以下两个缺点：

（1）当采用单相重合闸时，单相断开后，另外两相的磁通通过断开相的铁芯柱，使断开相上感应一个电压，使得故障点的潜供电流加大而不利灭弧。

（2）三相三柱式电抗器要求在中性点联接的小电抗具有较大的阻抗值，中性点的绝缘水平较高。

采用三相五柱式结构的电抗器，其有绕组的三个铁芯柱磁阻很大（铁芯加隔磁材料），另外两个旁轭铁芯柱磁阻做得很小。单相开断时，磁通极少通过断开相铁芯柱，避免了相互感应。三相五柱式结构电抗器的零序电抗与单相电抗器的零序电抗相同。因此，它们可选择相同的中性点小电抗和绝缘水平。

（二）伏安特性选择

并联电抗器的伏安特性可近似地用两条折线表示，如图9-50所示。

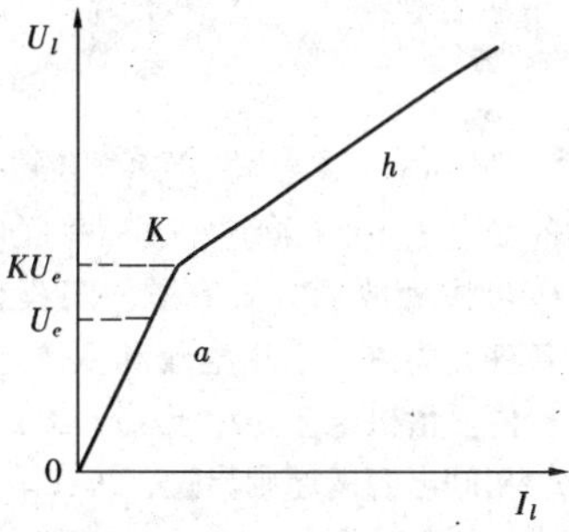

图9-50　并联电抗器的伏安特性

工程设计应对并联电抗器的伏安特性提出要求。制造厂对铁芯磁密取值过高，图9-50中饱和曲线的拐点 K 较低，b 段斜率较小，在电网中容易激发非线性谐振过电压。

拐点 K 的电压应保证 KU_e 大于工频过电压。若取拐点 K 以下 a 段的斜率为1，则拐点 K 以上的 b 段斜率 $\Delta U_l/\Delta I_l$，不宜低于 a 段的1/3，最好达到2/3。

表9-35为我国及部分国外并联电抗器的伏安特性。

表9-35　国内外部分并联电抗器的伏安特性

特　性	中　国	中　国	瑞　典	法　国	苏　联
电　压（kV）	330	500	500	500	500
拐点电压（倍）	1.3	1.5	1.5	1.5	1.5
拐点以下斜率	1	1	1	1	1
拐点以上斜率	28%~30%	28%	44%	2/3	44%

注　拐点以下斜率取1为针对拐点以上斜率而取的相对值，实际斜率由电抗器容量确定；拐点以上斜率系针对拐点以下斜率的百分值，并非实际斜率。

五、中性点小电抗和绝缘水平的选择

（一）按加速潜供电弧熄灭的要求选择小电抗

超高压线路常采用单相重合闸做为提高动稳定的措施。但在发生单相接地故障时，由于线路的电容耦合和互感耦合，接地点的潜供电弧难以自熄，降低了单相重合闸的成功率。

在并联电抗器的中性点连接小电抗后，可以补偿相间电容，并部分地补偿互感分量，降低潜供电流的幅值。当小电抗中附加小电阻后，还可改变相位，从而加速潜供电流的熄灭，如图 9-51 所示。

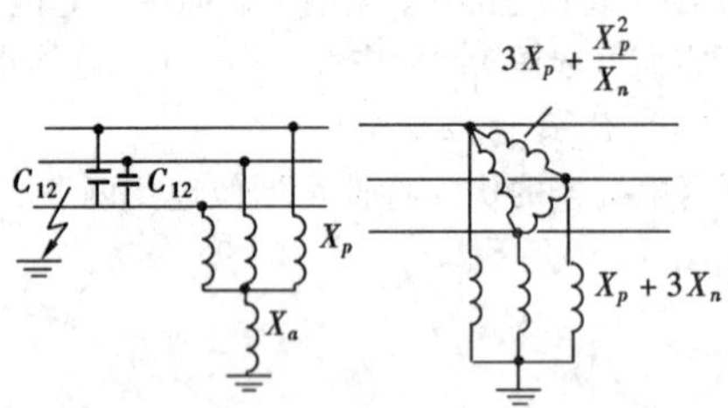

图 9-51　电抗器中性点接小电抗等值回路图

小电抗的最佳补偿与系统参数、并联电抗器的补偿度、安装位置和故障方式有关。工程设计应由系统专业对各种方案进行潜供电流和恢复电压计算，选择最佳电抗值。潜供电流应小于 15~20A。

单从补偿相间电容的原则出发，可按式（9-53）对小电抗值进行近似估算：

$$X_0=\frac{X_L^3}{X_{12}-3X_L} \tag{9-53}$$

式中　X_0——中性点小电抗的电抗值（Ω）；

X_L——并联电抗器的正序电抗值（Ω）；

X_{12}——线路的相间容抗值（Ω）。

（二）按抑制谐振过电压的要求选择小电抗

为抑制工频传递谐振过电压，中性点小电抗可按下式计算：

$$X_0=\frac{X_L^2}{X_{12}-3X_L}+\frac{X_L-X_{L0}}{3} \tag{9-54}$$

式中　X_{L0}——并联电抗器的零序电抗值（Ω）。对单相电抗器，$X_{L0}=X_L$；对三相三柱式电抗器，$X_{L0}=X_L/2$。

为阻尼分频谐振过电压，在中性点小电抗回路中串接的电阻宜为百欧级。中性点仅安装小电抗，可以减少激发分次谐振的或然率，但不能防止激发。

（三）中性点小电抗的额定电流

中性点小电抗的额定电流按下列条件选择：

(1) 按 IEC 标准，潜供电流不应大于 20A；

(2) 输电线路三相不平衡引起的零序电流，一般取线路最大工作电流的 0.2%；

(3) 并联电抗器三相电抗不平衡引起的中性点电流，可取并联电抗器额定电流的 5%~8%。

在按故障状况校验小电抗的温升时，故障电流可取 200~300A，时间按 IEC 标准可取 10s。

（四）并联电抗器中性点和小电抗的绝缘水平

并联电抗器中性点和中性点小电抗的绝缘水平主要决定于出现在中性点上的最大工频过电压 U_{og}，因为 U_{og} 实际上决定了避雷器的保护水平。

由式 9-56 可知，小电抗 X_0 随补偿度 K_i 的增大而减小。随着小电抗 X_0 的减小，U_{og} 将相应降低。因此，绝缘水平的选择与系统所取补偿度有关。

中性点上出现的最大工频过电压 U_{og}，是由各种不对称故障形式决定的。其中以并联电抗器的两相分闸和空线中的不对称接地两种情况引起的最大工频过电压最高。

表 9-36 为各种情况下 U_{og} 的计算公式。一般可取表 9-37 所列绝缘水平。

六、超高压并联电抗器的接线与布置

（一）超高压并联电抗器的接线方式

超高压并联电抗器应连接在线路断路器的线路侧。常用接线方式如图 9-52 所示。

(1) 断路器 DL 的设置原则是：电网建设初期，只要线路投入运行，一般不允许并联电抗器退出运行，应把并联电抗器看做是线路的一部分，此时没有必要设置断路器，原则上可只装设隔离开关 G；如果在某种运行方式下，并联电抗器有被切除或操作的可能，（如并联电抗器退出运行而过电压水平仍在允许范围内、两回线共用一组并联电抗器或者装设并联电抗器的主要目的是调相调压）则应设置断路器 DL。

设置断路器 DL 时，应考虑断路器切除电抗器产生的操作过电压，注意断路器的选型。亦可用负荷开关代替断路器 DL，此时对并联电抗器的保护跳闸，则作用于线路断路器。

(2) 避雷器 B_1、B_2 的设置原则是：B_1 是否装设，由配电装置和线路的过电压保护决定。当装设断路器 DL 时，不论有无 B_1，均应装设避雷器 B_2，以保护开断并联电抗器产生的过电压。当不装设断路器 DL，而且并联电抗器在 B_1 的保护范围之内时，可不设避雷器 B_2。

避雷器 B_1、B_2 应采用线路型避雷器。

避雷器 B_0 的电压等级应与并联电抗器中性点电压等级一致。

表9－36 **并联电抗器中性点工频过电压的计算公式**①

序号	不对称情况	计算公式	近似公式
1	运行的电抗器的单相分闸	$\dfrac{U_{xg}}{2+\dfrac{X_L}{X_o}}$	$\dfrac{U_{xg}}{\dfrac{3K_l}{T_{ko}}-1}$
2	运行的电抗器的两相分闸	$\dfrac{U_{xg}}{1+\dfrac{X_L}{X_o}}$	$\dfrac{U_{xg}}{\dfrac{3K_l}{T_{ko}}-2}$
3	运行下的单相线路开断	$\dfrac{U_{xg}}{3+\dfrac{X_L}{X_o}}$	$\dfrac{T_{ko}U_{xg}}{3K_l}$
4	空线中的单相接地	$\sqrt{2(\rho_B^2+\rho_C^2)-3}\times\dfrac{K_oU_{xg}}{3+\dfrac{X_L}{X_o}}$	$\dfrac{T_{ko}K_oU_{xg}}{3K_l}\times\sqrt{2(\rho_B^2+\rho_C^2)-3}$
5	空线中的两相接地	$\dfrac{\rho_AK_oU_{xg}}{3+\dfrac{X_L}{X_o}}$	$\dfrac{\rho_AT_{ko}K_oU_{xg}}{3K_l}$

① 陈维贤 并联电抗器中性点和小电抗的绝缘水平《电力技术》1986年第4期。

注 U_{xg}——电网最高相电压(kV)；X_L——并联电抗器的正序电抗(Ω)；X_o——中性点小电抗的电抗(Ω)；K_l——并联电抗器的补偿度，$K_l=\dfrac{1}{X_L\omega C}$；$C$——线路的正序电容；$T_{ko}$——线路相间电容 C_{12} 与正序电容 C_1 的比值，$T_{ko}=3C_{12}/C_1$；K_o——电容效应系数与等效电源系数(即等效电势与 U_{xg} 之比)的乘积；ρ_A、ρ_B、ρ_C——健全相的单相接地系数。

表9－37 **并联电抗器小性点和小电抗的绝缘水平**

补偿度 k_l	<40%	50%	>60%
330kV 500kV	110kV 220kV	110kV 154kV	63kV 110kV

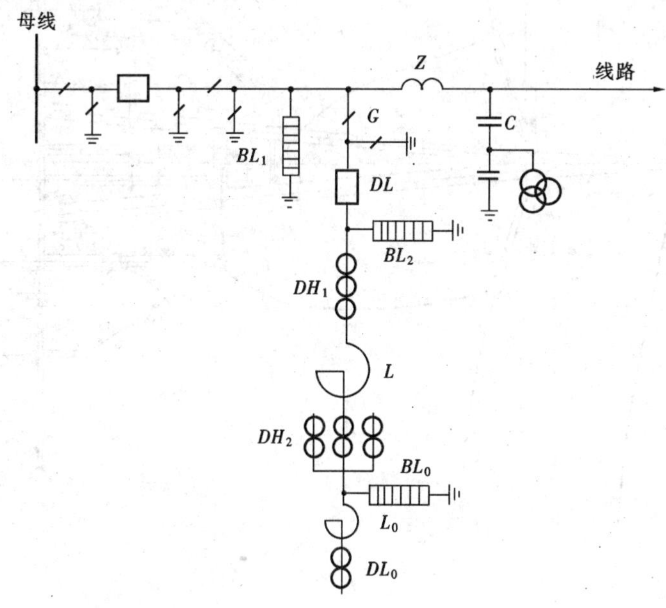

图9－52 超高压并联电抗器的接线方式

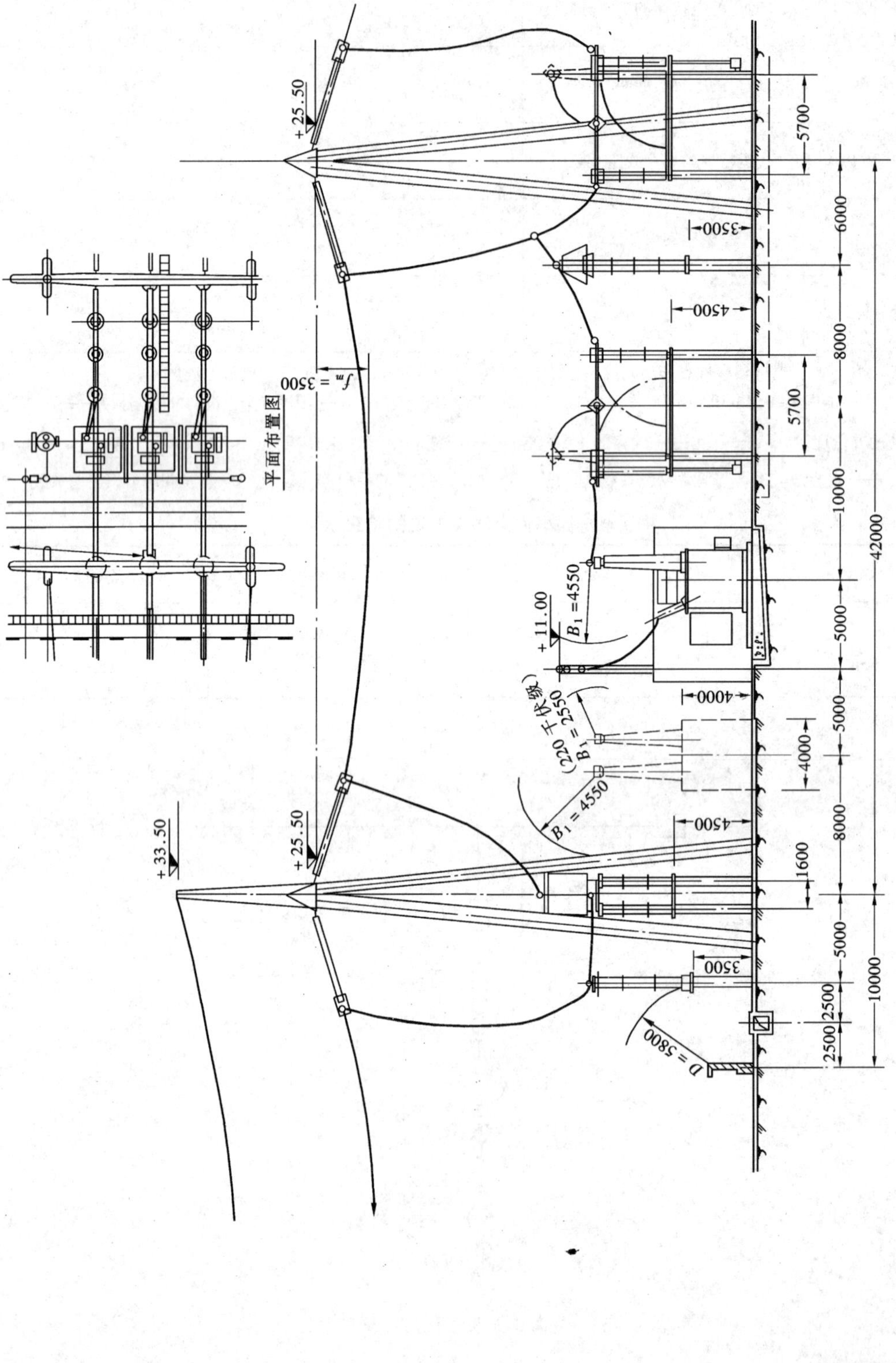

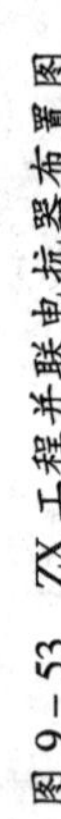

图 9-53 ZX 工程并联电抗器布置图

表 9-38　并联电抗器的技术参数

序号	项目	技术参数					
1	安装地点	YS 线两侧		SF 线 S 侧		JZ 变	
2	生产厂家	瑞典 ASEA		法国阿尔斯通		西安变压器电炉厂	
3	型　式	单相、户外、强油空冷气隙铁芯型、XMZ-6		单相、户外、强油空冷气隙铁芯型		单相、户外、强油风冷 BKDFP-40000/550 型	
4	额定容量（MVA）	50		50		40	
5	额定电压（kV）	$550/\sqrt{3}$		$550/\sqrt{3}$		$550/\sqrt{3}$	
6	阻　抗（Ω）	2017±5% 相间阻抗差＜±2%		2016±5% 相间阻抗差＜±2.5%		2530±5%	
7	极限温升	绕组 60℃、油 55℃		绕组 60℃、油 55℃		符合 GB 1094—71（电力变压器）规定	
8	总损耗（kW）	142.5		160		185±15%	
9	噪音水平（dB）	≤85		≤80		≤95	
10	箱外振动（峰—峰）平均值（μm）	≤60		＜100			
11	局部放电水平 $\left(1.5\times\frac{550}{\sqrt{3}}\text{kV 下}\right)$	＜500P				不超过 IEC 标准	
12	饱和特性	＜1.5U_e 为线性； ＞1.5U_e 时其饱和斜率为前者的 44%		＜1.5U_e 为线性； ＞1.5U_e 时其饱和斜率不低于前者斜率的 2/3		＜1.5U_e 为线性； ＞1.5U_e 其饱和斜率不低于线性部分的 28%	
13	允许过电压时间	额定电压倍数	允许运行时间	额定电压倍数	允许运行时间	额定电压倍数	允许运行时间
		1.1 1.2 1.3 1.4 1.5	20 min 1 min 18 s 9 s 6 s	1.15 1.2 1.25 1.3 1.4 1.5	60 min 20 min 10 min 3 min 20 s 8 s	1.15 1.2 1.25	60 min 20 min 10 min
14	绝缘水平	线端	中性点	线端	中性点	线端	中性点
	最高运行电压（kV）	550	170	550	170	550	
	全波冲击耐压（峰值）（kV）	1550	750	1550	750	1610	700
	截波冲击耐压（峰值）（kV）	1550				1610	700
	操作波冲击耐压（峰值）（kV）	1250		1250		1240	
	一分钟工频耐压（有效值）（kV）	750	325	680	325		360
15	套管绝缘水平	线端	中性点	线端	中性点	线端	中性点
	全波冲击耐压（峰值）（kV）	1675	750	1800	750	1610	220
	操作波冲击耐压（峰值）（kV）	1250		1300		1240	电压级
	一分钟工频耐压（有效值）（kV）	740（干） 740（湿）	325（干） 325（湿）	850（干） 790（湿）	325（干） 290（湿）	740	
	泄漏距离（mm）或泄漏比距（cm/kV）	11500（Y 侧） 9250（S 侧）	4140（Y 侧） 3140（S 侧）	12000	3940	1.8	1.8

续表

序号	项　　目	技　术　参　数					
16	套管允许水平拉力（N）	5000	3000	1360	4000	1500	
17	套管电流互感器	300/1　2个	300/1　1个	300/1　2个	300/1　1个	150～300/1 B级2个 100～200/1 测量级1个	150～300/1 B级2个

表9－39　　中性点小电抗的技术参数

序　号	项　　目	技　术　参　数			
1	安装地点	YS线两侧		SF线S侧	
2	生产厂家	瑞典 ASEA		法国阿尔斯通	
3	型　式	油浸自冷		油浸自冷	
4	额定连续电流（A）	30		17	
5	额定10s最大电流（A）	300		200	
6	电　抗（Ω）	550±5%（200A以下为线性）		1000±7.5%	
7	极限温升（℃）				
	连续负载电流时	绕组70	油65	绕组70	油65
	10s负载电流时	绕组80	油75	绕组80	油75
8	损　耗（kW）	10.2（30A时）		8（17A时）	
9	绝缘水平	线　端	中性点	线　端	中性点
	全波冲击耐压（峰值）（kV）	750	200	750	
	一分钟工频耐压（有效值）（kV）	325	85	325	38
10	套管泄漏距离（mm）或泄漏比距（cm/kV）	4140（Y侧）3140（S侧）	1205（Y侧）970（S侧）	3940	≥2.3cm/kV
11	套管允许水平拉力（N）	3000	1250	4000	
12	套管电流互感器	100/1 1个		100/1 1个	
13	噪音水平（dB）	<85（30A以下）			

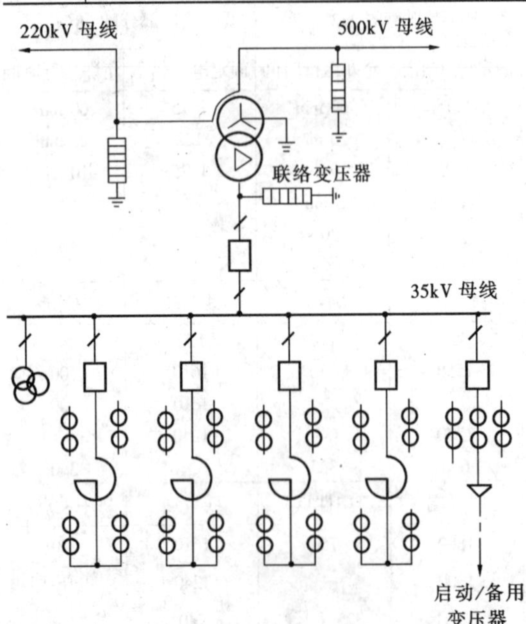

图9－54　35kV电抗器接线示例

电抗器参数：额定电压35kV、单相容量15000kVA、单相额定电流743A、单相电抗27.22Ω

（3）电流互感器 DH_1、DH_2 和 DH_0 均可采用套管型电流互感器。DH_1 应不小于3个次级，分别供过流、差动和零序差动保护；DH_2 应有两个次级，供测量和差动保护；DH_0 应有两个次级，供测量、过流和零序差动保护。

（二）超高压并联电抗器的布置

超高压并联电抗器及小电抗一般布置在配电装置的线路侧。电抗器附近应有运输道路。电抗器下应设置事故油坑。单相电抗器之间应设防火隔墙。布置图见图9－53。

七、超高压并联电抗器的技术参数示例

表9－38为已在国内安装的部分并联电抗器的主要技术参数。

表9－39为部分中性点小电抗的技术参数。

八、35kV电抗器的接线与布置

为了无功平衡的目的，当超高压并联电抗器的安装容量不能满足要求时，系统方面可能要求在发电厂或变电所内安装部分较低电压的电抗器。电抗器的电

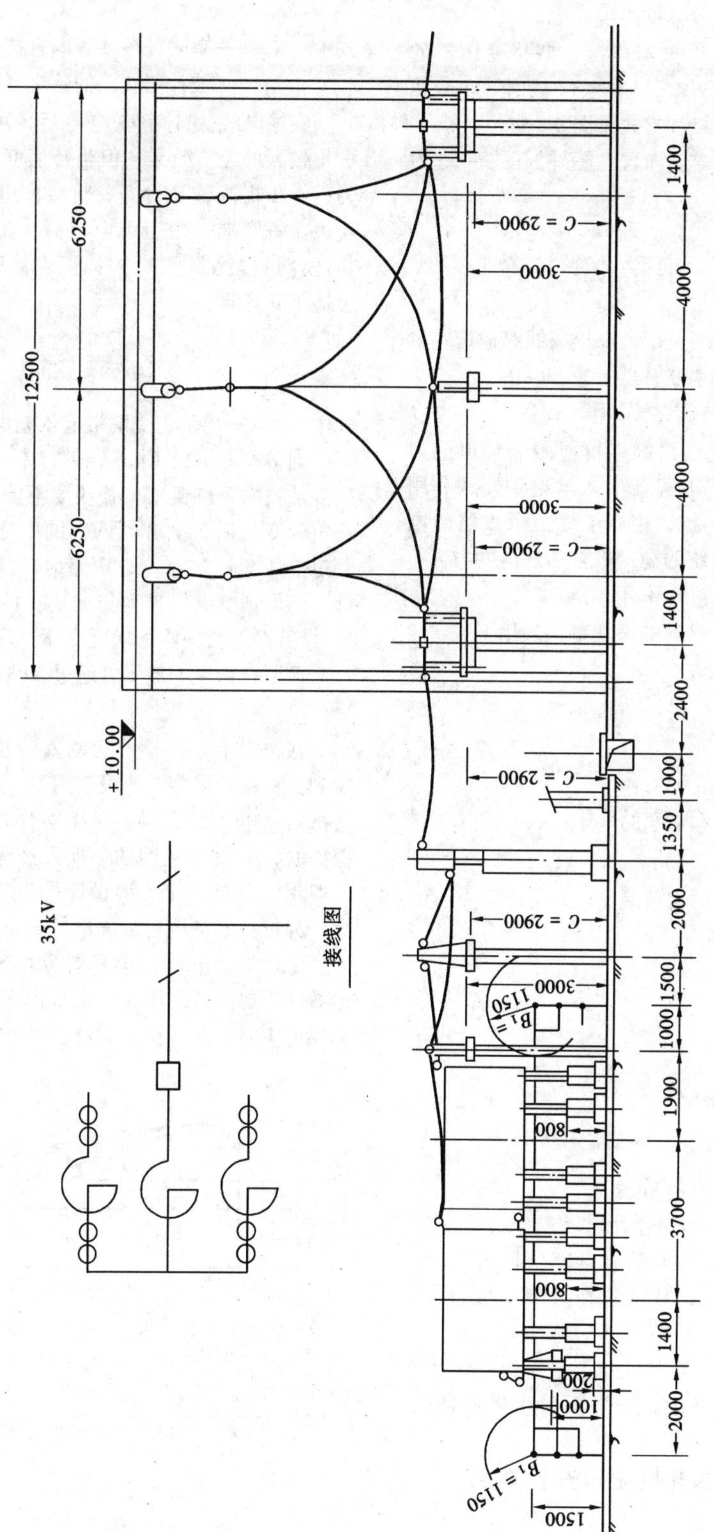

图 9－55　ZX 工程 35kV 电抗器布置

压一般在电气主接线已有的电压中选择较低的等级，或者在变压器中专门设置第三绕组。

在发电厂中，常将电抗器连接在联络变压器的第三绕组上，电压取35kV，以补偿轻载时500kV线路的电容充电功率。其接线方式见图9-54。

电抗器亦可采用空芯，布置在屋外。图9-55为ZX工程的布置方案。

第9-7节 串联补偿装置

本节着重介绍220kV及以上以提高线路输送容量和系统稳定度为目的的串联补偿装置。

一、串联补偿装置的作用

超高压远距离输电线路的感抗对限制输电能力起着决定性的作用。将电容器串入输电回路，利用其容抗抵消部分线路感抗，相当于缩短了线路的电气距离，从而提高了系统的稳定极限和送电能力。

1. 对提高静稳定的作用

按照静态稳定条件计算输送功率一般用下式：

$$P = \frac{U_1 U_2}{X_L}\sin\delta \qquad (9-55)$$

式中 P——输送功率（MW）；

U_1、U_2——线路始端和末端的电压（kV）；

X_L——线路感抗（Ω）；

δ——U_1与U_2的相角差。

当串入电容后，则为：

$$P = \frac{U_1 U_2}{X_L - X_C}\sin\delta \qquad (9-56)$$

式中 X_C——串联电容的容抗（Ω）。

在同一角度δ情况下，增加输送功率$\frac{X_L}{X_L - X_C}$倍。

2. 对提高动稳定的作用

一般情况下，输送容量往往由动稳定极限决定。线路三相短路时，串联补偿装置常因保护间隙动作而被短接，失去作用。这就要求在故障切除后，尽快投入串联电容器。若故障为不对称短路，非故障相串联电容器的保护间隙有可能不击穿，尚能使串联补偿装置起到一定作用，如果再采用强行补偿，便会进一步提高补偿效果。

二、串联补偿的补偿度和安装位置

1. 补偿度

串联补偿装置的补偿度为：

$$K_C = \frac{X_C}{X_L} \qquad (9-57)$$

式中 X_C——串联补偿装置的容抗（Ω）；

X_L——被补偿线路的感抗（Ω）。

在输电线路上串联电容后，可提高送电能力，取得较大的经济效果；但当补偿度大于某一数值时，为进一步提高输送容量，将会使电容器的容量急剧增大。每增加一个千乏电容器，而使得线路允许的输送容量提高最大时的补偿度，称为最佳补偿度，可按下式计算：

$$K_{Cj} = \frac{1-\sin\delta}{1+\sin\delta} \qquad (9-58)$$

式中 δ——线路送受两端电压矢量间的极限相角。

当$\delta = 30° \sim 25°$时，$K_{Cj} \approx 35\% \sim 40\%$。

从技术条件要求，补偿度不能超过某一极限值。在负荷变化时，电容器两侧的电压跃升不能超过工频过电压允许的水平；短路时，线路电抗不能呈容性，以保证继电保护动作的选择性；K_C不能接近于1，全补偿将会使静稳定度变坏，且易发生自振荡。

极限补偿度一般不宜超过50%～60%。

2. 安装位置

在选择串联补偿装置的安装位置时，应尽可能做到：补偿效果好、建设费用少、运行管理方便，并考虑对过电压的影响、对无功分布的影响、对继电保护的影响以及电网的远期发展等。串联补偿装置一般集中设置。在工程设计中，应拟定若干设置方案，经过技术经济比较确定。

采用集中电容补偿具有分布参数的线路，其补偿效果将要降低。图9-56表示串联补偿装置安装在不同地点时，其容抗值的修正系数。

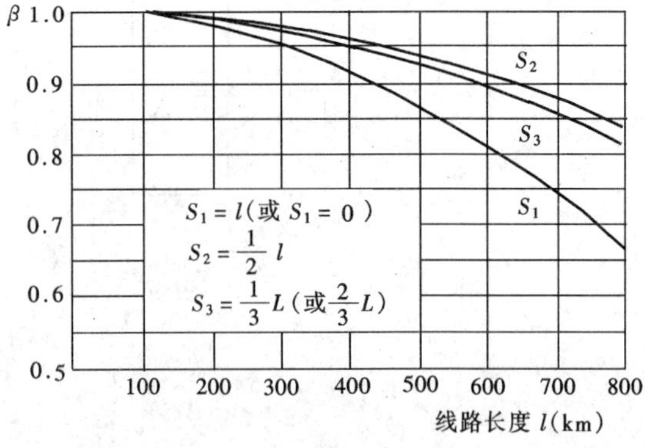

图9-56 补偿度的修正系数

S—串联补偿装置到线路末端（或始端）的距离

由图知，当电容器集中一处安装时，以安装在线路中点或距始末端 1/3 处为宜；当在两处安装时，以安装在 1/3 和 2/3 处有最优补偿度。

串联补偿装置一般不设置在线路的始端。因为若在电容器后短路，短路电抗的大部分被容抗抵消，会有很大的短路电流通过电容器，并增加断路器的开断负担，且对继电保护也带来不利影响。

串联补偿装置如果全部或部分设置在线路的末端，需注意校验工频过电压是否超过允许值。这种布置方式，有时可以减少末端电网的无功并联补偿装置容量，给重负荷时的末端电网带来益处。

三、串联补偿装置的接线

1. 电容器的串、并联数

串联补偿装置电容器的并联数目按正常最大负荷电流来选择。在双回路中，如果串联电容器置于线路上，则要考虑一回路故障切除后，另一回路产生的过负荷情况。不过此时应该考虑电容器允许的过负荷能力及调整负荷等措施，以便减少电容器的需要容量。

电容器的并联数 m 由下式求出：

$$m = \frac{I}{I_{Ce}} = \frac{SU_{Ce}}{\sqrt{3}UQ_{Ce}} \quad (9-59)$$

式中　I——通过每相电容器组的最大负荷电流（A）；

I_{Ce}——每个电容器的额定电流（A）；

S——通过电容器的最大视在功率（kVA）；

U_{Ce}——电容器的额定电压（kV）；

Q_{Ce}——电容器的额定容量（kvar）；

U——设置电容器组处的线路电压，可取线路额定电压（kV）。

求得 m 值后，取整数，即并联电容器台数。

电容器的串联数则由所要求的补偿度来决定。对于长度超过 300km 的输电线路，串联补偿的有效补偿度小于按名牌计算的补偿度，应按图 9－56 乘以修正系数 β。串联的电容器个数 n 按下式计算：

$$\left.\begin{aligned} X_C &= X_L\frac{K_C}{\beta} \\ n &= \frac{X_C}{\frac{X_{Ce}}{m}} = \frac{mX_CQ_{Ce}}{U_{Ce}^2} \end{aligned}\right\} \quad (9-60)$$

式中　β——修正系数，由图 9－56 查出；

X_{Ce}——每个电容器的容抗。

n 应取邻近的整数。实际的三相电容器组的容量为：

$$Q_C = 3mnQ_{Ce} \quad (9-61)$$

实际的串联补偿装置容抗为：

$$X_C = \frac{nX_{Ce}}{m} \quad (9-62)$$

2. 串联电容器组的内部接线

串联电容器组一般采用如图 9－57（c）所示内部接线方式。（a）方式电容器中间无横向连接，当一支路中任一只电容器故障开断时，将使相邻各支路过电流，电容器相应承受过电压。（b）方式横向连接太多，当某一电容器短路时，其余电容器向故障电容器的放电能量太大，可能引起电容器爆破。

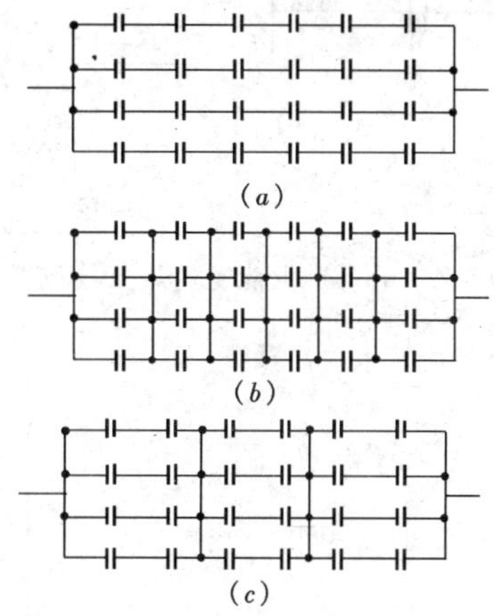

图 9－57　电容器组的内部接线方式

（c）方式中横向连接的数量与电容器所放置的辅助平台数目相同。它们都由电容器允许的放电能量所决定。目前国产油浸串联电容器的允许放电能量为 8kJ。现介绍电容器组放电能量的计算方法如下：

如拟采用的电容器组内部接线如图 9－58 所示。每相有 L 个并联支路，每一并联支路又分成 Z 个小组，每一小组的串联数为 y，并联线为 k，当某个电容器损坏接壳时（F 点短路），引起 X 个电容器被短接（通过辅助平台跌落熔断器而构成回路），此时可画出其等值接线如图 9－59。

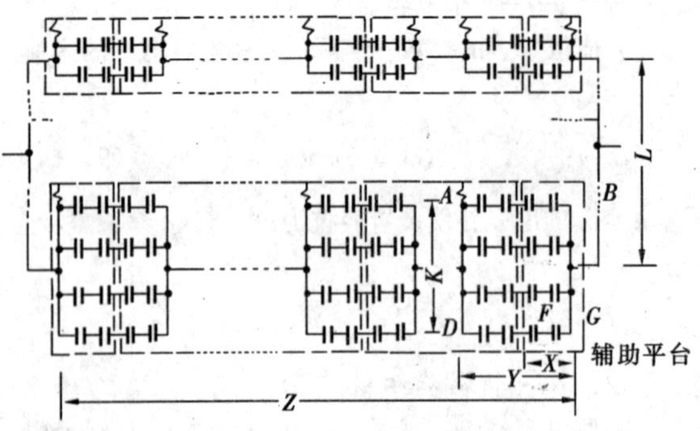

图 9-58　计算放电能量用的电容器组内部接线

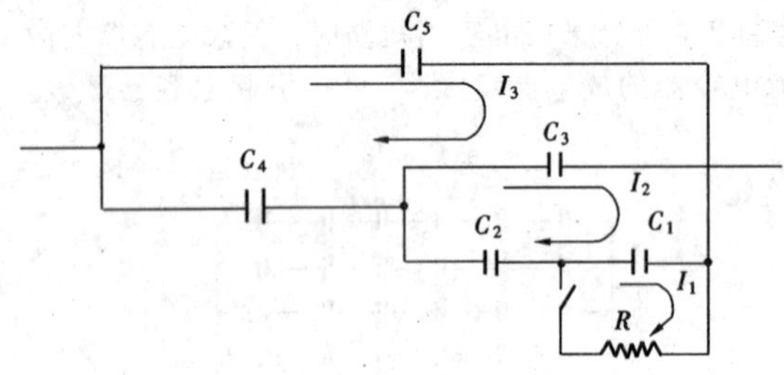

图 9-59　计算放电能量的等值接线图

放电能量可按下式计算：

$$\left.\begin{aligned}
W &= \frac{C_1 U_{1(0)}^2}{2A} \\
U_{1(0)} &= XU_0 \\
A &= 1 - \frac{C_2 C_3}{C_1 C_2 + C_2 C_3 + C_3 C_1 - G} \\
G &= \frac{C_1 C_2 C_4 C_5}{C_3 C_4 + C_4 C_5 + C_5 C_3} \\
C_1 &= \frac{C}{X} \\
C_2 &= \frac{C}{\gamma - X} \\
C_3 &= \frac{K-1}{\gamma} C \\
C_4 &= \frac{K}{\gamma (Z-1)} C \\
C_5 &= \frac{K(L-1)}{\gamma Z} C
\end{aligned}\right\} \quad (9-63)$$

式中　W——电容器组的计算放电能量（J）；

C——一只电容器的电容量（F）；

U_0——故障前一只电容器上的瞬间电压起始值（V）；

$U_{1(0)}$——故障前等值电容 C_1 上的瞬间电压起始值（V）；

C_1——被短接的 X 个电容器的等值电容量（F）；

C_2——图 9-58DF 之间（$\gamma - X$）个电容器的等值电容量（F）；

C_3——图 9-58$ABGD$ 小组中除 DG 之间电容器外，余下部分的等值电容量（F）；

C_4——除 $ABGD$ 电容器小组外，一个支路中余下部分的等值电容量（F）；

C_5——其它 $l-1$ 个支路的等值电容量（F）。

【例】　某串联补偿装置采用两分支，一支路为 6 并 12 串，另一支路为 12 并 22 串，每两个电容器串联后用一个横向连接，电容器电容量 $C = 143.4 \times 10^{-6}$F，$U_{Ce} = 1000$V，瞬间电压不超过 U_{ec} 的 4 倍，求放电能量。

解　由题，

$$U_{1(0)} = XU_0 = 1 \times 4 \times 1000 \times \sqrt{2} = 5656(\text{V})$$

$$C_1 = C = 143.4 \times 10^{-6}\text{F}$$

$$\frac{C_1 U_{1(0)}^2}{2} = \frac{143.4 \times 10^{-6} \times 5656^2}{2} = 2294.4(\text{J})$$

$$C_2 = \frac{C}{2-1} = C$$

$$C_3 = \frac{12-1}{2} C = 5.5C$$

$$C_4 = \frac{12}{2(11-1)} C = 0.6C$$

$$C_5 = \frac{6 \times (2-1)}{2 \times 11} C = 0.273C$$

$$A = 1 - \frac{5.5C^2}{1C^2 + 5.5C^2 + 5.5C^2 - A'} = 0.541$$

$$A' = \frac{0.6 \times 0.273C^4}{5.5 \times 0.6C^2 + 0.6 \times 0.273C^2 + 0.273 \times 5.5C^2}$$

$$W = \frac{2294.4}{0.541} = 4240(\mathrm{J}) < 8000\mathrm{J}$$

3. 强行补偿的接线

在远距离输电线路中，当线路发生故障被部分切除时（例如双回路被切除一回、单回路单相接地切除一相等），系统等效电抗急剧增加，为保证必要的稳定性，常采用强行补偿的方式，即短时强行改变电容器串、并联数量，临时增加容抗 X_C 和补偿度 K_C。

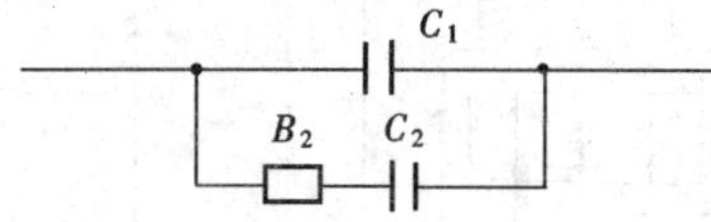

图 9－60　强行补偿原理接线

通常采用的强行补偿接线如图 9－60。在正常运行时，强补断路器 DL_2 处于合闸位置，使电容器组 C_1 及 C_2 都投入系统运行；当系统发生故障，需要实行强行补偿时，借助于线路继电保护使 DL_2 跳闸，C_2 退出运行，总的电容器并联数量 m 减少，从而使 X_C 增加［参见式（9－65）］。待线路重合闸动作使线路断路器重合前，DL_2 复又合闸，使 C_2 投入运行。这样设计动作程序，可以减轻重合闸时电容器上产生的过电压。

4. 主接线

图 9－61 为串联补偿装置主接线示例。

图 9－61 中各元件的作用如下：

G_1、G_2、G_3：隔离开关，与并联断路器配合，进行电容器组的“投入”和“切除”操作；

DL_1：并联断路器，与 G_1、G_2、G_3 配合“投入”和“切除”电容器组。另一个作用是，当系统故障时，若继电保护或线路断路器拒动，为防止保护间隙 J 燃弧时间过长，经一定时间 DL_1 合上，将保护间隙 J 短接，保证 J 熄弧；

DL_2：强补断路器，实行强行补偿时使用；

J：保护间隙，当线路发生短路故障或在不正常运行情况下，在电容器组两端产生的过电压超过一定值时，保护间隙 J 立即击穿，以保护电容器免遭破坏；

R_2、L_2 阻尼元件，阻尼元件由并联的电阻 R_2 和电感 L_2 组成。其作用是当保护间隙 J 击穿或并联断路器 DL_1 合闸时，用以限制电容器的放电电流的幅值，并使其很快衰减，以减轻电容器、保护间隙和并联断路器的工作条件。采用电阻与电抗并联接线，以便使绝大部分的工频电流（工作电流和短路电流）从电抗 L_2 中通过，减轻 R_2 的负担。对高频放电电流，由于 L_2 的感抗很大，而迫使从电阻 R_2 通过，充分发挥其阻尼作用；

R_1、L_1：释能元件，由具有铁芯的释能电抗 L_1 和串联的释能电阻 R_1 组成。其作用有二，1）线路断路器故障跳闸后，及时泄放电容器的残余电荷，避免线路断路器重合时，产生幅值很高的过电压；2）实行强补偿时，释放非故障被强补部分的电容器残留电荷，避免强补断路器合闸时引起高幅值过电压。正常运行时，因 L_1 较大，可把通过该回路的电流限制在数十毫安以下；而当承受直流电压时，L_1 的铁芯很快饱和，使残留电荷很快释放；

j_1、j_2：引导放电间隙，在主平台发生接地故障时，引导间隙在相电压的作用下击穿、把故障点转移到电容器的端部，使短路电流从另一端流经电容器，迫使保护间隙 J 击穿，从而把内部故障引导为外部故障，保护辅助平台的绝缘子及电容器免遭破坏；

RD：跌落熔断器，主要用来监视电容器的绝缘。熔断器一端接电容器一极，另一端接辅助平台，当电容器的极板或套管对外壳击穿时，跌落熔断器与故障点形成回路，使保险熔断跌落，便于及时处理；

C_1、C_2：耦合电容器，用来固定主平台的漂移电位，降低辅助平台的漂浮电压。

四、串联补偿装置的保护

1. 系统短路时的过电压保护

系统短路时，短路电流在串联电容器上造成的电压差，其最大值往往可达电容器额定电压的十几倍甚至几十倍，大大超过了电容器耐受瞬时过电压不超过 7 倍额定电压的能力。另外，强行补偿时，未参加强补的电容器因为过载和容抗突变，亦会出现强补过电压；重合闸时，因为系统摇摆角在重合前可能增大，重合冲击亦会造成类似短路时的过电压。

对上述过电压采取的保护措施是在串联电容器的两端并接保护间隙。该间隙的击穿电压整定值，下限必须大于短路、强补、重合时在非故障相电容器上所出现的最大过电压，避免在上述情况下，非故障相电容器因间隙击穿而被短接；上限必须低于电容器所能耐受的过电压倍数，一般可取电容器额定电压的 3.5～4 倍，并考虑 ±12%～15% 的分散性。

近年来，国外有采用氧化锌避雷器做为过电压保护的措施。采用无串联间隙的氧化锌避雷器与串联电容器组并联，代替保护间隙进行保护，具有稳定、可靠、简单、保护分散性小、毋需灭弧装置等优点。此时，避雷器的额定电压应按电容器组两端的正常最大工作

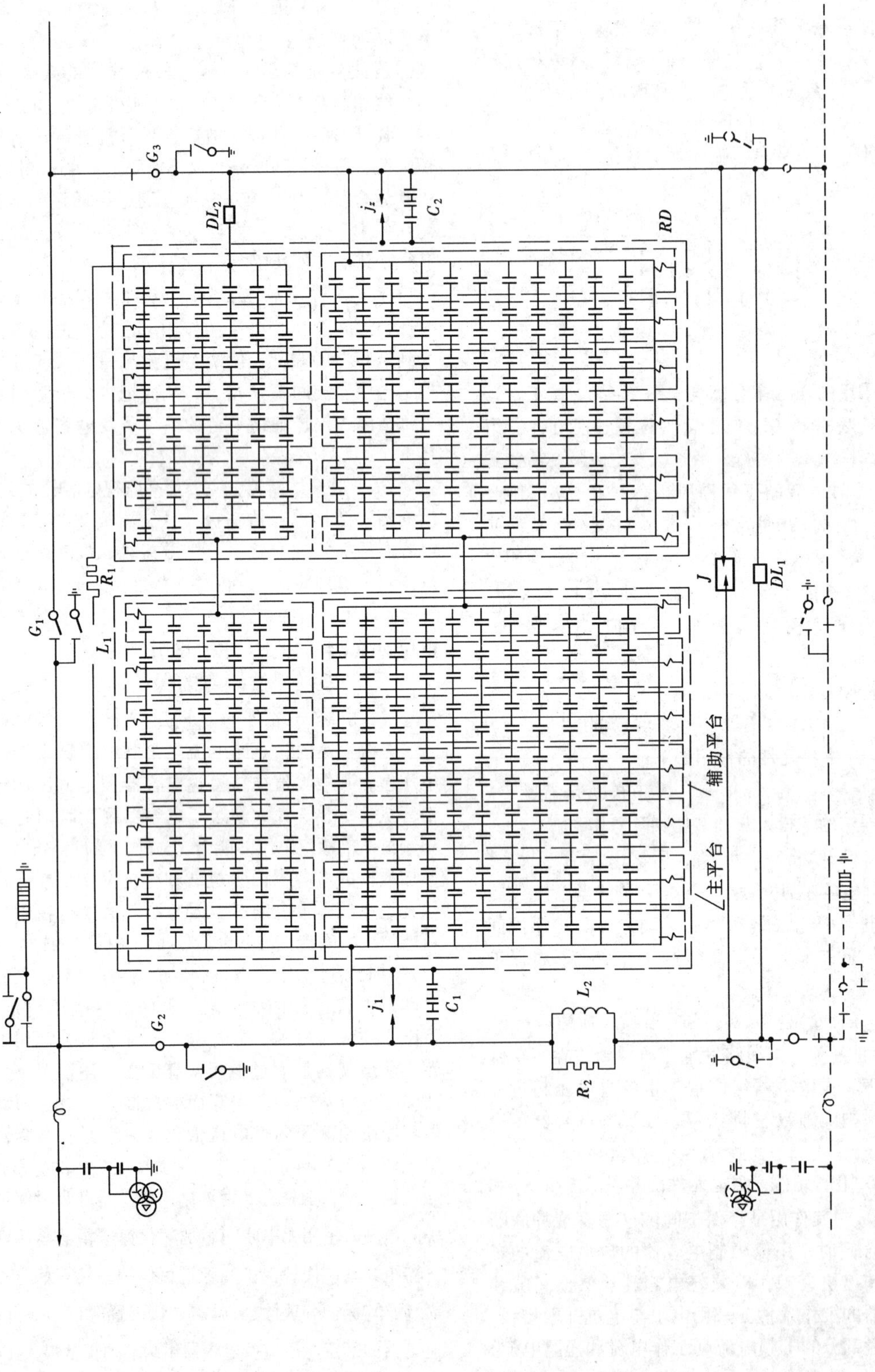

图 9-61　串联补偿装置主接线示例

电压选择，残压应与串联电容器组的耐受电压配合，通流容量应按通过最大短路电流时串联电容器组的电压降和继电保护后备动作时间进行校验。

2. 电容器极板与箱壳之间绝缘的监视

电容器放置在辅助平台上。当电容器的极板与箱壳之间的绝缘损坏时，不易被发现。若再有第二处同类事故发生，放电能量便可能很大，甚至超过电容器的爆破能量。为此，可如图9－62所示，在每个辅助平台上装设跌落式熔断器，做为绝缘监视装置。熔丝选择，应能保证电容器极板与箱壳之间绝缘损坏时，通过熔断器的故障电流使熔丝可靠熔断；熔断器应能承受的电压不应小于一只电容器的4倍额定电压；熔管需按遮断容量进行校验。

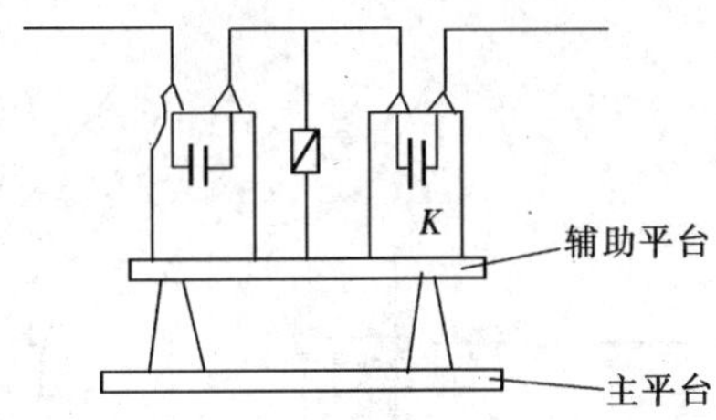

图9－62　外部加熔丝保护示意图

3. 辅助平台漂浮电压保护

在串联补偿装置投入运行时，辅助平台和主平台上所承受的电压主要由两者之间及其对地的分布电容所决定。该电压为一漂浮电压，难以计算，一般需依靠工程投产后进行实测。有时该电压可能超出辅助平台支持绝缘子的耐压水平。这时可在辅助平台与主平台之间加装耦合电容器。耦合电容器的电容量亦宜由实测决定，因此，平台设计应予留安装耦合电容器的位置。

4. 主平台接地故障时对电容器的保护

当主平台发生接地故障时，加到电容器上的电压将是线路的工作电压，大大超过电容器和辅助平台的承受能力，必须采取保护措施。此时可在两个主平台的一端各装设一个引导间隙 j_1、j_2，如图9－63所示。当任一主平台发生接地故障时，该主平台上的引导间隙立即击穿，保护该平台上的电容器和辅助平台免遭损坏。这时，内部故障被引导成为外部故障，迫使线路保护动作跳闸。

引导间隙的上限应低于辅助平台的绝缘水平，并留有适当裕度；下限应大于主平台上串联电容器两端可能出现的最大电压（即保护间隙整定倍数×电容器个数×一个电容器的额定电压），否则当辅助平台 A 点故障（见图9－63），如果引导间隙击穿，会使本平台电容器全部被短接，另一平台电容器会因外部短路造成的过电压而被击坏。引导间隙应考虑放电分散性，可取±15%。

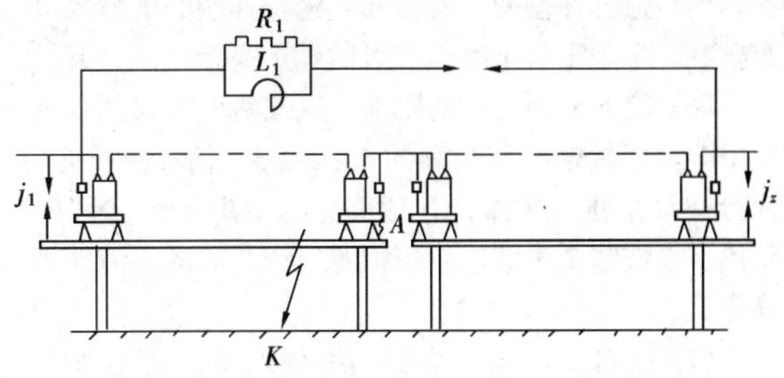

图9－63　引导间隙保护示意图

5. 谐振过电压保护

在线路上同时接有串联电容补偿装置和并联电抗器时，有时会产生分频谐振过电压。其防止对策详见第十五章过电压保护及绝缘配合。

五、串联补偿装置的布置

1. 平台布置

由于电容器的额定电压一般不超过1kV，串接在220kV及以上线路中，必须放置在绝缘平台上。主平台对地的绝缘水平应与线路的绝缘水平相同。为了限制放电能量，同一绝缘平台上安置电容器的串联数不能很多，为此需设辅助平台，把全部电容器分成若干群，每群安置在一个辅助平台上，再把若干辅助平台安置在一个主平台上。

（1）一个辅助平台上可以放置几排电容器，由放电能量的计算结果决定，并结合制定串联电容器的内部接线共同确定。

（2）主平台上可以放置的辅助平台数量，主要由辅助平台绝缘子的湿闪试验电压确定，可由下式计算：

$$N=\frac{U_{gs}}{\lambda U_{cs}K} \tag{9-64}$$

式中　N——主平台可放置串联电容器的最多数目；

U_{gs}——辅助平台支持绝缘子的湿闪电压（kV）；

λ——保护间隙的整定倍数；

U_{cs}——一只电容器的额定电压（kV）；

K——安全系数，考虑保护间隙的分散性，可取 $k=1.2\sim1.3$。

（3）当总的串联电容器串联数 n 大于计算的主平台最多串联数目 N 时，每相应设置两个或两个以上的主平台。彼此之间应保持一定的距离。此距离的放电电压应大于保护间隙的放电电压。

(4) 当主平台上需要直接放置部分电容器时，则允许的串联数目，应由电容器极板与外壳间所能承受的试验电压值来决定。

(5) 强行补偿的电容器和非强行补偿的电容器可布置在一个主平台上，但二者的辅助平台必须分开。

(6) 辅助平台之间的距离，应按两个辅助平台上所串电容器额定电压总和的（4.5~5）倍计算确定。强行补偿部分与非强行补偿部分的辅助平台之间的距离，应按整个串联电容器额定电压总和的5倍计算确定。

(7) 平台上应设置必要的维修走道。走道外侧应设栏杆。跌落式熔断器可布置在维修走道的内侧。

(8) 保护设备可集中布置在另设的平台上。保护设备平台的四周应留有较宽的维修走道，以便于进行设备试验。

(9) 图9-64示悬吊式串联电容器平台和保护设备平台布置图。

2. 总体布置

220kV及以上串联补偿装置采用户外式，一般布置在出线的侧面，以便于导线引接；并与配电装置毗邻，以便于运行维护。

并联断路器、强补断路器、保护间隙等比较苯重的设备，落地就近布置在电容器平台的旁边。

电容器平台可采用支持式或悬吊式。

支持式布置是将电容器主平台用许多支持式绝缘子加以支撑，稳定性好、施工维护检修试验较方便、占地少、布置美观清晰、节省钢材，投资可比悬吊式

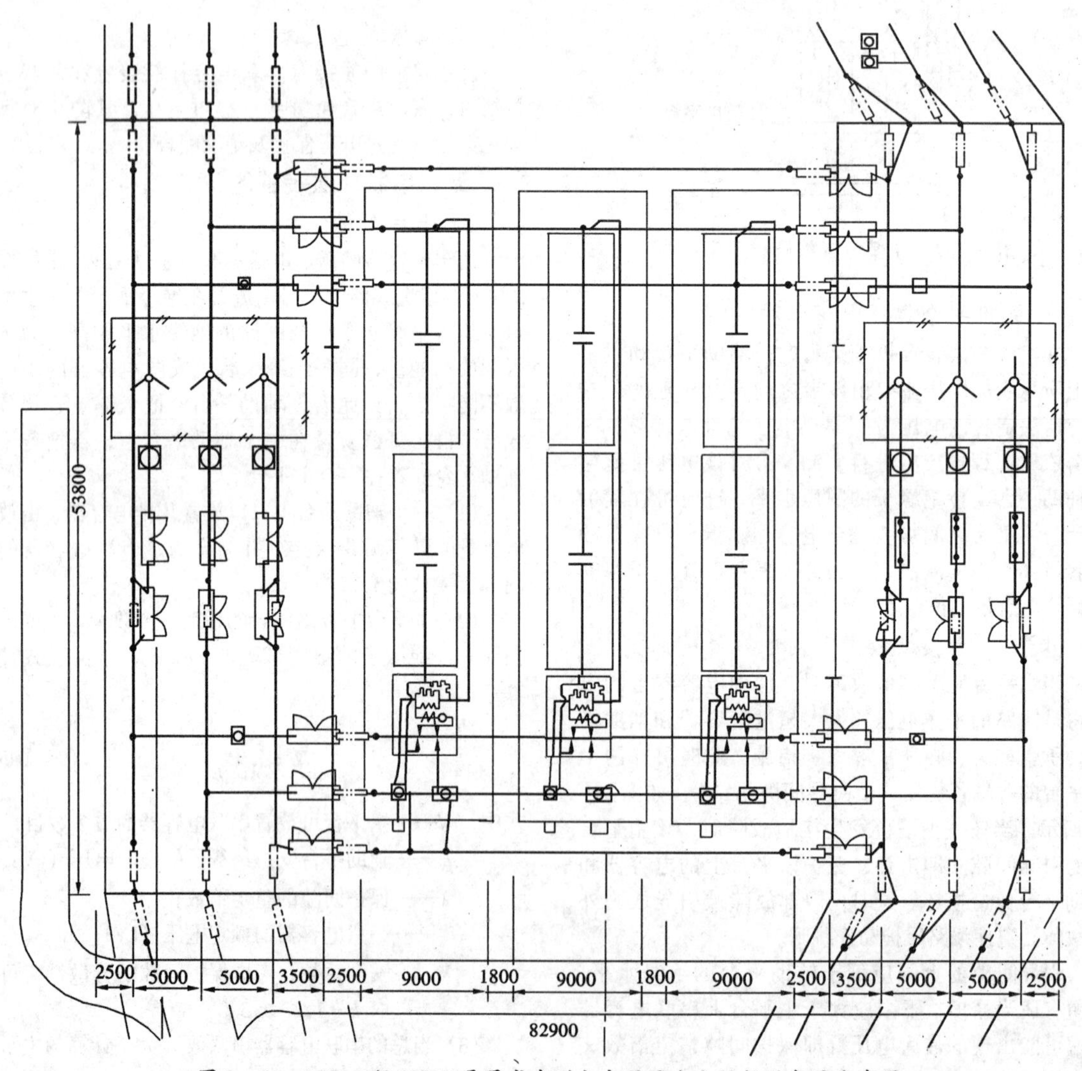

图9-64 LTG工程330kV悬吊式串联电容器平台和保护设备平台布置

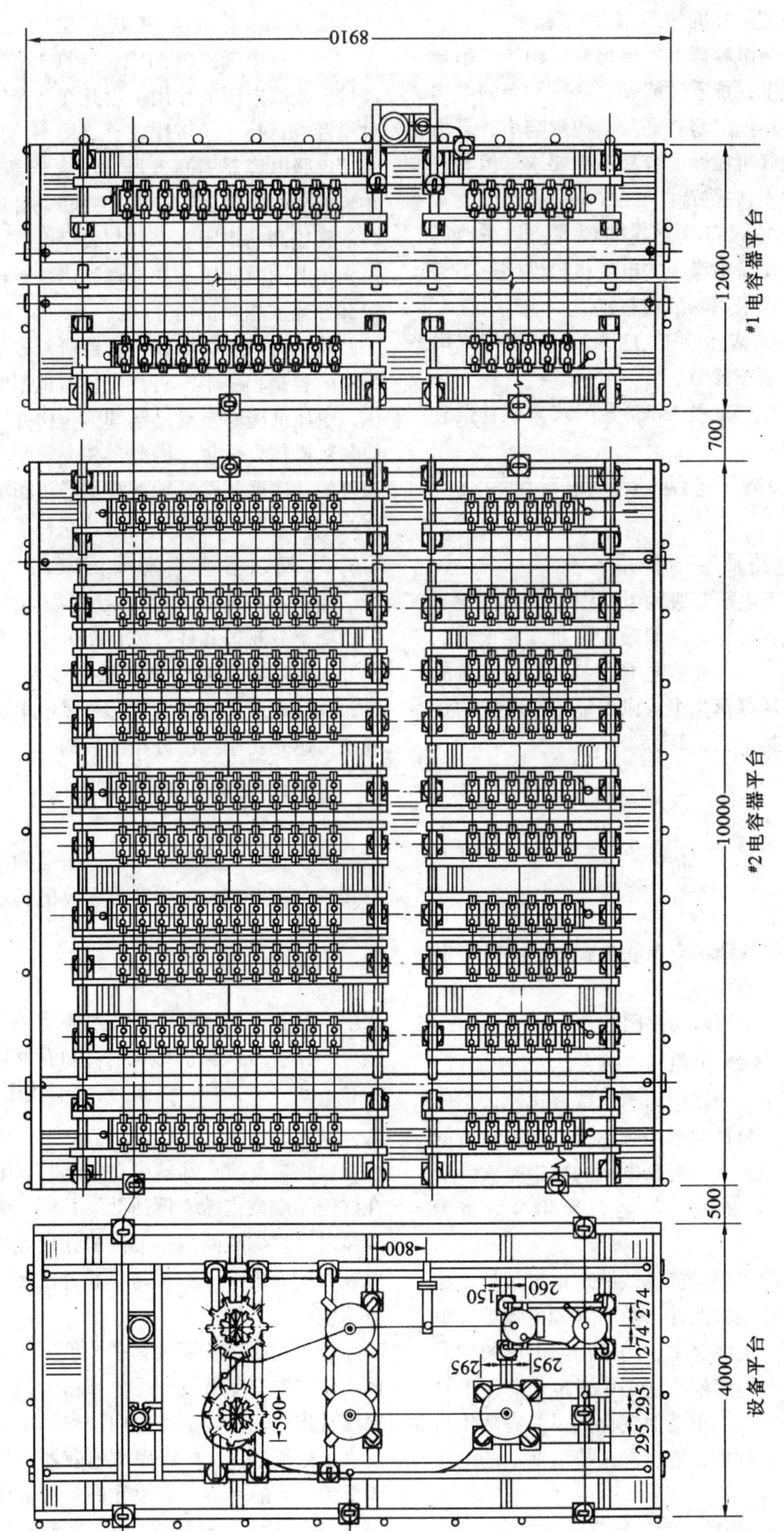

图 9-65　XHS 工程 220kV 支持式串联补偿装置平面布置

减少 10% ~ 20%。但抗震性能差，对支持绝缘子的要求高，而且需要处理好基础的不均匀沉陷。

悬吊式布置是将电容器主平台用悬式绝缘子串悬挂在承重钢梁框架上，抗震性能好、悬吊平台的结构较简单、基础的不均匀沉陷对平台结构影响小、悬吊用悬式绝缘子的电气机械性能容易达到要求。但其它技术经济指标不如支持式好。

国内外采用支持式布置方式的较多，只在地震区、黄土湿陷区或支持绝缘子的电气机械性能达不到技术要求时，才考虑采用悬吊式布置。

图 9 - 65、9 - 66 表示 XHS 工程 220kV 支持式串联补偿装置的平断面布置图。

图 9 - 67 表示 LTG 工程 330kV 悬吊式串联补偿装置的平断面布置图。

六、110kV 及以下电网中的串联补偿装置

（一）作用

1. 对改善电压质量的作用

在 110kV 及以下电压等级的电网中，串联补偿装置主要用来改善电压质量，一般最大可将线路末端电压提高 10% ~ 20%。利用串联电容器补偿线路电抗的作用，使线路的电压降落减少，以保证受端电压的要求。其改善效果可按下式估算：

$$\Delta U(\%) = \frac{\dfrac{X_c}{X_L}}{1 + \dfrac{R_L}{X_L}\mathrm{ctg}\varphi_2} \times 100 \qquad (9-65)$$

式中　$\Delta U(\%)$——线路接有串联电容器后电压变化的百分数；

φ_2——负荷端功率因数角；

R_L、X_L——线路电阻与电抗（Ω）。

在同样补偿度下，线路电阻与电抗之比越大，电压改善效果就越差；负荷功率因数越小，提高电压的效果越显著；补偿度越大，提高电压的效果越大。所以一般取补偿度大于 100%，甚至达到 400%，称为过补偿。

串联补偿装置除了用来提高线路末端电压外，还特别适用于接有变化很大的冲击负荷（如电弧炉、电焊机、电气铁道等）的线路上，用来消除电压的剧烈波动。这是因为串联电容器在线路中对电压降落的补偿作用是随通过电容器的负荷而变化的，具有随负荷的变化而瞬时调节的性能，能自动维持负荷端的电压值。

由于接入了串联补偿，使线路减少了电压降落，相应地提高了输送容量，或者说在一定的输送功率下，因线路电压水平的提高而降低了全电流值和线路损耗，从而可以获得一定的经济效益。

2. 串联补偿与并联补偿的比较

由于在中低压电网中，并联补偿做为无功电源，也具有改善电压的作用。因此在选择调压方式时，应对两者进行技术经济比较。

串联电容器提高电压，主要依靠补偿线路电抗，并与负荷的功率因数有关；并联电容器提高电压，主要依靠提高功率因数，并与线路电抗有关。如果在同一线路上同时应用并联补偿和串联补偿，两者的作用将部分地被相互抵消。

若仅为调压，串联电容器所需容量一般比并联电容器的容量小一半左右，电容器也不经常承受额定电压，电压又能够自动连续调整，比并联电容器调压需要频繁操作要优越。因此，在一般情况下，若以调压为目的，串联补偿装置的技术经济指标较好；若以减少线损为目的，则应该选用并联补偿装置。

3. 对改善电网功率因数的作用

在以不同电压等级和导线截面组成的闭合电网中，功率分布按元件参数自然分布，而不能做经济功率分布。在闭合电网中的某些线路上串联一些电容器，部分地改变线路电抗，可以使电流按指定的路线流动，达到功率经济分布的目的。

（二）容量与安装位置

1. 容量

对于负荷全部集中于线路末端的简单情况，可按下式确定需要装设的串联电容器的无功功率容量：

$$Q_c = \beta_a P \qquad (9-69)$$

式中　Q_c——需要装设的串联电容器容量（kvar）；

P——线路的最大有功负荷（kW）；

β_a——系数，根据给定条件由图 9 - 68 中查取。

2. 位置

（1）当负荷全部集中在末端时，串联补偿装置装在线路始端或末端，调压效果相同。为了在发生短路故障时，发挥线路阻抗的限流作用和减轻短路电流对电容器的冲击，一般宜将串联补偿装置安装在末端变电所中。

（2）当线路沿线接有多个负荷时，串联补偿装置的安装位置应使沿线电压分布尽量均匀，各负荷点的电压变化均在允许范围之内。如果不希望沿线各点电压大于始端电压，可将串联电容器设在线路总的电压降落为一半的地方；如果允许各点电压可比始端电压高，则将补偿装置装在电压降落为全线路电压降落的 1/3 处,电容补偿装置的容量按补偿全线路电压降落的 2/3 选择,这样可使各点电压与始端电压间的偏

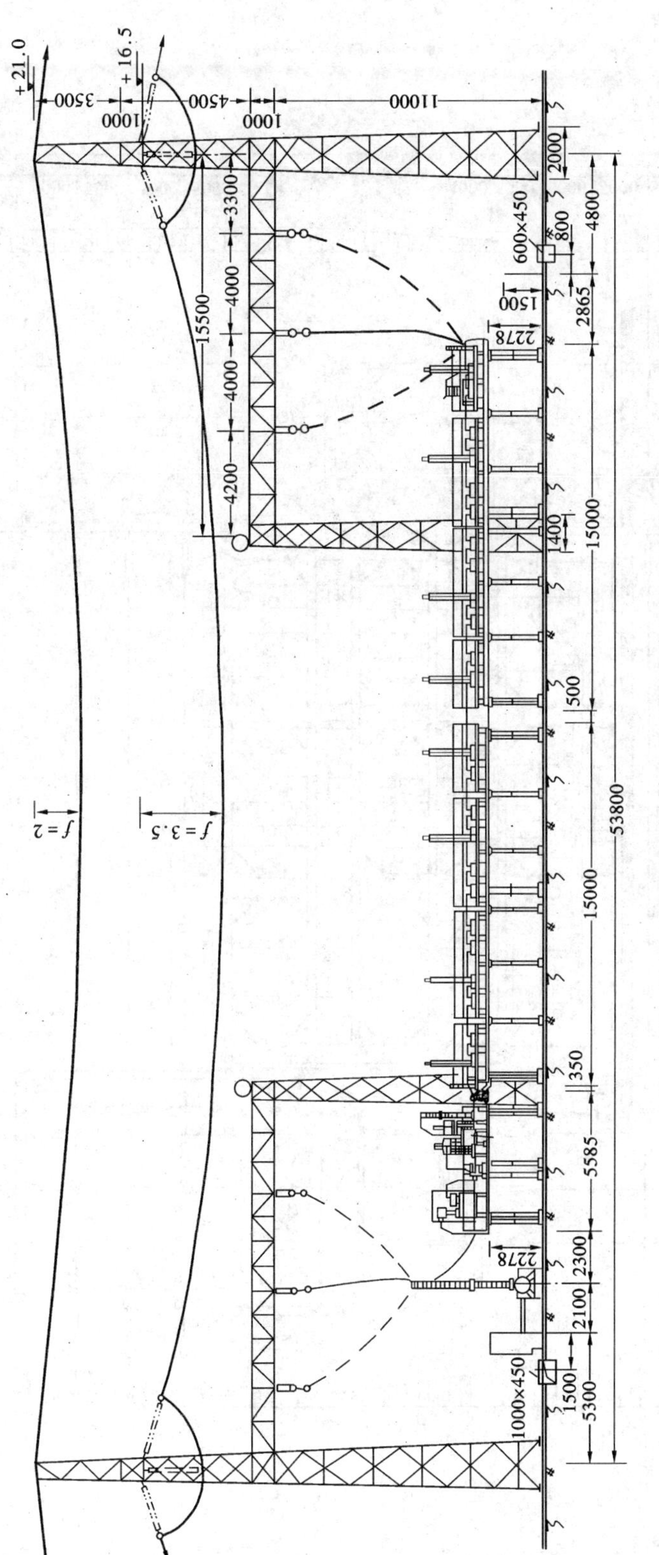

图 9-66　XHS 工程 220kV 支持式串联补偿装置断面布置图

由330kV 环形母线
由 330kV 环形母线
330kV 备用出线
330kV 出线
备用出线
一号主平台
二号主平台
围墙
105000
74250

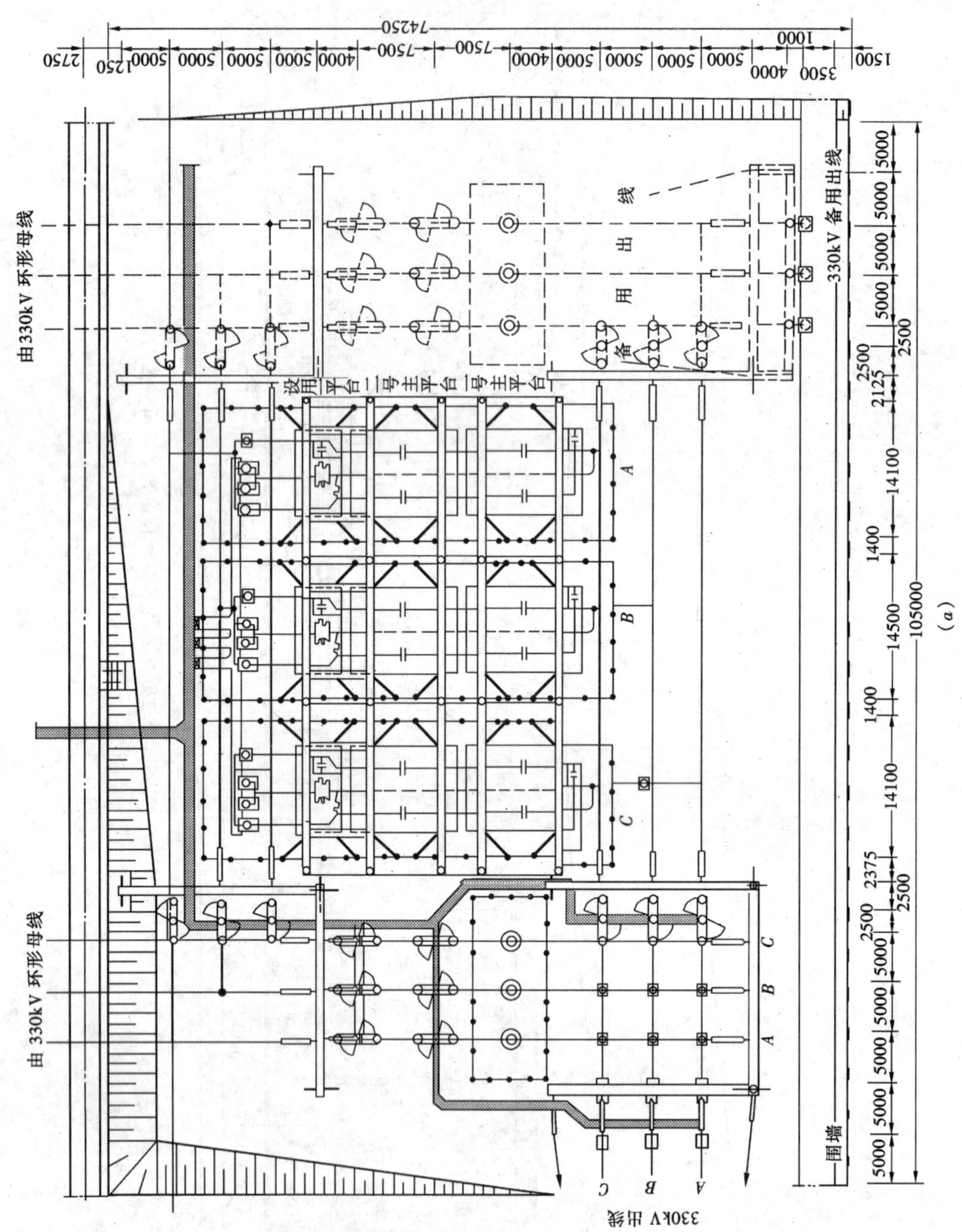

(a)

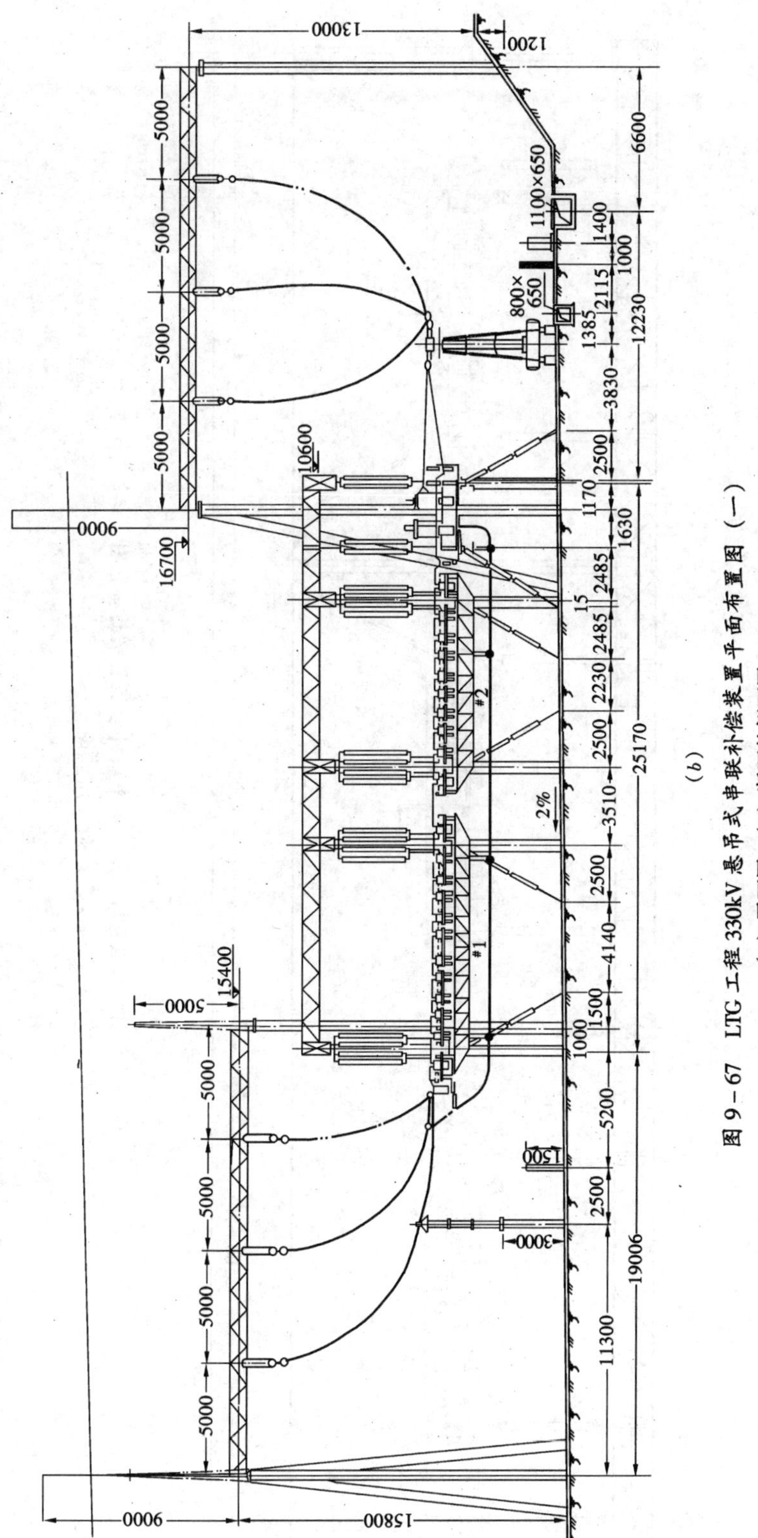

(*b*)

图9-67 LTG工程330kV悬吊式串联补偿装置平面布置图（一）

（*a*）平面图；（*b*）断面的侧面图

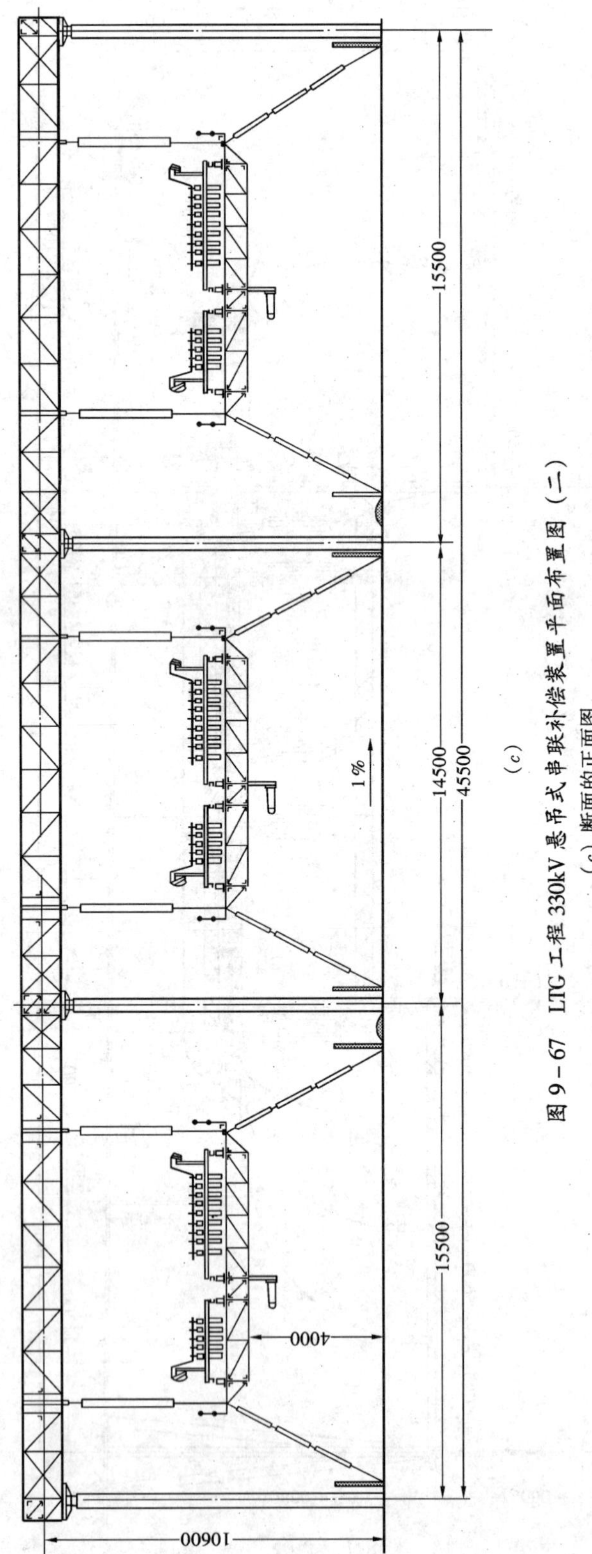

（c）

图 9－67　LTG 工程 330kV 悬吊式串联补偿装置平面布置图（二）

（c）断面的正面图

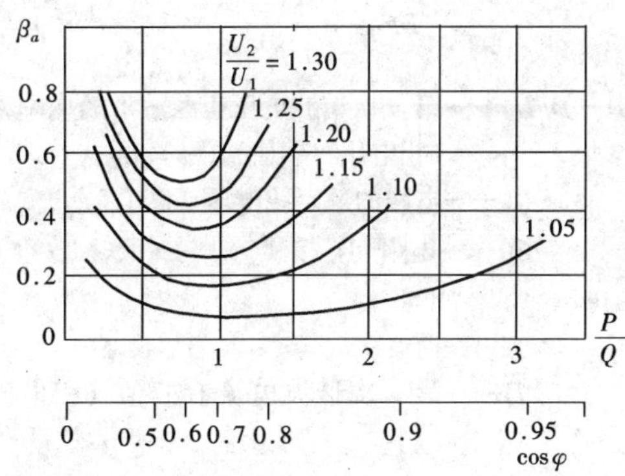

图 9－68　计算串联电容器容量的曲线

U_1—线联始端电压；U_2—要求维持的线路末端电压；φ—线路末端的功率因数角；P—线路的最大有功负荷；Q—线路的最大无功负荷

移最小。

（三）接线特点

（1）串联电容器的串、并联数，内部接线方式，辅助平台的设置，放电能量的计算以及原理接线等，与 220kV 及以上串联电容器所考虑的原则相同。

（2）不必设置强行补偿及其相应的强补断路器、释能元件等设备。

（3）保护间隙多为非自灭弧型。当间隙击穿后，由串接在间隙回路中的电流互感器发出信号，使并联断路器合闸，保护间隙被短接灭弧。

（4）当串联补偿装置容量不超过 13000kvar 时，可采用以隔离开关代替并联断路器的简化接线，如图 9－69 所示。采用这种接线方式时，由磁吹间隙保护电容器，使间隙能在线路故障切除后自行灭弧，重新投入电容器。采用这种接线，由于省去并联断路器及其附属的保护控制设备，使得投资减少，结构简单，运行可靠，建设速度快，占地面积少，得到推广使用。

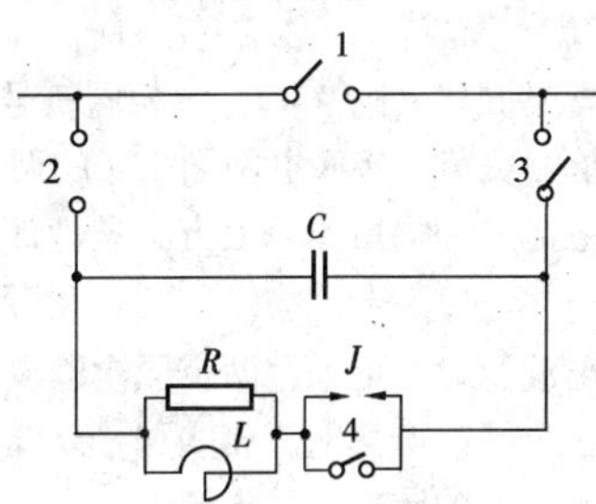

图 9－69　采用并联隔离开关的简化接线

（四）布置特点

（1）10kV 及以下的小容量串联电容器组，可直接装在地面适当的基础上，或装在线路的电杆上。

（2）一般采用支持式平台。

（3）主平台和辅助平台的设置原则和 220kV 串联补偿装置类似。

（4）平台上不必设置维护走道。

附录 9－1　谐波电压、谐波电流的有关概念及规定

一、谐波源

与电网连接并输入两倍于 50Hz 及以上频率电流的设备，统称谐波源。冶金、化工等工业企业以及电气机车的换流设备和电弧炉等各种非线性用电设备接入电网后，均向电网大量注入谐波电流，都属于谐波源。参数不当或制造不良的发电机、变压器也可能成为谐波源。本章中提到的谐波源是指向电网提供大于 1 的正整数倍，于工频频率的高次谐波电流设备，为简便计，一般将高次谐波简称为谐波。

谐波源分为谐波电压源和谐波电流源两种。

1. 谐波电压源

属于谐波电压源的设备有交流发电机，铁芯变压器（根据其在电网中的位置不同，又可能成为谐波电流源）等。

2. 谐波电流源

属于谐波电流源的设备有换流设备，交流调压装置，电弧炉，调相机，电动机，静补装置中的感性无功设备，以及运行在饱和段的铁芯电抗器等。

二、谐波电压、谐波电流正弦波形畸变率的定义

（一）n 次谐波电压正弦波形畸变率

$$DFU_n = \frac{U_n}{U_1} \times 100 \qquad (附 9－1)$$

式中　DFU_n——n 次谐波电压正弦波形畸变率（%）；

U_n——第 n 次谐波电压有效值（kV）；

U_1——基波电压有效值（kV）。

（二）n 次谐波电流正弦波形畸变率

$$DFI_n = \frac{I_n}{I_1} \times 100 \qquad (附 9－2)$$

式中　DFI_n——n 次谐波电流正弦波形畸变率（%）；

I_n——第 n 次谐波电流有效值（A）；

I_1——基波电流有效值（A）。

(三) 总电压正弦波形畸变率

$$DFU = \frac{\sqrt{\sum_{n=2}^{\infty}(U_n)^2}}{U_1}100(\%)$$

$$= \sqrt{\sum_{n=2}^{\infty}(DFU_n)^2} \times 100\% \quad (附 9-3)$$

式中 DFU——总电压正弦波形畸变率(%);

U_n——第 n 次谐波电压有效值(kV);

n——谐波电压次数(大于1的正整数,即 $n=2$、3、4、5……);

U_1——基波电压有效值(kV);

DFU_n——按式(附9-1)计算得出的 n 次谐波电压正弦波形畸变率。

(四) 总电流正弦波形畸变率

$$DFI = \frac{\sqrt{\sum_{n=2}^{\infty}(I_n)^2}}{I_1}100(\%)$$

$$= \sqrt{\sum_{n=2}^{\infty}(DFI_n)^2} \times 100\% \quad (附 9-4)$$

式中 DFI——总电流正弦波形畸变率(%);

I_n——第 n 次谐波电流有效值(A);

n——谐波电流次数(大于1的正整数,即 $n=2$、3、4、5……);

I_1——基波电流有效值(A)。

(五) 谐波监测点

(1) 为保证发、供、用电设备安全经济运行,需经常监视和测量电网谐波电压和谐波电流的测量点,该点称为谐波监测点。

(2) 谐波监测点可根据实际情况选择在发电厂、变电所的高、低压母线,用户与电网的公共连接点,向用户供电的线路以及用户计费电度表的接入点。

应根据谐波源的分布,在电网中谐波量较高的地点逐步设置谐波监测点。在该点测量谐波电压,并在向用户供电的线路的送电端测量谐波电流。

测量或计算谐波的次数应不少于19次。即需测量或计算2、3、4、5、6、7、8、9、10、11、12、13、14、15、16、17、18、19次谐波电压和谐波电流。

(3) 在正常情况下,谐波测量应选择在电网最小运行方式和非线性用电设备的运行周期中谐波发生量最大的时间内进行。谐波电压和电流应选取5次测量接近数值的算术平均值。

三、谐波电流、谐波电压的计算

(一) I_n 与 DFU_n 的关系

谐波电流与电压正弦波形畸变率的关系用式(附9-5)及式(附9-6)表示。即

$$DFU_n = \frac{\sqrt{3}U_e n I_n}{10S_k} \quad (附 9-5)$$

式中 DFU_n——第 n 次谐波电压正弦波形畸变率(相电压有效值)(%);

U_e——电网的额定线电压(kV);

S_k——电网连接点的三相短路容量(MVA);

n——谐波次数($n=2$、3、4、5……);

I_n——第 n 次谐波电流有效值(相电流)(A)。

将式(附9-5)进行移项即可求出第 n 次谐波电流值,用式(附9-6)表示,式中各符号含义同式(附9-5)。

$$I_n = \frac{10S_k DFU_n}{\sqrt{3}Un} \quad (附 9-6)$$

(二) 多个谐波源叠加时,同次谐波电流的计算

1. 两个谐波源叠加

(1) 当两个同次谐波电流相位角能够确定时,第 n 次谐波电流按式(附9-7)计算。

$$I_n = \sqrt{I_{\text{I}n}^2 + I_{\text{II}n}^2 + 2I_{\text{I}n}I_{\text{II}n}\cos\theta_n} \quad (附 9-7)$$

式中 I_n——两个谐波源第 n 次谐波电流之和(相电流)(A);

$I_{\text{I}n}$——第Ⅰ个谐波源的第 n 次谐波电流(相电流)(A);

$I_{\text{II}n}$——第Ⅱ个谐源的第 n 次谐波电流(相电流)(A);

θ_n——两个谐波源第 n 次谐波电流之间的相位角。

(2) 当两个谐波源的同次谐波电流之间的相位角 θ_n 不能确定时,第 n 次谐波电流按式(附9-8)计算

$$I_n = \sqrt{I_{\text{I}n}^2 + I_{\text{II}n}^2 + I_{\text{I}n}I_{\text{II}n}} \quad (附 9-8)$$

式中各符号含义同式(附9-7)中相同符号的含义。

(3) 对单相负荷,接入电网同一相的两个谐波源的同次谐波电流之和仍可按以上方法进行计算。

2. 多个谐波源叠加

有多个谐波源时,可采用两个同次谐波电流叠加后,再与第三个同次谐波电流相叠加,以此类推,计算多个谐波源叠加的同次谐波电流。

四、谐波电流的有关规定

(1) 为便于实际使用,将表9-4规定的谐波电流允许值换算成允许接入电网的换流设备或交流调整装置的容量(见附表9-1、附表9-2)。

附表 9-1　　用户单台换流设备接入电网的允许容量

用户供电电压（kV）	换流设备型式	允许接入的容量（kVA）		
		3脉冲	6脉冲	12脉冲
0.38	不　控	—	230	310
	半　控	—	63	—
	全　控	—	90	150
6或10	不　控	490	1200	3000
	半　控	—	480	—
	全　控	—	600	1500
35或63	不　控	660	1700	3900
	半　控	—	740	—
	全　控	—	850	1900
110及以上	不　控	1900	4400	11000
	半　控	—	2300	—
	全　控	—	3700	5700

附表 9-2　　单台交流调整装置接入电网的允许容量

用户供电电压（kV）	三	相	单　相
	6个可控硅型（kVA）	3个二极管/3个可控硅型（kVA）	2个可控硅全波整流型（kVA）
0.22或0.38	100	85	25（220V） 45（380V）
6或10	900	600	

(2) 非线性用电设备接入电网，用户应向电力部门提供下列技术资料：

1) 设备型式、额定容量和运行方式；

2) 换流设备的接线方式，控制方式和脉冲数；

3) 各次谐波电流的最大有效值（从2次至19次）；

4) 用户改善功率因数和限制谐波电流而安装的电容器组（滤波器）的参数和安装地点。

(3) 电力部门应向用户提供电网可能出现的最小运行方式下的短路容量。

(4) 24脉冲可控硅整流装置，理论上不产生23次以下谐波，但是由于触发不对称和外加电压不平衡会产生19次以下的谐波。该装置向电网注入的谐波电流仍按表9-4的规定加以限制。

(5) 电流冲击持续时间不超过2s，并且两次冲击之间的间隙时间不小于30s，这种短时间的冲击电流所包含的谐波分量称为短时间谐波电流（或暂态谐波电流）。注入电网的短时间谐波电流，不属于表9-4、9-5的限制范围。

(6) 单相或三相不对称非线性用电设备接入电网，按对称用电设备的规定执行。但考核其注入电网的谐波值，应以谐波电流最大的一相作为依据。

(7) 对由110kV及以上电压供电的用户在接入电网前，应计算非线性用电设备注入的谐波电流在电网中的分布和电压正弦波形畸变率，以便采取措施使电网各部分电压正弦波形畸变率均不超过表9-3规定的极限值，还应检验并采取措施防止发生谐振和谐波放大。

(8) 计算电网各部分电压正弦波形畸变率时，应采用电网最小运行方式时该用户接入点的最小短路容量。

五、计算谐波电流允许值采用的基准短路容量

(1) 表9-4中规定的注入各级电压电网谐波电流的允许值及附表9-1、9-2规定的允许接入电网的换流设备和调整装置的容量，是以附表9-3所列的电网三相短路容量为基准进行计算的。

(2) 当电网连接点的实际的最小短路容量与附

附表 9-3 计算谐波电流允许值的电网最小短路容量

供电电压（kV）	短路容量（MVA）
0.38	10
6或10	100
35或63	260
110	750

注 计算220kV及以上电网的电压正弦波形畸变率时，可用该级电网最小运行方式下的短路容量，谐波电流值可采用表9-4所列允许谐波电流。

表9-3计算谐波电流允许值的短路容量不同时，可按下式进行修正。

$$I_n = \frac{S_{d1}}{S_{d2}} I_{np} \qquad (附9-9)$$

式中 S_{d1}——电网连接点实际可能出现的最小运行方式时的短路容量（MVA）；

S_{d2}——附表9-3所列电网的最小短路容量（MVA）；

I_{np}——表9-4规定的第n次谐波电流允许值（A）；

I_n——对应于短路容量S_{d1}时的第n次谐波电流的允许值（A）。

附录9-2 部分电气设备产生的谐波电压电流值

一、电力变压器

（1）一般情况下，5次谐波电压正弦波形畸变率在1%以下，夜间轻负荷时，可达2%～3%。

（2）10kV配电变压器一般有1A/MVA的5次谐波电流的经验数据。

（3）变压器空载投入时，（一般按暂态谐波电流源考虑），谐波电流的含量如下：

基波 100%；

2次谐波 25%～50%；

3次谐波 20%～35%；

4次谐波 5%～15%。

二、特殊负荷

1. 整流负荷

（1）谐波电流含量按下式计算

$$\left.\begin{aligned} n &= KP \pm 1 \\ I_n &= I_1/n \end{aligned}\right\} \qquad (附9-10)$$

式中 n——谐波电流次数；

K——正整数，$K=1, 2, 3, \cdots\cdots$；

P——整流器相数，$P=6, 12, 18$等；

I_n——n次谐波电流有效值（A）；

I_1——整流器基波额定电流有效值（A）。

（2）常用整流器谐波电流含量的百分值可查附表9-4。

附表 9-4 常用整流器负荷电流的谐波次数及其含量（%）

整流器型式	整流相数 p	$I_n = I_1/n$										I/I_1
		$n=1$	3	5	7	11	13	17	19	23	25	
三相桥式	6	100	0	20	14	9.1	7.7	5.9	5.3	4.3	4.0	105
六 相	6	100	0	20	14	9.1	7.7	5.9	5.3	4.3	4.0	105
十二相	12	100	0			9.1	7.7			4.3	4.0	101

注 $I = \sqrt{\sum_{n=1}^{\infty} I_n^2}$。

2. 电弧炉负荷

电弧炉在熔化阶段，产生大量的谐波电流；由于其负荷三相不对称，存在较多的三次谐波电流，同时其电流不平衡率（负序电流与正序电流的比值）为10%～50%（出现几率的最大值约为40%）。在还原期，三次谐波电流及电流不平衡率有所降低。为此，对电弧炉的静补装置一般均应接成△接线。电弧炉在熔化阶段的谐波电流典型含量为：

基波　100%；

2次谐波　9%~12%（4.7%~6.5%）；❶

3次谐波　15%~20%（5.5%~7.5%）；

4次谐波　5%~7%（2.2%~4.2%）；

5次谐波　4%~6%（5.3%~7.3%）；

6次谐波　3%~5%（0.6%~2.4%）；

7次谐波　2%~3%（1.4%~3.3%）；

8次谐波　（0.6%~2.4%）；

9次谐波　（0.5%~2.3%）。

3. 电气机车

(1) 三相供电的电气机车产生的谐波电流可用式（附 9-10）计算。

(2) 单相供电的电气机车产生的谐波电流以3次为主，其次为5、7次等，可按式（附 9-11）计算。

$$I_n = (1.5 \sim 2) I_1 / n^2 \qquad (附9-11)$$

式中　I_n——n 次谐波电流有效值（A）；

I_1——基波额定电流有效值（A）；

n——谐波电流次数，$n=3, 5, 7, \cdots\cdots$。

4. 静补装置中的感性无功设备

静补装置中的感性无功设备有相控电抗器、自饱和感性无功器、直流励磁饱和电抗器等，它们的谐波次数及含量各不相同，具体数值见第 9-5 节静补装置正文。

附录 9-3　拖动调相机用的感应电动机及其附加电阻选择原则及算例

拖动调相机用的感应电动机及其附加电阻均由制造厂配套供货。设计时，可参照下述算例的计算步骤及方法进行校验（参见附图 9-11）。

一、感应电动机及其起动变压器选择原则

1. 感应电动机

(1) 额定电压以采用6kV为佳。

(2) 额定转差率应不大于1%。

(3) 额定容量约等于调相机额定容量的2%。

(4) 额定力矩可为式（附 9-12）

$$M_e = 9549 \frac{P_e}{n_e} \qquad (附9-12)$$

式中　M_e——电动机额定力矩（N·m）；

P_e——电动机额定容量（kW）；

n_e——电动机额定转速（r/min）。

2. 起动变压器

起动变压器的额定容量应保证起动初期母线电压降落标么值不大于0.15。一般情况下，起动变压器的额定容量约为电动机额定千伏安数值的1~1.5倍。

二、转子附加电阻选择原则及算例

1. 感应电动机单相等值电路

感应电动机等值电路如附图 9-1 所示。

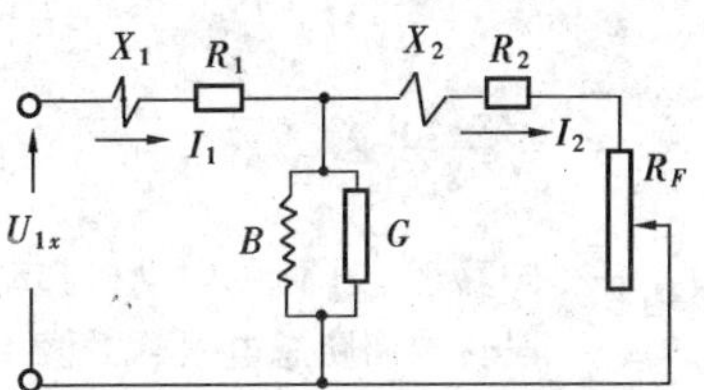

附图 9-1　感应电动机等值电路图

U_{1x}—电动机端部相电压有效值；R_1、X_1—归算于定子侧的定子电阻、电抗；R_2、X_2—归算于定子侧的转子固有电阻、电抗；R_F—归算于定子侧的转子回路附加电阻；I_1、I_2—分别为定子回路和转子回路的电流，在忽略激磁电流的条件下，两者相等；B、G—归算于定子侧的激磁电纳和电导

2. 算例各参数值

(1) 调相机各参数值如下：

额定容量　$W_{et}=100000\text{kVA}$；

额定转速　$n_{et}=3000\text{r/min}$；

空载损耗　$P_0=1667\text{kW}$；

转动惯量　$J=22\text{t}\cdot\text{m}^2$。

(2) 感应电动机各参数值如下：

额定电压（定子电压）$U_e=6\text{kV}$；

额定电流（定子电流）$I_e=230\text{A}$；

额定容量　$P_e=2000\text{kW}$；

额定转速　$n_e=2990\text{r/min}$；

额定转差率　$s_e = \dfrac{n_{e\cdot t} - n_e}{n_{e\cdot t}} = \dfrac{3000-2990}{3000} = 0.33\%$；

转子电压　$U_{zh}=1432\text{V}$；

转子电流　$I_{zh}=856\text{A}$；

允许最大力矩倍数　$M_{*dm}=4.75$；

归算于定子侧的电动机电抗标么值

$$X_* = X_{*1} + X_{*2} = 0.1213;$$

归算于定子侧的转子固有电阻标么值

---

❶ 括号内数据摘自《降低电压闪变和调整功率因数的静止并联补偿》，［美］L. Gyugyi 等，湖北电力技术，1978年第3期（副刊）。

$R_{*2}=0.00423$；

归算于定子侧的定子电阻标么值

$R_{*1}=0.00389$。

3. 计算步骤及方法

通过附加电阻的切换，起动过程分为若干阶段，需分别进行计算和校验，直至转差率达到额定值时为止。

(1) 起动第一阶段初期的 K_1 值按式（附 9－13）计算。

$$K_1=\frac{r_{*2,1}}{s_1}=\sqrt{X_*^2+R_{*1}^2} \quad (附9-13)$$

式中 $r_{*2,1}$——归算于定子侧的电动机起动第一阶段转子回路总电阻标么值；

s_1——起动第一阶段初期的转差率，$s_1=1$；

X_*——归算于定子侧的电动机电抗标么值；

R_{*1}——归算于定子侧的定子电阻标么值。

将 $X_*=0.1213$，$R_{*1}=0.00389$；代入式（附 9－13）中，得出 $r_{*2,1}=0.12136$，$K_1=0.12136$。

(2) 起动第一阶段初期的最大电流标么值按式（附 9－14）计算。

$$I_{*1m}=I_{*2}=\frac{1}{\sqrt{(R_{*1}+K_1)^2+X_*^2}} \quad (附9-14)$$

式中 I_{*1m}——起动第一阶段初期的最大电流标么值；

I_{*2}——起动第一阶段初期的转子回路电流标么值。当忽略激磁电流后，本式是成立的；

R_{*1}——归算于定子侧的定子电阻标么值；

K_1——由式（附 9－13）计算得出的 K_1 值；

X_*——归算于定子侧的电动机电抗标么值。

将 $R_{*1}=0.00389$，$K_1=0.12136$，$X_*=0.1213$ 代入式（附 9－14）中，得出 $I_{*1m}=I_{*2}=5.735$。

(3) 起动第一阶段末期的 K_2 值按式（附 9－15）计算。

$$K_2-\left(\frac{1}{M_{*\min}}-2R_{*1}\right)K_2+(X_*^2+R_{*1}^2)=0 \quad (附9-15)$$

式中 $M_{*\min}$——起动第一阶段末期所允许的最小起动力矩倍数，取 1.5～2.5 倍电动机额定力矩标么值。首次试算一般取 1.5；

其余符号含义同式（附 9－14）中相同符号的含义。

将 $R_{*1}=0.0389$，$X_*=0.1213$，$M_{*\min}=1.5$，代入式（附 9－15）中，得出 $K_2=0.63572$（为了减少起动电流，K_2 值取该式两个解中的较大者）。

(4) 附加电阻的分组次数用式（附 9－16）求出

$$N=\lg\frac{K_1}{R_{*2}}\Big/\lg\frac{K_2}{K_1} \quad (附9-16)$$

式中 N——附加电阻分组次数。工程中只能将 N 取为正整数；

K_1——由式（附 9－13）计算得出的值；

K_2——由式（附 9－15）计算得出的值；

R_{*2}——归算于定子侧的转子固有电阻标么值。

将 $K_1=0.12136$，$K_2=0.63572$，$R_{*2}=0.00423$ 代入式（附 9－16）中，得出 $N=2.0269$ 次。

本算例取 $N=3$；在 $K_1=0.12136$，$R_{*2}=0.00423$ 不变的条件下，将上述数值重新代入式（附 9－16）中，最终求得实际的 $K_2=0.37152$。

将实际的 $K_2=0.37152$，$R_{*1}=0.0389$，$X_*=0.1213$ 再次代入式（附 9－16）中，得出实际的 $M_{*\min}=2.387$。

因实际的 $M_{*\min}=2.387$ 在允许的 1.5～2.5 范围之内，故认为本算例最终确定的 $N=3$ 及 $K_2=0.37152$ 均满足设计要求。

(5) 起动第一阶段末期的转差率按式（附 9－17 计算）

$$s'_1=\frac{r_{*2,1}}{K_2} \quad (附9-17)$$

式中 s'_1——起动第一阶段末期的转差率；

$r_{*2,1}$——由式（附 9－13）计算得出的归算于定子侧的电动机起动第一阶段转子回路总电阻标么值；

K_2——由式（附 9－16）反复计算得出的最终确定的 K_2 值。

将 $r_{*2,1}=0.12136$，$K_2=0.37152$ 代入式（附 9－17）中，得出 $s=0.32666$。

(6) 按附表 9－5 所列的计算公式及步骤进行各起动阶段转子回路总电阻标么值 $r_{*2,n}$，各起动阶段初期的转差率 s_n 及末期的转差率 s'_n。其计算的原则为：同一起动阶段中的 $r_{*2,n}$ 值不变；前一起动阶段末期的转差率等于后一起动阶段初期的转差率，即 $s_n=s'_n$。

附表 9-5　**起动各阶段的转子回路总电阻标么值 $r_{*2,n}$ 和转差率 S_n、S'_n 的计算公式、步骤及结果一览表**

$$K_1=\frac{r_{*2,1}}{S_1}=\frac{r_{*2,2}}{S_2}=\cdots\cdots=\frac{r_{*2,n}}{S_n}=0.12136,\quad K_2=\frac{r_{*2,1}}{S'_1}=\frac{r_{*2,2}}{S'_2}=\cdots\cdots=\frac{r_{*2,n}}{S'_n}=0.37152$$

起动阶段 n	起动各阶段初期的转差率 S_n	起动各阶段转子回路总电阻标么值 $r_{*2,n}$	起动各阶段末期的转差率 S'_n
1	$S_1=1$	$r_{*2,1}=S_1K_1=\frac{K_1}{K_2^c}=1\times0.12136=0.12136$	$S'_1=\frac{r_{*2,1}}{K_2}=\frac{K_1}{K_2}=\frac{0.12136}{0.37152}=0.32666$
2	$S_2=S'_1=0.32666$	$r_{*2,2}=S_2K_1=\frac{K_1^2}{K_2}=0.32666\times0.12136=0.03964$	$S'_2=\frac{r_{*2,2}}{K_2}=\frac{K_1^2}{K_2^2}=\frac{0.03964}{0.37152}=0.1067$
3	$S_3=S'_2=0.1067$	$r_{*2,3}=S_3K_1=\frac{K_1^3}{K_2^2}=0.1067\times0.12136=0.01295$	$S'_3=\frac{r_{*2,3}}{K_2}=\frac{K_1^3}{K_2^3}=\frac{0.01295}{0.37152}=0.03485$
4	$S_4=S'_3=0.03485$	$r_{*2,4}=S_4K_1=\frac{K_1^4}{K_2^3}=0.03485\times0.12136=0.004229$; 因 $r_{*2,4}\approx0.00423=R_{*2}$,则运算停止	$S'_4=\frac{r_{*2,4}}{K_2}=\frac{K_1^4}{K_2^4}\approx0.01\approx S_e$ ①
n	$S_n=S'_{n-1}=\frac{K_1^{n-1}}{K_2^{n-1}}$(附 9-18)②	$r_{*2,n}=S_nK_1=\frac{K_1^n}{K_2^{n-1}}$ 附(9-19);② 当计算到 $r_{*2,n}\approx R_{*2}$ 时,则运算停止	$S'_n=\frac{K_1^n}{K_2^n}=\frac{r_{*2,1}^n}{K_2^n}$(附 9-20)②

① S_e 为电动机的额定转差率。

② 式(附 9-18)、式(附 9-19)、式(附 9-20)为计算起动第 n 阶段时的 S_n、$r_{*2,n}$、S'_n 的通式。

(7) 各组附加电阻值（单相值）按下式计算。

$$\left.\begin{aligned}R_{FN} &= R_{zhj}(r_{*2,n} - r_{*2,(n+1)})\\ R_{zhj} &= \frac{U_{zh}}{\sqrt{3}I_{zh}}\end{aligned}\right\}\quad(附9-21)$$

式中　R_{FN}——第 N 组附加电阻值（Ω）；

R_{zhj}——电动机转子电阻基准值（Ω）；

$r_{*2,n}$——按式（附 9-19）计算得出的起动第 n 阶段时转子回路总电阻标么值；

$r_{*2,(n+1)}$——按式（附 9-19）计算得出的起动第（$n+1$）阶段时转子回路总电阻标么值；

U_{zh}——电动机转子电压（V）；

I_{zh}——电动机转子电流（A）。

将 $r_{*2,1}=0.12136$，$r_{*2,2}=0.03964$，$r_{*2,3}=0.01295$，$r_{*2,4}=0.00423$，$U_{zh}=1432V$，$I_{zh}=856A$ 分别分段代入式（附 9-21），分别得出各组附加电阻值如下：$R_{F\mathrm{I}}=0.07893\Omega$；$R_{F\mathrm{II}}=0.02578\Omega$；$R_{F\mathrm{III}}=0.00842\Omega$。

(8) 校验起动第一阶段初期的起动力矩最大倍数：

$$\frac{M_{*m}}{M_{*dm}} = \frac{I^2_{*1m}K_1}{M_{*dm}} < 0.85\quad(附9-22)$$

式中　M_{*m}——起动第一阶段初期的最大起动力矩倍数；

M_{*dm}——电动机允许最大力矩倍数；

I_{*1m}——由式（附 9-14）计算得出的起动第一阶段初期的最大电流标么值；

K_1——由式（附 9-13）式计算得出的起动第一阶段初期的 k_1 值。

将 $I_{*1m}=5.735$，$K_1=0.12136$，$M_{*dm}=4.75$ 代入式（附 9-22）后，经过计算，满足该式条件，故确认所选的附加电阻满足设计要求。

(9) 起动各阶段起动时间按式（附 9-23）计算，起动全过程起动时间按下式计算：

$$\left.\begin{aligned}t_n &= \frac{26.18Jn_e}{\overline{M}-M_{kz}}(S_n - S'_n)\\ \overline{M} &= \frac{1}{2}(M_{*m}+M_{*\min})M\\ M_{kz} &= 9549\frac{P_o}{n_e}\end{aligned}\right\}(附9-23)$$

$$t = \sum_{n=1}^{n} t_n\quad(附9-24)$$

两式中　t_n——起动第 n 阶段起动时间（s）；

J——调相机的转动惯量（$t\cdot m^2$）；

n_e——电动机的额定转速（r/min）；

S_n——按式（附 9-18）计算得出的起动第 n 阶段初期转差率；

S'_n——按式（附 9-20）计算得出的起动第 n 阶段末期转差率；

$\overline{M}$——起动第一阶段电动机平均起动力矩（N·m）；

M_{*m}——由式（附 9-22）计算得出的起动第一阶段初期最大起动力矩倍数；

$M_{*\min}$——由式（附 9-15）反复试算最终确定的实际允许的起动第一阶段末期的最小起动力矩倍数；

M_e——由式（附 9-13）计算得出的电动机额定力矩（N·m）；

M_{kz}——调相机的空载力矩（N·m）；

P_o——调相机的空载损耗（kW）；

t——起动全过程所需时间（s）。

将 $J=22tm^2$，$P_e=2000kW$，$P_o=1667kW$，$n=2990r/min$，$I_{*1m}=5.735$，$K_1=0.12136$，$M_{*\min}=2.387$，$S_1=1$，$S'_1=S_2=0.32666$，$S'_2=S_3=0.1067$，$S'_3=S_4=0.03485$，$S'_4\approx0.01$ 分别分段代入式（附 9-13）、式（附 9-22）、式（附 9-23）、式（附 9-24）中，分别得出各起动阶段起动时间及起动全过程时间如下：$t_1=75.5s$；$t_2=24.7s$；$t_3=8.1s$；$t_4=2.8s$；$t=111.1s$（即 1min51s）。

(10) 附加电阻三相允许最小总重量是由电阻的允许温升值决定的。一般选用铸铁电阻。各组（即各起动阶段）铸铁电阻三相允许的最小重量及全部铸铁电阻的三相允许最小总重量按下二式求出：

$$\left.\begin{aligned}W_{FN} &= 13.7Jn_e^2(S_n^2 - S'^2_n)/Ta\\ &\quad\times\left(1-\frac{M_{*kz}}{M_{*m}+M_{*\min}}\right)\\ M_{*kz} &= \frac{P_o}{P_e}\end{aligned}\right\}$$

（附 9-25）

$$W_F = \sum_{F=1}^{n} W_{FN}\quad(附9-26)$$

两式中　W_{FN}——第 N 组附加电阻的三相允许最小重量（kg）；

T——附加电阻允许的最大温升（℃），铸铁电阻 $T=300℃$；

a——附加电阻的热容量（W/℃·kg），铸铁电阻 $a=462W/℃\cdot kg$；

M_{*kz}——以电动机额定力矩为基准的调相机空载阻力矩标么值；

P_e——电动机额定容量（kW）；

附表 9－6　**本算例起动用铸铁电阻选择结果**

组序（N）	电阻器型号及接法	每个电阻器的电阻值（Ω）	每个电阻器的重量（kg）	每相电阻器串并联数量	每相附加电阻的电阻值（Ω）		附加电阻三相允许最小重量（kg）	
					计算值 R_{FN}	实际值 R_{fN}	计算值 R_{FN}	实际值 R_{fN}
第Ⅰ组	$ZX_1-1/10$ 并　接	0.05	35.5	4并6串	0.07893	0.075	2358.9	2556
第Ⅱ组	$ZX_1-1/20$ 并　接	0.1	29.7	4并	0.02578	0.025	252	356.4
第Ⅲ组	$ZX_1-1/5$ 并　接	0.025	41.5	3并	0.00842	0.00833	29.8	373.5

W_F——全部附加电阻的三相允许最小总重量（kg）。

其余符号含义同式（附 9－23）中相同符号的含义。

将 $J=22\text{t}\cdot\text{m}^2$，$n_e=2990\text{r/min}$，$a=422\text{W/℃}\cdot\text{kg}$，$T=300℃$，$P_o=1667\text{kW}$，$P_e=2000\text{kW}$，$M_*=4$，$M_{*\min}=2.387$，$S_1=1$，$S_1'=S_2=0.32666$，$S_2'=S_3=0.1667$，$S_3=S_4=0.03485$，$S_4'\approx0.01$ 分别分段代入式（附 9－25）及式（附 9－26）中，分别得出各组及全部附加电阻的三相允许最小重量如下：

$$W_{F\text{Ⅰ}}=2358.9\text{kg};\ W_{F\text{Ⅱ}}=252\text{kg};$$
$$W_{F\text{Ⅲ}}=29.8\text{kg};\ W_f=2640.7\text{kg}。$$

根据上述计算结果，本算例实际选用 ZX_1-1 型铸铁电阻器，选择结果见附表 9－6。

（11）最终必须按下式校验附表 9－6 所选铸铁电阻能否使用：

$$\left.\begin{aligned}&\frac{|R_{FN}-R_{fN}|}{R_{FN}}\leqslant 10\%\\&W_{fN}\geqslant W_{FN}\end{aligned}\right\}\qquad(附 9-27)$$

将附表 9－6 列出的本算例数据代入式（附 9－27）中，计算比较的结果表明，本算例选择的铸铁电阻完全符合设计要求。

附录 9－4　电容器组投入电网时的涌流

一、单组电容器投入时的涌流

涌流的幅值及频率分别按下二式计算：

$$I_{ym}=\sqrt{2}I_{\Sigma ce}\left(1+\sqrt{\frac{X_{\Sigma ce}}{X_L'}}\right)\qquad(附 9-28)$$

$$f_y=f\sqrt{\frac{X_{\Sigma ce}}{x_L'}}\qquad(附 9-29)$$

式中　I_{ym}——合闸涌流最大值（峰值）（kA）；

$I_{\Sigma ce}$——一组并联电容器装置的额定电流，即额定相电流（kA）；

$X_{\Sigma ce}$——电容器组每相总额定容抗值，当为△接线时，应变换为 Y 接线的容抗值（Ω）；

X_L'——系统感抗与串联电抗器每相额定感抗值之和（化归成 Y 接线）。当设置有串联电抗器时，因为其感抗值远大于系统感抗值，一般可略去系统感抗值（Ω）；

f_y——涌流的频率（Hz）；

f——电网工频（基波）频率（Hz），$f=50\text{Hz}$。

二、电容器组追加投入时的涌流

（1）各电容器组容量不相等时，按下二式计算：

$$I_{ym}=\sqrt{\frac{2}{3}}U_e\sqrt{\frac{C_\Sigma}{L_\Sigma}}\qquad(附 9-30)$$

$$f_y=\frac{10^6}{2\pi\sqrt{C_\Sigma L_\Sigma}}\qquad(附 9-31)$$

式中　U_e——并联电容器装置安装处电网的额定电压（有效值）（kV）；

C_Σ——电容器组的每相等效电容值。其值等于已运行的各电容器组的每相额定电容值并联再与投入电容器组每相额定电容值串联之值。电容器组的每相额定电容值按式（附 9－32）计算（μF）；

L_Σ——并联电容器装置每相等效电感值；其值可按与求等效电容 C_Σ 的相同方法求得。

当计及母线电感时，按 1μH/m 考虑（μH）。

(2) 各电容器组容量相等时，按下式（附 9－32）：

$$\left.\begin{aligned} I_{ym} &= \frac{m-1}{m}\sqrt{\frac{2000Q_{\Sigma ce}}{3\omega L}} \\ f_y &= \frac{10^6}{2\pi\sqrt{LC_{\Sigma ce}}} \\ Q_{\Sigma ce} &= 3MNQ_{ce} \\ C_{\Sigma ce} &= \frac{M}{N}C_{ce} \end{aligned}\right\} \quad (附 9-32)$$

式中 m——并联电容器装置的分组数（$m=2$，3，4，……）；

$Q_{\Sigma ce}$——单组电容器的额定容量（kvar）；

ω——电网工频（基波）角频率，$\omega=314$rad/s；

L——连接线感抗（单组每相）与串联电抗器额定感抗值之和。当设置有串联电抗器时，因为其感抗值远大于连接线的感抗值，一般可略去连接线感抗值（μH）；

$C_{\Sigma ce}$——单组电容器一相额定电容值（μF）；

M——电容器组电容器并联台数；

N——电容器组电容器串联段数；

Q_{ce}——由式（9－23）确定的单台电容器额定容量（kvar）；

C_{ce}——由式（9－24）确定的单台电容器额定电容值（μF）。

附录 9－5 自饱和电抗器主要电气参数的确定（参见图 9－44）

一、额定空载电压：

$$U_{Loe} = U_m \quad (附 9-33)$$

式中 U_{Loe}——自饱和电抗器的额定空载电压（kV）；

U_m——系统最高运行电压（kV）。

二、额定斜率

$$K_e = 0.5 \times (0.67 \sim 0.2) \times \Delta U(\%) \quad (附 9-34)$$

式中 K_e——自饱和感性无功器的额定斜率；

ΔU——安装处母线电压波动百分值（%），其值可参见表 9－10，或由实测获得。

在选择 K_e 时，式（附 9－34）只给出了一个范围。如母线电压波动主要由有功变化引起，或自饱和电抗器不设置空载工作电压抽头时，K_e 值应取得大些；如主变压器（或静补装置专设的变压器）可带负荷调节时，K_e 值可取得小些。

三、空载工作电压抽头

在其空载工作电压的上下，再设置几个工作电压抽头，但一般只设置正抽头。在每个空载工作电压抽头处运行时，要求自饱和感性无功器的额定容量、额定空载容量、额定斜率、过负荷能力不变。

一般的原则是，K_e 满足日负荷引起的电压波动的要求，空载电压抽头满足季节负荷引起的电压波动的要求。

当自饱和感性无功器出力为额定容量 Q_{Le}时，由正的空载工作电压抽头和 K_e 值共同决定的工作电压 U_L 必须小于或等于并联电容补偿装置额定电压的 K_u 倍（K_u 为并联电容器或滤波电容器允许的长期工频过电压倍数）。

四、额定空载容量 Q_{Loe}

Q_{Loe}一般由制造水平决定。为提高补偿效率，Q_{Loe}的标么值应要求≤0.1。

五、额定电压

自饱和感性无功器几个主要电气参数有以下关系：

$$K_e = \left[\frac{(U_{Le}-U_{Loe})}{U_{Loe}}\bigg/\frac{Q_{Le}-Q_{Loe}}{Q_{Le}}\right] \times 100\% \quad (附 9-35)$$

式中 K_e——自饱和感性无功器的额定斜率（%）；

U_{Le}——自饱和感性无功器的额定电压（kV）；

U_{Loe}——自饱和感性无功器的额定空载电压（kV）；

Q_{Le}——自饱和感性无功器的额定容量（kVA）；

Q_{Loe}——自饱和感性无功器的额定空载容量（kVA）。

故由式（附 9－35）可推导出如式（附 9－36）所示的自饱和感性无功器的计算式。

$$\begin{aligned} U_{Le} &= U_{Loe}\left(1+K_e\frac{Q_{Le}-Q_{Loe}}{Q_{Loe}}\right) \\ &= U_x\left(1+K_e\frac{Q_{Le}-Q_{Loe}}{Q_{Loe}}\right) \end{aligned} \quad (附 9-36)$$

式中 Q_{Le}——自饱和感性无功器的额定容量。它应等于按第 9－2 节所确定的电网需要补偿的感性无功量（kVA）。

其余各符号的含义均与上述各项（式）中符号的含义相同。

附录 9-6　由电容效应引起的工频过电压

单电源系统带空载长线、并联电抗器不同布置位置时，由电容效应引起的线路末端工频过电压 U_g 按下式计算：

$$U_g = \frac{E'}{A} \qquad (附 9-37)$$

式中　E'——系统电源暂态电势；

A——利用四端网络推算的系数，由附表 9-7 查得。

附表 9-7　电抗器不同布置方式时 *A* 值计算公式汇总表

序号	接线方式	计算公式
1	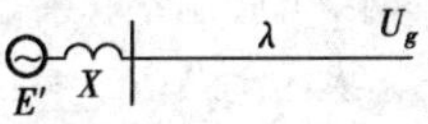 E' X λ U_g	$A = \cos\lambda - \frac{X}{Z_\lambda}\sin\lambda$
2	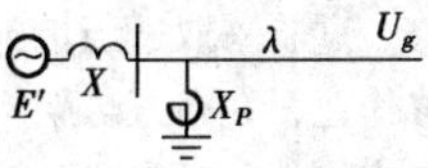 E' X X_P λ U_g	$A = \cos\lambda + \frac{X}{X_p}\cos\lambda - \frac{X}{Z_\lambda}\sin\lambda$
3	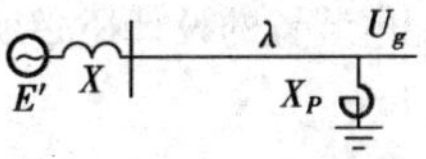 E' X λ U_g X_P	$A = \frac{Z_\lambda\cos\lambda(X_p + X) - \sin\lambda(XX_p - Z_p^2)}{X_pZ_\lambda}$
4	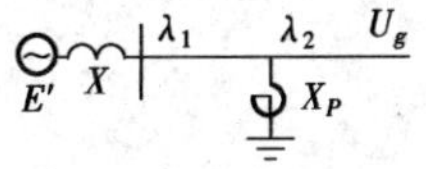 E' X λ_1 λ_2 U_g X_P	$A = \frac{X_pZ_\lambda\cos(\lambda_1 + \lambda_2) - X_pX\sin(\lambda_1 + \lambda_2) + Z_\lambda\cos\lambda_2(X\cos\lambda_1 + Z_\lambda\sin\lambda_1)}{X_pZ_\lambda}$
5	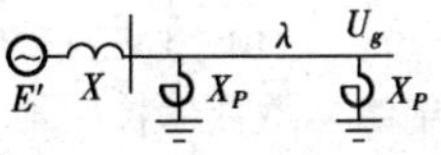 E' X X_P λ U_g X_P	$A = \cos\lambda\left(1 + \frac{2X}{X_P}\right) + \sin\lambda\left(\frac{Z_\lambda}{X_P} - \frac{X}{Z_\lambda} + \frac{XZ_\lambda}{X_P^2}\right)$
6	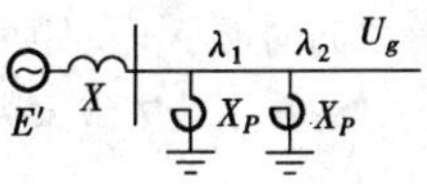 E' X λ_1 λ_2 U_g X_P X_P	$A = \cos(\lambda_1 + \lambda_2)\left(1 + \frac{X}{X_P}\right) + \sin\lambda_1\cos\lambda_2\left(\frac{Z_\lambda}{X_P} - \frac{X}{Z_\lambda} + \frac{XZ_\lambda}{X_P^2}\right) + X\cos\lambda_1\left(\frac{\cos\lambda_2}{X_P} - \frac{\sin\lambda_2}{Z_\lambda}\right)$
7	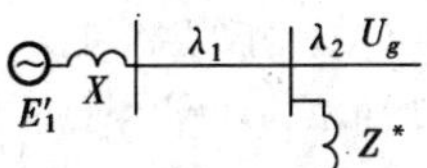 E_1' X λ_1 λ_2 U_g Z^* Z^*内可包括电抗器	$A = \frac{Z_\lambda Z\cos(\lambda_1 + \lambda_2) - XZ\sin(\lambda_1 + \lambda_2) + Z_\lambda\cos\lambda_2(j \times \cos\lambda_1 + jZ_\lambda\sin\lambda_1)}{ZZ_\lambda}$

注　1. 发电机以 X'_d 计算。

2. λ 一般可取 6°/100km。

3. Z_λ 为波阻抗，一般按下表取值。

U_e　(kV)	330	500	750
Z_λ　(Ω)	310	278	259

第十章

高压配电装置

编者 雷伟雄 赵道揆　　校者 周桢涛　　审者 郎润华

第10-1节 设计原则与要求

一、总的原则

高压配电装置的设计必须认真贯彻国家的技术经济政策，遵循上级颁发的有关规程、规范及技术规定，并根据电力系统条件、自然环境特点和运行、检修、施工方面的要求，合理制定布置方案和选用设备，积极慎重地采用新布置、新设备、新材料、新结构，使配电装置设计不断创新，做到技术先进、经济合理、运行可靠、维护方便。

火力发电厂及变电所的配电装置型式选择，应考虑所在地区的地理情况及环境条件，因地制宜，节约用地，并结合运行、检修和安装要求，通过技术经济比较予以确定。在确定配电装置型式时，必须满足下列四点要求。

1. 节约用地

我国人口众多，但耕地不多。因此，节约用地是我国现代化建设的一项带战略性的方针。配电装置少占地，不占良田和避免大量开挖土石方，是一条必须认真贯彻的重要政策。

各型配电装置占地面积的比较：

以屋外普通中型为100%；

屋外分相中型　　70%～80%；

屋外半高型　　50%～60%；

屋外高型　　40%～50%；

屋内型　　25%～30%；

SF_6 全封闭电器　　5%～10%。

2. 运行安全和操作巡视方便

配电装置布置要整齐清晰，并能在运行中满足对人身和设备的安全要求，如保证各种电气安全净距，装设防误操作的闭锁装置，采取防火、防爆和蓄油、排油措施，考虑设备防冻、防阵风、抗震、耐污等性能。使配电装置一旦发生事故时，能将事故限制到最小范围和最低程度，并使运行人员在正常操作和处理事故的过程中不致发生意外情况，以及在检修维护过程中不致损害设备。此外，还应重视运行维护时的方便条件，如合理确定电气设备的操作位置，设置操作巡视通道，便利与主（网络）控制室联系等。

3. 便于检修和安装

对于各种型式的配电装置，都要妥善考虑检修和安装条件。如为高型及半高型布置时，要对上层母线和上层隔离开关的检修、试验采取适当措施；目前不少地区已开展带电检修作业，在布置与架构荷载方面需为此创造条件；要考虑构件的标准化和工厂化，减少架构类型；设置设备搬运道路、起吊设施和良好的照明条件等。此外，配电装置的设计还必须考虑分期建设和扩建过渡的便利。

4. 节约三材，降低造价

配电装置的设计还应采取有效措施，减少三材消耗，努力降低造价。

二、设计要求

（一）满足安全净距的要求

屋外配电装置的安全净距不应小于表10-1所列数值，并按图10-1、10-2、10-3进行校验。

屋外电气设备外绝缘体最低部位距地小于2.5m时，应装设固定遮栏。

屋外配电装置使用软导线时，带电部分至接地部分和不同相的带电部分之间的最小电气距离，应根据下列三种条件进行校验，并采用其中最大数值：

（1）外过电压和风偏；

（2）内过电压和风偏；

（3）最大工作电压、短路摇摆和风偏。

不同条件下的安全净距和计算风速如表10-2所示。

屋内配电装置的安全净距不应小于表10-4所列数值，并按图10-4、10-5进行校验。

屋内电气设备外绝缘体最低部位距地小于2.3m时，应装设固定遮栏。

配电装置中相邻带电部分的额定电压不同时，应按较高的额定电压确定其安全净距。

屋外配电装置带电部分的上面或下面，不应有照

表 10－1　屋外配电装置的安全净距（mm）

符号	适用范围	图号	额定电压（kV）								
			3～10	15～20	35	63	110J	110	220J	330J	500J
A_1	1. 带电部分至接地部分之间 2. 网状遮栏向上延伸线距地 2.5m 处与遮栏上方带电部分之间	10－1 10－2	200	300	400	650	900	1000	1800	2500	3800
A_2	1. 不同相的带电部分之间 2. 断路器和隔离开关的断口两侧引线带电部分之间	10－1 10－3	200	300	400	650	1000	1100	2000	2800	4300
B_1	1. 设备运输时，其外廓至无遮栏带电部分之间 2. 交叉的不同时停电检修的无遮栏带电部分之间 3. 栅状遮栏至绝缘体和带电部分之间① 4. 带电作业时的带电部分至接地部分之间	10－1 10－2 10－3	950	1050	1150	1400	1650②	1750②	2550②	3250②	4550②
B	1. 网状遮栏至带电部分之间	10－2	300	400	500	750	1000	1100	1900	2600	3900
C	1. 无遮栏裸导体至地面之间 2. 无遮栏裸导体至建筑物、构筑物顶部之间	10－2 10－3	2700	2800	2900	3100	3400	3500	4300	5000	7500
D	1. 平行的不同时停电检修的无遮栏带电部分之间 2. 带电部分与建筑物、构筑物的边沿部分之间	10－1 10－2	2200	2300	2400	2600	2900	3000	3800	4500	5800

注　1.110J、220J、330J、500J 系指中性点直接接地电网。
2.500kV 的 A_1 值，双分裂软导线至接地部分之间可取 3500mm。
3. 海拔超过 1000m 时，A 值应按图 10－112 进行修正。
4. 本表所列各值不适用于制造厂生产的成套配电装置。

① 对于 220kV 及以上电压，可按绝缘体电位的实际分布，采用相应的 B_1 值进行校验。此时，允许栅状遮栏与绝缘体的距离小于 B_1 值。当无给定的分布电位时，可按线性分布计算。校验 500kV 相间通道的安全净距，也可用此原则。

② 带电作业时，不同相或交叉的不同回路带电部分之间，其 B_1 值可取 A_2＋750mm。

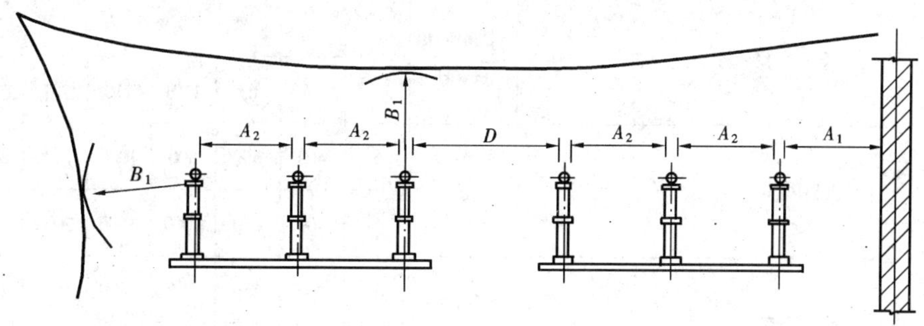

图 10－1　屋外 A_1、A_2、B_1、D 值校验图

明、通信和信号线路架空跨越或穿过；屋内配电装置带电部分的上面不应有明敷的照明或动力线路跨越。

（二）施工、运行和检修的要求

1. 施工要求

（1）配电装置的结构在满足安全运行的前提下应该尽量予以简化，并考虑构件的标准化和工厂化，减少架构类型，以达到节省三材、缩短工期的目的。

（2）配电装置的设计要考虑安装检修时设备搬运及起吊的便利。

屋外配电装置宜设置环形道路或具备回车条件的道路。500kV 屋外配电装置宜设置相间运输道路。道路路面的宽度一般为 3.5m，转弯半径不小于 7m。

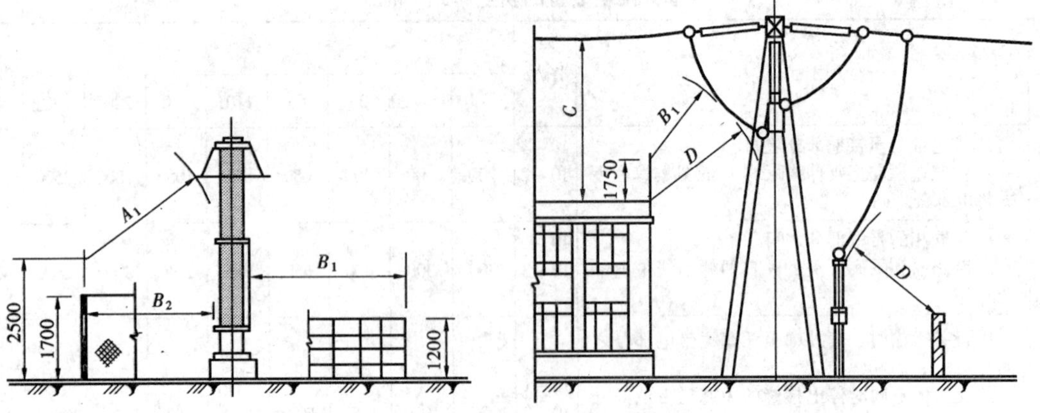

图 10-2　屋外 A_1、B_1、B_2、C、D 值校验图

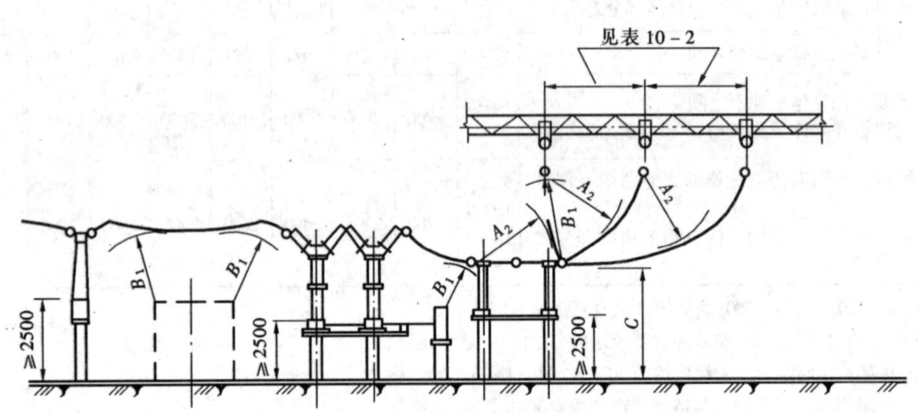

图 10-3　屋外 A_2、B_1、C 值校验图

表 10-2　　**不同条件下的计算风速和安全净距（mm）**

条　件	校　验　条　件	计算风速（m/s）	A 值	额定电压（kV）						
				35	63	110J	110	220J②	330J②	500J②
外过电压	外过电压和风偏	10①	A_1	400	650	900	1000	1800	2400	3200
			A_1	400	650	1000	1100	2000	2600	3600
内过电压	内过电压和风偏	最大设计风速的50%	A_1	400	650	900	1000	1800	2500	3500
			A_2	400	650	1000	1100	2000	2800	4300
最大工作电压	1. 最大工作电压、短路和风偏（取 10m/s 风速） 2. 最大工作电压和风偏（取最大设计风速）	10 或最大设计风速	A_1	150	300	300	450	600	1100	1600
			A_2	150	300	500	500	900	1700	2400

①　在气象条件恶劣的地区（如最大设计风速为 35m/s 及以上，以及雷暴时风速较大的地区）用 15m/s。

②　当 220J、330J、500J 采用降低绝缘水平的设备时，其相应的 A 值可采用表 10-3 所列数值。

对于大型变电所中的主干道部分（大门至主控制楼、主变压器、调相机房之间），可以适当放宽，如 220kV 及 330kV 变电所可为 4～5m，500kV 变电所可为 5.5～6.0m，其转弯半径可根据主变压器等大型设备的搬运方式确定。

大容量变压器应设置固定滑车用的地锚，以便于使用卷扬机搬运设备。

变压器在安装检修过程中若需进行吊罩检查，一般在就地采用汽车起重机起吊，而不考虑利用主变压器架构作为检修吊架。采用汽车起重机起吊主变压器钟罩时，应该在设计中统盘考虑主变架构高度及主变周围的检修场。

为便于安装检修，在屋外高型配电装置上层两端设置简易的起吊设施，用以起吊上层隔离开关等设备；在屋内配电装置楼板下的适当位置设置吊环，并在楼板引线孔或安装孔的两侧留出挑耳，作为搁置起吊轻型设备的横梁用。

屋内配电装置应考虑设备搬运的方便，如在墙上或楼板上设搬运孔等，搬运孔尺寸一般按设备外形加 0.3m 考虑。搬运设备通道的宽度，一般可比最大设备的宽度加 0.4m，对于电抗器加 0.5m。

(3) 工艺布置设计应考虑土建施工误差，确保

表 10－3　采用降低绝缘水平的设备时，配电装置的安全净距（试行）（mm）

条件 \ 额定电压（kV）		220J	330J	500J
设备基准绝缘水平（kV）	雷电冲击绝缘水平 BIL	850	1050	1425
	操作冲击绝缘水平 SIL	360（工频）	850	1050
外过电压	A_1	1600	2000	3000
	A_2	1800	2200	3300
内过电压	A_1	1500	2000	3500①
	A_2	1800	2200	4000
最大工作电压	A_1	600	1100	1600
	A_2	900	1700	2400

①双分裂软导线至接地部分之间可取 3200mm。

表 10－4　屋内配电装置的安全净距（mm）

符号	适用范围	图号	额定电压（kV）									
			3	6	10	15	20	35	63	110J①	110	220J①
$A_1$④	1. 带电部分至接地部分之间 2. 网状和板状遮栏向上延伸线距地 2.3m 处，与遮栏上方带电部分之间	10－4	75	100	125	150	180	300	550	850	950	1800
A_2	1. 不同相的带电部分之间 2. 断路器和隔离开关的断口两侧带电部分之间	10－4	75	100	125	150	180	300	550	900	1000	2000
B_1	1. 栅状遮栏至带电部分之间 2. 交叉的不同时停电检修的无遮栏带电部分之间	10－4 10－5	825	850	875	900	930	1050	1300	1600	1700	2550
B_2	网状遮栏至带电部分之间②	10－4	175	200	225	250	280	400	650	950	1050	1900
C	无遮栏裸导体至地（楼）面之间	10－4	2375	2400	2425	2450	2480	2600	2850	3150	3250	4100
D	平行的不同时停电检修的无遮栏裸导体之间	10－4	1875	1900	1925	1950	1980	2100	2350	2650	2750	3600
E	通向屋外的出线套管至屋外通道的路面③	10－5	4000	4000	4000	4000	4000	4000	4500	5000	5000	5500

注　当 220J 采用降低绝缘水平的设备时，其相应的 A 值可采用表 10－3 所列数值。

① 110J、220J 系指中性点直接接地电网。

② 当为板状遮栏时，其 B_2 值可取 $A_4 + 30$mm。

③ 当出线套管外侧为屋外配电装置时，其至屋外地面的距离，不应小于表 10－1 中所列屋外部分之 C 值。

④ 海拔超过 1000m 时，A 值应按图 10－112 进行修正。

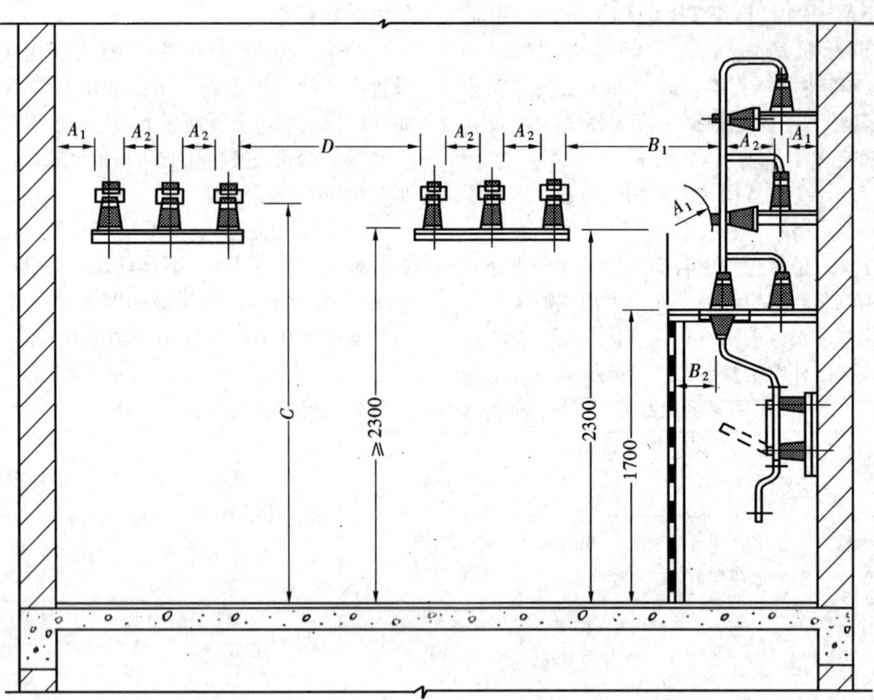

图 10-4 屋内 A_1、A_2、B_1、B_2、C、D 值校验图

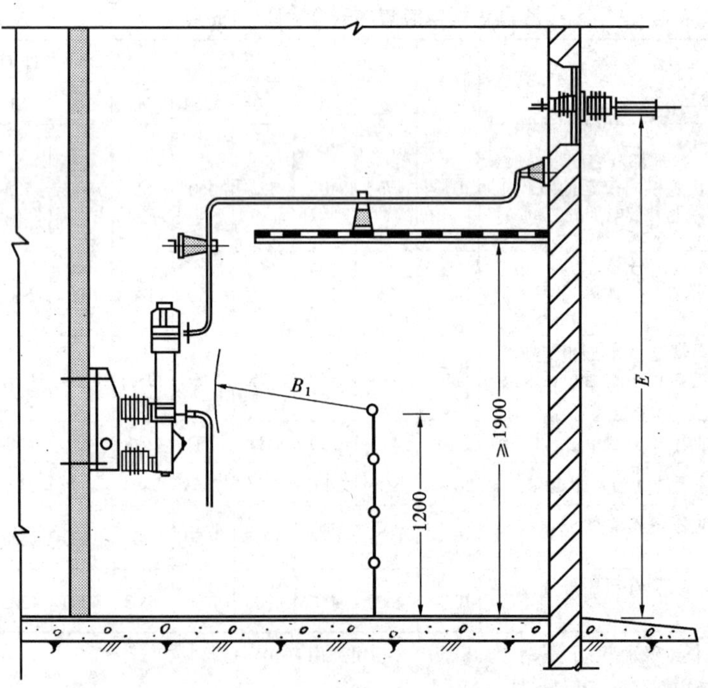

图 10-5 屋内 B_1、E 值校验图

电气安全距离的要求，一般不宜选用规程规定的最小值，而应留有适当裕度（5cm 左右）。这在屋内配电装置的设计中更要引起重视。

（4）配电装置的设计必须考虑分期建设和扩建过渡的便利。各种型式配电装置对分期过渡有不同的适应性，应从主接线特点、进出线布置和分期过渡情况进行综合考虑，提出相应措施，尽量作到过渡时少停电或不停电，为施工安全与方便提供有利条件。

2. 运行要求

（1）各级电压配电装置之间，以及它们和各种建（构）筑物之间的距离和相对位置，应按最终规模统筹规划，充分考虑运行的安全和便利。

配电装置的方位应由下列因素综合考虑确定：

1）进出线方向；

2）避免或减少各级电压架空出线的交叉；

3）缩短主变压器各侧引线的长度，避免交叉，并注意平面布置的整体性。

（2）配电装置的布置应该做到整齐清晰，各个间隔之间要有明显的界限，对同一用途的同类设备，尽可能布置在同一中心线上（指屋外），或处于同一标高（指屋内）。

（3）架空出线间隔的排列应根据出线走廊规划的要求，尽量避免线路交叉，并与终端塔的位置相配合。当配电装置为单列布置时，应考虑尽可能不在两个以上相邻间隔同时引出架空线。

（4）各级电压配电装置各回路的相序排列应尽量一致。一般为面对出线电流流出方向自左至右、由远到近、从上到下按 *A*、*B*、*C* 相顺序排列。对硬导体应涂色，色别为：*A* 相黄色，*B* 相绿色，*C* 相红色。对绞线一般只标明相别。

（5）配电装置内应设有供操作、巡视用的通道。

屋外配电装置的通道宽度可取 0.8～1.0m，也可利用电缆沟盖板作为部分巡视小道。

屋内配电装置各种通道的最小宽度（净距），不应小于表 10－5 所列数值。

表 10－5　　屋内配电装置各种通道的最小宽度（净距）（mm）

布置方式	通道分类		
	维护通道	操作通道	通往防爆间隔的通道
一面有开关设备时	800	1500	1200
两面有开关设备时	1000	2000	1200

当采用成套手车式开关柜时，操作通道的最小宽度（净距）不应小于下列数值：

一面有开关柜时——单车长＋1200mm；

两面有开关柜时——双车长＋900mm。

屋内配电装置通道的净高不应小于 1.9m。

（6）发电厂及大型变电所的屋外配电装置周围宜围以高度不低于 1.5m 的围栏，以防止外人任意进入。

变电所的所区围墙宜采用高度为 2.2～2.5m 的实体墙。

（7）配电装置中电气设备的栅栏高度不应低于 1.2m，栅栏最低栏杆至地面的净距不应大于 200mm。

配电装置中电气设备的遮栏高度不应低于 1.7m，遮栏网孔不应大于 40×40mm。

围栏门应装锁。

（8）在装有油断路器的屋内间隔中，除设置遮栏外，对就地操作的断路器及隔离开关，应在其操动机构处设置防护隔板，宽度应满足人员的操作范围（以 0.5～0.6m 为宜），高度不低于 1.9m。该防护隔板一般采用厚度不小于 2mm 的钢板。

（9）高型布置的屋外配电装置，应设高层通道和必要的围栏，通道宽度对于 220kV 电压级可采用 3～3.6m，对于 110kV 电压级可采用 2m。通道两侧宜设 100mm 高的护沿。在配电装置两端应分别设置楼梯，其宽度不应小于 800mm（一般为 1.0～1.2m），坡度不大于 45°，最好采用钢筋混凝土结构，且楼梯表面应有防滑措施。

（10）当相邻两高型配电装置之间或高型配电装置的上层通道与控制楼之间的距离较近时（一般不超过 20m），宜设置露天天桥，其宽度可为 0.8～1.0m。

屋内配电装置楼与控制楼距离较近时，也宜设置天桥。

(11) 当屋内配电装置长度超过60m时，应在两侧操作通道之间设置联络通道，以便于运行人员巡视和处理事故。联络通道的位置可结合配电装置室的中部出口及伸缩缝一并考虑。对于两层配电装置，尚需在中部设置楼梯。

(12) 屋内外配电装置均应装设闭锁装置及联锁装置，以防止带负荷拉合隔离开关，带接地合闸，带电挂接地线，误拉合断路器，误入屋内有电间隔等电气误操作事故。

(13) 3～35kV双母线布置的屋内配电装置中，母线与母线隔离开关之间宜装设耐火隔板。

6～10kV屋内配电装置当为双母线平行布置时，两组母线隔离开关之间宜以耐火隔板隔开。

(14) 根据运行实践，屋内配电装置的间隔隔墙从结构强度考虑，对于20kV及以下电压级，采用2～3mm厚的钢板、120mm厚的砖墙或混凝土板均能承受相应电压等级电气设备爆炸时所产生的冲击波及碎片；而35kV及以上电压级采用240mm厚的水泥砂浆承重砖墙，同样足以承受冲击波及碎片。因此，35kV以下的屋内式断路器、油浸式电流互感器及电压互感器，宜安装在开关柜或两侧有隔墙(板)的间隔内，35kV及以上者则应安装在有防爆隔墙的间隔内。

对于油浸式电流、电压互感器，可提请制造厂增设泄压阀或加装压力表，以防止互感器的爆炸。

(15) 35kV屋内油浸电力变压器、10kV的80kVA及以上屋内油浸电力变压器的油量均超过100kg，宜安装在单独的防爆间内，并应有灭火设施。

(16) 屋内单台电气设备，其三相总油量在100kg以上时，应设置贮油设施或档油设施。档油设施宜按能容纳20%油量设计，并应能将事故油排至安全处，否则应设置能容纳100%油量的贮油设施。

(17) 屋外充油电气设备单个油箱的油量在1000kg以上时，应设置能容纳100%油量的贮油池或20%油量的挡油槛等。

当有容纳20%油量的贮油池或挡油槛时，应有将油排到安全处所的设施与之配套，且不应引起污染。当设置有油水分离的总事故贮油池时，其容量应按最大一个油箱的60%油量设计。

(18) 贮油池和挡油槛的长、宽尺寸，一般应比设备外形尺寸每边相应大1m。

贮油池内一般铺设厚度不小于250mm的卵石层(卵石直径为50～80mm)。

贮油池的深度 h 可按下式计算：

$$\left.\begin{aligned} h &\geqslant \frac{0.2G}{0.25\times 0.9(S_1-S_2)}=\frac{0.89G}{S_1-S_2} \\ S_1 &= (a+2)(b+2) \end{aligned}\right\} \quad (10-1)$$

式中　h——贮油池的深度(m)；

0.2——卵石层间隙所吸收20%的设备充油量；

G——设备油重(kg)；

0.25——卵石层间隙率；

0.9——油的平均比重；

S_1——贮油池面积(m^2)；

a——设备外廓长度(m)；

b——设备外廓宽度(m)；

S_2——贮油池中的设备基础面积(m^2)。

为防止下雨时泥水流入贮油池内，油池四壁宜高出地面50～100mm，并以水泥抹面。

排油管的内径不应小于100mm。

(19) 油量均为2500kg以上的屋外油浸变压器之间无防火墙时，其防火净距不得小于下列数值：

35kV及以下	5m
63kV	6m
110kV	8m
220kV及以上	10m

高压并联电抗器同属大型油浸设备，故也应采用上述防火净距。

油量在2500kg以上的变压器或电抗器，同油量为600kg以上的本回路充油电气设备之间，其防火净距不应小于5m。

(20) 当屋外油浸变压器之间防火间距不够时，要设置防火墙。防火墙的高度不宜低于变压器油枕的顶端高程，其长度应大于变压器贮油池两侧各1m。对电压较低、容量较小的变压器，套管离地高度不太高时，防火墙高度宜尽量与套管顶部取齐。

考虑到变压器散热、运行维护方便及事故时的消防灭火需要，防火墙离变压器外廓距离，以不小于2m为宜。

当防火墙上设有隔火水幕时，防火墙的高度应比变压器顶盖高出0.5m，长度则不应小于变压器贮油池的宽度加0.5m。

防火墙应有一定的耐燃性能。根据防火规范的规定，其耐火极限不宜低于4h。

(21) 配电装置周围环境温度低于电气设备、仪

表 10－6　等电位作业时人体对地和对邻相带电部分之间的安全距离

电 压 等 级（kV）	人体对地的安全距离（m）	人体对邻相带电部分之间的安全距离（m）
110	0.9	1.0
220	1.8	2.0
330	2.5	2.8
500	3.8	4.3

表和继电器的最低允许温度时，应在操作箱内或配电装置室内装设加热装置。对于屋外充油电器（如少油断路器），由于现场难以加装加热装置，可在订货时提请制造厂予以考虑。

在积雪、复冰严重地区，对屋外电气设备和绝缘子应采取防止由于冰雪而引起事故的措施，如采用高 1～2 级电压的绝缘子，加长外绝缘的泄漏距离，避免设备落地安装等。

（22）设计配电装置时的最大风速，对 330kV 及以下可采用离地 10m 高、30 年一遇、10min 平均最大风速，对 500kV 宜采用离地 10m 高、50 年一遇、10min 平均最大风速。最大设计风速超过 35m/s 的地区，在屋外配电装置的布置中，宜降低电气设备的安装高度并加强其与基础的固定等。同时，对于对风载特别敏感的 110kV 及以上棒式支柱绝缘子、隔离开关及其它细高电瓷产品，可在订货时要求制造部门在产品设计中考虑阵风的影响。

3. 检修要求

（1）电压为 110kV 及以上的屋外配电装置，应视其在系统中的地位、接线方式、配电装置型式以及该地区的检修经验等情况，考虑带电作业的要求。

带电作业的内容一般有：清扫、测试及更换绝缘子，拆换金具及线夹，断接引线，检修母线隔离开关，更换阻波器等。带电作业需注意校验电气距离及架构荷载。

带电作业的操作方法包括用绝缘操作杆、等电位、水冲洗等，目前一般采用等电位法。

等电位作业时人体对地和对邻相带电部分之间的安全距离见表 10－6。

按照表 10－6 所列的各项安全距离，考虑到带电作业时人的活动范围取 750mm，再加上母线金具宽度、隔离开关宽度、阻波器直径或边长以及人体高出母线或隔离开关触头的尺寸等，就可分别确定进行各项带电作业项目时所需的最小空间距离。

等电位作业一般采用在导线上挂绝缘软梯的办法，所挂导线的截面对于钢芯铝绞线不应小于 120mm^2，对于铜绞线不应小于 70mm^2。

由于管形母线的机械强度差，不能直接上人，且其相间距离较软母线为小，难以保证安全作业；同时，500kV 配电装置的母线高达 30m，且为分裂导线，悬挂绝缘软梯比较困难；在上述情况下，一般采用液压升降的绝缘高架斗臂车进行带电作业。

（2）为保证检修人员在检修电器及母线时的安全，电压为 63kV 及以上的配电装置，对断路器两侧的隔离开关和线路隔离开关的线路侧，宜配置接地刀闸；每段母线上宜装设接地刀闸或接地器。其装设数量主要按作用在母线上的电磁感应电压确定，在一般情况下，每段母线宜装设二组接地刀闸或接地器，其中包括母线电压互感器隔离开关的接地刀闸在内。

屋内配电装置间隔内的硬导体及接地线上，应留有接触面和连接端子，以便于安装携带式接地线。

关于母线电磁感应电压和接地刀闸或接地器安装间距的计算现分述如下：

1）母线电磁感应电压的计算：

作用在停电检修母线上的电磁感应电压可分为二类：①长期工作电磁感应电压；②瞬时电磁感应电压。前者由工作母线通过正常工作电流产生作用，是长期的；后者是当工作母线发生三相或单相接地短路故障造成的，作用是瞬时的。

假设有两组平行母线如图 10－6 所示，其中母线Ⅰ运行，母线Ⅱ停电检修，三相母线分别为 A_1、B_1、C_1 和 A_2、B_2、C_2。由于电磁耦合效应，在母线Ⅱ上将出现电磁感应电压。当母线Ⅰ流过三相电流时，在 A_2 相母线上产生的电磁感应电压最大，其值为：

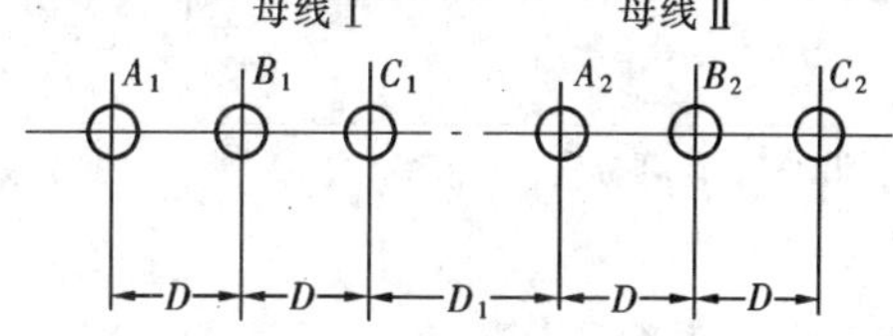

图 10－6　两组平行母线

$$
\left.\begin{aligned}
U_{A_2} &= I\left(X_{A_2C_1} - \frac{1}{2}X_{A_2A_1} - \frac{1}{2}X_{A_2B_1}\right) \\
&X_{A_2C_1}(X_{A_2A_1}, X_{A_2B_1}) \\
&= 0.628\times10^{-4}\left(\ln\frac{2l}{D_1} - 1\right)
\end{aligned}\right\} \tag{10-2}
$$

式中　U_{A_2}——A_2 相母线的电磁感应电压（V/m）；

I——母线Ⅰ中的三相工作电流或三相短路电流（A）；

$X_{A_2C_1}$——母线Ⅱ中 A_2 相对母线Ⅰ中 C_1 相单位长度的平均互感抗（Ω/m），$X_{A_2A_1}$、$X_{A_2B_1}$ 的意义以此类推；

l——母线长度（m）；

D_1——两组母线间距（m）。

在直接接地的系统中，当母线Ⅰ中 C_1 相发生单相接地短路时，A_2 相上的感应电压最严重，其值为：

$$U_{A_2(K_1)} = I_{KC_1}X_{A_2C_1} \tag{10-3}$$

式中　$U_{A_2(K_1)}$——A_2 相的感应电压（V/m）；

I_{KC_1}——母线 IC_1 相的单相接地短路电流（A）。

2）母线接地刀闸或接地器安装间距按下述原则确定：

①按长期电磁感应电压计算：

两接地刀闸或接地器间的距离 l_{j1} 为：

$$l_{j1} = \frac{24}{U_{A_3}} \tag{10-4}$$

接地刀闸或接地器至母线端部的距离 l'_{j1} 为：

$$l'_{j1} = \frac{12}{U_{A_2}} \tag{10-5}$$

②按瞬时电磁感应电压计算：

两接地刀闸或接地器间的距离 l_{j2} 为：

$$
\left.\begin{aligned}
l_{j2} &= \frac{2U_{jO}}{U_{A2(K)}} \\
U_{jO} &= \frac{145}{\sqrt{t}}
\end{aligned}\right\} \tag{10-6}
$$

接地刀闸或接地器至母线端部的距离 l'_{j2} 为：

$$l'_{j2} = \frac{U_{jO}}{U_{A_2(K)}} \tag{10-7}$$

式中　U_{jO}——允许的母线瞬时电磁感应电压（V）；

t——电击时间，为切除三相、单相短路所需的时间（s）；

$U_{A_2(K)}$——当母线Ⅰ发生三相或单相短路时，A_2 相母线的瞬时电磁感应电压（V/m）。

接地刀闸或接地器的间距，按以上计算结果，对 l_{j1}、l'_{j1}、l_{j2}、l'_{j2} 进行比较，取其小者，单位为 m。

（三）噪声的允许标准及限制措施

配电装置设计应重视对噪声的控制，降低有关运行场所的连续噪声级。配电装置中的主要噪声源是主变压器、电抗器及电晕放电，其中以前者为最严重，故设计时必须注意主变与主（网）控制楼（室）、通信楼（室）及办公室等的相对位置和距离，尽量避免平行相对布置，以便使变电所内各建筑物的室内连续噪声级不超过表 10－7 所列的最高允许连续噪声级。

有人值班的生产建筑，每工作日接触噪声时间少于 8h 的噪声标准可按表 10－8 放宽。

表 10－7　　最高允许连续噪声级［dB（A）］

工作场所	一般值	最大值
主控制室、计算机室、通信室	55	65
办公室	60	70
有人值班的生产建筑①	85	90

①　为每工作日接触噪声时间 8h 的标准。

配电装置布置要尽量远离职工宿舍或居民区等对噪声敏感的建筑物。中国科学院声学研究所认为：睡眠时噪声的理想值是 35dB（A），极大值是 50dB（A）。我国《城市区域环境噪声标准》中规定：受噪声影响人的居住或工作建筑物外一米处的噪声级，白天不大于 65dB（A），晚上不大于 55dB（A）。因此，当邻近配电装置的环境有防噪声要求时，噪声源不应靠围墙布置，并保持足够的间距，以满足职工宿舍或居民区对噪声的要求。

此外，对产生噪声的设备应优先选用低噪声产品，或向制造厂提出降低噪声的要求。

表 10－8　每工作日接触噪声时间少于 8h 的噪声标准 [dB (A)]

每工作日接触噪声时间 (h)	一般值	最大值
8	85	90
4	88	93
2	91	96
1	94	99
噪声最高不得超过	115	

对 500kV 电气设备，距外壳 2m 处的噪声水平要求不超过下列数值：

断路器
- 连续性噪声水平　85dB (A)
- 非连续噪声水平
  - 屋外
    - 空气断路器　110dB (A)
    - SF_6 断路器　85dB (A)
  - 屋内　90dB (A)

电抗器　80dB (A)

变压器等其它设备　85dB (A)

(四) 静电感应的场强水平和限制措施

在高压输电线路或配电装置的母线下和电气设备附近有对地绝缘的导电物体时，由于电容耦合感应而产生电压。当上述被感应物体接地时，就产生感应电流，这种感应通称为静电感应。

鉴于感应电压和感应电流与空间场强的密切关系，故实用中常以空间场强来衡量某处的静电感应水平。所谓空间场强，是指离地面 1.5m 处的空间电场强度。

(1) 关于静电感应的场强水平，目前在国际上尚无统一的标准与规定。近年来我国对 220～500kV 变电所的静电感应场强水平作了大量的实测及模拟试验工作。对于 220kV 变电所，测得其空间场强一般不超过 5kV/m，因此，认为静电感应问题并不突出。对于 330～500kV 变电所，实测结果是：大部分测点的空间场强在 10kV/m 以内，空间场强为 10～15kV/m 的测点不超过 2.5%，各电气设备周围的最大空间场强大致为 3.4～13kV/m。表 10－9 及表 10－10 分别示出 330～500kV 变电所(或电厂升压站)内实测的场强分布及电气设备附近最大场强值。

表 10－9　330～500kV 变电所 (或电厂升压站) 内实测场强分布 (%)

场　强 (kV/m)		<5	5～7.5 (8)②	7.5 (8)②～10	>10	测　点　数
330kV	TY 变电所	45.5	38	14	2.5	242
	QA 变电所	53.1	33.7	10.8	2.4	288
	ZT 变电所	51	34.5	12	2.5	284
	HC 升压站①	57	35	8	0	449
500kV	FHS 变电所	49.6	45.3	4.5	0.6	2930
	YM 升压站①	57.4	39.1	3.1	0.4	744

① 为电厂升压站。

② 括号内指 500kV。

场强分布具有一定的规律性：对于母线，在中相下场强较低，边相外侧场强较高，邻跨的同名相导线对场强有增强作用，两组三相导线交叉时，同名相导线交叉角下场强较大；对于设备，在隔离开关及其引线处，以及断路器、电流互感器旁的场强较大，且落地布置的设备附近的场强较装在支架上者为高。

1980 年国际大电网会议工作小组报告提出，关于电场对生物的影响，认为 10kV/m 是一个安全水平，最高允许场强在线路下可定为 15kV/m，走廊边沿为 3～5kV/m。

因此，电压为 330kV 及以上的配电装置内，其设备遮栏外的静电感应场强水平 (离地 1.5m 空间场强) 不宜超过 10kV/m，少部分地区允许达到 15kV/m。

至于配电装置围墙外侧处 (非出线方向，围墙外为居民区时) 的静电感应水平，以不影响居民生活为原则。按 330～500kV 变电所静电感应的实测试验，离带电体 30～20m 以外的地区，静电感应场强水平通常已降低到 3～5kV/m 以下，此时人感觉麻电的机会一般已经没有或者很小。因此，围墙外的静电感应场强水平 (离地 1.5m 空间场强) 不宜大于 5kV/m。

(2) 关于静电感应的限制措施，在设计配电装

表 10-10 330~500kV 变电所（或电厂升压站）内电气设备附近最大场强值（kV/m）

设备名称	330kV				500kV	
	TY 变电所	*QA* 变电所	*ZT* 变电所	*HC* 升压站	*FHS* 变电所	*YM* 升压站
引线及隔离开关	11.6	9	11	9.8	10.6	7.6
断路器	8.5	10	11.1	9.7	10.6	10.2
电流互感器	7.5	8	11.1	6.7	11	9.5
电压互感器	4	4			11	8.9
避雷器	8	7.5	8.7	6.5	10.8	10
阻波器					6.9	5.8
变压器	4	4	3.4		4.6	
并联电抗器		10①				4.4
串联电容补偿装置（围栏外）②	13	12				

①出现在电抗器套管的引出线下。

②指离围栏 0.5m 处的数据。

置时可作如下考虑：

1）尽量不要在电气设备上方设置软导线。由于上面没有带电导线，静电感应强度较小便于进行设备检修。我国设计的一个半断路器配电装置，当为三列式布置时，中间联络断路器上方没有导线；当为平环式布置时，所有出线回路断路器和中间联络断路器上方都没有导线，因此对设备的检修有利。

2）对平行跨导线的相序排列要避免或减少同相布置，尽量减少同相母线交叉与同相转角布置。因为同相区附近电场直接迭加，场强增大。当两邻跨的边相异相（*ABC*—*ABC*）时，跨间场强较低，靠外侧的边相下场强较高。当两邻跨的边相同相（*ABC*—*CBA*）时，*C* 相跨间场强明显增大。

3）当技术经济合理时，可适当提高电气设备及引线的安装高度。如 500kV 配电装置，为了限制静电感应，将 *C* 值（导体对地面净距）由内过电压所要求的 6.3m 提高到 7.5m，这样就可使配电装置的绝大部分场强低于 10kV/m，大部分低于 8kV/m。同时，模拟试验表明，在提高 500kV 设备支架高度以后，设备附近的电场强度显著下降，如将 FA4 型 SF_6 断路器的支架高度从 1.5m 提高到 2m（提高了 33.3%），其电场强度从 12.5kV/m 下降到 10.9kV/m（下降了 12.8%）；将 SSP 型单柱式隔离开关的支架高度从 3.7m 提高到 4.5m（提高了 21.6%），其电场强度从 8.1kV/m 下降到 7.3kV/m（下降了 9.9%）。此外，均压环直径较大的电气设备（如阻波器）提高设备支架高度（从 3.7m 提高到 4.5m）所降低的电场强度（下降了 23.3%）比均压环直径较小的电气设备（如 SSP 型隔离开关）来得显著。

4）控制箱等操作设备应尽量布置在较低场强区。由于高电场下静电感应的感觉界限与低电压下电击的感觉界限不同，即使感应电流仅 100~200μA，未完全接触时已有放电，接触的瞬间会有明显的针刺感。因此，控制箱、断路器端子箱、检修电源箱、设备的放油阀门及分接开关等处的场强不宜太高，以便于运行和检修人员接近。

5）在电场强度大于 10kV/m 且人员经常活动的地方，必要时可增设屏蔽线或设备屏蔽环等。如隔离开关引线下场强较高，在单柱式隔离开关的底座间加入少量屏蔽线后，引线下的最大场强可显著降低。又如对电流互感器，通过加装向上的环形屏蔽，其附近地面场强即可得到有效的改善；同时，由于电流互感器的一次绕组从瓷套顶部下伸到近底部，高压部分离地较近，从而使附近地面场强提高，可通过在瓷套内部装接地屏蔽，以降低场强。

此外，接地围栏下侧的空间场强也会因受其屏蔽而减弱，虽然围栏上部边缘处的场强有所加强，但这种加强是很局限的。它随着离开围栏边缘的距离增大而很快衰减。因此，围栏的高度宜为 1.8~2.0m，以便将高场强区限制在人的平均高度以上。如串联补偿装置附近区域内的地面场强偏高，可用 2m 高的围栏将其环绕，使围栏以外都处于较低的场强中。

（五）电晕无线电干扰的特性和控制

1. 干扰特性

在超高压配电装置内的设备、母线和设备间连接线，由于电晕产生的电晕电流具有高次谐波分量，形成向空间辐射的高频电磁波，从而对无线电通信、广播和电视产生干扰。

电晕无线电干扰的基本特性包括横向分布特性和频谱特性两方面。横向分布特性是指随着垂直于输电线路走向距离或高压配电装置距离的增加而使电晕无线电干扰值衰减的特性。对某 220kV 铝管母线配电装置的实测表明，不管是铝管母线单独产生的，还是铝管母线和设备共同产生的干扰值，其下降均较缓慢。特别是铝管母线和设备电晕共同产生的无线电干扰的横向分布具有跳跃、衰减的性质。频谱特性是指电晕放电时所发射的各种频率干扰幅值的大小，以便确定对各类无线电通信信号的影响程度。通过实测，频率为 1MHz 时的干扰值最大；当干扰频率小于 1MHz 时，随着频率的增高，干扰值总的趋势是上升的；当频率大于 1MHz 时，干扰值跳跃式地下降。试验表明，电晕放电的频谱很窄，从无线电广播到电视的频率 0.15～330MHz 中，仅 0.15～5MHz 受电晕放电的干扰影响。所以，电晕放电一般对中波段广播的接收影响较大，对短波的影响较小，而对超短波的电视几乎没有什么影响。

通过对西北地区 330kV 变电所（包括电厂升压站）实测，测得变电所的综合干扰值及设备干扰值如下：

(1) 变电所围墙外 20m 处、1MHz 的综合无线电干扰值在 39～53dB（A）之间，一般在围墙外 150～200m 处趋于稳定。

(2) 变电所内以一次设备周围的干扰值最高。离设备边相中心线 4.5m 处、1MHz 的无线电干扰值在 75～90dB（A）之间，大多数在 80dB（A）以上（主变压器的无线电干扰值较小，为 50～70dB（A），但随距离的增加，衰减很快，如对 *ZT* 变电所的 330kV 空气断路器测试时，离断路器 4.2m 处，测得 1MHz 的无线电干扰值为 86dB（A），而离断路器 11.2m 处则为 48dB（A），即距离增加 7m，干扰值衰减 38dB（A）。

对上海地区 8 个 220kV 和 110kV 变电所进行实测，测得 220kV 变电所的最大值为 41dB（A），110kV 变电所为 44dB（A）。

因此，电压为 330kV 及以上的超高压配电装置应重视对无线电干扰的控制，在选择导线及电气设备时应考虑到降低整个配电装置的无线电干扰水平。

2. 干扰的控制

配电装置无线电干扰的控制可以从综合干扰和设备干扰两方面考虑：

(1) 超高压配电装置中的导线及电气设备所产生的综合干扰水平，一般都以离变电所围墙一定距离的干扰值作为标准。考虑到频率为 1MHz 时，配电装置所产生的无线电干扰最大，而出线走廊范围内也不可能有无线电收信设备，因此，我国目前在超高压配电装置的设计中，无线电干扰水平的允许标准暂定为：在晴天，配电装置围墙外 20m 处（非出线方向），对 1MHz 的无线电干扰值不大于 50dB（A）这也是国际无线电干扰特别委员会的推荐值。此数据和国内实测值大体吻合。

由于配电装置的母线、引线、设备、构架纵横交错，导线表面的电场强度很不均匀，对于导线及电气设备产生的综合无线电干扰，目前还没有成熟的计算方法，只能在选择导线时从总的干扰允许值中扣除设备产生的干扰近似值[10～15dB(A)]，以此作为校核导线电晕无线电干扰条件的标准。

配电装置母线在变电所围墙外 20m 处 1MHz 的无线电干扰值 N 可按下式计算：

$$N=(3.7E_{\max}-12.2)+40\left(\lg\frac{d}{2.53}+\lg\frac{h}{D_1}\right)+10\lg n \qquad (10-8)$$

式中　N——无线电干扰值（dB（A））；

$E_{\max}$——母线最大场强（kV/m）；

d——母线直径，对分裂导线则为次导线的直径（cm）；

h——母线最低点对地高度（m）；

D_1——地面至导线的斜距，$D_1=\sqrt{x^2+h^2}$，x 为中相母线正下方至变电所围墙外 20m 处的水平距离（m）；

n——母线的分裂根数。

为了增加载流量及限制电晕无线电干扰，超高压配电装置的导线采用扩径空芯导线、多分裂导线、大直径铝管或组合式铝管。

(2) 为了防止超高压电气设备所产生的电晕干扰影响无线电通信和接收装置的正常工作，应在设备的高压导电部件上设置不同形状和数量的均压环或罩，以改善电场分布，并将导体和瓷件表面的场强限制在一定数值内，使它们在一定电压下基本上不发生电晕放电，同时对设备的无线电干扰允许值作出规定。

对于高压电气设备及绝缘子串所产生的无线电干扰，世界各国几乎都以无线电干扰电压来表示，其单位为微伏。我国引用国际电工委员会的标准，对 330kV 及以上的超高压电气设备，规定在 1.1 倍最高工作相电压下，屋外晴天夜晚应无可见电晕，无线电干扰电压不应大于 2500μV。

三、布置及安装设计的具体要求

1. 屋内配电装置部分

(1) 6~35kV两层配电装置中，为便于运行人员在底层操作时能够观察到楼层母线隔离开关的开合情况，以往的工程设计和典型设计中考虑在隔离开关小间内的楼板上开设孔洞。但是，该孔洞也曾导致安装、检修人员不慎掉落造成伤亡的事故。现行设计对此采取了改进措施，这些措施有：适当缩小孔洞，孔洞位置偏移，洞口加设护网、护沿，考虑搭跳板的便利，加宽底层的操作走廊等。此外，有时还考虑采用就地操作从而取消上述孔洞的，但此时必须采取措施以防万一发生误操作时危及操作人员生命。

(2) 相邻间隔均为架空出线时，必须考虑当一回带电、另一回检修时的安全措施，如将出线悬挂点偏移，两回出线间加隔板等。

(3) 双母线系统的隔离开关操动机构在间隔正面的布置一般按左工（工作母线）右备（备用母线）的原则考虑。

(4) 对于间隔内带油位指示器的电气设备，在布置时要考虑观察油位的便利，如设置窥视窗；当设备正反面均带油位指示器时，尽可能在其两侧分别设置巡视通道，若无条件时，可装设反光镜或采取其它措施。

(5) 充油套管的贮油器（或称油封）应装设在便于监视油位和运行中加油的地方（一般安装在楼层通道内）。

(6) 充油套管应有取油样的设施，取样阀门一般装设在底层离地1.2m处，并应防止漏油。

(7) SN4－10G型断路器两侧引线应各有两档双列支柱绝缘子予以固定，第一档距接线端子约0.35m，第二档与第一档之间距约0.7m。同时，该两档引线必须采用多片硬母线，当额定电流为4000A时，一般为LMY－4[(100~125)×10]。

(8) 对于DW2－35型油断路器，为在检修时放下油箱后使动触头连杆不致触及油面，要求将油箱放得比断路器底座的底面为低。当断路器安装在混凝土地面上时，需将底座抬高200mm左右（油箱下部的地面标高不变），如能将油箱移出断路器框架之外，则底座也可不予抬高。

(9) 隔离开关操动机构的安装高度，摇式一般为0.9m，上下板式一般为1.05m。

(10) 隔离开关传动系统的设计，必须防止出现操作死点。同时，设计中应留有余度，以适应施工误差所引起的变化。

(11) 安装带放油阀的油浸式电压互感器的基础，要求高出地面不小于0.1m，以便于放油取样。

(12) 三相电抗器采用垂直布置时，电抗器基础的动荷载，除应考虑电抗器本身重量外，尚应计算5000N的电动作用力。

(13) 电抗器垂直布置时，B相必须放在中间；品字形（即两相垂直一相水平）布置时，不得将A、C相叠在一起。

(14) 电抗器垂直布置时，应考虑吊装高度。若高度不够时，其上方应设吊装孔。

电抗器基础上固定绝缘子的铁件及其接地线，不应作成闭合的环路。

(15) 矩形母线的布线应尽量减少母线的弯曲，尤其是多片母线的立弯。建议采取以下一些措施：

1) 同一回路内相间距离的变化尽量减少；

2) 同一回路内设备、绝缘子的中心线错开次数尽量减少；

3) 当前后两中心线错开很多，中间又必须加一个绝缘子时，则中间绝缘子设在两个立弯的直线段上，此时其固定金具与母线呈一个夹角；

4) 母线穿过母线式套管或电流互感器时，在其前后应只有一个大弯曲，如在布置中不能避免出现两个大弯曲时，则应采取措施（如母线用螺栓连接），以免母线配好后穿不进套管。

(16) 矩形母线弯曲处至最近绝缘子的母线固定金具边缘的距离应不小于50mm，但至最近的绝缘子中心线的距离应不大于该档母线跨距的四分之一。

(17) 母线与母线、引下线或设备端子连接时，一般按通过电流及所连接的金属材料的电流密度计算所需的接触面积，以免接头过热。

导体无镀层接头接触面的电流密度，不应超过表10－11所列数值。

矩形导体接头的搭接长度不应小于导体的宽度。当设备端子的接触面积不够时，可加设过渡端子。当母线与螺杆端子连接时，应用特殊加大的螺帽。

(18) 在有可能发生不同沉陷和振动的场所，硬母线与电器连接处，应装设母线伸缩节或采取防振措施。

由于温度变化引起的硬母线伸缩，将产生危险应力。为此，在母线较长时，应加装母线伸缩节。伸缩节的总截面应尽量不小于所接母线截面的1.25倍。伸缩节的数量按母线长度确定，见表10－12。

(19) 当母线为铜铝连接时，为保持所需的接触压力，连接处的螺栓数量与容许电流应符合表10－13

表 10－11　**无镀层接头的电流密度**（A/mm^2）

接触面材料	工作电流 I（A）		
	<200	200~2000	>2000
铜—铜 J_{Cu}	0.31	$0.31-1.05(I-200)\times10^{-4}$	0.12
铝—铝 J_{Al}	$J_{Al}=0.78J_{Cu}$		

表 10－12　**母线伸缩节数量及母线长度**

母线材料	一个伸缩节	二个伸缩节	三个伸缩节
	母线长度（m）		
铝	20~30	30~50	50~75
铜	30~50	50~80	80~100

表 10－13　**铜铝连接处的螺栓数量与容许电流**

螺栓数量	容许电流（A）	
	M10	M12
1	300	400
2	500	800
4	1000	2000

的要求。

（20）当母线工作电流大于 1500A 时，母线的支持钢构及母线固定金具的零件（如套管板、双头螺栓、压板、垫板等），应不使其成为包围一相母线的闭合磁路。对于钢制套管板，一般采用相间开槽的办法；对于混凝土预制套管板，其板内钢筋交叉处应予绝缘以免形成闭合磁路。

（21）对于工作电流大于 4000A 的大电流母线，要采取防止附近钢构发热的措施，如加大钢构与母线的间距、设置短路环等。

（22）对于母线型电流互感器及穿墙套管，应校核其母线夹板允许穿过的母线尺寸，如所选母线无法穿过时，可局部改用铜母线或在订货时向制造厂要求提供所需尺寸的母线夹板。

（23）当汇流母线采用管形母线时，其至设备的引下线以采用软线为宜。

（24）屋外穿墙套管的上部是否设置雨蓬，可按当地运行习惯结合地震、降雨等情况予以确定。

（25）配电装置的辅助设施：

1）配电装置内照明灯具的装设位置，除须保证间隔及通道内的规定照度外，还应考虑换灯泡等维护工作的安全、方便。

2）配电装置内各层应设有调度电话分机，以便在操作过程中及检修、试验时与控制室进行联系。当配电装置较长时，每层可设两台共线电话分机。

3）配电装置内各层每隔 1~2 个间隔须设置一个临时接地端子。

4）配电装置内应考虑每隔 2~3 个间隔设置一个试验及检修用的交流电源插座。

2. 屋外配电装置部分

（1）35~500kV 中型配电装置通常采用的有关尺寸见表 10－14。其中 500kV 配电装置的尺寸是参照现已投产及正在设计、施工的一些工程所采用的数据列出的，可供参考。选用出线架构宽度时，应使出线对架构横梁垂直线的偏角 θ 不大于下列数值：35kV——5°；110kV——20°；220kV——10°；330kV——10°；500kV——10°。如出线偏角大于上列数值，则需采取出线悬挂点偏移等措施，并对其跳线的安全净距进行校验。

工程设计中如有特殊情况需要改变典型布置及习惯沿用的间距尺寸时，必须按本章附录 10－2 的要求重新进行计算。

（2）当电厂具有二级升高电压配电装置时，一般要预留安装第二台三卷变压器的位置和引线走廊。

表 10-14 中型配电装置的有关尺寸（m）

名称		电压等级（kV）					
		35	63	110	220	330	500
弧垂	母线	1.0	1.1	0.9~1.1	2.0	2.0	3.0~3.5①
	进出线	0.7	0.8	0.9~1.1	2.0	2.0	3.0~4.2
线间距离	π型母线架	1.6	2.6	3.0	5.5	—	—
	门型母线架	—	1.6	2.2	4.0	5.0	6.5~8.0
	进出线架	1.3	1.6	2.2	4.0	5.0	7.5~8.0
架构高度	母线架	5.5	7.0	7.3	10.0~10.5	13.0	16.5~18.0
	进出线架	7.3	9.0	10.0	14.0~14.5	18.0	25.0~27.0
	双层架	—	12.5	13.0	21.0~21.5	—	—
架构宽度	π型母线架	3.2	5.2	6.0	11.0	—	—
	门型母线架	—	6.0	8.0	14.0~15.0	20.0	24.0~28.0
	进出线架	5.0	6.0	8.0	14.0~15.0	20.0	28.0~30.0

① 部分工程的母线弧垂采用1.2~1.8m。

(3) 当发电厂、地区降压变电所具有中性点非直接接地系统的电压级时，设计中要考虑预留消弧线圈的安装位置及其引线方式。

(4) 为避免由于配电装置场地不均匀沉陷等因素影响三相联动设备及敞开式组合电器的正常运行，必要时可要求土建对上述设备采用整体基础。

(5) 断路器和避雷器等设备采用低位布置时，围栏内宜作成高100mm的水泥地坪，以便于排水和防止长草。

(6) 端子箱、操作箱的基础高度一般不低于200~250mm。

(7) 对高位布置的断路器操作箱，为便于检修调试，宜设置带踏步的砖砌检修平台。

(8) 35~110kV隔离开关的操动机构宜布置在边相，220~330kV隔离开关的操动机构（当三相联动时）宜布置在中相。操动机构的安装高度一般为1m。

(9) 高频阻波器一般为悬挂安装，如因风偏过大，不能满足安全净距时，可采用V形绝缘子串悬吊或直接固定在相应的耦合电容器上。对于500kV配电装置，也可采用棒型支柱绝缘子支持安装的方式。

(10) 隔离开关引线对地安全净距 C 值的校验，应考虑电缆沟凸出地面的尺寸。

(11) 配电装置中央门型架构连续长度超过100m时，需按土建专业要求考虑设置中间伸缩空隙。

(12) 为便于上人检修，对钢筋混凝土架构要设置脚钉或爬梯，其位置对于单独架构可在一个支柱上设置，对于连续排架可在两相邻间隔的中间支柱上设置；同时，必须对上人的检修人员与周围带电导体及设备的安全净距进行校验。

(13) 为了消除铝管母线热胀冷缩产生的内力，铝管母线必须安装伸缩节。当最大运行温差为100℃时，各级电压铝锰合金管形母线伸缩节的安装跨数见表10-15。

(14) 对跨越主母线接至旁路的预留主变进线回路，以及其它预留需跨越主母线的回路，其跨越部分引线应在一期工程中同时架设；此外，对备用间隔内母线引下线用的T型线夹，也应一次施工，以免扩建时长时间停电过渡，给施工造成不便。

(15) 当主变压器靠发电厂主厂房布置时，需注意避免排汽管排汽时对变压器安全运行的影响，应使两者保持一定的间距。同时，也应注意排汽对组合导线用耐张绝缘子串的影响。

表 10－15　管形母线伸缩节的安装跨数

电压（kV）	35	110	220	330	500
跨　数	7～8	5	3	2	1

（16）对于屋外母线桥，为防止从厂房顶上掉落金属物体或因鸟害等导致母线短路，应根据具体情况采取防护措施，如在母线桥上部加设钢板护罩等，至于其它各侧是否需要装设护网，可根据工程具体情况确定。

（17）建设在林区的屋外配电装置，应在电气设备周围留有 20m 宽度的空地。

（18）配电装置的照明、通信、接地、检修电源等辅助设施应根据工程具体情况统盘考虑，并参照对屋内配电装置相应设施的要求分别予以设置。

（19）在带旁路母线的配电装置设计中，一般将旁路母线布置在出线门型架的外侧。此时，为了保持送电线路与旁路母线之间的安全距离，线路终端杆塔必须有一定的高度；当采用双回路终端塔时，耦合电容器（或电容式电压互感器）的引下线很难保证与邻相导线的安全净距。因此，可以考虑将旁路母线布置在出线门型架的内侧。这样，除能避免出现上述情况外，还可以缩小出线门型架到线路终端塔的距离，使架构简化并节省钢材。

第 10－2 节　6～35kV 配电装置

一、6～10kV 配电装置

6～10kV 配电装置一般均为屋内布置。当出线不带电抗器时，一般采用成套开关柜单层布置，由于受国产开关柜规格的限制，这种布置仅用于中小型变电所及单机容量为 12MW 及以下的小型发电厂。当出线带电抗器时，一般采用三层或两层装配式布置，近年来还有采用两层装配与成套混合式布置，这些布置适用于大中型配电装置。

（一）成套开关柜布置

这种布置只要合理选用制造厂生产的各种标准单元的开关柜，按照电气接线的要求进行配置组合即可。

图 10－7 为采用 GG－1A 型固定式开关柜的单层单母线分段单列布置 6～10kV 屋内配电装置。

图 10－8 为采用 GSG－1A 型固定式开关柜的单层双母线单列布置 6～10kV 屋内配电装置。

图 10－9 示出采用 GSG－1A 型固定式开关柜的单层双母线双列布置 6～10kV 屋内配电装置。

图 10－10 示出采用 GFC－3C 型手车式开关柜的单层单母线分段 6～10kV 屋内配电装置。

（二）装配式和装配与成套混合式布置

该型布置主要用于双母线接线出线带电抗器的 6～10kV 配电装置，有以下三种布置方式：

1．三层装配式布置

这是建国初期及 50 年代通用的仿苏式布置，1965 年曾作典型设计，以后有一些改进。图 10－11 示出改进后的三层三走道装配式 6～10kV 屋内配电装置布置图。

2．两层装配式布置

这是 60 年代提出的布置方式，其布置方案较多，同三层布置的主要差别在于将断路器改设在底层，从而降低了配电装置的总高度。该型布置的母线多为单列布置，第二层为二走道，底层为单走道或三走道。

图 10－12 示出底层为单走道的品字形两层装配式 6～10kV 屋内配电装置布置图。

图 10－13 示出 HN 炼油厂工程所采用的底层为单走道的两层装配式 6kV 屋内配电装置布置图。

图 10－14 示出 HJ 铝厂热电厂所采用的底层为二走道的两层装配式 6kV 屋内配电装置布置图。

3．两层装配与成套混合式布置

6～10kV 三层及两层装配式配电装置通过设计、施工及运行的长期实践，所暴露的问题和缺点较多，主要有：土建结构复杂，留孔及埋件很多，建筑、安装的施工工作量大，工期长，运行巡视费时，操作不便，不利于事故处理等。近年来有些工程设计采用 GSG 型双母线成套开关柜（按设计要求改型），并按母线－电抗器－断路器接线配以多回路出线的单母线开关柜，组成两层装配与成套混合式布置，从而使配

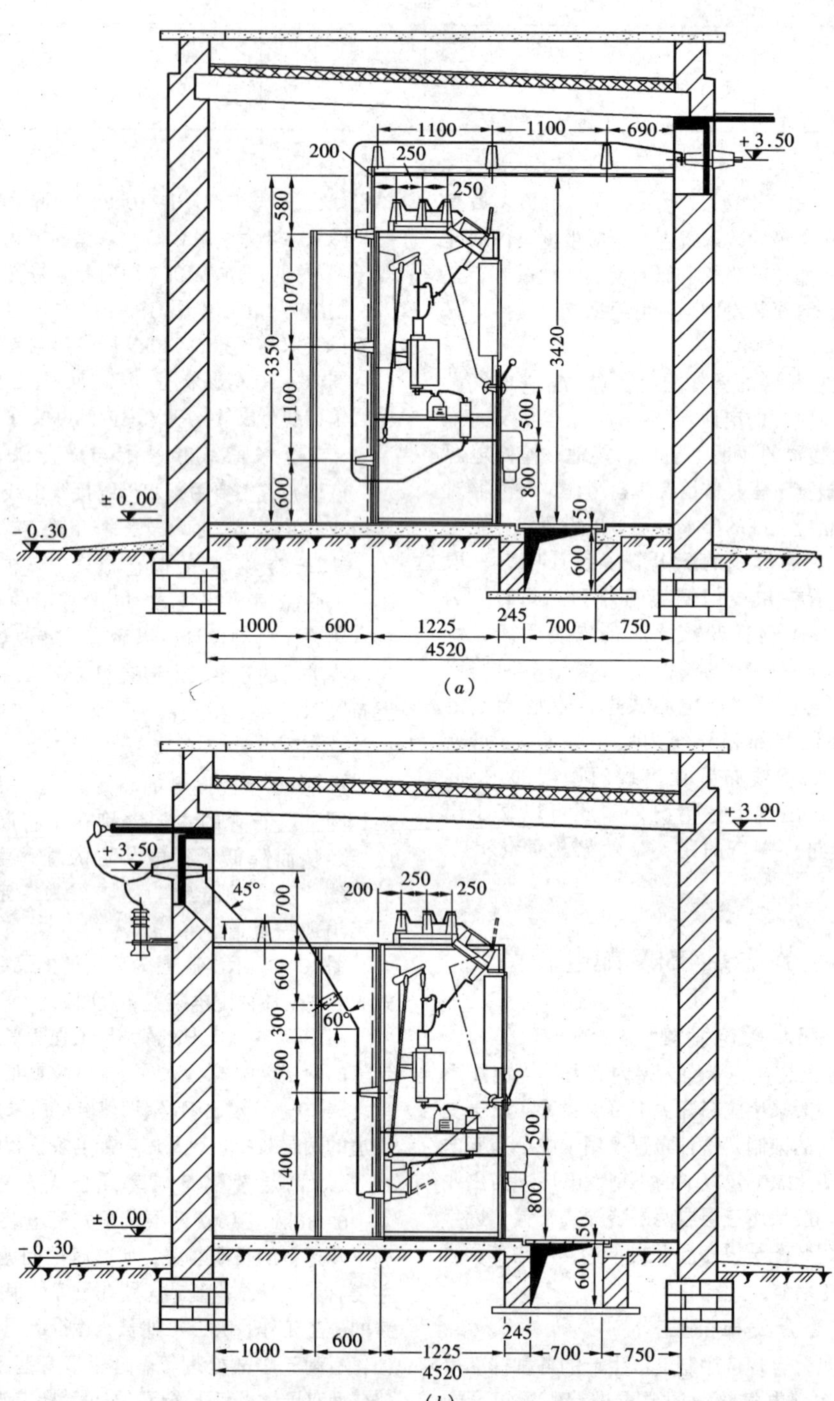

图 10-7 采用 GG-1A 型固定式开关柜的单层单母线分段 6～10kV 屋内配电装置
(*a*) 进线间隔断面图；(*b*) 架空出线间隔断面图

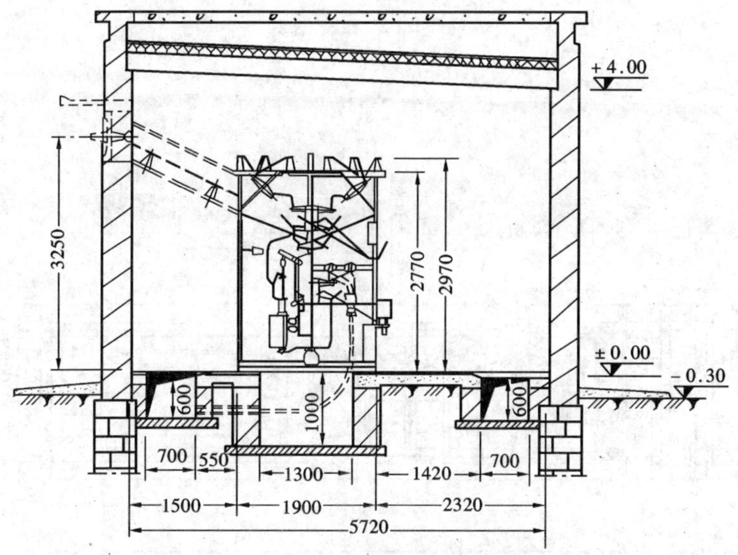

图 10－8　采用 GSG－1A 型固定式开关柜的单层双母线单列布置 6～10kV 屋内配电装置

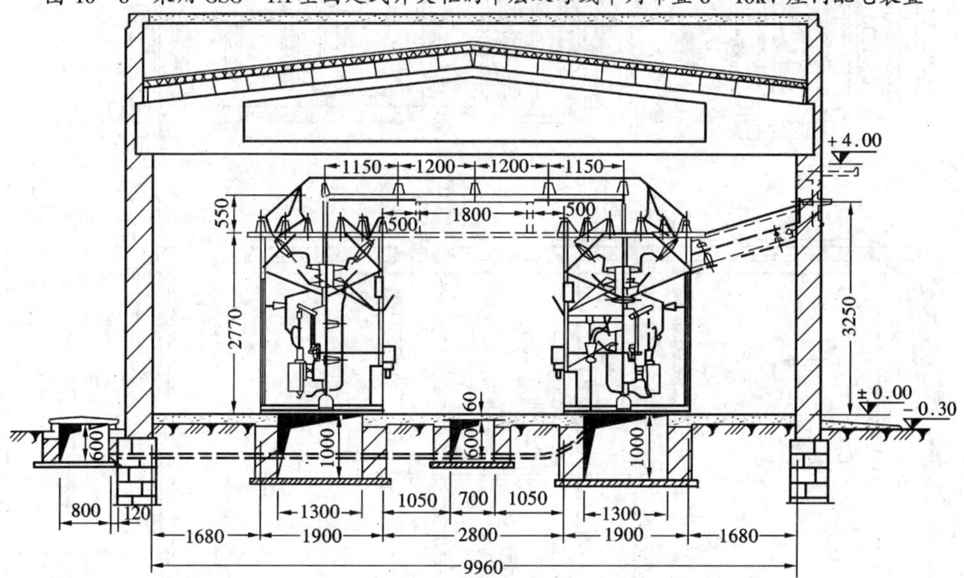

图 10－9　采用 GSG－1A 型固定式开关柜的单层双母线双列布置 6～10kV 屋内配电装置

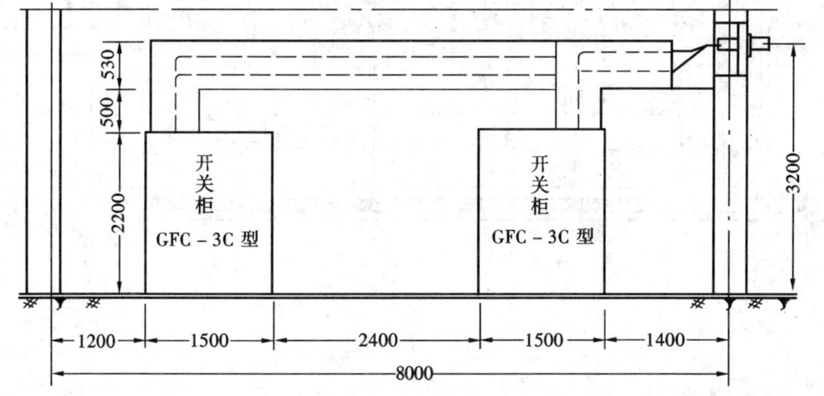

图 10－10　采用 GFC－3C 型手车式开关柜的单层单母线分段 6～10kV 屋内配电装置

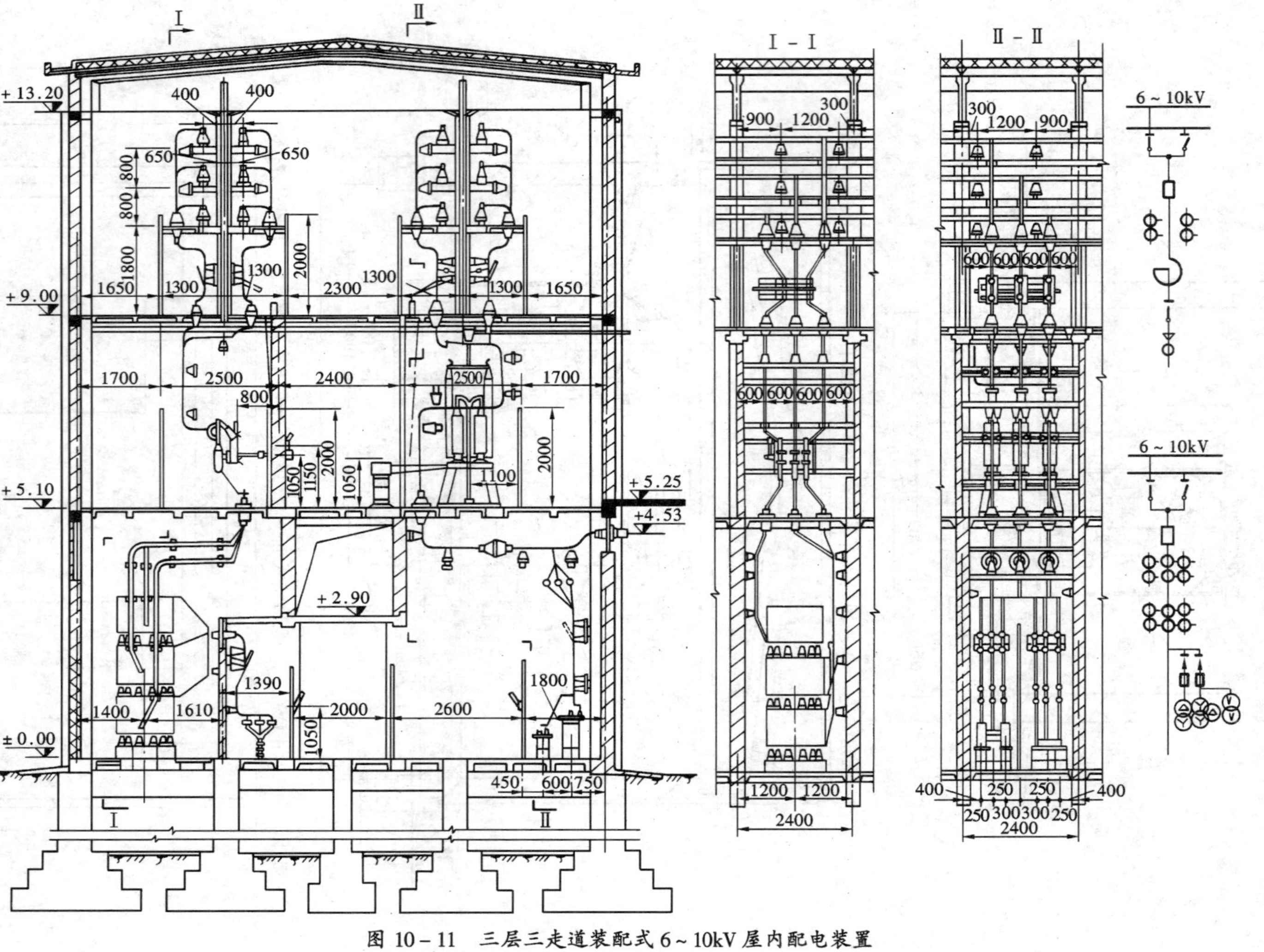

图 10－11　三层三走道装配式 6～10kV 屋内配电装置

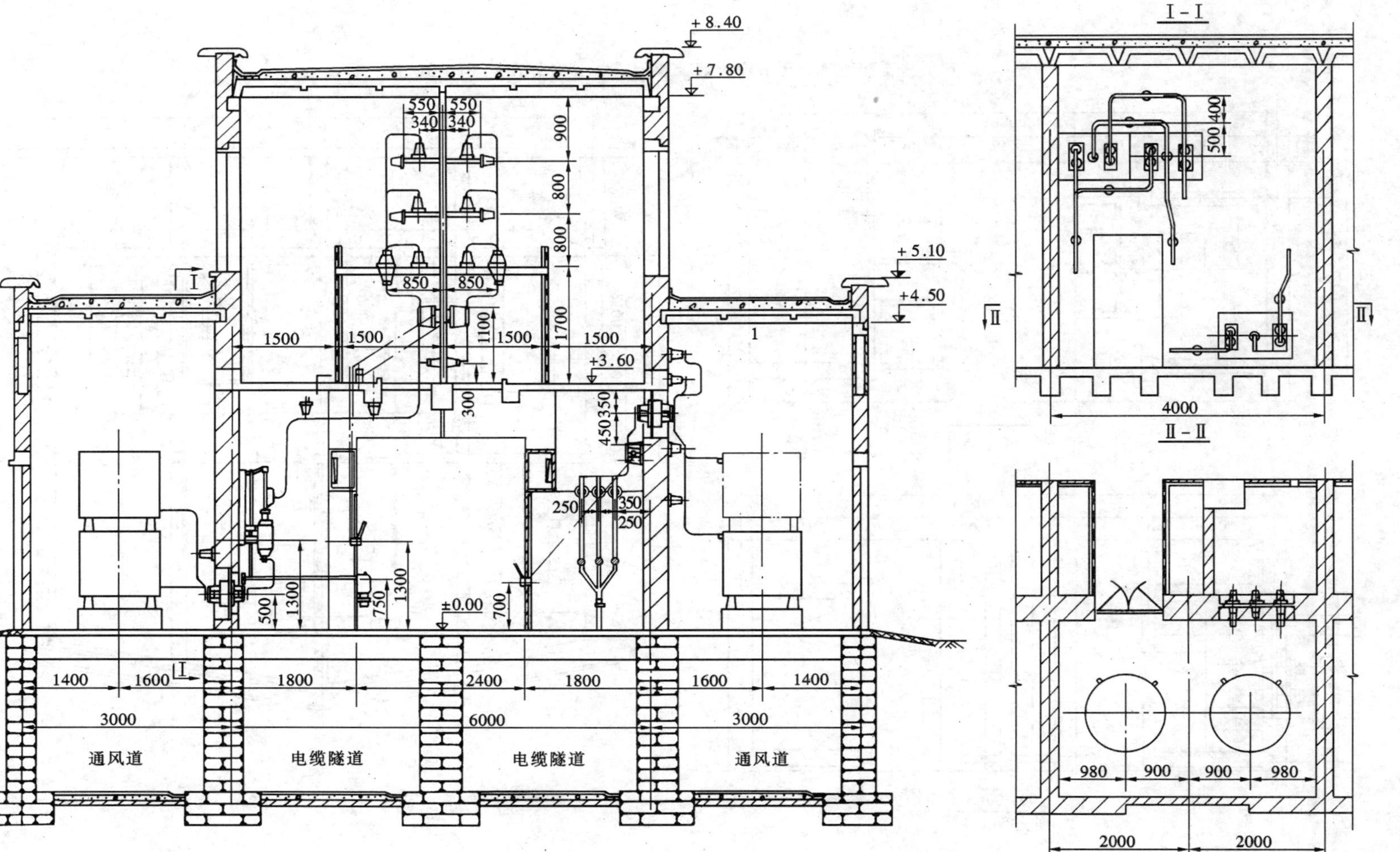

图 10－12　底层为单走道的品字形两层装配式 6～10kV 屋内配电装置

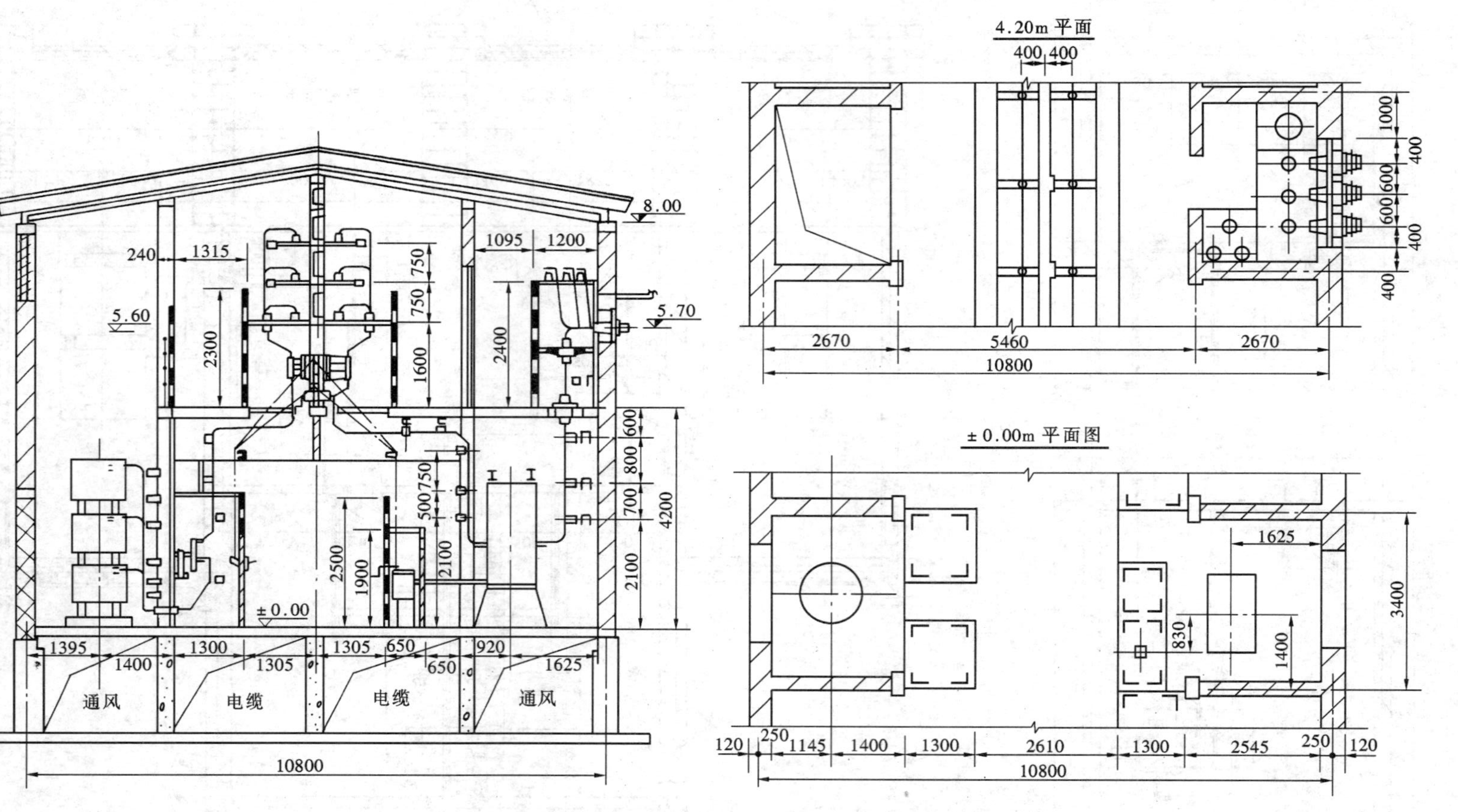

图 10－13 HN炼油厂工程两层装配式6kV屋内配电装置（1979年）

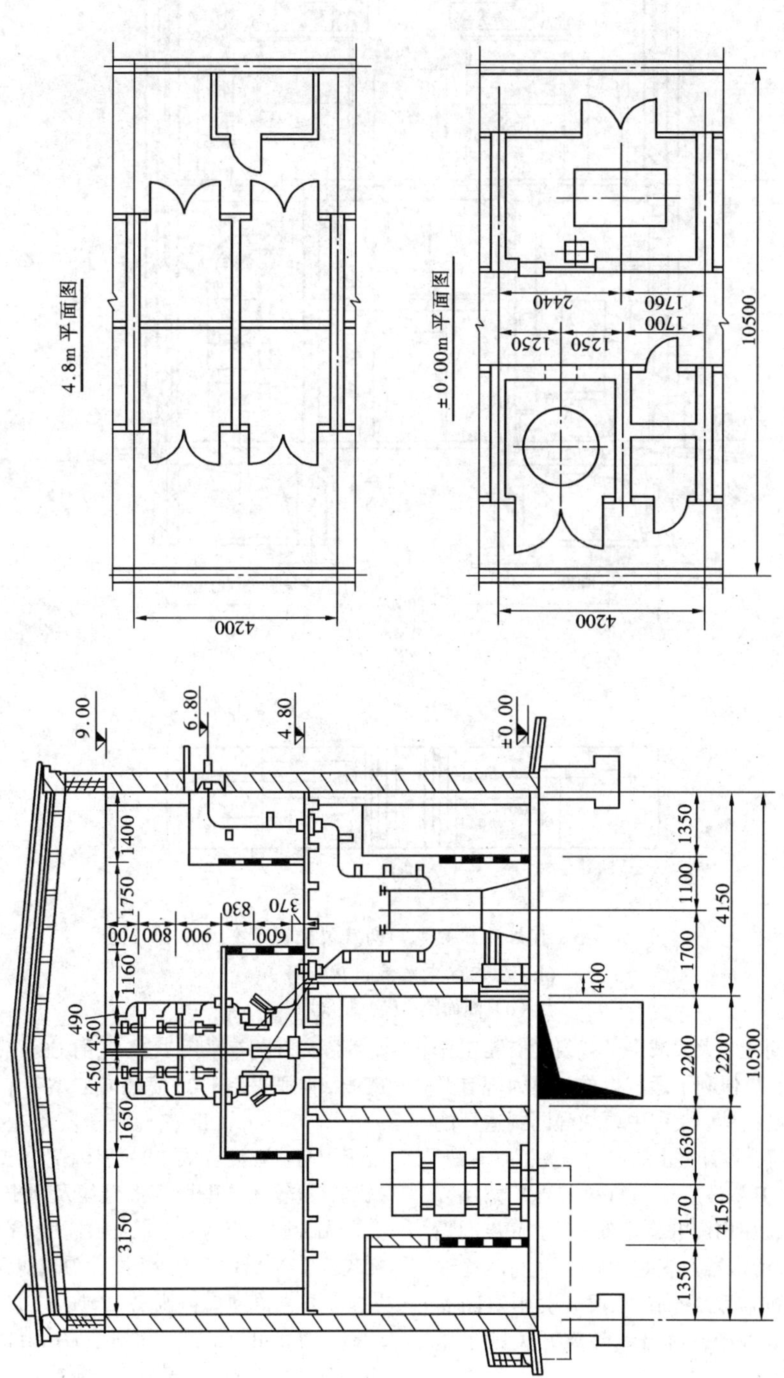

图 10-14　HJ 铝厂热电厂两层装配式 6kV 屋内配电装置（1976 年）

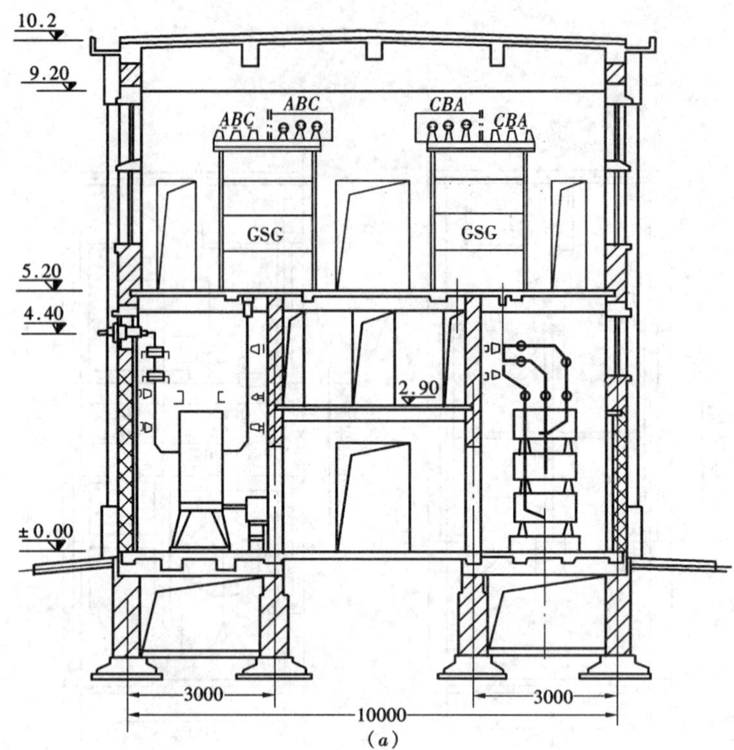

(a)

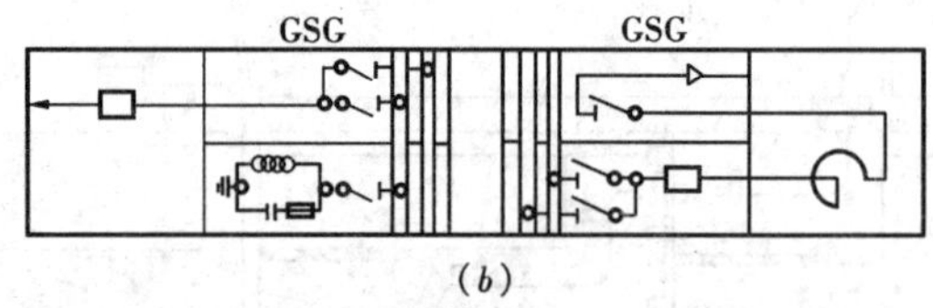

(b)

图 10－15 JJ 炼油厂热电厂两层装配与成套混合式 6kV 屋内配电装置（1977 年）

(a) 断面图；(b) 接线图

电装置的结构大为简化，大大减少了建筑、安装工作量，缩短建设周期，也便利了运行操作。但因现有开关柜规格有限，所以在具体工程中要加强同制造厂的联系，使之能提供符合设计要求的成套开关柜。

图 10－15 示出 JJ 炼油厂 4×12MW 热电厂两层装配与成套混合式 6kV 屋内配电装置布置图。底层间隔宽度对安装 SN_4 型断路器及安装 1000A 电抗器均取 2.85m，对 600A 电抗器取 2.5m；二层开关柜对断路器采用 1.4m 宽的标准柜，对出线隔离开关则采用 1.05m 宽的非标准柜。

图 10－16 示出 DF 化工厂 2×6＋2×12MW 热电厂两层装配与成套混合式 6kV 屋内配电装置。该布置采用“母线－电抗器－多组成套开关柜”的接线方式。底层间隔宽度均为 2.85m，二层开关柜对母线及母线隔离开关等采用 1.4m 宽的 GSG 型固定式柜，对出线回路则采用 1.0m 宽的 GFC 型手车式柜。

图 10－17 示出 YZ 化纤总厂 4×60MW 热电厂两层装配与成套混合式 10kV 屋内配电装置布置图。因机组容量较大，采用槽形母线及大电流母线隔离开关，无合适的成套开关柜可供选用，故母线层仍为装配式。10kV 出线多达 52 回，为减少配电装置长度，母线采用双列布置。底层为 SN_4－10G 型断路器和电抗器，每台电抗器带二回断路器出线，所有出线均采用 GG－1A 型成套开关柜。上下两层均为三走道，间隔宽度 3m。

二、35kV 配电装置

（一）屋外式布置

在现有 35kV 屋外配电装置中，其布置型式多为

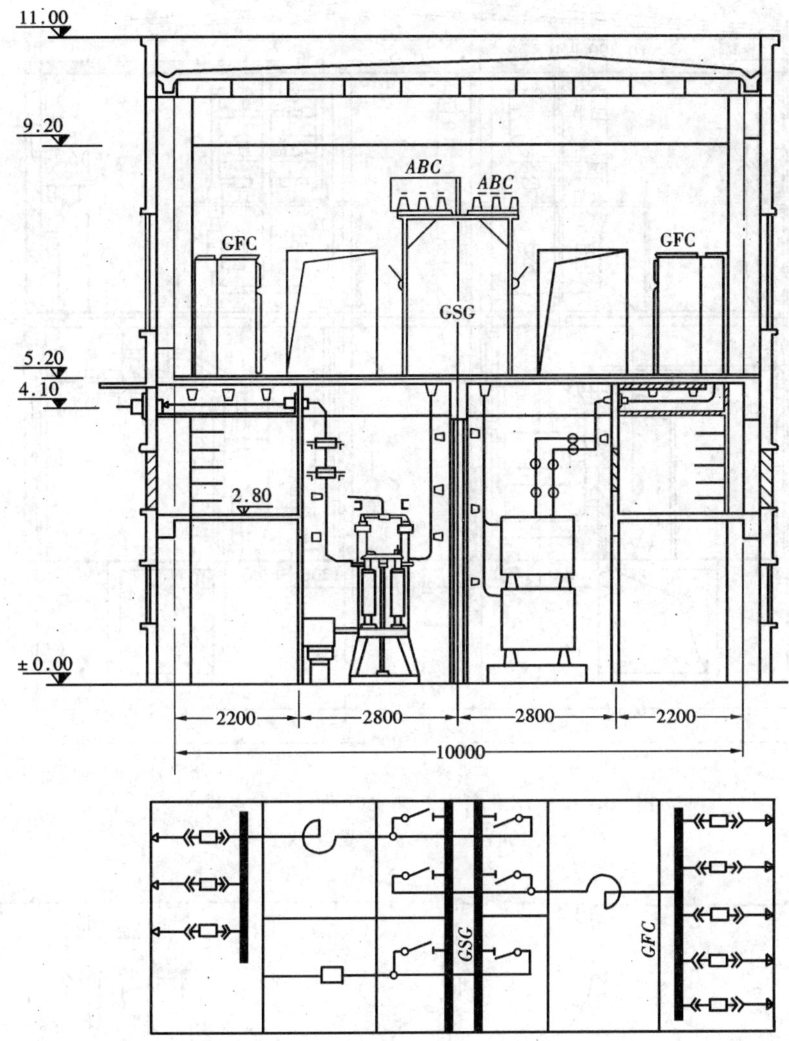

图 10 - 16　DF 化工厂热电厂两层装配与成套混合式 6kV 屋内配电装置（1980 年）

中型，虽有采用高型、半高型及低型的，但为数甚少，故此处仅介绍中型布置一种。

图 10 - 18 示出单母线断路器双列布置 35kV 配电装置。

图 10 - 19 示出双母线分段断路器双列布置 35kV 配电装置。

（二）屋内式布置

35kV 屋内配电装置由于接线方式、断路器型式及配电装置层数的不同而有多种布置方式，现按不同接线方式分别介绍如下：

1. 双母线接线

图 10 - 20 示出采用多油断路器单列布置的两层 35kV 配电装置布置图。

图 10 - 21 示出采用多油断路器双列布置的两层 35kV 配电装置布置图。

图 10 - 22 示出采用少油断路器双列布置的两层 35kV 配电装置。

图 10 - 25 示出采用少油断路器单列布置的单层 35kV 配电装置布置图。

2. 单母线分段带旁路母线接线

图 10 - 23 示出采用多油断路器的两层 35kV 配电装置。

图 10 - 24 示出采用少油断路器的单层 35kV 配电装置布置图。

3. 单母线分段接线

图10 - 26示出采用多油断路器的两层35kV配电装

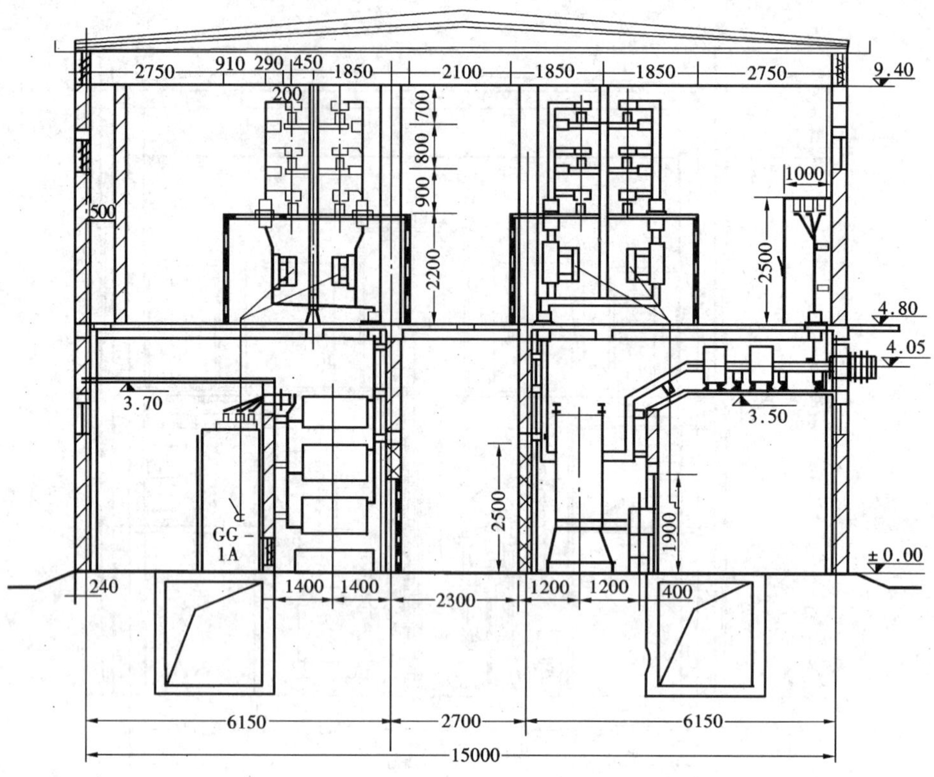

图 10-17 YZ化纤总厂热电厂两层装配与成套混合式10kV屋内配电装置（1981年）

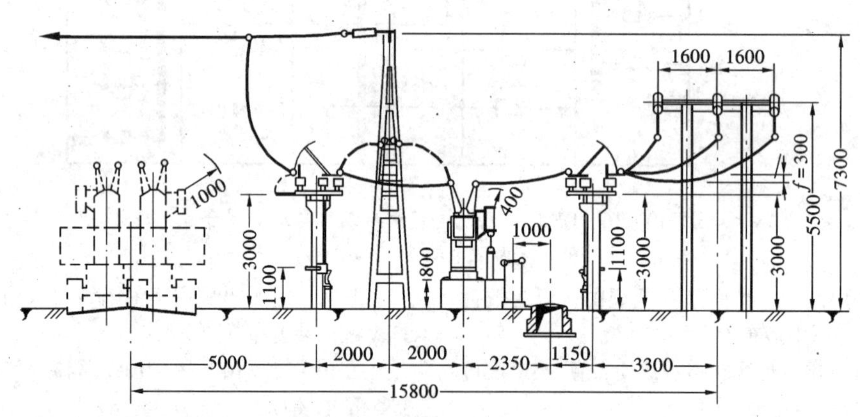

图 10-18 单母线分段断路器双列布置35kV屋外配电装置

置布置图。

图10-27示出采用屋外型少油断路器的单层35kV配电装置布置图。

图10-28示出采用屋内型少油断路器的单层35kV配电装置布置图。

图10-29示出采用手车式少油断路器的单层35kV配电装置布置图。

4. 桥形接线

图10-30示出采用多油断路器的单层35kV配电装置布置图。

（三）成套开关柜布置

目前国内制造厂生产的35kV成套开关柜仅有GBC-35型手车式一种，单母线接线。图10-31示出采用GBC-35型手车式开关柜的单层单母线分段

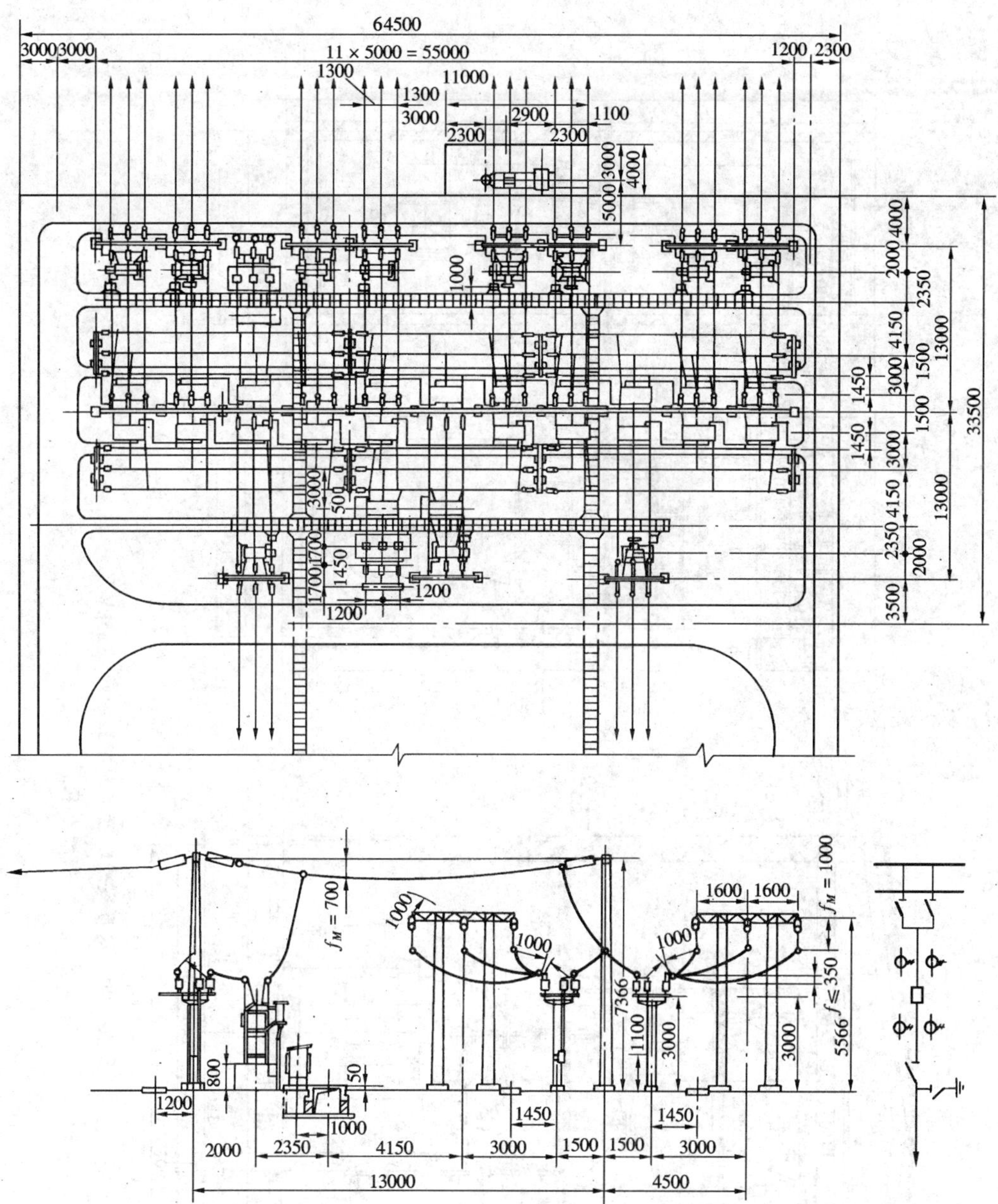

图 10－19 双母线断路器双列布置 35kV 屋外配电装置

35kV 屋内配电装置布置图。

（四）型式选择

35kV 屋内配电装置与屋外配电装置比较，在经济上两者总投资基本接近，因屋内式电气投资较屋外式略少，而土建投资又稍高于屋外式；但屋内式具有节约用地、便于运行维护、防污性能好等优点，因此在选型时一般采用屋内配电装置。

三、6～10kV 与 35kV 配电装置的混合布置

在同时具有 6～10kV 和 35kV 两级电压的变电所中，为节约用地和进出线的方便，还可考虑采用将 6～10kV 配电装置布置在底层，35kV 配电装置布置在二层的混合布置方式。此时，6～10kV 一般选用成套开关柜，35kV 选用固定式或手车式少油断路器，如图 10－32。

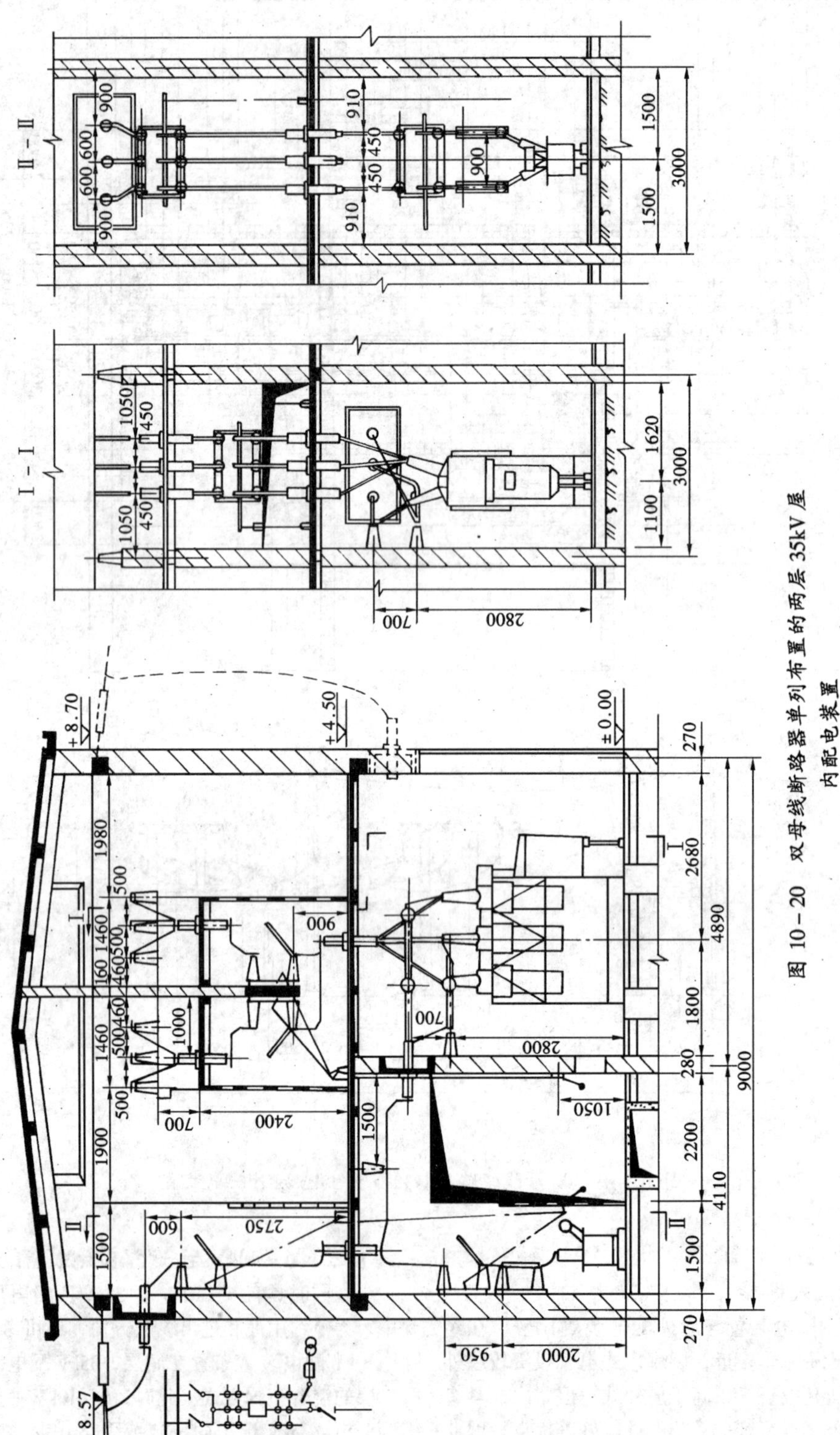

图 10－20 双母线断路器单列布置的两层35kV屋内配电装置

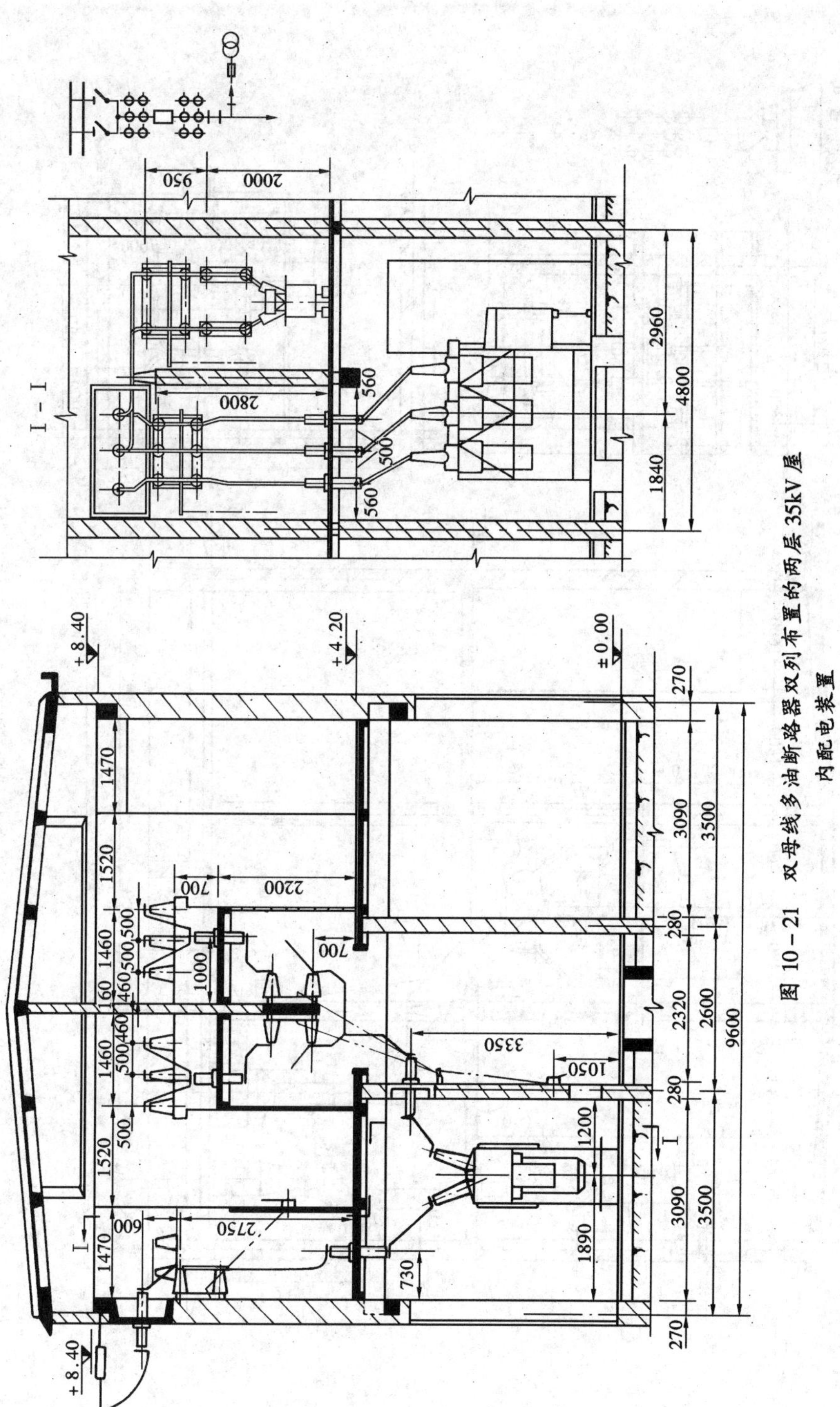

图 10－21　双母线多油断路器双列布置的两层 35kV 屋内配电装置

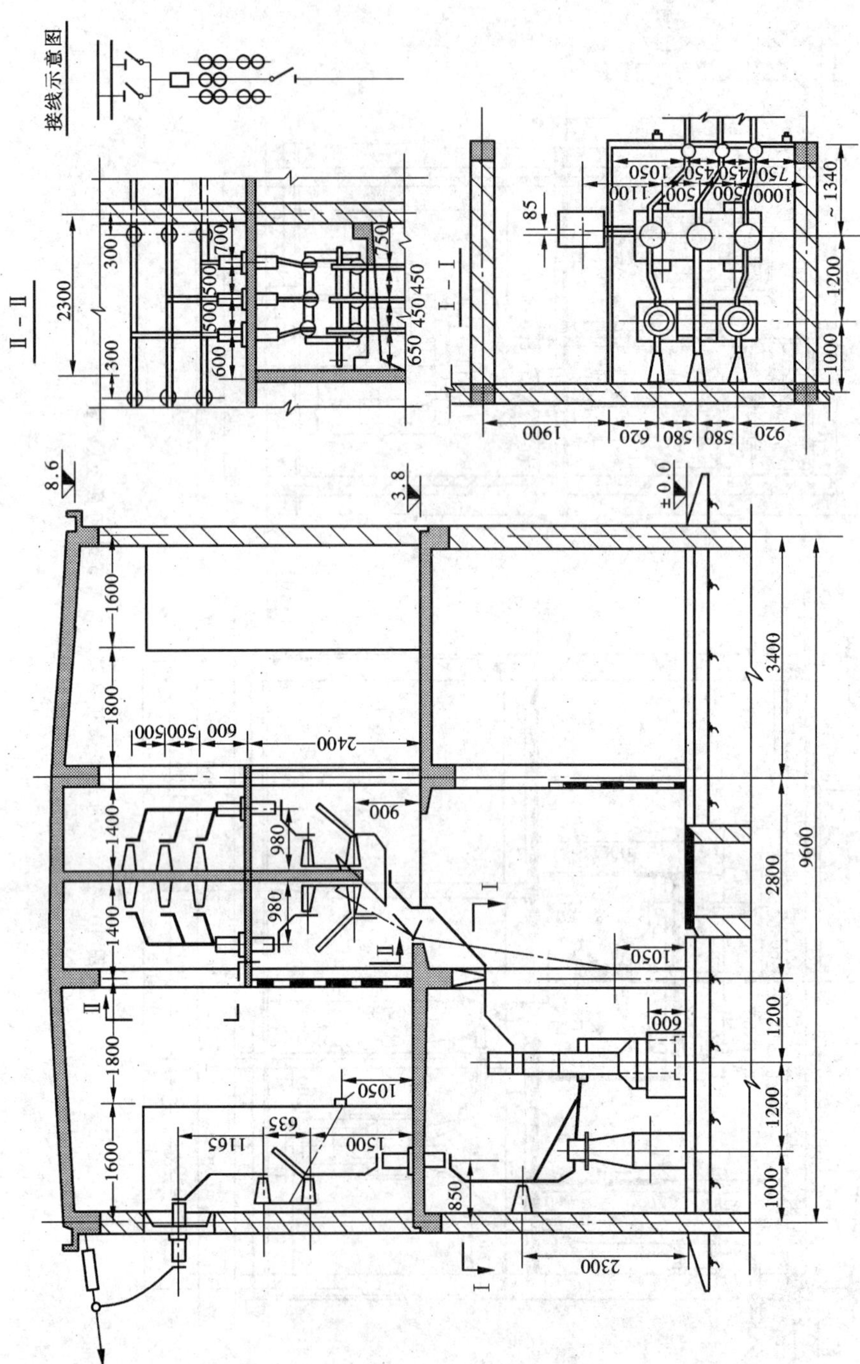

图 10－22 双母线少油断路器双列布置的两层 35kV 屋内配电装置（1977 年）

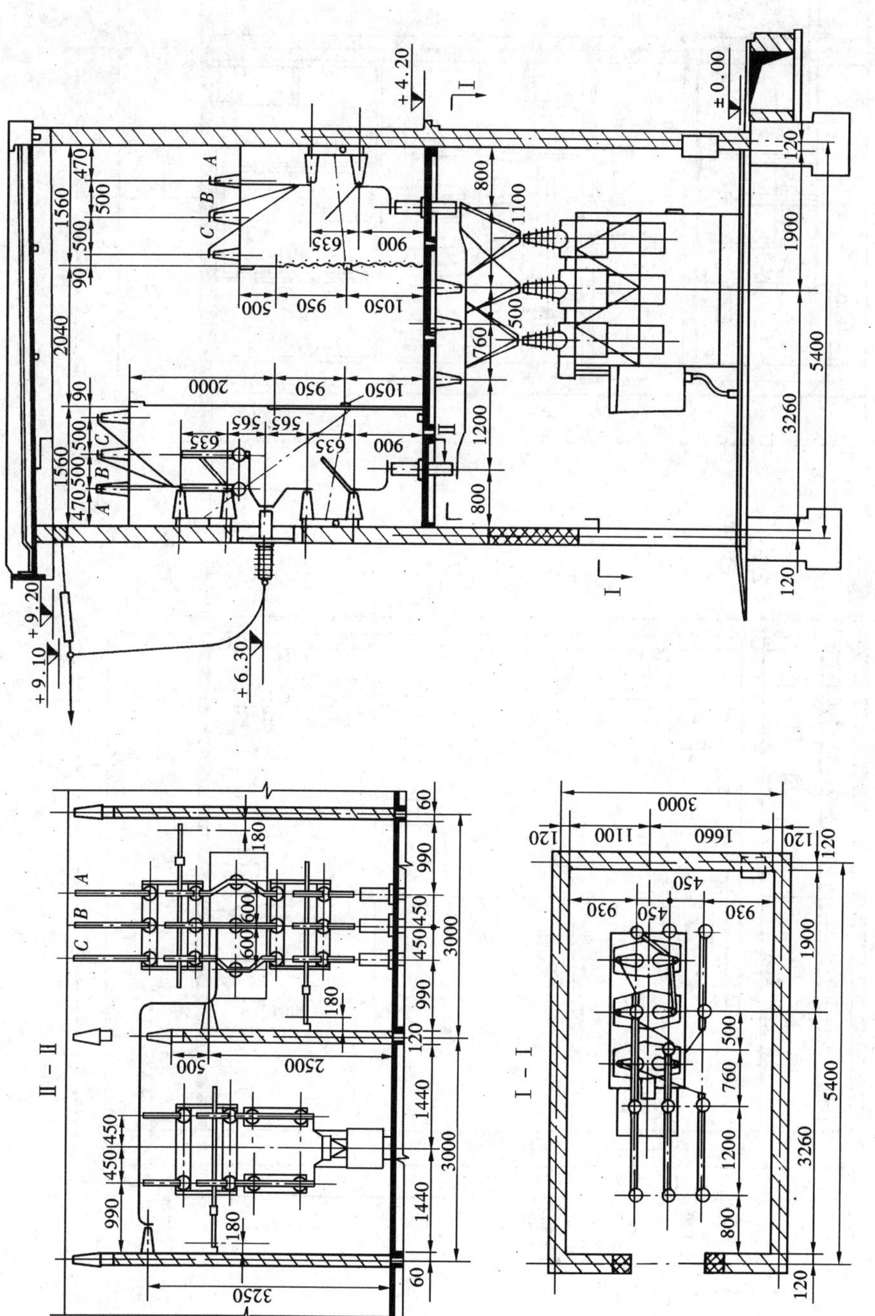

图 10－23　单母线分段带旁路母线采用多油断路器的两层 35kV 屋内配电装置

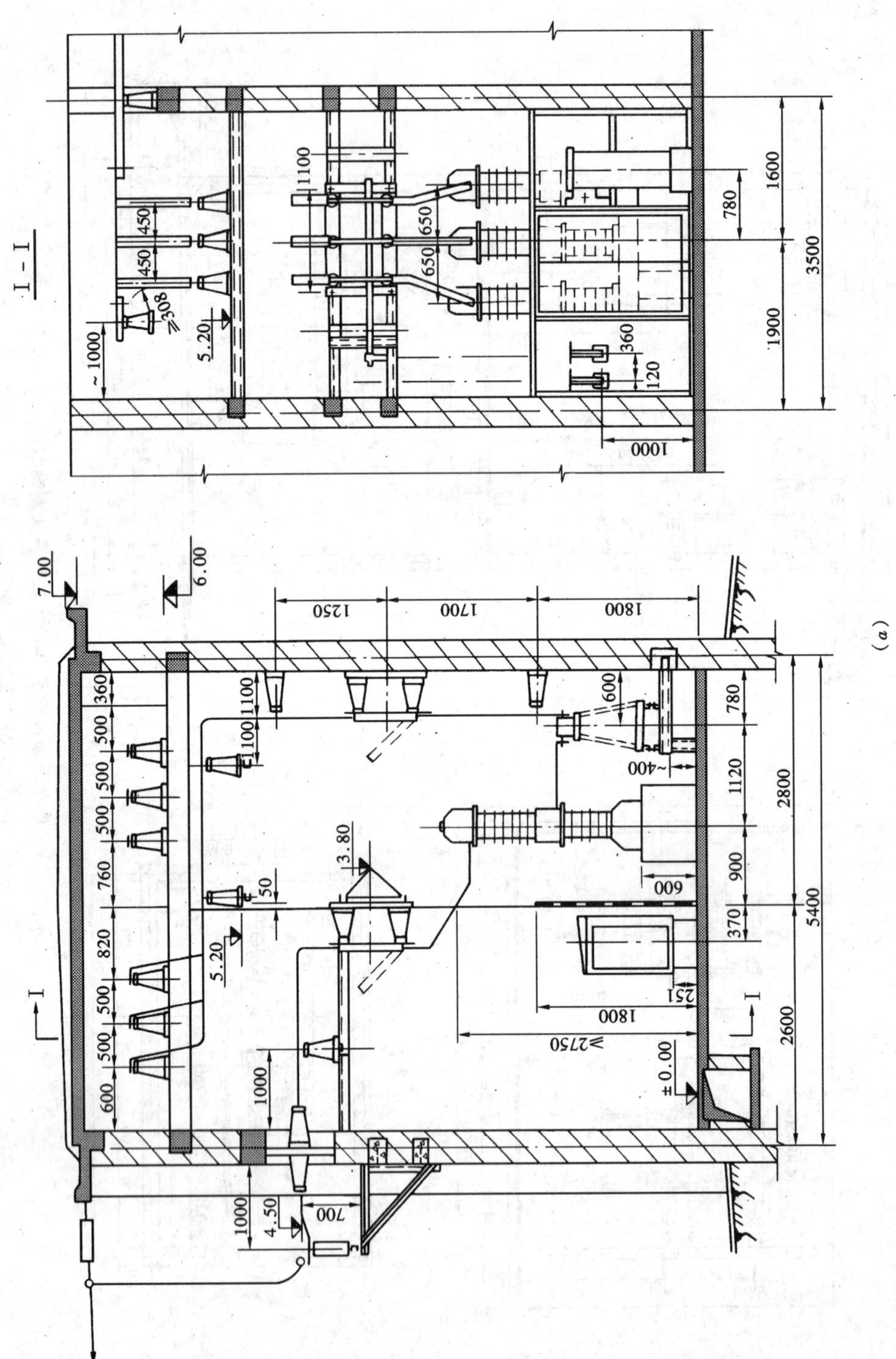

(a)

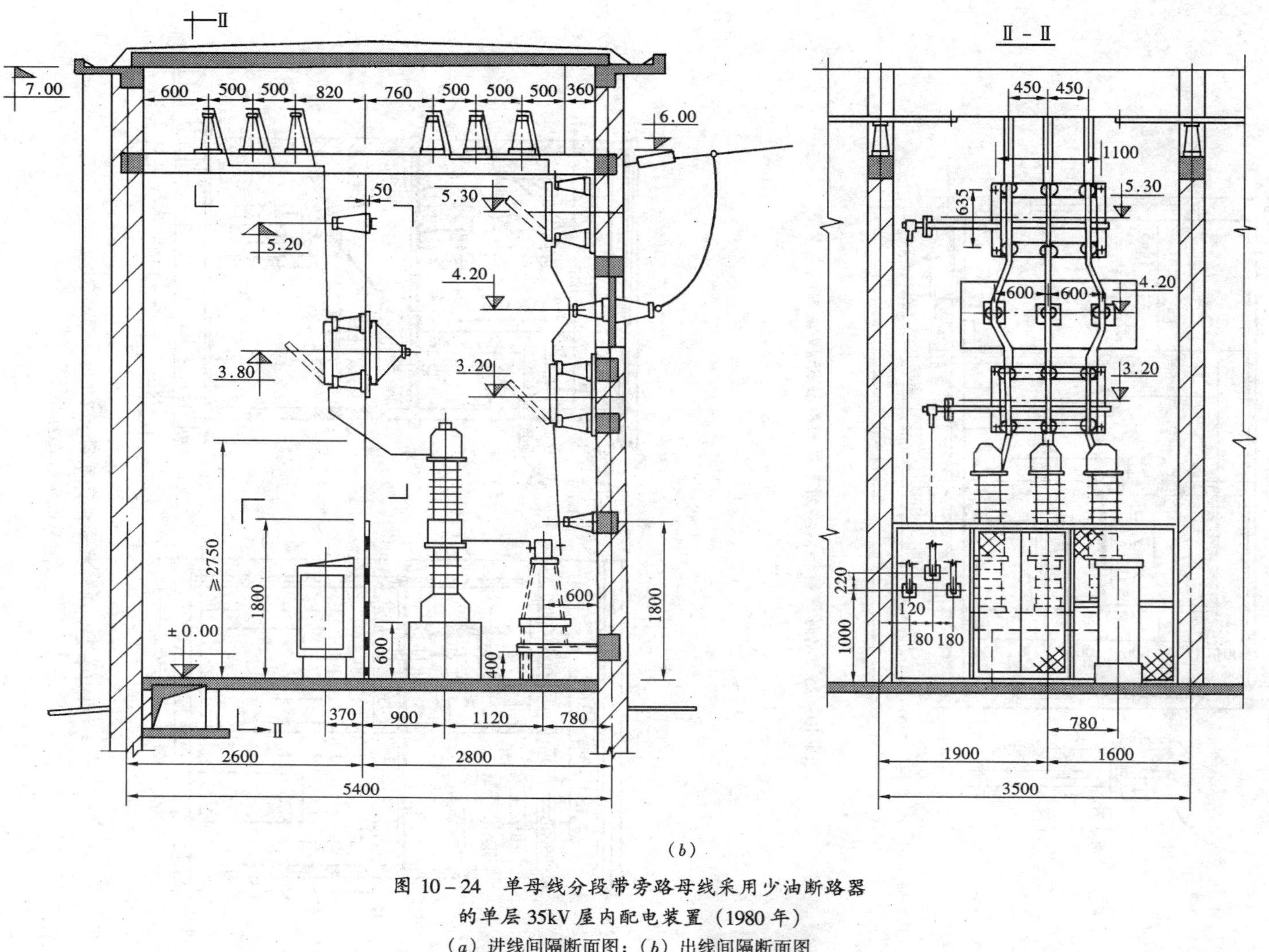

（*b*）

图 10－24　单母线分段带旁路母线采用少油断路器的单层 35kV 屋内配电装置（1980 年）

（*a*）进线间隔断面图；（*b*）出线间隔断面图

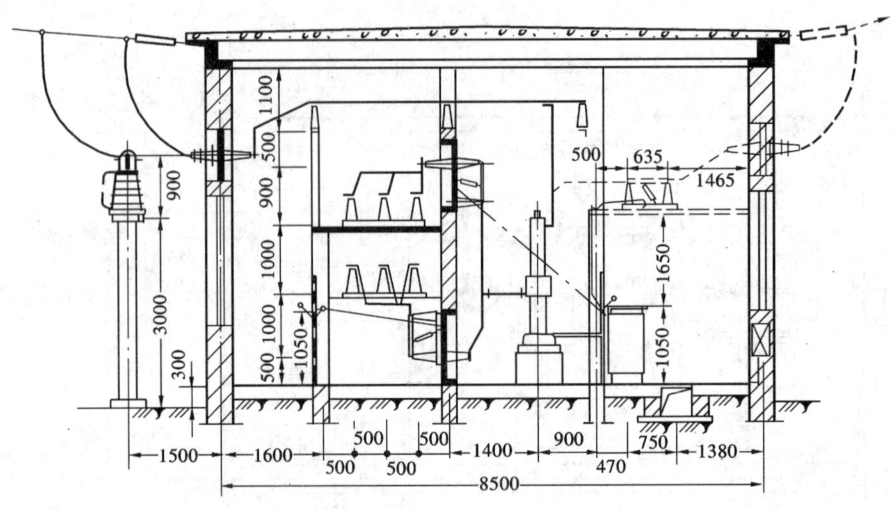

图 10-25 双母线断路器单列布置的单层35kV屋内配电装置

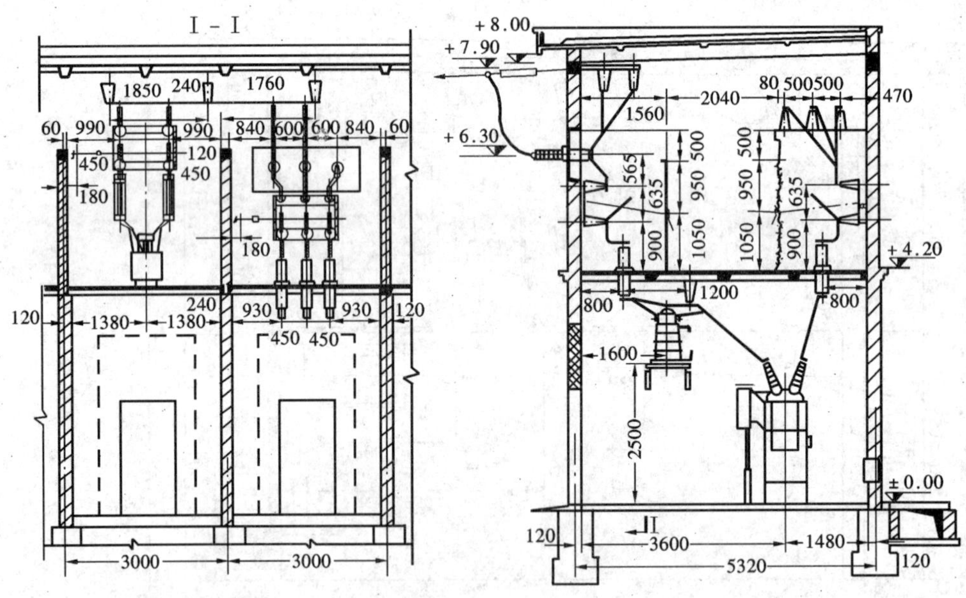

图 10-26 单母线分段采用多油断路器的两层35kV屋内配电装置

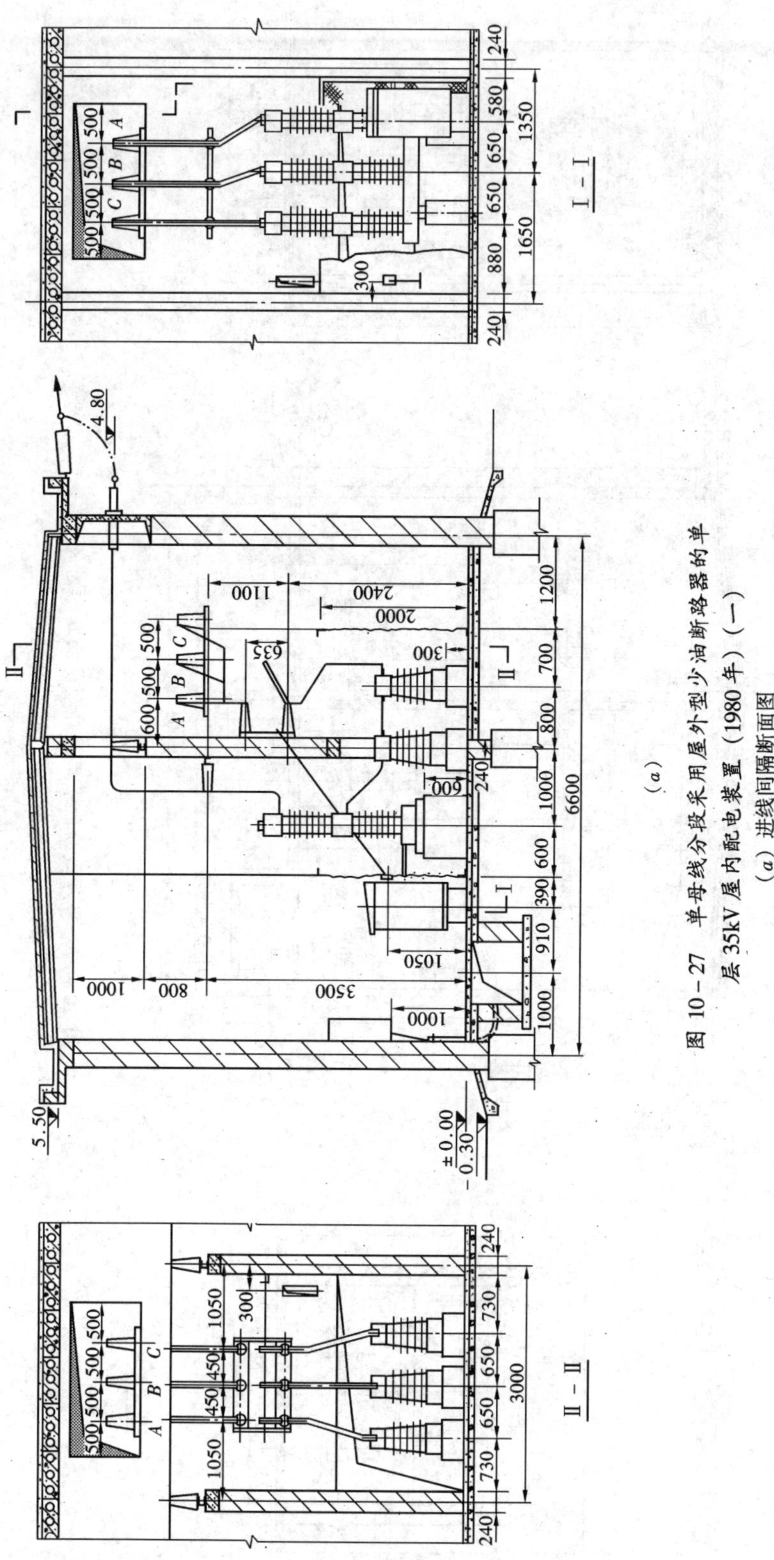

（a）

图 10－27　单母线分段采用屋外型少油断路器的单层 35kV 屋内配电装置（1980 年）（一）

（a）进线间隔断面图

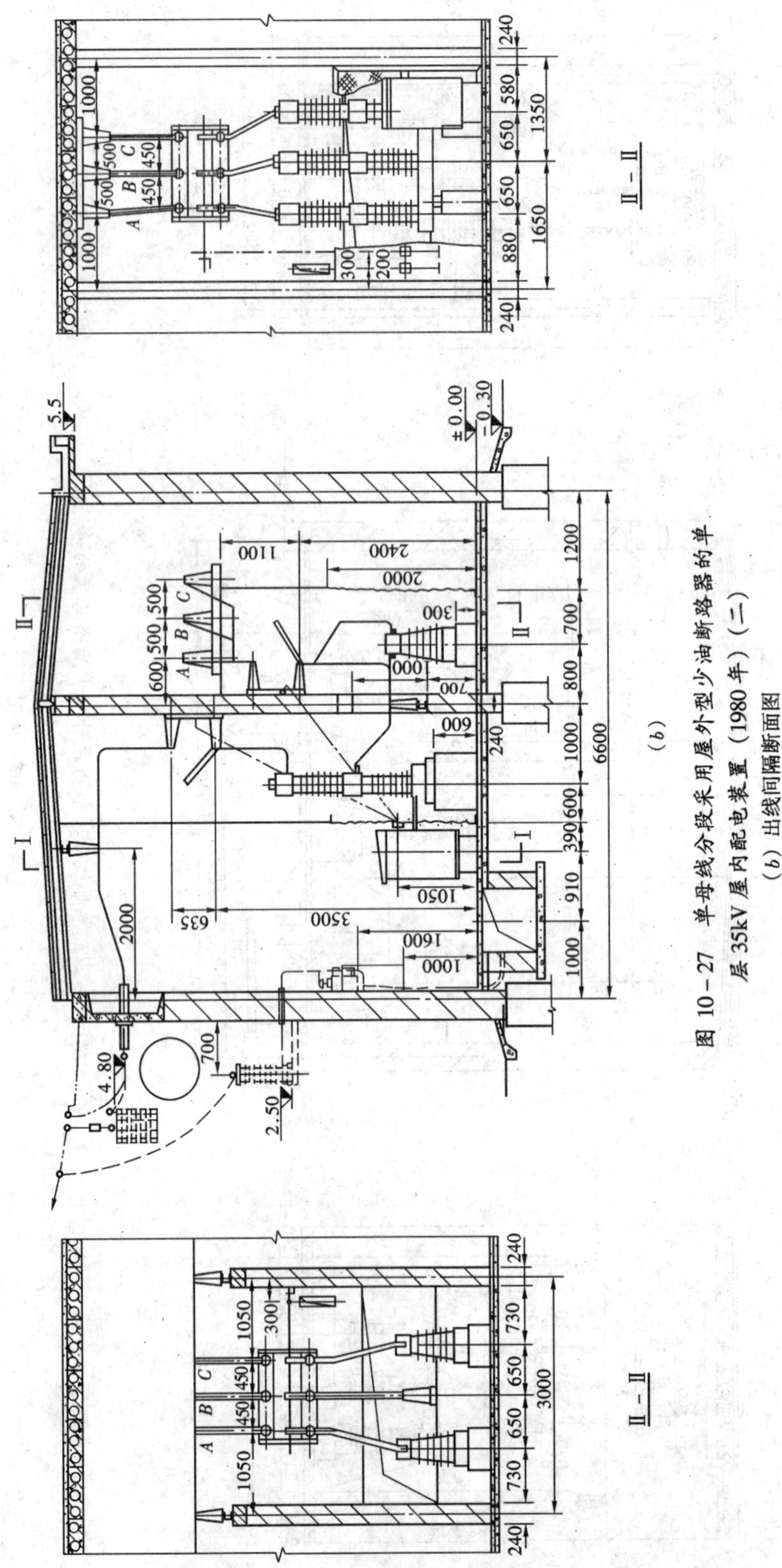

图 10－27 单母线分段采用屋外型少油断路器的单层35kV屋内配电装置（1980年）（二）

（b）出线间隔断面图

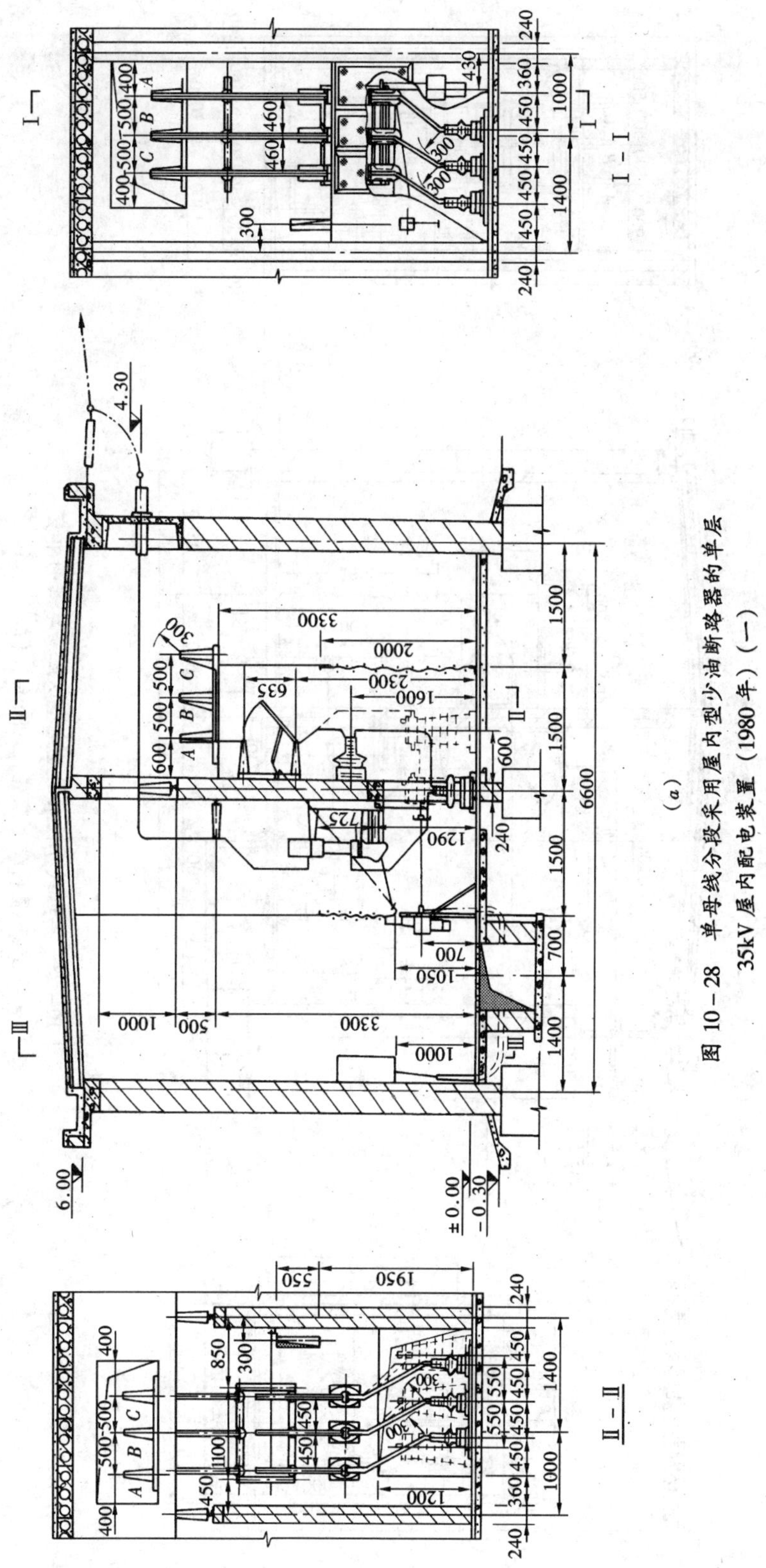

图 10－28　单母线分段采用屋内型少油断路器的单层 35kV 屋内配电装置（1980 年）（一）

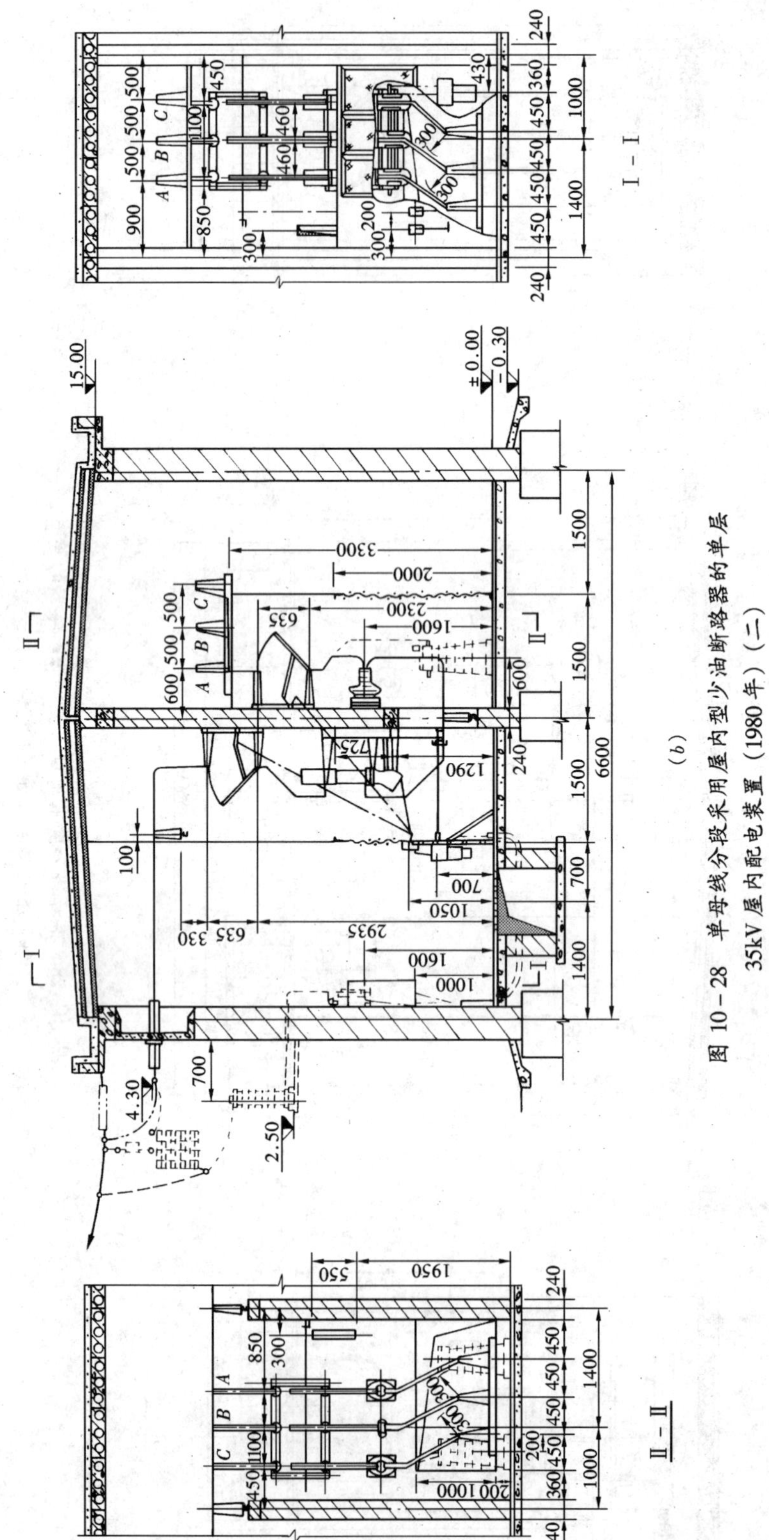

(b)

图 10-28　单母线分段采用屋内型少油断路器的单层 35kV 屋内配电装置（1980 年）（二）

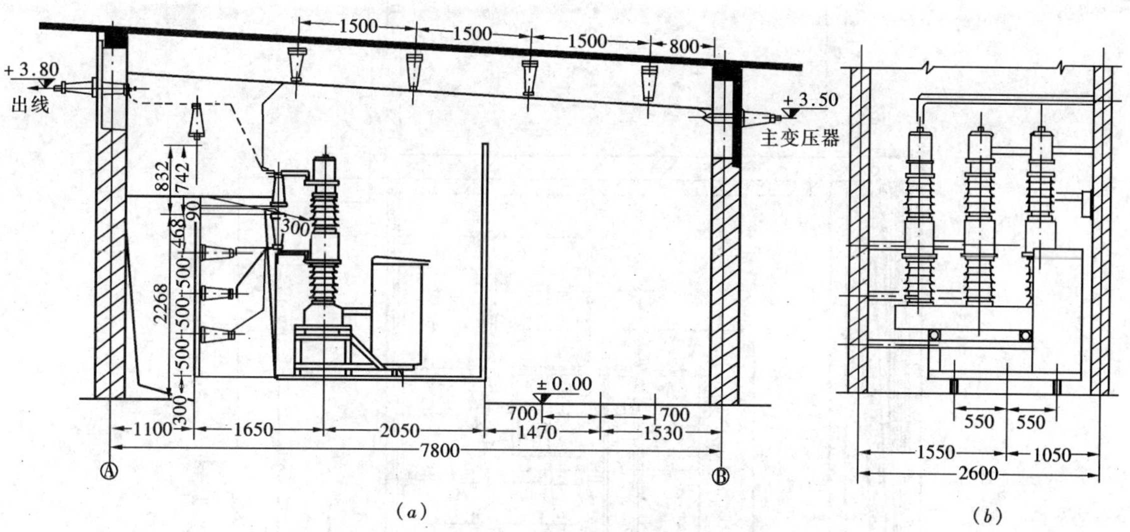

图 10－29　单母线分段采用手车式少油断路器的单层 35kV 屋内配电装置

（a）进线间隔断面图；（b）分段间隔断面图

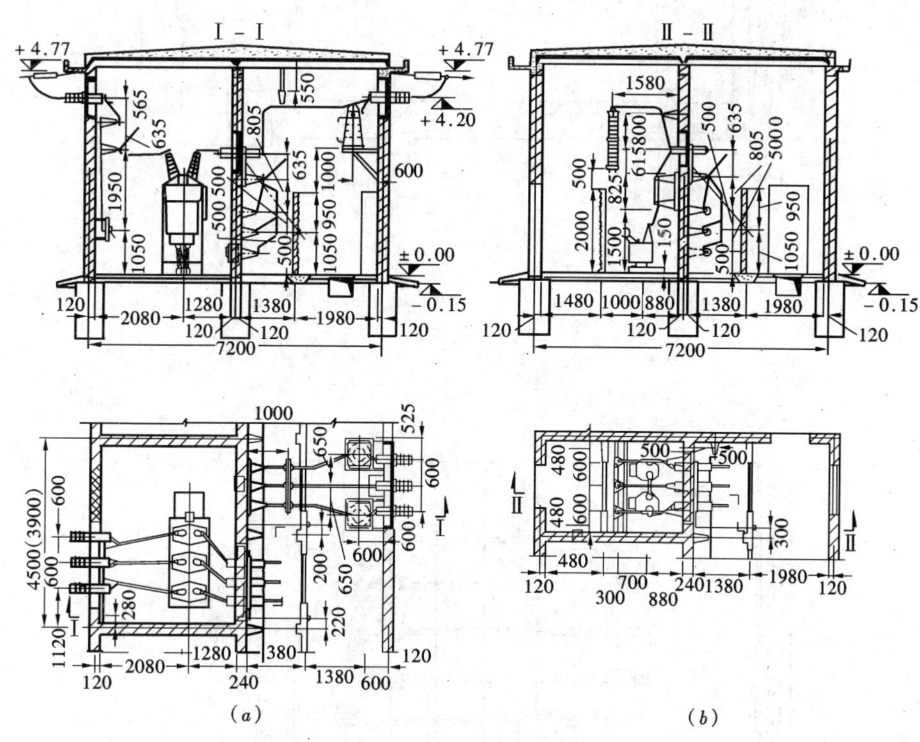

图 10－30　桥形接线采用多油断路器的单层 35kV 屋内配电装置

（a）进出线间隔平断面；（b）电压互感器间隔平断面

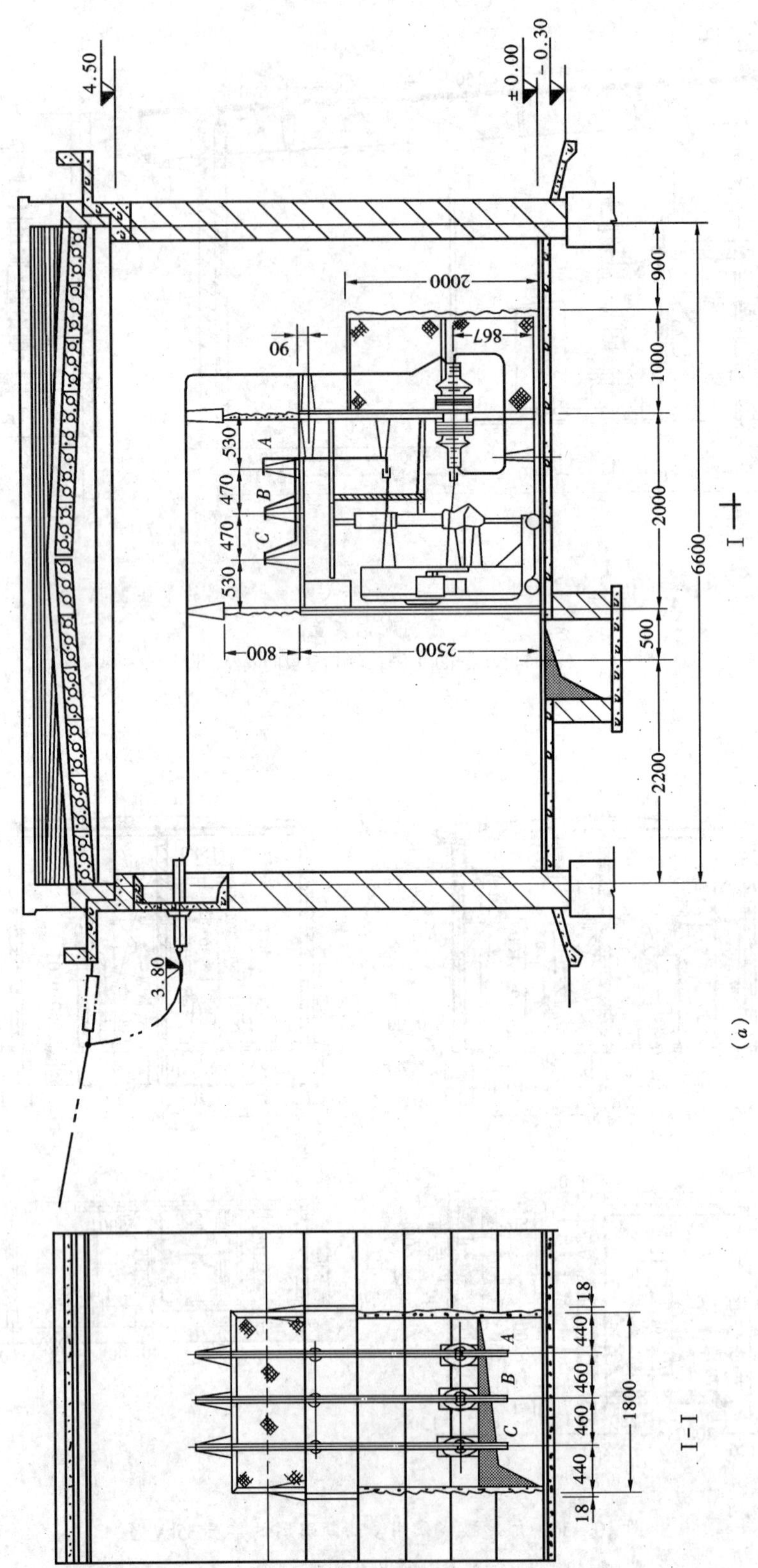

(a)

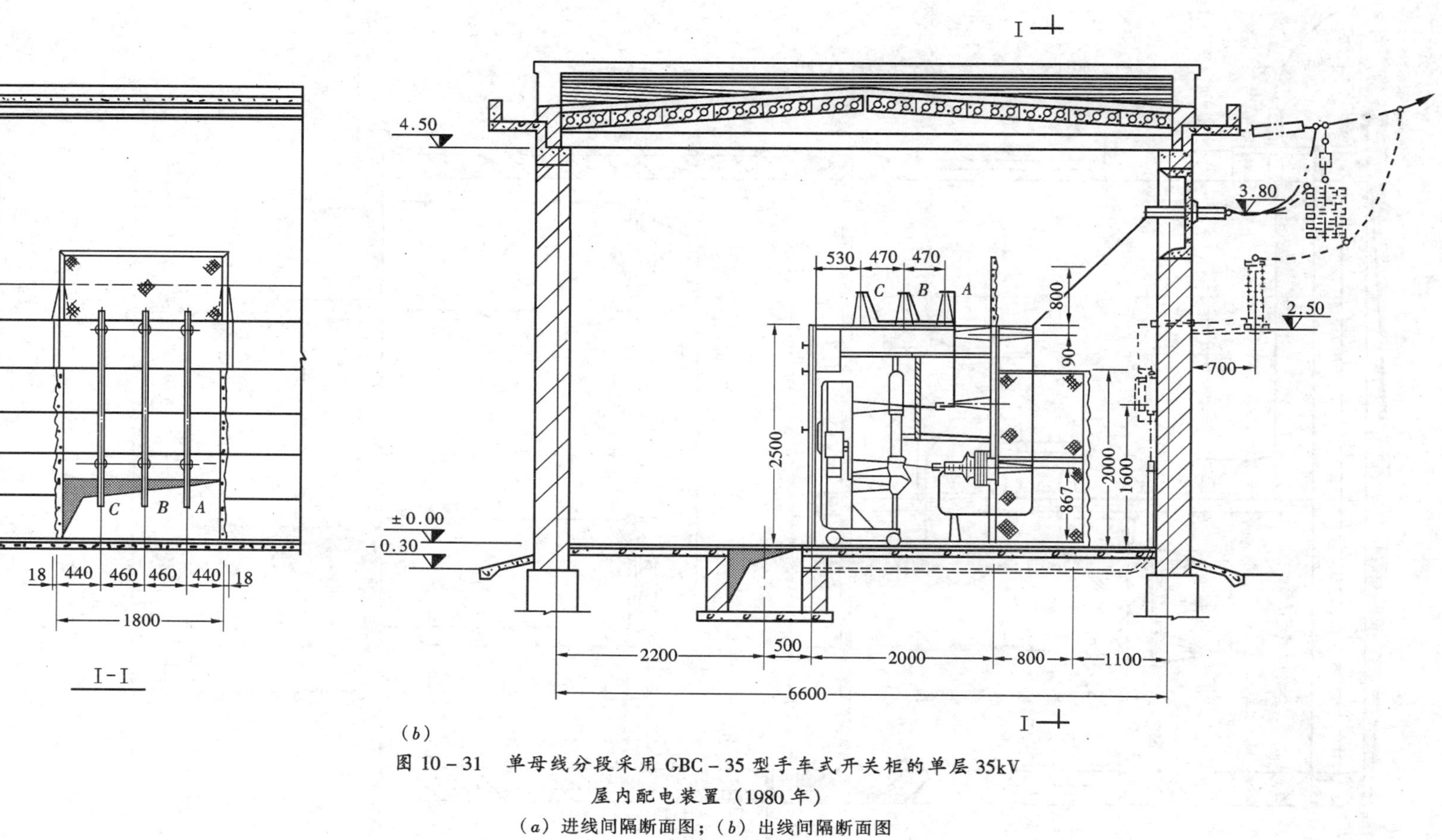

（b）

图 10－31　单母线分段采用 GBC－35 型手车式开关柜的单层 35kV 屋内配电装置（1980 年）

（a）进线间隔断面图；（b）出线间隔断面图

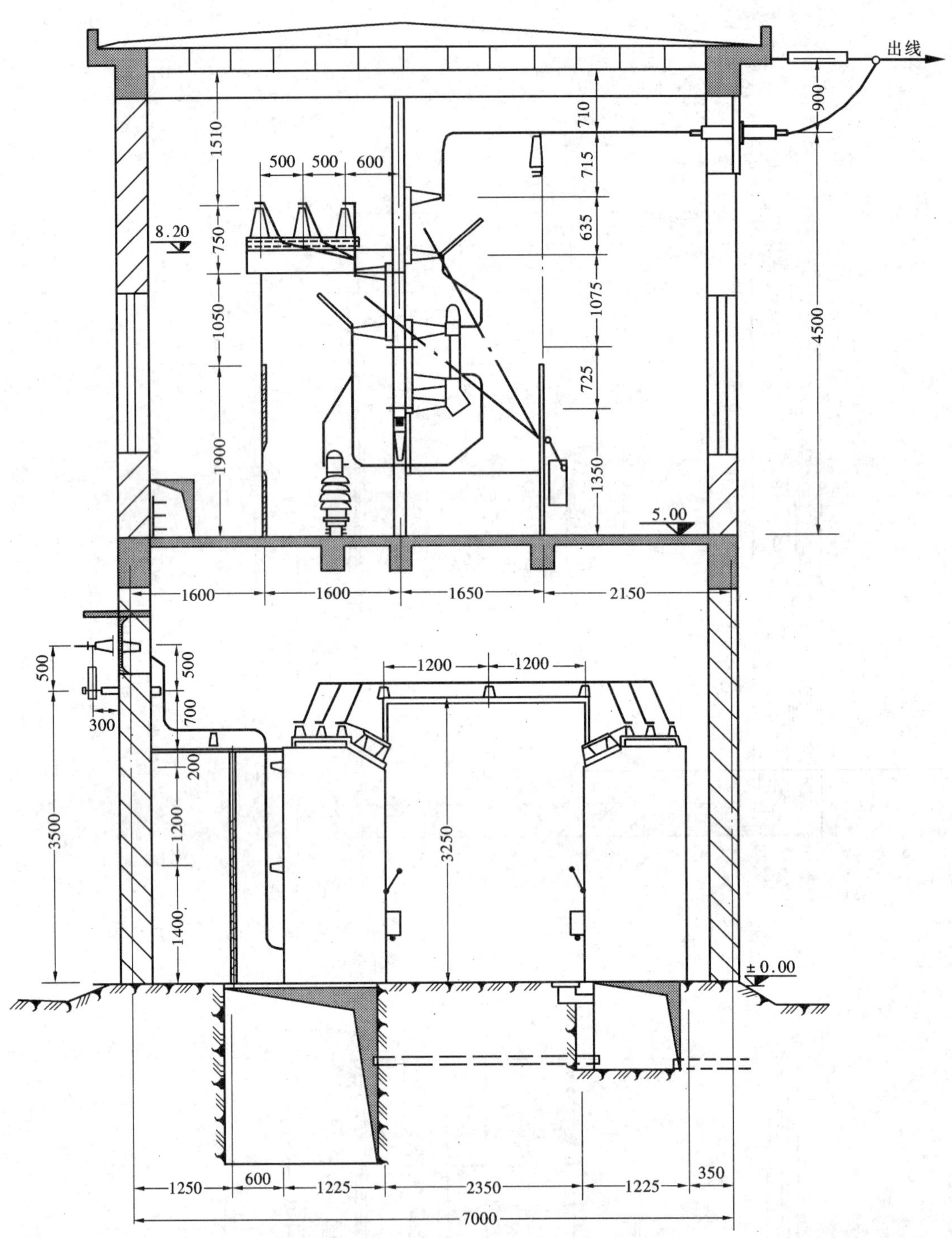

图 10-32 6~10kV 与 35kV 配电装置的混合布置

第 10－3 节　110kV 配电装置

一、普通中型配电装置

普通中型配电装置是将所有电气设备都安装在地面设备支架上，母线下不布置任何电气设备。采用软母线的该型配电装置在我国已有 30 多年的运行历史，所以各地电业部门无论在运行维护还是安装检修方面都积累了比较丰富的经验。但因其占地面积太多，当进出线为 6～8 回时需占地 7～8.5 亩，所以目前在设计中一般已不采用。

图 10－33 示出双母线带旁路母线普通中型配电装置的典型设计（编号为：66 单 218），其间隔宽度为 8m，断路器单列布置，进出线均可带旁路。

为了节约用地及减少架构用材，有些工程在上述典型设计的基础上，将主母线架构与中央门型架构合并，旁路母线架构与出线架构合并，从而缩小了配电装置的纵向尺寸。图 10－34 示出 SGL 变电所中型配电装置的布置情况，由于采用了 V 形隔离开关，其间隔宽度缩小为 7.5m。

图 10－35 示单母线分段带旁路母线普通中型配电装置典型设计（编号为 75 典 360－100），其进出线间隔宽度为 8m，母线分段兼旁路间隔宽度为 9.4m，断路器双列布置，仅出线带旁路，旁路母线架构与出线架构合并。

自 60 年代中期开始，我国有少数工程采用了 110kV 管形母线配电装置，70 年代以来逐渐增多。图 10－36 示出 XJ 变电所铝管母线配电装置布置。其主要特点如下：

(1) 母线采用铝锰合金管，以棒型支柱绝缘子支撑，其弧垂很小，没有电动力和风力引起的摇摆，可以压缩相间和相对地的距离，同时又采用了合并架构，从而减少了占地面积，与同规模的 110kV 中型软母线配电装置相比，可节约用地 14%。

(2) 铝管母线对架构不产生拉力荷载，因此可简化土建结构，节省三材，降低土建造价。

(3) 铝管母线基本成一直线，布置比较清晰，且能降低母线高度，给巡视维护带来方便。

(4) 由于 110kV 铝管母线的相间距离较小，一般为 1.3～1.4m，带电检修铝管母线的安全距离不够，无法进行带电作业。但当采用双母线带旁路母线接线时，两组铝管母线可以分别停电检修。

二、半高型配电装置

半高型配电装置是将母线及母线隔离开关抬高，将断路器、电流互感器等电气设备布置在母线的下面。该型配电装置具有布置紧凑清晰、占地少、钢材消耗与普通中型接近等特点，且除设备上方有带电母线外，其余布置情况均与中型布置相似，能适应运行检修人员的习惯与需要。因此，自 60 年代开始出现以来，各地区采用较多，并在工程中提出了多种布置方式，使半高型配电装置的设计日趋完善，且具备了一定的运行检修经验。

（一）布置型式

双母线带旁路母线的半高型配电装置有田字形、品字形和管形母线三种布置。

1. 田字形布置

该布置将两组主母线及母线隔离开关均分别抬高至同一高度，电气设备布置在一组主母线下面，另一组主母线下面设置设备搬运道路。图 10－37 示出田字形半高型配电装置典型设计（75 典 360－300），其间隔宽度为 8m，断路器单列布置，进出线均可带旁路。主母线隔离开关的安装横梁上设有 1m 宽的圆钢格栅检修平台，并利用纵梁作行走通道（一般每两个间隔设一走道）。主变压器进线悬挂于架构 15.5m 高的横梁上，跨越两组主母线后引入。该布置占地面积仅为普通中型的 49.2%，耗钢量为普通中型的 113%。设计中将耦合电容器布置在出线门型架正下方，当耦合电容器作试验时，带电拆引线非常困难，因此宜将耦合电容器布置在旁路母线的外侧。

2. 品字形布置

该布置将一组主母线及母线隔离开关抬高，另一组主母线与旁路母线分别设在升高主母线的两侧，两者高度有等高及不等高两种。由于品字形架构的结构比较简单，可以节省钢材；且有一组母线的全部隔离开关为中型布置，所以安装检修和运行巡视都比田字形方便。但因一组主母线降低后，设备搬运道路要移出架构，占地面积略有增加。

图 10－38 示出 JX 变电所品字形半高型配电装置布置。高位隔离开关横梁上未设检修平台。进出线门型架采用单杆打拉线结构。该布置占地面积为普通中型的 51%，耗钢量为普通中型的 85%。

图 10－39 示出品字形半高型配电装置通用设计（通电－1－706）。高位隔离开关横梁上设有宽度为 1.6m 的检修平台。

3. 管形母线布置

管形母线半高型布置除有半高型配电装置和普通中型管形母线配电装置的主要特点外，且布置紧凑，巡视路线短，能更进一步节省占地；土建结构简单，

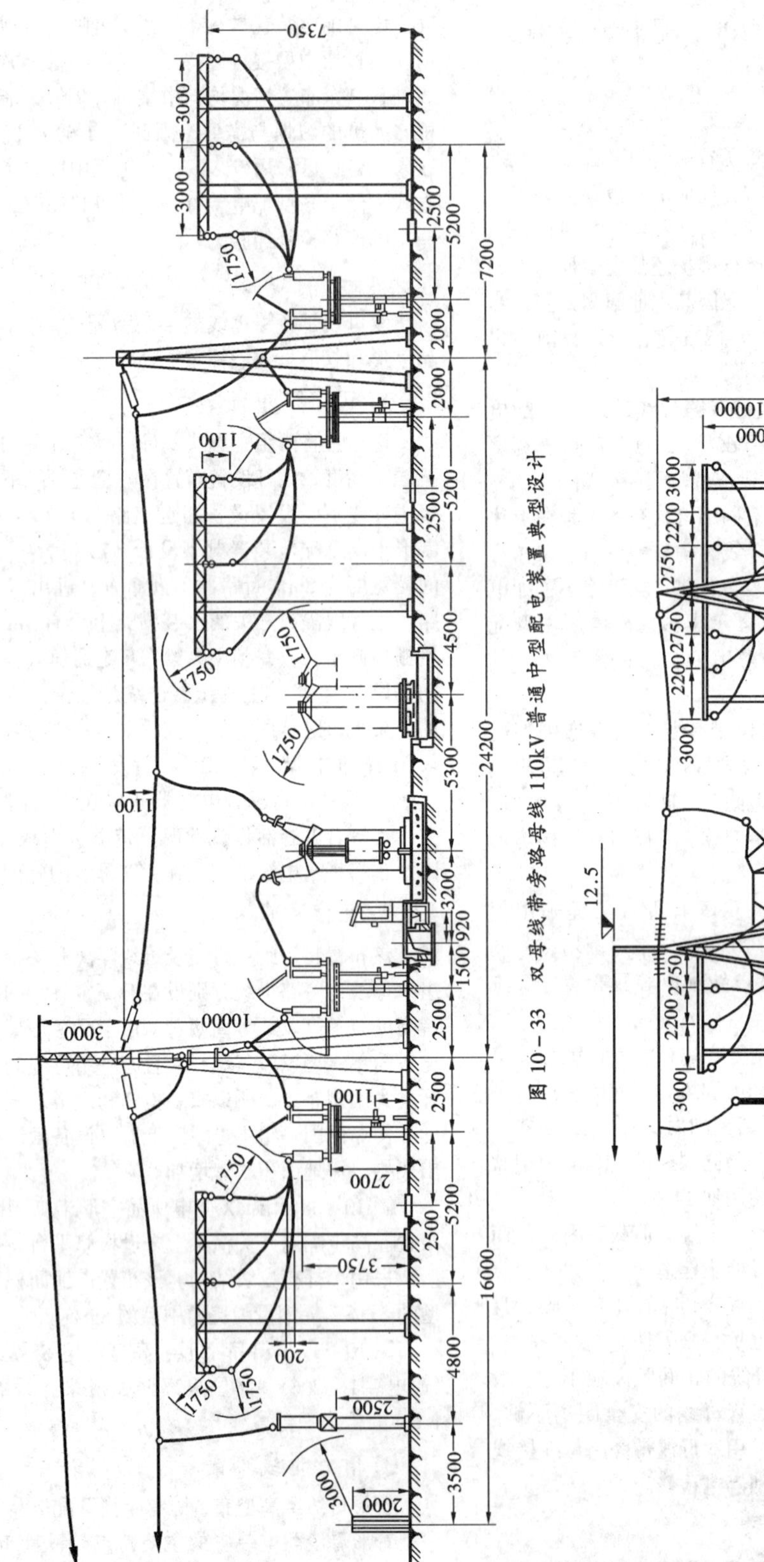

图 10－33 双母线带旁路母线 110kV 普通中型配电装置典型设计

图 10－34 SGL 变电所 110kV 普通中型配电装置

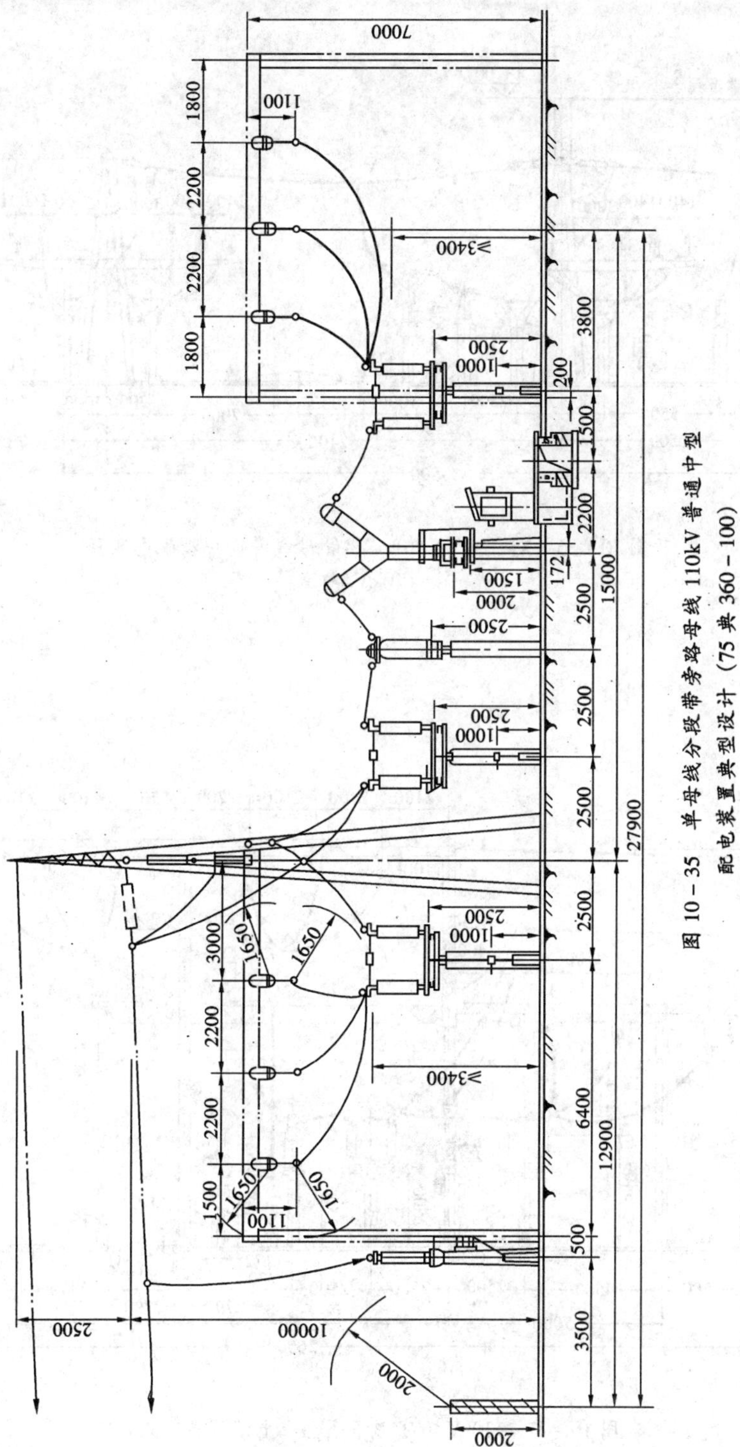

图 10－35 单母线分段带旁路母线 110kV 普通中型配电装置典型设计（75 典 360－100）

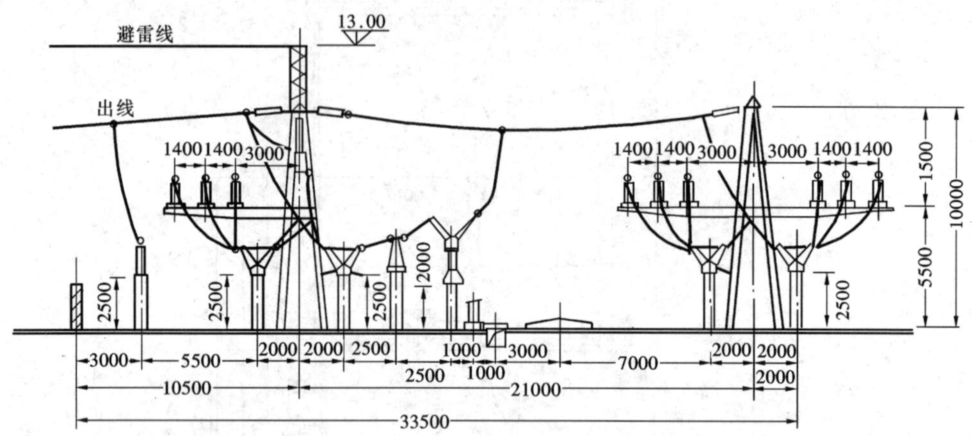

图 10-36 XJ 变电所 110kV 铝管母线普通中型配电装置
（1980 年）

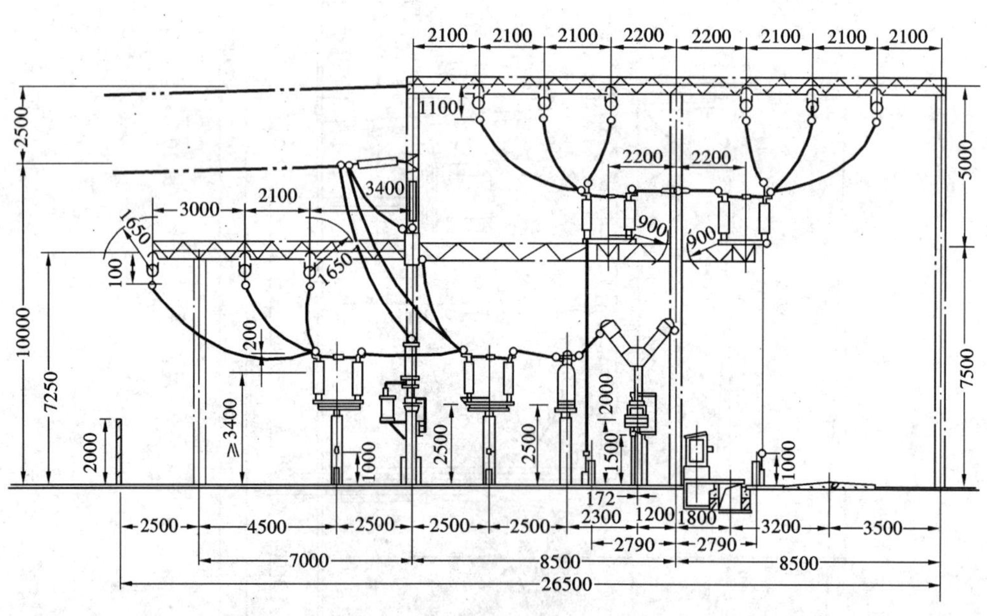

图 10-37 110kV 田字形半高型配电装置典型设计
（75 典 360-300）

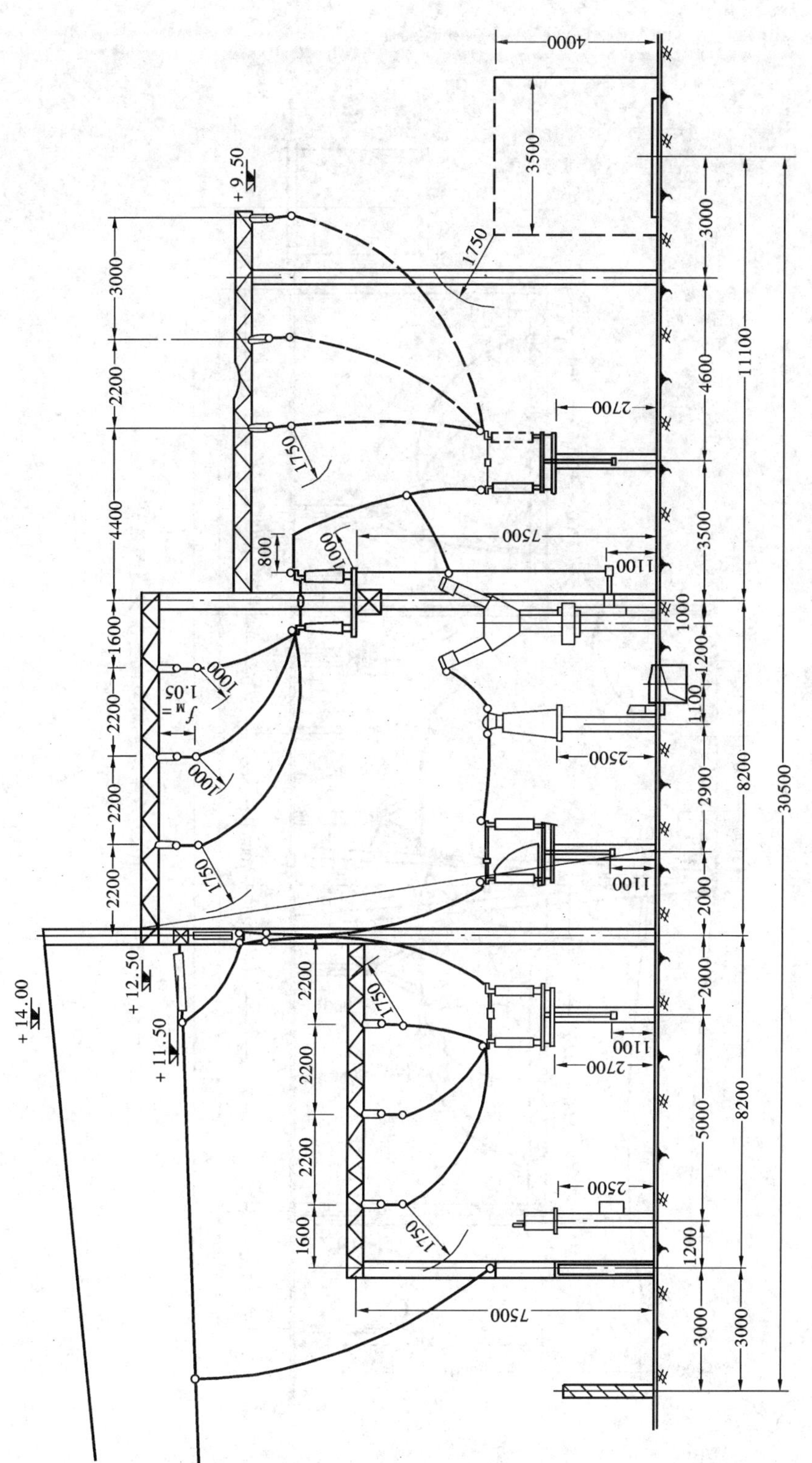

图 10－38 JX 变电所 110kV 品字形半高型配电装置

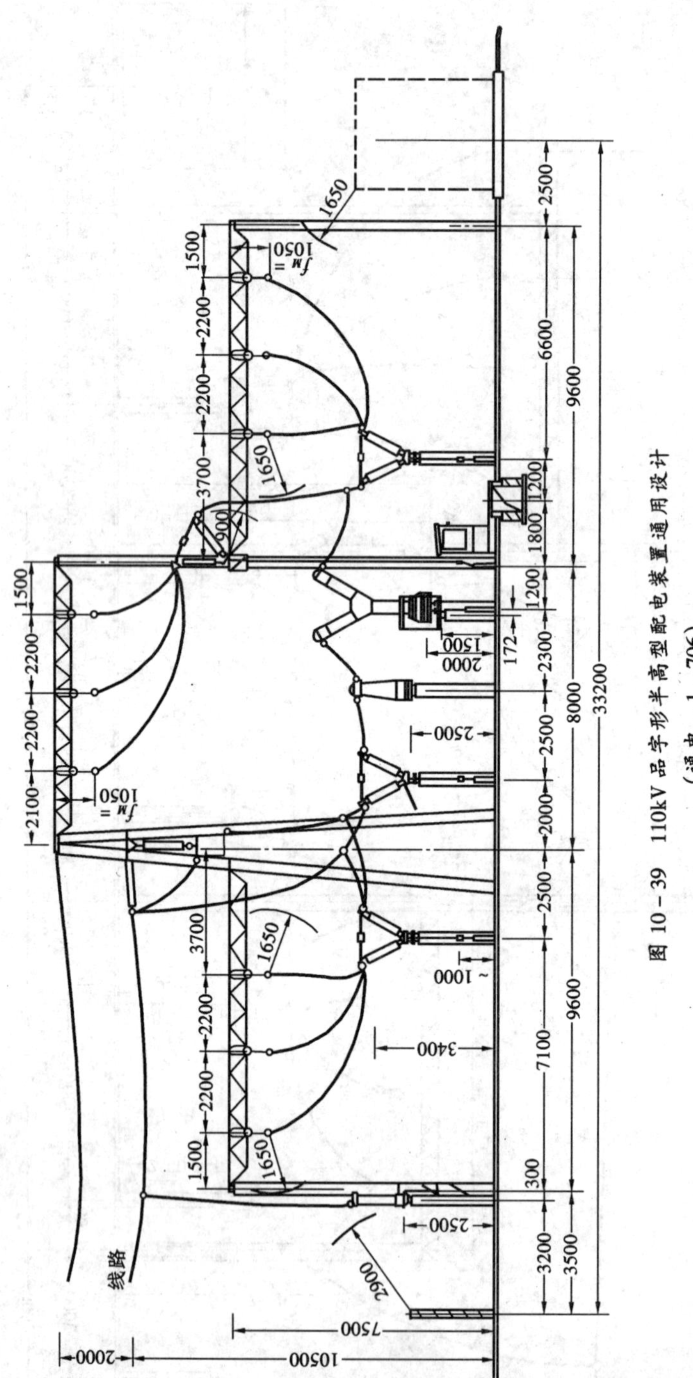

图 10-39 110kV 品字形半高型配电装置通用设计
（通电-1-706）

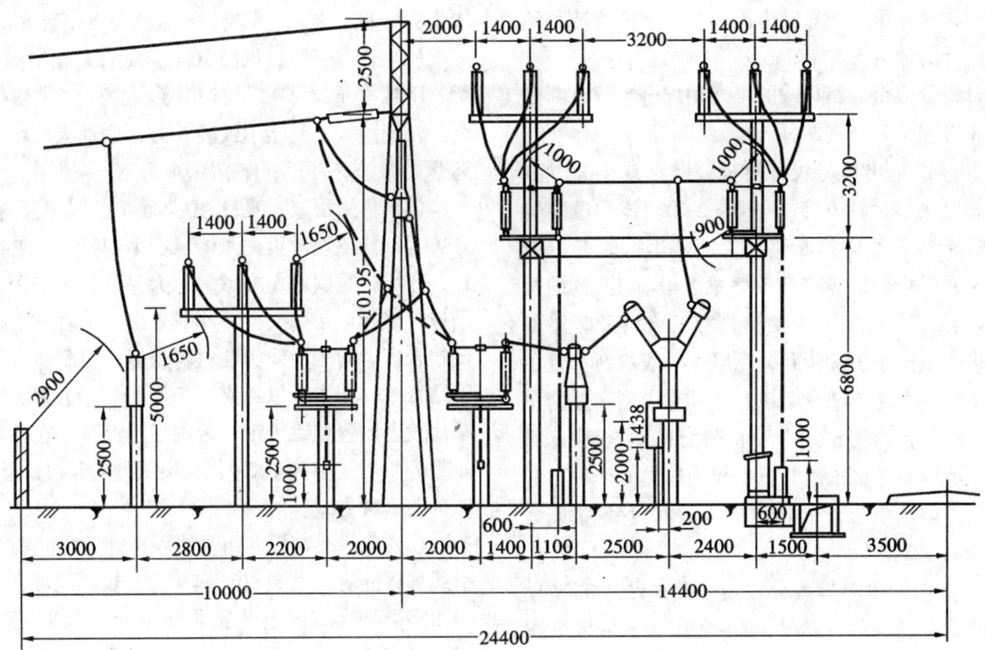

图 10－40　ZT 变电所 110kV 铝管母线半高型配电装置
（1978 年）

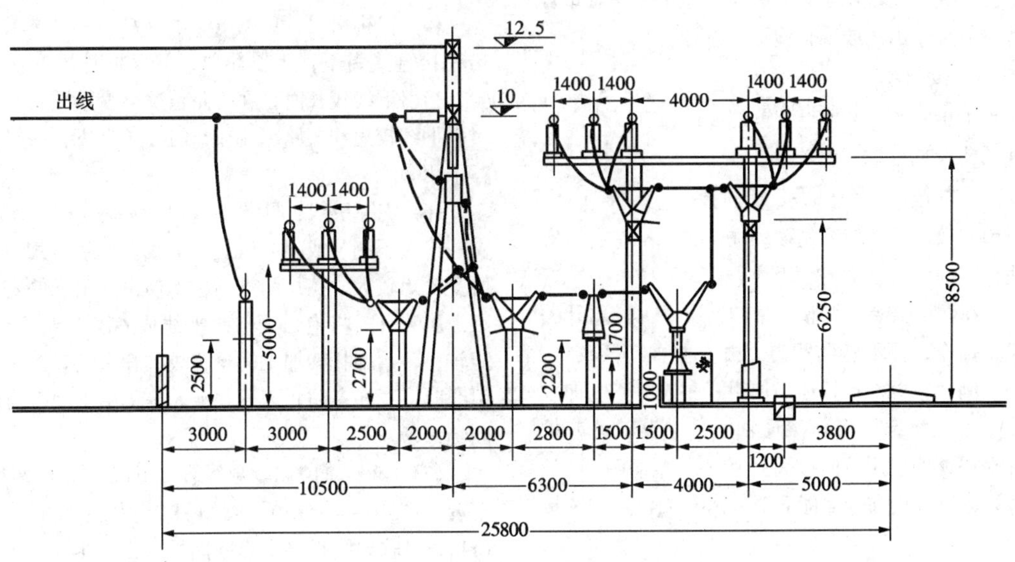

图 10－41　QA 变电所 110kV 铝管母线半高型配电装置
（1979 年）

便于施工。但不能带电作业，抗震性能较差。

图 10－40 示出 ZT 变电所铝管母线半高型布置。该布置采用 GW4 型双柱式隔离开关，母线支柱绝缘子选用西安电瓷厂产品 ZSFB2－110/400（代号 2286），高 1200mm，泄漏比距 2.4cm/kV。

图 10－41 示出 QA 变电所铝管母线半高型布置。该布置采用 GW5 型 V 形隔离开关，断路器低位布置，从而降低了母线及母线隔离开关的安装高度。

此外，尚有带支持导电杆的管形母线半高型布置，其铝管母线由 GW5 型隔离开关所带支持导电杆直接支撑，可以节省母线支柱绝缘子。但这种结构的隔离开关安装调整比较麻烦，且现有产品的动稳定条件较差。该布置可用于短路电流较小、空气清洁和地震烈度较低的地区。

单母线分段带旁路母线的半高型配电装置有断路器双列布置和单列布置两种。

图10－42示出单母线分段带旁路母线半高型双列配电装置典型设计（75典360－200）。该配电装置以分段断路器兼作旁路断路器，正常运行时旁母带电。为了便于检修，隔离开关横梁上设有1m宽的圆钢格栅检修平台，上下用爬梯。由于抬高了旁路母线，使进出线便于引接旁路，克服了一般双列布置主变回路不便上旁路的缺点。该布置具有中型布置的主要优点，运行检修均较方便，而旁路部分一般检修机会较少，所以是该型配电装置中较为成熟的一种布置型式。其占地面积为普通中型的73.2%，耗钢量则为普通中型的122.7%。

图10－43示出单母线分段带旁路母线半高型单列配电装置典型设计（75典360－250）。该配电装置的电气接线与运行方式与双列布置相同。单列布置在电气设备布置的合理性和占地、耗钢量等指标方面都不如双列布置。其特点是间隔纵向尺寸小，平面布置短而宽，适合于山区或狭长地形的站址。

（二）设计提示

关于110kV半高型配电装置的设计，有以下一些技术问题要着重考虑。

1. 高位隔离开关的安装高度

当前多数工程的安装高度均在7～7.5m左右，实践表明，该高度是合适的。因为：

（1）在保证安装和调整质量的情况下，隔离开关可以正常操作，并不感到费力。由于垂直连杆较长，为提高其刚性，可将连杆适当加粗（一般由ϕ38加大到ϕ50），在支承部位安装滚珠轴承，增设轴套或护环，并在拐臂处使用万向接头。

（2）运行人员在地面能看清隔离开关合闸时的接触情况。

（3）能满足底层电气设备在检修调试时对上层带电部分安全距离的要求。

2. 高位隔离开关的引线方式

高位隔离开关的引线方式有以下几种：

（1）托架引线：见图10－44（*a*），为了保证隔离开关引下线对其底座的安全净距，在隔离开关的端子上附加一托架，使引下线向水平方向伸出一定距离。由于托架较长，所受弯矩较大，易于变形，且当操作隔离开关时托架随之转动，造成引下线摆动，若引线较长，可能影响带电距离，一般情况下不宜采用。

（2）悬垂引线：见图10－44（*b*），在架构上设横梁，用悬垂绝缘子串吊挂引接。这种方式使架构复杂，耗钢量大，且当引线较长时，摆动大，增加了隔离开关端子受力，不宜采用。

（3）耐张引线：见图10－44（*c*）（*d*），在隔离开关上部或支座处设耐张绝缘子串引接。后者因引线长，导线自重引起左右偏斜，为保证安全净距，尚需用撑管或托架予以支持；相对来讲，前者的引接方式比较合理。耐张引线消耗材料较多，但耐震性强，可以结合整体布置予以考虑，最好不要专为解决引线问题而设置耐张绝缘子串，否则很不经济。在单母线分段带旁路母线半高型双列配电装置典型设计中所采用的为前一种方式。

（4）双母线利用两组母线隔离开关之间的连线对引线加以固定，见图10－44（*e*）。双母线带旁路母线的田字形半高型配电装置典型设计就是采用这种方式。隔离开关之间的连线一般采用厚度为8～10mm的铝排。但当其中一组隔离开关检修时，该铝排只能将一端拆除，拆除后无处固定。

（5）铝排引线：见图10－44（*f*）。一般采用80×10铝排直接引下，比较简单，但根据计算和模拟试验，当引下线较长时，在短路情况下变形较大，所以当引下线较短和短路电流较小时才予考虑，一般不推荐采用。

（6）支撑引线：见图10－44（*g*）、（*h*），用棒型支柱绝缘子侧装或斜装以支持引线。侧装方式绝缘子所受弯矩较大，擦拭困难，且不易保证引线的安全净距。斜装方式将绝缘子与水平线成60°安装，所受弯矩较小，槽钢托架加工简单，故推荐采用。采用支撑引线时，要注意防止因导线上人等使引下线受力而拉断绝缘子。

（7）GW5－110以软导线直接引线：将GW5－110正装［图10－44（*i*）］或倾斜25°安装［图10－44（*j*）］，以软导线直接引至断路器。由于GW5－110为V形结构，底座小，故便于向下引线，设计中在隔离开关选型时，可考虑这一因素。

3. 断路器和电流互感器的检修要求

对于半高型配电装置，断路器和电流互感器之间的距离，可由2.5m增大到3m，以便检修、吊装和搬运设备。

三、高型配电装置

高型配电装置的特点是将母线和隔离开关上下重迭布置，母线下面没有电气设备。该型配电装置的断

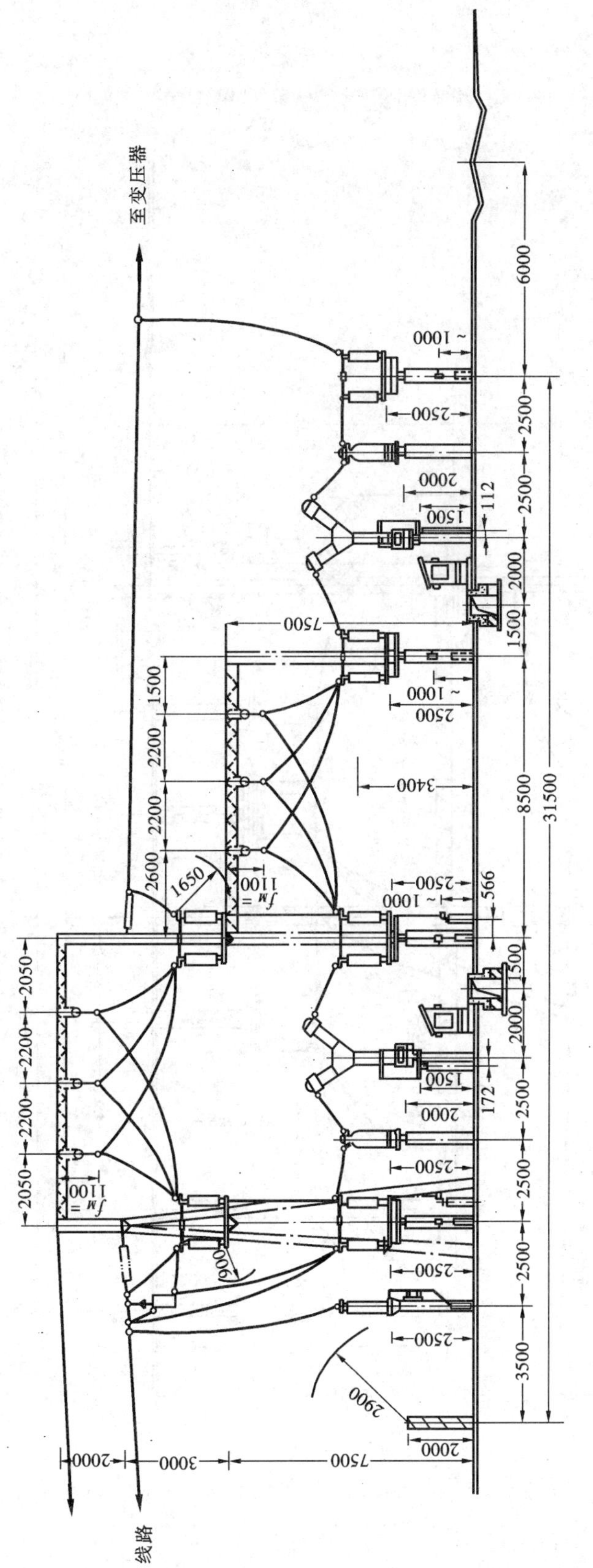

图 10－42　110kV 单母线分段带旁路母线半高型配电装置双列布置典型设计
（75 典 360－200）

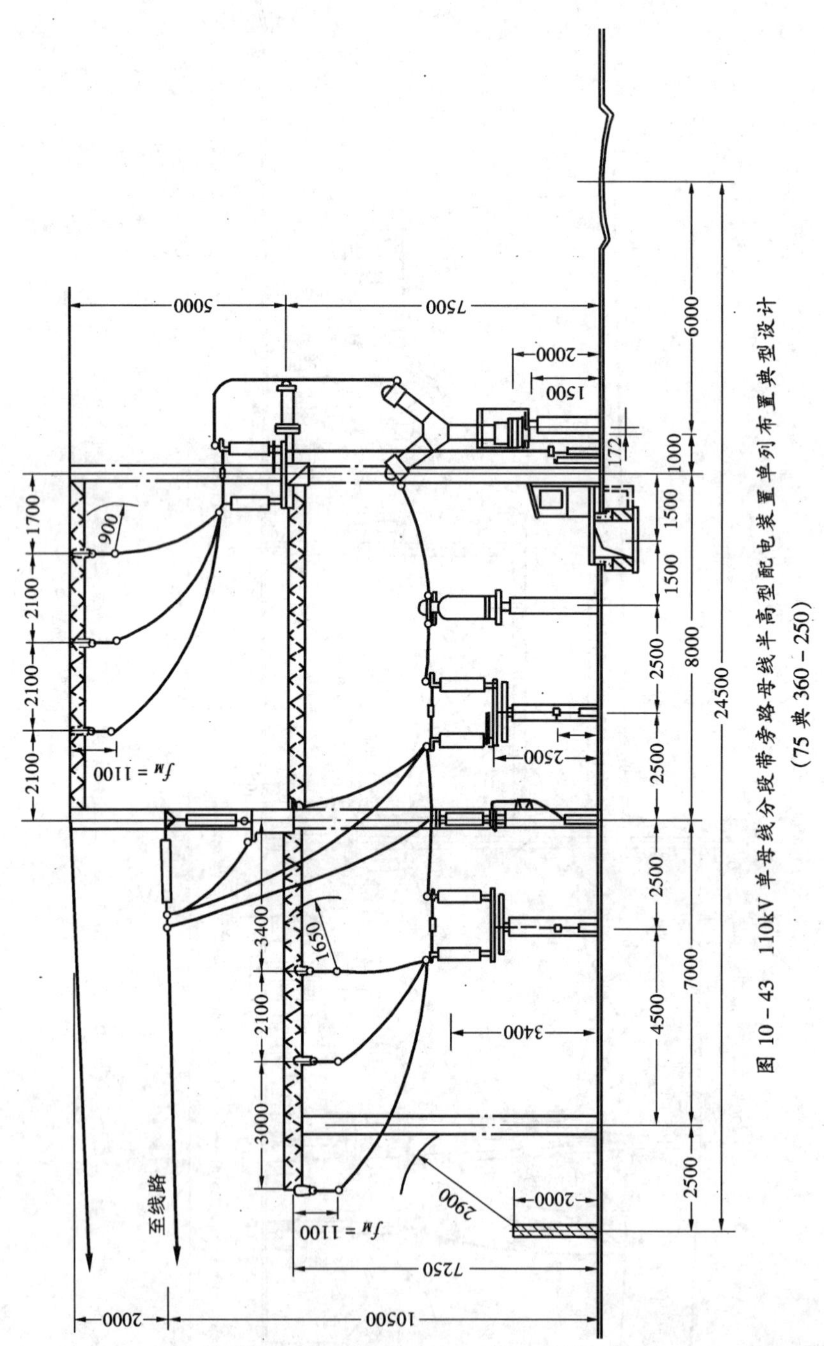

图10-43 110kV单母线分段带旁路母线半高型配电装置单列布置典型设计
(75典360-250)

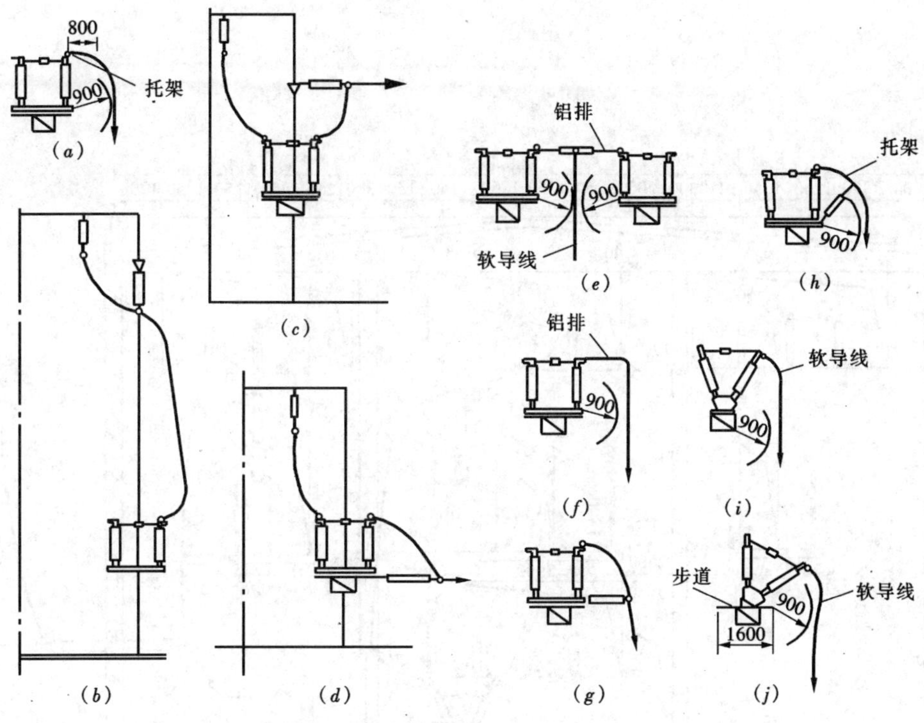

图 10－44　高位隔离开关的引线方式

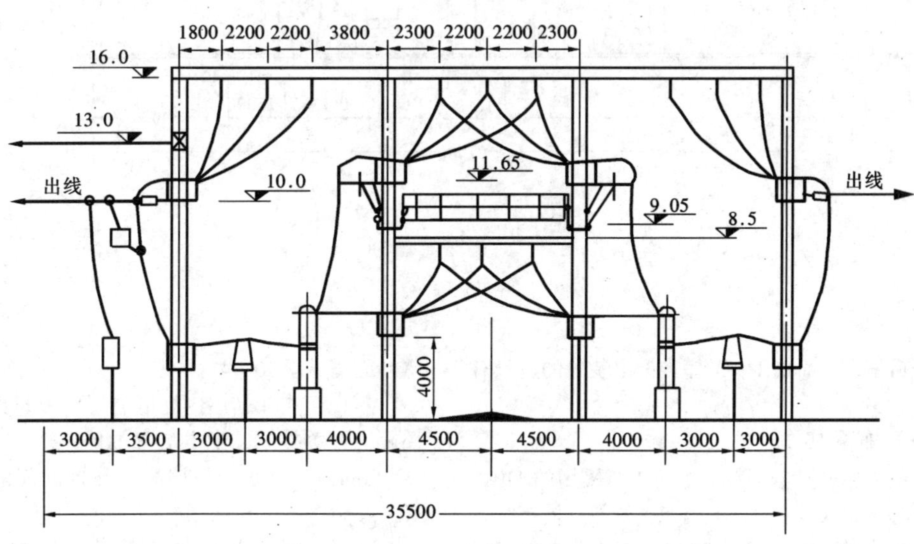

图 10－45　SZ 变电所 110kV 高型配电装置

路器为双列布置，两个回路合用一个间隔，因此可大大缩小占地面积，但其钢材耗量较大，土建投资较多，安装检修及运行维护条件均较差，故在 110kV 电压等级中采用较少。

图 10－45 示出 SZ 变电所双母线带旁路母线高型配电装置布置。

四、屋内配电装置

屋内配电装置的特点是将母线、隔离开关、断路器等电气设备上下重叠布置在屋内，这样可以改善运行和检修条件。同时，由于屋内配电装置布置紧凑，可以大大缩小占地面积。近年来，各设计单位在配电装置的设备选型、电气布置和建筑结构等方面采取了

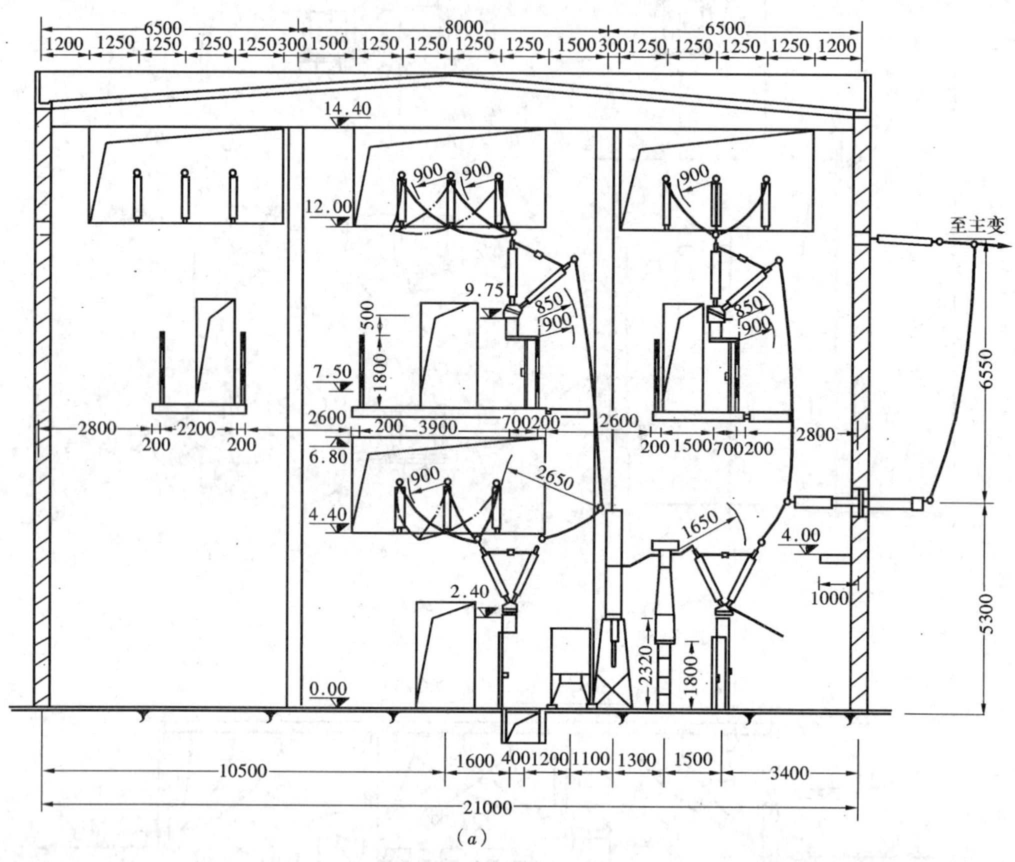

(*a*)

图 10－46 XCX 变电所
（*a*）主变间隔；

一些改进措施，从而使 110kV 屋内配电装置的造价有所降低。

（一）布置实例

目前我国各地发电厂、变电所中所采用的 110kV 屋内配电装置型式较多，各具特点。现按不同接线方式和布置型式对一些有代表性的 110kV 屋内配电装置进行简介。

XCX 变电所 110kV 屋内配电装置为双母线带旁路母线接线，其进出线均可接至旁路。配电装置的跨距为 21m，间隔宽度为 6.6m，人工采光。该配电装置的间隔断面见图 10－46。

XJ 变电所 110kV 屋内配电装置为双母线带旁路母线接线，仅出线可带旁路。配电装置的跨距为 16m，间隔宽度为 7.5m，自然采光。该配电装置的间隔断面图见图 10－47。

JS 电厂 110kV 屋内配电装置为双母线出线带旁路隔离开关接线。配电装置的跨距为 12m，间隔宽度为 6m，人工采光，该配电装置的间隔断面见图 10－48。

SG 变电所 110kV 屋内配电装置是在 JS 电厂设计的基础上稍加修改而成。主要不同之处为：安装隔离开关的梁采用槽钢结构；间隔宽度放大到 6.5m；自然采光；为防震在土建结构上增加了构造柱。其间隔断面见图 10－49。

DQ 热电厂 110kV 屋内配电装置也为双母线出线带旁路隔离开关接线。配电装置的跨距为 12m，间隔宽度为 6.3m，人工采光。该配电装置的间隔断面见图 10－50。

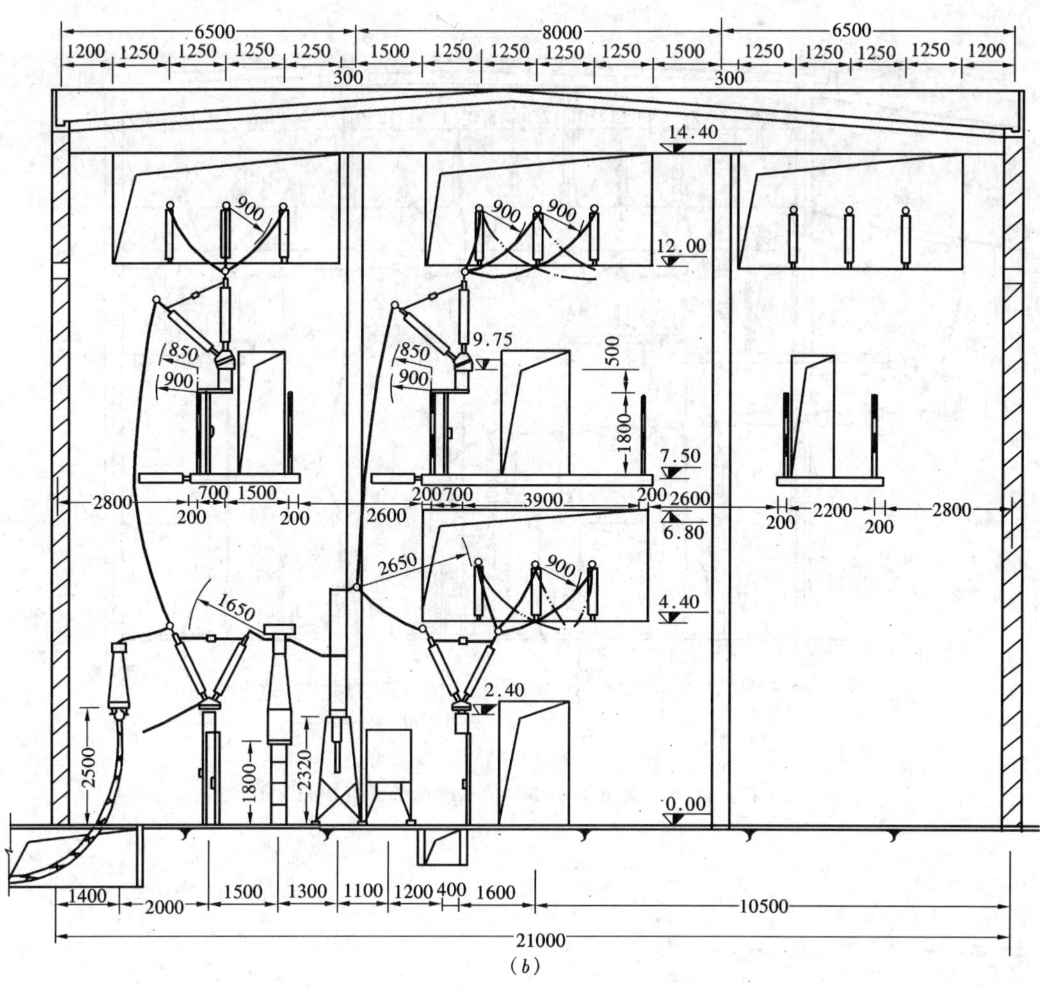

(b)

110kV 屋内配电装置

(b) 电缆线路间隔

BC 变电所 110kV 屋内配电装置为双母线接线。配电装置的跨距为 11.4m，间隔宽度为 6.4m，自然采光。该配电装置的间隔断面见图 10 – 51。

HC 电厂 110kV 屋内配电装置为单母线分段带旁路母线接线。配电装置的跨距为 15m，间隔宽度为 7m，自然采光。该配电装置的间隔断面见图 10 – 52。

MK 变电所 110kV 屋内配电装置为单母线分段接线，采用手车式少油断路器。配电装置的跨距为 11.2m，间隔宽度为 6.5m，人工采光。该配电装置的间隔断面见图 10 – 53。

BXC 变电所 110kV 屋内配电装置为内桥形接线，采用 SW7 – 110CN 型手车式少油断路器。配电装置的跨距为 6m。为检修电流互感器所需，在屋外设置了线路隔离开关。该配电装置的间隔断面见图 10 – 54。

我国 1986 年编制了 110kV 屋内配电装置的典型设计。典型设计包括单母线分段带旁路母线单列布置、双母线带旁路隔离开关单列布置和双母线带旁路母线单列布置等三种接线与布置方式。

图 10 – 55 示单母线分段带旁路母线单列布置的间隔断面图。配电装置的跨距为 12m，间隔宽度为 6.3m。断路器可用各种型式的少油断路器；隔离开关仅用 GW5 型。断路器为对称布置，其相间距离取 1.75m，隔离开关的相间距离取 1.7m，两边相与间隔墙中心线的距离分别为 1.7m 和 1.2m。载波设备按布置在屋内考虑，如果采用电缆出线，可将载波设备取消或移到屋外，并在原耦合电容器的位置布置电缆终端装置。对于主变压器进线带旁路方案，配电装置的屋面要适当抬高。配电装置为自然采光。进出风口均采用

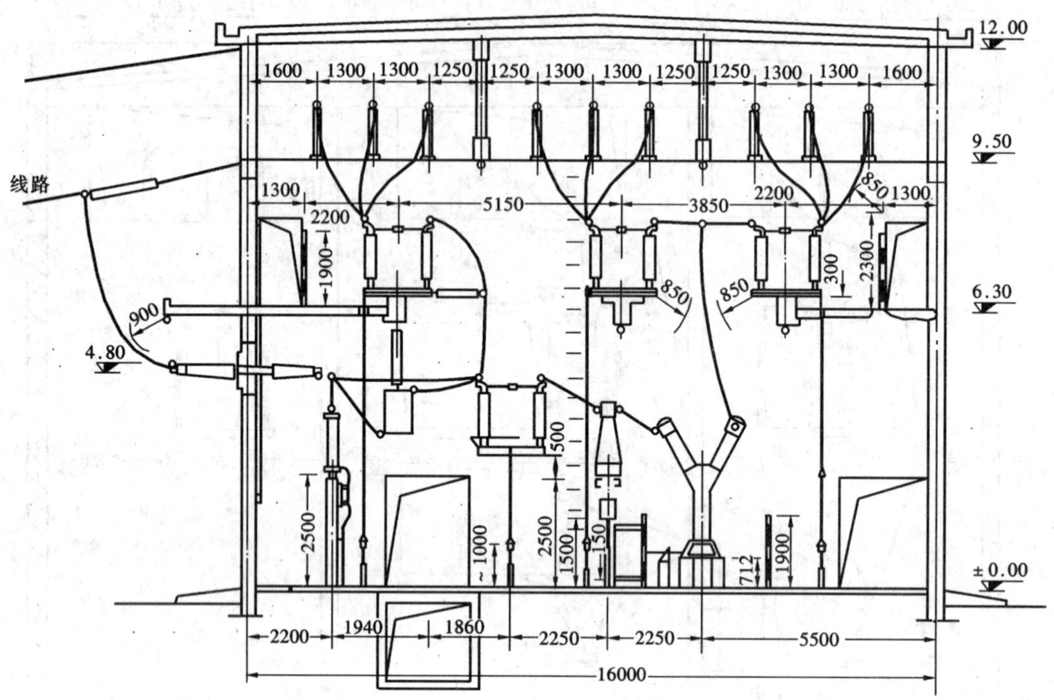

图 10-47 XJ 变电所 110kV 屋内配电装置（1980 年）

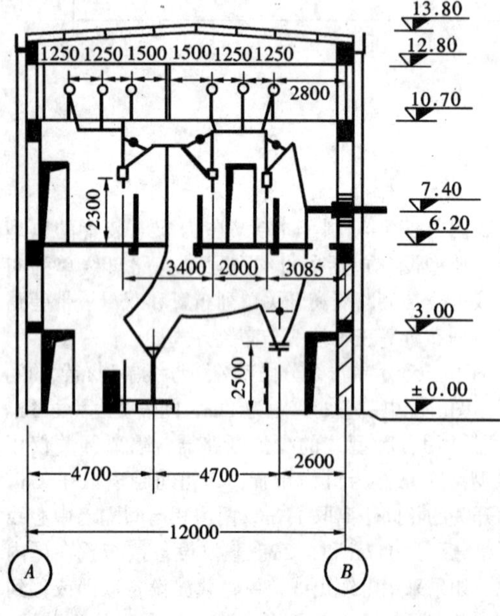

图 10-48 JS 电厂 110kV 屋内配电装置（1974 年）

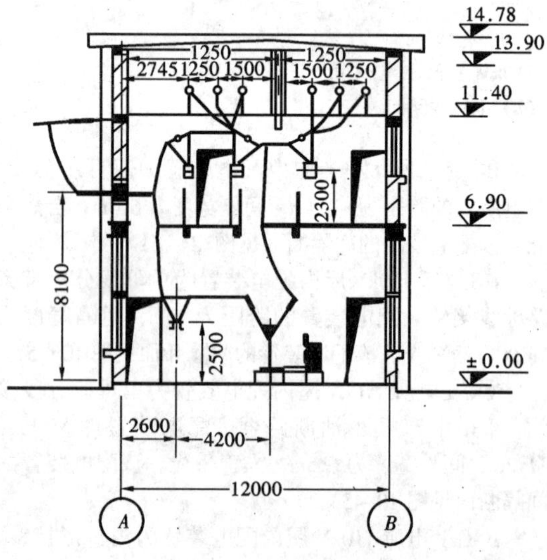

图 10-49 SG 变电所 110kV 屋内配电装置(1978 年)

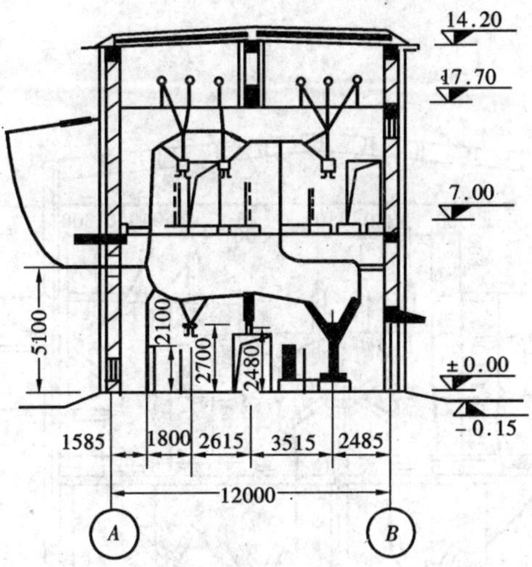

图 10-50　DQ 热电厂 110kV 屋内配电装置（1979 年）

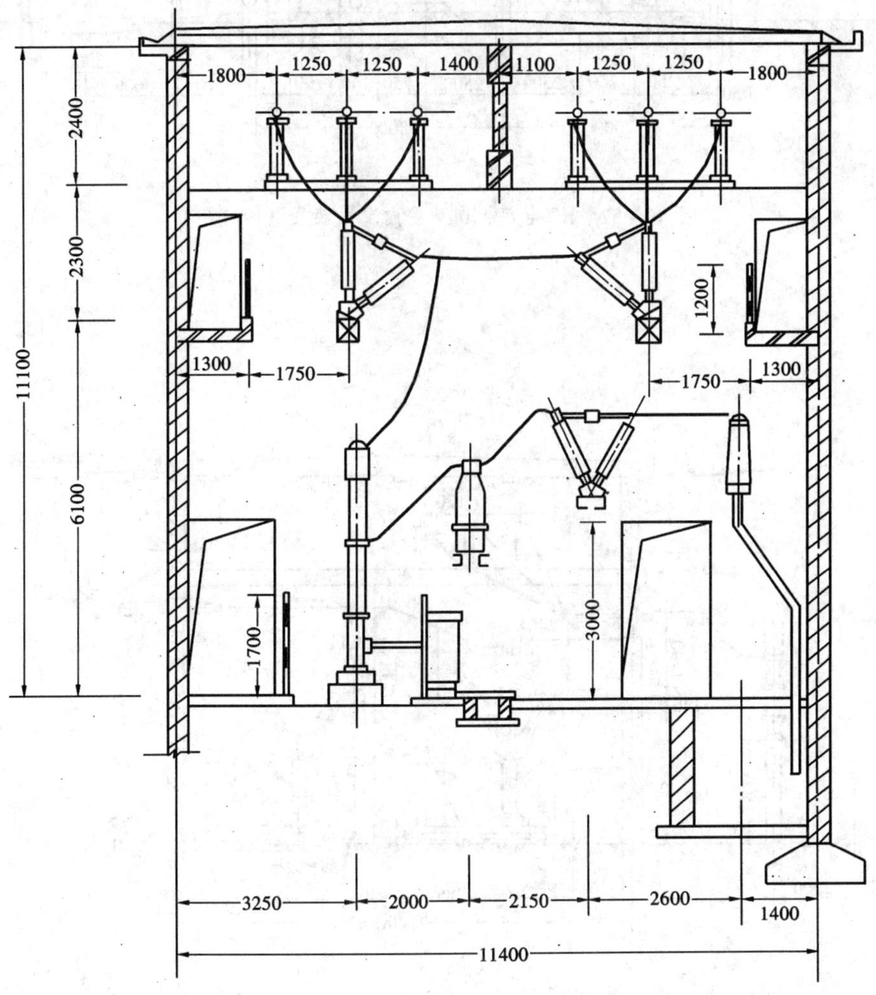

图 10-51　BC 变电所 110kV 屋内配电装置（1979 年）

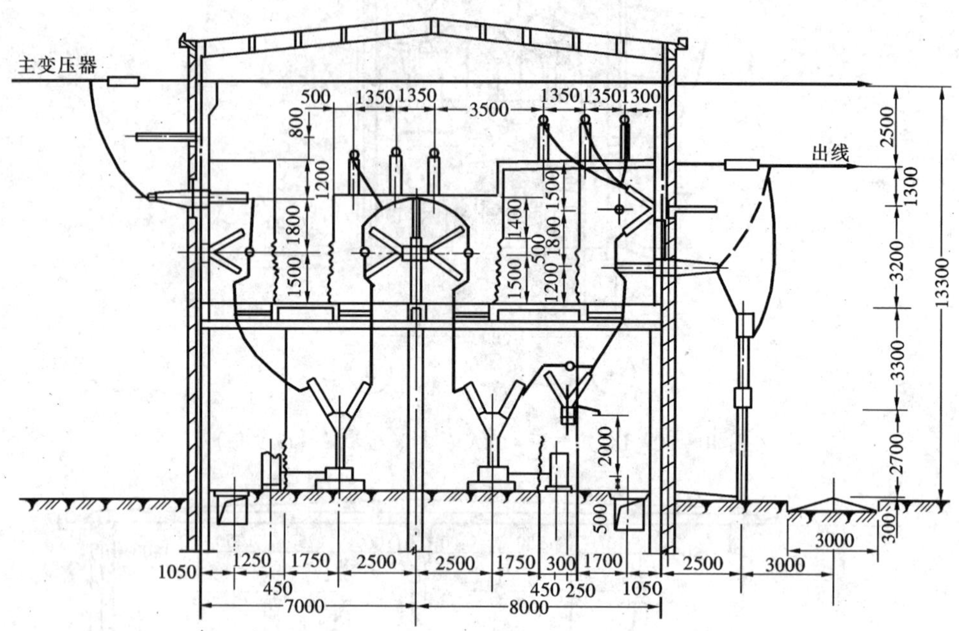

图 10－52 HC 电厂 110kV 屋内配电装置（1973 年）

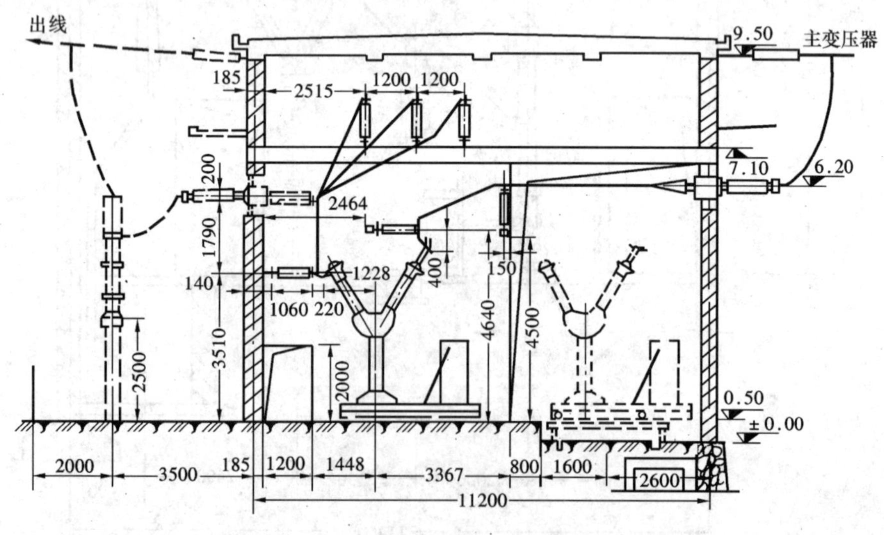

图 10－53 MK 变电所 110kV 屋内配电装置（1968 年）

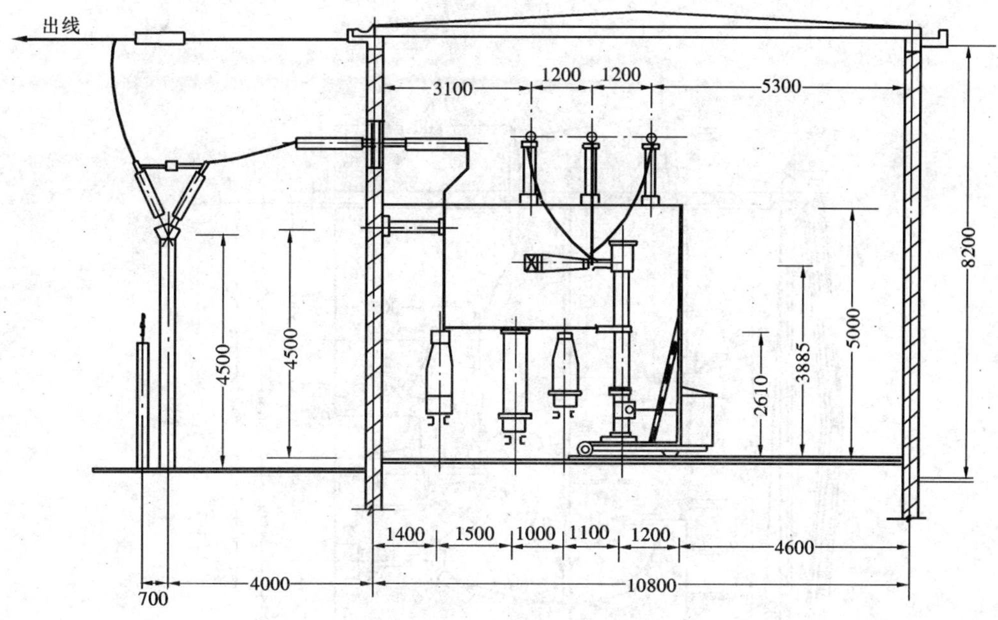

图 10－54　BXC 变电所 110kV 屋内配电装置（1979 年）

机械通风，并在每个风口装设活动百页窗，可随风机的起停自动开闭。该布置每个电气间隔的占地面积为 144m²，进线不带旁路时的综合造价为 12.1 万元。

图 10－56 示出双母线带旁路隔离开关单列布置的间隔断面图。主变压器进线不考虑带旁路隔离开关。配电装置的特点同图 10－55。该布置每个电气间隔的占地面积为 132.08m²，综合造价为 13.53 万元。

图 10－57 示出双母线带旁路母线单列布置的间隔断面图。配电装置的跨距为 16m。对于主变压器进线带旁路方案，除局部抬高屋面外，尚需从主变进线间隔的 *B* 轴向外延伸 3m。配电装置的其它特点同图 10－55。该布置当进线不带旁路时每个电气间隔的占地面积为 159.67m²，综合造价为 13.91 万元。

（二）设计提示

关于 110kV 屋内配电装置的设计，有以下一些技术问题要着重考虑：

1．主设备的选型

我国现有 110kV 屋内配电装置所采用的断路器以少油式为最多。由于少油断路器价格较低，维护方便，为了降低配电装置的造价，一般以选用少油断路器为宜。当采用手车式断路器时，宜选用 SW7－110CN 型，该型断路器为单柱单断口，外形较好，适合于配用在手车上，操作时手车也较稳定。

对于隔离开关宜选用 GW5－110 型，因其底座较小，且适用于正装、斜装等各种安装方式，在屋内布置时可使空间得到充分利用。

对于电流互感器尽量不用独立式的，在满足表计准确度要求和二次负荷允许的范围内，可在穿墙套管或电缆终端盒上装设套管式电流互感器。

2．母线和引下线的选用

以往设计的 110kV 屋内配电装置，其中有些工程的母线及引下线均用铝管，由于它们的固定和连接比较复杂，安装检修均感不便，且铝管引下线因温度变化和操作时所产生的应力，会使隔离开关棒式绝缘子的端部晃动甚至断裂，故引下线宜选用钢芯铝绞线。而母线则可根据具体情况选用铝管或钢芯铝绞线。当母线采用铝管时，由于挠度的要求，所选铝管母线的断面会有所增大，比采用钢芯铝绞线的铝材消耗量约增加 30%。

3．母线的相间距离

目前我国 110kV 屋内配电装置所采用的母线相间距离有 1.2～1.5m 不等，其中以 1.25m 为最多，各工程的运行情况均良好。考虑到引下线选用钢芯铝绞线，铝管母线的相间距离以采用 1.25m 为宜。当母线采用钢芯铝绞线、母线最大弧垂不超过 0.18m、导线最大水平张力在 2400N 以内时（考虑 110kV 棒式支柱绝缘子的允许抗弯破坏负荷为 4000N，计及安全系数后为 2400N），母线相间距离也可采用 1.25m。如果导线最大水平张力大于 2400N，但在支持绝缘子上的导线不卡死的话，母线相间距离仍可采用 1.25m。否则，可

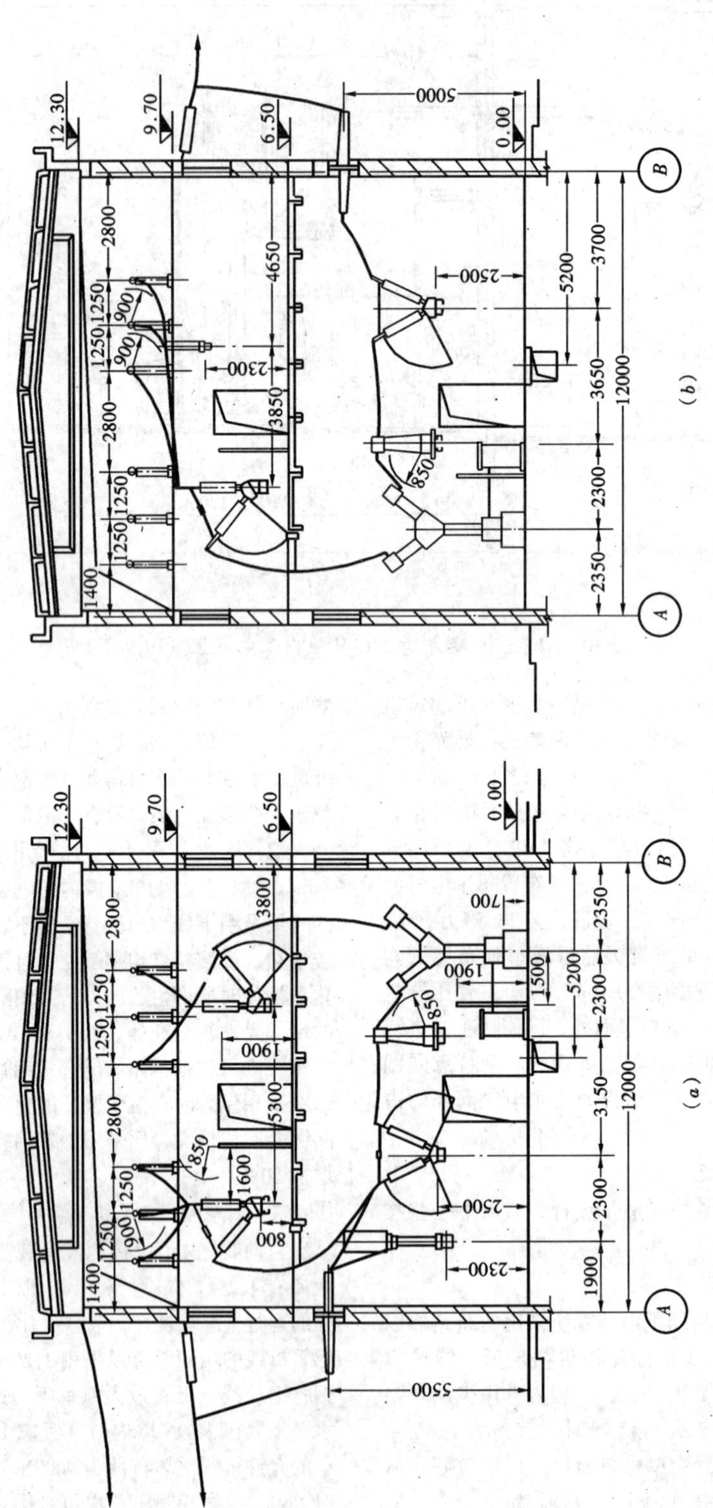

（a）

（b）

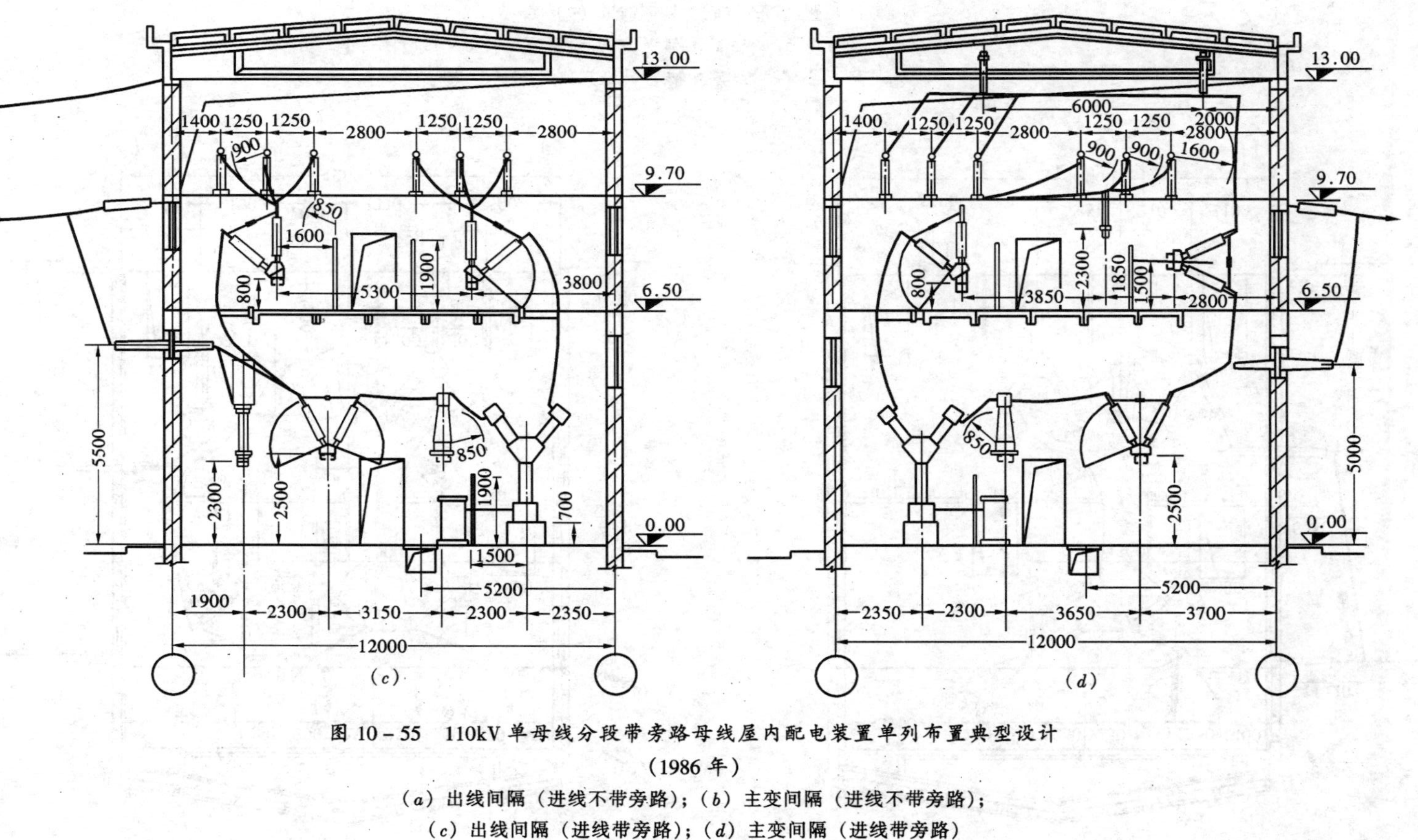

图 10－55　110kV 单母线分段带旁路母线屋内配电装置单列布置典型设计（1986 年）

（*a*）出线间隔（进线不带旁路）；（*b*）主变间隔（进线不带旁路）；
（*c*）出线间隔（进线带旁路）；（*d*）主变间隔（进线带旁路）

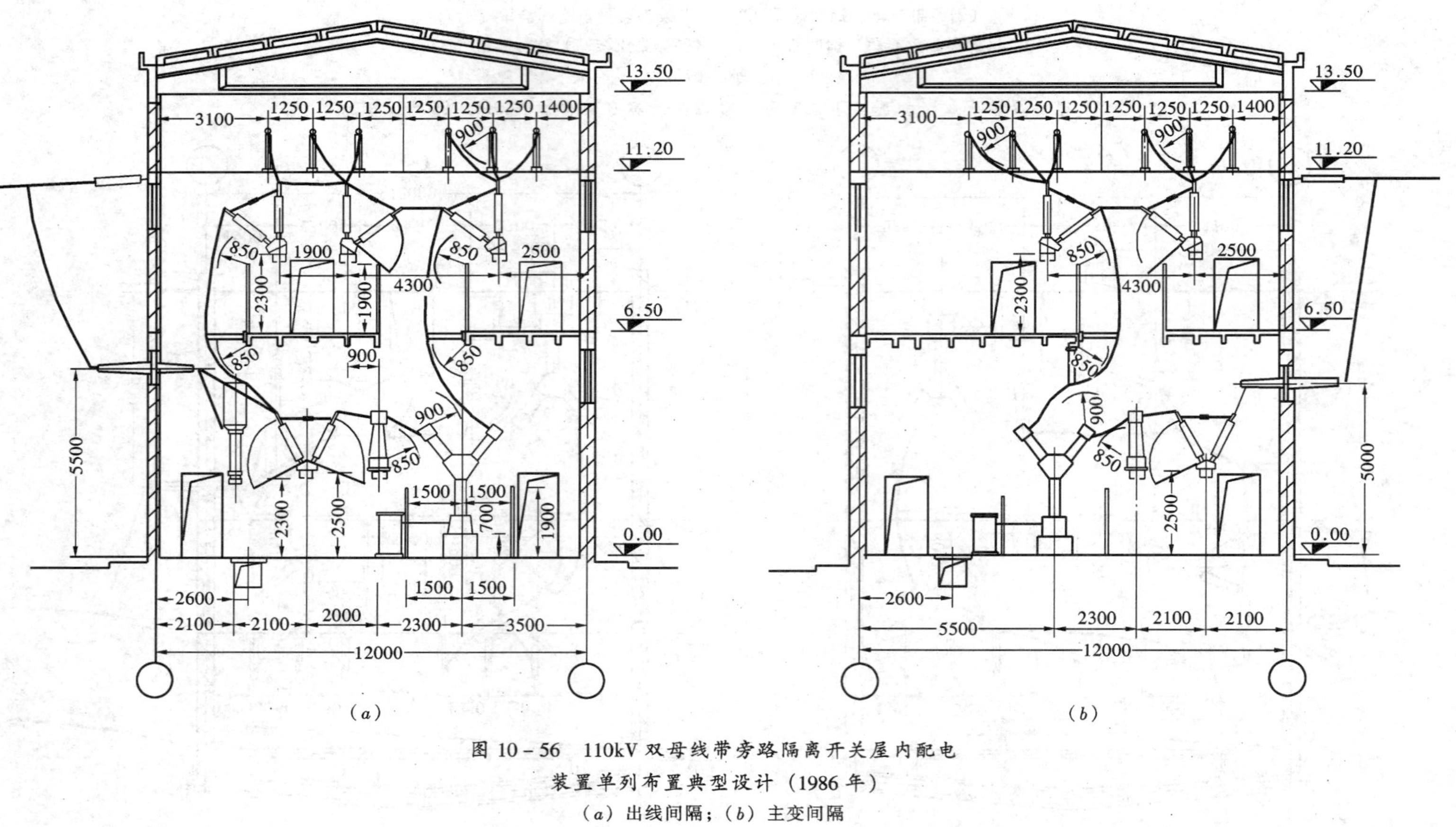

图 10－56 110kV 双母线带旁路隔离开关屋内配电装置单列布置典型设计（1986 年）

（a）出线间隔；（b）主变间隔

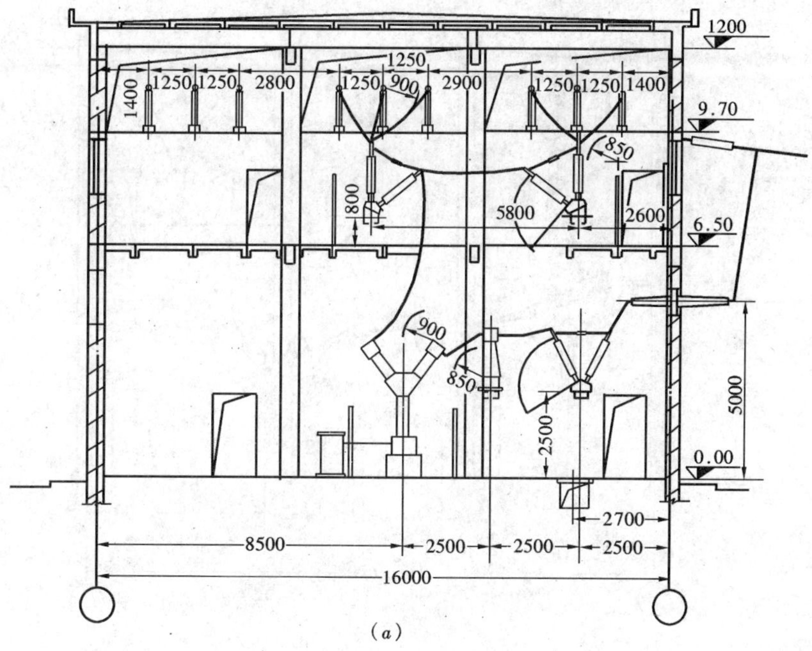

（a）

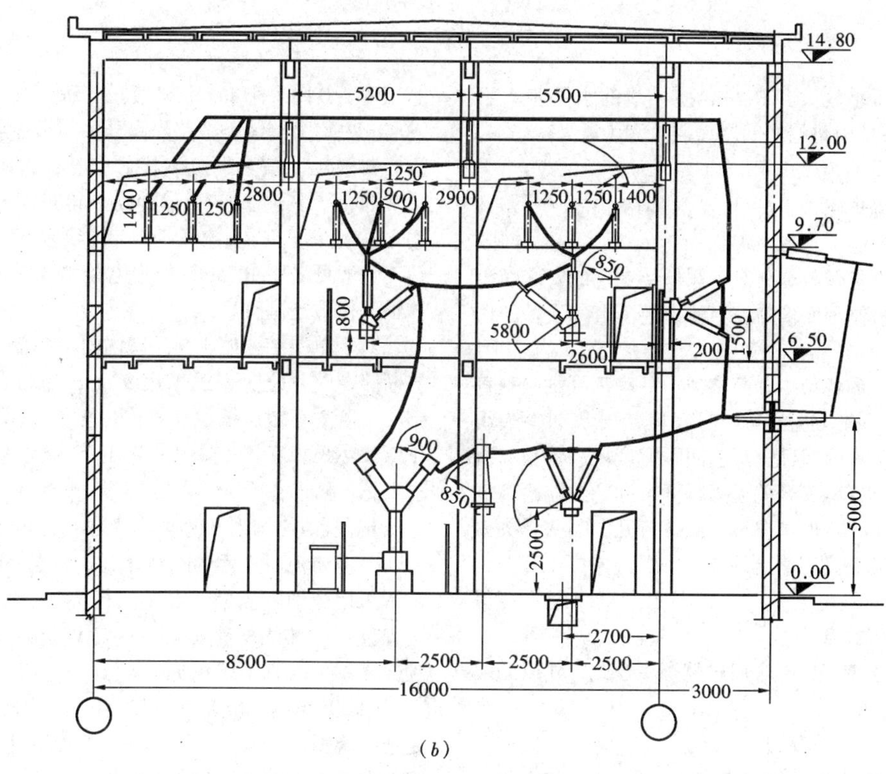

（b）

图 10－57　110kV 双母线带旁路母线屋内配电装置单列布置典型设计（1986 年）（一）

（a）主变间隔（进线不带旁路）；（b）主变间隔（进线带旁路）

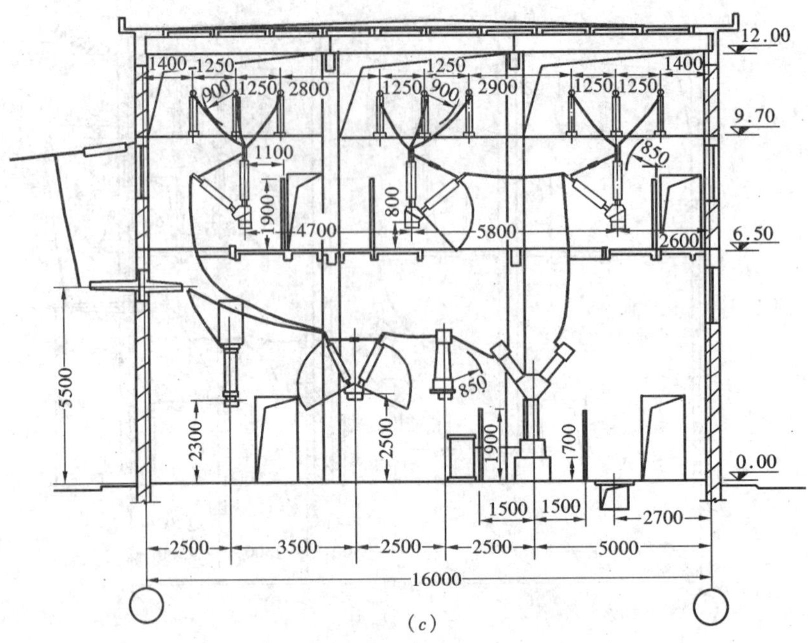

图 10-57 110kV 双母线带旁路母线屋内配电装置单列布置典型设计（1986 年）（二）

（c）出线间隔

将母线最大弧垂放大到 0.2m，使导线的水平张力不大于 2400N，此时母线相间距离需放大为 1.3m。

4. 间隔宽度

我国 110kV 屋内配电装置的间隔宽度为 6.0～8.5m，达 9 种之多，其中大部分为 6.0～6.6m。间隔宽度除满足设备带电部分对各侧保持一定的安全净距以及操作、检修等要求外，主要决定于电气设备的选型。

现已生产的各型少油断路器，厂家都可供应垂直布置的操动机构，当配用 GW5 型隔离开关时，最小间隔宽度可为 6m。但是 6m 的间隔宽度比较紧张，从工程实践看，在隔离开关刀刃打开方向的边相距离墙中心尺寸为 1.65m 的情况下，经常打开的隔离开关刀尖所面对的墙上，有明显的一片发黑迹象；也有的工程因土建施工发生误差，使带电的安全净距不能保证，故应适当放宽。

根据上述情况，并考虑建筑统一模式，建议间隔宽度采用 6.3m。

5. 配电装置跨度

对于两层结构的 110kV 屋内配电装置，当上层设有巡视走道时，其跨度一般取决于上层母线设备的布置。在二层单列式布置中，接线为双母线出线带旁路隔离开关时，所采用的跨度为 11.5m、12m、13.43m 等三种。其中采用 11.5m 跨度的工程，其上层的三组隔离开关均为侧装，旁路隔离开关与母线隔离开关之间的布置尺寸偏紧，影响检修安全；将跨度放大为 13.43m 后，其上下层的布置则显得过于宽敞。故采用 12m 的跨度布置比较合适。当接线为双母线时，其跨度一般可采用 10.5m，如为电缆出线时，则可视具体情况作适当调整。

对于单层结构的 110kV 屋内配电装置，当为固定式断路器时，跨度一般采用 9.8m；当为手车式断路器时，若手车搬运道设在屋内，跨度采用 11.2m，若手车搬运道设在屋外，则可采用 7.5m。

6. 配电装置的层高

现有 110kV 屋内配电装置的楼层标高为 5～7.5m，主要视所选用的断路器型式而定。目前大多数工程采用少油断路器，其楼层标高一般为 6～6.9m。为保证带电体的安全净距，并考虑检修和起吊的方便，楼层标高宜采用 6.5m。

110kV 屋内配电装置第二层的空间净高，主要决定于隔离开关的安装方式。对于双母线接线，母线隔离开关普遍安装在第二层的楼板上，这对压缩第二层的净高是有利的，当配电装置的跨度为 10.5m 时，第二层的净高可取 6m。对于双母线出线带旁路隔离开关接线，母线层的隔离开关一般采用安装在支架梁上的方式，所以第二层的净高宜采用 7m。

7. 母线隔离开关的安装与操作

母线隔离开关的安装方式大致有三种：①水平安装，与屋外中型布置的安装方式相同；②GW5 型隔离开关倾斜 25°安装，这种安装方式可以充分利用空间；③GW5 型隔离开关侧装，在安装时应将带罩子的触头置于下侧，并在操动机构上装设闭锁装置，以免发生自行闭合情况，同时，在设计中要考虑侧装后棒式绝缘子自重的影响，其端子允许拉力应适当减少。

布置在楼层的隔离开关，其操作地点有在就地和在底层两种，这主要取决于隔离开关的安装方式。对水平安装的隔离开关，一般直接安装在楼板上，故其操动机构都设在底层。对倾斜 25°安装的 GW5 型隔离开关，一般固定在离楼板 2.3m 以上的支架梁上，这与屋外中型布置的操作条件相同，一般为就地操作。对于侧装的隔离开关，若采用就地操作，为保证在发生误操作时对运行人员的安全，其安装操动机构的面板应采用钢板，如有可能，宜在底层进行操作。

8. 穿墙套管的辅助设施

我国北方雨水较少，积聚在穿墙套管上的污秽物不易冲刷，遇上小雨或雾天就易发生闪络，所以一般应设置雨篷。但在南方因降水量较大，且较频繁，污秽物不会积聚很多，运行情况较好，则认为设置雨篷的必要性不大。是否需要设置，需根据具体气象条件和污秽物质情况确定。

穿墙套管的贮油器（或称油封）应装设在便于监视油位及运行中加油方便的地方，当为两层布置时，一般安装在楼层通道内。

穿墙套管应设有取油样的设施，取样阀门一般装设在底层离地 1.2m 处，并应防止漏油。

9. 检修要求

110kV 屋内配电装置的设备多为就地检修。在安装或大修时，主要是在间隔内搭临时脚手架。为便于设备的起吊，应在楼板下适当位置设置吊环。同时，在楼板引线孔洞的两侧要留出挑耳，以便在安装检修时铺设挑板，并用以搁置起吊轻型设备的横梁。

对穿墙套管可在屋檐或雨篷下设置吊环以利安装和检修。

为便于楼层隔离开关的检修，设计时在每组隔离开关靠引下线孔洞侧要留出足够的宽度，使之能竖立靠梯上人。

10. 土建结构

土建结构有钢筋混凝土框架结构、砖混结构和砖结构等不同形式，其中普遍采用的是砖混结构，在 7～8 度地震区增加构造柱。砖混结构一般采用砖墙承重，钢筋混凝土楼板，大型屋面板或空心板，钢筋混凝土圈梁。设备支承梁有多种型式，当间隔宽度为 6.3～6.5m 时，可采用 2[18～2[20 钢梁，其宽度取 400mm，以便上人检修设备。

11. 通风和采光

配电装置要具备良好的通风和采光设施，以改善运行检修条件。

配电装置的通风一般采用自然通风和事故通风。自然通风多用百页窗。事故通风采用排风机，为保证发生事故时可靠工作，该风机应能在配电装置室外合闸操作。

屋内配电装置尽量考虑自然采光，一般采用固定窗，并以细孔钢丝网进行保护。所设窗户还可作为断路器等设备故障爆炸时泄压用。

配电装置的门窗缝隙应密封，通风孔应设防护网，以免因雨雪、风沙、污秽或小动物进入而造成污染或引起事故。

（三）布置型式选择

在选用 110kV 屋内配电装置布置型式时，对双母线出线带旁路隔离开关接线，可按典型设计（图 10－56）或参考 JS 电厂（图 10－48）、SG 变电所（图 10－49）和 DQ 热电厂（图 10－50）的布置方案；对单母线分段带旁路母线接线，可按典型设计（图 10－55）或参考 HC 电厂（图 10－52）的布置方案；对单母线分段接线，则可参考 MK 变电所（图 10－53）的布置方案。如果在 MK 变电所方案的分段断路器回路并联一组隔离开关，这样，当进出线断路器需要检修时，只要将分段隔离开关合上，就可使母线分段断路器手车退出，并用以代替上述需检修的进出线断路器手车，使之继续运行。该方案基本上相当于单母线分段带旁路的接线，只是当切换断路器手车时要短时停电。

上述各 110kV 屋内配电装置的主要经济指标和它与相应接线的 110kV 屋外配电装置的比较分别见表 10－16 和表 10－17。表 10－16 为双母线带旁路母线或带旁路隔离开关接线，各方案均按 10 个电气间隔考虑，其中进线间隔 2 个，出线间隔 6 个，母联兼旁路间隔 1 个，电压互感器及避雷器间隔 1 个。表 10－17 为单母线分段带旁路母线或单母线分段接线，各方案均按 9 个电气间隔考虑，其中进线间隔 2 个，出线间隔 4 个，分段兼旁路或分段间隔 1 个，电压互感器及避雷器间隔 2 个。配电装置的各项经济指标均以屋外普通中型典型设计为比较基础，即以典型设计为100％。比

表 10-16　　110kV 屋内外配电装置经济比较（双母线带旁路母线或带旁路隔离开关接线）

工程名称			66 单 218（典设）	JS 电厂	DQ 热电厂	SG 变电所
布置型式及接线			屋外普通中型	屋内型（二层单列二走道）	屋内型（二层单列单走道）	屋内型（二层单列二走道）
比较项目			双母线带旁路母线	双母线带旁路隔离开关	双母线带旁路隔离开关	双母线带旁路隔离开关
占地面积		(m^2)	4689.3	1470	1387	1575
		(%)	100	31.4	29.6	33.6
总投资		(元)	939997	943902	1025510	961110
		(%)	100	100.4	109.1	102.3
其中	土建费	(元)	107175	181449	188800	195743
		(%)	100	169.3	176.2	182.6
	设备费	(元)	791074	620934	684774	612954
		(%)	100	78.5	86.6	77.5
	安装费	(元)	41748	141519	151936	152413
		(%)	100	339	363.9	365.1
钢材消耗		(t)	51.21	43.66	38.39	72.54
		(%)	100	85.3	75	141.7
木材消耗		(m^3)	61.3	104.2	46.8	115.6
		(%)	100	170	76.4	188.6
水泥消耗		(t)	175	453	330	390
		(%)	100	258.9	188.6	222.9
混凝土消耗		(m^3)	479	830	352	728
		(%)	100	173.3	73.5	152
导线铝消耗		(t)	2.79	3.91	3.75	3.21
		(%)	100	140.1	134.4	115.1
电缆		(m)	2897	1459	1546	1543
		(%)	100	50.4	53.4	53.3

表 10-17　　110kV 屋内外配电装置经济比较（单母线分段带旁路母线或单母线分段接线）

工程名称		75 典 360-100	HC 电厂	MK 变电所
布置型式及接线		屋外普通中型	屋内型（二层双列二走道）	屋内型（单层单列二走道）
比较项目		单母线分段带旁母	单母线分段带旁母	单母线分段
占地面积	(m^2)	2552	1080	1388.6
	(%)	100	42.3	54.4
总投资	(元)	657511	716912	697654
	(%)	100	109	106.1

续表

工 程 名 称			75 典 360－100	HC 电厂	MK 变电所
布置型式及接线			屋外普通中型	屋 内 型 （二层双列二走道）	屋 内 型 （单层单列二走道）
比较项目			单母线分段带旁母	单母线分段带旁母	单母线分段
其中	土建费	（元）	55842	132490	126396
		（%）	100	237.3	226.4
	设备费	（元）	586462	468652	448902
		（%）	100	79.9	76.5
	安装费	（元）	15207	115770	122356
		（%）	100	761.3	804.6
钢材消耗		（t）	14.49	36.24	38.07
		（%）	100	250.1	262.7
木材消耗		（m^3）	20.4	48.8	35.7
		（%）	100	239.2	175
水泥消耗		（t）	57	265	241
		（%）	100	464.9	422.8
混凝土消耗		（m^3）	152	329	263
		（%）	100	216.5	173
导线铝消耗		（t）	0.64	0.41	0.16
		（%）	100	64.1	25
电 缆		（m）	1317	959	1265
		（%）	100	72.8	96.1

较中对屋外布置的方案按 GW4－110 型隔离开关考虑，而屋内配电装置的方案则按 GW5－110 型隔离开关考虑。经济比较的各项费用均以 1980 年的价格为基础进行计算。

五、型式选择

各型 110kV 配电装置的经济技术分析列于表 10－18。比较是按双母线接线编制的，各型布置均按 10 个电气间隔考虑，其中进线间隔 2 个，出线间隔 6 个，母联兼旁路间隔 1 个，电压互感器及避雷器间隔 1 个。配电装置的各项经济指标均以屋外普通中型典型设计为比较基础，即以该型典设为 100%。比较中对屋外布置的方案按 GW4－110 型隔离开关考虑，而屋内配电装置的方案则按 GW5－110 型隔离开关考虑。

由表 10－18 可见，各型 110kV 配电装置中屋外半高型能大幅度节约用地，能够满足施工、运行和检修的要求，并有多年使用经验，各项经济指标也较先进。因此，在设计 110kV 配电装置时，除污秽地区、市区和地震烈度为 8 度及以上地区外，一般宜优先选用屋外半高型配电装置。采用管形母线的半高型布置虽能更多地节省占地面积，经济指标与软母线半高型也相近，但因相间距离小，不能带电作业，安装工艺要求较高，所以可在检修机具更新落实的条件下，结合工程具体情况酌情使用。

由于屋内配电装置防污效果较好，又能大量节约用地，故采用屋内配电装置是一项有效的防污措施。经比较，在 2 级污秽区❶，110kV 屋外中型配电装置采用 2 级污秽区电气设备，与采用 1 级污秽区电气设备的屋内配电装置相比，两者造价接近；至于在 3 级污秽区，则屋内型肯定较屋外型造价低。因此，从技术经济全面衡量，2 级及以上污秽区的 110kV 配电装置宜

❶ 污秽区分级参见表 6－8“发电厂、变电所污秽分级标准”。

表 10-18 各型 110kV 配电装置经济技术分析

工程名称		66 单 218（典设）	75 典 360-300	SZ 变电所	JS 电厂
布置型式及接线 / 比较项目		屋外普通中型	屋外半高型	屋外高型	屋内型（二层单列二走道）
		双母线带旁母	双母线带旁母	双母线带旁母	双母线带旁隔
占地面积	(m^2)	4689.3	2305.5	1876.8	1470
	(%)	100	49.2	40	31.4
总投资	(元)	939997	923321	945637	943902
	(%)	100	98.2	100.6	100.4
钢材消耗	(t)	51.21	57.87	68.56	43.66
	(%)	100	113	133.9	85.3
木材消耗	(m^3)	61.3	33.57	29.58	104.2
	(%)	100	54.8	48.3	170
水泥消耗	(t)	175	96	86.97	453
	(%)	100	54.9	49.7	258.9
导线铝消耗	(t)	2.79	1.8	1.95	3.91
	(%)	100	64.5	69.9	140.1
电缆	(m)	2897	1904	2456	1459
	(%)	100	65.7	84.8	50.4
施工		土建施工及安装调整方便；便于分期扩建	土建施工较方便	有半数隔离开关需吊装到 11m 左右高位，尤以旁路隔离开关吊装麻烦，其操作系统安装调整要求较高；土建施工较方便；扩建不便	土建施工工作量大，工期较长，安装调整较方便；不便于分期扩建
运行		布置清晰，巡视操作方便；清扫工作量较大	布置清晰，操作集中，巡视路径短；母线隔离开关监视较不方便；油漆工作量较大	倒闸操作需上下走动，巡视路径长；旁路隔离开关监视不便；维护、油漆工作量大	布置紧凑，巡视路径短，操作方便，夜间及雨雪天气不受影响；绝缘清扫工作量小，且易于清除积灰
检修		母线及设备检修方便（包括带电作业）；检修场地宽敞，搬运方便；检修易受气候条件影响	检修母线及母线隔离开关时需采取防坠措施；油断路器检修场地偏紧；带电作业较困难	上母线及隔离开关检修时需采取一定防坠措施；旁路隔离开关检修困难；带电作业困难	除上层母线隔离开关检修不甚方便外，其它设备检修较方便，且不受气候条件影响，但不能带电作业
防污及抗震性能		防污性能差，抗震性能好	防污及抗震性能均较差	防污及抗震性能均差	防污性能较好，抗震性能较差
每个电气间隔节约的土地面积	亩	—	0.36	0.42	0.48

选用屋内型。此外，大、中城市市区的土地费用昂贵，征地困难，线路走廊也受到限制，故市区内的110kV 配电装置也宜选用屋内型。

110kV 屋外高型配电装置由于钢材耗量大，土建费用多，安装检修和运行维护条件较差，所以一般不予采用。同时，在地震烈度较高的地区，也不宜采用高型布置。

110kV 屋外中型配电装置在我国建设数量最多，具有丰富的施工、运行和检修经验，但因占地面积过多，故不推荐采用，只有在地震烈度为 8 度及以上地区或土地贫脊地区，才可考虑采用。

第 10－4 节　220kV 配电装置

一、中型配电装置

现有 220kV 配电装置分普通中型布置和分相中型布置两种。对于普通中型布置，其母线下不布置任何电气设备；而分相中型布置的特点是将母线隔离开关直接安装在各相母线的下面。

（一）普通中型配电装置

该型配电装置的特点和使用情况与 110kV 电压级类同，即其电气设备都安装在地面支架上，施工、运

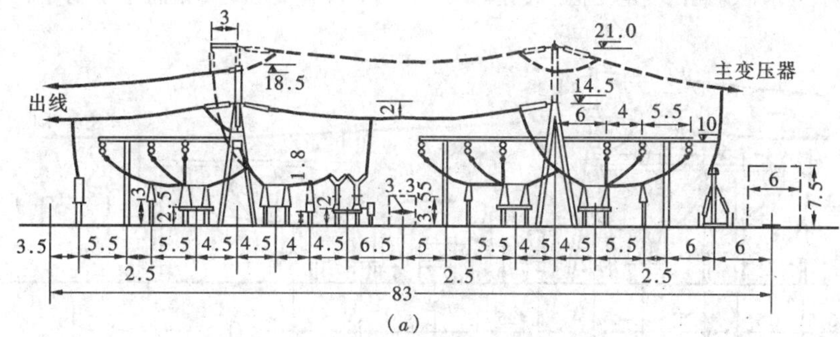

(*a*)

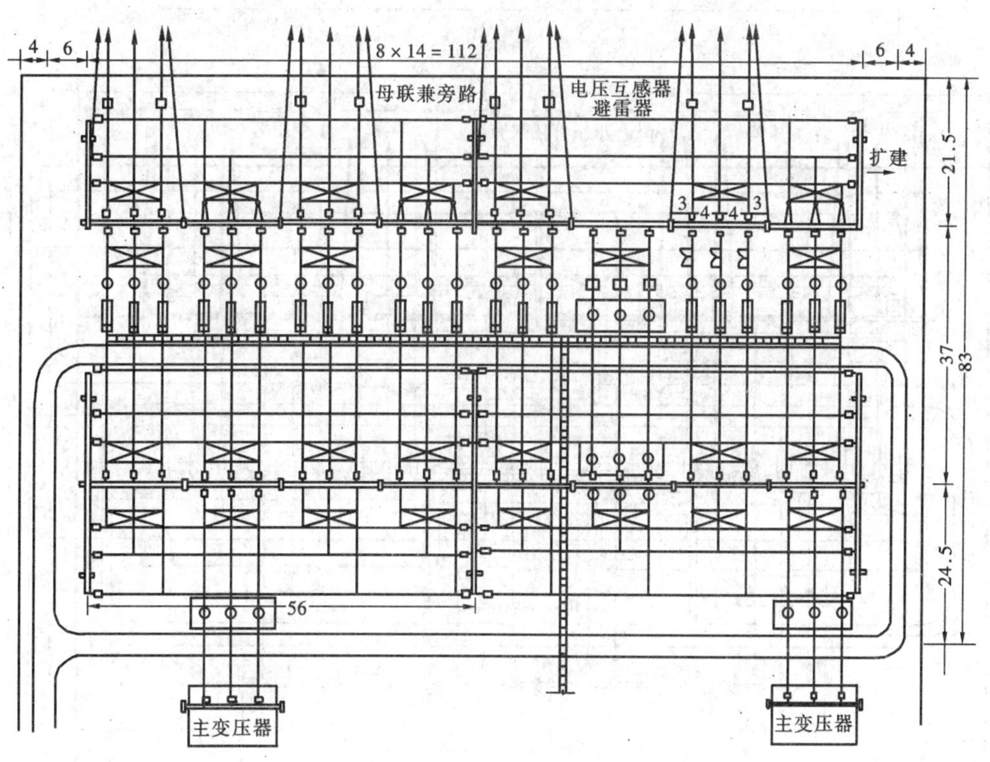

(*b*)

图 10－58　220kV 双母线带旁路母线普通中型配电装置典型设计（74 变单 34）

（*a*）断面图；（*b*）平面图

行和检修都比较方便，所以使用广泛，各方面的经验较为丰富，但占地面积过大。从70年代以来，通过配电装置布置的不断革新，普通中型布置已逐渐被其它各型占地较少的配电装置所取代，从而大大限制了它的使用范围。

图10－58示双母线带旁路母线普通中型配电装置典型设计编号为（74变单34)。该型布置以8个间隔计，占地面积为16.4亩。

图10－59示单母线分段带旁路母线普通中型配电装置单列布置典型设计（编号为74变单34)。该型布置以8个间隔计，占地面积为13.1亩，适于在主变压器不能停运、要求带旁路的变电工程中使用。

图10－60示出单母线分段带旁路母线普通中型配电装置双列布置典型设计（编号为74变单34)，其间隔宽度同单列布置，仅出线带旁路，且只有一段母线能带旁路。该型布置以5个间隔（回路数同单列布置）计，占地面积为11.5亩。适用于进出线回路数相近且主变压器可不带旁路的发电厂配电装置。

在70年代，采用铝管母线的配电装置日益增多。NY变电所是国内最早采用220kV铝管母线配电装置的变电所，采用双母线带旁路母线接线，间隔宽度为12.5m。其布置方式与采用软母线单列布置的普通中型配电装置相似，但因铝管母线弧垂很小，架构高度可以降低；且母线相间距离缩小为3m；同时，两组

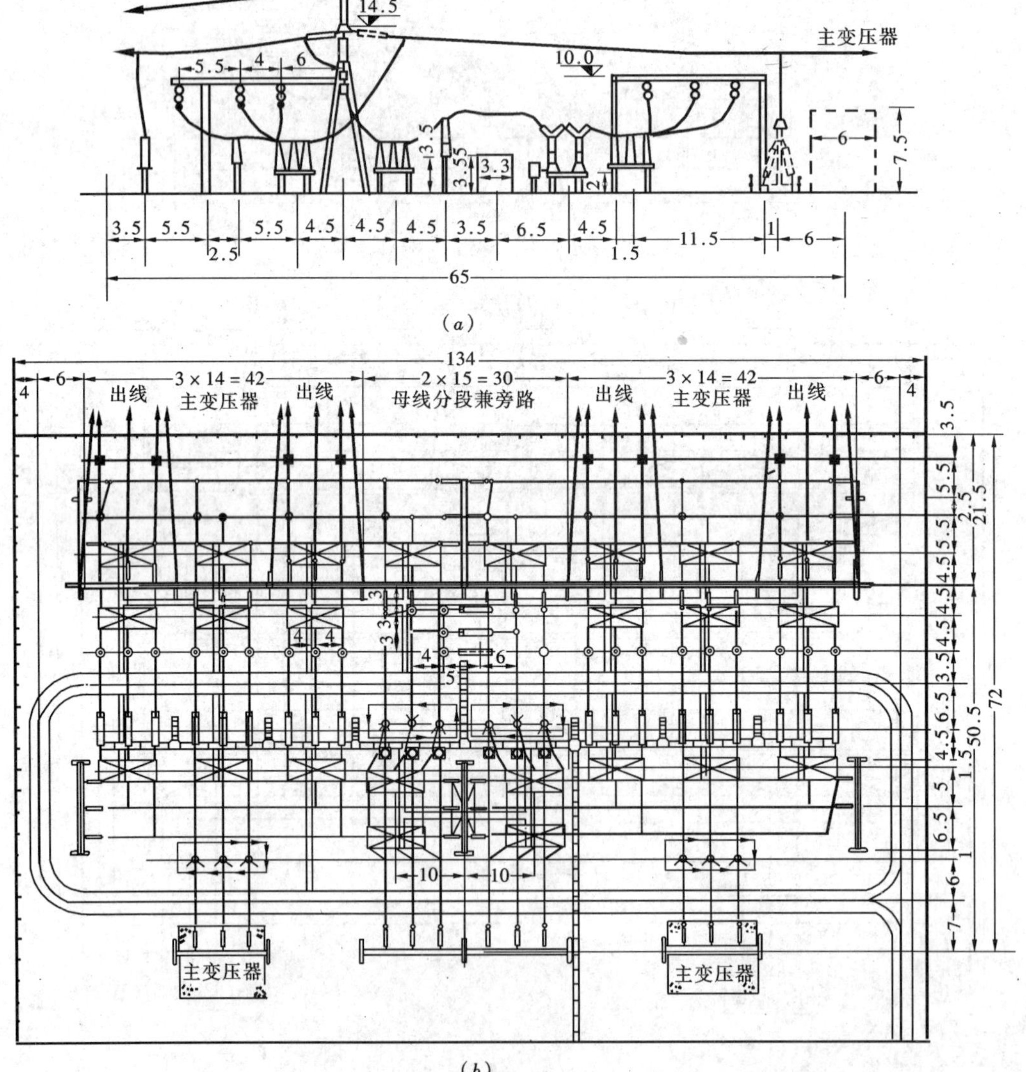

图10－59 220kV单母线分段带旁路母线普通中型配电装置单列布置典型设计（74变单34）

(a) 断面图；(b) 平面图

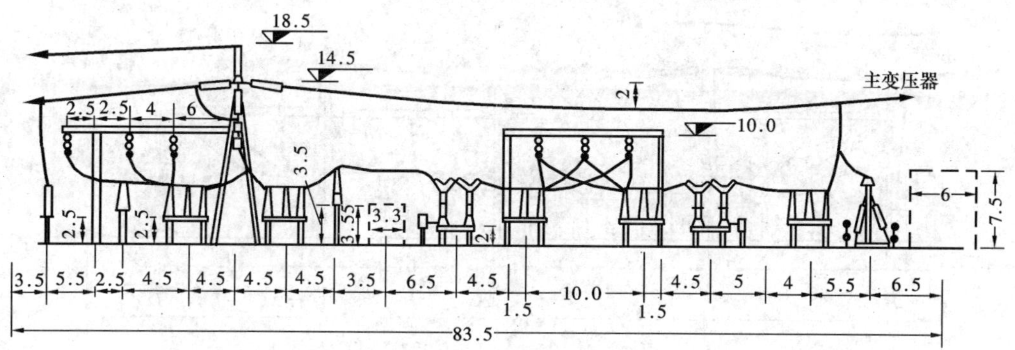

图 10－60　220kV 单母线分段带旁路母线普通中型配电装置双列布置典型设计（74 变单 34）

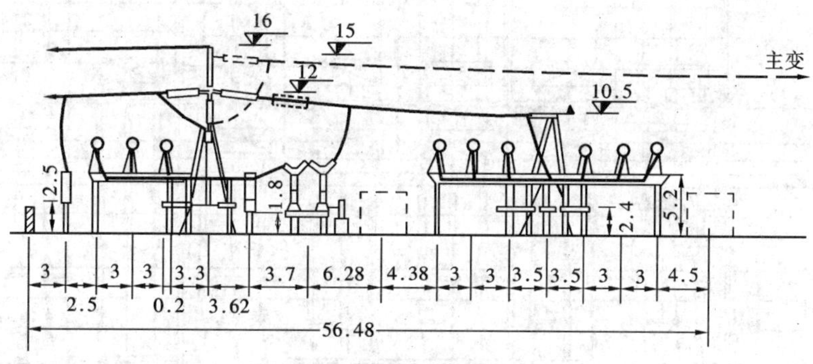

图 10－61　NY 变电所 220kV 铝管母线普通中型配电装置（1973 年）（图中单位为 m）

母线隔离开关、出线与旁路隔离开关以及电流互感器分别选用了敞开式组合电器，从而压缩了配电装置的纵向尺寸。该布置与采用软母线的配电装置典型设计相比，占地面积为它的 65.7%，耗钢量则为它的 94.5%。NY 变电所 220kV 配电装置断面见图 10－61。

（二）分相中型配电装置

分相中型配电装置系将母线隔离开关直接布置在各相母线的下方，有的仅一组母线隔离开关采用分相布置，有的所有母线隔离开关均采用分相布置。隔离开关的型式有 GW4 型双柱式、GW7 型三柱式或 GW6 型单柱式。母线型式有软母线及管形母线两种。分相中型布置可以节约用地，简化架构，节省三材，故已基本上取代普通中型布置。

国内最先采用 220kV 分相中型配电装置的是 SX 变电所，其平断面布置见图 10－62。该布置将电流互感器安装在出线隔离开关的外侧，这样当主回路断路器检修而以旁路断路器代替时，仍能使用本回路的电流互感器和继电保护装置。但在正常情况下却增大了电流互感器与断路器之间的距离，使故障几率增加，并且电流互感器也无法配合断路器进行检修，故仍以安装在出线隔离开关内侧为宜。该布置因引线少，比较清晰，悬垂绝缘子串的数量比普通中型布置少三分之一，且简化了架构，从而减少了检修及维护工作量。采用分相布置后虽然缩小了配电装置的纵向尺寸，但因双柱式隔离开关分相布置后间隔宽度需由 14m 增大为 15m，其占地面积为普通中型典型设计的 93.8%，故节约用地的效果不够显著。

图 10－63 为采用软母线的分相中型配电装置典型设计（编号为 74 变单 34），典型设计是在总结 SX 变电所运行经验的基础上作出的，包括 GW4 和 GW7 型隔离开关两个方案，图示为 GW4 分相布置的间隔断面。两个方案的布置基本一致，均采用一组母线隔离开关分相布置。两个方案均设有专用旁路断路器，将两组母线电压互感器及避雷器与母联回路合并布置在一个间隔内，以减少配电装置的占地面积。在隔离开关采用分相布置后，为保证两组母线隔离开关与断路器之间的连线对架构的安全净距，间隔宽度须采用 15m；同时，为了留有一定的裕度，将断路器的相间

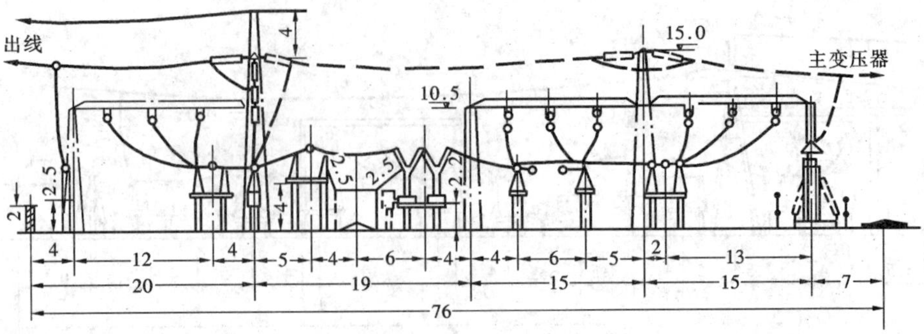

出线

主变压器

(a)

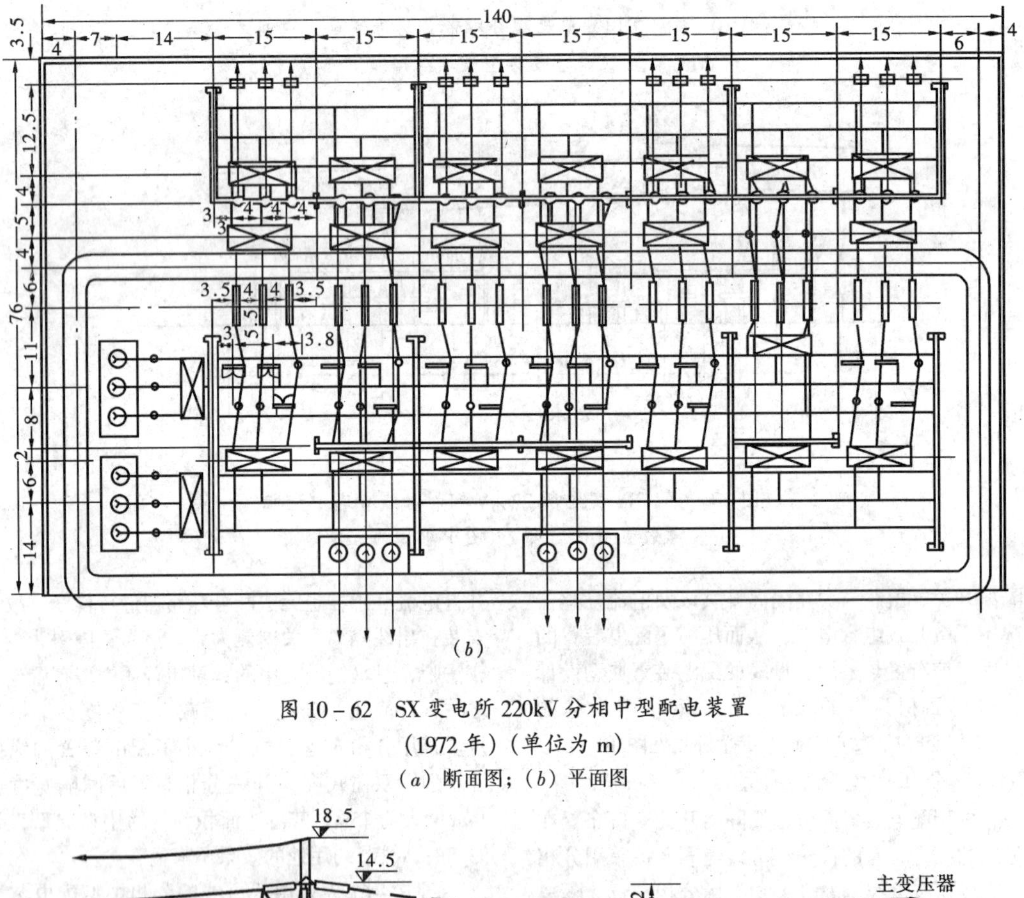

(b)

图 10-62　SX 变电所 220kV 分相中型配电装置
(1972 年)(单位为 m)
(a) 断面图;(b) 平面图

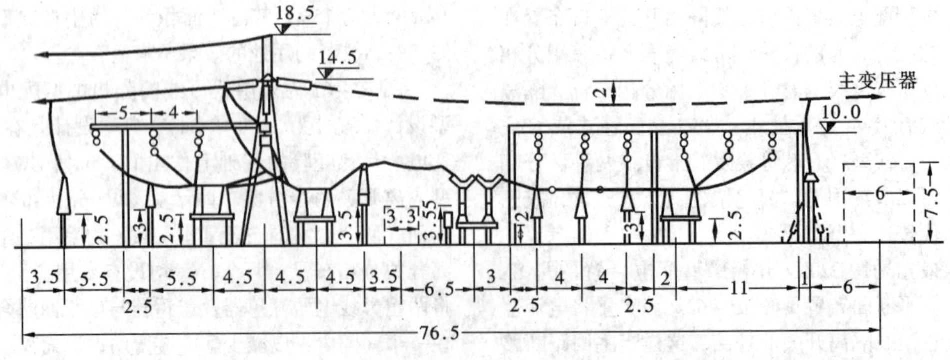

图 10-63　220kV 分相中型配电装置典型设计(74 变单 34)
(单位为 m)

距离由 4m 改为 3.5m。

图 10－64 示出 CZ 变电所采用软母线配单柱式隔离开关的分相中型布置。为了提高分相中型布置节约用地的效果，对于分相布置的一组隔离开关选用 GW6 型单柱隔离开关，这样可以使间隔宽度从 15m 压缩到 13m。为了配合 13m 的间隔宽度，其它不是分相布置的隔离开关，需采用相间距离较小（3m）、断开后动触头不带电的三柱式隔离开关；同时，还将母联回路与两组母线设备合并布置在一个间隔内，使整个配电装置可减少一个间隔。通过采取以上这些措施，可以使分相中型配电装置的纵向和横向尺寸大为减小，达到了节约用地的目的。其占地面积为普通中型的 73%。在采用单柱式隔离开关后，母线按两个间隔为一跨来考虑，其弧垂缩小为 1.1m，使软导线及静触头的风偏摇摆值限制在动触头运动轨迹的范围内，以保证隔离开关的可靠合闸。

分相中型配电装置除上述软母线布置外，还有管形母线布置方式。

图 10－65 示出 TJ 变电所 220kV 分相中型铝管母线配电装置布置。该配电装置的间隔宽度缩小为 12m，相应地进出线相间距离减少为 3.75m，边相至架构支柱中心线距离压缩到 2.25m。母线及设备的相间距离均为 3m。为保证跳线或引下线的相间距离和对架构的安全净距，在横梁上装设悬垂绝缘子串以固定跳线或引下线，悬垂绝缘子串的相间距离为 3m。为减少阻波器的风偏摇摆，对三相阻波器均采用 V 形绝缘子串悬挂方式，两组 V 形绝缘子串中心线距离为 3.25m。同一组 V 形绝缘子串在出线门型架横梁上两个悬挂点之间的距离为 2.4m。考虑到铝管母线端部普通绝缘的棒式支柱绝缘子在雾天运行期间曾发生过爬电现象，故采用了加大泄漏距离的绝缘子，即选用西安电瓷厂生产的 132kV 棒式支柱绝缘子（抗弯破坏强度 4000N）和抚瓷厂生产的 110kV 棒式支柱绝缘子（抗弯破坏强度 8000N）分别作为母线支柱绝缘子的上下节瓷件，组合成泄漏比距达 2.13cm/kV 的 220kV 棒式支柱绝缘子。其泄漏距离较普通绝缘子提高了 25%，抗弯破坏强度仍为 4000N。由于单柱式隔离开关的静触头侧不带接地刀闸，为解决铝管母线检修接地的问题，制造厂生产了专用的 JD 型铝管母线接地器。该配电装置在每相铝管母线的两端分别装设一组母线接地器，它直接安装在末端母线架构上，代替了末端母线支柱绝缘子，同时供母线检修时接地之用。为了少用铝管，便于施工，有利于抗震，设备间的连线均采用软导线。该型配电装置占地少，布置清晰，结构简单，运行维护和安装检修均较方便，故使用比较广泛。该布置与普通中型配电装置相比，可节约用地31.6%，

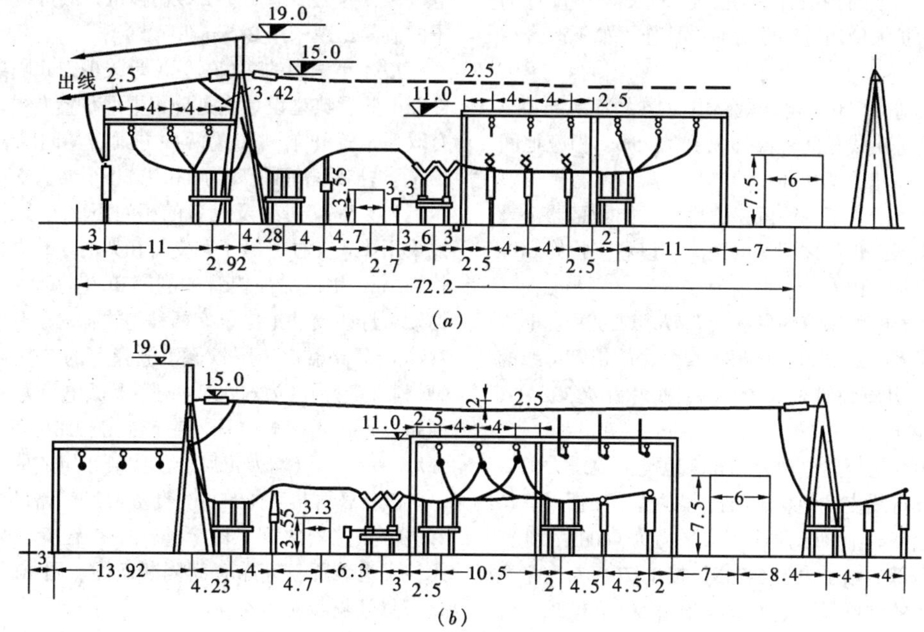

图 10－64　CZ 变电所 220kV 分相中型配电装置
（1978 年）
（a）出线间隔；（b）母联及电压互感器、
避雷器间隔

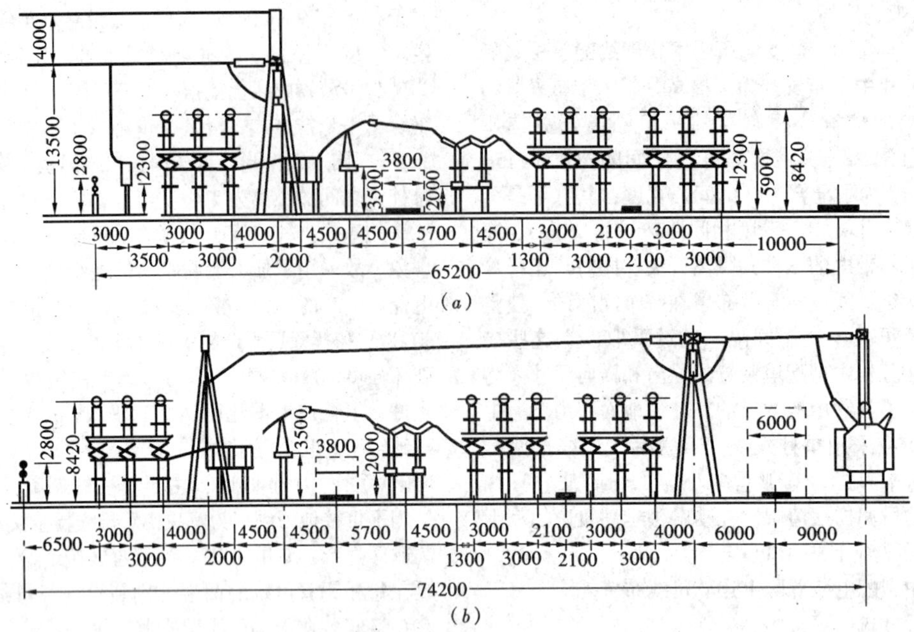

图 10－65　TJ 变电所 220kV 铝管母线分相中型配电装置（1979 年）

（a）出线间隔；（b）进线间隔

节省钢材 16.7%。

图 10－66 示出 220kV 分相中型铝管母线配电装置通用设计。该通用设计是在上述 TJ 变电所设计的基础上，为扩大使用范围并对原设计作了如下改进后作出的：

（1）为适应 220kV 电网短路电流增大为 26～40kA 的需要，将进出线相间距离加大到 4.25m，相应地间隔宽度自 12m 增大为 13m。

（2）适当增大了一些偏紧的尺寸，如断路器至母线之间以及两组母线之间等的距离，以利于检修和维护，故纵向尺寸由 65.2m 增大为 68m。

（3）随着电力系统的发展，有较多 220kV 变电所的主变容量及母线穿越功率都将增大，故铝管母线的直径也相应由原设计的 ϕ100/ϕ90 加大为 ϕ130/ϕ116 及 ϕ130/ϕ104。

（4）为满足短路电动力和 8 度地震区地震力的要求，需提高母线支柱绝缘子的抗弯强度。根据计算结果，母线短路时绝缘子顶部的水平力为 4600N，地震时绝缘子顶部的水平力为 5420N，按 1.67 倍安全系数计，绝缘子的抗弯强度应为 7680 和 9050N。按理应选用抗弯强度为 10000N 的绝缘子，但因国内尚未生产，故以现有产品 ZS－1060－850（抗弯强度 8500N）及 ZS－1070－1500（抗弯强度 15000N）两节 110kV 支柱绝缘子组成 220kV 棒式支柱绝缘子。

（5）原采用的 ZS－220/400 型棒式支柱绝缘子的泄漏比距为 1.6～1.7cm/kV，考虑到在雨雾天时有爬电现象，并为能适用于 2 级污秽区，故母线支柱绝缘子的泄漏比距采用 2.5cm/kV。

1984 年编制的 220kV 管形母线剪刀式隔离开关屋外配电装置典型设计也是分相中型布置方式，断路器有双列布置和单列布置两种方案，其间隔宽度均为 13m。进出线相间距离为 4m，边相至架构支柱中心线距离为 2.5m。母线及设备的相间距离为 3m。管形母线采用棒式支柱绝缘子和支持托架的安装方式，托架长为 3m，用以加强铝管的刚度和防止母线产生微风振动。母线支柱绝缘子有两种型式：对于开断电流为 21kA 的断路器，选用景德镇电瓷厂的 ZSW－220/600 型，其抗弯强度为 6000N；对于开断电流为 31.5kA 的断路器，选用抚顺电瓷厂生产的由 22816（下节）和 22709（上节）（均为工厂产品代号）组成的支柱绝缘子，其抗弯强度为 8000N。设备搬运道路设在断路器和电流互感器之间，两者连线采用铝管。图 10－67 示该配电装置双列布置间隔断面图。图 10－68 示单列布置间隔断面图。

（三）设计提示

关于 220kV 中型配电装置的设计，有以下一些技术问题要着重考虑。

1. 相间距离和间隔宽度

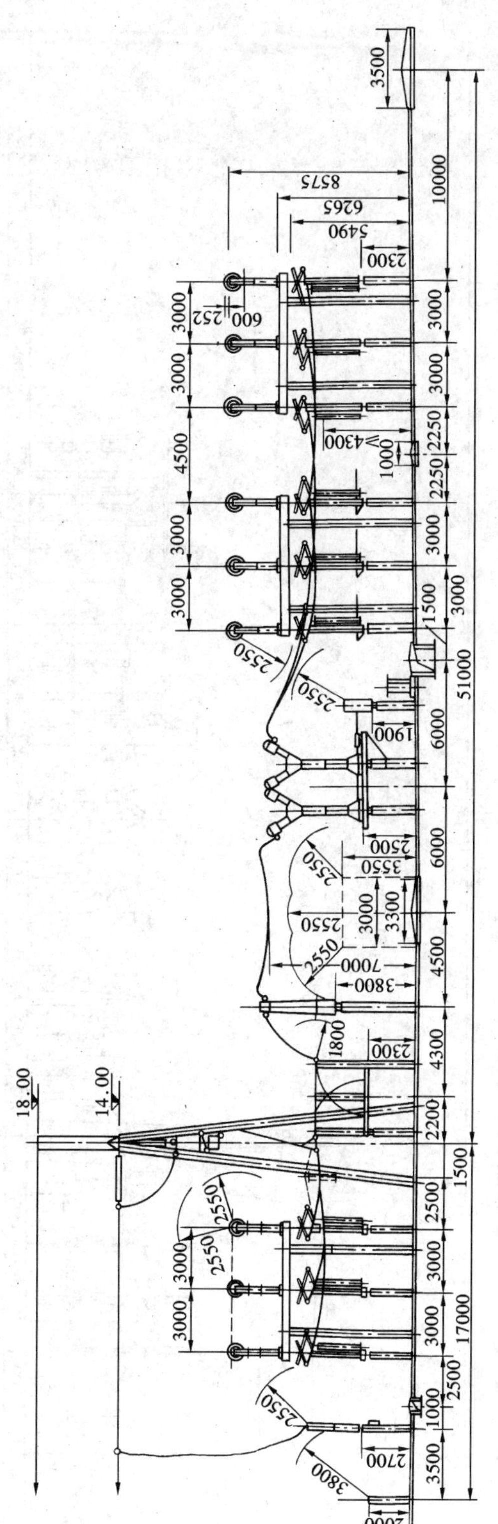

图 10-66　220kV 分相中型铝管母线配电装置通用设计
（1979 年）

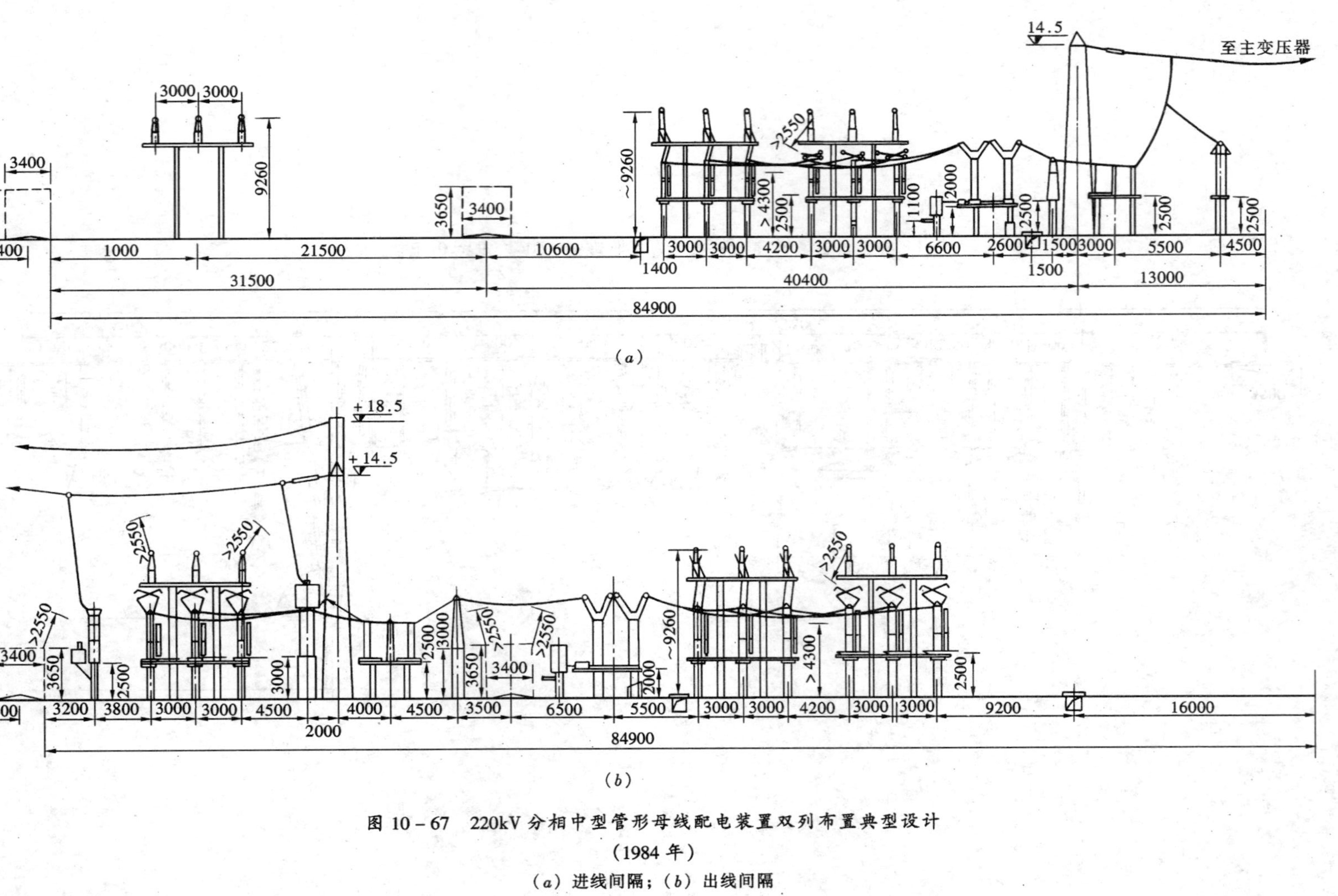

图 10－67　220kV 分相中型管形母线配电装置双列布置典型设计
（1984 年）
（a）进线间隔；（b）出线间隔

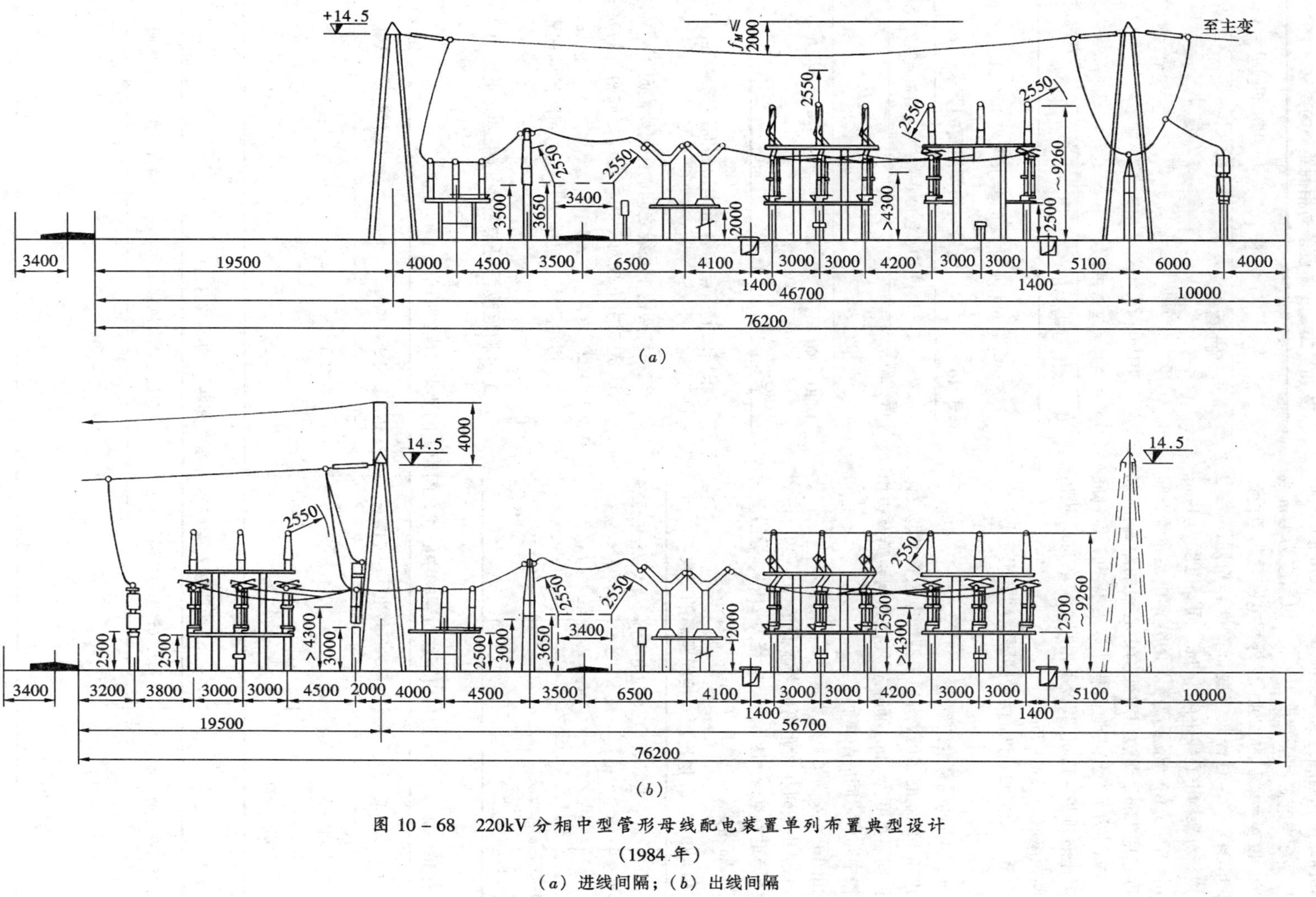

图 10－68　220kV 分相中型管形母线配电装置单列布置典型设计（1984 年）

（a）进线间隔；（b）出线间隔

我国已运行的发电厂和变电所中，220kV 配电装置的相间距离和间隔宽度种类很多，解放初期设计的普通中型配电装置间隔宽度为 16m，以后多为 14m 或 15m。在 1974 年编制的 220kV 屋外配电装置典型设计（74 变单 34）中，对普通中型布置推荐相间距离为 4m，边相对架构中心线距离为 3m，间隔宽度为 14m；对采用 GW4 或 GW7 型隔离开关的分相中型布置，间隔宽度选用 15m，即边相对架构中心线的距离由 3m 改为 3.5m。为了节省占地面积，以后有些工程将间隔宽度压缩到 12～13m，其设备相间距离取 3m，进出线相间距离取 4m 或 3.75m。

现就 14m 及 12～13m 两种间隔宽度的确定分述如下：

（1）14m 间隔宽度的确定

1974 年编制的 220kV 普通中型配电装置典型设计推荐的间隔宽度为 14m。间隔宽度由相间距离及边相对架构中心线之间的距离所决定。

相间距离要满足下列要求：

1）进出线对相间距离的要求见表 10－19。该表按导线跨距为 40m、计算短路电流为 21kA、导线最大弧垂为 2m 考虑。

表 10－19　进出线对相间距离的要求

导线型号	大气过电压、风偏（m）	内部过电压、风偏（m）	最大工作电压、短路、风偏（m）
LGJQ－300	2.2	2.4	4.0
LGJQ－400	2.2	2.3	3.8

2）设备对相间距离的要求见表 10－20。

表 10－20　设备对相间距离的要求

220kV 设备类型	要求相间距离（m）
少油断路器 空气断路器 单柱式隔离开关 三柱式隔离开关	3
双柱式隔离开关	4

3）电晕对相间距离的要求见表 10－21。

表 10－21　电晕对相间距离的要求

导线型号	海拔高度为 1000m 时要求的相间距离（m）	
	$U_{xg}=133kV$	$U_{xg}=147kV$
LGJQ－300	3.5	>4.0
LGJQ－400	2.0	3.4

根据以上三点综合考虑，相间距离取 4m 即可满足要求。

边相对架构中心线之间的距离要满足下列要求：

1）边相引下线对架构中心线之间距离的要求见表 10－22。

2）边相跳线对架构中心线之间距离的要求见表 10－23。

3)边相阻波器对架构中心线之间距离的要求为 2.8～3.0m。

表 10－22　边相引下线对架构中心线之间距离的要求（出线偏角≤10°）（m）

导 线 型 号	大气过电压、风偏	内部过电压、风偏	最大工作电压、风偏
LGJQ－300	2.4	2.3	1.9
LGJQ－400	2.4	2.2	1.9

表 10－23　边相跳线对架构中心线之间距离的要求（m）

导 线 型 号	大气过电压、风偏	内部过电压、风偏	最大工作电压、风偏
LGJQ－300	2.2	2.0	1.9
LGJQ－400	2.1	2.0	1.8

4）带电作业人登杆时，边相对架构中心线之间距离的要求为：

1.8 m（A_1 值）+ 0.75 m（人的活动范围）

＋0.1m（导线风偏位移）＝2.65m。

按上述各项要求取其最大数值，边相对架构中心线之间的距离确定为 3m。

根据以上分析，采用软导线的 220kV 普通中型配电装置的相间距离为 4m，边相对架构中心线之间的距离为 3m，故间隔宽度为 14m。

（2）12～13m 间隔宽度的确定

以往工程中 220kV 分相中型布置曾采用 12～13m 间隔宽度，其相间及相对地的距离如表 10－24 所示。

为将间隔宽度由 14m 压缩到 12～13m，设计中采取了下列措施：

1）隔离开关选用 GW6 型单柱式或 GW7 型三柱式。这两种隔离开关所要求的相间距离较小，可使设备相间距离缩减为 3m。

2）减少进出线的弧垂。当间隔宽度采用 12m 时，进出线相间距离需由 4m 压缩为 3.75m，该值小于表 10－19 所列的计算值，为安全起见，要将进出线的弧垂由 2.0m 减少为 1.9m，此时导线风偏摇摆所要求的相间距离为 3.69m。

表 10－24　分相中型布置曾采用的相间及相对地距离（m）

间隔宽度	设备采用的距离		进出线采用的距离	
	相间	相对地	相间	相对地
12	3.0	3.0	3.75	2.25
12.5	3.0	3.25	3.75	2.5
13	3.0	3.5	4.0	2.5
			4.25	2.25
14	4.0	3.0	4.0	3.0

注　1. 当短路电流为 26～40kA 时，进出线相间距离采用 4.25m。
2. 间隔宽度 14m 为普通中型配电装置典型设计的数值，列出以资比较。

3）跳线及引下线加装悬垂绝缘子串。当有跳线时，为保证跳线风偏摇摆的安全距离，需在横梁上加装悬垂绝缘子串，悬垂串的相间距离和边相对架构中心线之间的距离均不得小于 3m。进出线隔离开关引下线应根据布置情况校验其风偏摇摆值。若计算结果不能保证对架构的安全距离时，也应采用加装悬垂绝缘子串的方式，如图 10－69 所示。

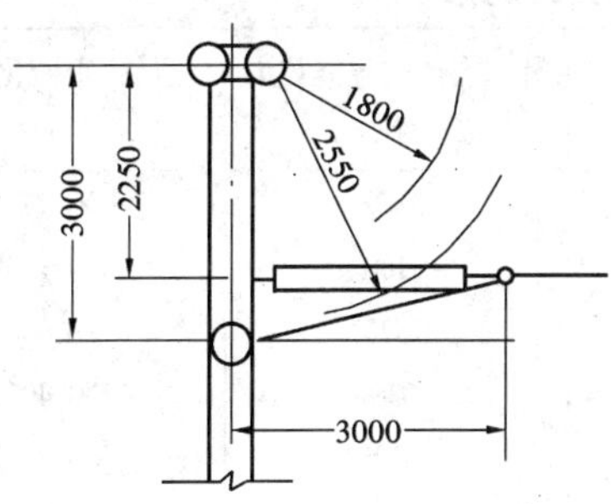

图 10－69　加装悬垂串引接跳线或引下线

4）限制出线偏角。当间隔宽度采用 12m 时，即使在距架构中心线 3m 处有悬垂绝缘子串悬吊引下线，出线偏角也不能大于 5°，否则引下线就不能保证对架构边缘大于 B 值的要求。若有两回出线相邻时，必须采用双回路的线路终端塔，立在两出线架构中间，这样出线偏角都向内，对配电装置有利。

5）用 V 形绝缘子串悬挂阻波器。为缩小间隔宽度，阻波器的安装方式有支持式、悬臂梁悬挂式、V 形绝缘子串悬挂式等多种，其中以 V 形绝缘子串悬挂式较为简便。阻波器用 V 形绝缘子串悬挂后，绝缘子串基本上不会再发生风偏位移，仅需考虑阻波器本身的风偏位移。以 GZ_2－800－1 型阻波器为例，将其受风面视为平板，在最大风速为 35m/s 时，该阻波器的接线板最外端偏移到距悬挂点中心线 0.82m 处，按两相同时向内侧摇摆，则最大工作电压时所要求的相间距离为：$2\times0.82+0.9=2.54$m；在内部过电压时，取计算风速为最大风速的 50%（按 16m/s 考虑），此时要求的相间距离不小于 3m，是能够保证安全的。如一相悬挂两个阻波器，只要相邻相不再出现同样情况，则也可以满足安全距离的要求。图 10－70 示出 12m 或 13m 间隔的阻波器布置，括号内数字为 13m 间隔的数值。

2. 双层架构引下线方式

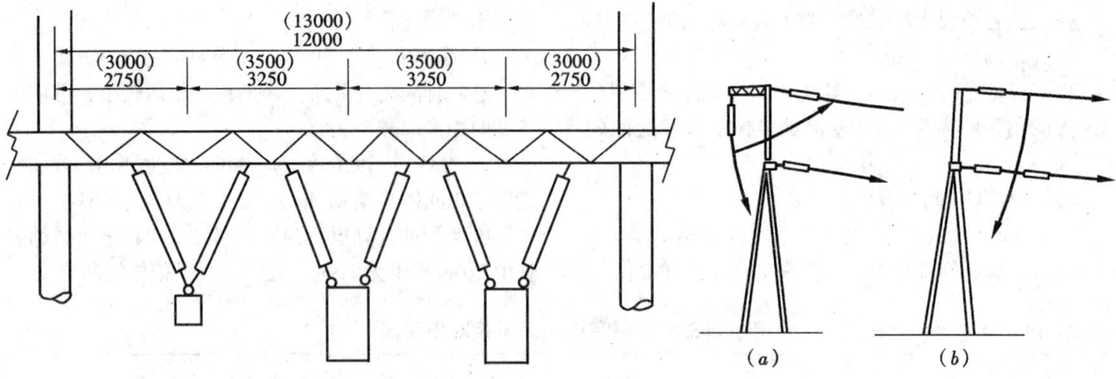

图 10-70 12m（13m）间隔的阻波器布置

图 10-71 双层架构引下线方式
（a）悬臂梁方案；（b）双串绝缘子方案

在普通中型配电装置断路器单列布置方案中，主变压器进线间隔和母联间隔的门型架采用双层架构，其引下线的方案很多，但使用较多的是悬臂梁和双串绝缘子方式，其示意图见图 10-71。

双串绝缘子方式虽能使架构简化，但里侧（距架构远的）一串绝缘子无法带电测试，且清扫和更换也比较困难，同时，采用双串绝缘子后使下层导线的拉力增加 50%以上；而悬臂梁方式虽然增加了土建架构的复杂性，但电气性能较好，有利于长期运行，且可减少架构所受的拉力，故推荐采用悬臂梁方式。普通中型配电装置典型设计就是采用这种方式。

3. 导线的跨距和弧垂

普通中型配电装置典型设计所采用的导线跨距多为 40～30m，母线和进出线的弧垂为 2m。采用该弧垂的原因是当母线弧垂由 1.5m 增大为 2m 时（以常用的 2×LGJQ－300 主母线为例），由于导线拉力减少，每个母线架构的钢材消耗量由 1990kg 降为 1665kg，减少 325kg；如弧垂由 2m 再增大为 2.5m 时，钢材消耗量由 1665kg 降为 1640kg，仅减少 25kg。但弧垂增大后，除母线架构要加高外，相应的出线架构也要加高，而出线架构每加高 1m，钢材消耗量将增加 65～75kg。因此，从钢材消耗量来说，母线弧垂以采用 2m 为宜。此外，当母线弧垂为 1.5m 时，导线拉力达 13700N，超过了单串 X－4.5 型绝缘子的允许机械强度（考虑安全系数为 4），需采用双串 X－4.5 型或单串 X－7 型绝缘子。从选用绝缘子的角度来看，母线弧垂也以采用 2m 为宜。

在分相中型配电装置中，进出线弧垂一般仍采用 2m。但是母线的跨距和弧垂需考虑单柱式隔离开关在出现最大温差和大风的情况下能可靠合闸，一般将母线跨距限制为 2～3 个间隔，即 30～40m 左右，对母线弧垂限制为 1.0～1.6m。表 10-25 列举软母线跨距为 28～42m 时的弧垂、拉力及弧垂变化值。

4. 搬运道路的设置

表 10-25　　软母线跨距为 28～42m 时的弧垂、拉力及弧垂变化值

母线跨距（m）	导线型号	70℃时弧垂（m）	－30℃时弧垂（m）	有冰有风时导线拉力（N）	弧垂变化值（m）
28	LGJQ－400	1.1	0.963	5370	0.137
28	2×LGJQ－300	1.1	0.985	9160	0.115
28	2×LGJQ－300	1.3	1.204	7570	0.096
42	LGJQ－400	1.3	0.900	10380	0.400
42	2×LGJQ－300	1.3	0.979	15530	0.321
42	2×LGJQ－300	1.6	1.348	11810	0.252

220kV 电流互感器重达 1000kg，且不能拆卸运输，还有断路器等其它电气设备都要考虑搬运，故 220kV 配电装置一般均设有环形搬运道，其宽度为 3～3.5m。

普通中型布置的搬运道路多设在断路器和主母线之间，而分相中型布置则多设在断路器和电流互感器之间。在后一种方式中，为了保证导线对地高度和设备搬运时的带电距离，需将电流互感器的支架高度抬高到 3.5m，并对断路器和电流互感器之间的连线采用铝管母线或采用以带角度的线夹向上支撑的软导线。同时，为使所搬运的设备与两侧带电设备保持足够的安全距离，并考虑到不超过设备端子的允许水平拉力，断路器和电流互感器之间的连接导线长度应不大于 10m。

5.SW6－220 型断路器的安装

西安高压开关厂生产的 SW6－220（Ⅰ）型断路器配用 CY3（Ⅲ）液压操动机构，单相操作，其操作荷载如图 10－72 所示。操作时的水平推力为 45（60）kN。由于操动机构的拉杆从机构箱 1 引出后与水平传动杆 4 之间有一个活动接头 *Z*，操作时就在活动接头 *Z* 上产生一个向下的分力，为此制造厂在活动接头 2 后设有一个三角形支架 3，借以承受上述向下的分力。支架所承受的弯矩，对于 SW6 型为 6000N·m。对于 SW6－Ⅰ型为 20040N·m。过去安装设计中都未考虑这个力，致使断路器槽钢支架下弯。为此提出如下改进措施：对于新设计者可在三角形支架下设置支柱，其基础应与断路器的基础连成一体；对于已建成者可在三角形支架与断路器支架的立柱间加设斜撑 6。至于在机构箱与三角形支架间加设角钢支撑的方法不足为取，因为机构箱的箱壁较薄，其强度不能承受上述操作力。

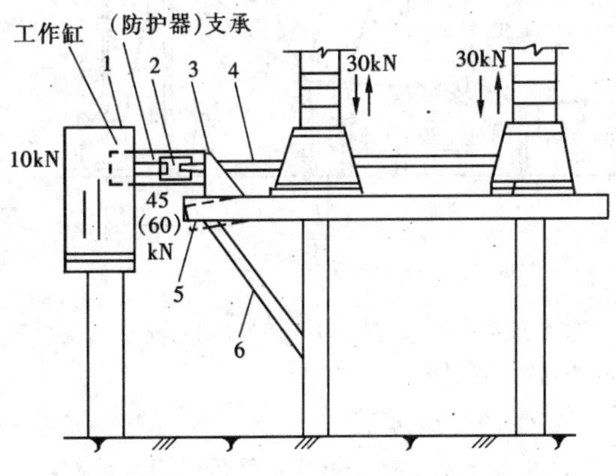

图 10－72　SW6－220（Ⅰ）型断路器操作荷载示意图

6.GW6－220 型单柱式隔离开关的使用

采用单柱式隔离开关是配电装置节约用地的一项重要措施，我国于 1965 年试制成功 GW6－220 型单柱式隔离开关，首先应用于 FCJ 水电厂的 220kV 配电装置，通过试点运行取得经验并作了改进，现已在 220kV、330kV 及 500kV 配电装置中推广使用。

单柱式隔离开关有长触头型和短触头型两种。长触头型隔离开关是专供配合软母线使用的，其动触头长度为 500mm，并装有触角，以保证在因母线弧垂变化或风偏摇摆引起静触头位置变化时能够正常合闸，其运动轨迹见图 10－73。从图中可以看出，必须使静触头的上下变化值在 500mm 以内，风偏摇摆的水平幅度随弧垂变化在 840～1200mm 的范围内（当静触头处于动触头最上部时，允许静触头向任一侧偏移 420mm；静触头位于中部时，允许向任一侧偏移 530mm；位于最下部时，允许向任一侧偏移 600mm）才能保证正常合闸。所以在设计时要考虑母线的弧垂变化值和母线及静触头的风偏摇摆值。由此可见，单柱式隔离开关与软母线配合使用时，导线的跨距、弧垂以及静触头引下线的长度宜适当缩小，以减少静触头上下左右的位移范围，保证隔离开关可靠合闸。

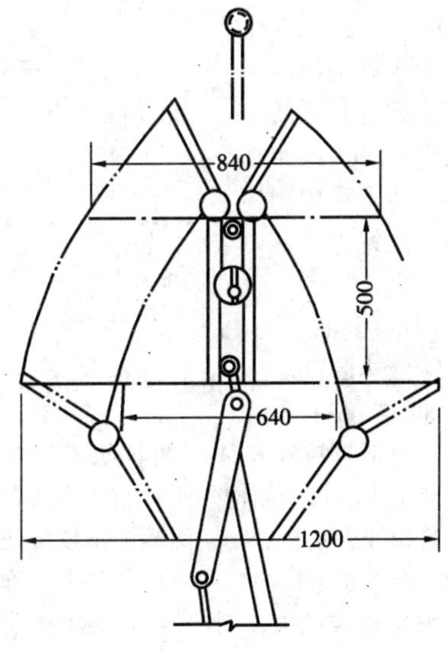

图 10－73　GW6－220 型单柱式隔离开关的运动轨迹

GW6－220 短触头型隔离开关是专供与管形母线配合使用的。其动触头长度为 250mm，无触角。该型隔离开关允许静触头上下方向变化范围为 250mm，水平摇摆的幅度为 100～280mm，即允许静触头向任一侧的偏移值在动触头上部时为 50mm，在中部时为 110mm，在下部时为 140mm。因为管形母线的弧垂小，静触头引下线又短，受外界条件（如风力、覆冰、温度、短路电动力）的影响而上下位移或左右偏移的变化范围比软母线小得多，因此在配合上没有问题，能保证隔离开关可靠合闸。

二、半高型配电装置

220kV半高型配电装置的特点与110kV电压级相似。双母线带旁路母线的半高型配电装置有田字形、品字形及管形母线三种布置。

1. 田字形布置

图10-74示ZZ变电所田字形半高型配电装置布置。配电装置的间隔宽度为15m。该布置占地面积为普通中型的65.4%，耗钢量则为其264%。

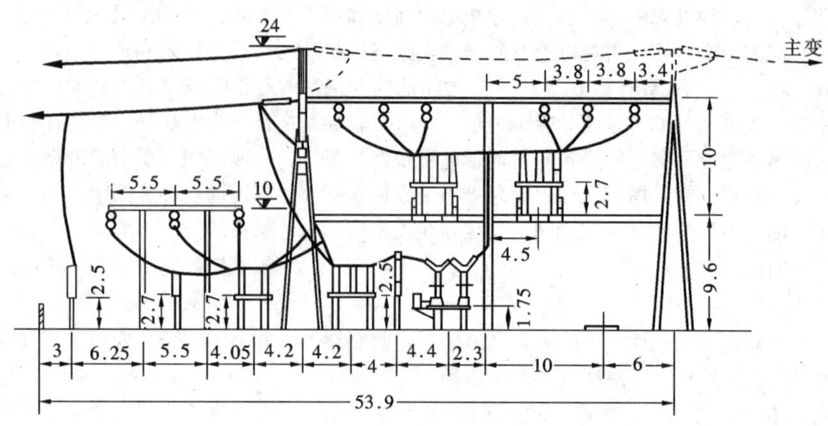

图10-74　ZZ变电所220kV田字形半高型配电装置（1973年）（图中单位为m）

2. 品字形布置

图10-75示WX变电所品字形半高型配电装置布置。配电装置的间隔宽度为15m。该布置占地面积为普通中型的61.6%，耗钢量为其78.4%。

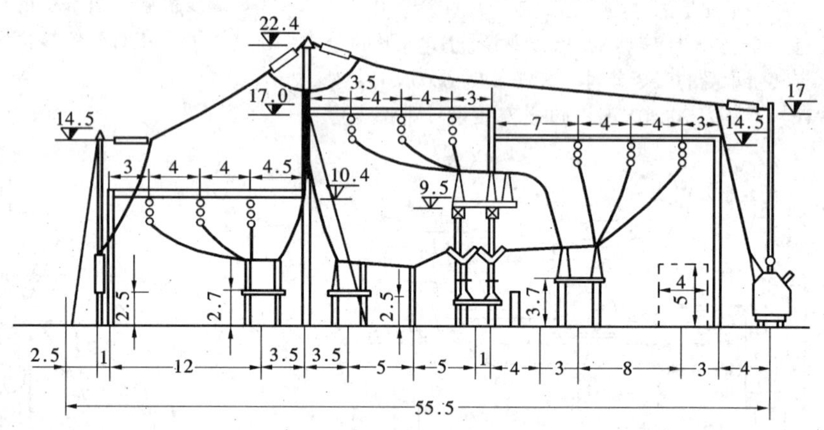

图10-75　WX变电所220kV品字形半高型配电装置（1975年）（图中单位为m）

1982年编制的220kV半高型配电装置典型设计（80单063）也是品字形，包括打拉线和A型两种架构，以及道路设在母线架构内和母线架构外两种布置方式，共有四种方案。打拉线方案在母线架两端及出线排架处设置拉条以承受导线水平拉力；A型方案在终端母线架处以钢撑杆承受母线拉力，而出线排架则用两根ϕ400等径水泥杆组成A形柱，以承受进出线拉力。当道路设在母线架构外侧时，主变压器回路避雷器布置在下母线侧，此时可省去旁路母线侧的引线柱。为便利运行、检修，在隔离开关平台的两端分别设置了钢筋混凝土扶梯，其宽度为0.8m。配电装置的间隔宽度为15m。典型设计取主变最大容量为2×120MVA及2×500MVA两种，母线最大截面按1×LGJQ-500、2×LGJQ-400及2×LGJQ-700三种规格进行校验，其荷载条件为：母线及旁路母线架最大张力有13、10、7kN/相三种，出线架最大张力有13、10kN/相两种，翻线及引线架最大张力有5、3.5kN/相两种。该典型设计采用打拉线架构且道路设在母线架构内的布置方案见图10-76；采用A相架构且道路设在母线架构外的布置方案见图10-77。

3. 管形母线布置

图10-78示DBJ变电所铝管母线半高型配电装置布置。配电装置的间隔宽度为12m。该布置占地面积为普通中型（软母线）的50%，耗钢量则为其125%。

单母线分段带旁路母线的半高型配电装置，如图10-79所示为ZY变电所布置。该布置的特点是除主母线抬高到15.3m外，其它电气设备全部布置在地面上，具有中型布置的优点，因此巡视操作和维护检修均较方便。为保证母线引下线对下部电气设备的安全距离，由母线引至母线隔离开关的连线固定在专设的横担上，为使软横担的弧垂不致太大，在软横担中间加了一串悬垂绝缘子串，悬挂在专设的轻型钢梁上。断路器为单列布置。道路设在主母线的外侧。土建架构采用单杆打拉线结构。配电装置的间隔宽度为14m。该布置的占地面积为普通中型的67.6%，耗钢量则为其104.2%。

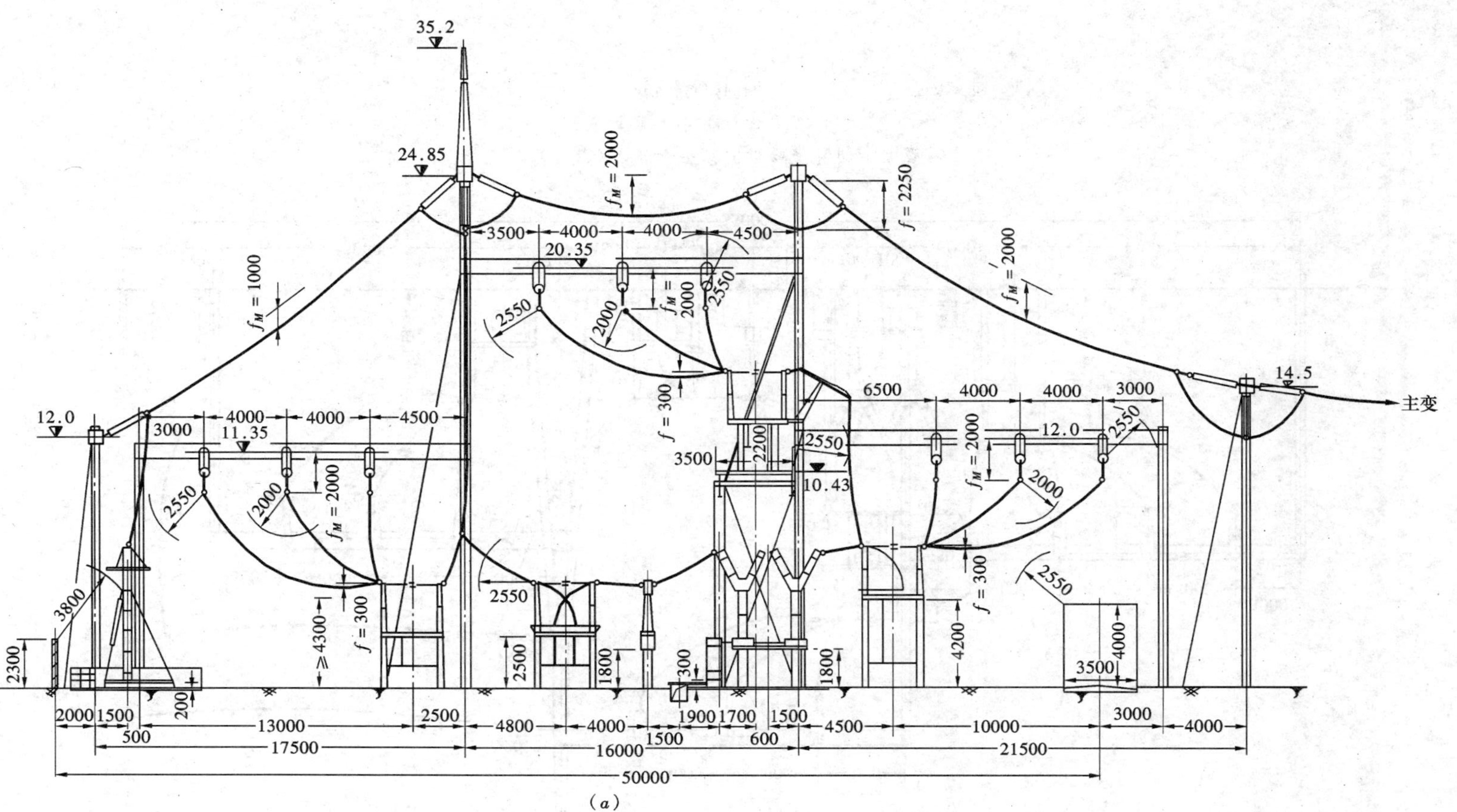

图 10－76　220kV 品字形采用拉线架构的半高型配电装置典型设计（80 单 063）（一）

（a）主变间隔

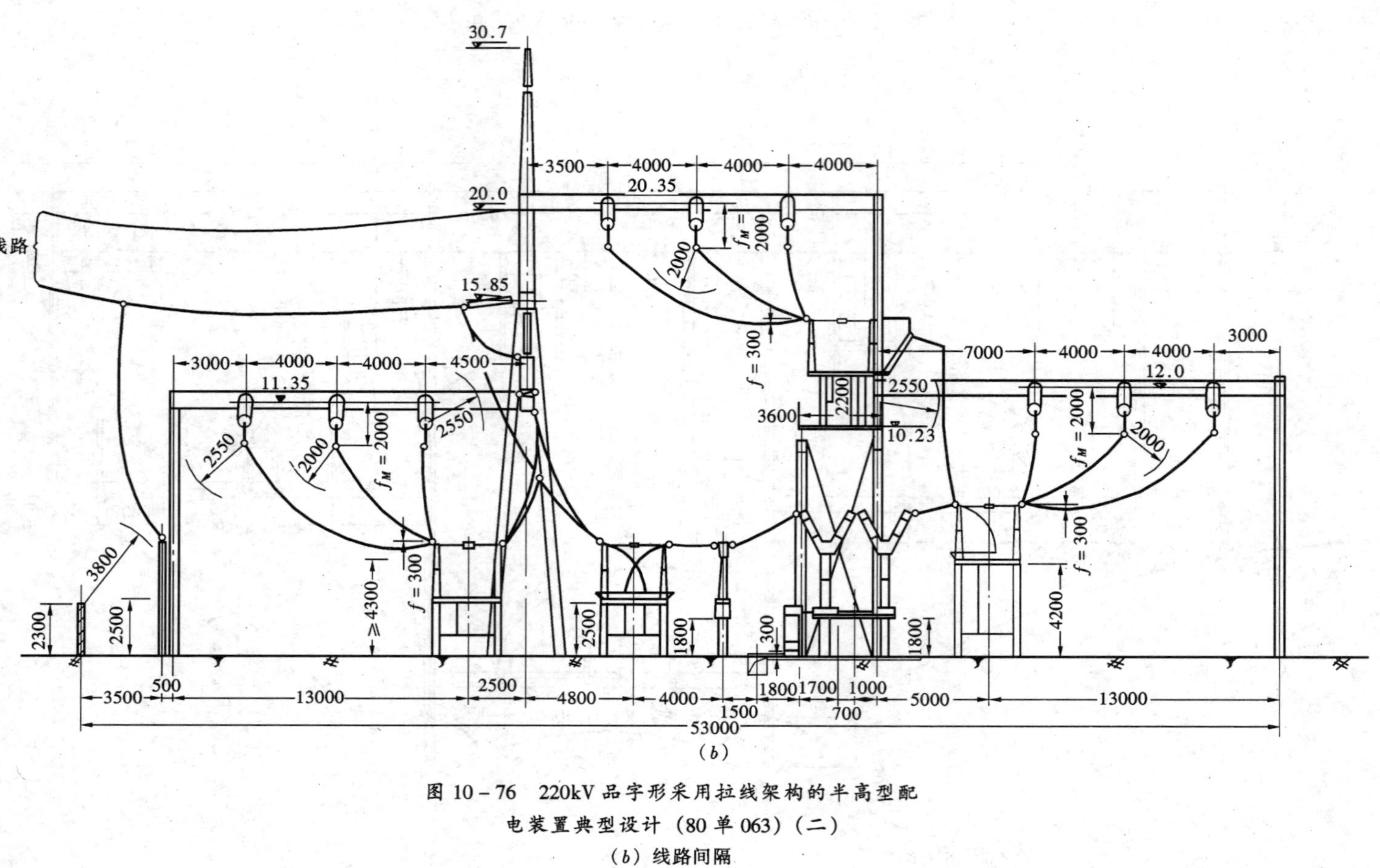

图 10-76 220kV 品字形采用拉线架构的半高型配电装置典型设计（80单063）（二）

（b）线路间隔

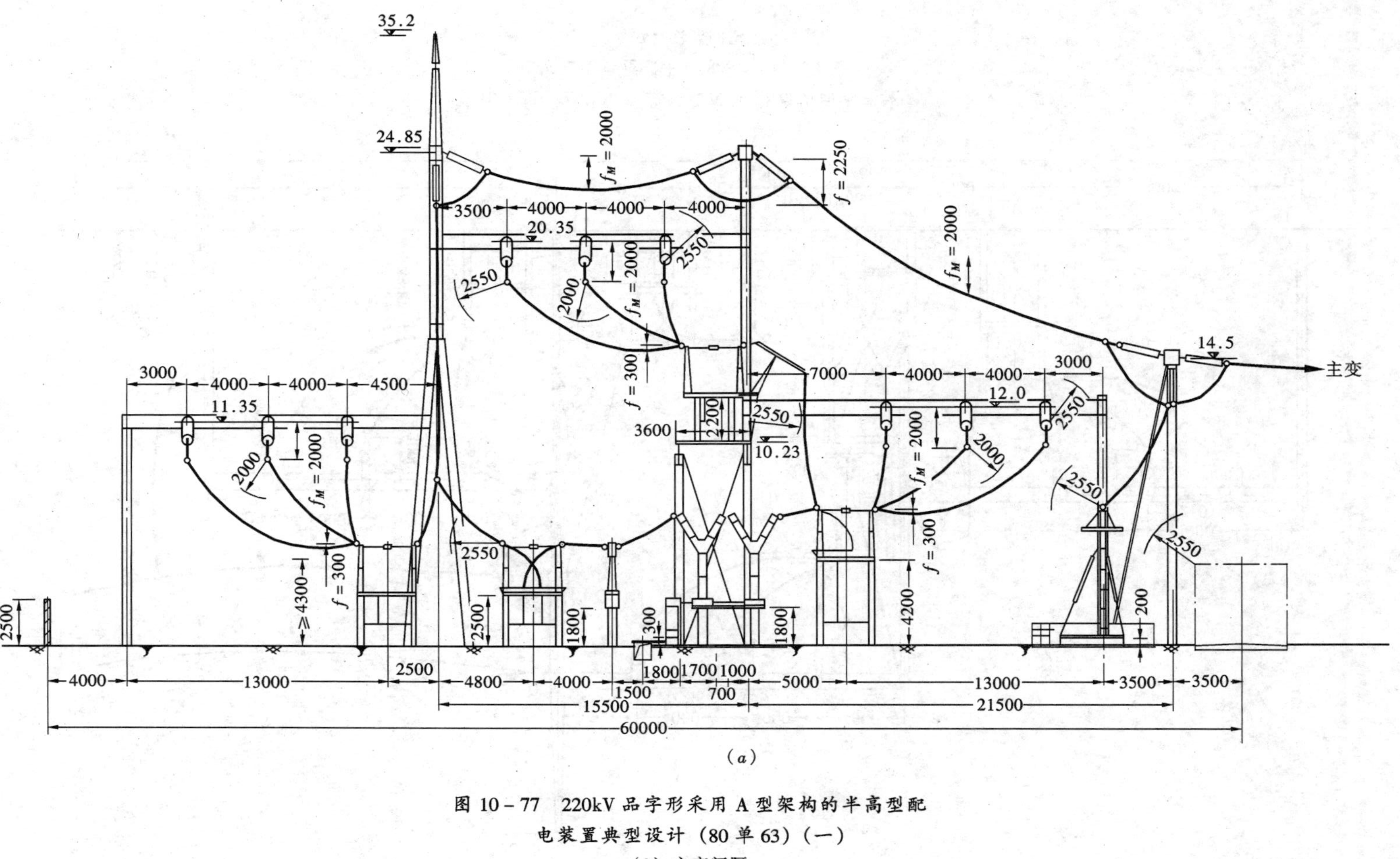

图 10－77　220kV 品字形采用 A 型架构的半高型配电装置典型设计（80 单 63）（一）

（b）主变间隔

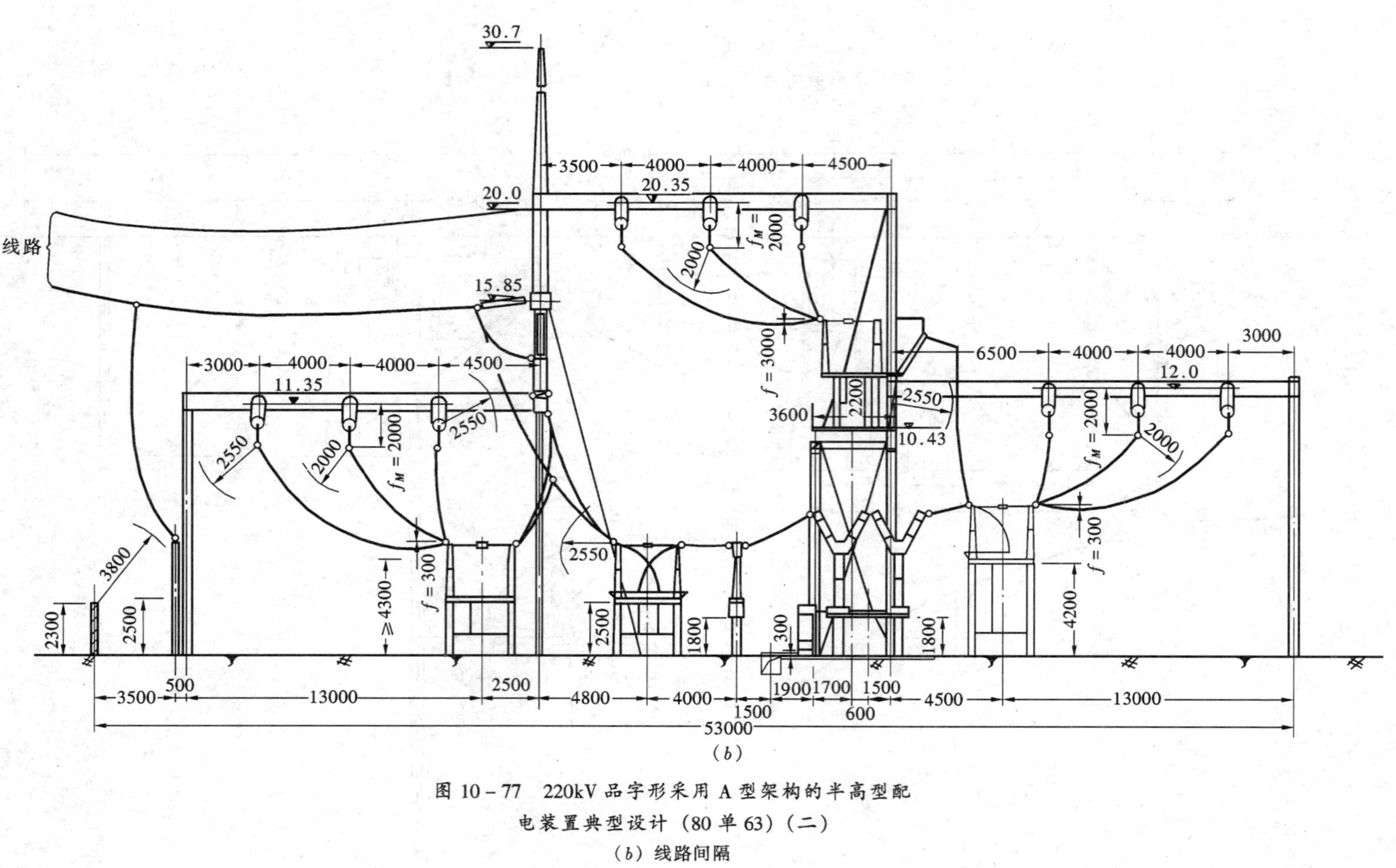

图 10－77 220kV 品字形采用 A 型架构的半高型配电装置典型设计（80 单 63）（二）

（b）线路间隔

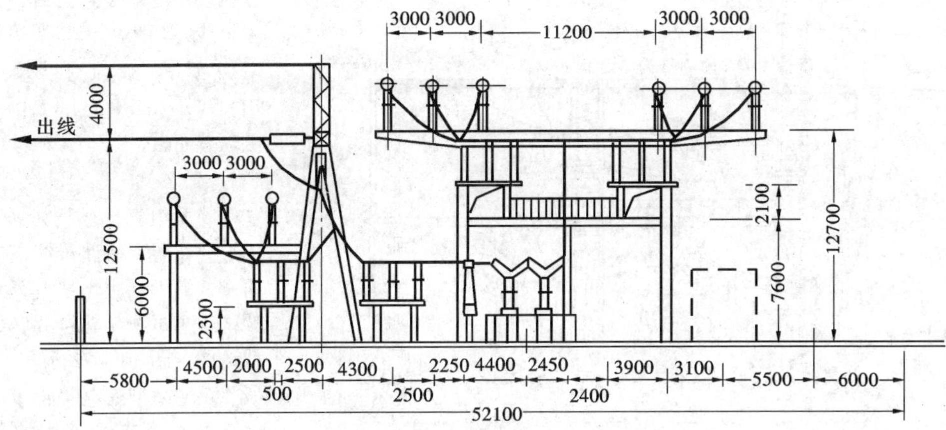

图 10-78 DBJ 变电所 220kV 铝管母线半高型配电装置（1974 年）

三、高型配电装置

（一）设计实例

220kV 高型配电装置的特点与 110kV 电压级相似。它的主要优点是节约用地的效果显著，其占地面积仅为普通中型的 50% 左右；同时，由于布置紧凑，也可节省较多的电缆、钢芯铝绞线及绝缘子串。但高型布置消耗钢材多，有的工程甚至高达普通中型的 300%，且上层母线及母线隔离开关的检修比较困难。通过多年实践和改进，这些问题已得到合理妥善解决，如耗钢量已下降到接近普通中型布置，上层设施的检修条件有了较大的改善；同时在运行维护等方面也作了较多的考虑。因此，220kV 高型配电装置在地少人多地区及场地面积受限制的工程得到广泛应用。

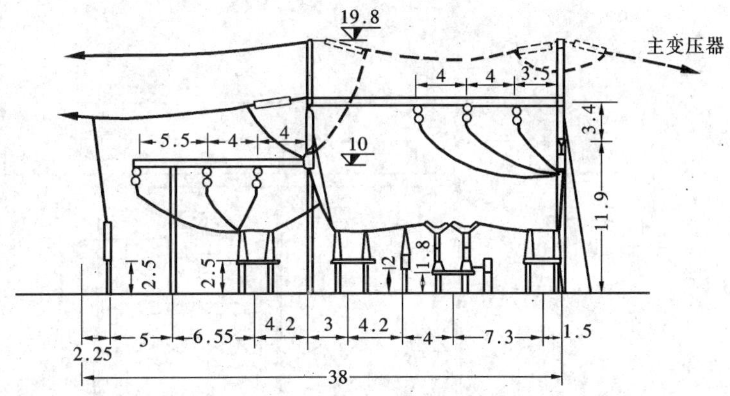

图 10-79 ZY 变电所 220kV 半高型配电装置（1974 年）（图中单位为 m）

双母线带旁路母线的高型配电装置主体结构，可分为单框架、双框架和三框架三类。

1. 单框架

将两组主母线及其隔离开关上下重叠布置在同一框架内，旁路母线为独立架构。图 10-80 示出 HN 电厂 220kV 高型配电装置布置。

2. 双框架

将两组主母线及其隔离开关上下重叠布置，旁路

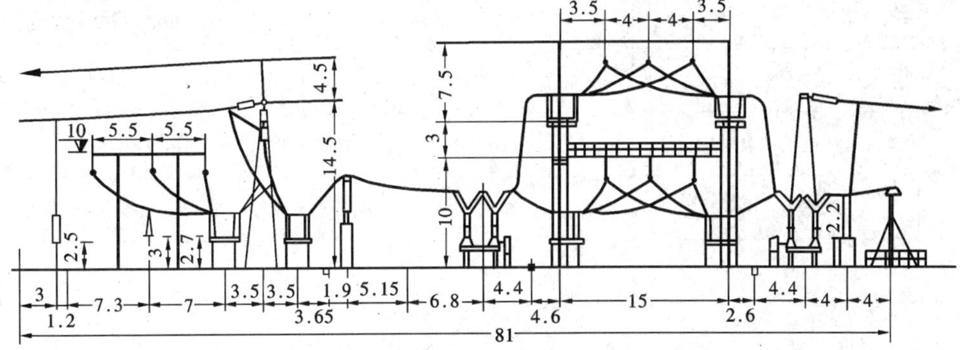

图 10-80 HN 电厂 220kV 单框架双列式高型配电装置（1974 年）
（图中单位为 m）

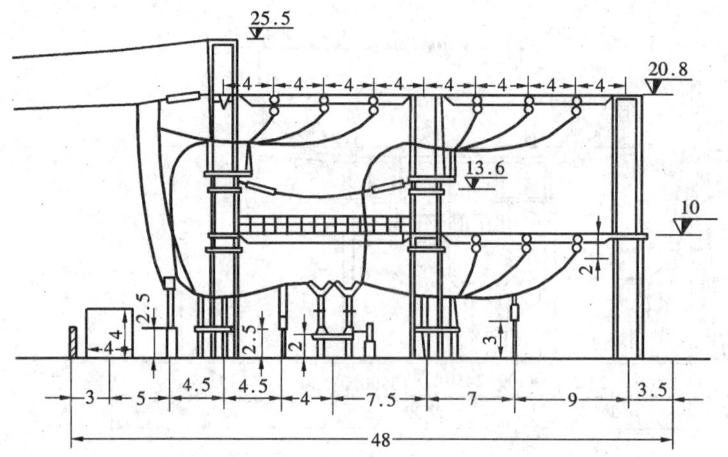

图 10-81　HP 电厂 220kV 双框架单列式高型配电装置（1976 年）（图中单位为 m）

母线设在配电装置出线侧，与上层主母线并列布置，其架构与主母线架构合并，成为双框架结构。图 10-81 示出 HP 电厂 220kV 高型配电装置布置。

3. 三框架

将两组主母线及其隔离开关上下重叠布置，旁路母线设在主母线两侧，与上层主母线并列布置，其架构与主母线架构合并，成为三框架结构。图 10-82 示出 CHZ 变电所 220kV 高型配电装置布置。

根据对 22 个工程的上述三类结构型式所作的分析比较，其结果见表 10-26 所示。

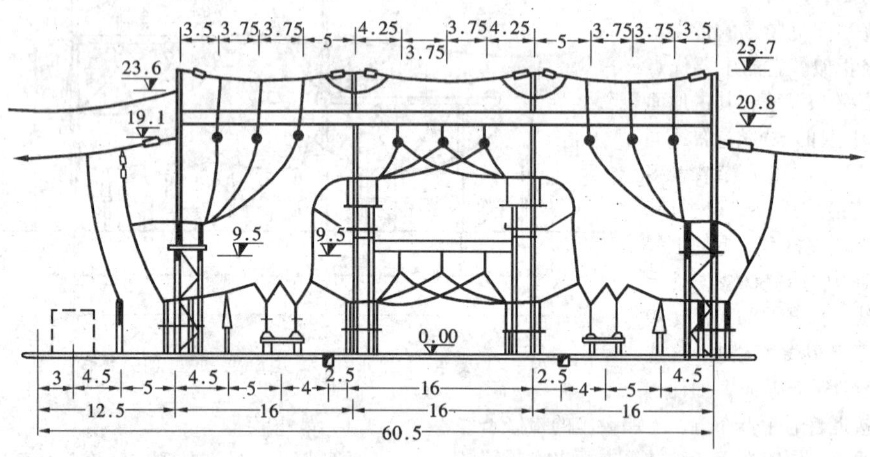

图 10-82　CHZ 变电所 220kV 三框架双列式高型配电装置（1975 年）（图中单位为 m）

表 10-26　　220kV 高型布置三种类型比较

结构型式		占地面积（%）	钢材消耗（%）
普通中型		100	100
高型	单框架（双列）	60.7～61.5	127～200
	双框架（单列）	61.4～73.2	300～400
	三框架（双列）	47.4～52.2	125～300

从以上图、表所示可知，三框架结构可以两侧出线，中间框架布置了两组主母线及其隔离开关，边框的旁路母线下布置进出线断路器、电流互感器及隔离开关，充分利用了各框架内的空间位置，使占地面积

压缩到最低程度；而钢材消耗量并不显著增加。所以，三框架双列布置在高型配电装置中得到了较广泛的应用。其布置主要特点有：

(1) 上下母线之间不设专用检修走道；

(2) 将旁路隔离开关安装高度降低，改为地面操作，取消旁路隔离开关操作走道；

(3) 局部加宽上层母线隔离开关的操作巡视走道，在隔离开关处为 3.6m，其余为 2m，同时取消隔离开关检修平台；

(4) 上层隔离开关的引下线采用铝管母线，并以侧装的棒式支柱绝缘子支撑；

(5) 土建结构采用预应力混凝土或普通钢筋混凝土结构，部分柱顶联系梁改用拉线；

(6) 上层隔离开关维护走道与主控制室间有天桥连通。

1978 年编制的 220kV 高型配电装置的典型设计(78 单 062)，如图 10－83 所示。其占地面积仅为普通中型的 46.6%，耗钢量降至 112.5%，运行检修条件也有了进一步改善。配电装置的间隔宽度为 15m。典型设计在 CHZ 变电所设计基础上，又采用了下列改进措施：

(1) 为便于操作维修，增设旁路隔离开关的操作道路；

(2) 进出线悬挂点高度自 19.1m 降至 11.94m，取消进出线专用的挂线梁，利用旁路隔离开关走道梁兼挂进出线导线；

(3) 上层母线隔离开关的操作巡视走道宽度全部采用 3.6m，走道间有通道联系；

(4) 上层隔离开关的引下线由铝管改为软线，并由水平支撑改为 30°斜撑；

(5) 配电装置内的搬运道路，改设在主母线之下，以缩小配电装置的纵向尺寸；

(6) 取消上母线挂线点标高各间隔之间的联系构造梁。

单母线分段带旁路母线的高型布置，如图 10－84 所示为 JL 变电所布置。该布置采用单框架结构。配电装置的间隔宽度为 15m。

(二) 设计提示

关于 220kV 高型配电装置的设计，有以下一些技术问题要着重考虑。

1. 上层母线的检修

上层母线的检修工作主要包括：

(1) 处理由于 T 型线夹松动、接触不良而造成的发热；

(2) 带电搭拆母线引下线，使母线隔离开关能停电检修；

(3) 带电清扫、测试和更换绝缘子；

(4) 更换母线。

以往曾为此采取过在上下母线之间设楼板或钢筋隔网，以及在 B 相母线下设检修走道等措施。实践证明，这些措施不仅大量耗用钢材，而且也给运行维护带来很大不便。如楼板使下母线绝缘子得不到雨水冲洗，容易脏污，绝缘强度下降，且地面因无日照，雨后长时积水；钢筋隔网作用不大，且给除锈带来很大困难；检修走道的设置使结构复杂化和重型化，同时由于每一间隔都需要横向支持梁，迫使母线按间隔分断，增加了绝缘子串和导线断续点，从而使母线故障几率增大。

不少运行单位认为上下母线之间可以不采取隔离措施或设置检修走道。此外，有些单位自行制作了带电作业的高空作业车，这为带电进行上层母线的检修工作创造了更好的条件。

2. 上层隔离开关的操作与检修

为了便于对上层隔离开关的操作、巡视及检修，宜在隔离开关下部设操作巡视走道。走道宽度可比隔离开关本体两侧再各增加 0.5m，即总宽 3.6m，这样可以取消隔离开关的检修平台，既节省了钢材，也有利于保证检修人员的安全。设此走道后，隔离开关可直接在走道上操作，操动机构的安装简单可靠，消除了在地面操作由于连杆长、拐点多而引起的一些问题；同时，该走道可作为检修上母线的起落点。操作走道可采用钢筋混凝土上弦与钢复杆混合桁架结构，上铺预应力多孔板。走道两侧栏杆高度可采用 1.2m，并分为三档；护沿高出走道 100mm，用以挡水并防止物件滚落。

上层隔离开关以采用电动操动机构为宜，除就地操作外，还要考虑能在地面或主控制室进行远方操作。

3. 上层隔离开关的引线方式

上层隔离开关的引线方式有悬垂、耐张、托架、支撑等方式，与前述 110kV 半高型配电装置中高位隔离开关的引线方式基本相同，可直接引用其结论。

4. 隔离开关型式和间隔宽度

由于半数隔离开关安装在上层的走道梁上，要求其重量轻、体积小、操作轻便，故推荐采用 GW4 型双柱式隔离开关。至于 GW7 型三柱式隔离开关，虽然相间距离允许减少至 3m，但其重量和每相瓷柱距离均较双柱式为大，操作走道的荷载和宽度将相应增

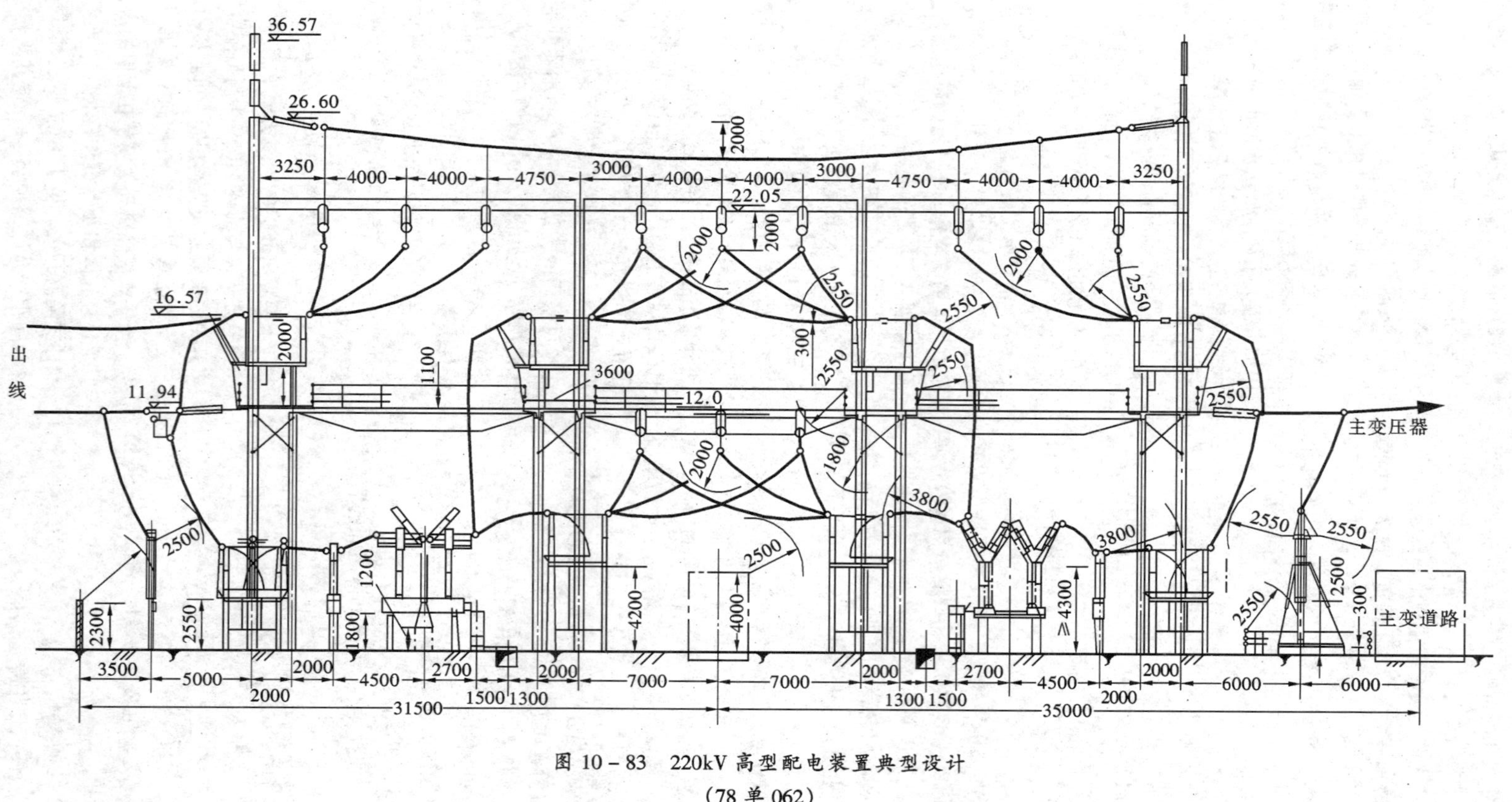

图 10－83 220kV 高型配电装置典型设计
（78 单 062）

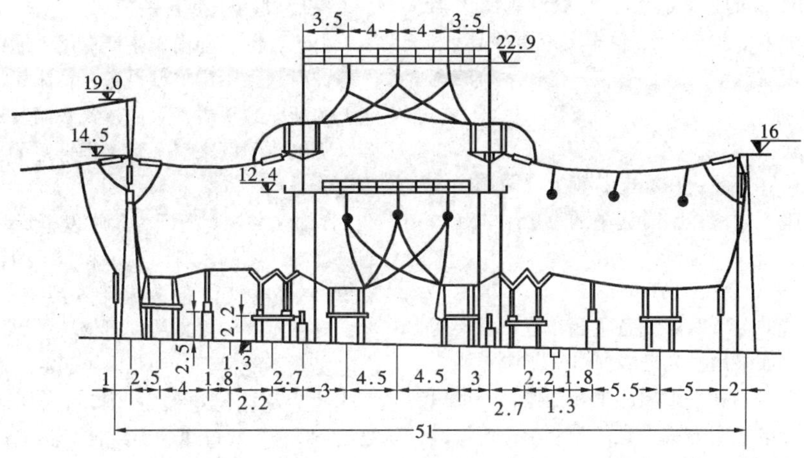

图 10－84　JL 变电所 220kV 高型配电装置（1973 年）
（图中单位为 m）

表 10－27　　双柱式和三柱式隔离开关差别

隔离开关型式	重　量 (kg)	每相瓷柱距离 (mm)	允许相间距离 (mm)	操作情况
GW4 型双柱式	1800	2650	4000	较轻
GW7 型三柱式	2400	3200	3000	稍重

加。双柱式和三柱式隔离开关的主要差别如表 10－27 所示。

考虑电气距离并为便于结构处理和土建施工，间隔宽度采用 15m，按 3.5－4－4－3.5m 尺寸对称布置。

5. 设备搬运道路

在已建成的三框架结构的高型配电装置中，道路多数布置在围墙与耦合电容器之间或主母线下面，也有的工程按运行单位的要求将道路设在断路器旁。在后一种方式中，虽然有利于采用检修机械及运输车辆吊装及搬运设备，但占地面积增加了 11%～18%（对应于断路器单侧或双侧设置道路），且架构复杂，钢材消耗增多。道路设在围墙与耦合电容器之间有利于降低架构高度和感应电压，但车辆不能靠近设备，而且占地也较多。在主母线下面设置道路可以缩小纵向尺寸，减少占地，此时，下母线隔离开关的支架需抬高至 4.2m，但并不影响架构的总高度；至于静电感应，道路设在母线下与设在断路器旁是相仿的，根据实测结果电场强度一般小于 5kV/cm，对人体并无危害，仅当人体与被感应物体如汽车的金属部分相接触时，会有轻微的麻电感觉。为节约用地，高型配电装置典型设计将道路布置在主母线下面。考虑到目前常用的 220kV 少油断路器，其拆卸运输的单件重量多在 500kg 左右，抬运就位并不困难；而电流互感器一般可就地检修，万一必须更换时也可用滚杠搬运，所以可采用典型设计的道路布置方式。

6. 阻波器安装方式

在现有工程中有将阻波器悬挂在线路上、悬挂在出线架构横梁下或安装在耦合电容器顶端等方式。对于三框架结构的高型布置，当出线悬挂在旁路隔离开关走道梁上时，如阻波器悬挂在出线架构横梁下，则使旁路隔离开关的引线非常困难。而安装在耦合电容器顶端的方式不便于测试或检修耦合电容器，且当风压较大时电容器也难以承受端部所产生的弯矩。因此，阻波器只能悬挂在线路耐张绝缘子串的末端，为使旁路隔离开关引下线能够固定，并与阻波器上端电位分隔，需在其间串联一片绝缘子。

7. 改善运行检修条件的一些设施

（1）扶梯和天桥：

配电装置的两端应设置扶梯，其宽度以 1.0～1.2m 为宜，坡度不大于 45°。扶梯尽量采用钢筋混凝土结构，以防雨雪冰冻时打滑及防止锈蚀。

当高型配电装置距控制室为 15～20m 时，为便于迅速处理事故和经常的巡视操作，一般设置露天天桥，使控制室与配电装置的上层操作走道直接连通。此时可以将配电装置两端的扶梯省去一个。天桥的宽度可为0.8～1.0m。

(2) 起吊设施：

为了便于检修和安装，在配电装置上层两端应设置简易的起吊设施，以便挂临时起吊葫芦之用，起吊能力可按1t考虑。

(3) 照明：

高型配电装置的上下两层设备重叠布置，且架构林立，钢梁纵横，如采用投光灯或氙灯等集中照明方式会产生阴影，效果不好，影响巡视和操作，一般以采用高压水银灯分散照明方式为宜。为便于检修灯具及更换灯泡，可将灯具弯管做成可以旋转的形式。

(4) 电话：

为便于与主控制室的联系，除需在下层设电话外，还宜在上层主母线隔离开关的操作走道上各设一台电话。

四、屋内配电装置

由于我国目前尚未生产专用于屋内的220kV电气设备，而是采用屋外型设备，其体积较大，需要建造庞大的配电装置楼，致使建筑费用及三材消耗增加很多，所以建国以来仅个别工程采用了220kV屋内配电装置。

例如GY变电所因为紧靠发电厂和钢厂，锅炉的烟灰、冷却塔的水雾、高炉和焦炉的化学气体对原有220kV屋外电气设备造成严重污染，清扫工作量很大，且易发生闪络事故，对钢厂、煤矿等重要负荷的供电安全不能保证。为了隔绝污染，防止事故，不得不改建为屋内配电装置，其断面如图10－85所示。220kV母线为双母线进出线带旁路隔离开关接线，接有2台主变压器和3回出线；配电装置为双层双列式布置，间隔宽度为12m，母线采用软导线作E形布置。隔离开关和电流互感器均采用敞开式组合电器。为降低配电装置高度，对少油断路器作低式布置，并在其底座上设有简易保护网；同时，将阀型避雷器作

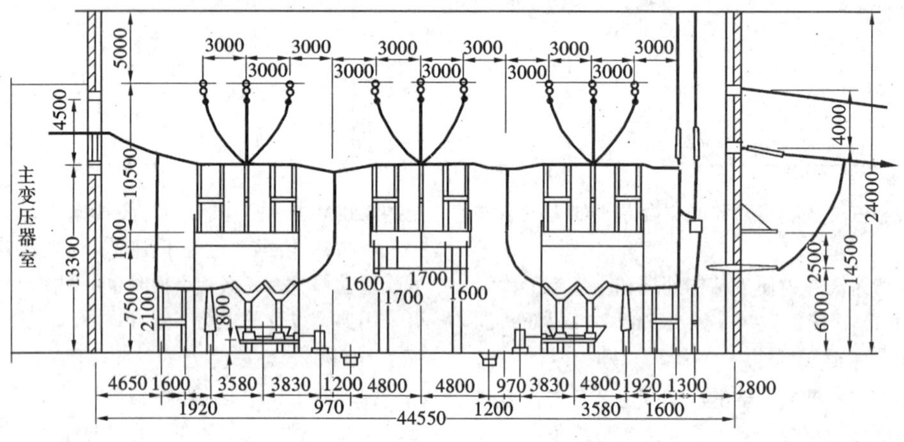

图10－85 GY变电所220kV屋内配电装置（1974年）

下挖1.6m布置。尽管采取了上述措施，该配电装置的跨距仍达44.55m，长度为48m，净高24m；共耗用钢材292t，水泥710t。

LK电厂两侧滨海，南临海滨1.2km，北距海边仅0.7km，盐雾污染严重，经比较确定采用220kV屋内配电装置。配电装置的断面如图10－86所示。220kV母线采用双母线带旁路母线接线。配电装置为双层单列布置，间隔宽度为12m。上层母线隔离开关不设支架以压缩配电装置高度，并在楼层就地操作。为避免母线差动保护范围的扩大而降低安全性，出线回路的电流互感器采用独立式，并与隔离开关合并为组合电器。除穿墙套管的屋外部分需加强绝缘外，所有电气设备均为普通绝缘。该配电装置跨距为26.6m，净高19.9m，占地面积及体积均较小，整体布置比较紧凑。表10－28示LK电厂220kV配电装置选型的经济比较。各方案均按10个电气间隔考虑，其中进线间隔4个，出线间隔4个，母联兼旁路间隔1个，电压互感器及避雷器间隔1个。比较中屋内电气设备按普通绝缘（泄漏比距为1.7cm/kV）计算，而屋外方案的电气投资除考虑设备加强绝缘（泄漏比距为2.5cm/kV）所增加的费用外，还包括固定水冲洗装置的费用50万元。

表 10－28　　LK 电厂 220kV 配电装置选型经济比较

布置型式				屋内二层单列	屋外分相中型（软母线）
接线方式				双母线带旁路	双母线带旁路
比较项目	占地面积		（m²）	3415	11475
			（%）	30	100
	总投资		（万元）	445.77	367.68
			（%）	121	100
	其中	土　建	（万元）	112.38	11.17
			（%）	1006	100
		电　气	（万元）	273.51	349.23
			（%）	78.3	100
		安　装	（万元）	59.88	7.28
			（%）	82.3	100

注　表中总投资内未计入征购土地所需的费用。

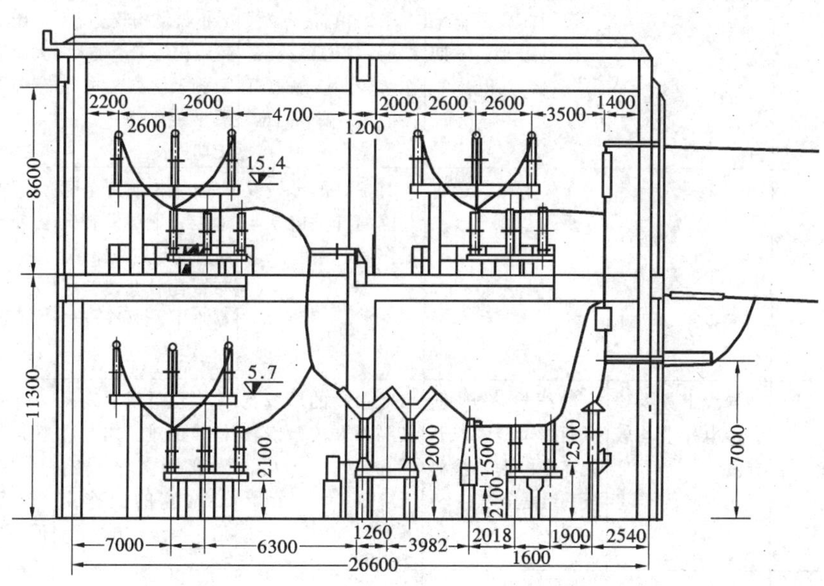

图 10－86　LK 电厂 220kV 屋内配电装置（1982 年）

五、型式选择

各型 220kV 配电装置的经济技术分析列于表 10－29。比较是按双母线带旁路母线接线编制的，各型布置均按 8 个电气间隔考虑，其中进线间隔 2 个，出线间隔 4 个，母联兼旁路间隔 1 个，电压互感器及避雷器间隔 1 个。配电装置的各项经济指标均以屋外普通中型典型设计为比较基础，即以该典型设计为 100%。

由表 10－29 可见，各型 220kV 配电装置中屋外高型在缩小占地面积、提高土地利用率方面有较显著的效果，其造价与屋外其它型式也基本接近，通过结构改革，在耗钢量大幅度下降的情况下，也能满足运行安全、检修方便的要求。因此，当 220kV 配电装置地处农作物高产地区、人多地少地区或场地面积受到

表 10-29 **各型 220kV 配电装置经济技术分析表**

工程名称		74 变单 34（典设）	74 变单 34（典设）	WX 变电所	78 单 062（典设）	LK 电厂
比较项目 \ 布置型式		屋外普通中型	屋外分相中型（软导线）	屋外半高型	屋外高型	屋内型（二层单列）
占地面积	(m^2)	10956	10710	6746.5	5106	2732
	(%)	100	97.8	61.6	46.6	24.9
总投资	(万元)	221.46	217.64	217.4	234.39	356.62
	(%)	100	98.3	98.2	105.8	161
钢材消耗	(t)	75	60.8	58.8	84.4	
	(%)	100	81.1	78.4	112.5	
混凝土消耗	(m^3)	528	466	268	628	
	(%)	100	88.3	50.8	118.9	
导线铝消耗	(t)	7.9	5.5	5.1	3.2	
	(%)	100	69.6	64.6	40.5	
电缆	(m)	3622	3394	2628	2800	
	(%)	100	93.7	72.6	77.3	
施工		一般	架构简化，施工工作量最小，工期最短	采用单杆打拉线结构，施工组装工作量较少。隔离开关抬高，安装困难	框架结构较复杂，钢结构加工量较大，架构及上层隔离开关吊装麻烦，施工工期较长	土建施工工作量大，工期较长，不便于分期扩建
运行		一般	布置清晰，运行方便	对抬高的母线及其隔离开关监视与操作困难	自主控制室至配电装置上层设有天桥，便于巡视操作。布置比较紧凑，居高临下，巡视设备一目了然	巡视路线短，操作方便，清扫工作量小
检修		导线上人检修和带电作业均较方便	母线检修方便，但两组母线隔离开关连在一起，检修任一组需全停	对抬高的母线及其隔离开关检修较困难	上层母线的线夹检修困难。如上层隔离开关下设有3.6m 宽的操作走道，检修较方便	除楼层母线隔离开关检修不甚方便外，其它设备检修较方便，且不受气候条件影响，但不能带电作业
防污及抗震性能		防污性能差，抗震性能好	防污性能差，抗震性能好	防污及抗震性能均较差	防污性能较差，抗震性能差	防污性能较好，抗震性能差
每个电气间隔节约的土地面积（亩）			0.05	0.8	1.12	1.54

限制时，宜采用高型布置。但在地震基本烈度为 8 度及以上的地区则不宜采用。对于双母线带旁路母线的高型配电装置，发电厂一般采用双框架单列式布置，变电所则一般采用三框架双列式布置。

220kV 屋外半高型配电装置也能大幅度节约用地，各项经济指标较好，运行检修条件与高型布置相似，故在工程中可根据具体情况选用半高型或高型布置方式。当发电厂采用半高型配电装置时，因其横向尺寸一般由主厂房的长度所控制，故为节约用地以压缩配电装置的纵向尺寸较有利，因此一般采用单列式布置。至于半高型配电装置采用单杆打拉线结构，虽然可以节省钢材和水泥，减少施工安装和运输工作量，但不能反向受力，安装调整困难，运行维护也不方便，且对导线上人检修、气温变化时的架构受力情况等还有待进一步积累经验，故暂不宜推广使用。至于采用管形母线的半高型配电装置，虽能较软母线方式进一步节约用地，但其抗震性能差，且需配备专用的检修机具，所以只能在地震烈度较低的地区酌情使用。

对污秽地区配电装置的选型，鉴于我国制造部门目前尚未能完整生产供应泄漏比距为 2.5cm/kV、用于 2 级污秽区的系列电气设备，其配套困难，且供应紧张，价格偏高；而泄漏比距为 3.5cm/kV、用于 3 级污秽区的电气设备则还不生产。同时，在重污秽地区，除采用加强绝缘的电气设备外，还必须注意定期清扫、涂硅油、水冲洗等经常性的维护工作，其工作量很大，仍难以避免污闪事故的发生。因此，对于 2 级及以上污秽区的 220kV 配电装置，当技术经济合理时，可考虑采用屋内型。此外，对于建在大、中城市市区的 220kV 配电装置，为了节约用地，在具体工程中通过全面技术经济比较，认为合理时也可采用屋内型。

以往通用的屋外普通中型布置型式，虽然便于运行、检修和安装，抗震性能好，但占地过多，一般不予采用。至于屋外分相中型配电装置在占地、投资、三材消耗等方面均较普通中型优越，且布置清晰，架构简化，有利于施工、运行和检修，但占地仍较多，故适用于在非高产和地多人少的地区采用。当用于地震烈度较高的地区时，应将因设置道路而抬高的电流互感器予以降低，而将道路改设在配电装置外围。如采用软母线或管形母线配 GW6 型单柱式隔离开关分相布置时，其占地可较普通中型减少约 20%～30%，因此，除地震基本烈度为 8 度及以上的地区外，均可采用。

第 10－5 节　330～500kV 配电装置

一、超高压配电装置的特点及要求

330kV 和 500kV 超高压配电装置由于电压高、外绝缘距离大，电气设备的外形尺寸也高大，使得配电装置的占地面积甚为庞大。此外，在超高压配电装置中，静电感应、电晕及无线电干扰和噪声等问题也更加突出。330kV 和 500kV 配电装置的这些共同特点，使得它们的布置可以相互借鉴。

根据上述特点，对超高压配电装置的设计提出如下要求：

（1）按绝缘配合的要求，合理选择配电装置的绝缘水平和过电压保护设备，并以此作为设计配电装置的基础。

（2）为节约用地，要重视占地面积为整个配电装置总面积 50%～30% 的母线及隔离开关的选型及布置方式。我国在 330 及 500kV 配电装置中采用了铝管母线配单柱式隔离开关分相布置方式，对压缩配电装置的纵向尺寸有显著效果，一般可节约用地 20%～30%。此外，采用敞开式 SF_6 组合电器、仿 OH 型双柱伸缩式或仿 SSP 型半折架式单柱隔离开关等都能起到节约用地的作用。至于 SF_6 全封闭组合电器，虽可大幅度压缩占地面积，但价格较高，故仅使用在重污秽、高海拔、强地震等环境条件特别恶劣以及场地狭窄的地区。

（3）超高压配电装置中导线和母线的载流量很大。如 330kV 配电装置一般回路的工作电流为 500～800A，母线工作电流为 800～1200A；500kV 配电装置一般回路的工作电流为 1500～2500A，母线工作电流为 2000～5000A。为了达到这样大的载流量，同时又要满足电晕及无线电干扰的要求，在工程中普遍采用扩径空芯导线、多分裂导线和大直径或组合式铝管。

（4）超高压配电装置中的电气设备都比较高大和笨重，如 330kV 设备顶部安装高度为 6～7.5m，500kV 则高达 8～12m；设备起吊单件最大重量：330kV 为 3t，500kV 为 5.3t。因此，设备的安装起吊和检修搬运已不能以人工操作为主要方式，而必须采用机械化的安装搬运措施，如设置液压升降检修车，配备吊车、汽车等施工检修机械。为了使这些检修和搬运机械能顺利到达设备附近并进行作业，在配电装置中除设有横向环形道路外，还在每个间隔内的设备相间设置纵向环形道路。横向环形道路是按道路两侧设备及导线带电时进行运输的原则设置的，而相间纵向环形道路则可以按本间隔回路带电或停电进行运输的方式考虑，具体工程究竟采用哪种方式，主要按是否需要带电检修设备的要求确定。当回路停电运输时，间隔内的设备支架高度只需按保证 C 值考虑；而若为回路带电运输，则需保证运输及检修机械对断路器等带电部分的安全净距。如 YM 电厂 500kV 配电装置的相间运输道路是按后一种方式考虑的，其设备

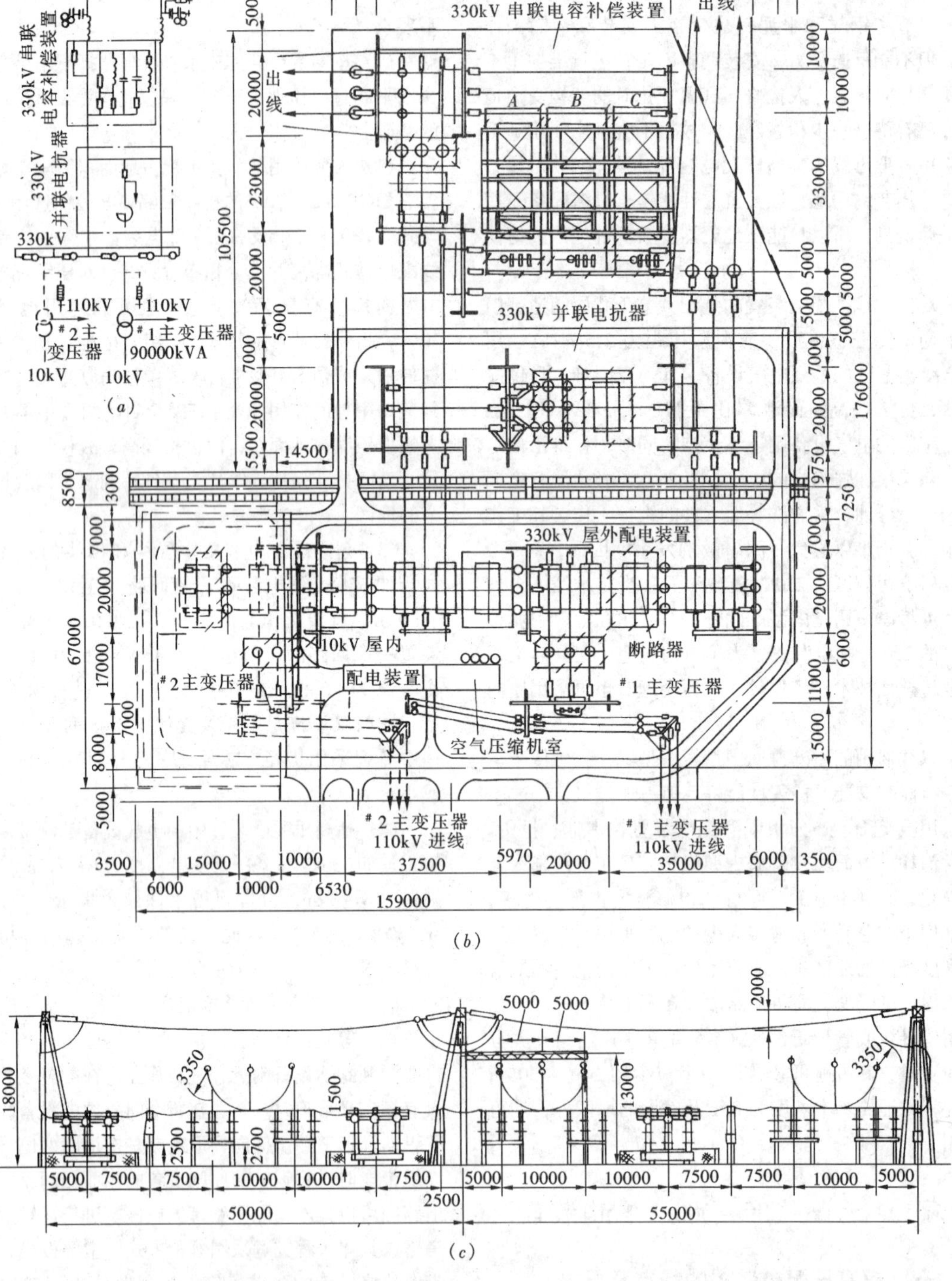

图 10-87 QA 变电所 330kV 四角形配电装置布置
(1972 年)
(a) 接线图；(b) 平面图；(c) 断面图

支架高度在 C 值基础上又增加了 0.7～0.9m。

（5）超高压配电装置中的静电感应、电晕、无线电干扰和噪声等方面都有一些特殊要求和限制措施，详见本章第 10－1 节有关内容。

二、330kV 配电装置示例

1.3～5 角形立环式布置

我国初期建设的 330kV 配电装置因电网比较简单，进出线回路数少，故多采用角形接线。主回路按一字形长条布置，环形母线架设在所有设备的上方，布置比较清晰、直观，设备连线较短，占地面积小。进出线从条形布置的母线两侧引接，不受进出线回路数是否一致和进出线方向限制，并且可以随意向左右两侧扩建，所以这种布置方式较为灵活、方便、紧凑。

（1）图 10－87 示出 QA 变电所 330kV 四角形配电装置布置，该配电装置采用立环式布置，并设有 330kV 串联电容补偿装置。

（2）图 10－88 示出 HC 电厂 330kV 五角形配电装置布置，该布置也为立环式。占地面积仅 13 亩，为双母线带旁路母线布置的 53%。采用这种布置解决了 HC 电厂地处山沟、面积狭窄的困难。

2. 双母线带旁路隔离开关布置

图 10－89 示出 QL 电厂 330kV 配电装置布置。该配电装置因地位狭窄，故未设旁路母线，仅设旁路隔离开关。旁路隔离开关布置在主母线的下面，并未多占地位。其中一组母线隔离开关采用 GW 6－220 型分相布置。考虑到厂址位于 8 度地震区，故选用软母线，为保证单柱式隔离开关的可靠合闸，要限制软母线上下左右的位移，因此，母线跨距不超过 40m。配电装置共有 7 回进出线，间隔宽度 20m，布置紧凑，占地面积较小，仅为 22.5 亩。

3. 双母线带旁路母线布置

图 10－90 示出 XGM 变电所 330kV 配电装置布置。该配电装置采用软母线（KKZ－51－3 型扩径空芯导线）配 GW7 型三柱式隔离开关分相布置方式。间隔宽度为 24m，进出线相间及相地距离均为 6m。除分相隔离开关外，母线及设备相间距离均为 5m。配电装置共有 6 回进出线，占用 9 个间隔，总宽度为 241m。

4. 一个半断路器三列式布置

（1）图 10－91 示出 ZT 变电所 330kV 配电装置布置，该布置的主要特点有：

1）配电装置为东西两侧出线，断路器按东西向成三列布置，两组母线分别布置在两侧，进出线架构共 4 排，纵向尺寸为 176.5m。因为是两侧出线，没有双层架构，架构数量少，并可减少转角塔，但由于出线紧接在一起，线路终端塔要采用双回路塔。

2）母线为 KKZ－51－3（软管）型扩径空芯导线，采用 ZS－330/400 型棒式支柱绝缘子支持，两端以双绝缘子张拉。双绝缘子沿母线方向并列安装，并在各分节法兰处设置联板，将两个绝缘子连成整体，以提高其抗弯强度。端部下节绝缘子由普通瓷（抗弯强度 15000N）改为西安电瓷厂产的高强度瓷（试验抗弯强度达到 22000～23000N）。

3）为提高供电可靠性，防止同名回路同时停电，将其中 1 台主变压器进线和一回出线作交替布置，这样要增加一个间隔，但在该两间隔内的空余位置可以布置母线电压互感器及避雷器。间隔宽度经尺寸校验计算，采用 18m，即相间距离为 5m，相地距离为 4m。配电装置共 8 回进出线，接成 4 串，占用 5 个间隔，总宽度为 117m。

4）空气断路器为 KW4 型。为考虑安装检修的便利，采用低位布置，基础高度为 0.5m；母线隔离开关为单柱式，在母线下作分相布置，就地设控制箱集中电动操作；电流互感器和三柱式隔离开关采用敞开式组合电器。

5）高压并联电抗器接于线路阻波器内侧，与进出线方向成横向布置。

6）配电装置周围设有环形道路，并在第二串与第三串之间设有纵向通道，可以满足各串设备运输时车辆通行及安装检修的需要。同时，中间道路的设置也满足了母线接地器刀刃打开后对相邻间隔设备带电距离的要求。

一个半断路器和双母线带旁路母线两种接线的 330kV 配电装置占地面积及所需材料比较见表10－30。

（2）图 10－92 示出 HY 变电所 330kV 配电装置布置。该配电装置也采用断路器三列布置，但为单侧出线，并采用 LF－21Y，ϕ150/136mm 铝锰合金管形母线配 GW6－330 型单柱式隔离开关的布置方式。本变电所地处海拔 2360m 处，配电装置尺寸经校验后，其进出线相间距离采用 5.6m，相地距离为 4.4m，间隔宽度为 20m。间隔内设备的相间及相地距离为 5m。断路器采用 FA4－420 型 SF_6 断路器（适用于海拔高度 3000m），其它电气设备都采用 380kV 绝缘水平的设备。配电装置共有 8 回进出线，接成 4 串，占用 7 个间隔，总宽度为 167m。

5. 变压器—母线组、出线双断路器接线的布置

图 10－93 示出 LX 变电所 330kV 配电装置布置系采

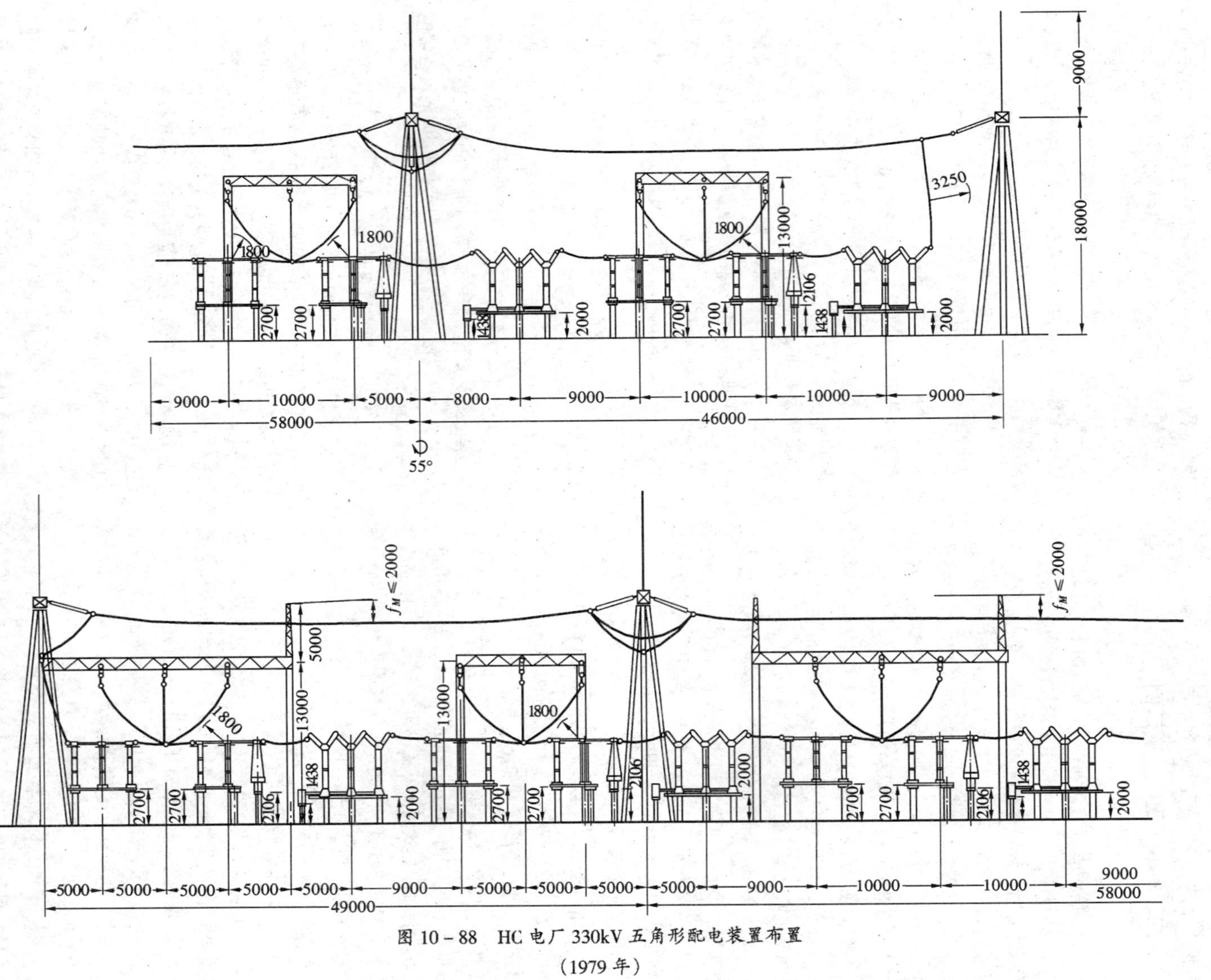

图 10－88 HC 电厂 330kV 五角形配电装置布置
（1979 年）

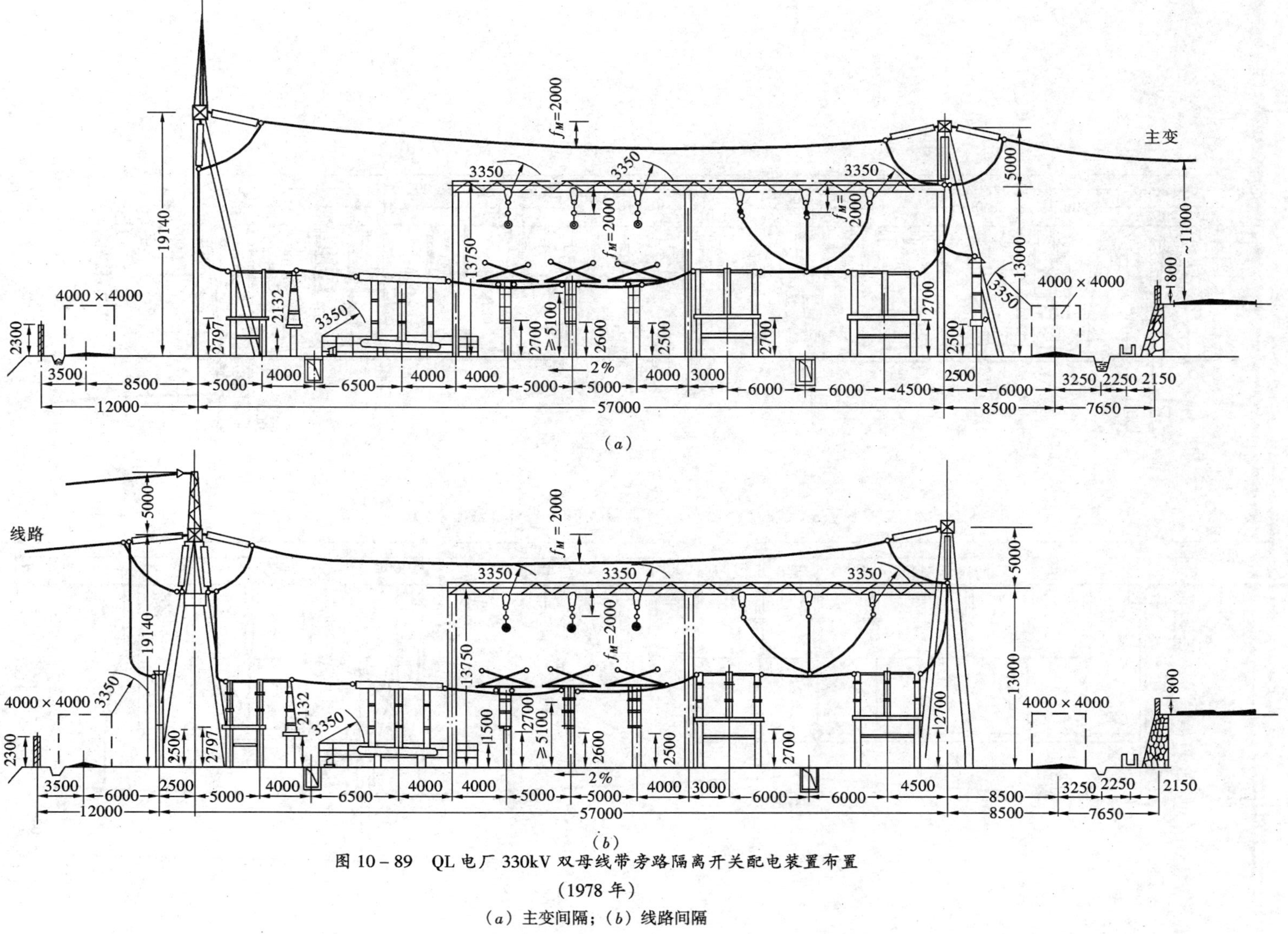

图 10－89　QL 电厂 330kV 双母线带旁路隔离开关配电装置布置

（1978 年）

（a）主变间隔；（b）线路间隔

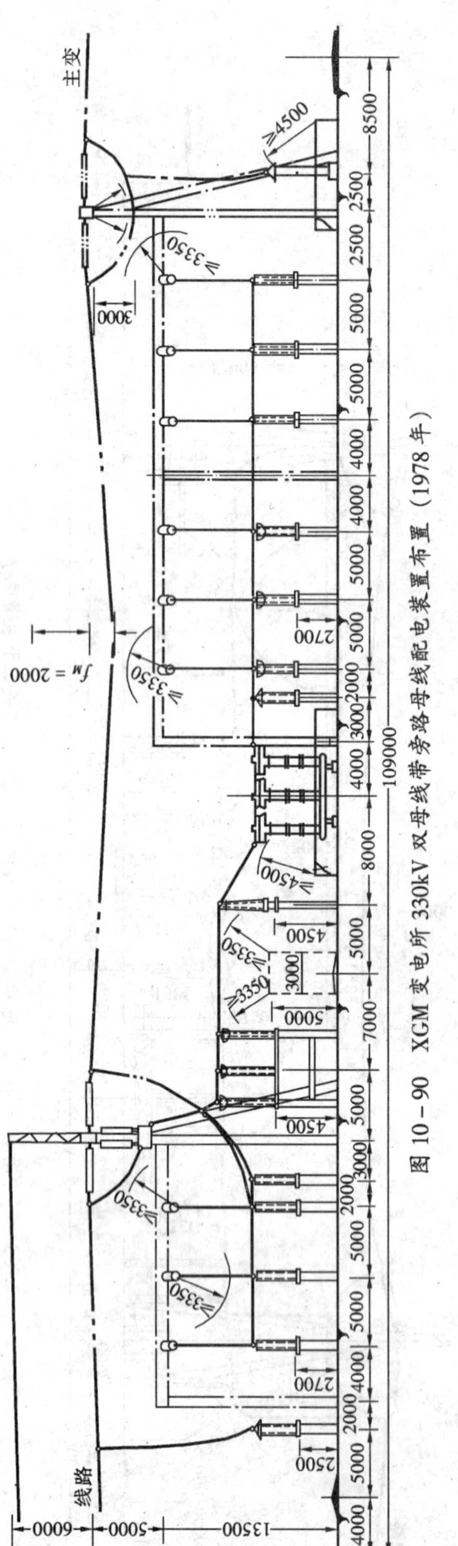

图 10-90 XGM 变电所 330kV 双母线带旁路母线配电装置布置（1978 年）

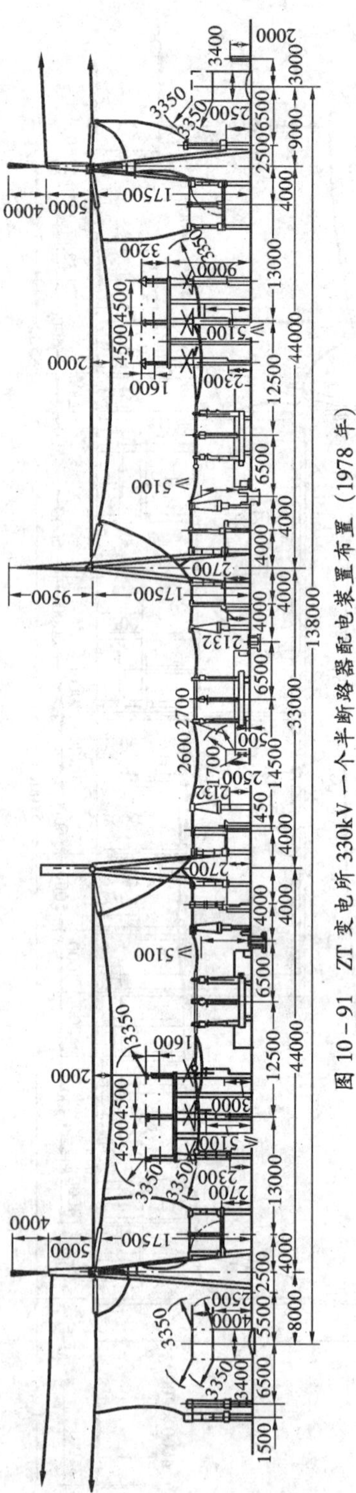

图 10-91 ZT 变电所 330kV 一个半断路器配电装置布置（1978 年）

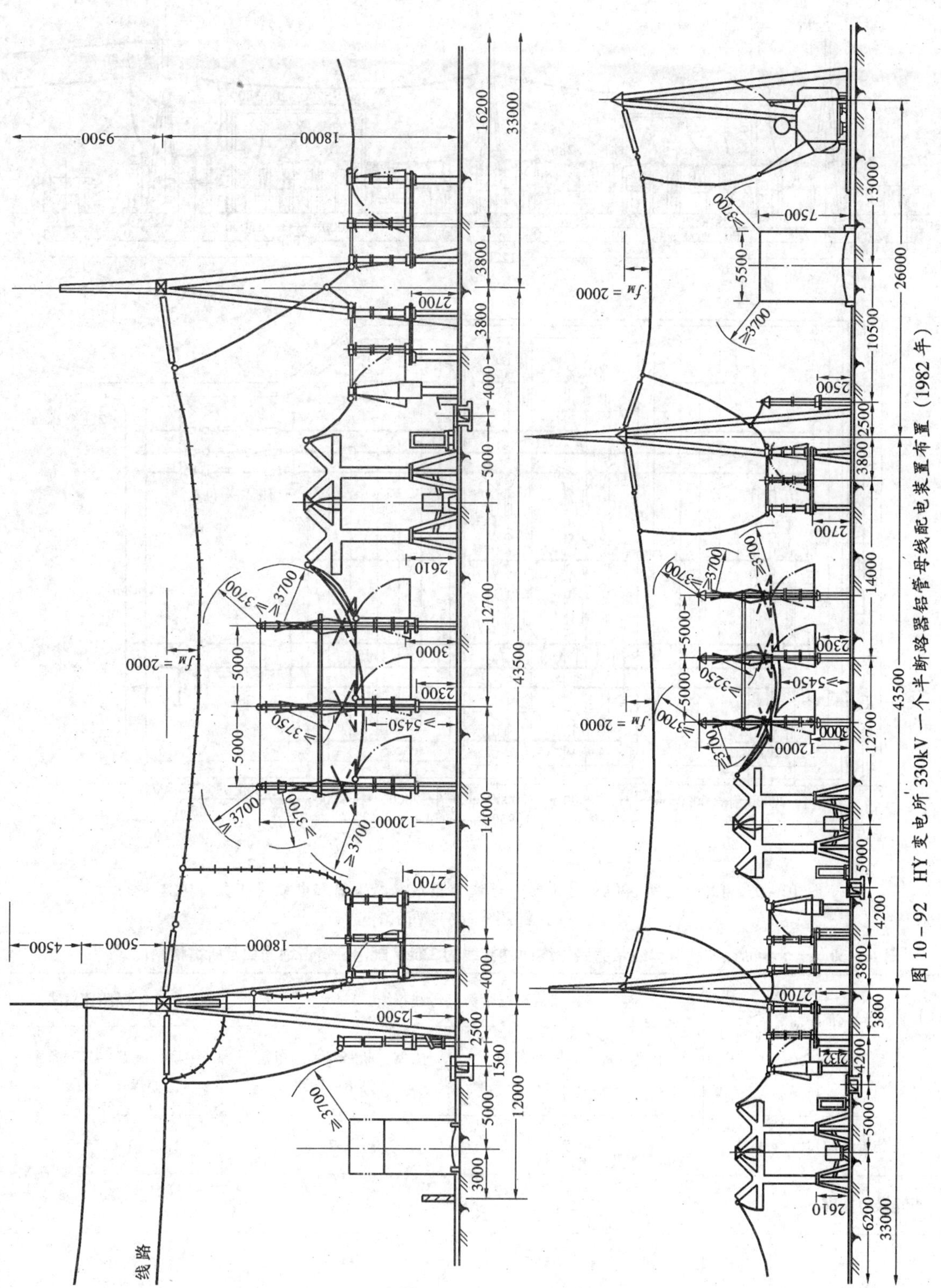

图 10-92　HY 变电所 330kV 一个半断路器铝管母线配电装置布置（1982 年）

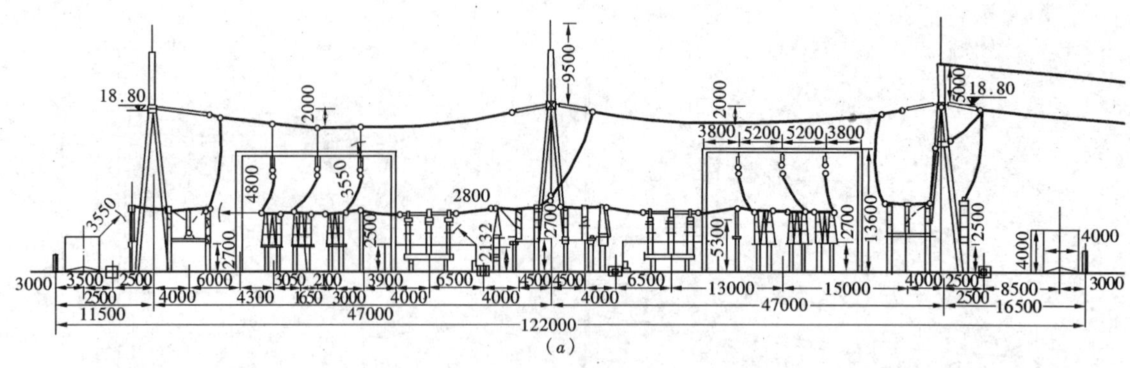

(*a*)

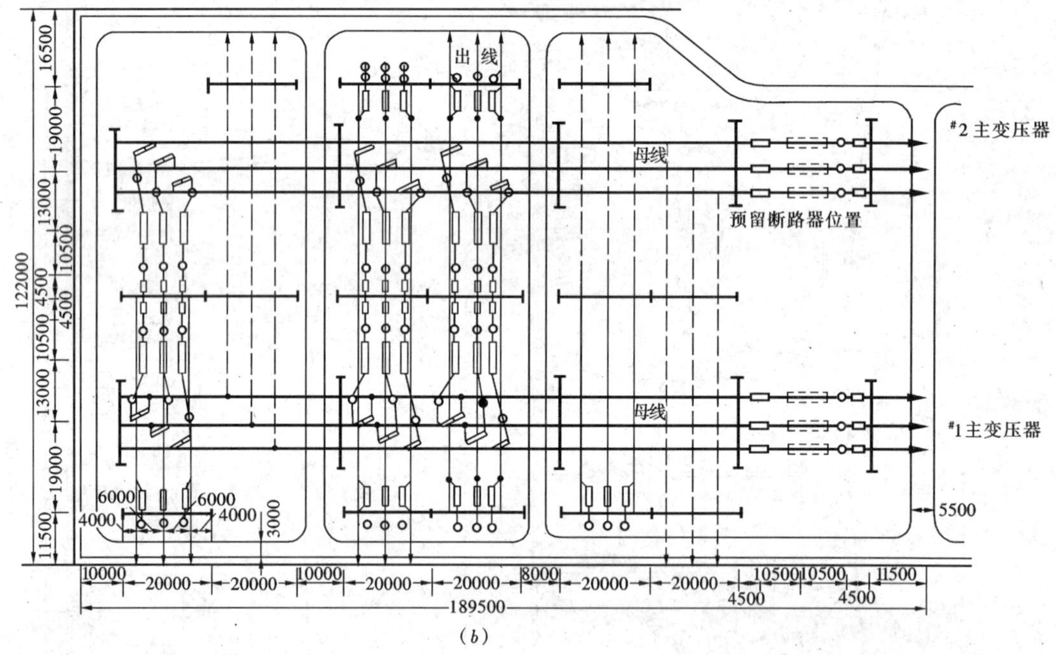

(*b*)

图 10－93 LX 变电所 330kV 变压器—母线、出线双断路器配电装置布置（1981 年）
（*a*）断面图；（*b*）平面图

表 10－30 一个半断路器和双母线带旁路母线两种接线的 330kV 配电装置占地面积及所需材料比较

比较项目 \ 接线 布置型式		双母线带旁路母线接线		一个半断路器接线
		中型、断路器单列布置（GW7－330）	中型、断路器单列布置（GW6－330）	中型、断路器三列布置（GW6－330）
配电装置纵向尺寸（m）		146.5	130	176.5
配电装置宽度（m）		222	222	117
配电装置占地面积	（亩）	48.8	43.3	31
	（%）	100	88.7	63.5

续表

比较项目 \ 布置型式 \ 接线		双母线带旁路母线接线		一个半断路器接线
		中型、断路器单列布置（GW7-330）	中型、断路器单列布置（GW6-330）	中型、断路器三列布置（GW6-330）
架构	进出线架（个）	4（高 25.5m） 21（高 17.5m）	12（高 17.5m）	20（高 17.5m）
架构	母线架（个）	21（高 12m）	6（高 13m） 1（高 17.5m）	—
材料	绝缘子串（串）	210	90	66
材料	支柱绝缘子（个）	34	175	65
材料	扩径导线（m）	6500	6000	3270
材料	铝锰合金管（m）	—	300	—
材料	控制电缆（m）	14500	13000	19400
材料	架构消耗钢材（t）	122.68	57.44	64.96
材料	架构消耗水泥（t）	69	35.5	40.25

注　1. 比较按 2 回主变压器进线、6 回出线及 1 组并联电抗器考虑。
2. 各型配电装置的间隔宽度均为 18m。
3. 各方案中对母线支柱绝缘子的支架均未列入。

用变压器—母线组、出线双断路器接线的布置方式。考虑到我国超高压变压器的可靠性还不高，为避免在变压器故障或正常切换时断路器动作台数过多，设计中预留了必要时在主变回路加装断路器的位置。主变回路从母线端部接入，线路则由母线两侧引出，母线隔离开关采用三柱式分相布置。该变电所位于高海拔（1750m）地区，考虑海拔修正系数后，A_1 值为 800mm。

三、500kV 配电装置示例

1. 一个半断路器三列式布置

(1) 图 10-94 示出 FHS 变电所 500kV 配电装置布置。该配电装置采用软母线配双柱水平伸缩式隔离开关的布置方式，共有 8 回进出线，接成 4 串，两组变压器为交叉连接，其中一组采用高跨方式越过出线回路引入串内，不另占用间隔。配电装置的纵向尺寸为 304.6m。该布置简单清晰，占地面积较小，为 66.2 亩。

进出线间隔宽度与母线架构宽度均为 28m，即相间距离为 8m，相地距离为 6m。为改善静电感应的影响，并考虑到在带电情况下检修机械通行安全与便利，间隔内所有电气设备均采用高式布置，如隔离开关支架高度取 4.5m 等。

(2) 图 10-95 示出 JD 变电所 500kV 配电装置布置。该配电装置也采用软母线配双柱伸缩式隔离开关的布置方式，共有 12 回进出线，接成 6 串，占用 6 个间隔，总宽度为 217.5m。主变进线分别由母线内侧横向低穿接入串内，不另占用间隔。配电装置的纵向尺寸为 251m，占地面积为 80.2 亩。

配电装置间隔宽度为 30m，即相间距离为 8m，相地距离为 7m；母线架及主变引线架的宽度均为 24m，即相间距离为 6.5m，相地距离为 5.5m。设备的相间距离按 QY-16 型汽车起重机的作业要求取 8.5m。

(3) 图 10-96 示出 YM 电厂 500kV 配电装置布置。因受场地条件所限，且电厂地处 6 度地震区，配电装置采用支持式铝管母线配单柱半折架式隔离开关的布置方式，其串内的隔离开关也采用单柱式，分别布置在两个中间门型架构的下面。配电装置共有 9 回进出线，按 4 串半连接，占用 5 个间隔，总宽度为 152m。配电装置的纵向尺寸为 205m，占地面积为 46.7 亩，节约用地的效果比较显著。

间隔宽度为 28m，即相间距离为 8m，相地距离为 6m。管形母线的相间距离，考虑带电作业的要求，取 7m。管形母线的跨距与间隔宽度一样，也为 28m，为不超过支柱绝缘子的抗弯强度和母线的允许挠度与强度，在跨距中间需一个支柱绝缘子，并采用大小跨，大跨为 16.3m，小跨为 11.7m。大小跨的差值一般取配电装置的 B 值，以保证 B 相电气设备引线的安全净距。为了防止微风振动，在每跨母线的 1/3 处安装了从法国进口的动力活塞式消振器，消振器的振动频率已由制造厂调好，可在现场直接安装。

2. 一个半断路器平环式布置

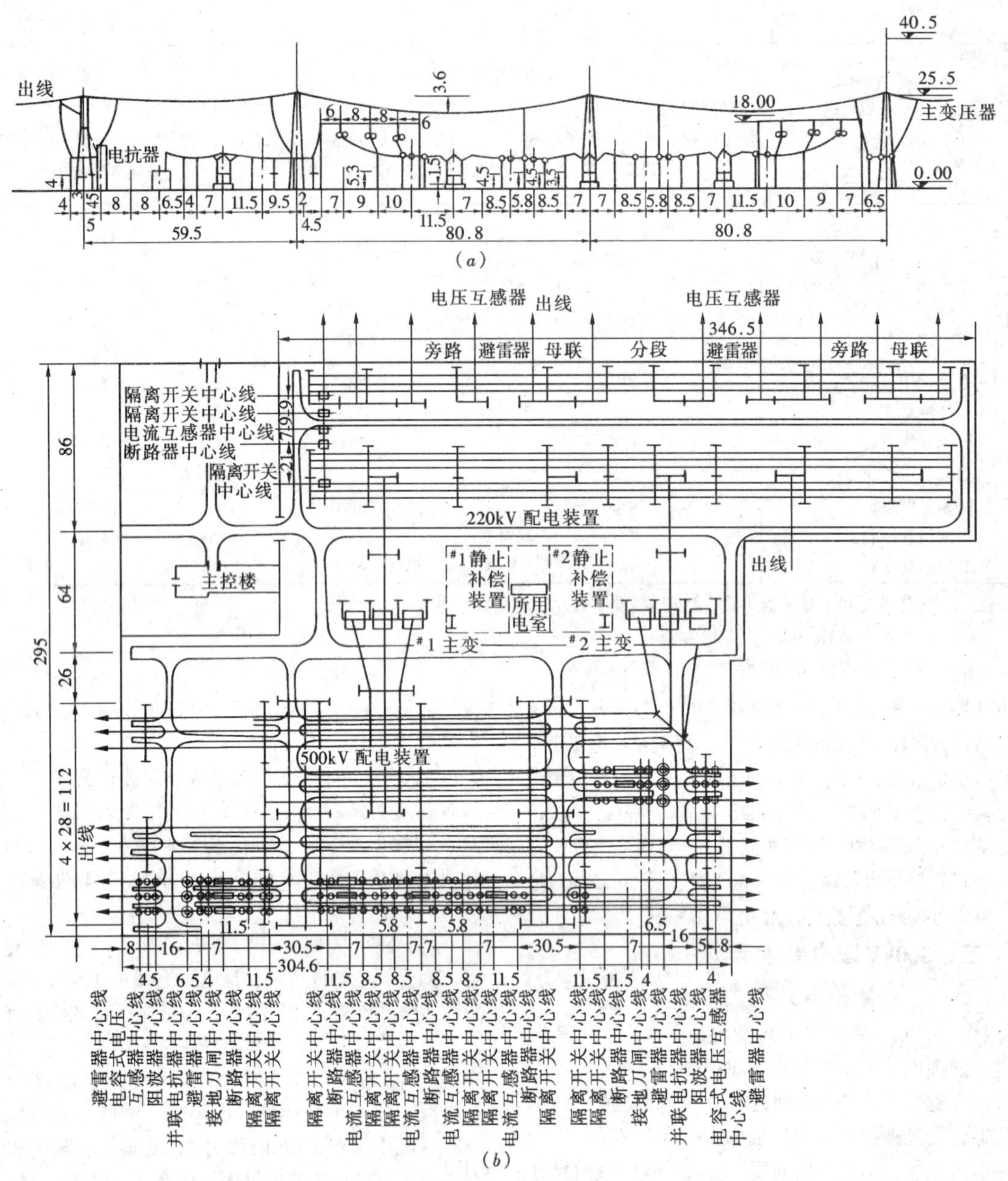

图 10-94 FHS 变电所 500kV 一个半断路器配电装置布置
(1981 年)
(图中单位为 m)
(a) 断面图；(b) 变电所平面简图

图 10-97 示出 FS 变电所 500kV 配电装置布置。由于变电所所址地形条件限制，500kV 出线均为同一方向，要求配电装置的纵向尺寸较小，以利与所址地形相配合。通过对断路器三列式、平环式和单列式三种布置方案的比较，虽然三列式布置方案占地面积最少，但其纵向尺寸较长，不利于地形配合，填方工程量很大；而单列式布置方案占地面积最多，且配电装置上方有斜连线，使结构复杂，静电感应影响大，不利于运行和设备检修。因此，比较结果决定采用平环式布置方式。表 10-31 示 FS 变电所 500kV 配电装置布置方案比较。比较是按一个半断路器接线，6 回出线、2 组主变压器、2 组高压并联电抗器的规模进行编制

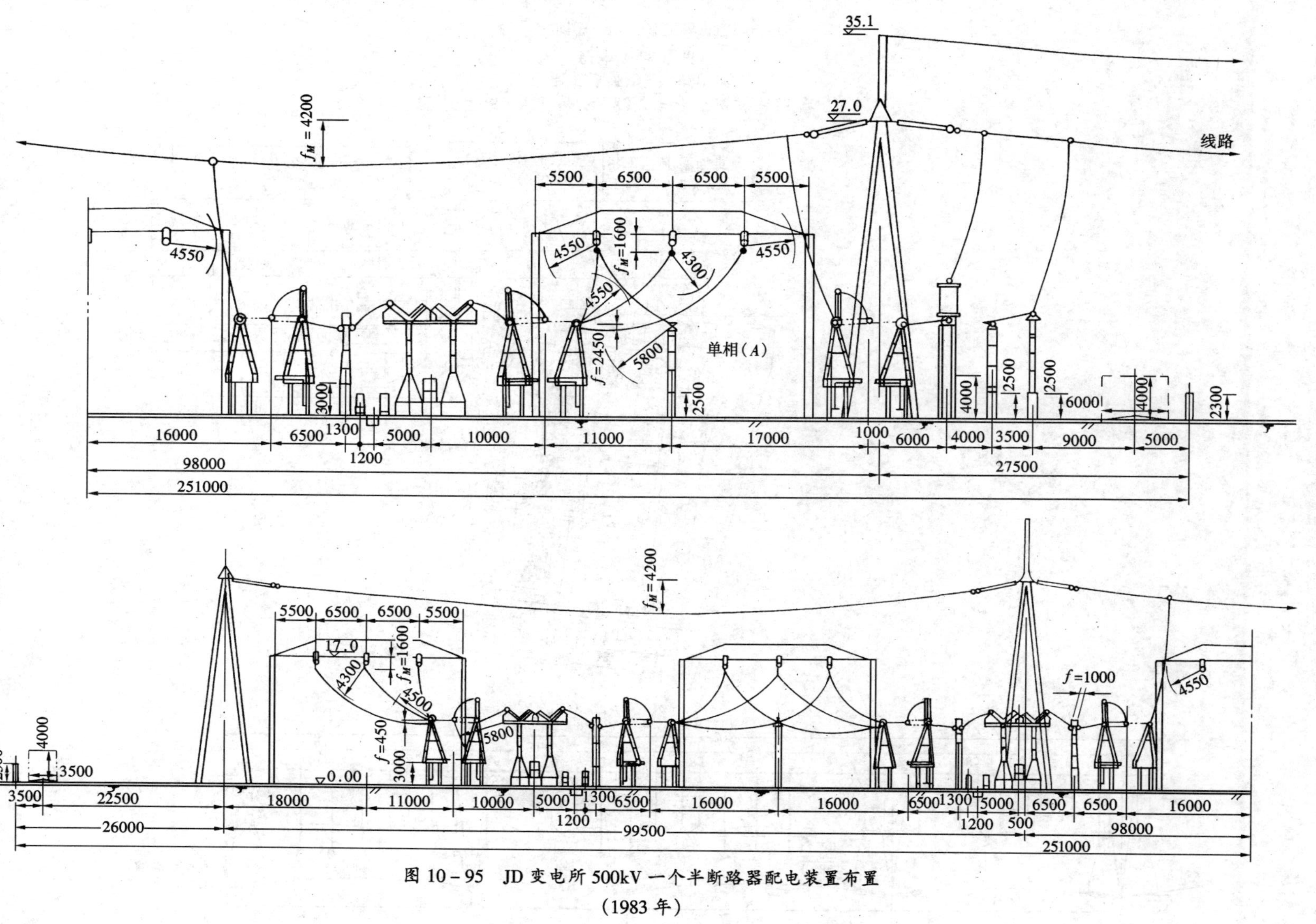

图 10－95　JD 变电所 500kV 一个半断路器配电装置布置
（1983 年）

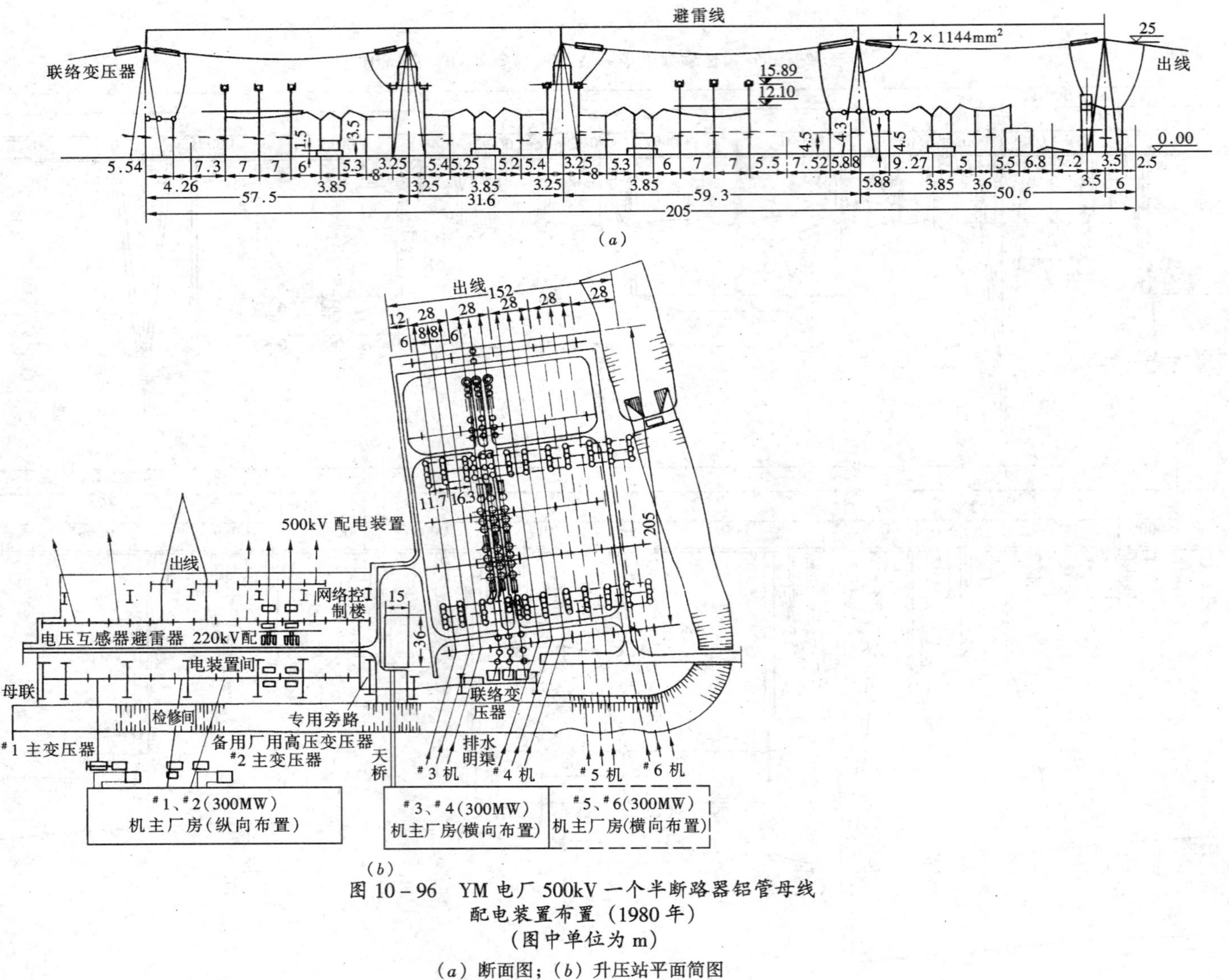

图 10－96 YM 电厂 500kV 一个半断路器铝管母线配电装置布置（1980 年）

（图中单位为 m）

（a）断面图；（b）升压站平面简图

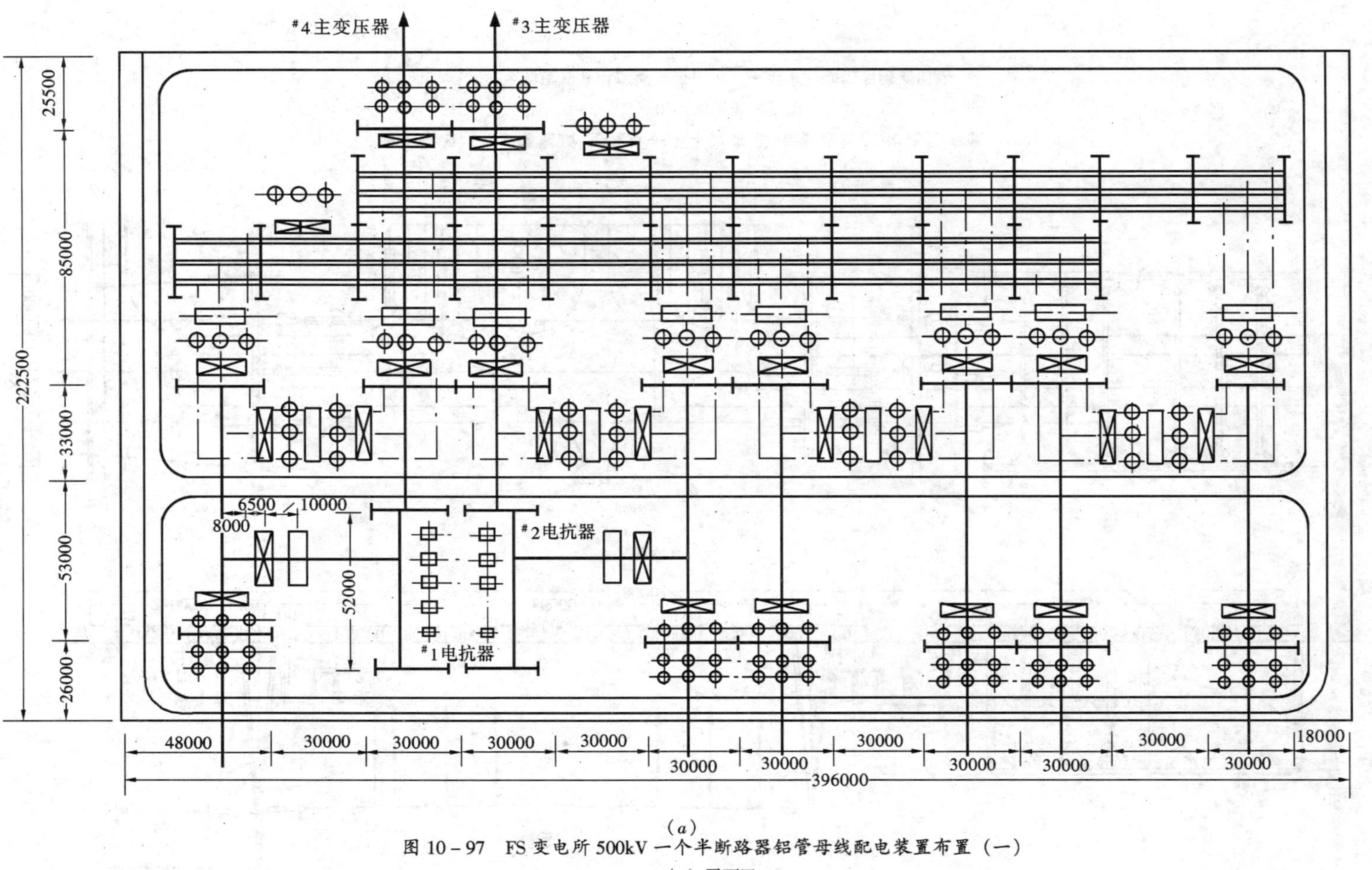

（a）

图 10－97　FS 变电所 500kV 一个半断路器铝管母线配电装置布置（一）

（a）平面图

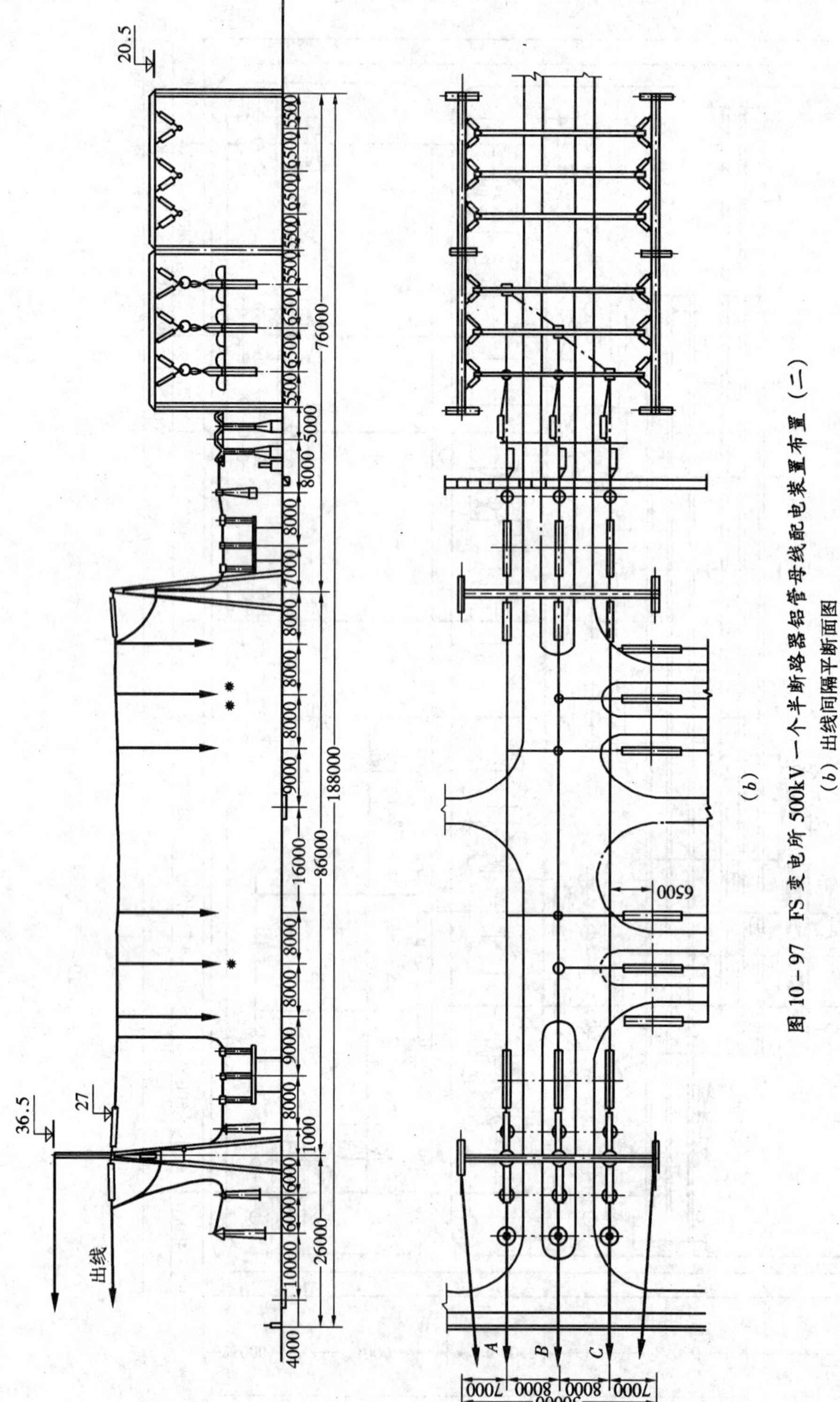

(b)

图10－97　FS变电所500kV一个半断路器铝管母线配电装置布置（二）

（b）出线间隔平断面图

*—至高压并联电抗器回路；**—至中间联络断路器回路

表 10－31　FS 变电所 500kV 配电装置布置方案比较

比较项目 \ 布置方案		断路器三列布置	断路器平环布置	断路器单列布置
占地	纵向长度（m）	302	222.5	221.5
	横向长度（m）	256	396	426
	占地面积（m^2）	77312	88110	94359
布置及结构特点		1. 两组母线布置在两端，中间三个断路器排成三列； 2. 部分断路器上方没有架空软导线，设备检修较有利； 3. 线路与断路器不对应，分区性差	1. 两组母线相邻布置，中间联络断路器横位布置，形成一个“环”； 2. 所有断路器上方没有架空软导线，设备检修条件最好； 3. 配电装置结构简单，分区明显	1. 两组母线分开布置，利用上层斜拉导线将三个布置在一列的断路器连接成串； 2. 所有断路器上方都有架空软导线，设备检修条件最差； 3. 配电装置结构最复杂

的。

配电装置采用 V 形绝缘子串悬吊式铝管母线配单柱式隔离开关的布置方式。母线选用 $\phi150/\phi136$mm 铝锰合金管，绝缘子串采用 35 片 XP－10 型悬垂绝缘子串。该悬吊式铝管母线的平断面见图 10－98。这种母线的抗震性能较强，能够满足该变电所按 8 度地震烈度设防的要求；同时，铝管母线对架构的水平拉力很小，在考虑风力和相间短路电动力共同作用的最严重情况下，每相母线的水平拉力仅为 13.2kN，为软母线对架构水平拉力的 1/3 左右；再者，铝管母线的位移较小，在 30m/s 最大风或者 15m/s 风加上 40kA 短路电流电动力作用下，V 形绝缘子串悬吊点的水平位移为 0.2853m，铝管母线跨中最大水平位移为 0.4902m，最大垂直位移为 0.169m，均能与单柱式隔离开关触头的允许钳夹范围相配合，使用安全可靠；此外，通过对悬吊式铝管母线的试验表明，铝管没有发生微风振动。

高压并联电抗器采用垂直于出线回路的布置方式，这样可以压缩配电装置的纵向尺寸，与地形配合较好，同时它占据了出线间隔旁边中间联络断路器外侧的空位，有效地利用了场地，使配电装置的布置比较紧凑，节省了占地面积。

中间联络断路器回路与出线回路垂直布置，并与母线侧断路器处于同一水平面，为避免其连线形成静电感应较大的同相区，设计将中间联络断路器同上层的出线回路相连接，由于这两者并不处于同一平面，即中间联络断路器回路布置在下层，而出线回路布置在上层，它们之间的连线可以从下面交叉地接入出线回路，使两个相邻平行跨导线的相序相同，这样就可以避免在中间联络断路器回路处出现同相区，从而减少静电感应的影响。

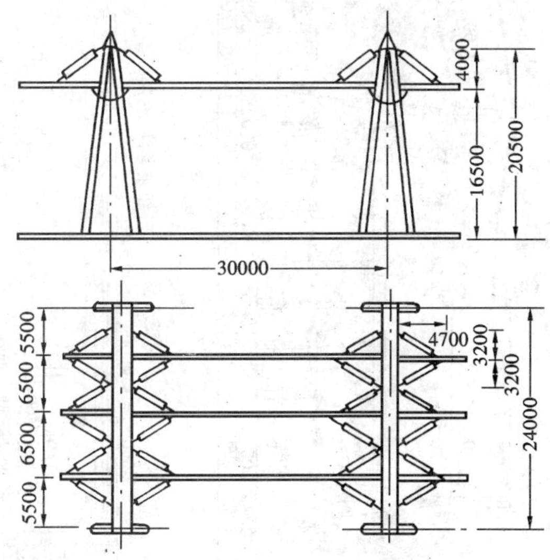

图 10－98　FS 变电所 500kV 悬吊式铝管母线平断面图

3. 双母线四分段带旁路母线布置

图 10－99 示出 LY 变电所 500kV 配电装置布置。配电装置采用软母线配单柱式隔离开关的布置方式，共有 8 回进出线，占用 12 个间隔（包括分段间隔），总宽度为 413.5m。配电装置的纵向尺寸为 192m，占地面积为 119.2 亩。

通过双分裂软母线配 GW6 型单柱式隔离开关的合闸试验，证明当导线承受风速 30m/s 时的风力及相应于 40kA 短路电流的电动力作用时，单柱隔离开关能保证可靠合闸。试验时所采用的母线为 2×LGJQT－1400，分裂间距 400mm，跨距为 30m，最大弧垂为 1.22m，隔离开关为 GW6－500 型，采用硬环静触头。

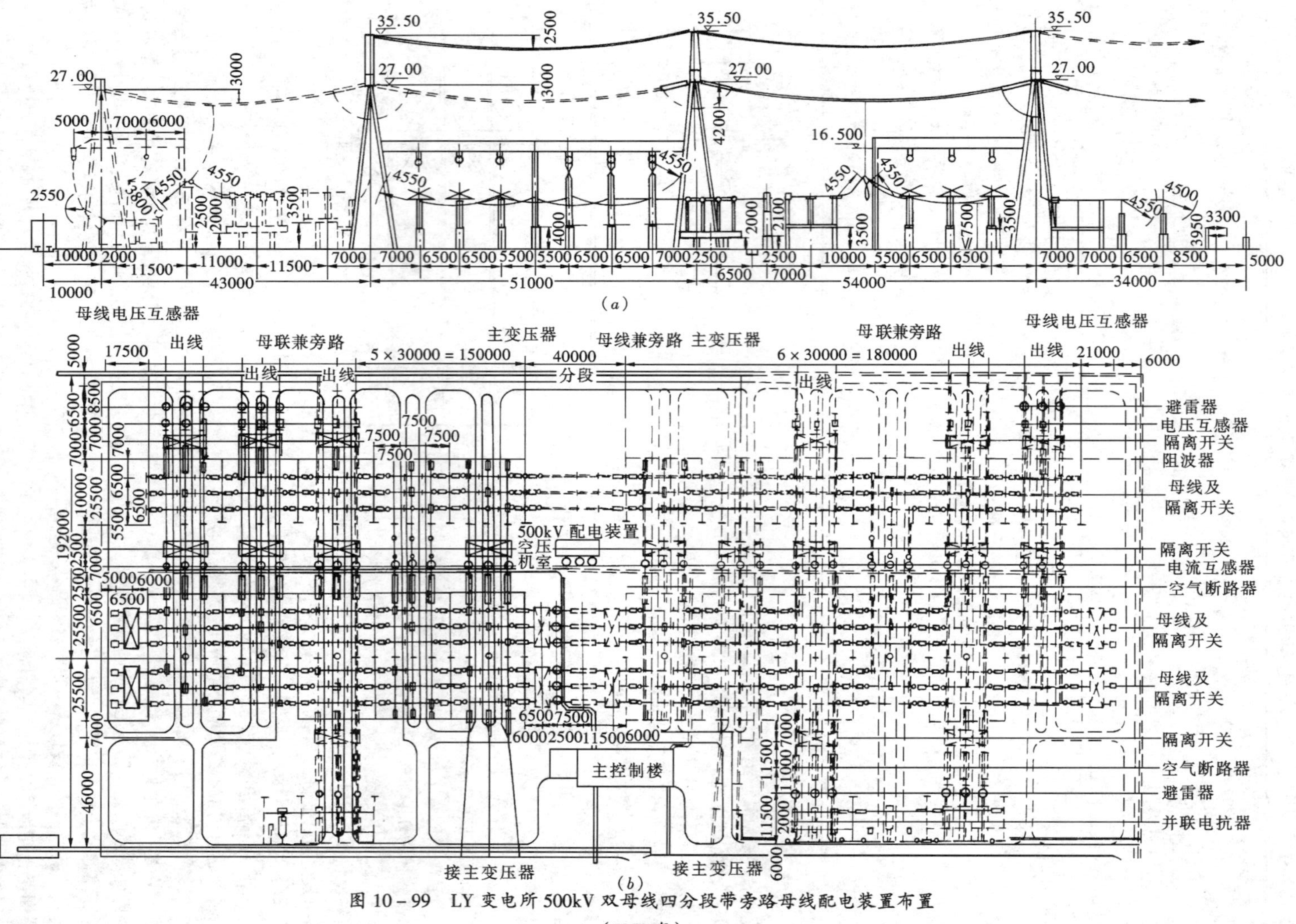

图 10－99　LY 变电所 500kV 双母线四分段带旁路母线配电装置布置

（1980 年）

（a）断面图；（b）平面图

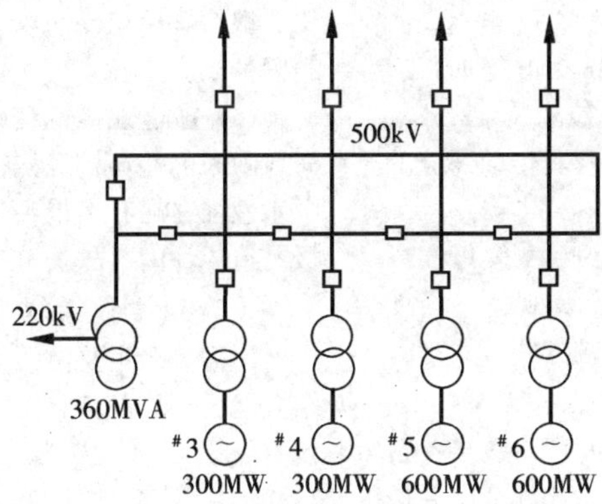

(*a*)

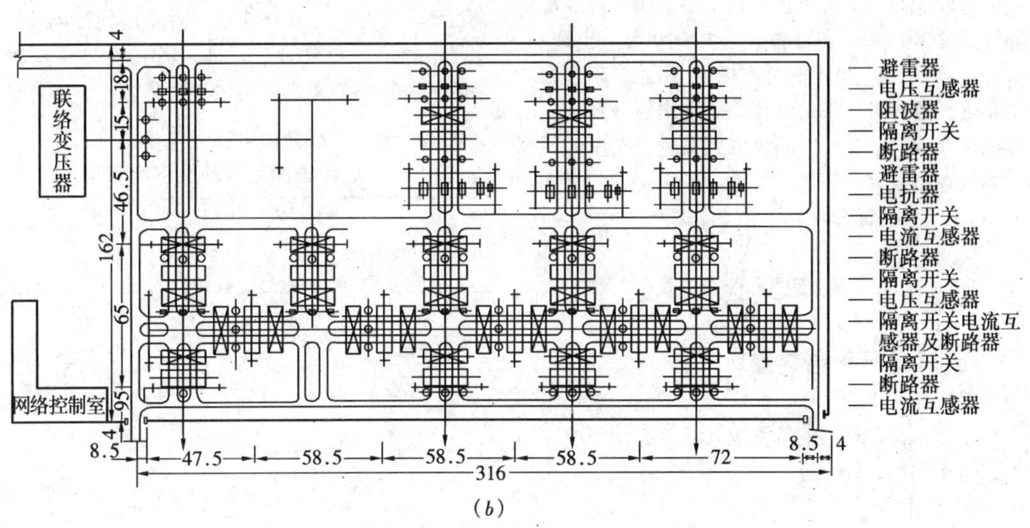

(*b*)

图 10－100　ZX 电厂 500kV 环形母线多分段配电装置布置方案

(*a*) 接线图；(*b*) 布置图

试验结果如下，供同类工程参考：

(1) 合闸操作时允许的最大风速：试验时初始状态的母线弧垂为 1.2m，静触头引下长度为 0.65m，然后施加模拟 10～35m/s 的风荷载，在 30m/s 的风荷载时，静触头水平位移 615mm，动触头能可靠合闸。

(2) 合闸后允许的风速：风速从 10m/s 至 35m/s 变化时，静触头在动触头内只位移 5mm，说明触头间的滑动摩擦力较大，位移较小，触头在风荷载作用下，能够保持在合闸状态。静触头在 700mm 长的动触头铝铜复合板过渡层内所受的正压力，相应地自下而上 25～600mm 处为 1400～510N，滑动摩擦力为 780～130N。

(3) 母线通过 40kA 短路电流时允许的风速：风速从 10m/s 至 35m/s 变化时，静触头在动触头内的滑动距离为 65mm，处于制造厂给定的最佳接触范围内。

(4) 母线带电上人检修时静触头的允许滑动范围：当检修静触头上人荷载为 3500N 时，静触头下滑最大为 299mm，因此，为求可靠合闸，如在 +30℃时安装导线，其弧垂不大于 1.15m，则静触头在动触头的夹持位置不能低于 300mm。当检修耐张线夹导线拉紧时，静触头在动触头内上滑最大仅 5mm，不影响可靠合闸。

(5) 拉力试验：当最大风速为35m/s并施加相应于40kA短路电流的电动力时，水平拉力为12.5kN，隔离开关仍可靠合闸，证明设备本身及其传动部分的结构强度能够满足运行的要求。

(6) 硬环及软环静触头的选用：500kV软母线以采用硬环静触头为好，因其刚度大，美观，不易变形，金具少，重量轻，安装、检修均较方便。

4. 环形母线多分段布置

环形母线多分段布置的特点是，每段母线接一台发电机和一回出线，发电机与出线容量相配合，并按发电机—变压器—线路单元接线，各单元之间以设有分段断路器的环形母线相连接。

图10-100示出ZX电厂500kV配电装置采用环形母线多分段的布置方案。该布置方案采用软母线配双柱伸缩式隔离开关的布置方式，共有9回进出线，按5个分段连接，配电装置总宽度为316m。环形母线按一字形长条布置，采用立环式，进出线分别从条形布置的母线两侧引接，断路器双列布置，高压并联电抗器装设在出线回路引线的下方。配电装置的纵向尺寸为162m，占地面积为76.8亩。

第10-6节 特殊地区配电装置

一、污秽地区配电装置

为了保证处于工业污秽、盐雾等污秽地区电气设备的安全运行，在进行配电装置设计时，必须采取有效措施，防止发生污闪事故。

(一) 污染源

导致配电装置内电气设备污染的污染源主要有：

(1) 火力发电厂：火力发电厂燃煤锅炉的烟囱，每天排放出大量的煤烟灰尘，特别是设有冷水塔的发电厂，其水雾使粉尘浸湿，更易造成污闪事故。

(2) 化工厂：化工厂的污秽影响一般比较严重，因其排出的多种气体（如SO_2、NH_3、NO_3、Cl_2等）遇雾形成酸碱溶液，附着在绝缘子和瓷套管表面，形成导电薄膜，使绝缘强度下降。

(3) 水泥厂：水泥厂排出的水泥粉尘吸水性强，遇水结垢不易清除，对瓷绝缘有很大危害。

(4) 冶炼厂：冶炼厂包括钢铁厂，铜、锌、铅、镍冶炼厂及电解铝厂、铝氧厂等。这些冶炼厂排出的污物对电气设备外绝缘危害很大。如铝氧厂排出的氧化钠、氧化钙，不仅量大，且具有较大的粘附性，呈碱性，遇水便凝结成水泥状物质；电解铝厂排出的氟化氢和金属粉尘具有较高的导电性，且对瓷绝缘子和瓷套管的釉具有强烈的腐蚀作用；钢铁厂及铜、锌、铅、镍冶炼厂排出SO_2气体，在潮湿气候下也会造成污闪事故。

(5) 盐雾地区：在距海岸10km以内地区，随着海风吹来的盐雾，沉积在电气设备瓷绝缘表面。盐污吸水性强，在有雾或毛毛细雨情况下，使盐污受潮，极易造成污闪事故。

(二) 污秽等级

污秽等级主要由污染源特征、等值附盐密度，并结合运行经验确定。发电厂、变电所污秽分级标准见表6-8。

(三) 污秽地区配电装置的要求及防污闪措施

1. 尽量远离污染源

发电厂、变电所配电装置的位置，在条件许可的情况下，应尽量远离污染源。并且应使配电装置在潮湿季节处于污染源的上风向。表10-32为屋外配电装置和各类污染源之间的最小距离。

表10-32 屋外配电装置与各类污染源之间的最小距离

污染源类别	与污染源之间的最小距离 (km)
制铝厂	2
化肥厂	1~2
化工厂和冶金厂	1.5
化工厂和一般厂	0.8
冶金厂和钢厂	0.6~1.0
一般厂	0.5
冶金厂	0.6
水泥厂	0.5

2. 尽量减少火力发电厂烟囱及冷却塔对配电装置的污染

新建火力发电厂的烟囱，应装除尘设备，烟囱的高度及排放量必须符合《工业三废排放试行标准》(GBJ 4—73) 的要求。对有冷却塔的发电厂，必须根据冷却塔的高度、容量和气象条件等，合理确定配电装置的位置，保持必要的距离，并尽量将配电装置布置在冷水塔冬季主导风向的上风侧。冷却塔应装除水器，尽量减少水汽污染。

3. 合理选择配电装置型式

6~35kV配电装置一般都采用屋内配电装置；63~110kV配电装置处于2级及以上污秽区时，宜采用屋内配电装置；当技术经济合理时，220kV配电装置也可采用屋内型。

在重污秽地区，经过技术经济分析，也可采用SF_6全封闭电器。

4. 增大电瓷外绝缘的有效泄漏距离或选用防污型产品

污秽地区电瓷外绝缘的有效泄漏距离应不小于表6~8的规定值。

电瓷尽量选用防污型产品。防污型产品除有效泄漏距离较大外，其表面材料或造型也有利于防污。如采用半导体釉、大小伞、大倾角、钟罩式等特制瓷套和绝缘子。

污秽地区配电装置的悬垂绝缘子串的绝缘子片数应与耐张绝缘子串相同。

5. 采用防污涂料

对于污秽严重地区，在绝缘瓷件表面敷防污油脂涂料也是有效的防污措施之一。目前采用的防污涂料主要有矿脂涂料和有机硅涂料两类

地腊是矿脂涂料的一种，其性能稳定，有较长的使用寿命，一般可达3~5年，价格便宜。但地腊涂料只能浸涂，多用于悬式绝缘子。另外，地腊对金属粉尘和水泥污秽的使用效果不好。

有机硅涂料使用效果较好，硅油的有效期一般为3~6个月；硅脂的有效期可达1年。有机硅涂料的价格较贵，多用于重污秽地区的配电装置。

6. 加强运行维护

加强运行维护是防止污闪事故的重要环节。除运行单位定期进行停电清扫外，在进行重污秽地区配电装置设计时，应考虑带电水冲洗。

目前采用的带电水冲洗装置多为移动式。采用固定式带电水冲洗装置的效果更好，但需在设备瓷套管或绝缘子四周设置固定的管道系统和必要的喷头，投资较大。图10－101示出SW6－220型少油断路器固定水冲洗装置布置示意图。

带电水冲洗应满足下列要求：

(1) 冲洗用水的水电阻率要求一般不低于1500 Ω·cm，冲洗110kV及以上电压等级的电气设备时，

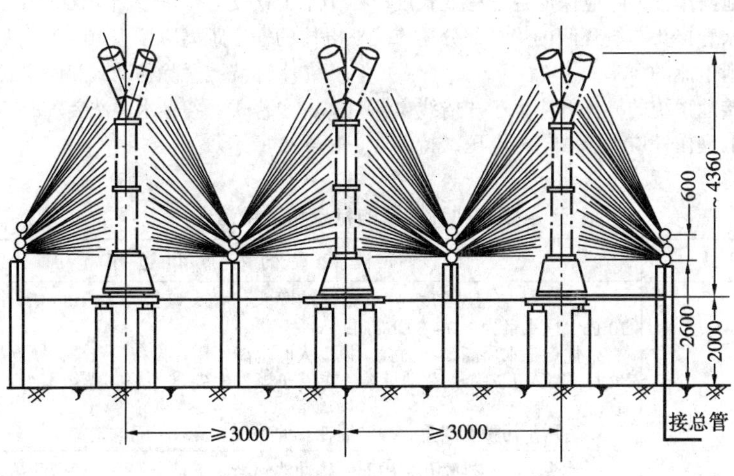

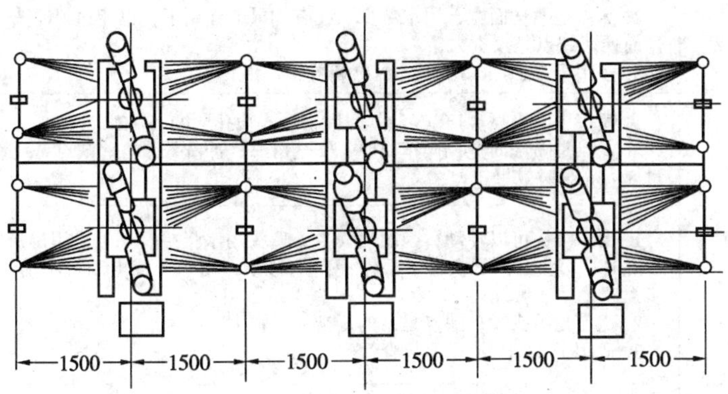

图10－101　SW6－220型少油断路器水冲洗装置布置示意图

表 10-33　　小型水冲洗操作杆的绝缘有效长度

电压等级（kV）	63 及以下	110	220	330
绝缘有效长度（m）	1.5	2.0	2.5	3.5

表 10-34　　喷嘴与带电体的安全距离

电压等级（kV）	安全距离	
	大型水冲洗（m）	小型水冲洗（m）
10 及以下	—	0.4
20~44	—	0.5
63	2.0	0.6
110	3.0	0.7
220	4.0	1.0

水电阻率应不小于 3000Ω·cm。

（2）大水量喷嘴内径应为 8~12mm，水压应为 $5\times10^5\sim10\times10^5$Pa；小水量喷嘴内径应不大于 2.5mm，水压应为 $3\times10^5\sim5\times10^5$Pa。

（3）大型水冲洗喷嘴及水泵应可靠接地；小型水冲洗操作杆的绝缘有效长度应符合表 10-33 的规定。

（4）采用不接地操作杆，除应保证绝缘有效长度外，其进入水枪的水管接头与护环间的绝缘部分还应满足湿闪电压和漏泄电流的要求。

湿闪电压：非接地系统的操作杆应大于 3 倍线电压；直接接地系统的操作杆应大于 3 倍相电压，持续时间为 5min。

漏泄电流不大于 1mA。

不能满足上述要求时，护环前必须接地。

（5）在满足上述要求的前提下，喷嘴与带电体的安全距离应满足表 10-34 的规定。

冲洗 63kV 及以下电压等级设备时，若水电阻率小于 1500Ω·cm，但大于 1000Ω·cm，则水枪喷嘴与带电体的安全距离应按表 10-34 的距离放大 0.2m。

水冲洗装置除移动式和固定式外，尚有转动喷头式、水幕式。各型水冲洗装置的特点和适用范围如表 10-35 所示。

表 10-35　　各型水冲洗装置的特点和适用范围

冲洗装置型式		冲洗装置的特点和适用范围
移动式		1. 采用结构与消防水喷头相同的喷头，喷头口径为 6~18mm，使用水压为 $5\sim15\times10^5$Pa，用水量为 100~300l/min； 2. 优点是水压高，冲力强，风力大时也能使用，设备投资少；缺点是冲洗时间长，用水量大，需人工操作，劳动量大，在遵守规程上要求严格，操作不当易发生闪络和人身事故； 3. 适用于污秽不严重，冲洗周期长的 110kV 及以下配电装置
固定式（分手动、自动）	针式喷头	1. 喷头上有三排喷孔，中间一排冲洗到绝缘子整个长度，两旁两排孔出水方向与绝缘子夹角为 15°，使用水压为（5~30）$\times10^5$Pa； 2. 优点是喷洗面宽，用水量少，在有侧风的作用下，也能达到冲洗效果，安全可靠，操作简便。缺点是投资大； 3. 多用于 220~500kV 屋外配电装置
	喷雾针式喷头	1. 喷头中间为喷雾口（$\phi5$），四周为针式喷孔（$\phi1.5\sim2.5$）； 2. 优点是喷洗面宽，操作简便、安全可靠、冲洗效果好；缺点是投资大，并且在风速超过 5~6m/s 时效果较差
转动喷头式		1. 由于喷头可以转动，因而喷头少，喷头用水量少，一般采用扇形喷头，有三个喷孔，冲洗时，喷头必须从瓷套下部慢慢向上移动，用水压或电动机驱动，并保持两侧喷头同步； 2. 优点是喷头少；缺点是结构复杂，投资大； 3. 适用于 220kV 及以上长套管
水幕式		这种装置必须装在设备的上风侧，且只能在大风时方可使用。因此仅适用于具有该风力特点的地区

二、高烈度地震区配电装置

我国地震区分布较广泛、震源浅、烈度高。大地震使配电装置和电气设备遭受严重破坏，造成大面积、长时间停电，不仅给国民经济造成巨大损失，而且直接影响抗震救灾工作及恢复生产。因此，在进行高烈度地震区的配电装置设计时，必须进行抗震计算和采取有效的抗震措施，保证配电装置及电气设备在遭受到设计烈度及以下的地震袭击时能安全供电。

（一）设防烈度

设防烈度取决于配电装置所在地区的地震烈度。

地震烈度是表示地震时地面受到的影响和破坏的程度。地震烈度不仅与震级有关，还与震源深度、距震中的距离以及地震波通过的介质条件（如岩石或土层的结构、性质）等多种因素有关。目前国际上普遍采用的是划分为 12 度的烈度表，而日本采用的是划分为 8 度的烈度表。我国现采用的“新中国地震烈度表”为划分为 12 度的烈度表。将 12 度烈度表的判据简缩后，列于表 10－36 中。

为了便于工业与民用建（构）筑物设计，我国制订了全国地震烈度区划图。区划图中给出的地震烈度为该地区的基本烈度。

表 10－36　简缩烈度表

烈度（度）	简　称	判　据	最大加速度（cm/s^2）	震级 M（级）
1	微　震	只有仪器记录	2.5	
2	轻　震	极少数敏感之人有感	2.5	$3\frac{1}{2}$
3	小　震	少数休息之人有感，震动如卡车驶过	5	4
4	弱　震	行动之人也有感，吊物摆动	10	$4\frac{1}{2}$
5	强　震	人人有感，睡者震醒	25	5
6	损　坏	树木摇动，架上东西掉落，老朽及劣质房屋损坏	50	$5\frac{1}{2}$
7	轻破坏	人惊逃，房屋普遍掉土，壁面裂，不好房屋有倾倒	100	6
8	破　坏	砖砌房屋裂缝，烟囱倒，一般建筑物严重破坏	200	$6\frac{1}{2}$
9	重破坏	地裂，喷水带泥沙；水管折裂，建筑物多倒塌	500	7
10	毁　坏	地裂成渠，山崩滑坡，桥梁水坝损坏，铁轨弯曲	1000	
11	毁　灭	很少建筑物能保存，铁轨扭曲，地下管道破坏，水泛滥		
12	大灾难	全面破坏。地面起伏波浪，大规模变形		

注　此表摘自李善邦著《中国地震》。

在进行电气抗震设计时，一般情况下取基本烈度作为设防烈度；对于特别重要的大型发电厂和枢纽变电所，设防烈度可比基本烈度提高一度。提高设防烈度必须经上级主管部门批准。

（二）高烈度地震区配电装置选型

合理地选择配电装置型式是电气抗震设计的重要内容之一。在地震烈度较高的地区，必须综合考虑工程在电力系统的重要程度、建设费用、场地条件以及环境条件（如污秽等级）等的影响，进行技术经济分析，选择抗震性能较好的配电装置型式。高烈度地震区配电装置的选型，应考虑以下几点：

(1) 地震烈度为 8 度及以上的地震区，35kV 及以上电压等级的配电装置，宜优选用屋外式配电装置。

根据海城和唐山地震的震害教训，许多屋内配电装置的电气设备，不是由于地震直接造成的破坏，而是由于房屋倒塌砸坏电气设备而造成的次生灾害。且屋内配电装置房屋损坏后修复困难，恢复供电的周期长；而屋外配电装置的震害比屋内配电装置轻，恢复供电的速度也较快。

(2) 屋外配电装置的中型布置方案比高型、半高型布置方案的抗震性能好。

高型、半高型配电装置的构架较高，部分电气设备安装在较高的构架横梁上，其动力反应加大，更容易破坏。同时，由于部分设备上下重叠布置，如上层设备损坏后跌落下来还会打坏下层设备。再者，由于高型、半高型配电装置的部分引下线或设备间连线较长，导线拉力较大，地震时导线摇摆也较大，易拉坏设备。

(3) 地震烈度为8度及以上的地震区，220kV及以上电压等级的配电装置宜优先采用分相布置的中型配电装置；对于场地特别狭窄和城市中心地区的110kV及以上电压等级的配电装置可采用SF_6全封闭组合电器或混合式配电装置。

(4) 地震烈度为8度及以上的地震区，220kV及以上电压等级的配电装置不宜采用棒式支柱绝缘子支持的管型母线配电装置。当采用管型母线配电装置时，铝管母线宜采用悬吊式。

棒式支柱绝缘子的抗震性能较差，用棒式支柱绝缘子支持的管型母线在地震力作用下，将使绝缘子的内应力增加；同时，由于管型母线在地震时容易与地震波发生共振，故棒式绝缘子容易折断并造成母线损坏。唐山地震时，LJT变电所220kV管型母线有一相因3只棒式支柱绝缘子折断而造成母线落地损坏就是一例。

（三）电气抗震计算

电气抗震计算是电气抗震设计的重要环节之一，必须根据电气设备的结构型式、安装方式、安装地区的地震烈度，合理地确定电气抗震计算内容和计算方法。

1. 电气抗震计算的主要内容

在进行高烈度地震区配电装置设计时，电气抗震计算的主要内容有：

(1) 电气设备体系（即电气设备本体及其基础、支架等组成的体系）的自振频率和振型等固有特性的计算；

(2) 地震作用即作用在电气设备体系上的地震力计算；

(3) 地震时，与地震作用同时作用在电气设备体系上的其它外力如导线拉力、风荷载等的计算；

(4) 在地震作用及与地震作用组合的其它荷载同时作用下，电气设备体系各质点的位移、速度、加速度等动力反应计算；

(5) 在地震作用及其它组合荷载同时作用下，电气设备各质点的弯矩和应力计算。重点是电气设备根部及其它危险断面处产生的弯矩和应力的计算；

(6) 电气设备抗震强度的验算。重点是电气设备在各种安装状态下，设备根部和其它危险断面处产生的弯矩和应力是否小于制造厂提供许用弯矩和应力值以及是否满足安全系数的要求。

2. 电气抗震计算的荷载组合

(1) 地震作用；

(2) 恒荷载：包括设备自重、导线拉力等；

(3) 风荷载：在进行电气设备抗震计算时，取当地最大风速的25%作为抗震设计风速，计算其作用在电气设备及其体系上的风荷载。

大地震发生率较低，且地震力的作用时间很短，一般为几秒至十几秒，在发生大地震时，最大地震力作用在电气设备上的同时发生短路故障的几率更小，故可不考虑短路电动力与地震作用的重叠。

3. 电气抗震计算步骤

电气抗震计算步骤如图10-102所示。

4. 电气设备抗震强度的安全系数

以棒式支柱绝缘子或瓷套管为绝缘支柱的电气设备，其机械强度的分散性较大，同时，电瓷为脆性材料，本身没有塑性变形阶段，当外加荷载或发生应力超过允许值时，立即断裂。为了保证电瓷产品在地震时安全运行，其抗震强度必须有一定的裕度。

电瓷产品以弯曲破坏为主，在进行电气抗震设计时，其安全系数应不小于1.67。

电气抗震计算详见附录10-4。

（四）安装设计中采取的抗震措施

1. 选择抗震性能较好的电气设备

电气设备的选型是进行电气设备抗震设计的前提。目前我国尚无定型的抗震型电气设备，而现已定型的电气设备大部分抗震性能较差。为了避免或减少电气设备在地震时受到破坏，应慎重进行设备选型。

(1) 设备选型应根据其安装地点地基的场地土类型，尽可能选用设备的自振频率与当地场地土的地震卓越频率相距较远的电气设备，以便避免在发生地震时，设备与地震波发生共振。

(2) 选用具有较高阻尼比的电气设备，以降低设备对地震作用的动力反应放大系数。

(3) 选用以高强度支柱绝缘子和绝缘套管为绝缘支柱的电气设备。

(4) 选用设备重心低、顶部重量轻等有利于抗震的结构型式的电气设备，如贮气罐式SF_6断路器等。

(5) 对新试制或引进国外的电气设备，在签订设备技术协议时，应提出抗震性能的要求。一般根据

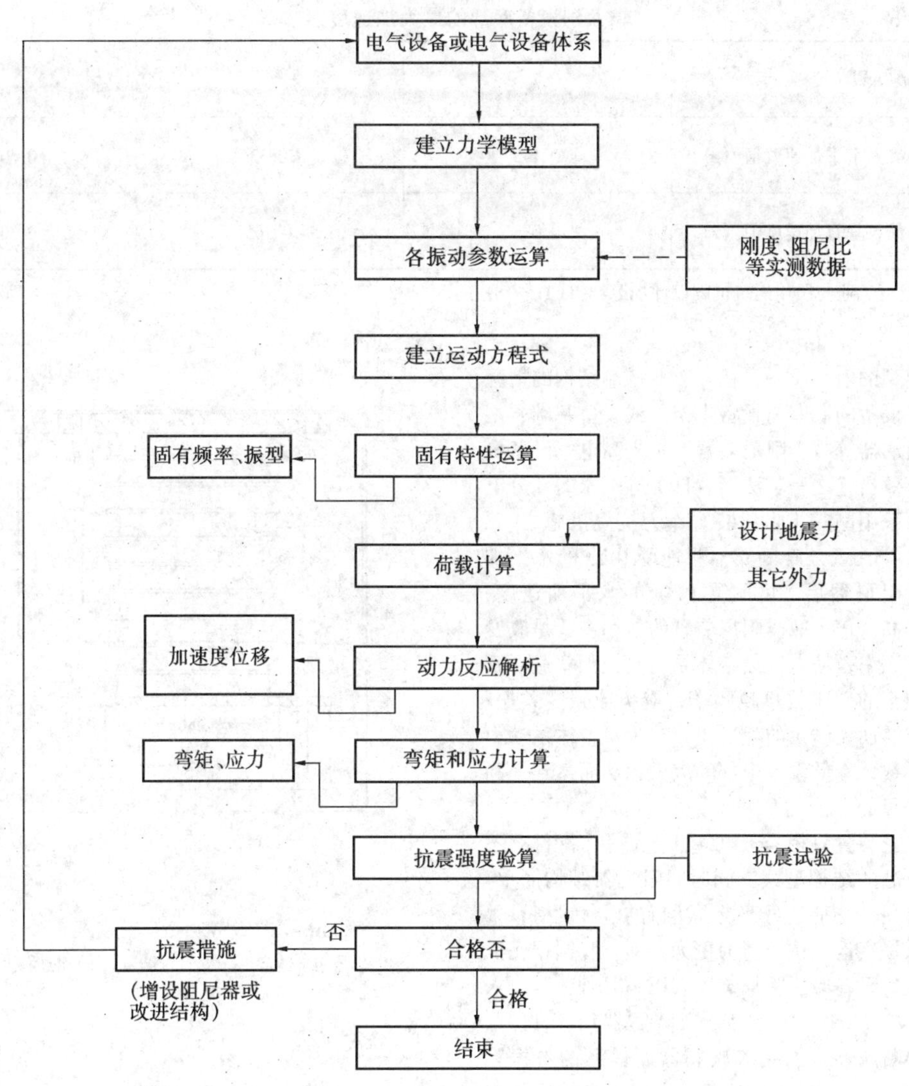

图 10－102　电气抗震计算步骤方框图

地震烈度，提出当发生地震时，设备承受的地面输入最大加速度值为基准。不同地震烈度下，地面输入的最大加速值如表 10－37 所示。

作用在设备上的加速值，还应考虑设备基础和设备支架的动力反应放大系数。一般取设备基础、支架的动力放大系数为 1.2。

表 10－37　地面输入最大加速度值①

地震烈度（度）	7	8	9
地面最大水平加速度值（g）	0.125	0.25	0.5
地面最大垂直加速度值（g）	0.063	0.125	0.25

① 本表最大水平加速度值摘自“中国地震烈度表（1980）”。

导线在地震作用下摇摆，也会造成对电气设备的影响，一般取导体连接方式的影响等不定因素的影响系数为 1.1。因此，输入到设备底部的最大加速度值比地面输入的最大加速度值放大了 1.2×1.1＝1.32 倍，则输入到设备底部的最大加速度值如表 10－38 所示。

2．装设减震阻尼装置

表 10－38 输入到设备底部的最大加速度值①

地 震 烈 度 （度）	7	8	9
设备底部最大水平加速度值（g）	0.165	0.33	0.66
设备底部最大垂直加速度值（g）	0.083	0.165	0.33

① 引自《工业与民用建筑抗震设计规范》（TJ 11—78）。

现已定型的电气设备，在不改变产品结构的情况下，在电气设备的底座与设备支架（或设备基础）之间，装设阻尼器等减震阻尼装置，是提高电气设备抗震能力的有效措施之一。法国、日本等国家的部分电气设备也是采用减震、阻尼装置作为抗震措施之一。如法国 FA_4－550 型 SF_6 断路器只能受 0.2g 的水平加速度，加装阻尼器后，可耐受 0.4g 的水平加速度，抗震能力提高一倍。减震阻尼装置的作用主要是改变本体的自振频率，使电气设备体系的自振频率避开安装地点场地土的地震波卓越频率，避免或减少共振。同时，还能够加大体系的阻尼比，减少设备体系动力反应放大系数，降低设备根部的应力，从而达到提高抗震能力的目的。

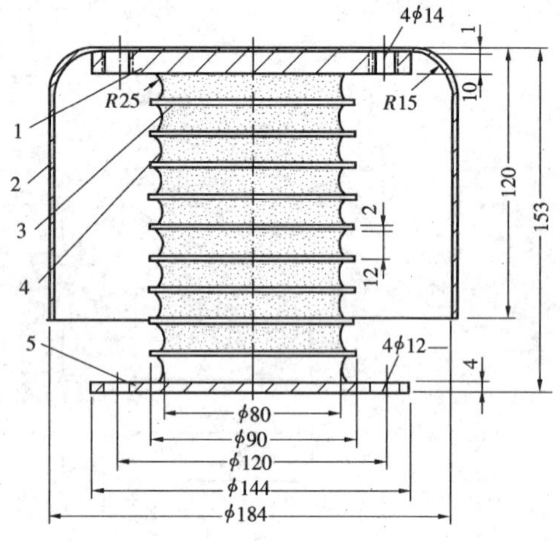

图 10－103 SW－200 型减震器外形图
1—上法兰；2—防护罩；3—钢板；
4—丁基胶；5—下法兰

减震阻尼装置只相当于电气设备的一个配件，不需要改变产品的结构型式。同时，阻尼器结构简单、安装使用方便，特别是对已投入运行的电气设备，采用阻尼器来提高设备抗震能力更为方便。我国现已试制成功的电气设备减震阻尼装置有以下几种：

（1）SWL－400、SWL－200 型减震器用于 110～220kV 少油断路器。加装该减震器后体系的自振频率下降至 1.3～1.8Hz，避开了Ⅱ类场地土的卓越地震频率 3.3Hz；同时，加装该减震器后，体系的阻尼比可由原来的 2%～3%提高到 5%左右，通过振动台地震模拟试验表明：110～220kV 少油断路器加装阻尼器后，可耐受地震烈度为 9 度的地震袭击而不损坏。

SWL－200 型减震器的外形图如图 10－103 所示。

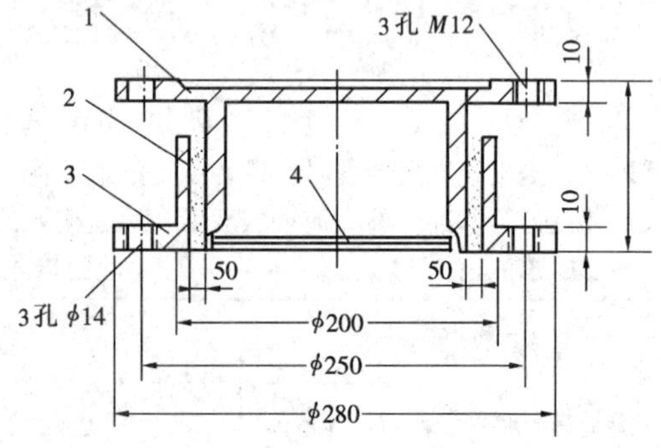

图 10－104 QS78－194 型阻尼器结构图
1—上套筒（钢板）；2—阻尼胶（J 基胶）；
3—下套筒（钢板）；4—底部阻尼垫

（2）QS78－194 型阻尼器用于 FZ－110J、FZ－220J普通阀式避雷器。加装该阻尼器后，避雷器体系自振频率由原 3～4Hz 降至 2Hz 左右，体系阻尼比由原 2%～4%提高到 7%～13%，在共振条件，避雷器根部应力可降低 50%左右，通过振动台地震模拟试验结果表明，FZ－$\frac{110}{220}$J 型避雷器加装 QS78－194 型阻尼器后能承受 9 度地震袭击而不损坏。QS78－194 阻尼器的外形及结构图如图 10－104 所示。

（3）QS78－195 型阻尼垫用于 110～500kV 棒式支柱绝缘子。该阻尼垫在基本上不改变体系自振频率的前提下，增大体系的阻尼比，达到减震的作用。

通过对 ZS-220 型棒式支柱绝缘子的地震模拟试验，加装 QS78-195 型阻尼垫后，体系的阻尼比可由原 2%提高到 8%~10%，绝缘子顶部的动力放大倍数由原来的 20.8 倍降为 5.08 倍，从而使根部应力达到能抗 9 度地震袭击的能力。QS78-195 型阻尼垫的最佳压缩量为 4mm，故在安装时需加一个 3.6mm 的钢垫圈，控制其压缩量。

QS78-195 型阻尼垫还用于由棒式支柱绝缘为绝缘支柱的电气设备，如高压隔离开关等设备的底座上。其结构及安装图如图 10-105 和图 10-106 所示。

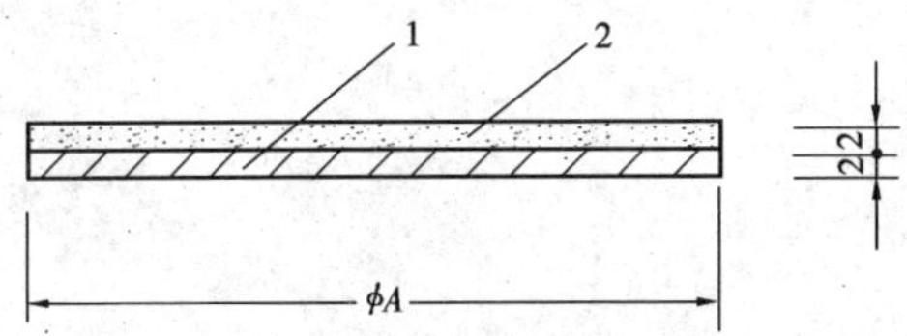

图 10-105　QS78-195 型阻尼垫结构图
1—钢板；2—阻尼胶（J 基胶）
φA—阻尼垫直径，由绝缘子底座安装尺寸确定

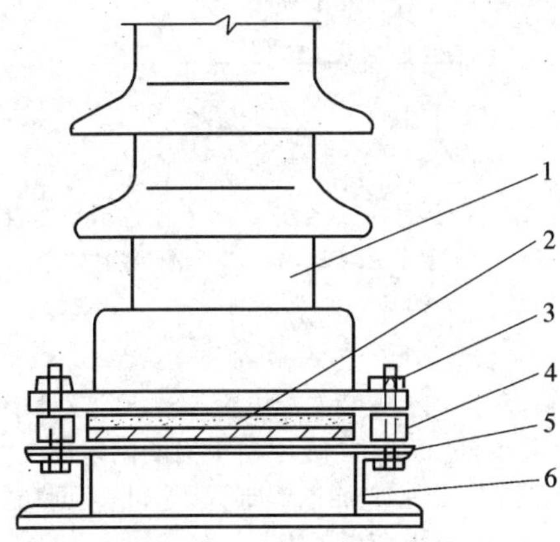

图 10-106　QS78-195 型阻尼器安装示意图
1—棒式支柱绝缘子；2—阻尼垫；3—垫圈（厚 3.6mm）；4—安装螺栓；5—垫板（钢板）；6—安装槽钢

上述三种减震阻尼装置都已通过技术鉴定，并都已投入电力系统试运行。有的变电所运行已达 5 年之久，其减震、阻尼装置运行良好，性能稳定。

SWL-400、SWL-200 型减震器和 QS78-194 型阻尼器使体系的自振频率降为 2Hz 左右，正好落在Ⅲ类场地土的卓越地震频率范围内，故这两种减震、阻尼装置不宜用于Ⅲ类场地土的地基上。

使用上述减震阻尼装置后，在遭受到 9 度及以上的地震袭击时，能保证设备不损坏。特别是 QS78-194 型阻尼垫、QS78-195 型阻尼垫，在不需要改变设备基础和设备支架的情况下，即可较方便的安装，因此，作为已投入运行的 FZ-110J 型避雷器、ZS-110~ZS-500 型棒式支柱绝缘子等设备的抗震加固措施，更显示出其优越性。宜推广使用。

其它电气设备的阻尼装置也已研制成功，并已投入试运行。

3. 在布置条件允许时，适当加大设备间的距离

在地震时，有的震害是因某一个设备损坏倾倒而砸坏与其相邻的设备而形成的次生灾害。如 LJT 坨变电所的 SW6-220 型断路器的瓷套管在地震时折断倾倒后，打坏同回路的 220kV 电流互感器，使震害范围扩大。为了减少此类次生灾害，在布置条件允许的情况下，宜适当加大断路器、电流互感器等重要设备之间以及重要设备与其他设备之间的距离。

4. 减少设备端子的拉力

减少电气设备端子承受的拉力，也是减少震害的措施之一。为此，设备间的连线或引下线不宜过长。当采用硬母线连接时，应有软导线或伸缩接头。对于软导线连接或引下线过长时，应增设固定支点或增设减震装置。如唐山发电厂在 110kV 配电装置的母线与隔离开关的引线上加装弹簧装置后起到消震作用，从而减少了引下线摇摆时所引起拉力。

5. 降低设备安装高度

由于设备支架对地面输入的地震加速度有放大作用，且支架越高，动力反应放大系数就越大，作用在设备上的地震力也就越大，故安装设计时应尽量降低设备的安装高度。在地震烈度较高的地区，对于像 FZ-$\frac{110}{220}$J 型避雷器等抗震性能较差、容易损坏的设备，在布置条件许可的情况下，宜采用低式布置即落地安装方式。

6. 重视设备基础与设备支架的抗震设计

设备基础与设备支架的抗震设计，是电气设备抗震设计的重要环节之一，在提供土建设计资料时，必须注意以下几点：

（1）在进行电气设备的支架设计时，要使基础和支架的自振频率与设备本体的自振频率分开，支架的自振频率应为设备自振频率的三倍以上，避免设备支架与电气设备发生共振。

（2）设备基础和设备支架的自振频率应避开地

震波的频率范围 0.5～10Hz，且距离越远越好，一般应使设备基础和支架的自振频率大于 15Hz，防止因基础、支架与地震发生共振而产生较大的动力反应。

(3) 在进行设备基础和设备支架设计时，应进行动荷载计算，以保证支架的强度，防止发生因基础不均匀下沉和设备支架倾倒和损坏而造成电气设备损坏的次生灾害。

7. 设备安装应牢固可靠

在进行设备安装设计时，一定要认真验算地震荷载和其它组合荷载所引起的作用在设备及其体系上的外力。安装设计中设备的固定应牢固可靠，螺栓连接或焊接的强度要高，防止地震力和其它组合外力同时作用时剪断固定螺栓或拉裂焊口而造成电气设备倾倒或摔坏。

8. 电气设备一定要有良好的接地

电气设备一定要良好的接地，接地引线和接地干线应可靠焊接，并尽量降低接地电阻值。

地震时往往造成电力系统短路并接地，海城、唐山地震均有因接地不良而造成烧坏电缆和电气设备的教训，因此，必须注意电气设备的接地设计，以减少地震的次生灾害。

9. 充油式电气设备的事故排油设施应齐全

充油式电气设备的安装设计，应注意事故排油设计，排油管道和事故贮油设施应齐全，事故排油管道应畅通，防止地震时发生火灾和使火灾事故扩大。

10. 消防设施应健全

大地震中常常会引起火灾事故，电气设计除符合有关规程的防火要求外，消防设施应健全，以防止发生火灾和及时扑灭火灾事故。消防用水的水源应可靠、水管道应畅通，消防龙口可靠。同时应具备足够的化学灭火装置，防止地震时因水源或水管道损坏而使火灾事故扩大。

（五）几种主要电气设备的具体抗震措施

1. 电力变压器、消弧线圈、并联电抗器的抗震措施

(1) 在地震烈度为 7 度以上地震区，宜取消电力变压器等设备的滚轮和钢轨。将变压器等设备直接安装在基础台上，并采取螺栓连接或焊接措施，防止位移。同时，电力变压器、并联电抗器等设备的基础台应适当加宽，其宽度一般不小于 800mm。

(2) 变压器套管的引线宜采用软导线，且不宜过长。当低压侧采用硬母线时，应有软导线过渡或有足够伸缩长度的伸缩接头，防止拉坏瓷套管。对 110kV 及以上的套管，其瓷套与法兰的连接部位可增设卡固措施，防止套管错位或漏油。

(3) 为防止变压器、并联电抗器本体上的冷却器、潜油泵、连接管道等附件的损坏，潜油泵及连接管道与基础台间应保持一定的距离。其最小净距为 200mm。对于集中布置的冷却器与本体的连接管道，在靠近变压器处应增设柔性接头，并在靠近变压器侧设置阀门，以便在冷却器或联接管道破裂漏油时关闭阀门，切断油路。

电力变压器安装设计的抗震措施如图 10－107 和图 10－108 所示。

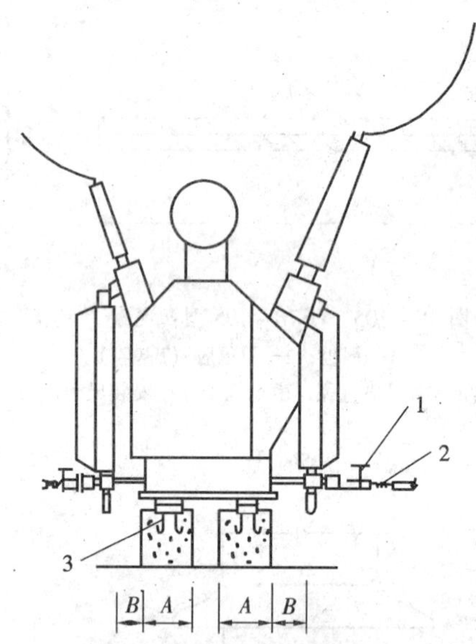

图 10－107　电力变压器安装抗震措施示意图（一）
A—基础宽，A≥800mm；B—附件距本体净距，B≥200mm；1—管道阀门；2—柔性接头（波纹管）；3—预埋铁件

(4) 对于柱上安装的配电变压器，除支柱的强度应满足要求外，还应将变压器牢固的固定在支柱上，在变压器的上部还应加以固定，以防止倾倒和摔坏。图 10－109 是柱上变压器安装抗震措施示意图。

2. 电瓷绝缘电气设备的抗震措施

断路器、隔离开关、电流互感器、电压互感器、避雷器、支柱绝缘子、电缆头、穿墙套管等电气设备的绝缘支柱均是以电瓷材料制成的。电气设备的瓷件在地震中损坏较多，其主要原因是：

(1) 瓷质材料属脆性材料，抗弯或抗剪强度低，脆性材料无塑性变形阶段，故容易破损、折断；

(2) 高压电器和电瓷产品的本体及体系的自振频率为 1～10Hz，在地震波的卓越频率范围内，地震时，与地震波发生共振的几率较高，且这些由瓷件

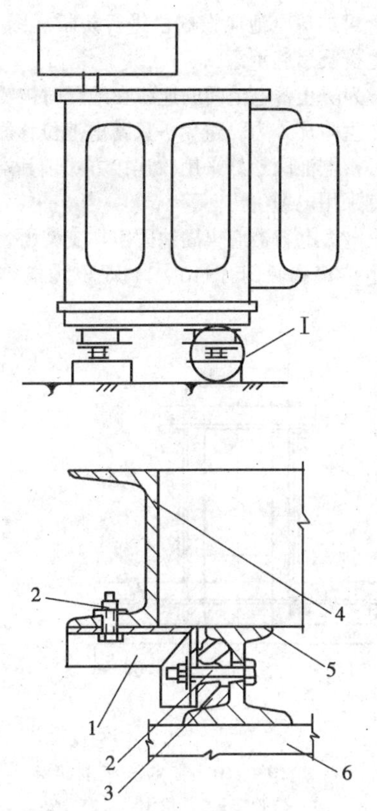

图 10－108　电力变压器安装抗震措施示意图（二）
1—槽钢；2—螺栓带螺母及垫圈；3—钢轨用鱼尾板，与钢轨对立；4—变压器底座；5—变压器轨道；6—变压器基础

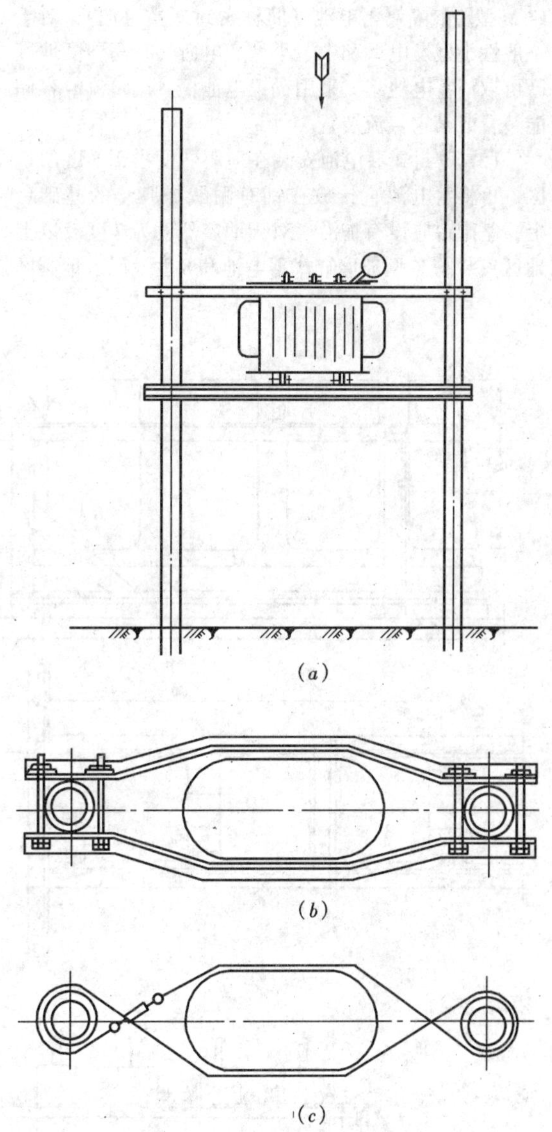

图 10－109　柱上变压器安装抗震措施示意图
（a）断面示意图；（b）A 向视图（一），变压器上部用角钢或扁钢固定方案；（c）A 向视图（二），变压器上部用钢绞线固定方案，并设花兰螺栓进行调节

组成的电气设备，其阻尼比又较小，一旦发生共振，动力反应放大系数就很大，使作用在设备上的地震荷载增加。这是电瓷绝缘的电气设备在地震时易遭受到损坏的主要原因；

（3）接线端子的允许拉力较小，地震力将引起设备连接线或引下线摇摆，使导线拉力增加，以致造成设备本体破坏或拉坏设备端子；

（4）部分设备本体结构又细又高，顶部重量大，造成头重脚轻，重心提高，不利于抗震；

（5）设备支架对地面输入的加速度值有放大作用，使作用在设备上的地震力加大。

在进行电瓷绝缘电气设备的安装设计时，应针对上述震害的主要原因，采取有效的抗震措施。选择抗震性能较好的电气设备、加装阻尼器、减少设备端子拉力、降低设备安装高度、重视设备支架的抗震设计等安装设计的抗震措施，都是针对电瓷绝缘电气设备震害原因提出的，是非常重要而有效的措施，必须认真考虑。此外，对于带有滚轮的 JCC 型电压互感器等设备，应将滚轮去掉后固定在支架上或采用卡具使其牢固的固定。

对于断路器的操作电源或操作气源应安全可靠，以防止因失去电源、气源造成断路器不能跳闸而使事故扩大。

3. 蓄电池和电力电容器的抗震措施

（1）对于大、中型发电厂、枢纽变电所和重要的小型发电厂和变电所宜采用抗震性能较好的 GGF、

GGM 型防酸隔爆蓄电池（简称密封式蓄电池）；对于一般性小型发电厂和中、小型变电所，在高烈度地震区可取消蓄电池组，采用镉镍电池柜、硅整流电容储能装置或其它直流装置。

（2）密封式蓄电池安装在地震烈度小于 8 度的地区，可将蓄电池直接放在铺有耐酸橡胶垫的基础台上，基础台应设有护沿；对于地震烈度为 7 度及以上地区安装的 K 型玻璃缸式蓄电池和 8 度及以上地震区安装的密封式蓄电池应设栅栏进行防护。图 10－110 是蓄电池抗震措施示意图。

（3）为防止蓄电池间的连线在地震时被震断和对蓄电池产生附加外力，避免一只蓄电池位移影响相邻蓄电池，蓄电池间最好采用软连接方式，其端电池的引出线宜采用电缆引出。

（4）电力电容器应牢固地固定在支架上，防止地震时发生位移和倾倒。图10－111是电力电容器抗震

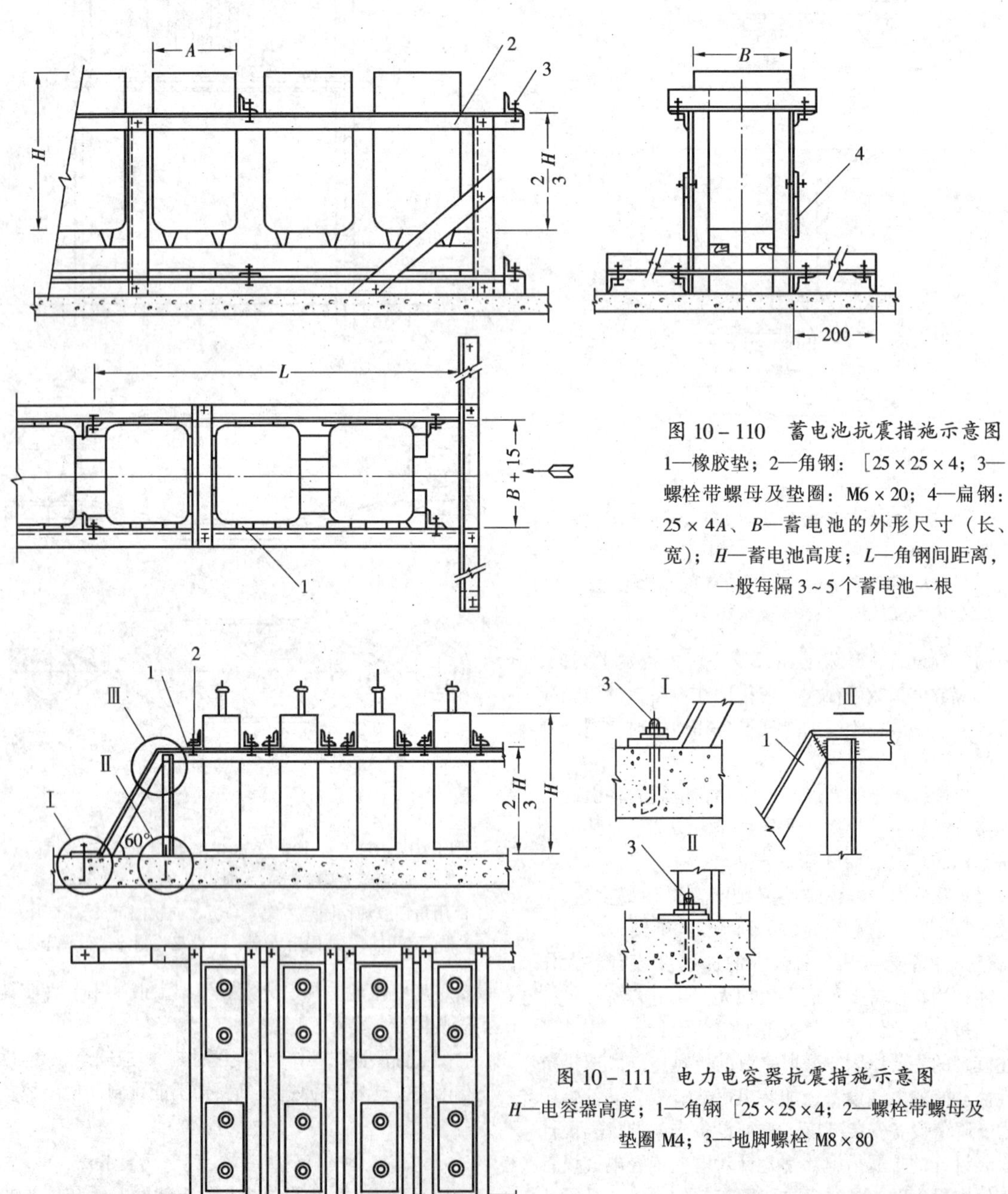

图 10－110　蓄电池抗震措施示意图

1—橡胶垫；2—角钢：［25×25×4；3—螺栓带螺母及垫圈：M6×20；4—扁钢：25×4*A*、*B*—蓄电池的外形尺寸（长、宽）；*H*—蓄电池高度；*L*—角钢间距离，一般每隔 3～5 个蓄电池一根

图 10－111　电力电容器抗震措施示意图

H—电容器高度；1—角钢［25×25×4；2—螺栓带螺母及垫圈 M4；3—地脚螺栓 M8×80

措施示意图。

4. 电力系统通信设备的抗震措施

重要的发电厂、变电所对总调度所和地区调度所至少要具备两套各自独立的通信设施。通信电源必须可靠。大型发电厂和枢纽变电所、枢纽通信站等，除应保证蓄电池可靠，以便当交流消失后由电源逆变器或变流机组供电外，还应设置柴油发电机作为通信设备的备用电源。当变电所内未设置作为操作电源用的蓄电池时，应装设小型的通信用的蓄电池。

载波机、微波机、电话总机、调度电话交换机、通信电源屏等通信设备，均应采取固定措施，防止地震时被震倒和摔坏。

5. 高压开关柜等屏、盘的抗震措施

高压开关柜、低压配电屏、控制及保护屏等设备，应采用焊接或螺栓连接的固定方式，使其牢固地固定在基础上。对于地震烈度高于 8 度的地震区，还应将几块柜（屏）的上部连成一个整体，增加其稳定性。柜（屏）上的表计一定要固定牢，防止地震时表计摔出。

三、高海拔地区配电装置

当海拔高度超过 1000m 时，由于空气稀薄、气压低，使电气设备外绝缘和空气间隙的放电电压降低。因此，在进行高海拔地区配电装置设计时，应加强电气设备的外绝缘和放大空气间隙。

1. 外绝缘补偿

(1) 对于安装在海拔高度超过 1000m 地区的电气设备外绝缘一般应予加强。当海拔高度在 3500m 以下时，其工频和冲击试验电压应乘以系数 K。系数 K 的计算公式如下：

$$K = \frac{1}{1.1 - \frac{H}{10000}} \qquad (10-9)$$

式中　H——安装地点的海拔高度（m）。

(2) 当海拔高度超过 1000m 时，配电装置的 A 值应按图 10-112 进行修正。

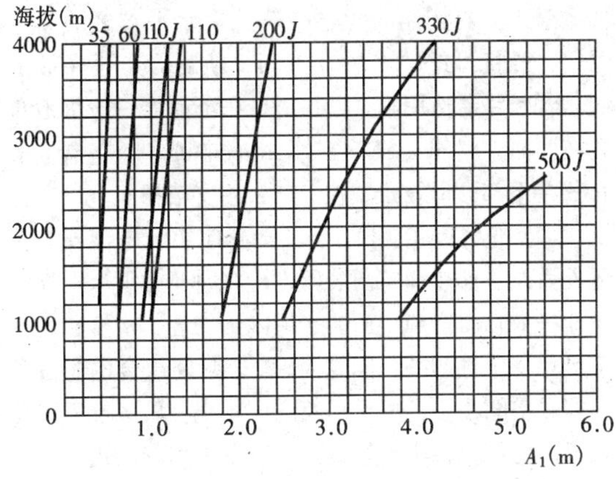

图 10-112　海拔高度大于 1000m 时，A 值的修正
（A_2 值和屋内的 A_1、A_2 值可按本图比例递增）

2. 高海拔地区配电装置设计所采用的措施

(1) 海拔高度超过 1000m 的地区，电气设备应采用高原型产品或选用外绝缘提高一级的产品。

(2) 由于现有 110kV 及以下电压等级的大多数电气设备如变压器、断路器、隔离开关、互感器等的外绝缘有一定的裕度，故可使用在海拔高度不超过 2000m 的地区。

(3) 海拔高度超过 1000m 的高压配电装置的空气间隙，A 值按图 10-112 进行修正后，其 B、C、D 值应分别增加 A_1 值的修正差值。

(4) 采用 SF_6 全绝缘封闭电器，可避免高海拔对外绝缘的影响。

(5) 海拔高度为 1000～3000m 地区的屋外配电装置，当需要增加悬式绝缘子片数来加强绝缘时，耐张绝缘子串和悬垂绝缘子串的片数，按下式进行修正

$$N_H = N[1 + 0.1(H - 1)] \qquad (10-10)$$

式中　N_H——修正后的绝缘子片数；

N——海拔高度为 1000m 及以下地区的绝缘子片数；

H——海拔高度（km）。

(6) 随着海拔高度升高，裸导体的载流量降低，裸导体的载流量在不同海拔高度及环境温度下，应乘以综合修正系数。

3. 高海拔地区的绝缘保护

为了解决高海拔问题，除了采取上述“外绝缘补偿”的办法外，还可采取对绝缘加强保护的办法。220kV 及以下电气设备的绝缘都是根据普通阀式避雷器（FZ 型）的保护性能进行配合的。当采用了磁吹避雷器或氧化锌避雷器之后，优良的保护性能可以降低过电压水平。这样，高海拔地区的外绝缘强度即使有所下降，在某一高程之下，仍然可以保证绝缘和过电压之间必要的配合。

对于 330kV 及以上的超高压设备，只要避雷器的参数选择适当，亦可用在海拔高度1000m以上的地

区。

采用加强保护的办法，电器可用通用产品，毋需加强绝缘，工程设计亦可采用典型布置型式，空气间隙亦不必放大；可以方便制造、设计，还可节约工程投资。

采用加强保护的办法，应按第15章第3节介绍的方法，进行绝缘配合计算。计算时需注意以下几点：

(1) 电器外绝缘和空气间隙，在海拔高度超过1000m的地区，海拔每增加100m，绝缘强度降低1%。

(2) 经试算，用磁吹避雷器保护220kV及以下电器的冲击绝缘水平，可以保护到海拔3000m的高度。

(3) 对于工频绝缘水平的保护，目前国产磁吹避雷器仅可保护到海拔2000m左右。为了满足保护到3000m的要求，磁吹避雷器的工频放电电压上下限不宜超过下述范围：

35kV电压　63.3～72.2kV；

110kV电压　154.5～176kV；

220kV电压　309～352.2kV。

(4) 应选用高原型避雷器。磁吹避雷器应有良好的密封措施，保证放电电压特性不受海拔高度的影响。如果采用氧化锌避雷器，由于其保护特性与海拔高度无关，可以获得更好的保护效果。

四、特别狭窄地区配电装置

特别狭窄地区的配电装置可以采用高型、半高型、全封闭组合电器和混合式组合配电装置等型式。本节着重介绍全封闭组合电器及混合式组合配电装置。

(一) SF_6全封闭组合电器配电装置

SF_6全封闭组合电器是把断路器、隔离开关、电压及电流互感器、母线、避雷器、电缆终端盒、接地开关等元件，按电气主接线的要求，依次连接，组合成一个整体，并且全部封闭于接地的金属外壳中，壳体内充以SF_6气体，作为绝缘和灭弧介质。

1.SF_6全封闭组合电器的特点

(1) 占用面积和空间小。全封闭组合电器与常用的各级电压中型布置配电装置的面积之比约为$\frac{25}{U_e+25}$，其空间之比约为$\frac{10}{U_e}$（U_e为额定电压，kV）。

(2) 运行可靠性高。暴露的外绝缘少，因而外绝缘事故少；内部结构简单，机械故障机会减少；外壳接地，无触电危险；SF_6为非燃性气体，无火灾危险；气压低，爆炸危险性也小。

(3) 运行维护工作量小。平时不需冲洗绝缘子；设备检修周期长，与常规电器比较约为(5～10)：1，几乎在使用寿命内不需要解体检修。

(4) 环境保护好。无静电感应和电晕干扰，噪音水平低。

(5) 适应性强。因为重心低、脆性元件少，所以抗震性能好；因为是全封闭，不受外界环境影响，还可用于高海拔地区和污秽地区。

(6) 安装调试容易。因为制造厂在厂内经过组装密封，又是单元整体运输，所以现场只需整装调试，安装方便。

2.应用条件

在技术经济比较合理时，封闭电器宜用于下列情况的110kV及以上电网：

1) 深入市内的变电所；
2) 布置场所特别狭窄地区；
3) 地下式配电装置；
4) 重污秽地区；
5) 高海拔地区；
6) 高烈度地震区。

3.SF_6全封闭组合电器配电装置的布置

(1) 布置特点。全封闭组合电器由各个独立的标准元件组成，各元件间都可以通过法兰连接起来，故具有积木式的特点。因此，对于不同电气主接线，可以用各种元件组合成不同形式的装置。但在一般情况下，断路器和母线筒的结构型式对布置影响最大。例如屋内式全封闭组合电器，若选用水平布置的断路器，一般将母线筒布置在下面，断路器布置在最上面；若断路器选用垂直断口时，则断路器一般落地布置在侧面。屋外式SF_6全封闭组合电器，断路器一般布置在下部，母线布置在上部，用支架托起。

(2) 布置方式。由于SF_6全封闭组合电器安装在屋外需设置加热和防雨装置，检修时还必须运入检修间或采取临时措施；而装于屋内则安装、检修和运行不受环境条件影响，同时因SF_6全封闭组合电器占用面积和空间小，厂房面积及高度均小，厂房投资占总投资的比例也很小，故目前一般多采用屋内式。

(3) 主要尺寸的确定。SF_6全封闭组合电器的进出线端部带电体通常暴露于空气中，其最小安全净距（A、B、C、D值）应按敞开式的规定。其余带电体均密封于金属壳体内，各元件间的距离主要是根据安

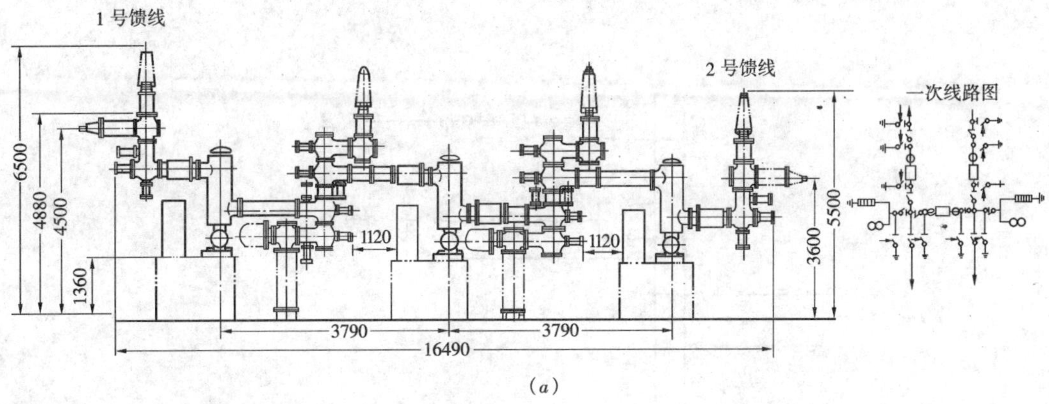

（a）

装、检修、试验和运行维护等的需要而确定的，一般按下列几方面进行校验：

1）同一间隔内相间外壳距离应满足各元件之间拆、装法兰螺栓的距离（由拆、装断路器法兰螺栓控制），一般需 5～25cm，相间不需有维护通道。

2）不同间隔相间外壳距离应设有能进行维护的通道，一般可取 50～60cm。若有操动机构时，尚应满足组装、操作的距离。

3）在同一间隔内，若上、下均布置有元件时，元件外壳之间的距离应满足检修元件操动机构的要求，其尺寸按操动机构可拆零件的大小决定，一般由制造厂提供。

4）SF_6 全封闭组合电器的维护通道应满足搬运气体回收小车或试验设备的宽度，一般取 200～300cm。

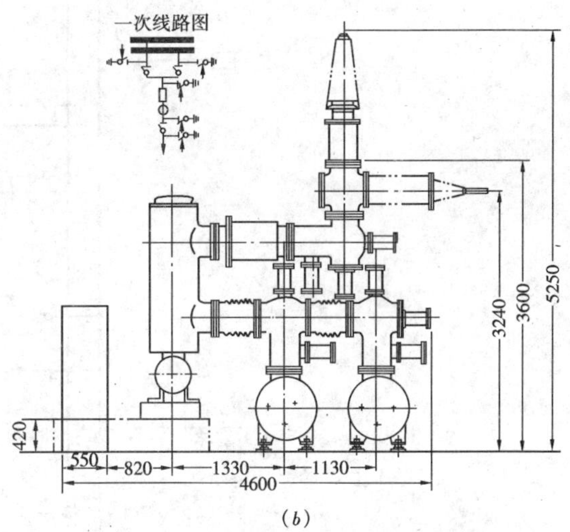

（b）

图 10－113　110kVSF_6 全封闭组合电器配电装置
（a）内桥接线；（b）双母线接线

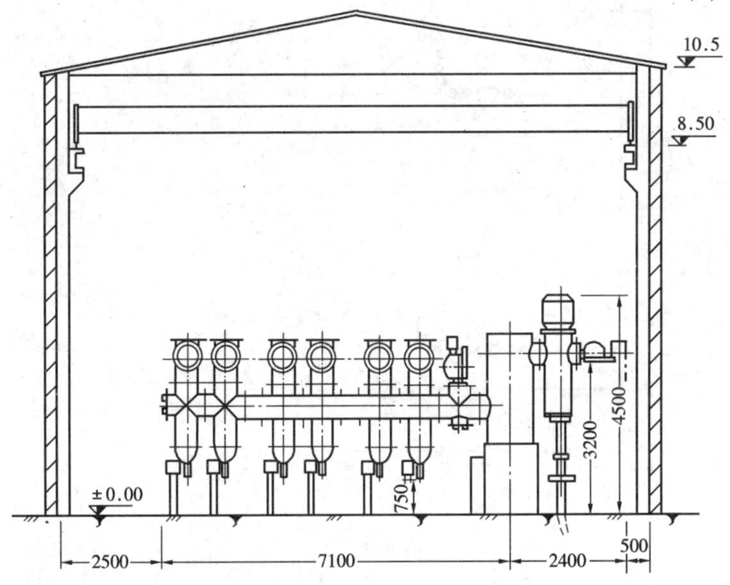

图 10－114　TH 变电所 220kVSF_6 全封闭组合电器配电装置

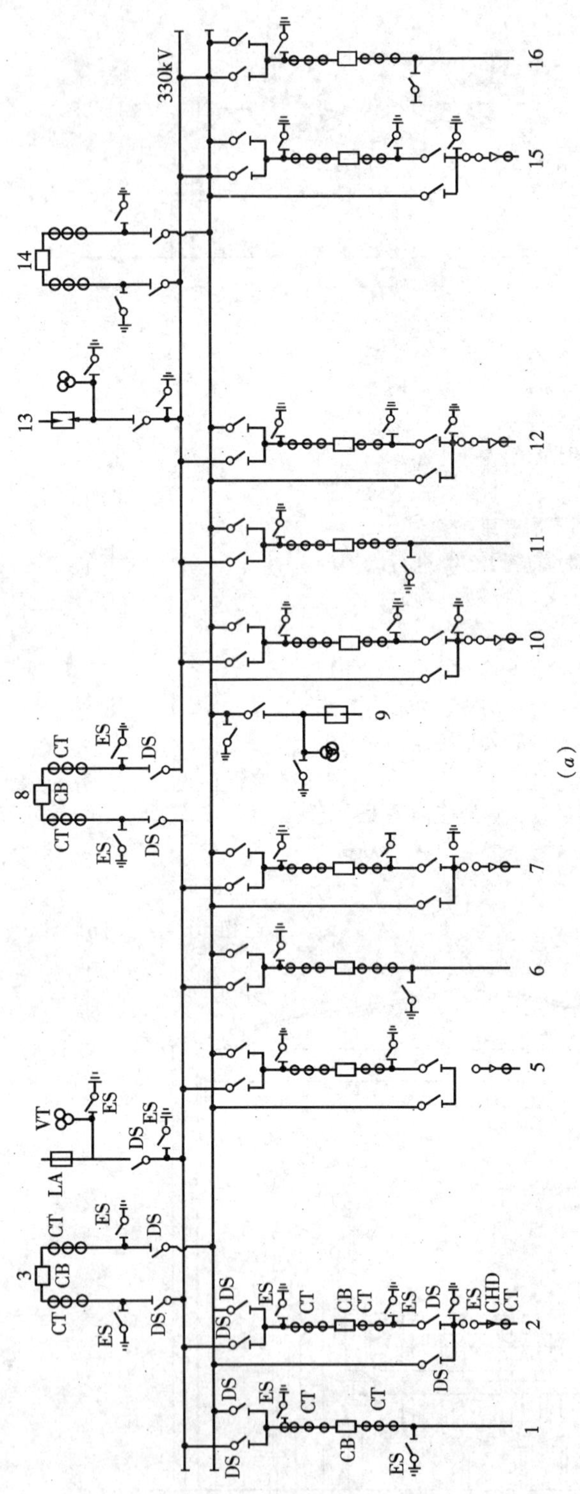

(a)

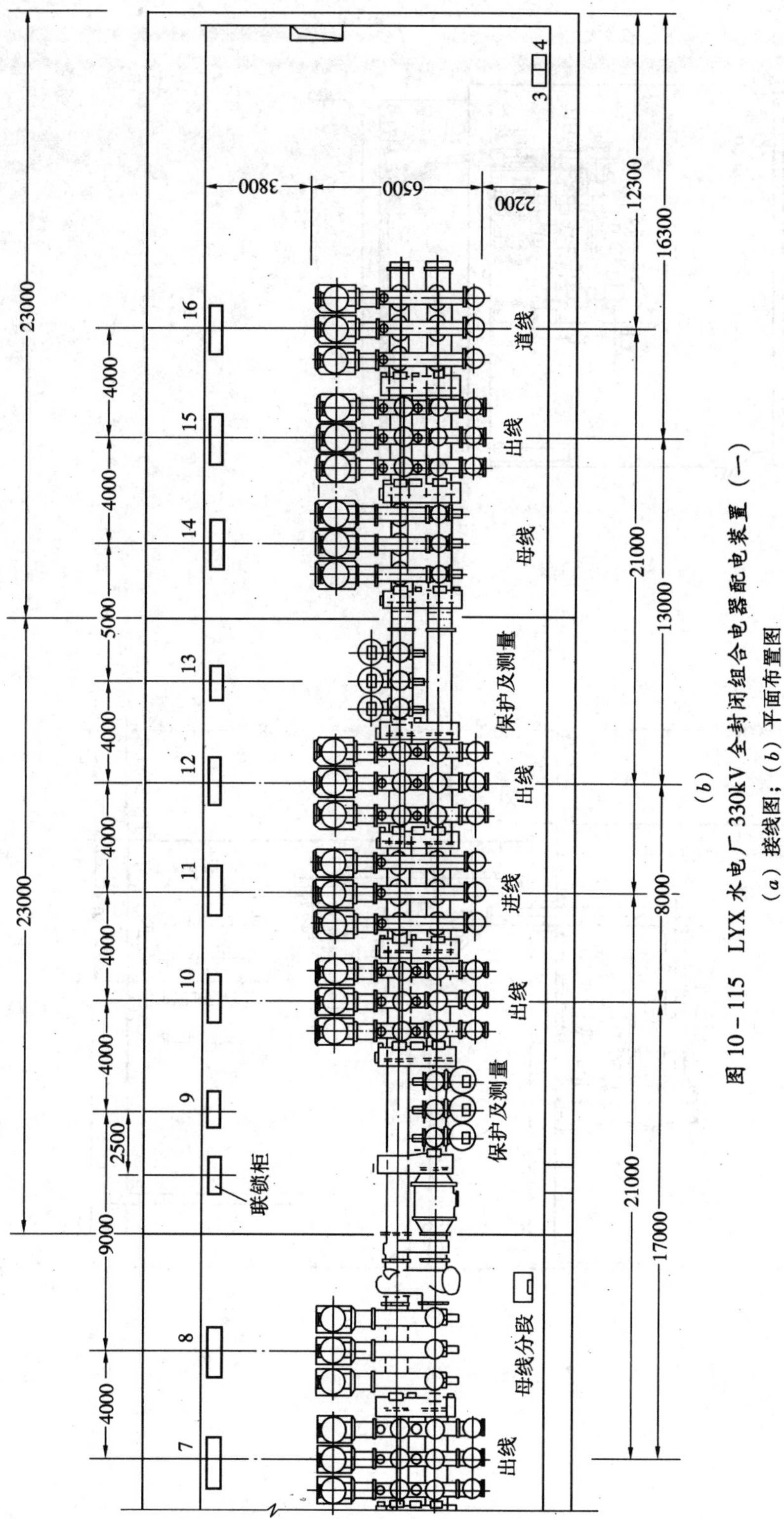

(*b*)

图 10－115　LYX 水电厂 330kV 全封闭组合电器配电装置（一）

（*a*）接线图；（*b*）平面布置图

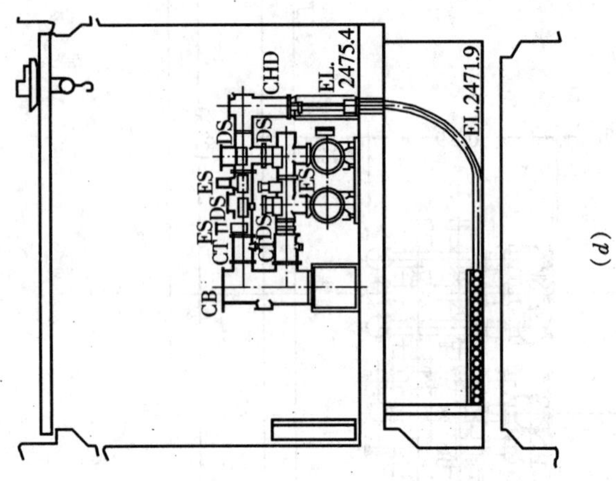

（d）

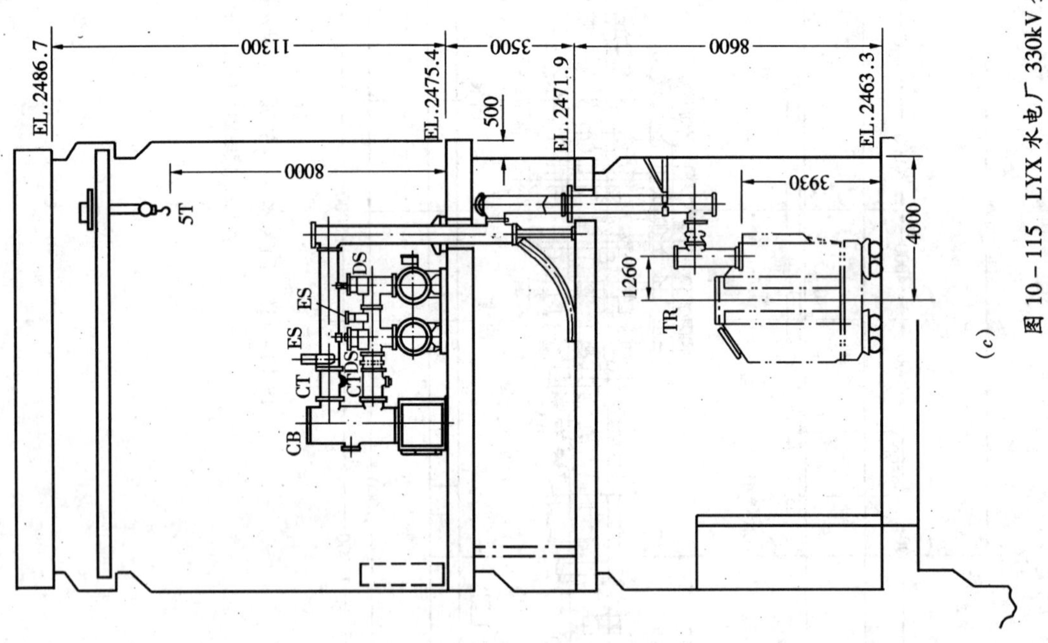

（c）

图 10-115 LYX 水电厂 330kV 全封闭组合电器配电装置（二）

（c）进线间隔断面图；（d）电缆出线间隔断面图

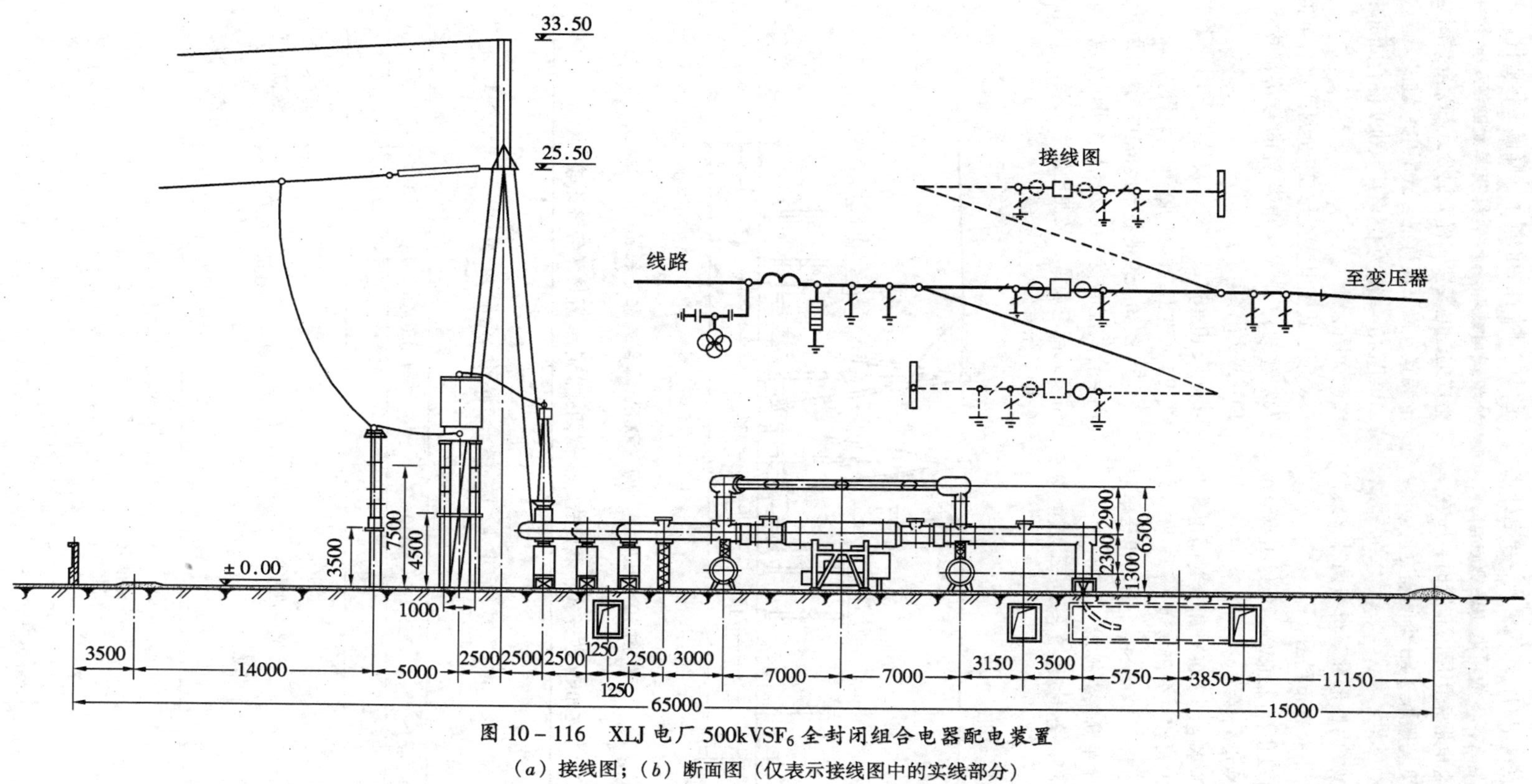

图 10-116　XLJ 电厂 500kVSF_6 全封闭组合电器配电装置

(*a*) 接线图；(*b*) 断面图（仅表示接线图中的实线部分）

5）SF_6 全封闭组合电器的元件，在吊运过程中与其它运行元件或停电检修中的盆式绝缘子、导电杆之间应保持一定的安全距离，一般可取 10～20cm。

6）SF_6 全封闭组合电器采用屋内布置时，应在一端设置安装间，其长度一般取 2～3 个间隔宽度。

（4）布置实例。

图 10－113 示 110kV 内桥形和双母线两种接线的 SF_6 全封闭组合电器配电装置布置图。

图 10－114 示 TH 变电所 220kVSF_6 全封闭组合电器配电装置布置，为双母线接线。

图 10－115 示 LYX 水电厂 330kVSF_6 全封闭组合电器配电装置布置，为双母线三分段接线。

图 10－116 示 XLJ 电厂 500kVSF_6 全封闭组合电器配电装置布置，为一个半断路器接线。

（二）混合式 SF_6 全封闭组合电器配电装置

为了增加出线走廊宽度，便于架空进出线及在满足供电可靠性的前提下，降低工程造价，采用常规的开敞式母线与不包括母线单元的 SF_6 全封闭组合电器组成的配电装置，称为混合式 SF_6 全封闭组合电器配电装置，以下简称混合式配电装置。

图 10－117 为 DJ 电厂 500kV 混合式配电装置进出线断面图。

混合式配电装置与 SF_6 全封闭组合电器配电装置及常规的敞开式配电装置的经济、技术比较如表 10－39所示。

表 10－39 的方案比较是以采用一个半断路器接线，5 回进出线的 500kV 配电装置为基础。

由表 10－39 的技术经济比较结果来看，500kV 采用混合式配电装置在技术上有明显优点，造价略高于敞开式配电装置，又便于架空出线，在超高压配电装置中是颇有发展前途的。

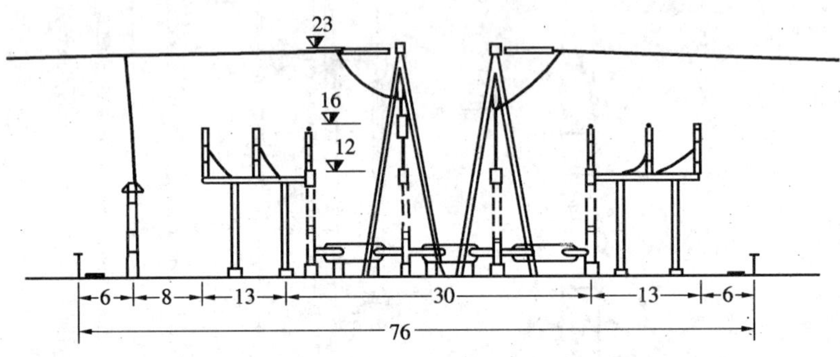

图 10－117　DJ 电厂 500kV 混合式配电装置

表 10－39　　500kV 敞开式、混合式、全封闭式配电装置技术经济比较

项目 \ 比较内容 \ 方案		敞开式配电装置	混合式配电装置	全封闭组合电器
占地面积	占地面积（m^2）	170×183＝31110	170×76＝12920	80×16.5＝1320
	（%）	100	41.5	4.2
进出线方式		配架空进出线，经济、可靠	配架空进出线，经济、可靠	宜配合电缆出线或气体绝缘高压套管型母线出线；如配架空出线，需额外增加母线长度
生产制造情况		产品可标准化，国产设备已在东北电网运行，有一定生产基础。平高厂 FA_4－550 型 SF_6 断路器已批量生产	与全封闭电器比，由于（1）减少了封闭母线；（2）减少了三通元件；（3）减少了组合型式。因此，制造简单，加工量少，便于标准化。由于混合式安装在户外，尚需解决防雨、防冻、防潮、防晒、防漏气等问题	制造较复杂、加工工作量大、方案组合型式多，不易标准化

续表

比较内容 项目 \ 方案		敞开式配电装置	混合式配电装置	全封闭组合电器
配电装置性能		受气候条件（风、雨、雾、雪、日照）及环境污染的影响，有噪音，需解决静电感应和无线电干扰问题，抗震性能差。 在污秽和高海拔地区，需采取一定的措施	封闭部分不受气候条件和环境污染的影响，敞开式母线虽然受到外界环境影响，但局部问题容易解决，无线电干扰和静电感应问题也容易解决。抗震性能较好。 封闭部分有防污染能力，不受高海拔影响	不受气候条件和环境污染的影响，无噪声，无触电危险，无静电感应和无线电干扰问题，抗震性能好。 有防污能力，不受高海拔影响
配电装置的安装及运行维护		由于设备高大，安装、检修一般需用10T及以上的吊车，这对道路的设计要求高，道路弯曲半径大。 安装、维护工作量大，设备检修间隔周期短。 设备的互换性和灵活性高	设备由制造厂成组生产，到现场安装工作量小，设备检修采用更换元件的办法，既简单，又方便。设备高度大为降低，安装、检修用5T吊车即可。道路弯曲半径减小，设备检修间隔周期长。 敞开式母线检修、维护工作量不大	除母线检修、维护工作量更小外，其余同混合式配电装置。但全封闭组合电器配电装置的母线和设备组合成为复合整体，互换性和灵活性差
总投资	总投资（万元）	3629.76	3812.27	4895
	（%）	100	105	134.8

第10－7节　配电装置设计的土建配合资料

一、屋内配电装置土建资料

（1）布置资料：包括配电装置的平断面尺寸及标高；对土建结构的要求；门的位置、尺寸和门的开启方向及防火要求；对开设窗户的意见；对地（楼）面材料的意见；对操作、维护及搬运通道的要求；穿墙套管的平断面位置及对设置雨篷的要求；悬挂在墙上的导线偏角、拉环位置等。

（2）荷载资料：包括电气设备及附件（如操动机构）的净荷载和操作荷载，受力点和受力方向；母线短路时，支持绝缘子作用在结构上的力；各层楼（地）板及通道的运输荷载、起吊荷载、安装检修的附加荷载；架空进出线及地线的拉力、偏角、安装检修荷载等。

（3）留孔及埋件资料：包括配电装置各层的各间隔和楼（地）板上的留孔、预埋铁件；配电装置各层外墙上留孔、预埋铁件；电气设备的基础、支吊架、油槽等。

（4）网门资料：包括各间隔网门、栅栏的尺寸及开启方向，网孔大小，网门上的留孔位置及大小；操动机构和二次设备的安装要求与操作荷重。当网门由电气专业自行设计时可以不提供网门资料。

（5）通风资料：包括配电装置内的母线发热功率（kW）；电抗器的数量及其损耗（kW）；对事故通风的要求等。

二、屋外配电装置土建资料

（1）布置资料：包括配电装置的平断面尺寸；各型架构的布置位置；电气设备及附件（如操动机构、端子箱等）的布置位置；对设备运输道路及操作小道的设置要求等。

（2）架构资料：包括各型架构的结构型式、高度、宽度，导、地线悬挂点高度、间距、导线偏角，正常和安装检修状态下的荷载（包括水平拉力、垂直荷载及侧向风压）；对挂环、吊钩、爬梯、接地螺栓等埋件的要求。

（3）设备支架及基础资料：包括各类支架及基础的结构型式、高度，设备的相间距离，对设备安装孔或预埋件以及接地螺栓等的要求；设备及其附件的净荷载，所受最大风压，操作荷载，安装检修时的附加荷载，受力点和受力方向；低位布置的设备要提出对设置围栏的要求；对于有蓄油设施的设备基础，还应提出设备油量、贮油池或档油槛的尺寸、卵（碎）石层厚度、排油管管径等。

三、对建筑物及构筑物的要求

1. 对屋内配电装置建筑的要求

(1) 长度大于7m的配电装置室，应有两个出口。长度大于60m时，宜在配电装置中部增添一个出口。当配电装置室有楼层时，一个出口可设在通往屋外楼梯的平台处。

(2) 装配式配电装置的母线分段处，宜设置有门洞的隔墙。

(3) 充油电气设备间的门若开向不属配电装置范围的建筑物内时，其门应为非燃烧体或难燃烧体的实体门。

(4) 配电装置室的门应为向外开的防火门，应装弹簧锁，严禁用门闩，相邻配电装置室之间如有门时，应能向两个方向开启。

(5) 配电装置室可开窗，但应采取防止雨、雪、小动物、风沙及污秽尘埃进入的措施。在污秽严重或风沙大的地区，不宜设置可开启的窗，并采用镶嵌铁丝网的玻璃或以铁丝网保护。

(6) 配电装置的耐火等级，不应低于二级。配电装置室的顶棚和内墙面，应作涂料处理。地面宜采用水磨石地面。特别是采用 SF_6 全封闭电器时，应采用水磨石地面，以防止起灰。

(7) 配电装置室有楼层时，其楼层应有防水措施。

(8) 配电装置室应按事故排烟要求，装设足够的事故通风装置。通风机电动机应能在配电装置室外合闸操作。

(9) 配电装置室内通道应保证畅通无阻，不得设置门槛，且不应有与配电装置无关的管道通过。

2. 屋外配电装置架构荷载条件

(1) 计算用气象条件应按当地的气象资料确定。

(2) 考虑到架构的预制、组装、就位的方便和架构的标准化及扩、改建等问题，对独立架构应按终端架构设计；对于连续架构，可根据实际受力条件，并预计到将来的发展，因地制宜地确定按中间或终端架构设计。架构设计不考虑断线。

(3) 架构设计应考虑正常运行、安装及检修情况的各种荷载组合。

1) 正常运行情况：取设计最大风速、最低气温、最厚覆冰三种状态中的最严重者。

2) 安装情况：紧线时不考虑导线上人，但应考虑安装引起的附加垂直荷载和横梁上人（带工具）的2000N集中荷载。导线挂线时，应对施工方法提出要求，宜采用上滑轮挂线方案，可不考虑过牵引力的影响。

3) 检修情况：对导线跨中有引下线的110kV及以上电压的架构，应考虑导线上人，并分别验算单相带电作业和三相同时停电作业的受力状态。导线的集中荷载见第八章中导线力学计算部分。

上人跨及未上人的相邻跨的导线张力差，可考虑挠度不同所带来的有利影响。

(4) 高型和半高型配电装置的平台、走道及天桥，应考虑 $1500N/m^2$ 的等效均布活荷载。架构横梁应考虑高位布置的隔离开关及支柱绝缘子等的起吊荷载。

四、屋内配电装置等建筑物的计算荷载

屋内配电装置等建筑物通道及楼（地）板的计算荷载应按施工、安装、运行时的实际情况考虑确定。当缺乏上述资料时，可取表10-40所列计算荷载。

表10-40 通道及楼（地）板的计算荷载（N/m^2）

序号	名称	计算荷载	备注
1	10kV配电装置		
(1)	采用SN10-10型断路器	5000	
(2)	采用SN3-10型断路器	9000	
(3)	采用SN4-10型断路器	10000	
(4)	采用手车式开关柜	10000	
(5)	采用固定式开关柜	7000	

续表

序号	名称	计算荷载	备注
2	35kV 配电装置		
(1)	采用 SW2－35 型断路器	10000	
(2)	采用 GBC－35 型开关柜	5000	
3	维护通道或操作通道	2500	不包括重量超过 250kg 设备的搬运荷载
4	主控制室、载波机室及微波机室楼板	4000	
5	电缆半层楼板	3500	

五、断路器的操作荷载

各型断路器及其操动机构的操作荷载应以制造厂所提供的数据为准。当工程设计中缺乏所需的资料时，可按表 10－41 所列数据参照使用。

表 10－41　断路器的操作荷载（kN）

断路器型式	操作荷载					备注
	断路器		操动机构		水平力	
	向上	向下	向上	向下		
SN10－10Ⅰ、Ⅱ	3	5				三相
SN10－10Ⅲ	5	5				三相
SN3－10	5	15	5	15		三相
SN4－10/20G	10	45	15	45		三相①
SN10－35	5	5				三相
ZN4－10（北开）					3	三相
ZN4－10（沈高）	5	5				三相
ZN－35（沈高）	10	15				三相
DW1－35D	30	40				三相
DW2－35	60	80				三相
DW6－35	20	25				三相
DW8－35Ⅰ	60	60				三相
DW8－35Ⅱ	60	80				三相
SW2－35	20	30	20	20		三相
SW2－60G	10	10			20	断路器为单相，水平力为三相
SW2－110Ⅰ	30	30	5	5	40	断路器为单相，水平力为三相
SW2－110Ⅱ	10	30	20	60	40	断路器为单相，水平力为三相
SW2－220Ⅰ、Ⅱ	30	30	5	5	40	断路器为单柱，水平力为单相
SW3－110G	10	30	20	60	45	断路器为单相，水平力为三相
SW4－35	10	10				三相
SW4－110	30	30	50	55		单相
SW4－220	30	30	50	55		单柱
SW6－110/145	30	30	10	10	45	断路器为单相，水平力为三相

续表

断路器型式	操作荷载					备注
	断路器		操动机构		水平力	
	向上	向下	向上	向下		
SW6－110/145 Ⅰ	30	30	10	10	60	断路器为单相，水平力为三相
SW6－220/245	30	30	10	10	45	断路器为单柱，水平力为单相
SW6－220/245 Ⅰ	30	30	10	10	60	断路器为单柱，水平力为单相
SW6－330	30	30	10	10	60	断路器为单柱，水平力为单相
SW6－330Ⅰ	30	30	10	10	60	断路器为单柱，水平力为单相
SW7－110	40	40	10	10	30	断路器为单相，水平力为三相
SW7－220	30	30	10	10		单相
KW4－110	25	60				三相
KW4－220						
KW4－330	10	60				单相
KW4－500						
KW5－110	40	140	2	5		三相
KW5－220	28	100	2	5		单相
KW5－330	40	140	2	5		单相
KW5－500	80	320	2	5		单相
LW－220（西高）	60	100				单相
LW－220（北开）	30	60				单相
LW－220（平高）	50	50				单相
LW－220（华通）	62	105				单相
FA1－126	16	32				单相
FA2－252	30	60				单相
FA2－363	30	60				单柱
FA4－550	30	60				单柱
OFPI－63	15	40				三相
OFPI－110	20	45				三相
OFPI－220	20	45				单相
OFPI－330	20	50				单相
OFPI－500	30	60				单相
OFPT（B）－63	15	40				三相
OFPT（B）－110	20	45				三相
OFPT（B）－220	20	45				单相
OFPT（B）－330	20	50				单相
OFPT（B）－500	30	60				单相
100－SFM－40A	60	100				三相②
300－SFM－40A	35	90				单相②
300－SFMT－50B	10	10			20～30	单相②
ELF－110	41	66				三相
ELF－220	52	88				单相
ELVF－500	52	88				单柱

①　断路器顶部工字钢每根受力 9kN。②要求断路器基础强度达到 $1800N/cm^2$。

附录 10－1　屋外配电装置 B、C、D 值的确定

1. B_1 值

$$B_1 = A_1 + 75 \qquad (附 10-1)$$

B_1 值主要指带电部分对栅栏的距离和运输设备的外廓至无遮栏带电部分之间的安全净距，单位为 cm。一般运行人员手臂误入栅栏时的臂长不大于 75cm，设备运输时的摆动也在 75cm 范围内。此外，导线垂直交叉且要求不同时停电检修时，检修人员在导线上下的活动范围也不超过 75cm。

2. B_2 值

$$B_2 = A_1 + 7 + 3 \qquad (附 10-2)$$

B_2 值指带电部分对网栏的净距，单位为 cm。一般运行人员手指误入网栏时的指长不大于 7cm，另考虑 3cm 的施工误差。

3. C 值

$$C = A_1 + 230 + 20 \qquad (附 10-3)$$

C 值是无遮栏裸导体至地面之间的安全净距。即当人举手时，手与带电裸导体之间的净距不小于 A_1 值（单位为 cm），一般运行人员举手后的总高度不超过 230cm，另考虑屋外配电装置场地的施工误差 20cm。在积雪严重地区，还应考虑积雪的影响，该距离可适当加大。

对于 500kV 配电装置，C 值按静电感应的场强水平确定。为将配电装置内大部分地区的地面场强限制在 10kV/m 以下，C 值宜取 7.5m。

4. D 值

$$D = A_1 + 180 + 20 \qquad (附 10-4)$$

D 值是两组平行母线之间的安全净距，单位为 cm。当一组母线带电，另一组母线停电检修时，在停电母线上进行作业的检修人员与相邻带电母线之间的净距不应小于 A_1 值，一般检修人员和工具的活动范围不超过 180cm，因屋外条件较差，再加 20cm 的裕度。此外，要求带电部分至围墙顶部和建筑物边沿部分之间的净距不小于 D 值，这也是考虑当有人爬到上述建（构）筑物顶部时不致触电。

附录 10－2　屋外中型配电装置的尺寸校验

屋外中型配电装置的尺寸校验包括架构宽度、架构高度和纵向尺寸三个方面。现分述如下。

一、架构宽度

架构宽度由导线相间距离和跳线或引下线对地距离等来确定。导线相间和相对地之间的距离，是按跨距内绝缘子串和导线在风力与短路电动力作用下产生摇摆时，导线相间和导线与接地部分间能满足绝缘配合要求的最小电气距离等考虑的。校验中导线的摇摆（包括绝缘子串的摇摆）按三相导线不同步摇摆考虑。

1. 相间距离的确定

（1）进出线跨（门型架构）导线相间距离校验按下式计算（见附图 10－1）。

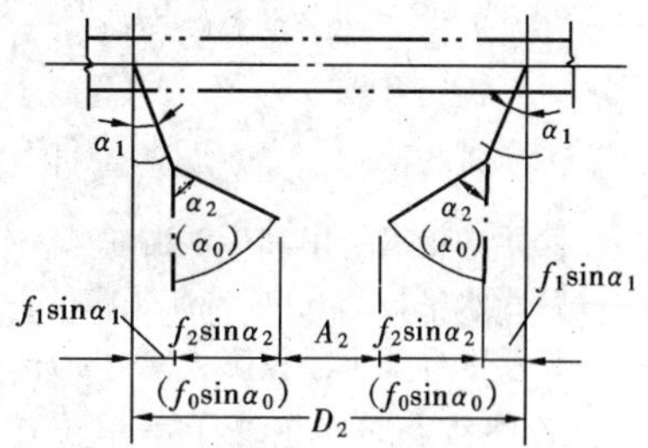

附图 10－1　门型架导线相间距离校验图

1）在大气过电压、风偏条件下，D'_2 为

$$D'_2 \geqslant A'_2 + 2(f'_1\sin\alpha'_1 + f'_2\sin\alpha'_2) + d\cos\alpha'_2 + 2r \qquad (附 10-5)$$

2）在内部过电压、风偏条件下，D''_2 为

$$D''_2 \geqslant A''_2 + 2(f''_1\sin\alpha''_1 + f''_2\sin\alpha''_2) + d\cos\alpha''_2 + 2r \qquad (附 10-6)$$

3）在最大工作电压、短路摇摆、风偏条件下，D'''_2 为

$$D'''_2 \geqslant A'''_2 + 2(f'''_1\sin\alpha'''_1 + f_2\sin\alpha'''_2) + d\cos\alpha'''_2 + 2r \qquad (附 10-7)$$

式中　D'_2、D''_2、D'''_2——分别为大气过电压、内部过电压、最大工作电压所要求的最小相间距离（cm）；

A'_2、A''_2、A'''_2——分别为各种状态下不同相带电部分之间的最小电气距离（cm），见表 10－2；

f'_1、f''_1、f'''_1——对应于各种状态时的绝缘子串弧垂（cm）；

f'_2、f''_2、f'''_2——对应于各种状态时的导线弧垂（cm）；

α'_1、α''_1、α'''_1——对应于各种状态时的绝缘子串的风偏摇摆角；

α'_2、α''_2——分别为大气过电压、内部过

电压时导线的风偏摇摆角；

α'''_2——最大工作电压时在风力和短路电动力作用下导线的摇摆角，其计算方法见附录 10-3；

d——导线分裂间距（cm）；

r——导线半径（cm）。

f_1 及 f_2 的计算公式为

$$f_1 = fE \qquad (附 10-8)$$

$$f_2 = f - f_1 \qquad (附 10-9)$$

$$E = \frac{e}{1+e} \qquad (附 10-10)$$

$$e = 2\left(\frac{l-l_1}{l_1}\right) + \frac{Q_i}{q_i}\left(\frac{l-l_1}{l_1}\right)^2 \qquad (附 10-11)$$

式中 f——跨距中绝缘子串和导线的总弧垂（m）；

l——跨距水平投影长度（m）；

l_1——跨距内导线水平投影长度（m）；

Q_i——各种状态时的绝缘子串单位长度重量（kg/m）；

q_i——各种状态时的导线单位长度重量（kg/m）。

α_1 的计算公式为：

$$\alpha_1 = \mathrm{tg}^{-1}\frac{0.1(l_1 q_4 + 2Q_4)}{l_1 q_1 + 2Q_1} \qquad (附 10-12)$$

式中 q_4——导线单位长度所承受的风压（N/m）；

Q_4——绝缘子串承受的风压（N）；

q_1——导线单位长度的重量（kg/m）；

Q_1——绝缘子串的重量（kg）。

α_2 的计算公式为：

$$\alpha_2 = \mathrm{tg}^{-1}\frac{0.1q_4}{q_1} \qquad (附 10-13)$$

(2) 母线相间距离校验按下式计算。

1) 用于 π 型架构（见附图 10-2）：

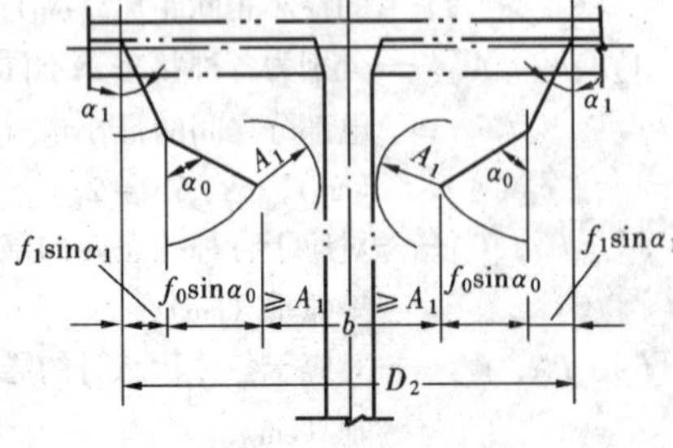

附图 10-2 π 型架母线相间距离校验图

①在大气过电压、风偏条件下，D'_2为

$$D'_2 \geqslant 2(A'_1 + f'_1\sin\alpha'_1 + f'_0\sin\alpha'_0) + d\cos\alpha'_0 + 2r + b \qquad (附 10-14)$$

②在内部过电压、风偏条件下，D''_2为

$$D''_2 \geqslant 2(A''_1 + f''_1\sin\alpha''_1 + f_0\sin\alpha''_0) + d\cos\alpha''_0 + 2r + b \qquad (附 10-15)$$

③在最大工作电压、短路摇摆、风偏条件下，D'''_2为

$$D'''_2 \geqslant 2(A'''_1 + f'''_1\sin\alpha'''_1 + f_0\sin\alpha'''_0) + d\cos\alpha'''_0 + 2r + b \qquad (附 10-16)$$

式中 A'_1、A''_1、A'''_1——分别为大气过电压、内部过电压、最大工作电压时带电部分至接地部分之间的最小电气距离（cm），见表 10-2；

f'_0、f''_0、f'''_0——对应于各种状态时跳线的导线弧垂（cm），其计算方法见式（附 10-24）；

α'_0、α''_0、α'''_0——对应于各种状态时跳线的风偏摇摆角，按式（附 10-23）计算；

b——架构立柱直径（cm）。

2) 用于门型架构（见附图 10-1）。

①在大气过电压、风偏条件下，D'_2为

$$D'_2 \geqslant A'_2 + 2(f'_1\sin\alpha'_1 + f_0\sin\alpha'_0) + d\cos\alpha'_0 + 2r \qquad (附 10-17)$$

②在内部过电压、风偏条件下，D''_2为

$$D''_2 \geqslant A''_2 + 2(f''_1\sin\alpha''_1 + f''_0\sin\alpha''_0) + d\cos\alpha''_0 + 2r \qquad (附 10-18)$$

③在最大工作电压、短路摇摆、风偏条件下，D'''_2为

$$D'''_2 \geqslant A'''_2 + 2(f'''_1\sin\alpha'''_1 + f'''_0\sin\alpha'''_0) + d\cos\alpha'''_0 + 2r \qquad (附 10-19)$$

(3) 跳线相间距离的校验。

为了确定跳线的相间距离，需先求得跳线的弧垂，再求算各种状态下的跳线风偏摇摆角及其水平位移。跳线摇摆示意图见附图 10-3。

1) 跳线弧垂的确定。

跳线在无风时的弧垂 f'_T 要求大于跳线最低点对横梁下沿的距离且不小于最小电气距离 A_1 值；同时，跳线在各种状态时的风偏摇摆弧垂 f_{TY} 要求大于相应的 A'_1、A''_1、A'''_1 值。

跳线导线的摇摆弧垂 f_{TY} 按下式计算：

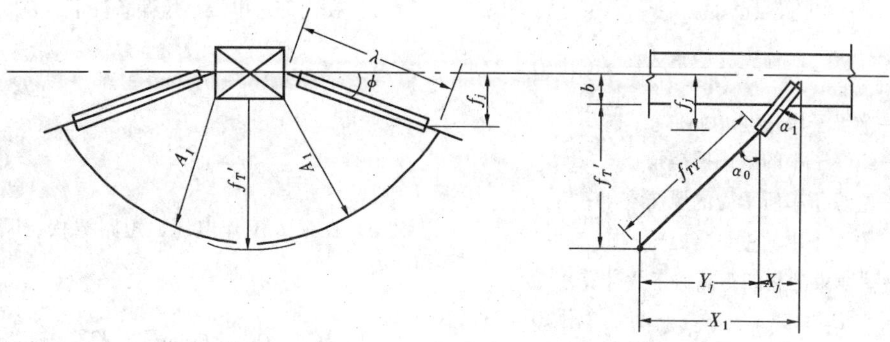

附图 10-3　跳线摇摆示意图

$$f_{TY}=\frac{f'_T+b-f_j}{\cos\alpha_0} \qquad (附 10-20)$$

$$f_j=\lambda\sin\phi \qquad (附 10-21)$$

$$\phi=\mathrm{tg}^{-1}\frac{l_1q_1+Q_1}{0.2H} \qquad (附 10-22)$$

$$\alpha_0=\beta\mathrm{tg}^{-1}\frac{0.1q_4}{q_1} \qquad (附 10-23)$$

式中　f'_T——跳线在无风时的垂直弧垂（cm）；

b——横梁高度的一半（cm）；

f_j——绝缘子串悬挂点至绝缘子串端部耐张线夹处的垂直距离（cm）；

λ——绝缘子串的长度（cm）；

ϕ——绝缘子串的倾斜角；

H——导线拉力（N）；

β——阻尼系数，见附表 10-1。

附表 10-1　**Ⅰ、Ⅶ类气象区的计算风速 v 和阻尼系数 β**

校验状态	Ⅰ类		Ⅶ类	
	v（m/s）	β	v（m/s）	β
大气过电压	15	0.49	10	0.43
内部过电压	18	0.54	15	0.49
最大工作电压	35	0.71	30	0.64

由式（附 10-20）求得各种状态时的跳线摇摆弧垂 f_{TY}，取其最大者并考虑施工误差及留有一定裕度，于是得到跳线摇摆弧垂的推荐值 f'_{TY}：

$$f'_{TY}=1.1f_{TY} \qquad (附 10-24)$$

2）跳线的风偏水平位移。

绝缘子串风偏水平位移 X_j 按下式计算：

$$x_j=\lambda\cos\phi\mathrm{tg}\alpha_1 \qquad (附 10-25)$$

跳线导线风偏水平位移 Y_j 按下式计算：

$$y_j=f'_{TY}\sin\alpha_0 \qquad (附 10-26)$$

3）跳线相间距离校验按下式计算：

$$D_2=2(X_j+Y_j)+A_2 \qquad (附 10-27)$$

根据以上求得的在大气过电压、内部过电压、最大工作电压时跳线绝缘子串及导线的风偏水平位移，可分别求算在各种状态下跳线的最小相间距离。

(4) 晴天不出现可见电晕所要求的相间距离，可根据所选导线，按第八章式（8-51）进行校验。

(5) 阻波器非同期摇摆所要求的相间距离。

1）阻波器的风偏水平位移 x_1 按下式计算：

$$x_1=h\sin\alpha_1+\frac{B}{2}\cos\alpha_1 \qquad (附 10-28)$$

$$\alpha_1=\mathrm{tg}^{-1}\frac{0.1P_1}{Q_1} \qquad (附 10-29)$$

$$P_1=\frac{10Sv^2}{16} \qquad (附 10-30)$$

式中　h——阻波器悬挂点到阻波器底部的高度（cm）；

B——阻波器宽度或直径（cm）；

α_1——阻波器的风偏摇摆角；

P_1——阻波器所承受的风压（N）；

Q_1——阻波器的重量（kg）；

S——阻波器受风方向的投影面积（m^2）；

v——风速（m/s）。

2）悬挂阻波器的绝缘子串的风偏水平位移 x_2 按下式计算：

$$x_2 = \lambda \sin\alpha_2 \quad (附10-31)$$

$$\alpha_2 = tg^{-1}\frac{0.1(P_1+P_2)}{Q_1+Q_2} \quad (附10-32)$$

式中 λ——绝缘子串长度（cm）；

α_2——绝缘子串的风偏摇摆角；

P_2——绝缘子串所承受的风压（N）；

Q_2——绝缘子串的重量（kg）。

3）阻波器要求的相间距离按下式计算：

$$D_2 = 2(x_1+x_2)+A_2 \quad (附10-33)$$

式中 x_1——阻波器风偏水平位移（cm）；

x_2——绝缘子串的风偏水平位移（cm）；

A_2——不同相带电部分之间的最小电气距离(cm)。

(6) 设备对相间距离的要求。

根据制造厂提供的配电装置内各主要设备所要求的相间距离，取其最大者即起控制作用的作为设备对相间距离的要求值。

(7) 相间距离的推荐值。

根据以上导线及跳线在各种状态下的风偏与短路摇摆，电晕，阻波器非同期摇摆，设备本体等所要求的相间距离，取其中最大值作为进出线相间距离的推荐值。对于母线来说，则需按用于 π 型架构或门型架构，分别提出其相间距离的推荐值。

2．相地距离的确定

(1) 进出线引下线与架构支柱间的相地距离校验按下式计算（见附图10-4）：

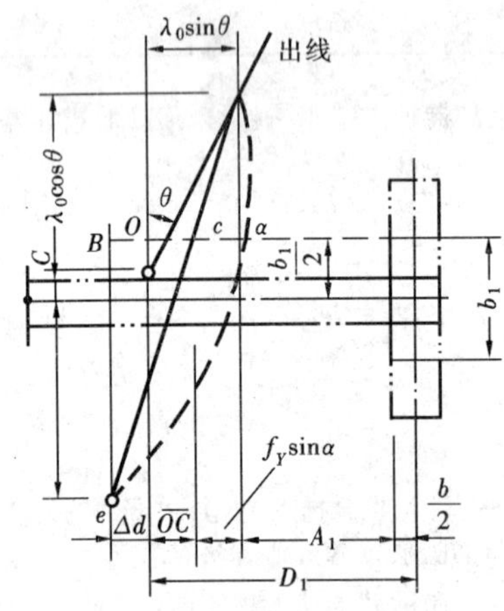

附图10-4 门型架引下线与架构支柱间的相地距离校验图

1）在大气过电压、风偏条件下，D'_1为：

$$D'_1 \geqslant \overline{OC} + f_Y\sin\alpha'' + A''_1 + \frac{d}{2}\cos\alpha'' + r + \frac{b}{2} \quad (附10-34)$$

2）在内部过电压、风偏条件下，D''_1为：

$$D''_1 \geqslant \overline{OC} + f_Y\sin\alpha'' + A''_1 + \frac{d}{2}\cos\alpha'' + r + \frac{b}{2} \quad (附10-35)$$

3）在最大工作电压、短路摇摆、风偏条件下，D'''_1为：

$$D'''_1 \geqslant \overline{OC} + f_Y\sin\alpha''' + A'''_1 + \frac{d}{2}\cos\alpha''' + r + \frac{b}{2} \quad (附10-36)$$

式中 D'_1、D''_1、D'''_1——分别为大气过电压、内部过电压、最大工作电压所要求的最小相地距离（cm）；

$\overline{OC}$——由出线偏角引起的引下线水平位移（cm）；

f_Y——引下线的弧垂（cm）；

α'、α''、α'''——对应于各种状态时引下线的风偏摇摆角；

A'_1、A''_1、A'''_1——分别为各种状态下带电部分至接地部分之间的最小电气距离（cm），见表10-2；

d——导线分裂间距（cm）；

r——导线半径（cm）；

b——架构立柱直径（cm）。

$\overline{OC}$的计算公式为：

$$\overline{OC} = \frac{\left(s+\frac{b_1}{2}\right)(\Delta d + \lambda_0\sin\theta)}{S + C + \lambda_0\cos\theta} - \Delta d \quad (附10-37)$$

式中 s——隔离开关接线端子与门型架构中心线之间的距离（cm）；

b_1——引下线摇摆后距架构立柱最近点处的人字柱宽度（cm）；

Δd——隔离开关接线端子与出线悬挂点之间水平投影的横向距离（cm）；

λ_0——绝缘子串的长度（不包括耐张线夹）（cm）；

θ——出线对门型架构横梁垂直线的偏角；

S——门型架构中心线至出线悬挂点之间的距离（cm）。

α 的计算公式为：

$$\alpha = \beta \mathrm{tg}^{-1} \frac{0.1q_4}{q_1 \cos r} \qquad (附 10-38)$$

$$r = \mathrm{tg}^{-1} \frac{\Delta h}{\Delta l} \qquad (附 10-39)$$

式中　r——引下线的高差角；

Δh——隔离开关接线端子与出线引下线夹之间的垂直高度（cm）；

Δl——隔离开关接线端子与出线引下线夹之间的水平距离（cm）。

（2）边相跳线与架构支柱间的相地校验按下式计算：

$$D_1 \geqslant x_1 + A_1 + \frac{d}{2}\cos\alpha_0 + r + \frac{b}{2} \qquad (附 10-40)$$

式中　x_1——跳线的风偏水平位移（cm），由绝缘子串风偏水平位移 x_j 和跳线导线风偏水平位移 y_j 组成，分别按式（附 10－25）及式（附 10－26）求算；

α_0——跳线的风偏摇摆角，按式（附 10－23）求算。

（3）阻波器风偏要求的相地距离按下式计算：

$$D_1 \geqslant X_1 + X_2 + A_1 + \frac{b}{2} \qquad (附 10-41)$$

式中　X_1——阻波器的风偏水平位移（cm），按式（附 10－28）求算；

X_2——悬挂阻波器的绝缘子串的风偏水平位移（cm），按式（附 10－31）求算。

（4）架构上人与带电体保持 B_1 值所要求的相地距离按下式计算：

$$D_1 \geqslant B_1 + \frac{b_R}{2} + \frac{d}{2}\cos\alpha + r + s \qquad (附 10-42)$$

式中　B_1——带电作业时带电部分至接地部分之间的最小电气距离（cm），见表 10－1；

b_R——人体宽度，取 $b_R = 41.3$cm；

d——导线分裂间距（cm）；

r——带电体（引下线、跳线或阻波器）的半径（cm）；

s——带电体在架构上人时的风偏水平位移值（cm），计算方法同上；

α——带电体的风偏摇摆角，计算方法同上。

（5）相地距离的推荐值。根据以上引下线及跳线在各种状态下的风偏摇摆，阻波器的风偏摇摆，架构上人与带电体保持 B_1 值等所要求的相地距离，取其中的最大值作为母线及进出线相地距离的推荐值。

3. 架构宽度的确定

（1）母线及进出线门型架构的宽度：

$$S = 2(D_2 + D_1) \qquad (附 10-43)$$

式中　D_2——相间距离的推荐值（cm）；

D_1——相地距离的推荐值（cm）。

（2）母线 π 型架构的宽度：

$$S = 2D_2 \qquad (附 10-44)$$

式中　D_2——母线相间距离的推荐值（cm）。

二、架构高度

1. 母线架构高度

$$H_m \geqslant H_z + H_g + f_m + r + \Delta h \qquad (附 10-45)$$

式中　H_z——母线隔离开关支架高度（cm）；

H_g——母线隔离开关本体（至端子）高度（cm）；

f_m——母线最大弧垂（cm）；

r——母线半径（cm）；

Δh——母线隔离开关端子与母线间垂直距离（cm）。

Δh 值由以下两个基本条件校验确定（见附图 10－5）：

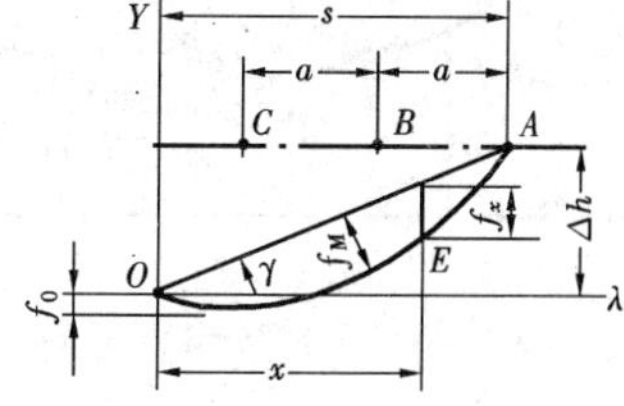

附图 10－5　母线引下线各点的弧垂

（1）母线引下线最低点离地距离不小于 C 值。其校验式为：

$$H_z + H_g - f_0 \geqslant C \qquad (附 10-46)$$

式中　f_0——母线隔离开关端子以下的母线引下线弧垂（cm）。

（2）在不同气象条件下，母线引下线与 B 相母线之间的净距不小于各种状态时的 A_2 值。其校验式为：

$$a\sin r + f_x\cos r\cos\alpha - r - r_1 \geqslant A_2 \quad (附10-47)$$

$$r = \mathrm{tg}^{-1}\frac{\Delta h}{S} \quad (附10-48)$$

式中 α——母线相间距离（cm）；

r——母线引下线两固定端连接线的倾角；

S——母线隔离开关端子与母线间水平距离（cm）；

f_x——距离 B 相母线最近点 E 处的母线引下线弧垂（cm）；

α——母线引下线的风偏角；

r_1——母线引下线半径（cm）。

通过计算直接求取母线隔离开关端子与母线间的垂直距离 Δh 是困难的。一般可先假设一个垂直距离 Δh，并在选取了恰当的母线隔离开关与母线间水平距离的情况下，对两个基本条件进行校验计算，从而推出垂直距离值来确定架构高度。

2. 进出线架构高度

进出线架构高度 H_c 由下列条件确定，并取其大者。

（1）母线及进出线架构导线均带电，进出线上人检修引下线夹，人跨越母线上方，此时，人的脚对母线的净距不得小于 B_1 值，见附图 10-6。

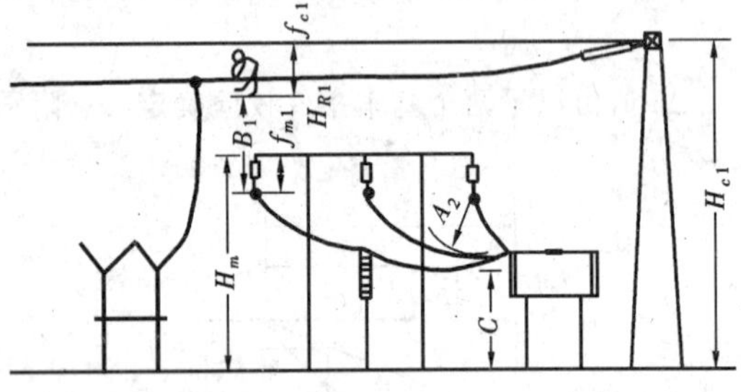

附图 10-6 上人检修线夹时进出线架高度的校验

$$H_{c1} \geqslant H_m - f_{m1} + B_1 + H_{R1} + f_{c1} + r \quad (附10-49)$$

式中 H_m——母线架构高度（cm）；

f_{m1}——进出线下方母线弧垂（cm）；

H_{R1}——人体下半身的高度，取 $H_{R1}=100$cm；

f_{c1}——母线上方进出线上人后的弧垂（cm）；

r——母线半径（cm）。

（2）母线及进出线架构导线均带电，母线架构上人检修耐张线夹，人与出线架构导线间的净距不得小于 B_1 值，见附图 10-7。

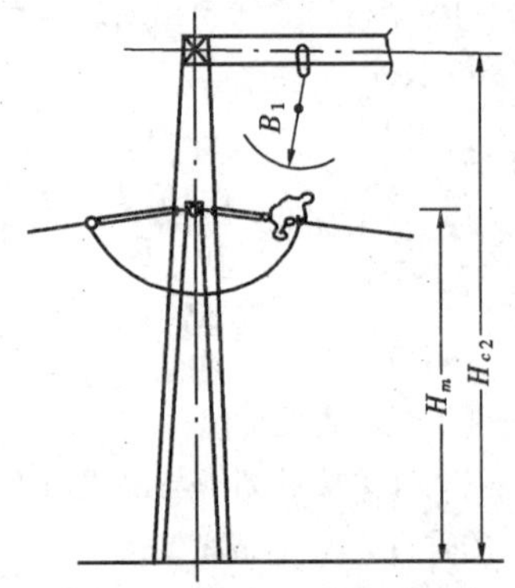

附图 10-7 人上母线架检修线夹时出线架高度的校验

$$H_{c2} \geqslant H_m - f_{m2} + B_1 + H_{R2} + f_{c2} + r_2 \quad (附10-50)$$

式中 f_{m2}——出线架构导线下方母线上人检修耐张线夹时的弧垂（cm）；

H_{R2}——人体上半身的高度，取 $H_{R2}=100$cm；

f_{c2}——母线上方门型架构导线弧垂（cm）；

r_2——门型架构导线半径（cm）。

（3）正常运行时门型架构导线与下方母线保持交叉的不同时停电检修的无遮栏带电部分之间的安全净距 B_1 值。

$$H_{c3} \geqslant H_m - f_{m3} + B_1 + f_{c3} + r + r_1 \quad (附10-51)$$

式中 f_{m3}——出线架构边相导线下方的母线弧垂（cm）；

f_{c3}——门型架构导线的弧垂（cm）。

（4）考虑变压器搬运和电气设备检修起吊时，变压器和起吊设施顶端至进出线导线的净距不得小于 B_1 值，见附图 10-8、10-9。

$$H_{c4} \geqslant H + B_1 + f_{c4} + r_2 \quad (附10-52)$$

式中 H——变压器搬运总高度或起吊设施（扒杆、起重机）顶端高度（cm）；

f_{c4}——进出线最大弧垂（cm）。

（5）母线架构上人伸手时，手对出线架构导线的距离不得小于 A_1 值，见附图 10-10。

3. 双层架构的上层横梁对地高度

双层架构两层横梁中心线之间的距离，由下层架构上人，人对上层架构导线的跳线保持 A_1 值确定，见附图 10-11。

$$H_s \geqslant H_{c6} + \frac{h}{2} + HR_3 + A_1 + f_T + r_3 \quad (附10-53)$$

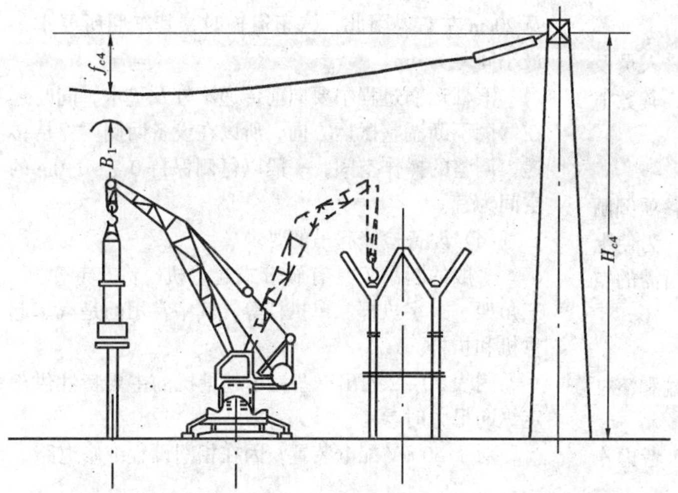

附图 10-8　汽车起重机起吊时架构高度的校验

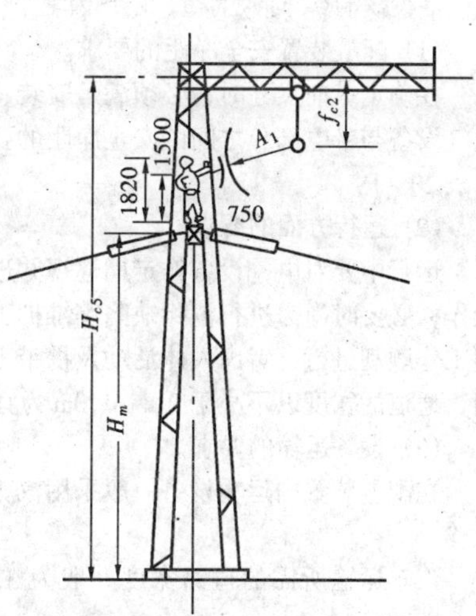

附图 10-10　母线架构上人时出线架高度的校验图

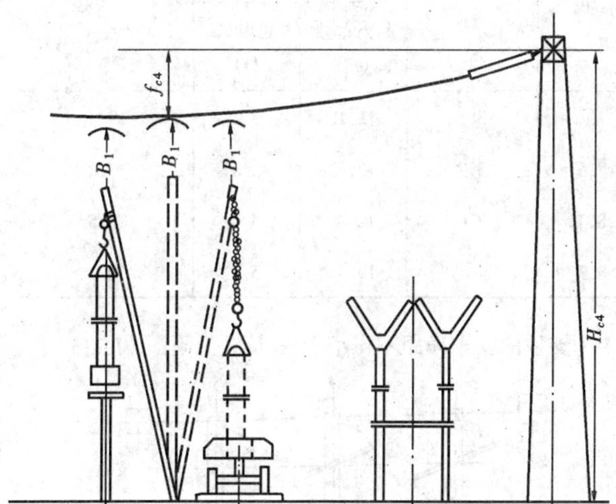

附图 10-9　扒杆起吊汽车运输时架构高度的校验

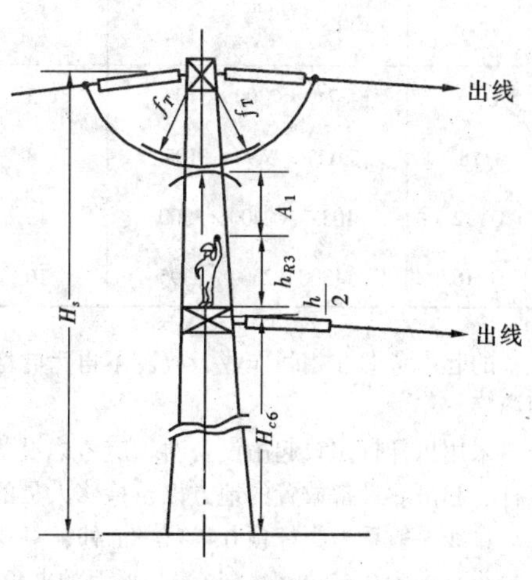

附图 10-11　双层架构高度的校验图

式中　H_s——双层架构的总高度（cm）；

H_{c6}——下层架构高度（cm）；

h——下层架构横梁高度（cm）；

H_{R3}——人体举手高度，取 $H_{R3}=230$cm；

f_T——上层导线的跳线弧垂（cm）；

r_3——跳线半径（cm）。

4. 架空地线支柱高度

架空地线的支柱高度可由下式求得：

$$h_d = h - h_0 \geqslant \frac{D}{4p} \quad (附 10-54)$$

式中　h——架空地线的悬挂高度（cm）；

h_0——被保护导线的悬挂高度（cm）；

D——两架空地线的间距（cm）；

p——高度影响系数，$h \leqslant 30$m，$p=1$；$30 < h \leqslant 120$m，$p=\frac{5.5}{\sqrt{h}}$。

三、纵向尺寸

纵向尺寸是指每个间隔内的设备、道路、沟道、架构等相互间的距离，该距离除需保证安全运行外，还应满足巡视、操作、维护、检修、测试、运输等方面的要求，此外，还要考虑到配电装置扩建的方便。

1. 影响纵向尺寸的几个因素

(1) 配电装置安全净距的要求。

在确定纵向尺寸时，必须满足安装、检修人员及电气设备与带电部分之间的安全净距的要求，其数值见表10-1。

(2) 运行方面的要求。

运行中要对电气设备作定期巡视并进行各项倒闸操作，必要时尚需进行消除缺陷等维护工作。为使上述工作顺利进行，考虑人体活动及携带工具所需的空间，通道的宽度以不小于0.8~1.0m为宜。

(3) 设备运输的要求。

在配电装置内运输设备一般采用汽车运输和滚杠运输。

汽车运输所需的道路宽度一般为3.5m。考虑车轮紧靠道路边缘行驶时，车厢比车轮的轮胎边缘每侧宽20cm左右。因此，汽车运输时，其车厢所要求的最小间距为4m。

滚杠运输过程中要向前传递滚杠及垫木，同时还在两侧不断调整搬运方向，所以在设备两侧要保持传递、调整的操作空间，一般以每侧保持0.7~1.0m的空间为宜。

(4) 设备检修起吊的要求。

一般的起吊工具有履带式起重机、汽车起重机、三角架、人字扒杆、单扒杆等，其中常用的是汽车起重机和扒杆。

附表10-2列出一些汽车起重机的主要特性供确定纵向尺寸时参考。

对于500kV配电装置，因在相间设置维修道路，设备的起吊考虑在相间作业，故可不再为此增加纵向距离。

附表10-2 汽车起重机的主要特性

型号	外形尺寸（长×宽×高）(mm)	最大起重能力 (t)	起升高度 (m)	幅度 (m)	最大起升高度时的起重能力		最小转弯半径 (m)
					起升高度 (m)	起重量 (t)	
QY5	8740×2300×3100	5	7	3.1	11.18	3.2	9.2
QY8	9117×2490×3135	8	7.5	3.2	12.52	3.35	9.2
QY12	10350×2400×3300	12	8.4	3.6	12.8	5	9.5
QY16	11300×2600×3395	16	8.3	4	19.4	5.3	10

采用扒杆打拉线起吊设备时，应考虑设备之间立扒杆、起吊后设备放置的地方以及检修人员的活动场地。拉线一般系于距杆顶0.4~0.8m处，复式滑轮组的最小长度为0.6~1.0m，拉线与地面的夹角在45°左右。当采用人字扒杆时，用两根拉线；当采用单扒杆时，用四根拉线，拉线与拉线间的水平投影夹角以不大于135°为宜。在校验尺寸时应考虑利用架构、设备支架或设备基础来代替拉线地锚。扒杆的长度除需保证对母线及其跳线在最大弧垂时的安全净距不小于B_1值外，还要满足设备起吊高度的要求；同时，考虑到扒杆的倾斜，再留出适当的裕度。

2. 纵向尺寸的校验

(1) 三柱水平转动的GW7型隔离开关打开后，动触头对接地部分的距离按附图10-12检验，要求S值不得小于隔离开关一个断口的距离L值。

(2) GW4型双柱隔离开关打开后动触头对架构支柱的安全净距不得小于A_1值，见附图10-13。

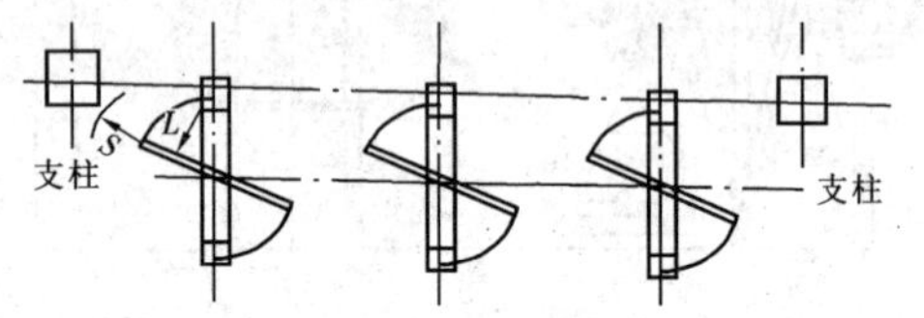

附图10-12 GW7型隔离开关打开后动触头对地距离校验图

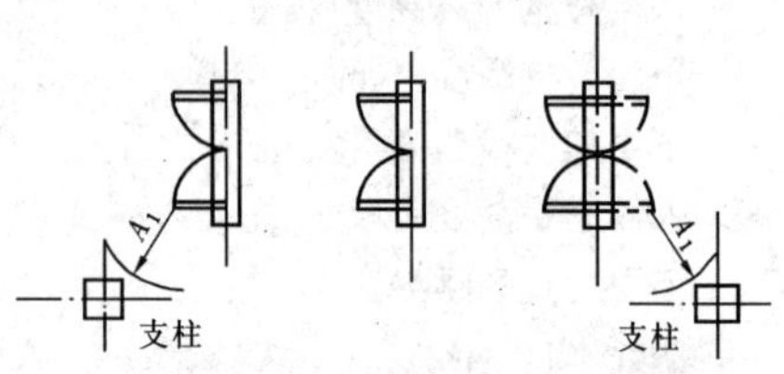

附图10-13 GW4型隔离开关打开后动触头对地距离校验图

(3) 耦合电容器（或电容式电压互感器）的引线与旁路母线边相之间的距离，不得小于B_1值，见附图 10－14。当用扒杆起吊上述设备时，杆和拉线与旁路母线带电部分之间的距离，也不得小于 B_1 值。

(4) 两组母线隔离开关之间或出线隔离开关与旁路隔离开关之间的距离，要考虑其中任何一组在检修状态时，对另一组带电的隔离开关保持 B_1 值的要求。

(5) 隔离开关与电流互感器之间的距离 L_1，按用扒杆将电流互感器从基础上吊下来并能运出去进行校验，见附图 10－15，图中 L_1 值见附表 10－3。如果两者之间有电缆沟，则尚需加上电缆沟的宽度，一般为 0.8～1.0m。

(6) 电流互感器与断路器之间的距离 L_2，主要取决于断路器搭检修架所需的距离，检修架与电流互感器之间距离一般取 500mm 左右，见附图 10－16，图中 L_2 值见附表 10－14。

当运输道路设在电流互感器与断路器之间时，其上部连线对汽车装运电流互感器顶端的安全净距按 A_1 值校验，两侧考虑运输时的晃动按 B_1 值校验，见附图 10－17。

(7) 断路器与隔离开关之间的距离 L_3，也按断路器搭检修架所需的距离考虑，检修架与隔离开关之间一般取 500mm 左右，见附图 10－16，图中 L_3 值见附表 10－5。

(8) 在配电装置内的道路上行驶汽车起重机时，其校验图如附图 10－18 所示。校验宽度如前述 4m 考虑（道路宽度为 3.5m）；校验高度按 QY16 汽车起重机考虑，取 3.55m。

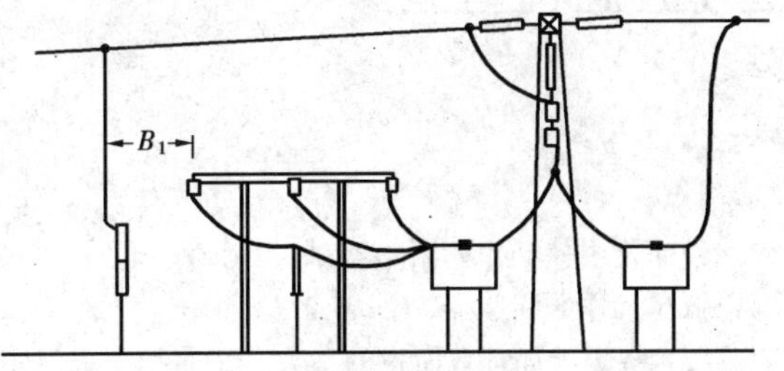

附图 10－14　耦合电容器至旁路母线距离的校验图

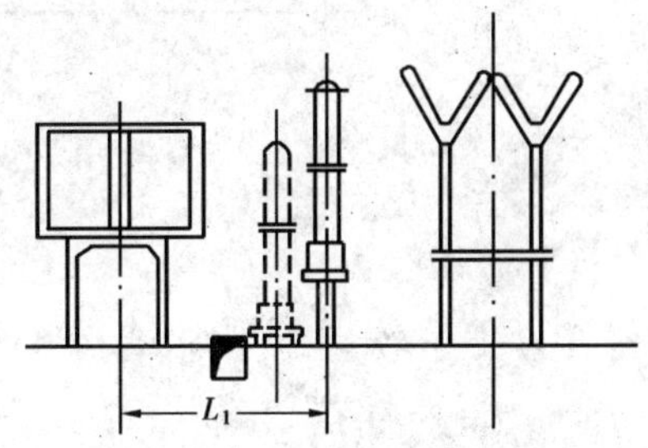

附图 10－15　隔离开关与电流互感器之间的距离

附表 10－3　隔离开关与电流互感器之间的距离 L_1（mm）

电压等级（kV）	35	63	110	220	330
L_1	2000	2800	2500～3000	4000	6000

附表 10－4　电流互感器与断路器之间的距离 L_2（mm）

电压等级（kV）	35	63	110	220	330
L_2	1800	2300	2500～3000	4500	7000

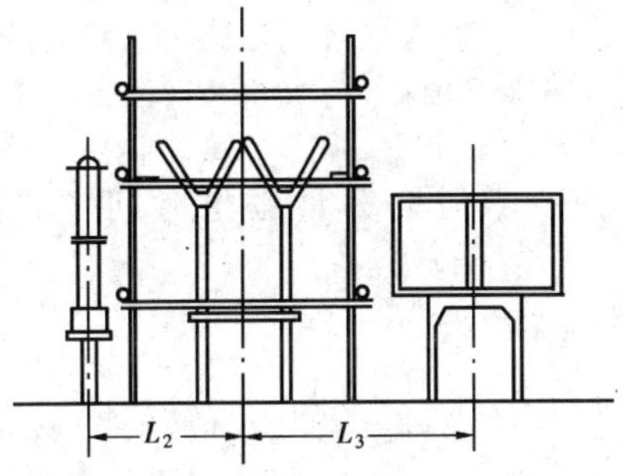

附图 10－16　电流互感器、断路器及隔离开关之间的距离校验

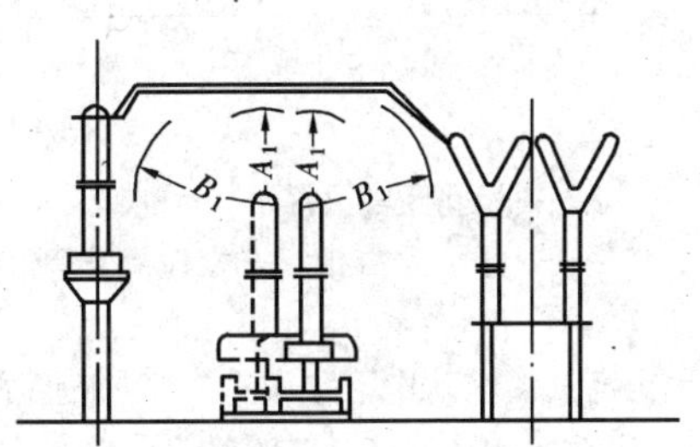

附图 10－17　运输道路设在断路器与电流互感器之间的校验图

附表 10-5 断路器与隔离开关之间的距离 L_3（mm）

电压等级（kV）	35	63	110	220	330
L_3	2000	2500	3500	6000	9000

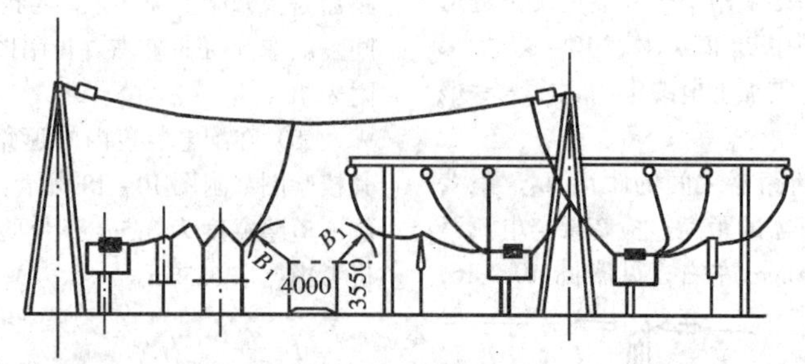

附图 10-18 配电装置内道路行驶汽车起重机的校验图

附录 10-3 软导线和组合导线短路摇摆计算

当电力系统发生短路时，交变的短路电动力将使导线发生摇摆。摇摆的最大偏角和相应的水平位移距离计算按以下两种方法：(1) 综合速断短路法；(2) 速断、持续短路分别计算法。一般来说，对于组合导线和 $P/G \leqslant 2$ 的软导线用综合速断短路法计算；对于 $P/G > 2$ 的软导线用速断、持续短路分别计算法计算。

一、综合速断短路法

组合导线或软导线在短路电流作用下相应的偏角和水平位移距离可由附图 10-19 的曲线来确定。下面介绍曲线的使用方法。

(1) 由两相或三相暂态电流有效值 $I''_{(2)}$ 或 $I''_{(3)}$ 确定短路电流作用力：

$$p = \frac{2.04 I''^2_{(2)} 10^{-1}}{d} = \frac{1.53 I''^2_{(3)} 10^{-1}}{d} (\mathrm{N/m}) \qquad (附 10-55)$$

式中 d——相间距离（m）；

$I''_{(2)}$、$I''_{(3)}$——分别为两相、三相短路电流的有效值（kA）。

(2) 由已知的电动作用力 p（N）、速断保护等值时间 t（s）、组合导线或软导线的单位重量 q（kg/m）和最大弧垂 f（m），求得参数 p/q 和 $\sqrt{f}\ /t$。

发电机变压器回路，$t = t_c + 0.05(\mathrm{s})$；

快速及中速动作的断路器，$t_c = 0.06(\mathrm{s})$；

低速动作的断路器，$t_c = 0.2$（s）。

(3) 根据上面计算所得的参数，从曲线中查得短路时的 b/f 值和偏角 α。

二、速断、持续短路分别计算法

(1) 三相短路电动力的冲量：

$$J_3 = 2.04 \times 0.81 \times 10^{-7} \frac{1}{d} I^2_{\infty(3)} \times (t_{jz} + t_{jf}) (\mathrm{N \cdot s/cm}) \qquad (附 10-56)$$

(2) 二相短路电动力的冲量：

$$J_2 = 1.53 \times 10^{-7} \frac{1}{d} I^2_{\infty(2)} (t_{jz} + t_{jf}) (\mathrm{N \cdot s/cm}) \qquad (附 10-57)$$

式中 d——相间距离（cm）；

t_{jz}——周期分量假想时间（s），可由附图 10-20 查出，图中 $\beta'' = \frac{I''}{I_\infty}$；$t$ 为短路速断时间（s），速断短路 t 值同上；持续短路 t 值：对于发电机回路，$t = 2.0$（s）；对于其它回路，$t = 0.5$（s）；

t_{jf}——非周期分量假想时间（s），$t_{jf} = 0.05\beta''^2$。

(3) 等效力：

$$F_0 = \frac{J}{t} (\mathrm{N/cm}) \qquad (附 10-58)$$

式中 J——取 J_3 和 J_2 中大者。

(4) 线距增大的影响系数：

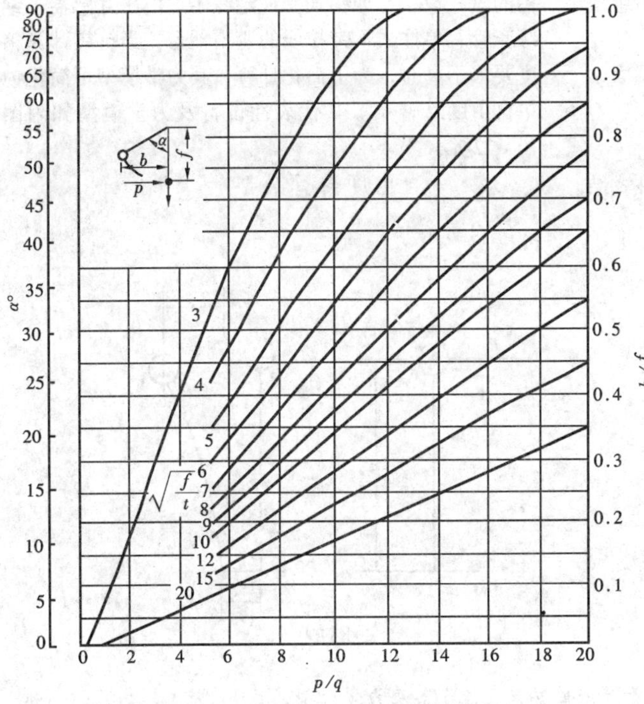

附图 10-19 确定组合导线和软导线在短路电流作用下的偏转值曲线

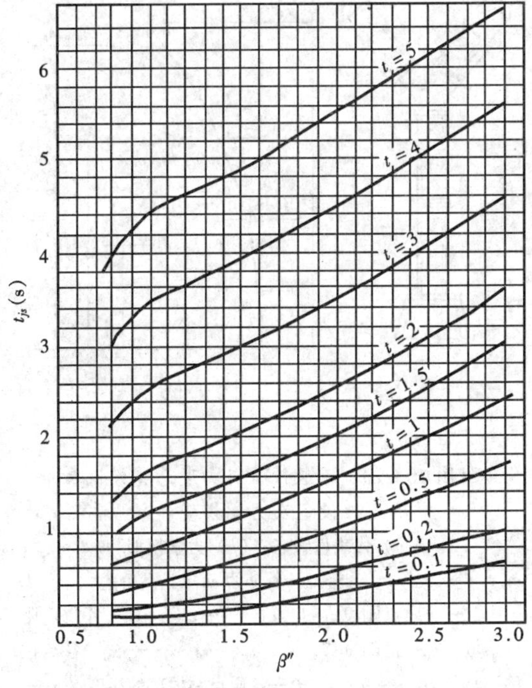

附图 10-20 具有自动电压调整器的发电机短路电流周期分量假想时间曲线

$$K = f\left(\frac{F_0}{q}\right) \qquad (附 10-59)$$

式中 q——导线单位长度重量（kg/cm）。

K 可由附图 10-21 查得。当 $\frac{F_0}{q} \to \infty$ 时，$K = 0.833$。

(5) 校正后的力：

$$F = KF_0 (\mathrm{N/cm}) \qquad (附 10-60)$$

(6) 速断时的导线摇摆角：

$$\alpha_1 = \cos^{-1}\left(\cos\alpha - \frac{V^2}{2000f}\right) \qquad (附 10-61)$$

$$\alpha = \frac{360Vt}{4\pi f} = 28.6\frac{Vt}{f} \qquad (附 10-62)$$

$$V = \frac{980Ft}{10q} \qquad (附 10-63)$$

式中 f——导线弧垂（cm）；

α——未考虑导线惯性的摇摆角；

V——导线运动速度（cm/s）。

(7) 持续短路时的导线摇摆角：

$$\alpha_2 = 2\mathrm{tg}^{-1}\frac{F}{10q} \qquad (附 10-64)$$

(8) 导线摇摆时的水平位移：

$$b = f\sin\alpha (\mathrm{cm}) \qquad (附 10-65)$$

式中 α——取 α_1 和 α_2 中大者。

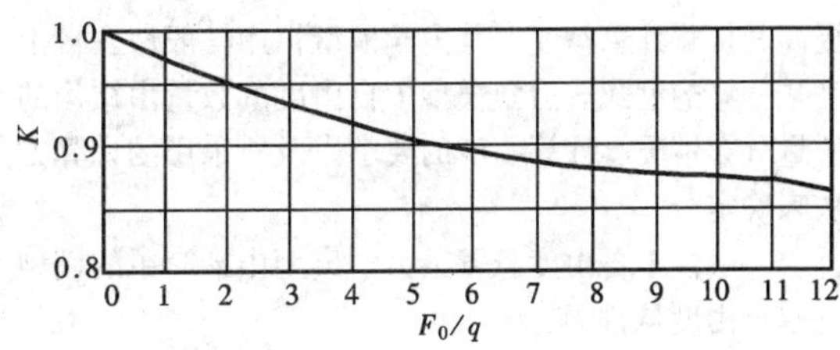

附图 10-21 持续短路时 K 的平均值

附录 10-4 电气抗震计算

一、电气抗震计算的力学模型

建立力学模型是进行电气抗震计算的关键性环节，力学模型将直接影响电气抗震计算的精确程度。在进行电气抗震计算之前，必须根据计算精度的要求、所选用的计算方法、电气设备及其支架、基础所组成的体系的实际状况以及有、无减震阻尼装置等，建立合理的力学模型。电气设备及其体系抗震计算的力学模型，主要有以下几种类型。

1. 单自由度悬臂梁

对于质量和刚度沿高度分布比较均匀的单柱式结构的电气设备，如棒式支柱绝缘子、电压互感器、绝缘套管、单柱式不带拉线的避雷器等，当抗震计算精度要求不高时，为了简化计算，其力学模型可简化为单自由度悬臂梁。其代表性设备及力学模型如附图10－22所示。

2. 多自由度悬臂梁

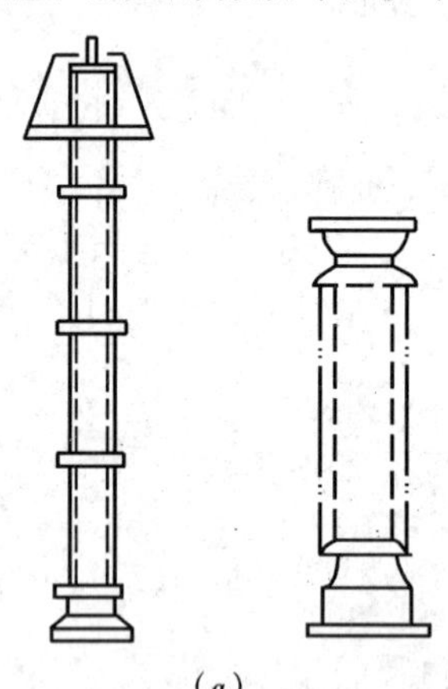

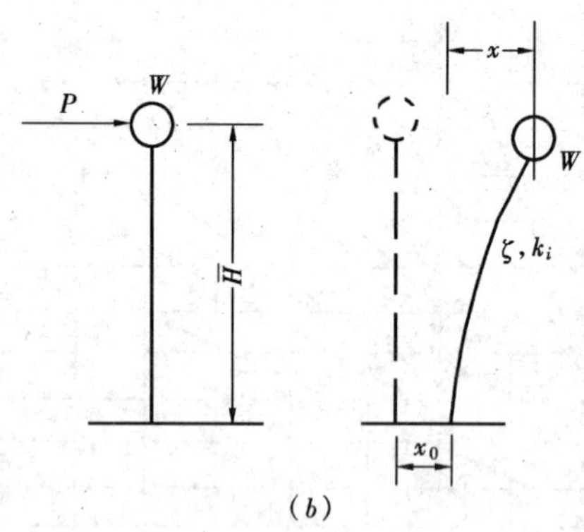

(a) (b)

附图 10－22 单自由度悬臂梁代表性设备及力学模型

(a) 代表性设备；(b) 力学模型

P—作用在设备重心处地震作用；W—设备总重量（N）；$\overline{H}$—设备的重心高度（cm）；ζ—设备的阻尼比（%）；k_i—设备的刚度；x—质点位移（cm）；x_0—设备根部位移（cm）

根据设备的结构型式、安装方式以及计算精度的不同，多自由度悬臂梁型式的力学模型也不同。多自由度悬臂梁型式的力学模型可分为如下几种。

(1) 一般性多自由度悬臂梁。对于不带拉杆绝缘子和未装减震、阻尼装置的单柱式电气设备，如棒式支柱绝缘子、电压（电流）互感器、电缆头、避雷器等设备的本体或包括设备支架的体系的抗震计算，为提高其抗震计算精度，其力学模型拟用一般性多自由度悬臂梁的型式。力学模型中自由度的数量由结构的质量分布情况、计算精度的要求以及所采用的计算方法来确定。

一般性多自由度悬臂梁力学模型中最简单的模型是双自由度悬臂梁。

一般性多自由度悬臂梁的代表性设备及力学模型如附图 10－23 所示。

(2) 带拉杆绝缘子的多自由度悬臂梁。对于带拉杆绝缘子的电气设备，如 kW 型空气断路器、FZ－220J 型避雷器等的力学模型，用一般性多自由度悬臂梁力学模型不能确切地表达其力学模型。需将拉杆绝缘子用弹簧系数 K_s（即弹簧常数）和阻尼系数 c 来模拟。其代表性设备和力学模型如附图 10－24 所示。

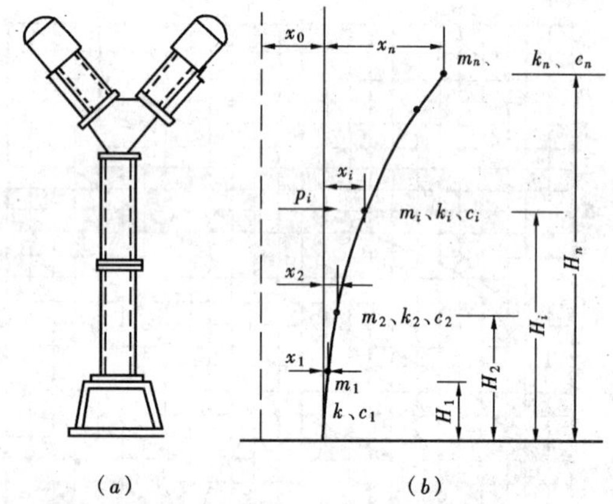

(a) (b)

附图 10－23 一般性多自由度悬臂梁代表性设备及力学模型

(a) 代表性设备；(b) 力学模型

m_1、m_2、……m_i……m_n—各质点质量；k_1、k_2、……k_i……k_n—各质点刚度；c_1、c_2、……c_i……c_n—各质点阻尼系数；x_0—根部位移；x_1、x_2、……x_i……x_n—各点位移；H_1、H_2……H_i……H_n—各质点距根部的高度；p_i—作用在质点 i 处的地震荷载

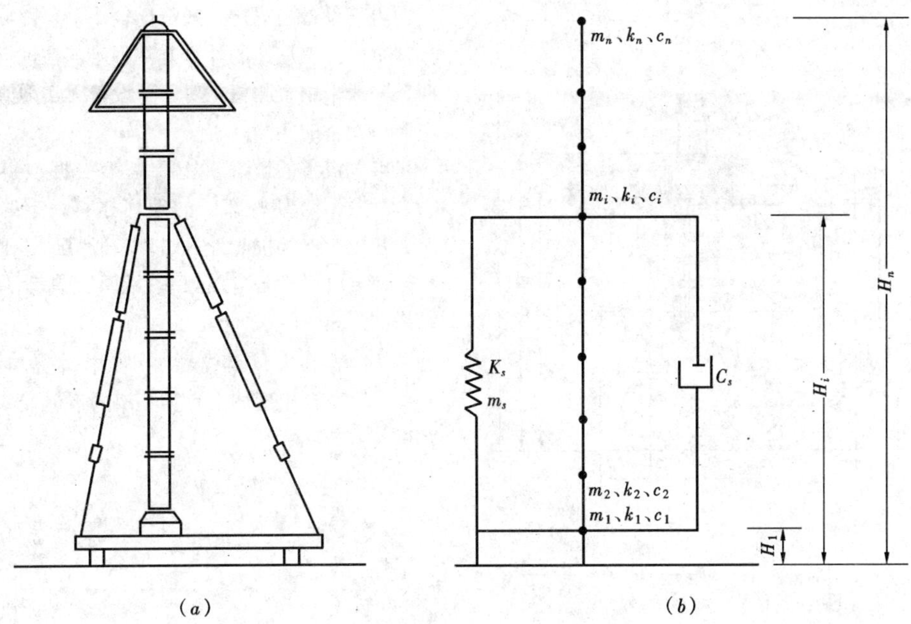

附图 10-24 带拉杆绝缘子的代表性设备及力学模型

(a) 代表性设备；(b) 力学模型

m_1、m_2……m_n—各质点质量；k_1、k_2……k_n—各质点刚度；c_1、c_2……c_n—各质点阻尼系数；H_1、H_2……H_n—各质点距根部高度；K_s—拉杆绝缘子的弹簧刚度；C_s—拉杆绝缘子的阻尼系数；m_s—拉杆绝缘子的质量

(3) 有减震阻尼装置的多自由度悬臂梁。对于在设备底部加装有减震器或阻尼器的体系，抗震计算的力学模型可在上述多自由度悬臂梁力学模型基础上，增加代表减震器和阻尼器的水平刚度 K_f 和转动刚度 K_ϕ，其代表性设备及力学模型如附图 10-25 所示。

(4) 框架结构力学模型。框架结构的力学模型也是多自由度悬臂梁模型之一。对于 SF_6 全封闭组合电器等结构比较复杂的电气设备，为了能较确切地表达其力学模型，提高计算的精确度，需建立框架式力学模型。其代表性设备及力学模型如附图10-26所

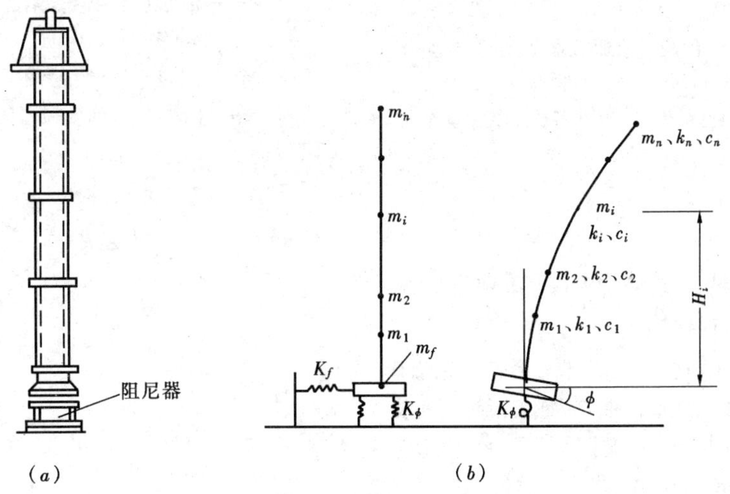

附图 10-25 有减震阻尼装置的多自由度悬臂梁代表性设备及力学模型

(a) 代表性设备；(b) 力学模型

m_f—减震器或阻尼器质量；K_f—减震器或阻尼器水平刚度；K_ϕ—减震器或阻尼器回转刚度；ϕ—减震器或阻尼器回转角

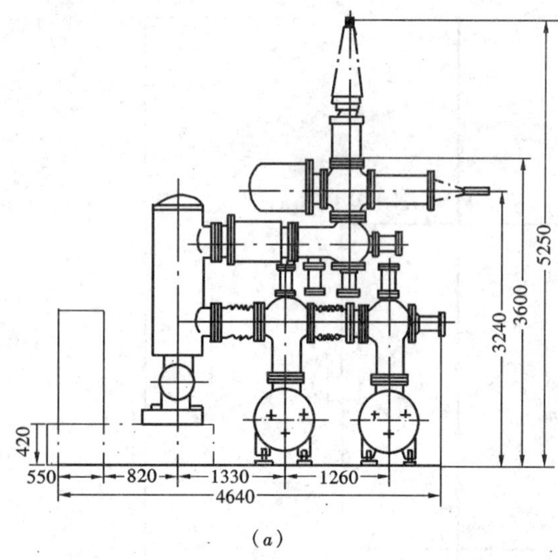

(a)

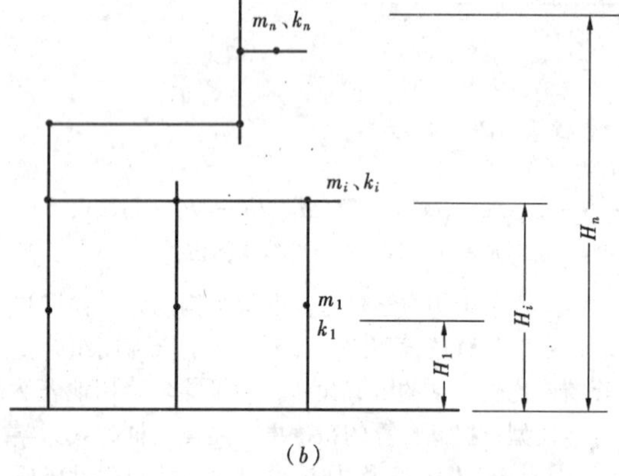

(b)

附图 10-26 框架结构代表性设备及力学模型

(a) 代表性设备；(b) 力学模型

$m_1 \cdots\cdots m_n$—各质点质量；$H_1 \cdots\cdots H_n$—各质点距底部高度；$k_1 \cdots\cdots k_n$—各质点刚度

示。

二、电气设备及其体系的自振频率、阻尼比、振型等固有特性计算

由于电气设备的支柱一般由数节瓷套管或绝缘子组成，通过法兰用螺栓连接，使产品刚度下降，安装螺栓的松紧程度对自振频率影响很大。同时，由于电瓷产品的弹性模量 E 的分散性较大，故使自振频率的计算值与实测值误差较大。为了提高设备体系自振频率计算结果的精度，必须慎重对待法兰连接刚度的影响。在工程设计中，体系的自振频率也可采用实测值。

电气设备阻尼比一般都比较小，且影响阻尼比的因素很多，阻尼比的计算非常困难。在进行工程设计时，一般采用实测值。对于新设备无实测值时，可参考类似设备的实测。

电气设备的破坏，主要是第一振型引起的，第二、三振型对某些部位的破坏亦有一定的影响。因此，在进行电气抗震计算时，一般只计算 1~3 振型。

部分电气设备自振频率、阻尼比等动力特性测试结果如附表 10-6 所示。

1. 单自由度体系自振频率计算

对于单自由度体系自振频率的近似计算，可按下式进行：

$$f = \frac{1}{\omega} = \frac{1}{2\pi}\sqrt{\frac{g}{w\delta}} = \frac{1}{2\pi}\sqrt{\frac{gk}{w}} = \frac{1}{2\pi}\sqrt{\frac{3EJ}{mH^3}}$$

(附 10-66)

式中 ω——自振圆频率；

g——重力加速度 (981cm/s^2)；

w——质点的总重量，可取体系上部集重量与 $\frac{1}{4}$ 支撑结构重量之和 ($w = mg$)；

δ——作用于集中质点上单位水平力在该点引起的位移 (cm/kg)；

k——柱的抗侧刚度，$k = \frac{3EJ}{H^3}$；

m——质点的质量 (kg)；

H——质点高度或悬臂梁的长度 (cm)；

E——弹性模量 (10^5Pa)，见附表 10-7。

2. 多自由度体系自振频率计算

对于多自由度体系自振频率的近似计算，可按下式进行：

$$f = \frac{1}{T} = \frac{\sqrt{g}}{2\pi}\sqrt{\frac{\sum_{i=1}^{n} w_i \Delta_i}{\sum_{i=1}^{n} w_i \Delta_i^2}} \approx \frac{1}{2}\sqrt{\frac{\sum_{i=1}^{n} w_i \Delta_i}{\sum_{i=1}^{n} w_i \Delta_i^2}}$$

(附 10-67)

式中 w_i——质点 i 的重量，$w_i = m_i g (i = 1,2,3 \cdots\cdots n)$；

Δ_i——质点 i 的水平位移 (cm)；

m_i——质点 i 的质量 (kg)。

多自由度体系的自振频率可用静力学方法求出各质点的位移，因解方程比较复杂，一般采用电子计算

附表10-6　　部分电气设备自振频率、阻尼比实测值

设备名称	设备型号	安装方式	自振频率 f_1（Hz）		阻尼比 ζ（%）	
			纵向	横向	纵向	横向
断路器	KW4-500	2.0m钢管支架	3.1~3.2	1.5~2.1	2.8	5.7
	KW4-330	0.5m混凝土基础	2.6~2.8		1.14	6.1
	SW6-220	振动台	2.3~2.54		2~3.3	
	SW6-220	2.0m混凝土支架	2.1~2.3		4.1	
	SW6-110	振动台	2.51~4.4		2.3~4.6	
	SW6-110	2.0m混凝土支架	2.0~4.0		3.8~8.0	
	SW2-220	2.0m混凝土支架	2~2.2	2.0	2.5~4.5	2.9~4.7
	SW2-110	振动台	4.1	5.23	4.26	3.10
	SW2-110	振动台加支架	3.5	3.4		
	FA_2-252普通型	振动台	3.65		3.5	3.1~3.5
	FA_2-252抗震型	振动台	3.625	3.4	7.77	6.62
隔离开关	GW9-500D	振动台	6.59	4.54	1.63	2.76
	GW9-500D	振动台加支架	4.49	4.35	2.76	2.72
	GW6-500D	振动台	6.88	4.54	0.87	1.99
	GW6-500D	振动台加支架	4.78	4.2	2.26	1.73
	GW6-500D	3.4m钢管（双管）支架	2~2.3	2.25~4.82	2.2~4.8	0.8~1.55
	GW6-330D	2.3m混凝土支架	2.8~2.9		1~1.13	1.14~1.44
	GW7-500D	3.4m钢管支架	2.0~2.7	1.9~2.3	1.43~2.48	2.1~2.9
	GW7-330D	2.7m混凝土支架		3.7~3.86		1.48~1.52
	GW4-220	2.7m混凝土支架	7.06	4.1~4.2	1.28~1.55	2.33~2.64
电压互感器	YDR-500	2.5m钢管支架	1.13~1.58	1.14~1.23	2.6~3.0	4.2~4.6
	TYD500-0.0015H	振动台	4.7		4.04	
	YDR-330	2.5m混凝土支架	2.0~2.23		3.48~5.36	
	TYD330/$\sqrt{3}$-0.0015H	振动台	4.78		1.64	
电流互感器	LB-500	2.5m钢管（4管）支架	1.43~1.67	1.46~1.52	3.9~5.24	2.56~4.14
	LCLWD-330	2.1m混凝土支架	2.0~2.1		1.0~1.15	
	LB-220	2.0m混凝土支架	2.07~2.2		1.42~2.68	

续表

设备名称	设备型号	安装方式	自振频率 f_1（Hz）		阻尼比 ζ（%）	
			纵向	横向	纵向	横向
避雷器	FCZ－500	钢管支架	1.34	1.08	1.82	3.7
	FCX－500	钢管支架	1.58	1.69	2.21	4.52
	FCX－500	振动台	1.08		14.4	
	Y10W5－440（圆柱型）	振动台	2.8～3.5			
	Y10W5－440（宝塔型）	振动台	4.1		3	
	Y10W5－440（宝塔型）	振动台＋3.0m钢支架	2.34			
	Y10W5－300	0.25m基础	5.86～5.88		0.56～0.8	
	Y10W5－330	3.0m钢支架	4		2.0～2.8	
	FCZ－330J	2.5m混凝土支架	2.0～2.5		1.67～1.95	
	FCZ－330J	振动台				
	FCZ－220J	0.4m基础	1.18～1.29		2.15～2.26	
	FZ－110J	0.4m基础	3.74～4		2.29～4.77	
	FZ－110J	振动台	5.28		0.85	
	FZ－110J	振动台＋支架	44			
	FZ－110J	振动台	3.4～4.7		2.3～5.9	
	FZ－110J	2.5m混凝土支架	3.2～3.7		1.2～3.4	
棒式支柱绝缘子	500	振动台	4.75		1.64	
	500	4m钢管支架	1.82～2.4	2.65～2.84	2.4	1.16～1.21
	ZS－500(西瓷GW7支柱)	4m钢管支架	1.13～1.29	2.8～2.86	2.8～3.0	0.9～1.25
	ZS－330/400	3.0m混凝土支架	4.43		1.36	
	ZS－220/400	3.0m混凝土支架	6.08		1.21～2.43	1.03
	ZS－220/400	振动台	9.1～19		1.72～5.8	
	ZS－110	8.0m高钢横梁				
电缆头	500kV	钢支架	5	5	1.48	1.56

附表 10－7　部分材料的弹性模量

材料名称	高压电瓷			钢及钢铸件	混凝土								
规格	普通瓷	高硅瓷	铝质瓷		标号								
					75	100	150	200	250	300	400	500	600
弹性模量 E（$\times 10^{10}$Pa）	5～8	5～8	10～11	21	1.55	1.85	2.30	2.60	2.85	3.00	3.30	3.50	3.65

机程序进行计算。

对于由多节绝缘子或绝缘套管组成的电气设备，由于法兰连接刚度的影响，往往使自振频率的计算值高于实测值。为此，在计算自振频率时，必须慎重处理法兰盘连刚度。法兰盘连接的抗弯刚度可采用下列经验公式：

$$k_i = 6.67 \times 10^4 \times \frac{d_i h_i}{t_i} \quad \text{（附 10－68）}$$

式中 k_i——第 i 个法兰的抗弯刚度（kg·cm/rad）（$i=1, 2\cdots\cdots n$）；

d_i——第 i 个法兰盘内径（cm）；

h_i——第 i 个法兰盘高度（cm）；

t_i——第 i 个法兰盘与连接瓷套管之间的间隙（cm）。

三、地震作用计算

根据电气设备的外形、结构型式、安装方式以及设计精度的要求，选择不同的计算方法。

1. 静力计算方法——地震系数法

静力计算法是以一个静力地震系数 K 表征地震对电气设备产生的水平作用力，即地震作用，并以这个静态地震力进行电气抗震计算。所以静力计算方法也称地震系数法。

静力计算方法的本质是：假定电气设备或电气设备体系为刚体，忽略设备或体系本身的振动，不管设备或体系的结构及地基条件如何，都认为地震时，在设备或体系上作用一个固定的静态水平地震力。这个地震力作用在设备或体系的重心上，其作用力的大小等于地震时设备安装地点的地面最大水平加速度 a 与重力加速度 g 的比值（即静力地震系数 K）再与设备或体系自重 W 的乘积。

由于静力计算法不考虑设备及其体系以及基础、地基的动力特性和动力反应，计算时应将设备或体系简化为单质点悬臂梁，将设备或体系的自重作为一个集中重量置于其重心位置上。计算简图如附图 10－27 所示。

静力地震作用的计算公式如下：

$$P = KW \quad \text{（附 10－69）}$$

式中 K——静力地震系数；

W——电气设备或体系的总重量（包括自重和其它恒荷载）。

静力地震系数 K 由地面最大水平加速度决定，它是地面最大水平加速度的倍数。即

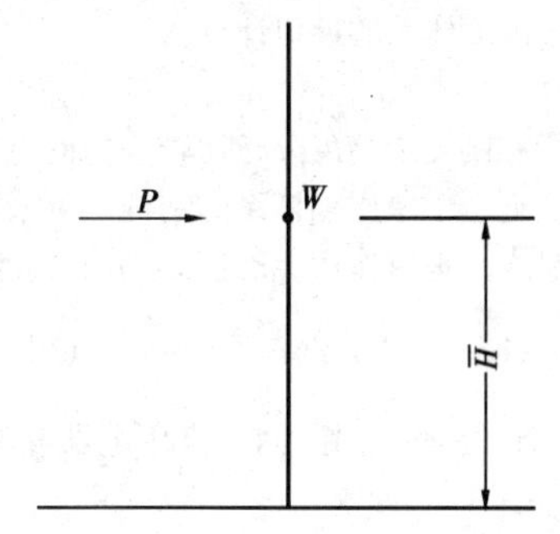

附图 10－27 静力计算简图

P—地震作用；W—集中重量；$\overline{H}$—重心高度（cm）

$$K = \frac{a}{g} \quad \text{（附 10－70）}$$

式中 a——地面最大水平加速度值，用重力加速度 g 的倍数表示；

g——重力加速度。

不同地震烈度下的地震系数 K 如附表 10－8 所示。

附表 10－8 地 震 系 数 K 值①

地震烈度（度）	7	8	9
K 值	0.125	0.25	0.5

① 根据《中国地震烈度表（1980）》得出。

值得注意的是这里介绍的静力计算方法只适用于大型电力变压器本体以及发电机、电动机、空气压缩机等电气设备的地震荷载计算。

2. 修正地震系数法

地震系数法没有考虑设备及其体系的动力特性及基础、地基等因素的动力反应放大作用，对绝大多数电气设备或体系的抗震计算是不适宜的。修正地震系数法是在地震系数法的基础上，适当考虑地基、基础和设备及其体系本身的动力反应，即在地震系数 K 上再乘以某一个固定的动力放大系数 β，得出修正地震系数 K'，然后再乘以设备或体系的总重。用修正地震系数法求地震作用的计算公式如下：

$$P = K'W = K\beta W \qquad (附 10-71)$$

式中 K'——修正地震系数，$K' = K\beta$；

β——动力放大系数，对于电气设备一般取 $\beta = 2.5$。

3. 动力计算法

所谓动力计算法，就是当地震力作用在设备或体系上时，根据设备或体系的动力特性来求设备或体系各部位的动力反应，即各部位的速度、加速度、位移、应力以及体系的振型，并验算设备抗震强度的计算方法。

下面介绍几种动力计算方法。

(1) 单自由度体系的近似计算法。

1) 底部剪力法。

对于质量和刚度沿高度分布比较均匀的电气设备或体系，以及近似于单质点体系的结构，可采用底部剪力法。其总水平地震作用标准值 θ_0 由下式计算

$$\theta_0 = c\eta aW \qquad (附 10-72)$$

式中 c——结构影响系数。对于高压电器和高压电瓷产品，由于其支柱系由脆性的电瓷材料制成的绝缘子或绝缘套管组成，没有塑性变形阶段，当外力达到其极限强度后即断裂，取 $c = 1$；对于电力变压器本体、电动机等设备，取 $c = 0.7$；

η——阻尼修正系数。由于本式的地震影响系数 a 值系根据反应谱曲线求得，该反应谱是按建（构）筑物的阻尼比为 5% 制定的，而电气设备或体系的实际阻尼比与建（构）筑物的差别很大，一般多在 1%～4%，而加装阻尼器后，体系的阻尼比又大于 5%，因此应加入阻尼修正系数。η 值见附表 10-9；

a——地震影响系数。见附图 10-28。

作用在 i 质点的地震作用 P_i 按下式计算

$$P_i = \frac{W_i H_i}{\sum W_i H_i}\theta_0 \qquad (附 10-73)$$

式中 W_i——第 i 质点的重力；

H_i——第 i 质点的计算高度。

附表 10-9 阻尼修正系数 η 值

阻尼比 ζ	0.01	0.02	0.03	0.04	0.05	0.06	0.07	0.08	0.09	0.10
修正系数 η 值	1.40	1.28	1.18	1.08	1	0.93	0.86	0.80	0.74	0.70

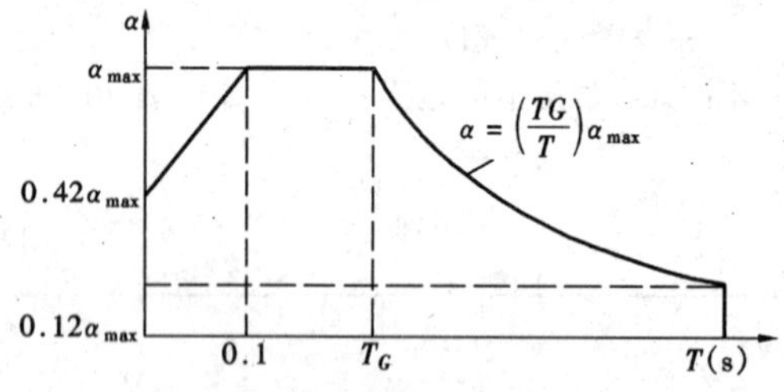

附图 10-28 地震影响系数 a 曲线

T—电气设备或体系的自振周期（s）；T_g—安装地点场地土的特征周期（s）；α_{max}—水平地震影响系数的最大值

附图 10-28 中的特征周期根据场地类别和远震、近震按附表 10-10 采用。水平地震影响系数最大值按附表 10-11 采用。当设备或体系的自振周期在0.1 (s)到 $T = T_g$(s)时，$\alpha = \alpha_{max}$。

由于“建筑抗震设计规范”（GBJ 11—89）的地震影响系数曲线周期 T 只到 3s，而电气设备或体系有许多都超过 3s，且 GBJ 11—89 规范的水平地震影响系数最大值 α_{max}已将结构系数包括在内，不适用于电气设备或体系。故附图 10-28 及附表 10-11 暂采用“电力设施抗震设计规范”（待批）中的曲线和数值。待“电力设施抗震设计规范”批准并颁布执行时，按“电力设施抗震设计规范”的规定执行。

2) 振型分解反应谱法。

对于不宜简化为单质自由度体系的电气设备或体系以及为了提高计算精度，应采用附图 10-23 所示的多自由度体系力学模型进行抗震计算。对于不考虑扭转影响的结构，采用振型反应谱法计算时，应先分别算出各质点和各振型的地震作用，然后再求出总的地震作用。

电气设备或体系的地震作用计算一般计算 1～3 阶

振型即可满足计算精度要求。

第 j 振型第 i 质点的水平地作用按下式计算：

$$P_{ji} = c\eta_j r\alpha_j X_{ji} W_i \qquad (附 10-74)$$

$$r_j = \frac{\Sigma X_{ji} W_i}{\Sigma X_{ji}^2 W_i} \qquad (附 10-75)$$

式中 r_j——第 j 振型的振型参与系数；

α_j——对应于第 j 振型的地震影响系数。见附图 10-28；α_{max}见附表 10-11；

X_{ji}——结构第 j 振型在 i 质点的 X 方向水平相对位移；

W_i——第 i 质点的重力；

c、η——与式（附 10-72）同。

附表 10-10 各类场地土的特征周期（s）

	场地类别			
	Ⅰ(坚硬场地土)	Ⅱ(中硬场地土)	Ⅲ(中软场地土)	Ⅳ(软弱场地土)
近震	0.20	0.30	0.40	0.65
远震	0.25	0.40	0.55	0.85

附表 10-11 地震影响系数最大值 α_{max} 值

地震烈度（度）	6	7	8	9
α_{max}	0.14	0.28	0.56	1.12

各振型的地震作用效应（弯矩、应力等）按下式进行组合：

$$S = \sqrt{\sum_{j=1}^{m} S_j^2} \qquad (附 10-76)$$

式中 S_j——第 j 振型的地震作用效应。

振型分解反应谱法一般采用电子计算机计算。

3）利用电气设备抗震计算的反应谱曲线进行近似计算。

我国目前尚无电气设备及其体系抗震计算用的反应谱曲线，美国、智利等国家推荐的电气设备抗震计算的反应谱曲线，计算方法简单、使用方便、能满足近似计算精度的要求，可借鉴使用。

美国电气设备抗震计算的反应谱曲线如附图 10-29 所示。

附图 10-29 系用对数坐标把位移、速度、加速度反应谱绘在一张图上的三坐标反应谱曲线。只要已知电气设备或体系的自振频率 f（或自振周期 T）及阻尼比 ζ，便可查出位移、速度、加速度的动力反应值。此图以地面水平加速度值 $0.5g$ 为基础，由曲线查得的加速度反应值除以 $0.5g$，便是加速度反应动力放大系数 β，将 β 代入式（附 10-71），求出地震作用。

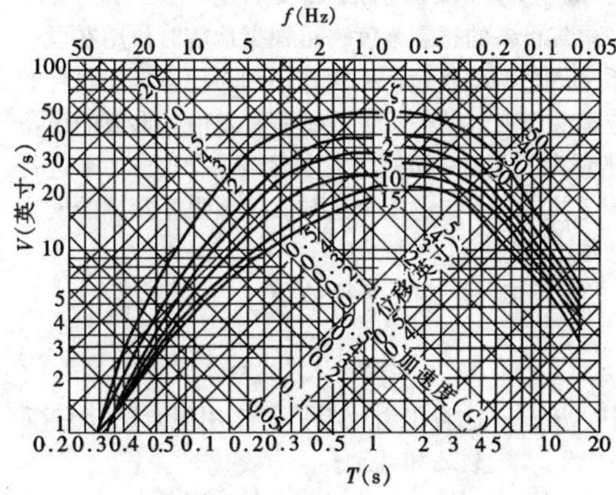

附图 10-29 美国电气设备抗震计算反应谱

（2）多自由度体系动力反应分析法。

对于结构比较复杂的电气设备或体系，当计算精度要求比较高时，应采用动力反应分析法进行抗震计算。

多自由度体系运动方程为：

$$[M]\{\ddot{x}\} + [c]\{\dot{x}\} + [K]\{x\} = \{F\} \qquad (附 10-77)$$

式中 $[M]$——质量矩阵；

$\{x\}$——位移的列向量，本式中为质点相对于地面的位移向量；

$[c]$——阻尼矩阵，计算中用振型阻尼矩阵；

$[K]$——刚度矩阵，考虑到各部分构件本身和连接处刚度影响；

$\{F\}$——外力向量。

在地震引起的地面运动作用下，有：

$$\{F\} = -\ddot{Y}[M]\{I\} \qquad (附 10-78)$$

式中 $\ddot{Y}$——地面运动加速度；

$\{I\}$——单位向量。

解以上运动方程较复杂，宜用电子计算机进行计算。根据电气设备的结构型式和安装方式，国内已编制了单柱式结构、多柱式结构、带拉线结构、长跨结构（管型母线、封闭母线）等结构型式的电气设备体系抗震计算的电子计算机程序。这些程序考虑了法兰盘连接刚度的影响、支架的影响、阻尼比的修正系数、阻尼装置的减震效率等各种因素。可为电气抗震计算提供方便。

四、电气设备抗震强度验算

电气设备的抗震强度，可根据地震时作用在设备体系上的总荷载（包括地震作用和与地震作用组合的其它荷载，如恒荷载、风荷载等）及由其形成的设备根部或其它危险断面处的发生弯矩或发生应力来进行验算，并应有一定的安全系数。抗震强度验算的安全系数取1.67。

1. 用荷载条件进行验算

$$P_{\Sigma} \leqslant 1.67 P_p \qquad (附 10-79)$$

式中 P_{Σ}——地震作用及与地震作用组合的其它荷载之和（N）；

P_p——制造厂提供的设备抗弯破坏荷载（N）。

用荷载条件进行校验时，应使抗震计算中力的作用点与制造厂提供的破坏荷载的力的作用点一致。

2. 用弯矩进行验算

用弯矩进行验算时，必须保证电气设备在地震作用和其它荷载同时作用下，设备根部或其它危险断面处产生的弯矩小于设备的容许弯矩，即：

$$M_{\Sigma} \leqslant [M] \qquad (附 10-80)$$

式中 M_{Σ}——地震时，在地震荷载和其它荷载同时作用下，设备根部或其它危险断面处产生的最大弯矩（N·cm）；

$[M]$——电气设备根部或其它危险断面处的容许弯矩（N·cm）。

电气设备的容许弯矩 $[M]$ 一般由制造厂提供，地震时设备根部或其危险断面处的最大弯矩 M_{Σ} 包括以下几方面内容。

（1）由地震荷载产生的弯矩。

$$M_{di} = P_{di}(H_i - h) \qquad (附 10-81)$$

式中 M_{di}——对于各质点 i 处地震作用产生的弯矩（N·cm）；

P_{di}——质点 i 的地震作用（N）；

H_i——质点 i 至设备或体系根部的高度（cm）；

h——计算断面至设备或体系根部的高度（cm）。

电气设备或体系在地震作用下，计算断面所产生的总弯矩为：

$$M_d = \sum_{i=1}^{n} M_{di} \qquad (附 10-82)$$

（2）导线拉力所产生的弯矩。

电气设备的导线拉力应作为恒荷载与地震荷载进行组合，地震时，导线拉力所产生的弯矩为：

$$M_T = P_T(H_h - H) \qquad (附 10-83)$$

式中 M_T——导线拉力所产生的弯矩（N·cm）；

P_T——导线作用在设备上的水平拉力（N）；

H_h——导线拉力所用点（即设备接线端子）至设备或体系根部的高度（cm）。

（3）风荷载所产生的弯矩。

$$M_a = P_a(\overline{H} - h) \qquad (附 10-84)$$

式中 M_a——风荷载所产生的弯矩（N·cm）；

P_a——风荷载（N），地震时，风荷载按25%最大设计风速进行计算。

（4）地震时，设备根部或危险断面处的总弯矩为：

$$M_{\Sigma} = M_d + M_T + M_a \qquad (附 10-85)$$

3. 用应力进行验算

电气设备或体系在进行抗震强度验算时，在地震作用和其它荷载同时作用下，其根部或危险断面处产生的最大应力必须小于设备的许用应力。即

$$\sigma \leqslant [\sigma] \qquad (附 10-86)$$

式中 σ——地震作用和其它荷载同时作用时，设备根部或其它危险断面处所产生的最大应力（Pa）；

$[\sigma]$——设备根部或其它危险断面处的许用应力（Pa）。

设备根部或其它危险断面处所产生的最大应力由下式计算：

$$\sigma = \frac{M_{\Sigma}}{W} \qquad (附 10-87)$$

式中 W——计算断面处的截面模量（或称截面系数）（cm^3）。

电气抗震计算常用断面的截面模量按附表10-12进行计算。

五、计算实例

某一单柱式电气设备，安装在设备支架上（见附图10-30），用不同的计算方法计算地震时作用在设备体系上的地震作用及与地震作用组合的其它荷载，并进行抗震强度验算。

（一）安装场所及原始数据

（1）该设备使用在设防烈度为9度的地震区，安装场所地基的场地土为Ⅱ类，其近震特征周期为

附表 10－12 **常用断面的截面模量**

序 号	断 面 简 图	截面模量 W（cm^3）	备 注
1	(圆环截面，d，D)	$W=\frac{\pi}{32D}(D^4-d^4)=0.0982\frac{D^4-d^4}{D}$	D——外径（cm） d——内径（cm）
2	(实心圆截面，D)	$W=\frac{\pi D^3}{32}=0.0982D^3$	D——直径（cm）
3	(矩形截面，a，b)	$W=\frac{1}{6}a^2b$	a——长度（cm） b——宽度（cm）

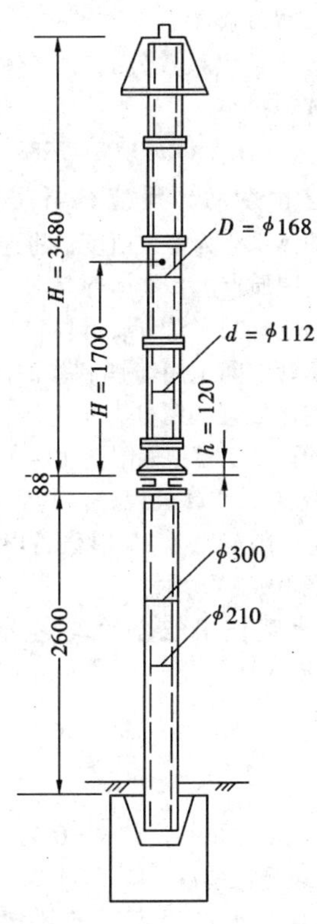

附图 10－30 设备体系外形及安装示意图

$T_d=0.3$（s）；

（2）设备及其支架体系的外形及安装示意图如附图 10－30 所示；

（3）原始数据。

1）设备的原始数据：

总高度 $H=348$cm；

瓷套管根部外径 $D=16.8$cm；

瓷套管根部内径 $d=11.2$cm；

瓷套管瓷裙的伞径 $D_1=24.3$cm；

设备总重量 $m=233$kg；

其中每节瓷套管（包括内部元件）重 48kg（共四节）；

绝缘底座重 23.6kg；

均压环重 13.5kg；

设备重心距设备底部距离即设备本体重心高度 $\overline{H}=170$cm；

危险断面距设备底部高 $h=12$cm。

2）设备支架原始数据：

设备支架为钢筋混凝土环形杆，高出基础 260cm；

环形杆外径 $D=30$cm；

环形杆内径 $d=21$cm；

总重量为 312kg；

支柱顶安装铁件重量为 18.1kg。

3）体系的自振周期 $T=0.282$s；体系的阻尼比 $\zeta=2\%$。

（二）地震作用计算

1. 用静力法（即地震系数法）进行计算

为了简化计算，先将设备本体作为一个单自由度体系，按式（附 10－69）计算出作用在设备重心处的地震作用。

$$P'_{d1}=Kmg=0.5\times2283.4=1141\ (\text{N})$$

考虑电气设备支架的动力反应放大作用，本算例支架的放大系数取1.2，则作用在设备重心处的地震荷载为：

$$P_{d1}=1.2P'_{d1}=1.2\times1141=1370\ (\text{N})$$

2. 用修正地震系数法计算

按式（附10－71）得：

$$P'_{d2}=K\beta mg=0.5\times2.5\times2283.4=2854.25\ (\text{N})$$

考虑支架放大1.2倍，则：

$$P_{d2}=1.2P_{d1}=3425.1\ (\text{N})$$

3. 用底部剪力法计算

将设备及体系简化为两个自由度，即支架和设备各为一个自由度，其力学模型如附图10－31所示。

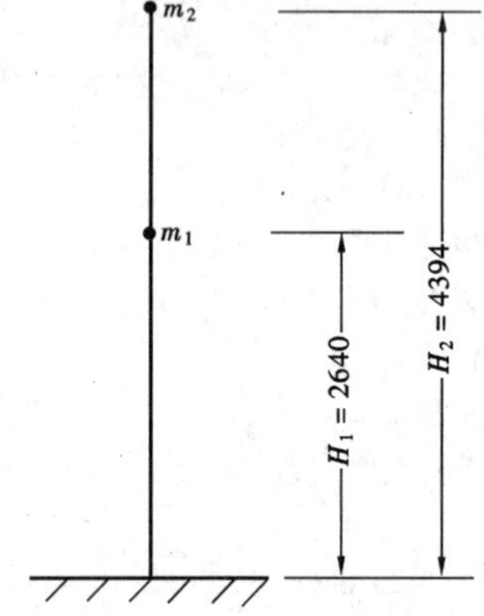

附图10－31 多自由度体系近似计算力学模型

m_1为支架换算至支架顶部的重量及支架顶部安装铁件的重量之和。m_1由下式计算：

$$m_1=\frac{1}{4}\text{支柱重量}+\text{支柱顶安装铁件重量}=\frac{1}{4}\times312+18.1=96.1\ (\text{kg})$$

m_2为设备本体的重量，集中设在设备本体的重心处。体系的总重量为：

$$m=m_1+m_2=96.1+233=329.1\ (\text{kg})$$

体系根部剪力（即总水平地震作用标准值）由式（附10－72）求得，其中η值查附表10－9，α值由附图10－28得出，则

$$\theta_0=c\eta\alpha mg=1\times1.28\times1.12\times329.1\times9.81=4628.34\ (\text{N})$$

设备重心处的地震作用由式（附10－73）求得

$$P_{d2}=\frac{m_2gH_2}{\sum\limits_{i=1}^{2}m_iH_i}\theta_0=\frac{2285.7\times439.4}{942.74\times264+2285.7\times439.4}\times4628.34=3709.17(\text{N})$$

4. 用美国电气设备抗震计算反应谱曲线近似计算

利用附图10－29的反应谱曲线，由周期坐标0.282s处向上引垂线与阻尼为2%的曲线相交，再由交点处向加速度坐标作垂线，得设备重心处的反应加速度值为$1.2g$，附图10－29是以地面最大水平加速度值$0.5g$为其基准，其加速度反应放大系数为：

$$\beta=\frac{1.2}{0.5}=2.4$$

代入式（附10－71）得设备本体重心处的地震荷载：

$$P'_{d4}=K\beta mg=0.5\times2.4\times2283.4=2740.08\ (\text{N})$$

考虑支架动力放大系数为1.2，则体系中设备重心处的地震荷载为：

$$P_{d4}=1.2P'_{d4}=1.2\times2740.08=3288.1\ (\text{N})$$

5. 用多自由度动力反应分析法进行计算

将本算例的体系化为多自由度，将连续分布的质量凝聚在几个集中质点上，本体部分取5个质点，本体与支架连接部分取1个质点，设备支架取2个质点。由于设备套管之间采用铸铁制作的法兰盘连接，连接处作弹性连接处理，用具有抗弯刚度K_i的回转弹簧表示。其计算力学模型如附图10－32所示。

将有关参数输入计算机程序。其体系在自振频率、地震作用下，阻尼比为2%时设备根部最大应力计算结果如附表10－13所示。

（三）与地震作用组合的其它荷载计算

1. 风荷载计算

$$P_a=\alpha\frac{(\beta v)^2}{16}Sg \qquad (\text{附}10-88)$$

式中 α——空气动力系数，取$\alpha=0.7$；

β——风速增大系数，取$\beta=1.2$；

v——与地震荷载组合时的风速，$v=v_m\times0.25$，v_m为最大风速，设该安装场所的最大风速为$v_m=35\text{m/s}$，则$v=35\times0.25=8.75\ (\text{m/s})$；

S——垂直受风方向的投影面积，该设备的垂直投影面积为

附表 10－13 **用多自由度动力反应分析法计算结果**

内 容	第一自振频率 f_1（Hz）	第二自振频率 f_2（Hz）	地震作用下根部应力 σ'_5（Pa）
计算结果	3.547	15.029	139.5×10^5
SANJ 变电所实测值	3.454	—	—

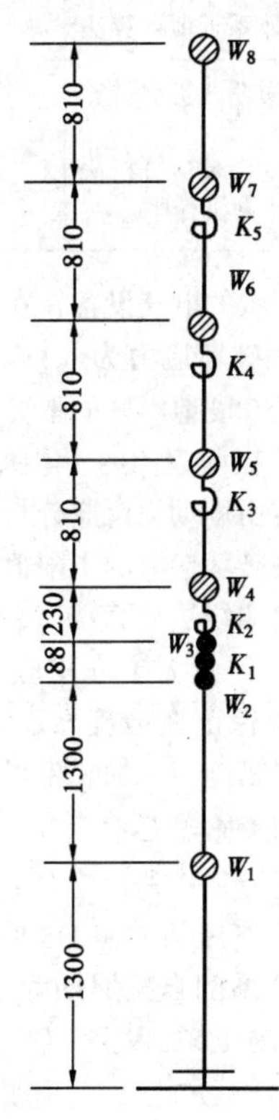

附图 10－32 计算力学模型

$m_1=139$kg；$m_2=71.28$kg；$m_3=13.58$kg；$m_4=35.8$kg；$m_5=48$kg；$m_6=48$kg；$m_7=48$kg；$m_8=37.5$kg

$$S=H\frac{D_1+D}{2}=3.48\times\frac{0.243+0.168}{2}=0.715\ (\mathrm{m}^2)$$

g——重力加速度 9.81m/s²。

将各参数代入式（附 10－88）得：

$$P_a=0.7\times\frac{(1.2\times8.75)^2}{16}\times0.715\times9.81=33.84(\mathrm{N})$$

2. 导线拉力

本算例设备的引线悬挂在设备顶部，设顶部导线拉力 $P_T=200$N；换算至设备重心处，则导线拉力为 $P'_T=400$N。导线拉力作为恒荷载，分别与各种计算方法求得的地震荷载叠加。

（四）抗震强度验算

1. 静力计算法

（1）用静力计算法求地震时作用在设备重心处的总荷载 $P_{\Sigma1}$：

$$P_{\Sigma1}=P_{d1}+P_a+P'_T=1370+33.84+400=1803.84\ (\mathrm{N})$$

（2）地震时设备根部危险断面处（即瓷套管根部）产生的弯矩 $M_{\Sigma1}$：

$$M_{\Sigma1}=P_{\Sigma1}(\overline{H}-h)=1803.84\times(170-12)=285006.72(\mathrm{N\cdot cm})$$

（3）危险断面处产生的应力：

该设备根部危险断面处的截面模量由附表 10－13 中公式求得：

$$W=0.0982\times\frac{16.8^4-11.2^4}{16.8}=373.65\ (\mathrm{cm}^3)$$

代入式（附 10－87）得：

$$\sigma_1=\frac{M_{\Sigma1}}{W}=\frac{285006.72}{373.65}=762.76\ (\mathrm{N/cm^2})=76.28\times10^5\ (\mathrm{Pa})$$

2. 修正地震系数法

（1）地震时作用在设备重心处的总荷载 $P_{\Sigma2}$：

$$P_{\Sigma2}=P_{d2}+P_a+P'_T=3425.1+33.84+400=3858.94\ (\mathrm{N})$$

（2）危险断面处产生的弯矩 $M_{\Sigma2}$：

$$M_{\Sigma2}=P_{\Sigma2}\ (\overline{H}-h)\ =2899.91\times\ (170-12)=458185.78\ (\mathrm{N\cdot cm})$$

（3）危险断面处产生的应力：

$$\sigma_2=\frac{M_{\Sigma2}}{W}=\frac{609712.52}{373.65}=1631.77\ (\mathrm{N/cm^2})=163.18\times10^5\ (\mathrm{Pa})$$

3. 用底部剪力法计算方法

本算例用多自由度体系进行近似计算时，应分别求出作用在重心处的风荷载与顶部导线拉力作用下所产生的弯矩，再与地震荷载所产生的弯矩叠加。则危险断面处的总弯矩为：

$$M_{\Sigma 3} = (P_{d3} + P_a)(\overline{H} - h) + P_T(H - h)$$
$$= (3709.17 + 33.84) \times (170 - 12) + 200 \times (348 - 12)$$
$$= 658595.58 (\text{N·cm})$$

危险断面处产生的应力为：

$$\sigma_3 = \frac{M_{\Sigma 3}}{W} = \frac{658595.58}{373.65} = 1762.6 \ (\text{N/cm}^2)$$
$$= 176.26 \times 10^5 \ (\text{Pa})$$

4. 用美国电气设备抗震计算反应谱曲线计算

(1) 重心处的总荷载 $P_{\Sigma 4}$：

$$P_{\Sigma 4} = P_{d4} + P_a + P'_T = 3288.1 + 33.84 + 400$$
$$= 3721.94 \ (\text{N})$$

(2) 危险断面处产生的弯矩 $M_{\Sigma 4}$：

$$M_{\Sigma 4} = P_{\Sigma 4}(\overline{H} - h) = 3721.94 \times (170 - 12)$$
$$= 588066.52 (\text{N·cm})$$

(3) 危险断面处产生的应力 σ_4：

$$\sigma_4 = \frac{M_{\Sigma 4}}{W} = \frac{588066.52}{373.65} = 1573.84 \ (\text{N/cm}^2)$$
$$= 157.38 \times 10^5 \ (\text{Pa})$$

5. 多自由度动力反应分析法计算

附表 10－14 计算结果中的应力 σ'_5 值仅为地震荷载所产生的应力，尚应与风荷载和导线拉力所产生的应力叠加，其总应力为：

$$\sigma_5 = \sigma'_5 + \frac{P_a(\overline{H} - h) + P_T(H - h)}{W} = 174.38 \times 10^5$$
$$+ \frac{33.84 \times (170 - 12) + 200 \times (348 - 12)}{373.65} \times 10^4$$
$$= 1193.78 \times 10^5 (\text{Pa})$$

(五) 各种计算方法计算结果比较

将上述五种不同计算方法求出的 9 度地震时，设备根部危险断面处产生的最大应力汇总于附表 10－15 中。

从附表 10－14 可以看出：

(1) 静力法（地震系数法）不适用本算例所示的电气设备体系。因静力法未考虑设备、设备支架在地震时的动力反应。

(2) 本算例所示的结构体系，用修正地震系数法和美国反应谱曲线的计算结果偏小，而用多自由度体系近似计算方法的计算结果与用多自由度动力反应分析法计算结果很接近，两者相差仅 8.55%。

附表 10－14　各种计算方法的计算结果表

序号	计 算 方 法	危险断面处最大应力 σ ($\times 10^5$Pa)
1	静力法（地震系数法）	76.28
2	修正地震系数法	163.18
3	多自由度体系近似计算法	176.26
4	美国反应谱曲线近似计算	157.84
5	多自由度动力反应分析法（SACT－86 计算机程序）	193.78

(3) 本算例所示的电气设备，在振动台上进行模拟地震试验时，其破坏应力为（137～177）$\times 10^5$Pa。唐山地震时，位于 9 度地震区的本算例的电气设备的损坏率为 45.8%。在附表 10－14 中，多自由度体系近似计算法和多自由度动力反应分析法计算结果，最大应力已超过设备破坏应力的下限值；用修正地震系数法和美国反应谱曲线法计算结果，最大应力值已接近破坏应力下限值，且大于许用应力（120×10^5Pa）值。故该设备不能保证在地震烈度为 9 度时安全运行，需要采取抗震措施，如加装阻尼器等。

(六) 加装阻尼器后体系的抗震计算

为了提高上述算例中所示电气设备的抗震能力，在设备支架与设备底座间加装 QS78－194 型阻尼器，加装阻尼器后，体系的自振周期为 0.5s 以下，体系的阻尼比由 2%提高至 8%以上。QS78－194 型阻尼器高 8cm、重 7.14kg。其余均按本算例原有的参数。

1. 用底部剪力法

体系根部剪力（即地震总作用）由式（附 10－74）求出，其中 η 值查附表 10－9 得 $\eta = 0.8$，α_1 由附图 10－28 或式（附 10－73）求得 $\alpha_1 = 0.672$，则：

$$Q_0 = c\eta\alpha_1 mg$$
$$= 1 \times 0.8 \times 0.672 \times 3298.51 = 1773.28 \ (\text{N})$$

设备重心处的地震作用：

$$P_d = \frac{m_2 g H_2}{\sum_{i=1}^{2} m_i g H_i} Q_0$$
$$= \frac{2283.4 \times 447.52}{1011.8 \times 272 + 2283.4 \times 447.52} \times 1773.28$$
$$= 1396.96 (\text{N})$$

将风荷载、导线拉力荷载与地震荷载组合，设备重心处总荷载为：

$$P_\Sigma = P_d + P_a + P'_T = 1396.96 + 33.84 + 400$$

$= 1830.8$ (N)

设备根部危险断面处产生的弯矩为：

$$M_{\Sigma} = P_{\Sigma}(\overline{H} - h) = 1830.8 \times (170 - 120)$$

$$= 289265.61(\text{N} \cdot \text{cm})$$

设备根部危险断面处产生的应力为：

$$\sigma = \frac{M_{\Sigma}}{W} = \frac{289265.61}{373.65} = 774.16(\text{N/cm}^2)$$

$$= 77.42 \times 10^5(\text{Pa})$$

制造厂提供该设备许用应力 $[\sigma]$ 为 120×10^5Pa，则：

$$\frac{[\sigma]}{\sigma} = \frac{120}{77.42} = 1.55$$

2. 用多自由度动力反应分析法计算

在附图 10－32 所示的力学模型的质点 m_6 与 m_7 增加阻尼器的质量及阻尼器的抗弯刚度，并将加装阻尼器后体系的有关参数代入 SAC7－86 计算机程序，计算结果如附表 10－15 所示。

附表 10－15　　有阻尼器体系的计算结果

内　容	第一自振频率 f_1 (Hz)	第二自振频率 f_2 (Hz)	地震荷载作用下根部应力 σ' (Pa)	总荷载作用下根部应力 σ (Pa)
计算结果	1.574	8.76	68.18×10^5	92.44×10^5
实 测 值	1.64	—	—	—

$$\frac{[\sigma]}{\sigma} = \frac{120}{92.44} = 1.55$$

从以上计算结果可以清楚看出，在本算例体系上加装 QS78－194 型阻尼器后，体系的自振频率 f_1 由原 3.54Hz 降至 1.574Hz，在地震作用与风荷载、导线拉力组合后总荷载的作用下，根部危险断面处的应力值由 193.78×10^5Pa 降为 92.44×10^5Pa，QS78－194 型阻尼器的减震效率达 50% 以上。故本算例所示设备加装 QS78－194 型阻尼器后，能承受 9 度地震袭击。

但是，加装阻尼器后，体系的自振频率 f_1 降为 1.574Hz，反而接近了Ⅳ类场地土地面的卓越频率，地震时极易发生共振，共振时动力反应放大系数增大。经计算，在Ⅳ类场地土上，本算例加装阻尼器后的减震效率只有 6%，即在地震时，根部危险断面处的最大应力仍达 116.8×10^5Pa，接近设备的许用应力。故 QS78－194 型阻尼器不宜用于Ⅲ类场地土。

第十一章

厂（所）用电设备布置

编者 姜恩文 校者 钱英毅 审者 李菊顺

第11-1节 布置原则

厂（所）用电设备布置，应遵守下列基本原则：

(1) 厂（所）用电设备的布置应符合电力生产工艺流程的要求，作到设备布局和空间利用合理。

(2) 为发电厂（变电所）的安全运行和操作维护创造良好的工作环境，巡回检查道路畅通，设备的布置满足安全净距并符合防火、防爆、防潮、防冻和防尘等要求。

(3) 设备的检修和搬运应不影响运行设备的安全。

(4) 应考虑扩建的可能和扩建过渡的方便。

(5) 应考虑设备的特点和安装施工条件。

(6) 应结合厂房的布局，尽量减少电缆的交叉和电缆用量，引线方便。盘位的排列应尽量具有规律性或对应性。

(7) 在选择厂用设备的型式时，应结合厂用配电装置的布置特点，择优选用适当的产品。

第11-2节 厂（所）用配电装置的布置

一、厂（所）用配电装置的布置位置

发电厂厂用配电装置的布置位置主要取决于机组的容量大小和机组的型式以及汽轮机、制粉设备、除氧设备的布置方式等因素。

厂用配电装置的布置，应尽量靠近负荷中心，对于大容量机组还应尽可能靠近高压厂用变压器，以减少连接电缆、共箱封闭母线或电缆母线的长度和电能损耗，也相应减少共箱封闭母线或电缆母线布置上的困难，且应尽量避免水汽和煤粉的影响。

对于中小容量机组，我国过去传统的汽机房布置形式为岛式布置。在这种工程中，厂用配电装置一般布置在汽机房和锅炉房之间的除氧间框架底层或运转层（见图11-1）。

还有些机组的厂用配电装置，有的布置在两炉之间或每炉一侧，也有布置在除氧间底层的，或布置在汽机房 *A* 排柱外侧所谓灶披间内（见图11-2）。

据很多电厂反映，布置在除氧间的厂用配电装置发生漏水、进汽的情况比较多，影响厂用电的安全运行，甚至波及机组的正常运行；布置在锅炉房的厂用配电装置则存在煤粉污染和夏季温度高等问题。

随着机组容量的增大，运转层平台也越来越高。300MW机组的运转层标高已达12m以上，汽机房用岛式布置造成空间利用率不高的缺点越来越明显。因此汽机房开始采用满铺式楼板布置形式，共分三层布置。底层布置机组的辅机设备，中间层靠发电机一侧（即所谓中二层）布置厂用配电装置和干式厂用变压器。国外大容量机组的汽机房也多采用这种布置方式。这种布置方式具有靠近负荷中心和高压厂用电源的优点，并且基本上不受水汽、煤粉的影响。《火力发电厂设计技术规程》对大容量机组的汽机房已推荐采用这种大平台式的布置形式，故将200MW及以上机组的厂用配电装置，推荐采用这种布置方式（见图11-3）。在工程设计中，如因开关柜尺寸较大或质量关系不宜布置在中二层或全部布置于中二层有困难时，也可将低压厂用配电装置及其相应的低压厂用变压器部分布置在集中控制楼底层或除氧间底层等场所。

对于发电机引出线采用分相封闭母线的200MW及以上机组，高压厂用变压器低压侧的引出线多采用共箱母线或电缆母线，这时高压厂用配电装置应尽量靠近高压厂用变压器布置。

关于所用配电装置的布置位置，一般如下：在小型变电所中，宜设于控制室，这样具有巡视操作方便的优点；在大中型变电所中宜设于继电器室或所用电屏室；而在500kV变电所中为了尽量缩短供电距离，减少电能损失，所用电屏常随所用变压器一起紧靠主变压器就地设置。此时，在主控制室中应能监视所用电系统的主要工作状态并遥控所用变压器高低压侧的断路器。

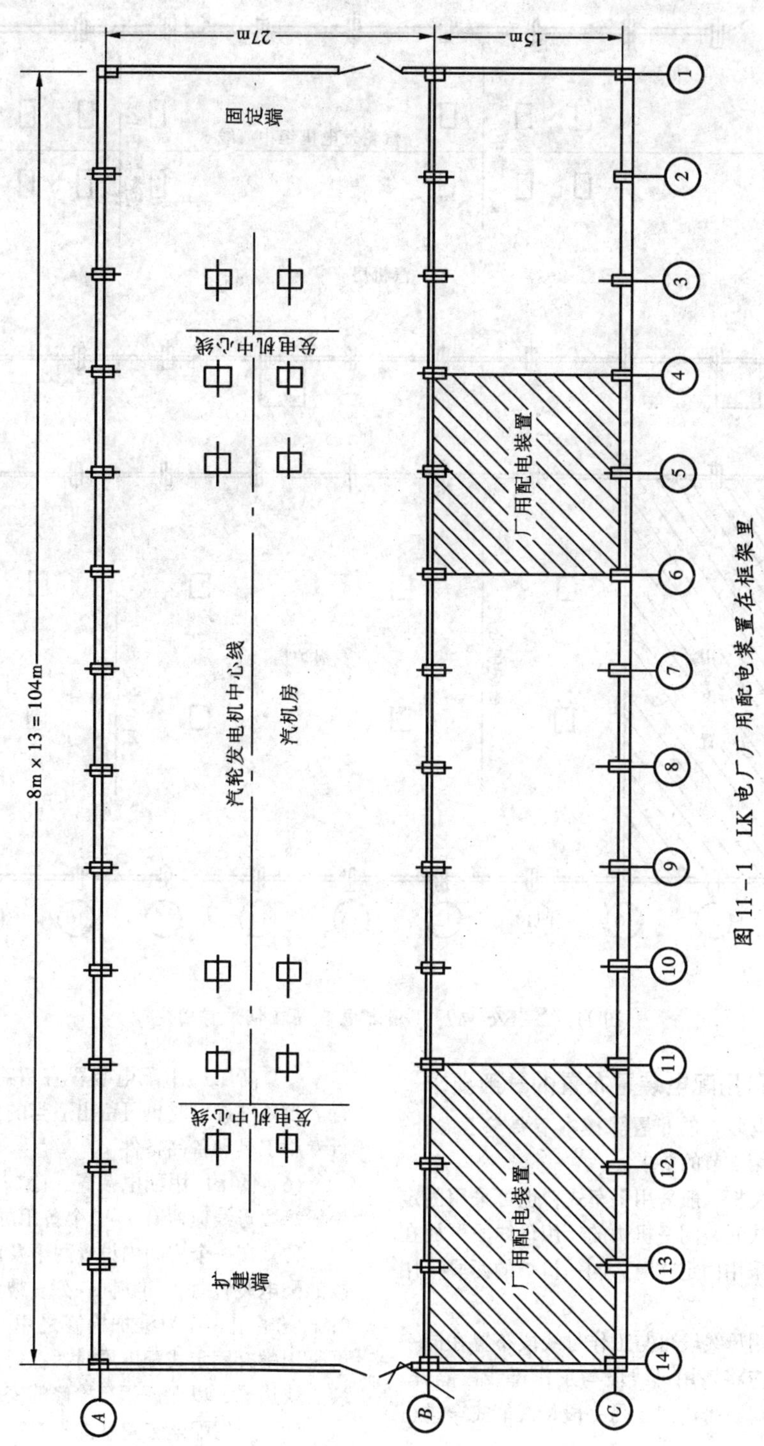

图 11-1　LK 电厂厂用配电装置在框架里

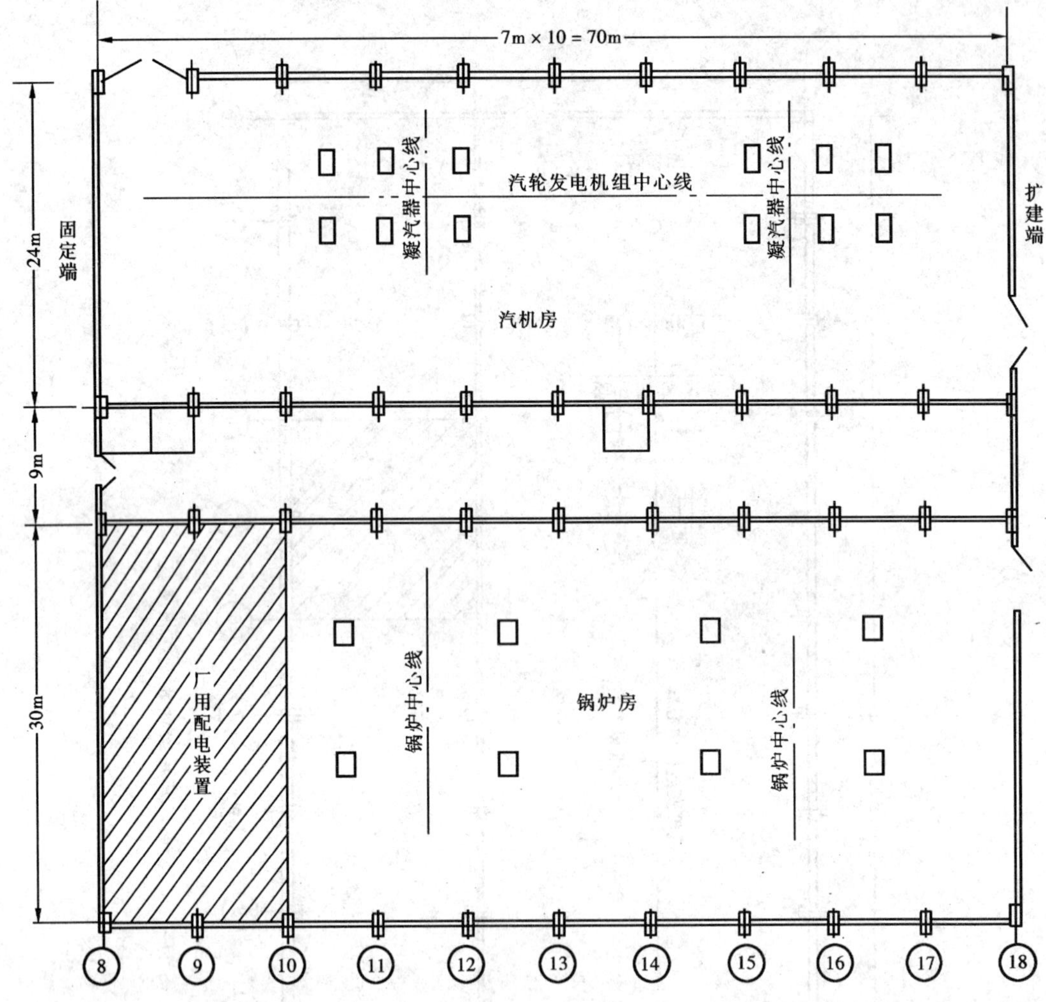

图 11-2 SZS 电厂厂用配电装置在锅炉房固定端

二、厂(所)用配电装置布置的一般要求

(1) 厂用配电装置的布置除按本节要求考虑外，尚应参照第十章第2节的要求。

(2) 高压开关柜一般采用手车式，也可采用固定式。当采用手车式时，同一机炉的厂用母线段可放在一个房间内；当采用固定式时，同一机炉的两段厂用母线宜设隔墙分开。

(3) 高压备用母线段可与工作母线段布置在同一房间内。但这时应将备用母线段与工作母线段隔开，以保证任何一段母线带电时，另一段母线能安全进行检修。

(4) 当采用全封闭手车式高压开关柜时，每段工作母线一般设置一台备用手车或带有手车的备用柜，以备检修调换之用。

(5) 高压厂用配电装置宜留有发展用的备用位置。当条件许可时也可留出适当的位置，以便放置运行专用工具和备品备件。

(6) 低压厂用配电装置，除应留有备用回路外，一般每段母线应留有1~2个备用屏的位置。

(7) 在一个房间内设置两个及以上低压厂用母线段的配电装置时，如在同一列，彼此之间须留出最小0.8m的通道，作为维护检修之用。当厂用中央配电屏采用敞开固定式配电屏时，在每排母线的两端应加装一块边屏，以保证运行检修的安全。

(8) 厂用配电装置室内不应穿越各种水管和热管道。

(9) 厂用配电装置室不应装设采暖设备。

(10) 厂用配电装置室的楼板不应漏水。

(11) 厂用配电装置室内应设置通讯设备和检修

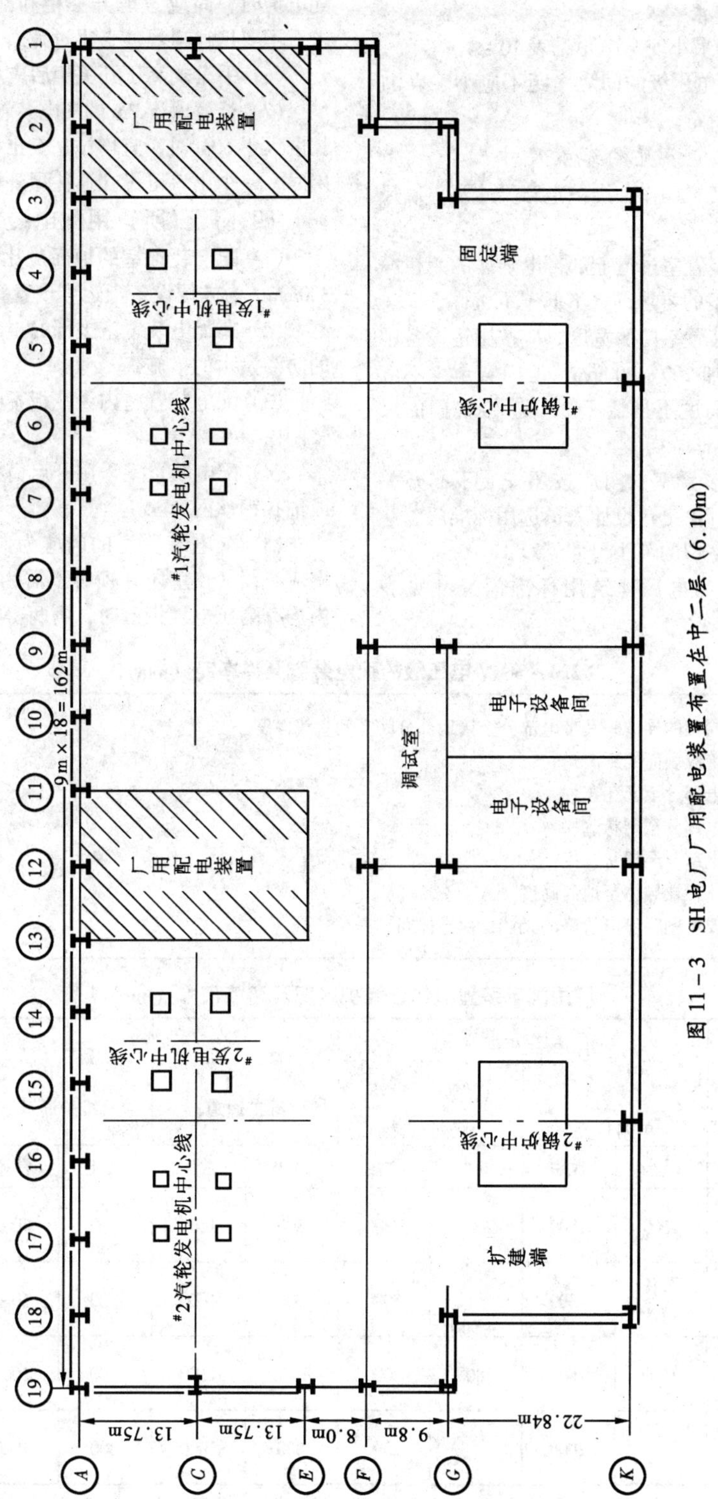

图 11-3　SH 电厂厂用配电装置布置在中二层（6.10m）

电源等设施。

三、厂用配电装置布置尺寸

(一) 间隔距离

(1) 3~10kV的最小安全净距见表10-4。

(2) 220~380V电压级的间隔净距不应小于表11-1所列数值。

(二) 厂用配电装置的布置尺寸

(1) 厂用配电装置操作、维护走廊尺寸及离墙尺寸如表11-2中所示。

(2) 厂用配电装置室过道上部带电导体的遮栏净高，应满足搬运设备的要求，且不低于1.9m。

(3) 厂用配电装置室门的宽度，应按搬运设备中最大的外形尺寸再加200~400mm，但门宽至少不应小于900mm，门的高度不得低于2.1m。维护门的尺寸可采用750×1900mm。

(4) 厂用配电装置室的门应按照安装不同开关柜、配电屏的大小，由土建设计人员选用标准门。

厂用配电装置室门的最小尺寸见表11-3。

目前土建采用的电厂建筑用标准门尺寸见表11-4。

(5) 厂用配电装置搬运设备通道的尺寸，除按表11-2所列数值考虑外，当扩建有可能增加开关柜或配电屏时，尚应考虑开关柜和配电屏就位转弯的要求，不要把通道尺寸卡得过死。

(6) 手车式高压开关柜后应尽量留有通道。

(7) 长度大于7m的配电装置室，应有两个出口。长度大于60m时，宜增添一个出口；当配电装置有楼层时，一个出口可设在通往屋外楼梯的平台处。

四、厂(所)用配电装置对建筑的要求

(1) 配电装置室的地面应比屋外地面高出150~300mm，为方便设备搬运可设置斜坡衔接。

(2) 在配电装置室上部的土建伸缩缝，应有可靠的防渗漏水的措施。

(3) 配电装置室内天花板不允许抹灰，可用喷白浆刷白。

(4) 配电装置室采用开启窗户时，内侧应设纱窗或细孔钢丝网。

(5) 配电装置室的门应为向外开的防火门，门上应有锁(在室内开锁时不需钥匙)。如两相邻房间内均有高压电气设备时，则两房间隔墙的门应能向两

表11-1 **220~380V电压级的配电装置允许净距(mm)**

项目	净距
不同相的导体间及带电部分至接地部分间空间直线净距	15
沿绝缘表面的距离	30
带电部分至无孔遮栏	50
带电部分至网状遮栏	100
带电部分至栅状遮栏	850
无遮栏裸导体至地面高度	2200
需要不同时停电检修的无遮栏裸导体间	1500

表11-2 **厂用配电装置操作、维护走廊及离墙尺寸(mm)**

配电装置型式	操作走道 设备单列布置		操作走道 设备双列布置		背面维护通道		侧面维护通道		靠墙布置时离墙常用距离	
	最小	常用	最小	常用	最小	常用	最小	常用	背面	侧面
固定式高压开关柜	1500	1800	2000	2300	800	1000	800	1000	50	200
手车式高压开关柜	车长+1200	2300	两台车长+900	3000	800	1000	800	1000		200
固定式低压配电屏	1500	1800	1800	2000	1000	1300	800	1000	50	200
抽屉式低压配电屏		2000		2500	800	1000	800	1000	50	200

注 1. 表中尺寸系从常用的开关柜或配电屏的屏面算起(即突出部分已包括在表中尺寸内)。
2. 表中所列操作及维护通道的尺寸，在建筑物的个别突出处允许缩小200mm。

表 11－3　厂用配电装置室门的最小尺寸（mm）

开关柜，配电屏型号外形			搬运设备的门		仅供通行的门	
型　号	高	宽	高	宽	高	宽
GFC－1C	2140	1000	≥2340	≥1200	1900	750
GFC－3B	1900	800	≥2100	≥1000	1900	750
GFC－15[①]	2000	700	≥2200	≥900	1900	750
GC－2	2200	800	≥2400	≥1000	1900	750
GFG－1	2600	1500	≥2800	≥1700	1900	750
JYN－10	2200	840	≥2400	≥1040	1900	750
GG－1(A)	3100	1218	≥3300	≥1418	1900	750
PGL－$\frac{1}{2}$	2200	1000[②]	2400	1200	1900	750
BFC－2B	2000	550	2200	750	1900	750
BFC－1	2300	600(900)	2500	800(1100)	1900	750
BFC－2	2000	550	2200	750	1900	750
BFC－12	2300	800	2500	1000	1900	750
GPJ－1	2100	950	2300	1050	1900	750
GGL－1	2200	800[③]	2400	1000	1900	750

① GFC－15A、AZ，高为 2200，宽为 800。

② PGL－$\frac{1}{2}$，宽度还有 400、600、800 几种。

③ GGL－1，宽度还有 600 一种。

表 11－4　标准门尺寸(mm)

门洞尺寸 高×宽	型钢钢门，外开式	铁皮包木板双面弹簧门	型钢钢门，外开式
2100×750	单　开	—	—
2100×900	单　开	—	单　开
2100×1200	双　开	—	双　开
2100×1500	双　开	双　开	双　开
2100×1800	双　开	—	—
2400×750	单　开	—	—
2400×900	单　开	—	—
2400×1200	双　开	—	—
2400×1500	双　开	双　开	双　开
2400×1800	双　开	—	—
2400×1000	—	单　开	—
2700×1500	—	双　开	—
2700×1800	—	—	双　开
3000×1800	—	—	双　开

个方向开闭，此门不应装锁。

（6）厂（所）用配电装置室禁止开设天窗。

（7）配电装置室内通道应畅通无阻，不得设立门槛，并不应有与配电装置无关的管道通过。

五、厂用配电装置对通风的要求

（1）变压器室的通风，应使室温满足设备技术条件的要求。

（2）厂用配电装置室的事故排风机可兼作正常

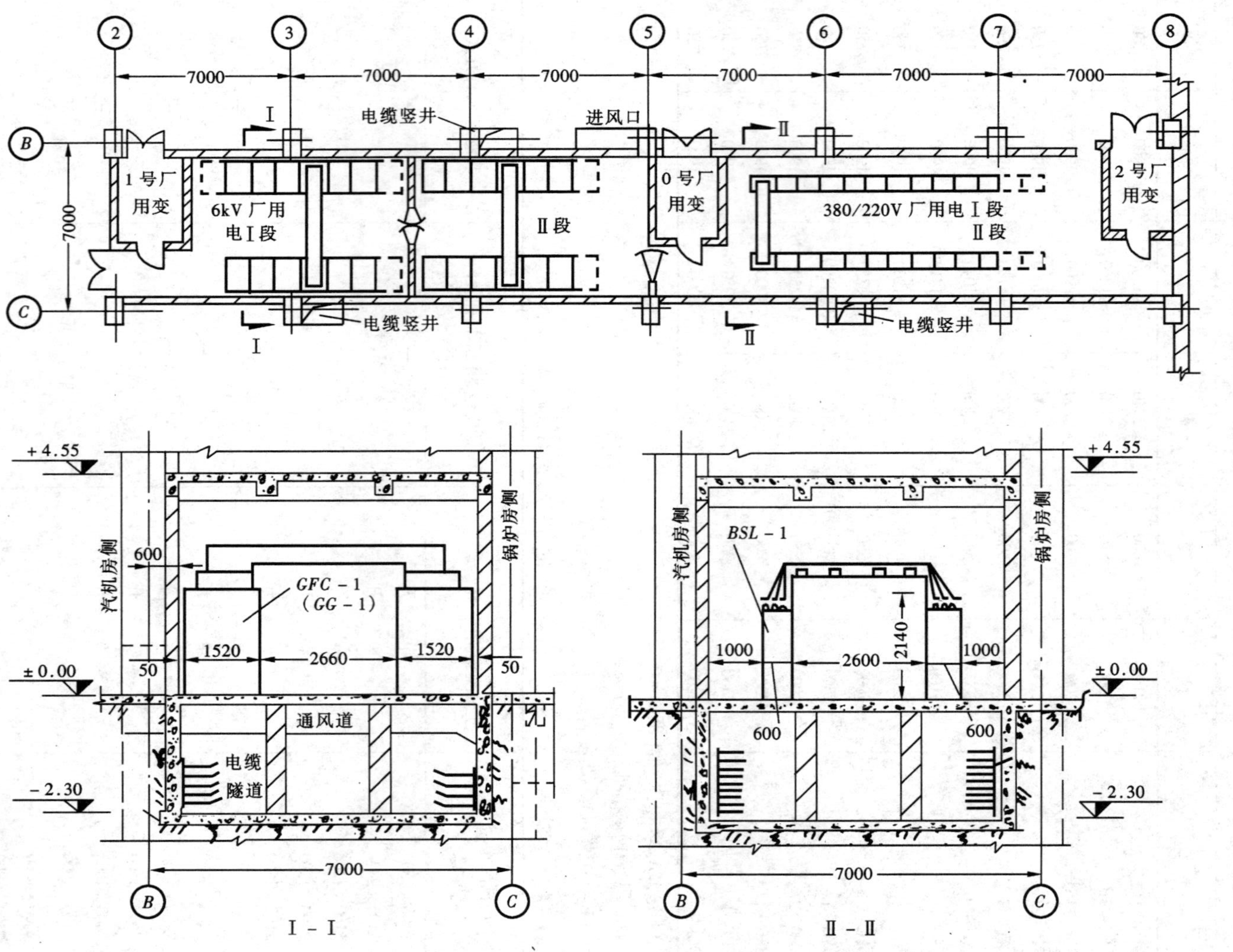

图 11-4 单层双列厂用配电装置布置

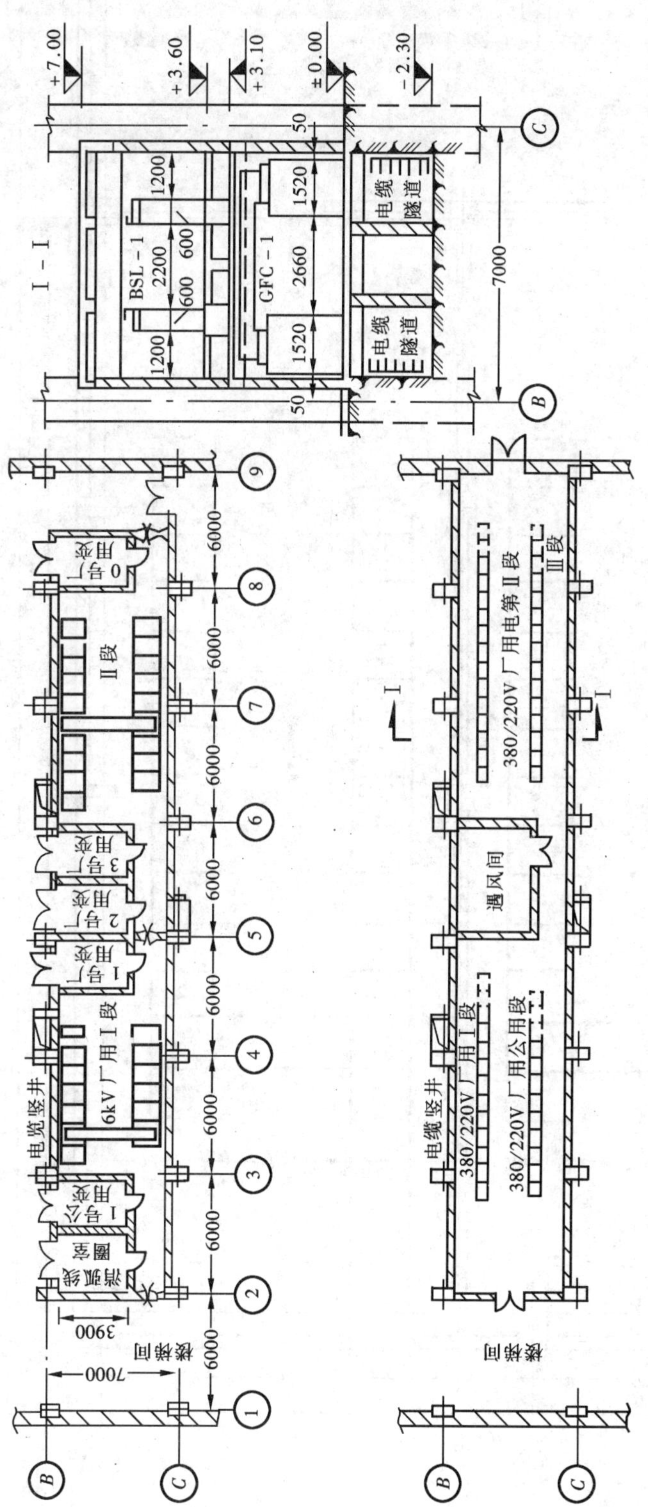

图 11-5　双层双列厂用配电装置，二层设电缆夹层

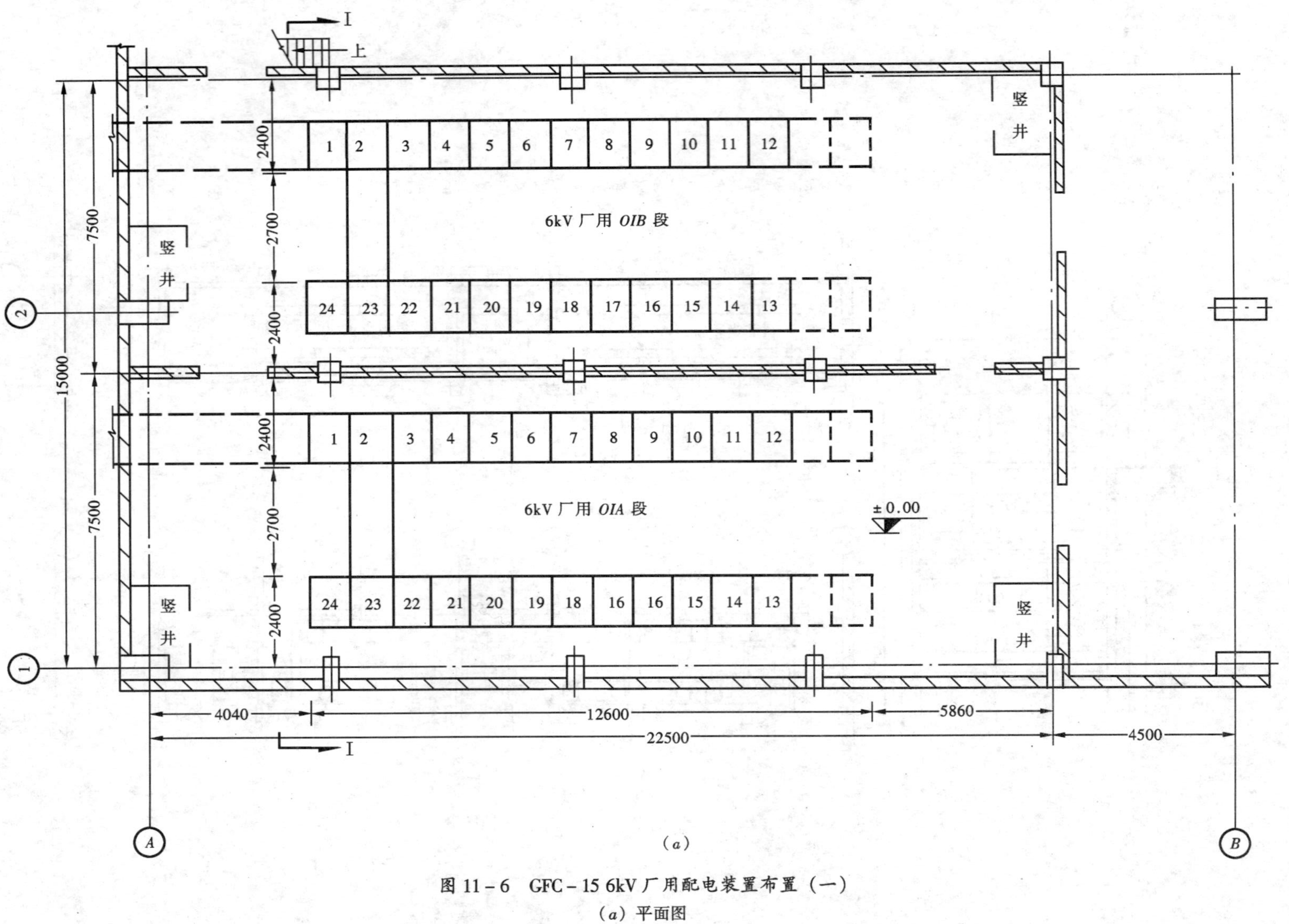

图11-6 GFC-15 6kV厂用配电装置布置（一）

（a）平面图

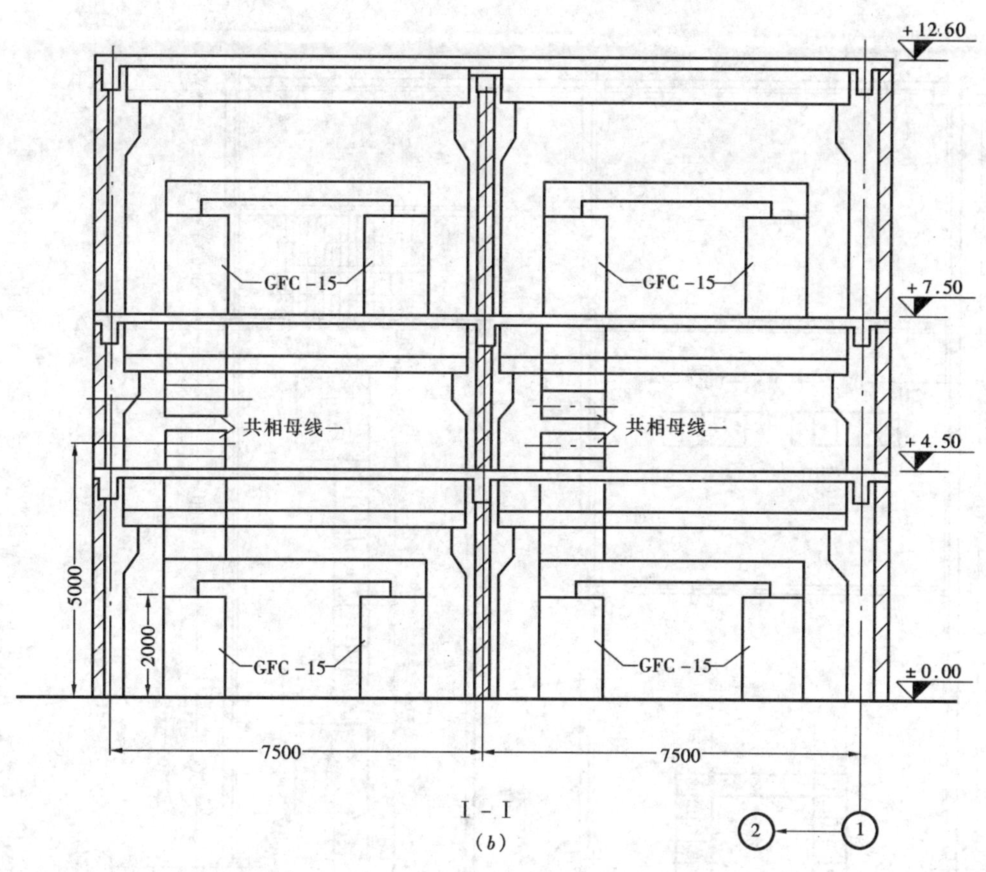

图 11-6　GFC-15 6kV 厂用配电装置布置（二）
(b) Ⅰ-Ⅰ断面

降温的通风机。进、出风口应尽量有避免灰、水、汽进入厂用配电装置室的措施。

(3) 变压器室的通风系统应与邻近厂用配电装置室的通风系统分开，各变压器室的通风系统不应合并。变压器室可采用机械通风装置，如能满足要求，也可采用自然通风。

(4) 布置在其它辅助车间的变压器室，进、出风口尽可能通向屋外，如进、出风口设在屋内时，不允许与尘土多、温度高或有可能引起火灾的车间连通。

(5) 变压器室的排风温度不宜超过 40℃。

六、厂（所）用配电装置对防火的要求

(1) 配电装置室的耐火等级不应低于二级。

(2) 变压器室的耐火等级不应低于一级。

(3) 厂用配电装置（包括厂用变压器室）凡有通向电缆隧道或通向它室沟道的孔洞（人孔除外），应以耐燃材料封堵，以防止火灾蔓延和小动物进入。

(4) 总油量超过 100kg 的屋内油浸电力变压器宜安装在单独的防爆间内，并应有灭火设施。

(5) 当高压厂用变压器与主变压器或另一台高压厂用变压器相邻布置时且油量大于 10t，应考虑防止一台事故喷油时危及相邻变压器的措施，最好是放大净间距至 10m，当布置上不能满足 10m 时，可考虑加设隔墙或改变变压器事故喷油孔的方向。设防火墙时，其高度不宜低于变压器油枕的顶端高度，长度应大于变压器贮油池两侧各 1m。

七、厂用配电装置布置示例

（一）100MW 以下的小机组厂用配电装置布置方案

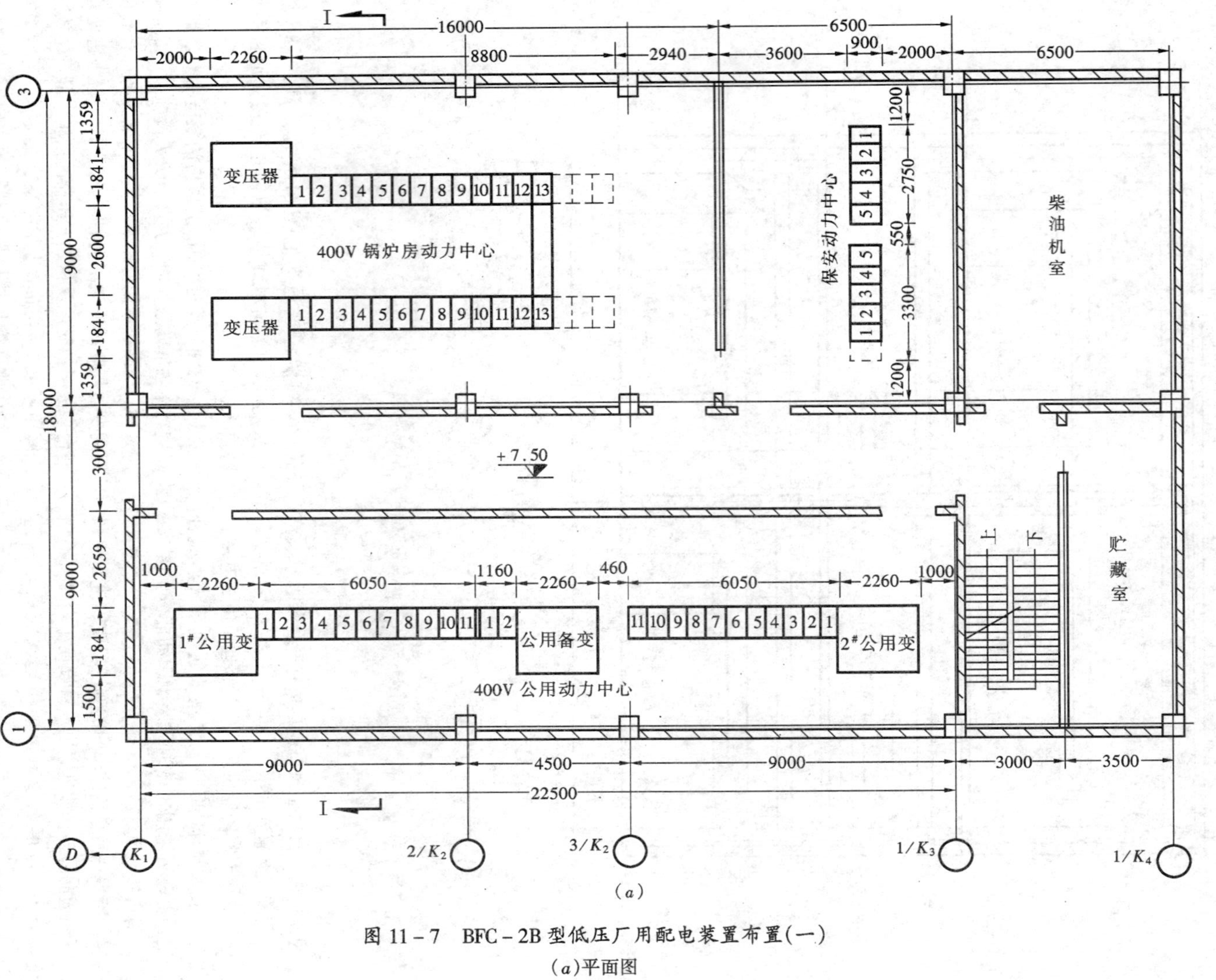

图 11-7　BFC-2B 型低压厂用配电装置布置(一)

(a)平面图

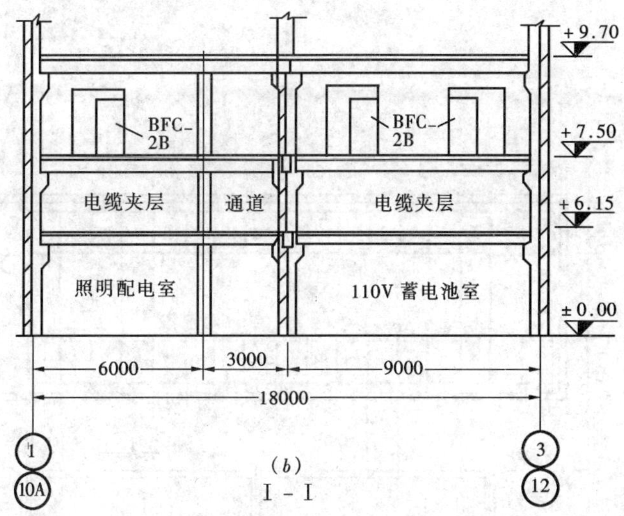

图 11－7　BFC－2B 型低压厂用配电装置布置（二）
（b）Ⅰ－Ⅰ断面

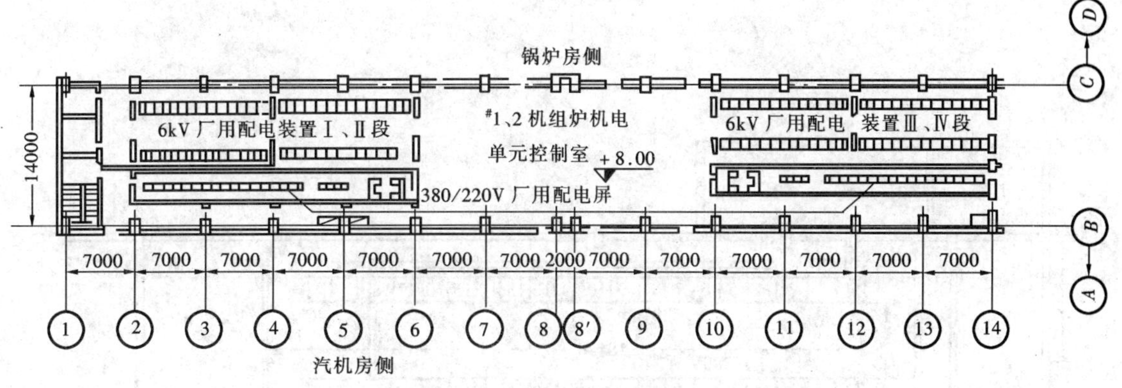

图 11－8　GJ 电厂厂用配电装置布置

在工程设计中，厂用配电装置应结合主厂房布置进行。在以往的设计中，100MW 以下的小机组大部分将厂用配电装置布置于框架内，比较有代表性的厂用配电装置布置方案如图 11－4 和图 11－5 所示。

其中图 11－4 为单层双列布置。

如设备较多单层不能满足要求时，可采用双层双列布置，如图 11－5 所示，但这时二层要设电缆夹层。

（二）大中型机组厂用配电装置布置的工程实例

XLJ 工程采用的 GFC－15 型手车式高压开关柜厂用配电装置平断面布置方案见图 11－6；低压动力中心采用 BFC－2B 型金属封闭抽屉式配电屏及 SL_7 型低损耗油浸变压器厂用配电装置平断面布置图见图 11－7。

GJ 电厂厂用配电装置布置在 $B-C$ 框架中，见图 11－8。

QL 电厂一期厂用配电装置布置在汽机房，见图 11－9。

WT 电厂厂用配电装置布置在锅炉房，见图 11－10。

HX 电厂厂用配电装置布置在 A 排柱外，见图 11－11。

SH 电厂厂用配电装置布置在汽机房中二层，见图 11－12。

大型电厂厂用配电装置布置在中二层的作法，美国、日本和我国目前有些大型电厂中采用。但在欧洲，将厂用电和单元控制室仍置于 $B-C$ 框架内，称电气楼，仍同我国中小机组的作法一样。如法国设计的元宝山二期 600MW 电气楼布置如图 11－13。

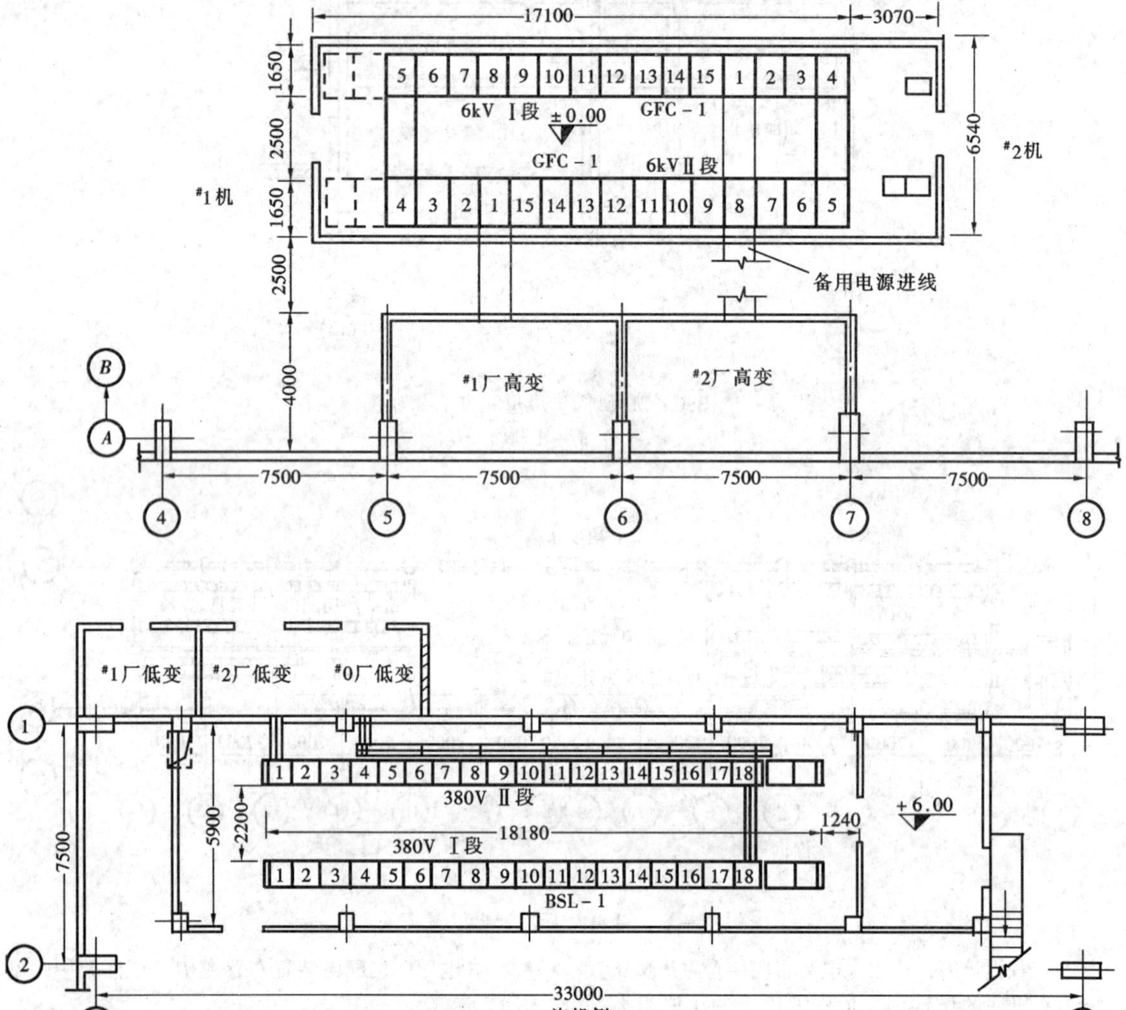

图 11－9　QL电厂一期厂用配电装置布置

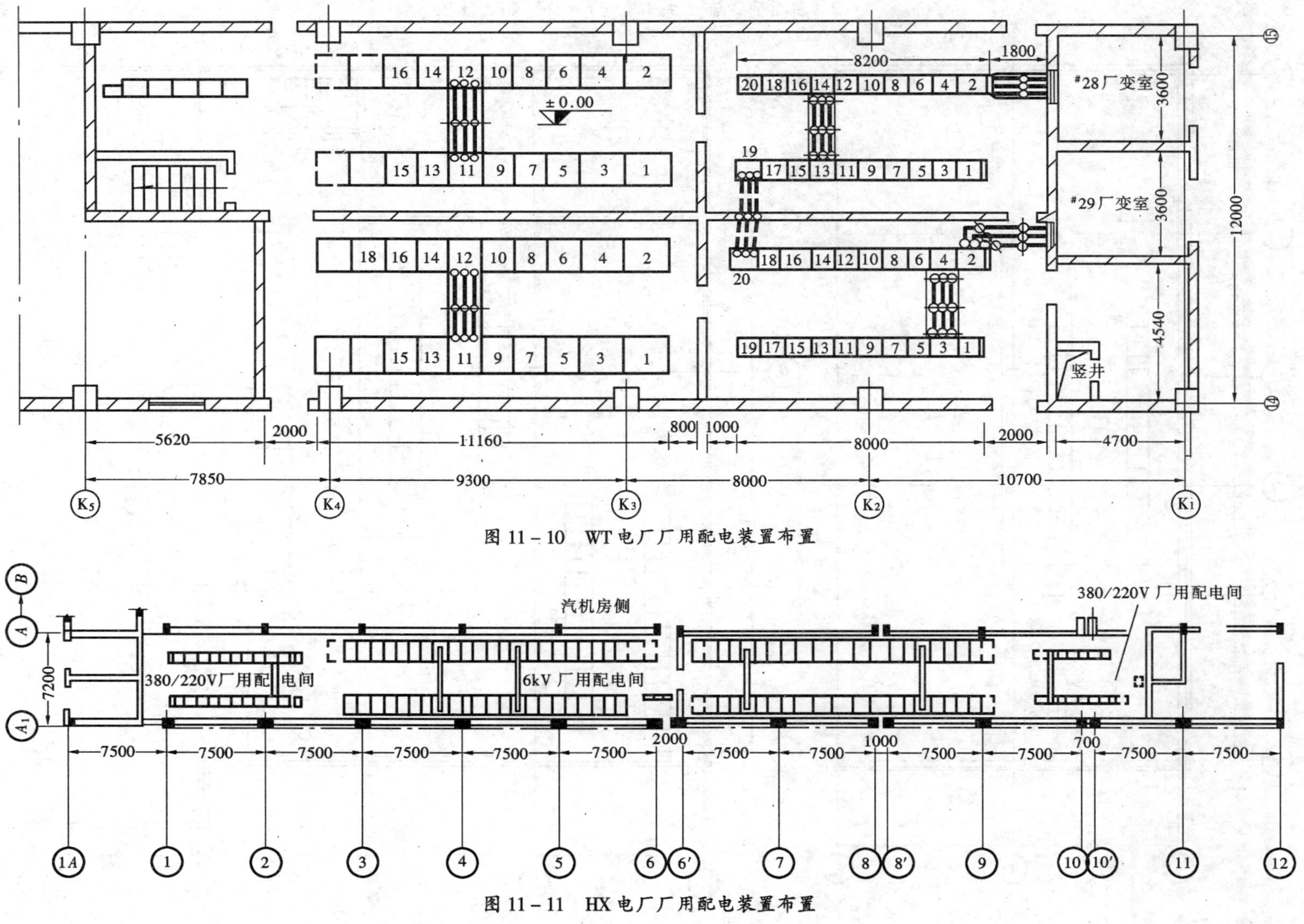

图 11－10　WT 电厂厂用配电装置布置

图 11－11　HX 电厂厂用配电装置布置

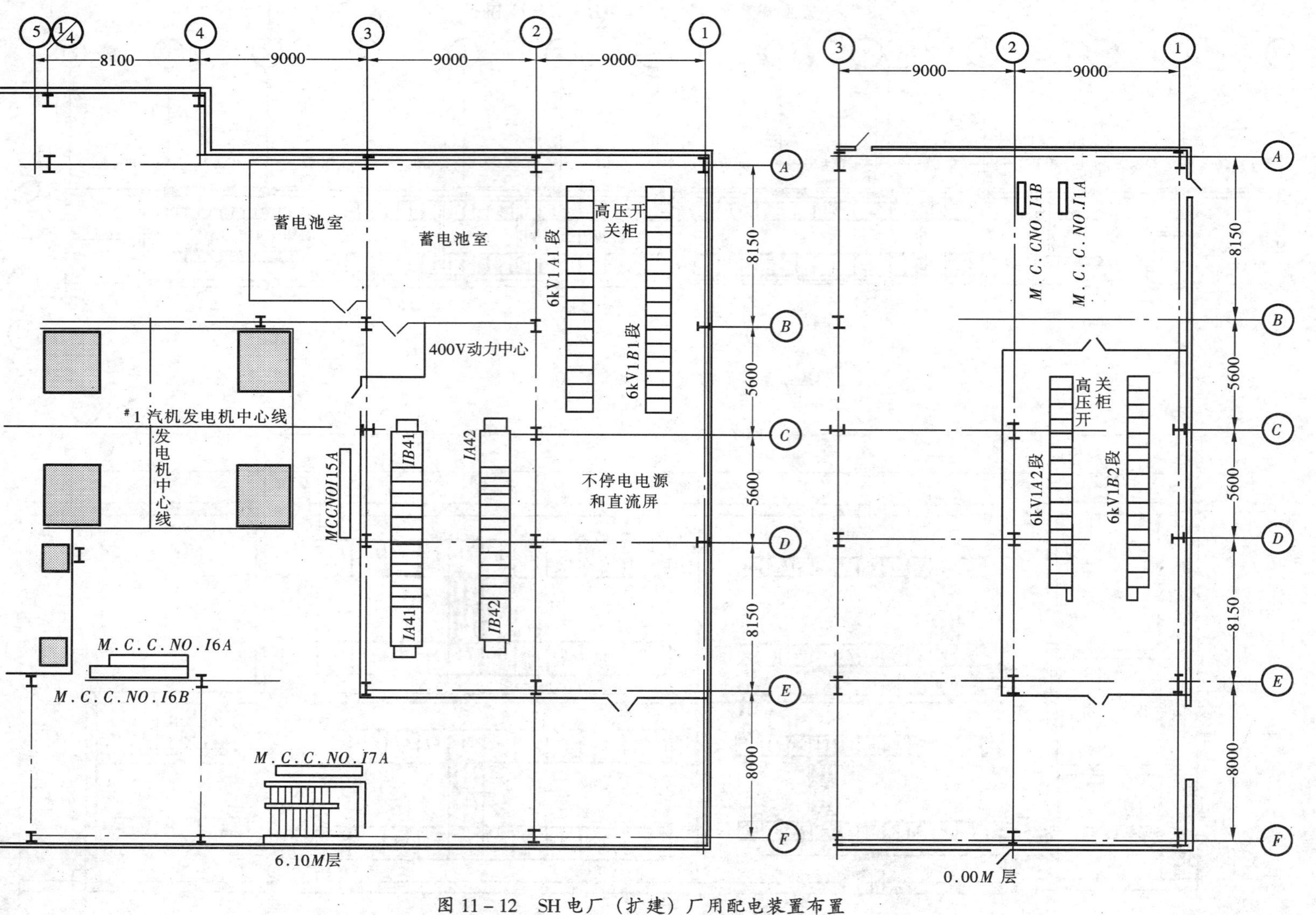

图 11-12　SH电厂（扩建）厂用配电装置布置

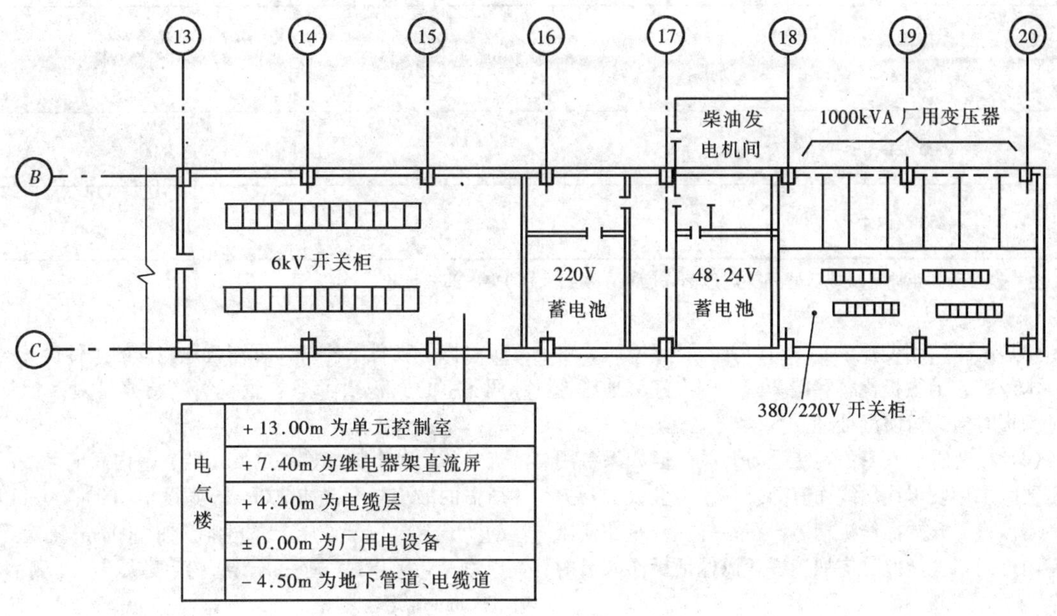

图 11-13　YBS 二期 600MW 电气楼布置

第 11-3 节　厂用变压器的布置

一、一般要求

(1) 低压厂用变压器如为油浸变压器，一般布置在零米层的单独小间内，并应尽量设置防止水进入变压器油坑的措施或排水设施。

(2) 200MW 及以上机组的主厂房内的低压厂用变压器宜采用干式变压器，可以布置在低压厂用配电装置室内，但应有防护和通风设施。这时整个配电装置的布置应根据负荷分布和工程具体情况布置在零米标高，也可布置在其它标高，对于大型机组，常布置在中二层。

(3) 低压厂用变压器室的布置位置宜尽量靠近低压厂用配电装置，以便于用硬母线引接。

(4) 布置在主厂房内的油量在 100kg 及以上的低压厂用变压器，应设置能容纳 100%油量的贮油池。贮油池应采用非燃性材料作成。

(5) 对于安装在辅助厂房的油量在 100kg 以上的低压厂用变压器，当门开向建筑物内时，应设置能容纳 100%油量的贮油设施或设置能容纳 20%油量的挡油设施。但后者应有将油排至安全处的措施。当门开向建筑物外时，应设置容纳 100%油量的挡油设施。

(6) 高压厂用变压器的电源是从发电机和主变压器之间引接的，又从低压侧馈电给布置于主厂房内的厂用配电装置，因此其布置位置距离主厂房近是经济合理的。这一优点对 200MW 及以上容量的大型机组，发电机主回路和厂用分支回路采用分相封闭母线、高压厂用变压器低压侧采用共箱封闭母线或电缆母线的工程尤为明显。因此大多数电厂高压厂用变压器均布置于 A 排柱外。也有少数小型机组，升压站距主厂房较近，为了布置和管理的方便，将高压厂用变压器布置于升压站。

(7) 对于起动/备用变压器，其布置位置应视其电源的引接方式和低压侧回路的引出方式进行技术经济比较，确定布置在升压站或 A 排柱外。一般中、小机组多布置于升压站，200MW 及以上的大型机组多布置于 A 排柱外。

二、低压厂用变压器的布置

(1) 变压器外壳与变压器室四壁的最小距离如表 11-5 所示。

(2) 布置应考虑留有搬运通道。变压器室应有检修搬运的门或可拆墙。为了运行检修的方便，一般另设维护小门。变压器油枕一般布置在维护入口侧。

搬运变压器的门或可拆墙，其宽度应按变压器的宽度至少再加 400mm；高度按比变压器的高度至少再加 300mm 来确定。对于 1000kVA 及以上的变压器，在搬运时，可考虑将油枕及防爆管拆下。

表 11-5 低压厂用变压器外壳与变压器室四壁的最小距离（mm）

变压器容量（kVA）	至后壁及侧壁净距	至门净距
1000 及以下	600	800
1250 及以上	800	1000

注 表中所列距离系从变压器外壳离地面高度在 1.9m 以下的突出部分算起。

(3) 低压厂用变压器的 380V 硬母线穿墙时，可用胶木或其它绝缘板代替穿墙套管，但在潮湿地区选用绝缘板时应进行防潮处理。

(4) 在变压器室内不宜装设刀开关。但如果备用变压器因采用硬母线出线而有必要在室内装设刀开关时，应该将刀开关操作机构装设在室外，或装在变压器室内近门口处。此时应加遮栏，以保证操作人员的安全。

(5) 低压厂用变压器高、低压套管侧一般加设网状遮栏。

(6) 布置在辅助车间的变压器，当距离主厂房较远且搬运设备不便时，可按就地检修的条件设计。变压器室的面积须考虑放置套管、检修工具及滤油设备。

(7) 对于就地检修的变压器，室内高度可按吊芯所需的最小高度再加 700mm，宽度对 1000kVA 及以下的变压器可按变压器两侧各加 800mm 确定。对 1250kVA 及以上的变压器，按变压器两侧各加 1000mm 确定。

(8) 不同容量低压厂用变压器室的净空尺寸如表 11-6、表 11-7 所示。

(9) 以 SJL_1 型低压油浸变压器为例，安装图

表 11-6 SL_7 系列低损耗变压器室推荐净空尺寸

变压器容量（kVA）	净空推荐尺寸①（mm）		
	高②	长	宽
315	(4300)	3200(3600)	2400(2800)
400	(4500)	3300(3700)	2700(3100)
500	(4500)	3400(3800)	2700(3100)
630	(4800)	3400(3800)	3000(3400)
800	(5200)	3800(4200)	3200(3600)
1000	(5700)	3900(4300)	3200(3600)
1250	(5800)	4600(5000)	3900(4300)
1600	(6400)	4600(5000)	4100(4500)

① 无括号数字为非就地检修变压器室的尺寸；括号内数字为就地检修变压器室的尺寸。

② 非就地检修变压器室高度与出线方式有关，应据具体工程决定。

表 11－7　**SJL_1 系列变压器室推荐净空尺寸**①

变压器容量（kVA）	净空推荐尺寸（mm）		
	高	长	宽
315	(4100)	3100(3500)	2400(2800)
400	(4200)	3300(3700)	2400(2800)
500	(4400)	3400(3800)	2400(2800)
630	(4500)	3600(4000)	2600(3000)
800	(5600)	3800(4200)	2700(3100)
1000	(5700)	3900(4300)	2800(3200)
1250	(5900)	4600(5000)	3500(3900)
1600	(6400)	4700(5100)	3500(3900)

① 本表注与表 11－6 相同。

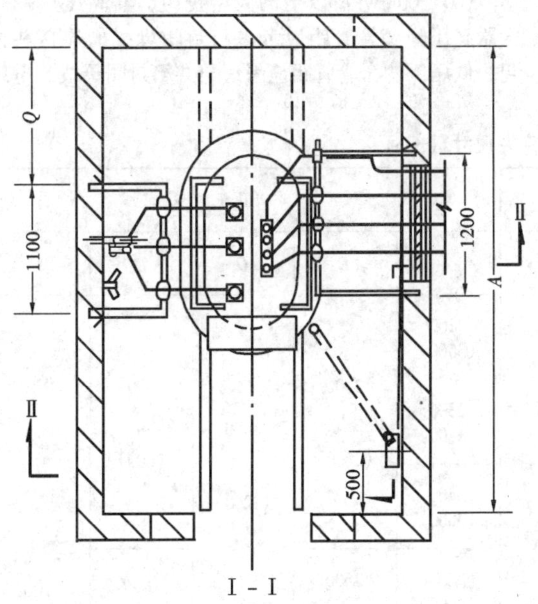

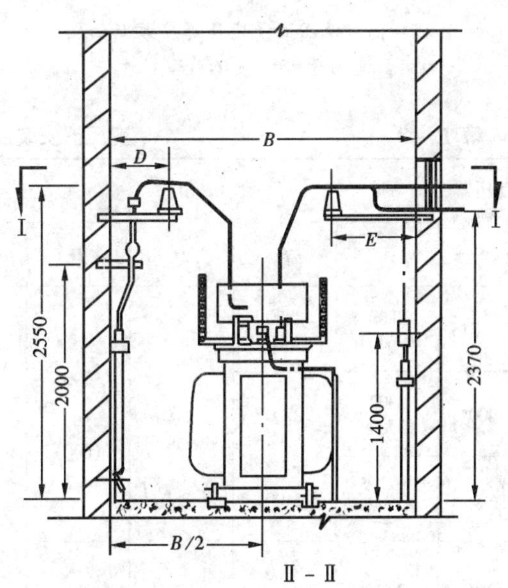

图 11－14　低压油浸变压器安装
（右侧硬母线出线，适用于 1000kVA 及以下）

见图 11－14、11－15（右侧硬母线出线）和图 11－16（电缆出线），图中 *A*、*B*、*D*、*E*、*Q* 值见表 11－8。

三、高压厂用变压器的布置

（1）当高压厂用变压器靠主厂房布置时，须注意避免排汽管排汽时对变压器的影响。

（2）当高压厂用变压器靠近主厂房布置时，在母线桥的上面应有无孔遮盖。

（3）大容量高压厂用变压器应考虑装设固定滑车用的基础，以便于搬运设备。

（4）高压厂用变压器的基础高度，应由变压器的运输方式来确定，若变压器用专用铁轨搬运时，则变压器基础上的轨顶标高需与搬运轨轨顶标高一致。此外，变压器基础需高出卵石层 100mm 以上。

（5）油量在 2500kg 以上的高压厂用变压器与油量为 600kg 以上的本回路充油电气设备之间，其防火净距不应小于 5m。

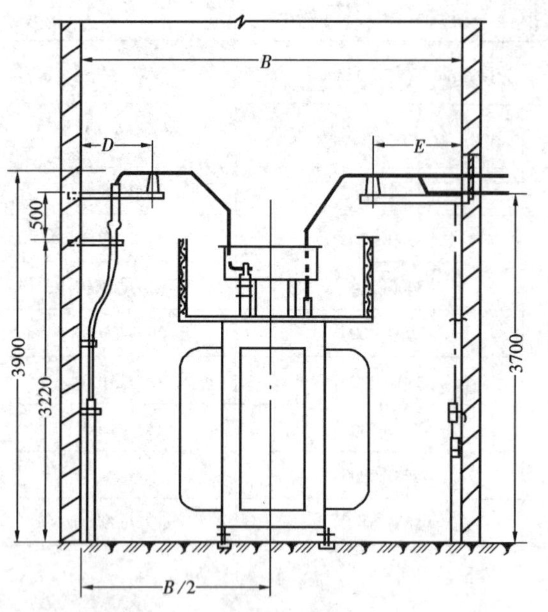

图 11-15　低压油浸变压器安装断面图
（适用于1250、1600kVA）

(6) 高压厂用变压器油箱的油量在1000kg以上，应设置能容纳100%或20%油量的贮油池或挡油墙等。

设有容纳20%油量的贮油池或挡油墙时，应有将油排到安全处所的设施，且不应引起污染危害。事故排油一律不考虑回收。当设置有油水分离的总事故贮油池时，其容量应按最大一个油箱的60%油量确定。贮油池和挡油墙的长、宽尺寸，一般较设备外廓尺寸每边相应大1m。贮油池内一般铺设厚度不小于250mm的卵（碎）石层（卵石直径为50~80mm）。

(7) 高压厂用变压器的绝缘子最低瓷裙距地面高度小于2.5m时，应设固定式围栏。围栏向上延伸距地面2.5m处与围栏上方带电部分的净距，对于设备额定电压为3~10kV时不应小于200mm，对于设备额定电压35kV时，不应小于400mm（海拔高度超过2000m时，前面两个数值应按每升高100m增大1%进行修正）。

(8) 200MW及以上的大型机组，其高压厂用变压器高压侧套管管距应考虑与封闭母线的连接相协调；低压侧的套管管距应考虑与共箱封闭母线或电缆

表 11-8　　变压器安装图中有关尺寸（mm）

变压器容量（kVA）	SL_7					SJL_1				
	A	B	Q	D	E	A	B	Q	D	E
315	3200 (3600)	2400 (2800)				3100 (3500)				
400	3300 (3700)	2700	1000	500 (600)	700	3300 (3700)	2400 (2800)	1000	500 (600)	700
500	3400	(3100)	(1200)		(700)	3400 (3800)		(1200)		
630	(3800)	3000 (3400)				3600 (4000)	2600 (3000)			(700)
800	3800 (4200)	3200	1200	500 (700)	700	3800 (4200)	2700 (3100)	1200	500 (700)	700
1000	3900 (4300)	(3600)	(1400)		(800)	3900 (4300)	2800 (3200)	(1400)		(800)
1250	4600	3900 (4300)	1500	700	800	4600 (5000)	3500	1500	700	800
1600	(5000)	4100 (4500)	(1700)	(800)	(900)	4700 (5100)	(3900)	(1700)	(800)	(900)

注　括号中数字适用于就地检修变压器室。

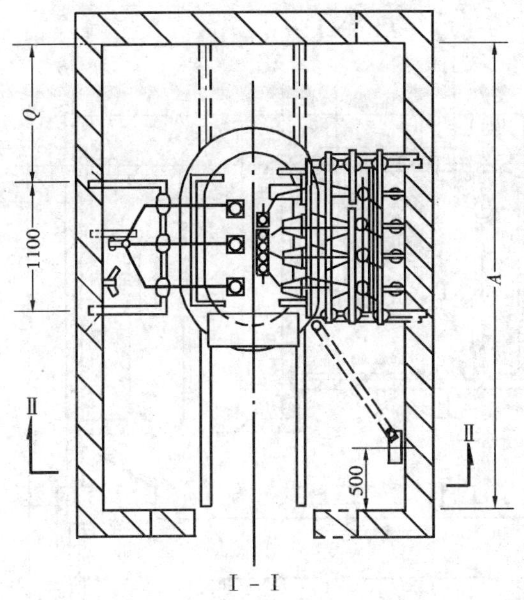

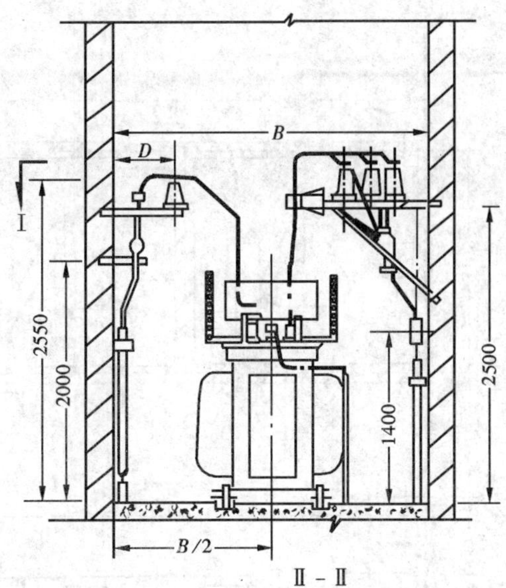

图 11-16　低压油浸变压器安装
（左侧电缆出线，适用于 1000kVA 及以下）

母线的连接相协调。

(9) 变压器装设在建筑物附近时，应保证变压器发生事故时不危及附近建筑物。变压器外壳距离建筑物墙的距离不应小于 0.8m，距离变压器外廓在 10m 以内的墙壁应按防火墙建筑，门窗必须用非燃性材料制成，并采取措施防止外物落在变压器上。

(10) 由于主厂房属丁类火灾危险性建筑物，耐火等级为二级，按《火力发电厂设计技术规程》规定，每台油量小于（或等于）10t 的变压器，与主厂房的最小间距为 12m；每台油量大于 10t 小于 50t 的变压器，与主厂房的最小间距为 15m。但当主厂房外墙与变压器外廓之间的距离在 5～10m 范围时，则在变压器外廓左右两侧及上方各 3m 以内的门窗必须为防火门和非燃性固定窗，若主厂房外墙与变压器外廓之间的距离在 5m 以内时，则在上述范围内的外墙上不得开设门窗和通风洞。

(11) 由于主厂房 *A* 排柱外地下设施复杂，又有较大的循环水管道通过，所以在布置高压厂用变压器时，应与有关专业密切配合方能取得满意的设计。

第 11-4 节　其它厂用电设备布置

布置在电气专用房间以外的厂用电气设备应满足环境条件对外壳防护等级的要求，当布置在锅炉房和煤场时应达到国际电工委员会（IEC）的防护等级 IP54 级，其它场所可用 IP30 级。达不到时可将电气设备布置在独立的密闭的小间内。

一、车间配电箱和就地操作的动力控制箱、起动设备的布置

(1) 车间配电箱应布置在供电负荷中心，以节省电缆，并尽量减少电缆交叉。

(2) 就地控制的动力控制箱和起动设备，应靠近电动机布置，以便于操作。

(3) 就地控制箱有落地式和悬挂式两种，在工程中具体采用何种型式，要视工程中具体的环境条件，一般最好靠近墙和柱子布置。

(4) 同类型的启动控制设备在满足维护运行方便的条件下应力求安装在同一高度。

尽量避免将启动控制设备安装在振动的结构上（制造厂成套供应的例外），否则应有防震措施。

启动控制设备距各种热管道应有一定距离，侧面的手柄（如铁壳开关的手柄等）与建筑物间至少应有 150mm 的净距。

在选择安装位置时，应保证照明箱、电力箱、控制箱及电焊箱等的小门能充分开启。

(5) 当采用电动机控制中心即（MCC）做为车间配电设备时，它的布置原则同车间配电箱一样，也应布置在供电负荷中心。由于它在开关柜抽屉中已带

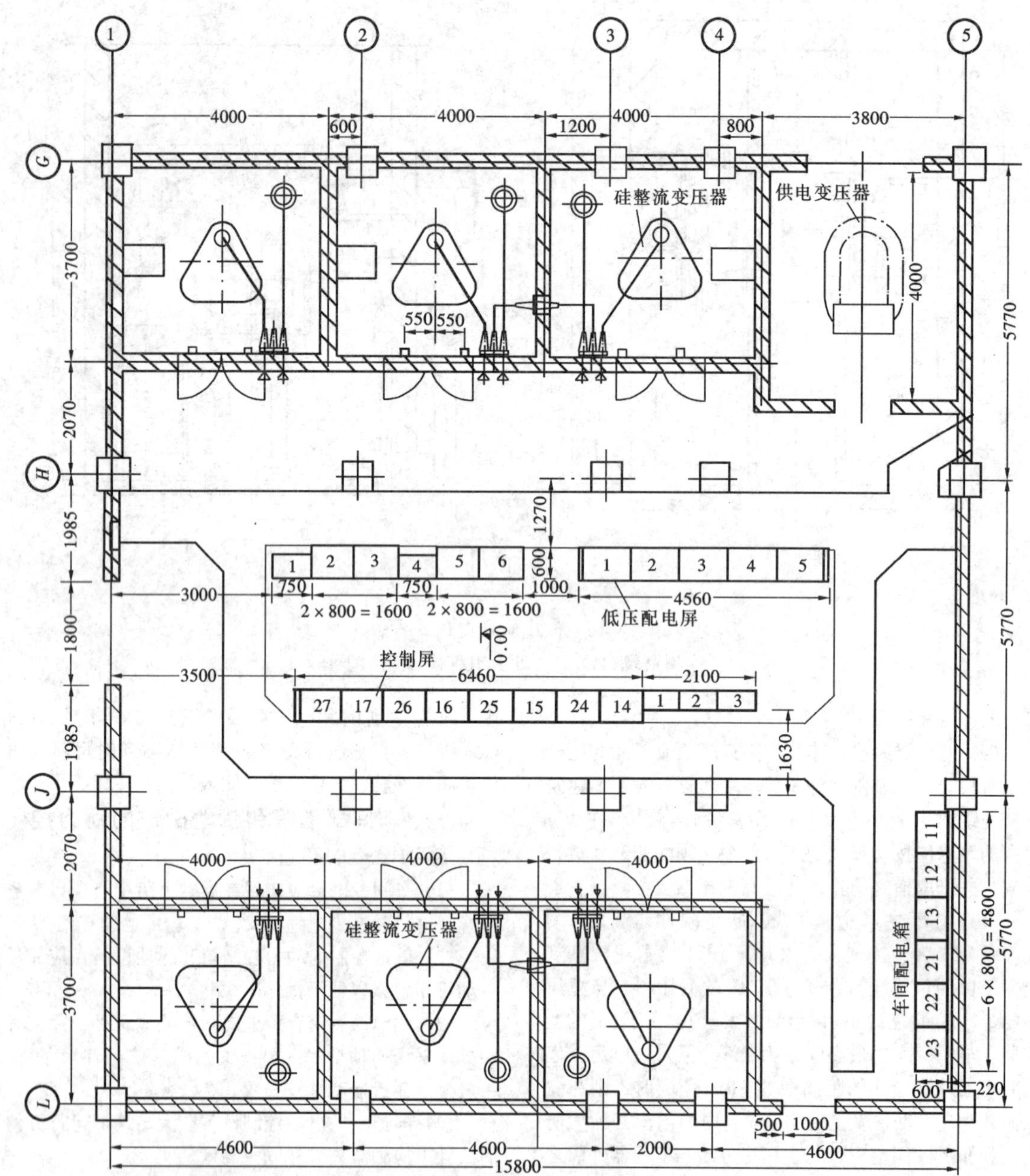

图 11-17　DWK 电厂电除尘器控制配电室平面布置

有起动设备,所以在就地就省去了装起动设备的动力箱。电动机控制中心一般上下均可出线，电缆可通过埋管接至供电设备，也可通过托架接至供电设备，应根据具体情况确定。

二、检修、电焊电源的布置

检修、电焊电源（配电箱或插座）应设置在机炉或车间内设备检修频繁的地点。详见表 11-9 所示。

三、电气除尘器配电装置的布置

电气除尘器是一种高效率的回收烟气中粉尘的设备。目前在中小机组中有不少工程采用，在大型机组中几乎全部采用电气除尘器。

电气除尘器的用电负荷主要是硅整流变压器，其次还有阳极振打电动机、阴极振打电动机、绝缘子和套管的加热负荷。有些大型机组电气除尘器的灰斗尚采用电加热以防结露。

电气除尘器的用电量比较大，一般采用单独变压器为其供电。

对一些中小机组的电气除尘器，硅整流变压器布

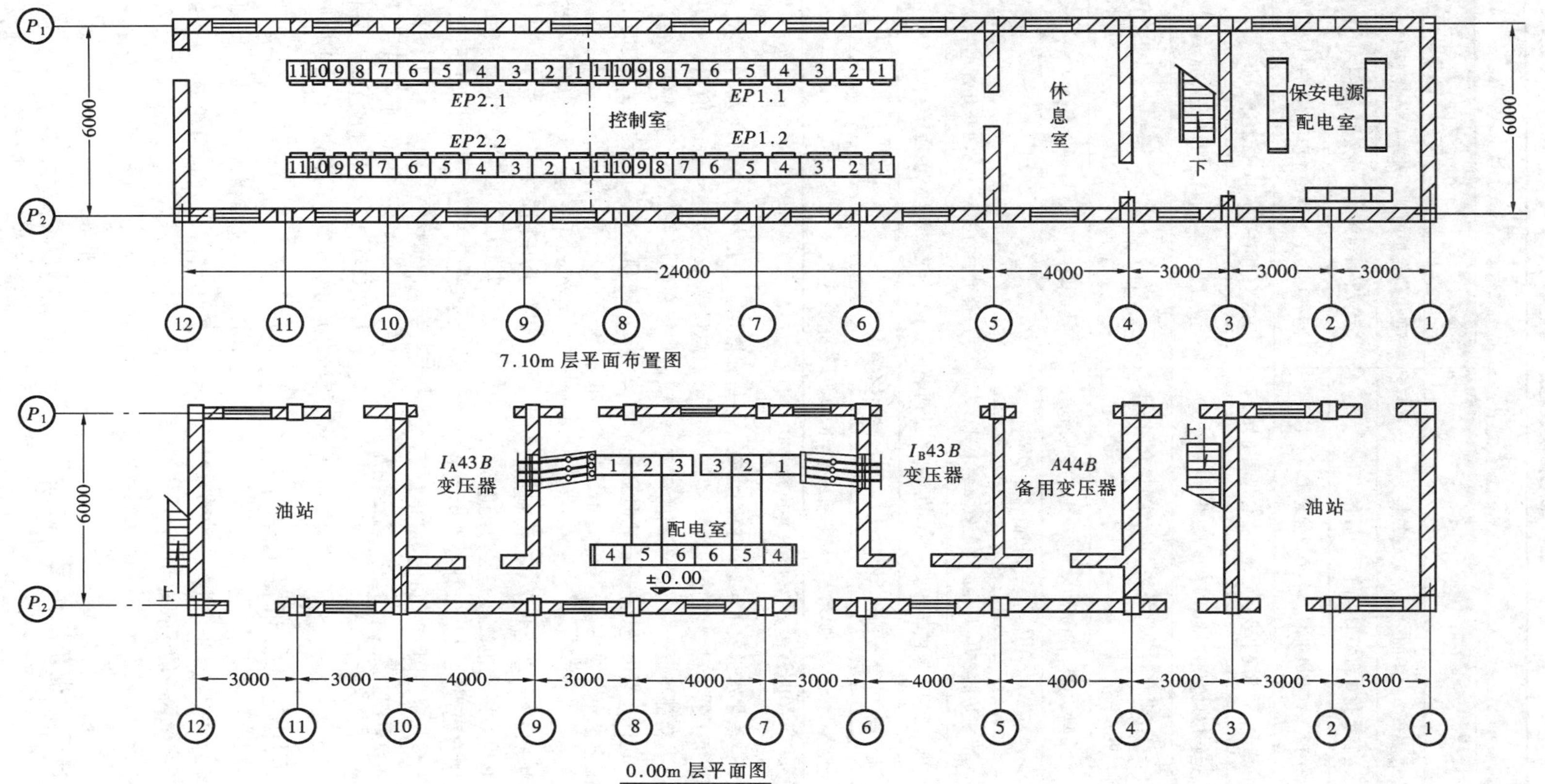

图 11－18　SH 电厂工程电除尘器控制室配电室布置

表 11-9 检修配电箱装设地点及数量①

车间名称	装设地点及数量	
	100MW 以下机组	100MW 及以上机组
锅炉房	底层每 2 台炉的炉前及炉后各装 1 只	底层每台炉的炉前及炉后各装 1 只
	运转层每 2 台炉的炉前及炉后各装 1 只	运转层每台炉的炉前及炉后各装 1 只
	炉顶装有引风机时，在炉顶处装 1 只	运转层以上的锅炉主要平台（包括炉顶）共装 2 只
汽机房	底层靠厂用配电装置侧，每 2 台机装 1 只	底层 A 排柱和 B 排柱侧各装 1 只
	运转层靠管道层侧，每 2 台机装 1 只	运转层 A 排柱和 B 排柱侧各装 1 只
主厂房煤仓间	一般在煤仓间两端各装 1 只，当煤仓间很长时，可适当增加	每炉装 1 只
引风机室	每室装 1 只，当引风机室很长时，可适当增加	每炉装 1 只
运煤部分	碎煤机室及运煤转运站，均单独装设 1 只	
配电装置	每台机炉的 380V 厂用配电装置室装 1 只	每台机炉的 380V 和 6kV 厂用配电装置室各装 1 只
	10kV 及以上屋内配电装置在油断路器层的两端各设 1 只，兼作断路器滤油及一次设备耐压试验的电源	
	屋外配电装置按面积大小装设 1～2 只户外型检修配电箱	
其它	化学水处理室、水泵房、灰浆泵房等车间应装设检修配电箱	

① 检修设备较少处，可用铁壳开关代替检修配电箱。

置在地面零米。由于自动化水平要求不高，控制盘数量也不多，可将供电变压器、硅整流变压器控制盘、低压配电屏、车间配电箱都布置于除尘器下部的建筑物中，见图 11-17。这样布置电缆比较省，占地面积小，但控制屏须与配电盘布置在一起，给运行检修带来不便。

对一些大型机组，由于自动化水平高，控制盘数量较多，一般采用单独二层建筑物。底层为配电间，上层为控制室，当中有电缆夹层。如有保安供电要求，则保安段也布置在其中。图 11-18 为 SH 电厂工程电除尘控制楼平面布置图。该工程的硅整流变压器放在除尘器本体上面。

第 11-5 节 厂用电设备布置土建资料

在厂用电施工图设计中，提供给土建专业的资料应准确详尽。在考虑电气设备的安装方式时，须作到既能满足电气设备本身和工艺要求，也能使土建设计和施工方便。

一、高、低压开关柜及厂用配电室土建资料

（1）高压开关柜与低压配电屏应安装在预埋的基础槽钢上，槽钢的水平误差不应大于千分之一，全长总误差不应大于 5mm。槽钢避免由小段拼成。槽钢焊接在预埋铁件上，预埋铁件每隔 3m 左右埋设一块。以 GC-2 高压开关柜为例的土建资料见图 11-19。

（2）小车式开关柜的基础槽钢与室内地坪应基本持平，以利于小车进出。

（3）中央低压配电屏及高压开关柜的基础槽钢有立放和卧放两种。厂家无特殊要求时一般采取卧放。由于土建施工精度满足不了电气设备安装精度要求（土建误差以厘米计，电气设备安装误差以毫米计），故土建只预埋铁件，由电气施工人员安装基础槽钢。焊接时通过垫铁厚薄的调正，使槽钢取得较好的水平度。

PGL-$\frac{1}{2}$型低压配电屏土建资料见图 11-20，其中 1 为预埋铁件；2 为 10 号槽钢；A、B 尺寸（mm）为：

屏宽 A	400	600	800	1000
安装孔距 B	200	400	600	800

（4）布置于除氧间底层的厂用配电室不开窗户。

（5）布置于汽机房外墙侧或单独设置的厂用配电室（如输煤配电室）可以开窗，并根据环境条件

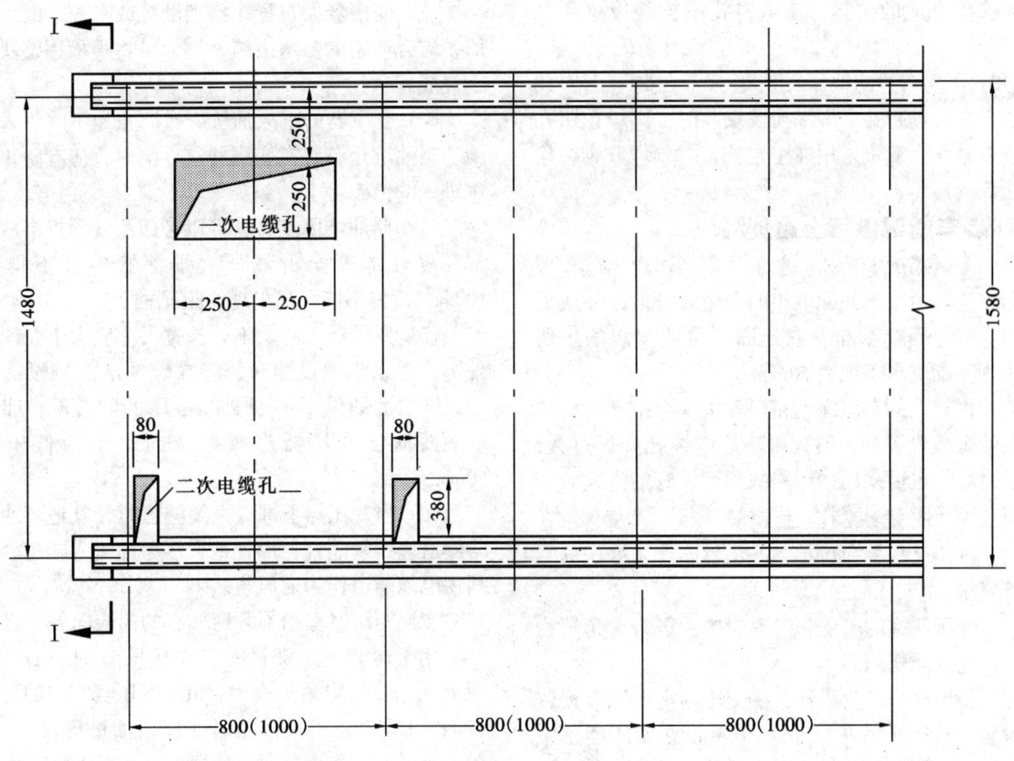

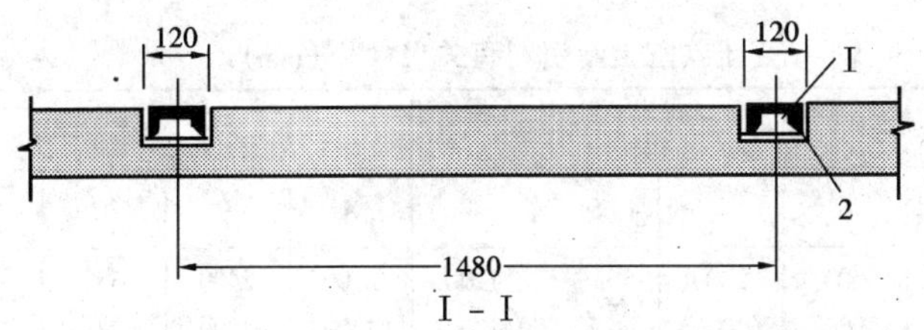

I－I

图 11－19　GC－2 型高压开关柜土建资料

1—槽钢；2—预埋铁件

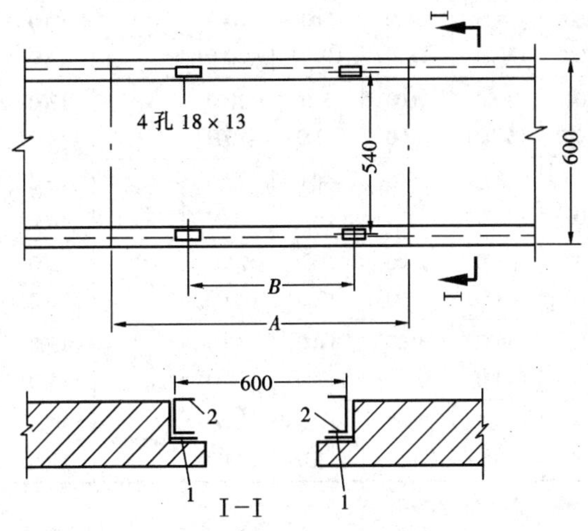

图 11－20　PGL－$\frac{1}{2}$型交流低压配电屏土建资料

(如空气的温度、湿度、含尘量等）可选用能开启的或不能开启的。能够开启的窗户内侧应有纱窗或铁丝网（网孔不大于 $20\times20mm^2$)。

(6) 布置于除氧间底层的厂用配电室的地坪推荐采用水磨石地面。

(7) 开关柜与配电屏的安装，可采用焊接方式固定在基础槽钢上。当要考虑迁移配电屏时，则采用螺栓固定。

(8) 开关柜与配电屏安装在普通地坪上时，应视布置需要，在屏柜前或柜后开设电缆沟，不应开在屏柜下面。为方便引出电缆，应将屏柜下部挖深到相当于电缆沟的深度并与电缆沟连通。

(9) 当开关柜（或配电屏）安装在隧道或楼上时，应在对准屏柜的电缆引出位置开孔。布置屏柜时，应选择合适的位置，使电缆孔不被楼板梁所遮住。

(10) 沿墙布置的低压母线绝缘子在砖墙上安装时，一般在现场打孔；沿水泥墙安装时，则应预留孔或预埋铁件。一般不采用在土建施工时预埋开脚螺栓的办法。

二、车间配电箱土建资料

车间配电箱的安装，一般采用安装于由土建预埋好的角钢上。由于车间配电箱的布置较分散，一般无单独的房间，因此当布置在地面有可能积水的场所时，角钢基础应高于地面 50mm。

装在楼板上的车间配电箱，环境灰尘很多时，如煤仓间输煤装置等处，不宜将下部电缆孔开得过大，以便于封堵。也可采用按回路数预埋铁管的方式。

三、厂用变压器室土建资料

对于油浸变压器应设单独变压器室，对变压器室有如下要求：

(1) 变压器室的墙壁和门等应按一级耐火建筑物考虑，门应为防爆门。

(2) 就地检修的变压器，在变压器室屋顶应预留起吊设施（吊钩或吊环），吊钩位置设在变压器室中心楼板上，吊钩承重按最大起吊重的两倍考虑。

(3) 变压器如布置在特别潮湿或有积水的房间下面，应有严密的防水措施，例如可将楼板用整块混凝土浇成。

(4) 变压器的事故油坑应有防止地下水渗入的措施。当油坑是布置在变压器室外侧时，应有防止地面水进入的措施。

当作储油坑困难时，可以考虑用管子把事故油排到厂房外部安全的场所（排油管内径不得小于 100mm），但不能利用电缆沟道排油。

(5) 变压器贮油设施的长宽尺寸应大于变压器的外廓。当无排油设施时，应在贮油池上装设网栏罩盖，网栏上铺设不小于 250mm 厚的卵石层，卵石层的表面低于变压器进风口 75mm，油面低于网栏 50mm。

(6) 当变压器下部有电缆隧道时，其地坪、油坑与隧道应严密隔开，以杜绝变压器油流入隧道。不能利用电缆隧道作为通风道。

(7) 变压器室均不开窗，它的门应向外开启。

变压器室土建资料一般作法见图 11－21。图中 A、B、C、F、S、W 值见表 11－10。变压器室门的尺寸见表 11－11。考虑贮油设施时变压器油量见表 11－12，考虑变压器土建资料时变压器总重及干式变压器外型

表 11－10　变压器室土建资料有关尺寸[①]（mm）

变压器容量（kVA）	SL_7						SJL_1					
	A	B	C	F	S	W	A	B	C	F	S	W
315	3200（3600）	2400（2800）	600（800）	2000（2000）	660[②]	1200（1200）	3100（3500）	2400（2800）	550（750）	2000（2000）	550	1200（1200）
400	3300（3700）	2700（3100）	650（850）	2000（2000）	660	1200（1200）	3300（3700）	2400（2800）	650（850）	2000（2000）	660	1200（1200）
500	3400（3800）	2700（3100）	700（900）	2000（2000）	660	1200（1200）	3400（3800）	2400（2800）	700（900）	2000（2000）	660	1200（1200）
630	3400（3800）	3000（3400）	700（900）	2000（2000）	820	1200（1200）	3600（4000）	2600（3000）	800（1000）	2000（2000）	660	1200（1200）
800	3800（4200）	3200（3600）	900（1100）	2000（2000）	820	1200（1200）	3800（4200）	2700（3100）	900（1100）	2000（2000）	820	1200（1200）
1000	3900（4300）	3200（3600）	950（1150）	2000（2000）	820	1200（1200）	3900（4300）	2800（3200）	950（1050）	2000（2000）	820	1200（1200）
1250	4600（5000）	3900（4300）	1100（1300）	2400（2400）	1070	1500（1500）	4600（5000）	3500（3900）	1100（1300）	2400（2400）	820	1500（1500）
1600	4600（5000）	4100（4500）	1100（1300）	2400（2400）	1070	1500（1500）	4700（5100）	3500（3900）	1100（1300）	2400（2400）	820	1500（1500）

① 括号中数字适用于就地检修变压器室。

② 有些厂家此值为 550。

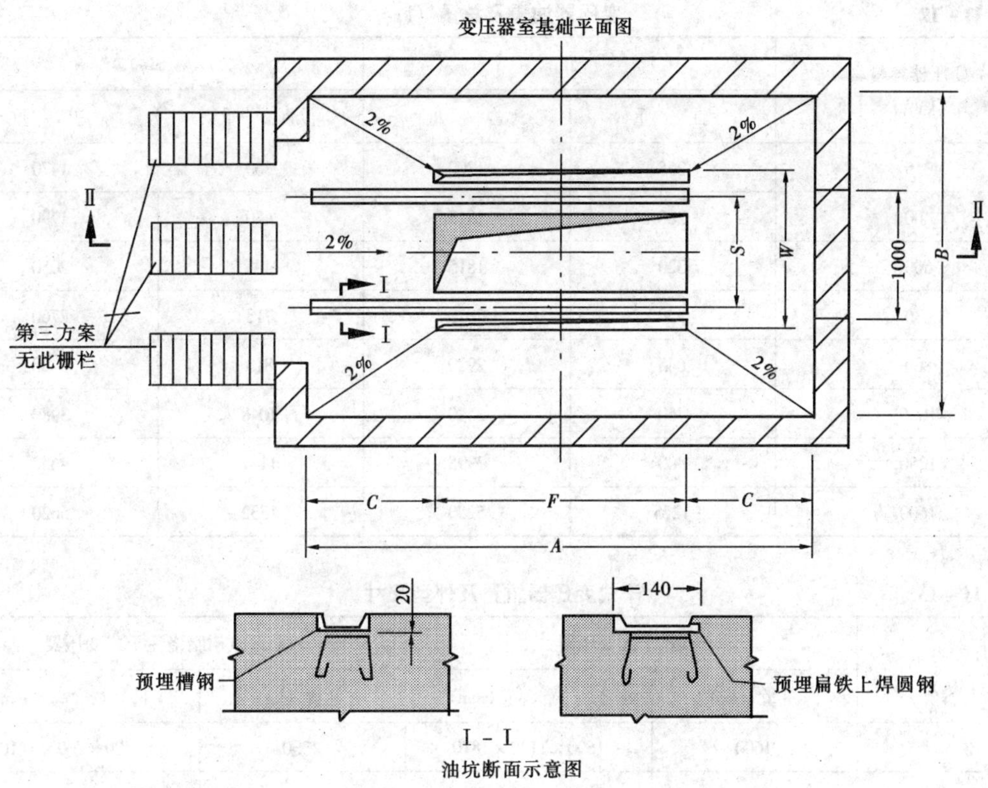

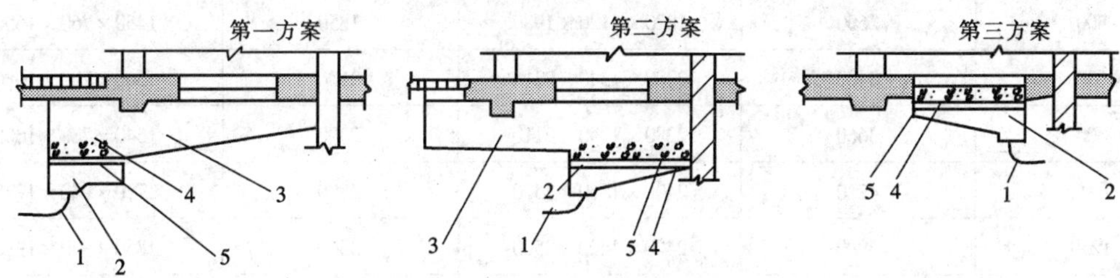

图 11－21　变压器室土建资料

1—排油管；2—油坑；3—风道；4—卵石层；5—网状罩盖

表 11－11　　**变压器室门的尺寸**(mm)

变压器容量(kVA)	SJL_1		SL_7	
	高①	宽	高①	宽
315	2100	1400	2100	1300
400	2100	1400	2300	1700
500	2200	1400	2400	1700
630	2200	1600	2700	2000
800	2800	1600	3000	2200
1000	2800	1800	3000	2200
1250	2800	2000	3000	2500
1600	2800	2000	3000	2500

① 对于 1000kVA 及以上的变压器，考虑将油枕及防爆管拆下后进门。

表 11－12 变压器油重及总重（kg）

变压器容量（kVA）	SJL_1		SL_7	
	油重	总重	油重	总重
315	255	1300	360	1470
400	280	1515	450	1790
500	320	1815	495	2050
630	350	2020	713	2760
800	645	2920	815	3200
1000	750	3440	1048	3980
1250	900	3995	1147	4650
1600	1225	5200	1332	5620

表 11－13 干式变压器重量及外型尺寸

变压器容量（kVA）	SG 式干式变压器		SCL 环氧树脂浇注干式变压器	
	重量（kg）	长×宽×高（mm）	重量（kg）	长×宽×高（mm）
315	1600	1600×1140×1810	1330	1400×760×1410
400			1530	1390×760×1470
500	2600	1820×1120×1980	1850	1450×760×1600
630	3400	2200×1340×2215	2100	1560×780×1680
800	3660	2280×1340×2110	2300	1640×780×1665
1000	4220	2400×1360×2570	2800	1720×940×1775
1250	4900	2400×1400×2500	3360	1850×940×1980
1600	6250	2500×1440×2665	4200	1890×940×2250

尺寸见表 11－12、11－13。

四、启动控制设备的土建资料

启动控制设备不能用电焊固定于支持物上，应用螺栓固定。

靠水泥柱安装的动力控制箱、启动器与照明电焊箱等，由于柱上留孔有困难，多采用预埋铁件方式。

对于磁力启动器，当安装地方宽敞时，一般将启动器及其按钮并排安装，且启动器下边与按钮下边取齐。按钮中心对地高度为 1.3m。

当宽度方向受到限制时，则将按钮放在启动器的上面，按钮中心对地高度仍为 1.3m。

暗装照明箱的孔洞应与电缆管及配电管配合一致。

在混凝土墙（柱子）上安装悬挂式启动控制设备时，一般应采用预埋扁钢或角钢的方式安装。工程中预埋件种类应尽量减少。一般两条扁钢（角钢）的中心距离与位置不一定要对准所装设备的安装孔，因为在安装设备时还必须再焊上角钢支架。这样同种规格的预埋铁件可适用于较多种类的设备（如磁力启动器、配电箱、控制箱、照明箱及电焊箱）的安装。这给电气和土建专业的设计都带来方便。

在砖墙上安装设备时，设备孔（如嵌入式照明箱）也应预留好，尽量减少现场打洞工作。对于地脚螺栓孔，一般可于现场打洞，用开脚螺栓安装。

安装在混凝土或砖墙上的电气设备受力不大时，亦可用冲击钻打孔膨胀螺栓固定的方式。

五、桥式起重机电源滑线的土建资料

汽机房桥式起重机电源滑线的土建资料，主要是指用来固定滑线支撑架的土建预埋件，通常有两种作法：

(1) 在桥式起重机轨道梁上每间隔一定距离预埋一块铁件，滑线支撑架与之焊接。

(2) 在桥式起重机轨道梁上每间隔一定距离预埋一钢管，其长度与轨道梁厚度相同，安装时用一穿心螺栓穿过钢管将滑线支撑架固定在轨道梁上。

工程实践证明，前一种作法便于安装，而后一种办法施工时钢管头难寻找，螺栓难穿，工程中慎用。

第十二章

发电机引出线装置

编者 梁传寿 校者 严维华 审者 丁顺安

第12-1节 概 述

一、设计范围

发电机引出线装置包括发电机引出线端子至发电机电压屋内配电装置进线穿墙套管，或至发电机单元制连接的主变压器低压侧套管和厂用分支电抗器的出线电缆头（或厂用变压器高压侧套管）等之间所连接的电气设备和导体。它们有的布置在屋内（如发电机出线小室和屋内母线桥等），有的布置在屋外（如屋外母线桥或组合导线等），是配电装置的一种特殊型式。因此，对于屋内、外配电装置的有关规程和规定，以及一般设计原则和基本要求等，也适用于发电机引出线装置。

二、设计原则

(1) 发电机引出线装置的接线和设备配置应符合电气主接线的要求。

(2) 布置清晰，运行安全可靠。

(3) 巡视操作和维修方便。

(4) 施工安装简便。

(5) 因地制宜，技术经济合理。

三、设计要求

(1) 发电机出线小室一般布置在发电机机座的端部（简称机端）及其相对应的汽机房 *A* 排柱墙处。在布置中应尽量利用周围的梁、柱、墙等构筑物。电抗器及断路器（SN_3、SN_4 型）等设备，尽可能布置在小室的底层，以便简化土建结构、减少投资和便于搬运安装等。

(2) 出线小室可根据设备的多少等情况，设计成单层或双层布置。当采用双层布置时，应设置上、下层间及至运转层间的交通楼梯。机端出线小室与 *A* 排柱处小室或 *A* 排柱之间，应设置维修通道。

(3) 带电体和设备布置的各种尺寸，应满足配电装置规程规定的安全净距要求。

(4) 小室顶部楼板应采取防止污水渗漏措施，以确保电气设备的安全运行。

(5) 励磁回路的励磁灭磁屏、灭磁电阻、整流屏、励磁母线（当采用母线时）及励磁回路电缆等，一般作为发电机出线小室的设备统一布置，并注意留出屏后维修位置。端子箱和电缆竖井（小室内的）亦需统一考虑布置。

(6) 电抗器应布置在单独的防火小间内，距离地面、墙、楼板等的尺寸以及起吊高度应满足制造厂的要求。电抗器小间应考虑起吊和通风设施。当小间满足起吊高度有困难时，可在电抗器中心顶部楼板上开一个 ϕ500~600 起吊孔解决（该孔在平时用盖板盖住）。电抗器可根据具体布置的需要向制造厂订购 90°或 180°引接线端子。三相重叠垂直布置的电抗器，中间相（即 *B* 相）不能与上、下两相调换位置。为了防止在带电的情况下，因开门观察而误入电抗器室，电抗器室门内应设置可拆卸式栅栏或网栏。

(7) 在布置中尽可能使主回路母线走径短捷、减少弯曲。母线立弯、平弯和支持点离弯曲处的距离等，应满足《电气装置安装工程施工及验收规范》的有关规定。在穿越母线式电流互感器和穿墙套管处，应考虑这些设备拆装更换的方便，设置适当的拆装点。

(8) 大电流母线应考虑防止钢构损耗发热措施。详见第八章母线设计有关内容。

(9) 对于空外冷的发电机，为了保持进入风室内的空气清洁，母线穿越风室墙的穿墙套管或电流互感器应采用封闭式的。进入风室的门应采用密封向外开启的防火门。补充空气的进风口，应装设滤尘设施。

(10) 小室内安装 SN_4 型断路器时，排气管出口应装设在比较安全处。

(11) 出线小室的门应采用向外开启的防火门，其尺寸应满足设备搬运的要求。

(12) 发电机引出线母线和设备比较集中的场

所，一般损耗发热比较大，温度比其它场所高，因此，宜适当考虑通风措施。

第 12－2 节　直接与发电机电压配电装置母线连接的发电机出线小室布置

直接与发电机电压配电装置连接的发电机出线小室，由于没有厂用分支回路和发电机回路的断路器等设备（这些设备均装设在发电机电压屋内配电装置内），因此，这种出线小室内的设备比较少，布置比较简单，一般只需在发电机机端设一个单层或两层的小室即可满足要求。采用这种接线方式的发电机容量一般不超过 60MW，额定电流不大，发热不严重，为了保证运行安全可靠，出线小室一般设计成封闭式。由于机型、机组在厂房中的布置形式（纵向还是横向）以及设备多少等的不同，因而小室的布置亦各不相同。现选取一些具有代表性的出线小室布置介绍如下，供设计参考。

一、6MW 发电机出线小室

图 12－1 为 6MW 发电机出线小室布置示例。其特点是：机组为横向布置，厂房柱距为 6m，小室为单层的封闭式的小间，与发电机冷却风室间设有防火密封门。发电机主回路经电流互感器和零序电流互感器由小室的侧面经穿墙套管与母线桥相连接，并通过母线桥至 *A* 排柱墙处经穿墙套管到屋外。发电机出口处装有电压互感器，中性点装有避雷器。为了便于检修布置位置较高的设备，在 2.45m 标高处设有栅格平台，并设有至平台的爬梯。在 *A* 排柱墙处还设有至母线桥的爬梯。母线桥仅 2m 长，故未设走廊。

二、12MW 发电机出线小室

图 12－2 为 4H5674/2 型（12MW，6.3kV）的发电机出线小室示例。机组为横向布置，厂房柱距为 7m，小室为单层封闭式小间。其布置特点基本上与上述的 6MW 发电机小室相似，主要不同点是发电机主回路上电流互感器与零序电流互感器之间加装了可拆连接片，并在发电机出口处装设有避雷器，但无电压互感器（装在发电机电压配电装置处），而且发电机出口处和中性点装设的避雷器均安装在底层地面上，至组合导线的引出线经由小室正面墙上的穿墙套管穿出。

三、25MW 发电机出线小室

（1）图 12－3 为 TQ－25－2 型（25MW，6.3kV）发电机出线小室布置示例。其特点是：机组为纵向布置，厂房柱距为 6.5m，小室为两层布置的封闭式小间。发电机为双绕组，在中性点侧引出并联支路，并在两并联支路中性点之间的连接线上装设有横差保护用的电流互感器。发电机出口处除装设零序电流互感器和隔离开关外，未装设电流互感器、电压互感器和避雷器（因距发电电压配电装置较近而安装在该配电装置内，并且发电机电压无架空直配线）等设备。小室的上层布置零序电流互感器和隔离开关，底层布置励磁灭磁屏和灭磁电阻等。上、下层之间和上层与运转层之间均设有楼梯，而且上层与母线桥的维护走廊之间亦相通，运行维护比较方便。

（2）图 12－4 为 QF_2－25－2 型（25MW，10.5kV）发电机出线小室布置示例。其布置特点大致与上述的图 12－3 相似，主要的不同点是：发电机为单绕组，出口和中性点均装有避雷器，在发电机风室内设置了至引线处的爬梯。

（3）图 12－5 为 QF－25－2 型（25MW，6.3kV）发电机出线小室布置示例。与图 12－4 相比较，最主要的特点是发电机为单绕组，出口处不装避雷器，以及中性点接有消弧线圈。消弧线圈可以切换到另一台发电机的中性点上，在发电机停机检修时仍能充分发挥该消弧线圈作用。消弧线圈布置在底层与其它电气设备相互隔离的防火防爆小间内。消弧线圈小间设有观察窗。其它部分大致与图 12－4 相似。

四、50～60MW 发电机出线小室

图 12－6 为 QFS－60－2 型（60MW，10.5kV）发电机出线小室布置示例。其特点是：机组为纵向布置，厂房柱距为 6m，小室为两层封闭式小间。发电机中性点接有消弧线圈，出口处无电流互感器、电压互感器和避雷器等设备。消弧线圈及励磁灭磁屏和灭磁电阻等设备布置在底层，其中消弧线圈单独布置在与其它设备隔离的防火防爆小间内，并且设有事故集油坑。励磁灭磁屏靠墙布置，为检修的需要，在屏后的墙上设有防火门。

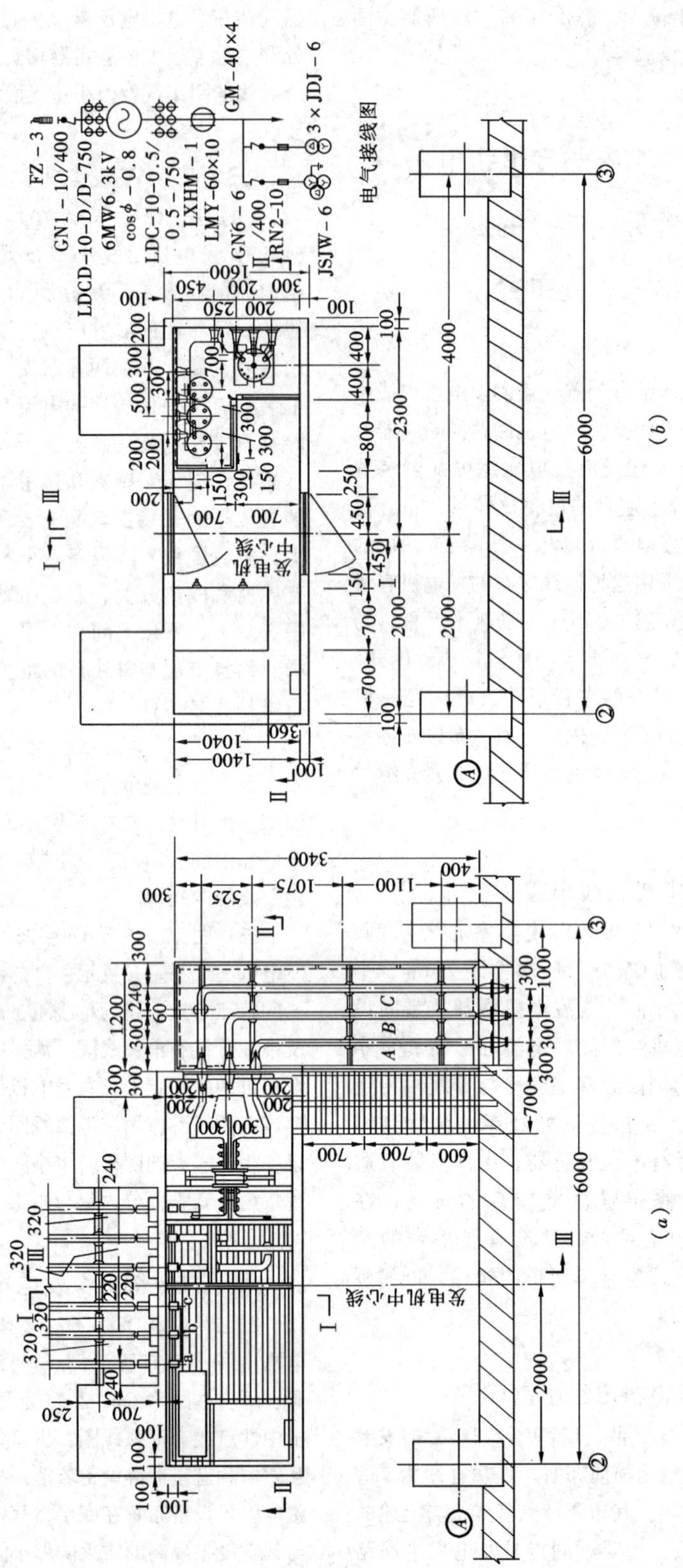
FZ－3
GN1－10/400
LDCD－10－D/D－750
6MW6.3kV
cosφ－0.8
LDC－10－0.5/0.5－750
LXHM－1
LMY－60×10
GM－40×4
GN6－6/400
RN2－10
JSJW－6
3×JDJ－6
电气接线图
发电机中心线
(a)
(b)

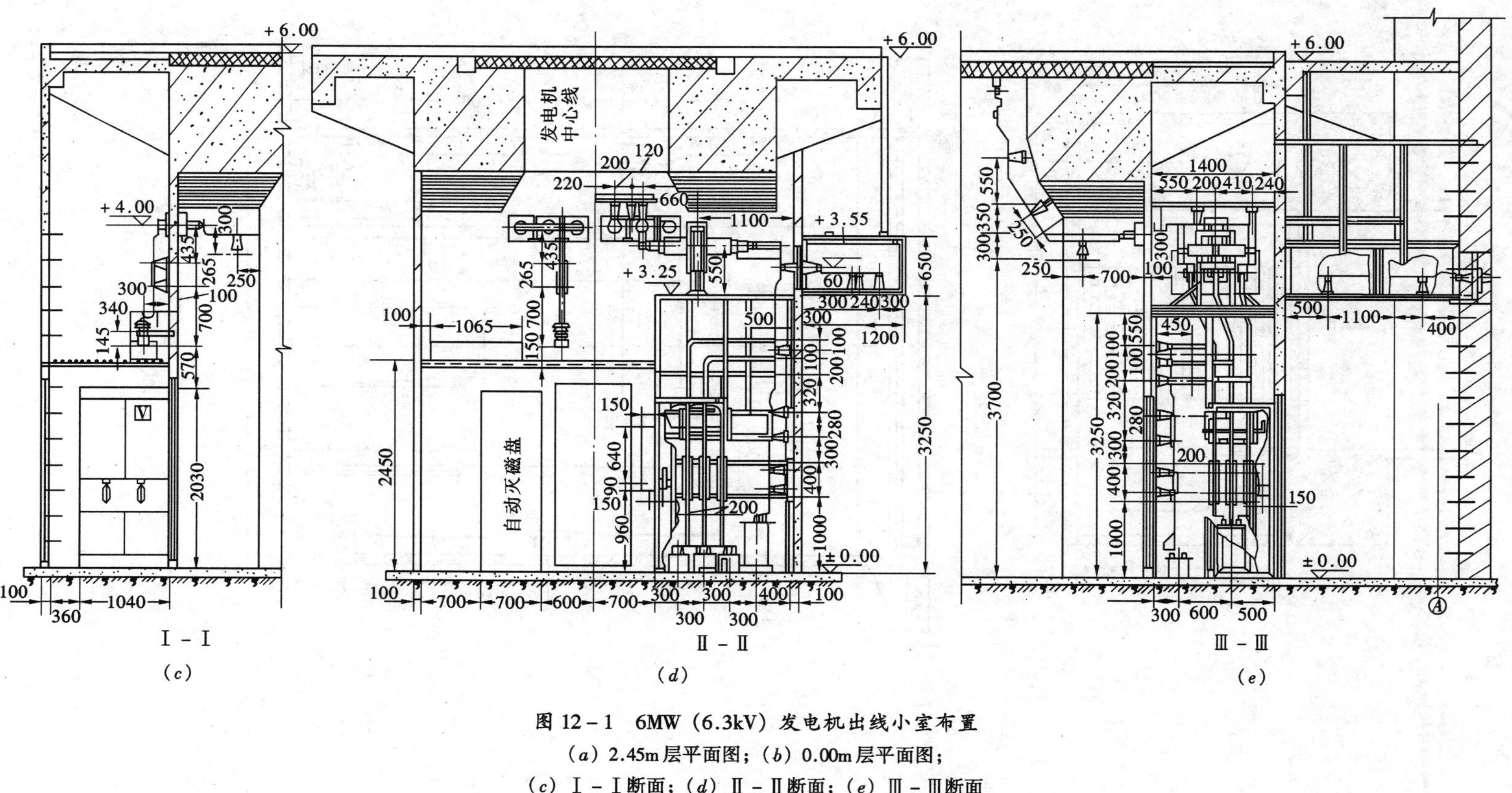

图 12-1　6MW (6.3kV) 发电机出线小室布置

(a) 2.45m 层平面图；(b) 0.00m 层平面图；
(c) Ⅰ-Ⅰ断面；(d) Ⅱ-Ⅱ断面；(e) Ⅲ-Ⅲ断面

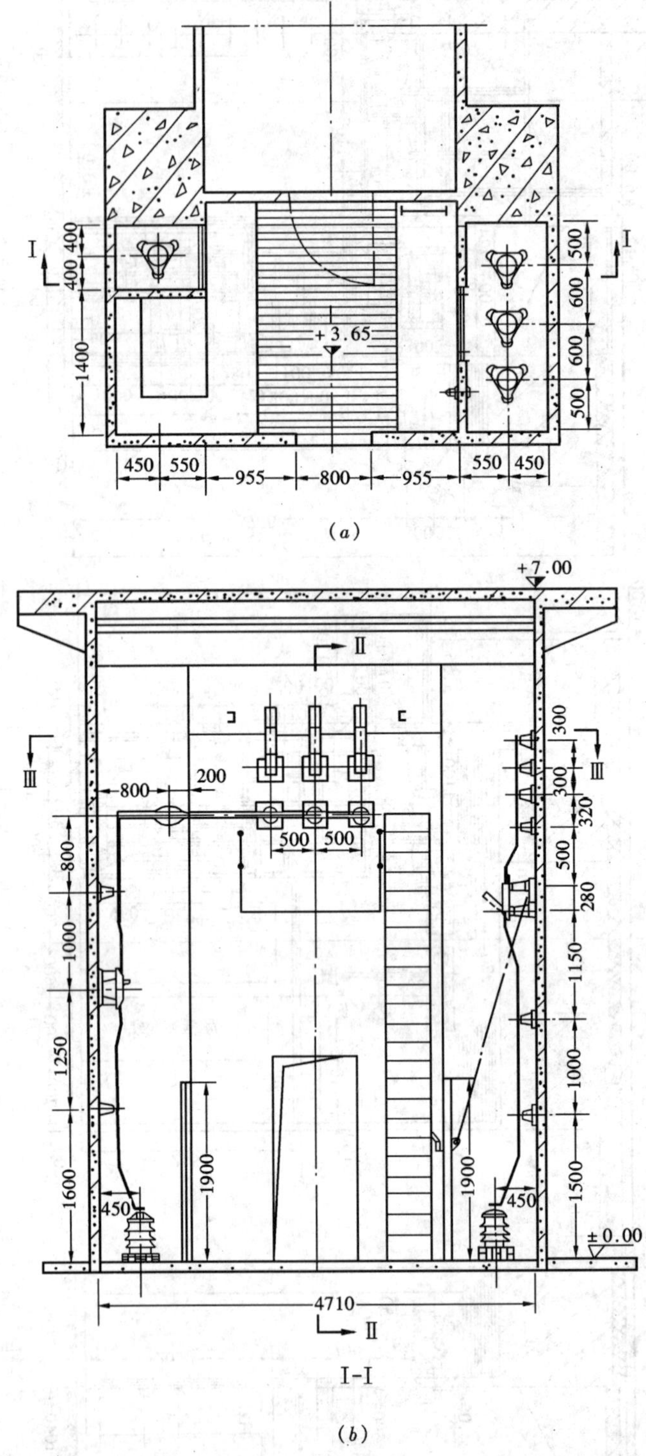

图 12－2 12MW（6.3kV）

（a）0.00m层平面图；（b）Ⅰ－Ⅰ断面；

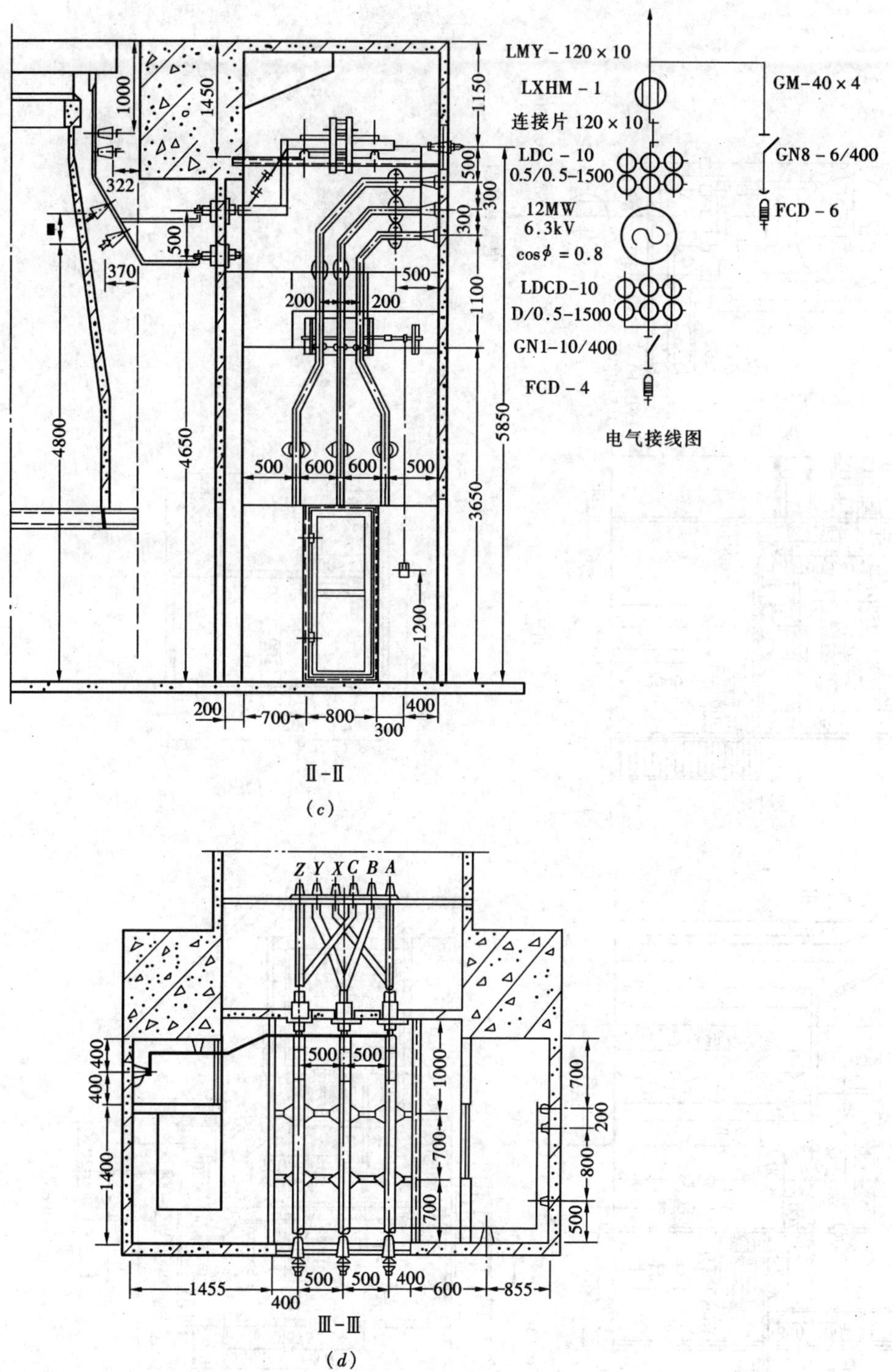

发电机出线小室布置

(c) Ⅱ－Ⅱ断面；(d) Ⅲ－Ⅲ断面

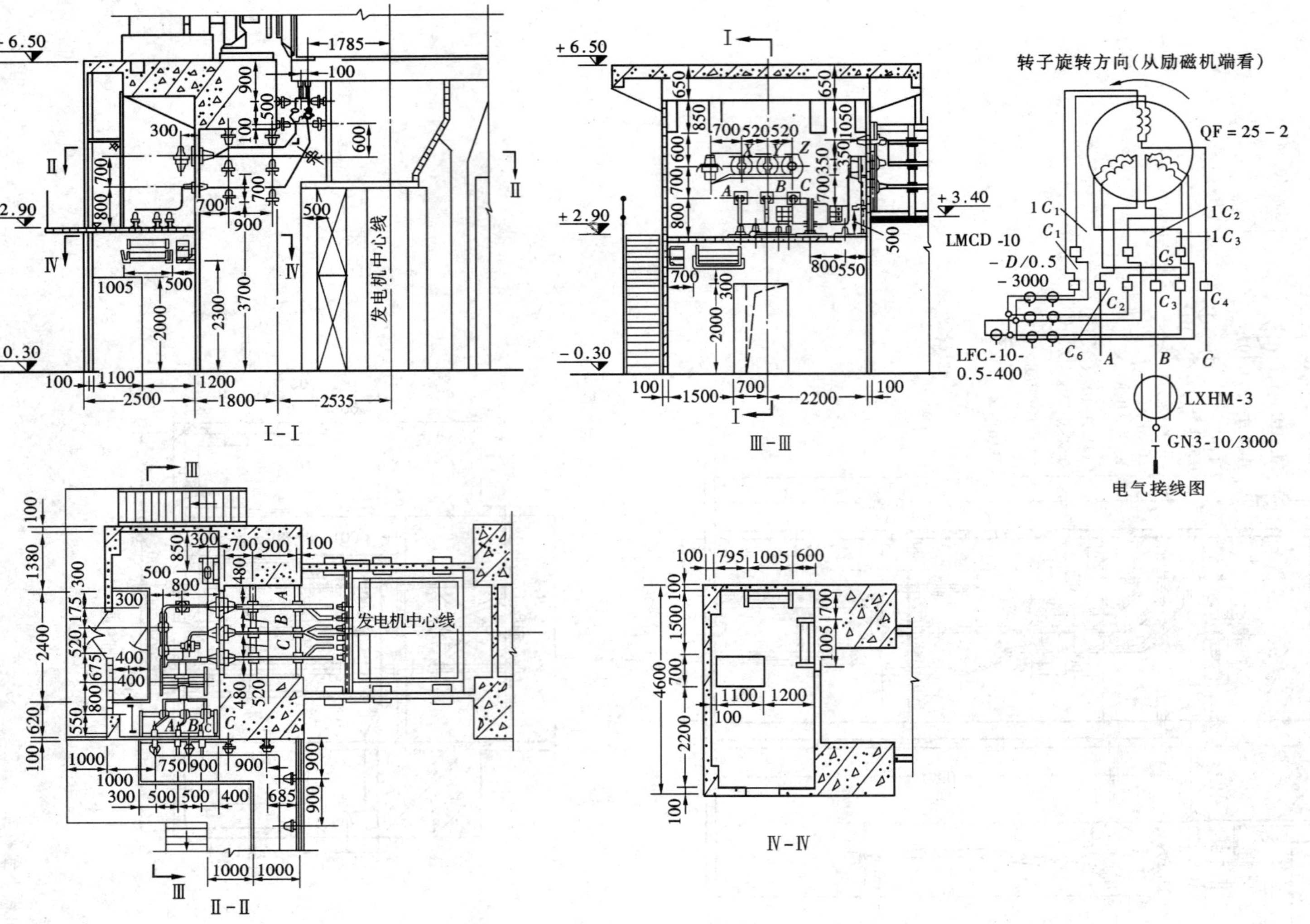

图 12-3　TQ-25-2型（25MW，6.3kV）发电机出线小室布置

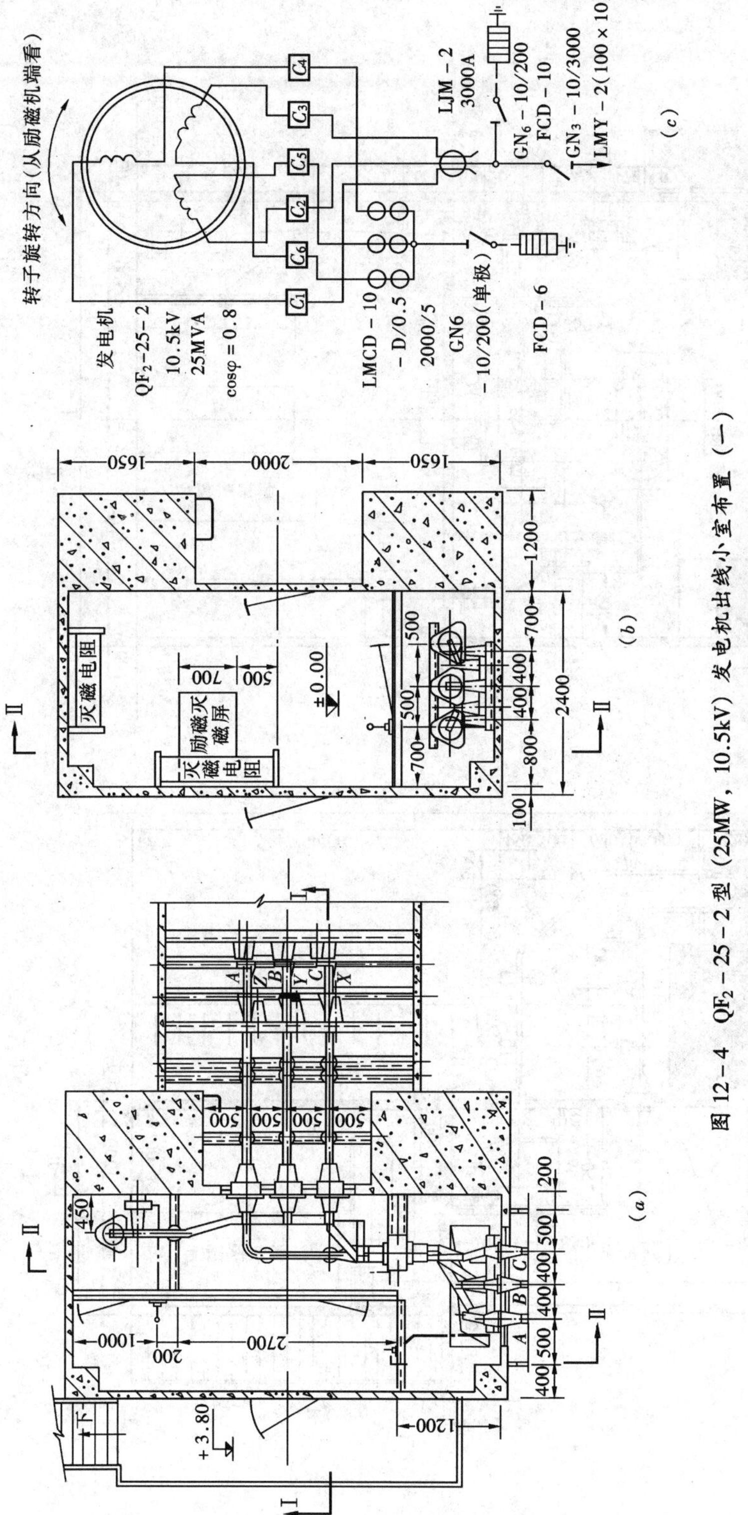

图 12－4　QF_2－25－2 型（25MW，10.5kV）发电机出线小室布置（一）

（*a*）3.80m层平面图；（*b*）0.00m层平面图；（*c*）电气接线

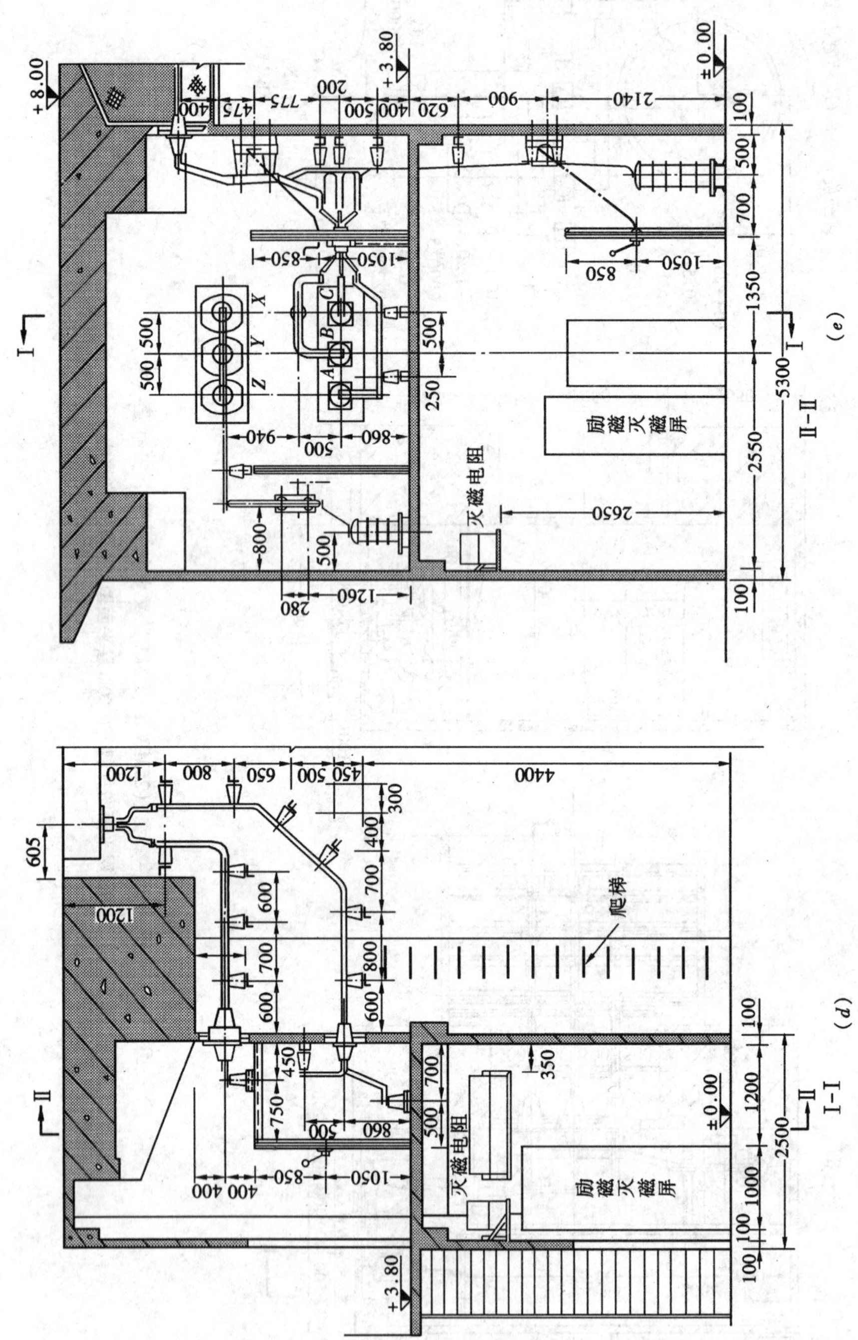

图 12-4 QF_2-25-2 型（25MW，10.5kV）发电机出线小室布置（二）

（d）I-I 断面；（e）II-II 断面

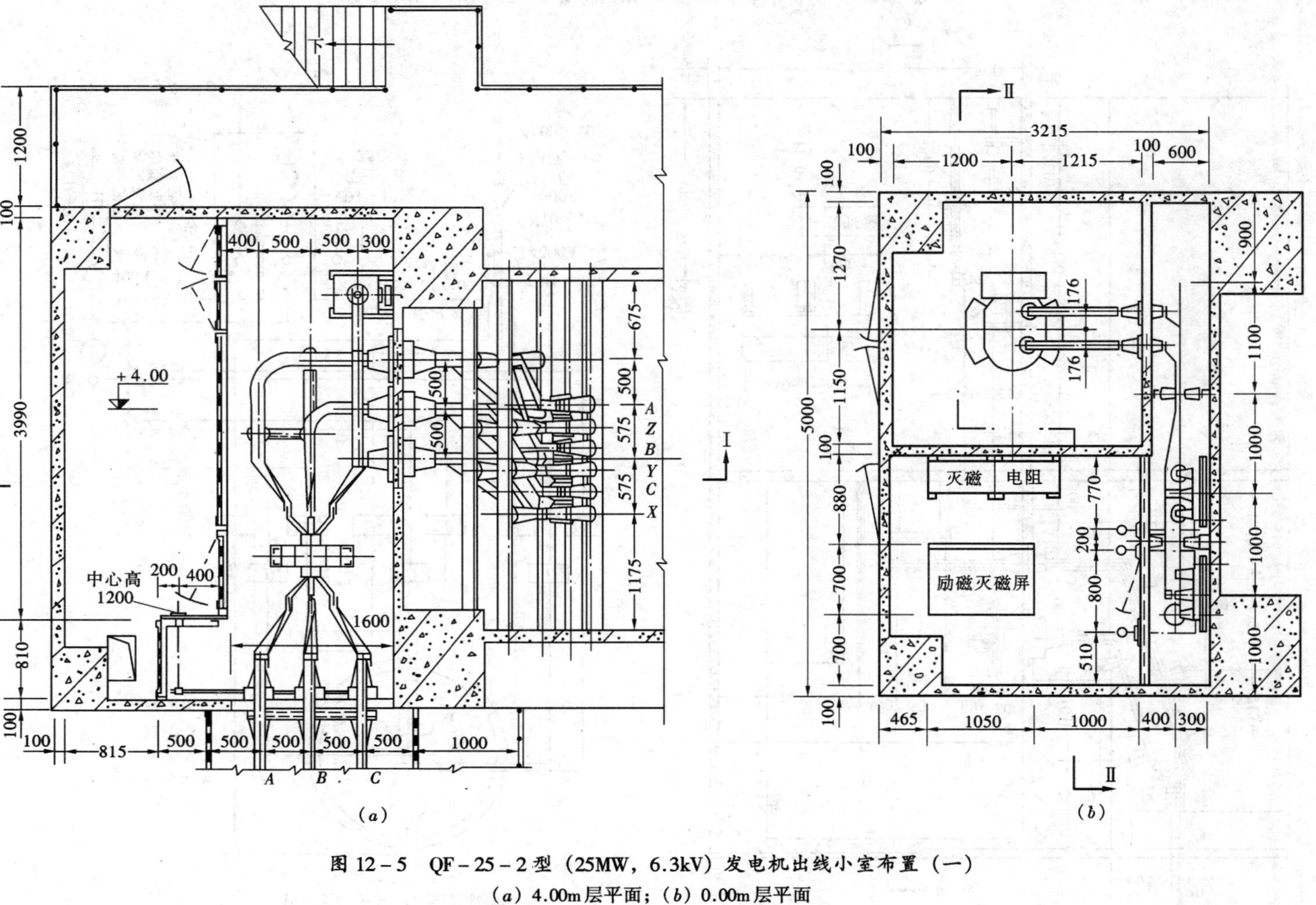

图 12－5　QF－25－2 型（25MW，6.3kV）发电机出线小室布置（一）
（a）4.00m 层平面；（b）0.00m 层平面

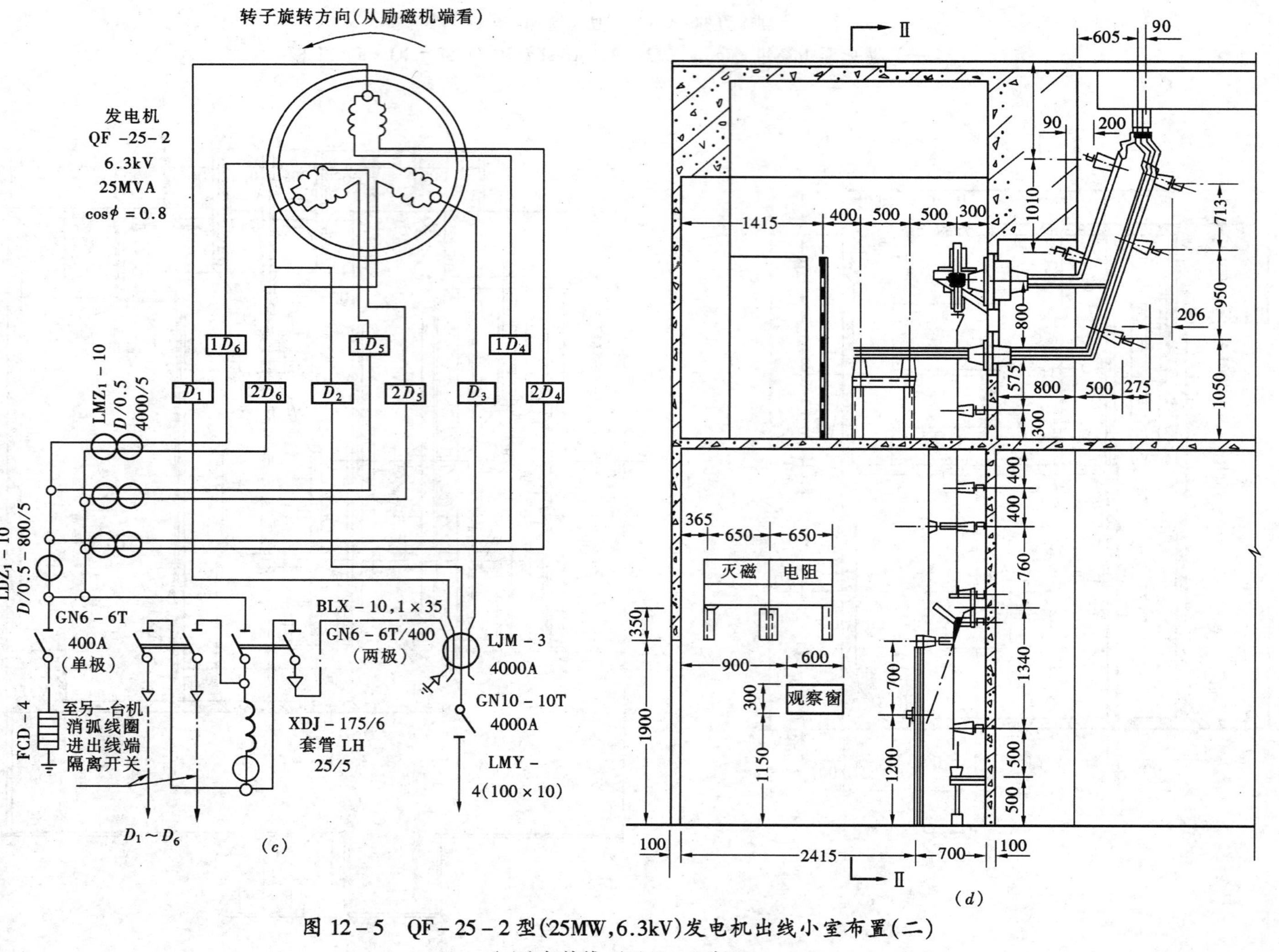

图 12-5 QF-25-2 型(25MW,6.3kV)发电机出线小室布置(二)

(c)电气接线;(d)I-I断面

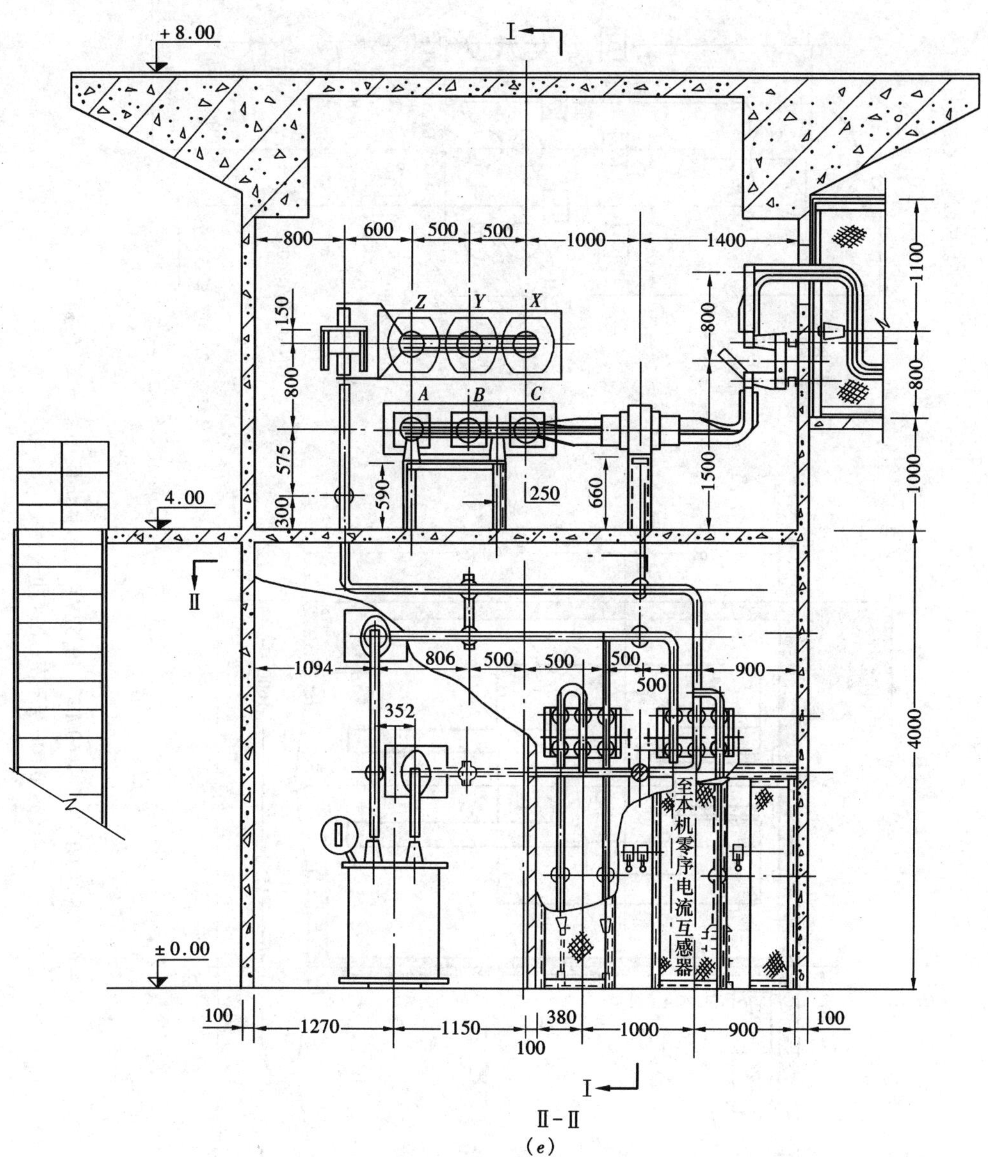

图 12-5　QF-25-2 型（25MW，6.3kV）发电机出线小室布置（三）

（e）Ⅱ-Ⅱ断面

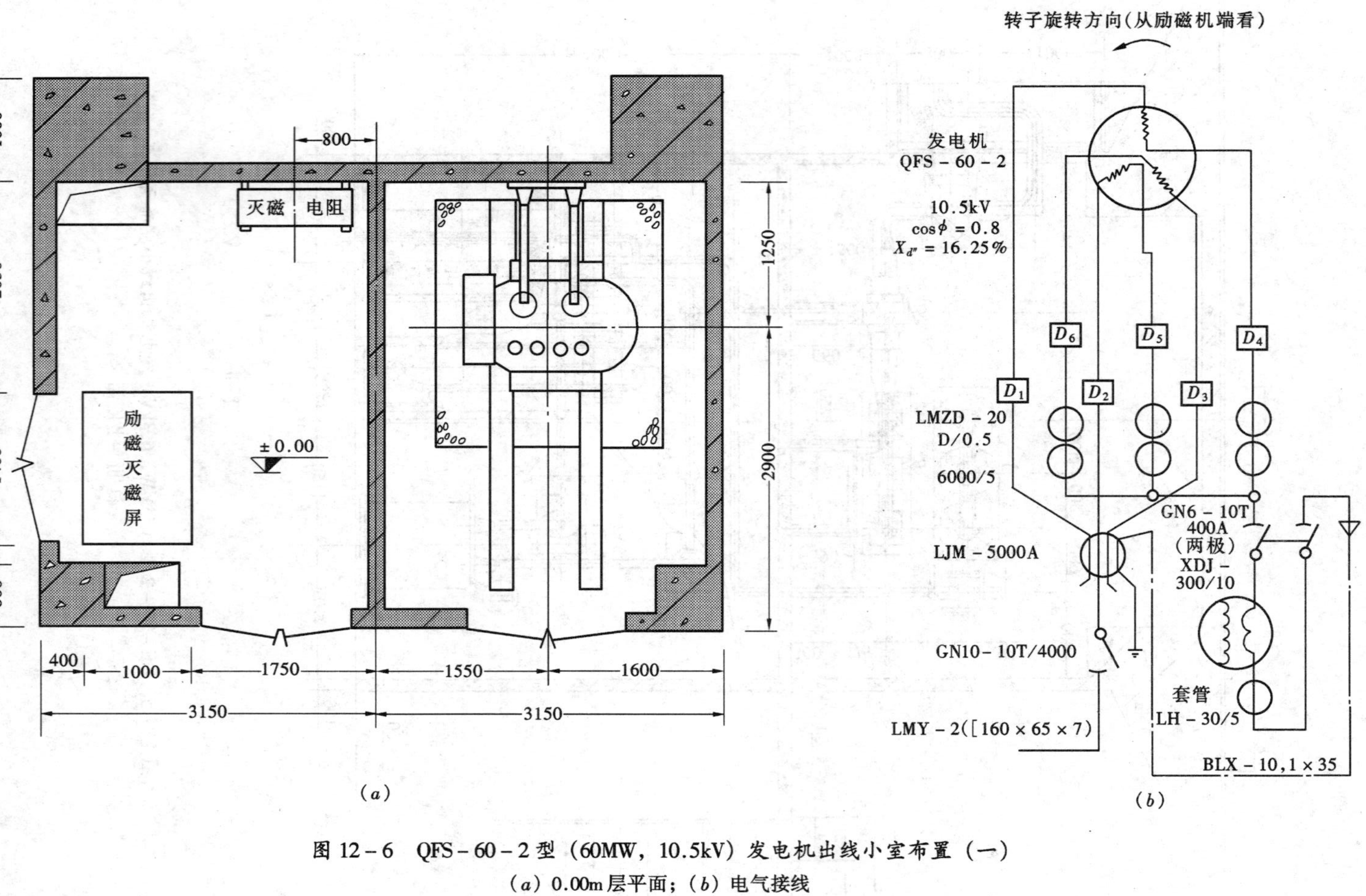

图 12-6　QFS-60-2 型（60MW，10.5kV）发电机出线小室布置（一）

（a）0.00m层平面；（b）电气接线

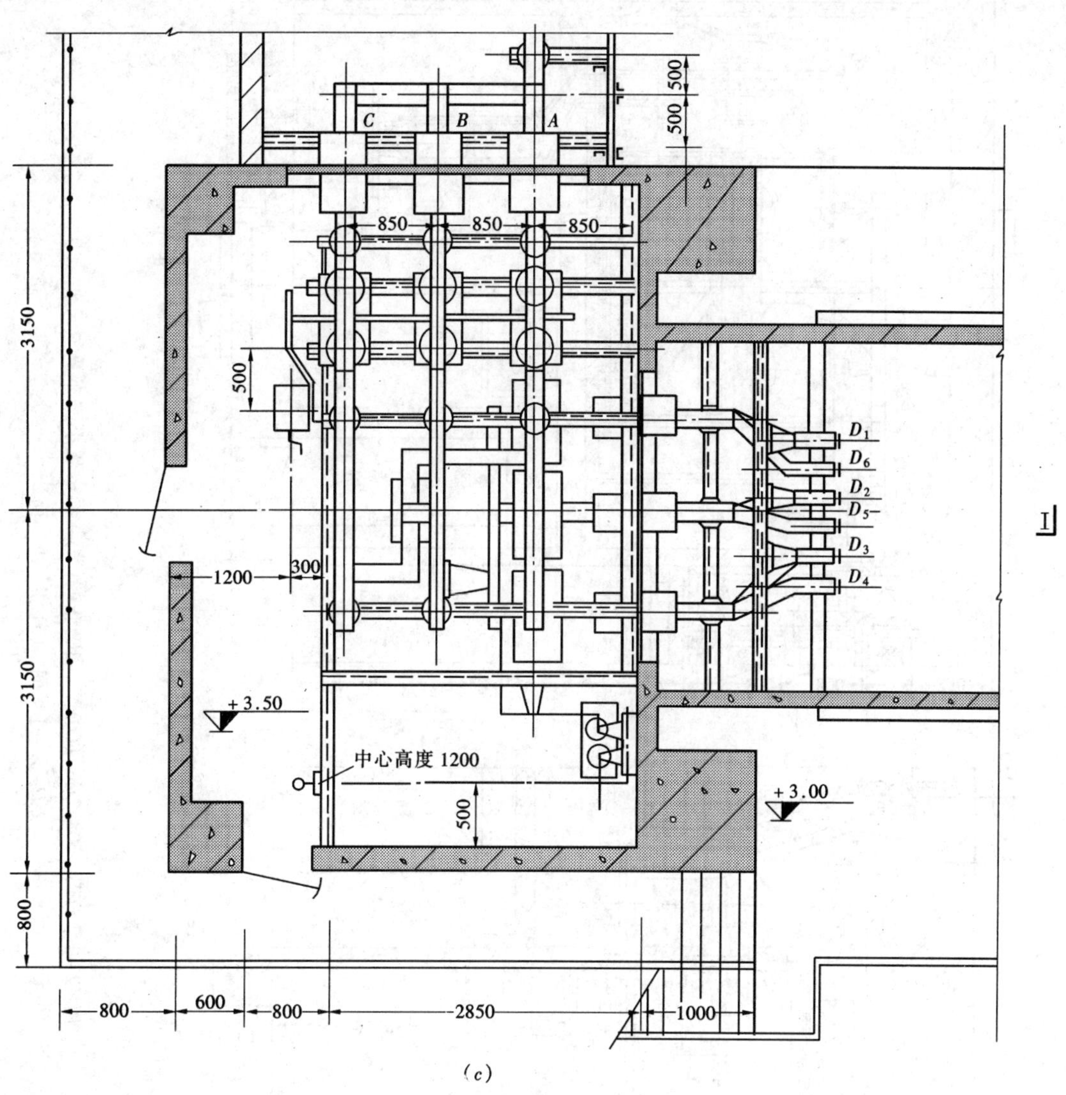

(c)

图 12-6　QFS-60-2 型（60MW，10.5kV）发电机出线小室布置（二）

(c) 3.50m 层平面

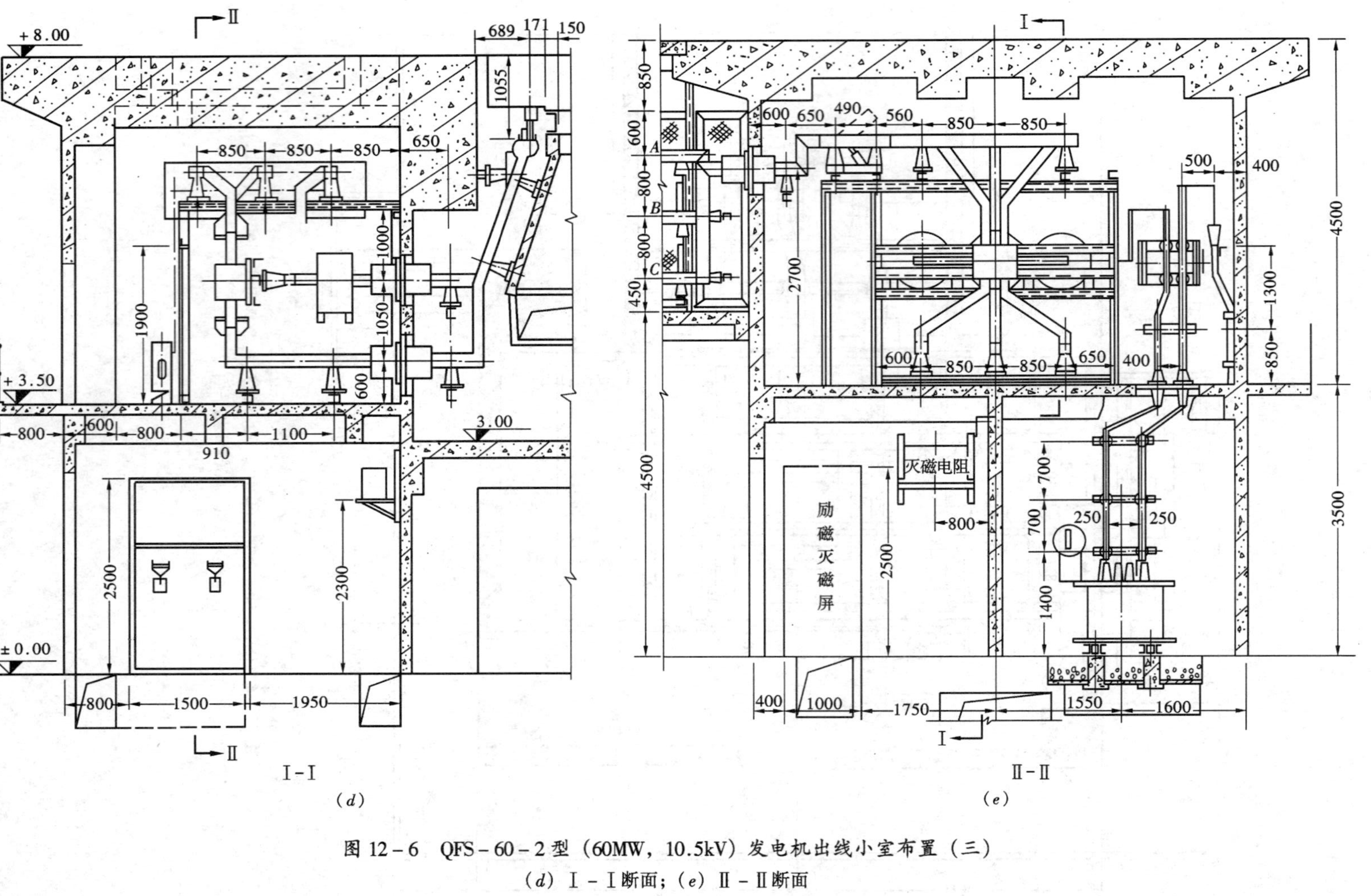

图12-6 QFS-60-2型（60MW，10.5kV）发电机出线小室布置（三）
(d) I-I断面；(e) II-II断面

第 12-3 节　中小容量机组与变压器组成单元接线的发电机出线小室布置

发电机——变压器单元接线的发电机出线小室，除了布置发电机主回路的设备外，一般还有厂用分支回路设备，设备比较多。因此，布置比较复杂，小室多为两层结构。由于机端小室地位有限，为了布置方便，将小室分成两个部分（即分成两个小室）。一个小室布置在机端，另一个小室布置在 A 排柱墙处，必要时还将小室凸出 A 排柱墙外布置。对于热电厂，由于 A 排柱外有热管道等，使厂用变压器布置发生困难，而将厂用变压器布置在屋外配电装置处。此时，往往把厂用分支回路的设备，连同厂用变压器布置在配电装置处，设单独的厂用分支设备小室。此外，由于机组在厂房中的布置形式（纵向或横向）的不同，机型和机组容量的不同，接线（是与双绕组变压器还是三绕组变压器组成单元接线，或者两台机与一台变压器组成扩大单元接线，以及厂用分支是接电抗器还是接厂用变压器等）的不同，使得具体的布置形式是各式各样的，需根据各工程的具体情况作出合理的布置设计。现选编几个发电机出线小室布置，供设计参考。

一、12MW 发电机出线小室

图 12-7 为 4H5674/2 型（12MW，6.3kV）发电机出线小室布置示例。其特点是：机组为横向布置，厂房柱距为 7m，小室布置在机端，为两层结构的封闭式小室。发电机与三绕组变压器组成单元制接线，并在发电机与变压器之间接有厂用分支电抗器回路。

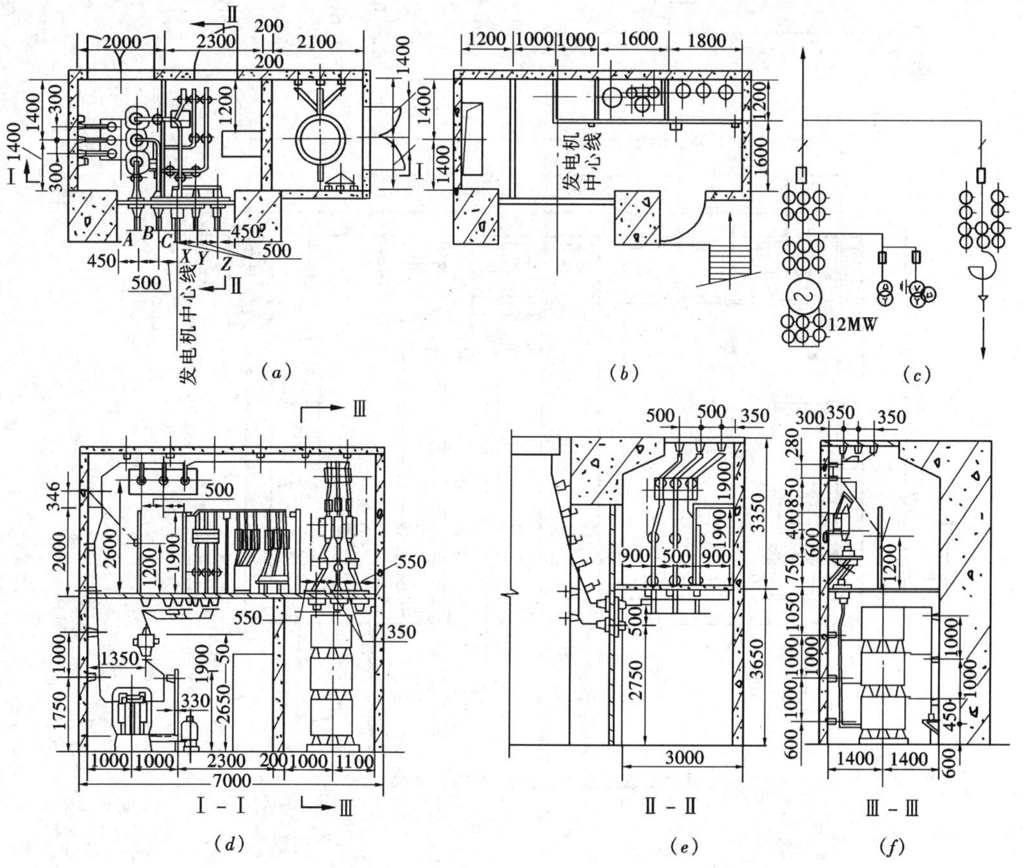

图 12-7　4H5674/2 型（12MW，6.3kV）发电机出线小室布置
（a）0.00m 层平面；（b）3.50m 层平面；（c）电气接线；（d）Ⅰ-Ⅰ断面；
（e）Ⅱ-Ⅱ断面；（f）Ⅲ-Ⅲ断面

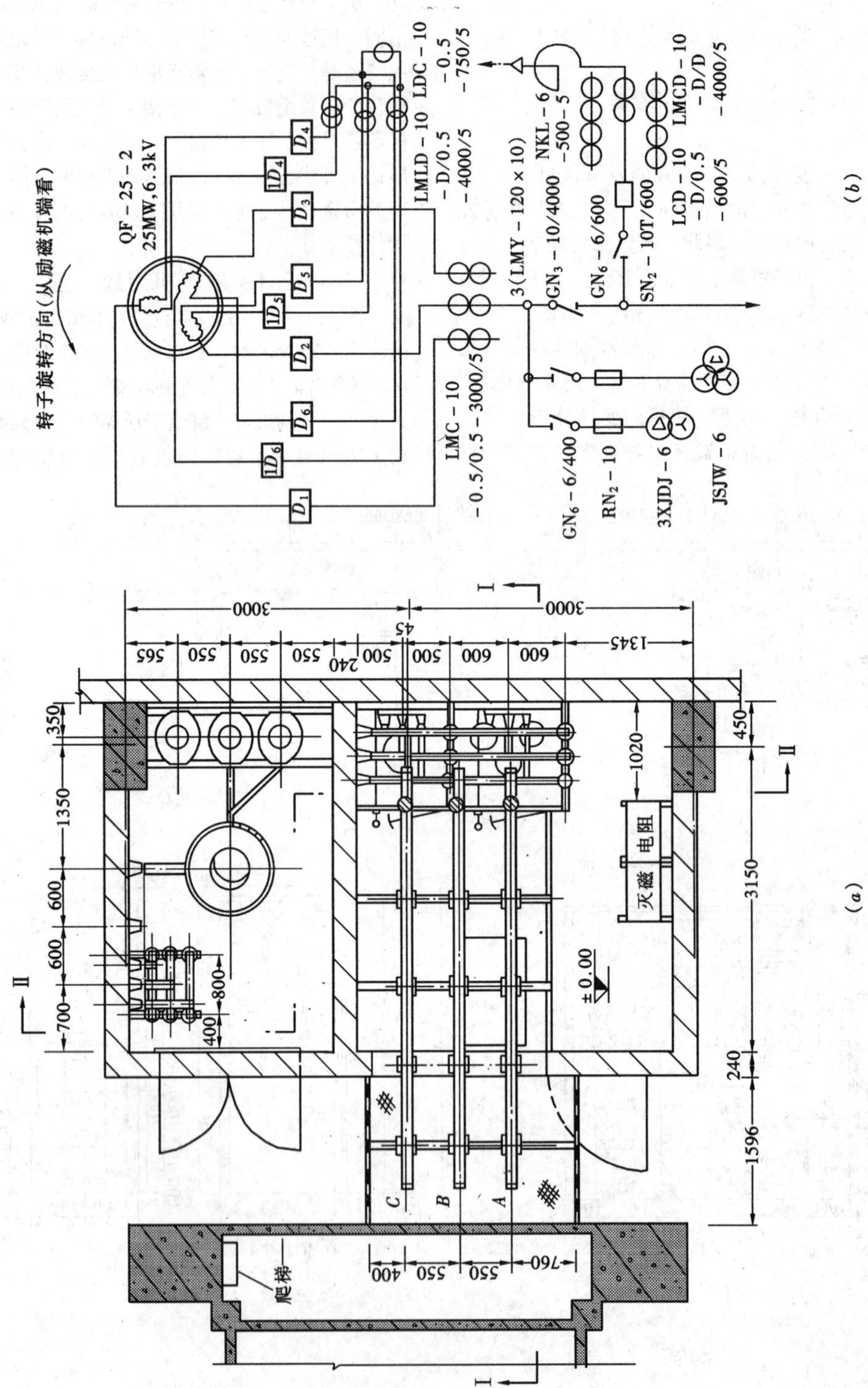
转子旋转方向(从励磁机端看)
QF-25-2
25MW,6.3kV
LMLD-10
-D/0.5
-4000/5
LDC-10
-0.5
-750/5
LMC-10
-0.5/0.5-3000/5
3(LMY-120×10)
GN_3-10/4000
NKL-6
-500-5
GN_6-6/600
SN_2-10T/600
LCD-10
-D/0.5
-600/5
LMCD-10
-D/D
-4000/5
GN_6-6/400
RN_2-10
3XJDJ-6
JSJW-6
灭磁　电阻
爬梯
±0.00
(a)
(b)

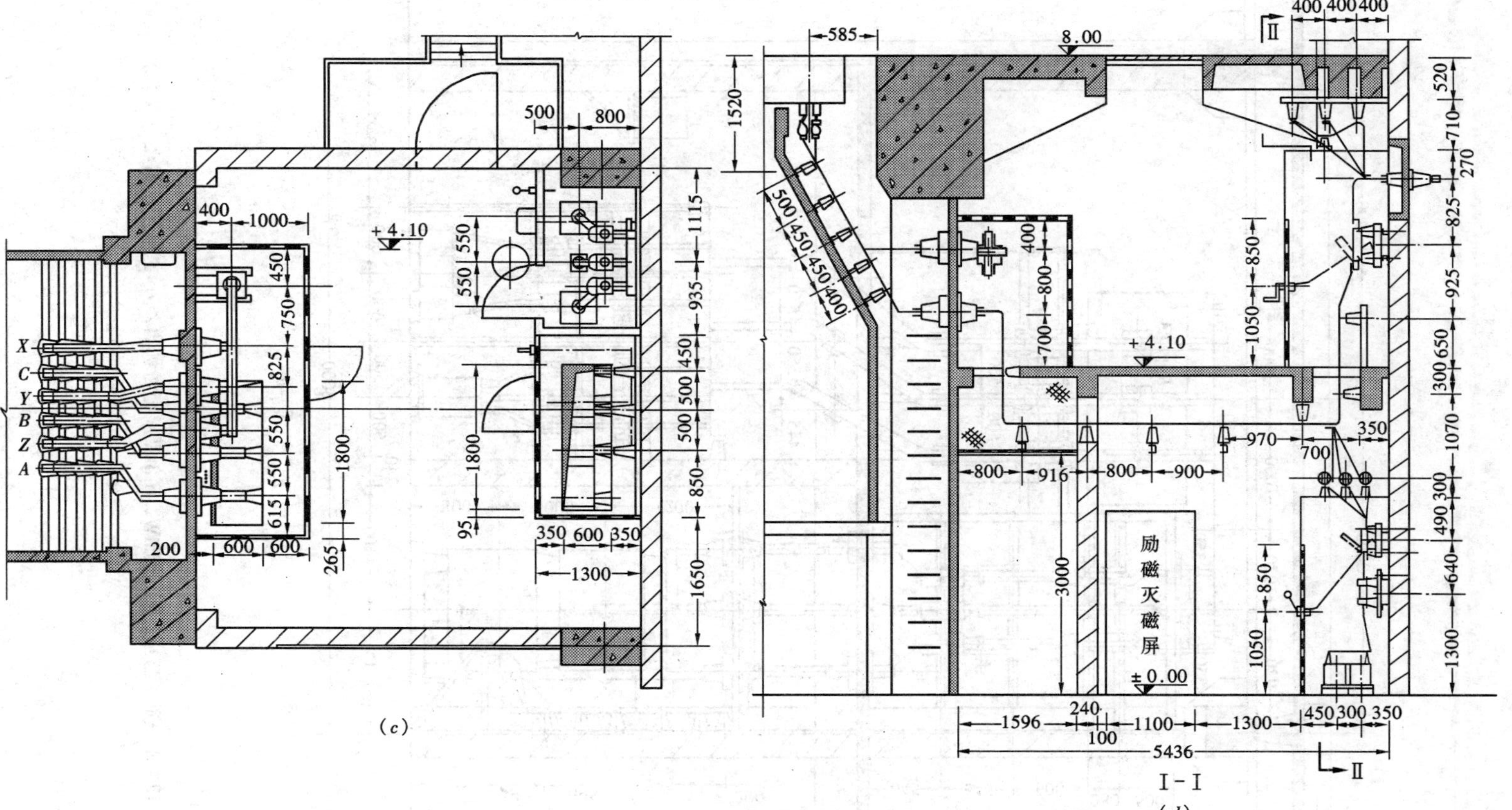

图 12－8　QF－25－2 型（25MW，6.3kV）发电机出线小室布置示例之一（一）

（a）0.00m 层平面；（b）电气接线；（c）4.10m 层平面；（d）I－I 断面

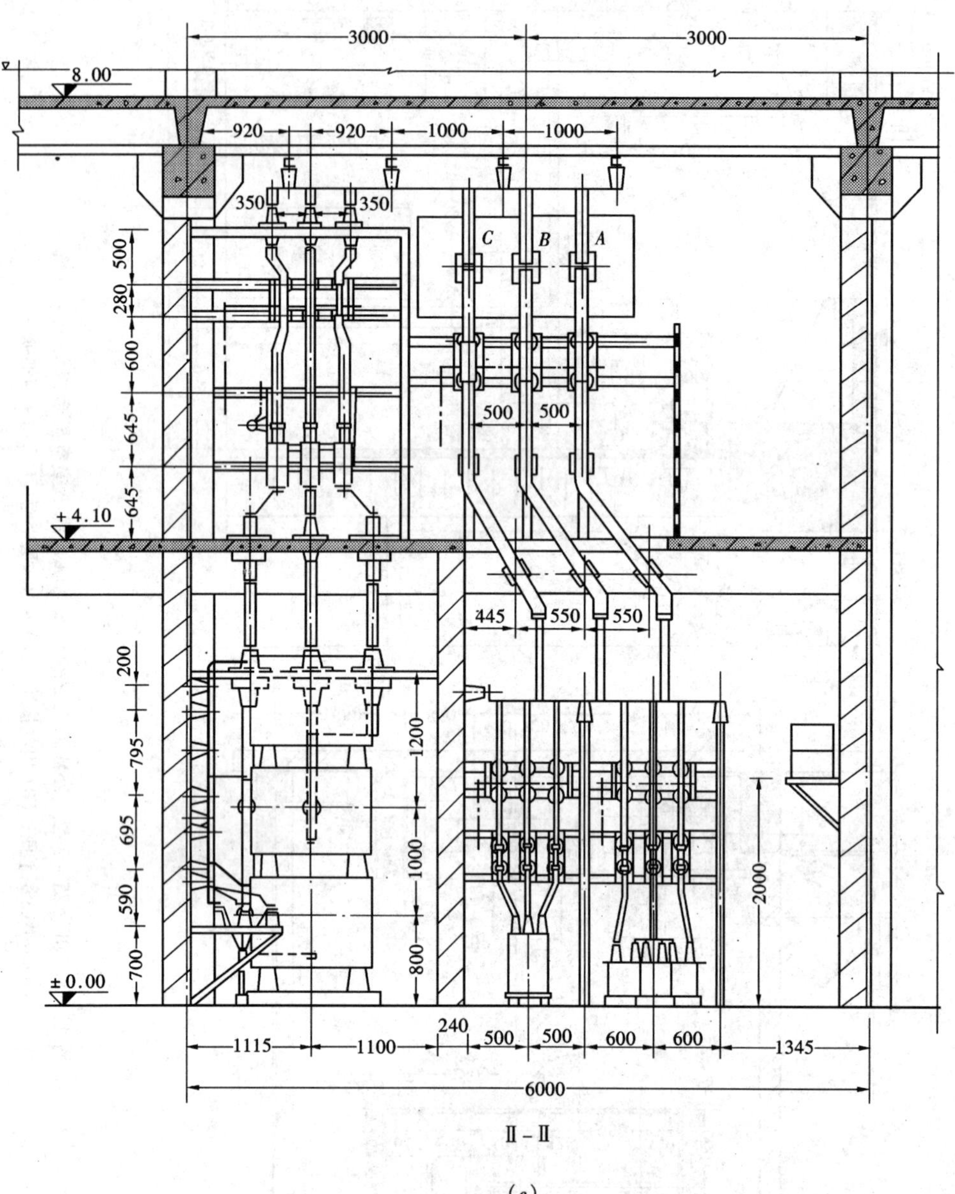

图 12-8 QF-25-2型（25MW，6.3kV）发电机出线小室布置示例之一（二）
（e）Ⅱ-Ⅱ断面

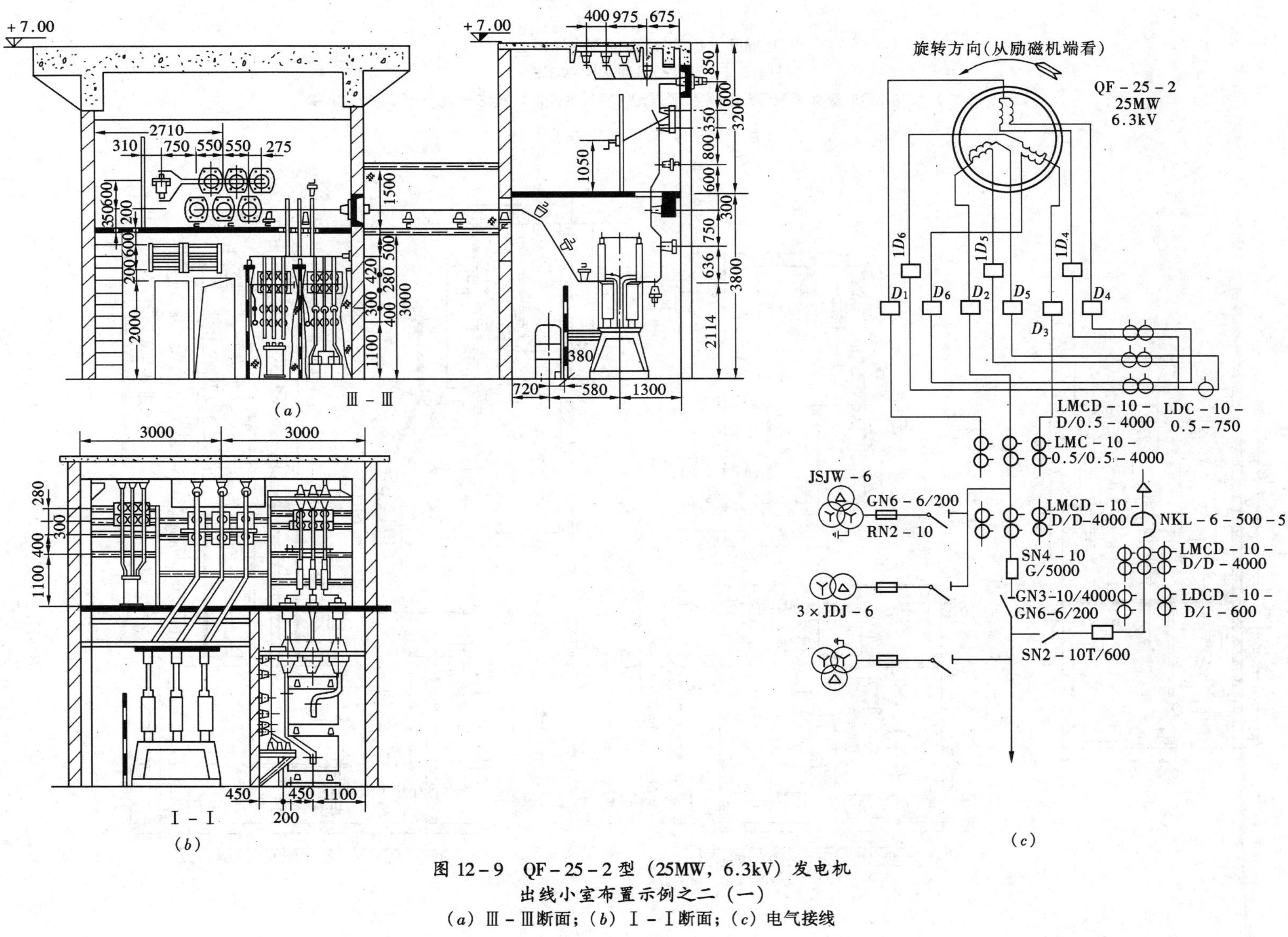

图12-9　QF-25-2型（25MW，6.3kV）发电机出线小室布置示例之二（一）

(a) Ⅲ-Ⅲ断面；(b) Ⅰ-Ⅰ断面；(c) 电气接线

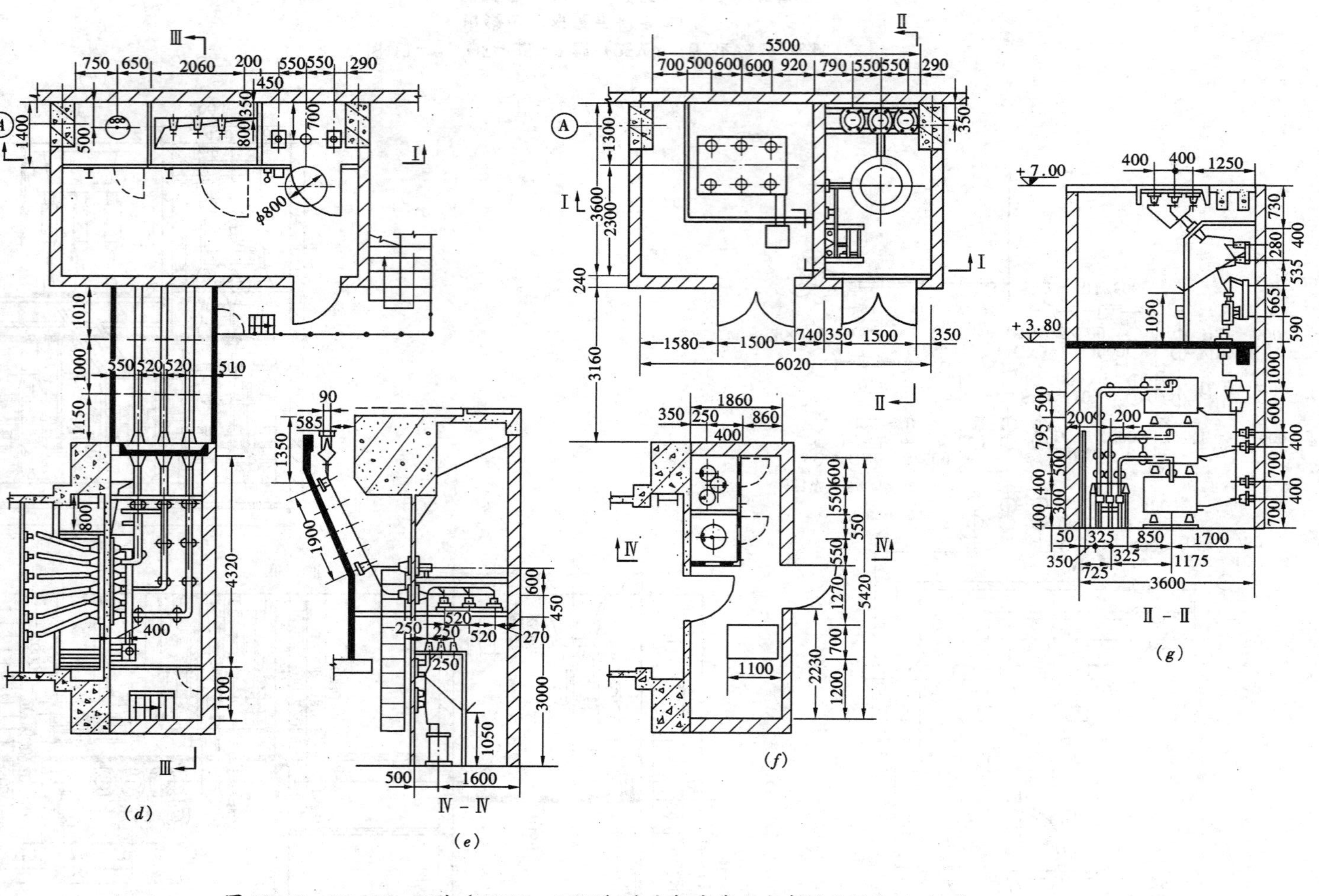

图 12－9　QF－25－2型（25MW，6.3kV）发电机出线小室布置示例之二（二）
（d）3.80m层平面；（e）Ⅳ－Ⅳ断面；
（f）0.00m层平面；（g）Ⅱ－Ⅱ断面

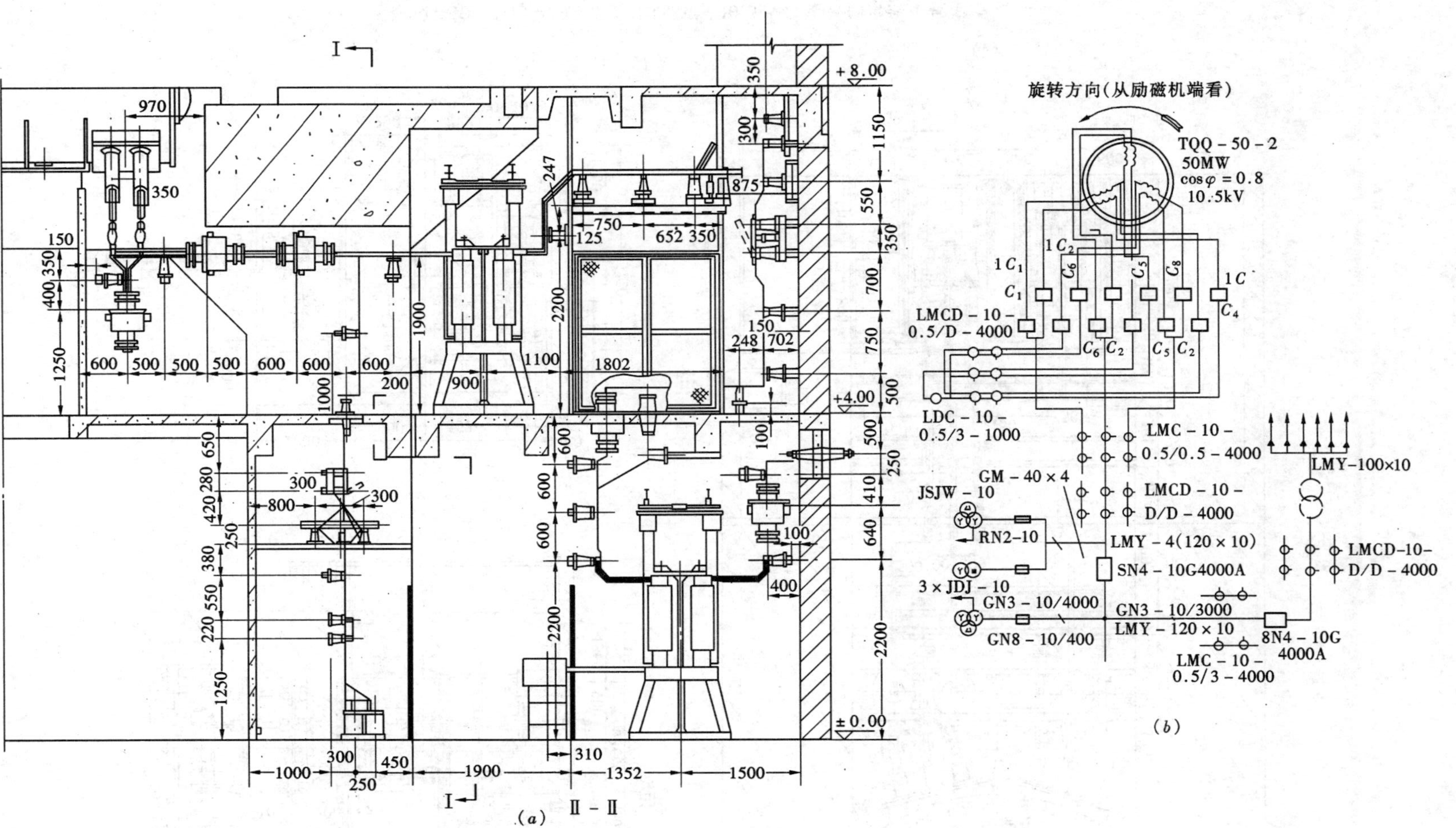

图 12-10　TQQ-50-2型（50MW，10.5kV）发电机出线小室布置（一）

（a）Ⅱ-Ⅱ断面；（b）电气接线

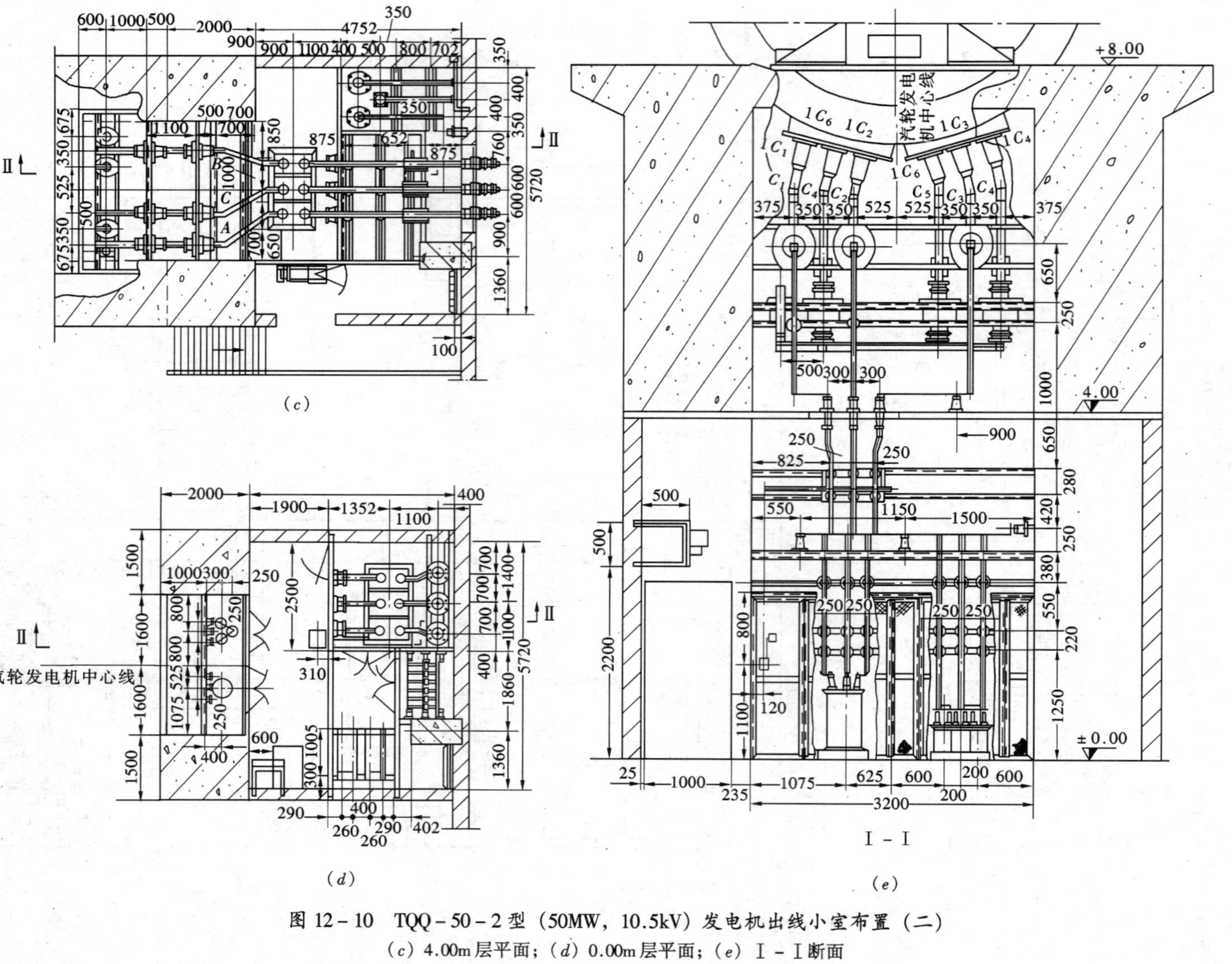

图 12-10 TQQ-50-2型（50MW，10.5kV）发电机出线小室布置（二）

（c）4.00m层平面；（d）0.00m层平面；（e）I－I断面

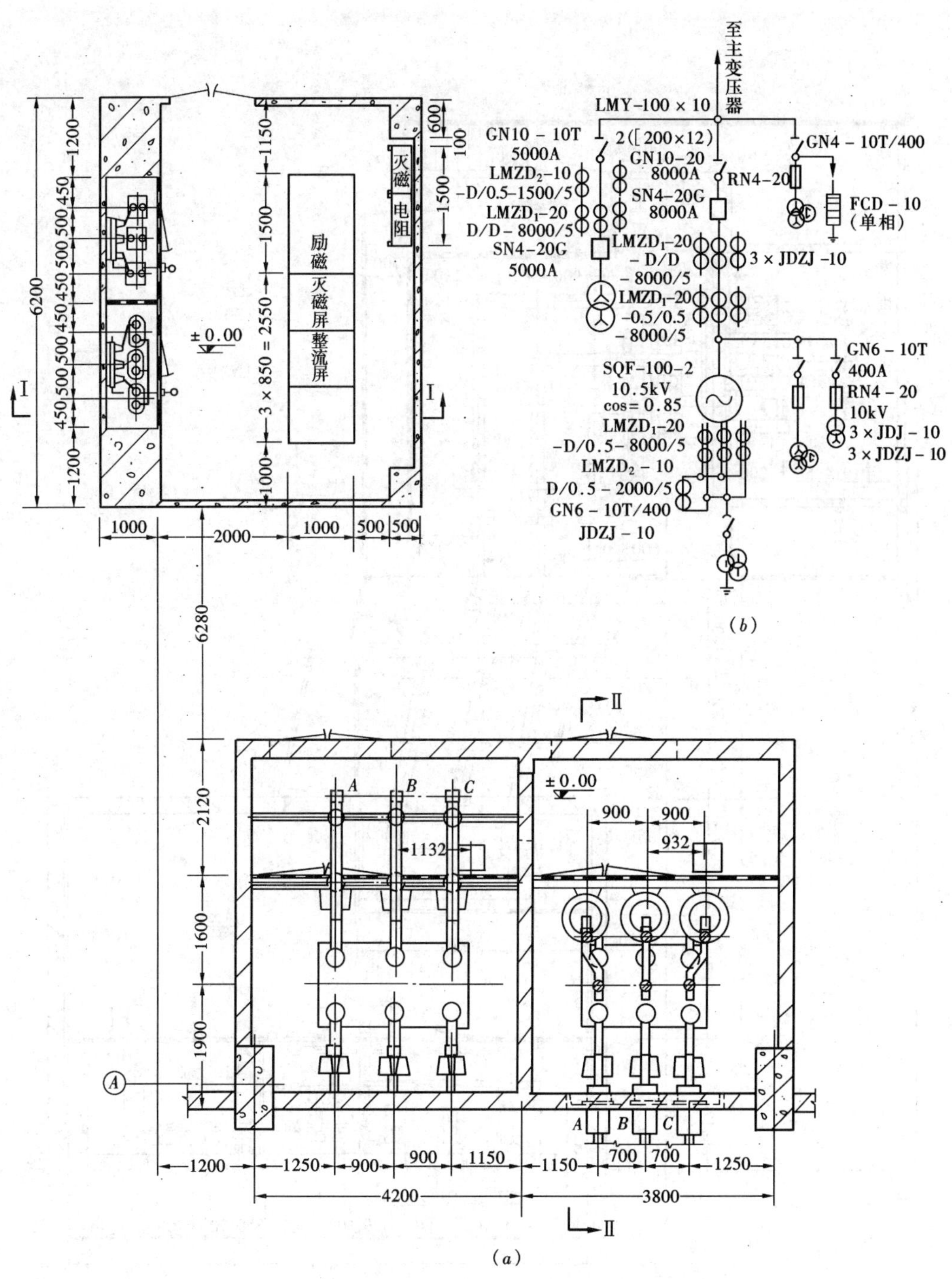

图 12－11　SQF－100－2 型（100MW，10.5kV）发电机出线小室布置（一）
（a）0.00m 层平面；（b）电气接线

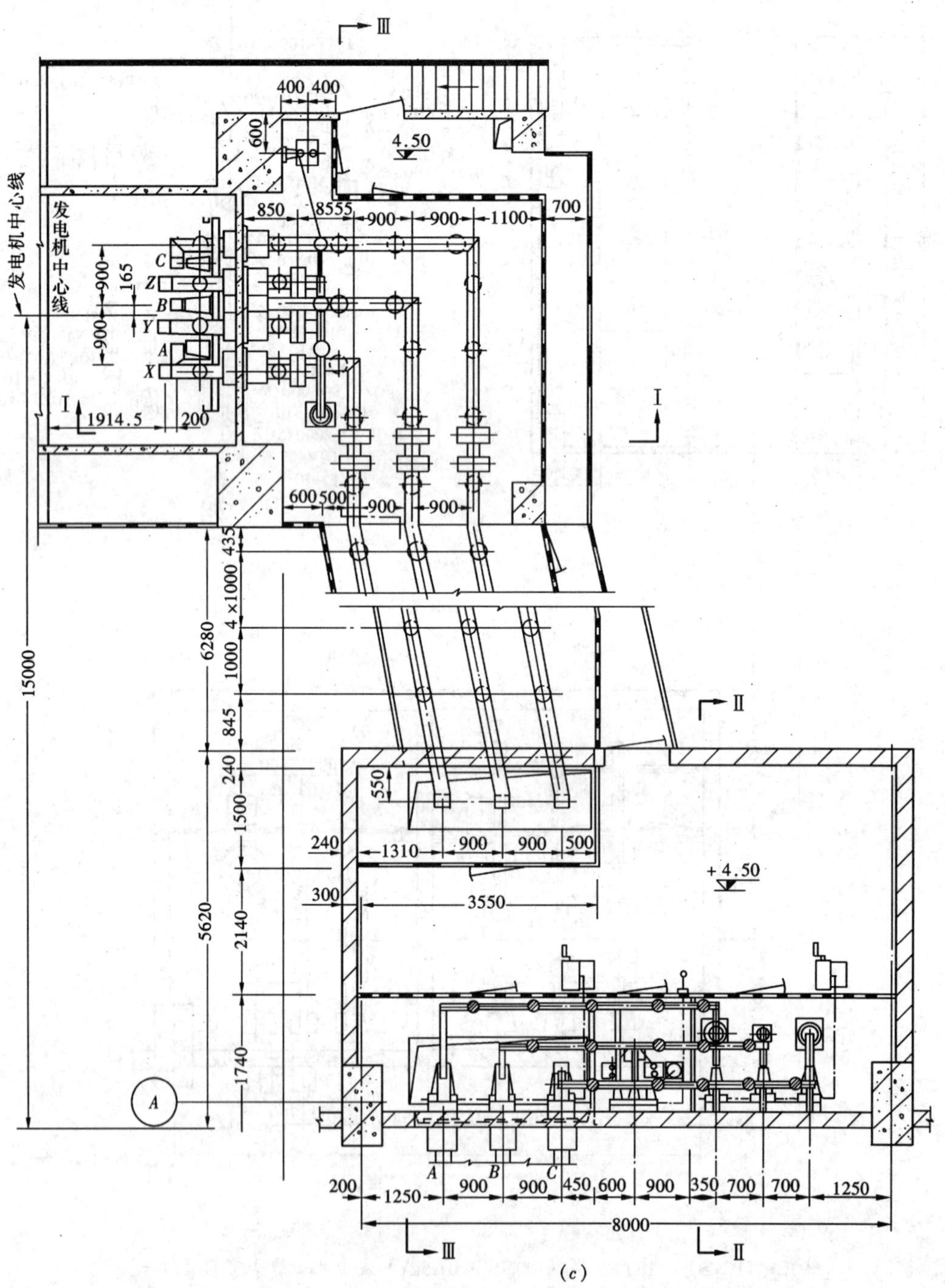

图 12-11　SQF-100-2 型（100MW，10.5kV）发电机出线小室布置（二）
（c）4.50m 层平面

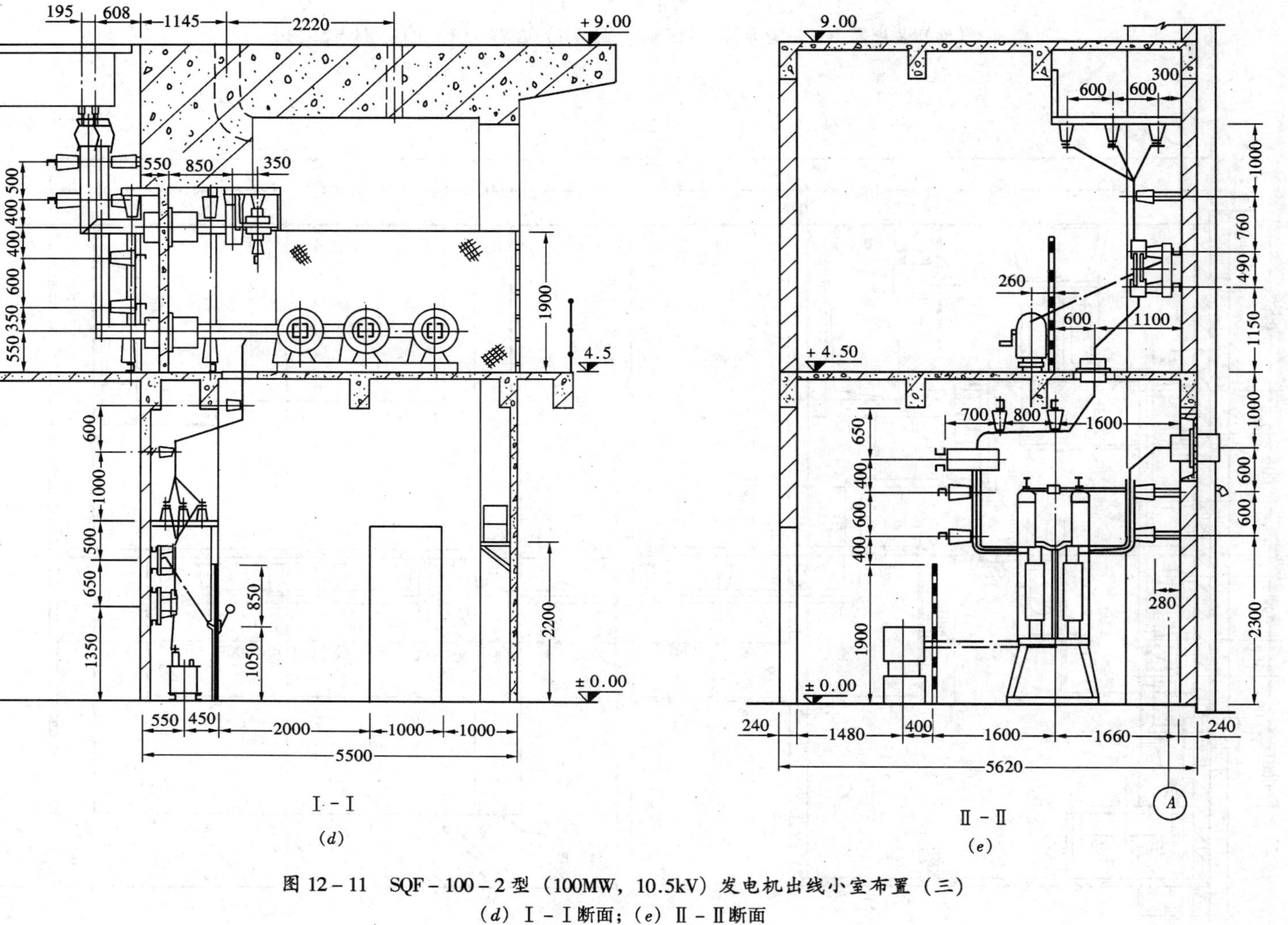

图 12－11　SQF－100－2 型（100MW，10.5kV）发电机出线小室布置（三）
（d）I－I 断面；（e）II－II 断面

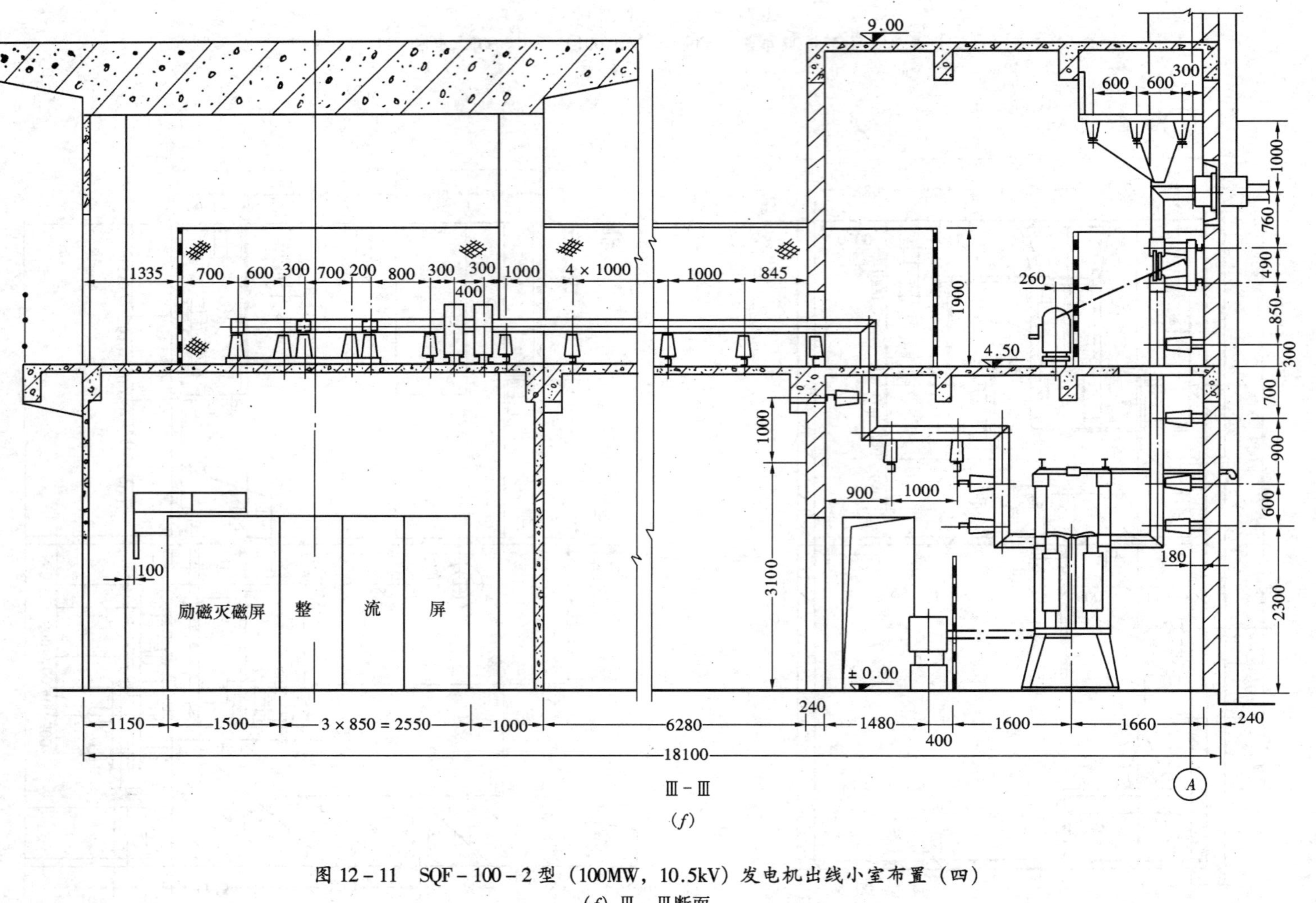

图 12-11 SQF-100-2 型（100MW，10.5kV）发电机出线小室布置（四）

(f) Ⅲ-Ⅲ断面

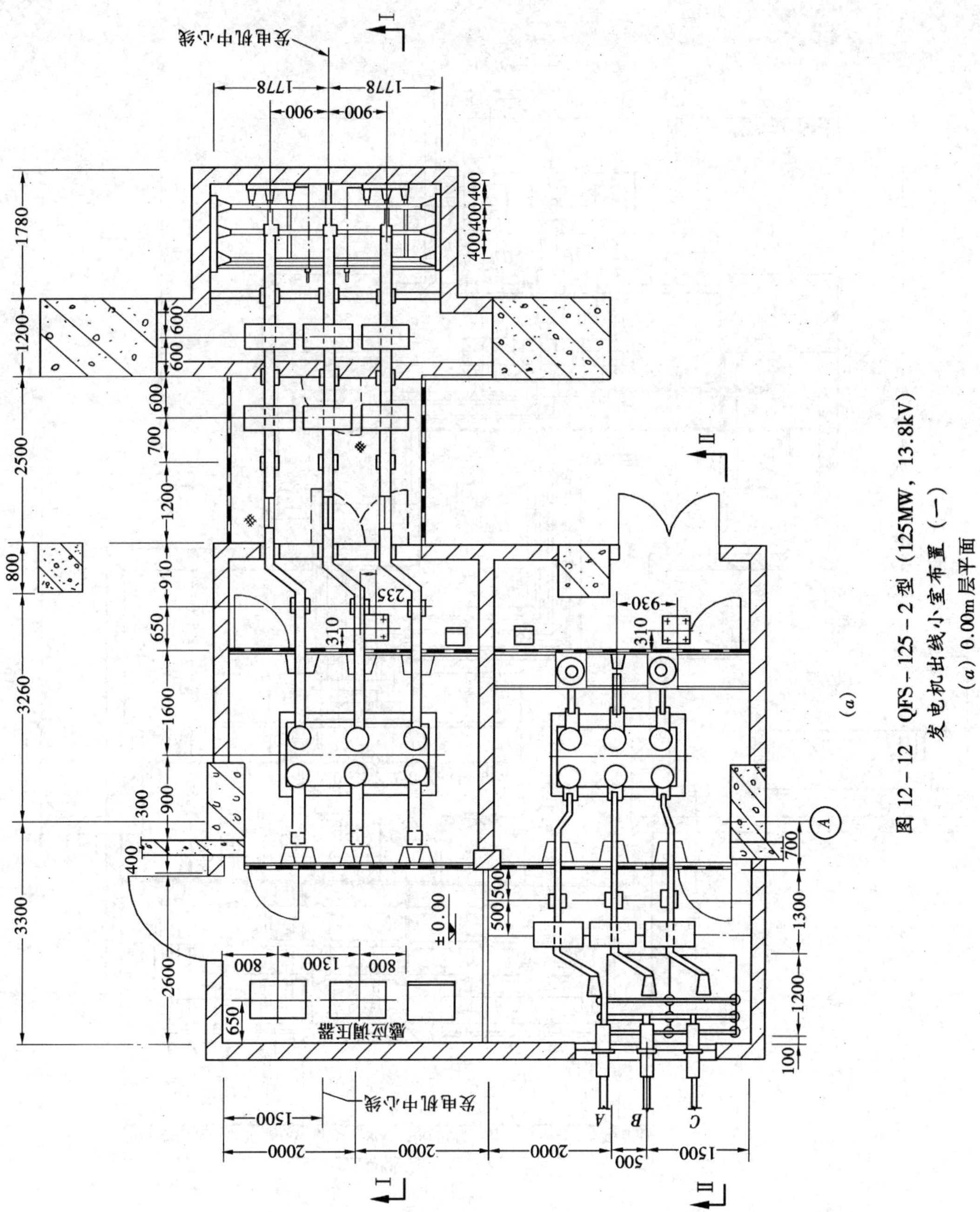

(a)

图 12－12　QFS－125－2 型（125MW，13.8kV）发电机出线小室布置（一）

（a）0.00m 层平面

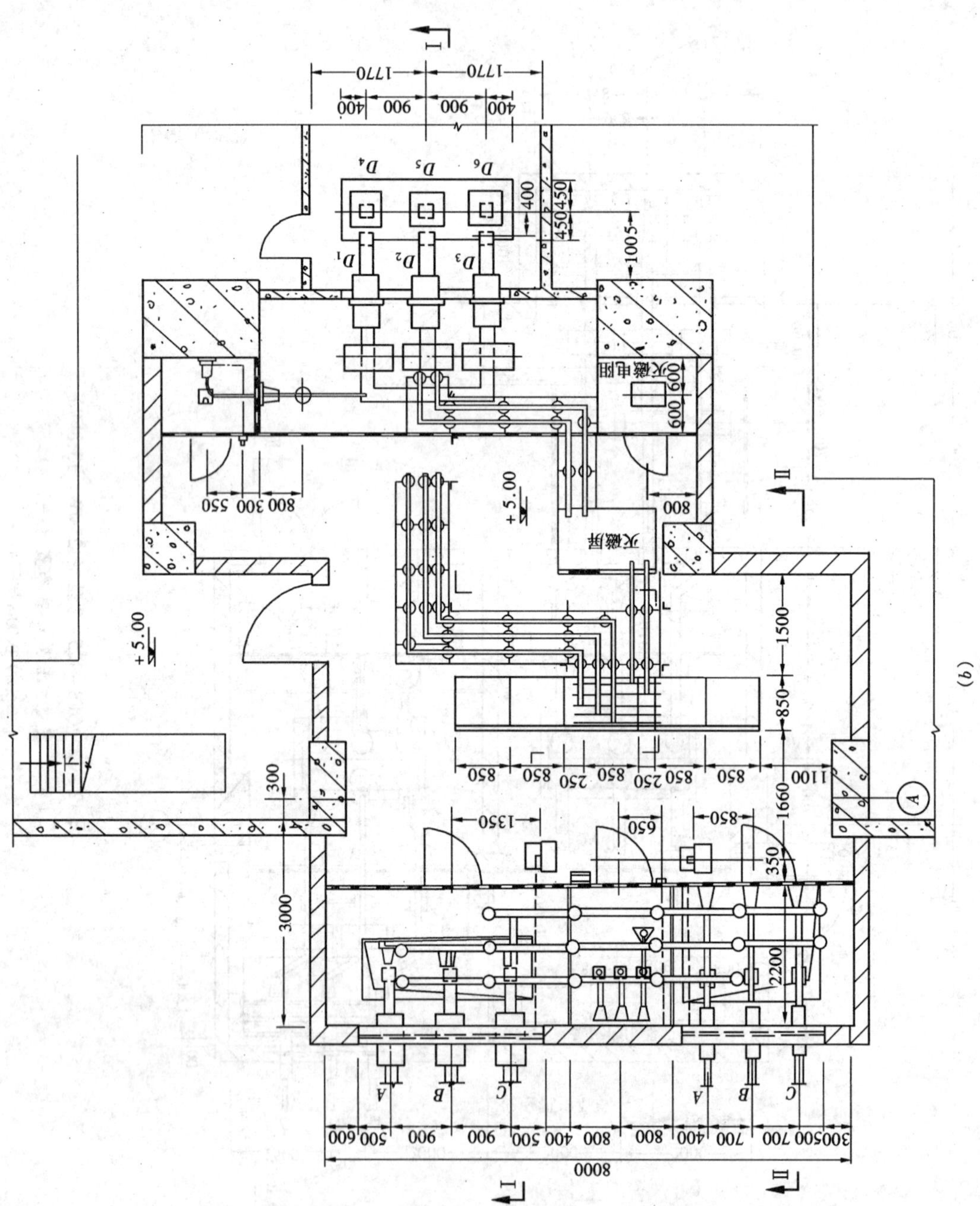

(b)

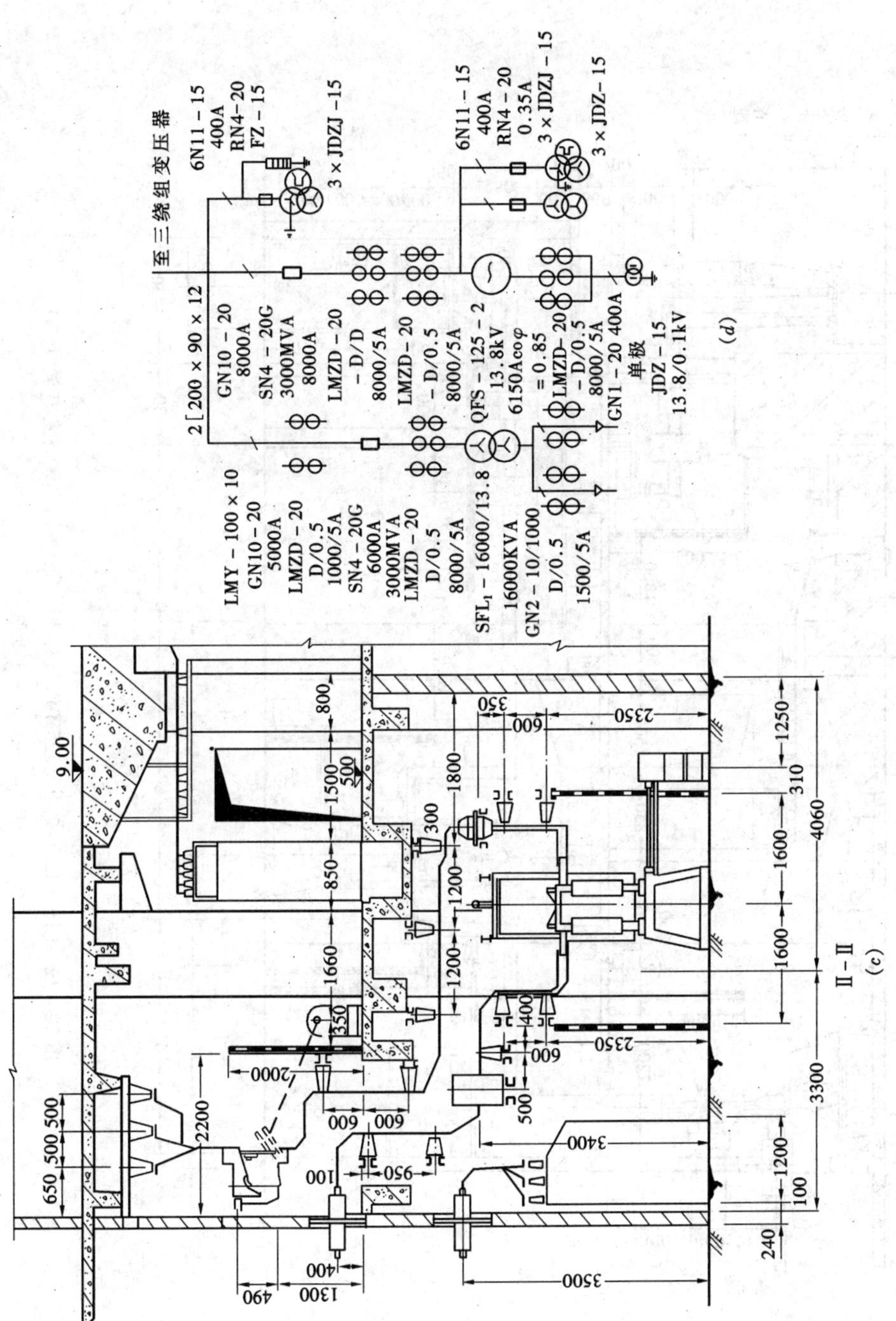

图 12－12　QFS－125－2 型（125MW，13.8kV）发电机出线小室布置（二）
（b）5.00m 层平面；（c）Ⅱ－Ⅱ断面；（d）电气接线

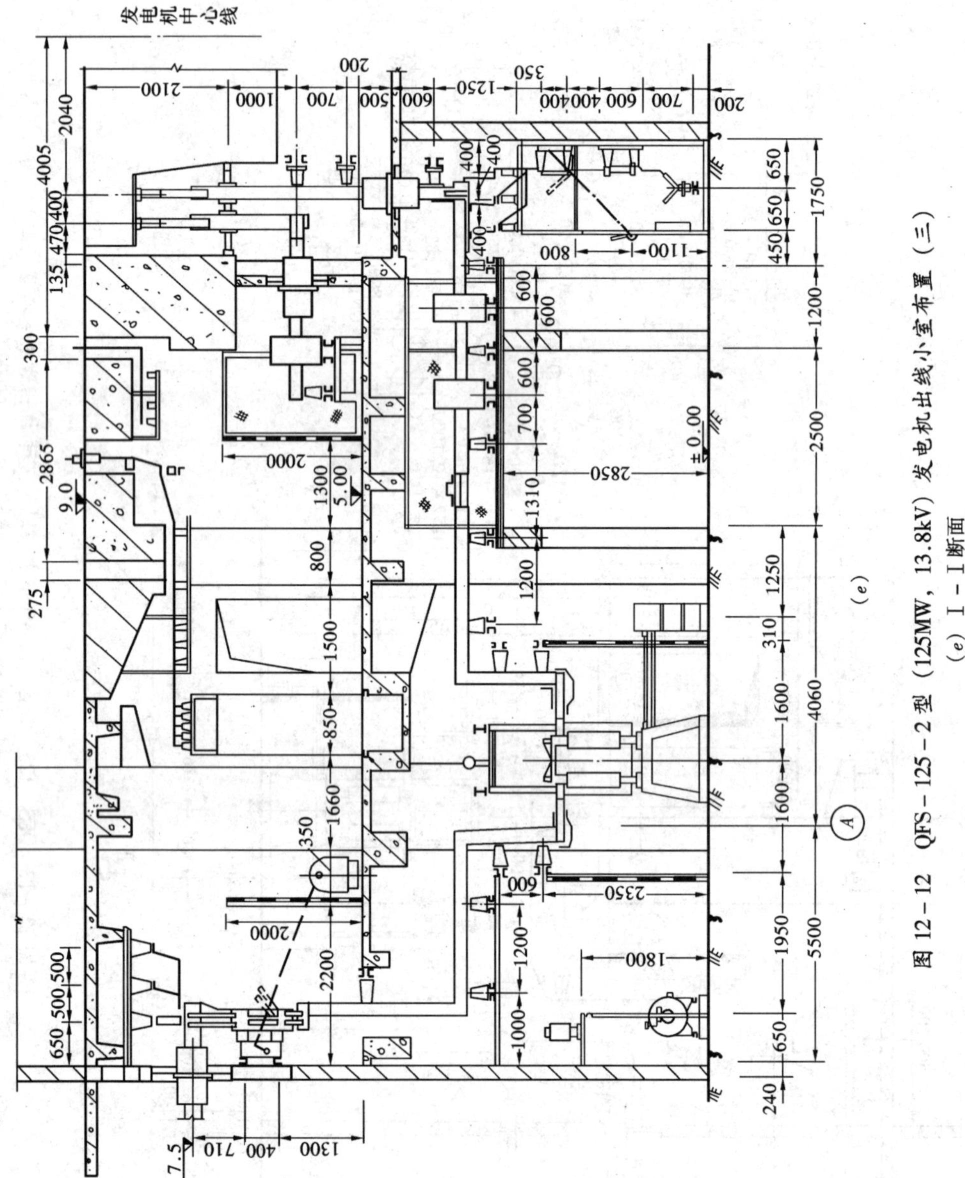

图12-12 QFS-125-2型（125MW，13.8kV）发电机出线小室布置（三）

（e）Ⅰ-Ⅰ断面

断路器、电抗器、励磁灭磁屏和灭磁电阻等布置在底层，其中电抗器布置在防火小间内，其余设备均布置在上层。由于设备比较多，总高度只有7m，每层只有3m多，因而略感拥挤，电抗器起吊困难。

二、25MW 发电机出线小室

(1) 图 12－8 为 QF－25－2 型（25MW，6.3kV）发电机出线小室布置示例之一。其特点是：机组为横向布置，厂房柱距为6m，小室占据机端至 A 排柱间的整个空间（仅在底层的机端侧留出维护通道），小室为两层布置的封闭式小室。发电机与双绕组变压器组成单元接线，主回路无断路器，并在其间支接厂用分支电抗器回路。电抗器布置在底层与电压互感器，励磁灭磁屏和灭磁电阻相隔离的防火小间内。电抗器顶部的楼板留有起吊电抗器的检修孔（平时用盖板盖住），电抗器回路前的断路器布置在上层防爆小间隔内，比较安全。

(2) 图 12－9 为 QF－25－2 型（25MW，6.3kV）发电机出线小室布置示例之二。其特点是：机组为纵向布置，厂房柱距为6m，出线小室分成两个小室布置，一个在机端处，另一个布置在与机端相对应的 A 排柱墙处，均为两层结构的封闭式小室，两小室之间用母线桥相连。发电机与三绕组变压器组成单元接线，在主回路上装有断路器，并在断路器与变压器之间支接有厂用分支电抗器回路。机端小室布置发电机中性点和出口回路的电流互感器和电压互感器以及励磁灭磁屏、灭磁电阻等设备。A 排柱墙处的小室布置发电机主回路断路器、隔离开关、变压器低压侧电压互感器以及厂用分支电抗器回路设备。

三、50MW 发电机出线小室

图 12－10 为 TQQ－50－2 型（50MW，10.5kV）发电机出线小室布置示例。其特点是：机组为横向布置，厂房柱距为6.5m，出线小室占据机端与 A 排柱墙处运转层下的整个空间，因地方狭小，未留出通道，为两层结构的封闭式小室。发电机与三绕组变压器组成单元接线，主回路装有断路器，在断路器与变压器之间接有厂用分支变压器回路。主回路断路器布置在上层，厂用分支回路断路及厂用变压器低压侧电缆终端盒布置在底层，厂用变压器布置在 A 排柱墙外附近，小室与厂用变压器之间用屋外母线桥相连。

四、100～125MW 发电机出线小室

(1) 图 12－11 为 SQF－100－2 型（100MW，10.5kV）发电机出线小室布置示例。其特点是：机组为横向布置，厂房柱距为 8m，出线小室分成两个小室布置，一个在机端，另一个布置在与机端小室相对应的 A 排柱墙处，两小室之间用母线桥相连。两个小室均为两层结构。其中机端处的小室底层为封闭式结构。布置发电机出口电压互感器和发电机励磁回路的设备（励磁灭磁屏、灭磁电阻和硅整流屏等）；上层布置发电机出线两侧的电流互感器和母线等，为了减少母线及其附近钢构损耗发热引起的温度升高，采用了半敞开式结构，以加强自然通风冷却。A 排柱墙处的小室为封闭式结构，布置主回路断路器、隔离开关和厂用分支回路的设备等。

(2) 图 12－12 为 QFS－125－2 型（125MW，13.8kV）发电机出线小室布置示例。其特点是：机组为横向布置，厂房柱距为 8m，小室占据运转层下机端与 A 排柱间的整个空间，并且凸出 A 排柱墙外 3.3m 左右，为两层结构的封闭式小室。小室底层的机座与 A 排柱之间留有维护通道。发电机与三绕组变压器组成单元接线，并支接有厂用分支变压器回路。小室上层布置发电机中性点电流互感器、电压互感、主回路和厂用分支回路的隔离开关以及主变压器低压侧的电压互感器和避雷器等设备。励磁回路的硅整流屏、励磁灭磁屏和励磁调节屏等，亦布置在上层。为了提高安全可靠性和维修方便，硅整流屏下面设有封闭式电缆槽沟。励磁机和发电机的励磁主回路采用裸母线连接。其余设备布置在小室的底层。与一般小室不同的还有：发电机的励磁调压器设备，亦布置在小室的底层；此外，厂用变压器低压侧用母线桥引入小室后，装设了两块安装电流互感器和电缆头的 GG－1A 型高压开关柜。

第 12－4 节　200MW 及以上大容量发电机的引出线装置布置

200MW 及以上大容量发电机引出线母线、厂用分支母线和电压互感器分支母线等，为了避免相间短路、提高运行的安全可靠性和减少母线电流对邻近钢构的感应损耗发热，一般采用全连式分相封闭母线。与封闭母线配套供应的电压互感器、避雷器和电容器等，分别装在分相封闭式的金属柜内，一般为抽屉式的。发电机中性点设备（电压互感器、消弧线圈或接地配电变压器和接地电阻等）亦装设在单独的封闭金属柜内。因此，这种具有分相封闭母线的发电机引出线装置的布置与一般中小型发电机采用敞露母线的引

出线装置有很大的区别。

首先，由于分相封闭母线及其配套设备的带电部分均被封闭在金属保护外壳内，而金属外壳是接地的，不会引起人员触电的危险。因而一般都是敞开布置，取消了复杂的发电机出线小室（一些工程存在小室完全是为安装励磁回路设备而设置的，和一般中小机组的出线小室性质和内容均不同，可改称为励磁设备小室），简化了土建结构和便于施工安装，也改善了运行条件。

其次，由于分相封闭母线及其配套设备是由封闭母线制造厂成套加工制造，再由现场组装连接起来的，因此，易于保证质量，提高了长期运行的安全可靠性，减少了运行维护工作量，而且也大大地减少了现场的施工安装工作量，加快了施工进度。

在进行具体的布置设计中，一般需注意以下几点：

（1）各电机厂生产的机型不同，其引出线套管处的尺寸和结构也不同，对引出线母线的布置有较大的影响。例如：上海电机厂生产的 QFS－300－2 型发电机，出线套管相间距离只有 850mm，前后排套管之间的中心距离只有 500mm，无法与分相封闭母线相连。因此，在风室内只能采用敞露式母线，套管上也不能装设套管式电流互感器，只得单独装设母线式电流互感器。为了安全起见，有些工程对此段敞露母线包绝缘层或在支持绝缘子处局部加强绝缘的措施。为防止钢构发热，采取了在钢构上加铝屏蔽环和在钢筋混凝土板面、柱面上加铝屏蔽栅等措施。

同样是上海电机厂的产品，按引进美国西屋公司技术生产的 300MW 发电机（即 XH 工程采用的发电机），则分相封闭母线可直接封到发电机引出线套管处，而且在该处转为横方向引出。各引出线套管上装有三个套管式电流互感器，无需单独装设母线式电流互感器。可见两者相差甚大。

东方电机厂和哈尔滨电机厂生产的 200MW、300MW 发电机，亦有一定的差别。因此，设计时，必须注意不同的机型情况。

（2）各封闭母线制造厂配套生产的分相封闭母线尺寸和连接结构略有不同，设计时需注意布置尺寸的相互配合。其简要规范如表 12－1 所示。

此外，与设备连接的可拆性伸缩节的连接，阜新封闭母线厂采用两半抱箍式外壳组成的连接方式，而北京电力设备总厂采用氯丁橡胶波纹管的连接方式。总之，两厂的产品是有差异的，设计时必须注意。

表 12－1　　分相封闭母线参考尺寸（mm）

机组容量	项目名称		规范	
			阜新封闭母线厂	北京电力设备总厂
200MW（15.75kV）	主回路	导　体	$\phi400\times12$	$\phi380\times12$
		外　壳	$\phi850\times7$	$\phi900\times7$
		相间距离	1200	1100、1200
	厂用分支	导　体	$\phi150\times10$	$\phi150\times10$
		外　壳	$\phi600\times5$	$\phi650\times5$
		相间距离	850～900	850～900
300MW（18～20kV）	主回路	导　体	$\phi500\times12$（18～20kV）	$\phi500\times12$（18kV）
		外　壳	$\phi1050\times8$	$\phi1000\times8$
		相间距离	1250～1400	1250
	厂用分支	导　体	$\phi150\times10$	$\phi150\times10$
		外　壳	$\phi700\times5$	$\phi650\times5$
		相间距离	900～1000	850～900

（3）为了缩短分相封闭母线的长度，从而降低投资，一般主变压器和厂用工作变压器均布置在 A 排柱外侧。两变压器宜前后布置（两者之间设防火隔墙），使厂用变压器直接布置在主回路的封闭线之下。

(4) 由于分相封闭母线不便于交叉换位，因此必须注意发电机与变压器之间的相位配合。

(5) 自然冷却式分相封闭母线在 A 排柱墙处，应装设绝缘隔板或套管隔离（对装设有微正压充气装置的分相封闭母线除外），并宜在两侧装设矽胶吸潮器，还应考虑检修拆装隔板或套管的可能性。

(6) 应考虑变压器检修拆装套管和起吊钟罩外壳的可能性。

(7) 在变压器套管升高座最低处，宜设置泄水管和泄水阀。

(8) 分相封闭母线除了与设备连接采用可拆性伸缩节外，并宜在下列位置设置伸缩节。

1) 不同沉降部分的分界处；

2) 直线段长度超过 20m 时。

(9) 主回路上的可拆性连接接头处，宜在导体的螺栓接头处设置酒精温度计，并在该处外壳上设置观察孔，以便于监视接头温度。

(10) 在发电机主回路出口电流互感器之外侧，宜设置安装短路试验的连接装置。

(11) 全连式分相封闭母线的各个端部（包括分支部分在内），三相外壳均应设置短路板。

(12) 为了安装焊接和检修的方便，分相封闭母线外壳至周围的构筑物不宜小于 200mm，至下面的楼板面不宜小于 400mm。

由于机型的不同，机组在厂房中的布置方式不同，以及引出线设备配置的不同等因素，致使分相封闭母线的布置型式也是多样的，现选编几个不同布置供设计参考。

一、200MW 发电机引出线装置

(1) 图 12－13 为 QFQS－200－2 型（200MW，15.75kV）发电机引出线装置示例之一。其特点是：机组为横向布置，厂房柱距为 9m。引出线装置分两层布置，上层布置主回路分相封闭母线，下层布置电压互感器柜、避雷器柜和励磁回路的整流屏、励磁灭磁屏和灭磁电阻等，其中励磁回路的设备布置在封闭的小间内。厂用变压器直接布置在主回路分相封闭母线下面，厂用分支分相封闭母线很短。主变压器低压侧引出线套管为水平方向引出，检修起吊钟罩比较方便。

(2) 图 12－14 为 QFQS－200－2 型（200MW，15.75kV）发电机引出线装置布置示例之二。其特点是：机组为纵向布置，厂房柱距为 12m。引出线装置分两层布置。主回路上装有与分相封闭母线配套的隔离开关，主变压器低压侧引出线套管垂直方向引出，起吊钟罩时变压器需外移一定距离。

二、250MW 发电机引出线装置

图 12－15 为 TFLQQ－KD 型（250MW，15kV）发电机引出线装置布置示例。该发电机和整套分相封闭母线及其配套设备，均从日本引进。其布置特点是：机组为纵向布置，厂房柱距为 7m。整套引出线装置布置在 5m 标高层，主回路分相封闭母线从发电机引出线套管处横向引出。电压互感器柜、电容器和避雷器柜布置在主回路分相封闭母线侧面，其分支由主回路的顶部引出转接至柜顶引入。厂用变压器布置在主变压器的侧面与主变压器同一中心线上，因而厂用分支母线较长。主变压器低压套管从顶部斜方向引出。由于励磁回路设备布置在运转层上，因而运转层下的引出线装置处无励磁回路设备。

三、300～320MW 发电机引出线装置

(1) 图 12－16 为 QFS－300－2 型（300MW，18kV）发电机引出线装置示例之一。其特点是：机组为纵向布置，厂房柱距为 12m。引出线装置处运转层分为三层，其中引出线装置占据上面两层。第二层为封闭式小室，布置电压互感器柜、避雷器柜、励磁灭磁屏和整流屏等设备。第三层布置主回路分相封闭母线等。分相封闭母线在厂房内部采用悬吊固定方式，屋外部分采用支持固定式。由于发电机出线套管间尺寸过小，因此在风室内采用敞露式母线。为了防止钢构发热，设置了屏蔽环和屏蔽栅。励磁母线为共箱母线。

由于风室内中性点侧母线和电流互感器等直接布置在发电机冷却器下面，停电时有可能结露水珠滴于其上，冷却器亦有可能发生渗漏，影响安全运行。因此，有些工程将中性点亦引至风室外用封闭母线短接，而且将电流互感器装于封闭母线内。

(2) 图 12－17 为 300MW（20kV）发电机引出线装置布置示例之二。其特点是：机组为纵向布置，厂房为钢结构。发电机是上海电机厂引进美国西屋公司技术制造的，每个引出线套管上装有三个套管式电流互感器，分相封闭母线只能从发电机引出线套管下转至横方向引出。厂用工作变压器有两台。其中一台布置在主回路分相封闭母线下面，另一台布置在其侧面。屋外部分分相封闭母线采用钢结构螺栓连接支架支持，支点过密，显得比较复杂。

(3) 图 12－18 为 THAR－2－376470 型（320MW，20kV）发电机引出线装置布置示例。发电机和整套引出线装置设备均由意大利引进。其特点是：机组为横向布置，厂房柱距 12m。厂用工作变压器有两台，

发电机中心线
1200
1200
1100
700
1145
2275
1800
2200
3200
660
2500
3000
3620
5880
250
250
250
250
600
A
A
B
C
主变压器中心线
I
I

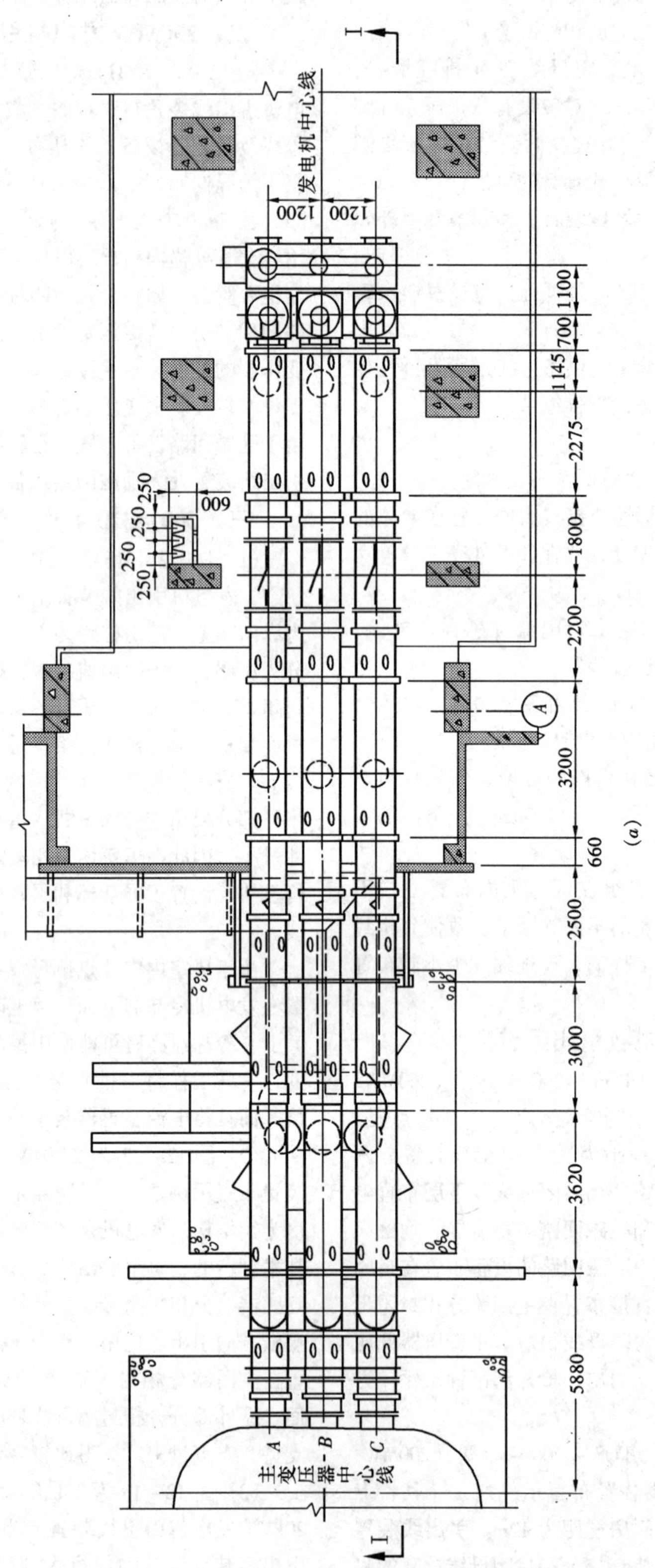

(a)

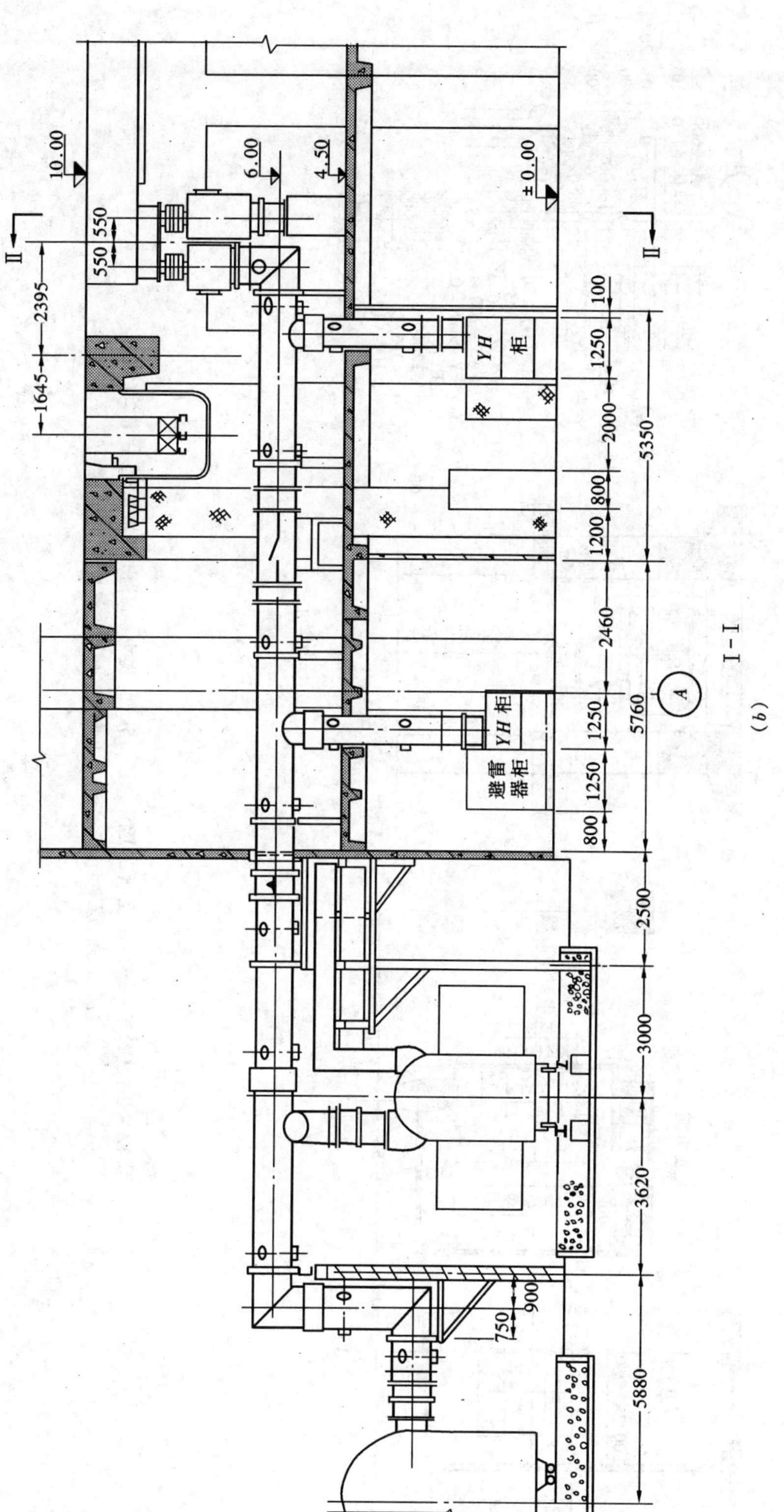

图 12－13　QFQS－200－2 型（200MW，15.75kV）发电机引出线装置之一（一）
（a）4.50m 层平面；（b）I－I 断面

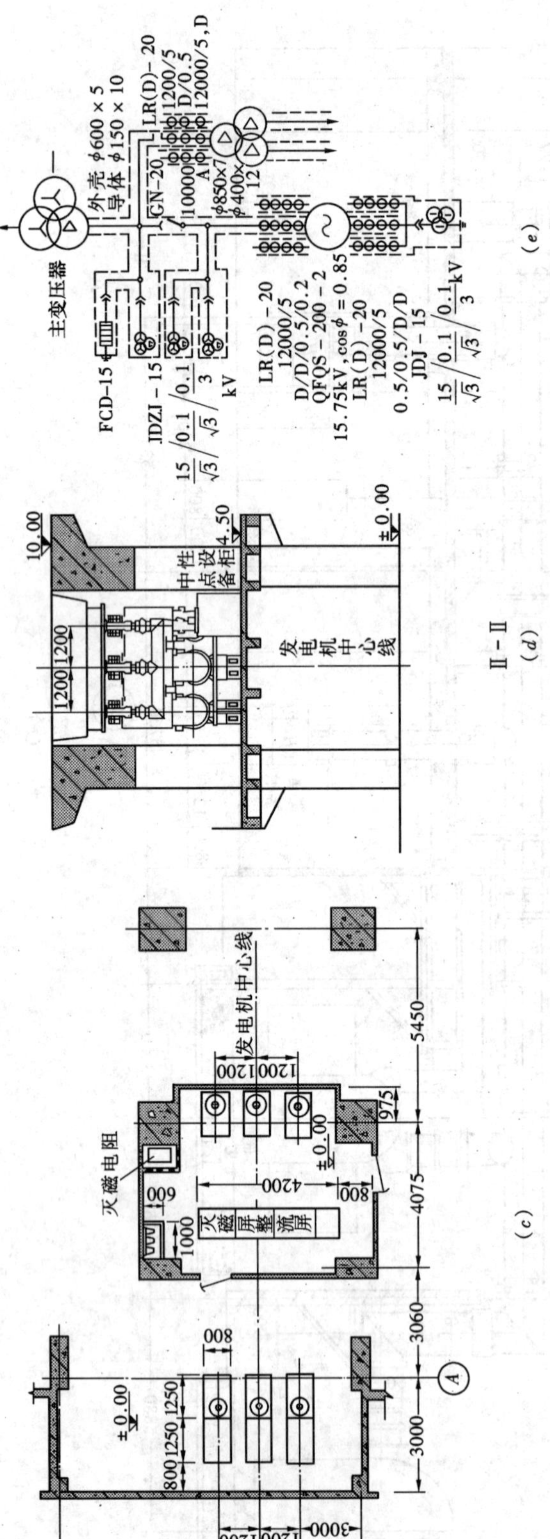

图 12-13 QFQS-200-2型（200MW，15.75kV）发电机引出线装置之一（二）
（c）0.00m层平面；（d）Ⅱ-Ⅱ断面；（e）电气接线

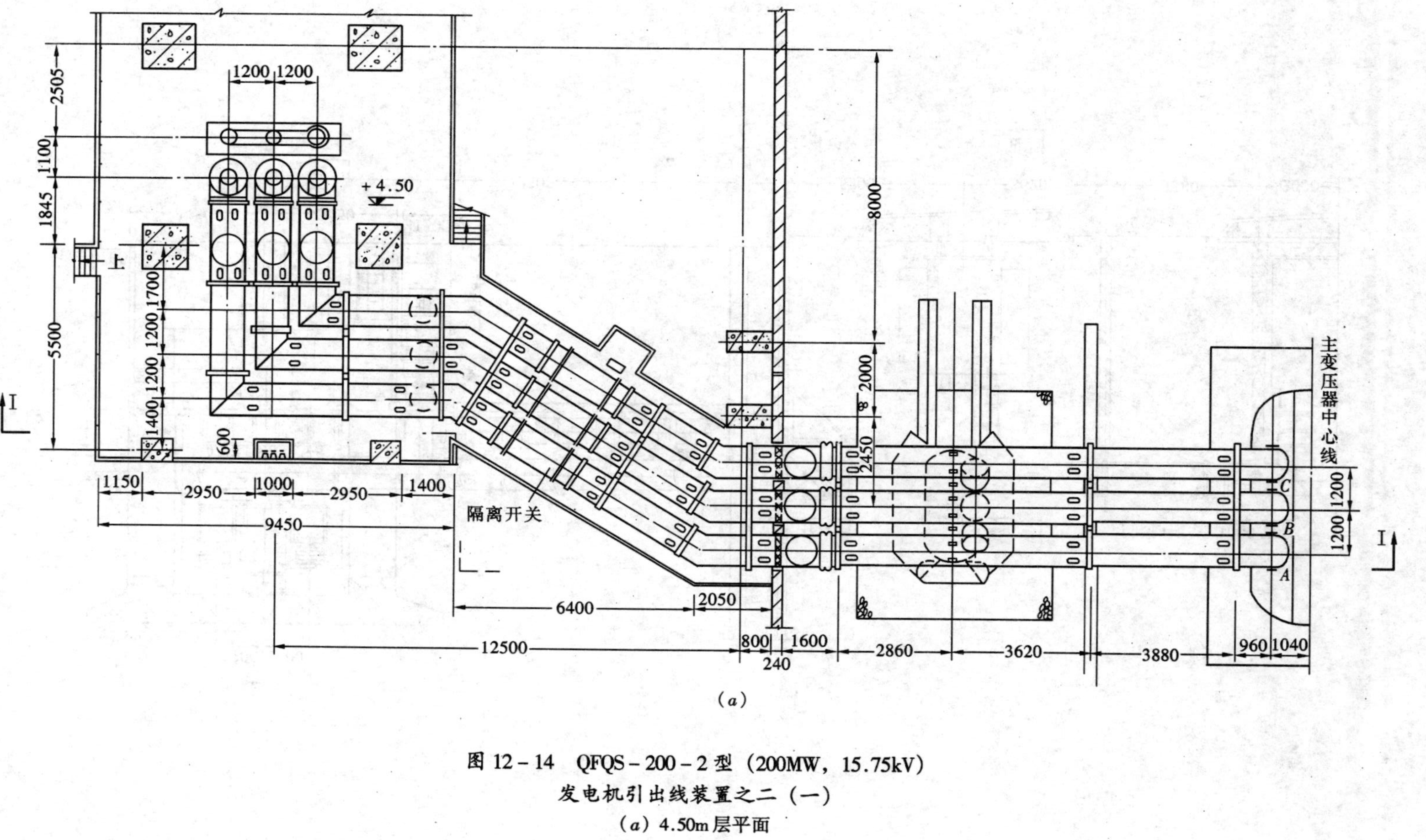

(*a*)

图 12-14　QFQS-200-2 型（200MW，15.75kV）
发电机引出线装置之二（一）
（*a*）4.50m 层平面

可拆伸缩节
PT
柜
1000 960
2000
3880
3620
5500
550
1600
650
12500
2300
1300
350
3450
3450
1200
1200
+10.00
+6.00
+4.50
±0.00
A
Ⅱ
Ⅲ

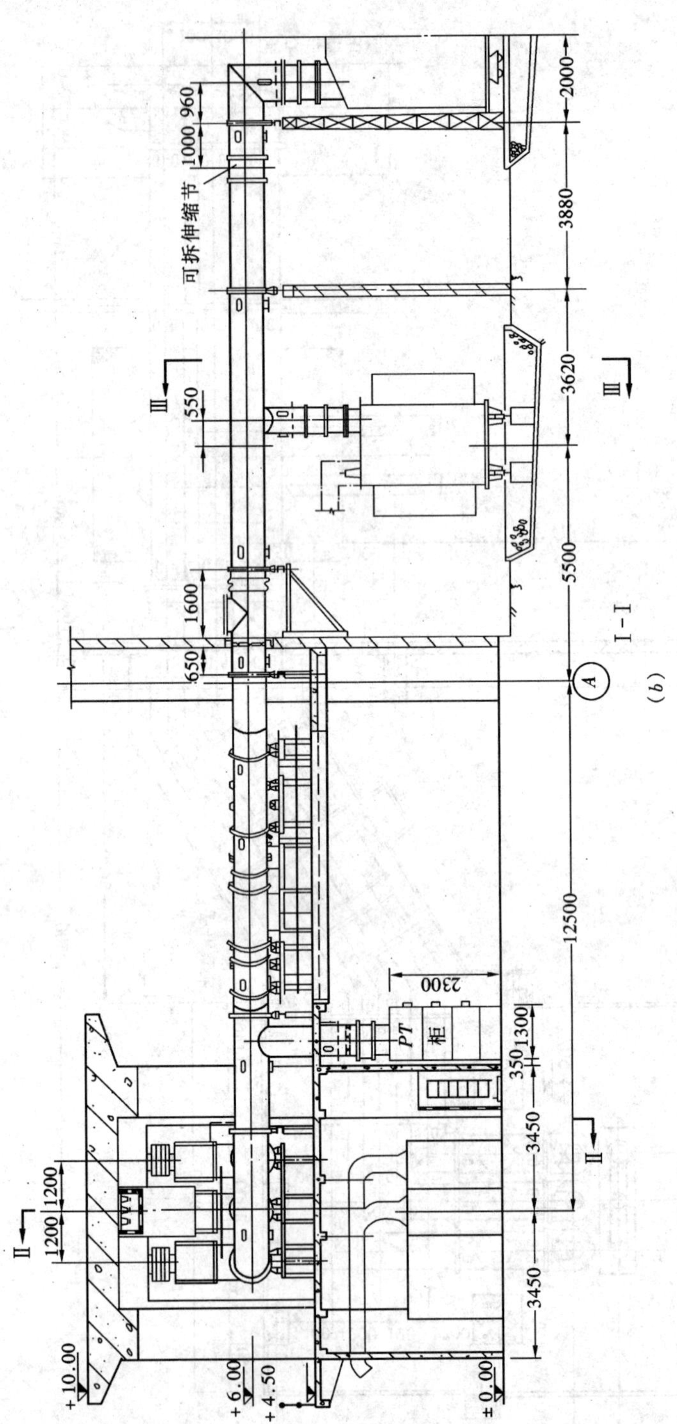

I－I

(*b*)

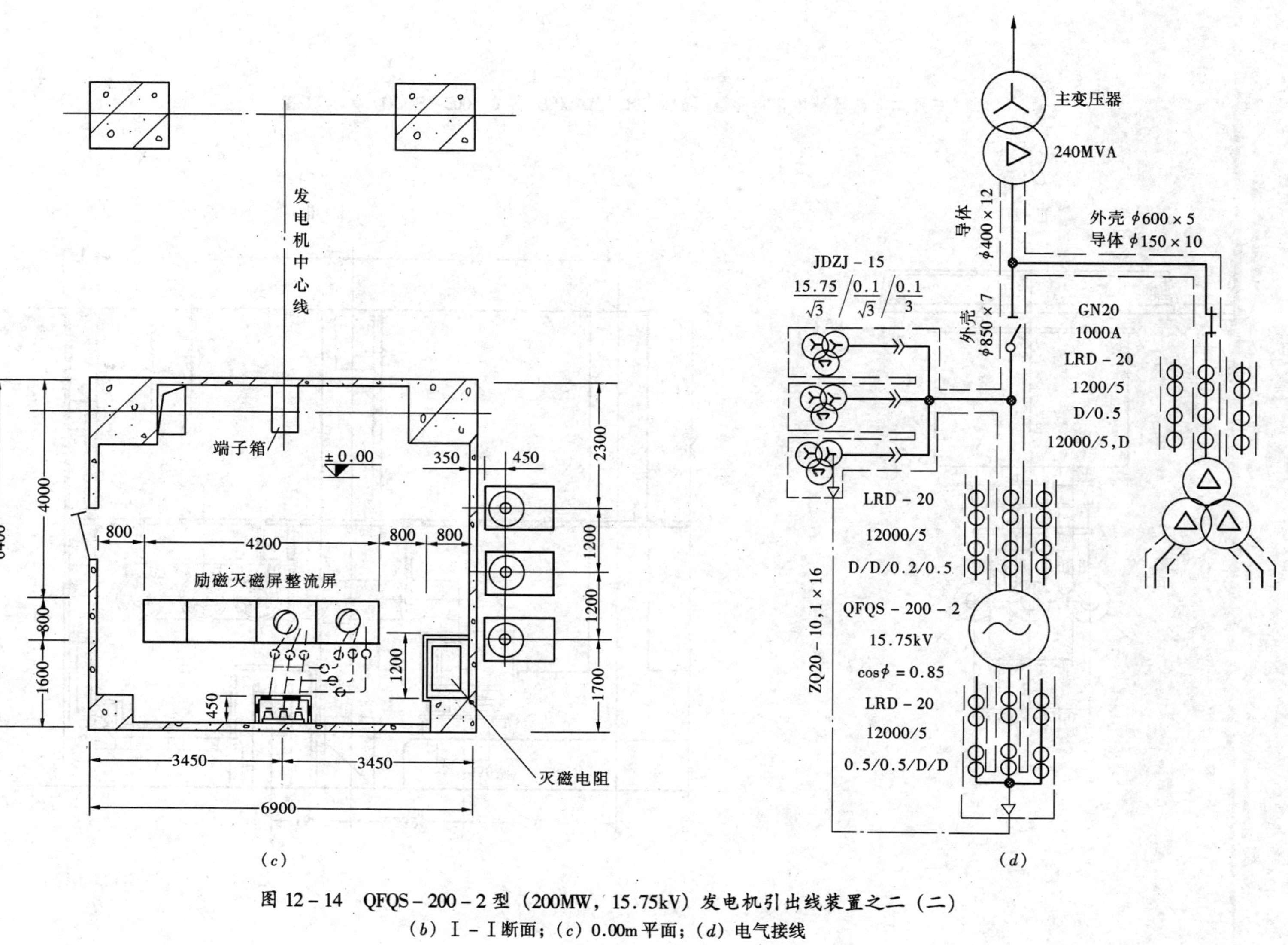

图 12－14　QFQS－200－2 型（200MW，15.75kV）发电机引出线装置之二（二）

（b）I－I 断面；（c）0.00m 平面；（d）电气接线

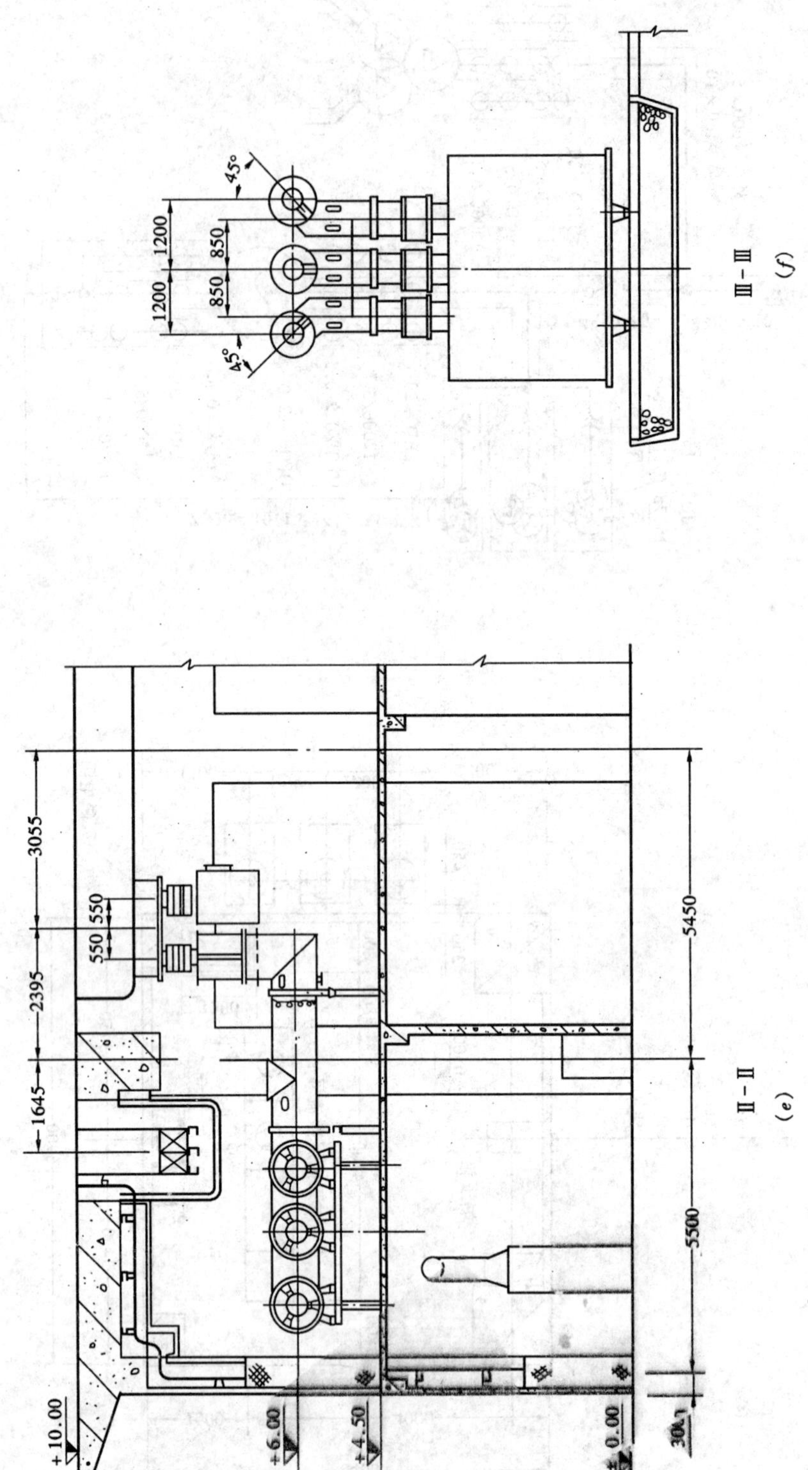

图 12－14　QFQS－200－2 型（200MW，15.75kV）发电机引出线装置之二（三）
（e）Ⅱ－Ⅱ断面；（f）Ⅲ－Ⅲ断面

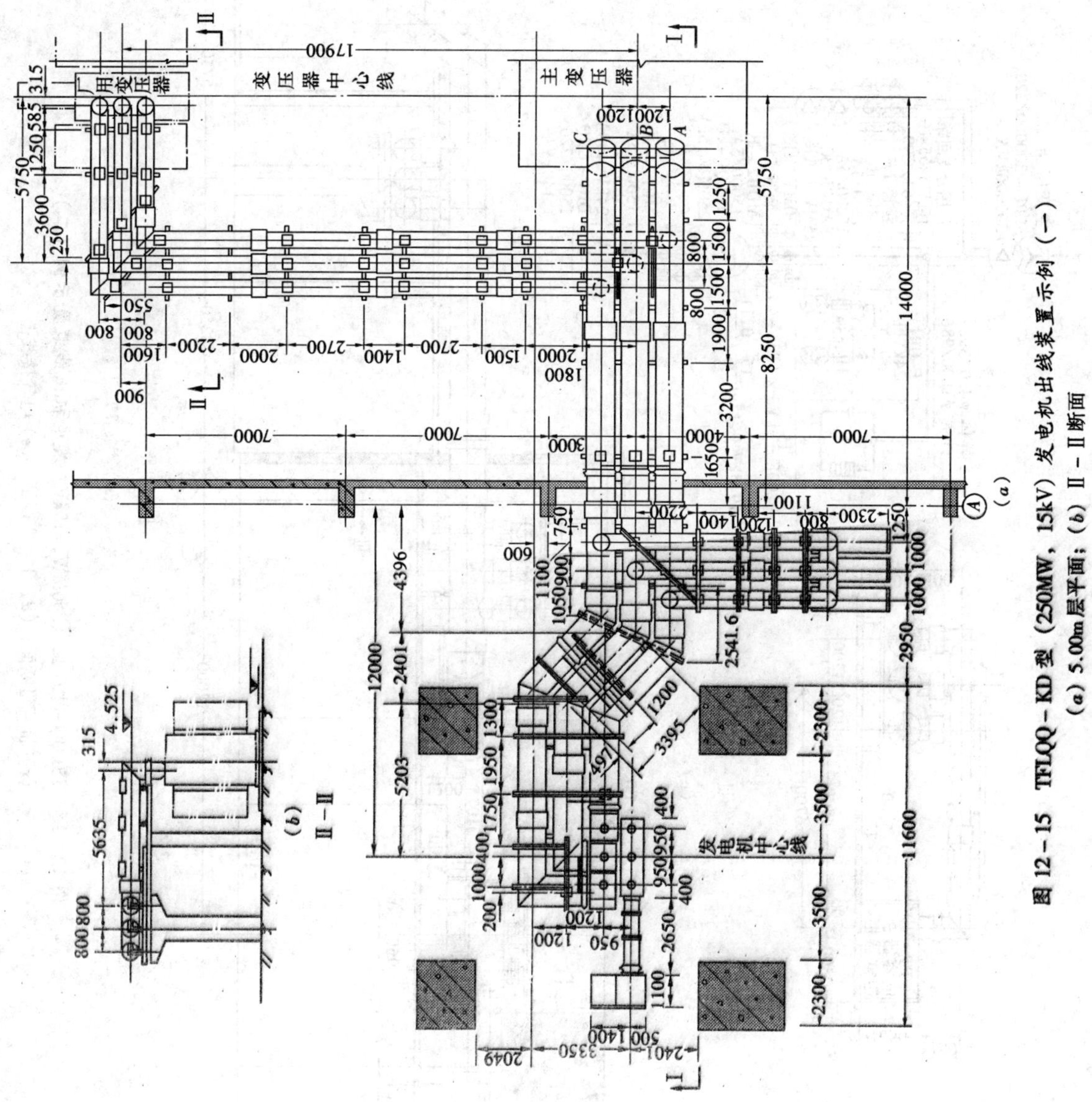

图 12－15　TFLQQ－KD 型（250MW，15kV）发电机出线装置示例（一）
（a）5.00m 层平面；（b）Ⅱ－Ⅱ断面

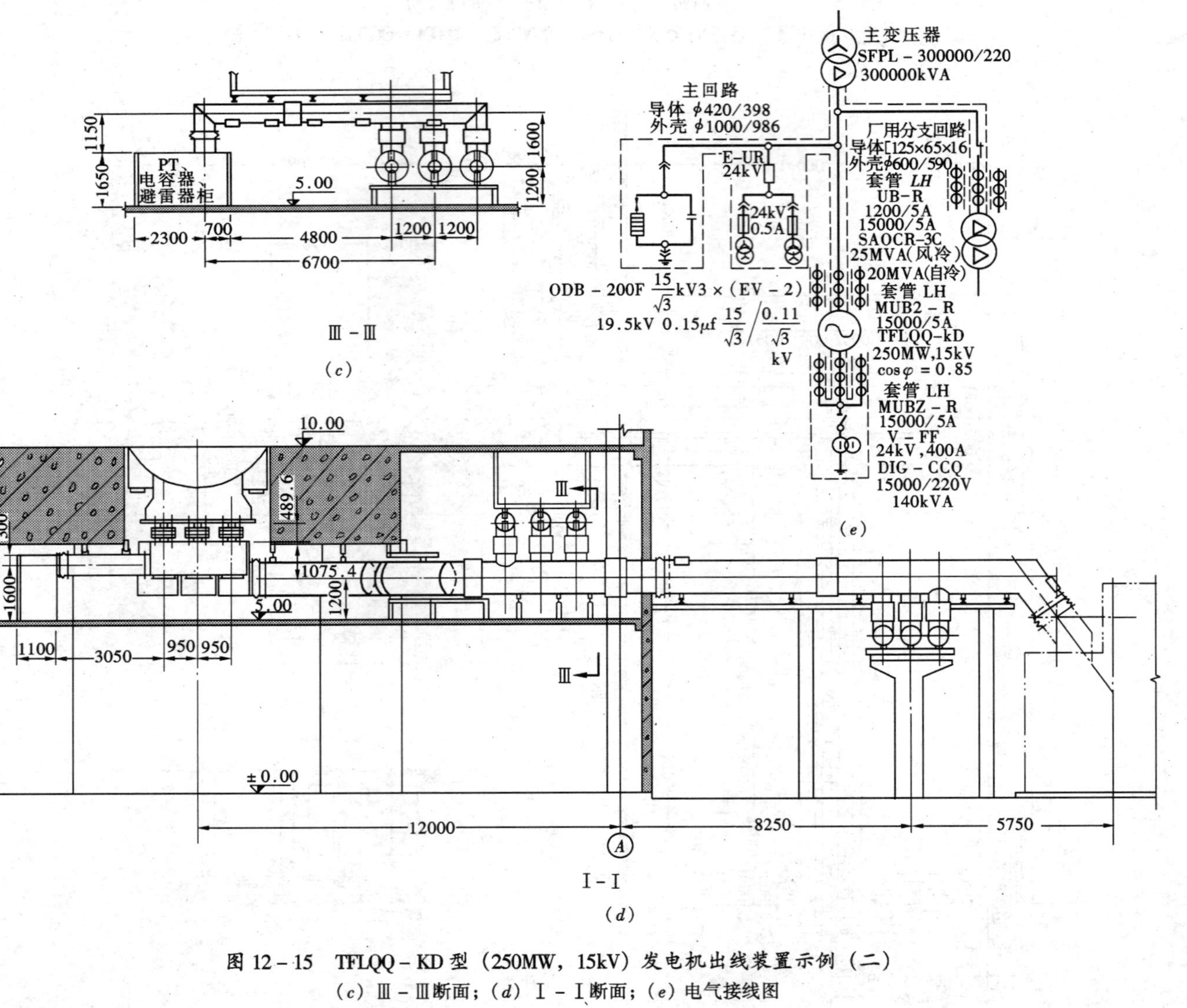

图 12-15 TFLQQ-KD型（250MW，15kV）发电机出线装置示例（二）
(c) Ⅲ-Ⅲ断面；(d) Ⅰ-Ⅰ断面；(e) 电气接线图

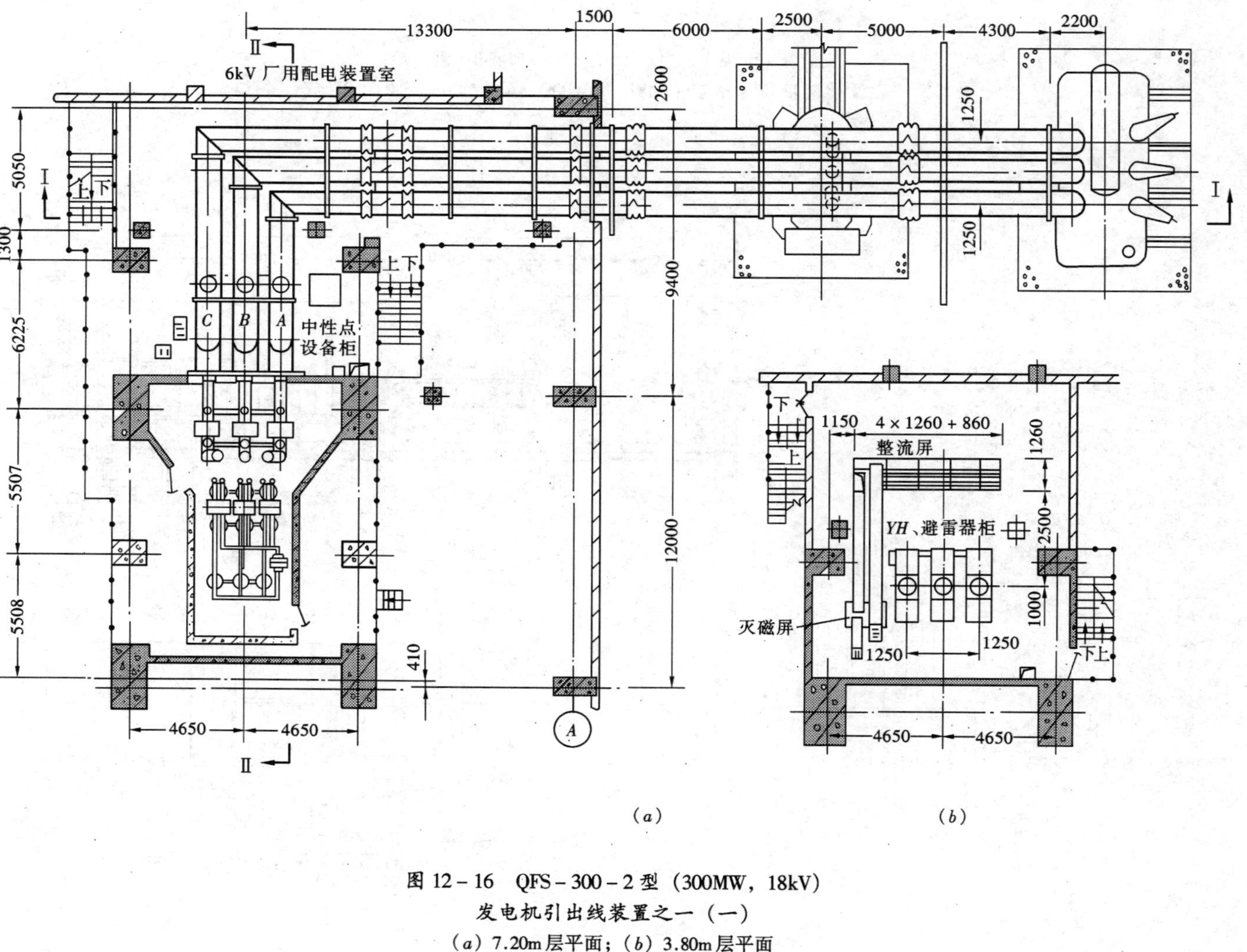

图 12-16　QFS-300-2 型（300MW，18kV）发电机引出线装置之一（一）
（*a*）7.20m 层平面；（*b*）3.80m 层平面

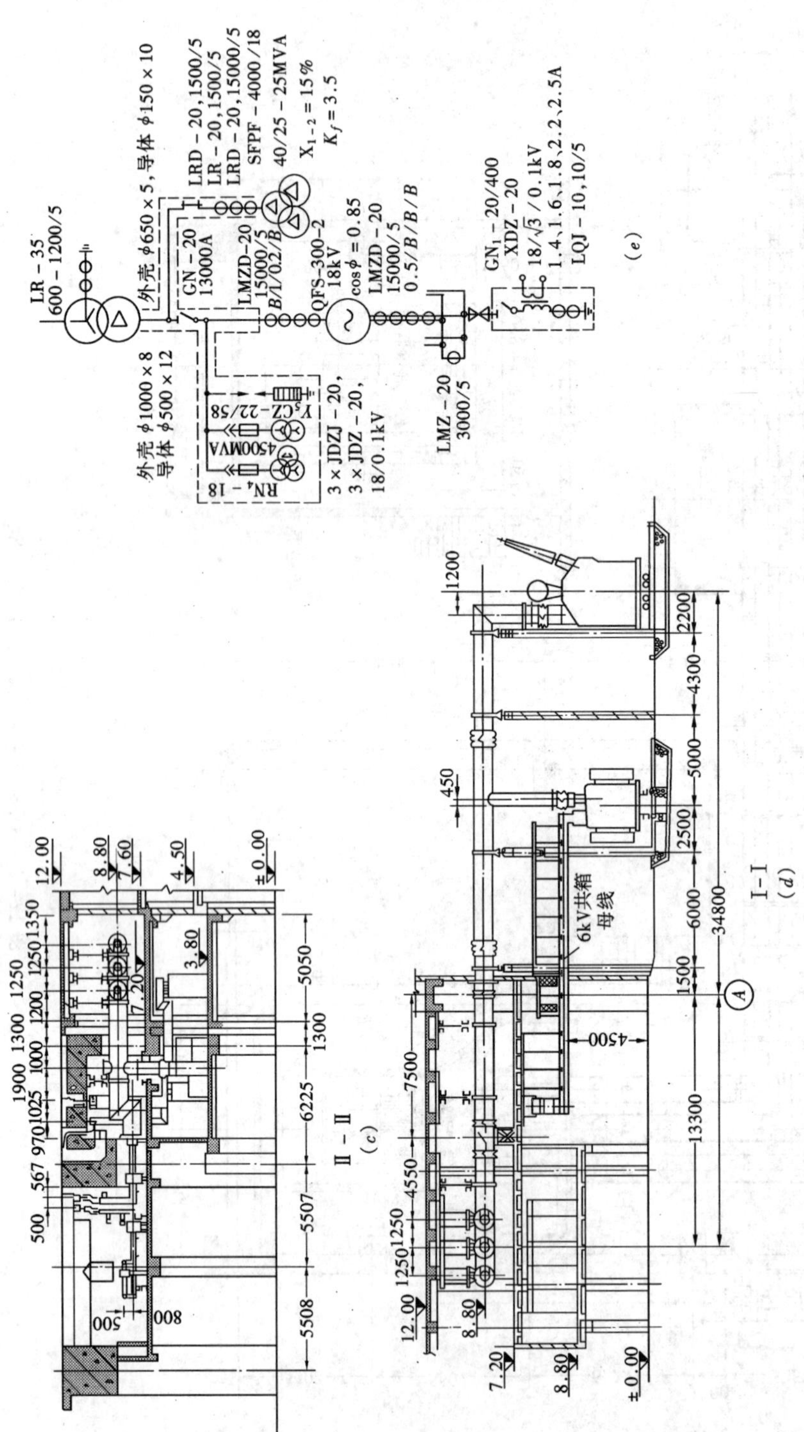

图 12-16 QFS-300-2 型（300MW，18kV）发电机引出线装置之一（二）

（c）Ⅱ-Ⅱ断面；（d）Ⅰ-Ⅰ断面；（e）电气接线图

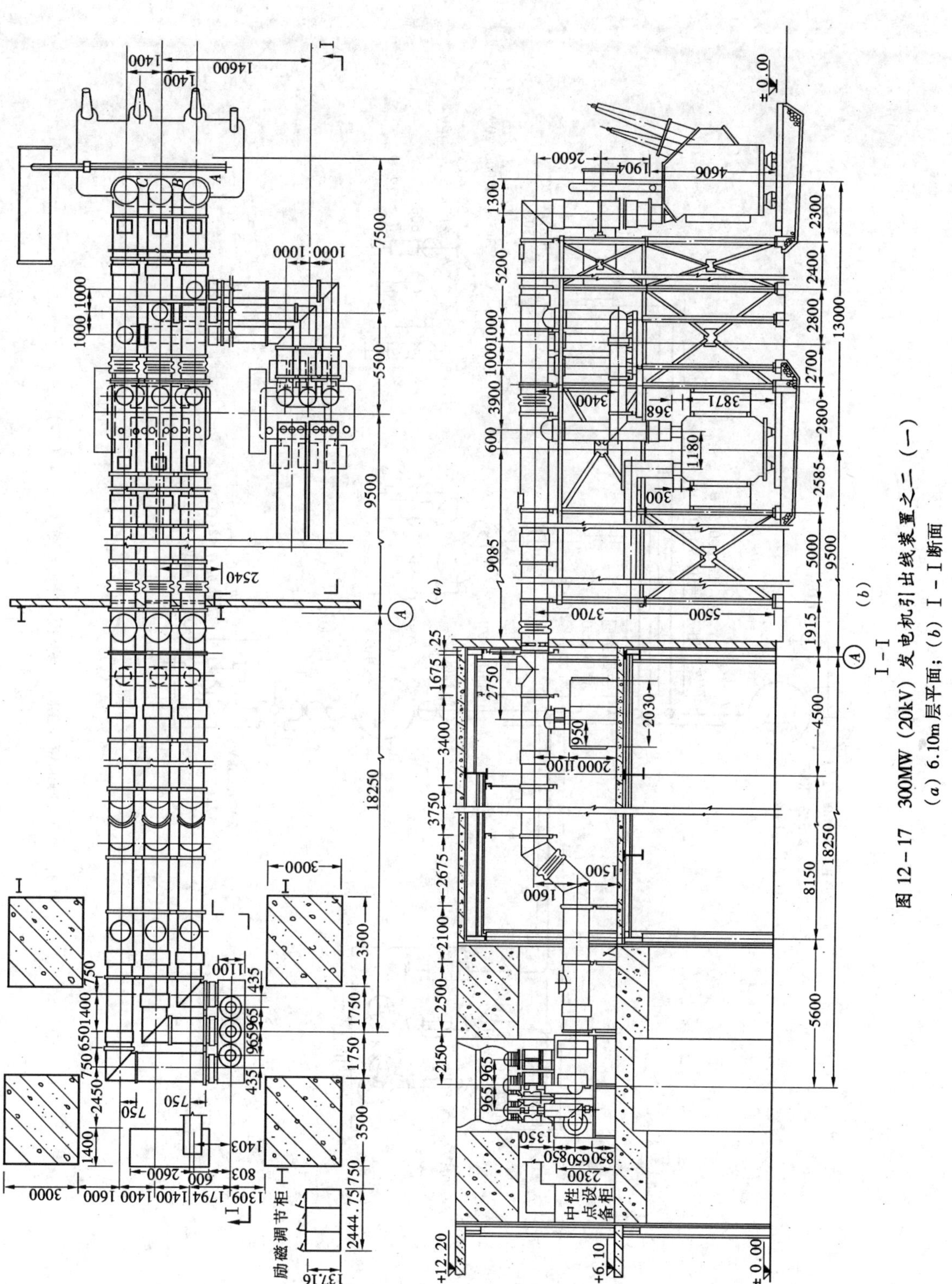

图 12－17　300MW（20kV）发电机引出线装置之二（一）

（a）6.10m层平面；（b）I－I断面

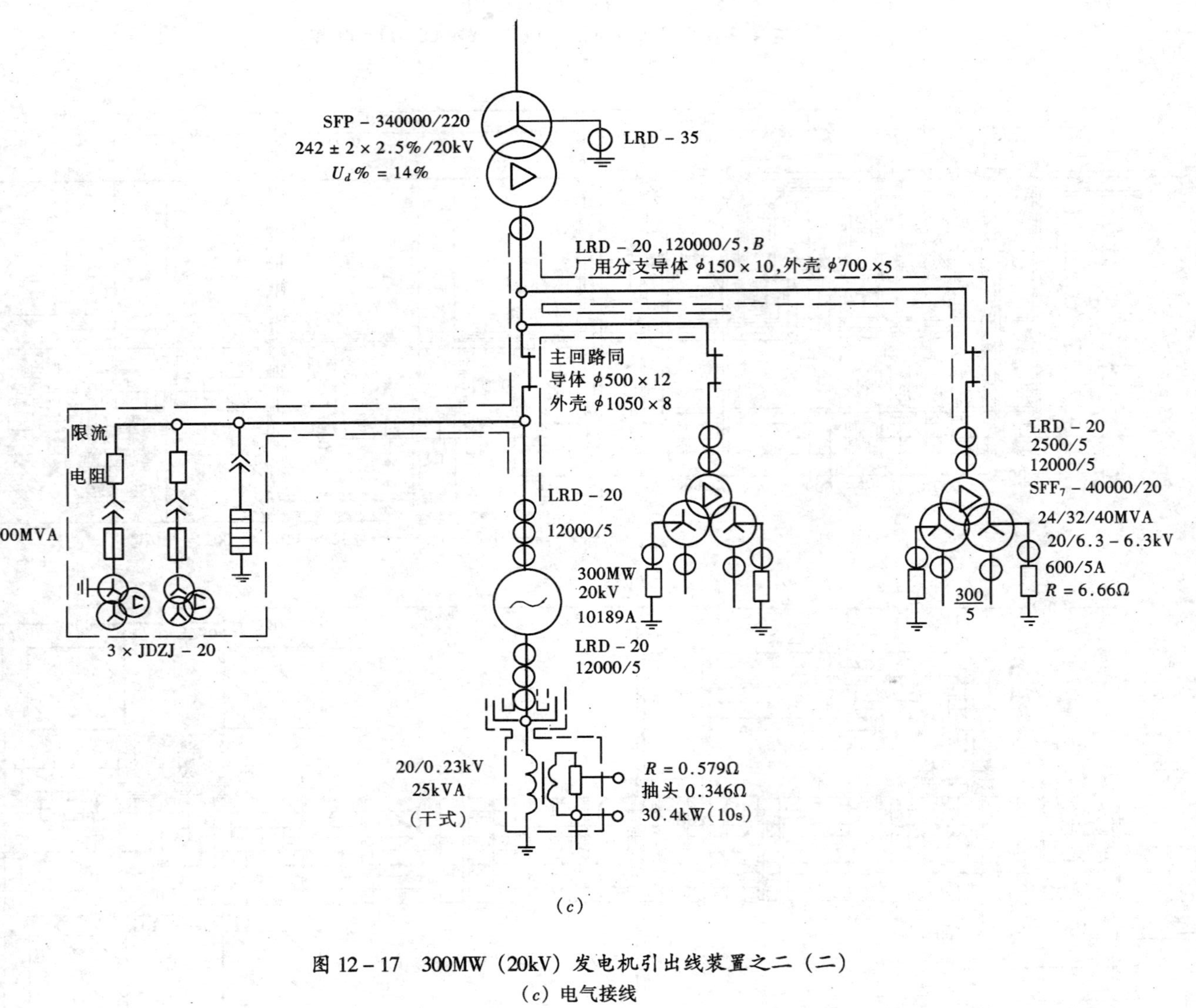

图 12－17 300MW（20kV）发电机引出线装置之二（二）
（c）电气接线

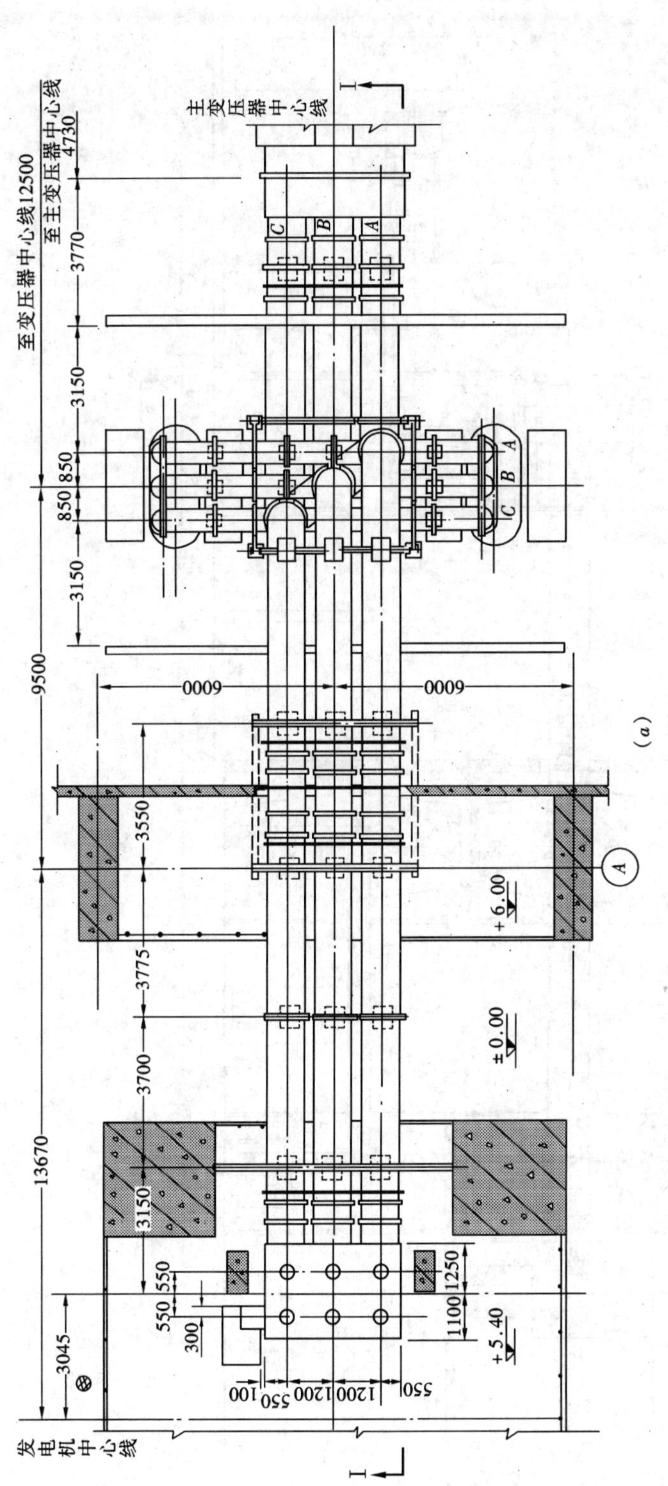

图 12－18　THAR－2－376470 型（320MW，20kV）发电机引出线装置（一）

(a) 平面图

12.00
5.40
+6.00
±0.00
-0.20
A
II
3200
4350
1775
3775
3700
3150
3770
2400
1600
3725
8850
2500
1200
4500
200
5400
2800
294
3506
1250
450

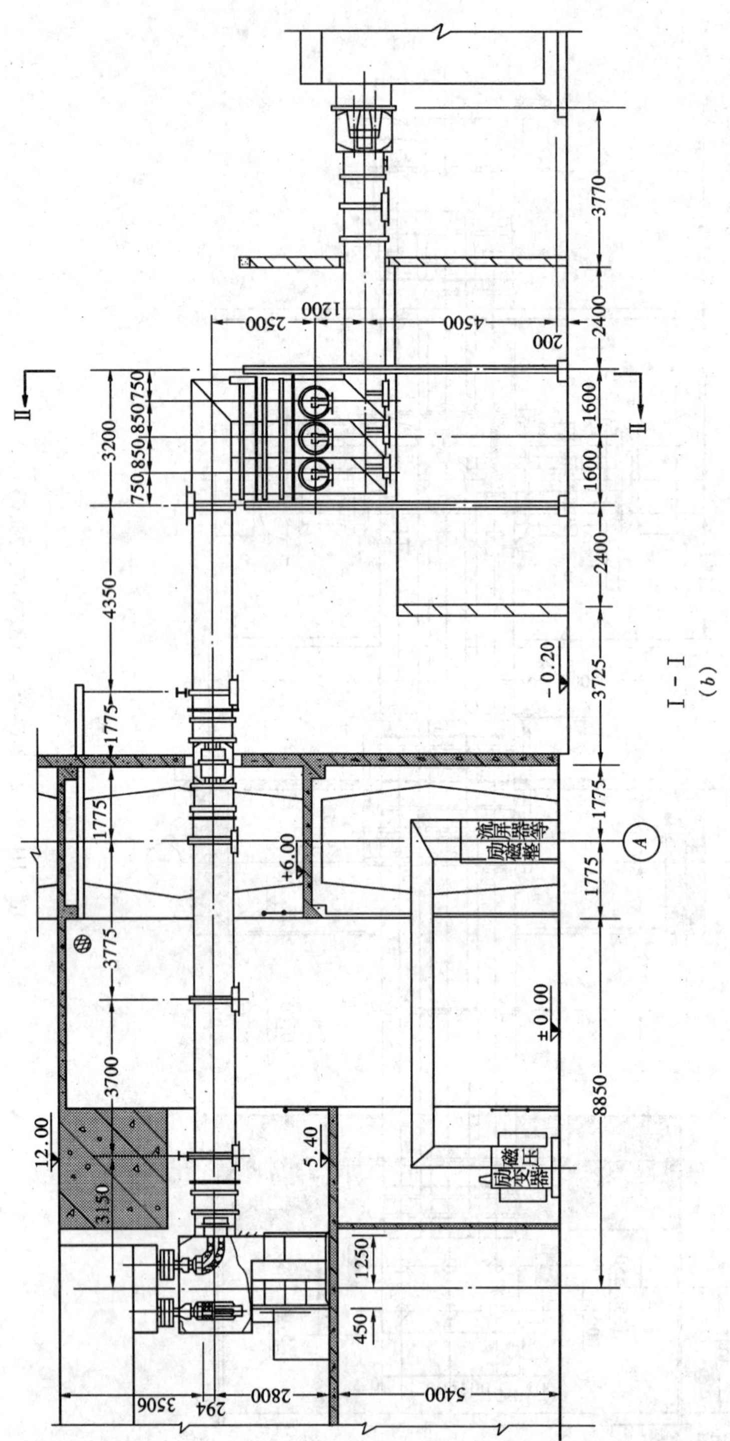

I - I
(b)

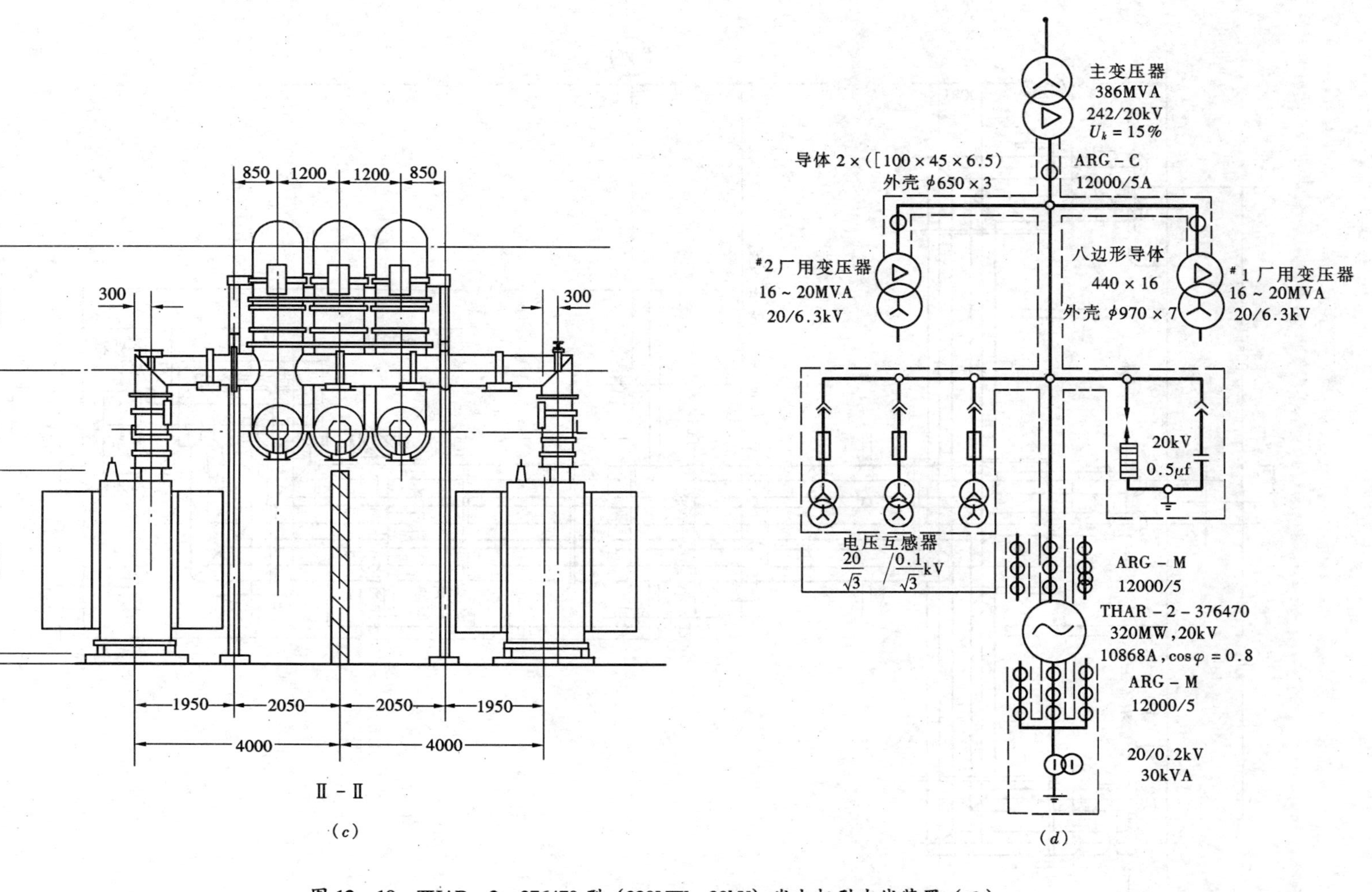

图 12-18　THAR-2-376470 型（320MW，20kV）发电机引出线装置（二）

(b) Ⅰ-Ⅰ断面；(c) Ⅱ-Ⅱ断面；(d) 电气接线图

主变压器中心线
厂用变压器中心线
发电机中心线
端子箱
充气装置
中性点设备柜
13500
13500
985
815
7750
1800
8250
4500
16000
2200
1800
1800
4200
5095
3235
1600
1000
5600
1200
4305
A
I
C
z
b
y
a
x
(a)

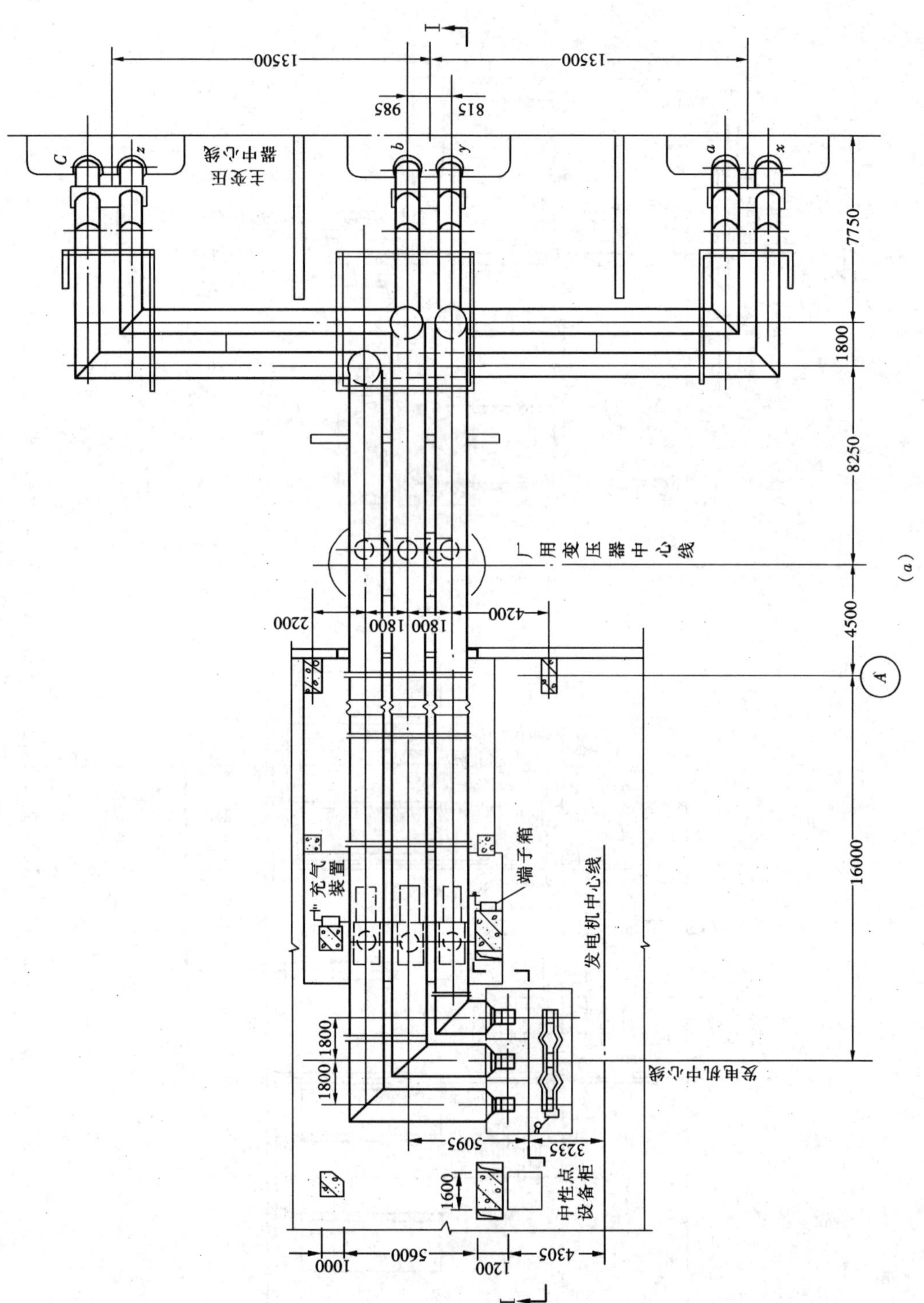

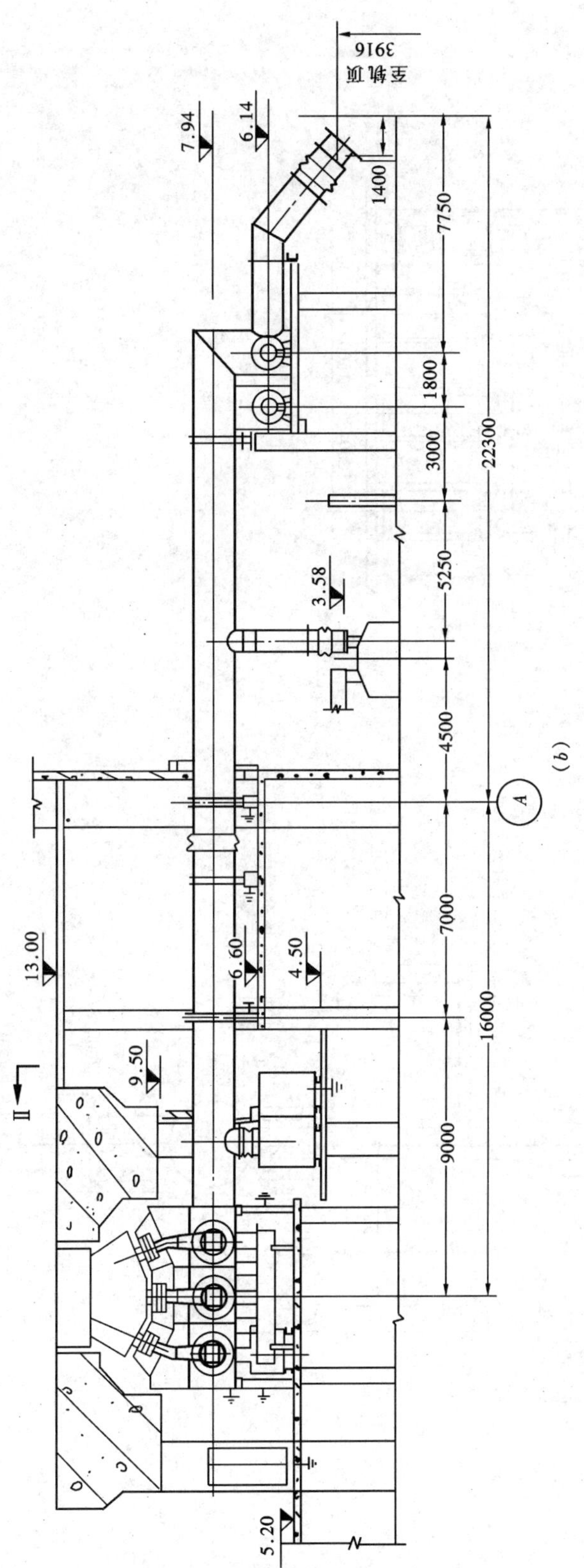

图 12－19　T－264－640 型（620MW，20kV）发电机引出线装置（一）

（a）平面图；（b）Ⅰ－Ⅰ断面

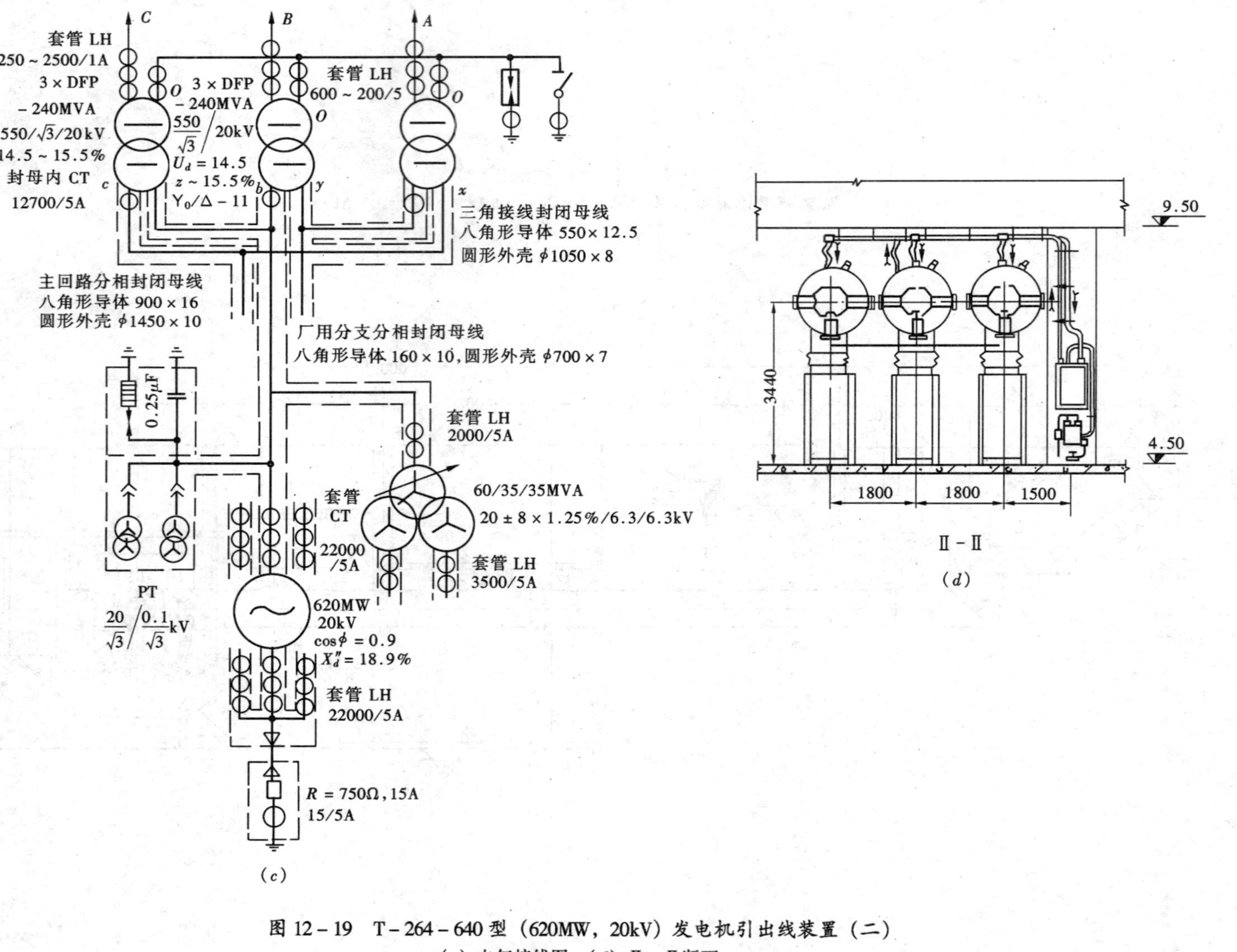

图 12－19 T－264－640型（620MW，20kV）发电机引出线装置（二）

（c）电气接线图；（d）Ⅱ－Ⅱ断面

在 A 排柱外分别对称布置于主回路分相封闭母线的两侧，布置清晰，连接方便。主变压器与厂用变压器之间、厂用变压器与厂用变压器之间、以及厂用变压器与主厂房之间均用防火墙隔开。电压互感器柜、避雷器柜直接布置在出线箱下面，励磁回路采用交流励磁变压器经整流后供给，励磁变压器布置在机座两柱之间，敞开式布置。整流屏、励磁调节屏等布置在机座相对应的 A 排柱的两柱之间，用大玻璃封闭。励磁变压器与整流屏之间采用共箱母线连接。

四、620MW 发电机引出线装置

图 12-19 为 T-264-640 型（620MW，20kV）发电机出线装置布置示例。其特点是：机组为纵向布置，厂房柱距为 10m。发电机和引出线分相封闭母线及其配套设备均为法国产品。主厂房内的分相封闭母线、电压互感器柜、避雷器柜以及出线箱等，根据实际需要布置在不同的标高层上。出线箱处设有局部通风装置。分相封闭母线设有微正压充气装置。发电机与由三台单相变压器组成的双绕组变压器组成单元连接，主回路分相封闭母线与主变压器低压侧三角形连接的分相封闭母线采用不同的规格。厂用工作变压器采用一台较大容量（60MVA）的双分裂绕组变压器，直接布置在 A 排柱外主回路分相封闭母线下面，比用两台厂用变压器的投资少。

第 12-5 节　组合导线及母线桥

一、组合导线

在中小容量发电机引出线装置中，屋外部分从汽机房至主配电装置之间，或者从汽机房至布置在升压站的主变压器之间的连接导线，一般采用组合导线。在进行组合导线布置设计时，应注意以下几点：

(1) 为了使构架受力不致过大，一般跨距不宜大于 40m，当超过 40m 时，宜在中间增设一个门型构架。

(2) 组合导线的偏角不应大于 45°。

(3) 组合导线的相间距离应按照导体短路摇摆计算进行校验。当不能满足要求时，可安装相间横联装置解决。当在跨距中央安装一套横联装置时，相当于导线摇摆弧垂减小到原来的 1/4；当在跨距中沿全长按三等分安装二套横联装置时，相当于导线摇摆弧垂减小到原来的 1/9 左右。这样可使在同样摇摆角的情况下，导线的水平位移相应减少，以满足安全带电距离的要求。横联装置的安装位置应尽量避开运输道路。

(4) 组合导线跨越道路时，导线距路面的高度应按可能通过道路的最高运输物加 1.05m 校验，但不应小于 7m。距无道路的地面不应小于 6m。

(5) 每跨组合导线中，至少应有一侧的耐张绝缘子串配有调整长度用的花篮螺丝。

组合导线的布置和安装示例见图 12-20。

二、母线桥

（一）屋内母线桥

在中小容量发电机的引出线装置中，屋内母线桥主要是用于发电机出线小室至 A 排柱墙穿墙套管之间和机端出线小室与 A 排柱处的小室之间（当小室分成两个部分时）的母线连接部分。屋内母线由于不受屋外恶劣气候的影响，一般采用等于或稍高于发电机额定电压等级的屋内式绝缘子。为了防止外物落入母线桥造成母线短路故障，母线桥顶部均用无孔板遮蔽，并应注意防止水渗漏入母线桥的可能性。为了运行维护观察方便和冷却的需要，母线桥两侧封以金属护网，底部则可用钢筋混凝土板或网状遮栏遮蔽。为了便于检修，应将部分护网作成可开启式或可拆卸的。对于通过较大母线电流的苯重母线桥或较长的母线桥，一般宜在母线桥的侧面设置维护通道。母线桥的布置和结构应尽量利用周围的构筑物（如墙、楼板、柱、梁等），通常在设计出线小室时统一考虑布置。

（二）屋外母线桥

屋外母线桥因受屋外恶劣气候的影响，为了提高运行的安全可靠性，一般应选取比回路运行电压高 1~2 级的屋外支持绝缘子。母线相间距离一般采用 650~1200mm。对于较重要回路的母线桥，还在上部加无孔盖板和两侧加保护网。屋外母线桥的一般结构型式如图 12-21 所示。

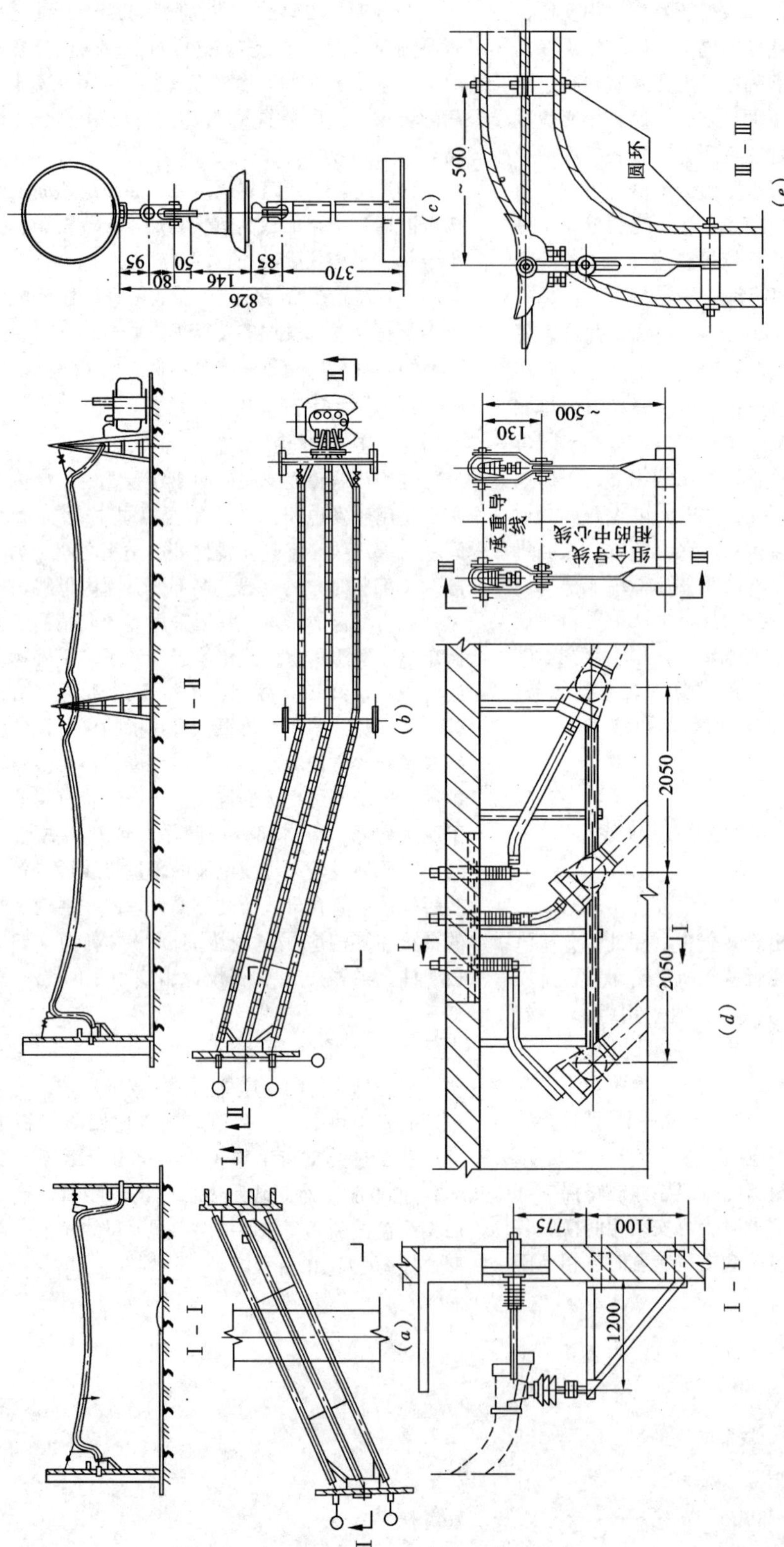

图 12－20 组合导线安装（典 791～794）

（a）单跨组合导线安装示例；（b）双跨组合导线安装示例；（c）横联装置；（d）终端固定绝缘子安装示例；（e）组合导线引下装置

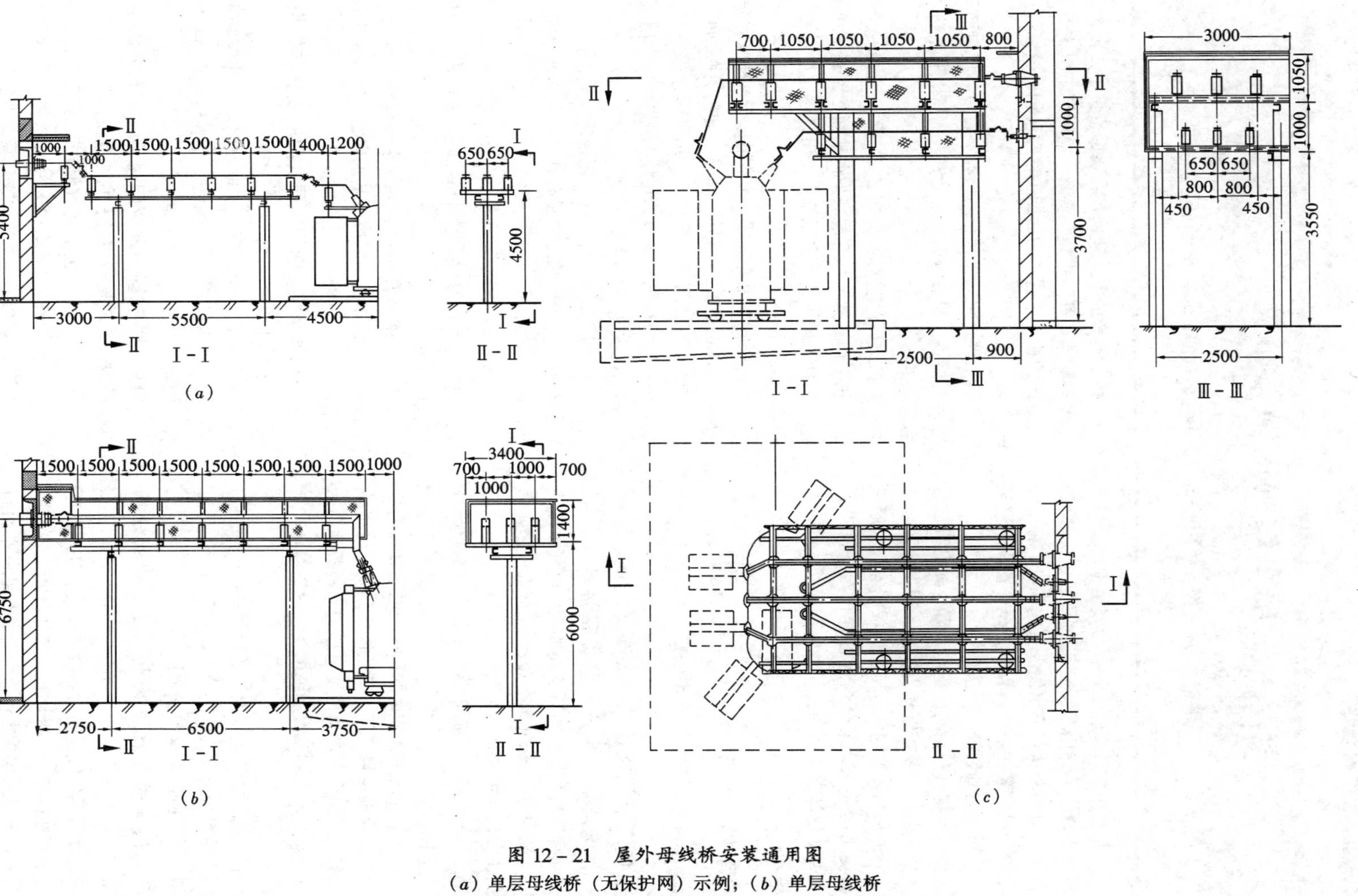

图 12－21　屋外母线桥安装通用图
（a）单层母线桥（无保护网）示例；（b）单层母线桥（有保护网）示例；（c）双层母线桥（有保护网）示例

第十三章

电工建构筑物总布置

编者　应震华　　校者　赵和春　　审者　牛恒铎

发电厂变电所的总布置设计要为安全生产、方便管理、节省投资、节约用地创造各种条件，并注意建构筑物群体的协调，从整体出发，美化环境。有了好的总体布置，就能够在生产过程中，充分发挥先进工艺设备的作用，达到较高的经济效益。

电工建构筑物（包括高压配电装置及其出线、变压器、无功补偿装置及控制楼等）总布置设计是在拟定的厂、所址和总体规划的基础上，根据电气生产工艺流程和使用的要求，结合当地各种自然条件进行的。要全面处理好总平面布置、竖向布置以及道路交通等问题。

第13-1节　电工建构筑物的总平面布置

一、电工建构筑物总平面布置的基本原则

（一）满足电气生产工艺流程要求

电工建构筑物总平面布置首先要满足电气主接线的要求，力求导线、电缆和交通运输线路短捷、通顺，避免迂回，尽可能减少交叉。

在电工建构筑物总平面布置中要特别注意解决好以下两个环节：

(1) 首先要把占地面积大的高压配电装置的方位确定好。其方位确定得好坏，直接影响到高压进出线的布置，关系到整个变电所或发电厂的有利条件能否得到充分利用和涉及到主要和辅助建构筑物的布置是否合理。

(2) 要为全厂、所电气设备的控制中心——主控制楼或网络控制楼选择良好的位置，利于运行人员监视、控制，保证电气设备的安全运行。

（二）慎重确定最终规模，妥善处理分期建设

最终规模包括出线回路数、主变压器、高压并联电抗器、串联补偿装置、调相机、静止补偿装置等的数量和容量。最终规模偏大或偏小都将导致总平面布置的不合理，偏大造成浪费，偏小则布置拥挤混乱，影响安全运行。

初期建设的电工建构筑物要尽量集中布置，以便于分期购地和利于扩建。要减少前后期工程施工与运行方面的相互干扰，为后期工程建设创造较好的施工条件。

在条件许可时，尽量不堵死突破最终规模而再扩建的可能性。当突破时，可能在总布置上有某些不够合理的地方。

（三）布置紧凑合理，尽量节约用地

总平面布置要尽可能减少占地面积，充分利用荒地、劣地、坡地，少占或不占良田，还应注意少拆迁房屋建筑，减少人口迁移。为此：

(1) 布置要紧凑合理，在满足运行、检修和防火、防污等要求的前提下，尽量压缩电工建构筑物的间距。

(2) 按照工程不同特点，分别采用分相中型、高型、半高型、屋内型等节约用地的配电装置和组合式电气设备。

(3) 推广多层联合布置。控制楼、通信楼、试验室和检修间等功能相近或互有联系的电工建筑物宜为多层联合布置。

（四）结合地形地质，因地制宜布置

(1) 注意场地的不同自然地形，选择相应的布置方式：

1) 尽量使高压配电装置等主要建构筑物的长轴沿自然等高线布置，以减少基础埋置深度和便于场地排水。

2) 因地制宜，选用不同的配电装置布置型式，避开不利地形。

3) 位于山区发电厂、变电所的电工建筑物不宜紧靠山坡，否则应有防止塌方、危及电气设备和建构筑物的有效措施。

(2) 按照各建构筑物对工程和水文地质的要求，选择场地内地质构造相对有利的地段：

1) 屋内配电装置、主控制楼、主变压器、并联电抗器、调相机、冷却塔等的主建筑物及大型设备均应布置在土质均匀、地基承载力较大地段。

2) 电工建构筑物区应避开断层、滑坡、滚石、洞穴、冲沟、岸边冲刷区及塌陷区等不良地质构造的地

段。

3) 在地震地区，建构筑物应布置在对抗震有利的地段，如稳定的岩石，坚实的土质，平坦的地形等。

(五) 符合防火规定，预防火爆事故

为保障电工建构筑物的安全运行，总布置要根据《建筑设计防火规范》的要求，结合各电工建构筑物在生产或贮存物品过程中的火灾危险性类别及其应达到的最低耐火等级，按规定的电工建构筑物的防火间距进行设计。为防止储有大量绝缘油的变压器等充油电气设备的火灾和爆炸事故的蔓延和扩大，除应校核防火间距外，并应设置蓄油坑和总事故贮油池。

道路设计要考虑消防车通行，使消防车能迅速达到火灾地点，及时扑灭火灾。

(六) 注意风象朝向、有利环境保护

我国大部分地区属季风气候区，夏季盛行偏南风，冬季盛行偏北风，两者风频相近，与欧洲和苏联盛行西风不同。作总平面布置时，要具体分析当地的风向玫瑰图，按照建构筑物布置的不同要求及相互间的不利影响，分别按季节或常年的盛行风向或最小频率风向（指盛行风向对应轴两侧频率最小的风向）考虑布置位置。

(1) 烟囱排污常年都有害。因此，屋外配电装置宜布置在烟囱常年最小风频的下风侧，或盛行风向的上风侧。

(2) 冷却塔散发的水汽，冬季危害较大，因之，屋外配电装置宜布置在冷却塔冬季盛行风向的上风侧。

(3) 为防止火灾蔓延，制氢及储油设施等易爆易燃装置宜布置在主要建构筑物常年盛行风向的下风侧或最小风频的上风侧。

(4) 厂、所区位于封闭盆地时，因四周有群山屏障，静风频率较高，大气中有害物质不易被风带走或扩散，所以布置时要使污源相对集中，与电工建构筑物尽量保持较大距离。

(5) 控制楼要有良好的自然采光、通风和朝向，宜坐北朝南。

(七) 控制噪声

发电厂、变电所电工建筑物的总布置设计应重视控制噪声，在满足工艺要求的前提下，宜使主要工作和生活场所避开噪声源，以减轻噪声的危害。

要求安静的电工建构筑物的室内连续噪声级，不应超过表 13-1 的规定。电工值班休息室窗外 1m 处的连续噪声级不应超过 55dB (A)。

表 13-1　要求安静的电工建筑物室内连续允许噪声级 [dB (A)]

工　作　场　所	一般允许连续噪声级	最高允许连续噪声级
控制室、通信室、计算机室	55	65
办公室	60	70
有人值班的生产建筑（每工作日接触噪声时间为 8 小时）	85	90

电工建构筑物附近有居民区时，则其围墙处的连续噪声级，昼间不应超过 65dB (A)，夜间不应超过 55dB (A)。

发电厂与变电所相比，主厂房内汽机、锅炉及其附属设备的噪声比较严重，机务及热控设计人员应考虑限制其噪声影响，并保证位于机、炉中心的单元集控室安静。至于发电厂的主控制楼及网络控制楼，则除了 6MW 及以下小机组外，均应布置在高压配电装置场地内（离开主厂房），以避开其噪声影响。

控制电工建构筑物区的噪声，首先要选用低噪声设备，并在总平面布置中遵守下列布置原则：

(1) 主变压器、电抗器、调相机、静止补偿装置、空气压缩装置、冷却塔等噪声源不宜与控制室、通信室、办公室等要求安静的建筑物平行相对布置（可以采用一列式布置，使端墙起到良好的隔声作用），以避免噪声的直射影响。

(2) 改善门窗布置位置，以减轻噪声的传播影响。

(3) 噪声源在可能条件下，宜于集中布置在对安静区域影响较小的地段，如常年盛行风向的下风侧或最小风频的上风侧。

(4) 当电工建构筑物附近有居民区时，噪声源不宜靠围墙布置。

(5) 当采取上述措施不能满足防噪声要求时，则应加大噪声源与要求安静建筑物的距离。对于变压器、电抗器等，噪声衰减值 ΔL（与离噪声设备外壳 1m 处相比），可采用以下方法计算：

当 $r = 1 \sim 5m$ 时，$\Delta L = 0.3 - 6.1\lg r$（dB） (13－1)

当 $r > 5m$ 时，$\Delta L = 7.1 - 16\lg r$（dB） (13－2)

式中 r——离噪声设备外壳的距离（m）。

（八）合理分区、方便管理

330～500kV 变电所及部分 220kV 地区重要变电所，由于规模大、人员多，在考虑节约用地（如利用工艺布置出现的凸出、凹进或不规则的剩余场地）的原则下，宜有明确分区，一般分为生产区和所前区。

生产区包括各级电压配电装置、主变压器、调相机、静止补偿装置、控制楼、通信楼等；所前区包括传达室、行政管理室、给排水建筑、材料库、汽车库、单身宿舍、食堂等。

生产区的控制楼，有条件时宜适当靠近所前区，位于生产区和所前区之间。主控制楼主立面面向进所大门，以方便内、外联系和全所管理，并易取得良好的观瞻效果。

所前区与生产区之间宜设置不低于 1.5m 高的围栅。变电所的四周应设置高为 2.3m 的封闭实体围墙，围墙应根据节约用地和便于保卫原则力求规整。一般不宜采用进所干道首先穿越电气设备区的布置方式。

若发电厂已有了厂前区，并且升压站是厂内的一个生产区，则升压站不必如变电所那样设置所前区。

（九）有利于交通运输及检修活动

交通运输是总布置设计的一个重要部分。初期和最终的全厂、所总平面布置要充分适应电工建构筑物和设备的交通运输，以及消防和巡视等的使用要求，做到安全方便和经济合理。在总平面布置上还要为变压器等电气设备留有必要的就地检修场地。

（十）电工建构筑物与外部条件相适应

1. 注意山区与平原地区布置的不同点

电工建构筑物布置在平原地区时，具有交通方便、进出线顺畅、土石方量少、布置灵活不受地形限制、有较好的扩建条件、容易获得较佳设计及运行效果等优点。但建设在山区时则与此相反，往往紧邻山坡、地位狭窄、高差较大，相应需要设排洪沟，防止滑坡，压缩配电装置占地面积以及作阶梯布置等。

2. 电工建构筑物与城镇和工业区规划相适应

电工建构筑物布置在城镇及工业区时，要符合城镇或工业区规划的要求。面临城镇街道、公路或旅游区时，建筑物的体型和立面应与周围环境相协调。位于工业污秽及沿海盐雾地区时，应有防污染措施。

3. 合理安排架空出线走廊

发电厂和变电所的高压进出线，往往要占有出线走廊，集中在一起出线。此时，为防止出线困难，须注意以下几点：

(1) 高压线路不应跨越已建或规划的居民区、工厂、车站以及其它永久性建筑，尽量避免通过严重污秽区和靠近重要通信线路、广播电视台、导航站、地面卫星站等，避免对通信的干扰。

(2) 高压配电装置布置要适应高压出线走廊方位。出线间隔的排列顺序，要避免出线交叉。

(3) 配电装置的出线门型架与线路终端塔间的水平转角和距离，应根据门型架宽度和结构，校验受力状况和安全净距。

(4) 为节约出线走廊的占地面积，压缩出线走廊宽度，可以采用双回路杆塔或多回路杆塔。

(5) 高压电缆线路的费用较贵，仅在架空出线走廊狭窄，或难以取得在技术经济上合理时，才允许采用电缆。

(6) 不同电压等级的架空线路，出线走廊间距见表 13－8。

二、电工建构筑物的间距

（一）防火间距

防火间距按建构筑物的火灾危险性类别及最低耐火等级确定。

1. 电工建构筑物的火灾危险性类别

建构筑物的火灾危险性分为甲、乙、丙、丁、戊五类。甲类危险性最大，发电厂、变电所电工及其附属建构筑物的火灾危险性除制氢站和贮氢罐属甲类外，其它都属于丙、丁、戊类。

2. 电工建构筑物的最低耐火等级

建构筑物的耐火等级由建筑构件的燃烧性能和最低耐火极限决定，分为一、二、三、四级。

一级由钢筋混凝土楼板、屋顶和砌体墙组成，耐火极限为 1.5h。

二级和一级基本相同，但耐火极限为 1.0h。

三级由钢筋混凝土楼板、木结构屋顶和砖墙组成，耐火极限为 0.5h。

四级由难燃体（水泥和刨花混合板、经过处理的有机材料等）楼板和墙及木结构屋顶组成，耐火极限为 0.25h。

一、二级耐火等级的建筑物防火条件好，其层数一般不限。发电厂、变电所电工及其附属建构筑物的最低耐火等级，除冷却塔和空气压缩机室外，都属于一、二级耐火等级。

电工建构筑物的火灾危险性类别及最低耐火等级详见表 13-2。

3. 电工建构筑物的防火间距

发电厂、变电所电工建构筑物的防火间距见表 13-3、13-4 所示。

两座建筑物间的防火间距不够时，可将外墙设计

表 13-2　电工及其附属建构筑物的火灾危险性类别及最低耐火等级

序号	建构筑物名称	火灾危险性类别	最低耐火等级
	一、主要电工建构筑物		
1	控制楼、通信楼	戊	二
2	屋内配电装置： 每台设备充油量 > 60kg 每台设备充油量 ≤ 60kg	 丙 丁	 二 二
3	屋外配电装置架构和设备支架		二
4	油浸变压器室	丙	一
5	电容器室（有可燃介质的电容器）	丙	二
6	调相机房	丁	二
	二、附属建构筑物		
1	玻璃钢冷却塔（有阻燃剂） 玻璃钢冷却塔（无阻燃剂） 钢筋混凝土冷却塔	戊 丙 戊	三 四 三
2	水处理室、水泵房	戊	二
3	空气压缩机室、贮气罐	戊	三
4	制氢站、贮氢罐	甲	二
5	检修间	丁	二
6	总事故贮油池		二
7	油处理室、露天油罐	丙	二
8	生活消防泵房	戊	二
9	天桥： 仅供人通行 天桥下设有电缆层	 戊 丙	 二 二
10	电缆隧道	丙	二

表 13-3　变电所电工建构筑物防火间距（m）

<table>
<tr><th rowspan="2">序号</th><th rowspan="2" colspan="2">建构筑物名称</th><th colspan="2">丙、丁、戊类生产建筑耐火等级</th><th colspan="2">屋外配电装置每组断路器油量（t）</th><th rowspan="2">屋外可燃介质电容器</th><th rowspan="2">制氢站</th><th rowspan="2">贮氢罐</th><th rowspan="2">总事故贮油池</th><th colspan="2">生活建筑耐火等级</th></tr>
<tr><th>一、二级</th><th>三级</th><th><1</th><th>≥1</th><th>一、二级</th><th>三级</th></tr>
<tr><td rowspan="2">1</td><td rowspan="2">丙、丁、戊类生产建筑耐火等级</td><td>一、二级</td><td>10</td><td>12</td><td rowspan="2" colspan="2">10</td><td rowspan="4">10</td><td colspan="2">12</td><td rowspan="4">5</td><td>10</td><td>12</td></tr>
<tr><td>三　级</td><td>12</td><td>14</td><td>14</td><td>15</td><td>12</td><td>14</td></tr>
<tr><td rowspan="2">2</td><td rowspan="2">屋外配电装置每组断路器油量（t）</td><td><1</td><td colspan="2"></td><td rowspan="2" colspan="2"></td><td rowspan="2">25</td><td rowspan="2">30</td><td rowspan="2">10</td><td rowspan="2">12</td></tr>
<tr><td>≥1</td><td colspan="2">10</td></tr>
</table>

续表

<table>
<tr><th rowspan="3">序号</th><th rowspan="3" colspan="2">建构筑物名称</th><th colspan="2" rowspan="2">丙、丁、戊类生产建筑耐火等级</th><th colspan="2" rowspan="2">屋外配电装置每组断路器油量（t）</th><th rowspan="3">屋外可燃介质电容器</th><th rowspan="3">制氢站</th><th rowspan="3">贮氢罐</th><th rowspan="3">总事故贮油池</th><th colspan="2" rowspan="2">生活建筑耐火等级</th></tr>
<tr></tr>
<tr><th>一、二级</th><th>三级</th><th><1</th><th>≥1</th><th>一、二级</th><th>三级</th></tr>
<tr><td rowspan="3">3</td><td rowspan="3">屋外主变压器油量（t）</td><td>5～10</td><td colspan="2" rowspan="3">10</td><td colspan="2" rowspan="3">10</td><td rowspan="3">10</td><td rowspan="4">25</td><td rowspan="4">30</td><td rowspan="4">5</td><td>15</td><td>20</td></tr>
<tr><td>10～50</td><td>20</td><td>25</td></tr>
<tr><td>>50</td><td>25</td><td>30</td></tr>
<tr><td>4</td><td colspan="2">屋外可燃介质电容器</td><td colspan="4">10</td><td></td><td>15</td><td>20</td></tr>
<tr><td>5</td><td colspan="2">制氢站</td><td rowspan="2">12</td><td>14</td><td colspan="3">25</td><td></td><td></td><td>12</td><td colspan="2" rowspan="2">25</td></tr>
<tr><td>6</td><td colspan="2">贮氢罐</td><td>15</td><td colspan="3">30</td><td></td><td></td><td>15</td></tr>
<tr><td>7</td><td colspan="2">总事故贮油池</td><td colspan="5">5</td><td>12</td><td>15</td><td></td><td>10</td><td>12</td></tr>
<tr><td rowspan="2">8</td><td rowspan="2">生活建筑耐火等级</td><td>一、二级</td><td>10</td><td>12</td><td colspan="2">10</td><td>15</td><td colspan="2" rowspan="2">25</td><td>10</td><td>6</td><td>7</td></tr>
<tr><td>三级</td><td>12</td><td>14</td><td colspan="2">12</td><td>20</td><td>12</td><td>7</td><td>8</td></tr>
</table>

注 1. 建筑物的防火间距应按相邻两建筑物外墙的最近距离计算，如外墙有凸出的燃烧构件时，则应从其凸出部分外缘算起。

2. 两座厂房相邻两面的外墙为非燃烧体且无门窗洞口，无外露的燃烧屋檐，其防火间距可按本表减少25%。

3. 两座厂房相邻较高一面的外墙如为防火墙时，其防火间距不限。

4. 建筑物外墙距屋外油浸变压器外廓5m以内时，该墙在变压器总高度加3m的水平线以下及变压器外廓两侧各3m的范围内，不应设有门窗和通风孔；建筑物外墙距变压器外廓5～10m时，在上述范围内的外墙可设防火门，并可在变压器总高度以上设非燃烧性的固定窗。

5. 屋外配电装置与其它建构筑物的间距除注明者外，均以架构计算。

6. 屋外配电装置内断路器的油量大于或等于1t时，从断路器外壁距丙、丁、戊类生产建筑或变压器的间距不应小于10m。

表13－4　发电厂电工建构筑物防火间距（m）

<table>
<tr><th rowspan="2">序号</th><th rowspan="2" colspan="2">建构筑物名称</th><th colspan="2">丙、丁、戊类生产建筑耐火等级</th><th rowspan="2">制氢站乙炔站</th><th rowspan="2">贮氢罐</th><th rowspan="2">露天油库</th><th rowspan="2">危险品库</th><th rowspan="2">点火油罐</th><th colspan="2">行政生活建筑</th></tr>
<tr><th>一、二级</th><th>三级</th><th>一、二级</th><th>三级</th></tr>
<tr><td rowspan="2">1</td><td rowspan="2">丙、丁、戊类生产建筑耐火等级</td><td>一、二级</td><td>10</td><td>12</td><td>12</td><td>12</td><td>12</td><td>15</td><td>20</td><td>10</td><td>12</td></tr>
<tr><td>三级</td><td>12</td><td>14</td><td>14</td><td>15</td><td>15</td><td>20</td><td>25</td><td>12</td><td>14</td></tr>
<tr><td>2</td><td colspan="2">屋外配电装置</td><td>10</td><td>12</td><td rowspan="4">25</td><td rowspan="4">25</td><td>25</td><td></td><td>25</td><td>10</td><td>12</td></tr>
<tr><td rowspan="3">3</td><td rowspan="3">主变压器或屋外厂用变压器油量（t/台）</td><td>≤10</td><td>12</td><td>15</td><td rowspan="3">30</td><td rowspan="3">30</td><td rowspan="3">40</td><td>15</td><td>20</td></tr>
<tr><td>>10～50</td><td>15</td><td>20</td><td>20</td><td>25</td></tr>
<tr><td>>50</td><td>20</td><td>25</td><td>25</td><td>30</td></tr>
</table>

注 1. 防火间距应按相邻两建筑物外墙的最近距离计算，如外墙有凸出的燃烧构件，则应从其凸出部分外缘算起。

2. 两座丙、丁、戊类建筑物相邻两面外墙均为非燃烧体且无外露的燃烧体屋檐，当每面外墙上的门窗洞口面积之和各不超过该外墙面积的5%时，其防火间距可减少25%。

3. 两建筑物相邻较高一面的外墙为防火墙时，其防火间距不限，但甲类建筑物不宜小于4m。

4. 房屋外布置油浸变压器时，其防火间距不宜小于10m；当房屋外墙上在变压器外廓两侧各3m、变压器总高度以上3m的水平线以下的范围内设有防火门和非燃烧性固定窗等时，与变压器外廓之间的距离可为5～10m；当在上述范围内的外墙上无门窗或通风洞时，与变压器外廓之间的距离可在5m以内。

5. 建构筑物与屋外配电装置的间距应从架构算起。

成无门窗的防火墙，其耐火极限不小于 4h。

4. 主变压器等充油电气设备间的防火间距

主变压器等充油电气设备的内部贮有大量绝缘油，是闪点在 130～140℃之间的可燃油。其防火间距为：

(1) 油量均在 2500kg 以上的屋外油浸变压器之间的防火间距，不得小于下列数值。

35kV 及以下　5m
63kV　6m
110kV　8m
220kV 及以上　10m

(2) 油量在 2500kg 以上的屋外油浸变压器或电抗器与油量在 600kg 以上的本回路充油电气设备间的防火间距不应小于 5m。

(3) 当不能满足上述防火间距时，应设置不小于 4h 耐火极限的防火隔墙。

（二）电工建构筑物与冷却设施的间距

变电所电工建构筑物与冷却设施的间距见表 13－5。

变电所冷却用水量较发电厂小。由于玻璃钢冷却塔体积小、占地少、重量轻、投资省、冷却效率高、为工厂化生产、易于安装，并且百页窗进风口低、间隙小、水雾影响范围小，因而近年来已在变电所中广泛采用。

发电厂冷却水用水量大，冷却塔一般均装设除水器以减轻水雾污染。发电厂电工建构筑物与冷却设施的间距见表 13－6。

（三）电工建构筑物与露天卸煤装置或贮煤场的间距

表 13－5　变电所电工建构筑物与冷却设施的间距（m）

冷却设施名称	屋外配电装置和主变压器		一、二、三级耐火等级建筑物
	位于冬季盛行风向上风侧	位于冬季盛行风向下风侧	
喷水池	20	35	20
点滴开放式冷却塔	20	30	15
自然通风横流塔	20	25	15
自然通风逆流塔	15	20	12
玻璃钢冷却塔	15	20	15

注　在污秽地区，冷却设施与屋外配电装置和主变压器距离应适当放大。

表 13－6　发电厂电工建构筑物与冷却设施的间距（m）

冷却设施名称	屋外配电装置和变压器	一、二、三级耐火等级建筑物
自然通风冷却塔	40	30
机力通风冷却塔	60	35

注　当冷却塔不设除水器时，与建构筑物的距离可根据具体情况适当放大。

为防止由于煤尘污染引起闪络事故和减少屋外配电装置清洗次数，屋外配电装置和变压器与露天卸煤装置或贮煤场的最小间距为 50m。此外，丙、丁、戊类生产建筑（一、二、三耐火等级）与露天卸煤装置或贮煤场的最小间距为 15m。

（四）电工建构筑物与厂、所内道路路边的间距

电工建构筑物与厂、所内道路路边的间距见表 13－7。

（五）35～500kV 出线走廊间距

35～500kV 出线走廊间距见表 13－8。

表 13－7　电工建构筑物与厂、所内道路路边的间距（m）

电工建构筑物名称	厂、所内道路	
	主　要	次　要
丙、丁、戊类建筑物 一、二、三级耐火等级	无出口时 1.5，有出口时 3 有出口有引道时 6～8	
屋外配电装置	1.5	
制氢站、贮氢罐	10	5
总事故贮油池	3	

表 13-8 35~500kV 出线走廊间距（m）

出线电压等级（kV）	35	63	110	220	330	500
常用杆塔型式	单杆	单杆	单、双杆铁塔	双杆铁塔	双杆铁塔	铁塔
常用杆塔高度	15~19	15~19	19~21	22~30	24~32	36~56
导线三角形排列时，两边线水平距离	3	4	6	12		
导线水平排列时，两边线水平距离	5	6	9	15	16~20	25~30
出线至建筑物水平距离（考虑风偏后）	3	4	4	5	6	
出线至建筑物水平距离（需考虑防火时）	为杆塔高度的1.5倍					
开阔地区两回路杆塔中心线间距离	较高杆塔					
拥挤地区两回路杆塔中心线间距离（按边导线间在最大风偏时的距离确定）	5	5	5	7	9	

第 13-2 节 电工建构筑物的竖向布置及道路

一、竖向布置

在总平面布置中要考虑竖向布置的合理性，而在竖向布置中往往又需要对总平面布置进行局部修正，统筹处理好两者关系是搞好总布置的重要环节。

竖向布置任务是善于利用和改变建设场地的自然地形，以满足生产和交通运输的需要，便于场地排水，为建构筑物基础埋设深度创造合适条件，并且力求土石方工程量和人工支挡构筑物的工程为最少，挖填方基本平衡。

电工建构筑物的竖向布置，要处理好以下两个方面的问题。

1. 合理确定电工建构筑物各部分的场地标高

首先，厂、所址标高应高于百年一遇的高水位，否则应有可靠的防洪设施。位于山区和内涝地区时，应有防排山洪和内涝措施。

(1) 高压配电装置占地面积大，对变电所和升压站的竖向布置起决定性的作用，首先应结合地形、交通道路、排水和土石方平衡等因素，综合确定屋外配电装置的设计标高。

(2) 控制楼是电气设备的控制中心，不仅平面布置要合理，而且竖向布置也须互相协调以便于巡视和控制电缆的连系。当控制楼结合所前区布置时，还应同所前区竖向布置相适应。

(3) 调相机配备有冷却设施，当采用二次循环供水时，机房地坪标高应接近冷却设施水面标高；采用直流供水时，应尽量降低机房标高以求经济运行；低位布置的调相机应尽量使地下设施在地下水位以上，同时还应便于道路引接。

(4) 厂、所内场地标高应高于或局部高于厂、所外地面。电工建构筑物场地设计坡度一般为0.5%~2%，在困难地段，局部不应小于0.3%以利场地排水，局部最大坡度不宜超过6%，必要时宜有防冲刷措施。主要生产建筑物的室内地坪标高应高出室外0.3m以上，辅助建筑物的室内地坪标高应高出室外0.15m以上。

(5) 建构筑物的长轴宜平行于自然等高线布置，以节约土石方，减少基础工程量和便于场地排水。屋外配电装置平行于母线方向的坡度一般不大于1%，两端架构标高差不宜超过1~1.5m，当采用硬管母线时，还要适当减少。同一配电装置的纵向和横向坡度不能同时太大，以免隔离开关操作困难，应尽量采用单向放坡。

(6) 所区自然坡度大于5%~8%时，宜采用阶梯式布置，以减少土石方工程量，一般小型变电所宜用上限，大型变电所宜用下限，发电厂则根据全厂总布置的要求确定。台阶宜按生产区域进行划分，应满足建构筑物和设备布置的要求，例如各级电压配电装置、主控制楼、主变压器可分别作为一个台阶，以便于运行检修、设备运输和管线敷设。台阶数量应尽量减少，变电所内一般不多于3个，每个台阶的高差不大于3.5~4m，不小于1.5m。台阶位置的确定应注意滑坡、危岩等不良地质的影响。相邻台阶的连接有放坡和设置挡土墙两种形式，可按实际情况确定，也可两种形式结合使用。

2. 场地排水要畅通

(1) 电工建构筑物的场地，一般采用地面散流和明沟排水，有条件时也可采用雨水下水系统排水。采用地面散流排水时，要通过围墙下部的排水孔将水排出；采用明沟排水时，明沟宜沿道路布置，并尽量减少与道路交叉。

(2) 屋外配电装置内，被地面电缆沟拦截场地的雨水，宜在电缆沟上设置渡槽或采用雨水下水道方式排除。为防止雨水夹带泥沙流入电缆沟内，沟壁一般高出地面 0.1~0.15m。为使场地排水不受阻挡，也可采用架空电缆槽沟，但由于架空的槽沟断面小，敷设电缆的根数少，且对交通有一定影响，只可在小型变电所或地下水位较高的变电所中，用于部分电缆的敷设。

(3) 当电工建构筑物区无法采用自流排水时，应设机械排水设施。

二、道路

变电所或升压站内交通运输是否方便，决定于道路设计是否合理。道路分三级：

Ⅰ级、主要道路。由大门至控制楼、主变压器、调相机房的道路，需行驶大型平板车。

Ⅱ级、次要道路。除主要道路外，需要行驶汽车的道路。

Ⅲ级、巡视及人行小道。

1. 布置原则

(1) 道路应结合生产和所前区的划分进行布置，充分适应各电工建构筑物交通运输、消防、巡视和设备检修的使用要求，并且也作为各建构筑物间的分界标志。

(2) 道路布置要力求规则，与主要建构筑物平行，并宜环形贯通。当环形有困难时，应具备回车条件，如在道路尽端设 12×12m 回车场或在尽端设“T”型或“十”字路口，以取代回车场。

(3) 道路设计标高及纵坡应与场地的竖向布置相适应，一般应与场地排水坡向保持一致，便于运输和排水。当采用阶梯布置时，要结合地形设置道路，通过道路把各个阶梯连成整体。

(4) 主要道路与高压线，一般要处于不同方向，或相互错开，尽可能避免穿越高压线。

(5) 穿越道路的电缆隧道或沟应有足够强度，以保证行车安全。

2. 路面设计

(1) 变电所或升压站内道路路面宽度一般为 3.5m，以行驶 40t 以下吊车及消防车；220~500kV 电工建构筑物区的主要道路，考虑大型平板车的通行，可放宽至 4~5m；巡视小道一般宽为 0.7~1m；屋外配电装置内需要进行巡视、操作和检修的设备四周，应铺砌宽度为 0.8~1m 的小岛式混凝土地坪。

(2) 行驶汽车道路的弯曲半径，一般不小于 7m（内缘），通行平板车的路段弯曲半径要根据不同平板车的类型确定。

(3) 道路一般采用混凝土路面或沥青表面处治和沥青灌入式路面。

第 13-3 节　变电所电工建构筑物的总布置

一、变电所主要电工建构筑物的布置方式

1. 高压出线及高压配电装置布置

高压配电装置的位置和朝向，主要决定于对应的高压出线的方位、避免各级电压架空出线的交叉。以此为基础，再结合主变压器、调相机、静止补偿装置的布置，注意总平面上的整体性。

各级电压配电装置的相对位置（以长轴为准），一般有以下四种组合方式：

(1) 双列式布置。当两种电压（指所内最高两级电压，下同）输电线出线方向相反，或一个高压配电装置为双侧出线（一台半断路器接线）而另一个高压配电装置出线与其垂直时，两个高压配电装置采用双列式布置。

(2) L 型布置。当两种电压输电线出线方向垂直时，或一个高压配电装置为双侧出线（一台半断路器接线）而另一个高压配电装置出线与其平行时，两个高压配电装置采用 L 型布置。

(3) Π型布置。当有三种电压架空出线时，如 500/220/110kV 或 220/110/35kV，则三个高压配电装置可采用Π型布置。

(4) 一列式布置。当两种高压输电线出线方向相同或基本相同时，两个高压配电装置采用一列式布置。

2. 主变压器布置

主变压器一般布置在各级电压配电装置和调相机或静止补偿装置较为中间的位置，以便于高、中、低压侧引线的就近连接。

3. 调相机或静止补偿装置布置

调相机除邻近主变压器低压侧便于引线连接外，因调相机一般为无人值班，尚宜靠近控制楼，以便控制室值班人员巡视操作，但要考虑噪声和震动对控制楼的影响。调相机房还宜邻近冷却设施，便于调相机进排冷却水。为调相机附设的有爆炸危险的制氢站和贮氢罐一般单独布置在调相机房附近的所区边缘地段，并宜置于散发火花或明火地点的最小风频下风侧，其泄压面不要面向人员集中或行人频繁的地方，并设置1.5m高的围栅。

静止补偿装置宜邻近主变压器低压侧和控制楼，但电容器易发生火爆事故，当电容器与其它生产建构筑物分开布置时，其防火间距不小于10m，连接布置时，其间隔的墙应为防火墙。

4. 高压并联电抗器及串联补偿装置布置

高压并联电抗器及串联补偿装置，一般布置在出线侧，位于高压配电装置场地内，但高压并联电抗器也可与主变压器并列布置，以利于运输及检修。

5. 控制楼布置

控制楼应布置在邻近各级电压配电装置并宜与所前区布置相结合。控制楼位置要综合考虑下列因素：

(1) 便于运行人员对电气设备巡视、操作又兼顾对外部的联系。

(2) 能直接观察屋外配电装置。当220或110kV配电装置为高型布置且距离接近时，宜有天桥与控制楼相连。

(3) 至配电装置、主变压器、调相机或静止补偿装置的控制电缆及沟道的路径要短。

(4) 受噪声的影响要小。

(5) 有较好的朝向和通风条件。

当高压配电装置为双列式布置时，控制楼宜布置在两列配电装置中间，适当靠近所前区；当为L型布置时，宜布置在缺角位置；当为Ⅱ型布置时，宜布置在缺口处；当为一列式布置时，宜平行于配电装置，布置在中间位置。

控制楼宜与通信楼、值班休息室、检修和材料间联合成一座建筑。当设有独立通信楼时，通信楼宜与控制楼毗连。

二、变电所电工建构筑物总布置的特点

(1) 电工建构筑物在变电所总布置中居主导地位，而其它辅助及生活建筑则处于从属地位。

(2) 高压配电装置布置要与高压出线走廊方位相适应，保证出线顺畅，避免出线交叉跨越。

(3) 高压配电装置占地面积为全所的50%～70%，并且大部分电气设备集中布置于此，也是巡视、操作、检修的主要对象。因此，高压配电装置布置方式决定了变电所总布置的基本格局。只有高压配电装置得到合理布置，才谈得上全所布置的合理性。

三、变电所电工建构筑物总布置的各种形式

(一) 110kV变电所

110kV变电所一般为小型终端或分支变电所，没有调相机或静止补偿装置，也不需要分区，布置简单。图13-1所示为110/35/10kV YL变电所总布置，安装2×15MVA变压器。

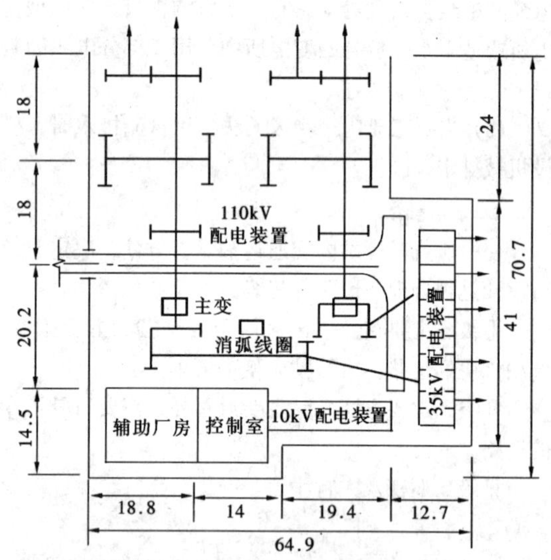

图13-1　110/35/10kV YL变电所总布置

现今较多的110kV变电所为110/6～10kV变电所，自110kV线路受电后，直接降压至6～10kV屋内成套配电装置供电，没有35kV配电装置，并且一般为无人值班，布置更为简化。

(二) 220kV变电所

220kV变电所一般为中型地区变电所，当设有调相机等无功补偿装置时，在节约用地的原则下，可适当分区，设置所前区。

1. 双列式布置

图13-2示220/110/10kV YF变电所总布置。安装2×120MVA主变压器，220及110kV出线方向相反，配电装置作双列式布置，主变压器布置在中间，控制及通信楼靠近配电装置和大门，布置紧凑，用地节约。

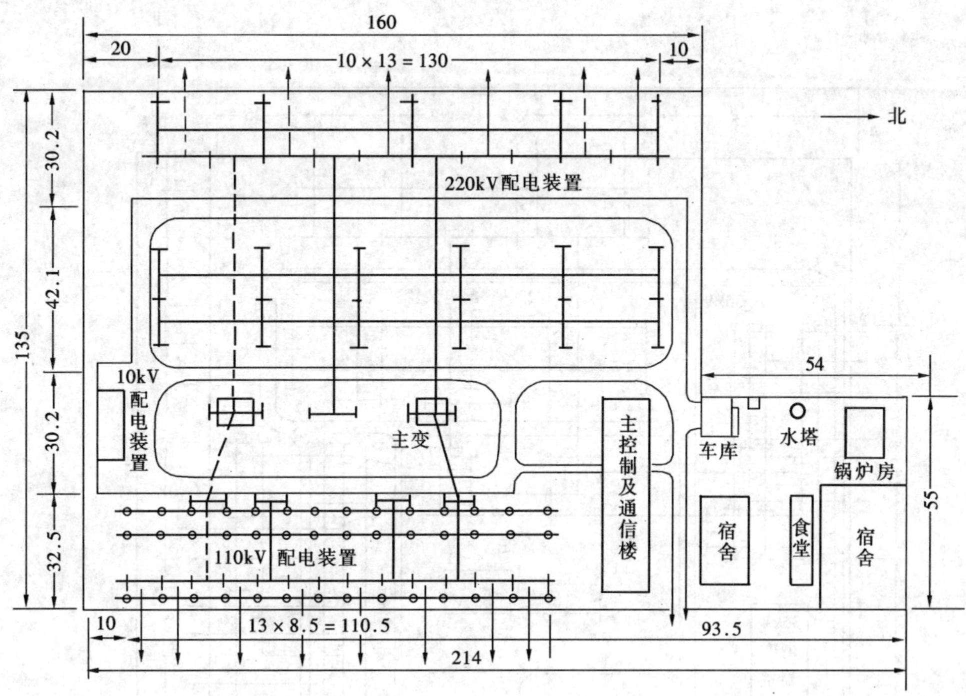

图 13-2　220/110/10kV YF 变电所总布置（双列式）

2.Ⅱ型布置

图 13-3 示 220/110/35kV BA 变电所总布置。安装 2×90MVA 主变压器及 20Mvar 电容器。220、110 及 35kV 架空线路分别向三个方向出线，配电装置成Ⅱ型布置。主变压器布置在中间位置，控制和通信楼布置在Ⅱ型缺口处，主立面正对所前区和进所大门。

若该变电所无 35kV 配电装置时，则成为 L 型布置。

3. 一列式布置

图 13-4 示 220/110/10kV MC 变电所总布置。安装 2×90MVA 主变压器及预留调相机房位置。220 及 110kV 出线方向一致，配电装置作一列式布置，控制楼平行于配电装置布置，主观察面面向配电装置，主立面面向所前区和大门。

（三）330～500kV 变电所

330～500kV 变电所为系统枢纽变电所或地区重要变电所，占地面积大（常设有调相机、静止补偿装置、并联电抗器、串联补偿装置等），运行管理人员较多，分区宜明确，以有利生产和管理。

1. 双列式布置

图 13-5 示 330/110kV ZT 变电所总布置。安装 2×150MVA 主变压器，1×60Mvar 高压电抗器及 1×60Mvar 调相机。

330kV 配电装置为双侧出线，与 110kV 出线方向垂直，高压配电装置作双列式布置，避免出线交叉。

控制楼、辅助厂房及空气压缩机室布置在两列配电装置中间。

调相机靠近主变压器布置，其旁的冷却塔和蓄水池均处于冬季盛行风向的下风侧。外侧布置其附属的制氢站及贮氢罐。

全所电缆沟道布置规则，自控制楼到配电装置、主变压器和调相机的控制电缆沟道较短。

图 13-6 示 500/220kV FHS 变电所总布置。安装 2×750MVA 主变压器及 2×120Mvar 静止补偿装置并预留 500kV 并联电抗器的位置。

主变压器和静止补偿装置集中布置在高压配电装置中间，高、中、低压侧引线连接方便。

控制楼兼顾生产区和所前区，不采取布置在配电装置的中心位置而远离所前区的布置。虽然控制电缆增加，但有利于安全生产和运行管理，外来人员经传达室到控制楼与值班人员联系后才能进入带电的生产区。并形成以控制和通信楼为中心，与其它附属建筑及绿化地带构成统一协调的所前区，生产区和所前区用空花围栏分隔。

本变电所布局合理、整齐美观、有利生产、方便管理、为运行人员创造了良好的工作和生活环境。

2.L 型布置

图 13-7 示 330/110kV BJ 变电所总布置。安装 2×

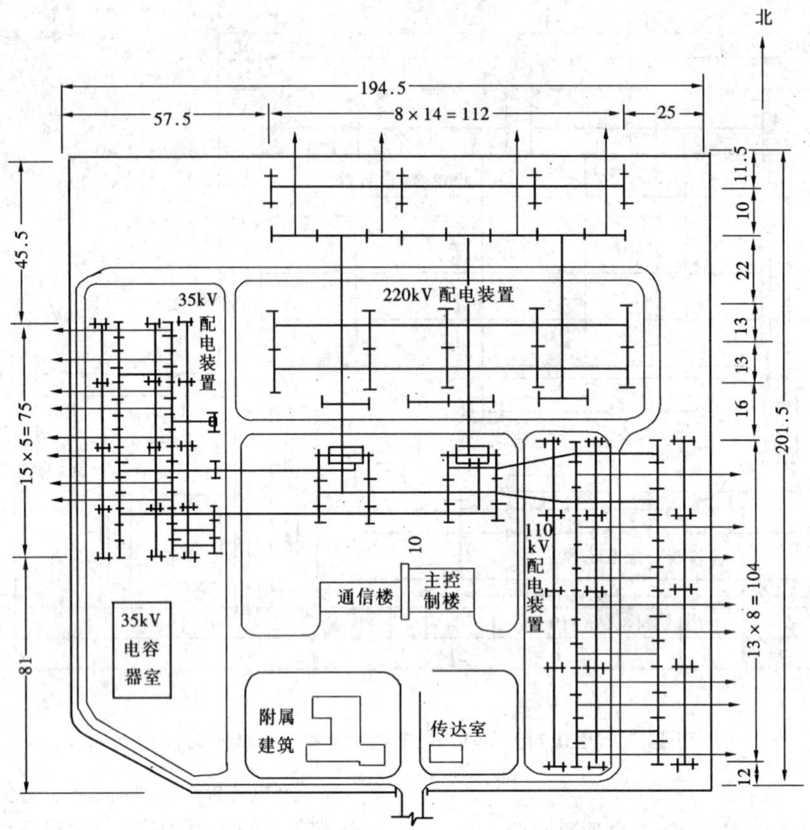

图 13-3 220/110/35kV BA 变电所总布置（H 型）

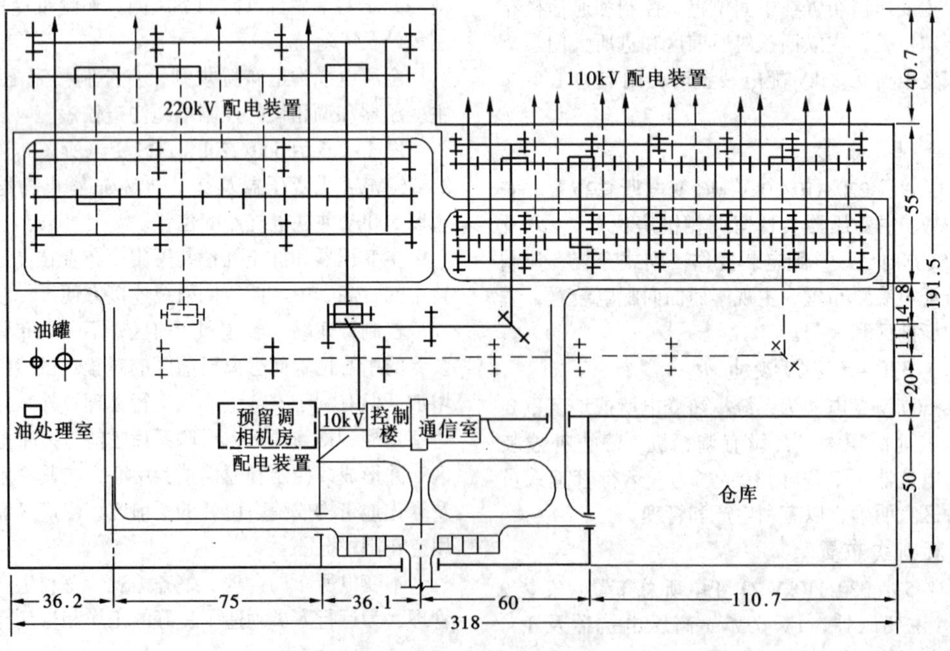

图 13-4 220/110/10kV MC 变电所总布置（一列式）

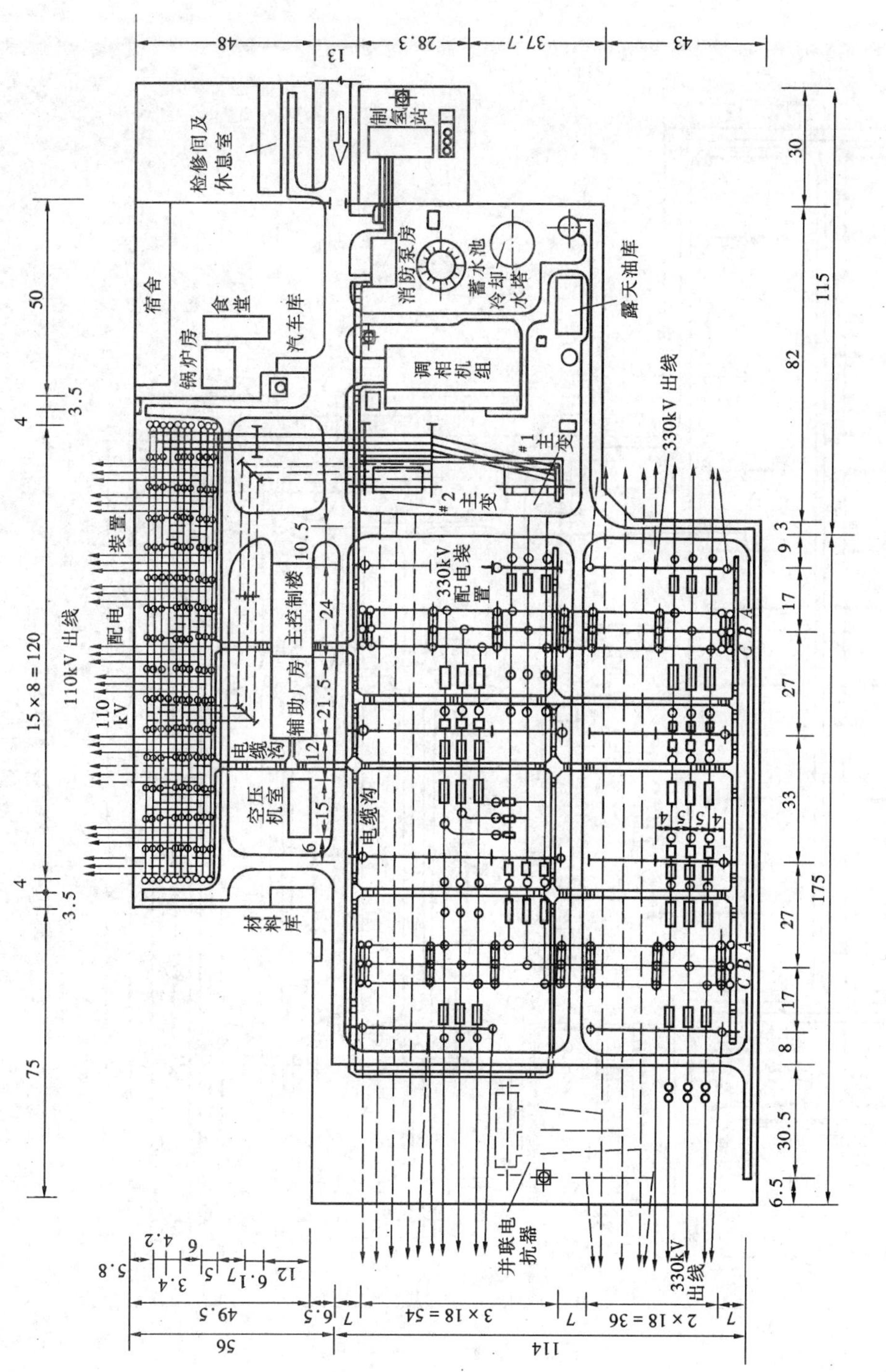

图 13－5　330/110kV ZT 变电所总布置
（双列式）

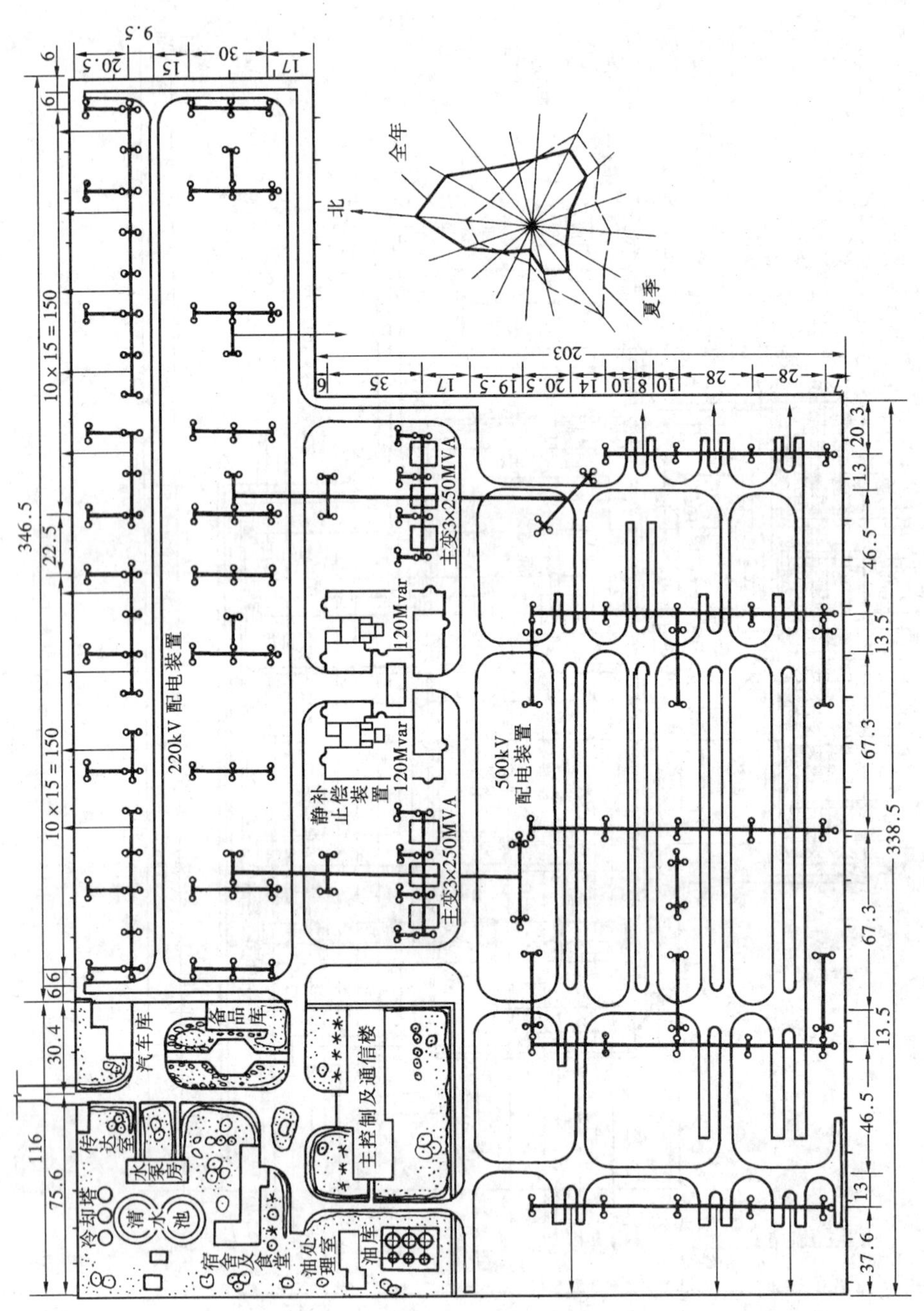

图 13-6 500/220kV FHS 变电所总布置
（双列式）

240MVA 主变压器、2×64.8Mvar 电容器及 2×30Mvar 电抗器。

本变电所出线回路数众多，330kV 出线 8 回，110kV 出线 16 回。高压配电装置作 L 型布置，以适应 330kV 和 110kV 出线走廊方位。

图 13－8 示 500/220kV PY 变电所总布置方案。安装 3×500MVA 主变压器、8×45Mvar15.75kV 电抗器、2×120Mvar 调相机。

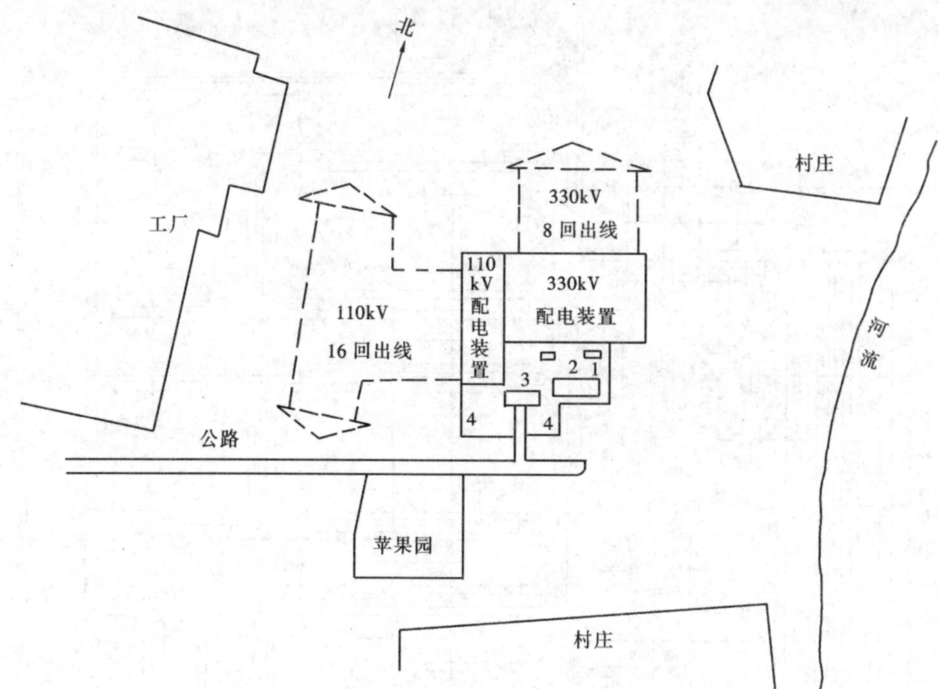

图 13－7　330/110kV BJ 变电所总布置示意（L 型）
1—主变压器；2—35kV 电容器、电抗器；3—控制楼；4—所前区

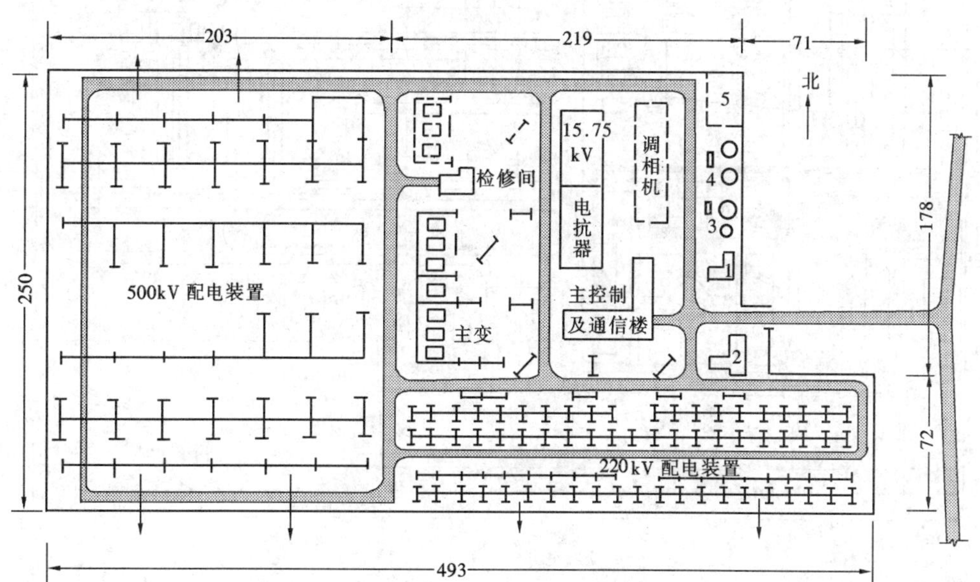

图 13－8　500/220kV PY 变电所总布置方案（L 型）
1—综合楼；2—联合建筑；3—水池、水塔；4—玻璃钢冷却塔；
5—制氢站及贮氢罐

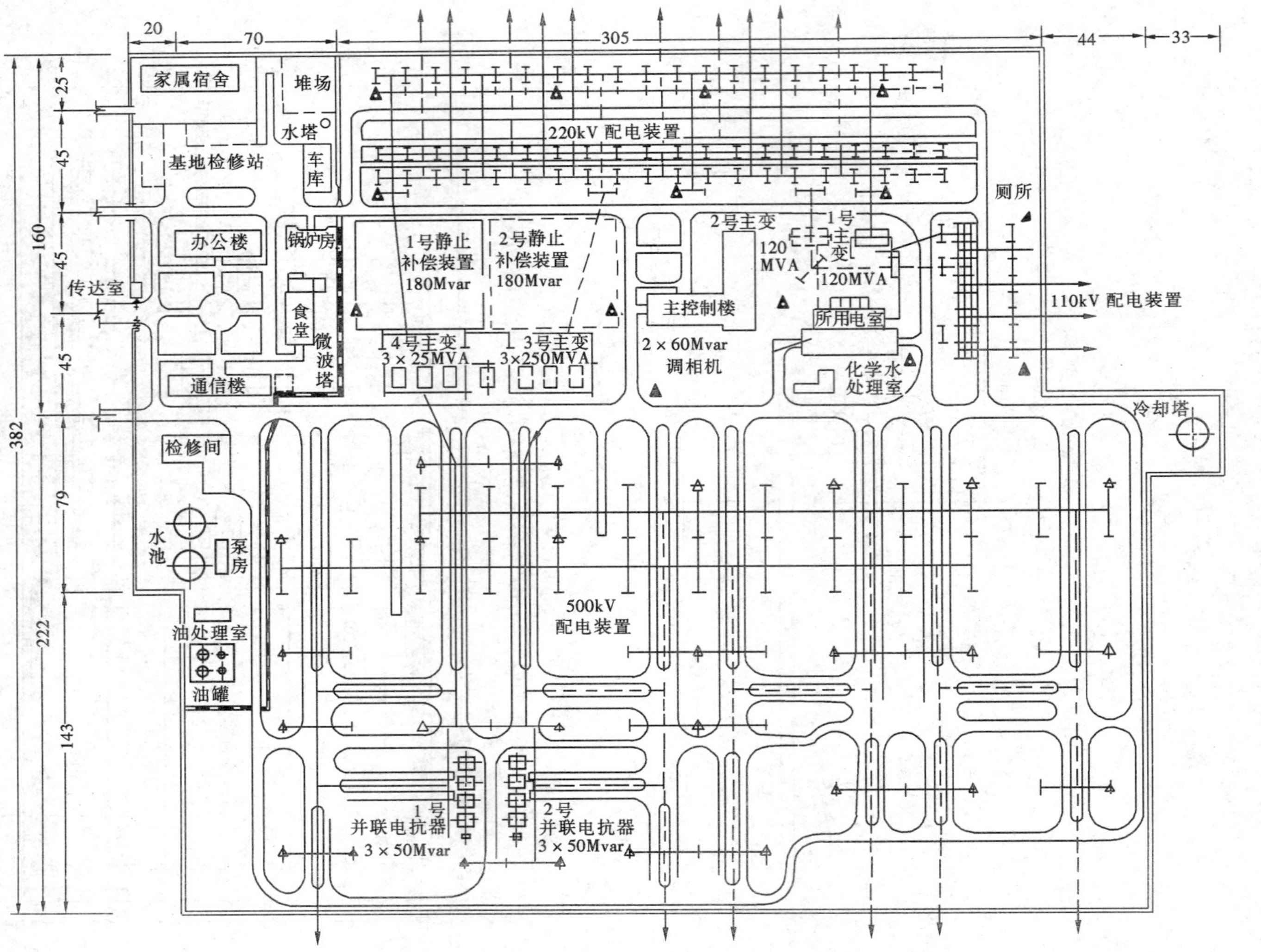

图 13-9 500/220/110kV FS 变电所总布置（II型）

三组主变压器高压侧紧邻平行于500kV配电装置布置，低压侧顺次布置电抗器及调相机。调相机附属的制氢站、贮氢罐及玻璃钢冷却塔均邻近调相机并位于所区边缘地区。

控制及通信楼布置于L型配电装置的缺角，位置适中，且正对进所大门，大门一侧布置综合楼（包括材料库），另一侧布置由传达室、车库及宿舍组成的多层联合建筑，形成一占地面积较小的所前区。整个变电所布置紧凑，用地节约。

3.Ⅱ型布置

图13-9示500/220/110kV FS变电所总布置。安装2×750MVA及2×120MVA主变压器、2×180Mvar静止补偿装置及2×60Mvar调相机。

500、220及110kV线路分别向三个方向出线，因而配电装置作Ⅱ型布置。

主变压器、静止补偿装置、调相机房及控制楼均布置在Ⅱ型面积内。控制楼居于生产区中心位置，控制电缆最短、运行操作方便，但距所前区较远。

为适应场地自然地形，500kV配电装置采用一台半断路器平环式布置而不采用常规三列式顺序布置，从而压缩了纵向尺寸，避免陷入冲沟凹地。

第13-4节　发电厂电工建构筑物的总布置

一、发电厂主要电工建构筑物的布置方式

（一）高压出线及高压配电装置布置

我国大多数电厂的高压配电装置均布置在主厂房前，向主厂房前方出线，主厂房方位的选择要考虑高压输电线出线的方便。

(1) 当发电厂位于城镇或工业区时，主厂房方位应使高压出线走廊符合城镇或工业区规划的要求。

(2) 厂址紧邻江、河、湖、海时，高压输电线不宜面向水面方向出线，否则应留有侧向出线走廊。

(3) 当厂房紧邻陡峻高山时，应避免使汽机房面向高坡，以利高压输电线出线。

发电厂高压配电装置根据不同情况，可布置在主厂房前、后、固定端或在厂内不设高压配电装置，详见本节之三。

（二）主变压器（包括厂用高压变压器）布置

1.主变压器布置在汽机房前

主变压器（包括厂用高压变压器）紧靠汽机房*A*排柱布置时（图13-12），可以缩短发电机至主变压器和厂用高压变压器至厂用配电装置的距离。

主变压器布置在高压配电装置场地内时，避开了汽机房前的管线走廊，可以缩短循环水管长度。

(1) 200MW及以上大机组的电流大，采用结构复杂、造价高的分相封闭母线，应把主变压器紧靠*A*排柱布置，以缩短封闭母线长度。

(2) 100~125MW机组的主变压器，一般紧靠汽机房*A*排柱布置，但也可布置在高压配电装置场地内。

(3) 12~60MW发电机组的电流较小，主变压器一般布置在高压配电装置场地内，发电机采用架空组合导线跨越管线走廊接至主变压器或发电机电压配电装置。

2.主变压器布置在汽机房后的锅炉侧

当高压配电装置布置在主厂房后时，主变压器宜布置在汽机房后的锅炉侧。

200MW及以上大机组一般采用纵向布置，每一单元汽轮发电机组长度比锅炉宽度大，两炉之间常有20~30m宽度的空间可布置主变压器和厂用高压变压器。此外，有的大型电厂为了节约高压汽水管道，汽机房与锅炉之间不设除氧和煤仓间，更利于发电机母线自汽机房*B*排柱引出接至布置在汽机房后锅炉侧的主变压器。

（三）主控制楼和网络控制楼布置

控制楼的布置方式，按照发电厂单机容量的大小而不同。

(1) 单机容量为6MW及以下的小型电厂，其主控制楼（室）毗连主厂房布置。

(2) 单机容量为12~125MW的中、小型电厂，一般把主控制楼布置在高压配电装置场地内，使控制电缆的长度较短和有利于对高压配电装置的运行管理，并与主厂房有天桥相连。主控制楼与主厂房分开布置还可不受主厂房振动和噪声影响，而且通风采光条件好。

(3) 单机容量为200MW及以上的大型电厂采用机炉电单元控制室（单机容量为100~125MW机组视具体情况，也可采用机炉电单元控制室），布置在主厂房内。当主接线比较简单，远景规划明确，出线回路数少时，出线部分的控制一般设在第一单元控制室内；当主接线较复杂，出线回路数多时，另设网络控制室，专职控制高压配电装置的出线。一般将网络控制室布置在高压配电装置场地内，位于两个高压配电装置之间。当220kV配电装置为高型布置时，与网络

控制楼之间可设天桥连接。

二、发电厂电工建构筑物总布置的特点

1. 发电厂的中心是主厂房，居于主导地位，电工建构筑物须要围绕主厂房进行布置

发电厂总布置中有主厂房等五个生产区和一个厂前区：

(1) 主厂房区。包括汽机房、除氧及煤仓间、锅炉房以及附属的除尘器、引风机、烟道及烟囱。

(2) 电工建构筑物（升压站）区。包括出线及高压配电装置、主变压器（包括厂用高压变压器）及主控制楼或网络控制楼。

(3) 水工建构筑物区。

(4) 输煤及其储存区。

(5) 辅助和附属建筑区。

厂前区包括行政管理及生活设施区。一般将厂前区布置在发电厂主要入口处，位于主厂房固定端一侧。

主厂房布置在厂区中央，成为全厂生产活动中心，而电工、水工、输煤、辅助、厂前区等建构筑物则围绕主厂房布置，以取得良好的经济效果。主厂房宜选择在地势较高、地质良好的地段，但其具体方位的确定，则又受冷却水源、铁路或水路运煤和高压出线走廊等因素的制约。因此，整体布局应以统筹兼顾、全面安排为原则。

2. 重点处理好与水工建构筑物布置的矛盾

主厂房中的汽机房要尽量靠近江、河、湖、海或冷却塔，以利于汽机进出循环冷却水。但高压配电装置也要靠近汽机房，以利于发电机出线接至高压配电装置。因此，要按各发电厂的不同情况，通过技术经济比较，处理好与水工建构筑物布置的矛盾。

3. 高压配电装置的位置与高压出线走廊方位相适应

发电厂高压配电装置的位置，还需要与高压出线走廊方位相适应，方便于出线，因而它是一个综合性问题，需与有关专业共同协商，合理布置。

4. 不设调相机等无功补偿装置

升压站不设调相机、静止补偿装置、串联补偿装置等无功补偿装置，仅大型电厂升压站可能装设并联电抗器；高压配电装置大多平行于主厂房前，为一列式布置；不需要设所前区。因此，升压站内部布置较变电所简单。

三、发电厂电工建构筑物总布置的各种形式

发电厂电工建构筑物的总布置，按照其主体建构筑物——高压配电装置的布置，分为布置主厂房前、主厂房后、主厂房固定端和厂内不设高压配电装置等四种类型。

高压配电装置布置的位置，要根据发电厂全厂总布置的总体规划和全面技术经济比较才能确定。

（一）高压配电装置布置在主厂房前

通常，为了便于与发电机连接，高压配电装置平行布置于主厂房前。

在确定高压配电装置平行于主厂房前的位置时，应注意：

(1) 按电气主接线的要求，使发电机引出线的连接在初期和最终时都较为方便。为了合理安排每台发电机引出线的位置，使出线偏角不致过大，甚至有时需要改变配电装置本体的布置型式。

(2) 要避开管线走廊。因为汽机房 *A* 排柱外侧是电厂管线最集中的地方，有循环水进出水管沟、上下水管沟、事故排油管、热网管架、暖气管沟等。图 13-10 为汽机房 *A* 排柱外侧管线综合布置示例，高压配电装置与汽机房间应按最终规模留出足够的管线走廊。

高压配电装置布置在主厂房前，有以下几种形式：

1. 有 6～10kV 发电机电压配电装置及升高电压配电装置

发电机母线自汽机房引出后，以架空组合导线跨过管线走廊接至 6～10kV 发电机电压配电装置，然后经过主变压器接至高压配电装置。图 13-11 示机组容量为 2×25MW+1×50MW 热电厂的总布置。

2. 高压配电装置面向水源

当高压配电装置面向水源时，高压输电线不能跨越江、河、湖、海，因而要有侧向出线走廊。图 13-12 示机组容量为 2×125MW+2×250MW 电厂的总布置，高压输电线从高压配电装置引出，利用水库边缘地区作为侧向出线走廊。

3. 高压配电装置两侧都布置冷却塔

高压配电装置与冷却塔间的位置要符合规程关于风向和距离的要求，减少水雾对高压配电装置的影响。图 13-13 示机组容量为 4×300MW+2×600MW 电厂的总布置。500kV 配电装置为适应发电机引出线偏角不致过大，而改变本体布置形式，增加了配电装置平行于主厂房的长度。

4. 高压配电装置和冷却塔同时布置在主厂房前

大型电厂所需冷却水量大，循环水的进徘水管径大，根数多，造价高，为缩短进排水管长度，节省投资，把冷却塔直接布置在汽机房前，高压配电装置则

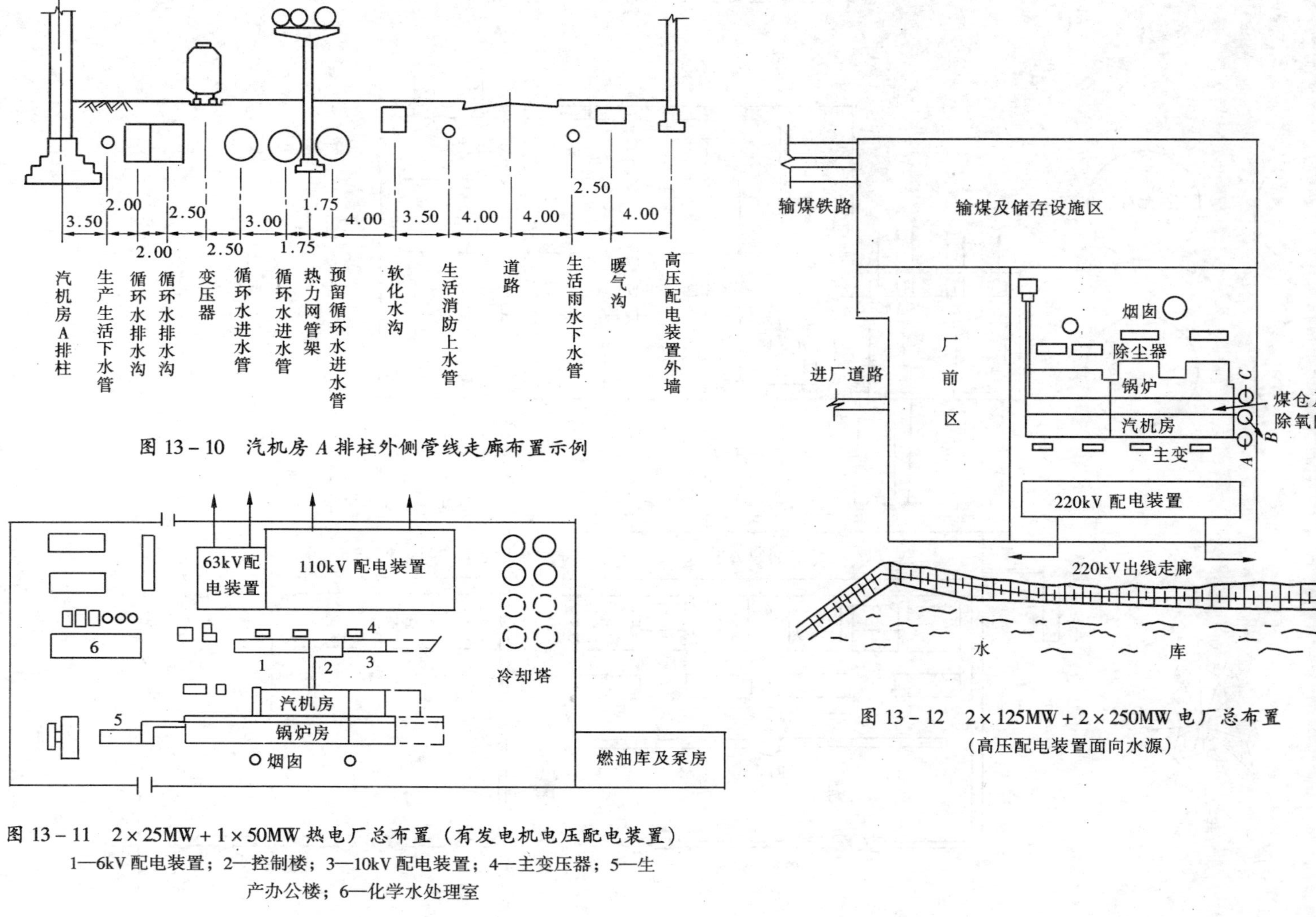

图 13-10　汽机房 A 排柱外侧管线走廊布置示例

图 13-11　2×25MW+1×50MW 热电厂总布置（有发电机电压配电装置）
1—6kV 配电装置；2—控制楼；3—10kV 配电装置；4—主变压器；5—生产办公楼；6—化学水处理室

图 13-12　2×125MW+2×250MW 电厂总布置
（高压配电装置面向水源）

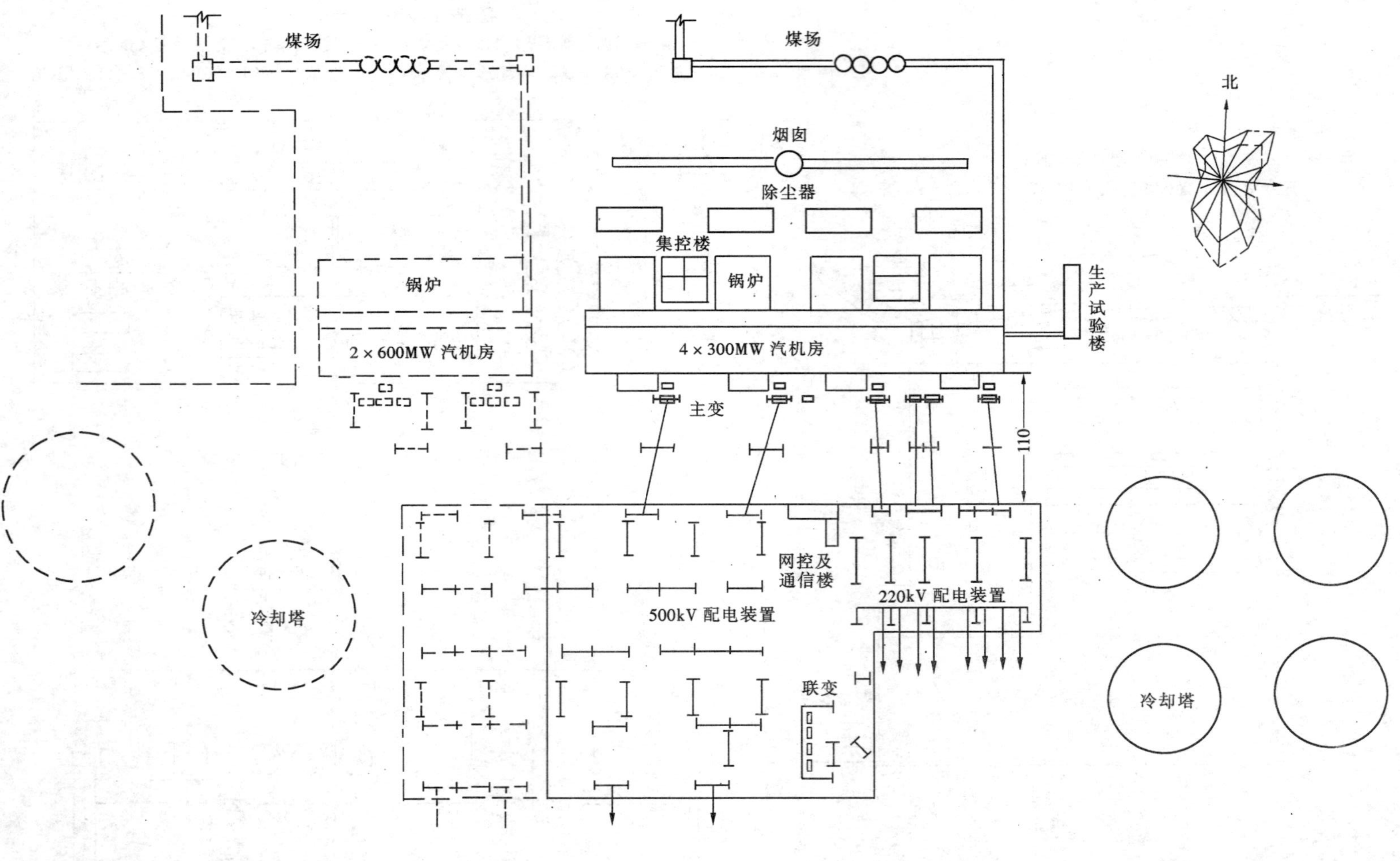

图 13-13　4×300MW+2×600MW 电厂总布置
（高压配电装置两侧有冷却塔）

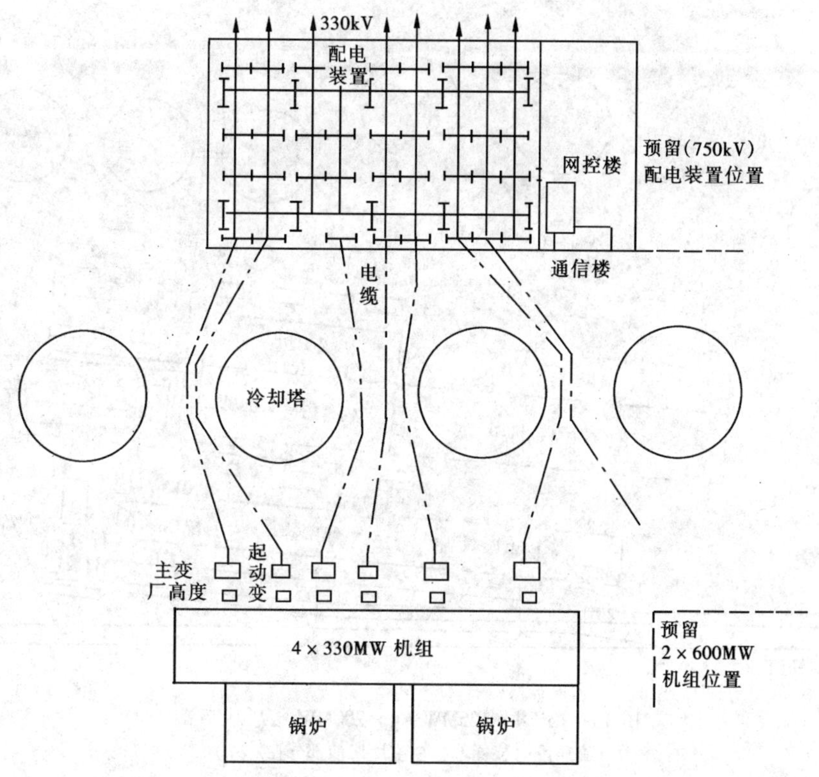

图 13－14　4×330MW 电厂总布置

（高压配电装置和冷却塔同时布置在主厂房前）

布置在冷却塔前而距汽机房较远，如图 13－14 所示。此时，发电机母线自汽机房引出后先接至紧靠汽机房的主变压器，然后以高压架空线或高压电缆穿过冷却塔接至高压配电装置。

5. 高压配电装置部分布置在主厂房前，部分布置在厂区外

当厂区面积较小，场地受限制时，可将高压配电装置部分布置在主厂房前，部分布置在厂区外，如图 13－15 所示。该厂位于狭长丘陵山坡上，庞大的冷却塔群布置在锅炉房后的高坡上，水雾对配电装置的影响最小。220kV 配电装置为高型，以压缩用地，500kV 配电装置限于场地，只能布置在厂区外一定距离处。整个厂区西高东低，高差 14m，采用阶梯布置，共分高压配电装置、主变压器、主厂房、烟囱、冷却塔等五个阶梯。全厂各建构筑物逐层布置，层次分明，体现了山坡区电厂的总布置风格。

（二）高压配电装置布置在主厂房后

为节约大型电厂循环水管路，在技术经济比较合理时，可以把汽机房紧靠江、河、湖、海或冷却塔布置，而将高压配电装置自主厂房前移至主厂房后，也避免高压出线面向江、河。这时需采取以下措施：

1. 汽机房前主变压器的高压侧架空出线翻越主厂房

图 13－16 示装机容量为 4×50MW 电厂的总布置断面，汽机房面向江河，主变压器高压侧出线翻越主厂房接至主厂房后的 220kV 配电装置。这种布置需解决好翻越厂房的架空线的检修维护问题。

2. 汽机房前主变压器的高压侧采用高压电缆出线，埋设穿过主厂房

如图 13－17 所示，汽机房面向长江，主变压器高压侧用高压电缆埋设穿过汽机房接至主厂房后的 220 及 500kV 配电装置。

3. 把主变压器布置在汽机房后的锅炉侧

如图 13－18 所示，汽机房面向河流，发电机母线反方向自汽机房 B 排柱引出，接至布置在汽机房后锅炉侧的主变压器。然后，主变压器高压侧出线直接接至主厂房后的高压配电装置。

（三）高压配电装置布置在主厂房固定端

为使汽机房紧靠水源也可把高压配电装置移至主厂房固定端，如图 13－19 所示。主变压器紧靠汽机房 A

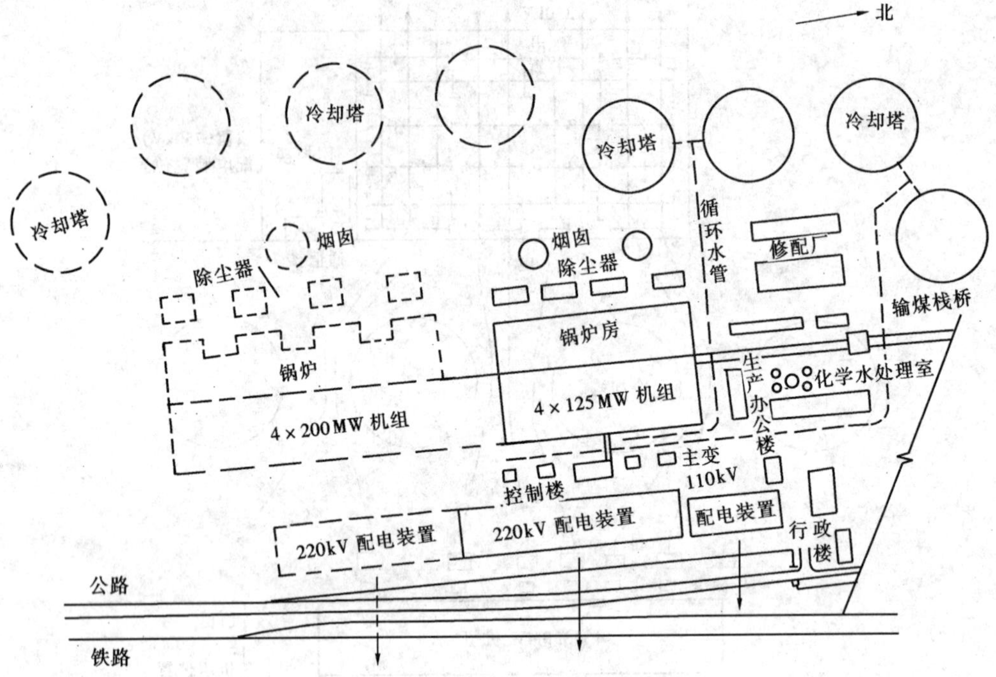

图 13-15 4×125MW+4×200MW 电厂总布置
(高压配电装置部分在主厂房前部分在厂外)

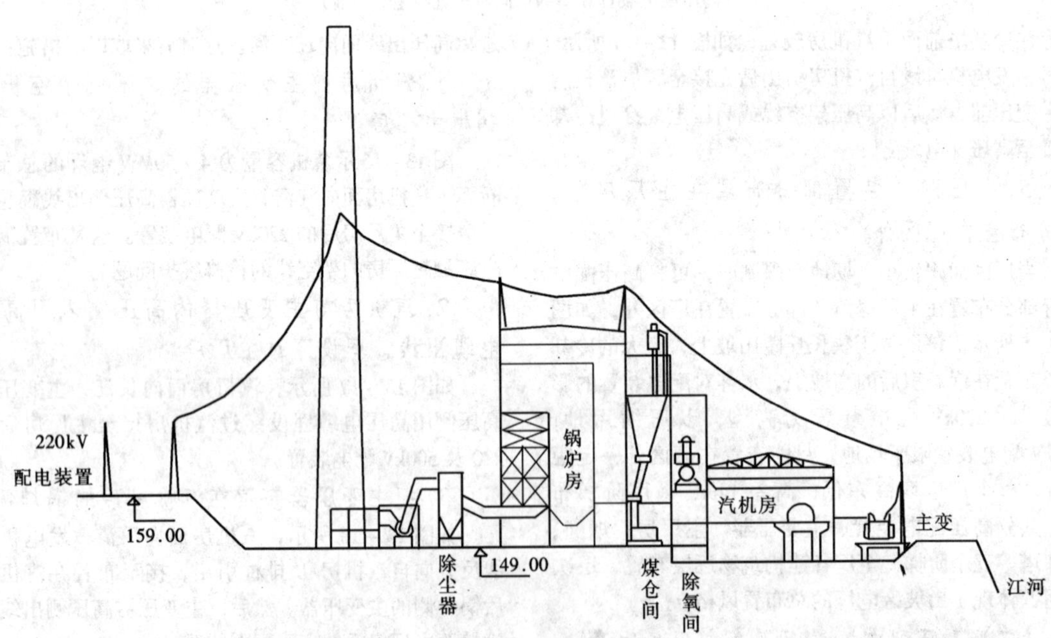

图 13-16 4×50MW 电厂总布置断面
(主变高压出线翻越主厂房)

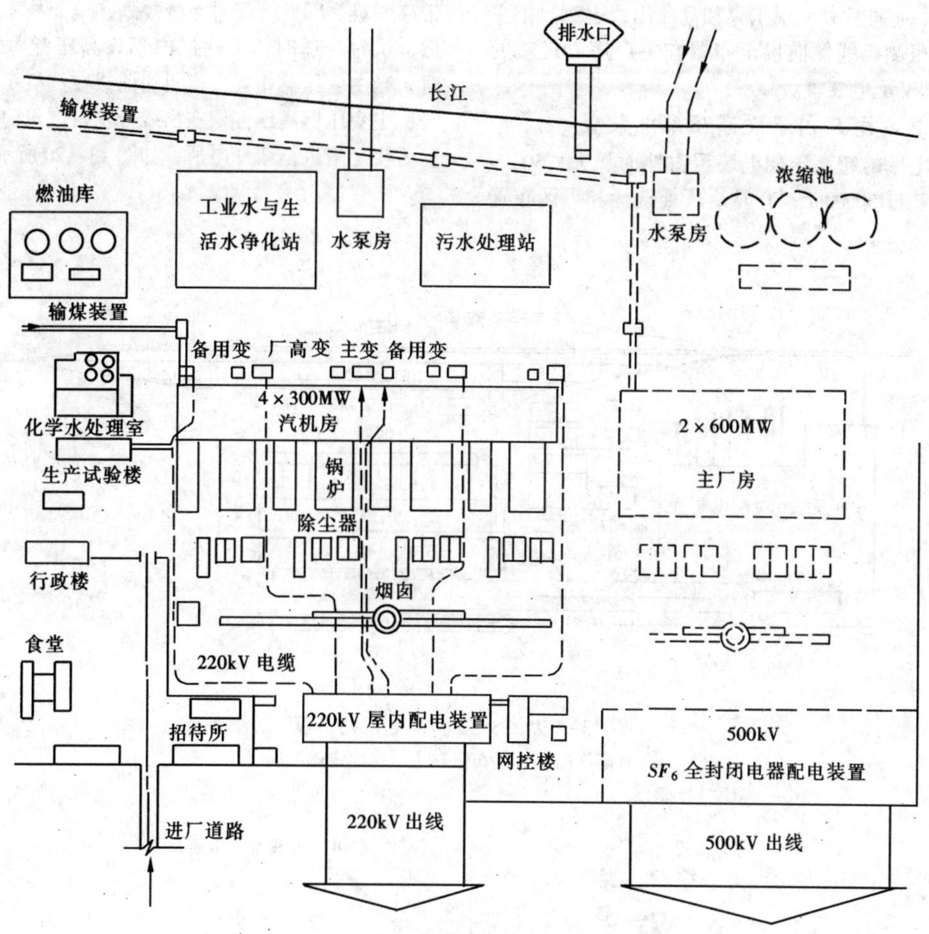

图 13-17　4×300MW+2×600MW 电厂总布置
（主变高压侧用电缆穿过主厂房）

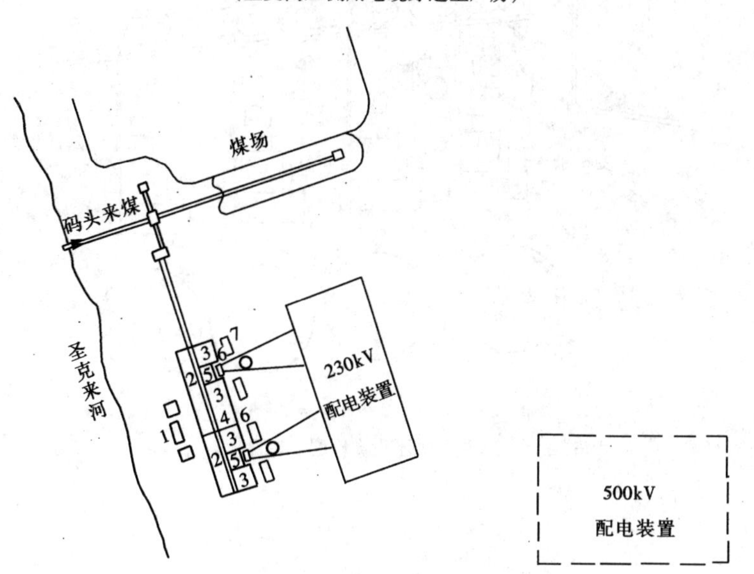

图 13-18　4×500MW 电厂总布置（主变压器布置在汽机房后）
1—办公楼；2—汽机房；3—锅炉；4—修配厂及水处理室；5—机炉电单元控制室；
6—主变压器；7—除尘器

排柱布置，A 排柱外为引水渠和高压出线走廊，把主变压器高压侧出线侧向接至布置在主厂房固定端的 220 及 500kV 配电装置。

（四）发电厂内不设高压配电装置

大型电厂的超高压配电装置占地面积大，500kV 配电装置超过 50000m²，有时给厂址选择和厂区布置带来困难。因此，经过系统规划和全面技术经济比较后，认为合适时，可在厂内不设高压配电装置。此时，当主变压器布置在汽机房前或在汽机房后锅炉侧时，主变压器高压侧架空出线分别自汽机房前或汽机房后接至附近枢纽变电所，如图 13－20 所示。

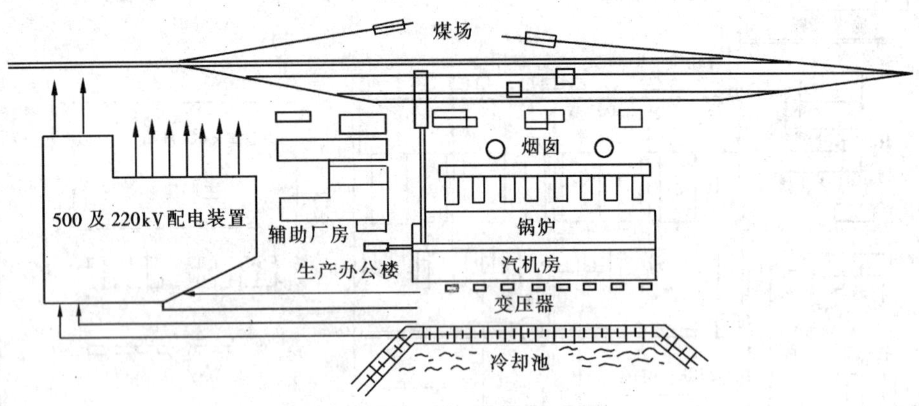

图 13－19 8×500MW 电厂总布置
（高压配电装置布置在主厂房固定端）

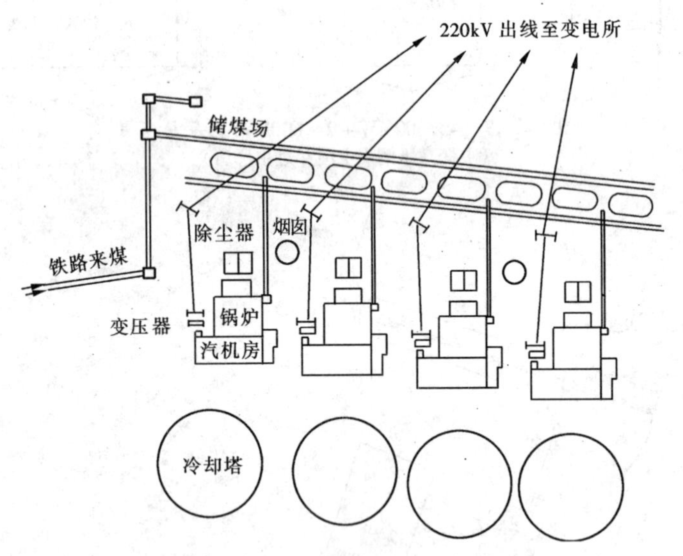

图 13－20 4×370MW 电厂总布置
（发电厂内不设高压配电装置）

第十四章

交流事故保安电源和不停电电源系统

编者 徐家和　　校者 黄维循　　审者 张仲波

交流事故保安电源系统是当电网发生事故或其它原因致使火电厂厂用电长时间停电时，提供机组安全停机所必须的交流用电系统。

第14－1节　交流事故保安负荷

一、交流事故保安负荷的分类

(一) 允许短时间断供电的负荷

1. 旋转电机负荷

(1) 汽机盘车电动机和顶轴油泵：一般在机组停机后20min起动，至少需要连续运转6～8h。对于大容量机组，如300MW及以上的机组，甚至需要连续运行1～2天。

(2) 交流润滑油泵：在事故停机时，由于机组的惰行，主油泵不起作用。润滑油压力降低到某定值，自动起动交流润滑油泵。交流润滑油泵是事故停机后最先起动的电动机之一，并在整个停机过程中连续运行，直至盘车终止后还需运行两个小时。

(3) 空侧交流密封油泵：当发电机为氢冷却时，空侧交流密封油泵在事故停机后最先起动，在整个停机过程中连续运行。

(4) 回转式空气预热器的电动盘车装置：回转式空气预热器的电动盘车装置在事故停机后需立即投入运行，一般需连续运行数小时。

(5) 汽动给水泵盘车电动机：汽动给水泵盘车电动机一般在事故停机后数分钟后投入运行。根据盘车要求不同，可以是连续运行，也可以断续运行。

(6) 各种辅机的润滑油泵：

1) 汽动给水泵润滑油泵；

2) 电动给水泵润滑油泵；

3) 送风机及其电动机的润滑油泵；

4) 引风机及其电动机的润滑油泵；

5) 磨煤机润滑油泵；

6) 一次风机及其电动机的润滑油泵；

7) 回转式空气预热器的润滑油泵。

以上辅机的润滑油泵均在机组事故停机后立即投入并运行至辅机停转后。当润滑油系统具有双套油泵，互为备用时，双套油泵电动机均应作为事故保安负荷，但在计算事故保安系统的容量时只计及一台油泵的容量。

(7) 电动阀门：必须作为事故保安负荷的电动阀门为数极少，如真空破坏阀、抽气逆止阀等。因为这些阀门容量很小，运行时间很短，在统计事故保安系统的总容量时不予计入。

2. 静止负荷

(1) 蓄电池的浮充装置：蓄电池的浮充装置在发生全厂事故停机的情况下，所承担的负荷约为装置额定容量的30%～50%。

(2) 事故照明。

(二) 不允许间断供电的负荷

(1) 计算机系统；

(2) 汽机电调装置；

(3) 机组的保护联锁装置；

(4) 程序控制装置；

(5) 主要的热工测量仪表。

以上负荷要求电源中断时间小于5ms。

二、典型机组的交流事故保安负荷举例

表14－1和14－2分别列举国产200MW和国产300MW机组交流事故保安负荷的名称、容量及其运行方式。

表14－1　　某国产200MW机组交流事故保安负荷（二台机）

序号	负荷名称	成组起动的电动机容量（kW）和静止负荷容量（kW）				单独起动的电动机				
		连续运行 P_{LX}		短时运行 P_{DS}		容量 P_{DG}（kW）		投入时间	运行状态
		#1机	#2机	#1机	#2机	#1机	#2机		
1	交流润滑油泵	40	40						
2	空侧密封油泵	7.5	10						

续表

序号	负荷名称	成组起动的电动机容量（kW）和静止负荷容量（kW）				单独起动的电动机			
		连续运行 P_{LX}		短时运行 P_{DS}		容量 P_{DC}（kW）		投入时间	运行状态
		#1机	#2机	#1机	#2机	#1机	#2机		
3	空气预热器盘车	1.1×2	1.1×2						
4	热工仪表	20	20						
5	事故照明	30	30						
6	浮充电装置	45	45						
7	电动阀门			5	5				
8	汽机盘车电动机					30	30	20min后	连续
9	汽机顶轴油泵					17	17	20min后	断续
	成组起动负荷合计	49.7	52.2						
	静止负荷合计	95	95						

表 14-2　某国产 300MW 机组交流事故保安负荷（一台机）

序号	负荷名称	成组起动的电动机和静止负荷的容量（kW）					单独起动的电动机			
		连续运行 P_{LX}		短时运行 P_{DS}			容量 P_{DC}（kW）		投入时间	运行状态
		连接容量	运行容量	连接容量	运行容量	运行时间	连接容量	运行容量		
1	交流润滑油泵	1×40	1×40							
2	汽动给水泵润滑油泵			2×17	2×17	20min				
3	电动给水泵润滑油泵	1×22	1×22							
4	火焰检测冷却风机	1×7.5	1×7.5							
5	送风机润滑油泵			8×0.55	4×0.55	10min				
6	吸风机润滑油泵			8×0.55	4×0.55	10min				
7	一次风机润滑油泵			8×0.55	4×0.55	10min				
8	空气预热器盘车	2×5.5	2×5.5							
9	空气预热器润滑油泵	4×1	4×1							
10	电梯			1×11.2	1×11.2	间断				
11	汽动给水泵盘车						2×2.2	2×2.2	5min后	连续
12	汽机盘车电动机						1×55	1×55	20min后	连续
13	顶轴油泵						4×15	3×15	20min后	间断
14	柴油机室风机	2×0.6	2×0.6							
15	柴油机组本身负荷	1×25	1×25							
16	事故照明	1×21	1×21							
17	集控室浮充装置	1×14.5	1×14.5							
18	网控室浮充装置	2×8.2	2×8.2							
19	集控室热控电源	1×20	1×20							
20	电子计算机室电源	1×10	1×10							
21	电气控制保护电源	1×2	1×2							
22	通讯电源	1×10	1×10							
	成组起止负荷合计	88.7								
	静止负荷合计	93.9								

第 14-2 节　专用的柴油发电机组

一、柴油发电机组的特点

在发电厂中普遍用专用的柴油发电机组作为交流事故保安电源。其特点如下：

(1) 柴油发电机组的运行不受电力系统运行状态的影响，是独立的可靠电源。该机组的起动迅速，国产的柴油发电机组起动时间大约为 15 秒左右，能满足发电厂中允许短时间断供电的交流事故保安负荷的供电要求。

(2) 柴油发电机组制造容量有许多等级，可根据需要选择和配置合适的设备。

(3) 柴油发电机组可以长期运行，满足长时期事故停电的供电要求。

(4) 柴油发电机组结构紧凑，辅助设备较为简单，热效率较高，因此经济性较好。

二、交流事故保安电源电气系统接线

(一) 接线的基本原则

(1) 柴油发电机组与汽轮发电机组成对应性配置。一般 200MW 机组，二台机组配置一套柴油发电机组。300MW 及以上的汽轮发电机组，每台机组配置一套柴油发电机组。

(2) 交流事故保安电源的电压及中性点接地方式应与低压厂用工作电源系统的电压取得一致。一般每台机组设置一个事故保安母线段，单母线接线。当事故负荷中具有一台以上的互为备用的Ⅰ类电动机时，保安段应采用与低压厂用工作母线相应的接线方式。

每台机组的交流事故保安负荷应由本机组的保安母线段集中供电。

(3) 交流事故保安母线段除了由柴油发电机取得保安电源外，必须由厂用电取得正常工作电源，以供给机组正常运行情况下接在事故保安母线段上的负荷用电。

(4) 在机组发生事故停机时，接线应具有能尽快从正常厂用电源切换到柴油发电机组供电的装置。

(二) 基本接线方式

1. 二机一组的接线

图 14-1 为典型的国产 200MW 机组的交流事故保安电源。

柴油发电机组额定容量为 500kW。每台机组设置单独的事故保安段，采用单母线，事故负荷集中供电。

正常情况与事故停机后，保安段母线的供电方式如下：

以#1 机为例。在正常运行情况下，开关 D、S_2 打开，S_1 合上。保安母线段上的经常负荷由本机组厂用工作电源供电。

在失去厂用电时，开关 S_1 自动跳闸。经过延时确认后自动起动柴油发电机组。当电压和频率达到额定值时，柴油发电机组出口主开关 D 自动合上，并联锁 S_2 开关自投。此时整个切换过程完成。

2. 一机一组的接线

一机一组的接线单元性强，可靠性高，适用于 300MW 及以上机组采用。图 14-2 的接线中事故保安段母线采用两段单母线，是为了与厂用工作母线的接线相对应。

3. 保安电源系统接线实例

图 14-3 表示某电厂 300MW 机组保安电源系统接线图。

主厂房动力中心和保安段采用抽屉式低压开关

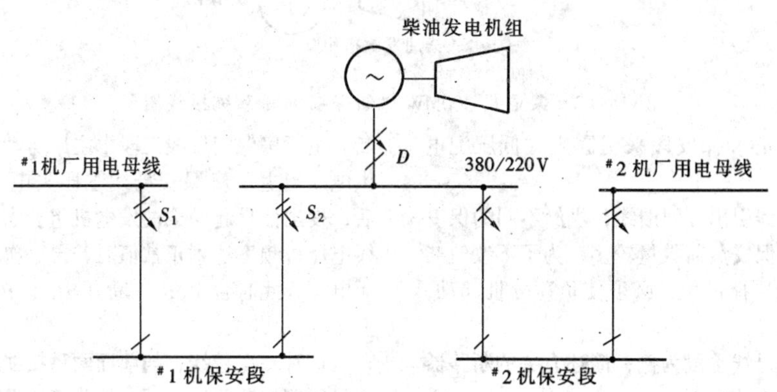

图 14-1　二机一组的交流事故保安电源系统接线

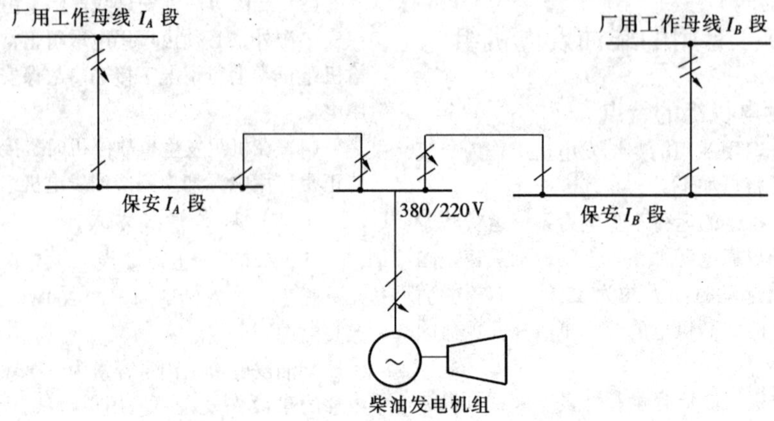

图 14-2 一机一组的交流事故保安电源系统接线

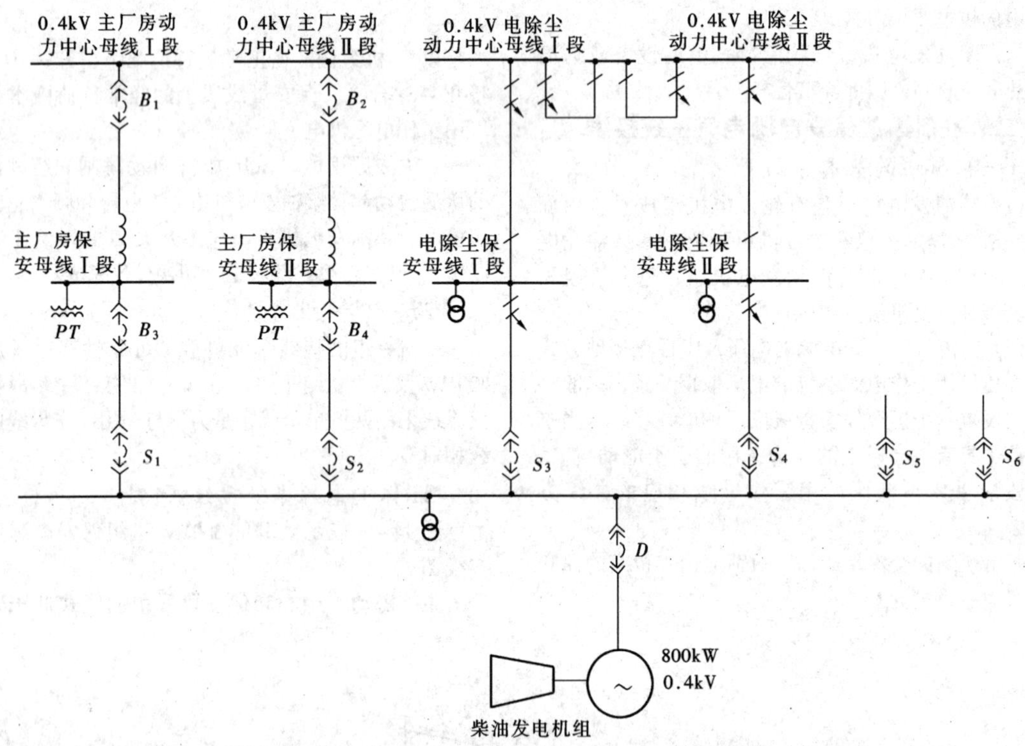

图 14-3 某电厂 300MW 机组保安电源系统接线图

柜。电除尘动力中心和保安段采用固定式低压配电屏。

柴油发电机母线引出 6 回馈线，供给不同的保安负荷，由于机组的保安负荷数量较多，为了不致使柴油发电机组的容量选择过大，必须使负荷分批起动，以减小起动负荷。

以主厂房保安母线Ⅰ段为例，简述有关的断路器的工作状态及切换方式如下：

厂用电源正常运行情况下，B_1 合闸，B_3、S_1 分断。主厂房保安母线工段由主厂房动力中心母线Ⅰ段供电。当主厂房保安母线Ⅰ段失电，经过延时确认后，发出信号起动柴油发电机组。当柴油发电机组母线电压、频率达到正常值时，再一次确认保安母线仍无电压，此时合上 B_3，断开 B_1。并每隔 10s 依次合上 $S_1 \sim S_6$ 开关。

这种一次接线，与前面两种接线相比，增加了保安母线侧的断路器。而在控制接线上可以做到厂用工作电源一旦消失，必须待柴油发电机组起动成功后，才将保安母线的电源从厂用工作电源切换到保安电源供电。从而提高了供电的可靠性。

三、柴油发电机组容量选择及电压降计算

(一) 容量选择的原则

(1) 柴油发电机组的长期允许容量应能满足机组安全停机最低限度连续运行的负荷的需要。

(2) 用成组起动或自起动时的最大视在功率校验发电机的短时过载能力。

(3) 用成组起动或自起动时的最大有功功率校核柴油机的过载能力。

(4) 事故保安负荷中的短时不连续运行负荷，在计算柴油发电机组的容量时，不予考虑。仅在校验机组过负荷能力时计及。

(5) 短暂运行的负荷，如电动阀门，电梯等，在计算时不计及。

(6) 机组容量要满足电动机自起动时母线最低电压不得低于额定电压的 75%。当电压不能满足要求时，可在运行情况允许的条件下将负荷分批起动。

(二) 计算公式

1. 确定柴油发电机组额定容量的公式

$$\left.\begin{aligned} S_{fe} &\geqslant S_c \\ P_{fe} &\geqslant P_c \\ Q_{fe} &\geqslant Q_c \end{aligned}\right\} \tag{14-1}$$

式中　S_{fe}、P_{fe}、Q_{fe}——分别表示柴油发电机组额定视在功率 (kVA)、有功功率 (kW) 和无功功率 (kvar)；

S_c、P_c、Q_c——分别表示长期连续运行负载的视在功率 (kVA)、有功功率 (kW) 和无功功率 (kvar)。

2. 校验发电机短时过载能力的公式

$$S_{fe} \geqslant \frac{S_{Qm}}{K_{GF}} \tag{14-2}$$

式中　S_{Qm}——成组起动或自起动时负荷的最大值 (kVA)；

K_{GF}——发电机短时过负荷系数，取 1.5。

3. 确定柴油机容量的公式

$$P_{CYH} \geqslant P_{Qm} \times \frac{1}{K_{GCY}} \times \frac{1}{\eta_{CY}} \times \frac{1}{K_q} \tag{14-3}$$

式中　P_{CYH}——柴油机的额定功率 (kW)；

P_{Qm}——成组起动或自起动时的负荷最大有功功率 (kW)；

K_{GCY}——柴油机 1 小时过负荷能力，取 1.1；

η_{CY}——柴油机的机械效率，取 0.95；

K_q——当机组运行在非标准大气状况下时，柴油机的功率修正系数。在工程中，可近似按海拔每增高 1000m，柴油机功率下降 10% 计算。

4. 计算电压降的公式

当考虑到发电机电压校正器的作用时，可认为发电机在成组起动或单台电动机起动时引起的电压变动与发电机已带负荷几乎无关。

对于凸极电机，起动最大负荷时的电压降 (%) 为

$$\Delta U\% = \left(1 - \frac{Z\sqrt{R^2 + (X_{q*} + X)^2}}{(X'_{d*} + X)(X_{q*} + X) + R^2}\right) \times 100\% \tag{14-4}$$

式中　Z——最大起动负荷的等值阻抗 (标么值)；

$$Z = \frac{S_{Fe}}{S_{zqm}}$$

S_{zqm}——最大起动负荷的容量 (kVA)；

$$S_{zqm} = \sqrt{P_{zqm}^2 + Q_{zqm}^2} \tag{14-5}$$

P_{zqm}——最大起动负荷的有功容量 (kW)；

Q_{zqm}——最大起动负荷的无功容量 (kvar)；

X'_{d*}——发电机的暂态电抗 (标么值)；

X_{q*}——发电机的横轴电抗 (标么值)；

R——最大起动负荷的等值电阻，$R = Z\cos\varphi_{zqm}$，其中 $\cos\varphi_{zqm} = P_{zqm}/S_{zqm}$；

X——最大起动负荷的等值电抗，$X = Z\sin\varphi_{zqm}$，其中 $\sin\varphi_{zqm} = Q_{zqm}/S_{zqm}$。

5. 计算自起动电压降的近似公式

在工程计算中，往往会遇到发电机参数不全或负荷资料不详细的情况，在这种情况下可以采用近似计算法求得自起动电压降的近似值 (%)。

近似计算公式如下：

$$\Delta U\% = \frac{X_{dm} \times 100}{X_{dm} + X_e}\% \tag{14-6}$$

$$X_{dm} = \frac{1}{2}(X''_d + X'_d)$$

式中　X'_d——发电机的暂态电抗；

X''_d——发电机的次暂态电抗；

$X_e = P_{fe}/P_{Qm}$。

(三)计算用参数的确定

在计算柴油发电机组容量及电压降时所需用的计算参数在表14-3中列出。

根据表14-3中的各参数，可得到实用计算中所需的运算系数：

$$K_1=\frac{K_{Df}}{\eta_D}=\frac{0.8}{0.89}=0.9$$

$$K_2=\frac{K_{Jf}}{\eta_J}=\frac{0.3}{0.95}=0.32$$

$$K_3=\frac{K_{DQ}\cos\varphi_{DQ}}{\eta_D\cos\varphi_D}=\frac{6.6\times0.4}{0.89\times0.86}=3.45$$

$$K_1\mathrm{tg}\varphi_D=0.9\mathrm{tgcos}^{-1}0.86=0.53$$

$$K_2\mathrm{tg}\varphi_J=0.32\mathrm{tgcos}^{-1}0.8=0.24$$

$$K_3\mathrm{tg}\varphi_{DQ}=3.45\mathrm{tgcos}^{-1}0.4=7.9$$

表14-3 **计算用参数**

计算用参数	电动机负荷		静止负荷
	正常运行状态	起动状态	
功率因数	$\cos\varphi_D=0.86$	$\cos\varphi_{DQ}=0.4$	$\cos\varphi_J=0.8$
效率	$\eta_D=0.89$		$\eta_J=0.95$
负荷率	$K_{Df}=0.8$		$K_{Jf}=0.3\sim0.5$
起动电流倍数		$K_{DQ}=6.6$	

(四)计算实例

以表14-1所列某电厂保安负荷为例，计算两台200MW机组共用一组柴油发电机组时，所需柴油发电机组的容量。

由于目前国产的柴油发电机组尚缺乏实际运行经验。为了校核机组在起动过程中，各阶段机组所带负荷情况，必须用较为精确的方法将机组起动过程中各阶段负荷算出，并画成负荷曲线。

1. 计算长期连续运行所需要的容量

$$P_c=\Sigma P_DK_1+\Sigma P_JK_2$$

$$Q_c=\Sigma P_DK_1\mathrm{tg}\varphi_D+\Sigma P_JK_2\mathrm{tg}\varphi_J$$

式中 ΣP_D——连续运行的电动机额定功率之和(kW)；

ΣP_J——连续运行的静止负荷之和(kW)。

将第14-2节三、(三)中的运算系数代入，可得：

$$P_c=0.9\Sigma P_D+0.32\Sigma P_J \tag{14-7}$$

$$Q_c=0.53\Sigma P_D+0.24\Sigma P_J \tag{14-8}$$

按式(14-7)、(14-8)计算

$$P_c=0.9\times(49.7+52.2+30+30)+0.32(95+95)=206.51(\mathrm{kW})$$

$$Q_c=0.53(49.7+52.2+30+30)+0.24(95+95)=131.4(\mathrm{kvar})$$

$$S_c=\sqrt{206.51^2+131.4^2}=244.8(\mathrm{kVA})$$

2. 计算成组起动所需要的容量

先计算第一台机组的静止负荷和成组自起动负荷投入的情况。再按已带一台机组的静止负荷及成组起动负荷，达到稳态运行后，第二台机组的静止负荷和成组起动负荷投入的情况计算。

本实例中，因为两台机组的负荷情况很接近，所以第二台机组的静止负荷和成组起动负荷投入时的情况更为严重。可只计算这种起动情况。

利用第14-2节三、(三)中的运算系数：

$$P_{zq}=0.9\Sigma P_{zq1}+3.45\Sigma P_{zq2}+0.32(\Sigma P_{J1}+P_{J2}) \tag{14-9}$$

$$Q_{zq}=0.53\Sigma P_{zq1}+7.9\Sigma P_{zq2}+0.24(\Sigma P_{J1}+\Sigma P_{J2}) \tag{14-10}$$

式中 ΣP_{zq1}，ΣP_{zq2}——分别为二台机组的成组起动负荷(kW)；

ΣP_{J1}，ΣP_{J2}——分别为二台机组的静止负荷(kW)。

按式(14-9)、(14-10)计算

$$P_{zq}=0.9\times49.7+3.45\times52.2+0.32(95+95)=285.62(\mathrm{kW})$$

$$Q_{zq}=0.53\times49.7+7.9\times52.2+0.24(95+95)=484.32(\mathrm{kvar})$$

$$S_{zq}=\sqrt{285.62^2+484.32^2}=562.27(\mathrm{kVA})$$

其中#2机的成组起动负荷和静止负荷容量为：

$$P_{zqm}=210.49\mathrm{kW}$$

$$Q_{zqm} = 435.18\text{kvar}$$

$$S_{zqm} = \sqrt{210.49^2 + 435.18^2} = 483.4\text{kVA}$$

3. 计算单台电动机起动时所需的容量

按第二台机组中的最大一台电动机自起动时的情况计算（本例指顶轴油泵）。

$$P_{dq} = P_C + 0.9(\Sigma P_{zd} - P_{md2}) + 3.45P_{md2} \quad (14-11)$$

$$Q_{dq} = Q_C + 0.53(\Sigma P_{zd} - P_{md2}) + 7.9P_{md2} \quad (14-12)$$

式中　P_{md2}——第二台机的单台自起动电动机中最大一台电动机容量（kW）；

ΣP_{zd}——与 P_{md2}在运行时间上重迭的其它短时运行的电动机容量之总和（kW）。

先计算第一台机的盘车投入时的情况：

$$P_{dq1} = 206.51 + 0.9\times(17+17-30-30) + 3.45\times30 = 286.61(\text{kW})$$

$$Q_{aq1} = 131.4 + 0.53\times(17+17-30-30) + 7.9\times30 = 354.62(\text{kvar})$$

$$S_{dq1} = \sqrt{286.61^2 + 354.62^2} = 456(\text{kVA})$$

再计算第二台机的盘车投入时的情况：

$$P_{aq2} = 206.51 + 0.9\times(17+17-30) + 3.45\times30 = 313.61(\text{kW})$$

$$Q_{dq2} = 131.4 + 0.53(17+17-30) + 7.9\times30 = 370.5(\text{kvar})$$

$$S_{dq2} = \sqrt{313.61^2 + 370.5^2} = 485.4(\text{kVA})$$

4. 按计算结果画出柴油发电机负荷曲线（见图 14-4）

曲线各阶段说明：

A——#1 机成组起动负荷及静止负荷投入（本实例中未计算）；

B——#1 机成组起动负荷及静止负荷正常运行（本实例中未计算）；

C——#2 机成组起动负荷及静止负荷投入（本实例中为 562.27kVA）；

D——#2 机成组起动负荷及静止负荷稳态运行（本实例中未计算）；

E——二台顶轴油泵依次投入；

F——#1 机盘车电动机投入（本实例为 456kVA）；

G——#2 机盘车电动机投入（本实例为 485.4kVA）；

H——持续运行负荷（本实例为 244.8kVA）。

5. 柴油发电机组额定容量的确定

按式（14-1）确定发电机的额定容量：

已知 $S_c = 244.8\text{kVA}$，$P_c = 206.51\text{kW}$，$Q_c = 131.4\text{kvar}$。

如选用 300kW 的发电机，$\cos\varphi = 0.8$，则

$$S_{fe} = 300\times\frac{1}{0.8} = 375(\text{kVA}) > S_c;$$

$$P_{fe} = 300(\text{kW}) > P_c;$$

$$Q_{fe} = 300\times\tan\cos^{-1}0.8 = 225(\text{kvar}) > Q_c;$$

按式（14-2）校核发电机容量：

S_{Qm}在第二台机组的静止负荷及成组起动负荷投入时出现。此时为

$$S_{Qm} = 562.27\text{kVA}$$

$$S_{fe} \geqslant \frac{562.27}{1.5} = 374.8(\text{kVA})$$

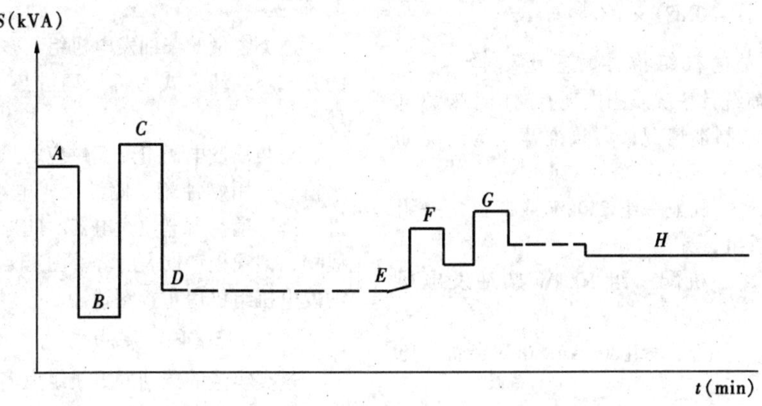

图 14-4　柴油发电机负荷曲线

因此必须选用500kW的发电机。

按式（14-3）确定柴油机的容量：

最大有功功率 P_{Qm} 在第二台机的盘车投入时出现，即

$$P_{Qm}=313.6\text{kW}$$

$$P_{CYH}\geqslant 313.6\times\frac{1}{1.1}\times\frac{1}{0.95}\times 1=300(\text{kW})$$

国产柴油发电机组中，与500kW发电机配套的柴油机12h功率为668kW，故可满足本例要求。

6. 计算自起动电压降

按式（14-4）计算。

最大起动负荷 S_{zqm} 在#2机成组起动负荷和静止负荷投入时出现，即

$$P_{zqm}=210.09\text{kW};Q_{zqm}=435.18\text{kvar};$$
$$S_{zqm}=483.4\text{kVA}$$

起动负荷的等值阻抗为：

$$Z=\frac{500/0.8}{483.4}=1.29$$

$$R=1.29\times\frac{210.49}{483.4}=0.56$$

$$X=1.29\times\frac{435.18}{483}=1.16$$

根据广州柴油机厂生产的500kW陆用柴油发电机组，发电机参数为 $X'_d=0.207$，$X_q=0.833$。因此按式（14-4）得电压降（百分数）为

$$\Delta U\%=\left(1-\frac{1.29\sqrt{0.56^2+(0.833+1.16)^2}}{(0.207+1.16)(0.833+1.16)+0.56^2}\right)\times 100\%=(1-0.88)\times 100\%=12\%$$

（五）柴油发电机组推荐的容量选择

根据保安负荷统计情况及国内现有的用于应急电源的柴油发电机的制造情况，大致推荐配套情况如下：

200MW机组，一机配一组250kW或二机配一组500kW柴油发电机组；

300MW机组，一机配一组500kW柴油发电机组；

600MW机组，一机配一组800～1200kW柴油发电机组。

由贵州柴油机厂配套供应的250kW柴油发电机组，采用兰州电机厂TZH-250型发电机配KXT-1型可控励磁装置和贵州柴油机厂生产的12V135AZD型柴油机，其12小时功率为330kW（450马力），1500r/min。同时配套供应控制柜，仪表屏及机组的附属设备。机组采用24V直流电起动和带风扇散热水箱闭式水冷却循环的冷却方式。

由福州发电设备厂配套的500kW自起动柴油发电机组采用TW-500-4型无刷励磁同步发电机和12V180GDa-2型柴油发电机，其12小时功率为668kW（910马力）。柴油机采用压缩空气起动，冷却方式为开式外循环水冷却。目前国产300MW机组，每台机组配用一组作为保安电源。

由上海汽轮机厂配套的800～1200kW自起动柴油发电机组采用TF-118型同步发电机和12V E230ZD型柴油机。采用压缩空气起动。使用专门配制的加有防蚀乳化剂的闭式循环水冷却。循环水、润滑油、增压空气分别通过各自的冷却器用外部水冷却。发电机的励磁采用自励恒压装置。这种类型的柴油发电机组可用于容量为600MW机组的交流事故保安电源。

四、柴油发电机组机房的布置

应急柴油发电机组是由制造厂提供的较完整的成套单元设备，平时备用，无人值班。在应急运行的情况下，也具有一定的独立性。为了便于维护管理，一般在发电厂内单独设置一个附属车间。

柴油发电机室在工程总体布置中，应布置在通风较好，并尽量接近保安负荷中心的地区。但因柴油机运行时噪音大、震动大、排出废气污染环境，故在布置上要考虑到对周围环境的影响，如应与集控室保持一定距离。

柴油发电机组的主辅机设备和电气动力配电、控制屏均放置在一起，不设单独的房间。

（一）容量为250kW的柴油发电机组机房的布置

这类容量的柴油发电机组大多采用24V电压起动的方式。冷却方式为带风扇散热水箱闭式水冷却循环。

与柴油发电机组配套供应的附属设备一般有补给水箱、日用燃油箱、储油箱、电动供油泵和可调式进、排风道及蓄电池充电器。此外，还有控制屏、出线柜、馈线柜和仪表屏等。图14-5所示为250kW柴油发电机组机房布置图。

（二）500kW柴油发电机组机房的布置

这类容量的柴油发电机组大多采用压缩空气起动的方式。当采用开式外循环水冷却方式时，其附属设备有电气控制屏台（包括控制台、仪表台、自起动控制屏及机组控制屏）、空压机和空气瓶、预热水泵、

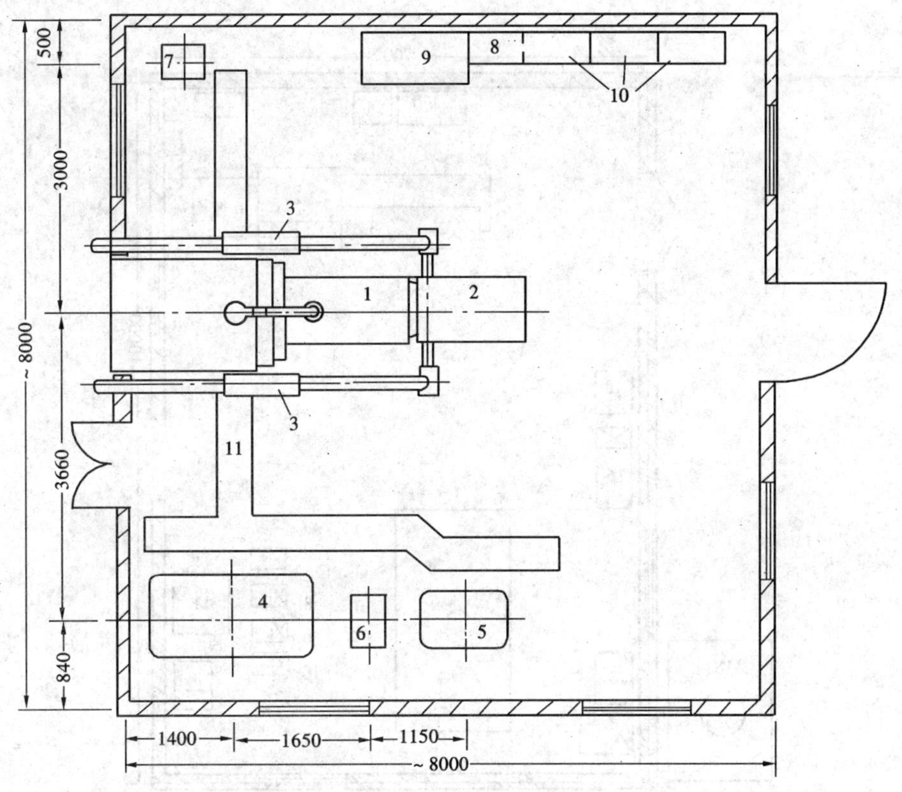

图 14－5　250kW 柴油发电机组机房布置图

1—柴油机；2—发电机；3—排气消声器；4—储油箱；5—日用燃油箱；6—供油泵；7—膨胀水箱；8—浮充装置；9—蓄电池；10—电气屏；11—管沟

预热水箱、膨胀水箱、预供油泵、抽油泵及燃油供油泵和燃油箱等。还有一组配套 24V 蓄电池，用于机组的自动控制、伺服电动机、电磁阀、预供油泵和发电机充磁等。500kW 柴油发电机组机房的布置，如图 14－6 所示。

（三）800kW 柴油发电机组机房的布置

800kW 柴油发电机组机房的布置，如图 14－7 所示。

五、柴油发电机组的二次接线

柴油发电机组的二次接线应能保证机组在紧急事故状态下快速自起动，并能适应无人值班的运行方式。

（一）基本要求

（1）柴油发电机组的控制开关应具有“就地”、“维护”、“自起动”、“试验”四个位置。

开关在“自起动”位置时，厂用电源一旦消失，机组应迅速可靠自起动，并投入运行。起动时间应控制在 15 秒之内。

开关在“就地”位置时，控制回路的自起动部分应退出工作。此时可在柴油机上操作机组的起停。

开关在“试验”位置时，在厂用电源正常的情况下，能起动机组。发电机出口开关不合。

开关在“维护”位置时，应向集控室发一信号，同时闭锁手动起动和自动起动方式，才允许检修设备。

（2）在厂用电源恢复正常后，手动切换恢复厂用电源的供电，手动将机组停下。

（3）机组的辅助油泵、水泵等辅机电动机，应具有满足工艺要求的自动控制接线。

（4）机组应具有下列保护装置：

机组应具有发电机过电流保护、欠电压保护，对于容量在 800kW 以上的机组，可设置差动保护（这些保护动作可使主开关跳闸）。对于中性点不接地系统的机组，还应设置接地保护信号装置。

此外，还有冷却水温度高，润滑油压低，润滑油温高等保护动作于信号的装置。

（5）机组一般应装设下列表计：

在发电机控制柜上装设有定子电流，定子电压，

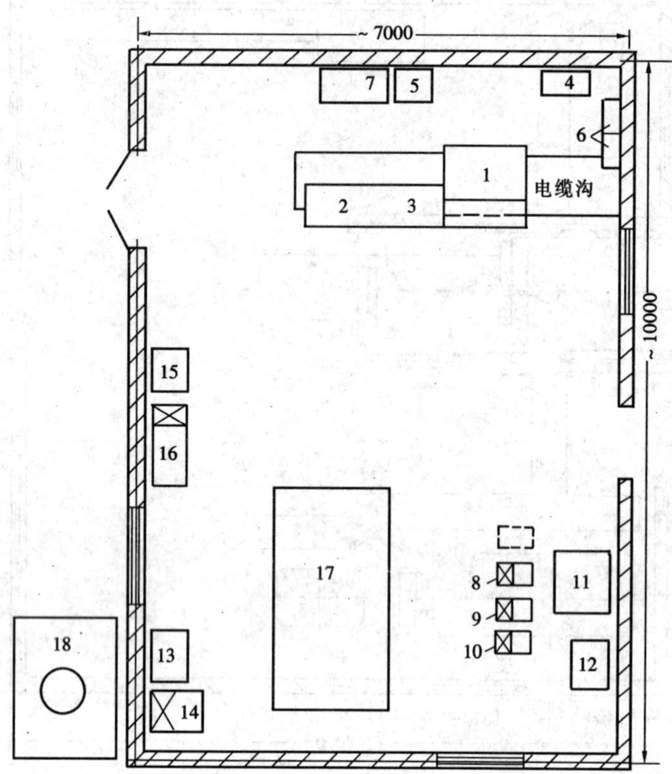

图 14-6　500kW 柴油发电机组机房布置图

1—机组仪表台；2—机组控制屏；3—机组自启动控制屏；4—动力配电屏；5—充电装置；6—直流配电箱；7—蓄电池组；8—直流预供油泵；9—预供油泵；10—抽油泵；11—机油泵；12—燃油箱；13—预热水箱；14—预热水泵；15—冷却水箱；16—空压机；17—柴油发电机；18—燃油贮油箱

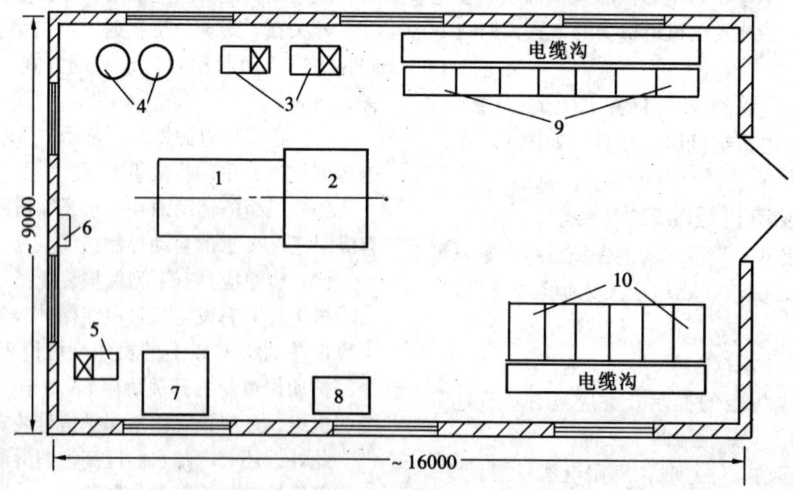

图 14-7　800kW 柴油发电机组机房的布置

1—柴油机；2—发电机；3—空压机；4—空气瓶；5—齿轮油泵；6—手摇油泵；7—日用燃油箱；8—膨胀水箱；9—控制屏；10—动力柜

有功功率，无功功率，有功电度，频率，励磁电流及累计运行时间表。

在集控室内一般不设柴油机组的表计。当需要时，可使用定子电流、定子电压及有功功率表。

(6) 机组一般装设下列信号：

在机房内的机组自起动控制屏上设置有机组本体及润滑油、循环水，压缩空气等辅助系统所需要的信号。如“柴油机润滑油压低”、“冷却水水温高”、“润滑油温高”、“润滑油压力低”、“柴油机超速”等信号。在集控室内一般仅设置与机房间的联系信号，如“机组自起动失败”，“机组异常总信号”，“机组故障总信号”等。

(7) 机组一般不需同期操作。

（二）机组自起动控制接线逻辑方框图

以图 14－2 所示的电气接线图为例，图 14－8 表示机组自起动控制逻辑方框图。

动作过程简述如下：

在电厂正常运行时，将机组的运行方式切换开关置于“自动”位置。当 I_A 段母线工作电源失电后，经过延时确认（躲开备用电源自投的时间，为 3～5s。对于备用电源手动投入的接线，只需躲开馈线开关的切断故障时间 1～2s。）后，启动柴油机组。当机组的转速、电压达到额定值时，合发电机出口开关。此时，如果 I_A 段母线工作电源仍未恢复正常，则待发电机出口断路器合闸后，跳 I_A 段母线工作电源开关，合保安电源 I_A 段母线馈线开关。

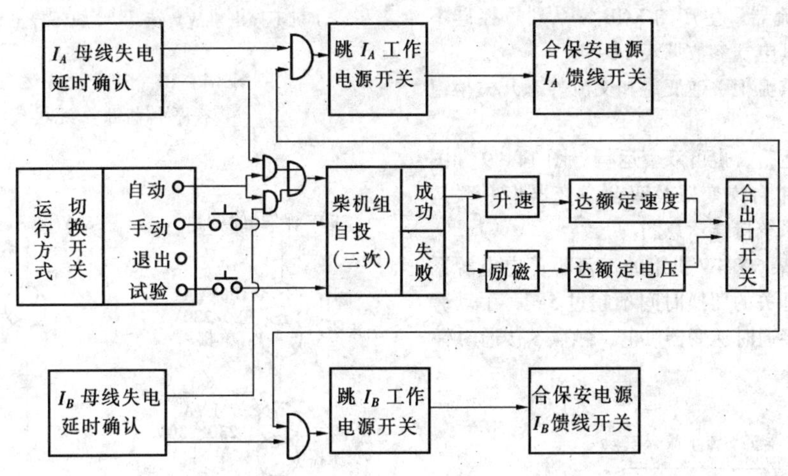

图 14－8　柴油发电机组自启动逻辑方框图

第 14－3 节　交流不停电电源系统

一、设置交流不停电电源系统的目的和要求

随着机组容量的增大和自动化程度的日益提高，电厂中采用的各种热工自动化装置也日益增多。它们对机组的运行起着监视、控制和调节、保护的作用。其中相当一部分热工自动化装置当交流电源中断几十毫秒后，就不能正常工作，有的自动化装置在电源恢复后不能自动恢复工作。不但对机组的正常保护作用不能发挥，往往还会引起其它事故而造成更大的损失。

不允许间断供电的交流负荷见第 14－1 节所述。

对不停电电源装置有以下技术要求：

1. 电压稳定度和频率稳定度

电压稳定度和频率稳定度即逆变装置的输出电压和频率偏离额定电压和频率的程度。要求电压稳定度在 +5%～－10%范围之内，频率稳定度在 ±2%范围之内。

2. 谐波失真度

谐波失真度（或称谐波畸变、波形失真度）指逆变装置的输出波形与正弦波差异的程度。

根据目前了解的情况，一般规定由谐波失真度不大于 5%的逆变器供电，就可以满足要求。但是因为电动发电机组的谐波失真度较逆变器大（一般不大于 10%）。因此在负荷要求谐波失真度不大于 5%时，逆变装置只能采用逆变器而不能采用电动发电机组。

3. 交流不停电电源系统切换过程中供电中断时间

为了保证所有用电设备的状态不会由于电源切换

而发生不应有的变换，切换过程中供电中断时间不能大于5ms。到目前为止，这样快的切换时间只有静态开关才能得到满足。

二、交流不停电电源系统接线及装置

交流不停电电源系统，一般由厂用保安段母线经过不停电电源的整流器与逆变器供给正常工作电源；当厂用交流电源中断，不停电电源就自动地改为由蓄电池经逆变装置供电。因为蓄电池的可靠性很高，而且不受机组和系统事故的影响，因此不停电电源就可以取得可靠性很高的电源。

根据采用不同的逆变装置，可有下列两种接线方式：

（一）采用可控硅逆变器的不停电电源设备的接线

目前青岛整流器厂生产的 KGB_TA 系列可控硅不停电电源设备，其电气参数见表14-4。

单台设备由整流柜、逆变器和交流静态开关柜组成。

设备可单台运行，也可双套运行。图14-9和图14-10分别表示单台逆变器及双台逆变器柜并联运行的不停电电源系统接线示意图。

图14-11为某600MW机组的交流不停电电源系统图。图中静态开关的切换时间不超过5ms；手动旁路开关的触点2接通时逆变器供电，触点5接通时旁路电源供电、同期断开，触点1、3、4接通时为正常运行情况；可调整流器输入三相380V±10%电压、频率为50Hz±5%，输出电压不低于蓄电池直流系统的最高电压。

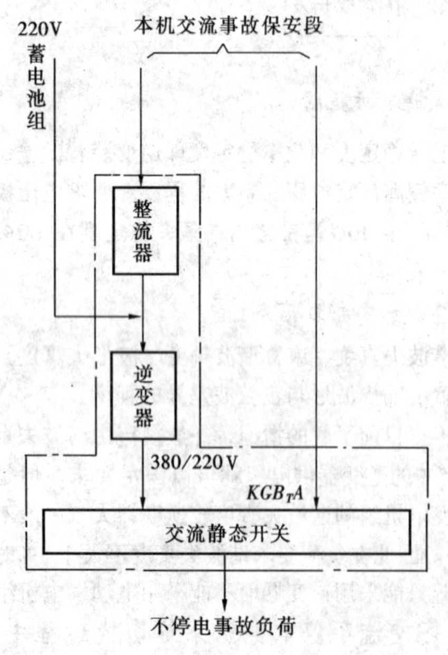

图14-9　单台设备运行的不停电电源系统接线

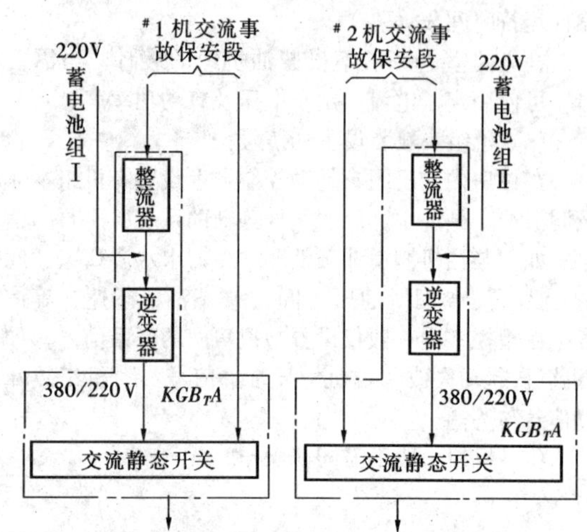

图14-10　双套设备运行的不停电电源系统接线

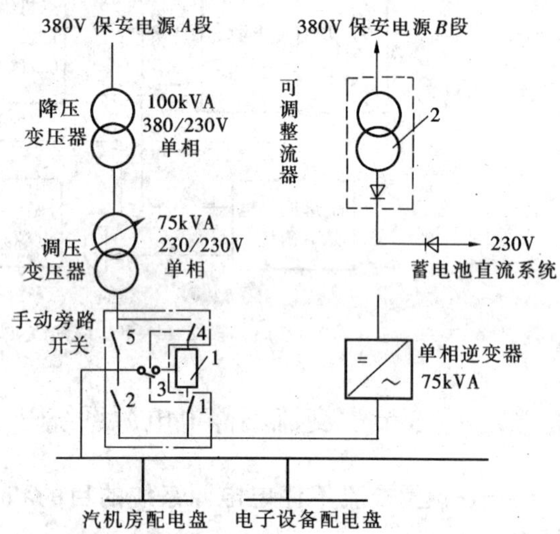

图14-11　某600MW机组交流不停电电源系统示意图

由于整流器工作时的输出电压调整到不低于蓄电池直流系统的最高电压，所以不停电电源正常由保安电源B段经整流器供电。当保安电源B段或整流器故

表 14－4　KGB$_T$A 系统不停电电源设备主要参数

型号规格	整流器								
	交流输入			直流输出					
	相数（m）	电压（V）	频率（Hz）	额定电流（A）	额定电压（V）	额定容量（kW）	手动调压范围（V）	浮充调压范围 电压（V）	浮充调压范围 电流（A）
KGB$_T$A－30	三相四线	380 +5% －15%	50	152	310	47.12	155～310	196～252	31～152
KGB$_T$A－50	三相四线	380 +5% －15%	50	260	310	80.60	155～310	196～252	52～260
KGB$_T$A－100	三相四线	380 +5% －15%	50	522	310	161.82	155～310	196～252	105～525

型号规格	逆变器						静态开关工作方式	外形尺寸高×宽×深（单柜）
	直流输入		交流输出					
	电压（V）	电流（A）	相数（m）	相电压（V）	相电流（A）	频率（Hz）		
KGB$_T$A－30	196～252	149～191	三相四线	220	45.5	50	多台并联或与备用交流电源切换	2000×800×800
KGB$_T$A－50	196～252	248～315	三相四线	220	76	50		2000×800×1000
KGB$_T$A－100	196～252	496～640	三相四线	220	152	50		2000×800×1300

障使整流器输出电压消失或降低到低于蓄电池直流系统电压时，逆变器就自动改从蓄电池直流系统供电。当整流器输出电压恢复时，逆变器恢复由整流器供电。

当逆变器故障或过负荷时，由事故保安电源 *A* 段引接的电源作为备用电源通过静态开关向交流不停电电源系统供电。

为了在检修静态开关时不影响供电，设置有先通后断的手动旁路开关。

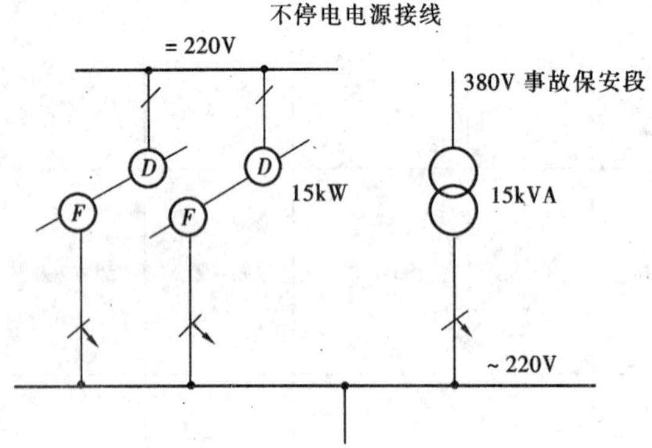

图 14－12　采用逆变机组的不停电电源系统接线

（二）采用逆变机组的不停电电源系统的接线

图 14－12 为某电厂的不停电电源接线。

一台机组设置两台逆变机组，并从 380V 事故保安电源引接备用电源。正常运行时，一台逆变机组投入，作为工作电源，当工作的逆变机组故障时，备用电源自动投入。此时，需起动备用的逆变机组，先与备用电源并列后，再将备用电源退出运行。

当工作的逆变机组需检修时，可先起动备用的逆变机组，与工作的逆变机组并列后，再将工作的逆变机组退出运行。

采用这种系统接线，交流不停电电源母线上需设置手动同期装置。

无论是用逆变装置还是逆变机组作为交流不停电电源的供电装置，均需要由机组的事故保安电源引接备用电源，以便当逆变装置故障时向交流不停电电源装置供电。

交流不停电电源系统一般为中性点接地的 380V 三相四线制系统。当保安电源系统是中性点直接接地时，备用电源可以直接引自保安电源段。否则，备用电源就必须设置变压器，或选用适合于三相三线制电源的装置。当备用电源直接引自保安电源段时，可以在计算机的供电回路中设置隔离变压器，以防止厂用电系统对不停电电源的干扰。

第十五章

过电压保护及绝缘配合

编者　贺根续　弋东方　　校者　浦文宗　　审者　问志发

电气设备在运行中承受的过电压，有来自外部的雷电过电压和由于系统参数发生变化时电磁能产生振荡，积聚而引起的内部过电压两种类型。按其产生原因，它们又可分为以下几类：

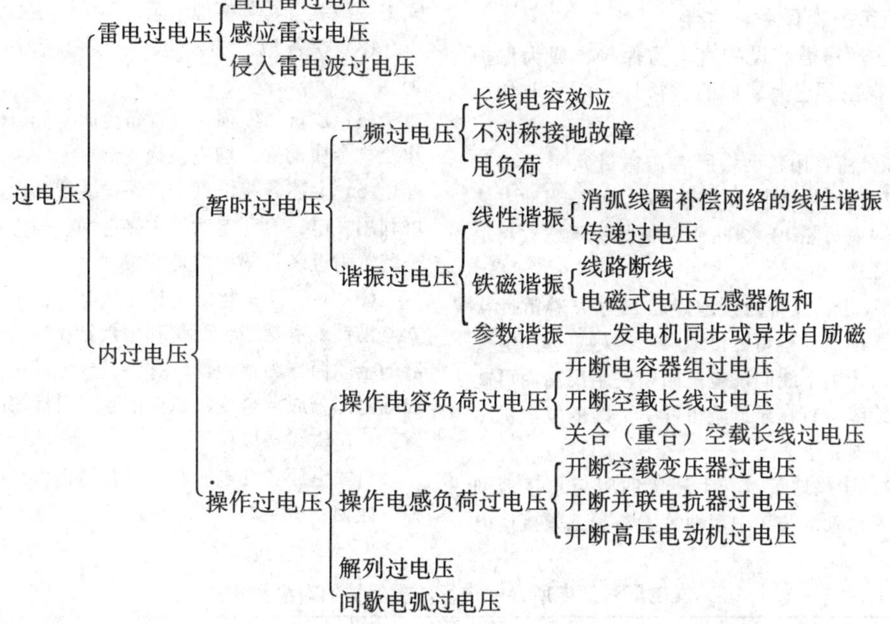

进行过电压保护设计和研究，一般有以下三种手段：

(1) 解析方法。对过电压的发生进行物理分析，并用数学方法进行定量计算。这种方法对具有随机性质的内过电压，计算结果不够准确。

(2) 模拟方法。可用防雷分析仪、内过电压模拟台或瞬态分析仪进行物理模拟，亦可用计算机进行数学模拟。

(3) 统计方法。这种方法对过电压幅值和绝缘的耐电强度这两种随机变量实施数理统计，并计算其出现的概率和相应的事故率。

第 15－1 节　雷电过电压保护

一、直击雷的保护范围和保护措施

（一）装设直击雷保护的范围

1. 应装设直击雷保护装置的设施

发电厂、变电所的直击雷过电压保护，可采用避雷针、避雷线、避雷带和钢筋焊接成网等。下列设施应装设直击雷保护装置：

(1) 屋外配电装置，包括组合导线和母线廊道。

(2) 烟囱、冷却塔和输煤系统的高建筑物（如煤粉分离器等）。

(3) 油处理室、燃油泵房、露天油罐及其架空管道、装卸油台、大型变压器修理间、易燃材料仓库等建筑物。

(4) 乙炔发生站、制氢站、露天氢气罐、氢气罐储存室、天然气调压站、天然气架空管道及其露天贮罐。

(5) 多雷区的列车电站。

(6) 微波塔机房和大型计算机房。

(7) 雷电活动特殊强烈地区的主厂房、主控制室和高压屋内配电装置室。

(8) 无钢筋的砖木结构的主厂房。

2. 可不装设直击雷保护装置的设施

(1) 发电厂有钢筋结构的主厂房、主控制室和配电装置室。

为保护其它设备而装设的避雷针，不宜装在独立的主控制室和35kV及以下的高压屋内配电装置室的顶上。

(2) 已在相邻高建筑物保护范围内的建筑物或设备。

(3) 发电厂的煤场。

(二) 直击雷保护的措施

(1) 对主厂房需装设的直击雷保护，或为保护其它设备而在主厂房上装设的避雷针，应采取如下措施：

1) 加强分流：用扁钢将所有避雷针水平连接起来，并与主厂房柱内钢筋焊接成一体。在适当地方接引下线，一般应每隔10~20m引一根。引下线数目尽可能多些。

2) 防止反击：设备的接地点尽量远离避雷针接地引下线的入地点；避雷针接地引下线尽量远离电气设备；为了防止引下线向发电机回路发生反击而可能危及发电机绝缘，宜在靠近避雷针引下线的发电机出口处装设一组避雷器。

3) 装设集中接地装置：上述接地应与总接地网连接，并在连接处加装集中接地装置，其工频接地电阻应不大于10Ω。

(2) 主控制楼（室）或网络控制楼及屋内配电装置直击雷的保护措施：

1) 若有金属屋顶或屋顶上有金属结构时，将金属部分接地。

2) 若屋顶为钢筋混凝土结构，应将其钢筋焊接成网接地。

3) 若结构为非导电的屋顶时，采用避雷带保护。该避雷带的网格为8~10m，每隔10~20m设引下线接地。

上述的接地可与总接地网连接，并在连接处加装集中接地装置，其接地电阻应不大于10Ω。

(3) 峡谷地区的发电厂、变电所宜用避雷线保护。

(4) 建筑物屋顶上的设备金属外壳、电缆外皮和建筑物金属构件，均应接地。

(5) 上述需装设直击雷保护装置的设施，其接地可利用发电厂、变电所的主接地网，但应在直击雷保护装置附近装设集中接地装置。

(6) 对于六氟化硫全封闭变电所，不需要专门设立避雷针、避雷线，而是利用六氟化硫全封闭组合电器的金属筒作为接闪器，并将其接地即可。对其引出线敞露部分或混合变电所中的露天母线等，则应设避雷针、避雷线予以保护。

对发电厂、变电所必须进行防雷保护的对象和措施，详见表15-1。

表15-1 发电厂和变电所必须进行防雷保护的对象和措施

<table>
<tr><th>序号</th><th>建筑物及构筑物名称</th><th>建筑物的结构特点</th><th colspan="2">防雷措施</th></tr>
<tr><td>1</td><td>35kV屋外配电装置</td><td>钢筋混凝土结构</td><td colspan="2">装设独立避雷针</td></tr>
<tr><td rowspan="2">2</td><td rowspan="2">110kV及以上配电装置</td><td>金属结构</td><td colspan="2">在架构上装设避雷针或装设独立避雷针</td></tr>
<tr><td>钢筋混凝土结构</td><td colspan="2">在架构上装设避雷针或装设独立避雷针。当在架构上装设避雷针时，可将架构支柱主钢筋作引下线接地，作引下线的钢筋不少于2根</td></tr>
<tr><td>3</td><td>屋外安装的变压器</td><td></td><td colspan="2">装设独立避雷针</td></tr>
<tr><td>4</td><td>屋外组合导线及母线桥</td><td></td><td colspan="2">装设独立避雷针；在不能装设独立避雷针时，可以考虑在附近主厂房屋顶装设避雷针，但应满足第15-1节一、(二)、(1)的要求</td></tr>
<tr><td rowspan="2">5</td><td rowspan="2">主控制楼（室）</td><td>金属结构</td><td>金属架构接地</td><td rowspan="3">但在雷电活动特殊强烈地区应设独立避雷针</td></tr>
<tr><td>钢筋混凝土结构</td><td>钢筋焊接成网并接地</td></tr>
<tr><td>6</td><td>屋内配电装置</td><td>钢筋混凝土结构</td><td>钢筋焊接成网并接地</td></tr>
</table>

续表

序号	建筑物及构筑物名称	建筑物的结构特点	防雷措施
7	制氢站、露天氢气贮罐、氢气罐贮存室、易燃油泵房、露天易燃油贮罐、厂区内的架空易燃油管道、装卸油台和天然气管道、露天天然气贮罐		装设独立避雷针保护并应采取防止感应雷的措施
8	变压器检修间	钢筋混凝土结构	钢筋焊接成网并接地
9	主厂房	钢筋混凝土结构	钢筋焊接成网并接地，但在雷电活动特殊强烈地区应设独立避雷针
10	烟囱	砖或钢筋混凝土结构	烟囱口装避雷针并专设引下线接地，其接地电阻应不大于 10Ω
11	冷却水塔	金属结构石棉水泥板护板	金属结构接地，其接地电阻应不大于 10Ω
		金属结构木板护板	金属结构上装避雷针，金属结构接地，其接地电阻应不大于 10Ω
		钢筋混凝土结构	在冷却水塔口装避雷针，机力通风塔口装避雷带，并专设引下线接地，引下线不少于 2 根，其接地电阻应不大于 10Ω
12	岸边水泵房厂外除灰泵房	钢筋混凝土结构	钢筋焊接成网并接地，其接地电阻不大于 10Ω
13	细粉分离器	金属结构	应构成良好电气回路，并将相邻各细粉分离器用两根导体连接成等电位。每个细粉分离器应单独与总接地网连接，并在连接处加装集中接地装置，其接地电阻应不大于 10Ω
14	卸煤装置	钢筋混凝土结构	钢筋焊接成网并接地，其接地电阻不大于 10Ω，但装卸桥或门型抓，只需钢轨接地

（三）有易燃物、可燃物设施的建、构筑物的保护

1. 独立避雷针保护的对象

有爆炸危险且爆炸后可能波及发电厂、变电所内主设备或严重影响发供电的建构筑物（如制氢站、露天氢气贮罐、氢气罐储存室、易燃油泵房、露天易燃油贮罐、厂区内的架空易燃油管道、装卸油台和天然气管道以及露天天然气贮罐等），应用独立避雷针保护，并应采取防止感应雷的措施。

2. 避雷针与设备间尺寸

避雷针与易燃油贮罐和氢气、天然气等罐体及其呼吸阀等之间的空气中距离，避雷针及其接地装置与罐体、罐体的接地装置和地下管道的地中距离应符合式（15-1）、（15-2）的要求。避雷针与呼吸阀的水平距离不应小于 3m，避雷针尖高出呼吸阀不应小于 3m。避雷针的保护范围边缘高出呼吸阀顶部不应小于 2m。避雷针的工频接地电阻不宜超过 10Ω。在高土壤电阻率地区，如接地电阻难于降到 10Ω，允许采用较高的电阻值，但空气中距离和地中距离必须符合式（15-1）的要求。避雷针与 5000m^3 以上贮罐呼吸阀的水平距离，不应小于 5m，避雷针尖高出呼吸阀不应小于 5m。

3. 接地要求

露天贮罐周围应设闭合环形接地体，接地电阻不应超过 30Ω，接地点不应少于两处，接地点间距不应大于 30m，架空管道每隔 20～25m 应接地一次，接地电阻不应超过 30Ω。如金属罐体和管道的壁厚不小于 4mm，并已接地，则可不在避雷针的保护范围内，但易燃油和天燃气贮罐及其管道应在避雷针的保护范围内。易燃油贮罐的呼吸阀、易燃油和天然气贮罐的热工测量装置应进行重复接地，即与贮罐的接地体用金属线相连。

4. 对供电电源的要求

对这类设施的供电，一律采用电缆，不允许将架空线引入建筑物。电缆的金属铠装在供电端须接地，而直接进入建筑物的电缆铠装则应接在防感应雷接地

网上。不允许任何用途的架空导线靠近建筑物，其距离不小于 10m。

（四）避雷针、避雷线的装设原则及其接地装置的要求

(1) 独立避雷针（线）宜设独立的接地装置。在非高土壤电阻率地区，其工频接地电阻不宜超过10Ω。当有困难时，该接地装置可与主接地网连接，使两者的接地电阻都得到降低。但为了防止经过接地网反击 35kV 及以下设备，要求避雷针与主接地网的地下连接点至 35kV 及以下设备与主接地网的地下连接点，沿接地体的长度不得小于 15m。经 15m 长度，一般能将接地体传播的雷电过电压衰减到对 35kV 及以下设备不危险的程度。

独立避雷针不应设在人经常通行的地方，避雷针及其接地装置与道路或出入口等的距离不宜小于 3m，否则应采取均压措施，或铺设砾石或沥青地面。

(2) 电压 110kV 及以上的配电装置，一般将避雷针装在配电装置的架构或房顶上，但在土壤电阻率大于 1000Ω·m 的地区，宜装设独立避雷针。否则，应通过验算，采取降低接地电阻或加强绝缘等措施，防止造成反击事故。

63kV 的配电装置，允许将避雷针装在配电装置的架构或房顶上，但在土壤电阻率大于 500Ω·m 的地区，宜装设独立避雷针。

35kV 及以下高压配电装置架构或房顶不宜装避雷针，因其绝缘水平很低，雷击时易引起反击。

装在架构上的避雷针应与接地网连接，并应在其附近装设集中接地装置。装有避雷针的架构上，接地部分与带电部分间的空气中距离不得小于绝缘子串的长度；但在空气污秽地区，如有困难，空气中距离可按非污秽区标准绝缘子串的长度确定。

避雷针与主接地网的地下连接点至变压器接地线与主接地网的地下连接点，沿接地体的长度不得小于 15m。

在变压器的门型架构上，不应装设避雷针、避雷线。这是因为门型架构距变压器较近，装设避雷针后，架构的集中接地装置距变压器金属外壳接地点在地中距离很难达到不小于 15m 的要求。

(3) 110kV 及以上配电装置，可将线路的避雷线引到出线门型架构上，土壤电阻率大于 1000Ω·m 的地区，应装设集中接地装置。

35～63kV 配电装置，在土壤电阻率不大于 500Ω·m 的地区，允许将线路的避雷线引接到出线门型架构上，但应装设集中接地装置。在土壤电阻率大于 500Ω·m 的地区，避雷线应架设到线路终端杆塔为止。从线路终端杆塔到配电装置的一档线路的保护，可采用独立避雷针，也可在线路终端杆塔上装设避雷针。

(4) 发电厂烟囱附近的引风机及其电动机的机壳应与主接地网连接，并应装设集中接地装置。该接地装置宜与烟囱的接地装置分开，如不能分开，引风机的电源线应采用带金属外皮的电缆，电缆的金属外皮应与接地装置连接。机械通风冷却塔上电动机的电源线、装有避雷针和避雷线的架构上的照明灯电源线，均必须采用直接埋入地下的带金属外皮的电缆或穿入金属管的导线。电缆外皮或金属管埋地长度在 10m 以上，才允许与 35kV 及以下配电装置的接地网及低压配电装置相连接。以防止当装设在架构上的避雷针、线落雷时，威胁人身和设备安全。

严禁在装有避雷针、避雷线的构筑物上架设通信线、广播线和低压线（符合防雷要求的照明线、微波电缆除外）。

(5) 独立避雷针、避雷线与配电装置带电部分间的空气中距离，以及独立避雷针、避雷线的接地装置与接地网间的地中距离，应符合下列要求：

1) 独立避雷针与配电装置带电部分、发电厂和变电所电力设备接地部分、架构接地部分之间的空气中距离，应符合下式要求：

$$S_k \geqslant 0.3R_{ch} + 0.1h \tag{15-1}$$

式中 S_k——空气中距离（m）；

R_{ch}——独立避雷针的冲击接地电阻（Ω）；

h——避雷针校验点的高度（m）。

2) 独立避雷针的接地装置与发电厂、变电所接地网间的地中距离，应符合下式要求：

$$S_d \geqslant 0.3R_{ch} \tag{15-2}$$

式中 S_d——地中距离（m）。

3) 避雷线与配电装置带电部分、发电厂和变电所电力设备接地部分以及架构接地部分间的空气中距离，应符合下式要求：

对一端绝缘另一端接地的避雷线：

$$S_k \geqslant 0.3R_{ch} + 0.16(h + \Delta l) \tag{15-3}$$

式中 R_{ch}——独立避雷线的冲击接地电阻（Ω）；

h——避雷线支柱的高度（m）；

Δl——避雷线上校验的雷击点与接地支柱的距离（m）。

对两端接地的避雷线：

$$S_k \geqslant \beta'[0.3R_{ch} + 0.16(h + \Delta l)] \tag{15-4}$$

式中 β'——避雷线分流系数；

Δl——避雷线上校验的雷击点与最近支柱间的距离（m）。

避雷线分流系数可按下式计算：

$$\beta' = \frac{\frac{\tau_t R_{ch}}{12.4(l_2 + h)}}{1 + \frac{\Delta l + h}{l_2 + h} + \frac{\tau_t R_{ch}}{6.2(l + h)}} \qquad (15-5)$$

式中　l_2——避雷线上校验的雷击点与另一端支柱间的距离，$l_2 = l - \Delta l$(m)；

l——避雷线两支柱的距离（m）；

τ_t——雷电流波头长度，一般取 2.6μs。

4）避雷线的接地装置与发电厂、变电所接地网间的地中距离，应符合下式要求：

对一端绝缘另一端接地的避雷线，应按式（15－2）校验。

对两端接地的避雷线：

$$S_d \geqslant 0.3\beta' R_{ch} \qquad (15-6)$$

5）除上述要求外，对避雷针和避雷线，S_k 不宜小于 5m，S_d 不宜小于 3m。

对 63kV 及以下配电装置，包括组合导线、母线廊道等，应尽量降低感应过电压，当条件许可时，S_k 应尽量增大。

（五）用避雷线保护的技术要求

（1）避雷线应具有足够的截面和机械强度。一般采用镀锌钢绞线，截面不小于 35mm²，在腐蚀性较大的场所，还应适当加大截面或采取其它防腐措施，在 200m 以上档距，宜采用不小于 50mm² 截面。

（2）避雷线的布置，应尽量避免万一断落时造成全厂（所）停电或大面积停电事故。例如尽量避免避雷线与母线互相交叉的布置方式。

（3）当避雷线附近（侧面或下方）有电气设备、导线或 63kV 及以下架构时，应验算避雷线对上述设施的间隙距离。

（4）为降低雷击过电压，应尽量降低避雷线接地端的接地电阻，一般不宜超过 10Ω（工频）。

（5）应尽量缩短一端绝缘的避雷线的档距，以便减小雷击点到接地装置的距离，降低雷击避雷线时的过电压。

（6）对一端绝缘的避雷线，应通过计算选定适当数量的绝缘子个数。

（7）当有两根及以上一端绝缘的避雷线并行敷设时，为降低雷击时的过电压，可考虑将各条避雷线的绝缘末端用与避雷线相同的钢绞线连接起来，构成雷电通路，以减小阻抗，降低过电压。

二、避雷针、避雷线保护范围计算

（一）避雷针保护范围计算

1. 单支避雷针的保护范围

单支避雷针的保护范围应按下列方法确定（图 15－1）：

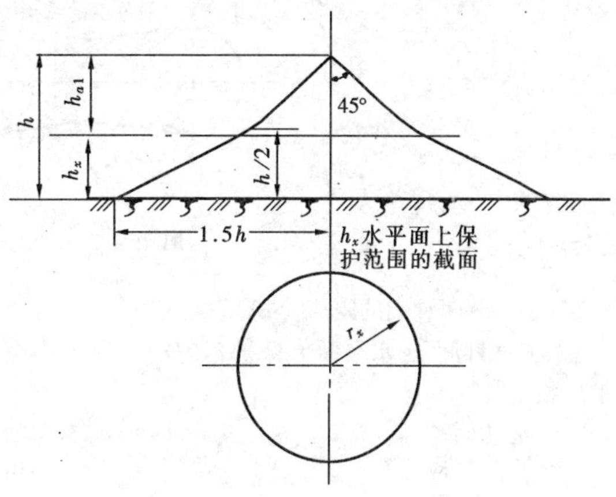

图 15－1　单支避雷针保护范围

（1）当 $h_x \geqslant \frac{1}{2}h$ 时

$$r_x = (h - h_x)p = h_a p \qquad (15-7)$$

式中　r_x——避雷针在 h_x 水平面上的保护半径（m）；

h——避雷针高度（m）；

h_x——被保护物的高度（m）；

h_a——避雷针保护的有效高度（m）；

p——避雷针高度影响系数，当 $h \leqslant 30$m 时，$p = 1$。

当 120m≥$h > 30$m 时，$p = \frac{5.5}{\sqrt{h}}$；若 $h > 120$m，暂按 $h = 120$m 计算。

（2）当 $h_x < \frac{1}{2}h$ 时，

$$r_x = (1.5h - 2h_x)p \qquad (15-8)$$

2. 两支等高避雷针保护范围

两支等高避雷针保护范围，应按下列方法确定（图 15－2）：

（1）两针外侧的保护范围按单支避雷针的计算方法确定；

（2）两针间的保护最低点高度 h_0 按下式计算：

$$h_0 = h - D/7p \qquad (15-9)$$

式中　h_0——两针间保护最低点的高度（m）；

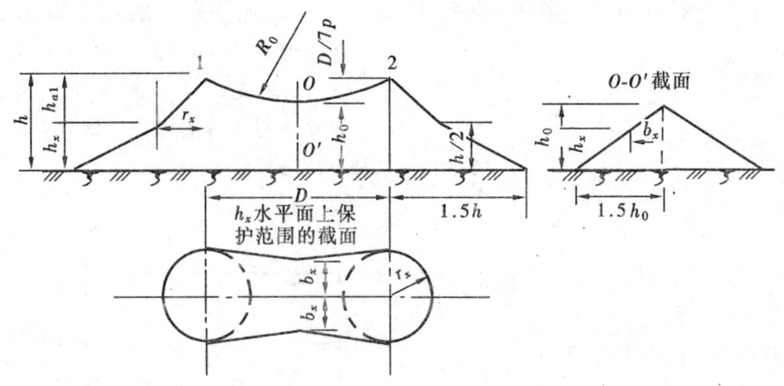

图 15-2　两支等高避雷针保护范围

D——两针间的距离（m）。

(3) 两针间 h_x 水平面上保护范围的一侧最小宽度 b_x 按下式计算：

当 $h_x \geqslant h_0/2$ 时，$b_x = (h_0 - h_x)$　　(15-10)

当 $h_x < h_0/2$ 时，$b_x = 1.5h_0 - 2h_x$　　(15-11)

当 $D = 7h_a p$ 时，$b_x = 0$

3. 两支不等高避雷针保护范围（图 15-3）

(1) 两针外侧的保护范围分别按单支避雷针的计算方法确定。

(2) 两针间的保护范围应按单支避雷针的计算方法，先确定较高避雷针 1 的保护范围，然后由较低避雷针 2 的顶点，作水平线与避雷针 1 的保护范围相交于点 3，取点 3 为等效避雷针的顶点。

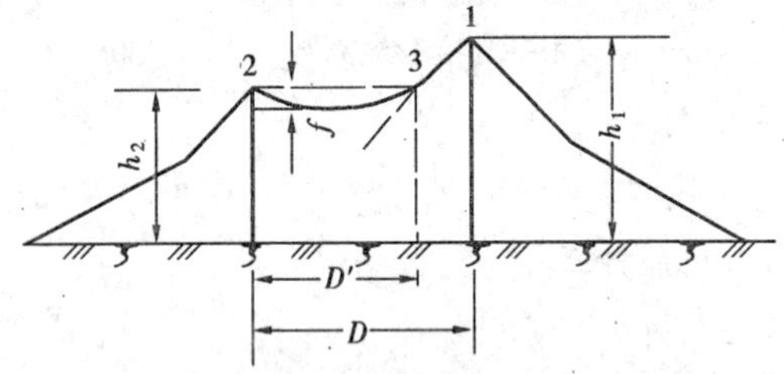

图 15-3　两支不等高避雷针保护范围

(3) 不等高化成等高避雷针间距离：

$$当\ h_2 \geqslant \frac{1}{2}h_1 时, D' = D - (h - h_2)p \tag{15-12}$$

$$当\ h_2 < \frac{1}{2}h_1 时, D' = D - (1.5h_1 - 2h_2)p \tag{15-13}$$

式中　D'——化成等高避雷针间距离（m）；

D——两支不等高避雷针间距离（m）。

(4) 用较低避雷针按等高避雷针确定保护范围。

图 15-3 中圆弧的弓高 $f = \dfrac{D'}{7p}$。

4. 不同地面标高的单支避雷针保护范围

不同地面标高的单支避雷针保护范围分别以不同地平面（即避雷针高度不同）确定所在地平面被保护物的保护半径，见图 15-4。

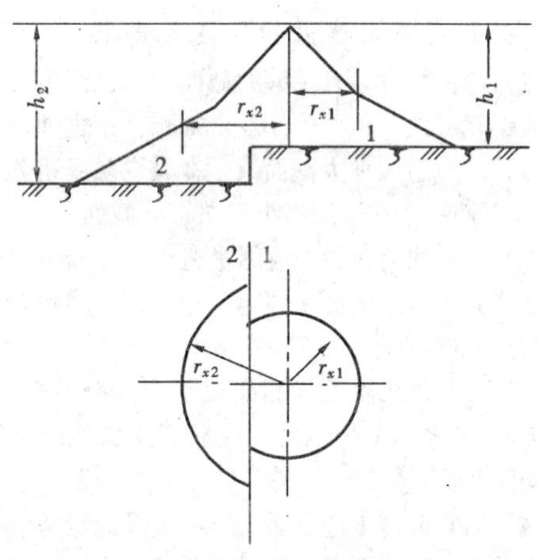

图 15-4　不同地面标高的单支避雷针保护范围

由图可见，以地平面 1 为基准，避雷针高为 h_1，按单支避雷针保护范围方法确定保护 h_{x1}的保护半径为 r_{x1}，以地平面 2 为基准，避雷针高为 h_2，保护 h_{x2} 的保护半径为 r_{x2}。

5. 不同地面标高的两支避雷针保护范围

不同地面标高的两避雷针保护范围的确定如下（图 15-5）。

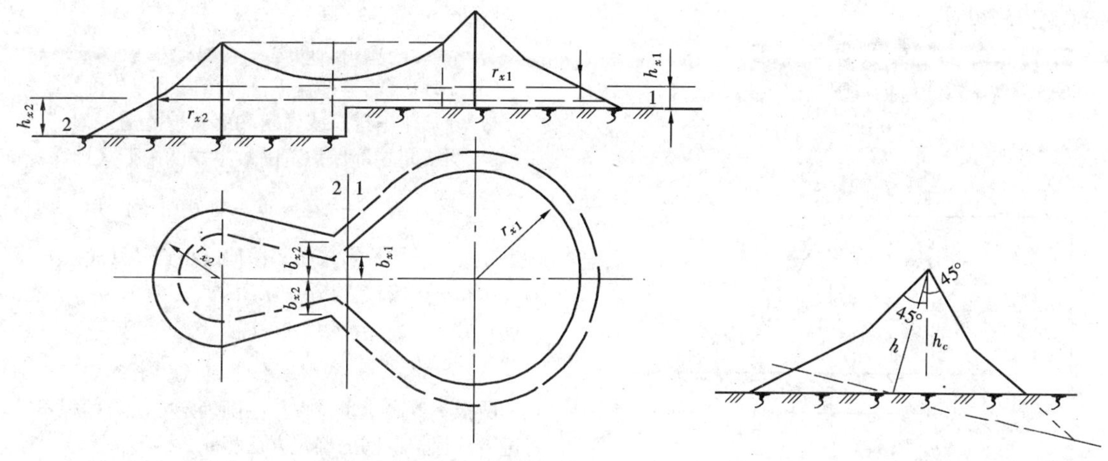

图15-5　不同地面标高的两避雷针保护范围

图15-6　缓坡度单支避雷针保护范围

(1) 两支避雷针外侧，按单支避雷针保护范围确定；

(2) 两支避雷针内侧，分别以不同地平面，按两支避雷针内侧保护范围方法，确定所在地平面内被保护物的保护范围。若两地面的标高不一样（即不在同一水平面上），两针间保护一侧最小宽度，分别按不同地平面确定不同的 b_{x1}、b_{x2}，如图中实线保护范围。若两地被保护标高一样，不论按哪一地平面确定，两针间保护一侧最小宽度是一样的。如被保护标高同为 h_{x1} 则保护范围2的平面为虚线；被保护高程同为 h_{x2}，则保护范围1的平面为虚线。

6. 缓坡度地面单支避雷针保护范围

缓坡度地面单支避雷针保护范围按下列方法确定（图15-6）：

(1) 避雷针上坡方向的保护范围，可在避雷针 h 底部，作一假想水平地面（如图15-6中虚线），按单支避雷针保护范围的方法确定。

(2) 避雷针下坡方向的保护范围，可由针顶点向斜坡地面作一垂直线 h_c，将 h_c 看作等效避雷针的高度，再按单支避雷针方法确定保护范围，以上方法偏于安全。

利用山势设立的远离被保护物的避雷针，不得作为主要保护装置。

7. 多支避雷针的保护范围

多支避雷针的保护范围按下列方法确定（图19-7）：

(1) 将多支避雷针的多边形，划分成若干个三支避雷针的三角形，划分时必须是相邻近的三支避雷针。

(2) 每三支避雷针，其相邻两支保护范围的一侧最小宽度 $b_x \geqslant 0$ 时，则全部面积才能受到保护。

(3) 多支避雷针的外侧保护范围，应分别按不等高（或等高）两针保护范围方法确定。

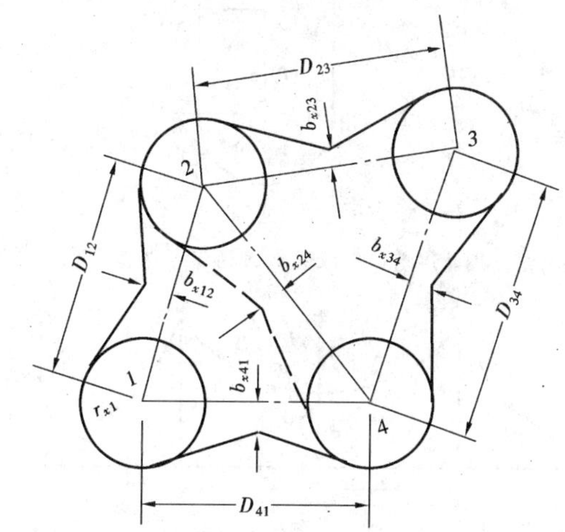

图15-7　四支等高避雷针1、2、3、4在 h_x 水平面上的保护范围

(二) 避雷线保护范围计算

1. 单根避雷线的保护范围

单根避雷线的保护范围应按下列方法确定（图15-8）：

当 $h_x \geqslant \dfrac{h}{2}$ 时，

$$r_x = 0.47(h - h_x)p \qquad (15-14)$$

当 $h_x < h/2$ 时，

$$r_x = (h - 1.53h_x)p \qquad (15-15)$$

式中　r_x——每侧保护范围的宽度（m）；

h——避雷线的高度（m）。

单根避雷线端部的保护范围与单支避雷针保护范围的确定方法相同。

2. 两根等高避雷线保护范围

两根等高避雷线保护范围应按下列方法确定（图15－9）：

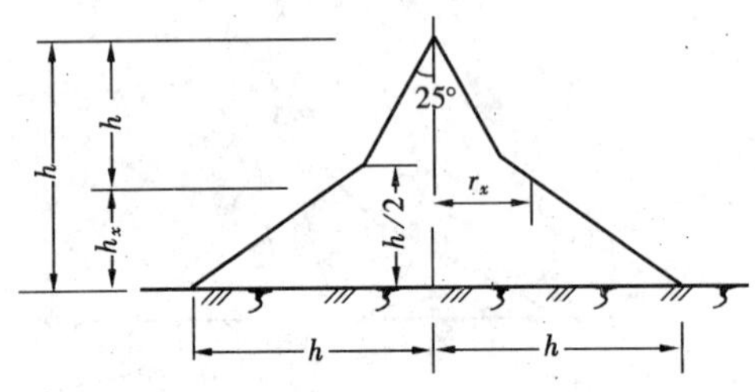

在h_x水平面上保护范围的截面

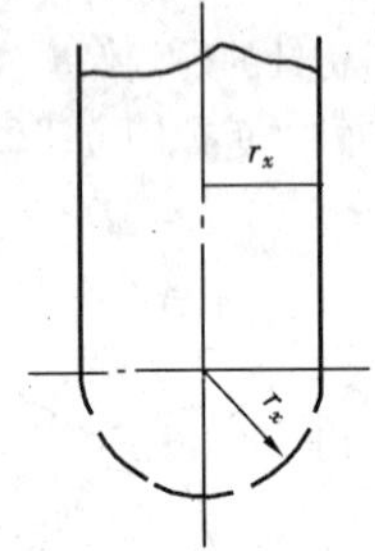

图 15－8 单根避雷线的保护范围

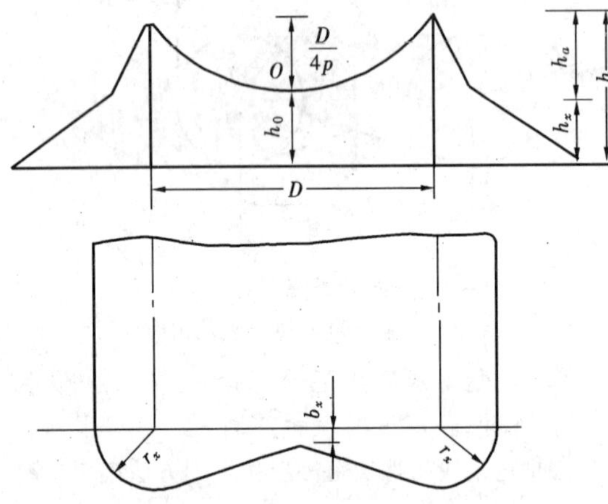

图 15－9 两根等高避雷线保护范围

(1) 两线外侧的保护范围，按单根避雷线保护范围确定；

(2) 两线间保护最低高度按下式计算：

$$h_0 = h - D/4p \qquad (15-16)$$

式中 h_0——两避雷线间保护最低高度（m）；

h——避雷线高度（m）；

D——两避雷线间距离（m）。

(3) 两避雷线端部保护范围按以下方法确定：

1) 分别按单避雷线确定端部保护范围；

2) 两线间端部保护范围最小宽度按下式计算：

$$b_x = h_0 - h_x = h - D/4p - h_x \qquad (15-17)$$

式中 b_x——两避雷线端部保护最小宽度（m）；

h_0——按式（15－16）计算；

h_x——被保护物高度（m）。

3. 两根不等高避雷线保护范围

两根不等高避雷线保护范围确定方法与两根不等高避雷针保护范围的确定方法相同。

4. 避雷针、避雷线联合保护范围（图15－10）

必要时，可考虑相互靠近的避雷针和避雷线的联合保护作用。其联合保护范围可近似按下列方法确定：

将避雷线上各点均近似看作等效避雷针，其等效高度可近似取为该点避雷线高度的80%，然后分别按两针的方法计算。

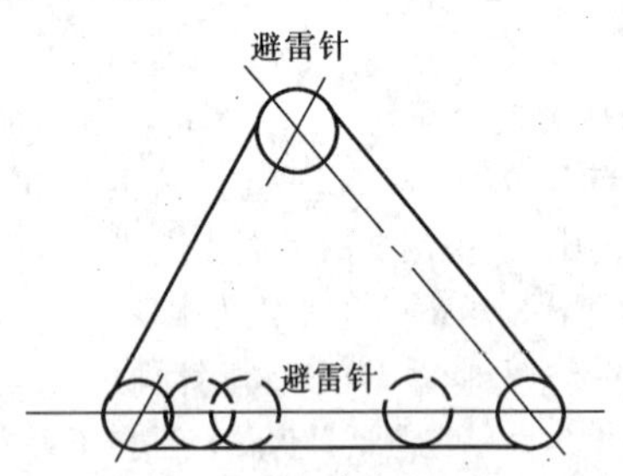

图 15－10 避雷针、避雷线联合保护范围

三、配电装置的侵入雷电波保护

（一）保护措施

配电装置对侵入雷电波的过电压保护是采用阀型避雷器及与阀型避雷器相配合的进线保护段等保护措施。

220kV及以下的配电装置电气设备绝缘与阀型避雷器通过雷电流为5kA幅值的残压进行配合；330kV、500kV配电装置电气设备绝缘与磁吹阀型避雷器通过雷电流为10kA幅值的残压进行配合。

进线保护段的作用，在于利用其阻抗来限制雷电流幅值和利用其电晕衰耗来降低雷电波陡度，并通过进线段上管型避雷器的作用，使之不超过绝缘配合所要求的数值。

（二）架空进线保护

为防止或减少近区雷击闪络，对未沿全线架设避雷线的 35~110kV 架空送电线路，应在变电所 1~2km 的进线段架设避雷线，避雷线的保护角不宜超过 20°，最大不能超过 30°。

其变电所的进线段，应采用图 15-11 所示的保护接线。

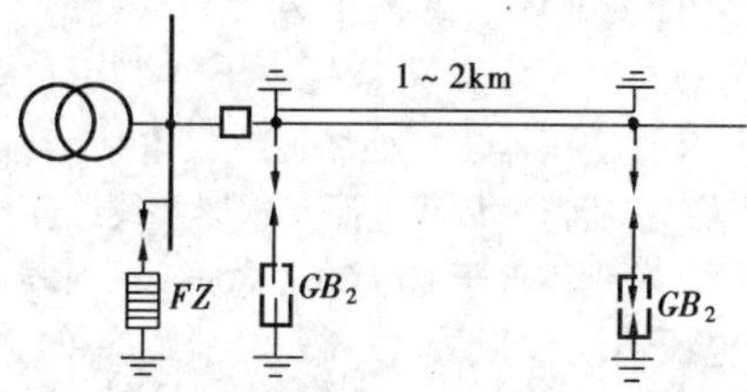

图 15-11 35~110kV 变电所的进线保护接线

在木杆或木横担钢筋混凝土杆线路进线段的首端，应装设一组管型避雷器 GB_1，其工频接地电阻不宜超过 10Ω。铁塔或铁横担、瓷横担的钢筋混凝土杆线路，以及全线有避雷线的线路，其进线段首端，一般不装设管型避雷器 GB_1。

在雷季，如果变电所 35~110kV 进线的隔离开关或断路器可能经常断路运行，同时线路侧又带电，则必须在靠近隔离开关或断路器处装设一组管形避雷器 GB_2。GB_2 外间隙值的整定，应使其在断路运行时，能可靠地保护隔离开关或断路器，而在闭路运行时，不应动作，并应处于母线阀型避雷器的保护范围内。如 GB_2 整定有困难，或无适当参数的管型避雷器，可用阀型避雷器或保护间隙代替。

（三）电缆进线保护

发电厂、变电所的 35kV 及以上电缆进线段，在电缆与架空线的连接处应装设阀型避雷器，其接地端应与电缆的金属外皮连接。对三芯电缆，末端的金属外皮应直接接地，见图 15-12（*a*）。对单芯电缆，为防止在电缆外皮中产生环流，只允许将电缆一端的外皮直接接地，而另一端应经接地器 FJ 或保护间隙 JX 接地，见图 15-12（*b*），也可用氧化锌避雷器进行保护。

如电缆长度不超过 50m 或虽超过 50m，但经校验，装一组避雷器即能符合保护要求，在图 15-12 中可只装 FZ_1 或 FZ_2。

如电缆长度超过 50m，且断路器在雷季可能经常断路运行，应在电缆末端装设管型避雷器或保护间隙。

连接电缆段的 1km 架空线路，应架设避雷线。

如果全部进线全长均为地下电缆，则变电所可不安装防护雷电过电压的避雷器。

（四）阀型避雷器与被保护设备间的最大电气距离的确定

(1) 确定阀型避雷器与被保护设备间的最大电气距离时，侵入波的幅值应取进线段的绝缘冲击强度。侵入波计算陡度应取表 15-2 所列数值。

(2) 装有标准绝缘水平的设备和标准特性避雷器的变电所，阀型避雷器与主变压器、并联电抗器、电压互感器间的最大电气距离，对一路进线和两路进线可分别按图 15-13 和图 15-14 确定，与其它电器的最大电气距离可相应增大 35%。在图 15-13 和图 15-14 中，35~220kV 级系按普通阀型避雷器计算，330kV 级系按磁吹阀型避雷器计算。

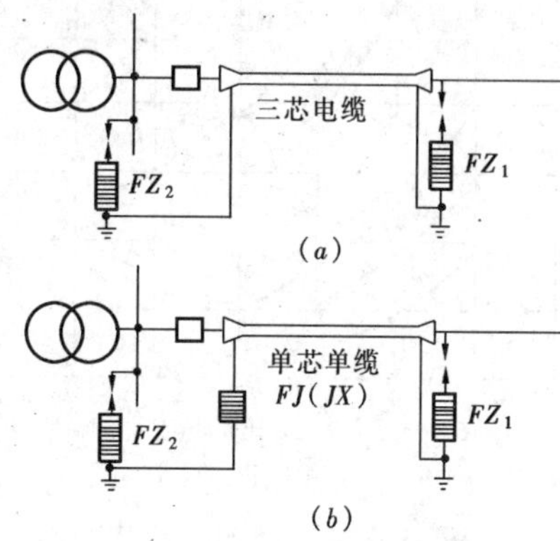

图 15-12 具有 35kV 及以上电缆段的变电所进线保护接线

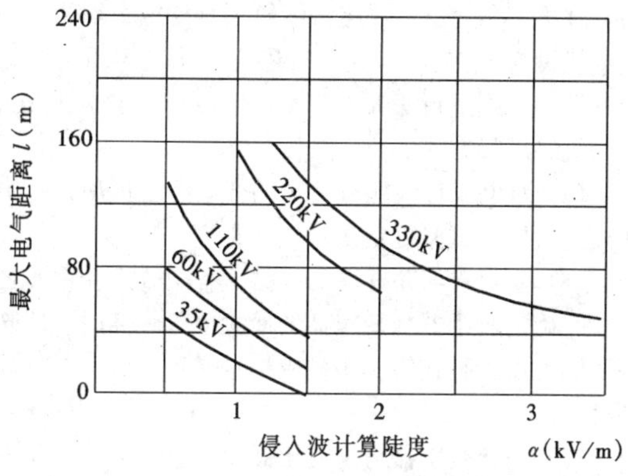

图 15-13 一路进线的变电所中，避雷器与变压器的最大电气距离与侵入波计算陡度的关系曲线

表 15-2　变电所侵入波计算陡度（kV/m）

额定电压（kV）	侵入波计算陡度	
	1km 进线段	2km 进线段或全线有避雷线
35	1.0	0.5
60	1.1	0.6
110	1.5	0.75
154	—	1.0
220	—	1.5
330	—	2.2

注　长度在 1～2km 之间的进线段，计算陡度可用补插法确定。

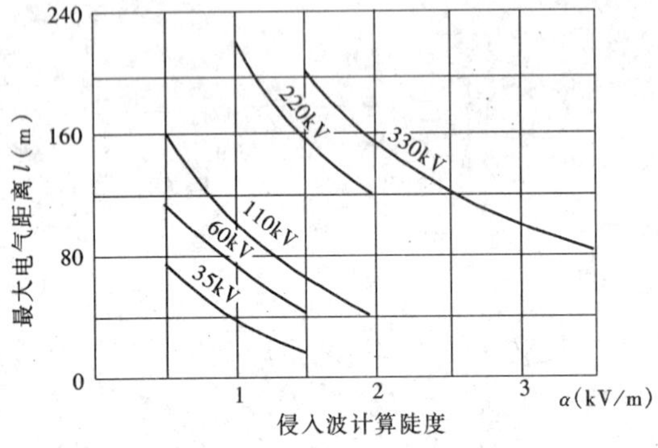

图 15-14　两路进线的变电所中，避雷器与变压器的最大电气距离与侵入波计算陡度的关系曲线

(3) 变电所雷季经常运行的进线超过两路时，阀型避雷器与被保护设备间的最大电气距离可较图 15-14 的数值增大（3 路进线可增加 20%，4 路及以上进线可增大 35%）。此外，还应根据变电所可能改变的运行方式进行必要的校验。但可不考虑事故或检修的短时运行方式。

(4) 对电气接线比较特殊的变电所，可用计算方法或通过模拟试验确定最大电气距离。

(5) 使用双回路杆塔的线路，有同时遭受雷击的可能，确定避雷器与变压器的最大电气距离时，应按一回路考虑，且在雷季中，应尽量避免将其中一回路断开。

(6) 阀型避雷器与主变压器及其它被保护设备的电气距离，应尽量缩短。如阀型避雷器与主变压器的电气距离超过允许值，应在主变压器附近增设一组阀型避雷器。

（五）500kV 配电装置的侵入雷电波保护

500kV 配电装置的侵入雷电波保护，目前尚无统一的公式或曲线可供查阅，需根据工程具体情况用防雷分析仪模拟或使用专用的计算程序在电子计算机上进行测算。

为了工程设计参考，现将几个 500kV 变电所雷电侵入波的保护和避雷器配置情况说明如下：

1. JZH 及 LY 变电所的结论

(1) 单母线，一组变压器，一回不带电抗器的线路，可以只在变压器出口处装设一组电站型避雷器。但避雷器到变压器、母线电压互感器及线路侧电压互感器的距离分别不大于 60、80、180m，同时线路侧的操作过电压不应大于最高运行相电压 U_{xg} 的 2.5 倍，否则应在线路断路器的线路侧增设一组线路型避雷器。线路侧装设有避雷器时，变压器、母线电压互感器、线路侧电压互感器到最近的避雷器的距离分别不大于 100、200、250m。

(2) 单母线，一组变压器，但线路有并联电抗器时，至少应装两组避雷器，电站型避雷器距离变压器不应大于 100m；线路型避雷器距并联电抗器不应大于 50m。

并联电抗器布置于线路侧时，母线、线路侧电压互感器至最近避雷器的距离分别不应大于 350 及 100m；并联电抗器布置于变压器侧时，该距离分别不应大于 350 及 320m。此外，尚应符合下列条件：

1) 断路器切除并联电抗器的过电压不大于 U_{xg} 的 2.5 倍，但切、合线路的过电压大于 2.5 倍，此时应分别在变压器及线路断路器的线路侧装一组避雷器。

2) 断路器切、合电抗器的过电压大于 2.5 倍，但切、合线路的过电压不大于 2.5 倍，此时，在变压器及电抗器出口各装设一组避雷器。

3) 断路器切、合线路的过电压大于 2.5 倍，但并联电抗器不能脱离线路，此时，避雷器的配置要求同 2)。

不符合上述任意一条要求时，应在变压器和电抗器出口以及线路断路器的线路侧各装设一组避雷器。

(3) 对于一组变压器、二回线路、双母线带旁路母线的变电所，变压器出口装设一组避雷器，有、无并联电抗器的线路分别按 (1)、(2) 项要求装设避雷器。

(4) 避雷器至电流互感器、耦合电容器、隔离开关及断路器的距离可按对线路侧电压互感器距离考虑。

(5) 并联电抗器布置在变压器侧，并不额外要求增加避雷器。

2.FHS 及 SH 变电所

该所为一个半断路器接线，在主变压器附近、并联电抗器和线路隔离开关各装设一组避雷器。

3.YM 发电厂 500kV 升压站

单台变压器、单母线带并联电抗器的升压站至少应装两组避雷器。变压器、并联电抗器到最近避雷器的距离分别不大于 100 及 50m。母线电压互感器和线路侧电压互感器到最近避雷器的距离，当电抗器布置在线路侧时，分别不大于 350 及 100m。

在线路首端及电抗器旁各装一组 XAL - 468AL 避雷器，在变压器附近装一组 XAL - 444AL 避雷器。

(六) 变压器侵入波保护需注意的几个问题

1. 自耦变压器保护

(1) 当自耦变压器一侧断开后，由于绕组间波的直接传递，就会在线路断开的一侧出现对绝缘有危险的过电压。因此，在自耦变压器的两个自耦合的绕组的出线上必须装设阀型避雷器。此避雷器应装在自耦变压器和断路器之间，并采用图 15 - 15、图 15 - 16 的保护接线。

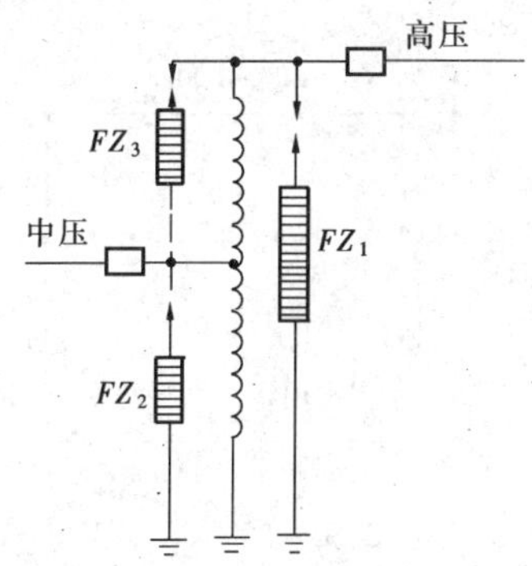

图 15 - 15　自耦变压器的典型保护接线

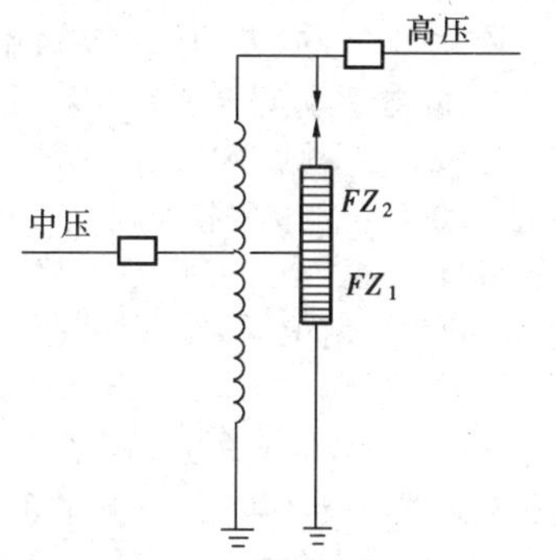

图 15 - 16　自耦变压器采用综合避雷器的保护接线

如采用图 15 - 16 的保护接线，在自耦绕组任一侧接地短路条件下，FZ_2 所承受的最高工频电压不应超过其灭弧电压。

35kV 及以下自耦变压器，还应在串联绕组的两端跨接阀型避雷器 FZ_3 (图 15 - 15)。

(2) 当使用氧化锌避雷器保护自耦变压器时，当高压侧侵入波，若中压侧避雷器先于高压侧避雷器动作，中压侧避雷器可能因能量小而损坏。因此，在选择避雷器时，应校核中压侧避雷器，使其额定电压不低于高压侧换算到中压侧的电压值。

2. 三绕组变压器和分裂绕组变压器保护

(1) 与架空线路连接的三绕组变压器（包括一台变压器与两台电机相连的分裂绕组变压器）的 3 ~ 10kV 绕组，如有开路运行的可能，应采取防止静电感应电压危及该绕组绝缘的措施——在其一相出线上装设一只阀型避雷器；但如该绕组连有 25m 及以上金属外皮电缆段，则可不装设避雷器。

(2) 当三绕组变压器高、中压之间的变比较大（如 330/35kV）而中压侧又有长时间开路运行可能时，则应考虑在中压侧的一相出口上加装一只阀型避雷器。

(3) 分裂绕组变压器同样有可能在其中一个分支绕组断开时，另一绕组仍继续运行，故应在每个分支绕组的一相出口处装一只阀型避雷器。但发电厂的高压厂用工作变压器的分裂绕组，由于它的高压侧是发电机电压，没有架空线引入，这种情况不需保护。

3. 保护变压器、电抗器的避雷器安装位置

在下列情况下，避雷器与变压器、电抗器之间不应安装开关设备：

(1) 电力变压器的所有电压的自耦变压器；

(2) 弱绝缘的 110 ~ 220kV 变压器；

(3) 330 ~ 500kV 变压器高压绕组；

(4) 330 ~ 500kV 并联电抗器。

4. 避雷器的配置原则

阀型避雷器的安装位置和组数，应根据电气设备的雷电冲击绝缘水平和避雷器特性以及侵入波陡度，并结合配电装置的接线方式确定。

避雷器至电气设备的允许距离还与雷雨季节经常运行的进线路数有关。进线数越多则允许距离可相应增大。

断路器、隔离开关、耦合电容器等电器的绝缘水平比变压器为高。因此，避雷器至这些设备的最大允许距离可增大。

上述允许距离应在各种长期可能的运行方式下都

表 15-3 避雷器与 3~10kV 主变压器的最大电气距离

雷季经常运行的进线路数	1	2	3	4 级以上
最大电气距离（m）	15	23	27	30

符合要求，但一般不考虑事故或检修的短时运行方式。

（七）3~10kV 配电装置的保护

变电所的 3~10kV 配电装置（包括电力变压器），应在每组母线和每路架空进线上装设阀型避雷器 FZ、FS，并应采用图 15-17 的保护接线。母线上避雷器与主变压器的电气距离不宜大于表 15-3 所列数值。

有电缆段的架空线路，避雷器应装设在电缆头附近，其接地端应和电缆金属外皮相连。如各架空进线均有电缆段，避雷器与主变压器的最大电气距离不受限制。

避雷器应以最短的接地线与变电所、配电所的主接地网连接（包括通过电缆金属外皮连接）。避雷器附近应装设集中接地装置。

3~10kV 配电所，当无所用变压器时，可仅在每路进线上装设阀型避雷器或管型避雷器。

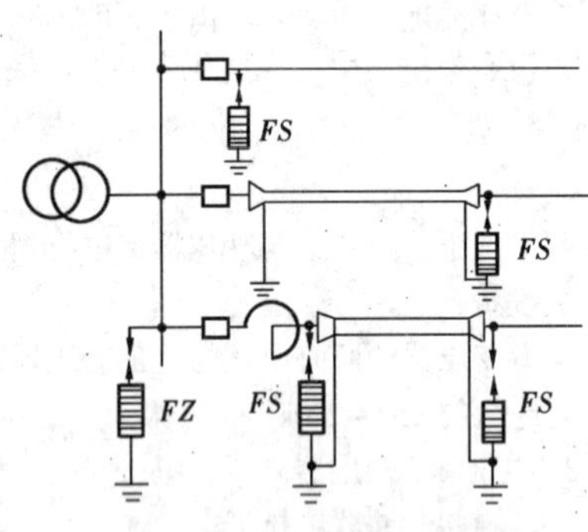

图 15-17 3~10kV 配电装置雷电侵入波的保护接线

（八）小容量变电所的保护

1. 电抗线圈的应用

35kV 变电所的进线，如架设避雷线有困难，或在土壤电阻率大于 500Ω·m 的地区，进线段难以达到所需的耐雷水平时，可在进线的终端杆上装设一组电抗线圈 L'，以代替进线段的避雷线，并可采用图 15-18 所示的保护接线。

电抗线圈的电感值可采用约 1000μH，其结构应符合绝缘强度的要求。

2. 简化保护接线

（1）容量为 3150~5000kVA 的 35kV 变电所，可根据负荷的重要性及雷电活动的强弱等条件适当简化保护接线。变电所进线段的长度可减少到 500~600m，但其首端管型避雷器 GB_1 或保护间隙 JX 的接地电阻不应超过 5Ω，并应采用图 15-19 所示的保护接线。

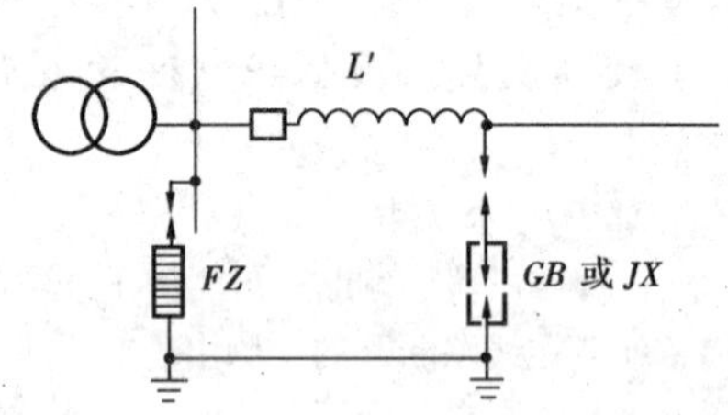

图 15-18 用电抗线圈代替进线段避雷线的保护接线

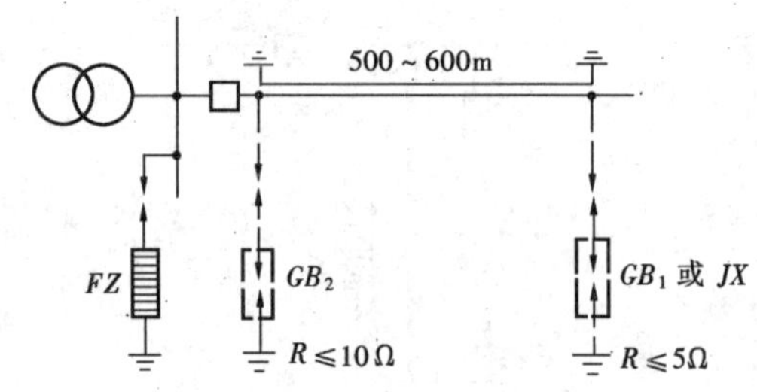

图 15-19 3150~5000kVA，35kV 变电所的简化保护接线

（2）容量为 3150kVA 以下的 35kV 供非重要负荷变电所，根据雷电活动的强弱，可采用图 15-20（a）的保护接线，容量为 1000kVA 及以下的变电所，可采用图 15-20（b）的保护接线。

（3）容量为 3150kVA 以下的 35kV 供非重要负荷分支变电所，可采用图 15-21（a）、（b）的保护接线。

（4）保护接线简化的变电所，阀型避雷器与主变压器和电压互感器的最大电气距离不宜超过 10m。

（九）六氟化硫全封闭电器的保护

对于雷电侵入波的保护，一般只用一组避雷器就能保护整个变电所，但对母线很长的变电所，应按保

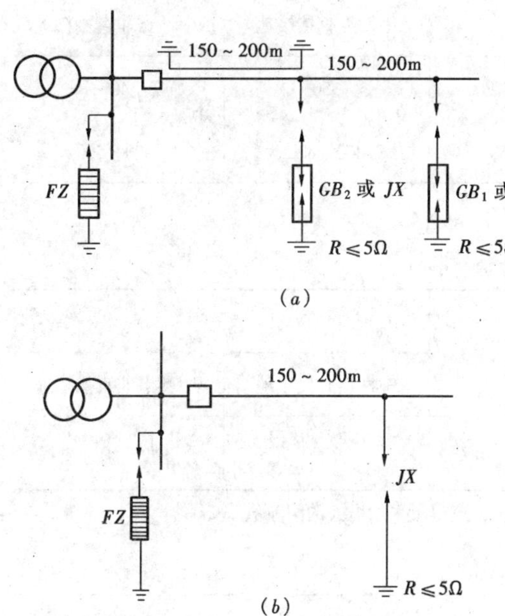

图 15 - 20　容量为 3150kVA 以下的 35kV 变电所的简化保护接线

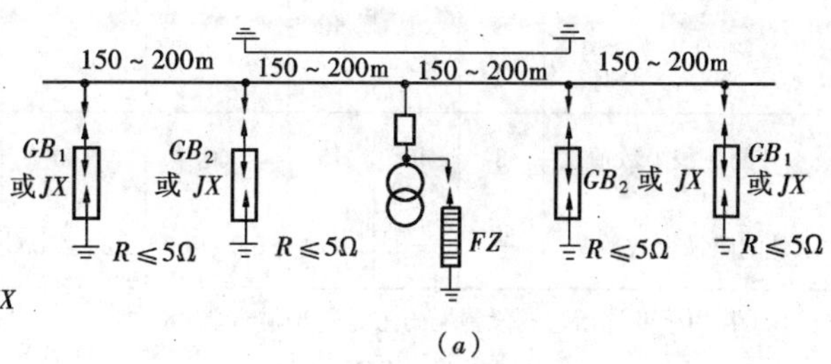

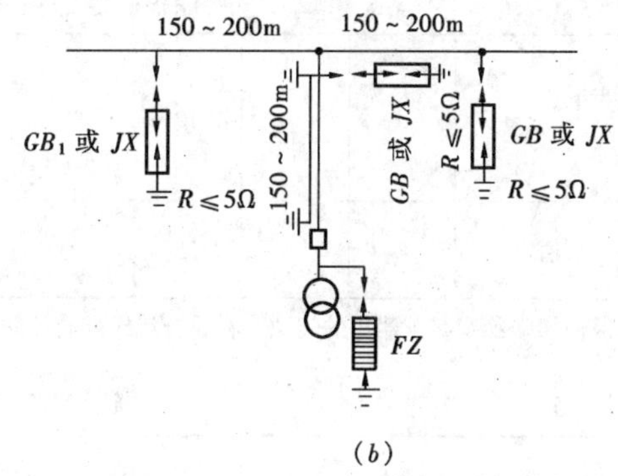

图 15 - 21　容量为 3150kVA 以下的 35kV 分支变电所的简化保护接线

护范围核算是否需增设附加的避雷器。对线路进线的架空线与六氟化硫全封闭管线或电缆段连接外，必须装设一组避雷器进行保护。这种变电所的典型保护接线如图 15 - 22。

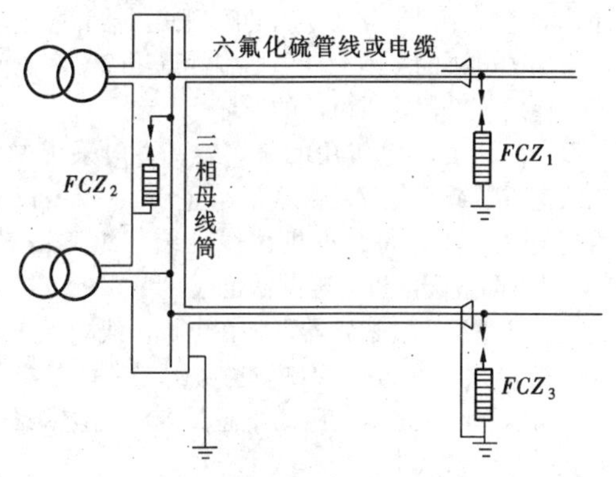

图 15 - 22　六氟化硫全封闭组合变电所的保护接线

（十）进线段管型避雷器和保护间隙的选择

1. 管型避雷器的选择

(1) 管型避雷器开断续流的上限，考虑非周期分量，不应小于安装处短路电流最大有效值；开断续流的下限，不考虑非周期分量，不得大于安装处短路电流的可能最小数值。

(2) 如按开断续流的范围选择管型避雷器，最大短路电流应按雷季系统最大运行方式计算，并包括非周期分量的第一个半周电流有效值。计算时，可先算出周期分量，若短路发生在发电厂附近时，将周期分量乘以 1.5，若离发电厂较远，乘以 1.3，作为包括非周期分量的全短路电流的有效值。最小短路电流应按雷季系统最小运行方式计算，且不包括非周期分量。

(3) 在使用管型避雷器过程中，随着动作次数增加，管径逐渐增大，下限电流将升高，故选择下限电流时要留有裕度。

(4) 管型避雷器的伏秒特性，决定于内外火花间隙的大小。内部火花间隙的长度不希望太小，应使其工频放电电压高于系统的操作电压水平。管型避雷器的外间隙值列于表 15 - 4，在实际使用中，只要被保护绝缘的冲击水平允许，应该尽量选取较大的数值。

2. 进线段保护间隙的选择

(1) 如管型避雷器的灭弧能力不能符合要求，可采用保护间隙，并应尽量与自动重合闸装置配合。保护间隙不应小于表 15 - 5 所列数值。

表 15-4　　管型避雷器外间隙的数值（mm）

额定电压（kV）	3	6	10	20	35	60	110	
							中性点直接接地	中性点非直接接地
外间隙最小数值	8	10	15	60	100	200	350	400
外间隙最大数值①	—	—	—	150～200	250～300	350～400	400～500	400～500

①指用于变电所进线段首端的 GB_1 管型避雷器。

表 15-5　　保护间隙的主间隙最小值（mm）

额定电压（kV）	3	6	10	20	35	63	110	
							中性点直接接地	中性点非直接接地
间隙数值	8	15	25	100	210	400	700	750

注　保护加强绝缘变压器用的间隙，在符合绝缘配合要求的条件下，应尽量采用增大的间隙值。

表 15-6　　辅助间隙的数值（mm）

额定电压（kV）	3	6～10	26	35
辅助间隙数值	5	10	15	20

（2）保护间隙的结构应符合下列要求：

1）应保证间隙稳定不变；

2）应防止间隙动作时电弧跳到其它设备上，以免与间隙并联的绝缘子受热损坏、电极被烧坏；

3）间隙的电极宜镀锌。

（3）电压为 63～110kV 的保护间隙，可装设在耐张绝缘子串上。中性点非直接接地的电力网，应使单相间隙动作时有利于灭弧；电压为 3～35kV 级，宜采用角形保护间隙。

3～35kV 的保护间隙，宜在其接地引下线中串接一辅助间隙，以防止外物使间隙短路。辅助间隙可采用表 15-6 数值。

四、旋转电机的过电压保护

对旋转电机防雷电波的主要困难是冲击绝缘水平很低，比同一电压等级的变压器冲击绝缘水平低得多。

为了防止发电机匝间绝缘的损坏，必须将雷电侵入波的陡度限制在 5kV/μs 以下。同时也就降低了避雷器残压与发电机上电压的差值。一般采用电容器来限制雷电侵入波陡度。

（一）有架空直配线的发电机的保护

1. 一般原则

与架空线直接连接的旋转电机（包括发电机、同期调相机、变频机和电动机，简称直配电机），应采取完善的进线保护，以及专用的阀型避雷器和静电电容器来保护电机的主绝缘（包括中性点绝缘）和匝间绝缘，使之不受侵入雷电波的损坏。

保护高压旋转电机用的避雷器，一般采用 FCD 型磁吹避雷器或氧化锌避雷器。容量为 25MW 及以上的直配电机，应在每台电机出线处装一组避雷器。25MW 以下的直配电机，避雷器也应尽量靠近电机装设，在一般情况下，避雷器可装在电机出线处。如接在每一组母线上的电机不超过两台，或避雷器与 500kW 及以下电机的电气距离不超过 50m，避雷器也可装在每一组母线上。

若电机仅有一路架空出线时，则可将避雷器装在线路进口处。

为减少短路冲击时电动力对绝缘的损伤和动稳定破坏，以及频繁发生的弧光接地过电压对绝缘的有害影响，60MW 以上的电机不允许采用与架空线路直接连接的方式。

对各类旋转电机的保护方式，应根据电机的容量，当地雷电活动的强弱及对供电可靠性的要求确定。

2. 单机容量为 25～60MW 的直配电机的保护接线

单机容量为 25～60MW 的直配电机，宜采用图 15－23（a）的保护接线。

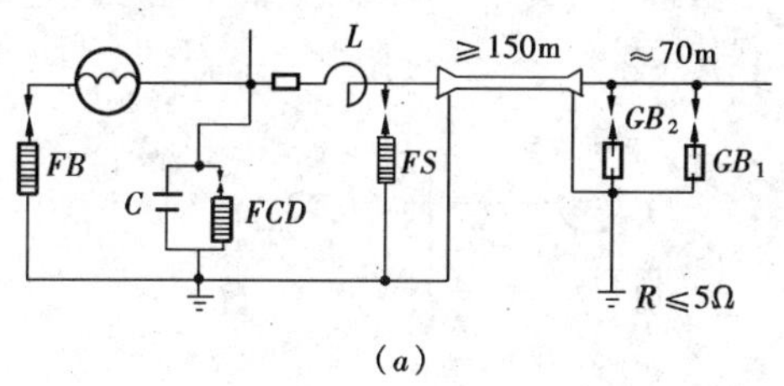

（a）

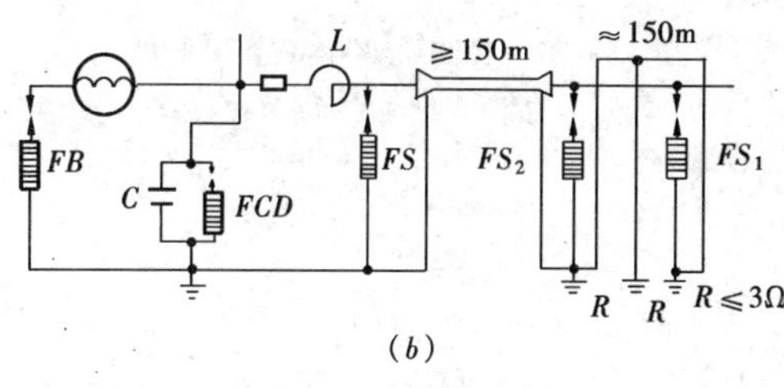

（b）

图 15－23　25～60MW 直配电机的保护接线

L—限制短路电流用的电抗器；FB—磁吹或普通阀型避雷器；FCD—磁吹避雷器；C—电容器

管型避雷器 GB_1 和 GB_2 的冲击放电电压，不应超过表 15－7 所列数值。

表 15－7　管型避雷器 GB_1 和 GB_2 的冲击放电电压（kV）

额定电压（kV）	3	6	10
放电时间为 2μs 的冲击放电电压	40	50	60

GB_1 和 GB_2 的接地端，应用钢绞线连接，钢绞线架设在导线下方，距导线不应小于 2m，不应大于 3m，并应与电缆首端的金属外皮在装 GB_2 杆塔处连在一起接地，工频接地电阻 R 不应大于 5Ω。

进线电缆段应直接埋设在土中，以充分利用其金属外皮的分流作用。如受条件限制不能直接埋设，可将电缆金属外皮多点接地，即除两端接地外，再在两端间的 3～5 处接地。

如电缆首端的短路电流较大，按图 15～23（a）的保护接线无适当参数的管型避雷器时，可改用 15～23（b）的保护接线。

进线段上的阀型避雷器 FS 的接地端，应与电缆的金属外皮和避雷线连在一起接地，接地电阻 R 不应大于 3Ω。

3. 单机容量为 6000～25000kW 以下的直配电机保护接线

单机容量为 6000～25000kW 以下的直配电机，宜采用图 15～24（a）的保护接线。在多雷区，也可采用图 15～23（a）、（b）的保护接线。

如电缆首端的短路电流较大，按图 15～24（a）的保护接线无适当参数的管型避雷器时，可改用图 15～24（b）的保护接线。

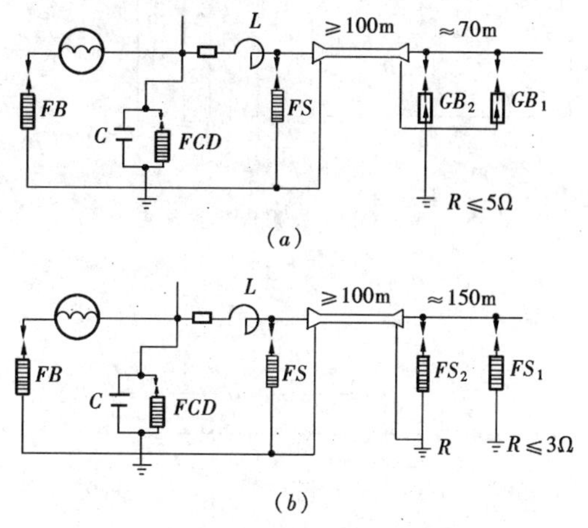

图 15－24　6000～25000kW 以下直配电机的保护接线

4. 单机容量为 6000～12000kW 的直配电机的保护接线

单机容量为 6000～12000kW 的直配电机，如出线回路中无限流电抗器，可采用图 15～25（a）、（b）的保护接线。在雷电活动强烈地区，宜采用有电抗线圈的图 15－25（a）的保护接线。

5. 单机容量为 1500～6000kW 以下直配电机和少雷地区 60000kW 及以下直配电机的保护接线

单机容量为 1500～6000kW 以下和少雷地区 60000kW 及以下的直配电机，可采用图 15～26（a）、（b）、（c）的保护接线。图 15－26（a）中的阀型避雷器 FS 主要用来保护断路器或隔离开关。

在进线保护段长度 l_6 内，应装设避雷针或避雷线。

进线保护段长度与管型避雷器接地电阻的关系，应符合下式要求：

对 3 和 6kV 线路，$l_b/R \geqslant 200$ （15－18）

对 10kV 线路，$l_b/R \geqslant 150$ （15－19）

式中 l_b——进线保护段长度（m）；

R——接地电阻（Ω）。

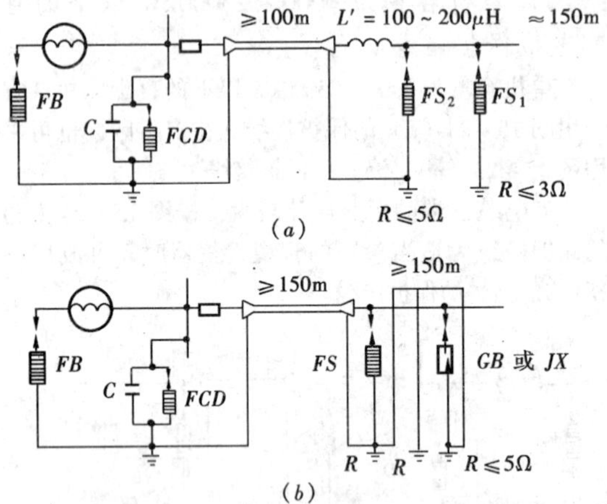

图 15－25 6000～12000kW 直配电机的保护接线

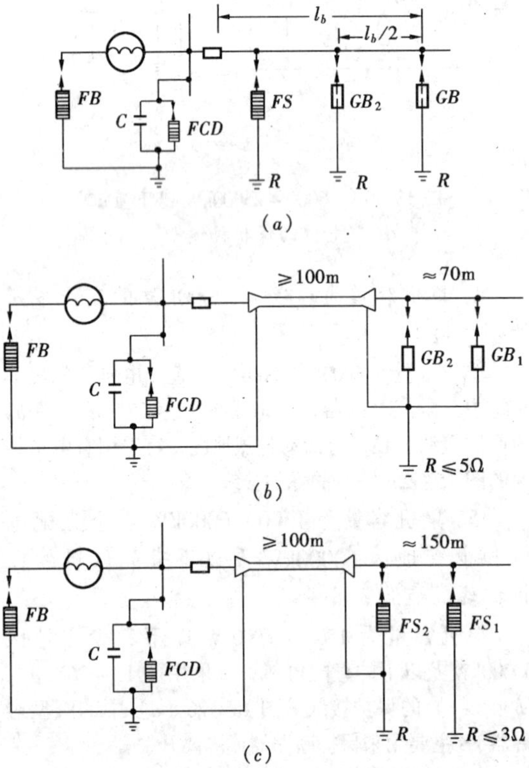

图 15－26 1500～6000kW 以下直配电机和少雷地区 60000kW 及以下直配电机的保护接线

进线保护段长度一般采用 450～600m。

在进线保护段上如有管型避雷器 GB_2，R 可取两组管型避雷器 GB_1 和 GB_2 接地电阻的并联值。

6. 单机容量为 1500～6000kW 或列车电站的直配电机的保护接线

单机容量为 1500～6000kW 或列车电站的直配电机，也可采用图 15－27 有电抗线圈 L'或限流电抗器 L 的保护接线。

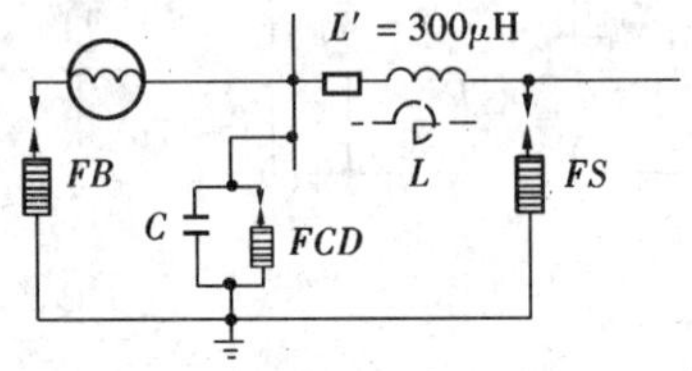

图 15－27 1500～6000kW 直配电机或列车电站直配电机的保护接线

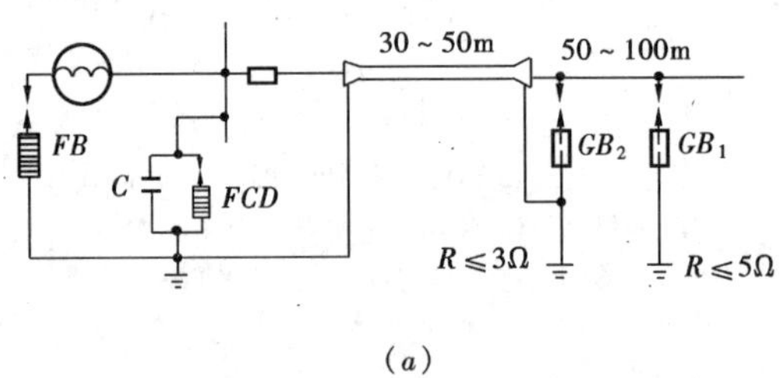

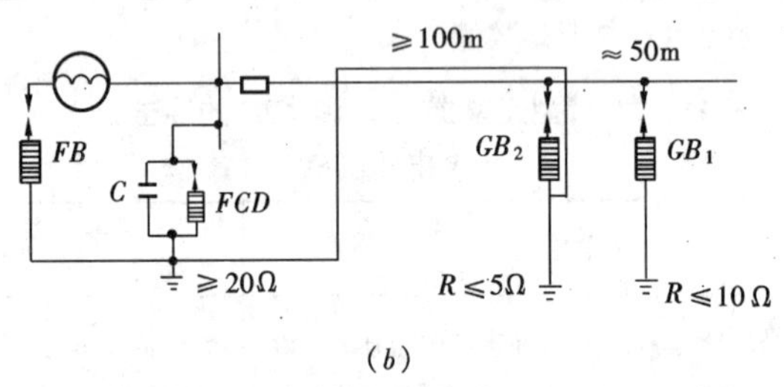

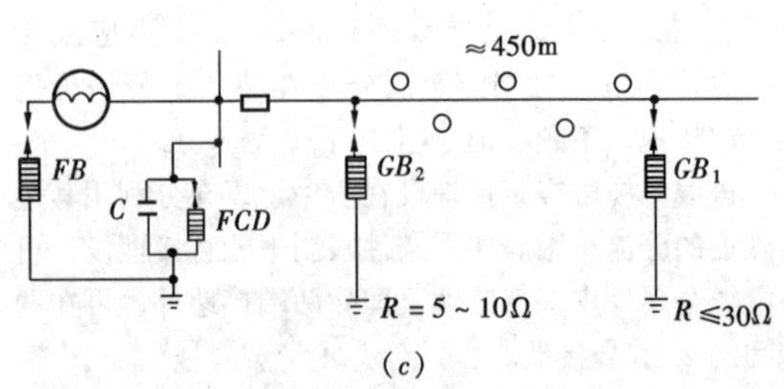

图 15－28 300～1500kW 直配电机的保护接线

7. 单机容量为 300～1500kW 直配电机的保护接线

单机容量为 300～1500kW 的直配电机，可采用图 15－28 的保护接线。

单机容量为 1500kW 以下的直配电机，采用图 15－28 和图 15－29 规定的保护方式有困难时，也可采用图 15－27 的保护接线。

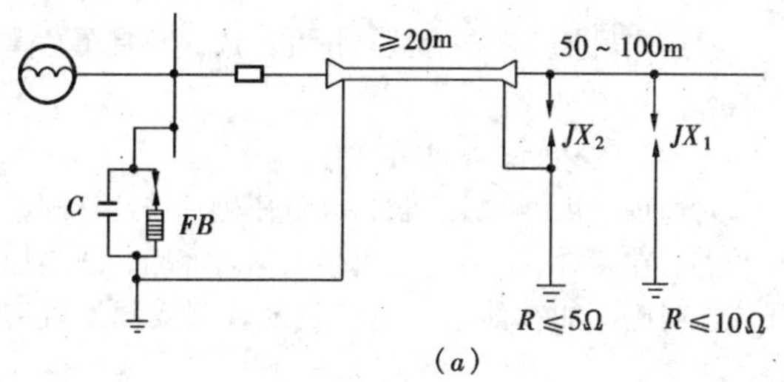

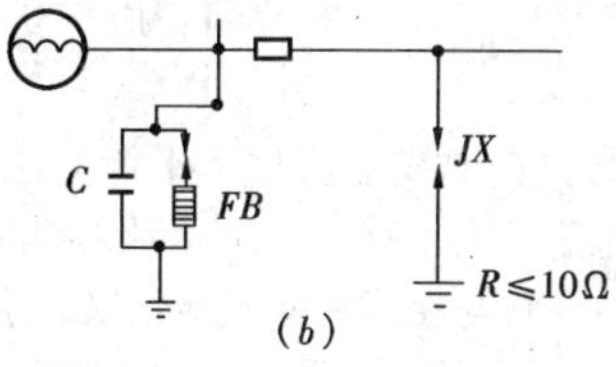

图 15－29　300kW 及以下直配电机的保护接线（每相 $C=0.5\sim1\mu F$）

8. 单机容量为 300kW 及以下的直配电机的保护接线

单机容量为 300kW 及以下的直配电机，根据具体情况和运行经验可采用图 15－29 的保护接线；也可只在车间线路入户处装设一组避雷器和电容器，并在靠近入户处的电杆上装设保护间隙，或将绝缘子铁脚接地。个别重要电机，也可参照图 15－28（*a*）、（*b*）、（*c*）的保护接线。

如直配电机的中性点能引出且未直接接地，应在中性点上装设阀型避雷器。

保护直配电机用的避雷线，对边导线的保护角不应大于 30°。

（二）发电机变压器组的保护

经变压器供电的发电机，由于变压器的保护作用，作用在发电机上的过电压比直配线电机低得多，通常能将传递过电压限制到不危险的程度。所以只要可靠地保护了变压器，一般不需对发电机再采取保护措施。但有时传递过电压幅值较高，为防止发电机绝缘损坏，在多雷区和 200MW 及以上的大型电机，宜在电机出口装一组 FCD 型磁吹避雷器或氧化锌避雷器。由于波经过变电器时，陡度已大为降低，因此可不装保护电容，电机中性点也无需保护。

对发电机到变压器之间的敞露母线桥或组合导线，应装设直击雷保护和感应雷保护措施。对封闭母线、共箱母线等，将其外壳接地即可。

（三）降低母线振荡过电压和感应过电压的措施

（1）为了限制雷击附近避雷针时在导线上产生的感应过电压对电机绝缘的损坏，当发电机与升压变压器之间的母线桥或组合导线无金属屏蔽部分的长度大于 50m 时，应在发电机回路或母线的每相导线上装设不大于 0.15μF 的电容器或磁吹避雷器。在升压变压器的发电机电压侧，宜装一组普通阀型避雷器。

（2）当发电机具有直配架空线路（包括经一段电缆进线的架空线路时）除限制感应过电压要求装设电容器外，尚应考虑保护电机匝间绝缘和降低在母线上产生振荡过电压的要求装设电容器。此电容器应同时满足下述两方面的要求。

1）保护匝间绝缘：对中性点有阀型避雷器保护的电机，匝间绝缘强度只能承受陡度在 5kV/m 以下的侵入波；为限制侵入波陡度，应在每相安装 0.5～1.0μF 电容器，一般装 0.8μF。

当电机绕组为△形接线或为 Y 形接线，但中性点不能引出，无法用避雷器保护时，或对于双排非并绕线圈电机，应限制侵入波陡度在 2kV/m 以下，因此在每相应装设 1.5～2.0μF 电容器（图 15－23～图 15－29）。图 15－29（*b*）中的电容器，每相应为 0.5～1μF。

2）降低母线振荡过电压：当架空直配线路的防雷保护接线采用图 15－23 及图 15－24 的接线方式时，应考虑电缆的电容和电感以及母线的电容和电缆所构成的振荡回路，当电缆首端的管型避雷器动作时，在母线上可能产生频率很高的振荡过电压；为了限制这种过电压，要求每相具有 0.25～0.3μF 的电容。

（3）保护电容器接成 Y 形，中性点直接接地。电容器宜有短路保护。

五、微波通讯站的过电压保护

（一）天线的保护

微波天线宜有防直击雷的保护措施。避雷针可固定在微波塔上，微波塔的金属结构也可作为接闪器。

微波塔的接地电阻一般不超过 5Ω，在土壤电阻率较低的有条件的地区，不宜超过 1Ω。这样做可以减低作用于机房内设备上的电压。接地体应围绕塔基做成闭合环形，以尽量减小接触电压和跨步电压。

微波塔上的照明灯电源线，应采用金属外皮电缆，或将导线穿入金属管。金属外皮或金属管至少应在上下两端与塔身相连，并应水平埋入地中，埋入的长度宜在10m以上才允许引入机房或引至配电装置和配电变压器。

在高土壤电阻率地区，电缆埋入地中的长度应超过10m，必要时可用降阻剂泄流。

微波塔和天线到周围建筑物的距离，应符合避免对建筑物发生反击的要求。

（二）机房的保护

(1) 波导管或同轴电缆的金属外皮，至少应在上下两端与塔身金属结构连接，并在机房（包括与主控制室合并的机房）内与接地网连接。

(2) 机房应有防直击雷的保护措施。如已处于微波塔的保护范围内，可不另设直击雷保护装置。沿机房顶四围，应敷设闭合保护带。在机房外，应围绕机房敷设水平闭合接地带。在机房内，应围绕机房敷设环形接地母线。机房内各种电缆的金属外皮、设备的金属外壳和不带电的金属部分、各种金属管道、金属门框等建筑物金属结构、金属进风道、走线架、滤波器架等，以及保护接地、工作接地，均应以最短距离与环形接地母线连接。环形接地母线与外部闭合接地带和房顶闭合保护带间，至少应用4个对称布置的连接线互相连接，相邻连接线间的距离不宜超过18m。在机器集中处或重要设施如波导管、水管等入机房处，可适当调整连接线的位置，或增加连接线，使上述设施以最短的距离与连接线连接。

(3) 机房的接地网与微波塔的接地网间，至少应有2根接地带连接。

(4) 机房内的电力线、通信线应有金属外皮或金属屏蔽层，或敷设在金属管内。由机房引出的电力线、通信线，其金属外皮或金属管在屋外水平埋入地中的长度，不应少于10m。

由机房引到附近建筑物内的金属管道，在机房外埋入地中的长度应在10m以上。如不能直埋地中，至少应在金属管道屋外部分沿长度均匀分布在两处接地，每处接地电阻不宜大于10Ω；在高土壤电阻率地区，每处接地电阻不宜大于30Ω，但宜适当增加接地的处数。

机房应尽量避免与办公楼设在一起，而宜单独建立。

（三）供电设备的保护

对通信站供电的变压器，高低压侧均应装设阀型避雷器。在多雷的山区，还宜根据运行经验，适当加强防雷措施。如在前一个电杆装设管型或阀型避雷器。

机房内的电力线、通信线，应在机房内装设避雷装置。通信线的不运行线对，应在终端配线架上接地。

为了防止地线上流过不平衡电流使地线电位升高，对通信产生干扰，保护接地可和中性线（零线）分开。中性线与相线一样对地绝缘。这种接线方式又叫“三相五线制”，如图15－30所示。

这种接线的好处是：

(1) 设备机壳上平时保持零电位，对弱电无干扰。

(2) 当发生短路时，短路电流可从中性线回流。即使发生接地短路，因地线上原是零电位，对人身和设备威胁较小。

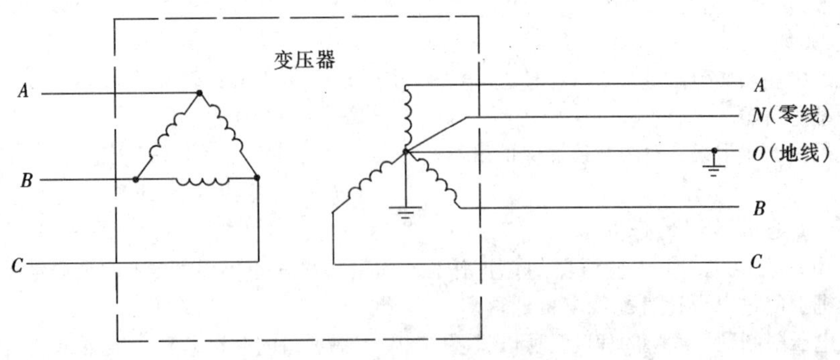

图15－30 三相五线制接线图

第15－2节 内过电压保护

一、工频过电压

（一）工频过电压的性质

工频过电压的频率为工频或接近工频，幅值不高，在中性点不接地或经消弧线圈接地的系统，约为工频电压的$\sqrt{3}$倍；在中性点直接接地系统中，一般不允许超过1.5倍。

工频过电压常发生在故障引起的长线切合过程中。在发电机暂态电势E'_d为常数时，工频过电压处于暂态状态，持续时间不超过1s。由于在0.1～1s以内，工频过电压仅变化2%～3%，一般多取0.1s左右的暂态数值做为参考值。此后，发电机自动电压调整器发生作用，E'_d变化，在2～3s以后，系统进入稳定状态。此时的工频过电压称为工频稳态过电压。工频过电压的变化过程见图15－31。

工频过电压对220kV及以下电网的电气设备没有危险，但对330kV及以上的超高压电网影响很大，需要采取措施予以限制。因为：

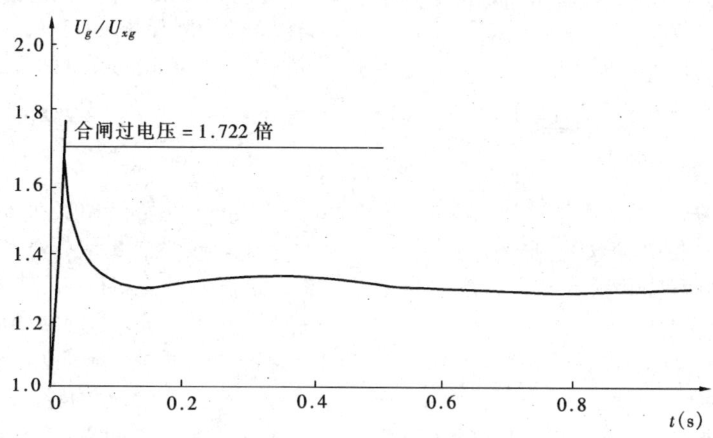

图15－31 合空线时工频过电压的变化

（1）工频暂态过电压是操作过电压的强制分量。它的幅值愈高，对应的操作过电压也愈高。

（2）工频暂态电压决定了避雷器的灭弧电压或额定电压，因而影响避雷器的工作条件和保护效果，影响电气设备和配电装置的绝缘水平。

（3）工频暂态过电压会提高断路器开断时的恢复电压，恶化开断条件。

（4）工频稳态过电压持续时间较长，对电气设备绝缘及运行性能有影响。例如：油纸绝缘内部游离，污秽绝缘子闪络，铁芯过热、振动及其噪声，电晕及其干扰等。

（二）工频过电压的计算

产生工频过电压的主要原因，是空载长线的电容效应、不对称接地故障、发电机突然甩负荷等。对它们分别计算的结果，通常可与在内过电压模拟台上模拟的结果吻合的较好，并且接近系统调试验证的结果。

在确定计算或模拟条件时，应考虑系统的运行方式和故障形态，并进行多种情况的组合比较。一般应以正常运行方式为基础，加上一种非正常运行方式及一种故障型式。

正常运行方式包括过渡年发电厂单机运行，网络解环运行等。非正常运行方式包括联络变压器退出运行，中间变电所的一台主变压器退出运行，故障时局部系统解列等，但单相变压器组有备用相时，可不考虑该变压器组退出运行。故障形式可取线路一侧发生单相接地三相断开或仅发生无故障三相断开两种情况。

最大工频暂态过电压常常发生在电源侧开机数量最少、系统等值电抗较大、无限制措施、且因接地故障而甩大容量负荷后的线路末端。

1．空载长线电容效应引起的工频过电压

空载长线上将流过线路的电容电流，并在线路感抗上引起工频电压升高。有源电源与空载长线相连的电压升高值可按式（15－20）进行计算：

$$U'_g=\frac{E'_d}{\cos\alpha l-\frac{X_s}{Z_b}\sin\alpha l} \tag{15-20}$$

式中 U'_g——空载线路末端工频暂态电压（kV）；

E'_d——送端系统的等值暂态电势（kV）；

X_s——送端系统的等值电抗（Ω）；

Z_b——线路波阻抗，330kV　$Z_b=310\Omega$，500kV　$Z_b=280\Omega$；

α——相位系数，一般 $\alpha\approx0.06°/\text{km}$；

l——输电线路长（km）。

2. 单相接地引起的工频过电压

单相接地是常见的故障形式，而且健全相上出现较高工频过电压的概率亦较大。它同时又是确定阀式避雷器灭弧电压的依据。

单相接地时健全相上的工频过电压可按下式计算：

$$\left.\begin{aligned}U_{B、C} &= c_d U_A\\ c_d &= \sqrt{3}\,\frac{\sqrt{1+K+K^2}}{2+K}\\ K &= \frac{X_0}{X_1}\end{aligned}\right\}\qquad(15-21)$$

式中　$U_{B、C}$——健全相的工频电压（kV）；

U_A——故障相在故障前的电压（kV）；

c_d——接地系数；

X_0——系统零序电抗；

X_1——系统正序电抗。

图 15-32 表示在不同的 K 值下，健全相上的工频电压的变化。

对于中性点不接地电网，X_0 为容抗，其值较大，一般 $K\leqslant20$，健全相最大接地系数 $c_d<1.1$。对于装有消弧线圈的电网，K 的绝对值很大，健全相的接地系数接近 1，即 $c_d\approx1$。

对于中性点直接接地电网，为使单相短路电流小于三相短路电流，K 应大于 1～1.5。K 与单相短路电流的关系见图 15-33。实际一般 $K=1.5\sim2.5$，很少超过 3～3.5，接地系数约为 $0.6<c_d<0.75$。

只限制大气过电压的避雷器，其灭弧电压一般按接地系数选择。不同电网的 K 值所对应的电网实际情况参见表 15-8。

3. 突然甩负荷引起的工频过电压

发电机突然甩负荷，根据磁链不变原理，开断瞬间暂态电势 E'_d 保持原有数值不变。E'_d 的大小由甩负荷前的运行状态决定，可按下式估算：

$$E'_d = U_m\sqrt{\left(1+\frac{P\text{tg}\varphi}{S_f}X_{*s}\right)^2+\left(\frac{P}{S_f}X_*\right)^2}\qquad(15-22)$$

式中　E'_d——甩负荷前的发电机暂态电势（kV）；

U_m——母线电压（kV）；

S_f——发电机视在功率（kVA）；

P——线路输送功率（kW）；

X_{*s}——送端系统等值电抗标么值；

φ——功率因数角。

从式（15-22）可以看出，输送功率 P 愈大、功率因数角愈小，发电机的 E'_d 愈高。将式（15-22）代入式（15-20）可以得到线路末端的工频暂态过电压。

发电机在甩负荷后，还会由于发电机超速运转，

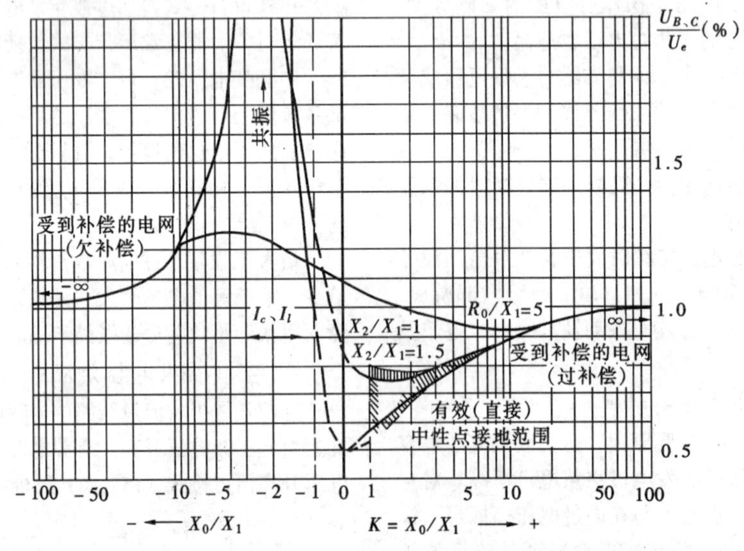

图 15-32　中性点接地方式与健全相工频电压的关系

I_c—电容性电流；I_l—电感性电流；R_0—系统零序电阻

表 15－8 对应于不同 K 值的电网情况

$K=\frac{X_0}{X_1}$	大致相应的电网实际情况	灭弧电压占线电压的百分数	备 注
$-\infty$以内附近	消弧线圈接地，欠补偿	105%～110%	包括电机
$-\infty$～－20	中性点不接地	100%～110%	
－20～－1	中性点不接地；但三相对地接有大电容，或中性点经大电容接地	>110%	一般系统不易碰到，需按具体情况确定
0～1	中性点直接接地的电机	58%	中性点不接地的电机应采用110%的避雷器
1～2.5	中性点直接接地的变压器占电网总容量的1/2以上，且接地的变压器有△绕组	75%	
2.5～3.5	中性点直接接地的变压器占电网总容量的1/2～1/3，且接地的变压器有△绕组	80%	
3.5～$+\infty$	中性点直接接地的变压器占电网总容量的1/3以下	100%	如用80%的避雷器，易引起爆炸
$+\infty$以内附近	消弧线圈接地，过补偿	100%	包括电机

使系统频率 f 增至原来的 n 倍。随着 f 的增加，电势 E'_d、相位系数 α 及送端系统等值电抗 X_s 均会成比例地上升，一般在 1～2s 达到最大值，从而影响工频过电压的稳态值。若不计电压调整器的作用，工频过电压 U'_g 可按下式进行计算：

$$U'_g=\frac{nE'_d}{\cos(n\alpha l)-\frac{nX_s}{Z_b}\sin(n\alpha l)} \tag{15-23}$$

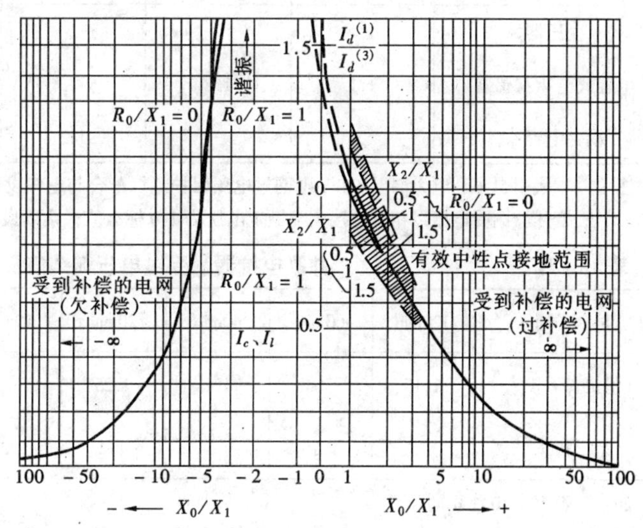

图 15－33 中性点接地方式与单相短路电流的关系

（三）工频过电压的允许水平

工频过电压的允许水平应结合电网实际，通过技术经济比较合理地确定。允许水平如果定得太低，就需要增加过多的并联补偿容量；定得太高，又会提高电网的绝缘水平和对设备的要求。故应权衡内过电压水平、基准绝缘水平、避雷器技术性能、设备投资等因素，做出最佳选择。

1. 工频暂态过电压的允许水平

工频暂态过电压应小于避雷器的灭弧电压或额定电压，并使操作过电压不超过允许值。

电网的工频暂态过电压水平一般不超过表 15－9 所列数值。

2. 工频稳态过电压的允许水平

工频稳态过电压在同期并列时间（15～20min）

表 15－9 工频过电压的允许水平

系统额定电压（kV）	330	500
线路断路器的变电所侧	$1.3U_{xg}$	$1.3U_{xg}$
线路断路器的线路侧	$1.3\sim1.4U_{xg}$	$1.4U_{xg}$

注 U_{xg}为电网最高相电压有效值（kV）。

内，应小于电气设备在相应时间内的允许过电压倍数。

电气设备耐受工频过电压标么值及允许时间可参考表15-10和表15-11选取。

表15-12为苏联国家标准ГОСТ1516.1—76《3~500kV交流电气设备绝缘强度要求，1980》的规定，可供设计参考。

（四）工频过电压的限制措施

限制工频过电压是一个系统问题。所采取的各项措施应与系统专业和继电保护专业配合，权衡比较，综合考虑。220kV及以下电网一般不考虑限制措施。在330kV及以上超高压电网一般可以采取的措施有：

1. 装设并联电抗器

在线路的适当位置安装超高压并联电抗器，以减少发电机充电功率、削弱电容效应。补偿度一般为60%~80%。

装置并联电抗器，除做为降低工频过电压的一种措施外，尚对系统轻负荷时无功平衡、调相调压、系统并车、加速潜供电弧的熄灭等有一定作用。并联电抗器的选择详见第九章。

如果有条件利用电抗器的铁芯饱和，则可在工频过电压较高时增加电抗器的补偿度，增大补偿效果。这时需要将电抗器伏安特性中的拐点取得较低，例如取1.25~1.3U_{xg}。但采用此措施时，需注意避免非线性谐振的发生或辅以抑制谐振的措施。

对并联电抗器施以强行补偿，充分利用电抗器的短时过载能力，也会使电抗器的补偿容量临时有较大增加，提高补偿效益。

2. 降低电网的零序电抗

由式（15-21）可知，减少了电网的零序电抗，可以降低接地系数，从而降低单相接地引起的工频过电压。这在大开机运行方式下，效果更为明显。属于这方面的措施有：

(1) 在短路电流允许的条件下，增加变压器中

表15-10 电气设备耐受工频过电压标么值及允许时间

时 间	连 续	8h	2h	30min	1min	30s
变压器	1.1			1.2	1.3	
电容式电压互感器	1.1	1.2	1.3			1.5
耦合电容器			1.3			1.5

注 1. 本表引自水利电力部《500kV电网过电压保护绝缘配合与电气设备接地暂行技术标准》SD119—84。

2. 变压器耐受电压以相应分接头下额定电压为1.0标么值；余以最高工作相电压为1.0标么值。

表15-11 并联电抗器耐受过电压标么值及允许时间

时 间	120min	60min	40min	20min	10min	3min	1min	20s	3s
备用状态下投入	1.15		1.2	1.25	1.3		1.4	1.5	
运行状态		1.15		1.2	1.25	1.3		1.4	1.5

注 与表15-10注相同。

表15-12 变电所电气设备耐受工频过电压、谐振过电压（标么值）的要求

时 间	20min		20s		1s		0.1s	
部 位	相间	相对地	相间	相对地	相间	相对地	相间	相对地
变压器（包括自耦变压器）	1.1	1.1	1.25	1.25	1.5	1.9	1.58	2.0
并联电抗器	1.15	1.15	1.35	1.35	1.5	2.0	1.58	2.08
电器、电容式电压互感器、电流互感器、耦合电容器、母线支柱绝缘子	1.15	1.15	1.6	1.6	1.7	2.2	1.8	2.4

性点的接地点，特别是在系统运行初期，更有条件这样做。

(2) 输电线路采用良导体地线。PW 工程选用 HLGJ－95 铜芯铝合金线可比 GJ－70 钢绞线的零序阻抗降低约 1/3 左右。对 340km 500kV 线路，可使不对称效应降低约 0.08。

(3) 在三相并联电抗器的次级，专门装设三角接线的绕组或利用变压器三角接线的三次绕组。

3. 将长线分段

在长线的中段建立中间开关站，把长线分成两段，使线路分段操作。只有在技术经济合理时才采用此措施。常常需与系统专业统筹安排，与中间落点统一规划。

中间系统的接入，不但可以减少零序入口阻抗、降低不对称接地系数，当中间落点有负荷时，还可削弱电容效应。30Mvar 无功负荷，比接一台 30Mvar 的电抗器作用还大。

4. 充分利用已装设的电气装置

有些装置并非为限制工频过电压而设置，但它却可以在这方面发挥一定的作用。例如：

(1) 如果线路上串接有串联电容补偿装置，相当于减少了线路感抗，削弱了电容电流引起的工频电压升高。

(2) 发电机装设的自动电压调整器，可以将工频稳态过电压降低 5%～10%。

5. 降低发电机电势

在满足送电基本要求的前提下，将电源电势维持在一个较低的水平，可以使工频过电压成比例地下降。因此在设计初期就要为此创造条件：

(1) 改变系统的无功分配，就地平衡无功功率，以减少无功功率的流动，能够直接影响两侧电源的电势。LTG 系统的试验表明，少送 10MVA 无功，便可使 E'_d 降低 1.8%左右。

(2) 改变并联电抗器的运行方式。并联电抗器的接入，一方面削弱了电容效应，但同时却提高了电源电势。因前者是主要的，所以能够降低工频过电压。若用火花间隙接入并联电抗器，可以在系统大负荷运行方式下，电抗器不投入；只在工频过电压高于火花间隙整定值时，间隙击穿，将并联电抗器接入系统。这样的运行方式，可以避免提高电源电势的弊端。

(3) 改变变压器分接头、降低发电机运行电压。采用有载调压，分接头下降 5%，相当于电源电势降低 5%。

6. 制定合理的操作顺序和装设必要的系统继电保护装置

在拟定运行中的操作程序或确定系统同期并列点时，应避免从电源容量较小、综合阻抗较大的一侧向长线首先送电或最后断电。在二次回路设计时，应能提供上述保证，并可装设必要的继电保护装置，以便在紧急情况下确保事先指定的跳闸顺序的实现。例如在长线分段的系统中：

(1) 采用高频停讯回路，在任一侧断路器因故跳闸时，同时断开长线中间的断路器，避免由一侧电源带两段空线。

(2) 采用解列装置，必要时迅速将系统解列，避免中间系统或小系统带空载长线。

(3) 采用过电压保护装置，在出现了较长时间工频稳态过电压时，作用于断路器跳闸，避免变压器和其它电气设备在较高工频过电压下运行时间太长。这种装置一般整定在 $1.2U_{xg}$ 时动作，并有大于 0.1s 的延时，以躲过操作过电压和大气过电压。

二、操作过电压

（一）操作过电压的性质

电网中的电容、电感等储能元件，在发生故障或操作时，由于其工作状态发生突变，将产生充电再充电或能量转换的过渡过程，电压的强制分量叠加以暂态分量形成操作过电压。其作用时间约在几毫秒到数十毫秒之间。倍数一般不超过 $4U_{xg}$。

操作过电压的幅值与波形与电网的运行方式、故障类型、操作对象有关，再加上操作过程中其它多种随机因素的影响，使得对操作过电压的定量分析，大多依靠实测统计和模拟研究。

故障形态不同或操作对象不同，产生过电压的机理也不同。因而所采取的针对性限制措施也各异。

（二）操作过电压的允许水平

操作过电压是决定电网绝缘水平的依据之一，特别是在超高压电网中，有时起着决定性的作用。

目前，我国有关规程规定选择绝缘水平时，计算用操作过电压水平如下：

1. 相对地

35～63kV 及以下（非直接接地）内过电压 $4.0U_{xg}$

110～154kV（非直接接地）内过电压 $3.5U_{xg}$

110～220kV（直接接地）内过电压 $3.0U_{xg}$

330kV（直接接地）内过电压 $2.75U_{xg}$

500kV（直接接地）统计操作过电压 $2\sqrt{2}U_{xg}$

2. 相间

3～220kV，宜取相对地内过电压的 1.3～1.4 倍；330kV，可取相对地内过电压的 1.4～1.45 倍；500kV，可取相对地内过电压的1.5倍。

确定相间绝缘时，两相的电位宜分别取相间过电压的+60%和-40%。

（三）间歇电弧过电压及其限制

1. 间歇电弧过电压的性质

中性点不接地电网，发生单相接地时流过故障点的电流为电容电流。经验表明，在3~10kV电网的电容电流超过30A、35kV及以上电网的电容电流超过10A时，接地电弧不易自行熄灭，常形成熄灭和重燃交替的间歇性电弧。因而导致电磁能的强烈振荡，使故障相、非故障相和中性点都产生过电压。

这种过电压一般不超过$3.0U_{xg}$，极少达到$3.5U_{xg}$，低于绝缘的耐受水平。但它波及全电网，持续时间长，易发展成为相间故障，特别是对绝缘较弱的旋转电机构成威胁，影响安全运行。

2. 限制措施

在3~10kV电网的单相接地电流超过30A或35kV及以上电网超过10A时，可在中性点和大地之间接入消弧线圈，以减少单相接地电流，促成电弧自熄，防止发展成相间短路或烧损设备。在大型发电机回路和6~10kV电网，亦可采用高电阻接地的方式。中性点接地方式的选择详见第二章和第三章。

消弧线圈并不能限制间歇性电弧过电压的最大值，甚至在某些情况下可使过电压值更大。但它可使燃弧时间大为缩短，减少重燃次数，从而降低高幅值过电压出现的概率。

（四）开断空载变压器过电压及其限制

1. 开断空载变压器过电压的性质

空载变压器的激磁电流很小。因此在开断时不一定在电流过零时熄弧，而在某一数值下被强制切断。这时，储存在电感线圈上的磁能将转化成为充电于变压器杂散电容上的电能，并振荡不已，使变压器各电压侧均出现过电压。

当变压器的铁芯材料为热轧硅钢片、线圈型式为连续式线圈时，激磁电流多为额定电流的百分之几，杂散电容约为数千PF，开断空载变压器过电压较高，一般不超过$4.0U_{xg}$；当变压器采用冷轧硅钢片、纠结式线圈时，激磁电流一般不超过额定电流的百分之一、杂散电容亦较大，因而过电压一般不超过$3.0U_{xg}$。

2. 限制措施

对冷轧硅钢片、纠结式线圈、220kV及以下电压的变压器，一般不需对开断空载变压器过电压进行保护。除此以外，均应采取保护措施。

开断空载变压器过电压的能量很小，其对绝缘的作用不超过雷电冲击波的作用。因此，采用普阀式避雷器即可获得可靠保护效果。但需注意：

（1）避雷器应接在断路器和变压器之间，在非雷雨季节也不得断开；

（2）如果变压器的高低压侧电网中性点接地方式一致，避雷器可在高压侧或低压侧只装一组。如果中性点接地方式不一致，而且利用低压侧的避雷器保护高压侧时，低压侧应装磁吹避雷器。

（3）对6~10kV容量较小的干式变压器，当采用真空断路器时，可在一次侧加设0.1μF左右的电容器。若将电容器安装在低压侧，电容值应取$C_2=0.1K^2$（K为变压器的变比）。

（4）灭弧性能较差的断路器，或者断路器断口间装设有1万Ω以上的高阻值并联电阻，或者变压器的某一电压侧连接有大于100m的电缆时，开断空载变压器过电压会大为降低。但在工程设计中不宜采用上述方法做为专门的限制措施。

（五）开断并联电抗器过电压及其限制

1. 开断并联电抗器过电压的性质

并联电抗器在超高压系统中和静止补偿装置中都需要装设。开断并联电抗器和开断空载变压器一样，都是开断感性负载，开断过程中如出现截流，就会产生过电压。但两者有以下两点不同：

（1）开断的电流为电抗器的额定电流，远比开断空载变压器的激磁电流要大。

（2）切断电流时，断路器断口间的瞬态恢复电压固有频率不同，开断变压器的频率为数百Hz，开断电抗器却为数千Hz或更大，使断路器更难开断。

国外的统计表明，大的开断电流反而截流值较低，不会产生过高的过电压。但高频率的恢复电压会给无分闸并联电阻的断路器带来熄弧困难，容易产生重燃，并可能产生高频重燃过电压，损坏断路器。

2. 限制措施

（1）选用带分闸并联电阻的断路器。

（2）在断路器与并联电抗器之间装设磁吹避雷器或氧化锌避雷器。

（3）在超高压并联电抗器前不装设断路器，把并联电抗器视做线路的一部分，用线路断路器进行操作。

（4）电压较低的并联电抗器，采用了熄弧能力较强的真空断路器时，可在回路中装设C-R吸收装置。它可以降低截流值，扼制重燃时的高频电流，减缓过电压波头，使断路器易于熄弧。电容值及电阻值通过试验确定。

（六）开断高压电动机过电压及其限制

1. 开断高压电动机过电压的性质

开断高压电动机也是开断感性负载。它可能产生三种类型的过电压：截流过电压、三相同时开断过电压和高频重燃过电压。

截流过电压主要发生在电动机空载运行开断时，而更高的过电压则发生在电动机起动或制动过程中开断。因为此时电动机的磁场储能要大得多。振荡频率高于1kHz，过电压幅值可高达5~6倍。

三相同时开断过电压和高频重燃过电压多产生在使用截流能力很强的真空断路器的情况下。三相同时开断，必然有两相的截流值很大，所以实际上也是一种截流过电压的表现形式。

高频重燃过电压是由于开断后产生的高频振荡，使断路器发生多次重燃造成的。其频率高达10^5~10^6Hz，陡度极大，幅值随着重燃次数的增加而提高，可达4~5倍。

开断高压电动机过电压容易损坏断路器，并严重危害电动机的主绝缘和匝间绝缘。电动机容量越小，这种过电压越高。当6kV电动机容量小于200kW时，或者采用真空断路器时应采取保护措施。

2. 限制措施

(1) 在电动机与断路器之间装设氧化锌避雷器。氧化锌避雷器的参数应与电动机的绝缘水平相配合。选择方法见本章绝缘配合部分。

(2) 当采用了真空断路器时，为了降低过电压陡度，可在避雷器旁并联一组0.5μF左右的电容器。

(3) 在回路中支接电容-电阻限压装置。电容和电阻串联。电容可为0.5~5μF，电阻可为数十到数百欧。其作用是消耗过电压的能量，并限制重燃时的高频电流。

（七）关合（重合）空载长线过电压及其限制

1. 关合（重合）空载长线过电压的性质

空载长线合闸于电源时，电压波行至终端产生反射，形成接近2倍末端电压的过电压。它由工频分量和逐渐衰减的高次谐波分量迭加而成。线路重合时，由于电源电势较高和线路上存在着残余电压，将使这种过电压更高。

由于在超高压电网中切除空载线路过电压已被限制，关合（重合）空载长线过电压成为确定绝缘水平的主要矛盾。在工程设计中应对此类过电压的分布进行预测。预测时的条件可考虑：线路断路器合闸前，电源母线电压为电网最高工作电压；成功的三相重合闸前，线路受端曾发生单相接地故障；非成功的三相重合闸时，线路受端有单相接地故障。

下列因素将影响过电压的数值：

(1) 工频暂态过电压是关合（重合）空载长线过电压的强制分量，所以影响工频暂态过电压的诸因素也是影响关合（重合）空载长线过电压的因素。

(2) 合闸相角：合闸时，电源电压与线路残余电压极性相反，尤其在合闸相角接近为0°时，过电压将最大。

(3) 线路残余电压：断路器开断线路，电容电流过零熄弧时，滞留在线路上的电荷形成残余电压。其值与断路器开断性能和线路泄漏状况有关。

(4) 重合闸：永久性故障的健全相工频过电压比瞬时接地时要高。所以，不成功的重合闸过电压幅值高于成功的重合闸过电压。单相重合闸与关合空载长线相同，因为故障相在跳闸后残余电压很小。

(5) 断路器同期性能：三相动作不同期时，因为相间耦合，会使后合闸相上的残余电压增加10%~30%。

2. 限制措施

(1) 降低工频暂态过电压：限制工频暂态过电压的措施，也是限制关合（重合）空载长线过电压的措施。

(2) 削弱线路残余电压：采用单相重合闸能够避免残余电压的影响；线路上若装有电磁式电压互感器，残余电荷可在0.04s以内基本泄入大地；断路器若装有数千欧中值分闸并联电阻，会在开断过程中给残余电荷提供一个泄漏途径；采用同期性能好的断路器，可减少相间耦合电压。

(3) 同步合闸：通过自动控制装置，实现断路器的断口间无电压合闸，使暂态过程降低到最微弱的程度。这种措施费用昂贵，在500kV及以下电网尚未采用。

(4) 采用带合闸电阻的断路器：这是限制合闸过电压的主要措施。应注意，合闸电阻一般仅为数百欧（为低值电阻），大大小于分闸电阻值。

(5) 采用磁吹避雷器或氧化锌避雷器做为后备保护。合闸过电压往往延续数个半波，对于有间隙的避雷器，可能会多次动作，应注意校验其通流容量。

3. 断路器合闸电阻的选择

(1) 合闸电阻的选择原则

具有合闸电阻的断路器接线如图15-34所示。

合闸时，先合辅助触头K_2，接入合闸电阻R后再合主触头K_1、短接R，完成合闸操作。

第一阶段，在R被串入回路中时，若$R=0$，合闸

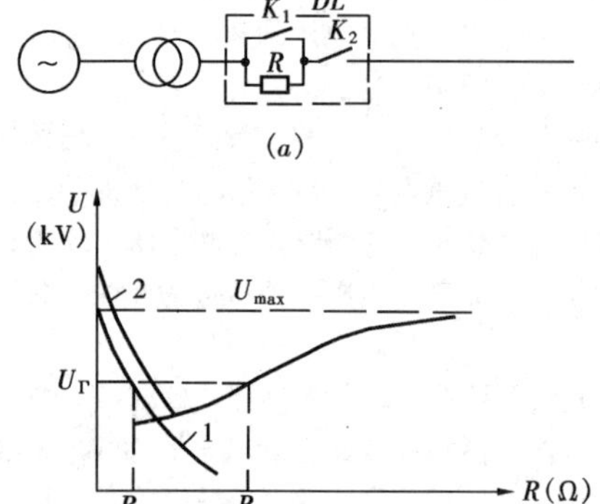

图 15-34 具有合闸电阻断路器合空载线路示意图

(a) 具有合闸电阻 R 的断路器接线图

(b) V形曲线

过电压最大。随着 R 的增大，过电压将减小，见图中曲线 1（当线路有残余电压时为曲线 2)。

第二阶段，合上 K_1 后，若 $R=0$ 就无过电压，线路电压为电源电压。随 R 增大，过电压也增大。当 $R=\infty$ 时，即为无电阻合闸，见图 15-34 (b) 中曲线 3。

这两个阶段组合的曲线称为 V 形曲线。其交点过电压最低，对应的电阻 R 为理想合闸电阻。若限制过电压为 U_1，合闸电阻可在 $R_1\sim R_2$ 之间选取。

为了尽量减少通过电阻的电流，保证热稳定，R 值选较大的 R_2 为好。同时，R 较大，对辅助触头的灭弧能力的要求亦可降低。因此，R 值的选择往往由第二阶段的合闸所决定。

(2) 合闸电阻计算

合闸电阻的阻值可按下式估算：

$$R \leqslant \frac{Z_b}{\beta\sin\alpha}\frac{1}{\sqrt{\left[\dfrac{\beta(K_h-1)}{K-\beta}\right]^2-1}} \qquad (15-24)$$

式中 R——合闸电阻 (Ω)；

Z_b——线路波阻抗，330kV、$Z_b=310\Omega$，500kV、$Z_b=280\Omega$；

β——工频暂态过电压倍数；

α——相位系数，一般 $\alpha=0.06°/\text{km}$；

l——输电线路长度 (km)；

K_h——合闸过电压系数，$K_h=1.7\sim2.0$；

K——要求限制的过电压倍数。

上式只适用于线路上未装并联电抗器的情况。但实际上在超高压线路中，大多数均装有并联电抗器。同时，在电网结构、电源容量、线路长度等条件均不相同的情况下，分别要求断路器装设不同的并联电阻是不切合实际的。一般是针对某一电压等级，经过技术经济比较的综合研究，大致取 $R=(1\sim2)\ Z_b$。如果要求进一步限制合闸过电压，可考虑采用多级并联电阻或非线性并联电阻。

目前，我国 500kV 断路器上使用的并联电阻值，华中、华北地区为 400Ω，接入时间约 10ms；东北地区系分合闸共用，为 1000Ω，接入时间分闸 15ms、合闸 20ms。国外 500kV 断路器并联电阻在 350~1000Ω 范围内，接入时间 6~10ms。

(八) 开断空载长线过电压及其限制

1. 开断空载长线过电压的性质

空载长线相当于一个容性负载。在断路器开断工频电容电流过零熄弧后，便会有一个接近幅值的相电压被残留在线路上。若此时断路器触头发生重燃，相当于一次合闸，使线路重新获得能量。电压波的振荡反射，使过电压按重燃次数依次递增。

开断空载长线过电压具有明显的随机性。断路器触头的重燃、重燃后电弧熄灭的角度和断路器的同期性能等都是随机容量，因而使这种过电压难以进行定量计算，大多需要借助实测统计。过电压的大小尚与母线电容量、出线回路数、线路长度、电源阻抗等因素有关。但是，只要断路器不发生重燃，这种过电压将不会超过 2 倍。

国内统计，使用重燃次数较少的空气断路器，不超过 U_{xg} 的 2.6 倍；使用少油断路器，不超过 2.8 倍；使用有中值或低值分闸电阻的空气断路器不超过 2.2 倍；在中性点非直接接地的 63kV 及以下电网中，不超过 3.5 倍。这种过电压符合正态分布规律。

目前，我国 220kV 及以下电网，使用的油断路器重燃较多，故开断空载长线过电压就成为确定这些电网绝缘水平的控制条件。

2. 限制措施

(1) 采用不重燃或重燃率较低的断路器：我国目前生产的空气断路器、带有压油活塞的少油断路器（如 SW_6 型）和六氟化硫断路器，在开断 220kV200km 空载长线时重燃率较低。

(2) 断路器加装分闸并联电阻，并联电阻在开断过程中短时接入回路，可以泄放残留电荷、降低恢复电压，从而避免重燃或降低重燃过电压。阻值一般取数千欧（为中值电阻），可按下式估计：

$$R=\frac{3}{\omega C_0} \qquad (15-25)$$

式中　R——并联电阻阻值（Ω）；

C_0——线路对地电容（μF）；

ω——角频率，$\omega = 2\pi f$。

我国生产的 kW－330 型空气断路器所装并联电阻为 3000Ω。在 110～220kV 中性点直接接地电网中，过电压最大值为 $2.8U_{xg}$，低于绝缘水平 $3U_{xg}$，而且少油断路器装置并联电阻困难，故一般不装并联电阻。

（3）线路侧接入电磁式电压互感器：由于电磁式电压互感器直流电阻约为 3～15kΩ，通过它泄放残留电荷，可使重燃过电压降低 30%左右。当线路很长，超过了断路器保证的切空线长度时，可采用此辅助措施。

（4）并联电抗器：并联电抗器的存在，可使线路电压振荡频率接近于工频，恢复电压上升速率下降，可以避免重燃或者降低重燃后的过电压幅值。应注意，一般并不为限制这种过电压而专门设置并联电抗器。

（5）采用磁吹避雷器或氧化锌避雷器：一般将此措施做为最后一道防线。

（九）开断电容器组过电压及其限制

1. 开断电容器组过电压的性质

开断电容器组产生过电压的原理与开断空载长线过电压类似，都是由于断路器重燃引起的。开断三相中性点不接地的电容器时，再加上断路器三相不同期，会在电容器端部、极间和中性点上都出现较高的过电压。

过电压的幅值会随着重燃次数增加而递增。如果开断电容器时，母线上带有线路或其它电容器组，将会降低重燃后的初始电压，从而降低过电压幅值。减小断路器三相的不同期性，将减小中性点的位移电压，从而降低对地过电压。

2. 限制措施

（1）将电容器组分为若干个小组，分别用断路器进行操作控制。当被切除的电容器容量相对于母线电容较小时，由于过电压起始值的降低，将降低重燃率或降低过电压幅值。需注意，电容器分组的目的，主要是为了无功调节的方便，兼顾断路器的开断能力和避雷器的通流能力。

（2）当电容器组容量在数千 kvar 以上时，可采用灭弧能力强的少油断路器、六氟化硫断路器或真空断路器。因为开断操作时该类断路器不发生重燃，将是限制这种过电压的根本措施。

（3）在多油断路器上加装分闸并联电阻，能够改善断路器开断口上的恢复电压，也能够降低重燃后的过电压，还能够抑制关合电容器冲击电流的幅值。

并联电阻选择的原则如下：

当以减少发生重燃为目的时，并联电阻为

$$R = (2.5 \sim 3)X_c \qquad (15-26)$$

式中　R——并联电阻（Ω）；

X_c——电容器组容抗（Ω）。

如果断路器开断性能较差，按式（15－26）装设了并联电阻，仍不能保证不发生重燃，则应力求使重燃过电压最低。此时，

$$R = (0.3 \sim 0.5)X_c \qquad (15-27)$$

（4）装设避雷器保护。由于电容器的极间绝缘要比对地（外壳）绝缘弱，10s 工频耐压仅为额定电压的 2.15 倍，应注意加强对极间绝缘的保护。只要能够保护住极间绝缘，中性点位移得到控制，断路器断口的恢复电压便会降低，重燃可能性大大减少，也就相应地解决了相对地保护问题。相反，如果仅保护相对地绝缘，并不能保护极间的绝缘。因此，推荐图 15－35 所示接线供工程设计参考，并以采用氧化锌避雷器为宜。

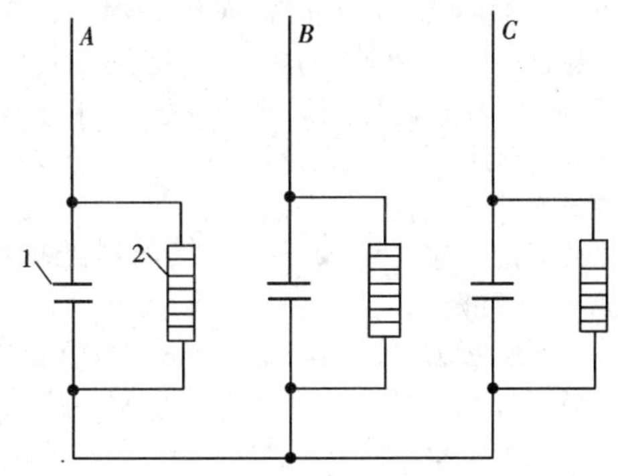

图 15－35　用氧化锌避雷器保护电容器组的接线
1—电容器；2—氧化锌避雷器

（十）解列过电压及其限制

1. 解列过电压的性质

解列过电压主要发生在两个电网的超高压联络线上。一般有两种情况：

（1）线路两端电源的电势相角差因故摆开很大，超过 120°甚至达到 180°时，系统因失步解列，使断路器两侧电压产生振荡。线路末端的过电压和断路器触头间的恢复电压都可能超过工频暂态过电压的两倍。

（2）线路末端发生非对称接地短路。断路器断开时，也会产生类似的过电压振荡。但幅值一般不超过工频暂态过电压的 1.5～1.7 倍。

由于影响解列过电压的各种不利因素（较大的相角差、较小的电源容量、较长的线路、较远的短路点位置等）很少重叠发生，所以产生最大解列过电压的概率不大，其危险性不超过合闸过电压。

2. 限制措施

(1) 装有中值分闸并联电阻的断路器可降低解列过电压。但当断路器装设了限制合闸过电压的低值合闸电阻后，则不必为限制解列过电压再另设分闸电阻，以免断路器的结构过于复杂。权衡利弊后，也可考虑分、合闸共用一个 1kΩ 左右的并联电阻。

(2) 当断路器末设分闸并联电阻时，应采用安装于线路侧的避雷器加以限制。

(3) 有条件时亦可采用自动化装置，在两电网的电势摆动超过允许角度前，就在指定的解列点将断路器及时断开。

三、谐振过电压

（一）谐振过电压的性质

电网中的电感、电容元件，在一定电源的作用下，并受到操作或故障的激发，使得某一自由振荡频率与外加强迫频率相等，形成周期性或准周期性的剧烈振荡，电压振幅急剧上升，出现严重谐振过电压。

谐振过电压的持续时间较长，甚至可以稳定存在，直到破坏谐振条件为止。谐振过电压可在各级电网中发生，危及绝缘，烧毁设备，破坏保护设备的保护性能。

各种谐振过电压可以归纳为三种类型：线性谐振、铁磁谐振和参数谐振。

限制谐振过电压的基本方法，一是尽量防止它发生，这就要在设计中做出必要的预测，适当调整电网参数，避免谐振发生。二是缩短谐振存在的时间，降低谐振的幅值，削弱谐振的影响。一般是采用电阻阻尼进行抑制。

（二）线性谐振过电压及其限制

1. 线性谐振过电压的特点

(1) 参与谐振的各电参量均为线性。电感元件不带铁芯或带有气隙的铁芯，并与电容元件组成串联回路。

(2) 谐振发生在电网自振频率与电源频率相等或相近时。

(3) 多为空载线路不对称接地故障的谐振、消弧线圈补偿网络的谐振和某些传递过电压的谐振等。

2. 消弧线圈补偿网络的消谐

消弧线圈网络在全补偿运行状态（脱谐度 $v=0$），当发生单相接地、网络中出现零序电压时，便发生消弧线圈与导线对地电容的串联线性谐振。一般线路的阻尼率不超过 5%。因此，这种谐振将会使中性点位移达 $0.5U_{xg}$。

消除这种谐振的方法是采用欠补偿或过补偿运行方式。

一般装在电网的变压器中性点的消弧线圈，以及具有直配线的发电机中性点的消弧线圈采用过补偿方式（即 $v<0$）。这样可以保证在线路进行切除操作时或发生线路断线时，使容抗更大，不会产生谐振。

对于采用单元连接的发电机中性点的消弧线圈，一般采用欠补偿方式（$v>0$）。这是因为单元接线的网络容抗比较固定，亦不易发生断线；而采用欠补偿方式，发电机回路电容量较大，对于限制电容耦合传递过电压有利。

3. 变压器传递过电压的限制

变压器的高压侧发生不对称接地故障、断路器非全相或不同期动作而出现零序电压时，将通过电容耦合传递至低压侧。此时低压侧的传递过电压 U_2 为：

$$U_2 = U_0 \frac{C_{12}}{C_{12}+3C_0} \tag{15-28}$$

式中 U_0——高压侧出现的零序电压（kV）；

C_{12}——高低压绕组之间的电容（μF）；

C_0——低压侧相对地电容（μF）。

这种过电压具有工频性质，将会危及绝缘或损坏避雷器。

避免产生零序过电压是防止变压器传递过电压的根本措施。这就要求尽量使断路器三相同期动作、避免在高压侧采用熔断器设备等。

在低压侧每相加装 0.1μF 以上的对地电容，加大式（15－28）中的 C_0，是一种可靠的限制方法。

4. 超高压线路谐振过电压的限制

在线路断路器出现非全相操作时，合上相的电压将通过相间电容传递至未合相上。超高压输电线路上往往装有并联电抗器，当参数配合适当时，传递回路将构成谐振回路，在未合相上出现较高的基频谐振过电压。在我国 330kV 线路中，曾发生过此种过电压。工程设计中要适当选择电抗器的容量，避开谐振区域。谐振时相应的电抗器容量见表 15－13 所列条件。

当不能满足表 15－13 所列条件时，可在电抗器中性点与地之间串接小电抗 X_n，以增大电抗器的零序电抗，消除工频共振的条件，如图 15－36 所示。图中 X_n 可按下式估计：

表 15－13　线路带并联电抗器非全相运行时的谐振条件

并联电抗器型式	单相开断时	两相开断时
单相电抗器	$Q_L=\frac{8}{9}Q_C$	$Q_L=\frac{7}{9}Q_C$
三相电抗器	$Q_L=\frac{2}{3}Q_C$	$Q_L=\frac{7}{15}Q_C$

注　Q_L——并联电抗器容量，$Q_L=U_e^2/X_L$；

Q_C——线路充电容量，$Q_C=U_e^2\omega$；

X_L——线路电抗（Ω）；

U_e——电网额定线电压（kV）；

C——线路正序电容（μF）。

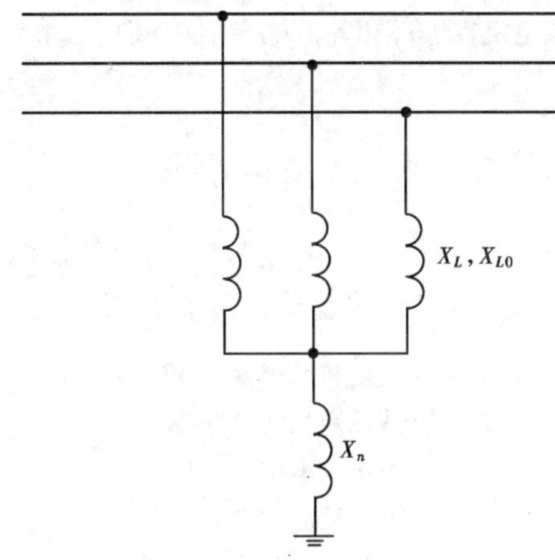

图 15－36　电抗器中性点串接小电抗 X_n

$$X_n=\frac{X_L^2}{\frac{1}{\omega C_{12}}-3X_L}+\frac{X_L-X_{L0}}{3}\qquad(15-29)$$

式中　X_L——电抗器正序电抗（Ω）；

X_{L0}——电抗器零序电抗（Ω）；

C_{12}——线路相间电容（μF），$C_{12}=(C_1-C_0)/3$；

C_1——线路正序电容（μF）；

C_0——线路零序电容（μF）。

单相电抗器 $X_L=X_{L0}$，三相电抗器 $X_L=2X_{L0}$。在最后确定 X_n 时，应兼顾限制潜供电流的要求，并验算解谐效果。

当中性点串入小电抗后，应注意选择中性点的绝缘水平，详见第九章中并联电抗器有关内容。

（三）铁磁谐振过电压及其限制

1. 铁磁谐振过电压的特点

（1）谐振回路由带铁芯的电感元件（如空载变压器、电压互感器）和系统的电容元件组成。因铁芯电感元件的饱和现象，使回路的电感参数呈非线性。

（2）共振频率可以等于电源频率（基波共振），也可为其简单分数（分次谐波共振）或简单倍数（高次谐波共振）。

（3）在一定的情况下可自激产生，但大多需要有外部激发条件。回路中事先经历过足够强烈的过渡过程的冲击扰动。它可突然产生或消失。当激发消除后，常能自保持。

（4）在一定的回路损耗电阻的情况下，其幅值主要受到非线性电感本身严重饱和的限制。

2. 断线引起的铁磁谐振过电压的限制

电网因断线、断路器非全相动作、熔断器一相或两相熔断等而造成非全相运行时，电网电容与空载或轻载运行的变压器的励磁电感可能组成多种多样的串联谐振回路，产生基频、分频或高频谐振。它可使电网中性点位移、绝缘闪络、避雷器爆炸。

限制断线引起的铁磁谐振过电压的措施为：

（1）在线路上不采用熔断器。

（2）采取措施，保证断路器不发生非全相拒动，或在发生拒动时，利用保护装置作用于上一级跳闸。

（3）在中性点接地电网中，操作中性点不接地的负载变压器时，将变压器中性点临时接地。

3. 电磁式电压互感器引起的铁磁谐振过电压的限制

中性点不接地系统中，由于电压互感器突然合闸，一相或两相绕组出现涌流，线路单相弧光接地时出现暂态涌流以及发生传递过电压时，可能使电磁式电压互感器三相电感程度不同地产生严重饱和，形成三相或单相共振回路，激发各次谐波谐振过电压。其中以分频谐振过电压危害最大，严重时可使电压互感器过热爆炸。

可采用下列措施消除由于电压互感器饱和引起的铁磁谐振过电压。

（1）选用励磁特性较好的电磁式电压互感器，或只用电容式电压互感器。

（2）在零序回路中加阻尼电阻。电压互感器开口三角绕组为零序电压绕组，在此绕组两端装设 $R\leqslant0.4X_m$ 的电阻（X_m 为互感器在线电压作用下归算至三角绕组上的单相绕组的励磁阻抗）。当只在网内一台电压互感器装设电阻时，X_m 应为网内所有电压互感器励磁阻抗的并联值。这种情况可能使电阻阻值过小，超过电压互感器的容量负担。此时，可通过低周波继电器，以便只在发生分频谐振时将电阻短时接入三角绕组；也可用零序过电压继电器将电阻投入1min，然后再自动切除。

对于35kV及以下电网，推荐用白炽灯泡代替电阻。35kV电网可接220V、500W灯泡，6～10kV电网可接220V、200W灯泡。

(3) 增大对地电容，可以破坏谐振条件。在10kV及以下母线上，装设中性点接地的星形接线电容器组（或用一段电缆代替架空线），使对地容抗X_{C0}满足：

$$\frac{X_{C0}}{X_m} < 0.01 \qquad (15-30)$$

(4) 在电压互感器一次绕组的中性点或开口三角绕组装设专用消谐器。

4. 串联补偿电网中铁磁谐振过电压的限制

线路接有串联电容C和并联电抗L，即形成$L-C$串联回路。当关合线路首端断路器、或在线路末端故障跳闸或投入串联补偿C时，都会引起回路的过渡过程和铁芯电感的涌流现象，从而激发谐振。由于C和L均较大，共振总是具有低频（1/3次或更低次谐波）性质。

限制这种过电压的措施有：

(1) 利用串联补偿装置的主保护间隙，在串补两端出现较高过电压时，瞬时击穿，将阻尼电阻接入回路中。详见第九章串联补偿一节内容。

(2) 并联电抗器的中性点经100Ω左右的电阻接地，可以阻尼谐振的产生。最后确定阻值时，应按第九章所述内容兼顾限制潜供电流的要求。

（四）参数谐振过电压及其限制

1. 参数谐振过电压的特点

(1) 与电容组成谐振回路的电感参数作周期性变化（如凸极发电机的同步电抗在$X_d \sim X_q$之间的周期性变化），变化频率一般为电源频率的偶数倍。

(2) 谐振所需能量由改变电感参数的原动机供给，它不仅可补偿回路中电阻的损耗，并且使回路的储能愈积愈多，保证了谐振的发展。

(3) 谐振电压与电流理论上能趋于无穷大。但实际常受电感铁芯磁饱和的影响，使回路自动偏离谐振条件。

2. 自励磁过电压的限制

电网中的发电机在不同情况下运行，同步电抗在$X_d \sim X_q$或$X'_d \sim X'_q$之间周期性变化。如果发电机的外电路具有容抗性质（例如仅带有空载线路），而且参数配合得当，即使励磁电流很小，也可激发工频参数谐振，引起发电机端电压和电流急剧上升，而产生自励磁过电压。它是参数谐振过电压的一种。由于变压器和发电机的磁饱和限制，这种过电压一般不超过$1.5 \sim 2U_{xg}$，但其作用时间很长。

设计中可采用下列措施消除自励磁过电压：

(1) 采用快速自动调节励磁装置，一般能消除过电压和过电流上升速度很慢（以秒计）的同步自励磁，但不能消除上升速度极快的异步自励磁。

(2) 设置必要的自动装置或保护装置，保证对空载线路的充电合闸在大容量系统侧进行，不在孤立电机侧进行。

(3) 增加投入发电机的容量，使其大于空载线路的充电功率，破坏产生自励磁的条件。若变压器容量P_b与发电机容量P_f相等，则产生自励磁的条件为：

$$\left.\begin{aligned} \mathrm{tg}\alpha l &> \frac{\frac{P_f}{P_n}}{X_d\% + X_b\%} \\ \mathrm{tg}\alpha' &> \frac{\frac{P_f}{P_n}}{X_q\% + X_b\%} \end{aligned}\right\} \qquad (15-31)$$

式中 P_f——发电机总容量（kW）；

P_n——线路自然功率（kW）；

$X_d\%$、$X_q\%$——发电机电抗；

$X_b\%$——变压器漏抗；

α——相位移，$\alpha = 0.06°/\text{km}$；

l——线路长度（km）。

(4) 在超高压电网中，可利用装在线路侧的并联电抗器，来消除自励磁过电压。并联电抗器的容量Q_L可按下式选取：

$$\left.\begin{aligned} \frac{Q_L}{P_n} &> \mathrm{tg}\alpha l - \frac{\frac{P_f}{P_n}}{X_d\% + X_b\%} \\ \frac{Q_L}{P_n} &> \mathrm{tg}\alpha l - \frac{\frac{P_f}{P_n}}{X_q\% + X_b\%} \end{aligned}\right\} \qquad (15-32)$$

式中 Q_L——并联电抗器的容量（kVA）。

第15－3节 配电装置的绝缘配合

一、绝缘配合的目的和原则

（一）绝缘配合的目的

绝缘配合就是根据系统中可能出现的各种电压和

保护装置的特性，来确定设备的绝缘水平；或者根据已有设备的绝缘水平，选择适当的保护装置，以便把作用于设备上的各种电压所引起的设备损坏和影响连续运行的概率，降低到在经济上和技术上能接受的水平。也就是说，绝缘配合是要正确处理各种电压、各种限压措施和设备绝缘耐受能力三者之间的配合关系，全面考虑设备造价、维修费用以及故障损失三个方面，力求取得较高的经济效益。

（二）绝缘配合的原则

1. 绝缘配合的一般原则

（1）不同电网，因结构不同以及在不同的发展阶段，采用了不同的保护设备，可以有不同的绝缘水平。

（2）谐振过电压对电气设备和保护装置的危害极大，应在设计和运行中避免和消除出现谐振过电压的条件。在绝缘配合中不考虑谐振过电压。

（3）配电装置中的自恢复绝缘（绝缘子串、空气间隙）和非自恢复绝缘的绝缘强度，在过电压各种波形作用下，均应高于保护设备的保护水平，并考虑各种因素，留有适当的裕度。不考虑各种绝缘之间的自配合。

（4）由于过电压保护的方法不同，一般不考虑线路绝缘与配电装置绝缘之间的配合问题。但绝缘水平超过标准很多的线路（如降压运行的线路），应验算变电所避雷器的电流是否超过额定配合电流。超过时，应在进线段首端采取保护措施（如装设管型避雷器）。

（5）污秽地区配电装置的外绝缘应按规定加强绝缘或采取其它措施。

（6）高海拔地区配电装置的外绝缘，宜首先采用加强保护的办法，选择性能优良的避雷器。其次再加强绝缘或选用高原电器。

2.220kV 及以下配电装置的绝缘配合特点

（1）一般由雷电过电压决定绝缘水平，并按避雷器的冲击保护水平进行选择。外绝缘常由泄漏比距控制。

（2）由于绝缘水平在正常情况下能够耐受操作过电压的作用，因此一般不采用专门限制内部过电压的措施，也不要求避雷器在内过电压下动作。但采用降低绝缘水平者，需另做绝缘配合计算。

（3）旋转电机的绝缘水平，应以专用磁吹避雷器 3kA 残压为基础进行绝缘配合，亦可选用相应的氧化锌避雷器。

（4）配电装置（包括电气设备）的绝缘水平，以普通阀型避雷器 5kA 残压为基础进行绝缘配合。当选用了性能优良的磁吹避雷器或氧化锌避雷器时，经过计算，允许采用降低一级绝缘的电气设备。

3. 330kV 及以上配电装置的绝缘配合特点

（1）在绝缘配合中，操作过电压将起主导作用。因此，应对工频过电压和操作过电压采取限制措施。

（2）采用开断性能优良的断路器（或带并联电阻的断路器）和并联电抗器将操作过电压限制到预定水平，做为主保护。采用磁吹避雷器（或氧化锌避雷器）做为后备保护。因此，避雷器做为确定绝缘水平的基础，并应具备防护内过电压的能力。

（3）用于操作、雷电过电压绝缘配合的波形为：

操作冲击电压波：	至最大值时间	250μs
	波尾	2500μs
雷电冲击电压波：	波头时间	1.2μs
	波尾	50μs

（4）进行雷电过电压绝缘配合时，应以避雷器 10kA 的残压为基础。当 500kV 仅装有一组避雷器时，则应以 20kA 的残压为基础。

（5）电气设备的绝缘水平，应同时具有耐受工频过电压、操作过电压和雷电过电压的能力。并经过计算，分别给出相应的试验电压，或在已有的标准中选择相应的数值。

（三）绝缘配合的方法

为确定电网的绝缘水平，采用的方法有惯用法、统计法和简化统计法。

1. 惯用法

惯用法是一种传统的方法，适用于非自恢复绝缘，是我国目前确定电气设备绝缘水平的主要方法。惯用法是按作用在绝缘上的最大过电压和最小的绝缘强度的概念进行绝缘配合。由于过电压幅值、波形和绝缘强度都是随机变量，按这一原则选定绝缘水平常有较大裕度。

2. 统计法

统计法把过电压和绝缘强度都看做是随机变量，并试图对其故障率进行定量。它有可能按故障后果来选取不同系统不同设备的安全水平，有可能进行优化选择。由于需要采集许多统计数据和确定某些参数的分布规律，并考虑到其使用效果，目前仅在确定超高压输电线路的绝缘水平时采用统计法。

由于尚未确定出最优的允许故障率指标，所以目前所使用的统计法还不是很完善的。

3. 半统计法

半统计法仅把绝缘强度作为随机变量，确认绝缘放电电压的效应曲线为正态分布。目前，对超高压配电装置的自恢复绝缘采用半统计法。

4. 简化统计法

简化统计法假设：①过电压遵从正态分布；②单个间隙上所加电压与其它并联间隙上所加电压之间不相关。这样就可把统计法的计算大为简化。计算方法类似惯用法，但计算本质兼有统计法的一些优点。它是IEC推荐的用于自恢复绝缘的计算方法，国内尚未正式采用。

二、避雷器选择

（一）避雷器型式选择

在选择避雷器型式时，应考虑被保护电器的绝缘水平和使用特点，宜按表15-14选择。

当在330kV及以上超高压电网中选用FCZ型磁吹避雷器时，应根据避雷器的安装地点和工频过电压水平、通流容量等技术参数的不同要求，可分别选用电站型或线路型。当技术条件难予满足时，还可采用复合型式的避雷器。

表15-14　　各型避雷器的应用范围

型　号	型　式	应用范围
FS	配电用普通阀型	10kV及以下的配电系统、电缆终端盒
FZ	电站用普通阀型	3~220kV发电厂、变电所的配电装置
FCZ	电站用磁吹阀型	1.330kV及以上配电装置 2.220kV及以下需要限制操作过电压的配电装置 3. 降低绝缘的配电装置 4. 布置场所特别狭窄或高烈度地震区 5. 某些变压器的中性点
FCX	线路型磁吹阀型	330kV及以上配电装置的出线上
FCD	旋转电机用磁吹阀型	发电机、调相机等、户内安装
Y系列	金属氧化物（氧化锌）阀型	1. 同FCZ、FCX与FCD型磁吹阀型避雷器的应用范围① 2. 并联电容器组、串联电容器组 3. 高压电缆 4. 变压器和电抗器的中性点 5. 全封闭组合电器 6. 频繁切合的电动机

① 对非直接接地系统，多在特殊情况下（如弱绝缘、频繁动作或需要释放较大能量）使用金属氧化物避雷器。

金属氧化物（氧化锌）避雷器具有优异的非线性伏安特性，残压随冲击电流波头时间的变化特性平稳，陡波响应特性好，没有间隙的击穿特性和灭弧问题。其电阻片单位体积吸收能量大，还可以并联使用，所以在保护超高压长距离输电系统和大容量电容器组时特别有利。

金属氧化物避雷器没有串联主间隙，存在着在各种电压作用下的老化、寿命和热稳定问题。由于中性点非直接接地系统可能带单相接地持续运行一段时间，易于发生时间长、倍数高的铁磁谐振过电压，工作条件较差。因此，在非直接接地系统中，我国的金属氧化物避雷器在性能、价格上同磁吹阀型避雷器相比，没有明显的优越性，多在特殊情况下才使用金属氧化物避雷器。

（二）阀型避雷器参数选择

1. 避雷器灭弧电压 U_{mi}

避雷器的灭弧电压（又称避雷器的额定电压 U_{be}），应按设备上可能出现的允许最大工频过电压选择。在220kV及以下电网中，一般直接反映在电网接地系数上。故避雷器灭弧电压应为：

$$U_{mi}(U_{be}) \geqslant c_d U_m \tag{15-33}$$

式中 U_{mi}——避雷器灭弧电压有效值（kV）；

U_{be}——避雷器额定电压有效值（kV）；

c_d——接地系数，对非直接接地，20kV及以下 $c_d=1.1$，35kV及以上 $c_d=1.0$；对直接接地 $c_d=0.8$；

U_m——最高运行线电压（kV）。

330kV 及以上避雷器的灭弧电压，应略高于安装地点的最大工频过电压，以保证在任何情况下熄灭工频续流，即：

$$U_{mi} \geqslant K_z U_g \quad (15-34)$$

式中　K_z——考虑工频过电压振荡的安全系数，可取 1.05~1.1；

U_g——工频过电压（kV）。

2. 避雷器的雷电冲击保护水平

避雷器的雷电冲击保护水平取以下两个值中最大的一个：①规定冲击电流下的最大残压；②全波冲击最大放电电压。

（1）避雷器的残压 U_{bc}：

避雷器的残压根据选定的设备绝缘全波雷电冲击耐压水平（BIL）和规定的绝缘配合系数来确定（详见绝缘配合部分）。例如对于 500kV，可用下式确定：

$$U_{bc} \leqslant \frac{BIL}{1.4} \quad (15-35)$$

式中　1.4——500kV 冲击绝缘配合系数。

残压是冲击电流通过避雷器时在阀片上产生的电压降。冲击电流值可根据实测的概率统计数据决定，亦可根据线路参数按下式估算：

$$I_{bl} = \frac{2U_s - U_{bc}}{Z} \quad (15-36)$$

式中　I_{bl}——流过避雷器的冲击电流（kA）；

U_s——考虑从有效屏蔽的线路侵入变电所的雷电过电压幅值，其值一般取线路绝缘子串冲击闪络电压（kV）；

U_{bc}——避雷器的残压，亦可取冲击放电电压的上限值 U_{chfs}（kV）；

Z——线路波阻抗（Ω）。

在进行绝缘配合时，避雷器的残压一般用预放电时间为 1.5~20μs 的下列冲击电流值计算。

保护旋转电机用的避雷器	3kA
3~220kV 阀型避雷器	5kA
330~500kV 磁吹阀型避雷器	10kA
500kV 当只有一组避雷器时	20kA
保护变压器中性点绝缘用的避雷器	1kA

（2）避雷器冲击放电电压上限值 U_{chfs}：

避雷器冲击放电电压的预放电时间为 1.5~20μs，其上限值 U_{chfs} 一般取与残压相等。在间隙冲击系数能够满足的前提下，若能取得稍低于残压的数值（约 5%左右），可以使避雷器稍稍提前动作，具有更好的保护效果（在侵入雷电流较小时残压也稍低，又可以减少雷电波对设备绝缘的冲击）。由此取

$$U_{chfs} \leqslant U_{bc} \quad (15-37)$$

3. 避雷器的操作冲击保护水平

对于需要保护操作过电压的避雷器（如 FCZ、FCX 型），应确定其操作冲击保护水平，并取下述两个数值中较高的一个：①操作冲击波下的最大放电电压；②操作冲击波下的残压。

（1）操作波放电电压 U_{cf}：

操作波放电电压上限 U_{cfs} 在增加适当裕度（绝缘配合系数）后，不应大于被保护设备的操作冲击绝缘水平（SIL），对于 500kV，绝缘配合系数取 1.15，即

$$U_{cfs} \leqslant \frac{SIL}{1.15} \quad (15-38)$$

考虑其分散性为 20%，则其下限 U_{cfx} 应为

$$U_{cfx} = U_{cfs}/1.2 \quad (15-39)$$

在选定操作波放电电压上下限之后，尚应按下述条件进行校验：

1）下限宜略高于断路器对操作过电压的保护水平，以尽量避免避雷器频繁动作。

2）上限不应高于允许的内部过电压计算值。

3）根据避雷器的间隙冲击系数，验算避雷器的冲击放电电压，以保证其不超过规定值。

过去 330kV 磁吹避雷器没有操作波放电电压指标，而是用工频放电电压的上限 U_{gfs} 与设备的工频绝缘水平（而不是 SIL）进行绝缘配合。其计算方法与 U_{cf} 相同，不过磁吹阀型避雷器的工频放电电压分散性较小，约为 14%左右。此时，其下限 U_{gfx} 为

$$U_{gfx} = U_{gfs}/1.14 \quad (15-40)$$

（2）操作波残压 U_{bcc}

在规定电流 2kA 操作冲击波下的残压不宜大于操作波放电电压的上限值，即

$$U_{bcc} \leqslant U_{cfs} \quad (15-41)$$

4. 普通阀型避雷器的工频放电电压 U_{gf}

对于不保护内部过电压的普通阀型避雷器（如 FZ 型），它的工频放电电压下限值 U_{gfx} 不应低于允许的内部过电压计算值，保证在内部过电压作用下不动作。即

$$U_{gfx} \geqslant K_0 U_{xg} \quad (15-42)$$

式中　K_0——内部过电压允许计算倍数，对非直接接地 63kV 及以下 $K_0=4$，110kV 及以下 $K_0=3.5$；对直接接地 110~220kV，$K_0=3$；

U_{xg}——设备的最高运行相电压（kV）。

FZ型避雷器工频放电电压分散性约20%左右。因此避雷器工频放电电压上限U_{gfs}为

$$U_{gfs} = 1.2U_{gfx} \tag{15-43}$$

5. 通流容量

阀型避雷器的通流容量是以规定波形和幅值的电流通过次数来表示的。

雷电冲击（18/40μs）时；FS型为5kA、20次，FZ型为10kA、20次，FCZ型和FCX型为15kA、20次。

操作冲击波（2000μs方波）时：220kV以下、600A、20次，330kV、800A20次，500kV、900～1000A、20次。

雷电冲击通流容量能适应我国绝大部分地区情况，除雷电特别强烈地区外，一般可不必校验。

在校验操作冲击的通流容量时，应满足：

$$I_{bc}t \leqslant 2000I_{bf} \tag{15-44}$$

式中　I_{bc}——通过避雷器的操作冲击电流（kA）；

t——操作冲击电流持续时间（μs）；

I_{bf}——避雷器允许的方波通流容量幅值（kA）。

应估算电网中操作波放电电流能量，其波形、幅值及持续时间可采用暂态网络分析仪（TNA），也可采用数字计算程序计算。当不具备计算条件时，可按下式近似估算：

$$\left.\begin{aligned} I_{bc} &= \frac{U_c - U_{bc}}{Z} \\ t &= \frac{2l}{c} \end{aligned}\right\} \tag{15-45}$$

式中　U_c——操作过电压幅值（kV）；

U_{bc}——相应于I_{bc}时的避雷器残压（kV）；

Z——线路波阻抗（Ω）；

l——线路长度（km）；

c——电磁波速度，$c = 0.3\text{km}/\mu\text{s}$。

6. 避雷器特性参数

集中反映避雷器水平的两个特性参数是灭弧比K_{mi}和保护比K_{bh}：

$$K_{mi} = U_{gfx}/U_{mi} \tag{15-46}$$

$$K_{bh} = U_{bc}/U_{mi} \tag{15-47}$$

K_{mi}直接反映避雷器灭弧性能好坏。当内部过电压限制得愈低时，要求避雷器的灭弧性能愈好，即要求K_{mi}愈小。目前我国330kV及以下避雷器的灭弧比为：FZ型$K_{mi} = 1.96 \sim 2.24$，FCZ型$K_{mi} = 1.7 \sim 1.86$，500kV避雷器$K_{mi} = 1.46 \sim 1.55$。

K_{bh}直接反映避雷器的保护特性。K_{bh}愈小，保护性能愈好，即避雷器的残压愈低，所要求的设备绝缘水平也愈低。目前我国避雷器的保护比为：FZ型$K_{bh} = 2.3 \sim 2.35$，FCZ型$K_{bh} = 1.86 \sim 2$。

【例1】　已知$U_e = 220\text{kV}$，$c_d = 0.8$，$K_0 = 3$，$U_m = 1.15U_e = 252\text{kV}$。试计算避雷器参数：

$$U_{mi} = c_dU_m = 0.8 \times 252 = 200\text{kV}$$

$$U_{gfx} = K_0U_{xg} = 440\text{kV}$$

$$U_{gfs} = 1.2U_{gfx} = 530\text{kV}$$

$$U_{bc} = K_{bh}U_{mi} = 2.35 \times \sqrt{2} \times 200 = 664\text{kV}$$

$$U_{chfs} = 0.95U_{bc} = 0.95 \times 664 = 630\text{kV}$$

$$\text{BIL} = 1.4U_{bc} = 930\text{kV}, \text{取} 945\text{kV}$$

（三）金属氧化物避雷器参数选择

金属氧化物避雷器没有主间隙，故没有灭弧电压和放电电压的特性参数。选择金属氧化物避雷器的参数，主要控制两个方面：一是避雷器应有足够的保护水平；二是避雷器自身应保证必要的使用寿命，并在工作时不损坏。

1. 避雷器的持续运行电压U_{by}

由于金属氧化物避雷器没有串联间隙，正常工频相电压要长期施加在金属氧化物的电阻片上。为了保证一定的使用寿命，长期施加于避雷器上的运行电压不得超过避雷器的持续运行电压，即

$$U_{by} \geqslant U_{xg} \tag{15-48}$$

式中　U_{by}——金属氧化物避雷器的持续运行电压有效值（kV）；

U_{xg}——系统最高相电压有效值（kV），对于电容器组，应为电容器组的额定电压。因为电容器组回路中串联有电抗器，它使得电容器的端电压高于系统的最高相电压。

2. 避雷器的额定电压U_{be}

金属氧化物避雷器的额定电压一般可取与阀型避雷器的灭弧电压相同的数值，但两者的选择又略有不同。前者不仅要考虑安装点工频过电压的幅值，而且要考虑工频过电压的持续时间，并结合避雷器的初始能量来选择其额定电压。持续时间由零点几秒到几秒的暂态过电压，常由雷击或操作过电压使电网故障而产生。避雷器在承受工频暂态过电压之前，会吸收一定的操作或雷电过电压能量。这部分初始能量会引起电阻片温度上升，影响避雷器暂态过电压耐受能力。

因此，金属氧化物避雷器的额定电压应按下述两个条件选择：

（1）氧化锌避雷器的额定电压 U_{be}，通常按电力系统出现的最高二频过电压选取，即

$$U_{be} \geqslant U_g \quad (15-49)$$

按此条件选定额定电压后，应按避雷器的保护水平与被保护设备的绝缘水平进行试配合。若不能满足要求，可适当降低额定电压值，但需校验其工频电压耐受能力。采用过低的额定电压值，还会降低避雷器的使用寿命。对于能够满足绝缘配合要求的避雷器，尽量选择较高的额定电压，则可延缓避雷器的老化过程，提高其工作可靠性。

在中性点有效接地系统，避雷器的额定电压峰值一般与避雷器的直流 1mA 参考电压接近或相等（参考电压是避雷器伏安特性曲线上小电流区拐点附近的电压）。而在中性点非有效接地、且没有接地故障自动切除装置的系统中，可能经常出现较长时间的带接地故障的运行方式，为了解决避雷器的老化和热稳定问题，并减少在弧光接地及谐振过电压下的事故率，GB 11023—89《交流无间隙金属氧化物避雷器》规定避雷器的直流 1mA 参考电压为额定电压峰值的 1.2～1.4 倍。所以，实际上是由前者而不是后者考核避雷器承受工频过电压和持续运行电压的能力。因此，在这种系统中，应以系统的额定电压选择相对应的避雷器额定电压，而以工频过电压选择直流 1mA 电压。这一情况与国际上一些国家的标准不同（国外不管在哪一种接地方式的系统中，均取直流 1～10mA 电压为额定电压），在我国标准与国际惯例未取得一致以前，在进行涉外招标投标中需注意区别对待。

在确定非有效接地系统的工频过电压时，可按图 15－37 确定避雷器安装处的接地故障因数 K，乘以系统最高相电压求得。

连接于自耦变压器的高、中压绕组出口的避雷器，在选择额定电压时要考虑两侧避雷器的配合。高压侧进波，若中压侧先于高压侧动作，可能会因为中压侧避雷器允许的通流容量较小而损坏。故尚应满足

$$U_{zbe} > \frac{U_{gbe}}{N} \quad (15-50)$$

式中　U_{zbe}——中压侧氧化锌避雷器的额定电压（kV）；

U_{gbe}——高压侧氧化锌避雷器的额定电压（kV）；

N——自耦变压器高、中压之间的变比。

（2）必要时，按避雷器的工频电压耐受时间曲线进行校验。该曲线是在施加一次大电流冲击或两次长持续时间电流冲击（相当于预加的初始操作过电压能量）之后，随即加上预定的工频暂态电压而做出的，并由制造厂向用户提供。如校验结果超过了避雷器的耐受能力，则需选择额定电压较高一档的避雷器。

现通过一个算例，说明校验方法。

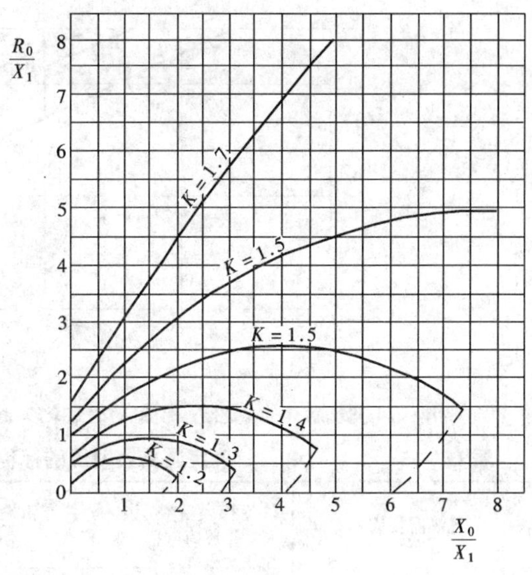

图 15－37　接地故障因数 K 与 R_0/X_1 及 X_0/X_1 的关系曲线（$R_1=0$）

R_1、X_1——正序电阻和感抗；R_0，X_0——零序电阻和感抗

【例 2】 美国的 TR 型氧化锌避雷器额定电压为 396～588kV 的工频电压耐受时间曲线如图 15－38。试算额定电压为 444kV 避雷器耐受 10s 的暂态工频过电压（无初始能量）耐受能力。

查图 15－38 中无初始能量（0kWs/kV）曲线，得避雷器耐受 10s 的电压为 $444 \times 1.23 = 546$kV。化归为 500kV 电网为 $546/525/\sqrt{3} = 1.8$ 倍，即考虑到作用时间，避雷器允许暂态过电压可为 1.8 倍。实际仅为 1.4 倍，故可满足要求。

3. 避雷器最大雷电冲击残压 U_{blc}

当避雷器的额定电压 U_{be} 选定之后，避雷器在流过标称放电电流而引起的雷电冲击残压 U_{blc} 便是一个确定的数值。它与设备绝缘的全波雷电冲击耐压水平（BIL）比较，应满足绝缘配合的要求。即

$$U_{blc} \leqslant \frac{\text{BIL}}{K_{lp}} \quad (15-51)$$

式中　BIL——内绝缘全波额定雷电冲击耐压（kV）；

K_{lp}——雷电冲击绝缘配合系数。

雷电冲击绝缘配合系数根据不同电压等级和不同保护对象，按绝缘配合惯用法计算确定。

标称放电电流是冲击波形为 8/20μs 放电电流的峰

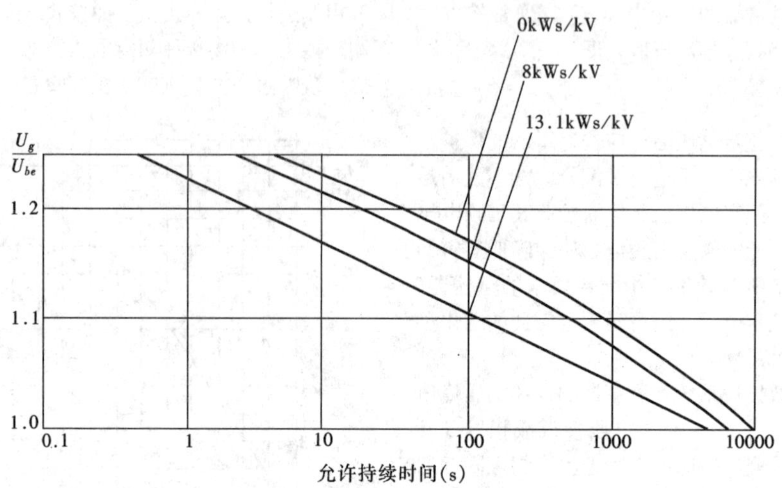

图 15-38 额定电压 396~588kV 的氧化锌避雷器在不同的初始能量时的暂态工频过电压能力

表 15-15 确定避雷器残压的标称放电电流和操作冲击电流值

避雷器类型	系统和设备额定电压有效值（kV）	避雷器额定电压有效值（kV）	标称放电电流峰值（kA）	操作冲击电流峰值（A）
电机和变压器中性点	3.15~500	60~210	1.0	500
低压	0.22~0.38		1.5	
电机	3.15~15.75	3.8~19.0	2.5	100
配电	3~10	3.8~12.7	5	100
并联补偿电容器	3~63	3.8~69	5	500
电气化铁道	27.5~55	42~84	5	500
电站	3~220	100~200	5	500
	110~500	100~200	10	500
		288~312		1000
		396~468		2000
	500	396~468	20	2000

值，它根据雷电侵入波流经避雷器的放电电流幅值，对避雷器的类型分别进行等级划分，如表 15-15 所示。

对于具有两种标称放电电流的避雷器，在雷电活动特别强烈的地区，耐雷水平达不到规定要求时，或与母线固定连接的线路仅有一条时，或 500kV 只有一组避雷器时，可考虑采用标称放电电流较大的避雷器。

在确定了雷电冲击残压 U_{blc} 之后，尚应校核陡波冲击电流（波头时间为 1μs，幅值与标称放电电流相同）下的残压 U'_{blc}，保证与电器绝缘的陡波耐受强度满足必要的配合。

$$U'_{blc} \leqslant \frac{1.15\text{BIL}}{K_{lp}} \tag{15-52}$$

4. 避雷器操作冲击残压 U_{bcc}

当避雷器的额定电压 U_{be} 选定之后，避雷器在流过表 15-15 规定的 30/60μs 操作冲击电流下的操作冲击残压 U_{bcc} 便是一个确定的数值。它与设备绝缘的额定操作冲击耐压（SIL）或一分钟工频试验电压之间，应满足绝缘配合系数的要求。

对 220kV 及以下，则取

$$U_{bcc} \leqslant \frac{1.35U_{gs}}{K_{cp}} \tag{15-53}$$

对 330kV 及以上，则取

$$U_{bcc} \leqslant \frac{\text{SIL}}{K_{cp}} \tag{15-54}$$

式中　U_{gs}——内绝缘一分钟工频试验电压（kV）；

1.35——内绝缘冲击系数；

SIL——内绝缘额定操作冲击耐压（kV）；

K_{cp}——操作冲击绝缘配合系数。

操作冲击绝缘配合系数根据不同电压等级和不同保护对象，按绝缘配合惯用法计算确定。

5. 长持续时间电流冲击放电能力

氧化锌避雷器长持续时间电流冲击放电能力表征了避雷器的通流容量。在标称放电电流范围以内，雷电冲击容量一般可不进行校验。

对于操作冲击，国产避雷器的吸收能力，110kV 及以上线路分为四个等级，见表 15-16。

表 15-16　氧化锌避雷器的线路放电等级

线路放电等级	相当于系统额定电压等级（kV）	标称放电电流等级（kA）	避雷器额定电压（kV）	放电电流的视在持续时间（μs）	相对应的线路长度（km）	抽查试验的 2000μs 方波电流峰值（A）
1	110	5，10	100	2000	300	400
2	220	5，10	200	2000	300	600
3	330	10	288～312	2400	360	1000
4	500	10	396～468	2800	420	1200
4	500	20	396～468	2800	420	1500

在线路长度不超过表中所列数值时，可不进行校验。否则，应通过计算确定避雷器在运行中吸收的能量，按图 15-39 校验其比能量，当不能满足时，选择较高的线路放电等级。

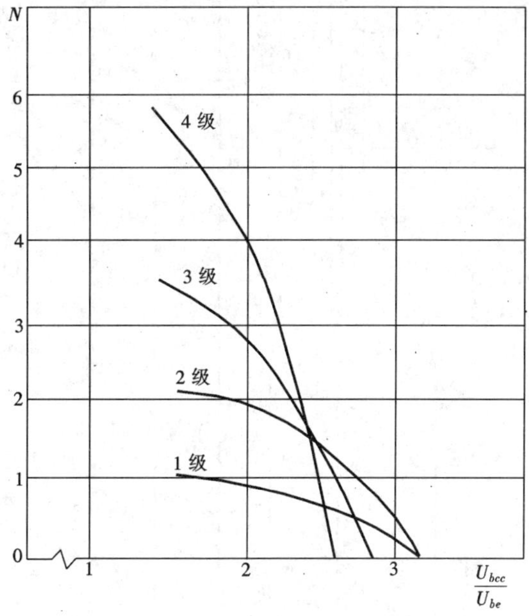

图 15-39　氧化锌避雷器的放电等级

N—比能量，为避雷器允许通过能量与额定电压的比值，kJ/kV；U_{bcc}—避雷器操作冲击残压，kV；U_{be}—避雷器额定电压，kV

对于 63kV 及以下系统用的避雷器，一般不需校验通流能力。校验保护电容器的避雷器通流容量，按第 9 章有关内容进行。

6. 氧化锌避雷器特性参数

（1）保护比 K_{bh}：

雷电冲击保护比　$$K_{lbh}=\frac{U_{blc}}{\sqrt{2}U_{be}} \qquad (15-55)$$

操作冲击保护比　$$K_{cbh}=\frac{U_{bcc}}{\sqrt{2}U_{be}} \qquad (15-56)$$

（2）荷电率 β：

荷电率 β 表征避雷器在平时施加持续进行电压下所承受的负荷强度的大小。荷电率偏高时，一般会加速避雷器的老化过程。降低荷电率时不但老化性能较好，暂时过电压的耐受能力也会提高。但荷电率偏低时，避雷器的保护性能将随之变坏。

$$\beta=\frac{\sqrt{2}U_{by}}{U_{NmA}} \qquad (15-57)$$

式中　β——荷电率，一般不超过 0.85；

U_{NmA}——直流（1～10mA）参考电压。

图 15-40 为我国 330kV 变压器与 FCZ-330J 型磁吹阀型避雷器的绝缘配合关系曲线。曲线 1 为变压器绝缘能耐受的电压幅值，曲线 2 为 FCZ-330J 型的放电电压幅值，曲线 3 为避雷器灭弧电压，曲线 4 为工频过电压最大值，曲线 5 为系统最高运行相电压。

图 15-41 为我国 500kV 变压器绝缘水平与 FCZ-500J 型磁吹阀型避雷器的伏秒特性曲线配合关系。

三、电气设备的试验电压

（一）发电机试验电压

电机绝缘处在槽中的部分在嵌入时可能受到局部机械损伤，在端部受到强电场及潮气等作用，其耐压值较低。但要增加绝缘则严重影响电机出力和提高造价。故发电机的绝缘水平很低，保护裕度很小。

由于发电机的冲击耐压、操作耐压的冲击系数皆接近于 1，故一般用工频试验电压作为发电机出厂检验绝缘水平的依据。

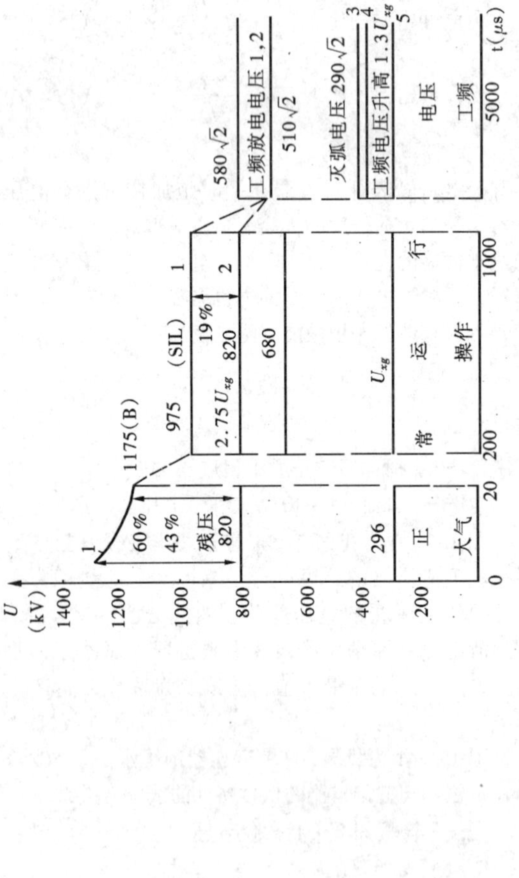

图 15-40 330kV 变压器与避雷器绝缘配合关系

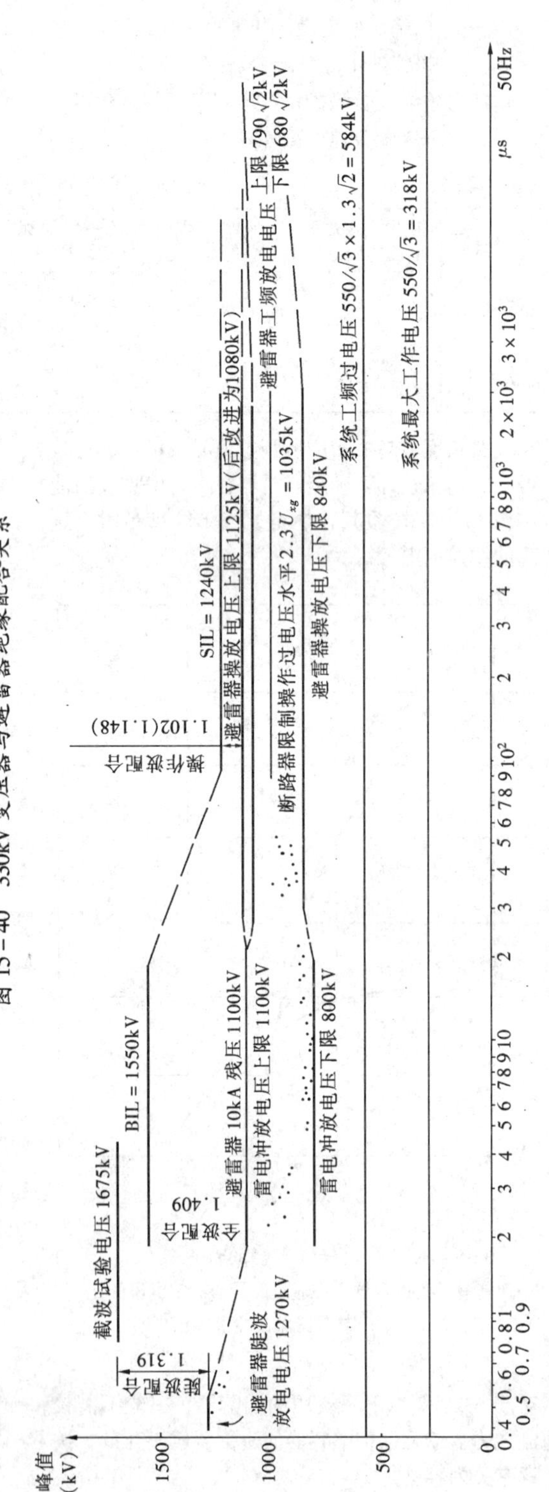

图 15-41 FCZ-500J 避雷器伏秒特性曲线与变压器绝缘水平的配合

表 15－17　发电机和调相机定子绕组出厂试验电压

额定电压有效值（kV）	容　　量（kW）	内部过电压计算值	工频试验电压有效值（kV）	相应等级 FCD 避雷器 3kA 残压峰值（kV）	冲击试验电压估计值，峰值（kV）
3.15 以下	10 以下	$4U_{xg}$	$2U_e+1$（$>4U_{xg}$）②	—	—
3.15	30 以下	$4U_{xg}$	$2U_e+1$（$\approx 4U_{xg}$）	9.5	10.3
6.3	10000 以下	$4U_{xg}$	$2U_e+1$（$\approx 3.7U_{xg}$）	19	19.2
6.3	10000 及以上	$4U_{xg}$	$2.5U_e$（$\approx 4.3U_{xg}$）	19	22.2
10.5	50000～100000	$4U_{xg}$	$2U_e+3$（$\approx 4U_{xg}$）	31	34
13.8	125000	$3.5U_{xg}$①	$2U_e+3$（$\approx 3.8U_{xg}$）	40	43.2
15.75	200000	$3.5U_{xg}$①	$2U_e+3$（$\approx 3.7U_{xg}$）	45	48.8
18	300000	$3.5U_{xg}$①	$2U_e+3$（$\approx 3.75U_{xg}$）	50	55

① 考虑这些电机直配可能性很少，所受内部过电压较低。

② 但不得小于 1.5kV，这是考虑当 $U_e<3.15$kV 时，绝缘并不难做的缘故。

表 15－17 列出了电机遇到的内部过电压计算值，FCD 型避雷器残压值及发电机出厂试验电压值。

（二）变压器和电器的试验电压

在电气设备绝缘配合中，通常以变压器作为绝缘配合的核心。变压器的工频耐压或操作冲击波耐压和雷电冲击波耐压之间存在着一定的关系，一般可根据以下关系换算：

$$\frac{\text{BIL}}{U_{gsh}}=2.3$$

$$\frac{\text{SIL}}{\text{BIS}}=0.8\sim0.83$$

$$\frac{\text{SIL}}{U_{gsh}}=1.83\sim1.9$$

式中　BIL——基本冲击绝缘水平；

SIL——操作冲击绝缘水平；

U_{gsh}——工频 1 分钟试验电压。

高压变压器过去一般只作工频耐压和全波冲击耐压试验，对 330kV 及以上超高压变压器应作操作波耐压试验，试验电压值应符合 GB—311.1—83《高压输变电设备的绝缘配合》的要求。

1.220kV 及以下电气设备的试验电压

（1）内绝缘的冲击试验电压：

发变电站电气设备内绝缘的冲击试验电压是和阀式避雷器的残压相配合。

1）全波试验电压；

当线路远处落雷时，传到变电所陡度已很小，被保护的变压器和避雷器残压之差不大，电压波形振荡不明显，相当于全波作用。

有工频激磁的变压器的全波冲击试验电压可按下式决定：

$$U_{1.5/40}=1.1\times(1.1U_{bc}+15)\tag{15-58}$$

式中　1.1——考虑避雷器与变压器间有点振荡，同时当来波波头小于残压试验用的 10μs 波头时，U_{bc}有点升高；

15——考虑避雷器联线及接地电阻上压降的影响；

括号外 1.1——积累系数，考虑到运行中冲击全波多次作用于变压器内绝缘后绝缘抗电强度可能降低；

U_{bc}——避雷器残压（kV）。

一般电器的累积效应较小，但考虑到它们可能离阀型避雷器较远，所以仍用式（15－58）决定其全波冲击试验电压。

变压器在出厂试验时可能不带工频激磁，而在运行中雷电波是迭加在工频电压之上的。考虑到有无工频激磁对变压器内绝缘冲击试验的影响，当变压器无工频激磁时全波冲击试验电压按下式选择：

$$U_{1.5/40}=1.1\times(1.1U_{bc}+15)+\frac{U_e}{2}\tag{15-59}$$

式中　U_e——额定线电压（kV）。

2）截波试验电压：

当雷击进线段首端外附近的导线，侵入变电所的雷电波陡度比较大，电器上电压波形振荡也很明显，此时相当于截波作用。

电器内绝缘的截波冲击试验电压可按下式决定：

$$U_{1.5/2}=1.25\times1.15\ (1.1U_{bc}+15) \quad (15-60)$$

式中 1.15——累积系数，由于截波的幅值较高，其积累系数取得比全波时大些；

1.25——考虑到电器比避雷器上电压较全波时更高而采用的截波系数。

变压器内绝缘的截波试验电压也按式（15－60）决定。

(2) 外绝缘的冲击试验电压：

外绝缘积累效应小，但受大气条件影响较大。当海拔1000m时，空气密度系数0.925，湿度修正系数0.91。0.925×0.91＝0.84。故得

外绝缘全波试验电压为

$$U_{1.5/40}=\frac{1.1U_{bc}+15}{0.84} \quad (15-61)$$

外绝缘截波试验电压为

$$U_{1.5/2}=\frac{1.25\times\ (1.1U_{bc}+15)}{0.84} \quad (15-62)$$

(3) 内绝缘的工频试验电压：

按内过电压水平 K_0U_{xg} 计算内绝缘抗内过电压强度与抗一分钟工频电压的强度之比 β 为1.3～1.35。60kV以下 β 较小，可取1.3，而110kV及以上可取1.35。考虑到积累效应（积累系数为1.1），所以内绝缘的一分钟工频试验电压可由下式决定：

$$U_{50}=\frac{1.1}{1.3\sim1.35}\times\frac{K_0\times1.15U_e}{\sqrt{3}} \quad (15-63)$$

变压器的内绝缘工频试验电压与冲击试验电压有固定的比例关系，约为1/2.3。因此，在按内过电压算出工频试验电压后，还应用此比例关系校核。当折算的工频试验电压超过式（15－63）算出的数值时，则应按较高的值选定工频试验电压。

(4) 外绝缘的工频试验电压：

雨天对外绝缘工频放电电压影响显著，故外绝缘的工频试验电压主要指淋雨状态，只有对室内电气设备才用其干燥状态的工频试验电压。

淋雨状态外绝缘的工频试验电压为

$$U_{50}=\frac{1.15K_0U_e}{\sqrt{3}\times1.03}=0.645K_0U_e \quad (15-64)$$

干燥状态外绝缘工频试验电压为

$$U_{50}=\frac{1.15K_0U_e}{\sqrt{3}\times0.84}=0.79K_0U_e \quad (15-65)$$

式中 1.03——综合考虑海拔1000m的空气密度系数0.925，脏污系数0.95，雨量系数1.05（试验时所用的每分钟雨量较实际为大），雨水电阻系数1.1（试验时所用水的电阻率100Ω·m较实际为小）后得到的系数。

(5) 算例：

若电气设备采用FZ－220型避雷器保护，试计算电气设备的各种试验电压。

已知FZ－220型避雷器，在5kA下残压为 U_5＝664≈670kV，内过电压计算倍数 $K_0=3$，代入式（15－58）、(15－59）便分别得

电气设备内绝缘的全波冲击试验电压为

$$1.1\ (1.1\times670+15)=827.2\text{kV}$$

变电器内绝缘无激磁时的全波冲击试验电压为

$$1.1\times\ (1.1\times670+15)+\frac{220}{2}=937.2\text{kV}$$

内绝缘的截波试验电压为

$$1.25\times1.15\ (1.1\times670+15)=1081\text{kV}$$

外绝缘的全波冲击试验电压为

$$\frac{1.1\times670+15}{0.84}=895.3\text{kV}$$

外绝缘的截波冲击试验电压为

$$\frac{1.25\ (1.1\times670+15)}{0.84}=1119\text{kV}$$

内绝缘的工频试验电压为

$$\frac{1.1}{1.3}\times\frac{1.15}{\sqrt{3}}\times3\times220=369.6\text{kV（有效值）}$$

但还须按全波冲击试验电压827.2kV除以冲击系数 β 来核算，由试验结果知 $\beta\approx1.48$，所以内绝缘的工频试验电压不应小于

$$\frac{827.2}{1.48\times\sqrt{2}}=395.3\text{kV（有效值）}$$

外绝缘的工频干试验电压为

$$0.79\times3\times220=521.4\text{kV（有效值）}$$

外绝缘的工频湿试验电压为

$$0.645\times3\times220=425.7\text{kV（有效值）}$$

经上述计算后适当取整值，再参照我国具体情况，并尽量向IEC标准靠拢，即得220kV电气设备各种试验电压值。同样也可得到220kV以下电压等级的试验电压值。

表 15－18　**330kV 电气设备冲击试验电压公式**

绝缘部位	电气设备名称	全波试验电压、峰值（kV）	截波试验电压、峰值（kV）
内绝缘	电力变压器、电磁式电压互感器、并联电抗器	$k_1k_2k_3U_{10}+\frac{U_e}{2}$	$k_1k_2k_3k_4U_{10}$
	电力变压器、电磁式电压互感器、并联电抗器的相间	$k_1k_2k_3U_{10}+0.9\sqrt{2}U_{xg}$	$k_1k_2k_3k_4U_{10}+0.9\sqrt{2}U_{xg}$
	无绕组的电器和变流器	$k_1k_2k_3U_{10}$	$k_1k_2k_3k_4U_{10}$
	联络断路器分闸状态下同一极触头间	$k_1k_3U_{10}+0.9\sqrt{2}U_{xg}$	$k_1k_3k_4U_{10}+0.9\sqrt{2}U_{xg}$
外绝缘	变压器和电器	$k_1k_3U_{10}/K_3K_8$	$k_1k_3k_4U_{10}/K_3K_8$
	变压器和电抗器的相间	$(k_1k_3U_{10}+0.9\sqrt{2}U_{xg})/K_3K_8$	—
	隔离开关和联络断路器开断位置下的同极触头间	$\frac{k_1k_3U_{10}+0.9\sqrt{2}U_{xg}}{K_3K_8}$	—
	单独试验的套管和绝缘子	$k_1k_3k_5U_{10}/K_3K_8$	$k_1k_3k_4k_5U_{10}/K_3K_8$

2.330kV 电气设备的试验电压

（1）330kV 电气设备的全波和截波冲击试验电压的计算公式见表 15－18。

表 15－18 中　k_1——陡度系数，考虑 330kV 线路绝缘水平高、侵入波幅值大、陡度高等因素，$k_1=1.05$；

k_2——积累系数，考虑绝缘承受多次过电压后的老化，$k_2=1.05$；

k_3——距离系数，对专门装设避雷器保护的变压器和并联电抗器取 $k_3=1.1$，为更经济的利用避雷器，对其它电器应适当增大距离系数，取 $k_3=1.15\sim1.2$；

k_4——截波系数，考虑绝缘的伏秒特性，$k_4=1.25$；

k_5——电场系数，考虑单独试验时的电场分布比组装后好，$k_5=1.05$；

k_8——温度修正系数，海拔高度为 1000m 时为 0.91，当海拔在 1000m 以上，对空气间隙，综合考虑空气密度系数和湿度系数乘积后，每增加 100m，放电电压下降 1%；

U_{10}——磁吹避雷器 10kA 下的残压；

$\frac{U_e}{2}$——考虑激磁影响的附加值；

$0.9\sqrt{2}U_{xg}$——考虑反相工频电压影响。

（2）工频试验电压的计算公式见表 15－19。

表 15－19　**330kV 电气设备工频试验电压计算公式**

绝缘部位		工频试验电压有效值（kV）
内绝缘	相对地	U_{bgf}/k_6k_7
	相　间	k_0U_{bgf}/k_6k_7
	触头间	$(U_{bgf}+0.9U_{xg})/k_6k_7$
	单独试验的套管和绝缘子	$0.9k_5U_{bgf}/K_3K_8$
外绝缘	相对地	U_{bgf}/K_3K_8
	相　间	k_0U_{bgf}/K_3K_8
	触头间	$(U_{bgf}+0.9U_{xg})/K_3K_8$
	单独试验的套管和绝缘子	k_5U_{bgf}/K_3K_8
	湿耐压相对地	U_{bgf}/K_Σ

注　电器外绝缘不能和电器分开单独试验时，则该电器整体试验电压取外绝缘规定耐受电压的 90%，时间为一分钟。

表 15－19 中　k_6——冲击系数，考虑内绝缘在内过电压波形作用下与工频电压波作用的时间差异，对变压器等油—纸绝缘 $k_6=1.35$，对电器等油绝缘 $k_6=1.1$；

k_7——积累系数，对变压器等油—纸绝缘 $k_7=0.9$，对相间，考虑遭受较

表 15-20 K_Σ 的计算系数

系数	系数名称	系数内容	系数值
K_1	间隔系数	绝缘的耐受电压与闪络电压之间的差别	0.9
K_2	换算系数	内过电压波作用时间较工频波形短，将作用时间进行等效换算	1.1
K_3	海拔系数	考虑空气密度影响，海拔 < 1000m	0.925
		海拔每升高 100m 降低	0.75%
K_4	雨量系数	试验湿闪电压时所用雨量较实际雨量为大	1.05
K_5	污秽系数	绝缘子受污秽后，放电电压将降低	0.95
K_6	水阻系数	试验湿闪电压时所用雨水电阻率较实际雨阻	1.1
K_7	不利因素	绝缘子老化，气候条件与试验条件之差别以及其它未料因素	0.9

高过电压的或然率较低取 $k_7 = 0.95$，对其它绝缘取 $k_7 = 1$；

k_0——相间过电压比相对地过电压高的倍数，取 $k_0 = 1.4$；

U_{bgf}——磁吹避雷器工频放电电压上限值；

K_Σ——考虑各种因素的综合系数，$K_\Sigma = K_1K_2K_3K_4K_5K_6K_7$ 如表 15-20 所示。

表 15-21 500kV 电气设备操作波试验电压计算公式

绝缘级别	设备名称	操作波试验电压，峰值(kV)
内绝缘	变压器,电抗器	0.83BIL
	高压电器和电流互感器	$1.15U_{bs}$
	断路器分闸时断口间	$U_{bs}+\sqrt{2}U_{xg}$
	单独试验的套管	1.05SIL
外绝缘	变压器、电抗器和电器	$1.15U_{bs}/(K'_4K'_5)$
	断路器和隔离开关分闸时断口间	$U_{bs}+\sqrt{2}U_{xg}$
	单独试验的套管	$1.05SIL/(K'_4K'_5)$
	母线支持绝缘子	$1.15U_{bs}/(K'_4K'_5)$

3. 500kV 电气设备的试验电压

（1）操作波试验电压计算公式见表 15-21。

表 15-20 中 BIL——基本冲击绝缘水平，变电站内为 1550kV，线路侧为 1675kV；

SIL——电气设备的操作冲击水平；

U_{bs}——避雷器操作波放电电压上限，变电站型和线路型为 1080kV；

K'_4、K'_5——内过电压下海拔高度为 1000m 的大气湿度和空气密度修正系数，根据 IEC 规定，对放电距离为 4.5m 左右时，K'_4、$K'_5 = 0.984 \times 0.946 = 0.93$。

（2）冲击试验电压计算公式见表 15-22。

表 15-22 中 U_{bc}——避雷器 10kA 时残压，变电站型为 1100kV，线路型为 1160kV；

U_{xg}——最高工作相电压。

（3）工频试验电压计算公式见表 15-23。

表 15-23 中 U_{bgf}——避雷器工频放电电压上限；

K_Σ——湿耐压的综合修正系数，近似为 1；

表 15-22 500kV 电气设备全波和截波冲击试验电压计算公式

绝缘类别	电气设备名称	全波试验电压、峰值（kV）	截波试验电压、峰值（kV）
内绝缘	变压器、电抗器	$1.4U_{bc}$	1. $1.05\times1.05\times1.1\times1.25U_{bc}$ 2. 1.1BIL
	高压电器和电流互感器 断路器分闸时同相断口间	$1.4U_{bc}$ $BIL+\sqrt{2}U_{xg}$	
外绝缘	变压器、电抗器	$1.05\times1.1U_{bc}/0.86$	
	高压电器及电流互感器	$1.05\times1.15U_{bc}/0.86$	
	断路器和隔离开关分闸时断口间	$BIL+\sqrt{2}U_{xg}$	
	单独试验的套管和母线支持绝缘子	$1.05\times1.05\times1.15U_{bc}/0.86$	

注 截波试验中，试验电压为相对地。

表 15－23　**500kV 电气设备工频试验电压计算公式**

绝缘类别	设备名称	工频试验电压、有效值（kV）
内绝缘	变压器、电抗器（相对地）	$1.05U_{bgf}/(0.9\times1.35)$；BIL 2.3
	高压电器、电流互感器	$1.05U_{bgf}/(1.1\times1)$
	断路器分闸时同相断口间	U_g+U_{xg}
	单独试验的套管①	$0.9\times1.05U_{bgf}/0.86$
外绝缘	设备相对地	$U_{bgf}/0.86$
	断路器、隔离开关分闸时同相断口间	U_g+U_{xg}
	单独试验的套管和母线支持绝缘子	$1.05U_{bgf}/0.86$
	设备对地湿耐压	U_{bgf}/K_{Σ}

① 内外绝缘不能分开干试时的单独试验的套管，内绝缘 1 分钟耐压按外绝缘干试耐压的 0.9 倍考虑。

表 15－24　**3～500kV 输变电设备的雷电冲击耐受电压**

额定电压	最高工作电压	标准雷电冲击全波（内、外绝缘）						标准雷电冲击截波
		变压器	并联电抗器	耦合电容器、电压互感器	高压电力电缆	高压电器	母线支柱绝缘子穿墙套管	变压器类设备的内绝缘
（kV）		峰值（kV）						
3	3.5	40	40	40	—	40	40	45
6	6.9	60	60	60	—	60	60	65
10	11.5	75	75	75	—	75	75	85
15	17.5	105	105	105	105	105	105	115
20	23.0	125	125	125	125	125	125	140
35	40.5	185/200*	185/200*	185/200*	200	185	185	220
63	69.0	325	325	325	325	325	325	360
110	126.0	450/480*	450/480*	450/480*	450 550	450	450	530
220	252.0	850 950	950	850 950	85 950 1050	850 950	850 950	935 1050
330	363.0	1050 1175	1175	1175 1300	1050 1175 1300	1050 1175	1050 1175	1175 1300
500	550.0	1425 1550	1550 1610 1675	1550 1675	1425 1550 1675	1425 1550 1675	1425 1550 1675	1550 1675

注　1. 带“*”的数值仅用于变压器类设备的内绝缘。

2. 对高压电力电缆，是指在热状态下的耐受电压值。其雷电冲击耐受电压值应不超过相应电压等级中所列最高值。如需要更高的绝缘水平，可用高电压等级的电缆。

3. 对应于 220kV 变压器耐受电压为 950kV 的高压电器的冲击耐压值。对老型号产品可取为 850kV。但对标准颁发后改型的产品，必须取 950kV。

4. 目前 220kV 电磁式电压互感器主要采用 950kV 的水平。

1.35——变压器等油纸绝缘的冲击系数（对高压电器取 1.1）；

U_{xg}——最高工作相电压，$U_{xg}=317$kV；

0.9——变压器积累系数（对高压电器取 1）；

1.05——裕度系数。

现将 3～500kV 输变电设备的雷电冲击耐受电压和 1 分钟工频耐受电压以及 330～500kV 操作冲击耐受电压分别列于表 15－24～26（摘自 GB 311.1—83《高压输变电设备的绝缘配合》）。

表 15－25　3～500kV 输变电设备的 1 分钟工频耐受电压有效值（kV）

额定电压	最高工作电压	内、外绝缘（干试与湿试）				母线支柱绝缘子	
		变压器	并联电抗器	耦合电容器、高压电器、电压互感器和穿墙套管	高压电力电缆	湿试	干试
3	3.5	18	18	18	—	18	25
6	6.9	23/25	23/25	23	—	23	32
10	11.5	30/35	30/36	30	—	30	42
15	17.5	40/45	40/45	40	40/45	40	57
20	23.0	50/55	50/55	50	50/55	50	68
35	40.5	80/85	80/85	80	80/85	80	100
63	69.0	140	140	140	140	140	165
110	126.0	185/200	185/200	185/200*	185/200	200	265
220	252.0	360 395	395	360 395	360 395 460	360 395	450 495
330	363.0	460 510	510	460 510	460 510 570	—	—
500	550.0	630 680	680	630 680 740	630 680 740	—	—

注 1. 斜线上的数值适用于该类设备的外绝缘。斜线下的数值适用于该类设备的内绝缘。

2. 带"＊"的数值仅用于电磁式电压互感器的内绝缘。

表 15－26　330～500kV 输变电设备操作冲击耐受电压（kV）

额定电压	最高工作电压	内、外绝缘（干试与湿试）峰值	
有效值		母线支柱绝缘子	除母线支柱绝缘子外，其它所有设备
330	363	850 950	850 950
500	550	1175 1240	1050 1175

注 电缆的操作冲击试验在热状态下进行。500kV 并联电抗器要采用保护水平能够配合的避雷器。

四、空气间隙的选择

配电装置中空气间隙包括 A、B、C、D 等各值。A 值是基本带电距离，称安全净距。B、C、D 值均由 A 值派生而来。

（一）按惯用法确定 A 值

330kV 及以下配电装置的 A 值，是采用惯用法确定的。计算公式见表 15-27。

表 5-27 中　$U_{lx-d50\%}$——相对地的正极性雷电冲击 50%放电电压（kV）；

$U_{nx-d50\%}$——相对地的正极性内过电压 50%放电电压（kV）；

$U_{nx-x50\%}$——相对相的正极性内过电压 50%放电电压（kV）；

U_{glx-d}——相对地的工频 50%放电电压（kV）；

表 15-27　　A 值惯用法计算公式

条件	符号	计算公式
雷电过电压	相对地 A_1	1. 按电器外绝缘的冲击试验电压选择
		2. $U_{lx-d50\%}=\dfrac{K_1K_2}{K_3K_4K_5}U_{be}$
	相对相 A_2	$A_2=1.1A_1$
内过电压	相对地 A_1	$U_{nx-d50\%}=\dfrac{K_6K_0\sqrt{2}U_{xg}}{K_3K_4K_5K_7}$
	相对相 A_2	$U_{nx-x50\%}=\dfrac{1.4K_0K_6\sqrt{2}U_{xg}}{K_3K_4K_5K_7}$
最大工作电压	相对地 A_1	$U_{gx-d50\%}=\dfrac{K_8U_{xg}}{K_3K_4K_5}$
	相对相 A_2	$U_{gx-x50\%}=\dfrac{K_8\sqrt{3}U_{xg}}{K_3K_4K_5}$

U_{gx-x}——相对相的工频 50%放电电压（kV）；

K_0——内过电压计算倍数；

K_1——距离系数，考虑母线及电器距离避雷器较远，故比变压器所用的数值（1.1）大 5%，一般取 $K_1=1.15$；

K_2——陡度系数，一般 $K_2=1.05$；

K_3——间隔系数，将耐受电压换算为放电电压，一般取 $K_3=0.9$；

K_4——空气密度系数，海拔每升高 100m，降低 0.75%，对海拔不超过 1000m 的地区，取 0.925；

K_5——空气温度系数，对海拔不超过 1000m 的地区，取 0.91；

K_6——裕度系数，$K_6=1.1$；

K_7——同时系数，$K_7=1.1$；

K_8——安全系数，考虑阵风和工频过电压，$K_8=1.2\sim1.3$。

按表 5-27 中计算公式计算结果，可查用图 15-42～图 15-50 各放电曲线图。

（二）按半统计法确定 A 值

500kV 配电装置的 A 值，按半统计法确定。330kV 配电装置的 A 值亦可参照半统计法确定。计算公式见表 15-28。

表 15-28 中　$U_{cx-d50\%}$——相对地的正极性操作过电压 50% 放电电压（kV）；

$U_{cx-x50\%}$——相对相的正极性操作过电压 50% 放电电压（kV）；

K_g——雷电过电压的配合系数，

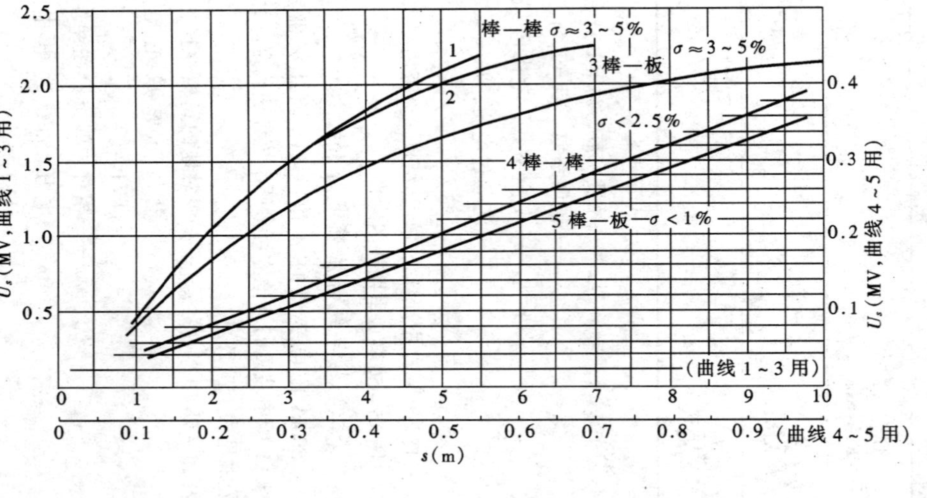

图 15－42 棒—板和棒—棒间隙的工频放电电压（峰值）和间隙距离的关系

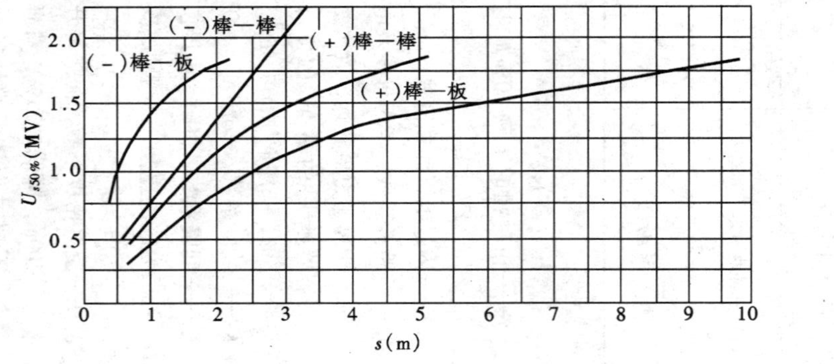

图 15－44 棒—板和棒—棒间隙在操作波(500/5000μs)下 50%放电电压(峰值)和间隙距离的关系棒—板—10×10mm² 钢棒，地面铺 7×7m² 钢板；棒—棒—φ50mm 钢管，上棒长 5m，下棒长 6m(σ＝4～6%)

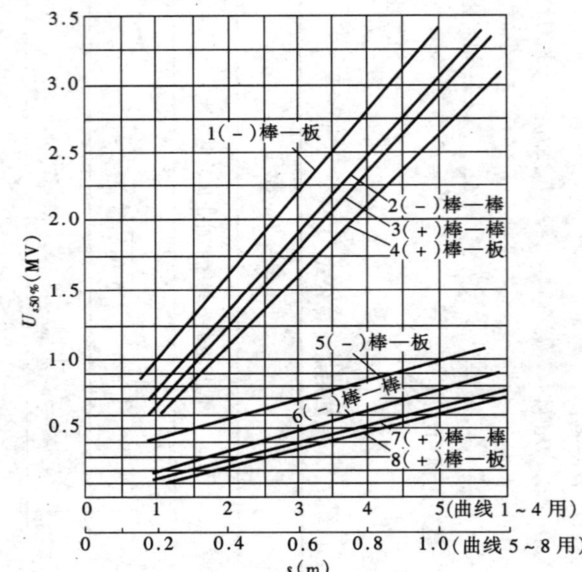

图 15－43 棒—棒和棒—板间隙的冲击（1.5/40μs）50%放电电压（峰值）和间隙距离的关系

有风偏间隙，kg = 1.4，无风偏间隙，kg = 1.45；

K_{10}——相对地操作过电压的配合系数，有风偏间隙 K_{10} = 1.1，无风偏间隙 K_{10} = 1.18；

K_{11}——相对相操作过电压的配合系数，K_{11} = 1.35；

K_{12}——工频电压的配合系数，K_{12} = 1.35；

σ_{x-d}——相对地空气间隙在操作过电压下放电电压的标准偏差，σ_{x-d} = 5%；

σ_{x-x}——相对相空气间隙在操作过电压下放电电压的标准偏差，σ_{x-x} = 3.5%。

半统计法的主要特点是用“1－（2～3）σ”代替了惯用法中的间隔系数 K_3。

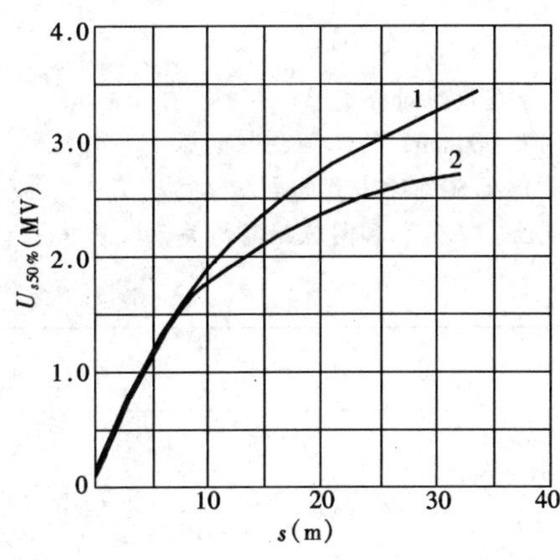

图 15－45　棒—板间隙在操作波下 50%放电电压（峰值）和间隙距离的关系

曲线 1—正极性，波形 250/2500μs；曲线 2—正极性，任意波形，最小 50%放电电压

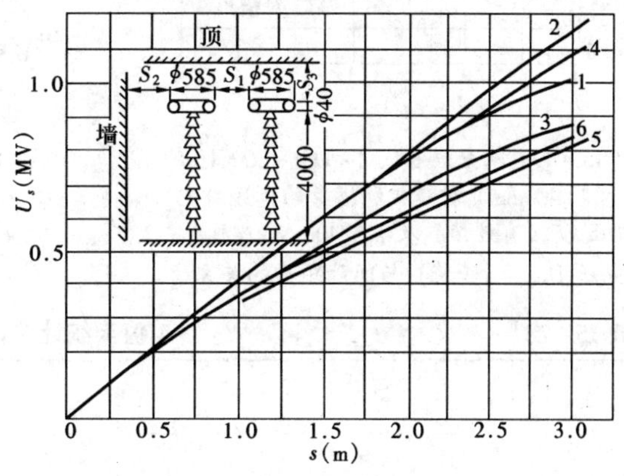

图 15－46　环—环及环—墙的工频放电电压（有效值）和间隙距离的关系

曲线 1—环—环，一环接地，无墙无顶；曲线 2—环—环，对称加压，无墙无顶；曲线 3—环—环，一环接地，洞内 $S_2 = S_3 \approx S_1$；曲线 4—环—环，对称加压，洞内 $S_2 = S_3 \approx S_1$；曲线 5—环—墙，洞内 $S_2 = S_3$；曲线 6—环—墙，无顶

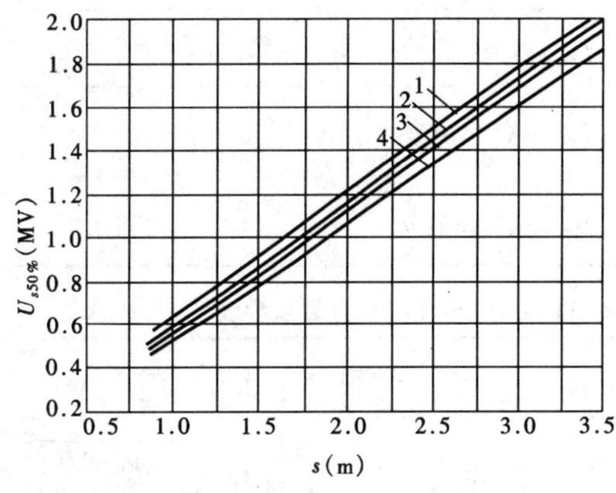

图 15－47　环—环及环—墙等冲击（＋1.5/40μs）50%放电电压（峰值）和间隙距离的关系（试验装置与图 15－46 同）

曲线 1—棒—棒，无墙无顶；曲线 2—环—环，洞内 $S_2 = S_3 \approx S_1$；曲线 3—环—墙，无顶；曲线 4—环—墙，洞内 $S_2 = S_3$

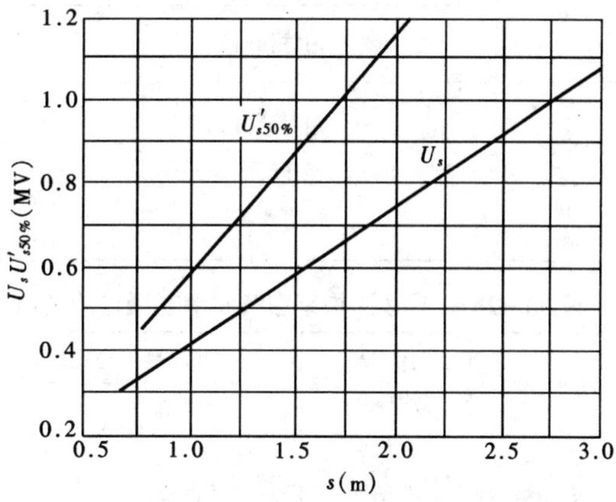

图 15－48　洞内高压电器对称加压时的相间工频放电电压 U_s（有效值）及冲击（＋1.5/40μs）放电电压 $U'_{s50\%}$（峰值）和相间距离的关系（试验装置与图 15－46 同，且 $S_1 = S_2 = S_3$；实线为环对环）

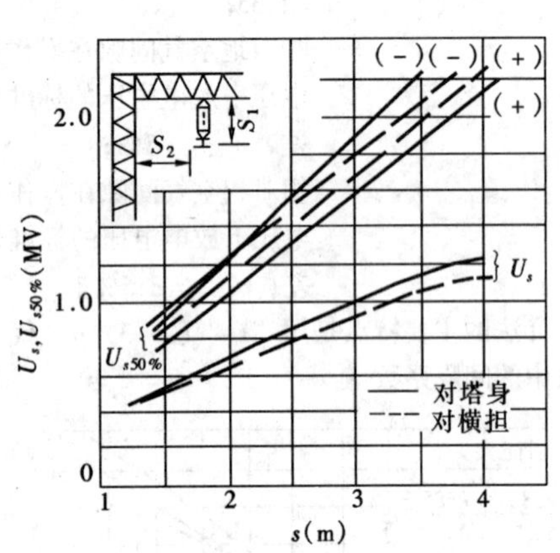

图 15-49 双分裂导线 2×LCJ-300(分裂间距 400mm)对横担和塔身的工频放电电压 U_s(有效值)及 1.5/40μs 冲击放电电压 $U_{s50\%}$(峰值)与间隙距离的关系

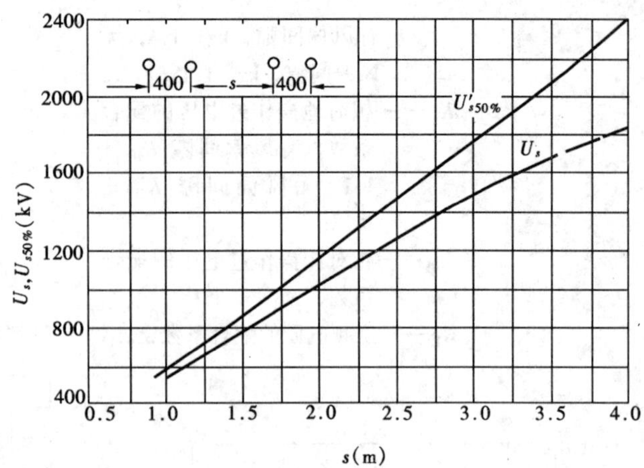

图 15-50 分裂导线对分裂导线(2×LGJ-300,分裂间距 400mm)的工频放电电压 U_s(峰值)及 50%冲击放电电压 $U'_{s50\%}$(正极性、峰值)和间隙距离的关系

表 15-28 **A 值半统计法计算公式**

条 件	符 号	计 算 公 式
雷电过电压	相对地 A_1 相对相 A_2	$U_{cx-d50\%} = K_0 U_{bc}$ $A_2 = 1.1A_1$
操作过电压	相对地 A_1	有风偏间隙: $U_{cx-d50\%} = \dfrac{U_{bp}}{1-2\sigma_{x-d}} = K_{10} U_{bp}$ 无风偏间隙: $U_{cx-d50\%} = \dfrac{U_{bp}}{1-3\sigma_{x-d}} = K_{10} U_{bp}$
	相对相 A_2	$U_{cx-x50\%} = \dfrac{1.5U_{bp}}{1-3\sigma_{x-x}} = K_{11} U_{bp}$
最大工作电压	相对地 A_1	$U_{gx-d50\%} = K_{12} U_{xg}$
	相对相 A_2	$U_{gx-x50\%} = \sqrt{3} K_{12} U_{xg}$

表 15-29 **导线对构架空气间隙在操作冲击电压波下的 50 %放电电压(二分裂软导线)**

高压电极	有 否 均压环	对接地电极距离(m)		绝缘子悬挂 方式及片数	$U_{50\%}$(kV)
		对横梁	对人字柱		
导 线	无	3.8	2.55~6.55	耐张串 32×XP-16	$846l^{0.33}$
导 线	无	4.2	2.55~6.55	耐张串 32×XP-16	$820l^{0.38}$
导 线	无	4.2	4.2~6.2①	耐张串 32×XP-16	$1195l^{0.16}$
导 线	无	4.2	5.2~3.2①	跳线风偏	$698l^{0.51}$
导 线	无	4.2	5.05~3.65	跳线风偏	$573l^{0.61}$
导 线	有	4.06	3.2~6.2	V 串 32×XP-7	$844l^{0.22}$
导 线	有	3.94	2.7~6.2	V 串 34×XP-7	$785l^{0.34}$

① 导线与人字柱侧面间隙;余为导线与人字柱正面间隙。

表 15－30　导线对构架空气间隙在操作冲击电压波下的 50%放电电压（悬吊式硬导线）

高压电极	对接地电极距离（m）		绝缘子片数	$U_{50\%}$（kV）
	对横梁	对人字柱		
导线	3.82	2.7～6.35	35×XP－10	$632l^{0.51}$
导线	4.3	2.7～6.35	35×XP－10	$705l^{0.46}$
导线	4.56	2.7～6.35	35×XP－10	$687l^{0.49}$
导线	4.86	2.7～6.35	35×XP－10	$754l^{0.43}$
导线	5.8	2.7～8.85	42×XP－10	$804l^{0.42}$

注　数据来源为水利电力部电力科学研究院，悬吊式铝管母线操作冲击放电特性（阶段报告），1981 年。

按以上公式计算，用气象条件（K_4、K_5）进行校正，然后查仿真型构架的空气间隙绝缘强度试验数据表 15－29 及表 15－30。

附录 15－1　发电机、变压器、架空线和电缆的电感、电容计算

一、发电机、变压器的电感、电容的计算

1. 电感的计算

$$L=\frac{10X\%U_e^2}{2\pi fS_e}\text{（H）}\qquad\text{（附 15－1）}$$

式中　$X\%$——发电机或变压器的漏抗百分数；

U_e——发电机或变压器的额定电压（kV）；

S_e——发电机或变压器的额定容量（kVA）；

f——电源频率。

2. 电容的计算

（1）发电机对地电容见附录 15－3。

（2）变压器每相对地电容：

13.8kV　4000～10000pF

35kV　3000～9000pF

110kV　2000～4500pF

220kV　1500～3000pF

二、架空电力线的电感、电容的计算

1. 电感的计算

$$L_0=\frac{\mu_0}{2\pi}\ln\frac{2h}{r}\text{（H/m）}\qquad\text{（附 15－2）}$$

式中　μ_0——空气导磁率，$\mu_0=4\pi\times10^{-7}$（H/m）；

h——导线平均对地高度（m）；

r——导线半径（m）或分裂导线的等值半径（m）。

一般架空电力线单位电感为 1～1.5μH/m。

2. 电容的计算

$$C_0=\frac{2\pi\varepsilon_0}{\ln\dfrac{2h}{r}}\text{（F/m）}\qquad\text{（附 15－3）}$$

式中　ε_0——空气介电常数，$\varepsilon_0=\dfrac{10^{-9}}{36\pi}$（F/m）。

一般架空电力线单位电容为 7～9pF/m。

三、电力电缆的电感、电容的计算

1. 电感的计算

$$L_0=\frac{\mu_0}{2\pi}\ln\frac{r_2}{r_1}\text{（H/m）}\qquad\text{（附 15－4）}$$

式中　r_1——电缆芯线半径（m）；

r_2——电缆外皮内半径（m）。

2. 电容的计算

$$C_{oc}=\frac{2\pi\varepsilon_r\varepsilon_0}{\ln\dfrac{r_2}{r_1}}\text{（F/m）}\qquad\text{（附 15－5）}$$

式中　ε_r——电缆绝缘材料相对介电常数，一般 $\varepsilon_r=3$。

附录 15－2　各种波通道的波阻抗

一、架空电力线的波阻抗

$$Z=60\ln\frac{2h}{r}=138\lg\frac{2h}{r}\text{（Ω）}\qquad\text{（附 15－6）}$$

一般 220kV 及以下架空电力线波阻抗取 400Ω；330kV 的波阻抗取 310Ω；500kV 的波阻抗取 280Ω。

二、架空地线的波阻抗

一般单根避雷线的波阻抗取 400Ω；强电晕（如雷击避雷线档距中央）时取 350Ω；双根避雷线的波阻抗取 250Ω。

三、电力电缆的波阻抗

（1）单根电缆的波阻抗按下式计算：

附表 15-1　　**电力电缆的三相波阻抗（Ω）**

电缆标称截面（mm^2）	电波沿一相流动			电波沿三相流动		
	3（kV）	6（kV）	10（kV）	3（kV）	6（kV）	10（kV）
25	19.5	29.0	37.0	10.0	15.0	19.0
35	16.5	25.5	32.0	8.5	13.0	16.0
50	13.5	22.5	29.0	7.0	11.5	14.5
70	11.5	19.0	25.5	6.0	9.5	13.0
95	10.0	16.5	22.0	5.0	8.5	11.5
120	9.0	15.0	20.0	4.5	7.5	10.5
150	8.0	13.0	17.5	4.0	6.5	9.0
185	7.5	11.5	16.0	3.5	6.0	8.0
240	6.5	10.0	14.0	3.2	5.2	7.0
300	6.0	9.0	12.5	3.0	4.5	6.2

附表 15-2　　**杆塔波阻抗和等值电感**

杆塔型式	杆塔波阻抗（Ω）	杆塔电感（μH/m）
无拉线钢筋混凝土单杆	250	0.84
有拉线钢筋混凝土单杆	125	0.42
无拉线钢筋混凝土双杆	125	0.42
铁　塔	150	0.50
门型铁塔	125	0.42

$$Z=\frac{60}{\sqrt{\varepsilon_r}}\ln\frac{r_2}{r_1}=\frac{138}{\sqrt{\varepsilon_r}}\lg\frac{r_2}{r_1} \quad (附15-7)$$

一般单芯电缆的波阻抗为30～60Ω。

（2）3～10kV三芯电缆的波阻抗见附表15-1。

四、杆塔的波阻抗

一般杆塔的波阻抗和等值电感见附表15-2。

附录 15-3　感应过电压计算

一、发电机出口处感应过电压

当雷击避雷针时，在附近组合导线或敞露母线桥上将产生感应过电压，该感应过电压在发电机出口处的幅值为

$$U_{fg}=\frac{C_Z}{C_Z+C}300hf(l) \quad (附15-8)$$

式中　h——组合导线（或导线）高度（m）；

C_Z——组合导线（或导线）每相对地电容（μF），按式（附15-9）、（附15-14）计算；

$$f(l)=\frac{1}{l}\ln\left(l+\sqrt{1+l^2}\right),$$

l——组合导线（或导线）长度（m）；$C=C_f+C_m$

C_f——发电机电容（μF），按式（附15-18）～（附15-20）计算；

C_m——要求母线上安装的电容（μF）。

二、组合导线（或导线）每相对地电容

（1）当三相水平排列时，每相对地电容为

$$C_Z=\frac{R_1^2-R_1(R_2+R_3)+R_2R_3}{9\Delta}\ (\mu F/km) \quad (附15-9)$$

其中

$$R_1=2\ln\frac{2h}{r} \quad (附15-10)$$

$$R_2=\ln\frac{\frac{d^2}{h^2}+4}{\frac{d^2}{h^2}} \quad (附15-11)$$

$$R_3=\ln\frac{\frac{d^2}{h^2}+1}{\frac{d^2}{h^2}} \quad (附15-12)$$

$$\Delta=R_1^3-R_1(2R_2^2+R_3)+2R_3R_2^2 \quad (附15-13)$$

式中　r——导线半径（m）；

d——导线相间距离（m）；

h——导线对地高度（m）。

（2）当三相任意排列，每相对地电容为

$$C=\frac{1}{\alpha_{11}+\alpha_{12}}\times\frac{1}{9\times10^6}\ (\mu F/km) \quad (附 15-14)$$

其中 $$\alpha_{11}=2\ln\frac{2h_p}{r} \quad (附 15-15)$$

$$\alpha_{12}=2\ln\sqrt{\frac{4h_p}{d_p}+1} \quad (附 15-16)$$

$$d_p=\frac{d_{AB}+d_{BC}+d_{AC}}{3} \quad (附 15-17)$$

式中 r——导线半径（m）；

h_p——导线平均对地高度（m）；

d_p——平均相间距离（m）；

d_{AB}、d_{BC}、d_{AC}——相间距离（m）。

三、发电机对地电容

（1）经验公式一：

$$C_f=K\frac{1}{1.13\times10.5}\times\frac{Q\mu L}{3\Delta i_s}\ (\mu F/相) \quad (附 15-18)$$

式中 K——校正系数，数值为 0.5；

Q——发电机定子槽数；

μ——槽内导线铜的周长（mm）；

L——定子钢的长度（m）；

Δi_s——槽内绝缘厚度（mm）。

（2）经验公式二：

$$C_f=\frac{\varepsilon_r Z\ (2h_n+b_n)\ l}{3\times36\pi d\times10^5}\ (\mu F/相) \quad (附 15-19)$$

式中 ε_r——相对介质常数；

Z——定子槽数；

h_n——槽高（cm）；

b_n——槽宽（cm）；

l——定子铁总长度（cm）；

d——电机绝缘厚度（cm）。

（3）经验公式三：

对于高速汽轮发电机，其单相对地电容计算式为

$$C_f=\frac{0.84\times G\times S}{\sqrt{U_e\ (1+0.08U_e)}}\ (\mu F/相) \quad (附 15-20)$$

式中 S——发电机容量（MVA）；

U_e——线电压（kV）；

G——系数，当 $t=15\sim20$℃时，$G=0.0187$。

附录 15－4 避雷器主要技术特性及参数

一、阀型避雷器

（1）FCD 型磁吹避雷器的电气特性（保护发电机用）见附表 15－3。

（2）FZ 型普通阀型避雷器及 FCZ 型磁吹避雷器的电气特性（保护发电厂、变电所用）见附表 15－4。

（3）500kV 国产磁吹阀型避雷器技术特性见表 15－5。

（4）FS 型避雷器（配电及电缆头用）的电气特性见附表 15－6。

（5）低压阀型避雷器的电气特性见附表 15－7。

二、氧化锌避雷器

（1）电站和配电用氧化锌避雷器的技术参数见附表 15－8。

（2）电机用氧化锌避雷器的技术参数见附表 15－9。

（3）电机和变压器中性点用氧化锌避雷器的技术参数见附表 15－10。

附录 15－5 绝缘配合的统计方法

一、统计法

由于目前推行的统计法，只将过电压幅值和绝缘强度作为随机变量，不考虑过电压波形的分布参数，不考虑过电压沿线的分布，不考虑保护设备的保护水平的分布参数以及大气条件的随机性等，所以还不是很完善的统计法。其要点如下：

（1）设单间隙在电压 U 的作用下，其放电概率为 $P_j\ (U)$，

$$P_j(U)=\frac{1}{\sigma_j\sqrt{2\pi}}\int_{-\infty}^{u}\exp\left[-\frac{1}{2}\times\left(\frac{U-U_{50\%}}{\sigma_j}\right)^2\right]dU \quad (附 15-21)$$

式中 σ_j——绝缘放电电压的标准偏差；

$U_{50\%}$——50% 放电电压，即放电电压的平均值。

（2）作用于绝缘间隙上的过电压幅值并非总都是 U，而具有比较复杂的分布规律。据统计分析，常为正态分布或接近正态分布，此时过电压分布为

$$f_g(U)=\frac{1}{\sigma_g\sqrt{2\pi}}\exp\left[-\frac{1}{2}\times\left(\frac{U-U_g}{\sigma_g}\right)^2\right] \quad (附 15-22)$$

式中　σ_g——过电压的标准偏差；

U_g——过电压的期望值。

(3) 单间隙在过电压作用下总的故障概率，应为：

$$R_d=\int_0^\infty dR=\int_0^\infty P_f(U)f_g(U)dU \quad (附 15-23)$$

附表 15-3　　FCD 型磁吹避雷器的电气特性

型　号	额定电压 (kV)	灭弧电压 (kV)	工频放电电压有效值 (kV)		预放电时间 1.5~20μs 的冲击放电电压幅值 (kV)	3kA 冲击电流（波形 10/20μs）下的残压幅值 (kV)
			不小于	不大于	不　大　于	不　大　于
FCD-2	2	2.3	4.5	5.7	6.0	6.0
FCD-3	3	3.8	7.5	9.5	9.5	9.5
FCD-4	4	4.6	9.0	11.4	12.0	12.0
FCD-6	6	7.6	15.0	18.0	19.0	19.0
FCD-10	10	12.7	25.0	30.0	31.0	31.0
FCD-13.2	13.2	16.7	33.0	39.0	40.0	40.0
FCD-15	15	19.0	37.0	44.0	45.0	45.0

附表 15-4　　FZ 及 FCZ 型避雷器的电气特性

型　号	组　合　方　式	额定电压 (kV)	灭弧电压 (kV)	工频放电电压有效值 (kV)		预放电时间 1.5~20μs 冲击放电电压幅值 (kV)	5kA、10kA 冲击电流(波形 10/20μs)下的残压幅值(kV)	
				不小于	不大于		5kA 下不大于	10kA 下不大于
FZ-3	单独元件	3	3.8	9	11	20	14.5	(16)
FZ-6	单独元件	6	7.6	16	19	30	27	(30)
FZ-10	单独元件	10	12.7	26	31	45	45	(50)
FZ-15	单独元件	15	20.5	42	52	78	67	(74)
FZ-20	单独元件	20	25.0	49	60.5	85	80	(88)
FZ-30J	组合元件	—	25.0	56	67	110	83	(91)
FZ-30	单独元件	30	38.0	80	91	116	121	(134)
FZ-35	2(FZ-15)	35	41.0	84	104	134	134	(148)
FZ-40	2(FZ-20)	40	50.0	98	121	154	160	(176)
FZ-60	2(FZ-20)+(FZ-15)	60	70.5	140	173	220	227	(250)
FZ-110J	4(FZ-30J)	110	100.0	224	268	310	332	(364)
FZ-110	(FZ-20)+5(FZ-15)	110	126.0	254	312	375	375	(440)
FZ-154J	4(FZ-30J)+2(FZ-15)	154	141.0	306	372	420	466	(512)
FZ-154	3(FZ-20)+5(FZ-15)	154	177.5	352	441	500	575	(634)
FZ-220J	8(FZ-30J)	220	200.0	448	536	630	664	(728)
FCZ-35		35	40.0	72	85	108	103	(113)
FCZ-1		110	100.0	170	195	265	265	(295)
FCZ-110		110	126.0	225	290	345	332	(365)
FCZ-154J		154	142.0	241	277	374	374	(412)
FCZ-154		154	177.0	330	377	500	466	(512)
FCZ-220J		220	200.0	340	390	515	515	(570)
FCZ-330J		330	290.0	510	580	780	740	820

注　括号中数值为参考值。

附表15－5　**500kV避雷器电气特性**

项目 ＼ 型式	电站型	线路型
额定电压　有效值（kV）	500	500
最高运行电压　有效值（kV）	550	550
灭弧电压（kV）	440	440（525～570）
工频放电电压有效值（kV）	680～790	680～790
操作波放电电压峰值（kV）	840～1125	840～1125
冲击放电电压峰值	不小于800（参考）	不小于800（参考）
2～20μs（kV）	不大于1100	不大于1200
10kA残压　峰值（kV）	1100	1200
0.5μs冲击放电电压峰值（kV）	1270	1320
操作波残压峰值（kV）		1125

附表15－6　**FS型避雷器的电气特性**

型号	额定电压（kV）	灭弧电压（kV）	工频放电电压有效值（kV）		预放电时间1.5～20μs的冲击放电电压峰值（kV）	5kA冲击电流（波形10～20μs）下的残压峰值（kV）
			不小于	不大于	不大于	不大于
FS－2	2	2.5	5	7	15	11
FS－3	3	3.8	9	11	21	17
FS－6	6	7.6	16	19	35	30
FS－10	10	12.7	26	31	50	50

附表15－7　**低压阀型避雷器的电气特性**

额定电压有效值（kV）	灭弧电压有效值（kV）	工频放电电压有效值（kV）		预放电时间1.5～10μs的冲击放电电压峰值（kV）不大于	3kA冲击电流（波形10/20μs）下的残压峰值（kV）不大于
		不小于	不大于		
0.22	0.25	0.6	1.0	2.0	1.3
0.38	0.50	1.1	1.6	2.7	2.6

附表 15－8　电站和配电用氧化锌避雷器技术参数

避雷器额定电压	系统额定电压	避雷器持续运行电压	标称放电电流 20kA 等级				标称放电电流 10kA 等级				标称放电电流 5kA 等级							
			电站避雷器				电站避雷器				电站避雷器				电站避雷器			
			陡波冲击电流下残压 不大于	雷电冲击电流下残压 不大于	操作冲击电流下残压 不大于	直流1mA参考电压 不小于	陡波冲击电流下残压 不大于	雷电冲击电流下残压 不大于	操作冲击电流下残压 不大于	直流1mA参考电压 不小于	陡波冲击电流下残压 不大于	雷电冲击电流下残压 不大于	操作冲击电流下残压 不大于	直流1mA参考电压 不小于	陡波冲击电流下残压 不大于	雷电冲击电流下残压 不大于	操作冲击电流下残压 不大于	直流1mA参考电压 不小于
有效值（kV）			峰　值　（kV）															
3.8	3	2.0	—	—	—	—	—	—	—	—	15.5	13.5	11.5	7.2	19.6	17.0	14.5	7.5
7.6	6	4.0	—	—	—	—	—	—	—	—	31.0	27.0	23.0	14.4	34.5	30.0	25.5	15.0
12.7	10	6.6	—	—	—	—	—	—	—	—	51.8	45.0	38.3	24.0	57.5	50.0	42.5	25.0
42	35	23.4	—	—	—	—	—	—	—	—	154	134	114	73	—	—	—	—
69	63	40	—	—	—	—	—	—	—	—	258	224	190	122	—	—	—	—
100	110	73	—	—	—	—	291 325	260 290	221 247	145 145	299 334	260 290	221 247	145 145	—	—	—	—
126	110	73	—	—	—	—	—	—	—	—	382	332	282	214	—	—	—	—
200	220	146	—	—	—	—	582 650	520 580	442 494	290 290	598 668	520 580	442 494	290 290	—	—	—	—
288	330	210	—	—	—	—	782	698	593	408	—	—	—	—	—	—	—	—
300	330	215	—	—	—	—	814	727	618	424	—	—	—	—	—	—	—	—
312	330	220	—	—	—	—	847	756	643	441	—	—	—	—	—	—	—	—
396	500	312	1104	986	808	532	1015	905	770	532	—	—	—	—	—	—	—	—
420	500	318	1170	1046	858	565	1075	960	816	565	—	—	—	—	—	—	—	—
444	500	324	1238	1106	907	597	1137	1015	862	597	—	—	—	—	—	—	—	—
468	500	330	1306	1166	956	630	1198	1070	910	630	—	—	—	—	—	—	—	—

注　本表引自 GB 11023—89《交流无间隙金属氧化物避雷器》。

附表 15－9　**电机用氧化锌避雷器技术参数**

避雷器额定电压有效值（kV）	电机额定电压有效值（kV）	避雷器持续运行电压（kV）	标称放电电流 2.5kA 等级							
			发电机避雷器				电动机避雷器			
			陡波冲击电流残压峰值（kV）不大于	雷电冲击电流残压峰值（kV）不大于	操作冲击电流残压峰值（kV）不大于	直流 1mA 参考电压（kV）不小于	陡波冲击电流残压峰值（kV）不大于	雷电冲击电流残压峰值（kV）不大于	操作冲击电流残压峰值（kV）不大于	直流 1mA 参考电压（kV）不小于
3.8	3.15	2.0	10.9	9.5	7.6	5.6	10.9	9.5	7.6	5.6
7.6	6.3	4.0	21.9	19.0	15.0	11.3	21.9	19.0	15.0	11.3
12.7	10.5	6.6	35.7	31.0	25.0	18.9	35.7	31.0	25.0	18.9
16.7	13.8	9.0	46.0	40.0	32.0	24.8	—	—	—	—
19.0	15.75	10.0	51.8	45.0	36.0	28.2	—	—	—	—
23.0	18.0	12.0	64.3	55.9	44.7	34.0	—	—	—	—
25.4	20.0	13.2	71.3	62.0	49.6	37.7	—	—	—	—

注　表下注与附表 15－8 相同。

附表 15－10　**中性点用氧化锌避雷器技术参数**

电气设备	避雷器额定电压有效值（kV）	系统或设备额定电压有效值（kV）	标称放电电流 1kA 等级		
			雷电冲击电流残压峰值（kV）不大于	操作冲击电流残压峰值（kV）不大于	直流 1mA 参考电压（kV）不小于
电　机	2.3	3.15	6.0	—	3.4
	4.6	6.3	12.0	—	6.9
	7.6	10.5	19.0	—	11.3
变压器	60	110	144	137	86
	73	110	200	165	103
	146	220	320	304	190
	210	330	440	399	250
	100	500	260	243	152

注　表下注与附表 15－8 相同。

（4）当有几个间隙并联时，其操作一次总的故障概率表达式为

$$R_n=\frac{1}{2}\int_0^{\infty}\{1-[1-P_j(U)]^n\}f_g(U)dU$$
$$=\frac{1}{2}\int_0^{\infty}\{1-[1-P_j(U)]^n\}\frac{1}{\sigma_g\sqrt{2\pi}}\times\exp\left[-\frac{1}{2}\left(\frac{U-U_g}{\sigma_g}\right)^2\right]dU \quad (附 15-24)$$

式中积分符号前的"$\frac{1}{2}$"，为只考虑正极性过电压而引入的系数。

单间隙故障概率的示意图见附图 15－1。

二、简化统计法

（一）假设条件

简化统计法又称近似统计法，它在工程计算精度允许范围内，假设：

（1）过电压遵从正态分布，从而可在已知分布参数［U_g、σ_g］条件下，规定某一参考概率，并制成计算图表。

（2）单个间隙上所加电压与其它并联间隙上所加电压之间不相关，这样就有条件先计算单个间隙的故障率。

（二）计算方法

单个间隙的故障率：

$$R_d=\frac{1}{2}\int P_j(U)f_g(U)dU$$
$$=\frac{1}{2}\left[\phi\left(\frac{U_g-U_{50}}{\sqrt{\sigma_j^2+\sigma_g^2}}\right)\right] \quad (附 15-25)$$

$$\Phi(Y)=\frac{1}{\sqrt{2\pi}}\int_{-\infty}^{Y}e^{-\frac{t^2}{2}}dU$$

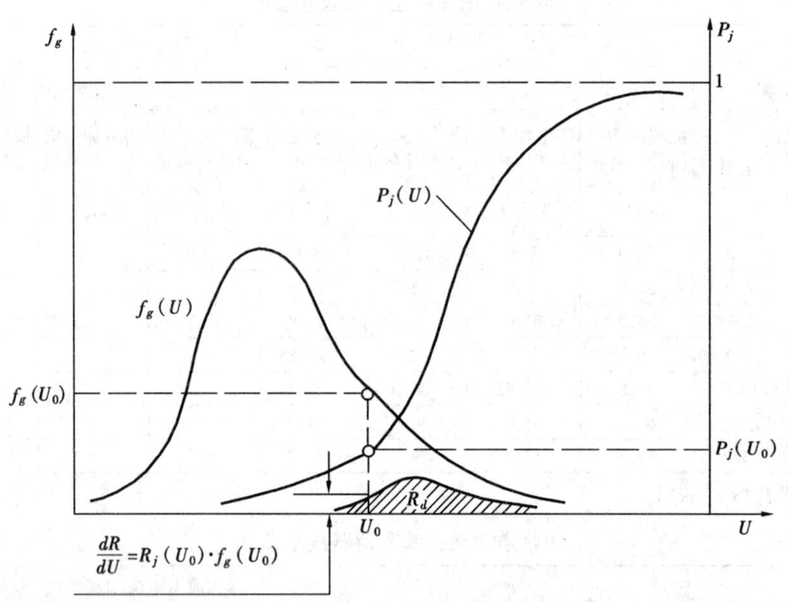

附图 15－1 单间隙故障概率的示意图

式中 $\Phi(Y)$——正态概率积分函数，可由正态分布数表中查出。

n 个间隙的故障率：

$$R_n=1-(1-R_d)^n\approx nR_d \quad (附 15-26)$$

（三）实用算法

取过电压和绝缘放电概率分布中的某一点进行计算，为此定义：

(1) 统计过电压——雷电或操作过电压大于或等于某一电压的积累概率为 2%时，此电压被定义为统计过电压（U_2），即

$$P_g[U\geqslant U_2]=2\%$$

(2) 绝缘的统计耐受电压——自恢复绝缘在某一电压作用下的耐受概率为 90%时（或称放电概率为 10%时），此电压被定义为统计耐受电压（U_{90}），即

$$P_j[U=U_{90}]=10\%$$

(3) 统计安全因数——绝缘的统计耐受电压与统计过电压之比被定义为统计安全因数 γ，即

$$\gamma=\frac{U_{90}}{U_2} \quad (附 15-27)$$

这与惯用法中的“裕度”（惯用安全因数）相似，但又不同。统计安全因数是建立在可接受的故障率的基础上；而惯用因数是建立在经验的基础上的。

根据式（附 15－25），绘制的统计安全因数 γ 与故障率 R_d 的关系曲线如附图 15－2、15－3、15－4。IEC 推荐的曲线见附图 15－5～15－10。

按已知允许的故障率及 σ_g 值，便可查出所必须的统计安全因数。然后根据式（附 15－27）可以方便地求出间隙的耐受电压，再查图 15－42～图 15－50 放电曲线求得与故障率相对应的间隙距离。在进行逆运算时，也可据已知的间隙距离，求得相应的故障率。

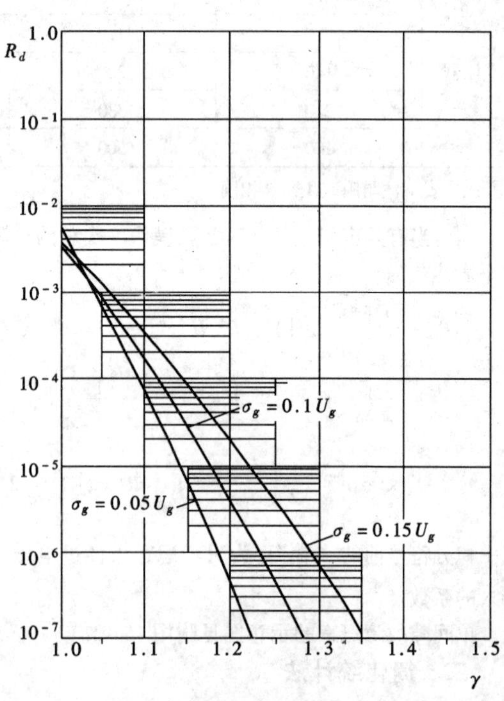

附图 15－2 单间隙故障率 R_d 与统计安全系数 γ 的关系（$\sigma_j=0.05U_{50}$）

当需要考虑海拔高度不同而引起的气象条件变化时，对 U_{90}则应加以修正。

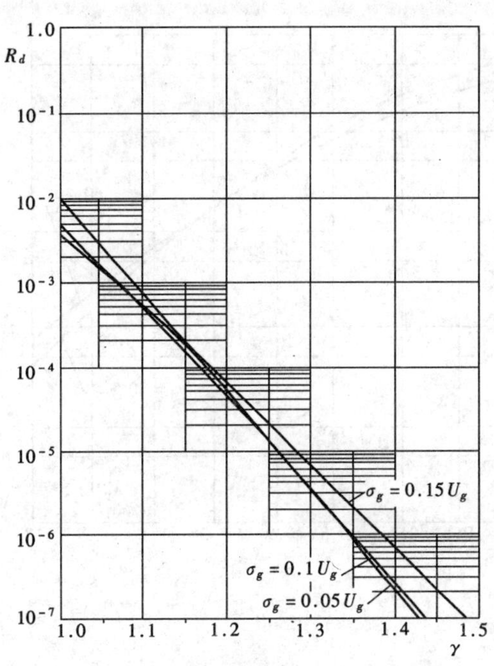

附图 15－3　单间隙故障率 R_d 与统计安全系数 γ 的关系
($\sigma_j = 0.08U_{50}$)

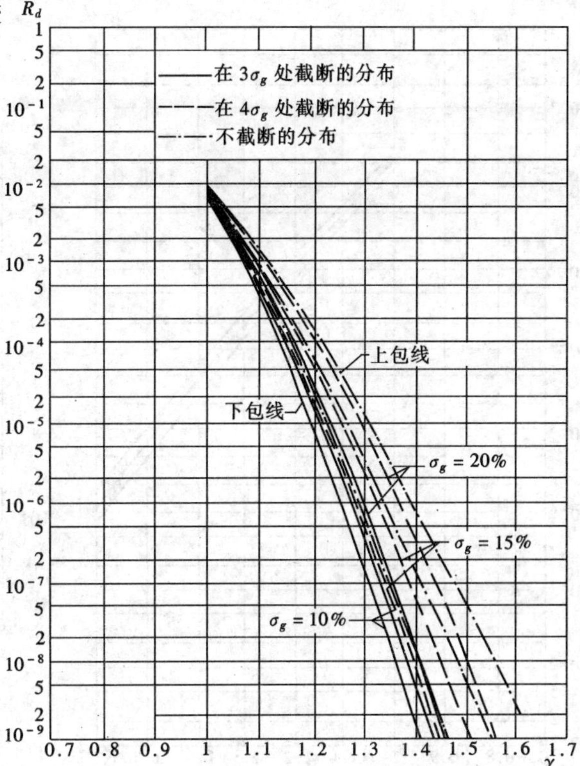

附图 15－5　不同操作冲击分布时，故障率 R 与统计安全因数 γ 之间的相互关系
(过电压分布的标准偏差 $\sigma_g = 10\%$、15%及 20%；绝缘的标准偏差 $\sigma_j = 6\%$)

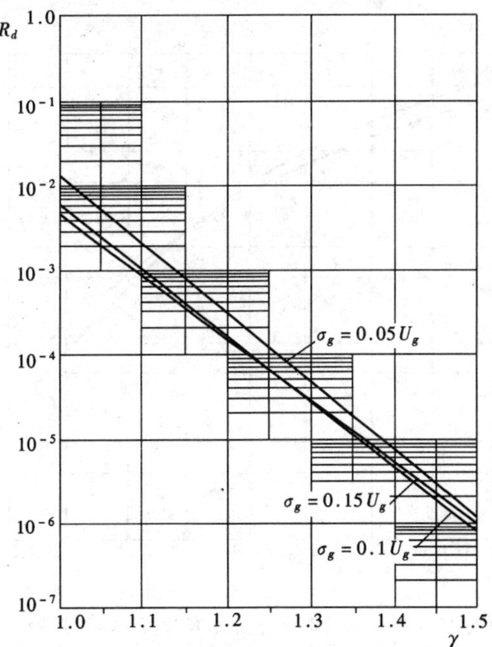

附图 15－4　单间隙故障率 R_d 与统计安全系数 γ 的关系
($\sigma_j = 0.1U_{50}$)

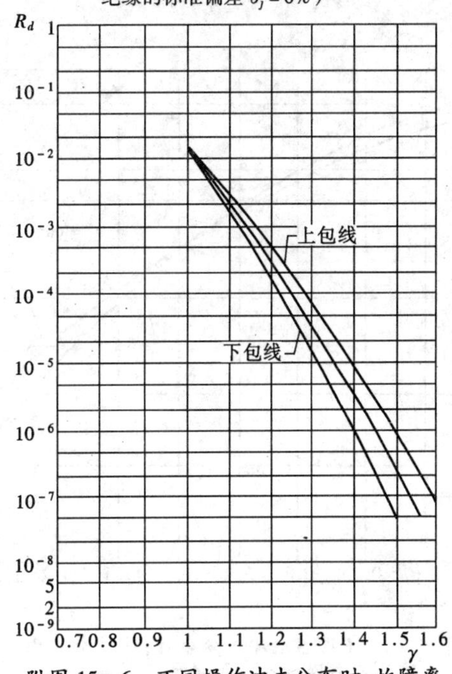

附图 15－6　不同操作冲击分布时，故障率 R 和统计安全因数 γ 之间的相互关系
(绝缘的标准偏差 $\sigma_j = 8\%$)

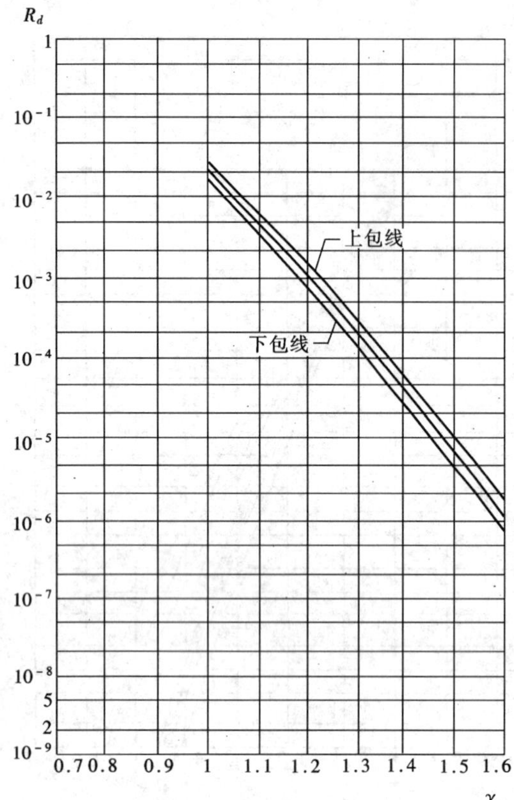

附图 15-7　不同操作冲击分布时，故障率 R 和统计安全因数 γ 之间的相互关系

（绝缘的标准偏差 $\sigma_j = 10\%$）

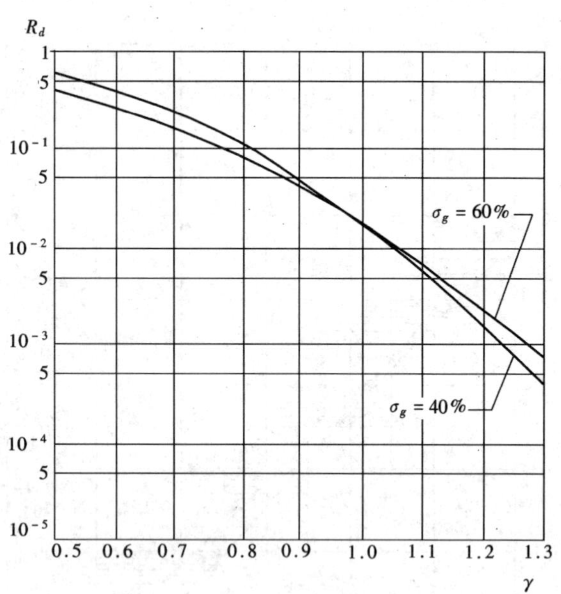

附图 15-9　不同雷电冲击分布时，故障率 R 和统计安全因数 γ 之间的相互关系

（绝缘的标准偏差 $\sigma_j = 5\%$；过电压分布的标准偏差 $\sigma_g = 40\%$ 和 60%）

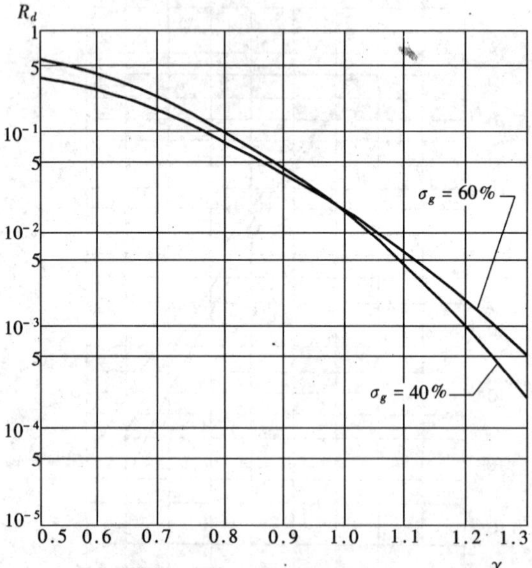

附图 15-8　不同雷电冲击分布时，故障率 R 和统计安全因数 γ 之间的相互关系

（绝缘的标准偏差 $\sigma_j = 3\%$；过电压分布的标准偏差 $\sigma_g = 40\%$ 和 60%）

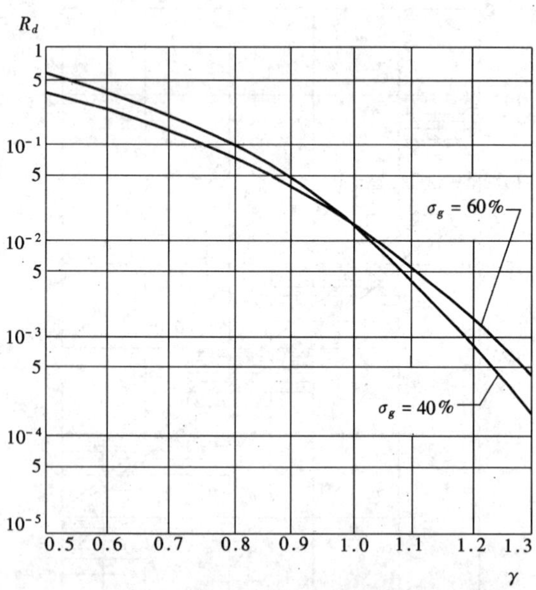

附图 15-10　不同雷电冲击分布时，故障率 R 和统计安全因数 γ 之间的相互关系

（绝缘的标准偏差 $\sigma_j = 7\%$；过电压分布的标准偏差 $\sigma_g = 40\%$ 和 60%）

附录 15－6　变压器中性点的过电压和绝缘水平

一、变压器中性点的大气过电压

当雷击线路，冲击波侵入变压器时，只有三相同时来波是最严重的，因为此时中性点相当于开路的情况。侵入波在中性点将产生振荡，但由于铁芯损耗和电感电容的作用，波头长度将被拉缓为 45～150μs，振荡电压不超过雷电侵入波幅值的二倍，按下式计算：

$$U_{b0}=\gamma_0 U_r \quad (附\ 15-28)$$

式中　γ_0——振荡系数，一般情况连续式绕组为 1.8，纠结式绕组由于改善了电容分布，约为 1.5～1.6；

U_r——雷电侵入波幅值，不超过变压器冲击试验电压（kV）。

单相进波为三相进波的 1/3；两相进波则为三相进波的 2/3。

大气过电压对分级绝缘的变压器中性点是有危害的，需要进行保护。对全绝缘的变压器中性点，三相进波也甚危险，但由于雷电波三相同时侵入的几率仅占 10%左右，只在多雷区单进线的变电所宜装避雷器保护。进行绝缘配合时，通过中性点避雷器的雷电流可取 1kA，做为计算残压的依据。

二、系统接地短路时在中性点引起的过电压

（一）中性点不接地系统

（1）单相接地时，电网允许短时间运行，此时中性点的稳态电压为相电压。

（2）单相接地发展为间歇性电弧接地时，正常相电压可达 3～4 倍相电压。此时分配在中性点上的电压为

$$U_{bo}=\frac{1}{1+0.5}(3\sim4)\ U_{xg}=(2\sim2.7)\ U_{xg} \quad (附\ 15-29)$$

式中　U_{xg}——最高运行相电压。

（3）在切除单相接地的空载线路时，由于切空线的过电压基础是线电压，容易引起断路器重燃。此时分配在中性点的电压可达相电压的 3 倍左右。

（二）中性点经消弧线圈接地的系统

当终端变电所中性点连接有消弧线圈时，如果出现两相短路，电弧不能为消弧线圈熄灭。在断路器跳闸后，和切空载变压器的情形相似，会产生由于消弧线圈中的磁能转变为电能而形成的过电压。此过电压幅值较高，但能量不大。

（三）中性点直接接地系统

1. 单相接地时，变压器中性点的暂态过电压

对中间变电所：

$$\left.\begin{aligned}U_{bo}&=\gamma_0\frac{1+2K_c}{3}U_{xg}\\K_c&=\frac{C_{ab}}{C_{ab}+C_0}\end{aligned}\right\} \quad (附\ 15-30)$$

式中　C_{ab}——线路相间电容；

C_0——线路相对地电容。

对终端变电所：

$$U_{bo}=2\gamma_0\frac{1+2K_c}{3}U_{xg} \quad (附\ 15-31)$$

2. 单相接地时，变压器中性点的稳态过电压

单相接地时，在中性点直接接地系统中，变压器中性点稳态电压决定于系统零序阻抗与正序阻抗的比值：

$$\left.\begin{aligned}U_{bo}&=\frac{K_x}{2+K_x}U_{xg}\\K_x&=\frac{x_0}{x_1}\end{aligned}\right\} \quad (附\ 15-32)$$

式中　x_0——系统的零序电抗；

x_1——系统的正序电抗。

K_x 一般不超过 3。若取 $K_x=3$，则 $U_{bo}=0.6U_{xg}$。

3. 在谐振区发生单相接地时，变压器中性点的过电压

单相短路故障发生在距终端变电所 l 处，其起始电压的行波将在故障点与变电所之间产生多次反射，形成频率为 $v/4l$（v 为波速）的振荡。当此振荡频率接近或等于变压器内部自振频率时，则在变压器内部出现谐振现象，中性点电压将大幅度提高。据实测结果，其暂态电压可按下式估计：

$$U_{bo}=(2\sim2.5)\times2\times\frac{1+2K_x}{3}U_{xg} \quad (附\ 15-33)$$

即比未谐振时的最大暂态电压增幅 2 倍左右。据计算，110kV 不同容量变压器的谐振故障点，大约在距离变压器 4.5～6km 左右。考虑到此种过电压出现几率极小，可不做为保护设备的选择依据。

三、非全相运行时在中性点引起的过电压

电网在非全相运行时，中性点会出现异常的过电压。在正常情况下和非正常情况下都会有非全相运行的可能。属于正常运行的情况有：①线路采用单相重合闸时；②线路采用熔断器在操作或非全相熔断时。属于非正常运行的情况有：用同期性能不良或可能产生单相、两相拒动的断路器切除或合闸线路时；线路发生断线时等。

1. 单侧电源的情况

(1) 单侧电源在单相合闸时，中性点为相电压 U_{xg}。

(2) 若为两相合闸，中性点处于两相绕组的中点，为$\frac{\sqrt{3}}{2}U_{xg}$。

(3) 在单相合闸时，如果变压器的激磁电感和各相对地电容匹配，有可能产生铁磁谐振。此时分配在中性点上的过电压可能达到 $2U_{xg}$。若断路器同步性能良好，能在 6ms 以内相继完成三相合闸，由先合闸相激发起来的铁磁谐振过电压便会很快消失。所以，断路器的不同期性超过 10ms 以上时，中性点应按规程规定采取必要的保护措施。

2. 双侧电源的情况

当双侧都有电源又单相合闸时，情况要比仅有单侧电源严重。因为此时两侧电源可能发生不同步现象，中性点的电压将为两系统相电压之差。在相角差为 180°时，中性点过电压可达 $2U_{xg}$。

单侧有电源的变压器，如本来带电动机或调相机运行，当电源线路跳闸又非全相重合，亦属此种情况。

四、变压器中性点的绝缘水平

变压器中性点的绝缘水平由过电压及其保护设备的保护水平决定。变压器中性点采用分级绝缘，某些电压等级（如 110kV、220kV）过去由于绝缘水平定得较低，难以选择技术条件合格的避雷器，运行中也发生过一些事故。以后，国家标准适当地提高了绝缘水平，同时也在不断改进避雷器的性能或采用无间隙氧化锌避雷器。中性点避雷器的选择见第六章。目前系统中运行的变压器中性点绝缘水平和国家标准规定的中性点绝缘水平，列于表附 15－11。

附表 15－11　　变压器中性点绝缘水平

电压等级（kV）	中性点接地方式及绝缘类型	绝缘等级（kV）	额定短时工频耐受电压有效值（kV）		雷电全波冲击耐受电压峰值（kV）	
			已运行中	国家标准①	已运行中	国家标准①
35	不直接接地、全绝缘	35	85	—	180	—
63	不直接接地、全绝缘	63	140	—	300	—
110	直接接地、全绝缘	110	200	—	425	—
	直接接地、分级绝缘	—	85	95	180	250
220	死接地、分级绝缘	35	—	85	—	185
	不死接地、分级绝缘	110	200	200	400	400
330	死接地、分级绝缘	35	—	85	—	180
	不死接地、分级绝缘	—	230	230	550	550
500	死接地、分级绝缘	35	—	85	—	180
	经小阻抗接地、分级绝缘	—	—	140	—	325

① 引自 GB 1094.1～1094.5—85《电力变压器》。

第十六章

接　地　装　置

编者　贺根续　　校者　刘重祺　　审者　谢景命

第16-1节　一般规定和要求

一、一般规定

(1) 为保证人身和设备的安全，电气设备宜接地或接零。交流电气设备应充分利用自然接地体接地，但应校验自然接地体的热稳定。

(2) 为了将各种不同用途和各种不同电压的电气设备接地，应使用一个总的接地装置（其它规定中有不同要求时例外）。接地装置的接地电阻应满足其中接地电阻最小的电气设备的要求。

(3) 如作接地装置有困难时，允许用绝缘台来维护和操作电气设备，此时只能站在台上才可以触及有危险的未接地部分，但不能同时接触电气设备的不接地部分和与地有连接的建筑物部分。

(4) 电压为1kV以下的交直流电气设备，中性点可直接接地或不接地。

当安全条件要求较高，且装有能迅速而可靠地自动切除接地故障时，电力网宜采用中性点不接地的方式。

(5) 在中性点直接接地的低压电力网中，电力设备的外壳宜采用低压接零保护，即“接零”。也即所有用电设备的金属外壳都应和电源变压器接地中性线（零线）连接。

如用电设备较少、分散，采用接零保护确有困难，且土壤电阻率较低时，可采用低压接地保护，即“接地”。但如用电设备漏电，设备外壳和与其有电气连接的金属部分、变压器外壳及其接地线都可能带电，应采取装设自动切除接地故障的继电保护装置，使用绝缘垫、安全围拦或采用均压等安全措施。

由同一台发电机、变压器或同一段母线供电的低压线路，不宜同时采用接零、接地两种保护方式。

在低压电力网中，全部采用接零保护确有困难时，也可同时采用两种保护方式，但不接零的电力设备或线段，应装设能自动切除接地故障的继电保护装置。

在城防、人防等潮湿场所或条件特别恶劣场所的供电网中，电力设备的外壳应采用接零保护。

(6) 在中性点非直接接地的低压电力网中，应防止变压器高、低压绕组间绝缘击穿引起的危险。变压器低压侧的中性线或一个相线上必须装设击穿保险器。

以安全电压（12V、24V、36V）供电的网络中，为防止高电压窜入引起危险，应将安全电压供电网络的中性线或一个相线接地；如接地确有困难，也可与该变压器一次侧的零线连接。

(7) 电气设备的人工接地体（管子、角钢、扁钢和圆钢等）应尽可能使在电气设备所在地点附近对地电压分布均匀。大接地短路电流电气设备，一定要装设环形接地体，并加装均压带。

(8) 设计接地装置时，应考虑到一年四季中，均能保证接地电阻的要求值。

(9) 在确定发电厂、变电所接地装置的型式和布置时，应降低接触电势和跨步电势，使其不超过规定值。

二、接地范围

（一）应当接地的部分

(1) 电机、变压器、电器、携带式及移动式用电器具的底座和外壳。

(2) 电气设备传动装置。

(3) 互感器的二次绕组，但继电保护方面另有规定者除外。

(4) 配电屏与控制屏的框架。

(5) 屋外配电装置的金属和钢筋混凝土构架以及靠近带电部分的金属遮栏和金属门。

(6) 交直流电力电缆盒的金属外壳和电缆的金属外皮、布线的钢管等。

(7) 铠装控制电缆的外皮、非铠装或非金属护套电缆的1~2根屏蔽芯线。

（二）不需接地的部分

(1) 在不良导电地面（木制的或沥青地面等）的试验室、办公室和民用的干燥房间内，当交流额定电压为380V及以下和直流额定电压440V及以下时，电气设备不需接地。但当维护人员有可能同时触及到电气设备和已接地的其它物件时，则仍应接地。

(2) 在干燥场所，当交流额定电压为127V和直流额定电压为110V时，电气设备外壳不需接地，但爆炸危险场所除外。

(3) 安装在控制屏、配电屏、开关柜及配电装置间隔墙壁上的电气测量仪表、继电器和其它低压电器等的外壳，以及当发生绝缘损坏时，在支持物上不会引起危险电压的绝缘子金属附件。

(4) 安装在已接地的金属架构上的设备及金属外皮两端已接地的电力电缆的架构。

(5) 电压为220V及以下蓄电池室内的金属框架。

(6) 除另有规定者外，发电厂和变电所区域内的运输轨道不需接地。

(7) 在已接地的金属构架上和配电装置间隔上可以拆下或打开的部分。

(8) 如电气设备与机床的机座之间能保证可靠的接触，可将机床的机座接地，机床上的电动机和电器便不必接地。

三、接地电阻值

(一) 工频接地电阻

工频接地电阻允许值如表16－1所示。表中R为考虑到季节变化的最大接地电阻值。

计算入地短路电流时应考虑[1]：

(1) 应按5～10年发展后的系统最大运行方式确定。

(2) 大接地短路电流系统中计算用的流经接地装置的入地短路电流，采用在接地装置内或外短路时，经接地装置流入地中的最大短路电流周期分量的起始有效值。并应考虑系统中各接地中性点间的短路电流分配，以及避雷线中分走的接地短路电流（架空避雷线对地绝缘的线路除外）。

按$R\leqslant\frac{2000}{I}$计算时，不应计入引进线路的避雷线接地的作用。按$R\leqslant0.5\Omega$计算时，则可计入上述作

表16－1　工频接地电阻允许值

系统名称	接地装置特点		接地电阻(Ω)
大接地短路电流系统	一般电阻率地区		$R\leqslant\frac{2000}{I}$① 或$R\leqslant0.5$（当$I>4000$A时）
	高电阻率地区		$R\leqslant5$②
小接地短路电流系统	仅用于高压电力设备的接地装置		$R\leqslant\frac{250}{I}\leqslant10$
	高压与低压电力设备共用的接地装置		$R\leqslant\frac{120}{I}\leqslant10$
	高电阻率地区	高压和低压电力设备	$R\leqslant30$
		发电厂和变电所	$R\leqslant15$
低压电力设备	低压电力设备		$R\leqslant4$③
	并列运行的发电机、变压器等电力设备的总容量不超过100kVA时		$R\leqslant10$③
	重复接地		$R\leqslant10$
	电力设备接地电阻允许达到10Ω的电力网的重复接地（重复接地不少于三处）		$R\leqslant30$

① I——计算用的流经接地装置的入地短路电流（A）。

② $R\leqslant5\Omega$时并应符合下列要求：

1）对可能将接地网的高电位引向厂、所外，或将低电位引向厂所内的设施，应采取隔离接地电位措施；

2）当接地网电位升高时，考虑短路电流非周期分量的影响，发电厂、变电所内3～10kV阀型避雷器不应动作；

3）设计时应采取均压措施并验算接触电压和跨步电压；施工后应进行测量，并绘制电位分布曲线。

③ 在采用接零保护电力网中是指变压器的接地电阻。

[1] 有关大接地短路电流和小接地短路电流系统的解释，详见《电力设备过电压保护设计技术规程》名词解释。

表16-2　冲击接地电阻允许值

<table>
<tr><th>序号</th><th>名　称</th><th colspan="2">接地装置特点</th><th>接地电阻(Ω)</th></tr>
<tr><td rowspan="3">1</td><td rowspan="3">独立避雷针</td><td colspan="2">一般电阻率地区</td><td>$R \leqslant 10$</td></tr>
<tr><td rowspan="2">高电阻率地区</td><td>接地设置不与主接地网连接</td><td>R_{ch}不作规定，但应满足：
$S_k \geqslant 0.3R_{ch}+0.1h_j$；
$S_d \geqslant 0.3R_{ch}$</td></tr>
<tr><td>接地装置与主接地网连接</td><td>R_{ch}不作规定，但至35千伏及以下设备接地点的接地体长度不得小于15m</td></tr>
<tr><td>2</td><td>配电装置构架上避雷针</td><td colspan="2">符合《电力设备过电压保护设计技术规程》第71条的要求</td><td>R_{ch}不作规定，但与主接地网连接处应埋设集中接地装置，至变压器接地点的接地体长度不得小于15m</td></tr>
<tr><td>3</td><td>主厂房屋顶上避雷针</td><td colspan="2">符合《电力设备过电压保护设计技术规程》第67条的要求</td><td>R_{ch}不作规定，但应将主厂房梁柱的钢筋连成具有良好电路的整体，并与人工接地体连接</td></tr>
<tr><td>4</td><td>避雷器</td><td colspan="2">装置在地面的构架上</td><td>R_{ch}不作规定，但与主接地网连接处应埋设集中接地装置</td></tr>
<tr><td>5</td><td>防静电接地</td><td colspan="2"></td><td>$R \leqslant 30$</td></tr>
</table>

注　S_k——避雷针支持构架与带电部分、其它接地部分之间的空气中距离（m）；
S_d——避雷针接地装置与主接地网之间的地中距离（m）；
R——工频接地电阻（Ω）；
R_{ch}——冲击接地电阻（Ω）；
h_j——避雷针校验点的高度（m）。

用。

(3) 在小接地短路电流系统中，计算用的接地故障电流应取下列数值：

1) 对装有消弧线圈的发电厂、变电所或电力设备的接地装置，计算电流等于该厂、所内接在同一电力网各消弧线圈额定电流总和的1.25倍。

2) 对不装消弧线圈的发电厂、变电所或电力设备的接地装置，计算电流等于电力网中断开最大一台消弧线圈时的最大可能残余电流值，但不得小于30A。

3) 在计算中性点非直接接地的电气设备接地装置的接地电阻值时可计入引进线路的避雷线接地装置的散流作用。

(4) 在中性点不接地的网络中，计算电流采用单相接地电容电流，可按下式计算：

$$I=\frac{U\ (35L_l+L_j)}{350} \qquad (16-1)$$

式中　I——单相接地电容电流（A）；
U——网络线电压（kV）；
L_l——电缆线路长度（km）；
L_j——架空线路长度（km）。

（二）冲击接地电阻

冲击接地电阻的允许值如表16-2所示。

第16-2节　接地电阻计算

一、土壤和水的电阻率

土壤和水的电阻率参考值如表16-3所示，表中所列电阻仅供缺乏资料时参考，工程设计应以实测的土壤电阻率为依据。

土壤电阻率在一年中是变化不定的，设计中采用的计算值为：

$$\rho=\psi\rho_0 \qquad (16-2)$$

式中　ρ_0——实测土壤电阻率（Ω·m）；
ψ——季节系数，见表16-4。

水电阻率在不同温度时略有变化。在缺乏水电阻率的温度修正系数时，当水温在3～35℃之间变化时，可用下式计算：

$$\rho_t=\rho_c e^{0.025(t_c-t)} \qquad (16-3)$$

式中　ρ_c——水温为t_c（℃）的水电阻率实测值；
ρ_t——水温为t（℃）的水电阻率值。

表 16－3　　土壤和水的电阻率参考值

类别	名　称	电阻率近似值（Ω·m）	不同情况下电阻率的变化范围（Ω·m）		
			较湿时（一般地区多雨区）	较干时（少雨区沙漠区）	地下水含盐碱时
土	陶粘土	10	5～20	10～100	3～10
	泥炭、泥灰岩、沼泽地	20	10～30	50～300	3～30
	捣碎的木炭	40			
	黑土、园田土、陶土、白垩土	50			
	粘土	60	30～100	50～300	10～30
	砂质粘土	100	30～300	80～1000	10～30
	黄土	200	100～200	250	30
	含砂粘土　砂土	300	100～1000	1000 以上	30～100
	河滩中的砂		300		
	煤		350		
	多石土壤	400			
	上层红色风化粘土、下层红色页岩	500（30%湿度）			
	表层土夹石、下层砾石	600（15%湿度）			
砂	砂、砂砾	1000	250～1000	1000～2500	
	砂层深度大于 10 米、地下水较深的草原 地面粘土深度不大于 1.5 米、底层多岩石	1000			
岩石	砾石、碎石	5000			
	多岩山地	5000			
	花岗石	200000			
混凝土	在水中	40～55			
	在湿土中	100～200			
	在干土中	500～1300			
	在干燥的大气中	12000～18000			
矿	金属矿石	0.01～1			
水	海水	1～5			
	湖水、池水	30			
	泥水、泥炭中的水	15～20			
	泉水	40～50			
	地下水	20～70			
	溪水	50～100			
	河水	30～280			
	污秽的冰	300			
	蒸馏水	1000000			

表 16-4 根据土壤性质决定的季节系数

土壤性质	深 度 (m)	ψ_1	ψ_2	ψ_3
粘 土	0.5~0.8	3	2	1.5
粘 土	0.8~3	2	1.5	1.4
陶 土	0~2	2.4	1.36	1.2
砂砾盖于陶土	0~2	1.8	1.2	1.1
园 地	0~3	—	1.32	1.2
黄 沙	0~2	2.4	1.56	1.2
杂以黄沙的砂砾	0~2	1.5	1.3	1.2
泥 炭	0~2	1.4	1.1	1.0
石灰石	0~2	2.5	1.51	1.2

注 ψ_1——测量前数天下过较长时间的雨时用之；

ψ_2——测量时土壤具有中等含水量时用之；

ψ_3——测量时土壤干燥或测量前降雨不大时用之。

二、等值土壤电阻率的选取

在具体工程中变电所（或地网）不同地点和不同深度的土壤电阻率是不相同的。在计算接地电阻时如何选取一个等值的土壤电阻率进行计算是每个工程中都要解决的问题。

对于不同深度处不同的 ρ 值，可以选取接地体预计的埋设深度处的 ρ 值。

对于在水平方向不同点的 ρ 值可以这样选取：

(1) 根据工程具体情况，设一接地网如图 16-1 所示。图中 $l_1 \sim l_4$ 为接地网（或变电所）四周每边的长度。

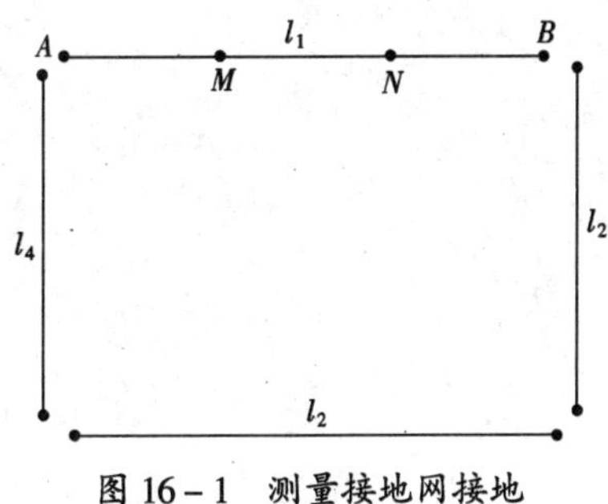

图 16-1 测量接地网接地电阻的示意图

(2) 在地网的一边上（如 l_1）A、B 两点加入测量电流，在电压极 $[\mathrm{MN}]_1$ 将测出一个 ρ_1 值，改变至 $[\mathrm{MN}]_2$ 距离又测得一个对应的 ρ_2 值。依次类推。在此测量 ρ 的电流极的距离应与地网（或变电所）的边长对应。

(3) 在未来地网（变电所）的四周每边都分别测出 ρ_1、ρ_2、ρ_3、ρ_4，MN 之间的距离相应可取为 1、2、3、6m，然后取平均值。

$$\rho_{l1} = \frac{\rho_1 + \rho_2 + \rho_3 + \rho_4}{4} \tag{16-4}$$

其它各边的 ρ_{l2}、ρ_{l3}、ρ_{l4} 值依次求出。

(4) 用长度方向的加权，求得等值 ρ_Σ：

$$\rho_\Sigma = \frac{l_1 + l_2 + l_3 + l_4}{\dfrac{l_1}{\rho_{l1}} + \dfrac{l_2}{\rho_{l2}} + \dfrac{l_3}{\rho_{l3}} + \dfrac{l_4}{\rho_{l4}}} \tag{16-5}$$

用此方法测量工作量不大，仅需 16 次。

(5) 装设避雷针的集中接地装置，可在网内预期装设避雷针的附近提出若干个不同的测点，测出各点之 ρ 值。

(6) 上述各不同的测点和测量方法应在计算前提供给测量部门，按此要求进行测量。

三、自然接地体接地电阻的估算

通常自然接地体的扩散电阻可按下述公式计算：

1. 架空避雷线

$n<20$ 时 $$R_m = \sqrt{Rr}\ \mathrm{cth}\left(\sqrt{\frac{r}{R}}n\right) \tag{16-6}$$

$n \geqslant 20$ 时 $$R_m = \sqrt{Rr} \tag{16-7}$$

其中 $$r = \frac{\rho_{bl}L}{S} \tag{16-8}$$

$\mathrm{cth}\left(\sqrt{\frac{r}{R}}n\right)$ 为双曲线函数，也即

$$\mathrm{cth}\ (x)\ = \frac{e^x + e^{-x}}{e^x - e^{-x}}$$

上三式中 R——有避雷线的每基杆塔工频接地电阻（Ω）；

n——带避雷线的杆塔数；

r——一档避雷线的电阻（Ω）；

ρ_{bl}——避雷线电阻率，钢线的 $\rho_{bl} = 0.15 \times 10^{-6}\Omega\cdot\mathrm{m}$；

L——档距长度（m）；

S——避雷线截面积（mm^2）。

2. 埋地管道（管道系统长度 <2km 时）

$$R = \frac{\rho}{2\pi l}\ln\frac{l^2}{2rh} \tag{16-9}$$

式中 r——管道的外半径（m）；

h——接地体几何中心埋深（m）；

l——接地体长度（m）；

ρ——土壤电阻率（Ω·m）。

3. 电缆外皮（及系统长度 > 2km 的管道）

$$R=\sqrt{rr_l}\,\mathrm{cth}\left(\sqrt{\frac{r_l}{r}}\cdot l\right)K \qquad (16-10)$$

式中　r——沿接地体直线方向每纵长 1m 的土壤扩散电阻（Ω/m），一般 $r=1.69\rho$（ρ 为埋设电缆线路的土壤电阻率）；

l——埋于土中电缆的有效长度（m）；

K——考虑麻护层的影响而增大扩散电阻的系数，见表 16-5，对水管 $K=1$；

r_l——电缆外皮的交流电阻（Ω/m）；三芯动力电缆的 r_l 值见表 16-6。

表 16-5　　系　数　K　值

土壤电阻率（Ω·m）	50	100	200	500	1000	2000
K	6.0	2.6	2.0	1.4	1.2	1.05

表 16-6　　电力电缆外皮的电阻 r_l

（埋深 70cm）

电缆规格		1m 长铠装电缆皮的电阻（$\Omega/m\times10^{-6}$）				
		电压（kV）				
		3	6	10	20	35
铠装	3×70	14.7	11.3	10.1	4.4	2.6
	3×95	12.8	10.9	9.4	4.1	2.4
	3×120	11.7	9.7	8.5	3.8	2.3
	3×150	9.8	8.5	7.1	3.5	2.2
	3×185	9.4	7.7	6.6	3.0	2.1

注　对于中性点接地的电力网的 r_l 按本表增大 10%～20%计算。

当有多根电缆敷设在一处时，其总扩散电阻按下式计算：

$$R'=\frac{R}{\sqrt{n}} \qquad (16-11)$$

式中　R——每根电缆外皮的扩散电阻（Ω）；

n——敷设在一处的电缆根数。

4. 基础接地

对整个厂房的钢筋混凝土基础的工频接地电阻（基础钢筋连续焊接成网，并与厂区地网多点连接），可用等效平板法计算。当土壤是均质时：

$$R=\frac{K\rho_1}{\sqrt{ab}} \qquad (16-12)$$

式中　a、b——矩形平板的长、宽，即建筑物的长和宽（m）；

ρ_1——顶层土壤的电阻率（Ω·m）；

K——系数，从图 16-2 查出。

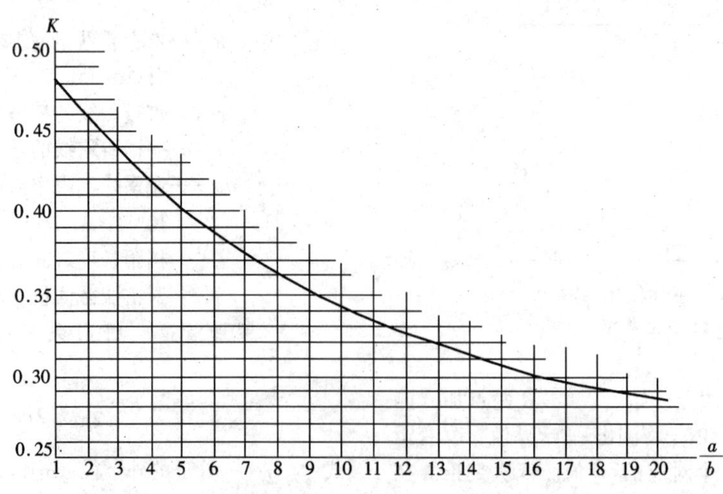

图 16-2　确定基础接地计算中 K 值的曲线

式（16－12）适用装配式整体式基础，对于桩基式基础其 R 按上式算出后增加 10%。

整个厂区基础接地体的工频接地电阻由下式确定：

$$R_{zh} = \beta R \qquad (16-13)$$

式中 R——电厂总平面范围内的等效平板的工频接地电阻，根据式（16－12）求出，但这时 a 和 b 分别为电厂总平面的长和宽。

β——系数，由图 16－3 查出。

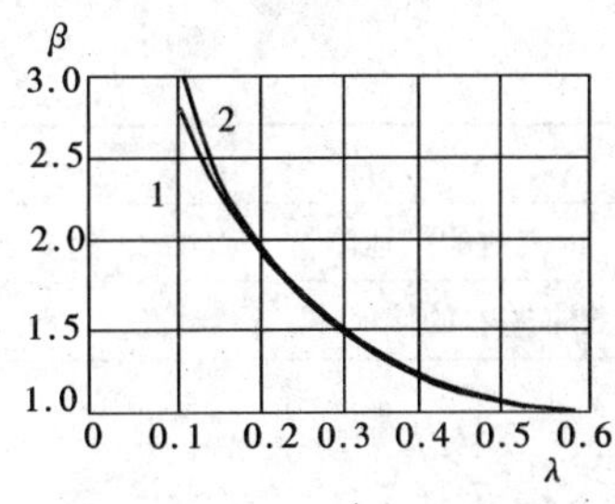

图 16－3 β 和 λ 值的关系曲线

1—土壤为均匀构造；2—土壤为不均匀构造

图中 λ 为建筑密度的建筑系数，由下式求得：

$$\lambda = \frac{\sum_{1}^{n} S_i}{S} \qquad (16-14)$$

式中 $\sum_{1}^{n} S_i$——电厂内具有钢筋混凝土基础并采取钢筋接地措施的生产性建筑物占地面积的总和（m^2）；

S——电厂总平面的面积（m^2）。

【例 1】

（1）3×20 万 kW 主厂房 $a \times b = 230 \times 90$（$m^2$）代入式（16－12）

$$R = \frac{K\rho}{\sqrt{ab}} = \frac{0.45 \times 80}{\sqrt{230 \times 90}} = \frac{36}{143.9} = 0.25\Omega$$

其中假定 $\rho = 80\Omega \cdot m$（砂质粘土）。

$a/b = 2.561$ 由图 16－2 曲线查取 $K = 0.45$。

（2）电厂总平面 $a \times b = 900 \times 600$（$m^2$）

$a/b = 1.33$，由图 16－2 查取 $K = 0.475$，

$$R = \frac{0.475 \times 80}{\sqrt{900 \times 600}} = 0.0517\Omega$$

假定 $\lambda = 0.15$ 由图 16－3 查 $\beta = 2.5$

$$R_{zh} = \beta R = 2.5 \times 0.0517 = 0.13\Omega$$

四、人工接地体工频接地电阻的计算

人工接地体通常是由垂直埋设的棒形接地体和水平接地体组合而成。棒形接地体可以利用钢管、槽钢、角钢等制成。水平接地体可以利用扁钢、圆钢等制成。

1. 单根垂直接地体的接地电阻 R_c（$l \gg d$ 见图 16－4）

$$R_c = \frac{\rho}{2\pi l} \ln \frac{4l}{d} \qquad (16-15)$$

式中 ρ——土壤电阻率（$\Omega \cdot m$）；

l——垂直接地体长度（m）；

d——接地体的直径（m）。

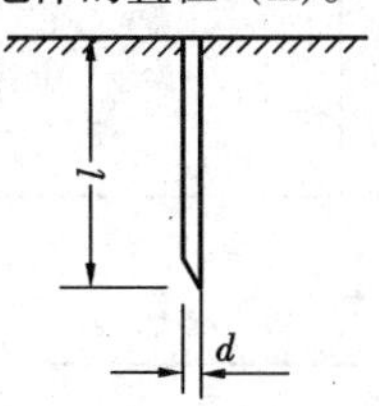

图 16－4 垂直接地体

对于扁钢 $d = \frac{b}{2}$，b 为扁钢宽度；对于角钢 $d = 0.71 \times \sqrt[4]{b_1 b_2 (b_1^2 + b_2^2)}$，$b_1$，$b_2$ 为角钢边长；对于等边角钢 $d = 0.84 b_1$，$b_1 = b_2$。

2. 不同形状水平接地体的接地电阻 R_p

$$R_p = \frac{\rho}{2\pi L}\left(\ln \frac{L^2}{hd} + A\right) \qquad (16-16)$$

式中 L——水平接地体的总长度（m）；

h——水平接地体的埋设深度（m）；

d——水平接地体的直径或等效直径（m）；

A——水平接地体的形状系数，见表 16－7。

表 16－7 水平接地体的形状系数 A 值

形状	—	└	人	＋	米(6)	米(8)	□	○
A	0	0.378	0.867	2.14	5.27	8.81	1.69	0.48

3. 以水平接地体为主，且边缘闭合的复合接地体的接地电阻

$$R_w = \frac{\sqrt{\pi}}{4} \times \frac{\rho}{\sqrt{S}} + \frac{\rho}{2\pi L} \ln \frac{L^2}{1.6hd \times 10^4} \quad (16-17)$$

式中　R_w——复合接地体的接地电阻（Ω）；

S——接地网的总面积（m^2）；

L——接地体的总长度，包括垂直接地体在内（m）；

d——水平接地体的直径或等效直径（m）；

h——水平接地体的埋设深度（m）。

4. 人工接地体工频接地电阻的估算式可按表 16－8。

五、接地体冲击接地电阻

1. 单独接地体的冲击接地电阻 R_{ch}：

$$R_{ch} = \alpha R \quad (16-18)$$

式中　R——单独接地体的工频接地电阻（Ω）；

α——单独接地体的冲击系数，见表 16－9～表 16－11。

表 16－8　　接地电阻估算式（Ω）

接地体型式	估　算　式	备　　注
垂直式	$R \approx 0.3\rho$	长度 3m 左右的接地体
单根水平式	$R \approx 0.03\rho$	长度 60m 左右的接地体
复合式接地网	$R \approx 0.5\frac{\rho}{\sqrt{S_\Sigma}} = 0.28\frac{\rho}{r}$ 或 $R \approx \frac{\rho}{4\sqrt{\frac{S_\Sigma}{\pi}}} + \frac{\rho}{l_\Sigma}$ $= \frac{\rho}{4r} + \frac{\rho}{l_\Sigma}$	S_Σ 为大于 $100m^2$ 的闭合接地网的总面积； r 为与 S_Σ 等值的圆的半径，即等值半径（m）； l_Σ 为接地体的总长度（m）

表 16－9　　单独接地体的冲击系数（一）

土壤电阻率（Ω·m）	冲击电流（kA）			
	5	10	20	40
100	0.85～0.90	0.75～0.85	0.6～0.75	0.5～0.6
500	0.6～0.7	0.5～0.6	0.35～0.45	0.25～0.30
1000	0.45～0.55	0.35～0.45	0.25～0.30	

注　表中较大值用于 3m 长的接地体，较小值用于 2m 长的接地体。

表 16－10　　单独接地体的冲击系数（二）

土壤电阻率（Ω·m）	长度（m）	冲击电流（kA）				土壤电阻率（Ω·m）	长度（m）	冲击电流（kA）			
		5	10	20	40			5	10	20	40
100	5	0.80	0.75	0.65	0.50	1000	10	0.60	0.55	0.45	0.35
	10	1.05	1.00	0.90	0.80		20	0.80	0.75	0.60	0.50
	20	1.20	1.15	1.05	0.95		40	1.00	0.95	0.85	0.75
							60	1.20	1.15	1.10	0.95
500	5	0.60	0.55	0.45	0.30	2000	20	0.65	0.60	0.50	0.40
	10	0.80	0.75	0.60	0.45		40	0.80	0.75	0.65	0.55
	20	0.95	0.90	0.75	0.60		60	0.95	0.90	0.80	0.75
	30	1.05	1.00	0.90	0.80		80	1.10	1.05	0.95	0.90
							100	1.25	1.20	1.10	1.05

表 16-11 单独接地体的冲击系数（三）

土壤电阻率 (Ω·m)	100			500			1000		
冲击电流 (kA)	20	40	80	20	40	80	20	40	80
环直径 4m	0.60	0.45	0.35	0.50	0.40	0.25	0.35	0.25	0.20
环直径 8m	0.75	0.65	0.55	0.55	0.45	0.30	0.40	0.30	0.25
环直径 12m	0.80	0.70	0.60	0.60	0.50	0.35	0.45	0.40	0.30

注 在计算环形接地装置的冲击接地电阻 R_{ch}时，其工频接地电阻 R 可按稳态公式计算，计算时不考虑连线的对地电导。

表 16-9 为长 2~3m、直径 6cm 以下的垂直接地体，冲击电流波头 3~6μs 时的冲击系数 α。

表 16-10 为宽 2~4cm 扁钢或直径 1~2cm 圆钢水平带形接地体由一端引入雷电流，冲击电流波头 3~6μs 时的冲击系数 α。

表 16-11 为宽 2~4cm 扁钢或直径 1~2cm 圆钢水平环形接地体，由环中心引入雷电流，引入处与环有 3~4 个连线，冲击电流波头 3~6μs 时的冲击系数 α。

计算中所用的土壤电阻率应取雷季中最大可能的数值，即

$$\rho = \rho_0 \psi \tag{16-19}$$

式中 ρ_0——雷季中无雨水时测得的土壤电阻率 (Ω·m)；

ψ——考虑土壤干燥所取得的季节系数，见表 16-12。

表 16-12 防雷接地装置的季节系数 ψ

埋 深 (m)	ψ 值	
	水平接地体	2~3m 的垂直接地体
0.5	1.4~1.8	1.2~1.4
0.8~1.0	1.25~1.45	1.15~1.3
2.5~3.0 (深埋接地体)	1.0~1.1	1.0~1.1

注 测定土壤电阻率时，如土壤比较干燥，则应采用表中的较小值，如比较潮湿，则应采用较大值。

2. 复合接地体的冲击接地电阻

如接地装置由很多水平接地体或垂直接地体组成，为减少相邻接地体的屏蔽作用，垂直接地体的间距不应小于其长度的两倍；水平接地体的间距可根据具体情况确定，但不宜小于 5m。

(1) n 根等长水平放射形接地体的冲击接地电阻 R_{pch}：

$$R_{pch} = \frac{R'_{pch}}{n\eta_{ch}} \tag{16-20}$$

式中 R'_{pch}——每根水平放射形接地体的冲击接地电阻 (Ω)；

η_{ch}——接地体的冲击利用系数（见表 16-13）。

表 16-13 接地体的冲击利用系数 η_{ch}

接地体型式	接地导体的根数	冲击利用系数	备 注
n 根水平射线 (每根长 10~80m)	2 3 4~6	0.83~1.00 0.75~0.90 0.65~0.80	较小值用于较短的射线
以水平接地体连接的垂直接地体	2 3 4 6	0.80~0.85 0.70~0.80 0.70~0.75 0.65~0.70	$\frac{D\text{（垂直接地体间距）}}{l\text{（垂直接地体长度）}}=2\sim3$，较小值用于 $D/l=2$ 时
沿装配式基础周围敷设的深埋式接地体	一个基础的各接地导体之间铁塔的各基础间 门型、拉线门型杆塔的各基础间	0.7 0.4 0.8	

续表

接地体型式	接地导体的根数	冲击利用系数	备　　注
自然接地体	拉线棒与拉线盘间 铁塔的各基础间 门型、各种拉线杆塔的各基础间	0.6 0.4~0.5 0.7	
深埋式接地体与装配式基础间	各型杆塔	0.75~0.80	
深埋式接地体与射线间	各型杆塔	0.80~0.85	

注　工频利用系数，一般为 $\eta \approx \eta_{ch}/0.9 \leqslant 1$。但拉线棒与拉线盘间，以及铁塔的各基础间，包括深埋式接地或自然接地 $\eta \approx \eta_{ch}/0.7$。

(2) 由水平接地体连接的 n 根垂直接地体的冲击接地电阻 R_{cch}：

$$R_{cch} = \frac{\frac{R'_{cch}}{n} R_{pch}}{\left(\frac{R'_{cch}}{n} + R_{pch}\right)\eta_{ch}} \tag{16-21}$$

式中　R'_{cch}——每根垂直接地体的冲击接地电阻 (Ω)；

R_{pch}——水平接地体的冲击接地电阻 (Ω)。

第 16-3 节　高土壤电阻率地区的接地装置

一、接地要求及降低土壤电阻率的措施

在高土壤电阻率 ($\rho > 500\Omega \cdot m$) 地区，接地装置要做到规定的接地电阻值可能会在技术经济上极不合理。因此，其接地电阻允许值可相应放宽。

在小接地短路电流系统中，电力设备的接地电阻 ≤30Ω。

发电厂和变电所的接地电阻≤15Ω。但应满足发生单相接地或同点两相接地时，接触电压和跨步电压的要求（详见 16-5 节）。

在大接地短路电流系统中，发电厂、变电所的接地电阻≤5Ω，但应满足第 16-4 节的要求。

独立避雷针（线）的独立接地装置的接地电阻作到 10Ω 有困难时，允许采用较高的接地电阻值，并可与主接地网连接，但从避雷针与主接地网的地下连接点至 35kV 及以下设备的接地线与主接地网的地下连接点，沿接地体的长度不得小于 15m，且避雷针到被保护设施的空气中距离和地中距离还应符合防止避雷针对被保护设备反击的要求。

在高土壤电阻率地区，应尽量降低其接地电阻，有下列措施可供选用。

1. 敷设引外接地体

如在电力设备附近 1km 以内有电阻率较低的土壤，可敷设引外接地体，以降低厂、所内的接地电阻。经过公路的引外线，埋设深度不应小于 0.8m。

对独立避雷针的引外接地，如附近有低电阻率的地层，为了减小冲击接地电阻，可以采用引外接地，其引外长度可由下式计算：

$$L_{max} = 1.67\rho^{0.4} + 25 \text{ (m)} \tag{16-22}$$

式中　ρ——土壤电阻率，$\rho \geqslant 500\Omega \cdot m$。

超过最大引外长度时，引外接地效果不大。

2. 深埋式接地体

如地下较深处的土壤电阻率较低，可用井式或深埋式接地体。

在埋设地点选择时，应考虑以下几点：

(1) 选在地下水较丰富及地下水位较高的地方。

(2) 接地网附近如有金属矿体，可将接地体插入矿体上，利用矿体来延长或扩大人工接地体的几何尺寸。

(3) 多年冻土地区，深埋接地体可选在融区处。

(4) 深埋接地体的间距宜大于 20m，可不计互相屏蔽的影响。

3. 填充电阻率较低的物质（或降组剂）

(1) 填充物要因地制宜，最好利用附近工厂的废渣，做到综合利用。置换材料的特性应保证：电阻率低、不易流失、性能稳定、易于吸收和保持水分、无强烈腐蚀作用，并且施工简便、经济合理。

根据运行经验，以电石渣和低电阻率的粘土 (ρ

≤100Ω·m）各半，加入5%食盐作成的置换材料较好，电阻率比较稳定。

填充物也可用好土及铁屑或中性长效降阻剂。国外有用三铬化钠和铬化物的。它不易被雨水溶解冲掉，是造纸厂的废料，较便宜。

近年来我国研制采用长效降阻剂取得了较满意的效果。

由北京化工学院研制、大连耐火材料厂钓鱼台分厂生产的“BXXA型长效化学接地电阻降阻剂”具有高导电性，在水中也不会流失，预计本降阻剂可有效运行10年。与常规改善接地电阻方法相比，采用这种降阻剂法，一般可节约投资和钢材50%左右，具有明显的经济效益。由于降阻剂中含有大量盐分，冰点下降，因此不仅在高土壤电阻率地区，而且在永冻地区降阻也是有效的方法。但该降阻剂有一定毒性，对人体有害在使用时要引起注意。

由安徽省电力试验研究所研制，南京汤山膨润土长效降阻剂厂生产的“膨润土防腐长效降阻剂”，实测表明：接地电阻稳定，不受季节影响，降阻效果显著；还可有效地降低设备接触电压；价格低廉、施工简便。在敷设接地极时，为防止接地极与土壤接触部分的电化腐蚀，在该段接地体上需均匀地涂上两层沥青。

若使用上述两种降阻剂时，需向厂家订购，其详细使用办法见各厂的说明书。

(2) 填充方法可采用人工接地坑（或沟）。

采用低电阻率的材料置换接地体附近小范围内的高电阻率的土石，对于减小单个或集中接地体的工频接地电阻具有显著的效果。但对于减小冲击接地电阻的效果却不大，甚至在大的冲击电流作用下，置换材料被电弧和火花放电所短路，不起作用。因此，当用于冲击接地时，在技术经济条件允许的情况下，应适当增大人工接地坑（沟）的几何尺寸。

置换材料必须磨碎。填入坑（沟）内的置换材料应分层捣紧，敷设时应保持25～30%的湿度。为防止可溶物流失以及季节变化对材料电阻率的影响，在材料四周可填置一层低电阻率的粘土。

4. 敷设水下接地网

(1) 首先充分利用水工建筑物（水塔、水井、水池等）以及其它与水接触的金属部分作为自然接地体。此时在水下钢筋混凝土结构物内绑扎成的许多钢筋网中，选择一些纵横交叉点加以电焊，并与接地网连接起来。当水的电阻率 $\rho=10\sim50\Omega\cdot m$ 时，位于水下钢筋混凝土每 $100m^2$ 表面积散流电阻约为 $2\sim3\Omega$。

(2) 当利用水工建筑物作为自然接地体仍不能满足要求或有困难时，应优先在就近的水中（河水、井水、池水）敷设引外接地装置。该人工接地装置应注意如下几点：

1) 尽可能敷设于水源流速不大处或静水中，并妥为固定。在静水中可用大石压住，动水中则需少量锚固。

2) 在水域宽阔处，首先应尽可能增大占用水域的面积，其次才向水域的长度方向发展。

3) 水下接地网应与自然接地体保持足够的距离，以减少相互屏蔽的影响。

4) 水下接地网与岸上接地网的连接，可以利用自然接地体。有条件时，在连接处宜设置接地测量井。

5) 若水中含有较严重的腐蚀物时，钢材应镀锌，或采取其它防腐措施。

6) 当用河水时，只有含盐量较大时才有效。

5. 充分利用架空线路的地线

把进所线路的地线全部连接起来，电流通过地线散流，对降低接地电阻也是有效的。

6. 永冻地区采取降低土壤电阻率的特殊措施

多年冻土的电阻率极高，可达未冻土电阻率的数十倍。可采取以下降低其土壤电阻率的特殊措施：

(1) 将接地装置敷设在溶化地带或溶化地带的水池或水坑中；

(2) 敷设深钻式接地体，或充分利用井管或其它深埋在地下的金属构件作接地体；

(3) 在房屋溶化范围内敷设接地装置；

(4) 除深埋式接地体外，还应敷设深度约0.5m伸长接地体，以便在夏季地表层化冻时起散流作用；

(5) 在接地体周围人工处理土壤，以降低冻结温度和土壤电阻率。

二、水下接地网接地电阻的估算

水下接地网一般可用20×4（mm^2）的扁钢或 $\phi10$ 的圆钢焊成外缘闭合的矩形网，网内用纵横连接带构成的网孔不宜多于32个。

当河水电阻率 ρ_s 和河床（含水岩石）电阻率 ρ_0 之比为1∶6时，水下接地网的接地电阻可按下式计算：

$$R_w = K_s \frac{\rho_s}{40} \tag{16-23}$$

式中 K_s——接地电阻系数，可由图16－5曲线查得，图中 H 为水深。

当河水电阻率 ρ_s 和河床电阻率 ρ_0 之比为1∶4或1∶10时，水下接地网的接地电阻系数可按图16－6或图16－7查得。

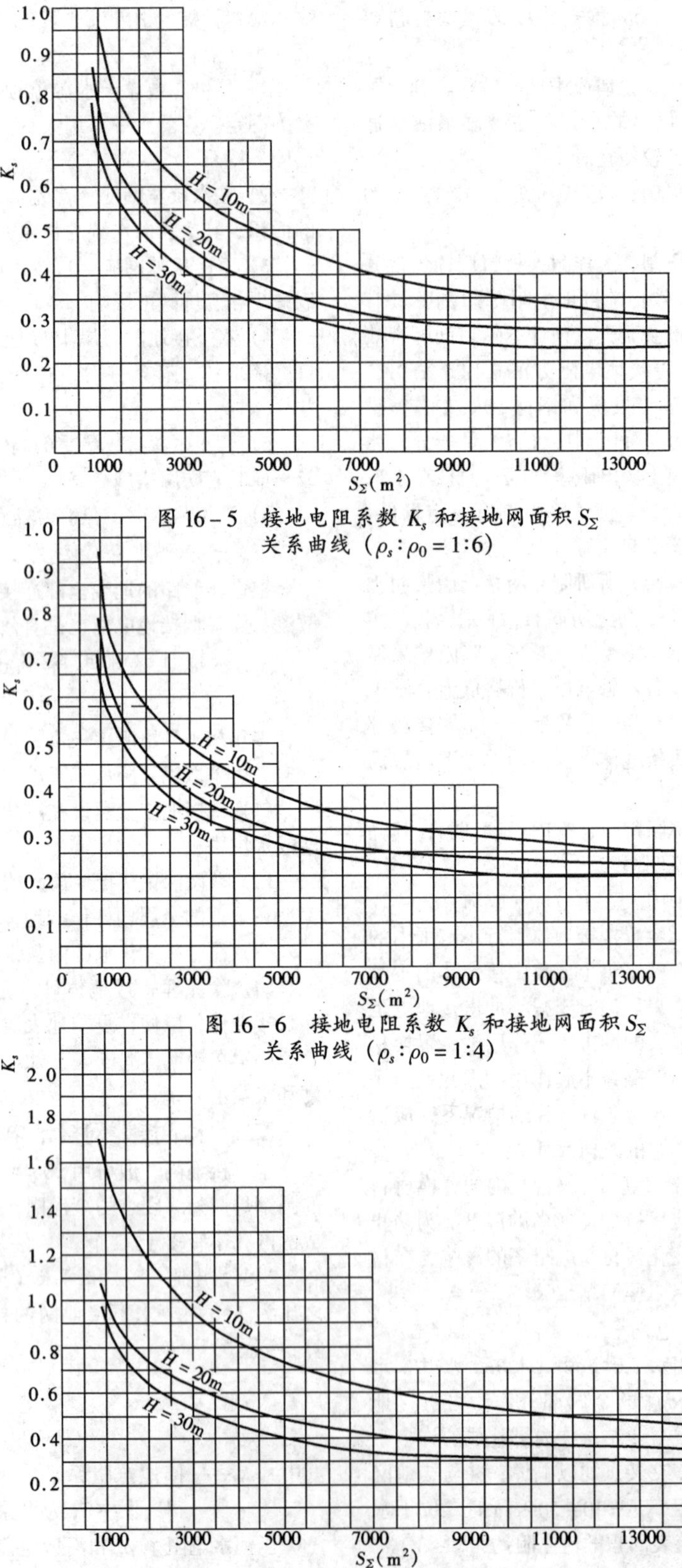

图 16-5 接地电阻系数 K_s 和接地网面积 S_Σ 关系曲线（$\rho_s:\rho_0=1:6$）

图 16-6 接地电阻系数 K_s 和接地网面积 S_Σ 关系曲线（$\rho_s:\rho_0=1:4$）

图 16-7 接地电阻系数 K_s 和接地网面积 S_Σ 关系曲线（$\rho_s:\rho_0=1:6$）

三、深埋接地体的接地电阻估算

$$\left.\begin{aligned}R_m&=\frac{\rho}{2\pi l}\ln\frac{4l}{d}\\ \rho&=\frac{\rho_1\rho_2}{\frac{H}{l}(\rho_1-\rho_2)+\rho_1}\end{aligned}\right\}\tag{16－24}$$

上二式中　R_m——深埋接地体的接地电阻（Ω）；

ρ——深埋接地体的土壤等值电阻率（Ω·m）；

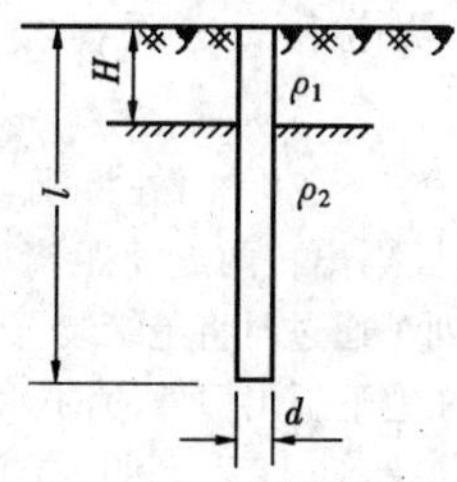

图 16－8　深埋接地体示意图

ρ_1——覆盖层电阻率（Ω·m）；

ρ_2——受地下水浸渍的土壤或岩石层的电阻率（Ω·m）；

H——覆盖层厚度（m）；

l——垂直接地体长度（m）；

d——接地体直径（m）。

四、人工改善土壤电阻率的接地电阻

1. 人工接地坑

因为最大的电位梯度发生在距垂直接地体边缘0.5～1m处，并考虑到施工困难，所以人工接地坑的坑径不宜过大，一般可用上部直径2m，下部直径1m，坑深3m左右，接地体长度为2.5～3m，埋深为0.6～0.8m（图16－9）。

人工接地坑的接地电阻一般应由现场测量得到。当已知置换材料和原地层的电阻率时，也可用下式估算：

$$R_k=\frac{\rho_y}{2\pi l}\ln\frac{4l}{d_1}+\frac{\rho_z}{2\pi l}\ln\frac{d_1}{d}\tag{16－25}$$

式中　R_k——人工接地坑的接地电阻（Ω）；

ρ_z——置换材料的电阻率（Ω·m）；

ρ_y——原地层的电阻率（Ω·m）；

l——垂直接地体长度（m）；

d——垂直接地体直径（m），对扁钢和角钢见式（16－15）说明；

d_1——计算直径（m）。

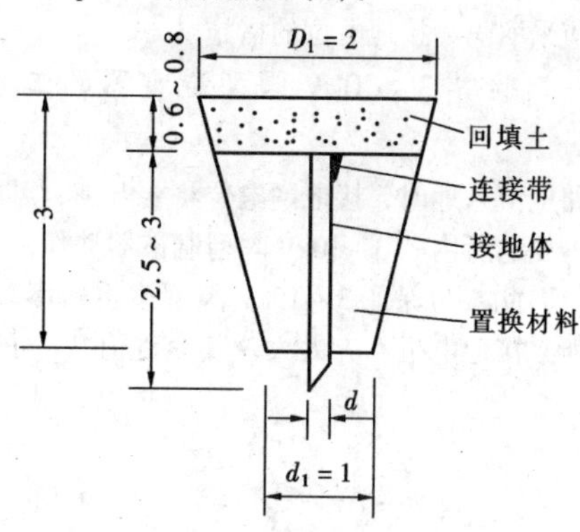

图 16－9　人工接地坑

2. 人工接地沟

人工接地沟的几何尺寸，一般上部宽度 $B_1=1.6$m，下部宽度 $B_2=0.8$m，沟深1.1～1.3m，接地体埋深0.6～0.8m，计算直径1m，如图16－10所示。

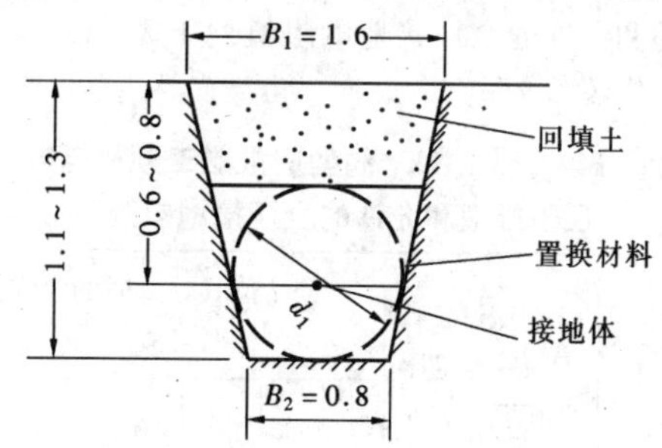

图 16－10　人工接地沟

接地电阻可用下式估算：

$$R_g=\frac{\rho_y}{2\pi l_p}\ln\frac{2l_p}{d_1}+\frac{\rho_z}{2\pi l_p}\ln\frac{l_p}{d}\tag{16－26}$$

式中　R_g——人工接地沟的接地电阻（Ω）；

l_p——水平接地体长度（m）；

d_1——计算直径（人工接地沟梯形断面的内切圆直径）（m）；

d——水平接地体直径（m），对扁钢见式（16－15）说明；

其它符号说明与式（16－25）相同。

五、工频反击过电压及其保护措施

在大接地短路电流系统中，高土壤电阻率地区的发电厂和变电所，当接地电阻达不到规定值时，电阻允许值可以放宽，但应满足下列要求：①设计接地网时，应验算接触电压和跨步电压(详见16－4节)；

②当接地电位升高时，计入短路电流非周期分量的影响，发电厂、变电所内的3～10kV阀型避雷器不应动作；③应采取隔离接地电位的措施。

（一）验算3～10kV阀型避雷器的工频放电电压

短路电流入地时，接地网电位将要升高，可能使发电厂、变电所内的3～10kV阀型避雷器动作甚至发生爆炸。因此，为保证3～10kV阀型避雷器不动作，全厂（所）接地电阻不应太大，其允许值 R_Σ 可用下式计算：

$$R_\Sigma \leqslant \frac{U_{gf} - U_e/\sqrt{3}}{1.8I} \qquad (16-27)$$

式中 U_{gf}——3～10kV阀型避雷器工频放电电压下限值（kV）；

I——计算用入地短路电流，该值应计入短路电流的非周期分量（kA）；

U_e——额定线电压（kV）。

FS-3～FS-10系列阀型避雷器的工频放电电压下限值和允许的全厂接地电阻值列于表16-14中，供设计中参考。

表16-14 3～10kV阀型避雷器工频放电电压下限值和允许的全厂接地电阻

额定线电压（kV）	FS阀型避雷器工频放电电压下限值（kV）	不同 I 值（kA）时的允许接地电阻值（Ω）					
		1	2	4	6	8	10
3	9	4	2.0	1.00	0.67	0.50	0.40
6	16	7	3.5	1.75	1.17	0.88	0.70
10	26	11	5.5	2.75	1.83	1.38	1.10

（二）低压线路隔离接地电位的措施

为防止高电位引向厂外，及低电位引向厂内，对低压线路应采取隔离措施。

（1）引出厂区外的低压线路，最好使用架空线路（加强绝缘）。其电源中性点不在厂区内接地，改在用户处单独接地，以免将接地网的高电位引出。

在厂区内的水泥杆铁横担低压线路，也不宜接地。

（2）引出厂区外的低压线路，如在电源侧安装有低压避雷器时，宜在避雷器前接入一组RC1A或RL1型熔断器，熔体的额定电流为5A。接地网的暂态电位升高，使避雷器击穿放电后造成短路、熔体熔断，从而隔离接地电位。

（3）采用电缆向厂区外的用户供电时，除电源中性点不在厂区内接地而改在用户处接地外，最好使用全塑电缆。如为铠装电缆，电缆在进入用户处，应将钢铠或铅（铝）外皮剥掉0.5～1m，或采用其它隔离或绝缘措施。

（4）与厂用变压器共用电源的低压引出线路，宜在用户进线处的相线和零线上装设自动空气开关，开关后面的相线和零线上安装击穿保险器。这样，当接地网的高电位引入用户，避雷器击穿放电造成短路时，利用自动空气开关的瞬时脱扣器便可迅速同零线一并切除。

（三）铁路轨道和管道隔离接地电位的措施

（1）铁路轨道，至少在两处将钢轨接头用耐压50kV的绝缘鱼尾板隔离，两处间距离应大于一列火车的长度，以防列车通过时将绝缘装置短路。

（2）直接埋在地下引出厂外的油、水、气管，不需要采取隔离电位措施。实践证明，在厂区外的水管上的电位，只有电流流入处电位的一小部分。

（3）架空引出厂区外的金属管道，宜采用一段绝缘的管段，或在法兰连接处加装橡皮垫、绝缘垫圈和将螺栓穿在绝缘套内等绝缘措施。

（四）通讯线路的保护措施

通讯线路的保护措施有以下几种方法。

（1）采用用户保安器保护，如图16-11所示。当接地网电位升高时，保安器击穿放电造成短路，管形熔丝熔断，一般能隔离接地电位。但需要人工处理间隙和更换熔丝后，才能恢复通讯。

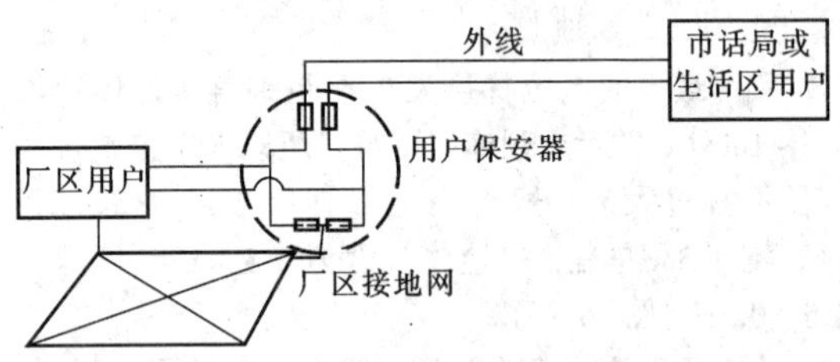

图16-11 采用用户保安器保护通讯线路

（2）采用排流线圈和放电器保护，如图16-12所示。这种方法的优点是可以自动恢复通讯。缺点是将接地网的高电位引到市话局或生活区用户处，故在用户侧需加装保安器。

（3）在电信回路中接入隔离变压器，是隔离接地电位的有效方法。缺点是对人工电话振铃回路或自动电话振铃回路及拨号回路的低频信号电流产生较大的衰耗和畸变。

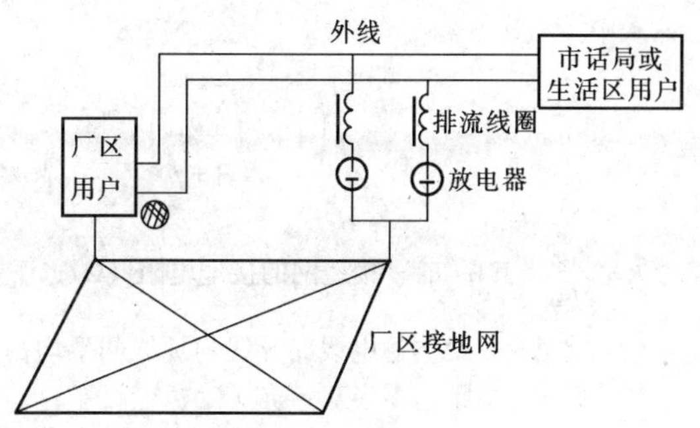

图 16－12　采用排流线圈和放电器保护通讯线路

第 16－4 节　接触电压和跨步电压

一、接触电压和跨步电压及其允许值

1. 接触电压和跨步电压的概念

如图 16－13 所示，当接地短路电流流过接地装置时，大地表面形成分布电位，在地面上离设备水平距离为 0.8m 处与沿设备外壳、架构或墙壁离地面的垂直距离为 1.8m 处两点间的电位差，称为接触电势；人们接触该两点时所承受的电压称为接触电压。接地网网孔中心对接地网接地体的最大电位差，称为最大接触电势；人们接触该两点时所承受的电压称为最大接触电压。

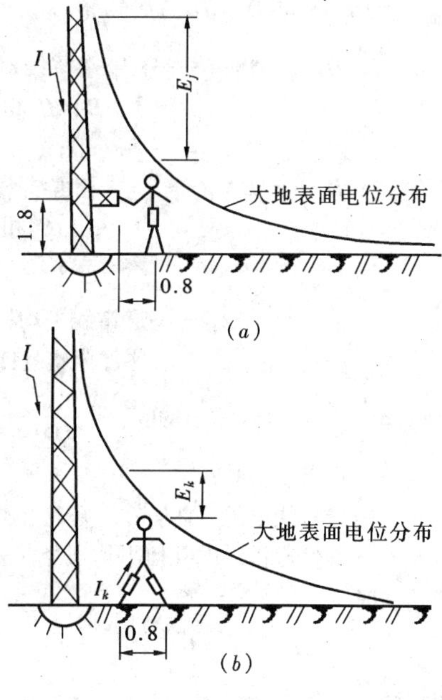

图 16－13　接地网的接触电势和跨步电势
（a）接触电势；（b）跨步电势

地面上水平距离为 0.8m 的两点间的电位差，称为跨步电势；人体两脚接触该两点时所承受的电压，称为跨步电压。接地网外的地面上水平距离 0.8m 处对接地网边缘接地体的电位差，称为最大跨步电势；人体两脚接触该两点时所承受的电压，称为最大跨步电压。

实际上，人体受电击时，常常是在离设备较远处接触到被接地的与接地网同电位的设备外壳、支架、操动机构、金属遮栏等物件。因此，计算接触电势时，采用所谓网孔电势，即指接地网方格网孔中心地面上与接地网的电位差。对长条网孔而言，是指相当于方格网孔中心地面上的地方与接地网的电位差。接地网内的最大接触电势，发生在边角网孔上，对长条网孔接地网而言，发生在相当于方格网孔边角孔的地方。最大跨步电势发生在接地网外直角处，且距接地网外缘距离为（$h_p-0.4$）和（$h_p+0.4$）的两点间（h_p 为埋深，m）。

由于接地网内绝大部分地区的接触电势都要比边角网孔的接触电势小；在边角网孔地区，通常并没有布置什么设备，而是作为交通道路，堆放备品，贮存材料等用。因此，只要在这些边角网孔的地区，适当加强均压，或敷设高电阻率的地面层，就可以相当安全的采用次边角网孔的接触电势，即指用边角网孔沿接地网对角线相邻的网孔电势来设计。

对方格网孔而言，次边角网孔电势比边角网孔电势小 30%左右；对长条网孔而言，小 20%左右。

2. 接触电势和跨步电势的允许值

在大接地短路电流系统发生单相接地或同点两相接地时，发电厂、变电所电力设备接地装置的接触电势和跨步电势不应超过下列数值：

$$E_j=\frac{250+0.25\rho_b}{\sqrt{t}} \tag{16-28}$$

$$E_k=\frac{250+\rho_b}{\sqrt{t}} \tag{16-29}$$

式中　E_j——接触电势；

E_k——跨步电势；

ρ_b——人脚站立处地表面的土壤电阻率（Ω·m）；

t——接地短路电流的持续时间（s）。

以上两式是按人体通过电流允许值为$\frac{165}{\sqrt{t}}$（mA）和人体电阻为 1500Ω 导出的。接地短路电流持续时间 t 采用主保护动作时间加相应的断路器全分闸时间。

如故障回路具有重合闸装置时，两次短暂电击之间的无电流时间不应计入，且间断的两次电击对人体影响的严重程度比只承受一次重要，比两次连续承受要轻。因此，t 值可按一次电击时间并适当加大。

在小接地短路电流系统发生单相接地时，一般不迅速切除故障、此时发电厂、变电所、电力设备接地装置的接触电势和跨步电势不应超过下列数值：

$$E_j = 50 + 0.05\rho_b \qquad (16-30)$$

$$E_k = 50 + 0.2\rho_b \qquad (16-31)$$

在条件特别恶劣的场所，例如矿山井下和水田中，接触电势和跨步电势的允许值宜适当降低。

二、接触电势和跨步电势的计算

1. 入地短路电流的计算

当在厂、所内发生接地短路时，流经接地装置的电流可按下式计算：

$$I = (I_{\max} - I_z)(1 - K_{f1}) \qquad (16-32)$$

当在厂、所外发生接地短路时，流经接地装置的电流可按下式计算：

$$I = I_z(1 - K_{f2}) \qquad (16-33)$$

上两式中 I——入地短路电流（A）；

$I_{\max}$——接地短路时的最大接地短路电流（A）；

I_z——发生最大接地短路电流时，流经发电厂、变电所接地中性点的最大接地短路电流（A）；

K_{f1}、K_{f2}——分别为厂、所内、外短路时，避雷线的工频分流系数。

计算用的入地短路电流取上两式中较大的 I 值。

2. 避雷线的工频分流系数计算

(1) 接地网内短路时，工频分流系数 K_{f1} 可用下式计算：

$$K_{f1} = \left| \frac{\dot{Z}_{m0}}{\dot{Z}_{b0}} + \left(1 - \frac{\dot{Z}_{m0}}{\dot{Z}_{b0}}\right) e^{-\beta} \right| \qquad (16-34)$$

初步估计时，$K_{f1} = 0.5$。

(2) 接地网外短路时，工频分流系数 K_{f2} 可用下式计算：

$$K_{f2} = \left| \frac{\dot{Z}_{m0}}{\dot{Z}_{b0}} \right| \qquad (16-35)$$

初步估计时，$K_{f2} = 0.1$。

上两式中

$$e^{-\beta} = 1 - \sqrt{\frac{\dot{b}}{4 + \dot{b}}} \Bigg/ \left(1 + \sqrt{\frac{\dot{b}}{4 + \dot{b}}}\right)$$

$\dot{b} = \dfrac{\dot{Z}_{b0}}{3R_w}$，其中 R_w = 接地网的接地电阻（Ω）；

$\dot{Z}_{m0}$——架空输电线路导线与地线间平均档距的零序互感抗（Ω）；

$$\dot{Z}_{m0} = \left(0.15 + j\,0.189\ln\frac{D_g}{D_{1-2}}\right)\frac{L_{pj}}{1000};$$

L_{pj}——线路平均档距（m）；

D_g——避雷线对地的等价镜象距离（m），

$$D_g = \frac{1.94 \times 10^{-3}}{\sqrt{\dfrac{f}{\rho_{pj}} \times 10^{-11}}};$$

f——频率，取 $f = 50$Hz；

ρ_{pj}——线路所经地段的土壤电阻率平均值（Ω·m）；

D_{1-2}——避雷线对导线的几何平均距离（m）；

双避雷线时

$$D_{1-2} = \sqrt[6]{D_{1-A}D_{1-B}D_{1-C}D_{2-A}D_{2-B}D_{2-C}}$$

单避雷线时

$$D_{1-2} = \sqrt[3]{D_{1-A}D_{1-B}D_{1-C}}$$

D_{1-A}、D_{1-B}、D_{1-C}——1 号避雷线对导线 A、B、C 相的距离（m）；

D_{2-A}、D_{2-B}、D_{2-C}——2 号避雷线对导线 A、B、C 相的距离（m）；

$\dot{Z}_{b0}$——避雷线平均档距的零序阻抗（Ω）；

$$\dot{Z}_{b0} = \left(\frac{3r}{p} + 0.15 + j0.189\ln\frac{D_g}{R_g}\right)\frac{L_{pj}}{1000}$$

p——避雷线根数；

r——避雷线电阻（Ω/km），见表 16-15；

R_g——等价避雷线的几何平均半径（m）。

双避雷线时

$$R_g = \sqrt{r_m D_m}$$

单避雷线时 $R_g = r_m$

上两式中 D_m——避雷线线间距离（m）；

$r_m = 0.95r_0$，用于钢芯铝线；

r_0——避雷线半径（m），见表 16-15；

表 16－15　钢绞线和钢芯铝线的电阻和内感抗

钢　绞　线　GJ			
截面/半径（mm^2/mm）	35/3.9	50/4.6	70/5.75
电　阻（Ω/km）	4.6	3.5	2.2
内感抗（Ω/km）	2.4	1.5	1.2
钢　芯　铝　线　LGJ			
截面/半径（mm^2/mm）	120/7.6	150/8.5	185/9.5
电　阻（Ω/km）	0.27	0.21	0.17

$r_m = r_0 \times 10^{-6.9x_{ne}}$（m），用于钢绞线；

x_{ne}——单位长度钢绞线的内感抗（Ω/km），见表 16－15。

3．计算工频分流系数的要点

（1）计算工频分流系数时，应了解避雷线有无绝缘装置。对无绝缘装置的避雷线，才考虑避雷线的分流。

（2）计算接地网内短路避雷线的工频分流系数时，需要已知接地网的接地电阻，其方法如下：

1）预先估计一个可能达到的接地电阻 R_w，由式（16－32）和式（16－33）算出 I，而 I 和 R_w 的乘积应满足 $IR_w \leqslant 2000$（V）。

2）如果估计到 $I > 4000$A，则取 $R_w = 0.5\Omega$。

3）在高电阻率地区，当不能满足 $R_w \leqslant 0.5\Omega$ 或 $R_w \leqslant \dfrac{2000}{I}$ 时，可按现场情况取一个接地电阻 R_w，但不得超过 5Ω。由式（16－32）和式（16－33）可算出 I。除验算接触电势和跨步电势外，还应验算工频反击过电压。

（3）有多回与系统连接的架空输电线路时，计算用的工频分流系数 K_{f2} 应取其中分流系数最小者。

【例 2】 如图 16－14 所示，已知一回 110kV 线路的参数：导线型号 LGJ－185，避雷线型号 GJ－50，平均档距 $L_{pj} = 300$m，接地短路点单相接地短路电流 $I_z^{u(1)} = 4663$A，流经电厂变压器接地中性点的单相接地短路电流 $I_z = 1383$A。

（1）计算 $\dot{Z}_{m0}$、$\dot{Z}_{b0}$、$e^{-\beta}$：

1）计算 $\dot{Z}_{m0}$。若 $\rho = 500\Omega\cdot m$，则：

$$D_g = \frac{1.94 \times 10^{-3}}{\sqrt{\dfrac{50}{500} \times 10^{-11}}} = 1940\ (\text{m})$$

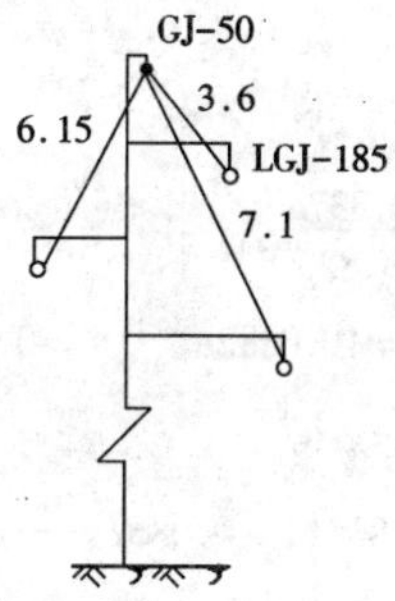

图 16－14　110kV 线路、直线杆示意图（单位：m）

由图 16－14 可得

$$D_{1-2} = \sqrt[3]{6.15 \times 3.6 \times 7.1} = 5.4\ (\text{m})$$

$$\dot{Z}_{m0} = \left(0.15 + j0.189\ln\frac{1940}{5.4}\right)\frac{300}{1000} = 0.337e^{j82°32'}$$

2）计算 $\dot{Z}_{b0}$。避雷线根数 $p = 1$；避雷线电阻由表 16－15 查得 $r = 3.5\Omega/km$；避雷线半径 $r_0 = 4.6 \times 10^{-3}$m；避雷器内感抗 $x_{ne} = 1.5\Omega/km$；

等价避雷线的几何平均半径：

$$R_g = 4.6 \times 10^{-3} \times 10^{-6.9 \times 1.5} = 2.055 \times 10^{-13}\ (\text{m})$$

$$\dot{Z}_{b0} = \left(\frac{3 \times 3.5}{1} + 0.15 + j0.189 \times \ln\frac{1940}{2.055 \times 10^{-13}}\right)\frac{300}{1000} = 3.82e^{j33°14'}\ (\Omega)$$

3）计算 $e^{-\beta}$。设全厂接地电阻为 $R_w = 1.32\Omega$，故得

$$\dot{b} - \frac{\dot{z}_{b0}}{3R_w} = \frac{3.82e^{j33°14'}}{3 \times 1.32} = 0.965e^{j33°14'}$$

所以　$$e^{-\beta} = 0.399^{-j14°6'}$$

（2）接地短路发生在接地网内时，工频分流系数 K_{f1} 及入地电流 I 值的计算：

由式（16－34）得

$$K_{f1} = \left|\frac{0.337e^{j82°32'}}{3.82e^{j33°14'}} + \left(1 - \frac{0.337e^{j82°32'}}{3.82e^{j33°14'}}\right)0.399e^{-j14°6'}\right| = |0.419e^{-j7°45'}| = 0.415$$

由式（16－32）得

$$I = (4663 - 1383)(1 - 0.415) = 1919\text{A}$$

（3）接地短路发生在接地网外时，K_{f2}、I 值

的计算：

由式（16－35）得

$$K_{f2}\left|\frac{0.337e^{j82°32'}}{3.82e^{j33°14'}}\right|$$
$$=|0.0882e^{j49°18'}|=0.0577$$

由式（16－33）得

$$I=1383（1-0.0862）=1263A$$

（4）110kV系统单相接地短路时，实测的工频分流系数为

接地网内 $K_{f1}=0.557$

接地网外 $K_{f2}=0.18$

4. 接地装置的电位

发生接地故障时，接地装置的电位按下式计算：

$$E_w=IR \tag{16-36}$$

式中 I——计算用入地短路电流（A）；

R——接地装置（包括人工接地网及与其连接的所有其它自然接地体）的接地电阻（Ω）。

5. 接地网的最大接触电势

发生接地短路时，接地网地表面的最大接触电势，即网孔中心对接地网接地体的最大电势按下式计算：

$$E_{jm}=K_jE_w \tag{16-37}$$

式中 E_{jm}——最大接触电势（V）；

K_j——接触系数。

当接地体的埋深 $h=0.6\sim0.8$m 时，K_j 可按下式计算：

$$K_j=K_nK_dK_s \tag{16-38}$$

式中 K_n、K_d、K_s——系数可采用表16－16所列数值。

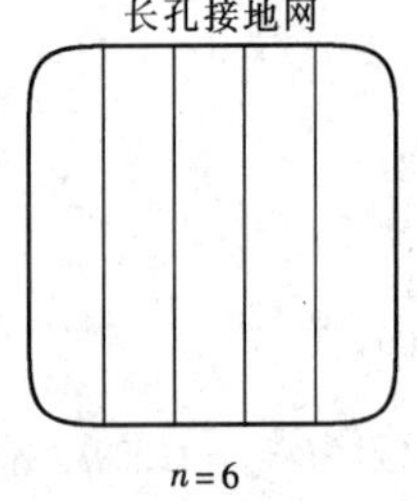

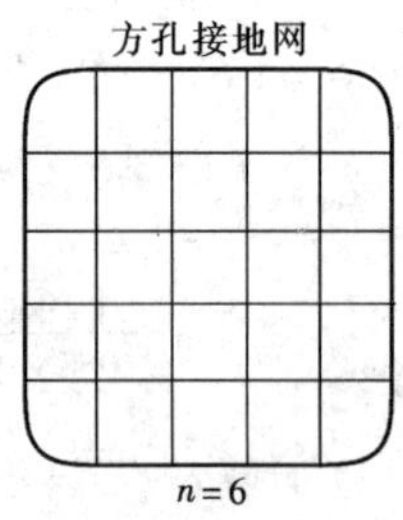

图16－15 长孔和方孔接地网示意图

6. 接地网的最大跨步电势

发生接地短路时，接地网外的地表面的最大跨步电势可按下式计算：

$$E_{km}=K_kE_w \tag{16-39}$$

式中 E_{km}——最大跨步电势（V）；

K_k——跨步系数。

跨步系数可按式（16－40）～式（16－42）或图16－16确定：

$$K_k=1.28\left\{\frac{L-L_1}{L}\cdot\frac{2}{\pi}\times\left(\operatorname{tg}^{-1}\times\sqrt{\frac{\sqrt{\frac{S}{\pi}}}{(h-0.4)+\sqrt{h^2+(h-0.4)^2}}}-\operatorname{tg}^{-1}\sqrt{\frac{\sqrt{\frac{S}{\pi}}}{(h+0.4)+\sqrt{h^2+(h+0.4)^2}}}\right)+\frac{L_1}{L}\cdot\frac{\ln\sqrt{\frac{h^2+(h+0.4)^2}{h^2+(h-0.4)^2}}}{\ln\frac{16\sqrt{S}}{\sqrt{\pi}d}}\right\} \tag{16-40}$$

表16－16 系数 K_n、K_d、K_s

接地网型式 / 系数	长孔接地网	方孔接地网	备 注
均压带根数影响系数 K_n	$\frac{0.97}{n}+0.096$	$\frac{1.03}{n}+0.047$	当 $n\leqslant9$ 时（单方向计算根数 n 应按图16－15选取）
	$\frac{0.545}{n}+0.137$	$\frac{0.55}{n}+0.105$	当 $n\geqslant10$ 时（n 值亦按图16－15选取）
均压带直径影响系数 K_d	1.0	$1.2-10d$	各种接地体的等效直径 d（m）应按式（16－15）计算
接地网面积影响系数 K_s	$1.23-0.23\frac{40}{\sqrt{s}}$		1. 当 $\sqrt{s}\geqslant16$ 时 2. s 为接地网的面积（m^2）

注 1. 均压带一般采用直径20mm的圆钢或宽40mm的扁钢，在 $n\leqslant9$ 的方孔接地网中，可采用较小截面的钢材。

2. 当包括接地网外周4根在内的均压带总根数在18及以下时，宜采用长孔接地网。

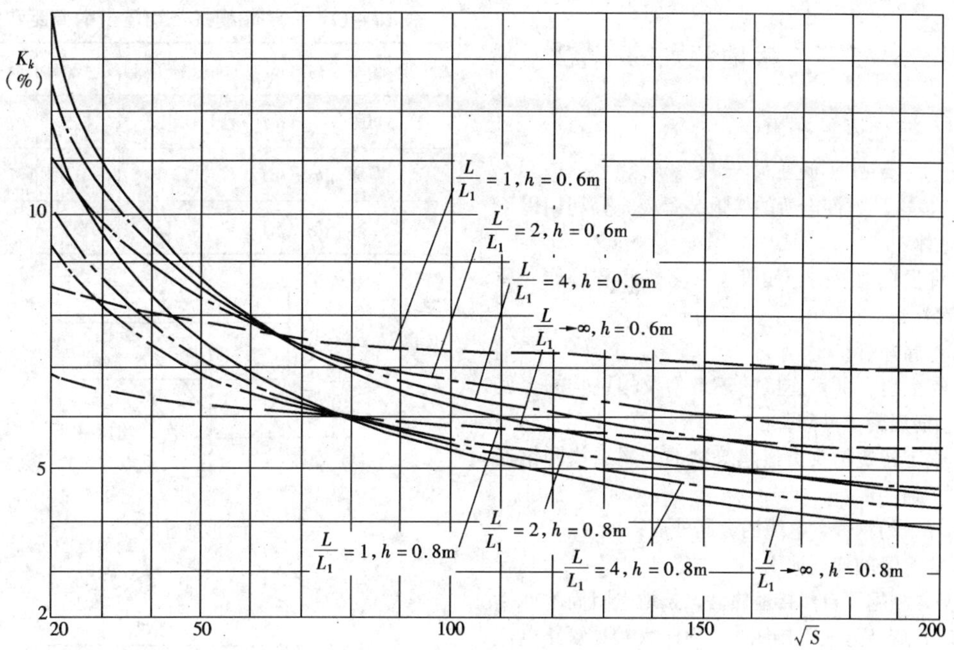

图 16-16　接地网外地表面最大跨步电势所用跨步系数 K_k 与接地网面积 S 的关系

（均压带直径 $d=20$mm）

当埋深 $h=0.6$m 时，式（16-40）可简化为

$$K_k = 1.28\left(\frac{L-L_1}{L}\times\frac{0.477}{S^{0.25}}+\frac{L_1}{L}\times\frac{0.61}{\ln\frac{9.02\sqrt{S}}{d}}\right) \tag{16-41}$$

当埋深 $h=0.8$m 时，（16-40）式可简化为

$$K_k = 1.28\left(\frac{L-L_1}{L}\times\frac{0.41}{S^{0.25}}+\frac{L_1}{L}\times\frac{0.476}{\ln\frac{9.02\sqrt{S}}{d}}\right) \tag{16-42}$$

式中　L——接地网中接地体的总长度（m）；

L_1——接地网的外缘边线总长（m）；

S——接地网的面积（m^2）；

h——接地网水平均压带的埋深（m）；

d——接地网水平均压带的直径（m）；用其它型材时，其等效直径可按式（16-15）计算。

三、提高接触电压和跨步电压允许值的措施

当人工接地网的地面上局部地区的接触电势和跨步电势超过规定值，因地形、地质条件的限制扩大接地网的面积有困难，全面增设均压带又不经济时，可采取下列措施：

（1）在经常维护的通道、操作机构四周、保护网附近局部增设 1～2m 网孔的水平均压带，可直接降低大地表面电位梯度，此方法比较可靠，但需增加钢材消耗。

（2）铺设砾石地面或沥青地面，用以提高地表面电阻率，以降低人身承受的电压。此时地面上的电位梯度并不改变。

1）采用碎石、砾石或卵石的高电阻率路面结构层时，其厚度不小于 15～20cm。电阻率可取 2500Ω·m。

2）采用沥青混凝土结构层时，其厚度为 4cm。电阻率取 500Ω·m。

3）为了节约，也可将沥青混凝土重点使用。如只在经常维护的通道、操作机构的四周、保护网的附近铺设，其它地方可用砾石或碎石覆盖。

采用高电阻率路面的措施，在使用年限较久时，若地面的砾石层充满泥土、或沥青地面破裂时，则不安全。因此，定期维护是必要的。

具体采用哪种措施，应因地制宜地选定。

第16-5节 接地装置的布置

一、接地网的布置

(一) 接地网布置的一般原则

(1) 发电厂、变电所的接地装置应充分利用以下自然接地体：

1) 埋设在地下的金属管道（易燃和有爆炸介质的管道除外）；

2) 金属井管；

3) 与大地有可靠连接的建筑物及构筑物的金属结构和钢筋混凝土基础；

4) 水工建筑物及类似建筑物的金属结构和钢筋混凝土基础；

5) 穿线的钢管，电缆的金属外皮；

6) 非绝缘的架空地线。

(2) 在利用了自然接地体后，接地电阻尚不能满足要求时，应装置人工接地体。对于大接地短路电流系统的电发厂和变电所则不论自然接地体的情况如何，仍应装设人工接地体。

(3) 对发电厂和变电所，不论采用何种形式的人工接地体，如井式接地、深钻式接地、引外接地等，都应敷设以水平接地体为主的人工接地网。对面积较大的接地网，降低接地电阻主要靠大面积水平接地体。它既有均压、减小接触电势和跨步电势的作用，又有散流作用。

一般情况下，发电厂、变电所接地网中的垂直接地体对工频电流散流作用不大。防雷接地装置可采用垂直接地体，作为避雷针、避雷线和避雷器附近加强集中接地和散泄雷电流之用。

人工接地网的外缘应闭合，外缘各角应做成圆弧形，圆弧的半径不宜小于均压带间距的一半。接地网内应敷设水平均压带。接地网的埋深一般采用0.6m或0.8m。在冻土地区应敷设在冻土层以下。

(4) 接地网的边缘经常有人出入的走道处，应铺设砾石、沥青路面或“帽檐式”均压带。但在经常有人出入的地方，结合交通道路的施工，采用高电阻率的路面结构层作为安全措施，要比埋设帽檐形辅助均压带方便。具体采用那种方式应因地制宜。

敷设“帽檐式”均压带，可显著降低跨步电压和接触电压。关于均压带的布置方式和尺寸示意图及举例见图16-17和表16-17。

(5) 配电变压器的接地装置宜敷设成闭合环形，以防止因接地网流过中性线的不平衡电流在雨后地面积水或泥泞时接地装置附近的跨步电压引起行人和牲畜的触电事故。

均压网设计示例见图16-18。

表16-17 “帽檐式”均压带的间距和埋深

间距 b_1 (m)	1	2	3
间距 b_2 (m)	2	4.5	6
埋深 h_1 (m)	1	1	1.5
埋深 h_2 (m)	1.5	1.5	2

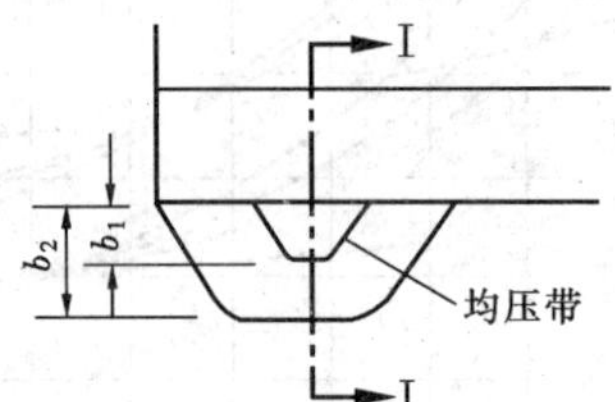

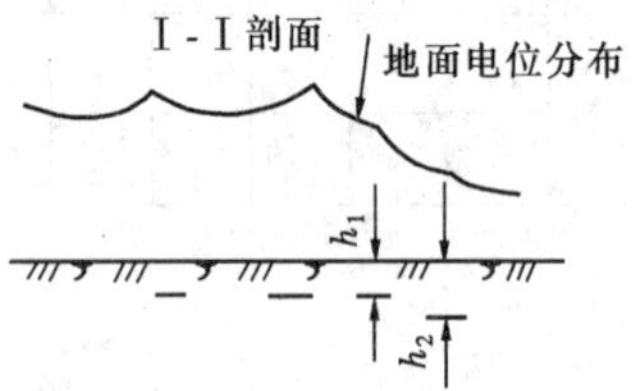

图16-17 “帽檐式”均压带的间距和埋深示意图

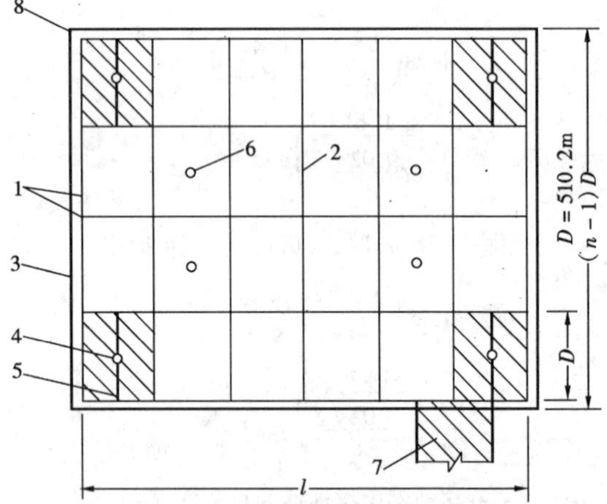

图16-18 均压网设计示例图

1—均压带，由ϕ14圆钢或40×4扁钢做成；2—加强均压网电路连接的接地带；3—砖石围墙；4—最大（边角孔）接触电势计算点；5—降低最大（边角孔）接触电势的附加均压带，或在此区内（斜线）采用高电阻率地面结构层；6—次边角网孔接触电势计算点；7—出、入口交通道路；8—围墙外缘

（二）接地体的选择

1. 人工接地体的规格

水平敷设的接地体可采用圆钢、扁钢，垂直敷设的接地体可采用钢管、角钢、槽钢等。接地体和接地引下线的导体截面应符合热稳定要求，且不小于表 16－18 所列规格。

表 16－18　钢接地体和接地线的最小规格

种类	规格及单位	地上		地下
		屋内	屋外	
圆钢	直径（mm）	5	6	8
扁钢	截面（mm^2）	24	48	48
	厚度（mm）	3	4	4
角钢	厚度（mm）	2	2.5	4
钢管	管壁厚度（mm）	2.5	2.5	3.5

敷设在大气和土壤中有腐蚀性场所的接地体和接地引下线，应根据腐蚀的性质经过技术经济比较采取热镀锡、热镀锌等防腐措施。

在设计中对接地线腐蚀问题，建议作如下处理：

（1）一般情况下应吸取当地的运行经验，按当地接地线腐蚀数据进行处理。

（2）当无当地数据时，可暂按下列数据：

1）对镀锌或镀锡的扁钢、圆钢，埋于地下的部分，其腐蚀速度取 0.065mm/年（指总厚度），但对于焊接处必须采取防腐蚀措施，如涂沥青等。

2）如无防腐蚀措施的接地线，其腐蚀速度取（指两侧总厚度）：

$\rho = 50 \sim 300\Omega \cdot m$ 地区，扁钢取 0.1～0.2mm/年，圆钢取 0.3～0.4mm/年；

$\rho > 300\Omega \cdot m$ 以上地区，扁钢取 0.1～0.05m/年，圆钢取 0.3～0.07mm/年；

$\rho < 50\Omega \cdot m$ 地区及重盐碱地区，应专门研究解决。

3）接地线的寿命，一般按 25～30 年考虑。设计中可按上述防腐蚀要求选择导线截面。

（3）对于敷设在屋内或地面上的接地线，一般均应采取防腐措施，如镀锌、镀锡，或涂防腐漆。这样可不必按埋于地下条件考虑，只留少量裕度即可，但对埋于电缆沟或其它极潮湿地区的接地线，应按埋于地下的条件考虑。

对于大接地短路电流系统，由于其单相接地电流值比较大，因此在选择按地体与接地引下线时须按下式校验其热稳定：

$$S_{jd} \geqslant \frac{I_{jd}}{C}\sqrt{t_d} \qquad (16-43)$$

式中　S_{jd}——接地线的热稳定最小允许截面（mm^2）；

I_{jd}——流过该接地线的短路电流稳定值（A）；

t_d——继电保护主保护动作时间（s）＋断路器全分闸时间（s）＋（0.3～0.5）s；

C——接地线材料的热稳定系数，根据材料的种类、性能及最高允许温度和短路前接地线的初始温度确定。

在校验接地线的热稳定时，I_{jd}、t_d 及 C 应采用

表 16－19　校验接地线热稳定的 I_{jd}、t_d 及 C 值

参数		大接地短路电流系统中的接地线	中性点直接接地的低压电力网的接地线和零线	各种电力网中用的携带式接地线
I_{jd}		单相接地、两相接地短路时，流过接地线的短路电流	导电部分与被接地部分或零线间发生短路时，流过接地线的短路电流	发生各种类型短路时，流过接地线的短路电流
t_d		相当于继电保护主保护动作时间＋断路器全分闸时间＋（0.3～0.5）s 的等效持续时间		同左。一般可按电力网中，各设备继电保护主保护的最大整定时间确定
E	钢	70	90 （61）	
	铝	120	155 （100）	
	铜	210	270 （180）	（250）

注　括号中的数值用于架空接地线和零线。

表16－19所列数值。接地线的初始温度，一般取40℃。在爆炸危险场所，应按专用规定执行。

在校验接地线的热稳定时，应考虑土壤和大气对接地线的腐蚀影响。

2. 接地体的材料

(1) 接地线一般采用钢质的，但移动式电力设备的接地线、三相四线制的照明电缆的接地芯线以及采用钢接地线有困难时除外。

(2) 由于裸铝导体易腐蚀，所以在地下不得采用裸铝导体作为接地体或接地线。

(3) 不得使用蛇皮管、保温管的金属网或外皮以及低压照明网络的导线铝皮作接地线。

3. 低压电力设备的接地线

(1) 低压电力设备的铜或铝接地线的截面不应小于表16－20所列数值。

表16－20 低压电力设备的铜或铝接地线的最小截面（mm^2）

种　　类	铜	铝
明设的裸导体	4	6
绝缘导线	1.5	2.5
电缆的接地芯或与相线包在同一保护外壳内的多芯导线的接地芯	1	1.5

(2) 中性点不接地的低压电力设备，接地线的截面应按相线允许载流量确定。接地干线的允许电流不应小于供电网中容量最大线路的相线允许载流量的1/2；单独用电设备，接地线的允许电流不应小于供电分支相线允许载流量的1/3。

中性点不接地的低压电力设备，接地线的截面，一般不大于下列数值：

钢　$100mm^2$；

铝　$35mm^2$；

铜　$25mm^2$。

(3) 中性点直接接地的低压电力设备，为保证自动切除线路故障段，其接地线和零线应保证在导电部分与被接地部分或零线之间发生短路时，电力网任一点的短路电流不应小于最近处熔断器熔体额定电流的4倍，或不应小于自动开关瞬时或短时动作电流的1.5倍。接地线和零线在短路电流作用下不应熔断。有爆炸危险的场所，应按专用规定执行。

(4) 中性点直接接地的低压电力设备，专用接地线或零线宜与相线一起敷设。钢、铝、铜接地线的等效截面见表16－21。

表16－21 钢、铝、铜接地线的等效截面（mm^2）

钢	铝	铜
15×2		1.3～2
15×3	6	3
20×4	8	5
30×4或40×3	16	8
40×4	25	12.5
60×5	35	17.5～25
80×8	50	35
100×8	70	47.5～50

注　所选接地线截面一般不大于表中最大规格。

(5) 零线上不应装设开关和熔断器，单相开关应装在相线上。

（三）接地井的设置

接地井的主要作用，是在一部分接地装置与其它部分的接地装置需分开单独测量时使用。为了便于分别测量接地电阻，有条件时可在下列地点设接地井：

(1) 对接地电阻有要求的单独集中接地装置；

(2) 屋外配电装置的扩建端；

(3) 若干对降低接地电阻起主要作用的自然接地体与总接地网连接处。

此外，为降低发电厂、变电所的接地电阻，其接地装置应尽量与线路的非绝缘架空地线相连，但应有便于分开的连接点，以便测量接地电阻。可在避雷线上加装绝缘件，并在避雷线延长与金属构架之间装设可拆的连接端子，其中属于线路设计范围的部分，应向线路设计部门提出要求。

（四）接地装置的敷设

(1) 为减少相邻接地体的屏蔽作用，垂直接地体的间距不宜小于其长度的两倍，水平接地体的间距不宜小于5m。

(2) 接地体与建筑物的距离不宜小于1.5m。

(3) 围绕屋外配电装置、屋内配电装置、主控制楼、主厂房及其它需要装设接地网的建筑物，敷设环形接地网。这些接地网之间的相互连接不应少于两根干线。对大接地短路电流系统的发电厂和变电所，各主要分接地网之间宜多根连接。

为了确保接地的可靠性，接地干线至少应在两点与地网相连接。自然接地体至少应在两点与接地干线相连接。

(4) 接地线沿建筑物墙壁水平敷设时，离地面宜保持 250～300mm 的距离。接地线与建筑物墙壁间应有 10～15mm 的间隙。

(5) 接地线应防止发生机械损伤和化学腐蚀。与公路、铁道或化学管道等交叉的地方，以及其它有可能发生机械损伤的地方，对接地线应采取保护措施。

在接地线引进建筑物的入口处，应设标志。

(6) 接地线的连接需注意以下几点：

1) 接地线连接处应焊接。如采用搭接焊，其搭接长度必须为扁钢宽度的 2 倍或圆钢直径的 6 倍。

在潮湿的和有腐蚀性蒸气或气体的房间内，接地装置的所有连接处应焊接。该连接处如不宜焊接，可用螺栓连接，但应采取可靠的防锈措施。

2) 直接接地或经消弧线圈接地的主变压器、发电机的中性点与接地体或接地干线连接，应采用单独的接地线。其截面及连接宜适当加强。

3) 电力设备每个接地部分应以单独的接地线与接地干线相连接。严禁在一个接地线中串接几个需要接地的部分。

(7) 接地网中均压带的间距 D 应考虑设备布置的间隔尺寸、尽量减小埋设接地网的土建工程量及节省钢材。视接地网面积的大小，一般可取 5m、10m。对 330kV 及 500kV 大型接地网，也可采用 20m 间距。但对经常需巡视操作的地方和全封闭电器则可局部加密（如取 $D=2\sim3$m）。

二、避雷针（线）及避雷器的接地

(1) 独立避雷针及其接地装置与道路或建筑物的出、入口等的距离应大于 3m。否则应采取均压措施，或铺设砾石、卵石和沥青混凝土路面。

(2) 独立避雷针的接地装置与接地网的地中距离不应小于 3m。

在高电阻率地区或在布置上有困难，而地中距离不能满足至少大于 3m 的要求时，可以采用沥青或沥青混凝土作为绝缘隔离层。沥青混凝土的平均击穿强度约为土壤的 3 倍，故隔离层的厚度 b 可由下式决定：

$$b=0.15R_{ch}-0.5S \qquad (16-44)$$

式中 S——接地体之间的实际距离（m）。

绝缘隔离层的深度和宽度还应满足：

$$S_1+S_2+b\geqslant S_d \qquad (16-45)$$

式中 S_1——隔离层边缘到主接地网的最小距离（m）；

S_2——隔离层边缘到避雷针接地体的最小距离（m）；

b——隔离层厚度（m）；

S_d——地中距离（m）；

R_{ch}——避雷针的冲击接地电阻（Ω）。

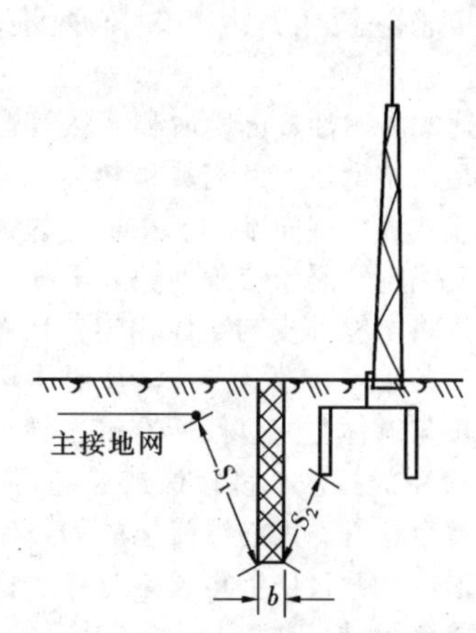

图 16－19 沥青混凝土绝缘隔离层

(3) 构架上的避雷针应与接地网连接，并应在其附近装设集中接地装置。

(4) 自避雷针与接地网的连接点至变压器或 35kV 及以下设备与接地网的地下连接点止，沿接地体的长度不得小于 15m。

(5) 装有避雷针和避雷线的构架上的照明灯电源线，必须采用直埋于地下的带金属护层的电缆或穿入金属管的绝缘导线。电缆金属外皮护层或金属管必须接地，埋地长度应在 10m 以上，方可与 35kV 及以下配电装置的接地网及低压配电装置的接地网相连。机力通风塔上电动机的电源线也应照此办理。

(6) 严禁在装有避雷针、线的构架上架设低压线、通信线和广播线。

(7) 避雷器应以最短的接地线与主接地网连接，且避雷器附近应装设集中接地装置。

三、燃油和天然气设施防静电和防感应雷接地

(1) 易燃油、可燃油、天然气和氢气等贮罐、装卸油台、铁路轨道、管道、鹤管及套筒等应设防静电和防感应雷接地。油槽车应设防静电临时接地卡。铁路轨道、管道及金属桥台，应在其始端、末端、分支处以及每隔 50m 处应设防静电接地。鹤管应在两端接地。厂区内的铁路轨道应在两处用绝缘装置与外部轨道隔离，两处绝缘装置间的距离应大于一列火车的长度。净距小于 100mm 的平行管道，应每隔 20m 用金属线跨接。净距小于 100mm 的交叉管道也应跨接。不能保持良好电气接触的阀门、法兰、弯头等管

道连接处也应跨接。跨接线可采用直径不小于 8mm 的圆钢。防静电接地每处的接地电阻不宜超过 30Ω。露天敷设的管道，每隔 20～25m 应设防感应雷接地，每处接地电阻不应超过 10Ω。防感应雷和防静电接地可共用一个接地装置，接地电阻应符合两种接地中较小值的要求。

(2) 浮动式易燃油、可燃油和天然气贮罐的金属罐顶，应用可挠的跨接线与罐体相连，且不应少于两处。跨接线可用截面不小于 $25mm^2$ 的钢绞线或软铜线。浮动式电气测量装置的铠装电缆应在引入处用金属导体将电缆外皮与罐体相连，且铠装电缆应埋入地中，长度不宜小于 50m。金属罐罐体钢板的接缝、罐顶与罐体之间以及所有管、阀与罐体之间的连接，应用焊接法、铆接法或其它可靠方法，以保证电气接触良好。钢筋混凝土的和石制的贮罐和贮槽，应沿内壁敷设防静电接地导体。接地导体应引到罐、槽外接地，并应与引入的金属管道、电缆金属外皮连接。

(3) 贮罐的四周应设闭合环形接地，接地电阻不应超过 30Ω，罐体的接地点不应少于两处，接地点间距不应大于 30m。天然气和易燃油贮罐的呼吸阀、热工测量装置应重复接地，即与贮罐的接地体相连。

四、高层建筑物的接地

(1) 凡进入高层建筑物的电线，应采用两端外皮接地的电缆。最好将电缆直埋地下。电缆直埋段的长度从接地网的边缘算起，不宜小于 10m。

(2) 沿建筑物纵向高度布置的电缆或电线，宜敷设在有屏蔽的竖井中。各段竖井的接头应紧密连接，使接触电阻尽可能减小。这是决定竖井屏蔽效果好坏的关键。

在建筑物内同一层楼敷设的电线，宜穿入两端接地的铁管中。采用有金属外皮的电缆时，外皮的两端应接地。

(3) 为了提高分流效果和均衡电位，对每层楼的沉陷缝至少要有两处用软导线把断开的钢筋接起来。

(4) 安装在高层建筑物内的电力设备及照明灯具等宜采用接零保护，电源变压器低压侧的中性点经击穿保险器接地。其作用是：

1) 提高保护接地的可靠性。

2) 避免工频零序电流经过建筑物的钢筋流回电源中性点时，对晶体管装置的接地线产生电磁干扰。

采用交流三相四线制供电时，零线要紧贴相线敷设，以便减小相线和零线回路的电抗。如回路电流较大，零线和相线最好穿入两端接地的铁管内，以便将他们的电磁场封闭起来。

附录 16-1 接地电阻的测量方法

一、发电厂和变电所接地网接地电阻的测量方法

电极的布置见附图 16-1。电流极与接地网边缘之间的距离 d_{13}，一般取接地网最大对角线长度 D 的 4～5 倍，以使其间的电位分布出现一平缓区段。在一般情况下，电压极到接地网的距离约为电流极到接地网的距离的 50%～60%。测量时，沿接地网和电流极的连线移动三次，每次移动距离为 d_{13}的 5% 左右，如 3 次测得的电阻值接近即可。

如 d_{13}取 4～5D 有困难，在土壤电阻率较均匀的地区，可取 $2D$，d_{12}取 D；在土壤电阻率不均匀的地区或城区，d_{13}可取 $3D$，d_{12}取 $1.7D$。

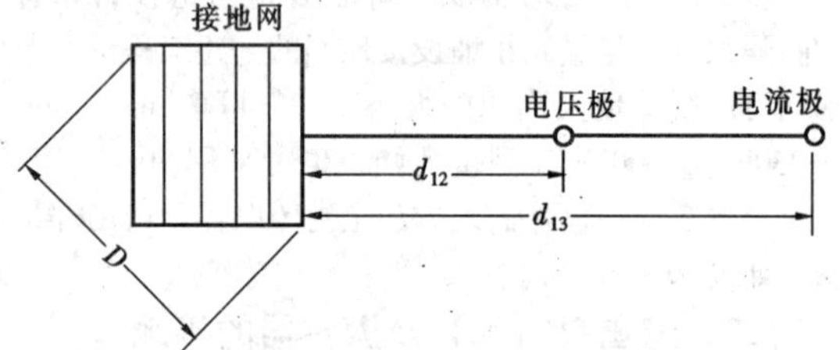

附图 16-1

电压极、电流极也可采用如附图 16-2 的三角形布置方法。一般取 $d_{12}=d_{13}\geqslant 2D$，夹角 $\theta\approx 30°$。

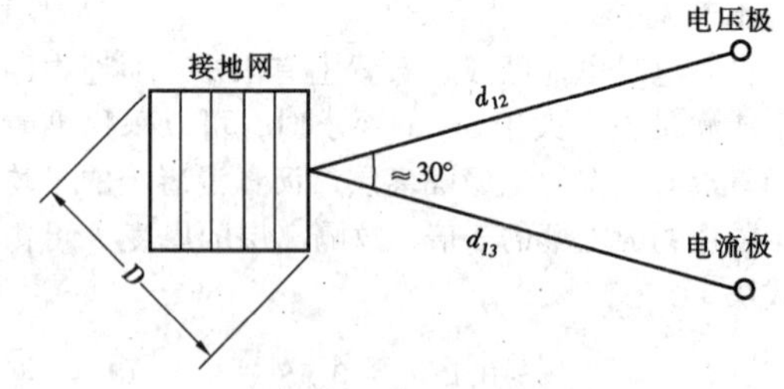

附图 16-2

二、测量注意事项

(1) 测量时接地装置宜与避雷线断开。

(2) 电流极、电压极应布置在与线路或地下金属管道垂直的方向上。

(3) 应避免在雨后立即测量接地电阻。

(4) 采用交流电流表-电压表法，电极的布置

宜采用附图 16-2 的方式。

附录 16-2 阴极保护简介

一、阴极保护的目的

在电厂（或工厂）的金属构筑物和金属管道，由于它们与空气、水秸土壤长期接触，发生电化腐蚀而造成的经济损失是相当严重的。

防止腐蚀的主要方法有涂保护层和阴极保护两种：对于地面上的构筑物主要靠防护层保护；对于埋于地下或浸于水中的构筑物抗腐蚀的基本方法是阴极保护。采用涂防护层和阴极保护并举的方法较为经济。

阴极保护就是向被保护金属结构通入一定量的直流电，使其免遭电化学腐蚀。

二、阴极保护的方式

阴极保护的方式有两种：一种是牺牲阳极法（附图 16-3）；另一种是外加电流法（附图 16-4）。

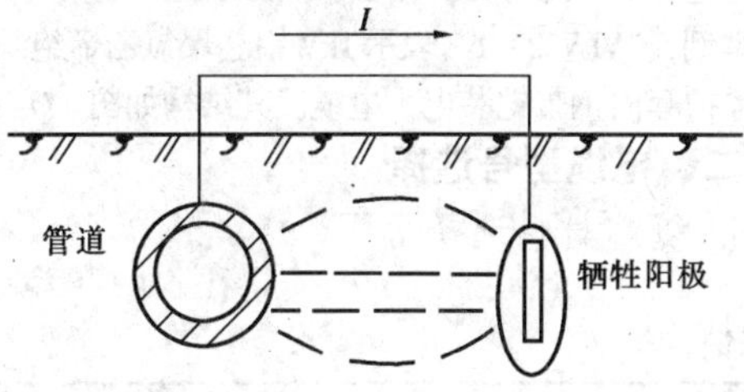

附图 16-3 牺牲阳极法

1. 牺牲阳极法

利用镁合金、铝合金、锌合金等金属做阳极，这些阳极靠近被保护的构筑物安装并以电气连接方式直接连接到构筑物上。由于不同金属间电位差或不同电介质中的金属间自由电子和氧离子交换发生电化腐蚀，为保护其它金属，阳极被腐蚀掉，本身作出牺牲。

2. 外加电源法

在阳极（石墨、钢管等）通过电介质（水或土壤）和被保护构筑物间施以外加直流电源。电源的正极接在阳极上，负极接在被保护的构筑物上。

最常用的外加电源装置是整流器，它借助于一台降压变压器和整流装置将交流变为直流。

牺牲阳极法不需要外接电源，一旦安装完工即可起作用，且一经安装基本上无需维修。但由于其输出电流有限，因此多用于电流需要量不大的地方。

对于工程规模较大，电源易解决，对其它构筑物干扰影响小的地区，以采用外加电流法为宜。我国的平圩电厂和石横电厂的阴极保护采用外加电流法。

三、阴极保护的使用范围和对象

对沿海地区和水质、土壤腐蚀性较强的发电厂，可考虑采用阴极保护装置。

保护对象为发电厂的地下管道、接地网、循环水滤网、凝汽器等金属构筑物。

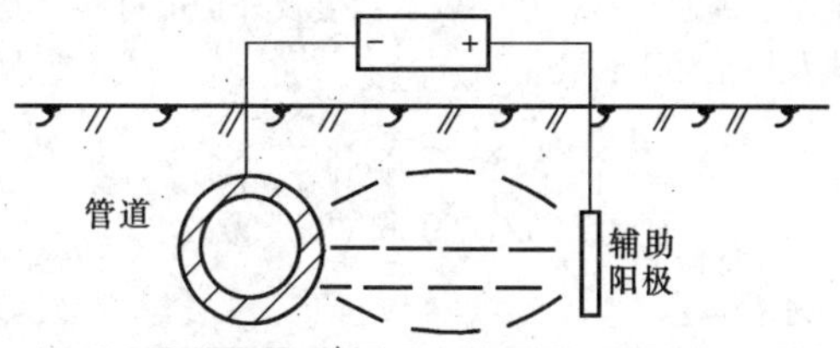

附图 16-4 外加电流法

四、我国阴极保护的现状及存在问题

阴极保护在我国开展较晚，目前仅在平圩电厂和石横电厂采用。由于尚无有关法规可循，也没有成熟的计算方法，故有关设备参数的选择主要靠经验和实测。今后还需进行一定的研究、测试、落实设备，积累经验，方可普遍采用。

第十七章

电缆选择与敷设

编者　钟大文　　校者　钱英毅　　审者　李树平

本章第17-1节至第17-8节均指35kV及以下电缆。110kV及以上高压电缆见第17-9节，控制电缆截面选择见第二册。

第17-1节　电缆选择

一、电缆分类及型号标记

电缆可按用途、绝缘及缆芯材料分类，并可从型号标记中区分出来。

电缆型号由拼音及数字组成，拼音表示电缆用途及绝缘、缆芯材料；数字表示铠装及外护层材料。其形式及标记如下：

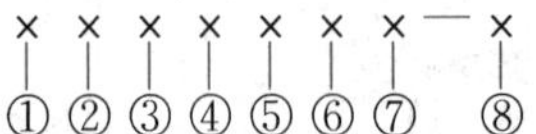

其中，①用途：电力电缆不表示，控制电缆为K，信号电缆为P。

②绝缘：纸绝缘为Z，聚氯乙烯为V，聚乙烯为Y，交联聚乙烯为YJ，橡皮为X。

③缆芯：铜芯不表示，铝芯为L。

④内护层：铝为Q，聚氯乙烯为V，聚乙烯为Y。

⑤特征：不滴流为D，屏蔽为P，无特征不表示。

⑥铠装层：分五种，以0~4为标记，见表17-1。

⑦外被层：分五种，以0~4表示，见表17-1。

⑧电压：以数字表示，以kV为单位。

举例："VLV22-1"表示1kV铝芯聚氯乙烯绝缘聚氯乙烯护套内钢带铠装电力电缆。其结构如图17-1。

二、电缆型号选择

1. 缆芯材料选择

表17-1　　铠装层及外被层标记

标记	铠装层	外被层
0	无	无
1		纤维绕包（麻被）暂时保留
2	双钢带	聚氯乙烯护套①
3	细圆钢丝	聚乙烯护套
4	粗圆钢丝②	

①　聚氯乙烯旧型号标记为9；②粗圆钢丝旧型号标记为5。

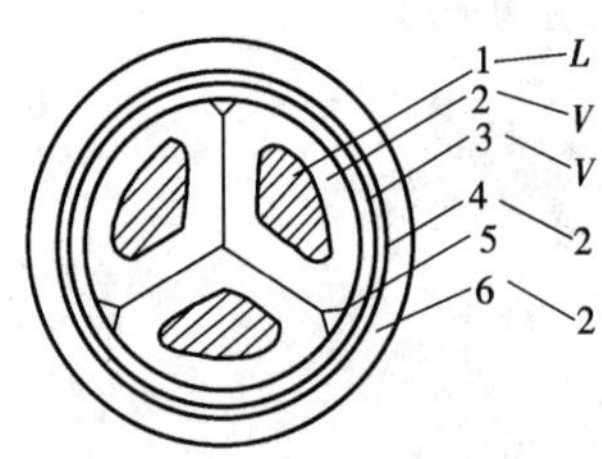

图17-1　VLV22-1电缆结构

1—铝导线；2—聚氯乙烯绝缘；3—聚氯乙烯内护套；4—铠装层；5—填料；6—聚氯乙烯外护套

控制、通讯及信号电缆选用铜芯，电力电缆一般选用铝芯，但在下列场所的电力电缆选用铜芯电缆。

（1）移动电缆。

（2）震动剧烈场所的电缆。

（3）励磁回路电缆。

（4）高温、爆炸及腐蚀性场所电缆。

（5）重要回路的小截面电缆，如直流操作电源、交直流密封油泵、整流柜风机、事故照明及高层建筑标志灯等。

（6）厂用工作及备用电源电缆❶。

2. 绝缘及内护层选择

❶　厂用工作及备用电源电缆头太多布置有困难时，可以选用铜芯不滴流纸绝缘或交联聚乙烯绝缘电缆。

(1) 厂用高压电缆一般选用纸绝缘铅包电缆(ZLQ、ZLQD),在腐蚀性场所或技术经济合理时,可选用交联聚乙烯绝缘聚氯乙烯护套电缆(YJLV)。

(2) 低压电力电缆一般选用聚氯乙烯绝缘聚氯乙烯护套电缆(VLV)。

(3) 控制电缆一般选用聚氯乙烯或聚乙烯绝缘聚氯乙烯护套电缆(KVV、KYV)。

(4) 弱电电缆可选用聚氯乙烯绝缘聚氯乙烯护套信号电缆(PVV)。屏蔽要求较高者,应选用聚乙烯绝缘铜带绕包屏蔽塑料电缆($KVVP_2$-22)、铅包电缆(KXQ_{20})或多芯屏蔽电子计算机电缆(DJYVP)。

(5) 高温场所选用耐热电缆。

(6) 消防水泵及重要直流回路和保安电源电缆宜选用阻燃电缆。

(7) 移动电缆选用橡套电缆(YC、YCW)。

(8) 垂直或高差较大处应选用塑料或不滴流电缆(VLV、ZLQD)。

3. 铠装及外被层选择

(1) 敷设在E型支架上的电缆,一般选用钢带铠装电缆(标记为20);对潮湿或腐蚀性场所,选用聚氯乙烯外护套的内铠装电缆(标记为22)。

(2) 敷设在桥架上或穿管的电缆,可选用无铠装的全塑电缆(无标记)。

(3) 直埋电缆,用聚乙烯或聚氯乙烯护套的内铠装电缆(标记为23、22)。

(4) 敷设在可能发生位移的土壤或其它可能受拉力处的电缆,选用细钢丝或粗钢丝铠装电缆(标记为32、42)。

(5) 环境温度低于-15℃时不宜用普通聚氯乙烯绝缘及护套电缆。

4. 电压及芯数选择

电缆的额定电压应等于或大于所在网络的额定电压,电缆的最高工作电压不得超过其额定电压的15%。

三相动力回路电缆,一般选用三芯或四芯(当为四线制时)电缆,当距离超过电缆制造长度时,可选用单芯电缆。但不得用钢带铠装并应三相绞敷或捆好。

双重化保护回路不应合用一根多芯电缆。

不同敷设条件选用电缆型号见表17-2。

表17-2　　不同敷设条件常用电缆型号选择

名称	不同敷设条件		
	桥架	E型支架	直埋
6kV铝芯电力电缆	 YJLV	ZLQ20或22 ZLQD20或22 YJLV20或22	ZLQ22或23 ZLQD22或23 YJLV22或23
1kV铝芯电力电缆	VLV	VLV20或22 ZLQ20或22	VLV22或23 ZLQ22或23
0.5kV控制电缆	KVV KYV	KVV20或22 KYV20或22	KVV22或23 KYV22或23
0.25kV信号电缆	PVV	PVV20或22	PVV22或23

注　对较潮湿的沟和隧道内,电缆外护层宜用"22"。

表17-3　　四芯电缆中性线截面(mm^2)

主线芯	中性线芯	主线芯	中性线芯
2.5	1.5	50	25
4	2.5	70	35
6	4	95	50
10	6	120	70
16	10	150	70
25	16	185	95
35	16		

表 17-4 常用电缆型号名称及使用范围

序号	电缆型号		名称	使用范围
	铜芯	铝芯		
1	ZQ	ZLQ	纸绝缘裸铅包电力电缆	敷设在室内、沟道中及管子内，对电缆应没有机械损伤，对铅护层应有中性环境
2	ZQ1	ZLQ1	纸绝缘铅包麻被电力电缆	敷设在土壤中，其它条件与序号1相同
3	ZQ2	ZLQ2	纸绝缘铅包钢带铠装电力电缆	敷设在土壤中，能承受机械损伤，但不能受大的拉力
4	ZQ20	ZLQ20	纸绝缘铅包裸钢带铠装电力电缆	敷设在室内、沟道中及管子内，其它条件与序号3相同
5	ZQ3	ZLQ3	纸绝缘铅包细钢丝铠装电力电缆	敷设在土壤中，能承受机械损伤及大的拉力
6	ZQ30	ZLQ30	纸绝缘铅包裸细钢丝铠装电力电缆	敷设在室内及矿井中，其它条件与序号5相同
7	ZQ4	ZLQ4	纸绝缘铅包粗钢丝铠装电力电缆	敷设在水中，能承受较大的拉力
8	ZQF2	ZLQF2	纸绝缘分相铅包钢带铠装电力电缆	敷设条件与序号3相同
9	ZQF20	ZLQF20	纸绝缘分相铅包裸钢带铠装电力电缆	敷设条件与序号4相同
10	ZQF4	ZLQF4	纸绝缘分相铅包粗钢丝铠装电力电缆	敷设条件与序号7相同
11	ZL	ZLL	纸绝缘裸铅包电力电缆	敷设在干燥的户内、沟管中，电缆不能承受机械外力作用，且对铝层应有中性环境
12	ZQD3	ZLQD3	纸绝缘铅包细钢丝铠装不滴流电力电缆	敷设在土壤及空气中，电缆能承受机械外力作用，并能承受相当的拉力，用于垂直敷设或高差较大处
13	ZQD30	ZLQD30	纸绝缘铅包裸钢丝铠装不滴流电力电缆	敷设在室内矿井中，其它条件与序号12相同
14	ZQD4	ZLQD4	纸绝缘铅包粗钢丝铠装不滴流电力电缆	敷设在水中或电缆承受较大拉力的地方，用于垂直敷设或高差较大处
15	XQ	XLQ	橡皮绝缘铅包电力电缆	敷设在室内，隧道内及管道中，电缆不能受推动和机械外力作用，且对铅护层应有中性环境
16	XQ2	XLQ2	橡皮绝缘铅包钢带铠装电力电缆	敷设在地下（隧道），电缆不能承受大的拉力
17	XQ20	XLQ20	橡皮绝缘铅包裸钢带铠装电力电缆	敷设在室内、隧道内及管道中，电缆不能承受大的拉力
18	VV	VLV	聚氯乙烯绝缘及护套电力电缆	敷设在室内、隧道内及管道中
19	VV20	VLV20	聚氯乙烯绝缘及护套裸钢带铠装电力电缆	敷设在室内、隧道内及管道中，电缆不能承受大的拉力
20	VV22	VLV22	聚氯乙烯绝缘及护套钢带内铠装电力电缆	敷设在地下，电缆不能承受大的拉力
21	VV3	VLV3	聚氯乙烯绝缘及护套细钢丝铠装电力电缆	敷设在地下，电缆能承受机械外力作用，并能承受相当的拉力
22	VV32	VLV32	聚氯乙烯绝缘及护套细钢丝内铠装电力电缆	敷设在室内及矿井中，其它条件与序号21相同
23	VV40	VLV40	聚氯乙烯绝缘聚氯乙烯护套裸粗钢丝铠装电力电缆	敷设在室内、矿井中，电缆能承受机械外力作用，并能承受较大的拉力
24	VV42	VLV42	聚氯乙烯绝缘聚氯乙烯护套粗钢丝内铠装电力电缆	敷设在水中，电缆能承受较大的拉力
25	YJV	YJLV	交联聚乙烯绝缘聚氯乙烯护套电力电缆	敷设在室内、隧道内及管道中，电缆不能承受机械外力作用
26	YJ22	YJL22	交联聚乙烯绝缘聚氯乙烯护套内铠装电力电缆	敷设在地下，电缆不能承受大的拉力
27	YJ32	YJL32	交联聚乙烯绝缘聚氯乙烯护套细钢丝内铠装电力电缆	敷设在室内及矿井中或地下，能承受机械外力作用，并能承受相当的拉力
28	YJV-FR	YJLV-FR	交联聚乙烯绝缘聚氯乙烯护套阻燃电力电缆	敷设在有阻燃要求的场合，其它条件与序号25相同
29	YJ22-FR	YJL22-FR	交联聚乙烯绝缘聚氯乙烯护套内铠装阻燃电力电缆	敷设在有阻燃要求的场合，其它条件与序号26相同
30	YJV40	YJLV40	交联聚乙烯绝缘聚氯乙烯护套裸粗钢丝铠装电力电缆	敷设在室内隧道内及矿井中，电缆能承受机械外力作用，并能承受较大的拉力

续表

序号	电缆型号		名称	使用范围
	铜芯	铝芯		
31	YJV42	YJLV42	交联聚乙烯绝缘聚氯乙烯护套粗钢丝内铠装电力电缆	敷设在水中，电缆能承受较大的拉力
32	XV20	XLV20	橡皮绝缘聚氯乙烯护套裸钢带铠装电力电缆	敷设在室内，隧道内及管道中，电缆能承受机械外力作用，但不能承受大的拉力
33	YC		重型橡套电缆	用于500V及以下移动式受电装置，能承受较大的机械外力作用
34	CHY		船用橡皮绝缘耐油橡套电缆	固定敷设于瓦斯继电器、变压器温度表等回路中
35	KVV		聚氯乙烯绝缘聚氯乙烯护套控制电缆	敷设在室内，隧道内及管道中，不能受机械外力作用
36	KVV22		聚氯乙烯绝缘聚氯乙烯护套钢带内铠装控制电缆	敷设在室内、地下（隧道），电缆能承受机械外力作用，但不能承受大的拉力
37	KYV		聚乙烯绝缘聚氯乙烯护套控制电缆	敷设在室内、隧道内及管道中，不能承受机械外力作用
38	KYV22		聚乙烯绝缘聚氯乙烯护套钢带内铠装控制电缆	敷设在室内及地下，能承受机械外力作用，不能承受大的拉力
39	PVV		聚氯乙烯绝缘聚氯乙烯护套信号电缆	敷设在室内及地下，不能承受机械外力作用
40	PVV22		聚氯乙烯绝缘聚氯乙烯护套钢带内铠装信号电缆	敷设在室内及地下，能承受机械外力作用，不能承受大的拉力
41	$KYVP_2$ -22		聚氯乙烯绝缘铜带绕包总屏蔽内铠装聚氯乙烯护套控制电缆	敷设在室内及地下，能承受机械外力作用，不能承受大的拉力
42	KYJV		交联聚乙烯绝缘聚氯乙烯护套控制电缆	敷设条件与序号35相同
43	KYJV -FR		交联聚乙烯绝缘聚氯乙烯护套阻燃控制电缆	敷设在有阻燃要求的场合，其它条件与序号35相同
44	KYJVP		交联聚乙烯绝缘铜丝编织屏蔽聚氯乙烯护套控制电缆	敷设条件与序号35相同
45	KYJVP -FR		交联聚乙烯绝缘铜丝编织屏蔽聚氯乙烯护套阻燃控制电缆（上缆厂）	敷设在有阻燃要求的场合，其它条件与序号35相同
46	KYJ22 -FR		交联聚乙烯绝缘聚氯乙烯护套内钢带铠装阻燃电缆	敷设在有阻燃要求的场合，其它条件与序号40相同

四芯电缆中性线截面见表17-3。

常用电缆型号、特性及使用范围见表17-4。

三、电力电缆截面选择

电缆截面应满足持续允许电流、短路热稳定、允许电压降等要求，当最大负荷利用小时 $T_m>5000$h 且长度超过20m时，还应按经济电流密度选取。

动力回路铝芯电缆截面不宜小于 $6mm^2$。

（一）按持续允许电流选择

1. 计算公式

敷设在空气中和土壤中的电缆允许载流量按下式计算：

$$KI_{xu}\geqslant I_g \qquad (17-1)$$

式中 I_g——计算工作电流（A），其计算见第七章；

I_{xu}——电缆在标准敷设条件下的额定载流量（A），见附录17-1、附表17-1～17-9；

K——不同敷设条件下综合校正系数，空气中单根敷设 $K=K_t$；

空气中多根敷设 $K=K_tK_1$；

空气中穿管敷设 $K=K_tK_2$；

土壤中单根敷设 $K=K_tK_3$；

土壤中多根敷设 $K=K_tK_3K_4$；

K_t——环境温度[1]不同于标准敷设温度（25℃）时的校正系数，见附表17-10；

K_1——空气中并列敷设电缆的校正系数，见表17-11；

K_2——空气中穿管敷设时的校正系数，电压为10kV及以下、截面为 $95mm^2$ 及以下取0.9，截面为 $120\sim185mm^2$ 取0.85；

K_3——直埋敷设电缆因土壤热阻不同的校正系数，见附表17-12；

K_4——多根并列直埋敷设时的校正系数，见附

[1] 计算电缆载流量用的环境温度：空气中指最热月每日最高温度的平均值，厂房内的沟、隧道及托架按此温度再加5℃计算。土或水中环境温度指最热月的平均地温和水温，对埋地深1m以下电缆按此温度减少5℃计算。

表 17－5 **单根铝芯电缆敷设在空气中载流量（A）**

电缆型号	VLV		VLV22		ZLQ20						YJLV				ZLQD20	
额定电压（kV）	1		1		1～3		6		10		6		10		6	
芯数×截面（mm^2）	缆芯工作温度及环境温度（℃）															
	65		65		80		65		60		90		90		80	
	35	40	35	40	35	40	35	40	35	40	35	40	35	40	35	40
3×4	19	17	20	18	29	27										
3×6	25	23	26	24	37	34					44	42				
3×10	34	32	35	32	50	47	42	38			55	53	55	53		
3×16	46	42	47	43	63	60	52	47	51	45	78	75	74	70		
3×25	62	57	63	58	86	81	74	67	68	60	92	88	87	83	84	79
3×35	75	69	76	70	104	98	87	79	80	72	115	110	110	105	104	98
3×50	93	85	96	88	131	124	108	99	101	91	143	136	133	127	126	119
3×70	117	107	119	109	163	154	134	123	123	110	175	167	166	158	158	149
3×95	143	131	144	132	199	188	164	150	152	136	202	193	187	180	194	183
3×120	165	151	168	153	230	218	190	174	173	155	235	224	216	206	230	217
3×150	195	178	195	178	270	256	221	202	199	178	271	259	248	237	262	247
3×185	222	203	222	203	312	294	255	233	228	204	317	303	294	281	303	285
3×240	265	242	264	241	371	350	298	273	270	242					362	341

表 17－6 **多根铝芯电缆并列敷设在空气中载流量（A）**

电缆型号	VLV		VLV22		ZLQ20						YJLV			
额定电压（kV）	1		1		1～3		6		10		6		10	
芯数×截面（mm^2）	缆芯工作温度及环境温度（℃）													
	65		65		80		65		60		90		90	
	35	40	35	40	35	40	35	40	35	40	35	40	35	40
3×4	18	17	19	17	28	26								
3×6	24	22	25	23	34	32					42	40		
3×10	33	30	33	30	47	46	39	36			52	50	52	49
3×16	44	40	44	41	60	57	49	45	48	43	74	71	70	67
3×25	59	54	60	55	82	77	70	64	64	57	87	83	83	79
3×35	72	65	72	66	99	93	82	75	76	68	109	104	105	100
3×50	89	81	91	83	125	117	103	94	96	86	135	129	127	121
3×70	111	101	113	103	155	146	127	116	116	104	166	158	157	150
3×95	136	124	137	125	189	178	156	143	144	129	192	183	179	171
3×120	157	143	159	146	219	207	181	165	164	147	223	212	205	196
3×150	185	169	185	169	259	243	210	192	188	169	258	246	236	225
3×185	211	193	211	193	297	279	242	222	217	194	302	287	279	267
3×240	252	230	252	230	352	332	284	259	257	230				

注 本表为 4 根电缆并列敷设，电缆中心距离等于电缆外径两倍（$S=2d$）。

表17-7　**多根铝芯电缆并列敷设在空气中载流量（A）**

电缆型号	VLV		VLV22		ZLQ20						YJLV			
额定电压（kV）	1		1		1~3		6		10		6		10	
芯数×截面（mm^2）	缆芯工作温度及环境温度（℃）													
	65		65		80		65		60		90		90	
	35	40	35	40	35	40	35	40	35	40	35	40	35	40
3×4	17	16	18	16	26	25								
3×6	23	21	23	21	33	31					40	38		
3×10	31	28	31	28	45	42	37	34			50	47	50	47
3×16	41	38	42	38	57	54	47	43	46	41	70	67	66	63
3×25	56	51	57	52	77	73	66	61	61	54	83	79	79	75
3×35	68	62	68	63	94	88	78	71	72	65	104	99	99	95
3×50	84	77	86	79	118	111	97	89	91	82	128	123	120	114
3×70	105	96	107	98	147	138	121	110	110	99	157	150	149	142
3×95	128	117	130	119	179	169	148	135	137	122	182	174	170	162
3×120	149	136	151	138	208	196	171	157	156	139	211	201	195	185
3×150	175	160	175	160	244	230	198	182	179	160	244	233	224	213
3×185	200	183	200	183	280	265	229	210	205	184	286	272	265	252
3×240	238	218	238	218	334	314	268	246	243	218				

注　本表为6根电缆并列敷设，电缆中心距离等于电缆外径的两倍（$S=2d$）。

表17-8　**多根铝芯电缆紧靠敷设在空气中载流量（A）**

电缆型号	VLV		VLV22		ZLQ20						YJLV			
额定电压（kV）	1		1		1~3		6		10		6		10	
芯数×截面（mm^2）	缆芯工作温度及环境温度（℃）													
	65		65		80		65		60		90		90	
	35	40	35	40	35	40	35	40	35	40	35	40	35	40
3×4	15	14	16	15	23	22								
3×6	20	18	21	19	29	27					35	34		
3×10	28	25	28	25	40	38	33	30			44	42	44	42
3×16	37	34	37	34	51	48	42	38	41	36	63	60	59	56
3×25	50	46	51	46	69	65	59	54	54	48	74	70	70	67
3×35	60	55	61	56	83	78	69	63	64	57	92	88	88	84
3×50	75	68	77	70	105	94	87	79	81	73	114	109	107	102
3×70	93	85	95	87	130	123	107	98	98	88	140	133	132	126
3×95	114	104	116	106	159	150	131	120	122	109	162	154	151	144
3×120	132	121	134	123	185	174	152	139	139	124	188	179	173	165
3×150	156	142	156	142	217	204	176	161	159	142	217	207	199	190
3×185	178	163	178	163	250	235	204	187	183	163	254	242	236	225
2×240	212	194	212	194	297	280	239	218	216	184				

注　本表为6根电缆紧靠敷设，电缆中心距等于电缆外径（$S=d$）。

表 17－9　　多根铝芯电缆重叠敷设在空气中载流量（A）

电缆型号	VLV		VLV22		ZLQ20						YJLV			
额定电压（kV）	1		1		1～3		6		10		6		10	
芯数×截面（mm^2）	缆芯工作温度及环境温度（℃）													
	65		65		80		65		60		90		90	
	35	40	35	40	35	40	35	40	35	40	35	40	35	40
3×4	14	13	15	14	22	20								
3×6	19	17	19	18	27	26					33	32		
3×10	26	24	26	24	37	35	31	28			41	39	41	39
3×16	34	31	35	32	48	45	39	35	38	34	59	56	55	53
3×25	47	42	47	43	65	61	55	50	51	45	69	66	66	63
3×35	56	51	57	52	78	74	65	59	60	54	86	82	82	79
3×50	70	64	72	65	98	93	81	73	76	68	107	102	100	95
3×70	88	80	90	81	122	115	101	91	92	82	131	125	124	118
3×95	107	97	108	99	149	141	123	112	114	102	152	145	141	135
3×120	124	113	126	114	173	163	143	130	130	116	176	168	162	155
3×150	146	133	146	133	204	192	165	150	149	133	204	194	186	178
3×185	167	152	167	152	234	221	191	174	171	153	238	227	221	211
3×240	199	180	199	180	278	262	224	204	203	181				

注　本表为 2×3 根电缆两层重叠敷设，电缆中心距等于电缆外径（$S=d$）。

表 17－13；

K_tK_1——多根电缆并列敷设在空气中综合校正系数，见附表 17－14。

敷设在排管中电缆的允许载流量依下式确定：

$$I_{xu}=a\times b\times c\times I_{y0} \qquad (17-2)$$

式中　I_{y0}——电压为 10kV、截面为 3×95mm^2 的油浸低绝缘电缆敷设于一定孔位的允许电流值，见附表 17－18；

a、b、c——修正系数，分别见附表 17－15～附表 17－17。

2. 常用电缆载流量表

常用铝芯电缆敷设在环境温度为 35℃和 40℃时，电缆载流量分别见表 17－5～表 17－9。

表 17－5 为单根铝芯电缆敷设在空气中的载流量；

表 17－6 为适用于沟和隧道内多根电缆有间距敷设（按 4 根电缆并列，中心距离为两倍电缆外径）；

表 17－7 为适用于架空桥架多根电缆有间距敷设（按 6 根电缆并列，中心距为两倍电缆外径）；

表 17－8 为适用于架空桥架多根电缆紧靠敷设（6 根电缆紧靠敷设）；

表 17－9 为适用于架空桥架多根电缆重叠敷设（按 2×3 根电缆 2 层重叠堆放）。

表 17－5～表 17－9 亦适用于四芯电缆，铜芯电缆载流量均为铝芯电缆的 1.29 倍。

（二）按短路热稳定选择

1. 计算公式

按下式计算电缆热稳定截面并选用接近于该计算值的电缆：

$$S\approx\sqrt{\frac{Q_t}{C}}\times 10^3 \qquad (17-3)$$

$$C=\frac{1}{\eta}\sqrt{\frac{4.2Q}{K\rho_{20}\alpha}\ln\frac{1+\alpha(\theta_m-20)}{1+\alpha(\theta_p-20)}}\times 10^{-2} \qquad (17-4)$$

$$\theta_p=\theta_0+(\theta_H-\theta_0)\left(\frac{I_g}{I_{xu}}\right)^2 \qquad (17-5)$$

式中　S——电缆热稳定要求最小截面（mm^2）；

Q_t——短路热效应（$kA^2\cdot s$）（计算见第六章），短路热稳定计算时间一般按主保护动作时间加断路器全分闸时间，短路点一般按首端短路计算，当电缆长超过 200m 时，按末端或接头处计算；

C——热稳定系数；

η——计入电缆芯线充填物热容随温度变化以及绝缘散热影响的校正系数，对于 3～6 kV 厂用电回路，η 可取 0.93，对于 35kV 及以上电路回路可取 1.0；

Q——电缆缆芯单位体积的热容量（$cal/cm^3\cdot$℃）[❶]，对铝芯取 0.59，对铜芯取 0.81；

❶　按法定计量单位换算 1cal＝4.1868J。

α——电缆芯线在 20℃时的电阻温度系数（1℃），见表17-10；

K——20℃时电缆芯线的集肤效应系数，见表 17-11；

ρ_{20}——电缆芯线在 20℃时的电阻率（Ω·cm），见表 17-10；

θ_m——电缆芯在短路时的最高允许温度（℃），见表 17-12；

θ_p——35kV 及以下电缆芯在短路前的实际运行最高温度（℃）；

θ_0——电缆敷设地点的环境温度（℃）；

θ_H——电缆芯在额定负荷下最高允许温度（℃），见表 17-12；

I_g——电缆实际计算工作电流（A）；

I_{xu}——电缆长期允许工作电流（A）。

表 17-10 常用材料的电阻率和电阻温度系数

材料名称	20℃时电阻率 ρ_{20} （$\times 10^{-6}$Ω·cm）	电阻温度系数 α （$\times 10^{-3}$1/℃）	材料名称	20℃时电阻率 ρ_{20} （$\times 10^{-6}$Ω·cm）	电阻温度系数 α （$\times 10^{-3}$1/℃）
铜	1.84	3.93	钢带铠装	13.80	4.50
铝	3.10	4.03	黄　铜	3.50	3.00
护层铅或铅合金	21.40	4.00	不 锈 钢	70.00	可以忽略

表 17-11 电缆芯的集肤效应系数 K

电 缆 结 构	电 缆 芯 额 定 截 面 （mm^2）							
	150	185	240	300	400	500	625	800
三 芯 电 缆	1.010	1.020	1.035	1.052	1.095			
单芯电缆或分相铅包电缆	1.006	1.008	1.0105	1.025	1.050	1.080	1.125	1.200

表 17-12 电缆芯在额定负荷及短路时的最高允许温度及热稳定系数 C 值

电 缆 种 类 和 绝 缘 材 料		最高允许温度（℃）		在额定负荷下短路时的热稳定系数 C
		额定负荷时	短 路 时	
普通油浸纸绝缘	3kV（铝芯）	80	200	87
	6kV（铝芯）	65	200	93
	10kV（铝芯）	60	200	95
	20～35kV（铜芯）	50	175	
交联聚乙烯绝缘	10kV 及以下（铝芯）	90	200	82
	20kV 及以上（铝芯）	80	200	86
聚氯乙烯绝缘		65	130	
聚乙烯绝缘		70	140	
自容式充油电缆	60～330kV（铜芯）	75	160	

注　有中间接头的电缆在短路时的最高允许温度：锡焊接头 120℃，压接接头 150℃，电焊或气焊接头与无接头时相同。

2. 计算图表

在具体工程中，可直接查以下图表得出热稳定系数 C 及热效应 Q_t，再按式（17-3）计算出热稳定截面 S，也可直接查表 7-10 至表 7-12 得出不同厂变电缆热稳定截面。

3～10kV 铝芯纸绝缘及交联聚乙烯绝缘电缆在额定负荷下短路的热稳定系数见表 17-12。

厂用双绕组变压器短路热效应计算曲线见图

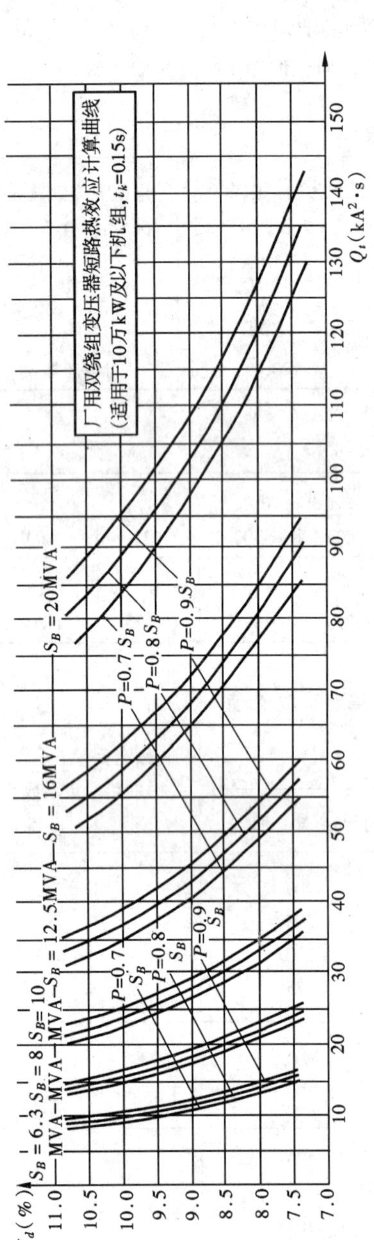

图 17－2　厂用双绕组变压器短路热效应计算曲线
（适用于 10 万 kW 及以下机组）

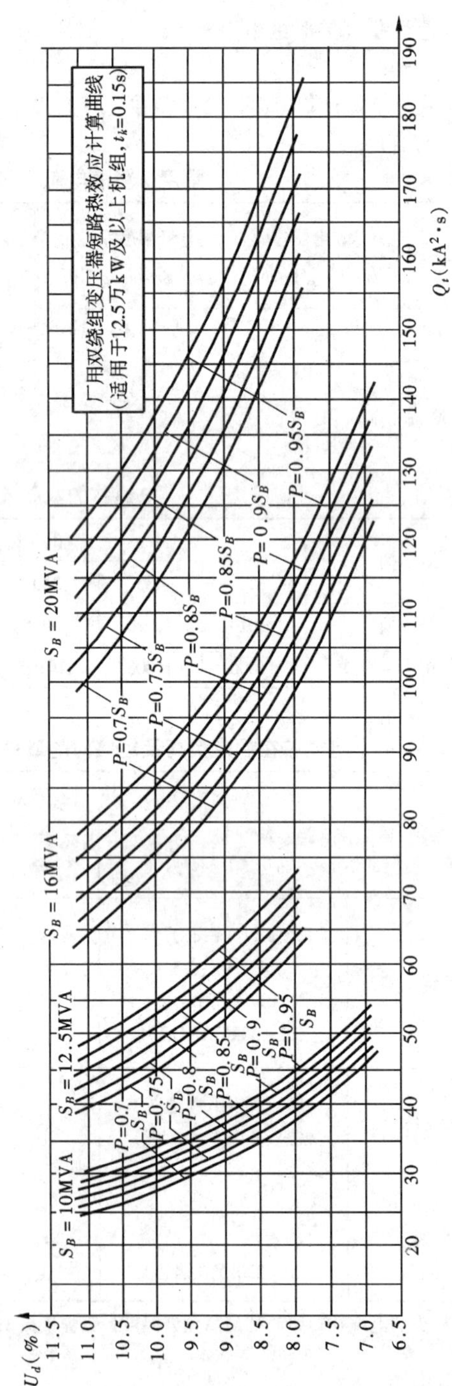

图 17－3　厂用双绕组变压器短路热效应计算曲线
（适用于 12.5 万 kW 及以上机组）

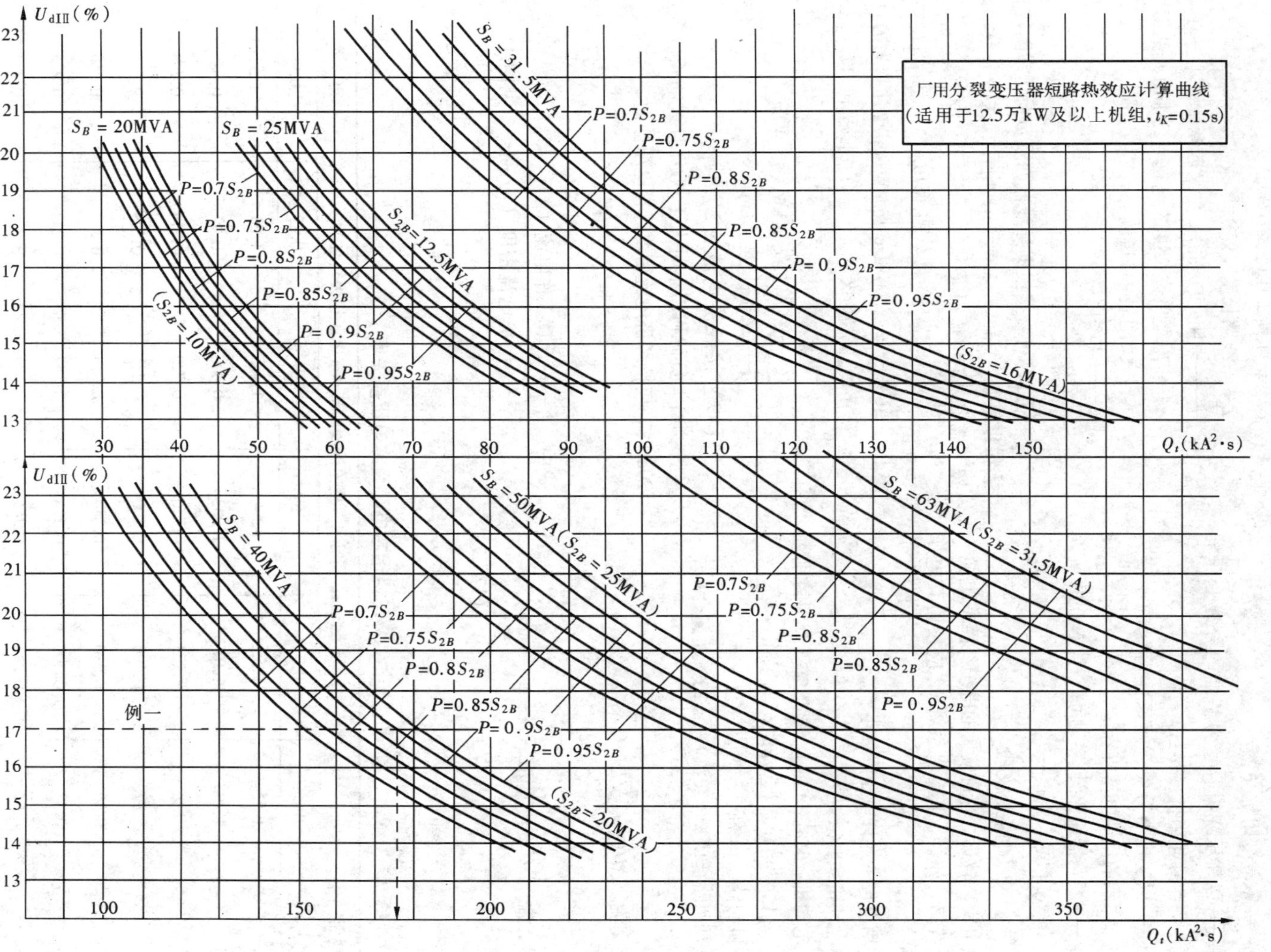

图 17－4　厂用分裂变压器短路热效应计算曲线

17-2、17-3。

厂用分裂变压器短路热效应计算曲线见图17-4。

图中 S_B——厂用变压器高压绕组容量（MVA）；

S_{2B}——厂用变压器分裂绕组容量（MVA）；

U_d——双卷变阻抗（%）；

$U_{d\,\mathrm{I\,II}}$——以高压绕组容量为基准的分裂变压器半穿越阻抗（%）；

P——以变压器分裂绕组额定容量的比值表示的反馈电动机容量；

t_k——断路器短路计算时间，对SN10取 t_k = 0.15s。

（三）按电压损失校验

对供电距离较远、容量较大的电缆线路或电缆—架空混合线路（如煤、灰、水系统），应校验其电压损失。

各种用电设备允许电压降如下：

高压电动机≤5%；

低压电动机≤5%（一般），≤10%（个别特别远的电机）；≤15%~30%（起动时端电压降）；

电焊机回路≤10%；

起重机回路≤15%（交流），≤20%（直流）。

1. 计算公式

三相交流 $$\Delta U\% = \frac{173}{U} I_g L\,(r\cos\varphi + x\sin\varphi) \tag{17-6}$$

单相交流 $$\Delta U\% = \frac{200}{U} I_g L\,(r\cos\varphi + x\sin\varphi) \tag{17-7}$$

直流线路 $$\Delta U\% = \frac{200}{U} I_g L R \tag{17-8}$$

式中 U——线路工作电压，三相为线电压，单相为相电压（V）；

I_g——计算工作电流（A）；

L——线路长度（km）；

r——电阻（Ω/km），见第四章附表4-14；

x——电缆单位长度的电抗（Ω/km），见第四章附表4-14；

$\cos\varphi$——功率因数。

2. 计算表格

三相线路可直接根据导线截面及负荷功率因数查表得出每kW·km（或MW·km）电压损失百分数，再按下式求总的电压损失。

$$\Delta U\% - \Delta U\% PL \tag{17-9}$$

式中 $\Delta U\%$——每kW·km或MW·km电压损失的百分数（%），分别见表17-13、17-14、17-15；

P——线路负荷（kW或MW）；

L——线路长度（km）。

（四）按经济电流密度选择

当最大负荷利用小时大于5000且线路长度超过20m时，应按经济电流密度选择电缆截面。

$$S = \frac{I_g}{j} \tag{17-10}$$

式中 I_g——计算工作电流（A）；

j——经济电流密度（A/mm²），见图17-5、17-6。

表17-13 **0.38kV三相铝芯电缆线路电压损失表**

电缆截面（mm²）	当cosφ等于下列数值时每kW·km电压损失（%）					
	0.2	0.7	0.75	0.8	0.85	0.9
16	1.71	1.55	1.54	1.585	1.58	1.52
25	1.19	1.01	1.002	0.996	0.99	0.985
35	0.9	0.733	0.726	0.720	0.714	0.708
50	0.77	0.596	0.590	0.581	0.579	0.572
70	0.56	0.390	0.384	0.378	0.372	0.366
95	0.47	0.300	0.293	0.287	0.282	0.275
120	0.42	0.247	0.241	0.234	0.228	0.222
150	0.38	0.207	0.201	0.194	0.189	0.182
185	0.35	0.177	0.170	0.164	0.158	0.152

注 表中缆芯电阻按缆芯温度为50℃计算。

表 17－14 6、10kV 三相铝芯电缆线路电压损失

线路电压 (kV)	芯数×截面 (mm^2)	当 $\cos\varphi$ 等于下列数值时每 MW·km 的电压损失（%）		
		0.7	0.8	0.9
6	3×16	6.25	6.20	6.14
	3×25	4.09	4.03	3.97
	3×35	2.98	2.92	2.86
	3×50	2.44	2.37	2.31
	3×70	1.61	1.55	1.48
	3×95	1.24	1.18	1.12
	3×120	1.03	0.97	0.91
	3×150	0.87	0.81	0.75
	3×185	0.75	0.69	0.63
	3×240	0.63	0.57	0.51
10	3×16	2.25	2.23	2.21
	3×25	1.47	1.45	1.43
	3×35	1.07	1.05	1.03
	3×50	0.88	0.85	0.83
	3×70	0.58	0.56	0.53
	3×95	0.45	0.43	0.40
	3×120	0.37	0.35	0.33
	3×150	0.31	0.29	0.27
	3×185	0.27	0.25	0.23
	3×240	0.23	0.20	0.18

注 表下注与表 7－13 相同。

表 17－15 6、10、35kV 三相架空线路铝导线电压损失

额定电压 (kV)	导线型号	当 $\cos\varphi$ 等于下列数值时每 MW·km 电压损失（%）			
		0.95	0.9	0.85	0.8
6	LJ－16	5.85	6.01	6.16	6.29
	LJ－25	3.90	4.07	4.21	4.35
	LJ－35	2.90	3.07	3.21	3.35
	LJ－50	2.13	2.29	2.43	2.57
	LJ－70	1.63	1.79	1.93	2.07
	LJ－95	1.29	1.46	1.60	1.74
	LJ－120	1.10	1.26	1.41	1.54
	LJ－150	0.93	1.10	1.24	1.38
	LJ－185	0.82	0.98	1.13	1.26
10	LJ－16	2.105	2.164	2.216	2.265
	LJ－25	1.405	1.464	1.516	1.565
	LJ－35	1.045	1.104	1.156	1.205
	LJ－50	0.765	0.824	0.876	0.925
	LJ－70	0.585	0.644	0.696	0.745
	LJ－95	0.465	0.524	0.576	0.625
	LJ－120	0.395	0.454	0.506	0.555
	LJ－150	0.335	0.394	0.446	0.495
	LJ－185	0.295	0.354	0.406	0.455

续表

额定电压(kV)	导线型号	当 cosφ 等于下列数值时每 MW·km 电压损失（%）			
		0.95	0.9	0.85	0.8
35	LGJ－35	0.080	0.085	0.090	0.094
	LGJ－50	0.064	0.069	0.073	0.078
	LGJ－70	0.048	0.053	0.058	0.062
	LGJ－95	0.038	0.043	0.047	0.051
	LGJ－120	0.033	0.038	0.042	0.047
	LGJ－150	0.028	0.033	0.037	0.042
	LGJ－185	0.025	0.030	0.034	0.038

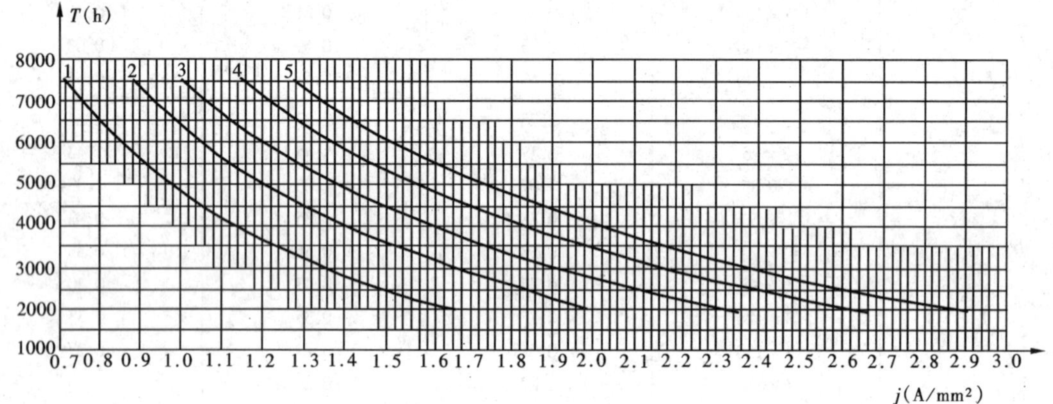

图 17－5　火力发电厂厂用电缆经济电流密度（10kV 及以下）

曲线 1—铝芯纸绝缘铅包、分相铅包、铝包，干绝缘铅包，橡皮绝缘聚氯乙烯护套，聚氯乙烯绝缘聚氯乙烯护套（包括各种铠装）；曲线 2—铝芯橡皮绝缘铅包及各种铠装电缆；曲线 3—铜芯纸绝缘铅包和铝包，干绝缘铅包，聚氯乙烯绝缘聚氯乙烯护套（包括各种铠装）；曲线 4—铜芯纸绝缘分相铅包，橡皮绝缘聚氯乙烯护套（包括各种铠装）；曲线 5—铜芯橡皮绝缘非燃性橡套电缆

（对水电站厂用电缆，将上述所查结果再乘以“2”）

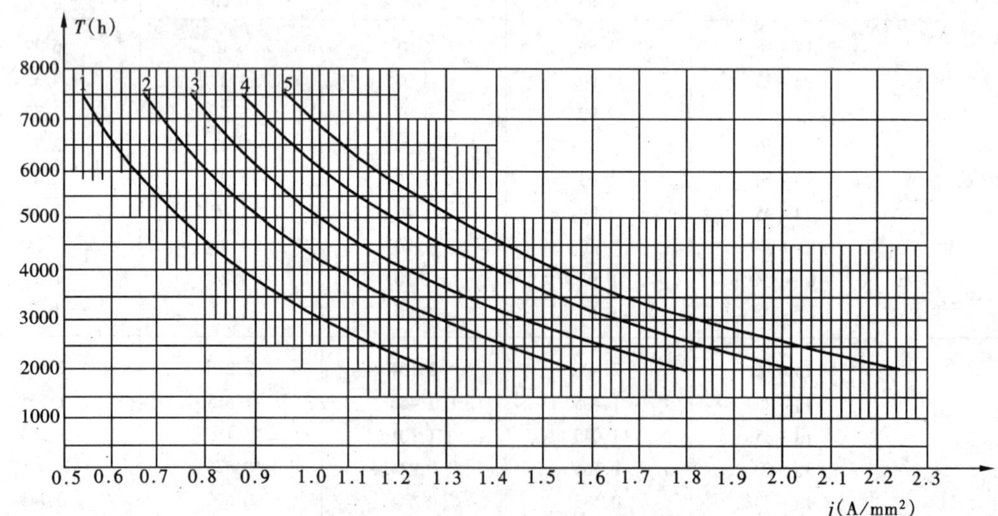

图 17－6　变电所用电缆，工矿企业用电缆及电缆线路用经济电流密度（10kV 及以下）

曲线 1—铝芯纸绝缘铅包、分相铅包、铝包，干绝缘铅包，橡皮绝缘聚氯乙烯护套，聚氯乙烯绝缘聚氯乙烯护套（包括各种铠装）；曲线 2—铝芯橡皮绝缘铅包及各种铠装电缆；曲线 3—铜芯纸绝缘铅包和铝包，干绝缘铅包，聚氯乙烯绝缘聚氯乙烯护套（包括各种铠装）；曲线 4—铜芯纸绝缘分相铅包，橡皮绝缘铅包，橡皮绝缘聚氯乙烯护套（包括各种铠装）；曲线 5—铜芯橡皮绝缘非燃性橡套电缆

第 17 - 2 节　电缆敷设方式

一、敷设电缆的一般要求

(1) 选择电缆路径时，应符合以下要求：

1) 电缆路径要短；

2) 避免与其它管线交叉；

3) 避开规划中需要施工的地方；

4) 不接近易燃易爆物及其它热源；

5) 便于施工及维修；

6) 不使电缆受到各种损坏（机械的、化学的、地下电流、水土锈蚀、蚁鼠害等）。

(2) 以下电缆应尽可能分开或分隔敷设：

1) 不同机组之间；

2) 同一机组双套辅机之间；

3) 工作与备用电源之间；

4) 全厂公用负荷之间；

5) 动力与控制电缆之间。

具体防火分隔要求详见第 17 - 4 节。

(3) 决定电缆构筑物尺寸时，除考虑扩建规模外，还应留出不少于 20% 的备用支（托）架或排管孔眼。

(4) 电缆支持点之间的距离不能超过表 17 - 16 数值。

(5) 电缆应在下列地点用夹头固定：

1) 垂直敷设时在每个支架上；

2) 水平敷设在首末两端、转弯及接头处。

(6) 电缆的弯曲半径，不得小于表 17 - 17 数值。

(7) 垂直或沿陡坡敷设的电缆，在最高最低点之间的最大允许高度差见表 17 - 18。

(8) 电缆从地下引出地面的 2m 部分，一段应采用金属保护管或保护罩保护，确无机械损伤场所的铠装电缆，可不加保护。

(9) 电缆的金属外皮、支托架及保护管均应可靠接地。

(10) 带避雷针的投光灯，其引线应用裸钢带铠装电缆，要在土中直埋 10m 以上再进入电缆沟，潮湿地区该电缆应穿入金属管内。

(11) 220kV 以上配电装置内的晶体管控制保护回路，采用以下抗干扰措施：

1) 选用金属屏蔽电缆或铅皮电缆，并将其屏蔽层两端可靠接地；

2) 电缆穿金属管或加金属罩；

3) 沿控制电缆平行敷设专用屏蔽线；

表 17 - 16　电缆支持点间的最大允许距离（mm）

敷设方式	铠装电缆		钢丝铠装电缆	全塑电缆
	电力电缆	控制电缆		
水平敷设	1000	800	3000	400
垂直敷设	1500	1000	6000	1000

表 17 - 17　电缆的允许弯曲半径（电缆外径的倍数）

电缆型式			多芯	单芯
聚氯乙烯绝缘			10	10
橡皮绝缘		非裸铅包或钢铠护套	10	10
		裸铅包护套	15	15
		钢铠护套	20	20
交联聚乙烯绝缘（35kV 及以下）			15	20
油浸纸绝缘	铅包	铠装	15	25
		无铠装	20	25
	铝包	外径在 40mm 以下时	25	25
		外径在 40mm 以上时	30	30

表 17－18　　电力电缆敷设的最大允许高差

<table>
<tr><th rowspan="2">电缆类型</th><th rowspan="2">额定电压（kV）</th><th rowspan="2">结构型式</th><th colspan="2">允许敷设高差（m）</th><th rowspan="2">备注</th></tr>
<tr><th>铅包</th><th>铝包</th></tr>
<tr><td rowspan="4">油浸纸绝缘电缆</td><td rowspan="2">3及以下</td><td>无铠装</td><td>20</td><td>20</td><td rowspan="4">当实际敷设高差超过所列数值，应选用塞止式接头或另选用其它类型电力电缆</td></tr>
<tr><td>有铠装</td><td>25</td><td>25</td></tr>
<tr><td>6～10</td><td>有铠装或无铠装</td><td>15</td><td>20</td></tr>
<tr><td>20～35</td><td>有铠装或无铠装</td><td>5</td><td>—</td></tr>
<tr><td rowspan="2">油浸纸滴干绝缘电缆</td><td rowspan="2">1～10</td><td>统铅包型</td><td>100</td><td>100</td><td rowspan="2"></td></tr>
<tr><td>分相铅包型</td><td>300</td><td>—</td></tr>
<tr><td>不滴流浸渍纸绝缘电缆</td><td>1～10</td><td>全部型式</td><td colspan="2">不受限制</td><td>当实际敷设高差超过 200m 时，应加固定，以承受电缆本身重量</td></tr>
<tr><td>聚氯乙烯绝缘电缆</td><td>1，6</td><td>全部型式</td><td colspan="2">不受限制</td><td>当实际敷设高差超过 200m 时，应加固定，以承受电缆本身重量</td></tr>
<tr><td>交联聚乙烯绝缘电缆</td><td>6～35</td><td>全部型式</td><td colspan="2">不受限制</td><td>当实际敷设高差超过 200m 时，应加固定，以承受电缆本身重量</td></tr>
</table>

4）将控制电缆备用芯两端接地；

5）远离平行的高压线；

6）远离耦合电容器、避雷器及避雷针；

7）不用无屏蔽地面槽沟。

（12）明敷电缆尽可能避免太阳直晒，必要时加装遮阳罩。

（13）明敷电缆通道宜布置在热管道下方，电缆与各种管线距离及防火隔热要求，见第 17－4 节。

（14）电缆布线的基本原则为：

1）电缆在支、托架上从上到下排列顺序一般为从高压到低压，从强电到弱电，从主回路到次要回路，从近处到远处；

2）同一层支（托）架电缆排列以少交叉为原则，一般为近处在两边，远处放中间，必须交叉时应尽量在始终端进行；

3）不同单元的电缆尽量分开；

4）隧道交叉口及电缆夹层入孔通道和出入口处的跨越电缆，应保证高度不小于 1.4m。

（15）电缆占用的支架长度：

电力电缆之间一般按有间距敷设，控制电缆可紧靠敷设，每根电缆占用支架长度可参考以下数值估算：

6kV 电缆平均外径 40～50mm，占用支架长度 80～100mm；

380V 电缆平均外径 30～40mm，占用支架长度 60～80mm；

控制电缆平均外径 20～30mm，占用支架长度 30～40mm。

二、电缆构筑物型式及特点

常用电缆构筑物有电缆隧道、电缆沟、排管、壕沟（直埋）、吊架及桥架等，如图 17－7～图 17－14，此外还有主控、集控室下面电缆夹层及垂直敷设电缆的竖井等。

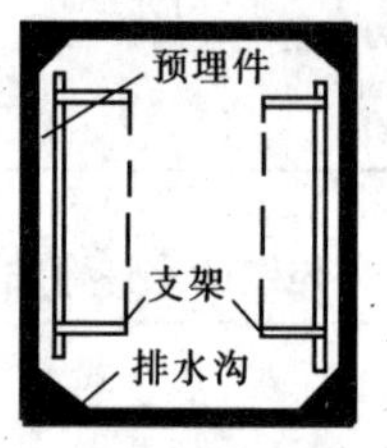

图 17－7　电缆隧道

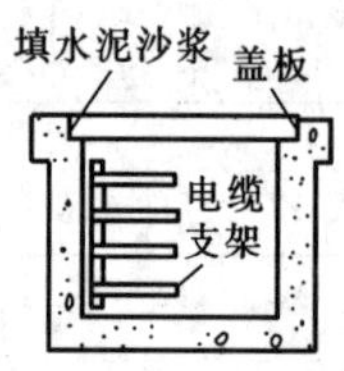

图 17－8　屋内电缆沟

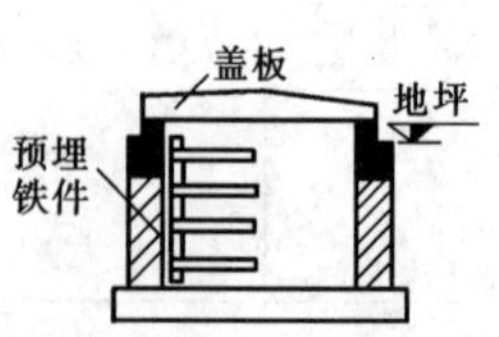

图 17－9　屋外配电装置电缆沟

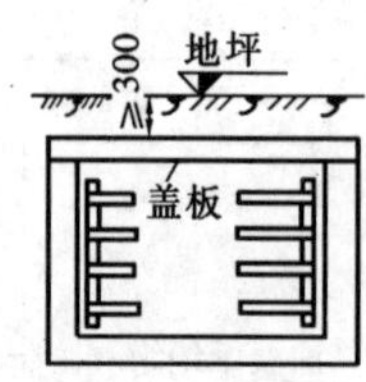

图 17－10　厂区电缆沟

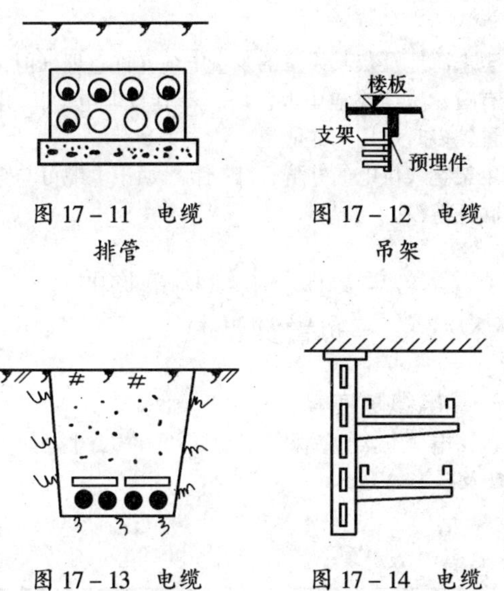

图 17－11　电缆排管

图 17－12　电缆吊架

图 17－13　电缆壕沟

图 17－14　电缆桥架

(1) 电缆沟具有投资省、占地少、走向灵活且能容纳较多电缆等优点。缺点是检修维护不便，容易积灰、积水。

(2) 电缆隧道能容纳大量电缆，具有敷设、检修和更换电缆方便等优点。缺点是投资大、耗材多、易积水。

(3) 电缆排管能有效防火，但施工复杂，电缆敷设、检修和更换不方便，且因散热不良需降低电缆载流量。

(4) 电缆直埋施工方便，投资省，散热条件好。但检修更换电缆不方便，不能防止外来机械损伤和各种水土侵蚀。

(5) 架空电缆桥架近年来得到推广，其主要优点如下：

1) 不存在积水问题，提高了电缆可靠性；

2) 简化了地下设施，避免了与地下管沟交叉碰撞；

3) 托架有工厂定型成套产品，可保证质量、外观整齐美观；

4) 可密集敷设大量控制电缆，有效利用有限空间；

5) 托架表面光洁，横向间距小，可敷设价廉的无铠装全塑电缆；

6) 封闭式槽架有利于防火、防爆和抗干扰。

但架空电缆存在以下缺点：

1) 施工、检修和维护都较困难；

2) 与架空管道交叉多；

3) 架空电缆受外界火源（油、煤粉起火）影响的几率较大；

4) 投资和耗用钢材多；

5) 设备尚需配套，如屏、柜、电动机需要上进线等；

6) 设计和施工工作量较大。

三、电缆敷设方式选择

电缆敷设方式要因地制宜，不应强求统一，一般应根据电气设备位置、出线方式、地下水位高低及工艺设备布置等现场情况决定。主厂房内一般为：

(1) 凡引至集控室的控制电缆宜架空敷设。

表 17－19　　电缆敷设方式参考

车间名称	底层			运转层	
	6kV 电缆	380V 电缆	控制电缆	380V 电缆	控制电缆
汽机房	隧道、沟（排管、架空）	隧道、沟（架空、排管）	隧道（架空、排管）	架空	架空
锅炉房	隧道（排管）	隧道（架空　排管）	隧道（架空、排管）	架空	架空
厂用配电室	隧道	沟、隧道	隧道、沟	夹层	夹层
屋外高压配电装置	沟　隧道	沟　隧道（地面槽沟）	沟　隧道（地面槽沟）		
屋内高压配电装置	沟　隧道	沟　隧道	沟　隧道	架空	架空
输煤系统	沟　隧道	沟　隧道	沟	架空	架空
辅助车间	沟	沟	沟	架空	架空
厂区及厂外	沟、直埋	沟、直埋	沟、直埋		
控制室					夹层

(2) 6kV电缆宜用隧道或排管敷设，地下水位较高处亦可架空或用排管敷设。

(3) 380V电缆当两端设备在零米时，宜用隧道、沟或排管敷设（锅炉房不应用沟）；当一端设备在上，另端设备在下时，可部分架空敷设；当地下水位较高时，宜架空敷设。

一般工程可参考表17－19选择敷设方式。

表17－19中括号内的适用于地下水位较高处，但地面槽沟不适于330kV及以上超高压配电装置。

主厂房至主控室或网控室电缆一般用隧道，当有天桥相连时，尽可能在天桥下设电缆夹层。

从隧道、沟及托架引至电动机或起动设备的电缆，一般敷设于黑铁管或塑料管中。每管一般敷一根电力电缆，部分零星设备的小截面电缆允许沿墙用墙式夹头固定。

跨越公路、铁路等处的电缆可穿于排管或钢管内。

至水源地及灰浆泵房的少量电缆允许直埋（但土壤中有酸、碱物或地中电流时，不宜直埋电缆），电缆数量较多时可用沟或隧道。

用架空线供电的井群，其控制、通讯电缆可与架空线同杆架设。

第17－3节 电缆构筑物的布置及要求

一、电缆隧道

(1) 电缆隧道应保持的最小允许尺寸，如表17－20及图17－15。

表17－20 隧道内部的尺寸（mm）

序号	尺寸名称		符号	一般	最小值
1	隧道高度（净距）		B	2000	1900
2	通道宽度	单侧有支架	A	900	800
		双侧有支架	A_s	1000	1000
3	电缆格架层间垂直距离①	控制电缆	m_k	150～200	120
		电力电缆	m	200（250）	200（250）
4	电缆水平净距	控制电缆		依固定电缆方式而定	无规定
		电力电缆	t	等于电缆外径 d	
5	最上排格架至顶部的距离	控制电缆	C_k	250～300	—
		电力电缆	C	300～400	—
6	最低格架距底部距离		G	100～150	—

①当用桥架时，格架层间距为250～300，电缆允许重叠堆放；括号内数字用于20～35kV电缆。

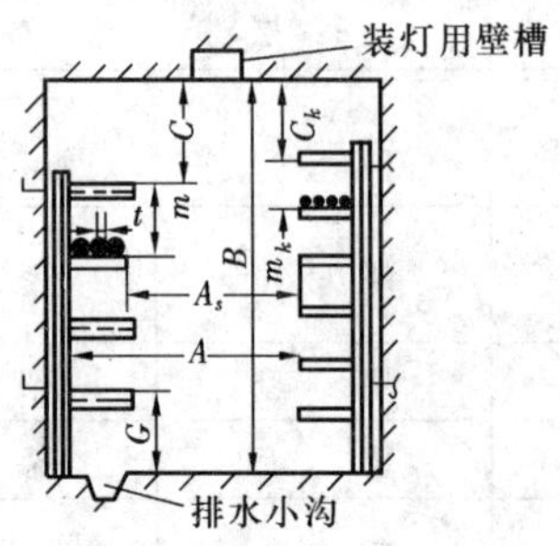

图17－15 隧道结构示意图

(2) 隧道人孔出口数目及要求：

1) 长度小于7m，一个出口；

2) 长度在100m以内，应有两个出口；

3) 长度大于100m时，每两个人孔距离不大于75m；

4) 人孔直径应不小于70mm。

(3) 电缆隧道的防火要求见第17－4节。

(4) 对隧道防止地下水的入侵和积水的措施：

1) 严禁管沟水排入隧道；

2) 与管沟交叉处应密封好；

3) 保证土建施工质量，隧道壁应有防潮层；

4）应保证有 0.5～1% 排水坡度，应有排水小沟将水引至集水井排到下水道，必要时设自动启停的排水泵。

（5）与管沟交叉方式：

1）降低或提高隧道标高，但应考虑好排水；

2）压缩隧道高度（不小于 1.4m）及支架间距（不小于 150mm）；或增加隧道宽及支架长，减少支架层数。

（6）电缆隧道在转直角弯处，应按图 17-16 所示的要求设计，其中 W 为隧道宽度。

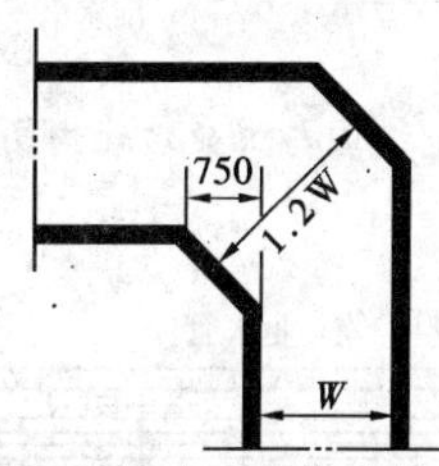

图 17-16　隧道转直角弯的要求

（7）隧道人孔盖板应能用同一的钥匙从外面或从里面打开，打开后不能自动关上，盖板的重量应考虑一个人能开启。人孔内应有固定的铁梯。

（8）厂区的电缆隧道，一般低于地面 300mm，以免在土壤冻结时产生应力或有重物压坏隧道。

（9）隧道内的温度，不应超过最热日昼夜平均温度 5℃以上，如缺乏正确计算资料，则当功率损失达 150～200W/m 时，应考虑机械通风。

（10）寒冷地区，应有防冻措施。

（11）隧道内应装设 36V 照明。

（12）为固定电缆支架，沿隧道全长预埋 60×6 扁钢（单侧二根，双侧四根）或其它铁件（见图 17-7）。

二、电缆沟

（1）电缆沟应保持的最小尺寸如表 17-21 及图 17-17 所示。

（2）沟内通道宽度一般按以下原则考虑：

1）沟深小于 650mm，通道宽 300～400mm；

2）沟深大于或等于 650mm，通道宽为 450～500mm（单侧有支架）或 500～600mm（双侧有支架）。

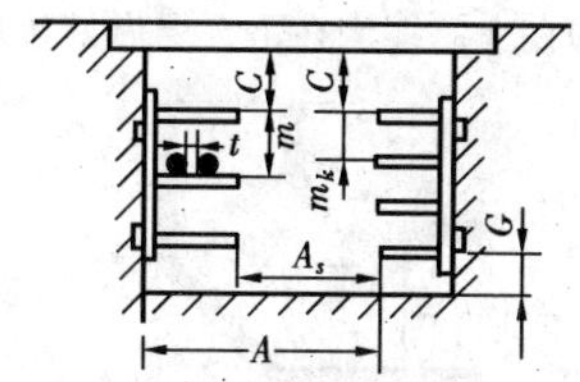

图 17-17　电缆沟结构示意图

（3）电缆沟的型式：

1）屋内电缆沟：盖板与地板平，当容易积灰积水时，用水泥沙浆封死；

2）屋外电缆沟：盖板高出地面并兼作操作走道；

3）厂区电缆沟：为了不妨碍排水，其盖板一般低于地面 300mm，上面铺以细土或砂。

（4）电缆沟从厂区进入厂房处及与隧道连接处应设置防火隔墙，详见第 17-4 节。

（5）电缆沟底排水坡度不小于 0.5%～1%，且不能排向厂房内侧。

（6）电缆沟盖板宜采用质轻强度高的角钢边框钢筋水泥板。

（7）为固定电缆支架，沿沟全长埋设 40×6 扁

表 17-21　　电缆沟内部的尺寸（mm）

序号	尺寸名称		符号	一般	最小值
1	通道宽度	单侧有支架	A	400～500	300
		双侧有支架	A_s	400～600	300
2	电缆格架层间垂直距离①	控制电缆	m_k	150	120
		电力电缆	m	150（200）	150（200）
3	电力电缆间水平净距		t	等于电缆外径 d	
4	最上排格架至盖板净距		C	150～200	—
5	最低格架至沟底净距		G	50～150	—

① 括号内数字适用于 20～35kV 电缆。

钢（单侧两根，双侧四根）或其他铁件。

(8) 电缆沟转直角弯处按图 17－18 要求设计。

(9) 电缆沟与公路、铁路交叉方式：

1) 此段改用排管、两端做井坑；

2) 采用暗沟，沟需加固，使其能承车辆重量。

(10) 电缆沟与各种管沟交叉方式：

1) 与循环水管沟交叉分别见图 17－19～图 17－21，图 17－19 电缆外露，水管检修时需保护好电缆。

2) 与工业水管沟交叉分别见图 17－22、图 17－23，前者管沟在上、缆沟在下，要做好该段电缆沟的排水；后者工业水管加套管直接穿越电缆沟，要求套管与沟壁连接处密封好。

3) 电缆沟与冲灰沟交叉见图 17－24，通常用排管或铁管从冲灰沟的上部穿过。

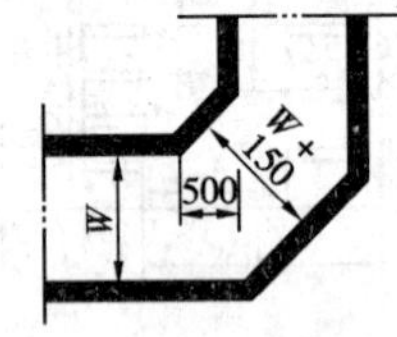

图 17－18 电缆沟转直角弯的要求

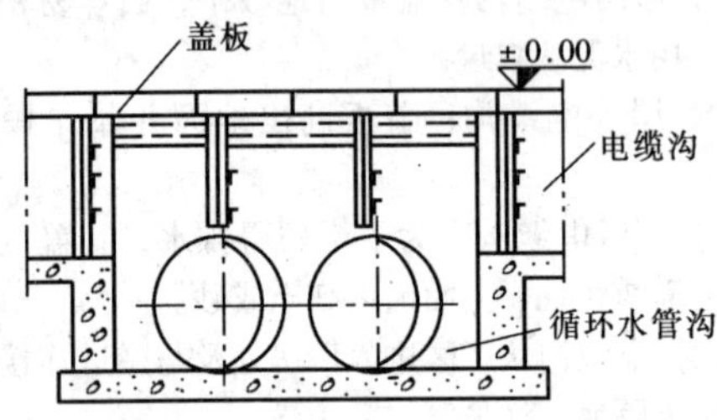

图 17－19 电缆沟与循环水管沟交叉图（一）

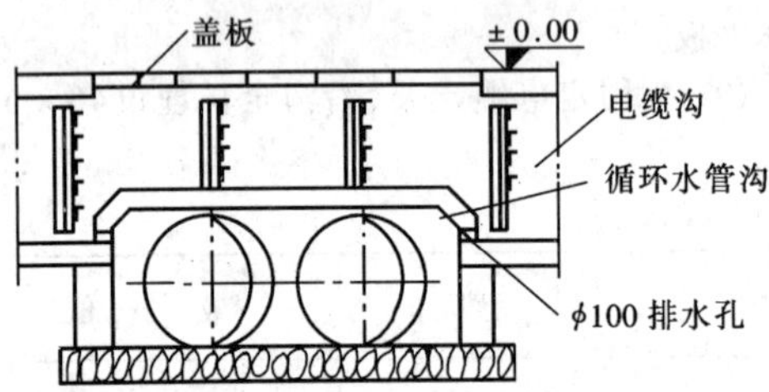

图 17－20 电缆沟与循环水管沟交叉图（二）

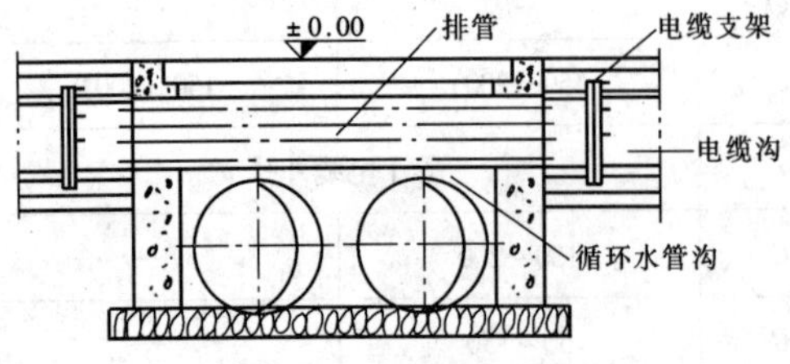

图 17－21 电缆沟与循环水管沟交叉图（三）

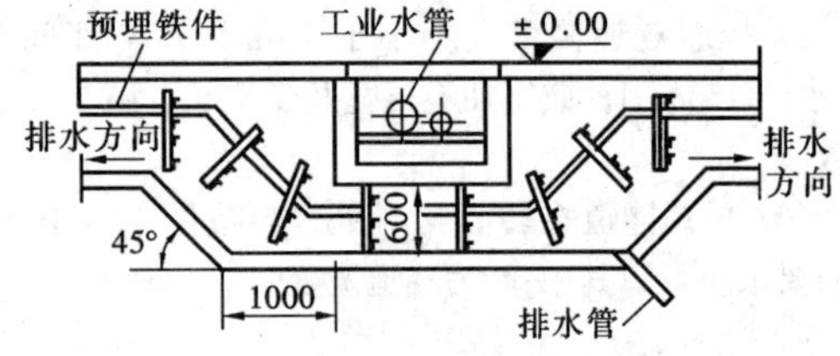

图 17－22 电缆沟与工业水管沟交叉图（一）

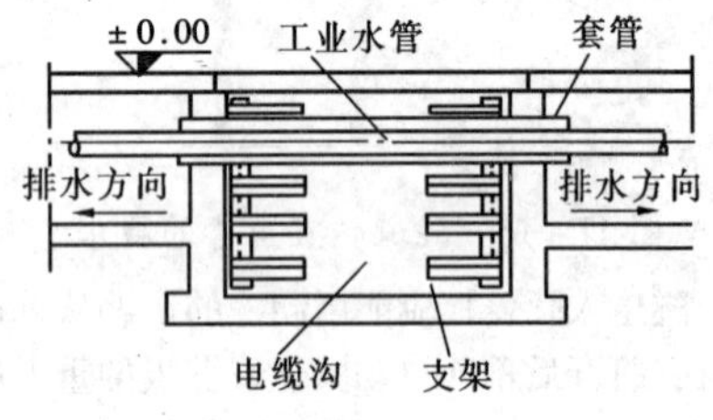

图 17－23 电缆沟与工业水管沟交叉图(二)

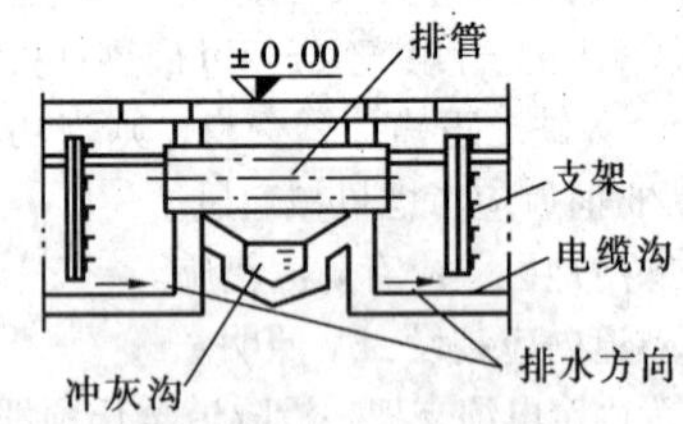

图 17－24 电缆沟与冲灰沟交叉图

三、架空桥架

(1) 桥架布置尺寸如表 17－22 及图 17－25。

(2) 桥架底部距地面高度：厂房内不小于 2m；通过室外道路处不小于 4.5m。

(3) 固定托架的支吊架水平距离一般为 2～3m，垂直间距为 3～6m。转弯处的托架亦应固定，固定点宜取托架长度的四分之一处。

(4) 桥架长度大于 30m（钢）或 15m（铝合金）时，宜设伸缩板。

(5) 梯型桥架不允许穿越燃油泵房、制氢站等甲类危险区，并应尽可能避开有机械损伤或腐蚀性场所。

(6) 桥架通过栅格通道下或室外布置时应加盖板。

(7) 桥架的弯曲半径须满足电缆弯曲半径的要

表 17－22　　**桥　架　布　置　尺　寸**　(mm)

序　号	名　称		符　号	一　般	允　许　值
1	托架垂直间距	梯　架	m	300	≥250①
		槽　架	m_R	300	≥250
2	托架垂直净距		n	150	≥120
3	托架距顶棚	梯　架	C	400	≥300
		槽　架	C_R	400	≥400
4	托架水平距离		A	800	≥500
5	托架宽度	吊　架	B	400～800	≤1200
		双侧架	B_s	200～500	≤600

①　控制电缆可减 50，6～10kV 交联聚乙烯应加 50。

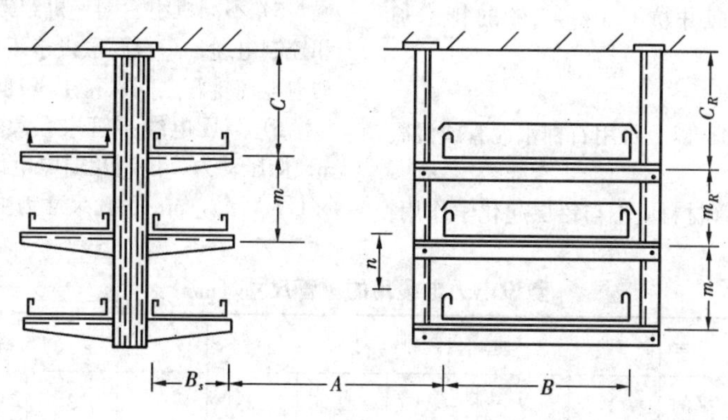

图 17－25　电缆桥架结构示意图

求，一般不小于 300～600mm。

(8) 桥架从室内穿到室外时，向下倾斜坡度不应小于 1%。

(9) 桥架系统应保证电气上的可靠连接并接地，当作为主接地导体时，托架每隔 10～20m 应重复接地一次（当采用非导电桥架时，应敷专用接地线）。

(10) 重载托架应验算其强度，除承受电缆荷载外，还应计及一个人的检修荷载（800N）。此时托架挠度不应大于 0.5%。

(11) 托架的路径应考虑安装维修的方便，留出一定的活动空间。

(12) 水平托架上的电缆一般不必固定，为了保证电力电缆间净距，亦可每隔 10m 或转弯处加以固定；垂直敷设电缆每 2m 固定一次。

(13) 电缆在托架上的充满度按下述要求确定：

动力电缆一般按散热要求布置，即保持电缆之间净距不小于电缆外径；控制电缆可重叠堆放。当位置受到限制时，可按表 17－23 占积率敷设，但载流量应作校正。

表 17－23　　**电缆允许布置层数与占积率**

名　称	布置层数	占积率 (%)
6kV 电力电缆	1	40～50
380V 电力电缆	2	50～70
控制电缆	3	50～70
弱电电缆	3	50～70

(14) 架空托架与热管道距离及其防火阻燃要求见第 17－4 节。

(15) 托架的选型一般为:

1) 动力电缆及控制电缆宜选用梯型桥架;当有防火隔爆要求时,可选用封闭式槽型桥架。

2) 弱电电缆宜选用封闭式槽型托架(托盘);当选用屏蔽型电缆时,亦可选用梯型桥架。

3) 室外腐蚀性场所应选用防腐性能好的桥架(如热镀锌、镀铝、涂防腐漆或选用铝合金桥架)。

四、电缆排管

(1) 电缆排管孔眼应不小于电缆外径的1.5倍。此外,对电力电缆,排管孔眼应不小于100mm;对控制电缆,排管孔眼应不小于75mm。

(2) 排管顶部至地面的距离:在厂房内为200mm;在人行道下为500mm;一般地区为700mm。

(3) 在变更方向及分支处均应设置排管井坑。当直线距离超过30m时,亦应设置排管井坑。

(4) 井坑深度不小于1800mm,人孔直径不小于700mm。

(5) 排管应有倾向井坑0.5%~1%的排水坡度。

(6) 排管材料选择:

1) 高于地下水位1m以上可用石棉水泥管或混凝土管;

2) 潮湿地区的排管材料应不与铅层起化学作用,例如PVC(塑料管);

3) 地下水位以下的排管,应有可靠的防潮层。

(7) 各种排管及井坑如图17-26~图17-29。敷设电力电缆和控制电缆的排管尺寸见表17-24和表17-25。

(8) 国外引进工程采用PVC(塑料)排管,简介如下:

1) 高、低压动力和控制电缆均用薄壁PVC管,管径为150mm或100mm,导管间距为228mm或150mm;弱电电缆用热镀锌钢管,管径为101mm或51mm,导管间距为150mm或100mm。

2) 每根导管直径按所敷电缆的充满率为40%来选择,管子数量要考虑50%备用量。

3) 按电缆所允许的牵引力决定人孔或手孔间距,直线段人孔(手孔)最大间距约76m。

4) 高、低压动力电缆之间,动力与控制和弱电电缆之间的排管和人孔(手孔)均应分开。

5) 不同机组、同一机组双套辅机或电源的动力和控制电缆,一般要敷设于不同的排管内。两组高压动力电缆排管之间保持1.5m间距。

6) 高压电缆排管人孔尺寸为2×2×1.7(深),m;低压动力、控制及弱电电缆排管人孔为1.5×1.5×1.7(深),m;手孔尺寸为1×1×0.8(深),m。

表17-24 **敷设电力电缆用的排管尺寸**(mm)

排列方式				垂直排列					水平排列				
管子数目			水平的	2	2	2	2	2	3	3	4	5	6
			垂直的	2	3	4	5	6	1	2	2	2	2
尺寸	陶土管	$D=100$ $a=195$	A	555	555	555	555	555	750	750	945	1130	1325
			B	510	705	900	1095	1280	315	510	510	510	510
		$D=125$ $a=230$	A	630	630	630	630	630	860	860	1090	1320	1550
			B	590	820	1050	1280	1510	360	590	590	590	590
		$D=150$ $a=265$	A	690	690	690	690	690	960	960	1230	1490	1760
			B	670	935	1200	1465	1730	390	670	670	670	670
	石棉水泥管	$D=100$ $a=146$	A	370	370	370	370	370	520	520	650	800	940
			B	320	460	610	760	900	170	320	320	320	320
		$D=125$ $a=171$	A	410	410	410	410	410	585	585	755	925	1100
			B	370	540	710	880	1050	200	370	370	370	370
		$D=150$ $a=198$	A	470	470	470	470	470	670	670	865	1060	1260
			B	420	620	820	1030	1220	230	420	420	420	420

注 本表为图17-26之附表,表中D值为排管内径。

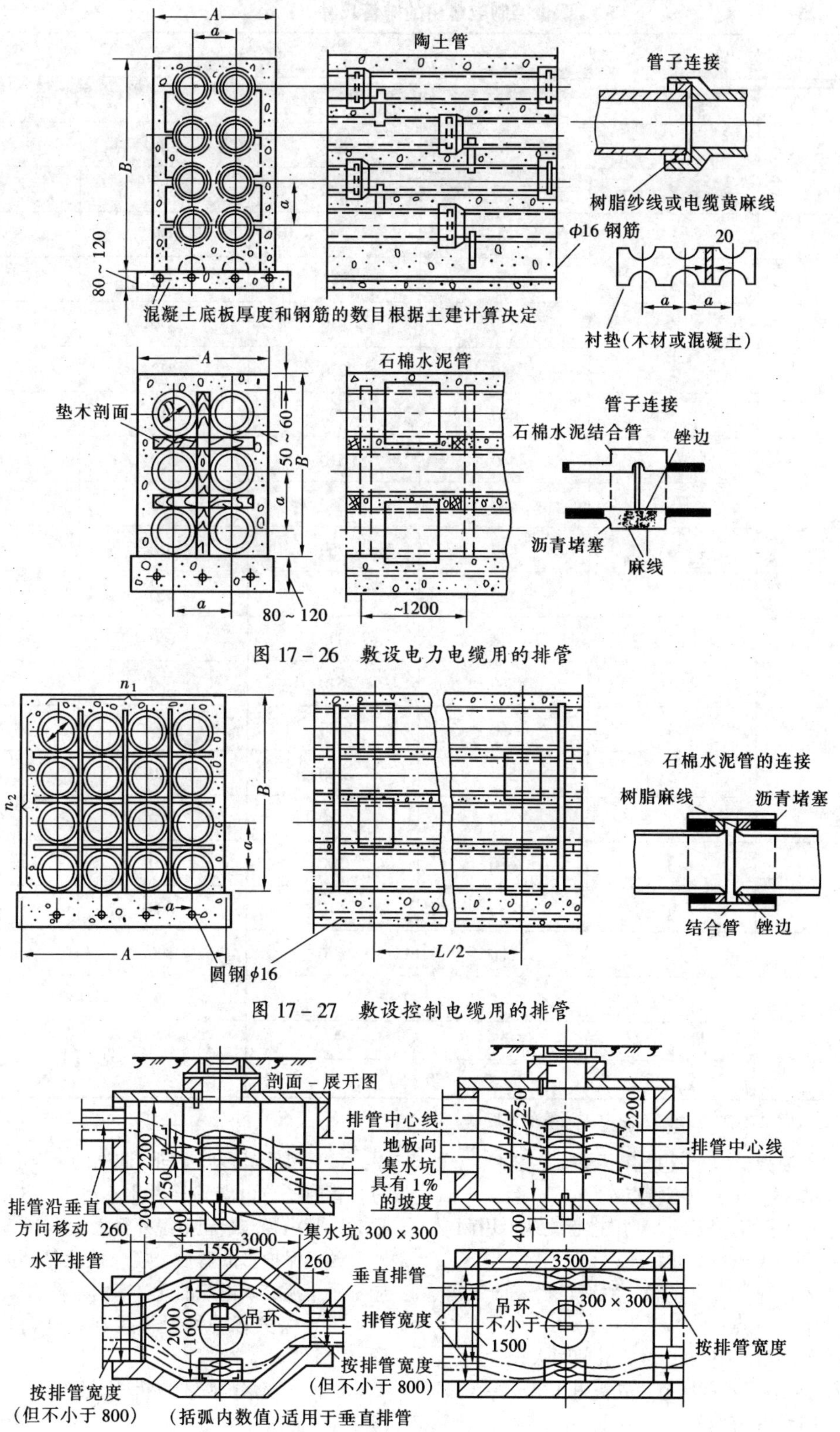

图 17－26　敷设电力电缆用的排管

图 17－27　敷设控制电缆用的排管

图 17－28　直线排管的中间井坑
(a) 单列排管；(b) 双列排管

表 17－25 敷设控制电缆用的排管尺寸（mm）

每排支管数		排管尺寸			
水平	垂直	石棉水泥管		陶土管	
n_1	n_2	A	B	A	B
2	2	320	270	370	330
2	3	320	390	370	470
2	4	320	510	370	610
2	5	320	630	370	750
3	2	440	270	510	330
3	3	440	390	510	470
3	4	440	510	510	610
3	5	440	630	510	750
3	6	440	750	510	890
4	2	560	270	660	330
4	3	560	390	660	470
4	4	560	510	660	610
4	5	560	630	660	750
4	6	560	750	660	890
5	2	680	270	800	330
5	3	680	390	800	470
5	4	680	510	800	610
5	5	680	630	800	750
a		120		140	
衬垫	材料	木		参见图 17－27	
	断面	30×30			

注 本表为图 17－27 之附表，图中 L 为管的长度。

（9）PVC 混凝土排管及其引出导管见图 17－30、图 17－31。与国内比有以下特点：

1）防火要求高，地下全部用排管，地上用耐燃电缆架空敷设，上下有竖井相通；

2）用 PVC 管具有重量轻、耐腐蚀、表面光滑、有利电缆敷设等优点；

3）因有专用施工机具，故人孔间距大；

4）因排管容量不能调节，故备用孔眼多。

五、电缆保护管

（1）一般选用水煤气管，明敷应镀锌，腐蚀性场所选用 PVC 塑料管。

（2）每管最多可穿同一起迄的 3 根电缆，穿一根时，管内径与电缆外径之比不小于 1.5 倍；穿 2～3 根时，管内径与最粗电缆外径之比不小于 2.85 倍。

（3）保护管的弯曲半径一般取管径的 10 倍，但应不小于所穿入电缆的允许弯曲半径。

（4）保护管的埋设深度在室外与弯曲半径相同。

（5）电缆保护管不应超过 3 个弯头，直角弯头不应多于 2 个。

（6）电缆保护管与电缆截面的配合如表 17－26、17－27。

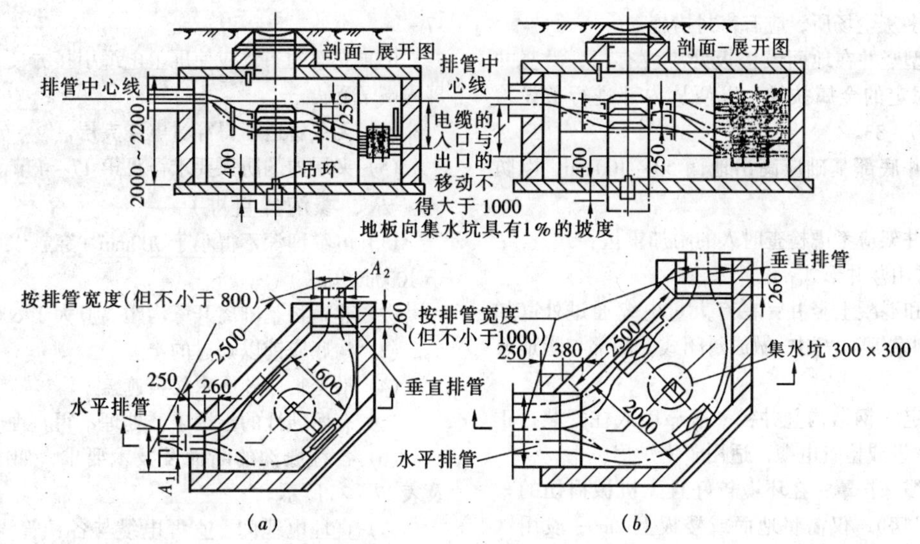

图 17－29　用于两组排管转直角的中间井坑

(a) 用于水平排列的 2～3 根管子的排管；(b) 用于水平排列的 4～6 根管子的排管

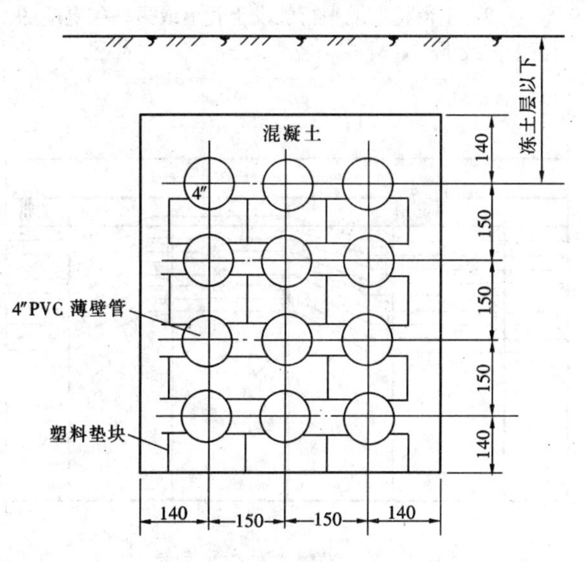

图 17－30　混凝土 PVC 排管

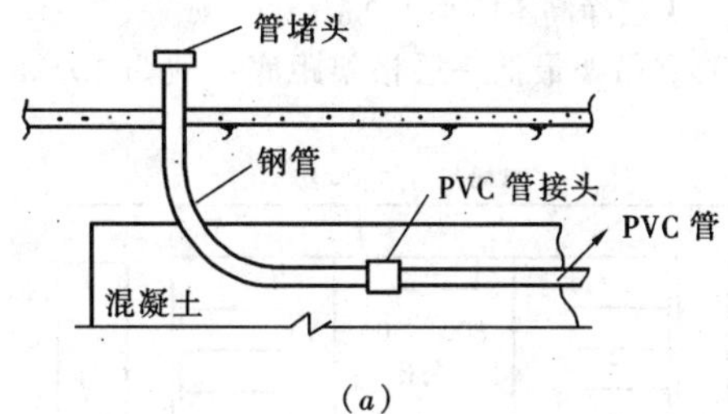

(a)

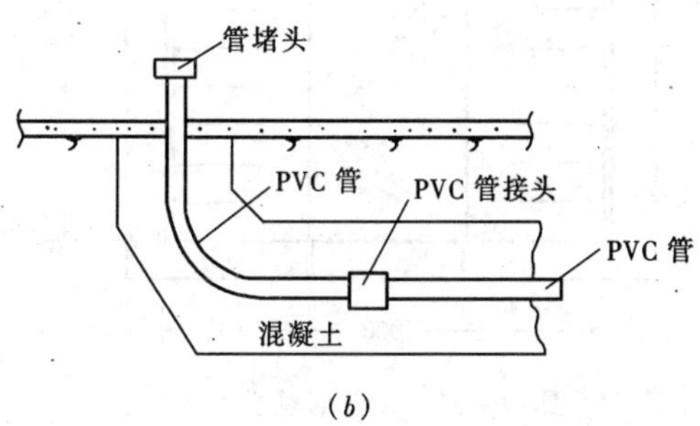

(b)

图 17－31　排管内导管露出地面

(a) 钢导管；(b) PVC 导管

(7) 明敷管固定间距不宜超过 3m，并列管的净空距不小于 20mm。

(8) U 型管的埋设见图 17－32，图中 H 为埋设深度，R 为弯曲半径。

六、电缆竖井

(1) 一般要求：

1) 竖井位置应靠墙或柱子，且便于跟电缆隧道或沟相连。

2) 不与周围管道、风道交叉。

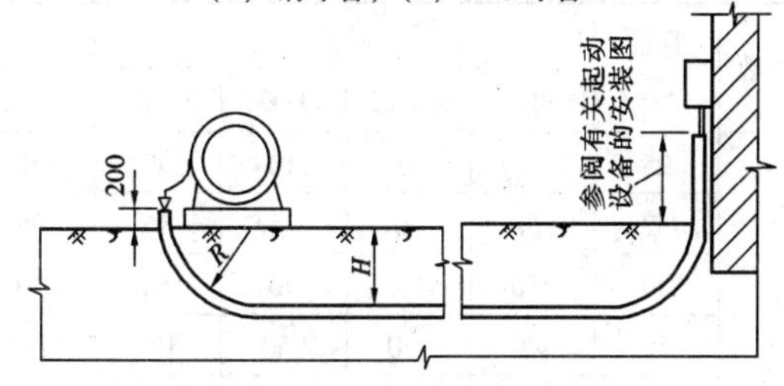

图 17－32　U 型管埋设图

3）敷设检查方便，电缆路径要短。

4）在多灰尘场所，应有密封措施。

5）大型竖井在地面或楼板处应设有门，沿竖井全长装设固定的金属扶梯，以便从内部进行敷设检查，见图 17－33。

6）竖井底部基础应高出地面 50～100mm，以防水流入。

7）竖井架应考虑检查时人的附加重量。

（2）常用竖井形式：

1）砖和混凝土竖井：在有大量电缆通过处（如电厂主控制室等）采用，做成封闭式，底部与隧道或沟相连。

2）固定式钢结构竖井：一般靠墙或柱安装，正面开门供敷设或检查电缆，适用于锅炉房。

3）电缆保护罩：在环境较好且无机械损伤的车间（如汽机房），仅需将地面或楼板上 2m 一段用铁皮保护罩予以保护。

七、电缆夹层

（1）夹层净高不应小于 2m。

（2）支吊架最低一层格架距底一般为 1000mm，但过道处的人孔支架距底不应小于 1400mm，见图 17－34。

（3）支架的布置应使屏上电缆引接方便，应避免屏内端子受力。

（4）无关管道不得穿过电缆夹层。

（5）夹层内的防火要求详见第 17－4 节。

八、壕沟（直埋）

（1）电缆埋深不得小于 700mm（穿越农田处不小于 1000mm）。

（2）建筑物基础离开壕沟距离应大于 600mm。

（3）沟底应铺以筛过的土。

（4）沿全长以砖或水泥板遮盖。

（5）有腐蚀性的土壤未经处理不得直埋电缆。

（6）各种壕沟的断面及技术要求，如图 17－35 及表 17－28 所示。

（7）直埋电缆间，直埋电缆与各种管线、公路、铁路之间交叉接近的距离，见表 17－29 及图 17－36～图 17－39。

（8）不得将电缆平行敷设于管道或另一条电缆的正上方或下方。

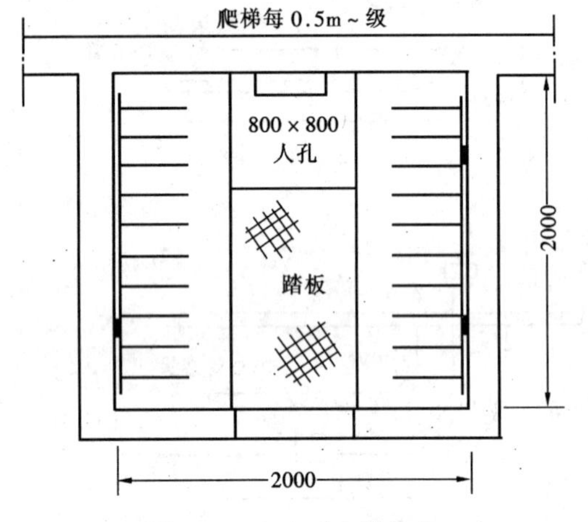

图 17－33　大型电缆竖井

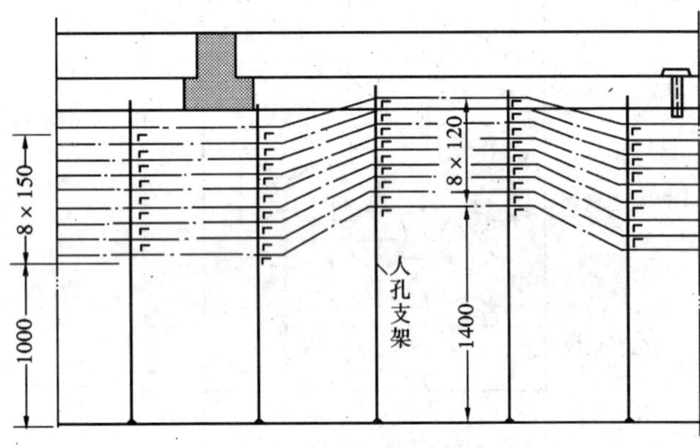

图 17－34　电缆夹层人孔支架

表 17－26　　电力电缆保护管与电缆最大允许截面（mm^2）配合表

芯数	管径（mm）	1kV				3kV		6kV				10kV	
		VLV	VLV22	ZLQ20	ZLQ22	ZLQ20	ZLQ22	YJLV	YJLV22	ZLQ20	ZLQ22	YJLV	YJLV22
一芯	25	35	16	10	4	6							
	32	70	50	25	16	25	6			10			
	40	150	95	70	50	70	50	50		35	25	25	
	50	240	150	150	120	150	120	150		120	95	95	
	70	500	400	400	400	400	300	400		300	240	300	
	80	800	630				500	500			500		

续表

芯数	管径（mm）	1kV				3kV		6kV				10kV	
		VLV	VLV22	ZLQ20	ZLQ22	ZLQ20	ZLQ22	YJLV	YJLV22	ZLQ20	ZLQ22	YJLV	YJLV22
二芯	25	6	4										
	32	16	10	4	6								
	40	50	35	35	16								
	50	95	70	95	70								
	70	240	185	185	150								
	80												
三芯	25	6	4										
	32	16	10	4	4								
	40	35	25	25	16	6	4						
	50	95	50	70	50	50	35			25	10		
	70	150	120	150	120	120	120	50	25	95	70		
	80	185	185	185	185	185	185	95	50	150	120	35	25
	100	300	240	240	240	240	240	185	150	240	240	120	70
	125							240	240			240	185
四芯	25	4											
	32	10	6	6									
	40	16	16	16	10								
	50	50	35	50	35								
	70	120	95	120	95								
	80	185	150	185	150								
	100	240	240		240								
	125												

注　管子有接头，或管子较长、弯头较多时，电缆最大允许截面应缩小 1～2 级。

表 17－27　　控制电缆保护管与最大允许电缆截面（mm^2）及芯数配合表

电缆型号	管径（mm）	电缆芯数											
		4	5	7	10	12	14	19	21	24	30	37	48
KVV、KXV 500V	25	6	2.5		1.5								
	32	10		6	2.5		2.5	1.5					
	40			10	6			2.5		1.5			
	50									2.5	2.5	2.5	
KVV22 500V	25	4											
	32	10	6	6	2.5		1.5						
	40		10	10	6		4	2.5		1.5			
	50									2.5	2.5	2.5	

续表

电缆型号	管径(mm)	电缆芯数											
		4	5	7	10	12	14	19	21	24	30	37	48
KXV22 500V	25												
	32	6	6	4									
	40	10	10	10	4		2.5	1.5					
	50				10		4	2.5		2.5	2.5	1.5	
	70											2.5	
PVV 250V	25					$\phi 1$							
	32							$\phi 1$					
	40											$\phi 1$	
	50												$\phi 1$
PVV20 250V	32					$\phi 1$							
	40								$\phi 1$				
	50											$\phi 1$	
	70												$\phi 1$

注 $\phi 1$ 指线芯直径 1mm 允许芯数。

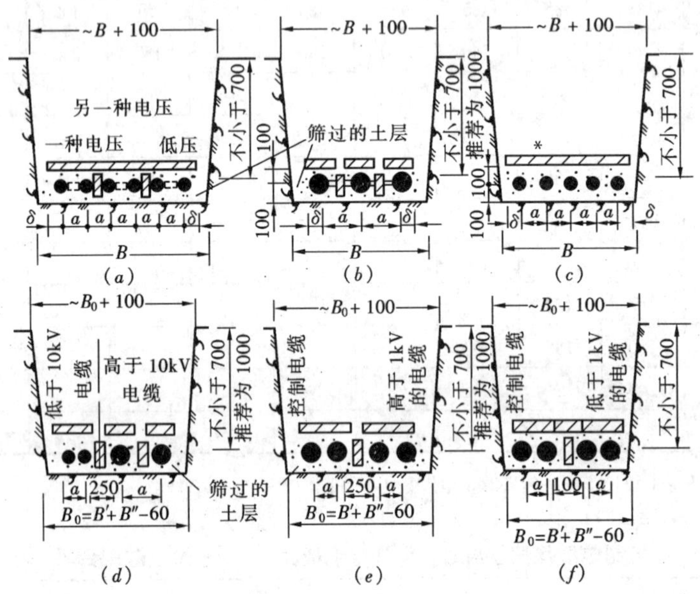

图 17-35 各种壕沟断面图

(电缆敷设地区为标准土壤,没有杂散电流。图中尺寸见表 13-28,B'、B''按表中 B 查得)
(a) 适用于 10kV 及以下的电力电缆;(b) 适用于 10kV 以上的电力电缆;(c) 适用于控制电缆(*—砖、混凝土或其它特制的保护版);(d) 适用于 10kV 以上及以下的电力电缆;(e) 适用于 1kV 以上的电力电缆及控制电缆;(f) 适用于 1kV 以下的电力电缆及控制电缆

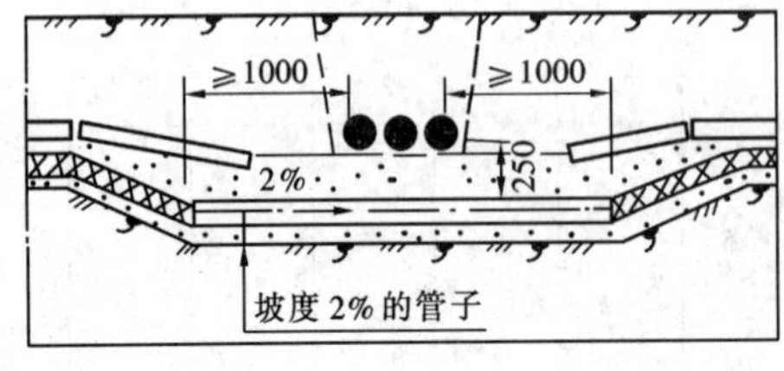

图 17-36 直埋电缆相互交叉

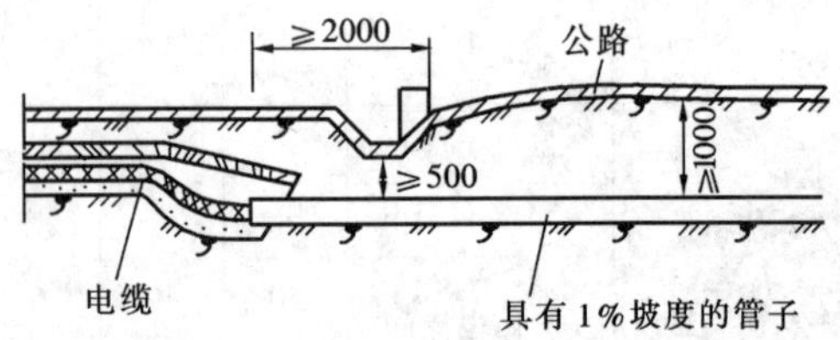

图 17-37 直埋电缆与公路交叉

表 17－28　**各种壕沟尺寸**（mm）

顺序号	壕沟内电缆根数	尺寸		
		a	B	δ
10kV 及以下的电缆				
1	1		350	125
2	2	150	400	110
3	2	300	550	100
4	3	150	550	100
5	3	200	700	100
6	3	250	800	125
7	4	150	700	85
8	4	200	900	130
9	4	250	1100	125
10	5	150	800	75
11	5	200	1100	100
12	5	250	1300	125
13	6	150	1100	125
14	6	200	1300	125
15	6	250	1600	125
10kV 以上的电缆				
1	1		350	125
2	2	350	700	125
3	3	350	1100	125
4	4	350	1400	125
控制电缆				
1	1～3	80	350	115～75
2	4～5	80	550	130～90
3	6～8	80	800	135～95
4	9～10	80	900	115～75
5	11～12	80	1100	100～10

注　1. 表中 a 值对于 10kV 以下的电缆作为参考距离，10kV 以上的作为最小允许距离。

2. 在不得已情况下，10kV 以上的电力电缆之间及至相邻电缆间的距离可以降低为 100mm，但其间应置隔板。

3. 与其它机构管理电缆或通讯电缆不能保持 500mm 距离时，则需在其间加隔板。

表 17－29　**电缆之间或与其它管道交叉、接近的距离**

敷设条件	距离（m）		附注
	平行	交叉	
电力电缆间及与控制电缆之间	0.1	0.5	交叉点两侧各一米范围内，有防护措施时，其距离可减为 0.25m
电缆距建筑物地下基础边缘	0.5		电缆应埋在散水坡外
电缆距电杆中心线	0.6		
电力电缆与通信信号电缆之间	0.5	0.5	在条件困难的情况下，当电缆外有保护管时，平行或交叉的距离不得小于 0.1m

续表

敷设条件	距离（m）		附注
	平行	交叉	
电缆与热力管沟之间	2	0.5	平行敷设加装隔热层时，可减为 0.5m。交叉敷设电缆采用防热保护管时，应超出热力管沟两侧各 2m；采用隔热层保护时，应超出热力管沟两侧各 1m
电缆与水管、压缩空气管之间	1	0.5	电缆不应平行敷设在管道的上面或下面，电缆有保护管时，其距离可减为 0.25m
电缆与可燃气体及易燃液体管道之间	1	0.3	

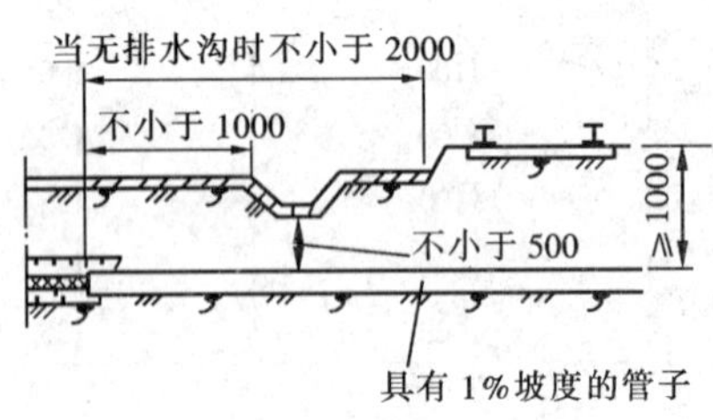

图 17－38 直埋电缆与铁道交叉

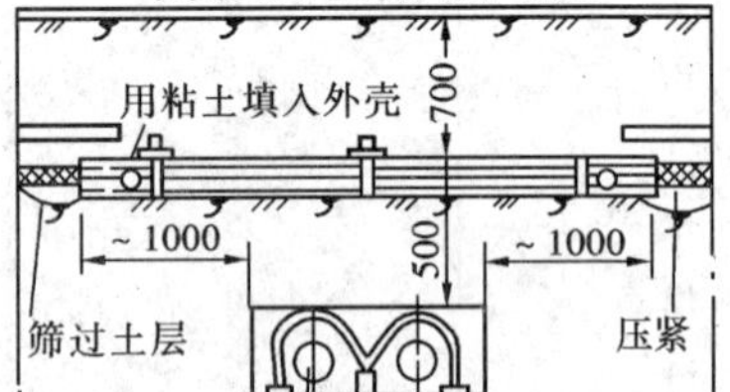

图 17－39 直埋电缆与热管道交叉

第 17－4 节 电缆防火及阻燃

几年来频繁发生的电缆火灾事故，直接烧坏大量电缆和设备，造成大面积停电。为了杜绝这类恶性事故的发生，工程设计中应重视和做好电缆防火工作，认真贯彻落实各项防火阻燃措施。

一、火灾起因

电缆火灾事故中，有四分之三是外部失火引起的，有四分之一是电缆本身故障自燃的，这些起因有：

(1) 汽机油系统漏油遇高温管起火；

(2) 带油电气设备故障喷油起火；

(3) 电焊火花引燃；

(4) 锅炉防爆门爆破引燃；

(5) 煤粉堆积在电缆上起火；

(6) 电缆接头及终端盒故障自燃；

(7) 电缆绝缘老化、受潮、过热引起短路自燃。

二、防火对策

1. 离开热源和火源

(1) 缆道尽可能离开蒸汽及油管道，电缆与各种管道最小允许距离见表 17－30。当小于表 17－30 中距离时，则应在接近或交叉段前后一米处采取保护措施。

(2) 可燃气体或可燃液体的管沟中不应敷设电

表 17－30 电缆与各种管道最小允许距离（mm）

名称	电力电缆		控制电缆	
	平行	垂直	平行	垂直
蒸汽管道	1000	500	500	250
一般管道	500	300	500	250

缆。如无隔热措施，热管沟中亦不应敷设电缆。

(3) 制粉系统的防爆门避免直接朝向明敷电缆。

(4) 有爆炸和着火的场所（如制氢站、油泵房等）不应架空明敷电缆。

2. 隔离易燃易爆物

(1) 在易受外部着火影响的区段，如汽机头部、制粉系统防爆门、排渣孔及高温管道附近，应采用防火槽盒、罩盖等保护电缆。

(2) 带油电气设备（如高压电流、电压互感器）附近电缆沟盖应密封好。

3. 分隔不同机组及系统

(1) 每条缆道所通过的电缆，一般应符合以下原则：

1) 发电机容量为200MW及以上时，为一台机电缆；

2) 发电机容量为100~125MW时，为1~2台机电缆；

3) 发电机容量为100MW以下时，为2~3台机电缆。

(2) 同一机组双套辅机之间及工作、备用电源之间尽可能分道敷设。当只能敷设于同一缆道时，则应分别布置于有耐火板分隔的不同支（托）架或缆道二侧支架上。

(3) 全厂性重要公用负荷（如有Ⅰ类负荷的水泵房、化水及消防泵等），其同类负荷不应全部集中在同一缆道内，当无法分开时，则应采取以下措施：

1) 沟内应用耐火墙板分隔或填沙；

2) 部分电缆敷于耐火槽盒或穿管；

3) 部分电缆涂刷防火涂料或包防火带。

(4) 动力与控制电缆应敷设于不同支、托架上并用耐火板或罩盖分隔。

4. 封堵电缆孔洞

(1) 通向控制室（主控、集控、网控）电缆夹层的所有墙孔和竖井口均用耐火材料严密封堵。

(2) 电缆穿越不同车间隔墙及楼板处亦应封堵。

(3) 所有屏、柜、箱下部电缆孔洞间均应用耐火材料封堵。

5. 设置防火墙及阻火段

以下部位电缆隧道、沟及托架应设置防火隔墙或阻火段：

(1) 不同厂房或车间交界处；

(2) 室外进入室内处；

(3) 配电室母线分段处；

(4) 不同电压配电装置交界处；

(5) 不同机组及主变压器的缆道连接处；

(6) 长距离缆道每隔100m处；

(7) 隧道与主控、集控、网控室连接处应设带门的防火墙，并能在失火时自动或远方手动关闭防火门；

(8) 厂区围墙处隧道应设带锁防火门。

架空水平布置的中低压电缆在三层以下时可不设阻火段。

6. 防止电缆故障自燃

(1) 防止电缆构筑物积灰、积水，必要时采用架空或穿管敷设。

(2) 保证电缆头制作工艺，在电缆头集中处用耐火板分隔，在接头盒附近的电缆涂刷防火涂料。

(3) 高温处选用耐热电缆，个别重要回路如消防、报警、事故照明等部分选用难燃电缆或进行难燃处理。

(4) 控制隧道温度，必要时（损耗达150~200W/m）设置机械通风。

(5) 明敷在厂房内或沟、隧道内电缆不应带麻被层。

7. 设置灭火和消防报警装置

按《发电厂和变电所电气设备、电缆及油系统火灾检测与灭火设计暂行规定》，在电缆夹层、电缆隧道的适当位置，装置火灾报警及灭火装置。

三、防火材料及设施

主要的防火材料有：涂料、包带、槽盒、隔板、堵料及砌料，其生产厂家见表17-31。

主要的防火设施有：阻火隔墙、阻火夹层、阻火段及阻火隔板等，其制作要求如下：

1. 防火隔墙

(1) 隧道防火隔墙见图17-40。

1) 材料可用矿渣棉等，要求充填密实（600kg/m^3），每个用料约250kg。

2) 隔墙两侧1.5m长电缆涂刷防火涂料4~6次，每次干后再涂，用料约需50kg。

3) 隔墙两侧装2×800宽防火隔板（2mm钢板），用螺栓固定在电缆支架上。

4) 隧道两侧底角用砖砌120×120排水小孔。

(2) 电缆沟防火隔墙见图17-41。

做法与隧道相同，但两侧电缆无需涂防火涂料及装隔板。但应考虑好沟的排水，1000×1000mm电缆沟防火墙用矿渣棉约150kg。

表 17-31 防火材料名称及生产厂

序号	名称	规范	生产厂
1	改性氨基酸膨胀防火涂料		四川消防研究所等
2	防火包带	厚度为0.5mm	四川电缆厂
3	防火堵料	DFD-Ⅱ	上海消防研究所
4	耐火槽盒	ESZ（浙江） FNC（河南）	浙江嵊县电缆防火附件厂 河南沁阳太行化工设备厂
5	耐火隔板	EFA、EFC（浙江） NBE（河南）	
6	矿渣棉	RL	太原矿棉厂等
7	矿棉半硬板	1000×700×50（mm）	
8	泡沫石棉块	1000×750×50（mm）	
9	硅酸铝纤维毡	600×400×10（mm）	重庆耐火材料厂
10	微孔硅酸钙板	$\delta=20$mm	浙江嵊县防火保温材料厂
11	防火门	丙级	北京建筑五金厂

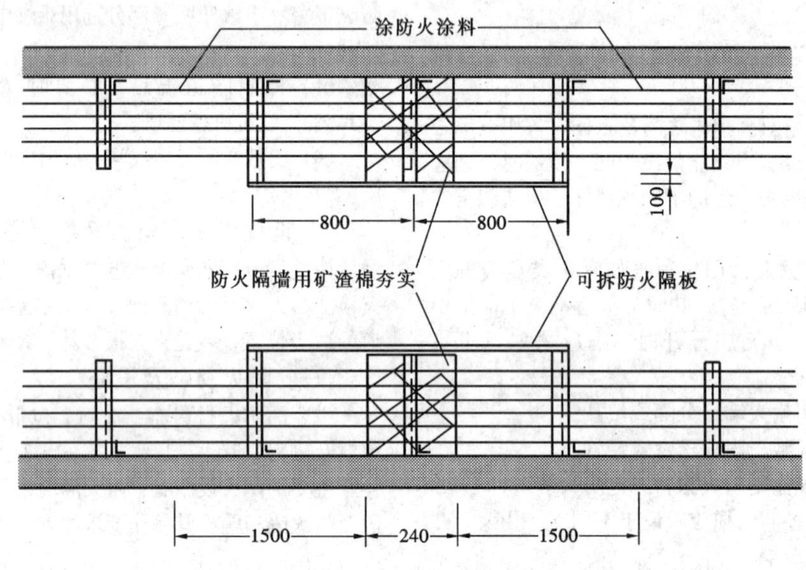

图 17-40 电缆隧道防火隔墙

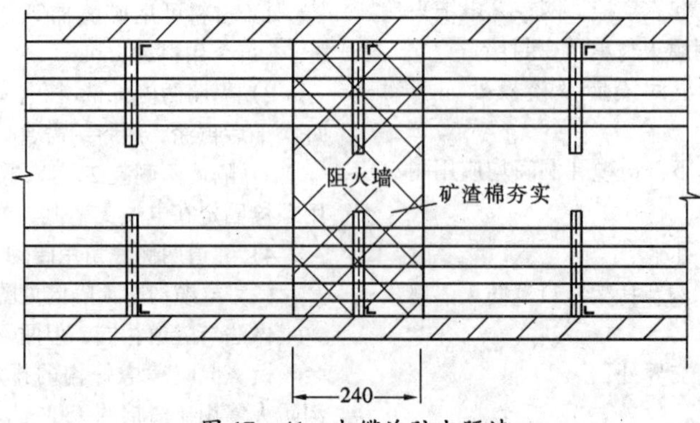

图 17-41 电缆沟防火隔墙

(3) 电缆夹层防火隔墙见图 17－42。

2. 阻火夹层

带人孔竖井阻火夹层见图 17－43。不带人孔竖井阻火夹层见图 17－44。具体做法如下：

(1) 为了施工安全方便，夹层固定支架最好在敷设电缆之前装好。

(2) 阻火夹层上下用 Ff85 耐火板，中间一层用矿棉半硬板。

(3) 耐火板在穿过电缆处按电缆外径锯成条状孔，铺好后用散装泡沫矿棉充填缝隙。

(4) 夹层上下 1m 处用防火涂料涂刷电缆及支架 3 次。

(5) 人孔尺寸为 700×700mm，用可移动防火板及带铰链活动盖板密封人孔。

3. 阻火段

阻火段外形尺寸见图 17－45。具体要求：

(1) 支架为 5 层时，2m 长一段电缆涂刷防火涂料 5 次（或包防火带）。

(2) 支架为 10 层时，2m 长一段电缆涂刷防火涂料 6 次，并在其上部 6 层每二层用 6m 长耐火隔板分隔。

控制电缆可用封闭式耐火盒分段。

4. 阻火隔板

用于不同电压、不同系统或控制、电力电缆之间的分隔。

5. 中间接头盒防火段

接头盒周围电缆包防火带或涂防火涂料 4 次。其外形尺寸见图 17－46。

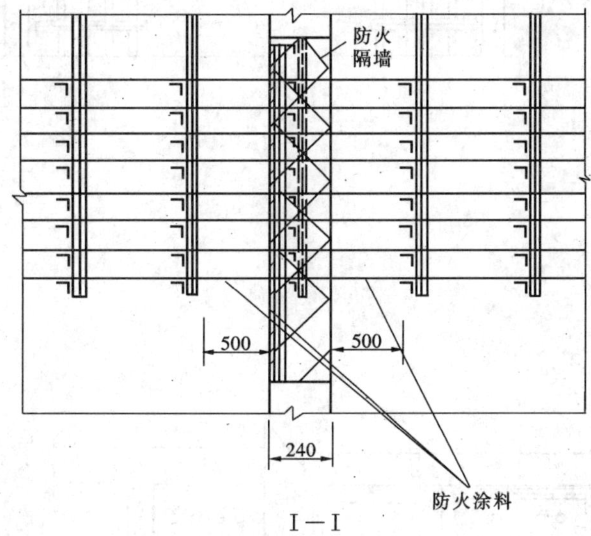

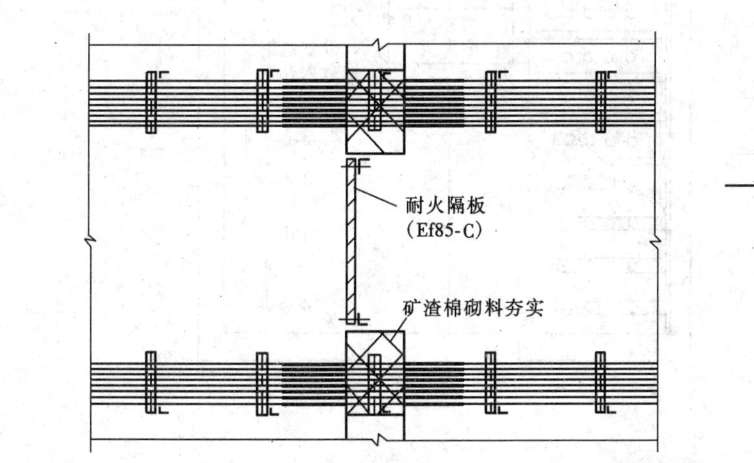

图 17－42　电缆夹层防火隔墙

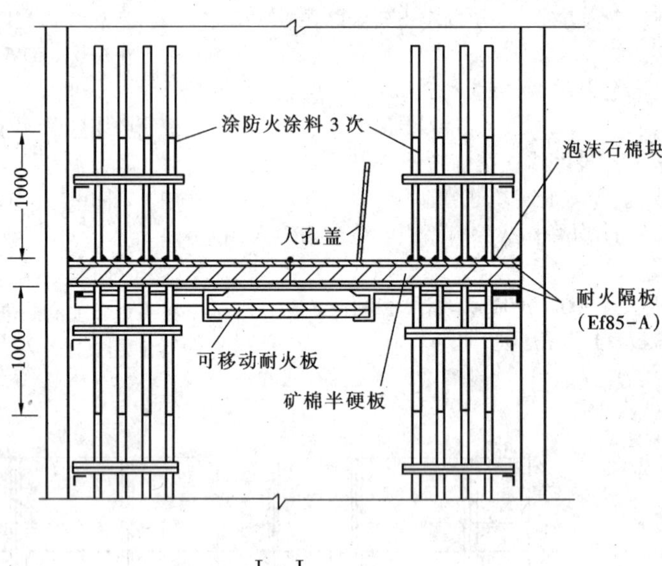

Ⅰ - Ⅰ

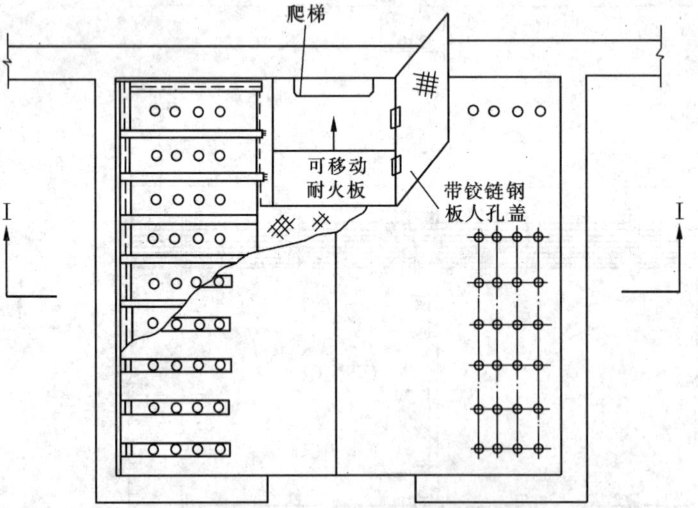

爬梯
可移动
耐火板
带铰链钢
板人孔盖
Ⅰ
Ⅰ

图 17-43　带人孔电缆竖井阻火夹层

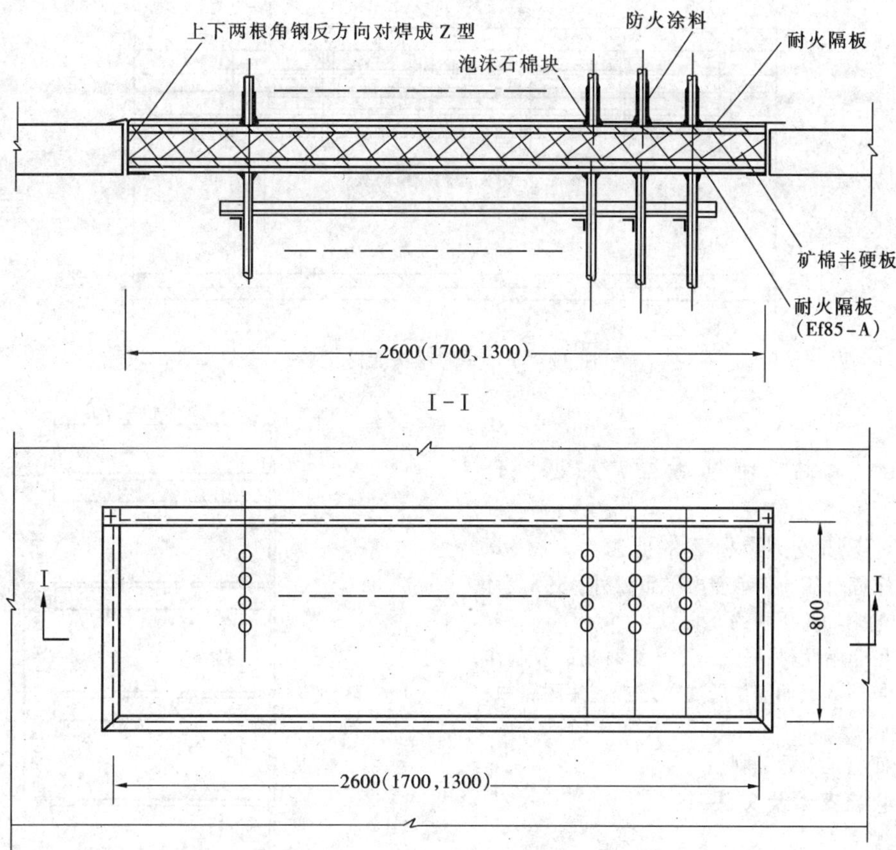

图 17－44 不带人孔电缆竖井阻火夹层

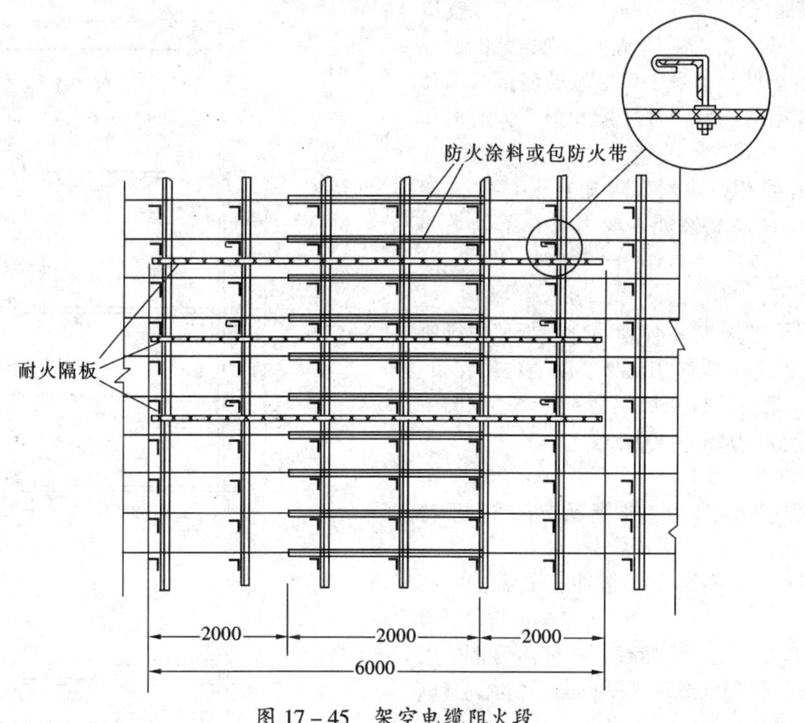

图 17－45 架空电缆阻火段

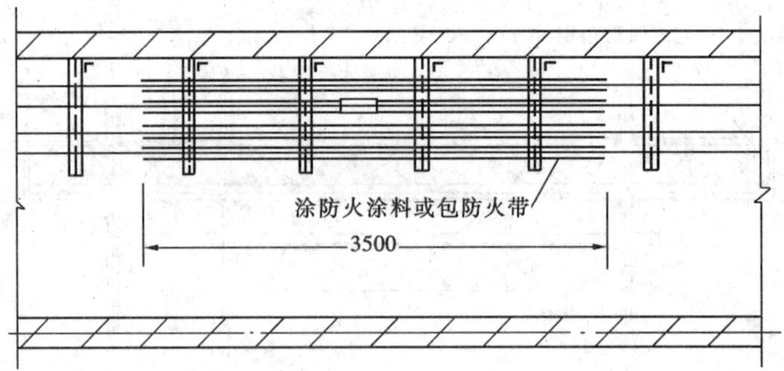

图 17-46　中间接头盒防火段

第 17-5 节　电缆支架及桥架

一、对电缆支架及桥架的要求

(1) 应牢固可靠，除承受电缆重量外，还应考虑安装和维护的附加荷重（约 80kg）。

(2) 采用非燃性材料，一般用型钢或钢板制作，但在腐蚀性场所其表面应作防腐处理或选用耐腐蚀材料。

(3) 表面应光滑无毛刺。

二、电缆支架及夹头

1. 电缆支架

常用电缆支架有角钢支架、装配式支架及铸铁支架。角钢支架由现场焊接，被广泛用于沟、隧道及夹层内。装配式支架由工厂制作，现场装配，一般用于无腐蚀的场所，不适于架空及较潮湿的沟和隧道内。铸铁支架适于腐蚀性环境及湿度大的沟和隧道内。

此外，还有铸铝、铸塑、陶瓷及玻璃钢支架等，均具有一定的防腐性能。现主要介绍以下两种。

(1) 角钢支架：

角钢支架外形如图 17-47 所示。根据使用场所不同，分隧道用支架、竖井用支架、电缆沟用支架、吊架、夹层内支架等，格架层间距离一般为 150～200mm（当用槽盒时为 250～300mm）。

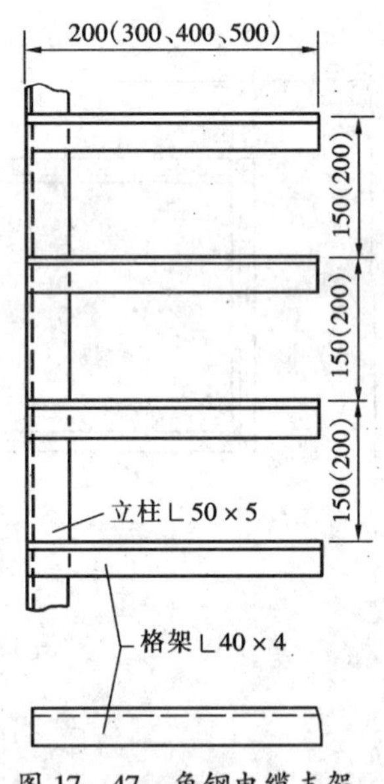

图 17-47　角钢电缆支架

(2) 装配式电缆支架：

装配式电缆支架如图 17-48 所示。它有以下特点：

1) 立柱用槽钢，格架用钢板冲压成需要的孔眼。

2) 立柱孔眼以 60mm 为模数，根据需要格架层间装配成 120mm（控制电缆用）、180mm、240mm（电力电缆用）。

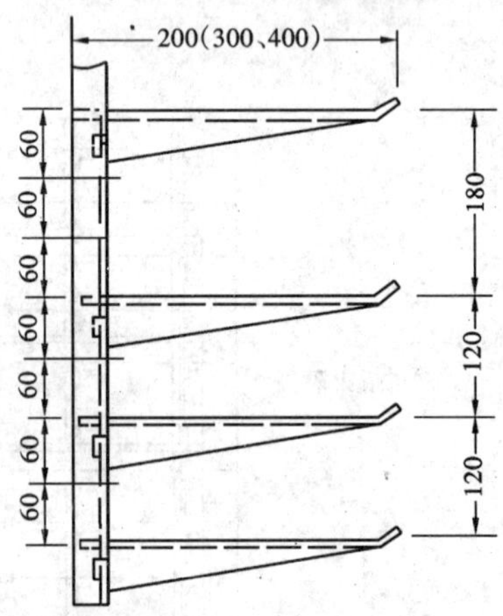

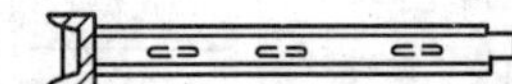

图 17-48　装配式电缆支架

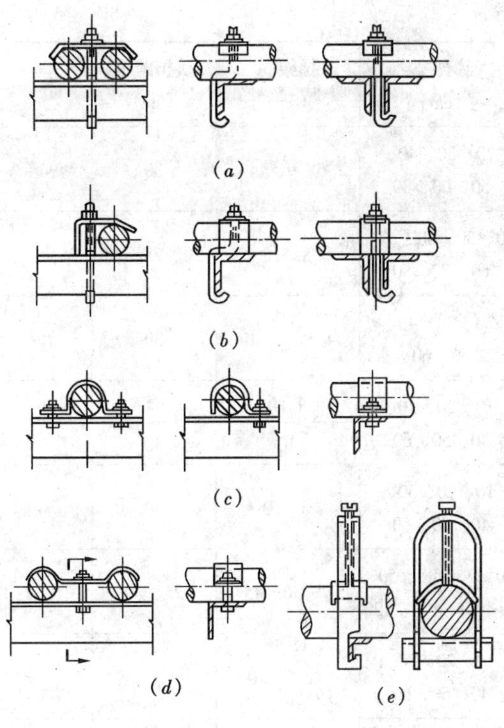

图 17－49　电缆夹头安装图
(a) Π 型夹头；(b) Γ 型夹头；(c) Ω 型夹头；(d) M 型夹头；(e) U 型夹头

3）格架长为 200、300、400mm 三种规格。

2. 电缆夹头

常用电缆夹头如图 17－49 所示。Π 型及 Γ 型用于固定控制电缆，Ω 型、U 型能牢固地固定电缆，且 U 型夹头便于调整，但加工复杂，只宜于工厂成批生产。

三、电缆桥架及附件

电缆桥架是敷设电缆的新形式，特别适于架空敷设全塑电缆。具有容积大、外形美、可靠性高、利于工厂化生产等优点。近年来发展很快，制造使用部门日益增多，基本达到品种全、规格多、配套强。可根据不同用途和使用环境，分别选用普通型和防腐型的梯架及槽架，要求更高的还可选用铝合金桥架。目前国内主要桥架制造厂家及其产品型号规格见表 17－32。现将桥架的结构用途及选用分述如下。

（一）电缆桥架的结构及用途

电缆桥架由托架、支吊架及附件组成。

1. 托架

托架是敷设电缆的部件，按不同用途分梯型和槽型（又称托盘）托架两种。前者形状似梯，用于敷设一般动力和控制电缆；后者直接用厚为 2mm 左右钢板卷成槽状（盘状），用于敷设需要屏蔽的弱电电缆和有防火隔爆要求的其它电缆。梯型和槽型托架的外形分别见图 17－50、图 17－51。

托架按不同要求分直线型、变宽型、30°、60°、90°平弯、垂直弯及三通、四通等，其中槽架又分底

表 17－32　　桥架制造厂名称及产品型号规格

厂家及型号	材料及其厚度（cm）	梯架长（cm）	梯架宽（cm）	梯架高（cm）	横担跨度（cm）	备注
天津电建公司 ZDLJ－01	镀锌钢板 $\delta=0.2$	200	20、30、40、 50、60、80	6、9	30	
江苏扬州开关厂 LQ－1（F）	镀锌钢板 $\delta=0.2$	200	20、30、40、50、 60、80、100、120	6、10、15	30	
机械工业委员会 电工中心 镇江电器设备厂 XQJ	镀锌钢板 $\delta=0.2$	200	20、30、40、 50、60、80	6、10、15	30	喷塑、电镀 喷漆
江苏扬中电控机械厂 XQJ		200	20、30、40、 50、60、80	6、10、15	30	
华东列车电站		200				热镀
黑龙江鸡西桥架厂 DLQJ（CJ）	$\delta=0.15$	200	17、22、32、42、 52、62、82、102	6、10、20	28.5	锌镍合 金电镀

续表

厂家及型号	材料及其厚度(cm)	梯架长(cm)	梯架宽(cm)	梯架高(cm)	横担跨度(cm)	备注
黑龙江鸡西麻山矿建设设备厂 TJ		200	20、30、40、50、60、80	6、9、14	30	热镀锌
西安铝型材制品厂	铝合金型材及板材	200、300、400、500	20、30、40、50、60、70、80	8、10	20、25、33	
武汉青山一冶电气安装公司附件厂 QDJ	镀锌薄钢板 $\delta=0.12$、0.15	600	20、30、40、50、60	4.5、6、10	30	
黑龙江低温机电研究所 QJ	$\delta=0.15$	200	10、20、30、40、50、60	4、6	25	
		600		10	30	
成都双流金花静电设备厂		200～600	10、20、30、40、50、60	6、10	30	
常州电力机械厂 $QJ-C_1$	镀锌薄钢板 $\delta=0.23$	350	20、30、40、50、60、80、100、120	7、10、15	25、30	
黑龙江机械研究所 QJ	镀锌薄钢板 $\delta=0.15$	60	10、20、30、40、50、60	4、6、10	30	
天津扳钳工具八厂 HQJ	镀锌薄钢板 $\delta=0.2$	200～600	20、30、40、50、60、70、80	7、9、14	30	热镀锌
吉林市电缆桥架厂 QJ	钢板 $\delta=0.2$	200～600	15、20、30、40、50、60	6、10、15	30	镀锌、防腐漆静电喷涂

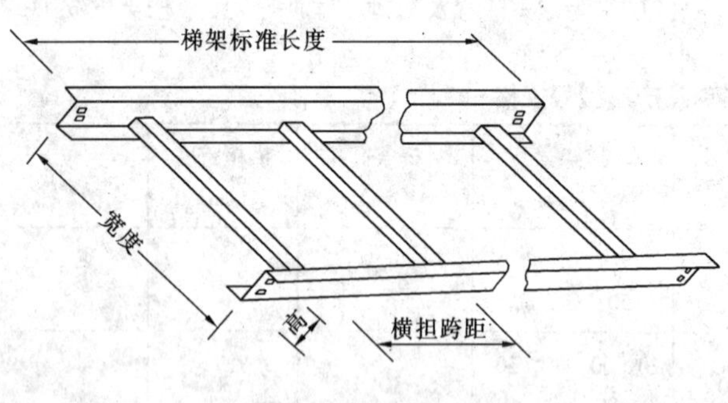

图 17－50　梯型托架

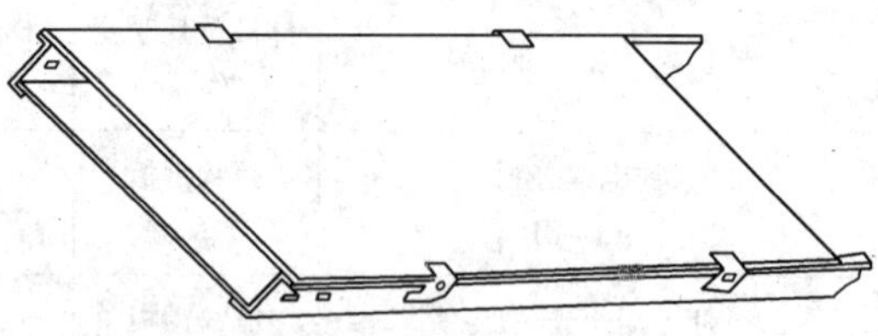

图 17－51　槽型托架（托盘）

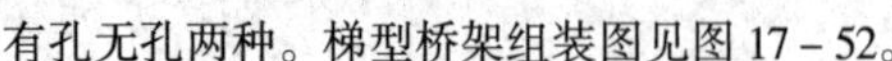

有孔无孔两种。梯型桥架组装图见图 17－52。

2. 支吊架及吊架

(1) 支吊架：支吊架是支撑桥架重量的主要部件，由立柱、托臂及固定底座组成。

立柱由工字钢、槽钢或异形钢冲制而成。其固定方式有直立式　悬挂式和侧壁式。直立式是立柱上下两端用底座固定于天棚和地板上，适用于电缆半层，可单侧或双侧装托架。悬挂式仅上端用底座固定在天棚上，亦可单侧或双侧装托架。壁侧式是支架一侧直接用螺栓或电焊固定在墙壁或支柱上，适于沟、隧道或沿墙敷设电缆处，只能一侧装设托架。

托臂用 3mm 左右的钢板冲压成型，有固定式和装配式两种。固定式直接焊于立柱上，装配式可在现场按需要调节位置。还有一种托臂无需立柱，可直接用膨胀螺栓或电焊固定在墙上。支吊架与梯架组装见图 17－53。

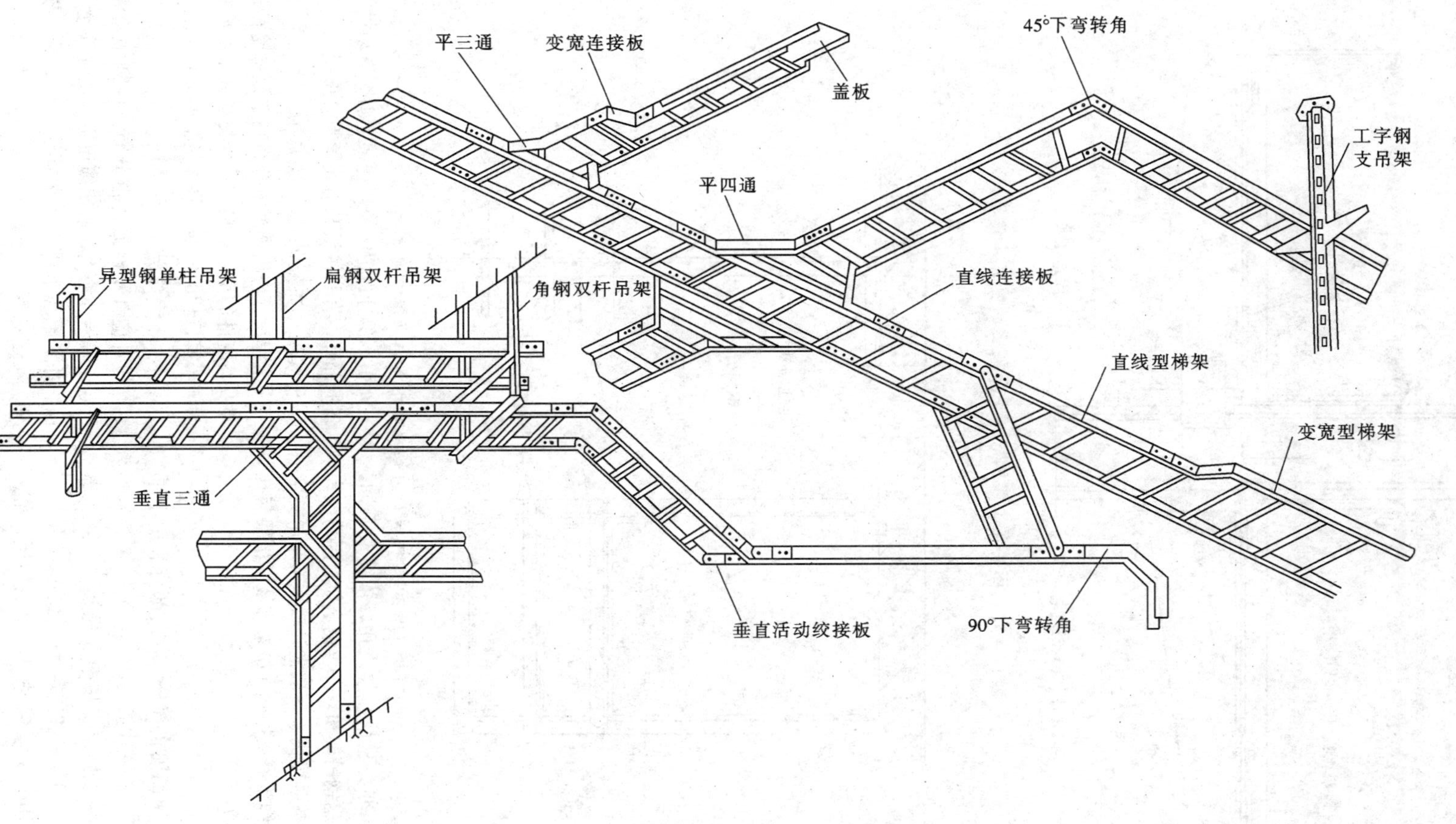

图 17－52　梯型电缆桥架安装示意图

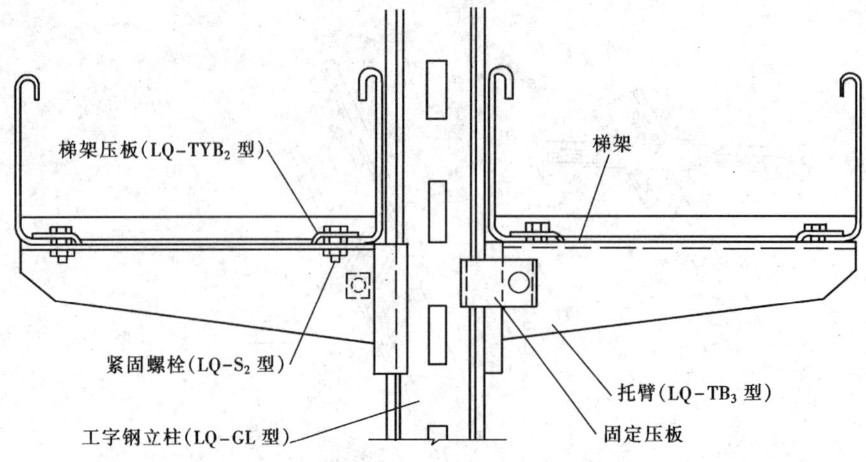

图 17-53 梯架在工字钢双侧支吊架上的安装示意图

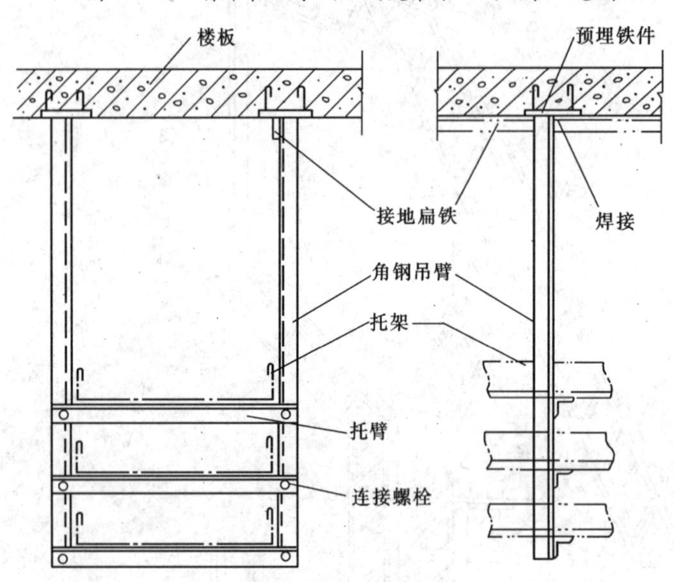

图 17-54 托架在角钢双杆吊架上安装示意图

(2) 吊架：亦为悬吊托架之用，依荷载不同，可分别选用双杆扁钢吊架和双杆角钢吊架，因吊架为两端固定托臂，故强度高、荷载大，较适于悬吊宽盘托架，但拉引电缆没有支撑式支吊架方便。吊架与托架组装见图 17-54。

3. 附件

附件包括桥架的固定部分、联结部分和引下部分。

固定部分：用于固定支吊架及托架。有膨胀螺栓、双头螺栓、射钉螺栓和固定卡、电缆夹卡等。

联结部分：用于联结各种托架。有直接板、角接板和铰链接板等，见图 17-52。

引下部分：把电缆从托架上引至电动机等用电设备的部件，有引接板和引线管等。见图 17-55。

(二) 桥架的选用及订货

工程设计应根据缆流分布确定缆道路径，选择桥架及其附件的型号规格，并分类统计出所需数量，作为向厂家订货的依据。具体步骤如下：

1. 确定缆道走廊

设计应首先根据缆流分布，规划缆道走向，与机、土等专业协商，确定缆道走廊位置及允许通过断面，并了解缆道周围工艺管道及梁、柱、楼板等情况。

2. 确定支架固定方式

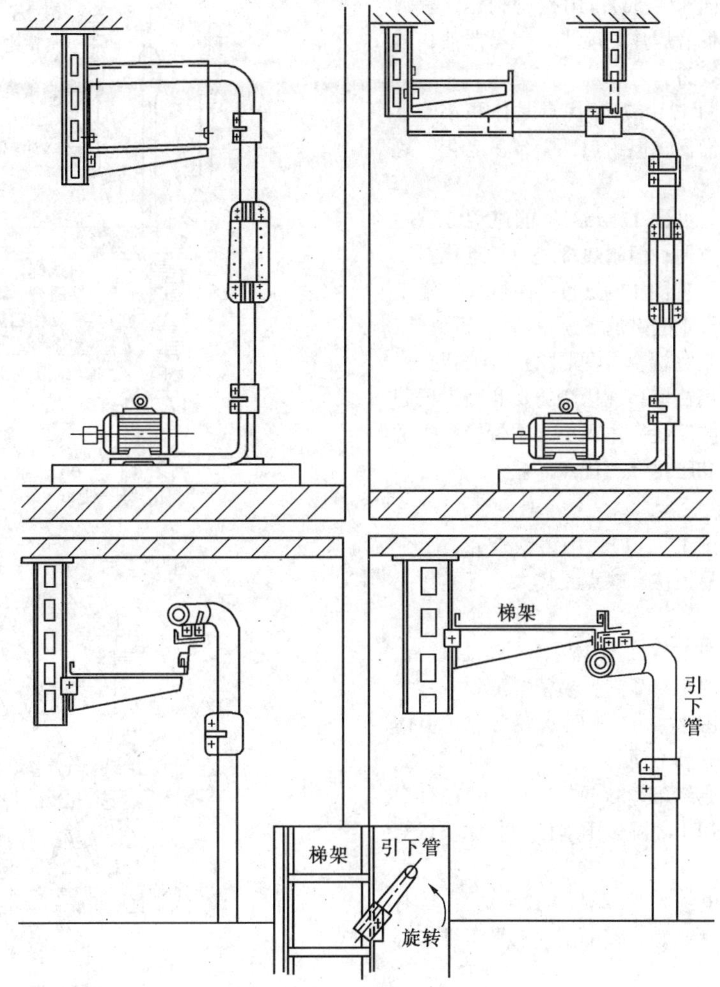

图 17-55　引线管安装示意图

根据路径周围情况，确定各段支架固定方式（直立式、悬挂式、壁侧式、单端、双端固定）。

3. 选择电缆桥架

根据使用环境及缆道内各类电缆数量，选择托架类型、规格及层数，并以此确定支吊架型式及规格。

4. 验算桥架强度

对电缆数量较多的重载托架，应核验其机械强度：

(1) 根据托架上电缆规格及数量，估算托架单位长度荷载。

(2) 根据托架型号及跨距（一般为 2m），查荷载曲线（见制造厂样本），得托架最大允许荷载，其值应大于或等于托架计算荷载（应计及检修荷载 784N），如不满足则应另选强度较高的托架。

5. 统计桥架材料

根据布置图中表示的支、托架型号、规格、层数、支架间距及托架升降、拐弯、交叉、分支等，分别统计出支架、托架、连接板、水平弯、垂直弯、三通、四通及紧固件数量。

根据使用环境的要求，选择盖板型号规格并统计其数量。

根据每一用电设备电缆规格，选择引下保护管型号、规格并统计其所需数量。

将以上统计好的托架、支吊架及其零部件按不同型号、规格分别换算成重量。

将上述数据填写在订货清单上，其内容包括：名称、型号、规格、数量、重量。

第 17-6 节　电缆终端盒及接头盒

一、电缆终端盒

1. 户内电缆终端盒

(1) 漏斗型（见图 17－56）：用铁皮制作，有圆形和椭圆形，其价格低、爆炸危险小，但易漏油；适于较潮湿的 6～10kV 线路。

(2) 干封端（见图 17－57）：优点是体积小、重量轻、耗材少、施工简便，但耐热性差，易老化，故不宜用于高温车间。

(3) 塑料干封端（见图 17－58）：能避免酸碱腐蚀防油性能好，施工方便；但耐热性差，易老化。

(4) 尼龙终端盒（见图 17－59）：性能好，施工简便，但不宜用于有严重酸碱的场所。

(5) 户内环氧树脂终端盒（见图 17－60）：有户内Ⅰ型和Ⅱ型，Ⅰ型用铁模具现场浇铸，Ⅱ型为预制环氧外壳。均具有工艺简便、体积小、重量轻、省材料并有较好的耐热性和密封性等优点。

2. 户外电缆终端盒

(1) 鼎足式（见图 17－61）：用铸铁外壳，三个套管对称排列，缆芯易换位，缺点是体大、笨重、不经济。

(2) 并列式（见图 17－62）：体积较小，且经济、轻便、易安装，但绝缘不易灌满、易留空隙。

(3) 倒挂式（见图 17－63）：防水较可靠，但体大、笨重、不经济、安装不便。

(4) 户外环氧树脂终端盒（见图 17－64）：有户外Ⅰ型和Ⅱ型，Ⅰ型用于潮湿多雨地区，其优缺点与户内环氧头相同。

(5) 塑料、橡皮电缆封端（见图 17－65）：具有结构轻巧、防腐防潮性能好、施工简便、易于维修等优点。

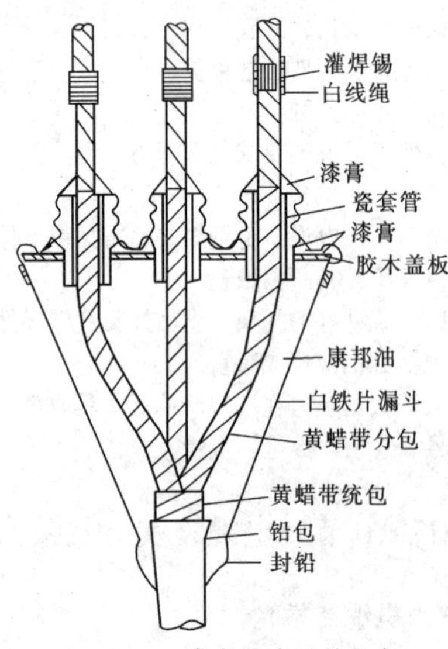

图 17－56　户内漏斗型封端盒

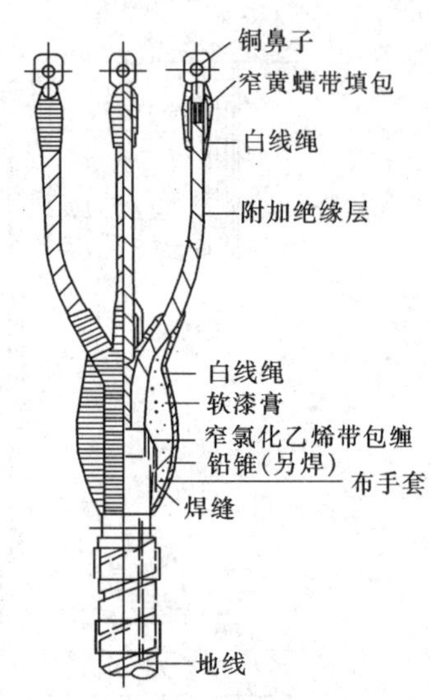

图 17－57　户内干封端

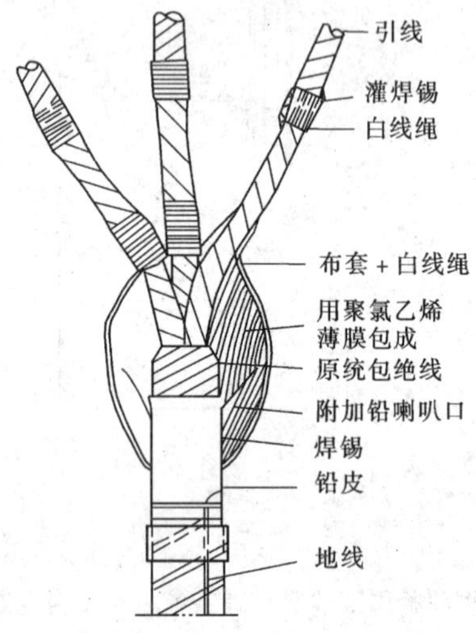

图 17－58　户内塑料干封端

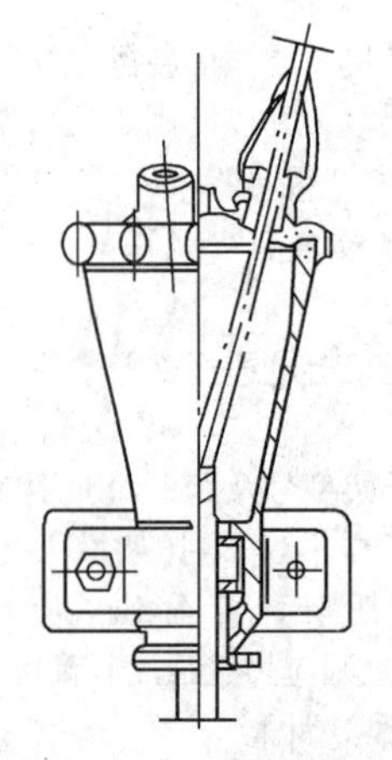
图 17－59　尼龙终端盒

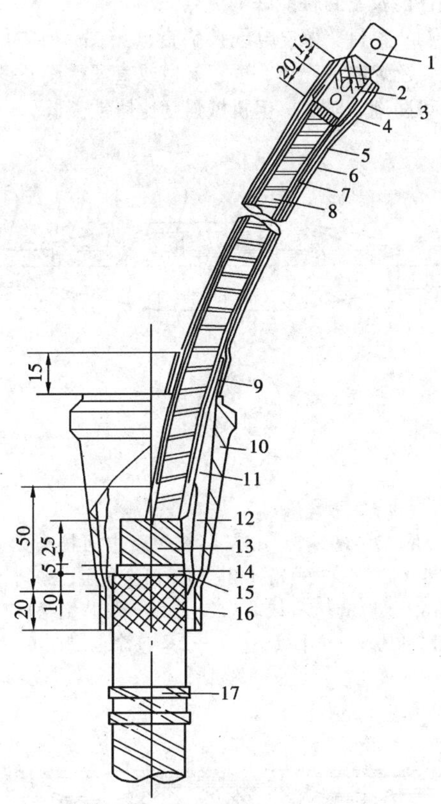

图 17－60 户内—1 型环氧树脂终端盒结构尺寸图

1—引线鼻子；2—线鼻子压坑；3—线鼻子处堵油涂料包芯；4—耐油橡胶管；5—黄蜡带；6—相色带和聚氯乙烯透明带；7—黄蜡绸带；8—电缆芯线；9—芯线及袖口涂包芯；10—预制环氧外壳；11—环氧混合胶；12—统包涂料包芯；13—统包部分；14—半导体纸；15—喇叭口；16—铅（铝）包打毛；17—接地线第一道卡子

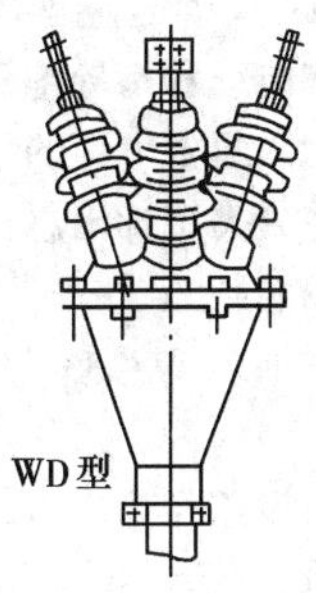

图 17－61 户外 6～10kV 鼎足式终端盒

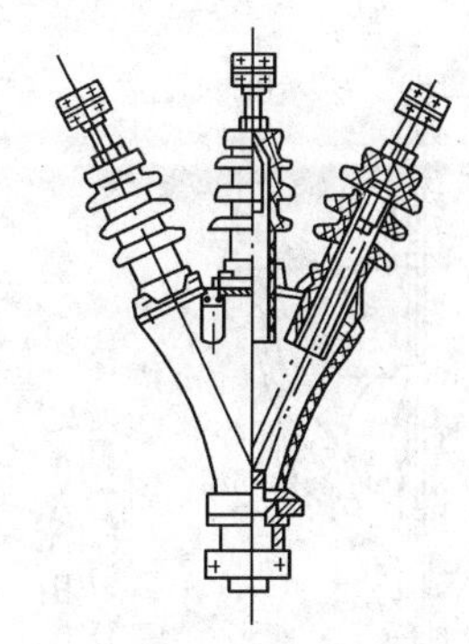

图 17－62 户外 6～10kV 并列式终端盒

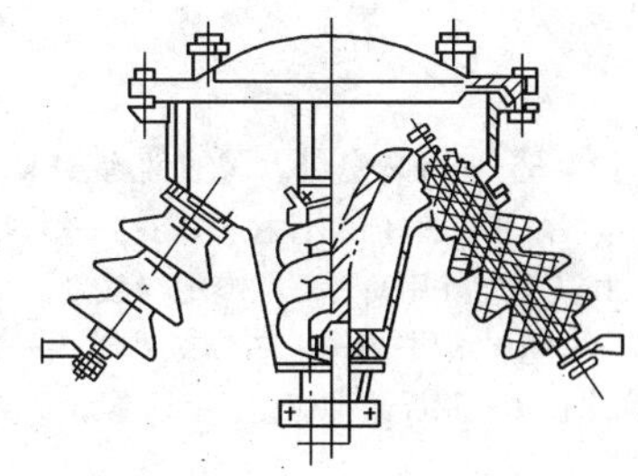

图 17－63 户外倒挂式终端盒

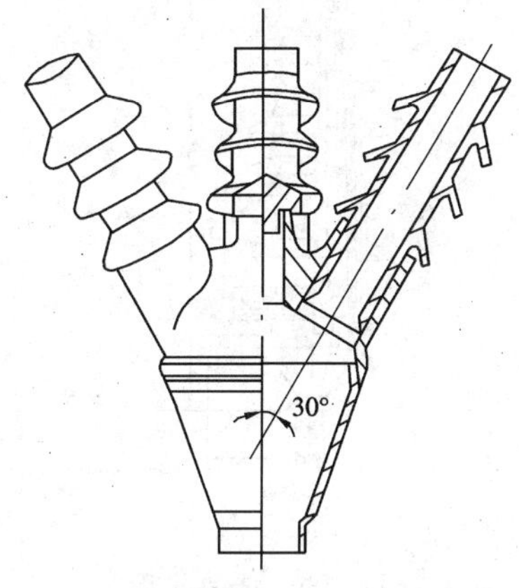

图 17－64 户外环氧树脂终端盒

（6）35kV 终端盒（见图 17－66）。

二、电缆接头盒

（1）铅接头盒和铜接头盒：分为整体式和合成式两种（两种接头盒分别见图 17－67、图 17－68）。整体式用于 10kV 及以下纸绝缘电缆；合成式用于 35kV 分相铅包电缆。铅、铜接头盒均具有密封好，水气不易侵入的优点。但铅接头机械强度差；须装于金属或水泥保护壳内。

（2）环氧树脂中间接头盒（见图 17－69）：与铅接头相比，具有工艺简单、成本低、机械强度高、

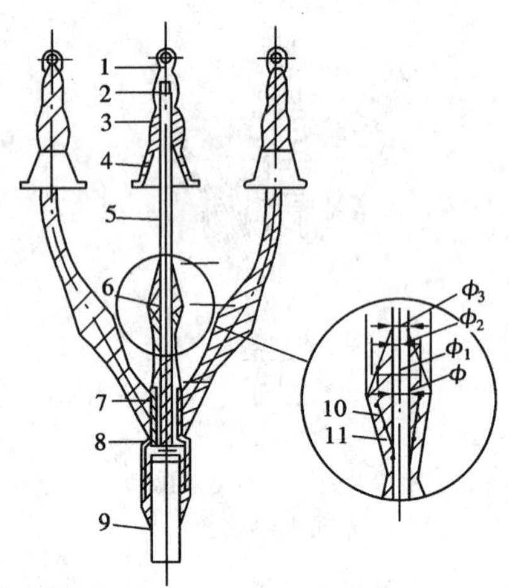

图 17-65 10kV 塑料、橡皮电缆终端

1—导线接线端子；2—自粘性橡胶带；3—塑料胶粘带；4—雨罩（户外用）；5—电缆绝缘线芯；6—屏蔽环；7—电缆屏蔽层；8—三芯分支手套；9—接地铜线；10—铝屏蔽带；11—半导电布带

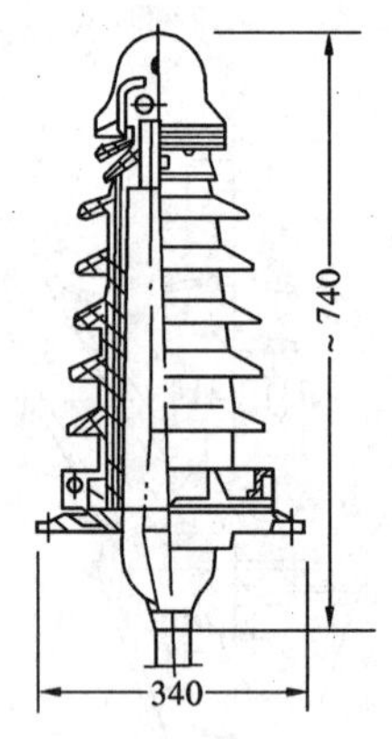

图 17-66 35kV 分相铅包终端盒

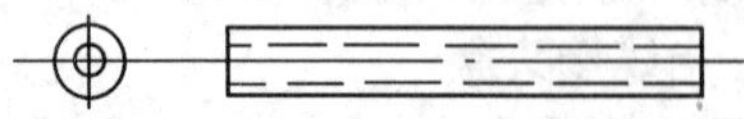

图 17-67 整体式铅接头盒

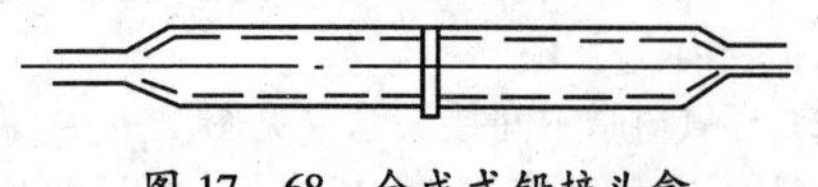

图 17-68 合成式铅接头盒

电气性能及密封性能好等优点。

(3) 塑料、橡皮电缆接头盒（见图 17-70）：由硬聚氯乙烯制成壳体，适于隧道或直埋敷设的橡塑电缆，可防潮、防腐，但机械强度比铸铁壳低。

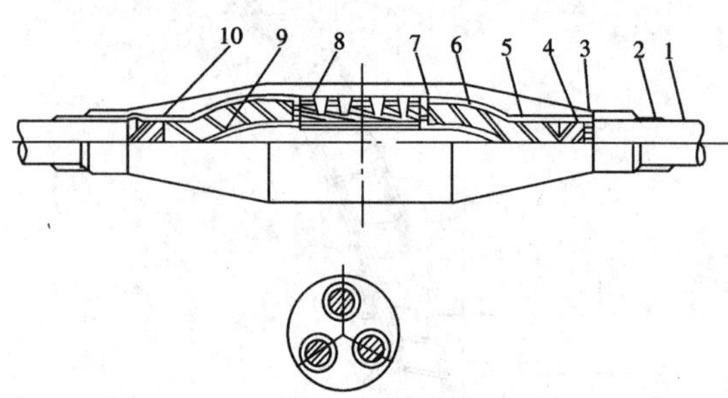

图 17-69 1~10kV 环氧树脂中间接头盒

1—铅（铝）包；2—铅（铝）包表面涂包层；3—半导体纸；4—统包纸；5—线芯涂包层；6—线芯绝缘；7—压接管涂包层；8—压接管；9—三叉口涂包层；10—统包涂包层

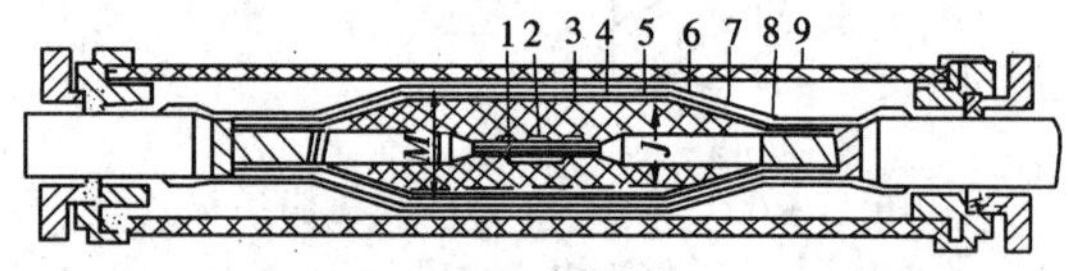

图 17-70 10kV 塑料、橡皮电缆接头盒

1—连接管；2—自粘性橡胶带；3—半导电带（或）纸；4—铝屏蔽带；5—软铜丝；6—塑料胶粘带；7—布带；8—多股镀锡铜带；9—塑料连接盒

第 17-7 节 电缆清册及编号

一、电缆清册

电缆清册是订购电缆和指导施工的依据，运行维护的档案资料，应列入每根电缆的编号、起迄点、型号、规格、长度，并分类统计出总长度（控制电缆还应列出每根电缆备用芯数）。

清册的一般形式如表 17-33（计算机电缆清册见第 17-8 节）。

电缆长度根据敷设路径量出后，需加上表 17-34 的附加长度及预留量。

二、电缆编号

（一）对电缆编号的要求

电缆编号是识别电缆的标志，故要求全厂编号不

表 17－33　　电 缆 清 册 示 例

安装单位名称	电缆编号	始　点	终　点	电缆计算长度（m）						电缆所经过的断面					
				ZLQ20－6											
				3×70											
6kV 厂用第一段	12XF－01	6kV 厂用第一段 #1 间隔	#1 炉 #2 吸风机	100											

表 17－34　度量电缆时各种附加长度

序号	附加长度的项目名称		长　度（m）
1	电缆头的制作		0.5
2	电缆接头盒的制作		0.5
3	检修电缆头用的预留量		1
4	检修电缆接头盒的预留量		1
5	由地坪引至各设备的端头处	电动机	接线盒对计算地坪的实际高度
		配电屏	1
		车间动力箱	1.5
		控制屏或保护屏	2
		厂用变压器	3
		主变压器	5
		磁力起动器或事故按钮	1.5
4	考虑上下左右转弯等所需预留量		总长的 7%

重复，并具有一定含义和规律，能表达电缆的特征。

电缆编号由拼音字母及数字组成；字母表示安装单位或安装设备的名称、电压；数字表示机组、设备和回路序号及特征。

安装单位以电压、线路、机组及车间等特征来划分。

安装设备以发电机、变压器、厂用设备及辅机等电气元件来划分。

各安装单位及安装设备拼音符号见附录 17－3。

为了适应计算机辅助设计的要求，对习惯的编号作了局部的修改，如拼音字母规定用大写 A、B、C……（不用 a、b、c……），数字用 1、2、3、4……（不用Ⅰ、Ⅱ、Ⅲ……），其字符亦不应超过 10 位。

（二）电力电缆编号

1. 高低压中央盘引出电缆

由机组及辅机编号、受电设备拼音及回路号组成，格式如下：

× × ×××—××
① ② ③ ④

其中：①表示机组编号 1、2、3、……（公用辅机无此编号）；

②表示辅机编号 1、2、3、……；

③设备拼音，详见附录 17－3；

④回路编号，6kV 编 01、02、……，380V 编 1、2、……；当为前后两段时，前段为 1A，后段为 1B。

2. 车间盘引出电缆

由机组号、供电设备安装单位拼音及回路号组成，格式如下：

× ×××—× × ×
① ② ③ ④ ⑤

其中：①表示机组编号 1、2、3、……（辅助车间无此编号）；

②车间或机组拼音及母线段号，详见附录 17－3；

③盘号 1、2、3、……；

④盘内回路号 1、2、3、……8；

⑤当有前后两段时，前段为 A，后段为 B。

3. 电力电缆编号示例（见表 17－35）

（三）控制电缆编号

控制电缆编号由安装单位或安装设备符号及数字组成。数字编号由百位数组成，以不同的途径分组，具体工程某组号数不够用时，可将其百位数改为 2 或 3，如表 17－36 所示。

1. 二次控制电缆编号

表 17－35 电力电缆编号示例

序号	供电设备	受电设备	电缆编号
1	6kV 厂用中央盘	一号炉二号送风机	12SF－01
2	6kV 厂用中央盘	一号机三号给水泵第一根电缆	13GB－01
3	6kV 厂用中央盘	一号机三号给水泵第二根电缆	13GB－02
4	380V 厂用中央盘	二号机一号水冷水泵动力箱	21SLB－1A
	二号机一号水冷水泵动力箱	二号机一号水冷水泵电动机	21SLB－1B
5	一号汽机专用盘二号盘第三回	暖风机动力箱	1QJ－23A
	暖风机动力箱	暖风机电动机	1QJ－23B
6	一号炉专用盘一段五号盘第四回	一号风机起动器	1GL1－54A
	一号风机起动器	一号风机电动机	1GL1－54B
7	三号炉专用盘二段四号盘第三回	二号风机起动器	3GL2－43A
	二号风机起动器	二号风机电动机	3GL2－43B

表 17－36 控制电缆数字划分

序号	途径	基本编号	可增加编号
1	控制室去各处电缆	100～129	200～229，300～329
2	控制室屏间联络电缆	130～149	230～249，330～349
3	电动机及厂用配电装置电缆	150～159	250～259，350～359
4	出线小室电缆	160～179	260～279，360～379
5	配电装置内电缆	180～189	280～289，380～389
6	主变压器处的联络电缆	190～199	290～299，390～399

× ××—××× ×
① ② ③ ④

其中：①安装单位设备序号 1、2、3、……；

②安装单位设备拼音，见附录 17－3；

③数字编号，见表 17－36；

④表示 A、B、C 相或弱电 R。

2. 电动机控制电缆编号

该编号由机组及辅机号、设备拼音及回路号组成，格式如下：

× × ×××—×××
① ② ③ ④

其中：①表示机组号 1、2、3、……（公用辅机无此号）；

②表示辅机号 1、2、3、……；

③设备拼音，见附录 17－3；

④回路编号 150～159。

3. 控制电缆编号示例（见表 17－37）

表17-37　控制电缆编号示例

序号	始端设备	终端设备	电缆编号
1	一号发电机变压器控制台	一号发电机出线小室	1FB-110
2	二号发电机变压器控制台	集控室五号屏	2FB-145
3	220kV母联端子箱	断路器*A*相操作机构	ELD-181A
4	220kV母联端子箱	断路器*B*相操作机构	ELD-181B
5	6kV ⅡB段三号柜	二号炉二号送风机	22SF-150
6	6kV ⅠA段四号柜	一号炉三号磨煤机	13MM-150
7	6kV ⅠB段五号柜	一号机二号给水泵	12GB-150

第17-8节　计算机辅助电缆布线设计

大型电厂电缆数量多，缆道网络复杂，人工完成布线设计，不但耗工多，也很难保证设计质量和进度。

计算机最适合于完成重复繁琐的电缆布线工作。实践证明，简便、实用、符合国情的电缆程序，既能提高设计质量，增加设计深度；又能提高效率，节省投资；并易于在工程设计中普及推广。

一、VAX电缆程序（一）的适用范围与功能、特点

1. 适用范围

适用于大中型各种类型的发电厂及变电所完成任何复杂缆道网络的电缆布线设计。

2. 主要功能

能自动选择电缆路径、计算长度、汇总材料、汇总断面、汇总设备电缆；并能根据工艺要求，通过人机对话，控制、分隔、修改路径，调节缆流，实现最佳敷设方案。

3. 主要特点

(1) 计算容量大，适应性强，不受网络和容量限制。

(2) 数据填写方便、容易掌握；输入方式灵活、直观（允许用网络、坐标或混合输入）。

(3) 能根据工艺要求，强制路径，分隔系统，闭锁通道。

(4) 人工干予能力强，能随机对话，监视、调节缆流，控制充满度。

(5) 运行方式灵活，可分段、重复计算，亦可补充、修改和自检。

(6) 输出内容、格式适合国情，符合当前设计、施工习惯和要求。

二、VAX电缆程序（一）辅助电缆设计的工艺流程

VAX电缆程序（一）工艺流程分五个阶段：即输入数据准备、文件编辑、布线计算、制表打印和输出数据的整理出版。其中文件编辑、布线计算和制表

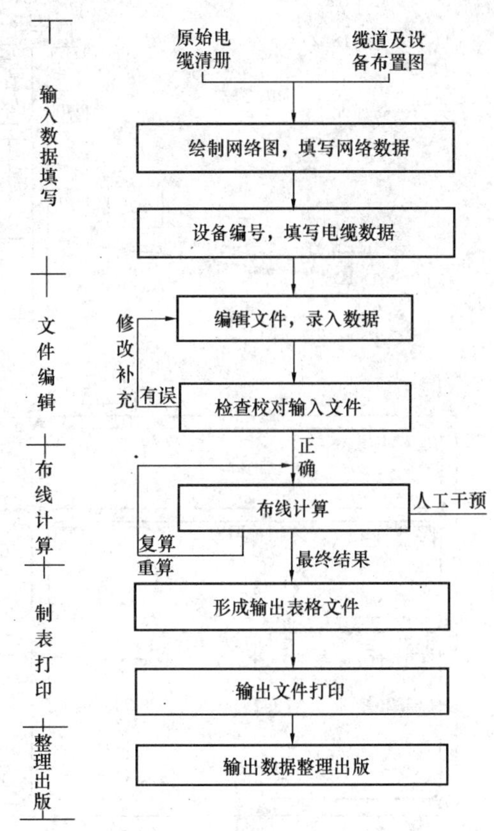

图17-71　VAX电缆程序（一）工艺流程图

打印均为上机操作，可由指定的操作员来完成，设计人员的主要工作是输入数据的准备和填写以及对输出数据进行整理加工达到出版要求。

VAX电缆程序（一）主要输入、输出数据如下：

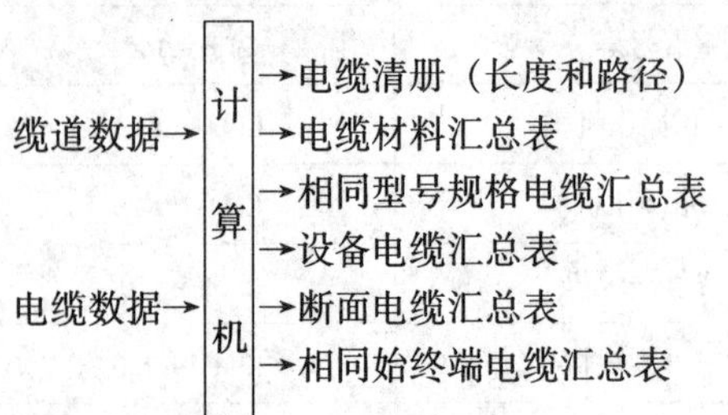

三、缆道数据准备及填写

1. 缆道数据准备（见表17－38）

2. 缆道数据填写格式

根据准备好的缆道网络图，对应每一个支路依次填写一端节点号、另端节点号、支路长、支架长和分隔码数据。

对无需控制充满度的缆道可不填写支架长，无需限制电缆通过的缆道可不填写分隔码。

3. 缆道数据填写举例

为便于说明，以简化的某330kV变电所为例（数据是假定的，不一定合理），电缆构筑物布置见图17－72，根据布置图绘制的网络图见图17－73，根据网络图填写的缆道数据见表17－39。

四、电缆数据准备及填写

电缆数据填写的步骤见表17－40，实例见表17－41及图17－72。

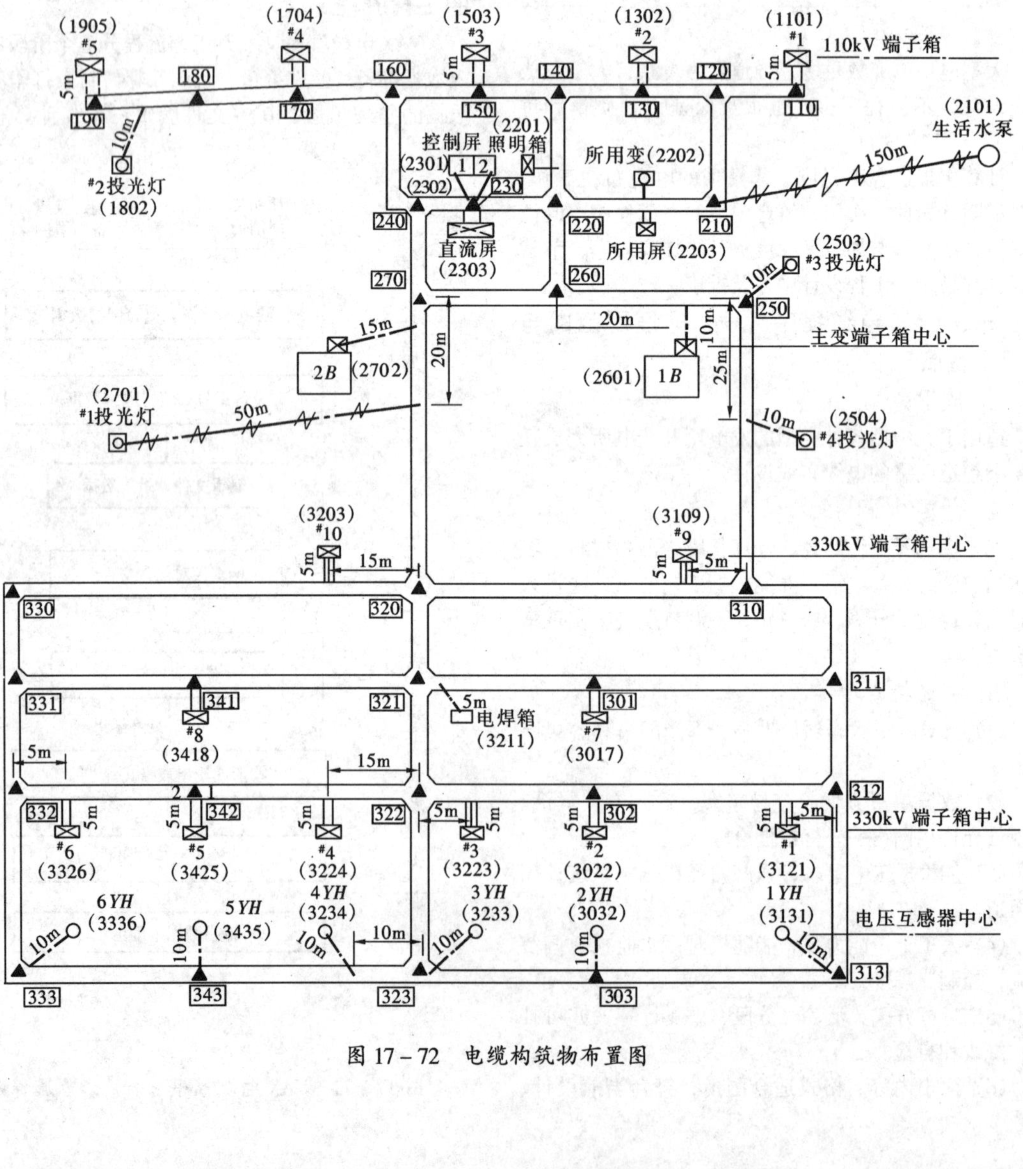

图17－72　电缆构筑物布置图

表 17－38　缆道数据准备

序号	步骤	说明
1	根据缆道布置图绘制以支路及节点表示的缆道网络图（见图 17－72、73）	·不同标高缆道可分层表示，并以斜箭头表示上下相连的竖井 ·在交叉处和电缆集中引出处设节点，分别以圆圈和黑三角表示在网络及布置图上
2	在网络及布置图上编节点号	·节点编号为 1～9999 任意整数或字符，可不连续，但不得重复 ·为便于查找，宜按系统、车间或机组分大小区，如： Ⅰ区编号为 1000～1999； Ⅱ区编号为 2000～2999……
3 4 5	在网络图上填支路长度（dm） 填支架控制长（mm） 填分隔码	·在布置上量出每两个节点间的支路长度 ·当某缆道需要控制充满度时，需填写该支路支架总长 ·当某支路只允许通过某系统或电压的电缆时，应填分隔码，带有该分隔码的电缆才允许通过 ·分隔码按系统分 A、B、C…G7 个系统；按电压分高压、低压、控制、弱电、通讯，分别以 1～5 表示 ·分隔码字符不应超过 4 位

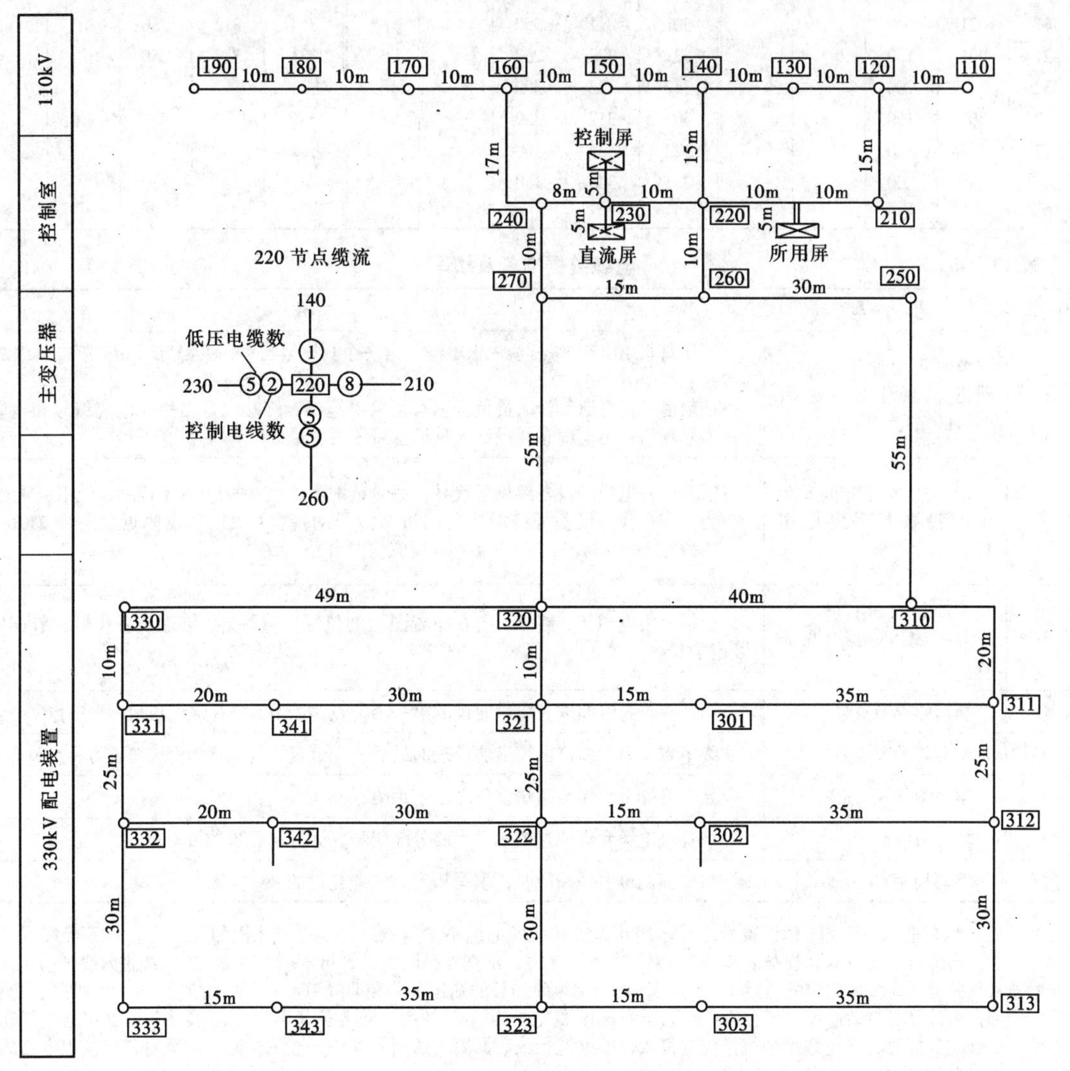

图 17－73　缆道网络图

表 17-39　　缆道数据

一端节点号	另端节点号	支路长(dm)	支架长(mm)	分隔码	一端节点号	另端节点号	支路长(dm)	支架长(mm)	分隔码	一端节点号	另端节点号	支路长(dm)	支架长(mm)	分隔码
120	110	100			120	130	100			130	140	100		
140	150	100												
150	160	100			160	170	100							
170	180	100			180	190	100			120	210	150		
220	210	200			140	220	150			220	230	100		
220	260	100			230	240	80			240	160	170		
240	270	100			260	250	300			270	260	150		
250	310	550		A3	270	320	550	1200	A23					
320	330	490			320	310	400			310	311	200		
320	321	100			330	331	100			331	341	200		
341	321	300			301	311	350			311	312	250		
321	301	150			321	322	250			331	332	250		
332	342	200			342	322	300							
322	302	150			302	312	350							
312	313	300			322	323	300							
332	333	300			333	343	150			343	323	350		
303	313	350			323	303	150							

表 17-40　　电缆数据准备及填写

序号	步　骤	说　明
1	填写汇总原始电缆清册并编页序号（见表7-41）	·清册每页10行，每行填一根电缆，编一个页序号，第一页编10～19，第二页编20～29… ·一般由订货分册设计人员负责填写每根电缆始、终端设备名称及电缆编号和电缆型号规格；由电缆布线设计人员汇总后编页序号
2	在电缆构筑物布置图上编设备代号（见图17-72）	·需要汇总电缆的设备编设备代号，编号范围为1～999999，可不连续，但不应重复 ·为便于查找，设备号一般应与附近节点号对应，如230节点附近设备编2301～23099，如为屏台时，尾数1～99还应与屏台号一致
3	在原始清册右侧填写计算机输入数据（见表17-41）	·根据每根电缆始、终端设备在布置图上的位置，填写始、终端设备代号、节点号及附加长
(1)	填写始端节点号	·始节点1为电缆进入缆道通过的第一个节点，始节点2为该缆道另一个节点
(2)	填写终端节点号	·终节点1为电缆退出缆道前经过的最后一个节点，终节点2为该缆道另一个节点
(3)	填写附加长（m）	·始、终端节点1至两端设备之水平距离
(4)	填写分隔码	·填写该电缆允许通过的缆道支路分隔码号，无分隔要求的可不填
(5)	填写控制点	·需要强制该电缆路径时，填写指定该电缆经过的某一节点号

注　1. 不汇总电缆的设备不填设备号。2. 不用计算机布线的电缆不填节点号，长度填入附加长一栏。3. 不经缆道直接进、出节点1电缆不填节点2。4. 始、终端节点1无需打出其支路断面的，可不填节点2。5. 电缆进入缆道后走向不易判断的，应先填假定的节点1、节点2，再分别填附加长的缆道部分和非缆道部分。6. 附加长只计水平距离，垂直部分由计算机自动追加以下数值：高电压为6m；低电压为7m；控制、弱电及通讯为8m。具体工程亦可通过操作命令修改其数值。7. 电缆型号规格应选用预存的电缆参数数据库内的型号规格，选用非库内电缆时，应按规定格式存入该电缆参数。

五、上机操作及输出数据整理出版

1. 上机操作

根据准备好的缆道和电缆数据经校对修改后，即可上机操作，其内容包括文件编辑、布线计算和制表打印，要求熟悉操作方法和命令❶，为提高工效和减少差错，宜固定专门操作员来完成，但设计人员应参予监视、调节缆流，并根据工程要求检查和修改布线条件及数据，达到满意的敷设方案后，即可制表打印。

2. 输出数据的整理出版

计算结果打印出以下 6 个表，其内容、格式及用途如下：

(1) 输出电缆清册：

输出格式见表 17 – 42，本表按顺序打印出每根电缆页序号（NO）、电缆编号（DLBH）、电缆型号（DLXH）规格、始端设备号（SSBH）、终端设备号（ZSBH）、电缆长度（L）、电缆经过节点号（J – G – J – D）。

输出清册亦为每 10 根电缆一页，其页序号与原始电缆清册完全对应，将输出电缆清册与原始电缆清册右侧（见表 17 – 41）对接后，即为完整的电缆清册。将其送印出版，即可作为施工放线的主要依据和运行维护的档案资料。

(2) 电缆汇总表：

输出格式见表 17 – 43，本表输出数据为各种型号规格电缆（DLXH）的外径（D）、总长度（L）；分类汇总高压（LU1）、低压（LU2）、控制（LU3）、弱电（LU4）、通讯（LU5）电缆的总长度；全部电缆的总长度（L = ）。

本表编入电缆清册供订货用。

(3) 相同电缆汇总：

输出格式见表 17 – 44。按本表打印出各种型号规格电缆总根数及每根电缆编号、页序号及长度，供合理切割电缆轴参考。其数据含义为：

VLV22 – 1　3 × 35 + 10　N = 2（电缆总根数）
SY – 02　SY – 03（电缆编号）
31·44　32·135
（页序号·电缆长度）

(4) 设备电缆汇总：

输出格式见表 17 – 45。本表汇总了每一设备全部电缆，按设备代号顺序打印出该设备电缆总根数，每根电缆的编号、型号规格、页序号及电缆外径，供设计、施工选择校核埋管及安装参考。

设备代号 2201 的数据含义为：

2201　N = 1（电缆总根数）
SY – 02（电缆编号）
VLV22 – 1（电缆型号）
3 × 35 + 10（电缆规格）
31·27（页序号·外径）

(5) 相同始、终端电缆汇总：

输出内容见表 17 – 46。本表按不同始、终端组合方式分别进行汇总，并打印出每根电缆编号、页序号和外径，供机械化成束施放电缆参考。

(6) 断面电缆汇总：

输出格式见表 17 – 47。本表汇总了指定需要打出断面的节点各支路电缆，供绘缆图、排断面及校核缆道容量之用，其内容包括两部分：

1) 该节点（220DMI）各支路（220 – 210 等）电缆的数量（N）、紧排（LJ）及分排（LF）占用支架长（mm）、重叠堆放面积（S），每一支路又打印出各种电压电缆的数量、紧排、分排占用支架长及重叠堆放面积。

2) 与该节点相连的不同支路组合表示各种电压电缆的去向和数量（N），并分别打出每根电缆的以下数据：

SY – 01　（电缆编号）
VLV22 – 1　（电缆型号）
3 × 6　（电缆规格）
220···230　（始、终端节点号）
30　（页序号）

220 节点的不同支路组合如下：

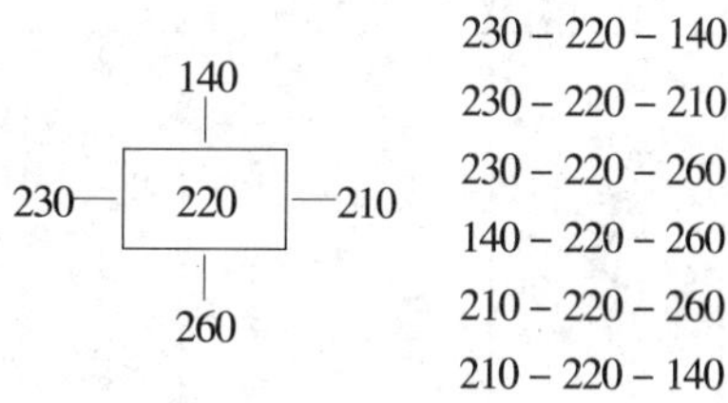

对应每一支路有 3 个分支，分别表示电缆左中右走向，再按电压高低决定上中下排列位置，每根电缆在支架上确切位置可参考其始、终端节点以少交叉为原则。

3. 计算机辅助电缆布线设计出图方式

根据目前国情，电缆施工图应包括以下三部分内容：

(1) 电缆敷设图。图中除了表示缆道支架、托

---

❶ 详见水利电力部西北电力设计院《VAX 电缆程序（一）使用说明》，1987。

表 17-41 原始电缆清册与输出电缆清册（计算机输入数据）

安装单位名称	页序号：页号	页序号：序号	始端设备	终端设备	备用芯	电缆编号	电缆型号 / 芯数×截面	始端设备号 / 终端设备号	始节点1 / 终节点1	始节点2 / 终节点2	附加长（m）：附加长	分隔码	控制点
	1	0	#1控制屏	330kV#1端子箱		1SS-100	KVV22-0.5	2301	230		5		
							10×2.5	3121	312	302	10		
	1	1	#1控制屏	330kV#2端子箱		2SS-100	KVV22-0.5	2301	230		5		
							14×2.5	3022	302		5		
	1	2	#1控制屏	330kV#3端子箱		3SS-100	KVV22-0.5	2301	230		5		
							14×2.5	3223	322	302	10		
	1	3	#1控制屏	330kV#4端子箱		4SS-100	KVV22-0.5	2301	230		5	A	
							24×2.5	3224	322	342	20		
	1	4	#1控制屏	330kV#5端子箱		5SS-100	KVV22-0.5	2301	230		5	A	
							24×2.5	3425	342		5		
	1	5	#1控制屏	330kV#6端子箱		6SS-100	KVV22-0.5	2301	230		5	A	
							10×2.5	3326	332	342	10		
	1	6	#1控制屏	330kV#7端子箱		SSLD-100	KVV22-0.5	2301	230		5		250
							10×2.5	3017	301		5		
	1	7	#1控制屏	330kV#8端子箱		SSMB-100	KVV22-0.5	2301	230		5	A	
							10×2.5	3418	341		5		
	1	8	#1控制屏	330kV#9端子箱		1B-102	KVV22-0.5	2301	230		5		
							10×2.5	3109	310	320	10		
	1	9	#1控制屏	330kV#10端子箱		2B-102	KVV22-0.5	2301	230		5	A	
							10×2.5	3203	320	330	20		

注 表中虚线为剪裁及对接线。

表 17－42　　输 出 电 缆 清 册

NO	DLBH SSBH－－－ZSBH DLXH	L（m）	J－G－J－D
10	1SS－100 2301－ 3121 KVV22－0.5 10＊2.5	184	230 220 260 250 310 311 312
11	2SS－100 2301－ 3022 KVV22－0.5 14＊2.5	150	230 240 270 320 321 322 302
12	3SS－100 2301－ 3223 KVV22－0.5 14＊2.5	139	230 240 270 320 321 322
13	4SS－100 2301－ 3224 KVV22－0.5 24＊2.5	150	230 240 270 320 321 322
14	5SS－100 2301－ 3425 XVV22－0.5 24＊2.5	166	230 240 270 320 321 322 342
15	6SS－100 2301－ 3326 KVV22－0.5 10＊2.5	192	230 240 270 320 330 331 332
16	SSLD－100 2301－ 3017 KVV22－0.5 10＊2.5	189	230 220 260 250 310 311 301
17	SSMB－100 2301－ 3418 KVV22－0.5 10＊2.5	139	230 240 270 320 321 341
18	1B－102 2301－ 3109 KVV22－0.5 10＊2.5	136	230 220 260 250 310
19	2B－102 2301－ 3203 KVV22－0.5 10＊2.5	112	230 240 270 320

表 17－43　　电 缆 汇 总

DIAN LAN HUI ZHONG

XH	DLXH		D（mm）	L（m）
1	ZLQ22－6	3＊35	34	97
2	VLV22－1	3＊6	17	50
3	VLV22－1	3＊16	23	194
4	VLV22－1	3＊25＋10	25	472
5	VLV22－1	3＊35＋10	27	180
6	VLV22－1	2＊70	28	123
7	VLV22－1	2＊95	32	493
8	KVV22－0.5	10＊2.5	22	955
9	KVV22－0.5	14＊2.5	23	290
10	KVV22－0.5	24＊2.5	29	317

LU1＝ 96m　LU2＝ 1511m　LU3＝ 1561m　LU4＝ OM　LU5＝ 0m

L＝ 3.170km

表 17 – 44 相同电缆汇总

XIANG TONG DIAN LAN HUI ZHCNG

ZLQ22 – 6 3 * 35 N = 1
SY – 1
38.96

VLV22 – 1 3 * 25 + 10 N = 4
SY – 04 SY – 05 SY – 06 SY – 07
33.135 34.114 35.87 36.135

VLV22 – 1 3 * 35 + 10 N = 2
SY – 02 SY – 03
31.44 32.135

VLV22 – 1 2 * 70 N = 3
SSHZ – 3 SSHZ – 4 SSHZ – 5
22.44 23.39 24.39

VLV22 – 1 2 * 95 N = 7
SSHZ – 1 SSHZ – 2 SSHZ – 6 SSHZ – 7 SSHZ – 8 SSHZ – 9 SSHZ – 10
20.135 21.76 25.33 26.39 27.81 28.65 29.60

KVV22 – 0.5 10 * 2.5 N = 6
1SS – 100 6SS – 100 SSLD – 100 SSMB – 100 1B – 102 2B – 102
10.184 15.192 16.189 17.139 18.136 19.112

KVV22 – 0.5 14 * 2.5 N = 2
2SS – 100 3SS – 100
11.150 12.139

KVV22 – 0.5 24 * 2.5 N = 2
4SS – 100 5SS – 100
13.150 14.166

表 17－45

设 备 电 缆 汇 总

SHE BEI DIAN LAN HUI ZHONG

```
==================================================================================================
2201    N =    1
          SY－02
          VLV22－1
           3*35+10
            31.27
--------------------------------------------------------------------------------------------------
2202    N =    1
          SY－1
          ZLQ22－6
           3*35
            38.34
--------------------------------------------------------------------------------------------------
2203    N =    8
          SY－01      SY－02      SY－03      SY－04      SY－05      SY－06      SY－07      SY－08
          VLV22－1    VLV22－1    VLV22－1    VLV22－1    VLV22－1    VLV22－1    VLV22－1    VLV22－1
           3*6        3*35+10     3*35+10     3*25+10     3*25+10     3*25+10     3*25+10     3*16
            30.17       31.27       32.27       33.25       34.25       35.25       36.25       37.23
--------------------------------------------------------------------------------------------------
```

表 17－46

相同路径电缆汇总

XAN DON LU JI DIAA LAN HUI ZHONG

```
==================================================================================================
220－－250 [ 2]     220    260    250
          SY－06          SY－07
          VLV22－1        VLV22－1
           3*25+10         3*25+10
            35.25           36.25
--------------------------------------------------------------------------------------------------
230－－310 [ 2]     230    220    260    250    310
          18－102         SSHZ－1
          KVV22－0.5      VLV22－1
           10*2.5          2*95
            18.22           20.32
--------------------------------------------------------------------------------------------------
230－－322 [ 2]     230    240    270    320    321    322
          3SS－100        4SS－100
          KVV22－0.5      KVV22－0.5
           14*2.5          24*2.5
            12.23           13.29
--------------------------------------------------------------------------------------------------
```

表 17-47

断 面 电 缆 汇 总

DAN MIAN DIAN LAN HUI ZHONG

```
220 DMI
    220---210    N=  8   LJ=  205MM   LF=  485MM   S=   5403MM2
                                                          6kV   N=  1  LJ=   34MM  LF=  ·69MM  S=  1156MM2
                                                          380V  N=  7  LJ=  171MM  LF=  416MM  S=  4247MM2
    220---140    N=  1   LJ=   27MM   LF=   62MM   S=    729MM2
                                                          380V  N=  1  LJ=   27MM  LF=   62MM  S=   729MM2
    220---230    N=  6   LJ=  140MM   LF=  245MM   S=   3390MM2
                                                          380V  N=  3  LJ=   74MM  LF=  179MM  S=  1938MM2
                                                          K220V N=  3  LJ=   66MM  LF=   66MM  S=  1452MM2
    220---260    N=  9   LJ=  234MM   LF=  444MM   S=   6236MM2
                                                          6kV   N=  1  LJ=   34MM  LF=   69MM  S=  1156MM2
                                                          380V  N=  5  LJ=  134MM  LF=  309MM  S=  3628MM2
                                                          K220V N=  3  LJ=   66MM  LF=   66MM  S=  1452MM2
    220---1220   N=  C   LJ=    0MM   LF=  CMM     S=      0MM2
210---220---140 ..................................................................
  380V  N=  1
        SY-02
        VLV22-1
        3*35+10
        220--220
            31
210---220---230 ..................................................................
  380V  N=  2
        SY-01          SY-05
        VLV22-1        VLV22-1
        3*6            3*25+10
        220--230       220--180
            30             34
210---220---260 ..................................................................
  6KV   N=  1
        SY-1
        ZLQ22-0
         3*35
        260--220
            38

  380V  N=  4
        SY-03          SY-04          SY-06          SY-07
        VLV22-1        VLV22-1        VLV22-1        VLV22-1
         3*35+10        3*25+10        3*25+10        3*25+10
        220--321       220--270       220--250       220--250
            32             33             35             36
230---220---260 ..................................................................
```

架及埋管布置外，还表示缆道内节点位置及其编号、设备位置及其代号，全厂缆道网络及缆流分布。

(2) 电缆清册。清册中除了表示每根电缆始、终端设备及编号规格外，还包括计算机输出的每根电缆长度及经过节点和各种规格电缆长度的汇总。

(3) 计算机输出数据。即将计算机输出的断面电缆汇总、设备电缆汇总、相同规格电缆汇总及相同始终端电缆汇总等，复印装订成册，直接交付施工。

第 17－9 节　110kV 及以上高压电缆的选择与敷设

110kV 及以上电缆有自容式充油电缆、钢管充油电缆、充气电缆及塑料绝缘电缆。目前常用的为单芯自容式充油电缆。其断面见图 17－74，其技术特性见表 17－48。

高压电缆设计内容包括：拟定使用条件，选择电缆型号，计算载流量，选择和校验电缆截面；确定护层接地方式，计算护层感应过电压，选择护层保护器；供油系统计算及压力箱选择；电缆及其附件的布置及安装等。

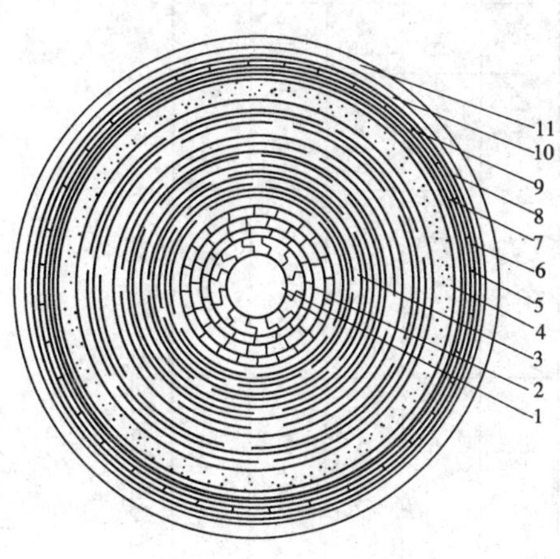

图 17－74　ZQCY23 电缆断面（220kV）
1—油道；2—导线芯；3—纸绝缘；4—铅护层；5—衬垫层；6、9—径向铜带；7—衬垫层；8—纵向铜带；10—护层绝缘；11—麻被层

一、拟定使用条件，选择电缆型号

使用条件包括：额定电压、传输容量、系统短路容量、敷设地点的环境温度、海拔及高差、敷设方式及路径等。当为埋地下或沟内填沙敷设时，还应提供土壤和沙的热阻系数。

根据以上使用条件，参照表 17－48，选用合适的电缆型式，如有特殊要求，可与厂家协商。

二、高压电缆的载流量

高压电缆载流量不仅取决于缆芯截面及结构，还与敷设方式、电缆的布置及护层的接地方式有关，其计算比较烦杂，一般工程设计可直接查制造厂提供的载流量表，国产 ZQCY22 型 110～330kV 充油电缆在不同敷设方式、不同相距及护层接地方式下，电缆载流量见表 17－49～表 17－51。

三、护层的接地方式及感应过电压

单芯电缆通过交流电产生交变磁场，在电缆金属护层上产生感应电势，其大小与电缆长度有关，达到一定值将危及人身安全，故要求护层一端或两端接地。

当电缆导体通过短路电流或大气及操作过电压冲击波时，护层将感应出更高电压，故不接地端应装设护层绝缘保护器。

1. 护层接地方式及要求

护层接地方式有以下几种：

(1) 三相护层两端分别并联接地，此时护层有环流，会造成损耗和发热、降低电缆载流量，故一般只适于电缆利用小时低、裕度大，且只有几十米的短电缆线路。其接地电阻应不大于 2Ω。

(2) 三相护层一端（或中间一处）互联接地，另一端（或两端）经接地保护器接地（见表 17－53 插图 1～3），此时应满足以下要求：

1) 不接地端金属护层上正常感应电压不大于 50V，当有不能任意接触的安全措施时，可不超过 100V。

2) 电缆与架空线相连时，接地点选在连接架空线的一端。

3) 在单相接地故障时，如果金属护层感应电压超过护层耐压强度，或其它措施不能满足二次回路对降低干扰的要求时，可沿电缆平行敷设一根接地均压线。

发电厂变电所内由主变到升压站高压电缆不太长时，一般可采用一端互联接地。

(3) 当线路较长，一端接地不能满足要求时，可采用三相护层交叉互联两端接地（见表 17－53 插图 4）：

1) 电缆线路分为若干单元，每单元两端护层三相互联接地，每单元又用绝缘连接盒分为三段，每段交叉换位互联并经保护器接地。

表 17-48 国内目前生产高压电缆的结构和技术特性

电缆型式	电压等级(kV)	使用环境	导电芯截面(mm²)	绝缘厚度(mm)	电缆外径(mm)	电缆重量(kg/m)	油压(kg/cm²)	冷却方式	线芯对护层间的耐压水平(kV)				绝缘介损	护层耐压(kV)	
									24小时工频耐压(有效值)	1分钟工频耐压(有效值)	雷电全波冲击(1)±10次(峰值)	冲击后15分钟工频耐压(有效值)	介质损耗(tgδ) 介损增值(Δtgδ)	工频1分钟(有效值)	全波冲击±3次(峰值)
ZQCY21 铜芯铅包径向铜带加固一次防腐	110	高差小于30m	100~700	10(11)	60(70)~78.4(89)	9.12(14.5)~19(22.5)	0.5~3.5	自冷	159	265	550	120	U_{xg}时，tgδ<0.005； 0.5~2U_{xg}时，Δtgδ<0.001	10	50
	220	高差小于30m	240~854	20(17)	78.6(90)~92.4(108)	16.1(21.3)~23.3(30.1)	0.5~3.5	自冷	335	490	1050	242	U_{xg}时，tgδ<0.005； 0.5~2U_{xg}时，Δtgδ<0.001	10	50
	330	高差小于30m	400~700	25	94.6(110)~109.1(118)	23.2(28.5)~30.6(34.5)	0.5~3.5	自冷	495	630	1300	363	U_{xg}时，tgδ<0.004； 0.5~2U_{xg}时，Δtgδ<0.001	10	50
ZQCY22 铜芯铅包径向铜带加固塑料护套或二次防腐	110	高差小于30m	100~700	10(11)			0.5~3.5	自冷	159	265	550	120	U_{xg}时，tgδ<0.005； 0.5~2U_{xg}时，Δtgδ<0.001	10	50
	220	高差小于30m	240~700	20	~104.6	36.4	0.5~3.5	自冷	335	490	1050	242	U_{xg}时，tgδ<0.005； 0.5~2U_{xg}时，Δtgδ<0.001	10	50
	330	高差小于30m	270~700	25			0.5~3.5	自冷	495	630	1300	363	U_{xg}时，tgδ<0.004； 0.5~2U_{xg}时，Δtgδ<0.001	10	50
ZQCY23 铜芯铅包径向铜带加固扁铜丝铠装	110	高差40m至140m	100~700	10(11)			小于15	自冷	159	265	550	120	U_{xg}时，tgδ<0.005； 0.5~2U_{xg}时，Δtgδ<0.001	10	50
	220	高差40m至140m	240~700	20(18.5)	~93	23.94(600mm²)	小于15	自冷	335	490	1050	242	U_{xg}时，tgδ<0.005； 0.5~2U_{xg}时，Δtgδ<0.001	10	50
	330	高差40m至140m	400~700	25			小于15	自冷	495	630	1300	363	U_{xg}时，tgδ<0.004； 0.5~2U_{xg}时，Δtgδ<0.001	10	50
ZQCY25 铜芯铅包径向铜带加固不锈钢丝或铝丝铠装	110	水底电缆	100~700	(11)	81~100	20.6~33.8	0.5~3.5	自冷	159	265	550	120	U_{xg}时，tgδ<0.005； 0.5~2U_{xg}时，Δtgδ<0.001	10	50
	220	水底电缆	240~700	20	106~120	31.9~41.0	0.5~3.5	自冷	335	490	1050	242	U_{xg}时，tgδ<0.005； 0.5~2U_{xg}时，Δtgδ<0.001	10	50
	330	水底电缆	400~700	25	122~130	39~45	0.5~3.5	自冷	495	630	1300	363	U_{xg}时，tgδ<0.004； 0.5~2U_{xg}时，Δtgδ<0.001	10	50

注 1. 雷电全波冲击试验在电缆做完正反三次弯曲后，加温至75℃的条件下加压。
2. 括弧内外数字为不同厂的数据。
3. U_{xg}为运行相电压。
4. 油压的法定计量单位见第一章附录1-1。

2）护层正常感应电压不应超过 50V，当有不能任意接触的安全措施时，可不超过 100V。

2．对均压线的要求

（1）线芯电阻值不宜过大，其两端接地电阻应尽量小，直埋敷设应有防腐层。

（2）当电缆三相呈水平或垂直排列时，均压线宜敷设在边相与中相之间，并按 3 与 7 比例间距配置，且在线路中段进行换位。

（3）均压线宜用扁钢，有降低工频过电压要求时，可采用无绝缘的铝或铜线，均压线的自然接地电阻宜大于均压线本身阻抗的 30 倍。

3．电缆护层感应过电压计算

（1）正常工作时护层感应电压计算公式见表 17－52。

（2）短路故障时感应电压计算公式见表 17－53。

（3）雷电过电压作用时护层感应电压计算：

雷电过电压侵入电缆导线时，金属护层上会出现感应电压。其数值大小随护层的联接方式而不同，可用等值电路求出。

1）一端互联接地。首端接地，不接地端的护层感应电压 U_s 为

$$U_s = 2U_i \times \frac{Z_2}{2Z_1 + Z_2} \qquad (17-11)$$

末端接地，不接地端的护层感应电压 U_s 为

$$U_s = U_i \cdot \frac{Z_2}{Z_1 + Z_2} \qquad (17-12)$$

式中　U_s——护层感应电压（kV）；

U_i——侵入电缆的雷击过电压（kV）；

Z_1——电缆导线与护层间的波阻抗（Ω）；

Z_2——护层与大地间的波阻抗（Ω）。

2）一端互联接加均压线：等值线路如图 17－75 所示，不接地端 B' 和均压线 C' 点间的护层过电压

表 17－49　自容式充油电缆空气敷设长期允许载流量（A）

导线工作温度：75℃　环境温度：35℃　适用电缆型号：ZQCY22

额定电压（kV）	导线截面（mm^2）	电缆水平间距离（mm）	接地方式		额定电压（kV）	导线截面（mm^2）	电缆水平间距离（mm）	接地方式	
			一端接地	两端接地				一端接地	两端接地
110	100	250	328	301	220	270	250	543	455
		500	328	293			500	543	433
		1000	328	285			1000	543	415
	180	250	466	402		400	250	678	529
		500	466	384			500	678	497
		1000	466	367			1000	678	472
	240	250	537	443		600	250	858	612
		500	537	419			500	858	566
		1000	537	400			1000	858	534
	270	250	575	467		700	250	939	657
		500	575	439			500	939	609
		1000	575	415			1000	939	573
	400	250	720	539	330	270	250	505	438
		500	720	499			500	505	421
		1000	720	467			1000	505	407
	600	250	918	613		400	250	628	511
		500	918	561			500	628	487
		1000	918	523			1000	628	469
	700	250	1009	652		600	250	791	594
		500	1009	596			500	791	566
		1000	1009	556			1000	791	537
220	240	250	505	433		700	250	865	630
		500	505	415			500	865	591
		1000	505	402			1000	865	566

注　电缆系水平敷设。

表 17-50 自容式充油电缆直埋敷设、护套两端接地时的长期允许载流量（A）

导线工作温度：75℃ 环境温度：25℃ 适用电缆型号：ZQCY22

额定电压（kV）	导线截面（mm²）	埋设深度（mm）	电缆间距离（mm） 250			500			1000		
			土壤热阻系数（℃·cm/W / K·m/W）								
			80/3.53	100/3.73	120/3.93	80/3.53	100/3.73	120/3.93	80/3.53	100/3.73	120/3.93
110	100	500	320	302	287	326	310	295	329	314	300
		1000	296	277	261	301	283	268	307	290	275
		1500	283	264	248	288	269	254	294	276	261
	180	500	432	403	379	437	410	387	437	411	389
		1000	393	364	340	397	369	346	402	375	352
		1500	375	345	322	376	348	325	381	353	331
	240	500	459	430	406	459	432	409	457	432	410
		1000	419	389	364	418	390	366	421	394	371
		1500	399	369	344	397	368	344	399	372	349
	270	500	499	464	436	499	466	439	495	464	438
		1000	453	418	390	451	418	390	452	420	394
		1500	430	395	368	426	393	366	428	395	369
	400	500	548	510	479	542	507	479	536	503	475
		1000	495	457	426	488	452	422	488	454	425
		1500	469	431	401	461	424	395	461	426	398
	600	500	613	568	531	601	560	526	593	554	521
		1000	550	505	469	537	495	461	535	496	463
		1500	519	475	440	505	463	430	503	463	431
	700	500	639	591	552	626	582	545	618	576	541
		1000	571	523	485	557	512	476	556	513	478
		1500	539	492	454	522	478	443	521	478	444
220	240	500	434	407	386	441	415	393	446	422	401
		1000	394	365	340	400	372	348	409	382	360
		1500	374	344	319	378	349	325	387	359	336
	270	500	467	434	407	473	442	416	476	446	421
		1000	422	388	360	425	393	366	433	401	375
		1500	399	365	337	400	367	340	408	376	349
	400	500	524	487	456	529	494	464	534	500	472
		1000	470	432	400	473	436	406	483	447	418
		1500	444	405	373	444	406	376	453	417	388
	600	500	592	546	509	594	552	516	599	558	524
		1000	520	479	442	525	482	446	536	494	459
		1500	493	447	410	490	447	411	501	458	424
	700	500	619	570	529	622	575	537	627	583	546
		1000	547	498	458	547	500	461	559	513	476
		1500	513	463	424	509	462	424	520	475	438

续表

额定电压 (kV)	导线截面 (mm^2)	埋设深度 (mm)	电缆间距离 (mm)								
			250			500			1000		
			土壤热阻系数 $\left(\frac{℃\cdot cm/W}{K\cdot m/W}\right)$								
			$\frac{80}{3.53}$	$\frac{100}{3.73}$	$\frac{120}{3.93}$	$\frac{80}{3.53}$	$\frac{100}{3.73}$	$\frac{120}{3.93}$	$\frac{80}{3.53}$	$\frac{100}{3.73}$	$\frac{120}{3.93}$
330	270	500	438	406	379	448	418	392	456	427	403
		1000	392	357	329	400	368	340	413	381	355
		1500	368	333	304	375	341	313	387	355	328
	400	500	492	453	420	503	467	436	513	479	449
		1000	435	393	359	444	405	372	459	422	391
		1500	406	364	329	413	373	340	428	390	358
	600	500	566	508	468	567	522	485	577	535	500
		1000	485	435	393	493	446	408	511	466	429
		1500	450	399	357	455	408	369	473	427	390
	700	500	581	529	486	593	545	504	605	559	521
		1000	504	450	400	513	462	421	532	484	444
		1500	466	412	367	472	421	379	491	442	402

注 电缆系水平敷设。

表 17－51 自容式充油电缆直埋敷设、护套一端接地时的长期允许载流量（A）

导线工作温度：75℃ 环境温度：25℃ 适用电缆型号：ZQCY22

额定电压 (kV)	导线截面 (mm^2)	埋设深度 (mm)	电缆间距离 (mm)								
			250			500			1000		
			土壤热阻系数 $\left(\frac{℃\cdot cm/W}{K\cdot m/W}\right)$								
			$\frac{80}{3.53}$	$\frac{100}{3.73}$	$\frac{120}{3.93}$	$\frac{80}{3.53}$	$\frac{100}{3.73}$	$\frac{120}{3.93}$	$\frac{80}{3.53}$	$\frac{100}{3.73}$	$\frac{120}{3.93}$
110	100	500	342	324	308	359	342	327	374	358	344
		1000	319	299	282	334	315	299	350	332	316
		1500	307	286	269	321	301	284	335	317	300
	180	500	490	460	434	518	489	465	542	515	492
		1000	452	420	394	476	445	419	502	472	447
		1500	433	401	375	455	423	397	479	448	422
	240	500	550	519	492	580	550	525	605	578	554
		1000	509	476	447	535	503	475	563	532	505
		1500	488	454	426	512	479	451	538	506	478
	270	500	603	565	534	638	602	571	668	634	605
		1000	555	516	484	586	547	515	618	581	549
		1500	532	492	460	559	520	488	589	551	519
	400	500	731	686	649	775	732	696	812	773	738
		1000	673	626	587	710	665	620	750	706	669
		1500	644	596	557	677	631	592	714	669	631
	600	500	907	850	801	966	921	864	1015	965	920
		1000	831	771	721	882	823	773	934	877	829
		1500	793	733	683	829	778	729	887	829	779
	700	500	986	921	857	1053	992	939	1110	1052	1002
		1000	900	834	779	958	892	837	1017	953	899
		1500	858	791	736	910	843	788	954	899	844

续表

额定电压 (kV)	导线截面 (mm^2)	埋设深度 (mm)	电缆间距离 (mm)								
			250			500			1000		
			土壤热阻系数 $\left(\frac{℃\cdot cm/W}{K\cdot m/W}\right)$								
			$\frac{80}{3.53}$	$\frac{100}{3.73}$	$\frac{120}{3.93}$	$\frac{80}{3.53}$	$\frac{100}{3.73}$	$\frac{120}{3.93}$	$\frac{80}{3.53}$	$\frac{100}{3.73}$	$\frac{120}{3.93}$
220	240	500	506	478	453	534	509	485	557	533	512
		1000	468	436	409	493	463	437	518	490	466
		1500	448	415	387	471	439	413	495	469	440
	270	500	554	520	491	587	555	527	614	585	559
		1000	510	473	441	538	503	473	568	535	505
		1500	487	449	417	513	476	445	541	506	476
	400	500	671	630	595	711	674	641	745	711	681
		1000	615	571	534	652	610	573	688	649	615
		1500	587	542	503	621	577	539	656	614	578
	600	500	830	777	731	886	837	794	931	887	847
		1000	758	700	652	807	752	705	856	804	760
		1500	721	662	612	766	709	660	812	758	711
	700	500	901	842	791	964	910	862	1012	966	922
		1000	820	756	702	876	814	762	931	873	823
		1500	779	713	658	830	766	712	882	821	759
330	270	500	505	472	443	536	607	480	562	536	512
		1000	461	424	392	489	455	425	518	487	459
		1500	438	399	366	464	428	396	492	458	428
	400	500	612	570	533	655	617	583	689	656	625
		1000	554	507	465	593	548	509	631	591	555
		1500	524	474	430	559	512	471	597	553	514
	600	500	754	699	650	812	762	717	859	814	774
		1000	677	615	560	729	671	620	781	728	680
		1500	637	572	515	685	624	570	735	677	627
	700	500	816	754	699	883	826	776	936	886	840
		1000	729	660	599	789	724	667	848	788	735
		1500	685	612	549	740	671	611	796	732	675

注 电缆系水平敷设。

表 17-52　正常工作时电缆的护套感应电压计算公式

电缆排列方式		Ⓐ Ⓑ (单相)	Ⓐ Ⓑ Ⓒ (三角形排列)	Ⓐ Ⓑ Ⓒ (水平排列)	Ⓐ Ⓑ Ⓒ (直角排列)	Ⓐ Ⓑ Ⓒ Ⓒ Ⓑ Ⓐ	Ⓐ Ⓑ Ⓒ Ⓐ Ⓑ Ⓒ
护层电压	U_A	$-jx_mI_B$	$\frac{x_m}{2}(j-\sqrt{3})I_B$	$\frac{1}{2}[j(-x_m+a)-\sqrt{3}y]I_B$	$\frac{1}{2}\left[j\left(-x_m+\frac{a}{2}\right)-\sqrt{3}y\right]I_B$	$\frac{1}{2}\left[j\left(-x_m+\frac{b}{2}\right)-\sqrt{3}y\right]I_B$	$\frac{1}{2}\left[j\left(-x_m+\frac{b}{2}\right)-\sqrt{3}y\right]I_B$
	U_B	jx_mI_B	jx_mI_B	jx_mI_B	jx_mI_B	$j\left(x_m+\frac{a}{2}\right)I_B$	$j\left(x_m+\frac{a}{2}\right)I_B$
	U_C		$\frac{x_m}{2}(-j+\sqrt{3})I_B$	$\frac{1}{2}[j(-x_m+a)+\sqrt{3}y]I_B$	$\frac{1}{2}[j(-x_m+\frac{a}{2})+\sqrt{3}y]I_B$	$\frac{1}{2}[j(-x_m+\frac{b}{2})+\sqrt{3}y]I_B$	$\frac{1}{2}[j(-x_m+\frac{b}{2})+\sqrt{3}y]I_B$
符号 y				x_m+a	$x_m+\frac{a}{2}$	$x_m+a-\frac{b}{2}$	$x_m+a+\frac{b}{2}$
备注		$a=2\omega\ln2\times10^{-4}(\Omega/km)$；$x_m=2\omega\ln\frac{s}{r_m}\times10^{-4}(\Omega/km)$；$r_m$—— 护层平均半径(cm)； $b=2\omega\ln5\times10^{-1}(\Omega/km)$；ε—— 电缆中心间距(cm)					

表 17－53　短路故障时电缆的护层感应电压计算公式

接线方式	短路方式	计算公式
1. 一端互联接地 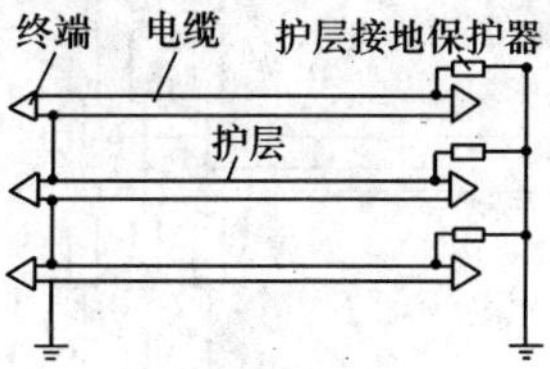 终端　电缆　护层接地保护器 护层	三相短路	$U_A = j\omega I_b \times 2 \times 10^{-7}\left(-\frac{1}{2}\ln\frac{2s_{12}^2}{ds_{13}} + j\frac{\sqrt{3}}{2}\ln\frac{2s_{13}}{d}\right)$ $U_B = j\omega I_b \times 2 \times 10^{-7}\left(\frac{1}{2}\ln\frac{4s_{12}s_{23}}{d_2} + j\frac{\sqrt{3}}{2}\ln\frac{s_{23}}{s_{12}}\right)$ $U_C = j\omega I_b \times 2 \times 10^{-7}\left(-\frac{1}{2}\ln\frac{2s_{23}^2}{ds_{13}} - j\frac{\sqrt{3}}{2}\ln\frac{2s_{13}}{d}\right)$
2. 一端互联接地加均压线 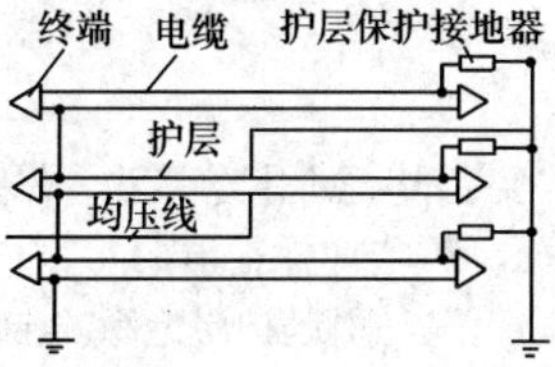 终端　电缆　护层保护接地器 护层 均压线	二相短路	$U_A = j\omega I_{ab} \times 2 \times 10^{-7}\ln\frac{2s_{12}}{d}$ $U_B = -j\omega I_{ab} \times 2 \times 10^{-7}\ln\frac{2s_{12}}{d}$ $U_C = j\omega I_{ab} \times 2 \times 10^{-7}\ln\frac{s_{23}}{s_{13}}$
3. 中点互联接地加均压线 护层接地保护器 终端　电缆 均压线　护层 均压线 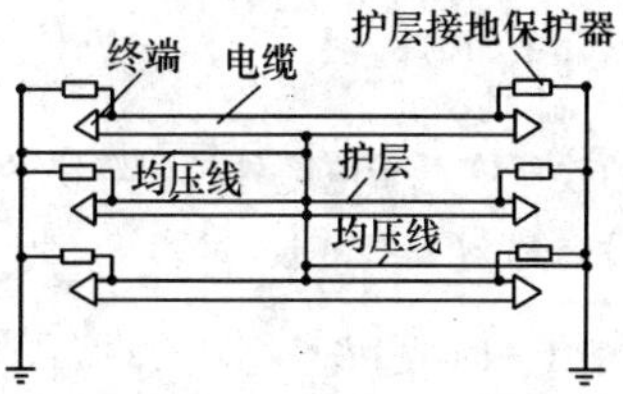	一相接地短路	$U_A = I_a\left(R_C + j\omega 2 \times 10^{-7}\ln\frac{2s_{1C}^2}{dr_C}\right)$ $U_B = I_a\left(R_C + j\omega 2 \times 10^{-7}\ln\frac{s_{1C}s_{2C}}{r_C s_{12}}\right)$ $U_C = I_a\left(R_C + j\omega \times 2 \times 10^{-7}\ln\frac{s_{1C}s_{3C}}{r_C s_{13}}\right)$
4. 交叉互联接地 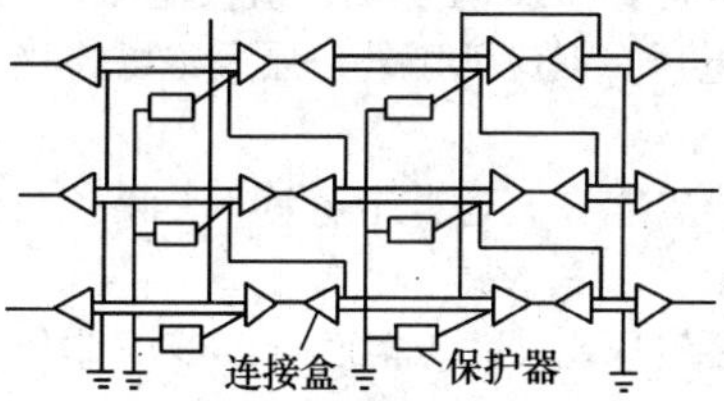 连接盒　保护器	三相短路 二相短路	与上述三相短路、二相短路的计算公式相同
	一相接地短路	(1) 电缆三角形敷设 $U_{AB} = j\omega I_a l \times 2 \times 10^{-7}\ln\frac{2s}{d}$ $U_{BC} = 0$ $U_{CA} = -U_{AB}$ (2) 电缆平面敷设 $U_{AB} = j\omega I_a l \times 2 \times 10^{-7}\ln\frac{2 \times (2)^{1/2}s}{d}$ $U_{BC} = -j\omega I_a l \times 2 \times 10^{-7}\ln 2$ $U_{CA} = j\omega I_a l \times 2 \times 10^{-7}\ln\frac{4s}{d}$

注　U_A、U_B、U_C——各相电缆护层的相感应电压（V/m）；U_{AB}、U_{BC}、U_{CA}——各相电缆护层的相间感应电压（V）；I_a、I_b——分别为 A 相，B 相电缆的短路电流（A）；I_{ab}——A、B 相间的短路电流（A）；d——护层的几何平均直径（cm）；s_{12}——电缆 A、B 相间轴距（cm）；s_{13}——电缆 A、C 相间轴距（cm）；s_{23}——电缆 B、C 相间轴距（cm）；s_{1C}，s_{2C}，s_{3C}——分别为电缆 A、B、C 相与均压线间的几何平均距离（cm）；r_C——均压线半径（cm）；R_C——均压线的电阻（Ω/m）；s——电缆轴距（cm）；l——电缆长度（m）。

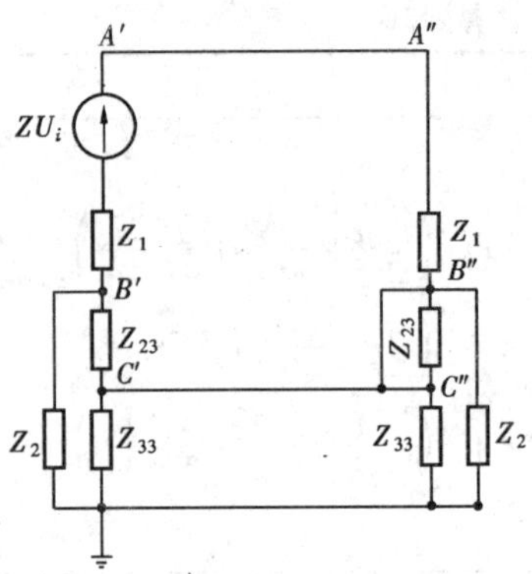

图 17-75　一端互联接地加均压线的等值线路

$U_{B'C'}$ 为

$$\left.\begin{aligned} U_{B'C'} &= 2U_i \frac{Z_2'}{2Z_i + Z_2'} \\ Z_2' &= [(Z_{33} \parallel Z_2 \parallel Z_{33}) + Z_2] \parallel Z_{23} \end{aligned}\right\} \quad (17-13)$$

式中　‖——并联符号；

Z_{23}——护层与均压线间的互波阻抗（Ω）；

Z_{33}——均压线与大地间的自波阻抗（Ω）。

3）中点互联加均压线：等值电路如图 17-76 所示，首端护层所受过电压 U_{BC}为：

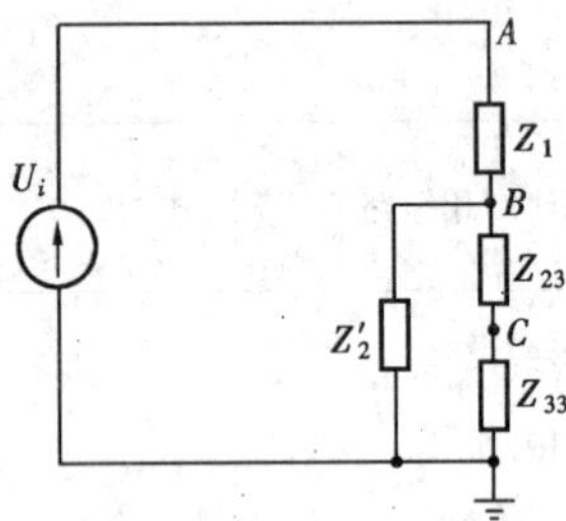

图 17-76　中点互联加均压线的等值线路图

$$U_{BC} = U_i \frac{Z_2'}{Z_1 + Z_2} \times \frac{Z_{23}}{Z_{23} + Z_{33}} \quad (17-14)$$

4）护层交叉换位互联接线：等值电路如图 17-77 所示。图中 A_1 和 A_2 点间的电位差即为交叉互联连接盒处的过电压；A_1 和 A_2 对地的电位差即为护层所受的过电压；按等值电路图即可计算求得。

护层上的过电压实际上比计算值大，因为按等值电路计算仅考虑一次折反射，由于电缆线路不是无限长，实际的过电压应是多次折反射的结果。

护层交叉换位互联接线时，保护器应采用△或 Y

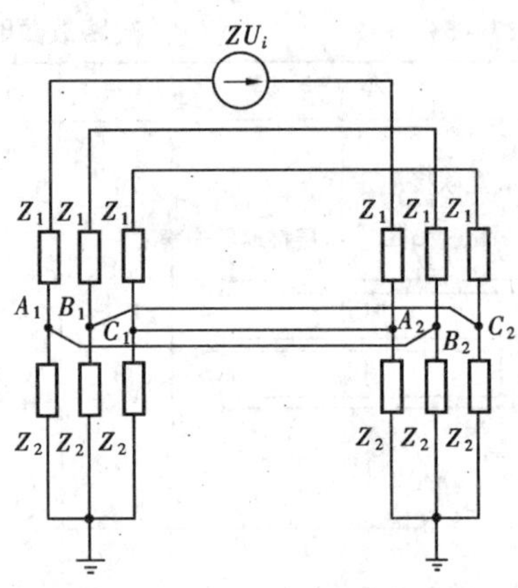

图 17-77　护层交叉换位互联接线的等值线路图

形接法，而不宜用 Y_0 接法。如用 Y_0 接法，保护器需承受很高的工频电压，须增加保护器的片数；这样，由于保护器残压增高，又易引起护层绝缘的击穿。

（4）操作过电压作用于电缆时，护层上感应电压值可按雷击过电压作用时的方法计算。操作过电压的幅值按线路出现的操作过电压倍数（即为相电压的倍数）考虑。

4. 护层保护器选择

（1）保护器的残压应低于电缆外护层绝缘的冲击耐压，取绝缘配合系数为 1.4，则：

$$1.4U_{10} \leqslant U_{ch} \quad (17-15)$$

式中　U_{10}——保护器冲击电流下的残压（kV），其冲击电流为 110kV 取 5kA，220～330kV 取 10kA，500kV 取 16kA；

U_{ch}——护层绝缘全波冲击耐压（kV）。

（2）保护器经 2～4s 的工频耐压值，宜大于可能出现的工频过电压，但应低于外护层及绝缘连接盒工频击穿电压。

（3）保护器应能在上述冲击电流下，累计动作 20 次不致损坏。

（4）保护器残压比（残压幅值与 2s 工频耐压之比）宜小于 3，一般可用氧化锌非线性电阻片组成。

（5）保护器的接法：当电缆护层为一端互连接地时，保护器宜采用 Y_0 接法；当为交叉互连接地时，宜采用△或 Y 形接法。

（6）保护器连线应尽可能短，大于 5m 时宜用波阻抗小的同轴电缆，连接回路中应配置放电记录器。

四、充油电缆供油系统

供油系统是用来保证充油电缆在运行中维持油压在允许范围内。

表 17－54　充油电缆需油量的计算

计算内容	需　油　量	备　注
1. 每相电缆因负载变化引起的需油量	$G_C=\left[\Delta\theta_C\ (e_0V_0+e_CV_C+e_{SP}V_{SP})\ +e_iV_i \times\left(\frac{\Delta\theta_sD_i^2-\Delta\theta_cD_c^2}{D_i^2-D_c^2}+\frac{\Delta\theta_c-\Delta\theta_s}{2\ln\frac{D_i}{D_e}}\right)-\Delta\theta_se_sV_2\right]l$	l——每相电缆长度（cm）； e_0，e_c，e_{SP}，e_i，e_s——分别为绝缘油、导线，油道螺旋管，纸绝缘以及金属的体积膨胀系数（1/℃），见表 17－55； V_0，V_c，V_{SP}，V_i，V_s——分别为每厘米电缆的导线内油，导线螺旋管，绝缘及金属护套的体积（cm^2/cm）； $\Delta\theta_c$，$\Delta\theta_s$——电缆导线及金属护套的稳态温升（℃）； $\Delta\theta_a$——环境温度的季节变化（℃）； V_T、V_j——每只终端或连接盒内油的体积（cm^3）； n_j——每相电缆线路内的连接盒数； N——每相电缆线路内的压力箱数； G——每只压力箱供油量（cm^3）
2. 每相电缆因季节性温差引起的需油量	$G_s=\Delta\theta_a\ (e_0V_0+e_cV_c+e_{SP}V_{SP}+e_iV_i+e_sV_s)\ l$	
3. 每只压力箱因季节性温差引起的需油量	$G_{PT}=\Delta\theta_ae_0V_{PT}$	
4. 电缆终端因季节性温差的需油量	$G_T=2\Delta\theta_ae_0V_T$	
5. 每相线路的连接盒因季节性温度的需油量	$G_j=n_je_0V_j\Delta\theta_a$	
6. 每相线路因上述各原因引起的总的需油量	$NG=G_C+G_S+NG_{PT}+G_T+G_j$	

表 17－55　电缆常用材料的体积膨胀系数

材　料	体积膨胀系数（1/℃）
铜	5×10^{-5}
铝	7×10^{-5}
铅	8.5×10^{-5}
钢	3.6×10^{-5}
油	75×10^{-5}
纸	10×10^{-5}
油纸绝缘	42.5×10^{-5}
不锈钢	3.0×10^{-5}

表 17－56　充油电缆需油量实例

导线截面（mm^2）	100kV	220kV	330kV
	需　油　量　（l/km）		
100	50		
180	50		
240	60	100	
270	60	100	130
400	70	130	170
600	80	150	190
700	80	160	200

国内目前一般采用 0.5～3kgf/cm² 低压油箱，多为三相独立供油系统，为了在事故漏油时得到补充，可设置一只公用备用油箱或三相之间设置连络管互为备用。

1. 需油量计算

自容式充油电缆需油量计算见表 17－54。110kV～330kV 每公里电缆需油量可直接查表 17－56。

2. 压力箱选择

（1）考虑负荷及温度变化引起电缆本体及附件油量变化总和，并留出 40% 裕度。

（2）按电缆最不利状态（夏季最高温满载，各季最低温空载），油压变化不超过允许值。

油箱数量 N 由下式计算：

$$N=\frac{1.4(G_C+G_S+G_T+G_j)}{G-1.4G_{PT}}\qquad(17-16)$$

式中　1.4——安全裕度；

G_C、G_S、G_T、G_j、G_{PT}——电缆各部分需油量见表 17－54；

G——每只压力箱供油量（cm^3）。

五、高压电缆及其附件的布置与安装

（一）高压电缆敷设及其构筑物的布置

1. 电缆敷设要求

（1）敷设方式：高压电缆可以直埋、也可在沟内或隧道内敷设。厂区内一般用沟敷设，厂房内或电缆较多时用隧道敷设。

（2）排列方式：单芯电缆三相排列方式可分水平排列、垂直排列和等边三角形排列。在沟内和直埋电缆一般为水平排列，隧道内一般为垂直排列。水平和垂直排列均存在三相互感不等、阻抗不对称的问题，故线路较长时需进行换位。等边三角形排列三相对称，但构筑物较复杂，施工维修亦不方便，采用较少。

（3）相间距离：单芯电缆相间距离应根据护层感应电压、施工维修和防火等要求综合考虑。对护层一点接地，相距宜大些；对护层两点接地，相距宜小些，具体尺寸见图17－78～17－82。

2. 电缆构筑物布置

110～330kV各种电缆构筑物的布置尺寸及要求如下：

（1）直埋电缆：其外形尺寸见图17－78。其埋深不小于1000mm，为防机械损伤，电缆上面应敷一层无石块沙土并铺一层水泥板。在穿越公路、铁路时用水泥排管。

（2）电缆沟：其外形尺寸见图17－79～17－81。根据防火要求，沟内应填沙或相间设防火隔板，或电缆外皮涂防火涂料。厂区电缆沟盖板应低于地面300mm，为防止水流入，施工结束后沟盖用水泥封好。

（3）电缆隧道：布置尺寸见图17－82。电缆为垂直排列，双回路电缆之间应设防火隔板，其中一回还应涂防火涂料或包防火包带。支架之间水平跨距不大于1500mm。

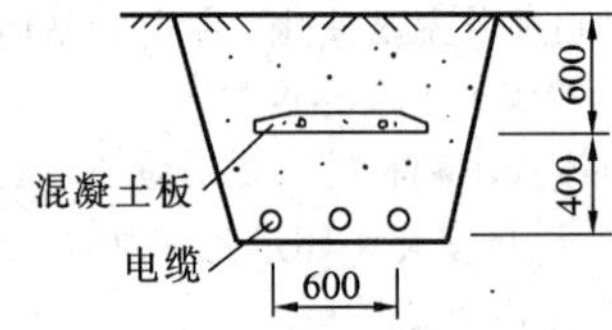

图17－78 土中直埋电缆

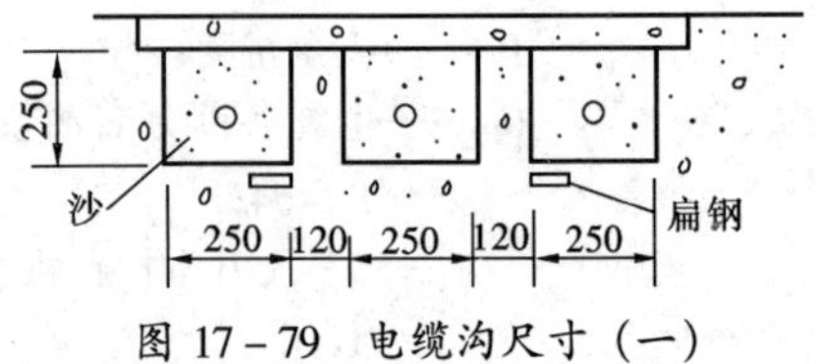

图17－79 电缆沟尺寸（一）

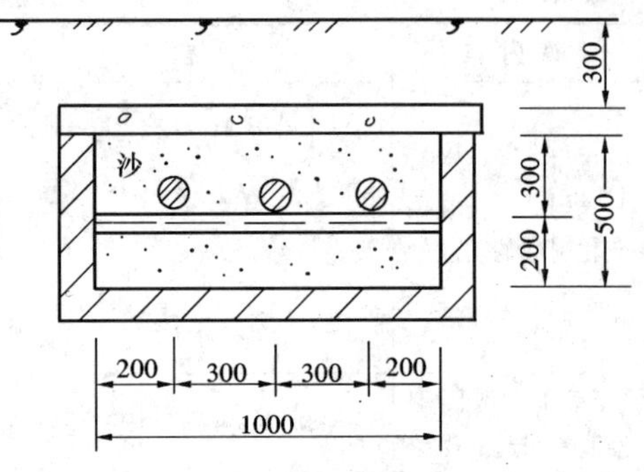

图17－80 电缆沟尺寸（二）

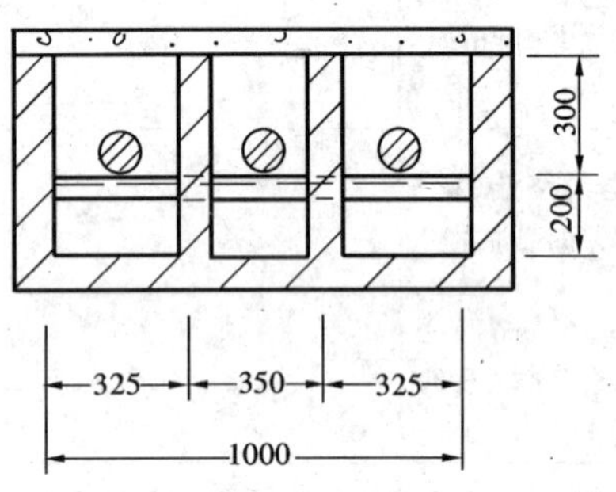

图17－81 电缆沟尺寸（三）

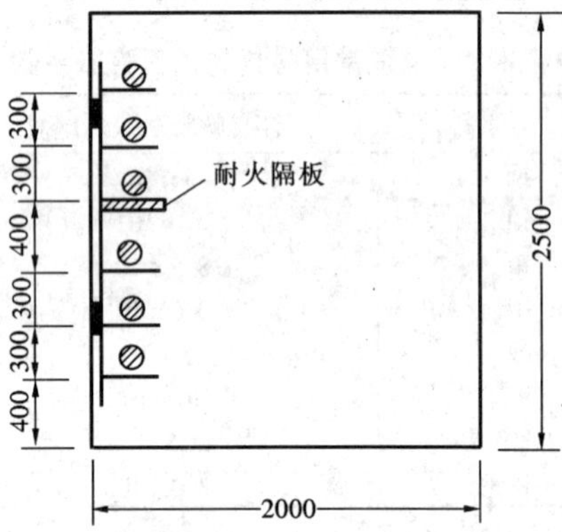

图17－82 电缆隧道尺寸

（二）电缆附件布置及安装

1. 终端盒

电缆终端盒外形见图17－83、84。其支架宜采用能中间穿电缆的角铁支架。当工作电流超过1000A时，支架不应构成闭合磁路。终端盒带电部分对地及与邻近设备距离应符合规程要求。

2. 连接盒

除普通连接盒外，还有绝缘连接盒和塞止连接

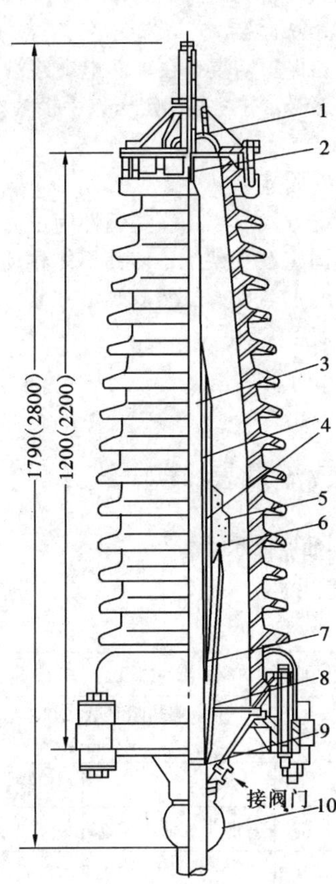

图 17－83　110（220）kV 自容式充油电缆增绕式终端

1—出线杆；2—芯管；3—电缆绝缘线芯；4—增绕绝缘；5—环氧树脂套管；6—屏蔽环；7—应力锥屏蔽层；8—支架；9—扎丝；10—铅封

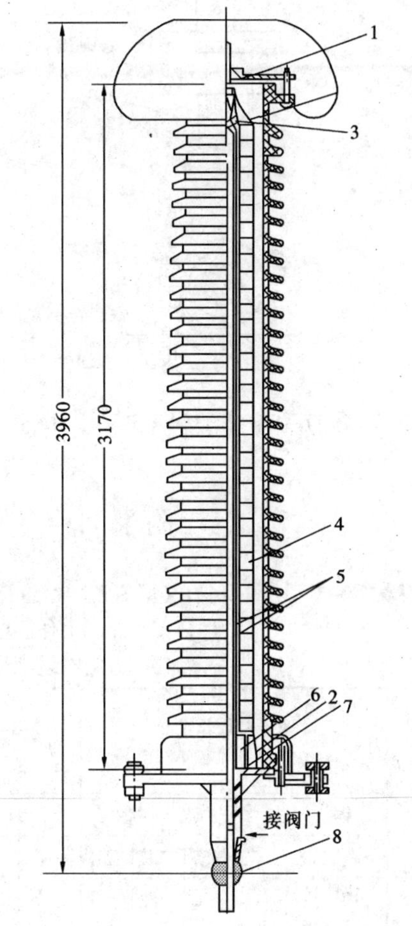

图 17－84　330kV 自容式充油电缆电容饼式终端

1—出线杆；2—镀锡软接线；3—皱纹纸填充；4—电容饼；5—增绕绝缘；6—撑板；7—应力锥屏蔽；8—铅封

盒。绝缘连接盒用于长线路交叉互联接地时分段用；塞止连接盒用于分隔油路，使各段油压不偏离允许值。

连接盒应设工井，其尺寸应满足安装维修要求。

3. 供油箱

供油箱有重力油箱和压力油箱，目前多用压力箱分相布置，每相直接安放在该电缆较高一端的终端盒支架上或塞止连接盒工井内。

压力箱至电缆的油管用卡子固定于支架上，因尾管至油管绝缘接头这段油管与电缆护层同电位，故应与固定支架绝缘。

两端的电缆终端尾管上应装油压表（见图 17－85）。仪表与支架应绝缘，油压越限时发出信号。

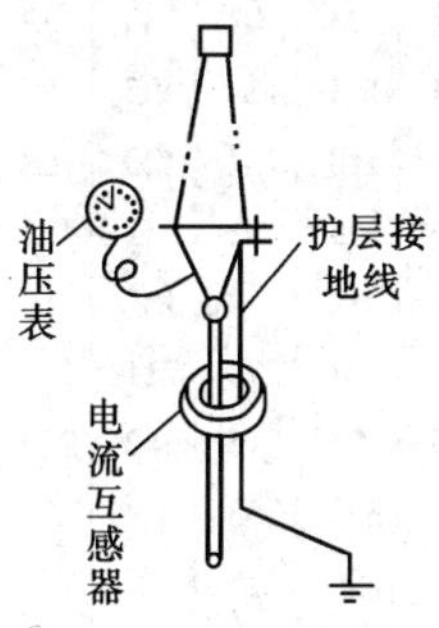

图 17－85　护层接地线穿过电流互感器的示意图

4. 护层绝缘保护器

保护器以分相布置为好，当位置受限时，亦可共箱布置。布置位置应考虑人不会触及保护器带电部

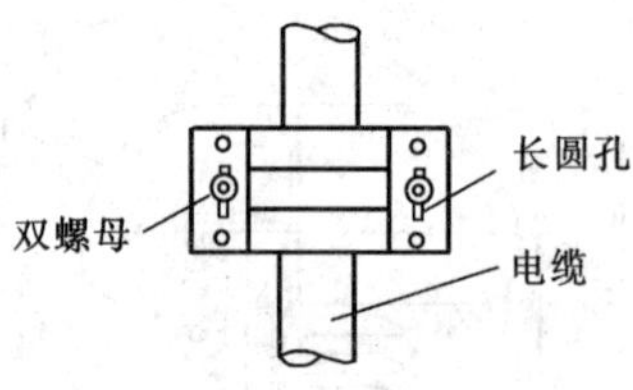

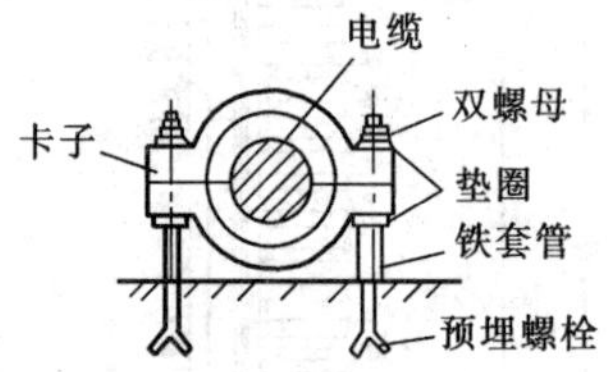

图 17－86 挠性固定电缆卡图

分，同时又便于巡视和检查。保护器上宜装过电压动作记录器。

5. 电流互感器

为测量和保护需要，在单芯电缆终端盒上套上芯式电流互感器，并将其固定于人手接触不到之处，见图 17－85。

6. 电缆固定夹

电缆固定方式有二：一是钢性固定，用普通电缆夹将电缆固定在支架上，使其不能移动；二是挠性固定，见图 17－86，虽然双螺母拧紧，但卡子有长形圆孔可前后移动。

附录 17－1 35kV 及以下电缆载流量表

附表 17－1　　1kV 聚氯乙烯绝缘及护套电缆（1～3 芯）长期允许载流量

导线工作温度：65℃　　环境温度：25℃

适用电缆型号：VV、VLV

导线截面（mm²）	空气敷设长期允许载流量 A						直埋敷设长期允许载流量（A）											
							土壤热阻系数 80℃·cm/W（3.53m·K/W）						土壤热阻系数 120℃·cm/W（3.93m·K/W）					
	铜芯			铝芯			铜芯			铝芯			铜芯			铝芯		
	一芯	二芯	三芯	一芯	二芯	三芯	一芯	二芯	三芯	一芯	二芯	三芯	一芯	二芯	三芯	一芯	二芯	三芯
1	18	15	12				27	20	18				25	19	16			
1.5	23	19	16				34	26	22				31	24	20			
2.5	32	26	22	24	20	16	45	35	30	35	27	23	42	32	27	32	24	20
4	41	35	29	31	26	22	61	45	39	47	35	30	56	41	35	43	32	27
6	54	44	38	41	34	29	77	57	49	59	43	38	70	52	44	54	40	34
10	72	60	52	55	46	40	103	76	66	80	59	51	94	69	59	72	53	46
16	97	79	69	74	61	53	138	101	86	106	77	67	124	91	77	95	70	59
25	132	107	93	102	83	72	183	131	115	140	101	87	163	118	101	125	91	78
35	162	124	113	124	95	87	221	156	141	170	120	108	196	139	124	151	107	95
50	204	155	140	157	120	108	272	192	171	210	148	132	241	171	150	185	132	116
70	253	196	175	195	151	135	333	235	210	256	180	162	292	208	184	225	160	141
95	272	238	214	214	182	165	392	280	249	302	216	192	348	257	218	267	191	168
120	356	273	247	276	211	191	451	320	283	348	247	218	392	282	247	305	218	190
150	410	315	293	316	242	225	516	365	326	392	280	250	447	322	283	343	248	218
185	465		332	358		257	572		367	436		283	500		318	385		247
240	552		396	425		306	667		424	516		327	582		368	447		284
300	636			490			751			577			660			500		
400	757			589			876			678			773			593		
500	886			680			1012			766			876			670		
630	1025			787			1154			878			1000			767		
800	1338			934			1320			1012			1153			885		

附表 17－2　　1kV 聚氯乙烯绝缘和护套铠装电缆（2～3 芯）长期允许载流量

导线工作温度：65℃　环境温度：25℃

适用电缆型号：VV 22、VLV 22、VV 30、VLV 30、VV 42、VLV 42、VV 40、VLV 40、VV 42、VLV 42

导线截面（mm²）	空气敷设长期允许载流量 A				直埋敷设长期允许载流量（A）							
					土壤热阻系数 80℃·cm/W（3.53m·K/W）				土壤热阻系数 120℃·cm/W（3.93m·K/W）			
	铜芯		铝芯		铜芯		铝芯		铜芯		铝芯	
	二芯	三芯	二芯	三芯	二芯	三芯	二芯	三芯	二芯	三芯	二芯	三芯
4	36	31	27	23	45	39	35	30	41	35	32	27
6	45	39	35	30	56	49	43	38	52	45	40	34
10	60	52	46	40	73	66	56	51	67	59	52	46
16	81	71	62	54	100	87	76	67	90	78	70	60
25	106	96	81	73	131	115	100	88	118	103	91	79
35	128	114	99	88	157	139	121	107	140	123	108	94
50	160	144	123	111	191	172	147	133	171	151	132	116
70	197	179	152	138	233	223	180	162	207	192	160	142
95	240	217	185	167	278	247	214	190	248	216	191	166
120	278	252	215	194	320	283	247	218	284	247	219	190
150	319	292	246	225	361	324	277	248	320	282	246	216
185		333		257		361		279		315		242
240		392		305		421		324		364		295

附表 17－3　　500V 橡皮绝缘聚氯乙烯护套电缆长期允许载流量

导线工作温度：65℃　环境温度：25℃　适用电缆型号：XV、XLV

导线截面（mm²）	空气敷设长期允许载流量 A						直埋敷设长期允许载流量（A）																	
							土壤热阻系数 80℃·cm/W（3.53m·K/W）						土壤热阻系数 120℃·cm/W（3.93m·K/W）											
	铜芯			铝芯			铜芯			铝芯			铜芯			铝芯								
	一芯	二芯	三芯	一芯	二芯	三芯	一芯	二芯	三芯	一芯	二芯	三芯	一芯	二芯	三芯	一芯	二芯	三芯						
1	20	17	15				29	23	20				27	21	18									
1.5	25	21	18				36	29	25				33	26	22									
2.5	34	28	24	27	22	19	48	38	33	38	30	26	44	34	30	35	27	23						
4	45	37	32	35	30	25	64	50	43	50	40	34	58	45	38	46	36	30						
6	57	47	40	45	37	32	80	63	54	64	50	43	73	56	48	57	45	38						
10	80	66	57	62	52	45	111	86	74	87	67	58	100	76	65	78	60	51						
16	107	89	76	83	69	59	148	114	98	115	88	76	132	101	86	102	78	66						
25	141	118	101	110	93	79	191	147	125	150	115	98	170	129	109	133	101	86						
35	172	144	124	135	113	97	232	175	151	182	138	118	205	154	131	161	121	103						
50	218	184	158	171	144	124	289	217	186	227	170	146	254	190	162	199	149	127						
70	265	223	191	208	175	150	348	259	220	273	204	173	304	227	191	239	178	150						
95	323	271	234	253	213	184	413	306	263	323	240	206	361	268	228	283	211	179						
120	371	312	269	291	246	212	471	347	298	369	273	234	410	304	258	322	239	203						
150	429	362	311	337	285	245	531	396	336	417	311	264	463	345	291	363	272	229						
185	494	414	359	388	327	284	602	443	380	473	350	300	524	387	329	412	306	260						
240	590			465			702			553			610			480								
300				537						627						544								
400				632						720						625								
500				733						820						710								
630				858						941						814								

注　四芯电缆的载流量，可借用三芯电缆的载流量值。

附表 17－4　　1～3kV 普通粘性浸渍纸绝缘电缆长期允许载流量

导线工作温度：80℃　　环境温度：25℃

适用电缆型号：ZQ1、ZLQ1、ZQ2、ZLQ2、ZQ20、ZLQ20、ZQ3、ZLQ3、ZQ30、ZLQ30、ZL11、ZLL11、ZL12、ZLL12、ZL120、ZLL120、ZL13、ZLL13、ZL130、ZLL130、ZL22、ZLL22、ZL23、ZLL23、ZQP2、ZLQP2、ZQP20、ZLQP20、ZQP3、ZLQP3、ZQP30、ZLQP30、ZLP12、ZLLP12、ZLP120、ZLLP120、ZLP13、ZLLP13、ZLP130、ZLLP130、ZLP22、ZLLP22、ZLP23、ZLLP23

导线截面 (mm^2)	长期允许载流量(A)					
	空气敷设		直埋敷设			
			土壤热阻系数 80℃·cm/W (3.53m·K/W)		土壤热阻系数 120℃·cm/W (3.93m·K/W)	
	铜芯	铝芯	铜芯	铝芯	铜芯	铝芯
2.5	30	24	37	28	33	26
4	40	32	47	37	43	33
6	52	40	60	46	54	42
10	70	55	80	60	70	55
16	95	70	105	80	93	70
25	125	95	140	105	123	95
35	155	115	170	130	150	115
50	190	145	205	160	180	140
70	235	180	250	190	220	165
95	285	220	300	230	260	195
120	335	255	345	265	300	230
150	390	300	390	300	340	260
185	450	345	445	340	390	300
240	530	410	510	400	450	340

注 1. 表中数据均系三芯电缆、四芯电缆的载流量，可借用三芯电缆的载流量值。

2. ZQ1、ZLQ1、ZLL11、ZLL11 以及裸铠装结构的电缆不适于直埋敷设。

附表 17－5　　6kV 普通粘性浸渍纸绝缘电缆长期允许载流量

导线工作温度：65℃　　环境温度：25℃

适用电缆型号：ZQ1、ZLQ1、ZQ2、ZLQ2、ZQ20、ZLQ20、ZQ3、ZLQ3、ZQ30、ZLQ30、ZL11、ZLL11、ZL12、ZLL12、ZL120、ZLL120、ZL13、ZLL13、ZL130、ZLL130、ZL22、ZLL22、ZL23、ZLL23

导线截面 (mm^2)	长期允许载流量(A)							
	空气敷设				三芯电缆直埋敷设			
	铜芯		铝芯		土壤热阻系数 80℃·cm/W (3.53m·K/W)		土壤热阻系数 120℃·cm/W (3.93m·K/W)	
	一芯	三芯	一芯	三芯	铜芯	铝芯	铜芯	铝芯
10	86	60	66	48	70	55	65	48
16	118	80	91	60	90	70	80	60
25	153	110	118	85	120	95	110	80
35	190	135	146	100	145	110	130	100
50	235	165	181	125	180	135	160	120
70	283	200	218	155	215	165	190	145
95	340	245	262	190	260	205	230	180
120	390	285	300	220	300	230	260	200
150	445	330	342	255	340	260	295	230
185	505	380	388	295	380	295	335	260
240	600	450	462	345	450	345	390	300
300	680		523					
400	810		625					
500	930		715					

注 ZQ1、ZLQ1、ZL11、ZLL11 及裸铠装结构的电缆不适于直埋敷设。

附表 17－6　　10kV 普通粘性浸渍纸绝缘电缆长期允许载流量

导线工作温度：60℃　　环境温度：25℃

适用电缆型号：ZQ1、ZLQ1、ZQ2、ZLQ2、ZQ20、ZLQ20、ZQ3、ZLQ3、ZQ30、ZLQ30、ZL11、ZLL11、ZL12、ZLL12、ZL120、ZLL120、ZL13、ZLL13、ZL130、ZLL130、ZL22、ZLL22、ZL23、ZLL23

导线截面（mm^2）	长期允许载流量（A）							
	空气敷设				三芯电缆埋地敷设			
	铜芯		铝芯		土壤热阻系数 80℃·cm/W（3.53m·K/W）		土壤热阻系数 120℃·cm/W（3.93m·K/W）	
	一芯	三芯	一芯	三芯	铜芯	铝芯	铜芯	铝芯
16	107	75	81	60	85	65	75	60
25	140	100	108	80	115	90	100	75
35	175	125	135	95	135	105	120	95
50	220	155	169	120	170	130	150	115
70	270	190	208	145	205	150	180	140
95	320	230	246	180	245	185	215	165
120	370	265	285	205	275	215	245	185
150	415	305	320	235	315	245	280	215
185	480	355	370	270	310	275	315	240
240	570	420	440	320	420	325	365	280
300	660		508					
400	800		615					
500	920		710					

注　一芯载流量只适用于 ZQ1、ZLQ1、ZL11、ZLL11 型电缆，这些电缆及裸铠装结构的电缆不适于直埋敷设。

附表 17－7　　20～35kV 普通粘性浸渍纸绝缘电缆长期允许载流量

导线工作温度：50℃　　环境温度：25℃

适用电缆型号：ZQ、ZLQ、ZQ1、ZLQ1、ZQF2、ZQF20、2QF3、ZLQF2、ZLQF20、ZLQF3

导线截面（mm^2）	长期允许载流量（A）							
	空气敷设				三芯电缆直埋敷设			
	铜芯		铝芯		土壤热阻系数 80℃·cm/W（3.53m·K/W）		土壤热阻系数 120℃·cm/W（3.93m·K/W）	
	一芯	三芯	一芯	三芯	铜芯	铝芯	铜芯	铝芯
25		95		75	105	80	80	70
35		115		85	115	90	110	85
50	160	145	123	110	150	115	135	100
70	200	175	154	135	180	135	160	120
95	245	210	188	165	210	165	195	150
120	290	240	223	180	240	185	220	170
150	340	265	261	200	275	210	240	190
185	395	300	304	230	300	230	270	210
240	475		366					
300	560		431					
400	680		523					

注　1. 一芯电缆均为 ZQ、ZLQ、ZQ1、ZLQ1 型，三芯电缆为分相铅包型。

2. 直埋敷设载流量仅适用于 ZQF2、ZLQF2、ZQF3、ZLQF3 型电缆。

附表 17-8　　**6~35kV交联聚乙烯绝缘（铝）电力电缆长期允许载流量（A）**

导线截面 (mm^2)	空气中敷设			直埋敷设(ρ_t = 80℃·cm/W)(3.53m·K/W)		
	6kV	10kV	20~35kV	6kV	10kV	20~35kV
6	48					
10	60	60		70		
16	85	80		95	90	
25	100	95	85	110	105	90
35	125	120	110	135	130	115
50	155	145	135	165	150	135
70	190	180	165	205	185	165
95	220	205	180	230	215	185
120	255	235	200	260	245	210
150	295	270	230	295	275	230
185	345	320		345	325	250
240				395	375	

注　1. 本表引自《电力电缆运行规程》。

2. 缆芯最高工作温度，6~10kV为+90℃，20~35kV为+80℃，周围环境温度为+25℃。

附表 17-9　　**通用橡套软电缆长期允许载流量**

导线工作温度：65℃　　环境温度：25℃

导线截面 (mm^2)	空气敷设长期允许载流量（A）								
	YQ、YQW		YZ、YZW			YC、YCW			
	二芯	三芯	二芯	三芯	四芯	一芯	二芯	三芯	四芯
0.3	7	6							
0.5	11	9	12	10	9				
0.75	14	12	14	12	11				
1			17	14	13				
1.5			21	18	18				
2			26	22	22				
2.5			30	25	25	37	30	26	27
4			41	35	36	47	39	34	34
6			53	45	45	52	51	43	44
10						75	74	63	63
16						112	98	84	84
25						148	135	115	116
35						183	167	142	143
50						226	208	176	177
70						289	259	224	224
95						353	318	273	273
120						415	371	316	316

附录 17－2　不同敷设条件下载流量校正系数

附表 17－10　　环境温度变化时载流量的校正系数 K_t

导线工作温度（℃）	不同环境温度下的载流量校正系数								
	5℃	10℃	15℃	20℃	25℃	30℃	35℃	40℃	45℃
80	1.17	1.13	1.09	1.04	1.0	0.954	0.905	0.853	0.798
65	1.22	1.17	1.12	1.06	1.0	0.935	0.865	0.791	0.707
60	1.25	1.20	1.13	1.07	1.0	0.926	0.845	0.756	0.655
50	1.34	1.26	1.18	1.09	1.0	0.895	0.775	0.663	0.447

注　不同环境温度下载流量的校正系数可按下式计算：

$$\frac{I_1}{I_2}=\left(\frac{\Delta\theta_1}{\Delta\theta_2}\right)^{\frac{1}{2}}$$

I_1、I_2—— 对应于 $\Delta\theta_1$、$\Delta\theta_2$（℃）时的载流量，二者的比值即为温度校正系数；

$\Delta\theta_1$—— 载流量表中规定的最大允许温升（导线温度与基准环境温度之差）；

$\Delta\theta_2$—— 由于环境温度变化后的导线最大允许温升。

附表 17－11　　电线电缆在空气中多根并列敷设时载流量的校正系数 K_1

线缆根数		1	2	3	4	6	4	6
排列方式		○	⊕ ⊕（s，d）	○○○	○○○○	○○○○○○	○○ ○○	○○○ ○○○
线缆中心距离	$S=d$	1.0	0.9	0.85	0.82	0.80	0.8	0.75
	$S=2d$	1.0	1.0	0.98	0.95	0.90	0.9	0.90
	$S=3d$	1.0	1.0	1.0	0.98	0.96	1.0	0.96

注　本表系产品外径相同时的载流量校正系数，d 为电缆的外径。当电线电缆外径不同时，d 值建议取各产品外径的平均值。

附表 17－12　　不同土壤热阻系数时载流量的校正系数 K_3

导线截面（mm^2）	不同土壤热阻系数时载流量的校正系数				
	$\rho_T=60$℃·cm/W（3.33m·K/W）	$\rho_T=80$℃·cm/W（3.53m·K/W）	$\rho_T=120$℃·cm/W（3.93m·K/W）	$\rho_T=160$℃·cm/W（4.33m·K/W）	$\rho_T=200$℃·cm/W（4.73m·K/W）
2.5～16	1.06	1.0	0.9	0.83	0.77
25～95	1.08	1.0	0.88	0.80	0.73
120～240	1.09	1.0	0.86	0.78	0.71

注　土壤热阻系数的选取：潮湿地区取 60～80；指沿海、湖、河畔地带雨量多地区，如华东、华南地区等。普通土壤取 120；如平原地区东北、华北等。干燥土壤取 160～200；如高原地区雨量少山区，丘陵，干燥地带。

附表 17－13 电线电缆在土壤中多根并列埋设时载流量的校正系数 K_4

线缆间净距（mm）	不同敷设根数时的载流量校正系数				
	1 根	2 根	3 根	4 根	6 根
100	1.00	0.88	0.84	0.80	0.75
200	1.00	0.90	0.86	0.83	0.80
300	1.00	0.92	0.89	0.87	0.85

注 敷设时电线电缆相互间净距应不小于100mm。

附表 17－14 多根电缆并列敷设在空气中综合校正系数 $K=K_tK_1$

电缆并列根数	电缆间距 S	环境温度	35℃				40℃			
		缆芯温度	60℃	65℃	80℃	90℃	60℃	65℃	80℃	90℃
		K_t / K_1	0.845	0.865	0.905	0.92	0.756	0.791	0.853	0.877
4	$S=d$	0.82	0.693	0.709	0.742	0.754	0.62	0.648	0.699	0.719
4	$S=2d$	0.95	0.802	0.822	0.86	0.874	0.718	0.751	0.81	0.833
6	$S=d$	0.8	0.676	0.692	0.724	0.736	0.605	0.633	0.682	0.702
6	$S=2d$	0.9	0.76	0.778	0.814	0.828	0.68	0.712	0.767	0.789
2×3	$S=d$	0.75	0.633	0.649	0.679	0.69	0.567	0.59	0.64	0.658

注 d 为电缆外径。

附表 17－15 根据排管中电缆的位置和截面不同而采用的校正系数 a

电缆截面（mm²）	排管孔号			
	1	2	3	4
3×25	0.44	0.46	0.47	0.51
3×35	0.54	0.57	0.57	0.60
3×50	0.67	0.69	0.69	0.71
3×70	0.81	0.84	0.84	0.85
3×95	1.00	1.00	1.00	1.00
3×120	1.14	1.13	1.13	1.12
3×150	1.33	1.30	1.29	1.26
3×185	1.50	1.46	1.45	1.38
3×240	1.78	1.70	1.68	1.55

附表 17－16 根据电缆额定电压不同而采用的校正系数 b

电缆额定电压（kV）	10	6	3及以下
b 的数值	1	1.05	1.09

附表 17－17 根据全部排管块中电缆的日平均负荷不同而采用的校正系数 c

平均负荷/额定负荷	1.0	0.85	0.7
c 的数值	1.0	1.07	1.16

附表 17－18　　**电缆在排管中的位置及其长期允许电流**

组别	排管图形	孔号	I_{y0}（A）铜芯	I_{y0}（A）铝芯
Ⅰ	1	1		147
Ⅱ	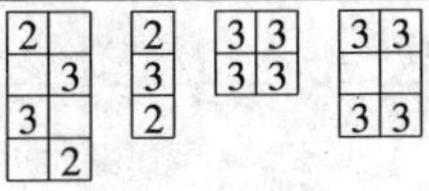 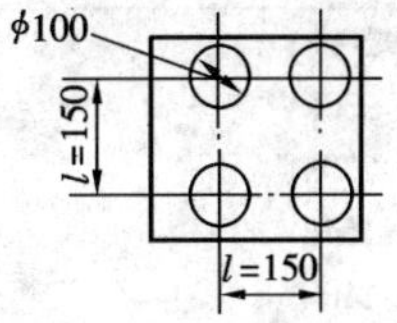 2 _ _ 3 3 _ _ 2；2 3 2；3 3 3 3；3 3 _ _ 3 3 （ϕ100，l=150，l=150）	2	173	133
		3	167	128
Ⅲ	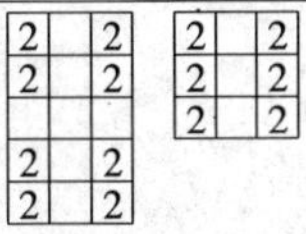 2 _ 2 2 _ 2 _ _ _ 2 _ 2 2 _ 2；2 _ 2 2 _ 2 2 _ 2	2	154	118
			—	—
Ⅳ	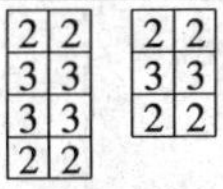 2 2 3 3 3 3 2 2；2 2 3 3 2 2	2	147	113
		3	138	106
Ⅴ	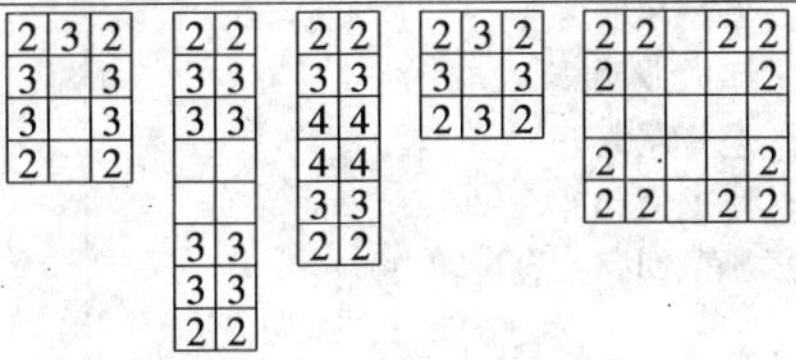 2 3 2 3 _ 3 3 _ 3 2 _ 2；2 2 3 3 3 3 _ _ _ _ 3 3 3 3 2 2；2 2 3 3 4 4 4 4 3 3 2 2；2 3 2 3 _ 3 2 3 2；2 2 _ _ 2 2 2 _ _ _ _ 2 _ _ _ _ _ _ _ _ _ _ _ _ 2 _ _ _ _ 2 2 2 _ _ 2 2	2	143	110
		3	135	104
		4	131	101
Ⅵ	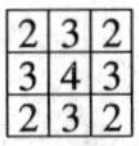 2 3 2 3 4 3 2 3 2	2	140	108
		3	132	102
		4	118	91
Ⅶ	 2 2 3 3 3 3 4 4 4 4 3 3 3 3 2 2	2	136	105
		3	132	102
		4	119	92
Ⅷ	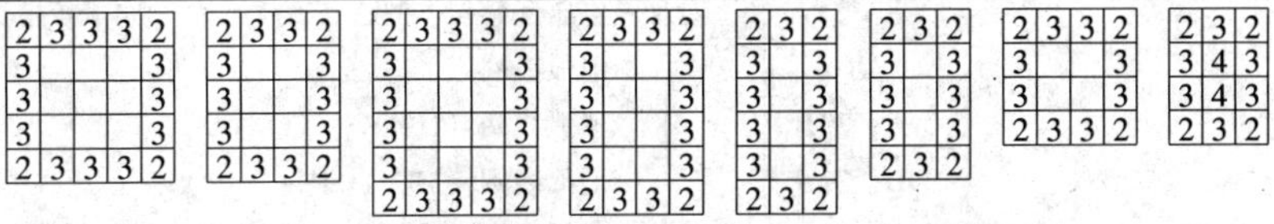 2 3 3 3 2 3 _ _ _ 3 3 _ _ _ 3 3 _ _ _ 3 2 3 3 3 2；2 3 3 2 3 _ _ 3 3 _ _ 3 3 _ _ 3 2 3 3 2；2 3 3 3 2 3 _ _ _ 3 3 _ _ _ 3 3 _ _ _ 3 3 _ _ _ 3 2 3 3 3 2；2 3 3 2 3 _ _ 3 3 _ _ 3 3 _ _ 3 3 _ _ 3 2 3 3 2；2 3 2 3 _ 3 3 _ 3 3 _ 3 3 _ 3 2 3 2；2 3 2 3 _ 3 3 _ 3 3 _ 3 2 3 2；2 3 3 2 3 _ _ 3 3 _ _ 3 2 3 3 2；2 3 2 3 4 3 3 4 3 2 3 2	2	135	104
		3	124	95
		4	104	80
Ⅸ	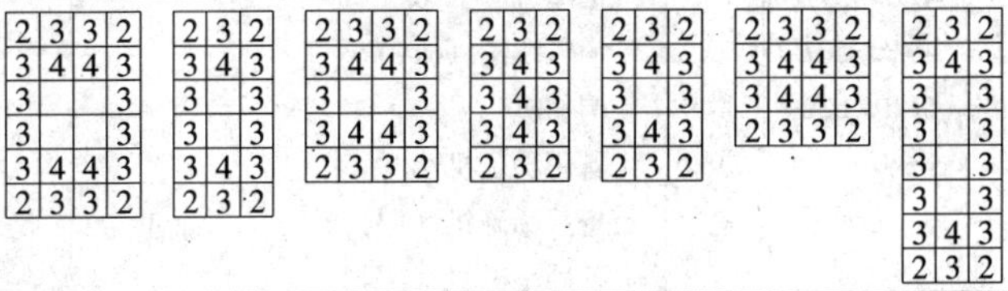 2 3 3 2 3 4 4 3 3 _ _ 3 3 _ _ 3 3 4 4 3 2 3 3 2；2 3 2 3 4 3 3 _ 3 3 _ 3 3 4 3 2 3 2；2 3 3 2 3 4 4 3 3 _ _ 3 3 4 4 3 2 3 3 2；2 3 2 3 4 3 3 4 3 3 4 3 2 3 2；2 3 2 3 4 3 3 _ 3 3 4 3 2 3 2；2 3 3 2 3 4 4 3 3 4 4 3 2 3 3 2；2 3 2 3 4 3 3 _ 3 3 _ 3 3 _ 3 3 _ 3 3 4 3 2 3 2	2	135	104
		3	118	91
		4	100	77
Ⅹ	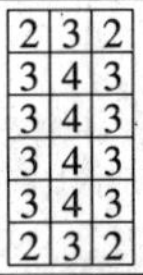 2 3 2 3 4 3 3 4 3 3 4 3 3 4 3 2 3 2	2	133	102
		3	116	89
		4	81	62
Ⅺ	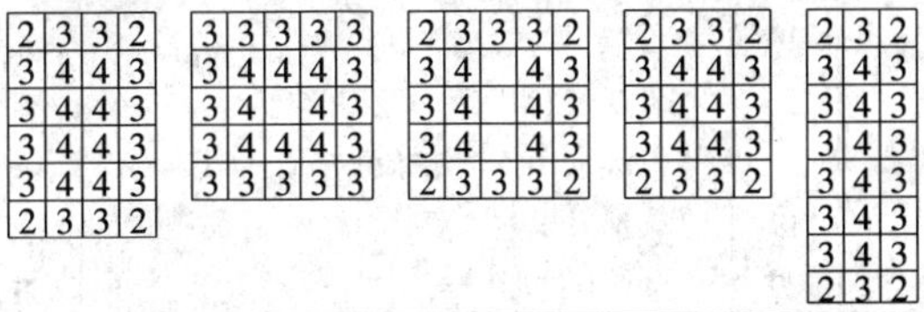 2 3 3 2 3 4 4 3 3 4 4 3 3 4 4 3 3 4 4 3 2 3 3 2；3 3 3 3 3 3 4 4 4 3 3 4 _ 4 3 3 4 4 4 3 3 3 3 3 3；2 3 3 3 2 3 4 _ 4 3 3 4 _ 4 3 3 4 _ 4 3 2 3 3 3 2；2 3 3 2 3 4 4 3 3 4 4 3 3 4 4 3 2 3 3 2；2 3 2 3 4 3 3 4 3 3 4 3 3 4 3 3 4 3 3 4 3 2 3 2	2	129	99
		3	114	88
		4	84	65
			—	—

注　表中电缆为 10kV、$3\times95mm^2$ 油浸纸绝缘电缆。

附录 17-3 各安装单位及安装设备符号

附表 17-19 电压及线路特征符号

序号	电压及线路特征	符 号	序号	电压及线路特征	符 号
1	500kV	WU	15	3kV 厂用Ⅰ段	1SC
2	330kV	SS		Ⅱ段	2SC
3	220kV	E		备用或公用	9SC
4	154kV	YU	16	低压厂用Ⅰ段	1DC
5	110kV	Y		Ⅱ段	2DC
6	60kV	LS		备用或公用	9DC
7	44kV	SI	17	低压厂用（煤场）	MDC
8	35kV	U		（灰场）	HDC
9	20kV	ER		（化水）	HSDC
10	15kV	SU	18	常用照明	CM
11	10kV	S		事故照明	SGM
12	6kV	L	19	电焊网络	DH
13	10kV 厂用Ⅰ段	1SHC		励磁回路	L
	Ⅱ段	2SHC	20	励磁回路（直流动力）	LZ
	备用或公用段	9SHC		（交流动力）	LJ
14	6kV 厂用Ⅰ段	1LC	21	直流（220V）	Z
	Ⅱ段	2LC		（24V，48V）	ZR
	备用或公用	9LC			

附表 17-20 主要安装设备符号

序号	安装设备名称	符 号	序号	安装设备名称	符 号
1	1，2…号发电机	1F，2F…	12	电压互感器	YH
2	1，2…号发电机变压器	1FB，2FB		电压互感器（110kV 一组）	1YYH
3	1，2 号变压器	1B，2B		电压互感器（35kV 二组）	2UYH
4	联络变压器	LB	13	消弧线圈	X
5	高压厂变	21B～39B		消弧线圈（110kV）	YX
	高压备变	20B，30B		消弧线圈（35kV）	UX
6	低压厂变	41B～59B		消弧线圈（10kV）	SX
	低压备变	40B，50B		消弧线圈（6kV）	LX
7	辅助车间及其它	61B，62B	14	调相机	TX
	变压器	63B……	15	备用励磁机	BL
8	母线联络断路器	LD		备用励磁机（1 号）	1BL
	母线联络断路器（110kV）	YLD		备用励磁机（2 号）	2BL
	母线联络断路器（220kV）	ELD	16	静电电容器	CJ
9	分段断路器（有电抗器）	KF	17	蓄电池电缆	XDC
	分段断路器（10kV1，2 段）	12SKF		蓄电池电缆（第一组）	1XDC
	分段断路器（6kV1，2 段）	12LKF		蓄电池电缆（第二组）	2XDC
10	分段断路器（无电抗器）	F	18	母线	M
	分段断路器（10kV1，2 段）	12SF		母线（10kV 第一段）	1SM
	分段断路器（6kV1，2 段）	12LF		母线（10kV 第二段）	2SM
11	旁路断路器	PD	19	柴油发电机	CF
	旁路断路器（110kV）	YPD	20	6kV 电抗器	21K～39K
	旁路断路器（220kV）	EPD			

附表 17－21 **全厂设备、母线设备的安装单位符号**

序号	安装单位名称	符 号	序号	安装单位名称	符 号
1	中央信号装置	*ZX*	11	电压小母线	*YH*
2	同期装置	*TZ*		电压小母线（6kV）	*LYH*
3	辅助装置	*FZ*		电压小母线（110kV）	*YYH*
4	遥远测量装置	*YC*		电压小母线（220kV）	*EYH*
5	巡回检测装置	*XC*	12	信号小母线	*XM*
6	母线保护	*MB*		信号小母线（6kV）	*LXM*
	母线保护（220kV）	*EMB*		信号小母线（110kV）	*YXM*
	母线保护（110kV）	*YMB*		信号小母线（220kV）	*EXM*
	母线保护（35kV）	*UMB*	13	加热小母线	*J*
7	母线绝缘监察装置	*MC*		加热小母线（110kV）	*YJ*
	母线绝缘监察（35kV）	*UMC*		加热小母线（220kV）	*EJ*
	母线绝缘监察（10kV）	*SMC*	14	通讯装置电源电缆	*TX*
	母线绝缘监察（6kV）	*LMC*	15	全厂事故极井	*SJ*
8	直流母线绝缘监察装置	*ZC*	16	出灰系统自动控制	*HK*
9	直流母线电压监察装置	*ZYC*	17	输煤系统自动控制	*MK*
10	合闸小母线	*HZ*			
	合闸小母线（6kV）	*LHZ*			
	合闸小母线（110kV）	*YHZ*			
	合闸小母线（220kV）	*EHZ*			

附表 17－22 **机 组 和 车 间 符 号**

序号	机组和车间名称	符 号	序号	机组和车间名称	符 号
1	汽机	*QJ*	26	综合水泵房	*ZHBF*
2	锅炉	*GL*	27	工业水泵房	*GYF*
3	除氧	*CY*	28	生活水泵房	*SHF*
4	煤仓	*MC*	29	消防水泵房	*XFF*
5	除尘间	*CC*	30	补给水泵房	*BGF*
6	电除尘	*DCC*	31	冷却塔	*LQT*
7	主控制室	*ZK*	32	深井泵房	*SJF*
8	单元控制室	*DK*	33	污水泵房	*WSF*
9	网络控制室	*WK*	34	化学水处理室	*HSS*
10	灰浆泵房	*HJF*	35	加药间	*JYJ*
11	灰渣泵房	*HZF*	36	制氢站	*ZQZ*
12	油隔离泵房	*YGBF*	37	空压机室	*KYJ*
13	碎煤机室	*SMS*	38	启动锅炉房	*QLJ*
14	转运站	*ZYZ*	39	柴油机房	*CYF*
15	地下煤沟	*DM*	40	保安段	*BA*
16	卸煤沟	*XM*	41	中央修配厂	*ZXC*
17	翻车机室	*FC*	42	综合楼	*ZHL*
18	化水控制室	*HSK*	43	生产办公楼	*SBL*
19	输煤控制室	*MK*	44	行政办公楼	*XZL*
20	燃油泵房	*RYF*	45	检修楼	*JXL*
21	供油泵房	*GYF*	46	通讯楼	*TXL*
22	卸油泵房	*XYF*			
23	污油泵房	*WYF*			
24	油处理室	*YC*			
25	循环水泵房	*XBF*			

附表 17-23 厂用辅机符号

序号	辅机名称	符号	序号	辅机名称	符号
一、	汽机部分		5	磨煤机	MM
1	给水泵	GB	6	磨煤机油泵	MYB
	电动给水泵	DGB	7	排粉机	PF
	汽动给水泵	QGB	9	给煤机	GM
	前置给水泵	QZGB	9	给粉机	GF
	给水泵油泵	GBYB	10	一次风机	YF
2	凝结水泵	NJB	11	二次风机	RF
	凝结水升压泵	NSB	12	螺旋输粉机	LF
	凝结水回收泵	NHB	13	吹灰电动机	CH
	凝结水除盐水泵	NCYB	14	炉排电动机	LP
3	射水泵	SEB	15	抛煤机	PM
	射水回收泵	SHB	16	烟气再循环风机	YZF
4	高加疏水泵	GJSB	17	空气预热器	KYQ
	低加疏水泵	DJSB	18	疏水泵	SB
5	发电机水冷水泵	SLB	19	炉水循环泵	LXB
	发电机空冷水泵	KLB	20	密封风机	MF
	发电机氢冷水泵	QLB	21	空压机	KY
6	氢冷升压泵	QSB	22	吸风机油泵	XFY
7	中继水泵	ZJB	23	送风机油泵	SFY
8	热网循环水泵	WXB	三、	除灰部分	
	热网凝结水泵	WNB	1	除尘水泵	CCB
	热网补给水泵	WBB	2	冲洗水泵	CXB
9	生水泵	SSB	3	冲灰水泵	CHB
10	工业水泵	GYB	4	灰浆泵	HJB
11	凝结水泄漏水泵	NXB	5	灰渣泵	HZB
12	胶球清洗水泵	JXB	6	喷射水泵	PSB
13	工业水回收泵	GHB	7	冲渣水泵	CZB
14	盘车电动机	PC	8	轴封水泵	ZFB
15	顶轴油泵	DYB	9	碎渣机	SZJ
16	调速油泵	TSYB	10	刮板出渣机	GZJ
17	交流润滑油泵	JYB	11	磨渣机	MZJ
18	直流润滑油泵	ZYB	12	螺旋输灰机	LHF
19	空侧交流密封油泵	JMYB	13	饲料电动机	SLJ
20	空侧直流密封油泵	ZMYB	14	电除尘器	DCC
21	氢侧密封油泵	QMYB	15	马丁除灰机	MDJ
22	汽动油泵	QDYB	16	搅拌机	JBJ
23	油箱排烟机	YPJ	17	锁气器	SQ
			18	油隔离泵	YGB
二、	锅炉部分		19	浓缩机	NSJ
1	吸风机	XF	20	鼓风机	GF
2	吸风机冷却风机	XFF	21	灰泵	HB
3	送风机	SF	22	气力输送泵	QSB
4	送风机冷却风机	SFF	23	给料机	GL

续表

序号	辅机名称	符号
四、	输煤部分	
1	碎煤机	*SM*
2	输煤皮带机	*PD*
3	叶轮给煤机	*YGJ*
4	单向给煤机	*DGJ*
5	双向给煤机	*SGJ*
6	皮带给煤机	*PGJ*
7	螺旋给煤机	*LGJ*
8	振动给煤机	*ZGJ*
9	轮斗堆取料机	*LDJ*
10	门型抓煤机	*MZJ*
11	螺旋卸煤机	*LXJ*
12	犁式卸料器	*LXQ*
13	卸料车	*XLC*
14	翻车机	*FCJ*
15	重车铁牛	*ZN*
16	绞车	*JC*
17	卸车机	*XC*
18	调度绞车	*DJC*
19	带式电磁分离器	*DFQ*
20	悬挂式电磁分离器	*XFQ*
21	滚筒式电磁分离器	*GFQ*
22	电子皮带秤	*DZC*
23	电子轨道衡	*DZH*
24	共振筛煤机	*GZS*
25	滚筒筛	*GJS*
26	落煤管	*LMG*
27	电磁制动器	*DZQ*
28	斗式提升机	*DTJ*
五、	燃油部分	
1	供油泵	*GYB*
2	卸油泵	*XYB*
3	齿轮油泵	*CYB*
4	供轻油泵	*GQYB*
5	卸轻油泵	*XQYB*
6	污油泵	*WYB*
7	滤油机	*LYJ*
六、	化水部分	
1	清水泵	*QSB*
2	中间水泵	*ZJB*
3	软水泵	*RSB*
4	再生水泵	*ZSB*
5	除盐水泵	*CYB*
6	反洗水泵	*FXB*
7	中和水泵	*ZHB*
8	生水泵	*SSB*
9	自用水泵	*ZYSB*
10	回收水泵	*HSB*
11	加药泵	*JYB*
12	加氨泵	*JAB*
13	加矾泵	*JFB*
14	酸泵	*SB*
15	碱泵	*JB*
16	磷酸盐加药泵	*LSJB*
17	联氨加药泵	*LAJB*
18	联氨溶液泵	*LARB*
19	加氯泵	*JLB*
20	除 CO_2 风机	*CTF*
21	循环水炉烟风机	*XYF*
22	氨液计量泵	*AJB*
23	凝聚剂计量泵	*NJB*
24	磷酸盐溶液泵	*LYB*
25	盐酸输送泵	*YSB*
26	凝聚剂加药泵	*NYB*
27	碱液输送泵	*JSB*
28	硫酸亚铁泵	*LTB*
七、	水工部分	
1	循环水泵	*XB*
2	补给水泵	*BGB*
3	冲洗水泵	*CXB*
4	排泥泵	*PNB*
5	排水泵	*PSB*
6	深井水泵	*SJB*
7	消防水泵	*XFB*
8	生活水泵	*SHB*
9	灰水回收水泵	*HSB*
10	污水泵	*WSB*
11	采暖回水泵	*LHB*
12	泡沫液泵	*PYB*
13	清污机	*QWB*
14	旋转滤网	*XLW*
15	真空泵	*ZKB*

续表

序号	辅 机 名 称	符 号	序号	辅 机 名 称	符 号
八、	电气及其它		8	通风机	*TF*
1	补充电机	*DCJ*		变压器通风机	*BTF*
2	浮充电机	*FCJ*		汽机房通风机	*QTF*
3	变压器冷却风机	*BLF*		锅炉房通风机	*GTF*
4	变压器冷却油泵	*BLYB*	9	排水泵	*PSB*
5	硅整流装置	*GZL*		汽机房排水泵	*QPSB*
6	空调机	*KTJ*		循环水泵房排水泵	*XPSB*
7	空压机	*KYJ*		输煤系统排水泵	*MPSB*
	电气空压机	*DKYJ*		锅炉房排水泵	*GPSB*
	热控空压机	*RKYJ*		化水排水泵	*HPSB*
	锅炉空压机	*GKYJ*	10	排污泵	*PWB*
	化水空压机	*HSKYJ*	11	电动阀门	*DM*
	出灰空压机	*HKYJ*			
	运煤空压机	*MKYJ*			

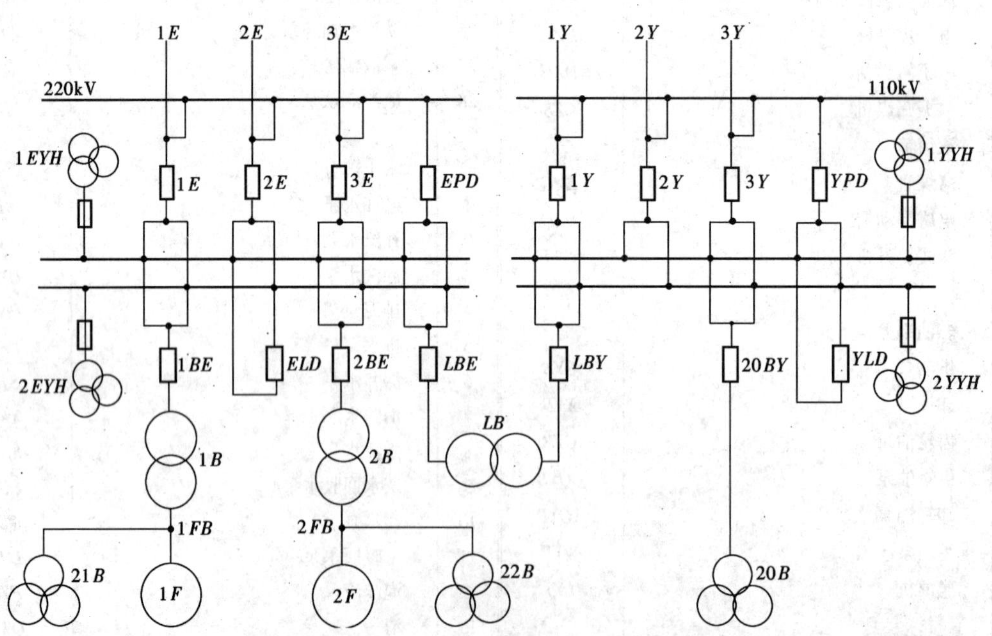

附图 17-1 主结线系统安装单位符号

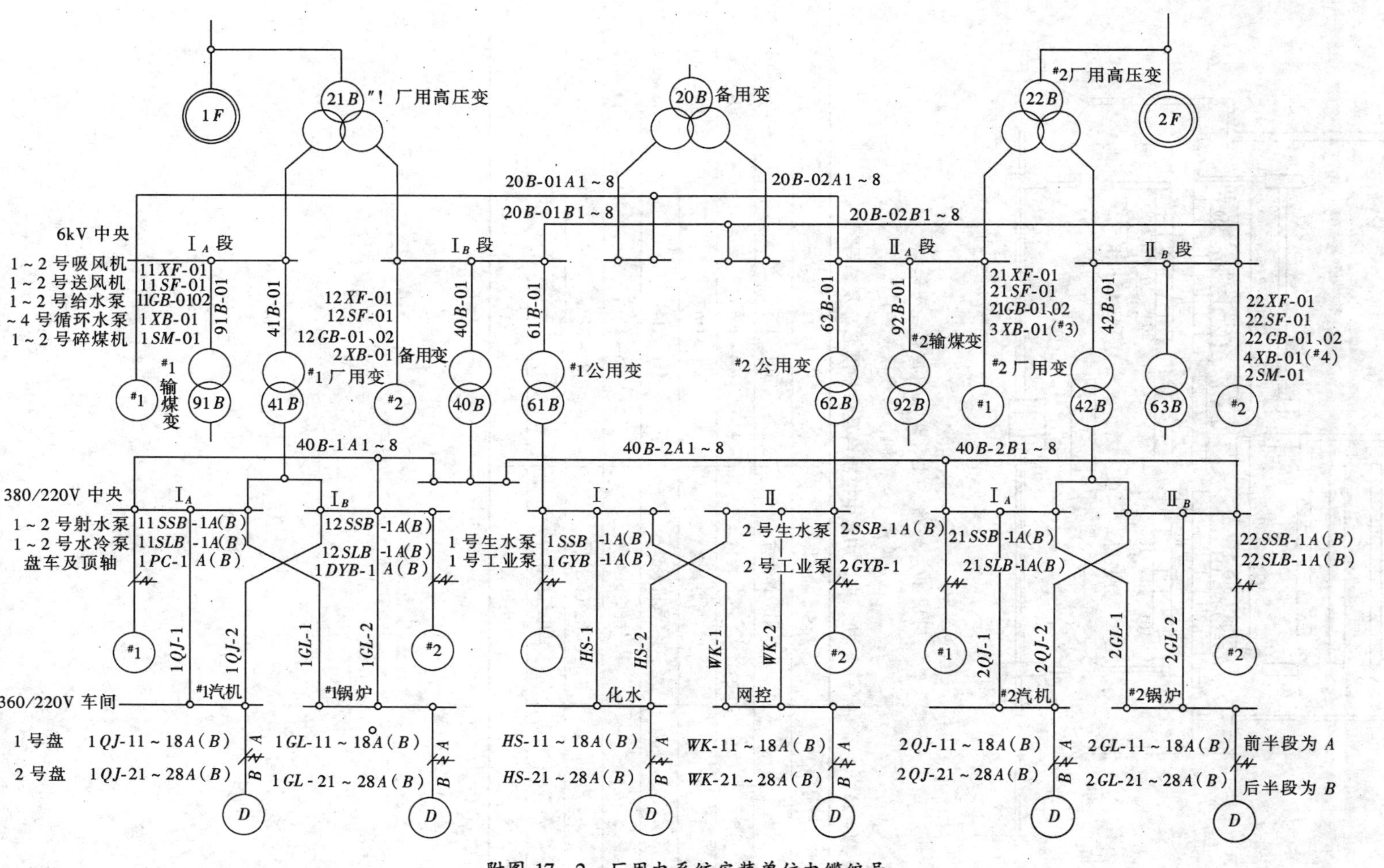

附图 17-2　厂用电系统安装单位电缆编号

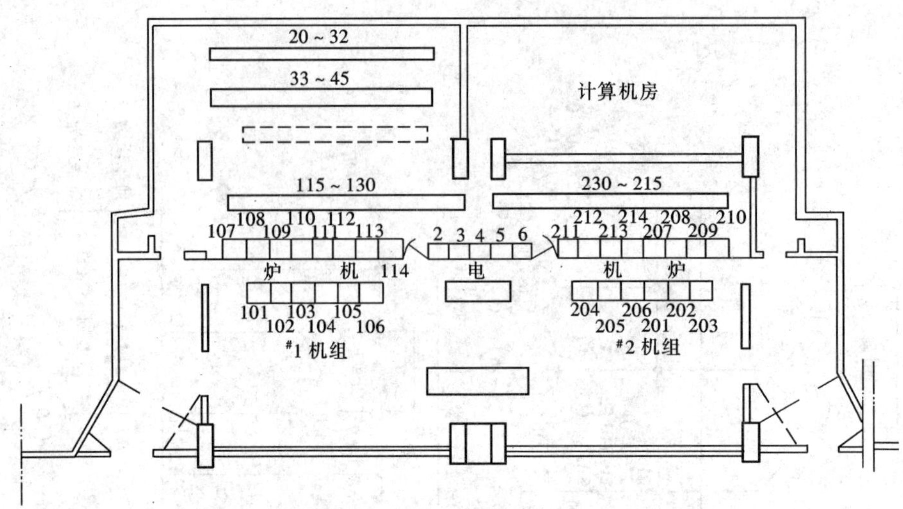

附图 17-3 机、电、炉集中控制台及保护屏编号（炉、机、电对称布置）

附表 17-24 机、电、炉集中控制台及保护屏名称及编号

序　号	名　称	#1 机 组	#2 机 组
1	锅炉操作台	101～103	201～203
2	汽机操作台	104～106	204～206
3	锅炉表盘	107～110	207～210
4	汽机表盘	111～114	211～214
5	机炉保护屏	115～130	215～230
6	电气保护屏	20～32	33～45
7	电气操作台	1	
8	电气表盘	2～6	

第十八章

照　　明

编者 李保荣 校者 李拉成 审者 滕秀明

第 18－1 节　照明方式、种类及照度标准

一、照明方式

照明按其装设方式可分为：一般照明、局部照明和混合照明。

1. 一般照明

不考虑特殊局部的需要，在整个场所假定工作面上获得基本上均匀的照度而设置的照明装置为一般照明。对于工作位置密度较大而对光照方向无特殊要求或生产工艺上不适宜或无条件装设局部照明的场所，一般宜装设单独的一般照明。

2. 局部照明

为增加某些特定地点（如实际工作面上）的照度而设置的照明装置为局部照明。对于局部地点要求照度高并对照射方向有一定要求时，除装设一般照明外，尚应装设局部照明。对重要工作地点的局部照明装置并由事故照明电源供电的称作局部事故照明。

火力发电厂和变电所装设局部照明的工作场所见表 18－1。

火力发电厂和变电所装设局部事故照明的工作场所见表 18－2。

3. 混合照明

由一般照明和局部照明共同组成的照明装置为混合照明。对于工作位置需要较高的照度并对照射方向有特殊要求的场所，宜采用混合照明。在这种情况下，混合照明中的一般照明，其照度值应按该场所视觉工作等级混合照明照度值的 5%～10% 选取，但一般不宜低于 20lx。

二、照明种类

照明一般分为正常照明和事故照明两类。

1. 正常照明

在正常生产、工作情况下使用的室内外照明装置。它一般可单独使用，也可与事故照明、值班照明同时使用。值班照明、警卫照明、高耸建筑物或构筑物（如火力发电厂的烟囱、冷却水塔的飞行障碍标志）照明均属正常照明。

表 18－1　火力发电厂和变电所装设局部照明的工作场所

	工　作　场　所
锅炉房	给煤机视察孔（有些随设备成套供货） 钢球磨煤机轴承油位视察孔 就地热力控制屏及测量仪表屏
汽机房	凝汽器及高、低压加热器水位计 汽轮发电机本体回油视察孔* 发电机定子照明（厂家不配套者可不装） 就地热力控制屏及测量仪表盘屏 励磁机整流子*
运煤系统	主厂房内原煤斗*（有高、低煤位计者不装）
供水系统	循环水泵房控制屏及测量仪表屏 补给水泵房控制屏及测量仪表屏 工业水泵房控制屏及测量仪表屏
化学水处理室	离子交换器液面视察孔（最上部） 油、水、煤化验台 就地控制屏及测量仪表屏
调相机室	调相机就地测量仪表屏 调相机本体回油视察孔
电气热工试验室	电气试验室试验台 热工试验室试验台
配电装置	高压配电装置的手车式成套开关柜

*　可根据工程具体情况确定是否装设。

2. 事故照明

在正常照明因故障熄灭后，供事故情况下暂时继续工作或安全疏散用的照明装置为事故照明。在由于工作中断或误操作容易引起爆炸、火灾以及人身事故或者会造成严重政治后果和经济损失的场所，应设置事故照明。事故照明灯一般宜布置在可能引起事故的场所、设备、材料周围以及主要通道和出入口处。并在照明器明显部位以红色“S”作标志，以示区别。

表 18-2 火力发电厂和变电所装设局部事故照明的工作场所

工作场所	
发电厂	锅炉汽包水位计 就地热力控制屏及测量仪表屏（如发电机氢冷装置、给水、热力网、循环水系统等） 除氧器水位计高压成套开关柜
变电所	调相机就地测量仪表屏、高压成套开关柜

事故照明光源通常采用白炽灯（或卤钨灯）。当事故照明作为正常照明的一部分经常点燃而在事故时不需要进行切换电源的，也可采用气体放电灯作为事故照明的光源。

火力发电厂和变电所装设事故照明的工作场所见表 18-3。

三、照度标准

火力发电厂和变电所各生产车间、辅助建筑、厂区露天工作场所及交通运输线上的最低照度值，不应低于表 18-4、表 18-5 和表 18-6 所规定的数值。

表 18-3 火力发电厂和变电所装设事故照明的工作场所

工作场所		继续工作	人员疏散
锅炉房及其辅助车间	锅炉房运转层	√	
	锅炉房底层的磨煤机、送风机处	√	
	除灰间		√
	吸风机间	√	
	燃油泵房	√	
	给粉机平台	√	
	锅炉本体楼梯		√
	司水平台	√	
	回转式预热器	√	
	燃油控制室	√	
	给煤机	√	
	煤仓胶带层		√
汽机房及其辅助车间	汽机房运转层	√	
	汽机房底层的凝汽器、凝结水泵、给水泵、循环水泵、备用励磁机等处	√	
	加热器平台	√	
	发电机出线小室	√	
	除氧间除氧层	√	
	除氧间管道层	√	
运煤系统	碎煤机室	√	
	运煤转运站		√
	运煤栈桥		√
	地下运煤装置		√
	运煤集控室	√	
	翻车机室	√	
供水系统	中央循环水泵房	√	
化学水处理室	化学水处理室控制室（大容量机组有凝结水处理者）	√	
电气车间	主控制室	√	
	网络控制室	√	
	集中控制室	√	
	单元控制室	√	
	继电器屏室	√	
	屋内配电装置	√	
	主厂房厂用配电装置（动力中心）	√	
	蓄电池室	√	
	计算机主机室	√	
	通讯转接台室、交换机室、载波机室、微波机室、特高频室、电源室	√	
	保安电源、不停电电源、柴油发电机房及其配电室	√	
	直流配电室	√	
调相机室	运转层	√	
	底层	√	
	出线小室	√	
通道楼梯及其他	控制楼至主厂房天桥		√
	生产办公楼至主厂房天桥		√
	总值长室	√	

注 为便于人员疏散，表中所列工作场所的主要通道及主要出入口，也应装设一般事故照明。

表 18-4 中混合照明的最低照度值包括一般照明和局部照明两部分照度之和。

表 18-4 中所规定的最低照度值与所采有的光源种类无关。

与主控制室、网络控制室、集中控制室毗邻且相通的、距离出入口 10m 左右范围内的走廊、通道、楼梯间的照度值之比，不宜超过 5~10 倍。

事故照明的照度标准可按以下原则确定：

(1) 短时继续工作的事故照明，在工作面上的照度值，不应低于表 18-4 中一般照明照度值的 10%。

(2) 人员疏散用的事故照明，在主要通道上的照度值，不应低于 0.5lx。对运煤栈桥事故照明的照度值还可以适当降低，一般可按 0.2~0.3lx 考虑。

表 18－4　火力发电厂和变电所各生产车间和工作场所工作面上的最低照度值

部分	工作场所	视觉工作等级	最低照度（lx）混合照明：混合照明	最低照度（lx）混合照明：混合照明中的一般照明	最低照度（lx）一般照明
汽机部分	汽机房运转层	Ⅲ甲	500	50	
	高、低压加热器平台	Ⅶ			20
	发电机出线小室	Ⅶ			20
	除氧器、管道层	Ⅷ			10
	热力管阀门室	Ⅶ			20
	热力管隧道	Ⅸ			5
	汽机房底层	Ⅶ			20
锅炉部分	吸风机、送风机、排粉机、磨煤机、一次风机、二次风机等转动设备附近及司炉操作区	Ⅶ			20
	锅炉房通道、锅炉本体步道平台和楼梯	Ⅷ			10
	煤仓间、除尘器平台	Ⅶ			20
热控部分	汽机控制室、锅炉控制室、集中控制室、单元控制室	Ⅱ乙			200
	化学水处理控制室	Ⅳ乙			100
	变送器室	Ⅵ			30
	除氧给水控制室	Ⅳ乙			100
电气部分	主控制室、网络控制室（主盘）	Ⅱ乙			200
	计算机室	Ⅱ乙			150
	继电器室	Ⅳ甲			100
	高、低压厂用配电装置室	Ⅳ乙			75
	蓄电池室、通风机室、调酸室	Ⅶ			20
	6～220kV 屋内配电装置	Ⅵ			30
	变压器室	Ⅶ			20
	充电机室、端电池调节器室	Ⅶ			20
	电缆半层、电缆夹层	Ⅷ			10
	电缆隧道	Ⅸ			5
通讯部分	人工（自动）电话交换机室、转接台	Ⅳ乙			75
	通讯蓄电池室、通风机室、调酸室	Ⅶ			20
	电力线载波、微波、特高频通讯室及广播站（室）	Ⅳ乙			75
化学部分	化学水处理室	Ⅴ	150	30	
	水泵间	Ⅶ			20
	药剂配制间、计量间	Ⅲ乙			100
	化验室、天平室、值班化验台	Ⅲ乙	300	30	
	油处理室油再生设备间、电解室、储酸室、加酸处	Ⅶ			20
运煤除灰部分	卸煤沟	Ⅷ			10
	地下卸煤沟	Ⅶ			20
	干煤棚	Ⅷ			10
	翻车机室、运煤转运站、绞车室、碎煤机室	Ⅶ			20
	运煤栈桥、推煤机库	Ⅷ			10
	运煤检修间	Ⅴ			50
	灰浆泵房、灰渣泵房、除尘器间	Ⅶ			20
	运煤集中控制室	Ⅳ乙			100
水工部分	海水泵房、江岸水泵房、中央水泵房、深井水泵房、工业水泵房、生活消防水泵房	Ⅶ			20
辅助生产厂房部分	中心修配厂				
	一般	Ⅱ乙	500	30	
	精密	Ⅰ乙	1000	75	
	焊接车间	Ⅳ乙			75
	金工车间	Ⅴ			50
	锻工热处理车间	Ⅹ			30
	铸工车间	Ⅴ			50
	木工车间	Ⅴ			50
	电气修理间：				
	一般	Ⅳ甲	300	30	
	精密	Ⅲ甲	500	50	
	空气压缩机室	Ⅵ			30
	乙炔站、制氢站	Ⅶ			20
	仓库：				
	大件贮存库	Ⅸ			5
	中小件贮存库	Ⅷ			10
	精细件贮存库	Ⅶ			20
	工具库：	Ⅵ			30
	乙炔瓶库、氧气瓶库、电石库	Ⅷ			10
	汽车库：				
	停车间	Ⅷ			10
	充电室	Ⅶ			20
	检修间	Ⅵ			30
	重油泵房、燃油泵房	Ⅶ			20

表 18－5　　火力发电厂和变电所辅助建筑的最低照度值

房间名称	最低照度(lx)	规定照度的平面	房间名称	最低照度(lx)	规定照度的平面
设计室、制图室	100	距地 0.8m 的水平面	车间休息室、单身宿舍	30	距地 0.8m 的水平面
阅览室	75	距地 0.8m 的水平面	食堂	30	距地 0.8m 的水平面
办公室、会议室、资料室	50	距地 0.8m 的水平面	浴室、更衣室、厕所	10	地面
医务室	50	距地 0.8m 的水平面	通道、楼梯间	5	地面
托儿所、幼儿园	30	距地 0.4～0.5m 的水平面			

表 18－6　　火力发电厂和变电所厂区露天工作场所及交通运输线上的最低照度值

工作场所		最低照度(lx)	规定照度的平面	工作场所		最低照度(lx)	规定照度的平面
屋外工作场所	屋外配电装置变压器瓦斯继电器、油位指示器、隔离开关的断口部分、空气断路器的排气指示器、屋外成套配电装置	5	工作面	站台	视觉要求较高的站台	3	地面
					一般站台	0.5	地面
	变压器和断路器的引出线、电缆头、避雷器、隔离开关和断路器的操作机构、空气断路器的操作箱	3	工作面	水工构筑物	水位尺标、闸门位置指示器	1	工作面
					喷水池	0.5	工作面
露天储煤场	人工卸煤	3	地面	其他屋外场所	露天油库	1	工作面
	机械卸煤	3	地面		主要干道、车道	0.5	地面
	贮煤场	0.2	地面		次要干道、车道	0.2	地面
					铁路专用线(厂内部分)	0.5	地面
					铁路道岔(厂内部分)	1	地面
码头	码头	3	地面		警卫线	0.2	地面

第 18－2 节　光源、照明器的选择与布置

一、光源的种类及选择

1. 光源的种类

目前作为照明用的单一光源有：白炽灯、卤钨灯、荧光灯、荧光高压汞灯（高压水银灯）、高压钠灯、金属卤化物灯、管形氙灯（长弧氙灯）等。不同场所应根据其对照明的要求，使用场所的环境条件和光源的特点合理选用。照明光源的安装容量由照度计算的结果确定。

2. 光源的选择原则

火力发电厂和变电所应根据视看对象、环境特点等，优先选用高光效、长寿命、节省电能的照明光源。

(1) 识别颜色要求较高的场所或经常有人工作的场所，一般选用荧光灯。

(2) 安装高度较高，并需大面积照明的场所或震动较大的场所，一般选用荧光高压钠灯或高压汞灯。

(3) 当事故照明由蓄电池直流系统供电时，一般选用白炽灯。

(4) 环境温度较低的场所，一般不选用荧光灯或起动困难的气体放电灯。

(5) 在蒸汽浓度较大的场所，一般选用透雾能力强的高压钠灯。

3. 各种光源的适用场所

各种光源的适用场所及示例见表 18－7。

4. 混光光源

在同一场所内，当一种光源的光色不能满足生产要求时，可用两种及以上的光源在同一个照明器内进行混光。荧光高压汞灯与白炽灯（或卤钨灯）的混光光通量比，可从表 18－8 中选取。

混光照明器一般采用发光强度高、两种不同的气体放电灯作光源。例如荧光高压汞灯与高压钠灯和卤钨灯、高压钠灯与金属卤化物灯和卤钨灯等。

混光照明器的混光特性见表 18－9。

具有两种单一光源的混光照明器，其混光光通量比（H_ϕ）可按下式计算：

$$H_\phi = \frac{\phi_a}{\phi_a + \phi_b} \times 100\% \qquad (18-1)$$

式中　H_ϕ——混光光通量比（%）；

ϕ_a、ϕ_b——混光照明器中两种光源各自的光通量值（Lm）。

表 18－7　各种光源的适用场所及示例

光源名称	适用场所	示例
白炽灯	1. 要求照度不高的生产厂房、仓库； 2. 局部照明、事故照明； 3. 要求频闪效应小的场所，开、关频繁的地方； 4. 需要避免气体放电灯对无线电设备或测试设备产生干扰的场所； 5. 需要调光的场所	汽机房、锅炉房、柴油机房、蓄电池室、配电室、变电所、机械加工车间、修理间、办公室、仓库、礼堂、宿舍、厂区道路及其他场所等
卤钨灯	1. 照度要求较高，显色性要求较好，且无震动的场所； 2. 要求频闪效应小的场所； 3. 需要调光的场所	汽机房、锅炉房、检修间、装配车间、精密机械加工车间及礼堂等
荧光灯	1. 悬挂高度较低、又需要较高照度的场所； 2. 需要正确识别色彩的场所	主控制室、单元控制室、计算机房、表面处理、计量仪表间、修理间、装配间、设计室、阅览室、办公室等
混光灯	照度要求高，对光色有要求且悬挂较高的场所	汽机房、锅炉房、机械加工车间及厂区道路等
管形氙灯	宜用于要求照明条件较好的大面积场所，或在短时间需要强光照明的地方。一般悬挂高度在 20m 以上	露天储煤场、屋外配电装置、喷水池及大型广场、施工场地等
金属卤化物灯	厂房高，要求照度较高、光色较好的场所	汽机房、锻铆焊车间、机械加工车间等
高压钠灯	1. 需要照度高，但对光色无特殊要求的场所； 2. 多烟尘的车间；3. 潮湿多雾场所	露天储煤场、喷水池、锻铆焊车间、厂区道路、其他堆物场及屋外配电装置等

表 18－8　荧光高压汞灯与白炽灯（或卤钨灯）的混光光通量比

工作场所	混光光通量比(%)	识别颜色效果	混光光源的一般显色指数(R_a)
识别颜色要求较高的场所	<30	红、橙、黄、绿、青、蓝、紫、肤色——良好	>85
识别颜色要求一般的场所	30~50	橙色——中等　其他颜色——良好	75~85
识别颜色要求较低的场所	50~70	绿、青、蓝、紫色——良好 红、橙、黄、肤色——中等	50~70

表 18－9　混光照明器的混光特性

混光光源	混光特性			
	GGY－400 NG－215	GGY－400 NGG－400	GGY－125 NGG－215	DDG－400 NGG－400
混光光通比（%）	57	48	29	55
效　率（%）	61	51	54	78
色　温（K）	2700	3000	2700	3200
显色指数（Ra）	42	58	68	91

注　混光光源型号含义：GGY——荧光高压汞灯；NG——普通高压钠灯；NGG——高显色高压钠灯；DDG——管形镝钉。

二、照明器的选择与布置原则

照明器应根据使用环境条件、光强分布、房间用途、限制眩光等进行选择。在满足上述技术条件下，应选用效率高、维护检修方便的照明器。

1. 按使用环境条件选择照明器

在按环境条件选择照明器的型式时，需注意温度、湿度、震动、污秽、腐蚀等情况。

(1) 在正常环境温度中，一般选用开启式照明器。

(2) 在潮湿或特别潮湿的场所，一般选用密闭型防水防尘照明器或配有防水灯头的开敞式照明器。

(3) 含有大量尘埃，但无爆炸和火灾危险的场所，一般选用防尘型照明器。

(4) 在有爆炸和火灾危险的场所，应按危险场所的等级选择相应的照明器。

(5) 在震动较大的场所，一般选用防震型照明器，或用普通照明器再加防震措施。

(6) 有酸碱腐蚀性的场所，应选用耐酸碱型照明器。

(7) 在有可能受到机械撞伤的场所或照明器的安装高度较低时，照明器应有安全保护措施。

(8) 照明器的外观应与建筑的风格和标准协调统一。

2. 按光强分布特性选择照明器

选择照明器尚须注意各种不同型式照明器的光强分布特性，以便获得最佳的照明效果。

(1) 照明器安装高度在 6～15m 时，一般选用集中配光的直射照明器（如窄配光深照型等）。高度在 15～30m 时，一般选用高纯铝深照灯或其他高光强照明器。

(2) 照明器安装高度在 6m 及以下时，一般选用宽配光深照型照明器或余弦配光的照明器（如配照型）。

(3) 当照明器上方有需要观察的对象时，一般选用上半球有光通分布的漫射型照明器（如乳白玻璃圆球罩灯）。

(4) 屋外大面积工作场所，一般选用投光灯、长弧氙灯及其他高光强照明器。

3. 照明器布置的一般原则

(1) 工作面上的照度不低于照度标准规定的照度值，且照度均匀。

(2) 限制弦光作用到最低限度，没有阴影昏暗感觉。

(3) 照明器间的距离（L）和计算高度（H）之比值应恰当。当 L/H 值小时，照度的均匀度好，但照明器数量增多，当 L/H 值过大时，照明均匀度差。常用 L/H 值见表 18－10。

表 18－10　　均匀布置照明器的 L/H 值

照明器型式	L/H 值
配照型	0.88～1.41
深照型	1.23～1.50
高纯铝深照型	0.85～1.02
搪瓷斜照型	1.28～1.38
搪瓷罩卤钨灯	1.25～1.40
圆球灯	1.45～1.75
筒式荧光灯	1.28～1.33
嵌入式格栅荧光灯	1.05～1.12
隔爆型防爆灯	1.46～1.71
安全型防爆灯	1.47～1.50
广照型防水防尘灯	0.77～0.88

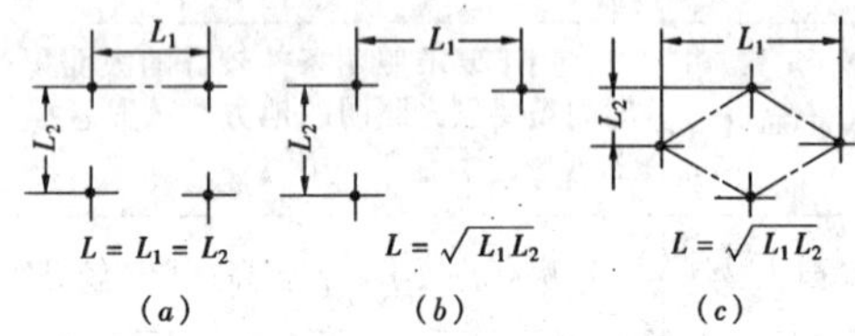

图 18－1　均匀布灯几种形式的投影图
(a) 正方形；(b) 矩形；(c) 一般平形四边形及菱形
L_1—为一排布灯中的灯间距离；L_2—为两排布灯间的垂直距离

L 值可按图 18－1 取值。

(4) 维护检修应安全方便。照明器与带电体应保证安全净距。配电室、变电所的母线上方，水池等处不应装设照明器。装有行车的场所，照明器沿口不得低于屋架、桁架或樑的下弦。

(5) 照明器的最低悬挂高度，应不低于表 18－11 所列的数值。

(6) 生产厂房照明器一般采用均匀布置。常用方案见图 18－2。不同跨度不同照度要求的厂房布灯可按附录 18－1 选用。

(7) 除均匀布灯外，照明器还可进行选择性布置。对汽机本体、锅炉水位计等处，以及需要加强照度或消除阴影的场所，可装设局部照明。为提高垂直照度，可采用顶灯和壁灯相结合的布置，但一般不采用只设壁灯而不设顶灯的布置。

(8) 在下列地点均应装设室外照明：各级电压配电装置；经常通行的主干道路；露天储煤场、喷水

表 18-11　**照明器最低悬挂高度**

光源种类	反射器类型	保护角	灯泡容量(W)	最低悬挂高度(m)
白炽灯	搪瓷反射器	10°~30°	100 及以下	2.5
			150~200	3.0
			300~500	3.5
			500 以上	4.0
	乳白玻璃漫射罩		100 及以下	2.0
			150~200	2.5
			300~500	3.0
荧光高压汞灯	搪瓷反射器	10°~30°	250 及以下	5.0
	铝抛光反射器		400 及以下	6.0
卤钨灯	搪瓷反射器	30°及以上	500	6.0
	铝抛光反射器		1000~2000	7.0
荧光灯	无反射器		40 及以下	2.0
金属卤化物灯	搪瓷反射器	10°~30°	400	6.0
	铝抛光反射器	30°以上	1000	14.0*
高压钠灯	搪瓷反射器	10°~30°	250	6.0
	铝抛光反射器		400	7.0

* 1000W 金属卤化物灯有紫外线防护措施时，悬挂高度可适当降低。

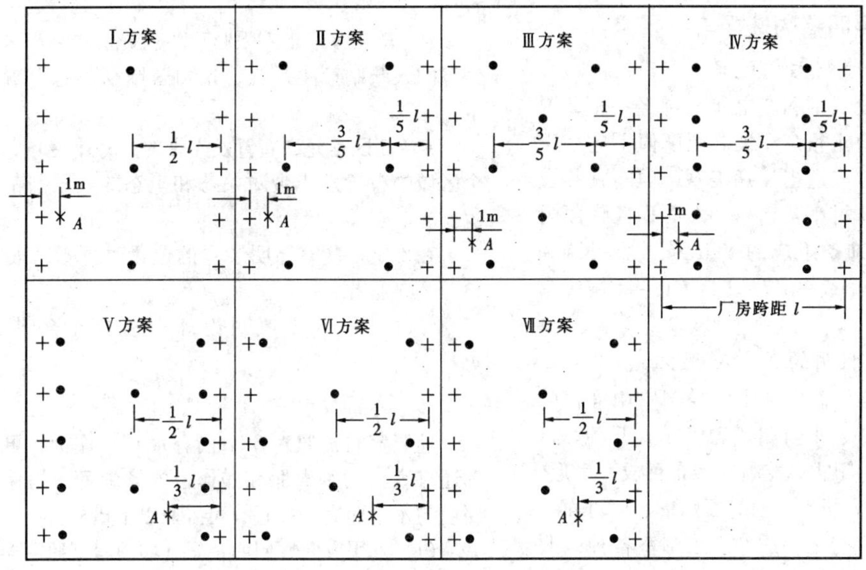

图 18-2　生产厂房一般常用照明器布置方案
（图中"×A"为照度计算点；厂房柱距为 6m；照度计算采用逐点法，照度补偿系数 $k=1.5$）

池；装卸煤（货物）的站台或码头；较重要的仓库及厂区边界的警卫线等。

三、汽机房照明器的选择与布置

汽机房厂房高大且设有桥式行车，汽机房运转层视看对象有转速表、温度表、压力表、油窥视孔和就地热工仪表盘等比较精密的仪表，对照明的要求较高，除装设一般照明外还应有局部照明。一般照明装置选用镜面深照型照明器，或高光效的混光照明器等；局部照明装置采用车床灯安装在汽机本体需要监视的部位或由厂家成套提供。除此外照明设计尚应考虑足够的事故照明，以保证在非常情况下继续工作。由于汽机房是高温环境，汽机本体的局部照明应采用 BV－105 型耐高温导线穿钢管暗敷设。汽机房照明布置示例图见图 18－3、图 18－4 和图 18－5。

四、锅炉本体照明器的选择与布置

中小型锅炉一般装在锅炉房内，大型锅炉大多为露天或半露天布置，锅炉本体周围温度高、尘埃多、有蒸汽、背景灰暗、炉体高纵，扶梯盘根错节、上下不便，要求照明装置防水防尘、检修维护安全方便。一般选用防水防尘型照明器。汽包水位计处需装设特制的局部事故照明装置。照明线路应采用 BV－105 型耐高温导线穿管明敷设。

为方便安全检修，可采用“弯管灯检修活动接头。”其安装图如图 18－6 所示。

锅炉本体照明器布置示例图见图 18－7、图 18－8。

五、控制室照明器的选择与布置

（一）控制室照明器的选择

控制室是火力发电厂和变电所的神经中枢，因此控制室对照明的要求很高，最低照度值不应小于 200lx。选择照明器时应适当注意美观，但不宜装设花灯。一般宜选用薄材小孔栅格、大面积抛物面阻燃栅格与铝合金装饰条组成的 YLR 系列照明器和 YG15－2、YG15－3 型或 YG17－3、YG17－4 型成套照明器等。

（二）控制室照明的各种布置方式

主控制室、网络控制室和集中控制室中屏台的布置形式分为大厅式、半封闭式和封闭式几种。目前采用得较多的是封闭式。控制屏多布置成一字形、弧形、π 字形、背靠背折形、面对面弧形、面对面一字形等。照明布置应与之相适应。控制室各种照明布置方式示例见图 18－9、图 18－10、图 18－11 及表 18－12。

（三）避免仪表反光的措施

为避免在监视仪表时反光和眩光，除在确定控制室朝向和表盘位置需予以注意以外，尚可采取以下措施：

（1）改变发光面的投射方向，使发光表面躲开反光区。为此，可使用阶梯形栅格发光天棚，或将栅格凹入照明器内一定深度。

（2）减少照明器与天棚的表面亮度差。要求天棚和墙壁的表面采用不反光的材料作成。另一方面采用低亮度的大面积发光天棚，降低照明器本身的亮度。

（3）仪表表面采用有机玻璃代替普通玻璃，以减少反光率。

（4）避免窗户进入天然光线在仪表上产生反光。宜开侧窗，而不在控制盘对面开窗（图 18－12）；宜开低窗而不宜开高窗（图 18－13）；宜采用遮光板，以改变天然光线直射方向（图 18－14）。

（5）在控制室的后墙壁上不宜装设壁灯。

（6）确定天棚上发光带位置时，需注意不要在操作平台上引起反光（图 18－15）。

（7）合理确定天棚发光带的位置，使得控制盘仪表对值班桌前和盘前的值班人员都不产生反光。

如图 18－16 所示，值班人员眼睛活动范围是一定的，对于盘前站态为 *abcd* 区；对于值班桌前坐态为 *efgh* 区。以表盘最上面一层仪表的最高点 *M* 为基点（法线通过点），可以确定：

0－*A* 区为非反光区（对站态和坐态的人眼睛都不产生反光），其中 *E*－*A* 区是布置发光带的最佳位置；

A－*B* 区对站态人眼睛产生反光。*C*－*D* 区则对坐态的人眼睛产生反光，这两区域都不宜布置发光带；

B－*C* 区是允许布置发光带的另一个区域，在这个区域中布置发光带对站态和坐态的人眼睛都不产生反光。

在确定控制室照明装置的位置时可参考表 18－13 推荐的数据。

（四）控制室照明设计中应注意的其他问题

1. 提高表盘垂直照度

控制室的被照对象不仅有水平工作面，更重要的还有表盘的垂直面和操作台的倾斜面。为使垂直照度与水平照度相接近，可采取以下措施：

（1）采用方向性照明装置（如倾斜型照明器）；

（2）采用阶梯式天棚结构；

（3）合理布置照明装置，主要是合理选择靠近主盘第一条发光带的位置。其最佳位置可由下式计

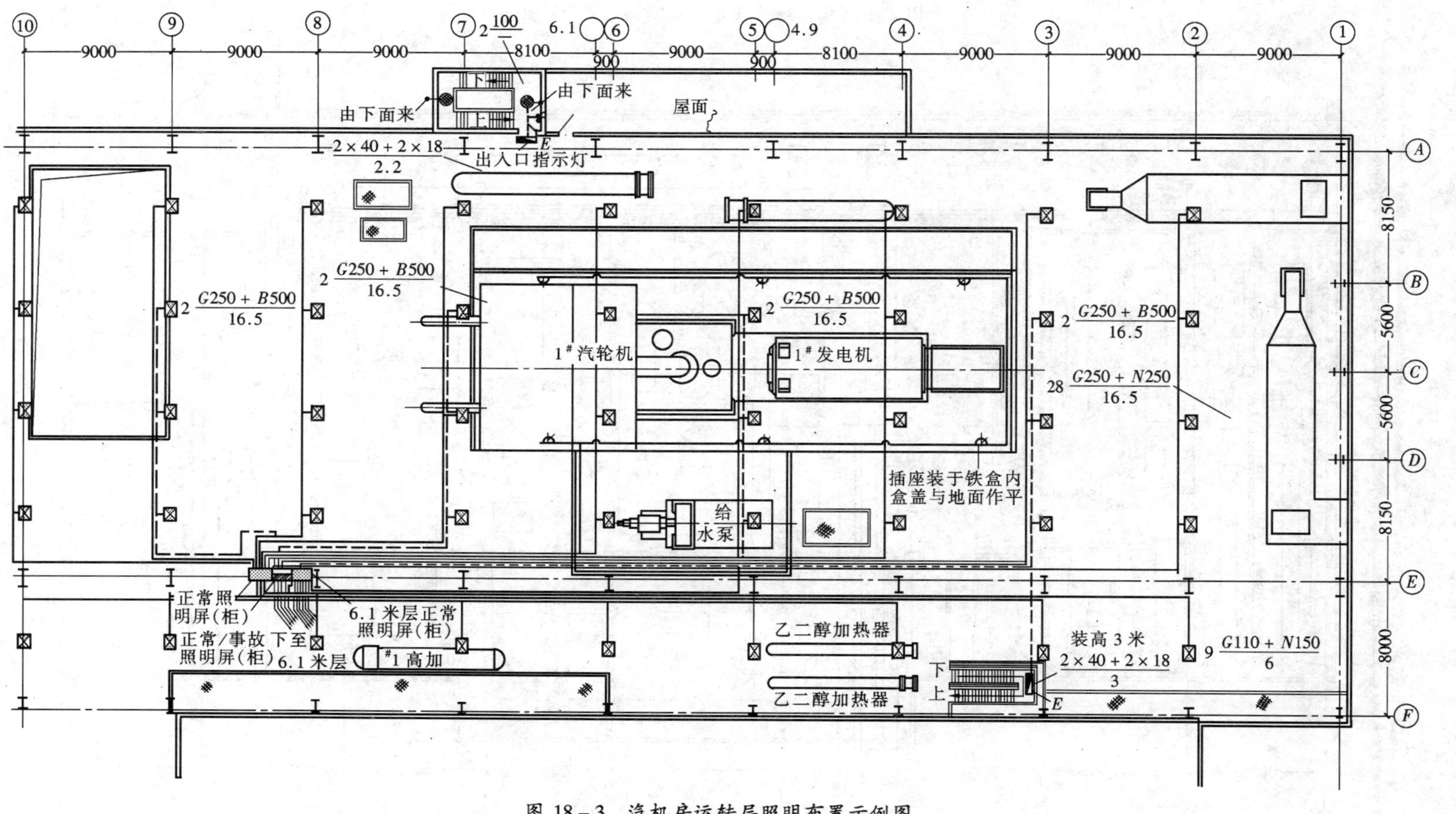

图 18－3　汽机房运转层照明布置示例图

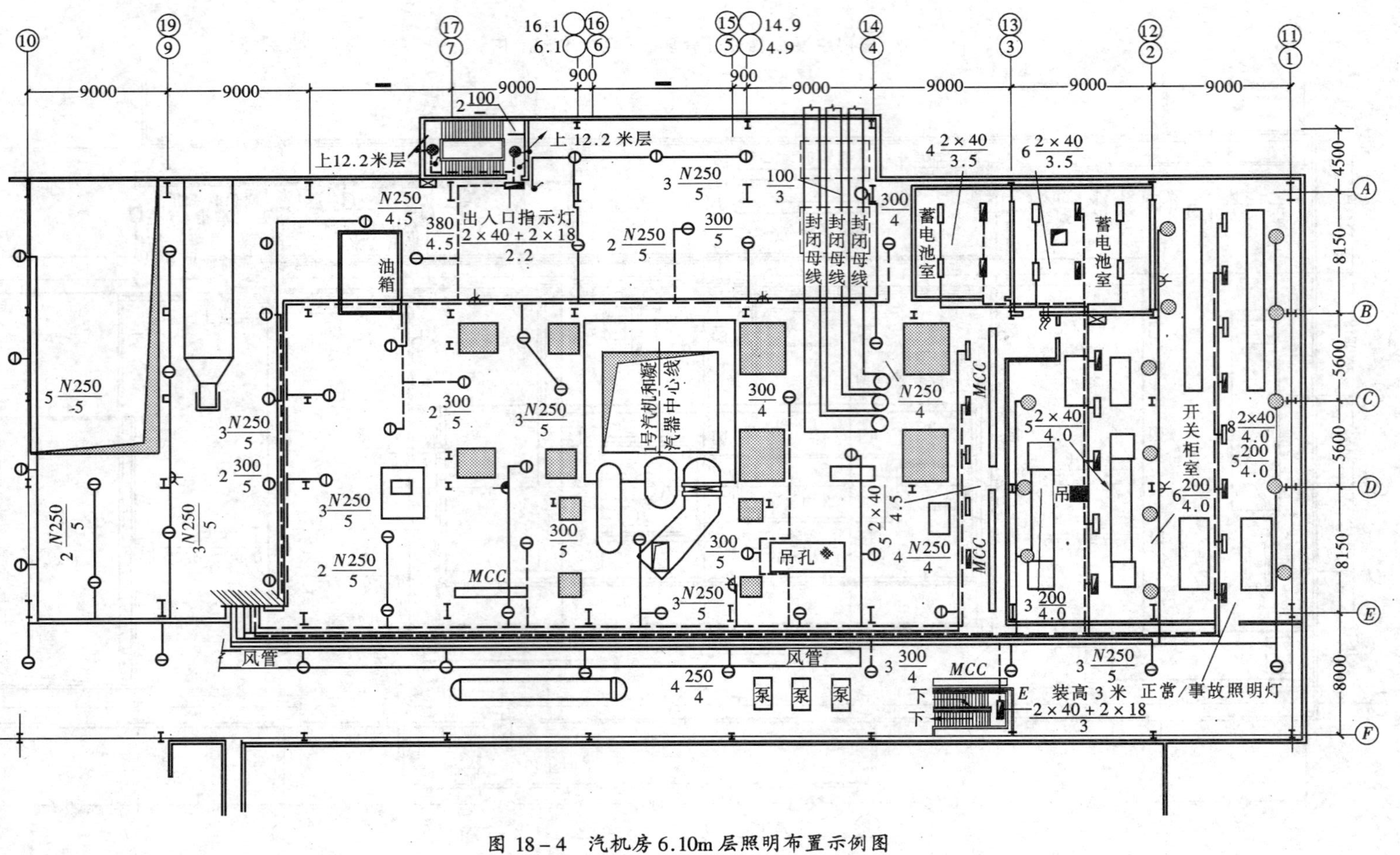

图 18-4 汽机房 6.10m 层照明布置示例图

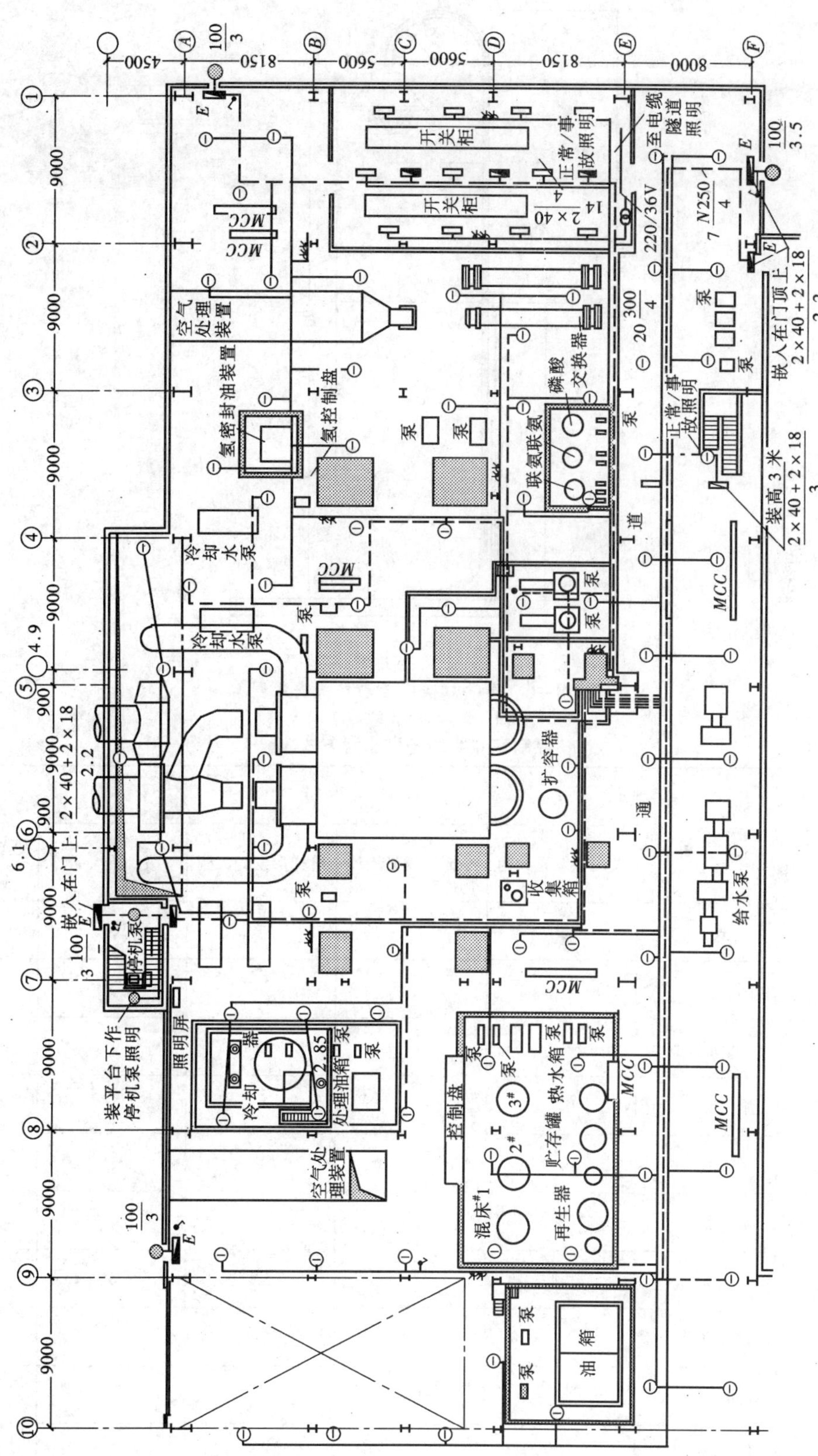

图 18－5　汽机房底层照明布置示例图

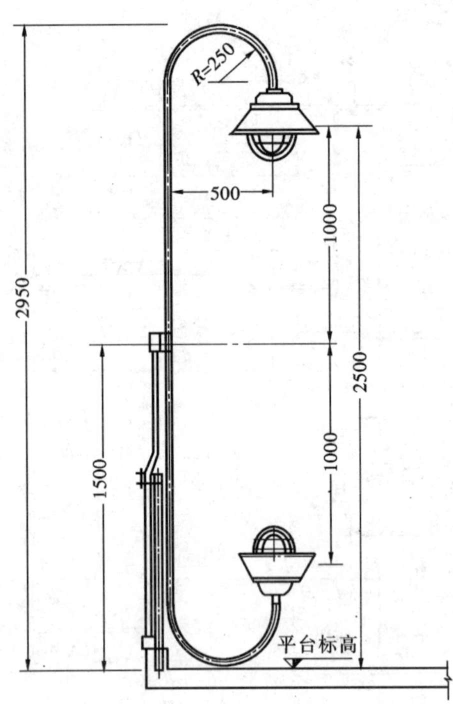

图 18－6 弯管灯检修活动接头安装图

表 18－12 控制室照明的各种布置方式

控制室类别	布置形式		照明方式				
			大面积发光天棚	小面积发光天棚	阶梯形发光天棚	发光带	发光带与发光面相结合
主控制室	大厅式		✓		✓	✓	✓
	半封闭式					✓	✓
	封闭式	一字形	✓	✓	✓	✓	✓
		弧形	✓			✓	✓
集中控制室	封闭式	一字形	✓	✓	✓	✓	✓
		弧形	✓			✓	✓
		π形	✓	✓	✓	✓	✓
		背靠背折形	✓	✓	✓	✓	✓
		面对面弧形	✓			✓	✓
		面对面一字形	✓			✓	✓

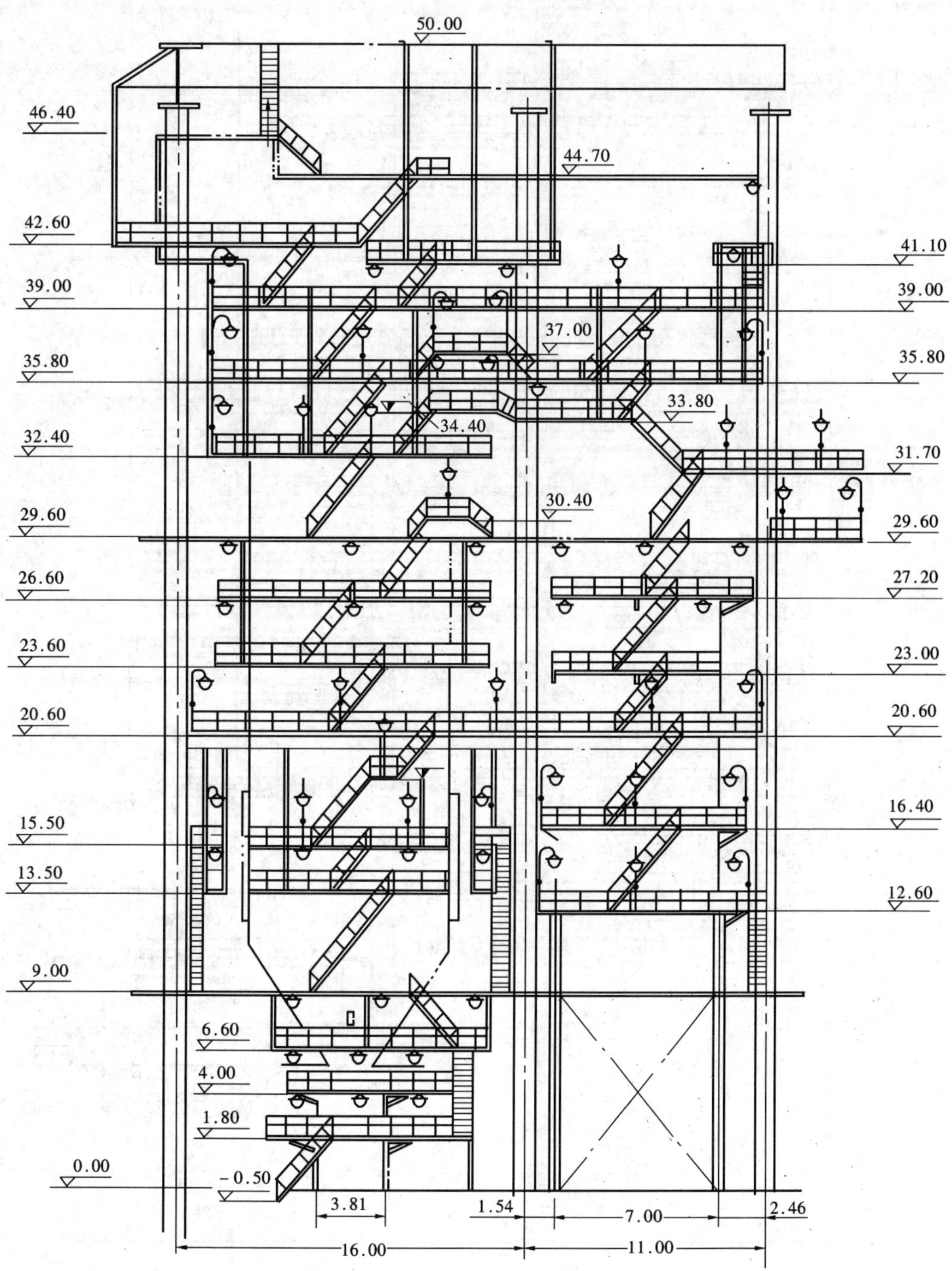

图 18－7　锅炉本体照明布置示例图之一

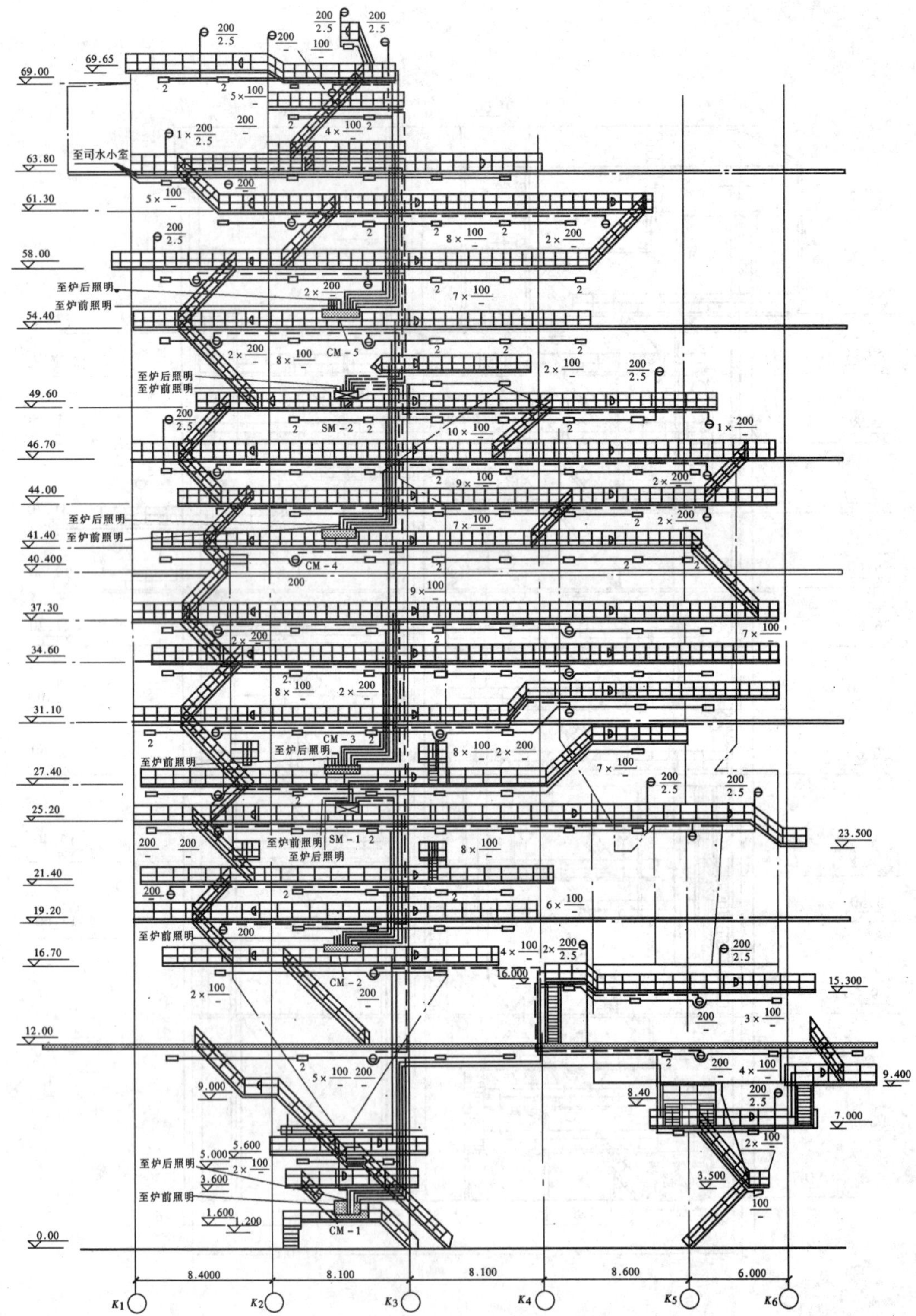

图 18-8 锅炉本体照明布置示例图之二

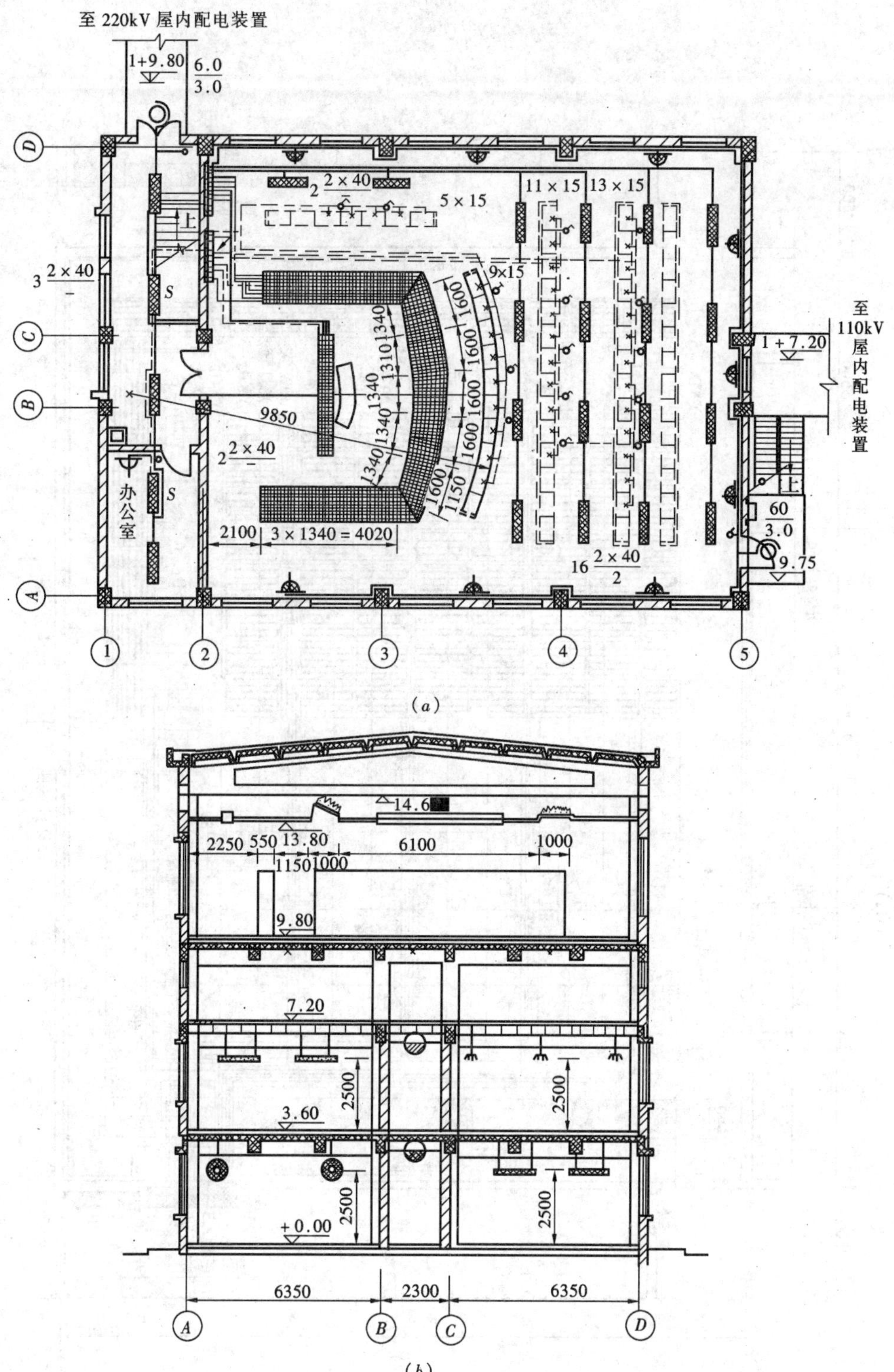

图 18－9　网控室照明布置示例图

（*a*）网控室照明平面布置图；（*b*）网控室照明断面布置图

11
10
9
2500
5500
9000
5500
2500
G
H
J
8400
8130
900
回风口
300
进风口
250
900
扬声器
φ125
400
500
YXD5－5
正常不亮的直流事故灯(白炽灯泡)
正常点亮的交流事故灯(荧光灯)
YXD3－6
事故
YXD3－5
40W荧光灯管
YXD1－3
事故
30W荧光灯管
YXD2－3
YXD1－5
吸顶荧光灯
YXD4－5 YXD2－5
YXD1－6
吸顶荧光灯
YXD2－6
吸顶荧光灯
895
895
铝合金压条(上)
铝合金压边
抛物面栅格
集控室专用
正常照明屏(柜)
正常/事故照明屏(柜)
直流事故照明屏(柜)
壁厕
消防设备
照明屏(柜)
另见详图
壁厕
计算机室侧
计算机室侧
(a)

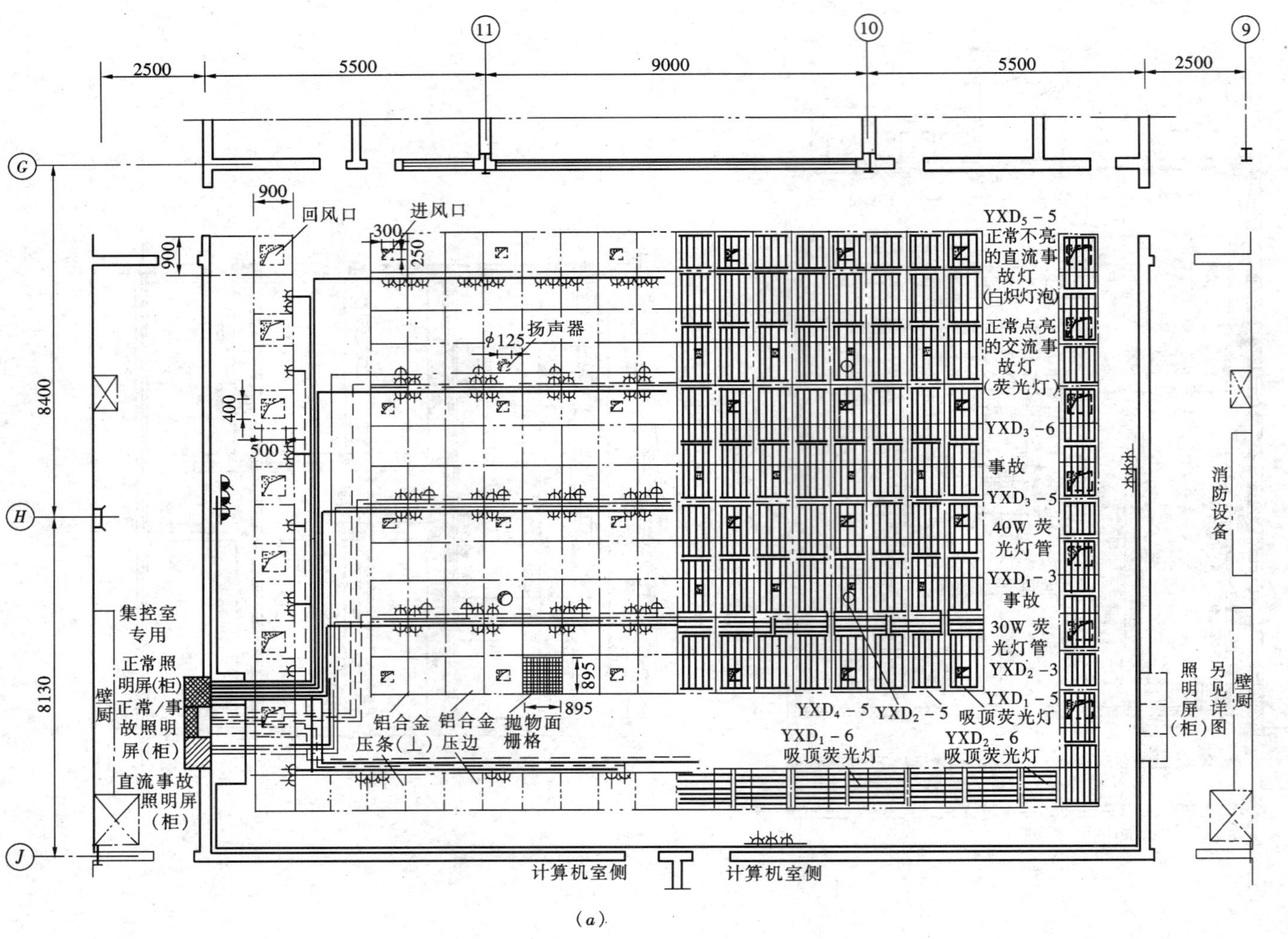

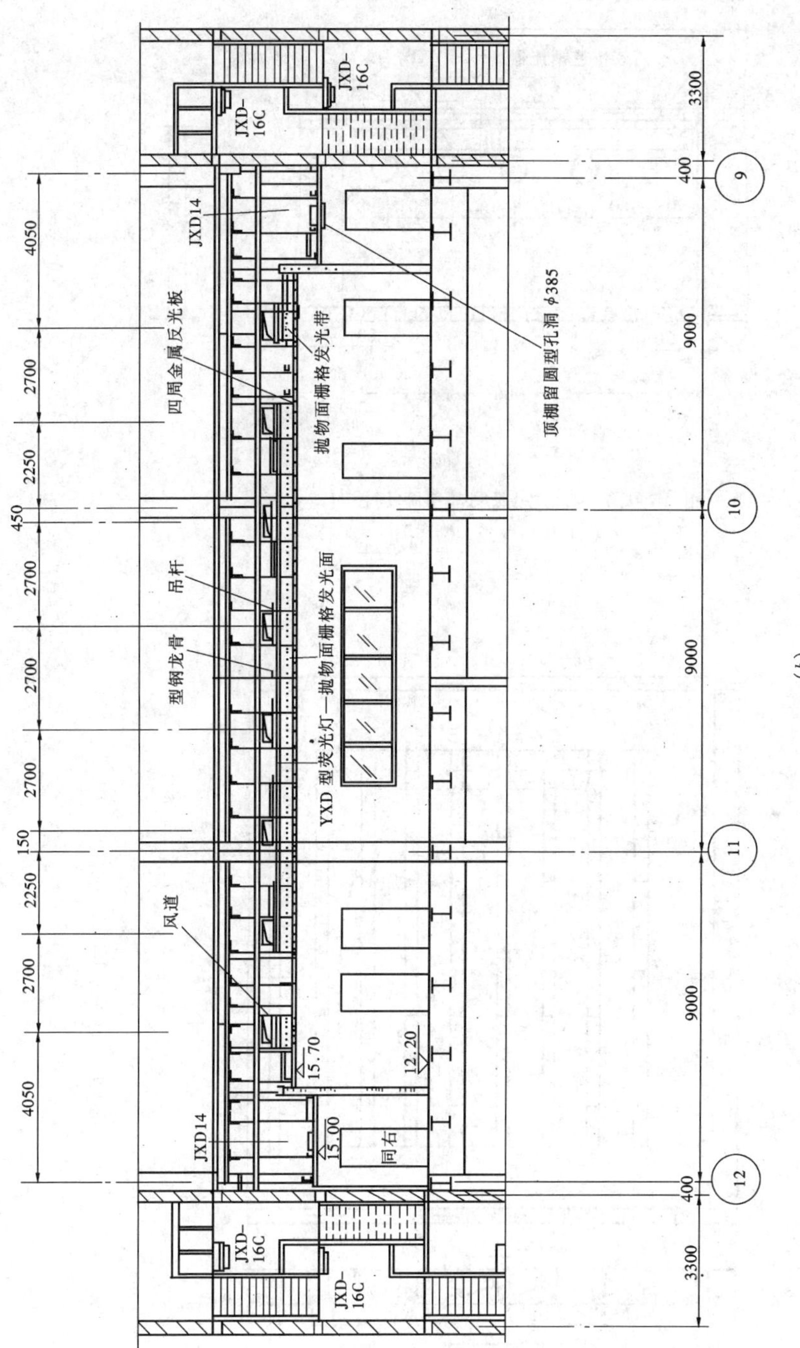

(b)

图 18－10　集控室照明布置示例图（一）

（ ）集控室照明平面布置图；（b）集控室栅格发光天棚结构详图

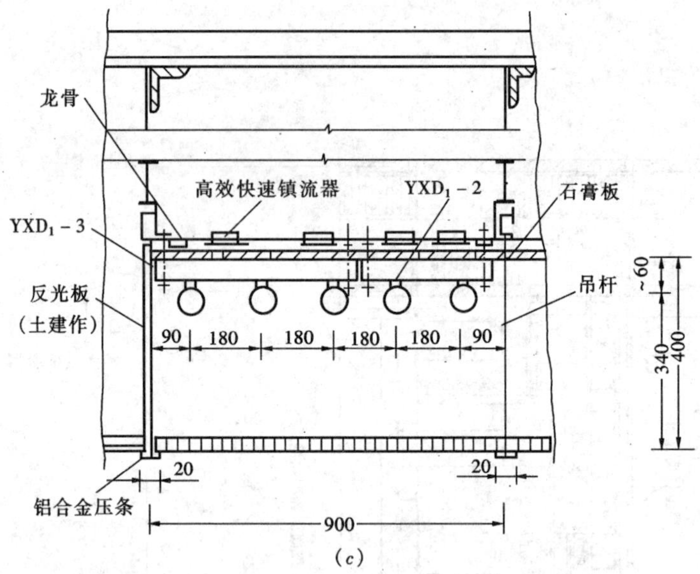

(c)

图 18-10 集控室照明布置示例图(二)
(c)栅格发光天棚详图

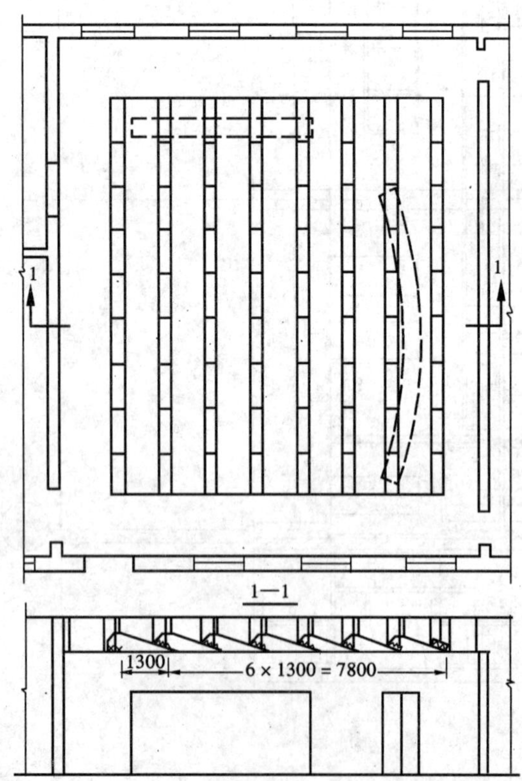

图 18-11 主控制室照明布置示例图(阶梯式布置)

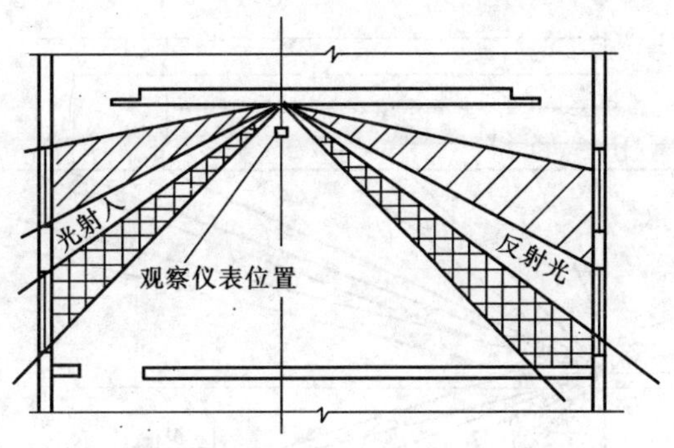

图 18 - 12　侧窗方式

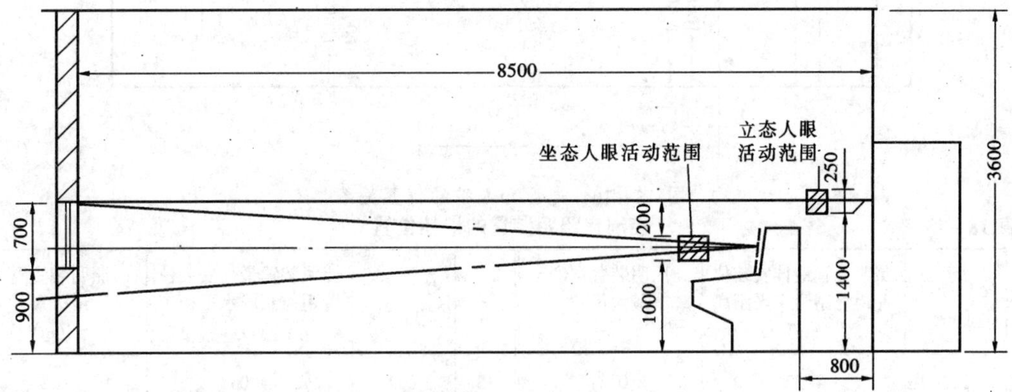

图 18 - 13　低窗方式

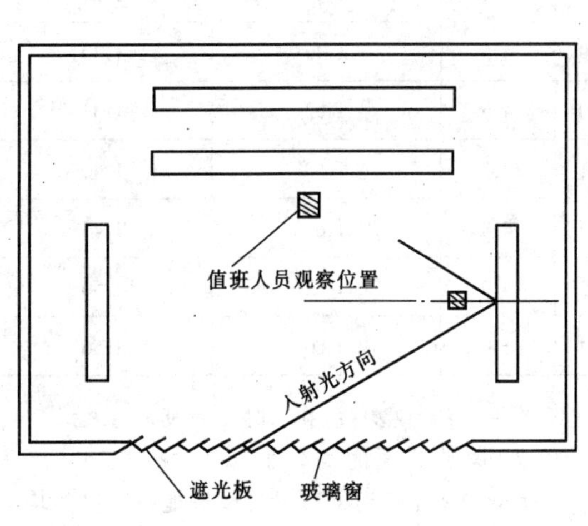

图 18 - 14　遮光方式

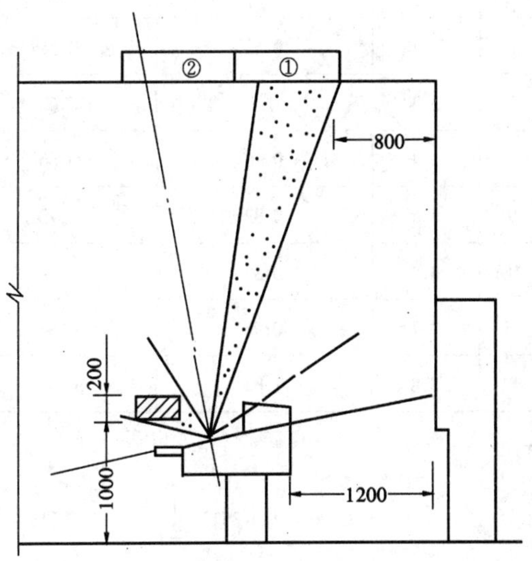

图 18 - 15　发光带与操作台的相互关系（不合理）

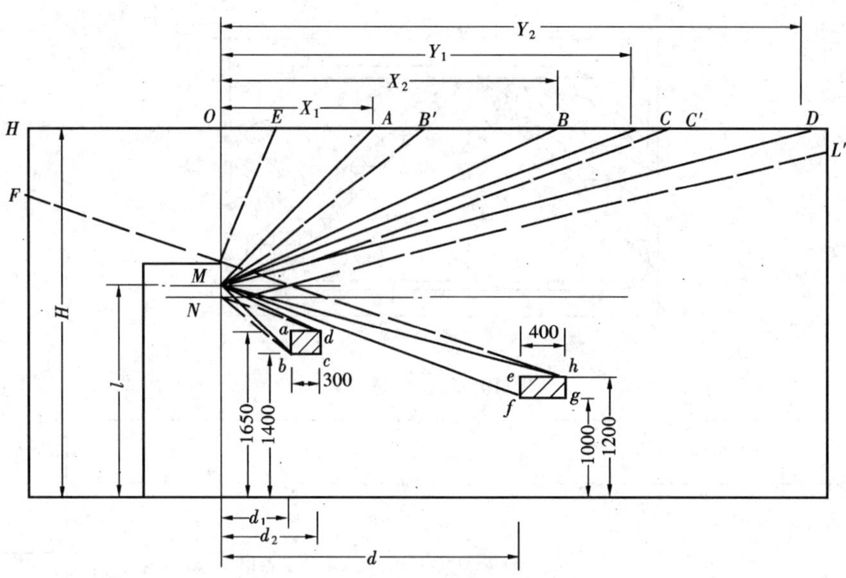

图 18－16　光源和人眼的位置关系

表 18－13　　　　控制室照明装置的最佳位置

序号	室内净高(m)	照明装置最佳安装位置距控制屏水平距离(m)	照明装置宽度最大尺寸(m)	序号	室内净高(m)	照明装置最佳安装位置距控制屏水平距离(m)	照明装置宽度最大尺寸(m)
1	2.7	0.32	0.28	13	3.9	1.08	0.94
2	2.8	0.38	0.34	14	4.0	1.14	1.00
3	2.9	0.44	0.38	15	4.1	1.20	1.06
4	3.0	0.50	0.46	16	4.2	1.28	1.12
5	3.1	0.56	0.50	17	4.3	1.34	1.16
6	3.2	0.62	0.56	18	4.4	1.40	1.24
7	3.3	0.7	0.62	19	4.5	1.46	1.30
8	3.4	0.76	0.66	20	4.6	1.52	1.34
9	3.5	0.82	0.72	21	4.7	1.60	1.40
10	3.6	0.88	0.8	22	4.8	1.66	1.46
11	3.7	0.96	0.84	23	4.9	1.72	1.50
12	3.8	1.02	0.90	24	5.0	1.80	1.56

算：

$$A = (H - h)\text{tg}35° - \frac{1}{2}B \qquad (18-2)$$

式中　A——发光带边缘至表盘的最佳尺寸（m）；

B——照明器宽度（m）；

H——天棚高度（m）；

h——表盘仪表区的中心部位，一般 $h = 1.8$m。

2. 提高照度的均匀度

为减轻视觉疲劳，应尽量设法提高照度的均匀度，降低室内的亮度比。为此：

(1) 在采用发光带作均匀布置时，可参照以下原则确定发光带的布置尺寸：

1）发光带至墙边距离宜选取$\left(\frac{1}{3}\sim\frac{1}{4}\right)$光带间距。

2）发光带的最少排数：$M=\frac{A}{L}$

3）发光带纵向照明器个数：$N=\frac{L_f}{L_z}$

4）发光带最大允许间距：$L=KH$

上三式中　M——发光带的最少排数；
A——房间宽度（m）；
L——发光带最大允许间距（m）；
N——发光带纵向照明器的个数；
L_f——房间长度（m）；
L_z——照明器的单位长度（m）；
K——最大距高比，$K=\frac{L}{H}$一般宜选取 0.88～1.75；
H——计算高度（m）。

(2) 在采用发光天棚时，天棚边缘距墙不宜太远。可以设法同时提高墙面的垂直照度，使盘与墙之间的亮度比不超过 10:1。

3. 改进光源的光色

控制室不宜采用白炽灯和荧光灯的混合光源，以避免产生黄色光斑。采用单一的荧光灯色调偏冷，不够柔和，而且容易引起视觉疲劳。推荐选用较低色温（例如色温为 3500K～4300K）的白色或暖白色荧光灯做为控制室照明光源。

4. 提高事故照明的质量

采用白炽灯作为事故照明的光源，在事故时光色突然改变，视力不能立即适应。因此推荐采用荧光灯作为事故照明光源。此时，可采用逆变器供电，亦可采用交直流荧光灯事故照明自动控制装置（例如 SK－1 型和 SK－2 型）。

5. 改善维护和检修条件

(1) 为了能在照明器上面和下面进行维护检修，最好在顶棚设 1.5～1.8m 的维修夹层。

(2) 凡有条件设维修夹层的控制室，应设专用人孔，并沿照明器旁设简易的人行步道。

(3) 对大面积发光天棚，人行步道一般装设在照明器的一侧，倾斜型照明器则宜装设在照明器的内侧。

(4) 对无条件设维修夹层的控制室，应考虑设置能够升降的专用检修平台。

六、屋内配电装置照明器的选择与布置

屋内配电装置是用来分配电能的场所，安装有高压开关设备、继电保护装置、测量仪表、母线及其他辅助设备，经常处在带电运行状态，一般不设窗户或设有高窗、百叶窗，无固定值班人员。

屋内配电装置的照明器不能安装在配电间隔和母线上方，装设顶灯应避开带电体，以便于照明器的维修。照明器距带电体的距离不应小于表 18－14 所列数值。

表 18－14　屋内外照明器距带电体的安全距离

屋　内		屋　外	
电压等级（kV）	安全距离（m）	电压等级（kV）	安全距离（m）
1～3	0.825	1～10	0.95
6	0.85	15～20	1.05
10	0.875	35	1.15
15	0.90	60	1.40
20	0.93	110J	1.65
35	1.05	110	1.75
60	1.30	220J	2.55
110J	1.60	330J	3.35
110	1.70	500J	5.15
220J	2.55		

注　110J、220J、330J、500J 系指中性点直接接地的电力网。

配电间隔内的照明器，一般选用墙壁灯座或天棚灯座，安装在设备的连接头、开关设备的断开点、断路器的油位计，及设备开断位置状态位置指示器附近。操作走廊、维护走廊和母线层一般选用乳白玻璃罩灯（吸顶式或壁式），也可采用荧光灯。屋内配电装置照明布置示例图见图 18－17 和图 18－18。

七、屋外配电装置照明器的选择与布置

屋外配电装置的高压设备布置不集中，而是有规律地排列，占地面积较大，值班人员定期巡视，有些设备需要就地操作，有些视看对象（如油位指示、压力指示、温度计、连接端子等）所处位置较高，眩光和阴影应尽量减少。

1. 屋外配电装置照明器的选择

屋外配电装置照明器，一般采用投光灯或长弧氙灯，安装于专用的灯塔平台上或避雷针塔上，也可安装在附近高耸建筑物顶上。装在避雷针塔上的照明器供电线路应按过电压保护要求（详见第十五章）敷设，以防止雷电反击。为防止出现眩光和阴影投光灯、长弧氙灯的安装高度不宜低于 15～20m，并尽量作到对

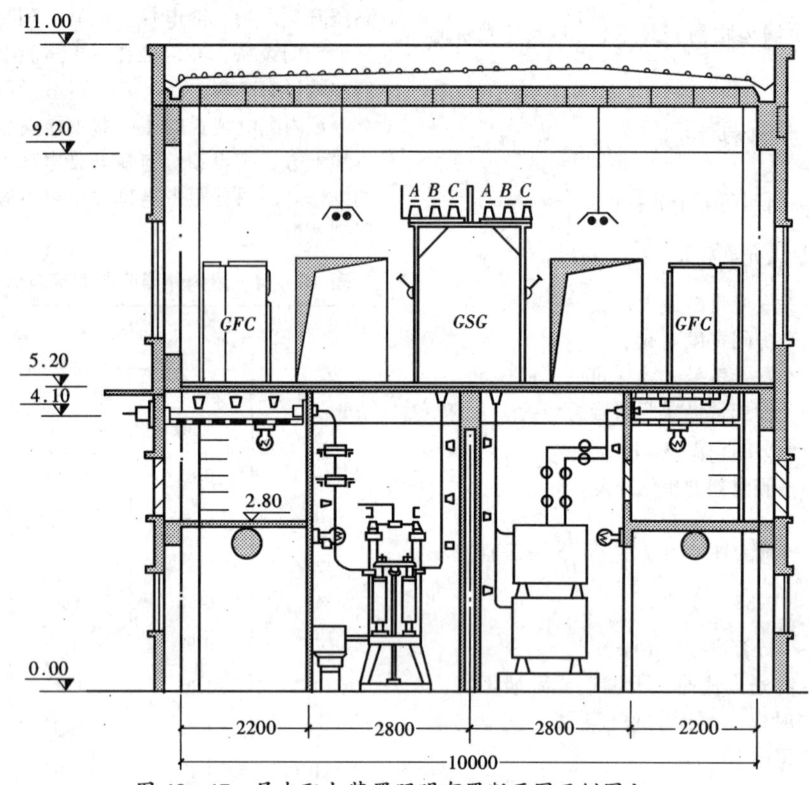

图 18-17 屋内配电装置照明布置断面图示例图之一

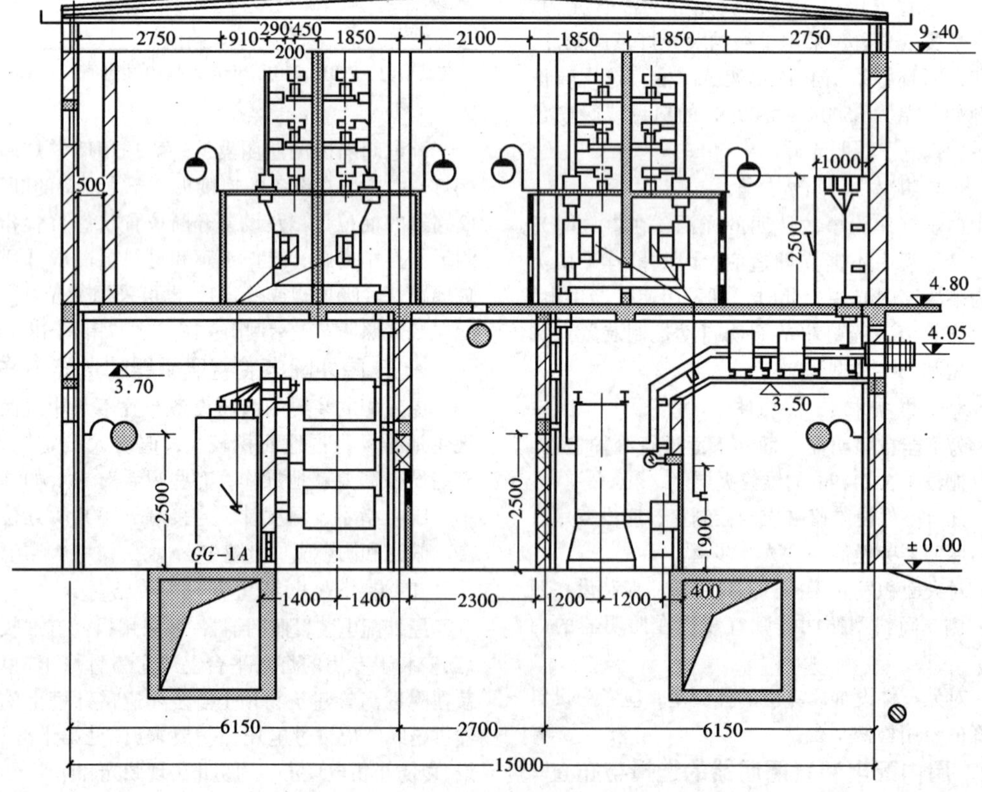

图 18-18 屋内配电装置照明布置断面图示例图之二

侧投射。

在大型屋外配电装置（如 330～500kV 配电装置）采用投光灯或长弧氙灯不能满足要求或装设有困难时，也可采用普通的乳白玻璃罩灯或道路照明灯具分散安装在设备附近的构架上，其特点是照度较均匀，无明显阴影。但此时需注意按表 18－14 的要求保持必要的安全距离。

2. 投光灯的布置

采用投光灯等照度曲线的方法进行屋外配电装置大面积照明设计时，通常采用下列步骤：

首先根据设备的平面布置拟定投光灯塔可能装设的位置（此时应尽量利用附近高耸建筑物或构筑物）。为保证投光灯最佳倾角，投光灯塔之间的距离不宜过大。一般投光灯塔之间的距离可取 4～6 倍投光灯塔平台高度。对于 400～500W 投光灯，宜在 60～90m 以内；照明范围较大时，应采用 1000W 的投光灯或长弧氙灯。

当投光灯塔位置确定之后，利用预先做好的相同比例尺、不同倾斜角度的等照度曲线模板（如图 18－19），将投光灯等照度曲线绘制在屋外配电装置照明布置图上。

选择等照度曲线模板的照度值 e，应按以下几种情况确定：

（1）每个投光灯分别单独照射而不是连成一片时：

$$e = EK \tag{18-3}$$

式中　e——选用等照度曲线模板的照度值（lx）；

E——被照面上规定的照度值（lx）；

K——照度补偿系数，见表 18－19。

（2）等照度曲线的分布使整个被照面没有空白，又没有过多的重迭时：

$$e = \frac{E}{2} \tag{18-4}$$

（3）对某些对照明要求较高的屋外配电装置，当其每一点均由两座灯塔的投光灯所照射时，且整个被照面由两层同样等照度曲线所覆盖而没有空白时，模板的 e 值应适合于：

$$e = \frac{EK}{5} \tag{18-5}$$

但是对于在需要垂直照度的被照面上，来自两个相反方向投光灯的照度不能相加，这时

$$e = \frac{EK}{2} \tag{18-6}$$

根据布置图上等照度曲线，即可确定被照面上所需的投光灯数量、安装高度、倾斜角以及在水平面上的水平角等。

投光灯等照度曲线见图 18－19。

屋外配电装置照明布置示例图见图 18－20。

八、高耸构筑物照明器的选择与布置

火力发电厂中烟囱、冷却水塔、通讯微波天线塔等高耸构筑物应设置障碍标志照明。

1. 障碍标志照明设置的一般原则

（1）当处在飞机场附近的高耸构筑物，是否需

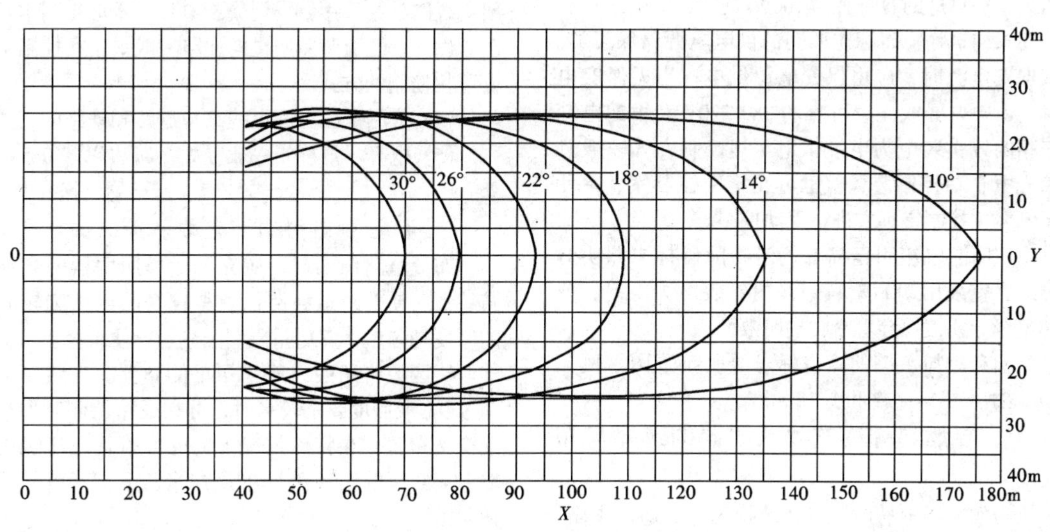

图 18－19　投光灯等照度曲线

（$TG15$　220V　500W　$H = 20$m　$E = 1$lx　$K = 1.3$　$\theta = 10° \sim 30°$）

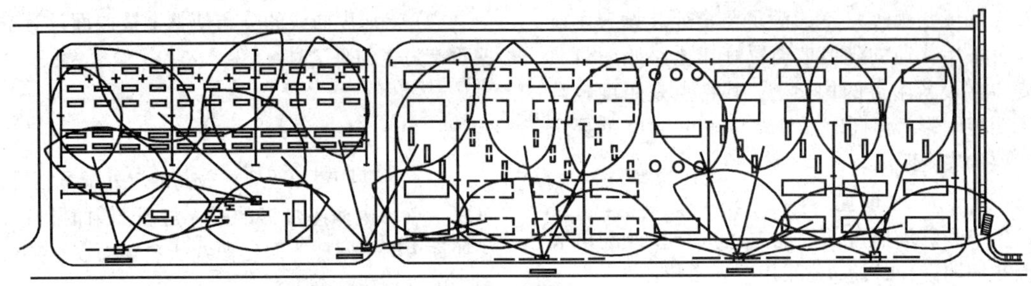

图 18－20 屋外配电装置照明布置示例图

要装设障碍标志照明，应根据机场等级和构筑物高度，与当地航空管理部门联系，取得具体要求；

(2) 当处在飞机航线、沿海地带时，构筑物高度在 150m 及以上时，应设置障碍标志照明；

(3) 当处在群山之中，其高度小于或等于山峰，可不设置障碍标志照明。但其高度大于山峰高度且本身在 250m 以上时，应向当地航空管理部门备案；

(4) 当处在航线以外时，不论其高度多少，一律不设置障碍标志照明。

2. 高耸构筑物照明器的选择及布置

障碍标志照明器一般宜选用 ZA－1 型或 ZA－2 型障碍灯，为了提高光源寿命，可订制 230V 的照明光源，或将 220V 照明光源降低电压使用。

在烟囱每层平台醒目处应装设四只红色标志灯。冷却水塔及其他高耸构筑物上，可根据需要一般装设四只及以上数量的红色障碍标志灯，最少不应少于两只。每只灯的容量宜为 100W。

高耸构筑物障碍标志照明的供电电源属保安类。当有保安电源时，应由保安电源供电；当无保安电源时，由中央屏或比较可靠的 380/220V 专用配电屏以三相四线铠装电力电缆供电。其控制方式一般宜采用光电自动控制装置，也可在集中控制室、单元控制室、主控制室远方进行手动控制。

由照明配电箱引至高耸构筑物障碍标志照明灯的导线，宜采用铜芯塑料绝缘内铠装电力电缆，或铜芯绝缘导线镀锌穿管沿爬梯明敷设。

烟囱和冷却水塔的障碍标志照明布置图示例见图 18－21、图 18－22 和图 18－23。

九、易燃易爆建筑物照明器的选择与布置

火力发电厂中易燃易爆建筑物包括乙炔发生站、制氢站、汽油库、汽车加油站、煤粉仓、油库、油泵房、蓄电池室、调酸室、压缩机室等。

这类场所照明器一般应选用防爆类照明器或矿山灯。其照明线路应采用三根（其中一根为专用接零线）铜芯绝缘导线穿管敷设。照明配电箱、开关、插座一般应装设在建筑物外面或采用防爆电器，以防止火花引起火灾或爆炸事故。

十、厂区道路照明器的选择与布置

1. 厂区道路照明器的选择

厂区道路照明的设计，可根据已知路面宽度及其规定的最低照度要求，从表 18－15 中查得杆距、照明器类型、光源类型、容量和灯具悬挂高度。

2. 厂区道路照明的线路

(1) 厂区道路照明电源一般由主厂房 380/220V 厂用配电装置单独供电，或由厂前区专用屏供电。其供电线路建议采用铝芯电力电缆直接埋地敷设。

(2) 厂区道路照明配电线路，一般采用电缆线或架空线路，并采用钢筋混凝土电杆，不应采用木杆。

(3) 厂区道路照明供电线路一般采用在控制室远方逐相控制的方式。

(4) 应尽量减少配电线路与道路和铁路的交叉。

(5) 电杆（灯杆）一般竖立在路边以外 0.5～1m 处。

3. 厂区道路照明布置的一般原则

布置道路照明时，应充分考虑照明器的光强分布特性，使整个道路路面获得较高的照度和较满意的照度均匀度，并尽量限制眩光、方便维修。

厂区道路照明一般采用单侧布置。当路面宽度超过 9m 或照度要求较高时，可在道路两侧对称布置或交叉布置。在特殊情况下，也可布置在建筑物外墙上。常用的几种路灯布置方式及适用条件，见表 18－16。

4. 照明器的安装要求

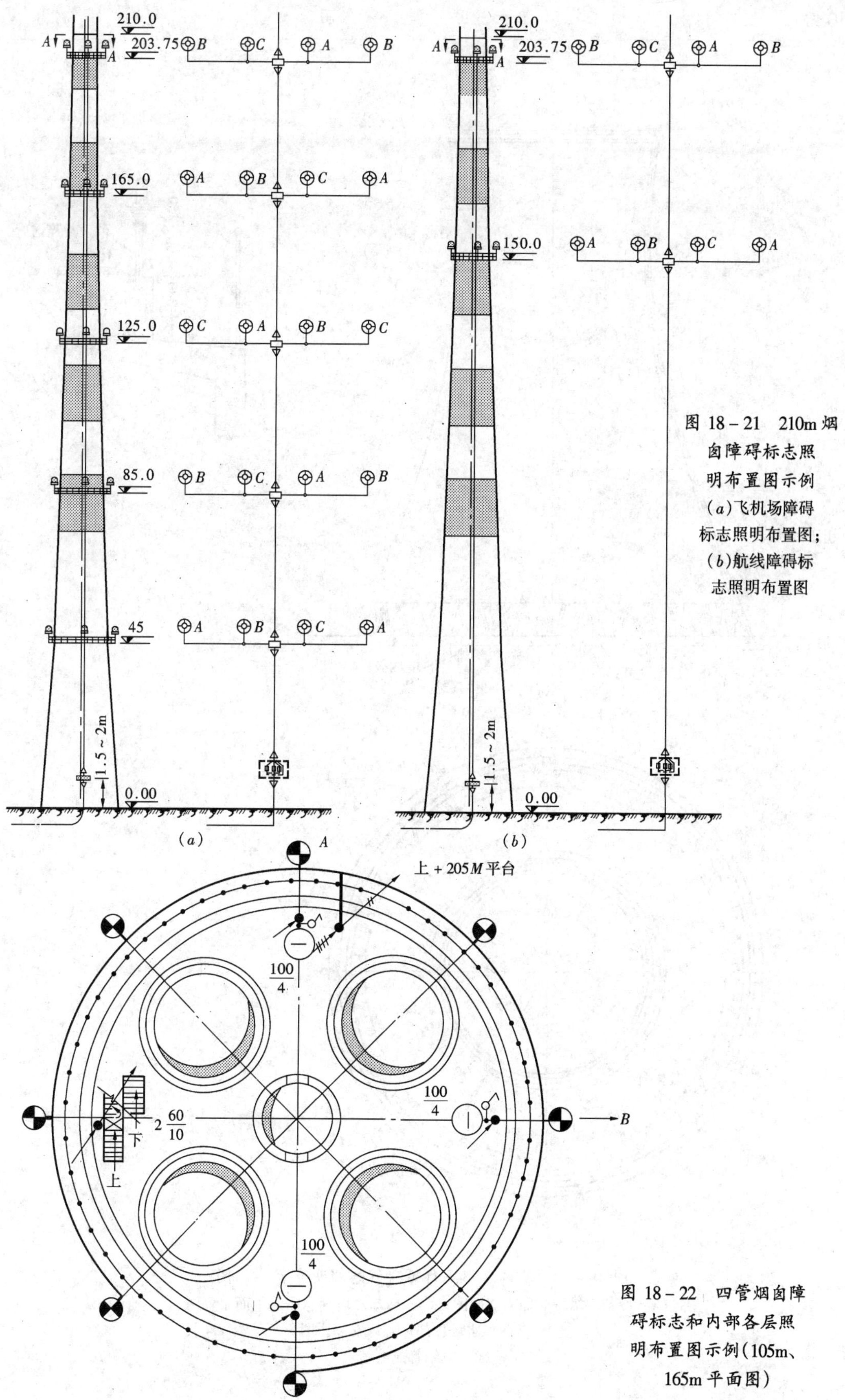

图 18-21　210m 烟囱障碍标志照明布置图示例
(a)飞机场障碍标志照明布置图；(b)航线障碍标志照明布置图

图 18-22　四管烟囱障碍标志和内部各层照明布置图示例(105m、165m 平面图)

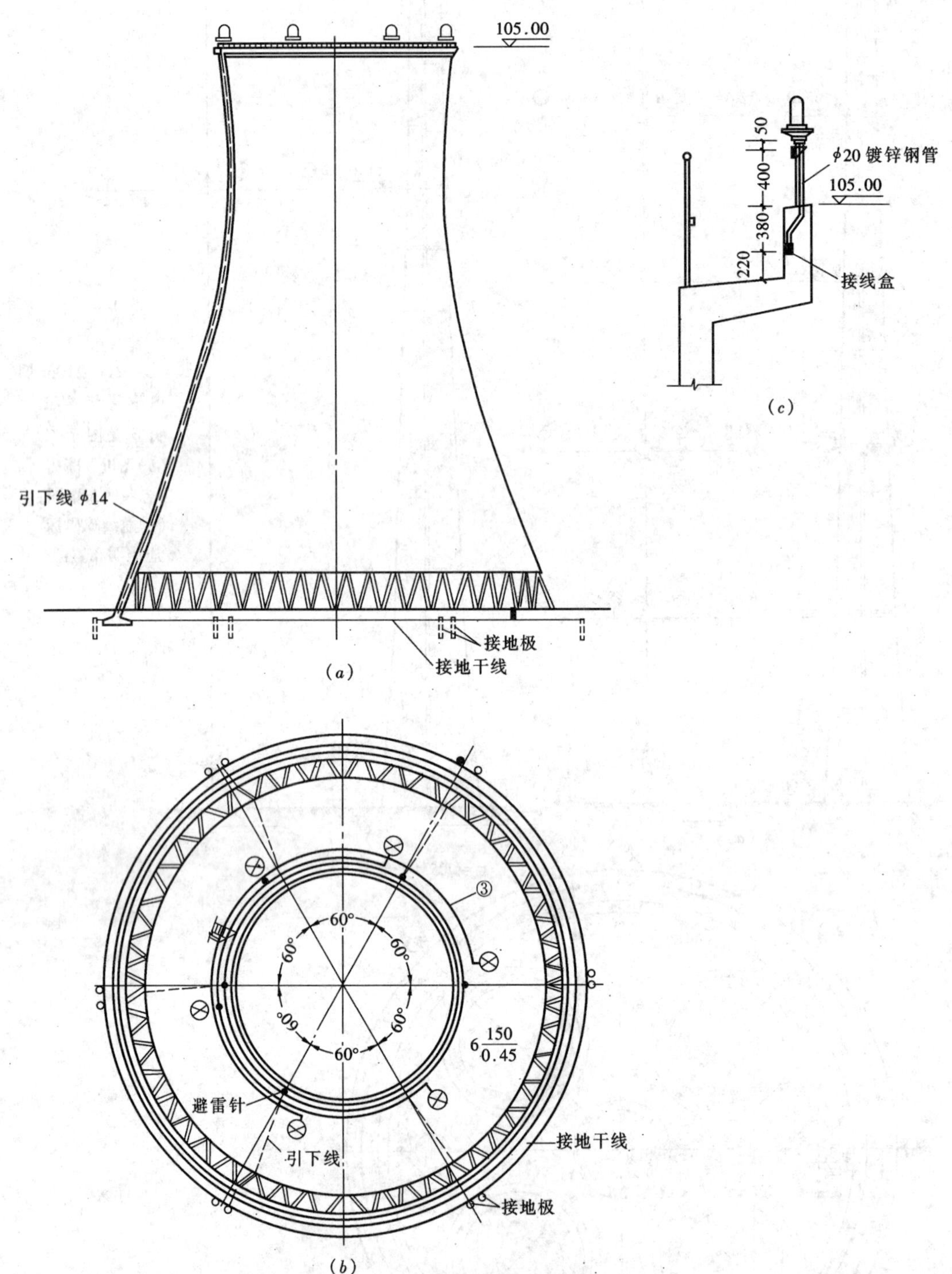

图 18-23 冷却水塔飞行障碍标志照明布置示例图

(a) 冷却水塔标志照明立面图；(b) 冷却水塔标志照明平面布置图；

(c) 冷却水塔顶部标志灯安装详图

③—电线管或电缆

表 18 - 15　**杆距、照明器悬挂高度、道路宽度、照明器种类、光源容量及路面照度表**

杆距（m）		30											
悬挂高度（m）		5			6			7			8		
道路宽度（m）		4	6	9	4	6	9	4	6	9	4	6	9
灯具型号及光源种类容量		路面照度（lx）											
GC1 - 1	100B	0.2			0.3		0.2	0.3			0.4		0.3
	150B	0.4			0.5		0.4	0.5		0.4	0.6		
	200B	0.6		0.5	0.7		0.6	0.8		0.7	0.8		
JTY - 19	300B	0.9			1.2		1.0	1.3		1.1	1.3		
	80G	0.3			0.4		0.3	0.4			0.6		
	125G	0.3			0.5		0.4	0.7		0.6	0.9		
	250G	1.9			2.8		2.3	3.2		2.7	3.6		
	400G	—			4.5		3.8	5.0		4.4	5.3		
	400K	—			7.1		5.8	8.4		7.1	8.8		8.7
	400N	—			11.9		10.6	12		10.8	13.1		
JTY - 23	125G	—	0.5		—	0.7	0.6	—	0.7	0.6	—	0.8	
	250G	—	2.1	1.5	—	2.6	1.8	—	2.8	2.2	—	3.4	2.4
	400G	—			—	2.9	2.4	—	3.4	2.8	—	3.8	3.2
JTY - 26	250G	—	3.0	3.7	—	5.3	5.2	—	6.6		—	6.8	8.0
	400G	—			—	8.8	7.1	—	10.2	8.2	—	10.2	9.7

杆距（m）		35											
悬挂高度（m）		5			6			7			8		
道路宽度（m）		4	6	9	4	6	9	4	6	9	4	6	9
灯具型号及光源种类容量		路面照度（lx）											
GC1 - 1	100B	—			0.2		—	0.2			0.2		
	150B	0.3		0.2	0.3			0.4		0.3	0.4		
	200B	0.4		0.3	0.5		0.4	0.5			0.6		0.5
JTY - 19	300B	0.6		0.5	0.7		0.6	0.9		0.7	1.0		0.9
	80G	0.2		—	0.2			0.3		0.2	0.3		
	125G	0.2			0.3		0.2	0.4		0.3	0.5		0.4
	250G	1.2		0.9	1.8		1.3	2.0		1.7	2.5		2.1
	400G	—			2.7		2.2	3.3		2.8	3.9		3.4
	400K	—			3.6		3.0	5.2		4.3	6.4		5.5
	400N	—			7.5		5.5	8.8		7.8	9.2		8.3
JTY - 23	125G	—	0.3	0.4	—	0.4	0.3	—	0.5	0.4	—	0.6	0.5
	250G	—	1.2	1.0	—	1.5	1.4	—	1.8	1.4	—	2.1	1.6
	400G	—			—	1.8	1.7	—	2.3	1.8	—	2.6	2.2
JTY - 26	250G	—	1.6	1.3	—	2.6	2.5	—	3.7	3.9	—	4.9	5.3
	400G	—			—	5.1	4.2	—	6.4	5.4	—	7.8	6.6

杆距（m）		40											
悬挂高度（m）		5			6			7			8		
道路宽度（m）		4	6	9	4	6	9	4	6	9	4	6	9
灯具型号及光源种类容量		路面照度（lx）											
GC1 - 1	100B	—			—			—			—		
	150B	0.2			0.2			0.2			0.2		
	200B	0.3			0.3			0.3			0.3		
JTY - 19	300B	0.4			0.5		0.4	0.5			0.6		
	80G	—			—			0.2		—	0.2		
	125G	—			0.2		—	0.2			0.3		0.2
	250G	0.7			1.0		0.8	1.3			1.3		
	400G	—			1.8		1.4	2.0			2.2		
	400K	—			2.3		1.7	2.7		2.6	3.2		
	400N	—			4.4		3.2	5.4			5.9		
JTY - 23	125G	—	0.2		—	0.3	0.2	—	0.3		—	0.3	
	250G	—	0.9	0.8	—	1.0	1.0	—	1.3	1.0	—	1.4	1.4
	400G	—			—	1.2	1.0	—	1.3		—	1.4	
JTY - 26	250G	—	0.8	1.0	—	1.5	1.3	—	1.8	2.4	—	2.2	2.8
	400G	—			—	3.2	2.7	—	3.7	3.8	—	4.1	4.2

注　1. 本表是按路灯在道路一侧单排布置，灯具倾角为零度，照度补偿系数按 1.5 计算。

2. 当道路宽度为 9m 和 6m 时，计算点选在外侧车道中心两灯之间，灯具伸入道路 2m。当道路宽度为 4m 时，计算点选在车道中心两灯之间，不考虑灯具伸入道路。

3. 表列照度值超过国家照明标准规定部分，仅供参考。

4. 表中光源代号说明：B——白炽灯；G——荧光高压汞灯；K——金属卤化物灯；N——高压钠灯。

5. JTY - 23 - 250G 为改进产品。

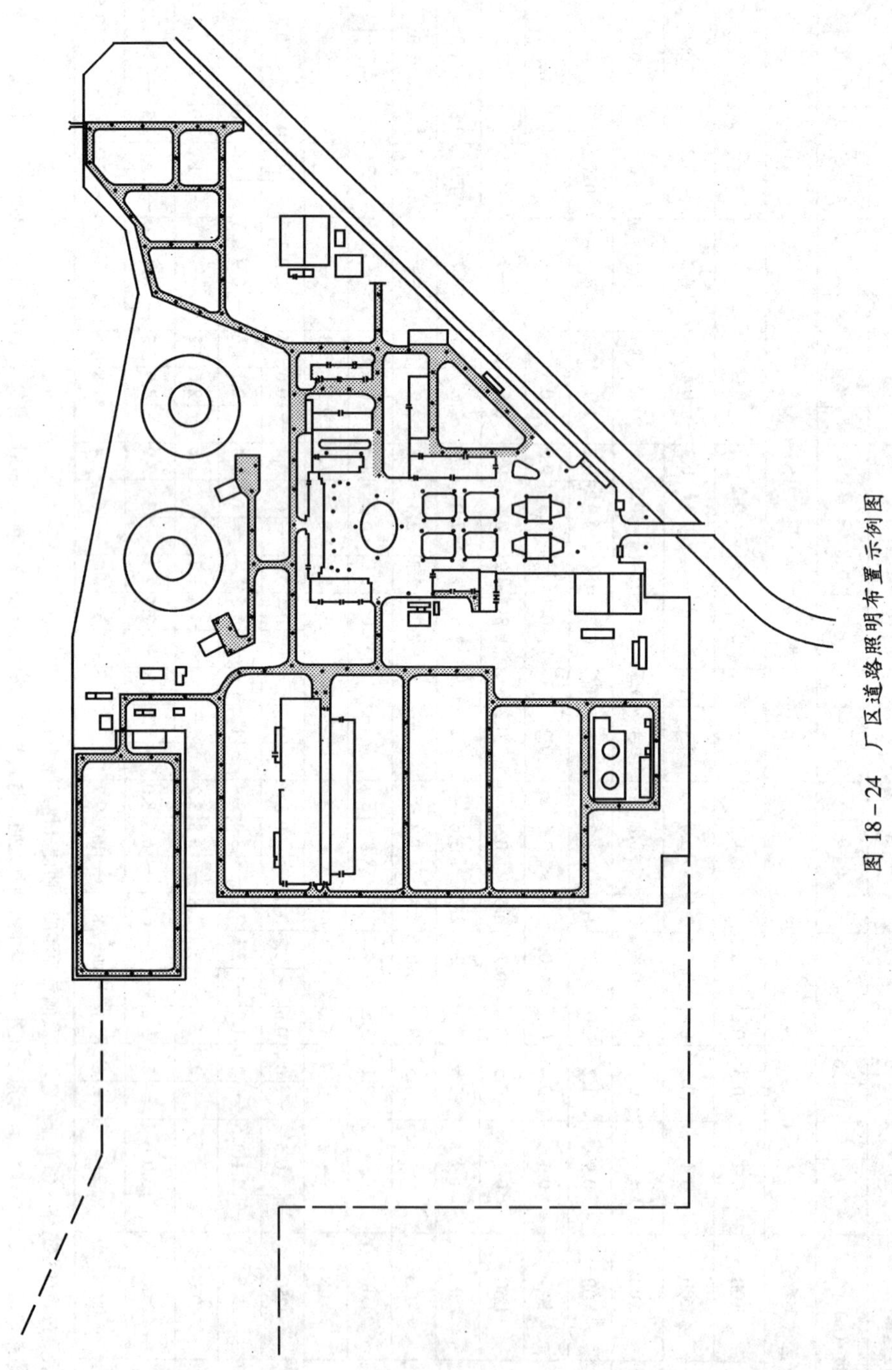

图 18－24 厂区道路照明布置示例图

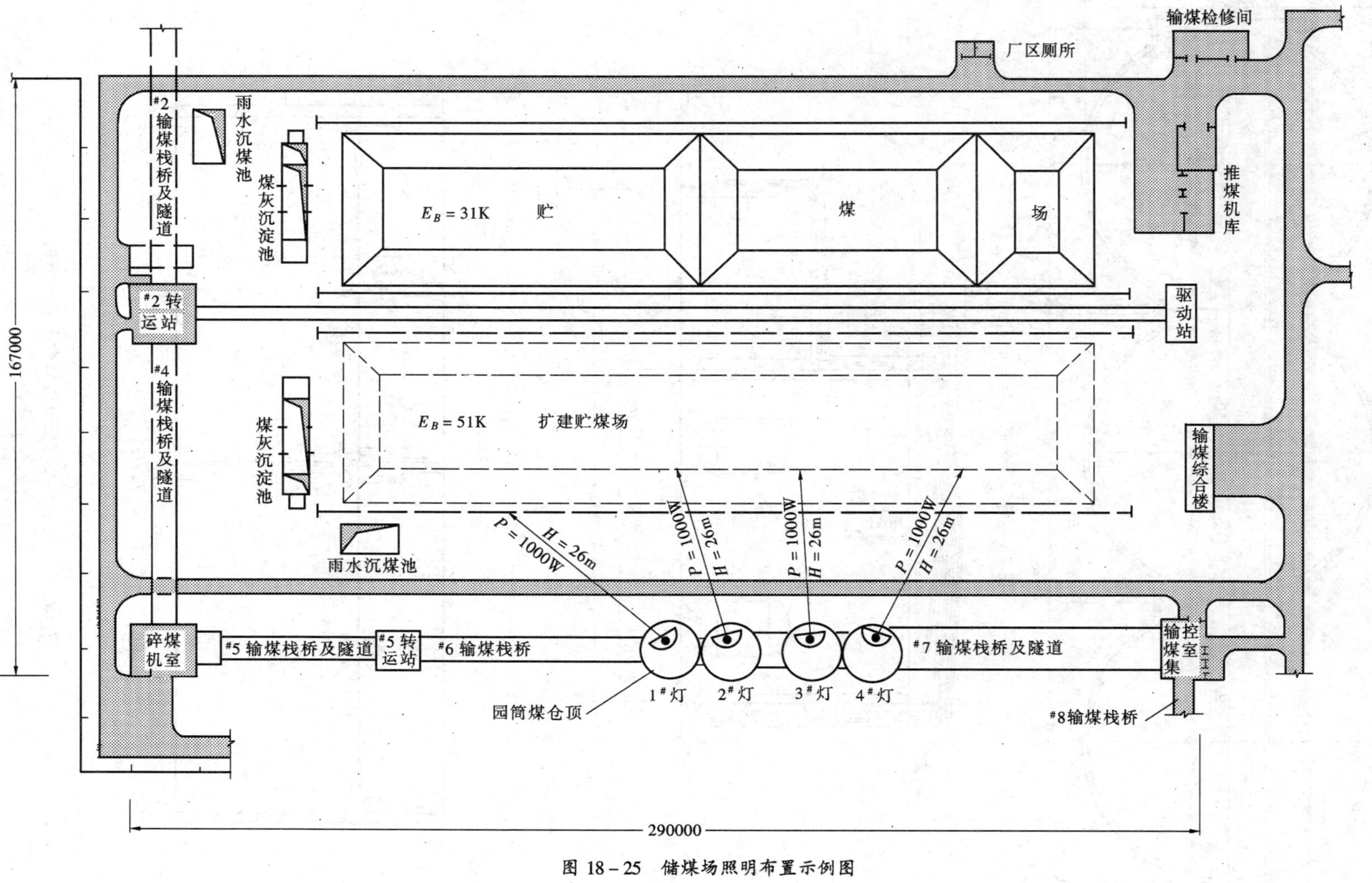

图 18－25　储煤场照明布置示例图

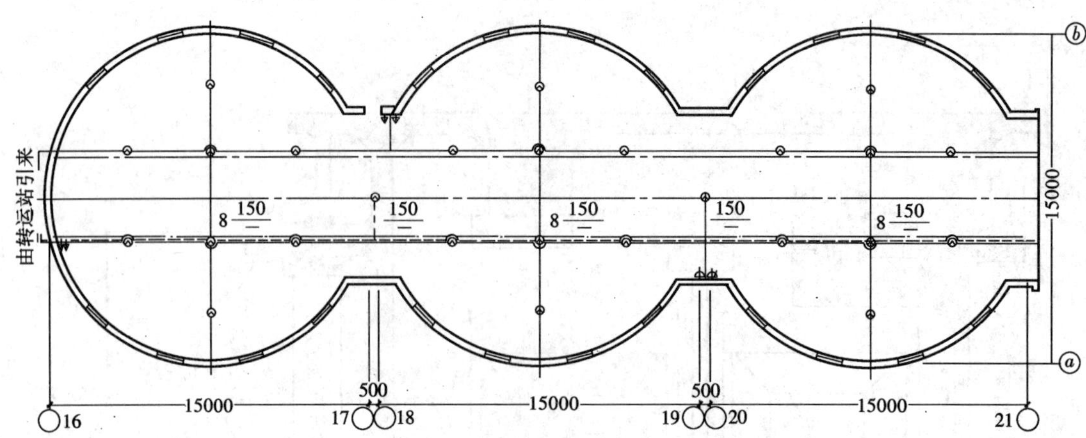

图 18-26　筒仓照明布置示例图

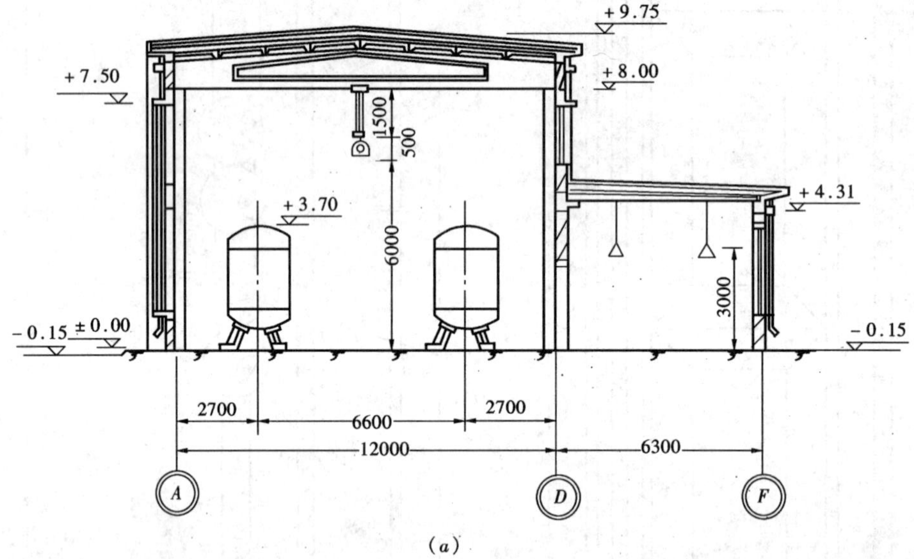

（a）

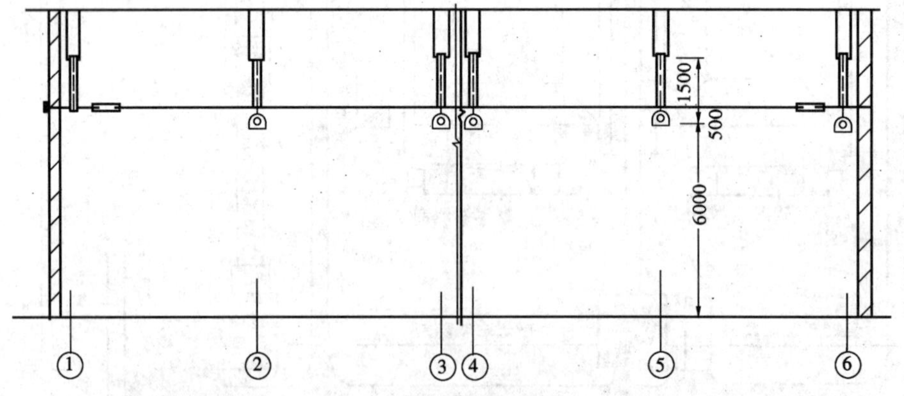

（b）

图 18-27　化学水处理室照明断面布置示例图
（无行车时）
（a）化学水处理室照明断面布置图；（b）化学水处理室照明断面布置图

表 18－16 路灯布置方式及适用条件

	单侧布灯	两侧交叉布灯	丁字路口布灯	弯道布灯	十字路口布灯
路灯布置方式	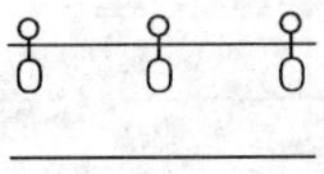	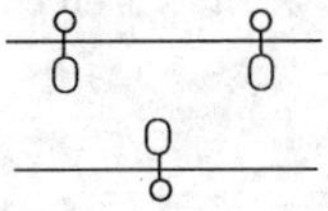	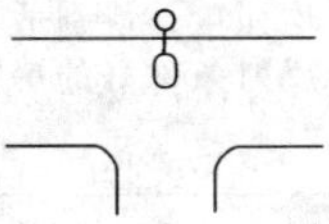	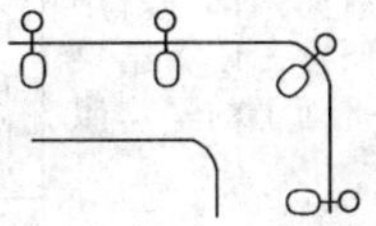	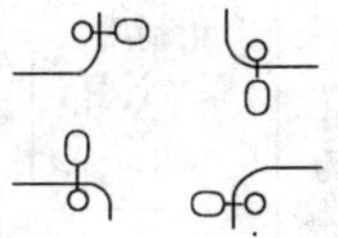
适用条件	路面宽度不大于9m或照度要求不高的道路	路面宽度大于9m，或照度要求较高的道路	运输繁忙的丁字路口	道路弯曲处（一般在弯道外侧布灯，在曲率半径小的弯道上布灯的纵向间距应予适当缩小）	运输繁忙的十字路口

照明器的安装高度和纵向间距是厂区道路照明设计中需要确定的重要数据。

考虑照明器安装时，首先应从限制眩光的角度出发，并考虑路面照度的均匀度以及维修等条件。在一般工程中：

(1) 在主干道及交叉道口，道路照明的光源采用 125～250W 荧光高压汞灯时，照明器悬挂高度不宜低于 5m；在采用 400W 荧光高压汞灯或 250～400W 高压钠灯时，照明器悬挂高度不宜低于 6m。

(2) 在次要道路，当采用 60～100W 白炽灯或采用 80～100W 荧光高压汞灯时，照明器悬挂高度可选用 4～6m。

(3) 一般厂区道路照明的灯杆间距，宜采用 30～40m，在与电力线路共杆时，应取较大的档距。

(4) 照明器以支架或悬臂吊挂在道路上空时，其悬臂长度根据实际需要选用，一般为 1.5～3.5m。这样可有效地提高照明质量，同时在一定程度上解决了树木遮挡灯光的问题。

5. 厂区道路照明布置示例

厂区道路照明布置的示例图，见图 18－24。

十一、储煤场照明器的选择与布置

火力发电厂的储煤场场地宽阔、煤堆高大、反射率低，斗轮堆取料机、推煤机等日夜工作，但该场所对照度要求不高。照明器一般选用投光灯、长弧氙灯集中设置或采用高光效的荧光高压汞灯、高压钠灯，按道路照明布置形式分散设置。储煤场照明布置示例图如图 18－25。

输煤系统中的输煤皮带和存煤筒仓，一般选用防水防尘灯或高压钠路灯。筒仓照明布置示例图如图 18－26。

十二、其他一般厂房照明器的选择与布置

火力发电厂的辅助生产厂房，如化学水处理室、金工车间、油泵房、水泵房、酸碱库、各类材料库等处照明器一般采用均匀布置，以选用顶灯、吊灯为主。生产厂房一般照明常用照明器布置方案见图 18－2，并可参考附录 18－1 选取灯具。化学水处理室照明断面布置示例图如图 18－27。

第 18－3 节 照 度 计 算

一、照度计算的方法

已知照明器的型式、布置、数量及光源的容量，可以计算工作面上某点的照度值；反之，已知规定的照度值，亦可根据照明器的型式、布置、反射条件等情况，确定光源的容量和照明器的数量。

计算照度的基本方法有利用系数法和逐点计算法两种。在工程设计中，常可根据实际经验确定大多数厂房和房间的照明器容量和数量，也可用单位容量估算法进行估算。因此，本节将着重介绍逐点计算法和单位容量估算法。其余计算方法参见附录 18－3。

各种计算方法的适用范围见表 18－17。

二、线光源的逐点计算法（方位系数法）

设定发光元件长度为 L，宽为 b，高为 H，当发光元件具有较大的长度 $\left(L \geqslant \frac{H}{2}\right)$，较小的宽度 $\left(b \leqslant \frac{H}{2}\right)$ 时（如嵌入式带状荧光灯，单个荧光灯等），可视作线光源。线光源逐点计算法有多种，这里仅介绍方位系数法。

该法特点是将各种装有线光源的照明器按照它在平行面上光强分布的形状分成五类（A 类为一般筒式或加磨砂玻璃罩的荧光灯；B、C 类为浅栅格类型的

表 18－17 **照度计算法的特点及适用范围**

方法名称		特　点	适用范围	举　例
利用系数法	用利用系数计算	此法考虑了直射光及反射光两部分所产生的照度，计算结果为水平面上的平均照度	计算室内水平面上的平均照度，特别适用于反射条件好的房间	照明器均匀布置的金工车间、机械修理间、材料库等一般工作场所，在水平工作面上的照度计算
	查概算曲线		一般生产及生活用房的灯数概略计算	
逐点计算法	平方反比法	此法只考虑直射光产生的照度，可以计算任意面上某一点的直射照度	采用直射照明器的场所，可直接求得水平面照度，也可乘上系数求得任意面上的照度	主控制室、网络控制室、单元控制室、计算机室控制屏（台）上垂直面和倾斜面、主厂房、化学水处理室、水泵房、灰浆泵房、运煤系统、室外道路照明等及其他要求精确验算工作面上照度的场所
	等照度曲线法			
	方位系数法		使用线光源的场所，求算任意面上一点的照度	
单位容量估算法		不能计算照度，只能根据照度标准，对需要装设照明器做出粗略估计，得到平均的水平照度	一般生产及生活用房的照明器数概略计算	不要求精确验算照度值，而且照明器均匀布置的场所或分区照明，如辅助厂房等

荧光灯；D、E 类为深栅格类型的荧光灯）。光强分布平面图及平行面光强分布的分类见图 18－28 及图 18－29，它已大体包括线状光源在平行面上光分布的特点。

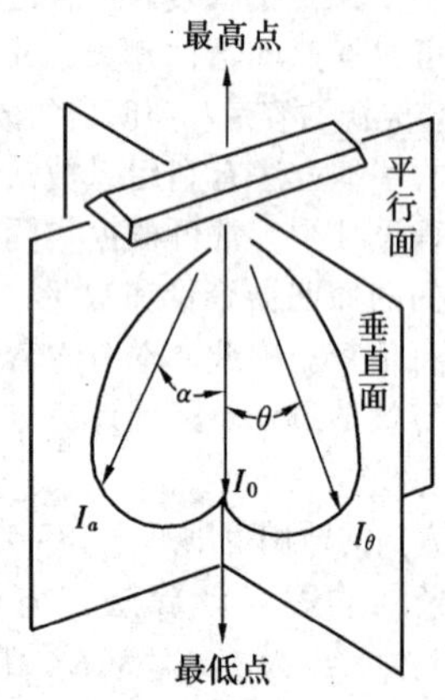

图 18－28 计算用的光强分布平面图

1. 基本计算公式

(1) 水平面照度 E_s：

$$E_s = \frac{I_\theta}{1000KH}\left(\frac{\varphi}{l}\right)\cos^2\theta F_x \qquad (18-7)$$

(2) 被照面与光源平行时的垂直照度 $E_{//c}$：

$$E_{//c} = \frac{I_\theta}{1000KH}\left(\frac{\varphi}{l}\right)\cos\theta\sin\theta F_x \qquad (18-8)$$

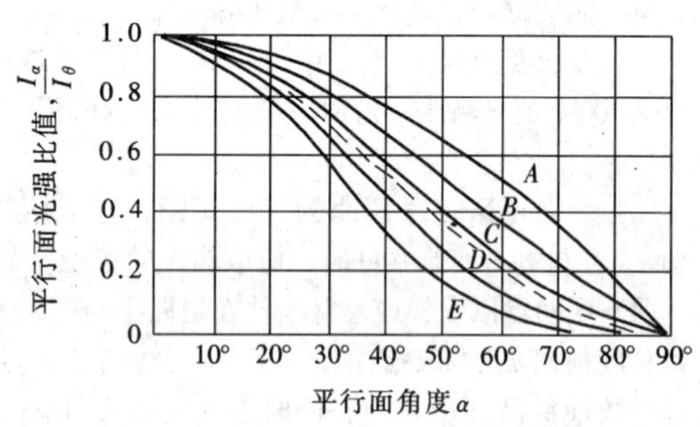

图 18－29 平行面光强分布的分类

曲线 $A - I_\alpha/I_0 = \cos\alpha$；曲线 $B - I_\alpha/I_0 = \frac{1}{2}(\cos\alpha + \cos^3\alpha)$；曲线 $C - I_\alpha/I_0 = \cos^2\alpha$ 曲线 $D - I_\alpha/I_0 = \cos^3\alpha$；曲线 $E - I_\alpha/I_0 = \cos^4\alpha$；虚线曲线—本节［例］中 YG701－3 型照明器

(3) 被照面与光源垂直时的垂直照度 $E_{\perp c}$：

$$E_{\perp c} = \frac{I_\theta}{1000KH}\left(\frac{\varphi}{l}\right)\cos\theta f_x \qquad (18-9)$$

上三式中

I_θ——照明器的垂直面光强分布曲线中与 θ 角对应方向的发光强度值（cd），见图 18－29，其值可查表 18－18；

$\frac{\varphi}{l}$——线光源单位长度的光通量（1m/m）；

表 18 – 18　　**常用荧光灯技术参数**

灯具名称及外形	光强曲线示意图	型号及尺寸（mm）	光源及功率（W）	发光强度值 I_θ（cd，光源为 1000lm） θ 角度 / φ 剖面	0° / 55°	5° / 60°	10° / 65°	15° / 70°	20° / 75°	25° / 80°	30° / 85°	35° / 90°	40° / 95°	45° / 100°	50° / 105°	最大允许 $\frac{L}{h}$	保护角 α	效率 η（%）	重量（kg）	结构型式与适用场所
密闭型荧光灯		YG4 – 2 $L = 1380$ $B = 300$ $H = 150$	Y – 40 × 2	A – A 90°，270°	229	229	228	224	221	217	213	209	203	197	190	1.41	—	80	9.7	密闭型，用于潮湿有蒸汽的厂房
					180	168	157	142	113	76	37	8	0.3	0						
				B – B 0°，180°	222	221	219	213	207	198	188	176	164	149	134	1.26				
					116	99	81	61	43	25	9	1	0							
简式荧光灯		YG2 – 2 $L = 1300$ $B = 300$ $H = 150$	Y – 40 × 2	A – A 90°，270°	316	315	314	311	306	303	293	283	270	242	226	1.33	12.5°	97	7.2	开启型，用于生产大楼办公室、阅览室、设计室等
					193	159	116	78	35	14	7	1	0.4	0						
				B – B 0°，180°	315	314	310	303	295	283	270	255	237	217	197	1.28				
					174	150	123	91	66	38	14	1.2	0.3	0						
嵌入式格栅荧光灯		YG701 – 3 $L = 1320$ $B = 300$ $H = 215$	Y – 40 × 3	A – A 90°，278°	238	236	230	224	209	191	176	159	130	108	85	1.12	32.5°	46	14.2	开启型，用于生产大楼，中央控制室
					62	48	37	28	19	11	5	0.6	0							
				B – B 0°，180°	228	224	217	205	192	177	159	145	127	107	88	1.05				
					67	51	39	29	20	12	5.6	0.4	0							

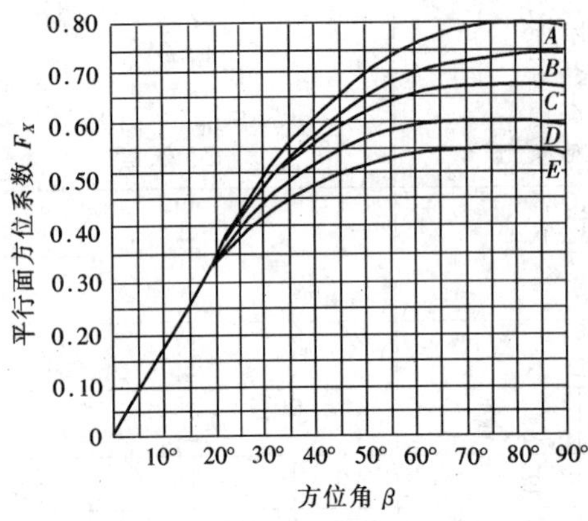

图 18-30 平行面的方位系数 F_x 与方位角 β 的关系曲线

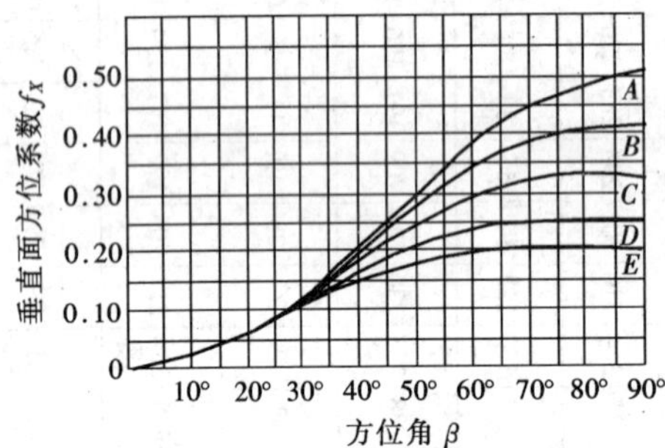

图 18-31 垂直面的方位系数 f_x 与方位角 β 的关系曲线

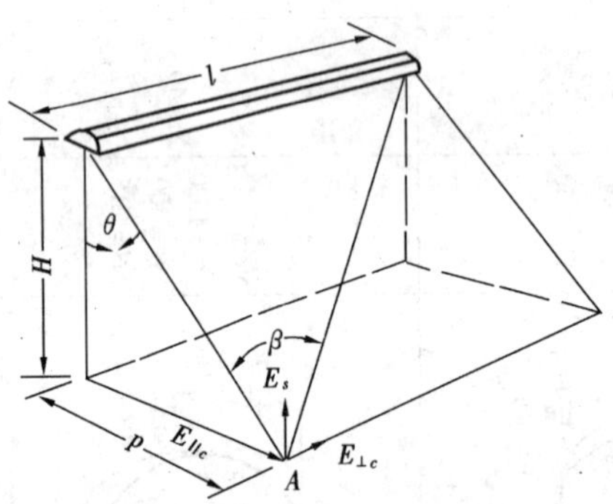

图 18-32 线光源水平面、垂直面上 A 点的照度计算图

H——计算高度（m）；

K——照度补偿系数（见表 18-19）；

θ——倾角，见图 18-35，$\theta = \mathrm{tg}^{-1}\dfrac{p}{H}$；

F_x、f_x——分别为平行面和水平面的方位系数，它与方位角 β 及照明器的平行面光强分布形状有关，可从图 18-30、图18-31 查出，其中

$$\beta = \mathrm{tg}^{-1}\frac{l}{\sqrt{H^2 + P^2}}$$，可参见图 18-32。

以上三式适用于计算点处在通过线光源端头的垂直平面上，若计算点在任意位置时，则可采用将线光源分段或延长的方法，按图 18-33 分别计算各段在各该点所产生的照度，然后求各段在各该点照度的代数和：

$$E_A = E_{PM}$$

$$E_B = E_{PN} + E_{NM}$$

$$E_C = E_{QM} - E_{QP}$$

式中 E_A——A 点的照度；

E_B——B 点的照度；

E_C——C 点的照度；

E_{PM}——线光源 PM 在 A 点产生的照度；

E_{PN}——线光源 PN 在 B 点产生的照度；

E_{NM}——线光源 NM 在 B 点产生的照度；

E_{QM}——线光源 QM 在 C 点产生的照度；

E_{QP}——线光源 QP（延长部分）在 C 点产生的照度。

必须注意：求垂直布置时的垂直照度，E_B 只有一段线光源（PM 或 MN）在该点产生照度，另一段线光源（MN 或 PN）在该点不产生照度。

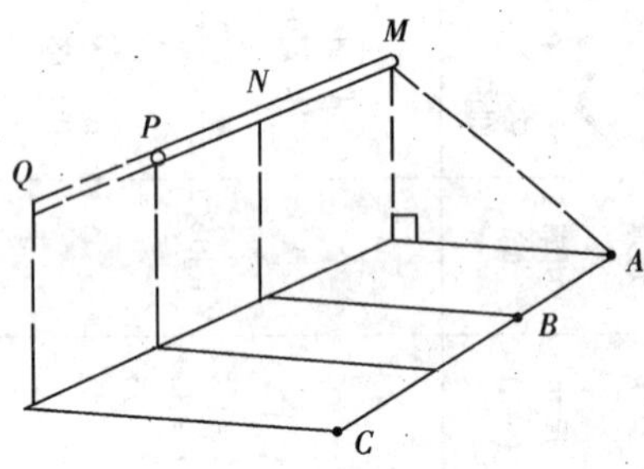

图 18-33 不同位置各点的照度计算方法

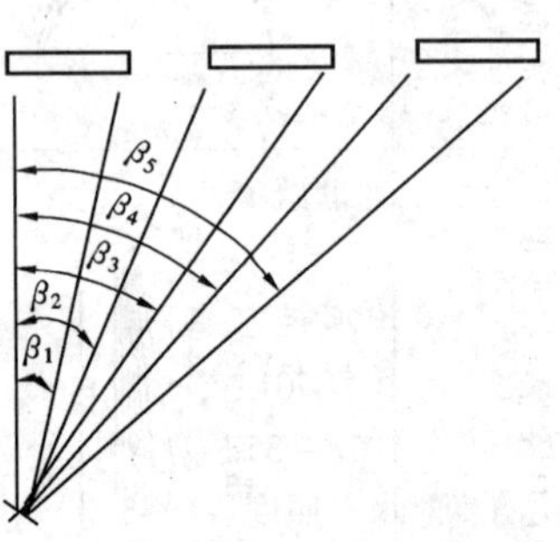

图 18-34 照明器间隔布置示意图

表 18－19　**照度补偿系数 *K***

环境污染特征	工作场所	照明器擦洗次数（次/月）	K值	
			白炽灯、荧光灯、高强度放电灯	卤钨灯
清　洁	主控制室、网络控制室、单元控制室、集中控制室、办公室、屋内配电装置、汽机房、仪表间、试验室（实验室）、设计室、计算机室等	1	1.3	1.2
一　般	中心修配厂、装配车间、材料库、水（油）处理室、水泵房等	1	1.4	1.3
污染严重	锅炉房、运煤系统、锻工车间铸工车间、木工车间、吸风机间、灰浆泵房等	2	1.5	1.4
室　外	厂前区、厂内主要干道、储煤场、屋外配电装置等	1	1.4	1.3

2. 非连续线光源的照度计算

对于非连续的一排线光源，当照明器间隔距离不超过 $H/(4\cos\theta)$，可看作是一排连续的线光源。在计算时，只要将相应的计算公式［式（18－7）～式（18－9）］乘上一个系数 C 即可，此时计算误差不超过10%。

$$C = \frac{L_z N}{\Sigma L_z} \tag{18-10}$$

式中　C——非连续光源照度计算系数；

L_z——照明器的单位长度（m）；

N——照明器个数；

ΣL_z——一排照明器的总长度（m）。

当照明器间隔距离超过 $H/(4\cos\theta)$，照度 E_s 可按下述方法计算：

$$E_s = \frac{I_\theta \cos^2\theta\varphi}{1000KHl} \times [F_{\beta1} + (F_{\beta3} - F_{\beta2}) + (F_{\beta5} - F_{\beta4})] \tag{18-11}$$

式中，$F_{\beta1}$、$F_{\beta2}$、$F_{\beta3}$、$F_{\beta4}$、$F_{\beta5}$分别为方位角为 β_1～β_5（见图 18－34）时的方位系数值，此值可按方位角的值从图 18－30 中的曲线查得。式中其它符号同式（18－7）。

【例 1】　某变电所控制室长 10m，宽 5.4m，高 3.5m，有顶棚，采用 YG701－3 型嵌入式荧光灯布置成两条发光带，如图 18－35 所示，试计算 0.8m 高工作面上 A 点的直射水平照度。

解　用方位系数法进行照度计算。

1）确定照明器类型：将所选用照明器的平行面发光强度（光强）I_θ（查表 18－18）除以零度光强 I_0（见图 18－28），其值见表 18－20：

表 18－20　YG701－3 型照明器 I_θ/I_0 值

α（°）	0	10	20	30	40
$\frac{I_\theta}{I_0}$	1	0.952	0.842	0.697	0.557
α（°）	50	60	70	80	90
$\frac{I_\theta}{I_0}$	0.386	0.224	0.127	0.053	0.0018

将表 18－20 中的数据绘成曲线，如图 18－29 中虚线所示，可近似地认为 YG_{701}－3 型嵌入式荧光灯在平行面上光强分布形状属于 C 类。

2）求倾角 θ 及 I_θ：

$$\theta = \text{tg}^{-1}\frac{p}{H} = \text{tg}^{-1}\frac{1.35}{2.7} = 26.6°[\text{见图 } 18-35(\text{c})]$$

查表 18－18 得　$I_{26.6°} \approx 189$cd。

3）求方位角 β 及方位系数 F_x：

把光带看作连续光源，

$$\beta = \text{tg}^{-1}\frac{l}{\sqrt{H^2+p^2}} = \text{tg}^{-1}\frac{8.8}{\sqrt{2.7^2+1.35^2}} = 71.2°$$

上式中、H、p 数据见图 18－35。

查图 18－30 曲线 C，当 $\beta = 71.2°$时，$F_x = 0.664$。

由于照明器间隔距离为 0.2m，小于 $H/(4\cos\theta)$ ×（2.7/4×0.895＝0.75m），故在计算照度时，可按

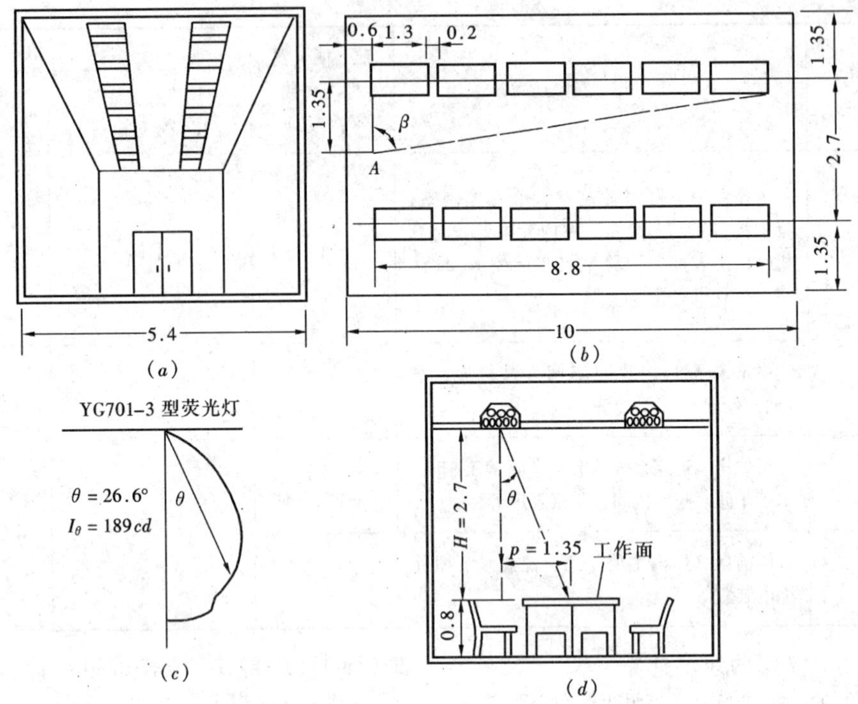

图 18-35　算例示意图（尺寸单位为 m）
(a) 照明布置断面图；(b) 照明布置图；(c) YG701-3 型荧光灯光强曲线；(d) 照明计算分析示意图

一排连续的线光源计算，再乘上系数 c；

4) 根据式（18-10）求系数 c

$$c = \frac{L_z N}{\Sigma L_z} = \frac{1.3 \times 6}{8.8} = 0.886$$

5) 根据式 18-7 求一条发光带在 A 点产生的水平照度：

$$E_A = \frac{cI_\theta}{1000KH}\left(\frac{\varphi}{l}\right)\cos^2\theta F_x$$

$$= \frac{0.886 \times 189 \times 3 \times 2400}{1000 \times 2.7 \times 1.3 \times 1.3} \times 0.895^2 \times 0.664$$

$$= 141\text{lx}$$

6) 求 A 点总的水平照度：

A 点照度由两条发光带所产生，故 A 点总的水平照度为：

$$E_A = 2 \times 141 = 282\text{lx}$$

3. 倾斜面上的照度计算

任意布置时的倾斜面照度计算方法如下：

$$E_{ix} = E_s\cos\gamma + E_{/\!/c}\sin\gamma + E_{\perp c}\cos i\sin\gamma \quad (18-12)$$

式中　E_{ix}——任意布置时的倾斜面照度（lx），见图 18-36，E_{ix}应垂直 Q 面；

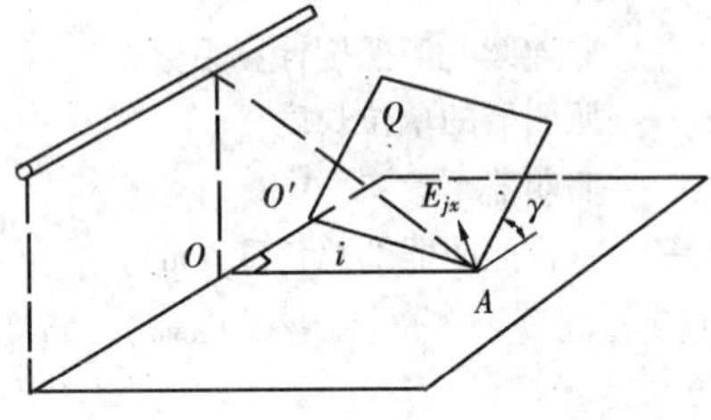

图 18-36　任意面上 A 点的照度计算示意图

$E_{/\!/c}$——被照面与光源平行时的垂直照度；

$E_{\perp c}$——被照面与光源垂直时的垂直照度；

γ——任意布置时的倾斜面与水平面之间的夹角；

i——任意布置时倾斜面与水平面的交线 $O'A$ 与 OA（OA 为由 A 点到通过线光源的垂直面的垂线）间的夹角。

当倾斜面与线光源平行时 $i = 90°$，倾斜面与线光源垂直时 $i = 0°$，任意布置时的垂直面 $\gamma = 90°$，分别代入公式 18-12 即可求得相应的照度。

三、单位容量估算法

$$\left.\begin{aligned}&\text{总的照明容量}\quad \Sigma P = P_s S\\&\text{单位面积容量}\quad P_s = \frac{\Sigma P}{S}\\&\text{单个照明器容量}\quad P = \frac{\Sigma P}{N}\end{aligned}\right\}\qquad(18-13)$$

式中　ΣP——总的照明容量（W）；

P_s——单位面积照明容量（W/m^2）；

S——房间面积（m^2）；

P——每个照明器容量（W）；

N——照明器的数量。

火力发电厂各场所的单位面积照明容量见附录 18－2。

四、投光灯的选择和照度计算

选择投光灯，要先对投光灯进行布置，确定投光灯的平面位置，数量和安装高度，然后进行照度的计算。

1. 投光灯安装高度

在实际工程设计中，要先行确定投光灯的最小允许高度 H_{min}，确保投光灯光线处于观察者视线以上，以消除或避免眩光。H_{min}值按下式计算：

$$H_{min} \geqslant \sqrt{\frac{I_{max}}{300}}\qquad(18-14)$$

式中　H_{min}——投光灯最小允许安装高度（m）；

I_{max}——投光灯的轴线光强最大值（cd）。

2. 投光灯的数量和总容量

确定投光灯的数量和总的装置容量，可按光通量法或单位容量估算法进行计算。

(1) 按光通量法计算时，先选定投光灯高度和单个投光灯容量，再求投光灯的数量。

$$N = \frac{EKS}{F\eta uz}\qquad(18-15)$$

式中　N——投光灯的数量；

E——规定的照度值（lx）；

K——照度补偿系数（查表 18－19）；

S——照明场所的面积（m^2）；

F——选定的某一容量的投光灯光源的光通量（lm）；

η——投光灯的效率（$\eta = 0.35\% \sim 0.38\%$）；

u——利用系数（当大面积照明时 $u = 0.9$）；

z——最小照度系数，为平均照度值（E_{pj}）与最小照度值（E_{min}）之比，一般可取 $z = 0.75$。

(2) 按单位容量法计算时，先根据单位面积容量求取总面积需要容量，再按假定的单个投光灯容量，求安装总容量。

$$P = mP_sS = 0.25P_sS\qquad(18-16)$$

其中　$$P_s = KE$$

式中　P——所需投光灯总容量（W）；

m——投光灯系数，$m = \frac{1}{cr}$，一般 $m = 0.2 \sim 0.28$；

P_s——单位容量（W/m^2），查附录 18－2。

3. 投光灯照明的照度计算

根据投光灯的容量、高度及布置位置，即可计算投光灯对某一点的照度，其计算可采用诺模图速算法。诺模图见图 18－37。以下通过算例来说明诺模图的使用方法。

【例 2】　设图 18－39 中 O 为所选用的 812 型投光灯，其等光强曲线见图 18－38，该型投光灯为左右对称。投光灯安装高度 $H = 15m$，光轴沿 OP，$CP = 170m$，$CD = 120m$，$DQ = 16m$。求 Q 点的光平照度 E_Q。

解　首先根据图 18－39 求 I_Q。图中 $OC \perp CP$，$DQ \perp DC$，$DQ \perp DO$，故可通过作图计算求得以下数据：

$$\theta = 83°$$

$$\angle POC = 85°$$

$$\angle\alpha = \angle POC - \theta = 85° - 83° = 2°$$

$$\angle\beta = 7.7°$$

由 α 和 β 角在等光强曲线图 18－38 上查出：

$$I_Q = 30000cd$$

有了 θ、β、I_Q 和 H 各值就可从照度计算诺模图（图 18－37）查出 Q 点的水平照度 E_Q。

具体步骤如下：

第一步：在 θ 和 β 线上分别找出 83°和 7.7°两点，连接该两点，其连线与入线交于 M 点，见图 18－37。

第二步：将 M 点与 H 线上 $H = 15m$ 一点相连接，其连线与 K 线交于 N 点。

第三步：将 N 点与 I 线上 I_0－30000cd 一点相连接，其连线的延长线与 E 线的交点则为所要求的照度值 $E_Q = 0.23lx$。

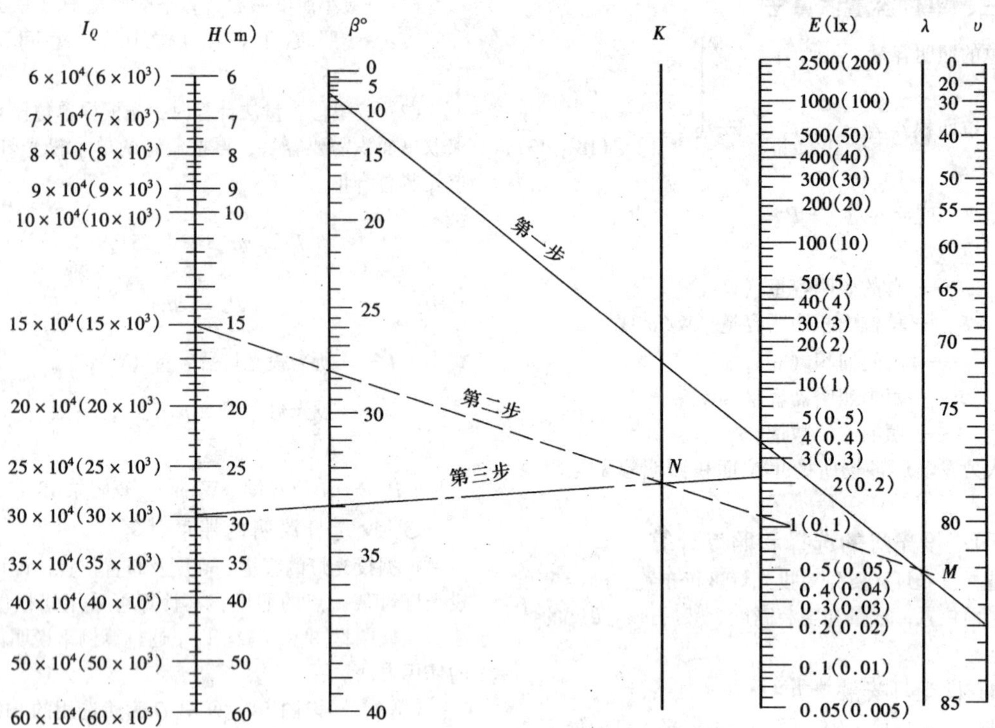

图 18－37 投光灯照明的照度计算诺模图
（本图摘自王振铎《建筑物理》中“通用的投光照明照度速算法”）

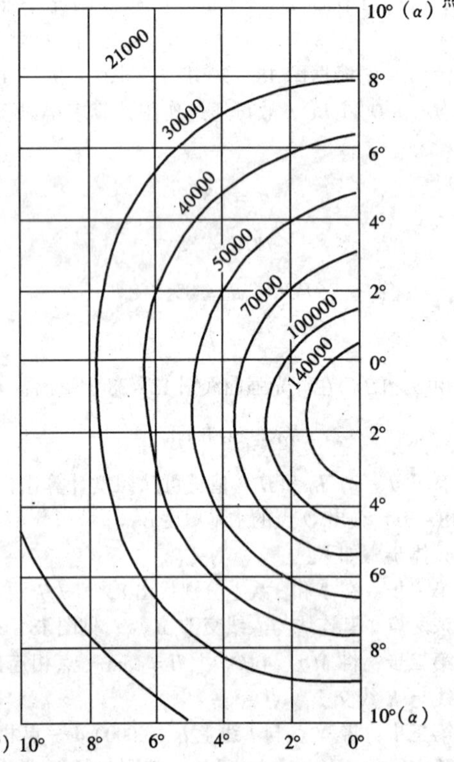

图 18－38 812 型投光灯等光强曲线

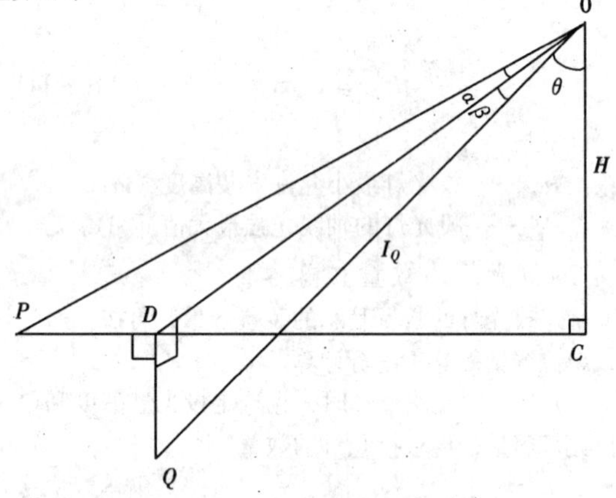

图 18－39 812 型投光灯算例分析示意图

第 18－4 节 照明网络供电

一、照明网络供电电压

(1) 正常照明网络电压：采用中性点直接接地的 380/220V 三相四线制系统供电。

(2) 事故照明网络电压：

1)交流事故照明由保安电源柴油发电机供电

时，其网络电压一般为 380/220V；

2）直流事故照明由蓄电池直流系统供电时，其网络电压应为 220V 或 110V。

(3) 检修及其他场所的照明网络电压：

1）供一般检修用携带式作业灯，其电压应为 36V。

2）供锅炉本体或金属容器内检修用携带式作业灯，其电压应为 12V。

3）隧道照明电压一般采用 36V。如采用 220V 电压时，应有防止触电的安全措施，并应敷设灯具外壳专用的接地线。

4）安装在生产车间、厂房内的照明器，当其高度低于 2.4m 时，应当有防止触电的安全措施或采用 36V 及以下的电压。

(4) 照明器端电压不应高于额定电压的 105%，也不宜低于其额定电压的下列数值：

1）对视觉要求较高的室内照明为 97.5%，如主控制室、单元控制室、主厂房、生产办公楼等；

2）一般工作场所的室内照明、露天工作场所的照明为 95%，如运煤系统、露天油库及其他辅助生产厂房等；

3）事故照明、道路照明、障碍标志灯、警卫照明及电压为 12～36V 的照明为 90%。

对远离供电电源的工作场所，难以满足端电压为 95%额定电压的条件时，可降低到 90%。

二、正常照明网络供电方式

(1) 200MW 及以上大容量机组，当低压厂用系统为中性点不接地或经高电阻接地时，正常照明网络应采用中性点直接接地的照明专用的变压器供电，如图 18 - 40 所示。

(2) 200MW 以下中、小容量机组，当低压厂用系统为中性点直接接地系统时，照明与动力负荷可同台变压器供电。如电压质量不能满足照明负荷的要求，在技术经济合理时，也可采用照明专用变压器的供电方式，如图 18 - 41 所示。

(3) 当照明与动力负荷共用变压器时，主厂房

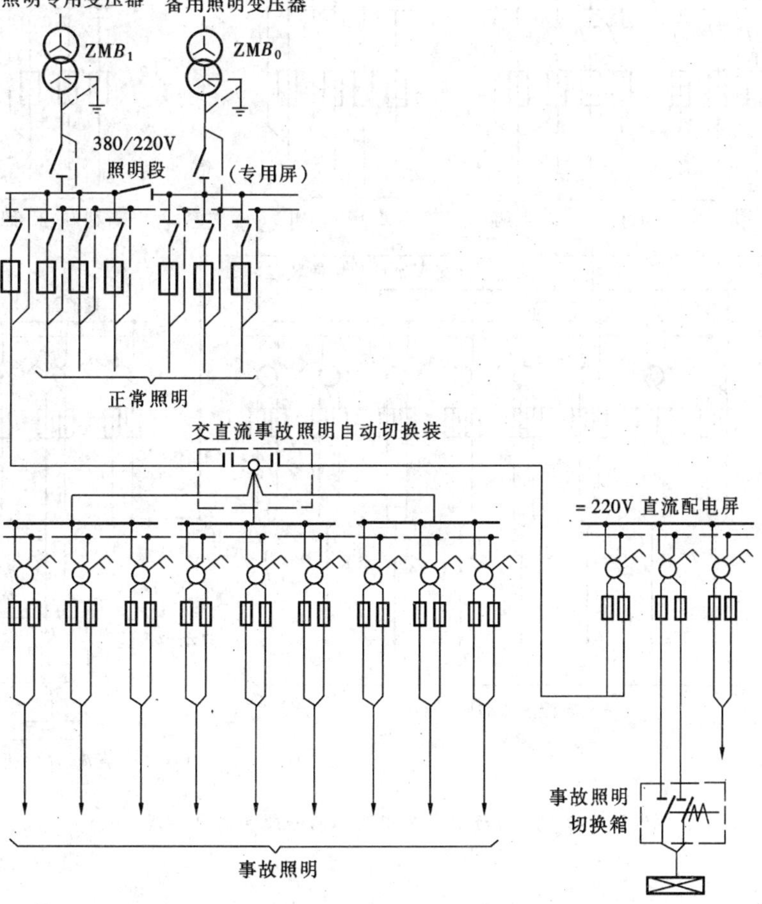

图 18 - 40　照明专用变压器供电的接线方式

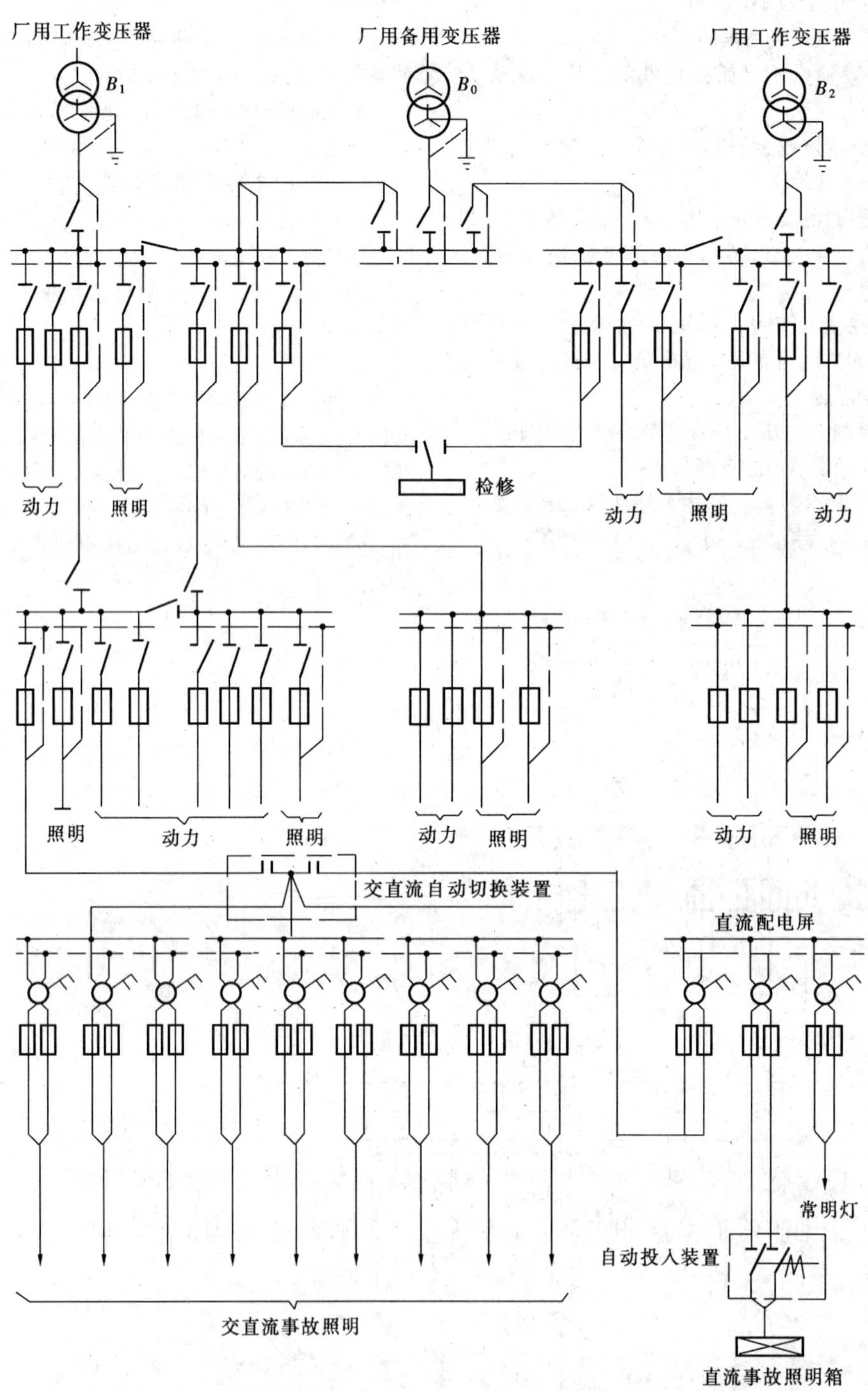

图 18-41 照明与动力共用变压器的照明供电接线方式

的正常照明一般由 380/220V 照明专用屏（段）或厂用中央配电屏供电，其他场所照明电源一般由所在场所或邻近车间专用配电屏供电。

(4) 手提式作业灯一般以 220/12～36V 携带式照明变压器供电。

(5) 锅炉本体各层步道平台上应设 12V 供电网络，供给检修作业灯的电源，但由于 12V 电压所需导线截面大，而且线路电压降也较大，所以可装设 220V 插座，但必须经照明变压器获得 12V 电压供给作业灯电源，以确保人身安全。

(6) 主厂房以外的车间、油库、喷水池等，一般由邻近专用屏供电。

(7) 厂区道路照明、警卫屋外配电装置照明一般可由主控制楼、网络控制楼专用屏供电，也可由 380/220V 厂用中央配电屏供电。其电源开关装设在控制室进行控制。

三、事故照明网络供电方式

(1) 单机容量为 200MW 以下发电厂的事故照明，正常情况下由厂用交流电源供电，事故时自动切换到蓄电池直流系统供电。事故照明可与正常照明同时使用，但在主控制室、网络控制室、单元控制室为了光色一致时，事故照明白炽灯正常时也可不使用。

对远离主厂房的重要车间的事故照明，如采用直流电源供电电压偏移较大或不经济时，也可采用应急灯。

(2) 单机容量为 200MW 及以上发电厂的单元控制室、网络控制室及柴油发电机房的事故照明，应由蓄电池直流系统供电，正常时不使用，当交流电源事故时自动投入到蓄电池直流系统供电。

对汽机房、锅炉房、各级电压的配电装置及其他场所的事故照明，均可由保安段供电，正常时由厂用电源供电，事故时由接于保安段的柴油发电机供电，如图 18－42 所示。

主厂房重要车间出入口及远离主厂房的重要车间的事故照明，可采用应急灯。

事故照明交直流电源自动切换装置的接线图如图 18－43 所示。

四、照明网络计算

（一）照明负荷计算

照明分支线路负荷：

$$P_{js} = \Sigma P_z(1 + a) \qquad (18-17)$$

照明主干线负荷：

$$P_{js} = \Sigma K_x P_z(1 + a) \qquad (18-18)$$

照明负荷不均匀分布时负荷：

$$P_{js} = \Sigma K_x \times 3P_{\max}(1 + a) \qquad (18-19)$$

上三式中　P_{js}——照明计算负荷（kW）；

P_z——正常照明或事故照明装置容量（kW）；

$P_{\max}$——最大一相照明装置容量（kW）；

K_x——照明装置需要系数，见表 18－21；

a——镇流器及其他附件损耗系数。白炽灯及卤钨灯，$a=0$；气体放电灯，$a=0.2$。

（二）照明变压器容量选择

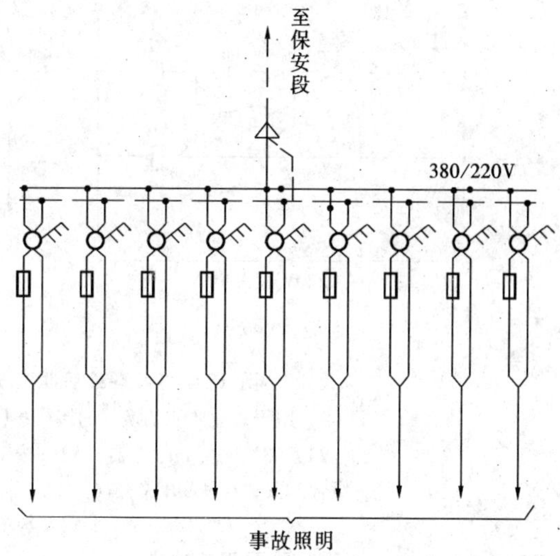

图 18－42　事故照明专用屏以保安电源供电的接线方式

$$S_t \geqslant \Sigma\left(K_t P_z \frac{1+a}{\cos\varphi}\right)$$

式中　S_t——照明变压器额定容量（kVA）；

K_t——照明负荷同时系数，见表 18－22；

$\cos\varphi$——光源功率因数，白炽灯及卤钨灯的 $\cos\varphi=1$，气体放电灯的 $\cos\varphi=0.6$；

P_z、a 的含义同式（8－17）。

（三）照明线路导线截面选择

照明线路导线截面应按线路计算电流进行选择，按电压损失、机械强度允许的最小导线截面进行校验，并应与供电回路保护设备相互配合。

选择导线截面可按下列步骤进行。

1. 按线路计算电流选择导线截面

线路计算电流应满足下列条件：

$$KI_{cy} \geqslant I_{js}$$

式中　I_{cy}——导线持续允许载流量（A），见表 18－23、表 18－24；

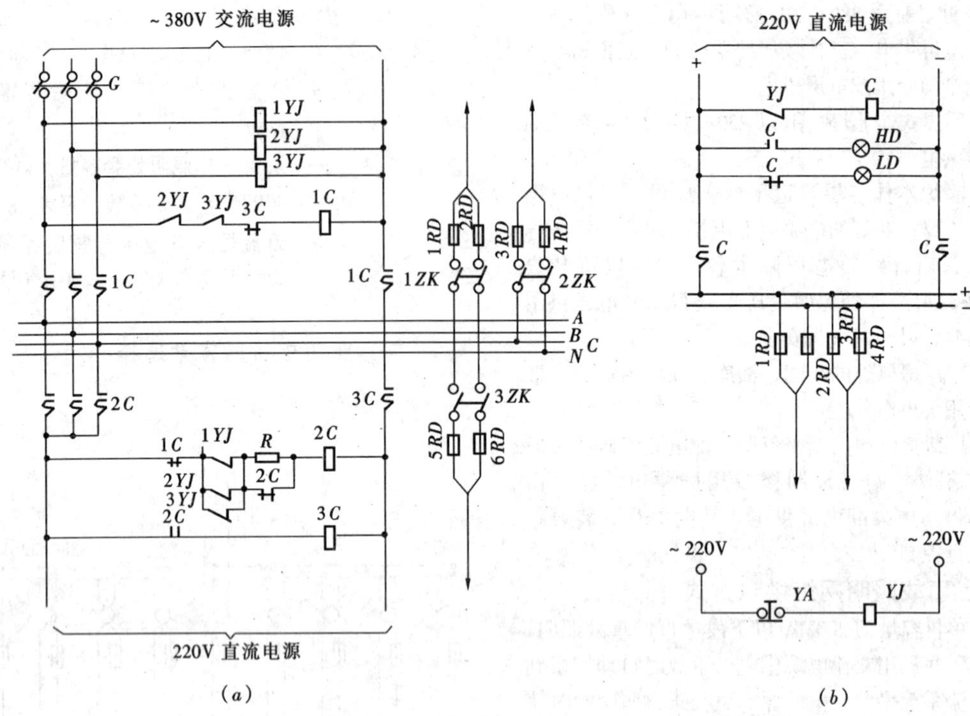

图 18-43　事故照明交直流电源自动切换装置接线图

(a) 用于事故照明切换屏的接线；(b) 用于事故照明切换箱的接线 YJ、1YJ、2YJ、3YJ—电磁继电器；YA—按钮；HD、LD—红绿灯；1ZK、2ZK、3ZK—组合开关；G—刀开关；1C、2C—交流接触器；C、3C—直流接触器；R—电阻；1RD～6RD—熔断器

表 18-21　照明装置需要系数 K_x

工作场所	K_x 值	
	正常照明	事故照明
主厂房、运煤系统	0.9	1.0
主控制楼、屋内配电装置	0.85	1.0
化学水处理室、中心修配厂	0.85	
办公楼、试验室、材料库	0.8	
屋外照明	1.0	

I_{js}——照明线路计算电流（A）；

K——导线在不同环境温度时的载流量校正系数，见表 18-25。

(1) 当照明负荷为一种光源时，线路计算电流可按下式计算：

1) 单相照明线路：

白炽灯、卤钨灯

$$I_{js}=\frac{P_{js}}{U_{exg}} \tag{18-20}$$

气体放电灯

表 18-22　照明负荷同时系数 K_t

工作场所	K_t 值	
	正常照明	事故照明
汽机房	0.8	1.0
锅炉房	0.8	1.0
主控制楼	0.8	0.9
运煤系统	0.7	0.8
屋内配电装置	0.3	0.3
屋外配电装置	0.3	
辅助生产建筑物	0.6	
办公楼	0.7	
道路及警卫照明	1.0	
其他露天照明	0.8	

$$I_{js}=\frac{P_{js}}{U_{exg}\cos\varphi} \tag{18-21}$$

上二式中　I_{js}——照明线路计算电流（A）；

P_{js}——线路计算负荷（kW）；

U_{exg}——线路额定相电压（kV）；

$\cos\varphi$——气体放电灯的功率因数。

2) 三相四线照明线路：

白炽灯、卤钨灯

表 18－23　单芯塑料绝缘导线的持续允许载流量（A）

截面（mm^2）	在空气中敷设		导线穿金属管敷设时，管内穿导线的根数						导线穿硬塑料管敷设时，管内穿导线的根数					
			2 根		3 根		4 根		2 根		3 根		4 根	
	铜	铝	铜	铝	铜	铝	铜	铝	铜	铝	铜	铝	铜	铝
1.0	19		14		13		11		12		11		10	
1.5	24	18	19	15	17	13	16	12	16	13	15	11.5	13	10
2.5	32	25	26	20	24	18	22	15	24	18	21	16	19	14
4	42	32	35	27	31	24	28	22	31	24	28	22	25	19
6	55	42	47	35	41	32	37	28	41	31	36	27	32	25
10	75	59	65	49	57	44	50	38	56	42	49	38	44	33
16	105	80	82	63	73	56	65	50	72	55	65	49	57	44
25	138	105	107	80	95	70	85	65	95	73	85	65	75	57
35	170	130	133	100	115	90	105	80	120	90	105	80	93	70
50	215	165	165	125	146	110	130	100	150	114	132	102	117	90
70	265	205	205	155	183	143	165	127	185	145	167	130	148	115
95	325	250	250	190	225	170	200	152	230	175	205	158	185	140
120	375	285	290	220	260	195	230	172	270	200	240	180	215	160
150	430	325	330	250	300	225	265	200	305	230	275	207	250	185

注　1. 本表适用导线型号：BV、BLV。
2. 线芯允许工作温度：＋65℃。
3. 周围环境温度：＋25℃。

表 18－24　单芯橡皮绝缘导线的持续允许载流量（A）

截面（mm^2）	在空气中敷设		导线穿金属管敷设时，管内穿导线的根数						导线穿硬塑料管敷设时，管内穿导线的根数					
			2 根		3 根		4 根		2 根		3 根		4 根	
	铜	铝	铜	铝	铜	铝	铜	铝	铜	铝	铜	铝	铜	铝
1.0	21		15		14		12		13		12		11	
1.5	27	19	20	15	18	14	17	11	17	14	16	12	14	11
2.5	35	27	28	21	25	19	23	16	25	19	22	17	20	15
4	45	35	37	28	33	25	30	23	33	25	30	23	26	20
6	58	45	49	37	43	34	39	30	43	33	38	29	34	26
10	85	65	68	52	60	46	53	40	59	44	52	40	46	35
16	110	85	86	66	77	59	69	52	76	58	68	52	60	46
25	145	110	113	86	100	76	90	68	100	77	90	68	80	60
35	180	138	140	106	122	94	110	83	125	95	110	84	98	74
50	230	175	175	133	154	118	137	105	160	120	140	108	123	95
70	285	220	215	165	193	150	173	133	195	153	175	135	155	120
95	345	265	260	200	235	180	210	160	240	184	215	165	195	150
120	400	310	300	230	270	210	245	190	278	210	250	190	227	170
150	470	360	340	260	310	240	280	220	320	250	290	227	265	205

注　1. 本表适用导线型号：BX、BLX、BXF、BLXF。
2. 线芯允许工作温度：＋65℃。
3. 周围环境温度：＋25℃。

表 18-25 导线载流量温度校正系数（K）

线芯工作温度（℃）	环境温度（℃）								
	5	10	15	20	25	30	35	40	45
80	1.17	1.13	1.09	1.04	1.0	0.95	0.9	0.85	0.8
65	1.22	1.17	1.12	1.06	1.0	0.94	0.87	0.79	0.71
60	1.25	1.20	1.13	1.07	1.0	0.93	0.85	0.76	0.66
50	1.34	1.26	1.18	1.09	1.0	0.90	0.78	0.63	0.45

$$I_{js}=\frac{P_{js}}{\sqrt{3}U_{ex}} \tag{18-22}$$

气体放电灯

$$I_{js}=\frac{P_{js}}{\sqrt{3}U_{ex}\cos\varphi} \tag{18-23}$$

式中 I_{js}——照明线路计算电流（A）；

P_{js}——线路计算负荷（kW）；

U_{ex}——线路额定线电压（kV）；

$\cos\varphi$——气体放电灯的功率因数。

（2）当照明负荷为两种光源时，线路计算电流可按下式计算：

$$I_{js}=[(I_{js1}\cos\varphi_1+I_{js2}\cos\varphi_2)^2+(I_{js1}\sin\varphi_1+I_{js2}\sin\varphi_2)^2]^{\frac{1}{2}} \tag{18-24}$$

式中 I_{js1}、I_{js2}——分别为气体放电灯及白炽灯（或卤钨灯）的计算电流（A）；

$\cos\varphi_1$——气体放电灯的功率因数，$\cos\varphi=0.6$，则 $\sin\varphi=0.8$；

$\cos\varphi_2$——白炽灯或卤钨灯的功率因数，$\cos\varphi_2=1$ 则 $\sin\varphi_2=0$。

将 $\cos\varphi$、$\sin\varphi$ 数据代入式 18-24 得：

$$I_{js}=\sqrt{(0.6I_{js1}+I_{js2})^2+(0.8I_{js1})^2} \tag{18-25}$$

2．按线路允许电压损失校验导线截面

（1）单相线路电压损失计算：

$$\Delta U\%=\frac{2}{U_e}(r_0\cos\varphi+x_0\sin\varphi)\Sigma I_{js}L\times 100\% \tag{18-26}$$

式中 $\Delta U\%$——线路电压损失百分值；

r_0、x_0——分别为线路单位长度的电阻与电抗（Ω/km）；

U_e——线路额定相电压（V）；

L——线路长度（km）；

$\cos\varphi$——线路功率因数；

I_{js}——线路计算电流。

式(18-26)中单位长度电阻可查表 18-34，单位长度电抗可按下式计算：

$$x_0=0.145\lg\frac{2L'}{D}+0.0157\mu \tag{18-27}$$

式中 L'——导线间的距离（m），对三相线路为导线间的几何均距，380V 及以下的三相架空线路，可取 $L'=0.5$m；

D——导线直径（m）；

μ——导线相对导磁率，对有色金属 $\mu=1$。

（2）三相四线平衡线路电压损失计算：

$$\Delta U\%=\frac{1.73}{U_{ex}}(r_0\cos\varphi+x_0\sin\varphi)\Sigma I_{js}L\times 100\% \tag{18-28}$$

式中 U_{ex}——线路额定线电压（V）；

其它符号含义同式（18-26）。

（3）电压损失的简化计算：

1）负荷力矩法。适用于当线路功率因数 $\cos\varphi=1$，且负荷均匀分布时。其简化计算公式：

$$\Delta U\%=\frac{\Sigma M}{CS}\times 100\% \tag{18-29}$$

其中 $$\Sigma M=\Sigma P_{js}L$$

式中 $\Delta U\%$——线路的电压损失（%）；

ΣM——线路的总负荷力矩（kWm）；

P_{js}——线路计算功率（kW）；

L——线路长度（km）；

S——导线截面（mm^2）；

C——电压损失计算系数，与导线材料、供电系统类别及线路电压有关，见表 18-26。

表 18-26 电压损失计算系数 C

线路额定电压（V）	供电系统类别	C 值计算式	C 值 铜	C 值 铝
380/220	三相四线	$10\gamma U_{ex}^2$	70	41.6
380/220	二相三线	$\frac{10\gamma U_{ex}^2}{2.25}$	31.1	18.5
380	单相交流或直流两线系统	$5\gamma U_{exg}^2$	35	20.8
220			11.7	6.96
110			2.94	1.74
36			0.32	0.19
24			0.14	0.083
12			0.035	0.021

注 1．线芯工作温度为 50℃。

2．U_{ex} 为额定线电压，U_{exg} 为额定相电压，单位为 kV。

3．γ 为电导率，铜线 $\gamma=48.5\text{m}/\Omega\cdot\text{mm}^2$；铝线 $\gamma=28.8\text{m}/\Omega\cdot\text{mm}^2$。

表 18－27　　**380/220V 三相四线系统铝导线负荷力矩（kWm）**

电压损失（%）	截面（mm^2）									
	2.5	4	6	10	16	25	35	50	70	95
0.2	20.8	33.3	49.9	83.2	133.1	208	291.2	416	582.4	790.4
0.4	41.6	66.6	99.8	166.4	266.2	416	582.4	832	1164.8	1580.8
0.6	62.4	99.8	149.8	249.6	399.4	624	873.6	1248	1747.2	2371.2
0.8	83.2	133.2	199.7	332.8	532.5	832	1164.8	1664	2329.6	3661.6
1.0	104	116.4	249.6	416	665.6	1040	1456	2080	2912	3952
1.2	124.8	199.7	299.5	499.2	798.7	1248	1747.2	2496	3494.4	4742.4
1.4	145.6	233	349.4	582.4	931.8	1456	2038.4	2912	4076.8	5532.8
1.6	166.4	266.2	399.4	665.6	1065	1664	2329.6	3328	4659.2	6323.2
1.8	187.2	299.5	449.3	748.8	1198.1	1872	2620.8	3744	5241.6	7113.6
2.0	208	333	499.2	832	1331.2	2080	2912	4160	5824	7904
2.2	228.8	366.1	549.1	915.2	1464.3	2288	3203.2	4576	6406.4	8694.4
2.4	249.6	399.4	599	998.4	1597.4	2496	3494.4	4992	6988.8	9484.8
2.6	270.4	432.6	649	1081.6	1730.6	2704	3785.6	5408	7571.2	10275.2
2.8	291.2	465.9	698.9	1164.8	1863.7	2912	4076.8	5824	8153.6	11265.6
3.0	312	499.2	748.8	1248	1996.8	3120	4368	6240	8736	11856
3.2	332.8	532.5	798.7	1331.2	2129.9	3328	4659.2	6656	9318.4	12646.4
3.4	353.6	565.8	848.6	1414.4	2263	3536	4950.4	7072	9900.8	13436.8
3.6	374.4	599	898.6	1497.6	2396.2	3744	5241.6	7488	10483.2	14227.2
3.8	395.2	632.3	948.5	1580.8	2529.3	3952	5532.8	7904	11065.6	15017.6
4.0	416	665.6	998.4	1664	2662.4	4160	5824	8320	11648	15808
4.2	436.8	698.9	1048.3	1747.2	2795.5	4368	6115.2	8736	12230.4	16598.4
4.4	457.6	732.2	1098.2	1830.4	2928.6	4576	6406.4	9152	12812.8	17388.8
4.6	478.4	765.4	1148.2	1913.6	3061.8	4784	6697.6	9568	13395.2	18179.2
4.8	499.2	798.7	1198.1	1996.8	3194.9	4992	6988.8	9984	13977.6	18969.6
5.0	520	832	1248	2080	3328	5200	7280	10400	14560	19760

表 18－28　　**380/220V 系统铝导线负荷力矩（kWm）**

截面（mm^2） 电压损失（%）	单相带零线						两相三线						
	2.5	4	6	10	16	25	2.5	4	6	10	16	25	35
0.2	3.5	5.6	8.4	13.9	22.3	34.8	9.3	14.8	22.2	37	59.2	92.5	129.5
0.4	6.96	11.1	16.7	27.8	44.5	69.6	18.5	29.6	44.4	74	118.4	185	259
0.6	10.4	16.7	25.1	41.8	66.8	104.4	27.8	44.4	66.6	111	177.6	277.5	388.5
0.8	13.9	22.3	33.4	55.7	89.1	139.2	37	59.2	88.8	148	236.8	370	518
1.0	17.4	27.8	41.8	69.6	111.4	174	46.3	74	111	185	296	462.5	647.5
1.2	20.9	33.4	50.1	83.5	133.6	208.8	55.5	88.8	133.2	222	355.2	555	777
1.4	24.4	39	58.5	97.4	155.9	243.6	64.8	103.6	155.4	259	414.4	647.5	906.5
1.6	27.8	44.5	66.8	111.4	178.2	278.4	74	118.4	177.6	296	473.6	740	1036
1.8	31.3	50.1	75.2	125.3	200.4	313.2	83.3	133.2	199.8	333	532.8	832.5	1165.5
2.0	34.8	55.7	83.5	139.2	222.7	348	92.5	148	222	370	592	925	1295

续表

截面（mm^2） 电压损失（%）	单相带零线						两相三线						
	2.5	4	6	10	16	25	2.5	4	6	10	16	25	35
2.2	38.3	61.2	91.9	153.1	245	382.8	101.8	162.8	244.2	407	651.2	1017.5	1424.5
2.4	41.8	66.8	100.2	167	267.3	417.6	111	177.6	266.4	444	710.4	1110	1554
2.6	45.2	72.4	108.6	181	289.5	452.4	120.3	192.4	288.6	481	769.6	1202.5	1683.5
2.8	48.7	78	117	194.9	311.8	487.2	129.5	207.2	310.8	518	828.8	1295	1813
3.0	52.2	83.5	125.3	208.8	334.1	522	138.8	222	333	555	888	1387.5	1942.5
3.2	55.7	89.1	133.6	222.7	356.4	556.8	148	236.8	355.2	592	947.2	1480	2072
3.4	59.2	94.7	142	236.6	378.6	591.6	157.3	251.6	377.4	629	1006.4	1572.5	2201.5
3.6	62.6	100.2	150.3	250.6	400.9	626.4	166.5	266.4	399.6	666	1065.6	1665	2331
3.8	66.1	105.8	158.7	264.5	423.2	661.2	175.8	281.2	421.8	703	1124.8	1757.5	2460.5
4.0	69.6	111.4	167	273.4	445.4	696	185	296	444	740	1184	1850	2590
4.2	73.1	117	175.4	292.3	467.7	730.8	194.3	310.8	466.2	777	1243.2	1942.5	2719.5
4.4	76.6	122.5	183.7	306.2	490	765.6	203.5	325.6	488.4	814	1302.4	2035	2849
4.6	80	128.1	192.1	320.2	512.3	800.4	212.8	340.4	510.6	851	1361.6	2127.5	2978.5
4.8	83.5	133.6	200.4	334.1	534.5	835.2	222	355.2	532.8	888	1420.8	2220	3108
5.0	87	139.2	208.8	348	556.8	870	231.3	370	555	925	1480	2312.5	3237.5

表 18-29　380/220V 三相四线系统铜导线负荷力矩（kWm）

电压损失（%）	截面（mm^2）										
	1.5	2.5	4	6	10	16	25	35	50	70	95
0.2	21	35	56	84	140	224	350	490	700	980	1330
0.4	42	70	112	168	280	448	700	980	1400	1960	2660
0.6	63	105	168	252	420	672	1050	1470	2100	2940	3990
0.8	84	140	224	336	560	896	1400	1960	2800	3920	5320
1.0	105	175	280	420	700	1120	1750	2450	3500	4900	6650
1.2	126	210	336	584	840	1344	2100	2940	4200	5880	7980
1.4	147	245	392	588	980	1568	2450	3430	4900	6860	9310
1.6	168	280	448	672	1120	1792	2800	3920	5600	7840	10640
1.8	189	315	504	756	1260	2016	3150	4410	6300	8820	11970
2.0	210	350	560	840	1400	2240	3500	4900	7000	9800	13300
2.2	231	385	616	924	1540	2464	3850	5390	7700	10780	14630
2.4	252	420	672	1008	1680	2688	4200	5880	8400	11760	15960
2.6	273	455	728	1092	1820	2912	4550	6370	9100	12740	17290
2.8	294	490	784	1176	1960	3136	4900	6860	9800	13720	18320
3.0	315	525	840	1260	2100	3360	5250	7350	10500	14700	19950
3.2	336	560	896	1344	2240	3584	5600	7840	11200	15680	21280
3.4	357	595	952	1428	2380	3808	5950	8330	11900	16660	22610
3.6	378	630	1008	1512	2520	4032	6300	8820	12600	17640	23940
3.8	399	665	1064	1596	2660	4256	6650	9310	13300	18620	25270
4.0	420	700	1120	1680	2800	4480	7000	9800	14000	19600	26600

续表

电压损失（%）	截　面　（mm²）										
	1.5	2.5	4	6	10	16	25	35	50	70	95
4.2	441	735	1176	1764	2940	4704	7350	10290	14700	20580	27930
4.4	462	770	1232	1848	3080	4928	7700	10780	15400	21560	29260
4.6	483	805	1288	1932	3220	5152	8050	11270	16100	22540	30590
4.8	504	840	1344	2016	3360	5376	8400	11760	16800	23520	31920
5.0	525	875	1400	2100	3500	5600	8750	12250	17500	24500	33250

表 18－30　　380/220V 系统铜导线负荷力矩（kWm）

截面（mm²） 电压损失（%）	单相带零线							两线三线					
	1	1.5	2.5	4	6	10	16	1.5	2.5	4	6	10	16
0.2	2.3	3.5	5.9	9.4	14	23.4	37.4	9.3	15.6	24.9	37.2	62.2	99.5
0.4	4.7	7	11.8	18.7	28.1	46.8	74.9	18.7	31.1	49.8	74.4	24.4	199
0.6	7	10.5	17.7	28.1	42.1	70.2	112.3	28	46.7	74.6	111.6	186.6	298.5
0.8	9.4	14	23.6	37.4	56.2	93.6	149.8	37.3	62.2	99.5	148.8	248.8	398
1.0	11.7	17.6	29.5	46.8	70.2	117	187.2	46.7	77.8	124.4	186	311	497.5
1.2	14	21.1	35.4	56.2	84.2	140.4	224.6	56	93.3	149.3	223.2	373.2	597
1.4	16.4	24.6	41.3	65.5	98.3	163.8	262.1	65.3	108.9	174.2	260.4	435.4	696.5
1.6	18.7	28.1	47.2	74.9	112.3	187.2	299.5	74.6	124.4	199	297.6	497.6	796
1.8	21.1	31.6	53.1	84.2	126.4	210.6	337	84	140	223.9	334.8	559.8	895.5
2.0	23.4	35.1	59	93.6	140.4	234	374.4	93.3	155.5	248.8	372	622	995
2.2	25.7	38.6	64.9	103	154.4	257.4	411.8	102.6	171.1	273.7	409.2	684.2	1094.5
2.4	28.1	42.1	70.8	112.3	168.5	280.8	449.3	112	186.6	298.6	446.4	746.4	1194
2.6	30.4	45.6	76.7	121.7	182.5	304.2	486.7	121.3	202.2	323.4	483.6	808.6	1293.5
2.8	32.8	49.1	82.6	131	196.6	327.6	524.2	130.6	217.7	348.3	520.8	870.8	1393
3.0	35.1	52.7	88.5	140.4	210.6	351	561.6	140	233.3	373.2	558	933	1492.5
3.2	37.4	56.2	94.4	149.8	224.6	374.4	599	149.3	248.8	398.1	595.2	995.2	1592
3.4	39.8	59.7	100.3	159.1	238.7	397.8	636.5	158.6	264.4	423	632.4	1057.4	1691.5
3.6	42.1	63.2	106.2	168.5	252.7	421.2	673.9	167.9	280	447.8	669.6	1119.6	1791
3.8	44.5	66.7	112.1	177.8	266.8	444.6	711.4	177.3	295.5	472.7	706.8	1181.8	1890.5
4.0	46.8	70.2	118	187.2	280.8	468	748.8	186.6	311	497.6	744	1244	1990
4.2	49.1	73.7	123.9	196.6	294.8	491.4	786.2	195.9	326.6	522.5	781.2	1306.2	2089.5
4.4	51.5	77.2	129.8	205.9	308.9	514.8	823.7	205.3	342.1	547.4	818.4	1368.4	2189
4.6	53.8	80.7	135.7	215.3	322.9	538.2	861.1	214.6	357.7	572.2	855.6	1430.6	2288.5
4.8	56.2	84.2	141.6	224.6	337	561.6	898.6	223.9	373.2	597.1	892.8	1492.8	2388
5.0	58.5	87.8	147.5	234	351	585	936	233.3	388.8	622	930	1555	2487.5

表 18-31 低压系统铜导线负荷力矩(kWm)

电压损失(%) \ 截面(mm^2)	直流和单相交流 12V						直流和单相交流 36V					
	1.5	2.5	4	6	10	16	1.5	2.5	4	6	10	16
1	0.0525	0.0875	0.014	0.21	0.35	0.56	0.48	0.8	1.4	2.1	3.5	5.6
2	0.105	0.175	0.028	0.42	0.7	1.12	0.96	1.6	2.8	4.2	7	11.2
3	0.1575	0.2625	0.042	0.63	1.05	1.68	1.44	2.4	4.2	6.3	10.5	16.8
4	0.21	0.35	0.056	0.84	1.4	2.24	1.92	3.2	5.6	8.4	14	22.4
5	0.2625	0.4375	0.07	1.05	1.75	2.8	2.4	4.0	7.0	10.5	17.5	28
6	0.315	0.525	0.084	1.26	2.1	3.36	2.88	4.8	8.4	12.6	21	33.6
7	0.3675	0.6125	0.098	1.47	2.45	3.92	3.36	5.6	9.8	14.7	24.5	39.2
8	0.42	0.7	0.112	1.68	2.8	4.48	3.48	6.4	11.2	16.8	28	44.8
9	0.4725	0.7875	0.126	1.89	3.15	5.04	4.32	7.2	12.6	18.9	31.5	50.4
10	0.525	0.875	0.14	2.1	3.5	5.6	4.8	8.0	14.0	21.0	35	56

表 18-32 低压系统铝导线负荷力矩(kWm)

电压损失(%) \ 截面(mm^2)	直流和单相交流 12V					直流和单相交流 36V				
	2.5	4	6	10	16	2.5	4	6	10	16
1	0.0525	0.084	0.126	0.21	0.336	0.475	0.76	1.14	1.9	3.04
2	0.105	0.168	0.252	0.42	0.672	0.95	1.52	2.28	3.8	6.08
3	0.1575	0.525	0.378	0.63	1.008	1.425	2.28	3.42	5.7	9.12
4	0.21	0.336	0.504	0.84	1.344	1.9	3.04	4.56	7.6	12.16
5	0.2625	0.42	0.63	1.05	1.68	2.375	3.8	5.7	9.5	15.2
6	0.315	0.504	0.756	1.26	2.016	2.85	4.56	6.84	11.4	18.24
7	0.3675	0.588	0.882	1.47	2.352	3.325	5.32	7.98	13.3	21.28
8	0.42	0.672	1.008	1.68	2.688	3.8	6.08	9.12	15.2	24.32
9	0.4725	0.756	1.134	1.89	3.024	4.275	6.84	10.26	17.1	27.36
10	0.525	0.84	1.21	2.1	3.36	4.75	7.6	11.4	19	30.4

表 18-33 荧光灯照明负荷的功率因数和镇流器的功率损失

光源和镇流器的特性	功率因数	镇流器功率损失为灯管功率的%
荧光灯有电感镇流元件无补偿电容	0.5	20
汞灯（荧光汞灯）有电感镇流元件无补偿电容	0.57~0.6	10
荧光灯有电感镇流元件和补偿电容器	0.9	20

为了工程使用方便，也可查表 18-27~表 18-32，得出不同导线截面在不同允许电压降下所允许的负荷力矩。

2）电流力矩法。适用于连接有荧光灯、高压汞灯及其它气体放电灯的线路，其功率因数低（见表 18-33），其简化计算公式：

$$\Delta U\% = M\Delta u'\% \quad (18-30)$$

$$M = I_{js}L \quad (18-31)$$

上二式中 M——电流力矩（A·km）；

I_{js}——回路计算电流（A）；

L——线路长度（km）；

$\Delta u'\%$——每 1Akm 电压损失的百分值，单相

表 18－34　　室内明线及穿管的铜、铝芯导线的电阻及电抗

导线截面 (mm²)	铜 (Ω/km)			铝 (Ω/km)		
	电阻 r_e（50℃）	电抗 x		电阻 r_e（50℃）	电抗 x	
		明线间距 150mm	穿管电线		明线间距 150mm	穿管电线
1.5	13.7387		0.109			
2.5	8.2432	0.337	0.102	13.8880	0.337	0.1020
4.0	5.1520	0.318	0.095	8.6800	0.318	0.0950
6.0	3.4347	0.309	0.090	5.7864	0.309	0.0900
10	2.0608	0.286	0.073	3.4720	0.286	0.0730
16	1.2880	0.271	0.0675	2.1700	0.271	0.0675
25	0.8243	0.257	0.0662	1.3898	0.257	0.0662
35	0.5888	0.246	0.0637	0.9909	0.246	0.0637
50	0.4122	0.235	0.0625	0.6944	0.235	0.0625
70	0.2944	0.224	0.0612	0.4960	0.224	0.0612
95	0.2169	0.215	0.0602	0.3655	0.215	0.0602
120	0.1717	0.208	0.0602	0.2893	0.208	0.0602
150	0.1374	0.201	0.0596	0.2314	0.201	0.0596
185	0.1114	0.194	0.0596	0.1876	0.194	0.0596
240	0.0859	0.186	0.0587	0.1446	0.186	0.0587

表 18－35　　单相 220V 网络（单相和零线）电流力矩为 1A·km 时的电压损失 $\Delta u'$%

网络结构形式	截面 (mm²)	功率因数								
		0.2	0.3	0.4	0.5	0.6	0.7	0.8	0.9	1.0
铝芯电缆和穿管敷设铝导线	2.5	2.425	3.205	4.25	5.35	6.4	7.44	8.46	9.5	10.5
	4	1.54	2.04	2.70	3.36	4.0	4.65	5.29	5.95	6.56
	6	1.05	1.38	1.815	2.25	2.68	3.12	3.62	3.98	4.37
	10	0.65	0.847	1.107	1.33	1.625	1.885	2.13	2.39	2.62
	16	0.438	0.554	0.71	0.865	1.04	1.19	1.349	1.50	1.64
	25	0.264	0.354	0.475	0.57	0.675	0.775	0.87	0.97	1.04
	35	0.216	0.277	0.354	0.424	0.493	0.57	0.64	0.70	0.74
在瓷柱和绝缘子上敷设铝导线	2.5	2.58	3.39	4.45	5.61	6.5	7.52	8.52	9.56	10.5
	4	1.71	2.22	2.88	3.51	4.15	4.8	5.41	6.04	6.56
	6	1.23	1.56	1.99	2.42	2.83	3.26	3.72	4.05	4.37
	10	0.814	1.02	1.27	1.48	1.765	2.01	2.24	2.46	2.62
	16	0.657	0.71	0.865	1.02	1.165	1.31	1.45	1.57	1.64
	25	0.433	0.52	0.635	0.71	0.804	0.89	0.965	1.04	1.04
	35	0.364	0.425	0.494	0.555	0.624	0.675	0.725	0.76	0.74

续表

网络结构形式	截面 (mm²)	功率因数								
		0.2	0.3	0.4	0.5	0.6	0.7	0.8	0.9	1.0
架空铝导线	16	0.587	0.725	0.95	1.01	1.14	1.28	1.4	1.5	1.64
	25	0.487	0.555	0.64	0.725	0.804	0.883	0.95	1.0	1.05
	35	0.435	0.46	0.52	0.57	0.631	0.675	0.718	0.725	0.74
	50	0.384	0.399	0.425	0.46	0.493	0.52	0.545	0.55	0.493

表 18-36　三相四线 380/220V 网络电流力矩为 1A·km 时的电压损失 $\Delta u'$%

网络结构形式	截面 (mm²)	功率因数								
		0.2	0.3	0.4	0.5	0.6	0.7	0.8	0.9	1.0
铝芯电缆和穿管敷设铝导线	2.5	1.405	1.86	2.46	3.1	3.7	4.3	4.9	5.5	6.05
	4	0.893	1.18	1.56	1.94	2.31	2.69	3.06	3.44	3.8
	6	0.608	0.80	1.05	1.3	1.55	1.8	2.09	2.30	2.53
	10	0.375	0.49	0.64	0.77	0.94	1.09	1.23	1.38	1.51
	16	0.25	0.32	0.41	0.5	0.60	0.69	0.78	0.87	0.95
	25	0.153	0.205	0.275	0.33	0.39	0.45	0.505	0.56	0.6
	35	0.125	0.16	0.205	0.245	0.285	0.34	0.37	0.405	0.43
	50	0.096	0.12	0.15	0.18	0.22	0.235	0.26	0.285	0.3
	70	0.075	0.095	0.12	0.14	0.155	0.175	0.19	0.21	0.22
	95	0.071	0.08	0.09	0.105	0.125	0.135	0.145	0.155	0.16
	120	0.061	0.07	0.08	0.09	0.1	0.11	0.12	0.13	0.13
在瓷柱和绝缘子上敷设铝导线	2.5	1.49	1.96	2.57	3.22	3.76	4.35	4.93	5.53	6.05
	4	0.99	1.285	1.66	2.03	2.4	2.77	3.13	3.49	3.8
	6	0.71	0.903	1.15	1.4	1.635	1.88	2.15	2.341	2.53
	10	0.47	0.588	0.734	0.856	1.02	1.16	1.295	1.424	1.515
	16	0.328	0.41	0.50	0.59	0.675	0.76	0.84	0.91	0.95
	25	0.25	0.30	0.36	0.41	0.465	0.515	0.56	0.60	0.605
	35	0.21	0.245	0.285	0.32	0.36	0.39	0.42	0.44	0.435
	50	0.174	0.20	0.23	0.25	0.275	0.295	0.31	0.32	0.30
	70	0.152	0.17	0.19	0.205	0.22	0.23	0.24	0.245	0.215

续表

网络结构形式	截面 (mm²)	功率因数								
		0.2	0.3	0.4	0.5	0.6	0.7	0.8	0.9	1.0
在瓷柱和绝缘子上敷设铝导线	95	0.14	0.15	0.16	0.17	0.18	0.19	0.195	0.19	0.16
	120	0.13	0.14	0.15	0.155	0.16	0.16	0.16	0.16	0.13
架空铝导线										
	16	0.322	0.42	0.55	0.585	0.66	0.74	0.81	0.87	0.89
	25	0.276	0.32	0.37	0.42	0.465	0.51	0.55	0.58	0.57
	35	0.234	0.265	0.30	0.33	0.365	0.39	0.415	0.42	0.41
	50	0.216	0.23	0.245	0.27	0.285	0.30	0.315	0.32	0.285
	70	0.181	0.195	0.21	0.22	0.235	0.24	0.25	0.245	0.20
	95	0.165	0.175	0.185	0.19	0.20	0.20	0.20	0.19	0.15
	120	0.160	0.165	0.17	0.175	0.18	0.18	0.175	0.165	0.12

网络见表 18 - 35，三相四线制网络见表 18 - 36。

按照电流力矩法查表进行电压损失计算时，有以下几点说明：

①表中粗线框范围内电压损失值受感抗影响较大，必须按电流力矩法进行计算。而粗线框范围外的电压损失值受感抗影响不大，可按负荷力矩法进行计算。在采用架空线路的任何情况下，均应采用电流力矩法进行计算。

②在计算荧光灯及其他气体放电灯供电网络的电流时，应考虑镇流器、触发器等的功率损耗以及由它所引起的功率因数降低。

【例 3】　有一供电给荧光灯负荷的线路，其负荷容量为 40W × 300 = 12kW，荧光灯用电感镇流器，无补偿电容器，线路电压为 380/220V，铝导线穿管敷设，导线截面为 4 根 16mm²，试求线路上的电压损失。线路长度为 0.1km，镇流元件功率损耗为灯管功率的 20%。

解　线路电流按式（18 - 17）计算：

$$I = \frac{p_z(1+a)}{\sqrt{3}u\cos\varphi} = \frac{12(1+0.2)}{\sqrt{3}\times 0.38\times 0.5} = 43.76\text{A}$$

电流力矩为

$$M = JL = 43.76 \times 0.1 = 4.376\text{A}\cdot\text{km}$$

根据表 18 - 36 查得 380/220V 铝芯导线穿管敷设线路导线截面为 16mm²、$\cos\varphi = 0.5$ 时的 $\Delta u'\% = 0.5\%$。

故线路的电压损失为：

$$\Delta U\% = M\Delta u'\% = 4.376 \times 0.5 = 2.188\%$$

3. 按机械强度校验导线截面

按机械强度允许的最小导线截面见表 18 - 37。

表 18 - 37　机械强度允许的最小导线截面

导线用途及敷设方式		芯线最小截面 (mm²)		
		铜芯软线	铜线	铝线
照明灯具引线	工业厂房	0.5	0.8	2.5
	民用建筑	0.4	0.5	1.5
	室外	1.0	1.0	2.5
移动式用电设备	生产用	1.0		
	生活用	0.2		
绝缘导线明敷设	固定间距为：			
	1m 以下（室内）		1.0	2.5
	1m 以下（室外）		1.5	2.5
	1 ~ 2m（室内）		1.0	2.5
	1 ~ 2m（室外）		1.5	2.5
	3 ~ 6m		2.5	4.0
	7 ~ 10m		2.5	6.0
绝缘导线作进户线	档距为 10m 以下		2.5	4.0
	档距为 10 ~ 25m		4.0	6.0
厂区道路照明线路	绝缘导线穿管敷设	1.0	1.0	2.6
	裸导线架空敷设		6.0	16
接地线	裸线明敷设		4.0	6.0
	绝缘导线明敷设		1.5	2.5

（四）照明线路与保护装置的配合

导线和电缆的允许载流量，不应小于回路上熔丝的额定电流或自动空气开关脱扣器的整定电流。照明线路与保护装置之间应进行必要的配合。

为了避免照明线路导线、电缆过热，应在电流超过导线、电缆的长期允许电流值时把电流切断，所有照明线路均应装设短路保护。保护装置按如下原则选择：

（1）当线路末端发生单相接地短路故障时，其短路电流值不应小于熔断器熔丝电流的4倍，或不应小于自动空气开关瞬时过电流（或短延时）脱扣器整定电流的1.25倍。

（2）各种光源供电线路的允许载流量与保护装置的额定电流（或整定电流）的配合见表18－38。

表18－38　照明线路允许载流量与保护装置额定电流 I_e 配合

<table>
<tr><th colspan="2">保护装置类型</th><th>连接荧光灯、白炽灯、卤钨灯、金属卤化物灯的线路</th><th>连接汞灯的线路</th><th>连接高压钠灯的线路</th></tr>
<tr><td rowspan="2">熔断器</td><td>RL_1 型</td><td rowspan="4">$\geqslant I_e$</td><td>$\geqslant 1.3\sim1.7I_e$</td><td>$\geqslant 1.5I_e$</td></tr>
<tr><td>RC_1 型</td><td>$\geqslant 1\sim1.5I_e$</td><td>$\geqslant 1.1I_e$</td></tr>
<tr><td rowspan="2">自动空气开关</td><td>热脱扣器</td><td>$\geqslant 1.1I_e$</td><td>$\geqslant I_e$</td></tr>
<tr><td>瞬时脱扣器</td><td>$\geqslant I_e$</td><td>$\geqslant I_e$</td></tr>
</table>

照明线路除装设短路保护外，对下列场所的线路还应有过负荷保护：

宿舍、重要的仓库以及公共建筑物；

$Q-1$、$Q-2$、和 $G-1$ 级有爆炸危险的场所；

当有延燃性外层的绝缘导线明敷设在易燃体或难燃体的建筑结构上时。

第18－5节　照明装置

一、照明线路的敷设与控制方式

照明线路的敷设方式可分为明线敷设和暗线敷设两种。在确定照明线路敷设方式时，应考虑场所的用途、建筑结构及其环境特点等因素，以达到照明线路整齐美观、牢固可靠、检修安全方便、节约投资的目的。照明线路的走向及布置应与配电箱及其他电气设备的安装位置统一考虑，使之合理，并尽量避免照明线路与油、水、汽、消防系统管道设备的相互交叉、干扰。

（一）照明线路的敷设

对照明线路敷设有以下要求：

（1）在有爆炸危险、特别潮湿以及有可能受到机械损伤的场所，照明线路应采用穿钢管（或电线管）敷设，不能采用硬塑料管。导线一般采用塑料绝缘导线（BV型或BLV型）或橡皮绝缘导线（BX型或BLX型）。

在有酸、碱腐蚀性的屋内或屋外敷设的管线，应有耐（防）腐蚀的措施，如采用暗管敷设、铜芯塑料导线或采用硬塑料管等。

（2）照明线路穿管敷设时，导线（包括绝缘层）截面积的总和不应超过管子内截面积的10%，或管子内径不小于导线束直径的1.4～1.5倍。单芯橡皮、塑料绝缘导线穿管配合表见表18－39。

表18－39　单芯橡皮、塑料绝缘导线穿管配合

<table>
<tr><th rowspan="2">线芯截面（mm^2）</th><th colspan="5">焊接钢管
管内导线根数</th><th colspan="5">电线管
管内导线根数</th></tr>
<tr><th>2</th><th>3</th><th>4</th><th>5</th><th>6</th><th>2</th><th>3</th><th>4</th><th>5</th><th>6</th></tr>
<tr><td>1.0</td><td colspan="3">15</td><td colspan="2">20</td><td colspan="2">15</td><td colspan="2">20</td><td>25</td></tr>
<tr><td>1.5</td><td colspan="2">15</td><td colspan="2">20</td><td>25</td><td colspan="3">20</td><td colspan="2">25</td></tr>
<tr><td>2.5</td><td>15</td><td colspan="2">20</td><td colspan="2">25</td><td colspan="2">20</td><td colspan="3">25</td></tr>
<tr><td>4</td><td>15</td><td>20</td><td colspan="3">25</td><td colspan="2">20</td><td colspan="2">25</td><td>32</td></tr>
<tr><td>6</td><td colspan="2">20</td><td colspan="3">25</td><td>20</td><td colspan="2">25</td><td colspan="2">32</td></tr>
</table>

续表

<table>
<tr><th rowspan="2">线芯截面（mm²）</th><th colspan="5">焊接钢管
管内导线根数</th><th colspan="5">电线管
管内导线根数</th></tr>
<tr><th>2</th><th>3</th><th>4</th><th>5</th><th>6</th><th>2</th><th>3</th><th>4</th><th>5</th><th>6</th></tr>
<tr><td>10</td><td colspan="2">25</td><td colspan="3">32</td><td>25</td><td colspan="3">32</td><td>40</td></tr>
<tr><td>16</td><td>25</td><td colspan="3">32</td><td>40</td><td colspan="2">32</td><td colspan="3">40</td></tr>
<tr><td>25</td><td>32</td><td colspan="3">40</td><td>50</td><td>32</td><td colspan="2">40</td><td colspan="2"></td></tr>
<tr><td>35</td><td colspan="2">40</td><td colspan="3">50</td><td colspan="3">40</td><td colspan="2"></td></tr>
<tr><td>50</td><td>40</td><td colspan="2">50</td><td colspan="2">70</td><td colspan="5"></td></tr>
<tr><td>70</td><td>40</td><td colspan="2">50</td><td colspan="2">70</td><td colspan="5"></td></tr>
<tr><td>95</td><td>50</td><td colspan="4">70</td><td colspan="5"></td></tr>
<tr><td>120</td><td>50</td><td>70</td><td>80</td><td colspan="2"></td><td colspan="5"></td></tr>
<tr><td>150</td><td colspan="2">70</td><td>80</td><td colspan="2"></td><td colspan="5"></td></tr>
<tr><td>185</td><td>70</td><td>80</td><td colspan="3"></td><td colspan="5"></td></tr>
</table>

注　1. 本表适用于 BX、BLX、BBX、BBLX、BV、BLV 型等单芯导线。

2. 当管线长度等于或大于 50m、一个弯，40m、两个弯以及 20m、三个弯（弯曲角度均指 90°或 105°）时，应装设接线盒，或应选用大一线的管径。

3. 每两个 120°、135°、150°的弯曲角度，相当于一个 90°或 105°的角度。

4. 管径单位为 mm。

（3）一般情况下，管内敷设多组照明回路的导线时，其总根数不应超过 6 根；在有爆炸危险的场所，管内敷设导线的总根数，不应超过 4 根。

（4）不同电压等级和不同照明种类的导线，不能共管敷设。

（5）屋外配电装置、组合导线及母线桥下面，不应有照明架空线路穿过。

（6）除上述各类场所外，其他场所均可采用塑料绝缘塑料护套线（BVV 或 BLVV 型）明线敷设。

按环境条件选择常用导线型号及敷设方式见表 18－40。

（二）照明线路的控制

（1）在主要生产厂房内的一般照明，宜在照明配电箱内集中控制。对经常无人到达的场所（如厂用配电装置、发电机出线小室、通道、出入口等处）的照明，应装设单独的开关分散控制。

（2）正常照明分支线路的零线上，不应装设熔断器和开关设备。

（3）集中控制的照明分支线路上，不应连接插座及其他电气设备。

（4）厂区道路照明和烟囱、冷却水塔等高大建筑物（或构筑物）的障碍标志照明的控制，宜采用光电自动控制，也可在集中控制室或主控制室远方控制。

二、照明配电箱的选择和布置

（1）照明配电箱应按照明种类、工作电压、工作电流、有无进出线开关、工作场所环境条件进行选择。

（2）照明配电箱一般宜选用具有自动空气开关做为进出线开关的型式。其安装方式可根据使用场所环境条件确定明式或暗式安装，如在主控制室、网络控制室、计算机室、集中控制室、单元控制室等类似场所，一般宜选用暗式安装。

（3）在有爆炸危险的场所，应装设防爆型照明

表 18-40 按环境条件选择常用导线型号及敷设方式

导线型号	敷设方式	房间或场所的特性													
		干燥	潮湿	腐蚀	多尘	高温	火灾危险			爆炸危险					屋外沿墙
							H-1	H-2	H-3	Q-1	Q-2	Q-3	G-1	G-2	
BLVV	直敷布线（铅皮轧头固定）	○	-	-	-	-									-
BLVV（BLVV-1）①	直敷布线（塑料轧头固定）	+	+	+	○	-	+⑤		+⑤						+
BLV BLX、BBLX	瓷(塑料)夹布线	○	-	-	-	-									-
BLX、BBLX、BLV（BL-XF、BLV-1、BLV-105）①	鼓形绝缘子布线	○	+	-	○	○	+⑤		+⑤						+
BLX、BBLX、BLV（BLX-F、BLV-1、BLV-105）①	针式绝缘子布线	○	○	+④	○	○	+⑤		+⑤						○
BBLX、BLV、BLX（BV、BBX）②	钢管明布线	-	+	+④	+	+	○	○	○	○	○	○	○	○	+
BBLX、BLV、BLX（BV、BBX）②	钢管暗布线	+	○	+④	○	○	○	○	○	-	-	+	-	+	+
BBLX、BLV、BLX	电线管明布线	+	+		+	+	+	+	+						-
BBLX、BLV、BLX（BV、BBX）②	硬塑料管明布线	+	○	○	+	-	+	+	+					+	
BBLX、BLV、BLX（BV、BBX）②	硬塑料管暗布线	+	+	○	+	-	-	-	-						-
BBLX、BLV、BLX	充气软塑料管及板孔暗布线	○	-	-	-	-									
VLV、XLV（VV_2、XV_2）③	电缆明敷	-	+	+	-	-	+	+	+	+	+	+	+	+	-

注 表中符号说明：“○”推荐采用；“+”可采用；“-”建议不用；“空白”不允许采用。①高温场所采用 BLV-105 型，屋外采用 BLXF 型，BLV-1 型，BLVV-1 型，其余场所均采用 BLV 型，BLVV 型。②只有在 Q-1 级，G-1 级及有严重腐蚀的场所才采用 BV 或 BX 型。③只有在 Q-1 级，G-1 级场所采用 VV_2 或 XV_2 型铠装电缆。④所用的镀锌钢管及支架均应作防腐处理。⑤线路应远离可燃物，不允许敷设在未抹灰的易燃顶棚、板壁上，以及可燃液体管道的栈桥上。

配电箱。如采用非防爆型照明配电箱，则应将其装设在附近正常环境的场所。

对潮湿和有腐蚀性气体的场所，不应装设普通开启型照明配电箱。

(4) 照明配电箱的布置，应靠近负荷中心，并便于操作和维护。

(5) 照明配电箱的安装高度，一般为箱底距所在地面高度 1.3~1.5m。

三、照明开关、插座的选择和安装

(1) 生产厂房、车间不应使用拉线开关。

在有爆炸危险的场所，严禁装设普通开关。

(2) 照明开关宜安装在便于操作的出入口处。

(3) 照明开关的安装高度，除拉线开关外，一般取其中心距地面 1.3m 高。

(4) 插座的选择原则：

1) 对各种不同电压等级的插座，其插孔形状应有所区别；

2) 所有插座均应为带专用地线的单相三孔插座；

3) 在有爆炸危险的场所，应采用防爆型插座；

4) 潮湿、多尘的场所或屋外装设的插座，应采用密封防水型插座。

(5) 插座的安装高度

1) 在生产厂房、车间内插座的安装高度，一般为其中心距所在地面 0.3~1.3m。

2)在办公室和一般环境的室内插座的安装高

度，一般为其中心距所在地面 0.5～0.8m。

(6) 明敷设的照明分支线路，在引至开关、插座的部分，若采用非防护型的导线时，应有保护措施。

四、照明装置的接地与接零

(1) 在中性点直接接地的低压电力网中，电力照明装置宜采用低压接零保护。

(2) 在中性点非直接接地的低压电力网中，照明装置应采用低压接地保护。

(3) 照明装置中凡正常情况下不带电的金属部分均应接零（或接地）。发电厂和变电所应接零（或接地）的照明装置有：照明器、接线盒、开关及插座的金属外壳、照明专用配电屏、照明配电箱、降压变压器（携带式或固定式行灯变压器）及其金属支架、电缆接线盒的外壳、导线或电缆的金属外包皮及金属保护管等。

(4) 正常照明配电箱或照明专用配电屏的零母线应就近接地。

但装在木电杆上的照明装置或金属支架和具有不良导电性的地面（如木质地板、沥青、塑料等）的干燥房间内的照明装置可不接零（或不接地）。

(5) 凡应接零的设备，应采用各自单独的接零支线。

每个照明器的外壳应以单独的接零线与工作零线相连接，而不能将照明器的外壳与分支的工作零线相连接。若干个照明器的接零线不允许串联连接。其具体作法如图 18－44 所示。

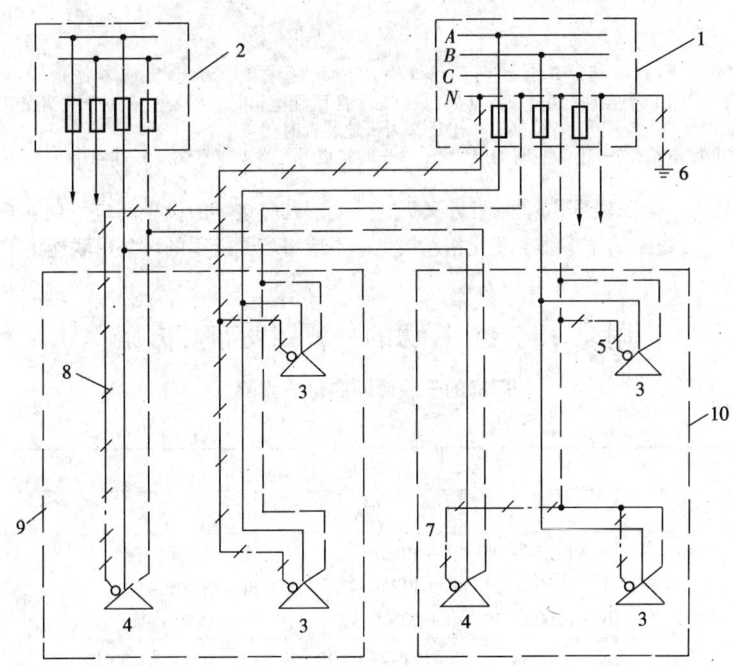

图 18－44　照明装置接零方式示意图

1—正常照明配电箱；2—事故照明配电箱；3—正常照明器；4—事故照明器；5—接零端子；6—接地装置；7—接零线；8—接地线；9—具有爆炸危险的场所；10—正常环境的场所

(6) 二次侧电压为 36V 及以下照明变压器必须采用双绕组的，严禁采用自耦降压变压器。其变压器二次侧的一端应予接零（或接地），电源侧应装设短路保护（如熔断器）。供携带式降压变压器的电源插座，其相线、零线应有所标志。

(7) 在有接零保护要求的中性点接地系统中，零线回路不应中断，故在零线上不应装设开关或熔断器。

(8) 在有爆炸危险的场所，应采用专用的接零线（或接地线）。

(9) 照明网络的工作零线两端必须可靠接地，其接地方式如下：

1) 在具有若干个照明配电箱的建筑物内，可将各配电箱引出的工作零线末端互相连接后接地，如图 18－45（*a*）所示。

2) 当建筑物内只有一个照明配电箱时，工作零线末端可接于就近的接地装置，如图 18－45（*b*）所示。

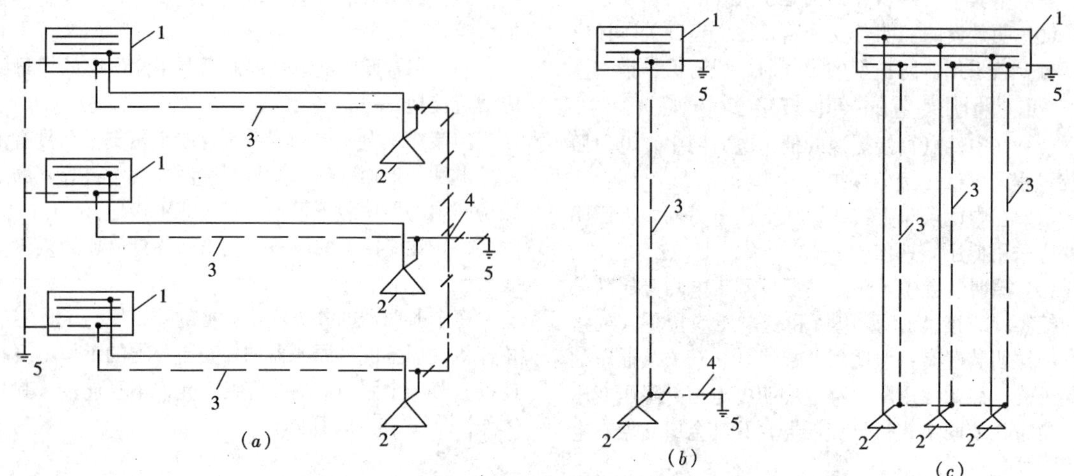

图 18-45 正常照明网络工作零线接地方式（小于50m不作）
（a）具有三个及以上照明配电箱时；（b）只有一个照明配电箱时；（c）只有一个照明配电箱，且附近又无接地装置时
1—正常照明配电箱；2—正常照明的照明器；3—正常照明网络工作零线；4—接地线；5—接地装置

3）当建筑物内只有一个照明配电箱而附近又无接地装置时，可将各分支线路工作零线末端互相连接即可，如图 18-45（c）所示。

凡应接零的设备，应采用各自单独的接零支线，不应将若干接零的设备串联连接于一根接零支线上。

附录 18-1 厂房的一般照明布灯方案

附表 18-1 **厂房的一般照明布灯方案表**

1. 跨距 9m

计算高度（m）	光源种数	规定照度 lx				
		10	20	30	50	75
6	一种	Ⅱ - P200B - 9 Ⅰ - P300B - 8 Ⅱ - S125G - 13	Ⅲ - P125G - 25 Ⅰ - P250G - 21 Ⅳ - P200B - 19	Ⅲ - P300B - 28 Ⅳ - P125G - 33 Ⅱ - S250G - 37	Ⅱ - S400G - 58 Ⅲ - S500B - 50 Ⅱ - P250G - 40	Ⅲ - P250G - 71 Ⅳ - S500B - 66
	二种			Ⅱ - P125G + P300B - 31 Ⅰ - P250G + P300B - 29	Ⅱ - P250G + P300B - 56 Ⅳ - P125G + P200B - 52 Ⅲ - P125G + P300B - 53	Ⅳ - P125G + P300B - 70 Ⅳ - S125G + S300B - 72
9	一种	Ⅱ - S200B - 9 Ⅰ - S125G - 7 Ⅰ - S300B - 8	Ⅰ - S250G - 19 Ⅲ - S300B - 22 Ⅲ - S125G - 20	Ⅱ - S250G - 37 Ⅰ - S400G - 31 Ⅳ - S300B - 28	Ⅲ - S250G - 54 Ⅱ - S400G - 59 Ⅳ - S500B - 48	Ⅳ - P250G - 68 Ⅱ - S400K - 80
	二种			Ⅱ - S125G + S300B - 28 Ⅰ - S250G + S500B - 32	Ⅱ - S250G + S300B - 52 Ⅰ - S125G + S250N - 45 Ⅰ - S250G + S250N - 57	Ⅱ - S400G + S300B - 74 Ⅰ - S250G + S400N - 80 Ⅲ - S250G + S300B - 76
12	一种	Ⅱ - S125G - 11 Ⅱ - S300B - 13 Ⅰ - S500B - 11	Ⅳ - S125G - 19 Ⅲ - S300B - 17 Ⅰ - S400G - 26	Ⅱ - S250G - 30 Ⅰ - S400K - 34 Ⅲ - S500B - 29	Ⅱ - S400G - 49 Ⅳ - S250G - 51 Ⅰ - S1000G - 48	Ⅲ - S400G - 69 Ⅲ - S400K - 88 Ⅱ - S400K - 65
	二种			Ⅰ - S400G + S500B - 36 Ⅲ - S125G + S300B - 32	Ⅱ - S250G + S500B - 51 Ⅰ - S250G + S250N - 45 Ⅲ - S250G + S300B - 58	Ⅱ - S125G + S250N - 69 Ⅰ - S400G + S400N - 73 Ⅱ - S400G + S500B - 70

续表

2. 跨距 12m

计算高度（m）	光源种数	规定照度 lx				
		10	20	30	50	75
6	一种	Ⅱ－P125G－13 Ⅲ－P200B－12 Ⅱ－S125G－11	Ⅲ－P125G－21 Ⅲ－P300B－23 Ⅰ－S400G－21	Ⅳ－P125G－28 Ⅲ－P250G－35 Ⅳ－P300B－31	Ⅲ－P250G－58 Ⅱ－S400G－49 Ⅳ－S500B－54	Ⅳ－P250G－78 Ⅲ－S400G－88
	二种			Ⅲ－P125G＋P200B－33	Ⅱ－P250G＋P300B－50	Ⅲ－P250G＋P300B－80
9	一种	Ⅱ－S125G－12 Ⅰ－S500B－11 Ⅲ－S200B－12	Ⅳ－S125G－21 Ⅲ－S300B－19 Ⅱ－S500B－22	Ⅱ－S250G－31 Ⅰ－S400K－36 Ⅲ－S500B－32	Ⅱ－S400G－50 Ⅲ－S250G－45 Ⅳ－S250G－59	Ⅲ－S400G－75 Ⅱ－S400K－66
	二种			Ⅰ－S250G＋S500B－27 Ⅰ－S400G＋S300B－33 Ⅲ－S125G＋S300B－36	Ⅰ－S250G＋S250N－49 Ⅱ－S250G＋S500B－53	Ⅱ－S125G＋S250N－72 Ⅱ－S400G＋S500B－72 Ⅰ－S250G＋S400N－68
12	一种	Ⅱ－S125G－10 Ⅱ－S300B－11 Ⅰ－S250G－14	Ⅰ－S400G－23 Ⅱ－S500B－19 Ⅳ－S125G－17	Ⅰ－S400K－30 Ⅱ－S250G－26 Ⅲ－S250G－36	Ⅱ－S400K－58 Ⅳ－S250G－46	Ⅲ－S400K－78 Ⅳ－S400G－76
	二种			Ⅰ－S125G＋S250N－32 Ⅱ－S125G＋S500B－29 Ⅲ－S125G＋S300B－28	Ⅰ－S250G＋S400N－57 Ⅱ－S400G＋S300B－55 Ⅰ－S400G＋S250N－50	Ⅰ－S400G＋S400N－66 Ⅲ－S400G＋S300B－75
15	一种	Ⅰ－S250G－11 Ⅱ－S300B－9 Ⅲ－S125G－11	Ⅰ－S400G－19 Ⅱ－S250G－22 Ⅰ－S400K－25	Ⅲ－S250G－29 Ⅱ－S4000G－37 Ⅰ－LS400G－28	Ⅱ－S400KL－48 Ⅲ－S400G－49 Ⅱ－LS400G－51	Ⅳ－S400K－78 Ⅱ－S1000G－66 Ⅱ－LS400K－73
	二种			Ⅰ－S250G＋S250N－34 Ⅱ－S250G＋S300B－31 Ⅰ－S400G＋S500B－27	Ⅱ－S125G＋S250N－51 Ⅰ－S250G＋S400N－47 Ⅲ－S250G＋S500B－50	Ⅱ－S250G＋S250N－65 Ⅲ－S125G＋S250N－66 Ⅲ－S400G＋S500B－69

3. 跨距 15m

计算高度（m）	光源种数	规定照度 lx				
		10	20	30	50	75
6	一种	Ⅱ－P125G－11 Ⅰ－P250G－13 Ⅱ－P300B－12	Ⅳ－P125G－24 Ⅲ－P300B－19 Ⅲ－P125G－17	Ⅱ－P250G－30 Ⅳ－P300B－27 Ⅱ－S250G－27	Ⅲ－P250G－48 Ⅲ－S250G－43 Ⅳ－S500B－45	Ⅳ－P250G－68 Ⅲ－S400G－70 Ⅳ－S250G－64
	二种			Ⅲ－P125G＋P200B－27 Ⅱ－S125G＋S300B－35	Ⅲ－S125G＋S500B－48 Ⅳ－S125G＋S300B－52	Ⅲ－P250G＋P300B－67 Ⅳ－S125G＋S500B－69
9	一种	Ⅱ－S125G－10 Ⅱ－S300B－12 Ⅰ－S250G－13	Ⅰ－S400G－21 Ⅳ－S125G－17 Ⅳ－S300B－22	Ⅱ－S250G－27 Ⅰ－S400K－29 Ⅲ－S500B－27	Ⅱ－S400K－55 Ⅳ－S250G－50 Ⅱ－S400G－43	Ⅲ－S400K－80 Ⅳ－S400G－84 Ⅲ－S400G－63
	二种			Ⅲ－S125G＋S300B－30 Ⅱ－S250G＋S300B－38	Ⅲ－S250G＋S300B－54 Ⅰ－S250G＋S400N－56 Ⅱ－S250G＋S500B－46	Ⅱ－S250G＋S250N－78 Ⅳ－S250G＋S300B－71

续表

计算高度(m)	光源种数	规定照度 lx 10	20	30	50	75
12	一种	Ⅰ - S250G - 12 Ⅱ - S125G - 9 Ⅱ - S300B - 10	Ⅰ - S400G - 20 Ⅱ - S250G - 24 Ⅲ - S500B - 22	Ⅲ - S250G - 32 Ⅰ - S400K - 26 Ⅱ - S400G - 39	Ⅲ - S400G - 52 Ⅱ - S400K - 51	Ⅲ - S400K - 68 Ⅳ - S400G - 68 Ⅱ - S1000G - 75
	二种			Ⅱ - S250G + S300B - 34 Ⅰ - S250G + S250N - 35	Ⅰ - S250G + S400N - 49 Ⅲ - S250G + S500B - 54 Ⅱ - S125G + S250N - 54	Ⅱ - S250G + S250N - 69 Ⅳ - S250G + S500B - 70 Ⅲ - S125G + S250N - 72
15	一种	Ⅰ - S250G - 10 Ⅳ - S125G - 12 Ⅲ - S300B - 11	Ⅱ - S250G - 20 Ⅰ - S400K - 22 Ⅰ - S400G - 17	Ⅱ - S400G - 34 Ⅱ - LS250G - 36 Ⅲ - S250G - 26	Ⅲ - S400K - 57 Ⅳ - S400G - 55 Ⅲ - LS250G - 50	Ⅳ - S400K - 71 Ⅲ - S1000G - 79 Ⅱ - LS400K - 66
	二种			Ⅰ - S250G + S250N - 30 Ⅱ - S250G + S300B - 28 Ⅱ - S250G + S500B - 34	Ⅰ - S400G + S400N - 49 Ⅳ - S250G + S300B - 47 Ⅱ - S250G + S250N - 59	Ⅲ - S250G + S250N - 77 Ⅱ - S400G + S250N - 73 Ⅳ - S125G + S250N - 75
18	一种	Ⅰ - S250G - 9 Ⅲ - S300B - 9 Ⅰ - S400G - 15	Ⅰ - S400K - 19 Ⅲ - S250G - 22 Ⅰ - LS250G - 18	Ⅱ - S400G - 29 Ⅱ - LS250G - 34 Ⅰ - LS400K - 33	Ⅲ - S400K - 48 Ⅳ - S400G - 46 Ⅲ - LS400G - 54	Ⅲ - LS400K - 80 Ⅲ - S1000G - 65 Ⅳ - LS400G - 68
	二种			Ⅱ - S250G + S500B - 29 Ⅰ - S400G + S250N - 32 Ⅲ - S250G + S300B - 31	Ⅱ - S250G + S250N - 50 Ⅳ - S250G + S500B - 47 Ⅲ - S400G + S500B - 52	Ⅱ - S250G + S400N - 70 Ⅳ - S250G + S250N - 80 Ⅲ - S250G + S250N - 64

4．跨距 18m

计算高度 顶灯/壁灯（m）	光源种数	规定照度 lx 10	20	30	50	75
6	一种	Ⅰ - P250G - 10 Ⅱ - P300B - 10 Ⅱ - P125G - 10	Ⅳ - P125G - 21 Ⅱ - S250G - 24 Ⅳ - P300B - 23	Ⅱ - P250G - 27 Ⅲ - S250G - 36 Ⅲ - S500B - 26	Ⅳ - P250G - 59 Ⅲ - S250G - 57 Ⅱ - S400K - 49	Ⅲ - S400K - 70 Ⅳ - S400G - 92
	二种			Ⅳ - P125G + P200B - 34 Ⅲ - S125G + S300B - 28	Ⅲ - P250G + P300B - 56 Ⅳ - S125G + S300B - 45	Ⅳ - P250G + P200B - 72 Ⅳ - S250G + S300B - 82
9	一种	Ⅰ - S250G - 10 Ⅱ - S125G - 9 Ⅱ - S300B - 10	Ⅱ - S250G - 24 Ⅳ - S300B - 19 Ⅰ - S400K - 20	Ⅲ - S250G - 32 Ⅳ - S500B - 32 Ⅱ - S400G - 38	Ⅲ - S400G - 53 Ⅱ - S400K - 49 Ⅳ - S250G - 43	Ⅲ - S400K - 68 Ⅳ - S400G - 73 Ⅱ - S1000G - 79
	二种			Ⅱ - S250G + S300B - 33 Ⅰ - S250G + S250N - 29	Ⅱ - S400G + S300B - 48 Ⅰ - S400G + S400N - 46 Ⅱ - S125G + S250N - 54	Ⅱ - S250G + S250N - 69 Ⅲ - S400G + S500B - 76 Ⅲ - S125G + S250N - 73
12/6	一种	Ⅰ - S250G - 10 Ⅲ - S125G - 10 Ⅱ - S300B - 9	Ⅱ - S250G - 21 Ⅰ - S400K - 22 Ⅲ - S500B - 20	Ⅲ - S250G - 28 Ⅱ - S400G - 34 Ⅳ - S500B - 26	Ⅲ - S400G - 46 Ⅲ - S400K - 58 Ⅴ - S250G/X250G - 54	Ⅳ - S400K - 75 Ⅴ - S250G/X400G - 79 Ⅱ - S1000G - 67
	二种			Ⅱ - S250G + S300B - 30 Ⅰ - S250G + S250N - 30 Ⅴ - S250G/X300B - 28	Ⅱ - S250G + S250N - 60 Ⅰ - S400G + S400N - 48 Ⅱ - S400G + S500B - 49	Ⅱ - S250G + S400N - 84 Ⅲ - S250G + S250N - 80 Ⅳ - S400G + S300B - 76

续表

计算高度顶灯/壁灯（m）	光源种数	规定照度 lx				
		10	20	30	50	75
15/8	一种	Ⅰ－S250G－9 Ⅳ－S125G－11 Ⅲ－S300B－10	Ⅱ－S250G－18 Ⅰ－S400K－20 Ⅳ－S500B－22	Ⅱ－S400G－30 Ⅱ－LS250G－32 Ⅳ－S250G－30	Ⅲ－S400K－51 Ⅲ－LS400G－51 Ⅴ－S250G/X250G－52	Ⅲ－LS400K－71 Ⅲ－S1000G－72 Ⅴ－S400G/X400G－81
	二种			Ⅰ－S250G＋S250N－27 Ⅱ－S250G＋S500B－31 Y－S400G/X300B－32	Ⅱ－S250G＋S250N－54 Ⅲ－S400G＋S300B－49 Ⅲ－S125G＋S250N－54	Ⅱ－S250G＋S400N－75 Ⅲ－S250G＋S250N－69 Ⅱ－S400G＋S400N－87
18/8	一种	Ⅰ－S400G－13 Ⅳ－S125G－9 Ⅱ－S500B－11	Ⅲ－S250G－20 Ⅰ－S400K－18 Ⅰ－LS400K－22	Ⅱ－S400K－34 Ⅱ－S400G－27 Ⅱ－LS250G－29	Ⅳ－S400K－55 Ⅴ－S250G/X250G－50 Ⅱ－LS400K－53	Ⅲ－LS400K－69 Ⅳ－S1000G－76 Ⅴ－S400G/X400G－77
	二种			Ⅰ－S250G＋S400N－33 Ⅱ－S400G＋S300B－33 Ⅴ－S400G/X300B－29	Ⅱ－S250G＋S250N－46 Ⅲ－S400G＋S500B－48 Ⅱ－S400G＋S250N－57	Ⅱ－S400G＋S400N－75 Ⅲ－S250G＋S400N－82 Ⅳ－S250G＋S250N－74
21/10	一种	Ⅰ－S400G－12 Ⅰ－LS250G－14 Ⅱ－S500B－9	Ⅱ－S400G－23 Ⅰ－LS400G－17 Ⅳ－S250G－22	Ⅱ－S400K－29 Ⅱ－LS400G－32 Ⅵ－S400G/X250G－32	Ⅳ－S400K－47 Ⅵ－S400K/X400K－51 Ⅳ－LS400G－53	Ⅳ－LS400K－77 Ⅴ－S400K/X400K－80 Ⅴ－S400G/X400G－89
	二种			Ⅰ－S250G＋S400N－28 Ⅱ－S400G＋S500B－32 Ⅰ－S400G＋S400N－33	Ⅲ－S250G＋S250N－50 Ⅳ－S400G＋S500B－51 Ⅱ－S400G＋S250N－48	Ⅲ－S250G＋S400N－70 Ⅱ－S400G＋S400N－64 Ⅳ－S400G＋S250N－77

5. 跨距 21m

计算高度顶灯/壁灯（m）	光源种数	规定照度 lx				
		10	20	30	50	75
9	一种	Ⅰ－S400G－11 Ⅱ－S300B－9 Ⅲ－S125G－10	Ⅱ－S250G－21 Ⅲ－S500B－20	Ⅲ－S250G－27 Ⅱ－S400G－34 Ⅳ－S500B－28	Ⅲ－S400G－45 Ⅱ－S400K－46 Ⅲ－S400K－58	Ⅳ－S400K－82 Ⅱ－S1000G－72 Ⅳ－S400G－65
	二种			Ⅱ－S250G＋S300B－30 Ⅰ－S250G＋S400N－28 Ⅰ－S400G＋S400N－32	Ⅱ－S400G＋S500B－49 Ⅳ－S250G＋S300B－56 Ⅱ－S250G＋S250N－62	Ⅲ－S250G＋S250N－80 Ⅱ－S250G＋S400N－87
12/6	一种	Ⅲ－S125G－9 Ⅲ－S300B－10 Ⅰ－S250G－8	Ⅱ－S250G－19 Ⅰ－S400K－18 Ⅲ－S500B－18	Ⅱ－S400G－31 Ⅱ－S400K－38 Ⅳ－S250G－32	Ⅳ－S400G－54 Ⅲ－S400K－50 Ⅴ－S400G/X250G－52	Ⅲ－S1000G－78 Ⅴ－S400K/X400K－84 Ⅴ－S400G/X400G－71
	二种			Ⅰ－S250G＋S400N－35 Ⅲ－S250G＋S300B－35	Ⅱ－S250G＋S250N－54 Ⅲ－S400G＋S500B－58	Ⅱ－S250G＋S400N－75 Ⅲ－S250G＋S250N－70 Ⅱ－S400G＋S400N－87
15/8	一种	Ⅰ－S400G－13 Ⅲ－S300B－9 Ⅰ－S250G－8	Ⅲ－S250G－21 Ⅰ－S400K－17 Ⅳ－S500B－20	Ⅱ－S400K－35 Ⅱ－S400G－27 Ⅱ－LS250G－29	Ⅳ－S400G－46 Ⅱ－LS400K－56 Ⅳ－S400K/X400K－54	Ⅴ－S400G/X400G－68 Ⅳ－S1000G－84 Ⅴ－S400K/X400K－80
	二种			Ⅰ－S250G＋S400N－33 Ⅲ－S250G＋S300B－30	Ⅱ－S250G＋S250N－48 Ⅲ－S400G＋S500B－50	Ⅱ－S400G＋S400N－78 Ⅳ－S250G＋S250N－78
18/8	一种	Ⅰ－S400G－12 Ⅰ－LS250G－11 Ⅱ－S500B－10	Ⅱ－S400G－24 Ⅲ－S250G－18 Ⅰ－S1000G－22	Ⅱ－S400K－31 Ⅲ－S400G－31 Ⅱ－LS400G－32	Ⅳ－S400K－51 Ⅴ－S400G/X250G－46 Ⅱ－LS400K－48	Ⅴ－S400K/X400K－76 Ⅳ－S1000G－70 Ⅳ－LS400K－81

续表

计算高度顶灯/壁灯（m）	光源种数	规定照度 lx				
		10	20	30	50	75
18/8	二种			Ⅰ－S250G＋S400N－30 Ⅰ－S400G＋S400N－34 Ⅱ－S400G＋S500B－35	Ⅲ－S250G＋S250N－54 Ⅱ－S250G＋S400N－59	Ⅲ－S250G＋S400N－75 Ⅲ－S400G＋S400N－87
21/10	一种	Ⅰ－S400G－11 Ⅱ－S250G－12 Ⅰ－S400K－14	Ⅱ－S400G－21 Ⅰ－LS400K－19 Ⅳ－S250G－20	Ⅱ－S400K－27 Ⅵ－S400G/X250G－28 Ⅱ－LS400G－29	Ⅵ－S400K/X400K－45 Ⅳ－LS400G－48 Ⅲ－LS400K－56	Ⅴ－S400K/X400K－69 Ⅱ－LS1000G－73 Ⅳ－LS400K－71
	二种			Ⅱ－S250G＋S250N－36 Ⅰ－S400G＋S400N－30 Ⅱ－S400G＋S500B－30	Ⅱ－S250G＋S400N－51 Ⅲ－S250G＋S250N－47 Ⅳ－S400G＋S500B－48	Ⅲ－S400G＋S400N－76 Ⅳ－S250G＋S400N－82

6. 跨距 24m

计算高度顶灯/壁灯（m）	光源种数	规定照度 lx				
		10	20	30	50	75
9	一种	Ⅲ－S300B－10 Ⅰ－S400G－7.5	Ⅱ－S250G－20 Ⅲ－S250G－24 Ⅲ－S500B－17	Ⅱ－S400G－31 Ⅳ－S250G－35 Ⅳ－S500B－25	Ⅳ－S400G－58 Ⅲ－S400K－50 Ⅱ－S400K－42	Ⅳ－S400K－76 Ⅲ－S1000G－81 Ⅱ－S1000G－65
	二种			Ⅱ－S250G＋S500B－33 Ⅲ－S250G＋S300B－34	Ⅱ－S250G＋S250N－58 Ⅳ－S250G＋S300B－50 Ⅲ－S400G＋S300B－48	Ⅱ－S250G＋S400N－81 Ⅲ－S250G＋S250N－69 Ⅳ－S400G＋S300B－73
12/6	一种	Ⅰ－S400G－11 Ⅲ－S300B－9 Ⅱ－S500B－12	Ⅲ－S250G－21 Ⅳ－S500B－21 Ⅱ－S250G－17	Ⅱ－S400G－28 Ⅱ－S400K－35 Ⅴ－S250G/X250G－35	Ⅳ－S400G－49 Ⅴ－S250G/X400G－51 Ⅲ－S400K－44	Ⅲ－S1000G－70 Ⅴ－S400K/X400K－69 Ⅴ－S1000G/X400G－73
	二种			Ⅱ－S250G＋S500B－29 Ⅰ－S250G＋S400N－28 Ⅲ－S250G＋S300B－31	Ⅱ－S250G＋S250N－49 Ⅲ－S400G＋S500B－51	Ⅱ－S250G＋S400N－68 Ⅱ－S400G＋S400N－79 Ⅳ－S400G＋S500B－71
15/8	一种	Ⅰ－S400G－11 Ⅱ－S250G－15 Ⅱ－S500B－11	Ⅲ－S250G－19 Ⅱ－S400G－25 Ⅳ－S500B－18	Ⅱ－S400K－32 Ⅲ－S400G－31 Ⅴ－S250G/X250G－36	Ⅳ－S400K－52 Ⅲ－S1000G－48 Ⅴ－S400G/X400G－58	Ⅴ－S400K/X400K－69 Ⅱ－LS1000G－83 Ⅳ－LS400K－85
	二种			Ⅰ－S250G＋S400N－28 Ⅲ－S250G＋S300B－27 Ⅰ－S400G＋S400N－33	Ⅲ－S250G＋S250N－55 Ⅱ－S250G＋S400N－61 Ⅳ－S400G＋S300B－52	Ⅱ－S400G＋S400N－71 Ⅲ－S250G＋S400N－76 Ⅳ－S250G＋S250N－72
18/8	一种	Ⅰ－S400G－10 Ⅰ－S400K－14 Ⅱ－S250G－13	Ⅱ－S400G－22 Ⅰ－S1000G－20 Ⅱ－LS250G－24	Ⅱ－S400K－29 Ⅲ－S400G－28 Ⅴ－S250G/X250G－35	Ⅴ－S400G/X400G－55 Ⅳ－S400K－47 Ⅱ－LS400K－45	Ⅳ－LS400K－75 Ⅲ－LS1000G－73 Ⅴ－LS400K/X400K－81
	二种			Ⅰ－S400G＋S400N－30 Ⅰ－S250G＋S400N－26 Ⅱ－S400G＋S500B－32	Ⅱ－S250G＋S400N－54 Ⅲ－S250G＋S250N－49 Ⅳ－S400G＋S500B－51	Ⅲ－S250G＋S400N－68 Ⅲ－S400G＋S400N－80 Ⅳ－S400G＋S250N－77
21/10 或 21/14	一种	Ⅰ－S400G－10 Ⅰ－S400K－13 Ⅱ－S250G－12	Ⅱ－S400G－20 Ⅱ－LS250G－22 Ⅱ－S400K－25	Ⅲ－S400K－32 Ⅳ－S400G/X400G－34 Ⅱ－LS400G－27	Ⅵ－LS400K/X400K－53 Ⅲ－LS400K－49 Ⅴ－S400G/X400G－52	Ⅶ－S400K/DX1000K－75 Ⅱ－LS1000G－67 Ⅱ－DD1000K－83
	二种			Ⅰ－S400G＋S400N－28 Ⅱ－S250G＋S250N－34 Ⅱ－S400G＋S500B－28	Ⅱ－S250G＋S400N－47 Ⅱ－S400G＋S400N－55 Ⅳ－S250G＋S250N－55	Ⅲ－S400G＋S400N－70 Ⅳ－S250G＋S400N－76
24/10 或 24/14	一种	Ⅱ－S250G－10 Ⅰ－S400K－11 Ⅰ－LS250G－10	Ⅲ－S400G－22 Ⅱ－S400K－22 Ⅱ－LS250G－20	Ⅲ－S400K－28 Ⅳ－S400G/X400G－32 Ⅲ－LS400G－31	Ⅵ－LS400K/X400K－49 Ⅳ－S1000G－48 Ⅳ－LS400K－58	Ⅶ－S400K/DX1000K－72 Ⅲ－LS1000G－77 Ⅱ－DD1000K－78
	二种			Ⅱ－S250G＋S250N－29 Ⅰ－LS400G＋S400N－28 Ⅱ－S400G＋S250N－36	Ⅱ－S400G＋S400N－48 Ⅲ－S250G＋S400N－53 Ⅱ－LS400G＋S400N－55	Ⅲ－LS400G＋S400N－71 Ⅳ－S250G＋S400N－66 Ⅳ－S400G＋S400N－77

7. 跨距 27m

计算高度顶灯/壁灯（m）	光源种数	规定照度 lx				
		10	20	30	50	75
9	一种	Ⅲ - S300B - 9 Ⅱ - S500B - 12	Ⅲ - S250G - 21 Ⅱ - S250G - 18 Ⅳ - S500B - 23	Ⅱ - S400G - 29 Ⅳ - S250G - 32 Ⅲ - S400G - 33	Ⅳ - S400G - 53 Ⅲ - S400K - 43	Ⅳ - S400K - 69 Ⅲ - S1000G - 72
	二种			Ⅲ - S250G + S300B - 30 Ⅱ - S250G + S500B - 30	Ⅱ - S250G + S250N - 54 Ⅳ - S250G + S300B - 46 Ⅲ - S400G + S500B - 48	Ⅱ - S250G + S400N - 75 Ⅳ - S400G + S500B - 75 Ⅱ - S400G + S400N - 86
12/6	一种	Ⅰ - S400G - 8 Ⅰ - S400K - 10 Ⅱ - S500B - 11	Ⅲ - S250G - 19 Ⅰ - S1000G - 20 Ⅳ - S500B - 19	Ⅱ - S400K - 33 Ⅲ - S400G - 31 Ⅴ - S250G/X250G - 29	Ⅳ - S400K - 56 Ⅴ - S400G/X400G - 49 Ⅳ - S400G - 45	Ⅳ - S1000G - 86
	二种			Ⅲ - S250G + S300B - 27	Ⅲ - S250G + S250N - 55 Ⅳ - S250G + S500B - 46	Ⅱ - S400G + S400N - 73 Ⅲ - S250G + S400N - 76 Ⅳ - S250G + S250N - 77
15/8	一种	Ⅰ - S400G - 9 Ⅱ - S250G - 14 Ⅱ - S500B - 10	Ⅱ - S400G - 23 Ⅰ - S1000G - 19 Ⅳ - S250G - 23	Ⅱ - S400K - 29 Ⅲ - S400G - 28 Ⅴ - S250G/X250G - 31	Ⅴ - S400G/X400G - 50 Ⅳ - S400K - 47 Ⅳ - LS400G - 52	Ⅴ - LS400K/X400K - 76 Ⅳ - S1000G - 72 Ⅳ - LS400K - 78
	二种			Ⅱ - S400G + S500B - 33 Ⅲ - S250G + S500B - 30 Ⅰ - S400G + S400N - 28	Ⅱ - S250G + S400N - 55 Ⅲ - S250G + S250N - 49 Ⅳ - S400G + S500B - 55	Ⅲ - S250G + S400N - 68 Ⅲ - S400G + S400N - 80
18/8	一种	Ⅰ - S400G - 9 Ⅱ - S250G - 12 Ⅰ - S400K - 12	Ⅱ - S400G - 21 Ⅰ - S1000G - 18 Ⅱ - LS250G - 23	Ⅲ - S400K - 33 Ⅴ - S250G/X250G - 29 Ⅱ - LS400G - 27	Ⅴ - S400K/X400K - 56 Ⅲ - S1000G - 48 Ⅳ - LS400G - 46	Ⅴ - LS400K/X400K - 71 Ⅱ - LS1000G - 68 Ⅳ - LS400K - 70
	二种			Ⅱ - S250G + S250N - 36 Ⅳ - S250G + S500B - 34	Ⅱ - S250G + S400N - 50 Ⅳ - S250G + S250N - 57 Ⅳ - S400G + S500B - 48	Ⅲ - S400G + S400N - 72 Ⅳ - S250G + S400N - 80
21/10 或 21/14	一种	Ⅱ - S250G - 11 Ⅰ - S400K - 11 Ⅰ - S400G - 8	Ⅱ - S400K - 23 Ⅱ - S400G - 18 Ⅱ - LS250G - 20	Ⅲ - S400K - 30 Ⅵ - S400G/X400G - 30 Ⅲ - LS400G - 30	Ⅵ - LS400K/X400K - 49 Ⅳ - S1000G - 52 Ⅲ - LS400K - 43	Ⅱ - DD1000K - 79 Ⅲ - LS1000G - 74 Ⅶ - LS400K/ DX1000K - 77
	二种			Ⅱ - S250G + S250N - 32 Ⅳ - S250G + S500B - 30	Ⅱ - S400G + S400N - 52 Ⅲ - S250G + S400N - 56 Ⅳ - S250G + S250N - 51	Ⅳ - S250G + S400N - 71 Ⅳ - S400G + S400N - 83
24/10 或 24/14	一种	Ⅱ - S250G - 9 Ⅰ - S400K - 10 Ⅰ - LS400G - 10	Ⅱ - S400K - 21 Ⅱ - LS250G - 19 Ⅲ - S400G - 20	Ⅵ - S400G/X400G - 28 Ⅱ - LS400K - 34 Ⅲ - LS400G - 28	Ⅴ - S400K/X400K - 51 Ⅱ - LS1000G - 56 Ⅳ - LS400K - 55	Ⅶ - LS400K/ DX1000K - 73 Ⅱ - DD1000K - 74 Ⅲ - LS1000G - 70
	二种			Ⅱ - S250G + S250N - 23	Ⅲ - S250G + S400N - 49 Ⅲ - S400G + S400N - 58	Ⅳ - S400G + S400N - 72 Ⅳ - LS400G + S400N - 83
27/10 或 27/14	一种	Ⅰ - S400K - 9 Ⅲ - S250G - 11 Ⅰ - LS400G - 10	Ⅱ - S400K - 18 Ⅱ - S1000G - 24 Ⅲ - LS250G - 22	Ⅱ - LS400K - 31 Ⅵ - S400K/X400K - 32 Ⅲ - S1000G - 31	Ⅴ - S400K/X400K - 50 Ⅱ - LS1000G - 5 Ⅳ - LS400K - 49	Ⅱ - DD1000K - 69 Ⅶ - LS400K/DX1000K - 71 Ⅳ - LS1000G - 84
	二种			Ⅱ - S250G + S400N - 34 Ⅲ - S250G + S250N - 31	Ⅲ - S400G + S400N - 51 Ⅳ - S250G + S400N - 54	Ⅳ - LS400G + S400N - 74

8. 跨距 30m

计算高度顶灯/壁灯（m）	光源种数	规定照度 lx				
		10	20	30	50	75
9	一种	Ⅱ - S500B - 11 Ⅳ - S300B - 12	Ⅲ - S250G - 18 Ⅱ - S250G - 17 Ⅳ - S500B - 21	Ⅲ - S400G - 29 Ⅱ - S400K - 36 Ⅱ - S400G - 27	Ⅳ - S400G - 48 Ⅱ - S1000G - 55	Ⅳ - S400K - 63 Ⅲ - S1000G - 64

续表

计算高度顶灯/壁灯（m）	光源种数	规定照度 lx				
		10	20	30	50	75
9	二种			Ⅲ－S250G＋S500B－32 Ⅱ－S250G＋S500B－28	Ⅱ－S250G＋S250N－49 Ⅳ－S250G＋S500B－50	Ⅱ－S250G＋S400N－69 Ⅱ－S400G＋S400N－79 Ⅳ－S400G＋S500B－68
12/6	一种	Ⅱ－S250G－15 Ⅱ－S500B－10 Ⅳ－S300B－11	Ⅱ－S400G－24 Ⅲ－S250G－17 Ⅰ－S1000G－16	Ⅱ－S400K－31 Ⅲ－S400G－28 Ⅲ－S400K－36	Ⅳ－S400K－53 Ⅱ－S1000G－48 Ⅴ－S400G/X400G－42	Ⅳ－S1000G－80
	二种			Ⅱ－S400G＋S500B－33 Ⅲ－S250G＋S500B－9	Ⅲ－S250G＋S250N－49 Ⅱ－S400G＋S250N－52 Ⅳ－S400G＋S500B－58	Ⅲ－S250G＋S400N－68 Ⅱ－S400G＋S400N－68 Ⅲ－S400G＋S400N－79
15/8	一种	Ⅱ－S250G－13 Ⅰ－S400K－10 Ⅱ－S500B－9	Ⅱ－S400G－21 Ⅰ－S1000G－17 Ⅳ－S250G－21	Ⅱ－S400K－27 Ⅴ－S400G/X250G－32 Ⅳ－S400G－36	Ⅴ－S400K/X400K－52 Ⅲ－S1000G－50 Ⅴ－S1000G/X400G－53	Ⅴ－LS400K/X400K－66 Ⅳ－S1000G－67 Ⅳ－LS400K－71
	二种			Ⅱ－S400G＋S500B－30 Ⅲ－S250G＋S500B－27 Ⅳ－S250G＋S300B－30	Ⅱ－S250G＋S400N－51 Ⅲ－S250G＋S250N－45 Ⅳ－S400G＋S5000B－51	Ⅲ－S400G＋S400N－72 Ⅳ－S250G＋S400N－85 Ⅳ－S400G＋S250N－75
18/8	一种	Ⅱ－S250G－11 Ⅰ－S400K－11 Ⅲ－S500B－10	Ⅱ－S400G－19 Ⅱ－S400K－24 Ⅱ－LS250G－21	Ⅲ－S400K－29 Ⅴ－S400G/X50G－29 Ⅳ－S400G－31	Ⅴ－S400K/X400K－48 Ⅳ－S1000G－57 Ⅲ－S1000G－44	Ⅲ－LS1000G－70 Ⅱ－DD1000K－69 Ⅵ－DD1000K/X400K－79
	二种			Ⅱ－S250G＋S250N－33 Ⅱ－S400G＋S500B－27 Ⅳ－S250G＋S500B－32	Ⅱ－S400G＋S400N－53 Ⅳ－S250G＋S250N－53 Ⅲ－S400G＋S250N－50	Ⅲ－S400G＋S400N－65 Ⅳ－S250G＋S400N－74
21/10 或 21/14	一种	Ⅱ－S250G－10 Ⅰ－S400K－10 Ⅲ－S500B－9	Ⅱ－S400K－21 Ⅲ－S400G－21 Ⅱ－LS250G－19	Ⅲ－S400K－27 Ⅳ－LS250G－31 Ⅵ－S400K/X400K－32	Ⅶ－S400K/DX1000K－56 Ⅱ－LS1000G－58 Ⅳ－LS400K－58	Ⅱ－DD1000K－72 Ⅶ－LS400K/DX1000K－68 Ⅵ－DD1000K/X400K－70
	二种			Ⅱ－S250G＋S250N－29 Ⅲ－S400G＋S500B－30 Ⅳ－S250G＋S500B－28	Ⅱ－S400G＋S400N－48 Ⅱ－LS250G＋S400N－50 Ⅲ－LS250G＋S250N－46	Ⅳ－S400G＋S400N－77 Ⅳ－S250G＋S400N－66 Ⅳ－LS250G＋S400N－81
24/10 或 24/14	一种	Ⅰ－S400K－10 Ⅲ－S500G－11	Ⅱ－S400K－19 Ⅱ－LS400G－21 Ⅲ－S400G－19	Ⅱ－LS400K－32 Ⅵ－S400K/X400K－30 Ⅲ－S1000G－34	Ⅶ－S400K/DX1000K－54 Ⅱ－LS1000G－52 Ⅳ－LS400K－51	Ⅱ－DD1000K－70 Ⅶ－DD1000K/DX1000K－86 Ⅳ－LS1000G－85
	二种			Ⅱ－LS250G＋S250N－34 Ⅲ－S250G＋S250N－33 Ⅱ－S400G＋S250N－32	Ⅲ－S250G＋S400N－46 Ⅲ－S400G＋S400N－54 Ⅱ－LS400G＋S400N－48	Ⅳ－S400G＋S400N－68 Ⅳ－LS250G＋S400N－71 Ⅳ－LS400G＋S400N－78
27/10 或 27/14	一种	Ⅰ－S1000G－12 Ⅰ－S400K－9 Ⅲ－S250G－10	Ⅲ－S400K－22 Ⅱ－LS400G－19 Ⅱ－S1000G－23	Ⅱ－LS400K－29 Ⅵ－S400K/X400K－29 Ⅲ－S1000G－30	Ⅶ－S400K/DX1000K－52 Ⅱ－LS1000G－48 Ⅳ－LS400K－46	Ⅶ－DD1000K/DX 1000K－81 Ⅱ－DD1000K－66 Ⅳ－LS1000G－78
	二种			Ⅲ－S250G＋S250N－29 Ⅱ－LS250G＋S250N－31 Ⅱ－S400G＋S250N－28	Ⅲ－S400G＋S400N－48 Ⅲ－LS250G＋S400N－50 Ⅳ－S250G＋S400N－52	Ⅳ－LS250G＋S400N－64 Ⅳ－LS400G＋S400N－70
30/10 或 30/14	一种	Ⅱ－S400G－12 Ⅰ－S1000G－10 Ⅰ－LS400K－12	Ⅲ－S400K－20 Ⅱ－LS400G－18 Ⅱ－S1000G－20	Ⅱ－LS400K－32 Ⅵ－S400K/X400K－27 Ⅳ－LS400G－29	Ⅶ－S400K/DX1000K－51 Ⅲ－LS1000G－55 Ⅵ－DD1000K/X400K－52	Ⅶ－DD1000K/DX1000K－76 Ⅲ－DD1000K－85 Ⅳ－LS1000G－71
	二种			Ⅱ－S400G＋S400N－33 Ⅱ－LS250G＋S250N－28 Ⅲ－S250G＋S400N－37	Ⅲ－LS250G＋S400N－46 Ⅳ－S400G＋S400N－53 Ⅲ－LS400G＋S400N－50	Ⅳ－LS400G＋S400N－63

注 表中 DX1000K 壁灯仅适用于悬挂高度 14m。

附表 18－1 使用说明

（1）表中Ⅰ、Ⅱ、Ⅲ、Ⅳ为顶灯方案，也适用于两种光源合装在同一照明器内的混光方案；表中Ⅴ、Ⅵ、Ⅷ为顶灯与壁灯混合布置方案。

（2）已知厂房的跨距、照明器计算高度及规定的照度值，然后查表即可找出所需要的照明器布置方案，照明器型号、光源种类及容量。

（3）表中各横栏所列第一行为推荐方案，第二、三行列的为第二、三方案，可结合当地光源及照明器的供应情况参考使用。

(4) 表中光源及照明器的代号如下：

光源名称	代号
白炽灯或卤钨灯	B
荧光高压汞灯	G
高压钠灯	N
金属卤化物灯	K

灯具名称	型号	适用高度(m)	代号
配照型灯具	GC1 GC40	4~6	P
搪瓷深照型灯具	GC5 GCS16 GC39	6~30	S
搪瓷斜照型灯具（壁灯）	GCX	6~10	X
高纯铝深照型灯具	GCL	15~30	LS
大面积照明灯具（顶灯）	ZMD-741-2	18-30	DD
大面积斜照灯具（壁灯）	DYC-L1A	14及以上	DX

(5) 方案代号举例：

采用顶灯方案、一种光源时

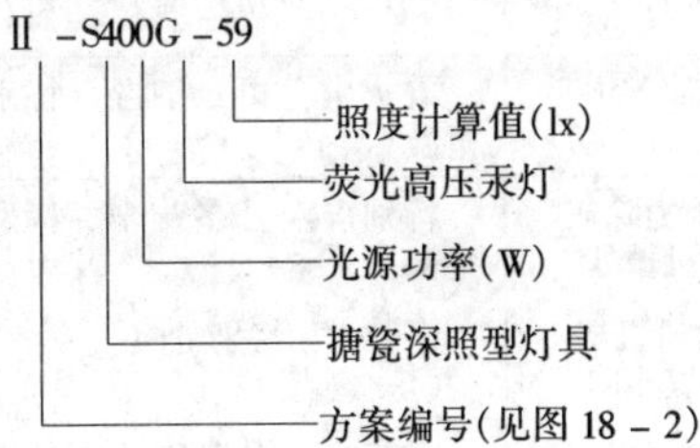

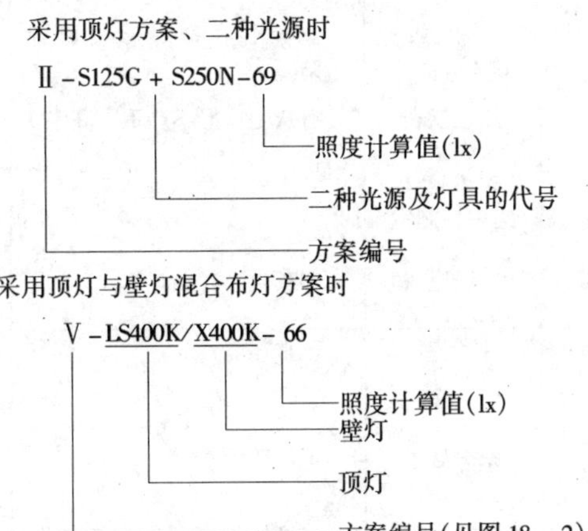

附录 18-2 发电厂各车间推荐采用的照明器、导线型号和单位面积照明容量

附录 18-2 发电厂各车间推荐采用的照明器、导线型号和单位面积照明容量

序号	场所名称		场所环境	推荐采用型号		单位容量(W/m²)
				照明器	导线及敷设方式	
1	汽机房	底层	有水蒸气、潮湿、设备及管道错纵复杂、特别危险	配照灯、广照型、防水防尘灯、荧光灯	BVV、BBLX穿管敷设	8~15
		运转层	有蒸汽、高温、有较大噪音、有行车、空间高大	镜面深照型灯、卤钨灯、金属卤化物灯、高压钠灯、荧光高压汞灯及其混光灯等	BVV、BBLX穿管敷设	15~20
		循环水泵坑	有漏水、潮湿、特别危险	配照灯、防水防尘灯	BVV、BBLX穿管敷设	8~10
		汽机本体	高温、震动大、视看目标小而精确度高	局部照明灯	BVV-105℃穿管敷设	—
		除氧器和管道层	高温、管道密布、有蒸汽、危险	配照灯	BVV、BBLX穿管敷设	8~10
		加热器平台	高温、有蒸汽空间较低、危险	防水防尘灯、有网罩的船灯	BVV、BBLX穿管敷设	6~8
2	锅炉房	底层	多灰尘、潮湿、有较大噪音特别危险	防水防尘灯、配照灯、广照灯	BVV BBLX穿管敷设	10~13
		运转层	多灰尘、高温、设备管道高而大、有遮光现象、照明时间基本不能间断	配照灯、防水防尘灯、荧光灯	BVV、BBLX穿管敷设	12~15
		锅炉本体	多灰尘、高温、扶梯平台较多而高、行走不便、特别危险	防水防尘灯、配照灯、探照灯、荧光灯	BVV-105℃ 穿管敷设	10~13

续表

序号		场所名称	场所环境	推荐采用型号		单位容量 (W/m²)
				照明器	导线及敷设方式	
2	锅炉房	油　坑	有火灾危险、潮湿、特别危险	密闭型灯、防水防尘灯、隔爆灯	BBX　穿管敷设	6～8
		水力除灰机械处	特别湿潮且多灰尘、特别危险	防水防尘灯、配照灯	BVV、BBLX 穿管敷设	10～13
		给粉机层、煤斗间	多灰尘、特别危险	防水防尘灯、配照灯	BVV、BBLX 穿管敷设	10～13
		输煤皮带层	多灰尘、皮带移动快易撞伤人	配照灯、防水防尘灯	BVV、BBLX 穿管敷设	10～13
		除尘器、旋风分离器	多灰尘、室外、较高特别危险	广照灯、防水防尘灯	BBX 穿管敷设	10～13
		热工仪表小室	有灰尘、但不严重、高温	荧光灯、斜照灯（局部照明）	BBX 穿管敷设	15～25
		单元控制室或集中控制室	基本属正常环境	铝合金栅格的发光天棚、发光带及其他成套荧光灯	BVV、BBX 穿管敷设	25～50
		引风机室和送风机室	多灰尘、有噪音	配照灯、防尘防尘灯	BBLX 穿管敷设	10～13
3	电气车间	控制室	正常环境	铝合金栅格的发光天棚、发光带、及成套荧光灯	BVV、BBX 穿管敷设	25～50
		保护盘室	正常环境	嵌入式成套荧光灯	BVV　BBX 穿管敷设	25～30
		蓄电池室	有腐蚀性酸气、有爆炸性混合物、较危险	隔爆灯、安全灯、隔爆荧光灯	BVV、BBX 穿管敷设	15～20
		调酸室、套间、端电池调节器室等	有产生爆炸性混合物的可能	隔爆灯、安全灯、矿山灯	BVV、BBX 穿管敷设	10～13
		充电机室、通讯室、压缩空气机室	正常环境、噪音大	配照灯、荧光灯	BLVV、BBLX 穿管敷设	12～15
		电缆竖井	正常环境	墙壁灯座	BLVV、BBLX 明敷设	6～8
		电缆隧道	有积水现象、潮湿、特别危险	36V 天棚灯座	BLVV、BBLX 穿管敷设	6～8
		电缆半层	正常环境、支架易伤人层高较低	船灯、天棚灯座	BLVV、BBLX 明敷设	6～8
		变压器、电抗器开关设备、出线小室	正常环境	墙壁灯座、天棚灯座、圆球形灯	BLVV、BBLX 穿管敷设	15～20
		操作及维护走廊	正常环境	圆球形灯、荧光灯、配照灯	BLVV、BBLX 穿管敷设	15～20
		母线层	正常环境	圆球形灯、荧光灯	BLVV、BBLX 穿管敷设	15～20
		厂用配电装置	正常环境	配照灯、荧光灯	BLVV、BBLX 穿管敷设	15～20
4	运煤系统	碎煤机室、转运站、输煤皮带机室、卸煤	煤粉含量很多、有火灾危险	防水防尘灯、配照灯	BLVV、BBLX 穿管敷设	10～13

续表

序号		场所名称	场所环境	推荐采用型号		单位容量 (W/m²)
				照明器	导线及敷设方式	
4	运煤系统	装置下层卸煤装置上层	煤粉含量很多	防水防尘灯、配照灯	BLVV、BBLX 穿管敷设	10~13
		露天输煤栈桥	露天中	防水防尘灯、配照灯	BLVV、BBLX 穿管敷设	10~13
		卸煤棚	多尘	配照灯、深照灯	BLVV、BBLX 穿管敷设	10~13
		输煤皮带	多尘	防水防尘灯、配照灯	BLVV、BBLX 穿管敷设	10~13
		输煤集控室	有煤粉尘、但不严重	嵌入式荧光灯、荧光灯	BVV、BBX 穿管敷设	25~30
5	供水系统	水泵房（生活消防水泵房、循环水泵房、深井水泵房）	潮湿、较危险	配照灯	BLVV、BBLX 穿管敷设或明敷设	10~13
6	其他	油处理室、变压器检修间、重油泵房	有油蒸汽，有可能产生火灾的危险	防水防尘灯、隔爆灯、配照灯	BLVV、BBLX 穿管敷设	10~13
		汽油库	有汽油蒸汽、易燃易爆	防爆灯、防水防尘灯	BVV　BBX 穿管敷设	8~10
		电解间	有爆炸性混合物	隔爆灯、隔爆荧光灯	BVV、BBX 穿管敷设	8~10
		乙炔站、乙炔库	有易燃易爆的混合物	照明采用斜照灯装在门外（或通过玻璃窗向内照射）	BVV、BBX 穿管敷设	12~15
		金工车间	有旋转设备、油及铁屑	深照灯，混光灯，配照灯及局部照明灯	BLVV、BBLX 穿管敷设	12~15
		铸木工车间	有旋转设备、多尘	深照灯、配照灯	BLVV、BBLX 穿管敷设	12~15
		锻工车间	高温、多尘	配照灯	BLVV、BBLX 穿管敷设	12~15
		灰浆泵房	多尘、潮湿、较危险	深照灯、配照灯、防水防尘灯	BLVV、BBLX 穿管敷设	8~10
		办公室、试验室	正常环境	荧光灯	BLVV、BBLX 穿管敷设	15~25
7	化学水处理室	过滤器间、水泵间	潮湿	配照灯、深照灯、荧光灯	BLVV、BBLX 穿管敷设	10~13
		化学药剂间	潮湿	配照灯、荧光灯	BLVV、BBLX 穿管敷设	10~13
		石灰搅拌间	多尘	防水防尘灯，配照灯	BLVV、BBLX 穿管敷设	8~10
8	材料库	一般材料库	正常环境	配照灯、荧光灯	BLVV、BBLX 穿管敷设	10~13
		危险品库	有易燃易爆的危险	隔爆灯	BVV、BBX 穿管敷设	10~13
9	屋外	配电装置	露天环境中	投光灯、圆球形灯、长弧氙灯	VV_{22}或 VLV_{29}电缆沿沟道或穿管	3~4
		冷却水塔	有水蒸气、露天	障碍标志灯	VV_{22}或 VLV_{29}电缆沿沟道或穿管	—
		烟　囱	有灰尘　露天	障碍标志灯	VV_{22}或 VV_{29}电缆沿沟道或穿管	—
		厂区道路	室外正常环境	普通道路照明灯、各类花灯	VV_{22}或 VLV_{29}电缆沿沟道或穿管	—

附录 18-3 照度计算的利用系数法和点光源逐点计算法

一、利用系数法

1. 用公式计算

利用系数 u 是表示室内照明投射到工作面上的光通量（包括直射光和经房间天棚、墙壁多次反射的反射光）占照明器中光源发出的总光通量的百分数。它是由照明器的特性、房间大小和形状、空间各平面的反射系数等条件决定的。

当照明器均匀布置，光源采用白炽灯、荧光灯、荧光灯发光带的场所均可采用本法计算工作面上的平均照度。

当房间面积（长、宽）、计算高度、照明器型式和光源光通量均为已知时，可按下式计算平均照度：

$$\left.\begin{aligned} E_{pj} &= \frac{FuN}{KZS} \\ Z &= \frac{E_{pj}}{E_{\min}} \end{aligned}\right\} \qquad (附 18-1)$$

式中 E_{pj}——平均照度（lx）；

F——每个照明器中光源的总光通量（lm）；

u——利用系数，查有关照明器技术数据；

$E_{\min}$——最低照度（lx）；

S——房间面积（m^2）；

N——照明器数量；

K——照度补偿系数，照明器使用期间，由于光源光通量的衰减，照明器和房间表面的污染，会引起照度的降低，因此在照度计算时应考虑照度补偿系数 K，其数值见附表 18-19；

Z——最小照度系数，Z 值见附表 18-3。

如当工作面位于最低照度的部位（距墙边 0.5～1.0m）处时，可采用调整照明器布置或增设壁灯的办法来提高工作面上的照度值。

2. 查概算曲线计算

为了提高计算速度，确保计算的精确性，公式计算作了简化，可利用已作好的概算曲线（即假设被照面上的平均照度为 100lx 时，房间面积与所用照明器数量的关系曲线）直接求出所需照明器的数量。常用的几种照明器的概算曲线见附图 18-1～18-6。

附表 18-3 最小照度系数 Z

Z 值	适用场所
1.3	一般跨度的生产车间或工作场所中灯具的排数少于或等于 3 排
1.15～1.2	一般跨度的生产车间或工作场所中灯具的排数多于 3 排多跨或大跨度的生产车间和工作场所房间较矮，反射条件较好，但灯具的排数少于 3 排
1.1	房间较矮，反射条件较好，且灯具的排数多于 3 排 一般跨度的生产车间或工作场所中灯具的排数多于 4 排，且灯具的距离比较小

附表 18-4 顶棚、墙壁、地面反射系数的近似值

反射面性质	反射系数 ρ（%）
抹灰并大白粉刷的顶棚和墙面	70～80
砖墙或混凝土屋面喷白（石灰、大白）	50～60
墙、顶棚为水泥砂浆抹面	30
混凝土屋面板	30
红砖墙	30
灰砖墙	20
混凝土地面	10～25
钢板地面	10～30
广漆地面	10
沥青地面	11～12
无色透明玻璃 2～6mm	8～10

应用概算曲线首先要已知下列条件：

（1）灯具类型、光源种类及容量；

（2）计算高度 H（即照明器离工作面的高度）；

（3）房间面积（长、宽）；

（4）房间的顶棚、墙壁、地面的反射系数，可查附表 18-4。当墙上开窗时，墙壁反射系数应为墙及窗的加权平均反射系数（即 ρ_q）。

$$\rho_q = \frac{\rho_{q1}(S_q - S_c) + \rho_c S_c}{S_q} \qquad (附 18-2)$$

式中 ρ_q——墙壁及窗的加权平均反射系数（%）；

ρ_{q1}——墙面的反射系数（%）；

ρ_c——玻璃窗或装饰物的反射系数（%）；

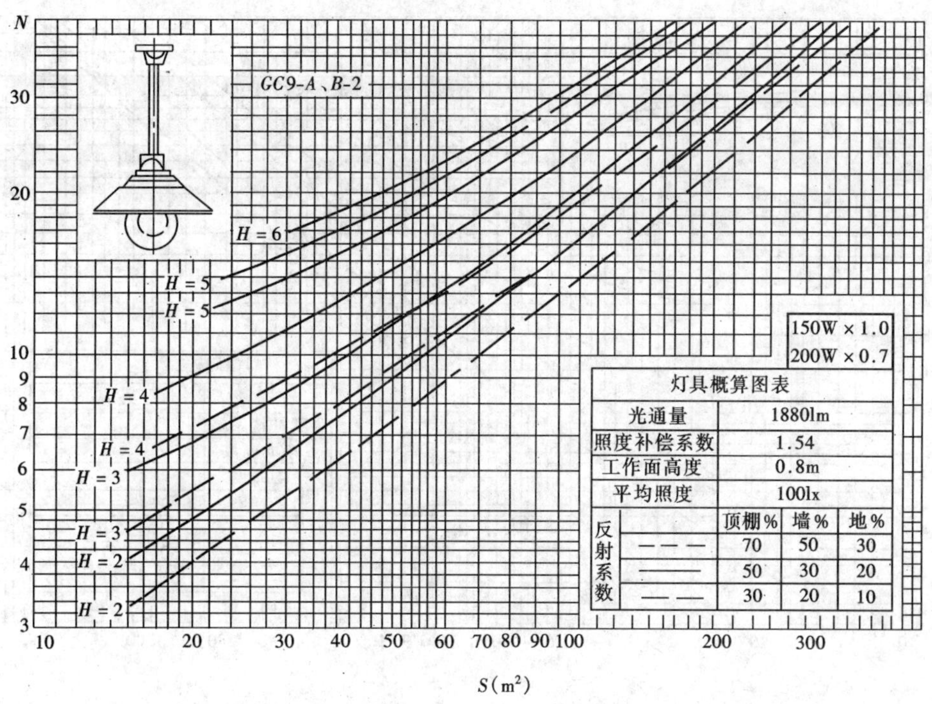

附图 18-1　广照型防水防尘灯（150W、200W 白炽灯）概算曲线

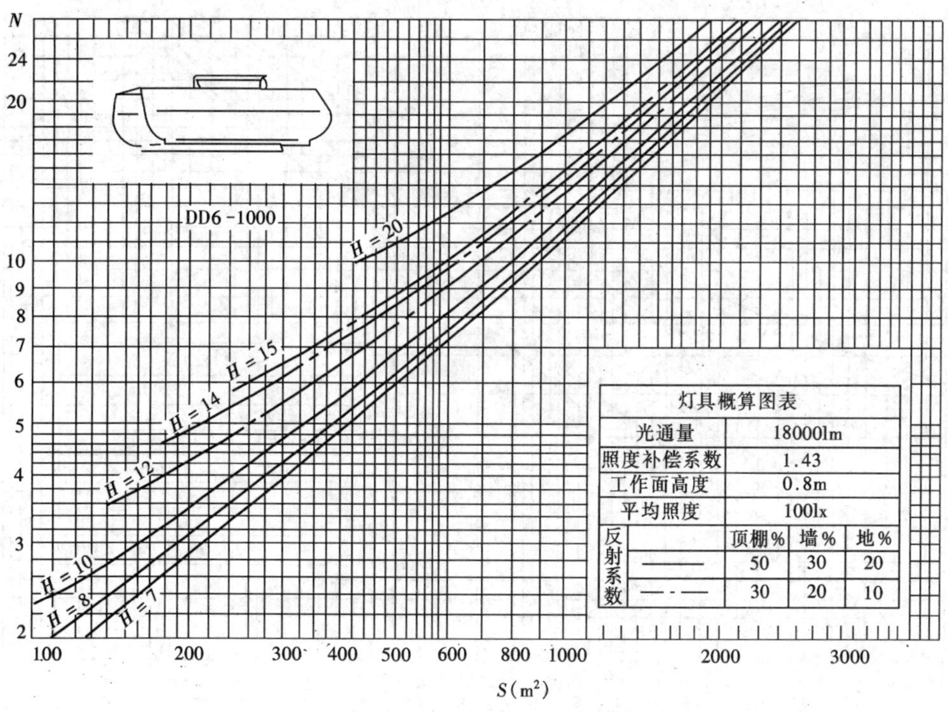

附图 18-2　筒式双层卤钨灯（1000W）概算曲线

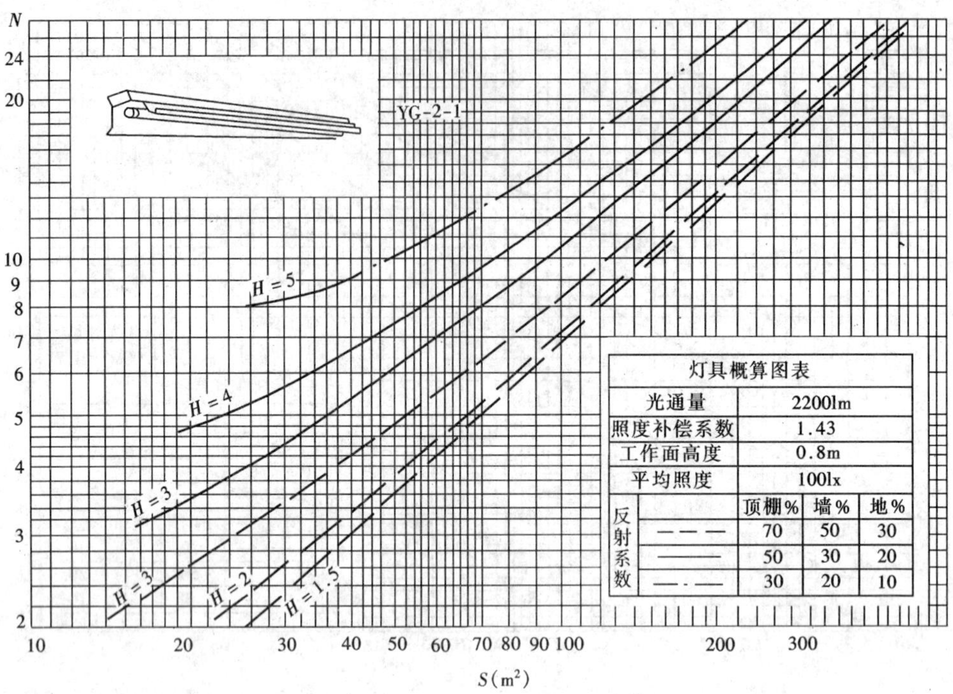

附图 18-3 简式荧光灯（1×40W）概算曲线

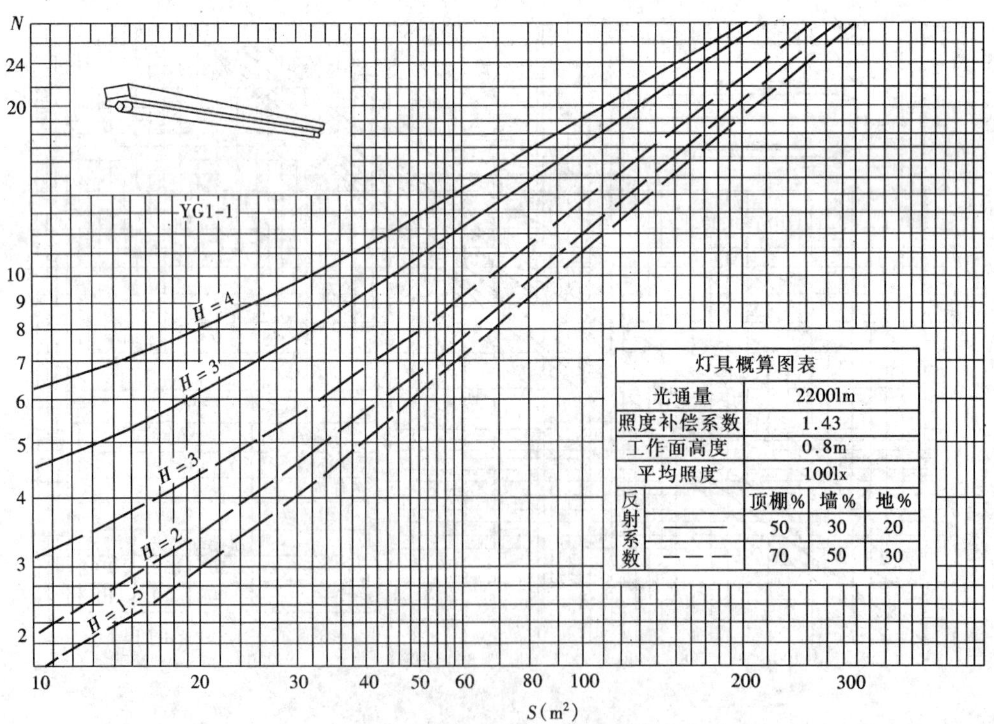

附图 18-4 简式荧光灯（1×40W）概算曲线

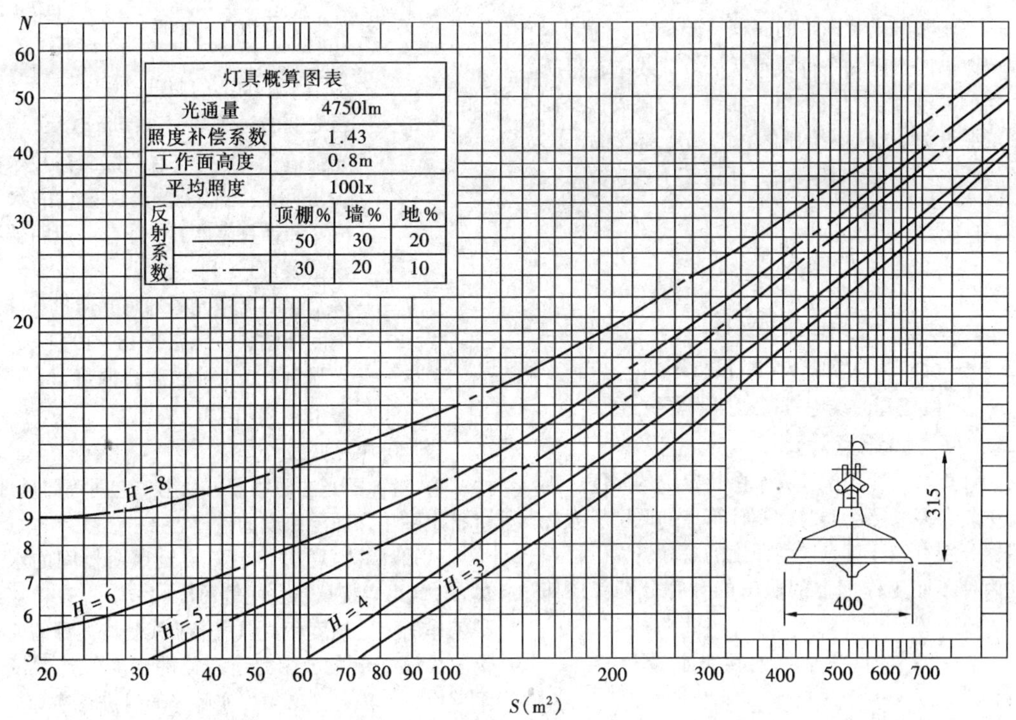

附图 18-5　配照型工厂灯（125W 荧光高压汞灯）概算曲线

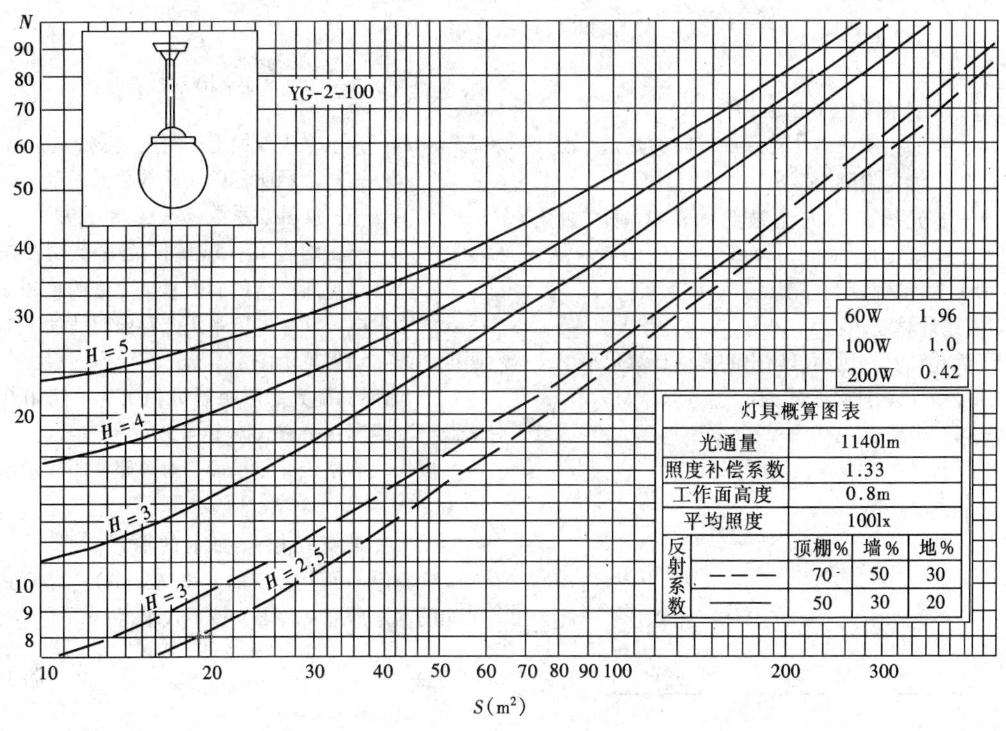

附图 18-6　圆球吊灯（100W 白炽灯）概算曲线

S_q——墙面总面积包括墙及玻璃窗的面积（m^2）；

S_c——玻璃窗或装饰物的面积（m^2）。

根据以上四个已知条件就可从概算曲线中查得所需照明器的数量 N。但由于概算曲线是按假设被照面上的平均照度为 100lx 而绘制的，与场所需要的平均照度 E_{pj}（lx）不一致，查表后，还应按下式换算

$$n = \frac{E_{pj}}{100}N \quad \text{（附 18-3）}$$

式中 n——实际应采用照明器数量；

E_{pj}——设计所要求的平均照度（lx）。

N——由概算曲线中查得的照明器数量；

二、点光源逐点计算法

逐点计算法一般用于计算某些特定点的照度。当某场所中装有多只照明器时，则计算点的照度应为各个照明器分别对该计算点产生照度的总和。以下将点光源在两种不同工作面上的照度的计算分别叙述如下。

1. 点光源在水平面上的照度计算

（1）平方反比法。

1）基本计算公式：

$$E_s = \frac{I_\theta \cos^2\theta}{H^2} \quad \text{（附 18-4）}$$

式中 E_s——水平工作面上的照度（lx）；

I_θ——照明器投射至被照点方向的光强（cd），参见附图 18-7；

θ——光线的方向与被照面法线间的夹角（°）；

H——计算高度（m）。

2）实用计算公式：

为了简化计算，可用已给出的表格计算水平工作面上的照度值 E_s。计算公式为：

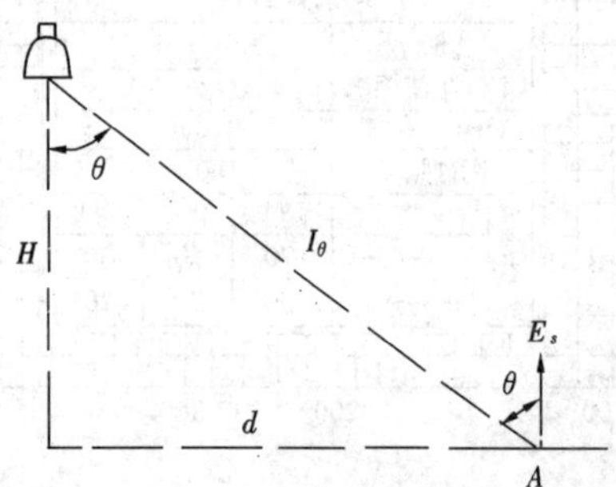

附图 18-7 水平面上 A 点的照度计算示意图

$$E_s = \frac{I_\theta \Phi e_s}{100 \times 1000K} \quad \text{（附 18-5）}$$

式中 E_s——水平工作面上的照度（lx）；

I_θ——当光源的光通量为 1000lm 时，θ 方向的光强值（cd）可查有关照明器技术数据（θ 角可根据照明器离计算点的水平距离 d 和计算高度 H，查有关照明器技术数据表）；

Φ——每个照明器中光源的总光通量（lm）；

K——照度补偿系数，见表 18-19；

e_s——光强为 100cd 时的假设照度（lx）见附表 18-5。

（2）等照度曲线计算法。

1）对称配光的照明器可利用“空间等照度曲线”进行水平工作面上照度的计算。

已知计算高度 H 和计算点到照明器间的水平距离 d，就可直接从“空间等照度曲线”上查得该点水平工作面上的照度值。但由于曲线是按光源的光通量为 1000lm 绘制的，因此所查得的照度值是假设的水平照度 e_s，因此还必须按实际光通量进行换算。当照明器内光源的总光通量为 Φ，且计算点是由若干个照明器共同照射时，则计算点的照度应为：

$$E_s = \frac{\Phi \Sigma e_s}{1000K} \quad \text{（附 18-6）}$$

式中 E_s——水平工作面上的照度（lx）；

Φ——每个照明器内光源的总光通量（lm）；

K——照度补偿系数，见表 18-19；

Σe_s——由附表 18-5 得到的各个照明器在计算点所产生的假设水平照度的总和（lx）。

火力发电厂和变电所常用几种照明器的“空间等照度曲线”示例见附图 18-5。

2）非对称配光的照明器可利用“平面相对等照度曲线”或利用公式（附 18-5）进行计算。

嵌入式栅格荧光灯平面相对等照度曲线示例见附图 18-9。

2. 点光源在倾斜面上的照度计算

任意倾斜面上一点的照度 E_x（lx），可根据该点已知的水平照度 E_s（lx）按下式求得：

$$E_x = E_s\psi \quad \text{（附 18-7）}$$

$$\psi = \cos\gamma \pm \frac{P}{H}\sin\gamma \quad \text{（附 18-8）}$$

附表 18-5　　光源至计算点的投射角 θ 及 100cd 光源对水平面上不同计算点的假设照度 e_s

H (m)	d(m) 0	1	2	3	4	5	6	7	8	9	10	11	12	13	14	15	16	18	20	22	24	26	28	30	40
	lx/100cd																								
2	0°0′ 25.00	27° 17.85	45° 8.850	56° 4.275	63° 2.245	68° 1.298	71° 0.802	74° 0.528	76° 0.355	78° 0.255	79° 0.190	80° 0.142	81° 0.113	81° 0.090	82° 0.070	82° 0.058	83° 0.048	84° 0.038	84° 0.025	85° 0.020	85° 0.015	86° 0.013	86° 0.008	86° 0.007	87° 0.000
3	0°0′ 11.11	18° 9.500	34° 6.400	45° 3.933	53° 2.400	59° 1.522	63° 1.000	67° 0.680	69° 0.477	72° 0.356	73° 0.264	75° 0.205	76° 0.161	77° 0.126	78° 0.100	79° 0.084	80° 0.070	81° 0.050	81° 0.036	82° 0.027	83° 0.021	83° 0.016	84° 0.012	84° 0.011	86° 0.004
4	0°0′ 6.250	14° 5.707	27° 4.472	37° 3.200	45° 2.210	51° 1.524	56° 1.006	60° 0.764	63° 0.559	66° 0.419	68° 0.320	70° 0.249	72° 0.198	73° 0.159	74° 0.130	75° 0.107	76° 0.090	78° 0.064	79° 0.047	80° 0.037	81° 0.028	81° 0.022	82° 0.018	82° 0.015	84° 0.006
5	0°0′ 4.000	11° 3.771	22° 3.202	31° 2.522	39° 1.904	45° 1.414	50° 1.050	54° 0.785	58° 0.595	61° 0.458	63° 0.358	66° 0.283	67° 0.228	69° 0.185	70° 0.152	72° 0.126	73° 0.106	74° 0.077	76° 0.057	77° 0.044	78° 0.034	79° 0.027	80° 0.022	82° 0.017	83° 0.008
6	0°0′ 2.778	9° 2.673	18° 2.372	27° 1.987	34° 1.600	40° 1.260	45° 0.982	49° 0.766	53° 0.600	56° 0.474	59° 0.378	61° 0.305	63° 0.249	66° 0.205	67° 0.170	68° 0.142	69° 0.120	71° 0.088	73° 0.066	75° 0.051	76° 0.040	77° 0.032	78° 0.026	79° 0.021	81° 0.009
7	0°0′ 2.041	8° 1.980	16° 1.814	23° 1.585	30° 1.336	36° 1.100	41° 0.893	45° 0.722	49° 0.583	52° 0.473	55° 0.385	58° 0.316	60° 0.261	62° 0.218	63° 0.183	65° 0.154	66° 0.131	69° 0.097	71° 0.074	72° 0.057	74° 0.045	75° 0.036	76° 0.029	77° 0.024	80° 0.010
8	0°0′ 1.563	7° 1.527	14° 1.427	21° 1.283	27° 1.118	32° 0.958	37° 0.800	41° 0.672	45° 0.552	48° 0.458	51° 0.381	54° 0.318	56° 0.267	58° 0.225	60° 0.191	62° 0.163	63° 0.140	66° 0.105	68° 0.080	70° 0.063	72° 0.050	73° 0.040	74° 0.032	75° 0.026	70° 0.012
9	0°0′ 1.235	6° 1.212	13° 1.148	18° 1.054	24° 0.943	29° 0.825	34° 0.711	38° 0.697	42° 0.515	45° 0.437	48° 0.370	51° 0.314	53° 0.267	55° 0.228	57° 0.196	59° 0.168	61° 0.146	63° 0.110	66° 0.085	68° 0.067	69° 0.053	71° 0.043	72° 0.035	73° 0.029	77° 0.013
10	0°0′ 1.000	5°43′ 0.985	11° 0.943	17° 0.879	22° 0.801	27° 0.716	31° 0.631	35° 0.550	36° 0.476	42° 0.411	45° 0.354	48° 0.305	50° 0.263	52° 0.227	54° 0.196	56° 0.171	58° 0.149	61° 0.115	63° 0.089	66° 0.071	67° 0.057	69° 0.046	70° 0.038	72° 0.032	76° 0.014
12	0°0′ 0.694	4°46′ 0.687	9° 0.668	14° 0.634	18° 0.593	23° 0.546	27° 0.497	30° 0.451	34° 0.400	37° 0.356	40° 0.315	43° 0.278	45° 0.246	47° 0.217	49° 0.191	51° 0.169	53° 0.150	56° 0.119	59° 0.094	61° 0.076	63° 0.062	65° 0.051	67° 0.043	68° 0.036	73° 0.017
14	0°0′ 0.510	4°5′ 0.506	8° 0.495	12° 0.477	16° 0.454	20° 0.426	23° 0.396	27° 0.365	30° 0.334	33° 0.304	36° 0.275	38° 0.248	41° 0.223	43° 0.201	45° 0.180	47° 0.162	49° 0.146	52° 0.118	55° 0.096	58° 0.079	60° 0.065	62° 0.054	63° 0.046	65° 0.039	71° 0.018
16	0°0′ 0.391	3°35′ 0.388	7° 0.382	11° 0.371	14° 0.357	17° 0.339	21° 0.321	24° 0.300	27° 0.280	29° 0.259	32° 0.238	35° 0.219	37° 0.200	39° 0.183	41° 0.167	43° 0.152	45° 0.138	48° 0.115	51° 0.095	54° 0.080	56° 0.067	58° 0.056	60° 0.048	62° 0.041	68° 0.020
18	0°0′ 0.309	3°11′ 0.307	6° 0.303	9° 0.297	13° 0.287	16° 0.276	18° 0.264	21° 0.250	24° 0.236	27° 0.221	29° 0.206	31° 0.192	34° 0.178	36° 0.165	38° 0.152	40° 0.140	42° 0.129	45° 0.109	48° 0.092	51° 0.079	53° 0.067	55° 0.057	57° 0.049	59° 0.042	66° 0.021
20	0°0′ 0.250	2°51′ 0.249	5°43′ 0.246	9° 0.242	11° 0.236	14° 0.228	17° 0.219	19° 0.210	22° 0.200	24° 0.190	27° 0.179	29° 0.168	31° 0.158	33° 0.147	35° 0.137	37° 0.128	39° 0.119	42° 0.103	45° 0.088	48° 0.076	50° 0.066	52° 0.057	54° 0.049	56° 0.043	63° 0.022
24	0°0′ 0.174	2°23′ 0.173	4°45′ 0.172	7° 0.170	10° 0.166	12° 0.163	14° 0.158	16° 0.154	18° 0.148	21° 0.143	23° 0.137	25° 0.130	27° 0.124	28° 0.118	30° 0.112	32° 0.106	34° 0.100	37° 0.089	40° 0.079	43° 0.070	45° 0.061	47° 0.054	49° 0.048	51° 0.042	59° 0.024
27	0°0′ 0.137	2°7′ 0.137	4°14′ 0.136	6° 0.135	8° 0.133	10° 0.130	12° 0.128	15° 0.124	17° 0.121	18° 0.117	20° 0.113	22° 0.109	24° 0.105	26° 0.100	27° 0.096	29° 0.092	31° 0.087	34° 0.079	37° 0.071	39° 0.064	42° 0.057	44° 0.051	46° 0.046	48° 0.041	56° 0.024
30	0°0′ 0.111	1°54′ 0.111	3°50′ 0.111	5°43′ 0.109	8° 0.108	9° 0.107	11° 0.105	13° 0.103	15° 0.100	17° 0.098	18° 0.095	20° 0.092	22° 0.089	23° 0.086	25° 0.083	27° 0.080	28° 0.077	31° 0.070	34° 0.064	36° 0.058	39° 0.053	41° 0.048	43° 0.043	45° 0.039	53° 0.024
36	0°0′ 0.077	1°36′ 0.077	3°11′ 0.077	4°46′ 0.076	6° 0.076	8° 0.075	9° 0.074	11° 0.073	13° 0.072	14° 0.070	16° 0.069	17° 0.067	18° 0.066	20° 0.064	21° 0.062	23° 0.061	24° 0.059	27° 0.055	20° 0.052	31° 0.048	34° 0.044	36° 0.041	38° 0.038	40° 0.035	48° 0.023
40	0°0′ 0.063	1°26′ 0.062	2°52′ 0.062	4°17′ 0.062	5°43′ 0.062	7° 0.061	9° 0.060	10° 0.060	11° 0.059	13° 0.058	14° 0.057	15° 0.056	17° 0.055	18° 0.054	19° 0.053	21° 0.051	22° 0.050	24° 0.047	27° 0.04	29° 0.042	31° 0.039	33° 0.037	35° 0.034	37° 0.032	45° 0.022

注　H——计算点与光源的高度差；d——计算点与光源的水平距。

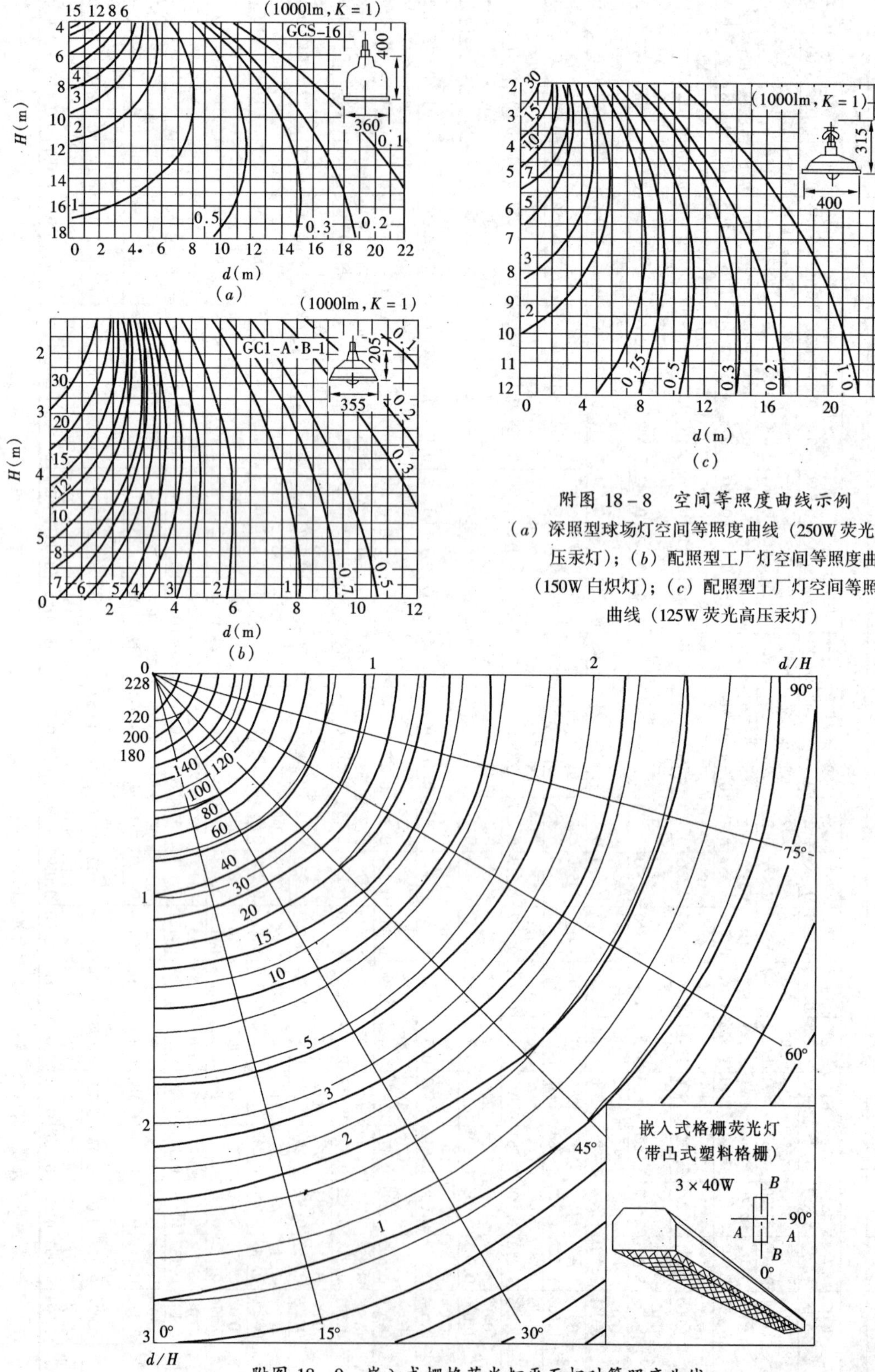

附图 18-8 空间等照度曲线示例

(a) 深照型球场灯空间等照度曲线 (250W 荧光高压汞灯); (b) 配照型工厂灯空间等照度曲线 (150W 白炽灯); (c) 配照型工厂灯空间等照度曲线 (125W 荧光高压汞灯)

附图 18-9 嵌入式栅格荧光灯平面相对等照度曲线

1000lx K = 1

以上两式中

γ——被照面 Q 的背光一面与水平面间的夹角（见附图 18－10 图中 E_x 垂直 Q 面）；

ψ——倾斜照度系数，可从式（附 18－8）计算求得，也可从附图 18－11 直接查得。当倾斜面位于附图 18－12 中阴影部分的范围内时，式（附 18－8）中的 ± 号应用"＋"，查附图 18－11 中的曲线时，应查虚线表示的直线簇；

H——计算高度（m）；

P——照明器在水平面的投影点至倾斜面与水平面交线的垂直距离（m），见附图 18－10。

对于垂直面上的照度计算，仍按任意倾斜面上照度计算式（式附 18－7～附 18－8）进行计算，必须注意，式中的 $\gamma = 90°$。

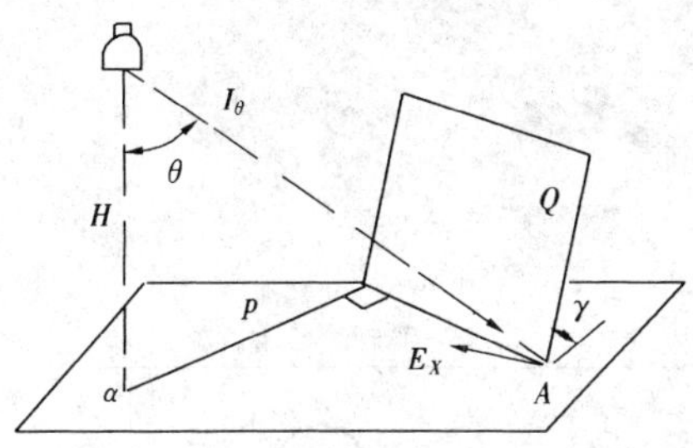

附图 18－10　倾斜面上 A 点照度计算示意图

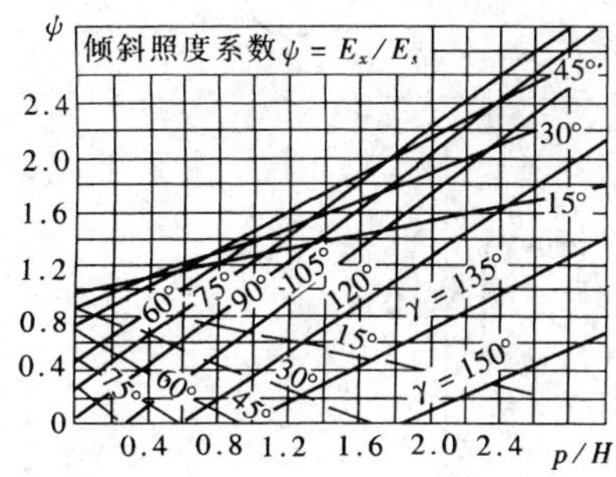

附图 18－11　倾斜照度系数曲线

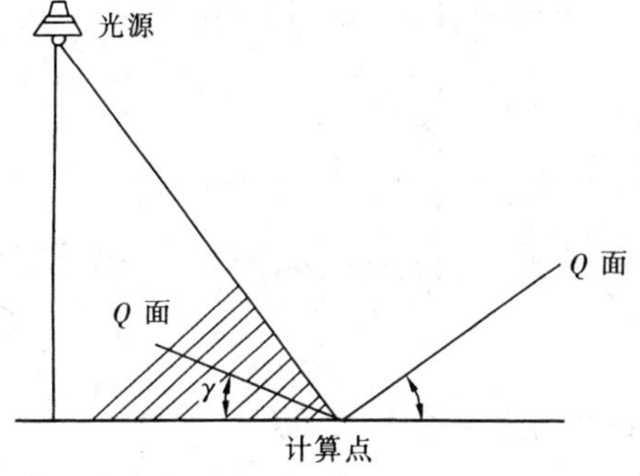

附图 18－12　倾斜面上与 γ 角的关系示意图

附录 18－4　引进国外大容量机组照明设计简介

为了供国内大容量机组照明设计参考，在这里简单综合介绍国外引进的大容量机组的照明系统、照明供电方式、负荷统计、照度计算方法及抛物面栅格技术，主要有引进美国依巴斯公司设备的石横电厂；引进日本设备的宝钢自备热电厂；引进法国设备的大港电厂等。

一、照明系统

1. 正常照明系统

正常照明系统的供电电源，由分散在各个场所的照明变压器供电，照明变压器一般接在该场所电动机控制中心或动力中心，正常照明占总照明负荷的 80%～85%。

2. 交流事故照明系统

交流事故照明变压器直接接在保安电源或不停电电源上。正常情况下由厂用变压器供电；当厂用电源消失时，由柴油发电机供电。柴油发电机正常起动时间，应小于 10s，其上不接插座，也不作为钠灯电源。交流事故照明，装设在各重要地点，以供紧急操作和维护检修工作人员的安全疏散所需要，因而这类照明一般靠近重要设备，如重要的泵类、逆变装置、开关设备、电动机控制中心、烟囱飞行障碍标志灯等。交流事故照明系统供给总照明负荷的 15%～20%，交流事故照明系统设备的配置、选择与正常照明系统相同。

3. 直流事故照明系统

直流事故照明系统，在发电厂正常运行时不投入，只有当交流事故照明系统失电时，才自动投入。

直流事故照明系统仅供主控制室照明用电，其容量应能满足在控制屏上产生足够的照度。

直流事故照明系统自动投入由电气联锁来实现（直流事故照明箱电源侧接触器的线圈回路由交流事故照明进行闭锁），在切换的同时向控制室发出音响信号。

4. 应急灯照明系统

应急灯是直流事故照明的一种补充。灯内装有电池及切换装置，当外接电源正常时，灯泡由外接交流电源供电，当外接交流电源消失时，由切换装置将灯泡切换到内附电池上。

直流事故照明一般只装设在主控制室，有时也在下列重要场所装设，如重要的出入口和装有直流事故照明的地方。应急灯一般接在交流事故照明回路中。

应急灯的内附电池供电时间，各国不大一致，我国规定为1个小时，依巴斯产品为8小时。

二、照明供电方式

主厂房的照明有集中与分散两种供电方式：

集中供电方式——就是在主厂房内设置集中的照明变压器和照明段，向一台机炉或数台机炉的照明负荷供电。

分散供电方式——照明负荷由就地设置的小型照明变压器供电，照明变压器接于附近的动力中心或电动机控制中心，分散供电提高了供电可靠性，不会因一台照明变压器或母线故障造成照明全停。

某引进工程大容量机组照明系统及照明供电方式见附图18-13。

三、正常照明、交流事故照明变压器容量选择

照明变压器容量等于各个照明用电设备容量总和的1.25倍，还应考虑环境温度的影响、并留有一定的富裕度。照明负荷全部按VA表示，而不用kW。当为三相照明变压器时，最大不平衡负荷约为10%三相容量之总和。

如采用分散供电方式时，照明变压器的容量一般为6~75kVA。其中15~30kVA的变压器用得比较广泛，而75kVA的则很少采用。变压器供电回路上设备选择配置表见附表18-6。

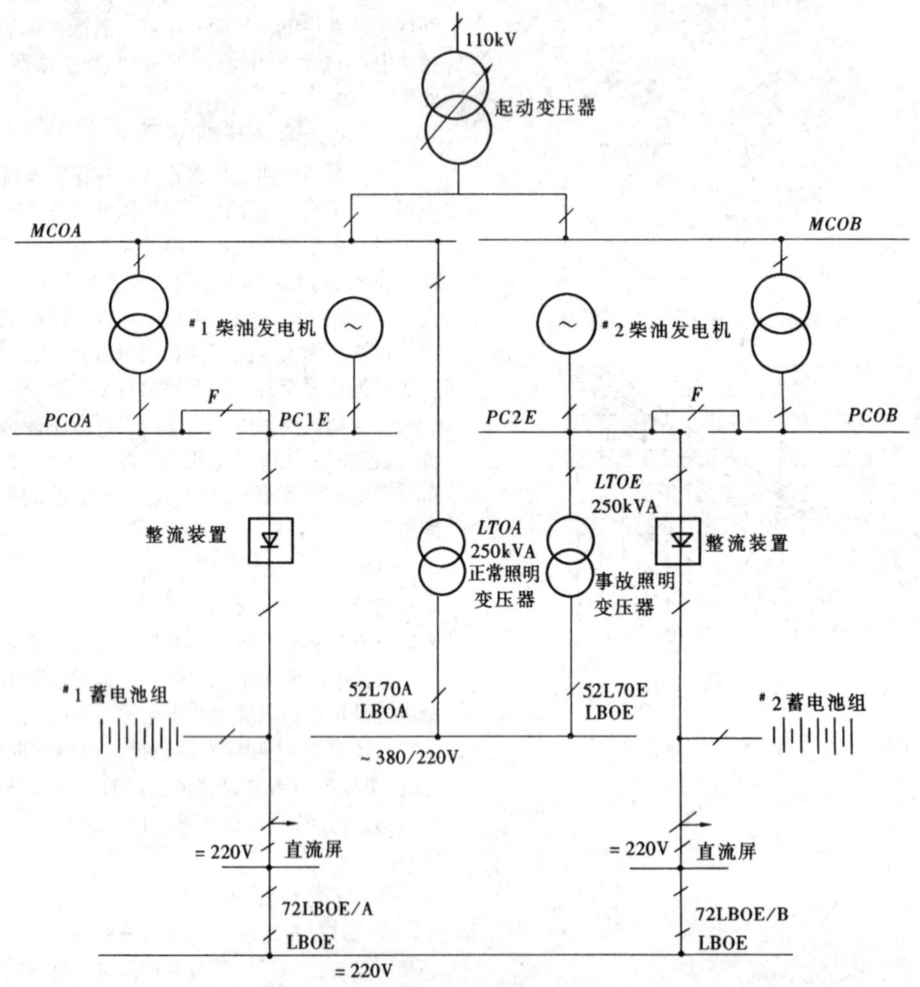

附图18-13　某引进工程大容量机组照明系统及照明供电方式图

附表 18－6　　变压器的设备选择配置

A 变压器容量 （kVA）	480V 侧 电流（A）	*B* 开关电流 （A）	*C* 原边回路				*D* 副边回路		
			线规	管径 （英寸）	线规	管径	电流 （A）	线规	管径 （英寸）
480V－120/240V									
ϕ1－3W		2 极							
5	10	20	10	$\frac{3}{4}$	2×12	$\frac{3}{4}$	21	3×10	$\frac{3}{4}$
7.5	16	30	8	1	2×10	$\frac{3}{4}$	31	3×8	$\frac{3}{4}$
480V－208Y/120V									
ϕ3－4W		3 极							
9	11	20	10	$\frac{3}{4}$	3×12	$\frac{3}{4}$	25	4×8	$1\frac{1}{2}$
15	18	35	8	1	3×8	1	42	4×6	$1\frac{1}{2}$
30	38	70	4	$1\frac{1}{2}$	3×6	$1\frac{1}{2}$	83	4×2	2
45	54	100	2	$1\frac{1}{2}$	3×2	$1\frac{1}{2}$	125	4×10	3
480V－480Y/277V									
ϕ3－4W		3 极							
15	18	35	8	1	3×8	1	18	4×10	$\frac{3}{4}$
30	36	70	4	$1\frac{1}{2}$	3×6	$1\frac{1}{2}$	36	4×8	$1\frac{1}{2}$
45	54	100	2	$1\frac{1}{2}$	3×2	$1\frac{1}{2}$	54	4×6	$1\frac{1}{2}$

E 照明箱进线开关电流（A）	*F* 副边保护断开电流（A）	*G* 接地线规格	照明箱出线回路数	抬高电压比例（与一次额定电压比）	降低电压比例（与一次额定电压比）	最小阻抗	最大噪声	变压器电压降（$\cos\varphi=1$）
30	30	8	6		2%～2.5%	2.2%	39db	2.5%
40	40	8	8		2%～2.5%	2.2%	39db	2.5%
35	35	8	12		2%～2.5%	2.8%	39db	2.5%
60	60	8	12	2%～2.5%	4%～2.5%	2.8%	42db	2.5%
110	110	8	24	2%～2.5%	4%～2.5%	3.1%	42db	2.5%
150	150	6	36	2%～2.5%	4%～2.5%	3.1%	42db	2.5%
25	25	8	6	2%～2.5%	4%～2.5%	2.8%	42db	2.5%
45	45	8	18	2%～2.5%	4%～2.5%	2.8%	42db	2.5%
70	70	8	30	2%～2.5%	4%～2.5%	2.8%	42db	2.5%

注　1.ϕ1－3W 是单相三线制系统。

2.ϕ3－4W 是三相四线制系统。

四、负荷统计

照明箱的主要负荷是照明器，也包括少量的杂用电负荷。由于照明变压器是专用的，故要力求各相负荷基本平衡。

照明变压器各相允许最大不平衡容量 = 变压器容量 $\times \frac{10}{100 \times \text{变压器相数}}$。

对经常性插座用电负荷，如容量超过 100VA 时，必须统计其负荷，每只插座最多按 180VA 考虑。每个照明回路最多允许接 8 只插座。

五、控制室采用抛物面栅格实例

(1) 依巴斯公司对控制室照明一般均采用大面积发光面和发光块。无论发光面或发光块的照明装置上均采用栅格，为了便于维护，每块栅格片面积为 600 ×600mm 或 600 × 1200mm，栅格片高度为 12 ~ 25mm，栅格孔呈圆形并为抛物线状（使发出的光线平行），最大孔径间距为 12 ~ 25mm（栅格的入光口与出光口孔径不等，入光口的孔径较小）。栅格片的材料可用铝或塑料镀银，使其表面呈漫反射。

控制室不论采用大面积发光面或发光块的照明方式，光源布置均匀，避开屏顶位置，并与建筑、采暖通风、通讯各专业相互协调。控制室照度计算按“带域空腔法”进行。其计算结果是工作面上的水平照度，如果工作面上水平照度能满足要求，则控制屏面上的垂直照度能够满足要求，则不再进行垂直照度的验算。

(2) 主控制室照明装置设计中还注意了下面几个具体问题：

1) 主环采用大面积栅格，其上的光源层净高要求最小尺寸为 40 ~ 45mm，供安装光源之用，主环外的照明方式可与主环部分相同，也可采用嵌入式荧光灯照明器。

2) 大面积发光栅格的照明装置中同一行荧光灯端头应靠近，以保证光源的连续性，并与相邻的荧光灯端头叉开。

3) 其它控制室照明（单元控制室、化学水控制室、输煤集中控制室等），一般照明由正常照明电源供电；而事故照明中的一般事故照明由交流事故照明电源供电，局部事故照明由各自照明器的自带电池供电。一般的事故照明容量约占总容量的 50%。控制室的平均水平照度为 500lx。照明器型式采用嵌入式荧光灯带状布置。

第十九章

空 气 压 缩 装 置

编者　余鹏飞　校者　常春　审者　牛恒铎

空气断路器，有瞬时充气式（如 KW_2 型）和常充气式（如 KW_3、KW_4、KW_5 型）两种。为适应空气断路器等设备的需要，我国先后发展了压力为 40×10^5Pa、60×10^5Pa 和 150×10^5Pa 空气压缩机。

本章主要介绍目前常用的 $V_1/40-Ⅰ$、$V_1/60-Ⅰ$ 和 $4V_2-3/150$ 型空气压缩机及其装置。

第 19－1 节　空气压缩系统

一、空气压缩系统连接方式

配电装置中的空气压缩装置给空气断路器的消弧和操作，以及气动隔离开关的操作提供高压空气。

空气压缩系统的空气压缩机一般采用并联连接方式，其间用截止阀隔离。这样，当一台故障或检修时，高压储气罐的高压空气仍能由另外几台供给。

由空气压缩机产生的压缩空气，经三级（或四级）冷却，使温度降低后进入三级（或四级）油水分离器，将气体中的油水分离，再经逆止阀、截止阀进入高压贮气罐贮存起来。

高压贮气罐一般采用多台串联型式，其间用截止阀隔离。引向配气网的高压空气管道一般分为二路，中间用截止阀连接。

使用空气压缩装置时高压空气经空气过滤器，再进入减压阀降为工作压力，并进入气水分离器再次析出水分后随即进入配气网，最后送入各个断路器贮气筒以供使用。若有气动隔离开关，还需再次经减压阀降为隔离开关的操作压力方可使用。

配气网一般采用双母管或环网系统，为了增加配气网的配气容量，也可考虑装设工作压力贮气罐。空气压缩装置的系统图如图 19－1 所示。

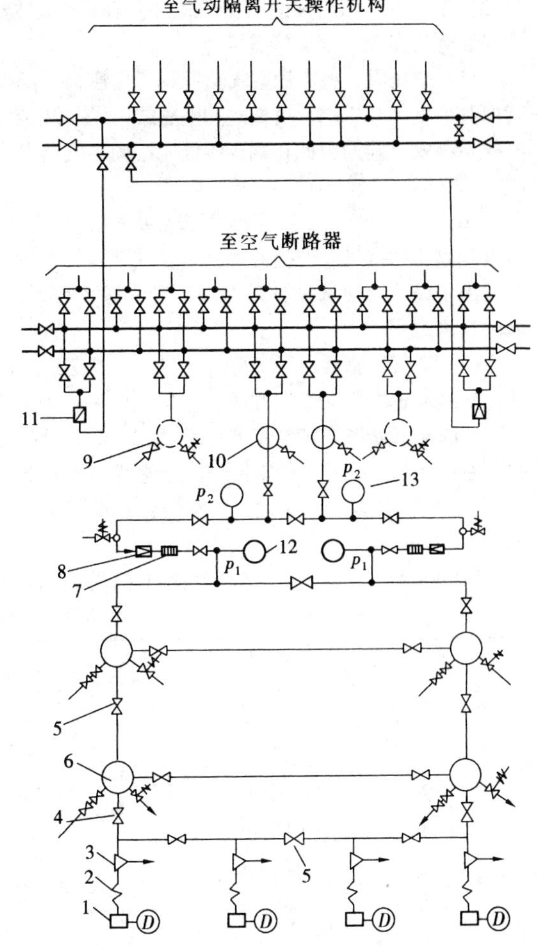

图 19－1　四机四罐空气压缩装置系统图

1—空气压缩机及电动机；2—空气冷却器；3—三或四级油水分离器；4—逆止阀；5—截止阀；6—高压贮气罐；7—空气过滤器；8—减压阀（高压）；9—工作压力贮气罐；10—气水分离器；11—减压阀（低压）；12—压力表（高压）；13—压力表（低压）

二、空气压缩装置主要设备的构造及用途

（1）空气压缩机：由电动机经联轴节直接带动，通过曲轴带动活塞在气缸中作往复运动吸入空气，空气过滤后经三级（或四级）压缩、冷却、与油水分离，产生高压空气。

（2）油水分离器：内部有若干小白瓷管，使气体流动方向不断改变，促使由空气中带来的油水从气体中分离出来。分离器下部装有排污阀，定期自动将压缩空气冷却后凝结出的油、水和污物排出。

(3) 逆止阀：装在三级（或四级）油水分离器上的逆止阀是防止空气压缩机停机后或吸气过程中罐内的压缩空气向外倒流。装在断路器贮气筒处的逆止阀（图 19－1 中未画出）是为了防止配气网因工作或事故压力降低时贮气筒内的气体向外倒流。

(4) 高压贮气罐：贮存高压空气和去除油水分离器中尚未除尽的水分。当配气网内的空气断路器正常操作及事故动作而消耗掉压缩空气后，立即将罐内贮存的高压空气通过减压阀向断路器贮气筒补气。为防止罐底部积水结冰，其下部装有陶瓷电加热器，在设计贮气罐时应考虑到可能取出陶瓷加热器以便检修。为保证电气安全，罐本体需接地。

(5) 减压阀：将高压空气降低到工作压力，降低其相对湿度。减压阀有机械式和电磁式两种。减压阀本身不带安全阀，因此在减压阀低压侧尚需安装安全阀。

(6) 气水分离器：装于减压阀后的空气管道中，用以分离压缩空气中产生的水分。空气进入气水分离器后由于绕流而使水分分离出来，其下部装有阀门，以供放水之用。

(7) 空气过滤器：用来清洁空气、以提高运行质量，配电装置中用的空气过滤器，大多是“铜网－马尾”过滤器（如需现场制作可见附录 19－2）。目前尚有“毛毡－马尾”及“粉末冶金”过滤器，已分别用于 KW_5 型及 KW_4-500 型空气断路器，取得了一定效果。

(8) 高低压空气管道：用来输送压缩空气。

(9) 空气干燥器：用硅（矽）胶作为干燥剂，用来吸收空气中的水分，在串联的两个高压贮气罐之间串接空气干燥器是保证压缩空气干燥度的有效措施。

第 19－2 节　空气压缩装置的设备选择

一、空气压缩装置的主要设备及其技术参数

目前常用于发电厂和变电所的空气压缩机的压力有 40、60 及 150×10^5Pa 等三种。国产的空气压缩机配套供应的设备见表 19－1，几种国产空气断路器与压缩空气有关的技术参数见表 19－2。

二、空气压缩装置的主要设备选择

（一）空压机的工作压力

压缩空气的凝水温度与降压比和充气时的环境温度有关，其关系如图 19－2 所示。

对日温差大的地区，采用提高降压比来保证断路器内压缩空气不凝水，是较为有效的方法。

从图 19－2 可以查出，如断路器使用的压缩空气的降压比为 2，充气时的环境空气温度为 +30℃，当气温降至 19.1℃（即二者温度差为 10.9℃）时，便产生凝水。当降压比为 5，充气时的环境温度仍为 +30℃，则气温降至 5℃（即温差 25℃）时，才产生凝水。

断路器内的压缩空气开始产生凝水现象的环境空气温度也可用下述经验公式求出：

表 19－1　　每台 D 类（电站用）$V_1/40-Ⅰ$、$V_1/60-Ⅰ$ 及 $4V_2-3/150$ 型空气压缩机配套供应的设备

名　称	$V_1/40-Ⅰ$ 型空气压缩机			$V_1/60-Ⅰ$ 型空气压缩机			$4V_2-3/150$ 型空气压缩机		
	型　号	单位	数量	型　号	单位	数量	型　号	单位	数量
空气压缩机	$V_1/40-1$	台	1	$V_1/60-1$	台	1	$4V_2-3/150$	台	1
电动机	JO_272-6	台	1	JO_272-6	台	1	Y280M－6	台	1
高压贮气罐	QG_3-40	个	1	QG_3-60	个	1	R429－0	个	1
油水分离器	YFQ－40	个	1	YFQ－60	个	1	$4V_{21}-81-00\sim84-00$	个	1
逆止阀	NZF－40	个	1	NZF－60	个	1	$4V_{21}-84-01-00$	个	1
减压阀	JJF－40/20	个	1	JJF－60/25	个	1	525Q－44	个	1
气水分离器	SFQ－20	个	1	SFQ－25	个	1	$4V_{21}-88-00$	个	2
公用控制屏	$XKK-1-V_1/40-1$	块	1	$XKK-1-V_1/60-1$	块	1	ZKG－3/150－G	块	1
单机控制屏	$XKK-1-V_1/40-2$	块	1	$XKK-1-V_1/60-2$	块	1	ZKG－3/150－D	块	1

表 19-2　　几种国产空气断路器与压缩空气有关的技术参数

空气断路器型号	额定工作气压 (10^5Pa)	最高工作气压 (10^5Pa)	最低分闸气压 (10^5Pa)	最低合闸气压 (10^5Pa)	不成功自动重合闸最低气压 (10^5Pa)	分闸一次耗气量不大于 (L)	合闸一次耗气量不大于 (L)	不成功自动重合闸一次耗气量不大于 (L)	三相每小时漏损加通风耗气量不大于 (L)	断路器贮气筒容积（三相） (L)
KW_2-220	20	21	16	16.5	19	9856	340	20160	2240+448（合） 2240+2240（分）	4480
KW_3-220	25	26	20		24	9120	456	15960	2310	2280
KW_4-110A	20	21	16.5	17	18.5	4556	228	9350	1368	2278
KW_4-110Ⅱ	20	21	17.5	17.5	19	4230	282	8742	1410	2820
KW_4-220Ⅰ	20	21	16.5	17	18	8925	595	18445	2975	5950
KW_4-220Ⅱ	20	21	17.5	17.5	19	8925	595	18445	2975	5950
KW_4-330Ⅰ	20	21	16.5	17	18	12870	858	26600	4290	8580
KW_4-330Ⅱ	20	21	17.5	17.5	19	12870	858	26600	4290	8580
KW_4-500	20	21	17.5	17.5	19	17850	1190	36890	5950	1190
KW_5-110	25	27	22.5	22.7	24	4680	540	9000	1800	3600
KW_5-220G	25	27	22.5	22.7	24	8400	900	16000	3600	6000
KW_5-330G	25	27	22.5	22.7	24	12700	1460	24400	5400	9750
KW_5-500	25	27	22.4	22.7	24	18850	2175	36300	8000	14500
KW_6-35	20	21	15	16	19	1200	180	2400	180+36（合） 180+180（分）	360
KC-330	20	21	16.5	17		3525	282		1410	1410

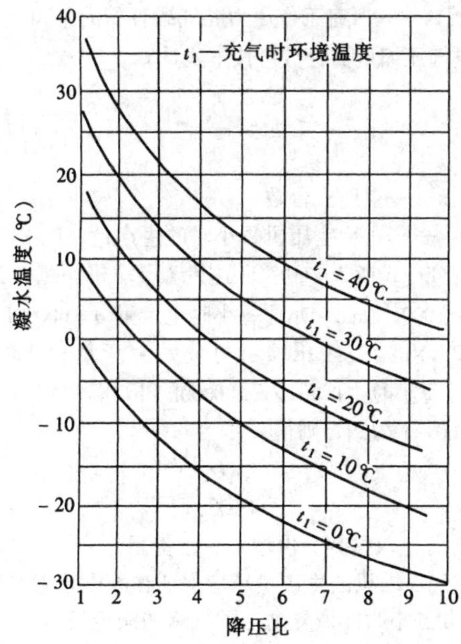

图 19-2　压缩空气凝水温度与降压比的关系

$$t_2 = \frac{273 \times \left(\dfrac{t_1}{273 + t_1} - \dfrac{1}{19}\ln\dfrac{Kp_0}{p_H}\right)}{1 - \left(\dfrac{t_1}{273 + t_1} - \dfrac{1}{19}\ln\dfrac{Kp_0}{p_H}\right)} \quad (19-1)$$

式中　t_2——断路器内产生凝水现象时的环境空气温度（℃）；

t_1——充气时的环境空气温度（℃）；

p_H——断路器的额定压力（10^5Pa）；

p_0——空气压缩机的额定压力（10^5Pa）；

Kp_0——为高压贮气罐的最低工作压力，K 值为 0.95。

断路器充气时和发生凝水时的温度差可由下式求出：

$$\Delta t = t_1 - t_2 \quad (19-2)$$

当空气断路器工作压力为 20×10^5Pa 时，一般可选用 $V_1/40-1$ 型空气压缩机（但需要 $p_1/p_2>2$ 时亦可选用 $V_1/60-1$ 型）；工作压力为 25×10^5Pa 时，一般选用 $V_1/60-1$ 型的空气压缩机。如空气断路器对空气质量要求很高和高海拔地区地面日温差变化大，要求提高降压比（$p_0/p_H>5$）时，可考虑选用 150×10^5Pa 的空气压缩机。

（二）高压贮气罐及工作压力贮气罐的选择

1. 高压贮气罐的选择

其容量应满足正常及事故情况下空气断路器的操作及漏损所消耗的气量。

$$V_{js} = K\frac{G}{p_1 - p'_1} \quad (19-3)$$

$$p'_1 = p_2 + \Delta p \quad (19-4)$$

式中　V_{js}——高压贮气罐总计算容积（L）；

K——考虑空气压缩机在自动停机期间，其罐内消耗掉的气量而乘的系数，可根据管网的规模和长度取1.15~1.25；

G——最大可能同时动作的断路器总空气消耗量（L）；

p_1——高压贮气罐额定压力（10^5Pa）；

p'_1——高压贮气罐最低容许压力（10^5Pa）；

p_2——配气网额定压力（10^5Pa），为20×10^5Pa或25×10^5Pa；

Δp_1——高压贮气罐与工作压力管道之间在减压阀和逆止阀上的压降，即为了保证高压贮气罐向工作压力系统充气，在减压阀和逆止阀上必须维持的压力差。一般取$\Delta p_1=2\times10^5$Pa。

目前供应的高压贮气罐容积为3m³一种（1m³ = 1000L），故选用台数为$N=V_{js}/3000$，取整数，实际安装容量为$\Sigma V=3000N$。

当清洗或检修贮气罐时，为了保证在事故时能向工作压力系统可靠补气，高压贮气罐应不少于两台，并能串联。

统计断路器总空气消耗量时，最多可能同时动作的断路器台数应根据继电保护确定，其中包括只跳不合、跳—合以及跳—合—跳等三种情况，可按不同情况统计总耗气量。各种断路器的跳合耗气量及其贮气筒容积见表19-2。

2. 工作压力贮气罐的选择

配气网内的工作压力贮气罐，一般不需装设。因为断路器本身贮气筒的容积能够满足其一次自动重合闸不成功的耗气量。断路器经过跳—合—跳后，一般需对线路进行检查后再试送电。在进行检查的这段时间内，空气压缩机开动，可以从高压贮气罐经减压阀向断路器贮气罐补气，以保证断路器再次动作。

但装设工作压力贮气罐，可使配气网容量增加，从而使空气断路器贮气筒及配气网内消耗在操作上所降低的压力能较迅速地恢复，也可以使配气网中由于经常空气消耗所引起的压力变动缓和，减少减压阀动作次数。所以当空气压缩装置距配电装置较远，断路器数量很多，布置较分散，减压阀性能较差时，也可考虑装设工作压力贮气罐。

工作压力贮气罐的容积一般可不计算，而采用表19-3经验数据。

（三）空气压缩机的选择

空气压缩机的总容量应大于全部压缩空气系统在正常情况下漏泄量和通风量的2.5倍。此外，还应增加一台备用空气压缩机。

表19-3 工作压力贮气罐容积选择

配电装置电压（kV）	建议采用的工作压力贮气罐容积（L）
35	1000~1500
110~330	2000~3000
500	3000~5000

空气压缩机的生产量为

$$Q_{js}=(c_1+c_2+p_1\times0.005\times\Sigma V_1+p_2\times0.005\Sigma V_2)\times2.5 \qquad (19-5)$$

式中 Q_{js}——每小时计算生产量（L/h）；

c_1——高低压管网和阀门的单位耗气量（L/h），见表19-4；

c_2——所有空气断路器的每小时漏损和通风耗气量（L/h），见表19-2；

0.005——高压贮气罐及工作压力罐每小时漏损按其容积的0.5%考虑；

p_1——高压贮气罐的工作压力（10^5Pa）；

p_2——工作压力罐的工作压力（10^5Pa）；

ΣV_1——所有高压贮气罐容积的总和（L）；

ΣV_2——所有工作压力贮气罐容积的总和（L）；

空气压缩机的台数可按下式计算：

$$n=\frac{Q_{js}}{q} \qquad (19-6)$$

式中 n——空压机台数；

q——一台空压机每小时的生产量（L/h）。

V_1/40-1或V_1/60-1型空气压缩机，每分钟生产量为1000L/min，亦即每小时生产量$q=60000$L/h；$4V_2$-3/150型空气压缩机每分钟生产量为3000L/min，即每小时生产量$q=180000$L/h。若以V_1/40-1或V_1/60-1为例，则得

$$n=\frac{Q_{js}}{60000}$$

上式n取整数，再增加一台备用。

空气压缩机的生产量还应保证在配电装置发生事故后，1.5小时能恢复高压贮气罐的额定压力。

$$T=\frac{G}{nq-(c_1+c_2)-0.005\Sigma V_1\dfrac{p_1+p'_1}{2}} \qquad (19-7)$$

式中 T——事故跳闸后，高压贮气罐气压恢复时间，要求T不大于1.5h；

ΣV_1——所有高压贮气罐的容积的总和（L）；

p'_1——高压贮气罐的最低容许压力（10^5Pa）。

（四）空气管道选择

（1）空气管道的管子，其内径可按下式计算确定：

$$D = 2\sqrt{\frac{V}{\pi W}} \qquad (19-8)$$

式中　D——管道计算直径（m）；

V——通过空气管道的压缩空气的体积（m^3/s）；

W——空气平均流速（m/s），管道中空气流速，一般采用 10～20m/s。

根据计算得出的管径一般都小，为了防止个别的管道被凝结水堵塞（当周围空气在低温时），以及在管子弯曲，堵头处的管道变形，管壁变薄等情况，故一般可不计算而采用下列经验数据。

1）空气压缩机与高压贮气罐之间的管子穿至户外部分，当管道压力为 40～60×10^5Pa 时，可采用 ϕ45×2.5 的防锈钢管；当压力为 150×10^5Pa 时，可采用 ϕ38～50×3.5 防锈钢管。室内部分管道压力为 40～60×10^5Pa 者，可用 ϕ22～32×3.5 的防锈钢管。

2）工作压力系统汇气母管（包括其间的联络管道）和由配气网引向空气断路器的空气管道，采用 ϕ50×2.5 的防锈钢管或内外镀锌的无缝钢管。但在空气断路器前的过滤器到空气断路器贮气筒的管道宜采用铜管。

3）用于连接压力表的管子，采用 ϕ8～10×1 的紫铜管。

4）排污总管采用 ϕ25×2，分支管采用 ϕ15×2 的水煤气管。

（2）阀门及管网漏损见表 19-4。

表 19-4　阀门及管网单位耗气量（L/h）

截止阀	逆止阀	减压阀	泄水阀	安全阀	管子法兰	管网及贮气筒冲洗
7	7	20	40	40	2.5	30

三、空气压缩装置选择计算实例

【例 1】 设某 220kV 配电装置，接线为双母线，两台主变压器，6 回出线，正常按单母线分段接线方式运行（如图 19-3）。试计算选择空气压缩装置主要设备。

1. 已知计算条件

（1）如图 19-3 所示，假定母线故障同时动作的断路器为五台，其中两台为自动重合闸不成功（跳—合—跳）。

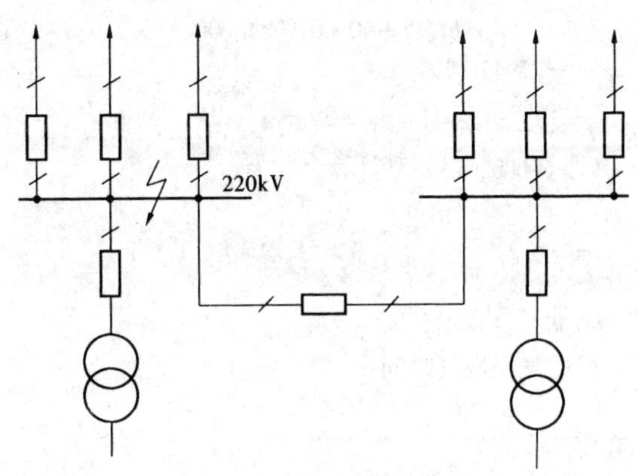

图 19-3　220kV 主接线

（2）采用的断路器为 KW_4-220Ⅰ、Ⅱ型，查表 19-2 可得其一次分闸耗气量为 8925L。重合闸不成功耗气量为 18445L，每小时漏损为 2975L。

（3）管网漏损：设压缩空气系统图如图 19-1 所示，统计其耗气量如表 19-5 所示。

表 19-5　管网漏损耗气量

名　称	截止阀	逆止阀	减压阀	泄水阀	安全阀	管子法兰	管网及贮气筒冲洗	总计
统计数量	58	11	4	6	8	20		
单位耗气量（L/h）	7	7	20	40	40	2.5	30	
统计耗气量（L/h）	406	77	80	240	320	50	30	1203

管网漏损：c_1 = 1203（L/h）；

断路器漏损：$c_2 = 9 \times 2975 = 26775$（L/h）；

断路器最大可能事故耗气量：

$$G = 3 \times 8925 + 2 \times 18445 = 63665 \text{ (L)}$$

2. 设备选择计算

（1）高压贮气罐容积

$$V_{js} = 1.15 \times \frac{G}{p_1 - p'_1} = 1.15 \times \frac{63665}{40 - (20 + 2)} = 4067.5(\text{L})$$

$$N = \frac{V_{js}}{3000} = \frac{4067.5}{3000} = 1.356, \text{取 } N = 2$$

$$\Sigma V = 3000N = 3000 \times 2 = 6000(\text{L})$$

（2）压缩机生产量

$$Q_{js} = (c_1 + c_2 + p_1 \times 0.005\Sigma V) \times 2.5$$

$= 1203 + 26775 + 40 \times 0.005 \times 6000) \times 2.5$

$= 72945$（L/h）

若选择 $V_1/40$－Ⅰ型空气压缩机的生产量为 $1m^3/min$（即 60000L/h），则计算台数为

$$n = \frac{Q_{js}}{q} = \frac{72945}{60000} = 1.215, \text{取 } n = 2$$

增加一台备用，取 $n = 3$。

校验气压恢复时间：

$$T = \frac{G}{nq - (c_1 + c_2) - 0.005\Sigma V \frac{p_1 + p'_1}{2}}$$

$$= \frac{63665}{3 \times 60000 - (1203 + 26775) - 0.005 \times 6000 \times \frac{40 + 22}{2}}$$

$$= 0.42\text{h} < 1.5\text{h}$$

根据本例题的 220kV 配电装置规模，通过计算可知，选用三机两罐已能满足正常运行、检修和事故情况下的要求。

【例 2】 按［例 1］条件，若增设空气干燥器，试再进行主设备选择。

1. 已知计算条件

按［例 1］的条件，若选用 $V_1/60$－Ⅰ型空气压缩机，且设有空气干燥器，则需考虑空气干燥器再生硅胶时的用气量。1220 型双筒式空气干燥器再生硅胶的用气量为 56000（L/h），约 4h 完成干燥任务。此时最大可能耗气量为

$$G = 3 \times 8925 + 2 \times 18445 + 56000 \times 4 = 287665 \text{（L）}$$

2. 设备选择计算

（1）高压贮气罐容积：

$$V_{js} = 1.15 \times \frac{G}{p_1 - p'_1} = 1.15 \times \frac{287665}{60 - (20 + 2)} = 8705.6(\text{L})$$

$$N = \frac{V_{js}}{3000} = \frac{8705.6}{3000} = 2.9, \text{取 } N = 3$$

$$\Sigma V = 3000N = 3000 \times 3 = 9000(\text{L})$$

（2）压缩机生产量：

$$Q_{js} = (c_1 + c_2 + p_1 \times 0.005\Sigma V) \times 2.5 = (1203 + 26775 + 69 \times 0.005 \times 9000) \times 2.5 = 76695(\text{L/h})$$

若选用 $V_1/60$－Ⅰ空气压缩机的生产量为 $1m^3/min$，即 60000L/h，则

$$n = \frac{Q_{js}}{q} = \frac{76695}{60000} = 1.278, \text{取 } n = 2$$

增加一台备用，取 $n = 3$。

校验恢复时间：

$$T = \frac{G}{nq - (c_1 + c_2) - 0.005\Sigma V_1 \frac{p_1 + p'_1}{2}}$$

$$= \frac{287665}{3 \times 60000 - (1203 + 26775) - 0.005 \times 9000 \times \frac{60 + 22}{2}}$$

$$= 1.91\text{h} > 1.5\text{h}$$

不能满足要求，因此须再增加一台，取 $n = 4$。由此得出：

$$T = \frac{287665}{4 \times 60000 - (1203 + 26775) - 0.005 \times 9000 \times \frac{60 + 22}{2}}$$

$$= 1.366\text{h} < 1.5\text{h}$$

由计算可知，按上述例题中的配电装置规模，若配置空气干燥器且考虑再生硅胶的用气量，则需选用四机三罐才能满足正常运行，检修和事故情况下的要求。但实际上空气干燥器的再生硅胶的用气量为非经常性负荷，由于配置干燥器而需增加的空气压缩机可不多于一台。

第 19－3 节 空气压缩装置的设备布置

一、空气压缩机室及室内设备的布置

空气压缩机室一般设在高压配电装置区内，以缩短空气管道，减少压降并节省管道费用。

空气压缩机室的房屋与无油的带电设备之间的净距应不小于 10m。

布置在空气压缩机室内的设备有：装有灰尘过滤器的吸气管，带有电动机的空气压缩机、空气冷却器，以及油水分离器、截止阀、逆止阀、空气过滤器、空气干燥器、单机控制屏、公用控制屏、电力箱等。

空气压缩机一般采用横向布置，如图 19－4（a）所示。油水分离器放在电动机对面的墙边。机组与油水分离器间联络管道可由浅沟通过，使管道最短。所有主要的阀门及其联络管道，汇气母管等均布置在电动机对面的墙上。其高度应适于操作、维修。

为了便于对机组的运行维修、机组间净距应保持 1.5m，机组与墙间通道不小于 1m。

室内空气管道布置，如管间距离、管道对墙的距

离，支架间距离等见图 19－4（b）、（c）、（d）。

当有两种不同气压的负荷（如空气断路器和气动隔离开关的操作机构）时，两种压力的减压阀可以同时布置在空气压缩机室内，或将较低气压的减压阀置于配电装置内。

二、高压贮气罐的布置

高压贮气罐一般设在空气压缩机室外背阴侧，以防日光曝晒。如昼夜温差过大，或贮气罐高于空气压缩机室，可考虑遮阳设施。

三、工作压力母管连接方式及室外设备的布置

向空气断路器供气的工作压力汇气母管一般以接成双母管较好，具有布置整齐、运行可靠性高和维修方便等优点；但阀门多、管路长、投资较大，仅在空气断路器成单列布置时才采用双母管。若空气断路器为双列布置时，可考虑采用环管系统。

若装设工作压力贮气罐，其安装位置应以使管路内气压波动尽可能小为原则。

气水分离器安装在减压阀后面，置于配电装置的管路中间，与减压阀相距 20～30m。安装时应注意其放水的方便。

四、空气管道的布置

配气管道一般敷设在电缆隧道和电缆沟内，或沿墙敷设。管道应多点接地，并应向放水器方向以 0.3～0.5%的倾斜度敷设。

对长空气管道，在直管道上应该设有弯曲伸缩节，以减小管道内温度剧变而产生的危险机械应力。在室外每隔 40～50m，在室内每隔 70～80m 应接有弯曲伸缩节。

在布置伸缩节时，应考虑管道个别段上的自补偿(例如在水平和垂直面上管道弯曲的自补偿)。伸缩节应水平布置，以防积水。

为了便于对空气系统的压力进行监视，在高低压管道均设压力表，表计装在室内控制屏上，其引接位置如图 19－1 中所示。

五、空气压缩机室的允许温度

按制造厂要求，最高温度不得超过＋40℃；最低温度不得低于＋10℃，有油加热器时允许低于＋10℃，但不小于 0℃。

第 19－4 节　空气压缩机室的电气部分

一、空气压缩机室的电源

空气压缩机由交流电动机驱动。电动机的电源，可由发电厂主控制楼（室）低压屏或变电所的所用电屏直接引接至空气压缩机室的动力箱内。

二、空气压缩装置的控制、保护、信号回路

V_1/40－Ⅰ，V_1/60－Ⅰ及 4V_2－3/150 型空气压缩机的保护及控制屏可由制造厂成套供货，一般每台空气压缩机有一块单机控制屏，两台以上可有一块公用控制屏，其布置示意图见图 19－4（a）。

国产 V_1/40－Ⅰ及 V_1/60－Ⅰ型空气压缩装置控制、保护接线全图见图 19－5（a）及图 19－5（b），国产 4V_2－3/150 型空气压缩装置控制、保护接线全图见图 19－6（a）、（b）及（c），该接线方式已能满足空气压缩机的自动起停、自动补气和发送必要的信号的要求，实现空气压缩装置的运行自动化。图 19－5（a）接线中还考虑了日温差较大地区加装空气干燥装置的信号回路。

1．自动控制

（1）高压管道：国产 V_1/40－Ⅰ及 V_1/60－Ⅰ型空气压缩机，当高压管道内压力高于额定值 0.5×10^5Pa 或低于额定值 5×10^5Pa 时，工作机自动停止或起动；当压力低于额定值 5.5×10^5Pa 时，备用机自动投入；当压力上限大于额定值 2×10^5Pa 下限小于额定值 6×10^5Pa 时，即向主控室发送信号。

国产 4V_2－3/150 型空气压缩机，当高压管道内压力高于额定值 1×10^5Pa 或低于额定值 5×10^5Pa 时，工作机自动停止或起动；当压力低于额定值 10×10^5Pa 时，备用机自动投入；当压力上限大于额定值 5×10^5Pa，下限小于额定值 10×10^5Pa 时，即向主控制室发送信号。

（2）工作压力管道：当工作压力管道内的压力偏差大于规定值时（一般取 $\pm1\times10^5$Pa），则向主控制室发送信号。

2．自动排污

（1）V_1/40－Ⅰ及 V_1/60－Ⅰ型空气压缩机的自动排污：

1）空气压缩机停机后自动排污；

2）空气压缩机刚起动 30s 内自动排污；

3）空气压缩机长期运行，每隔 37min 自动排污一次，每次排污 30s。

（2）4V_2－3/150 型空气压缩机的自动排污：

1）空气压缩机停机后自动排污；

2）空气压缩机刚起动 20s 内自动排污；

3）空气压缩机长期运行，每隔 20min 自动排污一次，每次排污 30s。

I
II
III
1500
370
5760
650
2000
2750
7200
1070
860
1440
14760
5930
2300
1000
4120
±0.00
#1
#2
#3
#4
1
2
3
4
5
6
7
8
9
10
11
12
13
14

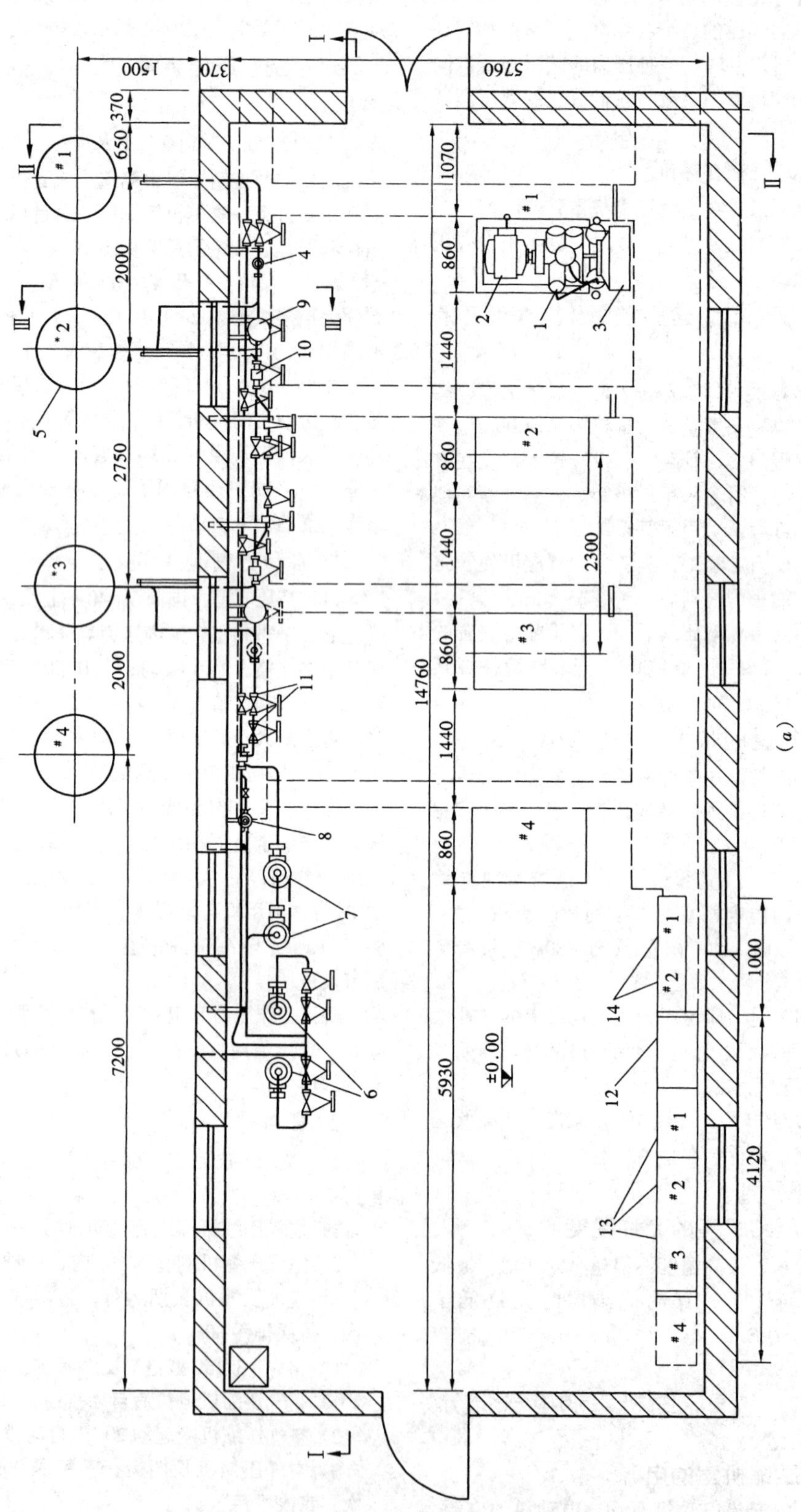

(a)

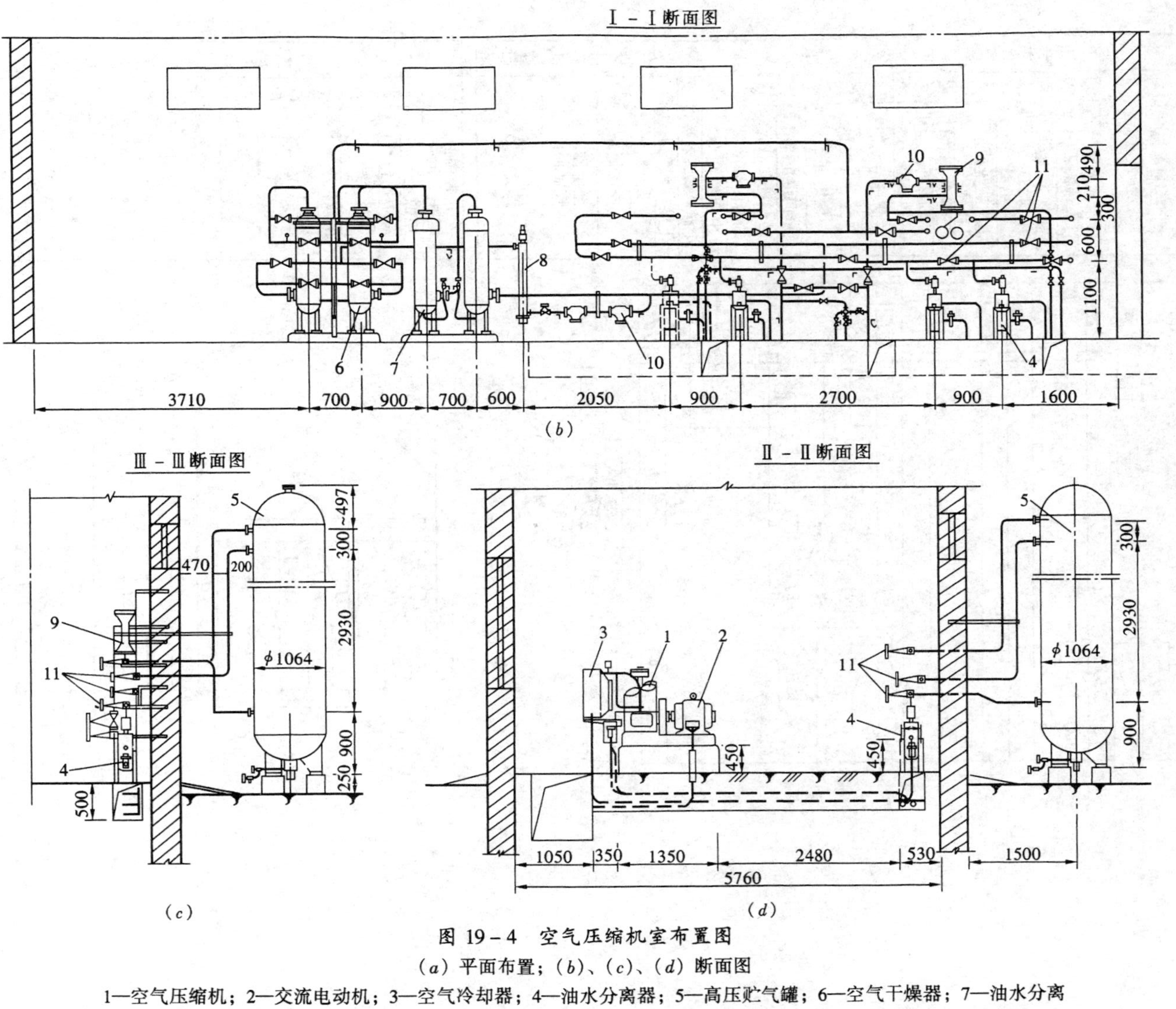

图 19－4　空气压缩机室布置图

(a) 平面布置；(b)、(c)、(d) 断面图

1—空气压缩机；2—交流电动机；3—空气冷却器；4—油水分离器；5—高压贮气罐；6—空气干燥器；7—油水分离器；8—加温器；9—空气过滤器；10—减压阀；11—截止阀；12—公用控制屏；13—单机控制屏；14—电力箱

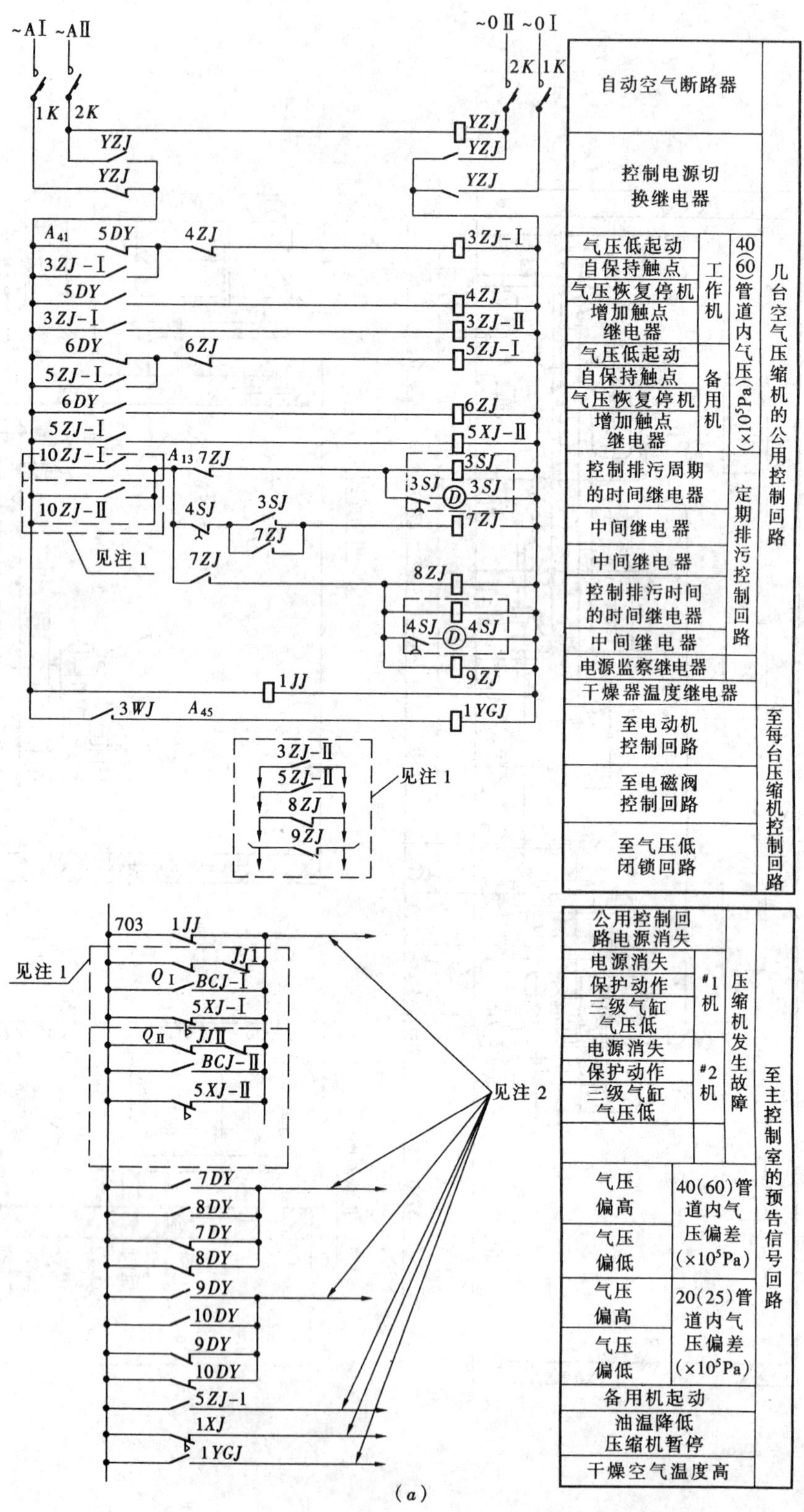

(a)

图 19-5 $V_1/40$-Ⅰ、$V_1/60$-Ⅰ空气压缩装置控制、

~A
~B
~C
~O
B401
A
B402
LH
Q
1RJ
2RJ
D
K
3ZJ－Ⅱ
见公用控制回路
A1
KK
A3
A5
SJ
O1
A7
A9
ZJ
BCJ
1RJ
2RJ
5ZJ－Ⅱ
10ZJ
1SJ
1ZJ
A11
A13
YH
8ZJ
见公用控制回路
BK
A15
DF
A17
2WJ
A19
A21
RJ
A23
1XJ
1DY
2XJ
2DY
3XJ
3DY
4XJ
2SJ
3DY
A25
9ZJ
A27
5XJ
见公用控制回路
YGJ
6XJ
1WJ
A29
4DY
A31
7XJ
A33
8XJ
BCJ
JJ
380/220V 电源
电流表
电动机电力回路
自动空气断路器
电动机回路
自动
备用
手动
增加触点继电器
电动机的控制回路
压缩机起动时控制排污时间的继电器
220/48V 变压器
整流设备
排污电磁阀
自动排污的控制回路
温度继电器
加热器
信号继电器
油加热回路
一级气缸
二级气缸
三级气缸
气压升高
闭锁用时间继电器
三级气缸
气压降低
油温升高
油压升高
油压降低
保护回路
一级气缸
二级气缸
三级气缸
气压升高
油温升高
油压升高
油压降低
跳闸继电器
电源监察继电器
每台空气压缩机控制和保护回路

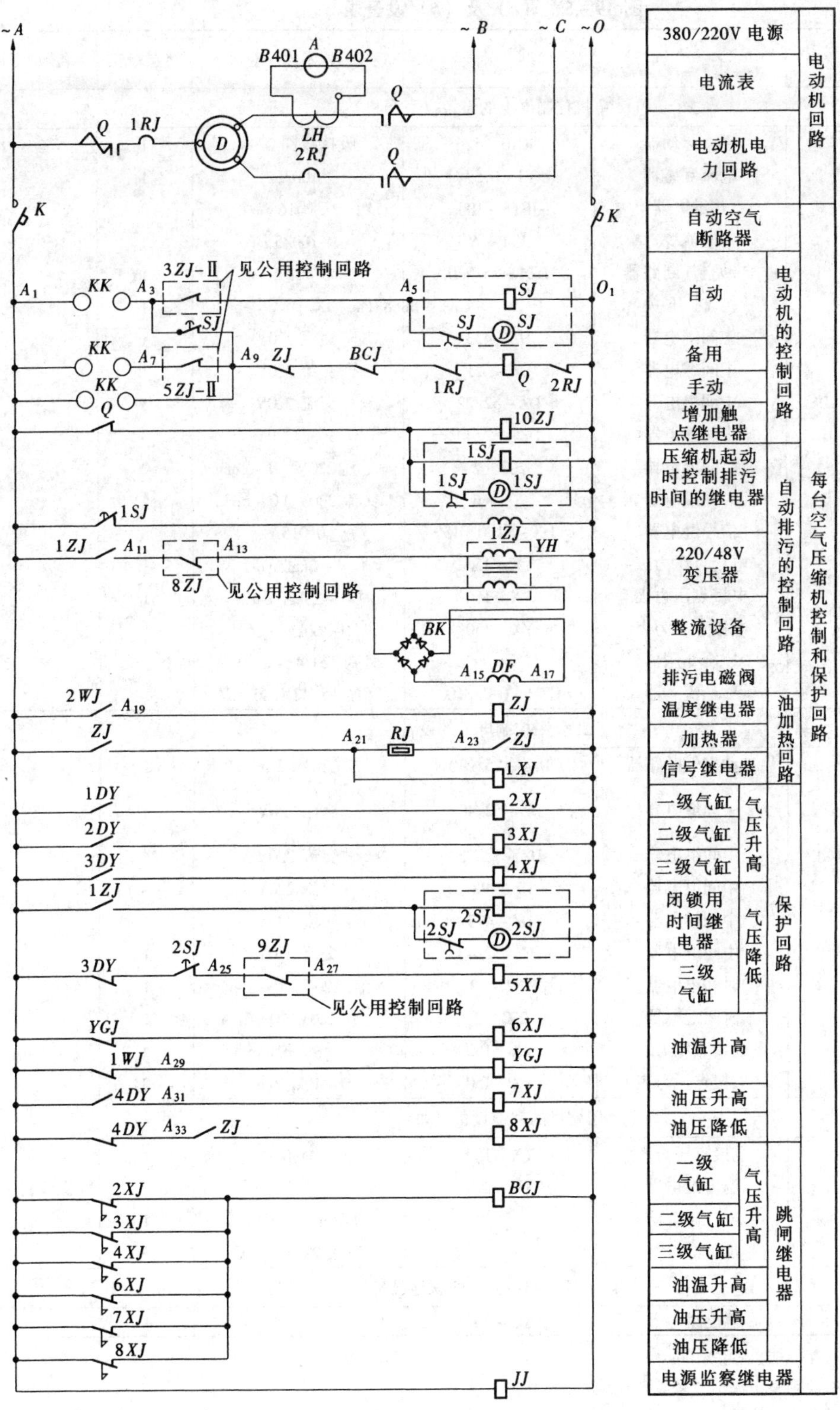

(b)

保护接线全图

图 19－5 （a）及（b）设备表

符 号	名 称	型 式	技术特性	数 量	备 注
1. 单机控制屏上的设备（每台机）					
Q	磁力起动器	QC10－5/6	吸持线圈 220V	1	
LH	电流互感器	LQG－0.5－1	100/5	1	
1RJ 2RJ	热继电器	JR15－100	№16	2	
A	电 流 表	1T1－A	100/5	1	
K	自动空气断路器	DZ4－25/230	脱扣器 10A	1	
KK	控 制 开 关	LW2－8888/F4－8X		1	
ZJ	中间继电器	DZ－433	交流 220V	1	
1ZJ	中间继电器	DZ－421	交流 220V	1	
BCJⅠ，BCJⅡ，YGJ	中间继电器	DZ－52/22	交流 220V	3	
10ZJⅠ，10ZJⅡ，JJ	中间继电器	DZ－52/40	交流 220V	3	
SJ 1SJ	时间继电器	202－2	交流 220V，0～2min	2	
2SJ	时间继电器	202－6	交流 220V，0～6min	1	
1XJ～8XJ	信号继电器	DX－11/0.015	0.015A	8	
1DY	电接点压力表	YX－150	0～6kgf/cm^2	1	
2DY	电接点压力表	YX－150	0～25kgf/cm^2	1	
3DY	电接点压力表	YX－150	0～60kgf/cm^2	1	
YH	控制变压器		交流 220/48V，40VA	1	
Z	整 流 器	GZH－0.75/100	交流 48/42V，0.75A	1	
2. 公用控制屏上的设备					
1K 2K	自动空气断路器	DZ4－25/230	脱扣器 2.5A	2	
3ZJ－Ⅰ，3ZJ－Ⅲ，5ZJ－Ⅰ，5ZJ－Ⅱ	中间继电器	DZ－52/40	交流 220V	4	
4ZJ，6ZJ，7ZJ，1YGJ	中间继电器	DZ－52/22	交流 220V	4	
8ZJ，9ZJ	中间继电器	DZ－406	交流 220V	2	
YZJ	中间继电器	DZ－433	交流 220V	1	
1JJ	中间继电器	DZ－52/40	交流 220V	1	
3SJ	时间继电器	202－12	交流 220V，0～48min	1	
4SJ	时间继电器	202－2	交流 220V，0～2min	1	
5DY～8DY	电接点压力表	YX－150	0～60kgf/cm^2	4	
9DY，10DY	电接点压力表	YX－150	0～40kgf/cm^2	2	
3. 压缩机的就地设备（每台机）					
4DY	电接点压力表	YX－150	0～6kgf/cm^2	1	随机成套供应
1WJ，2WJ	温度继电器	XU－200		2	
DF	电 磁 阀		直流 42V，170mA	1	
RJ	加 热 器		交流 220V，53Ω	1	
4. 空气干燥器公用的就地设备					
3WJ	温度继电器	XU－200		1	

注 1. 该回路数目与压缩机台数相同。

2. 该回路按主控制室中央信号装置顺序编号。

3. 对第一台压缩机的编号为～AⅠ，～OⅠ，对第二台压缩机为～AⅡ，～OⅡ，后期安装的压缩机取消此电缆芯。

4. 压力表技术特性单位和 kgf/cm^2，按法定计量单位需换算为 N/cm^2 或 Pa（1kgf/cm^2 = 9.80665N/cm^2 = 9.80665 × 10^{4}Pa）。

3. 自动保护

(1) 气压保护：对于 $V_1/400-$Ⅰ和 $V_1/60$Ⅰ－型空气压缩机当一级排气压力分别大于 2.75 和 3.75×10^5Pa 或二级排汽压力分别大于 13.2 和 19.2×10^5Pa 时，压缩机自动停机，并发出信号。

对于 $4V_2-3/150$ 型空气压缩机，当一级排气压力大于 4×10^5Pa，二级排气压力大于 16.5×10^5Pa，三级排气压力大于 60×10^5Pa，四级排气压力大于 170×10^5Pa 时，压缩机自动停机、并发出信号。

(2) 油压保护：无论 $V_1/40-$Ⅰ、$V_1/60-$Ⅰ或 $4V_2-3/150$ 型空气压缩机，当油压低于 1×10^5Pa 或高于 3×10^5Pa 时均自动停机，给出信号。

(3) 油温保护：$V_1/40-$Ⅰ、$V_1/60-$Ⅰ型空气压缩机，当油温低于10℃时，自动停机并接通油加热

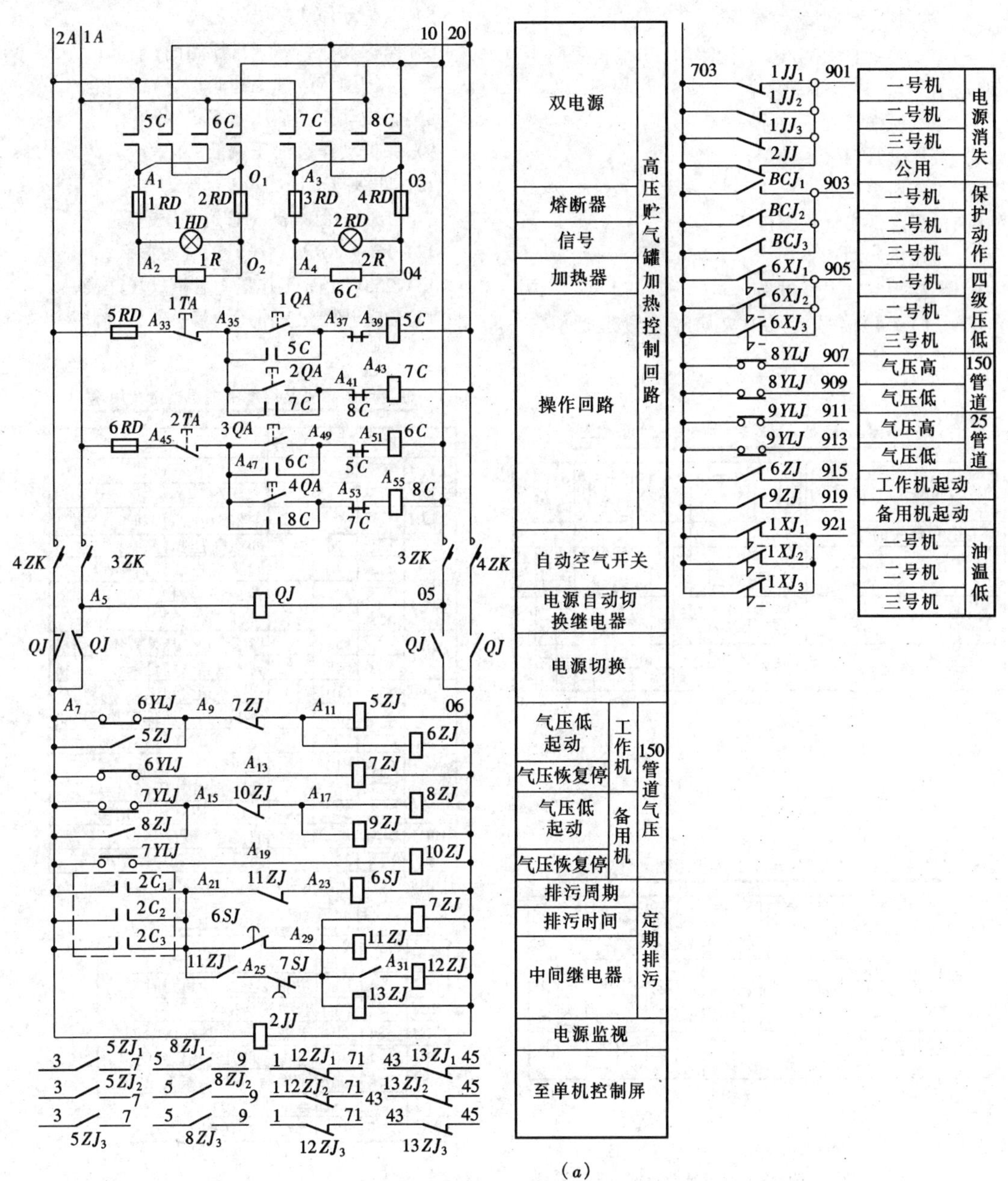

(a)

图 19－6　国产 $4V_2-3/150$ 型空气压缩装置控制、保护接线全图（一）

器；当油温升至 10℃时，机器自动投入运行；当油温高于 70℃时，自动停机并给出信号；当油温下降至 70℃以下时，空气压缩机自动投入。

$4V_2-3/150$ 型空气压缩机，当油温低于 25℃时，自动停机并接通油加热器；当油温升至 25℃以上时，机器自动投入运行；当油温高于 70℃时，自动停机并给出信号；当油温下降至 70℃以下时，空气压缩机自动投入。

4. 发向主控制室的信号

(1) $V_1/40$－Ⅰ及 $V_1/60$－Ⅰ型空气压缩机发向主控制室的信号，共有如下几个：

1) 空气压缩机发生故障；
2) 高压管管内气压偏差；
3) 工作压力管道内气压偏差；
4) 油温降低空气压缩机暂停；
5) 备用机起动；
6) 干燥用空气温度过高。

以上 1)～4) 信号接入中央信号装置延时预告信号回路内。5)、6) 信号仅光字牌亮，不发音响信号。

(2) $4V_2-3/150$ 型空气压缩机，有以下发向主控制室的信号：

1) 单机控制屏电源消失；
2) 公用控制屏电源消失；
3) 保护动作，一级气压超高；
4) 保护动作，二级气压超高；
5) 保护动作，三级气压超高；
6) 保护动作，四级气压超高；
7) 保护动作，油温超高；
8) 保护动作，油压超高；
9) 保护动作，油压偏低；
10) 四级排气压力低；
11) 150×10^5Pa 高压管道气压超高；
12) 150×10^5Pa 高压管道气压偏低；
13) 25×10^5Pa 工作压力管道气压超高；
14) 25×10^5Pa 工作压力管道气压偏低；

$LW_2-8.8.8.8/F_4-8X$ 控制开关工作示意图

在断开位置的手把(正面)的样式和触头盒(背面)的接线图	断手 自 备	1 4 / 2 3			5 8 / 6 7			9 12 / 10 11			13 16 / 14 15		
手把和触头的型式	F_A	8			8			8			8		
位置 ＼ 触点号		7－3	2－4	2－3	5－7	6－8	6－7	9－11	10－12	10－11	13－15	14－16	14－15
备　用		－	－	×	－	－	×	－	－	×	－	－	×
自　动		－	×	－	－	×	－	－	×	－	－	×	－
断　开		－	－	－	－	－	－	－	－	－	－	－	－
手　合		×	－	－	×	－	－	×	－	－	×	－	－

LW_2-1111/F_4 控制开关工作示意图

在断开位置的手把(正面)的样式和触头盒(背面)的接线图		1 4 / 2 3		5 8 / 6 7		9 12 / 10 11		13 16 / 14 15	
手把和触头的型式	F_A	1		1		1		1	
位置 ＼ 触点号		1－3	2－4	5－7	6－8	9－11	10－12	13－15	14－16
人-△切换起动		－	×	－	×	－	×	－	×
△起动		×	－	×	－	×	－	×	－

(b)

电接点压力表及温度继电器整定及用途

符号	触点	闭合	断开	用途
1*YLJ*	o‾o	4		一级气压高停机
2*YLJ*	o‾o	16.5		二级气压高停机
3*YLJ*	o‾o	60		三级气压高停机
4*YLJ*	o‾o	170		四级气压高停机
	o_o	140		四级气压低发信号
5*YLJ*	o‾o	3		油压高停机
	o_o	1		油压低停机
6*YLJ*	o‾o	151		高压管道气压恢复停工作机
	o_o	145		高压管道气压低起动工作机
7*YLJ*	o‾o	150		高压管道气压恢复停备用机
	o_o	140		高压管道气压低起动备用机
8*YLJ*	o‾o	155		高压管道气压高信号
	o_o	140		高压管道气压低信号
9*YLJ*	o‾o	26		低压管道气压高信号
	o_o	24		低压管道气压低信号
1*WJ*	o_o		70℃	油温高停机
2*WJ*	o‾o	25℃		油温低停机并发信号

①电接点压力表闭合时整定值均乘以 10^5Pa

时间继电器整定及用途

符号	触点状态	整定时间	用途
1*SJ*		15s	防止多台电动机同时起动
2*SJ*		10s	电动机人/△起动用
3*SJ*		20s	压缩机起动时排污时间
4*SJ*			起动后四级气压低延时接通
5*SJ*		6min	停机后排出压缩机余水
6*SJ*		20min	运行中排污周期
7*SJ*		30s	运行中排污时间

图 19－6　国产 $4V_2-3/150$ 型空气压缩装置控制、保护接线全图（二）

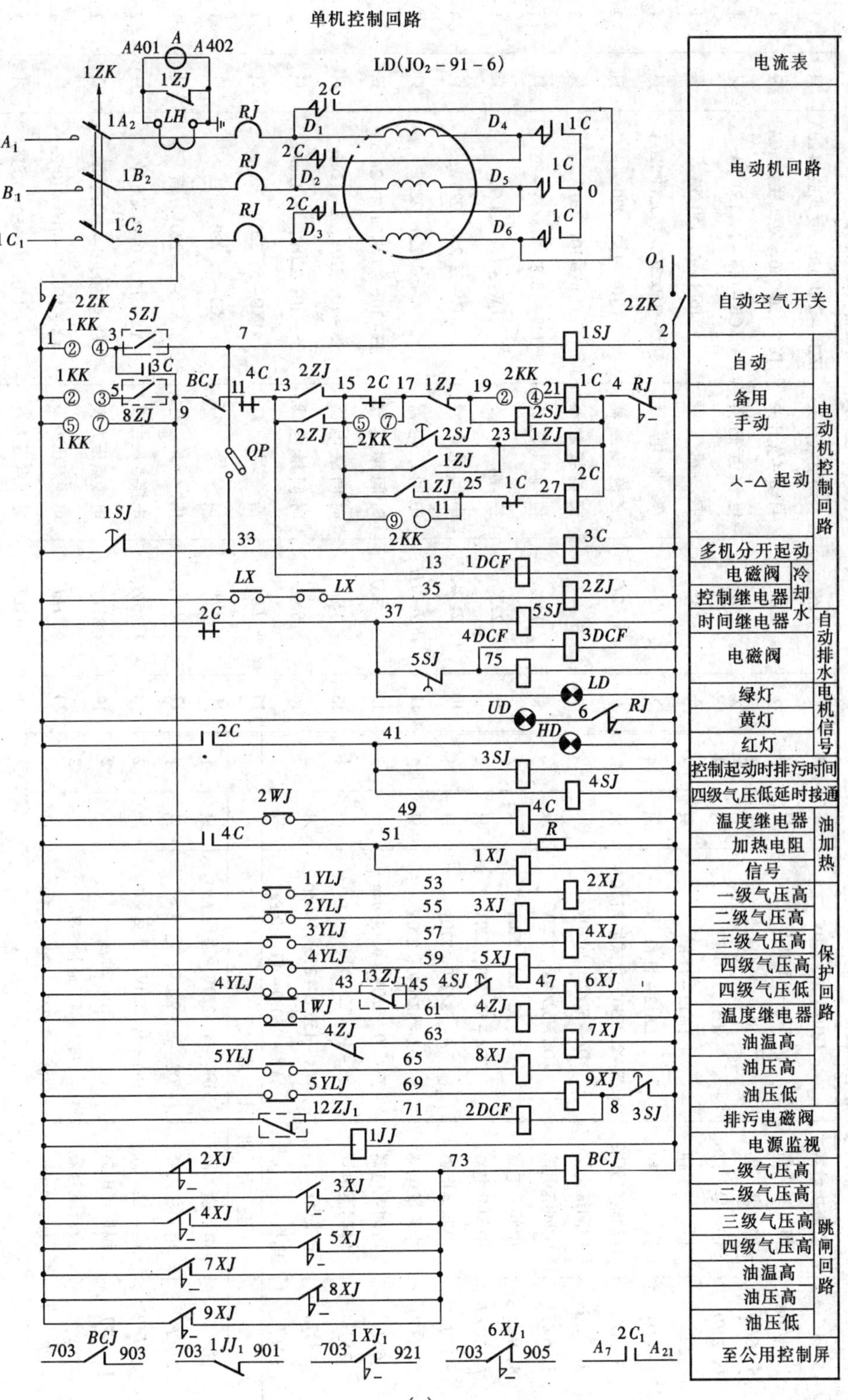

(c)

图 19-6 国产 $4V_2-3/150$ 型空气压缩装置控制、保护接线全图（三）

图 19-6 (*a*)~(*c*)设备表

序号	符号	名称	型号规格	单位	数量
公用控制屏上的设备					
1	5~8*C*	交流接触器	CJ10-20，220V	只	4
2	1~4*RD*	熔断器	RL1-15/15A	只	4
3	5、6*RD*	熔断器	RL1-15/3A	只	2
4	1、2*HD*	信号灯	XD5，220V 红	只	2
5	12*TA*	按钮	LA12-11 绿	只	2
6	1~4*QA*	按钮	LA12-11 红	只	4
7	3、4*Z*	自动空气开关	DZ5-20/230，复式脱扣 10A	只	2
8	*QJ*、2*JJ*	中间继电器	DZ-52/220，220V	只	2
9	5、6*ZJ*	中间继电器	DZ-52/400，220V	只	2
10	8、9*ZJ*	中间继电器	DZ-52/400，220V	只	2
11	7、10*ZJ*	中间继电器	DZ-52/220，220V	只	2
12	11*ZJ*	中间继电器	DZ-52/220，220V	只	1
13	12、13*ZJ*	中间继电器	DZ-52/040，220V	只	2
14	6*SJ*	时间继电器	JS-10，220V，4~48min	只	1
15	7*SJ*	时间继电器	JS-10，220V 10s~2min	只	1
16	6~8*YLJ*	电接点压力表	YX-150.0~250×10^5Pa	只	3
17	9*YLJ*	电接点压力表	YX-150.0~40×10^5Pa	只	1
压力机上的设备					
1	1*DCF*	电磁阀	DF_1-4，220V，通径 ϕ50	只	1
2	2*DCF*	电磁阀	DF_2-3，220V，通径 ϕ5	只	1
3	3、4*DCF*	电磁阀	DF_1-1，220V，通径 ϕ15	只	2
4	1、2*WJ*	温度继电器	XU-200	只	2
5	*LX*	液流讯号器	LX1-4，通径 ϕ50	只	2
6	*R*	加热电阻	SRS_2-220/1，220V，1kW	只	1
高压贮气罐上的设备					
1	1、2R	加热器	220V 1，9kW	只	2

序号	符号	名称	型号规格	单位	数量
单机控制屏上的设备（每台机）					
1	1*ZK*	自动空气开关	DZ10-250/330，复式脱扣 20A	只	1
2	2*ZK*	自动空气开关	DZ5-20/230，复式脱扣 10A	只	1
3	*LH*	电流互感器	LQG-0.5-1，150/5A	只	1
4	*A*	电流表	16LI-A，150/5A	只	1
5	*RJ*	热继电器	JRO-150/3D，热元件 120A	只	1
6	1、2*C*	交流接触器	CJ10-150，220V	只	2
7	3、4*C*	交流接触器	CJ10-10，220V	只	2
8	1*KK*	控制开关	LW_2-8.8，8.8/F_4-8X	只	1
9	2*KK*	控制开关	LW_2-1.1.1.1/F_4	只	1
10	1、2、4*ZJ*	中间继电器	DZ-52/220 220V	只	4
11	*BCJ*，*IJJ*	中间继电器	DZ-52/220 220V	只	2
12	1~3*SJ*	时间继电器	JS-10，220V，10s~2min	只	3
13	4*SJ*	时间继电器	JS-10，220V，1~12min	只	1
14	5*SJ*	时间继电器	JS-10，220V，1~12min	只	1
15	*LD*	信号灯	XD-5，220V，绿	只	1
16	*HD*	信号灯	XD-5，220V，红	只	1
17	*UD*	信号灯	XD-5，220V，黄	只	1
18	1、5*YLJ*	电接点压力表	YX-150，0~6×10^5Pa	只	2
19	2*YLJ*	电接点压力表	YX-150，0~25×10^5Pa	只	1
20	3*YLJ*	电接点压力表	YX-150，0~100×10^5Pa	只	1
21	4*YLJ*	电接点压力表	YX-150，0~250×10^5Pa	只	1
22	1~10*XJ*	信号继电器	DX-31，交流 0.015A	只	10
23	*QP*	切换片	YY_1-S	只	1

15）工作机起动；

16）备用机起动；

17）油温低压缩机暂停。

图 19-5 中的“几台空气压缩机的公用控制回路”是按双电源设计的，当只有一个电源时，应取消控制电源切换继电器 YZJ 及 ZK 回路。此外，对于变电所，为了避免数台空气压缩机同时起动而造成所用电母线电压降低过大，则分别在每台空气压缩机的单独控制回路中增设了时间继电器 SJ［见图 19-5（*b*）］及 1SJ［见图 19-6（*c*）］，以使机组起动时互相错开 4～5s。当电源容量足够大，允许几台空气压缩机同时起动时，则 SJ 及 1SJ 继电器可取消。

附录 19-1　压缩空气装置的硅胶干燥法

用硅胶进行干燥的空气压缩系统如附图 19-1 所示（与图 19-1 相同部分的名称未标出）。

被干燥的压缩空气，首先经油水分离器后再进入

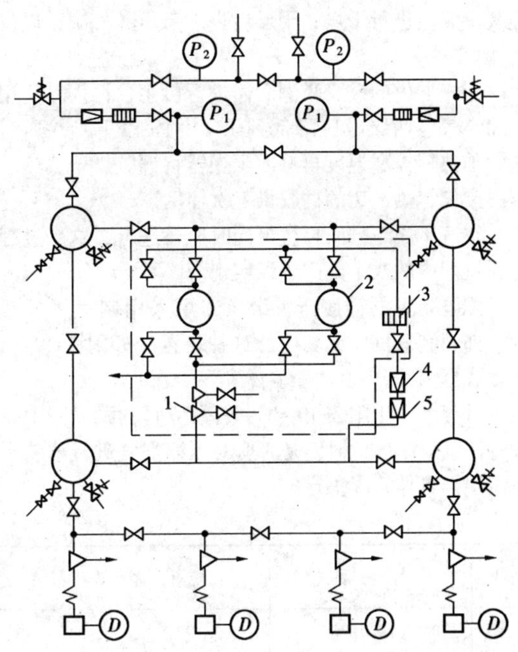

附图 19-1　用硅胶干燥的空气压缩装置系统图
1—油水分离器；2—硅胶干燥器；3—加热器；
4—减压阀（低压）；5—减压阀（高压）

附表 19-1　不同降压比，不同充气温度时产生凝水的温度及温差值

降压比 p_1/p_2	凝水温度与允许温差（℃）	充气温度（℃）					
		40	30	20	10	0	-10
$\frac{150}{25}=6$	凝水温度	10.24	2.06	-6.2	-14.5	-22.8	-30.8
	允许温差	29.76	27.94	26.2	24.5	22.8	20.8
$\frac{150}{20}=7.5$	凝水温度	6.84	-1.18	-9.26	-17.39	-25.57	-33.83
	允许温差	33.16	31.18	29.26	27.39	25.57	23.83
$\frac{100}{25}=4$	凝水温度	16.66	8.08	-0.55	-9.21	-17.93	-26.68
	允许温差	23.34	21.92	20.55	19.21	17.93	16.68
$\frac{100}{20}=5$	凝水温度	13.10	4.72	-3.7	-12.17	-20.67	-29.26
	允许温差	26.9	25.28	23.7	22.11	20.67	19.26
$\frac{60}{25}=2.4$	凝水温度	25.2	16.07	6.95	-2.19	-11.36	-19.9
	允许温差	14.8	13.93	13.05	12.19	11.36	9.9
$\frac{60}{20}=3$	凝水温度	21.44	12.52	3.67	-5.26	-14.23	23.23
	允许温差	18.56	17.48	16.33	15.26	14.23	13.23
$\frac{40}{25}=1.6$	凝水温度	32.4	22.7	13.3	3.58	-5.9	-14.3
	允许温差	7.6	7.3	6.7	6.42	5.9	4.8
$\frac{40}{20}=2$	凝水温度	23.25	19.04	9.74	0.42	-8.93	-18.29
	允许温差	16.75	10.96	10.26	9.58	8.93	8.29

硅胶干燥器进行干燥，干燥后进入高压贮气罐，以供使用。

干燥器内的硅胶吸潮后需进行再生，再生时仍用压缩空气经两级减压降低到 1×10^5Pa 以下，并通过电炉加热器提高温度再进入干燥器将硅胶烘干，然后排出废气，烘干后的硅胶供下次使用。

空气干燥与硅胶再生可同时交替进行，这个过程可通过图中的八个阀门予以实现。

配电装置的硅胶干燥装置，可采用制氧用的装置，邯郸制氧机厂成套生产这种装置（如附图 19－1 中虚线框内部分）。

日温差大于附表 19－1 中的数值时，配气网中一般有潮气凝结。此时，是否应对压缩空气进行硅胶干燥需根据具体情况决定。

由于运行中对硅胶需定期作再生处理，必然耗费不少压缩空气量，在计算空气压缩机的产气量时，应将这一因素考虑在内。

附录 19－2 空气过滤器的制造

空气过滤器加工制造图见附图 19－2，过滤器作成后还需进行以下工作。

（1）装配好后的空气过滤器应进行 $p=90\times10^5$Pa 的水压试验 10min。

（2）过滤器和主气管内表面应涂天然干性油，外表面涂防锈漆。

（3）过滤器与管道接通前应擦干，并用压缩空气吹洗 15s。

编号	名称	规范	单位	数量	材料	单重（kg）	总重（kg）	备注
1	外壳	$D_g=125$	m	0.34	无缝钢管	18.79	6.39	
2	进排气孔格板	见图	块	2	铜			
3	铜网	0.5×0.5mm	个	1	黄铜			沿圆周焊固
4	衬垫	ϕ120×4	块	2	毛毡			
5	填料				马尾			
6	填料支架	见图	个	1	钢	0.52	0.52	
7	支撑架	见图	个	1	钢	0.52	0.52	
8	支撑架	见图	个	1	钢	0.89	0.89	
9	支撑圆环	ϕ120，10×10 方钢	个	1	钢			
10	进出气管	ϕ32	根	2	无缝钢管	0.44	0.88	
11	支撑耳环	∟50×50×6 长 80	根	1	钢			
12	法兰盖	$D_g=125$	个	2		15.7	31.4	外购
13	法兰盖	$D_g=125$	个	2		16.6	33.2	外购
14	光垫圈	M27 厚 5	个	32				
15	光六角螺母	M27	个	32		0.194	6.21	
16	光双头螺栓	M27×150	个	16		0.607	9.7	
17	衬垫	175×122 厚 2mm	个	2	高压石棉			
18	螺栓带螺母垫圈及弹簧垫圈	M12×35	套	2	橡胶板			

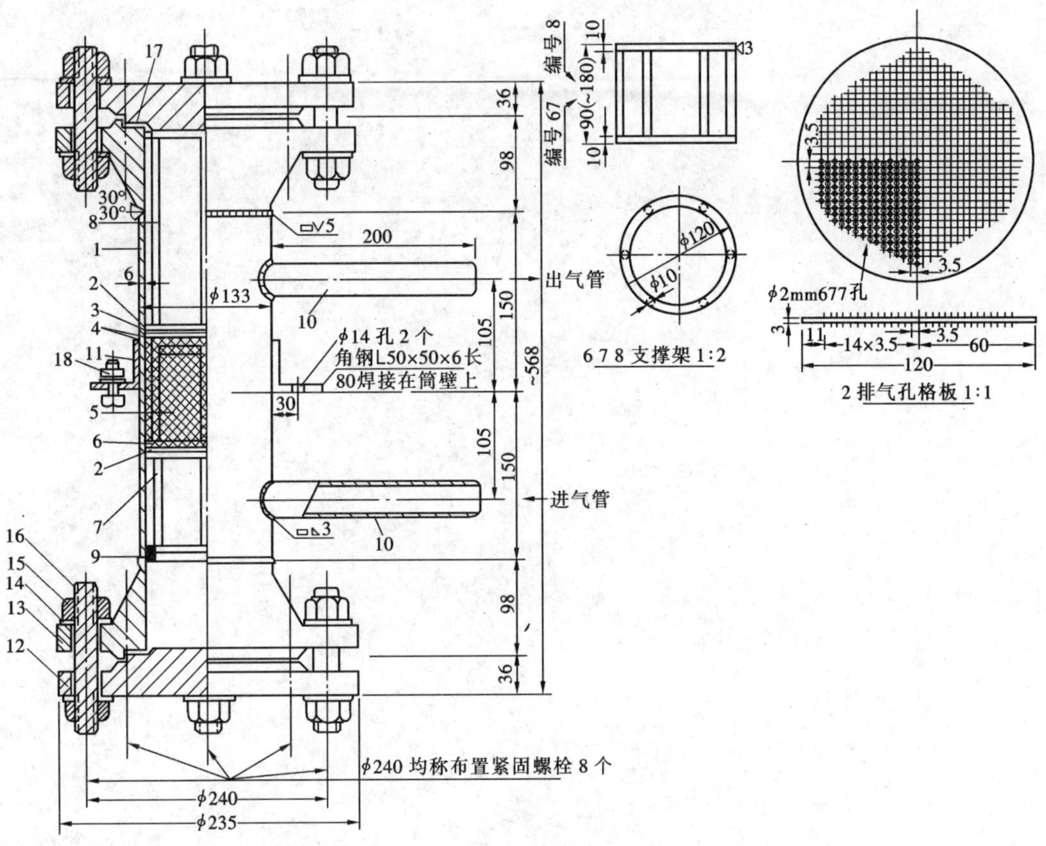

附图 19－2　空气过滤器制造图

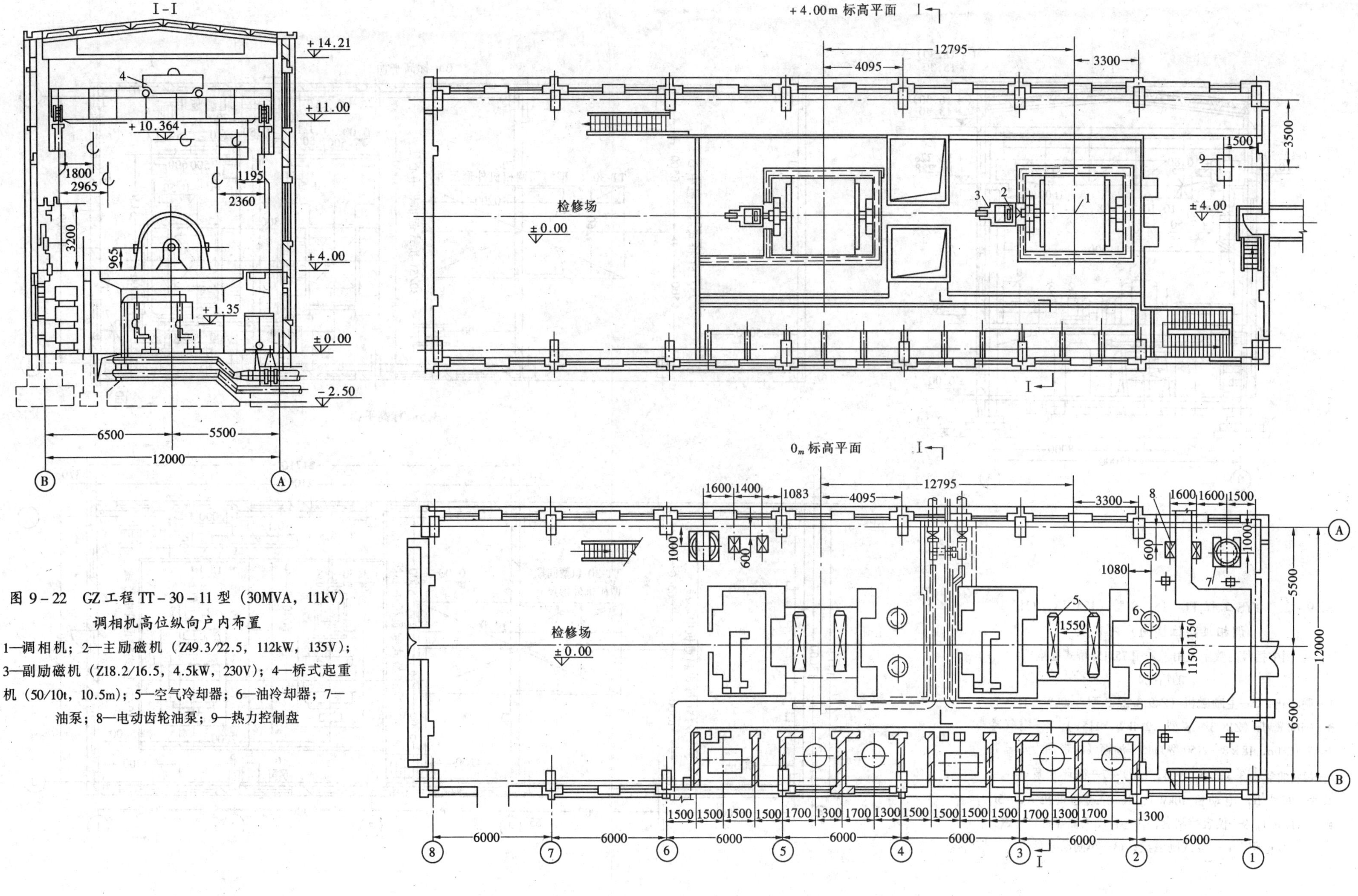

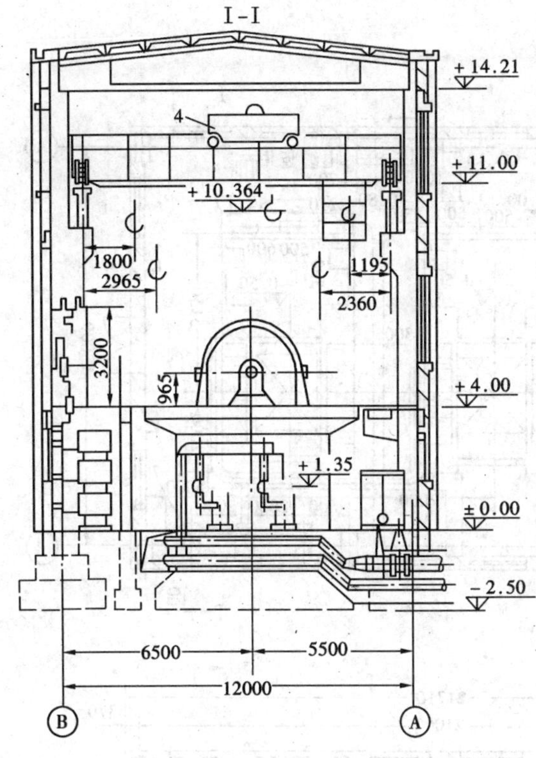

+4.00m 标高平面

检修场

±0.00

0m 标高平面

检修场

±0.00

图 9-22　GZ 工程 TT-30-11 型（30MVA，11kV）调相机高位纵向户内布置

1—调相机；2—主励磁机（Z49.3/22.5，112kW，135V）；3—副励磁机（Z18.2/16.5，4.5kW，230V）；4—桥式起重机（50/10t，10.5m）；5—空气冷却器；6—油冷却器；7—油泵；8—电动齿轮油泵；9—热力控制盘

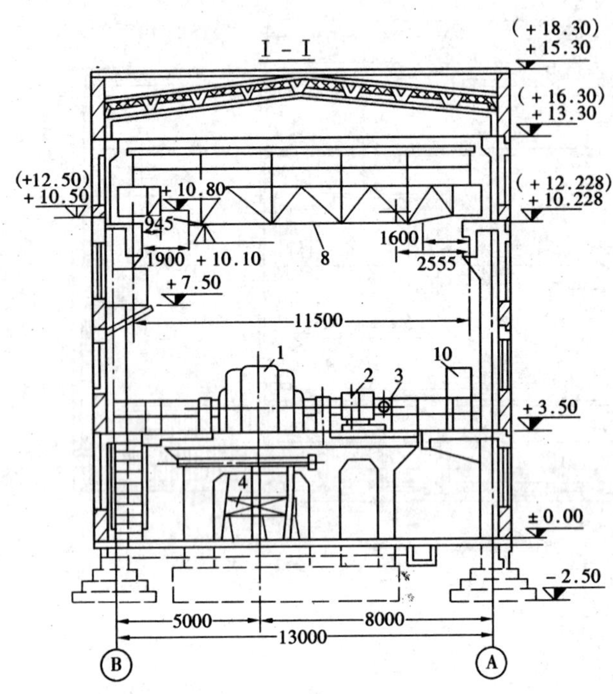

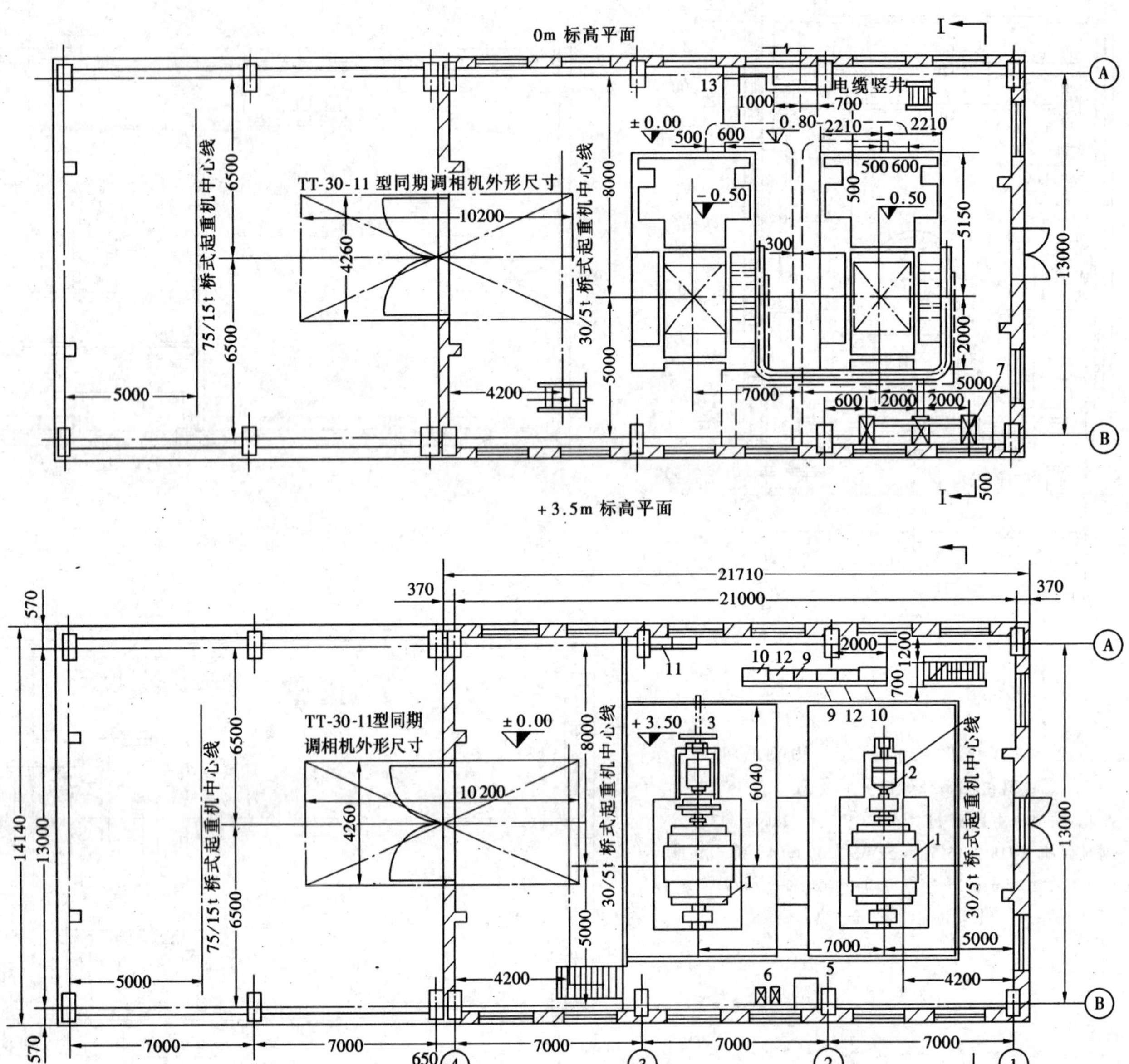

图 9-21 TYS 工程 TT-15-8 型（15MVA，11kV）调相机高位横向户内布置

（图中括号内数字适用于采用 75/15t 桥式起重机的情况）

1—调相机；2—主励磁机（Z49.3/22.3 型，80kW，115V）；3—副励磁机（Z18.3/9.8 型，2.4kW，115V）；4—空气冷却器（280n，18×8—2150 型）；5—油箱（内带油冷却器）；6—齿轮油泵（3.3m³/h，3.3kg/cm²）；7—循环水泵（4K-18型，90㎥/h，电动机 10kW）；8—桥式起重机（30/5t，跨距 11.5m）；9—仪表控制盘；10—自动灭磁盘；11—磁场电阻；12—复式励磁盘；13—车间动力盘

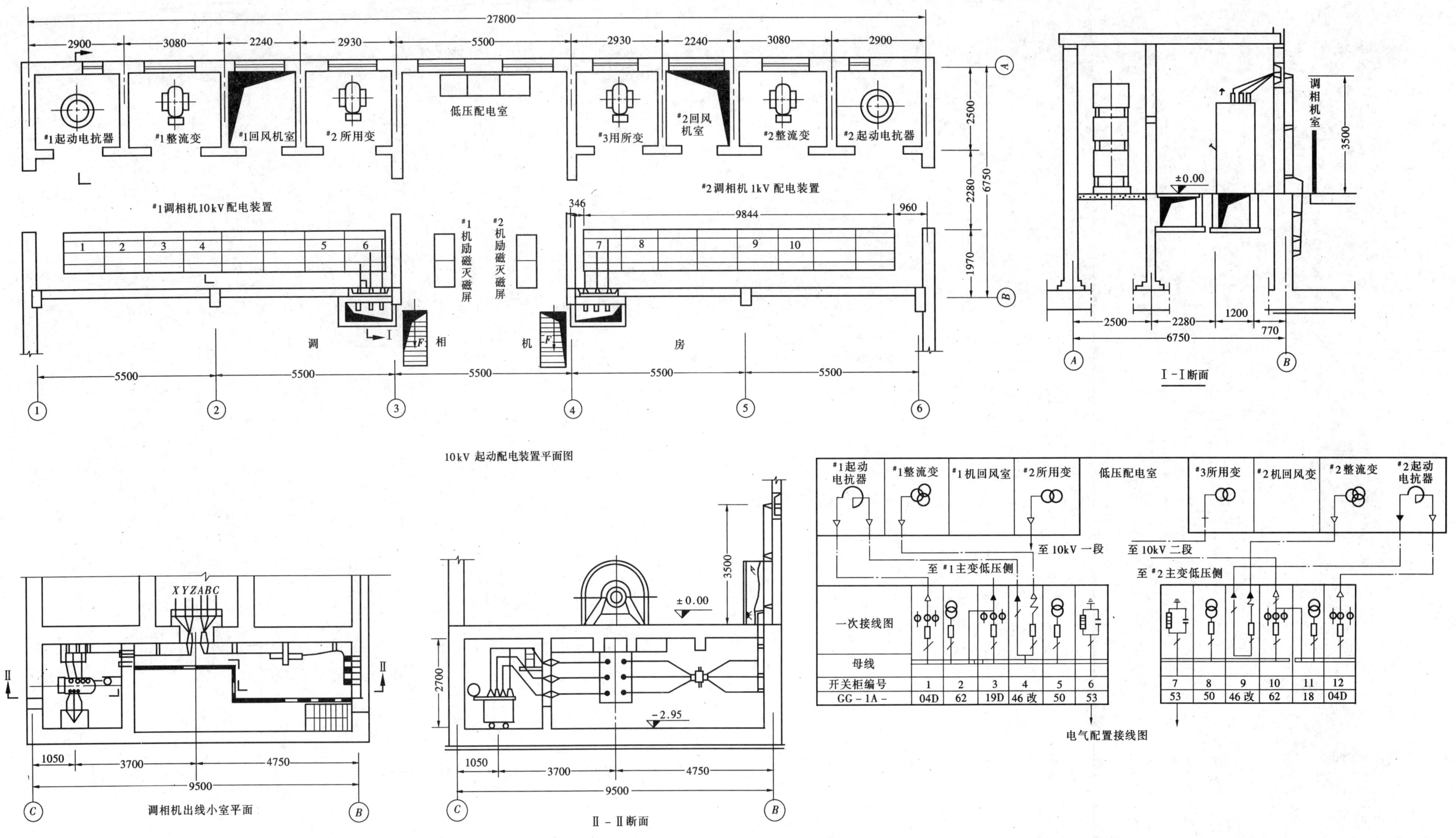

图 9－26 XF 工程 TT－15－8 型调相机配电装置